SRU
Der Rat von Sachverständigen für Umweltfragen

Umweltgutachten 2004

Umweltpolitische Handlungsfähigkeit sichern

Juli 2004

Nomos

Die Deutsche Bibliothek – CIP-Einheitsaufnahme

Die Deutsche Bibliothek verzeichnet diese Publikation in der Deutschen Nationalbibliografie; detaillierte bibliografische Daten sind im Internet über http://dnb.ddb.de abrufbar.

ISBN 3-8329-0942-7

1. Auflage 2004
© Nomos Verlagsgesellschaft, Baden-Baden 2004. Printed in Germany. Alle Rechte, auch die des Nachdrucks von Auszügen, der photomechanischen Wiedergabe und der Übersetzung, vorbehalten.

Der Rat von Sachverständigen für Umweltfragen (SRU)

Prof. Dr. iur. Hans-Joachim Koch, Hamburg (Vorsitzender),

Prof. Dr.-Ing. Max Dohmann, Aachen,

Prof. Dr. med. Thomas Eikmann, Gießen,

Prof. Dr. rer. hort. Christina von Haaren, Hannover,

Prof. Dr. phil. Martin Jänicke, Berlin,

Prof. Dr. rer. pol. Peter Michaelis, Augsburg,

Prof. Dr. phil. Konrad Ott, Greifswald.

Dieses Gutachten beruht auch auf der unermüdlichen Arbeit der Mitarbeiterinnen und Mitarbeiter in der Geschäftsstelle sowie der Ratsmitglieder. Zum wissenschaftlichen Stab des Umweltrates gehörten während der Arbeiten an diesem Gutachten:

WissDir Dr. phil. Christian Hey (Generalsekretär), Dipl.-Volkswirt Lutz Eichler (Stellvertretender Generalsekretär), Dipl.-Landschaftsökologe Christian Bartolomäus (Greifswald), Dr. rer. nat. Ulrike Doyle, Dipl.-Volkswirt Steffen Hentrich, Dipl.-Politologe Helge Jörgens, Dipl.-Ing. Stephan Köster (Aachen), Dipl.-Ing. Tanja Leinweber (Hannover), Ass. iur. Friederike Mechel, LLM. (Hamburg), Dr. iur. Moritz Reese, Dipl.-Ing. Almut Reichel, Dr. rer. nat. Markus Salomon, Dr. rer. nat. Heike Seitz (Gießen), Dr. rer. nat. Elisabeth Schmid, Dipl.-Politologe Axel Volkery (Berlin), Dipl.-Physiker Tobias Wiesenthal, Dipl.-Ökonom Peter Zerle (Augsburg), RA Dr. iur. Cornelia Ziehm (Hamburg).

Zu den ständigen Mitarbeiterinnen und Mitarbeitern gehörten bei Abschluss des Gutachtens: Petra Busch, Dipl.-Journalistin Mandy Ehnert-Zubor, Rainer Kintzel, Sabine Krebs, Dipl.-Geologieingenieur (FH) Sonja Lange, Pascale Lischka, Gabriele Schönwiese. Für bibliothekarische Unterstützung stand Frau Karin Ziegler (Bibliothek des Wissenschaftszentrum-Berlin für Sozialforschung gGmbH) zur Verfügung.

Anschrift: Geschäftsstelle des Rates von Sachverständigen für Umweltfragen (SRU)

Reichpietschufer 60, 7. OG, D-10785 Berlin

Tel.: (030) 26 36 96-0, Fax: (030) 26 36 96-109

E-Mail: sru-info@uba.de, Internet: http://www.umweltrat.de

Der Umweltrat dankt den Vertretern der Ministerien und Ämter des Bundes und der Länder sowie den Vertretern von Wissenschaft und von Interessenverbänden, die er konsultiert hat und ohne deren Kenntnisse, Forschung oder Erfahrungen das vorliegende Gutachten nicht möglich gewesen wäre:

- **Bundesministerium für Umwelt, Naturschutz und Reaktorsicherheit:** Bundesminister Jürgen Trittin, MinDir'in Henriette Berg, Jochen Flasbarth, MinDir Dr. Andreas Gallas, Rainer Hinrichs-Rahlwes, MinDirig Dr. Fritz Holzwarth, Reinhard Kaiser, MinDir Dr. Uwe Lahl, Andrea Meyer, RDir'in Dr. Almuth Ostermeyer-Schlöder, MinR Dr. Frank Petersen, MinDirig'in Cornelia Quennet-Thielen, MinR Dr. Peter Rösgen, MinDir Dr. D. Ruchay, MinR Dr. Thomas Rummler, MinR Dr. Karsten Sach, MinR Dr. Christof Sangenstedt, MinR Franz Josef Schafhausen, Kai Schlegelmilch, MinDirig Dr. Helmut Schnurer, RDir Dr. Albert Statz, MinDir Dr. Hendrik Vygen

- **Bundesministerium für Wirtschaft und Arbeit:** Staatssekretär Georg Wilhelm Adamowitsch, Georg van Bracht, RegDir'in Christine Hochstatter, MinR Andreas Jung, MinR Dr. Herbert Junk, MinDirig Andreas Obersteller, RegDir Dr. Pflüger, MinDirig Dr. Herman Pieper, MinR Walter Pitzer, RegDir Dr. Walter Tabat

- **Bundesministerium für Verbraucherschutz, Landwirtschaft und Ernährung:** Bundesministerin Renate Künast

- **Umweltbundesamt:** WissRin Petra Apel, WissA Rolf Beckers, Dr. Thomas Bigalke, WissA Holger Böken, Dr. Dieter Cohors-Fresenborg, WissAe Ina Ebert, DirProf Dr. Volker Franzius, WissAe Birgit Georgi, DirProf Dr. Andreas Gies, WissA Arno Graff, WissA Tim Hermann, WissAe Sabine Huck, WissOR Hans-Joachim Hummel, WissA Bernt Johnke, Dr. Silke Karcher, WissR Dr. Helmut Kaschenz, Dr. Jürgen Landgrebe, DirProf Dr. Michael Lange, WissAe Anne Miehe, WissDir'in Ingrid Nöh, WissAe Gertrude Penn-Bressel, Prof. Dr. Friedrich Rück, WissA Bernd Schärer, WissDir Dr. Dietrich Schulz, WissR Dr. Till Spranger, DirProf Dr. Klaus-Günther Steinhäuser, WissA Rainer Sternkopf, WissAe Dr. Annett Weiland-Wascher, WissRin z. A. Dr. Bärbel Westermann

- **Bundesamt für Naturschutz:** Frank Berhorn, Uwe Brendle, WissDir Matthias Herbert, Frank Klingenstein, WissOR Dr. Horst Korn, Dr. Burkhard Schweppe-Kraft, Dr. Axel Ssymank, WissAe Jutta Stadler, Dr. Wiebke Züghart

- **Bundesanstalt für Arbeitsschutz und Arbeitsmedizin:** Dr. Claus Haas

- **Bundesinstitut für Risikobewertung:** Dr. Peter-Matthias Wolski

- **Behörde für Stadtentwicklung und Umwelt der Freien und Hansestadt Hamburg:** SD Dr. Hans-Walter Herrnring, Dr. Birgit Schiffmann, Dr. Manfred Schuldt, Hans Gabányi

- **Ministerium für Umwelt und Naturschutz, Landwirtschaft und Verbraucherschutz des Landes Nordrhein-Westfalen:** Dr. Harald Friedrich, MR Dr. Fehlau

- **Ministerium für Umwelt und Verkehr des Landes Baden-Württemberg:** OchR'in Dr. Iris Blankenhorn

- **Bayerisches Staatsministerium für Umwelt, Gesundheit und Verbraucherschutz:** MR Dr. Bruno Kaukal

- **Hessisches Ministerium für Umwelt, Ländlichen Raum und Verbraucherschutz:** MR Dr. Helmut Arnold

- **Ministerium für Landwirtschaft und Umwelt des Landes Sachsen-Anhalt:** MR Dr. Nebel

- **Sächsisches Staatsministerium für Umwelt und Landwirtschaft:** Dr. Andreas Eckardt

- **Ministerium für Umwelt, Naturschutz und Landwirtschaft des Landes Schleswig-Holstein:** Dr. Dorit Kuhnt

- **Thüringer Ministerium für Landwirtschaft, Naturschutz und Umwelt:** Dr. Koch
- **Niedersächsisches Landesamt für Ökologie:** Hans-Werner Basedow
- **Landesamt für Natur und Umwelt Schleswig-Holstein:** Dr. Verena Brill
- **Bezirksregierung Arnsberg, Nordrhein-Westfalen:** Dr. Andreas Wulf
- **Länderarbeitsgemeinschaft Naturschutz, Landschaftspflege und Erholung (LANA):** Peter Jansen, MinR Dr. Rohlf (Baden-Württemberg)
- **Länderarbeitsgemeinschaft Wasser (LAWA):** MR Dr. Günther-Michael Knopp (Bayerisches Staatsministerium für Umwelt, Gesundheit und Verbraucherschutz)
- **Europäische Kommission DG Umwelt:** Dr. Henning Arp (Kabinett Wallström), Dr. Jos Delbeke, Dr. Ludwig Krämer, Astrid Kaemina, Dr. Otto Linher, Dr. Vogelsang, Peter Zapfel
- **Europäische Umweltagentur:** David Gee
- **Europäisches Umweltbüro:** John Hontelez, Stephan Scheuer
- **Bundesverband Braunkohle:** Uwe Maaßen, Dr. George Milojcic
- **Bundesverband der Deutschen Industrie:** Dr. Klaus Mittelbach
- **Bund für Umwelt und Naturschutz e. V.:** Dr. Gerhard Timm
- **Deutscher Naturschutzring e. V.:** Helmut Röscheisen
- **Deutsches Institut für Wirtschaftsforschung:** Dr. Hans-Joachim Ziesing
- **Duales System Deutschland AG:** Dr. Michael Heyde, Hans-Peter Repnik
- **Germanwatch:** Christoph Bals, Klaus Milke
- **Gewerbeaufsichtsamt Tübingen:** Ludwig Finkeldei
- **Öko-Institut:** Dr. Beatrix Tappeser, Günter Dehoust, Dr. Felix Chr. Matthes
- **Ökopol:** Andreas Ahrens
- **RWE Rheinbraun AG:** Dr. Jürgen Engelhard
- **Stadtwerke Leipzig GmbH:** Dr. Winfried Damm
- **Universität Bremen:** Prof. Dr. Broder Breckling
- **Worldwatch Institute:** Christopher Flavin
- **Wirtschaftsvereinigung Stahl:** Hans-Jürgen Kerkhoff, Dr. Rolf Steffen.

Besonders dankt der Umweltrat auch den externen Gutachtern für die Zuarbeiten zu diesem Gutachten. Im Einzelnen sind die folgenden Gutachten und Analysen eingeflossen:

- Institut für Betriebswirtschaft, Agrarstruktur und Ländliche Räume der Bundesforschungsanstalt für Landwirtschaft (FAL): „Szenarien der Agrarpolitik – Untersuchung möglicher agrarstruktureller und ökonomischer Effekte unter Berücksichtigung umweltpolitischer Zielsetzungen"
- Ingenieur-Büro Janicke, Gesellschaft für Umweltphysik: „Beurteilung der neuen TA-Luft – Beispielhafte Betrachtung eines typischen Großemittenten (Massenströme für SO_2, NO_x und PM_{10})"
- Dr.-Ing. Christian Maschke: „Überarbeitung der Tabelle ‚Primärreaktion' sowie Erstellung einer vergleichenden Tabelle für Wirkungsendpunkte für das Kapitel Lärmschutz im Umweltgutachten 2004"
- Prof. Dr. Gerd Winter: „Kurzgutachten zum Reach-System im Verordnungsentwurf der EU-Kommission"
- Dr. Ute Meyer, Ökopol: „Expertise zu Kap. 4.3: Pflanzenschutzmittel, insbesondere Ergänzung hinsichtlich der europäischen Entwicklungen".

(Redaktionsschluss: 28. Februar 2004)

		Seite
Inhalt		
Vorwort		33
Kurzfassung		35
1	**Zur Lage der Umwelt: Neue Herausforderungen**	79
1.1	**Politische Ausgangslage**	79
1.2	**Grundlegende Steuerungsfragen**	79
1.3	**Zur Umweltsituation in Deutschland**	80
2	**Klimaschutz und Energiepolitik**	83
2.1	**Europäische und deutsche Klimaschutzpolitik im Lichte internationaler Zielvorgaben**	83
2.1.1	Aktuelle Entwicklungen der europäischen Klimaschutzpolitik	83
2.1.2	Emissionsentwicklung in Deutschland	84
2.2	**Fortentwicklung der deutschen Klimaschutzpolitik**	87
2.2.1	Langfristige Reduktionsziele	87
2.2.2	Rolle Deutschlands bei der Fortentwicklung der europäischen Klimapolitik	88
2.2.3	Optionen für eine klimaverträgliche Stromerzeugung	89
2.2.3.1	Zeitfenster	89
2.2.3.2	Technische Möglichkeiten	91
2.2.3.2.1	Die Wirkungsgradoption	92
2.2.3.2.2	Abscheidung und Lagerung von CO_2	92
2.2.3.2.3	Energieträgerwechsel	93
2.2.3.2.4	Minderungspotenziale beim Stromverbrauch	97
2.2.3.3	Fazit	98
2.2.4	Instrumentelle Umsetzung	98
2.2.4.1	Emissionshandel	98
2.2.4.1.1	Allgemeine Anmerkungen zur Richtlinie der EU	99
2.2.4.1.1.1	Stand der EU-Politik zum Handel mit Emissionsrechten	99
2.2.4.1.1.2	Position des Umweltrates zum Emissionshandelsmodell der EU	100
2.2.4.1.2	Probleme der Umsetzung des nationalen Allokationsplans	100
2.2.4.1.2.1	Kompatibilität der nationalen Umsetzung des europäischen Emissionshandels mit der Klimaschutzvereinbarung der deutschen Industrie	100
2.2.4.1.2.2	Optionen der Erstallokation der Emissionsrechte	101

Seite

2.2.4.1.2.3	Langfristige Wirkungen unterschiedlicher Allokationsverfahren	102
2.2.4.1.2.4	Berücksichtigung von Neuemittenten und Stilllegungen	102
2.2.4.1.3	Weitere Aspekte der Umsetzung des europäischen Emissionshandels	103
2.2.4.1.3.1	Einbeziehung von erneuerbaren Energien	103
2.2.4.1.3.2	Einbeziehung von Kraft-Wärme-Kopplungsanlagen	104
2.2.4.1.3.3	Planungssicherheit und Flexibilität für die Unternehmen	104
2.2.4.1.3.4	Integration flexibler Kioto-Mechanismen und zukünftige Ausdehnung des Emissionshandels auf weitere Sektoren	105
2.2.4.1.3.5	Verhältnis der IVU-Richtlinie zur Emissionshandels-Richtlinie	106
2.2.4.1.3.6	Kompatibilität mit der Ökosteuer	106
2.2.4.2	Fortentwicklung der ökologischen Steuerreform	107
2.2.4.2.1	Abbau der Ermäßigungstatbestände	107
2.2.4.2.2	Erhöhung der Regelsteuersätze auf einzelne Energieträger	109
2.2.4.2.3	Aufkommensverwendung	110
2.2.4.3	Weitere Instrumente	110
2.3	**Zusammenfassung und Empfehlungen**	115
3	**Naturschutz**	119
3.1	**Biodiversität**	119
3.1.1	Der anhaltende Verlust der Biodiversität	119
3.1.2	Das Übereinkommen über die biologische Vielfalt	122
3.1.3	Umsetzung in Deutschland	125
3.1.3.1	Bisherige Umsetzung	125
3.1.3.2	Anforderungen an eine deutsche Biodiversitätsstrategie	126
3.1.3.3	Konzeption und Verknüpfung mit der Nachhaltigkeits- und Naturschutzstrategie	127
3.1.3.4	Zielschwerpunkte einer deutschen Biodiversitätsstrategie	128
3.1.3.5	Monitoring des Indikators Artenvielfalt in Deutschland	131
3.1.3.6	Invasive gebietsfremde Arten als Beispiel für die Bearbeitung eines Querschnittsthemas in Deutschland	133
3.1.4	Der Prozess einer Umsetzung auf Landes- und Bundesebene	134
3.1.5	Zusammenfassung und Empfehlungen	135
3.2	**Umsetzung des Netzes NATURA 2000**	136
3.2.1	Einführung	136

		Seite
3.2.2	Auswahlverfahren der NATURA-2000-Gebiete	136
3.2.3	Stand des nationalen Meldeverfahrens	137
3.2.3.1	Umfang und Vollständigkeit der Meldungen	137
3.2.3.2	Ablauf des Meldeverfahrens	142
3.2.4	Ursachen der Umsetzungsdefizite	142
3.2.4.1	Föderale Struktur	142
3.2.4.2	Konflikte zwischen Flächennutzungen	146
3.2.4.3	Finanzierung der Folgekosten	146
3.2.5	Der temporäre Schutz potenzieller FFH-Gebiete und faktischer Vogelschutzgebiete	149
3.2.6	Zahlungsverantwortung bei Zwangsgeldern	149
3.2.7	Management von NATURA-2000-Gebieten	151
3.2.8	Berichtspflichten	152
3.2.9	Zusammenfassung und Empfehlungen	152
3.3	**Umweltbeobachtung**	154
3.3.1	Internationale Verpflichtungen	154
3.3.2	Umsetzung von § 12 BNatSchG zur Umweltbeobachtung in den Landesgesetzen	155
3.3.3	Umweltbeobachtungsprogramme in Deutschland	156
3.3.4	Zusammenfassung und Empfehlungen	157
3.4	**Umsetzung des Bundesnaturschutzgesetzes in den Ländern**	158
3.4.1	Biotopverbund	160
3.4.2	Verhältnis von Landwirtschaft und Naturschutz	161
3.4.3	Eingriffsregelung	164
3.4.4	Landschaftsplanung	164
3.4.5	Verbandsklage	165
3.4.6	Zusammenfassung und Empfehlungen	167
3.5	**Verminderung der Flächeninanspruchnahme**	168
3.5.1	Entwicklung der Flächeninanspruchnahme und ihre Auswirkungen auf Natur und Landschaft	168
3.5.2	Ziele und bisherige Strategien zur Eindämmung der Flächeninanspruchnahme	169

		Seite
3.5.3	Steuerungsansätze zwischen Planung und ökonomischen Instrumenten	170
3.5.4	Zusammenfassung und Empfehlungen	174
3.6	**Europäische Landschaftskonvention**	174
3.6.1	Sachstand	174
3.6.2	Einschätzung und Empfehlungen	175
3.7	**Ausblick: Zur Bedeutung einer Bundeskompetenz für den Naturschutz**	176
4	**Landwirtschaft**	177
4.1	**Agrarpolitik**	177
4.1.1	Problemdarstellung	177
4.1.1.1	Umweltprobleme der Landwirtschaft und ihre Ursachen	177
4.1.1.2	Entwicklung der Agrarpolitik	178
4.1.2	Ziele und Kriterien für die Beurteilung agrarpolitischer Entwicklungspfade unter Umweltgesichtspunkten	179
4.1.3	Rahmenbedingungen für eine mittel- bis langfristige Ausrichtung der Agrarpolitik	183
4.1.3.1	Konsequenzen der EU-Osterweiterung	183
4.1.3.2	Handelspolitische Rahmenbedingungen: WTO und aktueller Außenschutz der EU	184
4.1.3.2.1	Derzeitige Tendenzen in den WTO-Verhandlungen im Agrarsektor	185
4.1.3.2.2	Derzeitige Unterstützung der Landwirtschaft in der EU	186
4.1.3.2.3	Außenschutz der EU	187
4.1.4	Mid-Term Review (Agrarreform 2003)	188
4.1.4.1	Die Luxemburger Beschlüsse	188
4.1.4.1.1	Entkoppelung	188
4.1.4.1.2	Cross Compliance	190
4.1.4.1.3	Modulation	191
4.1.4.2	Bewertung der Ergebnisse des Mid-Term Review und Möglichkeiten der nationalen Ausgestaltung	191
4.1.4.2.1	Bewertung der MTR-Reform	191
4.1.4.2.2	Nationale Ausgestaltung der Direktzahlungen	192
4.1.4.2.3	Nationale Ausgestaltung von Cross Compliance	196
4.1.4.2.4	Ausgestaltung der Agrarumweltmaßnahmen und der so genannten 10-%-Regelung	198
4.1.4.3	Zusammenfassung und Empfehlungen	199

Seite

4.1.5	Auswirkungen der agrarpolitischen Alternative einer weit gehenden Liberalisierung in Kombination mit der leistungsbezogenen Entlohnung von Umweltleistungen	201
4.1.5.1	Folgen einer Liberalisierung für die Stabilität und Intensität der landwirtschaftlichen Flächennutzung	202
4.1.5.1.1	Abhängigkeit der landwirtschaftlichen Betriebe von Stützungen: Strukturwandel	202
4.1.5.1.2	Anpassungspotenziale	205
4.1.5.1.3	Veränderung der Landnutzung	206
4.1.5.1.4	Intensität der Landnutzung	207
4.1.5.1.5	Landschaftsstrukturen	208
4.1.5.2	Einsatz umweltpolitischer Instrumente zur Flankierung der Liberalisierung	208
4.1.5.2.1	Rahmenbedingungen	208
4.1.5.2.2	Agrarumweltmaßnahmen	209
4.1.5.3	Mittelverfügbarkeit für die Erreichung von Umweltzielen in der Agrarlandschaft	210
4.1.5.4	Zusammenfassung und Empfehlungen	211
4.2	**Umweltschonender Einsatz von Düngemitteln in der Landwirtschaft**	**212**
4.2.1	Einleitung	212
4.2.2	Umweltbelastung durch Düngemittel und ihre Ursachen	212
4.2.2.1	Stickstoff	214
4.2.2.2	Phosphat	216
4.2.2.3	Schwermetalle und Tierarzneimittel	216
4.2.3	Maßnahmen zum umweltverträglichen Einsatz von Düngemitteln in der Landwirtschaft	217
4.2.3.1	Gute fachliche Praxis des Düngemitteleinsatzes	217
4.2.3.1.1	Überblick	217
4.2.3.1.2	Verpflichtung zu Nährstoffvergleichen	220
4.2.3.1.3	Grenzen für Nährstoffüberschüsse	221
4.2.3.1.4	Weitere Regelungen zur guten fachlichen Praxis	221
4.2.3.1.5	Sanktionen bei Rechtsverstößen	223
4.2.3.2	Stickstoffüberschussabgabe	223
4.2.3.3	Einführung von Grenzwerten für Schwermetalle in die Düngemittelverordnung	225
4.2.3.4	Maßnahmen zur Begrenzung von Tierarzneimitteln in Düngemitteln	226
4.2.4	Zusammenfassung und Empfehlungen	226

		Seite
4.3	**Nachhaltige Nutzung von Pflanzenschutzmitteln**	227
4.3.1	Belastungen von Mensch und Umwelt durch den Einsatz von Pflanzenschutzmitteln	227
4.3.2	Strategien zum umweltverträglichen Einsatz von Pflanzenschutzmitteln in der Landwirtschaft	230
4.3.3	Instrumente zur Verminderung von Risiken durch Pflanzenschutzmittel	233
4.3.3.1	Das Zulassungsverfahren für Pflanzenschutzmittel	233
4.3.3.2	Abgabe auf Pflanzenschutzmittel	236
4.3.3.3	Die Anwendung von Pflanzenschutzmitteln im Rahmen der guten fachlichen Praxis	236
4.3.3.4	Beratung	237
4.3.3.5	Berichterstattung und Überwachung	238
4.3.4	Zusammenfassung und Empfehlungen	238
5	**Gewässerschutz**	241
5.1	**Der Gewässerschutz auf dem Weg der Umsetzung der Wasserrahmenrichtlinie**	242
5.1.1	Zentrale Regelungsinstrumente der Wasserrahmenrichtlinie	242
5.1.1.1	Flussgebietsmanagement	242
5.1.1.2	Neue Gewässergüteziele	242
5.1.1.3	Der kombinierte Ansatz	244
5.1.1.4	Neue Instrumente wasserwirtschaftlicher Planung	244
5.1.1.5	Umfassende Bestandsaufnahme	244
5.1.2	Rechtliche und organisatorisch-institutionelle Umsetzung	245
5.1.2.1	Die Teilumsetzung durch die 7. Novelle zum WHG	245
5.1.2.2	Ergänzende rechtliche Umsetzung in den Bundesländern	247
5.1.2.3	Organisatorisch-institutionelle Umsetzung	249
5.1.2.4	Empfehlungen zur rechtlichen und organisatorisch-institutionellen Umsetzung	250
5.1.3	Fachliche Umsetzung	252
5.1.3.1	Fachliche Arbeiten an der umfassenden Bestandsaufnahme	252
5.1.3.2	Erheblich veränderte Wasserkörper	253

Seite

5.1.3.3	Synergien mit anderen Planungs- und Umsetzungsinstrumenten	256
5.1.3.4	Information und Anhörung der Öffentlichkeit	256
5.1.3.5	Empfehlungen zur fachlichen Umsetzung	257
5.2	**Grundwasser**	258
5.2.1	Derzeitiger Stand der Beeinträchtigung der Qualität von Grundwasser	259
5.2.2	Aktuelle Ansatzpunkte zur Umsetzung eines flächendeckenden Grundwasserschutzes	260
5.2.3	Empfehlungen	262
5.3	**Badegewässer**	263
5.3.1	Derzeitige Qualität der Badegewässer in Deutschland	263
5.3.2	EG-Badegewässerrichtlinie	264
5.3.3	Empfehlungen	266
5.4	**Trinkwasser**	266
5.4.1	Rohwasserbedingte Beeinträchtigungen der Trinkwasserqualität	268
5.4.2	Beeinträchtigungen der Trinkwasserqualität in Leitungen	269
5.4.3	Empfehlungen	269
5.5	**Abwasser**	270
5.5.1	Novellierung der Abwasserverordnung	270
5.5.2	Revitalisierung der Abwasserabgabe	272
5.6	**Umweltchemikalien und Arzneimittel in Abwässern und Gewässern**	274
5.6.1	Ausgangslage	274
5.6.2	Gewässerbelastungen durch Umweltchemikalien und Arzneimittel	275
5.6.3	Empfehlungen zur Vermeidung beziehungsweise Elimination von Umweltchemikalien und Arzneimitteln in Gewässern	280
5.7	**Zusammenfassung aktueller Entwicklungen im Gewässerschutz**	281
5.7.1	Neue rechtliche Anforderungen im Gewässerschutz	282

		Seite
5.7.2	Maßnahmen zur Reduzierung der Schad- und Nährstoffeinträge in die aquatische Umwelt	283
5.7.3	Entwicklungen in der Trinkwasserver- und Abwasserentsorgung	283
6	**Luftreinhaltung: Im Zeichen der Umsetzung europarechtlicher Vorgaben**	**285**
6.1	**Aktuelle Belastungssituation in Deutschland**	**285**
6.1.1	Übersicht	285
6.1.2	Stickstoffoxide (NO_x)	287
6.1.2.1	Immissionssituation NO_x	287
6.1.2.2	Gesundheitliche Auswirkungen der NO_x-Belastung	290
6.1.3	Partikel (Feinstäube)	290
6.1.3.1	Immissionssituation	290
6.1.3.2	Gesundheitliche Auswirkungen der Partikel-Belastung	292
6.2	**Umsetzung europarechtlicher Vorgaben zur Luftreinhaltung**	**294**
6.2.1	7. Novelle zum BImSchG	294
6.2.1.1	Neue Instrumente der Luftreinhalteplanung	294
6.2.1.2	Neue Ermächtigungsgrundlagen für Verkehrsbeschränkungen	295
6.2.2	Novelle der 22. Bundes-Immisionsschutzverordnung	295
6.2.2.1	Überblick	295
6.2.2.2	Immissionsgrenzwerte für Stickstoffoxide	295
6.2.2.3	Immissionsgrenzwerte für Partikel	297
6.2.2.4	Immissionszielwerte für Arsen, Nickel, Cadmium, Quecksilber und polyzyklische aromatische Kohlenwasserstoffe (Vorschlag für eine vierte Tochterrichtlinie)	299
6.2.3	Technische Anleitung zur Reinhaltung der Luft 2002	302
6.2.3.1	Überblick	302
6.2.3.2	Integrative Betrachtungsweise	302
6.2.3.3	Punktbetrachtung anstelle einer Flächenbetrachtung	304
6.2.3.4	Verschärfung von Immissionswerten	305
6.2.3.5	Emissionswerte – Bezug auf den Reingasmassenstrom	307
6.2.3.6	Bagatell- und Irrelevanzregelungen	308
6.2.3.7	Regelungslücken	309

		Seite
6.2.4	Novelle der 17. Bundes-Immissionschutzverordnung	309
6.2.5	Novellierung der 13. Bundes-Immissionsschutzverordnung	311
6.2.6	Umsetzung der NEC-Richtlinie	314
6.3	**Zusammenfassung und Empfehlungen**	316
7	**Lärmschutz**	321
7.1	**Überblick**	321
7.1.1	Belastungssituation	321
7.1.2	Lärmbelästigung	322
7.1.3	Lärmwirkungen	325
7.1.3.1	Akute Lärmwirkungen	325
7.1.3.2	Chronische Lärmwirkungen	328
7.1.4	Summative Betrachtung von Lärmquellen	331
7.2	**Aktuelle rechtspolitische Entwicklungen**	334
7.2.1	Umsetzung der Umgebungslärm-Richtlinie	334
7.2.2	Perspektiven für das deutsche Lärmschutzrecht	335
7.2.2.1	Straßenverkehrslärm	335
7.2.2.2	Fluglärm	337
7.2.2.3	Schienenverkehrslärm	337
7.2.2.4	Anlagen- und Maschinenlärm	338
7.2.2.5	Lärm von Sport- und Freizeitanlagen	339
7.3	**Zusammenfassung und Empfehlungen**	339
8	**Abfallwirtschaft**	341
8.1	**Wege einer zukünftigen Abfallpolitik**	341
8.1.1	Die Duale Entsorgungsmarktordnung	341
8.1.2	Exportschranken gegen die Umgehung hoher Entsorgungsstandards	343
8.1.3	Die Zukunft der Verwertungspfad-Regulierung	345
8.1.3.1	Probleme der Verwertungspfadsteuerung	346

		Seite
8.1.3.2	Folgen eines abfallpolitischen Pfadwechsels	347
8.1.3.3	Empfehlungen für eine Weiterentwicklung	348
8.2	**Regulierung in einzelnen Produkt-, Stoff- und Herkunftsbereichen**	349
8.2.1	Die Gewerbeabfallverordnung als Beispiel abfallrechtlicher Überregulierung	349
8.2.1.1	Wesentlicher Inhalt und Zweck der Regelung	349
8.2.1.2	Anwendungsfragen – Vollzugsprobleme	350
8.2.1.3	Bewertung	351
8.2.1.4	Zusammenfassung und Empfehlungen	353
8.2.2	Verpackungsverwertung und -vermeidung	354
8.2.2.1	Verpackungsverordnung und Duales System	354
8.2.2.1.1	Verpackungsverbrauch und Verwertungsquoten	354
8.2.2.1.2	Pfandpflicht für Einweggetränkeverpackungen und Novellierung der Verpackungsverordnung	356
8.2.2.1.3	Novelle der EU-Richtlinie zu Verpackungsabfällen	358
8.2.2.1.4	Wettbewerbspolitische Problematik des Dualen Systems und die britische Alternative	359
8.2.2.2	Verwertung von Verpackungen: Technische Optionen	362
8.2.2.3	Zusammenfassung und Empfehlungen	364
8.2.3	Polyvinylchlorid (PVC)	365
8.2.3.1	PVC als Umweltproblem	365
8.2.3.2	Additive	365
8.2.3.3	PVC-Entsorgung	367
8.2.3.4	Zusammenfassung und Empfehlungen	368
8.2.4	EG-Batterierichtlinie	369
8.2.5	Bioabfallverwertung	371
8.2.6	Klärschlammentsorgung 3748.2.6.1Landwirtschaftliche Klärschlammverwertung	374
8.2.6.2	Thermische Klärschlammbehandlung	376
8.2.6.3	Zusammenfassung und Empfehlungen	378
8.3	**Abfallablagerungsverordnung**	378
9	**Bodenschutz**	381
9.1	**Einleitung**	381

		Seite
9.2	**Hauptursachen für die Beeinträchtigung von Bodenfunktionen**	381
9.2.1	Flächeninanspruchnahme	381
9.2.2	Schadstoffeinträge in Böden	382
9.2.2.1	Einleitung	382
9.2.2.2	Vorsorge-, Prüf- und Maßnahmenwerte in der Bundes-Bodenschutz- und Altlastenverordnung	382
9.2.2.3	Reduzierung von Einträgen über die Luft	385
9.2.2.4	Novellierung von Düngemittelverordnung, Düngeverordnung, Bioabfallverordnung und Klärschlammverordnung	386
9.2.3	Altlasten	387
9.2.3.1	Überblick	387
9.2.3.2	Finanzierung der Erkundung von Altlastenverdachtsflächen und der Altlastensanierung	390
9.2.3.3	Neue Aspekte bei der Sanierung	392
9.2.4	Bodenschadverdichtung und Bodenerosion	394
9.3	**Archivfunktion von Geotopen**	395
9.4	**Böden als Senken und Quellen für CO_2**	396
9.5	**EU-Bodenschutzstrategie**	397
9.6	**Zusammenfassung und Empfehlungen**	397
10	**„Grüne" Gentechnik**	401
10.1	**Nutzenpotenziale**	403
10.1.1	Perspektiven für die Landwirtschaft	403
10.1.2	Gesundheitliche Perspektiven	404
10.2	**Einwände gegen die „grüne" Gentechnik**	406
10.2.1	Ethische Aspekte	406
10.2.1.1	Kategorische Argumente	406
10.2.1.2	Risiko-Argumente	408
10.2.2	Gesundheitliche Risiken	408
10.2.2.1	Bewertung der gesundheitlichen Risiken	410
10.2.3	Ökologische Risiken	411
10.2.3.1	Der Begriff des ökologischen Schadens	412
10.2.3.2	Operationalisierungsstrategien ökologischer Schäden im Kontext der „grünen" Gentechnik	413

Seite

10.2.3.3	Potenzielle Veränderungen der Biodiversität	413
10.2.3.4	Voraussetzungen der Operationalisierung	415
10.2.3.5	Pragmatische Eingrenzung der möglichen Untersuchungsobjekte	416
10.2.3.6	Schadenschwellen	416
10.2.3.7	Zusammenfassung und Empfehlungen	417
10.2.4	Beeinträchtigungen gentechnikfreier Landwirtschaft	417
10.2.4.1	Beeinträchtigung von Produktionsverfahren	419
10.2.4.2	Beeinträchtigung von Vermarktungsmöglichkeiten	420
10.2.4.3	Bewertung der Beeinträchtigungen der Landwirtschaft	422
10.2.5	Kritische Diskussion zu Bedarf und Nutzen	424
10.3	**Entwicklung des rechtlichen Rahmens**	425
10.3.1	Zulassung der Freisetzung und des Inverkehrbringens von gentechnisch modifizierten Organismen	426
10.3.2	Zulassung des Inverkehrbringens von gentechnisch modifizierten Lebens- und Futtermitteln	428
10.3.3	Regelungen zur Kennzeichnung und Rückverfolgbarkeit	429
10.3.4	Grenzüberschreitende Verbringung	432
10.3.5	Monitoring	432
10.3.6	Novellierung des Gentechnikgesetzes	437
10.3.7	Haftung	439
10.4	**Zusammenfassung und Empfehlungen**	440
11	**Die Reform der europäischen Chemikalienpolitik**	445
11.1	**Handlungsbedarf in der europäischen Chemikalienpolitik**	445
11.1.1	Wirkungen von Stoffen auf Mensch und Umwelt	445
11.1.2	Regelungsschwächen des bisherigen Chemikalienrechts	449
11.1.3	Drei Steuerungsansätze für eine effektive Chemikalienkontrolle	451
11.1.4	Ökonomische Nutzen einer effektiven Chemikalienkontrolle	452

		Seite
11.2	**Darstellung und Bewertung des REACH-Systems**	453
11.2.1	Elemente von REACH im Überblick	453
11.2.2	Bewertung der Einzelelemente von REACH	456
11.2.2.1	Sicherheitsberichte und -datenblätter	456
11.2.3.2	Registrierung	457
11.2.3.2.1	Vom Mengenschwellenansatz zur maßgeschneiderten Staffelung der Anforderungen	457
11.2.3.2.2	Geltungsbereich, Ausnahmen und Prüfanforderungen	460
11.2.3.2.3	Zur Deregulierung bei Neustoffen	463
11.2.3.2.4	Eigenverantwortung und Qualitätssicherung	463
11.2.3.2.5	Konsortienbildung beziehungsweise Marktführerregelung bei der Registrierung	464
11.2.3.2.6	Betriebsgeheimnis und Transparenz	465
11.2.3.2.7	Die produktpolitische Bedeutung von REACH	466
11.2.3.3	Das neue Zulassungsverfahren	467
11.2.3.3.1	Zulassungsverfahren und Geltungsbereich	467
11.2.3.3.2	Das Schutzniveau bei Zulassungen und Verwendungsbeschränkungen	468
11.3	**WTO-Kompatibilität**	469
11.4	**Zu den ökonomischen Folgen des REACH-Systems**	473
11.5	**Zusammenfassung und Empfehlungen**	477
12	**Neue gesundheitsbezogene Umweltrisiken**	481
12.1	**Biologische Aerosole**	482
12.1.1	Anlagen der Abfallwirtschaft	487
12.1.1.1	Relevante Anlagen für die Entstehung von Biologischen Aerosolen	487
12.1.1.2	Exposition am Arbeitsplatz	488
12.1.1.3	Biologische Aerosole in der Außenluft	490
12.1.1.4	Gesundheitliche Auswirkungen	491
12.1.2	Anlagen der Intensivtierhaltung	493
12.1.2.1	Quellen und Exposition	494
12.1.2.2	Gesundheitliche Auswirkungen	494
12.1.3	Schimmelpilzbelastung im Innenraum	494
12.1.3.1	Quellen und Exposition	495
12.1.3.2	Gesundheitliche Auswirkungen	497
12.1.4	Zusammenfassung und Empfehlungen	498

		Seite
12.2	**Multiple Chemikalien-Sensitivität (MCS)**	501
12.2.1	Neue Forschungsansätze zur Multiplen Chemikalien-Sensitivität	501
12.2.1.1	Bewertung der Ergebnisse der MCS Multi-Center-Studie	503
12.2.2	Bewertung neuer Erkenntnisse in der nationalen und internationalen Literatur	505
12.2.3	Zusammenfassung und Empfehlungen	507
12.3	**Weichmacher (Phthalate)**	508
12.3.1	Eigenschaften und Verwendungen	509
12.3.2	Eintrag und Expositionspfade	509
12.3.3	Innere Exposition beim Menschen	510
12.3.4	Toxizität von Phthalaten	510
12.3.5	Rechtliche Regelungen	511
12.3.6	Zusammenfassung und Empfehlungen	512
12.4	**Acrylamid**	513
12.4.1	Stoffeigenschaften und Verwendung	514
12.4.2	Acrylamidbildung und Exposition	514
12.4.3	Metabolismus und Toxizität	515
12.4.4	Stand der Forschung	515
12.4.5	Bestehende Regelungen und Maßnahmen	516
12.4.6	Zusammenfassung und Empfehlungen	516
12.5	**Edelmetalle aus Katalysatoren**	517
12.5.1	Emissionen, Immissionen und Verteilung in der Umwelt	517
12.5.2	Toxizität von PGE	518
12.5.3	Bewertung und Empfehlungen	520
13	**Neue umweltpolitische Steuerungskonzepte**	521
13.1	**Herausforderungen für das umweltpolitische Regieren in Europa**	521
13.1.1	Persistente Umweltprobleme	521
13.1.2	Veränderte politisch-institutionelle Rahmenbedingungen	522

		Seite
13.1.2.1	Akteure und Akteurskonstellationen	523
13.1.2.2	Handlungsebenen	523
13.1.2.3	Steuerungsformen	524
13.1.2.4	Institutionelle Rahmenbedingungen	524
13.1.2.5	Zwischenfazit	525
13.1.3	Zum Beurteilungsmaßstab	525
13.2	**Neuere Ansätze umweltpolitischer Steuerung (Environmental Governance)**	525
13.2.1	Strategische Steuerung der Umweltpolitik – das Leitkonzept von Rio de Janeiro	525
13.2.1.1	Das Steuerungskonzept der Agenda 21	525
13.2.1.2	Der „Rio-Prozess"	526
13.2.1.3	Hemmnisse	527
13.2.1.4	Zwischenfazit	527
13.2.2	Allgemeine Beurteilung zentraler neuer Steuerungsansätze der Umweltpolitik	528
13.2.2.1	Vorbemerkung	528
13.2.2.2	Ziel- und ergebnisorientierte Steuerungsansätze	528
13.2.2.3	Umweltpolitikintegration/Sektorstrategien	530
13.2.2.4	Kooperative Steuerungsansätze	532
13.2.2.5	Partizipation, Selbstregulierung und „aktivierender Staat"	534
13.2.2.6	Mehr-Ebenen-Steuerung	536
13.2.3	Erfolgsvoraussetzungen neuer Steuerungsformen	537
13.2.3.1	Kapazitätsbildung und „Kapazitätsschonung"	537
13.2.3.2	Die Bedeutung von Staatlichkeit im veränderten Steuerungsmodell	538
13.2.3.3	Zur Rolle des Nationalstaates	540
13.3	**Die neuen Politikansätze im Lichte der Kompetenzordnung**	541
13.3.1	Kompetenzverteilung zwischen EG und Mitgliedstaaten – Grundlagen	542
13.3.2	Das Subsidiaritätsprinzip im Umweltschutz	543
13.3.3	Die Rolle der EG in internationalen Umweltabkommen	545
13.3.4	Probleme föderaler Strukturen in den Mitgliedstaaten	546

		Seite
13.4	**Bewertung neuer umweltpolitischer Steuerungskonzepte in der Europäischen Union**	547
13.4.1	Chancen des umweltpolitischen Entscheidungssystems der Europäischen Union	549
13.4.2	Ziel- und ergebnisorientierte Ansätze	551
13.4.3	Ansätze der Umweltpolitikintegration	552
13.4.4	Kooperatives Regieren	555
13.4.4.1	Kooperatives Regieren mit Mitgliedstaaten	556
13.4.4.2	Kooperatives Regieren mit Regionen	558
13.4.4.3	Kooperatives Regieren mit Industrieverbänden	559
13.4.5	Aktivierte Selbstregulierung und Partizipation	562
13.5	**Zusammenfassung und Empfehlungen**	563
Literaturverzeichnis		571
Sonstige Informationsquellen		637
Verzeichnis der Abkürzungen		640
Stichwortverzeichnis		651

Anhang

Erlass	661
Publikationsverzeichnis	663

Verzeichnis der Tabellen im Text

		Seite
2-1	Anteilsmäßige Verteilung der CO_2-Emissionen der EU des Jahres 2001 auf die Verursachersektoren und relative Veränderung gegenüber 1990	84
2-2	EU-Mindeststeuersätze für ausgewählte Energieträger (ohne Berücksichtigung von Ausnahmen und Ermäßigungen)	109
2-3	Regelsteuersätze für einzelne Energieträger vor und nach dem 1. Januar 2003	109
2-4	Vergütungssätze nach dem Entwurf der EEG-Novelle und nach dem bisherigen EEG für im Jahr 2004 neu in Betrieb genommene Anlagen	114
3-1	Weltweit bedrohte Arten 2002: Gesamtanzahl nach taxonomischen Gruppen pro Staat der EU-15	120
3-2	Für das Screening von Wirkungen auf die biologische Vielfalt relevante Fragen	127
3-3	Überblick über die Themenfelder der Nachhaltigkeitsstrategie mit Bezug zur Biodiversitätsstrategie und Erweiterungsvorschläge	129
3-4	Vorschläge für Ziel- und Handlungsschwerpunkte einer deutschen Biodiversitätsstrategie (s. auch SRU, 2002b)	129
3-5	Definition biologischer Invasionen mit Angaben zu Voraussetzungen, beteiligten Prozessen und Auswirkungen	133
3-6	NATURA-2000-Barometer (Stand: 16. Oktober 2003)	138
3-7	Übersicht über die FFH-Gebietsmeldungen gemäß Artikel 4 Abs. 1 der FFH-Richtlinie (Stand: 1. August 2003)	139
3-8	Gemeldete Fläche und Nachmeldebedarf der Länder bei Buchenwald-Lebensraumtypen (LRT 9110, 9130, 9150)	140
3-9	Übersicht über die Vogelschutzgebietsmeldungen (SPA) gemäß Artikel 4 der Vogelschutz-Richtlinie (Stand: 1. August 2003)	141
3-10	Unterschiede der untergesetzlichen Vorgaben der Bundesländer zur FFH-Verträglichkeitsprüfung – Beispiele	144
3-11	Gesamtausgaben, die voraussichtlich jährlich zum Management der NATURA-2000-Gebiete im Zeitraum 1. Januar 2003 bis 31. Dezember 2012 in Deutschland anfallen (Fragebogen der EU-Expertengruppe)	147
3-12	Umweltorientierte Beobachtungsprogramme im Geschäftsbereich des BMU in Deutschland	156
3-13	(Geplante) rechtliche Umsetzung der Landschaftsplanung in den Bundesländern	165
4-1	Direkte und indirekte Finanzhilfen (Zahlungen an Länder) des Bundes und der EU für die deutsche Landwirtschaft 1998 bis 2003	178
4-2	Übersicht zu Zielen für den Umweltschutz in der deutschen Landwirtschaft	180
4-3	WTO-Einteilung interner Stützungen anhand der Boxes	185
4-4	Kenngrößen der EU-Agrarstützung bei Hauptprodukten	187

Seite

4-5	Gegenüberstellung: Status quo der Agrarpolitik und Mid-Term Review	189
4-6	Ergebnisse des Agrarsektormodells RAUMIS zu den Wirkungen der MTR-Beschlüsse sowie Grobabschätzung der Folgen einer vollständigen Liberalisierung	204
4-7	Stickstoffbilanzüberschüsse bei konventionell wirtschaftenden Betrieben mit hohem und niedrigem Viehbesatz sowie bei ökologisch wirtschaftenden Betrieben	215
4-8	Wichtigste Vorschriften der Düngeverordnung zur guten fachlichen Praxis bei der Ausbringung von Düngemitteln	218
4-9	Häufig nachgewiesene PSM-Wirkstoffe und Metabolite	228
4-10	Ziele und Maßnahmen der thematischen Strategie der EU zur nachhaltigen Nutzung von Pestiziden und des nationalen Reduktionsprogramms im Pflanzenschutz	231
5-1	Begriffsbestimmungen für den sehr guten, guten und mäßigen ökologischen Zustand von Flüssen für die biologische Qualitätskomponente Phytoplankton gemäß Entwurf zur MusterVO der LAWA vom 2. Juli 2003	248
5-2	Grundwasserbelastung mit Atrazin, Desethylatrazin und Simazin in Deutschland	260
5-3	Wasserqualitäten deutscher Badegewässer in den Jahren 1997 bis 2002	263
5-4	Mikrobiologische Qualitätsanforderungen an Badegewässer	265
5-5	Kernindikatoren für fäkale Verunreinigungen gemäß Kommissionsvorschlag zur Novellierung der Badegewässerrichtlinie	265
5-6	Stickstoffanforderungen für Kläranlagen >100 000 EW gemäß der 5. Novelle der AbwV und der EG-Kommunalabwasserrichtlinie für empfindliche Gebiete	271
5-7	Anteile der zentralen und dezentralen Abwasserentsorgung in Deutschland im Jahr 1998	279
5-8	Heutige Belastungsanteile mit Umweltchemikalien und Humanarzneimitteln der Gewässer durch Abwässer in Abhängigkeit vom Grad der Abwasserreinigung	280
6-1	Konzentrationsbereiche von $PM_{2,5}$ im Jahr 2001 an deutschen Messstationen	291
6-2	Prozentualer Anteil der Messstationen mit (unzulässigen) Überschreitungen der NO_2- und $NO_x(NO + NO_2)$-Grenzwerte der ersten Tochterrichtlinie (1995 bis 2001)	296
6-3	Prozentualer Anteil der Messstationen mit (unzulässigen) Überschreitungen der PM_{10}-Grenzwerte und Richtgrenzwerte der ersten Tochterrichtlinie	297
6-4	TA Luft 2002: Immissionswerte für Stoffe zum Schutz der menschlichen Gesundheit	305
6-5	TA Luft 2002: Immissionswerte für Schwefeldioxid und Stickstoffoxide zum Schutz von Ökosystemen und der Vegetation	306

Verzeichnis der Tabellen im Text

Seite

6-6	Gegenüberstellung der Immissionswerte für Schadstoffdepositionen aus der TA Luft 2002 und der TA Luft 1986, Mittelungszeitraum ein Jahr	306
6-7	Emissionsmassenströme, bei denen die Irrelevanzschwelle gerade erreicht wird	308
6-8	Gegenüberstellung wichtiger Anforderungen für Neuanlagen > 300 MW aus der 13. BImSchV von 1983, aus dem Entwurf für eine Novelle der 13. BImSchV vom 28. Mai 2003 und aus der Großfeuerungsanlagenrichtlinie (2001/80/EG)	312
6-9	Gegenüberstellung der Anforderungen an die Steinkohlenstaubfeuerungen des Entwurfes für eine Novelle der 13. BImSchV vom 28. Mai 2003 (E-13. BImSchV) und der Empfehlungen zu den Besten Verfügbaren Techniken bei Steinkohlenstaubfeuerungen des Entwurfes des BVT-Merkblattes zu Großfeuerungsanlagen (BREF)	312
6-10	Nationale Höchstmengen der Emissionen von SO_2, NO_x, VOC und NH_3, die nach der NEC-Richtlinie bis 2010 erreicht werden müssen	314
6-11	Emissionen und Emissionshöchstmengen für Deutschland	315
7-1	Entwicklung der Fahrzeugleistung in Deutschland 1991 bis 2001	321
7-2	Schallschutzmaßnahmen im Straßenverkehr bis einschließlich 2002	322
7-3	Lärmbelästigung der Bevölkerung nach Geräuschquellen in den Jahren 2000 und 2002 in Deutschland anhand der ICBEN-Skala	322
7-4	Zeitreihe zur Belästigungssituation im Wohnumfeld	324
7-5	Schwellen für nachteilige Sofortreaktionen des schlafenden, gesunden Erwachsenen bei nächtlichem Verkehrslärm am Ohr des Schläfers, publiziert in internationalen Studien seit 1980	326
7-6	Signifikant erhöhte gesundheitliche Risiken für Wirkungsendpunkte chronisch lärmexponierter Gruppen	329
8-1	Verpackungsverbrauch in Deutschland 1991 bis 2002 (1 000 Mg)	354
8-2	Struktur des Packmitteleinsatzes in Deutschland 1991 und 2001	355
8-3	Verwertungsquoten bezogen auf den Verpackungsverbrauch in Deutschland 1991 bis 2002 (%)	356
8-4	Mehrweganteile für Getränke (ohne Milch) bundesweit 1991 bis 2000 (%)	357
8-5	Materialspezifische Verwertungsquoten nach deutscher VerpackV und nach der neuen Europäischen VerpackungsRL	358
8-6	Stoffliche und nicht stoffliche Verwertungsquoten bei Verpackungsabfällen in Großbritannien 1998 bis 2001	360
8-7	Verpackungsverbrauch und stoffliche Verwertungsquoten für ausgewählte Materialfraktionen in Großbritannien 1998 bis 2001	360
8-8	Anzahl inländischer und exportierender Verwerter in den einzelnen Branchen in Großbritannien 1998 und 2001	360

		Seite
8-9	Verwertungsquoten für verpflichtete Unternehmen in Großbritannien 1998 bis 2003	361
8-10	Grenzwertvorschläge für Schwermetallgehalte von Komposten und festen Gärrückständen in mg/kg Trockensubstanz (TS)	371
8-11	Vergleich verschiedener Vorschläge zur Begrenzung von Schwermetallen in Klärschlammen bei landwirtschaftlicher Verwertung in mg/kg Trockensubstanz (TS)	375
9-1	Gegenüberstellung der vorgeschlagenen Prüfwerte zum Schutz der Bodenorganismen und anderer Bodenwerte in mg/kg Trockensubstanz	384
9-2	Bundesweite Entwicklung der Altlastenverdachtsflächen 1998 bis 2000	388
9-3	Altlastenverdachtsflächen und Stand der Altlastensanierung in einzelnen Bundesländern (Stand: 2002/2003/2004)	389
10-1	Anzahl der Freisetzungsanträge in der Europäischen Union und in Deutschland	401
10-2	Genehmigte Freisetzungen in Deutschland	402
10-3	Potenzielle Veränderungen durch die „grüne" Gentechnik auf den Ebenen der Biodiversität	414
10-4	Vorschlag eines Schemas zur Risikobewertung ökologischer Wirkungen gentechnisch veränderter Organismen	417
10-5	Kritische Stellen für GVO-Verunreinigungen im Warenfluss	418
10-6	Kennzeichnung gentechnisch veränderter Lebens- und Futtermittel – Beispiele	430
10-7	Untersuchungsparameter und Methoden für das GVP-Monitoring	434
11-1	Vergleich der Datenanforderungen zu den toxikologischen Informationen der Richtlinie 92/32/EWG (Neustoffanmeldung) und des REACH-Vorschlags vom Oktober 2003	461
11-2	Vergleich der Datenanforderungen zu den ökotoxikologischen Informationen der Richtlinie 92/32/EWG (Neustoffanmeldung) und des REACH-Vorschlags vom Oktober 2003	462
11-3	Geschätzte Kosten von REACH im Verhältnis zu anderen Kostenfaktoren und dem Umsatz der Chemischen Industrie	474
12-1	Relevante industrielle und gewerbliche Emittenten für Biologische Aerosole, Übersicht über Anlagenarten und Messobjekte	483
12-2	Anzahl, Kapazität und durchschnittliche Anlagengrößen von Kompostierungsanlagen in Deutschland (Stand: April 1998)	487
12-3	Maximalexpositionen durch typische Mikroorganismen in Innenräumen, der Umgebung von Abfallwirtschaftsanlagen und der Außenluft (in KBE/m^3)	488
12-4	Maximalexpositionen durch typische Mikroorganismen in Innenräumen, der Abfall- und Landwirtschaft und der Umgebung von Abfallwirtschaftsanlagen (in KBE/m^3)	489
12-5	Charakteristische MVOC aus Reinkulturen unterschiedlicher Schimmelpilzarten nach verschiedenen Autoren	495

Verzeichnis der Tabellen im Text

                                                                                                                                    Seite

12-6	Darstellung der häufigsten Beschwerden von umweltmedizinischen Patienten im Vergleich zu anderen Bevölkerungsgruppen im SOMS (Screening für Somatoforme Störungen)	507
12-7	Produktion, Verarbeitung, Verbrauch und Emission von Di(2-ethylhexylphthalat) (DEHP), Dibutylphthalat (DBP) und Butylbenzylphthalat (BBP) in Deutschland im Jahr 1995	509
12-8	Die wichtigsten Phthalate, deren Anwendungen und toxische Wirkungen	511
12-9	Acrylamid-Konzentrationen in verschiedenen Lebensmittelgruppen: Daten aus Untersuchungen in Norwegen, Schweden, Großbritannien und den USA	514
12-10	Platinmessungen am Arbeitsplatz (Luft), im Blutserum von exponierten Arbeitern (in drei unterschiedlich stark belasteten Gruppen) und neu aufgetretene Platinsalzallergien für die Jahre 1992 und 1993	519
12-11	Abschätzungen der Palladiumaufnahme der allgemeinen Bevölkerung getrennt nach verschiedenen Quellen und Wegen	520
13-1	Neuere umweltpolitische Steuerungsansätze in der Europäischen Union	547
13-2	Entwicklung umweltpolitischer Steuerungstypen in der Europäischen Union	548

Verzeichnis der Abbildungen im Text

		Seite
2-1	Emissionsentwicklung in den EU-Mitgliedstaaten im Vergleich zur Verpflichtung nach der Lastenteilungsvereinbarung	85
2-2	Entwicklung der energiebedingten CO_2-Emissionen (temperaturbereinigt	85
2-3	Relative CO_2-Emissionsänderungen nach Verursachersektoren im Zeitraum 1990 bis 2002, 1990 bis 1999 und 1999 bis 2002	86
2-4	Prognose der Entwicklung der im Jahr 2003 installierten Kraftwerksleistung bis 2020 ohne Berücksichtigung von Neubauten	90
2-5	Spezifische CO_2-Emissionen der Stromerzeugung	91
2-6	Treibhausgasemissionen von Erdgas und Kohle verschiedener Förderländer	94
2-7	Stromgestehungskosten neu errichteter Kondensationskraftwerke ohne und mit CO_2-Zertifikatspreisen von 20 Euro pro t CO_2	95
2-8	Effektive Ökosteuerbelastung unter Berücksichtigung des Spitzenausgleichs – bisherige Regelung und Neuregelung ab 2003	108
3-1	Verankerung einer Biodiversitätsstrategie als Teilaspekt der Nachhaltigkeitsstrategie	128
3-2	Aufbau des Indikators als Informationspyramide: Aggregationsebenen, Informationsniveaus und potenzielle Informationsnutzer	132
3-3	Auftreten von Neozoen in Deutschland pro Dekade (kumulativ)	134
3-4	Übersichtskarte der deutschen Meldungen von FFH-Gebieten (Stand: 2002)	143
3-5	Ablaufschema Umweltbeobachtung	155
3-6	Stand der Novellierung der Landesnaturschutzgesetze in den Bundesländern	159
3-7	Notwendige Inhalte einer landesrechtlichen Umsetzung des § 3 BNatSchG entsprechend den Empfehlungen der LANA	160
3-8	Vorschlag der LANA zu Landesgesetzen zum Biotopverbund	161
3-9	Unverzichtbare Inhalte einer landesrechtlichen Umsetzung der Regelungen zur Mindestdichte von linearen und punktförmigen Elementen (§ 5 Abs. 3 BNatSchG) nach den Vorschlägen der LANA	162
3-10	Formulierungsvorschlag der LANA zur landesrechtlichen Umsetzung von § 5 Abs. 3 BNatSchG (Mindestdichte von Vernetzungselementen)	163
3-11	Konkretisierungserfordernisse, Hinweise und Vorschläge des Umweltrates zur guten fachlichen Praxis nach § 5 Abs. 4 BnatSchG	163
4-1	Wirkung einer Reserve prämienfreier Flächen im Prämienhandel des Regionalmodells	194
4-2	Umsatzerlöse, Stützungsanteil und Gesamtkosten vor Faktorentlohnung nach Betriebstypen anhand von Buchführungsdaten (1999/2000 und 2000/2001)	203

Verzeichnis der Abbildungen im Text

		Seite
4-3	Verteilung der geplanten Förderung nach Verordnung (EG) 1257/1999 auf die Bundesländer in Euro/ha LF und Jahr im Durchschnitt der Jahre 2004 bis 2006	210
4-4	Entwicklung des Inlandabsatzes von mineralischem Dünger	213
4-5	Viehbesatzdichte in Großvieheinheiten (GV) pro Hektar landwirtschaftlich genutzter Fläche (LF) im Jahr 1999	213
4-6	Stickstoffüberschüsse der Landwirtschaft in den Jahren 1991 bis 2000 und das Ziel der Nachhaltigkeitsstrategie der Bundesregierung für das Jahr 2010	214
4-7	Jährliche Stickstoffbilanz nach Viehbesatzdichte in Beispielbetrieben aus Nordrhein-Westfalen und Bayern für die zwei Wirtschaftsjahre 1999/2000 und 2000/2001 (Werte in kg N/ha)	215
4-8	Vorschlag zur Verknüpfung von Stickstoffüberschussfreigrenze, Aufzeichnungspflichten und einer Stickstoffüberschussabgabe bei der landwirtschaftlichen Düngung	219
4-9	Wirkstoffmengen der in Deutschland abgesetzten Pflanzenschutzmittel	230
5-1	Flussgebietseinheiten in der Bundesrepublik Deutschland	246
5-2	In elf Schritte untergliedertes Schema zum Vorgehen bei der Ausweisung erheblich veränderter und künstlicher Wasserkörper	255
5-3	Gruppen einzelner Umweltchemikalien und Arzneimittel in Oberflächengewässern der USA	276
5-4	Hauptwege der Umweltchemikalien in der Umwelt	278
5-5	Hauptwege der Humanarzneimittel in der Umwelt	278
6-1	Entwicklung der SO_2-, NO_x-, NH_3- und NMVOC-Emissionen in Deutschland von 1980 bis 2001	285
6-2	Wirkungskette wichtiger Luftschadstoffe	287
6-3	NO_x-Immissionen (als Jahresmittelwerte) in Deutschland für die Jahre 1991 und 2001, interpoliert auf die Fläche dargestellt	288
6-4	Trend der Jahreskenngrößen 1982 bis 2002 kontinuierlich gemessener NO_2-(A) und NO-Konzentrationen (B) in NRW	289
6-5	Entwicklung der PM_{10}-Immissionen seit 1997 an verkehrsnahen Messstationen in Sachsen-Anhalt	291
6-6	Analyse der Inhaltstoffe des PM_{10}-Aerosols von einer verkehrsnahen (A) und einer ländlich geprägten (B) Messstelle (aus dem Rhein-Ruhr-Gebiet)	293
6-7	Leitfaden zur Entscheidung über medienübergreifende Konflikte	304
7-1	Repräsentative Umfrage zur Belästigung im Wohnumfeld für das Jahr 2002	323
7-2	Felduntersuchungen: Gemittelte Dosis-Wirkungs-Kurven für verschiedene Quellen	333
7-3	Laboruntersuchungen: Gemittelte Dosis-Wirkungs-Kurven für verschiedene Quellen	333

		Seite
8-1	Regelungskreis Umwelteffekte des Entsorgungsverfahrens	347
8-2	Regelungskreis Umwelteffekte des (Verwertungs-)Produkts	348
8-3	Entsorgungswege für Klärschlamm aus der biologischen Abwasserbehandlung öffentlicher Kläranlagen 1998 und 2001	374
11-1	Ablaufschema von REACH	455
12-1	Acrylamidkonzentrationen (µg/kg) von im temperaturregulierten Ofen erhitzten Pommes Frites	514
13-1	Von der horizontalen zur vertikalen Umweltpolitikintegration	532
13-2	Dimension umweltpolitische Steuerung	539

Vorwort

Die europäische Umweltpolitik befindet sich ersichtlich in einer Phase des Umbruchs und der Neuorientierung. Einerseits organisiert die Europäische Kommission einen auffallend langwierigen Reflexionsprozess darüber, wie hartnäckige, persistente Umweltprobleme durch neue Handlungsstrategien erfolgreich bewältigt werden können. Andererseits und zugleich geraten auch die bislang recht erfolgreichen Instrumente und Verfahren des europäischen Umweltrechts auf den Prüfstand. Neue Ideen zum „Regieren in Europa" zielen auf eine „Verantwortungsteilung" zwischen den politischen Institutionen und privater Macht sowie auf die Verschiebung von Einfluss und Verantwortung aus der Umweltpolitik in andere Ressorts, bei denen die Stärkung der Wettbewerbsfähigkeit der europäischen Industrie im Mittelpunkt des Interesses steht.

Der Umweltrat greift diese Diskussion im vorliegenden Umweltgutachten auf und warnt vor Tendenzen einer „weichen" Rahmensteuerung seitens der Gemeinschaft, die keineswegs vom Subsidiaritätsprinzip nahe gelegt oder gar gefordert wird. Vielmehr gilt es, die im EG-Vertrag verankerte Querschnittsklausel ernst zu nehmen, wonach die Europäische Gemeinschaft ihre auf die volle Entwicklung des Binnenmarktes gerichtete Wirtschaftspolitik adäquat und konsequent umweltpolitisch flankieren muss. Die Europäisierung und Globalisierung der Märkte darf nicht von einer Partikularisierung und Privatisierung der Umweltpolitik „flankiert" werden, da ansonsten die umweltpolitische Handlungsfähigkeit der Gemeinschaft gefährdet wäre.

Auch in Deutschland findet aktuell eine umfangreiche, politisch in der Bundesstaatskommission hochrangig angesiedelte Grundsatzdebatte über die Funktionsfähigkeit der bundesstaatlichen Ordnung statt. Dabei geht es einerseits um Ursachen für so genannte Politik-Blockaden und darum, die bundesstaatliche Ordnung „europafähig" zu machen, andererseits um das sehr vage Ziel, die „Eigenstaatlichkeit" der Bundesländer dadurch zu stärken, dass man ihnen Gesetzgebungskompetenzen überträgt, die gegenwärtig dem Bund in dieser oder jener Form zustehen. Der Umweltrat fordert in diesem Gutachten das Gegenteil, nämlich die dringend erforderliche Stärkung der Gesetzgebungskompetenzen des Bundes jedenfalls für den Gewässerschutz und für Naturschutz und Landschaftspflege. Der Umweltrat ist bei den Analysen der Sachprobleme vielfach, namentlich im Bereich des Gewässerschutzes und im Handlungsfeld des Naturschutzes, auf umfängliche Vollzugsdefizite gestoßen, die durch detaillierte gesetzliche Vorgaben seitens des Bundes vermieden werden könnten und sollten. Auch bei der Erarbeitung des im Februar 2004 veröffentlichten Sondergutachtens „Meeresumweltschutz für Nord- und Ostsee" identifizierte der Umweltrat Kompetenzprobleme als Ursachen eines defizitären Regelungsregimes.

Der Umweltrat rät der Bundesregierung daher, sich nachdrücklich den in der aktuellen Diskussion erkennbaren Tendenzen zu widersetzen, dem vagen und abstrakten Ziel einer Stärkung der „Eigenstaatlichkeit" der Länder die umweltpolitische Handlungsfähigkeit der Bundesrepublik Deutschland zu opfern.

Zu wichtigen Handlungsfeldern der deutschen und europäischen Umweltpolitik empfiehlt der Umweltrat

– die historische Chance der Kraftwerkserneuerung zur Abkehr vom Kohlepfad zu nutzen,

– im Naturschutz nun endlich nach langwierigen Verzögerungen das europäische Schutzgebietsnetz NATURA 2000 zu verwirklichen,

– die Landwirtschaft auf die im Weltwirtschaftsrecht auf der Tagesordnung stehende Liberalisierung einzustellen, indem gezielt Maßnahmen des Umweltschutzes honoriert werden, anstatt vorrangig mit Flächen- oder Betriebsprämien zu subventionieren,

– im Bereich des Bodenschutzes die immer noch dramatische Flächeninanspruchnahme drastisch zu senken und die aus dem öffentlichen Gesichtsfeld verbannte Altlastenproblematik wieder intensiver anzupacken,

- bei der Zulassung der „grünen" Gentechnik, an der in Europa nur ein begrenztes Interesse besteht, die Koexistenz mit den anderen Formen der Landwirtschaft zu gewährleisten und die Wahlfreiheit der Verbraucher sicherzustellen,
- im Gewässerschutz die lange Zeit vernachlässigte wasserwirtschaftliche Planung zur Verwirklichung der europäischen Qualitätsziele zu forcieren,
- in der Luftreinhaltung die Emissionen des Verkehrs und der Landwirtschaft deutlich zu mindern,
- dem Lärmschutz eine höhere Priorität einzuräumen und dabei namentlich den relevanten und rechtlich stark vernachlässigten Fluglärm adäquat zu regulieren,
- die Abfallpolitik stärker auf Rahmensetzungen hin zu orientieren und dafür hohe Entsorgungsstandards in Europa weiterzuentwickeln,
- die von der Europäischen Kommission auf den Weg gebrachte neue Chemikalienpolitik nachdrücklich zu unterstützen und endlich 30 000 Altstoffe auf den Prüfstand zu stellen sowie
- neue gesundheitsbezogene Umweltrisiken ernst zu nehmen.

Berlin, im April 2004

Max Dohmann, Thomas Eikmann, Christina von Haaren, Martin Jänicke,
Hans-Joachim Koch, Peter Michaelis, Konrad Ott

Kurzfassung

1 Zur Lage der Umwelt

1.1 Politische Ausgangslage

1*. Die deutsche Umweltpolitik hat in den ersten beiden Jahren der zweiten Legislaturperiode der aus SPD und BÜNDNIS 90/DIE GRÜNEN gebildeten Bundesregierung im Vergleich zur ersten Legislaturperiode an Dynamik verloren. Nach dem Regierungswechsel im Jahr 1998 wurden zunächst die „großen" Themen der neuen Koalition in Angriff genommen, zu denen der langfristige Ausstieg aus der Atomenergie, die Ökologische Steuerreform, die Nachhaltigkeitsstrategie und die Modernisierung des Naturschutzrechtes gehörten. Der UN-Weltgipfel für Nachhaltige Entwicklung in Johannesburg im Herbst 2002 schuf zudem einen Anreiz, die deutsche Umweltpolitik auch auf der internationalen Ebene als ambitioniert darzustellen.

Die Umweltpolitik in der ersten Hälfte der zweiten Legislaturperiode der „rot-grünen" Bundesregierung nach 2002 stand dagegen unverkennbar im Zeichen einer mehrjährigen wirtschaftlichen Stagnation mit ihren gravierenden Folgewirkungen im Bereich des Arbeitsmarktes und der sozialen Sicherungssysteme. Für die defensive Situation der Umweltpolitik war es kennzeichnend, dass die in Angriff genommenen überfälligen Finanz- und Sozialreformen ökologische Aspekte zunächst weit gehend ausklammerten. Dabei hatten beide Regierungsparteien (wie auch der Umweltrat) in früheren Jahren ebenso für eine Verlagerung des Abgaben- und Steueraufkommens vom Faktor Arbeit hin zum Umwelt- und Ressourcenverbrauch plädiert wie für einen „ökologischen Subventionsabbau". Nach heftigen Kontroversen mit der Opposition im Vermittlungsausschuss gelangen schließlich erste Schritte in die Richtung eines Abbaus umweltschädigender Subventionen. Ein weiterer Subventionsabbau bleibt auf der politischen Tagesordnung. Insgesamt sah sich die deutsche Umweltpolitik in den vergangenen beiden Jahren einer verstärkten Mobilisierung wirtschaftlicher Teilinteressen gegenüber, vor allem bei der EU-Chemikalienpolitik und im Klimaschutz (Emissionshandel, Kraft-Wärme-Kopplung, Kohleverstromung) und sogar bei einem so vergleichsweise unbedeutenden Thema wie dem Dosenpfand. Zumeist gelang es nur mit Rückendeckung von Richtlinienvorschlägen der EU-Kommission, eine Blockadesituation in wichtigen Handlungsfeldern zu vermeiden. Die weitere Entwicklung wird zeigen, ob die umweltpolitische Zurückhaltung nur kurzfristig und einer extrem ungünstigen Konjunkturlage zuzuschreiben ist oder ob sie ein generelles Zurückschrauben umweltpolitischer Ziele bedeutet.

1.2 Grundlegende Steuerungsfragen

2*. Die Umweltpolitik steht vor schwierigen Herausforderungen. Während viele technisch zu bewältigende Umweltprobleme inzwischen erfolgreich in Angriff genommen worden sind, erweisen sich andere als weiterhin ungelöst. Angesichts dieser persistenten Umweltprobleme erachtet der Umweltrat sowohl öko-optimistische Darstellungen, die immer wieder einseitig und verharmlosend auf Erfolgsentwicklungen hinweisen, als auch pessimistische Sichtweisen, die die grundsätzlichen Leistungspotenziale von Umweltpolitik in problematischer Weise unterschätzen, für nicht zielführend. Vielmehr ist eine differenzierte Gesamtsicht des Aufgabenfeldes der Umweltpolitik angezeigt. Die Lösung schwieriger persistenter Umweltprobleme erfordert ein Nachdenken über geeignete Steuerungsformen. Fragen der Kompetenzordnung einer Mehr-Ebenen- und Mehr-Sektoren-Steuerung, Fragen zur Rolle zielorientierter und kooperativer Umweltpolitik und zur Rolle der Selbstregulierung bedürfen der Klärung.

Diesbezüglich betont der Umweltrat die finale Verantwortung und die Garantiefunktion des demokratischen Rechtsstaates, gerade im Falle delegierter beziehungsweise kooperativer Problemlösungen. Die kooperativen und flexibleren Governance-Formen bieten zwar grundsätzlich ein Potenzial der Verbesserung umweltpolitischer Problemlösungsfähigkeit. Sie erweisen sich indes als äußerst voraussetzungsvoll und erfordern oft zusätzliche staatliche Handlungskapazitäten. Sie sind eine Ergänzung, kein Substitut für regulative Politik. Vielmehr unterliegt auch diese einem Modernisierungsprozess, dessen technologisch-innovative Potenziale (beispielsweise im Top-Runner-Programm der japanischen Klimapolitik) Interesse verdienen. Dies gilt gleichermaßen für die deutsche wie für die europäische Umweltpolitik. Die gegenwärtig laufende Diskussion um die Neujustierung des bundesdeutschen Föderalismus wie insbesondere auch die anhaltenden Probleme mit dem Vollzug europäischen Umweltrechts verweisen aus Sicht des Umweltrates auf die Notwendigkeit einer Stärkung der Bundeskompetenz im Gewässer- und Naturschutz (vgl. Kap. 3 und 5).

In diesem Gutachten wird – neben der Grundsatzthematik geeigneter Steuerungsformen – eine große Anzahl umweltpolitischer Einzelthemen behandelt. Um dem Leser deren Einordnung zu erleichtern, soll im Folgenden eine knapp fokussierte Orientierung über die derzeitige Lage der Umwelt und wesentliche umweltpolitische Handlungsfelder gegeben werden. Dies liegt nicht nur wegen der Vielzahl der Themen, sondern auch deshalb nahe, weil die Umweltsituation in Deutschland und der hieraus abzuleitende Handlungsbedarf sich in Teilbereichen sehr unterschiedlich entwickeln.

2 Klimaschutz und Energiepolitik

3*. Eine anspruchsvolle Klimapolitik vermeidet extreme Langzeitrisiken mit hohen volkswirtschaftlichen Schadenkosten. Im europäischen und globalen Kontext ist eine der Problemlage angemessene Klimapolitik nur durchsetzbar, wenn einzelne Staaten – auch in der zweiten Kioto-Verhandlungsrunde – Vorreiterrollen einnehmen. Eine solche Rolle bietet technologische Chancen für Deutschland in diesem zentralen Politikfeld.

Auf Grundlage der Ziele der UN-Klimarahmenkonvention und der aktuellen wissenschaftlichen Erkenntnisse des Zwischenstaatlichen Expertenausschusses für Klimafragen (IPCC) hält der Umweltrat das Ziel einer Reduktion der deutschen Treibhausgasemissionen um 80 % bis 2050 gegenüber 1990 und das entsprechende „Zwischenziel" von 40 % bis 2020 für gut begründet und notwendig. Als Vorgabe für die Industrieländer würde dies zu einer langfristigen globalen Klimastabilisierung auf vertretbarem Niveau (450 ppmv CO_2) beitragen und den Entwicklungsländern zugleich Spielraum für einen moderaten – und zeitweiligen – Emissionsanstieg lassen. Die britische Regierung hat im Jahr 2003 ein weit reichendes Reduktionsziel für 2050 formuliert: 60 % Reduktion *from current levels*. Der britische und der schwedische Premierminister haben für Europa in ihrem Brief an die griechische Ratspräsidentschaft und den Kommissionspräsidenten vom Februar 2003 eine Reduktion der CO_2-Emissionen in der Größenordnung von 60 % bis zum Jahr 2050 vorgeschlagen. Eine Bandbreite von 60 bis 80 % für die Zielbildung der Industrieländer erscheint dem Umweltrat als vertretbar. Deutschland sollte bei diesem klimapolitischen Zielbildungsprozess seine Rolle darin sehen, im Interesse einer hinreichend sicheren Klimastabilisierung die anspruchsvollere Variante innerhalb der genannten Bandbreite durchzusetzen. Ohne Zweifel stellt dies hohe Anforderungen an die politische Steuerungskraft wie an die technologische Innovationsfähigkeit der Industrieländer.

Eine zeitnahe Festlegung auf ein anspruchsvolles langfristiges Zielniveau und auf den verbindlichen Pfad der Zielerreichung ist zudem von praktischer Bedeutung, um für die in Deutschland anstehende umfassende Erneuerung des Kraftwerksparks einen verlässlichen Ordnungsrahmen für ökologisch und ökonomisch zukunftsfähige Neuinvestitionen zu schaffen. Zur Umsetzung dieser Vorgaben kann das Instrument des Emissionshandels in effizienter Weise beitragen.

4*. Der Umweltrat hält nach Prüfung vorhandener Studien eine anspruchsvolle Klimaschutzstrategie nicht nur für technisch machbar, sondern auch für wirtschaftlich vertretbar. Er sieht in einer solchen Strategie auch wesentliche Chancen für die Position Deutschlands und der EU im globalen Innovationswettbewerb um zukunftsgerechte Energietechniken. Kosten dürften eher durch den fossilen Energiepfad entstehen: Auf der volkswirtschaftlichen Ebene betrifft dies vor allem Schadenskosten durch sich häufende extreme Wetterlagen, auf der betriebswirtschaftlichen Ebene langfristig steigende Gewinnungskosten und Kosten des Emissionshandels beziehungsweise der CO_2-Sequestrierung. Das Hauptproblem sind offenbar nicht Technologien und Kosten, sondern die politischen Widerstände betroffener Industrien. Deren Überwindung erfordert neue politische Herangehensweisen (z. B. Methoden des *Transition Management*).

Aktuelle Entwicklung

5*. CO_2-Emissionen machten im Jahr 2001 auch in Deutschland weiterhin mit 87,5 % den Hauptanteil des Ausstoßes aller Treibhausgase aus. Zwischen 1990 und 2003 sanken die temperaturbereinigten CO_2-Emissionen um 16,6 %. Die Emissionen aller Treibhausgase sanken zwischen 1990 und 2001 in der Bundesrepublik Deutschland insgesamt um 18,3 %.

Das Ziel, bis 2005 die CO_2-Emissionen um 25 % zu verringern, kann damit nicht mehr eingehalten werden. Mittlerweile wird es auch von der Bundesregierung nicht mehr aktiv vertreten. Angesichts der klaren Bestätigung des 25-%-Zieles noch in der Nachhaltigkeitsstrategie vom April 2002 erachtet der Umweltrat den Versuch der Bundesregierung, das ehemals parteiübergreifende Ziel auszublenden, als unangebracht. Bei einem zielorientierten Ansatz kommt es nicht notwendigerweise auf eine punktgenaue Zielerfüllung an, wohl aber auf einen politisch ernsthaften Umgang mit Zielverfehlungen. Die Dethematisierung einer Zielverfehlung diskreditiert einen zielorientierten Umweltpolitikansatz und damit auch die Glaubwürdigkeit noch anspruchsvollerer Zielvorgaben für die weitere Zukunft.

2.1 Langfristige Klimaschutzziele und Erneuerung des Kraftwerksparks

Effizienzsteigerung im Endverbrauch

6*. Der Umweltrat betont die Dreistufigkeit einer angemessenen Klimapolitik, die gleichermaßen die Energieeffizienz im Endverbrauch, die Umwandlungseffizienz im Energiesektor und die Abkehr von den fossilen Energieträgern betrifft. Die Effizienzsteigerung im Endverbrauch trägt den vorhandenen Potenzialen bisher nicht ausreichend Rechnung. So ist trotz erheblicher Potenziale nur ein geringer Rückgang des Endenergieverbrauchs seit 1990 zu verzeichnen, der Stromverbrauch stieg seit 1993 sogar um gut 12 % bis 2002 an. Es kann nicht Aufgabe der erneuerbaren Energien sein, vorrangig einen steigenden Strombedarf zu decken.

Neben verbrauchsbezogenen Zielvorgaben auf der EU-Ebene sollten auch neue Instrumente erwogen werden, wobei auch ordnungsrechtliche Maßnahmen wie das japanische Top-Runner-Programme Interesse verdienen, das den höchsten Stand der Energieeffizienz für zwölf (demnächst zwanzig) energieintensive Produktgruppen in einem Zieljahr zum Standard erhebt. Unterschreitungen dieses anspruchsvollen Effizienzstandards im Zieljahr werden zunächst mit öffentlicher Abmahnung und im Falle anhaltender Nichtbefolgung mit weiter gehenden Maßnahmen geahndet. Die betroffenen Produkte sind PKW, Kleintransporter, Klimaanlagen, Kühlschränke, Fernseher, Video-Recorder, Computer und Kopierer, also besonders wichtige Energieverbraucher. Die erwarteten Einsparraten sind meist erheblich (z. B. 83 % bei Computern).

Der Umweltrat hebt dieses Programm hervor, weil es nicht nur einer anspruchsvollen Energiesparpolitik entspricht, sondern auch eine nicht zu unterschätzende internationale Wettbewerbsdimension besitzt: Das Programm ist geeignet, Japan bei wichtigen Produkten zum Lead-Markt klimagerechter Technologien zu machen oder zumindest seine Position im diesbezüglichen Innovationswettbewerb wesentlich zu verbessern. Erfahrungsgemäß haben solche anspruchsvoll regulierten Märkte Signaleffekte auch für die weltweiten Anbieter.

CO_2-Minderungen auf der Angebotsseite

7*. Entscheidenden Handlungsbedarf sieht der Umweltrat für den Bereich der Kohleverstromung. Nach deutlichen Verbesserungen weist der Sektor der Energieerzeugung und -umwandlung seit 1999 durch eine Zunahme vor allem von Braunkohlestrom einen erneuten Anstieg der CO_2-Emissionen auf. Ohne diesen Wiederanstieg hätte die Emissionsverringerung im Jahr 2003 etwa 18,5 % und nicht 16,6 % (temperaturbereinigt, gegenüber 1990) betragen.

Mit der anstehenden Teilerneuerung des deutschen Kraftwerksparks in der Größenordnung von 40 GW bis 70 GW bis 2020 stellt sich die Frage der Kohleverstromung besonders eindringlich. Einerseits bietet dieser Erneuerungsbedarf für die Bundesrepublik die einmalige Chance einer klimaverträglichen Umgestaltung des Sektors mit den relativ höchsten CO_2-Emissionen zu geringen Kosten. Der notwendige technologische Pfadwechsel kann ohne eine vorzeitige Abschaltung oder nachträgliche Umrüstung einzelner Kraftwerke erfolgen. Damit werden keine bereits getätigten Investitionen in bestehende Kraftwerke entwertet. Andererseits besteht die ebenfalls einmalige Gefahr, dass sich Deutschland für die nächsten 30 bis 40 Jahre auf einen Energiepfad festlegt, der nicht nur im Widerspruch zu der parteiübergreifenden Klimapolitik seit 1990 steht, sondern neben den ökologischen Risiken auch das Risiko erheblicher Fehlinvestitionen mit sich bringt. Um derartigen strukturellen Fehlentwicklungen vorzubeugen und einen langfristigen Ordnungsrahmen für ökologisch und ökonomisch zukunftsfähige Neuinvestitionen im langlebigen Kraftwerksbereich zu geben, bedarf es dringend verbindlicher Klimaschutz-Zielvorgaben für 2020 und 2050, sowie wirkungsvoll eingesetzter Instrumente, die eine Zielerreichung gewährleisten. Werden anfänglich zu niedrige Ziele ohne kalkulierbar striktere Vorgaben für die weitere Zukunft gesetzt, besteht die Gefahr, dass Investitionen in eine Energieversorgungsstruktur getätigt werden, die später zu überhöhten Vermeidungskosten führen können.

8*. Bei frühzeitiger Festlegung langfristiger Ziele und eines zeitlichen Pfads der Zielerreichung kann das zum 1. Januar 2005 in Kraft tretende europäische Emissionshandelssystem den angemessenen Rahmen für einen effektiven Klimaschutz bilden. Für die betroffenen Unternehmen bedeutet dies langfristige Planungssicherheit und eine Verringerung preislicher Friktionen auf dem Markt für Emissionsrechte. Diskontinuierliche Zielvorgaben mit unzureichendem Zeithorizont – beispielsweise kurzfristige Verschärfungen im Zeichen unvorhergesehener dramatischer Klimaereignisse – könnten dagegen im kapitalintensiven Energieversorgungssektor zu unnötig teuren Pfadkorrekturen führen.

Der Umweltrat empfiehlt daher, dass auch auf der europäischen Ebene zeitnah verbindliche Ziele für weitere Verpflichtungsperioden gesetzt werden. Dabei muss die europäische Klimapolitik deutlich machen, dass die im 6. Umweltaktionsprogramm anerkannte Notwendigkeit einer langfristigen globalen Reduktion der Treibhausgas-Emissionen (THG-Emissionen) um 70 % ernst gemeint ist und dieses Ziel in stufenweisen THG-Emissionsminderungsvorgaben konkretisieren. Eine wichtige Zwischenetappe für die EU bildet nach Auffassung des Umweltrates ein 30-%-Minderungsziel für das Jahr 2020 bezogen auf 1990. Deutschland sollte im Zusammenspiel mit Großbritannien und Schweden hierbei eine treibende Rolle übernehmen.

9*. Durch die Bepreisung von CO_2 im Rahmen des Emissionshandelssystems ist unter anspruchsvollen langfristigen Klimaschutzvorgaben davon auszugehen, dass sich der deutsche Energieträgermix deutlich verändern wird. Insbesondere wird sich die Wettbewerbsfähigkeit der Kohle verschlechtern. Dagegen ist eine deutliche Steigerung der Bedeutung der Erdgasverstromung wahrscheinlich. Auch die zu befürchtende Häufung extremer Wetterereignisse wird den politischen Druck in diese Richtung langfristig eher erhöhen als schwinden lassen, sodass insgesamt von erheblichen Risiken für die Kohleverstromung auszugehen ist.

Eine Möglichkeit zur klimaschutzverträglichen Kohleverstromung bietet zwar prinzipiell die Abscheidung und Lagerung von CO_2. Deren wirtschaftliche Anwendungsreife ist aber bis 2020 kaum zu erwarten und kommt damit für die jetzt anstehende Kraftwerkserneuerung zu spät. Hinzu kommen weitere offene Fragen, von deren Beantwortung es abhängt, inwieweit und in welchem Maße die CO_2-Abscheidung einsetzbar ist. Offen ist insbesondere, ob eine dauerhaft sichere und damit auch umweltpolitisch akzeptable Endlagerung in großem Umfang möglich ist.

10*. Zusammenfassend hält der Umweltrat die Fortführung einer Strategie, die vorrangig auf Kohleverstromung setzt und entsprechend vollendete Tatsachen schafft, für ökologisch wie ökonomisch unvertretbar. Zumindest bis zur endgültigen Klärung der Lagerungspotenziale und der Marktreife der CO_2-Sequestrierung, also kaum vor 2020, erfordert ein angemessener Klimaschutz die signifikante Reduzierung des Kohleanteils an der Stromversorgung. Bei der Kraftwerkserneuerung dürfte dann dem Erdgas eine Vorrangstellung zukommen, so wie es auch bei der mittelfristigen Kraftwerkserneuerung in anderen EU-Staaten der Fall ist. Dies schafft einen erheblichen Kommunikationsbedarf mit der Kohleindustrie. Insgesamt ist die Frage der langfristigen Kohleverstromung in Deutschland so brisant und angesichts der kurzfristigen Durchsetzungsfähigkeit der beteiligten Interessen so schwierig, dass sie in einem Branchendialog auf breiter Basis über die ökologisch-ökonomische Langfristperspektive insbesondere des Braunkohlebergbaus (Garzweiler II) angegangen werden sollte. Dabei sollten auch die erheblichen Umweltprobleme bei der Braunkohlegewinnung nicht ausgeklammert werden. Zu empfehlen ist die Entwicklung einer Sektorstrategie im Sinne eines professionellen *Transition Management*, bei der insbesondere den beteiligten Regionalinteressen Alternativen geboten werden und eine soziale Abfederung des notwendigen Strukturwandels ermöglicht wird. Um keine widersprüchlichen Signale zu setzen, empfiehlt der Umweltrat weiterhin ein Auslaufen der Steinkohlesubventionierung bis 2010 und kritisiert gegenteilige Festlegungen.

Nach Auffassung des Umweltrates bedeutet der mögliche Pfad einer deutlichen Reduktion der deutschen Kohleverstromung jedoch nicht das Ende der weiteren deutschen Technologieentwicklung bei der Kohleverstromung. Die Entwicklung, Erprobung und Demonstration effizienter Kohlekraftwerke und verbesserter Verfahren der CO_2-Abscheidung wird vom Umweltrat vor allem im Hinblick auf die weltweite Kohleverstromung, die derzeit im Durchschnitt auf niedrigem Effizienzniveau erfolgt, befürwortet. Sie ist aber kein Argument für einen hohen Anteil an Kohlekraftwerken. Befürchtungen hinsichtlich der Versorgungssicherheit bei Erdgas teilt der Umweltrat nicht.

Erneuerbare Energien

11*. Durch einen Wechsel der Primärenergieträger können erhebliche Mengen des CO_2-Ausstoßes des Stromsektors verringert werden. Während Erdgas wenigstens für eine Übergangszeit seinen Anteil als Energieträger für die Stromversorgung ausbauen wird, verspricht langfristig der Wechsel zu erneuerbaren Energien die größten CO_2-Reduktionen. Bedenken hinsichtlich des fluktuierenden Energieangebots aus Windkraft- und Photovoltaikanlagen hält der Umweltrat aus einer Reihe von Gründen für übertrieben, insbesondere angesichts der Möglichkeiten zur Umstrukturierung des grundlastbasierten Kraftwerksparks in der anstehenden Erneuerungsphase. Die Integration hoher Leistungen aus fluktuierenden Energiequellen setzt neben Fortschritten in der Prognostizierbarkeit verfügbarer Leistungen ein optimiertes Lastmanagement und eine Flexibilisierung des Kraftwerksparks voraus. Auch unter diesem Aspekt ist aber ein erhöhter Anteil gasbetriebener Kraftwerke sinnvoll. Darüber hinaus sind bei der Weiterentwicklung von Speichertechnologien noch erhebliche Fortschritte möglich. Der Umweltrat begrüßt daher die im Entwurf der Bundesregierung für ein Gesetz zur Neuregelung des Rechts der Erneuerbaren Energien im Strombereich verankerten Zielvorgaben für erneuerbare Energien für 2010 und 2020 (12,5 bzw. 20 % der Stromversorgung) ebenso wie die in der Nationalen Nachhaltigkeitsstrategie vorgeschlagene Zielvorgabe für 2050 (50 % des Energieverbrauchs). Dies ist eine überzeugende Vorgabe für die Vorreiterrolle, die Deutschland in der Johannesburg Renewable Energy Coalition übernommen hat. Die vorgesehene weitere Förderung dieser Energien hält er für sinnvoll. Ihre Kosten sind auch als eine Investition in einen deutschen Lead-Markt auf diesem Gebiet zu rechtfertigen, dessen weltweite Ausstrahlung klimapolitisch erwünscht und ökonomisch vorteilhaft ist.

Die Degression der Vergütung ist ebenso zu begrüßen. Der Umweltrat hält die Annahme für begründet, dass bis 2020 der Anteil der durch das EEG geförderten Strommenge aus erneuerbaren Energien radikal gesenkt werden kann, da sich die Gestehungskosten für Strom aus Wind, Wasserkraft und Biomasse denen der konventionellen Stromerzeugung – nicht zuletzt durch den Emissionshandel bei Treibhausgasen – angleichen werden. Um unangemessene Mitnahmeeffekte zu vermeiden, ist eine Überprüfung der Regelung spätestens 2010 sinnvoll. Erheblichen Förderungsbedarf für erneuerbare Energien sieht der Umweltrat außerhalb des Stromsektors. Im Bereich der Wärmeerzeugung durch erneuerbare Energien liegen erhebliche Potenziale.

2.2 Instrumentelle Umsetzung

Emissionshandel

12*. Trotz der im Umweltgutachten 2002 geäußerten Bedenken gegenüber einem auf Teile der Wirtschaft beschränkten Emissionshandel hält der Umweltrat diesen für einen sinnvollen ersten Schritt zu einer effizienten Klimapolitik. Es handelt sich um ein Instrument mit grundsätzlich hoher Effizienz und Zielgenauigkeit, das überdies verbesserte Rahmenbedingungen für die Nachzügler des Klimaschutzes in der EU schafft. Entscheidende Voraussetzung für eine angemessene Wirksamkeit des Instruments ist allerdings, dass – insbesondere auch langfristig – anspruchsvolle Ziele formuliert und hinreichende Kontroll- und Sanktionsmechanismen im Falle der Nichterfüllung verfügbar sind. Perspektivisch sollte eine bessere Verkopplung mit der Ökosteuer und den anderen Klimaschutzinstrumenten angestrebt werden. Dies ist auch deshalb erforderlich, weil dem Emissionshandel im Instrumentenmix der Klimapolitik nunmehr eine faktisch dominante Rolle zufällt. Sein Versagen könnte entsprechend zum Einfallstor für ohnehin starke Gegentendenzen werden.

Wie der Umweltrat im vergangenen Gutachten bereits ausführlich dargelegt hat, ist ein Zurückfahren ordnungsrechtlicher Instrumente zugunsten des Emissionshandels nur insoweit gerechtfertigt, wie im Effekt dieselben Emissionsminderungen erreicht werden. Zur Absicherung des Emissionshandels schlug der Umweltrat eine vorerst befristete Aufhebung ordnungsrechtlicher Instrumente mit der Option einer Reaktivierung vor. Diese Empfehlung wird hier bekräftigt. Im Falle einer Zielverfehlung durch unzureichende Kontroll- und Sanktionsmechanismen kommen auch ergänzende ordnungsrechtliche Maßnahmen wie Vorschriften über zulässige CO_2-Emissionsobergrenzen für Großemittenten in Betracht.

Bei der Umsetzung des Richtlinienentwurfs und einer Weiterentwicklung des Emissionshandelssystems nach der ersten Kioto-Verpflichtungsperiode (2008 bis 2012) sieht der Umweltrat insbesondere folgenden Handlungsbedarf:

– In der ersten Phase des Systems stellt die Orientierung des nationalen Allokationsplans an der Klimaschutzvereinbarung der deutschen Industrie eine geeignete Grundlage dar. Wichtig ist jedoch eine baldige Konkretisierung des Niveaus und der zeitlichen Perspektive nach 2012 (s. o.).

– Eine kostenlose Anfangsallokation der Emissionsrechte wird für den Einstieg in das Handelssystem zwar als pragmatische Lösung angesehen. Zur Vermeidung von Effizienzverlusten sollte in zukünftigen Verpflichtungsperioden jedoch grundsätzlich eine Versteigerung der Emissionsrechte vorgezogen werden.

– Eine Newcomer-Reserve im Rahmen der kostenlosen Anfangsallokation ist grundsätzlich nicht zielführend, da die kostenlose Zuteilung für potenzielle Investoren einen Anreiz zu strategisch überhöhter Produktionsplanung schafft und damit zu Effizienzverlusten führt. Hinzu kommen administrative Probleme bei der Abgrenzung zwischen Altemittenten und Newcomern, die geradezu eine Einladung zur missbräuchlichen Ausnutzung der Newcomer-Reserve bilden würden.

– Eine Effizienzsteigerung ist ebenfalls durch die Integration projektbezogener Maßnahmen (Joint Implementation und Clean Development Mechanism) in das europäische Emissionshandelssystem zu erreichen. Die Bundesregierung sollte aber auch im Hinblick auf die Vermeidung von Mitnahmeeffekten darauf hinarbeiten, dass auf der operativen Ebene klare Bedingungen für die Einbeziehung der flexiblen Kioto-Instrumente formuliert und vor allem konsequent angewandt werden.

– Die Einbindung des Emissionshandels in den rechtlichen Rahmen des Immissionsschutzes sollte so erfolgen, dass bei maximaler Flexibilität der Unternehmen bezüglich der THG-Emissionsreduktion Zielkonflikte mit anderen Umweltbelangen vermieden werden.

– In der längerfristigen Perspektive sollte die Einbeziehung weiterer Verursachersektoren angestrebt werden.

Fortentwicklung der ökologischen Steuerreform

13*. Das am 23. September 2002 verabschiedete „Gesetz zur Fortentwicklung der ökologischen Steuerreform" sieht im Einzelnen einen Abbau der Ermäßigungstatbestände für Unternehmen des Produzierenden Gewerbes sowie der Land- und Forstwirtschaft und eine Veränderung der Steuersätze auf einzelne Energieträger vor. Die hierdurch zu erwartenden Mehreinnahmen sollen zum überwiegenden Teil als allgemeine Haushaltsmittel zur Verfügung stehen.

In der Summe haben diese beiden Neuregelungen voraussichtlich zur Folge, dass die Lenkungswirkung der Ökosteuer spürbar vermindert wird. Der überlegene Weg, um den Schutz der Wettbewerbsfähigkeit einerseits und die Lenkungswirkung der Ökosteuer andererseits besser miteinander in Einklang zu bringen, besteht nach Auffassung des Umweltrates in der Kombination von hohen Steuersätzen mit einer Anwendung von Freibetragsregelungen, bei der ein näher zu bestimmender Sockelverbrauch von der Ökosteuer freigestellt wird. Unabhängig davon hält der Umweltrat jedoch an seiner Forderung fest, eine nicht nur ansatzweise Harmonisierung der Energiebesteuerung auf EU-Ebene anzustreben. Solange dies nicht erreicht ist, sollte die Gewährung von Ermäßigungstatbeständen zukünftig von der Energieintensität der Produktionsprozesse, der Export- beziehungsweise Importintensität des betreffenden Sektors und der Anwendung eines Energie-Audits abhängig gemacht werden.

Mit dem „Gesetz zur Fortentwicklung der ökologischen Steuerreform" wurden die Regelsätze der Mineralölsteuer für Erdgas bei Verwendung als Heizstoff, für Flüssiggas und für schweres Heizöl angehoben. Dabei ließ sich die Bundesregierung von der Zielsetzung leiten, die Steuerbelastung der einzelnen Brennstoffe bezogen auf ihren jeweiligen Energiegehalt aneinander anzugleichen. Diese Vorgehensweise ist unter ökologischen Gesichtspunkten fragwürdig, denn der Energiegehalt stellt keinen verlässlichen Indikator der jeweiligen Umweltbelastungen dar. Insbesondere ist zu kritisieren, dass der relativ umweltfreundliche Heizstoff Erdgas gemessen an seiner CO_2-Intensität nun stärker besteuert wird als leichtes Heizöl.

Ebenfalls wurde die befristete Steuerermäßigung für Erdgas, das als Kraftstoff in Fahrzeugen verwendet wird, bis zum 31. Dezember 2020 verlängert. Diese Maßnahme ist zwar geeignet, die Markteinführung von erdgasbetriebenen Fahrzeugen weiter voranzutreiben, sie steht aber gleichzeitig einer verursachergerechten Kostenanlastung im Straßenverkehr entgegen und führt damit zu entsprechenden Verzerrungen.

Im Einzelnen empfiehlt der Umweltrat

– eine maßvolle aber kontinuierliche weitere Erhöhung der Ökosteuer, ohne die hinreichende Verbesserungen insbesondere im Verkehrsbereich nicht vorstellbar sind;

– die Bemessungsgrundlage der Ökosteuer mittelfristig auf die CO_2-Intensität der Energieträger umzustellen und dabei insbesondere den Energieträger Kohle nicht weiter zu privilegieren;

– dass auch im Hinblick auf die Richtlinie (2003/96/EG) zur Besteuerung von Energieerzeugnissen die spezielle Benachteiligung von Erdgas in der Stromerzeugung umgehend aufgehoben werden sollte;

– eine weiter gehende Harmonisierung der Energiebesteuerung auf EU-Ebene anzustreben.

3 Naturschutz

14*. In den letzten beiden Jahren hat die Naturschutzpolitik durch die Nachhaltigkeitsstrategie und die Novellierung des Bundesnaturschutzgesetzes wichtige Anstöße zur Weiterentwicklung erhalten. Zudem stellt die Umsetzung europarechtlicher Vorgaben den Naturschutz vor große Herausforderungen. Ungeklärte finanzielle Fragen und vor allem die föderale Organisation des Naturschutzes in Deutschland werfen dabei Probleme auf. Im Einzelnen betrifft dies folgende Punkte:

3.1 Biodiversitätsstrategie

15*. Der Rückgang an biologischer Vielfalt konnte national wie auch international nicht gestoppt werden. Die große Mehrzahl der Staaten ist dem Übereinkommen über die biologische Vielfalt (Convention on Biological Diversity – CBD) beigetreten, setzt dessen Verpflichtungen bislang aber nur ungenügend um. Zu den wesentlichen Verpflichtungen der CBD gehört die Entwicklung einer Biodiversitätsstrategie, die eine Beendigung des Verlustes von Arten, des Rückgangs der genetischen Vielfalt und der Abnahme der Vielfalt von Ökosystemen zum Ziel hat. Diese Ziele sollen durch ein mit dem Begriff des „Ökosystemansatzes" verbundenes Regelsystem zum Management der biologischen Vielfalt erreicht werden. Von eigenständiger Bedeutung ist das Prinzip des gerechten Vorteilsausgleiches bei der Nutzung genetischer Ressourcen, das sich nicht zuletzt auf die Möglichkeit bezieht, Patente auf biotische Ressourcen erwerben und damit andere von der Nutzung ausschließen zu können.

16*. Der Umweltrat begrüßt die Absicht der Bundesregierung, Biodiversitätsziele ab dem Jahre 2006 in die nationale Nachhaltigkeitsstrategie zu integrieren und damit einen Beitrag zur Umsetzung der CBD zu leisten. Er sieht in einer Biodiversitätsstrategie einen unverzichtbaren Bestandteil der Nachhaltigkeitsstrategie und hält es daher für dringend geboten, die strategische Bearbeitung des Themas Biodiversität entsprechend des Beschlusses der Bundesregierung nunmehr mit Blick auf 2006 zügig anzugehen. Spätestens bis 2010 sollte entsprechend der Vorgabe des Aktionsprogramms des Johannesburg-Gipfels die Verlustrate an Biodiversität erheblich gesenkt werden.

Der Umweltrat schlägt dazu vor, die Indikatoren der Nachhaltigkeitsstrategie zur Artenvielfalt und zur Ernährung inhaltlich zu erweitern sowie einen zusätzlichen Indikator zur Wasserqualität zu definieren. Mit einer Biodiversitätsstrategie sind ein verstärkter und erweiterter Naturschutz, die umfassende Integration des Schutzes der Biodiversität in sektorale Politikbereiche und die zwischen verschiedenen Ressorts und Akteursgruppen abgestimmte Bearbeitung von Querschnittsthemen verbunden.

Um diese Prozesse anzustoßen und umzusetzen, empfiehlt der Umweltrat der Bundesregierung die Einrichtung einer „Interministeriellen Arbeitsgruppe Biodiversitätsstrategie", durch die die vorhandenen Aktivitäten und Kompetenzen gebündelt und konkrete Handlungsziele in einem Dialogprozess bis zum Jahre 2006 entwickelt werden sollen. Außerdem sollte vom Beirat für Genetische Ressourcen beim BMVEL die Interpretation und konkrete Anwendung des Prinzips des gerechten Vorteilsausgleiches vorangetrieben werden.

3.2 Umsetzungsprobleme des Naturschutzrechts

Umsetzung des Netzes NATURA 2000

17*. Die Umsetzung des Schutzgebietssystems NATURA 2000 trifft in Deutschland nach wie vor auf große Schwierigkeiten, die sich insbesondere in einer zögerlichen Meldepraxis der Länder niederschlagen. Im Jahre 2003 hat die EU-Kommission erneut mit einem Zwangsgeldverfahren gedroht, wenn Deutschland nicht umgehend seinen Verpflichtungen nachkommt. Auch hinsichtlich der auf die Meldung der Gebiete folgenden Schritte, wie der Formulierung und Umsetzung von Managementzielen für die einzelnen Gebiete sowie die Erfüllung der nationalen Berichtspflichten, zeichnen sich bereits erhebliche Umsetzungsprobleme ab. Eine Ursache der Umsetzungsdefizite und Verzögerungen ist darin zu suchen, dass zusätzlich zu den bestehenden Naturschutzaufgaben der Länder umfangreiche finanzielle und personelle Anstrengungen erforderlich sind und bisher ungeklärt ist, wie und von wem die hierzu erforderlichen Mittel aufgebracht werden sollen. Zudem wirkt die derzeitige Konstellation der Zuständigkeiten zwischen EU, Bund und Ländern im Zusammenhang mit dem Aufbau des Netzes NATURA 2000 behindernd.

Der Umweltrat konstatiert angesichts dieser Situation einen dringenden Handlungsbedarf auch auf der Bundesebene. Zur weiteren Umsetzung des Schutzgebietssystems NATURA 2000 empfiehlt der Umweltrat der Bundesebene,

– eine verstärkt moderierende Rolle in der Länderarbeitsgemeinschaft für Naturschutz (LANA) einzunehmen, um ein gemeinsames Vorgehen der Länder bei der Umsetzung von NATURA 2000 zu unterstützen,

– die weiteren Anforderungen von NATURA 2000 (Managementpläne, Monitoring, Berichtspflichten) mit den Ländern abzustimmen, Gebietsausweisungen schnellstmöglich mit Managementplänen zu konkretisieren und das Monitoring der NATURA-2000-Gebiete als Grundlage für die in § 12 BNatSchG geforderte Umweltbeobachtung zu nutzen,

– zur bundeseinheitlichen, rechtskonformen Anwendung der FFH-Verträglichkeitsprüfung zumindest auf Bundesebene – am besten auf europäischer Ebene – klare Kriterien festzulegen,

– die notwendige Finanzierung sicherzustellen,

– eine einheitliche und umfassende Haftungsnorm beispielsweise durch Ergänzung des Artikel 23 GG zu schaffen, mit welcher dem Bund bei Zwangsgeldfestsetzungen durch den EuGH eine Grundlage für etwaige Kostenerstattungsansprüche gegen die Länder an die Hand gegeben wird,

– die grundsätzlichen Ursachen des Problems anzugehen, das heißt Schritte einzuleiten, um die Kompetenzen des Bundes durch eine konkurrierende Gesetzgebung zu erweitern,

- sich auf EU-Ebene für eine permanente Aufhebung der Deckelung der Zahlungen in NATURA-2000-Gebieten und eine Reduzierung der Kofinanzierungspflicht der Länder einzusetzen.

Die Finanzierung des europäischen Netzes NATURA 2000 kann nicht ein alleiniges nationales Problem sein, sondern muss auch und entscheidend auf europäischer Ebene gelöst werden. Zwischenzeitlich ist auch eine Übernahme der Kofinanzierung durch den Bund zu erwägen. Generell sollte die Fachberatung für Bewirtschafter in NATURA-2000-Gebieten deutlich verbessert und ebenfalls in die Förderung eingeschlossen werden.

Auf der Ebene der Länder empfiehlt der Umweltrat,

- auch konfliktträchtige Gebiete zügig zu melden, um die Voraussetzung für die Förderung als Gebiet mit umweltspezifischen Einschränkungen (VO [EG] Nr. 1257/1999 Ar. 16 Kap. V. e) und die Förderung aus dem LIFE-Programm zu erfüllen, Ungewissheiten zu beenden und verhandelbare Situationen zu schaffen,
- das Schutzgebietssystem der EU (NATURA 2000) und das nationale Schutzgebietssystem, insbesondere des geplanten Biotopverbundes, miteinander abzugleichen,
- die NATURA-2000-Gebiete durch Ausweisung als Schutzgebiete im Sinne des Bundesnaturschutzgesetzes zu sichern,
- das Management der NATURA-2000-Gebiete dadurch zu verbessern, dass die Zuständigkeiten für diese Gebiete möglichst bei einer Behörde pro Gebiet gebündelt werden,
- die Synergien mit der Umsetzung der EG-Wasserrahmenrichtlinie zu nutzen,
- den Zustand des Verbundsystems im Zusammenhang zu beurteilen. Dies ist die Voraussetzung für die Ableitung von Handlungsbedarf und Maßnahmenprioritäten.

Bund und Länder sollten die Realisierung von NATURA 2000 mit einer breiten Öffentlichkeitsarbeit flankieren.

18*. Das Schutzgebietssystem NATURA 2000 inklusive seines Monitorings sollte nach einer angemessenen Zeit (etwa zehn Jahren) daraufhin geprüft werden, ob das System für die ausgewiesenen Lebensraumtypen und Arten tatsächlich geeignet ist oder gegebenenfalls modifiziert werden sollte. Der Umweltrat wiederholt seine Forderung nach einem Bundeslandschaftskonzept, das eine konsolidierte Darstellung aller bundesweit und international bedeutsamen Naturschutzziele nebst Handlungsstrategien zu ihrer Umsetzung enthält.

Umweltbeobachtung

19*. Die bestehenden Umweltbeobachtungsprogramme auf Bundes- und Länderebene sind untereinander nicht ausreichend abgestimmt. Es bedarf dringend einer Koordination der bereits vorhandenen Programme, der Verwendung einheitlicher Erfassungskriterien und einer sinnvollen Verbindung mit den neu anstehenden Monitoringthemen (Biodiversität, Gentechnik, Flora-Fauna-Habitat-Richtlinie, Wasserrahmenrichtlinie, Wirksamkeitsnachweis für Agrarumweltmaßnahmen, Strategische Umweltprüfung [SUP], Umwelt und Gesundheit). Die bundesrechtliche Vorgabe einer Umweltbeobachtung sowie die Vielzahl neuer Monitoringerfordernisse, insbesondere aufgrund von EU-Vorschriften, sollte von Bund und Ländern als Anlass zur Harmonisierung und Weiterentwicklung der verschiedenen Konzepte der Umweltbeobachtung unter Koordination des BMU genommen werden. Dies wird jedoch im Umstellungszeitraum nicht ohne entsprechende Stellenausstattung auf Bundes- und Länderebene geschehen können. Im Rahmen einer effektiven Koordination und Kooperation ist jedoch zukünftig mit Synergie- und Kosteneinsparungseffekten zu rechnen.

20*. Nach Ansicht des Umweltrates sollte der Bundesebene im Bereich der Umweltbeobachtung eine sehr viel stärkere rahmensetzende Rolle zukommen. Harmonisierungsbedarf besteht aber auch auf Bundesebene selbst zwischen Beobachtungsprogrammen unterschiedlicher Ressorts und Einrichtungen. Zur Umsetzung der anstehenden Verpflichtungen in der derzeitigen Kompetenzverteilung empfiehlt der Umweltrat,

- die zuständigen Fachbehörden des Bundes und der Länder zur Erarbeitung eines gemeinsamen integrierenden Konzeptes zur Umweltbeobachtung aufzufordern, das auf den bereits vorhandenen zahlreichen Monitoringprogrammen aufbaut,
- den Wissenspool der Fachbehörden unter Federführung des BMU zusammenzuführen und eine Arbeitsgruppe für die Konkretisierung einer Umweltbeobachtung gemäß § 12 BNatSchG mit der Aufgabe einzurichten, Schnittstellen zwischen den vorhandenen Programmen zu definieren und Methoden, Untersuchungsdesign, Datenhaltung und -auswertung zu koordinieren beziehungsweise neu vorzugeben.

Umsetzung des Bundesnaturschutzgesetzes in den Ländern

21*. Die Länder setzen die Rahmenregelungen des Bundesnaturschutzgesetzes derzeit sehr unterschiedlich um. Während Schleswig-Holstein das Rahmenrecht in sehr begrüßenswerter Weise in seinem Landesnaturschutzgesetz ausgestaltet, fallen die anderen Länder hinter die bisherigen landesrechtlich verankerten Standards und teilweise sogar hinter die Standards des Rahmenrechts zurück. Der Umweltrat rät der Bundesregierung nachdrücklich, das den Ländern verfassungsrechtlich aufgegebene Gebot bundesfreundlichen Verhaltens einzufordern.

22*. Aus Sicht des Umweltrates sollten die Chancen, die mit der notwendigen Anpassung des Landesrechts an das Bundesnaturschutzgesetz verbunden sind, zur Stärkung des Naturschutzes und zur vorausschauenden Neuorientierung hinsichtlich internationaler und europarechtlicher Verpflichtungen (z. B. SUP) genutzt werden. Im Sinne einer Harmonisierung und Kompatibilität des Naturschutzrechtes der Bundesländer sollten dabei – soweit dies das vorgenannte Ziel nicht behindert – die bereits vorhandenen Empfehlungen der LANA Berücksichtigung finden. Für Regelungsbereiche, die von der LANA bisher nicht ausreichend bearbeitet wurden, sollten umgehend möglichst weit gehende, gemeinsam umsetzbare Ausgestaltungsempfehlungen erarbeitet werden.

23*. Unter dieser Prämisse empfiehlt der Umweltrat für den Regelungsbereich der guten fachlichen Praxis der Landwirtschaft die Erarbeitung weiter gehender Vorschläge durch die LANA. Falls dabei keine Einigung erreicht wird, sollten die Bundesländer eine über die derzeitigen Empfehlungen der LANA hinausgehende Ausgestaltung anstreben. Der Vollzug der guten fachlichen Praxis sollte nicht allein dem landwirtschaftlichen Fachrecht und den Landwirtschaftsbehörden überlassen werden, sondern auch die Naturschutzbehörden sollten für alle in § 5 Abs. 4 BNatSchG aufgeführten Aspekte Zugriffsmöglichkeiten erhalten. Ferner sollten die Länder sich zur Vereinheitlichung der Rechtslage in Deutschland bei der Umsetzung der Eingriffsregelung in Landesrecht an dem von der LANA erarbeiteten, jedoch nicht verabschiedeten Grundsatzpapier orientieren. Bei der Fortentwicklung der Landschaftsplanung in den Landesgesetzen sind neben den rahmenrechtlich vorgegebenen Inhalten überwiegend landesrechtlich zu regelnde Verfahrensvorschriften – wie die Einführung einer Pflicht zu Koordinierung der Aufstellung und Fortschreibung der Pläne mit der gesamträumlichen Planung und die Verankerung der Öffentlichkeitsbeteiligung – in das Gesetz aufzunehmen. Diese Notwendigkeit ergibt sich mit Blick auf die Strategische Umweltprüfung, die Europäische Landschaftskonvention und die Aarhus-Konvention.

24*. Die bundesrechtlich verankerten Rechte zur Mitwirkung und Klage der Umweltverbände sind erste wichtige Elemente zur Umsetzung der Verpflichtungen aus der Aarhus-Konvention. Deutschland ist als Signatarstaat der Aarhus-Konvention unter anderem zu einer Neuordnung des Verwaltungsrechtsschutzes in Deutschland verpflichtet und es besteht hinsichtlich der Verbandsklage weiterer Anpassungsbedarf. Gemäß der Aarhus-Konvention und entsprechenden EU-Richtlinien sollten Mitwirkungs- und Klagerechte – umfassender als bisher im BNatSchG verankert – für alle Verwaltungsakte mit Bezug zum Umweltrecht gestattet werden. Der Umweltrat empfiehlt daher dringend, diese Rechte bereits jetzt in den Landesnaturschutzgesetzen zu berücksichtigen, um eine sonst in Kürze erneut erforderlich werdende Anpassung der Ländergesetze zu vermeiden.

3.3 Verminderung der Flächeninanspruchnahme

25*. Die hohe Rate der Flächeninanspruchnahme gehört in Deutschland nach wie vor zu den dauerhaft ungelösten Umweltproblemen. Ihre Auswirkungen beeinträchtigen nicht nur wichtige Funktionen des Naturhaushaltes, sondern auch die Lebensqualität der Menschen. Die ungünstige Verteilung der Siedlungsentwicklung im Raum verschärft des Weiteren das Verkehrsproblem. Zwar zeigen Erfolge der Siedlungssteuerung in England, dass das von der Bundesregierung formulierte Ziel, die zusätzliche Flächeninanspruchnahme auf 30 Hektar pro Tag zu begrenzen, nicht prinzipiell unrealistisch ist. Im Rahmen des existierenden bundesdeutschen Planungssystems konnten gleichwohl allein durch planerische Mittel bisher keine ausreichenden Steuerungswirkungen erzielt werden. Für eine wirksame Flächenstrategie der Bundesregierung empfiehlt der Umweltrat deshalb unter Rückgriff auf bereits unterbreitete Vorschläge folgenden Instrumentenmix:

– Einführung eines Systems der handelbaren Flächenausweisungsrechte mit Zuteilung der Ausweisungsrechte für die Länder nach klaren politisch festzulegenden Kriterien durch die Bundesraumordnung,

– Kombination dieses Systems mit der Landesplanung, die die Erstzuteilung von Flächenausweisungsrechten an die Regionen oder gegebenenfalls direkt an die Gemeinden vornimmt. Auf der Grundlage der Landschaftsplanung sollten in den Plänen der Raumordnung auch die Flächen dargestellt werden, auf denen eine Siedlungsentwicklung unter Gesichtspunkten des Natur- und Umweltschutzes unterbleiben muss. Die überörtliche Raumplanung beschneidet damit die Möglichkeiten der Gemeinden, auf besonders schutzwürdigen und empfindlichen Flächen im Gemeindegebiet ihre Ziele zur Siedlungsentwicklung mit den ihnen zugewiesenen Flächenzertifikaten umzusetzen. Als Ausweg bleibt den Gemeinden der Verkauf der Flächenzertifikate oder deren Umsetzung in regionalen beziehungsweise interkommunalen Siedlungs- oder Gewerbegebieten. Beispiele für die erfolgreiche Umsetzung solcher Kooperationen bestehen bereits. Ein weiterer Ausgleich könnte durch eine Reform des kommunalen Finanzausgleichs erfolgen. In Zukunft sollte dort vermehrt die Bereitstellung ökologischer Funktionen berücksichtigt werden.

Flankierend sind weitere Maßnahmen notwendig, um die Anreize zur Flächeninanspruchnahme zu verringern, darunter vor allem

– der weitere Abbau von Förderinstrumenten und steuerlichen Vergünstigungen, die eine starke Flächeninanspruchnahme unterstützen (insbesondere Eigenheimförderung und Entfernungspauschale),

– die Verbesserung des rechtlichen Rahmens im Raumordnungsgesetz (ROG) und Baugesetzbuch (BauGB) durch

  – die Möglichkeit, im Bundesraumordnungsprogramm Mengenziele und gegebenenfalls Verteilungsschlüssel für die Zuteilung an die Bundesländer vorzugeben. Entsprechende Verpflichtungen sollten auch für die Landesraumordnungsprogramme vorgesehen werden. Auf quantitative Vorgaben abzielende Einschränkungen der kommunalen Planungshoheit, die auch die Potenziale zur Innenentwicklung in Anschlag bringen, sind nach der Rechtslage offenbar durchaus möglich.

– Vorgabe eines Mindestanteils für das Flächenrecycling auf kommunaler Ebene und Förderung der Entwicklung im Innenbereich durch Stärkung der Städtebauförderung.

Für die Umsetzung solcher Mengenvorgaben im Rahmen der Bauleitplanung und im Rahmen planungsrechtlicher Genehmigungstatbestände der §§ 30 ff. BauGB bedarf es allerdings einer Anpassung des öffentlichen Baurechts an solche Konzepte zur Flächennutzung seitens der Landesplanung.

3.4 Europäische Landschaftskonvention (ELC)

26*. Der Ansatz der Europäischen Landschaftskonvention, europaweit die rechtliche Grundlage für eine umfassende, zumindest in Einzelfällen sogar grenzüberschreitende Landschaftspolitik zu schaffen, ist vom Grundsatz her positiv zu bewerten. Da die nationale Gesetzgebung der europäischen Staaten hinsichtlich des Natur- und Landschaftsschutzes sehr unterschiedlich ausgestaltet ist, unterscheidet sich allerdings auch die Bedeutung der ELC (*European Landscape Convention*) für die einzelnen Vertragsparteien deutlich.

Bedenken, durch die klare anthropozentrische Ausrichtung der ELC könnte es zur Schwächung des Naturschutzes kommen, erscheinen in Deutschland unbegründet. Aus der Sicht des Umweltrates ergänzen sich ästhetisch und kulturell begründeter Landschaftsschutz, wie ihn die ELC fordert, und ökologisch begründeter Landschafts- und Naturschutz. Deutschland gehört zu der Ländergruppe mit einem weit ausgestalteten, etablierten Instrumentarium hinsichtlich des Umganges mit Landschaft. Insbesondere sind hier die verschiedenen Ebenen der Landschaftsplanung zu nennen. Insofern wird ein Großteil der inhaltlichen Regelungen der ELC bereits durch die vorhandenen Instrumente abgedeckt. Aus diesen Gründen und im Hinblick auf die neuen Beitrittsländern der EU hält der Umweltrat die baldige Unterzeichnung der Landschaftskonvention durch Deutschland für sinnvoll.

3.5 Ausblick: Zur Bedeutung einer Bundeskompetenz für den Naturschutz

27*. Mit Blick insbesondere auf das europäische Gemeinschaftsrecht ist Deutschland gehalten, Kohärenz in allen 16 Bundesländern in Bezug auf das materielle Recht, die Handlungsinstrumente und Verfahrensvorschriften sowie schließlich bei der Anwendung in der Praxis sicherzustellen. Außerdem erfordern vernetzte Strukturen wie etwa das System NATURA 2000, der Biotopverbund oder die Umweltbeobachtung eine weitestgehend einheitliche Handhabung. Naturschutzfachlich notwendige Vernetzungen dürfen nicht durch Ländergrenzen erschwert oder sogar unmöglich gemacht werden. Zudem führt die Interpretationsvielfalt in den Bundesländern bei rahmenrechtlich zwangsläufig unbestimmten Rechtsbegriffen wie beispielsweise bei der Eingriffsregelung zu Wettbewerbsverzerrungen.

Nach der geltenden Kompetenzlage darf der Bund für den Bereich des Naturschutzes und der Landschaftspflege allerdings lediglich Rahmenvorschriften erlassen (Art. 75 Abs. 1 GG), ansonsten muss eine Ausfüllung und Ergänzung durch die Länder erfolgen. Diese ergänzende Umsetzung in den Ländern stellt einen wesentlichen Teil der Umsetzungsaufgaben dar. Setzt aber nur ein Bundesland einschlägiges Gemeinschaftsrecht nicht rechtzeitig oder nicht ausreichend um, kann es zu einem Vertragsverletzungsverfahren kommen.

Vor dem Hintergrund der aufgezeigten Behinderungen eines effektiven Naturschutzes infolge der zwischen Bund und Ländern geteilten Zuständigkeiten erscheinen Modifikationen der föderalen Strukturen sachgerecht. Für den Bereich des Naturschutzes und der Landschaftspflege sollte daher eine Änderung der Zuständigkeitsverteilung in Erwägung gezogen werden. Um dem Bund die zügige Durchsetzung naturschutzrechtlicher Gemeinschaftsvorgaben zu ermöglichen und dem Vernetzungsgedanken tatsächlich gerecht werden zu können, erscheint eine konkurrierende Gesetzgebungskompetenz des Bundes geboten. Parallel dazu sollte eine Bundesauftragsverwaltung zumindest für Teile des Naturschutzes und der Landschaftspflege geprüft werden.

4 Landwirtschaft

4.1 Agrarpolitik

28*. Die derzeitige Situation der Landwirtschaft in der Bundesrepublik erfordert grundlegende Reformen der Agrarpolitik. In vielen Regionen trägt die Landwirtschaft zur Erhaltung der Kulturlandschaft und Biodiversität bei. Gleichzeitig verursacht sie aber schwerwiegende Umweltbeeinträchtigungen. Die Agrarpolitik hat es in der Vergangenheit nicht vermocht, eine umweltschonende Landwirtschaft auf der gesamten Fläche einzuführen. Vor dem Hintergrund der anstehenden EU-Osterweiterung zeichnete sich ab, dass eine Agrarstützung nach dem bisherigen Muster in Zukunft nicht mehr finanzierbar ist. Auch die Forderungen der Welthandelsorganisation (WTO) nach einem Abbau der Agrarstützungen sowie die in der Öffentlichkeit schwieriger werdende Vermittelbarkeit der Subventionszahlungen trugen dazu bei, dass der Rat der Agrarminister der EU im Juni 2003 eine Neuausrichtung der Gemeinsamen Agrarpolitik (GAP) beschlossen hat, die bis zum Jahre 2013 Bestand haben soll.

Neuausrichtung der Gemeinsamen Agrarpolitik 2003

29*. Ziel der durch die Luxemburger Beschlüsse im Jahre 2003 eingeleiteten Agrarreform der EU (Mid-Term-Review-Reform [MTR]) war es, die WTO-Kompatibilität der Gemeinsamen Agrarpolitik zu verbessern, indem die Produktion der Landwirte stärker durch marktwirtschaftliche Elemente bestimmt wird. Ferner soll den neuen gesellschaftlichen Anforderungen in den Bereichen Lebensmittelsicherheit, Tier- und Umweltschutz Rechnung getragen werden, um damit die Legitimation dieses Politikbereiches zu festigen. Die Wettbewerbsfähigkeit der Agrarproduktion soll verbessert werden und die Finanzierbarkeit der Gemeinsamen Agrarpolitik vor dem Hintergrund der EU-Osterweiterung erhalten bleiben. Kernmaßnahmen der Reform zur Erreichung dieser Ziele sind eine Entkopplung der Direktzahlungen von der Produktion, die Ausgabe von handelbaren Prämientiteln an die bei Einführung der Reform aktiven Landwirte, die Bindung der Zahlungen an die Einhaltung von Umwelt-, Tierschutz- und Qualitätsvorschriften (*Cross Compliance*) und Mittelumschichtungen von der ersten Säule der Agrarpolitik (Preisstützungen und Direktzahlungen) in die zweite Säule (zur Förderung des ländlichen Raumes) im Umfang von 5 %.

Die Luxemburger Beschlüsse markieren eine Trendwende auf dem Weg zu einer grundlegend neuen Agrarpolitik, die eine stärker an Marktbedingungen orientierte und gleichzeitig dauerhaft umweltgerechte Landwirtschaft ermöglichen soll. Die politischen Aufgaben der Gegenwart bestehen nun einerseits darin, kurzfristig die Spielräume, die durch die EU-Vorgaben eröffnet werden, national so auszugestalten, dass positive Umwelteffekte erzielt werden können. Andererseits sollte neben diesen kurzfristigen Zielen möglichst frühzeitig damit begonnen werden, eine langfristige Perspektive für eine dauerhaft umweltgerechte Landwirtschaft in Deutschland zu entwickeln. Dazu muss in Betracht gezogen werden, dass sowohl die EU-Osterweiterung als auch die Anforderungen aus der WTO für die Zukunft vermutlich einen weiteren Abbau von weit gehend voraussetzungslosen Direktzahlungen an die Landwirtschaft erforderlich machen. Bei einer solchen Liberalisierung der Agrarpolitik liegen Chancen und Gefahren dicht beieinander. Nur durch eine vorausschauende Politik eines ökologisch und sozial flankierten Abbaus von Marktstützungen ist ein solches Modell vertretbar und zukunftsweisend.

Der Umweltrat begrüßt die Weiterentwicklung der Gemeinsamen Agrarpolitik als einen ersten wichtigen Schritt in die richtige Richtung. Die Reformbeschlüsse greifen jedoch zu kurz und bleiben hinter den Erwartungen zurück, die unter Umweltgesichtspunkten an sie gerichtet wurden. Insbesondere fehlt eine konsequente Bindung der Subventionen an den flächen-, regions- oder maßnahmenspezifischen Bedarf nach gesellschaftlich erwünschten Umweltleistungen. *Cross Compliance* wirkt als Instrument hierfür zu unspezifisch. Auch der geringe Umfang der Mittelumschichtungen von der ersten in die zweite Säule der Agrarpolitik (Modulation) ist enttäuschend. Eines der größten Umweltrisiken der derzeitigen Agrarreform besteht darin, dass die Vorkehrungen zur Verhinderung einer verstärkten Grünlandaufgabe oder -umnutzung unzureichend sind. Auch ist zu befürchten, dass Flächenstilllegungen im Zuge des Handels mit Prämientiteln verstärkt in Ungunstregionen verlagert werden, wodurch die umweltentlastende Wirkung der Ackerstilllegung auf guten Standorten entfallen würde. Nicht zuletzt mangelt es dem Reformprozess in der Agrarpolitik noch an der notwendigen Transparenz für Politik und Öffentlichkeit.

Nationale Ausgestaltung der Reformbeschlüsse

30*. Die zukünftige nationale Ausgestaltung der Reformbeschlüsse wird sehr stark darüber entscheiden, wie ihre Effekte unter Umweltgesichtspunkten zu beurteilen sind.

Die diesbezügliche Entscheidung muss bis Ende Juli 2004 abgeschlossen sein.

Aufgrund des Zeitdrucks für die Ausarbeitung des nationalen Fahrplanes hat der Umweltrat in einem aktuellen Kommentar im März 2004 bereits Empfehlungen unterbreitet. Prioritäres Ziel der nationalen Ausgestaltung der MTR-Reform sollte es sein, die Nutzung von Grünland attraktiv zu erhalten und eine Umwandlung von Grünlandflächen zu vermeiden. Die obligatorische Flächenstilllegung sollte sinnvoll im Sinne des Natur-, Umwelt- und Gewässerschutzes eingesetzt werden können. Die Chance, Umweltverbesserungen durch den verstärkten Einsatz von Agrar-Umweltmaßnahmen zu erreichen, sollte konsequent genutzt und ausgestaltet werden.

31*. Der Umweltrat empfiehlt für die nationale Ausgestaltung der Reform im Einzelnen folgende Maßnahmen:

Um die Nutzung von Grünland attraktiv zu erhalten, sollte jede Benachteiligung des Grünlandes bei der Ausgestaltung der flächenbezogenen Grünland- und Ackerprämien vermieden werden. Dazu müsste sich die Höhe der Grünlandprämien an der Höhe der Ackerprämien ausrichten. Auf jeden Fall ist zu vermeiden, dass die Höhe der Grünlandprämien unter den Mindestbetrag für eine Flächenpflege sinkt. Diese Gefahr besteht bereits in einigen Bundesländern (vor allem in Hessen, Rheinland-Pfalz, Baden-Württemberg und im Saarland). Die Anhebung der Prämien durch die Überführung der Milch- und Tierprämien in Grünland-Regionalprämien sollte nicht erst 2007 beginnen.

Eine weitere Voraussetzung für die Grünlanderhaltung aber auch für einen sinnvollen Einsatz der obligatorischen Flächenstilllegung ist die Steuerung des Handels mit Grünland- und Ackerprämien unter Umweltgesichtspunkten. Eine frühzeitige Ankündigung eines Regionalprämienmodells kann Anreize zur Nachmeldung von nicht in der Förderstatistik erfassten Flächen setzen. Nur durch eine zügige Überführung der betriebsindividuell zugeteilten Tierprämien besteht ein ausreichender Anreiz die Flächen in der Förderstatistik zu melden und damit prämienfreie Flächen zu verhindern. Zielführend erscheint eine nach naturschutzfachlichen Gesichtspunkten geeignete Abgrenzung der Regionen, in denen Prämienrechte gehandelt werden dürfen.

Um Anreize für die Beseitigung von Landschaftselementen zu vermindern, sollte bei der Definition der förderfähigen Basisfläche eine *Einbeziehung von Landschaftsstrukturelementen* in der für die entkoppelte Prämie berechtigte Fläche möglich sein. Besonders empfehlenswert ist die Prämienberechtigung von landwirtschaftlichen Flächen, auf denen Landschaftsstrukturelemente neu geschaffen werden. Diese Flächen wären vom Offenhaltungsgebot der Cross-Compliance-Auflagen auszunehmen.

32*. Grundsätzlich müsste sich die *Cross Compliance* auf die Unterstützung des Vollzugs der guten fachlichen Praxis sowie wenige weiter gehende Auflagen beschränken. Zielführend ist eine klare Trennlinie zwischen obligatorischen, nicht förderfähigen Umweltanforderungen an die Landwirtschaft und honorierten Umweltleistungen. Im Zuge der Verminderung von Direktzahlungen wird das relative Gewicht der honorierten Umweltleistungen erheblich zunehmen müssen. Im Einzelnen wird empfohlen:

- Eine wirksame nationale Ausgestaltung der Cross-Compliance-Regelungen sollte auf jeden Fall für das Verbot des Grünlandumbruchs gefunden werden. Dazu muss eine Konkretisierung der Definition und Abgrenzung des Dauergrünlandes erfolgen, die Umgehungstatbestände im Falle von Wechselgrünland weit gehend ausschließt. Das Grünlandsaldoerhaltungsgebot sollte zumindest artenreiches, älteres Grünland sowie Grünland in Räumen hoher Nitrataustragsgefährdung und in Feucht- und Überschwemmungsgebieten von betrieblichen Verschiebungen ausnehmen. Grundsätzlich sollten alle prämienberechtigten Antragsflächen, die zwischen 1993 und 2002 kein Ackerland waren, als Grünland angesehen werden und nur als Grünland förderfähig sein.

- Über *Cross Compliance* kann geregelt werden, dass die Flächenstilllegung gezielt zur Landschaftsgestaltung sowie zum Biotop- und Wasserschutz eingesetzt wird. Dazu müsste ein Teil der obligatorischen Flächenstilllegungsverpflichtung auf Ackerland dauerhaft durch Randstreifen und Pufferzonen erfüllt werden. Dieser Teil dürfte dann nicht überregional handelbar sein.

- Bei der Ausgestaltung der Cross-Compliance-Regelungen zur Erhaltung von Landschaftselementen ist darauf zu achten, dass alle Landschaftselemente unter ein Beseitigungsverbot fallen, beziehungsweise zum Erhalt der betrieblichen Flexibilität mit einem Gebot von Ausgleichsmaßnahmen versehen werden.

- Generell sollte sich die Bewehrung der Cross-Compliance-Regelungen mit Strafen (Prämienentzug) auf einfach nach Maßgabe der potenziellen Umweltgefährdung kontrollierbare Tatbestände konzentrieren und in allen übrigen Bereichen auf die Betriebsberatung sowie vor allem auf eine Dokumentation der Landwirte setzen.

33*. Die Aktivierung der 10-%-Regel für die Förderung von besonderen Formen der landwirtschaftlichen Tätigkeit in Deutschland wäre eine geeignete Option für eine bedarfsorientierte Förderung der Extensivbeweidung mit Mutterkühen, Ochsen oder Schafen. Damit könnte der für bestimmte Regionen problematischen Tendenz einer mit der Entkopplung der Tierprämien zurückgehenden Beweidung des Grünlandes entgegengewirkt werden. Die Beweidung könnte auf diese Weise über die erste Säule gefördert werden, ohne erhebliche nationale Mittel über die zweite Säule zu beanspruchen.

34*. Aufgrund veränderter Rahmenbedingungen frei werdende und durch die Modulation neu hinzukommende Mittel sollten vor allem für anspruchsvolle Agrar-Umweltmaßnahmen wie Gewässer- und Biotopschutzmaßnahmen verausgabt werden. Als Voraussetzung dafür sollte nach Wegen gesucht werden, die Modulationsmittel für bedarfsorientierte Agrar-Naturschutzmaßnahmen einzusetzen, möglichst ohne die Kofinanzierungslasten der Länder zu erhöhen. Dies könnte vor allem durch eine Öffnung der Gemeinschaftsaufgabe Agrarstruktur und Küstenschutz für naturschutzorientierte Agrarumweltmaßnahmen geschehen.

Entwicklung einer langfristigen Perspektive für eine integrierte Agrar-Umweltpolitik

35*. Neben den bis 2013 relevanten Empfehlungen zur Ausgestaltung der aktuellen Agrarreform mahnt der Umweltrat an, dass den Landwirten möglichst günstige Bedingungen für Betriebsanpassungen geboten werden sollten. Bei einer weiter gehenden Reform der Agrarpolitik sind vor allem eine Vereinfachung der Mechanismen und eine höhere Transparenz anzustreben. Abgesehen von Zielen des Verbraucherschutzes sollte die Entwicklung einer dauerhaft umweltgerechten Landwirtschaft verstärkt in den Vordergrund treten. Für die Umsetzung umweltpolitischer Zielvorgaben sollten notwendige Umweltleistungen in Gebieten mit besonderen Anforderungen aufgrund von standörtlichen Empfindlichkeiten, besonderem Wert der Funktionen des Naturhaushaltes oder anderen gesellschaftlichen Präferenzen honoriert werden. Um dieses zu gewährleisten, dürfen Agrarsubventionen nicht in Konkurrenz zu Umweltleistungen treten, indem sie dazu führen, dass sich die Attraktivität von Umweltmaßnahmen reduziert. Die Honorierung von Umweltleistungen sollte deshalb auf Flächen beschränkt werden, auf denen ein Handlungsbedarf besteht. Damit für diese Zwecke ausreichende Ressourcen zur Verfügung stehen, sollten die Mittel der ersten Säule der Agrarpolitik nicht mehr ohne Bindung an Umweltleistungen vergeben werden. Die Verteilung der Finanzierungsverantwortung für die Umweltmaßnahmen auf den politischen Ebenen sollte die Verantwortung dieser Ebenen für die Naturgüter unterschiedlicher (lokaler bis internationaler) Bedeutung widerspiegeln.

Neben den Zielen für eine dauerhaft umweltgerechte Landwirtschaft spielen für die Ausgestaltung langfristiger agrarpolitischer Perspektiven vor allem zukünftige WTO-Verpflichtungen, die Finanzierbarkeit der Osterweiterung sowie Erwartungen der Öffentlichkeit nach transparenten, stärker am gesellschaftlichen Nutzen orientierten Subventionen für die Landwirtschaft eine Rolle. Unter all diesen Gesichtspunkten muss die europäische Landwirtschaft bereits mittelfristig mit Rahmenbedingungen rechnen, die eine weitere Liberalisierung der Agrarpolitik unausweichlich machen. Ein Abbau der bisherigen Direktzahlungen erscheint unvermeidlich.

Ohne Flankierung durch umwelt- und sozialpolitische Maßnahmen kann eine liberalisierte Agrarpolitik erhebliche Auswirkungen auf die derzeitige Agrarstruktur in vielen Produktionsregionen Deutschlands haben. Viele landwirtschaftliche Betriebe in Deutschland sind in ihrer derzeitigen Form ohne Stützungen nicht überlebensfähig. Die Entwicklung zu landwirtschaftlichen Großbetrieben und Flächenzusammenlegungen sowie vermutlich auch die Freisetzung von Arbeitskräften aus der Landwirtschaft würden erheblich beschleunigt. Bestimmte

Mechanismen werden voraussichtlich die Vehemenz des Strukturwandels abmildern. So ist eine Erhöhung der Weltmarktpreise ebenso wahrscheinlich wie ein Absinken der Preise für die Bodennutzung und andere landwirtschaftliche Produktionsfaktoren, sodass insbesondere die westdeutschen Betriebe – mit hohen Pachtflächenanteilen – entlastet werden.

Der heutige Kenntnistand lässt keine gesicherten Aussagen über das Anpassungsverhalten landwirtschaftlicher Betriebe bezüglich der Produktions- und Flächennutzungsstrukturen zu. Hier besteht dringender Forschungsbedarf. Die Produktionspotenziale und Kostenstrukturen in der deutschen Landwirtschaft bieten Potenziale für eine weiter gehende Anpassung an die Bedingungen eines liberalisierten Marktes. Abgesehen vom Zuckerrübenanbau und der Rind- und Schaffleischproduktion sind effizient wirtschaftende deutsche Betriebe bereits heute im Weltmaßstab konkurrenzfähig. Viele andere Betriebe könnten Anpassungspotenziale ausschöpfen. So werden beim derzeitig üblichen Dünger- und Pflanzenschutzmitteleinsatz Effizienzreserven gesehen, die zum Beispiel durch eine (zweckbezogen in die Landwirtschaft rückführbare) Abgabe aktivierbar sind.

Eine Liberalisierung der Agrarpolitik wird nicht notwendigerweise zu einer weiteren Verschlechterung der Umweltbilanz der Landwirtschaft führen. Voraussichtlich werden sogar Entlastungseffekte wie die Verminderung des sektoralen Stickstoffüberschusses eintreten. In Ungunstregionen ist aber mit Flächenaufgaben zu rechnen, sodass eine Flächenpflege in Räumen, in denen dies unter Naturschutz- oder Erholungsgesichtspunkten erwünscht ist, erfolgen müsste. In anderen Räumen kann eine Nutzungsaufgabe unter Umweltgesichtspunkten freilich durchaus erwünscht sein.

36*. Weitere Möglichkeiten eines Politikwandels in der Agrarpolitik ergäben sich durch eine an Umweltzielen ausgerichtete Umschichtung der bisherigen Subventionen. Während derzeit nur ein geringer Anteil der Agrarsubventionen für Agrar-Umweltmaßnahmen aufgewendet wird, könnten die durch den Abbau der ersten Säule in erheblichem Ausmaß freigesetzten Mittel zur Honorierung ökologischer Dienstleistungen eingesetzt werden. Allerdings müssten die „Green-Box"-Bedingungen der WTO eine Honorierung ökologischer Dienstleistungen auch dann zulassen, wenn unvermeidliche Marktwirkungen damit verbunden sind. Deutschland sollte sich dafür engagieren, dies zu einer Kernposition der EU bei den WTO-Verhandlungen zu machen. Der Strukturwandel der Landwirtschaft sollte ausreichend sozial abgefedert werden. Dieses konditionierte Liberalisierungsmodell wird vom Umweltrat favorisiert. Angesichts des schwer abschätzbaren Veränderungspotenzials und der vielen Ungewissheiten rät der Umweltrat von einer unkonditionierten Liberalisierung ab.

4.2 Umweltschonender Einsatz von Düngemitteln in der Landwirtschaft

37*. Die landwirtschaftliche Düngung ist seit langem als Hauptverursacher der Eutrophierung der Umwelt durch Stickstoff und Phosphor bekannt. Insbesondere in Betrieben mit hohen Viehbesatzdichten werden die anfallenden Nährstoffe aus Wirtschaftsdünger in der Regel aufgrund des Überangebotes und der für die Pflanzen nur teilweise geeigneten Darreichungsform nicht durch die Pflanzenbestände auf den Feldern verbraucht. Hohe Überschüsse in der Nährstoffbilanz, die das Grund- und Oberflächenwasser, den Boden sowie das Klima belasten, sind die Folge. Neben diesen Umwelteffekten rückten in den letzten Jahren zunehmend die Belastungen der Ökosysteme und des Menschen durch Schwermetalle und Tierarzneimittel aus Düngemitteln in das Bewusstsein der Öffentlichkeit. Für Tierarzneimittel fehlt jedoch bisher eine bundesweite detaillierte Auflistung der einzelnen Wirkstoffe und ihrer Verwendungsmengen. Auch das Wissen über das Verhalten vieler Wirkstoffe in Boden und Wasser ist noch sehr lückenhaft. Tierarzneimittel werden ferner häufig prophylaktisch und nicht ausreichend gezielt eingesetzt, sodass unnötig hohe Mengen von überschüssigen Wirkstoffen ausgeschieden werden und in den Wirtschaftsdünger gelangen.

38*. Ziel einer vorsorgenden Düngemittelpolitik sollte es sein, diese negativen Umweltauswirkungen zu vermeiden oder auf ein Mindestmaß zu begrenzen. Die Zielsetzung der Nachhaltigkeitsstrategie, die Stickstoffemissionen aus der Landwirtschaft auf 80 kg N/ha und Jahr zu begrenzen, bietet hierfür Orientierung. Die derzeit von der Bundesregierung betriebene Überarbeitung der Düngeverordnung ist hierzu ein wichtiger Schritt, der aber aus Sicht des Umweltrates allein nicht ausreicht. Über diese gesetzlichen Regelwerke hinaus und aufbauend auf den nach der Düngeverordnung ohnehin erforderlichen Nährstoffbilanzen hält der Umweltrat die Einführung einer Stickstoffüberschussabgabe für erforderlich. Ein Instrumentenmix aus einem klaren für alle Betriebe geltenden rechtlichen Rahmen auf der einen Seite und einer auf die spezifische Belastungssituation abstimmbaren Kombination von Stickstoffüberschussfreigrenzen und Abgaben auf der anderen Seite erscheint geboten. Damit die Verordnung über die gute fachliche Praxis der Düngung innerhalb dieses Instrumentenmix eine ausreichende Wirksamkeit entfalten kann, erscheint es wichtig, die Düngeverordnung um die folgenden Elemente zu ergänzen.

39*. Zentraler Bestandteil einer neuen Düngeverordnung sollte die Verankerung einer Freigrenze von 40 kg N/ha und Jahr für Nährstoffüberschüsse sein. Gleichzeitig stellt eine solche Freigrenze die Voraussetzung für den Einsatz einer Stickstoffüberschussabgabe dar. Denn oberhalb dieser Freigrenze sollte für die anfallenden Nährstoffüberschüsse diese Abgabe erhoben werden. Angesichts räumlich differierender Belastungssituationen empfiehlt der Umweltrat, eine auf die Standortbedingungen angepasste regionale Differenzierung der Freigrenze beziehungsweise des Abgabensatzes perspektivisch in Erwägung zu ziehen. Hierdurch ließe sich diese Instrumentenkombination hinsichtlich ihrer ökologischen Wirksamkeit und ökonomischen Effizienz weiter verbessern. Die Höhe der Abgabensätze sollte jeweils so gewählt werden, dass für die Betriebe ein Anreiz besteht, ihre

Nährstoffüberschüsse nicht wesentlich über 40 kg N/ha und Jahr auszudehnen. Ziel der Stickstoffüberschussabgabe sollte es insgesamt sein, die Nährstoffemissionen zu minimieren und gleichzeitig eine für einen landwirtschaftlichen Betrieb ausreichende Flexibilität des Düngemitteleinsatzes zu gewährleisten. Grundlage einer solchen Stickstoffüberschussabgabe sind betriebsbezogene Aufzeichnungen. Diese sollten für alle landwirtschaftlichen Betriebe mit Überschüssen von mehr als 40 kg N/ha und Jahr zur Pflicht gemacht werden – auch unabhängig von der Einführung einer solchen Abgabe. Die derzeitigen Ausnahmen für Betriebe unter zehn Hektar führen dazu, dass viele Problembetriebe wie Intensivtierhaltungen oder Erwerbsgartenbau nicht erfasst werden, obwohl sie hohe Stickstoffemissionen verursachen. Die Pflichten zur Erstellung von Betriebsbilanzen sollten daher zukünftig grundsätzlich für alle Betriebe gelten.

40*. Die Betriebsbilanzen sollten zudem als Hoftorbilanzen in Übereinstimmung mit der steuerlichen Buchführung alle Nährstoffströme des Betriebes durch Zu- und Verkauf umfassen sowie unter Berücksichtigung des Nährstoffeintrages aus der Luft erstellt werden. Zudem sollten diese Betriebe schlagbezogene Aufzeichnungen erstellen müssen, die als Grundlage der Optimierung der Bewirtschaftung unter anderem mithilfe der landwirtschaftlichen Beratung dienen sollten. Dem Anreiz zur Manipulation der betrieblichen Nährstoffbilanz zum Zweck der Abgabenhinterziehung kann durch die Androhung eines Bußgeldes in hinreichender Höhe entgegengewirkt werden.

41*. Des Weiteren sollte ein bundeseinheitlicher Mindestabstand zu empfindlichen Bereichen wie Gewässern oder aus Sicht des Naturschutzes wertvollen Lebensräumen vorgesehen werden. Auf gut mit Nährstoffen versorgten Standorten sollte die Phosphor- und Kaliumdüngung unterlassen oder deutlich reduziert werden. Ferner sollte die Einarbeitung von Wirtschaftsdüngern innerhalb von vier Stunden und die Ausweitung der Sperrzeit für die Ausbringung von Wirtschaftsdünger auf die Zeit vom 1. Oktober bis 31. Januar vorgesehen werden. Die Durchsetzung dieser Regelungen bedarf einer ordnungsrechtlichen Verankerung.

42*. Zur Reduzierung der Schwermetallemissionen durch Wirtschaftsdünger sollten ungeachtet erhöhter Anstrengungen, die dies insbesondere für Schweine haltende Betriebe bedeutet, die Einführung von Grenzwerten für Schwermetallgehalte in Wirtschaftsdüngern in Verbindung mit gleichen ökologischen Anforderungen an alle landwirtschaftlichen Düngemittel angestrebt werden.

43*. Die weit gehend noch ungeklärten negativen Auswirkungen von Tierarzneimitteln im Wirtschaftsdünger auf Mensch und Umwelt sollten im Sinne des Vorsorgeprinzips minimiert werden. Dazu ist vor allem für so genannte Altstoffe dringend ein Prüfprogramm erforderlich, dessen Ergebnisse bei Zulassungsverlängerungen berücksichtigt werden sollten. Zudem erscheinen eine Mengenerfassung der eingesetzten Tierarzneimittel (vor allem der Altpräparate) sowie ein Umweltmonitoring für Tierarzneimittel (z. B. Grund- und Oberflächenwasser) geboten.

Ferner sollte vorgeschrieben werden, dass Tierarzneimittel nur noch bei bestehenden Bestandsproblemen und bekannter Erregersensitivität metaphylaktisch oder therapeutisch eingesetzt werden dürfen und ein prophylaktischer Einsatz grundsätzlich nicht mehr zulässig ist.

4.3 Nachhaltige Nutzung von Pflanzenschutzmitteln

44*. Pflanzenschutzmittel (PSM) können die menschliche Gesundheit und den Naturhaushalt gefährden. Viele der in der Anwendung befindlichen Pflanzenschutzmittel sind hoch toxisch, stehen in Verdacht krebserzeugend oder hormonell wirksam zu sein, bauen sich in der Umwelt nur langsam ab und können sich in der Nahrungskette anreichern. Pflanzenschutzmittel werden seit Jahren mit gleichbleibender Häufigkeit im Grund- und Oberflächenwasser gefunden. Der PSM-Absatz verharrt in Deutschland seit über zehn Jahren auf einem hohen Niveau mit rund 34 000 Mg vermarkteter Wirkstoffe im Jahr 2001.

45*. Die bestehenden Regelungen der Pflanzenschutzgesetzgebung sind unzureichend, um eine sichere und minimale Anwendung von Pflanzenschutzmitteln zu gewährleisten. Zudem ist es derzeit nicht möglich, den Vollzug der rechtlichen Vorgaben insbesondere durch ausreichende Kontrollen sicherzustellen.

Strategien in Europa und Deutschland

46*. Auf europäischer Ebene ist zur Verringerung des PSM-Einsatzes im 6. Umweltaktionsprogramm die Ausarbeitung einer „Thematischen Strategie zur nachhaltigen Nutzung von Pestiziden" vorgesehen, wozu die EU-Kommission eine Mitteilung vorgelegt hat. Auf nationaler Ebene ist im Koalitionsvertrag dieser Legislaturperiode die Entwicklung einer „Strategie zur Minderung des Einsatzes von Pflanzenschutzmitteln durch Anwendung, Verfahren und Technik sowie die gute fachliche Praxis" geplant. Erste Vorschläge wurden im Oktober 2003 von einem dazu eingesetzten Beirat vorgelegt (Beirat des BMVEL, 2003).

Die thematische Strategie der EU und das nationale Reduktionsprogramm sollen den bestehenden Rechtsrahmen ergänzen und zielen vor allem auf die Verwendungsphase ab. Der Umweltrat begrüßt ausdrücklich diese Ansätze, doch werden dabei sowohl auf europäischer als auch auf nationaler Ebene die relevanten Aspekte aus benachbarten Politikbereichen, insbesondere der Reform der EU-Agrarpolitik, nur unzureichend mit einbezogen. Bei der europäischen Strategie ist zudem der Bezug zur Pflanzenschutzmittelrichtlinie (91/414/EWG), die in erheblichem Maße die Wirkstoffbewertung von Pflanzenschutzmitteln und damit die Erreichung der Ziele der EU-Strategie „Risiko- und Gefahrenminimierung durch Pflanzenschutzmittel" und „Substitution von gefährlichen Pflanzenschutzmitteln durch ungefährlichere" bestimmt, nur auf Einzelaspekte beschränkt.

Nach Ansicht des Umweltrates sollte die thematische Strategie vor allem EU-weite Reduktionsziele und EU-weit verbindliche Anforderungen für nationale Reduktionsprogramme festlegen. Einheitliche Datenerfassungen sollten insbesondere bezüglich der in Deutschland gehandelten PSM-Wirkstoffmengen und der Umweltbelastung mit Pflanzenschutzmitteln eingeführt werden. Im Rahmen der Strategie sollte zudem ein Diskussionsprozess zur Definition von pflanzenkulturspezifischen Kriterien für den integrierten Anbau in Gang gesetzt werden und diese Zielsetzungen und Maßnahmen in angrenzende Politikbereiche, insbesondere in die Reform der EU-Agrarpolitik, integriert werden.

Bisher fehlen quantitative Ziele und zeitliche Vorgaben. Aus Sicht des Umweltrates sollte für Deutschland das Ziel, die Aufwandmenge an Pflanzenschutzmitteln um 30 % bis zum Jahr 2008 gegenüber 2004 zu reduzieren, in das Reduktionsprogramm aufgenommen werden. Zudem sollten nach Ansicht des Umweltrates im Rahmen des nationalen Reduktionsprogramms die Nutzung der Erfahrungen des ökologischen Landbaus im Pflanzenschutz ohne Pflanzenschutzmittel für den konventionellen Landbau verstärkt gefördert werden.

Wirkstoffbewertung auf europäischer Ebene

47*. Die Richtlinie 91/414/EWG sieht vor, dass alle neuen Wirkstoffe einer Bewertung unterzogen werden, bevor sie auf den Markt gelangen können. Diese Richtlinie bedarf einer Novellierung, wobei vorrangig eindeutige Kriterien für die Aufnahme oder Ablehnung eines Wirkstoffes in Annex I und klare Ausschlusskriterien (*cut off-criteria*) für kritische Eigenschaften (Persistenz, Toxizität, Bioakkumulierbarkeit) entwickelt werden sollten. Aus Sicht des Umweltrates sollten Pflanzenschutzmittel, die umweltoffen und von einer großen Anzahl von Anwendern eingesetzt werden, bereits aufgrund ihrer inhärenten Eigenschaften möglichst sicher, also „eigensicher" sein. Chronisch toxische Wirkstoffe, insbesondere Krebs erregende, mutagene oder reprotoxische Wirkstoffe, schwer abbaubare Wirkstoffe sowie Wirkstoffe mit Anreicherungspotenzial sollten nicht mehr zulassungsfähig sein. Diese strengen Zulassungskriterien sollten auch darauf abzielen, die Anforderungen der internationalen Vereinbarungen zum Schutz der Meere, insbesondere hinsichtlich der dort verankerten strengen Kriterien für Persistenz, Bioakkumulation und Toxizität, umzusetzen.

Nationale Instrumente

48*. Der Umweltrat empfiehlt, die Wirksamkeit des bestehenden Instrumentariums zur umweltschonenden Verwendung von Pflanzenschutzmitteln wie in skandinavischen Ländern mit einer spezifischen Abgabe zu erhöhen. Um unvermeidbare Anpassungskosten zu reduzieren und den Lenkungseffekt der Abgabe zu beschleunigen, sollten die Einnahmen aus der Abgabe für eine bessere Pflanzenschutzberatung und im Bereich der Forschung und Entwicklung umweltschonender Pflanzenschutz- und Anbaumethoden zweckgebunden verwendet werden. Bei der Bestimmung des Abgabensatzes ist zur Verbesserung der Lenkungswirkung eine Differenzierung nach der gesundheitlichen und ökologischen Belastung der am Markt jeweils verfügbaren Pflanzenschutzmittel sinnvoll. Die Bemessungsgrundlage der Abgabe sollte dabei möglichst an der umweltbelastenden Wirkung des Pflanzenschutzmittels ansetzen.

49*. Seit der Einführung der Indikationszulassung in Deutschland im Jahr 1998 dürfen Pflanzenschutzmittel nur für ausdrücklich in der Gebrauchsanweisung ausgewiesene Zwecke eingesetzt werden. Damit können legal Indikationslücken nicht mehr umgangen werden. Diesen Steuerungsansatz erachtet der Umweltrat vor allem wegen der Vollzugsprobleme nicht als ausreichend. Er empfiehlt, das Konzept der Indikationszulassung insbesondere hinsichtlich einer europäischen Vereinheitlichung und gewässerschutzrelevanter Bestimmungen weiterzuentwickeln und die Rezeptpflicht für ausgewählte Anwendungen sowie präzisere, praxisgerechte Anwendungsbestimmungen einzuführen. Dies sollte durch Monitoring und die Forschung zu Ersatzstoffen und -verfahren begleitet werden.

50*. Die gesetzlichen Vorgaben zur guten fachlichen Praxis sind als Instrument zur Umsetzung des Reduktionsprogramms in der vorliegenden Form ebenfalls nicht ausreichend. Der Umweltrat unterstützt die grundsätzlichen Forderungen des Beirats des BMVEL nach höheren Anforderungen an die gute fachliche Praxis und verbindlich formulierte Handlungsanweisungen in einem allgemeinen und einem kulturspezifischen Teil sowie nach einer stärkeren Durchsetzung der Grundsätze des integrierten Pflanzenschutzes. Zudem sollte als gute fachliche Praxis der Einsatz verlustmindernder Spritztechniken und die Reinigung der Ausbringungsgeräte von innen und von außen auf dem Feld festgeschrieben werden.

51*. Im Rahmen des PSM-Reduktionsprogramms erscheint es dem Umweltrat erforderlich, die staatliche Pflanzenschutzberatung qualitativ und quantitativ deutlich zu erweitern und die Zielsetzung des Reduktionsprogramms in das Beraterprofil zu integrieren. Die Finanzierung eines solchen Beratungssystems könnte mithilfe einer noch einzuführenden Pestizidabgabe erfolgen. Wichtigste Grundlage der Beratung ist die Einführung einer schlagspezifischen Dokumentationspflicht für den PSM-Einsatz.

52*. Der Umweltrat hält den Ausbau der Überwachungsprogramme für einen wichtigen Eckpunkt einer Strategie der nachhaltigen Nutzung von Pestiziden, die grundsätzliche Belastungssituation mit Pflanzenschutzmitteln zu beurteilen, um die Wirksamkeit der Instrumente zu gewährleisten und die Zielerreichung der Strategie zu dokumentieren.

5 Gewässerschutz

53*. Auch wenn die deutsche Gewässerschutzpolitik der letzten Jahrzehnte beachtliche Erfolge zu verzeichnen hat, verbleibt dennoch erheblicher Handlungsbedarf. Das Grundwasser und die Oberflächengewässer werden durch zahlreiche punktuelle und diffuse Schadstoff- und Nährstoffquellen qualitativ beeinträchtigt. Neben problematischen Punktquellen wie beispielsweise Mischwasserentlastungen, Kläranlagenabläufen oder anderen Direkteinleitungen sind nach wie vor die diffusen Schad- und Nährstoffeinträge als noch weit gehend ungelöstes Problem des Gewässerschutzes hervorzuheben. Hauptverantwortlich für die diffusen Einträge ist die Landwirtschaft, die in großem Umfang Mineral- und Wirtschaftsdünger, Pflanzenschutz- und Schädlingsbekämpfungsmittel sowie Klärschlämme auf landwirtschaftlich genutzte Flächen aufbringt.

54*. Neben den klassischen Schadstoffen wie den Schwermetallen rücken zunehmend bisher eher wenig beachtete Substanzen wie beispielsweise Umweltchemikalien und Arzneimittel, die teilweise endokrin wirken, in den Vordergrund. Relevante Eintragspfade für derartige Stoffe sind das Abwasser und der Einsatz von Wirtschaftsdüngern in der Landwirtschaft. Für Fließgewässer konnten bereits eindeutig Schädigungen aquatischer Lebewesen durch eingetragene endokrin wirksame Substanzen nachgewiesen werden.

55*. Der Eintrag von Pflanzennährstoffen in Oberflächengewässer ruft in Verbindung mit einer Eutrophierung negative Wirkungen für die Gewässer selbst hervor und begrenzt die Nutzung der Gewässer als Badegewässer. Für den Fall der Trinkwassernutzung von Oberflächengewässern treten infolge dieser Nährstoffe auch Probleme bei der Trinkwasseraufbereitung auf. Die fast ausschließlich aus der Landwirtschaft resultierenden, langfristig anhaltenden Nährstoffbelastungen des Grundwassers sind in Deutschland seit langem eines der Hauptprobleme bei der Trinkwasserversorgung. Um langfristig die Schad- und Nährstoffeinträge in die Gewässer signifikant zu reduzieren und somit auch die hohe Qualität der Trinkwasserversorgung langfristig sicherzustellen, besteht insbesondere im Bereich der Landwirtschaft dringender Handlungsbedarf. Erforderlich ist eine rigorose Verhaltensänderung im Hinblick auf den Einsatz von Dünge-, Pflanzenschutz- und Schädlingsbekämpfungsmitteln sowie Tierarzneimitteln. Bisher ist jedoch in der Landwirtschaft keine hinreichende Bereitschaft erkennbar, derartige Maßnahmen flächendeckend einzuleiten.

56*. Eine zentrale Herausforderung für das deutsche Gewässerschutzrecht der nächsten Jahrzehnte ist die rechtliche, organisatorische und fachliche Umsetzung und insbesondere der Vollzug europarechtlicher Vorgaben. So sind greifbare Maßnahmen zur Minimierung der erheblichen Belastungen der aquatischen Umwelt durch Schad- und Nährstoffe durchzuführen. Außerdem sind die infrastrukturellen Dienstleistungen der Trinkwasserversorgung sowie der Abwasserableitung und -behandlung langfristig und möglichst umweltverträglich sicherzustellen und in das Konzept eines nachhaltigen Gewässerschutzes zu integrieren.

Wasserrahmenrichtlinie

57*. Mit der EG-Wasserrahmenrichtlinie wird erstmals ein gemeinschaftsweit harmonisierter Ordnungsrahmen für eine Bewirtschaftung der Oberflächengewässer und des Grundwassers geschaffen. Maßnahmen der Gewässerbewirtschaftung sind künftig nicht mehr an administrativen oder politischen Grenzen, sondern an Flussgebietseinheiten zu orientieren. Bis 2015 ist ein guter Zustand aller Gewässer in der Gemeinschaft zu erreichen. Ferner enthält die Richtlinie unter anderem mit dem Kostendeckungsprinzip sowie dem Gebot der Trendumkehr anspruchsvolle Vorgaben.

58*. Die Wasserrahmenrichtlinie ist gegenwärtig von den Mitgliedstaaten in rechtlicher und tatsächlicher Hinsicht umzusetzen. Die ersten Erfahrungen in Deutschland zeigen, dass die föderale Struktur der deutschen Wasserwirtschaftsverwaltung eine effektive Implementation der gemeinschaftlichen Vorgaben zumindest erschwert. Eine bundesweit einheitliche rechtliche Umsetzung ist in Anbetracht der „bloßen" Rahmengesetzgebungskompetenz des Bundes im Bereich des Wasserhaushalts keineswegs gewährleistet. So konnte der Bund in der 7. WHG-Novelle zur Umsetzung der Wasserrahmenrichtlinie beispielsweise keine konkreten Bestimmungen für Aufbau, Organisation und Koordination der Verwaltung in den Flussgebietseinheiten oder für die konkrete Art und Weise der Datenerhebung treffen. Letzteres ist insbesondere mit Blick auf die Vergleichbarkeit der Daten und der darauf basierenden Bewertungen des Gewässerzustandes und den Erfolg der einzelnen Maßnahmen zur Gewässerbewirtschaftung von Bedeutung. Der Umweltrat regt vor diesem Hintergrund an, dem Bund für den Wasserbereich die konkurrierende Gesetzgebungskompetenz zu übertragen, um künftig rechtlich und in der Folge auch tatsächlich eine kohärente nationale Umsetzung des europäischen Gewässerschutzrechts sicherzustellen. Parallel zur Änderung der Gesetzgebungszuständigkeit sollten Alternativen zu den beabsichtigten beziehungsweise schon vereinbarten länderübergreifenden Kooperationen in Erwägung gezogen werden, da die vorhandenen Verwaltungsstrukturen nach Auffassung des Umweltrates letztlich nicht vereinbar sind mit einer effektiven und effizienten Gewässerbewirtschaftung in Flusseinzugsgebieten.

59*. Von der Ausnahmeregelung der Ausweisung erheblich veränderter Wasserkörper im Sinne des § 25b Abs. 1 WHG sollte grundsätzlich nur sparsam Gebrauch gemacht werden. Vorrangig sollte versucht werden, Verbesserungen zunächst über eine schrittweise Anhebung des Gewässerschutzniveaus zu erzielen und hierfür gegebenenfalls Umsetzungsfristen zu verlängern, um auf diese Weise schließlich doch alle Gewässer an die „normalen" Qualitätsziele der Wasserrahmenrichtlinie heranzuführen. Orientierungswert ist dabei das Sanierungspotenzial des jeweiligen Gewässers. Entscheidend ist also derjenige Zustand, der nach Durchführung aller Verbesserungsmaßnahmen zur Gewährleistung der bestmöglichen ökologischen Durchlässigkeit zum Beispiel im Hinblick auf Wanderungen der Fauna und auf geeignete Laich- und Aufzuchthabitate erreichbar wäre.

Grundwasserrichtlinie

60*. Seit dem 19. September 2003 liegt der Vorschlag der EU-Kommission für eine neue Grundwasserrichtlinie vor. Eine neue Grundwasserrichtlinie ist erforderlich, da die Wasserrahmenrichtlinie im Jahr 2013 zwar die alte Grundwasserrichtlinie formell ablösen wird, jedoch qualitative Anforderungen zum Grundwasserschutz in der Wasserrahmenrichtlinie nicht enthalten sind. Dem Entwurf für eine neue Grundwasserrichtlinie fehlen aber ebenfalls hinreichend konkretisierte, rechtsverbindliche qualitative und quantitative Anforderungen an den Grundwasserschutz. Der besonderen Schutzwürdigkeit des Grundwassers (insbesondere im Hinblick auf die Trinkwasserversorgung) wird damit in dem Vorschlag nicht angemessen Rechnung getragen. Der Umweltrat empfiehlt daher der Bundesregierung, sich für grundlegende Nachbesserungen einzusetzen, die insbesondere rechtlich verbindliche Vorgaben im Hinblick auf das vom Umweltrat unterstützte Ziel eines anthropogen möglichst unbelasteten Grundwassers schaffen.

Badegewässerrichtlinie

61*. Am 24. Oktober 2002 hat die EU-Kommission einen Entwurf zur Novellierung der Badegewässerrichtlinie vorgelegt. Begrüßenswert ist, dass dieser Entwurf unter anderem eine deutliche Verschärfung der Gesundheitsnormen zum Schutz der Badenden vor Krankheitserregern, blaualgenbürtigen Toxinen und sonstigen Schadstoffen vorsieht, die nach Auffassung des Umweltrates in enger Abstimmung mit den Arbeiten zur Umsetzung der Wasserrahmenrichtlinie erfolgen sollten.

Umweltchemikalien und Arzneimittel in Gewässern

62*. Zur Vermeidung oder Verminderung des Einsatzes beziehungsweise der Anwendung von Umweltchemikalien und Arzneimitteln sollten nach Auffassung des Umweltrates neben allgemeinen vermeidungsstrategischen Ansätzen eine Reihe konkreter Maßnahmen durchgeführt werden. So lassen sich die Belastungen der Böden und Grundwässer durch Umweltchemikalien und Arzneimittel reduzieren, wenn auf die landwirtschaftliche Verwertung der Klärschlämme verzichtet wird. Ferner dürfte der Verzicht auf den Einsatz von Tierarzneimitteln zur Prophylaxe und auf hormonell oder antibiotisch wirksame Substanzen in Futterzusatzstoffen zur Tiermast zu einer signifikanten Reduzierung entsprechender Einträge führen. Insbesondere im Hinblick auf die Humanarzneimittel sieht der Umweltrat die Notwendigkeit, im Rahmen eines Altstoffprogramms in einem ersten Schritt die Arzneimittel zu identifizieren, bei denen die Wahrscheinlichkeit eines hohen Umweltrisikos über die Abwasserentsorgung besteht.

Trinkwasserversorgung

63*. Das Niveau des Gewässerschutzes hat erheblichen Einfluss auf die Qualität beziehungsweise auf die technischen und ökonomischen Aufwendungen bei der Daseinsvorsorge im Bereich der Trinkwasserversorgung. So wirkt sich ein konsequent betriebener Gewässerschutz langfristig positiv auf die Qualität der zur Trinkwassergewinnung genutzten Rohwasserressourcen aus. Als zunehmend problematische Beeinträchtigungen der Rohwasserressourcen werden die steigenden Nitratwerte im Grundwasser, die wasserassoziierten Parasiten wie *Cryptosporidium parvum* und *Giardia lamblia* in Oberflächengewässern sowie die in die aquatische Umwelt eingetragenen Umweltchemikalien und Arzneimittel eingestuft. Eine gesicherte Bewertung, inwieweit die aus dem Genuss von Trinkwasser resultierenden Belastungen an Umweltchemikalien und Arzneimittelwirkstoffen die menschliche Gesundheit beeinflussen können, steht noch aus.

Bezüglich der Trinkwasserverteilung rücken seit langem bekannte, aber letztlich unzureichend beachtete Probleme wie der mittelfristig notwendige Austausch aller Hausinstallationen aus Blei zunehmend in den Vordergrund. Grund für den erforderlichen Austausch ist die stufenweise Grenzwertverschärfung für den Parameter Blei, die im Jahr 2013 mit einem deutlich abgesenkten Grenzwert ausläuft. Trotz der scheinbar langen Fristen ist der Austausch der Bleileitungen nach Ansicht des Umweltrates zügig anzugehen.

Abwasserentsorgung

64*. Bei der Abwasserentsorgung kommt es nach wie vor durch nicht zu vernachlässigende Punktquellen zu einem Eintrag von Nähr- und Schadstoffen (u. a. Umweltchemikalien und Arzneimittel) sowie Krankheitserregern, sodass erneut Fragen der Ablaufanforderungen an große Kläranlagen und der Überwachungspraxis einschließlich der Erhebungsart der Abwasserabgabe aufgeworfen werden müssen.

So betrifft die wesentlichste Veränderung der 5. Änderungsverordnung zur Abwasserverordnung vom 2. Juli 2002 gegenüber der alten Fassung die Reduzierung der zulässigen Ablaufkonzentration für anorganischen Stickstoff. Für Kläranlagen der Größenklasse 5 (d. h. mehr als 100 000 EW) wird der entsprechende Überwachungswert von 18 auf 13 mg/l gesenkt.

65*. Bei der Abwasserreinigung wird sich der Rückhalt von Umweltchemikalien und Arzneimitteln weiter verbessern. Es ist derzeit absehbar, dass in den nächsten zehn Jahren eine Nachrüstung membrantechnischer Anlagenteile bei einem Teil der kommunalen Kläranlagen erfolgt. Bei entwässerungstechnischen Entscheidungen rät der Umweltrat dringend, künftig nicht mehr von einer technischen und ökologischen Gleichwertigkeit der beiden Systeme Misch- und Trennkanalisation auszugehen und nicht ausschließlich ökonomische Kriterien zu berücksichtigen. Aus Vorsorgegründen ist die Trennkanalisation zu bevorzugen.

66*. Bezüglich der Abwasserabgabe wendet sich der Umweltrat energisch gegen Forderungen zu ihrer Abschaffung und plädiert dafür, die Abwasserabgabe unter Rückbesinnung auf ihren ursprünglichen Zweck als eigenständiges Lenkungs- und Internalisierungsinstrument im Restverschmutzungsbereich zu revitalisieren (Restverschmutzungsabgabe), das auf eine kontinuierliche Verbesserung des Gewässerzustandes hinwirkt. Anknüpfend an die Empfehlung, bei der Festsetzung der Abwasserabgabe von der derzeitigen Bescheidlösung zu einer Messlösung überzugehen, legt der Umweltrat nahe, die bisherige Überwachungspraxis in Deutschland, das heißt die in der Regel nur 8-minütige qualifizierte Stichprobe mit Anwendung der 4-aus-5-Regelung, generell zu überdenken. Hier bietet es sich insbesondere bei großen Kläranlagen bei mehr als 100 000 EW an, Probenahme-Einrichtungen vorzusehen, die kontinuierlich 24 h-Mischproben nehmen.

6 Luftreinhaltung: Im Zeichen der Umsetzung europarechtlicher Vorgaben

67*. In den letzten zwei Jahrzehnten konnten die Emissionen der meisten klassischen Luftschadstoffe deutlich reduziert werden. Dies betrifft im Besonderen die Schwefeldioxidemissionen, die im Zeitraum von 1980 bis 2001 vor allem durch die Abgasentschwefelung in Kraftwerken und die Brennstoffsubstitution um circa 90 % zurückgegangen sind. Im Gegensatz dazu nimmt der prozentuale Anteil der Schifffahrt an den SO_2-Emissionen aufgrund fehlender Regulierungen stetig zu und hat inzwischen bereits fast 30 % in Europa erreicht. Es ist daher dringend erforderlich, Maßnahmen zu ergreifen, um die Schadstoffemissionen in der Schifffahrt zu reduzieren.

68*. Die Stickstoffoxidemissionen haben ebenfalls in den letzten 20 Jahren abgenommen, und zwar um circa 50 %. Der relative Anteil des Straßenverkehrs an den Emissionen erhöhte sich in diesem Zeitraum allerdings von 48 auf 63 %. Bedenklich sind auch die weiterhin hohen Stickstoffdioxidkonzentrationen in innerstädtischen, verkehrsbelasteten Bereichen. Die gesundheitlichen Risiken der NO_x-Immissionen wurden bisher eher unterschätzt. Neu ist die Klassifizierung von NO_x als genotoxisch sowie der Zusammenhang von NO_x mit einem gehäuften Auftreten von atemwegsbezogenen Gesundheitsbeeinträchtigungen und der Zunahme von Infektanfälligkeit.

69*. Staub (Feststoffpartikel) gehört ebenfalls zu den klassischen Luftschadstoffen. Die deutliche Abnahme der Gesamtstaubemissionen von 1990 bis 2001 um 87 % resultiert in erster Linie aus dem Rückgang der Emissionen aus Kraftwerken, sonstigen Industrien und dem Hausbrand. Von besonderer Bedeutung für nachteilige Gesundheitseffekte sind Feinstäube, deren Konzentration insbesondere im innerstädtischen Bereich an stark befahrenen Straßen besonders hoch ist. Die Exposition gegenüber Feinstäuben wird derzeit übereinstimmend als wesentlichste Belastung für die menschliche Gesundheit durch Luftschadstoffe bewertet.

70*. Die Entwicklung der bodennahen Ozonkonzentrationen zeigt eine Abnahme der Spitzenwerte bei einem leichten Anstieg der Jahresmittelwerte. Da die Auswirkungen auf die Umwelt und die Gesundheit nicht nur von den Spitzenwerten der Ozonkonzentrationen, sondern auch von der Dauer der Exposition abhängen, ist diese Entwicklung keinesfalls befriedigend und es sind weitere Maßnahmen zur Konzentrationsminderung der Ozonvorläufersubstanzen (NO_x und leicht flüchtige Kohlenwasserstoffe ohne Methan [Non Methan Volatile Organic Compound, NMVOC]).

71*. Die Ammoniak(NH_3)-Emissionen, die zu etwa 95 % aus der Landwirtschaft stammen, sind bisher nur unwesentlich zurückgegangen, weil keine ausreichend wirksamen Minderungsmaßnahmen (z. B. Einspritzen von Dünger in den Ackerboden) ergriffen wurden. Der langjährige und übermäßige Eintrag von Stickstoff (NO_x und NH_3) führt zur Eutrophierung und damit zu einer Veränderung und Verarmung der Biodiversität in Wäldern, Mooren, Heiden und anderen nährstoffarmen Ökosystemen. SO_2, NO_x und NH_3 führen zur Versauerung von Böden und Gewässern und schädigen dadurch Pflanzen und ganze Ökosysteme. Die Wirkungsschwellen für eutrophierende und versauernde Depositionen (*critical loads*) von NH_3, SO_2 und NO_x werden nach wie vor in vielen Gebieten Deutschlands weit überschritten. Zudem tragen die NO_x-Emissionen, in Verbindung mit NMVOC, zur erhöhten Belastung durch bodennahes Ozon bei. Fast die gesamte Fläche Deutschlands zeigt Überschreitungen der kritischen Konzentrationen (*critical levels*) von Ozon.

72*. Aus diesem Grunde sowie wegen der Belastung des Menschen mit Feinstäuben, Stickstoffoxiden und Ozon sind weitere Maßnahmen zur Minderung von Luftschadstoffen notwendig. Dazu sollten die bisher geltenden Grenzwerte der oben genannten Schadstoffe – insbesondere zum Schutz des Menschen – weiter gesenkt werden. In die notwendige Minderungsstrategie müssen neben den Emissionen aus industriellen Anlagen verstärkt auch die Emissionen aus dem Verkehr sowie aus der Landwirtschaft mit einbezogen werden. Weitere Verbesserungen der Luftqualität können in Deutschland mit der Umsetzung verschiedener europäischer Richtlinien erzielt werden. Insgesamt wird das deutsche Luftreinhalterecht in den letzten Jahren zunehmend von diesen Umsetzungen bestimmt.

22. Bundes-Immissionsschutzverordnung

73*. In der 22. BImSchV vom 11. September 2002 werden sowohl Elemente der Luftqualitätsrahmenrichtlinie als auch ihrer drei Tochterrichtlinien umgesetzt. Dies beinhaltet die Festlegung von strengeren Immissionsgrenzwerten für SO_2, NO_2, NO_x, PM_{10}, Blei, Benzol und CO, Alarmschwellen für SO_2 und NO_x sowie Konkretisierungen der Luftreinhalteplanungen und bestimmte Informationspflichten gegenüber der Öffentlichkeit.

74*. Die zulässigen Stickstoffoxidimmissionen werden nach Maßgabe der Vorgaben der ersten Tochterrichtlinie der Luftqualitätsrahmenrichtlinie geregelt. Speziell an den straßennahen Messpunkten wird es in den Ballungszentren weiterhin zu Überschreitungen des Stickstoffdioxid-Langzeitgrenzwerts zum Schutz der menschlichen Gesundheit kommen. Aus diesem Grunde sind gerade in diesen Gebieten, neben einem engmaschigen Netz von Messstationen für ein qualifiziertes Monitoring, Maßnahmen zur weiteren Reduzierung der Schadstoffbelastung der Bevölkerung durch NO_x dringend erforderlich.

75*. Auch bei Feinstäuben ist an den verkehrsreichen Messstationen in den Ballungszentren im Jahr 2005 nicht mit einer Einhaltung der Tages- und Jahresgrenzwerte der 22. BImSchV zu rechnen. Die Einhaltung der ab dem

Jahr 2010 vorgesehenen schärferen Immissionsgrenzwerte (2. Stufe der 22. BImSchV) ist angesichts der derzeitigen Entwicklung noch weniger wahrscheinlich. Dennoch sollte zur Verminderung nachteiliger Gesundheitseffekte auf jeden Fall an den sehr ehrgeizigen Grenzwerten der 2. Stufe der 22. BImSchV festgehalten werden und es sollten Maßnahmen ergriffen werden, um die Feinstaubbelastung gerade in den problematischen Gebieten weiter abzusenken.

Die Immissionen von Schwermetallen (Nickel, Cadmium, Quecksilber), von Arsen und von polyzyklischen aromatischen Kohlenwasserstoffen (PAK) werden in Zukunft über die vierte Tochterrichtlinie zur Luftreinhaltung reguliert. Im Vorschlag der EU-Kommission zur vierten Tochterrichtlinie vom Juli 2003 werden lediglich Zielwerte zum Schutz der Gesundheit des Menschen festgelegt. Für den Fall der Zielwertüberschreitung sind keine konkreten Minderungsmaßnahmen gefordert. Der Umweltrat zweifelt daher daran, dass der Vorschlag der Kommission für eine vierte Tochterrichtlinie als ausreichend für den gesundheitlichen Schutz der Bevölkerung eingestuft werden kann. Die in dem Vorschlag festgelegten Zielwerte für Arsen, Nickel, Cadmium und PAK sollten in rechtsverbindliche Grenzwerte umgesetzt werden. Außerdem ist es dringend geboten, gesonderte Depositionsgrenzwerte für Cadmium und Quecksilber festzulegen.

TA Luft

76*. Mit der TA Luft 2002, die am 1. Oktober 2002 in Kraft getreten ist, mussten unter anderem die Anforderungen der IVU-Richtlinie an die integrativen, medienübergreifenden Voraussetzungen für eine Anlagengenehmigung auf untergesetzlicher Ebene umgesetzt werden und die Immissionsgrenzwerte den Luftqualitätswerten der Tochterrichtlinien sowie das Ermittlungs- und Beurteilungsverfahren der Luftqualitätsrahmenrichtlinie angepasst werden. Schließlich waren auch die anlagenbezogenen Emissionsgrenzwerte der technischen Entwicklung entsprechend fortzuschreiben.

77*. Die europarechtskonforme Umsetzung des integrativen Modells der Industrieanlagenzulassung verlangt nach Auffassung des Umweltrates in der TA Luft eine durchgehend erkennbare integrative Betrachtung. Daher sollte in einer Begründung zu den in der neuen TA Luft festgelegten technischen Standards und Grenzwerten darüber Auskunft gegeben werden, auf welchen Erwägungen diese Standards beruhen und warum diese Standards aus der Perspektive der gebotenen Gesamtbetrachtung keine kontraproduktive Verlagerung von Umweltbelastungen bewirken können. Die transparente Darstellung der medienübergreifenden Rechtfertigung von Emissionsgrenzwerten wird den Dialog über den integrierten Umweltschutz fördern und könnte darüber hinaus Innovationen für einen verbesserten Umweltschutz auslösen.

78*. Hinsichtlich der Umsetzung der Immissionsgrenzwerte lässt die Vielzahl der im Immissionsteil der neuen TA Luft genannten Ausnahmeregelungen befürchten, dass es nur in seltenen Fällen zu einer Überprüfung der Zusatzbelastung einer zu genehmigenden Anlage kommen wird. Ohnehin lässt sich zeigen, dass die von 1 auf 3 % erhöhte Irrelevanzschwelle zu einer Verschlechterung der Immissionssituation führen kann. Die im Normierungsverfahren diskutierte Rechtfertigung der großzügigen Irrelevanzregelung darf jedenfalls in dieser Höhe und Generalisierung keinen Bestand haben. Der Umweltrat empfiehlt der Bundesregierung auch aus europarechtlicher Perspektive dringend eine Korrektur dieser verfehlten Regelung.

79*. Die Emissionsmassenströme der neuen TA Luft beziehen sich im Unterschied zur alten TA Luft nicht mehr auf das Rohgas, sondern nach einem Urteil des Bundesverwaltungsgerichts auf das Reingas. Dies hat dort, wo die Massenstrombegrenzungen in der neuen TA Luft gegenüber der alten TA Luft nicht abgesenkt wurden, zu schwächeren Anforderungen für kleinere Anlagen geführt. Da auch die Emissionen kleiner Anlagen, die häufig in Gewerbe- oder Mischgebieten in der Nähe von Wohngebieten angesiedelt sind, von Relevanz sein können, wäre es sinnvoll gewesen, auch bei Unterschreiten eines bestimmten Massenstroms einen Konzentrations-Grenzwert für die emittierten Schadstoffe einzuführen. Problematisch ist auch, dass durch eine Teilgasreinigung des Rohgases unter die Massenstromgrenze ein Anlagenbetreiber weiter gehende Anforderungen hinsichtlich der Einhaltung der Massenkonzentration umgehen kann. Der Umweltrat ist der Auffassung, dass in den Fällen, in denen bereits ein Teilstrom gereinigt wird, auch der gesamte Abgasstrom gereinigt werden sollte und damit die Möglichkeiten, den Stand der Technik zur Emissionsminderung einzusetzen, ausgeschöpft werden sollten.

17. Bundes-Immissionschutzverordnung

80*. Die am 20. August 2003 in Kraft getretene novellierte Verordnung über Verbrennungsanlagen für Abfälle und ähnliche brennbare Stoffe (17. BImSchV) dient vorwiegend der Umsetzung der EG-Abfallverbrennungsrichtlinie 2000/76/EG, mit der auf Gemeinschaftsebene neue Anforderungen an den Betrieb reiner Müllverbrennungsanlagen sowie an Anlagen gestellt werden, in denen Abfälle neben regulären Brennstoffen zur Mitverbrennung eingesetzt werden. Dass durch die novellierte 17. BImSchV nun auch die Abfallmitverbrennung umfassend geregelt wird, ist insofern zu begrüßen, als mit steigendem Einsatz von Ersatzbrennstoffen die luft- und abwasserseitigen Emissionen der zur Mitverbrennung genutzten Anlagen zukünftig zunehmend durch die Schadstoffbelastung der eingesetzten Abfälle geprägt werden. Hinsichtlich der emissionsseitigen Anforderungen bei der Mitverbrennung von Abfällen in Industrieanlagen einschließlich der Großfeuerungsanlagen forderte der Umweltrat wiederholt eine Angleichung an die für reine Abfallverbrennungsanlagen geltenden Standards. Die anforderungsgleiche Umsetzung der EG-Abfallverbrennungsrichtlinie reichte insoweit nicht aus, da die Anforderungen, die die Richtlinie an die Mitverbrennung stellt, teilweise noch deutlich unterhalb den Vorgaben für reine Müllverbrennungsanlagen liegen. Im Sinne der Harmonisierungsforderung begrüßt der Umweltrat die Tendenz zur Angleichung der Anforderungen der 17. BImSchV für die Mitverbrennung und die reine Abfallverbrennung. So hält er die in der Novelle der 17. BImSchV enthaltenen konkreten Grenzwertfestlegungen für angemessen. Zu bemängeln sind jedoch die großzügigen Ausnahmeregelungen, insbesondere für die Zementindustrie. Faktisch bleibt damit die novellierte 17. BImSchV in den Anforderungen an die Mitverbrennung partiell weit hinter den Vorgaben für die reine Müllverbrennung zurück. Der Umweltrat empfiehlt daher, die vollständige Harmonisierung der Anforderungsniveaus von Industrieanlagen und Müllverbrennungsanlagen herbeizuführen.

13. Bundes-Immissionsschutzverordnung

81*. Der Entwurf der Bundesregierung zur Novellierung der 13. BImSchV, der mit der novellierten Großfeuerungsanlagenrichtlinie notwendig wurde, entspricht zwar den Vorgaben der Großfeuerungsanlagenrichtlinie, die Anforderungen bewegen sich aber weit gehend am anspruchslosen Ende der Spannen, die im Entwurf des europäischen BVT (Beste Verfügbare Techniken)-Merkblattes zu Großfeuerungsanlagen als Stand der Technik vorgeschlagen werden; in einigen Fällen sind die Emissionsgrenzwerte sogar deutlich schwächer als die Empfehlungen der Arbeitsgruppe. Für den Umweltrat sind die zum Teil sehr starken Abweichungen der Emissionsgrenzwerte des Entwurfs von den BVT zu Großfeuerungsanlagen kaum nachvollziehbar. Diese Abweichungen sind auch aus Gründen der Bestandserhaltung nicht zu rechtfertigen, da im deutschen Kraftwerkspark durch die Klimaschutzerfordernisse ohnehin ein Strukturwandel erfolgen muss. Darüber hinaus fehlen leider im Verordnungsentwurf Grenzwerte für Chlor- und Fluorwasserstoff und für das Klimagas N_2O.

Der Vollzug der Verordnung – in der derzeitigen Fassung – würde zwar zur Verminderung von Umweltbelastungen vor allem bei Staub (einschließlich Schwermetallen), Stickstoffoxiden und Schwefeloxiden beitragen, aufgrund der abgeschwächten Anforderungen an bestehende Anlagen werden die Stickoxidminderungen jedoch vorwiegend erst dann erzielt werden, wenn die Altanlagen stillgelegt und durch moderne Anlagen ersetzt werden. Die vom Bundesrat im Oktober 2003 vorgeschlagenen Änderungen des Verordnungsentwurfs würden darüber hinaus im Vergleich zum ursprünglichen Novellierungsentwurf zu erhöhten Staub- und NO_x-Emissionen führen. Angesichts der gesundheitlichen Relevanz von Feinstaub und aufgrund der Tatsache, dass bereits mit dem Verordnungsentwurf vom 28. Mai 2003 das nationale Minderungsziel der NEC-Richtlinie für NO_x aller Wahrscheinlichkeit nach nicht erreicht werden kann, empfiehlt der Umweltrat, die vom Bundesrat vorgeschlagenen Änderungen zur Abschwächung der Anforderungen an die Begrenzung von Staub- und NO_x-Emissionen abzulehnen und vielmehr diese Anforderungen stärker an die BVT anzupassen.

NEC-Richtlinie

82*. Die am 23. Oktober 2001 in Kraft getretene Richtlinie über nationale Emissionshöchstmengen für bestimmte Luftschadstoffe (NEC-Richtlinie) legt für alle Mitgliedstaaten der EU fest, welche Emissionshöchstmengen an SO_2, NO_x, NH_3 und NMVOC bis 2010 eingehalten werden müssen. Ziel der Richtlinie ist die Begrenzung der Emissionen versauernder und eutrophierender Schadstoffe sowie der Ozonvorläufersubstanzen NO_x und NMVOC. Mit der Einhaltung der nationalen Emissionshöchstmengen sollen die durch die Versauerung belasteten Ökosystemflächen halbiert und die Ozonbelastung im Hinblick auf den Gesundheitsschutz um zwei Drittel beziehungsweise im Hinblick auf den Vegetationsschutz um ein Drittel zurückgehen.

Zur Umsetzung der NEC-Richtlinie hat die Bundesregierung den Entwurf einer Verordnung vorgelegt, in der die in der Richtlinie für Deutschland genannten jährlichen Emissionshöchstmengen festgelegt sind. Die nationalen Emissionshöchstmengen sollen mit einem nationalen Programm zur Reduzierung der oben genannten Luftschadstoffe erreicht werden.

Es bedarf noch weiterer Anstrengung, um die NO_x-, NMVOC- und NH_3-Emissionen auf die für 2010 festgelegten Ziele der NEC-Richtlinie zu mindern. Unabhängig von den in der EU geplanten oder von der EU vorgeschlagenen Maßnahmen zur Emissionsminderung in den Bereichen des Kraftfahrzeugverkehrs, der Lösemittel in Produkten und der Landwirtschaft muss auch die nationale Umsetzung von Emissionsminderungsmaßnahmen konsequenter die Reduzierung der NO_x-, NMVOC- und NH_3-Emissionen im Blick haben. Nach Ansicht des Umweltrates ist dies bei der Novellierung der 13. BImSchV in Bezug auf die NO_x-Minderung nicht ausreichend geschehen. Zur Minderung der NH_3-Emissionen sollte die Bundesregierung insbesondere Maßnahmen zur Reduzierung der Ammoniakemissionen bei der Ausbringung von Wirtschaftsdünger fördern.

Der Umweltrat empfiehlt darüber hinaus, auch weiterhin durch ein Monitoring der Belastungssituation und mithilfe von Modellrechnungen zu überprüfen, ob die verabschiedeten Minderungsmaßnahmen ausreichen, auch die langfristigen Ziele der NEC-Richtlinie zu erreichen.

Bereits jetzt ist absehbar, dass es in Deutschland auch nach Einhaltung der Emissionshöchstmengen der NEC-Richtlinie noch erhebliche Überschreitungen der Wirkungsschwellen in Bezug auf die Versauerung, die Eutrophierung und die Schädigung durch bodennahes Ozon geben wird. In Deutschland wird nach 2010 die Verminderung der Eutrophierung zur dringlichsten Aufgabe zählen, da hier die Überschreitungen der Zielwerte am größten sind. Die Hauptquelle für die eutrophierenden und zunehmend auch für die versauernden Einträge ist die landwirtschaftliche Tierhaltung. Daher ist es notwendig, im Agrarsektor, und zwar im Rahmen der Gemeinsamen Agrarpolitik, effektive Maßnahmen zur Minderung der NH_3-Emissionen zu ergreifen.

Angesichts der Tatsache, dass Deutschland – neben den Niederlanden – aufgrund seiner zentralen Lage und seiner empfindlichen Ökosysteme am meisten von der europaweiten Einhaltung der NEC-Richtlinie profitiert und darüber hinaus Netto-Emittent ist, sollte sich die Bundesregierung nach Auffassung des Umweltrates im Rahmen der von der NEC-Richtlinie geforderten Überprüfung der Ziele und innerhalb der Strategie der EU-Kommission *Clean Air for Europe* (CAFE) für eine weitere Verschärfung der Emissionshöchstmengen nach 2010 einsetzen.

7 Lärmschutz

83*. In den letzten zwei Jahrzehnten hat die Lärmwirkungsforschung eine bemerkenswerte Breite und Tiefe erlangt. Allerdings bleiben noch wichtige Fragen im komplexen Ursachen-Wirkungsgefüge lärmbedingter (Gesundheits-) Beeinträchtigungen ungeklärt. Es sind aber erneut wichtige bisherige Befunde der Lärmwirkungsforschung bestätigt worden:

– Es kann kein ernsthafter Zweifel mehr daran bestehen, dass Störungen des nächtlichen Schlafens in besonderer Weise geeignet sind, die Gesundheit, aber auch die gesundheitsbezogene Lebensqualität zu beeinträchtigen.

– Für die Bewertung von Lärmbelastungssituationen kommt neben dem äquivalenten Dauerschallpegel der Häufigkeit, Dauer und Lautstärke einzelner Schallereignisse eine wesentliche Bedeutung zu.

– Die Ergebnisse der Lärmwirkungsforschung reichen – bei allem weiteren Forschungsbedarf – völlig aus, um anspruchsvolle Ziele der europäischen und deutschen Lärmschutzpolitik zu rechtfertigen. Allerdings bedarf die Fixierung von Lärmqualitäts- und Lärmhandlungszielen politischer Entscheidungen. Ziel- und Grenzwerte lassen sich wissenschaftlich nicht definitiv bestimmen. Auf der Grundlage der Erträge der Wirkungsforschung hält der Umweltrat an seinen früheren Vorschlägen fest: Das Umwelthandlungsziel der Bundesregierung von 65 dB(A) Außenpegel bei Tag kann nur ein Nahziel für den vorbeugenden Gesundheitsschutz und den Schutz gegen erhebliche Belästigungen darstellen. Es muss durch mittelfristige Ziele – 62 dB(A) als Präventionswert und 55 dB(A) als Vorsorgezielwert – ergänzt werden. Für die Nachtzeit sind kurzfristig ein Außenwert von 55 dB(A), mittelfristig ein Wert von 52 dB(A) und langfristig ein Vorsorgezielwert von 45 dB(A) anzustreben. Dabei führt ein Außenpegel von 45 dB(A) bei gekipptem Fenster zu einem Pegel von circa 30 dB(A) am Ohr des Schläfers.

Vordringliche Aufgabe der Lärmschutzpolitik ist die Reduktion des Verkehrslärms, insbesondere des Straßenverkehrslärms. Ohne eine energische Politik in diesem Bereich sind relevante Verbesserungen der Lärmbelastungssituation der Bevölkerung nicht erreichbar. Denn die anderen Lärmquellen, auch der Industrieanlagen, sind gegenüber dem Verkehr deutlich nachrangig. Der Umweltrat empfiehlt daher:

– Im Verkehrswegeplanungsrecht sind wesentliche Korrekturen erforderlich. Insbesondere ist die 16. BImSchV zu novellieren, die hinsichtlich des Lärmschutzes allein und damit gänzlich unzureichend auf den Lärm des jeweils zu errichtenden Verkehrsweges abstellt. Eine angemessene akzeptorbezogene Betrachtungsweise muss sowohl andere vorfindliche Straßen und Schienenwege als auch sonstige Lärmquellen wie Flugverkehr und Anlagen berücksichtigen. Nur eine solche gesamthafte Betrachtung ermöglicht einen zureichenden Schutz der Bevölkerung. Mit der geltenden, Lärmquellen extrem separierenden Betrachtungsweise schafft man sehenden Auges die Sanierungsfälle von morgen.

– Für eine erfolgreiche kommunale Gesamtverkehrsplanung sollte ein adäquater rechtlicher Rahmen geschaffen werden. Die Instrumentarien der Bauleitplanung und des Straßen- sowie Straßenverkehrsrechts reichen dafür ersichtlich nicht aus. Das zeigen auch die informalen Verkehrsplanungen der Gemeinden, die von sehr unterschiedlicher Problemlösungskapazität sind. Die Gemeinden sollten verpflichtet und befähigt werden, die Lärmauswirkungen verkehrserzeugender Planungen und Projekte systematisch zu berücksichtigen und zu bewältigen.

– Das bestehende Recht zum Schutz vor Fluglärm ist dringend novellierungsbedürftig, um das Schutzniveau für die Flughafenanrainer dem Stand der Lärmwirkungsforschung anzupassen und die erhebliche Rechtsunsicherheit für die Betroffenen zu verringern. Das seit 1971 unverändert geltende Fluglärmschutzgesetz bedarf unverzüglich einer entschiedenen Anpassung an den Stand der Lärmwirkungsforschung. Der im Jahr 2001 gescheiterte BMU-Entwurf mit abgesenkten Grenzwerten für die Lärmschutzzonen – 65/60 dB(A) – und der Einführung einer Nachtschutzzone (Grenzwert 50 dB[A], Maximalpegel 55 dB[A]) ist ein vertretbarer Kompromiss, der immerhin entgegen den Lärmschutzzielen der Bundesregierung die Errichtung von Wohnungsbauvorhaben in der Schutzzone 1 mit über 65 dB(A) Außenpegel tags gestatten würde. Außerdem erfordert die Schutzvorschrift des § 9 Abs. 2 Luftverkehrsgesetz zugunsten der Flughafenanrainer seit 44 Jahren eine Konkretisierung durch ein untergesetzliches Lärmregelwerk. Durch den Erlass einer zeitgemäßen Fluglärmschutzverordnung sollte der derzeitige Zustand der Rechtsunsicherheit, den die Rechtsprechung trotz sehr respektabler Bemühungen (s. zuletzt BVerwGE 107, 313) naturgemäß nur ungenügend ausgleichen kann, schnell beendet werden.

Angesichts der dominanten Rolle des Verkehrslärms würden die angeführten sektoralen Verbesserungen in diesen Bereichen eine deutliche Reduktion der Lärmbelastung der Bevölkerung mit sich bringen. Bedenkt man allerdings, dass große Teile der Bevölkerung mehreren Lärmquellen ausgesetzt sind, so bleibt es eine dringliche Aufgabe, entsprechend der im Immissionsschutzrecht verankerten akzeptorbezogenen Betrachtungsweise auf dem Weg zu einer gebotenen Gesamtlärmbetrachtung voranzuschreiten. Der Umweltrat schlägt dafür folgende Differenzierung vor:

- Der Lärm gleichartiger Quellen ist stets und zwingend summativ zu bewerten. Daher darf – entgegen der 16. BImSchV – ein geplanter Verkehrsweg nicht ohne Berücksichtigung des vorhandenen, ebenfalls einwirkenden Straßenverkehrslärms (so genannte Vorbelastung) bewertet werden.
- Bei Lärmquellen unterschiedlicher Art – zum Beispiel Straßenverkehrslärm und Fluglärm – ist eine qualitative akzeptor- beziehungsweise schutzgutbezogene Betrachtungsweise geboten. Dabei ist insbesondere zu berücksichtigen, dass unterschiedliche Belastungen „kumulieren" können, sodass lärmfreie Intervalle durch andere Lärmquellen ausgefüllt werden.

Im Übrigen müssen die disziplinären Grenzen zwischen medizinischer, psychologischer und physikalischer Lärmforschung und -bewertung sowie rechtswissenschaftlicher Zumutbarkeitsbestimmungen stärker überwunden werden, um die erforderliche Beurteilungssicherheit gewinnen zu können.

8 Abfallwirtschaft

8.1 Wege einer zukünftigen Abfallpolitik

Grundlegender Reformdruck durch neue Entwicklungen

84*. Die Abfallpolitik in Deutschland und Europa steht heute trotz beachtlicher Entwicklungserfolge in den 1990er-Jahren unter zunehmendem grundlegendem Reformdruck. Dass wesentliche Grundzüge der nationalen und europäischen Entsorgungsstrategien und Entsorgungsmarktordnung teils korrigiert und teils besser justiert werden müssen, haben die politischen und rechtlichen Entwicklungen der Jahre 2002 und 2003 besonders deutlich werden lassen:

- Durch die viel diskutierten Leitentscheidungen des EuGH vom Februar 2003 (Urteile vom 13. Februar 2003, C-228/00 – Belgische Zementwerke und C 458/00 – Luxemburg) zu den Bewirtschaftungsmöglichkeiten der Mitgliedstaaten im Bereich der Abfallverbrennung und -mitverbrennung ist augenfällig geworden, dass der bisherigen nationalen Zuständigkeitsteilung zwischen öffentlich-rechtlichen Entsorgungsträgern und privatem Entsorgungsmarkt weitgehend die Absicherung gegenüber den Freimarktprinzipien des europäischen Gemeinschaftsrechts fehlt.
- Die neue EuGH-Rechtsprechung hat insbesondere mit dem Urteil in der Rechtssache C-228/00 (zum Verwertungscharakter der Abfallmitverbrennung in Zementwerken) zugleich verdeutlicht, wie beschränkt die Möglichkeiten der Mitgliedstaaten sind, hohe nationale Entsorgungsstandards und nationale Investitionen in umweltverträgliche Entsorgungstechnologien gegen den Abfallexport in Länder mit vergleichsweise niedrigem Anforderungs- oder Vollzugsniveau abzusichern. In Anbetracht dessen und im Hinblick auf die unmittelbar bevorstehende EU-Osterweiterung werden die Exportschranken des geltenden Abfallverbringungsrechts zunehmend als unzureichend beurteilt.
- Die aktuellen Erfahrungen mit der Gewerbeabfallverordnung, zunehmende Kritik an der Getrenntsammlung von Verpackungen und an den geltenden Verwertungsquoten sowie die neuen Erwägungen der EU-Kommission zu einer europäischen Recyclingstrategie werfen aus unterschiedlicher Perspektive die grundsätzliche Frage auf, inwieweit eine Steuerung der Abfallströme unter dem Aspekt des Verwertungsvorrangs und der möglichst hochwertigen Verwertung insbesondere durch spartenbezogene Recyclingquoten und Getrennthaltungsregelungen überhaupt (noch) sinnvoll ist. Der Umweltrat empfiehlt, zukünftig nicht weitere Wege der Verwertungspfadsteuerung einzuschlagen. Die bisherigen Systeme einer solchen Steuerung sind unter verschiedenen abfallwirtschaftlichen Zielsetzungen bis auf weiteres aufrechtzuerhalten und auf ihre Effektivität und Effizienz hin zu prüfen.

Die Duale Entsorgungsmarktordnung

85*. Als öffentlich-rechtliche Entsorgungsträger haben die Kreise und Gemeinden auf der Basis ihrer nationalen Alleinzuständigkeit für die Abfall*beseitigung* und die gesamte Hausmüllentsorgung (Beseitigung und Verwertung von Hausmüll) in den vergangenen drei Jahrzehnten die moderne Abfallwirtschaft in Deutschland maßgeblich aufgebaut, unterhalten und fortentwickelt. Heute steht ihre Alleinzuständigkeit gleichwohl in mehrfacher Hinsicht infrage, namentlich

- durch das EG-Abfallrecht, das im Bereich der Hausmüllverwertung den freien Warenverkehr gewährleistet,
- durch die vage Unterscheidung von Verwertung und Beseitigung und die dazu ergangene überwiegend sehr „verwertungsfreundliche" Rechtsprechung sowie
- durch politische Bestrebungen, den Entsorgungssektor vollständig zu liberalisieren.

86*. Der Umweltrat ist demgegenüber der Auffassung, dass insbesondere die Hausmüllentsorgung weiterhin in der ausschließlichen Zuständigkeit der kommunalen öffentlich-rechtlichen Entsorgungsträger verbleiben sollte. Hinsichtlich der ökonomischen Wirkungen einer Liberalisierung bleibt der Umweltrat bei seiner im Umweltgutachten 2002 ausführlich begründeten Einschätzung, dass von einer liberalisierten Hausmüllentsorgungswirtschaft langfristig allenfalls partielle, geringfügige Effizienzgewinne zu erwarten sind, denen jedoch ein erheblich gesteigerter Überwachungs- und Regulierungs- sowie staatlicher Gewährleistungsaufwand gegenüberstehen würde. Außerdem bestünde die Gefahr, dass sich ein diffuser, mehr an Gewinninteressen als an Umweltverträglichkeit orientierter Entsorgungsmarkt ausbreitet, der nicht mehr genügend kontrollierbar ist und einen ganz erheblich gesteigerten Sammlungs- und Transportaufwand mit sich bringt.

Der Umweltrat empfiehlt der Bundesregierung, auf EG-Ebene darauf hinzuwirken, dass die Mitgliedstaaten in der Abfallverbringungsverordnung und der Abfallrahmenrichtlinie unmissverständlich dazu berechtigt werden, die Hausmüllentsorgung vollständig der öffentlichen Daseinsvorsorge zuzuweisen. Auch kleinere Gewerbebetriebe sollten zur Überlassung ihrer Abfälle an die öffentlich-rechtlichen Entsorgungsträger verpflichtet werden (können), soweit sie nicht eine spezifische, der besonderen Beschaffenheit ihrer Abfälle entsprechende Verwertung nachweisen.

Exportschranken gegen die Umgehung hoher Entsorgungsstandards

87*. Zwischen den Mitgliedstaaten besteht ein mitunter beträchtliches Gefälle in den Anforderungen an die Umweltverträglichkeit der Entsorgung. Außerdem bestehen auch große Unterschiede im Vollzugsniveau. Vollzugsdefizite prägen vor allem die Situation in den meisten Beitrittsländern. In Anbetracht dessen sollte im Spannungsfeld zwischen Marktfreiheit und hohem Schutzniveau nach Auffassung des Umweltrates grundsätzlich Folgendes gelten:

– Wenn der Verwerter im Einfuhrland für die fraglichen Abfälle einen Preis entrichtet, weil für diese Abfälle als Sekundärrohstoff eine echte Nachfrage besteht, darf es im Prinzip keine besonderen Marktbeschränkungen geben.

– Entrichtet der Verwerter keinen Preis und steht daher die Entsorgung als Umweltdienstleistung im Vordergrund des Exports, so sollte es zur Vermeidung eines „Umweltausverkaufs" eine Exportbeschränkungsoption zumindest für den Fall geben, dass die europäischen Mindeststandards im Importstaat nicht eingehalten werden. Die entsprechenden Vorschläge des Novellierungsentwurfs zur EG-Abfallverbringungsverordnung bieten dafür eine geeignete Grundlage.

– Ein darüber hinausgehender, auf eine „hochwertigere Verwertungsoption im Inland" abzielender Verbringungseinwand erscheint wegen der erheblichen Umsetzungsprobleme, die mit dem erforderlichen Umweltverträglichkeitsvergleich verbunden sind, kaum praktikabel. Allerdings sollten nationale Entsorgungsstandards einer Verwertung im Ausland dann entgegengehalten werden dürfen, wenn für die betreffenden Verwertungspfad im Hinblick auf spezifische Umweltrisiken keine EG-rechtlichen Mindeststandards existieren, wie zum Beispiel bezüglich der Abfallverwertung im Bergversatz oder im Deponiebau.

– Die Deponierung von Abfällen sollte weiterhin möglichst am Näheprinzip und am Grundsatz der Inlandsbeseitigung ausgerichtet werden. Um eine Umgehung dieser Prinzipien und der sie sichernden Andienungsregelungen zu verhindern, sollten die zuständigen Behörden am Versandort und am Bestimmungsort durch einen zusätzlichen Verbringungseinwand dazu ermächtigt werden, die Verbringung hinsichtlich zu deponierender Teilfraktionen eines Gemischs zu untersagen, wenn deren Sortierung auch im Inland möglich und wirtschaftlich vertretbar ist. Entsprechendes sollte bezüglich energetisch zu verwertender Gemische auch für solche noch abtrennbaren Fraktionen gelten, die nicht selbstständig brennbar sind.

Die Zukunft der Verwertungspfad-Regulierung

88*. Vor dem Hintergrund der in den vergangenen Jahren erzielten Fortschritte bei der Entwicklung anlagen-, stoff- und produktbezogener Rahmenvorgaben für die Abfallentsorgung muss nach Ansicht des Umweltrates eine Weiterentwicklung der Verwertungspfadsteuerung hinsichtlich ehrgeizigerer Verwertungsquoten oder weiterer Produktgruppen kritisch daraufhin geprüft werden, inwieweit dies noch notwendig und sinnvoll ist. Der auf den jeweils „hochwertigeren" oder gar „hochwertigsten" Verwertungspfad zielende Steuerungsansatz lässt sich insbesondere wegen der hohen Komplexität und starken Wertungsabhängigkeit des vorausgesetzten „Wertigkeitsvergleichs" und wegen der mangelnden Flexibilität genereller Pfadvorgaben (wie beispielsweise eines Vorrangs der stofflichen vor der energetischen Verwertung) nur sehr begrenzt effektiv, vollzugsfähig und einzelfallgerecht realisieren. Dies belegen unter anderem auch die jüngsten negativen Vollzugserfahrungen mit der Gewerbeabfallverordnung, die teilweise auf eine solche Verwertungspfadsteuerung abzielt.

Der Umweltrat empfiehlt daher, die grundlegenden Ziele der Abfallpolitik, namentlich

– die Vermeidung von Schadstoffdissipation,

– die Vermeidung von Umweltgefährdungen und -beeinträchtigungen (Schadlosigkeit) und

– ein umweltbezogenes Ressourcenmanagement, einschließlich der Energieeinsparung und des damit verbundenen Klimaschutzes

in Zukunft prioritär durch die Weiterentwicklung spezifischer Rahmenbedingungen zu verfolgen. Diese anlagen-, stoff- und produktbezogenen Rahmenbedingungen sollten auf die Reduktion der problematischen Stoffe oder Ressourcen, deren Verwendung und Freisetzung gerichtet sein. Gleichzeitig sollten wirksame, über den Abfallbereich hinausgehende Instrumente entwickelt werden, um die Umweltschädigungen, die durch den Verbrauch von Ressourcen entstehen, zu reduzieren und gegebenenfalls die externen Kosten zu internalisieren.

Klar formulierte Rahmenvorgaben erachtet der Umweltrat als wesentlich zielsicherer hinsichtlich aller oben genannten Ziele. Sie können einfach formuliert und vollzogen werden und implizieren zudem eine Harmonisierung der Umweltbelastungsschranken auf einem einheitlich hohen Niveau nicht nur für die Entsorgungsstufe, sondern für den gesamten Wirtschaftskreislauf. Die Rahmenvorgaben ermöglichen ferner ein hohes Maß an Flexibilität und Allokationseffizienz. Dabei schließt es das Konzept der Rahmenvorgaben keineswegs aus, Wirkungsbrüche des Marktes durch adäquate Instrumente zu überbrücken (z. B. Produktstandards zur Gewährleistung der schadlosen Verwertung oder Wiederverwendung, Rücknahmeverpflichtungen, Schadstoffbegrenzungen in Produkten, die unter Abfalleinsatz hergestellt werden).

Eine Weiterentwicklung der Verwertungspfadsteuerung in dem Sinne, dass bestimmten Entsorgungswegen verbindlicher Vorrang eingeräumt wird (z. B. dem stofflichen Recycling vor der energetischen Verwertung) sollte nur noch in evidenten Fällen erfolgen, in denen die ökologische Überlegenheit offensichtlich ist und die Mehrkosten des „besseren" Verwertungswegs prinzipiell akzeptabel erscheinen.

8.2 Regulierung in einzelnen Produkt-, Stoff- und Herkunftsbereichen

Die Gewerbeabfallverordnung

89*. Die Gewerbeabfallverordnung soll durch ein hoch komplexes, von zahlreichen Einschränkungen und Ausnahmebestimmungen geprägtes Regelwerk aus Getrennthaltungs- beziehungsweise Sortierpflichten sowie Mindestverwertungsquoten für Sortieranlagen und Anforderungen an die Zusammensetzung zu verwertender Abfallgemische dazu beitragen, dass Gewerbeabfälle

– hochwertig verwertet,

– nicht durch so genannte Scheinverwertung großteils Billigdeponien oder trotz mangelnden Heizwerts der Verbrennung zugeführt und

– in größerem Umfang als bisher den öffentlichen Entsorgungsträgern überlassen werden, sofern eine hochwertige Verwertung nicht möglich ist.

Die bisherige rechtliche Diskussion um vielfältige Anwendungsfragen der Verordnung und die ersten Praxisberichte über ihren (mangelnden) Vollzug geben dem Umweltrat Anlass zum Zweifel, dass die komplexen Regelungen der Gewerbeabfallverordnung zur Verwirklichung der oben genannten Ziele wirklich sachgerecht und erforderlich sind:

– Soweit die Verordnung durch ihre Getrennthaltungspflichten auf eine möglichst hochwertige Verwertung nach Maßgabe der individuellen Gegebenheiten und Möglichkeiten zielt, fehlt ihr ein klares, schlüssiges Konzept der Hochwertigkeit, das die stoffreine Trennung der einzelnen Wertstofffraktionen in jedem einzelnen Fall rechtfertigt. Folge ist, dass diese Bestimmungen der Verordnung im ersten Jahr ihrer Geltung kaum praxisrelevant geworden sind. Der mit den komplexen Getrennthaltungs- und Sortierpflichten der Gewerbeabfallverordnung verbundene Versuch, durch ordnungsrechtliche Entsorgungspfadvorgaben die Abfallströme ökologisch optimal zu steuern, scheint fehlzuschlagen. Die Verordnung bietet damit ein anschauliches Beispiel dafür, wie die Strategie einer Feinsteuerung von Entsorgungspfaden aufgrund der Hyperkomplexität der für jeden Einzelfall vorzunehmenden vergleichenden Bewertungen und der damit einhergehenden fehlenden generell-abstrakten Programmierbarkeit zu Regelungen führt, die zwar von hohem umweltpolitischen Anspruch getragen sind, in der Praxis jedoch weder effektiv noch effizient umgesetzt werden können.

– In Bezug auf das Ziel einer Verhinderung von Scheinverwertungen bezweifelt der Umweltrat in Anbetracht der sich ändernden Rahmenbedingungen nach der Abfallablagerungsverordnung und der sich bahnbrechenden Einordnung der Müllverbrennungsanlagen als Beseitigungsanlagen, dass es der Anforderungen der Gewerbeabfallverordnung (GewAbfV) und insbesondere der komplexen Getrennthaltungs- und Sortierungspflichten zur Vermeidung der Scheinverwertung überhaupt bedarf.

– Soweit schließlich über die Anforderungen an Getrennthaltung und Verwertung mittelbar auch die Grenzlinie zwischen der öffentlichen und der privaten Entsorgungszuständigkeit neu gezogen werden soll, weist der Regelungsansatz der Hochwertigkeit allgemeine Begründungsschwächen auf – warum sollen nur die Privaten zu einer hochwertigen Verwertung verpflichtet sein und nicht auch die öffentlich-rechtlichen Entsorger? – und hat zudem eine weite offene Flanke gegenüber dem Gemeinschaftsrecht und dem europäischen Entsorgungsmarkt.

Der Umweltrat empfiehlt der Bundesregierung, die Gewerbeabfallverordnung bis zum Ende des Jahres 2005 auf ihre ökologischen und ökonomischen Effekte hin zu überprüfen und sie nach erfolgter Umsetzung der Abfallablagerungsverordnung wieder aufzuheben, wenn sich die vorstehenden pessimistischen Einschätzungen bestätigen sollten.

Verpackungsverwertung und -vermeidung

90*. Die aktuellen Bestrebungen sowohl in der Novelle der EG-Verpackungsrichtlinie als auch der deutschen Verpackungsverordnung, insbesondere die Verwertung von Verpackungsabfällen durch die Vorgabe von Rücknahmepflichten und Verwertungsquoten weiter detailliert zu steuern, hält der Umweltrat im Einklang mit seinen grundsätzlichen Überlegungen zur Zukunft der Abfallwirtschaft nicht für effizient und zielführend. Unbeschadet dieser Vorbehalte konzediert der Umweltrat jedoch, dass ein abrupter Pfadwechsel in der Verpackungspolitik kontraproduktiv wäre. Im Sinne einer zumindest partiellen Optimierung der zwar im Grundsatz problematischen, aber kurzfristig nicht aufhebbaren Verwertungspfadsteuerung empfiehlt der Umweltrat der Bundesregierung daher, die Zielvorgaben der Verwertungsquoten möglichst effizient und wettbewerbskonform umzusetzen. Dazu bietet es sich an, insbesondere das als effizienter und wettbewerbskonformer wenn auch als verbesserungswürdig beurteilte britische System der Lizenzen für die Verpackungsverwertung intensiver auf seine Übertragbarkeit auf Deutschland zu prüfen.

91*. Unbeschadet seiner Bedenken gegen die umweltpolitische Effektivität einer Pfandlösung begrüßt der Umweltrat, dass die Bundesregierung durch die kürzlich im Bundestag beschlossene, aber noch nicht durch den Bundesrat bestätigte Novelle zur Verpackungsverordnung zumindest einen konsistenteren Anwendungsbereich für die Pfandpflicht anstrebt. Jedoch sollte die Klassifizierung bestimmter Verpackungen als „ökologisch vorteilhaft" im Rahmen einer flexiblen Behördenentscheidung auf der Basis transparenter Kriterien vorgenommen werden, um die Behinderung von Innovationen zu vermeiden. Um dem Effekt entgegenzuwirken, dass die Pfandpflicht einen Anreiz zur Ausdehnung des Einwegsortiments bilden könnte, um damit das gewinnträchtige Aufkommen aus nicht eingelösten Pfandgeldern zu erhöhen, empfiehlt der Umweltrat, eine Regelung zu treffen, nach der derjenige Anteil der nicht eingelösten Pfandgelder, der die Systemkosten übersteigt, dem Handel entzogen wird.

Polyvinylchlorid

92*. Über den weit verbreiteten Werkstoff Polyvinylchlorid (PVC) werden in größerem Umfang Schadstoffe, die in den dem PVC beigefügten Additiven enthalten sind, in den Wertstoffkreislauf eingetragen. Bei der zukünftigen Politik zu PVC sollte nach Auffassung des Umweltrates daher das Ziel im Vordergrund stehen, die Produktverantwortung für PVC-Produkte so zu gestalten, dass die Produkte und PVC-haltigen Abfallströme dauerhaft von Schadstoffen entfrachtet werden. Dazu zählt einerseits, Stabilisatoren auf der Basis von Blei und zinnorganischen Verbindungen durch Systeme auf Calcium/ Zink- oder Barium/Zink-Basis zu substituieren, andererseits die Substitution der als gefährliche Stoffe identifizierten Weichmacher kurzkettige Chlorparaffine, Di(2-ethylhexyl)phthalat (DEHP) und Dibutylphthalat (DBP), insbesondere in Anwendungen mit hohem Freisetzungspotenzial wie Außenanwendungen, Anwendungen mit großen unversiegelten Oberflächen oder in Anwendungen unter erhöhten Temperaturen. Die Einführung von Verwertungsquoten für diesen Werkstoff dagegen hält der Umweltrat aus den oben aufgeführten grundsätzlichen Überlegungen heraus nicht für sinnvoll, zumal die Verwertungsverfahren nicht eindeutig als ökologisch vorteilhaft gewertet werden können. In der Entsorgung (Abfallverbrennung, Aussortierung des PVC als Störstoff in Sortieranlagen) verursacht PVC aufgrund seines hohen Chlorgehaltes erhöhte Kosten. Der Umweltrat empfiehlt zu prüfen, inwieweit es ökologisch und ökonomisch sinnvoll ist, diese Zusatzkosten im Rahmen der Produktverantwortung den Herstellern anzulasten.

EG-Batterierichtlinie

93*. Obwohl verbrauchte Batterien und Akkumulatoren nur einen sehr geringen Abfallstrom darstellen, tragen sie trotz teilweise erfolgter Schadstoffreduktion weiterhin in signifikantem Umfang zur Schwermetallbelastung des Abfalls bei, insbesondere durch Cadmium und Quecksilber. Der kürzlich vorgelegte Vorschlag der EU-Kommission zur Novellierung der EG-Batterierichtlinie enthält keinerlei Maßnahmen zur Reduktion des Schadstoffgehaltes von Batterien und Akkumulatoren, sondern setzt ausschließlich auf eine vom Umweltrat grundsätzlich kritisierte detaillierte Verwertungspfadsteuerung einschließlich einer aus ökologischer wie ökonomischer Sicht zweifelhaften Verpflichtung zur Verwertung von Cadmium. Der Umweltrat bedauert, dass die Bundesregierung dem Vorschlag der EU-Kommission, auf ein Cadmiumverbot zugunsten von Rücknahme- und Verwertungspflichten zu verzichten, nicht entschieden entgegentritt. Er empfiehlt ihr, sich stattdessen in den laufenden Beratungen zu der Richtlinie für ein Verbot von Cadmium einzusetzen, um auch langfristig den weiteren Eintrag dieses Schadstoffes in die Umwelt zu vermeiden.

94*. Solange schadstoffhaltige Batterien in größerer Menge im Umlauf sind, ist zur effektiven Schadstoffkontrolle eine getrennte Sammlung der Batterien mit hohen Sammelquoten erforderlich, auch wenn die Freisetzung der Schadstoffe aus dem Hausmüll durch die zukünftige Umsetzung der Abfallablagerungsverordnung in Deutschland deutlich verringert wird. Für den Fall, dass ein Verbot von Cadmium in Batterien EU-weit nicht durchsetzbar sein sollte, erneuert der Umweltrat seine bereits im Sondergutachten Abfallwirtschaft (SRU, 1990, Tz. 896 ff.) formulierte Empfehlung, eine Pfandpflicht für cadmiumhaltige Batterien sowie quecksilberhaltige Knopfzellen einzuführen, um eine hinreichende Erfassung sicherzustellen.

Bioabfallverwertung

95*. Die heute praktizierte und in den 1990er-Jahren stark ausgebaute getrennte Sammlung und Verwertung von Bioabfällen gerät zunehmend in die Kritik. Auch aus Sicht des Umweltrates gibt es hier Reformbedarf. Das vom Umweltrat empfohlene Steuerungsmodell für die Abfallwirtschaft hat für die Bioabfallverwertung eine Reihe von Konsequenzen: Grundsätzlich sollten die Emissionsanforderungen an Bioabfallbehandlungsanlagen so verschärft werden, dass die Bevölkerung keiner Gesundheitsgefährdung durch Bioaerosole mehr ausgesetzt ist. Hinsichtlich der Schadstoffeinträge in Böden sollte es bei der Bioabfallsammlung vorrangiges Ziel sein, ausschließlich schadstoffarme, gütegesicherte Komposte zu gewinnen und zu verwerten. Bei der Entscheidung vor Ort, ob eine getrennte Bioabfallsammlung sinnvoll ist, muss aber auch berücksichtigt werden, ob der erzeugte Kompost in der betreffenden Region sinnvoll genutzt werden kann. Die Anwendung von Kompost kann zur Erhaltung oder Vermehrung der organischen Substanz im Boden beitragen, die Bodenfruchtbarkeit verbessern und die landwirtschaftlich genutzten Böden weniger anfällig für Bodenerosion und Bodenverdichtung machen, sofern die Böden dafür geeignet sind. Es kann davon ausgegangen werden, dass eine verstärkte Berücksichtigung dieses Aspektes, wie im Bundes-Bodenschutzgesetz gefordert, auch die Wertschätzung für (qualitativ hochwertigen) Kompost erhöhen kann. Insgesamt ergibt sich daraus, die weitere Forcierung des Ausbaus der getrennten Bioabfallsammlung zu überdenken und abfallwirtschaftliche Entscheidungen zur Bioabfallverwertung stärker an solchen Qualitätskriterien auszurichten. Dabei sollte allerdings beachtet werden, dass angesichts knapper Kapazitäten zur Behandlung von Siedlungsabfällen ab Juni 2005 eine Einschränkung der Getrenntsammlung von Bioabfällen zumindest zum jetzigen Zeitpunkt fragwürdig ist. Ob eine getrennte Bioabfallerfassung und -verwertung sinnvoll ist, hängt mithin auch von der regional vorhandenen abfallwirtschaftlichen Infrastruktur ab.

Klärschlammentsorgung

96*. Die derzeitige landwirtschaftliche Klärschlammverwertung steht nicht im Einklang mit einem vorsorgenden Bodenschutz, da langfristige Schadstoffanreicherungen in landwirtschaftlichen Böden nicht ausreichend verhindert werden. Jedoch besteht auch keine akute Gefährdung, die zu sofortigem drastischen Handeln zwingt. Der Umweltrat begrüßt grundsätzlich die Planungen zur einheitlichen Neuregelung von Klärschlamm-, Düngemittel- und Bioabfallverordnung. Er bekräftigt die Empfehlung zur Absenkung der bestehenden Grenzwerte der Klärschlammverordnung und zur Einführung weiterer Schadstoffgrenzwerte, insbesondere für organische Schadstoffe. Aus Sicht des Umweltrates sollten die Grenzwerte jedoch schrittweise abgesenkt werden, wie bereits im Umweltgutachten 2002 empfohlen. Die von BMU und BMVEL vorgeschlagene Übergangsfrist von einem Jahr für eine drastische Verschärfung der Klärschlamm-Grenzwerte ist zu kurz. Es besteht die Gefahr, dass hier das Vollzugsdefizit gleich mit eingebaut wird. Bei verstärkter Nutzung der Mitverbrennung ist anzustreben, dass aufgrund der begrenzten Rückhaltung von leichtflüchtigen Schwermetallen dieser Weg vor allem für schwächer mit diesen Schwermetallen belastete Schlämme genutzt wird und dass mittelfristig die Mitverbrennungsanlagen entsprechend nachgerüstet werden. Sofern Klärschlamm vor der thermischen Entsorgung getrocknet werden muss, sind Trocknungskonzepte unter Nutzung von Abwärme zu bevorzugen.

Abfallablagerungsverordnung

97*. Durch die am 1. März 2001 in Kraft getretene Abfallablagerungsverordnung (AbfAblV) soll das Vollzugsdefizit, das sich durch die unzureichende Umsetzung der TA Siedlungsabfall aufgebaut hat, insbesondere verursacht durch die exzessive Anwendung ihrer Ausnahmebestimmungen, beseitigt werden. Der Umweltrat ist allerdings der Auffassung, dass angesichts derzeit noch fehlender Vorbehandlungskapazitäten – insbesondere für nicht-überlassungspflichtige Abfälle aus dem gewerblich-industriellen Bereich – der Vollzug der AbfAblV bis Mitte des Jahres 2005 nur dann gelingen kann, wenn innerhalb der noch verbleibenden Zeit außerordentliche Anstrengungen zur fristgerechten Bereitstellung zusätzlicher Vorbehandlungsanlagen unternommen sowie die beträchtlichen Mitverbrennungskapazitäten der Zement- und Kohlekraftwerke in bedeutend größerem Umfang als bisher technisch und vertraglich verfügbar gemacht werden. Sollten jedoch zum Stichtag 31. Mai 2005 nicht genügend Vorbehandlungsanlagen zur Verfügung stehen, werden problematische Ausweichreaktionen wie Export und Zwischenlagerung einsetzen. Der Umweltrat hatte in seinem Umweltgutachten 2002 der Bundesregierung empfohlen, eine Abgabe auf die Ablagerung der der AbfAblV unterliegenden und ab Juni 2005 noch unvorbehandelten Abfälle einzuführen. Mit dem Abgabenaufkommen wären Investitionen in Vorbehandlungsanlagen nach dem Windhundprinzip umso stärker zu fördern, je früher diese erstellt werden. Trotz der offensichtlichen erwarteten Kapazitätsdefizite und der drohenden Ausweichreaktionen ist dieser Vorschlag von der Bundesregierung und den Ländern bisher nicht aufgegriffen worden.

9 Bodenschutz

98*. Die verschiedenen Bodenfunktionen werden durch schädliche Einwirkungen bei der Nutzung der Böden gefährdet, insbesondere durch

– Flächeninanspruchnahme,

– Eintrag von Schadstoffen und Nährstoffen und

– Bodenerosion und Bodenschadverdichtung.

Die weitestgehende Einwirkung ist die Versiegelung von Böden, da dadurch die natürlichen Bodenfunktionen sowie die Archivfunktion verloren gehen. Die derzeitige Flächeninanspruchnahme in Deutschland ist noch immer sehr weit von dem in der nationalen Nachhaltigkeitsstrategie gesteckten Ziel von 30 ha/d entfernt. Der Eintrag von Schadstoffen ist ebenfalls kaum reversibel und beeinträchtigt insbesondere die Funktion der Böden als Lebensgrundlage für Menschen, Tiere und Pflanzen, den Wasser- und Nährstoffkreislauf, die Filter- und Pufferfunktion der Böden und die landwirtschaftliche Nutzung. Bodenerosion und Bodenschadverdichtung schließlich beeinträchtigen – in mittelfristiger Perspektive ebenfalls irreversibel – alle natürlichen Bodenfunktionen.

Angesichts dieser Gefährdungslage wichtiger Bodenfunktionen empfiehlt der Umweltrat, dem Bodenschutz verstärkt Aufmerksamkeit zu widmen. Eine wirksame Kontrolle der oben genannten Hauptbelastungsquellen – insbesondere der Flächeninanspruchnahme und des Eintrags von Schadstoffen aus multiplen Quellen – wird dabei ein hohes Maß an Umweltpolitikintegration erforderlich machen.

Flächeninanspruchnahme

99*. Zur Reduzierung der Flächeninanspruchnahme durch Siedlungen und Verkehr schlägt der Umweltrat die Einführung handelbarer Flächenausweisungsrechte kombiniert mit einer qualitativen Steuerung über die Raumplanung vor. In diesem Konzept, wie auch in der geplanten Flächenstrategie der Bundesregierung, muss die Qualität der Böden hinsichtlich der verschiedenen Bodenfunktionen berücksichtigt werden. Grundlage dafür sind geeignete Bewertungsmethoden und -maßstäbe, die jedoch noch weiterzuentwickeln sind. Diese sollten bundesweit in die Durchführungsbestimmungen der Länder für die flächenhafte Gesamtplanung aufgenommen werden.

Schadstoffbelastungen

100*. Die Bundes-Bodenschutz- und Altlastenverordnung enthält bisher nur wenige Vorsorge-, Prüf- und Maßnahmenwerte. Die bereits toxikologisch abgeleiteten weiteren Prüfwerte für den Pfad Boden-Mensch sollten zügig in die Bundes-Bodenschutz- und Altlastenverordnung übernommen werden. Dies gilt ebenso für die vorliegenden Prüfwertvorschläge für den Pfad Boden-Bodenorganismen. Weiterhin sollten für weitere relevante Schadstoffe Vorsorgewerte erarbeitet und in die Verordnung aufgenommen werden.

101*. Im Hinblick auf Maßnahmenwerte für den Pfad Boden-Mensch liegen trotz entsprechender Forschungsaktivitäten in absehbarer Zeit keine belastbaren Maßstäbe zur Beurteilung der Bioverfügbarkeit vor. Fehlende Maßnahmenwerte führen zu unterschiedlichen Ergebnissen bei der Einzelfallbeurteilung. Daher empfiehlt der Umweltrat, aus Gründen der Beurteilungssicherheit und der allgemeinen Akzeptanz mit herkömmlichen Ableitungsverfahren zumindest Maßnahmenwerte für die Substanzen festzulegen, für die bereits Prüfwerte existieren. Darüber hinaus sollten entsprechende Prüf- und Maßnahmenwerte für weitere Altlasten- und toxikologisch relevante Substanzen hinsichtlich des Wirkungspfads Boden-Mensch herkömmlich abgeleitet und in der Bundes-Bodenschutz- und Altlastenverordnung festgeschrieben werden.

102*. Da ein relevanter Teil der Schadstoffe über Düngemittel in die landwirtschaftlichen Böden eingetragen wird, ist eine Neuregelung der Düngemitteleinträge dringend erforderlich, um den im Bundes-Bodenschutzgesetz und in der Bundes-Bodenschutz- und Altlastenverordnung festgelegten Grundsätzen und Vorsorgezielen für Böden in der Praxis Geltung zu verschaffen. Der Umweltrat ist sich bewusst, dass dieses Ziel zum einen erhebliche Anstrengungen zur Schadstoffreduktion und Qualitätsverbesserung bei allen verfügbaren Düngemitteln erfordert und zum anderen gegebenenfalls auch die Einschränkung der Verwendung bestimmter Düngemittel nach sich zieht. Zur Umsetzung dieses Zieles ist daher ein angemessener Übergangszeitraum von circa fünf bis zehn Jahren erforderlich.

Bodenerosion und Bodenschadverdichtung

103*. Als wichtigste Maßnahme zur Verringerung von Bodenerosion und Bodenschadverdichtung ist die verstärkte Berücksichtigung dieser Aspekte in der landwirtschaftlichen Beratung anzusehen, beispielsweise zur Anwendung konservierender Bodenbearbeitungsmethoden. Darüber hinaus könnten Zahlungen an die Landwirte im Rahmen von Cross-Compliance-Anwendungen an nachgewiesenen Sachverstand zum Bodenschutz gekoppelt werden. Aufgrund der unbefriedigenden Vollzugsmöglichkeiten zur Durchsetzung der guten fachlichen Praxis sollte jedoch vom Gesetzgeber geprüft werden, inwieweit der zuständigen Behörde auch in § 17 BBodSchG die Möglichkeit zu Anordnungen gegeben werden kann. Der Umweltrat empfiehlt zudem eine bundesweite Erfassung der von Bodenschadverdichtung und Bodenerosion betroffenen und besonders gefährdeten Flächen.

Schutz von Geotopen

104*. Naturböden und kulturhistorisch wertvolle oder seltene Böden und Bodengesellschaften, Gesteine, geomorphologische Erscheinungen, Mineralien und Fossilien sowie einzelne Naturschöpfungen sind schutzwürdig im Sinne des Boden- und Naturschutzes. Ein rechtlicher Schutz von Geotopen ist zwar insbesondere nach dem Naturschutzrecht prinzipiell möglich, wird jedoch bisher kaum praktiziert. Der Umweltrat empfiehlt deshalb, auf Bundes- und Länderebene ausreichende Informations- und Bewertungsgrundlagen zu schaffen (Liste der seltenen und gefährdeten Böden, Kataster der bundesweit, landesweit oder regional bedeutsamen Geotope) und die Information über den Geotopschutz generell zu verbessern, beispielsweise über Informationskampagnen zu einer Biodiversitäts- oder Naturschutzstrategie.

105*. Ferner sind Verbesserungen in den Naturschutzgesetzen von Bund und vielen Ländern wünschenswert, die den Auftrag zum Geotopschutz expliziter formulieren. Auch die in den Ländern vorhandenen Bodenschutzgesetze sollten in diesem Sinne weiter ausgebaut werden. In der Praxis ist es von erheblicher Bedeutung, dass in Schutzverordnungen für Gebiete mit schutzwürdigen Geotopen der Geotopschutz beziehungsweise die Archivfunktion eines Geotops als Schutzzweck verankert ist und der Zugang im Rahmen des Vertretbaren sowie die Pflege des Geotops keinen Restriktionen unterliegen.

Altlasten

106*. Aus Sicht des Umweltrates ist die weitere Vereinheitlichung der bundesweiten Altlastenstatistik erforderlich, um die Fortschritte bei der Bewältigung des Altlastenproblems transparenter darstellen und bewerten zu können. Ob die von den Ländern kürzlich vereinbarten gemeinsamen statistischen Kennzahlen dies bereits ausreichend leisten, erscheint fraglich.

107*. Für die Sanierung der meisten Altlasten wird auch in Zukunft eine öffentliche Förderung nötig sein. Es ist davon auszugehen, dass die Finanzierung der Altlastenerkundung und -sanierung ein Bündel von Maßnahmen und Finanzierungsquellen erfordert. Der Umweltrat empfiehlt daher, auch bisher nicht oder wenig genutzte Finanzierungsmöglichkeiten wie die steuerliche Abzugsfähigkeit von Sanierungskosten, die Einführung einer Neuversiegelungsabgabe mit Teilverwendung der Mittel für die Altlastensanierung sowie eine bessere Nutzung städtebaulicher Förderprogramme zu prüfen.

Hinsichtlich der Anwendung natürlicher Selbstreinigungsprozesse in der Altlastensanierung empfiehlt der Umweltrat, diese Prozesse weiter und gründlicher wissenschaftlich zu untersuchen und enge Kriterien für die Anwendung kontrollierter natürlicher Selbstreinigungsprozesse in der Praxis vorzugeben.

EU-Bodenschutzstrategie

108*. Die im April des Jahres 2002 von der EU-Kommission verabschiedete Mitteilung „Hin zu einer spezifischen Bodenschutzstrategie" setzt vor allem auf den besseren Vollzug einschlägigen EG-Rechts, die bessere Integration in andere Politiken und umfassende Berichts- und Monitoringpflichten. Die Überlegungen zur Integration in andere Politiken sind dabei noch sehr vage gehalten. Nach Auffassung des Umweltrates sollten Monitoring- und Berichtspflichten mit bodenschutzpolitischen Zielsetzungen verknüpft werden. Handlungsbedarf besteht insbesondere bei der Festlegung gemeinschaftlicher Bodenqualitätsziele für Schadstoffe, um eine einheitliche Basis für alle schadstoffbezogenen Maßnahmen in den verschiedensten Verursacherbereichen zu schaffen. Verursacherseitig sollten neben den Klärschlämmen und Komposten auch Wirtschaftsdünger und mineralische Düngemittel sowie die Aufbringung von mineralischen Abfällen auf Böden in die Strategie einbezogen werden.

10 „Grüne" Gentechnik

109*. Mit dem Inkrafttreten einer Reihe neuer europarechtlicher Regelungen, der bevorstehenden Novellierung des deutschen Gentechnikgesetzes und dem absehbaren Ende des de-facto-Moratoriums für die Zulassung neuer gentechnisch veränderter Organismen (GVO) in der EU wird die Entwicklung der zukünftigen Nutzung der „grünen" Gentechnik entscheidend beeinflusst. Der Umweltrat misst den zu treffenden Weichenstellungen große Bedeutung für die Zukunft der agrarischen Landnutzung bei. Deshalb unternimmt er den Versuch, die Kontroverse um die „grüne" Gentechnik umfassend und differenziert darzustellen und die Aufmerksamkeit auf die dringlichsten Probleme zu richten. Damit verbunden ist eine gewisse „Neufokussierung" der Kontroverse, da die Bestandsaufnahme ergab, dass die wichtigsten offenen Fragen und größten Risiken beim derzeitigen Kenntnisstand eher nicht die menschliche Gesundheit betreffen, sondern im Bereich der Schäden für die Umwelt und der Beeinträchtigung der gentechnikfreien Landwirtschaft, insbesondere des ökologischen Landbaus liegen.

Nutzenpotenziale

110*. Die „grüne" Gentechnik bietet ein breites Spektrum potenzieller Nutzeneffekte. Dazu gehören Möglichkeiten zur Effizienzsteigerung der landwirtschaftlichen Produktion, Potenziale zur Verringerung der Umweltbelastung und die Verbesserung von Nahrungsmitteleigenschaften. Im Einzelnen ist neben der schon heute weit verbreiteten Nutzung herbizid- oder insektenresistenter Organismen etwa die Entwicklung von besonders ertragsstarken, krankheitsresistenten oder an ungünstige Umweltbedingungen angepassten Sorten, die Erzeugung gesundheitsfördernder Nahrungsmittel und sogar die Produktion von Arzneimitteln in gentechnisch veränderten Pflanzen zu nennen. Für viele der derzeit in der Entwicklung befindlichen Anwendungsmöglichkeiten lässt sich allerdings noch keine Aussage darüber treffen, ob und wann sie Praxisreife erlangen und mit welchen Risiken sie verbunden sein könnten. Des Weiteren gilt es zu beachten, dass viele der anvisierten Nutzeneffekte auch ohne die Nutzung „grüner" Gentechnik auf anderem Wege realisierbar sind.

Kategorische Einwände

111*. Vielfach wird der Einsatz der „grünen" Gentechnik kategorisch, also „aus Prinzip" abgelehnt. Der Umweltrat gelangt zu dem Ergebnis, dass eine auf kategorische Argumente gestützte Ablehnung der „grünen" Gentechnik lediglich weltanschaulichen Charakter hat. Sofern eine kategorische Ablehnung weiter verbreitet ist, sollte dem in angemessenem Rahmen verbraucherpolitisch Rechnung getragen werden, etwa durch die Pflicht zur Kennzeichnung von GVO-haltigen Produkten. Kategorische Argumente gegen die „grüne" Gentechnik bieten indessen keine akzeptable Grundlage für rechtliche Restriktionen. Vielmehr müssen Risiko- und Folgebewertungen ausschlaggebend sein.

Gesundheitliche Risiken

112*. Mit der Aufnahme von Lebensmitteln, die gentechnisch veränderte Proteine enthalten, kann eine gesundheitliche Gefährdung für den Menschen verbunden sein. Es wird insbesondere befürchtet, dass neue toxisch wirkende Stoffe oder unbekannte Allergene in der Nahrung auftreten. Darüber hinaus wird vermutet, dass Mikroorganismen durch horizontalen Gentransfer Selektionsvorteile erwerben könnten, die entweder zu Multiresistenzen oder neuen Pathogenen führen könnten.

Für die lebensmittelhygienische Kontrolle von herkömmlichen und GVO-haltigen Lebensmitteln ist in der Freisetzungsrichtlinie (2001/18/EG) eine Risikoanalyse und ein Risikomanagement vorgeschrieben, mit deren Hilfe potenzielle gesundheitliche Gefährdungen erkannt werden können. Aus der Erfahrung der Lebensmittelüberwachung und anhand von bereits durchgeführten Studien wurden Methoden für eine Risikoabschätzung entwickelt, deren Anwendung zu dem Ergebnis führte, dass das Risiko für die menschliche Gesundheit als eher gering einzuschätzen ist. Trotz verbleibender methodischer Schwächen und offener Fragen dieser Risikoanalysen erachtet der Umweltrat eine sichere Lebensmittelkontrolle nach jetzigem Wissensstand als hinreichend gewährleistet.

Bezogen auf die möglichen Risiken, die durch Produkte (*Functional Food* und Arzneimittel) aus gentechnisch veränderten Pflanzen der zweiten und dritten Generation entstehen können, kann keine abschließende Bewertung vorgenommen werden. Der Umweltrat ist der Ansicht, dass bei der Entwicklung von so genanntem *Functional Food* eine differenzierte Abschätzung der Nutzeneffekte und eine Abgrenzung zwischen gesundheitsfördernder und therapeutischer Wirkung erfolgen müssen. Im Bereich des geplanten Anbaus von Arzneimittel produzierenden Pflanzen und deren Verabreichung an Patienten hat der Umweltrat Bedenken. Zum einen ist er der Auffassung, dass derart veränderte Pflanzen ausschließlich unter kontrollierten Bedingungen angebaut werden sollten. Zum anderen ist es bei der Verabreichung solcher Arzneimittel unerlässlich, die erforderliche Dosierung in klinischen Tests zu prüfen und aufgrund möglicher Schwankungen in der Expression den Anteil wirksamer Stoffe stets zu kontrollieren.

Ökologische Risiken

113*. Bezüglich der ökologischen Risiken bestehen derzeit noch große Ungewissheiten. Diese resultieren nicht nur aus dem Fehlen verlässlicher Basisdaten, sondern auch aus der Komplexität natürlicher Systeme. Relevante Faktoren sind beispielsweise zeitliche Verzögerungen innerhalb solcher Systeme, Triggereffekte (das Eintreten von Wirkungen erst unter bestimmten Bedingungen, etwa extremen Witterungsverhältnissen) oder die Fähigkeit von Organismen zur Selbstreproduktion. Entscheidungen sollten deshalb unter Berücksichtigung des Vorsorgeprinzips getroffen werden. Zu einem entsprechend vorsichtigen Umgang mit gentechnisch veränderten Organismen gehört in jedem Fall die sorgfältige Überprüfung der Auswirkungen auf die Umwelt vor und nach dem Inverkehrbringen. Diesbezüglich bestehen weit reichende methodische Defizite.

Der Umweltrat empfiehlt bei der Definition ökologischer Schäden einen schutzgutbezogenen Ansatz. Als Schutzgüter sollen dabei die biologische Vielfalt im Sinne des Übereinkommens über die biologische Vielfalt (CBD) sowie die Schutzgüter gemäß § 1 GenTG und §§ 1 und 2 BNatSchG gelten. Im Anschluss an seine Definition ökologischer Schäden aus dem Jahre 1987 schlägt der Umweltrat vor, bei der Identifikation ökologischer Schäden die – sich oft nur über größere Zeiträume manifestierenden – Abweichungen von natürlichen Variationsbreiten ins Zentrum der Untersuchungen zu stellen. Demnach sind Veränderungen, die über die natürliche Variationsbreite des jeweils betroffenen Schutzgutes hinausgehen, als Indikatoren für Schäden am betroffenen Naturgut sowie am Wirkungsgefüge des Naturhaushalts anzusehen. Langzeituntersuchungen müssen in diesem Fall Aufschluss über die tatsächlich eingetretenen Schäden geben.

Weiterhin gilt es, Schwellenwerte festzulegen, unterhalb derer ökologische Schäden in Kauf genommen werden können. Erst beim Überschreiten dieser Schwellenwerte ist das Inverkehrbringen des entsprechenden GVO zu beenden. Solche Schwellenwerte können nur politisch bestimmt werden. Der Umweltrat schlägt vor, bei der Festlegung von Schwellenwerten neben den Abweichungen von natürlichen Variationsbreiten die folgenden Kriterien zu berücksichtigen: Ausbreitungspotenzial der GVO, Eigenschaften der Transgene und Schutzstatus der betroffenen Schutzgüter. Das vom Umweltrat vorgestellte Konzept zur Ermittlung und Bewertung ökologischer Schäden sollte zügig weiterentwickelt und für die Umsetzung des Monitorings fruchtbar gemacht werden. Grundlegende Voraussetzung für die Bewertung eines ökologischen Schadens ist das Vorhandensein von Basisdaten (*baselines*) sowie von gentechnikfreien Referenzgebieten. Der Umweltrat hält daher die Ausweisung solcher Flächen verbunden mit dem sofortigen Beginn eines grundlegenden Monitorings für vordringlich. Die Ausweisung solcher Flächen sollte im Rahmen eines bundesweiten Landschaftskonzeptes erfolgen.

Beeinträchtigungen gentechnikfreier Landwirtschaft

114*. Es ist zu erwarten, dass gentechnikfrei wirtschaftenden Landwirten durch die Nutzung der „grünen" Gentechnik Nachteile entstehen. Zu nennen sind Beeinträchtigungen landwirtschaftlicher Produktionsverfahren – etwa durch das Auftreten von Resistenzen bei Schadinsekten – aber auch verschlechterte Vermarktungsmöglichkeiten durch das Entstehen von Produktverunreinigungen mit GVO. Von letzterem Problem dürfte insbesondere der ökologische Landbau betroffen sein, dessen Vorschriften die Nutzung „grüner" Gentechnik nicht erlauben. Obwohl mehrere Maßnahmen möglich sind, um die genannten Beeinträchtigungen zu minimieren, werden sie sich mit Sicherheit nicht gänzlich verhindern lassen.

Schon aus dem berechtigten Anspruch von Produzenten, gentechnikfreie Produkte erzeugen zu können, und aus dem Prinzip der Wahlfreiheit für Konsumenten folgt, dass der ökologische Landbau schutzwürdig ist. Vor allem aber ergibt sich eine besondere Schutzwürdigkeit aus dem wesentlich besseren Abschneiden des ökologischen Landbaus hinsichtlich der ökologischen Nachhaltigkeit und – konkreter – aus der dadurch begründeten politischen Zielsetzung, den Anteil des ökologischen Landbaus auf 20 % bis zum Jahre 2010 zu erhöhen. All dies verlangt die Sicherung der Koexistenz von „grüner" Gentechnik und gentechnikfreiem Landbau. Um den Fortbestand des gentechnikfreien, insbesondere ökologischen Landbaus zu sichern, bedarf es in erster Linie spezifischer Regeln der guten fachlichen Praxis zur Vermeidung von Auskreuzungen beziehungsweise Verunreinigungen durch den Einsatz gentechnisch veränderter Organismen. Besonderen Schutzes bedarf auch die Produktion ökologischen Saatgutes.

Die Vorzugswürdigkeit des ökologischen Landbaus unter Nachhaltigkeitsgesichtspunkten spricht ferner dafür, die Nutzer „grüner" Gentechnik prinzipiell als Verursacher der zu erwartenden Schäden anzusehen. Dementsprechend erscheint es auch angemessen und geboten, die hohen Transaktionskosten (beispielsweise für Anbauregister, Monitoring, Analysen etc.) und Haftungsrisiken, die die Nutzung „grüner" Gentechnik vermutlich mit sich bringen wird, im Wesentlichen gemäß dem Verursacherprinzip den Gentechnik-Verwendern anzulasten, selbst wenn diese Anlastung in Einzelfällen dazu führt, dass die Einführung dieser Technik für die Betreiber ökonomisch unattraktiv wird. Details der Kostenanlastung sollten auch deshalb möglichst zügig geklärt werden. Hinsichtlich der Haftung des Gentechnik verwendenden Landbaus hält der Umweltrat die in der Gesetzesnovelle vorgesehene (verschuldensunabhängige) Gefährdungshaftung trotz einiger Nachteile für die insgesamt vorzugswürdige Lösung.

Entwicklung des gemeinschaftsrechtlichen Rahmens

115*. Mit dem Ziel, durch neue Zulassungsgrundlagen für die GVO-Freisetzung und -vermarktung das de-facto-Moratorium zu beenden und zugleich weiteren welthandelsrechtlichen Konflikten vorzubeugen, hat die Europäische Gemeinschaft in den vergangenen Jahren den rechtlichen Rahmen für die Nutzung der „grünen" Gentechnik wesentlich weiterentwickelt. Die so genannte Freisetzungsrichtlinie (2001/18/EG) regelt die Zulassung und Überwachung von Freisetzungen gentechnisch veränderter Organismen und unterscheidet Verfahren und Zuständigkeit wesentlich danach, ob die Freisetzung zum Zwecke des Inverkehrbringens (Vermarktung) erfolgt oder ob sie nicht zum Inverkehrbringen lediglich versuchsweise erfolgt. Während für die Vermarktungszulassung eine umfassende Abstimmung mit den Mitgliedstaaten und eine Letztentscheidungskompetenz der Kommission vorgesehen werden, bleiben für die Zulassung und Überwachung der örtlich begrenzten Freisetzungsversuche im Wesentlichen die nationalen Stellen alleine zuständig. Für das Inverkehrbringen von gentechnisch veränderten Lebens- und Futtermitteln wurde schließlich mit der Verordnung über GV-Lebens- und -Futtermittel (VO Nr. 1829/2003/EG) ein weit gehend zentralisiertes Zulassungsverfahren eingeführt, bei dem über den Zulassungsantrag ein mit Vertretern der Mitgliedstaaten besetzter Regelungsausschuss der Kommission nach Beratung durch die Europäische Behörde für Lebensmittelsicherheit (EFSA) entscheidet. Diesem zentralisierten Verfahren unterfallen unter anderem alle landwirtschaftlichen Anbauprodukte, die als Lebens- oder Futtermittel oder zur Herstellung von Lebens- oder Futtermitteln vermarktet werden sollen. Den Mitgliedstaaten verbleibt in diesem Bereich nur die Mitwirkung im europäischen Verfahren, im Übrigen bleiben sie für die begleitende Beobachtung und Überwachung zuständig.

Nachdem die EG ihre Regulierung der Gentechnikverwendung als (vorläufig) abgeschlossen betrachtet, dürfte nunmehr das Ende des de-facto-Moratoriums bevorstehen und es ist mit einem Beginn der Nutzung der „grünen" Gentechnik in der EU bereits im Jahre 2005 zu rechnen. Mit den genannten gemeinschaftsrechtlichen Regelungen ist dabei allerdings der rechtliche und administrative Rahmen für eine „sichere" Zulassungs- und Überwachungspraxis noch bei weitem nicht geschlossen. Vielmehr besteht zumindest auf nationaler Ebene noch erheblicher Umsetzungs- und Präzisierungsbedarf. Hinsichtlich des Zulassungsverfahrens und der darin enthaltenen Umwelt- und Sicherheitsprüfung betrifft dies insbesondere die materiellen Zulassungsvoraussetzungen für eine Freisetzung und ein Inverkehrbringen beziehungsweise die zentrale Frage, welche Auswirkungen eines freigesetzten GVO auf die Umwelt oder die menschliche Gesundheit als schädlich und unzumutbar betrachtet werden sollen und daher der Zulassung entgegenstehen, oder – sofern die Wirkungen erst nachträglich festgestellt werden – den Widerruf der Zulassung und den Abbruch der Freisetzung erfordern. Diese entscheidende Frage, die in dem stark europäisch zentralisierten Zulassungsreglement eigentlich einer einheitlichen, gemeinschaftlichen Lösung bedarf, muss nun – nachdem von der Gemeinschaft dazu vorerst keine Regelungen zu erwarten sind – zumindest vorläufig von den Mitgliedstaaten beantwortet werden. Ferner besteht im Bereich der Beobachtung beziehungsweise des Monitorings durchgehend nationaler Umsetzungsbedarf, denn insoweit obliegt die Konkretisierung und der Vollzug durchgehend den Mitgliedstaaten. Schließlich lässt das europäische Recht auch die Frage der Koexistenz Gentechnik nutzender und gentechnikfreier Landwirtschaftsformen offen. Auch für diesen zentralen Konflikt der Verwendung „grüner" Gentechnik muss daher eine nationale Lösung und Regelung gefunden werden. Insgesamt besteht also im nationalen Gentechnikrecht erheblicher Anpassungs- und Ergänzungsbedarf.

Neuordnung des nationalen Gentechnikrechts

116*. Um dem dargestellten Änderungsbedarf des nationalen Gentechnikrechts Rechnung zu tragen, hat die Bundesregierung inzwischen unter Federführung des BMVEL einen Entwurf für ein Gesetz zur Neuordnung des Gentechnikrechts (GenTRNeuordG) vorgelegt, der zu den eben genannten Umsetzungsfragen teils begrüßenswerte und teils weniger befriedigende Regelungsvorschläge unterbreitet. Ein zentraler Schwachpunkt liegt darin, dass auch der Gesetzentwurf keine vollzugstauglichen materiellen Zulassungskriterien bezüglich der Auswirkungen von GVO auf Umwelt und Gesundheit bestimmt, sondern dazu lediglich eine Verordnungsermächtigung vorsieht, die es in das Ermessen der Bundesregierung stellt, näher zu präzisieren, welche Wirkungen und Wirkungsweisen eines GVO als schädlich und nicht tolerabel einzustufen sind. Ohne greifbare Risikobewertungskriterien fehlt nicht nur ein gleichmäßig vollziehbarer Schutz- beziehungsweise Vorsorgestandard für die Zulassung. Es fehlt gleichsam an vollzugsgeeigneten Bezugspunkten für das gesamte fallspezifische und allgemeine Monitoring. Der Umweltrat empfiehlt insoweit, die Verordnungsermächtigung wenigstens durch die Verpflichtung zum Erlass einer entsprechenden, die Zulassungsmaßstäbe konkretisierenden Verordnung zu ergänzen und dementsprechend so rasch wie möglich Kriterien zur handlungsbezogenen Risikobewertung zu erarbeiten.

Dem Umweltrat ist dabei bewusst, dass in dem weit gehend europarechtlich zentralisierten Zulassungssystem die geforderten nationalen Bewertungskriterien früher oder später europäischen Maßstäben und Kriterien werden entsprechen oder weichen müssen. Gleichwohl bleiben zwischenzeitlich, solange europäische Maßstäbe fehlen, nationale Konkretisierungen der für Zulassung und Überwachung maßgeblichen Risiko- und Schädlichkeitsschwellen unerlässlich, um ein Mindestmaß an Schutz und Vorsorge sicherzustellen. Im Übrigen sollte vor dem Hintergrund des zentralisierten Zulassungssystems insbesondere auch darauf geachtet werden, dass nationale Interessen durch eine geeignete Beteiligung der zuständigen und kompetenten nationalen Stellen am europäischen Entscheidungsprozess hinreichend einbezogen werden.

Der Umweltrat begrüßt im Wesentlichen die im Gesetzentwurf zur Neuordnung des Gentechnikrechts vorgesehenen Regelungen zur Koexistenzfrage, weist aber darauf hin, dass bezüglich der zur Vorsorge gegen Auskreuzungen und Verunreinigungen einzuhaltenden guten landwirtschaftlichen Praxis noch erheblicher Konkretisierungsbedarf besteht. Die im Entwurf getroffenen Haftungsregelungen sieht der Umweltrat als wesentlichen Schritt in Richtung eines fairen, die Koexistenz fördernden Haftungsregimes, insbesondere hält er es für sachgerecht und angemessen, eine (verschuldensunabhängige) Gefährdungshaftung der GVO-Verwender gegenüber benachbarten Landwirten einzuführen, diese Haftung aber auf oberhalb der Kennzeichnungsschwelle liegende Verunreinigungen zu beschränken. Auch die im Novellierungsentwurf vorgesehene gesamtschuldnerische Haftung mehrerer in Betracht kommender Verursacher einer Verunreinigung (für den Fall mangelnder individueller Zurechenbarkeit) erscheint dem Umweltrat als eine angemessene Verteilung der Beweislast.

Kennzeichnung

117*. Nach den EU-Verordnungen 1829/2003/EG und 1830/2003/EG wird die Kennzeichnung und Rückverfolgbarkeit für GVO geregelt. Die Kennzeichnungspflicht bezieht sich auf sämtliche gentechnisch veränderte Pflanzen, auf Produkte, die GVO enthalten und auf Produkte, die mit GVO hergestellt wurden, diese aber nicht nachweisbar enthalten. Für unbeabsichtigt verunreinigte Produkte wurde ein Schwellenwert von 0,9 % GVO-Anteil festgelegt. Der Umweltrat erkennt das Prinzip der Konsumentensouveränität und damit das Anrecht der Verbraucher auf Wahlfreiheit an. Mit der Kennzeichnungspflicht wird dieser Wahlfreiheit mit dem Kompromiss Rechnung getragen, dass unbeabsichtigt verunreinigte Produkte erst ab einem Schwellenwert von 0,9 % gekennzeichnet werden müssen. Verunreinigungen sind faktisch wohl nicht zu verhindern. Für den ökologischen Landbau ergeben sich aus dieser Regelung wahrscheinlich Akzeptanzprobleme, denn ein gekennzeichnetes Produkt ist – auch wenn die Verunreinigung nicht beabsichtigt war – als Ökoprodukt wahrscheinlich unverkäuflich. Allerdings sieht der Umweltrat zu der pragmatischen Lösung einer eher willkürlich festgelegten Bagatellgrenze keine Alternative. Es steht allerdings zu befürchten, dass bei einer weit reichenden Nutzung der „grünen" Gentechnik diese Schwellen so oft überschritten werden, dass die Kennzeichnung ihre Aussagekraft verliert. Die Schwellen müssten dann der realen Entwicklung angepasst werden. Insofern wäre es für die Zukunft überlegenswert, ob sich Kennzeichnungspflichten nicht stärker an der Absichtlichkeit der Verwendung „grüner" Gentechnik orientieren sollten. Denkbar wäre es, einerseits den quantitativen Anteil gentechnisch veränderter Bestandteile des jeweiligen Produktes anzugeben, andererseits aber auch zu kennzeichnen, ob Gentechnik absichtlich verwendet wurde oder nicht.

118*. Für eine Saatgutrichtlinie liegt bislang lediglich ein Entwurf vor (SANCO/1542/2000 Rev. 4). Darin werden für das Saatgut von Pflanzen unterschiedliche Schwellenwerte festgelegt, die oberhalb der technischen Nachweisgrenze von 0,1 % liegen. Da Verunreinigungen durch die Vervielfältigung der genetischen Information während des Anbaus im Saatgut kritischer zu betrachten sind als in Produkten der Landwirtschaft, empfiehlt der Umweltrat der Bundesregierung, sich weiterhin für einen Schwellenwert einzusetzen, der sich an der Nachweisgrenze orientiert.

Monitoring

119*. Das in der Freisetzungsrichtlinie vorgeschriebene und von einem Anbauregister zu begleitende Umweltmonitoring beinhaltet eine allgemeine überwachende Beobachtung und ein so genanntes fallspezifisches Monitoring, dessen Anforderungen durch eine zuvor erfolgte UVP festgelegt werden. Durch dieses Monitoring soll gewährleistet werden, dass ökologische Schäden zum frühestmöglichen Zeitpunkt festgestellt werden, um die Möglichkeit zu eröffnen, schnellstmöglich Gegenmaßnahmen einleiten zu können. Die aus dem Monitoring gewonnenen Daten sollen an einer zentralen Stelle gesammelt und bewertet werden. Der Umweltrat hält dieses System für sinnvoll und notwendig, um ein mögliches Risiko für die Umwelt zu minimieren. Allerdings sollten die Anforderungen an ein Monitoring besser spezifiziert werden. Die Methoden für die allgemeine und fallspezifische Umweltbeobachtung sollten allerdings unbedingt standardisiert werden, damit vergleichbare Daten gewonnen werden können. Es sollten fallspezifisch ausgewählte Kriterien und Parameter bestimmt werden, die mit hoher Treffsicherheit einen ökologischen Schaden anzeigen und dazu beitragen können, einen ungerichteten Ermittlungsaufwand zu vermeiden.

Die nationale Koordinierungsstelle und das national zu führende Anbauregister benötigen nach Auffassung des Umweltrates ein Pendant auf europäischer Ebene, wenn die Zulassungen von der EFSA europaweit geregelt werden.

Zusammenfassende Empfehlungen

120*. Wie dargelegt, gibt es aus Sicht des Umweltrates gute Gründe, die eine umfassende Regulierung der Nutzung der „grünen" Gentechnik erforderlich machen. Unter Berücksichtigung des Vorsorgeprinzips sind nach Ansicht des Umweltrates neben den europarechtlichen Vorschriften beziehungsweise zu deren Ausgestaltung folgende Regulierungsmaßnahmen geeignet und notwendig, um den genannten Gründen gerecht zu werden:

– die zügige Ausgestaltung des Monitorings sowie die Erfassung des derzeitigen Referenzzustandes,

– die Entwicklung einer vollzugstauglichen Schadendefinition im Sinne von Zulassungs- und Abbruchkriterien für das Freisetzen und Inverkehrbringen von GVO,

– die Festlegung von Standards guter fachlicher Praxis für den GVO-Anbau,

– die rechtzeitige und klare Verteilung der anfallenden Kosten für das Monitoring sowie für Maßnahmen zur Vermeidung von Verunreinigungen unter Berücksichtigung des Verursacherprinzips,

- die Einführung einer (verschuldensunabhängigen) Gefährdungshaftung für die Verwender der grünen Gentechnik,
- die Verpflichtung zur Saatgutkennzeichnung hinsichtlich jeder die Nachweisgrenze überschreitenden gentechnischen Verunreinigung.

121*. Der Umweltrat schätzt den mit der Einführung der „grünen" Gentechnik verbundenen Regulierungsaufwand (Transaktionskosten) als erheblich ein. Eine sorgfältige und vorausschauende Regulierung ist jedoch unerlässliche Legitimationsbasis des Einsatzes dieser Technik. Auch die diesem Aufwand gegenüberstehenden Nutzenpotenziale müssen differenziert betrachtet werden. Zwar erscheinen in einigen Bereichen (Effizienzsteigerungen der landwirtschaftlichen Produktion, *Functional Food*, Arzneimittelproduktion) wesentliche Vorteile möglich, andere, teilweise überzogene Erwartungen sollten aber realistischer eingeschätzt werden (deutlich sinkende Umweltbelastung, sinkende Verbraucherpreise). Die immer wieder geforderte Abwägung der Nutzen und Risiken der Einführung dieser Technologie in Deutschland und der EU fällt daher keineswegs uneingeschränkt positiv zugunsten der „grünen" Gentechnik aus. Der Umweltrat ist der Auffassung, dass diese Technik, die nicht kategorisch abzulehnen ist, für die indes kein dringender Bedarf besteht, insbesondere im Kontext einer Ökologisierung der Landnutzung nicht unbedingt wünschenswert ist. Gesamteinschätzungen dieser Art sind notwendigerweise vorläufig; sie können durch Veränderungen der Informationsbasis und insbesondere auf einer langfristigeren Erfahrungsgrundlage revidiert werden, wenn sich daraus eine neue Einschätzung der Risiken ergibt oder es gelingt, gentechnisch modifizierte Pflanzen zu entwickeln, die eine wirkliche Synthese aus ökologisch nachhaltigem Landbau und moderner Biotechnologie ermöglichen.

11 Die Reform der europäischen Chemikalienpolitik

122*. Nach harten politischen Auseinandersetzungen und mehreren breit diskutierten Arbeitsentwürfen hat die EU-Kommission im Oktober 2003 einen Verordnungsvorschlag zur umfassenden Reform der europäischen Chemikalienpolitik vorgelegt. Der vorgeschlagene neue Regulierungsansatz des REACH-Systems (**R**egistration, **E**valuation and **A**uthorisation of **Ch**emicals) zielt darauf, das vorhandene Wissen zu den Eigenschaften, Gefahren und Verwendungen von Stoffen zu konsolidieren und die Wissenslücken zu schließen. Für besonders gefährliche Stoffe, für die Verwendungsbeschränkungen zu erwarten sind, ist ein Zulassungsverfahren vorgesehen.

123*. Dieser Vorschlag befindet sich derzeit in den Beratungen zwischen den verschiedenen Ministerräten und dem EU-Parlament. Wegen der massiven Widerstände insbesondere auch der deutschen Wirtschaft ist die weitere Behandlung dieses bedeutenden Reformvorhabens durch das EU-Parlament erheblich verzögert worden. Eine erste Lesung wird in der im Mai 2004 ablaufenden Legislaturperiode aller Wahrscheinlichkeit nach nicht mehr zu Stande kommen. Auf welche Kräfteverhältnisse das Reformvorhaben in dem neuen Parlament trifft, bleibt abzuwarten. Die Reichweite und ökologische Effektivität des Reformvorhabens, das bereits während seiner Erarbeitung erheblich verschlankt wurde, ist auch dadurch gefährdet, dass es im Wettbewerbsrat vornehmlich unter Wirtschaftlichkeitsgesichtspunkten behandelt wird.

124*. Die massive Kritik an den ursprünglichen Steuerungsabsichten der EU-Kommission durch Wirtschaft und Politik, insbesondere auch durch die Bundesregierung, hat dazu beigetragen, dass der vorgelegte Vorschlag im Vergleich zum ursprünglichen Vorhaben erheblich abgeschwächt wurde. Zwar sind die Kernelemente der ursprünglichen Reform noch vorhanden, der Kommissionsvorschlag setzt aber insbesondere auf das Prinzip der Eigenverantwortung der Hersteller im Hinblick auf die vorsorgliche Vermeidung von Schäden für Gesundheit und Umwelt. Der Aspekt der Beschleunigung und Effektivierung des staatlichen Risikomanagements hat an Gewicht verloren.

125*. Die substanzielle Verschlankung der Registrierungsanforderungen und der Sicherheitsberichte hat die voraussichtlichen Kosten des neuen Systems erheblich reduziert. Eine kooperative Umsetzungsstrategie der Reform bietet weitere Gelegenheiten zur Kostenreduktion. Der Umweltrat erachtet daher verschiedene von Industrieverbänden vorgetragene Szenarien zu den vorgeblich katastrophalen Auswirkungen von REACH auf Wachstum, Arbeitsplätze und Wettbewerbsfähigkeit für irreführend. Die zusätzlichen Kosten von REACH dürften sich für die Chemieindustrie und für das Verarbeitende Gewerbe im Rahmen des Zumutbaren bewegen.

126*. Der Umweltrat erachtet sowohl den vorliegenden Vorschlag als auch ein wesentlich vorsorgeorientierteres Chemikalienrecht für WTO-konform. Das Welthandelsrecht ist Antidiskriminierungsrecht. Entscheidend ist das Vorliegen einer Ungleichbehandlung infolge einer bestimmten Regelung. Demgegenüber spielt die Frage, wie ein mitgliedstaatliches oder europäisches Regelungskonzept rechtspolitisch, also unter anderem auch umwelt- und industriepolitisch zu bewerten sein mag, für die Vereinbarkeit mit dem Welthandelsrecht zunächst keine Rolle. Insofern darf die Europäische Gemeinschaft ohne weiteres ein neues, strengeres System der Chemikalienkontrolle einführen, ohne dass dieses WTO-rechtlich problematisch ist – es sei denn, Produkte aus Nicht-EG-Ländern würden auf dem europäischen Markt diskriminiert. Dies ist nicht beabsichtigt und auch keine de-facto-Folge des REACH-Systems. Selbst wenn es in einzelnen Bereichen zu rechtserheblichen de-facto-Diskriminierungen kommen sollte, wären diese gemäß Artikel 20b und g GATT aus Gründen des Umwelt- und Gesundheitsschutzes gerechtfertigt. Der Umweltrat weist auch darauf hin, dass das Vorsorgeprinzip mittlerweile im Völkerrecht hinreichend verankert ist und dass es bei WTO/GATT-Entscheidungen nicht mehr ignoriert werden kann. Daher stehen einer vorsorgeorientierten Stoffkontrolle keine grundsätzlichen rechtlichen Hürden entgegen.

127*. Hinsichtlich der umweltpolitischen Steuerungseffektivität und rechtssystematischer Aspekte lässt sich der Kommissionsvorschlag folgendermaßen bewerten:

– Die neue Chemikalienpolitik leistet einen bedeutsamen Beitrag zur Konsolidierung und zur Vereinheitlichung vielfältiger und inkonsistenter Einzelvorschriften. Die damit verbundene Rechtsvereinfachung ist zu begrüßen, zumal gleichzeitig die erheblichen Wissenslücken des bisherigen Systems, insbesondere hinsichtlich der circa 30 000 auf dem Markt befindlichen und der 100 000 bekannten Altstoffe, mindestens teilweise beseitigt werden. Der Vorschlag schafft auch grundsätzlich wichtige Wissensgrundlagen für eine vorsorgeorientierte Stoffkontrolle. In dieser Hinsicht ist die neue Chemikalienpolitik ein bedeutsamer Fortschritt.

– Allerdings ist das zentrale Defizit der bisherigen Chemiepolitik, das Fehlen materieller Anforderungen an das anzustrebende Schutz- und Vorsorgeniveau, nicht aufgehoben worden. War dieses Defizit bisher wegen des politischen Charakters von Verbotsentscheidungen grundsätzlich noch legitimierbar, ist es nunmehr im Zusammenhang mit der vorgesehenen Delegation von Entscheidungen an die Kommission und Ausschüsse unverantwortbar, dass diese in einem normativen Vakuum, ohne allgemeine Kriterien und Maßstäbe, getroffen werden.

– Die bisherigen Defizite des regulativen Steuerungsmodells direkter staatlicher Stoffkontrolle durch Verbote oder Beschränkungen werden damit auch durch den Kommissionsvorschlag nicht grundlegend korrigiert. Trotz der Verfahrensbeschleunigung bleiben die Hürden, durch Verbots- und Kontrollentscheidungen zur Substitution von Gefahrstoffen zu kommen, sehr hoch. Letztlich ist zu erwarten, dass auch in Zukunft nur in besonders evidenten Fällen eingegriffen werden darf.

– REACH setzt damit primär auf das Funktionieren industrieller Eigenverantwortung durch die Schaffung eines überbetrieblichen Sicherheitssystems und durch die Generierung der Wissensgrundlagen für die Einstufung und Klassifizierung von circa 30 000 Altstoffen. Hier werden wichtige Grundlagen geschaffen, die aber noch zahlreicher Nachbesserungen bedürfen, um wirklich funktionsfähig zu werden. Der Informationsfluss zwischen Hersteller und Anwender als die wichtigste Grundlage des überbetrieblichen Sicherungssystems ist zu schlank ausgestaltet worden, um eine vernünftige Handlungsgrundlage für die Anwender zu bilden. Der Informationsfluss wird zudem nicht bis zum Verbraucher fortgesetzt, sondern endet bei den industriellen Anwendern. Die Balance zwischen Betriebsgeheimnis und öffentlicher Transparenz ist nicht gelungen. Hierdurch droht ein wichtiger Anreizfaktor für den vorsorglichen Einsatz inhärent sicherer Stoffe verloren zu gehen. Schließlich erlauben die Registrierungsanforderungen, insbesondere für in kleinen Mengen hergestellte Stoffe, keine fundierte Gefahreneinstufung der Stoffe. Diese Schwachstellen des Informationssystems REACH bedürfen einer Korrektur, um zumindest die beiden relativ „weichen" Steuerungsmodelle wirksam werden zu lassen.

128*. Die weitere Behandlung des Vorschlags unter der Federführung der Wirtschaftsminister im Wettbewerbsrat lässt jedoch befürchten, dass die nach Auffassung des Umweltrats überzogenen wirtschaftlichen Bedenken zunehmend die umweltpolitischen Motive des Vorschlags in den Hintergrund treten lassen. Bereits jetzt bedeutet der Vorschlag in einzelnen Punkten, insbesondere bei Neustoffen, einen bedeutsamen Rückschritt gegenüber dem bestehenden Chemikalienrecht.

129*. Angesichts dieser Situation empfiehlt der Umweltrat einerseits darauf zu achten, dass die Effektivität des Systems zumindest in prioritären Kernbereichen gefestigt und nachgebessert wird und dass das System andererseits so lernoffen ausgestaltet wird, dass im Vollzug und in weiteren Revisionen substanzielle Verbesserungen der Wirksamkeit der verschiedenen Steuerungsansätze bewirkt werden können. Die zeitweise Zurückstellung von Regelungsaspekten (z. B. Geltungsbereich und Schwellen für Registrierungspflicht, Sicherheitsberichte oder zulassungspflichtige Stoffe) kann einer sofortigen, aber materiell und prozedural unzureichenden Regelung vorzuziehen sein.

130*. Der Umweltrat empfiehlt, die Zuverlässigkeit und die Qualität des betriebsübergreifenden Sicherheitsmanagements entlang der Lieferkette insbesondere durch folgende Maßnahmen zu verbessern:

– Sicherheitsberichte und Registrierungsdaten sollten einer externen Qualitätskontrolle unterzogen werden, die über eine Vollständigkeitsprüfung hinausgeht. Hier böten sich externe Qualitätssicherungssysteme oder externe Zertifizierer an. Die Sicherheitsberichte sollten zudem einem „benchmarking-Verfahren" unterzogen werden, um die Qualitätsstandards auf das bestmögliche Niveau zu heben.

– Die Verordnung sollte sicherstellen, dass Anwender zumindest auf Anfrage den vollständigen Sicherheitsbericht erhalten, um hieraus ihrerseits Schlussfolgerungen ziehen zu können. Die Sicherheitsdatenblätter bieten keine ausreichende Informationsgrundlage für Anwender, nach sicheren Stoffen oder Anwendungen zu suchen oder diese nachzufragen. Zwischen einer informatorischen Überforderung durch die detaillierten Sicherheitsberichte und der Informationsarmut der Sicherheitsdatenblätter muss ein Mittelweg gefunden werden. Hier bietet sich die standardisierte Kategorienbildung für wichtige Typen von Expositionen an.

Hinsichtlich des Umfangs, der Qualität und einer kostenoptimalen Ausgestaltung der Anforderungen an die Informationsbeschaffung und Generierung im Rahmen der Registrierung empfiehlt der Umweltrat:

– Insbesondere für die Registrierung von in kleinen Mengen hergestellten Stoffen sollten verstärkt standardisierte Elemente eingeführt werden, mit denen eine Teststrategie überhaupt zu bewältigen ist. Maßgeschneiderte Testanforderungen können die vorhandene

Überwachungskapazität der europäischen und nationalen Behörden schnell überfordern. Der Umweltrat empfiehlt insbesondere die Staffelung von Testanforderungen auf der Basis eines vorgeschalteten PBT-Tests (Persistenz, Bioakkumulierbarkeit und Toxizität) mithilfe der Modellierung chemisch-physikalischer Eigenschaften. Werden bestimmte PBT-Kriterien überschritten, wird ein vertieftes Testprogramm erforderlich. Der Vorschlag des VCI, die Testanforderungen rückwärts aus den Expositionen abzuleiten, ist dagegen beim derzeitigen lückenhaften Stand des Wissens über Expositionspfade nicht zielführend.

– Im Verlaufe der Revision der Registrierungsanforderungen, insbesondere auch einer standardisierten Vorselektion von Stoffen mit PBT-Eigenschaften, sollte auch die unternehmensbezogene Festlegung der Mengenschwellen für die Testanforderungen kritisch überprüft werden. Sinnvoller für eine Risikoabschätzung sind kumulierte Produktionsmengen aller Hersteller.

– In den Datensatz für die Registrierung von Stoffen über eine Tonne pro Jahr (Annex V), sollten Untersuchungen zur akuten Toxizität und zur Abbaubarkeit der Stoffe aufgenommen werden. Im Hinblick auf Polymere empfiehlt der Umweltrat, diese zukünftig in das Registrierungsverfahren mit aufzunehmen. Die Beurteilung der Gefährlichkeit der Polymere könnte anhand eines von einer EU-Arbeitsgruppe erarbeiteten Konzeptes erfolgen, bei dem im Wesentlichen auf die Monomereigenschaften zurückgriffen wird. Zur Ermittlung möglicher hormoneller Wirkungen von Stoffen sollten Testverfahren weiterentwickelt und validiert werden, die geeignet sind, Stoffe systematisch daraufhin zu prüfen, ob sie ein endokrines Potenzial besitzen. Diese Testverfahren sollten dann zumindest bei den Prüfanforderungen für in größeren Mengen hergestellte Stoffe aufgenommen werden.

– Die Bundesregierung sollte sich im Laufe der Verhandlungen über das REACH-System nachdrücklich für eine obligatorische Zusammenarbeit der Datenproduzenten hinsichtlich der Stoffbewertungen einsetzen. Das vom BMU in die Diskussion eingebrachte „Marktführermodell", nach dem ein Marktführer bestimmt wird, der stellvertretend für andere Hersteller für die Registrierung verantwortlich ist und die Kosten nach vereinbarten Kriterien anderen Herstellern gegenüber geltend machen kann, ist dabei insbesondere angesichts des ansonsten sehr hohen Abstimmungs- und Entscheidungsaufwandes zwischen den Unternehmen besonders attraktiv. Keinesfalls sollte eine europäische Regelung hinter den im deutschen Recht in § 20a Abs. 5 ChemG zutreffend verankerten Anforderungen zurückbleiben. Die von der EU-Kommission vorgeschlagene freiwillige Kooperation ist zum einen wegen der aufwendigen Konsensfindungsverfahren, die letztlich gleichwohl ins Leere laufen können und zum anderen wegen der kostspieligen Mehrfachprüfungen desselben Stoffes ineffizient. Es sollte grundsätzlich das Prinzip der stoffbezogenen Registrierung gelten.

– Hinsichtlich der Registrierungspflicht für Stoffe in Produkten empfiehlt der Umweltrat einen wesentlich breiteren Geltungsbereich. Verhältnismäßig und aus Vorsorgegründen erforderlich wäre zumindest eine Registrierungspflicht auf der Basis einer Prioritätenliste für solche Produktkategorien, bei denen eine Freisetzung gesundheitsgefährlicher Stoffe bereits identifiziert wurde oder als plausibel anzunehmen ist und mit denen Kinder und andere besonders empfindliche Gruppen in Berührung kommen. Kinderspielzeuge, die bestimmte Stoffe (z. B. Weichmacher) enthalten, Elektrogeräte, Bodenbeläge oder Lacke würden diesen Kriterien zufolge zu den prioritären Produktgruppen gehören. Hier wäre zumindest ein Unbedenklichkeitsnachweis erforderlich, um bei solchen prioritären Gruppen die Registrierungspflicht zu vermeiden.

Hinsichtlich des insgesamt defizitären Zulassungsverfahrens sieht der Umweltrat folgenden Nachbesserungsbedarf:

– Die Leistungsfähigkeit des Zulassungsverfahrens sollte dadurch erhöht werden, dass anstelle einer aufwendigen Einzelfallprüfung durch Risikoanalysen eine standardisierte und vorsorgeorientierte Kategorienbildung für Sofortentscheidungen erfolgt, um die Leistungsfähigkeit des Verfahrens zur Bewältigung der großen Stoffanzahl zu erhöhen. Eine Zulassung sollte grundsätzlich für besonders gefährliche Stoffe verweigert werden, wenn eine Freisetzung in der Produktions-, Anwendungs- oder Abfallphase nicht ausgeschlossen werden kann. Der Umweltrat wiederholt daher seine Forderung nach einer verstärkten Berücksichtigung inhärenter Stoffeigenschaften im Rahmen der Risikobewertung. Das bedeutet zum Beispiel, dass bioakkumulierende und persistente Stoffe unabhängig von der Ermittlung einer kritischen Wirkungsschwelle allein aufgrund dieser Eigenschaften entweder gänzlich oder für bestimmte Verwendungen verboten und nur in Ausnahmefällen zugelassen werden sollten.

– Das Zulassungsverfahren sollte grundsätzlich mehr Stoffkategorien betreffen. Aus Gründen der Vorsorge sollte ein begründeter Verdacht auf Kanzerogenität, Mutagenität oder Reproduktionstoxizität ausreichen, um einen Stoff in das Zulassungsverfahren aufzunehmen. Auch hormonell wirksame Stoffe sollten generell und nicht nur im Einzelfall zulassungsbedürftig werden.

– Das Substitutionsprinzip sollte in der Verordnung systematischer verankert werden: Das Vorhandensein wirtschaftlich vertretbarer und relativ sicherer Alternativen sollte grundsätzlich die akzeptierte Risikoschwelle bei der Zulassungsentscheidung für einen Stoff senken. Im Übrigen darf aus der fehlenden Substituierbarkeit eines Stoffes nicht auf die Zumutbarkeit eines hohen Stoffrisikos geschlossen werden.

12 Neue gesundheitsbezogene Umweltrisiken

131*. Die Begrenzung negativer Auswirkungen der anthropogen veränderten Umwelt auf den Menschen ist ein zentrales Anliegen der Umweltpolitik. Die vielfältigen Umwelteinflüsse werden auch in diesem Umweltgutachten in den einzelnen Kapiteln kritisch bewertet. In diesem Kapitel werden die zentralen und aktuellen Themen Biologische Aerosole, Multiple Chemikalien-Sensitivität (MCS), Phthalate (Weichmacher), Acrylamid und Edelmetalle aus Katalysatoren behandelt.

12.1 Biologische Aerosole

132*. Biologische Aerosole stehen seit einigen Jahren unter dem Verdacht, vorwiegend Atemwegsbeschwerden, atemwegsbezogene Erkrankungen und Allergien auslösen zu können. Biologische Aerosole stellen ein Problem im Wohnraum, in der Außenluft von Wohngebieten und maßgeblich auch an Arbeitsplätzen der Abwasser- und Abfallwirtschaft sowie der Intensivtierhaltung dar. Der Umweltrat hat sich bezüglich der allergenen Wirkung von Schimmelpilzen bereits 1999 in seinem Sondergutachten „Umwelt und Gesundheit" zu einem Teilaspekt der Biologischen Aerosole geäußert.

133*. Im Bereich der Abfallwirtschaft und Intensivtierhaltung kann die Emission/Immission von Bioaerosolen für exponierte Personen zu einem nicht zu vernachlässigenden Gesundheitsrisiko führen. So gibt es mittlerweile hinreichend Anhaltspunkte dafür, dass nicht nur die Exposition am Arbeitsplatz, sondern auch die Exposition mit Biologischen Aerosolen in der Außenluft zu relevanten gesundheitlichen Auswirkungen wie Allergien, Asthma und Atemwegserkrankungen führen kann. Weiterhin kann bereits eine Belästigung durch Gerüche in der Umgebung derartiger Anlagen zu einer erheblichen Beeinträchtigung der Lebensqualität führen.

Trotz der möglichen gesundheitlichen Beeinträchtigungen wurde die Exposition der Bevölkerung gegenüber Biologischen Aerosolen aus Anlagen der Abfallwirtschaft und der Intensivtierhaltung in der Forschung und Politik bislang wenig beachtet. Auch wenn zurzeit erst wenige Studien die gesundheitlichen Effekte durch eine Bioaerosolexposition in der Außenluft belegen, sind nach Ansicht des Umweltrates die Ergebnisse dieser Studien ausreichend, um die Forderung nach weiter gehenden Schutzmaßnahmen zu rechtfertigen. Aus diesem Grund sollte neben dem Schutz der Arbeitnehmer an Arbeitsplätzen auch dem Schutz der Anwohner in der Umgebung von Anlagen, die Biologische Aerosole emittieren, verstärkt Aufmerksamkeit gewidmet werden:

– Nach Auffassung des Umweltrates sollten die Mindestabstände biologischer Abfallbehandlungsanlagen zur angrenzenden Wohnbebauung expositionsbezogen festgesetzt werden. Da absehbar ist, dass in der näheren Zukunft nicht nur verlässliche, sondern ebenfalls standardisierte Messverfahren und -methoden zur Verfügung stehen, sollten auf dieser Grundlage Bewertungsmaßstäbe für Bioaerosol-Immissionen aufgestellt werden. Zusätzlich sollten dringend und in einem größeren Umfang als bisher Immissionsmessungen im Einflussbereich biologischer Abfallbehandlungsanlagen und medizinische Untersuchungen durchgeführt werden, um das Ausmaß der gesundheitlichen Gefährdung durch Biologische Aerosole zu objektivieren und zu quantifizieren.

– Angesichts der heute schon vorliegenden Ergebnisse zu den Wirkungen Biologischer Aerosole in der Außenluft hält der Umweltrat es grundsätzlich für angemessen, die Mindestabstände von biologischen Abfallbehandlungsanlagen zur Wohnbebauung so zu bemessen, dass die Hintergrundwerte für Biologische Aerosole erreicht werden. Diese Forderung könnte insbesondere bei offen betriebenen biologischen Abfallbehandlungsanlagen zu sehr großen und nur schwer realisierbaren Abständen führen. Da die Ausbreitung der Bioaerosol-Emissionen auch topographischen und meteorologischen Einflüssen unterliegt, sind pauschale Mindestabstände zum Schutz der Anwohner allein nicht ausreichend.

– Der Umweltrat empfiehlt daher, für Anlagen mit Durchsatzleistungen unter 10 000 Mg/a messungsbasiert und einzelfallspezifisch die Mindestabstände bis zur Hintergrundkonzentration zu bestimmen. Sind die ermittelten Mindestabstände unwirtschaftlich beziehungsweise unvertretbar groß oder durch eine bereits existente Wohnbebauung nicht mehr zu gewährleisten, sollten nach Auffassung des Umweltrates die seit langer Zeit verfügbaren technischen Möglichkeiten der Abluftfassung und Abluftreinigung, die für Anlagen mit Durchsatzleistungen über 10 000 Mg/a bereits in der neuen TA Luft vorgeschrieben sind, auch für Anlagen mit kleineren Durchsatzleistungen vorgeschrieben werden. Falls es nicht möglich ist, eine messungsbasierte Bestimmung notwendiger Mindestabstände umzusetzen, empfiehlt der Umweltrat, zumindest für besonders emissionsrelevante biologische Abfallbehandlungsanlagen mit Durchsatzleistungen unterhalb von 10 000 Mg/a eine Einhausung, Abluftfassung und eine „kalte" Abluftreinigung verbindlich vorzuschreiben.

– Neben den Emissionen biologischer Abfallbehandlungsanlagen hält es der Umweltrat für dringend geboten, die Wissenslücken hinsichtlich der Bioaerosolbelastungen durch Intensivtierhaltungsanlagen zu schließen und bei gesundheitlich bedenklichen Konzentrationen an Biologischen Aerosolen Maßnahmen zu ergreifen, die den Anforderungen an Anlagen der Abfallwirtschaft entsprechen.

134*. Eine gesonderte Bedeutung kommt der Schimmelpilzbildung in feuchten Innenräumen zu. Auch hier gibt es deutliche Hinweise, dass die Schimmelpilzsporen und deren Stoffwechselprodukte zu ernsthaften Erkrankungen führen können. Die nachweislich zunehmende Anzahl an Personen mit allergischen Erkrankungen (insbesondere der Atemwege) erfordert daher auch für den Hauptaufenthaltsbereich des Menschen strengere Anforderungen.

Die Zusammenhänge der Ausbreitungsmechanismen und gesundheitlichen Auswirkungen einer Exposition gegenüber einer Schimmelpilzbelastung im Innenraum wurden bislang nur unzureichend betrachtet. Der Umweltrat empfiehlt im Hinblick auf einen vorsorgenden Verbraucherschutz die Entwicklung von Qualitätskriterien für Biologische Aerosole in der Innenraumluft. Da bislang noch geeignete Verfahren fehlen, Innenraumluftkonzentrationen von Mikroorganismen standardisiert zu ermitteln und zu bewerten, empfiehlt der Umweltrat die Entwicklung derartiger Verfahren.

12.2 Multiple Chemikalien-Sensitivität (MCS)

135*. In seinem Sondergutachten „Umwelt und Gesundheit" hat sich der Umweltrat bereits mit den Schwierigkeiten bei der Definition und damit auch der Diagnose des Krankheitsbildes der MCS beschäftigt. Die Anzahl von Patienten mit selbstberichteter MCS kann insbesondere auf der Basis US-amerikanischer Studien als bedenklich hoch eingestuft werden. Bereits in seinem Sondergutachten hat der Umweltrat Fragestellungen bezüglich Personen/Patienten mit umweltbezogenen Erkrankungen aufgezeigt und eine Reihe von konkreten Forderungen hinsichtlich des weiteren Forschungsbedarfs gestellt. Nachdem in Deutschland die deskriptiven Ergebnisse einer großen Multi-Center-Studie vorliegen, gelangt der Umweltrat nicht zu wesentlich neuen Erkenntnissen. Eine Bewertung der bis jetzt vorliegenden Untersuchungsdaten ist schon deshalb geboten, weil das berichtete Krankheitsbild MCS in der Praxis eine erhebliche Rolle spielt. Dadurch entstehen den Kostenträgern hohe Ausgaben bei der Behandlung der Patienten, die durch geeignete Diagnose- und Therapiemodelle gemindert werden können:

– Die vorliegende Multi-Center-Studie weist eine Reihe methodischer Schwächen auf, die bei einer möglichen Fortführung dieser Studie oder weiteren Untersuchungen vermieden werden sollten.

– Unter Berücksichtigung der beschriebenen methodischen Schwierigkeiten bestätigen die vorliegenden Untersuchungsdaten die bisherigen Erkenntnisse zur Beschreibung und Charakterisierung von MCS. Hinweise auf besonders sensitive Untergruppen, spezielle Einflussfaktoren, psychometrische Auffälligkeiten und ein besonderes Geruchsempfinden, über die bereits bekannten Merkmale hinaus, konnten nicht festgestellt werden. Die soziodemographischen Merkmale der untersuchten Patienten und die berichteten Gesundheitsprobleme entsprechen ebenfalls den bisher vorliegenden Daten.

– Von besonderer Relevanz sind die in der Multi-Center-Studie aufgetretenen Unterschiede in der Beurteilung der Umweltbezüge des Leidens der Patienten und bezüglich des Vorliegens einer Diagnose „MCS" in den einzelnen Zentren. Die Frage, ob es MCS oder andere umweltbezogene Erkrankungen als eigenständige Krankheit gibt, wird offenbar in Abhängigkeit von der individuellen Ansicht des Untersuchers unterschiedlich beantwortet, was aus unterschiedlichen medizintheoretischen Auffassungen der Untersuchungszentren resultiert. Während nach Ansicht des Umweltrates im Fall von Patienten mit einer Gesundheitsstörung im Sinne einer MCS nach wie vor kein eigenständiges Krankheitsbild zu erkennen ist, sehen Untersucher, die weniger stark evidenzbasiert vorgehen, MCS längst als eigene wirkliche Krankheit (Entität) bestätigt.

– Die Daten des Untersuchungsberichtes verdeutlichen erneut, dass MCS-Patienten einen hohen Leidensdruck und eine deutliche psychosoziale Erkrankungskomponente aufweisen, ohne dass MCS einem spezifischen Krankheitsbild zugeordnet werden kann. Die fehlende Charakterisierung der Patienten mit selbstberichteter MCS macht eine Positionierung im (umwelt-)medizinischen Anbieter- und Versorgungssystem, die Inanspruchnahme (umwelt-)medizinischer Beratungs- und Untersuchungsangebote sowie eine angemessene Betreuung im psychosozialen und medizinisch-therapeutischen Bereich besonders schwierig. Daher empfiehlt der Umweltrat, für diese Patienten im allgemeinmedizinischen und umweltmedizinischen Versorgungsbereich angemessene Therapiemöglichkeiten und Kapazitäten zu schaffen, die innerhalb der vorhandenen Sozialversicherungssysteme liegen. Insbesondere im Bereich der medizinischen Basisversorgung können Interventionsmöglichkeiten geschaffen werden, um den Beginn einer MCS und Wanderungsvorgänge („Doktorhopping") schon im Ansatz zu begrenzen. Dazu gehört zunächst die Abgrenzung von MCS gegenüber bekannten und gegebenenfalls behandelbaren Erkrankungen.

– Obwohl die gesetzlichen Voraussetzungen, um MCS unfallversicherungsrechtlich als Berufskrankheit anzuerkennen, derzeit nicht gegeben sind, sollte das Vorliegen einer MCS-Symptomatik zumindest in den übrigen Sozialversicherungsbereichen durch eine angemessene Einschätzung des Schweregrades berücksichtigt werden. Dabei hält es der Umweltrat für erforderlich, die dadurch entstehenden zusätzlichen Kosten im Sozialversicherungssystem den heute schon vorhandenen fallbezogenen eminenten Krankheitskosten (vor allem durch das Doktorhopping) gegenüberzustellen.

136*. Da viele der Fragen auch in der vorliegenden MCS-Studie nicht zufriedenstellend geklärt werden konnten, empfiehlt der Umweltrat, konkrete Qualitätsanforderungen an weitere Projekte zu stellen. Diese Forderungen beinhalten bei der Durchführung einer wissenschaftlichen Untersuchung die Abgrenzung der Ähnlichkeiten und Unterschiede von MCS gegenüber anderen analogen Beschwerdekomplexen und ein möglichst einheitliches Verfahren, um die Umweltexpositionen zu erfassen.

137*. Über die an wissenschaftliche MCS-Studien zu stellenden Qualitätsanforderungen hinaus schlägt der Umweltrat vor, eine Identifizierung und Charakterisierung empfindlicher Untergruppen durch ein multidisziplinäres unabhängiges Gremium unter Beteiligung von MCS-Betroffenen- und Patientenverbänden zu gewährleisten. Ebenfalls sollten Betreuungsmodelle unter

Einbeziehung der MCS-Patienten entwickelt und durchgeführt werden.

12.3 Weichmacher (Phthalate)

138*. Es ist schon seit einigen Jahren bekannt, dass Phthalate eine hormoninduzierende Wirkung haben. Dies ist besonders bedenklich, da diese Stoffgruppe, die meist als Weichmacher in Kunststoffen Verwendung findet, in sehr großen Mengen produziert wird und in vielen Gebrauchsgegenständen des alltäglichen Lebens enthalten ist. Außerdem breiten sich Phthalate ubiquitär aus und weisen akkumulative Eigenschaften auf. Für verschiedene Vertreter dieser Stoffgruppe wurden in Tierversuchen eindeutige reproduktions- und entwicklungstoxische Effekte nachgewiesen. Nach neuesten Forschungsergebnissen ist die innere Exposition der Bevölkerung mit dem mengenmäßig bei weitem wichtigsten Phthalat – Di(2-ethylhexyl)phthalat (DEHP) – deutlich höher als bisher angenommen. Darüber hinaus ist bei bestimmten Personengruppen wie zum Beispiel Neugeborenen und Patienten in Behandlung (Blutdialyse, -transfusion, -spende) mit einer noch wesentlich höheren Schadstoffaufnahme zu rechnen.

139*. Angesichts dieser Situation und einer zunehmend angestrebten Vorsorge sollte die hormonelle Wirksamkeit von Stoffen als Kriterium für die Aufnahme eines Stoffes in das Zulassungsverfahren der neuen europäischen Chemikalienpolitik aufgenommen werden.

Darüber hinaus gibt der Umweltrat folgende Empfehlungen mit dem Ziel, die Belastung der Bevölkerung besser aufzuklären, den Gesundheitsschutz insbesondere vulnerabler Gruppen und den Schutz der Umwelt (speziell Binnengewässer und Meere) nach dem momentanen Stand der Erkenntnis zu verbessern:

– Um den Schutz der Bevölkerung vor der Belastung von Lebensmitteln mit Weichmachern zu gewährleisten, sollte sich die Bundesregierung dafür einsetzen, dass den bestehenden Vorgaben der Kunststoffkommission des Bundesinstituts für Risikobewertung zum Verzicht von verschiedenen Phthalatverbindungen (DEHP, DBP, DCHP, BBP und DIDP) in allen Folien, Beschichtungen und Verpackungen die Nahrungsmittel mit einem hohen Fettgehalt, Milch und Milchprodukte, alkoholhaltige oder ätherische ölhaltige Lebensmittel oder Produkte die pulver- und feinkörnig beschaffen sind, umgeben, bei der Vervollständigung der Liste zulässiger Additive der Richtlinie 2002/72/EG entsprochen wird.

– Das auf europäischer Ebene erlassene Verbot aller Weich-PVC-Spielzeuge (für alle Kinder unter drei Jahren), die DINP, DEHP, DBP, DIDP, DNOP oder BBP enthalten und die dafür vorgesehen sind, in den Mund genommen zu werden, wird vom Umweltrat ausdrücklich begrüßt. Allerdings erachtet der Umweltrat diese Maßnahmen als nicht ausreichend, um gerade Kinder bis zu drei Jahren, die in diesem Falle eine vulnerable Gruppe darstellen und wahrscheinlich einer höheren Schadstoffexposition ausgesetzt sind als der Bevölkerungsdurchschnitt, ausreichend zu schützen. Gerade dann, wenn man berücksichtigt, dass bereits die durchschnittliche Exposition der erwachsenen Bevölkerung deutlich höher ist als bisher angenommen, ist es dringend erforderlich, die Belastung von Kleinstkindern so niedrig wie möglich zu halten. Um dies zu erreichen, sollte sich die Bundesregierung für eine Nachbesserung des bestehenden Verbots (Entscheidung 1999/815/EC) von verschiedenen Phthalat-Verbindungen (DINP, DEHP, DBP, DIDP, DNOP und BBP) in der Form einsetzen, dass es auf alle Produkte für Kinder unter drei Jahren, über die eine Schadstoffaufnahme möglich ist, und auf Kinderspielzeug generell ausgeweitet wird.

– Langfristig sollte sich die Bundesregierung möglichst in Zusammenarbeit mit den Herstellern dafür einsetzen, die Phthalate DEHP, DBP und BBP durch andere, weniger bedenkliche Produkte zu ersetzen. Besonders dringlich ist eine Substitution in Plastikartikeln, die zur medizinischen Behandlung von Kleinstkindern verwendet werden. Entsprechend ist es erforderlich, die Suche und die Erforschung der Unbedenklichkeit von möglichen Alternativen voranzutreiben.

– Angesichts des Bestrebens, die Einleitung, Emission und den Verlust von DEHP und DBP in die Meere innerhalb von 20 Jahren auf nahe null zu reduzieren (OSPAR- und HELKOM-Ziele), sollte die Bundesregierung Maßnahmen ergreifen, um die Freisetzung dieser Phthalate schrittweise zu minimieren. Erreicht werden kann dies in erster Linie über Stoffverbote und Stoffverwendungsbeschränkungen.

12.4 Acrylamid

140*. Im Jahre 2002 wurde Acrylamid in zum Teil hohen Konzentrationen in bestimmten stärkehaltigen Lebensmitteln – beispielsweise in Kartoffelchips, Knäckebrot, Frühstückscerealien und Pommes frites – nachgewiesen. Diese Informationen lösten unter der Bevölkerung wie auch unter Fachleuten heftige Diskussionen aus. Acrylamid gelangt nicht von außen in die Lebensmittel, sondern entsteht während der Herstellung aus natürlichen Bestandteilen. Da die Belastung der Bevölkerung mit diesem Kanzerogen erst seit kurzem bekannt ist, fehlen bisher sehr viele Informationen über die Wirkungen und den Metabolismus auf beziehungsweise im Menschen.

Mit Sicherheit kann man aber davon ausgehen, dass das kanzerogene Potenzial dieses Schadstoffes das wesentliche Kriterium für eine Risikoabschätzung darstellt. Nach dem momentanen Kenntnisstand muss davon ausgegangen werden, dass das Krebsrisiko für die allgemeine Bevölkerung durch die tägliche Aufnahme von Acrylamid mit der Nahrung außerhalb des tolerierbaren Bereichs liegt. Derzeit rechnet man in Deutschland mit etwa 10 000 hierdurch verursachten Krebsneuerkrankungen pro Jahr. Deshalb ist es notwendig, schon jetzt Maßnahmen zu ergreifen, um auf diese Situation zu reagieren und das Risiko für jeden einzelnen zu minimieren. Der Umweltrat gibt daher folgende Empfehlungen, um zum einen die Abschätzung der Belastung der Bevölkerung zu verbessern und zum anderen dem Schutz der Gesundheit ausreichend Rechnung zu tragen.

- Es sollten so schnell wie möglich Untersuchungen über die Belastung der Bevölkerung an repräsentativen und ausreichend großen Gruppen durchgeführt werden. Hierfür steht mit dem Hämoglobin/Acrylamid-Addukt ein geeigneter Human-Biomonitoring-Parameter zur Verfügung. Anhand von entsprechend konzipierten epidemiologischen Studien ist es möglich, mit hoher Evidenz festzustellen, inwieweit ein Zusammenhang zwischen dem Ernährungsverhalten – der Aufnahme von Acrylamid mit der Nahrung – und dem Auftreten von verschiedenen Krebserkrankungen besteht.

- Auf der Basis dieser Untersuchungen sollte es möglich sein, Fragen hinsichtlich des Zusammenhangs zwischen Nahrungsaufnahme und innerer Belastung, der Aufdeckung weiterer relevanter Expositionsquellen, der interindividuellen Empfindlichkeit gegenüber diesem Schadstoff sowie der Feststellung von Risikokollektiven zu beantworten.

- Der jetzt von der Politik festgelegte Aktionswert von 1 mg/kg Lebensmittel muss anschließend bezogen auf die tatsächliche (innere) Exposition der Bevölkerung überprüft werden und, soweit sich die Annahme eines Risikos für die Bevölkerung weiterhin bestätigt, in einen angepassten Grenzwert umgesetzt werden.

- Es besteht erheblicher Forschungsbedarf zur Bioverfügbarkeit und zum Metabolismus von Acrylamid im Menschen. In gleicher Weise fehlen bisher Daten über die Kanzerogenität und die Toxizität des Oxidationsproduktes Glycidamid und inwieweit die Bindung beider Substanzen an das Hämoglobin proportional ist zur Bindung an die DNA. Letzteres stellt die Grundlage dar, um ein Monitoring anhand des Hämoglobin-Addukts richtig bewerten zu können.

Anhand der bereits bestehenden Kenntnisse über die Bildung von Acrylamid bei der Lebensmittelherstellung sollte es möglich sein, technische Änderungen für den Herstellungsprozess industriell gefertigter Produkte abzuleiten, um so die Schadstoffbelastungen für den Konsumenten zu minimieren.

Eine möglichst umfassende und stetige Aufklärung der Allgemeinheit über die Gefahren, den aktuellen Stand der Forschung und die Möglichkeiten zur Minderung der Acrylamidbelastung sollte gewährleistet werden. Dies ist besonders wichtig, da dieses unerwünschte Begleitprodukt auch bei der Nahrungszubereitung im privaten Haushalt entsteht.

12.5 Edelmetalle aus Katalysatoren

141*. Schon einige Jahre nach der Einführung des Katalysators zur Abgasreinigung in Kraftfahrzeugen konnten in Industrieländern ansteigende Immissionen von Platin und Rhodium in der Umwelt beobachtet werden. Die Platingruppenelemente (PGE) Platin, Palladium und Rhodium werden als katalytisch wirksame Metalle in den Autoabgaskatalysatoren eingesetzt und während des Betriebs in sehr geringen Konzentrationen freigesetzt. Mit der Zunahme der mit einer Abgasreinigung ausgestatteten Kraftfahrzeuge konnte auch ein Anstieg speziell der Platin- und Palladium-Immissionen festgestellt werden. Ob sich diese Tendenz weiter fortsetzen wird, kann noch nicht abschließend bewertet werden. Grund dafür ist, dass bisher nur ein sehr punktuelles Monitoring an verschiedenen Stellen und über kurze Zeiträume durchgeführt wurde.

Zur Wirkung dieser Edelmetalle ist bisher nur bekannt, dass sie zu einer Sensibilisierung hinsichtlich des Auftretens von Allergien führen können.

142*. Insgesamt geht der Umweltrat davon aus, dass durch die Emission von Edelmetallen aus dem Betrieb von Katalysatoren zur Abgasreinigung in Kraftfahrzeugen derzeit kein Gesundheitsrisiko für die Bevölkerung ausgeht und deshalb kein Handlungsbedarf vorliegt. Es wird aber auf den bestehenden unzureichenden Kenntnisstand über diese Schadstoffbelastung hingewiesen. Aus diesem Grunde empfiehlt der Umweltrat

- weitere Studien zur Quantifizierung und Strukturaufklärung von katalysatorbürtigen Palladium-Emissionen,

- ein kontinuierliches Schadstoffmonitoring an ausgewählten Standorten, um die Entwicklung der Edelmetall-Immissionen in Zukunft besser und weiter führend verfolgen zu können,

- eine bessere Aufklärung des Allergierisikos von Palladium und

- die Beobachtung der Akkumulation von Edelmetallen in verschiedenen Biota (beispielsweise Gräser, Muscheln und Fische).

13 Neue umweltpolitische Steuerungskonzepte

143*. Die Umweltpolitik steht heute vor Herausforderungen, die sich von denen der vergangenen Jahrzehnte deutlich unterscheiden. Dies betrifft die zu lösenden Umweltprobleme ebenso wie die verfügbaren Lösungsstrategien. Auf der Problemseite rücken nach erkennbaren Erfolgen in Teilbereichen des Umweltschutzes zunehmend solche Probleme in den Vordergrund, bei denen umweltpolitische Maßnahmen auch über einen längeren Zeitraum hinweg keine signifikanten Verbesserungen herbeizuführen vermochten. Auf der Lösungsseite ist eine kontinuierliche Ausweitung des umweltpolitischen Steuerungsrepertoires und des Akteursspektrums zu beobachten. Traditionelle Formen der hierarchischen Intervention, die auch weiterhin dominieren, werden zunehmend durch neuere Formen des kooperativen Regierens ergänzt. Hieraus können eine tendenzielle Schwächung staatlicher Autorität und demokratischer Legitimität sowie ein Abbau bewährter institutioneller Problemlösekapazitäten erwachsen. Gleichzeitig bieten neue Steuerungsformen jedoch auch die Chance, Defizite der bisherigen Umweltpolitik zu überwinden und zur Lösung bisher ungelöster Umweltprobleme beizutragen. Vor diesem Hintergrund gewinnt die

Frage nach der richtigen Organisation umweltpolitischer Entscheidungsfindungs- und Implementationsprozesse zunehmend an Bedeutung. Es geht darum, wie hartnäckig fortbestehende, „persistente" Umweltprobleme vor dem Hintergrund sich wandelnder politisch-institutioneller Rahmenbedingungen wirksamer gelöst werden können und welche Rolle dabei neuen Steuerungsansätzen zukommen kann. Diese grundsätzlichen Gestaltungsfragen der Umweltpolitik werden sowohl in der Wissenschaft als auch in der Politik zunehmend unter dem Stichwort „Governance" diskutiert.

144*. Neue Steuerungsansätze in der Umweltpolitik können grob in vier Gruppen unterteilt werden: 1) zielorientierte Ansätze, 2) Umweltpolitikintegration, 3) kooperatives Regieren und 4) aktivierte Selbstregulierung und Partizipation. Sie sind zugleich auch die Eckpunkte des bisher anspruchsvollsten Strategiemodells einer umweltpolitischen Mehr-Ebenen- und Mehr-Sektoren-Steuerung: der Agenda 21 und des Rio-Prozesses. Die neuen Ansätze von *Environmental Governance* stehen der traditionellen hierarchischen Regelsteuerung gegenüber, zu der auch heute noch fast 80 % der umweltpolitischen Regelungen der EU zu zählen sind.

Hinter der Diskussion um neue Steuerungsansätze stehen zum Teil widersprüchliche, zum Teil aber auch sich ergänzende Politikziele: Zum einen geht es um die Effektivitätssteigerung der Umweltpolitik, insbesondere hinsichtlich der Lösung persistenter Umweltprobleme, zum anderen aber um ein wirtschaftsfreundliches regulatives Umfeld, das von Bürokratieabbau und Deregulierung erwartet wird. Im Ergebnis kann es Überschneidungen zwischen diesen Zielsetzungen geben. So kann sich zum Beispiel eine zielorientierte Umweltpolitik bei ihrer Umsetzung kooperativer Elemente bedienen. In jedem Falle setzt aber effektive Umweltpolitik einen rationaleren Umgang mit staatlichen Handlungskapazitäten voraus – ein Thema, das zwar bereits in der Agenda 21 (1992) behandelt wird, bisher jedoch eklatant vernachlässigt wurde. Insgesamt zeigt die detaillierte Analyse neuer Steuerungskonzepte in der Umweltpolitik, dass auch die vorrangig zur Staatsentlastung eingeführten (meist kooperativen) neuen Governanceformen mit teils erheblichen administrativen Kapazitätserfordernissen verbunden sind. Wird dies nicht berücksichtigt, ist mit Defiziten in der Effektivität und Effizienz neuer Steuerungsmuster zu rechnen, im schlimmsten Falle mit einer Absenkung des angestrebten Schutzniveaus.

13.1 Allgemeine Bewertung zentraler Steuerungsansätze

145*. Hinsichtlich der wichtigsten neuen Steuerungsansätze kommt der Umweltrat zu folgenden generellen Schlussfolgerungen und Empfehlungen:

Zielorientierte Steuerungsansätze

146*. Zielorientierte Steuerungsansätze die eine Ergebniskontrolle einschließen, sind grundsätzlich – nicht zuletzt wegen ihrer Signalfunktion für innovative Anpassungsreaktionen bei hoher Flexibilität der Umsetzung – von hoher Bedeutung für eine Leistungssteigerung der Umweltpolitik. Insoweit können sie auch staatsentlastend wirken. Zielvorgaben, die den langfristigen Umweltproblemen angemessen sind, greifen aber in bestehende Interessenlagen ein und müssen in der Regel gegen Widerstand ausgehandelt werden. Zu den Minimalvoraussetzungen einer zielorientierten Umweltpolitik gehören eine angemessene personelle Ausstattung; ein professionelles Management und die klare institutionelle Verankerung von Zielbildungsprozessen bis hin zum Monitoring der Ergebnisse; eine wissenschaftlich kompetente Konfrontation der beteiligten Akteure mit den Langzeitproblemen, um die es geht und die Konzentration auf prioritäre Langzeitprobleme.

Umweltpolitikintegration

147*. Da die Inanspruchnahme der Umwelt Produktionsgrundlage ganzer Wirtschaftszweige ist, ist eine Integration von Umweltbelangen in diese Sektoren und die ihnen entsprechenden Politikfelder notwendig. Ohne eine Internalisierung der Umweltverantwortung in diese Verursacherbereiche bleibt Umweltschutz bis in die Technologie hinein tendenziell additiv und auf „Symptombekämpfung" beschränkt. Umgekehrt bedeutet Umweltpolitikintegration die Nutzung der Kompetenz und der Innovationspotenziale der betreffenden Sektoren.

Ungeachtet der hohen Plausibilität dieses Steuerungsansatzes stößt seine Umsetzung jedoch auf erhebliche Hemmnisse, denen nach Auffassung des Umweltrates bisher zu wenig Rechnung getragen wurde. Das Integrationsprinzip läuft der Eigenlogik hochgradig spezialisierter Staatsverwaltungen und den Interessenlagen der industriellen Klientel zunächst oft entgegen. Das schafft für die umweltpolitische Steuerung Schwierigkeitsgrade, die nicht ignoriert werden dürfen, sondern realistisch angegangen werden müssen.

Zur Lösung dieser Schwierigkeiten ist es unter anderem erforderlich, das Management dieses Prozesses und die verfügbaren Kapazitäten wesentlich zu verbessern. Die Wirkung von *Sektorstrategien* zur Umweltpolitikintegration wird wesentlich davon abhängen, dass die verursachernahen Fachverwaltungen ihr organisiertes Interessenumfeld im Sinne der Umweltpolitikintegration beeinflussen. Nach Auffassung des Umweltrates bietet sich hier das Mittel der Dialogstrategie an, bei der die Ressorts gemeinsam mit Umweltexperten einen methodisch vorbereiteten, ergebnisbezogenen Dialog über die gemeinsame ökonomisch-ökologische Langzeitperspektive führen. Dabei sollte die wissenschaftsbasierte Konfrontation des Sektors mit den von ihm ausgehenden langfristigen Umwelteffekten (einschließlich der aus ökologischen Krisenereignissen möglicherweise resultierenden ökonomischen Risiken) den Ausgangspunkt für die Prüfung von Alternativen bilden. Wichtig ist nicht zuletzt die institutionell hochrangige Beauftragung dieses Prozesses. Schließlich setzt die Umweltpolitikintegration kompetente Umweltverwaltungen voraus, die sowohl den übergeordneten Beauftragungsprozess als auch die anschließende horizontale Kooperation mit verursachernahen Behörden fachlich mitbestimmen.

Kooperative Steuerung

148*. Der Vorteil *kooperativer Steuerung* kann unter anderem darin gesehen werden, dass das direkte Zusammengehen von Verwaltungen mit Zielgruppen oft eine größere Treffsicherheit in der Sache hat als die Steuerung über allgemeine Regeln des Gesetzgebers. Zudem kann die konsensuale Willensbildung mit den beteiligten Interessen Widerstände bei der Umsetzung von Maßnahmen verringern und der hindernisreiche Weg über parlamentarische Entscheidungsprozesse auf diese Weise zugunsten früher Anpassungsreaktionen abgekürzt werden. Kooperative Steuerung kann die Interventionskapazität hierarchischer Steuerung durch Verhandlungslösungen in ihrem Vorfeld „schonen". Mit ihren spezifischen Legitimationsformen – Stakeholder-Beteiligung, Konsens und Wirkungsbezogenheit – versprechen kooperative Steuerungsformen auch einen besseren Problemlösungsbeitrag. Dies kann der Staatsentlastung ebenso dienen, wie die Auslagerung umweltpolitischer Steuerung in die Verursacherbereiche im Sinne einer „regulierten Selbstregulierung" (Beispiele EMAS und Verpackungsverordnung).

149*. Der Umweltrat betont aber mit Nachdruck, dass auch die kooperativen Steuerungsformen nicht voraussetzungslos sind, sondern neben der möglichen Staatsentlastung auch zusätzliche staatliche Handlungsfähigkeit erfordern. Dies gilt sogar für Selbstregulierungen, die ohne einen ordnungsrechtlichen Rahmen in der Regel nicht funktionsfähig sind. Die zunehmende Kritik auch an der Effektivität freiwilliger Vereinbarungen verweist ebenfalls auf Leistungsgrenzen von Verhandlungslösungen, jedenfalls dann, wenn sie nur den Normalbetrieb zum Ziel erklären, also nicht durch geregelte institutionelle Prozeduren anspruchsvoll gehalten und abgesichert werden.

Partizipation und aktivierte Selbstregulierung

150*. Das Steuerungsmodell der Agenda 21 und auch die Aarhus-Konvention laufen auf eine umfassende Nutzung der Handlungspotenziale zivilgesellschaftlicher Akteure durch deren Beteiligung hinaus. Wirksame Partizipation in Fragen des Umweltschutzes hat jedoch Voraussetzungen, deren Nichtberücksichtigung kontraproduktive Wirkungen (z. B. Verschleiß von Motivation) zur Folge haben kann. Sie setzt „empowerment" und einen aktivierenden Staat voraus. Partizipationsbereitschaft und Partizipationsfähigkeit werden durch sachgerechte und problemorientierte Umweltberichterstattung in den Medien gefördert. Hier konstatiert der Umweltrat gravierende Defizite insbesondere im Bereich der Massenmedien. Im Hinblick auf die prekäre Handlungsressource öffentliches Umweltbewusstsein empfiehlt der Umweltrat eine Dialogstrategie mit den großen Medienkonzernen. Der Spielraum der Landesmedienanstalten mag gering sein, aber entsprechende gezielte Versuche sind bisher nicht unternommen worden. Die Resultate einer solchen Dialogstrategie wären Proben aufs Exempel, ob und inwieweit die Massenmedien, besonders die privaten Fernsehsender, in ihren Programmen Beiträge zu einer aufgeklärten politischen Urteilsbildung zu leisten bereit und in der Lage sind.

151*. Im Hinblick auf die (oft nur mit komplexen wissenschaftlichen Methoden feststellbaren) persistenten Umweltprobleme kommt der Rolle von Wissenschaft *als Akteur der Umweltpolitik* eine wesentliche Rolle zu. Die Aktivierung von Umweltwissenschaft nicht nur in der Forschung, sondern auch im Prozess der politischen Willensbildung ist vermutlich eine Voraussetzung dafür, dass die verfolgten Ziele nachhaltiger Umweltentwicklung den langfristigen Problemlagen gerecht werden.

Von der Bürgerpartizipation ist die aktivierte (oder autonome) Selbstregulierung von Unternehmen und Organisationen zu unterscheiden. Grundsätzlich liegt hier ein erhebliches Steuerungspotenzial. Diesbezügliche Interventionen unterliegen nicht dem komplizierten Entscheidungsprozess staatlicher Eingriffe. Instrumente wie das Öko-Audit können als Form regulierter Selbstregulierung solche Potenziale aktivieren und die staatliche Umweltpolitik entlasten. Sie sind nach Auffassung des Umweltrates aber kein Grund, das politisch-administrative System aus seiner finalen Verantwortung zu entlassen. Dies gilt umso mehr, als gerade die hartnäckig ungelösten Umweltprobleme auf dem Wege der Selbststeuerung kaum bewältigt werden können.

Generelle Effektivitätsbedingungen neuer Steuerungsansätze

152*. Die bisherigen Erfahrungen mit neuen Steuerungsansätzen in der Umweltpolitik verweisen insbesondere auf die folgenden Voraussetzungen ihres effektiveren Einsatzes:

Kapazitätsbildung

153*. Ein Kapazitätsdefizit besteht, wenn institutionelle, personelle oder materielle Handlungsbedingungen einer Steuerungsvariante fehlen oder unzulänglich sind. Deregulierung und gesellschaftliche Selbststeuerung führen nicht automatisch zu einer Entlastung staatlicher Institutionen. In aller Regel erfordern sie zunächst den Aufbau zusätzlicher Management-, Kommunikations- und Evaluierungskapazitäten. Noch eindeutiger sind die zusätzlichen Kapazitätserfordernisse der hier behandelten vier Steuerungsansätze, besonders ausgeprägt bei den voraussetzungsvollen Zielstrukturen einer Nachhaltigkeitsstrategie. Deshalb muss jedes anspruchsvollere Steuerungskonzept eine Kapazitätsabschätzung einschließen. Daraus folgende Maßnahmen können von der Verbesserung der personellen und materiellen Ausstattung von Institutionen, über verbesserte Rechtslagen bis hin zu strategischen Allianzen reichen. Eine wesentliche Kapazitätsverbesserung liegt grundsätzlich in der Erhöhung von Strategiefähigkeit, was wesentlich auf besser überschaubare Entscheidungsstrukturen und einen Abbau von Politikverflechtungen im deutschen Föderalismus hinausläuft.

154*. Kapazitätserfordernisse von modernen umweltpolitischen Steuerungsformen stehen allerdings in einem Spannungsverhältnis zu den Zielen der Staatsentlastung und der Deregulierung. Dem kann zumindest teilweise durch „kapazitätsschonende", staatsentlastende Verfahren entgegengewirkt werden. Dazu gehören unter anderem alle Varianten eines „Verhandelns im Schatten der Hierarchie", speziell die förmliche staatliche Problemfeststellung, die den Verursachern frühzeitig die kalkulierbare Entschlossenheit zu öffentlichen Maßnahmen „in letzter Instanz" signalisiert, ihnen aber Spielräume für eigene Anpassungen offen lässt und Innovationsprozesse anregt. Einer Entlastung kann die Konzentration auf strategische Ziele ebenso dienen wie die Nutzung situativer Handlungschancen oder der Rekurs auf das Internet als Entlastung bei partizipativen Verfahren (Beispiel: die Konsultation zum REACH-System). Kapazitätsschonend wäre es nicht zuletzt, wenn die bereits bestehenden Umweltabteilungen in den verursachernahen Ressorts (Wirtschaft, Verkehr oder Landwirtschaft) statt auf die Kontrolle des Umweltministeriums konsequent auf die Wahrnehmung von Umweltbelangen im Sinne der Politikintegration umprogrammiert würden. Eine wichtige – bisher unzureichend durchgesetzte – Form der Staatsentlastung sind zweifellos kausale Problemlösungen (Beispiel: Bleibelastung durch PKW) anstelle einer fortdauernden Symptombekämpfung. Die Möglichkeit einer Mehr-Ebenen-Steuerung auf der europäischen und globalen Ebene sieht der Umweltrat insgesamt als eine Erweiterung der umweltpolitischen Handlungskapazität.

Klärung der Rolle von Staatlichkeit

155*. Eine entscheidende Voraussetzung für die Wirksamkeit gesellschaftlicher Selbststeuerung ist die glaubhafte Androhung staatlicher Intervention für den Fall, dass die Steuerungsziele nicht erreicht werden. Staatlichkeit muss deshalb nach Auffassung des Umweltrates in der differenzierten institutionellen Verantwortlichkeit für die Sicherung wichtiger ökologischer Allgemeininteressen bestehen, die zwar delegierbar, aber vom normativen Grundsatz her nicht aufhebbar ist. Aus dieser Prämisse folgt eine Garantieverpflichtung staatlicher Institutionen auf allen Handlungsebenen – lokal bis global – für den Fall der mangelnden Wirksamkeit der auf private Akteure verlagerten Aktivitäten. Der Umweltrat betont, dass speziell im Hinblick auf die thematisierten persistenten Umweltprobleme staatliche Instanzen die „erste Adresse" und – im Falle einer Delegation an Private – gegebenenfalls auch die „letzte Instanz" sein müssen. Die Delegation an Private ist somit an Bedingungen geknüpft und steht unter bestimmten Vorbehalten. Daher ist sie als prinzipiell reversibel zu betrachten.

Klärung der Rolle des Nationalstaates

156*. Nach Auffassung des Umweltrates führt die Zunahme internationaler umweltpolitischer Regelungen nicht etwa zu einem Bedeutungsverlust des Nationalstaates. Vielmehr ist die nationale Ebene nun mehrfach gefordert – sowohl bei der Lösung nationaler Umweltprobleme als auch bei der Aushandlung und Umsetzung internationaler Übereinkommen und schließlich bei der Abstimmung der nationalen Politik mit der wachsenden Zahl internationaler Vorgaben. Im globalen Mehrebenensystem zeichnet sich der Nationalstaat durch eine Reihe wichtiger Eigenschaften aus, für die es kein funktionales Äquivalent auf den anderen Handlungsebenen gibt. Dies gilt für seine fiskalischen Ressourcen, sein Monopol legitimen Zwanges, seine ausdifferenzierte Fachkompetenz und seine hochentwickelten Netzwerkstrukturen einschließlich der internationalen Vernetzung von Fachverwaltungen. Wesentlich ist überdies die Existenz einer politischen Öffentlichkeit und eines (gerade für Umweltbelange wichtigen) Legitimationsdrucks, der weder auf den höheren noch auf den subnationalen Ebenen in gleicher Intensität anzutreffen ist. Auch das kooperative Regieren funktioniert auf der Ebene der Staaten vergleichsweise am besten. Ungeachtet breiter Deregulierungs- und Entstaatlichungspostulate sind nationale Regierungen auch weiterhin die „erste Adresse" der Öffentlichkeit, wenn es um akute Umweltkrisen wie die Überschwemmungen im Jahre 2002 geht. Schließlich hat sich erwiesen, dass die Entwicklung der internationalen Umweltpolitik wesentlich von Vorreiterländern abhängt, deren Innovationsspielräume es zu sichern gilt. Der Umweltrat hält deshalb – auch innerhalb der EU – die nationalstaatliche Ebene des umweltpolitischen Mehrebenensystems für entscheidend wichtig. Dies schließt deren europäische und internationale Einbindung notwendig ein, weil das Operieren der Umweltpolitik auf diesen politischen Ebenen ihre Handlungsfähigkeit insgesamt unbestreitbar erhöht hat.

13.2 Die neuen Politikansätze im Lichte der Kompetenzordnung

Kompetenzverteilung zwischen EG und Mitgliedstaaten

157*. Klare Kompetenzzuweisungen sind eine wichtige Bedingung erfolgreicher Umweltschutzpolitik. Aktuell stellt sich die Frage der Kompetenzverteilung zwischen EG und Mitgliedstaaten insbesondere vor dem Hintergrund der neuen Steuerungskonzepte im Umweltschutz. So setzt die gemeinschaftliche Umweltpolitik in jüngster Zeit zunehmend auf allgemeine Rahmenregelungen, die einer nationalen Konkretisierung bedürfen, sowie auf „weiche" und „flexible" Instrumente wie insbesondere Selbstverpflichtungen der Wirtschaft. Begründet wird diese Verlagerung von Kompetenzen auf die Ebene der Mitgliedstaaten oder gar auf private Akteure nicht zuletzt mit einer ausdrücklichen und wiederholten Berufung auf das „Subsidiaritätsprinzip".

In seinem Grundsatz besagt das in Artikel 5 Abs. 2 und 3 EG verankerte Subsidiaritätsprinzip, dass die Gemeinschaft nur tätig werden darf, sofern und soweit die Ziele auf Ebene der Mitgliedstaaten „nicht ausreichend" und daher wegen ihres Umfangs oder ihrer Wirkungen „besser" auf EG-Ebene erreicht werden können. Konkrete Auslegungsvorschläge dieses allgemeinen Grundsatzes gehen gerade im Bereich des Umweltschutzes jedoch nach wie vor deutlich auseinander.

158*. In seiner gegenwärtigen Fassung vermag das Subsidiaritätsprinzip daher kaum zu eindeutigen Kompetenzabgrenzungen zwischen Gemeinschaft und Mitgliedstaaten im Umweltschutzbereich beizutragen. Allerdings ist kompetenziell keine Selbstbeschränkung der EG auf die Setzung bloßen Rahmenrechts geboten. Erst recht findet die Betonung von Selbstverpflichtungen der Wirtschaft keine Grundlage in der zwischen EG und Mitgliedstaaten geltenden Kompetenzordnung: Weder infinite Kooperationsprozesse noch eine so genannte Verantwortungsteilung mit Wirtschaftssubjekten sind durch das Subsidiaritätsprinzip gefordert. Vielmehr gehen mit der primärrechtlichen Zuweisung von Aufgaben des Umweltschutzes an die Gemeinschaft entsprechende Verpflichtungen zum legislativen Tätigwerden einher, derer sie sich nicht entledigen darf. Selbstverpflichtungen können gemeinschaftsweit verbindliche Mindeststandards flankieren, aber nicht in erheblichem Umfang ersetzen.

Von der Gemeinschaft ist daher eine konsequente Wahrnehmung der jeweiligen Kompetenzen zu fordern. Es sollte ein an der Zielverwirklichung ansetzendes, das heißt von dem Ziel eines effektiven gemeinschaftsweiten Umweltschutzes ausgehendes Modell der Kompetenzverteilung im Umweltschutz angestrebt werden. Dem Subsidiaritätsprinzip kommt danach nicht vornehmlich eine begrenzende Funktion zu, sondern es sollte dynamisch mit Blick auf die zu erreichenden gemeinschaftlichen Ziele konkretisiert werden. Ausgangspunkt der Kompetenzverteilung unter Berücksichtigung des Subsidiaritätsprinzips muss dabei der Gedanke sein, dass die Binnenmarktpolitik der Gemeinschaft einer adäquaten umweltpolitischen „Flankierung" bedarf.

Auf der Grundlage eines solchen Subsidiaritätsverständnisses kann den sich ändernden Bedürfnissen und Bedingungen des Umweltschutzes Rechnung getragen und eine dynamische umweltspezifische Sachpolitik gewährleistet werden. Der EG obliegt dann zwar durchaus die Festlegung allgemeiner umweltpolitischer Rahmenbedingungen. Weiter gehend ist sie aber gerade auch für den Erlass von konkreten Mindestnormen für Emissionen und Produktstandards und für umweltrelevante Verfahrenvorschriften zuständig. Rahmenvorgaben und Mindeststandards erfolgen – auf der Basis einer umfassenden konkurrierenden Kompetenz der EG im Bereich des Umweltschutzes – gemeinschaftsweit, die Ausfüllung, Anwendung und eventuelle Verschärfungen sodann national. Zur Vergleichbarkeit der Tätigkeiten und Erfolge in den Mitgliedstaaten bedarf es dabei gemeinschaftsweiter Vorgaben insbesondere auch mit Blick auf das Ob und Wie von Datenerhebungen und Probenahmen.

Die Rolle der EG in internationalen Umweltabkommen

159*. Die Gemeinschaft ist extern genauso wie intern auf ein hohes Niveau zum Schutz der Umwelt verpflichtet (Art. 2 EG). Sie sollte daher, ähnlich wie sie es bereits bei den Verhandlungen unter dem Kioto-Protokoll getan hat, insgesamt eine aktivere Rolle im Rahmen internationaler Umweltabkommen sowie bei der Umsetzung derselben auf Gemeinschaftsebene einnehmen. Das Ziel der europäischen Integration und der globale Charakter vieler Umweltprobleme verlangen entsprechende Aktivitäten der EG. Sie hat sich, vertreten durch die EU-Kommission, dementsprechend in völkerrechtlichen Vertragsverhandlungen zu positionieren. Das Tätigwerden der EG auf internationaler Ebene ist dabei kein Selbstzweck in dem Sinne, dass nur noch einmal international festgeschrieben wird, was ohnehin schon auf Gemeinschaftsebene Standard ist, sondern muss, wenn und soweit der Schutz der Umwelt es erfordert, darüber hinausgehen.

Dies setzt eine entsprechende Koordination der Mitgliedstaaten seitens der Kommission voraus. Zugleich liegt es an den Mitgliedstaaten, ihrer aus dem in Artikel 10 EG verankerten Prinzip der Gemeinschaftstreue resultierenden Pflicht zur Zusammenarbeit mit der EU-Kommission auch im Hinblick auf externe Aktivitäten nachzukommen.

Probleme föderaler Strukturen in den Mitgliedstaaten

160*. Die Verwirklichung wichtiger umweltpolitischer Projekte der Gemeinschaft wird in Deutschland in hohem Maße durch die ineffektiven föderalen Strukturen gefährdet. Hier erscheinen Modifikationen der bundesstaatlichen Ordnung dringend geboten. Eine Korrektur der Verteilung sowohl der Gesetzgebungs- wie auch der Verwaltungskompetenzen ist zumindest insoweit anzustreben, dass der Bund die Durchsetzung europarechtlicher Vorgaben in Deutschland zügig gewährleisten kann. Das dürfte unter anderem eine konkurrierende Gesetzgebungskompetenz in den Bereichen Naturschutz, Landschaftspflege und Wasserhaushalt erfordern. Ferner ist eine Bundesauftragsverwaltung für Teile dieser Regelungsbereiche zu prüfen. Der Umweltrat begrüßt die vielfältigen aktuellen Bemühungen von Bund und Ländern, eine Reform des deutschen Föderalismus auf den Weg zu bringen. Allerdings entbehren die bislang unterbreiteten Vorschläge für die Neuordnung der Gesetzgebungskompetenzen vielfach der unerlässlichen Analyse der Erfordernisse der jeweiligen Sachmaterie sowie der Handlungskapazitäten der unterschiedlichen Akteure des politischen Mehrebenensystems. Auch wird der europäischen Dimension und den entsprechenden Umsetzungspflichten Deutschlands nicht die angemessene herausragende Bedeutung zugestanden.

13.3 Neue Steuerungsansätze der Europäischen Union

Chancen des umweltpolitischen Entscheidungssystems der Europäischen Union

161*. Die bisherige europäische Umweltpolitik ist generell durch eine vergleichsweise günstige Chancenstruktur für Umweltakteure gekennzeichnet. Das „umweltpolitische Dreieck" aus Umweltausschuss des EU-Parlaments, Generaldirektion Umwelt und Umweltministerrat ermöglicht es, Koalitionen über verschiedene politische Ebenen hinweg zu bilden und umweltpolitische Gesetze und Programme zu verabschieden, die deutlich über dem „kleinsten gemeinsamen Nenner" der mitgliedstaatlichen Interessen liegen. Neben der günstigen Chancenstruktur für umweltorientierte Akteure ermöglicht das im Amsterdamer Vertrag festgelegte umweltpolitische Entscheidungssystem nationale Politikinnovationen zugunsten eines hohen Umweltschutzniveaus und fördert deren rasche internationale Ausbreitung. Gerade wegen seiner umweltpolitischen Stärken wird das bestehende umweltpolitische Entscheidungssystem der EU zunehmend infrage gestellt. Hier lassen sich verschiedene Entwicklungen beobachten, insbesondere die horizontale Verlagerung der Federführung für umweltpolitische Maßnahmen aus den Umweltressorts in andere Ressorts und die vertikale Verlagerung der Entscheidung über Schutzniveaus und Ziele aus dem politischen Rechtsetzungsmechanismus in Ausschüsse und Normungsgremien, in denen das relative Gewicht umweltpolitischer Akteure geschmälert werden kann. Vor diesem aktuellen Hintergrund betont der Umweltrat, dass neue Steuerungsansätze – ebenso wie die neue EU-Verfassung – den Einfluss der kooperationsförderlichen und umweltpolitisch vergleichsweise günstigen Dreieckskonstellation zwischen GD Umwelt, dem Umweltministerrat und dem Umweltausschuss des EU-Parlaments nicht schmälern oder zugunsten eines der drei institutionellen Spieler auflösen dürfen.

162*. Neue Steuerungskonzepte, wie sie vor allem von der Kommission vorgeschlagen und teils bereits praktiziert werden, können die traditionelle Umweltpolitik ergänzen und damit in ihrer Effektivität steigern. Die hierarchische Regelsteuerung als zentrale Handlungsoption und Rückfallposition darf jedoch nicht preisgegeben werden. Einen grundsätzlichen Verzicht auf neue rechtliche Regelungen in Form von Richtlinien, wie er seitens der EU-Kommission gelegentlich nahe gelegt wird, kann der Umweltrat daher nicht befürworten. Auf die konsequente Weiterentwicklung des europäischen Umweltrechts darf trotz bestehender Funktionsprobleme nicht verzichtet werden. Es gibt auch keinen Ersatz für die umweltpolitischen Handlungschancen und Legitimationspotenziale, die der derzeitige Rechtsetzungsprozess bietet.

Zielorientierte Ansätze der EU

163*. Elemente einer verstärkten Zielorientierung haben seit den 1980er-Jahren Eingang in viele Umweltschutzrichtlinien sowie in das 5. Umweltaktionsprogramm der EU gefunden. Eine zielorientierte Umweltpolitik kann einen wichtigen Beitrag dazu leisten, verschiedenen Akteuren in komplexen Mehrebenensystemen und vielfältigen Verursacherstrukturen eine gemeinsame Orientierung zu geben. Gleichzeitig erlaubt eine zielorientierte Umweltpolitik auch nationale Differenzierungen je nach den unterschiedlichen Problemlagen und Lösungskapazitäten. Eine zielorientierte Umweltpolitik ist somit „autonomieschonend" und den Besonderheiten der EU angemessen. Im Gegensatz zu kurzfristig-reaktiven, also unkalkulierbaren Krisenintervention der Umweltpolitik wird ein Ansatz der langfristigen Zielorientierung auch von industriellen Zielgruppen befürwortet. Dieser Ansatz ist allerdings im 6. Umweltaktionsprogramm der EU nicht weiter verfolgt worden. Auch im Rahmen der europäischen Nachhaltigkeitsdiskussion wird nur noch ein vergleichsweise niedriger Verbindlichkeitsgrad verfolgt. Der Umweltrat bedauert diese Entwicklung und empfiehlt der Bundesregierung, sich verstärkt für die Formulierung quantitativer und mit konkreten Zeitvorgaben verbundener Ziele besonders im Rahmen der thematischen Strategien des 6. Umweltaktionsprogramms einzusetzen.

Ansätze der Umweltpolitikintegration der EU

164*. In den 1990er-Jahren ist das Prinzip der Umweltpolitikintegration zu einem Leitprinzip der Europäischen Umweltpolitik avanciert. Die EU setzt dabei sowohl auf zentralisierte und sektorübergreifende als auch auf dezentralisierte und sektorbezogene Formen der Umweltpolitikintegration.

In der Praxis haben sich die horizontalen, übergreifenden Ansätze bislang als wenig effektiv für die Beförderung der Integration von Umweltbelangen erwiesen. Aufgrund unzureichender institutioneller und administrativer Kapazitäten ist es der Generaldirektion Umwelt bisher nicht gelungen, Prozesse in den Verantwortungsbereichen anderer Generaldirektionen und Ratsformationen zu beeinflussen. In jüngster Zeit sind auch die Bemühungen um die Stärkung zentralisierter Integrationsmechanismen ins Stocken geraten, denn mit dem 6. Umweltaktionsprogramm hat die Kommission die klare Ausrichtung an der Umsetzung des Integrationsprinzips aufgegeben.

165*. Nach wie vor ist der 1998 in Gang gesetzte Cardiff-Prozess der Integration von Umweltbelangen in die Sektorpolitiken von einer deutlichen institutionellen Überforderung geprägt. Zudem fehlt weiterhin ein strategisches Zentrum mit eindeutigem Auftrag und klarer Zuständigkeit. Der Cardiff-Prozess leidet nicht zuletzt auch unter dem Fehlen verbindlicher übergreifender Zielvorgaben etwa in der Nachhaltigkeitsstrategie und im 6. Umweltaktionsprogramm. Es erscheint wenig zweckmäßig, den Cardiff-Prozess auf der Selbstregulierung der umweltrelevanten Generaldirektionen oder Fachministerräte zu basieren wenn nicht über Mechanismen der politischen Mandatierung, der Erfolgskontrolle und der Sanktionierung von erkennbaren Abweichen von Zielvereinbarungen eine Kontextsteuerung erfolgt. Der auf dem Europäischen Rat in Göteborg mit der Aufgabe der Koordination beauftragte Rat für Allgemeine Angelegenheiten konnte dieser Aufgabe aufgrund der Überlastung dieses Gremiums mit außenpolitischen Fragen nicht nachkommen.

Der Umweltrat erachtet die Fortsetzung der verschiedenen Integrationsbemühungen auf europäischer Ebene für unerlässlich. Für ihre Revitalisierung ist insbesondere die Qualität der geplanten thematischen Strategien hinsichtlich klarer Zielsetzungen von Bedeutung. Eine sektorale und thematische Fokussierung ist zudem unerlässlich, um die begrenzten Ressourcen der Umweltpolitik effektiver einsetzen zu können. Die weitere Strategieentwicklung bedarf darüber hinaus eines klar identifizierbaren und von den verschiedenen Sektoren anerkannten Steuerungszentrums. Intensiver als bisher sollten auch nationale Innovationen bei der Umweltpolitikintegration auf der europäischen Ebene aufgegriffen werden.

Kooperatives Regieren auf der europäischen Ebene

166*. Kennzeichnend für Formen des kooperativen Regierens auf der europäischen Ebene sind eine relativ große Ergebnisoffenheit und die damit verbundene Gewährung großer Freiräume für die Mitgliedstaaten beziehungsweise Unternehmen. Durch eine umfassende Einbindung der Normadressaten in die Politikentwicklung sollen Widerstände in den späteren Phasen vermindert werden. Die Politik soll insgesamt vollzugsfreundlicher gestaltet werden. Anders als bei der hierarchischen Regelsteuerung kommt es daher in vergleichsweise hohem Maße auf das jeweilige Engagement, den Ressourceneinsatz und die Konfiguration der Akteure auf den nachgelagerten Ebenen an, ob signifikante Umweltverbesserungen gelingen oder nicht. Allerdings sind die einzelnen Formen des kooperativen Regierens differenziert zu bewerten.

Kooperatives Regieren mit Mitgliedstaaten

167*. Rahmenrichtlinien können einen wichtigen Beitrag zur Konsolidierung und zur Kohärenz teils disparater Einzelvorschriften leisten. Sie sollen aber nach Auffassung des Umweltrates nicht primär für Entbürokratisierungs- und Deregulierungsstrategien genutzt werden. Politische Fragen, insbesondere hinsichtlich der Klärung des angestrebten Schutzniveaus, sollten durch politisch-institutionelle Verfahren, wie sie bei der Formulierung von Tochterrichtlinien erforderlich sind, weiter konkretisiert werden. Im Falle eindeutiger normativer Vorgaben hat sich die so genannte Komitologie, das heißt Entscheidungen in von Mitgliedstaaten und der Kommission gebildeten Ausschüssen, als ein wirksamer Steuerungsmechanismus für konkrete Umsetzungsentscheidungen, für die Flexibilisierung technischer Anforderungen und für rechtliche Konkretisierungen erwiesen. Hinsichtlich der demokratischen Legitimität der auf diese Weise getroffenen Entscheidungen ist sie jedoch reformbedürftig. Der Umweltrat verweist auch auf die Gefahr eines „Komitologieversagens", wenn die politischen Vorgaben nicht eindeutig sind. Schließlich hat die informelle Koordination durch Benchmarking-Prozesse und Netzwerkbildung dort erhebliche Leistungsgrenzen, wo es um die Korrektur auseinander laufender nationaler Politikpfade oder um politisch kontroverse Fragen geht.

Kooperatives Regieren mit Regionen

168*. Zielorientierte Vereinbarungen der EU-Kommission mit den Regionen können durch frühzeitige Einbeziehung der subnationalen Politikebenen eine schnellere und effizientere Umsetzung umweltpolitischer Programme – aber auch innovative Pionierleistungen – fördern. Aus Sicht des Umweltrates werfen sie allerdings zwei grundsätzliche Probleme auf: Zum einen muss bezweifelt werden, ob die mit der Verbindung von Umweltpolitik und Regionalförderung verbundene Ausweitung der Kommissionskompetenzen und die Zentralisierung distributiver Politiken angesichts der Distanz der Kommission zu regionalen und lokalen Problemen und der Komplexität regionaler Bedingungen hinreichend sachgerecht und effektiv kontrollierbar sein kann. Zum anderen werfen regulatorische Vorzugsbehandlungen an einzelne Regionen die Frage nach der allgemeinen Verbindlichkeit von Recht und der Begründbarkeit von Sonderbedingungen auf. Vor diesem Hintergrund begrüßt es der Umweltrat, dass das neue Partnerschaftsmodell zunächst einmal in begrenzten Pilotprojekten konkretisiert werden soll. Dabei sollte insbesondere geprüft werden, wie die oben dargestellten Probleme vermieden werden können.

Kooperatives Regieren mit Industrieverbänden

169*. Als kooperatives Regieren mit Industrieverbänden bezeichnet die EU-Kommission institutionelle Arrangements, die die Stärken rechtlicher Steuerung und verbandlicher Selbstregulierung miteinander verbinden. Konkrete Vorschläge der Kommission betreffen die umweltpolitische Nutzung der „Neuen Konzeption" der Normung für ein umweltgerechtes Design von Produkten und die Weiterentwicklung von Umweltvereinbarungen auf der europäischen Ebene.

170*. Die „Neue Konzeption" sieht im Kern vor, dass der europäische Gesetzgeber grundlegende Anforderungen an die Gestaltung von Produkten formuliert, deren technische Detailausarbeitung dann aber an private Normungsverbände (CEN, CENELEC, ETSI etc.) delegiert. Die eigentliche, umweltpolitisch relevante Harmonisierungsaufgabe wird damit aus dem europäischen Rechtsetzungsverfahren ausgelagert und erfolgt durch die Entscheidungsverfahren der Normungsgremien.

Die von der Kommission vorgelegten Konkretisierungsvorschläge schaffen damit eine insgesamt eher ungünstige Chancenstruktur für ökologische Innovateure. So erachtet der Umweltrat das von der Generaldirektion Unternehmen entwickelte Steuerungsmodell für energieverbrauchende Produkte als ungeeignet, hinreichend dynamisch ökologische Produktinnovationen, insbesondere im Bereich der Energieeffizienz voranzutreiben. Es ist im Wesentlichen ein produktbezogenes Umweltmanagementinstrument, das Harmonisierungsmaßnahmen ergänzen, aber nicht ersetzen kann. Von einem systematischen Gebrauch der „Neuen Konzeption" für eine integrierte Umweltpolitik rät der Umweltrat deshalb vorerst ab. Die Weiterentwicklung und Konkretisierung produktbezogener Umweltmanagementsysteme oder Prüfanforderungen und einen Erfahrungsaustausch über vorbildliche Ansätze des Ökodesign hält der Umweltrat als Ergänzung eines notwendigerweise fokussierten produktbezogenen Umweltrechts hingegen für durchaus nützlich.

171*. Im Juli 2002 hat die EU-Kommission eine Mitteilung über die Ausgestaltung von Umweltvereinbarungen innerhalb der Europäischen Gemeinschaft veröffentlicht, die zwei Typen von Umweltvereinbarungen unterscheidet. Die von der EU-Kommission als Selbststeuerung (*self-regulation*) bezeichneten einseitigen Selbstverpflichtungen der Wirtschaft lassen nach Ansicht des Umweltrates kaum erwarten, dass damit anspruchsvolle umweltpolitische Ziele verwirklicht werden können. Ohne Druck seitens der EU-Organe wird die Wirtschaft in der Regel lediglich Maßnahmen vorschlagen, die kaum über ein Business-as-usual-Szenario hinausgehen. Umweltvereinbarungen, die von der Kommission initiiert und in einen rechtlichen Rahmen eingebunden werden (*co-regulation*) können hingegen grundsätzlich ein wirkungsvolles umweltpolitisches Instrument darstellen, da zentrale Bedingungen erfolgversprechender Vereinbarungen wie Zielorientierung, Partizipation und Erfolgskontrolle mit dem Vorschlag umgesetzt werden. Weiterhin ungeklärt sind allerdings die Fragen, wie ein Verband die eingegangene Verpflichtung bei seinen Mitgliedsunternehmen durchsetzt und die Lasten auf die Mitgliedsunternehmen effizient verteilt. Ferner ist die Rolle der Mitgliedstaaten bei der Umsetzung der freiwilligen Vereinbarung ungeklärt.

Regulierte Selbstregulierung und Partizipation

172*. Mit den Vorschlägen zur Einführung der Verbandsklage auf der nationalen und der europäischen Ebene wird der Vollzug der Aarhus-Konvention, die Informations-, Partizipations- und Klagerechte einfordert, abgerundet. Der Umweltrat begrüßt diesen Vollzugsprozess ausdrücklich. Darüber hinaus begrüßt der Umweltrat ausdrücklich die umfassende Partizipation und Konsultation von Verbänden in der Politikvorbereitung und Umsetzung auf europäischer Ebene und hält diese in vielfacher Hinsicht für vorbildlich. Dies gilt insbesondere für die dauerhaft arbeitenden, pluralistisch zusammengesetzten beratenden Ausschüsse, die aktive institutionelle Förderung von Umwelt- und Verbraucherverbänden und hohen freiwilligen Standards der Konsultation und Transparenz. Um eine „Partizipationsüberlastung" zu vermeiden, sollte der Dialog besonders intensiv bei den strategischen Weichenstellungen der Umweltpolitik geführt werden.

Grundsätzliche Funktionsbedingungen neuer Steuerungsansätze in der Umweltpolitik

173*. Insgesamt kann den unter dem Stichwort „Environmental Governance" neu erprobten Steuerungsformen bei der Suche nach effektiveren Problemlösungen eine wichtige Rolle zukommen. Dazu müssen allerdings deren Erfolgsvoraussetzungen sehr viel mehr als bisher berücksichtigt werden. Dies betrifft nicht nur Kapazitätserfordernisse und Garantiemechanismen, sondern auch die realistische Einsicht, dass die „weichen" und flexibleren Steuerungsformen nicht mehr als eine Ergänzungsfunktion haben können, wenn es um die Lösung persistenter Umweltprobleme geht. In der EU-Umweltpolitik haben diese Steuerungsformen den Anteil von 15 % bisher nicht überschritten. Zudem hängt ihre Wirksamkeit meist stark von der glaubwürdigen Option weiter gehender ordnungsrechtlicher oder monetärer Instrumente ab. Es wäre nach Auffassung des Umweltrates fahrlässig, den dargestellten Governance-Formen bereits als solchen eine höhere Leistungsfähigkeit zu unterstellen. Auch ihr etwaiger Beitrag zur Staatsentlastung ist im Lichte der Kapazitätserfordernisse auch dieser Steuerungsvarianten differenziert zu prüfen. In der Klimapolitik einiger OECD-Länder zeigt sich neuerdings auch, dass neuen ordnungsrechtlichen Instrumenten – wie der gezielten Verbindlicherklärung des Beststandes an Energieeffizienz – eine wichtige Rolle bei der breiten Marktdurchdringung mit innovativer Technik zukommen kann. Der Umweltrat legt nahe, weiterhin das ganze Spektrum des umweltpolitischen Instrumentariums – darunter nicht zuletzt die monetären Instrumente – verfügbar zu halten und im Lichte der seit dem UN-Gipfel von Rio de Janeiro gemachten Erfahrungen weiterzuentwickeln. Im Hinblick auf die Mehr-Ebenen-Steuerung betont er zum einen die Notwendigkeit einer Klärung und Entflechtung der Kompetenzstrukturen. Zum anderen hält er die Garantiefunktion des Nationalstaates und seine finale Verantwortung für ein ausreichend hohes Schutzniveau für unerlässlich. Schließlich plädiert er für die Sicherung ausreichender Spielräume für innovationsorientierte Vorreiterpositionen unterhalb der europäischen Ebene.

1 Zur Lage der Umwelt: Neue Herausforderungen

1.1 Politische Ausgangslage

1. Die deutsche Umweltpolitik hat in der ersten Legislaturperiode der aus SPD und BÜNDNIS 90/DIE GRÜNEN gebildeten Bundesregierung eine höhere Dynamik entfaltet als in den ersten beiden Jahren der zweiten Legislaturperiode. Nach dem Regierungswechsel wurden zunächst die „großen" Themen der neuen Koalition in Angriff genommen, zu denen der langfristige Ausstieg aus der Atomenergie, die Ökologische Steuerreform, die Nachhaltigkeitsstrategie und die Modernisierung des Naturschutzrechtes gehörten. Der UN-Gipfel in Johannesburg im Herbst 2002 schaffte zudem einen Anreiz, die deutsche Umweltpolitik auch international als ambitioniert darzustellen.

Die Umweltpolitik in der zweiten Legislaturperiode der „rot-grünen" Bundesregierung nach 2002 stand dagegen unverkennbar im Zeichen einer mehrjährigen wirtschaftlichen Stagnation mit ihren gravierenden Folgewirkungen im Bereich des Arbeitsmarktes und der sozialen Sicherungssysteme. Weitere Anpassungsleistungen in besonders umweltrelevanten Sektoren erschienen einem Teil der Bundesregierung damit nicht mehr als zumutbar. Für die defensive Situation der Umweltpolitik war es kennzeichnend, dass die in Angriff genommenen überfälligen Finanz- und Sozialreformen ökologische Aspekte zunächst nahezu weit gehend ausklammerten. Dabei hatten beide Regierungsparteien in früheren Jahren (wie auch der Umweltrat) ebenso für eine Verlagerung des Abgaben- und Steueraufkommens vom Faktor Arbeit hin zum Umwelt- und Ressourcenverbrauch plädiert wie für einen „ökologischen Subventionsabbau". Erst spät wurden eine gewisse Reduzierung der Kohlebeihilfen sowie eine Verringerung der Eigenheimzulage und der Pendlerpauschale zur Finanzierung der vorgezogenen Steuerreform beschlossen. Insgesamt sah sich die deutsche Umweltpolitik in den vergangenen beiden Jahren einer verstärkten Mobilisierung wirtschaftlicher Teilinteressen gegenüber, vor allem bei der EU-Chemikalienpolitik und im Klimaschutz (Emissionshandel, Kraft-Wärme-Kopplung, Kohleverstromung), aber auch bei der Verpackungsverordnung. Die weitere Entwicklung wird zeigen, ob die daraus folgenden umweltpolitischen Rücksichtnahmen nur kurzfristig und einer extrem ungünstigen Konjunkturlage zuzuschreiben sind oder ob sie ein generelles Zurückschrauben umweltpolitischer Ziele bedeuten.

1.2 Grundlegende Steuerungsfragen

2. Die Umweltpolitik steht vor schwierigen Herausforderungen. Während viele technisch zu bewältigende Umweltprobleme inzwischen erfolgreich in Angriff genommen worden sind, erweisen sich andere als persistent (SRU, 2002, Tz. 32). Die Lösung dieser ungleich schwierigeren Umweltprobleme erfordert ein Nachdenken über geeignete Steuerungsformen. Fragen der Kompetenzordnung einer Mehr-Ebenen- und Mehr-Sektoren-Steuerung, Fragen zur Rolle zielorientierter und kooperativer Umweltpolitik und zur Rolle der Selbstregulierung bedürfen der Klärung (Kap. 13).

Diesbezüglich betont der Umweltrat die finale Verantwortung und die Garantiefunktion des demokratischen Rechtsstaates, gerade im Falle delegierter beziehungsweise kooperativer Problemlösungen. Die kooperativen und flexibleren Governance-Formen bieten zwar grundsätzlich ein Potenzial der Verbesserung umweltpolitischer Problemlösungsfähigkeit. Sie erweisen sich indes als äußerst voraussetzungsvoll und erfordern oft zusätzliche staatliche Handlungskapazitäten. Sie sind eine Ergänzung, kein Substitut für regulative Politik. Vielmehr unterliegt auch diese einem Modernisierungsprozess, dessen technologisch-innovative Potenziale (beispielsweise im Top-Runner-Programme der japanischen Klimapolitik) Interesse verdienen. Dies gilt gleichermaßen für die deutsche wie für die europäische Umweltpolitik. Die gegenwärtig laufende Diskussion um die Neujustierung des bundesdeutschen Föderalismus wie insbesondere auch die anhaltenden Probleme mit dem Vollzug europäischen Umweltrechts verweisen aus Sicht des Umweltrates auf die Notwendigkeit einer Stärkung der Bundeskompetenz im Gewässer- und Naturschutz.

3. In diesem Gutachten wird – neben dieser Grundsatzthematik – eine große Anzahl umweltpolitischer Einzelthemen behandelt. Um den Leserinnen und Lesern deren Einordnung zu erleichtern, soll eine knapp fokussierte Orientierung über die derzeitige Lage der Umwelt und wesentliche umweltpolitische Antworten gegeben werden. Dies liegt nicht nur wegen der Vielzahl der Themen, sondern auch deshalb nahe, weil die Umweltsituation in Deutschland und der hieraus abzuleitende Handlungsbedarf sich in Teilbereichen sehr unterschiedlich entwickeln (vgl. EEA, 2003, 2002; BMU, 2002; BfN, 2002; UBA, 2001; OECD, 2001).

Öko-optimistische Darstellungen rekurrieren immer wieder einseitig – und verharmlosend – auf Erfolgsentwicklungen (LOMBORG, 2002; MAXEINER und MIERSCH, 2002; s. hierzu: OTT et al., 2003). Die gegenteilige Perspektive ist wegen ihrer Unterschätzung der grundsätzlichen Leistungspotenziale von Umweltpolitik aber ebenfalls nicht unproblematisch (GÖRG, 2002). Deshalb ist eine differenzierte Gesamtsicht des Aufgabenfeldes der Umweltpolitik angezeigt.

1.3 Zur Umweltsituation in Deutschland

4. Orkane, Überflutungen (2002) und extreme Dürre (2003) haben das Bewusstsein um mögliche Folgewirkungen des *Klimawandels* erhöht. Die Prognose eines weiteren – überwiegend anthropogenen – Temperaturstiegs ist weithin anerkannter Stand der Wissenschaft. In dieser Einschätzung (nicht aber in der Wahl der einzuschlagenden Strategie) ist sich auch die überwiegende Mehrheit der Regierungen der Welt einig. Entwicklungsländer in Afrika und Lateinamerika betonen hierbei verstärkt den Zusammenhang von Klimawandel und Armutsentwicklung. Die deutsche Klimapolitik hat in diesem schwierigen Problemfeld im Vergleich der Industrieländer die weitestgehenden Erfolge erzielt und könnte das Kioto-Ziel einer Reduzierung aller Klimagase um 21 % bis 2008/12 (gegenüber 1990) erreichen. Sie hat zugleich wesentliche Anstoßeffekte im Sinne der internationalen Diffusion anspruchsvoller Maßnahmen ausgelöst. Dabei führt allerdings die mangelnde Erschließung von Potenzialen etwa der Kraftwärmekopplung oder eines verringerten Kohleeinsatzes zur Verfehlung des nationalen Ziels einer Reduzierung der CO_2-Emissionen um 25 % bis 2005 (gegenüber 1990). Statt einer Diskussion dieser Ursachen der Zielverfehlung wurde das Ziel aber zugunsten der Kioto-Vorgabe aufgegeben. Die Energiewirtschaft ist nach wie vor der wichtigste Emittent von CO_2-Emissionen. Nach Reduktionserfolgen in den Neunzigerjahren ist es zwischen 1999 und 2002 zu einem Wiederanstieg um 6,4 % gekommen, was insbesondere auf den Netzzugang neuer Kohlekraftwerke zurückzuführen ist. Die CO_2-Emissionen des Verkehrssektors konnten nach dramatischem Wachstum in den Neunzigerjahren zwischen 1999 und 2002 erstmals um 4,8 % gesenkt werden. Der Gesamtausstoß bleibt dennoch von hoher Bedeutung für die Klimaproblematik. In der globalen Gesamtwirkung ist die Entwicklung in diesem Politikfeld weiterhin in hohem Maße unzulänglich (Kap. 2).

5. Im *Naturschutz* ist es in den Jahren 2002 und 2003 endlich gelungen, auf Bundesebene eine Modernisierung des Naturschutzgesetzes durchzusetzen und erste Schritte einer Ökologisierung der Agrarpolitik einzuleiten. Der Trend der Beeinträchtigung des Naturhaushalts, der biologischen Vielfalt und der Erholungsqualität hält aber unvermindert an. Ursächlich hierfür sind vor allem die zu hohen Schadstoffeinträge der *Landwirtschaft* und die anhaltende Flächeninanspruchnahme für Verkehrs-, Siedlungs- und Gewerbezwecke. Neben der Umsetzung des neuen Bundesnaturschutzgesetzes in den Ländern bleibt die weitere Politikintegration von Naturschutzbelangen, vor allem in der Agrarpolitik und im Baurecht, eine vordringliche Herausforderung. Handlungsbedarf besteht aber auch bei der Umsetzung der Vorgaben der FFH-Richtlinie und der Biodiversitätskonvention sowie dem Aufbau einer einheitlichen bundesweiten Umweltbeobachtung. Ebenso hält der Umweltrat die Entwicklung einer integrativen Gesamtstrategie mit bundesweiten Zielen für notwendig. Auf europäischer Ebene sollte die Reform der Gemeinsamen Agrarpolitik mittelfristig über die Reformschritte des Mid-Term Review hinausgehen und eine wesentlich stärkere Integration von Umweltschutzzielen erbringen (Kap. 3 und 4).

6. Im *Gewässerschutz* lassen sich zwar bei wichtigen Belastungsfaktoren erhebliche Verbesserungen in den letzten Jahren ausmachen, das Bild ist hier jedoch differenzierter zu sehen. Durch den Bau leistungsfähiger Kläranlagen, technische Modernisierungsprozesse und Strukturveränderungen in der Industrie ist die Qualität der Fließgewässer erheblich verbessert worden. Das frühzeitig im Umweltprogramm von 1971 formulierte Ziel einer durchgängigen Gewässerqualität der Güteklasse II ist aber noch nicht erreicht. Der Schutz des Grundwassers, insbesondere vor Nitrat-, aber auch Pestizideinträgen der Landwirtschaft, bleibt eine wichtige Aufgabe. Im Zeichen des Klimawandels dringlicher geworden ist der Hochwasserschutz. Die Umsetzung der EG-Wasserrahmenrichtlinie eröffnet mit ihrem umfassenden ökologischen Ansatz die Chance einer breit angelegten Modernisierung des Gewässerschutzes. Es besteht jedoch Anlass zur Sorge, dass diese Chance insbesondere aufgrund der Koordinationsprobleme zwischen den Bundesländern verspielt wird (Kap. 5). Keine Entwarnung kann beim *Meeresumweltschutz* gegeben werden. Das Ökosystem der Nord- und Ostsee ist durch die kumulativen Belastungen und Einwirkungen, durch Eutrophierung, den Eintrag akkumulierender und persistenter Stoffe, Schadstoffeinträge durch die Schifffahrt, eine unkoordinierte Nutzung des Meeresraumes und die Überfischung ernsthaft gefährdet (s. SRU, 2004).

7. In der *Luftreinhaltung* hat die Bundesrepublik im EU-Vergleich die weitestgehenden Verbesserungen erzielt. Die Probleme smog- und säurebildender Luftschadstoffe in den 1970er- und 1980er-Jahren haben sich als Folge umweltpolitischer Anstrengungen vor allem bei Industrieanlagen und Kraftfahrzeugen stark verringert. Internationale Vorgaben wurden teilweise übererfüllt. Dennoch sind die Emissionen von Luftschadstoffen noch zu hoch, um einen ausreichenden Schutz der menschlichen Gesundheit und der Umwelt vor Versauerung, Eutrophierung und (bodennahem) Ozon zu gewährleisten. Von hoher Bedeutung (mit mehr als 40 %) sind die Emissionen des Verkehrssektors. Mit der Umsetzung der NEC-Richtlinie soll bei vier zentralen Schadstoffen bis 2010 eine weitere Etappe der Schadstoffreduzierung erreicht werden. Ohne weitere Anstrengungen wird dies vermutlich aber nicht bei allen Schadstoffen gelingen. Im Hinblick auf die Gefährdung der menschlichen Gesundheit ist die Verminderung der Feinstaubbelastung unzureichend. Hier besteht erheblicher Handlungsbedarf. Problematisch ist weiterhin die zu erwartende punktuelle Überschreitung der gesundheitsbezogenen Luftqualitätsziele für 2010 bei NO_x und PM_{10} (Kap. 6).

8. Die Erfolgsbilanz beim *Lärmschutz* ist ebenfalls ungünstig. Die Belastungs- und Belästigungssituation hat in den letzten Jahren sogar zugenommen. Das vordringliche Problem bleibt die Reduktion des Straßen- und Flugverkehrslärms, wo die Effekte verringerter Lärmwerte durch Mengenwachstum wieder aufgehoben wurden. Handlungsbedarf besteht hinsichtlich der Harmonisierung des zersplitterten Lärmschutzrechts und dessen Weiterentwicklung in Richtung einer Beurteilung der Gesamtlärmbelastung der jeweiligen Bevölkerung. Die Möglichkeit dazu besteht mit der Umsetzung der Umgebungslärmrichtlinie. Das in der 14. Legislaturperiode nicht verabschiedete Fluglärmgesetz steht weiterhin auf der Tagesordnung (Kap. 7).

9. In der *Abfallpolitik* sind Durchbrüche bisher nicht erzielt, aber – gemessen an anderen Industrieländern – immerhin Stabilisierungen erreicht worden. Dies gilt für das Abfallaufkommen ebenso wie für den Rohstoffverbrauch. Eine signifikante Entkopplung von Abfallaufkommen und Wirtschaftsentwicklung ist bisher nicht erreicht worden. Bei der Entsorgung und Vorbehandlung von Abfällen wurden aber Verbesserungen hinsichtlich der Emissionskontrolle erreicht, nicht aber eine vollständige Harmonisierung der Müllverbrennung und der industriellen Mitverbrennung. Für das politische Ziel, die unvorbehandelte Ablagerung bis 2005 einzustellen, fehlen noch in erheblichem Umfang die Vorbehandlungskapazitäten. Der Umweltrat stellt in diesem Zusammenhang fest, dass die bisherige Verwertungspfadsteuerung erhebliche Probleme mit sich bringt und fordert, das Ziel einer ökologisch anspruchsvollen Entsorgung bei gleichzeitiger Ressourcenschonung künftig verstärkt durch die Weiterentwicklung anlagen-, stoff- und produktbezogener Rahmenvorgaben zu verfolgen (Kap. 8).

10. Beim *Bodenschutz* ist die wachsende Inanspruchnahme von Flächen für Siedlungs- und Verkehrzwecke („Flächenverbrauch") ein „persistentes" Problem, das trotz erheblicher Anstrengungen über Jahrzehnte nahezu unverändert fortbesteht. Bodenbelastungen durch Schadstoffeinträge aus der Luft, der landwirtschaftlichen Düngung oder Altlasten sind ebenfalls unverändert dringliche Probleme. Das 1999 in Kraft getretene Bodenschutzgesetz und die Thematisierung des Bodenschutzes auf EU-Ebene stellen immerhin erste Schritte auf dem Weg zu ihrer Reduzierung dar. Das anspruchsvolle Ziel der Nachhaltigkeitsstrategie, die Flächeninanspruchnahme pro Tag von 130 ha auf 30 ha in 2020 zu senken, ist mit dem gegenwärtigen Instrumentarium nicht zu erreichen. Hier sind neue Lösungen gefordert, die in einen Instrumentenmix einzubinden sind. Der Umweltrat beschäftigt sich mit diesem Thema ausführlich in seinem demnächst erscheinenden Sondergutachten Verkehr und Umwelt (Kap. 9, zum Flächenverbrauch s. auch Kap. 3).

11. Die *„grüne" Gentechnik* stellt einen neuen Problemtypus dar. Über den Nutzen der „grünen" Gentechnik besteht tief gehender gesellschaftlicher Dissens; die potenziellen gesundheitsgefährdenden und ökologischen Risiken sind bislang nicht ausreichend untersucht. Dies bedeutet für die umweltpolitische Regulierung der Nutzung der „grünen" Gentechnik einen besonderen politischen Schwierigkeitsgrad, da unter Berücksichtigung des Vorsorgeprinzips sicherzustellen ist, dass mit einer Nutzung weder ein gesundheitliches Risiko noch besondere ökologische Schäden oder eine Einschränkung der Wahlfreiheit von Lebensmitteln einhergehen (Kap. 10).

12. Im Bereich der *gefährlichen Stoffe* ist die Zahl der akuten Schadensereignisse zurückgegangen. Einige gefährliche Stoffe konnten unter Kontrolle gebracht werden. Dennoch geraten regelmäßig neue gefährliche Stoffe in das Blickfeld der öffentlichen Debatte, zum Beispiel Flammschutzmittel oder Phthalate. Zunehmend diskutiert werden auch die hormoninduzierenden und allergenen Wirkungen synthetischer Stoffe. Zwar sind Neustoffe und mehrere hundert Altstoffe mit akuter Toxizität, mit besonderer Persistenz oder mit krebserregenden, mutagenen und reproduktionstoxischen Eigenschaften mittlerweile klassifiziert und zumindest hinsichtlich der Arbeitssicherheit und des Gesundheitsschutzes kontrolliert. Dennoch bestehen noch erhebliche Wissenslücken über die Eigenschaften und Verwendungen mehrerer zehntausend Altstoffe und entsprechende Kontrolldefizite. Für viele dieser Stoffe fehlen auch Nachweismethoden. Mit dem vorgeschlagenen REACH-System (*Registration, Evaluation and Authorisation of Chemicals*) beabsichtigt die EU-Kommission, diese Defizite zu korrigieren. Die Reichweite und die Effektivität des Vorschlags sind allerdings – auch wegen der massiven Bedenken der deutschen Wirtschaft – im Vorfeld der Fertigstellung des Verordnungsentwurfs erheblich vermindert worden (Kap. 11).

13. Im Bereich Umwelt und Gesundheit erfordern einige *neue Umweltrisiken* umweltpolitische Aufmerksamkeit. Neuere Studien bestätigen unter anderem hormonelle Wirkungen von Weichmachern, deren Belastungssituation höher ist als zuvor angenommen, oder das Risiko gesundheitlicher Gefährdung und Belästigung von exponierten Personen im Fall der Bioaerosole. Multiple Chemikalien-Sensitivität (MCS) ist ein Problem, auf das der Umweltrat bereits 1999 hingewiesen hat (SRU, 1999). Insgesamt ist in weiten Teilen der Bevölkerung eine spürbare Verunsicherung hinsichtlich der möglichen Gesundheitsgefährdungen von neuen Umweltrisiken zu verzeichnen. Die Existenz solcher neuen Problemlagen verdeutlicht, dass im Bereich Umwelt und Gesundheit nach wie vor Handlungsbedarf besteht (Kap. 12).

2 Klimaschutz und Energiepolitik

14. Der Klimaschutz ist in den letzten Jahren immer stärker zu einem zentralen Thema der Umweltpolitik geworden. Es ist zu befürchten, dass Wetteranomalien mit hohen Schadenskosten, wie etwa die Flutkatastrophe 2002 und die extreme Dürre 2003, mit höherer Frequenz auftreten werden. Dass reale Wetteranomalien bereits auf den beginnenden Klimawandel hindeuten, wird immer plausibler. Auch in der Öffentlichkeit hat das Problembewusstsein zugenommen. In einer Umfrage für die Deutsche Energie-Agentur erwarteten 81 % der Befragten, dass es klimabedingt „immer häufiger zu schweren Unwettern und Überschwemmungen kommen" werde, 68 % wären bereit, „höhere Preise für Produkte zu bezahlen, die das Klima weniger belasten" (DENA, 2003).

Den Erfordernissen einer deutlichen Reduktion der Treibhausgasemissionen (THG-Emissionen) läuft die Emissionsentwicklung auf globaler und europäischer Ebene zuwider. Auch die unbefriedigende Entwicklung der deutschen THG-Emissionen wirft Fragen nach den strategischen Möglichkeiten zur Durchsetzung einer problemgerechten nationalen und internationalen Klimaschutzpolitik auf. Als Konsequenz des absehbaren Verfehlens des nationalen 25-%-Reduktionsziels erachtet der Umweltrat eine offene Debatte über die Perspektiven der deutschen Klimapolitik als erforderlich.

Zukünftige weiter gehende Emissionsreduktionsziele können nur mit einem konsistenten und effizienten Klimaschutzinstrumentarium erreicht werden. Der Umweltrat begrüßt in diesem Zusammenhang die Einführung des europäischen Emissionshandelssystems. Dessen Erfolg hängt allerdings maßgeblich von dem vereinbarten Zielniveau ab. Nur in Verbindung mit strikten Emissionsobergrenzen wird der Emissionshandel den erforderlichen Technologiewandel einleiten. Deshalb sind schon jetzt andere, auch ordnungsrechtliche, Maßnahmen für den Fall ins Auge zu fassen, dass der Emissionshandel mit Abstrichen bei den langfristigen Zielvorgaben erkauft wird. Anspruchsvolle Zielvorgaben sind Voraussetzung für langfristige, ökonomisch effiziente Anpassungsprozesse der Industrie. Besondere Bedeutung kommt hierbei den anstehenden Neuinvestitionen im Elektrizitätssektor zu. Erforderlich sind Rahmenbedingungen, die dazu beitragen, Investitionen in klimaverträglichere Energieerzeugungstechnologien zu lenken. Dies ist für den Umweltrat Anlass, Optionen der künftigen Stromerzeugung auf ihre Klimaverträglichkeit hin zu untersuchen. Der Stromsektor erfordert auch deshalb eine intensive Betrachtung, weil er mit einem deutlichen Wiederanstieg der CO_2-Emissionen – zwischen 1999 und 2002 um über 6 % – die erreichten Erfolge im deutschen Klimaschutz verringert.

2.1 Europäische und deutsche Klimaschutzpolitik im Lichte internationaler Zielvorgaben

15. Die Europäische Gemeinschaft und ihre Mitgliedstaaten haben sich im Rahmen des Kioto-Protokolls verpflichtet, ihre Treibhausgasemissionen gemeinschaftlich bis zum Zielzeitraum 2008 bis 2012 gegenüber dem Basisjahr 1990 (bzw. 1995) um 8 % zu mindern. Es wurde eine interne Verteilung der Emissionslasten auf die einzelnen Mitgliedstaaten vereinbart, die mit der Ratifizierung des Kioto-Protokolls durch die EG am 31. Mai 2002 bestätigt wurde (Entscheidung des Rates vom 25. April 2002, 2002/358/EG).

Im Rahmen dieser europäischen Lastenteilungsvereinbarung hat sich Deutschland zu einer Verringerung seiner Treibhausgasemissionen um 21 % gegenüber dem Basisjahr 1990 bis zum Zeitraum 2008 bis 2012 verpflichtet. Auf ein noch anspruchsvolleres CO_2-Minderungsziel von 25 % Reduktion bis 2005 auf Basis des Jahres 1990 legte sich die Bundesrepublik Deutschland bereits 1990 freiwillig fest. Zuletzt bestätigt wurde dieses Ziel in der im April 2002 vom Kabinett verabschiedeten Nachhaltigkeitsstrategie (Bundesregierung, 2002a, S. 147). Zur Erreichung des nationalen 25-%-Klimaschutzziels verabschiedete die Bundesregierung am 18. Oktober 2000 das aktualisierte nationale Klimaschutzprogramm (Bundesregierung, 2000; vgl. SRU, 2002, Abschn. 3.2.1.2).

Für die Zeit nach der ersten Verpflichtungsphase des Kioto-Protokolls strebt die Bundesregierung eine weitere Treibhausgasemissionsreduzierung an und will sich daher für eine Weiterentwicklung der Kioto-Ziele einsetzen (Bundesregierung, 2002a, S. 95, 147; BMU, 2002). In der Koalitionsvereinbarung wird eine Fortsetzung der deutschen Vorreiterrolle beim internationalen Klimaschutz festgelegt. Für die THG-Emissionen wird ein Reduktionsziel von 40 % bis zum Jahr 2020 gegenüber 1990 vorgeschlagen, allerdings unter der Voraussetzung, dass sich auch die EU zu einer Verringerung ihrer THG-Emissionen um 30 % bereit erklärt (SPD/BÜNDNIS 90/DIE GRÜNEN, 2002, S. 37).

2.1.1 Aktuelle Entwicklungen der europäischen Klimaschutzpolitik

16. Angesichts des verlangsamten Rückgangs der Treibhausgasemissionen in der zweiten Hälfte der 1990er Jahre droht der EU eine Verfehlung ihres Kioto-Reduktionsziels von 8 % bis 2008/12. So kam es 2001 gegenüber dem Vorjahr sogar zu einem Anstieg der THG-Emissionen um 1 %, und die Reduktion gegenüber 1990 betrug nur noch 2,3 %. Damit liegen die Emissionen um 2,1 % über dem Kioto-Zielkurs (EEA, 2003a; EU-Kommission, 2003a).

Am Gesamtausstoß aller Treibhausgase haben auch weiterhin die CO_2-Emissionen mit 82 % den maßgeblichen Anteil. Sie stiegen zwischen 1990 und 2001 um 1,6 % (EEA, 2003b). Dieser Zuwachs ist vor allem auf steigende Emissionen des Verkehrssektors zurückzuführen, denen ein Rückgang der Emissionen in den Bereichen Industrie und Energiewirtschaft entgegen steht (Tab. 2-1).

17. Infolge des Wiederanstiegs der CO_2-Emissionen wird das Kioto-Ziel selbst unter Einbeziehung aller derzeit in Kraft gesetzten Klimaschutzmaßnahmen der EU und ihrer Mitgliedstaaten mit einer voraussichtlichen THG-Emissionsminderung bis 2010 um lediglich 0,5 % bei weitem verfehlt werden. Beschränkt auf die energiebedingten CO_2-Emissionen gehen EU-weite Prognosen unter diesen Voraussetzungen von einem Anstieg um 4 % bis 2010 gegenüber dem Basisjahr 1990 aus (EEA, 2003a; EU-Kommission, 2003a).

Nur wenn alle derzeit geplanten oder erwogenen zusätzlichen Maßnahmen der EU und ihrer Mitgliedstaaten umgesetzt würden und einige Staaten ihre Ziele übererfüllten, könnte die EU eine Emissionsminderung um 7,2 % erreichen (EEA, 2003a). Damit würde sie ihre Kioto-Verpflichtungen immerhin nur knapp verfehlen. Dies erfordert jedoch eine Umsetzung der im Rahmen des Europäischen Programms zur Klimaänderung vorgeschlagenen Maßnahmen (EU-Kommission, 2001a, 2003b), insbesondere auch die Einführung des Emissionshandels (Abschn. 2.2.4.1).

Allerdings setzt dieses Szenario eine deutliche Übererfüllung der Zielvorgaben durch einige Mitgliedstaaten voraus. Aus heutiger Sicht haben von den 15 Mitgliedstaaten der EU nur Deutschland, Frankreich, Luxemburg, Großbritannien und Schweden gute Aussichten, ihre jeweiligen in der Lastenteilungsvereinbarung festgelegten Ziele zu erreichen (s. Abb. 2-1). Dagegen werden zehn Mitgliedstaaten ihren durch die Lastenteilungsvereinbarung festgesetzten Beitrag wahrscheinlich verfehlen (EEA, 2003a; EU-Kommission, 2002). Die bislang erzielten EU-weiten Minderungen sind zu großen Teilen auf deutsche und britische Klimaschutzerfolge zurückzuführen, ohne die die Gesamtemissionen der EU um etwa 8 % angestiegen wären (ZIESING, 2002a).

18. Die zum 1. Mai 2004 der EU beitretenden zehn Staaten nehmen gemäß der Entscheidung des Rates vom 25. April 2002 (2002/358/EG) nicht an der EU-Lastenteilungsvereinbarung teil. Sie besitzen andererseits aber ein großes Potenzial an kosteneffizienten Klimaschutzmaßnahmen (vgl. MICHAELOWA und BETZ, 2001, S. 14 f.). Daher wird dem Emissionshandel hier eine große Bedeutung zukommen (Enquete-Kommission, 2002, S. 123). Damit könnte verhindert werden, dass die THG-Emissionen der Beitrittsstaaten bei starkem Anstieg des Wirtschaftswachstums wieder zunehmen. In die Verhandlungen über eine zweite Verpflichtungsperiode sollten die neuen Mitgliedstaaten frühzeitig eingebunden werden, da auch sie dann verbindliche Reduktionsziele im Rahmen eines europäischen Gesamtziels übernehmen werden müssen. Bis 2008/12 haben sich Estland, Lettland, Litauen, Slowakei, Slowenien und Tschechien auf individuelle Reduktionsziele von je 8 % im Rahmen des Kioto-Protokolls festgelegt, Ungarn und Polen auf 6 % Emissionsminderung. Insgesamt verringerten die zehn Beitrittsstaaten im Zeitraum 1990 bis 2001 ihre Treibhausgasemissionen um 36 %, was zu großen Teilen auf die wirtschaftliche Umstrukturierung zurückzuführen war (EEA, 2003a).

2.1.2 Emissionsentwicklung in Deutschland

19. Die Treibhausgasemissionen der Bundesrepublik Deutschland sanken zwischen 1990 und 2001 insgesamt um 18,3 % (UBA, 2003a, S. 31; vgl. detailliert auch Bundesregierung, 2002b). Vor allem die Methan- und Lachgasemissionen konnten mit – 48,4 % beziehungsweise – 31,5 % im Jahr 2001 gegenüber 1990 stark reduziert werden (UBA, 2003a). Damit bestehen vergleichsweise gute Aussichten auf die Erreichung des Kioto-Ziels, das mit der bislang erreichten THG-Reduktion bereits zu 87 % erfüllt ist. Allerdings reicht eine Fortsetzung der nur noch geringen Emissionsminderungen der letzten Jahre zur Zielerfüllung vermutlich nicht aus; vielmehr ist eine konsequente Umsetzung der bestehenden und geplanten Klimaschutzmaßnahmen erforderlich (EEA, 2003a; vgl. Szenarien der Emissionsentwicklung z. B. in MEYER, 2002; BUTTERMANN und HILLEBRAND, 2003).

20. Die temperaturbereinigten CO_2-Emissionen, die mit 87,5 % den Hauptanteil des Ausstoßes aller Treibhausgase ausmachten (im Jahr 2001; UBA, 2003a), sanken zwischen 1990 und 2003 um 16,6 % (effektiv: 15,2 %; ZIESING, 2004). Von den seit 1990 erreichten Minderungen wurden mehr als 80 % vor 1995 erzielt, die jahresdurchschnittliche Minderung seit 1995 betrug nur noch 4 Mio. t CO_2 (Abb. 2-2).

Tabelle 2-1

Anteilsmäßige Verteilung der CO_2-Emissionen der EU des Jahres 2001 auf die Verursachersektoren und relative Veränderung gegenüber 1990

Sektor	Energieindustrie	Verkehr	Industrie	Andere
Anteil 2001	*33 %*	*24,6 %*	*21 %*	*21,4 %*
Veränderung	*– 2,2 %*	*+ 20 %*	*– 7,9 %*	*+ 2,8 %*
				SRU/UG 2004/Tab. 2-1; Datenquelle: EEA, 2003b

Aktuelle Entwicklung

Abbildung 2-1

Emissionsentwicklung in den EU-Mitgliedstaaten im Vergleich zur Verpflichtung nach der Lastenteilungsvereinbarung

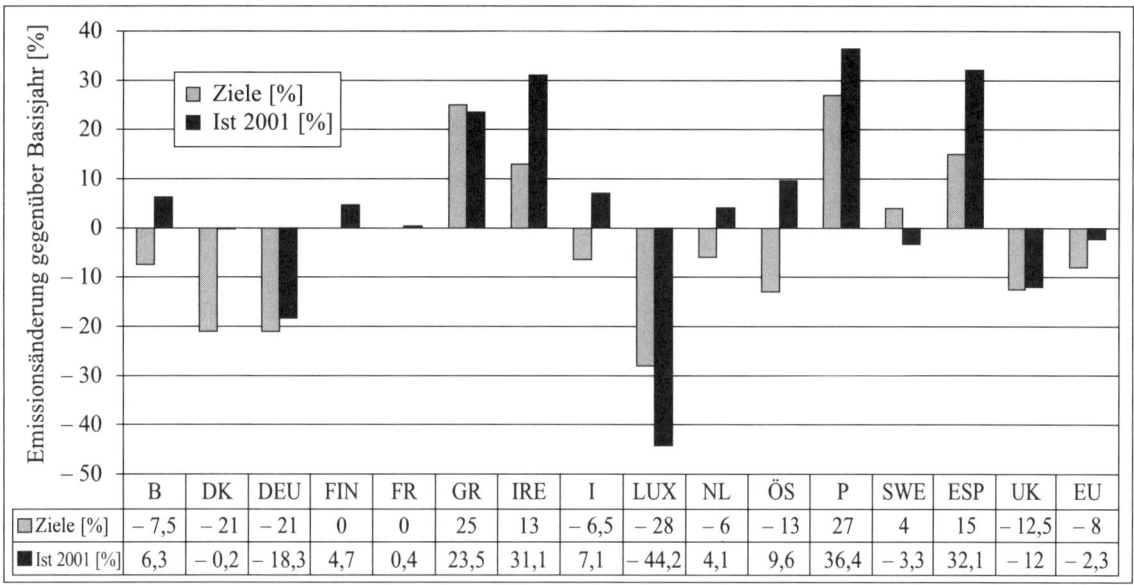

	B	DK	DEU	FIN	FR	GR	IRE	I	LUX	NL	ÖS	P	SWE	ESP	UK	EU
Ziele [%]	−7,5	−21	−21	0	0	25	13	−6,5	−28	−6	−13	27	4	15	−12,5	−8
Ist 2001 [%]	6,3	−0,2	−18,3	4,7	0,4	23,5	31,1	7,1	−44,2	4,1	9,6	36,4	−3,3	32,1	−12	−2,3

SRU/UG 2004/Abb. 2-1; Datenquelle: EU-Kommission, 2003a

Abbildung 2-2

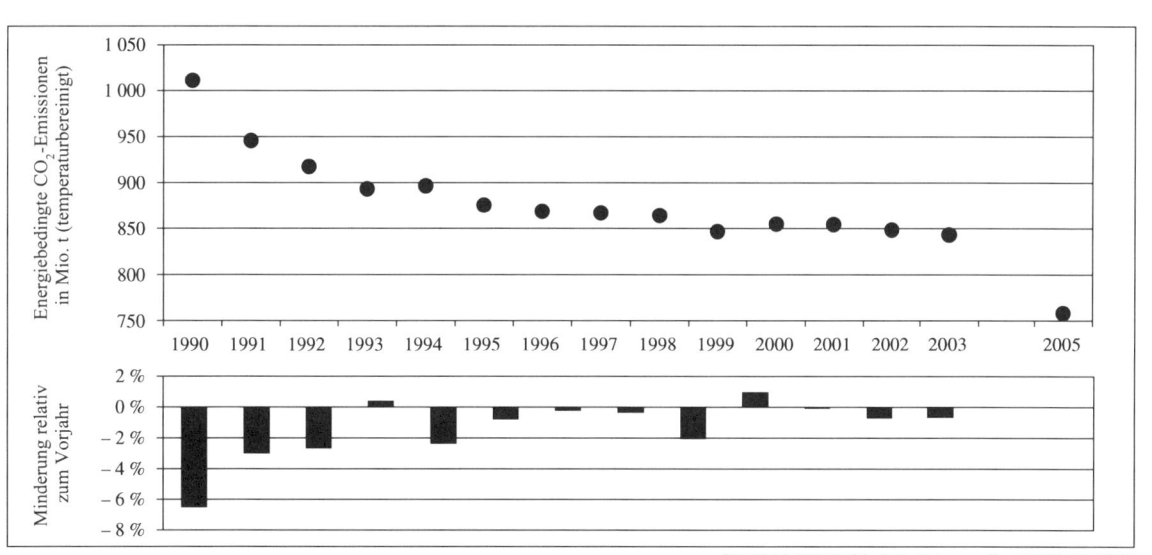

Entwicklung der energiebedingten CO_2-Emissionen (temperaturbereinigt)

SRU/UG 2004/Abb. 2-2; Datenquelle: ZIESING, 2004

Auch hinsichtlich der Verursachersektoren hat sich die Situation in den letzten Jahren zum Teil deutlich verändert (Abb. 2-3). Der mit 43,5 % wichtigste Verursachersektor Energieerzeugung und -umwandlung verzeichnete einen Anstieg der CO_2-Emissionen um 6,4 % zwischen 1999 und 2002. Ohne diesen Wiederanstieg der CO_2-Emissionen des Energiesektors hätte die CO_2-Reduzierung 2002 immerhin 18 % (temperaturbereinigt) betragen. Dagegen wies der Verkehrssektor im Zeichen stark steigender Mineralölpreise und der ökologischen Steuerreform zwischen 1999 und 2002 einen Rückgang um immerhin 4,8 % auf, der Straßenverkehr sogar um 5,1 % (ZIESING, 2003b). Die Emissionen der privaten Haushalte lagen im Jahr 2002 um 0,5 % über (beziehungsweise temperaturbereinigt um 1 % unter) dem Ausgangswert von 1999.

21. Im *Sektor der privaten Haushalte* hängt die Entwicklung der CO_2-Emissionen in hohem Maße von der Temperatur ab, da mehr als drei Viertel des Energieverbrauchs zu Heizzwecken verwandt werden. Ursache des Rückgangs der CO_2-Emissionen um 7,1 % (temperaturbereinigt 5,6 %) zwischen 1990 und 2002 sind Veränderungen des Brennstoffmixes und der Heizintensität. Dem steht jedoch eine Zunahme des Wohnraums von 35,1 m^2 pro Einwohner im Jahr 1992 auf 39,8 m^2 pro Einwohner im Jahr 2001 gegenüber (Statistisches Bundesamt, 2002, 2003). Angesichts erheblicher CO_2-Einsparpotenziale in diesem Bereich und insbesondere beim Raumwärmebedarf ist daher eine Verbesserung des Instrumentariums für Energieeinsparmaßnahmen speziell im Gebäudebestand notwendig.

Erhebliche Reduktionen der CO_2-Emissionen (wie auch der meisten anderen Treibhausgase) konnten im *Industriesektor* erreicht werden. Über fast den gesamten Betrachtungszeitraum sanken die absoluten Emissionen und lagen im Jahr 2002 um 35,6 % unter dem Niveau des Basisjahres. Ein Großteil dieses Emissionsrückgangs wurde bereits in der ersten Hälfte der neunziger Jahre realisiert. Bei den spezifischen Emissionen dagegen kam es in der zweiten Hälfte der neunziger Jahre zu einem beschleunigten Rückgang (ZIESING, 2002b). Nicht berücksichtigt bei den Emissionsrückgängen der Industrie sind Verschiebungen in andere Sektoren, die sich aufgrund einer Veränderung der Energieträgerstruktur des Industriesektors ergeben. So sank der Einsatz von Primärenergieträgern zugunsten des Einsatzes von Strom.

Der *Verkehrssektor* hat sich zum zweitstärksten Verursacherbereich nach dem Energiesektor entwickelt. Er ist der einzige Sektor mit gegenüber 1990 deutlich gestiegenen Emissionen (+ 8,7 % zwischen 1990 und 2002). Allerdings konnte in den letzten drei Jahren der erwähnte Rückgang der verkehrsbedingten CO_2-Emissionen verzeichnet werden, der vor allem im Bereich des Pkw-Verkehrs erreicht wurde (ZIESING, 2003a). Als Grund werden relativ starke Preissteigerungen für Kraftstoffe angeführt. Ob diese – auch 2003 anhaltende – Emissionsentwicklung unter besseren gesamtwirtschaftlichen Rahmenbedingungen anhält, kann derzeit nicht abgeschätzt werden (RIEKE, 2002). Im Bereich des Güterverkehrs muss auch zukünftig von deutlichen Steigerungen der Emissionen ausgegangen werden. Perspektivisch wird das Verkehrswachstum sowohl auf europäischer wie auch auf nationaler Ebene ambitionierte Klimaschutzziele gefährden (vgl. demnächst SRU, 2004a).

Die meisten CO_2-Emissionen fallen trotz eines Rückgangs um 15,1 % zwischen 1990 und 2002 weiterhin im *Energieerzeugungs- und -umwandlungssektor* an, und dort vor allem bei der Stromerzeugung auf Kohlebasis. Die Nutzung von Kohle war im Jahr 2003 für 41,2 % der temperaturbereinigten CO_2-Emissionen verantwortlich (Öl: 35,7 %, Gas: 22,9 %; ZIESING, 2004).

Eine Ursache für den deutlichen Wiederanstieg der CO_2-Emissionen des Energieerzeugungs- und -umwandlungssektors seit 1999 ist unter anderem die Inbetriebnahme

Abbildung 2-3

Relative CO_2-Emissionsänderungen nach Verursachersektoren im Zeitraum 1990 bis 2002, 1990 bis 1999 und 1999 bis 2002

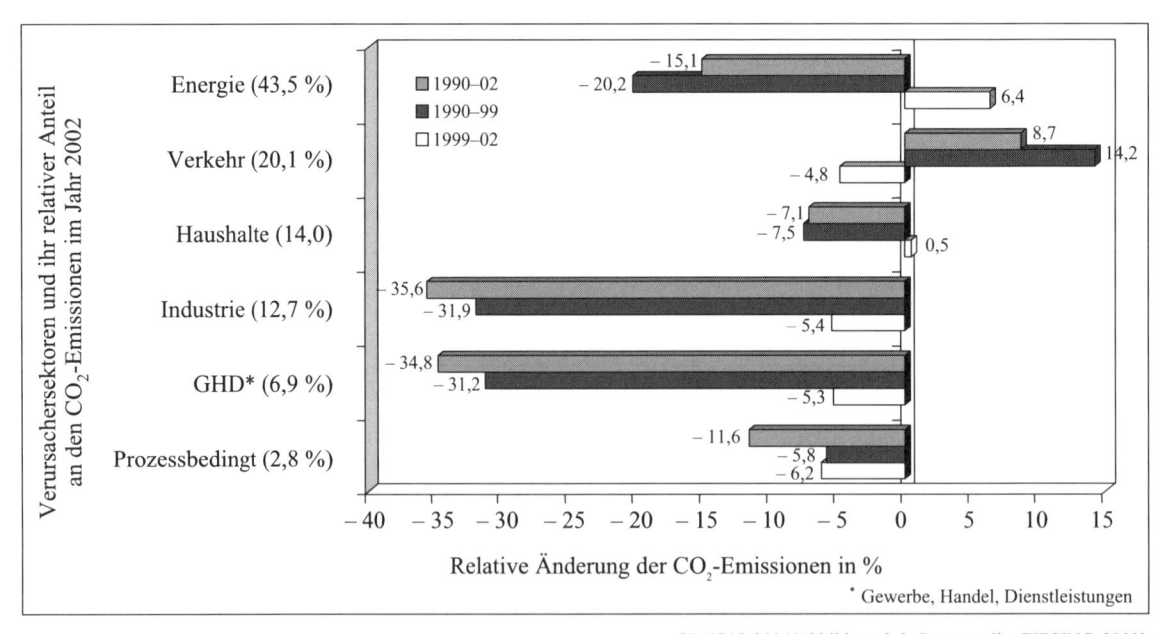

Verursachersektor (Anteil 2002)	1990–02	1990–99	1999–02
Energie (43,5 %)	– 15,1	– 20,2	6,4
Verkehr (20,1 %)	8,7	14,2	– 4,8
Haushalte (14,0)	– 7,1	– 7,5	0,5
Industrie (12,7 %)	– 35,6	– 31,9	– 5,4
GHD* (6,9 %)	– 34,8	– 31,2	– 5,3
Prozessbedingt (2,8 %)	– 11,6	– 5,8	– 6,2

Relative Änderung der CO_2-Emissionen in %

* Gewerbe, Handel, Dienstleistungen

SRU/UG 2004/Abbildung 2-3; Datenquelle: ZIESING, 2003b

neuer braunkohlegefeuerter Kraftwerke als Ersatz für ältere Anlagen, die zu einem Wiederanstieg der braunkohlenbedingten CO_2-Emissionen um 20 Mio. t seit 1999 geführt hat. Dieser Wiederanstieg war ein Grund für die Verlangsamung des Rückgangs der gesamten deutschen CO_2-Emissionen in den vergangenen Jahren. Wegen dieser ungünstigen Auswirkung auf die Gesamtbilanz und wegen seines großen Anteils an den Gesamtemissionen soll im Abschnitt 2.2.3 der Bereich der Energieerzeugung und -umwandlung einer gesonderten Betrachtung unterzogen werden. Im Hinblick auf die anstehende Erneuerung des Kraftwerksparks und weiter gehende Klimaschutzvorgaben für das Jahr 2020 und 2050 erscheint dies besonders dringlich.

22. Insgesamt wird angesichts der Entwicklungen seit Mitte der 1990er Jahre das anspruchsvollere nationale Ziel einer Minderung der CO_2-Emissionen um 25 % bis 2005 nicht mehr erreicht werden können. Die für ein Erreichen dieses Ziels notwendige weitere Emissionsreduktion um etwa 85 Mio. t (temperaturbereinigt) scheint bis zum Jahr 2005 nicht mehr realisierbar (Abbildung 2-2; ZIESING, 2004). Die Bundesregierung hat dieses Ziel mittlerweile offiziell aufgegeben.

Die zu erwartende Verfehlung des nationalen 25-%-Ziels liegt vor allem an der unzureichenden, kohlefreundlichen Ausgestaltung der Ökologischen Steuerreform (bei der ein emissionsorientierter Ansatz zielführender gewesen wäre, Tz. 75 ff.) und der mangelnden Förderung der Kraft-Wärme-Kopplung (SRU, 2002, Tz. 495; Tz. 60 f.). Außerdem hat die Bundesregierung die mit weichen Instrumenten wie Selbstverpflichtungen der Industrie und Informationskampagnen erreichbaren Minderungen zu hoch eingeschätzt. Des Weiteren werden viele Maßnahmen des nationalen Klimaschutzprogramms erst nach 2005 wirksam (SRU, 2002, Tz. 430 ff.).

Der Umweltrat empfiehlt der Bundesregierung, das Verfehlen des 2005-Ziels offensiv als Problem zu thematisieren und es als Anstoß für eine Überprüfung und Verbesserung beziehungsweise Ergänzung des derzeitigen Maßnahmenbündels zu nutzen. Angesichts der klaren Bestätigung des 25-%-Ziels noch in der Nachhaltigkeitsstrategie vom April 2002 sollte das bislang parteiübergreifende Ziel nicht dethematisiert werden. Bei einem zielorientierten Ansatz kommt es nicht notwendigerweise auf eine punktgenaue Zielerfüllung an, wohl aber auf einen politisch ernsthaften Umgang mit Zielverfehlungen. Die Dethematisierung einer Zielverfehlung diskreditiert den zielorientierten Umweltpolitikansatz als solchen und damit auch die Glaubwürdigkeit anspruchsvoller Zielvorgaben für die Zukunft (vgl. Abschn. 13.2.2.2).

2.2 Fortentwicklung der deutschen Klimaschutzpolitik

23. Grundvoraussetzung für eine Weiterentwicklung der deutschen Klimapolitik ist die Einigung auf anspruchsvolle Zielvorgaben. Deshalb sind zeitnah angemessene Ziele für 2020 und 2050 mit ausreichender Orientierungswirkung – also möglichst hoher Verbindlichkeit – zu formulieren und ihre Gründe darzulegen (Abschn. 2.2.1 und 2.2.2).

Die Umsetzung solcher Klimaschutzvorgaben kann in effizienter Weise mit dem Instrument des Emissionshandels erreicht werden. Entscheidend für die Wirksamkeit einer anspruchsvollen THG-Minderungspolitik ist dabei jedoch, dass die Reduktionsvorgaben für die vom Emissionshandelssystem erfassten Sektoren hinreichend hoch angesetzt werden. Gleichzeitig müssen für die folgenden Verpflichtungsperioden strikte Vorgaben in Aussicht gestellt werden, wenn bereits in der ersten Periode eine Fehlorientierung bei den Investitionen vermieden werden soll. Dies ist insbesondere auch hinsichtlich der anstehenden Teilerneuerung des CO_2-intensiven Stromerzeugungssektors notwendig (Abschn. 2.2.3). Die Glaubwürdigkeit und Kalkulierbarkeit des damit eingeschlagenen Pfades sollte dadurch erhöht werden, dass weiter gehende ordnungsrechtliche Instrumente wie beispielsweise CO_2-Emissionsgrenzwerte als „second-best-Lösung" für den Fall vorgesehen werden, dass anspruchsvolle Ziele für die in das Emissionshandelssystem eingebundenen Sektoren nicht durchgesetzt werden können (Abschn. 2.2.4).

Solange das Emissionshandelssystem auf bestimmte Anlagentypen und -größen beschränkt bleibt, müssen die nicht unter das System fallenden Anlagen und Sektoren durch andere Klimaschutzinstrumente erfasst werden. Ein alle Sektoren übergreifendes Instrument stellt die Ökosteuer dar; hinzukommen Instrumente, die einzelne Energieanwendungen betreffen (Abschn. 2.2.4).

2.2.1 Langfristige Reduktionsziele

24. Die von 188 Staaten ratifizierte Klimarahmenkonvention der Vereinten Nationen (UNFCCC; UN, 1992) legt als Oberziel eine Stabilisierung atmosphärischer Treibhausgaskonzentrationen auf einem Niveau unterhalb eines gefährlichen menschlichen Eingriffes fest („... *at a level that would prevent dangerous anthropogenic interference with climate system.*" Artikel 2). Dieses Oberziel bedarf jedoch einer Konkretion, aus der Emissionsobergrenzen abgeleitet werden können (vgl. OTT et al., 2004).

Zwar ist es derzeit nicht möglich, eine Schwelle für die atmosphärische Konzentration an Treibhausgasen anzugeben, bei der die Vermeidung gefährlicher klimabedingter Umweltveränderungen sichergestellt werden kann. Allerdings ist es wissenschaftlich plausibel begründet, dass ab einer Erhöhung der globalen Durchschnittstemperatur von mehr als 2 °C gegenüber dem vorindustriellen Wert die Wahrscheinlichkeit gefährlicher Störungen stark zunimmt. Eine Temperaturerhöhung von mehr als 2 °C ist sowohl unter den Aspekten der Nahrungsmittelversorgung, der Biodiversität und der nachhaltigen wirtschaftlichen Entwicklung als auch der Wasserverfügbarkeit und der menschlichen Gesundheit unbedingt zu vermeiden (s. ausführlich WBGU, 2003a, Kap.l 2.1).

Die Einhaltung dieses „tolerablen Klimafensters" (WBGU, 1997) mit einer globalen Temperaturerhöhung um maximal 2 °C – von der 0,6 °C bislang schon erreicht sind – hängt zum einen von der Klimasensitivität und zum anderen von der Menge der weltweit emittierten Treibhausgase ab. Die Klimasensitivität beschreibt die Erhöhung der globalen Durchschnittstemperatur bei einer

Verdopplung der atmosphärischen Treibhausgaskonzentration. Sie stellt in den Modellierungen einen der größten Unsicherheitsfaktoren dar, da die Wechselwirkungen zwischen Atmosphäre, Ozean, Land, Eis und Biosphäre und der Netto-Einfluss von Aerosolen nicht hinreichend bekannt sind. Im Falle einer geringen Klimasensitivität im unteren Bereich der vom *Intergovernmental Panel on Climate Change* (IPCC) angegebenen Spanne von 1,5 bis 4,5 °C (IPCC, 2001a, Abschnitt 9.3.4.1) würde auch bei höheren atmosphärischen THG-Konzentrationen die tolerable Grenze nicht überschritten. Aus Vorsorgegründen sollte jedoch unbedingt dem Teil der Literatur stärkeres Gewicht gegeben werden, der von einer höheren Klimasensitivität ausgeht (vgl. WBGU, 2003a, S. 24 m. w. N.; KNUTTI et al., 2002). Dies macht weiter gehende Emissionsminderungen zur Eindämmung der globalen Erwärmung notwendig.

Nur mit einer solchen „Absicherungsstrategie" ist zu vermeiden, dass später unter Umständen Korrekturen zugunsten niedriger Konzentrationen vorgenommen werden müssen, die zu erheblichen politischen und ökonomischen Friktionen führen können (WBGU, 2003a; so auch schon SCHRÖDER et al., 2002, S. 177 f.). Daher sollte eine Stabilisierung der atmosphärischen CO_2-Konzentration auf einem Wert von 450 ppmv angestrebt werden (vgl. Szenarien in WBGU, 2003a; CRIQUI et al., 2003, S. 6 f.; IPCC, 2001a, Abschnitt 9.3.3.1; COENEN und GRUNWALD, 2003, S. 397). Dies liegt im unteren Bereich einer Spannbreite von 450 bis 560 ppmv, über die ein weitgehender Expertenkonsens besteht.

25. Eine derartige Stabilisierung der atmosphärischen CO_2-Konzentration erfordert eine drastische Senkung der weltweiten CO_2-Emissionen (vgl. IPCC, 2001b, Abschnitt 2.5.2.3; IPCC, 1997, S. 15; CRIQUI et al., 2003, S. 10, 19). Dies ist nach bisherigem Erkenntnisstand noch erreichbar (METZ et al., 2002; WBGU, 2003b; IPCC, 1997), bedarf jedoch einer baldigen Trendwende bei den globalen Emissionen. Allerdings schließt sich aufgrund vielfältiger klimapolitischer Versäumnisse der vergangenen Dekade und des damit verbundenen aktuellen Anstiegs der Emissionen in vielen Ländern allmählich das Zeitfenster, innerhalb dessen die zur Erreichung eines solchen Stabilisierungsniveaus notwendigen Maßnahmen erfolgen müssen.

Aus diesem Grund müssen zeitnah Reduktionsziele und Maßnahmen zur drastischen Minderung der CO_2-Emissionen getroffen werden. Es ist normativ gut begründbar, dass die Industrieländer gemäß ihrer besonderen Verpflichtung nach Artikel 3 der Klimarahmenkonvention (UNFCCC) die Hauptverantwortung dafür tragen, dass der weltweite Anstieg der atmosphärischen Treibhausgaskonzentrationen auf ein möglichst niedriges Niveau begrenzt wird. Diese Verantwortung ergibt sich nicht zuletzt aufgrund ihrer beträchtlichen historischen Emissionen und aufgrund der höheren Vulnerabilität der Entwicklungsländer, die zur Entstehung des Klimawandels kaum beigetragen haben, aber die Hauptbetroffenen sein dürften.

Sofern man diese Verantwortung und die Berechtigung der Entwicklungsländer zu einem zeitlich befristeten und moderaten Anstieg ihrer Emissionen anerkennt, ergibt sich für die Industrieländer die Notwendigkeit, bis 2050 ihre Emissionen in einer Größenordnung zu reduzieren, die im globalen Durchschnitt zu einem hinreichend niedrigen Stabilisierungsniveau beiträgt (vgl. ausführlich WBGU, 2003b; IPCC, 1997). Hieraus ergibt sich bei der angegebenen Temperaturobergrenze für hoch entwickelte Industrieländer wie Deutschland das Ziel einer Reduzierung der CO_2-Emissionen in einer Größenordnung von 80 % bis 2050 (vgl. WBGU, 2003a, S. 4; CRIQUI et al., 2003, S. 18; Enquete Kommission, 2002, S. 74 f.; Enquete-Kommission, 1995, S. 100 ff.). Unzweifelhaft ist dies eine gewaltige Herausforderung für die Steuerungs- und Innovationssysteme der Industrieländer und ihren Umgang mit Energie (SCHRÖDER et al., 2002, S. 451).

26. Der politische Prozess der Bildung langfristiger nationaler Klimaschutzziele steht erst am Anfang. Immerhin hat aber die britische Regierung 2003 – als Erste – ein solches Ziel für 2050 formuliert. Die Treibhausgase sollen insgesamt um 60 % (*„from current levels"*) reduziert werden. Dieser Zielvorgabe lag eine Empfehlung der *Royal Commission on Environmental Pollution* zugrunde, die unter Bezugnahme auf den EU-Umweltministerrat ein globales CO_2-Stabilisierungsziel von höchstens 550 ppmv unterstellt (RCEP, 2000, Kap. 4). Die errechneten Kosten werden im Übrigen als „sehr gering" angesehen und mit Einbußen der jährlichen Wachstums in Höhe von 0,01 bis 0,02 % des BIP angegeben (Department of Trade and Industry et al., 2003). Für Europa haben der britische und der schwedische Premierminister in ihrem Brief an die griechische Ratspräsidentschaft und den Kommissionspräsidenten vom Februar 2003 eine Reduktion der CO_2-Emissionen in der Größenordnung von 60 % bis zum Jahr 2050 vorgeschlagen (BLAIR und PERSSON, 2003).

Die britische Zielvorgabe und die für 2050 vorgeschlagene deutsche Zielvorgabe ergeben eine vertretbare Bandbreite für die Industrieländer insgesamt. Ein entsprechender Zielbildungsprozess in der EU und weltweit ist offensichtlich auf Vorreiterländer angewiesen. Aus den genannten Gründen sollte Deutschland seine Rolle darin sehen, auf ein anspruchsvolles Gesamtziel innerhalb dieser Bandbreite hinzuwirken, das zu einem hinreichend niedrigen Stabilisierungsniveau einen wesentlichen Beitrag leistet.

2.2.2 Rolle Deutschlands bei der Fortentwicklung der europäischen Klimapolitik

27. Der Umweltrat stellt kritisch fest, dass es bisher kein europäisches THG-Reduktionsziel für den Zeitraum nach 2012 gibt. Sowohl in der europäischen Nachhaltigkeitsstrategie (Schlussfolgerungen des Europäischen Rates in Göteborg am 15. und 16. Juni 2001; s. auch SRU, 2002, Tz. 242 ff.) als auch im 6. Umweltaktionsprogramm (Beschluss Nr. 1600/2002/EG in ABl. L 242/1 vom 10. September 2002) fehlt ein konkretes Minderungsziel für Treibhausgase für die Folgeperiode, obwohl Klimaschutz einen der vier zentralen Schwerpunktbereiche des Programms bildet. Immerhin wird anerkannt, dass es „auf längere Sicht notwendig sein" wird, „die Emissionen von Treibhausgasen gegenüber 1990 global um 70 % zu senken" (Art. 2). Zeitlich determinierte Vorgaben fehlen jedoch. So ist auch der Kommissionsvorschlag für die Europäische Nachhaltigkeitsstrategie (EU-Kommission, 2001b) einer jährlichen CO_2-Verringerung um 1 % bis 2020 (ausgehend von den Werten des Jahres 1990) bisher nicht bestätigt worden.

Gründe für die Zurückhaltung bei der Formulierung eines konkreten Ziels für die Zeit nach 2012 sind die Ungewissheiten der Ratifizierung des Kioto-Protokolls, die voraussichtlichen Zusatzkosten der Zielerreichung und eine Verhandlungsstrategie, die versucht, auch Nichtunterzeichnerstaaten des Kioto-Protokolls zu einem Reduktionsbeitrag zu bewegen. Eine europäische Vorleistung wird dabei als kontraproduktiv wahrgenommen, da sie eher zum Trittbrettfahrerverhalten einlädt. Eine ähnliche verhandlungsstrategische Logik wird auch in der Bundesregierung vertreten. Dieser Logik zufolge muss zunächst eine globale Einigung auf Ziele erfolgen, dann muss der europäische und schließlich der nationale Beitrag festgelegt werden. In der Theorie internationaler Verhandlungen wird dies als *first mover dilemma* charakterisiert: der Akteur, der zuerst seine Präferenzen äußert, droht von den anderen Verhandlungsteilnehmern ausgebeutet zu werden (vgl. GEHRING, 1994, S. 229). In letzter Konsequenz erreichen die Akteure mit dieser Strategie eine globale Harmonisierung auf niedrigem Niveau, wenn es überhaupt zu einer Einigung kommt.

Das wettbewerbliche Modell internationaler Umweltpolitik geht hingegen von der Dynamisierung der Umweltpolitik durch kalkulierte Vorreiterrollen aus (vgl. SRU, 2002). Vorreiterländer setzen auf die internationale Diffusion ihrer umweltpolitischen Innovationen (vgl. JÖRGENS, 2004; JÄNICKE et al., 2002). Hierdurch kann unter bestimmten Bedingungen auch ein *„first mover advantage"* entstehen (vgl. SRU, 2002). Es war bisher der Vorreiterrolle einiger weniger europäischer Staaten – darunter Deutschland – zu verdanken, dass die EU in den internationalen Klimaschutzverhandlungen als Motor fungieren konnte (s. zur Vorreiterrolle allgemein auch SRU, 2002). Auch die Rolle der EU – und Deutschlands – bei der Etablierung einer Allianz für erneuerbare Energien hat die Vorzüge einer Vorreiterrolle gegenüber einer Harmonisierung auf niedrigem Niveau eindrucksvoll demonstriert.

Es ist daher nach Ansicht des Umweltrates nicht zielführend, deutsche Reduktionsziele an das Vorliegen europaweiter Vorgaben zu binden. Die in der Koalitionsvereinbarung vorgenommene Kopplung des nationalen 40-%-Reduktionsziels bis 2020 an ein EU-weites 30-%-Ziel für den gleichen Zeitraum verfolgt zwar die berechtigten Anliegen, Druck auf der europäischen Ebene auszuüben, Trittbrettfahrerverhalten einzelner EU-Staaten auf Kosten der Vorreiterländer zu verhindern und eine Entkopplung der nationalen von den internationalen Klimaschutzanstrengungen zu vermeiden. Gleichzeitig aber stellt ein starres Junktim eine unnötige Einschränkung der bisherigen deutschen Vorreiterrolle dar und fördert angesichts der Schwierigkeiten einer europäischen Zielfindung auf hohem Niveau eher ein Nachlassen entsprechender Anstrengungen.

Der Umweltrat empfiehlt daher, weiterhin auf das Gleitzug- und Vorreiterländermodell zu setzen, anstatt auf eine Strategie globaler Harmonisierung zu warten und damit wesentliche Innovationschancen zu verpassen.

2.2.3 Optionen für eine klimaverträgliche Stromerzeugung

28. Wie dargestellt weist der Stromsektor nach deutlichen Verbesserungen seit 1999 durch eine (Wieder-) Zunahme vor allem der Braunkohleverstromung einen Wiederanstieg der CO_2-Emissionen auf. Dies hat die Erfolgsbilanz 2003 von insgesamt – 18,5 auf – 16,6 % (temperaturbereinigt) reduziert. Mit der anstehenden Teilerneuerung des deutschen Kraftwerksparks stellt sich die Frage der Kohleverstromung daher besonders dringlich. Bis zum Jahr 2020 werden infolge der Altersstruktur des deutschen Kraftwerksparks und des beschlossenen Ausstiegs aus der Nutzung der Kernenergie bis zur Hälfte der derzeit installierten Kraftwerkskapazitäten stillgelegt werden. Der Neubau von Kraftwerkskapazitäten bietet für die Bundesrepublik die beachtliche Chance einer kostenoptimalen klimaverträglichen Umgestaltung des Sektors mit den relativ höchsten CO_2-Emissionen (2001: 43,5 % der CO_2-Emissionen, davon mehr als 86 % allein durch Kraftwerke; vgl. Tz. 20 f.). Der deutschen Stromwirtschaft bietet sich die Möglichkeit, mit frühzeitigen Investitionen in eine CO_2-arme Energieversorgung ihre im europäischen Vergleich hohen CO_2-Einsparpotenziale auszuschöpfen und so voraussichtlich auf längere Zeit zu den Verkäufern von Emissionsrechten zu gehören (vgl. LANDGREBE et al., 2003; CAPROS und MANTZOS, 2000, S. 4, 11). Die Alternative wäre eine langfristige Festlegung auf CO_2-intensive Techniken, die das 40-%-Ziel für 2020 und ein 80-%-Ziel für 2050 unerreichbar machen würde. Ungeachtet der Notwendigkeit erheblicher Emissionsreduktionen auch in anderen Sektoren sieht der Umweltrat daher die Thematisierung der künftigen Emissionsstruktur des Stromversorgungsbereichs als besonders vordringlich an.

Die zukünftige Energieversorgung wird unter dem Regime eines strikten Emissionshandels mit anspruchsvollen Zielen dadurch gekennzeichnet sein, dass Investitionen in die günstigsten klimaverträglichsten Energieerzeugungstechnologien gelenkt werden. Zur künftigen Entwicklung des Stromsektors unter Klimaaspekten sind belastbare quantitative Angaben daher nicht möglich. Im Folgenden soll aber geprüft werden, inwieweit bestehende Regelungen einer klimaverträglichen Entwicklung entgegenstehen oder sie fördern.

2.2.3.1 Zeitfenster

29. Im Jahr 2003 wurde in Deutschland eine Bruttostrommenge von 596 Mrd. kWh erzeugt. Daran hatten in der Grundlast betriebene Braunkohle- beziehungsweise Kernkraftwerke einen Anteil von 26,6 beziehungsweise 27,6 % und steinkohlegefeuerte Mittellastkraftwerke einen Anteil von 24,5 %. Der Anteil der erdgasbetriebenen Kraftwerke war mit 9,6 % und der erneuerbaren Energien mit unter 8 % vergleichsweise gering (WITTKE und ZIESING, 2004). Die Zusammensetzung des deutschen Kraftwerksparks stellte sich im Jahr 2003 wie folgt dar:

An der installierten Stromerzeugungskapazität von 106,4 GW der Kraftwerke der allgemeinen und industriellen Versorgung hatten kohlebetriebene Anlagen mit 42,5 % den größten Anteil, der Anteil von Kernkraftwerken betrug 20,4 % und der von Erdgaskraftwerken 11,7 % (UBA, 2003b, verändert).

In den kommenden Jahren werden jedoch erhebliche Kraftwerksleistungen vom Netz gehen. So werden nach Berechnungen des Umweltbundesamtes zwischen 2003 und 2020 Kernkraftwerkskapazitäten in der Größenordnung von 17,5 GW infolge des vereinbarten Atomausstiegs stillgelegt werden. Im gleichen Zeitraum werden aus Altersgründen braunkohlegefeuerte Kraftwerke mit einer Kapazität in der Größenordnung von 8,2 GW und steinkohlegefeuerte Kraftwerke mit einer Kapazität von etwa 12,7 GW sowie Ölkraftwerke (minus 1,5 GW) und gasgefeuerte Anlagen (minus 5,6 GW) außer Betrieb genommen (UBA, 2003b). Die Anfang der 90er-Jahre im Osten Deutschlands modernisierten Braunkohlekraftwerke werden bis voraussichtlich 2020/2030, die im Rheinischen Revier neu errichteten Blöcke auch darüber hinaus in Betrieb bleiben. Die Gesamtleistung der zwischen 2003 und 2020 voraussichtlich vom Netz gehenden Kraftwerkskapazität der allgemeinen und industriellen Versorgung sowie der Deutschen Bahn wird vom Umweltbundesamt inklusive Kernenergie auf etwa 46,8 GW geschätzt (Abb. 2-4). Hinzu kommt ein Abgang der Windenergiekapazität in der Größenordnung von 6,1 GW bei einer angenommenen Laufzeit von 20 Jahren (Deutsches Windenergie-Institut GmbH und Institut für Solare Energieversorgungstechnik, pers. Mitteilungen). Dies liegt innerhalb der Spannbreite eines prognostizierten Abgangs an Kraftwerkskapazitäten zwischen 40 und 70 GW bis 2020, die in verschiedenen Studien errechnet werden (vgl. z. B. PFAFFENBERGER und HILLE, 2004; HORN und ZIESING, 2003; MATTHES, 2003; MATTHES und ZIESING, 2003a; Enquete Kommission, 2002, S. 236; Forum für Zukunftsenergien, 2002). Diese Spannbreite ergibt sich aus uneinheitlichen Bezugsjahren und abweichenden Annahmen bezüglich der Laufzeit sowie zum Teil aus Beschränkungen auf Kraftwerke der allgemeinen Versorgung beziehungsweise auf Wärmekraftwerke.

30. Infolge des altersbedingten Rückgangs der installierten Kraftwerkskapazität und des Atomausstiegs ergibt sich in Deutschland ein erheblicher Ersatzbedarf an Kraftwerken. Dieser Bedarf an Neubauten ist stark abhängig von der Nachfrage nach elektrischer Energie in den kommenden Jahren, den Volllaststunden der Kraftwerksneubauten und möglicher Laufzeitverlängerungen bestehender Kraftwerke. Unter der Annahme einer installierten Brutto-Kraftwerksleistung zwischen 115 und 125 GW ist bis zum Jahr 2020 nach verschiedenen Szenarien ein Ersatz an Kraftwerkskapazitäten in der Größenordnung von 40 bis 70 GW wahrscheinlich (vgl. PFAFFENBERGER und HILLE, 2004; HORN und ZIESING, 2003; LANDGREBE et al., 2003, S. 9 ff.; Forum für Zukunftsenergien, 2002; Enquete-Kommission, 2002, S. 236, 368 f.). Bis zum Jahr 2030 müsste eine Leistung von mindestens 50 bis 80 GW an Kraftwerken der allgemeinen Versorgung mit einem geschätzten Investitionsvolumen von 50 bis 60 Mrd. Euro ersetzt werden (vgl. MATTHES und ZIESING, 2003a; MATTHES, 2003).

Mit dem in den kommenden Jahren zu erwartenden Abgang an Kraftwerksleistung und den somit anstehenden Neuinvestitionen bietet sich die Chance, den Stromerzeugungssektor mit seinen hohen CO_2-Emissionen klimaver-

Abbildung 2-4

Prognose der Entwicklung der im Jahr 2003 installierten Kraftwerksleistung bis 2020 ohne Berücksichtigung von Neubauten

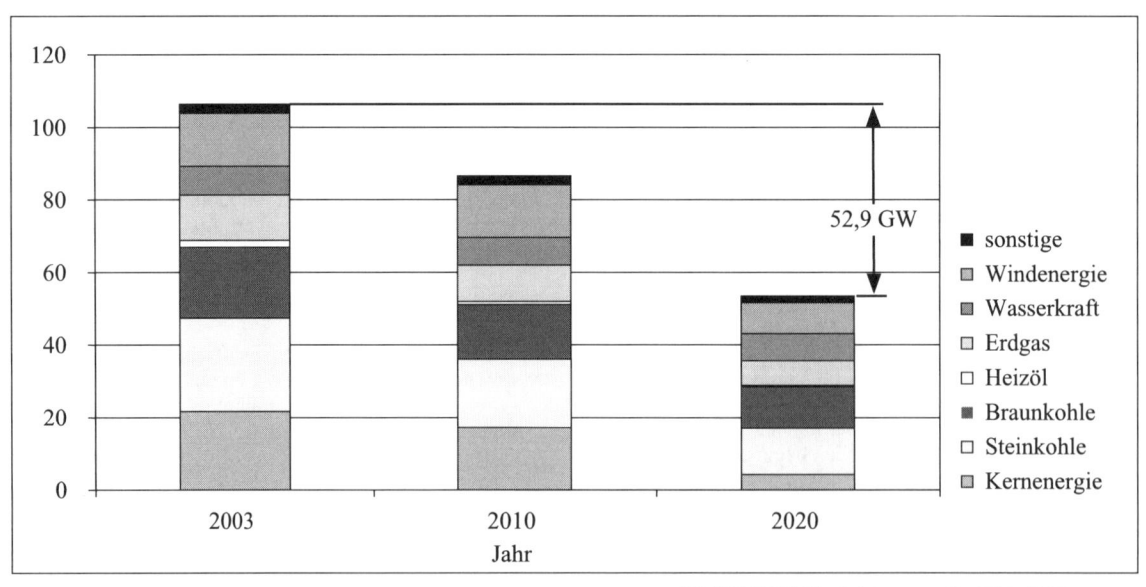

SRU/UG 2004/Abb. 2-4; Datenquelle: UBA, 2003b, ergänzt

träglich umzugestalten, ohne dass bestehende Kraftwerke vor Ablauf ihrer Lebensdauer vom Netz genommen werden müssten und somit Kapitalinvestitionen entwertet würden. Technisch bieten sich mehrere Optionen für eine klimaverträgliche Teilerneuerung des Kraftwerksparks an. Diese sollen hier im Lichte vorliegender Szenarien und Potenzialabschätzungen hinsichtlich ihrer Vereinbarkeit mit den genannten Klimaschutzvorgaben, insbesondere dem 80-%-Ziel für 2050, und hinsichtlich der Kosten untersucht werden.

2.2.3.2 Technische Möglichkeiten

31. Die anspruchsvollen deutschen CO_2-Reduktionsziele erfordern umfassende Strukturveränderungen im System der Stromversorgung. Die spezifischen CO_2-Emissionen des Kraftwerkssektors von heute rund 620 g CO_2/kWh würden unter der Annahme eines 80-%-Reduktionsziels auch weiterhin deutlich gesenkt werden müssen. Einige Nachhaltigkeitsszenarien errechnen spezifische CO_2-Emissionen des Kraftwerkssektors im Jahr 2050 in der Größenordnung von etwa einem Fünftel des heutigen Wertes (FISCHEDICK et al., 2002, S. 196; NITSCH et al., 2001, S. 23). Dies wird jedoch in hohem Maße davon abhängen, welche Minderungsverpflichtungen der Stromsektor erhält, wie stark die Reduzierung im eigenen Sektor ausfällt (oder beispielsweise über flexible Mechanismen in andere Sektoren beziehungsweise Länder ausgelagert werden kann) und wie sich die Stromnachfrage entwickelt. Für eine klimaverträgliche Erneuerung des Kraftwerksparks sollten die folgenden drei Optionen bezüglich ihres CO_2-Minderungspotenzials geprüft werden (Abb. 2-5):

– Wirkungsgradverbesserungen unter Beibehaltung eines hohen Kohlestromanteils,

– Abscheidung und Lagerung von CO_2,

– Energieträgerwechsel von CO_2-intensiven zu CO_2-armen Energieträgern.

Zusätzlich zu diesen angebotsseitigen Optionen sind in allen Fällen auch nachfrageseitige Anpassungen notwendig, die im Abschnitt 2.2.3.2.4 dargestellt werden.

Abbildung 2-5

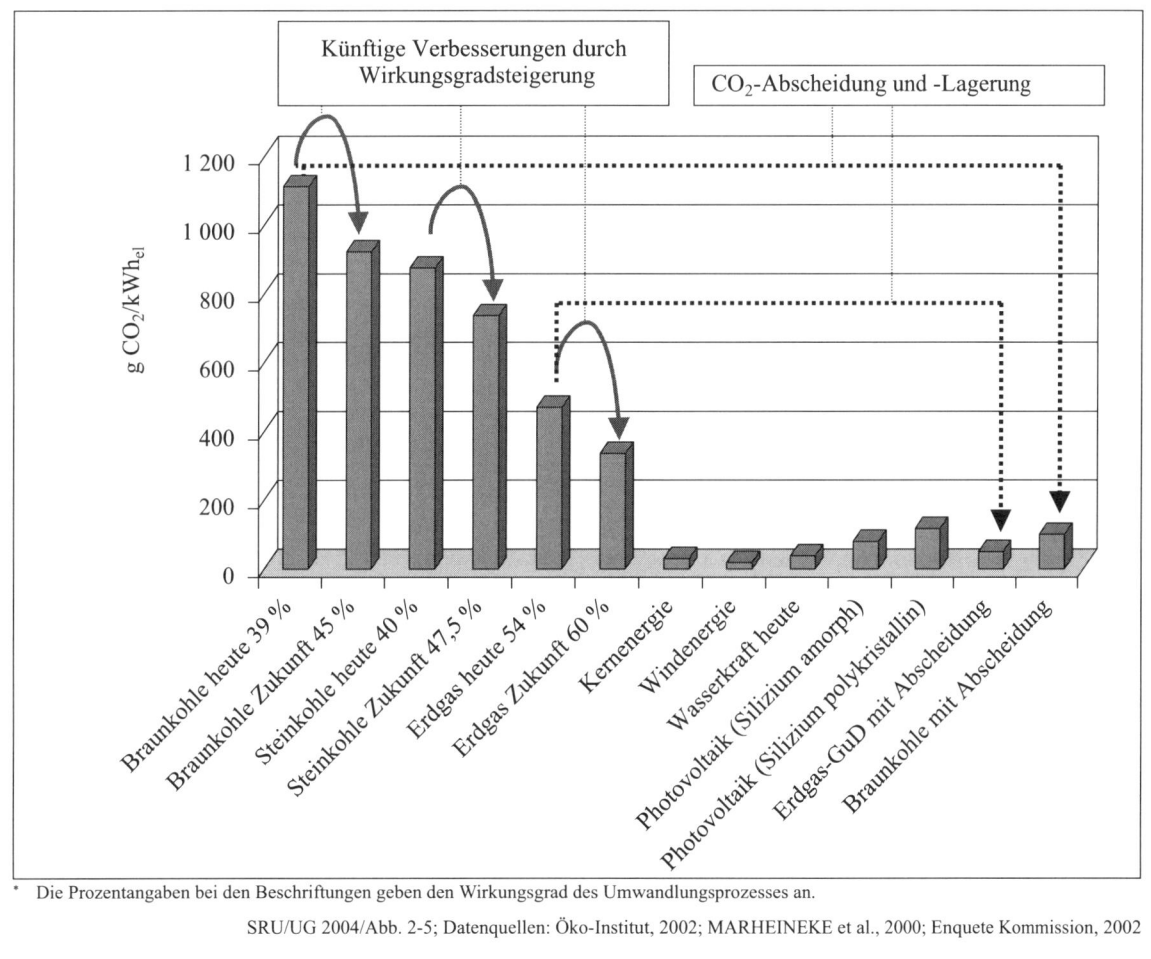

Spezifische CO_2-Emissionen der Stromerzeugung*

* Die Prozentangaben bei den Beschriftungen geben den Wirkungsgrad des Umwandlungsprozesses an.

SRU/UG 2004/Abb. 2-5; Datenquellen: Öko-Institut, 2002; MARHEINEKE et al., 2000; Enquete Kommission, 2002

2.2.3.2.1 Die Wirkungsgradoption

32. Neu errichtete Steinkohlekraftwerke können heute Wirkungsgrade bis zu 47 % erreichen (Eurelectric/VGB, 2003, S. 8). Das im Sommer in Niederaußem in Betrieb genommene Braunkohlekraftwerk mit optimierter Anlagentechnik kommt auf über 43 % Wirkungsgrad (LAMBERTZ, 2003). Durch Weiterentwicklungen wird – bereits seit langer Zeit – eine weitere Erhöhung der Wirkungsgrade auf 55 % erhofft (COORETEC, 2003, S. 6 ff.; vgl. zu technischen Details BMWi, 1999). Bislang ist noch nicht zu erkennen, ob sich die Technologie von weiterentwickelten Dampfturbinenkraftwerken mit superkritischen Dampfzuständen („700°C-Kraftwerk") oder das Konzept des GuD-Kombiprozesses mit integrierter Kohlevergasung (IGCC) durchsetzen werden. Erstere bietet für Investoren – zumindest innerhalb der nächsten Jahre – eine höhere Planungssicherheit als Kohlekraftwerke mit integrierter Vergasung, da es sich um die Weiterentwicklung einer bekannten Technologie handelt. Vorteile des IGCC-Konzepts sind höhere Wirkungsgrade und die bessere Eignung zur CO_2-Sequestrierung (COORETEC, 2003; IEA, 2001a). Insgesamt können durch den Ersatz alter Kohlekraftwerke durch hocheffiziente Kohlekraftwerksneubauten die spezifischen CO_2-Emissionen um nicht mehr als etwa 30 % (beziehungsweise maximal 36 % für alle Treibhausgase) gesenkt werden (COORETEC, 2003, S. 8; LANDGREBE et al., 2003).

Weitere Einsparpotenziale sind im Bereich der gekoppelten Erzeugung von Elektrizität und Wärme zu erschließen. Gegenüber elektrischen Wirkungsgraden von bis zu 45 % in modernen Kohlekraftwerken und 58 % bei gasbetriebenen GuD-Anlagen sind bei gekoppelter Erzeugung von Strom und Wärme *Gesamtwirkungsgrade* von 70 bis über 90 % möglich. Die Potenziale für den Ausbau von Kraft-Wärme-Kopplungsanlagen werden vor allem durch die verfügbaren Wärmesenken und die damit verbundenen strukturellen Standortentscheidungen determiniert. Theoretisch könnte unter Nutzung des Wärmebedarfs im Bereich der Fernwärme und der industriellen Wärme die Kraft-Wärme-Kopplung (KWK) bis zu einem Anteil von 50 bis 70 % des heutigen Strombedarfs ausgebaut werden (Enquete Kommission, 2002). Auf jeden Fall erscheint auch im Hinblick auf die KWK-Nutzung in anderen europäischen Ländern eine Vervielfachung des derzeitigen Anteils von rund 10 % machbar (SRU, 2002, Tz. 489).

33. Insgesamt reichen die durch eine Modernisierung von Kohlekraftwerken erschließbaren CO_2-Minderungen alleine nicht aus, um einen proportionalen Beitrag des Stromsektors zu einem Minderungsziel von 40 % bis 2020 und insbesondere zu einem 80-%-CO_2-Reduktionsziel bis 2050 zu erreichen. Schon für das Etappenziel einer 40-%-Reduktion müsste die Kohlestromkapazität in Deutschland sinken (LANDGREBE et al., 2003; auch: MATTHES und ZIESING, 2003a; GÜNTHER et al., 2003). Unter der Vorgabe eines 80-%-Ziels bis 2050 wäre von einem weiteren erheblichen Rückgang des Kohlestromanteils auszugehen, sofern die CO_2-Abscheidung keine breit anwendbare Option wird. So ergeben die im Auftrag der Enquete-Kommission „Nachhaltige Energieversorgung unter den Bedingungen der Globalisierung und der Liberalisierung" berechneten Nachhaltigkeitsszenarien für Deutschland, dass unter der Annahme einer 80-%-Reduktion der THG-Emissionen bis 2050 nur noch ein niedriger Sockel an Kohlekraftwerken erhalten bleiben kann (maximal 7,5 GW; Enquete Kommission, 2002). Das für das Umweltbundesamt entworfene Nachhaltigkeitsszenario sieht eine vergleichbare Reduktion des Anteils an Kohlekraftwerken auf rund 5 GW überwiegend in KWK betriebenen Anlagen bis 2050 vor (LANDGREBE et al., 2003, S. 31; FISCHEDICK et al., 2002).

Eine solche Entwicklung ginge mit dem Abbau von aus Altersgründen ohnehin außer Betrieb gehenden Kapazitäten einher (Tz. 29), sodass dies keine Entwertung geleisteter Investitionen bedeuten würde. Dagegen bestünde bei in den kommenden Jahren neu in Betrieb genommenen kohlebetriebenen Anlagen die Gefahr, dass sie unter fortlaufend strikter werdenden CO_2-Zielvorgaben unrentabel würden. Bereits mit der Einführung des Emissionshandels zum 1. Januar 2005 (Abschn. 2.2.4) ist von einer Verschlechterung der Wettbewerbsposition des Kohlestroms gegenüber Strom aus erdgasbetriebenen Kraftwerken auszugehen, die mit strikter werdenden zukünftigen Zielvorgaben und somit steigenden Zertifikatspreisen zunehmen wird (Abb. 2-7).

Nach Auffassung des Umweltrates bedeutet der mögliche Pfad einer deutlichen Reduktion der deutschen Kohleverstromung jedoch nicht das Ende der weiteren deutschen Technologieentwicklung bei der Kohleverstromung. Die Entwicklung, Erprobung und Demonstration effizienterer Kohlekraftwerke und von verbesserten Verfahren der CO_2-Abscheidung wird vom Umweltrat befürwortet. Sie sind aber kein Argument für einen hohen Anteil an Kohlekraftwerken.

2.2.3.2.2 Abscheidung und Lagerung von CO_2

34. Eine Möglichkeit, hohe Klimaschutzanforderungen und die Verbrennung fossiler Energieträger miteinander zu vereinbaren, könnte grundsätzlich die Abscheidung und Lagerung von CO_2 bieten. Diese Technologie soll ein Schlüsselelement des US-amerikanischen Klimaschutzes sein. Derzeit werden vor allem in den USA, Kanada, Australien und in der EU Forschungen auf diesem Gebiet durchgeführt (vgl. Übersicht in SOLSBERY et al., 2003; DOE, 2003; IEA, 2002a, EU-Kommission, 2003c; Department of Trade and Industry, 2002).

Mittels der Abscheidung kann der CO_2-Ausstoß eines Kraftwerks um 80 % (Enquete Kommission, 2002, Tab. 4-59) bis 90 % (COORETEC, 2003) reduziert werden. Allerdings führt dies zu Wirkungsgradverlusten des Gesamtsystems zwischen 8 und 13 % (Enquete Kommission, 2002; vgl. WBGU, 2003a, S. 92). Diese Verluste sind am höchsten bei der CO_2-Abscheidung aus konventionellen Kohlekraftwerken, da dort das Rauchgas nur geringe CO_2-Konzentrationen von etwa 14 % enthält und somit große Volumina behandelt werden müssen. In künftigen Kohlekraftwerken mit integrierter Vergasung (IGCC-Kraftwerken), in denen die Kohle vor der Verbrennung durch die Zufuhr von Sauerstoff oder Luft und Wasserdampf zu Kohlenmonoxid, CO_2 und Wasserstoff (so genanntes Synthesegas H_2+CO_2+CO) vergast und dann gereinigt wird, wird das CO_2 vor der Verbrennung vom Brenngas separiert. Aufgrund des vergleichsweise hohen CO_2-Gehalts von 35 bis 40 % (IEA, 2001a, S. 11) lässt sich das CO_2 mit geringeren Wirkungsgradverlusten abscheiden. Damit stellt die Kombination aus Abscheidung und Kohlevergasung die überlegene technische Möglichkeit dar (COORETEC, 2003, S. 9).

35. Während es technisch möglich ist, den größten Teil des CO_2 aus dem Rauch- beziehungsweise Brenngas zu entfernen, ergeben sich Schwierigkeiten bei der Entwicklung *preisgünstiger* Abscheideverfahren für große Kapazitäten und vor allem bei der Lagerung (s. auch RNE, 2003, S. 12). Da das abgeschiedene CO_2 nur zu einem geringen Anteil verwertet werden kann (CORETEC, 2003, S. 10), muss es größtenteils deponiert werden. Dabei muss sichergestellt sein, dass auch langfristig kein CO_2 aus den Lagerstätten austritt. Der plötzliche Austritt von großen Mengen CO_2 hätte nicht nur für das Klima negative Folgen sondern wäre auch für tierisches und menschliches Leben gefährlich, da CO_2 bei großen Mengen den Sauerstoff verdrängen kann (HERZOG et al., 2000). Da CO_2 unter hohem Druck gespeichert werden soll um möglichst hohe Speicherdichten zu erzielen (ICCEPT, 2002), müssen Lagerstätten auch unter Druckerhöhung langzeitig dicht bleiben. Als relativ sicher und technisch einfach realisierbar erscheint die Lagerung in Öl- und Gaslagerstätten, deren Potenzial aber begrenzt ist. Dagegen ist es sowohl technisch als auch vor allem unter dem Aspekt der langfristigen Lagerungssicherheit nicht geklärt, wie viel CO_2 in Kohleflözen und in tiefen salinen Aquiferen eingelagert werden kann, die beide ein hohes Volumenpotenzial aufweisen könnten. Die CO_2-Lagerung im Ozean wird wegen hoher ökologischer Risiken derzeit als problematisch angesehen.

Aufgrund der Unsicherheiten über die Lagermöglichkeiten in Kohleflözen und salinen Aquiferen sind keine verlässlichen Aussagen über die Speicherkapazitäten möglich. Die Enquete-Kommission berücksichtigt in ihrer Schätzung nur die relativ gesicherten Speicherkapazitäten in Deutschland (Öl- und Gasfelder, Kohleflöze bis 1500 m Tiefe) und kommt so auf eine recht niedrige Speicherkapazität von etwa 4 Mrd. t CO_2 (Enquete-Kommission, 2002), die innerhalb der Spannbreite von 3 Mrd. t bis 10 Mrd. t CO_2 anderer Schätzungen (MAY et al., 2002) liegt. Weltweit und europaweit ist von deutlich höheren Lagerkapazitäten auszugehen (Enquete-Kommission für Europa 100 Gt CO_2; IEA weltweit: mindestens 1 300 bis 11 000 Gt CO_2). Allerdings sind trotz größerer europäischer Lagermöglichkeiten für Deutschland vorerst nur die niederländischen Kapazitäten wegen der geringeren Entfernung interessant. Ansonsten würden sich erhebliche Transportkosten ergeben. Die Enquete-Kommission schätzt als Folge der begrenzten Kapazitäten den potenziellen Minderungsbeitrag durch CO_2-Abscheidung und -Lagerung vorerst auf maximal 10 % der Emissionen von 1990 (Enquete-Kommission, 2002, S. 258).

36. Die Kosten des beschriebenen Verfahrens werden vor allem vom technischen Prozess der Abscheidung selbst determiniert, für den Kosten von etwa 18 bis 60 Euro/t CO_2 geschätzt werden. Dabei liegen die Kosten der Abscheidung aus dem Rauchgas konventioneller Kraftwerke deutlich über denen der Abscheidung aus dem Brenngas von IGCC-Kraftwerken (Enquete-Kommission, 2002, S. 253; IEA, 1998, Tab. 2, 4). Hinzu kommen die Kosten für den Transport in der Größenordnung zwischen 10 und 25 Euro/t CO_2 sowie Lagerkosten. Insgesamt werden in Deutschland Kosten für Abscheidung, Transport und Lagerung von CO_2 zwischen einer Untergrenze von 30 Euro und einer Obergrenze von 70 bis 100 Euro/t CO_2 erwartet (COORETEC, 2003; Enquete-Kommission, 2002; vgl. auch ICCEPT, 2002, S. 59), was bei Braunkohlekraftwerken zusätzlichen Stromgestehungskosten von rund 3 bis 10 ct/kWh entspräche. Zwar sind bei einer Weiterentwicklung dieser Technik noch Kostensenkungen zu erwarten. Dennoch könnten die Kosten der Sequestrierung deren Wirtschaftlichkeit im Vergleich mit anderen Vermeidungsoptionen infrage stellen. Zu dieser Einschränkung der Abscheidungsoption kommt hinzu, dass auch ihre Befürworter sie erst nach 2020 für realisierbar halten. Für den jetzt anstehenden Ausbau des Kraftwerksparks kommt diese Technik damit zu spät (PFAFFENBERGER und HILLE, 2004; Forum für Zukunftsenergien, 2002, S. 102).

2.2.3.2.3 Energieträgerwechsel

Erdgas

37. Durch einen Wechsel der Primärenergieträger können erhebliche Mengen des CO_2-Ausstoßes des Stromsektors eingespart werden. Langfristig verspricht der Wechsel auf erneuerbare Energien die größten CO_2-Einsparungen. Angesichts der derzeitigen Kostensituation ist es jedoch wahrscheinlicher, dass der Anteil von Erdgas als Energieträger für die Stromversorgung wenigstens für eine Übergangszeit deutlich steigen wird. Erdgas besitzt im Vergleich zur Kohle deutlich geringere brennstoffspezifische CO_2-Emissionen (Abb. 2-6). Bei der Umstellung von kohle- auf erdgasbefeuerte Kraftwerke verringern sich die brennstoffspezifischen THG-Emissionen um rund 40 %. Bei Berücksichtigung der höheren Wirkungsgrade gasbetriebener GuD-Kraftwerke liegt die Reduzierung mit etwa 60 % weniger CO_2-Emissionen im Vergleich zu Kohlekraftwerken noch deutlich höher (RNE, 2003, S. 12; PRUSCHEK, 2002, S. 235 ff.).

Selbst unter Berücksichtigung von Förder- und Transportverlusten gerade bei Importen aus Russland ist die CO_2-Bilanz des Erdgases besser als die der Kohle (Abb. 2-6; auch LECHTENBÖHMER et al., 2003). Darüber hinaus ist zu erwarten, dass sich die Förder- und Transportbedingungen gerade russischer Gasexporte verbessern werden, wozu auch Projekte nach dem Joint Implementation-Mechanismus des Kioto-Protokolls beitragen könnten (PROGNOS AG, 2002, S. 55; MATTHES, 2003, S. 12). Pläne der russischen Regierung, den Anteil des exportierten Erdgases zulasten des heimischen Verbrauchs zu steigern und stattdessen vermehrt Kohle- und Atomstrom einzusetzen, sind klima- und umweltpolitisch problematisch (BFAI, 2002; IEA, 2002b). Ob diese Pläne tatsächlich realisierbar sind, kann aber in Anbetracht des dafür notwendigen Investitionsvolumens einerseits und der den heimischen Erdgasabsatz fördernden derzeitigen Preisstruktur in Russland andererseits bezweifelt werden (ENGERER, 2003; vgl. auch GÖTZ, 2002). Insgesamt erscheint unter Klimaschutzaspekten eine deutliche Steigerung der Erdgasverstromung als eine ökologisch sinnvolle Option (Abb. 2-6; Enquete-Kommission, 2002, S. 372 f.; FISCHEDICK et al., 2002, S. 193 ff.).

Abbildung 2-6

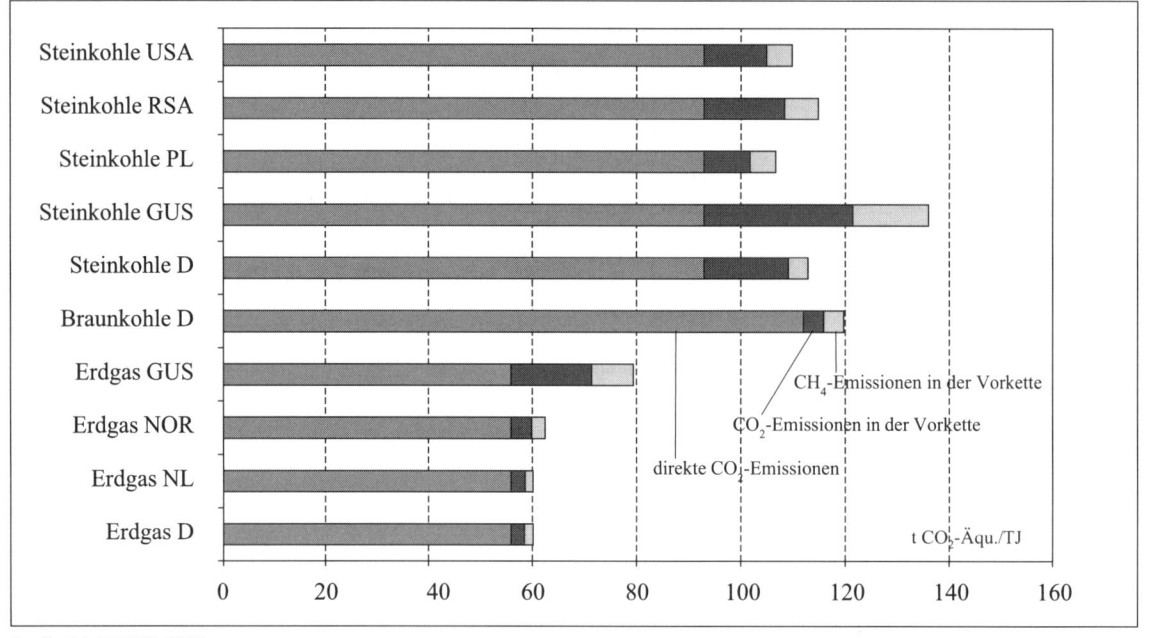

Treibhausgasemissionen von Erdgas und Kohle verschiedener Förderländer

Energieträger	t CO$_2$-Äqu./TJ
Steinkohle USA	~108
Steinkohle RSA	~115
Steinkohle PL	~105
Steinkohle GUS	~135
Steinkohle D	~112
Braunkohle D	~120
Erdgas GUS	~80
Erdgas NOR	~62
Erdgas NL	~60
Erdgas D	~60

Legende: CH$_4$-Emissionen in der Vorkette; CO$_2$-Emissionen in der Vorkette; direkte CO$_2$-Emissionen

Quelle: MATTHES, 2003

38. Auch unter ökonomischen Aspekten ist ein Energieträgerwechsel wahrscheinlich. Unter einem 40-%-Ziel ist infolge des Emissionshandels davon auszugehen, dass die Verstromung kohlenstoffarmer Energieträger, insbesondere von Gas, relativ zur Kohle rentabler wird. Modellrechnungen für im Jahr 2015 in Betrieb genommene Kraftwerke zeigen, dass bei Zertifikatspreisen von rund 20 Euro/t CO$_2$ neu errichtete erdgasbetriebene GuD-Kraftwerke auch im Grundlastbetrieb Strom zu geringeren Kosten erzeugen könnten als Stein- und Braunkohlekraftwerke (Abb. 2-7; MATTHES und ZIESING, 2003b, S. 10; vgl. auch REINAUD, 2003). Eine Studie von McKINSEY kommt zu dem Ergebnis, dass in Europa ab einem Zertifikatspreis von 25 Euro/t CO$_2$ der Neubau hoch effizienter gasbetriebener GuD-Kraftwerke kostengünstiger als der Weiterbetrieb älterer Kohlekraftwerke sein würde. Unter diesen Bedingungen würde in Europa zwischen 2005 und 2012 ein Drittel der Stromerzeugung aus Kraftwerken mit hohen CO$_2$-Emissionen vom Grund in den Spitzenlastbereich verschoben und ein weiteres Drittel durch Gaskraftwerke ersetzt werden. Damit wäre für die EU der Wechsel von kohle- auf gasgefeuerte Kraftwerke die kostengünstigste Möglichkeit zur Erreichung ihrer Reduktionsziele (LEYVA und LEKANDER, 2003).

Erneuerbare Energien

39. Die Nutzung erneuerbarer Energiequellen anstelle der Verbrennung fossiler Energieträger ist unzweifelhaft die klimaverträglichste Stromerzeugungsform. Für das technische Potenzial der Nutzung erneuerbarer Energiequellen zur Stromerzeugung in Deutschland werden als Untergrenze 450 TWh/a angegeben (NITSCH et al., 2001), was dem deutschen Bruttostromverbrauch des Jahres 2003 (588 TWh) nahe kommt. Das größte Stromerzeugungspotenzial besitzen die Windenergienutzung und die photovoltaische Sonnenenergienutzung. Die Nutzung der Geothermie zur Stromerzeugung ist aufgrund der permanenten Verfügbarkeit der Energie eine vielversprechende Energietechnologie mit hohem Potenzial, die sich allerdings erst in einem frühen Entwicklungs- und Einsatzstadium befindet (PASCHEN et al., 2003).

Der Nutzung erneuerbarer Energien stehen derzeit vor allem noch ihre höheren Kosten entgegen (Tz. 41). Im Jahr 2003 wurde das Potenzial regenerativer Stromerzeugung mit rund 44 TWh nur zu 8 % genutzt, vor allem durch die Stromgewinnung aus Wasserkraft und Windkraft (4,1 % bzw. 3,1 % des Bruttostroms im Jahr 2002; WITTKE und ZIESING, 2004).

40. Aus technischer Sicht liegen die Probleme der Nutzung von Wind und Sonne darin, dass sie als fluktuierende Energien in das bestehende Energieversorgungssystem zu integrieren sind. Im Gegensatz zur fast immer verfügbaren Leistung aus fossilen Kraftwerken unterliegt die Leistung von Wind- und Sonnenenergieanlagen – nicht aber die aus geothermischen oder biomassebefeuerten Kraftwerken – starken Schwankungen. Diesen Leistungsschwankungen kann jedoch durch eine Anpassung des gesamten Energieversorgungssystems mit folgenden Maßnahmen begegnet werden (KRÄMER, 2003;

Abbildung 2-7

Stromgestehungskosten neu errichteter Kondensationskraftwerke* ohne und mit CO_2-Zertifikatspreisen von 20 Euro pro t CO_2

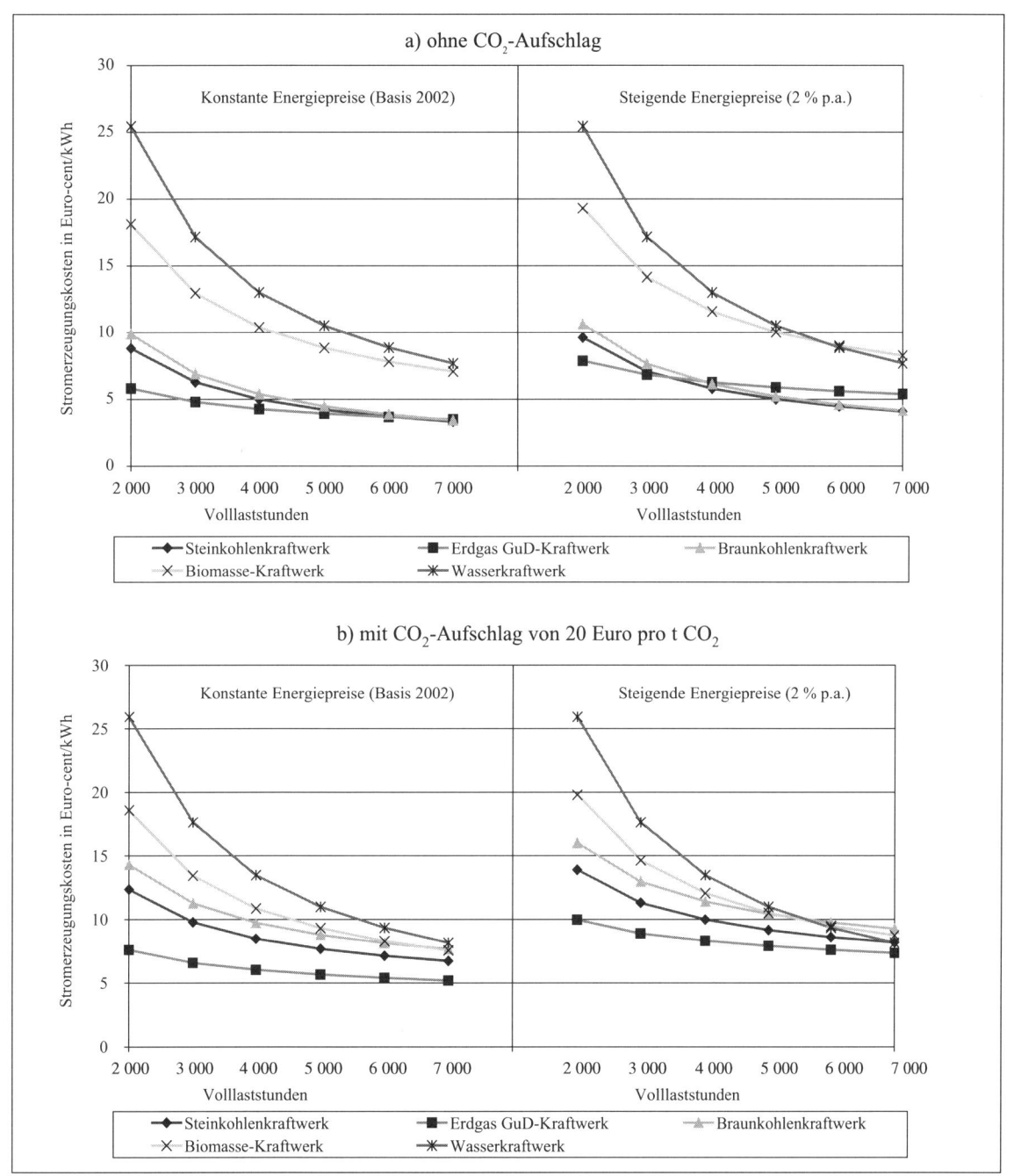

a) ohne CO_2-Aufschlag

b) mit CO_2-Aufschlag von 20 Euro pro t CO_2

* Inbetriebnahme im Jahr 2015, Nutzungsdauer von 30 Jahren, Zinssatz 8 %
Quelle: MATTHES und ZIESING, 2003a, verändert

FISCHEDICK et al., 2002; TRIEB et al., 2002; FLEISCHER, 2001; QUASCHNING, 2000; NITSCH et al., 2001):

– Nutzung eines breiten Spektrums an erneuerbaren Energien.

– Ausgleich von lokalen kurzfristigen Leistungseinbrüchen über den überregionalen Netzverbund beziehungsweise von saisonalen Schwankungen über einen internationalen Netzverbund: In einem Netzverbund ist es möglich, die Leistungsschwankungen zu großen Teilen auszugleichen. Während bei einer einzelnen Windenergieanlage Gradienten der Leistungsabgabe in einem Einstundenintervall von bis zu 80 % gemessen wurden, betrug die für den gleichen Zeitraum maximal gemessene Leistungsänderung in einem Windparkverbund mit knapp 1 500 Anlagen – 23 % beziehungsweise + 14 % (NITSCH et al., 2001, S. 327). Die Bedeutung der Stromnetze wird in einem regenerativ geprägten System also nicht abnehmen, sondern sich tendenziell ausweiten, da des Weiteren auch große Offshore-Windparke mit Leistungen im Bereich von Großkraftwerken und perspektivisch auch der Import von regenerativ erzeugtem Strom ermöglicht werden sollen (vgl. LUTHER, 2002; HAUBRICH et al., 2002).

– Verminderung des Regelleistungsbedarfs durch fossil oder mit Biogas betriebene Spitzenlastkraftwerke sowie Anpassung des Kraftwerksparks: Auch heute schon werden Kraftwerksreserven vorgehalten, die unerwartete Leistungseinbrüche innerhalb von Sekunden oder Minuten kompensieren können (vgl. DANY und HAUBRICH, 2000). Durch steigende Anteile an fluktuierender Stromerzeugung, vor allem Windenergie, wird der Bedarf an Regelleistung erhöht. Diesem erhöhten Bedarf an Regelleistung kann auf der Erzeugungsseite durch einen Ausbau von flexiblen Kraftwerken im Spitzen- und Mittellastbereich begegnet werden. Als Richtwert bis zum Auftreten von Netzproblemen geben einige Autoren einen Anteil des Windstroms von 15 % an (KLEEMANN, 2002; auch: TRIEB et al., 2002). Allerdings führen hohe Anteile von Energiequellen mit fluktuierendem Energiedargebot im heutigen grundlastbasierten Energiesystem zu Effizienzeinbußen. Ab einem Anteil regenerativer Energien von mehr als 20 % wird Strom auch im Grundlastbereich substituiert, was zu Verlusten der auf Dauerlast konzipierten Kraftwerken führt, die vermehrt angefahren und damit in Bereichen schlechterer Wirkungsgrade betrieben werden müssen (NITSCH et al., 2001, S. 328). Daher ist für eine Stromversorgung mit hohen Anteilen an fluktuierenden Leistungen ein erhöhter Anteil gasbetriebener GuD-Kraftwerke wirtschaftlich vorteilhafter (KRÄMER, 2003; WAGNER und BRÜCKL, 2002).

– Verbesserung der Vorhersagbarkeit der verfügbaren Leistungen: Um hohe Anteile fluktuierender Energiequellen integrieren zu können, ist eine verlässliche Prognostizierbarkeit der erzeugten Leistung Voraussetzung. So wird derzeit an der Entwicklung eines Rechenmodells zur Windleistungsprognose für Zeiträume von Stunden und Tagen für den deutschen Regelblock gearbeitet (SAßNICK, 2002; ERNST und ROHRING, 2001). Eine Simulation des Grenzfalls von Windleistungen in Höhe der Maximallast des Systems zeigt, dass durch eine verbesserte Prognostizierbarkeit der Windenergieleistung der Reservebedarf des Systems halbiert werden kann, wenngleich er auch dann noch deutlich höher ist als in einem System ohne Windenergie (DANY und HAUBRICH, 2000; vgl. auch DANY, 2000). In diesem Zusammenhang erscheint auch die Leistungsregelung von großen Windparks sinnvoll.

– Speicherung von überschüssig erzeugter Energie (z. B. in Form von Pumpspeicherkraftwerken und langfristig in Form von Wasserstoff), die beim Auftreten von Leistungslücken abgerufen werden kann.

– Anpassung des Energieverbrauchs an ein fluktuierendes Stromdargebot durch innovative Elektrogeräte: Neben einer Modifizierung auf der Versorgungsseite ist auch auf der Nachfrageseite die Anpassung an einen variablen Lastgang teilweise möglich (ALTGELD, 2002). So ist für die Bereitstellung vieler Energiedienstleistungen keine permanente Verfügbarkeit von elektrischer Energie nötig. Im Haushaltsbereich bestehen Verlagerungsmöglichkeiten an elektrischer Last vor allem bei Kühlgeräten, Waschmaschinen, Wäschetrocknern und Speicherheizungen. Das Verlagerungspotenzial der elektrischen Last im Haushaltsbereich wird auf 40 % und im Industriesektor auf 10 % eingeschätzt (QUASCHNING, 2000). Die gesamten Verlagerungspotenziale aus allen Sektoren werden im Jahresmittel auf 15 bis 18 % geschätzt. Demzufolge wäre eine Durchdringung mit fluktuierenden Energieträgern bis zur Höhe von einem Sechstel bis zu einem Viertel des Nettostromverbrauchs allein durch Verlagerungseffekte möglich. Würden zusätzlich bestehende Speicherkapazitäten in Pumpspeicherkraftwerken und 50 % des verfügbaren Biomassepotenzials in nachfragegeführten Biomasse-Blockheizkraftwerken eingesetzt, so käme es bei einem Anteil des regenerativ erzeugten Stroms von bis zu 30 % zu keinem erhöhten Speicherbedarf (QUASCHNING, 2000).

41. Die Gestehungskosten für Strom aus regenerativen Energien liegen bislang noch über denen aus fossilen Energieträgern. Allerdings kann auch weiterhin von erheblichen Kostensenkungen ausgegangen werden. Während für das Verdopplungsziel des Anteils erneuerbarer Energien bis 2010 auch auf Technologien mit Kosten zwischen 7,5 und 12,5 ct/kWh zurückgegriffen werden muss, dürfte 2020 der Großteil des Potenzials an regenerativen Energien zu einen Strompreis von unter 7,5 ct/kWh zu erschließen sein (NITSCH et al., 2001). Für Windenergie, die neben der Wasserkraft die derzeit günstigste erneuerbare Energietechnologie darstellt, werden für das Jahr 2010 Stromgestehungskosten von durchschnittlich 6,3 ct/kWh erwartet, für das Jahr 2020 von 3,5 bis 5,5 ct/kWh (NITSCH et al., 2001; ähnlich: Enquete-Kommission, 2002).

Zu diesen Stromgestehungskosten addieren sich Kosten, die durch die Vorhaltung von Reserveleistung und den erforderlichen Ausbau der Netzkapazitäten des Stromnetzes entstehen (HAUBRICH, 2002; TAUBER, 2002; KÖPKE, 2003). Durch Fortschritte bei der Prognostizierbarkeit der verfügbaren Windenergieleistung lassen sich die notwendige Reserveleistung und deren Kosten aber minimieren, zusätzlich ist bei einer Zusammenlegung der bisher vier Regelzonen eine deutliche Senkung der Regelenergiekosten zu erwarten (THEOBALD et al., 2003, S. 43 f.). In einer gemeinsamen Regelenergiezone könnten durch Ausschöpfung von Synergiepotenzialen einerseits die Sekundärregelung und Minutenreserve reduziert werden, andererseits würde eine steigende Anzahl von Regelenergielieferanten zu mehr Wettbewerb führen. Auch Mehrkosten für die schlechtere Auslastung konventioneller Kraftwerke treten hauptsächlich dann auf, wenn die derzeitige grundlastorientierte Struktur des Kraftwerksparks beibehalten wird.

42. Unter Berücksichtigung der ökologischen, technischen und ökonomischen Herausforderungen halten unterschiedliche Klimaschutzszenarien für das Jahr 2020 einen Anteil regenerativer Energieträger an der Stromerzeugung zwischen 21 % und rund 30 % für wahrscheinlich (BMWI, 2001, S. 45; NITSCH et al., 2001; TRIEB et al., 2002; FISCHEDICK et al., 2002; PROGNOS AG, 2002). Langfristszenarien bis 2050, die von der Vorgabe einer THG-Emissionsminderung um 80 % gegenüber 1990 ohne Einsatz der CO_2-Abscheidung ausgehen, kommen auf einen Stromanteil der erneuerbaren Energien von 55 bis 65 % (FISCHEDICK et al., 2002, S. 190 ff.; TRIEB et al., 2002; Enquete-Kommission, 2002). Eine solche Zunahme würde vor allem durch den Ausbau der Windenergienutzung und zunehmend auch den Import von regenerativ erzeugter Elektrizität getragen (zur Bedeutung des Imports vgl. TRIEB et al., 2002; FISCHEDICK et al., 2002). Windkraftanlagen könnten demnach zwischen 84 und 137 TWh Strom erzeugen, was etwa 35 bis knapp 60 GW an installierter Leistung entspricht (Enquete-Kommission, 2002; FISCHEDICK et al., 2002). Die Verstromung von Biomasse und Biogas findet in den Szenarien hauptsächlich in KWK-Anlagen statt und wird auf einen möglichen Anteil von 35 bis 49 TWh im Jahr 2050 geschätzt (PROGNOS et al., 2002).

2.2.3.2.4 Minderungspotenziale beim Stromverbrauch

43. Basis jeder klimaverträglichen Umgestaltung des Energieversorgungssektors ist die Kombination aus Maßnahmen auf der Angebots- und der Nachfrageseite. Es kann nach Auffassung des Umweltrates nicht Aufgabe der erneuerbaren Energien sein, einen wachsenden Strombedarf zu decken. Die Ausschöpfung der angebotsseitigen Klimaschutzpotenziale muss daher durch nachfrageseitige Reduktionsmaßnahmen ergänzt werden. Beim Stromverbrauch ist in den letzten Jahren jedoch eine Zunahme zu verzeichnen. Zwischen 1993 und 2002 stieg der Stromverbrauch um 12,4 % an. Damit stieg der Anteil des Stroms am Endenergieverbrauch von 17,1 auf 19,3 %, bedingt vor allem durch die starke Bedeutungszunahme im Bereich des verarbeitenden Gewerbes (Arbeitsgemeinschaft Energiebilanzen, 2003, Tab. 2.5).

Unter Trendbedingungen wäre ungeachtet hoher Stromeinsparpotenziale auch künftig von einem steigenden Stromverbrauch auszugehen (PROGNOS und EWI, 1999). Bei Ausnutzung der Einsparpotenziale ist eine Senkung des Stromverbrauchs jedoch möglich. Sie fällt aber geringer aus als der Rückgang des Endenergieverbrauchs insgesamt. Nach den Szenarien der Enquete Kommission und des Umweltbundesamtes kann ein Rückgang des Endenergieverbrauchs zwischen 37 und 46 % bis 2050 erreicht werden (FISCHEDICK et al., 2002, S. 123 ff.; PROGNOS et al., 2002, S. 85, 96; ISI und FZ Jülich, 2001). Für den Strombereich werden im Zeitraum bis 2020 mögliche Einsparungen von 12 % geschätzt (FISCHEDICK et al., 2002; LANDGREBE et al., 2003). Der Nachhaltigkeitsrat geht von in den nächsten zwei Dekaden wirtschaftlich zu erschließenden Stromsparpotenzialen von gut 20 % des derzeitigen Strombedarfs aus (RNE, 2003, S. 10). Im Folgenden sollen die nachfrageseitigen Einsparpotenziale beim Stromverbrauch dargestellt werden.

Der Stromverbrauch im Bereich der *privaten Haushalte* kann insbesondere durch den Einsatz effizienter Kühl- und Gefriergeräte sowie Spül- und Waschmaschinen gesenkt werden. Vor allem die in Haushaltsgeräten verwandten elektromechanischen Antriebe weisen ein erhebliches Einsparpotenzial auf (CENTNER, 2003). Durch den Einsatz effizienter Beleuchtungen und verbesserter Elektroherde sind weitere Einsparungen zu erzielen. Der überflüssige Stromverbrauch von etwa 20 TWh in Deutschland durch Stand-by-Schaltungen von Elektrogeräten ist technisch vergleichsweise einfach zu vermeiden (vgl. auch IEA, 2001b). Insgesamt können nach einer Einschätzung des Umweltbundesamtes etwa 15 % des derzeitigen Stromverbrauchs privater Haushalte ohne Mehrkosten eingespart werden, das technische Einsparpotenzial bis 2020 wird auf gut 50 % des derzeitigen Stromverbrauchs geschätzt (LANDGREBE et al., 2003, S. 21). Europaweit könnten nach einer Untersuchung der Internationalen Energieagentur bis zum Jahr 2030 bis zu 38 % des häuslichen Stromverbrauchs (und damit 34 % der daraus resultierenden CO_2-Emissionen) gegenüber einer Referenzentwicklung vermieden werden, indem Produkte mit den geringsten Lebenszykluskosten eingesetzt werden, die für die Benutzer zu Nettogewinnen führen (IEA, 2003, S. 123 ff.). Im japanischen Top-Runner-Programm (Tz. 80) wird durch Verbindlichmachung des Höchststandes an Energieeffizienz bei Kühlschränken und Kopiergeräten eine gerätespezifische Einsparung von 30 % erwartet, bei Videorecordern 59 %, Klimaanlagen 63 % und Computern 83 % (SCHRÖDER, 2003, S. 185).

Im Bereich der *Industrie* liegen die größten Einsparmöglichkeiten beim Einsatz von effizienten Elektromotoren und bei der Nutzung von Prozesswärme (LANDGREBE et al., 2003).

2.2.3.3 Fazit

44. Eine angemessene Klimaschutzstrategie erfordert eine Dreistufigkeit aus einer Verringerung des Endenergieverbrauchs, einem reduzierten Primärenergieverbrauch durch hohe Effizienz im Umwandlungsbereich und aus einer Senkung der CO_2-Intensität der Primärenergieträger. Grundsätzlich bestehen mehrere technologische Möglichkeiten zur klimaverträglichen Umgestaltung des Stromsektors.

Insgesamt erscheint es angesichts des anstehenden Handels mit CO_2-Zertifikaten und der dadurch geänderten Kostensituation als wenig wahrscheinlich, dass unter der Voraussetzung eines 40-%-Minderungsziels ein hoher Anteil an Kohlestrom auch weiterhin wirtschaftlich vertretbar bleibt. Da vor 2020 großtechnische CO_2-Abscheideverfahren kaum kostengünstig zur Verfügung stehen werden und die erreichbaren Effizienzsteigerungen der Kohleverstromung nicht zur Einhaltung des 40-%-Ziels ausreichen, bis dahin aber ein großer Teil des deutschen Kraftwerksparks zu ersetzen ist, ergibt sich unter strikten CO_2-Emissionsvorgaben die Notwendigkeit einer Reduktion der Kapazität an Kohlekraftwerken bis 2020. Inwieweit die Kohleverstromung danach noch wettbewerbsfähig sein wird, hängt – neben ihren durch den Emissionshandel oder andere Klimaschutzinstrumente entstehenden Kosten – maßgeblich von den Möglichkeiten der CO_2-Abscheidung und -Lagerung ab. Ungewiss ist bis heute, in welcher Größenordnung sichere, langzeitdichte Speicherkapazitäten zur Verfügung stehen.

CO_2-arme Energieträger wie Erdgas und CO_2-freie erneuerbare Energien werden unter der Voraussetzung eines 40-%-Ziels und vor allem bei einem Minderungsziel in der Größenordnung von 80 % steigende Beiträge zur Stromversorgung Deutschlands leisten müssen. Dazu muss das System der Stromversorgung den Anforderungen an die Integration hoher Leistungen aus fluktuierenden Energiequellen angepasst werden. Mit der Erhöhung des Anteils regenerativer Energiequellen und dem verstärkten Einsatz von KWK-Anlagen wird die Bedeutung der dezentralen Energieversorgung mit ihren kleinräumigen Versorgungsstrukturen deutlich steigen (s. hierzu ausführlich IEA, 2002c; VDI, 2001; SCHMID, 2002). Im Nachhaltigkeitsszenario des Wuppertal Institutes für Klima, Umwelt, Energie wird von einem zunehmenden Anteil dezentraler Energietechnologien von derzeit 3 auf 47,5 % im Jahr 2050 ausgegangen (RAMESOHL et al., 2002, S. 5).

45. In der Importabhängigkeit von Erdgas sieht der Umweltrat keine wesentlichen Probleme. Zwar wird infolge des Emissionshandels der Anteil der Kohle zugunsten regenerativer Energien und des fast vollständig importierten Energieträgers Erdgas sinken. Jedoch besteht für den europäischen Erdgasbezug eine hohe Versorgungssicherheit (HIRSCHHAUSEN und NEUMANN, 2003, Kasten 2), die auch bei steigenden Importmengen durch die Möglichkeit eines höheren Anteils an Flüssiggas (LNG) und der damit verbundenen zunehmenden Diversifizierung der Exportländer voraussichtlich aufrechterhalten werden kann. Bei der Betrachtung der Versorgungssicherheit ist es wichtig, den Kraftwerkspark nicht isoliert zu behandeln. Vielmehr muss das gesamte Energieversorgungssystem betrachtet werden. Durch Primärenergieeinsparung kann die Importabhängigkeit gesenkt werden. Aufgrund des Rückgangs des Primärenergieverbrauchs in einer nachhaltigen Energieversorgung (PROGNOS et al., 2002; FISCHEDICK et al., 2002) muss der relative Anstieg des Gasverbrauchs daher absolut gesehen keine Verschlechterung der Versorgungssicherheit bedeuten (vgl. SRU, 2002, Tz. 512).

Befürchtungen über zu hohe Stromkosten durch steigende Anteile erneuerbarer Energiequellen sind nach Auffassung des Umweltrates deutlich zu relativieren. Da zu erwarten ist, dass die Preise für konventionell erzeugten Strom infolge der Kosten der Kraftwerkserneuerung und höherer Primärenergieträgerpreise steigen werden (WAGNER und BRÜCKL, 2002; Enquete-Kommission, 2002, S. 385), die Preise der Energieerzeugung aus regenerativen Quellen hingegen sinken werden (NITSCH et al., 2001), dürften sich die Mehrkosten auf eine vertretbare Differenz verringern. Höhere Nettostrompreise für die Endverbraucher können zudem durch effizientere Endverbrauchsgeräte kompensiert werden, sodass die Gesamtkosten für vergleichbare Dienstleistungen aus Strom nicht oder nicht wesentlich ansteigen müssen. Ähnliche Erfahrungen wurden zwischen 1973 und 1986 in der japanischen Chemie-, Metall- und Textilindustrie gemacht, die die Belastung durch einen sehr hohen und zudem progressiven Strompreis mit einer radikalen Effizienzsteigerung beim Stromverbrauch aufzufangen vermochten (JÄNICKE et al., 1993, S. 145).

Als Zwischenfazit der Potenzialabschätzung und der zu erwartenden Zusatzkosten lässt sich festhalten: Für einen Pfad des deutschen Klimaschutzes, der sich an anspruchsvollen Reduktionszielen für 2020 und 2050 orientiert, sind weder signifikante technische Hemmnisse noch unvertretbare Kostenbelastungen abzusehen. Die genannten Klimaschutzziele, deren Notwendigkeit der Umweltrat als gegeben ansieht, erfordern also vor allem Anstrengungen im Bereich der klimapolitischen Umsteuerung, wobei die Hemmnisse vor allem im Bereich der Kohleverstromung und der KWK liegen (Abschn. 13.2.2.3).

2.2.4 Instrumentelle Umsetzung

2.2.4.1 Emissionshandel

46. Dem zum 1. Januar 2005 EU-weit in Kraft tretenden Emissionshandel wird im deutschen Klimaschutzinstrumentarium ein hoher Stellenwert zukommen, da mit den unter das Handelsregime fallenden Anlagen in Deutschland voraussichtlich etwa 99 % der CO_2-Emissionen der öffentlichen Stromerzeugung, 95 % der Emissionen der industriellen Stromerzeugung, 100 % der Emissionen der Metallerzeugung und -bearbeitung und der Mineralölverarbeitung sowie große Teile der CO_2-Emissionen anderer industrieller Endenergieverbraucher erfasst werden. Damit würden trotz der Beschränkung auf die Sektoren Energiewirtschaft und Teile des Verarbeitenden Gewerbes circa 505 Mio. t CO_2 (berechnet auf dem Durchschnitt des Basiszeitraums 2000-2002) unter das Handelssystem fallen (BMU, 2004). Diese Menge entspricht 58 % der gesamten deutschen CO_2-Emissionen in diesem Basiszeitraum. Für die EU 15 wird davon ausgegangen, dass mit dem Emissionshandel etwa 46 % des im Jahr 2010 emittierten CO_2 erfasst werden (EU-Kommission, 2001c, S. 11).

Der Umweltrat sieht im Emissionshandel grundsätzlich ein zielführendes und zugleich effizientes Instrument des Klimaschutzes. Entscheidende Voraussetzung für eine angemessene Wirksamkeit des Instruments ist allerdings, dass neben angemessenen Zielvorgaben hinreichende Kontroll- und Sanktionsmechanismen im Falle der Nichterfüllung verfügbar sind (SRU, 2002, Tz. 486 f.). Durch die Möglichkeit des Handels mit Emissionsrechten sind die Unternehmen in der Lage, ihre Produktion im Rahmen ihrer betriebsspezifischen technologischen und marktlichen Situation (Vermeidungskosten, Produktnachfrage) kostenminimal an die Begrenzung der Treibhausgasemissionen anzupassen. Die EU-Kommission schätzt, dass als Folge der Handelsoption das Kioto-Ziel zu Kosten erreicht werden kann, die um etwa 1,3 Mrd. Euro jährlich und damit um etwa 35 % unter den Kosten einer Zielerreichung mit alternativen Instrumenten liegen (EU-Kommission, 2001c, S. 49 f.). Für Deutschland berechnet eine aktuelle Studie wahrscheinliche Kostenvorteile zwischen 230 und 545 Mio. Euro über den gesamten Zeitraum der Zielerreichung bis 2008/12 (MATTHES et al., 2003).

Kurzfristig wird der Emissionshandel zu einem verstärkten Einsatz der vorhandenen Produktionskapazitäten mit den geringsten Emissionsvermeidungskosten führen. Langfristig werden Anreize zur Investition in Produktions- und Energieerzeugungstechnologien mit minimalen Vermeidungskosten gesetzt. Somit wird nicht nur die Klimaschutzwirkung sondern auch die vom Emissionshandel angestoßene Innovationsdynamik vom Zielniveau der Treibhausgasemissionen bestimmt.

Wichtig ist, dass sowohl das Zielniveau als auch der zeitliche Pfad der Zielerreichung möglichst frühzeitig auf anspruchsvollem Niveau spezifiziert werden. Für die betroffenen Unternehmen bedeutet dies langfristige Planungssicherheit und eine Verringerung preislicher Friktionen auf dem Markt für Emissionsrechte. Diskontinuierliche Zielvorgaben mit unzureichendem Zeithorizont – beispielsweise kurzfristige Verschärfungen im Zeichen unvorhergesehener dramatischer Klima-Ereignisse – können im kapitalintensiven Energieversorgungssektor zu unnötig teuren Pfadkorrekturen führen. Werden anfänglich zu niedrige Ziele ohne kalkulierbar striktere Vorgaben für die weitere Zukunft gesetzt, besteht die Gefahr, dass Investitionen in eine Energieversorgungsstruktur getätigt werden, die später zu überhöhten Vermeidungskosten führt. Eine solche volkswirtschaftliche Zusatzbelastung könnte die politische Durchsetzbarkeit künftig notwendiger Verschärfungen der Zielvorgaben erheblich beeinträchtigen. Der Umweltrat empfiehlt, dass auf der europäischen Ebene zeitnah verbindliche Ziele für weitere Verpflichtungsperioden gesetzt werden. Dabei muss die Klimapolitik deutlich machen, dass die im 6. Umweltaktionsprogramm (Art. 2 ABl. L 242/1 vom 10. September 2002) erfolgte Anerkennung der Notwendigkeit einer langfristigen globalen Reduktion der THG-Emissionen um 70 % ernst gemeint ist (Tz. 27). Zudem muss dieses Ziel auf die europäische Ebene heruntergebrochen und in zeitlich gestaffelten, stufenweisen THG-Emissionsminderungsvorgaben konkretisiert werden. Eine wichtige Zwischenetappe bildet ein 30-%-Minderungsziel für die EU für das Jahr 2020. Deutschland sollte im Zusammenspiel mit Großbritannien hierbei eine führende Rolle übernehmen.

2.2.4.1.1 Allgemeine Anmerkungen zur Richtlinie der EU

2.2.4.1.1.1 Stand der EU-Politik zum Handel mit Emissionsrechten

47. Mit der EU-Richtlinie über ein System für den Handel mit Emissionsrechten für Treibhausgase (RL 2003/87/EG) stehen die wesentlichen Elemente des künftigen Emissionshandelssystems nunmehr fest. Damit rückt die Umsetzung dieses Instruments in den Mittelpunkt der Diskussion. Mit dem Entwurf des Treibhausgas-Emissionshandelsgesetz (Bundestagsdrucksache 15/2328) und dem Entwurf des Nationalen Allokationsplans (BMU, 2004) hat die Umsetzung der Richtlinie in Deutschland begonnen.

In der Richtlinie werden die Mitgliedstaaten vom 1. Januar 2005 an verpflichtet, ein auf die Energiewirtschaft und große Teile des Verarbeitenden Gewerbes beschränktes Handelssystem einzuführen. Einer dreijährigen Pilotphase folgen – zeitlich entsprechend den Zielen des Kioto-Protokolls – ab dem Jahr 2008 jeweils fünfjährige Verpflichtungsperioden. Die auf der Basis der europäischen Lastenverteilung der Kioto-Ziele (Tz. 15 ff.) bestimmte Zertifikatsmenge wird von den Mitgliedstaaten nach einem vorab spezifizierten Verfahren den Anlagenbetreibern kostenlos zugeteilt und anschließend zum Handel zugelassen (RL 2003/87/EG, Art. 11). Eine Erweiterung des Handels auch mit außereuropäischen Partnern soll auf dem Wege völkerrechtlicher Vereinbarungen im Rahmen der flexiblen Kioto-Mechanismen *Joint Implementation* (JI) und *Clean Development Mechanism* (CDM) ermöglicht werden (RL 2003/87/EG, Art. 30; KOM(2003)403 endg.). Ein Austausch von Emissionsrechten zwischen den EU-Staaten und Teilnehmern anderer zukünftiger Emissionshandelssysteme von im Annex B des Kioto-Protokolls aufgeführten Drittländern wird angestrebt (RL 2003/87/EG, Art. 25). Zur Sicherstellung der Kompatibilität mit bisherigen ordnungsrechtlichen Vorgaben ist eine Änderung der IVU-Richtlinie (RL 96/61/EG) vorgesehen. Demnach dürfen für unter den Geltungsbereich des Emissionshandelssystems fallende Anlagen keine CO_2-Emissionsgrenzwerte vorgeschrieben werden, der Verzicht auf (beziehungsweise die Beibehaltung von) Energieeffizienzanforderungen wird den Mitgliedstaaten freigestellt (RL 2003/87/EG, Art. 26).

Die Bundesregierung hat sich Ende 2002 bei der EU-Kommission für eine Reihe von Modifikationen des Emissionshandelssystems eingesetzt, die ihren Niederschlag in der endgültigen Richtlinie gefunden haben.

– Die Mitgliedstaaten haben die Emissionsrechte für die erste Periode (2005 bis 2007; im Folgenden:

Pilotphase) kostenlos zuzuteilen, eine Auktion ist optional für maximal 5 % der Emissionsrechte möglich. In der zweiten Phase (2008 bis 2012) können maximal 10 % der Emissionsrechte auf dem Wege der Auktion ausgegeben werden (RL 2003/87/EG, Art. 10).

– Um wirtschaftliche Härten zu vermeiden, dürfen in der Pilotphase einzelne Anlagen oder ganze Wirtschaftsbranchen von einer verpflichtenden Teilnahme am Emissionshandel ausgenommen werden (so genanntes *Opt Out*) (RL 2003/87/EG, Art. 27).

– Die unter den Emissionshandel fallenden Unternehmen erhalten die Möglichkeit, ihre Emissionsrechte in einem *Pool* gemeinsam zu verwalten (RL 2003/87/EG, Art. 28).

Ob und inwiefern von der Möglichkeit des *Opt Out* jedoch Gebrauch gemacht werden wird, bleibt indes fraglich (Tz. 50). Bislang liegen für eine breite Nutzung dieser Option durch die deutsche Wirtschaft keine Anzeichen vor (SCHAFHAUSEN, 2003).

2.2.4.1.1.2 Position des Umweltrates zum Emissionshandelsmodell der EU

48. Bereits im Umweltgutachten 2002 hatte der Umweltrat auf die Effizienzverluste einer Beschränkung des Handelssystems auf die in Annex I der Richtlinie genannten Sektoren der Energiewirtschaft und des Verarbeitenden Gewerbes hingewiesen (SRU, 2002, Tz. 496 ff.). Da nur ein Teil der klimarelevanten wirtschaftlichen Aktivitäten in den Handel einbezogen ist, besteht weder die Garantie einer zielgenauen Realisierung des bundesdeutschen Klimaschutzziels noch die Möglichkeit, kostengünstige Vermeidungsmaßnahmen in anderen Sektoren (Dienstleistungen, Gewerbe, Haushalte und Verkehr) in das Handelssystem einzubeziehen. Grundsätzlich würde ein Emissionshandelssystem, das auf der ersten Handelsstufe für fossile Brennstoffe ansetzt, diese Probleme vermeiden (SRU, 2002, Tz. 473).

Gleichwohl sieht der Umweltrat in dem Richtlinienkonzept einen geeigneten Ansatz den Klimaschutz in einem großen Bereich der Wirtschaft zielgenauer und mit geringeren gesamtwirtschaftlichen Kosten als bisher zu erreichen und Erfahrungen mit dem im Klimaschutz neuen Instrument des Emissionshandels zu sammeln. Um diesen Anforderungen gerecht zu werden, erfordert das in der aktuellen Emissionshandels-Richtlinie vorgesehene Verfahren eine Reihe von Konkretisierungen und Verbesserungen, die im Folgenden dargestellt werden.

2.2.4.1.2 Probleme der Umsetzung des nationalen Allokationsplans

2.2.4.1.2.1 Kompatibilität der nationalen Umsetzung des europäischen Emissionshandels mit der Klimaschutzvereinbarung der deutschen Industrie

49. Nach der Richtlinie über den europäischen Emissionshandel ist die Menge der Emissionsrechte von jedem Mitgliedstaat in einem geeigneten Verfahren an den Zielen der EU-Lastenteilungsvereinbarung auszurichten (RL 2003/87/EG, Art. 9). Die Bundesregierung beabsichtigt, die erste Zuteilung der Emissionsrechte an inländische Industrieanlagen auf Basis des nationalen Klimaschutzprogramms und der Selbstverpflichtungserklärung der deutschen Industrie durchzuführen. Dazu wird nach einem Entwurf des BMU (BMU, 2004) das in Ergänzung der Klimaschutzvereinbarung der deutschen Industrie (Bundesrepublik Deutschland und Deutsche Wirtschaft, 2001) vereinbarte Ziel einer weiteren Reduktion um 45 Mio. t CO_2 bis 2010 in einem nationalen Allokationsplan umgesetzt. Unter Berücksichtigung von Maßnahmen, die auf Sektoren außerhalb des Geltungsbereichs des Emissionshandels entfallen, und einer Kompensation des Atomausstiegs durch zusätzliche Zertifikate in Höhe von 7,3 Mio. t/a ergibt sich für den Zeitraum der Kioto-Verpflichtung 2008 bis 2012 ein Emissionsbudget für die Sektoren Industrie und Energie von 480 Mio. t CO_2/a. Für die erste Handelsperiode 2005 bis 2007 leitet sich aus dem in der Vereinbarung konkretisierten Zwischenziel einer Minderung um 20 Mio. t CO_2 bis 2005 gegenüber 1998 (zeitlich interpoliert und um nicht unter das System fallende Anlagen korrigiert) ein Emissionsbudget von 488 Mio. t CO_2/a ab. Die durchschnittlichen Gesamtemissionen der unter das Emissionshandelssystem fallenden Sektoren betrugen in der Basisperiode 2000 bis 2002 505 Mio. t CO_2/a (BMU, 2004). Bis zum Zeitraum 2005 bis 2007 müssen also noch 17 Mio. t/a Minderungen erbracht werden, bis 2008 bis 2012 25 Mio. t/a.

Der Umweltrat sieht in der Selbstverpflichtung der deutschen Industrie zwar eine geeignete Grundlage für den Einstieg in den Emissionshandel, legt jedoch dringend nahe, das durchaus moderate Ziel einer Reduktion um knapp 5 % bis 2010 gegenüber 2000 bis 2002 (beziehungsweise um 24,5 % gegenüber 1990) nach der ersten Kioto-Verpflichtungsperiode (2008 bis 2012) zu verschärfen. Für den Umweltrat nicht akzeptabel sind Forderungen aus der Wirtschaft, mit dem Verweis auf niedrigere Zielvorgaben der europäischen Lastenverteilung für andere EU-Mitglieder hinter das Zielniveau der Selbstverpflichtung zurückzufallen. Damit besteht die Gefahr einer Aufweichung einer zentralen Vorgabe des Klimaschutzes zu einem Zeitpunkt, zu dem weiter gehende Zielvorgaben vonnöten wären, um mit dem Emissionshandel die langfristig notwendigen Wirkungen zu erreichen (ausführlich SRU, 2004a).

Die einseitige Abschwächung der klimapolitischen Selbstverpflichtung der deutschen Industrie wäre insbesondere vor dem Hintergrund unakzeptabel, dass diese mit wesentlichen Konzessionen der staatlichen Seite (Verzicht auf KWK-Quote, Ausnahmeregelungen bei der Ökosteuer, Verzicht auf Energie-Audit etc.) verbunden war. Eine Aufweichung der Ziele würde die von der Wirtschaft – im Rahmen des von ihr propagierten Instruments der freiwilligen Selbstverpflichtungsvereinbarung – eingegangen Minderungszusagen diskreditieren. Zudem würde eine Verringerung des Zielniveaus der unter das Emissionshandelssystem fallenden Sektoren zulasten anderer Sektoren wie dem Verkehrs- und Haushaltsbereich gehen, da Deutschland seine im Rahmen des Kioto-Protokolls eingegangene absolute Minderungsverpflichtung einhalten muss (Anhang III, RL 2003/87/EG). Vor allem im Verkehr dürfte dies zu höheren gesamtwirtschaftlichen Kosten führen. Auch die Alternative eines staatlichen Ausgleichs der durch eine solche Flexibilisierung möglicherweise erzeugten Minderungslücke durch den Zukauf von Zertifikaten etwa im Rahmen von *Joint Implementation* oder *Clean Development Mechanism* ist abzulehnen. Dies würde einer Subventionierung emissionsintensiver Industrien gleichkommen, die auch angesichts des anerkannten Ziels eines allgemeinen Subventionsabbaus nicht zu rechtfertigen ist.

Um die Komplexität des Handelssystems in der Start- und Lernphase gering zu halten, ist eine Konzentration auf das vom Umfang her bedeutsamste Treibhausgas CO_2 in den ersten beiden Phasen bis 2012 vertretbar. Für den Zeitraum danach sollten jedoch frühzeitig Zielvorgaben für alle sechs Treibhausgase erarbeitet werden (ausführlich hierzu MICHAELIS, 1996).

50. Die Möglichkeit des *Opt Out* von Anlagen oder Branchen in der Pilotphase bis 2007 erachtet der Umweltrat als nicht zielführend. Die Befreiung von Unternehmen aus dem Geltungsbereich des Emissionshandels erfordert eine aufwendige Neudefinition des Zielniveaus. Sie verstärkt die ohnehin beträchtlichen Effizienzeinbußen und Wettbewerbsverzerrungen der sektoralen Beschränkung des Emissionshandels. Die ersatzweise Verpflichtung zur Einhaltung der Klimavereinbarungen bietet keine adäquate Alternative, da diese Emissionsziele nicht verbindlich sind und als spezifische Ziele keine hinreichend genaue Zielerreichung garantieren (vgl. SRU, 2002, Tz. 466 ff.). Darüber hinaus ist es nicht sinnvoll, einzelne Anlagen und Branchen gerade in der Pilotphase des Handelssystems auszuklammern, die von hoher Bedeutung für die Erwartungsbildung der Unternehmen hinsichtlich der Zertifikatspreise und ihrer Entwicklung ist. Derartige *Opt Outs* können je nach Umfang und Branche spürbare Auswirkungen auf den Zertifikatspreis und damit auf Preiserwartungen und Investitionsentscheidungen der Unternehmen haben.

2.2.4.1.2.2 Optionen der Erstallokation der Emissionsrechte

51. Die Teilnahme am Emissionshandelssystem setzt gemäß der Richtlinie die Vorlage eines nationalen Allokationsplanes voraus (RL 2003/87/EG, Art. 9). Grundsätzlich kann die Erstallokation der Emissionsrechte entgeltlich per Auktion, durch kostenlose Zuteilung (Grandfathering) oder durch eine Kombination beider Verfahren erfolgen (hierzu ausführlich HEISTER et al., 1990, S. 102 ff.). Die Auktionslösung entspricht dem Verursacherprinzip und verursacht geringe Transaktionskosten. Der Nachteil der Auktionslösung liegt in der geringen politischen Durchsetzbarkeit, denn das hohe Umverteilungsvolumen zwischen Unternehmen und Staat beeinträchtigt die Akzeptanz seitens der Unternehmen (McKIBBIN und WILCOXEN, 2002, S. 67). Das hat dazu geführt, dass sich die kostenlose Zuteilung der Emissionsrechte durchgesetzt hat. Bei dieser Allokationsmethode findet eine Vermögensumverteilung zwischen den einzelnen Unternehmen statt. Zudem verursacht eine kostenlose Primärallokation erhebliche Suchkosten. Die anhaltenden Diskussionen um die Anerkennung bereits geleisteter Minderungsanstrengungen (*Early Actions*) verdeutlichen dieses Problem.

52. In der Diskussion um die Umsetzung der in der Richtlinie geforderten nationalen Allokationspläne werden im Wesentlichen drei Varianten der kostenlosen Vergabe diskutiert (u. a. AGE, 2002):

– Variante I (Orientierung an spezifischen Emissionen): Eine Menge virtueller Emissionsrechte (Produkt der spezifischen Treibhausgasemissionen der Anlage im Basisjahr und der Produktionsmenge eines vorab zu bestimmenden Referenzjahres zwischen Basisjahr und Beginn des Emissionshandels) multipliziert mit einem so genannten Erfüllungsfaktor ergibt die Anzahl der tatsächlichen Emissionsrechte pro Anlage. Der Erfüllungsfaktor entspricht dem Verhältnis der nationalen Zielemissionen des Emissionshandelssystems zu den Ausgangsemissionen im Referenzjahr. Die Zuteilung der Emissionsrechte im Referenzjahr wird somit auf das Gesamtemissionsziel der Verpflichtungsperiode abgestimmt.

– Variante II (Benchmarking): Diese Variante entspricht rechnerisch der Variante I, jedoch werden hier nicht für jede Anlage einzeln ermittelte Emissionswerte, sondern einheitliche spezifische Emissionsfaktoren für vorab definierte Anlagenkategorien verwendet.

– Variante III (Orientierung an den absoluten Emissionen, Gutschrift von Early Actions): Die Menge an Emissionsrechten entspricht dem Produkt des Erfüllungsfaktors mit der Summe aus den absoluten Emissionen einer Anlage im Referenzjahr und der mithilfe des so genannten „Baseline & Credit"-Ansatzes zertifizierten Emissionsminderung aus frühzeitigen Maßnahmen.

53. Grundsätzlich wirken sich die Unterschiede in den Verfahren der kostenlosen Erstallokation weder auf die ökologische Effektivität noch auf die ökonomische Effizienz des sich anschließenden Handelssystems aus. Bei allen Verfahren entspricht die Gesamtanzahl der Emissionsrechte dem Emissionsziel der Verpflichtungsperiode. Im Zuge des Handelssystems bildet sich ein Preis heraus, der die Produktionsaktivitäten der Marktteilnehmer so koordiniert, dass alle Anlagen mit einheitlichen, minimalen Grenzvermeidungskosten operieren. Unterschiede der Varianten ergeben sich jedoch hinsichtlich der Praktikabilität, des Aufwands bei der Beschaffung der Daten sowie der Verteilungswirkung.

Die Varianten I und II stellen vergleichsweise moderate Anforderungen an den Datenbedarf, denn historische Produktionsmengen und anlagenspezifische Emissionsdaten existieren in vielen Fällen oder lassen sich beim „Benchmarking-Verfahren" relativ einfach durch spezifische Emissionswerte standardisierter Anlagenkategorien nach dem Stand der Technik des Basisjahres ermitteln. Die unmittelbar auf Emissionsdaten basierende Variante III kann dagegen bei der Wahl eines frühen Referenzjahres Probleme bei der Datenbeschaffung aufwerfen. Zudem erfordert die Bewertung der Emissionsminderungen mithilfe des „Baseline & Credit"-Ansatzes einen vergleichsweise aufwendigen Zertifizierungsprozess. Außerdem fällt es schwer, *Early Actions* als solche zu identifizieren, das heißt sie von solchen Maßnahmen abzugrenzen, die das betreffende Unternehmen ohnehin getätigt hätte.

Die ersten beiden Varianten führen bei der Wahl eines frühen Basisjahres tendenziell ebenfalls zur Belohnung frühzeitiger Vermeidungsmaßnahmen. Anlagenbetreiber, die im Laufe der 90er-Jahre emissionsintensive Anlagen stillgelegt oder durch moderne Anlagen ersetzt haben, werden relativ zum aktuellen Eigenbedarf reichlich mit Zertifikaten ausgestattet und können diese für Produktionsausweitungen verwenden oder am Zertifikatsmarkt verkaufen. Betreiber von Anlagen mit höheren CO_2-Emissionen sind dagegen eher gezwungen, als Käufer auf dem Markt für Emissionsrechte aufzutreten, Modernisierungsmaßnahmen vorzunehmen oder die Produktion zu reduzieren. Auch Variante III begünstigt bei der Anfangsallokation Anlagenbetreiber, die bereits umfangreiche Minderungsmaßnahmen durchgeführt haben. Die unterschiedlichen Verteilungswirkungen leiten sich aus den hieraus resultierenden Vermögensgewinnen für die Unternehmen ab.

Aus Sicht des Umweltrates ist das „Benchmarking-Verfahren" für die Anfangsallokation am besten geeignet. Dieses Verfahren zeichnet sich durch moderate Informations- und Transaktionskosten aus und berücksichtigt frühzeitige Vermeidungsmaßnahmen ausreichend. Die Anwendung des Basisjahres 1990 kann allerdings zu erheblichen Problemen bei der rechtlichen Zuordnung der Emissionsrechte zu den Unternehmen führen, da ein Teil der Anlagen in diesem Jahr noch nicht existierte oder im aktuellen Bezugsjahr nicht mehr existiert. Aus diesem Grund hat das BMU in seinem Entwurf für den Nationalen Allokationsplan die Basisperiode 2000 bis 2002 gewählt (BMU, 2004).

2.2.4.1.2.3 Langfristige Wirkungen unterschiedlicher Allokationsverfahren

54. In der aktuellen Richtlinie ist eine regelmäßige Neuverteilung der Rechte jeweils zum Beginn der Berichtsperioden vorgesehen, wobei für den Zeitraum bis 2012 eine kostenlose Verteilung, ergänzt um eine eng begrenzte Auktionsoption festgelegt wurde (Tz. 47). Der spezielle Modus der kostenlosen Zuteilung und der genaue Anteil der auktionierten Emissionsrechte obliegt den jeweiligen Mitgliedstaaten. In der gegenwärtigen Diskussion wird ein Verfahren favorisiert, bei dem Anlagen analog zum „Benchmarking-Verfahren" der Erstallokation in jeder Verpflichtungsperiode Emissionsrechte entsprechend ihrer aktuellen Produktionsmenge erhalten.

55. Bei einer wiederholten Neuzuteilung der Emissionsrechte entsprechend der aktuellen Produktionsmenge sind problematische strategische Anpassungsmaßnahmen der Unternehmen zu erwarten. Da alle Anlagen für jede produzierte Einheit mit Emissionsrechten ausgestattet werden, besteht für Anlagen mit spezifischen Emissionsmengen unterhalb des durchschnittlichen „Benchmarking"-Niveaus der Anreiz, die Produktion auszudehnen, um in den Genuss zusätzlicher, am Zertifikatsmarkt verkäuflicher Zertifikate zu kommen. Durch den Absatz überzähliger Emissionsrechte ergibt sich eine relative Reduzierung der Produktionskosten, wodurch der Marktpreis der jeweiligen Produkte sinkt und der erwünschte Rückgang der nachgefragten Produktionsmenge geringer ausfällt. Da das vorgegebene Emissionsziel eingehalten werden muss, kann die relativ höhere Absatzmenge nur mit vergleichsweise teurer, weniger emissionsintensiver Erzeugungstechnik produziert werden. Dadurch steigen die gesamtwirtschaftlichen Kosten der Realisierung des Emissionsziels. Simulationsrechnungen für ein Programm zur CO_2-Minderung der Elektrizitätserzeugung in den USA ergaben eine annähernde Verdopplung der Kosten des Emissionshandels durch diesen Effekt (BEAMON et al., 2001, S. 8).

Demgegenüber zahlen die Anlagenbetreiber bei einer periodischen Versteigerung der Emissionsrechte für jedes Emissionsrecht den Auktionspreis. Dadurch erhöhen sich die variablen Produktionskosten und der Marktpreis steigt. Der daraus resultierende Rückgang der nachgefragten Produktionsmenge ist stärker ausgeprägt als bei der periodischen Neuverteilung. Die mit dem Produktionsrückgang verbundenen Emissionsminderungen lassen eine Realisierung des Emissionsziels unter Rückgriff auf vergleichsweise billigere Vermeidungstechniken zu (BURTRAW et al., 2001, S. 28 f.).

56. Aufgrund der Effizienzvorteile des Auktionsverfahrens und der Bedenken gegenüber einer auf die aktuelle Anlagenproduktion bezogenen kostenlosen Verteilung der Emissionsrechte wird die gegenwärtige Planung der Bundesregierung, auch in der zweiten Verpflichtungsperiode auf eine kostenlose Verteilung der Emissionsrechte zu setzen, durch den Umweltrat kritisch beurteilt. Die in der Richtlinie eröffnete Option der teilweisen Versteigerung der Emissionsrechte ist grundsätzlich zu begrüßen. Die kostenlose Vergabe sollte künftig aber vollständig durch eine Auktion der Emissionsrechte ersetzt werden. Eine Rückvergütung an die betroffenen Unternehmen ist nicht zu befürworten. Die Rückvergütung wirkt bei einem an die Produktionsmenge gekoppelten Verfahren ebenfalls wie eine Mengensubvention, was den Mengenabsatz stimuliert und daher kosteninefiziente Vermeidungstechniken erfordert. Hat die Rückvergütung den Charakter einer Pauschalsubvention für die Unternehmen, bleiben die Wohlfahrtseffekte einer aufkommensneutralen Steuerentlastung ungenutzt. Zweckbindungen für die Subventionierung von Umweltschutzmaßnahmen sind zwar grundsätzlich möglich, jedoch ist hierbei die Gefahr subventionsbedingter Marktverzerrungen zu beachten.

2.2.4.1.2.4 Berücksichtigung von Neuemittenten und Stilllegungen

57. In der Diskussion um die Behandlung von Neuemittenten im Allokationsverfahren wird eine Diskriminierung von Neuanlagen gegenüber Altanlagen befürchtet, wenn für diese Zertifikate auf dem Zertifikatsmarkt eingekauft werden müssen. Einerseits wird eine Wettbewerbsverzerrung zugunsten etablierter Unternehmen, andererseits ein Anreiz zu strategischem Horten von Emissionsrechten mit dem Ziel einer Erhöhung von Markteintrittsbarrieren erwartet. Eine häufige Forderung ist daher die Bildung einer Reserve an Emissionsrechten für eine kostenlose Zuteilung an zukünftige Neuemittenten. Dem ist das BMU in seinem Entwurf des Nationalen Allokationsplans nachgekommen, in dem eine (vergleichsweise geringe) Newcomer-Reserve in Höhe von 5 Mio. t CO_2/a für die Periode 2005 bis 2007 vorgesehen ist.

Der Umweltrat steht einer Reserve grundsätzlich kritisch gegenüber und hält die Sorge um eine Diskriminierung von Newcomern durch kostenpflichtigen Zertifikaterwerb für wenig relevant. Der Emissionshandel konfrontiert jedes Unternehmen bei der Wahl der Produktionsentscheidung mit dem Marktpreis für Emissionszertifikate. Während Neuemittenten ohne kostenlose Zuteilung für jede zusätzlich produzierte Mengeneinheit entsprechende Emissionszertifikate zum Marktpreis erwerben müssen, stehen bereits mit Emissionsrechten ausgestattete Unternehmen vor der Entscheidung, die verfügbaren Emissionsrechte entweder selbst zu nutzen oder am Zertifikatemarkt zum Marktpreis abzusetzen. Der realen Kostenbelastung des Zertifikaterwerbs der Neuemittenten stehen demnach gleich hohe Opportunitätskosten der Altemittenten gegenüber. Die Extraerträge, die einige etablierte Anlagenbetreiber aus der kostenlosen Anfangszuteilung erzielen können, wirken wettbewerbsneutral, da sie als Pauschalsubvention weder die eingesetzte Produktionstechnologie noch die variablen Produktionskosten der Anlagen beeinflussen. Somit besteht keine Wettbewerbsverzerrung zugunsten von Altemittenten im Moment des Markteintritts. Probleme könnten lediglich auftreten, wenn Newcomer aufgrund unvollständiger Kapitalmärkte systematisch mit schlechteren Finanzierungsbedingungen konfrontiert sind, was jedoch bei den in den Emissionshandel einbezogenen Branchen und Unternehmen von untergeordneter Bedeutung ist.

Marktzutrittsschranken durch strategisches Horten von Emissionsrechten wären dagegen nur zu befürchten, wenn einzelne etablierte Unternehmen aufgrund einer bestehenden marktbeherrschenden Stellung in der Lage wären, den Marktpreis für Emissionsrechte zu beeinflussen. Angesichts der großen Zahl der in den europäischen Emissionshandel eingebundenen Unternehmen ist dies jedoch sehr unwahrscheinlich. Ohnehin wäre diese Strategie der Marktverknappung nur erfolgreich, wenn sie permanent aufrechterhalten werden könnte, was aufgrund der hohen Opportunitätskosten des Hortens großer Mengen an Emissionsrechten eher unrealistisch ist.

Eine Newcomer-Reserve führt zu Effizienzverlusten des Emissionshandels, da die kostenlose Zuteilung für potenzielle Investoren einen Anreiz zu strategisch überhöhter Produktionsplanung schafft, um möglichst viele Zertifikate aus der Reserve zu erhalten (Vgl. hierzu Tz. 55; auch: FISCHER et al., 2003). Der Umweltrat steht daher einer Reservehaltung von Emissionsrechten für Neuemittenten ablehnend gegenüber. Für eine innovations- und strukturpolitisch motivierte Investitionsförderung beziehungsweise die Überwindung möglicher Finanzierungsrestriktionen stehen der Wirtschaftsförderung wesentlich wirksamere und zielgenauer einsetzbare Instrumente als die Reservenbildung zur Verfügung.

Hinzu kommen erhebliche administrative Probleme bei der Abgrenzung zwischen Altemittenten und Newcomern. Um Missbrauch zu verhindern, dürften nur solche Energieversorger als Newcomer eingestuft werden, die bei Einführung des Handels mit Emissionsrechten noch nicht auf dem deutschen Markt tätig waren. Ansonsten wäre zu befürchten, dass ein etablierter Anbieter, der eine Ersatzinvestition vornimmt, die ihm im Rahmen des *Grandfathering* für die nunmehr stillgelegte Anlage zugeteilten Emissionsrechte veräußert und für die neu zu errichtende Anlage eine kostenlose Zuteilung aus der Newcomer-Reserve beansprucht. Selbst die Beschränkung des Newcomer-Status auf solche Anbieter, die bisher nicht im deutschen Markt tätig waren, dürfte jedoch in Anbetracht der komplexen Möglichkeiten, Unternehmen in kaum noch nachvollziehbarer Weise miteinander zu verschachteln, ins Leere laufen. Insoweit würde die Möglichkeit einer kostenlosen Zuteilung aus einer Newcomer-Reserve geradezu eine Einladung zu einer missbräuchlichen Ausnutzung darstellen.

58. Häufig wird argumentiert, dass Unternehmen, die aufgrund von Anlagenstilllegungen frei gewordene Emissionsrechte verkaufen, den ungerechtfertigten Vorteil einer „Stilllegungsprämie" erlangen. Dies gilt jedoch nur, wenn die Stilllegung bereits vor der Erstallokation der Emissionsrechte erfolgt ist. Die Stilllegung einer emissionsintensiven Altanlage als Reaktion auf die Knappheitssignale des Zertifikatemarktes kann dagegen eine aus einzel- und gesamtwirtschaftlicher Sicht möglicherweise sinnvolle Maßnahme sein. Der Vorteil des Emissionshandels liegt gerade darin, dass die Emissionsminderung dort erfolgt, wo sie mit den geringsten Vermeidungskosten realisierbar ist. Dabei ist es gleichgültig, ob dies über den Neubau hocheffizienter Produktionsanlagen oder die Stilllegung nicht mehr benötigter Kapazitäten erfolgt. Wird die Anrechnung der Anlagenstilllegung nicht als Emissionsminderung anerkannt, sinkt für die betroffenen Unternehmen der Anreiz, Altanlagen frühzeitig außer Betrieb zu nehmen. Die Entwertung von Emissionszertifikaten stillgelegter Anlagen mit dem Ziel einer schnelleren Absenkung des Emissionsniveaus ist ein wenig zielsicheres Steuerungsinstrument, das mit einem erheblichen Verlust an dynamischer Effizienz und Innovationswirkung erkauft wird.

2.2.4.1.3 Weitere Aspekte der Umsetzung des europäischen Emissionshandels

2.2.4.1.3.1 Einbeziehung von erneuerbaren Energien

59. Über die Förderung erneuerbarer Energieträger wurden im Richtlinienvorschlag nur allgemeine Aussagen zur Gewährleistung der Kompatibilität mit den nationalen Ausbauzielen getroffen (EU-Kommission, 2001c,

Kap. 20). In der endgültigen Richtlinie finden erneuerbare Energieträger dagegen keine Erwähnung mehr. Grundsätzlich ist eine Förderung durch das Erneuerbare-Energien-Gesetz (Tz. 83 ff.) parallel zum Emissionshandel möglich. Anlagen zur Stromerzeugung aus erneuerbaren Energien erhalten bereits durch den Emissionshandel eine implizite Förderung, da Strom aus fossilen Kraftwerken verteuert wird. Dies würde bei der Wahl eines genügend anspruchsvollen Zielniveaus bezüglich ihrer Klimaschutzwirkung zu einem optimalen Ausbaupfad führen. Die ausschließliche Förderung durch den Emissionshandel würde allerdings bedeuten, dass erneuerbare Energieträger der direkten Konkurrenz mit modernen konventionellen Energieerzeugungstechniken ausgesetzt werden. Beim gegenwärtigen Stand der Kostenentwicklung der Nutzung erneuerbarer Energieträger und angesichts der in den ersten Perioden bis 2012 zu erwartenden geringen Zertifikatspreise dürfte die Förderwirkung des Emissionshandels auf absehbare Zeit unterhalb der Subventionswirkung des EEG liegen. Zur Durchsetzung der Ausbauziele der Bundesregierung reicht daher die Förderwirkung des Emissionshandels bis auf weiteres nicht aus, sodass ergänzende Maßnahmen notwendig bleiben (Tz. 84).

2.2.4.1.3.2 Einbeziehung von Kraft-Wärme-Kopplungsanlagen

60. Die gekoppelte Erzeugung von Strom und Wärme in so genannten Kraft-Wärme-Kopplungsanlagen (KWK-Anlagen) weist ein gegenüber der getrennten Erzeugung hohes Einsparpotenzial in Bezug auf den Primärenergieeinsatz und somit an CO_2-Emissionen auf. Daher gewinnt der Einsatz solcher Technologien unter einem Emissionshandelssystem an wirtschaftlicher Attraktivität.

Da KWK-Anlagen bislang im Vergleich zu herkömmlichen Kraftwerken oft höhere Stromgestehungskosten aufwiesen, werden sie – wenngleich nur teilweise – durch das 2002 in Kraft getretene Gesetz für die Erhaltung, die Modernisierung und den Ausbau der Kraft-Wärme-Kopplung (BGBl. I, 2002, S. 1092) gefördert. In Verbindung mit der am 18. Dezember 2003 in Kraft getretenen Vereinbarung zwischen der Bundesregierung und der deutschen Wirtschaft zur Förderung der Kraft-Wärme-Kopplung vom 25. Juni 2001 (Bundesrepublik Deutschland und Deutsche Wirtschaft, 2001) sollen so bis zum Jahr 2005 10 Mio. t CO_2 und bis zum Jahr 2010 mindestens 20 Mio. t CO_2, möglichst 23 Mio. t CO_2 gegenüber 1998 durch die Nutzung von KWK eingespart werden (KWKG, § 1 Abs. 1). Rund die Hälfte dieser Emissionsverringerung soll das Gesetz bewirken. Die bisherige Entwicklung wird dem allerdings keineswegs gerecht. Vielmehr ist zu befürchten, dass dieses Minderungsziel bei Weitem verfehlt wird (UBA, 2003c). Dies ist unter anderem auf Schwächen des Gesetzes zurückzuführen, die der Umweltrat bereits in seinem letzten Gutachten kritisiert hat (SRU, 2002, Tz. 489 ff.): Eigengenutzter Strom erfährt ebenso keine Förderung wie der wichtige Zubau von Anlagen größer als 2 MW (SRU, 2002). Zudem ist der Förderzeitraum zu kurz. Zusätzlich negative Wirkungen hatten steigende Brennstoffpreise einerseits und niedrige Strompreise (zumindest bis Anfang 2003) andererseits.

61. Spätestens mit dem gesetzlich festgelegten Monitoring zum Ende des Jahres 2004 stellt sich daher die Frage nach einer Neuorientierung der KWK-Förderung. Angesichts der bevorstehenden Einführung des Emissionshandelssystems, in das KWK-Anlagen mit Feuerungsleistungen von mehr als 20 MW einbezogen werden (RL 2003/87/EG, Annex I), hält es der Umweltrat für gerechtfertigt, diese Anlagen ab 2005 nicht mehr gesondert zu fördern. Die dynamische Anreizwirkung des Emissionshandels dürfte grundsätzlich eine ausreichende Förderwirkung entfalten.

Allerdings ergibt sich bei der Integration der Kraft-Wärme-Kopplung in das Emissionshandelssystem durch die Begrenzung auf 20 MW Feuerungswärmeleistung zusätzlicher Regelungsbedarf. In den Emissionshandel einbezogene große KWK-Anlagen stehen bei der Wärmeauskopplung in direkter Konkurrenz zu Wärmeerzeugern außerhalb des Handelssystems. Dadurch verschlechtert sich ihre Wettbewerbsposition gegenüber kleineren KWK und anderen dezentralen Wärmeerzeugungsanlagen. Um entsprechende dadurch bedingte Wettbewerbsverzerrungen zu vermeiden wäre es notwendig, entsprechende Anpassungen vorzunehmen. Eine Möglichkeit wäre die Befreiung des für die Wärmeerzeugung erforderlichen Brennstoffanteils von der Nachweisverpflichtung für Emissionszertifikate. Voraussetzung hierzu wäre die Berechnung des Brennstoffanteils mithilfe des Fernwärmeabsatzes und dem zertifizierten Wirkungsgrad der Wärmeerzeugung der jeweiligen Anlage (STRONZIK und CAMES, 2002, S. 32). Im Gegensatz zu einer Sonderreserve für den in KWK-Anlagen erzeugten Wärmeanteil, wie sie im BMU-Entwurf vorgesehen ist (BMU, 2004), würde eine Ausnahme der Wärmeerzeugung von der Zertifikatspflicht eine effizienzmindernde Reservehaltung vermeiden.

2.2.4.1.3.3 Planungssicherheit und Flexibilität für die Unternehmen

62. Die Richtlinie erfasst bislang lediglich den Zeitraum bis 2012, ohne konkrete Aussagen über die weitere Entwicklung des Handelssystems zu machen. Dieser Unsicherheitsfaktor kann besonders in dem durch langfristige Kapitalbindung gekennzeichneten Energiesektor zu erheblichen Investitionshemmnissen führen (Tz. 28 ff.; STRONZIK und CAMES, 2002, S. 11). Dies unterstreicht die zuvor getroffenen Feststellungen zur Notwendigkeit einer frühzeitigen Zielfixierung (Tz. 46). Hinreichend langfristige Emissionsziele könnten überdies die Entwicklung innovativer Finanzinstrumente auf dem Zertifikatemarkt befördern. Die Möglichkeit, mit dem Terminhandel von Zertifikaten die wirtschaftlichen Risiken von Preisschwankungen zu reduzieren, kann zur Senkung der Kosten des Emissionshandels beitragen.

63. Ein Ansparen von Emissionsrechten (*Banking*) für die Verpflichtungsperiode ab 2008 ist prinzipiell möglich (RL 2003/87/EG, Art. 13), die Ausgestaltung bleibt den Mitgliedstaaten überlassen. Eine Möglichkeit, bereits heute Emissionsrechte aus zukünftigen Verpflichtungsperioden vorzuziehen (*Borrowing*) und später wieder zu tilgen, ist in der Richtlinie nicht vorgesehen. Der Umweltrat hält diesen Verzicht in der jetzigen Erprobungsphase mit ihren Unsicherheiten und der Offenheit der langfristigen Zielvorgaben für berechtigt. Eine zu hohe Flexibilität des Einsatzes von Emissionsrechten wäre vermutlich ein zusätzliches Risiko für die termingerechte Einhaltung der Kioto-Ziele.

Grundsätzlich und bei anspruchsvollen langfristigen Zielvorgaben könnte jedoch eine Flexibilisierung des Emissionshandels in der Zeitdimension erwogen werden (McKIBBIN und WILCOXEN, 2002; FISCHER et al., 1998). Abgesehen von möglichen weiteren Kostensenkungen können *Banking* und *Borrowing* die Gefahr einer zu hohen, marktdestabilisierenden Preisvolatilität am Zertifikatemarkt verringern. Der Mangel an zeitlicher Flexibilität des Emissionshandels wird als wichtige Ursache der schlechten Erfahrungen mit dem kalifornischen *Regional Clean Air Incentive Market for NO_x* (RECLAIM) angeführt (ELLERMAN, 2002, S. 6 f.).

Während die Unternehmen vom *Banking* profitieren, wenn die Vermeidungskosten einer zusätzlichen Produktionseinheit (entspricht dem Preis eines Emissionsrechts) schneller steigen als die Erträge alternativer Kapitalanlagen (Kapitalmarktzins), wird *Borrowing* bei einer gegenläufigen Entwicklung interessant. In beiden Fällen führt die zeitliche Verlagerung von Investitionen, das heißt die Möglichkeit der Verwendung der frei werdenden Mittel in Anlagen mit höheren Kapitalerträgen, zur Reduzierung der Kosten des Emissionshandels. Eine hohe Flexibilität des Emissionshandelsregimes und damit verbundene Kostenersparnisse könnte schließlich auch die Teilnahmebereitschaft von Unternehmen beziehungsweise Staaten erhöhen, die bislang aufgrund der hohen kurzfristigen Kostenbelastung nicht bereit waren, mit eigenen Minderungsverpflichtungen am Emissionshandel teilzunehmen. Dem stehen Risiken zusätzlicher Ausweichmöglichkeiten gegenüber, die grundsätzlich beherrschbar sein mögen, in der Startphase des Emissionshandels aber durch einen Verzicht auf dessen zeitliche Flexibilisierung vermieden werden sollten.

2.2.4.1.3.4 Integration flexibler Kioto-Mechanismen und zukünftige Ausdehnung des Emissionshandels auf weitere Sektoren

64. Die Richtlinie zum Emissionshandel schließt die Anrechnung von Emissionsrechten aus projektbezogenen Mechanismen mit ein (RL 2003/87/EG, Art. 30). Die Kriterien und Anforderungen der Anwendung projektbezogener Maßnahmen werden in einer gesonderten Richtlinie festgelegt. Ein entsprechender Entwurf liegt seit Juli 2003 vor (KOM(2003)403 endg.).

Die Einbeziehung von Emissionsgutschriften aus den projektbasierten Instrumenten Joint Implementation (JI) und Clean Development Mechanism (CDM) in den Emissionshandel ist grundsätzlich geeignet, die Kosteneffizienz des Klimaschutzes in den Teilnehmerstaaten zu erhöhen und wichtige Impulse für die wirtschaftliche Entwicklung in Entwicklungs- und Schwellenländern zu geben. Dieser Vorteil muss jedoch mit Abstrichen an die Sicherheit der Zielerreichung der europäischen Emissionsziele erkauft werden. Da die Einbeziehung flexibler Mechanismen die Ausgangsbedingungen für weitere Klimaschutzmaßnahmen in diesen Ländern verbessert und damit deren Bereitschaft zur direkten Integration in den Emissionshandel erhöhen dürfte, erscheint dieser Kompromiss angemessen.

Zur Reduzierung des Risikos von Zielverfehlungen gilt es, vorab einheitliche Kriterien zur ökologischen Bewertung von JI- und CDM-Projekten zu definieren und entsprechende Kontrollmechanismen zu schaffen. Hierunter fällt nicht nur die Definition geeigneter Referenzemissionswerte, sondern auch die realistische Bewertung der Reduktionspotenziale der einzelnen Projekte gegenüber diesen *Baselines*. In diesem Zusammenhang ist die Einhaltung des Kriteriums der „Zusätzlichkeit" der Maßnahmen besonders wichtig. Nur so kann sichergestellt werden, dass den erzeugten Emissionsrechten auch tatsächliche Emissionsreduktionen entsprechen, die über einer Business-as-Usual-Entwicklung liegen. Dies wäre etwa dadurch zu erreichen, dass die Projektgenehmigung an klare Vorgaben zur Emissionsverringerung geknüpft wird. Die Spezifizierung der *Baselines* sollte sich möglichst an für die jeweiligen Projekte spezifischen Emissions-Benchmarks in den Zielländern orientieren, damit zunächst dort Investitionen ausgelöst werden, wo die Klimaschutzwirkungen mit dem geringsten Mitteleinsatz erreichbar sind. Im Fall der EU-Beitrittsländer muss zur Gewährleistung der „Zusätzlichkeit" bei der zukünftigen Einbeziehung von Anlagen in den Emissionshandel die Anzahl der vergebenen Emissionsrechte zwecks Vermeidung von Doppelzählungen um bis dahin bereits vergebene JI-Emissionsminderungen korrigiert werden.

65. Die EU-Kommission sieht im aktuellen Richtlinienvorschlag zur Einbeziehung der flexiblen Kioto-Mechanismen zunächst keine quantitativen Beschränkungen vor. Allerdings wird eine Obergrenze in Höhe von 8 % der ausgegebenen Emissionsrechte in Erwägung gezogen, falls 6 % der Emissionsrechte aus Anrechnungen der Emissionsminderungen flexibler Kioto-Mechanismen resultieren. Eine derartige Mengenrestriktion steht zwar grundsätzlich im Widerspruch zum Ziel einer effizienten Klimapolitik und wäre damit im Rahmen eines Emissionshandels mit hinreichend anspruchsvollen Reduzierungsvorgaben nicht zu vertreten. Jedoch zeichnet sich das gegenwärtige Handelsmodell durch zu geringe Reduzierungsvorgaben aus (Tz. 49), sodass sich bereits ohne Einbeziehung der flexiblen Kioto-Mechanismen nur ein vergleichsweise geringer Zertifikatpreis ergeben würde. Eine unbegrenzte Einbeziehung von JI- und CDM-Projekten birgt in dieser Situation die Gefahr eines noch stärkeren Preisverfalls, der insbesondere vor dem Hintergrund der gegenwärtig anstehenden Investitionsentscheidungen in der deutschen Energiewirtschaft problematisch wäre. Solange der Emissionshandel nicht mit hinreichend anspruchsvollen Reduktionszielen verknüpft wird, erachtet der Umweltrat deshalb eine quantitative Beschränkung der Einbeziehung von JI- und CDM-Projekten trotz der damit verbundenen Effizienzverluste für sachgerecht.

Wie bereits im Umweltgutachten 2002 gefordert (SRU, 2002, Tz. 485), sollte bei der Implementierung flexibler Mechanismen darauf geachtet werden, dass die öffentliche Kofinanzierung privater Projekte keinen Subventionswettlauf um Wettbewerbsvorteile für einzelne Unternehmen beziehungsweise Branchen auslöst. Ansonsten wären Konflikte zwischen den Mitgliedstaaten und ineffizient hohe Investitionsvolumina in weniger kosteneffiziente Klimaschutzprojekte zu befürchten.

66. Da die ökologische Wirksamkeit und ökonomische Effizienz des Emissionshandels mit der Einbeziehung zusätzlicher Emittenten steigt, ist die in der Richtlinie vorgesehene Option zur Aufnahme zusätzlicher Wirtschaftszweige beziehungsweise Unternehmen in den Emissionshandel zu begrüßen (RL 2003/87/EG, Art. 24). Hier könnte die Bundesregierung künftig eine Einbeziehung der bislang noch nicht unter den zukünftigen Emissionshandel fallenden Industriesektoren in Erwägung ziehen. Immerhin enthält die Richtlinie bezüglich des Adressatenkreises der Emissionsrechte keine Restriktionen.

2.2.4.1.3.5 Verhältnis der IVU-Richtlinie zur Emissionshandels-Richtlinie

67. Nach Artikel 26 der Richtlinie zum europäischen Emissionshandel muss die Richtlinie über die integrierte Vermeidung und Verminderung der Umweltverschmutzung (IVU-Richtlinie, RL 96/61/EG) dahin gehend geändert werden, dass für unter das Emissionshandelssystem fallende Anlagen „keine Emissionsgrenzwerte für direkte Emissionen dieses Gases" existieren, „es sei denn, dies ist erforderlich, um sicherzustellen, dass keine erhebliche lokale Umweltverschmutzung bewirkt wird". Die Option auf Verzicht auf (bzw. Beibehaltung von) Energieeffizienzstandards für unter das System fallende Anlagen bleibt den Mitgliedstaaten dagegen freigestellt.

Bereits im Umweltgutachten 2002 hat der Umweltrat darauf hingewiesen, dass die in der IVU-Richtlinie fixierten anlagenbezogenen Pflichten zu effizienter Energienutzung und zur Vorsorge nach dem Stand der Technik die Flexibilität der Unternehmen bezüglich der Bandbreite möglicher Vermeidungsmaßnahmen einschränken und damit die Effizienz des Emissionshandels reduzieren können (SRU, 2002, Tz. 486 f.). Eine Aufhebung von Energieeffizienzanforderungen setzt jedoch voraus, dass Anforderungen an den Gefahrenschutz und die Vorsorge in Bezug auf andere Luftschadstoffe davon unberührt bleiben, auch wenn diese indirekt Auswirkungen auf die Energieeffizienz und den Ausstoß von Treibhausgasen haben. In diesem Rahmen verbleiben den Unternehmen ausreichende Möglichkeiten, durch Betriebseinschränkungen, Brennstoffsubstitution und durch Effizienzverbesserungen entsprechende Emissionsminderungen zu realisieren.

Administrativ vorgegebene Effizienzstandards reduzieren grundsätzlich das Kostensenkungspotenzial des Emissionshandels, da sie die preisinduzierte Suche nach den kostengünstigsten Emissionsminderungspotenzialen behindern. Zudem reduziert sich das Marktvolumen an Emissionszertifikaten, was angesichts nahezu unveränderter Kosten zur Aufrechterhaltung des eigentlichen Handelssystems die Attraktivität des Handels weiter reduzieren und im Extremfall den Zusammenbruch des Emissionshandels zur Folge haben kann. Ein probates Instrument wären ordnungsrechtliche Maßnahmen jedoch dann, wenn sich der Emissionshandel hinsichtlich der Erreichung der gesteckten Emissionsziele als unwirksames Instrument erweisen würde. Deshalb hat der Umweltrat die Empfehlung zum Verzicht auf ordnungsrechtliche Vorgaben zugunsten des Emissionshandels mit einem entsprechenden Vorbehalt („für eine Erprobungsphase") versehen, der eine Rückholbarkeit zulässt (SRU, 2002, Tz. 487).

2.2.4.1.3.6 Kompatibilität mit der Ökosteuer

68. Hinsichtlich der gleichzeitigen Anwendung von Emissionshandel und Ökosteuer sind Doppelbelastungen für bestimmte Emittentengruppen und Haushalte sowie Wettbewerbsverzerrungen zwischen den Wirtschaftssektoren grundsätzlich zu vermeiden. Wirkungskonflikte zwischen beiden Klimaschutzinstrumenten erhöhen die volkswirtschaftlichen Kosten und vermindern die Effektivität des Klimaschutzes. So besteht etwa das Risiko, dass durch eine gesamtwirtschaftlich ungleichmäßige Belastung der Treibhausgasemissionen Verschiebungen der Nachfrage zugunsten von Sektoren außerhalb des Emissionshandels ausgelöst werden und es dadurch zu einer partiellen Umverteilung der Emissionen kommt (*Leakage Effekt*). Eine diesbezügliche Abstimmung der Klimaschutzinstrumente erscheint daher sowohl aus Effizienzgesichtspunkten als auch hinsichtlich der ökologischen Effektivität notwendig.

69. Da das gegenwärtig vom Bundesumweltministerium vorgeschlagene Ziel einer Reduktion von 25 Mio. t CO_2/a bis 2010 gegenüber 1998 lediglich dem Zielniveau entspricht, zu dem sich die deutsche Wirtschaft als Ausgleich für die Ausnahmeregelungen des Ökosteuergesetzes verpflichtet hat, kann nach Ansicht des Umweltrates auf die Ökosteuer für die am Emissionshandel teilnehmenden Unternehmen nicht verzichtet werden. Eine Zusatzbelastung durch das Emissionshandelssystem findet zumindest in der ersten Periode nicht statt, vielmehr ist durch Effizienzgewinne eine Reduktion der Belastung zu erwarten. Unter Berücksichtigung der Klimaschutzziele für 2020 und 2050 wäre ein wesentlich höheres Reduktionsziel notwendig gewesen. Damit ist jedoch nicht ausgeschlossen, dass bei hinreichend anspruchsvollen Emissionszielen in Zukunft eine Steuerbefreiung für am Emissionshandel teilnehmende Unternehmen zur Vereinfachung des Instrumentariums gerechtfertigt sein kann. Dies wäre insbesondere als Beitrag zum Abbau der gegenwärtigen Privilegierung der Strom- und Wärmeerzeugung aus Kohle zielführend. Die Ökosteuerveranlagung auf Heizenergieträger bei den Haushalten bleibt dagegen aufgrund der Bottom-up-Orientierung des gegenwärtigen Klimaschutzinstrumentariums wegen des Transaktionskostenvorteils das geeignetere Instrument.

2.2.4.2 Fortentwicklung der ökologischen Steuerreform

70. Der Umweltrat hat bereits in früheren Umweltgutachten zur ökologischen Steuerreform Stellung genommen (SRU, 2002, Tz. 445 ff; SRU, 2000, Tz. 97 ff.). Der Ansatz einer Bepreisung von Umweltbelastungen wurde dabei im Grundsatz begrüßt, zugleich wurde jedoch auf verschiedene Schwachpunkte in der konkreten Ausgestaltung hingewiesen, und es wurden folgende Forderungen aufgestellt (SRU, 2002, Tz. 461 ff.):

- Die Steuersätze sollten auch über das Jahr 2003 hinaus langsam, aber kontinuierlich und für alle Beteiligten langfristig voraussehbar ansteigen.

- Die Bemessungsgrundlage der Ökosteuer sollte mittelfristig auf die jeweilige CO_2-Intensität der betreffenden Energieträger umgestellt werden.

- Es sollte eine Harmonisierung der Energiebesteuerung in der EU angestrebt werden, sodass Ermäßigungstatbestände zum Schutz der Wettbewerbsfähigkeit nicht mehr erforderlich sind. Solange dies nicht erreicht ist, sollten Ermäßigungstatbestände von der Energieintensität der Prozesse, der sektoralen Export- beziehungsweise Importintensität und der Anwendung eines Energie-Audits abhängig gemacht werden.

- Die derzeitige Aufkommensverwendung zugunsten einer Senkung der Lohnnebenkosten sollte nur als Übergangslösung bis zur Realisierung einer umfassenden Reform der Sozialversicherung dienen.

Vor diesem Hintergrund bewertet der Umweltrat im Folgenden das am 23. Dezember 2002 verabschiedete „Gesetz zur Fortentwicklung der ökologischen Steuerreform" (BGBl. 2002, Teil I, Nr. 87, S. 4602–4606). Es sieht im Einzelnen einen Abbau der gegenwärtigen Ermäßigungstatbestände und eine Veränderung der Steuersätze auf einzelne Energieträger vor. Die hierdurch zu erwartenden Mehreinnahmen sollen zum überwiegenden Teil dem Bund als allgemeine Haushaltsmittel zur Verfügung stehen.

2.2.4.2.1 Abbau der Ermäßigungstatbestände

71. Nach der bisherigen Regelung galt für Unternehmen des Produzierenden Gewerbes sowie der Land- und Forstwirtschaft ein auf 20 % reduzierter Ökosteuersatz auf Strom, Heizöl und Erdgas, soweit der Energieverbrauch pro Jahr über einer bestimmten Ermäßigungsschwelle liegt. Darüber hinaus wurde Unternehmen des Produzierenden Gewerbes, deren zusätzliche Belastung durch die Ökosteuer oberhalb einer Bagatellgrenze von 511 Euro pro Jahr liegt, die Möglichkeit eines so genannten „Spitzenausgleichs" eingeräumt. Im Rahmen dieses Spitzenausgleichs wurde den Unternehmen derjenige Anteil der zusätzlichen Stromsteuer und der erhöhten Mineralölsteuer auf Gas und Heizöl zurückerstattet, der das 1,2fache der Einsparung durch die Senkung der Arbeitgeberanteile zur Rentenversicherung übersteigt. An diesen Regelungen wurde in der Vergangenheit bemängelt, dass die Lenkungswirkung der Ökosteuer im Unternehmensbereich durch die reduzierten Steuersätze faktisch marginalisiert und durch den Spitzenausgleich im Bereich der Großverbraucher völlig ausgehebelt wird. Darüber hinaus wurde die Befürchtung geäußert, dass für Unternehmen, deren Energieverbrauch knapp unter der Ermäßigungsgrenze liegt, ein Anreiz entsteht, ihren Energieverbrauch zu erhöhen, um damit die Ermäßigungsgrenze zu übersteigen (SRU, 2000, Tz. 105).

Nach der seit 1. Januar 2003 gültigen Regelung steigen die ermäßigten Ökosteuersätze auf Strom, Heizöl und Erdgas von 20 auf 60 % der regulären Sätze. Anders als nach der bisherigen Gesetzeslage gelten diese ermäßigten Sätze generell für alle Unternehmen des Produzierenden Gewerbes und der Land- und Fortwirtschaft unabhängig von ihrem Energieverbrauch. Darüber hinaus wurde im Zuge der Neuregelung auch der Spitzenausgleich reformiert. Danach wird Unternehmen des Produzierenden Gewerbes, deren zusätzliche Steuerbelastung die Bagatellgrenze von nunmehr 512,50 Euro pro Jahr übersteigt, derjenige Anteil der zusätzlichen Stromsteuer und der erhöhten Mineralölsteuer auf Gas und Heizöl zu 95 % zurückerstattet, der die (einfachen) Einsparungen durch die Senkung der Arbeitgeberanteile zur Rentenversicherung übersteigt.

72. Die Erhöhung der ermäßigten Ökosteuersätze auf 60 % erscheint prima vista geeignet, den Lenkungseffekt der Ökosteuer deutlich zu steigern. Zusammen mit der gleichzeitigen Reform des Spitzenausgleichs ergibt sich jedoch eine ambivalente Beurteilung. Um dies zu verdeutlichen, wird in Abbildung 2-8 die Nettobelastung eines Unternehmens, das bei den Rentenversicherungsbeiträgen um einen Betrag in Höhe von R entlastet wird, in Abhängigkeit vom Energieverbrauch dargestellt. Die Bagatellgrenze von 511 Euro pro Jahr bleibt hier zur Vereinfachung unberücksichtigt. Wie Abbildung 2-8 zeigt, führt die Erhöhung der ermäßigten Steuersätze dazu, dass die Belastung durch die Ökosteuer bei einer Ausdehnung des Energieverbrauchs sehr viel schneller als bisher ansteigt, zugleich greift jedoch auch der Spitzenausgleich sehr viel früher. In der Summe haben diese beiden Effekte zur Folge, dass sich bereits bei einem sehr viel geringeren Energieverbrauch eine Nettobelastung ergibt, weil die zusätzliche Belastung durch die Ökosteuer höher ist als die Entlastung durch die Einsparungen bei den Rentenversicherungsbeiträgen (nach der alten Regelung ergab sich eine Nettobelastung erst bei einem Energieverbrauch jenseits von E_2, bei der neuen Regelung bereits bei einem Energieverbrauch jenseits von E_1). Maßgeblich für die Lenkungswirkung der Ökosteuer ist jedoch nicht die Nettobelastung, sondern die Grenzbelastung, also die zusätzliche Steuerbelastung bei einer Erhöhung des Energieverbrauchs (Steigung der jeweiligen Steuerbelastungskurve in Abb. 2-8). Wie Abbildung 2-8 zeigt, führt die Erhöhung der Steuersätze in Kombination mit dem früheren Einsetzen des Spitzenausgleichs zu zwei gegenläufigen Effekten auf die Lenkungswirkung, deren Nettoeffekt vom jeweiligen Energieverbrauch abhängt:

Abbildung 2-8

Effektive Ökosteuerbelastung unter Berücksichtigung des Spitzenausgleichs – bisherige Regelung und Neuregelung ab 2003

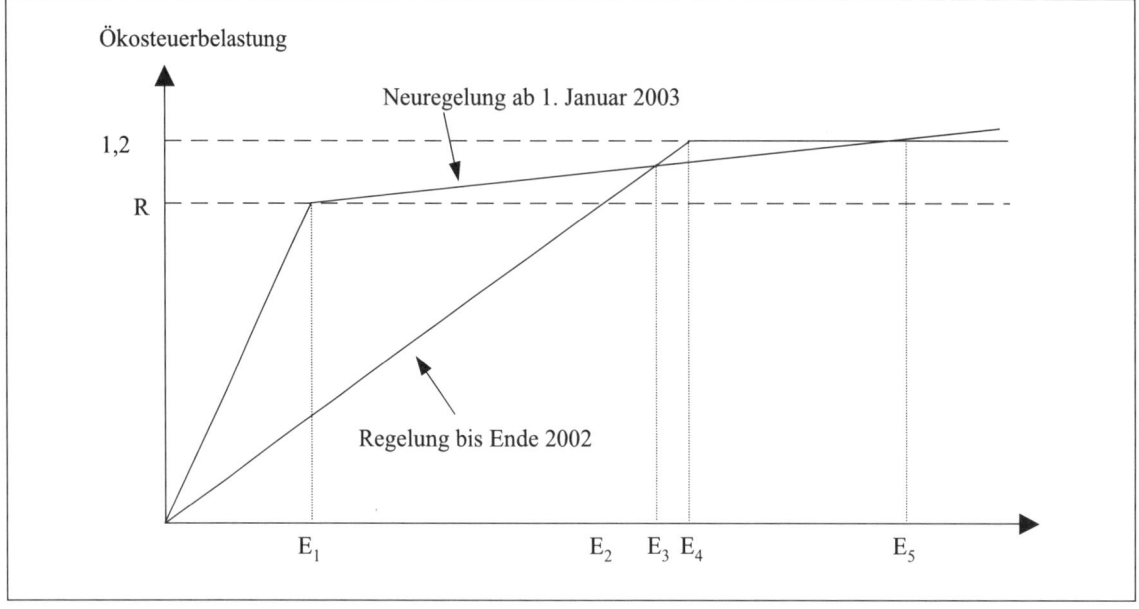

Quelle: BACH und KOHLHAAS (2003)

- Für Unternehmen mit einem geringen Energieverbrauch (bis E_1) ergibt sich eine deutlich höhere Grenzbelastung, sodass hier die Lenkungswirkung der Ökosteuer spürbar verstärkt wird.

- Für Unternehmen mit einem mittleren bis hohen Energieverbrauch (zwischen E_1 und E_4) ergibt sich eine deutlich geringere Grenzbelastung, sodass hier die Lenkungswirkung der Ökosteuer spürbar abgeschwächt wird.

- Für Unternehmen mit einem sehr hohen Energieverbrauch (jenseits von E_4), für die nach der alten Regelung durch den Spitzenausgleich die Grenzbelastung null war, ergibt sich nun ebenfalls eine positive, wenn auch nur vergleichsweise geringe Grenzbelastung, sodass nun auch hier eine gewisse Lenkungswirkung erzielt wird.

Damit lässt sich zusammenfassend feststellen, dass die Lenkungswirkung der Ökosteuer bei Unternehmen mit geringem oder sehr hohem Energieverbrauch verstärkt wurde, während in allen anderen Fällen eine Verminderung der Lenkungswirkung zu verzeichnen ist. Wie sich diese Modifikationen im Saldo auswirken ist ungewiss; dabei erscheint jedoch insgesamt eher eine Abschwächung der Lenkungswirkung als wahrscheinlich.

73. Ermäßigungstatbestände zum Schutz der Wettbewerbsfähigkeit sind solange zu rechtfertigen, wie keine wirksame EU-weite Harmonisierung der Energiebesteuerung erreicht worden ist. Leider hat sich der Rat der EU-Finanzminister im März 2003 nur auf eine halbherzige Harmonisierung einigen können. So wurden zum 1. Januar 2004 die bisherigen Mindeststeuersätze auf unverbleites Benzin und Dieselkraftstoff angehoben und es wurden erstmals Mindeststeuersätze auf Erdgas, Kohle und Koks für Heizzwecke sowie auf Strom eingeführt (Tab. 2-2). Diese Mindeststeuersätze, über deren erneute Anpassung die EU-Kommission erst wieder im Jahr 2013 befinden will, weisen bei weitem noch nicht die für eine Harmonisierung erforderliche Höhe auf. So müssen von den bisherigen Mitgliedstaaten nur Griechenland und Portugal sowie in geringerem Maße Belgien, Irland und Luxemburg die gegenwärtigen Steuersätze anheben, da sie unterhalb der Mindeststeuersätze liegen. Lediglich in den Beitrittsstaaten werden substanzielle Erhöhungen der Energiebesteuerung erforderlich werden.

Darüber hinaus ist zu kritisieren, dass die Vorgaben der EU lange Übergangsfristen und zahlreiche Ausnahmeregelungen vorsehen. So können die Mitgliedstaaten bisherige Steuerermäßigungen unter Mitsprache der EU-Kommission bis zum 31. Dezember 2006 beibehalten; noch längere Übergangsfristen, zum Teil bis 2012, wurden Portugal, Frankreich, Griechenland, Italien, Spanien, Österreich und Belgien in Bezug auf den gewerblichen Dieselsteuersatz eingeräumt. Darüber hinaus gibt es Ausnahmen für den Luft- und Schiffverkehr. Der Energieverbrauch in Privathaushalten kann von der Mindestbesteuerung ausgenommen werden, und energieintensiven Industrien kann eine vollständige Erstattung der Energiesteuern im Gegenzug zu Investitionen zur Steigerung der Energieeffizienz gewährt werden.

Tabelle 2-2

EU-Mindeststeuersätze für ausgewählte Energieträger (ohne Berücksichtigung von Ausnahmen und Ermäßigungen)

Energieträger	Bisheriger Mindeststeuersatz	Mindeststeuersatz ab 1.1.2004
Unverbleites Benzin	287 Euro/1 000 l	359 Euro/1 000 l
Dieselkraftstoff	245 Euro/1 000 l	302 Euro/1 000 l*
Erdgas für Heizzwecke	–	0,3 Euro/GJ
Kohle und Koks für Heizzwecke	–	0,3 Euro/GJ
Strom	–	1 Euro/MWh

* ab 1. Januar 2010: 330 Euro/1 000 l
Quelle: FÖS EV, 2003, S. 14; RL 2003/96/EG Anhang I

Aufgrund dieser insgesamt unzureichenden Harmonisierung werden im Rahmen der deutschen Ökosteuer auch weiterhin Ausnahmeregelungen zum Schutz der hiesigen Wettbewerbsfähigkeit heimischer Unternehmen erforderlich sein. Dabei weist der Umweltrat jedoch erneut darauf hin, dass jedwede Ermäßigungstatbestände mit Effizienzverlusten einhergehen und deshalb möglichst zurückhaltend gehandhabt werden sollten. Der Umweltrat erneuert deshalb seine Forderung, Ermäßigungstatbestände künftig von der Energieintensität der Produktionsprozesse, von der Export- beziehungsweise Importintensität des betreffenden Sektors und von der Anwendung eines Energie-Audits abhängig zu machen (vgl. SRU, 2002, Tz. 456).

Bei der konkreten Ausgestaltung von Ermäßigungstatbeständen ist darüber hinaus zu beachten, dass für die Wettbewerbsfähigkeit der Unternehmen die absolute Steuerbelastung maßgeblich ist, während die Lenkungswirkung durch die Grenzbelastung determiniert wird. Eine Wahrung der Wettbewerbsfähigkeit bei gleichzeitig hoher Lenkungswirkung erfordert deshalb eine hohe Grenzbelastung bei geringer absoluter Belastung. Der Umweltrat regt an, zu prüfen, inwiefern sich eine solche Konstellation durch entsprechende Freibetragsregelungen bei gleichzeitig hohen Steuersätzen realisieren ließe. Erste Vorarbeiten zu dieser Frage wurden bereits durch das Deutsche Institut für Wirtschaftsforschung geleistet (BACH et al., 1998).

2.2.4.2.2 Erhöhung der Regelsteuersätze auf einzelne Energieträger

74. Mit dem „Gesetz zur Fortentwicklung der ökologischen Steuerreform" wurden die Regelsätze der Mineralölsteuer für Erdgas bei Verwendung als Heizstoff, für Flüssiggas, Heizöl und für schweres Heizöl angehoben (Tab. 2-3). Ausgenommen hiervon sind effiziente KWK-Anlagen sowie der Einsatz von Mineralöl zur Stromerzeugung. Zugleich wurde die befristete Steuerermäßigung für Erdgas, das als Kraftstoff in Fahrzeugen verwendet wird, bis zum 31. Dezember 2020 verlängert.

75. Der Umweltrat hatte bereits in früheren Umweltgutachten gefordert, dass sich die Regelsteuersätze für die einzelnen Energieträger an ihrer jeweiligen CO_2-Intensität bemessen sollten (SRU, 2002, Tz. 463; SRU, 2000, Tz. 100). Im Gegensatz hierzu ließ sich die Bundesregierung bei der Anhebung der Regelsteuersätze von der Zielsetzung leiten, die Steuerbelastung der Brennstoffe bezogen auf ihren Energiegehalt anzugleichen. Diese Vorgehensweise ist unter ökologischen Gesichtspunkten fragwürdig, da der Energiegehalt keinen verlässlichen Indikator der jeweiligen Umweltbelastungen darstellt

Tabelle 2-3

Regelsteuersätze für einzelne Energieträger vor und nach dem 1. Januar 2003

Energieträger	Alter Regelsteuersatz	Neuer Regelsteuersatz
Erdgas bei Verwendung als Heizstoff	3,476 Euro/kWh	5,50 Euro/kWh
Flüssiggas	38,34 Euro/1 000 kg	60,60 Euro/1 000 kg
Schweres Heizöl	17,89 Euro/1 000 kg	25 Euro/1 000 kg
SRU/UG 2004/Tabelle 2-3; Datenquelle: BGBl. 2002, Teil I, Nr. 87, S. 4602-4606		

(vgl. auch BÖHRINGER und SCHWAGER, 2003, S. 216 f.). Insbesondere hat die Erhöhung des Regelsteuersatzes auf Erdgas dazu geführt, dass Erdgas bezogen auf die CO_2-Intensität nun stärker besteuert wird als leichtes Heizöl (vgl. BACH und KOHLHAAS, 2003). Soweit diese überproportionale Verteuerung des relativ umweltfreundlichen Energieträgers Erdgas an die Endverbraucher vollständig weitergegeben wird, sind ökologisch kontraproduktive Substitutionseffekte zu erwarten.

76. Die Verlängerung der Steuerermäßigung für Erdgas als Kraftstoff in Fahrzeugen ist geeignet, die umweltpolitisch erwünschte Markteinführung von erdgasbetriebenen Fahrzeugen weiter voran zu treiben. Der Umweltrat gibt allerdings zu bedenken, dass es sich hierbei um eine indirekte Subvention handelt, die einer verursachergerechten Kostenanlastung im Straßenverkehr entgegensteht und damit zu entsprechenden Verzerrungen führt. Darüber hinaus erscheint auch der Umfang der Steuerentlastung unangemessen (vgl. demnächst SRU, 2004b).

77. Im Zusammenhang mit der Anhebung der Regelsteuersätze auf einzelne Energieträger bedauert der Umweltrat, dass die Bundesregierung diese Gelegenheit nicht genutzt hat, um auch den Energieträger Kohle im Rahmen der ökologischen Steuerreform adäquat zu belasten. Wie bereits im Umweltgutachten 2002 ausführlich dargelegt wurde, ist die gegenwärtige Sonderstellung der Kohle weder ökologisch noch ökonomisch gerechtfertigt (SRU, 2002, Tz. 509 ff.).

Der Umweltrat bedauert, dass im „Gesetz zur Fortentwicklung der ökologischen Steuerreform" keine weiteren Erhöhungsstufen der Mineralölsteuer vorgesehen sind. Ungeachtet des Emissionsrückgangs seit 1999 ist im Verkehrssektor eine wirkliche Trendwende ohne ein weiteres Ansteigen der Kraftstoffpreise nur schwer vorstellbar. Auch würden die im Rahmen der freiwilligen Selbstverpflichtung der europäischen Automobilindustrie zu erwartenden Senkungen des spezifischen Kraftstoffverbrauchs bei konstanten Kraftstoffpreisen durch eine Erhöhung der Fahrleistung wieder kompensiert, sodass Maßnahmen zur Erhöhung der Energieeffizienz der Fahrzeuge dringend einer Flankierung durch weitere Erhöhungsstufen der Mineralölsteuer bedürfen (vgl. demnächst SRU, 2004b).

2.2.4.2.3 Aufkommensverwendung

78. Durch die Erhöhung der Regelsteuersätze und die Reform des Spitzenausgleichs wird das Aufkommen aus der Ökosteuer um circa 1,5 Mrd. Euro jährlich steigen (BACH und KOHLHAAS, 2003). Hiervon sollen 150 Mio. Euro für ein Programm zur Gebäudesanierung und Heizungsmodernisierung aufgewendet werden. Weitere 10 Mio. Euro sind für ein Programm zur Umrüstung von Nachtspeicherheizungen vorgesehen. Für das verbleibende Zusatzaufkommen von knapp 1,35 Mrd. Euro jährlich ist kein spezifischer Verwendungszweck vorgesehen, sodass es in den allgemeinen Bundeshaushalt einfließen kann.

Der Umweltrat hat mehrfach hervorgehoben, dass die derzeitige Verwendung des Ökosteueraufkommens zur Senkung der Lohnnebenkosten aufgrund der bekannten Konflikte zwischen Lenkungs- und Finanzierungszielen nur als eine Übergangslösung bis zur umfassenden Reform der Sozialversicherungssysteme angesehen werden kann (SRU, 2002, Tz. 466; SRU, 2000, Tz. 99). Insofern stellt die Entscheidung der Bundesregierung, für den überwiegenden Teil des zusätzlichen Ökosteueraufkommens keine Zweckbindung vorzusehen, einen ersten Schritt in die richtige Richtung einer tendenziellen Verlagerung des Steueraufkommens vom Faktor Arbeit auf den Ressourcen- und Umweltverbrauch dar. Unberührt von dieser Feststellung bleibt jedoch die Forderung des Umweltrates, mittelfristig auf jegliche Zweckbindung bei der Ökosteuer zu verzichten.

Der Umweltrat stellt kritisch fest, dass sich die Bundesregierung bei der Weiterentwicklung der ökologischen Steuerreform offensichtlich eher von Aufkommens- als von Lenkungsaspekten leiten ließ. So ist durch die Modifikation des Spitzenausgleichs zwar eine beträchtliche Erhöhung des resultierenden Aufkommens zu erwarten, die Lenkungswirkung der Ökosteuer wurde jedoch insgesamt eher reduziert (vgl. Abschn. 2.2.4.2.1). Ebenso führt die Erhöhung des Regelsteuersatzes auf Erdgas bei Verwendung als Heizstoff zwar zu einem höheren Aufkommen, sie lässt jedoch ökologisch kontraproduktive Anpassungseffekte befürchten (vgl. Abschn. 2.2.4.2.2).

2.2.4.3 Weitere Instrumente

79. Der Umweltrat betont die Dreistufigkeit eines wirksamen Klimaschutzes aus Effizienzsteigerung im Endverbrauch, Effizienzsteigerung im Umwandlungsbereich und Energieträgerwechsel (Tz. 44). Letzterer kann einen angemessenen Beitrag erst unter der Bedingung leisten, dass eine hohe Marktdurchdringung mit effizienter Technik im Umwandlungsbereich und im Endverbrauch stattfindet.

Energieeffizienz: Ein Feld des internationalen Innovationswettbewerbs

80. Der möglichst weit gehenden Marktdurchdringung mit hocheffizienten Energietechnologien im Anwendungsbereich kommt eine hohe Bedeutung zu. Im Vergleich zu den erneuerbaren Energien wird dieser Bedeutung jedoch immer noch unzulänglich Rechnung getragen. Trotz erheblicher Potenziale ist nur ein geringer Rückgang des Endenergieverbrauchs seit 1990 zu verzeichnen, der Stromverbrauch stieg seit 1993 sogar um 12 % an (Arbeitsgemeinschaft Energiebilanzen, 2003). Zu begrüßen ist daher prinzipiell der Vorschlag der EU-Kommission für eine Richtlinie zur Endenergieeffizienz und zu Energiedienstleistungen (EU-Kommission, 2003d), in der die Mitgliedstaaten zur Festlegung allgemeiner nationaler Ziele einer jährlichen kumulativen Energieeinsparung von 1 % aufgerufen werden.

Der Umweltrat verweist in diesem Zusammenhang darauf, dass in jüngster Zeit in einigen OECD-Ländern auch neue Instrumente der Energieeinsparung erprobt werden. Dabei ist eine gewisse Aufwertung ordnungsrechtlicher Vorgaben erkennbar. So sind 2002 in Kalifornien – unter Berufung auf die eigene Vorreitertradition und gegen erheblichen Widerstand von Autoherstellern – Obergrenzen für die flottenspezifischen THG-Emissionen von Kfz vorgeschrieben worden, die 2005 den dann geltenden besten Stand der Technik für 2009 verbindlich machen (Assembly Bill No. 1493, 2002). Sehr viel weiter reichend ist das vom japanischen Wirtschaftsministerium (METI) gesteuerte Top-Runner-Programme (SCHRÖDER, 2003; HAYAI, 2001; IEA, 2000), das für (zunächst) zwölf Produktgruppen Effizienzstandards vorsieht und dabei den aktuell besten Stand der Energieeffizienz für alle Anbieter – auch Importeure – für ein Zieljahr vorgibt. Unterschreitungen dieser anspruchsvollen Effizienzstandards im Zieljahr werden zunächst mit öffentlicher Abmahnung und im Falle anhaltender Nichtbefolgung mit weiter gehenden Maßnahmen geahndet. Zu den Produkten, um die es geht, gehören: PKW, Kleintransporter, Klimaanlagen, Kühlschränke, Fernseher, Videorecorder, Computer und Kopierer, also besonders wichtige Energieverbraucher. Die erwarteten Einsparraten sind meist erheblich (z. B. 83 % bei Computern). Die Zieljahre liegen zwischen 2003 und 2010 (SCHRÖDER, 2003, S. 183–186).

Der Umweltrat hebt dieses inzwischen weiter ausgebaute Programm besonders hervor, weil es nicht nur einer anspruchsvollen Energiesparpolitik entspricht, sondern auch eine nicht zu unterschätzende internationale Wettbewerbsdimension besitzt. Das Programm ist geeignet, Japan bei wichtigen Produkten zum Lead-Markt klimagerechter Technologien zu machen oder zumindest seine Position im diesbezüglichen Innovationswettbewerb wesentlich zu verbessern. Erfahrungsgemäß haben solche anspruchsvoll regulierten Märkte Signaleffekte auch für die weltweiten Anbieter, deren Reputation es erfordert, bei anspruchsvollen Technologien mitzuhalten (JÄNICKE et al., 1999). Dies gilt unter anderem auch für Abgasregulierungen in Kalifornien seit 1970 (JÄNICKE und JACOB, 2002). Das japanische Top-Runner-Programm verdient nach Auffassung des Umweltrates eine intensive Prüfung auch unter instrumentellen Aspekten. Bisher ist die gleichzeitige Förderung von Innovation und rascher Marktdurchdringung klimafreundlicher Technologien offenbar nirgendwo systematischer angegangen worden. Zugleich wird an diesem Beispiel deutlich, dass die Leistungsfähigkeit auch des ordnungsrechtlichen Instrumentariums im Mix mit anderen – insbesondere ökonomischen – Instrumenten nicht unterschätzt werden darf (vgl. Kapitel 13). Zu bedauern ist in diesem Zusammenhang, dass die EU-Kommission in ihrem neuen Vorschlag für eine Richtlinie zum ökologischen Produktdesign für energieverbrauchende Produkte (EuP; EU-Kommission, 2003e) die Chance auf anspruchsvolle und schnell eingeführte europäische Energieeffizienzniveaus nicht genutzt hat. Der Umweltrat begrüßt aber die Bemühungen im EU-Parlament und im Ministerrat, den Kommissionsvorschlag in dieser Hinsicht nachzubessern (Tz. 1288).

Energieeffizienz: Zur Überwindung von Markthemmnissen

81. Noch immer ist die volle Nutzung der erheblichen Vermeidungspotenziale durch Marktbarrieren behindert. Obgleich durch intelligentes Energiesparmanagement auf Unternehmens- und Haushaltsebene prinzipiell erhebliche Energieeinsparungen möglich sind, werden diese nur unzureichend in die Praxis umgesetzt. Die Rentabilität von Energiesparpotenzialen wird häufig auf der Basis generalisierter Annahmen wirtschaftlicher Rahmenbedingungen beurteilt. Im Einzelfall kann es jedoch zu deutlichen Abweichungen hiervon kommen. Investitionsrisiken können durch Unsicherheiten über die zukünftige Entwicklung der Energiepreise und den technischen Fortschritt von Energietechnologien verursacht werden. Der Erwartung steigender Energiepreise kann die Aussicht auf zukünftig fallende Investitionskosten gegenüberstehen (JAFFE et al., 1999, S. 7). Oft werden die erwarteten Energieeinsparungen aufgrund falschen Nutzerverhaltens, technischer Probleme oder mangelhafter Ausführung der Maßnahmen nicht erreicht. Hemmend wirken auch Informationsdefizite über verfügbare Energiespartechniken. Auch Marktfunktionsmängel wie fehlende F&E-Anreize oder Finanzierungsprobleme können Energiesparmaßnahmen hemmen. Zur Überwindung dieser Marktbarrieren stützt sich die Bundesregierung auf eine Reihe von Maßnahmen. Besonders viele Einzelmaßnahmen (SRU, 2002, Tz. 434) betreffen den Bereich der Privathaushalte, der nach Maßgabe des nationalen Klimaschutzprogramms zur Senkung des Stromverbrauchs bis zum Jahr 2005 CO_2-Emissionen von 14 bis 15 Mio. t vermeiden soll.

Die Effektivität dieses Instrumentenmixes bleibt jedoch bislang hinter den Erwartungen zurück. Insbesondere im Wohnungsbestand sind trotz vorgeschriebener Modernisierungsstandards bislang beträchtliche Energiesparpotenziale ungenutzt geblieben (KLEEMANN et al., 2000, S. 6). Als wenig anreizkompatibel erweist sich unter anderem die wohnungspolitische Regulierung. Während selbstnutzende Wohnungseigentümer Energiekostenersparnisse unmittelbar in ihrem Investitionskalkül berücksichtigen, ist dieser Anreiz im Mietwohnungsbereich weiterhin gering ausgeprägt. Energiesparanreize beschränken sich noch immer wesentlich auf den Mieter. Für den Vermieter besteht dagegen kein kontinuierlicher Anreiz zur Verbesserung des baulichen Wärmeschutzes und zur optimalen Nutzung der Heizungstechnik. Darüber hinaus hemmen gesetzliche Rigiditäten der Mietpreisbildung die Wirtschaftlichkeit energiesparender Modernisierungsmaßnahmen.

Förderprogramme zur Verbesserung der Energieeffizienz können Energiesparmaßnahmen über die Senkung der Investitionskosten wirksam fördern, da Investoren die Last der Anfangsinvestition häufig stärker berücksichtigen als langfristige Nutzungskosten. Daher kann von Investitionskostenzuschüssen ein stärkerer Investitionsanreiz ausgehen als von äquivalenten Energiepreissteigerungen (JAFFE et al., 1999, S. 11). Andererseits besteht jedoch die Gefahr, dass ein Teil der Fördermittel für ohnehin wirtschaftliche Energiesparinvestitionen „mitgenommen" wird. Zwar können finanzielle Fördermaßnahmen zur schnellen Vermeidung besonders gravierender Energieeffizienzmängel beitragen, als dauerhaftes Klimaschutzinstrument eignen sie sich jedoch aufgrund ihrer Effizienz- und Wirkungsdefizite nicht.

Damit die Preissignale der klimapolitischen Instrumente Ökosteuer und Emissionshandel auch aufseiten der Energienachfrager ihre Wirkung entfalten, ist es wichtig, die Wirkungsbrüche auf den Energiemärkten zu reduzieren. Soll der Anstieg der Energieträgerpreise nicht nur bei Wohnungsnutzern Verhaltensänderungen, sondern auch beim Eigentümer Investitionsanreize auslösen, müssen die rechtlichen Rahmenbedingungen im Wohnungssektor so verändert werden, dass anreizkompatible Mietpreisbildung und Heizkostenabrechnungen möglich werden. Informationsinstrumente können die energieverbrauchsbezogene Markttransparenz des Wohnungsangebots erhöhen. Ebenso wie im Bereich der elektrischen Geräte Energielabel die Auswahl energiesparender Geräte erleichtern, können flächendeckend eingeführte Energiebedarfsausweise die Suche nach Wohnungen mit niedrigen Heizkosten erleichtern. Heizkostenspiegel, die in einigen Städten bereits einen Überblick über die Energieeffizienz des örtlichen Wohnungsbestands erlauben, vereinfachen ebenfalls die Suche nach energieeffizientem Wohnraum (HENTRICH, 2001, S. 273).

Energieumwandlung/Kohleverstromung

82. In der obigen Darstellung eines klimaverträglichen Pfades der Stromerzeugung wurde hervorgehoben, dass die Senkung der CO_2-Emissionen um 40 % bis 2020 und insbesondere die Reduzierung um 80 % bis 2050 einen Rückgang der Kohleverstromung erfordern, solange und soweit die Technologie der CO_2-Sequestrierung nicht kostengünstig und ökologisch vertretbar zur Verfügung steht. Die Einführung des Emissionshandels wird die Verstromung kohlenstoffarmer Energieträger, insbesondere Gas, relativ zum Kohlestrom günstiger stellen (Tz. 38). Die deutsche Politik des Kohlebestandsschutzes muss daher revidiert werden, wenn klimapolitische und letztlich auch ökonomische Fehlentwicklungen vermieden werden sollen. Die steuerliche Begünstigung von Braun- und Steinkohlestrom in Milliardenhöhe steht dem entgegen (ausführlich SRU, 2002, Tz. 505 ff.).

Über die Fortführung der heimischen Steinkohlenproduktion und der damit verbundenen Subventionen steht mit dem Auslaufen des so genannten Kohlekompromisses im Jahr 2005 eine grundsätzliche Entscheidung an. Der europarechtliche Rahmen für die Gewährung von Kohlebeihilfen wird auch nach dem Auslaufen des EGKS-Vertrages im Juli 2002 mit dem neuen Beihilfekodex (VO 1407/2002) bis 2010 fortgesetzt und eröffnet somit die Möglichkeit einer Fortführung der deutschen Steinkohlensubventionen.

Im Juli 2003 einigten sich die Bundesregierung, das Land Nordrhein-Westfalen sowie die Industriegewerkschaft Bergbau, Chemie und Energie und der Bergbaukonzern RAG, die im Kohlekompromiss für das Jahr 2005 festgelegte Fördermenge von 26 Mio. t Steinkohle auf 16 Mio. t im Jahr 2012 zu reduzieren. Über die Zukunft der Finanzierung der Steinkohlenförderung bis 2012 hat die Bundesregierung mit dem im November 2003 verabschiedeten (und vom Bundestag gebilligten) Finanzrahmen für die Unterstützung der Steinkohle von 2006 bis 2012 vorbehaltlich der Zustimmung der EU-Kommission entschieden. Danach sollen die Absatzhilfen von Bund und Ländern von 2,7 auf 1,83 Mrd. Euro reduziert werden, sodass der Steinkohlenbergbau im Zeitraum 2006-2012 insgesamt bis zu 15,87 Mrd. Euro an öffentlichen finanziellen Hilfen erhält (Pressemitteilung des Bundesministeriums für Wirtschaft und Arbeit vom 11. November 2003). Damit bleibt die jährliche Abnahme im Vergleich zum jeweiligen Vorjahr hinter der jährlichen Degression des Kohlekompromisses zurück.

Der Umweltrat kritisiert die avisierte Fortführung des deutschen Steinkohlenbergbaus auch nach 2010 und hält die geplanten Kürzungen der Steinkohlensubventionen für unzureichend. Er spricht sich erneut für ein Auslaufen der Steinkohlensubventionen bis 2010 aus (s. auch SRU, 2002, Tz. 506 ff.). Dies steht im Einklang unter anderem mit Empfehlungen der Internationalen Energieagentur (IEA, 2002d, S. 71). Zwar trägt eine Stilllegung der heimischen Steinkohlenförderung nicht unmittelbar zum Klimaschutz bei, da die heimische Kohle durch Importsteinkohle ersetzt werden kann. Im Hinblick auf die Reduktion der Kohleverstromung stellt die Fortführung der Steinkohlensubventionierung jedoch ein kontraproduktives Signal dar. Des Weiteren könnten die frei werdenden Mittel ökologisch und gesamtwirtschaftlich erheblich sinnvoller genutzt werden (UBA, 2003d).

Erneuerbare Energien

83. Nachhaltige, klimaverträgliche Energieversorgung basiert entscheidend auf regenerativen Energiequellen (Tz. 39 ff.). Daher hat die Bundesregierung den Ausbau der erneuerbaren Energien zu einer zentralen Aufgabe ihrer Nachhaltigkeitsstrategie gemacht und dort einen Anteil der erneuerbaren Energien am Primärenergieverbrauch von rund 50 % bis zur Mitte des Jahrhunderts zum Ziel erklärt (Bundesregierung, 2002a, S. 97). Bis 2010 soll der Anteil der erneuerbaren Energien an der Stromerzeugung auf 12,5 % und am Primärenergieverbrauch auf 4,2 % gesteigert werden. Diese Zielsetzung befindet sich in Übereinstimmung mit der Richtlinie zur Förderung der Stromerzeugung aus erneuerbaren Energiequellen im Elektrizitätsbinnenmarkt (RL 2001/77/EG) und liegt nach Untersuchungen für die EU-Kommission innerhalb eines optimalen Zielkorridors (HUBER et al., 2001, S. 30). Im „Entwurf eines Gesetzes zur Neuregelung des Rechts der Erneuerbaren-Energien im Strombereich" (EEG-E) werden in § 1 die Anteilsvorgaben erneuerbarer Energien formal verankert: mindestens 12,5 % bis 2010 und mindestens 20 % bis 2020 (BMU, 2003a).

Angesichts der dynamischen Entwicklung beim Ausbau der erneuerbaren Energien hält der Umweltrat das 12,5-%-Ziel für 2010 für erreichbar. Eine Studie im Auftrag der EU-Kommission ergab, dass Deutschland unter

Berücksichtigung aller bis September 2001 beschlossenen Maßnahmen den Anteil erneuerbarer Energien bis 2010 auf 12 % steigern kann (HARMELINK et al., 2002; so auch WWF, 2003).

84. Mit der Novelle des EEG soll die erfolgreiche Politik der Förderung erneuerbarer Energien – im Jahr 2002 betrug ihr Anteil an der Bruttostromerzeugung bereits 8 % gegenüber 4,6 % im Jahr 1998 – fortgesetzt und auf die gemeinschaftsrechtlichen Vorgaben der Richtlinie zur Förderung erneuerbarer Energiequellen (RL 2001/77/EG) abgestimmt werden. Der Entwurf der Bundesregierung für ein Gesetz zur Neuregelung des Rechts der Erneuerbaren Energien im Strombereich sieht insbesondere folgende Änderungen vor (BMU, 2003a), die sich jedoch im weiteren Verlauf des Gesetzgebungsverfahrens noch ändern könnten:

– Stärkere Differenzierung der Vergütungssätze (Tab. 2-4)

– Besondere Vergütung von Biomasseanlagen, die nachwachsende Rohstoffe zur Stromerzeugung nutzen

– Stärkere Förderungen kleinerer geothermischer Anlagen

– Einbeziehung der großen Wasserkraft bis 150 MW

– Konzentration der Förderung der Windenergienutzung auf gute Standorte, mit besonderen Anreizen für das *Repowering* von Anlagen (d. h. Ersetzen alter durch neue, leistungsstärkere Anlagen auf demselben Standort), die vor dem 31. Dezember 1995 in Betrieb genommen wurden

– Erhöhung der Fördersätze für Photovoltaik-Anlagen, um das Wegfallen des 100 000-Dächer-Programms in Teilen auszugleichen. Diese treten mit dem Vorschaltgesetz (BGBl. I, 2003, S. 3074) bereits zum 1. Januar 2004 in Kraft

– Durchgängige Einführung beziehungsweise Erhöhung der Degression der Vergütungssätze (befristet ausgesetzt bei Geothermie und Offshore-Windkraft)

– Einführung naturschutzfachlicher Kriterien vor allem bei der Wasserkraftnutzung, der Windenergienutzung auf See und Photovoltaikanlagen auf Freiflächen

– Ausweitung der Netzanschlusspflicht gemäß den Vorgaben der europäischen Erneuerbaren-Energien-Richtlinie (RL 2001/77/EG)

– Ausweitung der Härtefallregelung auch auf stromintensive mittelständische Unternehmen; allerdings darf durch diese Regelung die zusätzliche Belastung der nicht privilegierten Stromverbraucher um nicht mehr als 10 % steigen

– Möglichkeit eines Herkunftsnachweises für regenerativ erzeugten Strom

85. Der Umweltrat hält die EEG-Novelle für einen zielführenden Ansatz, die Ausbauziele der Bundesregierung bis zum Jahre 2010 zu erreichen. Zu einzelnen Punkten nimmt er wie folgt Stellung: Die stärkere Förderung der kleinen geothermischen Anlagen ist als sachgerecht einzustufen. Auch die mit dem Vorschaltgesetz (BGBl. I, 2003, S. 3074) bereits zum 1. Januar 2004 in Kraft tretende Erhöhung der Fördersätze für photovoltaische Anlagen ist geeignet, das Wegfallen des 100 000-Dächer-Programms zumindest in Teilen zu kompensieren (vgl. auch Kostenschätzungen in Bundestagsdrucksache 14/9807; HIRSCHL et al., 2002; RAGNITZ et al., 2003, Anhang). Im Hinblick auf die spezifisch höheren Produktionskosten kleiner Biomasse- und Biogasanlagen wäre zu überprüfen, inwiefern eine weitere Differenzierung der Anlagengrößen und dementsprechend eine höhere Förderung von Kleinanlagen – auch angesichts der verkürzten Förderdauer und der erhöhten Degression – zur Erschließung der hohen Potenziale beitragen kann.

Die durchgängige Einführung der Degression und vor allem auch die Erhöhung der Degression bei Windkraftanlagen sind zu begrüßen, da sie Mitnahmeeffekte zu vermeiden helfen und Innovationen fördern. Die besondere Förderung von *Repowering* und der Windenergienutzung auf See sind angesichts der in diesen Bereichen vorhandenen Potenziale als sachgerecht anzusehen.

Die vorgeschlagene Einbeziehung naturschutzfachlicher Kriterien bei der Nutzung erneuerbarer Energien (z. B. bei Photovoltaik-Anlagen auf Freiflächen, Wasserkraft) kann zur Verringerung von Konflikten zwischen Natur- und Klimaschutz beitragen. Bei der Offshore-Windenergienutzung sollen durch eine ausschließliche Vergütung von Anlagen, die außerhalb von Natur- und Vogelschutzgebieten liegen, naturschutzfachliche Belange gewahrt bleiben. Diese Ausgrenzung der NATURA-2000-Schutzgebiete aus der EEG-Förderung ist zu begrüßen, sie kann nach Auffassung des Umweltrates jedoch nicht die gebotene Konzentration der Anlagen auf Eignungsgebiete gewährleisten. Zu diesem Zweck ist eine planerische Steuerung des Ausbaus der Windenergienutzung auf See in der deutschen Ausschließlichen Wirtschaftszone (AWZ) erforderlich (vgl. SRU, 2004c, Tz. 451 f; SRU, 2003). Daher ist die im Entwurf der Bundesregierung zur Novellierung des Baurechts (Bundestagsdrucksache 15/2250 vom 17. Dezember 2003) vorgesehene Ergänzung des Raumordnungsgesetzes zu begrüßen, wonach künftig auch für die AWZ Raumordnungsgrundsätze und -ziele mit Maßgabe des Raumordnungsgesetzes festzusetzen sind (SRU, 2004c, Tz. 422). Auch die Verlängerung der Frist für die Inbetriebnahme von Offshore-Windenergieanlagen, die eine erhöhte Vergütung erhalten, bis zum 31. Dezember 2010 (zuvor 2006), erscheint sachgerecht. Sie kann dazu beitragen, für Investoren und Planer den Zeitdruck aus der Errichtung von Offshore-Windenergieanlagen zu nehmen.

86. Der Umweltrat hält eine Überprüfung des EEG-Fördermechanismus nach Erreichen des 2010-Ziels für notwendig, da sich die Stromerzeugungskosten von erneuerbaren und konventionellen Energien angleichen werden. Einerseits ist eine weitere Senkung der Gestehungskosten aus erneuerbaren Energien zu erwarten (Tz. 41), andererseits werden die Kosten der Stromerzeugung aus fossilen Energieträgern durch den anstehenden Kraftwerksneubau,

Tabelle 2-4

Vergütungssätze nach dem Entwurf der EEG-Novelle und nach dem bisherigen EEG für im Jahr 2004 neu in Betrieb genommene Anlagen

		jährliche Degression nach Entwurf EEG-Novelle	jährliche Degression bisher	Vergütung 2004 nach Entwurf EEG-Novelle in ct/kWh*	Vergütung 2004 nach bisherigem EEG in ct/kWh
Strom aus Windenergie	Onshore*1	2 %	1,5 %	8,7 Anfangsvergütung 5,5 Grundvergütung	8,8 Anfangsvergütung 5,9 Grundvergütung
	Offshore	2 % ab 2008	1,5 %	9,1 Anfangsvergütung 6,19 Grundvergütung	8,8 Anfangsvergütung 5,9 Grundvergütung
Strom aus Geothermie	≤ 5 MW	1 % ab 2010	0 %	15	8,95
	≤ 10 MW			14	
	≤ 20 MW			8,95	
	> 20 MW			7,16	7,16
Strom aus solarer Strahlungsenergie (hier gelten seit 1.1.2004 die neuen Vergütungssätze)	≤ 30 kW	5 % der Mindestvergütung von 45,7 ct/kWh	5 %	57,4*2	43,4 (≤ 5 MW bzw. ≤ 100 kW bei Freiflächen)
	> 30 kW			54,6*2	
	> 100 kW			54*2	
	sonstige Anlagen			45,7*2	
Strom aus Biomasse	≤ 150 kW	2 %	1 %	11,5*3	9,9
	≤ 500 kW			9,9*3	
	≤ 5 MW			8,9*3	8,9
	> 5 MW			8,4	8,4 (bis 20 MW)
Strom aus Deponiegas, Klärgas, Grubengas	≤ 500 kW	2 %	0 %	7,67*5	7,67
	≤ 5 MW			6,65*5	6,65
	> 5 MW*4			6,65*5	–
Strom aus Wasserkraft Neuanlagen	≤ 500 kW	1 %	0 %	7,67	7,67
	≤ 5 MW			6,65	6,65
Erneuerung von Anlagen	≤ 500 kW			7,67	–
	≤ 10 MW			6,65	
	≤ 20 MW			6,10	
	≤ 50 MW			4,56	
	≤ 150 MW			3,7	

* Die Vergütungen sind für 20 Jahre nach Inbetriebnahme zu zahlen. Ausnahmen betreffen Strom aus Biomasse und Strom aus Deponiegas, Klärgas und Grubengas sowie Strom aus Wasserkraftanlagen mit mehr als 5 MW Leistung, für die die Vergütungsdauer 15 a beträgt.
*1 Für Strom aus Windenergie wird für die ersten fünf Jahre nach Inbetriebnahme die Grundvergütung von 5,5 ct/kWh um 3,2 ct/kWh ergänzt. Danach bemisst sich ein möglicher Zusatz zur Grundvergütung am Ertrag der Anlage. Für Ersatz von alten durch neue Anlagen am gleichen Standort (*Repowering*) gelten erhöhte Sätze. Strom aus Anlagen, die weniger als 65 % des Referenzertrages erbringen, muss nicht vergütet werden.
*2 Die Vergütung für PV-Anlagen beträgt mindestens 45,7 ct/kWh. Für Anlagen, die ausschließlich an einem Gebäude oder einer Lärmschutzwand angebracht sind, gelten die aufgelisteten Vergütungssätze. Diese erhöhen sich um 5,0 ct/kWh für Anlagen, die ausschließlich an oder auf einem Gebäude, jedoch nicht auf dem Dach oder als Dach angebracht sind und einen wesentlichen Bestandteil des Gebäudes bilden.
*3 Die Vergütungen können sich in Abhängigkeit der eingesetzten Biomasse (Bonus von 2,5 ct/kWh bei nachwachsender Biomasse) und der Technik (Bonus von 1 ct/kWh für Brennstoffzellen) um 1,0 bis 3,5 ct/kWh erhöhen.
*4 Nur Grubengas.
*5 Die Vergütung erhöht sich um je 1,0 ct/kWh wenn der Strom mittels Brennstoffzellen gewonnen wird.
*6 Vergütung für Neuanlagen zwischen 500 kW und 5 MW nur wenn diese bis Ende 2005 genehmigt sind oder im Zusammenhang mit einer bestehenden Stau- oder Wehranlage in Betrieb genommen werden.

SRU/UG 2004/Tab. 2-4; Datenquelle: BMU, 2003a; BGBl. I (2000), S. 305

steigende Gewinnungskosten und die stärkere Einbeziehung von Umwelteffekten zunehmen (Tz. 44). Das BMU geht davon aus, dass bis zum Jahr 2020 der Anteil der durch das EEG geförderten Strommenge aus erneuerbaren Energien von derzeit rund 50 auf etwa 5 % gesenkt werden kann (BMU, 2003b), da sich die Gestehungskosten für Strom aus Wind, Wasserkraft und Biomasse ab 2010 denen der konventionellen Stromerzeugung – nicht zuletzt durch den Emissionshandel – angleichen werden.

Dringender Handlungsbedarf ist weiterhin beim Einsatz von erneuerbaren Energien im Wärmebereich geboten, da hier große unerschlossene Potenziale liegen. Durch die Erschließung der technischen Potenziale von rund 960 PJ pro Jahr könnten nach Berechnungen mindestens 65 % der derzeit zur Wärmeerzeugung verbrauchten Brennstoffmenge ersetzt werden (NITSCH et al., 2001, S. 14).

2.3 Zusammenfassung und Empfehlungen

87. Eine anspruchsvolle Klimaschutzpolitik vermeidet extreme Langzeitrisiken mit hohen volkswirtschaftlichen Schadenskosten. Im europäischen und globalen Kontext ist eine der Problemlage angemessene Klimaschutzpolitik nur durchsetzbar, wenn einzelne Staaten – auch in der zweiten Verhandlungsrunde – Vorreiterrollen einnehmen. Eine solche Rolle bietet technologische Chancen für Deutschland in diesem zentralen Politikfeld.

Auf Grundlage der Ziele der UN-Klimarahmenkonvention und der aktuellen wissenschaftlichen Erkenntnisse des Zwischenstaatlichen Expertenausschusses für Klimafragen (IPCC) hält der Umweltrat das Ziel einer Reduktion der deutschen Treibhausgasemissionen um 80 % bis 2050 gegenüber 1990 und das entsprechende „Zwischenziel" von 40 % bis 2020 für gut begründet und notwendig. Als Vorgabe für die Industrieländer würde dies zu einer langfristigen globalen Klimastabilisierung auf vertretbarem Niveau (450 ppmv CO_2) beitragen und den Entwicklungsländern zugleich Spielraum für einen moderaten – und zeitweiligen – Emissionsanstieg lassen. Die britische Regierung hat im Jahr 2003 ein weit reichendes Reduktionsziel für 2050 formuliert: 60 % Reduktion *from current levels*. Der britische und der schwedische Premierminister haben für Europa in ihrem Brief vom Februar 2003 an die griechische Ratspräsidentschaft und den Kommissionspräsidenten eine Reduktion der CO_2-Emissionen in der Größenordnung von 60 % bis zum Jahr 2050 vorgeschlagen. Eine Bandbreite von 60 bis 80 % für die Zielbildung der Industrieländer erscheint dem Umweltrat vertretbar. Deutschland sollte bei diesem klimapolitischen Zielbildungsprozess seine Rolle darin sehen, im Interesse einer hinreichend sicheren Klimastabilisierung die anspruchsvollere Variante innerhalb der Bandbreite von 60 bis 80 % durchzusetzen. Ohne Zweifel stellt dies hohe Anforderungen an die politische Steuerungskraft wie an die technologische Innovationsfähigkeit der Industrieländer.

Eine zeitnahe Festlegung auf ein anspruchsvolles langfristiges Zielniveau und auf den verbindlichen Pfad der Zielerreichung ist zudem von praktischer Bedeutung, um für die in Deutschland anstehende umfassende Erneuerung des Kraftwerksparks einen verlässlichen Ordnungsrahmen für ökologisch und ökonomisch zukunftsfähige Neuinvestitionen zu schaffen. Zur Umsetzung dieser Vorgaben kann das Instrument des Emissionshandels in effizienter Weise beitragen.

88. Der Umweltrat hält nach Prüfung vorhandener Studien eine anspruchsvolle Klimaschutzstrategie nicht nur für technisch machbar, sondern auch für wirtschaftlich vertretbar. Er sieht in einer solchen Strategie auch wesentliche Chancen für die Position Deutschlands und der EU im globalen Innovationswettbewerb um zukunftsgerechte Energietechniken. Kosten dürften eher durch den fossilen Energiepfad entstehen: Auf der volkswirtschaftlichen Ebene betrifft dies vor allem Schadenskosten durch sich häufende extreme Wetterlagen, auf der betriebswirtschaftlichen Ebene langfristig steigende Gewinnungskosten und Kosten des Emissionshandels beziehungsweise der CO_2-Sequestrierung. Das Hauptproblem sind offenbar nicht Technologien und Kosten, sondern die politischen Widerstände betroffener Industrien. Deren Überwindung erfordert neue politische Herangehensweisen (z. B. Methoden des *Transition Management*).

Aktuelle Entwicklung

89. CO_2-Emissionen machten im Jahr 2001 auch in Deutschland weiterhin mit 87,5 % den Hauptanteil des Ausstoßes aller Treibhausgase aus. Zwischen 1990 und 2003 sanken die temperaturbereinigten CO_2-Emissionen um 16,6 % (effektiv: 15,2 %). Die Emissionen aller Treibhausgase sanken zwischen 1990 und 2001 in der Bundesrepublik Deutschland insgesamt um 18,3 %.

Das Ziel, bis 2005 die CO_2-Emissionen um 25 % zu verringern, kann damit nicht mehr eingehalten werden. Mittlerweile wird es auch nicht mehr von der Bundesregierung aktiv vertreten. Angesichts der klaren Bestätigung des 25-%-Zieles noch in der Nachhaltigkeitsstrategie vom April 2002 erachtet der Umweltrat den Versuch der Bundesregierung, das ehemals parteiübergreifende Ziel auszublenden, als unangebracht. Bei einem zielorientierten Ansatz kommt es nicht notwendigerweise auf eine punktgenaue Zielerfüllung an, wohl aber auf einen politisch ernsthaften Umgang mit Zielverfehlungen. Die Dethematisierung einer Zielverfehlung diskreditiert einen zielorientierten Umweltpolitikansatz und damit auch die Glaubwürdigkeit noch anspruchsvollerer Zielvorgaben für die weitere Zukunft.

Effizienzsteigerung im Endverbrauch

90. Der Umweltrat betont die Dreistufigkeit einer angemessenen Klimapolitik, die gleichermaßen die Energieeffizienz im Endverbrauch, die Umwandlungseffizienz im Energiesektor und die Abkehr von den fossilen Energieträgern betrifft. Die Effizienzsteigerung im Endverbrauch trägt den vorhandenen Potenzialen bisher nicht ausreichend Rechnung. So ist trotz erheblicher Potenziale nur ein geringer Rückgang des Endenergieverbrauchs seit 1990 zu verzeichnen, der Stromverbrauch stieg seit 1993 sogar um gut 12 % bis 2002 an. Es kann nicht Aufgabe der erneuerbaren Energien sein, vorrangig einen steigenden Strombedarf zu decken.

Neben verbrauchsbezogenen Zielvorgaben auf der EU-Ebene sollten auch neue Instrumente erwogen werden, wobei auch ordnungsrechtliche Maßnahmen wie das japanische Top-Runner-Programme Interesse verdienen, das den höchsten Stand der Energieeffizienz für zwölf (demnächst 20) energieintensive Produktgruppen in einem Zieljahr zum Standard erhebt. Der Umweltrat hebt dieses Programm hervor, weil es nicht nur einer anspruchsvollen Energiesparpolitik entspricht, sondern auch eine nicht zu unterschätzende internationale Wettbewerbsdimension besitzt: Das Programm ist geeignet, Japan bei wichtigen Produkten zum Lead-Markt klimagerechter Technologien zu machen oder zumindest seine Position im diesbezüglichen Innovationswettbewerb wesentlich zu verbessern. Erfahrungsgemäß haben solche anspruchsvoll regulierten Märkte Signaleffekte auch für die weltweiten Anbieter. Daher ist zu bedauern, dass die EU-Kommission in ihrem neuen Vorschlag für eine Richtlinie zum ökologischen Produktdesign für energieverbrauchende Produkte die Chance auf anspruchsvolle europäische Energieeffizienzniveaus nicht genutzt hat.

CO_2-Minderungen auf der Angebotsseite

91. Entscheidenden Handlungsbedarf sieht der Umweltrat für den Bereich der Kohleverstromung. Nach deutlichen Verbesserungen weist der Sektor der Energieerzeugung und -umwandlung seit 1999 durch eine Zunahme vor allem von Braunkohlestrom einen erneuten Anstieg der CO_2-Emissionen auf. Ohne diesen Wiederanstieg hätte die Emissionsverringerung im Jahr 2003 etwa 18,5 und nicht 16,6 % (temperaturbereinigt, gegenüber 1990) betragen.

Mit der anstehenden Teilerneuerung des deutschen Kraftwerksparks in der Größenordnung von 40 bis 70 GW bis 2020 stellt sich die Frage der Kohleverstromung besonders eindringlich. Einerseits bietet dieser Erneuerungsbedarf für die Bundesrepublik die einmalige Chance einer klimaverträglichen Umgestaltung des Sektors mit den relativ höchsten CO_2-Emissionen zu geringen Kosten. Der notwendige technologische Pfadwechsel kann ohne eine vorzeitige Abschaltung oder nachträgliche Umrüstung einzelner Kraftwerke erfolgen. Damit werden keine bereits getätigten Investitionen in bestehende Kraftwerke entwertet. Andererseits besteht die ebenfalls einmalige Gefahr, dass sich Deutschland für die nächsten 30 bis 40 Jahre auf einen Energiepfad festlegt, der nicht nur im Widerspruch zu der parteiübergreifenden Klimapolitik seit 1990 steht, sondern neben den ökologischen Risiken auch das Risiko erheblicher Fehlinvestitionen mit sich bringt. Um derartigen strukturellen Fehlentwicklungen vorzubeugen und einen langfristigen Ordnungsrahmen für ökologisch und ökonomisch zukunftsfähige Neuinvestitionen im langlebigen Kraftwerksbereich zu geben, bedarf es dringend verbindlicher Klimaschutz-Zielvorgaben für 2020 und 2050, sowie wirkungsvoll eingesetzter Instrumente, die eine Zielerreichung gewährleisten. Werden anfänglich zu niedrige Ziele ohne kalkulierbar striktere Vorgaben für die weitere Zukunft gesetzt, besteht die Gefahr, dass Investitionen in eine Energieversorgungsstruktur getätigt werden, die später zu überhöhten Vermeidungskosten führen können.

92. Bei frühzeitiger Festlegung langfristiger Ziele und eines zeitlichen Pfads der Zielerreichung kann das zum 1. Januar 2005 in Kraft tretende europäische Emissionshandelssystem den angemessenen Rahmen für einen effektiven Klimaschutz bilden. Für die betroffenen Unternehmen bedeutet dies langfristige Planungssicherheit und eine Verringerung preislicher Friktionen auf dem Markt für Emissionsrechte. Diskontinuierliche Zielvorgaben mit unzureichendem Zeithorizont – beispielsweise kurzfristige Verschärfungen im Zeichen unvorhergesehener dramatischer Klima-Ereignisse – könnten dagegen im kapitalintensiven Energieversorgungssektor zu unnötig teuren Pfadkorrekturen führen.

Der Umweltrat empfiehlt daher, dass auch auf der europäischen Ebene zeitnah verbindliche Ziele für weitere Verpflichtungsperioden gesetzt werden. Dabei muss die europäische Klimapolitik deutlich machen, dass die im 6. Umweltaktionsprogramm anerkannte Notwendigkeit einer langfristigen globalen Reduktion der THG-Emissionen um 70 % ernst gemeint ist, und muss dieses Ziel in stufenweisen THG-Emissionsminderungsvorgaben konkretisieren. Eine wichtige Zwischenetappe für die EU bildet nach Auffassung des Umweltrates ein 30-%-Minderungsziel für das Jahr 2020 bezogen auf 1990. Deutschland sollte im Zusammenspiel mit Großbritannien und Schweden hierbei eine treibende Rolle übernehmen.

93. Durch die Bepreisung von CO_2 im Rahmen des Emissionshandelssystems ist unter anspruchsvollen langfristigen Klimaschutzvorgaben davon auszugehen, dass sich der deutsche Energieträgermix deutlich verändern wird. Insbesondere wird sich die Wettbewerbsfähigkeit der Kohle verschlechtern. Dagegen ist eine deutliche Steigerung der Bedeutung der Erdgasverstromung wahrscheinlich. Auch die zu befürchtende Häufung extremer Wetterereignisse wird den politischen Druck in dieser Richtung langfristig eher erhöhen als schwinden lassen, sodass insgesamt von Risiken für die Kohleverstromung auszugehen ist.

Eine Möglichkeit zur klimaschutzverträglichen Kohleverstromung bietet zwar prinzipiell die Abscheidung und Lagerung von CO_2. Deren wirtschaftliche Anwendungsreife ist aber bis 2020 kaum zu erwarten und kommt damit für die jetzt anstehende Kraftwerkserneuerung zu spät. Hinzu kommen weitere offene Fragen, von deren Beantwortung es abhängt, inwieweit und in welchem Maße die CO_2-Abscheidung einsetzbar ist. Offen ist insbesondere, ob eine dauerhaft sichere und damit auch umweltpolitisch akzeptable Endlagerung in großem Umfang möglich ist.

94. Zusammenfassend hält der Umweltrat die Fortführung einer Strategie, die vorrangig auf Kohleverstromung setzt und entsprechend vollendete Tatsachen schafft, für ökologisch wie ökonomisch unvertretbar. Zumindest bis zur endgültigen Klärung der Lagerungspotenziale und der Marktreife der CO_2-Sequestrierung, also kaum vor 2020, erfordert ein angemessener Klimaschutz die signifikante Reduzierung des Kohleanteils an der Stromversorgung. Bei der Kraftwerkserneuerung dürfte dann dem Erdgas eine Vorrangstellung zukommen, so wie es auch bei der mittelfristigen Kraftwerkserneuerung in anderen EU-Staaten der Fall ist (PLATTS, 2004). Dies schafft einen erheblichen Kommunikationsbedarf mit der Kohleindustrie. Insgesamt ist die Frage der langfristigen Kohleverstromung in Deutschland so brisant und angesichts der kurzfristigen Durchsetzungsfähigkeit der beteiligten Interessen so schwierig, dass sie in einem Branchendialog auf breiter Basis über die ökologisch-ökonomische Langfristperspektive insbesondere des Braunkohlebergbaus (Garzweiler II) angegangen werden sollte. Dabei sollten auch die erheblichen Umweltprobleme bei der Braunkohlegewinnung nicht ausgeklammert werden. Zu empfehlen ist die Entwicklung einer Sektorstrategie im Sinne eines professionellen *Transition Management*, bei der insbesondere den beteiligten Regionalinteressen Alternativen geboten werden und eine soziale Abfederung des notwendigen Strukturwandels ermöglicht wird. Um keine widersprüchlichen Signale zu setzen, empfiehlt der Umweltrat weiterhin ein Auslaufen der Steinkohlesubventionierung bis 2010 und kritisiert gegenteilige Festlegungen.

Nach Auffassung des Umweltrates bedeutet der mögliche Pfad einer deutlichen Reduktion der deutschen Kohleverstromung jedoch nicht das Ende der weiteren deutschen Technologieentwicklung bei der Kohleverstromung. Die Entwicklung, Erprobung und Demonstration effizienter Kohlekraftwerke und verbesserter Verfahren der CO_2-Abscheidung wird vom Umweltrat vor allem im Hinblick auf die weltweite Kohleverstromung befürwortet, die im Durchschnitt auf niedrigem Effizienzniveau erfolgt. Sie ist aber kein Argument für einen hohen Anteil an Kohlekraftwerken. Befürchtungen hinsichtlich der Versorgungssicherheit bei Erdgas teilt der Umweltrat nicht.

Erneuerbare Energien

95. Durch einen Wechsel der Primärenergieträger können erhebliche Mengen des CO_2-Ausstoßes des Stromsektors vermieden werden. Während Erdgas wenigstens für eine Übergangszeit seinen Anteil als Energieträger für die Stromversorgung ausbauen wird, verspricht langfristig der Wechsel zu erneuerbaren Energien die größten CO_2-Reduktionen. Bedenken hinsichtlich des fluktuierenden Energieangebots aus Windkraft- und Photovoltaikanlagen hält der Umweltrat aus einer Reihe von Gründen für übertrieben, insbesondere angesichts der Möglichkeiten zur Umstrukturierung des grundlastbasierten Kraftwerksparks in der anstehenden Erneuerungsphase. Die Integration hoher Leistungen aus fluktuierenden Energiequellen setzt neben Fortschritten in der Prognostizierbarkeit verfügbarer Leistungen ein optimiertes Lastmanagement und eine Flexibilisierung des Kraftwerksparks voraus. Auch unter diesem Aspekt ist aber ein erhöhter Anteil gasbetriebener Kraftwerke sinnvoll. Darüber hinaus sind bei der Weiterentwicklung von Speichertechnologien noch erhebliche Fortschritte möglich.

Der Umweltrat begrüßt die im Entwurf der Bundesregierung für ein Gesetz zur Neuregelung des Rechts der Erneuerbaren Energien im Strombereich verankerten Zielvorgaben für erneuerbare Energien für 2010 und 2020 (12,5 bzw. 20 % der Stromversorgung) ebenso wie die in der Nationalen Nachhaltigkeitsstrategie vorgeschlagene Zielvorgabe für 2050 (50 % des Energieverbrauchs). Dies ist eine überzeugende Vorgabe für die Vorreiterrolle, die Deutschland in der *Johannesburg Renewable Energy Coalition* übernommen hat. Die vorgesehene weitere Förderung dieser Energien hält er für sinnvoll. Ihre Kosten sind auch als eine Investition in einen deutschen Lead-Markt auf diesem Gebiet zu rechtfertigen, dessen weltweite Ausstrahlung klimapolitisch erwünscht und ökonomisch vorteilhaft ist.

Die Degression der Vergütung ist ebenso zu begrüßen. Der Umweltrat hält es für eine begründete Annahme, dass bis 2020 der Anteil der durch das EEG geförderten Strommenge aus erneuerbaren Energien radikal gesenkt werden kann, da sich die Gestehungskosten für Strom aus Wind, Wasserkraft und Biomasse denen der konventionellen Stromerzeugung – nicht zuletzt durch den Emissionshandel bei Treibhausgasen – angleichen. Um unangemessene Mitnahmeeffekte zu vermeiden, ist eine Überprüfung der Regelung spätestens 2010 sinnvoll. Erheblichen Förderungsbedarf für erneuerbare Energien sieht der Umweltrat außerhalb des Stromsektors. Im Bereich der Wärmeerzeugung durch erneuerbare Energien liegen erhebliche Potenziale.

Emissionshandel

96. Trotz der im Umweltgutachten 2002 geäußerten Bedenken gegenüber einem auf Teile der Wirtschaft beschränkten Emissionshandel hält der Umweltrat diesen für einen sinnvollen ersten Schritt zu einer effizienten Klimaschutzpolitik. Es handelt sich um ein Instrument mit grundsätzlich hoher Effizienz und Zielgenauigkeit, das überdies verbesserte Rahmenbedingungen für die Nachzügler des Klimaschutzes in der EU schafft. Entscheidende Voraussetzung für eine angemessene Wirksamkeit des Instruments ist allerdings, dass – auch langfristig – anspruchsvolle Ziele formuliert und hinreichende Kontroll- und Sanktionsmechanismen im Falle der Nichterfüllung verfügbar sind (SRU, 2002, Tz. 486 f.). Perspektivisch sollte eine bessere Verkopplung mit der Ökosteuer und den anderen Klimaschutzinstrumenten angestrebt werden. Dies ist auch deshalb erforderlich, weil dem Emissionshandel im Instrumentenmix der Klimapolitik nunmehr eine faktisch dominante Rolle zufällt. Sein Versagen könnte entsprechend zum Einfallstor für ohnehin starke Gegentendenzen werden. Deshalb sind Absicherungen erforderlich.

Wie der Umweltrat im vergangenen Gutachten bereits ausführlich dargelegt hat (SRU, 2002, Tz. 483, 487, 516), ist ein Zurückfahren ordnungsrechtlicher Instrumente zugunsten des Emissionshandels nur insoweit gerechtfertigt, wie im Effekt dieselben Emissionsminderungen erreicht werden. Zur Absicherung des Emissionshandels schlug der Umweltrat eine vorerst befristete Aufhebung ordnungsrechtlicher Instrumente mit der Option einer Reaktivierung vor. Diese Empfehlung wird hier bekräftigt. Im Falle einer Zielverfehlung durch unzureichende Kontroll- und Sanktionsmechanismen kommen auch ergänzende ordnungsrechtliche Maßnahmen wie Vorschriften über zulässige CO_2-Emissionsobergrenzen für Großemittenten in Betracht.

Bei der Umsetzung des Richtlinienentwurfs und einer Weiterentwicklung des Emissionshandelssystems nach der ersten Kioto-Verpflichtungsperiode (2008 bis 2012) sieht der Umweltrat insbesondere folgenden Handlungsbedarf:

— In der ersten Phase des Systems stellt die Orientierung des nationalen Allokationsplanes an der Klimaschutzvereinbarung der deutschen Industrie eine geeignete Grundlage dar. Wichtig ist jedoch eine baldige Konkretisierung des Niveaus und der zeitlichen Perspektive nach 2012.

— Eine kostenlose Anfangsallokation der Emissionsrechte wird für den Einstieg in das Handelssystem zwar als pragmatische Lösung angesehen. Zur Vermeidung von Effizienzverlusten sollte in zukünftigen Verpflichtungsperioden jedoch grundsätzlich eine Versteigerung der Emissionsrechte vorgezogen werden.

— Eine Newcomer-Reserve im Rahmen der kostenlosen Anfangsallokation ist grundsätzlich nicht zielführend, da die kostenlose Zuteilung für potenzielle Investoren einen Anreiz zu strategisch überhöhter Produktionsplanung schafft und damit zu Effizienzverlusten führt. Hinzu kommen administrative Probleme bei der Abgrenzung zwischen Altemittenten und Newcomern, die geradezu eine Einladung zur missbräuchlichen Ausnutzung der Newcomer-Reserve bilden würden.

— Eine Effizienzsteigerung ist ebenfalls durch die Integration projektbezogener Maßnahmen (JI und CDM) in das europäische Emissionshandelssystem zu erreichen. Die Bundesregierung sollte aber auch im Hinblick auf die Vermeidung von Mitnahmeeffekten darauf hinarbeiten, dass auf der operativen Ebene klare Bedingungen für die Einbeziehung der flexiblen Kioto-Instrumente formuliert und vor allem konsequent angewandt werden.

— Die Einbindung des Emissionshandels in den rechtlichen Rahmen des Immissionsschutzes sollte so erfolgen, dass bei maximaler Flexibilität der Unternehmen bezüglich der Treibhausgasreduktion Zielkonflikte mit anderen Umweltbelangen vermieden werden.

— In der längerfristigen Perspektive sollte die Einbeziehung weiterer Verursachersektoren angestrebt werden.

Fortentwicklung der ökologischen Steuerreform

97. Das am 23. September 2002 verabschiedete „Gesetz zur Fortentwicklung der ökologischen Steuerreform" sieht im Einzelnen einen Abbau der Ermäßigungstatbestände für Unternehmen des Produzierenden Gewerbes sowie der Land- und Forstwirtschaft und eine Veränderung der Steuersätze auf einzelne Energieträger vor. Die hierdurch zu erwartenden Mehreinnahmen sollen zum überwiegenden Teil als allgemeine Haushaltsmittel zur Verfügung stehen.

In der Summe haben diese beiden Neuregelungen voraussichtlich zur Folge, dass die Lenkungswirkung der Ökosteuer spürbar vermindert wird. Der überlegene Weg, um den Schutz der Wettbewerbsfähigkeit einerseits und die Lenkungswirkung der Ökosteuer andererseits besser miteinander in Einklang zu bringen, besteht nach Auffassung des Umweltrates in der Kombination von hohen Steuersätzen mit einer Anwendung von Freibetragsregelungen, bei der ein näher zu bestimmender Sockelverbrauch von der Ökosteuer freigestellt wird. Unabhängig davon hält der Umweltrat jedoch an seiner Forderung fest, eine nicht nur ansatzweise Harmonisierung der Energiebesteuerung auf EU-Ebene anzustreben. Solange dies nicht erreicht ist, sollte die Gewährung von Ermäßigungstatbeständen zukünftig von der Energieintensität der Produktionsprozesse, der Export- beziehungsweise Importintensität des betreffenden Sektors und der Anwendung eines Energie-Audits abhängig gemacht werden.

Im Einzelnen empfiehlt der Umweltrat

– eine maßvolle aber kontinuierliche weitere Erhöhung der Mineralölsteuer, ohne die hinreichende Verbesserungen insbesondere im Verkehrsbereich nicht vorstellbar sind;

– die Bemessungsgrundlage der Ökosteuer mittelfristig auf die CO_2-Intensität der Energieträger umzustellen und dabei insbesondere den Energieträger Kohle nicht weiter zu privilegieren;

– dass auch im Hinblick auf die Richtlinie zur Besteuerung von Energieerzeugnissen (2003/96/EG) die spezielle Benachteiligung von Erdgas in der Stromerzeugung umgehend aufgehoben werden sollte;

– eine weiter gehende Harmonisierung der Energiebesteuerung auf EU-Ebene anzustreben;

– die Erhebung des vollen Steuersatzes auch für Erdgas zur Verwendung als Kraftstoff in Fahrzeugen, sobald es zu einer Umstellung der Kfz-Steuer auf eine emissionsbezogene Basis kommt.

Der Umweltrat bedauert, dass bei den aktuellen Sozial- und Finanzreformen und der sinnvollen Entlastung des Faktors Arbeit umwelt- und klimapolitische Aspekte nicht stärker berücksichtigt wurden. Eine ökologische Akzentuierung ist insbesondere beim Abbau von Subventionen und Steuerprivilegien weitgehend unterblieben.

3 Naturschutz

98. Im folgenden Kapitel stellt der Umweltrat die wichtigsten Entwicklungen im Naturschutz im Berichtszeitraum dar. Bis auf den Vorschlag zur Implementierung einer nationalen Biodiversitätsstrategie und die Einschätzung zur Europäischen Landschaftskonvention wurden die Themen und entsprechende Empfehlungen bereits grundlegend im Sondergutachten Naturschutz diskutiert (SRU, 2002b). Dabei spielt die Frage der sich gegenseitig blockierenden Bundes- und Landeskompetenzen im Naturschutz insbesondere mit Blick auf die immer umfänglicher werdenden Aufgaben der Umsetzung von EG-rechtlichen Vorgaben eine wichtige Rolle. Die Länder haben auf politischer Ebene in Brüssel nur indirekte Einflussmöglichkeiten, müssen aber die Konsequenzen der dort getroffenen Entscheidungen tragen. Der Bund entscheidet auf EU-Ebene mit, doch ist er in der Umsetzung der Entscheidungen abhängig von den Ländern. Viele Naturschutzbelange von länderübergreifender nationaler Relevanz können vom Bund nur rahmenrechtlich geregelt werden, sodass die Umsetzung im Übrigen den Ländern obliegt. Beispiele für solche Handlungsfelder sind der ausstehende nationale Biotopverbund nach § 3 BNatSchG, die Ausweisung von Nationalparks, der Schutz von Flussökosystemen und die Umweltbeobachtung. Die Umsetzung durch die Länder erfolgt in Abhängigkeit von ihrer jeweiligen Finanzkraft – eine Tatsache, welche zwangsläufig die Flächenländer benachteiligt.

Der Umweltrat hat im Sondergutachten Naturschutz (SRU, 2002b) eine aktive Rolle der Bundesebene in Form einer nationalen Naturschutzstrategie gefordert. Auch der Vollzug internationaler Vereinbarungen wie beispielsweise des Übereinkommens über die biologische Vielfalt erfordert eine aktive nationale Planungsebene. Dieses Dilemma der föderalen Kompetenzordnung im Bereich des Naturschutzes bedarf nach Ansicht des Umweltrates dringend einer Lösung (vgl. auch Kapitel 13). Die folgenden Kapitel stellen die Koordinations- und Vollzugsprobleme dar, die auf die derzeitige Kompetenzordnung zurückzuführen sind, und entwickeln Vorschläge, Lösungsansätze innerhalb der vorhandenen Rahmenbedingungen sowie Hinweise zu einer sinnvollen Neuordnung der Zuständigkeiten.

3.1 Biodiversität

99. Vom Staatssekretärsausschuss (*Green Cabinet*) wurde beschlossen, das Thema Biodiversität im Jahre 2006 zu einem Schwerpunkt der nationalen Nachhaltigkeitsstrategie zu machen (BMU, schriftlicher Bericht für die 32. Amtschefkonferenz am 6. November 2003 in Berlin, TOP 7). Dies eröffnet die Chance, Artikel 6a des Übereinkommens über die biologische Vielfalt – mehr als zwölf Jahre nach dessen Inkrafttreten – umzusetzen. Dort werden die Vertragsstaaten aufgefordert, nationale Strategien, Pläne und Programme zur Erhaltung und zur nachhaltigen Nutzung von Biodiversität zu entwickeln oder bestehende Strategien anzupassen. Zudem wurde mit diesem Beschluss den Argumenten Rechnung getragen, die geltend machen, dass eine Nachhaltigkeitsstrategie ohne einen deutlichen Schwerpunkt im Bereich Biodiversität wesentlich unvollständig ist (FLASBARTH, 2003; PIECHOCK et al., 2003).

3.1.1 Der anhaltende Verlust der Biodiversität

Weltweite Situation

100. Seit Mitte des 19. Jahrhunderts, seit der Mensch im industriellen Maßstab in das Artengefüge seiner natürlichen Umwelt eingegriffen hat, beschleunigt sich weltweit der Artenverlust. Vorsichtigen Schätzungen zufolge wird der Verlust an Arten im nächsten Jahrhundert eine zweistellige Prozentzahl des globalen Artenbestandes ausmachen (NOTT und PIMM, 1997, S. 126). Bei Fortsetzung der gegenwärtigen Trends könnte in absehbarer Zukunft ein Sechstel bis ein Viertel aller Spezies ausgerottet worden sein (PIMM, 2002). Etwa ein Zehntel aller Vogelarten und ein Viertel der Säugetiere weltweit gelten als bedroht (IUCN, 2003). Für solche Artengruppen, von denen bislang wahrscheinlich nur weniger als 10 % des Gesamtbestandes erforscht wurden, wie Fische, Weichtiere oder Krebse, könnte der Anteil der bedrohten Arten bei mehr als einem Drittel liegen (IUCN, 2003). Von der geschätzten Gesamtanzahl der Pflanzenarten gelten weltweit rund 70 % als bedroht (IUCN, 2003) und jedes Jahr gehen immer noch ein halbes bis ein Prozent der tropischen Wälder verloren (FAO, 2001; ACHARD et al., 2002). Sicher ist inzwischen, dass eine genaue Inventur aller derzeit vorhandenen Arten niemals wird stattfinden können, da viele Arten noch vor ihrer Entdeckung ausgestorben sein werden. Es existiert ein breiter wissenschaftlicher Konsens darüber, dass ohne eine erhebliche Reduzierung des entstandenen Drucks auf natürliche Ökosysteme die biologische Vielfalt weiterhin in einer Geschwindigkeit reduziert wird, die seit mehr als 40 Millionen Jahren ohne Beispiel ist. Der derzeitige Verlust globaler Biodiversität wird von vielen Biologen als das sechste große Artensterben der Erdgeschichte eingeschätzt (MAY et al., 1995; WILSON, 1999; MYERS und KNOLL, 2001). In diesem Zusammenhang prägen die Biologen W. G. ROSEN und E. O. WILSON den Begriff „Biodiversität" als ein neues Schlagwort in der umweltpolitischen Diskussion mit dem Ziel, die breite Öffentlichkeit und politische Akteure verstärkt auf den globalen Verlust insbesondere auf Art- und Ökosystemebene aufmerksam zu machen (TAKACS, 1996, S. 34 ff.; DELONG, 1996).

101. Biodiversität wird heute allgemein aufgefasst als „die Variabilität unter lebenden Organismen jeglicher Herkunft (…) und die ökologischen Komplexe, zu denen sie gehören; dies umfasst die Vielfalt innerhalb der Arten und zwischen den Arten und die Vielfalt der Ökosysteme" (Art. 2 des Übereinkommens über die biologische Vielfalt). Biodiversität ist demnach die evolutive Verschiedenheit und Wandelbarkeit der Natur und lässt sich auf folgenden Ebenen betrachten: a) genetische Vielfalt innerhalb und zwischen Populationen, b) Vielfalt von Arten, c) Vielfalt von Biotopen und Ökosystemen, d) Landschaften und Bioregionen (zur Unterscheidung statt vieler BLAB und KLEIN, 1997, S. 203).

102. Biodiversität stellt auf mannigfaltige Weise Stoffe, Funktionen und Dienstleistungen zur Verfügung, welche von Menschen genutzt werden. Der Nutzaspekt weist auf eine enge Verbindung zwischen dem Erhalt der Biodiversität und einer dauerhaft umweltgerechten Entwicklung hin. Beispielsweise sind 75 % aller Heilmittel pflanzlichen, tierischen oder mikrobiologischen Ursprungs. Sauerstoffproduktion, Fotosynthese, Stofffixierung, Erneuerung und Reinigung von Süß- und Trinkwasser, Erosionsschutz, Bestäubung und Befruchtung, Bodenbildung, Dekomposition sowie klein- und großklimatische Bedingungen sind das Werk biotischer Vorgänge. Die Leistungen, die weltweit von biologischen Produkten und Prozessen abhängen, zu quantifizieren oder gar zu monetarisieren, ist äußerst schwierig, da sie normalerweise nicht durch die herkömmlichen marktorientierten ökonomischen Aktivitäten und Analysen erfasst werden.

Es ist in diesem Kontext daran zu erinnern, dass innerhalb der Konzeption „starker" Nachhaltigkeit, die der Umweltrat ausführlich gerechtfertigt hat, Biodiversität eine zentrale Komponente des dauerhaft zu erhaltenden Naturkapitals darstellt (SRU, 2002a, Tz. 21), sodass diese Konzeption es zwingend erforderlich macht, Biodiversität auf all ihren Ebenen möglichst umfassend zu schützen.

Die Situation in Deutschland

103. Deutschland kommt im weltweiten Maßstab die Verantwortung für den Erhalt von rund 70 höheren Arten auf seinem Staatsgebiet zu (Tab. 3-1). Darüber hinaus trägt Deutschland die Mitverantwortung für den Erhalt der biologischen Vielfalt auf der europäischen und nationalen Ebene.

Tabelle 3-1

Weltweit bedrohte Arten 2002: Gesamtanzahl nach taxonomischen Gruppen pro Staat der EU-15

Staat	Säugetiere	Vögel	Reptilien	Amphibien	Fische	Weichtiere	Andere Invertebraten	Pflanzen	Gesamt
Luxemburg	3	1	0	0	0	2	2	0	8
Irland	6	1	0	0	6	1	2	1	17
Finnland	4	3	0	0	1	1	9	1	19
Dänemark	5	1	0	0	7	1	10	3	27
Niederlande	10	4	0	0	7	1	6	0	28
Schweden	6	2	0	0	6	1	12	3	30
Belgien	11	2	0	0	7	4	7	0	31
Vereinigtes Königreich	12	2	0	0	11	2	8	13	48
Griechenland	13	7	6	1	26	1	10	2	66
Österreich	7	3	0	0	7	22	22	3	64
Deutschland	11	5	0	0	12	9	22	12	71
Italien	14	5	4	4	16	16	42	3	104
Frankreich	18	5	3	2	15	34	31	2	110
Portugal	17	7	0	1	19	67	15	15	141
Spanien	24	7	7	3	23	27	36	14	141

Quelle: IUCN, 2003

104. KORNECK et al. (1998) ermittelten aufgrund von Schätzungen für die Farn- und Blütenpflanzen eine maximale natürliche und nacheiszeitliche Aussterberate (d. h. für die letzten 10 000 Jahre) von drei Arten pro 100 Jahren in Deutschland. Die für den Zeitraum seit 1850 bis heute ermittelte Aussterberate liegt mit 31 Arten pro Dekade über hundertmal höher (BfN, 2002a, S. 80). Zu den Ursachen für den Artenrückgang der einheimischen Farn- und Blütenpflanzen trägt am meisten die direkte Standortzerstörung bei; durch sie sind circa 540 Arten betroffen. Neben Baumaßnahmen (Verkehr, Siedlungen, Industrie- und Gewerbegebiete) ist dies vor allem der Rohstoffabbau. An zweiter Stelle rangiert die landwirtschaftliche Nutzung als Ursache, durch die circa 450 Arten betroffen sind. Nutzungsaufgabe und -intensivierung, insbesondere auf bisher extensiv bewirtschaftetem Grün- und Ackerland, sind hier die Auslöser. Bei der dritten Ursache, der forstwirtschaftlichen Nutzung, wirkt die Aufforstung bisher waldfreier Flächen am schwersten. Weiterhin gefährden im Wald selbst Forstwegebau, Entwässerung und Monokulturen aus standortfremden Nadelhölzern beziehungsweise nicht heimischen Baumarten die Artenvielfalt. Die Hochwaldwirtschaft führt für eine Reihe von Arten zum Verlust ihres Lebensraumes, indem natürliche Auflichtungen, alte Bäume und Totholz stark reduziert werden. Außerdem wirken Wildhege und Jagd vor allem durch die oftmals überhöhten Wilddichten als Gefährdungsfaktor; 17 Arten sind hierdurch direkt gefährdet (BfN, 2002a, S. 80).

Für Tierarten sind die Ursachen des Artenrückgangs pro Artengruppe unterschiedlich. Doch für alle Tierartengruppen stellen Biotopverluste, die durch Eutrophierung, Grundwasserabsenkung, Aufforstung oder intensive Landwirtschaft verursacht werden, wesentliche Gefährdungsursachen dar (BfN, 2002a, S. 72).

Ein bekanntes Instrument zur Erfassung der Gefährdungssituation im Artenschutz bilden die so genannten Roten Listen. Jedoch geht in diese Listen nicht die Gesamtanzahl der heimischen Arten ein (zur umfassenden Kritik der Roten Listen s. SRU, 2000, Tz. 354). Die Rote Liste gefährdeter Tiere Deutschlands beinhaltet neben Roten Listen zu allen Wirbeltieren nur ausgewählte Gruppen der Wirbellosen. Insgesamt sind von circa 45 000 heimischen Tierarten mehr als 16 000 Arten (35 %) hinsichtlich ihrer Gefährdung bewertet worden (BINOT et al., 1998). Für die Rote Liste der Pflanzen wurden von den 28 000 in Deutschland beheimateten Arten 13 835 Arten (knapp 50 %) auf ihre Gefährdung hin untersucht und bewertet (vgl. LUDWIG und SCHNITTLER, 1996). Innerhalb dieses untersuchten Ausschnittes aus der Gesamtartenzahl in Deutschland sind nur rund 50 % sowohl der Pflanzen- als auch der Tierarten nicht gefährdet (BfN, 2002b, 2002c).

Erhebliche Datenlücken bestehen vor allem im Bereich der genetischen Diversität von heimischen Arten (WINGENDER und KLINGENSTEIN, 2000; VOGTMANN, 2003). Umfangreicher ist dagegen die Datengrundlage im Bereich der modernen Landwirtschaft (Züchtungsforschung), die von einer ausreichenden genetischen Vielfalt der Wild- und Zuchtformen bei den von ihr genutzten Arten abhängt, beispielsweise als Quelle von neuen Resistenzeigenschaften gegenüber Schädlingen und Krankheiten.

105. Beispielhaft für den Zusammenhang zwischen Nutzung und Veränderungen der Biodiversität seien hier die Wälder angeführt. Wälder erfüllen neben der Lebensraumfunktion eine Reihe von wichtigen Funktionen, angefangen von Erosionsschutz und Wasserspeicherung über CO_2-Festlegung durch Aufforstung bis hin zur Erholungsfunktion, die als ebenso hoch einzustufen sind wie die Holz- und Zelluloseproduktion selbst (WINKEL und VOLZ, 2003). Doch haben intensive Forstwirtschaft, zunehmende Uniformität und die Verwendung nicht heimischer Arten zu einem allgemeinen Qualitätsrückgang der Waldökosysteme geführt, das heißt zu einem Verlust der charakteristischen Artenzusammensetzung und Funktionen. Nur sehr wenige von den ursprünglichen Wäldern sind in Europa übrig geblieben (wahrscheinlich weniger als 1 bis 3 %, EU-Kommission GD ENV, 2003b). In der Forstwirtschaftslehre des 19. Jahrhunderts stand die Nutzfunktion des Waldes im Vordergrund des Interesses; angestrebt wurde eine ökonomisch optimale und nachhaltige Holzernte (KARAFYLLIS, 2002, m. w. N.). Hierbei wurde in der Vergangenheit die genetische Variabilität der Arten bei Pflanzungen nicht immer genügend beachtet. Dies ist wegen der Langlebigkeit der Bäume von besonderer Bedeutung, da Bäume ungünstigen Einflüssen aufgrund ihrer Ortsgebundenheit nicht ausweichen können. Traditionelle Bewirtschaftungsmethoden wie Einzelstammeinschlag und Waldweide wurden angesichts moderner Forstmethoden unwirtschaftlich. Diese Entwicklung blieb auch für die waldgebundenen Arten wie zum Beispiel für viele Großraubtiere wie Bären und Wölfe, die einstmals die Charakterarten europäischer Waldlandschaften darstellten, nicht ohne Folgen. Die Situation wird durch die verstärkte Zerstückelung der Restbestände und den Verlust assoziierter Lebensräume wie natürlicher Offenbiotope, Hecken und Wasserläufe, die als ökologische Korridore den Lebewesen des Waldes Ausbreitungsmöglichkeiten boten, verschärft.

106. Unvorhersehbar ist der Zusammenhang zwischen der Verringerung von Biodiversität und dem befürchteten Klimawandel. Etlichen Schätzungen zufolge erfordert es die maximale Anpassungsfähigkeit von Ökosystemen, insbesondere von langlebigen Wäldern, auf einen Temperaturanstieg zu reagieren (u. a. HOSSEL et al., 2003; ROOT et al., 2003). Klimaänderungen könnten das Risiko von abrupten und tief greifenden Änderungen in vielen Ökosystemen erhöhen, was nachteilige Folgen für Funktion, Biodiversität und Produktivität haben könnte. Beispielsweise können wichtige Entwicklungsstadien von Nutzpflanzen und damit die Ernteerträge stark beeinträchtigt werden, falls die Temperaturen kritische, sortenspezifische Schwellenwerte auch nur für kurze Perioden überschreiten. Die Sterilität von Reisähren, der Verlust der Pollenentwicklung bei Mais oder Beeinträchtigungen der Wurzelknollenentwicklung bei Kartoffeln können durch solche Temperaturänderungen hervorgerufen werden (IPCC, 2002, S. 19). Durch ein Zusammentreffen der

Reduktion von Biodiversität und des befürchteten globalen Klimawandels wird das potenzielle Risiko für die Ökosysteme erhöht. Anhand von Beispielregionen berechnen THOMAS et al. (2004) für einen mittleren Temperaturanstieg eine Aussterberate zwischen 15 und 37 % der Arten für das Jahr 2050, eine Verlustrate, die diejenige verursacht durch Habitatzerstörung übersteigt.

107. Trotz erheblicher Anstrengungen aller staatlichen Ebenen sowie von privaten Akteuren aufseiten der Naturnutzer und des Naturschutzes und bereits erreichter Fortschritte (insbesondere bei der Verbesserung der Gewässerqualität und in der Luftreinhaltung) wirkt ein Großteil der für den Rückgang der Biodiversität verantwortlichen Faktoren unvermindert weiter. Insofern besteht in Deutschland noch erheblicher Handlungsbedarf.

Die politische Umsetzung wird unter anderem auch dadurch erschwert, dass die Definition und der Inhalt des Begriffs „Biodiversität" noch keinen Eingang in den alltäglichen Sprachgebrauch gefunden hat und er daher nicht für alle Bevölkerungsgruppen verständlich ist. Hinzu kommt, dass die Maßeinheiten und Maßmethoden für die „biologische Vielfalt" stark variieren und eine allgemein akzeptierte Bestandsaufnahme für Deutschland daher noch nicht stattgefunden hat (s. auch WEIMANN et al., 2003; HOFFMANN et al., 2003).

3.1.2 Das Übereinkommen über die biologische Vielfalt

108. Im Rahmen der Konferenz der Vereinten Nationen für Umwelt und Entwicklung in Rio de Janeiro wurde 1992 der Vertragstext für das Übereinkommen über die biologische Vielfalt (Convention on Biological Diversity, CBD) angenommen. Mittlerweile wurde es durch 188 Vertragsstaaten gezeichnet. Das Vertragswerk gilt allgemein als entscheidender Schritt auf dem Weg zu einem wirksameren Schutz der Biodiversität. Denn während zuvor vereinbarte Abkommen stets auf bestimmte Gebiete oder einzelne Arten begrenzt waren, liegt der CBD erstmals ein umfassender Ansatz zugrunde. Bei den politischen Verhandlungen im Umfeld der CBD wurde deutlich, dass der Begriff der Biodiversität geeignet ist, Interessen und Belange unterschiedlicher Gruppen zu integrieren: Ökologie und Ökonomie, Umweltschutz und Entwicklung, Naturschutz und Naturnutzung. Gleichzeitig wurde mit dem Übereinkommen ein institutioneller Rahmen für die zukünftige Zusammenarbeit auf diesem Gebiet geschaffen (STADLER, 2003; SUPLIE, 1995).

Inhaltlicher Schwerpunkt der Vereinbarungen ist die Formulierung von Prinzipien und allgemeinen Handlungszielen zur Ausarbeitung nationaler Strategien. Hieraus ergibt sich auch die übergeordnete Zieltriade des Übereinkommens (Art. 1):

– Erhaltung der biologischen Vielfalt,

– nachhaltige Nutzung ihrer Bestandteile sowie

– ausgewogene und gerechte Aufteilung der sich aus der Nutzung der genetischen Ressourcen ergebenden Vorteile.

Kernpunkt der Strategie ist es, Schutz und Nutzung der Biodiversität stets aus ökologischer, ökonomischer und sozialer Sicht zu betrachten. Dabei soll die ökologische Tragfähigkeit Maßstab der ökonomischen und sozialen Entscheidungen sein. Dies wird im Kontext der CBD inzwischen als „Ökosystemansatz" (CBD, 2000a, Beschluss V/6) bezeichnet. Der „Ökosystemansatz" ist eine adaptive Managementstrategie, welche die drei Ziele des Übereinkommens gleichgewichtig berücksichtigen soll (KORN, 2003; KLAPHAKE, 2003).

Die Stärkung der angestrebten Synthese von Erhaltung und Nutzung („Schutz durch Nutzung") zusammen mit der Forderung eines gerechten Vorteilsausgleichs erfordert die Integration naturschutzfachlicher Ziele in andere Politikfelder und die Entwicklung von Allianzen mit Nutzergruppen (SRU, 2002b; KORN, 2003). Die Vertragsstaaten sollten dazu die in dem Übereinkommen angelegte Strategie als Bezugsrahmen für ihre Politik auf lokaler, nationaler, supranationaler sowie internationaler Ebene ansehen. Hierfür ist auf nationaler Ebene eine Verständigung darüber notwendig, welche Ziele auf welcher Ebene verfolgt werden sollen.

109. Das Übereinkommen verpflichtet die beteiligten Staaten, eine Biodiversitätsstrategie zu entwickeln und bestehende Planungen anzupassen (Art. 6) beziehungsweise diese auf ihre Verträglichkeit bezüglich des Schutzgutes Biodiversität hin zu prüfen (Art. 14). Konsequenterweise werden außerdem die Erfassung der Biodiversität und eine Überwachung gefordert (Art. 7). Neben dem In-Situ-Schutz (Art. 8) soll auch der Ex-Situ-Schutz (Art. 9) vorangetrieben werden. Eine nachhaltige Nutzung der Biodiversität (Art. 10) soll unter anderem mit wirtschaftlich und sozial verträglichen Anreizmaßnahmen erreicht werden (Art. 11). Weiterhin werden die Handlungsbereiche Forschung, Ausbildung und Öffentlichkeitsarbeit skizziert (Art. 12, 13). Der Zugang zu genetischen Ressourcen soll im Detail geregelt (Art. 15) und der Informations- und Technologietransfer gestärkt werden (Art. 16, 17, 18). Die gerechte Aufteilung der sich aus der Nutzung der Biodiversität ergebenden Vorteile, also in erster Linie der ökonomisch bewertbaren Vorteile, ist das erste Mal im Völkerrecht festgeschrieben worden. Aufgrund dieses Ziels des gerechten Vorteilsausgleiches ist die CBD von großer Bedeutung für die Länder des Südens, auf deren Territorien sich der Hauptanteil der globalen Artenvielfalt befindet (in so genannten *Hot Spots*). Daher kann eine nationale Strategie Deutschlands nicht an den Landesgrenzen enden, sondern muss außenpolitische, wirtschaftliche und handels- und entwicklungspolitische Aspekte integrieren (Tz. 133–134).

Der Zugang zu genetischen Ressourcen wurde mit dem Prinzip des gerechten Vorteilsausgleichs verbunden, um den Befürchtungen der Entwicklungsländer zu begegnen, dass ihre biologischen Ressourcen durch die Unternehmen des Nordens vereinnahmt und dann patentiert werden (so genannte Biopiraterie). Bekannte Beispiele für Biopiraterie sind Produkte, die Bestandteile des Neem-Baumes enthalten, und Basmati-Reis. Mit der Annahme

Beschreibung des Ökosystemansatzes des Übereinkommens über die biologische Vielfalt

1. Der Ökosystemansatz stellt eine Strategie für das integrierte Management von Land, Wasser und lebenden Ressourcen dar, die den Schutz und die nachhaltige Nutzung auf gerechte Art fördert. Damit trägt die Anwendung des Ökosystemansatzes dazu bei, ein Gleichgewicht zwischen den drei Zielsetzungen des Übereinkommens zu erreichen: Schutz, nachhaltige Nutzung sowie gerechte und ausgewogene Aufteilung der Gewinne, die aus der Nutzung der genetischen Ressourcen entstehen.

2. Ein Ökosystemansatz basiert auf der Anwendung von angemessenen wissenschaftlichen Methoden, die sich auf Ebenen der biologischen Organisation konzentrieren, welche die grundlegende Struktur, Prozesse, Funktionen und Wechselwirkungen zwischen Organismen und ihrer Umwelt umfassen. Dieser Ansatz erkennt an, dass Menschen mit ihrer kulturellen Vielfältigkeit ein integraler Bestandteil vieler Ökosysteme sind.

3. Diese Konzentration auf Strukturen, Prozesse, Funktionen und Wechselwirkungen befindet sich in Übereinstimmung mit der Definition von „Ökosystem" in Artikel 2 des Übereinkommens über die Biologische Vielfalt:

„Im Sinne des Übereinkommens bedeutet ‚Ökosystem' einen dynamischen Komplex von Gemeinschaften aus Pflanzen, Tieren und Mikroorganismen sowie deren nicht lebender Umwelt, die als funktionelle Einheit in Wechselwirkung stehen."

Im Gegensatz zur Begriffsbestimmung von „Habitat" gemäß dem Übereinkommen bestimmt diese Definition keine räumliche Einheit oder Skala. Deshalb entspricht der Begriff „Ökosystem" nicht unbedingt den Begriffen „Biom" oder „ökologische Zone", sondern kann sich auf jedwede funktionelle Einheit auf einer beliebigen Skala beziehen. Der Analyse- und Handlungsmaßstab sollte in der Tat durch das jeweils zu behandelnde Problem bestimmt werden. Das könnte beispielsweise ein Krümel Boden, ein Teich, ein Wald, ein Biom oder die gesamte Biosphäre sein.

4. Der Ökosystemansatz erfordert ein adaptives Management, um mit dem komplexen und dynamischen Wesen der Ökosysteme und dem unvollständigen Wissen und den unvollkommenen Kenntnissen ihrer Funktionsweisen umzugehen. Ökosystemprozesse sind oftmals nicht linear und die Ergebnisse solcher Prozesse treten oft nur mit zeitlicher Verzögerung ein. Das führt zu Unregelmäßigkeiten, die in Überraschungen und Unsicherheit münden. Ein anpassungsfähiges Management ist gefordert, welches in der Lage ist, auf solche Unsicherheitsfaktoren eingehen zu können und welches Phasen beinhaltet, in denen man „aus Schaden klug wird" oder in denen man Rückmeldungen aus der Forschung abwarten muss. Es kann erforderlich werden, Maßnahmen selbst dann schon zu ergreifen, wenn die Beziehungen zwischen Ursache und Wirkung wissenschaftlich noch nicht vollständig geklärt sind.

5. Der Ökosystemansatz schließt andere Ansätze im Management und für den Schutz nicht aus, wie beispielsweise Biosphärenreservate, Schutzgebiete und Artenschutzprogramme für Einzelarten sowie auch andere Ansätze, die im Rahmen bestehender politischer und gesetzlicher Vorgaben durchgeführt werden. Er könnte sogar alle diese Ansätze und andere Methoden verbinden, um auf komplexe Situationen zu reagieren. Es gibt nicht nur den einen richtigen Weg zur Umsetzung des Ökosystemansatzes, da diese von lokalen, ortsübergreifenden, nationalen, regionalen oder auch globalen Bedingungen abhängt. In der Tat kann der Ökosystemansatz auf vielfältige Weise genutzt werden, um einen Rahmen für die Umsetzung der in dem Übereinkommen festgeschriebenen Ziele in die Praxis zu schaffen.

Quelle: CBD, 2000a, Beschluss V/6, Übersetzung nach PAULSCH et al., 2003

Die 12 Prinzipien des Ökosystemansatzes des Übereinkommens über die biologische Vielfalt

1. Die Ziele des Managements (Land, Wasser und lebende Ressourcen) obliegen einer gesellschaftlichen Entscheidung.
2. Das Management sollte soweit wie möglich dezentralisiert gestaltet werden.
3. Die Manager von Ökosystemen sollten die Effekte (aktuelle und potenzielle) ihrer Aktivitäten auf angrenzende Ökosysteme beachten.
4. In Anerkennung des möglichen Zugewinns durch die Bewirtschaftung besteht normalerweise die Notwendigkeit, Ökosysteme in einem wirtschaftlichen Zusammenhang zu begreifen und zu verwalten. Derartige Programme zur Bewirtschaftung von Ökosystemen sollten:

    a) diejenigen Marktverzerrungen mindern, welche die biologische Vielfalt negativ beeinflussen;

    b) Anreize schaffen, um den Schutz der biologischen Vielfalt und den nachhaltigen Nutzen zu fördern;

    c) Kosten und Nutzen in den Ökosystemen im jeweils möglichen Maße internalisieren.

5. Der Schutz der Strukturen und Funktionen des Ökosystems (Erhaltung von Ökosystemleistungen) sollte eines der Hauptziele des Ökosystemansatzes sein.
6. Ökosysteme müssen innerhalb der Grenzen ihrer Funktionsweisen bewirtschaftet werden.
7. Der Ökosystemansatz sollte angemessene räumliche und zeitliche Bemessungen berücksichtigen.
8. Die Zielsetzungen für das Ökosystem-Management sollten langfristig ausgerichtet werden.
9. Das Management muss anerkennen, dass Veränderungen in Ökosystemen unvermeidbar sind.
10. Der Ökosystemansatz sollte ein Gleichgewicht zwischen dem Schutz und der Nutzung der biologischen Vielfalt sowie die Einbindung der beiden anstreben.
11. Der Ökosystemansatz sollte einschlägige Informationen jeglicher Art einschließlich der wissenschaftlichen, traditionellen und einheimischen Kenntnisse, der Innovationen und der Praxis berücksichtigen.
12. Der Ökosystemansatz soll alle einschlägigen Bereiche der Gesellschaft und der wissenschaftlichen Disziplinen mit einbeziehen.

Quelle: CBD, 2000a, Beschluss V/6

---

der so genannten Bonn-Richtlinien wurde ein Grundkonsens über die Vorgehensweise zur Gewährleistung eines gerechten Vorteilsausgleiches gefunden (CBD, 2002b, Beschluss VI/24). Die Bonn-Richtlinien präzisieren die Rolle der nationalen Kontaktstellen (*National Focal Points*) und der zuständigen nationalen Behörden, zu deren Einrichtung die Vertragsstaaten aufgefordert sind. Die Verpflichtungen sowohl der Nutzer als auch der Ursprungsstaaten und sonstiger Anbieter im gesamten Prozess der Bereitstellung und Nutzung genetischer Ressourcen werden dargestellt und verschiedene Möglichkeiten für die Vorteilsbeteiligung (*Benefit Sharing*) dargelegt. Diese Prinzipien sollen zunächst die Lücke bis zur Entwicklung von konkreten nationalen Umsetzungsmaßnahmen und deren Implementierung überbrücken. Zudem sollen die Vorgaben der Bonn-Richtlinien einen Rahmen für die notwendige Umsetzung in nationale legislative, administrative oder politische Modelle schaffen. Die Umsetzung des Vorteilsausgleichs betrifft Handelsfragen bis hin zur Entwicklungszusammenarbeit (s. auch BMZ, 2003). Der Umweltrat geht auf diese internationale Dimension der CBD nicht näher ein, betont aber, dass sie ein wichtiger Bestandteil einer nationalen Biodiversitätsstrategie ist. Hierzu liegen bereits konzeptionelle Vorschläge des WBGU vor (vgl. WBGU, 2000; FUES, 1998).

110. Auf europäischer Ebene wurde bereits 1995 auf der dritten europäischen Umweltministerkonferenz eine gesamteuropäische „Strategie für landschaftliche und biologische Vielfalt" als politische Willenserklärung angenommen (WASCHER, 2002). 1998 wurde die Strategie der europäischen Gemeinschaft zur Erhaltung der biologischen Vielfalt entwickelt und im Jahr 2001 durch Aktionspläne zur Einbeziehung des Schutzes der biologischen Vielfalt in die Landwirtschafts-, Fischerei-, Umwelt- und Entwicklungspolitik der EU konkretisiert. Grundsätzliches Ziel ist dabei der Stopp des Biodiversitätsschwundes bis zum Jahr 2010. Diese Aktionspläne wurden jedoch wegen ihrer Unbestimmtheit und weil konkrete Ziel- und Zeitvorgaben fast vollständig fehlen vielfach kritisiert (s. auch SRU, 2002a, Tz. 252–254). Auf die Anwendung des Ökosystemansatzes hat sich die EU im 6. Umweltaktionsprogramm geeinigt (Art. 6 (2)). Auf dem Weltgipfel in Johannesburg wurde die Forderung nach einer erheblichen Senkung der gegenwärtigen Verlustrate an biologischer Vielfalt bis 2010 bekräftigt (WOLFF, 2003).

3.1.3 Umsetzung in Deutschland

111. Deutschland ist für den Erhalt der Bestandteile der biologischen Vielfalt innerhalb seines Hoheitsgebietes und auch für Tätigkeiten unter seiner hoheitlichen Kontrolle verantwortlich, durch welche außerhalb seiner Staatsgrenzen der Biodiversität Schaden zugefügt werden könnten (Art. 3, 4). Im Folgenden wird zunächst der Sachstand der Umsetzung der Biodiversitätskonvention in Deutschland dargestellt. Im Mittelpunkt der anschließenden strategischen Überlegungen stehen die Inhalte und Umsetzungsmöglichkeiten einer Biodiversitätsstrategie auf Bundesebene sowie die Möglichkeiten der Integration in die Nachhaltigkeitsstrategie.

3.1.3.1 Bisherige Umsetzung

112. Im Gegensatz zu vielen anderen Staaten, die im Laufe des Rio-Prozesses und im Vorfeld des Johannesburg-Gipfels nationale Biodiversitätsstrategien verabschiedet haben (s. Datenbank der CBD, 2003), hat Deutschland bislang nur zwei nationale Biodiversitätsberichte (BMU, 1998, 2001) sowie einen Bericht nach Artikel 6 der CBD (BMU, 2002) vorgelegt. Diese beschränken sich hauptsächlich auf die Beschreibung bereits bestehender Maßnahmen und verdeutlichen, dass bislang wenig konkrete Maßnahmen zur Erreichung der Ziele der Biodiversitätskonvention in Deutschland ergriffen worden sind (vgl. BRÜHL, 2002). Das Fehlen einer nationalen Biodiversitätsstrategie ist von verschiedenen Seiten mehrfach kritisiert worden. Der Wissenschaftliche Beirat der Bundesregierung Globale Umweltveränderungen (WBGU) mahnte bereits 1996 und 2000 die Erarbeitung einer nationalen Biodiversitätsstrategie für Deutschland an, die auf den deutschen Nationalberichten aufbauen sollte und darüber hinaus auf die Entwicklung sektoraler Biodiversitätsstrategien abzielen sollte (WBGU, 1996, 2000). Ebenso empfiehlt die OECD in ihrem jüngsten Umweltprüfbericht ausdrücklich, „eine Reihe konkreter nationaler Ziele für den Naturschutz formell zu beschließen und auf der Ebene der Bundesländer konkrete Naturschutzpläne zu erarbeiten" (OECD, 2001, S. 97). In diesem Zusammenhang sei auch die Erarbeitung einer nationalen Biodiversitätsstrategie für Deutschland voranzutreiben (OECD, 2001, S. 101).

113. In Kenntnis der seinerzeit anstehenden Novellierung des Bundesnaturschutzgesetzes hat auch die Enquete-Kommission „Globalisierung der Weltwirtschaft" des deutschen Bundestages in ihrem Abschlussbericht „Globalisierung der Weltwirtschaft – Herausforderungen und Antworten" (2002) in der Handlungsempfehlung 7-9 gefordert, eine nationale Strategie zur biologischen Vielfalt zu erstellen (s. Kasten).

114. Im Jahr 2002 hat die Bundesregierung eine Strategie für eine nachhaltige Entwicklung beschlossen (Bundesregierung, 2002). Diese Strategie enthält auch für den Schutz der Biodiversität wichtige Zielsetzungen (s. SRU, 2002b, Tab. 2-2), die jedoch nicht in ein umfassendes Zielkonzept integriert sind. Ein Vergleich der Ziele und Kernpunkte der CBD mit den Kernpunkten der Nachhaltigkeitsstrategie zeigt, dass die Nachhaltigkeitsstrategie gerade im Bereich der Erhaltung der biologischen Vielfalt große Lücken aufweist: Die Ebene der genetischen Vielfalt und die Ebene der Ökosysteme fehlt in Bezug

---

Handlungsempfehlung 7-9 der Enquete-Kommission „Globalisierung der Weltwirtschaft – Herausforderungen und Antworten" (2002)

Die Bundesregierung sollte eine Interministerielle Arbeitsgruppe (IMA) „Biodiversitätspolitik" einrichten, deren Aufgabe die Entwicklung einer nachhaltigen Biodiversitätsstrategie ist. In die Entwicklung der Strategie sind frühzeitig Verbände in Form von „Runden Tischen" einzubeziehen. Zwischenergebnisse der Strategie sollen der Öffentlichkeit vorgestellt und mit ihr diskutiert werden. Es müssen sektorale Aktionspläne erstellt und Maßnahmen zur nachhaltigen Nutzung, insbesondere für den Waldbereich und die Landwirtschaft festgelegt werden. So könnte u. a. in der Landwirtschaft der Anbau von alten Landsorten staatlich unterstützt werden.

Des Weiteren sind nationale und verbindliche Regeln des Vorteilsausgleiches zu formulieren. Verstöße gegen die Regeln sind zu ahnden. Die Bundesregierung sollte deshalb eine Institution gründen – und z. B. am BMU ansiedeln –, die sich ausschließlich mit Fragen des Vorteilsausgleiches beschäftigt. Diese Institution könnte auch Ansprechpartner für Entwicklungsländer werden und ähnlich wie der nationale Clearing-House-Mechanismus eine Vorbildfunktion innehaben. Der fällige thematische Bericht über „Zugang und Vorteilsausgleich" (*Access and Benefit Sharing*) ist umgehend zu erstellen.

In einer nötigen Überarbeitung des Bundesnaturschutzgesetzes ist die Bundesregierung aufgefordert, den Anteil der zu schützenden Fläche auf 15 bis 20 Prozent auszuweiten. Dies entspricht auch den Verpflichtungen, die Deutschland durch die europäischen Vereinbarungen eingegangen ist. Die Bundesregierung soll daher die Bundesländer nachdrücklich auf die europäische Verpflichtung, ausreichende Gebiete für NATURA 2000 zu benennen, hinweisen.

Quelle: Enquete-Kommission, 2002

auf den Schutz der Biodiversität ebenso vollständig wie die Einbeziehung der Kulturarten und -sippen (derzeitiger Indikator *Artenvielfalt*). Acht weitere Indikatoren (im Sinne von Zielen) der Nachhaltigkeitsstrategie können mit dem Schutz der Biodiversität in Beziehung gesetzt werden: *Ressourcenschutz, Klimaschutz, Erneuerbare Energien, Flächeninanspruchnahme, Bildung, Mobilität, Ernährung* und *Luftqualität*. Insgesamt bietet also die Nachhaltigkeitsstrategie für eine sektorübergreifende Biodiversitätsstrategie durchaus positive Anknüpfungspunkte.

Bis zum Jahre 2006 soll dieser zukünftige Schwerpunkt der Nachhaltigkeitsstrategie konzeptionell ausgearbeitet und mit Zielen und geeigneten Maßnahmen konkretisiert werden.

3.1.3.2 Anforderungen an eine deutsche Biodiversitätsstrategie

115. Kernanliegen einer Biodiversitätsstrategie sollten ein verstärkter und erweiterter Naturschutz, die umfassende Integration des Schutzes der Biodiversität in sektorale Politikbereiche, die gemeinsame Bearbeitung von Querschnittsthemen durch die betroffenen Akteure und im internationalen Kontext eine Konkretisierung des so genannten Vorteilsausgleichs sein. Die Strategieentwicklung soll im Gespräch und im Dialog mit den jeweiligen Akteuren erfolgen. Dazu sollten neben einer übergreifenden Strategie sukzessive sektorale Aktionspläne erstellt und durch Öffentlichkeitsarbeit allgemein sowie insbesondere bei den einzelnen Akteuren bekannt gemacht und diskutiert werden. Nach Auffassung des Umweltrates sollte eine zielführende Biodiversitätsstrategie hierfür die folgenden Elemente aufweisen:

– konkrete, gut begründete und messbare Umweltqualitätsziele und -standards für die drei Ebenen der Biodiversität in allen relevanten Politikbereichen, die räumlich und zeitlich differenzierbar sind und mit Umwelthandlungszielen konkretisiert werden

– konkrete, gut begründete Kriterien und Indikatoren zur Berichterstattung (Monitoring) (Art. 7 CBD, Abschn. 3.3.1, Tz. 172) und Ergebniskontrolle, die in regelmäßigen Abständen (etwa fünf Jahren) überprüft werden.

Die Politikintegration sollte sich vordringlich zunächst auf die besonders relevanten Verursachersektoren konzentrieren, insbesondere also auf Landwirtschaft, Forstwirtschaft, Fischerei, Verkehr und Chemikalien. Gleichwohl besteht die Notwendigkeit der Politikintegration aber auch für die Bereiche Forschung, Bio- und Gentechnologie, Wirtschaft, Finanzen, Justiz und Entwicklungszusammenarbeit.

116. Der Umweltrat hält eine Politikintegration im Bereich der Chemikalienregulierung für unbedingt notwendig, denn die ökotoxische Wirkung wird bei der Zulassung von Chemikalien nur durch Extrapolation auf das Schutzgut biologische Vielfalt abgeschätzt. Chemikalien, die oft während der gesamten Lebensdauer eines Produkts emittiert werden, finden sich jedoch in geringen Konzentrationen ubiquitär in der Umwelt und stellen ein potenzielles Risiko dar. Selbst geringe Stoffkonzentrationen können biologisch wirksam sein (endokrine Disruptoren) und zum Beispiel Schäden am Immun- oder Hormonsystem verursachen und infolge dessen die Reproduktionsraten von Tierpopulationen beeinflussen (s. Kap. 11, Tz. 962, 966–968, SRU; 2004, Tz. 71, 76).

117. Für eine Verträglichkeitsprüfung und möglichst weit gehende Verringerung nachteiliger Auswirkungen nach Artikel 14 (STOLL und STILLHORN, 2002, S. 90 f.) kann im Falle von künftigen Plänen und Programmen, die die Biodiversität beeinflussen können, die Strategische Umweltprüfung (SUP) als geeignetes Instrument der Folgenprüfung und Integration der biodiversitätsbezogenen Ziele herangezogen werden (STADLER, 2003; GEORGI, 2003). Doch auch bestehende Strategien, Pläne und Programme sind nach Artikel 6a (CBD) anzupassen. Besonders relevant sind auf der Ebene politischer Programme

– die Agrarumweltprogramme (s. Kap. 4, Tz. 262, 266-267; SRU, 2002b, Abschn. 5.1.3),

– die Waldumbauprogramme,

– die Programme zum Meeres- und Küstenschutz (s. auch SRU, 2004),

– die Umsetzung der FFH-Richtlinie,

– die Umsetzung der Wasserrahmenrichtlinie (s. Kap. 5.1),

– die Umsetzung des Bundesverkehrswegeplans einschließlich der darin enthaltenen Flussausbaupläne.

Die folgende Tabelle (Tab. 3-2) zeigt eine Reihe von Fragen, die in Prüfungen von Plänen und Programmen etc. relevant sind und im Vergleich zur bisherigen Praxis zukünftig verstärkt berücksichtigt werden sollten.

118. Hilfreich können in diesem Zusammenhang auch verwaltungsbezogene, sektorale Software-Tools der Politikfolgenabschätzung sein. Im BMVEL wird gegenwärtig ein solches Tool, POINT 3D, in der Erprobungsphase angewandt, das dem Anwender mit einer Checkliste und Indikatoren (u. a. aggregierte Biodiversitätsindikatoren) die Überprüfung von zu erwartenden Auswirkungen geplanter Politikmaßnahmen im Hinblick auf Nachhaltigkeitsziele ermöglicht (JACOB, KLAWITTER und HERTIN 2004).

Tabelle 3-2

Für das Screening von Wirkungen auf die biologische Vielfalt relevante Fragen

Ebene der Vielfalt	Perspektive der biologischen Vielfalt	
	Erhaltung der biologischen Vielfalt (nicht nutzbare Werte)	*Nachhaltige Nutzung der biologischen Vielfalt (nutzbare Werte)*
Genetische Vielfalt	(I) Verursacht die beabsichtigte Aktivität einen örtlichen Verlust von Varietäten/Kultursorten oder -rassen/Zuchtgut von Kulturpflanzen und/oder domestizierten Tieren und ihren Verwandten, Genen oder Genomen von sozialer, wissenschaftlicher und ökonomischer Bedeutung?	
Artenvielfalt	(II) Verursacht die beabsichtigte Aktivität einen direkten oder indirekten Verlust einer Artenpopulation?	(III) Beeinträchtigt die beabsichtigte Aktivität die nachhaltige Nutzung einer Artenpopulation?
Ökosystemvielfalt	(IV) Führt die beabsichtigte Aktivität zu einem ernsthaften Schaden oder totalen Verlust eines oder mehrerer Ökosysteme oder einer oder mehrerer Landnutzungsarten und führt sie somit zu einem Verlust der Ökosystemvielfalt (d. h. dem Verlust von indirekt nutzbaren Werten und nicht nutzbaren Werten)?	(V) Beeinträchtigt die beabsichtigte Aktivität die nachhaltige Nutzung eines oder mehrerer Ökosysteme oder einer oder mehrerer Landnutzungsarten durch den Menschen in einer Weise, dass die Nutzung zerstörerisch oder nicht nachhaltig wird (d. h. Verlust der direkt nutzbaren Werte)?

Quelle: CBD, 2002a, Beschluss VI/7A, Übersetzung nach GEORGI, 2003

3.1.3.3 Konzeption und Verknüpfung mit der Nachhaltigkeits- und Naturschutzstrategie

119. Aus Sicht des Umweltrates sollte die Biodiversitätsstrategie nicht isoliert entwickelt werden, sondern von vornherein in Hinblick auf ihre Integration in die Nachhaltigkeitsstrategie sowie im Hinblick auf ihre Verknüpfung mit einer in weiten Teilen überschneidenden Naturschutzstrategie (s. SRU, 2002b) ausgestaltet werden. Dabei ist folgende Verknüpfung der Strategien aus Sicht des Umweltrates anzustreben: Die Nachhaltigkeitsstrategie ist die übergreifende, alle Handlungsbereiche umfassende Strategie. Sie wird durch die Biodiversitätsstrategie in den die biologische Vielfalt betreffenden Handlungsbereichen hinsichtlich der Entwicklung von Zielen, Maßnahmen und Indikatoren gestützt und ergänzt (s. Abb. 3-1). Der für die Konzeption einer Biodiversitätsstrategie zentrale Bereich zeigt eine starke Überlappung mit einer anzustrebenden Naturschutzstrategie und betrifft die Schutzgüter der genetischen Vielfalt, der Arten und Ökosysteme und den Bereich der nachhaltigen Nutzung in deren Bezug auf die Erhaltung der Biodiversität. Diese Überschneidungen zwischen Biodiversitäts- und Naturschutzstrategie in wesentlichen Teilgebieten sind insofern vorteilhaft, als die diesbezüglichen Ziele des Naturschutzes ohne wesentlichen Modifikationen in die Biodiversitätsstrategie aufgenommen werden können (vgl. SRU, 2002b). Die Biodiversitätsstrategie geht einerseits in Teilbereichen weiter als eine auf dem Naturschutzgesetz basierende Naturschutzstrategie, da erstere wirtschaftliche und sozioökonomische Aspekte (wie einen gerechten Vorteilsausgleich auf internationaler Ebene) mit abdeckt, die nicht unmittelbar zu den Schutzzielen des BNatSchG zählen. Darüber hinaus ist die Erhaltung der Kulturrassen und -sorten Ziel einer Biodiversitätsstrategie. Der Naturschutz geht auf der anderen Seite über den Biodiversitätsgedanken hinaus, denn er verfolgt einen umfassenderen Schutz der Leistungs- und Funktionsfähigkeit des Naturhaushaltes nicht nur im Hinblick auf das Schutzgut biologische Vielfalt, ihrer Lebensstätten und ökosystemaren Verflechtungen, sondern ebenso im Hinblick auf andere Funktionen abiotischer Schutzgüter, die Regenerationsfähigkeit und den Schutz der Vielfalt, Eigenart und Schönheit der Landschaft und ihres Erholungswertes (§ 1 BNatSchG).

120. Für die Integration der Biodiversitätsthematik in die Nachhaltigkeitsstrategie schlägt der Umweltrat vor, zwei der bereits vorhandenen zielorientierten Indikatoren mit Bezug zur biologischen Vielfalt inhaltlich zu erweitern und die Nachhaltigkeitsstrategie um einen weiteren Indikator zu ergänzen (s. Tab. 3-3). So sollte der bisherige Indikator *Artenvielfalt* zu einem zukünftigen Indikator *Biodiversität* ausgebaut werden und zukünftig auch bedrohte Kulturarten und genetische Ressourcen abbilden (vgl. Anlage 1, CBD) sowie das Querschnittsthema gebietsfremde Arten (s. Abschn. 3.1.2.5) mit umfassen. Der ursprüngliche Indikator *Ernährung* sollte inhaltlich zu einem Indikator *Land-, Forst- und Fischereiwirtschaft* erweitert werden, also auf die Abbildung der Wirtschaftsformen abzielen, die primär auf die Ressource biologische Vielfalt angewiesen sind. Dieser Indikator sollte zudem die Querschnittsthemen Bodenschutz und Gentechnik mit beinhalten.

Abbildung 3-1

Verankerung einer Biodiversitätsstrategie als Teilaspekt der Nachhaltigkeitsstrategie

[Diagramm: Nachhaltigkeitsstrategie mit zwei Pfeilen von Biodiversitätsstrategie und Naturschutzstrategie]

SRU/UG 2004/Abb. 3-1

Ferner schlägt der Umweltrat vor, einen neuen Indikator *Wasserqualität* in den Themenbereich „Lebensqualität" der Nachhaltigkeitsstrategie aufzunehmen. Das Schutzgut Wasser taucht bisher nur im Themenbereich internationale Verantwortung auf (Bundesregierung, 2002, S. 35). Ein weiter gehender Vorschlag der Wirtschaftsvertreter (Bundesregierung, 2002, S. 48) wurde bislang nicht berücksichtigt. Der neue Indikator *Wasserqualität* sollte den unter anderem für die Trinkwasserversorgung lebensnotwendigen Schutz von Grund- und Oberflächengewässern beinhalten. Der Indikator bietet sich auch deshalb politisch an, weil bis zum Jahr 2015 gemäß der Wasserrahmenrichtlinie in allen Gewässern eine gute Qualität erreicht werden soll.

121. Viele der Indikatoren der Nachhaltigkeitsstrategie sind sachlich eher als Ziele zu verstehen, die durch die Aktivitäten und Maßnahmen der Strategie erreicht werden sollen. Andererseits dienen sie der Beobachtung und Berichterstattung über den Zielerfüllungsgrad der angestrebten Ziele. Die Maßnahmen zur Umsetzung einer Biodiversitätsstrategie bedürfen – ebenso wie die der Nachhaltigkeitsstrategie – einer konkreteren Ausgestaltung als dies bisher in der Nachhaltigkeitsstrategie skizziert ist (so z. B. die Weiterentwicklung der Strategie zur Minderung der Flächeninanspruchnahme im Jahr 2004, vgl. Kap. 3.5). Diese Lücke sollte für ausgewählte Zielschwerpunkte einzelner sektoraler Politikbereiche und Querschnittsthemen einer Biodiversitätsstrategie (s. Tab. 3-4) beziehungsweise für bestehende Strategien, Pläne und Programme (s. Tz. 117) in den nächsten Jahren geschlossen werden.

3.1.3.4 Zielschwerpunkte einer deutschen Biodiversitätsstrategie

122. Hinsichtlich der konzeptionellen Ausgestaltung einer Biodiversitätsstrategie hat der Umweltrat in seinem Sondergutachten zum Naturschutz (2002b, S. 41 ff.) für die vom Naturschutz abgedeckten Themenfelder eine Reihe von Zielen und Umsetzungsstrategien formuliert, die ausnahmslos den Oberzielen der Biodiversitätskonvention entsprechen und Aufnahme in eine Biodiversitätsstrategie finden könnten und sollten. Die Konzepte des Kulturlandschaftsschutzes, des Arten- und Biotopschutzes und des Prozessschutzes kommen hierbei gleichberechtigt zum Tragen, um unterschiedliche Naturschutzziele zu erreichen und somit unterschiedliche Komponenten der Biodiversität zu erhalten (vgl. PIECHOCKI et al., 2003).

123. Die zu bearbeitenden Zielbereiche einer Biodiversitätsstrategie teilen sich auf in den klassischen auf dem Naturschutz aufbauenden Biodiversitätsschutz (insbesondere den Arten-, Biotop- und Landschaftsschutz), sektorale Politikbereiche und Querschnittsthemen, die mehrere Politikbereiche berühren. Dabei kann auf viele bereits vorhandene Aktivitäten und Zielsetzungen zurückgegriffen werden (s. Tab. 3-4).

Biodiversität

Tabelle 3-3

Überblick über die Themenfelder der Nachhaltigkeitsstrategie mit Bezug zur Biodiversitätsstrategie und Erweiterungsvorschläge

	Themenfeld I. Generationengerechtigkeit Indikatoren mit Bezug zur Biodiversität						Themenfeld II. Lebensqualität Indikatoren mit Bezug zur Biodiversität				
Indikatoren	Ressourcenschutz	Klimaschutz	Erneuerbare Energien	Flächeninanspruchnahme	Artenvielfalt **Biodiversität***	Bildung	Mobilität	Ernährung	**Land-, Forst- und Fischereiwirtschaft***	**Neu: Wasserqualität***	Luftqualität
Inhalte					Artenvielfalt, genetische Vielfalt, Lebensraumvielfalt, Landschaftsvielfalt, gebietsfremde Arten von sozialer, wirtschaftlicher, kultureller oder wissenschaftlicher Bedeutung				Landwirtschaft (Bodenschutz, Gentechnik), Forstwirtschaft, Fischerei	Grund- und Oberflächengewässerschutz	

* Schattierte Themenfelder: inhaltlich erweiterte beziehungsweise vollständig ergänzte Indikatoren (Vorschlag des SRU)

SRU/UG 2004/Tab. 3-3

Tabelle 3-4

Vorschläge für Ziel- und Handlungsschwerpunkte einer deutschen Biodiversitätsstrategie (siehe auch SRU, 2002b)

Handlungsbereich	Ziele und Maßnahmen
Ziele im Bereich Arten- und Biotopschutz und Schutz genetischer Vielfalt (inklusive Berücksichtigung wirtschaftlicher sowie – im Vergleich zum Naturschutz – erweiterter sozialer oder wissenschaftlicher Aspekte gemäß Anlage 1 CBD)	
Genetische Vielfalt	– Erhalt der genetischen Vielfalt heimischer Arten (z. B. durch Verwendung von regionaltypischem Saatgut bei Naturschutzmaßnahmen, Berücksichtigung des Flächenbedarfs von Populationen) – Etablierung eines Zertifizierungssystems für regionales Saat- und Pflanzgut (KLINGENSTEIN und EBERHARDT, 2003) – Verhinderung der Einkreuzung gentechnisch veränderter Arten in heimische Arten – Verhinderung der Einkreuzung gebietsfremder Arten in heimische Arten
Artenvielfalt	– In-Situ-Artenschutz (spezielle Artenschutzmaßnahmen u. a. für nach der FFH-RL bedeutsame Arten in NATURA-2000-Gebieten, siehe auch Lebensraumvielfalt) – Ex-Situ-Artenschutz – Förderung der Haltung alter Landsorten und -rassen

noch Tabelle 3-4

Handlungsbereich	Ziele und Maßnahmen
Lebensraumvielfalt, Lebensraumfunktion	– Erhaltung, Schutz und ggf. Pflege vorhandener schutzwürdiger Biotope, Verminderung von Beeinträchtigungen (z. B. durch Nährstoffeinträge), Gewässerrenaturierung – Vergrößerung des Flächenanteils schutzwürdiger Biotope (Flächendimensionen s. SRU, 2002b, Tab. 2-6) – Entwicklung des Netzes NATURA 2000 – Umsetzung des nationalen Biotopverbunds
Landschaft	– Verbesserung der Lebensraumqualitäten der genutzten Landschaft, Sicherung größerer, unzerschnittener Räume, Verminderung der Zerschneidung der Landschaft, Verbesserung der Durchlässigkeit der Fließgewässer – Erhaltung historisch und ästhetisch wertvoller Landschaften – Aufstellung eines Bundeslandschaftskonzeptes
Ziele für einzelne Sektorpolitiken (Politikintegration)	
Landwirtschaft	– Erhöhung des Flächenanteils des ökologischen Landbaus auf 20 % – Anwendung der guten fachlichen Praxis in der Landwirtschaft (u. a. Erosionsschutz, Vermeidung von Bodenverdichtungen, fachgerechter Einsatz von Dünger und PSM) – Weiter gehende (entschädigte) Einschränkungen auf empfindlichen Flächen sowie Förderung freiwilliger Leistungen für die Biodiversität insbesondere auf Bedarfsflächen (Indikator: Flächenanteil Agrarumweltmaßnahmen in entsprechenden Gebietskulissen, Fördermitteleinsatz) – Entwicklung einer guten fachlichen Praxis für die Gentechnik
Forstwirtschaft	– Strategiemaßnahmen „Forstwirtschaft und biologische Vielfalt" (BMVEL, 2001, 2002) – Anwendung der guten fachlichen Praxis in der Forstwirtschaft (WINKEL und VOLZ, 2003), u. a. Vermeidung von Bodenverdichtungen – Erhaltung und nachhaltige Nutzung forstlicher Genressourcen (PAUL et al., 2002) – Zertifizierung FSC (*Forest Steward Council*) oder PEFC™ (*Pan European Forest Certification*) (HÄUSLER et al., 2003; GRIESSHAMMER und SONNTAG, 2003) – Beachtung des Naturschutzes bei Erstaufforstung (GÜTHLER et al., 2002)
Fischerei	– Anwendung der guten fachlichen Praxis in der Fischerei (Weiteres s. Sondergutachten Meeresumweltschutz, SRU, 2004)
Verkehr/Siedlungen	– Reduzierung der Flächeninanspruchnahme (30 ha/d bis 2020) – Stadt der kurzen Wege – Flächenrecycling – Entsiegelung – Bodenschutz – Aufwertung von Grünflächen, naturnahe Freiflächengestaltung – Rad- und Fußwege – Erhaltung verkehrsarmer, unzerschnittener Lebensräume ab einer Größe von 100 km² (s. GLAWAK, 2001, S. 481) – Maßnahmen zur Verkehrsmengenreduzierung
Querschnittsthemen	
Gebietsfremde Arten	– Verminderung der Einschleppungsrate durch Transport, Landwirtschaft, „grüne" Gentechnik, Tourismus: Entwicklung einer nationalen Strategie – Harmonisierung der sektoralen Gesetzgebung – Informationssystem für die Früherkennung des Auftretens gebietsfremder Arten und der Bekämpfung invasiver gebietsfremder Arten

noch Tabelle 3-4

Handlungsbereich	Ziele und Maßnahmen
Chemikaliensicherheit/ Stoffeinträge	– Verminderung der Nährstoffeinträge in Ökosysteme: Emissionsreduzierung, Kläranlagenausbau, Reduzierung von Nährstoffüberschüssen, gute fachliche Praxis in der Landwirtschaft – Verminderung der Schadstoffeinträge in Ökosysteme: Verschärfungen bei der Anwendung (insbesondere: POPs, Pflanzenschutzmittel, endokrin wirkende Stoffe), Einsatzkontrolle, Aufzeichnungspflicht, Formulierung und Realisierung der guten fachlichen Praxis in allen Anwendungsbereichen, internationale Anwenderbeschränkungen, Entsorgungsstrategien, Förderung umweltfreundlicher Alternativen – Versauerung: Emissionsreduzierung
Tourismus/Sport	– Zertifizierung im Tourismus (KRUG, 2003) – Nachhaltige Berggebietspolitik Deutschland (DNR, 2003)
Wasserqualität	– Umsetzung der Wasserrahmenrichtlinie – Weitere verursacherbezogene Maßnahmen siehe Sektorpolitiken – Indikatoren für die Abbildung der Qualität der Grund- und Oberflächengewässer neu in die Nachhaltigkeitsstrategie einführen
Bodenschutz	– Nationales Bodenschutzkonzept – Unterschutzstellen von Böden – Weitere verursacherbezogene Maßnahmen siehe Sektorpolitiken – Indikatoren für die Abbildung der Qualität der Böden neu in die Nachhaltigkeitsstrategie einführen
Gesellschaftliche Akzeptanz	– Bewusstseinsbildung und Öffentlichkeitsarbeit – Lokale Agenda 21 – Öko-Audit – Umweltbarometer – Naturschutzbarometer – Artenindikator und seine Weiterentwicklung (s. Abschn. 3.1.2.4)

SRU/UG 2004/Tab. 3-4

3.1.3.5 Monitoring des Indikators Artenvielfalt in Deutschland

124. Ein erster Schritt der Weiterentwicklung der Nachhaltigkeitsstrategie der Bundesregierung mit Referenz zum Schutzgut Biodiversität ist der Ausbau des Nachhaltigkeitsindikators für die Artenvielfalt. Das vorliegende Konzept hierzu (FuE-Vorhaben „Nachhaltigkeitsindikator für den Naturschutzbereich", FKZ 802 86 030, BfN) sieht einen stufenweisen Ausbau des Monitorings dafür vor. In einer ersten Stufe wird der Aufbau eines Indikators für den *Zustand von Natur und Landschaft* angelegt. Folgende sechs „Hauptlebensraumtypen" sollen dieses Indikandum differenzieren: Agrarland (53,5 % der Fläche Deutschlands), Wälder (29,5 %), Siedlungen (11,3 %), Binnengewässer (2,3 %), Küsten/Meere (2,5 %), Alpen (3,0 %). Die Artenanzahl wurde von ursprünglich elf auf 56 Arten erhöht. Durchschnittlich elf Arten repräsentieren den jeweiligen Hauptlebensraumtyp. Für den Hauptlebensraumtyp „Alpen" liegen bislang nur Artenvorschläge vor. Datengrundlage ist das laufende Monitoring des Dachverband deutscher Avifaunisten (DDA); so bestehen die Artenlisten auch bis auf die Meerforelle (Binnengewässer), das Große Mausohr (Siedlungen) und den Seehund (Küsten/Meere; Datenquelle: Seehundmonitoring) hauptsächlich aus Vogelarten (ACHTZIGER et al., 2003a). Pro Art wird für jedes Bundesland nach der Delphi-Methode, das heißt durch eine Expertenbefragung, ein Zielwert für die jeweilige Art festgelegt, der mit einem Zielerfüllungsgrad von 100 % gleichgesetzt wird. Die Erreichung der Zielwerte in Prozent aller Arten pro Hauptlebensraumtyp wird zu einem Zahlenwert gemittelt. Die Hauptlebensraumtypen werden dann flächenanteilig zu einer Gesamtzahl gemittelt, welche den Indikatorwert darstellt (s. Abb. 3-2).

Gegenüber dem derzeitigen Indikator in der Nachhaltigkeitsstrategie stellt die erste Ausbaustufe eine deutliche Verbesserung dar. Die Artenauswahl (vergl. SRU, 2002b, Tz. 51–54) umfasst nun einen ausgewogeneren Anteil von seltenen und häufiger vorkommenden Arten. Die mit der neuen Methodik erzielten Ergebnisse können allerdings nach wie vor primär lediglich Aussagen zu den einzelnen ausgewählten Indikatorarten liefern. Das Ziel, ein Abbild von Natur und Landschaft allein über einen Artenindikator darzustellen, ist jedoch zu hoch gesteckt.

Der Indikator kann in Ausbaustufe 2 weiter ausgebaut werden und durch Ersetzen der einzelnen Arten durch ökologische Artengruppen nach Einzellebensräumen und Nutzungen (z. B. Feuchtgrünland, Trockengrünland) innerhalb des Hauptlebensraumtyps differenziert werden. Es sind weiterhin zukünftig durch verortete Erhebungen differenzierte Aussagen nach Regionen möglich. Durch eine Erweiterung auf Stichprobenflächen können dann Aussagen zur Artenvielfalt gemacht werden. Gleichzeitig wären regional differenzierte Aussagen durch Rückgriff auf die repräsentativ erhobenen Daten möglich. Mit einem solchen Konzept würde insgesamt das Ziel einer Informationspyramide erreicht: Aufbauend auf breiten und fundierten Informationen an der Basis werden die wesentlichen Aussagen durch einfach verständliche aggregierte Informationen an der Spitze für die Öffentlichkeit aufbereitet.

Der Umweltrat begrüßt insgesamt den Nachhaltigkeitsindikator für die Artenvielfalt als ein politisch notwendiges und wichtiges Signal. Er empfiehlt, den Anspruch dieses speziellen Indikators auf eine Abbildung der Zielerreichung im Bereich der Arten und der Hauptlebensraumtypen zu beschränken. Der Indikator sollte weiterhin in möglichst einfacher Form in der Nachhaltigkeitsstrategie erscheinen. Er sollte jedoch auf einer soliden Basis aufbauen, die tatsächlich fundierte Aussagen über den Trend der Biodiversitätsentwicklung zulässt.

Aspekte der Erhaltung von genetischer Vielfalt, Arten- und Lebensraumvielfalt sollten sich auch in anderen Ziel- und Indikatorbereichen der Nachhaltigkeitsstrategie wie zum Beispiel bei Zielen zur Reduktion von Emissionen wiederfinden (s. SRU, 2002b, Tab. 2-2). Außerdem erinnert der Umweltrat an seine Empfehlung (SRU, 2002b, Tz. 58), die primär belastungsbezogenen Ziele und Indikatoren der Nachhaltigkeitsstrategie durch weitere umweltqualitätsbezogene Ziele zur *Erhaltung und Entwicklung von Natur und Landschaft insgesamt* zu ergänzen. Über eine Trendwende beim Rückgang der Arten und Lebensräume hinaus sollten sich diese Ziele und zugeordnete Indikatoren auf die Erhaltung repräsentativer Natur- und Kulturlandschaften, die Multifunktionalität der Landschaft unter anderem auf den Hochwasserschutz, die Bekämpfung von Bodenverlusten und -schäden, die Qualitätsverbesserung beim Grund- und Oberflächenwasser und den Erhalt der verbliebenen unzerschnittenen Räume beziehen (SRU, 2002b, Tab. 2-6).

Abbildung 3-2

Aufbau des Indikators als Informationspyramide: Aggregationsebenen, Informationsniveaus und potenzielle Informationsnutzer

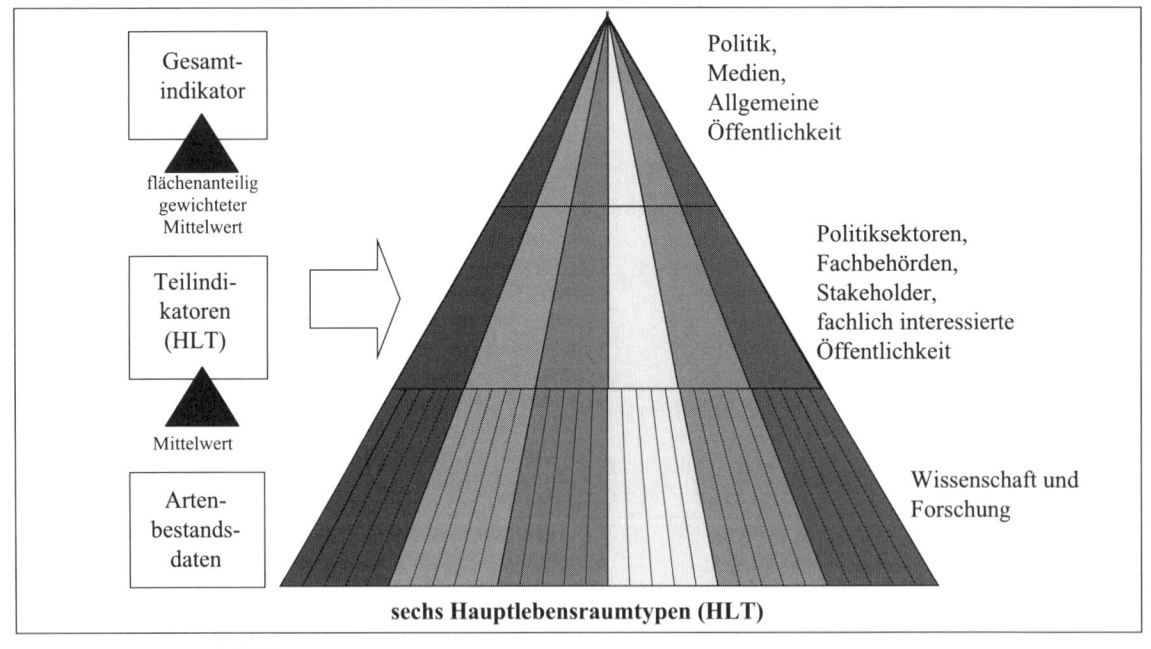

Quelle: ACHTZIGER et al., 2003b

3.1.3.6 Invasive gebietsfremde Arten als Beispiel für die Bearbeitung eines Querschnittsthemas in Deutschland

125. Die Einfuhr, Ausbringung und Ausbreitung gebietsfremder Tier- und Pflanzenarten kann erhebliche Folgen in den betroffenen Gebieten auslösen. Als „gebietsfremd" werden hier solche Arten bezeichnet, die durch das Wirken des Menschen außerhalb ihres natürlichen vergangenen oder gegenwärtigen Verbreitungsgebiets verbracht wurden (CBD, 2002c). In Mitteleuropa bezieht sich diese Definition auf in der so genannten Neuzeit verbrachte Arten (Neobiota). Das Jahr 1492 (so genannte Entdeckung Amerikas) wird hierbei als symbolische zeitliche Trennlinie verwendet. Diese Arten werden dann als „invasiv" bezeichnet, wenn sie das Potenzial aufweisen, Schäden an natürlichen Schutzgütern (bspw. an einheimischen Arten, repräsentativen Ökosystemen, Wasserläufen u. dergl.) zu verursachen (KÖCK, 2003, S. 1f.). „Biologische Invasionen" durch gebietsfremde Arten (s. Tab. 3-5) infolge menschlicher Aktivitäten, wie Handel, Transport und Verkehr gelten als die weltweit zweitbedeutendste Ursache für das Aussterben von Arten (SANDLUND et al., 1999, VITOUSEK et al., 1997). Besonders negativ betroffen sind Inseln mit einem hohen Anteil an Endemiten (in Europa, z. B. Madeira). Als weitere Folge der Verbreitung von gebietsfremden Arten wird eine weltweite Homogenisierung der Faunen und Floren beobachtet. Sowohl der Artenverlust als auch das Hinzutreten von gebietsfremden Arten mit der Folge eventueller Einkreuzungen und Abundanzänderungen heimischer Arten können die Biodiversität beeinträchtigen. Zum Beispiel kann die genetische Vielfalt der einheimischen Gehölze durch die Verwendung von Pflanzmaterial aus gebietsfremden Herkünften verändert oder nivelliert werden.

Artikel 8h der CBD fordert, „... soweit möglich und sofern angebracht, die Einbringung nichtheimischer Arten, welche Ökosysteme, Lebensräume oder Arten gefährden, zu verhindern, und diese Arten zu kontrollieren oder zu beseitigen". Im Jahr 2000 haben sich die Vertragsstaaten des Übereinkommens über die biologische Vielfalt (CBD) verpflichtet, nationale Strategien und Aktionspläne gegen invasive gebietsfremde Arten zu entwickeln und umzusetzen (CBD, 2000b, Beschluss V/8 [6]). Auch der Europarat erarbeitet im Rahmen der Berner Konvention eine Strategie gegen invasive gebietsfremde Arten, die die internationalen Regelungen und den europaweiten Handlungsbedarf für ein koordiniertes europäisches Vorgehen bei der Vorsorge, Kontrolle und Bekämpfung bündeln soll.

126. In Deutschland haben sich rund 380 gebietsfremde Pflanzenarten (Neophyten) (KOWARIK, 2003, S. 301) und rund 260 gebietsfremde Tierarten (Neozoen) (GEITER et al., 2002) etabliert, das heißt, sie haben innerhalb eines Zeitraumes von 25 Jahren mindestens zwei spontane Generationen hervorgebracht (KOWARIK, 1992). Deren Anzahl in Deutschland nimmt weiterhin zu (für Neozoen s. Abb. 3-3).

Die Bedeutung des Personen- und Warenverkehrs für die Einschleppung wird durch eine Korrelation zwischen der Herkunft von Neozoen und den Anteilen der Importe aus dem jeweiligen Kontinent am Gesamtimport nach Deutschland deutlich. So kommen die meisten Neozoen aus den Ländern Asiens (27 %) und aus Nordamerika (25 %), die wenigsten aus Ozeanien mit 3 % (GEITER et al., 2002).

127. Die Ausbreitung invasiver gebietsfremder Arten verursacht erhebliche Kosten (REINHARDT et al., 2003). In einer Studie über 20 repräsentative Arten wurden als Momentaufnahme diejenigen Kosten erfasst, die zurzeit für deren Bekämpfung beziehungsweise Management jährlich anfallen. Die ermittelten Kosten summieren sich auf durchschnittlich 167 Mio. Euro jährlich (Bezugsjahr 2002) in Deutschland. Diese Schätzungen beziehen sich zwar aufgrund zahlreicher methodischer Probleme nur auf die direkt anfallenden, nicht aber auf die indirekten volkswirtschaftlichen Kosten der Ausbreitung von gebietsfremden Arten, sie vermitteln aber zumindest einen ersten Anhaltspunkt für die ökonomischen Relevanz dieses Problems.

Tabelle 3-5

Definition biologischer Invasionen mit Angaben zu Voraussetzungen, beteiligten Prozessen und Auswirkungen

Biologische Invasion	Durch Menschen ermöglichter Prozess der Vermehrung und Ausbreitung von potenziell schädlichen Organismen* in Gebieten, die sie auf natürliche Weise nicht erreicht haben
Voraussetzungen	Überwindung von Ausbreitungsbarrieren zwischen Kontinenten, Subkontinenten, Festland/Inseln, Biomen, Naturräumen oder Gewässersystemen mit menschlicher Hilfe (Einführung, Einschleppung, Beseitigung von Ausbreitungsbarrieren)
Beteiligte Prozesse	Transport von Organismen oder Verbreitungseinheiten; Vermehrung, Ausbreitung, Etablierung von Individuen und Populationen; genetischer Austausch mit anderen Sippen
Auswirkungen	Biogeographische, evolutionäre, ökologische, ökonomische, soziale

* Arten, Unterarten, Varietäten, Sorten, Ökotypen, Herkünfte, gentechnisch veränderte Organismen.
Quelle: KOWARIK, 2003, S. 9, leicht verändert durch Hinzufügen der Worte „potenziell schädlichen" in der Definition

Abbildung 3-3

Auftreten von Neozoen in Deutschland pro Dekade (kumulativ)

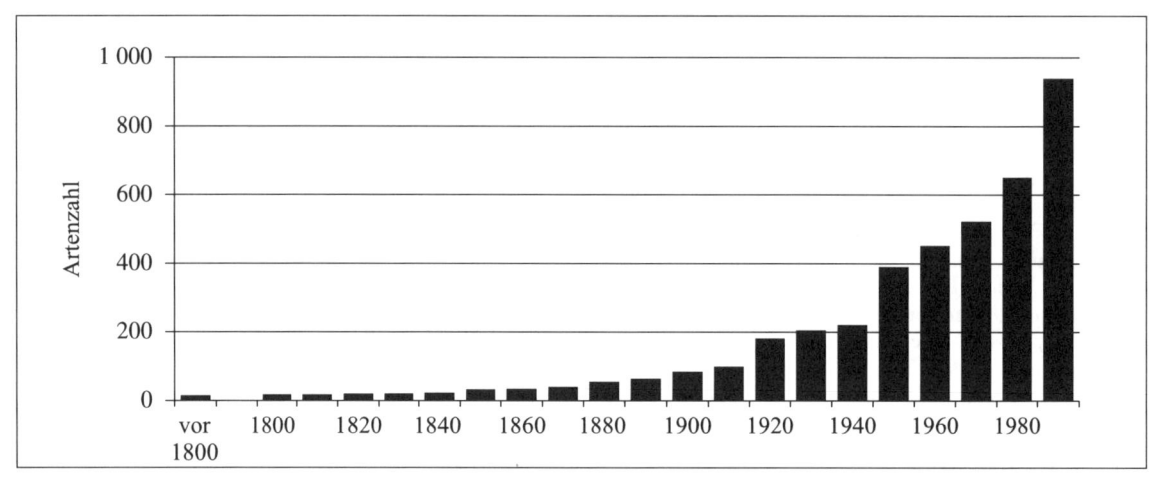

Quelle: GEITER et al., 2002, S. 71

128. Für den Naturschutz besteht Handlungsbedarf, die von invasiven gebietsfremden Arten ausgehenden Gefährdungen der Biodiversität (KOWARIK, 2003; KOWARIK und STARFINGER, 2002; SCHRADER, 2002) zu beseitigen oder zu reduzieren. Mit dem in § 41 Abs. 2 BNatSchG (ehemals § 20d Abs. 2) verankerten Instrument des Genehmigungsvorbehalts besteht in Deutschland eine gesetzliche Grundlage, um den Anforderungen des Artikel 8h der CBD hinsichtlich der Vermeidung von Risiken und Schäden durch gebietsfremde Arten im Bereich des Naturschutzes gerecht zu werden. Dies wurde jedoch bislang nicht effektiv umgesetzt. Damit kommt Deutschland den aus der Ratifizierung des Übereinkommens über die biologische Vielfalt entstehenden Verpflichtungen nur unzureichend nach. Das Bundesnaturschutzgesetz ist ein Rahmengesetz (Art. 75 GG), dessen Ausfüllung durch die Landesgesetzgebung erfolgt. Die derzeitigen Regelungen in den Ländergesetzen weichen jedoch bezüglich verschiedener Punkte vom Rahmengesetz ab (bzw. dem § 20d der vorigen Fassung des BNatSchG; s. KOWARIK et al., 2004; FISAHN und WINTER, 1999). Dies betrifft Regelungen zur Rechtsfolge, zur zuständigen Genehmigungsbehörde, zu von der Verbotsvorschrift betroffenen Objekten, Handlungen und Risiken sowie zu Ausnahmen. Basierend auf den Kenntnissen zu ökologischen Auswirkungen gebietsfremder Arten wurde von KOWARIK et al. (2004) ein Bewertungsverfahren entwickelt, das die Genehmigungsbehörden der Ländern in die Lage versetzt, die Erheblichkeit der Beeinträchtigungen durch Ausbringungen nach einheitlichen Kriterien einzuschätzen. Zentrales Produkt war die Erarbeitung eines Leitfadens, der beispielhaft zeigt, wie § 41 Abs. 2 BNatSchG in der Praxis Anwendung finden kann.

Nationale Strategie

129. Neben dem Leitfaden für eine harmonisierte Umsetzung von § 41 Abs. 2 BNatSchG wird für Deutschland eine nationale Strategie gegen invasive gebietsfremde Arten unter Federführung des BMU entwickelt (BfN, FKZ 803 11 221). Im Vorfeld des politischen Abstimmungsprozesses mit den beteiligten Ressorts sollen die Grundlagen und Handlungsempfehlungen für die nationale Strategie bereitgestellt werden.

In Deutschland gibt es bislang keine übergreifenden Regelungen zum Umgang mit invasiven gebietsfremden Arten. Stattdessen bestehen zahlreiche sektorale Normen nationalen und internationalen Rechts (Naturschutz-, Hochsee- und Binnenfischerei-, Pflanzenschutz-, Saatgut-, Jagd- und Waldrecht). Hier sind eine Vereinheitlichung der gesetzlichen Rahmenbedingungen und ein gemeinsames europäisches Handeln notwendig (SHINE et al., 2000; DOYLE, 2000; FISAHN und WINTER, 1999; DOYLE et al., 1998). Neben dem Naturschutz ist also eine Vielzahl weiterer Interessen, Politik- und Wirtschaftsbereiche durch invasive gebietsfremde Arten betroffen. Entsprechend groß ist der Koordinationsbedarf. Ein abgestimmtes Vorgehen ist erforderlich, um Ressourcen und Instrumente wirksam einzusetzen, Zuständigkeiten und Handlungsspielräume beteiligter Stellen zu klären und kontraproduktive sektorale Regelungen zu vermeiden.

3.1.4 Der Prozess einer Umsetzung auf Landes- und Bundesebene

130. Der Schutz der Biodiversität berührt eine Reihe von Politikfeldern. Die Erarbeitung einer Biodiversitätsstrategie kann daher nicht alleinige Aufgabe des Umweltministers sein, sondern betrifft letztendlich als Querschnittsaufgabe alle relevanten Ressorts. Schwerpunktmäßig sind vor allem das Landwirtschafts-, das Ministerium für Verkehr, Bau- und Wohnungswesen, das Wirtschaftsministerium und das Ministerium für Entwicklung und Zusammenarbeit betroffen.

Vor dem Hintergrund der Ausführungen im Schwerpunktkapitel „Neuere Ansätze umweltpolitischer Steuerung" (s. Kap. 13.2, Tz. 1267–1268) unterstützt der Umweltrat die Forderung nach einer interministeriellen Arbeitsgruppe Biodiversitätsstrategie, die die Prozesse der Ziel- und Maßnahmenformulierung koordiniert. Er weist aber darauf hin, dass eine horizontale Koordinierung durch das Umweltministerium allein wenig zielführend ist und Sektorstrategien auch vertikal durch die zuständigen Fachverwaltungen selber erstellt werden sollten. Hierfür ist eine problemorientierte Kommunikation gegenüber dem organisierten Interessenumfeld unter Einbezug von Umweltexperten in Form von Dialogstrategien geeignet, die durch entsprechende Foren wie etwa Sektorkonferenzen (vgl. SRU, 2002) ergänzt werden kann (vgl. Kap. 13, Tz. 1299).

Dem BMU käme dabei die Aufgabe zu, den gesamten Prozess von der Beauftragung bis zur sektoralen Umsetzung fachlich zu begleiten und mitzubestimmen. Die Konsolidierung vorliegender Strategien und Konzepte wäre dabei ein erster wichtiger Schritt, um für alle anderen Ressorts der fachlich kompetente Ansprechpartner zu sein und auf diese Weise erheblichen Einfluss auf die Strategiebildungsprozesse in den einzelnen Politikbereichen zu erlangen. Von ausschlaggebender Bedeutung ist aber die hochrangig institutionelle Beauftragung (Parlament/Regierung). Diese sollte durch den Staatssekretärsausschuss für Nachhaltige Entwicklung erfolgen, dem die einzelnen Ressorts zugleich Bericht erstatten sollten. Eine weitere Berichtspflicht gegenüber dem Parlament, zum Beispiel dem Umweltausschuss, würde den Druck auf die Ministerien verstärken, über gewohnte Routinen der interadministrativen Einigungsprozesse hinauszugehen.

Ein wirksamer Schutz der Biodiversität hat auch Konsequenzen für die Kompetenzverteilung und Abstimmung zwischen Bund und Ländern. Die Abstimmung von Bund und Ländern sollte ergebnisorientiert den jeweilig zuständigen Ministerien obliegen. In Bereichen, in denen dem Bund nur rahmenrechtliche Kompetenzen zukommen (Wasser- und Naturschutzrecht) ist sie von besonderer Bedeutung für eine erfolgreiche Umsetzung der Biodiversitätsstrategie.

3.1.5 Zusammenfassung und Empfehlungen

131. Obwohl die große Mehrzahl der Staaten dem Übereinkommen über die biologische Vielfalt (CBD) beigetreten ist, konnte der Rückgang an biologischer Vielfalt national wie auch international nicht gestoppt werden. Jedoch gewinnt das Thema zunehmend an Aufmerksamkeit. Viele Staaten, so auch Deutschland, haben die Verpflichtungen der CBD bislang nur ungenügend umgesetzt. Gründe hierfür sind unter anderem die Komplexität des Themas beziehungsweise die Vielfalt der notwendigen Abstimmungsprozesse.

Der Umweltrat sieht in einer Biodiversitätsstrategie einen unverzichtbaren Bestandteil der Nachhaltigkeitsstrategie. Die Entscheidung des Staatssekretärsausschusses, Biodiversität im Jahr 2006 zu einem Thema der Nachhaltigkeitsstrategie zu machen, ist deshalb uneingeschränkt zu begrüßen. Die Bundesregierung ist nun als Ganze gefordert, die konzeptionellen Vorarbeiten für eine nationale Biodiversitätsstrategie unter Federführung des BMU zügig anzugehen und bis zum Jahr 2006 abzuschließen. Spätestens bis 2010 sollte entsprechend der Vorgabe des Aktionsprogramms des Johannesburg-Gipfels die Verlustrate an Biodiversität erheblich gesenkt werden. Es ist also notwendig, das Thema Biodiversität in den relevanten Politikbereichen und privaten Entscheidungen zu berücksichtigen (*Mainstreaming*).

Der Umweltrat schlägt dazu vor, zwei Indikatoren der Nachhaltigkeitsstrategie inhaltlich zu erweitern: Der Indikator *Artenvielfalt* sollte inhaltlich die gesamte *Biodiversität* (inklusive der genetischen und der Ökosystemebene) repräsentieren und der Indikator *Ernährung* künftig *Land-, Forst- und Fischereiwirtschaft*. Zusätzlich sollte ein neuer Indikator *Wasserqualität* definiert werden. Kernelemente einer Biodiversitätsstrategie sind ein verstärkter und erweiterter Naturschutz, die Integration des Schutzes der Biodiversität in die sektoralen Politikbereiche Land-, Forst-, Fischereiwirtschaft, Verkehrs- und Siedlungspolitik, die zwischen verschiedenen Ressorts und Akteursgruppen abgestimmte Bearbeitung von Querschnittsthemen (gebietsfremde Arten, Chemikaliensicherheit/Stoffeinträge (s. auch Kap. 11), Tourismus/Sport, Wasserqualität (s. auch Kap. 5), Bodenschutz (s. auch Kap. 9) und gesellschaftliche Akzeptanz sowie eine Konkretisierung des so genannten Vorteilsausgleiches. Doch auch bestehende Strategien, Pläne und Programme sind hinsichtlich des Schutzes der Biodiversität anzupassen. Besonders relevant sind auf der Ebene *politischer Programme:*

– die Agrarumweltprogramme (Kap. 4, Tz. 262, 266–267; SRU, 2002b, Kap. 5),

– die Waldumbauprogramme,

– die Programme zum Meeres- und Küstenschutz (SRU, 2004),

– die Umsetzung der FFH-Richtlinie,

– die Umsetzung der Wasserrahmenrichtlinie und

– die Umsetzung des Bundesverkehrswegeplans einschließlich der darin enthaltenen Flussausbaupläne.

Der Querschnittscharakter einer Biodiversitätsstrategie verlangt eine enge und kontinuierliche Abstimmung zwischen den Ressorts sowie zwischen Bund, Ländern und Kommunen. Erforderlich ist vor allem, dass die bestehenden Wissensbestände und Kompetenzen genutzt werden. Der innovative Schritt bestünde nicht in einer „Neuerfindung" des Themas, sondern in einer Integration und strategischen Positionierung des bereits Vorhandenen und der Nutzung von Synergien. Der Umweltrat hält daher die Einrichtung einer „Interministeriellen Arbeitsgruppe Biodiversitätsstrategie" für notwendig, zu deren Aufgaben es gehört, die vorhandenen Aktivitäten und Kompetenzen zu bündeln und konkrete Handlungsziele bis zum Jahr 2006 zu entwickeln. Hierzu liefern die einschlägigen Schriften des BfN („Treffpunkt Biologische Vielfalt"; KORN und FEIT, 2001, 2002, 2003) vielfältige Anregungen, von denen bislang nur wenige aufgegriffen wurden.

132. In Deutschland ist die Umsetzung des mit dem Begriff „Ökosystemansatz" verbundenen Regelsystems zum Management der biologischen Vielfalt bislang erschwert, da eine strategische Orientierung in der Naturschutzpolitik im Sinne einer nationalen Biodiversitätsstrategie bislang nicht vorliegt (KLAPHAKE, 2003). Generell deuten vorhandene Studien darauf hin, dass die Umsetzung des Konzeptes einer nachhaltigen Nutzung der Biodiversität und des gerechten Vorteilsausgleichs noch unzureichend entwickelt ist (HARTJE et al., 2002; HÄUSLER et al., 2002; PAULSCH et al., 2003; OESCHGER, 2000). Für die Weiterentwicklung des Ökosystemansatzes sollten vermehrt konkrete Handlungs- beziehungsweise Unterlassungsregelungen für die verschiedenen Bereiche nachhaltiger Nutzungen und für spezifische Ökosysteme erarbeitet und umgesetzt werden. Es besteht daher die Notwendigkeit für operationalisierbare Kriterien zur Anwendung des Ökosystemansatzes in Deutschland (PLÄN, 2003).

133. Insbesondere Deutschland hat sich für die Annahme der „Bonn-Richtlinien" eingesetzt, um den Zugang zu den genetischen Ressourcen und den gerechten Ausgleich von Vorteilen zu regeln. Deshalb sollte Deutschland dies auch umsetzen. Ein vorrangiges Handlungsfeld ist dabei das Patentierungsproblem. Der nationale und internationale Umgang mit Biopatenten im Zusammenhang mit den Auswirkungen des internationalen Handels (WTO, TRIPS) und der Ausgestaltung des Vorteilsausgleiches bedarf dringend der Klärung. Daher begrüßt der Umweltrat die auch von der Enquete-Kommission „Globalisierung der Weltwirtschaft" angeregte Einrichtung eines Beirates für Genetische Ressourcen beim BMVEL, zu dessen Aufgaben es gehört, das Prinzip des gerechten Vorteilsausgleiches im Detail zu interpretieren.

134. Ebenso sollte sich eine Biodiversitätsstrategie nicht nur auf den Schutz der Biodiversität innerhalb Deutschlands ausrichten, sondern sollte auch Vorstellungen entwickeln, wie internationale Aktivitäten (Handel, Entwicklungszusammenarbeit) an die Erfordernisse des Biodiversitätsschutzes in den Zielländern anzupassen sind. Eine nationale Biodiversitätsstrategie darf nicht an den Landesgrenzen enden. Auch im internationalen Kontext sollten stärker als bisher die ökonomischen Aspekte des anthropogenen Biodiversitätsschwundes thematisiert werden.

3.2 Umsetzung des Netzes NATURA 2000

3.2.1 Einführung

135. Die grundsätzlichen Probleme der Umsetzung der FFH-Richtlinie in bundesdeutsches Recht und im Hinblick auf die Meldung von geeigneten Gebieten an die EU wurden vom Umweltrat im Umweltgutachten 2002 und im Sondergutachten Naturschutz 2002 dargestellt. Seitdem hat sich die Situation nicht wesentlich verbessert. Die Meldepraxis ist weiterhin defizitär und auch die weiteren Umsetzungsschritte zum Gebietsmanagement und zur Berichterstattung laufen nur unter großen Schwierigkeiten an.

Der Umweltrat nimmt die nach wie vor unbefriedigende Situation zum Anlass, den derzeitigen Sachstand darzustellen, Gründen für die Umsetzungsdefizite und Verzögerungen nachzugehen und Empfehlungen für die Entwicklung des Netzes NATURA 2000 sowie für strukturelle Voraussetzungen der Umsetzung zu formulieren.

3.2.2 Auswahlverfahren der NATURA-2000-Gebiete

136. Ausschlaggebend für das Verfahren der Gebietsmeldungen (Art. 4 Abs. 1 der FFH-RL) sind die in den Anhängen der FFH-Richtlinie aufgeführten Lebensraumtypen und Arten, für deren Erhalt Schutzgebiete eingerichtet werden müssen. Sie sind aufgrund ihrer europaweiten Gefährdung und Verbreitung als Schutzobjekte der FFH-Richtlinie ausgewählt worden. Insgesamt sind 198 Lebensraumtypen (Anhang I, FFH-Richtlinie), 485 Pflanzen- und 221 Tierarten (Anhang II, FFH-Richtlinie, ohne Vögel) und 182 Vogelarten (Anhang I, Vogelschutzrichtlinie) in den Anhängen aufgelistet. In Deutschland kommen davon 87 Lebensraumtypen und 112 Tier- und Pflanzenarten (ohne Vögel) vor (BfN, 2003a).

Die FFH-RL unterscheidet sechs biogeographische Regionen, die als räumliches Bezugssystem für die Bewertung und Flächenauswahl der NATURA-2000-Gebiete dienen. Damit soll sichergestellt werden, dass die für die jeweilige Region typischen Lebensgemeinschaften auch in der biogeographischen Region selbst in ausreichendem Maße geschützt werden. Beispielsweise werden so Trockenrasen im mitteleuropäischen Bereich von Trockenrasen des Mediterrangebietes unterschieden (SSYMANK et al., 1998). Deutschland liegt jeweils zu Teilen in der atlantischen Region und in der kontinentalen Region. Die *atlantische biogeographische Region* umfasst circa 78 Mio. ha verteilt über die Fläche von 9 Mitgliedstaaten (Frankreich, England, Irland, Deutschland, Dänemark, Spanien, Niederlande, Belgien, Polen). Deutschland stellt einen Anteil von 16% an der atlantischen Region in der EU. Die *kontinentale biogeographische Region* umfasst circa 65 Mio. ha und erstreckt sich über acht Mitgliedstaaten (Belgien, Dänemark, Deutschland, Frankreich,

Italien, Luxemburg, Österreich, Schweden). Deutschland hat an der kontinentalen Region in der Gemeinschaft der 15 europäischen Staaten den größten Anteil mit 43 % gefolgt von Frankreich mit 28 %.

137. Artikel 4 der FFH-Richtlinie sieht in Verbindung mit Anhang III ein mehrstufiges Verfahren zur Entwicklung des Schutzgebietsnetzes NATURA 2000 vor. In *Phase 1* muss der Mitgliedstaat ein umfassendes Verzeichnis mit solchen Gebieten aufstellen, in denen Lebensraumtypen (LRT) des Anhangs I beziehungsweise Lebensräume der Arten des Anhangs II vorkommen (vorgeschlagene Gebiete von gemeinschaftlicher Bedeutung). In *Phase 2* soll aus der nationalen Vorschlagsliste gemeinsam mit Mitgliedstaaten und EU-Kommission eine Auswahl solcher Gebiete getroffen werden, die für das Schutzgebietssystem benötigt werden (Liste der Gebiete von gemeinschaftlicher Bedeutung). In der *Phase 3* müssen die Mitgliedstaaten die Gebiete gemeinschaftlicher Bedeutung innerhalb von 6 Jahren als besondere Schutzgebiete ausweisen. Erst dann ist das in Artikel 4 geregelte Gebietsmeldeverfahren abgeschlossen. Im Rahmen der Vogelschutzrichtlinie gemeldete Gebiete werden automatisch Bestandteil des NATURA-2000-Netzes (u. a. BfN, 2003a; SSYMANK et al., 1998).

138. Die FFH-RL enthält keine Angaben zur erwarteten Größe der Land- und Gewässerflächen, die Teil von NATURA 2000 sein sollen. Der anzustrebende Flächenanteil hängt vom biologischen Reichtum der verschiedenen Regionen ab. Wenn zum Beispiel ein Mitgliedstaat besonders reich an bestimmten Arten und Lebensräumen ist, wird erwartet, dass dieser Mitgliedstaat diesen Reichtum an biologischer Vielfalt erhält und entsprechend hohe Flächenanteile ausweist. Als Zielgröße hat sich im Rahmen der wissenschaftlichen Bewertungstreffen der EU eine Regelung etabliert, bei „verbreiteten" Lebensraumtypen 60 % des Gesamtbestandes und bei „Besonderheit" 80 % in das Schutzgebietsnetz aufzunehmen (BOILLOT et al., 1997; HARTHUN und WULF, 2003). Im Ergebnis wurden inzwischen europaweit erhebliche Fortschritte erzielt. Wenngleich das Netz NATURA 2000 noch nicht vollständig eingerichtet ist, wurden mehr als 15 % des Territoriums der EU von den Mitgliedstaaten zum Schutz im Rahmen des Netzes vorgeschlagen.

3.2.3 Stand des nationalen Meldeverfahrens

3.2.3.1 Umfang und Vollständigkeit der Meldungen

139. Bei der bisherigen Umsetzung in Deutschland wurden weder die von der EU gesetzten Fristen eingehalten noch in ausreichendem Umfang Gebiete gemeldet. Dies wiegt umso schwerer, als Deutschland eine besondere Verantwortung für die Erhaltung der Lebensraumtypen der kontinentalen biogeographischen Region in der EU trägt. Gemeinsam mit Frankreich bildet Deutschland nach wie vor das Schlusslicht des FFH-Barometers (s. Tab. 3-6). Beide Staaten meldeten weniger als 10 % ihres Gebietes. Durch die Nachmeldungen dieses Jahres verbesserte Deutschland die schlechte Bewertung der gemeldeten Gebiete (von „in besonderem Maße unvollständig" auf „unvollständig" bezogen auf Umfang und Qualität der Gebiete). Die Bilanz für Deutschland verschlechtert sich weiter, wenn die Durchschnittsgrößen der gemeldeten Gebiete mitbetrachtet werden und man berücksichtigt, dass in der Aufstellung in Tabelle 3-6 die Watt-, Wasser- und Meeresflächen mitgerechnet wurden (die außer für Deutschland auch für Dänemark, Griechenland und Spanien nennenswert zu Buche schlagen). In Bezug auf die Meldungen der Vogelschutzgebiete liegt Deutschland im unteren Mittelfeld (Tab. 3-9).

140. Insgesamt hat Deutschland 6,7 % seiner Landfläche in 3 536 Gebieten als FFH-Gebiete gemeldet (Abb. 3-4, Tab. 3-7). Dazu kommen 812 754 ha Wasserflächen (ohne AWZ). Der Erwartungshorizont der EU-Kommission hinsichtlich des insgesamt meldewürdigen Flächenanteils liegt für ganz Deutschland bei 10 bis 15 %. Die Erfahrungen in anderen vergleichbaren Mitgliedstaaten deuten darauf hin, dass diese Erwartung erfüllt werden könnte (KEHREIN, 2002). Deutschland liegt aber derzeit weit unter dem Durchschnitt der von den anderen europäischen Ländern gemeldeten Flächenanteile (Tab. 3-6).

Von den insgesamt 3 536 gemeldeten Gebieten entfallen 3 072 auf die kontinentale Region Deutschlands, wodurch diese mit 7,1 % ihrer Fläche repräsentiert ist. Die atlantische Region Deutschlands (in den Bundesländern Hamburg, Bremen, Niedersachsen, Nordrhein-Westfalen, Sachsen-Anhalt und Schleswig-Holstein) ist dagegen nur mit 419 FFH-Gebieten beziehungsweise 2,9 % der Fläche vertreten (Stand: 27. August 2003, BfN, 2003a). Vergleicht man die Gesamtflächen der gemeldeten Gebietsvorschläge (Bruttoflächen) mit den Nettoflächen (die darin tatsächlich enthaltenen Flächen der gemeldeten LRT), so reduziert sich die gemeldete Fläche in der atlantischen Region auf 1,77 % und in der kontinentalen Region auf 2,53 % der Landesfläche (SCHREIBER, 2003, Berechnungen auf der Grundlage des Standes vom 13. November 2002). Das zentrale Anliegen der FFH-Richtlinie, nämlich die Ausweisung und der Schutz der Flächen der eigentlichen LRT nach Artikel 6, werden auf diese Art verwässert.

Die deutsche Vorschlagsliste wurde im Rahmen der unabhängigen Prüfung für die Lebensraumtypen der atlantischen und insbesondere für die Lebensraumtypen der kontinentalen Region als unzureichend eingestuft (SCHREIBER et al., 2002; SSYMANK et al., 2003). Besonders große Defizite weisen die deutschen FFH-Meldungen zum Schutz der Buchenwälder auf. Die Buche hat weltweit ein sehr begrenztes Areal mit Kernbereich in Deutschland (SPERBER, 2002). Damit trägt Deutschland im Verbreitungsschwerpunkt der Buchenwälder aus internationaler Sicht eine besondere Verantwortung für deren Erhaltung (s. Tab. 3-8) (HARTHUN und WULF, 2003). Eine noch schlechtere Bewertung zeichnete sich bei den Meldungen von Gebieten zum Schutz gefährdeter Tiere und Pflanzen der kontinentalen Region in Deutschland ab. Praktisch alle gefährdeten Fisch- und Insektenarten wurden als unzureichend geschützt eingestuft (NABU, 2002).

Als Vogelschutzgebiete hat Deutschland bislang 466 Flächen und damit nur 5,2 % seiner Landesfläche gemeldet (Tab. 3-9).

Tabelle 3-6

NATURA-2000-Barometer (Stand: 16. Oktober 2003)

Vertrags-staat	Vogelschutzgebiete (SPA)				FFH-Gebietsmeldungen			
	Anzahl der gemeldeten Gebiete	Gesamtfläche der Gebiete [km²]	% des Staatsgebietes	Bewertung	Anzahl der gemeldeten Gebiete	Gesamtfläche der Gebiete [km²]	% des Staatsgebiets	Bewertung
Belgien	36	4 313	*14,1*	+++	271	3 184	*10,4*	++
Dänemark	111	9 601	*22,3*	+++	194	10 259	*23,8*	++
Deutschland	466	28 977	*8,1*	++	3 536	32 151	*9,0*	++
Griechenland	151	13 703	*10,4*	++	239	27 641	*20,9*	++
Spanien	416	78 252	*15,5*	++	1 276	118 496	*23,5*	++
Frankreich	155	11 749	*2,1*	+	1 202	41 300	*7,5*	++
Irland	109	2 236	*3,2*	++	381	10 000	*14,2*	++
Italien	392	23 403	*7,8*	++	2 330	44 237	*14,7*	++
Luxemburg	13	160	*6,2*	++	47	383	*14,9*	++
Niederlande	79	10 000	*24,1*	+++	141	7 505	*18,1*	+++
Österreich	95	12 353	*14,7*	++	160	8 896	*10,6*	++
Portugal	47	8 671	*9,4*	++	94	16 500	*17,9*	++
Finnland	452	28 373	*8,4*	++	1 665	47 932	*14,2*	++
Schweden	436	27 236	*6,1*	++	3 420	60 372	*13,4*	++
Vereinigtes Königreich	242	14 704	*6,0*	++	601	24 721	*10,1*	++
EU-15	**3 200**	**273 731**	*8,6*	n/v	**15 557**	**453 577**	*14,3*	n/v

Legende:
+ in besonderem Maße unvollständig
++ unvollständig
+++ im Wesentlichen vollständig
n/v nicht verfügbar

Quelle: EU-Kommission, 2003a

Tabelle 3-7

**Übersicht über die FFH-Gebietsmeldungen gemäß Artikel 4 Abs. 1 der FFH-Richtlinie
(Stand: 1. August 2003)**

Bundesland	FFH-Gebietsmeldungen von Deutschland an die EU		
	Anzahl der Gebiete	Fläche [ha]	Anteil an der Landesfläche [%][1]
Baden-Württemberg	363	230 871 (3 582)[2]	6,5
Bayern	515	474 514	6,7
Berlin	14	4 194	4,7
Brandenburg	477	304 469	10,3
Bremen	6	1 472	3,6
Hamburg	12	3 999 (11 692)[2]	5,3
Hessen	409	134 461	6,4
Mecklenburg-Vorpommern	136	107 560 (74 249)[2]	4,6
Niedersachsen	172	281 878 (261 588)[3]	5,9
Nordrhein-Westfalen	491	180 666	5,3
Rheinland-Pfalz	74	135 831	6,8
Saarland	109	19 048	7,4
Sachsen	270	166 683	9,1
Sachsen-Anhalt	193	147 266	7,2
Schleswig-Holstein	123	75 318 (461 643)[3]	4,8
Thüringen	172	134 099	8,3
Deutschland	**3 536**	**2 402 329 (812 754)[2]**	**6,7**

Anmerkungen
[1] Bezogen auf die Landfläche des jeweiligen Landes gemäß Statistischem Jahrbuch 1999.
[2] Plus Watt-, Wasser-, Bodden- und Meeresflächen.
[3] Plus Watt-, Wasser- und Meeresflächen nach Berechnungen des BfN.
Quelle: Bundesamt für Naturschutz, 2003c

Tabelle 3-8

**Gemeldete Fläche und Nachmeldebedarf der Länder bei Buchenwald-Lebensraumtypen
(LRT 9110, 9130, 9150)**

	Bisher gemeldete Fläche der FFH-Buchenwald-Lebensraumtypen in ha (Stand: 12/02)	**Zielgröße der zu meldenden Fläche an Buchenwald-Lebens-raumtypen in ha[1]**	**Nachzumeldende Flächen der Buchenwald-Lebensraumtypen in ha**
Baden-Württemberg	30 362	127 680	97 318 (76 %)
Bayern, kontinentale Region	73 500	132 000	58 500 (44 %)
Brandenburg	13 152	13 760	608 (44 %)
Hessen	38 742	171 943	133 201 (77 %)
Mecklenburg-Vorpommern	10 475	28 022	17 547 (62 %)
Niedersachsen, kontinentale Region	23 237	48 000	24 763 (51 %)
Nordrhein-Westfalen, gesamt	44 390	69 394	24 763 (35 %)
Rheinland-Pfalz	13 433	83 503	70 070 (83 %)
Saarland	4 761	10 243	5 482 (53 %)
Sachsen	5 413	8 338	2 925 (35 %)
Sachsen-Anhalt	22 183	21 824	0 (0 %)
Deutschland: kontinentale Region	**324 226**	**789 632**	**465 765**

[1] Zugrunde gelegt wird, dass 60 % der Referenzfläche von FFH-Buchenwald-Lebensraumtypen für verbreitete Lebensraumtypen gemeldet werden müssen, in Brandenburg, Sachsen und Sachsen-Anhalt wegen der Besonderheit des Lebensraumtyps dort 80 %.

Quelle: HARTHUN und WULF, 2003, verändert

Tabelle 3-9

Übersicht über die Vogelschutzgebietsmeldungen (SPA) gemäß Artikel 4 der Vogelschutz-Richtlinie
(Stand: 1. August 2003)

Bundesland	Vogelschutzgebiete		
	Anzahl der Gebiete	Fläche [ha]	Anteil an der Landesfläche [%][1] (circa)
Baden-Württemberg[2]	73	174 149 (5 624)[3]	4,9
Bayern	58	366 242	5,2
Berlin	1	25	0,03
Brandenburg	12	223 630	7,6
Bremen	8	7 120	17,6
Hamburg	7	2 209 (12 015)[3]	2,9
Hessen	47	36 438	1,7
Mecklenburg-Vorpommern	15	272 032 (157 386)[3]	11,7
Niedersachsen	59	254 058 (246 796)[4]	5,3
Nordrhein-Westfalen	15	89 413	2,6
Rheinland-Pfalz[5]	42	96 483	4,9
Saarland	14	9 034	3,5
Sachsen	10	78 282	4,3
Sachsen-Anhalt	23	122 390	6,0
Schleswig-Holstein	73	84 258 (635 772)[4]	5,3
Thüringen	9	24 231	1,5
Deutschland	**466**	**1 840 084** (1 057 593)[3]	**5,2**

Anmerkungen
[1] Bezogen auf die Landfläche des jeweiligen Landes gemäß Statistischem Jahrbuch 1999.
[2] Die Rücknahme der 317 Erstmeldungen wurde von der EU-Kommission akzeptiert; nach Landesangaben entfallen 5 624 ha auf den Bodensee. Die Gebiete Rohrsee und Rotwildpark sind in der Übersicht nicht enthalten.
[3] Plus Watt-, Wasser-, Bodden- und Meeresflächen.
[4] Plus Watt-, Wasser- und Meeresflächen nach Berechnungen des BfN.
[5] Vorläufige Gebietsmeldung des Landes, da bislang keine vollständige Gebietsmeldung bei der EU-Kommission vorliegt. Sechs Gebiete liegen offiziell in Brüssel vor.
Quelle: Bundesamt für Naturschutz, 2003c

141. Neben diesen quantitativen Defiziten bei der Gebietsnennung werden auch folgende Qualitätsprobleme beim Aufbau des Netzes NATURA 2000 in Deutschland kritisiert:

- Die Bundesländer legen teilweise unterschiedliche Kriterien für die Ausweisung der Schutzgebiete an und kooperieren nicht ausreichend, sodass eine nationale Kohärenz der Flächen (z. B. entlang von Flussläufen) nicht gewährleistet ist (z. B. Landesbüro anerkannter Naturschutzverbände im Land Brandenburg, 2000, Beschwerdeverfahren vom 15. Juli 2000 Nr. 2000/4731).

- Im EU-weiten Vergleich fällt eine außerordentliche Zersplitterung der von Deutschland gemeldeten Flächen auf. Die mittlere Gesamtgebietsgröße (circa 680 ha) setzt sich bei vielen Gebieten aus mehreren Teilflächen zusammen (SSYMANK et al., 2003).

- Pläne zur Umsetzung des Schutzes der Arten von gemeinschaftlichem Interesse im Anhang IV fehlen bislang. Für diese Arten müssen keine Schutzgebiete gemeldet werden. Alle in Anhang IV der FFH-Richtlinie aufgeführten Tier- und Pflanzenarten werden durch den Verweis im Bundesnaturschutzgesetz besonders streng geschützt (§ 10 Abs. 2 Nr. 10 b), aa) und Nr. 11 b) BNatSchG). Deren Erhaltungszustand soll jedoch überwacht und es sollen gegebenenfalls Maßnahmen ergriffen werden.

3.2.3.2 Ablauf des Meldeverfahrens

142. Die Gebiete werden von den Mitgliedstaaten in zwei Tranchen gemeldet. In Deutschland wurde die Meldung der ersten Tranche mit sechsjähriger Verspätung im Jahre 2001 abgeschlossen. Auch bei der Meldung der zweiten Tranche hat Deutschland die vereinbarten Fristen nicht eingehalten. Wegen unzureichender und verspäteter Meldung von FFH-Vorschlagsgebieten hat die EU-Kommission im April 2003 beschlossen, ein Zwangsgeldverfahren nach Artikel 228 Abs. 2 EGV gegen Deutschland einzuleiten (BMU, schriftlicher Bericht für die 31. Amtschefkonferenz (ACK) am 07. Mai 2003 in Hamburg), wenn Deutschland nicht umgehend seinen Verpflichtungen nachkommt. Für 44 % der betroffenen Lebensraumtypen und Arten in der atlantischen Region und 69 % der Lebensraumtypen und Arten in der kontinentalen Region wurden explizit Nachmeldungen von neuen Gebietsvorschlägen verlangt.

Das BMU hat im März 2003 der EU-Kommission einen mit den Ländern abgestimmten Zeitplan vorgelegt, in dem für jedes Land der zeitliche Rahmen zur Nachmeldung von FFH-Vorschlagsgebieten dargelegt wird. Kernpunkte dieses Zeitplans sind die Vorlage von möglichen FFH-Vorschlagsgebieten im Entwurfsstadium, die Diskussion dieser Entwürfe mit der EU-Kommission in einem bilateralen Gespräch im Oktober/November 2003 und die anschließende endgültige Entscheidung der Länder über die FFH-Vorschlagsgebiete (d. h. Öffentlichkeitsbeteiligung, Kabinettsbeschlüsse, Fertigstellung der endgültigen Unterlagen) sowie deren offizielle Meldung an die EU-Kommission. Der Zeitplan sieht für die offizielle Nachmeldung der Gebiete nach Ländern differenziert einen Zeitraum von etwa Ende 2003 bis Mitte 2004 vor (BMU, schriftlicher Bericht für die 31. Amtschefkonferenz (ACK) am 07. Mai 2003 in Hamburg).

Die EU-Kommission hat diesen Zeitplan zur Kenntnis genommen und Bereitschaft signalisiert, das Zwangsgeldverfahren nicht weiter zu forcieren. Dieses Zugeständnis der EU-Kommission beinhaltet eine Verlängerung der von ihr festgesetzten EU-weiten Fristen. Angesichts der bereits eingetretenen Verzögerungen und dem Entgegenkommen der EU-Kommission besteht nun eine besondere Dringlichkeit für die Bundesrepublik, die nunmehr gesetzten Fristen einzuhalten und die Defizite der bisherigen Gebietsmeldungen vollständig zu beheben.

3.2.4 Ursachen der Umsetzungsdefizite

143. Die Umsetzung des europäischen Schutzgebietssystems NATURA 2000 trifft in Deutschland auf besondere Schwierigkeiten, weil

- die föderale Struktur eine effiziente Abwicklung und Zuordnung klarer Verantwortlichkeiten erschwert,

- auf einem sehr großen Anteil (potenzieller) FFH-Flächen erhebliche Konflikte mit den (landwirtschaftlichen) Flächennutzern auftreten

- und die Finanzierung der Folgekosten unzureichend gesichert ist.

Die unklare Zuordnung von Verantwortung zeigt sich besonders bei der strittigen Frage, ob der Bund oder aber (einzelne) Länder ein mögliches Zwangsgeld zu entrichten hätten.

3.2.4.1 Föderale Struktur

144. Zwar müssen in Deutschland die Bundesländer NATURA 2000 realisieren, gegenüber der EU ist jedoch die Bundesregierung für eine zeit- und sachgerechte Umsetzung verantwortlich. Damit ist ein Konflikt zwischen Bund und Ländern vorprogrammiert: Die Länder sind für den aufwendigen Prozess der Gebietsausweisungen verantwortlich und müssen das konflikträchtige und emotionsgeladene Thema FFH-Richtlinie vor Ort vertreten. Der Bund wiederum wird von der EU-Kommission für die unzureichende Umsetzung durch die Länder verantwortlich gemacht, hat aber kaum Mittel, die Länder zu disziplinieren. Ein fachlicher Berater aus dem Bundesamt für Naturschutz berät die EU-Kommission bei der Bewertung der Meldungen der Bundesländer. Es erstaunt nicht, dass dies von den Ländern teilweise mit Misstrauen beobachtet wird.

145. Die Folgen der föderalen Strukturen wirken bis in die fachliche Begründung der Gebietsausweisungen hinein. Ein Musterbeispiel für die Schwierigkeiten bei der Gebietsausweisung sind die Buchenwälder (HARTHUN und WULF, 2003). So gehen die Länder beispielsweise bei der Flächenauswahl der verbreiteten Buchenwald-Lebensraumtypen sehr unterschiedlich vor. Wenn alle Länder ein einheitliches den Orientierungswerten (Abschn. 3.2.2, Tz. 183) entsprechendes Vorgehensmuster benutzen würden, ergäbe dies einen Meldebedarf von circa 745 000 ha Buchenwald (dies entspricht 2,6 % der

Abbildung 3-4

Übersichtskarte der deutschen Meldungen von FFH-Gebieten (Stand: 2002)

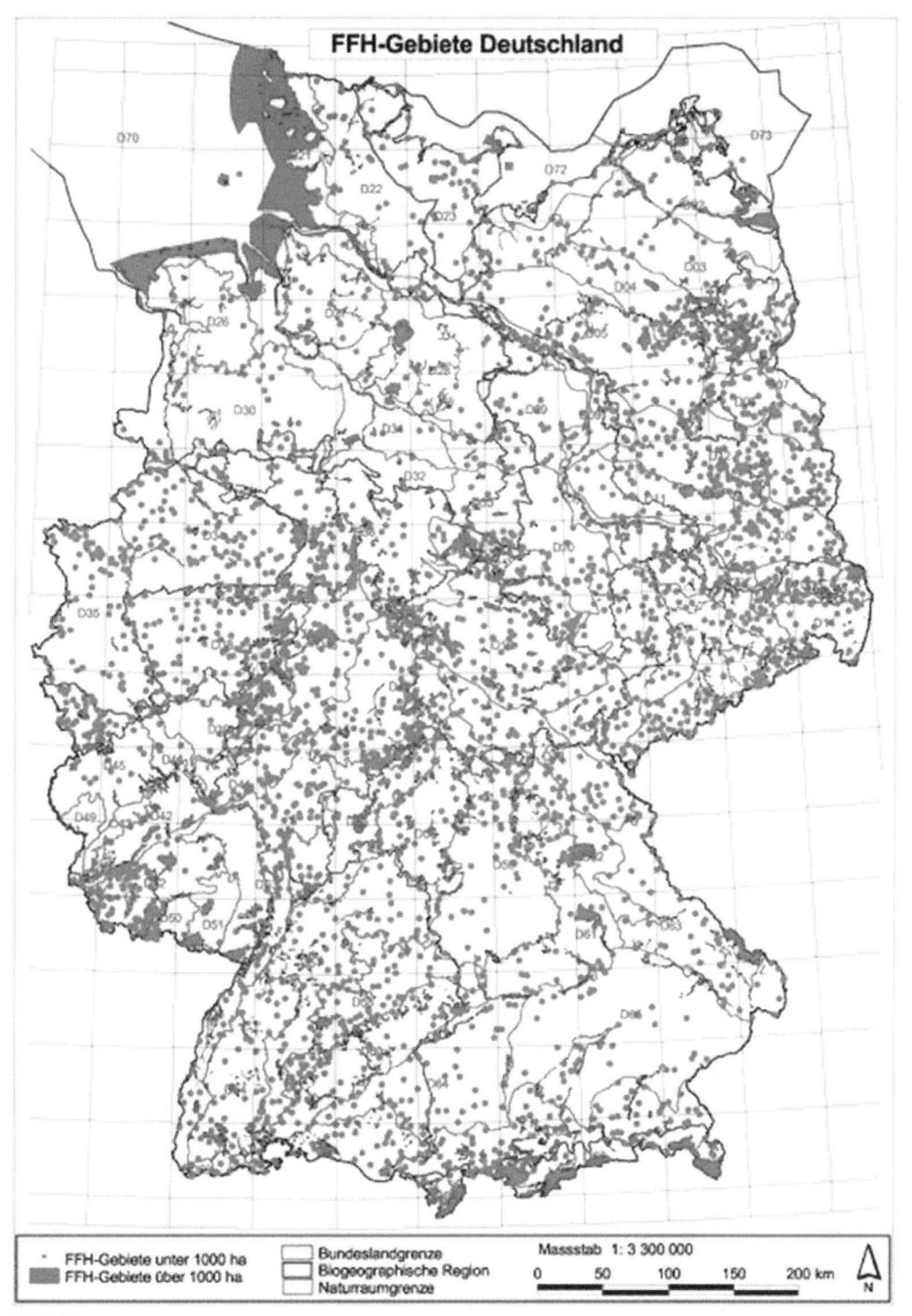

Quelle: BfN, 2003b

kontinentalen Fläche Deutschlands, s. Tab. 3-8). Im Vergleich dazu beträgt die bisher gemeldeten Fläche lediglich 324 226 ha (HARTHUN und WULF, 2003) und die Länder haben – je nach Land unterschiedlich – zwischen circa 17 und 100 % der geeigneten Fläche gemeldet (vgl. Tab. 3-8). Zu den entstandenen Unstimmigkeiten mag auch beigetragen haben, dass die für eine einheitliche Ausweisung notwendige eindeutige Charakterisierung der Lebensraumtypen (durch FARTMANN et al., 2001) erst neun Jahre nach Inkrafttreten der Richtlinie vorlag.

146. Seit der Novellierung des BNatSchG wird auf Länderebene verstärkt daran gearbeitet, die FFH-Vorgaben nach der Konzeption des Bundesrechts im Landesrecht umzusetzen. Insbesondere im Bereich der FFH-Verträglichkeitsprüfung (§ 34 BNatSchG: Verträglichkeit und Unzulässigkeit von Projekten, Ausnahmen) wurde bisher keine einheitliche Umsetzung der Bestimmungen der FFH-RL in den Ländern erreicht (s. Tab. 3-10; vgl. auch LfU Baden-Württemberg, 2002). In diesem Zusammenhang begrüßt der Umweltrat die Initiative des Bundesamtes für Naturschutz, Vorschläge für eine Konvention des Vorgehens zur Festlegung von Erheblichkeitsschwellen zu erarbeiten (Vorhaben „Ermittlung von erheblichen Beeinträchtigungen im Rahmen der FFH-Verträglichkeitsuntersuchungen", FKZ 80182130). Auch das BMVBW wird einen Leitfaden und Musterkarten zur Verfügung stellen (Vorhaben „Leitfaden für Bundesfernstraßen zum Ablauf der Verträglichkeits- und Ausnahmeprüfung nach §§ 34, 35 BNatSchG").

Tabelle 3-10

Unterschiede der untergesetzlichen Vorgaben der Bundesländer zur FFH-Verträglichkeitsprüfung – Beispiele

	Baden-Württemberg	Bayern	Brandenburg	Nordrhein-Westfalen	Sachsen-Anhalt	Thüringen
Projektbegriff: Vorhaben ohne regelmäßige erhebliche Beeinträchtigungen von NATURA-2000-Gebieten						
Privilegierte Vorhaben im Außenbereich im Zusammenhang mit einer Hofstelle	X[1]	X	X	X	–	X
Schließung einer Baulücke im Innenbereich	X	–	X	X	–	X
Wohnbebauung außerhalb eines FFH-Gebietes	–	–	X	–	–	X
Bauliche Anlagen außerhalb eines NATURA-2000-Gebietes mit Mindestabstand von 300 m	–	–	X	X	–	–
Genehmigungsfreie Veränderungen an bestehenden Gebäuden innerhalb von NATURA-2000-Gebieten	X[2]	X	–	X	X	X
Genehmigungsfreie Vorhaben außerhalb von NATURA-2000-Gebieten	X	X	–	X	X	
Bau/Ausbau von Rad-/Wanderwegen und Ausbau von land- und forstwirtschaftlichen Wegen innerhalb eines NATURA-2000-Gebietes, ohne dass Lebensraumtypen und Arten von gemeinschaftlichem Interesse nachhaltig verändert werden	X	X	–	X	–	X
Erstaufforstungen und Kahlschläge innerhalb eines NATURA-2000-Gebietes, ohne dass Lebensraumtypen und Arten von gemeinschaftlichem Interesse nachhaltig verändert werden	X	–	–	–	–	X
FFH-Verträglichkeitsprüfungspflichtige Pläne						
Landesentwicklungsplan, Regionalplan	X	X	X	X	X	X
Raumordnungsverfahren	–	–	X	X[6]	–	–
Flächennutzungsplan, Bebauungsplan, Ergänzungssatzungen	X	X	X	X	X	X
Linienbestimmungen nach – § 16 Bundesfernstraßengesetz – § 13 Bundeswasserstraßengesetz – § 2 Abs. 1 Verkehrswegebeschleunigungsgesetz – Bedarfsplan gemäß § 1 Bundesschienenwegeausbaugesetz	X X – –	X X X X	X X X –	X X X –	X X X –	X X X –

noch Tabelle 3-10

	Baden-Württemberg	Bayern	Brandenburg	Nordrhein-Westfalen	Sachsen-Anhalt	Thüringen
Forstliche Rahmenplanung	–	–	–	–	X	X
Wasserwirtschaftliche Rahmenplanung und Bewirtschaftungsplan	X	X	–	X	X	X
Abwasserbeseitigungsplan	X	–	–	X	X	–
Abfallwirtschaftsplan, -beseitigungsplan	X	X	–	X	–	X
Luftreinhalteplan, Lärmminderungsplan	–	–	–	X	–	X
Anforderungen an Auswahl von Alternativen						
Wahl eines anderen Standortes	–	X	X	X	X	X
Wahl einer anderen Art der Ausführung	–	X	X	X	X	X
Anforderungen an Maßnahmen zur Sicherung der Kohärenz des Netzes NATURA 2000						
Keine Abwägung über Art und Umfang	X	–	–	X	X	X
Umfang soll so weit wie möglich Beeinträchtigungen der Kohärenz ausgleichen	–	–	X	–[7]	–	–
Zeitlich lückenlose Wiederherstellung der beeinträchtigten Funktionen im Netz NATURA 2000	X	X	–	–	X	X
Räumliche Anforderungen:						
– Verbesserungen im Gebiet	X	X	–	X[8]	X	X
– Flächenausdehnung	X	X	–	X[9]	X	X
– Aufnahme eines neuen Gebietes in Netz NATURA 2000	X	X[3]	–	X[9]	X[9]	X
Maßnahmen soweit wie möglich dem Vorhabensträger auferlegen	X	X[4]	–	–[10]	X[11]	X
Vertrag zwischen Projektträger und Naturschutzbehörde zur Unterschutzstellung	X	–[5]	–	–	X	X

[1] Sowie die zur Fortführung der extensiven Grünlandnutzung im NATURA-2000-Gebiet unverzichtbaren landwirtschaftlichen Bauten. – [2] Außer wenn Lebensstätten von Arten unmittelbar betroffen werden. – [3] Bei schwerer Beeinträchtigung. – [4] Soweit sie sich aus der Kompensationsverpflichtung nach der Eingriffsregelung ergeben. – [5] Stattdessen Dialogverfahren mit den Eigentümern. – [6] Im Rahmen eines Gebietsentwicklungsplan-Änderungsverfahrens. – [7] Vollständiger Funktionsausgleich für das europäische ökologische Netz „NATURA 2000" erforderlich. – [8] Bei geringen Funktionsbeeinträchtigungen. – [9] Bei Flächenverlusten und schweren Funktionsbeeinträchtigungen. – [10] Die Maßnahmen oder Kosten sind dem Projektträger insgesamt aufzuerlegen. – [11] Soweit sie zugleich Ausgleichs- und Ersatzmaßnahmen sind.

Quellen: Gemeinsame Verwaltungsvorschrift des Ministeriums Ländlicher Raum, des Wirtschaftsministeriums und des Ministeriums für Umwelt und Verkehr zur Durchführung der §§ 19a bis 19f des Bundesnaturschutzgesetzes (VwV NATURA 2000), vom 16. Juni 2001, Az. 63-8850.20 FFH des Landes Baden-Württemberg; Schutz des Europäischen Netzes „NATURA 2000", Gemeinsame Bekanntmachung der Bayerischen Staatsministerien des Innern, für Wirtschaft, Verkehr und Technologie, für Ernährung, Landwirtschaft und Forsten, für Arbeit und Sozialordnung, Familie, Frauen und Gesundheit sowie für Landesentwicklung und Umweltfragen, vom 4. August 2000 Nr. 62-8645.4-2000/21, AllMBl 13 (16), S. 544–559; Verwaltungsvorschrift der Landesregierung zur Anwendung der §§ 19a bis 19f Bundesnaturschutzgesetz (BNatSchG) in Brandenburg, insbesondere zur Verträglichkeitsprüfung nach der FFH-Richtlinie, vom 24. Juni 2000, Amtsblatt für Brandenburg Nr. 28 vom 18. Juni 2000, S. 358–364; Verwaltungsvorschrift zur Anwendung der nationalen Vorschriften zur Umsetzung der Richtlinien 92/43/EWG (FFH-RL) und 79/409/EWG (Vogelschutz-RL) (VV-FFH), Rd.Erl. des Ministeriums für Umwelt, Raumordnung und Landwirtschaft vom 26. April 2000, – III B 2 – 616.06.01.10, Ministerialblatt für das Land Nordrhein-Westfalen Nr. 35 vom 16. Juni 2000, S. 624–646; Kohärentes europäisches ökologisches Netz besonderer Schutzgebiete „NATURA 2000", Rd. Erl. des Ministeriums für Landwirtschaft und Umwelt, vom 1. August 2001 – 41.3-22002, Ministerialblatt für das Land Sachsen-Anhalt Nr. 48/2001 vom 19. November 2001, S. 921–930; Umsetzung der Richtlinie 92/43/EWG des Rates vom 21. Mai 1992 zur Erhaltung der natürlichen Lebensräume sowie der wild lebenden Tiere und Pflanzen (FFH-Richtlinie) in Thüringen, Hinweise zur Anwendung der §§ 19a bis 19f Bundesnaturschutzgesetz (BNatSchG), Einführungserlass 35-60225-5 des Ministeriums für Landwirtschaft, Naturschutz und Umwelt vom 4. Januar 2000, Thüringer Staatsanzeiger Nr. 20/2000, S. 1143–1156.

3.2.4.2 Konflikte zwischen Flächennutzungen

147. Die Hauptursache für die zögerliche und unvollständige Gebietsmeldung der Länder ist darin zu sehen, dass die Länder möglichst Konflikte vermeiden und auf die anderen Flächennutzungen Rücksicht nehmen wollen. Der Bund hingegen drängt auf vollständige Meldung und kann aber in der Umsetzung keine Verantwortung übernehmen. Die Auswahl der FFH-Flächen durch die Länder sollte zwar im ersten Schritt nach rein naturschutzfachlichen Gesichtspunkten erfolgen. Da die Länder jedoch die rechtlichen und finanziellen Konsequenzen einer Gebietsmeldung zu tragen haben, sind sie versucht, das Ausmaß der Meldung von Beginn an zu einer politischen Entscheidung zu machen. Dadurch traten und treten fachliche Gesichtspunkte bereits in dieser ersten Phase häufig in den Hintergrund. So wurden zunächst bevorzugt Flächen, die ohnehin bereits Schutzgebiete sind, oder Flächen, an denen ansonsten kein anderer Flächennutzer großes Interesse hat, gemeldet. Wo Vorhaben wie zum Beispiel der Bau einer Umgehungsstraße geplant sind, wird versucht, zumindest die direkt davon betroffenen Flächen aus der Meldung auszunehmen. Dies führt zu zerstückelten, ökologische Zusammenhänge nicht berücksichtigenden Abgrenzungen der gemeldeten Gebiete.

Die landwirtschaftlichen Flächennutzer sind eine der Hauptakteursgruppen, die die Ausweisung von NATURA-2000-Gebieten auf das unbedingt notwendige Mindestmaß reduzieren wollen, da sie durch die Gebietsfestlegungen eine Beschränkung ihrer Möglichkeiten zur Bewirtschaftung ihrer Flächen befürchten. Dennoch wirkt sich nach Auffassung des Umweltrates die Strategie, Konfliktflächen nicht zu melden, gerade im Falle landwirtschaftlich genutzter Flächen besonders negativ aus. Denn die betroffenen Landwirte bleiben für längere Zeiträume im Ungewissen und können ihre Betriebsplanung nicht entsprechend anpassen. Zudem fließen Fördermittel, die der Konfliktminderung dienen könnten, nicht vor einer offiziellen Gebietsmeldung (das gilt z. B. für das LIFE-Programm der EU). Dementsprechend bleiben die Konflikte über lange Zeit virulent.

148. Die Zurückhaltung der Länder bei der Meldung von FFH-Gebieten auf Flächen, die für Vorhaben (z. B. Straßenbau) vorgesehen sind, beruht auch darauf, dass sie etwaigen FFH-Verträglichkeitsprüfungen mit einem eventuell anschließenden Ausnahmeverfahren unter Beteiligung der EU-Kommission aus dem Wege gehen wollen. Diese Strategie ist jedoch in der Regel nicht von Erfolg gekrönt, da die Umweltverbände häufig als Korrektiv in Erscheinung treten und solche Konfliktfälle der EU-Kommission melden.

In einer umgehenden Meldung der fraglichen Gebiete als NATURA-2000-Gebiete kann mithin auch eine Chance für die zügige Beilegung von Konflikten liegen. Wenn konkrete Schutzgebietsausweisungen und Managementpläne die inhaltliche und räumliche Ausgestaltung des Schutzgebietsnetzes klar dokumentieren, entstehen aus diffusen wirtschaftlich begründeten Ängsten verhandelbare Interessenlagen (GELLERMANN und SCHREIBER, 2003).

149. Nach Ansicht des Umweltrates ist es kein vertretbares Vorgehen, dass die Länder unter Missachtung fachlicher Anforderungen das Ausmaß der Meldung von NATURA-2000-Gebieten von Beginn an minimieren und möglichst konfliktarme Flächen wählen. So ist unzulässig, bei der Gebietsmeldung die Vorschriften von Anhang III FFH-Richtlinie (und damit von § 33 BNatSchG) zu verletzen, indem andere als naturschutzfachliche Kriterien berücksichtigt werden. Beispielsweise darf die Nähe zu geplanten Gewerbegebieten oder ein geplanter Straßenbau kein Grund für eine Nicht-Meldung sein. Zur Meldung von Gebieten nach naturschutzfachlichen Kriterien und damit zur Befolgung der geltenden rechtlichen Vorschriften gibt es aus Sicht des Umweltrates keine Alternative. In den Vordergrund sollten die Untersuchung und das Management der aus den notwendigen Meldungen tatsächlich resultierenden Konsequenzen treten. Hierzu bedarf es Planungssicherheit, die nur durch konkrete Schutzgebietsausweisungen und durch die Erstellung von Managementplänen erreicht werden kann.

3.2.4.3 Finanzierung der Folgekosten

150. Ein weiterer wichtiger Aspekt, der die ordnungsgemäße Meldung von NATURA-2000-Gebieten behindert, sind die ungeklärten Fragen, wer die Umsetzung des Schutzgebietsnetzes finanziert, in welchem Umfang dies geschehen wird und auf wen welche Kosten zukommen werden. Dies führt dazu, dass die Länder relativ restriktiv in der Meldepraxis sind, da, wenn sich sonst kein anderer Finanzgeber findet, die Länder die Umsetzung finanzieren müssen. Dies ist nach Ansicht des Umweltrates aufgrund der europäischen Bedeutung des Netzes NATURA 2000 nicht akzeptabel. Im Folgenden wird ein Überblick über die anfallenden Kosten, bereits bestehende Finanzierungsansätze und die Folgen der ungeklärten Finanzierung gegeben.

Kostenschätzung

151. Eine effektive Umsetzung von NATURA 2000 erfordert nicht nur die Ausweisung von neuen Schutzgebieten, sondern auch die Erhaltung der Lebensräume. Dies ist ohne eine gesicherte Finanzierung nicht möglich. Die Unterarbeitsgruppe „Finanzierung NATURA 2000" des LANA-Ausschusses „Flächenschutz" schätzte den Finanzierungsbedarf inklusive AWZ für Deutschland in einem überschlägigen Verfahren für einen zehnjährigen Betrachtungszeitraum (2003 bis 2012) auf 4,9 Mrd. Euro beziehungsweise jährlich circa 500 Mio. Euro (MADER, 2003; Tab. 3-11). Dies entspricht einem Wert von circa 126 Euro pro Hektar und Jahr (LANA, 2002). Diese Schätzung bezieht auch ohnehin anstehende Kosten zur Erhaltung bestehender Schutzgebiete innerhalb des Netzes NATURA 2000 ein. Enthalten sind die Kosten für die Erstellung und Überarbeitung von Managementplänen, Strategien und Planungen, Erhaltungskosten und Einzelinvestitionen (Wiederherstellungskosten, Entschädigungen, Erwerbskosten u. Ä.). Die jährlichen Naturschutzausgaben des Bundes und der Länder beliefen sich für das Jahr 1999 auf 469,7 Mio. Euro (918,7 Mio. DM) (SRU,

2002b, Tz. 206, nach STRATMANN, 2002); das heißt, die jährlichen Kosten für die Finanzierung von NATURA 2000 liegen in derselben Größenordnung wie die derzeitigen Haushaltsmittel für Naturschutz von Bund und Ländern. Diese Herausforderung ist insbesondere angesichts der derzeitigen Haushaltslage von Bund und Ländern nur mit europäischer Unterstützung zu meistern.

152. Auf europäischer Ebene wurde die Frage der Finanzierung von NATURA 2000 bislang ebenfalls vernachlässigt. Erst seit November 2002 liegt ein Finanzierungskonzept gemäß Artikel 8 der FFH-Richtlinie vor (Arbeitsgruppe zu Art. 8 der Habitat-Richtlinie, 2002). NATURA-2000-Gebiete wurden sogar im Rahmen der Zahlungen aus der zweiten Säule Agrarpolitik durch eine Begrenzung der maximalen Fördersumme – auf einem im Vergleich zu den Agrarumweltmaßnahmen viel niedrigeren Niveau – benachteiligt (s. SRU, 2002b, Abschn. 5.1.3). Die bisherigen Widerstände gegen FFH-Gebietsausweisungen dürften nicht zuletzt auf diese unzulängliche Finanzlage zurückgehen.

Tabelle 3-11

Gesamtausgaben, die voraussichtlich jährlich zum Management der NATURA-2000-Gebiete im Zeitraum 1. Januar 2003 bis 31. Dezember 2012 in Deutschland anfallen (Fragebogen der EU-Expertengruppe)

Maßnahmen-kategorie	Maßnahmenbeispiele	Geschätzte jährliche Kosten in Mio. €			
		Land	Küstenmeer	AWZ	Gesamt
Managementplanung und Verwaltung	– Erstellung und Überarbeitung von Managementplänen, Strategien und Planungen – Einrichtung und laufende Unterhaltung der Verwaltung – Bereitstellung von Personal, Gebäude und Ausrüstung – Konsultationen – Sonstiger Verwaltungsaufwand	87,2	6,0	0,4	**93,6**
Laufende Managementmaßnahmen und Anreize	– Maßnahmen zur Erhaltung eines günstigen Zustands – Management und Verträge mit Eigentümern und Bewirtschaftern – Brandschutz und -bekämpfung – Forschung, Monitoring und Erhebungen – Besucherlenkung – Bereitstellung von Informationen und Werbematerial – Aus- und Weiterbildung – Biotopverbund, Vernetzung	269,4	0,5	0,6	**270,5**
Einzelinvestitionen	– Wiederherstellung oder Verbesserung von Lebensräumen oder Artenvorkommen – Entschädigung für Verzicht auf Rechte, Wertverlust usw. – Grunderwerb einschließlich Flurneuordnung – Infrastruktur für öffentlichen Zugang – Biotopverbund, Vernetzung	126,1		0,1	**126,2**
Summe		**482,7**	**6,5**	**1,1**	**490,3**

Quelle: LANA, 2002, verändert

Für das Gebiet der Europäischen Union (ohne Beitrittsgebiete) wurde ein jährlicher Finanzierungsbedarf von 3,4 bis 5,7 Mrd. Euro bis zum Jahr 2013 ermittelt (Arbeitsgruppe zu Art. 8 der FFH-RL, 2002), wobei es sich nach Aussage der Arbeitsgruppe um eine vorsichtige Schätzung handelt. Der errechnete Finanzbedarf entspricht 3 bis 6 % des Gesamtbudgets der Union. Diese finanzielle Größenordnung kam sowohl für die Mitgliedstaaten als auch für die EU-Kommission unerwartet. Einen wesentlichen Anteil dieser Kosten wird die EU in Form von Kofinanzierungsmitteln tragen müssen.

Finanzierungsansätze auf EU-Ebene

153. Die bisherigen Kofinanzierungsregelungen sind nach Ansicht der Arbeitsgruppe der EU nicht geeignet, die Umsetzung von NATURA 2000 zu bewältigen. Stattdessen sind neue Regelungen vonnöten, die über die Vorschriften von Artikel 8 FFH-RL hinausgehen. Dementsprechend prüfte die Arbeitsgruppe der EU drei Szenarien für die Finanzierung:

– Option 1 – Inanspruchnahme bestehender EU-Fonds, insbesondere die Mittel nach der Verordnung zur Entwicklung des ländlichen Raums im Rahmen der Gemeinsamen Agrarpolitik (GAP), die Struktur- und Kohäsionsfonds und das Instrument LIFE-Natur, jedoch mit Anpassungen, damit für den Bedarf von NATURA 2000 optimierte Resultate sichergestellt werden;

– Option 2 – Erweiterung und Umwandlung des Instruments LIFE-Natur zum primären Bereitstellungsmechanismus;

– Option 3 – Schaffung eines neuen Finanzierungsinstruments eigens für NATURA 2000.

154. Aufgrund dieser Szenarien wurden eine kurzfristige und eine langfristige Strategie entwickelt. Die *kurzfristige Finanzierung* sollte im Rahmen der Halbzeitbewertung (*Mid-Term Review*) über die verschiedenen Fonds im Jahr 2003 beziehungsweise 2004 gesichert werden. Außerdem soll die Aufnahme der Finanzierungsverpflichtung für NATURA 2000 in die Gemeinsame Agrarpolitik vorgeschlagen werden, sowie die Verlagerung von Mitteln aus dem Haushalt der Säule 1 der GAP zum Haushalt der Säule 2 der GAP und die Erhöhung und Antragsvereinfachung der für LIFE-Natur verfügbaren Mittel erfolgen.

Die maximalen Fördersätze in NATURA-2000-Gebieten wurden mit Verordnung (EG) Nr. 1783/2003 vom 21. Oktober 2003 um 10 auf 60 % beziehungsweise 85 % in den neuen Bundesländern angehoben. Eine Finanzierung der Erhaltung von FFH-Gebieten (beziehungsweise anderen Gebieten mit besonderen umweltspezifischen Einschränkungen) aus der Ausgleichszulage (nach Art. 16 VO (EG) Nr. 1257/1999) wird in den nächsten fünf Jahren nicht mehr auf einen Höchstbetrag von 200 Euro/ha beschränkt.

155. Für *die langfristige Finanzierung* soll in alle großen Finanzierungsinstrumente der EU eine spezielle Vorschrift aufgenommen werden, wonach aus diesen Fonds ein sachgerechtes Management von NATURA 2000 zu fördern ist. Darüber hinaus soll die RDR (Verordnung zur Entwicklung des ländlichen Raums) vereinfacht, erweitert und speziell als Mechanismus zur Sicherstellung des laufenden Managements von NATURA-2000-Gebieten im ländlichen Raum empfohlen werden. In ähnlicher Weise wäre auch das FIAF (Finanzinstrument für die Ausrichtung der Fischerei) an die neue Aufgabe anzupassen. Ein erweiterter „LIFE+"-Fonds soll in Zukunft mit einem vereinfachten Finanzierungsmechanismus und einem mehrjährigen Programmansatz arbeiten. Generell müssten Umwelt- und Naturschutzbelange stärker in die GAP integriert und Anreize beziehungsweise Subventionen aus den Marktregelungen, die zu einer ökologisch nicht nachhaltigen Produktion und zu einer Verarmung der biologischen Vielfalt führen, vermindert werden. Es wird erwogen, den Mitgliedstaaten eine stärkere Ausrichtung der nach den GAP-Marktregelungen vorgesehenen Mittel und Mechanismen auf eine Förderung des Naturschutzes zu ermöglichen (Arbeitsgruppe zu Art. 8 der Habitat-Richtlinie, 2002). Beispielsweise könnten Flächenstilllegungszahlungen gezielt für prioritäre Naturschutzgebiete verwendet werden.

Schließlich betont die EU-Arbeitsgruppe, dass der Umfang des Mittelbedarfs für NATURA 2000 zwar erheblich, aber im Vergleich zu den Mitteln in Höhe von 75 Mrd. Euro, die im Rahmen des aktuellen EU-Agrarhaushalts, der Strukturfonds- und des Kohäsionsfonds sowie des Instruments LIFE-Natur für 2002 zur Verfügung stehen, bescheiden ist (Arbeitsgruppe zu Art. 8 der Habitat-Richtlinie, 2002).

156. Angesichts des geschilderten Finanzierungsbedarfs weist der Umweltrat mit Nachdruck darauf hin, dass für die Realisierung von NATURA 2000 die Umsetzung des von der EU-Arbeitsgruppe erarbeiteten umfassenden Finanzierungskonzepts unerlässlich ist. Bei der Ausgestaltung der Vereinbarungen des *Mid-Term Review* und bei der zukünftigen Umstrukturierung der EU-Agrarpolitik (s. auch Kap. 4.1, Tz. 235, 262, 286) sollte die Förderung von NATURA-2000-Gebieten besonders berücksichtigt werden. Die Bundesregierung sollte sich für die von der EU-Arbeitsgruppe vorgelegte Grundkonzeption weiterhin einsetzen.

Folgen der ungeklärten Finanzierung

157. Es ist bereits tägliche Praxis und weiterhin absehbar, dass Finanzmittel und Personalkapazitäten in den Ländern zunehmend auf die Umsetzung von NATURA 2000 konzentriert werden. Damit droht anderen Naturschutzaufgaben eine weit gehende Vernachlässigung. Durch eine ausreichende Finanz- und Personalausstattung ist daher zu gewährleisten, dass andere Aufgaben des Naturschutzes neben NATURA 2000 entsprechend den gesetzlichen Vorgaben weiterhin erfüllt werden können.

158. Die bisherige Begrenzung der Ausgleichszahlungen für umweltspezifische Einschränkungen in FFH- und Vogelschutzgebieten auf eine Obergrenze von 200 Euro/ha (VO (EG) Nr. 1257/1999) veranlasste einige Bundesländer zu der Praxis, die ordnungsrechtlichen Festsetzungen so zu wählen, dass die entstehenden Nutzungseinbußen durch die vorgegebene Fördersumme abgedeckt werden können. Die Auflagen können dann allerdings den Überlebensbedingungen vieler Arten und Lebensräume nicht ausreichend Rechnung tragen. Dies gilt vor allem für Arten und Lebensräume mit hohen Ansprüchen an Hydrologie, Nährstoffregime und Bewirtschaftungsrhythmen wie Streuwiesen, Arten der Auen- und Pfeifengraswiesen, und Insektenarten des Grünlandes.

3.2.5 Der temporäre Schutz potenzieller FFH-Gebiete und faktischer Vogelschutzgebiete

159. Die gegenwärtig noch immer unzureichende Meldung und Einrichtung von Vogelschutz- und FFH-Schutzgebieten bedeutet keineswegs, dass ökologisch besonders wertvolle Gebiete in der Zwischenzeit, das heißt bis zu einer verbindlichen Ausweisung, ungeschützt sind. Denn ein Mitgliedstaat darf aus der mangelhaften Erfüllung der ihm nach dem europäischen Naturschutzrecht obliegenden Melde- und Einrichtungspflichten keinen Vorteil in dem Sinne ziehen, dass er zusätzlich auch noch das maßgebliche Schutzregime nicht beachtet. Mitgliedstaatliches Fehlverhalten darf sich nicht zulasten besonders schutz- und erhaltungswürdiger Lebensräume und Arten auswirken. Mittlerweile ist dementsprechend der temporäre Schutz solcher Gebiete anerkannt:

Nach der Rechtsprechung des Europäischen Gerichtshofs (EuGH) obliegt die Auswahl der nach der Vogelschutzrichtlinie zu schützenden Gebiete zwar den Mitgliedstaaten. Es kann jedoch ornithologisch herausragende Gebiete geben, in denen aufgrund der hohen Schutzwürdigkeit kein nennenswerter Entscheidungsspielraum für die Mitgliedstaaten verbleibt, und der gemeinschaftsrechtlichen Inpflichtnahme nur durch die Unterschutzstellung der Gebiete entsprochen werden kann. Kommt ein Mitgliedstaat dem nicht nach, unterliegen die Gebiete daher als so genannte faktische Vogelschutzgebiete dem strengen Schutzregime des Artikel 4 Abs. 4 Vogelschutzrichtlinie (EuGH, Rs. C-355/90 – Santona; Rs. C-374/98 – Basses Corbières). Die Vorgaben der Vogelschutzrichtlinie wirken hier also innerstaatlich unmittelbar. Ausnahmen von dem in Artikels 4 Abs. 4 verankerten Veränderungsverbot kommen nur in exzeptionellen Situationen im Interesse der Realisierung überragend gewichtiger Gemeinwohlbelange, insbesondere zur Abwehr schwerwiegender Gefahren für das menschliche Leben und die Gesundheit, in Betracht (EuGH, Rs. C-57/89; s. ausführlich auch GELLERMANN, 2003, S. 1241; 2001, S. 122 f.).

Auf die FFH-Richtlinie lassen sich diese zur unmittelbaren Geltung der Vogelschutzrichtlinie bei faktischen Vogelschutzgebieten entwickelten Grundsätze nicht uneingeschränkt übertragen. Das dort vorgesehene mehrstufige Auswahlverfahren ermöglicht es den Mitgliedstaaten nämlich, gegebenenfalls sogar den Schutz herausragendster Gebiete zu verhindern. Gleichwohl sind auch so genannte „potenzielle FFH-Gebiete" geschützt, und zwar nach folgenden Maßgaben: Für FFH-Gebiete, die prioritäre Arten oder Lebensraumtypen aufweisen und die in die nationalen Vorschlagslisten (Phase 1) aufgenommen worden sind, gilt ohne weiteres das Schutzregime des Art. 6 Abs. 2-4 FFH-RL. Denn der Mitgliedstaat hat durch die Meldung zum Ausdruck gebracht, mit dem Schutz dieser Gebiete einverstanden zu sein. Außerdem müssen prioritäre Meldegebiete im weiteren Auswahlverfahren in die Gemeinschaftsliste übernommen werden (GELLERMANN, 2003, S. 1241, 2001, S. 163; HALAMA, 2001, S. 509; ERBGUTH, 2000, S. 79). Darüber hinaus sind sonstige besonders wertvolle potenzielle, jedoch noch nicht gemeldete FFH-Gebiete jedenfalls dann geschützt, wenn ihre Aufnahme in die Gemeinschaftsliste ernsthaft in Betracht zu ziehen ist oder sich aus Gründen ihrer ökologischen Qualitäten nachgerade aufdrängt (BVerwGE 107, S. 1 ff.). Ein Schutz solcher Gebiete folgt hier aus der gemeinschaftsrechtlichen Treuepflicht des Artikel 10 EG. Danach haben die Mitgliedstaaten alle Maßnahmen zu unterlassen, welche die Verwirklichung der Ziele des Vertrages gefährden können. Die gemeinschaftliche Vorwirkung verhindert, dass die Gebiete so nachhaltig beeinträchtigt werden, dass sie für eine Meldung überhaupt nicht mehr in Betracht kommen (BVerwG, Urteil vom 27. Oktober 2000 – 4 A 18.99; MAAß und SCHÜTTE, 2002, S. 328 f.; HALAMA, 2001, S. 509). Um die praktische Wirksamkeit der FFH-Richtlinie nicht zu beeinträchtigen, sollten dabei bereits solche Einwirkungen ausgeschlossen sein, die zu einer wesentlichen Minderung der Qualität zwar nur einzelner, dafür aber wertbestimmender Gebietsfaktoren führen können (s. auch GELLERMANN, 2003, S. 1242, 2001, S. 126 f.).

3.2.6 Zahlungsverantwortung bei Zwangsgeldern

160. Auf Antrag der EU-Kommission kann der EuGH nach Artikel 228 Abs. 2 EG gegen einen Mitgliedstaat ein Zwangsgeld verhängen, wenn der Mitgliedstaat ein Urteil des Gerichtshofs nicht befolgt. Wegen unzureichender Umsetzung sowohl der Vogelschutzrichtlinie als auch der FFH-Richtlinie drohte bereits wiederholt ein solches Verfahren nach Artikel 228 Abs. 2 EG gegen die Bundesrepublik Deutschland (s. auch BÖHM, 2000, S. 383). Zuletzt hatte die EU-Kommission nach der Verurteilung Deutschlands 2001 wegen unzureichender Gebietsmeldungen nach der FFH-Richtlinie (EuGH, Rs. C-71/99) erwogen, ein Sanktionsverfahren zur Verhängung eines Zwangsgeldes gegen die Bundesrepublik Deutschland anzustrengen. Nachdem sich Bund und Länder mit der EG im April 2003 auf einen FFH-Nachmeldezeitplan verständigt hatten, konnten Zwangsgeldzahlungen allerdings zunächst ein weiteres Mal abgewendet werden.

161. Zwar sind die Länder als Teil der EG ebenso wie der Bund zur Um- und Durchsetzung von Gemeinschaftsrecht verpflichtet (EuGH, Rs. 71/6, Rs. 14/83; KAHL, 2002). Der mit dem Maastricht-Vertrag eingeführte Sanktionsmechanismus des Artikels 228 Abs. 2 EG greift jedoch nur im Verhältnis zwischen der Gemeinschaft und den Mitgliedstaaten. So haftet allein der Bund als Mitgliedstaat gegenüber der Gemeinschaft. Föderale Strukturen eines Mitgliedstaates werden vom EuGH nicht berücksichtigt. Innerstaatliche Um- und Durchsetzungsschwierigkeiten sind ausschließlich Sache des einzelnen Mitgliedstaates. Ein gegen die Bundesrepublik Deutschland verhängtes Zwangsgeld wäre folglich vom Bund zu zahlen, unabhängig davon, dass es sich etwa im Falle der FFH-Gebietsmeldungen um einen Kompetenzbereich der Länder handelt.

Vor diesem Hintergrund stellt sich die Frage, ob der Bund gegen ihn verhängte Zwangsgelder an die säumigen Länder „weitergeben" und auf diese Weise zugleich die Länder zu einer zügigen europarechtskonformen Implementation insbesondere auch des EG-Naturschutzrechtes veranlassen kann. Das Ziel einer besseren Befolgung von Urteilen des EuGH wird sich in jedem Fall nur dann erreichen lassen, wenn die Verantwortlichen von den Wirkungen des Druckmittels überhaupt tangiert werden. Das bedeutet für die Situation im Naturschutzbereich in der Konsequenz aber gerade einen Regress des Bundes bei den Ländern.

162. Eine explizite Ermächtigungsgrundlage für einen solchen Regressanspruch des Bundes sieht das Grundgesetz nicht vor. Aus der verfassungsrechtlichen Gesamtschau lässt sich allerdings ein allgemeines Veranlassungsprinzip ableiten. Hinter einer Reihe von Verfassungsbestimmungen steht der Gedanke, dass derjenige, der eine Maßnahme veranlasst, auch die hierfür erforderlichen Kosten aufzubringen hat. So haben insbesondere gemäß Artikel 104a Abs. 1 GG Bund und Länder grundsätzlich gesondert die Ausgaben zu tragen, die sich aus der Wahrnehmung ihrer Aufgaben ergeben (BÖHM, 2000, S. 386 f.; TRAPP, 1997). Als Grundlage für die Heranziehung zu einer Kostenerstattung im Rahmen gemeinschaftlicher Zwangsgeldverfahren wird gleichwohl ein solches allgemeines Veranlassungsprinzip kaum ausreichen können (BVerwGE 18, 221, 224; BÖHM, 2000, S. 387).

163. In Betracht kommt allerdings – wenn auch nur für den Fall, dass ein Bundesland eine bereits in nationales Recht transformierte Richtlinie nicht vollzieht – ein Rückgriff auf Artikel 104a Abs. 5 GG. Danach haften Bund und Länder im Verhältnis zueinander für eine ordnungsgemäße Verwaltung nationaler Rechtsvorschriften (BVerwGE 104, S. 29, 32; 116, 234, 241). Die Pflicht aus der FFH-Richtlinie zur Gebietsauswahl und -meldung wird durch das Bundesnaturschutzgesetz, also durch Bundesrahmenrecht, umgesetzt. Damit ist europäisches Naturschutzrecht in nationales Recht transformiert und Bundesbinnenrecht geschaffen worden. Kommen die Länder der derart normierten Meldepflicht nach, handelt es sich mithin um den Vollzug von Bundesrecht und um die Verwaltung einer vom Bund vorgegebenen Aufgabe. Zugleich folgt daraus umgekehrt, dass die Nichtmeldung von FFH-Gebieten durch die Länder eine Nicht- beziehungsweise Schlechterfüllung einer durch Bundesgesetz – nämlich das Bundesnaturschutzgesetz – konkretisierten Verpflichtung und in der Konsequenz eine „nicht ordnungsgemäße Verwaltung" im Sinne des Artikels 104a Abs. 5 GG darstellt.

Problematisch ist indes die weitere Voraussetzung des Artikel 104a Abs. 5 GG, ob in einem Zwangsgeld, das vom EuGH gegenüber dem Bund verhängt worden ist, ein Schaden aus einer nicht ordnungsgemäßen Verwaltung zu sehen ist. Der Verfassungsgesetzgeber ging nämlich von anderen Konstellationen aus, das heißt insbesondere von Schäden, die durch eine Verletzung von Dienst- oder Amtspflichten an Körper und Eigentum entstehen (z. B. FISAHN, 2002, S. 245 f.; SIEKMANN, 2003). Der Wortlaut des Artikels 104a Abs. 5 GG steht jedoch einer weiter gehenden Interpretation nicht entgegen. Zudem sollte die Auslegung des Grundgesetzes nicht statisch erfolgen, sondern den Entwicklungen der europäischen Integration Rechnung tragen (s. auch REHBINDER und WAHL, 2002, S. 24).

Selbstverständlich wäre es rechtspolitisch wünschenswert, dass es erst gar nicht zu den hier beschriebenen Um- und Durchsetzungsdefiziten und in der Folge zu Zwangsgeldandrohungen käme, weshalb der Umweltrat gerade auch eine Änderung der Verteilung der Gesetzgebungs- und Verwaltungskompetenzen für erforderlich erachtet. Er schlägt in diesem Zusammenhang eine konkurrierende Gesetzgebungszuständigkeit für den Bereich des Naturschutzes sowie eine zumindest teilweise Bundesauftragsverwaltung als geeignete Mittel vor (Tz. 224). Solange es aber hieran ebenso fehlt wie an einer etwa von BÖHM (2000, S. 387) angeregten, aber bislang nicht weiter verfolgten Ergänzung des Artikels 23 GG um einen ausdrücklichen Bund-Länder-Regress bei Zwangsgeldzahlungen für Pflichtverletzungen gegenüber der EG, hält es der Umweltrat für eine zulässige und den gewandelten staatsrechtlichen Verständnissen entsprechende Interpretation, durch den EuGH verhängte Zwangsgelder als haftungsbegründenden Tatbestand im Sinne des Artikels 104a Abs. 5 GG zu verstehen (s. auch FISAHN, 2002, S. 245 f.). Mit dieser Norm stünde folglich immerhin eine Haftungsgrundlage bei einem nicht ordnungsgemäßen Vollzug von Gemeinschaftsrecht durch die Länder zur Verfügung.

Um aber darüber hinaus auch den Fall der nicht ordnungsgemäßen Umsetzung von Gemeinschaftsrecht durch Landesrecht erfassen zu können, erscheint es dem Umweltrat insgesamt sachgerecht und geboten, eine einheitliche und umfassende Haftungsnorm beispielsweise durch Ergänzung des Artikels 23 GG zu schaffen, mit welcher dem Bund bei Zwangsgeldfestsetzungen durch den EuGH eine Grundlage für etwaige Kostenerstattungsansprüche gegen die Länder sowohl bei fehlender oder unzureichender Transformation in der Landesgesetzgebung als auch bei mangelhaftem Vollzug von umgesetztem Gemeinschaftsrecht in den Ländern an die Hand gegeben wird.

3.2.7 Management von NATURA-2000-Gebieten

164. Erst in Ansätzen beschäftigen sich die Bundesländer derzeit mit dem Management der NATURA-2000-Gebiete einschließlich der Gebietsbetreuung. Probleme ergeben sich bereits im Ansatz bei der Festlegung ausreichend konkreter Erhaltungs- und Entwicklungsziele für die einzelnen Gebiete, da die Datenlage über FFH-Arten und -Lebensräume noch immer unzulänglich ist. In der Folge wirkt sich das nicht nur auf die Aufstellung von Maßnahmeplänen aus, sondern führt auch dazu, dass Grundlagen für die Formulierung der Schutzverordnungen oder für die Durchführung von FFH-Verträglichkeitsprüfungen fehlen. Für das Gebietsmanagement sind Managementpläne eine geeignete fachliche Grundlage (vgl. z. B. KEHREIN, 2002, S. 7; RÜCKRIEM und ROSCHER, 1999, S. 43). Derzeit gibt es noch keine Orientierungshilfen dazu, wie diese Pläne hinsichtlich Inhalt und Detaillierungsgrad aussehen sollten. Bundesweit und möglichst auch europaweit sollten deshalb baldmöglichst Orientierungshilfen zur Verfügung gestellt werden. Erste Vorarbeiten der LANA liegen hierzu vor (WENZEL, 2002, S. 200).

165. Weder die Vogelschutz- noch die FFH-Richtlinie treffen eine konkrete Aussage darüber, in welcher Weise die Unterschutzstellung der Gebiete zu erfolgen hat. Für Vogelschutzgebiete existiert insoweit allerdings eine gefestigte Rechtsprechung des Europäischen Gerichtshofes: Bereits im Santona-Urteil stellte der Gerichtshof (Rs. C-355/90) fest, dass die Mitgliedstaaten für einen „juristischen Schutzstatus" Sorge zu tragen haben. Im Seine-Urteil (Rs. C-166/97) konkretisierte er dies dahin gehend, dass die Mitgliedstaaten aus Gründen des Artikel 4 Abs. 1, 2 Vogelschutzrichtlinie verpflichtet sind, „ein besonderes Schutzgebiet mit einem rechtlichen Schutzstatus auszustatten, der geeignet ist, unter anderem das Überleben und die Vermehrung der in Anhang I der Richtlinie aufgeführten Vogelarten sowie die Vermehrung, die Mauser und die Überwinterung der nicht in Anhang I aufgeführten, regelmäßig auftretenden Zugvogelarten sicherzustellen". Schließlich führte der Europäische Gerichtshof im Poitou-Urteil (Rs. C-96/98) explizit aus, dass weder einschlägige Regelungen des französischen Wasserrechts noch Agrarumweltmaßnahmen in Gestalt vertraglicher Vereinbarungen mit betroffenen Landwirten als ausreichender Aufwand zur Erfüllung der Pflichten aus der Vogelschutzrichtlinie gelten können. Ein Vertragsschluss sei eine freiwillige Maßnahme und könne daher nicht als wirksame Ergänzung der Schutzregelungen für die eingerichteten besonderen Schutzgebiete in Betracht kommen.

Die Mitgliedstaaten müssen demnach den fraglichen Gebieten einen verbindlichen und durchsetzbaren Schutzstatus zuweisen. Vertragliche Vereinbarungen oder lediglich verwaltungsintern wirkende Regelungen sind hierzu nicht ausreichend (GELLERMANN, 2003, S. 1231, 2001, S. 61 ff.; BERNER, 2000, S. 167 ff.). Die Schutzerklärung muss sich zudem am Ziel der Erhaltung der im jeweiligen Gebiet zu schützenden Vogelarten orientieren und durch ihre Schutzregelungen hinreichende Gewähr für seine Erreichbarkeit bieten (GELLERMANN, 2003, S. 1231). Im Hinblick auf die Schutzerfordernisse der jeweiligen Arten dürfen keine relevanten Schutzlücken vorhanden sein (EuGH, Rs. C-374/98 – Basses Corbières). Sind diese Vorgaben gewahrt, steht den Mitgliedstaaten die Festlegung der jeweils angemessenen Schutzkategorie frei.

Die vorstehenden Überlegungen beanspruchen in gleicher Weise für die Unterschutzstellung von FFH-Gebieten Geltung. Um die größtmögliche Wirksamkeit – den *effet utile* – der FFH-Richtlinie gewährleisten zu können, kann hier in der Sache nichts anderes gelten als für Vogelschutzgebiete. Das heißt auch für FFH-Gebiete ist ein förmlicher und verbindlicher Schutzstatus mit entsprechender Ausgestaltung der Schutzerklärung vorzusehen (GELLERMANN, 2001, S. 63 f.; RENGELING und GELLERMANN, 1996, S. 12 ff.).

166. Einige Bundesländer haben bereits mit der Umsetzung der sich aus der Festlegung der NATURA-2000-Gebiete ergebenden Verpflichtungen begonnen. So werden zum Beispiel in Nordrhein-Westfalen und Brandenburg Schutzgebietsverordnungen neu erlassen oder bestehende Verordnungen an die neuen Anforderungen angepasst. Dabei war bedauerlicherweise die Tendenz zu beobachten, dass die Bundesländer in den Verordnungen ein niedriges Schutzniveau festlegen. Ursache hierfür war vermutlich die Tatsache, dass über Agrarumweltmaßnahmen nach Artikel 22 VO (EG) Nr. 1257/1999 nur solche Umweltleistungen gefördert werden können, die nicht aufgrund von rechtlichen Anforderungen wie z. B. im Rahmen der guten fachlichen Praxis ohnehin von den Flächennutzern zu erbringen sind. Die Länder haben sich bemüht, die Schutzauflagen in der Verordnung auf einem niedrigen Niveau zu halten, um eine aufgesattelte Förderung aus Agrarumweltmaßnahmen nicht zu behindern. In Gebieten mit umweltspezifischen Einschränkungen wie zum Beispiel NATURA-2000-Schutzgebieten können Einschränkungen, die über die gute fachliche Praxis hinausgehen, zwar im Rahmen einer Ausgleichszahlung nach Artikel 16 VO (EG) Nr. 1257/1999 kompensiert werden. Bis zum Jahr 2003 war eine solche Ausgleichszahlung jedoch auf maximal 200 Euro pro Hektar beschränkt und hatte daher nur eine sehr untergeordnete Bedeutung. Diese Deckelung der Ausgleichszahlung von 200 Euro wurde auf maximal 500 Euro angehoben, jedoch eingegrenzt auf hinreichend begründete Fälle und zunächst nur für fünf Jahre (vgl. VO (EG) Nr. 1783/2003).

Der Umweltrat empfiehlt vor diesem Hintergrund Bund und Ländern schnellstmöglich auf eine europäische Klärung der Finanzierungsprobleme hinzuwirken. Dabei sollte vor allem auf eine dauerhafte substanzielle Anhebung der maximalen Ausgleichszahlung in NATURA-2000-Gebieten abgezielt werden.

167. Beim Management der NATURA-2000-Gebiete zeichnet sich ein weiteres Problem mit der Vielzahl der zuständigen Stellen/Behörden für das Management der Gebiete ab. So gibt es bereits heute NATURA-2000-Gebiete, die einen von der Gemeinde ausgewiesenen geschützten Landschaftsbestandteil oder ein Landschaftsschutzgebiet, für das die untere Naturschutzbehörde zuständig ist, ein Naturschutzgebiet mit Betreuung durch die obere Naturschutzbehörde, ein Wasserschutzgebiet der Wasserwirtschaftsverwaltung und Flächen ohne jeglichen Schutzstatus umfassen (vgl. z. B. WILKE, 2003). Darüber hinaus werden landwirtschaftliche Flächen im Gebiet durch Agrarumweltmaßnahmen gefördert, für die die Landwirtschaftsverwaltung zuständig ist. Eine solche Kompetenzzersplitterung gefährdet das Ziel, das Gebiet zusammenhängend entsprechend den ökologischen Erfordernissen zu entwickeln und bindet Personal- und Finanzressourcen des Naturschutzes durch vielfältige Abstimmungserfordernisse. Der Umweltrat empfiehlt daher den Ländern dringend, auf eine Bündelung der Zuständigkeiten in einer Hand hinzuwirken.

3.2.8 Berichtspflichten

168. Die FFH-Richtlinie verpflichtet zur Durchführung eines allgemeinen Monitorings des Erhaltungszustandes der Arten und Lebensraumtypen von gemeinschaftlichem Interesse (Art. 11). Zu den Anforderungen im Rahmen der Berichtspflichten (Art. 17) gehört unter anderem die Berichterstattung über die wesentlichen Ergebnisse dieses Monitorings. Die Zuständigkeit für die Datenerhebungen liegt bei den Ländern. Damit die Daten zu dem nationalen Bericht zusammengefügt werden können und eine sinnvolle Auswertung möglich ist, müssen die Daten vergleichbar sein und eine ähnliche Struktur aufweisen. Daher ist eine Abstimmung zwischen den Bundesländern bezüglich der Vorgehensweise beim Monitoring sowie bei der Erfassung und Bewertung des Erhaltungszustandes der Arten der Anhänge der FFH-Richtlinie und der Lebensraumtypen erforderlich (BfN, 2003a). In von der Länderarbeitsgemeinschaft Naturschutz (LANA) initiierten Bund-Länder-Arbeitskreisen werden hierzu Empfehlungen erarbeitet. Als Grundlage für die Empfehlungen dienen die von der LANA-Vollversammlung am 20./21. September 2001 beschlossenen „Mindestanforderungen für die Erfassung und Bewertung von Lebensräumen und Arten sowie die Überwachung". Fachliche Grundlagen zur Umsetzung der Berichtspflichten liegen inzwischen vor (FARTMANN et al., 2001; SALM, 2000; BROWN und POWELL, 1997) und werden vom BfN überarbeitet. Für die Entwicklung von entsprechenden Bewertungsschemata für die Säugetierarten der Anhänge II, IV und V wurde ein Bund-Länder-Arbeitskreis eingerichtet (DIETZ et al., 2003).

Die Methoden-Vorschläge umfassen die drei Bereiche der Erst-Erfassung, des Monitorings und des Managements. Sie geben auch Hinweise für den jeweils benötigten Zeitaufwand, aus dem sich die Kosten für die Berichtspflichten errechnen lassen. Die Kostenberechnungen sind bereits in die Berechnung der erwarteten Gesamtausgaben zum Management für NATURA 2000 eingeflossen (s. Tab. 3-11).

Im Bereich der biologischen Vielfalt ist die Datenlage in Deutschland uneinheitlich und lückenhaft (s. auch SRU, 2002b, Tz. 361–371, 2000, Tz. 437 ff.). Der Umweltrat hält deshalb eine vereinheitlichte und in der Form verbindliche Vorlage für eine Berichterstattung insbesondere vor dem Hintergrund der fehlenden Umsetzung des § 12 BNatSchG „Umweltbeobachtung" für unbedingt erforderlich (s. Abschn. 3.3.1).

3.2.9 Zusammenfassung und Empfehlungen

169. Die Umsetzung des Schutzgebietssystems NATURA 2000 trifft in Deutschland nach wie vor auf große Schwierigkeiten, die sich insbesondere in einer zögerlichen Meldepraxis der Länder niederschlagen. Dies gipfelte im Jahre 2003 darin, dass durch die EU beschlossen wurde, erneut ein Zwangsgeldverfahren gegen Deutschland einzuleiten, wenn Deutschland nicht umgehend seinen Verpflichtungen nachkommt. Auch hinsichtlich der auf die Meldung der Gebiete folgenden Schritte, wie der Formulierung und Umsetzung von Managementzielen für die einzelnen Gebiete sowie die Erfüllung der nationalen Berichtspflichten, zeichnen sich bereits erhebliche Umsetzungsprobleme ab. Eine Ursache der Umsetzungsdefizite und Verzögerungen ist darin zu suchen, dass zusätzlich zu den bestehenden Naturschutzaufgaben der Länder umfangreiche finanzielle und personelle Anstrengungen erforderlich sind und bisher ungeklärt ist, wie und von wem die hierzu erforderlichen Mittel aufgebracht werden sollen. Zudem ist die derzeitige Konstellation der Zuständigkeiten im Zusammenhang mit dem Aufbau des Netzes NATURA 2000 in zweierlei Hinsicht uneffektiv. Erstens wird die Festlegung der NATURA-2000-Gebiete und die Berichtstattung durch die derzeitige Kompetenzverteilung zwischen EU, Bund und Ländern behindert. Zweitens erschweren auf mehrere Träger wie Kommunen sowie untere und obere Naturschutzbehörden verteilte Zuständigkeiten (z. T. für Teilflächen in einem FFH-Gebiet) das Management der NATURA-2000-Gebiete. Im Hinblick auf die erforderliche Berichterstattung über den Zustand der NATURA-2000-Gebiete versuchen sich die Bundesländer in Bezug auf die zu erfassenden Daten immerhin in grundlegenden Fragen abzustimmen, doch auch hier sind noch Defizite festzustellen.

Der Umweltrat konstatiert angesichts dieser Situation einen dringenden Handlungsbedarf auch auf der Bundesebene.

Oberstes, kurzfristiges Ziel in der Naturschutzpolitik sollte es sein, das Zwangsgeldverfahren durch Erfüllung der Gebietsmeldepflichten abzuwenden. Denn sollten tatsächlich Strafgelder verhängt werden, würden erhebliche Summen auf die öffentlichen Haushalte zukommen – unabhängig davon, ob letztendlich der Bund oder die Länder zahlen müssen. Dies könnte mit erheblichen Problemen für den Naturschutz verbunden sein, da diese Zwangsgelder – unter Ausblendung der Schuldfrage – polemisch gegen den Naturschutz eingesetzt werden könnten.

Zur weiteren Umsetzung des Schutzgebietssystems NATURA 2000 empfiehlt der Umweltrat der Bundesebene:

- eine verstärkt moderierende Rolle in der LANA einzunehmen, um ein gemeinsames Vorgehen der Länder bei der Umsetzung von NATURA 2000 zu unterstützen,

- die weiteren Anforderungen von NATURA 2000 (Managementpläne, Monitoring, Berichtspflichten) mit den Ländern abzustimmen, Gebietsausweisungen schnellstmöglich mit Managementplänen zu konkretisieren und das Monitoring der NATURA-2000-Gebiete als Grundlage für die in § 12 BNatSchG geforderte Umweltbeobachtung zu nutzen,

- zur bundeseinheitlichen, rechtskonformen Anwendung der FFH-Verträglichkeitsprüfung zumindest auf Bundesebene – am besten auf europäischer Ebene – klare Kriterien festzulegen (SRU, 2002b, Tz. 409),

- die notwendige Finanzierung sicherzustellen,

- eine einheitliche und umfassende Haftungsnorm beispielsweise durch Ergänzung des Artikels 23 GG zu schaffen, mit welcher dem Bund bei Zwangsgeldfestsetzungen durch den EuGH eine Grundlage für etwaige Kostenerstattungsansprüche gegen die Länder an die Hand gegeben wird,

- die grundsätzlichen Ursachen des Problems anzugehen, das heißt Schritte einzuleiten, um die Kompetenzen des Bundes durch eine konkurrierende Gesetzgebung zu erweitern.

Die Finanzierung des europäischen Netzes NATURA 2000 kann nicht ein alleiniges nationales Problem sein, sondern muss auch und entscheidend auf europäischer Ebene gelöst werden. Eine Förderung im Rahmen der VO (EG) Nr. 1257/1999 (Förderung des ländlichen Raumes) ist bereits derzeit möglich. Sie ist jedoch mit großen Schwierigkeiten behaftet. Auch wenn im Jahr 2003 die maximale Fördersumme für Ausgleichszahlungen nach Artikel 16 VO (EG) Nr. 1257/1999 für hinreichend begründete Fälle für maximal fünf Jahre von 200 Euro auf 500 Euro angehoben wurde (vgl. VO [EG] Nr. 1783/2003), reicht dies doch nicht aus. Die nationalen Kofinanzierungsraten für Ausgleichszahlungen und Agrarumweltprogramme sind zu hoch. Zwar werden sich durch die Agrarreform von 2003 in Zukunft gegenläufige Anreize durch Agrarsubventionen etwas vermindern (s. Kap. 4.1, Tz. 271), die Forderung nach einer weit gehenden Förderung der NATURA-2000-Gebiete durch die EU mit sehr geringer nationaler Kofinanzierung wurde jedoch nicht in ausreichendem Maße erfüllt. Die Bundesregierung sollte sich auf EU-Ebene für eine permanente Aufhebung der Deckelung der Zahlungen in NATURA-2000-Gebieten und eine Reduzierung der Kofinanzierungspflicht der Länder einsetzen. Zwischenzeitlich ist auch eine Übernahme der Kofinanzierung durch den Bund zu erwägen. Ob diese Kofinanzierung im Rahmen einer Gemeinschaftsaufgabe oder nur im Rahmen der Förderung gesamtstaatlich repräsentativer Gebiete erfolgen kann, ist auch verfassungsrechtlich zu prüfen.

Darüber hinaus bietet es sich vor dem Hintergrund der in Tz. 150 genannten Probleme an, neben der Nutzung der speziell für FFH- und EU-Vogelschutzgebiete konzipierten Maßnahmen (VO (EG) Nr. 1257/1999 Kap. V e.) die bestehenden Agrarumweltprogramme auch breiter als bisher in FFH-Gebieten anzuwenden. Für einige Schutzziele geeignet, aber bisher wenig ausgeschöpft, ist die langfristige ökologische Flächenstilllegung (10 bis 20 Jahre). Diese Maßnahme ist in Deutschland mit nur rund 3 000 ha bisher kaum relevant. Durch intensivere Beratung und entsprechenden finanziellen Ausgleich könnte dieser Anteil im Netz NATURA 2000 gesteigert werden (Deutsche Wildtier Stiftung, 2003). Generell sollte die Fachberatung für Bewirtschafter in NATURA-2000-Gebieten deutlich verbessert und ebenfalls in die Förderung eingeschlossen werden.

Auf der Ebene der Länder empfiehlt der Umweltrat

- auch konfliktträchtige Gebiete zügig zu melden, um die Voraussetzung für die Förderung als Gebiet mit umweltspezifischen Einschränkungen (VO [EG] Nr. 1257/1999 Art. 16 Kap. V e.) und die Förderung aus dem LIFE-Programm zu erfüllen, Ungewissheiten zu beenden und verhandelbare Situationen zu schaffen,

- das Schutzgebietssystems der EU (NATURA 2000) und das nationale Schutzgebietssystem, insbesondere des geplanten Biotopverbundes, miteinander abzugleichen (s. auch SRU, 2002a, Tz. 695–700),

- die NATURA-2000-Gebiete durch Ausweisung als Schutzgebiet im Sinne des BNatSchG zu sichern,

- das Management der NATURA-2000-Gebiete effizient zu gestalten, indem die Zuständigkeit für diese Gebiete möglichst bei einer Behörde pro Gebiet gebündelt wird,

- die Synergien mit der Umsetzung der EG-Wasserrahmenrichtlinie zu nutzen,

- den Zustand des Verbundsystems im Zusammenhang zu beurteilen. Dies ist die Voraussetzung für die Ableitung von Handlungsbedarf und Maßnahmenprioritäten.

Bund und Länder sollten die Realisierung von NATURA 2000 mit einer breiten Öffentlichkeitsarbeit flankieren.

170. Das Schutzgebietssystem NATURA 2000 inklusive seines Monitoring sollte nach einer angemessenen Zeit (etwa zehn Jahren) daraufhin geprüft werden, ob das System für die ausgewiesenen Lebensraumtypen und Arten tatsächlich angemessen oder noch relevant ist und gegebenenfalls modifiziert werden sollte. Auch die in Artikel 1 FFH-RL geforderte Wiederherstellung eines günstigen Erhaltungszustandes erfordert dies. Ein effektives Schutzgebietssystem darf nicht statisch ausgerichtet bleiben, sondern muss auf Veränderungen (z. B. eine mögliche Klimaveränderung, s. z. B. HOSSEL et al., 2003) reagieren können. Die Erfahrungen der Eingriffsregelung und ersten FFH-Verträglichkeitsprüfungen zeigen, dass der darin stets formal vollzogene Ausgleich beeinträchtigter Netzfunktionen faktisch nicht ausreichend wirksam wird. Deshalb müssen langfristig grundsätzliche Korrekturen der Gebietsauswahl, gegebenenfalls für jeweils bestimmte Arten oder Lebensräume möglich sein. Das ist bislang nicht erkennbar.

In § 3 BNatSchG wird die Schaffung eines Biotopverbundsystems auf mindestens 10 % der Landesfläche der Bundesländer gefordert. Dies bietet die Chance, gefährdete Biotoptypen und Arten von nationaler Bedeutung, die nicht durch die FFH-Richtlinie abgedeckt sind, besonders zu berücksichtigen und gleichzeitig den Anforderungen des Artikels 10 der FFH-Richtlinie zur Förderung verbindender Landschaftselemente für NATURA 2000 Rechnung zu tragen (JEDICKE und MARSHALL, 2003). Der Umweltrat wiederholt daher in diesem Zusammenhang seine Forderung nach einem Bundeslandschaftskonzept, das eine konsolidierte Darstellung aller bundesweit und international bedeutsamen Naturschutzziele nebst Handlungsstrategien zu ihrer Umsetzung enthält (s. auch SRU, 1996, Tz. 262, 1988, Tz. 472, 2002b, Tz. 273–274).

3.3 Umweltbeobachtung

171. Mit der Novellierung des BNatSchG wurde die Umweltbeobachtung als Aufgabe von Bund und Ländern neu in das Bundesnaturschutzrecht eingeführt (§ 12 BNatSchG). Die Notwendigkeit einer bundesweit abgestimmten Umweltbeobachtung ist offensichtlich (s. bereits SRU, 1991, 1998, Tz. 233, 2000, Tz. 437–441, 2002a, Tz. 716, 2002b, Tz. 361–371). In einigen Teilbereichen der Umweltpolitik (z. B. Immissionsschutz oder Trinkwasserschutz) ist die Datenlage zwar inzwischen recht gut. In anderen aber liegen die Basisdaten in lückenhafter oder sehr heterogener Form vor. Grundsätzlich vernachlässigt wurde bisher die Beobachtung langfristiger, kumulativer, indirekter und zum Teil auch chronischer Wirkungen. Vor diesem Hintergrund wird die Umweltbeobachtung zunehmend wichtiger als eine *integrierende* Datenauswertung, welche die Datenbestände der teils auf Bundesebene, teils auf Landesebene geführten sektoralen beziehungsweise medienbezogenen Mess- und Beobachtungsprogramme integriert. Diese Programme sollten einheitliche Erhebungskriterien verwenden, um eine solche Auswertung zu ermöglichen. Dies ist derzeit nicht der Fall. Zuverlässig und systematisch erhobene, vergleichbare Daten sind aber wichtig für umweltpolitische Entscheidungen und für eine nachhaltige, umweltverträgliche Entwicklung. Nur auf der Basis der Erfassung und Bewertung des Zustands der Umwelt ist es möglich

– frühzeitig Risiken zu erkennen und zu bewerten (Frühwarnfunktion),

– die Bedeutung eines Umweltproblems angemessen einzuschätzen sowie

– den Erfolg umweltpolitischer Zielsetzungen und Maßnahmen zu kontrollieren, um sie in der Zukunft zu effektivieren (Kontrollfunktion).

Daher sollte die Vorgabe des § 12 BNatSchG zum Anlass genommen werden, die Zersplitterung der Umweltbeobachtungsprogramme von Bund und Ländern zugunsten einer harmonisierten bundeseinheitlichen Lösung aufzuheben. Der Umweltrat geht davon aus, dass unter dem Begriff „Umweltbeobachtung" (des § 12 BNatSchG) ein umfassendes Monitoring zu verstehen ist, das auch ein Monitoring der medialen Umweltgesetze einschließt (s. auch SRU, 2002b, Tz. 2).

Umweltbeobachtung besteht aus einer engen Verzahnung der Arbeitsfelder Beobachtung, Auswertung, Festsetzung von Bewertungsmaßstäben, Bewertung und Integration von Einzelinformationen (Umweltbundesamt, 2002; s. Abb. 3-5). Der Umweltrat hat sich zu den Mindestanforderungen für eine adäquate Datensammlung bereits geäußert (s. SRU, 2002b, Tz. 364 ff.). Darüber hinaus erfordert die Umweltbeobachtung ein Konzept zur übergeordneten Qualitätssicherung und zum Qualitätsmanagement sowie zur Kommunikation der Ergebnisse.

3.3.1 Internationale Verpflichtungen

172. In Artikel 7 („Bestimmung und Überwachung") des Übereinkommens über die Biologische Vielfalt (s. Kap. 3.1) verpflichten sich die Vertragsparteien zum Zweck der In-Situ-Erhaltung (Art. 8), der Ex-Situ-Erhaltung (Art. 9) und der nachhaltigen Nutzung der Bestandteile der biologischen Vielfalt (Art. 10) die wesentlichen Elemente der biologischen Vielfalt und die Vorgänge und Tätigkeiten mit erheblichen nachteiligen Auswirkungen auf die nachhaltige Nutzung der biologischen Vielfalt zu überwachen. Das 6. Umweltaktionsprogramm der EU fordert daher in Artikel 8 (2) zum Thema biologische Vielfalt „… auch ein Programm zur Sammlung von Daten und Informationen". Diese Verpflichtung wurde bislang von Deutschland nicht umgesetzt anders als in anderen europäischen Ländern wie zum Beispiel dem Vereinigten Königreich (DEFRA, 2002, 2003a). Auch in der Schweiz als nicht EU-Land existieren entsprechende Programme für ein Biodiversitäts-Monitoring bereits seit längerem.

Das Schweizer Programm wird im Jahre 2006 seine volle Leistungsfähigkeit erreichen (*Hintermann & Weber AG et al., 1999*).

Auch die Umsetzung der FFH-RL der EU erfordert für Arten und Lebensräume in NATURA-2000-Gebieten ein Monitoring (Art. 11 FFH-RL), das ohne ein bundeseinheitliches Vorgehen kaum zu sinnvollen Ergebnissen führen wird (s. Abschn. 3.2.8). Eine weitere Verpflichtung durch das EU-Recht ergibt sich aus der Wasserrahmenrichtlinie. Das in diesem Zusammenhang anstehende Monitoring muss ebenfalls mit einem länderübergreifend abgestimmten Vorgehen verbunden werden (s. Abschn. 5.1.3, Tz. 423–424). Gleiches gilt für:

– die im Rahmen der europäischen Richtlinie zur Strategischen Umweltprüfung notwendige Überprüfung und Überwachung erheblicher Umweltauswirkungen, die sich aus der Umsetzung von Plänen und Programmen ergeben,

Abbildung 3-5

Ablaufschema Umweltbeobachtung

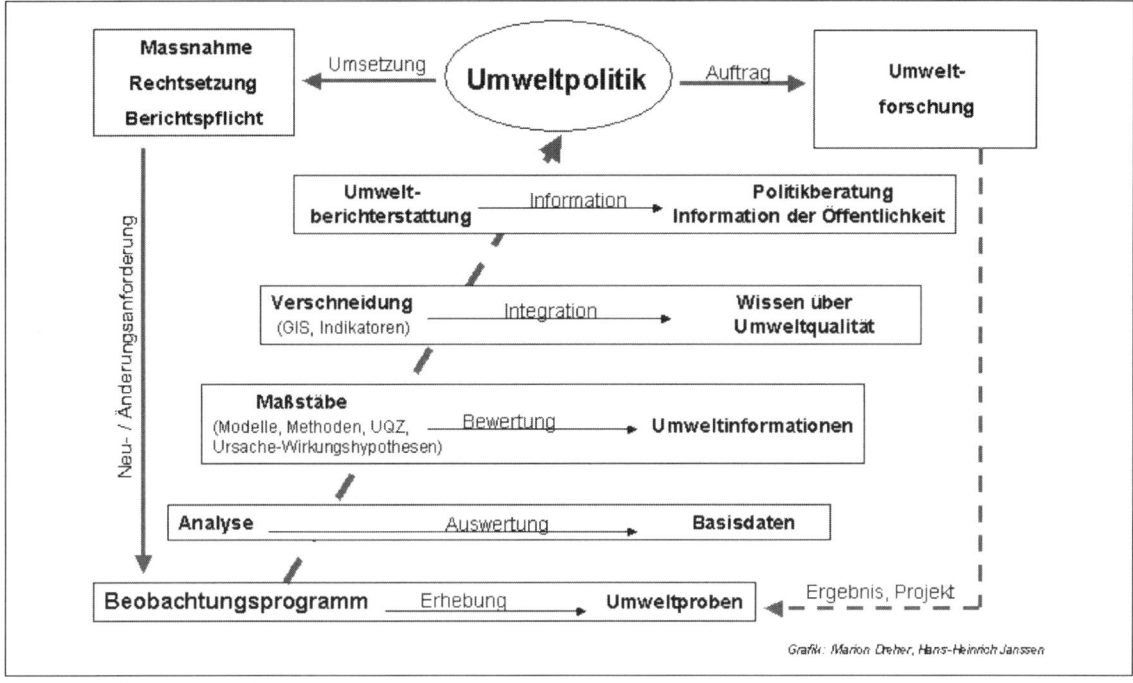

Quelle: Umweltbundesamt, 2002, S. 6

- den von der EU gewünschten Wirksamkeitsnachweis für Agrarumweltmaßnahmen,
- das Monitoring und die Überwachung des Anbaus gentechnisch veränderter Pflanzen.

Letzteres geschieht auf der Grundlage des bei Redaktionsschluss noch in der Novellierung befindlichen GenTG (§ 25, Stand: 16. Januar 04). Es liegt zwar ein Monitoringkonzept für gentechnisch veränderte Pflanzen mit Bezug zum Schutzziel Umwelt vor, jedoch fehlt die praktische Realisierung des Monitorings und ein Konzept für seine Einbindung in die bereits vorhandenen Programme (s. Abschn. 10.3.5).

3.3.2 Umsetzung von § 12 BNatSchG zur Umweltbeobachtung in den Landesgesetzen

173. Verantwortlich für die Umsetzung des § 12 zur Umweltbeobachtung im novellierten Bundesnaturschutzgesetz sind im Wesentlichen die Länder (s. Kap. 3.4). Auf Bundesebene bestehen in dieser Hinsicht nur wenige Möglichkeiten und Zuständigkeiten. Sie liegen in erster Linie im Bereich der Dokumentation national bedeutsamer Entwicklungen sowie der fachlichen Unterstützung der Länder bei der Ausgestaltung bundesrechtlicher oder internationaler Vorgaben.

174. Durch die in § 12 BNatSchG rechtlich verankerte Umweltbeobachtung soll der Zustand des Naturhaushalts und seine Veränderungen, die Folgen solcher Veränderungen, die Einwirkungen auf den Naturhaushalt und die Wirkungen von Umweltschutzmaßnahmen auf den Zustand des Naturhaushalts ermittelt, ausgewertet und bewertet werden. Der Bund und die Länder sollen sich dabei ergänzen. Einige Länder wie zum Beispiel Sachsen-Anhalt scheinen jedoch bei der Überarbeitung ihrer Landesgesetze von einer gesetzlichen Verankerung im Landesrecht weit gehend absehen zu wollen. Schleswig-Holstein als das einzige Land, das bereits eine Rechtsanpassung vorgenommen hat, hat nur die *Zuständigkeiten* für die Umweltbeobachtung geregelt (vgl. § 3 und § 45a LNatSchG). In Brandenburg ist dies ebenfalls geplant. So soll dort zukünftig das Landesumweltamt die Umweltbeobachtung entsprechend den bundesrechtlichen Vorgaben durchführen und die Abstimmung mit dem Bund und den anderen Ländern vornehmen. Zudem sollen die bei anderen Landesbehörden vorliegenden Daten auf Anforderung dem Landesumweltamt zur Verfügung gestellt werden. Auf die im ersten Referentenentwurf des Gesetzes vom Frühjahr 2003 angedachte Regelung, alle vier Jahre die Ergebnisse in einem Bericht der Öffentlichkeit zugänglich zu machen, soll nun bedauerlicherweise verzichtet werden. Einen eigenen Weg schlägt das Saarland ein, das alle öffentlichen Stellen im Rahmen ihrer Zuständigkeiten zur Umweltbeobachtung verpflichtet. Die Ergebnisse der Umweltbeobachtung sollen dann im Rahmen der Fortschreibung des Landschaftsprogramms dokumentiert werden. Parallel dazu wird der ehrenamtlich arbeitende Landesbeirat für Landschaft verpflichtet, jeweils ein Jahr nach Zusammentreten des Landtages einen Bericht zur Lage der Natur abzugeben. Der Umweltrat sieht bei dieser Lösung die Gefahr, dass die Aufteilung der Zuständigkeiten auf verschiedene Stellen eine einheitliche inhaltliche Ausrichtung behindert. (vgl. hierzu Begründung zum saarländischen Gesetzentwurf). Versuche, eine bundesweit abgestimmte Umweltbeobachtung – wie im Bundesnaturschutzgesetz verankert – aufzubauen, könnten dadurch weiter erschwert werden.

3.3.3 Umweltbeobachtungsprogramme in Deutschland

175. Die derzeit in einzelnen Themenbereichen existierenden teils gemeinsam von Bund und Ländern, teils in alleiniger Verantwortung von Bund oder Ländern durchgeführten Umweltbeobachtungsprogramme sind zahlreich. Tabelle 3-12 nennt nur die im Geschäftsbereich des BMU angesiedelten umweltorientierten Programme ohne den Naturschutzbereich (vgl. hierzu SRU, 2002b, Tab. 5-10). Deren Mehrzahl dient gleichzeitig internationalen Berichtspflichten und steht auch in Datenbanken zur Verfügung. Im Geschäftsbereich anderer Bundesressorts liegen weitere 38 Beobachtungsprogramme mit Umweltbezug (Übersicht in v. KLITZING et al., 1998; v. KLITZING, 2002). Diese Programme sind in den Umweltdatenkatalog (UDK) des Bundes übernommen worden. Darüber hinaus hat der Bund 1999 begonnen, eine Bestandsaufnahme der Länderprogramme durchzuführen. Mehr als 50 Programme von sechs Ländern sind erfasst worden und teilweise in den UDK der Länder dokumentiert.

Tabelle 3-12

Umweltorientierte Beobachtungsprogramme im Geschäftsbereich des BMU in Deutschland

Federführung	
Länder	Bodendauerbeobachtungsprogramme der Länder
	Grundwassermonitoring (LAWA-Messnetz)
	Oberflächenwassermonitoring (LAWA-Messnetz)
	Trinkwassermonitoring
	Luftmessnetze der Bundesländer
	Forstliches Monitoring
	Epidemiologisches Krebsregister der Bundesländer
Länder mit Bundesbeteiligung	Moos-Monitoring
	Bund/Länder-Messprogramm für die Meeresumwelt (BLMP)
	Integriertes Mess- und Informationssystem zur Überwachung der Umweltradioaktivität (IMIS)
	Arzneimittelmonitoring
	Ökologische Dauerbeobachtung von gentechnisch veränderten Organismen (GVO) nach Marktzulassung (Konzept)
Bund	Bodendauerbeobachtungsprogramm im Hintergrundbereich
	Luftmessnetz des Umweltbundesamtes
	Umweltprobenbank des Bundes (UPB)
	Umwelt-Survey
Deutscher Beitrag zu internationalen Beobachtungsprogrammen	Integrated Monitoring Programme – (IMP)
	Erfassung der Schäden an Materialien
	EU-Land Cover (CORINE-Programm)

Quelle: Umweltbundesamt, 2002, S. 222 ff., verändert

176. Im Laufe der letzten zehn Jahre wurden verschiedene Konzepte für eine nationale Umweltbeobachtung durch das BfN und das UBA erarbeitet. Dabei richteten sich die Ziele des Bundesamtes für Naturschutz überwiegend auf den Biotop- und Artenschutz mit dem Anspruch, langfristige Veränderungen in einer für Deutschland aussagekräftigen Weise zu dokumentieren (z. B. HERBERT, 2003), und die Ziele des UBA auf das problemorientierte Erfassen des Ausmaßes und der Verteilung von Stoffeinträgen. Beide Aspekte sind für einen umfassenden Umweltschutz und daher auch für eine integrierende Umweltbeobachtung notwendig. Außerdem arbeitet das Umweltbundesamt an dem ressortübergreifenden „Aktionsprogramm Umwelt und Gesundheit" (APUG), einem Konzept zur gesundheitsbezogenen Umweltbeobachtung, mit dem Ziel, die gesundheitlichen Folgen der Umwelteinwirkungen frühzeitig zu erkennen und die bislang häufig noch sektoral betrachteten Aspekte von Gesundheits- und Umweltschutz zusammenzuführen.

Trotz dieser zahlreichen Aktivitäten bestehen erhebliche Unzulänglichkeiten hinsichtlich der Koordination und der Datenverfügbarkeit zu bestimmten Teilthemen. Eine Sichtung der verfügbaren Naturschutzdaten auf Bundesebene (SRU, 2002b, Tab. 5-10) zeigte, dass Übersichtsdaten zwar existieren, diese jedoch nicht ausreichen, um die Aufgaben einer nationalen Umweltbeobachtung (z. B. aussagekräftige Dokumentation der Ziele der Nachhaltigkeitsstrategie, Erfüllung internationaler Berichtspflichten) wahrnehmen zu können. Auch jüngste Ergänzungen wie ein bundesweites Bestandsmonitoring von Fledermäusen (BIEDERMANN et al., 2003) ändern nicht substanziell etwas an dieser Einschätzung.

177. Trotz der intensiven Vorarbeiten der beiden Fachbehörden liegt auf nationaler Ebene noch immer kein praktisch umsetzbares Konzept vor, das es der Bundesregierung erlaubt, national die Ergebnisse einer integrierenden Umweltbeobachtung für Fragen politischer Analysen zu nutzen. Ein Vergleich der Ergebnisse der Beobachtungsprogramme der Länder untereinander ist in den meisten Fällen aufgrund der nicht harmonisierten Untersuchungsmethoden nicht möglich. Ebenfalls wurde die Chance einer Verschlankung bei der Erstellung der notwendigen internationalen Umweltberichterstattung (s. für den Naturschutz: HERBERT, 2003) bislang kaum genutzt.

Eine zwingende Vorraussetzung für die Umsetzung des § 12 BNatSchG liegt in einer Koordination der Umweltbeobachtungsprogramme auf Bundesebene und zwischen den Ländern, zum Beispiel für die Biotopkartierung der Länder. Dies betrifft sowohl die Methoden der Datenerhebung als auch das Untersuchungsdesign. Entsprechende Koordinationsversuche (z. B. eine gemeinsame Biotoptypenliste) wurden bisher nicht breit umgesetzt. Seit Dezember 1998 werden Konzepte zur Umweltbeobachtung intensiver zwischen Bund und Ländern diskutiert (u. a. BMU, 2000: „Umweltbeobachtung – Stand und Entwicklungsmöglichkeiten", Vorlage zur 25. Amtschefkonferenz am 23./24. März 2000 in Berlin; LANA, 2003: „Ökologische Umweltbeobachtung des Bundes und der Länder", Vorlage zur 60. Umweltministerkonferenz am 15./16. Mai 2003 in Hamburg). Bislang sind jedoch keine Erfolge bei der Einigung auf ein gemeinsames Konzept, eine Angleichung der Erfassungskategorien oder eine Intensivierung des Datenaustausches zu verzeichnen.

Ursachen liegen einerseits in den unterschiedlichen konzeptionellen Auffassungen der zuständigen Bundes- und Länderbehörden, in der Befürchtung nach einer Änderung von Methoden und Untersuchungsdesign, die vorherigen langen Datenreihen „zu verlieren", aber auch in Kapazitätsproblemen. Andererseits führt der Zwang zu Einsparungen dazu, dass langjährige Programme der Länder abgebrochen werden müssen. Eine Koordination der Umweltbeobachtungsprogramme bietet hier die Chance, langfristig national vergleichbare und auswertbare Daten zu sichern und gleichzeitig Mittel einzusparen. Sie ist allerdings nicht ohne eine zumindest vorübergehende Investition in eine entsprechende Personalunterfütterung zu erreichen.

3.3.4 Zusammenfassung und Empfehlungen

178. Die bundesrechtliche Vorgabe einer Umweltbeobachtung sowie die Vielzahl neuer Monitoringerfordernisse insbesondere aufgrund von EU-Vorschriften sollte von Bund und Ländern als Anlass zur Harmonisierung und Weiterentwicklung der verschiedenen Konzepte der Umweltbeobachtung unter Koordination des BMU genommen werden. Die Arbeiten von BfN und UBA in Zusammenarbeit mit den Ländern sollten daher zügig wieder aufgenommen werden. Dies wird jedoch nicht ohne entsprechende Stellenausstattung auf Bundes- und Länderebene geschehen können. Im Rahmen einer effektiven Koordination und Kooperation ist jedoch mit Synergie- und Kosteneinsparungseffekten zu rechnen. Schwerpunkte der Umweltbeobachtung in einem solchen koordinierten Netzwerk von Programmen sollten folgende vier Themen bilden: Naturschutz und Biodiversität, Gentechnik, Chemikaliensicherheit, Gesundheit und Umwelt.

179. Nach Ansicht des Umweltrates sollte der Bundesebene eine sehr viel stärkere Rolle und zwar nach Möglichkeit durch konkurrierende Gesetzgebung zukommen. In Zusammenarbeit mit den Ländern, aber mit letztendlicher Entscheidungskompetenz auf der Bundesebene, sollten Vorgaben zur Harmonisierung der Länderprogramme entstehen. Auf dieser Grundlage kann der Bund dann eine stärker vereinheitlichende Rolle einnehmen. Letztendlich ist eine Setzung von Maßstäben im Rahmen der Umweltbeobachtung auch im europäischen Kontext notwendig sowie im Hinblick auf europäische und internationale Berichtspflichten. Zur Umsetzung der anstehenden Verpflichtungen in der derzeitigen Kompetenzverteilung empfiehlt der Umweltrat, die zuständigen Fachbehörden des Bundes und der Länder zur Erarbeitung eines gemeinsamen integrierenden Konzeptes zur Umweltbeobachtung aufzufordern. Dieses sollte auf den bereits vorhandenen zahlreichen Monitoringprogrammen aufbauen, den Wissenspool der Länder unter Federführung des BMU zusammenführen und eine Arbeitsgruppe für die Konkretisierung einer Umweltbeobachtung gemäß § 12 BNatSchG

einrichten. Aufgabe der Arbeitsgruppe wäre es, Schnittstellen zwischen den vorhandenen Programmen zu definieren und Methoden, Untersuchungsdesign, Datenhaltung und -auswertung zu koordinieren beziehungsweise neu vorzugeben.

Harmonisierungsbedarf besteht aber auch auf der Bundesebene selbst zwischen Beobachtungsprogrammen unterschiedlicher Ressorts und Einrichtungen. Der Umweltrat hält ebenfalls eine Prüfung der Möglichkeit einer Einbeziehung der Beobachtungsprogramme anderer Ressorts insbesondere im Geschäftsbereich des BMVEL unter dem Gesichtspunkt der Kosteneinsparung für notwendig. Auch im Rahmen der Novellierung des Bundesstatistikgesetzes könnten sich Synergien ergeben.

3.4 Umsetzung des Bundesnaturschutzgesetzes in den Ländern

180. Im Februar 2002 wurde das Bundesnaturschutzgesetz umfassend novelliert. Mit dieser Novelle wurde das Naturschutzrecht in wichtigen Bestandteilen aufgewertet. Hervorzuheben sind die Einführung eines Biotopverbundes, die Definition von Grundsätzen der guten fachlichen Praxis in der Landwirtschaft, die Einführung der Umweltbeobachtung und die Weiterentwicklung der Landschaftsplanung. Ferner verdienen die Erweiterung des Geltungsbereichs der Eingriffsregelung, die Aufnahme des Entwicklungsprinzips bei der Ausweisung von Schutzgebieten, die Überarbeitung der Liste der gesetzlich geschützten Biotope, die erstmalige Regelung des Meeresumweltschutzes in der Ausschließlichen Wirtschaftszone sowie die Einführung der Verbandsklage auf Bundesebene der besonderen Erwähnung (vgl. SRU, 2002a, Tz. 687). Einige Änderungen bei der Eingriffsregelung (vgl. SRU, 2002a, Tz. 688) und der eingeschränkte Geltungsbereich des Verbandsklagerechts stellen dagegen Schwachpunkte der Novelle dar (vgl. SRU, 2002a). Die erfolgreiche Verabschiedung der Novelle wurde mit dem weit gehenden Verzicht auf die unmittelbare Wirkung der Regelungen des Bundesnaturschutzgesetzes und der vagen, konkretisierungsbedürftigen Fassung vieler Regelungen erkauft, um eine Zustimmungspflicht des Bundesrates zu umgehen. Dadurch kommt den Ländern ein großer Spielraum für die Umsetzung zu, deren Vollzug weit gehend ungesteuert verläuft. Diese wichtige, gestaltende Rolle der Länder könnte durchaus die Schwierigkeiten verschärfen, die durch die föderale Organisation des Naturschutzes in einigen Handlungsbereichen – etwa bei der Umsetzung europäischer Regelungen – ohnehin auftreten (s. SRU, 2002b, Tz. 298 ff.). Umso wichtiger ist nach Auffassung des Umweltrates, dass die Länder die Vorgaben des neuen Gesetzes so weit wie möglich vollständig, einheitlich und entsprechend der Intention des Gesetzgebers umsetzen. Eine weitere inhaltliche Zersplitterung des Naturschutzrechtes sollte dringend vermieden und die Anforderungen internationaler und europarechtlicher Vorgaben sinngerecht konkretisiert und umgesetzt werden.

181. Gemäß § 71 BNatSchG sind die Länder aufgefordert, ihre Naturschutzgesetze an die Neuerungen des Bundesnaturschutzgesetzes für die Regelungen zur Umsetzung der FFH-Richtlinie bis zum 8. März 2004 und für den weit überwiegenden Teil der neuen Regelungen bis zum 4. April 2005 anzupassen.

182. Im Folgenden wird zunächst der Stand der Umsetzung in den Ländern dargestellt und bewertet. Regelungsbereiche, in denen ein besonderer Koordinierungs- oder Konkretisierungsbedarf besteht – wie der Biotopverbund, die Grundsätze der guten fachlichen Praxis in der Landwirtschaft, die Eingriffsregelung, die Landschaftsplanung, und die Verbandsklage – werden anschließend intensiver behandelt. Die Umweltbeobachtung wurde bereits in Kapitel 3.3 thematisiert. Auf die Umsetzung der Regelungen zum Meeresumweltschutz wurde bereits in der Stellungnahme des Umweltrates zur Windenenergienutzung auf See (SRU, 2003) und im Sondergutachten zum Meeresumweltschutz (SRU, 2004) eingegangen.

183. Während in den meisten Ländern die gesetzliche Anpassung an die FFH-Regelungen bereits vollzogen oder zumindest begonnen wurde, haben nur wenige Bundesländer die Anpassung des Landesrechts an die übrigen Regelungen des Bundesrechts bereits bis zur Entwurfsreife vorangetrieben (wie Brandenburg, das Saarland und Sachsen-Anhalt) beziehungsweise die Novellierung des Landesrechts abgeschlossen (wie allein Schleswig Holstein, Stand: 20. November 2003, vgl. Abb. 3-6). In Hessen wurde parallel zur Novellierung des Bundesnaturschutzgesetzes das Landesnaturschutzgesetz überarbeitet und bereits am 1. Oktober 2002 verabschiedet. Teilweise wurden dabei schon Inhalte des Bundesnaturschutzgesetzes berücksichtigt. Eine explizite Anpassung ist noch nicht abgeschlossen.

184. Insgesamt sind die Bundesländer in ihren Aktivitäten zur Anpassung des Landesrechts an das Bundesnaturschutzgesetz noch nicht sehr weit fortgeschritten. Aus den wenigen bisher vorliegenden Entwürfen ist zu erkennen, dass zwar einige durch das Bundesrecht gesetzte Impulse aufgegriffen werden, die zu Verbesserungen für Natur und Landschaft führen werden. Gleichzeitig werden in den Entwürfen jedoch auch Ansätze zur Absenkung der Anforderungen an die Berücksichtigung von Naturschutzbelangen sichtbar, die nicht nur das bisherige, über das Bundesrecht hinausgehende Landesrecht auf die Anforderungen des Bundesrechts zurücknehmen, sondern teilweise auch unter den Anforderungen des Bundesnaturschutzgesetzes bleiben. Das jetzige hessische Naturschutzgesetz scheint zum Beispiel nicht von dem Willen getragen, den Naturschutz zu stärken. Unter den Schlagworten „Selbstverantwortung des Bürgers" und „Akzeptanz" wurden im Vergleich zum vorigen Gesetz die Befugnisse der Naturschutzbehörden erheblich beschnitten. Ähnliches ist im Saarland unter den Stichworten „Deregulierung und Bürokratievereinfachung" geplant (vgl. Vorblatt zum Gesetzentwurf SNG). In Sachsen-Anhalt soll die bisherige weit gehende Regelung der Verbandsklage, die bei allen Naturschutzbelangen betreffenden

Verwaltungsakten möglich war, zukünftig nur noch in den im Bundesnaturschutzgesetz vorgesehenen Fällen und nur aufgrund der unmittelbaren Wirkungen dieses Paragraphen des Bundesrechts zulässig sein, im Landesrecht wird sie zukünftig gar nicht mehr aufgeführt. Auf weiter gehende landesrechtliche Regelungen, zum Beispiel die Zulassung der Verbandsklage bei Planfeststellungen und -genehmigungen nach Landesrecht, soll verzichtet werden. Ferner ist in Sachsen-Anhalt geplant, den Biotopverbund – unterhalb der Anforderungen des Bundesrechts – nicht auf mindestens 10 %, sondern nur auf einem „angemessenen Anteil" der Landesfläche einzuführen. In Brandenburg wird die Regelung aufgegeben, dass mit den Naturschutzbeiräten im Rahmen des Beteiligungsverfahrens bei Eingriffen Einvernehmen herzustellen ist.

Nur Schleswig-Holstein nutzte bisher die Novellierung der Landesnaturschutzgesetze dafür, die bundesrechtlichen Vorgaben im Sinne einer Stärkung der Naturschutzbelange weiter gehend zu konkretisieren. Stattdessen zeichnet sich die Tendenz ab, mit der Novellierung der Landesnaturschutzgesetze das Anspruchsniveau, mit dem Naturschutzbelange in der Verwaltungspraxis umgesetzt werden sollen, zurückzunehmen.

Eine Beurteilung des bisherigen Verlaufs der Umsetzung in den Ländern fällt daher keineswegs befriedigend aus, sondern gibt vielmehr Anlass zur Besorgnis. Der Umweltrat rät der Bundesregierung nachdrücklich, das den Ländern verfassungsrechtlich aufgegebene Gebot bundesfreundlichen Verhaltens einzufordern (vgl. Art. 37 GG).

Abbildung 3-6

Stand der Novellierung der Landesnaturschutzgesetze in den Bundesländern

Bayern:	erster Entwurf Anfang 2004 geplant
Baden-Württemberg:	Gesetzentwurf frühestens im Jahr 2004 nach der Sommerpause
Berlin:	Referentenentwurf wird derzeit erarbeitet, Gesetzentwurf Mitte 2004, Umsetzung bis zur gesetzlichen Frist
Brandenburg:	Gesetzentwurf vom 11. November 2003
Bremen:	Gesetzentwurf im Laufe des Jahres 2004, gesetzliche Frist soll eingehalten werden, inhaltliche Orientierung an Umsetzung in Niedersachsen
Hamburg:	Referentenentwurf liegt vor, Gesetzentwurf frühestens Anfang 2004
Hessen:	letzte Änderung seit 18. Juni 2002 in Kraft mit Umsetzung der FFH-Richtlinie, der Vogelschutz-Richtlinie, der UVP-Richtlinie und der Zoo-Richtlinie sowie des Biotopverbundes, Umsetzung BNatSchG mit Komplettüberarbeitung wird derzeit erarbeitet, Entwurf frühestens Anfang 2004
Mecklenburg-Vorpommern:	erster Arbeitsentwurf im Herbst 2003, im Jahr 2004 Umsetzung
Niedersachsen:	erster Entwurf Anfang 2004 geplant, Umsetzung wahrscheinlich Ende des Jahres 2004
Nordrhein-Westfalen:	Referentenentwurf in Erarbeitung, Entwurf im Laufe des Jahres 2004
Rheinland-Pfalz:	in zwei Schritten: NATURA 2000 und FFH-Richtlinie sowie Zoo-Richtlinie bis Ende 2003, Hauptnovelle im Jahr 2004, Entwurf frühestens im Frühsommer 2004
Saarland:	Entwurf der Landesregierung für Gesamtnovelle vom 19. November 2003
Sachsen:	FFH-Richtlinie ist bereits erfolgt, Zoo-Richtlinie ist in Arbeit, Gesamtnovelle erst nach Landtagswahl im September 2004
Sachsen-Anhalt:	Entwurf vom 04. Juni 2003
Schleswig-Holstein:	Gesamtnovelle ist bereits im Mai 2003 erfolgt
Thüringen:	Entwurf und Verbändeanhörung erst nach Landtagswahl im Juni 2004, Verabschiedung 2004 geplant

Quelle: SRU/UG 2004/Abb. 3-6 (Stand: 21. November 2003), aktualisiert nach Schreiben der LANA-Geschäftsstelle vom 17. Januar 2003

185. Wichtigstes Koordinierungsgremium zur Vereinheitlichung der Umsetzung des Rahmenrechts in den Landesgesetzen ist die Länderarbeitsgemeinschaft Naturschutz (LANA). Sie hat ihre Rolle zumindest in Teilbereichen wahrgenommen und einen Beitrag zur Abstimmung der Länderaktivitäten im Vorfeld der Landesgesetzgebung geleistet. So liegen seit März 2003 Empfehlungen zur Umsetzung des Bundesnaturschutzes im Landesrecht für folgende Bereiche des Gesetzes vor (vgl. Niederschrift der 85. LANA-Sitzung am 27./28. März 2003 in Königswinter):

– Biotopverbund und Vernetzungselemente (§ 3 und § 5 Abs. 3 BNatSchG),
– Gute fachliche Praxis in der Land-, Forst- und Fischereiwirtschaft (§ 5 Abs. 4 bis 6 BNatSchG),
– Erhaltung von gesetzlich geschützten Biotopen (§ 30 Abs. 1 Satz 3 BNatSchG),
– Schutz und Erhaltung von Gewässern und Uferzonen (§ 31 BNatSchG).

Wie die Aufzählung zeigt, wurden für einige wichtige Neuregelungsbereiche Empfehlungen erarbeitet. Die vorliegenden Empfehlungen sind allerdings nur teilweise ausreichend konkret, um eine koordinierende Wirkung auf die Landesgesetzgebungen entfalten zu können. In einigen wichtigen Bereichen fehlen einheitliche Interpretations- und Orientierungshilfen noch gänzlich. Dies gilt für die Ausgestaltung der Eingriffsregelung, Landschaftsplanung, Umweltbeobachtung, FFH-Verträglichkeitsprüfung sowie der Verbandsbeteiligung und -klagemöglichkeiten, obwohl für diese Bereiche im novellierten Gesetz neue oder weiter reichende Regelungen getroffen wurden.

Wie im Folgenden deutlich wird, scheint gleichwohl selbst das Vorliegen von sehr konkreten Empfehlungen der LANA allein kein Garant für eine entsprechend einheitliche Umsetzung und Konkretisierung in den Bundesländern zu sein. Zu unterschiedlich sind in manchen Handlungsfeldern die Positionen der Bundesländer. Die Empfehlungen der LANA werden häufig gar nicht oder nur teilweise berücksichtigt.

3.4.1 Biotopverbund

186. Die Pflicht zur Einrichtung eines länderübergreifenden Biotopverbundes auf 10 % der jeweiligen Landesfläche wurde neu in das Bundesnaturschutzgesetz in § 3 eingeführt. Wie der Umweltrat jedoch bereits in seinem Umweltgutachten 2002 dargelegt hat, sind die qualitativen und quantitativen Anforderungen an die Umsetzung im Bundesgesetz nicht hinreichend präzisiert und müssen landesrechtlich konkretisiert werden (SRU, 2002, Tz. 695). § 3 Abs. 1 Satz 2 BNatSchG fordert die Länder explizit zu einer Abstimmung untereinander auf. In der LANA konnten sich die Ländervertreter jedoch noch nicht einmal einstimmig auf die Übernahme der ohnehin konkret bundesrechtlich vorgeschriebenen 10-%-Vorgabe für den Anteil des Biotopverbundes an der Landesfläche einigen. Abweichend von den sonst weniger konkret ausgestalteten Empfehlungen zur Umsetzung des Bundesnaturschutzgesetzes, hat die LANA zum Biotopverbund sogar eine Gesetzesformulierung unterbreitet (s. Abb. 3-7, Abb. 3-8), die jedoch in den bisher vorliegenden Ländergesetzentwürfen nur in sehr geringem Umfang aufgenommen worden ist. Keine Beachtung wird – auch durch die LANA – der in § 14 Abs. 1 Nr. 4c BNatSchG vorgesehenen Funktion der Landschaftsplanung bei der Einrichtung und der planungsrechtlichen Verankerung des Biotopverbundes in der räumlichen Gesamtplanung geschenkt. Der Umweltrat weist nachdrücklich auf die Bedeutung der Einbindung des Biotopverbundes in die Landschaftsplanung und die räumliche Gesamtplanung hin, da nur so ein kohärenter, mit anderen Raumfunktionen und -ansprüchen abgestimmter und abgewogener Verbund auf den verschiedenen Realisierungsebenen entstehen kann.

Abbildung 3-7

Notwendige Inhalte einer landesrechtlichen Umsetzung des § 3 BNatSchG entsprechend den Empfehlungen der LANA

– Selbstverpflichtung des Landes zur Schaffung eines Biotopverbundes
– Ziel des Biotopverbundes
– Anteil der Biotopverbundbestandteile an der Landesfläche mindestens 10 %
– Definition der Bestandteile
– Kriterien für die Eignung der Bestandteile
– Zuständige Stelle für die Feststellung der Eignung der Bestandteile
– Zuständige Stelle für die Feststellung der Größe der vorhandenen Bestandteile
– Sicherung der Bestandteile nach den bestehenden Sicherungsinstrumenten
– Kontrollerleichterung durch geographisches Informationssystem

Quelle: Niederschrift der 85. LANA-Sitzung am 27./28. März 2003 in Königswinter

Abbildung 3-8

Vorschlag der LANA zu Landesgesetzen zum Biotopverbund

---

§ X – neu

Biotopverbund

(1)[1] Im Land A ist ein Netz verbundener Biotope (Biotopverbund, das mindestens 10 Prozent der Landesfläche umfasst, einzurichten und dauerhaft zu erhalten. [2]Ziel des Biotopverbundes ist die nachhaltige Sicherung von heimischen Tier- und Pflanzenarten und deren Populationen einschließlich ihrer Lebensräume und Lebensgemeinschaften durch die Bewahrung, Wiederherstellung und Entwicklung funktionsfähiger ökologischer Wechselbeziehungen. [3]Der Biotopverbund dient auch der Verbesserung der ökologischen Kohärenz des Europäischen Netzes „NATURA 2000".

(2)[1] Der Biotopverbund besteht aus Kernflächen, Verbindungsflächen und Verbindungselementen, die nach ihrer ökologischen Bedeutung, Fläche und Lage geeignet sind, das Ziel des Biotopverbundes zu erreichen. [2]Kernflächen sind Flächen, die die nachhaltige Sicherung der standorttypischen Arten und Lebensräume sowie Lebensgemeinschaften gewährleisten. [3]Verbindungsflächen sind Flächen, die den natürlichen Wechselwirkungen zwischen verschiedenen Populationen von Tier- und Pflanzenarten, deren Ausbreitung, dem genetischen Austausch oder Wiederbesiedelungs- und Wanderungsprozessen dienen. [4]Verbindungselemente sind flächenhafte, punkt- oder linienförmig in der Landschaft verteilte Elemente, die der Ausbreitung oder Wanderung von Arten dienen und die Funktion des Biotopverbundes unterstützen.

(3)[1] Das Landesamt für Umweltschutz ermittelt die vorhandenen Biotopverbundbestandteile und die Bestandteile, die für die Gesamtgröße noch in den Biotopverbund einbezogen werden müssen. [2]Biotopverbundbestandteile sind in der erforderlichen Größe durch geeignete Maßnahmen einzurichten, zu erhalten und nach den Maßgaben des Schutzgebietsabschnitts oder, soweit ein gleichwertiger Schutz gewährleistet ist, nach anderen Rechtsvorschriften, nach Verwaltungsvorschriften, durch die Verfügungsbefugnis eines öffentlichen oder gemeinnützigen Trägers oder durch vertragliche Vereinbarungen dauerhaft zu sichern. [3]Die Biotopverbundbestandteile sind vom Landesamt für Umweltschutz in einem geographischen Informationssystem darzustellen.

Quelle: Anlage 1 zu TOP 13 der Niederschrift der 85. LANA-Sitzung am 27./28. März 2003 in Königswinter

187. In den bisher vorliegenden Gesetzen beziehungsweise Gesetzentwürfen werden die bundesweiten Empfehlungen der LANA, aber auch die bundesrechtlichen Vorgaben teilweise aufgegriffen oder weiter gehende Regelungen getroffen; teilweise werden sie jedoch auch unterschritten. So verzichtet neben Sachsen-Anhalt auch Hessen auf die Nennung eines konkreten Flächenanteils, den der Biotopverbund einnehmen soll. Brandenburg hingegen hat die 10-%-Forderung wortgleich aus dem Bundesrecht übernommen und sie entsprechend dem Vorschlag der LANA konkretisiert. In Schleswig-Holstein soll landesweit sogar ein Flächenanteil von mindestens 15 % als Vorrangfläche für den Naturschutz inklusive der Flächen für den Biotopverbund bereitgestellt werden. Begrüßenswert ist ferner, dass in Sachsen-Anhalt, Brandenburg und Schleswig-Holstein die Bestimmung der Kriterien für die Auswahl der Flächen des Biotopverbunds den für Naturschutz zuständigen Behörden oder Landesämtern übertragen wird und dass der Bezug zur Landschaftsplanung klargestellt wird. In Brandenburg sollen die Kriterien für den Biotopverbund im Landschaftsprogramm entwickelt werden. In der Landschaftsrahmenplanung (in Schleswig-Holstein nur dort) und im Landschaftsplan werden die Flächen des Biotopverbunds dann bestimmt (Brandenburg, Saarland und Sachsen-Anhalt) und dargestellt.

188. Weder im Bundesnaturschutzgesetz noch in den LANA-Vorschlägen und in den bisher vorliegenden Gesetzen oder Gesetzentwürfen beziehungsweise in den fachlichen Konzepten der Länder wird bisher näher auf die Aufgabe eingegangen, einen länderübergreifenden Biotopverbund zu schaffen (§ 3 Abs. 1), mit dem unter anderem auch das europaweite Netz NATURA 2000 umgesetzt werden sollte. Hierzu bedarf es dringend einer länderübergreifenden Konzeption. Das derzeit durch den Arbeitskreis „Länderübergreifender Biotopverbund" der Länderfachbehörden in Zusammenarbeit mit dem BfN (BURKHARDT et al., 2003) entwickelte Kriteriensystem zur Umsetzung eines Biotopverbundes ist ein erster Schritt in diese Richtung. Der Umweltrat erinnert in diesem Zusammenhang an seine Empfehlung, ein Bundeslandschaftskonzept einzuführen (SRU, 2002b, Tz. 272 f.), das prädestiniert für die Darstellung derartiger national bedeutsamer Inhalte ist.

3.4.2 Verhältnis von Landwirtschaft und Naturschutz

189. Der zweite wichtige Regelungsbereich des Bundesnaturschutzgesetzes, der umfassend überarbeitet und inhaltlich erweitert wurde, betrifft das Verhältnis von Landwirtschaft und Naturschutz. Hierzu wurden

– die umstrittene Ausgleichsregelung der 3. Novelle des BNatSchG, die Land-, Forst- und Fischereiwirtschaft einen Anspruch auf finanziellen Ausgleich unter bestimmten Bedingungen zusprach, aufgehoben (§ 5 Abs. 2),

- eine Regelung zur Festsetzung und Erhaltung einer regionalen Mindestdichte von Vernetzungselementen für den Biotopverbund getroffen (§ 5 Abs. 3) sowie
- weitere Grundsätze der guten fachlichen Praxis für die Landwirtschaft aus Naturschutzsicht bestimmt (§ 5 Abs. 4).

Um eine bundeseinheitliche Umsetzung in den Ländern zu erreichen, hat die LANA einen Vorschlag für die regionale Mindestdichte an Vernetzungselementen für den regionalen und lokalen Biotopverbund erarbeitet (vgl. Abb. 3-9 und 3-10). Der Formulierungsvorschlag der LANA zur landesrechtlichen Umsetzung von § 5 Abs. 3 BNatSchG ist einer der wenigen konkreten Vorschläge zu rechtlichen Formulierungen (vgl. zum Vorschlag der LANA, Abb. 3-10). Die LANA empfiehlt ferner, bei der Festlegung der Mindestdichte an Strukturelementen nicht das Verzeichnis regionalisierter Kleinstrukturanteile der Biologischen Bundesanstalt für Land- und Forstwirtschaft zugrunde zu legen, da es im Wesentlichen nur die Anwendung von Pflanzenschutzmitteln im Auge hat und als anrechenbare naturnahe Biotope alle nicht intensiv genutzten Flächen (auch Einzelgehöfte, Kleinflugplätze und Golfplätze) ohne Rücksicht auf deren ökologische Bedeutung oder Vernetzungsfunktion im Einzelfall aufführt.

Für die Grundsätze der guten fachlichen Praxis wurden dagegen in der LANA keine gemeinsamen Vorgaben entwickelt, was darauf zurückzuführen ist, dass einige Bundesländer planen, diese Rahmenvorgaben des Naturschutzrechts im landwirtschaftlichen Fachrecht auf Landesebene umzusetzen oder neue entsprechende Fachgesetze zu erlassen. Im Falle allgemeiner Anforderungen an ein naturschutz- und umweltgerechtes Wirtschaften (Spiegelstriche 1, 4 und 6, u. a. standortangepasste Bewirtschaftung, ausgewogenes Verhältnis zwischen Tierhaltung und Pflanzenbau), fehlt den Naturschutzbehörden – der LANA zufolge – in der Regel eine ausreichende Sachkenntnis für den Vollzug, sodass hier Konkretisierungen im Fachrecht besser aufgehoben seien (LANA, 2003). Im Übrigen sollten eventuell weiter greifende Regelungen im landwirtschaftlichen Fachrecht vorgenommen werden, wie dies der Gesetzgeber für den Grundsatz zur schlagspezifischen Dokumentation des Düngemittel- und Pflanzenschutzmitteleinsatzes bereits entschieden hat. Die LANA empfiehlt deshalb die Grundsätze der guten fachlichen Praxis hinsichtlich der meisten Anforderungen lediglich im Wortlaut des Bundesgesetzes in die Landesnaturschutzgesetze zu übernehmen. Lediglich in Fällen, in denen es sich um Anforderungen an die gute fachliche Praxis (nach § 5 Abs. 4 BNatSchG) handelt, die in erster Linie Arten- und Biotopschutzziele betreffen (Grundsätze zur Beeinträchtigung von Biotopen, zur Vernetzung und zur Unterlassung des Grünlandumbruches auf bestimmten Flächen), sollten diese nach Auffassung der LANA auch in den Landesnaturschutzgesetzen weiter ausgestaltet werden.

Der Umweltrat bedauert, dass die LANA die mit dem Bundesgesetz vorgegebenen Möglichkeiten zur weiteren Ausgestaltung der guten fachlichen Praxis nur teilweise aufgegriffen und weit gehend auf bundeseinheitliche Empfehlungen verzichtet hat. Eine bundeseinheitliche Konkretisierung der Grundsätze der guten fachlichen Praxis durch den Naturschutz wäre insbesondere in den in Abbildung 3-11 aufgeführten Punkten notwendig (vgl. auch SRU, 2002b, Abschn. 5.2.7.3).

Abbildung 3-9

Unverzichtbare Inhalte einer landesrechtlichen Umsetzung der Regelungen zur Mindestdichte von linearen und punktförmigen Elementen (§ 5 Abs. 3 BNatSchG) nach den Vorschlägen der LANA

- Aufgabe, eine Mindestdichte von Vernetzungselementen festzulegen
- Vorgaben für die naturraumbezogene Bezifferung der Mindestdichte
- Definition der Vernetzungselemente
- Behördenzuständigkeit zur Festlegung der Mindestdichte und zur Ermittlung der vorhandenen Vernetzungselemente
- Pflicht, fehlende Vernetzungselemente einzurichten
- Schutzvorschrift für Vernetzungselemente

Quelle: Niederschrift der 85. LANA-Sitzung am 27./28. März 2003 in Königswinter

Abbildung 3-10

Formulierungsvorschlag der LANA zur landesrechtlichen Umsetzung von § 5 Abs. 3 BNatSchG (Mindestdichte von Vernetzungselementen)

1. Das Landesamt für Umweltschutz legt für die landwirtschaftlich genutzte Kulturlandschaft naturraumbezogen die Mindestdichte von zur Vernetzung von Biotopen erforderlichen linearen und punktförmigen Vernetzungselementen (insbes. Hecken, lebende Zäune, Feldgehölze, Feldgebüsche, Feldraine, Hochraine, Randstreifen, Tümpel, Gräben) fest. Sie kann abhängig von der Ausstattung des Naturraumes mit Biotopverbundbestandteilen im Sinn des § X bis zu 5 % der jeweiligen landwirtschaftlichen Nutzfläche betragen.
2. Die Naturschutzbehörden ermitteln die vorhandene Dichte der Vernetzungselemente. Bis zur festgelegten Mindestdichte sind die nach Größe und Lage im Raum erforderlichen Vernetzungselemente durch geeignete Landschaftspflegemaßnahmen, durch Förderprogramme, durch die Bindung einzelbetrieblicher Förderung an das Vorhandensein einer schlaggrößenabhängigen Mindestausstattung oder durch andere geeignete Maßnahmen einzurichten.

Quelle: Niederschrift der 85. LANA-Sitzung am 27./28. März 2003 in Königswinter

Abbildung 3-11

Konkretisierungserfordernisse, Hinweise und Vorschläge des Umweltrates zur guten fachlichen Praxis nach § 5 Abs. 4 BnatSchG

2. Spiegelstrich (§ 5 Abs. 4 BNatSchG)
- Definition der Biotope: geschützte und in den landesweiten Biotopkartierungen erfasste Biotope
- Informationspflicht der Naturschutzbehörden über Biotopbestand auf den Betriebsflächen der Landwirte
- Pufferzone von 5 bis 10 Meter zu besonders gefährdeten Biotopen und Oberflächengewässern, eventuell als Inhalts- und Schrankenbestimmung

3. Spiegelstrich (§ 5 Abs. 4 BNatSchG)
- Konkretisierung des unbestimmten Rechtsbegriffes der Beeinträchtigung eines Strukturelementes z. B. entsprechend der Definition eines Eingriffes nach der Eingriffsregelung

5. Spiegelstrich (§ 5 Abs. 4 BNatSchG)
- Definition der Überschwemmungsgebiete unter Festlegung einer Mindesthochwasserhäufigkeit
- Definition grundwasserbeeinflusster Standorte durch Angabe von Mindestflurabständen
- Definition der erosionsgefährdeten Hanglagen durch Angabe einer Erosionsgefährdungsstufe
- Räumliche Konkretisierung der Flächen mit Grünlandumbruchverbot (in der Landschaftsplanung)

Quelle: SRU/UG 2004/Abb. 3-11, verändert nach SRU, 2002b

190. In den Gesetzen oder Gesetzentwürfen der Länder werden zwar die Formulierungen des Bundesnaturschutzgesetzes zu den Grundsätzen der guten fachlichen Praxis in der Regel fast wortgleich übernommen, mit den Möglichkeiten der Ausgestaltung der rahmenrechtlichen Vorgaben wird jedoch sehr unterschiedlich umgegangen. In Sachsen-Anhalt wird auf eine gesetzliche Regelung zur Mindestdichte ganz verzichtet und ansonsten die weitere Umsetzung der Regelungen dem Landwirtschaftsminister durch Erlass einer Verordnung überlassen. Der Umweltrat bewertet diese Lösung als sachlich unangemessen, da spezifisch naturschutzfachliche Aspekte der landwirtschaftlichen Flächennutzung wie die Ausstattung mit Strukturelementen oder den Grünlandumbruch am besten auf Grundlage der naturschutzfachlichen Planwerke und unter Nutzung des ökologischen Sachverstands der Naturschutzadministration implementiert werden sollten. In Brandenburg wird hingegen eine vorbildliche Lösung angestrebt. Dort soll die Erarbeitung der Kriterien und die Festlegung der Mindestdichte der Vernetzungselemente durch die Fachbehörde für Naturschutz und Landschaftspflege für den jeweiligen Naturraum erfolgen. Die Darstellung dieser Strukturelemente der Feldflur soll in Brandenburg und im Saarland im Landschaftsprogramm erfolgen (BbgNatSchG-E, SNG-E). Zusätzlich soll in Brandenburg der für Naturschutz und Landwirtschaft zuständige Minister eine Verordnungsermächtigung zur Konkretisierung der guten fachlichen Praxis erhalten. Die Umsetzung im schleswig-holsteinischen Naturschutzgesetz beschreitet einen Mittelweg und orientiert sich an den Vorschlägen der LANA. Der Umweltrat empfiehlt eine Orientierung an der Brandenburgischen Lösung.

3.4.3 Eingriffsregelung

191. Ein seit langem bestehendes und durch die Neufassung in §§ 18 ff. BNatSchG nur teilweise beseitigtes Hemmnis für die Anwendung der Eingriffsregelung ist darin zu sehen, dass sie durch zahlreiche unbestimmte Rechtsbegriffe gekennzeichnet ist, die zudem in den Bundesländern unterschiedlich interpretiert werden (vgl. SRU, 2002, Tz. 708). Die unbestimmten Rechtsbegriffe wurden in der Vergangenheit vor allem durch die Rechtsprechung mühsam und teilweise auch widersprüchlich konkretisiert (KIEMSTEDT et al., 1996a, S. 98). Um diese unbefriedigende Situation zu beenden, wurde bereits Anfang der 1990er-Jahre ein Gutachten zur Vereinheitlichung der Anwendung der Eingriffsregelung von der LANA in Auftrag gegeben. Auf Grundlage dieses Gutachtens (KIEMSTEDT und OTT, 1994; KIEMSTEDT et al., 1996a und b) erarbeitete die LANA ein Grundsatzpapier, das – nach Überarbeitung und Anpassung an die neue bundesrechtliche Situation – in den Bundesländern als einheitliche Grundlage für die Anpassung der Landesnaturschutzgesetze herangezogen werden sollte. Das Grundsatzpapier behandelt nicht nur die seit langem offenen Fragen, sondern auch Themen wie zum Beispiel das im Bundesrecht neu eingeführte Ersatzgeld. Bedauerlicherweise beschloss jedoch die LANA im März 2003, dieses Papier auf Einspruch eines Bundeslandes, welches das Papier aufgrund seiner „Rückwärtsgewandtheit" ablehnte und grundsätzlichen Überarbeitungsbedarf anmeldete, zurückzuziehen. Der Umweltrat bedauert, dass damit eine Chance verpasst wurde, die dringend erforderliche und auch vom Bundesverwaltungsgericht seit langem angemahnte Vereinheitlichung der Auslegung und Anwendung unbestimmter Rechtsbegriffe der Eingriffsregelung bei der nun anstehenden Novellierung der Landesnaturschutzgesetze umzusetzen (BVerwGE 85, S. 348, BVerwGE 112, S. 41; vgl. dazu auch SRU, 2002b, Tz. 323).

192. Die Umsetzung der novellierten Eingriffsregelung in den Ländern orientiert sich in der Regel am Bundesnaturschutzgesetz. In einigen Ländern wie zum Beispiel Hessen wurde die bereits erfolgte Überarbeitung der Eingriffsregelung zum Anlass genommen, die bisherige landesrechtliche Einvernehmensregelung, die sicherstellte, dass Eingriffe nur im Einvernehmen mit den Naturschutzbehörden genehmigt werden konnten, zu lockern und in eine (weniger anspruchsvolle) Benehmensregelung umzuwandeln. In Brandenburg soll zukünftig auf ein bisher vorbildliches, rechtlich verankertes Kataster der Flächen für Ausgleichs- und Ersatzmaßnahmen verzichtet werden. Demgegenüber setzen die Länder Saarland und Schleswig-Holstein die bundesrechtlichen Vorgaben zur Eingriffsregelung um und behalten dennoch ihre landesrechtlich weiter gehenden Regelungen unter anderem zu ungenehmigten Eingriffen, zu Ausgleichszahlungen, zum Ökokonto und zu Kompensationsflächenkatastern bei.

3.4.4 Landschaftsplanung

193. Durch die Novellierung des Bundesnaturschutzgesetzes wurde die Landschaftsplanung als das Hauptinstrument von Naturschutz und Landschaftspflege zur planerischen Konkretisierung der Ziele und Grundsätze des Naturschutzes in der Fläche grundsätzlich gestärkt. Wichtigste Neuerungen waren dabei die verbindliche flächendeckende Einführung der Landschaftsplanung (§§ 15 und 16) und die bundesweit präzisierte Vereinheitlichung ihrer Aufgaben (§ 13) und Inhalte (§ 14).

194. Die LANA hat für die Umsetzung der rahmenrechtlichen Regelungen zur Landschaftsplanung in Landesrecht keine spezifischen Empfehlungen erarbeitet, obwohl dies ähnlich wie bei der Eingriffsregelung sehr wünschenswert gewesen wäre. Dies gilt insbesondere für die Interpretation der Inhalte der Landschaftsplanung im Landesrecht sowie für den Umgang mit den Möglichkeiten, Ausnahmen von dem Prinzip der flächendeckenden Landschaftsplanung zuzulassen. Die Einführung der Strategischen Umweltprüfung gibt zudem erneut Anlass, eine Verfahrensvereinfachung und -bündelung, eine zeitliche Koordination der Landschaftsplanung mit der räumlichen Gesamtplanung, eine Verankerung von konkreten Fortschreibungszeiträumen und die Einführung der Öffentlichkeitsbeteiligung anzustreben (vgl. OTT et al., 2003). Aus demselben Grund sollten die Vorgaben zu den Inhalten der Landschaftsplanung in den Bundesländern, in denen dies bisher nicht der Fall war, dahin gehend expliziert werden, dass auch voraussehbare Raum- und Flächennutzungen auf ihre Auswirkungen hin zu prüfen sind. Ebenfalls in allen Ländergesetzen sollte die Landschaftsplanung vierstufig, das heißt als Landschaftsprogramm, Landschaftsrahmenplan, Landschaftsplan und Grünordnungsplan analog zu den Ebenen der gesamträumlichen Planung verankert werden. Die Ländergesetze sollten ferner festlegen, dass die Landschaftsplanung in ihren Darstellungen nach § 14 Abs. 1 Satz 2 Nr. 2 BNatSchG Aussagen zur regionalen Mindestdichte von Vernetzungselementen nach § 5 Abs. 3 BNatSchG trifft. Bei den vorliegenden Gesetzentwürfen wurden diese Aspekte insgesamt jedoch nur in Einzelfällen wie zum Beispiel Brandenburg, Schleswig-Holstein und dem Saarland berücksichtigt (s. Tab. 3-13).

Tabelle 3-13

(Geplante) rechtliche Umsetzung der Landschaftsplanung in den Bundesländern

Bundesland	BB BbgNatSchG-E	HE HENatG	SaH NatSchG LSA-E	SH LNatSchG SH	SL SNG-E
Flächendeckungsprinzip und Ausnahmen	⬍	▲	▲	⬍	⬍
Fortschreibungspflicht Fortschreibungszeitraum/Anknüpfung an Gesamtplanung	⬍ X	⬍ X	⬍ X	⬍ ▲	▲ ▲
Öffentlichkeitsbeteiligung	X	▲	X	▲	X
Inhalte der Landschaftsplanung: BNatSchG-Formulierung	▲	▼	▲	▲	⬍
Weiterer Inhalt der Landschaftsplanung: voraussehbare Raum- und Flächennutzungen	▲	X	▲	▲	X
Weiterer Inhalt der Landschaftsplanung: regionale Mindestdichte von Vernetzungselementen	▲	X	X	▲	X
Weiterer Inhalt der Landschaftsplanung: unzerschnittene Räume	X	X	X	X	▲
Ebenen der Landschaftsplanung	▲	▼	▲	▲	▼

Legende
▲ über das Bundesrecht hinausgehende Anforderung(en)
⬍ Übernahme des Bundesrechts
▼ geringere Anforderungen als das Bundesrecht
X keine Regelung

Quelle: SRU/UG 2004/Tab. 3-13 (Stand: 20.11.2003)

3.4.5 Verbandsklage

195. Mit § 61 BNatSchG ist erstmals die Verbandsklage auf Bundesebene eingeführt worden. Als klagebefugt gelten die nach § 59 Abs. 2 BNatSchG vom Bundesumweltministerium beziehungsweise die nach § 60 Abs. 3 BNatSchG von den Ländern anerkannten Verbände. Klagefähige Rechtsakte sind lediglich Befreiungen von Verboten und Geboten in geschützten Gebieten (§ 61 Abs. 1 Nr. 1) sowie Planfeststellungsbeschlüsse über Vorhaben, die mit Eingriffen in Natur und Landschaft verbunden sind (§ 61 Abs. 1 Nr. 2). Mitumfasst sind dabei Plangenehmigungen, soweit eine Öffentlichkeitsbeteiligung vorgesehen ist, nicht hingegen Bebauungspläne. Die Einführung einer Klagemöglichkeit von Umweltverbänden bei Vorhaben, die Naturschutzbelange betreffen, ist eine Fortentwicklung des Bundesrechts im Bereich des Natur- und Umweltschutzes. Allerdings waren einige Landesnaturschutzgesetze bereits fortschrittlicher als das Bundesrecht, indem sie zum Teil sehr weit gehende Klagemöglichkeiten der Umweltverbände für alle Verwaltungsakte mit Bezug zum Umweltrecht vorsahen (vgl. z. B. § 56 Brandenburgisches Naturschutzgesetz, § 12b LG NRW, § 52 Landesnaturschutzgesetz Sachsen-Anhalt, jeweils derzeitige Fassung; s. auch SRU, 2002a, Abschn. 2.3.3.5). Eine

Ausnahme bildeten jedoch die Bundesländer Baden-Württemberg, Bayern und Mecklenburg-Vorpommern, die bislang keinerlei Regelungen zur Verbandsklage normiert hatten.

196. Ausweislich der nunmehr vorliegenden Änderungsentwürfe der Länder zur Umsetzung des novellierten Bundesnaturschutzgesetzes wird es voraussichtlich eine über die gegenwärtige bundesrechtliche Bestimmung zur Verbandsklage hinausgehende gerichtliche Überprüfungsmöglichkeit kaum noch geben. Im Gegenteil ist beabsichtigt, vorhandene weiter reichende Klagemöglichkeiten in Landesnaturschutzgesetzen zurückzunehmen mit der Folge, dass künftig bundesweit nur noch Befreiungen von naturschutzrechtlichen Ver- und Geboten für naturschutzrechtliche Schutzgebiete, mit Eingriffen in Natur und Landschaft verbundene Planfeststellungsbeschlüsse und Plangenehmigungen mit Öffentlichkeitsbeteiligung einer Verbandsklage zugänglich sein werden. Einige Länder werden darüber hinaus anscheinend nicht einmal die aufgrund des Bundesrechts geltenden Regelungen zur Verbandsklage in ihrem Gesetzestext wiedergeben. So wurden kurz nach der Verabschiedung des Bundesnaturschutzgesetzes die Passagen zur Verbandsklage aus dem hessischen Landesnaturschutzgesetz komplett gestrichen. Nach den vorliegenden Gesetzentwürfen von Sachsen-Anhalt und dem Saarland ist dies dort ebenfalls geplant (vgl. Entwürfe NatSchG LSA und SNG). Auch wenn die Verbandsklage aufgrund der unmittelbaren Geltung des § 61 BNatSchG gleichwohl in diesen Bundesländern zulässig ist, so wird damit gewiss kein Beitrag zu einer größeren Übersichtlichkeit und Einheitlichkeit des Naturschutzrechtes geleistet. Zum anderen drängt sich der Eindruck auf, dass der Verbandsklage und mithin einer Möglichkeit zum Abbau von Vollzugsdefiziten im Natur- und Umweltschutz in den entsprechenden Ländern keine angemessene Bedeutung zugemessen wird.

197. Im Übrigen ist Deutschland als Signatarstaat der Aarhus-Konvention unter anderem zu einer Neuordnung des Verwaltungsrechtsschutzes in Deutschland verpflichtet:

Die Aarhus-Konvention normiert Anforderungen an den Zugang zu Umweltinformationen (Art. 4) und an die Beteiligung der Öffentlichkeit an umweltrelevanten Verfahren (Art. 6). Die dritte Säule der Aarhus-Konvention verlangt einen Zugang zu (gerichtlichen) Überprüfungsverfahren (Art. 9). Vorgesehen ist insoweit eine Überprüfung zur Durchsetzung des Anspruchs auf Zugang zu Umweltinformationen, zur Durchsetzung des in Artikel 6 geregelten Beteiligungsrechts sowie in Bezug auf Verletzungen innerstaatlichen Umweltrechts. Während die zwischenzeitlich mit der Richtlinie 2003/4/EG inhaltsgleich in das Gemeinschaftsrecht übernommene Vorgabe eines Überprüfungsverfahrens wegen Verletzung von Informationsrechten (Art. 9 Abs. 1 Aarhus-Konvention) keine Änderungen des deutschen Rechts erfordert, besteht ansonsten durchaus Anpassungsbedarf mit Blick auf die Verbandsklage. Hinsichtlich der Verletzung von Beteiligungsrechten postuliert Artikel 9 Abs. 2 Aarhus-Konvention nämlich einen Zugang zu Überprüfungsverfahren nicht nur bei behördlichen Entscheidungen über die in Anhang I der Konvention aufgeführten Tätigkeiten, sondern auch bei sonstigen Tätigkeiten, wenn sie gemäß innerstaatlichem Recht „erhebliche Auswirkungen" auf die Umwelt entfalten können. Die Vorschrift erfordert die Einführung von Verbandsklagebefugnissen für den gesamten Anwendungsbereich des Artikels 6 Aarhus-Konvention (DANWITZ, 2003). Der Zugang zu Überprüfungsverfahren soll dabei abhängig sein von der alternativen Voraussetzung eines ausreichenden Interesses oder der Geltendmachung einer Rechtsverletzung. Für anerkannte Nichtregierungsorganisationen wird ein ausreichendes Interesse fingiert, sie gelten zugleich als Träger von Rechten, die verletzt werden können.

Die in Umsetzung dieser völkerrechtlichen Bestimmung erlassene Richtlinie 2003/35/EG sieht dementsprechend eine Verbandsbeteiligung und damit korrespondierende Verbandsklagerechte gerade auch im Rahmen von Verfahren auf der Grundlage der UVP- und IVU-Richtlinie vor. Gemäß Artikel 3 Ziff. 7 und Artikel 4 Ziff. 4 der Richtlinie 2003/35/EG, die als Artikel 10a beziehungsweise Artikel 15a in die UVP- beziehungsweise IVU-Richtlinie eingefügt werden, gilt das Interesse jeder anerkannten Nichtregierungsorganisation als ausreichend. Diese Organisationen werden zudem explizit als Inhaber von Rechten qualifiziert, die verletzt werden können. Auch wenn Deutschland also weiterhin an der Geltendmachung einer Rechtsverletzung als Zugangserfordernis für einen verwaltungsgerichtlichen Rechtsschutz festhalten sollte, so dürfte dies in Zukunft nur unter der Maßgabe geschehen, dass Nichtregierungsorganisationen bereits ihrem Wesen nach eine solche Rechtsverletzung auch geltend machen können.

Den anerkannten Verbänden wird durch Artikel 9 Abs. 2 der Aarhus-Konvention und dessen Umsetzung in das europäische Gemeinschaftsrecht mithin über die deutsche Verbandsklage hinaus die Möglichkeit eröffnet, etwa immissionsschutzrechtliche Verfahren zur Überprüfung zu stellen. Die Verbände gelten dabei als Inhaber sowohl verletzbarer Interessen als auch verletzbarer Rechte. Diese Vorgaben der Aarhus-Konvention und der Richtlinie 2003/35/EG finden bislang im nationalen Recht keine ausreichende Entsprechung (s. auch CALLIESS, 2003, S. 98; SEELIG und GÜNDLING, 2002, S. 1041; SPARWASSER, 2001, S. 1052).

198. Das gilt in noch weiter gehendem Maße für die aus Artikel 9 Abs. 3 Aarhus-Konvention erwachsenden Anforderungen. Diese Vorschrift sieht die Gewährleistung des Zugangs zu gerichtlichen Überprüfungsverfahren bei (sonstigen) Verstößen gegen innerstaatliches Umweltrecht vor. Eine solche Möglichkeit verwaltungsgerichtlichen Rechtsschutzes muss zusätzlich zu den Verfahren nach Artikel 9 Abs. 1, 2 Aarhus-Konvention vorhanden sein (EPINEY, 2003, S. 179). Artikel 9 Abs. 3 Aarhus-Konvention geht in seinem Anwendungsbereich unter anderem über UVP- und IVU-Verfahren hinaus. Es werden sämtliche Verwaltungsakte mit Bezug zum Umweltrecht umfasst. Artikel 2 des Vorschlags der EU-Kommission für eine Richtlinie über den Zugang zu Gerichten in Umweltangelegenheiten (KOM (2003) 624 endg.) zur Umsetzung des dritten Bereichs der Aarhus-Konvention benennt daher als zum „Umweltrecht" gehörend insbesondere: Gewässerschutz, Lärmschutz, Bodenschutz, Luftverschmutzung, Flächenplanung und Bodennutzung, Erhaltung der Natur und biologischen Vielfalt, Abfallwirtschaft, Chemikalien, einschließlich Bioziden und Pestiziden, Biotechnologie, sonstige Emission, Ableitungen und Freisetzungen in die Umwelt, Umweltverträglichkeitsprüfung sowie Zugang zu Informationen und die Öffentlichkeitsbeteiligung an Entscheidungsverfahren. Die deutsche Verbandsklage in § 61 BNatSchG ist wie ausgeführt demgegenüber eng auf bestimmte naturschutzrechtliche Tatbestände beschränkt.

Nach Artikel 9 Abs. 3 Aarhus-Konvention richtet sich der Gerichtszugang wegen Verletzung des Umweltrechts nach den jeweiligen Bedingungen der internen Rechtsordnung der Mitgliedstaaten. Im Entwurf der EU-Kommission für eine Richtlinie über den Zugang zu Gerichten in Umweltangelegenheiten (KOM (2003) 624 endg.) hat diese völkerrechtliche Vorgabe eine Ausgestaltung dahin gehend erfahren, dass die Klagebefugnis alternativ ein ausreichendes Interesse oder die Geltendmachung einer Rechtsverletzung voraussetzt. Umweltverbände sollen nach dem EU-Kommissionsentwurf klagebefugt sein, ohne ein ausreichendes Interesse beziehungsweise eine Rechtsverletzung nachweisen zu müssen (Art. 5 des Vorschlags). Demnach sind die anerkannten Nichtregierungsorganisationen hier ebenso wie im Anwendungsbereich des Artikels 9 Abs. 2 Aarhus-Konvention und der Richtlinie 2003/35/EG als Träger verletzbarer Interessen und Rechte zu behandeln. Der Umweltrat wertet eine solche Regelung als bedeutsame und hilfreiche Ausdehnung der Verbandsklage zur effektiveren Durchsetzung von Natur- und Umweltschutzbelangen und sieht darin eine Chance hin zu einer den Natur- und Umweltschutzerfordernissen angemesseneren „Lockerung" des am Individualrechtsschutz orientierten Zugangs zu gerichtlichen Überprüfungsverfahren in Deutschland. Zugleich stellt sich in diesem Zusammenhang die Frage, ob mit der Ausweitung der Verbandsklage die Möglichkeiten der Heilung verfahrensrechtlicher Fehler etwa nach § 46 VwVfG nicht reduziert beziehungsweise an strengere Voraussetzungen geknüpft werden müssen und im Gegenzug die verfahrensrechtliche Rechtmäßigkeit künftig wieder mehr Beachtung finden muss. Ebenso sollte diskutiert werden, wie umfassend das subjektive Recht eines anerkannten Verbandes gefasst werden muss. Das heißt beispielsweise, ob – da die Verbände Gemeinwohlbelange vertreten – der Prüfungsumfang in Verbandsklageverfahren in Zukunft nicht ähnlich weit bemessen werden muss wie bislang lediglich in Verfahren mit Enteignungsvorwirkung.

3.4.6 Zusammenfassung und Empfehlungen

199. Die Länder setzen die Rahmenregelungen des Bundesnaturschutzgesetzes sehr unterschiedlich um. Während Schleswig-Holstein das Rahmenrecht in sehr begrüßenswerter Weise in seinem Landesnaturschutzgesetz ausgestaltet, fallen die anderen Länder hinter die bisherigen landesrechtlich verankerten Standards und teilweise sogar hinter die Standards des Rahmenrechts zurück. Der Umweltrat rät der Bundesregierung nachdrücklich, das den Ländern verfassungsrechtlich aufgegebene Gebot bundesfreundlichen Verhaltens einzufordern.

200. Aus Sicht des Umweltrates sollten die Chancen, die mit der notwendigen Anpassung des Landesrechts an das Bundesnaturschutzgesetz verbunden sind, zur Stärkung des Naturschutzes und zur vorausschauenden Neuorientierung hinsichtlich internationaler und europarechtlicher Verpflichtungen (z. B. SUP) genutzt werden. Im Sinne einer Harmonisierung und Kompatibilität des Naturschutzrechtes der Bundesländer sollten dabei – soweit dies das vorgenannte Ziel nicht behindert – die bereits vorhandenen Empfehlungen der LANA Berücksichtigung finden. Für Regelungsbereiche, die von der LANA bisher nicht ausreichend bearbeitet wurden, sollten umgehend möglichst weit gehende, gemeinsam umsetzbare Ausgestaltungsempfehlungen erarbeitet werden.

201. Unter dieser Prämisse empfiehlt der Umweltrat Folgendes:

– Für den Regelungsbereich der guten fachlichen Praxis der Landwirtschaft die Erarbeitung weiter gehender Vorschläge der LANA. Falls dabei keine Einigung erreicht wird, sollten die Bundesländer eine über die derzeitigen Empfehlungen der LANA hinausgehende Ausgestaltung anstreben. Der Vollzug der guten fachlichen Praxis sollte nicht allein dem landwirtschaftlichen Fachrecht und den Landwirtschaftsbehörden überlassen werden, sondern auch die Naturschutzbehörden sollten für alle in § 5 Abs. 4 BNatSchG aufgeführten Aspekte Zugriffsmöglichkeiten erhalten.

– Die Länder sollten sich zur Vereinheitlichung der Rechtslage in Deutschland bei der Umsetzung der Eingriffsregelung in Landesrecht an dem von der LANA erarbeiteten, jedoch nicht verabschiedeten Grundsatzpapier orientieren.

– Die Umsetzung des Biotopverbundes sollte auf einem länderübergreifend abgestimmten Konzept wie z. B. einem Bundeslandschaftskonzept aufbauen.

– Bei der Fortentwicklung der Landschaftsplanung in den Landesgesetzen sind neben den rahmenrechtlich vorgegebenen Inhalten überwiegend landesrechtlich zu regelnde Verfahrensvorschriften – wie die Einführung einer Pflicht zu Koordinierung der Aufstellung und Fortschreibung der Pläne mit der gesamträumlichen Planung und die Verankerung der Öffentlichkeitsbeteiligung – in das Gesetz aufzunehmen. Diese Notwendigkeit ergibt sich mit Blick auf die Strategische Umweltprüfung, die Landschaftskonvention (vgl. Kap. 3.6) und die Aarhus-Konvention.

– Die rechtliche und fachliche Konzeption sowie die Verankerung der Zuständigkeiten für die Umweltbeobachtung in den Ländern sollte gewährleisten, dass die erhobenen Daten auch länderübergreifend nutzbar sind, um die in § 12 BNatSchG verankerten Aufgaben der Umweltbeobachtung bundesweit erfüllen zu können und um europäischen Berichtspflichten nachzukommen (vgl. auch Kap. 3.3).

– Die bundesrechtlich verankerten Rechte zur Mitwirkung und Klage der Umweltverbände sind erste wichtige Elemente zur Umsetzung der Verpflichtungen aus der Aarhus-Konvention. Deutschland ist als Signatarstaat der Aarhus-Konvention unter anderem zu einer Neuordnung des Verwaltungsrechtsschutzes in Deutschland verpflichtet und es besteht hinsichtlich der Verbandsklage weiterer Anpassungsbedarf. Gemäß der Aarhus-Konvention und entsprechenden EU-Richtlinien sollten Mitwirkungs- und Klagerechte – umfassender als bisher im Bundesnaturschutzgesetz verankert – für alle Verwaltungsakte mit Bezug zum Umweltrecht gestattet werden. Der Umweltrat empfiehlt daher dringend, diese Rechte bereits jetzt in den Landesnaturschutzgesetzen zu berücksichtigen, um eine sonst in Kürze erneut erforderlich werdende Anpassung der Ländergesetze zu vermeiden.

3.5 Verminderung der Flächeninanspruchnahme

202. Im Rahmen der Fortentwicklung der nationalen Nachhaltigkeitsstrategie wird im Frühjahr 2004 die Verminderung der Flächeninanspruchnahme als Schwerpunktthema behandelt. Das Ziel der Bundesregierung, die zusätzliche Flächeninanspruchnahme bis zum Jahre 2020 auf 30 ha/d zu begrenzen, steht im Mittelpunkt einer derzeit erarbeiteten umfassenden Strategie zur Minderung der Flächeninanspruchnahme des Bundes, die zukünftige Weichenstellungen vorgeben soll. Im Sondergutachten Naturschutz 2002 hat der Umweltrat die ungebremste Flächeninanspruchnahme bereits als dauerhaft ungelöstes Umweltproblem herausgestellt und einen Instrumentenmix zur Erreichung des 30-Hektar-Ziels vorgeschlagen. Die zentrale Rolle in einer zukünftigen Strategie zur Minderung der Flächeninanspruchnahme sollte dabei dem Instrument der handelbaren Flächenausweisungsrechte zukommen. Allerdings wurde bereits konzediert (SRU, 2002b, Abschnitt 5.1.1), dass bis zur Praxisreife dieses Modells noch zahlreiche Gestaltungsfragen zu lösen sind (z. B. im Hinblick auf Erstverteilung, Mengensteuerung im Zeitverlauf oder Befristung von Ausweisungsrechten).

Im Folgenden werden die Entwicklung der Flächeninanspruchnahme und die Fortschritte der Bundesregierung bei der Entwicklung einer Strategie zur Minderung der Flächeninanspruchnahme im Rahmen der Nachhaltigkeitsstrategie kommentiert sowie einige der oben erwähnten Gestaltungsfragen erneut aufgegriffen. Im Zentrum der Betrachtung steht dabei das Spannungsverhältnis zwischen räumlicher Planung und ökonomischen Steuerungsinstrumenten zur Reduzierung der Flächeninanspruchnahme.

3.5.1 Entwicklung der Flächeninanspruchnahme und ihre Auswirkungen auf Natur und Landschaft

203. In den vergangenen Jahren nahm die Siedlungs- und Verkehrsfläche in Deutschland in erheblichem Maße auf Kosten der freien Landschaft zu. Der jährliche Zuwachs entspricht derzeit etwa der 1,5fachen Größe der Stadt München. Im zeitlichen Verlauf ist seit kurzem eine leichte Trendabschwächung erkennbar. In den Jahren 1996 bis 2000 wurden durchschnittlich rund 130 ha/d in Anspruch genommen (DOSCH und BECKMANN, 2003), im Jahr 2001 117 Hektar und im Jahr 2002 nur noch 105 Hektar (SCHOER und BECKER, 2003, S. 14). Die in den letzten Jahren rückläufige Nachfrage nach Flächen durch den Einbruch der Bauinvestitionen im Zuge der wirtschaftlichen Stagnation ist indes kein Grund zur Entwarnung, da sich der Trend schnell wieder umkehren kann. Nach wie vor sind wirksame Maßnahmen gefordert, um in die Nähe des von der Bundesregierung angestrebten Zieles von 30 ha/d zu gelangen. Die neubeanspruchten Flächen wurden überwiegend für Wohnen, Handel und Dienstleistungen, zunehmend auch für Grün-, Freizeit- und Erholungsanlagen genutzt, während sich das Verkehrsflächenwachstum weiter verlangsamte. Annähernd die Hälfte der Siedlungs- und Verkehrsfläche ist versiegelt (UBA, 2003a). Dagegen nahm die Landwirtschaftsfläche jeden Tag um circa 140 Hektar ab (Statistisches Bundesamt, 2002).

204. Durch die Versiegelung von Flächen im Rahmen der Flächeninanspruchnahme wird ein Großteil der Funktionen des Naturhaushaltes auf den versiegelten Flächen dauerhaft beeinträchtigt oder vollständig zerstört. Dies betrifft die Lebensraumfunktion des Standortes, die Funktion des Bodens als natürliche Grundlage der Nahrungsmittelproduktion, die Grundwasserneubildung, die Wasserrückhalte- und Abflussverzögerungswirkung unversiegelter Flächen (Flächenretention) und mesoklimatische Ausgleichswirkungen von unbebauten Frisch- und Kaltlufttransportflächen. Auch auf den nicht versiegelten Siedlungsflächen werden die meisten der genannten Funktionen des Naturhaushaltes stark beeinträchtigt. Mit der Bebauung gehen Bodenverdichtung und das Einbringen von Bauschutt auch auf nicht versiegelten Flächen im Zuge der Bauarbeiten einher. Die begrünten Freiflächen im Siedlungsbereich können in aller Regel nicht die gleichen Funktionen wie Flur und Wald übernehmen. Dies gilt insbesondere für die Lebensraumfunktion und das Landschaftserleben. Die Standortzerstörung durch Besiedlung und Verkehr gilt als Hauptursache für den Rückgang von einheimischen Farn- und Blütenpflanzen (BfN, 2002, S. 80).

205. Selbstverständlich kommt auch in Wohngebieten eine Vielzahl von Arten vor, die sich an die Bedingungen im besiedelten Bereich anpassen konnten. Teilweise entwickeln sich ehemals in Wald und Flur gefährdete Arten wie der Fuchs sogar zu Siedlungsfolgern, die in Städten ihre Bestände erheblich vergrößern konnten. Diese Entwicklung kann jedoch nicht den Rückgang der weniger anpassungsfähigen Arten der Flur oder der großräumig ungestörten Landschaften aufwiegen. Die Neuentwicklung von Biodiversität in der Stadt unterliegt vielfältigen Restriktionen. KOWARIK (1992, S. 183) weist für Berlin nach, dass der Artenreichtum von Pflanzen wenig gestörter, ursprünglicher Standorte höher ist als der wenig gestörter Sekundärstandorte und mit Abstand höher als der stark gestörter Standorte.

206. Das Problem der Flächeninanspruchnahme und Zersiedelung darf hinsichtlich der Wirkungen auf die Tier- und Pflanzenwelt und den erholungssuchenden Menschen nicht unabhängig von den Zerschneidungseffekten durch Verkehrstrassen beurteilt werden. Beide Ursachen bewirken eine Verkleinerung und Verinselung zusammenhängender Lebensräume. Störungen durch Siedlungen und Straßen führen indirekt ebenso zu Habitatverkleinerungen wie der direkte Verlust oder die Verkleinerung von Lebensräumen durch eine ungünstige Verteilung der Besiedlung.

207. Insbesondere die Verteilung der Flächeninanspruchnahme im Raum hat zu einer verstärkten Verkehrsbelastung einzelner Bevölkerungsgruppen geführt. Die Inanspruchnahme von Flächen für Wohnzwecke nimmt in Deutschland überproportional gegenüber dem Nichtwohnbau zu (DOSCH und BECKMANN, 2003). Da die Wohngebiete überwiegend im Außenbereich realisiert wurden, entstanden immer größere Entfernungen zwischen Wohn- und Arbeitsstätte, die Verkehr erzeugen. Die Statistik bestätigt, dass die motorisierte Verkehrsleistung in Schlafstädten am höchsten ist (z. B. gegenüber Kernbezirken oder Stadtrandsiedlungen) und mit sinkenden Einwohnerzahlen der Gemeinden zunimmt (HESSE, 2000, Tab. 1).

208. In der jüngsten Vergangenheit ist im Wohnungsbau eine Tendenz zur verstärkten Innenentwicklung, also zur Inanspruchnahme von Siedlungs- oder Industriebrachen zu erkennen. Gleichzeitig wandern aber Gewerbe und andere Nichtwohnnutzungen an die Peripherie, was einerseits Flächen im Innenbereich für Wohnnutzungen freimacht, andererseits aber den positiven Effekt der Nutzung des Innenbereichs durch den Wohnungsbau in der Gesamtbilanz überkompensiert (UBA, 2003b).

3.5.2 Ziele und bisherige Strategien zur Eindämmung der Flächeninanspruchnahme

209. Die Probleme der Flächeninanspruchnahme und adäquate Lösungsvorschläge werden seit langem diskutiert. Bereits 1984 forderte REISS-SCHMIDT eine Kombination von Instrumenten gegen den „Flächenverbrauch" in Form einer verstärkten Aktivierung „klassischer Planungsinstrumente", einer gezielten öffentlichen Förderung des Flächenrecyclings und Konkretisierungen der Sozialbindung des Eigentums im Bodenrecht. Normative politische Setzungen sollten einen Zielhorizont für die Dämpfung des Siedlungsflächenwachstums bilden.

Fast 20 Jahre nach diesen weit blickenden Vorschlägen hat die Bundesregierung das Ziel, die Flächeninanspruchnahme weit gehend zu reduzieren, in ihre Nachhaltigkeitsstrategie aufgenommen (Bundesregierung, 2002). Im Konsultationspapier zum Fortschrittsbericht 2004, der das Schwerpunktthema „Verminderung der Flächeninanspruchnahme" der Nachhaltigkeitsstrategie konkretisiert (Bundesregierung, 2003, S. 13 ff.), werden zur Umsetzung des 30-Hektar-Ziels planerische Maßnahmen und ökonomische Instrumente genannt. Insbesondere die geplanten ökonomischen Maßnahmen weisen nach Ansicht des Umweltrates zwar in die richtige Richtung, aber bieten nicht die Gewähr, dass das 30-Hektar-Ziel auch erreicht werden kann (vgl. zur Bewertung einzelner Maßnahmen SRU, 2002b). Derzeit laufen verschiedene durch das BMU und das BMVBW initiierte Forschungsvorhaben, die zur näheren Ausgestaltung einer Strategie zur Minderung der Flächeninanspruchnahme herangezogen werden sollen (vgl. BMU, 2003; BBR, 2003). Planerische Maßnahmen allein werden bei Beibehaltung des bisherigen Planungssystems kaum zu nennenswerten Erfolgen führen. Die planerischen Leitbilder einer „Stadt der kurzen Wege" (BMBau, 1996) und der dezentralen Konzentration auf regionaler Ebene (BMBau, 1993, 1995) sind schon seit langem vorgegeben, konnten sich aber in der Praxis nur sehr bedingt durchsetzen (z. B. HABERMANN-NIEßE und KLEHN, 2002). In der Praxis ist das Ziel der raumordnerischen Beschränkung von Gemeinden ohne weitere zentralörtliche Funktionen auf die Eigenentwicklung weit gehend wirkungslos geblieben (SCHMIDT-EICHSTAEDT et al., 2001, S. 83). Tendenziell verlagerte sich die Siedlungsflächenzunahme im Bundesgebiet in den letzten Jahrzehnten von den verdichteten in die ländlich geprägten Kreistypen (DOSCH und BECKMANN, 2003). Die verfügbaren raumplanerischen Instrumente konnten offenbar nicht wirkungsvoll genug einem dispersen Siedlungswachstum entgegensteuern (SCHMIDT-EICHSTAEDT et al., 2001, S. 83). Auch die Flächeninanspruchnahme pro Kopf der Bevölkerung nahm ungeachtet raumplanerischer Bemühungen immer stärker zu.

Die mangelnde Steuerungskraft der Planung ist vor allem auf die vom Umweltrat in seinem Sondergutachten Naturschutz (SRU, 2002b) genannten gegenläufigen Anreize durch Förderstrukturen und steuerliche Instrumente sowie fehlende ökonomische Instrumente zur Tendenzsteuerung der Flächeninanspruchnahme zurückzuführen (vgl. auch APEL et al., 2000). Die Bundesbeteiligung an der Subjektförderung im Wohnungsbau – wichtigster Posten ist die Eigenheimzulage – betrug 4,1 Mrd. Euro im Jahr 2000 (Tendenz steigend) (UBA, 2003b, S. 7), obgleich in den meisten Regionen kein Mangel an Wohnraum besteht. Eine vergleichbare Summe wird von den Ländern und ein weiterer Anteil von den Kommunen beigesteuert (ebd.). So werden die Berufspendler durch die Entfernungspauschale mit Steuererleichterungen im Rahmen von 4,2 Mrd. Euro im Jahr unterstützt (KRAPPWEIS, 2003, S. 14). Neben einem Anreiz für die Flächeninanspruchnahme stellen diese Summen eine erhebliche Belastung der öffentlichen Finanzen dar. Bodenwertsteigerungen durch die kommunale Bauleitplanung kommen ferner einseitig den Grundstückseigentümern zugute, während Einschränkungen des einmal gewährten Baurechts Entschädigungszahlungen nach sich ziehen, was die Kommunen davon abhält, baurechtliche Ausweisungen zurückzunehmen (s. bereits REISS-SCHMIDT, 1984). Das Fehlen wirksamer Steuerungsinstrumente wiegt in dem föderal geprägten deutschen Planungssystem mit kommunaler Planungshoheit besonders schwer.

Selbst bezüglich der Interpretation des Rechtes der Gemeinden auf Eigenentwicklung bestehen rechtliche Unsicherheiten. Derzeit sind die Berechnungsfaktoren für die Ermittlung des Wohnflächenbedarfs in erheblichem Maße unbestimmt, wodurch die Rechtskontrolle der Bauleitpläne für die höheren Verwaltungsbehörden stark erschwert wird (SCHMIDT-EICHSTAEDT et al., 2001, S. 83). Die Beschränkung einer Gemeinde auf ihre Eigenentwicklung wird in der Raumplanung in der Regel dahin gehend verstanden, dass die Deckung eines an die Einwohnerentwicklung geknüpften örtlichen Siedlungsflächenbedarfs möglich bleibt. Diese übliche Definition des Begriffs der Eigenentwicklung schränkt die Steuerungsfunktion der Raumordnung stark ein, denn

– die zugestandene Entwicklung basiert auf einer Prognose, die zwangsläufig gerade in kleinen Gemeinden unsicher ist, und

– die Bezugnahme auf die Eigenentwicklung enthält eine Verführung zur geschönten Darstellung der zukünftigen Entwicklung, mit der Folge, dass grundsätzlich von einem maximalen Flächenbedarf ausgegangen wird (s. SCHMIDT-EICHSTAEDT et al., 2001, S. 34).

Demgegenüber schlagen SCHMIDT-EICHSTAEDT et al. vor, die Definition der Eigenentwicklung an die derzeitige Siedlungsfläche zu binden. Der Zuwachs für Gewerbeflächen soll durch die Regionalplanung nach individuellen Kriterien des Bedarfs gewährt werden (Differenzierung dieses Vorschlages in SCHMIDT-EICHSTAEDT et al., 2001, S. 83).

Bei Verwirklichung solcher Vorschläge muss die kommunale Planungshoheit angemessen in die landesplanerische Abwägung eingestellt werden. Bei entsprechendem Gewicht der überörtlichen Ziele sind allerdings auch gravierende und verbindliche Vorgaben für die kommunale Bauleitplanung in Form von Zielen der Raumordnung und Landesplanung zulässig. Solche Zielsetzungen sind gemäß § 1 Abs. 4 BauGB für die Kommunen strikt verbindlich und der planerischen Abwägung entzogen (BVerwGE 90, 329, 331 ff.).

210. Flächenrecycling kann einen wichtigen Beitrag zur Reduzierung der Flächeninanspruchnahme leisten. Derzeit ist jedoch trotz erheblicher Inanspruchnahme von Neuflächen sogar ein Anstieg der Brachflächen (altindustrielle Flächen, Baulücken, erschlossene, aber nicht genutzte Gewerbegebiete) von circa 9 ha/d zu verzeichnen (Bund/Länder-Arbeitskreis für steuerliche und wirtschaftliche Fragen des Umweltschutzes, 2003, S. 5). Neben den oben beschriebenen Anreizen zur Inanspruchnahme von Neuflächen gibt es eine Reihe von Hindernissen, die das Flächenrecycling erschweren. Der hohe Aufwand der Grundstücksaufbereitung (einschließlich Entfernung alter Einbauten), rechtliche Auflagen (SIMSCH et al., 2000, S. 65), der häufig bestehende Altlastenverdacht oder erst im Zuge des Projektes gefundene Altlasten und gegebenenfalls eine ungünstige Lage beziehungsweise Verkehrsanbindung führen zu einer mangelnden Attraktivität der Flächen gegenüber der „Grünen Wiese" und ziehen Unwägbarkeiten in Form von zeitlichen, rechtlichen und finanziellen Risiken nach sich. Darüber hinaus wird das Flächenrecycling auch durch ungünstige planerische und administrative Bedingungen behindert: Häufig sind die Flächen nicht Teil eines städtebaulichen Gesamtkonzepts, im Außenbereich reichlich ausgewiesene Flächen verschärfen die Preiskonkurrenz oder komplexe behördliche Zuständigkeiten sowie mangelnde Organisationsstrukturen behindern die Umsetzung (nach STOCK, 2003).

3.5.3 Steuerungsansätze zwischen Planung und ökonomischen Instrumenten

Das Beispiel England

211. Dass eine nennenswerte Reduzierung der Flächeninanspruchnahme in einem Industrieland mit hoher wirtschaftlicher Dynamik prinzipiell möglich ist, zeigt das Beispiel England. Dort gelingt es, die Flächenumwandlung hin zu urbanen Nutzungen auf nur circa 24 bis 30 % der deutschen Rate zu begrenzen. In England wurden in der jüngeren Vergangenheit lediglich 12,7 Hektar pro Jahr und 100 000 Ew. (bzw. 28,3 Hektar pro Jahr und 100 000 Ew. für alle Entwicklungsaktivitäten einschließlich des Flächenrecyclings im Innenbereich) in Anspruch genommen. Demgegenüber beträgt der entsprechende Wert für Deutschland 52 Hektar pro Jahr und 100 000 Ew. (im Jahre 2001). Auch wenn man aus Gründen der statistischen Vergleichbarkeit die Erholungsflächen von diesem Wert abzieht, da in England die Erholungsflächen nicht in die Summe der Konversionsflächen eingerechnet werden, verbleibt für Deutschland noch eine Flächeninanspruchnahme von 40 Hektar pro Jahr und 100 000 Ew. (s. HAAREN und NADIN, 2003). Die Engländer unterschreiten damit das deutsche Ziel für 2020 bereits heute. Erstaunlich ist vor allem die hohe Rate des Flächenrecyclings durch Inanspruchnahme zuvor bereits entwickelter Flächen (*previously developed land*). Die Inanspruchnahme solcher Flächen (also vor allem städtischer Brachen) ist in England seit Jahren steigend und beträgt für die Wohnbebauung circa 58 % (Durchschnittswert 1997 bis 2001, DEFRA, 2003b, Tab. 5). In ländlichen Gebieten liegt der Anteil unter diesem Durchschnittswert, in Ballungsräumen weit darüber (ebd.).

Dieser Erfolg in der Freiraumsicherung ist im Vergleich zu Deutschland allem Anschein nach vor allem darauf zurückzuführen, dass

– das englische Planungssystem zentral organisiert ist und es dadurch möglich wird, in weit größerem Maße als im deutschen System national relevante Ziele wie das Flächenrecycling auch auf der lokalen Ebene zu verfolgen;

– das englische Steuersystem für die Kommunen kaum Anreize für die Steigerung der Einwohnerzahlen oder Ausweisung von Gewerbeflächen über den direkten Bedarf hinaus gibt. Im Gegenteil: viele englische Kommunen setzen nur widerwillig die Vorgaben der Zentralregierung zur Siedlungsentwicklung um. In Deutschland hingegen verstärkt die vergleichsweise große finanzielle Unabhängigkeit der Gemeinden von der Bundesebene und die Abhängigkeit ihrer Finanzierung von der Gewerbesteuer sowie der Einwohnerzahl den Trend zu umfangreichen Flächenausweisungen und -erschließungen für die Besiedlung (s. SRU, 2002b). Die deutschen Kommunen können diese Ziele aufgrund ihrer durch die Verfassung garantierten Planungshoheit relativ ungehemmt verfolgen. Die Grenzen der Planungshoheit sind z. T. sehr unkonkret festgelegt (bspw. fehlen quantitative Vorgaben für die Definition der Eigenentwicklung);

– die englische Regierung mit Nachdruck eine *Green-Belt*-Politik betreibt, die in der Bevölkerung trotz sehr hoher Preise für Mieten und Wohneigentum Unterstützung findet (Times July 19-2002: Green belt safe but new homes must be built, says Prescott)

(vgl. HAAREN und NADIN, 2003).

Eine Übertragung des englischen Systems auf Deutschland ist nur schwer mit den derzeitigen politischen Traditionen in Deutschland zu vereinbaren und würde eine weit gehende Umstrukturierung des Planungs- und Steuersystems erfordern. Dennoch lässt sich aus dem englischen Beispiel ableiten, dass eine Stärkung überlokaler Planungskompetenzen auch in Deutschland sinnvoll sein könnte und dass eine Kombination aus ökonomischen und planerischen Ansätzen erfolgreich sein kann. Kosmetische Veränderungen am System der Raumplanung oder im Bereich der ökonomischen Instrumente werden allerdings nicht ausreichen.

Steuerungsmöglichkeiten

212. Um das Flächenziel von 30 ha/d bis 2020 zu erreichen, sind aktive politische Maßnahmen notwendig, die vor allem auf eine Nutzung bestehender Kapazitäten (leerstehende Wohn- und Gewerbeflächen), Nutzung von urbanen Brachen, Verdichtung im Bestand sowie Priorität für flächensparende Bauweisen abzielen. Die Bereitschaft der Bevölkerung, den Wohnraumbedarf der jeweiligen Lebensphase anzupassen, sollte gefördert und Freiraumqualitäten der Städte sowie die Erholungsqualität der Landschaft in unmittelbarer Nähe von Verdichtungszentren sollten entwickelt werden, um das Wohnen in der Stadt attraktiver zu machen.

213. Instrumente, die das Versagen der überlokalen Steuerung in Deutschland mindern könnten, wurden vom Umweltrat benannt (SRU, 2002b, Tz. 149 ff.). Sie umfassen

– eine Reform des derzeitigen Steuersystems und den Abbau von Zuschüssen, die den Flächenverbrauch fördern (insbesondere die Eigenheimzulage und Pendlerpauschale),

– die Weiterentwicklung des Konzeptes von handelbaren Flächenausweisungsrechten für die Gemeinden

– und die Einführung eines ökologischen Finanzausgleichs für Städte und Gemeinden, die auf Entwicklung verzichten, dafür aber ökologische Leistungen bereitstellen.

Die Diskussion eines Instrumentenmix sollte zusätzlich auch die Möglichkeiten einer Stärkung überlokaler Steuerungskompetenzen in Bereichen umfassen, in denen die derzeitige Verteilung der Zuständigkeiten und Kontrollbefugnisse sich nicht bewährt hat.

214. Der Umweltrat plädiert nach wie vor nachdrücklich für einen Instrumentenmix, in dem handelbare Flächenausweisungsrechte eine zentrale Rolle spielen. Eine Steuerung durch die Raumplanung allein – zum Beispiel durch die Zuteilung von bindenden Obergrenzen der künftigen Siedlungsentwicklung an die Gemeinden – wäre zwar verfassungsrechtlich zulässig (BRANDT und SANDEN, 2003), aus ökonomischer Sicht hat dieser Weg aber den Nachteil, dass eine flexible bedarfsorientierte Allokation der Flächenausweisungsrechte nicht möglich ist. Andererseits muss die Wirkung handelbarer Flächenausweisungsrechte unter Umweltgesichtspunkten durch die Raumplanung „gezähmt" werden. Da handelbare Flächenausweisungsrechte nur das Ausmaß der Flächeninanspruchnahme begrenzen können und eine sinnvolle Verteilung im Raum lediglich unter ökonomischen Aspekten gewährleisten, bedürfen sie des Zusammenspiels mit der räumlichen Planung, die gewährleisten sollte, dass die konkrete Ausprägung von Natur und Landschaft im Raum bei der Flächeninanspruchnahme berücksichtigt wird. In einer Vorstudie für die Ausgestaltung eines Systems handelbarer Flächenausweisungsrechte am Beispiel des Nachbarschaftsverbandes Karlsruhe wurden Optionen, wie die Belange von Natur und Umwelt berücksichtigt werden könnten, bereits analysiert (BÖHM et al., 2002).

215. Die Bedeutung, die den beiden Instrumententypen Flächenhandel versus Raumplanung zukommt, hängt davon ab, wie das Quotensystem im Einzelnen ausgestaltet wird und welches Gewicht der Optimierung unter ökonomischen Gesichtspunkten beigemessen wird. In der Frage nach der sinnvollen Kombination von Flächenhandel und Raumplanung liegt eine der entscheidenden konzeptionellen Herausforderungen für die Weiterentwicklung einer Strategie zur Minderung der Flächeninanspruchnahme. Drei Ansatzpunkte sind für die Raumplanung bei der Kombination der beiden Instrumente denkbar:

– Die Erstzuteilung der handelbaren Rechte an die Gemeinden orientiert sich auch an raumplanerischen Zielen.

– Raumplanerische Ziele werden bei der Umgestaltung des kommunalen Finanzausgleichs berücksichtigt.

– Die Raumplanung gibt bestimmte Gebiete vor, in denen eine Ausübung von Flächenausweisungsrechten nicht oder nur in bestimmten Grenzen oder nur zu bestimmten Zwecken erfolgen darf.

Die ersten beiden Optionen sind zwar für die Effizienz handelbarer Flächenausweisungsrechte unschädlich. Ihre Effektivität unter Gesichtspunkten des Umwelt- und Naturschutzes ist jedoch nicht ausreichend. Die erste Option – die in der Studie für den Nachbarschaftsverband Karlsruhe verfolgt wurde – bedeutet, dass Gemeinden mit hohem Anteil an für den Naturschutz wertvollen oder umweltempfindlichen Flächen in der Erstzuteilung benachteiligt werden. Die Gemeinden wären gleichwohl nicht daran gehindert, schutzwürdige oder -bedürftige Flächen in Anspruch zunehmen – allerdings unter Inkaufnahme höherer Kosten. Eine Verringerung der Menge der Flächenzertifikate unter Umweltgesichtspunkten bereits bei der Erstzuteilung hätte ferner den Nachteil, dass die Gemeinden keinen Ausgleich über interkommunale Kooperation herbeiführen könnten. Entstehende Nachteile wären gegebenenfalls durch einen ökologischen Finanzausgleich für die Kommunen zu kompensieren.

Die zweite Option – Berücksichtigung raumplanerischer Ziele bei der Umgestaltung des kommunalen Finanzausgleichs – kann so ausgestaltet werden, dass ein Anreiz, Umweltfunktionen zu erhalten, geschaffen wird. In Räumen mit hoher Wirtschaftsdynamik müsste dieser Anreiz allerdings beträchtlich sein, um den gewünschten Effekt zu erzielen (vgl. SRU, 2002b, Tz. 183 ff.). Im Übrigen würde diese Option vor allem Vorteile für Gebiete mit ohnehin geringer Siedlungsdynamik bringen.

Lediglich die dritte Option garantiert die erwünschte Steuerung der Flächennutzung. Die planungsrechtliche Regulierung sollte die Grundlage für eine Mengensteuerung im Wege handelbarer Flächenausweisungsrechte bilden (SCHMALHOLZ, 2004; BIZER und EWRINGMANN, 1999, S. 511). Zwar wird die ökonomische Effizienz handelbarer Flächenausweisungsrechte umso stärker vermindert, je weiter die Handlungsspielräume der Gemeinden durch zusätzliche raumplanerische Vorgaben eingeschränkt werden. Eine Feinsteuerung der Flächenausweisungen zur Berücksichtigung von Umwelt- und Naturschutzaspekten erfordert aber gerade solche raumplanerischen Vorgaben. Die Ausgestaltung des Verhältnisses beider Instrumente zueinander sollte sich an folgenden Eckpunkten orientieren (s. auch SCHMALHOLZ, 2004):

– Im Wege hoheitlicher Zielfestlegung wird auf der übergeordneten Ebene von Bund und Ländern die maximal ausweisbare Fläche pro Zeiteinheit begrenzt.

– Daran anschließend erfolgt die quantitative Steuerung der Flächennutzung durch ein System handelbarer Flächenausweisungsrechte.

– Die Nutzungen werden qualitativ durch Vorgaben der Raumplanung sowie des sonstigen Planungs- und Umweltrechts bestimmt. Das heißt Nutzungsansprüche sind auf die nach Umwelt- und Planungsrecht zulässigen Bereiche zu konzentrieren. Auf der Grundlage des maßgeblichen Umwelt- und Planungsrechts entscheidet sich beispielsweise, wie und wo gebaut werden darf oder ob etwa aufgrund der Eingriffsregelung ein Ausgleich erfolgen muss.

Mit einer solchen Vorgehensweise würde die Effizienz handelbarer Flächenausweisungsrechte nicht wesentlich beeinträchtigt. Sie kann allerdings durchaus dazu führen, dass für manche Gemeinden aufgrund von Umweltrestriktionen eine Siedlungsentwicklung eingeschränkt oder teilweise ausgeschlossen wird. Im Nachbarschaftsverband Karlsruhe würden beispielsweise – unter der Voraussetzung, dass sich der Bedarf nach Flächen entsprechend den in Flächennutzungsplänen bereits dokumentierten Vorstellungen wieder etwas erhöht und unter Berücksichtigung lediglich der ökologisch wertvollsten Flächenkategorien – die zukünftig erschließbaren Bauflächen nur für weniger als 20 Jahre ausreichen, um den Bedarf zu decken (vgl. BÖHM et al., 2002, S. 27). Vor diesem Hintergrund wird evident, dass Flächeneinsparungen notwendiger Bestandteil der zukünftigen Stadtentwicklung sein müssen. Daneben steht es betroffenen Gemeinden allerdings offen, ihren Entwicklungsbedarf über den Einsatz von Flächenausweisungsrechten in regionalen oder interkommunalen Siedlungs- und Gewerbegebieten zu decken.

216. Unter Berücksichtigung der genannten Vor- und Nachteile verspricht folgende Kombination der Instrumente aus der Sicht des Umweltrates die besten Wirkungen:

Aufgrund von Kriterien wie dem der Einwohnerzahl, aber ohne Berücksichtigung von Umweltgesichtspunkten sollten quantitative Ziele der Flächeninanspruchnahme für die Länder formuliert werden (näher zur Auswahl der Kriterien s. SRU, 2002b, Tz. 169; BÖHM et al., 2002). Die dazu notwendigen gesetzlichen Grundlagen müssten allerdings zunächst geschaffen werden. Die gleichen Kriterien wären der Erstzuteilung der Quoten an die einzelnen Gemeinden durch die Länder zugrunde zu legen. Die Landschaftsplanung beziehungsweise die Raumplanung geben die Gebiete vor, in denen dann Flächenausweisungen zur Realisierung der Flächenausweisungsquoten nicht oder nur begrenzt möglich sind. Eine Gesamtbilanz dieser Flächen auf Landesebene und Kriterien für die Ausweisung solcher Flächen sollten sicherstellen, dass dabei ausreichend Spielraum für einen Flächenhandel verbleibt. Gemeinden, die durch den Ausschluss von Flächen überproportional in ihrer flächenverbrauchenden Bautätigkeit gehemmt werden, können sich einerseits durch den Verkauf von Zertifikaten entschädigen. Andererseits sollten sie bei der Realisierung von regionalen und interkommunalen Gewerbe- und Siedlungsflächenpools besonders aktiv werden. Eine Kompensation von Nachteilen für diese Gemeinden könnte ebenfalls über einen ökologischen Finanzausgleich in der Gemeindefinanzierung erfolgen. Alternativ könnte eine Regionalisierung der Kommunalfinanzen (gemeinsame Bewirtschaftung von Steuereinnahmen und Ausgaben) den Wettbewerbsdruck zwischen den Gemeinden im Flächenmarkt mildern (UBA, 2003b) und somit auch die Notwendigkeit für Entschädigungen von Gemeinden mit hohen, ökologisch bedeutsamen Flächenanteilen verringern. Durch diese Kombination des Flächenhandels mit der oben erwähnten dritten Option (und ggf. der zweiten Option) wird zwar die Effizienz der Flächenallokation unter ökonomischen Gesichtspunkten etwas vermindert. Die überzeugenden Vorteile des Flächenhandels werden dadurch jedoch nicht grundsätzlich angetastet: Nach wie vor gibt es eine absolute Deckelung, die ein Erreichen des Flächenziels garantiert und zugleich ist sichergestellt, dass die Flächenausweisungen innerhalb der durch die Raumplanung gesetzten Grenzen auf effiziente Weise erfolgen. Gemeinden, die ihre Flächenrechte nicht oder nicht vollständig realisieren können – sei es aufgrund geringer Entwicklungsdynamik, sei es aufgrund von Umweltauflagen – erhalten durch den Verkauf ihrer Flächenausweisungsrechte einen finanziellen Ausgleich oder können die Kooperation mit der Region beziehungsweise mit anderen Gemeinden suchen. Die Siedlungs- und Gewerbetätigkeit konzentriert sich in Räumen mit der höchsten ökonomischen Dynamik und gleichzeitig geringer Empfindlichkeit oder Schutzwürdigkeit von Natur und Landschaft. Neben diesen Kernbestandteilen einer neuen Flächenpolitik sollten folgende Maßnahmen flankierend beziehungsweise zur Minderung von Anreizen zur Flächeninanspruchnahme hinzutreten (s. SRU, 2002b; UBA, 2003b; Deutscher Städtetag, 2002):

– Eine Umstrukturierung der Wohnungsbauförderung würde Anreize zur Flächeninanspruchnahme abbauen und Bund und Länder finanziell entlasten. Für die Zukunft wird erwartet, dass der Bedarf an zusätzlichem Wohnraum stark zurückgehen wird. Angesichts bestehender Wohnungsleerstände sollte die Wohnungsbauförderung auf die Bestandsverbesserung einschließlich des Wohnumfeldes konzentriert und die Eigenheimförderung abgeschafft oder zumindest auf das Recycling von Siedlungsflächen begrenzt werden. Positive Anreize zum Flächensparen können darüber hinaus durch eine Umwandlung der Grunderwerbsteuer in eine Neubesiedlungsteuer geschaffen werden. In eine ähnliche Richtung würde die Erhebung von Ersatzzahlungen für die Neuversiegelung von Flächen im Rahmen der naturschutzrechtlichen Eingriffsregelung wirken.

– Um die Freigabe einmal baurechtlich ausgewiesener Flächen zu erleichtern, sollten planungsbedingte Bodenwertzuwächse in angemessenem Umfang abgeschöpft und in Fonds zur Entschädigung von Grundeigentümern eingezahlt werden.

– Das Flächenrecycling und die Innenentwicklung könnten im Rahmen der Städtebauförderung, aber gegebenenfalls auch durch die Vorgabe von Quoten im Baugesetzbuch gefördert werden. Hierzu ist zudem als Grundlage die Einführung eines Flächeninformationssystems erforderlich, welches unter anderem ein Baulandkataster für Recyclingflächen mit dem Altlastenkataster verknüpft (vgl. Kap. 9). Ferner sollte das Management von Flächenrecyclingprojekten verbessert werden, beispielsweise durch die frühzeitige Entwicklung eines flexiblen Nutzungskonzeptes, gute Einbindung in städtebauliche Planungen, Optimierung der Gesamtwirtschaftlichkeitsberechnungen oder die Ausrichtung von Planungsverfahren auf das Ziel Flächenrecycling (s. auch SIMSCH et al., 2000). Über indirekte Förderungen wie Steuerabschreibungen und Haftungsbeschränkungen könnten Mittel privater Investoren stärker verfügbar gemacht werden (BARCZEWSKI et al., 2003, S. 62). Eine Arbeitsgruppe des Altlastenforums Baden-Württemberg hat sich zur Aufgabe gemacht, nach Möglichkeiten zu suchen, wie ohne Rückgriff auf die öffentlichen Kassen Anreize für private Investitionen geschaffen werden können (ebd.). Eine verstärkte Nutzung des nach BBodSchG vorgesehenen Instrumentes öffentlichrechtlicher Verträge kann die Risiken für den Investor begrenzen (BVBA, o. J.). Die verschiedenen für Flächenrecyclingprojekte erforderlichen Genehmigungsverfahren, beispielsweise nach Baurecht, Abfallrecht und Bodenschutzrecht, sollten gebündelt werden. Die Erfahrung zeigt, dass die Einrichtung einer Stabsstelle Flächenrecycling in der Stadtverwaltung dieses erleichtert (BLANKENHORN, 2003).

217. Die genaue Ausgestaltung der vorgeschlagenen Strategie zur Minderung der Flächeninanspruchnahme bedarf weiterer Erforschung und Erprobung. Einzelne Elemente der Strategie werden jedoch bereits gegenwärtig erfolgreich praktiziert. Beispielsweise wurde im Regierungsbezirk Münster im Gebietsentwicklungsplan (GEP, entspricht dem Regionalen Raumordungsplan) ein Flächenbedarfskonto für die Kommunen eingerichtet, in dem jede Kommune ihren vorrausichtlichen Siedlungsflächenbedarf anmelden konnte, ohne schon konkrete Flächen im GEP zu benennen. Dadurch wird verhindert, dass bereits durch die Planaufstellung besondere Begehrlichkeiten bei den Flächeneigentümern entstehen und die Kommunen können später flexibler handeln, beispielsweise im Rahmen eines Flächentauschs. So konnte eine Gemeinde ein Gewerbegebiet einrichten, das auch Teilflächen eines regionalen Grünzugs in Anspruch nahm. Als Ausgleich vergrößerte die Nachbargemeinde parallel den Grünzug auf ihrem Gebiet und wurde im Gegenzug an dem Gewerbegebiet beteiligt. Grundlage hierfür war, dass beide Gemeinden Flächenausweisungsrechte von ihrem Flächenbedarfskonto einbrachten, beziehungsweise diejenige, die den Anteil am Grünzug übernahm, Flächenausweisungsrechte von der anderen übertragen bekam. So konnten beide Gemeinden von der Entwicklung des Gewerbegebietes profitieren und gleichzeitig konnte der regionale Grünzug in seiner Größe erhalten werden.

Ein anderes Beispiel ist der regionale Gewerbeflächenpool Neckar-Alb in Baden-Württemberg. Dort wird versucht, in einem regionalen Gewerbeflächenpool die Gewerbeflächen möglichst vieler Städte und Gemeinden gemeinsam zu vermarkten und damit die Konkurrenz untereinander auszuschalten (GUST, 2003). Außerdem ist vorgesehen, dass sich Gemeinden mit topographisch ungünstiger Lage auch ohne eigene Fläche beteiligen können, indem sie eine finanzielle Einlage in den Pool tätigen. Sie partizipieren somit am wirtschaftlichen Erfolg des Gewerbeflächenpools ohne landschaftlich empfindliche Flächen nutzen zu müssen. Neben neuen Gewerbeflächen sollen auch Gewerbebrachen eingebracht werden können.

Im Gewerbeflächenpool Neckar-Alb soll ein Zweckverband als Grundlage einer weiteren Kooperation eingerichtet werden. In der Satzung des Verbandes sind Verfahrensregeln niedergelegt, die ein gerechtes Handeln sicherstellen. Die eingebrachten Flächen und Kapitaleinlagen werden nach ihrem Preis bewertet. Entsprechend dem eingebrachten Anteil werden später die Erlöse aus allen Flächen, insbesondere aus dem Flächenverkauf und später auch aus der Gewerbesteuer ausgeschüttet. Vorteile für die beteiligten Gemeinden sind unter anderem, dass die Investitionsrisiken für eine Gewerbeflächenausweisung verteilt werden und dass die Gemeinden aufgrund des Branchenmix im Gewerbeflächenpool über die

Gewerbesteuer stabilere Einnahmen erwarten können (GUST, 2003).

3.5.4 Zusammenfassung und Empfehlungen

218. Die hohe Rate der Flächeninanspruchnahme gehört in Deutschland nach wie vor zu den dauerhaft ungelösten Umweltproblemen. Ihre Auswirkungen beeinträchtigen nicht nur wichtige Funktionen des Naturhaushaltes, sondern auch die Lebensqualität der Menschen. Die ungünstige Verteilung der Siedlungsentwicklung im Raum verschärft des Weiteren das Verkehrsproblem. Zwar zeigen Erfolge der Siedlungssteuerung in England, dass das von der Bundesregierung formulierte Ziel, die zusätzliche Flächeninanspruchnahme auf 30 ha/d zu begrenzen, prinzipiell nicht unrealistisch ist. Im Rahmen des existierenden bundesdeutschen Planungssystems konnten gleichwohl allein durch planerische Mittel bisher keine ausreichenden Steuerungswirkungen entfaltet werden. Für eine wirksame Strategie zur Minderung der Flächeninanspruchnahme der Bundesregierung empfiehlt der Umweltrat deshalb unter Rückgriff auf bereits unterbreitete Vorschläge (SRU, 2002b) folgenden Instrumentenmix:

– Einführung eines Systems der handelbaren Flächenausweisungsrechte mit Zuteilung der Ausweisungsrechte für die Länder nach klaren politisch festzulegenden Kriterien durch die Bundesraumordnung.

– Kombination dieses Systems mit der Landesplanung, die die Erstzuteilung von Flächenausweisungsrechten an die Regionen oder gegebenenfalls direkt an die Gemeinden vornimmt. Auf der Grundlage der Landschaftsplanung sollten in den Plänen der Raumordnung auch die Flächen dargestellt werden, auf denen eine Siedlungsentwicklung unter Gesichtspunkten des Natur- und Umweltschutzes unterbleiben muss. Die überörtliche Raumplanung beschneidet damit die Möglichkeiten der Gemeinden, auf besonders schutzwürdigen und empfindlichen Flächen im Gemeindegebiet ihre Ziele zur Siedlungsentwicklung mit den ihnen zugewiesenen Flächenzertifikaten umzusetzen. Als Ausweg bleibt den Gemeinden der Verkauf der Flächenzertifikate oder deren Umsetzung in regionalen beziehungsweise interkommunalen Siedlungs- oder Gewerbegebieten. Beispiele für die erfolgreiche Umsetzung solcher Kooperationen bestehen bereits. Ein weiterer Ausgleich könnte durch eine Reform des kommunalen Finanzausgleichs erfolgen. In Zukunft sollte dort vermehrt die Bereitstellung ökologischer Funktionen berücksichtigt werden.

Flankierend sind weitere Maßnahmen notwendig, um die Anreize zur Flächeninanspruchnahme zu verringern, darunter vor allem:

– der weitere Abbau von Förderinstrumenten und steuerlichen Vergünstigungen, die eine starke Flächeninanspruchnahme unterstützen (insbesondere Eigenheimförderung und Entfernungspauschale, vgl. SRU, 2002b),

– die Verbesserung des rechtlichen Rahmens in ROG und BauGB durch:

– die Möglichkeit, im Bundesraumordnungsprogramm Mengenziele und gegebenenfalls Verteilungsschlüssel für die Zuteilung an die Bundesländer vorzugeben. Entsprechende Verpflichtungen sollten auch für die Landesraumordnungsprogramme vorgesehen werden. Auf quantitative Vorgaben abzielende Einschränkungen der kommunalen Planungshoheit, die auch die Potenziale zur Innenentwicklung in Anschlag bringen, sind nach der Rechtslage offenbar durchaus möglich.

– Vorgabe eines Mindestanteils für das Flächenrecycling auf kommunaler Ebene und Förderung der Entwicklung im Innenbereich durch Stärkung der Städtebauförderung.

Für die Umsetzung solcher Mengenvorgaben im Rahmen der Bauleitplanung und im Rahmen planungsrechtlicher Genehmigungstatbestände der §§ 30 ff. BauGB bedarf es allerdings einer Anpassung des öffentlichen Baurechts an solche Konzepte zur Flächennutzung seitens der Landesplanung.

3.6 Europäische Landschaftskonvention

3.6.1 Sachstand

219. Obwohl in Deutschland und europaweit die fortschreitende Nivellierung der Kulturlandschaften als Problem identifiziert wurde und die Ursachen für diesen Wandel im Wesentlichen bekannt sind, ist eine Besserung bisher nicht in Sicht (s. SRU, 2002b). Unter anderem aufgrund dieser Erkenntnis verfasste und beschloss der Europarat im Oktober 2000 die Europäische Landschaftskonvention (European Landscape Convention, ELC), die das Ziel verfolgt, „den Schutz, die Pflege und die Gestaltung der Landschaft zu fördern und die europäische Zusammenarbeit in Landschaftsfragen zu organisieren" (Art. 3). Der Anstoß für dieses Übereinkommen ging Mitte der 1990er-Jahre vom Kongress der Regionen und Gemeinden Europas aus. Die ELC wurde auf der Basis der Mediterranean Landscape Charter (gezeichnet durch die Regionen Andalusien, Languedoc-Roussillon und Toskana) entwickelt. Der rechtliche Status ist der eines völkerrechtlichen Vertrages.

Inhaltlich geht die Konvention von einem umfassenden Landschaftsverständnis und einem partizipatorischen Ansatz aus. Landschaft wird umfassend definiert als „ein vom Menschen als solches wahrgenommenes Gebiet, dessen Charakter das Ergebnis des Wirkens und Zusammenwirkens natürlicher und/oder anthropogener Faktoren ist" (Art. 1a, gemäß der vorläufigen deutschen Übersetzung). Allerdings werden im Vergleich zu den breit angelegten Zielen des § 1 BNatSchG die Funktionsfähigkeit, die nachhaltige Nutzung, die Vielfalt und die Eigenart von Natur und Landschaft zu erhalten, in der ELC stärker die kulturellen Werte der Landschaft in den Vordergrund gerückt (s. etwa DÉJEANT-PONS, 2002). Die Landschaftskonvention bezieht sich auf das gesamte Territorium der Unterzeichnerstaaten, also auf alle Landschaften – seien es natürliche, ländliche oder städtische Gebiete, Land- oder Wasserflächen, außergewöhnlich schutzwürdige oder geschädigte Landschaften (Art. 2). Mit Unterzeichnung der

Landschaftskonvention verpflichten sich die Unterzeichnerstaaten, Maßnahmen zur Bewusstseinsbildung, Ausbildung und Erziehung sowie zur Landschaftserhaltung, -planung und zum Landschaftsmanagement einschließlich landschaftsbezogener Qualitätsziele zu etablieren (Art. 5, 6). Dabei sollen Verfahren zur Öffentlichkeitsbeteiligung in der „Landschaftspolitik" eingeführt werden sowie die Landschaftsbelange in verschiedene andere, sich möglicherweise unmittelbar oder mittelbar auf die Landschaft auswirkende Politiken, aufgenommen werden (Art. 5c, d).

220. Bis Ende des Jahres 2003 haben 28 Staaten die Konvention unterzeichnet, von denen elf (Dänemark [ohne Grönland und die Färöer Inseln], Irland, Kroatien, Litauen, Mazedonien, Moldawien, Norwegen, Rumänien, San Marino, Slowenien, Türkei) auch ratifiziert haben (Europarat, 2003; Stand: Dezember 2003). Nachdem Mazedonien im November 2003 als zehnter Unterzeichnerstaat ratifiziert hat, tritt die Konvention nunmehr am 1. März 2004 in Kraft.

Deutschland hat an der Erstellung der Konvention inhaltlich mitgearbeitet, diese bisher aber noch nicht unterzeichnet. Die Zustimmung der Länder für eine Zeichnung der ELC liegt dem Bund vor, allerdings ist deren Haltung eher zögerlich. Grundsätzlich wurde vereinbart, dass sich in den Bundesländern regulatorisch nichts ändern müsse, sondern dass die Umsetzung der Landschaftskonvention den Ländern überlassen bleibt. Zur Zeichnung ist ein Kabinettsbeschluss notwendig, der bald erfolgen soll (nach Angaben der Abteilung N des BMU, pers. Mitt. vom 30. Januar 2003). Eine Ratifizierung der ELC würde die Zustimmung des Bundesrates notwendig machen.

3.6.2 Einschätzung und Empfehlungen

221. Der Ansatz der Landschaftskonvention, europaweit die rechtliche Grundlage für eine umfassende, zumindest in Einzelfällen sogar grenzüberschreitende Landschaftspolitik zu schaffen, ist vom Grundsatz her positiv zu bewerten. Da die nationale Gesetzgebung der europäischen Staaten hinsichtlich des Natur- und Landschaftsschutzes sehr unterschiedlich ausgestaltet ist, unterscheidet sich allerdings auch die Bedeutung der ELC für die einzelnen Vertragsparteien deutlich. Einige – insbesondere eine Reihe von osteuropäischen – Staaten haben bisher keine umfassenden Regelungen zum Schutz und zur Pflege der Landschaft entwickelt. Für solche Staaten kann sich hinsichtlich des Landschafts- und Naturschutzes infolge des Inkrafttretens der Konvention eine substanzielle Verbesserung ergeben (WULF, 2001, S. 52 ff.). Für Staaten, in denen bereits ein umfangreiches Reglementarium zum Schutz von Natur und Landschaft besteht, ist allenfalls mit punktuellen Fortschritten zu rechnen. Da die Konvention ausdrücklich strengere Bestimmungen im Bereich der Landschaftspolitik zulässt (Art. 12), ist eine Ratifizierung zudem auf keinen Fall schädlich.

Bedenken, durch die klare anthropozentrische Ausrichtung der ELC könnte es zur Schwächung des Naturschutzes kommen, erscheinen von der Sache her unbegründet. Zum einen bezieht sich die Landschaftskonvention auf „Landschaften als wesentliche(n) Bestandteil des Lebensraums der Menschen, als Ausdruck der Vielfalt ihres gemeinsamen Kultur- und Naturerbes und als Grundstein ihrer Identität" (Art. 5a). Ein Landschaftsschutzkonzept, das das Schutzgut der Besonderheiten historisch geprägter Kulturlandschaften, wie sie für Europa typisch sind, in den Mittelpunkt stellt und darüber hinaus den ästhetischen und kulturhistorischen Charakter der Landschaft betont, hat nicht zur Konsequenz, dass die übrigen Schutzgüter des Naturschutzes an Bedeutung verlieren. Die Befürchtung, durch eine unkritische Umsetzung der Konvention könne es zu einer Schwächung der wichtigen Aspekte im Natur- und Landschaftsschutz kommen, auch den Artenbestand und die ökologischen Funktionszusammenhänge zum Beispiel durch den Aufbau eines Biotopverbundes zu schützen, erscheint in Deutschland unbegründet. Die §§ 13 bis 17 BNatSchG gehen weit über die Ziele der Landschaftskonvention hinaus und eine wesentliche Aufgabe der deutschen Landschaftsplanung besteht darin, Ziele und Maßnahmen zu entwickeln, die die unterschiedlichen Funktionen der Landschaft in Einklang miteinander bringen. Im Übrigen trägt selbst das deutsche Bundesnaturschutzgesetz wesentlich anthropozentrische Züge (vgl. SRU, 2002a, Tz. 38). Aus der Sicht des Umweltrates sind ästhetisch und kulturell begründeter Landschaftsschutz, wie ihn die ELC fordert, und schutzgutbezogener und ökologisch funktional begründeter Naturschutz zueinander komplementär. Das Verhältnis ist in der Regel durch Synergismen charakterisiert. Diese Betrachtungsweise wird auch durch die ELC unterstützt, die zwar kulturelle Aspekte betont, aber auch eine nachhaltige Nutzung der Landschaft sowie den Schutz des Naturerbes anstrebt. Allerdings darf die ELC auch nicht als Begründung dazu herangezogen werden, den Anteil der Kulturlandschaften zuungunsten von für den Naturschutz wertvollen naturnahen Flächen zu erhöhen. Es sollte bei ihrer Umsetzung beachtet werden, den Anteil der jeweiligen Landschaften je nach biogeographischen Vorraussetzungen zu optimieren.

Deutschland gehört zu der Ländergruppe mit einem weit ausgestalteten, etablierten Instrumentarium hinsichtlich des Umganges mit Landschaft. Insbesondere sind hier die verschiedenen Ebenen der Landschaftsplanung zu nennen. Insofern wird ein Großteil der inhaltlichen Regelungen der ELC bereits durch die vorhandenen Instrumente abgedeckt. Die flächendeckende Landschaftsplanung ist Inhalt von § 16 Abs. 1 BNatSchG. Lediglich hinsichtlich einiger Teilbereiche, wie etwa der Öffentlichkeitsbeteiligung in der Landschaftsplanung oder der Ausbildung und Erziehung (HOPPENSTEDT und SCHMIDT, 2002) würde die ELC Entwicklungen unterstützen oder anstoßen. Die nach § 6 (C 1 b) geforderte Inwertsetzung von Landschaften im Bewusstsein der Öffentlichkeit geht über den Informationsaustausch mit der interessierten Öffentlichkeit nach § 2 Abs. 1 Nr. 15 BNatSchG hinaus und spezifiziert diesen.

Die vom Umweltrat empfohlene Erarbeitung eines Bundeslandschaftskonzeptes (vgl. SRU, 2002a, Tz. 273 f.), das national bedeutsame Naturschutzziele und Strategien zu ihrer Umsetzung enthält, kann durch die Umsetzung der ELC nicht unterstützt werden. Allenfalls die Verpflichtungen zur Festlegung landschaftsbezogener Qualitätsziele aus Artikel 6 der ELC können sich für die Entwicklung eines Bundeslandschaftskonzeptes als fruchtbar erweisen.

Aus der Binnenperspektive der deutschen Umweltpolitik sowie angesichts der begrenzten Arbeitskapazitäten im Bundesumweltministerium und in den Bundesländern erschien die Zeichnung und Ratifizierung der ELC durch Deutschland bisher nicht vordringlich und wurde dementsprechend auch nicht mit Nachdruck vorbereitet.

222. Nichtsdestoweniger hält der Umweltrat die baldige Unterzeichnung der Landschaftskonvention durch Deutschland für sinnvoll. Diese Sicht begründet sich zum einen aus den zu erwartenden unterstützenden Anstößen für die – auch aus anderen Gründen (Aarhus-Konvention, SUP) sinnvolle – Einführung einer Öffentlichkeitsbeteiligung in der Landschaftsplanung. Zum anderen sollte die politische Signalwirkung auf andere – insbesondere die osteuropäischen – Staaten sowie die zu erwartenden wesentlichen Verbesserungen im Bereich der Landschaftspolitik in einigen dieser Staaten in Betracht gezogen werden. Im Falle einer Nichtunterzeichnung Deutschlands zum jetzigen Zeitpunkt entstünde ein schlechter Eindruck, insbesondere nachdem sich Deutschland aktiv an der Vorbereitung der Landschaftskonvention beteiligt hat. Da schließlich die wesentlichen Inhalte der Landschaftskonvention hierzulande bereits durch das Bundesnaturschutzgesetz abgedeckt sind, kann mit geringem Aufwand ein gemeinsames europäisches Vorgehen im Bereich Landschaftsschutz und Landschaftsplanung unterstützt werden. Nach Ansicht des Umweltrates birgt die Umsetzung der ELC durchaus die Chance für einen Imagegewinn des Natur- und Landschaftsschutzes in Deutschland, eine Mehrbelastung der Naturschutzbehörden ist demgegenüber nicht zu befürchten.

3.7 Ausblick: Zur Bedeutung einer Bundeskompetenz für den Naturschutz

223. Aus den vorhergehenden Abschnitten wird deutlich, dass die föderalen Strukturen in Deutschland vielfach der Verwirklichung wichtiger naturschutzpolitischer Vorhaben entgegenstehen beziehungsweise diese zumindest erheblich verzögern. Besonders evident ist dies bei der Schaffung des Schutzgebietsnetzes NATURA 2000. Hier haben die Länder die ausreichende und sachgerechte Meldung der Gebiete von gemeinschaftlichem Interesse um fast ein Jahrzehnt hinausgezögert (Tz. 142). Ein ähnlicher Befund ergibt sich mit Blick auf die jetzt anstehende Novellierung der Landesnaturschutzgesetze in Folge des 2002 geänderten Bundesnaturschutzgesetzes. Es zeigt sich, dass auch dort, wo zumindest ein abgestimmtes Vorgehen zur Gewährleistung des erforderlichen Maßes an Einheitlichkeit zwingend notwendig ist (z. B. im Bereich der Umweltbeobachtung oder der Eingriffsregelung) sich die Bundesländer weder auf Grundsätze einer Umsetzung der rahmenrechtlichen Regelungen verständigen konnten, noch in ausreichendem Maße die bereits absehbaren europarechtlichen Entwicklungen aufgreifen (Kap. 3.3, Kap. 3.4).

Die Etablierung der Umweltbeobachtung scheint durch ineffektive föderale Strukturen gefährdet zu werden. So sehen die Länder zum Beispiel sehr unterschiedliche Verankerungen der Umweltbeobachtung im Landesrecht vor und etablieren auch sehr unterschiedliche Verfahren zur Datenerhebung, die eine bundesweite Zusammenführung der Daten bereits derzeit sehr erschweren oder gar unmöglich machen. Bei der Umsetzung der im Rahmen der Aarhus-Konvention eingegangenen Verpflichtungen zur Eröffnung von Informations-, Beteiligungs- und Klagemöglichkeiten in umweltrechtlichen Fragen und Verfahren für die Öffentlichkeit und Umweltverbände sind Probleme vorprogrammiert.

224. Mit Blick auf das europäische Gemeinschaftsrecht ist Deutschland gehalten, in den 16 Bundesländern für eine vollständige Umsetzung der zwingenden Vorgaben der FFH- und der Vogelschutzrichtlinie zu sorgen. Außerdem erfordern vernetzte Strukturen wie etwa das System NATURA 2000, der Biotopverbund oder die Umweltbeobachtung eine weitestgehend einheitliche Handhabung. Naturschutzfachlich notwendige Vernetzungen dürfen nicht durch Ländergrenzen erschwert oder sogar unmöglich gemacht werden. Zudem führt die Interpretationsvielfalt in den Bundesländern bei rahmenrechtlich zwangsläufig unbestimmten Rechtsbegriffen wie beispielsweise bei der Eingriffsregelung zu Wettbewerbsverzerrungen (vgl. Tz. 191). Nach der geltenden Kompetenzlage darf der Bund für den Bereich des Naturschutzes und der Landschaftspflege allerdings lediglich Rahmenvorschriften erlassen (Art. 75 Abs. 1 GG), ansonsten muss eine Ausfüllung und Ergänzung durch die Länder erfolgen. Diese ergänzende Umsetzung in den Ländern stellt einen wesentlichen Teil der Umsetzungsaufgaben dar. Setzt aber nur ein Bundesland einschlägiges Gemeinschaftsrecht nicht rechtzeitig oder nicht ausreichend um, kann es zu einem Vertragsverletzungsverfahren kommen. Vor dem Hintergrund der aufgezeigten Behinderungen eines effektiven Naturschutzes infolge der zwischen Bund und Ländern geteilten Zuständigkeiten erscheinen Modifikationen der föderalen Strukturen sachgerecht. Für den Bereich des Naturschutzes und der Landschaftspflege sollte daher eine Änderung der Zuständigkeitsverteilung in Erwägung gezogen werden. Um dem Bund die zügige Durchsetzung naturschutzrechtlicher Gemeinschaftsvorgaben zu ermöglichen und dem Vernetzungsgedanken tatsächlich gerecht werden zu können, erscheint eine konkurrierende Gesetzgebungskompetenz des Bundes geboten. Parallel dazu sollte eine Bundesauftragsverwaltung zumindest für Teile des Naturschutzes und der Landschaftspflege geprüft werden.

Auch wenn im Bereich der Akzeptanzbildung für den Naturschutz ohne Zweifel Anstrengungen notwendig und zielführend sind (s. SRU, 2002b), so kann die Sicherung wichtiger Funktion des Naturhaushaltes und die Bewahrung der Biodiversität dennoch nicht allein der Akzeptanz vor Ort überlassen werden (s. SRU, 2002b, Tz. 411–415). Naturschutzbelange von überregionaler oder internationaler Bedeutung sollten deshalb – ebenso wie vergleichbare Politikfelder, zum Beispiel nationale Verkehrsachsen – unabhängig von lokalen Interessenkonflikten auf der nationalen und internationalen Ebene ausreichend verankert werden. Viele Umweltbelange von lokaler Bedeutung sind hingegen gut und angemessen bei den Städten und Gemeinden aufgehoben.

4 Landwirtschaft

4.1 Agrarpolitik

4.1.1 Problemdarstellung

4.1.1.1 Umweltprobleme der Landwirtschaft und ihre Ursachen

225. Mit über 50 % der gesamten Fläche stellt die Landwirtschaft den für die Flächennutzung in Deutschland bedeutsamsten Wirtschaftssektor dar. Mit der Landbewirtschaftung verbinden sich durchaus vielfältige Umweltschutzeffekte. Ihr kommt vielerorts eine wichtige Funktion bei der Erhaltung der Kulturlandschaft zu, unter anderem durch die Aufrechterhaltung der Landnutzung auf bestimmten Marginalstandorten, den Erhalt von Landschaftselementen und kulturabhängigen Arten und Lebensräumen sowie in manchen Gebieten die Erhöhung der Rate der Grundwasserneubildung. Allerdings bleibt die Landwirtschaft insgesamt einer der wichtigsten Verursacher von Belastungen der Ökosysteme und der Reduzierung der Biodiversität, für Beeinträchtigungen der natürlichen Bodenfunktionen, für Belastungen von Grund- und Oberflächengewässern und in der Folge von Nord- und Ostsee sowie für Verminderungen der Hochwasserrückhaltekapazität der Landschaft (näher unter Tz. 104, 430 ff., 461, 793 und SRU, 2004a, Tz. 96 ff., 188 ff. erläutert). Nicht unerheblich ist auch der Anteil der Landwirtschaft an der Erzeugung klimarelevanter Gase (Methan, Lachgas, Ammoniak als indirekt klimaschädliches Gas). Die Notwendigkeit einer Reduzierung der allgemeinen Umweltbelastungen durch die Landwirtschaft ist daher offenkundig. Die Ausgestaltung der zukünftigen Agrarpolitik wird hierbei entscheidend sein. Die bisherige Agrarpolitik bedarf der grundlegenden Reform. Sie hat eine intensive Acker- und Viehwirtschaft mit erheblichen negativen ökologischen Folgewirkungen begünstigt.

In der Viehwirtschaft haben hohe Tierbestandsdichten vor allem in der bodenunabhängigen Veredlung (Schweine- und Geflügelproduktion; s. Kap. 4.2), aber auch im Futteranbau (Rinderhaltung) zu erhöhten Stoffbelastungen von Grund- und Oberflächengewässern geführt. Neben den in einigen Regionen, bezogen auf die Hauptfutterfläche, angestiegenen Rinderzahlen zieht die Steigerung der Milchleistungen Intensivierungseffekte nach sich, da sehr hochwertiges Futter bereitgestellt werden muss. In diesem Zusammenhang wurde die generell umweltschonendere Grünlandnutzung (auf gleicher Fläche) intensiviert oder zugunsten des Ackerfutterbaus flächenmäßig reduziert. Die Dimension dieser Abnahme wird durch die Entwicklung in Niedersachsen verdeutlicht, wo der Dauergrünlandanteil in den letzten fünf Jahren um 100 000 ha (circa 12 %) abnahm (EURONATUR und BUND, 2003).

Insbesondere durch die Vereinfachung und Intensivierung der Fruchtfolgen ergaben sich auch im Ackerbau in der jüngeren Vergangenheit Veränderungen. Überall dort, wo der Zwischenfruchtanbau nicht durch staatliche Maßnahmen gefördert wird, kam es zu einer deutlichen Abnahme dieser umweltfreundlichen Maßnahme. Bezüglich der Bodenbeeinträchtigung durch Gefügeschäden gibt es gegenläufige Tendenzen. Einerseits kommt es zu einer stärkeren Verbreitung bodenschonender, pflugloser Bodenbearbeitungsverfahren, die aufgrund arbeitswirtschaftlicher Vorteile und einer Agrarumweltförderung attraktiver werden. Auf der anderen Seite führt der Trend zu größeren Landmaschinen zu potenziell größeren Bodenbelastungen durch Gefügeschäden. Die tatsächlichen Belastungen können jedoch durch moderne Achs- und Reifentechnik begrenzt werden.

226. Durch Agrarumweltmaßnahmen und andere Maßnahmen zur Förderung des ländlichen Raumes konnte bislang keine Trendumkehr eingeleitet werden. Die Gründe dafür liegen sowohl in dem geringen finanziellen Umfang der Agrarumweltmaßnahmen als auch in deren unbefriedigender Ausgestaltung und Verteilung im Raum (s. SRU, 2002b, Tz. 233 und OSTERBURG, 2002). Zudem werden die umweltschonenden Effekte dieser Fördermaßnahmen von den negativen Umweltwirkungen der EU-Agrarmarktpolitik, die durch ihre nicht an eine umweltkonforme Bewirtschaftung gebundenen Stützungen und Direktzahlungen erhebliche zusätzliche landwirtschaftliche Umweltbeeinträchtigungen induziert, überkompensiert. Nicht zuletzt können sich die hohen allgemeinen Agrarsubventionen negativ auf die relative Anreizwirkung der vom Umfang her weit geringeren Umweltförderung auswirken. Für Marktordnungen werden für die deutsche Landwirtschaft derzeit circa 6,2 Mrd. Euro aus dem EU-Haushalt und 2,6 Mrd. Euro aus dem Bundeshaushalt aufgewendet (Bundesregierung, 2003). Neben diesen Subventionen fließen der Landwirtschaft noch weitere Finanzhilfen aus den Bundesländern zu. Diese Mittel beliefen sich im Jahr 2001 auf 2 Mrd. Euro (Bundesministerium der Finanzen, 2001/2). Nur ein vergleichsweise geringer Anteil dieser Fördermittel wird für die Förderung umweltentlastender Maßnahmen ausgegeben: Im Jahre 2003 entfielen circa 290 Mio. Euro aus dem Bundes- und Landesbudget (für die Gemeinschaftsaufgabe Agrarstruktur und Küstenschutz) auf die Unterstützung einer nachhaltigen Landwirtschaft (Bundesregierung, 2003; vgl. BURDICK und LANGE, 2003).

Tabelle 4-1

**Direkte und indirekte Finanzhilfen (Zahlungen an Länder) des Bundes und der EU
für die deutsche Landwirtschaft 1998 bis 2003**

Art der Transfers	Finanzhilfen*			Veränderung	
	1998	2002	2003**	1998–2002	1998–2003
	in Mrd. Euro			in Prozent	
Direkte Transfers	2 527	2 019	2 055	– 20,1	– 18,7
Indirekte Transfers	663	636	574	– 4,0	– 13,3
Bundeshilfen gesamt	**3 190**	**2 655**	**2 630**	**– 16,8**	**– 17,55**
Finanzhilfen der EU	5 714	6 166	6 806	7,9	19,6
EU- und Bundeshilfen gesamt	**8 904**	**8 821**	**9 436**	**– 0,9**	**6,0**

* Abweichungen in den Summen durch Rundungen.
** Sollwerte.
Quelle: BOSS UND ROSENSCHON, 2003

227. Zusätzlich zu diesen Finanzhilfen und Steuervergünstigungen müssen implizite Subventionen berücksichtigt werden, die als Vorteile aus einer nicht vollständigen Internalisierung externer Umwelteffekte gezogen werden. Die Ermittlung der externen Kosten der Landwirtschaft stößt auf erhebliche methodische Probleme, da schwer quantifizierbare und nur begrenzt monetarisierbare Größen einbezogen werden müssen. Die wenigen existierenden Studien zu dem Thema zeigen jedoch, dass von erheblichen Kostendimensionen ausgegangen werden muss, die eindeutig einen politischen Handlungsbedarf nahe legen (vgl. für Pflanzenschutzmittel [PSM] in Deutschland: WAIBEL und FLEISCHER, 1998). Für das Vereinigte Königreich kalkulierten PRETTY et al. (2000) 2,343 Mrd. Englische Pfund Gesamtkosten für das Jahr 1996, entsprechend 208 Pfund pro Hektar landwirtschaftliche Nutzfläche. Signifikante Kosten entstehen nach diesen Berechnungen beispielsweise durch die Verschmutzung von Trinkwasser durch Pflanzenschutzmittel (120 Mio. Pfund), Biotopzerstörung (125 Mio. Pfund), Bodenerosion (106 Mio. Pfund), Nahrungsmittelkontaminierung (169 Mio. Pfund) und insbesondere Gasemissionen (1,113 Mrd. Pfund). Insgesamt bleibt festzuhalten, dass Formen einer umweltschädlichen Landbewirtschaftung unter den gegenwärtigen institutionellen Rahmenbedingungen systematisch bevorteilt werden.

4.1.1.2 Entwicklung der Agrarpolitik

228. Entscheidend für die Entwicklung im deutschen Agrarsektor ist die Gemeinsame Agrarpolitik der EU (GAP). Die Agrarpolitik fällt in weiten Teilen in die ausschließliche Kompetenz der EU; eine von der EU unabhängige Agrarpolitik kann von Deutschland also nicht betrieben werden. Gleichwohl besteht die Möglichkeit, auf europäischer Ebene eine Schrittmacherrolle bei der Reform der GAP einzunehmen und nationale Spielräume der Ausgestaltung (beispielsweise im Bereich der Förderung des ländlichen Raumes oder der Ausgestaltung der guten fachlichen Praxis) zu nutzen.

229. Alle Reformschritte in den 1990er-Jahren zielten darauf ab, zusätzlich zu der Erfüllung welthandelspolitischer Anforderungen auch zur Begrenzung der Agrarausgaben, der Verminderung der Überproduktion und der verstärkten Integration von Verbraucherschutz- und Umweltschutzbelangen beizutragen (vgl. SRU, 2002, Abschn. 3.2.5). Im Verlauf der agrarpolitischen Debatte wurde es immer schwerer, nachvollziehbare Begründungen für pauschale Direktzahlungen an die Landwirtschaft zu finden (HENNING, 2001). Während es gelang, die Überproduktion zumindest einzudämmen und durch die Agrarumweltmaßnahmen auf kleineren Flächenanteilen schutzwürdige Biotope zu erhalten, muss dennoch konstatiert werden, dass die Effizienz des Mitteleinsatzes für den Natur- und Umweltschutz gering blieb und bisher keine grundlegenden Erfolge bei der Integration von Umweltbelangen erzielt wurden. Bemerkenswert ist, dass neben den ökologischen auch die sozioökonomischen Ziele der Agrarpolitik nicht zufriedenstellend erreicht wurden. So gelang es zumindest für die kleinen und mittleren Betriebe nicht, die Einkommen der Landwirte zu stabilisieren. Ein großer Teil der einkommensorientierten, flächenbezogenen Zahlungen wird von den Bewirtschaftern an die Grundeigentümer und Verpächter von Flächen weitergereicht. Bei Pachtanteilen in Deutschland von heute bereits über 60 %, die noch weiter steigen werden, führt dies zu einer Aushöhlung der von der Agrarpolitik intendierten Einkommenswirkung (ISERMEYER, 2001). Nach Schätzungen der OECD führen nur knapp 26 % der Ausgleichszahlungen, 23 % der Preisstützungen, 47 % der Flächenzahlungen und rund 17 % der Subventionen

für Produktionsinputs zu einem Nettoeinkommenszuwachs der landwirtschaftlichen Haushalte in den Ländern der OECD. Der überwiegende Teil von Transfers wird bei Grundeigentümern und Verpächtern ohne eigene Landwirtschaft sowie den Lieferanten landwirtschaftlicher Produktionsfaktoren einkommenswirksam (OECD, 2003a, S. 24).

230. Gegenwärtig befindet sich die europäische Agrarpolitik am Beginn einer wichtigen neuen Phase des GAP-Reformprozesses. Die am 26. Juni 2003 in Luxemburg durch den Agrarministerrat im Rahmen der so genannten *Mid-Term Review* (Zwischenbewertung der Agenda 2000) beschlossene Agrarreform (im Folgenden „MTR-Reform") verfolgt die Ziele einer Begrenzung der Haushaltsausgaben für die Markt- und Preispolitik sowie einer Entkopplung der Direktzahlungen von der Produktion. Die neuen Grundsätze treten ab 2005 in Kraft und gelten bis zum Jahre 2013. Ein entscheidender Anlass der jüngsten Reform war die geplante Osterweiterung der EU im Jahre 2004, die eine unveränderte Weiterführung der bisherigen Agrarpolitik für die neue EU unbezahlbar gemacht hätte, das Auslaufen der „Friedenspflicht" der Uruguay-Runde und die Verhandlungen im Rahmen der Doha-Runde, durch welche die derzeitigen agrarpolitischen Direktzahlungen der EU infrage gestellt wurden (vgl. Abschn. 4.1.3.2).

Bereits heute ist abzusehen, dass mit der beschlossenen Reform das Ziel, eine dauerhaft umweltgerechte Landnutzung einzuführen, nicht zu erreichen sein wird. In einigen Bereichen sind sogar neue Umweltprobleme zu befürchten (s. Abschn. 4.1.4.2). Auch wird die angestrebte Liberalisierung der Agrarmärkte der EU möglicherweise den zukünftigen Anforderungen in der WTO nicht genügen.

231. Der Umweltrat nimmt diese Situation zum Anlass, einerseits Vorschläge zur kurzfristigen nationalen Ausgestaltung des derzeit vorgegebenen Rahmens zu unterbreiten. Dies ist angesichts der unverändert hohen Beiträge des Sektors zur Umweltbelastung von großer Bedeutung. Andererseits sollen angesichts der langen Vorbereitungszeiten für Reformen im Agrarsektor bereits zum gegenwärtigen Zeitpunkt vorausschauende Empfehlungen für eine Weiterentwicklung der Agrarpolitik nach 2013 bereitgestellt werden. Der Umweltrat greift dazu früher geäußerte, weiter gehende Reformvorschläge auf, die auf eine konsequente Umschichtung der Finanzmittel aus der ersten Säule der Agrarpolitik in die zweite Säule (Förderung und Entwicklung des ländlichen Raumes) und eine verstärkte Förderung von ökologischen Leistungen der Landwirtschaft abzielen (SRU, 1996a, 2002a, 2002b). Noch weiter gehende Forderungen im Sinne einer weit gehenden Liberalisierung durch Abbau aller Maßnahmen, die Handelswirkungen entfalten, werden in den WTO-Verhandlungen vorgebracht. Auch in der öffentlichen Diskussion werden umfangreiche staatliche Transfers, die in ihrer Legitimation und Notwendigkeit nicht weiter hinterfragt sind, zunehmend infrage gestellt (vgl. Wissenschaftlicher Beirat Agrarpolitik, 2003). Um eine langfristige Perspektive für eine dauerhaft umweltgerechte Landwirtschaft entwickeln zu können, sollten die Konsequenzen der sich abzeichnenden Liberalisierung der Agrarmärkte für die Agrarstruktur und Umwelt in Deutschland bekannt sein. Die Abschätzung dieser Auswirkungen ist notwendig, um die nationalen und europäischen Positionen bei den WTO-Verhandlungen weiterzuentwickeln, auf nationaler Ebene Gegenmaßnahmen für unerwünschte Effekte zu konzipieren und der Landwirtschaft eine langfristige Perspektive zu bieten. Aus umweltpolitischer Sicht stellt sich insbesondere die Frage, welche agrarumweltpolitischen Maßnahmen umgesetzt werden müssten, um umweltpolitische Zielvorgaben einzuhalten.

232. Im Folgenden werden zunächst die Ziele und Kriterien für die Beurteilung agrarpolitischer Entwicklungspfade unter Umweltgesichtspunkten sowie die Rahmenbedingungen für eine Weiterentwicklung der Agrarpolitik durch die erwarteten Auswirkungen der EU-Osterweiterung und die Bedingungen der WTO dargestellt (die Grundlage zu diesen Ausführungen bildet GAY et al., 2003). In einem weiter gehenden Schritt werden danach die agrarpolitischen Weichenstellungen durch die MTR-Reform beurteilt und kurzfristig umzusetzende Empfehlungen für die nationale Ausgestaltung des durch die MTR-Beschlüsse vorgegebenen Rahmens abgeleitet. Auf der Grundlage eines Extremszenarios, das die Auswirkungen einer vollständigen Liberalisierung der Agrarpolitik darstellt (GAY et al., 2003), sowie von Überlegungen zu den Anpassungsmöglichkeiten der deutschen Landwirtschaft (ebenfalls GAY et al., 2003) werden abschließend Empfehlungen zu langfristigen Weichenstellungen in der Agrarpolitik gegeben.

4.1.2 Ziele und Kriterien für die Beurteilung agrarpolitischer Entwicklungspfade unter Umweltgesichtspunkten

233. Grundlage jeder Bewertung agrarpolitischer Entwicklungspfade sollten Ziele für die Entwicklung des ländlichen Raumes und der landwirtschaftlichen Nutzung sein, die eine Erhaltung der Funktionen und Leistungsfähigkeit des Naturhaushaltes und der Landschaft erwarten lassen (Tab. 4-2; ausführlich dazu SRU, 2002a; s. auch Kap. 3.1, 4.2 und 4.3). Die zukünftige Agrarpolitik sollte nicht nur einer weiteren Beeinträchtigung der Funktionen des Naturhaushaltes entgegenwirken, sondern auch von der Gesellschaft gewünschte positive Landschaftsentwicklungen unterstützen (SRU, 2002a, Tz. 74).

Tabelle 4-2

Übersicht zu Zielen für den Umweltschutz in der deutschen Landwirtschaft

Ziel	Standard	Normierung/Fachlicher Vorschlag
Allgemeine, verursacherbezogene Ziele		
Steigerung des Anteils der ökologisch bewirtschafteten Landfläche an der landwirtschaftlich genutzten Fläche	Steigerung von 3,2 % im Jahr 2000 auf 20 % bis zum Jahr 2010	Nachhaltigkeitsstrategie der Bundesregierung (2002)
Verminderung der Nähr- und Schadstoffeinträge in Ökosysteme	Begrenzung von Schadstoffen in allen Düngemitteln	SRU (2002a)
	Reduzierung des jährlichen Stickstoffüberschusses in der Sektorbilanz von 117 kg auf 80 kg bis 2010	Nachhaltigkeitsstrategie der Bundesregierung (2002)
	Reduktion der Pflanzenschutzmittelaufwandmenge um 30 % gegenüber dem derzeitigen Verbrauch	S. Kapitel 4.3
Einhaltung einer guten *Trinkwasserqualität* und eines flächendeckend guten ökologischen Zustandes des *Grundwassers*	Nitrat: Trinkwasser-Grenzwert 50 mg Nitrat/l (Richtwert 25 mg/l); Grenzwert Pflanzenschutzmittel: 0,1 μg/l für Einzelsubstanz; 0,5 μg/l für Summenwert	EG-Trinkwasser-Richtlinie 80/778/EWG, Trinkwasserverordnung, EG-Wasserrahmenrichtlinie, und Grundwasser-Richtlinie (Kap. 5.1 u. Kap. 5.2)
	Bis 2030 flächendeckend 40 mg/l Nitrat im Grundwasser erreichen	SRU (2002a)
Verbesserung der Qualität der *Oberflächengewässer*	Guter chemischer und ökologischer Zustand aller Gewässer bis 2015 (noch nicht abschließend definiert)	Wasserrahmenrichtlinie 2000/60/EG
	Grünlanderhaltung in Überschwemmungsgebieten	BNatSchG 2002
	Halbierung der P- und N-Einträge in Nord- und Ostsee gegenüber Basisjahr 1985 (87)	OSPAR- und HELCOM-Konvention (1992), SRU (2004a)
Bodenschutz	Schutz des Bodens vor Erosion und Gefügeschäden, ohne konkrete gesetzliche Standards, max. Erosionsvermeidung	Bundes-Bodenschutzgesetz (1998), BNatSchG 2002
	Grünlanderhaltung auf erosionsgefährdeten Hängen	BNatSchG 2002
	Grenzwerte für Belastung sekundärer Rohstoffe, max. Ausbringungsmengen, Obergrenze für Belastungsniveau beaufschlagter Böden	Abfall-KlärschlammV sowie BioabfallV (Abschn. 9.2.2.4)
Schutz vor Eutrophierung und Versauerung	Senkung der Ammoniakemissionen von derzeit circa 600 auf max. 550 Kilotonnen im Jahr 2010	NEC-Richtlinie 2001/81/EG
Klimaschutz	Reduzierung der Emissionen klimarelevanter Gase um 21 % bis zum Jahr 2010 gegenüber 1990	Kioto-Protokoll

noch Tabelle 4-2

Ziel	Standard	Normierung/Fachlicher Vorschlag
Arten- und Biotopschutz		
Erhaltung von halbnatürlichen und natürlichen Biotopen, Entwicklung größerer Flächenanteile	Unter anderem Entwicklung von – extensiv genutzten halbnatürlichen Biotopen auf mindestens 7–10 % der Gesamtflächen des Bundesgebietes – natürlichen und naturnahen Biotopen auf mindestens 3–5 % der Gesamtlandfläche	SRU (2002a)
	Erhaltung von Grünland auf Standorten mit hohem Grundwasserstand und Moorstandorten	BNatSchG 2002
	Einrichtung von bis zu 300 m breiten Pufferzonen zwischen empfindlichen Biotopen und intensiv genutzten landwirtschaftlichen Nutzflächen	SRU (2002a)
Biotopverbund	– Schaffung eines nationalen Biotopverbundes auf mindestens 10 % der Landesfläche – Festlegung regionaler Mindestdichten durch Länder, Erhaltung und Vermehrung von Landschaftselementen	BNatSchG 2002
	Umsetzung des Netzes NATURA 2000	FFH-Richtlinie 92/43/EWG
Erhaltung **historisch und ästhetisch wertvoller Landschaften**, Offenhaltung bestimmter **Erholungslandschaften**	Orientierung an konkreten Flächenausweisungen der Landschaftsplanung	Europäische Landschaftskonvention
	Entwicklung einer Liste der wertvollen Kulturlandschaftstypen	SRU (2002a)
SRU/UG 2004/Tab. 4-2; Datenquellen: GAY et al., 2003; SRU, 2002a, s. auch Ziele in Kap. 3.1, Kap. 4.2, Kap. 4.3		

234. Abhängig von der naturräumlichen Situation, den standörtlichen Gegebenheiten und dem agrarischen Nutzungsanspruch gibt es in einem solchen Zielkonzept Spielräume für eine Verbindung zwischen Umweltschutz und einer ökonomisch einträglichen Landwirtschaft. Das Spektrum der gesellschaftlichen Präferenzen kann von flächendeckenden Mindestanforderungen an eine dauerhaft umweltgerechte Landnutzung (Kap. 4.2 und 4.3), über höhere Umweltleistungen auf besonders empfindlichen Flächen bis hin zu Entwicklungsoptionen in geeigneten Bereichen reichen (s. modifiziertes Konzept der differenzierten Landnutzung in SRU, 2002a, Abschn. 6.5.3). Auf der Grundlage von Handlungsprioritäten (die in Umweltplanungen wie den Plänen gemäß EG-Wasserrahmenrichtlinie oder der Landschaftsplanung dargestellt werden) sollten Umweltleistungen der Landwirtschaft nachgefragt und entgolten werden können.

Die künftige Agrarpolitik sollte in diesem Zusammenhang nicht in erster Linie die Produktion fördern, sondern Maßnahmen, die über die gute fachliche Praxis hinausgehen und mindestens das Entstehen negativer Umwelteffekte der Agrarproduktion auf ein unvermeidbares Maß begrenzen und im weiter gehenden Fall zu positiven Umweltentwicklungen beitragen. Die Mindestauflagen der guten fachlichen Praxis sollten gemäß dem Verursacherprinzip allein schon deshalb entschädigungslos eingehalten werden, um keinen Präzedenzfall für andere Wirtschaftsbereiche zu schaffen. Um öffentliche Gelder bei der Förderung von Umweltleistungen möglichst sparsam einzusetzen, sollten Synergieeffekte zu anderen Umweltpolitikbereichen, in denen Förderungsnotwendigkeiten vorhanden sind oder gerade entstehen, genutzt werden. Zukünftig werden sich neue Kosten vor allem durch die Umsetzung der Wasserrahmenrichtlinie sowie die Umsetzung der Gemeinschaftsstrategie der EU zur Erhaltung der Artenvielfalt (KOM [98] 0042, C4-01140/98) ergeben (s. Kap. 5 und Kap. 3). Die Gemeinschaftsstrategie fordert die Berücksichtigung der Artenschutzziele in den relevanten Instrumenten der GAP, zum Beispiel durch den Ausbau der gezielten Umweltschutzmaßnahmen in der Landwirtschaft.

Damit umweltwirksame Maßnahmen möglichst effizient entlohnt werden, sollte stärker das Instrument der erfolgsorientierten Honorierung zum Tragen kommen (SRU, 2002a, Abschn. 5.1.4). Mit einer derartigen Honorierung wird auch die Hoffnung auf eine höhere Motivation der Landwirte und eine effektivere Zielerreichung auf den Flächen verbunden (BATHKE et al., 2003). Das Ziel einer Effizienzsteigerung sollte nicht zu der Vorgabe führen, dass Zahlungen für Umweltleistungen obligatorisch auf eine reine Entschädigung von auflagenbedingten Aufwendungen oder Einkommensverlusten begrenzt werden müssten. In diese Richtung zielt die Diskussion im Rahmen der WTO. Innerhalb der *Green Box* werden Einkommenseffekte bisher grundsätzlich abgelehnt (Tab. 4-3). Damit die Umweltmaßnahmen hingegen auch auf freiwilliger Basis attraktiv für die Landbewirtschafter sind, sollten auch bereits als Koppelprodukt erbrachte, erwünschte Leistungen honorierbar sein und gewisse Einkommenseffekte erzielt werden können (die EU erlaubt im Regelfall bis zu 20 % zusätzlich zu den Kosten).

235. Die Bereitstellung von Mindestumweltleistungen darf – auch bei einer zukünftig klaren Trennung ihrer Förderung von Subventionen an die Landwirtschaft zur Einkommensstützung – nicht zum politischen Spielball werden. Tagespolitische Prioritäten oder die Finanzlage einzelner Bundesländer können angesichts der stark eingeschränkten Marktfähigkeit der meisten Umweltgüter nicht über deren Erhaltung entscheiden. In diesem Zusammenhang sollte die Finanzierungsverantwortung den jeweiligen politischen Ebenen, grundsätzlich orientiert an der Bedeutung der Umweltbelange und der Verantwortung des Staates für den Erhalt der Naturgüter, zugeordnet werden. Die derzeitige Konzentration der Kofinanzierungsverantwortung insbesondere auf der Ebene der Bundesländer wäre demzufolge teilweise abzubauen (SRU, 2002a, Tz. 233 ff.). Dieses Prinzip zöge in der Konsequenz eine weit reichende Finanzierung aller international bedeutsamen Umweltmaßnahmen (z. B. im Rahmen von NATURA 2000 oder der WRRL) durch die nationale Ebene und die EU sowie die Finanzierung überregional bedeutsamer Belange oder von Maßnahmen mit überregionaler Wirkung durch die Staaten und gegebenenfalls die EU nach sich. Regional oder lokal relevante Maßnahmen könnten durch Kofinanzierungsmodelle der Kommunen, der Länder und des Bundes finanziert werden. Da die Abgrenzung zwischen Maßnahmen mit regionalen oder überregionalen Auswirkungen allerdings in vielen Fällen nicht einfach ist, böte sich auch dort ein Kofinanzierungsmodell an. Die Anlage von Hecken kann beispielsweise sowohl die lokale Biotopqualität der Landschaft verbessern, als auch dem Erosionsschutz und – über die Entlastung der Oberflächengewässer – dem Meeresschutz dienen. Für ein solches Modell können allerdings nur dann genügend öffentliche Mittel zur Verfügung stehen, wenn die Steuermittel zur Stützung der Agrarproduktion drastisch reduziert werden.

236. Der Umweltrat verkennt nicht, dass die Einstellung der Förderung der reinen Agrarproduktion neben voraussichtlich überwiegend positiven Umweltauswirkungen auch negative Effekte, zum Beispiel für den Energieverbrauch durch Ferntransporte von Agrarprodukten oder die Offenhaltung von bestimmten Kulturlandschaften, mit sich bringen kann:

– Die Abwanderung nicht auf dem Weltmarkt konkurrenzfähiger Produktionszweige aus Mitteleuropa könnte erheblich unerwünschte Effekte auf die Energiebilanzen und das Klima durch zunehmende Transportwege bewirken. Diese Effekte sind allerdings differenziert einzuschätzen und stellen eine Liberalisierung nicht grundsätzlich infrage: Zumindest derzeit stehen einige importierte Agrarerzeugnisse hinsichtlich der Energiebilanzen günstiger da als einheimische Produkte. Das diesbezüglich bessere Abschneiden einiger Importe ergibt sich einerseits aus ökonomischen Skaleneffekten (im Falle kleinerer Produktionseinheiten in Europa als in Übersee) und in manchen Fällen auch durch in Europa ungünstigere natürliche Produktionsbedingungen. Die Ergebnisse von Energiebilanzen für die Produktion von Schaffleisch und Fruchtsaft (SCHLICH und FLEISNER, 2003) zeigen, dass vor allem die Effizienz und Logistik der Produktion und Distribution zu geringen Energieumsätzen führten. Langfristig können Veränderungen der Produktionsbedingungen in der regionalen Produktion, Verarbeitung und im Transport in Deutschland jedoch eine effizientere Energienutzung bewirken, sodass deutsche Produkte zu einer im Vergleich zu importierten Erzeugnissen günstigeren Energiebilanz kommen. Neben den Effekten für die energieverbrauchsbezogenen Umweltbeeinträchtigungen sind durch eine erhöhte Transportaktivität und die Konzentration der Erzeugung in bestimmten Weltregionen das Risiko der Verbreitung von Tierseuchen erhöhen.

– Die Erbringung von gesellschaftlich erwünschten Leistungen, wie die Offenhaltung der Kulturlandschaft in bestimmten Grenzertragsgebieten, kann sich für die Umweltpolitik verteuern, wenn agrarpolitische Preisstützungen und Direktzahlungen entfallen und die landwirtschaftliche Nutzung in solchen Gebieten aufgegeben würde.

Derartige Umweltauswirkungen müssen bei der Beurteilung der zukünftigen Agrarpolitik Berücksichtigung finden. Die häufig geforderte Erhaltung einer ganz bestimmten Agrarstruktur und insbesondere bestimmter Betriebsgrößen kann demgegenüber nur bedingt ein umweltpolitisches Anliegen sein, da einerseits eine bessere Umweltverträglichkeit bestimmter Betriebsgrößen bisher nicht nachgewiesen werden konnte (NIEBERG, 1994; vgl. auch Unterschiede im biologischen Inventar in Ost- und Westdeutschland, VOIGTLÄNDER et al., 2001) und andererseits eine direkte Förderung von Umweltleistungen als der zielführendere Weg erscheint. Wenn zum Zwecke einer Vereinfachung der Mittelzuteilung Ausnahmen von diesem Prinzip gemacht werden sollten, so böten sich nur wenige Maßnahmen, wie die Einbringung von Feldgehölzen oder der Verzicht auf Pflanzenschutzmittel, an. Auch für den ökologischen Landbau könnte, angesichts geringer externer Effekte beziehungsweise wegen der vielfältigen Umweltschutzleistungen, eine pauschale Förderung gerechtfertigt sein.

237. Zusammenfassend können folgende Anforderungen an eine zukünftige Agrarumweltpolitik gestellt werden:

Die landwirtschaftliche Nutzung sollte so durchgeführt werden, dass die in Tabelle 4-2 genannten Umweltziele (s. weiter gehend auch SRU, 2002a, Tz. 74 und Kap. 3.1, 4.2 und 4.3) erreicht werden. Das bedeutet flächendeckend die Einhaltung der guten fachlichen Praxis. In Gebieten mit besonderen Anforderungen aufgrund von standörtlichen Empfindlichkeiten, besonderem Wert der Funktionen des Naturhaushaltes oder anderen gesellschaftlichen Präferenzen sollten Umweltleistungen honoriert werden. Dazu gehört auch die Offenhaltung der Landschaft in Gebieten, in denen dies erwünscht ist.

Um dieses zu gewährleisten, sollten Agrarsubventionen nicht in Konkurrenz zur Förderung von Umweltleistungen treten, indem sie dazu führen, dass Umweltleistungen relativ zu anderweitig geförderten Agrarmaßnahmen an Rentabilität einbüßen. Damit die Erbringung von Umweltleistungen attraktiv für die Landnutzer wird, sollen auch bereits heute freiwillige oder als Kuppelprodukt erbrachte Leistungen honorierbar sein, wenn ein gesellschaftlicher Bedarf nach der Erhaltung bestimmter Produktionsformen erkennbar ist und deren Weiterführung offensichtlich gefährdet ist. Die begrenzt zur Verfügung stehenden Finanzmittel sollten effizient und zielführend verausgabt werden. Die Honorierung von Umweltleistungen wäre deshalb – mit wenigen Ausnahmen – auf Flächen zu beschränken, auf denen ein Handlungsbedarf besteht. Damit ausreichende Mittel zur Verfügung stehen, sollten die Mittel der ersten Säule der Agrarpolitik nicht mehr weit gehend ohne Bindung an Umweltleistungen vergeben werden, sondern an erwünschte Umweltleistungen gebunden werden und damit auch nicht mehr automatisch flächendeckend zur Verfügung stehen. Unter der ersten Säule der Agrarpolitik wird derzeit die Markt- und Preispolitik verstanden, die insbesondere Preisstützung, Tier- und Flächenbeihilfen umfasst. Die zweite Säule bezeichnet Maßnahmen zur Entwicklung des ländlichen Raumes, darunter Agrarumweltmaßnahmen. Die Verteilung der Finanzierungsverantwortung für die Umweltmaßnahmen auf den politischen Ebenen sollte die Verantwortung dieser Ebenen für die Naturgüter unterschiedlicher (lokaler bis internationaler) Bedeutung widerspiegeln.

4.1.3 Rahmenbedingungen für eine mittel- bis langfristige Ausrichtung der Agrarpolitik

4.1.3.1 Konsequenzen der EU-Osterweiterung

238. Die geplante Osterweiterung der EU um acht mittel- und osteuropäische Länder (MOEL) im Mai 2004 und die Option des Beitritts von Bulgarien und Rumänien im Jahr 2007 stellt die Agrarpolitik der EU vor eine große Herausforderung. Aufgrund der zögerlichen Reformschritte in der EU-15 wird nun eine Agrarpolitik in den MOEL eingeführt, die sich in einem schwierigen und noch nicht abgeschlossenen Reformprozess befindet. Weitere notwendige Reformschritte werden in einer EU der 25 oder 27 noch schwerer durchzusetzen sein (HENNING et al., 2001).

Das Ausmaß der anstehenden Veränderungen ist bisher einmalig in der Geschichte von Beitritten zur EU: Das landwirtschaftliche Produktionspotenzial der EU im Jahre 2004 wird sich um etwa ein Drittel erhöhen. Im Falle eines Beitritts von Rumänien und Bulgarien ist eine Erhöhung um 45 % (2007) zu erwarten. Das wird zu erheblichen Umwälzungen auf dem Agrarmarkt der EU und einer Neuverteilung der EU-Mittel für die Agrar- und Strukturpolitik führen (TANGERMANN, 1996; SWINNEN, 2003). Allerdings wird sich die Stellung der deutschen Landwirtschaft im EU-Binnenmarkt vermutlich erst langfristig verändern, da sich die Wettbewerbsfähigkeit der MOEL nur allmählich verbessern wird (SALAMON und HEROK, 2001). Die Übergangsregelungen für die Beitrittsstaaten hinsichtlich der Einhaltung von Umwelt-, Gesundheits- und Tierschutzstandards wurden sehr restriktiv gestaltet, unter anderem damit kein Marktdruck aufgrund geringerer Produktionsauflagen entsteht.

Die ursprünglich nicht geplante, schrittweise Einführung der Direktzahlungen in den MOEL – beginnend bei 25 % der Prämienhöhe der EU-15 – (BROCKMEIER, 2003; BÖGE, 2002; BROCKMEIER et al., 2002; EU-Kommission, 2002a), das so genannte *phasing in*, wird indes aufgrund der ebenfalls beschlossenen Begrenzung der Mittel für Agrarmarktpolitik und Direktzahlungen zwangsläufig zu einem *phasing down* der Direktzahlungen in der EU-15 und zu damit verbundenen Einkommensrückgängen führen (SWINNEN, 2003). Die auf dem Brüsseler Gipfel im Jahre 2002 beschlossene Begrenzung der Mittel für marktpolitische Maßnahmen und Direktzahlungen auf einen Höchstbetrag von 45,3 Mrd. Euro innerhalb der ersten Säule bis 2006 soll bei einer Steigerung von 1 % pro Jahr von 2007 bis 2013 nicht überschritten werden. Dann sollen die Beitrittsstaaten das Direktzahlungsniveau der Alt-EU-Staaten erreicht haben, das bis dahin allerdings auf ein niedrigeres Niveau abgesunken sein wird. Bei circa 30 % zusätzlicher Agrarfläche durch den Beitritt würde dies, bei Unterstellung einer Gleichverteilung, ein Absinken auf circa 75 % des bislang in der EU-15 vorgesehenen Direktzahlungsniveaus bedeuten.

239. Auch die Verteilung der für die ländliche Entwicklung bedeutsamen EU-Strukturfonds-Mittel wird sich voraussichtlich verändern (SEEGERS, 2002). Aufgrund der Prosperitätskriterien für die Verteilung dieser Mittel könnten die meisten der so genannten Ziel-1-Gebiete mit bevorzugter Förderung in der EU-15 ihre Förderprivilegien verlieren, darunter in Deutschland auch die neuen Länder. Stark betroffene Alt-EU-Staaten wie Spanien werden jedoch auf Kompensationen drängen, die den

Finanzbedarf weiter erhöhen würden. Die Nettozahlerposition Deutschlands wird sich dadurch voraussichtlich noch verstärken und für die strukturschwachen Regionen der neuen Länder müsste angesichts geringerer EU-Förderung nach Übergangsregelungen gesucht werden (WEISE, 2002). Da die EU-Ausgaben der zweiten Säule im Gegensatz zu den Mitteln der ersten Säule keinen zusätzlichen Mechanismen zur Haushaltsdisziplin unterliegen, könnten die durch die EU in Zukunft gewährten Mittel aber auch weiter ansteigen, soweit nationale Kofinanzierungsmittel bereitgestellt werden.

240. Die Umweltrelevanz dieser Veränderungen für Deutschland ist nur schwer abschätzbar. Auf Länderebene könnte eine Reduzierung der insgesamt für die Entwicklung des ländlichen Raumes verfügbaren Mittel dazu führen, dass diese bevorzugt in der Strukturpolitik eingesetzt werden. Für Umwelt- und Naturschutzmaßnahmen ständen dann noch weniger Mittel zur Verfügung als bisher.

Weit einschneidender werden jedoch die Veränderungen der Umweltsituation in den MOEL ausfallen. Die EU-Osterweiterung trifft in den Beitrittsländern auf eine Situation, die sowohl von den Wirtschaftsbedingungen im Sozialismus vor 1990 als auch von der Liberalisierung danach geprägt ist. In Teilbereichen unterlag die Landschaft in den osteuropäischen Ländern vor 1990 ähnlichen Prozessen wie die im Westen. Auf den großen Staats- oder Genossenschaftsbetrieben wurden einschneidende Flurumgestaltungen und Be- oder Entwässerungsmaßnahmen durchgeführt. Allerdings fanden diese Prozesse nicht überall statt. Abgesehen von den baltischen Staaten herrschte in vielen Gebieten der übrigen Beitrittsstaaten kleinbäuerliche Landwirtschaft vor, die in erheblichem Ausmaß für den Naturschutz wertvolles, naturnahes Grünland bewirtschaftete (noch 1999 in Slowenien 53 % der LF [Landwirtschaftliche Nutzfläche], > 10 % der LF in Tschechien, Ungarn, der Slowakei und Polen) (IEEP, 2002). Die Marktliberalisierung in diesen Ländern führte nach 1990 auf der einen Seite zu erheblichen Produktionssenkungen und Verminderungen des Einsatzes von Agrochemikalien und in der Folge zu einer Verbesserung der ökologischen Bedingungen in den intensiv genutzten Gebieten. Durch die Verminderung der Viehbestandszahlen (insgesamt um 30 bis 45 %) fielen aber auf der anderen Seite nicht unerhebliche Flächen brach. Von einer starken Absenkung der Schafzahlen waren vor allem marginale Flächen und Extensivnutzungsgebiete betroffen. Hier kam es in der Folge zu zunehmendem Artenrückgang (IEEP, 2002).

Derzeit sind lediglich bestimmte ökologische Auswirkungen des Eintritts der MOEL in die gemeinsame Agrarpolitik der EU absehbar. So wird es voraussichtlich auf der einen Seite zu einem Intensivierungsschub auf der Ackerfläche und im Gartenbau kommen, da durch die Direktzahlungen mehr Geld für den Kauf von Betriebsmitteln zur Verfügung steht und es attraktiv wird, zum Beispiel die Getreideanbauflächen auszudehnen. Legt man den Anstieg des Mineral-Stickstoff-Einsatzes in Ostdeutschland als Anhaltspunkt zugrunde, könnten Steigerungen von fast 60 % bei Stickstoff-Mineraldünger auftreten. Wie stark die damit verbundenen Auswirkungen sein werden, hängt davon ab, ob und wie schnell ein Beratungssystem und ausreichende Agrarumweltmaßnahmen entwickelt und implementiert werden können. Darüber hinaus besteht die Gefahr, dass erhebliche Teile des derzeitigen Dauergrünlandes entweder noch kurz vor dem EU-Beitritt oder danach, wenn Kontrollsysteme noch nicht aufgebaut sind, in Ackerfläche umgewandelt werden, was Auswirkungen auf die Gewässer und Biotopqualitäten haben wird. Insgesamt wird aber aufgrund der geringeren Land- und Arbeitskosten nicht erwartet, dass die Landnutzungsintensität das Niveau der derzeitigen EU erreichen wird. Auch erfordert eine hohe Landnutzungsintensität einen hohen Kapitaleinsatz, der derzeit in den MOEL noch nicht aufgebracht werden kann. In jedem der bisher erstellten Szenarien wird allerdings vorausgesagt, dass die Anzahl der Semisubsistenz-Betriebe in benachteiligten, naturnahen Regionen zurückgehen wird (IEEP, 2002). Auch die steigenden Anforderungen an Lebensmittelsicherheit und -qualitäten sowie Hygiene werden diesen Prozess unterstützen. In der Konsequenz werden viele, derzeit mit geringem Betriebsmitteleinsatz bewirtschaftete Flächen aus der Nutzung fallen.

241. Insgesamt wird deutlich, dass von der Ausgestaltung der EU-Agrarpolitik nach 2006 nicht nur das Ausmaß einer ökologisch risikoreichen Intensivierung (durch Betriebsmitteleinsatz und Grünlandumbruch) auf besseren Standorten in den Beitrittsstaaten abhängen wird. Darüber hinaus ist die EU auch mit dem Problem konfrontiert, wie eine Bewirtschaftung in Regionen aufrechterhalten beziehungsweise ausgeweitet werden kann, in denen eine aus internationaler Sicht schutzwürdige Fauna und Flora von der Erhaltung großer naturnaher Weideflächen abhängig sind. Hierfür werden entweder ausreichende Mittel für Agrarumweltmaßnahmen oder die Zuteilung von ausreichenden Tierquoten beziehungsweise -prämien (Schafe, Extensivrinder) essenziell sein. Es ist als wahrscheinlich anzusehen, dass die Beitrittsstaaten bei der Nutzung der zweiten Säule der Agrarpolitik (aus der alle Maßnahmen zur Förderung des ländlichen Raums finanziert werden) schwerpunktmäßig investive Maßnahmen zur Betriebsentwicklung fördern werden, und damit weniger Mittel für Agrarumweltmaßnahmen verbleiben (IEEP, 2002). Die vorausschauende, umweltorientierte Umgestaltung der zweiten Säule, die Unterstützung der Weidetierhaltung in bestimmten Regionen und die Unterstützung von Beratungs- und Verwaltungsaktivitäten sieht der Umweltrat deshalb als Kernstücke einer Integration der Beitrittsländer unter Umweltgesichtspunkten an.

4.1.3.2 Handelspolitische Rahmenbedingungen: WTO und aktueller Außenschutz der EU

242. Der handelspolitische Rahmen für die Landwirtschaft wird durch die Richtlinien und Regeln der Welthandelsorganisation (WTO) gesetzt. Die vollständige Einbeziehung des Agrarhandels in die Regeln der WTO fand mit der Uruguay-Runde (1986 bis 1994) statt, seit der es auch im Agrarsektor Beschränkungen für Zölle, Exportsubventionen und handelsverzerrende interne Stützungen gibt. Derzeit finden neue Verhandlungen im Rahmen der Doha-Runde statt. Zur Weiterentwicklung der Agrarhandelsrichtlinien im Rahmen der Doha-Runde liegen jedoch noch keine konkreten Informationen vor. Aussagen zu künftig möglichen Entwicklungen sind deshalb mit Spekulationen behaftet. Aufgrund der hohen Bedeutung für die künftige Agrarpolitik der EU sollen dennoch die nach derzeitigem Erkenntnisstand zu erwartenden Entwicklungstendenzen dargestellt werden.

4.1.3.2.1 Derzeitige Tendenzen in den WTO-Verhandlungen im Agrarsektor

243. Auf die Kernpunkte der geltenden WTO-Vereinbarungen zu Marktzugang, Exportförderung und interner Stützung im Agrarmarkt wurde bereits im Umweltgutachten 2002 (SRU, 2002b, Tz. 737) eingegangen. Die WTO ordnet alle Agrarstützungen nach ihrer Handelswirksamkeit unterschiedlichen Kategorien (so genannte *Boxes*) zu (Tab. 4-3). Alle internen Stützungen, die nicht den Regeln der *Green Box* entsprechen, sollen über kurz oder lang entfallen. Aus Umweltsicht ist es deshalb besonders relevant, wie sich die Abkommen zur Definition der *Green Box* entwickeln werden.

Die wichtigste Regelung zur *Green Box* besagt, dass die eingeschlossenen Maßnahmen nur minimale Handelswirkung haben dürfen. Außerdem sind die Maßnahmen staatlich und nicht durch Transfers von Konsumenten zu Produzenten zu finanzieren. Explizit wird eine Preisstützung für Produzenten ausgeschlossen. Insbesondere die Abgrenzung der ersten Bedingung ist bei der Beurteilung von Maßnahmen zur internen Stützung schwierig. Gewisse Handelswirkungen sind auch bei reinen Umweltmaßnahmen kaum zu vermeiden.

Gegenwärtig werden viele Maßnahmen durch die WTO noch geduldet, da eine allgemeine Friedenspflicht im Rahmen des *Agreement on Agriculture* besteht. Diese besagt, dass gegen die meisten existierenden internen Stützungen und Exportsubventionen keine Gegenmaßnahmen ergriffen werden dürfen. Die Friedenspflicht ist im Jahr 2003 ausgelaufen, sodass es in kommenden Jahren ohne eine neuerliche Einigung zu vermehrten Handelskonflikten kommen kann. Der Luxemburger MTR-Reformbeschluss ist auch vor diesem Hintergrund zu sehen.

244. Derzeit lässt sich das Ergebnis zukünftiger Verhandlungen nicht absehen. Das als Verhandlungsgrundlage dienende Vorbereitungspapier (das nach dem Vorsitzenden des Komitees für Agrarverhandlungen in der WTO benannte „Harbinson Papier" in der Fassung vom 18. März 2003) zeigt aber mögliche Entwicklungen auf (WTO, 2003a). Da das Papier noch abgestimmt werden muss, kann es im Verhandlungsverlauf zu starken Veränderungen kommen. Nach dem „Harbinson Papier" soll im Bereich interner Stützung insbesondere die *Blue Box* stark verändert werden. Zum einem wird vorgeschlagen, sie direkt der *Amber Box* zuzuschlagen. Als Alternative könnte ihr Umfang auf dem gegenwärtigen Stand eingefroren und dann deutlich reduziert werden. Diese Vorschläge sind insbesondere für die EU von Bedeutung, da die gegenwärtigen Direktzahlungen in die *Blue Box* eingeordnet werden. Der Einschluss in die *Amber Box* würde den Spielraum der EU weiter beschränken, da vorgesehen ist, dass die Reduktion der dort eingeschlossenen Stützungen beschleunigt wird. Dies könnte bedeuten, dass in Zukunft eine erheblich stärkere Modulation stattfinden muss, als in der MTR-Reform beschlossen wurde.

Tabelle 4-3

WTO-Einteilung interner Stützungen anhand der Boxes

	WTO-Allgemein	WTO-Landwirtschaft	EU-Stützungen (1999/2000)	Beispiele
Red Box	verboten	für Landwirtschaft nicht vorhanden	–	nicht anwendbar
Amber Box	nach Überprüfung reduzieren	alles, was nicht zur *Blue Box* oder *Green Box* gehört (Art. 6)	47 886 Mio. €	Interventionsmaßnahmen, Preisstützungen, produktionsgebundene Direktzahlungen
Blue Box	temporär akzeptabel, wenn auf weitere Reformen ausgerichtet	Stützungen, die an Produktionslimitierungen gebunden sind (Art. 6, § 5)	19 792 Mio. €	Flächenprämien für Getreide, Ölsaaten, Eiweißfrüchte und Stilllegung, Rinderprämien
Green Box	erlaubt	Staatliche Subventionen, die nicht oder nur minimal handelswirksam sind (Annex 2)	19 931 Mio. €	Agrarumweltprogramm, Investitionsbeihilfen, Infrastrukturmaßnahmen, Forschung, Regionalförderung

Quelle: GAY et al., 2003 nach WTO, 2002a und 2002b

Erlaubten Unterstützungen im Rahmen der *Green Box* sollen nach dem „Harbinson Papier" weitere Restriktionen auferlegt werden, die zum Teil auch Agrarumweltmaßnahmen betreffen können. Als eine Bedingung für Zahlungen wird ein klares Umweltprogramm als Grundlage gefordert. Das würde bedeuten, dass in Zukunft klare Abgrenzungskriterien (wie konkrete Umweltziele, wissenschaftlich nachgewiesene Verbindung zwischen Umweltziel und Maßnahme) herangezogen werden müssten, um Umweltförderung und Handelsprotektion zu unterscheiden (s. Checkliste in ERVIN, 1999). Es muss klar erkennbar sein, dass es sich bei den Umweltmaßnahmen nicht um Handelsprotektion handelt. Diese Forderung des „Harbinson-Papiers" würde der vielfach vom Umweltrat geforderten Darstellung eindeutiger, sowohl überall geltender als auch flächen- beziehungsweise regionsspezifischer Umweltziele für die Landwirtschaft und der Orientierung der Förderung an solchen Zielen entsprechen (SRU, 2002a, Tz. 403). Die Voraussetzungen eines Umweltprogramms würden derzeit vermutlich noch nicht einmal von allen in Deutschland existierenden Agrarumweltmaßnahmen erfüllt werden. Insbesondere bei den nicht naturschutzorientierten Maßnahmen sind die Auflagen vielfach nicht ausreichend an den erwünschten Umweltwirkungen orientiert und es fehlt der bei den meisten Maßnahmen notwendige Bezug zu einem Handlungsbedarf (z. B. aufgrund standörtlicher Empfindlichkeiten). Der Versuch der EU, den Auflagen der *Green Box* durch die pauschale Betonung der grundsätzlichen Multifunktionalität der Landwirtschaft entgegenzukommen, dürfte den Anforderungen an ein klares Umweltprogramm erst recht nicht genügen. Die landwirtschaftliche Produktion erzeugt keineswegs automatisch als Koppelprodukt Umweltgüter, sondern deren Entstehen ist ebenso von der raumspezifischen Situation wie von speziellen Produktionsformen abhängig (s. auch Kritik von RUNGE, 1999; vgl. LATACZ-LOHMANN, 2000).

Im „Harbinson-Papier" wird ferner vorgeschlagen, dass Zahlungen höchstens die zusätzlichen Aufwendungen oder den Einkommensverlust aufgrund der Auflagen des Umweltprogramms decken dürfen. Dieser Vorschlag brächte für die in der EU vorherrschenden freiwilligen Agrarumweltmaßnahmen Probleme mit sich, da für die Landwirte jeder ökonomische Anreiz entfallen würde, eine umweltgerechte Produktion einzuführen. Auch der vielfach diskutierten Forderung, Effekte von Zahlungen auf Produktion und Handel zu minimieren, entsprechen einige Agrarumweltmaßnahmen nicht, da sie auf Grenzertragsstandorten die Aufrechterhaltung der landwirtschaftlichen Produktion fördern und damit zur Produktionssteigerung beitragen können. Einige WTO-Mitglieder, unter anderem Australien, wollen die insbesondere für die Entwicklungsländer relevante Beeinflussung des Welthandels durch Umweltkriterien über die Green-Box-Ausgaben sogar noch weiter beschneiden. Sie fordern, die Ausgaben auf dem gegenwärtigen Stand zu limitieren und sie später, ähnlich wie bei der *Amber Box,* einer Reduktion zu unterwerfen.

245. Die Positionen der einzelnen WTO-Mitglieder zu den zukünftigen Regelungen im Agrarbereich liegen noch sehr weit auseinander, aber es ist ersichtlich, dass der Gestaltungsspielraum für die Agrarpolitik der Staaten kleiner wird (WTO, 2003b). Dies gilt sowohl für die Möglichkeiten, Einkommensstützungen in die *Green Box* einzuordnen, als auch für die Stützung der Binnenmarktpreise durch den subventionierten Export. In der EU werden insbesondere Zucker, Milch und Milchprodukte sowie Rindfleisch auf diese Weise gestützt. Je stärker die Exportsubventionen hier abgebaut werden müssen, desto dringender ergibt sich die Notwendigkeit, diese Marktordnungen noch weiter zu reformieren.

Es ist daher besonders wichtig, dass die EU versucht, den Prozess der Regelbildung für die *Green Box* zu beeinflussen. Als Bedingung für eine weiter gehende Liberalisierung der Agrarpolitik sollte in die WTO-Verhandlungen von der EU eingebracht werden, dass eine Förderung von Umweltmaßnahmen auch dann erlaubt ist, wenn produktionswirksame Einkommenseffekte nicht vollständig vermieden werden können. Allerdings wären diese Maßnahmen auf eine Minimierung möglicher Handelshemmnisse auszurichten.

4.1.3.2.2 Derzeitige Unterstützung der Landwirtschaft in der EU

246. Die Landwirtschaft in der EU wird derzeit sowohl durch Finanzhilfen (Garantiepreise und Direktzahlungen) als auch durch Zölle gestützt. Zur Bemessung der finanziellen Unterstützung der Landwirtschaft in der EU können unterschiedliche Quellen herangezogen werden.

Zum einen wird in Erklärungen der Staaten oder der EU gegenüber der WTO das so genannte AMS (Aggregate Measurement of Support) verwendet (Definition s. Tab. 4-4). Nach der neuesten Erklärung der EU für das Wirtschaftsjahr 1999/2000 (WTO, 2002b) entfallen die höchsten produktspezifischen AMS-Werte innerhalb der EU auf (Preis-) Stützungen für Rindfleisch (13,1 Mrd. Euro), Zucker (5,8 Mrd. Euro) und Butter (4,4 Mrd. Euro). Der AMS-Wert der EU-Agrarwirtschaft wurde für 1999/2000 mit 47,9 Mrd. Euro berechnet. Zusätzlich wurden 19,9 Mrd. Euro für Green-Box-Maßnahmen und 19,8 Mrd. Euro für Blue-Box-Maßnahmen (Direktzahlungen mit Produktionsbeschränkungen) ermittelt (Tab. 4-4). Die Zahlen zeigen, dass der größte Teil der Stützung nicht durch Direktzahlungen, sondern über indirekte Maßnahmen vorgenommen wird, wobei insbesondere Rindfleisch, Milch und Zucker begünstigt werden. Veränderungen, die im Rahmen der Agenda 2000 vorgenommen wurden, sind in diesen Zahlen noch nicht enthalten.

Zum anderen führt die OECD eigene Ermittlungen für ihre Mitgliedsländer durch, deren Ergebnisse unter anderem im Rahmen des PSE (Producer Support Estimate, Definition s. Tab. 4-4) dargelegt werden. Dieser Indikator verfügt über eine wesentlich breitere Bemessungsgrundlage als der AMS und ist daher besser geeignet, ein Gesamtbild der von der GAP induzierten Fördereffekte zu geben. Die OECD ermittelte für den Agrarsektor der EU im Jahr 2002 einen PSE von 106,7 Mrd. Euro beziehungsweise 36 % (OECD, 2003b; s. auch Tab. 4-4).

Agrarpolitik

Tabelle 4-4

Kenngrößen der EU-Agrarstützung bei Hauptprodukten

	AMS[1] (1999/00)	Export Subsidies (2001/02)	PSE[2] (Mio. €)	% PSE[3]	Producer NPC[4]	PSE (Mio. €)	% PSE	Producer NPC
	in Mio. €		Durchschnitt 1986–1988			Durchschnitt 2000–2002		
Weizen	2 923,4	8,5	7 879	*51 %*	2,14	9 757	*46 %*	1,05
Sonst. Getreide	3 088,0	112,8	5 238	*56 %*	2,42	6 110	*51 %*	1,05
Ölsaaten	0,0	0,0	2 828	*59 %*	2,38	1 884	*35 %*	1,00
Zucker	5 757,8	482,8	2 883	*60 %*	3,32	2 357	*48 %*	2,24
Milch	5 814,5	952,4	19 002	*57 %*	2,77	17 523	*44 %*	1,73
Rindfleisch	13 089,0	388,4	11 956	*55 %*	2,24	21 047	*73 %*	2,49
Schweinefleisch	0,0	20,0	2 839	*16 %*	1,38	6 201	*24 %*	1,28
Summe	**30 627,7**	**1 964,9**	**52 625**			**64 879**		

SRU/UG 2004/Tab. 4-4; Datenquellen: OECD (2003b) und WTO (2002a, 2003c)

[1] AMS (Aggregate Measurement of Support): Dieser Index ist ein von der WTO angewandtes Maß für den monetären Wert staatlicher Eingriffe zur Stützung von Wirtschaftssektoren. Er berücksichtigt direkte Subventionen und Transfers zwischen Konsumenten und Produzenten, die durch marktpreisverzerrende Politikmaßnahmen ausgelöst werden. Der AMS unterscheidet sich vom Producer Support Estimate (PSE) durch die Nichtberücksichtigung von bestimmten, nicht an die Güterproduktion gebundenen Maßnahmen (z. B. Umweltmaßnahmen, F&E [Green Box]) und spezieller von der WTO temporär geduldeter Ausgleichszahlungen und Preisstützungen (Blue Box). Es ist die Bezugsgröße für die Bemessung der Verpflichtungen zur Reduzierung der Unterstützung im Rahmen des GATT.
[2] Der Indikator Producer Support Estimate (PSE) ist ein jährlich ermitteltes umfassendes Maß des Bruttosubventionswertes, den die landwirtschaftlichen Betriebe in Form impliziter und direkter Subventionen erhalten. Neben einem Indikator für den monetären Wert der Preisstützungen sind Zahlungen, basierend auf der landwirtschaftlichen Produktionsmenge und damit historisch verbundenen Transferrechten, der Produktionsfläche, dem Faktorverbrauch, Auflagen für den Einsatz von Produktionsfaktoren, Betriebseinkommen und auf sonstigen Anspruchsgrundlagen, berücksichtigt (PORTUGAL, 2002, S. 2 ff.).
[3] Anteil der Stützung am Ab-Hof-Preis, gewichtet nach Verkaufsmenge.
[4] Producer NPC (Nominal Protection Coefficient): Der NPC gibt an, wie weit sich der Ab-Hof-Preis (inklusive mengenabhängige Direktzahlungen) von einem auf Grundlage des Weltmarktpreises ermittelten Referenzpreis unterscheidet. Ein NPC von 1,0 bedeutet Preisgleichheit. In 2002 lagen die ermittelten NPCs für Weizen, anderes Getreide und Ölsaaten in der EU in dieser Größenordnung, die Unterstützung basiert hier fast ausschließlich auf direkten Zahlungen.

Im Vergleich zur EU liegt der PSE in den USA bei 18 %, in Kanada bei 20 %, in Australien bei 5 %, in Japan bei 59 % und im OECD-Durchschnitt bei 31 %. Ein großer Anteil der Unterstützung für die EU-Landwirtschaft wird direkt vom Konsumenten finanziert, da sich das Preisniveau der Lebensmittel innerhalb der EU wegen des Außenschutzes durch Einfuhrzölle zum Teil erheblich oberhalb des Weltmarktpreisniveaus bewegt. Die Aufgliederung des PSE verdeutlicht, dass in der EU 61,2 Mrd. Euro auf direkten und indirekten Marktpreisunterstützungen beruhen.

Insgesamt ist festzuhalten, dass in der EU ein erheblicher und im OECD-Vergleich überdurchschnittlicher Bruttotransfer (106,7 Mrd. Euro) von den Steuerzahlern und Konsumenten an die Landwirtschaft erfolgt. Ohne eine klare Bindung an Leistungen der Landwirtschaft (z. B. für die Umwelt) stellt sich deshalb verstärkt die Frage nach der innenpolitischen Rechtfertigung dieser Transfers sowie den Möglichkeiten, sie im Rahmen der zukünftigen WTO-Verhandlungen aufrechtzuerhalten. Der Druck auf die EU, Schutz- und Stützungsmechanismen abzubauen, wird deshalb in Zukunft kaum nachlassen. Auch die derzeit in der Diskussion befindliche Deckelung des EU-Budgets auf 1 % des europäischen Bruttosozialprodukts ist ohne weitere Reformen der Agrarpolitik nicht erreichbar. Der Umweltrat betont in diesem Zusammenhang, dass es gerade im Hinblick auf die Agrarpolitik den deutschen Forderungen nach einer Verminderung der Nettozahlerposition an Konsequenz gemangelt hat.

4.1.3.2.3 Außenschutz der EU

247. Neben den derzeitigen Stützungen der Agrarwirtschaft wird im Rahmen der WTO-Verhandlungen auch der Außenschutz zur Diskussion stehen. Im Jahr 2002 betrug der ungewogene Zolldurchschnitt für Agrarprodukte 16,1 % (verglichen mit 17,3 % in 1999) und für alle anderen Produkte 4,1 % (4,5 % in 1999). Bei einigen Erzeugnissen, besonders Zucker, Milcherzeugnissen und Rindfleisch, wirken die Zölle nahezu prohibitiv, das heißt, es findet kein Import außerhalb der auf Grundlage des

Mindestmarktzugangs gewährten Zollquoten und außerhalb von bilateralen Handelsabkommen statt. Solche Präferenzabkommen existieren allerdings in relevantem Umfang, zum Beispiel für Getreide, sodass verschiedene Staaten keine beziehungsweise deutlich geringere Zölle zahlen müssen.

Zusätzlich wurden für verschiedene Erzeugnisse auch Exporterstattungen gewährt, die von der WTO besonders kritisch gesehen werden. Im Falle von Getreide sind diese aber durch die Absenkung des Interventionspreises in den letzten Jahren deutlich zurückgegangen.

Neben Zöllen und Importquoten sind weitere, im internationalen Agrarhandel, etwa auf den Gebieten des Verbraucher- und Umweltschutzes, angewandte Handelshemmnisse in die Diskussion geraten. Eine Analyse von FONTAGNÉ et al. (2001) zeigte, dass 1999 in der EU mit insgesamt 256 Produkten deutlich weniger Produkte von Handelshemmnissen durch die Verbraucher- und Umweltschutzauflagen betroffen sind als in Australien (928 Produkte), den USA (1 141 Produkte), Neuseeland (1 348 Produkte), Japan (1 401 Produkte), Brasilien (1 984 Produkte) und Argentinien (2 098 Produkte). Es zeigt sich aber auch, dass durch Handelshemmnisse aufgrund von Verbraucher- und Umweltschutzauflagen insbesondere die Entwicklungsländer betroffen sind. Die Anwendung von Importrestriktionen aus umwelt- und gesundheitspolitischen Gründen kann dann als sachgerecht in Erwägung gezogen werden, wenn durch den Import der Güter im Zielland Beeinträchtigungen der Umweltqualität und Gesundheit zu erwarten sind oder die Handelssanktionen geeignet sind, das Ausmaß der Bedrohung globaler Umweltgüter zu reduzieren.

4.1.4 Mid-Term Review (Agrarreform 2003)

4.1.4.1 Die Luxemburger Beschlüsse

248. Am 26. Juni 2003 einigte sich der Ministerrat in Luxemburg im Rahmen der Zwischenbegutachtung der Agenda 2000 (*Mid-Term Review*) auf eine Neuausrichtung der Agrarpolitik, die bis zum Jahre 2013 Bestand haben soll (formelle Verabschiedung der Rechtstexte am 29. September 2003: VO [EG] 1782/2003). Obwohl die Beschlüsse so weit gehend sind, dass sie den Charakter einer grundlegenden Agrarreform haben, sollen sie im Folgenden unter dem Begriff *Mid-Term Review* (MTR-Reform), der sich inzwischen eingebürgert hat, geführt werden. Die Kernelemente der Beschlüsse des Ministerrates zur zukünftigen Agrarpolitik können stark verkürzt durch die drei Schlagworte *Entkoppelung, Cross Compliance* und *Modulation* zusammengefasst werden (Tab. 4-5).

4.1.4.1.1 Entkoppelung

249. Ein wesentliches Ziel des aktuellen Reformschrittes war es, preisstützende Maßnahmen zugunsten von Direktzahlungen weiter zurückzufahren. Interventionsmaßnahmen sollen nur noch als Sicherheitsnetz vor extremen Preisschwankungen beziehungsweise einem sehr starken Preisgefälle zwischen dem EU-Binnenmarkt und dem Weltmarkt schützen. Außerdem werden die Direktzahlungen durch die weit gehende Umwandlung in von der Produktion *entkoppelte, betriebsbezogene Zahlungen* in Zukunft weniger von der aktuellen Produktion abhängig sein. Dabei erhalten die Mitgliedstaaten relativ weite Gestaltungsräume, wie sie das Ziel der Entkopplung instrumentell ausgestalten können. Dies kann durch das von der EU vorgegebene Grundmodell der Betriebsprämie oder eine flächengebundene Regionalprämie erfolgen (s. Kasten). Ferner ist auch eine Teilentkopplung von nur einem Teil der Zahlungen möglich, während andere nach wie vor an die Produktion gebunden bleiben.

Prinzipien der entkoppelten Betriebsprämien

Im *Grundmodell* werden die Betriebsprämien anhand historischer Referenzbeträge (auf Grundlage prämienberechtigter Produktionsverfahren im Durchschnitt der Jahre 2000 bis 2002) berechnet. Die Hektarprämien für Getreide, Ölsaaten und Flächenstilllegung sowie Tierprämien und – ab 2008 – auch der Milchsektor werden eingeschlossen. Die Zahlung ist somit nicht mehr an die konkrete Nutzung des Produktionsfaktors Boden gebunden und das Prämienrecht geht an die Betriebe, die im Referenzzeitraum prämienrelevante Produktionsverfahren aufgewiesen haben. Die Prämienrechte – und damit auch die prämienbegünstigte Fläche – sind limitiert, da die Zahlungsansprüche national zugeteilt werden. Ferner sind die Prämienrechte handelbar.

Während die Betriebsprämie das Grundmodell der Verordnung darstellt, wurde den Mitgliedstaaten alternativ die Option gegeben, die entkoppelten Zahlungen als *an die Fläche gebundene Prämienrechte* (Regionalmodell) zu realisieren, entweder einheitlich oder differenziert nach Prämien, die für Acker- und Grünland gezahlt werden. Unter dieser Sonderregelung kann also auch die von Deutschland geforderte Grünlandprämie eingeführt werden. Die Prämien werden dabei als regionsspezifische Prämien innerhalb von den Mitgliedstaaten abzugrenzenden Regionen ausgezahlt. Auch die Regionalprämie führt zu betrieblich gebundenen, entkoppelten Prämienrechten und nur die Höhe und Verteilung der Prämienrechte unterscheidet sich vom Betriebsprämienmodell. Wie die Betriebsprämien sind auch die Prämienrechte im Regionalmodell handelbar. Sie können aber lediglich innerhalb festzulegender Gebiete zwischen Betrieben und Regionen verschoben werden (Weiteres zur Ausgestaltung in Deutschland s. Tz. 256 sowie Abschn. 6.1.4.2). Für ein differenzierteres Verständnis der beiden Varianten der Prämienregelung sei auf ISERMEYER (2003) verwiesen.

---

250. Sowohl das Betriebs- als auch das Regionalmodell können – konsequent umgesetzt – Landwirte verstärkt dazu bewegen, auf Marktsignale zu reagieren, und somit das Ziel der Entkopplung erreichen. Bei der Variante der *Teilentkopplung* ist dies nicht mehr gegeben: Im Rahmen der Wahlmöglichkeiten der EU-Mitgliedstaaten können im Ackerbau weiterhin bis zu 25 % der derzeitigen Direktzahlungen an die Erzeugung gebunden werden und im Rindfleischsektor ist für spezifische Prämien sogar die Beibehaltung von bis zu 100 % gekoppelter Zahlungen möglich, wenn andere Rinderprämien vollständig entkoppelt werden. Die Prämien für Schafe und Ziegen können bis zu 50 % an die Produktion gekoppelt werden. Die Interventionspreise für Getreide werden, außer bei Roggen, nicht völlig abgeschafft, sondern lediglich die monatlichen Zuschläge auf den Interventionspreis um 50 % reduziert. Auch Energiepflanzen werden weiterhin gefördert, allerdings nur bis zu einer EU-Höchstfläche von 1,4 Mio. ha, und dürfen auf obligatorisch stillgelegter Ackerfläche angebaut werden. Die Ackerflächenstilllegung soll mit einem Satz von 10 % auf Basis der prämienberechtigten Ackerkulturen in der Referenzperiode festgelegt werden. Stilllegungsflächen erhalten ein gesondertes, handelbares Prämienrecht. Die Milchquotenregelung wurde bis 2014 verlängert und der Ausgleich für die beschlossenen Preissenkungen auf 56 % beschränkt.

Für den Umwelt- und Naturschutz ist zudem interessant, dass im Rahmen der nationalen Ausgestaltung bis zu 10 % der einzelbetrieblichen Prämienrechte aus der ersten Säule gewährt werden können, um spezifische Formen der Landwirtschaft zu fördern, die für die Umwelt oder eine Qualitätserzeugung und Vermarktung wichtig sind (Art. 69 der VO [EG] 1782/2003). Richtlinien für die förderfähigen Maßnahmen in diesem so genannten *10-%-Modell* liegen allerdings noch nicht vor.

Tabelle 4-5

**Gegenüberstellung:
Status quo der Agrarpolitik und Mid-Term Review**

	Status quo	**Mid-Term Review**
Betriebsprämie	Direktzahlungen an Fläche beziehungsweise Tierzahl gebunden; Produktion notwendig	Entkoppelte Betriebsprämie ab 2005 enthält Ackerbauprämien, Rinderprämien und ab 2006/07 Milchprämie; Basisperiode 2000 bis 2002; Einlösung nur mit Nachweis von landwirtschaftlicher Fläche; Feldobst, Gemüse und Speisekartoffeln sind bis zum Umfang der Basisperiode förderfähig
Regionalisierung		Regionalisierung kann zur Einführung einer einheitlichen Flächenzahlung benutzt werden oder einer Grünland- und Ackerbauprämie; Umverteilung zwischen Regionen möglich; ein Mitgliedsland mit weniger als 3 Mio. ha kann eine Region sein
Wahloptionen		Mitgliedsländer können auf nationaler oder regionaler Ebene bis zu 25 % der Ackerbauprämie, bis zu 50 % der Schaf- und Ziegenprämie und wahlweise 75 % der Bullenprämie, 100 % der Schlachtprämie oder 100 % der Mutterkuhprämie und 40 % der Schlachtprämie an die Produktion koppeln; zusätzlich können 10 % des Gesamtprämienvolumens an spezielle Produktionsverfahren gebunden werden
Stilllegung	Stilllegung in Höhe von 10 % der prämierten Ackerkulturen; freiwillige Stilllegung bis 33 %; Anbau von nachwachsenden Rohstoffen erlaubt	Flächenstilllegungszahlungen müssen durch Stilllegung aktiviert werden; 10 % der in der Basisperiode prämierten Ackerfläche; Anbau von nachwachsenden Rohstoffen möglich; Ökolandbau von Stilllegungsverpflichtung ausgenommen; Stilllegung (mit Pflege) bis 100 % der Flächen möglich
Cross Compliance	Wahlweise Reduzierung der Direktzahlung, um Umweltgesetzgebung und spezielle Umweltanforderungen umzusetzen	Reduktion der Direktzahlungen, wenn EU-Standards im Bereich Umwelt, Lebensmittelsicherheit und Tierschutz nicht eingehalten werden oder das Land nicht in guter landwirtschaftlicher und ökologischer Kondition gehalten wird

noch Tabelle 4-5

	Status quo	**Mid-Term Review**
Beratung	Wahlweiser Aufbau eines Beratungssystems	Mitgliedsländer müssen ein Beratungssystem ab 2007 aufbauen; Beratungsteilnahme durch die Landwirte freiwillig
Modulation	Wahlweise Reduzierung der Direktzahlungen um bis zu 20 %; dieses Geld verbleibt im Mitgliedsstaat für die Finanzierung von begleitenden Maßnahmen	Modulation ab einem Freibetrag von 5000 € um 3 % in 2005, um 4 % in 2006 und um 5 % ab 2007; Verwendung für Maßnahmen zur ländlichen Entwicklung; Verteilung nach objektiven Kriterien, wobei mindestens 80 % in dem Geld gebenden Mitgliedsstaat verbleibt
Finanzdisziplin		Ab 2007 werden die Direktzahlungen gekürzt, wenn es sich abzeichnet, dass die Budgetlimitierung bei einer Sicherheitsmarge von 300 Mio. € nicht eingehalten werden kann
Zweite Säule	Kofinanzierte Maßnahmen im Bereich Agrarumwelt, Investitionsbeihilfe, Junglandwirte, Aufforstung etc.; EU-Anteil 50 % beziehungsweise 75 % in z. B. den neuen Bundesländern	Zusätzliche Maßnahmen im Bereich Lebensmittelqualität und Tierschutz; Anhebung des EU-Anteils um jeweils 10 % für Agrarumweltmaßnahmen (kein fixer Kofinanzierungssatz, sondern Obergrenze)
Getreide	Interventionspreis 101,31 €/t; Direktzahlungen 63 €/t multipliziert mit Referenzertrag; monatliche Aufschläge auf den Interventionspreis (7 mal 0,93 €/t)	Keine Veränderung des Interventionspreises; Halbierung der monatlichen Aufschläge; Entkopplung; Abschaffung der Roggenintervention, aber Kompensation durch erhöhte Gelder aus der Modulation
Ölsaaten	Gleiche Flächenzahlung wie bei Getreide.	Entkopplung.
Rindfleisch	Grundpreis von 2 224 €/t mit privater Lagerhaltung bei 103 % dieses Preises; Ochsenprämie zweimal 150 €, Bullenprämie 210 €, Mutterkuhprämie 200 €, Schlachtprämie 80 € beziehungsweise 50 € für Kälber; allgemeine Limitierung auf 1,8 LU/ha und 90 Tiere; Extensivierungsprämie von 100 € bei weniger als 1,4 LU/ha	Regionale Anpassungen; Rinderprämien werden Teil der Betriebsprämie, wobei Wahloptionen bestehen
Milch	Milchquoten gelten bis 2008; Interventionspreiskürzung um 15 % ab 2005/06; Milchprämie ab 2005/06 steigt schrittweise auf 25,86 €/t; Anstieg der Milchquote um 2,39 %	Milchquoten verlängert bis 2014/15; Interventionspreis für Butter wird um 25 %, von Magermilchpulver um 15 % zwischen 2004 bis 2007 gekürzt; Milchprämie steigt von 11,81 €/t in 2004 auf 35,5 Euro/t in 2006; danach Teil der Betriebsprämie; Milchquotenausweitung teilweise aufgeschoben

Quelle: EU-Kommission, 2003b

4.1.4.1.2 Cross Compliance

251. Die so genannte Cross-Compliance-Regelung bedeutet, dass die Bindung der entkoppelten Direktzahlung an die Einhaltung von Mindestumweltauflagen verstärkt wird.

Zum einen beinhalten die Bestimmungen, dass auf Landwirtschaftsbetriebe bezogene gesetzliche Vorschriften aus dem EU-Recht bezüglich Tierschutz, Umweltschutz und Lebensmittelsicherheit einzuhalten sind. Verstöße gegen das EU-Recht werden nun über *Cross Compliance* dadurch geahndet, dass die Direktzahlungen teilweise oder vollständig zurückgezahlt werden müssen. Im Anhang III der Verordnung (EG) 1782/2003 wird eine Liste von zu berücksichtigenden EU-Richtlinien vorgegeben. Obwohl es selbstverständlich sein sollte, dass EU-Recht befolgt wird, kann durch *Cross Compliance* der Vollzug verbessert werden. Die Verknüpfung der entkoppelten

Direktzahlungen mit der Umsetzung von EU-Recht verschafft der EU die Möglichkeit einer direkteren Kontrolle der EU-Mitgliedstaaten, da bei unzureichendem Vollzug von EU-Umweltrecht Zahlungen an die Mitgliedstaaten gekürzt werden können. Eine Ausweitung von Cross-Compliance-Auflagen auf andere Gesetzesbereiche über Anhang III hinaus ist nicht möglich.

Zum anderen fallen unter die Sanktionen durch *Cross Compliance* weitere in Anhang IV der Luxemburger Beschlüsse festgelegte Standards zur Aufrechterhaltung eines „guten landwirtschaftlichen und ökologischen Zustands" auf allen Betriebsflächen. Diese gehen über gesetzliche Anforderungen des EU-Rechts hinaus. Dadurch soll erreicht werden, dass Flächen nicht der Sukzession anheim fallen und die Offenhaltung der Landschaft gewährleistet wird. Über die Vorgaben der guten fachlichen Praxis hinaus unterliegt Dauergrünland einem Umbruchverbot; alternativ können Mitgliedstaaten andere Maßnahmen benennen, mit denen eine signifikante Abnahme der Grünlandfläche verhindert wird. Auf Betriebsebene wird eine Saldierung der Grünlandflächen aus pflanzenbaulichen Gründen möglich bleiben.

Die Kontrolle der Cross-Compliance-Anforderungen soll durch eine Kontrollquote von 1 %, eine angemessene Risikoauswahl der kontrollierten Betriebe sowie Dokumentation und angemessene Handhabung der Kontrollergebnisse sichergestellt werden. Betriebe, denen Verstöße nachgewiesen werden, verlieren Direktzahlungen. Bei erstmaligen Verstößen aufgrund von Unwissenheit soll die Prämienreduktion 5 % betragen, bei vorsätzlichen, schweren Verstößen können Betriebe gänzlich von Prämienzahlungen ausgeschlossen werden.

4.1.4.1.3 Modulation

252. Durch die bis zum Jahre 2007 abgeschlossene, schrittweise Umschichtung von Mitteln der ersten Säule in die zweite Säule der GAP (*Modulation*) werden in allen Mitgliedstaaten zusammen in Zukunft mehr Finanzmittel für die ländliche Entwicklung, den Umweltschutz, Tierschutz und Verbraucherschutz im Rahmen der EU-Agrarpolitik zur Verfügung stehen. Die Modulationsmittel werden im Jahre 2007 5 % der Direktzahlungen an die Betriebe (oberhalb eines Freibetrages von 5 000 Euro pro Betrieb) betragen. Nach Deutschland fließen in Zukunft 90 % der hier im Rahmen der Modulation anfallenden Mittel wieder zurück. Die Gesamtzahlungen der EU aus beiden Säulen an die deutschen Landwirte fallen damit also in Zukunft etwas geringer aus als zuvor. Die zusätzlichen Mittel in der zweiten Säule können zur verstärkten Förderung der bisherigen Maßnahmen im Rahmen der EU-Verordnung (EG) 1257/99 und zum Tierschutz eingesetzt werden. Des Weiteren werden zwei neue Maßnahmenbereiche geschaffen, zum einen die Sicherung von Lebensmittelqualität, zum anderen die Einhaltung von (Umwelt-)Standards. Schließlich wird der Kofinanzierungssatz der EU für Agrarumweltmaßnahmen um 10 auf 60 % und in Ziel-1-Gebieten auf 85 % erhöht, wobei es sich nicht mehr um einen fixen Satz, sondern einen Höchstsatz handelt (EU-Kommission, 2003b).

Weiterhin wird den Mitgliedstaaten die Möglichkeit eingeräumt, den Betrag für den FFH-Ausgleich unter bestimmten Bedingungen zu erhöhen.

4.1.4.2 Bewertung der Ergebnisse des Mid-Term Review und Möglichkeiten der nationalen Ausgestaltung

4.1.4.2.1 Bewertung der MTR-Reform

253. Die Ergebnisse der Luxemburger Beschlüsse zum *Mid-Term Review* beinhalten unter Umweltgesichtspunkten gewisse Fortschritte und Chancen, sie bleiben, gemessen an den in Abschnitt 4.1.3 dargelegten Zielen, jedoch hinter den Erwartungen an eine grundlegende Agrarreform zurück. Insbesondere wurde die Chance nicht genutzt, die Agrarpolitik einfacher und transparenter zu gestalten und die Subventionen konsequent an den flächen-, regions- oder maßnahmenspezifischen Bedarf nach gesellschaftlich erwünschten Umweltleistungen zu binden.

Cross Compliance ist ein erster Schritt in diese gewünschte Richtung einer Bindung von Subventionen an gesellschaftlich erwünschte Leistungen. Es setzt für die Landwirte neben die ordnungsrechtliche Verpflichtung zur Einhaltung des EU-Rechts einen zusätzlichen Anreiz zum Vollzug und führt in geringerem Maße weitere Auflagen ein. Dies wird voraussichtlich zu einer verbesserten Umsetzung der guten fachlichen Praxis führen, denn mit *Cross Compliance* sind Kontrollen verbunden. Die Androhung des Verlustes von Betriebsprämien ist – jedenfalls im Falle höherer Prämien – ein starkes Motiv für die Einhaltung der Auflagen.

Insgesamt wirkt *Cross Compliance* jedoch, gemessen an dem oben genannten Anspruch, zu unspezifisch und wenig zielgerichtet. Auch gegenüber dem Einsatz von Sanktionen zur Gewährleistung normkonformen Verhaltens, etwa in Form von Bußgeldern, hat *Cross Compliance* gewisse Nachteile, da es nur in landwirtschaftlichen Betrieben zur Anwendung kommt, die Direktzahlungen erhalten. Intensive und daher besonders umweltrelevante Produktionszweige ohne Direktzahlungen (z. B. Zuckerrübenanbau, Obst- und Gemüseanbau, Schweine- und Geflügelhaltung) können durch *Cross Compliance* nur auf dem Umweg über andere in den Betrieben vorhandene Produktionszweige beeinflusst werden.

Cross Compliance wird für den gesamten landwirtschaftlichen Betrieb gelten und nicht nur für die Produktion, die Direktzahlungen erhält. Zudem hängt die Wirkung der Prämienabzüge nicht nur von der Schwere eines Verstoßes ab, sondern auch von der Bedeutung der Direktzahlungen für den jeweiligen Betrieb. Es ist zu befürchten, dass *Cross Compliance* lediglich als neue Legitimation für die Direktzahlungen der ersten Säule dient, ohne Umweltziele wirklich effizient zu erreichen. Sollten in langfristiger Perspektive die Direktzahlungen weiter abgebaut werden, besteht das Risiko, dass die Einhaltung auch grundlegender Umweltauflagen der guten fachlichen Praxis, die eigentlich dem Verursacherprinzip unterliegen, von den Landwirten nicht mehr entschädigungslos akzeptiert wird. Da sich *Cross Compliance* und

Agrarumweltmaßnahmen (AUM) wie kommunizierende Röhren verhalten (alles, was nicht über *Cross Compliance* vorgegeben wird, kann und muss ggf. als AUM angeboten werden und umgekehrt), wären dann in Zukunft gegebenenfalls auch ehemalige Grundleistungen, die derzeit mit weichen gesetzlichen Formulierungen vorgeschrieben sind, wie zum Beispiel die Vermeidung von Bodenabtrag, über Agrarumweltmaßnahmen zu finanzieren. Alternativ müsste eine rechtliche Konkretisierung der guten fachlichen Praxis und ein strenges Kontrollregime zur Einhaltung der rechtlichen Vorgaben mit ebenfalls großen Akzeptanzproblemen eingeführt werden.

Die beschriebene Problematik ergibt sich aber erst nach Ablauf der derzeitigen Planungsperiode. Gegenwärtig verläuft die Entwicklung eher umgekehrt: Agrarumweltmaßnahmen werden durch Cross-Compliance-Regelungen ersetzt, zum Beispiel im Falle der Förderung von Extensivgrünland.

254. Grundsätzlich machen die Beschlüsse deutlich, dass eine verstärkte Förderung des ländlichen Raumes und eine gezielte Förderung gesellschaftspolitischer Ziele als neue agrarpolitische Perspektive anerkannt werden (BMVEL, 2003a). Die *Modulation*, als Instrument für eine Stärkung von Agrarumweltmaßnahmen und damit der zielgerichteten Honorierung von Umweltleistungen, blieb im *Mid-Term Review* allerdings in den Anfängen stecken. Unbefriedigend ist aus der Sicht des Umweltrates, dass die Bundesländer nach wie vor und zum Teil sogar in erhöhtem Maße erhebliche Kofinanzierungsanteile auch für Agrarumweltmaßnahmen von überregionaler Bedeutung aufbringen müssen. Ein geringer von den Ländern zu erbringender Eigenanteil ist angesichts der derzeitigen Finanzknappheit entscheidend für die Nutzung der Mittel aus der zweiten Säule, insbesondere für die besonders anspruchsvollen Naturschutzmaßnahmen (SRU, 2002a). Es ist zu prüfen, ob die Finanzierungslast der Länder durch eine verstärkte Kofinanzierung von anspruchsvolleren Agrarumweltmaßnahmen und insbesondere Naturschutzmaßnahmen aus der Gemeinschaftsaufgabe Agrarstruktur und Küstenschutz gemildert werden kann.

255. Hinsichtlich einer perspektivischen Orientierung an den Anforderungen der WTO leitet die Reform einen ersten wichtigen Schritt zum Abbau von Markteingriffen ein. Die *Entkoppelung* der Direktzahlungen von der Produktion wurde allerdings nur halbherzig begonnen. Ob sich das Ausmaß der Entkopplung in Bezug auf die laufende WTO-Runde als hinreichend erweist, bleibt abzuwarten. In der Zukunft hängt die Green-Box-Fähigkeit von Zahlungen an die Landwirtschaft wesentlich auch davon ab, wie die Green-Box-Anforderungen sich langfristig entwickeln. Die derzeit angedachten Auflagen (Tz. 251) stellen erheblich strengere Anforderungen an den Abbau von Markteingriffen und die Definition von Umweltleistungen, als sie mit der MTR-Reform erfüllt werden.

Es wird sehr stark von der zukünftigen nationalen Ausgestaltung der Mid-Term-Review-Beschlüsse abhängen, wie ihre Effekte im Einzelnen unter Umweltgesichtspunkten zu beurteilen sind. Der nationale Fahrplan für die Umsetzung der Reform muss bis zum 1. August 2004 bei der EU-Kommission vorliegen, andernfalls gilt automatisch das Grundmodell der EG-Verordnung (z. B. betriebsbezogene Zahlungen anstatt an die Fläche gebundener Regionalprämien). Neben der Einführung und Ausgestaltung der Direktzahlungen in Form der Regionalprämien werden folgende Faktoren entscheidend für die Umweltwirkung der Umsetzung der EU-Reformen in Deutschland sein (SRU, 2004a):

– die Festlegung der förderfähigen Basisfläche;

– die Steuerung der Flächenstilllegung;

– die Ausgestaltung von *Cross Compliance*, insbesondere der Anforderungen an die Mindestflächenpflege und die Grünlanderhaltung sowie die verwaltungstechnische Umsetzung;

– die Verwendung der Modulationsmittel in der zweiten Säule;

– die Nutzung der Möglichkeit, besondere Formen der landwirtschaftlichen Tätigkeit und der Qualitätsproduktion mit bis zu 10 % des Direktzahlungsvolumens zu fördern (Artikel 69 der VO (EG) 1782/2003).

4.1.4.2.2 Nationale Ausgestaltung der Direktzahlungen

Vorliegende Beschlüsse zur nationalen Ausgestaltung

256. Auf der Sonderbesprechung vom 27. November 2003 zur Umsetzung der GAP-Reform in Deutschland haben sich die Agrarministerinnen und -minister von Bund und Ländern auf Eckpunkte zur Umsetzung der EU-Agrarreform geeinigt. Das BMVEL hat aus diesen Eckpunkten den Entwurf eines Gesetzes zur Umsetzung der Reform der gemeinsamen Agrarpolitik entwickelt (BMVEL, 2003c). Bei Redaktionsschluss lagen folgende Kernaussagen zur zukünftigen Ausgestaltung der Direktzahlungen in Deutschland vor:

– Beginn der Entkopplung im Jahre 2005; alle Prämien werden in die Entkopplung einbezogen (keine Teilentkopplung, bei der einige Prämien weiter an die Produktion gebunden bleiben);

– Einführung des einheitlichen Regionalmodells; das Prämienvolumen einer Region (Region entspricht i. d. R. Bundesland) wird also gleichmäßig auf die beihilfefähige Fläche der Region verteilt, die regionale Obergrenze ergibt sich aus den national zugeteilten Zahlungsansprüchen, die wiederum aus den bisherigen Stützungen abgeleitet werden; ab 2007 sollen Angleichungen zwischen den Regionen stattfinden, dabei soll kein Bundesland mehr als 5 % seines Prämienvolumens verlieren;

– Umverteilung von Prämienvolumen zwischen den Betrieben, das heißt Ablehnung des Betriebsmodells; begrenzte Umverteilung zwischen den Regionen;

– Anwendung eines Kombinationsmodells in einer Übergangsphase, in der bestimmte Prämien (die Milchprämien, die Mutterkuhprämien, die Sonderprämien für männliche Rinder u. weitere) zunächst nicht der Fläche einer Region, sondern betriebsindividuell zugewiesen werden.

Kalkulatorisch ergeben sich die Flächenprämien, indem dem Ackerland einer Region die Prämien für Ackerkulturen sowie dem Grünland einer Region der Schlachtprämien für Großrinder, nationale Ergänzungsbeträge für Rinder und 50 % der Extensivierungszuschläge für Rinder zugewiesen werden. Damit werden die Grünlandprämien zunächst erheblich unter denen für Acker liegen.

Die Flächenprämien sind innerhalb einer Region gleich (jeweils bezogen auf Acker und Grünland), variieren aber zu Beginn der Reform zwischen den Bundesländern, sodass sich beispielsweise geringere Beträge für Grünland in Baden-Württemberg oder Rheinland-Pfalz im Vergleich zu Niedersachsen ergeben.

Zusätzlich zu den Flächenprämien bekommt der Betrieb während der Übergangsphase des Kombinationsmodells die oben genannten betriebsindividuellen Zahlungen (Milchprämien, Mutterkuhprämien, 50 % der Extensivierungszuschläge für Rinder, Prämie für Schaf- und Ziegenfleisch u. a.), die gleichmäßig auf die Zahlungsansprüche für Acker und Grünland eines Betriebes verteilt werden, sodass sich insgesamt betriebsindividuelle Hektarbeträge ergeben. Um die ihm zugeteilten Zahlungsansprüche zu aktivieren, muss der Betriebsinhaber in seinem jährlichen Antrag eine entsprechende Anzahl beihilfefähiger Flächen nachweisen. Dabei muss ein Acker- beziehungsweise Grünlandprämienrecht nicht unbedingt durch einen Hektar Acker oder Grünland aktiviert werden, die Entkopplung löst also die Bindung der Zahlungsansprüche an die ursprüngliche Nutzungsart.

Im Zeitverlauf soll ab dem Jahre 2007 mit der Angleichung der betriebsindividuell unterschiedlich hohen Zahlungsansprüche in Richtung auf regional einheitliche Prämien begonnen werden. Dieser Prozess soll bis zum Jahre 2012 abgeschlossen sein. Am Ende steht eine einheitliche Prämie, die weder zwischen Acker und Grünland unterscheidet, noch historische Prämienniveaus berücksichtigt.

Die Prämien sind innerhalb einer Region handelbar. Ein Verkauf von Zahlungsansprüchen ist grundsätzlich mit und ohne Fläche möglich. Ebenfalls handelbar sind Zahlungsansprüche für Stilllegungsflächen, die jedem Betriebsinhaber zu Beginn der Entkopplung getrennt von den übrigen Prämien zugewiesen werden. Die Stilllegungsverpflichtung besteht weiter wie bisher. Ökologisch wirtschaftende Betriebe und Kleinerzeuger sind von der Stilllegungspflicht ausgenommen.

Der Umweltrat begrüßt, dass bei der Ausgestaltung der MTR-Reform der Weg einer *vollständigen Entkopplung* und der Einführung eines *Regionalprämienmodells* eingeschlagen wurde. Die Bundesregierung und die Länder haben damit einen wichtigen Schritt in Richtung auf eine stärker am Markt orientierte landwirtschaftliche Erzeugung getan. Diese Weichenstellung kann auch gewisse Chancen für den Umwelt- und Naturschutz mit sich bringen, unter anderem, da die bestehende Bevorzugung ökologisch risikoreicher Kulturen, wie des Maisanbaus gegenüber dem Grünland, beendet wird. Mit der Entscheidung für das Regionalprämienmodell statt der Betriebsprämie entstehen vergleichsweise günstigere Voraussetzungen, um den negativen Umwelteffekten des Prämienhandels entgegenzutreten.

Wichtige Entwicklungschancen und Gefahren für den Umwelt- und Naturschutz wurden bei den bisherigen Plänen zur Ausgestaltung der Entkopplung gleichwohl bisher noch außer Acht gelassen. Dies betrifft insbesondere die Themen Grünlanderhaltung, Steuerung der Flächenstilllegung und Grünlandpflege.

Grünlanderhaltung

257. Grünland übernimmt im Naturhaushalt vielfältige Funktionen. Es dient dem Boden- und Wasserschutz und abhängig von seiner Lage und Ausprägung kann es eine hohe Bedeutung für den Arten- und Biotopschutz aufweisen. In Deutschland unterliegt Grünland starken Rückgangstendenzen. Verbleibendes Grünland wird zunehmend intensiv genutzt. Die Erhaltung von Grünland im Allgemeinen und von Extensivgrünland im Besonderen hat deshalb eine hohe Priorität im Naturschutz und sollte bei der nationalen Ausgestaltung der MTR-Reform ausreichend berücksichtigt werden. Die derzeitigen Pläne zur Ausgestaltung weisen noch Defizite hinsichtlich der Grünlandsicherung auf, die behoben werden sollten.

258. So wird die Benachteiligung von Grünland gegenüber Acker bei der Prämienzuteilung zu spät und zu langsam abgebaut werden. Erst ab 2007 beginnt die Überführung der betriebsindividuell zugeteilten Tierprämien in einheitliche Grünlandregionalprämien, sodass die Regionalprämien für Grünland mit einem Betrag von voraussichtlich deutlich unter 100 Euro pro Hektar zunächst vergleichsweise gering ausfallen werden und erst nach *Agrarpolitik* 2007 (wenn der Betriebsprämienanteil in die Flächenprämie übergeht) steigen würden. Damit besteht zunächst nur ein geringer Anreiz, bisher nicht durch die Förderstatistik erfasste Grünlandflächen bis 2005 zu melden und dadurch mit Prämienrechten auszustatten. Denn ein Bezug von Prämien wäre gleichzeitig mit der Pflicht zur Einhaltung der Cross-Compliance-Auflagen durch den Landwirt verbunden. Die Prämien sind aber zu gering (BMVEL, 2003c), um die durch *Cross Compliance* vorgeschriebene Flächenpflege attraktiv zu machen. Tendenziell würden also schwer zu nutzende oder zu pflegende Grünlandflächen ohne Prämienrecht bleiben, mit negativen Folgen für deren künftige Erhaltung.

Die nicht erfassten, prämienfreien Grünlandflächen bieten eine Reserve für den Prämienhandel, der auch im Regionalmodell zu unerwünschten Effekten wie zur Aufgabe der landwirtschaftlichen Nutzung in landwirtschaftlichen Ungunstgebieten (z. B. Mittelgebirgsregionen) oder zu Grünlandumbruch führen kann. Da die Nutzung der landwirtschaftlichen Fläche in Gunstregionen attraktiver ist, besteht die Gefahr, dass Grünlandprämienrechte von Ungunststandorten auf prämienfreie Grünlandflächen in Gunstregionen transferiert werden (Abb. 4-1). Die danach prämienfreien Flächen in den Ungunstregionen unterlägen (bei einer Abspaltung vom Betrieb) nicht den Cross-Compliance-Anforderungen und können brachfallen. Auch Ackerprämien könnten aus Ungunstregionen auf prämienfreie Grünlandflächen in Gunstregionen transferiert werden. Damit könnte ein Umbruch der nicht gemeldeten Grünlandflächen verbunden sein, wenn nicht eine sorgfältige Kontrolle des Flächenstatus den Umbruch von prämienfreiem Grünland verhindert.

Abbildung 4-1

**Wirkung einer Reserve prämienfreier Flächen
im Prämienhandel des Regionalmodells**

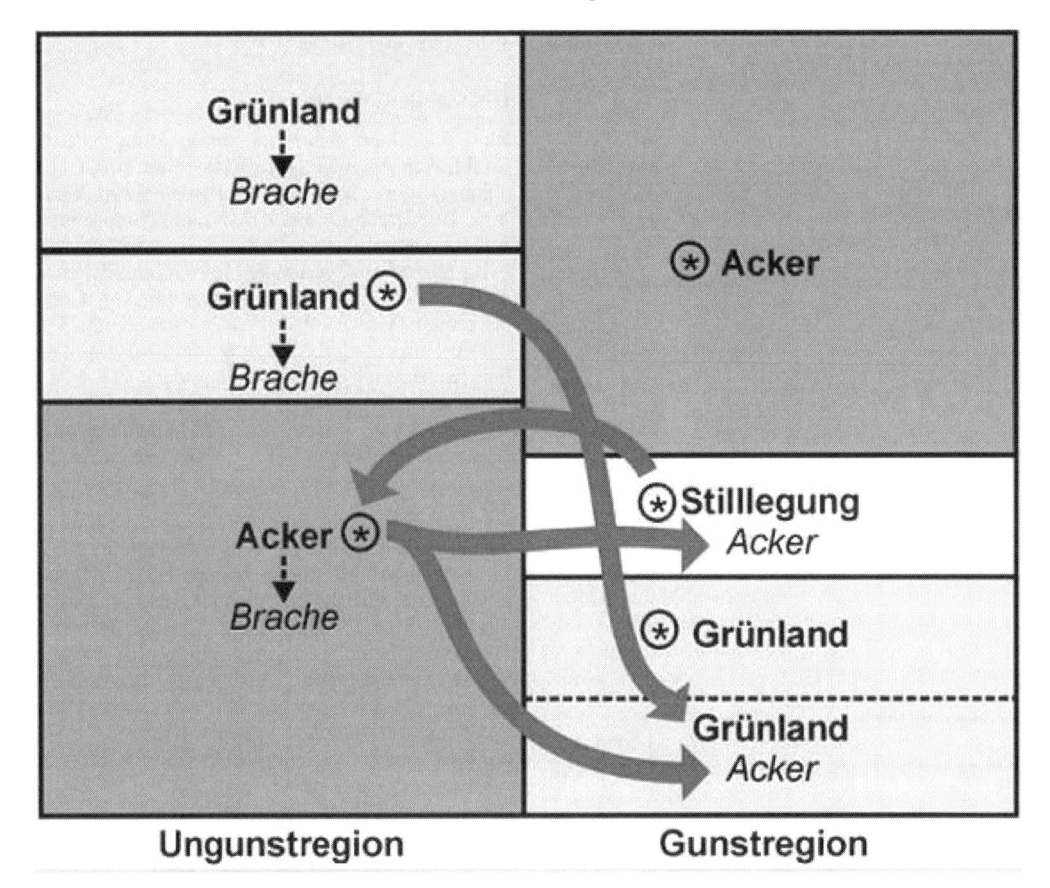

(Diagramm: Ungunstregion mit Grünland → Brache, Grünland ⊛ → Brache, Acker ⊛ → Brache; Gunstregion mit ⊛ Acker, ⊛ Stillegung/Acker, ⊛ Grünland, Grünland/Acker; Pfeile zeigen Verlagerung von Prämien)

⊛ mit Prämienrechten   ➘ Verlagerung von Prämien

kursiv: Änderung der Flächennutzung auf Teilflächen

Quelle: SRU/UG 2004

259. Die potenzielle Flächenreserve für solche Prämientransaktionen und die Aktivierung von Prämienrechten ist erheblich: Grünland ist bisher in der Förderstatistik und dem Integrierten Verwaltungs- und Kontrollsystem (InVeKoS), das die Abwicklung der Direktzahlungen unterstützt, nicht vollständig erfasst. Circa 1,18 Mio. ha sind zwar aufgrund von Liegenschaftsdaten als Landwirtschaftsfläche ausgewiesen, tauchen aber nicht in der betriebsbezogenen Bodennutzungshaupterhebung auf.

Voraussetzungen für eine möglichst weit gehende *Verhinderung prämienfreier Flächen* wären:

— Schaffung von Anreizen zur Meldung derzeit nicht erfasster Flächen durch die schnelle Angleichung der Flächenprämien für Acker und Grünland und die frühzeitige Bekanntmachung des Regionalprämienmodells,

— Prüfung der Möglichkeiten einer verwaltungstechnisch vereinfachten Flächenmeldung und einer nachträglichen Anerkennung von Flächen auch nach Einführung der entkoppelten Direktzahlungen,

— eine Optimierung der Grünlanderfassung über die Flächennutzungserhebung.

260. Neben diesen Maßnahmen zur Minimierung des Umfanges prämienfreier Flächen kann auch durch eine engere Abgrenzung der Regionen, in denen Prämienrechte gehandelt werden dürfen, vermieden oder vermindert werden, dass Grünland- und gegebenenfalls Ackerprämien im Zuge des Prämienhandels aus Ungunstregionen abwandern.

Verhinderung einer unerwünschten Verlagerung von Stilllegungsverpflichtungen

261. Eine enge Abgrenzung der Handelsregionen hätte einen weiteren wünschenswerten Effekt: Sie würde den Transfer von *Ackerflächenstilllegungsverpflichtungen* und den getrennt von den sonstigen Prämienrechten zugeteilten Prämien für Flächenstilllegung in die Ungunstregionen verhindern (Abb. 4-1). Die obligatorische Ackerflächenstilllegung soll in erster Linie der Produktionssenkung und erst in zweiter Linie der Umweltentlastung dienen. Ohne weitere Steuerung des Prämienhandels würden sich nicht nur negative ökologische Auswirkungen durch Vermehrung der Brachen in Ungunstregionen ergeben, sondern die Flächenstilllegung verlöre auch ihre Marktangebotswirkungen. Der Anteil stillgelegter Fläche in den Ungunstregionen würde sich erhöhen und zusätzliche freiwillige Stilllegungen würden verhindert. Dadurch wäre der Sinn der Regelung zur obligatorischen Stilllegung grundsätzlich infrage gestellt.

Um die ökologische Effektivität der Flächenstilllegungen zu verbessern, sollten über eine Begrenzung des Handels mit Stilllegungsprämien hinaus auch Möglichkeiten genutzt werden, Stilllegungen durch Cross-Compliance-Regelungen in für den Umwelt- und Naturschutz sinnvolle Gebiete zu lenken (Tz. 251).

Erhaltung bestimmter Arten der Grünlandnutzung

262. Neben der Schwierigkeit, die Grünlandflächen überhaupt am derzeitigen Standort zu erhalten, könnten sich in Zukunft auch Probleme mit der Art der *Flächenpflege* ergeben. Viele Flächen sollten unter Naturschutzgesichtspunkten speziell durch Beweidung genutzt werden (Wirkungen: Selektion bestimmter Pflanzenarten, für Wiesenvögel bedeutsame Kurzrasigkeit u. a.). Beweidungssysteme wie die Haltung von Robustrinderrassen oder Wanderschäferei, die für den Naturschutz von besonderer Bedeutung sind, hängen in Deutschland jedoch mit am stärksten von der Agrarstützung ab. Durch die Umlegung von 50 % der Extensivierungsprämie für Rinder auf das Grünland bereits ab 2005 und die später folgende Entkopplung der zunächst noch betriebsindividuell zugeteilten Milchprämien, der Mutterkuhprämien und der Mutterschafprämien ist zu erwarten, dass sich aufgrund der im Weltmaßstab wenig wettbewerbsfähigen agrarstrukturellen und natürlichen Produktionsbedingungen in Deutschland deutliche Bestandsrückgänge bei Rindern und Schafen ergeben werden. In vielen Fällen wird es für die Bewirtschafter günstiger sein, ihrer Verpflichtung zur Flächenpflege (Tz. 251) durch maschinelle Pflege nachzukommen, statt die Tierhaltung aufrechtzuerhalten. Ein Mulchen der Flächen (kostengünstige Pflegeform, bei der das Vegetationsmaterial auf der Fläche verbleibt) hat jedoch auf vielen Standorten unerwünschte ökologische Auswirkungen wie Nährstoffanreicherung und Verarmung der Tier- und Pflanzenwelt. Lediglich auf schlecht maschinell zu pflegenden Flächen könnte die Beweidung nach wie vor attraktiv sein. Eine sachgerechte Pflege der maschinell gut zu pflegenden Flächen müsste in Zukunft hingegen durch Agrarumweltprogramme finanziert werden. Das beträfe beispielsweise die in Wiesenvogelschutzgebieten notwendige Beweidung der Flächen oder die Abfuhr und Entsorgung des Mahdgutes. Für Agrarumweltprogramme ist also in Zukunft mit einem erhöhten Mittelbedarf zu rechnen.

Bei der derzeitigen Finanzlage der Bundesländer ist eine Erhöhung der für Agrarumweltmaßnahmen angesetzten Finanzierung unwahrscheinlich, sodass die Konsequenz eine Maßnahmenreduzierung auf den Flächen wäre. Da es sich um Naturschutzmaßnahmen handelt, ist derzeit nicht zu erwarten, dass aus der GAK (Gemeinschaftsaufgabe Agrarstruktur und Küstenschutz) weitere 30 % kofinanzierte Modulationsmittel hier einspringen können. Diese Finanzierungsprobleme des Naturschutzes können insbesondere im Zusammenhang mit der anstehenden Neuausweisung von NATURA-2000-Gebieten dramatische Auswirkungen nach sich ziehen. Entweder verzichten die Länder auf die Ausweisung der Gebiete, weil sie die spezielle Flächenpflege beziehungsweise Beweidung nicht zusätzlich zahlen können, oder sie müssen aus anderen Gebieten Mittel in die von der Beweidungsaufgabe bedrohten Gebiete lenken. Relevante Ausmaße erreicht dieses Problem vor allem in Bundesländern mit großen Wiesenvogelschutzgebieten wie Niedersachsen und Schleswig-Holstein, aber auch in anderen Gebieten, in denen eine Offenhaltung der Flächen über großflächige Beweidungssysteme erfolgt.

263. Um diesen Schwierigkeiten der Bundesländer zumindest für den Zeitraum der MTR-Reform zu begegnen, sollte nach Möglichkeiten gesucht werden, die hohen Zahlungen innerhalb der ersten Säule im Rahmen der nationalen Ausgestaltung der Direktzahlungen für Umweltziele nutzbar zu machen.

Zunächst liegt die Möglichkeit nahe, im Falle von Beweidungssystemen wie der Haltung von Robustrinderrassen, Ochsen, Schafen (insbesondere Wanderschäferei) und Ziegen, die für den Naturschutz von besonderer Bedeutung sind, die Möglichkeit eines *Teilentkopplungsmodells* wahrzunehmen. Eine Teilentkopplung, die Tierprämien in bestimmten Fällen beibehält, könnte die Beweidung über die erste Säule fördern, ohne die zweite Säule unter Aufwendung erheblicher nationaler Mittel in Anspruch zu nehmen. Gegen diese Lösung spricht indes, dass sie dem Prinzip der Entkopplung der Förderung und Produktion widerspricht und darüber hinaus mit einer Zahlung aus der ersten Säule ein zielgerichteter Einsatz der Beweidungssysteme auf Flächen mit besonderem Handlungsbedarf (Gebietskulissen) nicht zulässig ist. Eine gezielte und exklusive Förderung von Robustrinderrassen oder der Wanderschäferei ist unter den gegebenen Rahmenbedingungen ebenfalls nicht möglich.

Weitere Möglichkeiten der Aufrechterhaltung der Beweidung ohne nationale Kofinanzierung wären

– eine Festlegung von Mindesttierbesatzdichten zur Instandhaltung der landwirtschaftlichen Flächen im Rahmen von *Cross Compliance*. Diese Lösung könnte zwar gezielter erfolgen als die Teilentkopplung, würde aber vermutlich erhebliche Akzeptanz- und

Umsetzungsprobleme bei den Landwirten hervorrufen. Bezöge man die Auflagen ausschließlich auf Grünlandflächen von in der Referenzperiode weideviehhaltenden Betrieben, könnte eine solche Bindung jedoch sinnvoll sein;

– die Nutzung der 10-%-Regelung für die Förderung besonderer Nutzungsformen. Auch diese Regelung würde die gezieltere Förderung einer extensiven Weidewirtschaft erlauben. Aufgrund der noch stärkeren Umverteilung zuungunsten von intensiven Milchvieh- und Bullenmastbetrieben ist aber auch hier mit Akzeptanzproblemen zu rechnen.

Der gefasste Beschluss, die Milchquote im Kombinationsmodell vorübergehend beizubehalten, wird voraussichtlich kurz- bis mittelfristig ebenfalls für eine Erhaltung von Grünland sorgen. Allerdings besteht die Gefahr, dass sich die Milchproduktion aus marginalen Gebieten zurückzieht. Die Milchproduktion bleibt im Rahmen der Quote zwar zunächst stabil, die regionale Verlagerung innerhalb der Handelsregionen wird aber wahrscheinlich weiter voranschreiten.

Bei der Definition der förderfähigen Basisfläche sollte ferner die Chance genutzt werden, die *Einbeziehung der Landschaftsstrukturelemente* in die Prämien berechtigter Flächen zu ermöglichen. Die Einbeziehung von Hecken, Rainen und Brachflächen in die Förderung ist in der Vergangenheit immer wieder gefordert worden (OSTERBURG und BASSOW, 2002; SRU, 2002a, Tz. 402), um Anreize für ihre Beseitigung zu vermindern und die verwaltungstechnische Abwicklung zu erleichtern. Insbesondere landwirtschaftliche Flächen mit neu geschaffenen Strukturelementen sollten als prämienberechtigt gelten und daher ebenfalls vom Offenhaltungsgebot der Cross-Compliance-Auflagen ausgenommen werden.

4.1.4.2.3 Nationale Ausgestaltung von Cross Compliance

264. Die Bindung der vollen Gewährung der Direktzahlungen an die Einhaltung bestimmter Umwelt-, Tier- und Verbraucherschutzauflagen (*Cross Compliance*) lässt für die Zukunft erhoffen, dass sowohl die Rechtsvorschriften der EU zur guten fachlichen Praxis als auch darüber hinausgehende Cross-Compliance-Anforderungen umfassender als bisher in der landwirtschaftlichen Praxis beachtet werden. Der von der EU vorgegebene Rahmen bietet Möglichkeiten zu einer weiter gehenden nationalen Ausgestaltung der Cross-Compliance-Auflagen, mit der die Umwelteffektivität dieses Instrumentes noch weiter gesteigert werden könnte. Allerdings ist es ohne eine klare Perspektive für die langfristige Ausrichtung der Agrarpolitik nicht einfach, über die Zielrichtung einer nationalen Ausgestaltung zu entscheiden (Tz. 253). Rechnet man damit, dass die Direktzahlungen nach 2013 erheblich zurückgefahren werden oder gar ganz entfallen, dann wäre *Cross Compliance* ein Übergangsmodell, das den Landwirten keine klare Perspektive vorgibt. Nach der Einstellung der Direktzahlungen entfiele für die Landwirte der zusätzliche Anreiz für ein normenkonformes Verhalten und die Akzeptanz selbst dafür, die gute fachliche Praxis einzuhalten, würde erheblich sinken. In der Konsequenz sollte unter dieser Prämisse der Versuchung widerstanden werden, das Instrument zu überdehnen und mit *Cross Compliance* umfangreichere Umweltanforderungen durchsetzen zu wollen, da damit für die Zukunft das falsche Signal gesetzt würde. Geht man hingegen von einer – nach Einschätzung des Umweltrates weniger wahrscheinlichen – Zukunftsperspektive aus, die den Landwirten weiterhin relativ hohe Direktzahlungen garantiert, dann kann die Chance genutzt werden, über *Cross Compliance* umfangreichere Anforderungen an die gute fachliche Praxis in den Agrarsektor einzuführen, deren Ausgleich ohne nationale Kofinanzierung erfolgt. Anspruchsvolle und nicht flächendeckend erforderliche Umweltauflagen, zum Beispiel auf umweltempfindlichen Standorten (s. dazu SRU, 2002a Tz. 337 f.), sollten hingegen im Rahmen der 10-%-Regelung (Tz. 250) ausgeglichen werden.

265. Die Wirksamkeit von *Cross Compliance* im derzeit überschaubaren Zeitraum bis 2013 hängt entscheidend von der nationalen Ausgestaltung der in Anhang IV der Luxemburger Beschlüsse festgelegten Auflagen ab (Rat der Europäischen Union, 2003). Dabei sollten sowohl Erwägungen zur Umweltwirksamkeit der Auflagen als auch zur Umsetzbarkeit der Maßnahmen in den Betrieben und zur Kontrollierbarkeit in Einklang gebracht werden. Beispielsweise würde die Prüfung der organischen Substanz im Boden zu einem unverhältnismäßig hohen Kontrollaufwand führen angesichts der nicht eindeutig bestimmbaren Relevanz dieses Parameters für die Umwelt. Grundsätzlich ist zu empfehlen, dass nur solche Vorgaben über klare (möglichst quantifizierte) Parameter vorgeschrieben und über Stichproben kontrolliert werden, die auch (einfach) kontrollierbar sind. So könnte zum Beispiel die Anforderung nach Vermeidung von Bodenverdichtungen durch Vorgaben für die eingesetzte Agrartechnik besser umgesetzt werden als durch Messungen auf den Flächen. Klare Auflagen und Kontrollmechanismen sollten auf jeden Fall für das fachgerechte Vorgehen im Falle eines Umbruchs von Stilllegungsflächen formuliert werden, da die weiterhin grundsätzlich erlaubte Rotationsbrache oder die Rückumwandlung von freiwilliger Dauerstilllegung in Acker mit erheblichen Stickstoffeinträgen in die Gewässer verbunden sein können. Im Rahmen der Prämienanträge könnten Berichtpflichten über die Einhaltung der leicht kontrollierbaren Standards eingeführt werden. Andere Anforderungen der guten fachlichen Praxis sollten im Zusammenhang mit der einzuführenden Betriebsberatung und durch nicht von Strafen bedrohte Selbsterklärungen der Landwirte, in denen Fortschritte dokumentiert werden, implementiert werden. Auch bei der Erstellung von Anpassungsplänen zur Verbesserung der Umweltsituation kann die Beratung die Landwirte unterstützen. Die Festlegung von solchen Beratungsbereichen sollte möglichst frühzeitig erfolgen, damit entsprechende Beratungsangebote aufgebaut werden können. Eine Anschubfinanzierung für Dokumentations- und Beratungssysteme könnte die Anpassung der Betriebe an die Umweltauflagen unterstützen. Die daraus resultierende Berichterstattung kann als Nachweis der

Beratungsleistung und der Bemühungen des Landwirts um eine Verbesserung der Situation dienen, ohne dass Prämienverluste drohen, denn das notwendige Vertrauensverhältnis zwischen Beratung und Betrieben darf nicht untergraben werden. Langfristig kann die einmal installierte Agrar-Umwelt-Beratung auch unabhängig von *Cross Compliance* zur Verbesserung der Umsetzung von Umweltleistungen der Landwirtschaft dienen (SRU, 2002a).

266. Für die offizielle Kontrolle der Cross-Compliance-Auflagen ist es wichtig, dass sich die Auswahl der zu kontrollierenden Betriebe nicht an der Prämienhöhe, sondern an den zu erwartenden Umweltbelastungen (z. B. aufgrund eines hohen Viehbesatzes pro Hektar) orientiert. Gleichzeitig müsste die Kontrolle und Durchsetzung der guten fachlichen Praxis für Betriebe, die keine Direktzahlungen erhalten, wie zum Beispiel Obst- und Weinbaubetriebe, geregelt werden. Die Vorgaben der EU (Rat der Europäischen Union, 2003) eröffnen die Möglichkeit, fachrechtliche Risikoanalysen zur Auswahl der zu kontrollierenden Betriebe heranzuziehen. Auch die Kontrolle von Betrieben ohne Direktzahlungen soll auf die mindestens zu kontrollierende Stichprobe in Höhe von 1 % der Betriebe angerechnet werden können. Die genauen Regelungen werden Bestandteil der Durchführungsverordnung zur Verordnung (EG) 1782/2003 sein, deren Vorlage für März 2004 geplant ist. Zur Verbesserung der Kontrolleffizienz sollte von der Möglichkeit Gebrauch gemacht werden, weit gehend unabhängig von der förderrechtlichen Kontrolle fachrechtliche Kontrollen von Umweltstandards durchzuführen (Tz. 322).

Cross-Compliance-Regelungen könnten auch dazu beitragen, die oben beschriebenen Verlagerungen von Flächenstilllegungsprämien durch Prämienhandel (Tz. 258) zu begrenzen und darüber hinaus die *Flächenstilllegung* gezielt zur Landschaftsgestaltung sowie zum Biotop- und Wasserschutz einzusetzen. Dazu müsste vorgeschrieben werden, dass statt der aus Umweltsicht nachteiligeren Rotationsbrache ein Teil der obligatorischen Flächenstilllegungsverpflichtung auf Ackerland dauerhaft durch Randstreifen und Pufferzonen zu erfüllen ist. Dieser Teil dürfte dann nicht überregional handelbar sein, sondern müsste in Verbindung mit den auf Ackerflächen eingelösten Prämienrechten stehen. Ein ähnlicher Effekt kann durch Agrarumweltprogramme erzielt werden; allerdings wären mit diesem Weg zusätzliche Zahlungen verbunden.

267. Hinsichtlich des unter Umweltgesichtspunkten besonders relevanten *Verbots des Grünlandumbruchs* (Anhang IV) besteht eine hohe Dringlichkeit für eine wirksame und umsetzbare nationale Ausgestaltung. Zuallererst muss die Definition und Abgrenzung des Dauergrünlandes erfolgen. Besonders kritisch ist dabei die Anerkennung von Flächen als umbruchfähiges „Wechselgrünland" zu prüfen. Auch muss entschieden werden, ob ein Grünlandsaldoerhaltungsgebot für den Gesamtbetrieb oder ein auf die einzelne Grünlandfläche bezogenes Grünlandumbruchverbot gewählt wird. Ein betrieblicher Ansatz verschafft den Betrieben eine größere Flexibilität hinsichtlich einer mit Umbruch und damit Stickstoffausträgen verbundenen Verschiebung der Grünlandnutzung auf andere Flächen, da nur der Grünlandsaldo gleich bleiben muss. Unter Umweltgesichtspunkten ist deshalb einem einzelflächenbezogenen Ansatz der Vorzug zu geben, der zumindest artenreiches, älteres Grünland sowie Grünland in grundwasserempfindlichen Räumen von solchen Verschiebungen ausnimmt. Auch Umgehungstatbestände, die eher bei einem betrieblichen als bei einem einzelflächenbezogenen Ansatz möglich sind, sollten ausgeschlossen werden. Durch einen einzelflächenbezogenen Ansatz würde für die Betriebe allerdings die Möglichkeit eingeschränkt werden, auf veränderte Rahmenbedingungen durch Anpassung der Produktion zu reagieren. Um bürokratische Hürden und den Verwaltungsaufwand zu minimieren, sollten Kulissen für strengere und flexiblere Grünlandschutzmodelle festgelegt werden. Innerhalb umweltpolitisch vorrangiger Gebiete ist in jedem Fall einem strengeren einzelflächenbezogenen Grünlandschutz, unter Ausschluss von Möglichkeiten zum Flächentausch, der Vorzug zu geben. Im Falle eines genehmigten Grünlandumbruchs sollten zudem die Bedingungen bezüglich des Zeitpunkts und der Folgenutzung festgelegt werden, um schädliche Umweltwirkungen zu begrenzen.

Gelingt eine solche Ausgestaltung nicht, müssten Agrarumweltmaßnahmen und Verbote in Schutzgebieten, verbunden mit Ausgleichszahlungen, diese Sicherungsfunktion übernehmen. Dies wäre mit zusätzlichen Kosten verbunden. Unabhängig vom Regelungsraum ist die vollständige Erfassung des Dauergrünlandes sowie von Flächen mit besonderen Restriktionen und deren Integration in das Integrierte Verwaltungs- und Kontrollsystem (InVeKoS) die Voraussetzung für eine wirksame Implementation des Grünlandumbruchverbots. Zunächst kann so verfahren werden, dass alle prämienberechtigten Antragsflächen, die zwischen 1993 und 2002 kein Ackerland waren, grundsätzlich als Grünland angesehen werden und nur dann förderfähig werden, wenn sie tatsächlich Grünland sind. Bestehende Äcker aus diesem Pool dürften nur dann förderfähig werden, wenn nachgewiesen wird, dass hier bereits vor 2002 Ackernutzung vorhanden war. Die frühzeitige Bekanntgabe einer solchen Zuordnung der Flächennutzung und Prämienberechtigung auf Grundlage der im InVeKoS erfassten Ackerflächen würde negative Ankündigungseffekte vermeiden helfen, da Landwirte sonst motiviert werden könnten, jetzt noch Grünland umzubrechen. Eine entsprechende Öffentlichkeitsarbeit ist dringend in die Wege zu leiten.

Die Wichtigkeit einer eindeutigen Erfassung der Grünlandflächen kann, zumindest bezogen auf schutzwürdige Einzelflächen oder Räume mit strengerem Grünlandschutz, nicht genug hervorgehoben werden. Erfahrungen aus der Vergangenheit lehren, dass ohne ein entsprechendes Grünlandkataster kein wirksamer Schutz umsetzbar ist. Eigentlich unterliegt Grünland bereits seit der Agrarreform von 1992 einem gewissen Schutz, da keine Direktzahlungen für Ackerflächen gezahlt werden, die am 31. Dezember 1991 für mehr als fünf Jahre Grünland waren. Wie die statistischen Daten zeigen, blieb die Schutzwirkung durch diese Basisflächenregelung jedoch begrenzt, da das Dauergrünland nicht klar abgegrenzt werden konnte. Bei der Aufnahme in das InVeKoS blieben viele Flächen als Wechselgrünland oder Feldgras ohne „D-Vermerk" für Dauergrünland. Solche Flächen konnten später umgebrochen und als Ackerfläche für Direktzahlungen gemeldet werden.

Hinzuweisen ist auch auf den Umstand, dass die bloße Grünlanderhaltung ohne weitere Pflegeauflagen, die bisher über Agrarumweltmaßnahmen finanziert wurden, in Zukunft ausgleichsfrei aufgrund von *Cross Compliance* erfolgen muss. Je weiter die geforderten, obligatorischen Umweltstandards gehen, umso geringer wird der Handlungsbedarf für die freiwilligen Agrarumweltprogramme (vgl. SCHEELE, 2001). Wird dagegen *Cross Compliance* als Reaktion auf die Kontrollinteressen der EU gegenüber den Mitgliedstaaten bewusst anspruchslos gehalten, ist kaum eine umweltrelevante, regulierende Wirkung zu erwarten. In diesem Fall käme es lediglich zu bürokratischen Zusatzbelastungen für die Verwaltungen und die landwirtschaftlichen Betriebe.

268. Bei der nationalen Ausgestaltung der Cross-Compliance-Vorgaben sollte neben der Steuerung und Pflege brachfallender Flächen, den Bedingungen für einen Umbruch von Stilllegungsflächen sowie der obligatorischen Nutzung der Ackerflächenstilllegung für Pufferzonen oder Ähnliches als letzter Punkt auch die Konkretisierung der Forderung nach *Erhaltung von Landschaftselementen* besondere Aufmerksamkeit genießen. Begrüßenswerterweise wurde dieser Punkt in den Gesetzentwurf aufgenommen. Allerdings bezieht sich das Verbot der Beseitigung nur auf Landschaftselemente, die nach Maßgabe einer Rechtsverordnung näher bestimmt werden sollen. Grundsätzlich sollten alle Landschaftselemente dem Beseitigungsverbot unterliegen. Um die betriebliche Flexibilität nicht vollständig zu beschneiden und rentabel bewirtschaftbare Schlagzuschnitte zu ermöglichen, sollte gleichzeitig erwogen werden, ob nicht Landschaftsstrukturveränderungen gestattet werden können, wenn analog zu den in der naturschutzrechtlichen Eingriffsregelung geltenden Prinzipien vorgegangen wird und Ausgleichsmaßnahmen möglich sind.

4.1.4.2.4 Ausgestaltung der Agrarumweltmaßnahmen und der so genannten 10-%-Regelung

269. Wie oben erwähnt, verlieren *Agrarumweltmaßnahmen*, die auf die reine Grünlanderhaltung ohne weitere Auflagen ausgerichtet sind, in Zukunft ihre Förderfähigkeit. Die entsprechenden Maßnahmen müssen also bis spätestens 2007 (Beginn des nächsten Programmplanungszeitraumes) angepasst werden. Bis dahin sollten auch Veränderungen der Kalkulationsgrundlagen für Agrarumweltmaßnahmen einbezogen werden, die aufgrund von Veränderungen der Erste-Säule-Prämien im Zeitverlauf entstehen. Solche Veränderungen treten durch das Auslaufen der Betriebsprämienkomponente, ansteigende Modulationssätze oder Kürzungen im Rahmen der finanziellen Disziplin oder die stufenweise Einführung der Milchmarktreform ein. Frei werdende und durch die Modulation neu hinzukommende Mittel sollten vor allem für anspruchsvolle Maßnahmen wie Gewässer- und Naturschutzmaßnahmen verausgabt werden (SRU, 2002a, Abschn. 6.3.3). Voraussetzung dafür wäre, dass gezielt wirkende Agrar- und Naturschutzmaßnahmen – die derzeit überwiegend außerhalb der GAK bei den Umweltministerien der Länder angesiedelt sind – bei der Verausgabung der Modulationsmittel Priorität genießen. Da sich durch eine nationale Kofinanzierung der Finanzierungsanteil der Länder weiter vermindert, ist für die Länder die Versuchung groß, die Modulationsmittel im Rahmen der GAK einzusetzen (s. dazu SRU, 2002a, Abschn. 5.1.3.5, insbes. Tz. 238). Zur Verbesserung der Position der Agrarumweltmaßnahmen sollte unter anderem verstärkt nach Wegen zur Verringerung des damit verbundenen Verwaltungsaufwandes gesucht werden. Ebenso sind die Kontrolldichten zur Einhaltung der guten fachlichen Praxis sowie Bußgelder und Prämienkürzungen zwischen erster und zweiter Säule zu vereinheitlichen, um ein langfristiges Nebeneinander unterschiedlicher Anforderungs- und Kontrollsysteme zu vermeiden.

Ein Konstruktionsfehler der Reformbeschlüsse liegt darin, dass die Cross-Compliance-Anforderungen auf allen Flächen von Betrieben mit Direktzahlungen und damit auch den prämienfreien Flächen gelten sollen. Die Aufnahme von Brachflächen in den Betrieb verpflichtet deshalb automatisch zur Pflege dieser Flächen und der Betrieb darf dafür keine an Freiwilligkeit gebundenen Zusatzprämien erhalten. Daher werden solche nicht rentabel nutzbaren Flächen voraussichtlich nicht in landwirtschaftliche Betriebe aufgenommen beziehungsweise werden an Nichtlandwirte abgegeben, was die Pflege prämienfreier Flächen erheblich erschwert. Ähnliches gilt auch für Flächen, auf denen die Höhe der Pflegekosten die Direktzahlungen übersteigt. Bei voller Überführung der Tierprämien von Betriebs- in Regionalprämien dürften mit voraussichtlich über 250 Euro pro Hektar genug Mittel bereitstehen, den größten Teil der Grünlandflächen zu pflegen. Flächen, deren Offenhaltung aufgrund von Geländeoberfläche, Zuschnitt oder Bodenfeuchte mit besonderem Aufwand verbunden ist, sind für den Naturschutz oft von besonderem Interesse. Um zu verhindern, dass gerade solche Flächen gänzlich aus der Pflege durch landwirtschaftliche Betriebe herausfallen, sollten Ausnahmen von der obligatorischen Pflegeverpflichtung für prämienfreie Flächen und Flächen mit besonders hohen Pflegekosten ermöglicht werden oder müssen verwaltungstechnische Umgehungskonstrukte geschaffen werden. Beispielsweise könnte versucht werden, mithilfe großzügiger Agrarumweltprämien die Kosten der durch *Cross Compliance* vorgeschriebenen Flächenpflege über zusätzliche, anspruchsvollere Agrarumweltmaßnahmen zu decken. Ausnahmen vom Offenhaltungsgebot nach Anhang IV sollten auch möglich sein, um in bestimmten Landschaftsabschnitten Sukzession zulassen zu können.

270. Die so genannte *10-%-Regelung* ermöglicht den Einsatz von bis zu 10 % des Direktzahlungsvolumens für die Förderung von besonderen Formen der landwirtschaftlichen Tätigkeit und der Qualitätsproduktion. Kurz- bis mittelfristig gedacht stellt sie eine Chance dar, nationale Mittel einzusparen und das Förderniveau zwischen den Bundesländern anzugleichen, da 10-%-Maßnahmen zu 100 % durch die EU finanziert werden. Das lässt die Nutzung der 10-%-Regelung erheblich attraktiver erscheinen als eine Aufstockung der Agrar-Umweltmaßnahmen, für die Bund und Länder Kofinanzierungsmittel bereitstellen müssen. Sie ist zum Beispiel eine geeignete Option, um mit einem weit gehend bedarfsorientiert wirkenden Instrument bestimmte Formen der Tierhaltung und Beweidung zu fördern. Problematisch ist allerdings, dass die 10-%-Regelung stark von der Weiterentwicklung der EU-Agrarpolitik abhängig sein wird. Sie wird aber, anders als die zweite Säule, keinen Bestandsschutz genießen. Eine zu starke Verlagerung der nationalen Förderpolitik in diese Richtung darf jedoch den stetigen Ausbau der zweiten Säule nicht bremsen und im Falle eines künftig nicht unwahrscheinlichen Wegfalls der 10-%-Regelung zu Schwierigkeiten bei einer Wiederaufstockung der nationalen Mittel führen.

4.1.4.3 Zusammenfassung und Empfehlungen

Neuausrichtung der Gemeinsamen Agrarpolitik 2003

271. Ziel der durch die Luxemburger Beschlüsse im Jahre 2003 eingeleiteten Agrarreform der EU (MTR-Reform) war es, die WTO-Kompatibilität der GAP zu verbessern, indem die Produktion der Landwirte stärker durch marktwirtschaftliche Elemente bestimmt wird. Die Wettbewerbsfähigkeit der Agrarproduktion soll verbessert und die Finanzierbarkeit der Gemeinsamen Agrarpolitik vor dem Hintergrund der EU-Osterweiterung sichergestellt werden. Ferner soll den neuen gesellschaftlichen Anforderungen in den Bereichen Lebensmittelsicherheit, Tier- und Umweltschutz Rechnung getragen und damit die Legitimation der Agrarpolitik gefestigt werden. Kernmaßnahmen der Reform zur Erreichung dieser Ziele sind eine Entkopplung der Direktzahlungen von der Produktion, die Ausgabe von handelbaren Prämientiteln an die zum Zeitpunkt der Einführung der Reform aktiven Landwirte, die Bindung der Zahlungen an die Einhaltung von Umwelt-, Tierschutz- und Qualitätsvorschriften (*Cross Compliance*) und Mittelumschichtungen (Modulation) von der ersten Säule der Agrarpolitik (Preisstützungen und Direktzahlungen) in die zweite Säule (zur Förderung des ländlichen Raumes) im Umfang von 5 %.

Die Luxemburger Beschlüsse markieren eine Trendwende auf dem Weg zu einer grundlegend neuen Agrarpolitik, die eine stärker an Marktbedingungen orientierte und gleichzeitig dauerhaft umweltgerechte Landwirtschaft ermöglichen soll. Die politischen Aufgaben der Gegenwart bestehen für die deutsche Agrarpolitik nun einerseits darin, kurzfristig die Spielräume, die durch die EU-Vorgaben eröffnet werden, so auszugestalten, dass positive Umwelteffekte erzielt werden können. Andererseits sollte neben diesen kurzfristigen Zielen möglichst frühzeitig damit begonnen werden, eine langfristige Perspektive für eine dauerhaft umweltgerechte Landwirtschaft in Deutschland zu entwickeln. Dazu muss in Betracht gezogen werden, dass sowohl die EU-Osterweiterung als auch die Anforderungen aus der WTO für die Zukunft vermutlich einen weiteren Abbau von weit gehend voraussetzungslosen Direktzahlungen an die Landwirtschaft verlangen werden. Bei einer solchen Liberalisierung der Agrarpolitik liegen Chancen und Gefahren dicht beieinander. Nur durch eine vorausschauende Politik eines sozial und ökologisch flankierten Abbaus von Marktstützungen ist ein solches Modell vertretbar und zukunftweisend.

Der Umweltrat begrüßt die Weiterentwicklung der Gemeinsamen Agrarpolitik als einen ersten wichtigen Schritt in die richtige Richtung. Die Reformbeschlüsse greifen jedoch zu kurz und bleiben hinter den Erwartungen zurück, die unter Umweltgesichtspunkten in sie gesetzt wurden. Insbesondere fehlt eine konsequente Bindung der Subventionen an den flächen-, regions- oder maßnahmenspezifischen Bedarf nach gesellschaftlich erwünschten Umweltleistungen. *Cross Compliance* wirkt als Instrument hierfür zu unspezifisch. Auch der geringe Umfang der Mittelumschichtungen von der ersten in die zweite Säule der Agrarpolitik (Modulation) ist enttäuschend. Eines der größten Umweltrisiken der derzeitigen Agrarreform besteht darin, dass die Vorkehrungen zur Verhinderung einer verstärkten Grünlandaufgabe oder -umnutzung unzureichend sind. Insbesondere besteht die Gefahr, dass Grünland gar nicht erst als Betriebsfläche gemeldet wird und somit Spielräume zur Vermeidung der Cross-Compliance-Regelungen, der Mindestflächenpflege und zum Grünlandumbruch entstehen. Darüber hinaus ist zu befürchten, dass Flächenstilllegungsverpflichtungen durch den Handel mit Prämientiteln verstärkt in landwirtschaftliche Ungunstregionen verlagert werden, wodurch die umweltentlastende Wirkung von Ackerstilllegungen auf Gunststandorten entfallen würde. Dies hätte zur Folge, dass die Chance nicht genutzt wird, die Ackerflächenstilllegung in Zukunft gezielt zum Gewässerschutz (Anlage von Gewässerrandstreifen) oder zum Erosions- und Biotopschutz einzusetzen. Nicht zuletzt bringt die bisherige Agrarreform auch kaum Fortschritte in Bezug auf die dringend notwendige Verbesserung der Transparenz der Agrarpolitik für Politik und Öffentlichkeit. Gleichwohl bietet die Reform einen relevanten nationalen Handlungsspielraum, der durchaus gestattet, die Landwirtschaft partiell umweltfreundlicher umzugestalten.

Nationale Ausgestaltung der Reformbeschlüsse

272. Die zukünftige nationale Ausgestaltung der Reformbeschlüsse wird sehr stark darüber entscheiden, wie ihre Effekte unter Umweltgesichtspunkten zu beurteilen sind. Die diesbezügliche Entscheidung muss bis Ende Juli 2004 abgeschlossen sein.

Aufgrund des Zeitdrucks für die Ausarbeitung des nationalen Fahrplanes hat der Umweltrat in einem aktuellen Kommentar im März 2004 bereits Empfehlungen unterbreitet. Prioritäres Ziel der nationalen Ausgestaltung der MTR-Reform sollte es nach Auffassung des Umweltrates sein, die Nutzung von Grünland attraktiv zu erhalten und eine Umwandlung von Grünlandflächen zu vermeiden. Die obligatorische Flächenstilllegung sollte sinnvoll im Sinne des Natur- und Umweltschutzes – insbesondere im

Bereich des Gewässerschutzes – eingesetzt werden können. Die Chance, Umweltverbesserungen durch den verstärkten Einsatz von Agrarumweltmaßnahmen zu erreichen, sollte konsequent genutzt und ausgestaltet werden.

Der Umweltrat empfiehlt für die nationale Ausgestaltung der Reform im Einzelnen folgende Maßnahmen:

Die Direktzahlungen mit dem Grünlandschutz und einer umweltorientierten Flächenstilllegung verbinden

273. Um die Nutzung von Grünland attraktiv zu erhalten, sollte jede Benachteiligung des Grünlandes bei der Ausgestaltung der flächenbezogenen Grünland- und Ackerprämien vermieden werden. Dazu empfiehlt es sich, die Höhe der Grünlandprämien schnellstmöglichst an die der Ackerprämien anzugleichen. Auf jeden Fall muss vermieden werden, dass die Höhe der Grünlandprämien zu irgendeinem Zeitpunkt unter den Mindestbetrag für eine Flächenpflege sinkt. Diese Gefahr besteht derzeit in einigen Bundesländern, in denen die Grünlandprämie zunächst sehr gering ausfällt (vor allem in Hessen, in Rheinland-Pfalz, in Baden-Württemberg und im Saarland). Die Anhebung der Prämien durch die Überführung der Milch- und Tierprämien in Grünlandregionalprämien sollte deshalb sofort beginnen statt, wie derzeit geplant, erst ab 2007.

Eine weitere Voraussetzung für die Grünlanderhaltung, aber auch für einen sinnvollen Einsatz der obligatorischen Flächenstilllegung ist die Steuerung des Handels mit Grünland- und Ackerprämien unter Umweltgesichtspunkten. Dafür sollten folgende Maßnahmen ergriffen werden:

– Eine frühzeitige Ankündigung des Regionalprämienmodells schafft Anreize dafür, dass derzeit nicht in der Förderstatistik erfasste Flächen nachgemeldet werden.

– Nur wenn die betriebsindividuell zugeteilten Tierprämien zügig überführt werden, besteht ein ausreichender Anreiz, die Flächen in der Förderstatistik zu melden und damit prämienfreie Flächen zu verhindern, die als Flächenreserve für einen unerwünschten Prämienhandel dienen können.

– Die Möglichkeiten einer verwaltungstechnisch vereinfachten Flächenmeldung und einer nachträglichen Anerkennung von Flächen auch nach Einführung der entkoppelten Direktzahlungen sollten umgehend geschaffen werden.

– Die Regionen, in denen Prämienrechte gehandelt werden dürfen, sollten naturräumlich abgegrenzt werden. Landwirtschaftliche Gunst- und Ungunstgebiete sollten nicht in der gleichen Handelsregion liegen.

Bei der Definition der förderfähigen Basisfläche sollte ferner die *Einbeziehung der Landschaftsstrukturelemente* in die für die entkoppelte Prämie berechtigte Fläche ermöglicht werden, um Anreize für die Beseitigung von Landschaftselementen zu vermindern und die verwaltungstechnische Abwicklung zu erleichtern. Insbesondere landwirtschaftliche Flächen mit neu geschaffenen Strukturelementen sollten als prämienberechtigt gelten und daher ebenfalls vom Offenhaltungsgebot der Cross-Compliance-Auflagen ausgenommen werden.

Die Cross-Compliance-Regelung für den Grünlandschutz, eine umweltorientierte Flächenstilllegung und die Erhaltung von Landschaftselementen nutzen

274. Grundsätzlich sollte sich *Cross Compliance* (Bindung der Direktzahlungen an die Einhaltung von Umwelt-, Tierschutz- und Qualitätsvorschriften) darauf beschränken, den Vollzug der guten fachlichen Praxis sowie wenige weiter gehende Auflagen zu unterstützen. Die gute fachliche Praxis wird durch das vorhandene Umweltrecht sowie fachliche Anforderungen an dessen Umsetzung definiert. *Cross Compliance* wirkt dahin gehend, dass eine Nichteinhaltung der Auflagen zum Entzug der Direktzahlungen führt. Das Instrument ist aber nicht dazu geeignet, eine Vielzahl neuer Umweltanforderungen für den Agrarsektor einzuführen und insgesamt umweltgerechte Anbaumethoden zu fördern. Es sollte darauf geachtet werden, eine klare Trennlinie zwischen obligatorischen, nicht förderfähigen Umweltanforderungen an die Landwirtschaft und honorierten Umweltleistungen aufrechtzuerhalten. Langfristig – mit einer weiteren Verminderung von Direktzahlungen – wird das relative Gewicht der honorierten Umweltleistungen erheblich zunehmen müssen. Im Einzelnen wird das Folgende empfohlen:

– Eine wirksame nationale Ausgestaltung der Cross-Compliance-Regelungen sollte auf jeden Fall für das Verbot des Grünlandumbruchs gefunden werden. Dazu muss eine Konkretisierung der Definition und Abgrenzung des Dauergrünlandes erfolgen, die Umgehungstatbestände im Falle von Wechselgrünland weit gehend ausschließt. Ein bloßes Grünlandsaldoerhaltungsgebot reicht allein nicht aus. Zumindest sollte artenreiches, älteres Grünland sowie Grünland in Räumen hoher Nitrataustragsgefährdung und in Feucht- und Überschwemmungsgebieten von betrieblichen Verschiebungen ausgenommen werden. Durch eine dringend einzuleitende Öffentlichkeitsarbeit sollten „Grünlandumbrüche in letzter Minute" verhindert werden. Grundsätzlich sollten alle prämienberechtigten Antragsflächen, die zwischen 1993 und 2002 kein Ackerland waren, als Grünland angesehen werden und nur als Grünland förderfähig sein.

– Über *Cross Compliance* kann geregelt werden, dass die Flächenstilllegung gezielt zur Landschaftsgestaltung sowie zum Boden-, Biotop- und Gewässerschutz eingesetzt wird. Dazu müsste ein Teil der obligatorischen Flächenstilllegungsverpflichtung auf Ackerland dauerhaft durch Randstreifen und Pufferzonen erfüllt werden. Dieser Teil dürfte dann nicht unbegrenzt handelbar sein, sondern müsste in Verbindung mit den auf Ackerflächen eingelösten Prämienrechten stehen. Dafür sollten auch Kleinstflächen als Flächenstilllegung anerkannt werden, wie dies die neuen EU-Vorgaben erlauben. Im Falle eines Umbruchs von langjährigen Flächenstilllegungsflächen sollten Vorkehrungen gegen eine verstärkte Nitrataustragung vorgeschrieben werden.

Agrarpolitik

– Die Ausgestaltung der Cross-Compliance-Regelungen zur Erhaltung von Landschaftselementen sollte ebenfalls besondere Aufmerksamkeit genießen. Grundsätzlich sollten alle Landschaftselemente unter ein Beseitigungsverbot fallen. Um die betriebliche Flexibilität nicht vollständig zu beschneiden und rentabel bewirtschaftbare Schlagzuschnitte zu ermöglichen, sollte erwogen werden, Landschaftsstrukturveränderungen zu gestatten, wenn analog zur naturschutzrechtlichen Eingriffsregelung Ausgleichsmaßnahmen zu erbringen sind.

– Generell sollte sich die Bewehrung der Cross-Compliance-Regelungen mit Sanktionen (Prämienentzug) auf einfach kontrollierbare Tatbestände konzentrieren. In allen übrigen Bereichen sollte auf die Betriebsberatung sowie vor allem auf eine Dokumentation der Landwirte gesetzt werden, die Bemühungen und Erfolge bei der Annäherung an die Anforderungen der guten fachlichen Praxis transparent macht. Die Auswahl zu kontrollierender Betriebe sollte nicht nach förderrechtlichen Kriterien, sondern nach der potenziellen Umweltgefährdung erfolgen.

Die Finanzierung sichern: Aktivierung der 10-%-Regelung

275. Die so genannte 10-%-Regelung ermöglicht den Einsatz von bis zu 10 % des Direktzahlungsvolumens für die Förderung von besonderen Formen der landwirtschaftlichen Tätigkeit. Die Aktivierung der Regel in Deutschland wäre eine geeignete Option, um mit einem weit gehend bedarfsorientiert wirkenden Instrument eine Extensivbeweidung mit Mutterkühen, Ochsen oder Schafen zu fördern. Damit könnte der für bestimmte Regionen problematischen Tendenz entgegengewirkt werden, dass aufgrund der Entkopplung der Tierprämien die Beweidung des Grünlandes gegenüber der maschinellen Flächenpflege zurückgeht. Die Beweidung könnte auf diese Weise über die erste Säule gefördert werden, ohne die zweite Säule unter Aufwendung erheblicher nationaler Mittel in Anspruch zu nehmen. Die Etablierung eines gezielten, umweltorientierten Einsatzes von Erste-Säule-Mitteln unter Nutzung der 10-%-Regelung sollte zum jetzigen Zeitpunkt erfolgen und Bestandteil des Ausgestaltungsvorschlages sein, der bis August 2004 der EU-Kommission vorliegen muss.

Agrarumweltmaßnahmen stärken und bedarfsorientiert ausgestalten

276. Aufgrund veränderter Rahmenbedingungen frei werdende und durch die Modulation neu hinzukommende Mittel sollten vor allem für anspruchsvolle Agrarumweltmaßnahmen wie Gewässer- und Biotopschutzmaßnahmen verausgabt werden. Als Voraussetzung dafür sollte nach Wegen gesucht werden, die Modulationsmittel für bedarfsorientierte Agrarnaturschutzmaßnahmen einzusetzen, möglichst ohne die Kofinanzierungslasten der Länder zu erhöhen. Dies könnte vor allem durch eine Öffnung der Gemeinschaftsaufgabe Agrarstruktur und Küstenschutz für naturschutzorientierte Agrarumweltmaßnahmen geschehen. In einigen Bereichen sind erhöhte Aufwendungen für Agrarumweltmaßnahmen bereitzustellen, da die neue Form der Direktzahlungen die Offenhaltung der Flächen durch Beweidung nicht mehr nachhaltig gewährleistet. Dies ist der Fall in Gebieten mit maschinell schwierig zu pflegenden Flächen und in Gebieten, die aus naturschutzfachlichen Gründen großflächig beweidet werden sollten. Nicht zuletzt sollte eine Vereinfachung der Verwaltung von Agrarnaturschutzmaßnahmen angestrebt und die Kontrolldichte zur Einhaltung der guten fachlichen Praxis sowie Bußgelder und Prämienkürzungen zwischen der ersten und der zweiten Säule der Agrarpolitik vereinheitlicht werden.

4.1.5 Auswirkungen der agrarpolitischen Alternative einer weit gehenden Liberalisierung in Kombination mit der leistungsbezogenen Entlohnung von Umweltleistungen

277. Die dargelegten Probleme der derzeitigen Agrarpolitik, die auch mit den Mid-Term-Review-Beschlüssen nicht konsequent angegangen werden, sowie die hohe Komplexität und Intransparenz der nun bis 2013 beschlossenen Regelungen legen es nahe, bereits heute Perspektiven für die Zeit danach zu durchdenken und möglichst frühzeitig zu beschließen. Die künftige Wettbewerbsfähigkeit wird wesentlich von eindeutigen Rahmenbedingungen für Investitionsentscheidungen abhängen (BMVEL, 2003a, S. 8). Der Umweltrat hat vor dem Hintergrund der in Abschnitt 4.1.2 dargelegten Ziele wiederholt empfohlen (SRU, 2002a, 2000b), den Abbau von weit gehend voraussetzungslosen Zahlungen an die Landwirtschaft zugunsten der Finanzierung definierter Umwelt- und gegebenenfalls Sozialleistungen voranzutreiben. Dies käme einem Schritt in Richtung auf eine weitere Liberalisierung der Agrarpolitik gleich, allerdings ohne bereits zwangsläufig die Außenzölle der EU anzutasten. Neben den Zielen für eine dauerhaft umweltgerechte Landwirtschaft spielen für die Ausgestaltung langfristiger agrarpolitischer Perspektiven vor allem zukünftige WTO-Verpflichtungen, die Finanzierbarkeit der Osterweiterung sowie Erwartungen der Öffentlichkeit nach einer transparenten, am gesellschaftlichen Bedarf orientierten Subventionierung der Landwirtschaft eine Rolle.

Die derzeit im Rahmen der WTO-Verhandlungen erhobenen Forderungen verlangen einen vollständigen Abbau aller handelswirksamen Stützungen. Angesichts der sich für die Zukunft abzeichnenden Handlungserfordernisse für eine weitere Reform der Agrarpolitik sollten frühzeitig alle Konsequenzen einer Aufhebung von Stützungsmechanismen zur Kenntnis genommen sowie Bedingungen und Maßnahmen für die Flankierung eines solchen Prozesses sowohl unter sozialen als auch ökologischen Gesichtspunkten entwickelt werden.

Bereits die MTR-Reform läutet einen Strukturwandel ein und wird zum Beispiel in den Produktionszweigen Milch und Rindfleisch sowie den nachgelagerten Verarbeitungsbereichen erhebliche Auswirkungen haben (BMVEL,

2003a, S. 8). Die Effekte einer weiter gehenden grundsätzlichen Veränderung der Agrarpolitik müssen im Vorfeld sorgfältig prognostiziert und durchdacht werden. Unter Umweltgesichtspunkten relevante Kriterien für die Bewertung einer durch Sozial- und Umweltmaßnahmen flankierten Liberalisierung als agrarpolitischer Alternative wären die kurz- und langfristig zu erwartenden Auswirkungen, insbesondere auf die Stabilität und Intensität der Landnutzung, auf die derzeit als Koppelprodukt erbrachten Umweltleistungen sowie auf das Entstehen unerwünschter Umwelteffekte. Außerdem sollte abgeschätzt werden, wie hoch der Mittelbedarf ist, um die in Zukunft notwendigen Umweltleistungen der Landwirtschaft zu finanzieren. Der Umweltrat konstatiert in Bezug auf alle diese Fragen derzeit noch erhebliche Forschungs- und Wissenslücken. Es ist schwer nachvollziehbar, warum die Forschung auf diesem Gebiet auf nationaler Ebene bisher vernachlässigt wurde. Der Umweltrat empfiehlt deshalb dringend neue Schwerpunktsetzungen in der Agrarforschung zugunsten dieser Fragen.

278. Im Folgenden wird auf der Grundlage von Analysen und Modellierungen durch GAY et al. (2003) eine erste, vorläufige und unvollständige Abschätzung der Auswirkungen einer radikalen Liberalisierung vorgenommen. Die Ergebnisse können aufgrund der Komplexität des Themas und der Vielzahl derzeit noch nicht genau vorhersehbarer Wechselwirkungen nur eine erste Annäherung darstellen, die aber eine Einschätzung darüber erlaubt, welcher Flankierungsbedarf in einem Liberalisierungsmodell entsteht. Die Analyse bezieht sich auf ein *Extremszenario der Liberalisierung ohne Gegensteuerung*, um Wirkungen klar herauszuarbeiten und auf dieser Grundlage den notwendigen flankierenden Handlungsbedarf abzuleiten. Insbesondere hinsichtlich der Fragen nach dessen Finanzierbarkeit fehlen allerdings derzeit entscheidende Zahlen für die Bundesebene zu Bedarf und Kosten von Natur- und Umweltschutzmindestleistungen oder wünschenswerten Leistungen, sodass über diesen Punkt derzeit keine sinnvollen Aussagen getroffen werden können.

Die Fragen nach der Stabilität und Intensität der Landnutzung sowie möglichen Umwelteffekten werden in einer ersten Annäherung über drei Analyseansätze beantwortet, die jeweils nur einen Ausschnitt des Problems beleuchten, mit unterschiedlichen methodischen Unzulänglichkeiten behaftet sind und deshalb allenfalls erste Anhaltspunkte für mögliche Entwicklungen aufzeigen (GAY et al., 2003). Eine Analyse betrieblicher Daten auf der Basis von Buchführungsdaten für circa 35 000 landwirtschaftliche Betriebe gibt Aufschluss über die Abhängigkeit der gegenwärtigen Landnutzung durch die Landwirtschaft von indirekten und direkten staatlichen Stützungen. Mithilfe eines agrarökonomischen Regionalmodells wurden auf der Grundlage der Agrarstatistik auf Kreisebene erste Abschätzungen der Veränderung der Flächennutzung, der Tierhaltung, der Produktionsmengen, der Pachtzahlungen, der Einkommen und anderer in einem Liberalisierungsszenario vorgenommen (GAY et al., 2003). Aus einer Analyse der Wettbewerbsfähigkeit der deutschen Landwirtschaft anhand der Produktionskosten in den verschiedenen Produktionszweigen auf der Grundlage von Daten aus dem International Farm Comparison Network (IFCN) ergaben sich schließlich erste Hinweise auf die Anpassungspotenziale, die – unter günstigen Bedingungen wirtschaftende – landwirtschaftliche Betriebe in Deutschland aktivieren könnten (ISERMEYER et al., 2000; s. auch Tz. 280). Auf den Ergebnissen dieser Modellierungsansätze und Untersuchungen gründet sich die folgende Abschätzung der Folgen einer unflankierten Liberalisierung. Diese stellt zunächst eine im Rahmen der bislang abschätzbaren Prämissen plausible Simulation dar, deren Kenntnis es ermöglicht, die Größenordnung des Flankierungsbedarfs zu identifizieren.

4.1.5.1 Folgen einer Liberalisierung für die Stabilität und Intensität der landwirtschaftlichen Flächennutzung

4.1.5.1.1 Abhängigkeit der landwirtschaftlichen Betriebe von Stützungen: Strukturwandel

279. Die Analyse betrieblicher Daten und die Modellrechnungen zeigen, dass die meisten landwirtschaftlichen Betriebe in Deutschland ohne Stützungen nicht überlebensfähig sind, weshalb auch die Flächennutzung in starkem Maße von der agrarpolitischen Stützung abhängig ist (Abb. 4-2).

In der vorstehenden Grafik sind die durchschnittlichen Umsatzerlöse mit und ohne Stützungsanteil sowie die Gesamtkosten vor der Faktorentlohnung dargestellt. Es müssen also aus dem Betriebseinkommen (Differenz von Umsatzerlös und Produktionskosten = Gesamtkosten vor Faktorentlohnung) noch Arbeit, Kapital und Boden entlohnt werden. Die Daten ergeben sich als Durchschnittswerte aus den LandData-Buchführungsabschlüssen von etwa 35 000 Betrieben in Deutschland (GAY et al., 2003). Diese wurden zum einen regional nach Nord (Schleswig-Holstein, Niedersachsen und Nordrhein-Westfalen), Mitte (Hessen, Rheinland-Pfalz und Saarland), Süd (Baden-Württemberg und Bayern) sowie Ost (Mecklenburg-Vorpommern, Brandenburg, Sachsen-Anhalt, Sachsen und Thüringen) und zum anderen nach Betriebstyp Futterbau (FB, hauptsächlich Milchvieh und Rinderhaltung), Marktfrucht (MF, Getreide, Raps und Zuckerrüben) und Veredelung (VE, Schweine) differenziert. Aus der Gesamtzahl der Betriebe wurden diejenigen 10 % selektiert, die am wenigsten von der Stützung abhängen. Diese wurden dann den Betriebstypen zugeordnet (FB-beste, MF-beste, VE-beste). In der Stützung sind zum einen Direktzahlungen und staatliche Stützungen jeglicher Art enthalten, zum anderen wurden anhand der OECD Producer Support Estimates (PSE) Preisstützungen ermittelt. Durch diese Vorgehensweise werden die Preisstützungen durch den Unterschied der derzeitigen Ab-Hof-Preise und einem auf Basis der Weltmarktpreise errechneten Referenzpreis bestimmt. Da bei einer Liberalisierung von einem Anstieg der Weltmarktpreise ausgegangen werden kann, kommt es durch dieses Vorgehen zu einer Überschätzung der Preisstützung.

Agrarpolitik

Abbildung 4-2

Umsatzerlöse, Stützungsanteil und Gesamtkosten vor Faktorentlohnung* nach Betriebstypen** anhand von Buchführungsdaten (1999/2000 und 2000/2001)

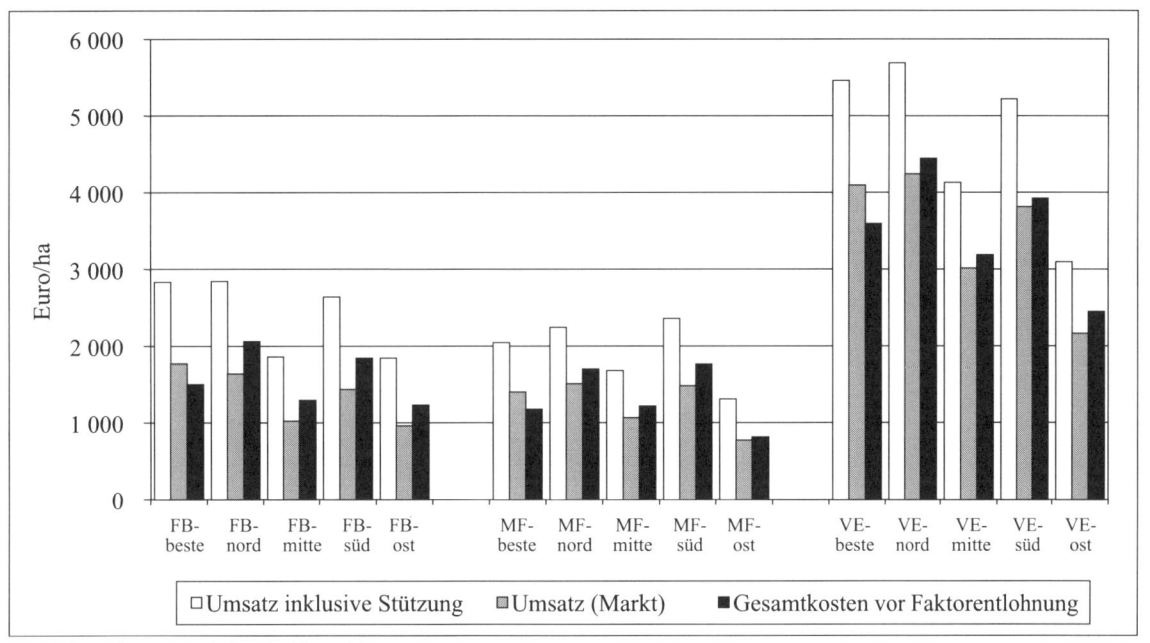

[Balkendiagramm: Euro/ha für Betriebstypen FB-beste, FB-nord, FB-mitte, FB-süd, FB-ost, MF-beste, MF-nord, MF-mitte, MF-süd, MF-ost, VE-beste, VE-nord, VE-mitte, VE-süd, VE-ost mit den Kategorien: ☐ Umsatz inklusive Stützung, ▨ Umsatz (Markt), ■ Gesamtkosten vor Faktorentlohnung]

* Arbeit, Boden und Kapital noch nicht entlohnt.
** FB: Futterbau, MF: Marktfrucht, VE: Veredlung.
Quelle: GAY et al., 2003

Wie die Abbildung 4-2 zeigt, übersteigen für die meisten Betriebsklassen die Gesamtkosten vor Faktorentlohnung die Umsatzerlöse ohne Stützungen. Das bedeutet, dass keine Entlohnung von Arbeit, Kapital und Boden möglich wäre. Nur durch Anpassungen der landwirtschaftlichen Betriebe in Bezug auf die Größe der pro Betrieb bewirtschafteten Fläche, die Agrarprodukte und Anbaumethoden sowie den Arbeits- und Kapitaleinsatz ließe sich diese Situation verbessern. Da eine Reduzierung der Landwirtschaftssubventionen mangels ausreichend alternativer Verwertungen des Bodens einen erheblichen Rückgang der Bodennachfrage nach sich ziehen würde, ist mit einer deutlichen Reduzierung der Bodenrente zu rechnen. Ähnliche Effekte, wenngleich nicht in einer vergleichbaren Größenordnung, treten auch in Bezug auf die Kosten der sonstigen Produktionsfaktoren auf. Somit ist zu erwarten, dass trotz durchschnittlich sinkender landwirtschaftlicher Betriebseinkommen zunächst noch ein ausreichend hoher Teil der Produktionserträge für die Entlohnung des weniger knappen Faktors Arbeit verbleibt, sodass die Arbeitseinkommen in der Landwirtschaft nicht proportional zum Abbau der Subventionen sinken. Derzeit ist die Faktorentlohnung in der Landwirtschaft unterdurchschnittlich (GAY et al., 2003). Anhand der Analyse der Buchführungsdaten zeigt sich, dass die Landwirtschaft im Extremszenario – ohne Anpassung

und ohne Einbeziehung neuer Einkommensquellen – in ihrer derzeitigen Struktur und mit den derzeitigen Verfahren ohne Subventionen nicht bestehen bleiben würde. Mögliche Anpassungsstrategien bedürfen einer weiter gehenden Analyse. Die Untersuchung der Wettbewerbsfähigkeit der deutschen Landwirtschaft anhand der Daten aus dem International Farm Comparison Network (IFCN), die überwiegend eher sehr gut wirtschaftende, unter günstigen Bedingungen produzierende Betriebe repräsentiert, deutet hingegen auf eine potenziell bestehende Wettbewerbsfähigkeit der deutschen Landwirtschaft in vielen Produktionsbereichen und damit ein größeres Anpassungspotenzial hin. Insbesondere mit einer Vergrößerung der Betriebe dürfte deren Wettbewerbsfähigkeit steigen.

Wie die Abschätzungen anhand des Regionalmodells zeigen, würden die Veränderungen der Flächennutzung, der Tierhaltung sowie der pflanzlichen und tierischen Produktionsmengen bei einer Liberalisierung ohne Anpassungsreaktionen der Betriebe auch gegenüber den zu erwartenden Veränderungen durch die Mid-Term-Review-Reform erhebliche Dimensionen annehmen (Tab. 4-6). Für das Extremszenario Liberalisierung zeigt Tabelle 4-6 darüber hinaus zwei weitere Variationsrechnungen. Zum einen wird ein sehr starker Strukturwandel unterstellt (Spalte „Strukturwandel"), in dem die Kostenstrukturen in den Kreishöfen nur noch Betriebe über 50 ha und mit Beständen über 60 Milchkühen beziehungsweise 400 Mastschweinen repräsentieren. Es wird also eine Situation abgebildet, in der nur noch Betriebe jenseits der derzeitigen Wachstumsschwelle bestehen bleiben, wodurch Effekte veränderter Kostenstrukturen aufgrund eines beschleunigten Strukturwandels abgeschätzt werden können. Die zweite Variationsrechnung geht von einer Situation ohne beschleunigten Strukturwandel aus, es wird aber eine pauschale Pflegeprämie in Höhe von 100 Euro pro Hektar Acker und Grünland gezahlt (Tab. 4-6, Spalte „100-Euro-Prämie"). Hierdurch soll die Wirkung einer Flächenprämie zur Offenhaltung der landwirtschaftlichen Fläche dargestellt werden, wobei die Prämie sowohl für reine Flächenpflege als auch für produktive Flächennutzung gezahlt wird.

Tabelle 4-6

Ergebnisse des Agrarsektormodells RAUMIS zu den Wirkungen der MTR-Beschlüsse sowie Grobabschätzung der Folgen einer vollständigen Liberalisierung

Szenario		Agenda 2000	Änderungen gegenüber Agenda 2000			
			Mid-Term Review	Liberalisierung	Strukturwandel	100-Euro-Prämie
			in Prozent[1]			
Flächennutzung						
Getreide	Tsd. ha	7 199	− 7	− 40	− 35	− 30
davon Winterweizen	"	2 882	− 3	− 30	− 25	− 20
davon Roggen	"	793	− 25	− 75	− 70	− 60
Hülsenfrüchte	"	239	− 17	− 65	− 65	− 50
Ölsaaten (Food)	"	829	− 3	− 50	− 45	− 30
Kartoffeln	"	301	3	0	1	2
Zuckerrüben	"	390	0	7	7	8
Silomais	"	787	− 17	− 35	− 20	− 30
Sonst. Ackerfutter	"	223	202	35	70	90
Grünland	"	4 708	4	− 40	− 30	− 30
davon Intensivgrünland	"	2 575	− 36	0	20	10
Stilllegung und Brache[2]	"	1 865	2	300	240	210
Tierhaltung						
Milchkühe	Tsd. Stck.	3 468	0	− 10	10	− 5
Mutterkühe	"	675	− 21	−100	−100	− 90
Mastbullen	Tsd. Stallpl.	1 858	− 11	− 45	− 30	− 40
Pflanzliche und tierische Produktion						
Getreide	Tsd. t	57 830	− 6	− 40	− 40	− 25
Hülsenfrüchte	"	966	− 16	− 65	− 65	− 50
Ölsaaten (Food)	"	3 895	0	− 45	− 45	− 30
Kartoffeln	"	15 846	3	0	1	2
Zuckerrüben	"	27 255	0	6	6	8
Rindfleisch	"	1 016	− 5	− 40	− 20	− 30
Schweinefleisch	"	5 136	0	− 35	− 35	− 35
Milch	"	27 165	0	− 10	10	− 5

noch Tabelle 4-6

Szenario		Agenda 2000	Änderungen gegenüber Agenda 2000			
			Mid-Term Review	Liberalisierung	Strukturwandel	100-Euro-Prämie
			in Prozent[1]			
Einkommen						
Produktionswert	Mio. Euro	32 384	0	− 30	− 20	− 20
Vorleistungen	"	18 972	− 1	− 25	− 20	− 20
Subventionen	"	6 071	0	−100	−100	− 80
Produktionssteuern	"	572	1	− 58	− 54	− 50
Abschreibungen	"	7 126	− 1	− 25	− 20	− 20
NWSF[3]	"	11 785	0	− 75	− 75	− 65
NWSF ber.[3]	"		2	− 45	− 45	− 40
Düngemitteleinsatz						
N-Bilanz	kg N/ha	102	0	9	0	3
Sektoraler N-Überschuss	Tsd. t	1 561	− 1	− 30	− 29	− 23

[1] Werte für die Liberalisierungsszenarien geben keine verlässliche quantitative Prognose wieder, Werte wurden in 5-%-Schritten gerundet.
[2] Ohne Non-Food-Produktion.
[3] Nettowertschöpfung zu Faktorkosten; ber. = bereinigt um die Differenz des Faktoreinsatzes an Arbeit und Kapital gegenüber der Nettowertschöpfung in der Referenzsituation.
[4] Die Angaben sind auf die Landfläche ohne Stilllegung und Brache bezogen.
Strukturwandel: Sehr starker Strukturwandel, nur noch Betriebe jenseits der derzeitigen Wachstumsschwelle bleiben bestehen.
100-Euro-Prämie: ohne beschleunigten Strukturwandel, Zahlung einer pauschalen Pflegeprämie in Höhe von 100 Euro pro Hektar Acker und Grünland.
Quelle: GAY et al., 2003

Die Änderung der Rahmenbedingungen durch eine vollständige Liberalisierung würde so weit gehend ausfallen, dass keine gesicherten Aussagen über das Anpassungsverhalten landwirtschaftlicher Betriebe und die daraus resultierende Produktions- und Flächennutzungsstruktur möglich sind. Qualitative Aussagen über die Tendenz der Entwicklung lassen sich jedoch treffen: Mit Sicherheit hätte die unflankierte Liberalisierung aufgrund der stark zurückgehenden Einkommen einen starken Strukturwandel zur Folge. Da viele auslaufende Betriebe nicht mehr investieren, würde der Strukturwandel wie in der Vergangenheit etwas verzögert ablaufen; es würden aber mehr Betriebe auslaufen und in Abhängigkeit von der Geschwindigkeit der Liberalisierung wahrscheinlich auch mehr Betriebe in Konkurs gehen. Die resultierenden größeren Betriebsstrukturen führen nicht generell zu verstärkten Umweltproblemen. Teilweise stellen sie sogar die Voraussetzung für kostenminimierte umweltschonende Produktionsverfahren dar, wie zum Beispiel sehr großflächige, extensive Weidehaltung von Rindern mit Winteraußenhaltung.

Der Strukturwandel könnte dadurch abgemildert werden, dass unter Liberalisierungsbedingungen zwar ein Absinken der Preise in der EU für die bisher stark geschützten Produkte (Zucker, Milch, Rindfleisch, Schweinefleisch) stattfinden wird, sich aber gleichzeitig der Abstand zu Weltmarktpreisen verkleinert, da auch eine Erhöhung der Weltmarktpreise wahrscheinlich ist (BANSE und NÖLLE, 2002). Angesichts der kalkulierten, starken Produktionsrückgänge, die in anderen EU-Staaten in ähnlichem Ausmaß stattfinden dürften, ist gegenüber den Modellannahmen von stärker ansteigenden Preisen auszugehen. Auch das zu erwartende Absinken des Pachtniveaus verbessert die Wettbewerbsstellung vor allem der Betriebe in Westdeutschland, die derzeit sehr hohe Pachten zahlen. Sinkenden Pachtzahlungen wird daher eine wichtige Pufferfunktion bei der Aufrechterhaltung der Landnutzung zukommen. Sobald aber die Pachten auf geringe Werte gefallen sind, können sie ihre Pufferfunktion zur Stabilisierung der Flächennutzung nicht mehr erfüllen. In der Folge kann es zu starken Reaktionen von Art und Umfang der Flächennutzung auf veränderte Rahmenbedingungen kommen.

4.1.5.1.2 Anpassungspotenziale

280. Anpassungsprozesse können die Situation der Betriebe deutlich verbessern, sodass unter günstigen Bedingungen auch ohne Stützung die Erwirtschaftung einer positiven Grundrente möglich ist (Grund- oder Bodenrente: Überschuss, der sich nach Abzug aller Produktionskosten und der Faktoren Arbeit und Kapital für die Entlohnung des Bodens ergibt, das heißt Pacht beziehungsweise bei Eigenbesitz Kompensation für eine gegebenenfalls entgangene alternative Nutzung). Insbesondere die Analyse der Wettbewerbsfähigkeit der deutschen Landwirtschaft anhand der Daten aus dem International Farm Comparison Network (IFCN) deutet darauf hin, dass eine wettbewerbsfähige, nicht auf Stützungen angewiesene Landwirtschaft in Deutschland bereits existiert und sich durch die Entwicklung der entsprechenden Potenziale zumindest in Gebieten mit günstigen Produktionsbedingungen weiter entwickeln kann (ISERMEYER et al., 2000). Die im International Farm Comparison Network (IFCN) untersuchten Betriebe sind beispielhaft für bestimmte Regionen und Produktionsmethoden, aber nicht repräsentativ für den gesamten Sektor. Im Ackerbaubereich repräsentieren sie eher sehr gut wirtschaftende Betriebe, die unter günstigen Bedingungen produzieren, und zeigen auf, wo die deutschen Betriebe in Zukunft bei Ausschöpfung aller Optimierungspotenziale stehen könnten. Nimmt man diese Betriebe zum Maßstab, zeigt sich, dass die Produktionskosten pro Produktionseinheit in Deutschland im Allgemeinen höher sind als in den meisten Staaten außerhalb der EU. Hierbei ist allerdings zu beachten, dass einige Kostenbestandteile auch durch politische Rahmenbedingungen, zum Beispiel Quotenkosten, höher ausfallen. Auch umweltpolitische Maßnahmen beeinflussen die Wettbewerbsstellung der deutschen Landwirtschaft. Wird aber davon ausgegangen, dass es sich um eine Kostenbelastung nach dem Verursacherprinzip handelt, spiegeln durch Umweltauflagen bedingte Kosten Standortnachteile im dicht besiedelten Mitteleuropa wider, denen Vorteile wie Nähe zu kaufkräftigen Märkten und gute Infrastruktur gegenüberstehen. Im Ackerbau können ostdeutsche Großbetriebe mit über 500 Hektar Fläche Weizen zu ähnlich geringen Kosten wie US-Betriebe produzieren (ISERMEYER et al., 2000). Höhere Kosten für Energie und Düngemittel werden offenbar in Deutschland durch effizientere Nutzung zum Teil kompensiert (ISERMEYER et al., 1999). Nicht konkurrenzfähig im Getreideanbau sind allerdings derzeit die kleineren Betriebe im Westen, weshalb unter Weltmarktbedingungen weitere Strukturanpassungen zur Verbesserung der Wettbewerbsfähigkeit notwendig wären. Hierzu zählen vor allem größere Betriebseinheiten und größere zusammenhängende und einheitlich zu bewirtschaftende Ackerflächen. Da die Arbeitskosten in Deutschland deutlich höher sind als in anderen Produktionsregionen, ist damit zu rechnen, dass es im Rahmen von Prozessoptimierungen und Innovationen mittelfristig zu Einsparungen kommt. In vielen Regionen ist ein deutlicher Rückgang der Pachten wahrscheinlich, sodass bei einer Abschaffung der Direktzahlungen ein Handlungsspielraum verbleibt. Es kann grundsätzlich davon ausgegangen werden, dass der Ackerbau in den Gunstlagen in leicht abgeänderter Form auch bei einer vollständigen Liberalisierung auf den Weltmarkt bestehen kann. Aufgrund verbreiteter natürlicher und agrarstruktureller Standortnachteile gilt dies jedoch nicht für alle Ackerbauregionen. Auch die Erzeugung von Zuckerrüben, die derzeit extrem gestützt wird, würde unter Weltmarktbedingungen nicht wettbewerbsfähig sein. In der Zuckererzeugung ist mit ganz erheblichen Produktionsrückgängen zu rechnen: Diese Annahme hängt jedoch stark von der Entwicklung der Verarbeitungsindustrie ab. Der Deckungsbeitrag von Zuckerrüben ist derzeit nicht mit anderen Ackerkulturen vergleichbar und bietet damit sehr großen Anpassungsspielraum. Produktionsrückgänge im Zuckerrübenanbau werden unter Umweltgesichtspunkten voraussichtlich überwiegend positive ökologische Folgewirkungen mit sich bringen, da die Zuckerrübe als Nitratrisikofrucht gilt.

Milch ist mit ungefähr einem Fünftel des Gesamtproduktionswertes das wichtigste Produkt der deutschen Agrarwirtschaft. Deutsche Milchproduzenten mit guten strukturellen Bedingungen und hoher Milchleistung pro Kuh sind im Vergleich zu den Kostenstrukturen anderer EU-Produzenten und US-Produzenten konkurrenzfähig (IFCN, 2002). Problematisch ist die Lage dagegen in kleineren Milchviehbetrieben und bei geringerer Einzeltierleistung. Bei einem Wegfall der EU-Agrarstützung würden die Milchpreise in Deutschland absinken, aber aufgrund der nur bedingten Transportierbarkeit von Frischmilch und Frischmilchprodukten wird es auch unter Weltmarktbedingungen bei regional deutlich unterschiedlichen Milchpreisen bleiben. In Mittelgebirgslagen, wo die Milchproduktion derzeit noch eine Grünlandnutzung aufrechterhält, könnten sich allerdings durch die Aufgabe von Grünland nachteilige Wirkungen für den Umwelt- und Naturschutz einstellen.

Auch bei *Schweinefleisch* ist die deutsche Erzeugung international im Grundsatz wettbewerbsfähig, obwohl durch Zölle und auch weiterhin bestehende, wenn auch reduzierte Exportsubventionen die EU-Preise durchschnittlich über den Weltmarktpreisen liegen. Entscheidend sind hier auch die Entwicklungen bezüglich der Tierschutzauflagen und der Erteilung von Stallbaugenehmigungen. Starke Veränderungen werden sich bei der Erzeugung von *Rindfleisch* ergeben (ISERMEYER, 2003, S. 11). Grundsätzlich ist unter Weltmarktbedingungen mit einem starken Rückgang der Rindfleischerzeugung in Deutschland zu rechnen, was sich ohne Flankierung erheblich auf die Erhaltung von Grünland auswirken könnte.

4.1.5.1.3 Veränderung der Landnutzung

281. Vergangene Reformen haben gezeigt, dass es in der deutschen Agrarwirtschaft vielfach eine gute Anpassungsfähigkeit gibt. Ein Beispiel für eine schnelle Reaktion auf veränderte Rahmenbedingungen ist die Entwicklung der Mutterkuhhaltung in Folge der Agrarreform von 1992 (genannt McSharry-Reform). Auch die Flächenentwicklung von Raps und Silomais, die sich trotz stark veränderter Rahmenbedingungen durch die McSharry-Reform im Jahr 1992 und die Agenda 2000, entgegen den vorherigen Erwartungen, eher kontinuierlich weiterentwickelt hat, zeigt die Anpassungsfähigkeit der deutschen Landwirtschaft. Bei einer weiteren Liberalisierung des weltweiten Agrarhandels und einer Abschaffung der internen Agrarstützung wird es deshalb vermutlich zu Anpassungen im Gebrauch der Faktoren Kapital und Arbeit kommen, aber insbesondere die Grundrente, also die Entlohnung des Faktors Boden, wird deutlich reduziert werden und in einigen Regionen sogar auf null sinken. Dieses werden dann die Regionen sein, in denen es zu einem verstärkten Rückzug der Landwirtschaft aus der Fläche kommen wird.

Generell werden im Rahmen einer flankierten Liberalisierung eine stärkere Konzentration der Produktion in Gunstregionen, eine Aufgabe von Flächen in Ungunstgebieten und ein beschleunigter Strukturwandel in Westdeutschland stattfinden. Wie schnell dies erfolgen wird, hängt von verschiedenen Faktoren ab, unter anderem von der Eigentumsstruktur und ihrer Veränderung. Auf besonders erosionsanfälligen, fruchtbaren Lössböden im Hügelland wird auch künftig intensiver Ackerbau betrieben werden. In den Mittelgebirgslagen, auf ärmeren, sorptionsschwachen Böden der Niederungen sowie in Trockenlagen könnte es dagegen zu einem starken Rückzug der Landwirtschaft aus der Fläche kommen. Dies kann positive Umwelteffekte, vor allem für abiotische Ziele, mit sich bringen, da Ackerflächen in Hanglagen und Standorte mit geringerer Düngungseffizienz nicht mehr weiter bewirtschaftet werden. Bodenabtrag durch Erosion und die Nitratauswaschung gehen dadurch zurück. In niederschlagsarmen Regionen kommt hinzu, dass nicht die Höhe des Stickstoffüberschusses, sondern – bei geringer Grundwasserneubildung – die hohe Nitratkonzentration im Sickerwasser ein großes Problem darstellt. Ein Rückzug der Landwirtschaft oder eine gesteuerte, sehr starke Extensivierung bieten hier Chancen, den Grundwasserschutz zu verbessern. Mit Blick auf den Arten- und Biotopschutz in extensiv genutzten Agrarlandschaften sowie auf das Landschaftsbild können sich in Folge einer Liberalisierung dagegen Probleme ergeben. Die Möglichkeit zur Entwicklung zusammenhängender Sukzessionslandschaften in ausgewählten Regionen bietet aber auch Chancen für den Arten- und Biotopschutz (vgl. ARUM, 1998).

Ohne flächenbezogene Prämien sinkt die Grünlandnutzung insgesamt stark, während intensiver genutztes Grünland nicht zurückgeht. In den Variationsrechnungen steigt diese Fläche sogar an. Dies spiegelt die zu erwartende Konzentration der Milchproduktion auf günstigeren, produktiven Standorten und die Tendenz zu eher intensiver Futterproduktion auf geringeren Flächenanteilen wider. Insbesondere bei extensiven Nutzungsformen und auf marginalen Standorten würde es aber unter Liberalisierungsbedingungen zu deutlich negativen Grundrenten kommen, die dann gegebenenfalls im Rahmen von Stützungen zur Aufrechterhaltung der Landnutzung kompensiert werden müssten.

Insgesamt ist bei einer unflankierten Liberalisierung in Deutschland mit erheblichen Flächenumfängen zu rechnen, auf denen nicht mehr die heute üblichen Landnutzungen stattfinden würden. Bei veränderten Rahmenbedingungen, etwa schwankenden Produktpreisen oder dem Angebot einer geringen Prämie für Nutzung oder Offenhaltung, ist zudem mit starken Reaktionen bezüglich der Flächennutzung zu rechnen, da die Bodenrente auf hohen Flächenanteilen nur knapp unter der Rentabilitätsschwelle liegt.

Entsprechend groß ist in einer solchen Konstellation auch die Produktionswirkung von Stützungsmaßnahmen, die nur auf Marginalstandorte ausgerichtet sind und die eine produktive Flächennutzung nicht ausschließen und sie gegebenenfalls sogar voraussetzen. Wird nun eine gezielte Förderung der vom Brachfallen bedrohten Marginalstandorte vorgenommen, so kann dies erhebliche Angebotswirkungen entfalten, und ein im Vergleich zur heutigen Gesamtstützung wesentlich größerer Teil der Stützung wäre produktionswirksam. Dies gilt sowohl für pauschale Flächenprämien wie zum Beispiel eine Ausgleichszulage für benachteiligte Gebiete als auch für Agrarumweltmaßnahmen, die eine Aufrechterhaltung extensiver Produktionsverfahren fördern. Der Gesamtumfang der produktionswirksamen Stützung wäre aber voraussichtlich deutlich kleiner als gegenwärtig.

4.1.5.1.4 Intensität der Landnutzung

282. Wie anhand der Modellanalysen gezeigt werden konnte, wird sich die Intensität der Flächennutzung bei Liberalisierung in dualer Weise entwickeln (HEISSENHUBER et al., 2003; vgl. hierzu auch HOLM-MÜLLER et al., 2002). Auf Standorten, auf denen die Landnutzung weiterhin rentabel bleibt, wird sich die Flächennutzungsintensität nur wenig verändern. Da die Produktpreise für Getreide und Ölsaaten mit Ausnahme des Roggens stabil bleiben, dürfte der Einsatz von Dünge- und Pflanzenschutzmitteln (PSM) aus betriebswirtschaftlicher Sicht kaum angepasst werden. Im Ackerbau könnten von einer Ausdehnung des Klee- und Feldgrasanbaus Extensivierungswirkungen ausgehen. Allerdings ist auch mit einem weiteren Bedeutungszuwachs des Winterweizens in den Fruchtfolgen zu rechnen, der unter Umweltgesichtspunkten weniger positiv zu bewerten ist. Gewisse betriebswirtschaftliche Anpassungen sind möglich und wahrscheinlich, die einerseits darin bestehen können, dass noch vorhandene ineffizient hohe Vorleistungsaufwendungen (Düngemittel- und PSM-Einsatz) reduziert werden (Tab. 4-6), wodurch sich Umweltentlastungen ergeben würden. Auch wenn beim Stickstoff- und Pflanzenschutzmitteleinsatz solche Effizienzreserven vermutet werden können, lassen sich hierzu keine quantitativen Prognosen machen. Eine Kostensenkung, wie sie nach Liberalisierung zu erwarten wäre, würde sich auch als Minimierung des Arbeits- und Maschineneinsatzes auswirken.

Künftig könnte der wirtschaftliche Unterschied zwischen pauschalem, aber arbeitssparendem Vorleistungseinsatz (insbesondere Düngung und PSM) und präzisem, sparsamen Einsatz durch neue technische Möglichkeiten im Rahmen der „Präzisionslandwirtschaft" (KNICKEL, 2001) verringert werden, da vermehrt automatisierte Systeme für gezielte, teilschlagspezifische und gleichzeitig arbeitssparende Ausbringung von Dünger und Pflanzenschutzmitteln zur Verfügung stehen.

Insgesamt ist zu erwarten, dass der Stickstoffgesamtüberschuss aus der Landwirtschaft aufgrund zurückgehender landwirtschaftlicher Flächennutzung und Tierhaltung deutlich abnimmt. Die Konzentration der Tierhaltung könnte entsprechend der Liberalisierungsszenarien dagegen weiterhin zunehmen, was aber in starkem Maße durch gesetzliche Regelungen wie die Düngeverordnung und das Baurecht sowie den Milchquotenhandel beeinflusst wird.

4.1.5.1.5 Landschaftsstrukturen

283. Der Druck auf eine Zusammenlegung von Schlägen wird in Zukunft vermutlich in jedem Fall deutlich steigen und dadurch der Bedarf, Landschaftsstrukturelemente zu beseitigen. Die stärkere Verbreitung größerer Maschinen im Zuge des Strukturwandels findet auch schon heute und ohne Liberalisierung statt, beispielsweise über den überbetrieblichen Maschineneinsatz. Je nach regionaler Landschaftsstruktur ist eine Zusammenlegung von Schlägen jedoch auch ohne Beseitigung von Hecken und Rainen möglich und durch Ausgleichs- und Ersatzmaßnahmen sollte es möglich sein, sinnvolle Kompromisse zwischen Landschaftsschutz und Rationalisierung der Flächennutzung zu finden. Die Entstehung eines kleinräumigen Musters genutzter und ungenutzter Agrarlandschaft ist aber ohne zusätzliche Steuerung nicht zu erwarten.

4.1.5.2 Einsatz umweltpolitischer Instrumente zur Flankierung der Liberalisierung

284. Die agrarpolitische Liberalisierung in ihrer reinen Form hätte – wie Extremszenarien einer konsequenten Liberalisierung zeigen – einschneidende Auswirkungen auf die derzeitige Agrarstruktur in vielen Produktionsregionen Deutschlands. Ohne Flankierung durch umwelt- und sozialpolitische Maßnahmen erscheint sie deshalb sowohl aus sozialen Gründen als auch unter Umweltgesichtspunkten nicht wünschenswert. Gefahren und Möglichkeiten einer konsequenten Fortsetzung der Agrarreformen liegen dicht nebeneinander. Möglichkeiten ergeben sich im Rahmen einer umweltpolitischen Gestaltung beziehungsweise Flankierung der zu erwartenden Liberalisierung durch eine an Umweltzielen ausgerichtete Umschichtung der bisherigen Subventionen. Derzeit werden nur wenige Prozentpunkte der Agrarsubventionen für Agrarumweltmaßnahmen aufgewendet (SRU, 2002b, Tz. 218). Durch einen Abbau der ersten Säule würden Mittel frei, die zur Honorierung ökologischer Dienstleistungen eingesetzt werden und bei entsprechender Dimensionierung ein neues Standbein für landwirtschaftliche Betriebe bieten könnten. Eine wichtige Voraussetzung für eine zielführende Nutzung der für Agrarumweltmaßnahmen einsetzbaren Mittel ist, dass diese auch auf den politischen Ebenen, die für die Umweltmaßnahmen und Zahlungen zuständig sind, verfügbar sind, sowie, dass die Kofinanzierungspflichten dieser Ebenen sinnvoll ausgestaltet werden.

4.1.5.2.1 Rahmenbedingungen

285. Grundsätzlich sollte davon ausgegangen werden, dass auch im Falle einer Liberalisierung in Deutschland weiterhin die flächendeckend geltenden rechtlichen Standards der guten fachlichen Praxis aufrechterhalten werden sollten. Da es derzeit nicht sehr wahrscheinlich ist, dass entsprechende Standards weltweit als Verursacherpflichten der Landwirtschaft etabliert werden, sollte erwogen werden, ob eine Förderung bestimmter Anpassungen, beispielsweise baulicher Veränderungen zur Erfüllung von Tierschutzauflagen, gewährt werden kann.

Eine Verschärfung von Umweltstandards dürfte bei einer Liberalisierung schneller als bisher an die Grenzen der Zumutbarkeit für die betroffenen Betriebe stoßen. Zur Reduzierung der Umweltbelastungen kann jedoch auch unter Liberalisierungsbedingungen eine Begrenzung des betrieblichen Stickstoff-Bilanzüberschusses (Tz. 311, 324) oder eine Abgabe auf Pflanzenschutzmittel (Tz. 356) sinnvoll sein, insbesondere, wenn hierdurch Effizienzreserven mobilisiert werden können oder die Entscheidung zwischen betriebswirtschaftlich ähnlich erfolgreichen, aber in ihren Umweltwirkungen unterschiedlichen Produktionssystemen beeinflusst werden soll.

Eine zentrale Voraussetzung für das Funktionieren eines durch umweltpolitische Instrumente flankierten Liberalisierungsmodells ist eine ausreichende Ausstattung der zweiten Säule und der Bedeutung der Umweltbelange angemessene Finanzierungsanteile der EU für Agrarumweltmaßnahmen. Würde die gezielte Landschaftspflege durch landwirtschaftliche Nutzung vollständig in die Kompetenz der Mitgliedstaaten und Regionen zurückverwiesen, hätte dies die Entstehung sehr heterogener Entwicklungen innerhalb der EU zur Folge. Eine Verhinderung des unerwünschten Brachfallens bestimmter landwirtschaftlicher Fläche würde sich dann in Abhängigkeit von der jeweiligen regionalen Finanzkraft und der öffentlich und politisch formulierten „Nachfrage" nach einer Offenhaltung vollziehen. Dies ist nur so weit sinnvoll, als dadurch keine gemeinschaftlichen, überregionalen Ziele gefährdet werden und sich die finanziellen Belastungen einer Erhaltung, beispielsweise überregional bedeutsamer Schutzgebiete und Landschaften, für die jeweiligen Regionen in einem zumutbaren Rahmen bewegen.

Eine zielorientiertere Mittelverteilung nach Mitgliedstaaten und Regionen könnte künftig dadurch gewährleistet werden, dass bestimmte EU-Plafonds je Region zur Verfügung stehen. Diese sollten sich nicht an der historischen Fördermittelverteilung oder der regionalen Finanzkraft zur Kofinanzierung orientieren, sondern überregional bedeutsame Ziele sowie den Bedarf an flankierenden Maßnahmen berücksichtigen. Beispielsweise könnten die Flächenanteile an FFH- und EG-Vogelschutzgebieten als objektive Kriterien berücksichtigt werden. Das Gleiche gilt für Flächenanteile von Gebieten mit Extensivlandwirtschaft, deren Bewirtschaftung gefährdet ist. Eine solche Mittelverteilung würde auch der Verstärkung von Verzerrungen vorbeugen, die eine Verteilung der EU-Mittel nach Maßgabe der regionalen Finanzkraft zur Folge hätte, und besser vergleichbare Wettbewerbsbedingungen herstellen.

Ein erhöhter Kofinanzierungsanteil der EU würde einerseits verhindern, dass finanzschwache Regionen in Deutschland und Europa Umweltleistungen trotz eines hohen Bedarfs nur in geringem Umfang finanzieren können. Unter diesem Gesichtspunkt ist eine weitere Absenkung der Kofinanzierungsanteile zu empfehlen. Andererseits darf für die deutsche Situation nicht verschwiegen werden, dass ein höherer Anteil nationaler Mittel und ein Absinken der eingesetzten EU-Mittel haushaltspolitisch von Vorteil wäre, da die Bundesrepublik sich in einer Nettozahlerposition befindet. National ständen in diesem Fall mehr Mittel für Agrarumweltmaßnahmen zur Verfügung – unter der Voraussetzung, dass die freigesetzten Mittel auch für diesen Zweck eingesetzt würden. Vieles spricht dafür, dass der Bund längerfristig eine stärkere Verantwortung für die Finanzierung der Agrarumweltmaßnahmen übernehmen sollte: So führt das bisherige System der Kofinanzierung durch die Länder zu unbefriedigenden Ergebnissen (SRU, 2002a, Abschn. 5.1.3), das WTO-Regime dürfte in Zukunft ein klares Umweltprogramm als Grundlage jeder green-Box-fähigen Förderung verlangen und viele Ziele der Agrarumweltpolitik werden auf der nationalen Ebene definiert.

Das durch Umweltmaßnahmen unter Liberalisierungsbedingungen den Landwirten potenziell zufließende, zusätzliche Einkommen wird voraussichtlich nie die Höhe der derzeitigen Gesamtstützung erreichen: Zum einen wird durch die EU-Osterweiterung absehbar insgesamt weniger Geld für Deutschland zur Verfügung stehen. Zum anderen entfielen bei vollständiger Aufhebung des Außenschutzes die gegenwärtig vor allem durch die Konsumenten getragenen Preisstützungen ohne Kompensation. Diese Stützungen sind derzeit vor allem in der tierischen Veredlung relevant. Sollte aber weiterhin ein Außenschutz durch Zölle bestehen, würde es weiterhin von Konsumenten getragene Preisstützungen geben. Diese verlieren allerdings dann in bestimmten Produktionsbereichen an Bedeutung, wenn die Agrarproduktion dort über den Selbstversorgungsgrad steigt.

4.1.5.2.2 Agrarumweltmaßnahmen

286. Die Rahmenbedingungen für die Agrarumweltmaßnahmen und für Maßnahmen mit umweltspezifischen Einschränkungen (NATURA-2000-Gebiete) werden sich hinsichtlich Förderungsart und -höhe im Zuge einer Liberalisierung grundlegend verändern:

- Agrarumweltmaßnahmen zur Umwidmung landwirtschaftlicher Fläche zugunsten von Landschaftsstrukturelementen und Biotopentwicklung werden aufgrund der stark gefallenen Opportunitätskosten des landwirtschaftlich genutzten Bodens deutlich kostengünstiger, denn die Flächenkosten spiegeln nach der Liberalisierung nur noch die unverzerrten volkswirtschaftlichen Kosten wider. Eine Umwandlung von Ackerland in Grünland kann dagegen aufgrund der schwereren Verwertbarkeit des Grünlandes problematisch bleiben, da dann möglicherweise hohe Pflegekosten für das Grünland gedeckt werden müssen.

- Für Förderungen, mit denen die Kosten umweltfreundlicher, aber nicht direkt produktiver Maßnahmen gedeckt werden, ändert sich im Wesentlichen nichts. Hierzu gehören zum Beispiel die Förderung der Gründüngung und die von mechanischen oder manuellen Landschaftspflegemaßnahmen ohne landwirtschaftliche Produktion.

- Agrarumweltmaßnahmen, die mit einer Extensivierung und einer Einschränkung der Produktionsmenge verbunden sind, erfordern auf Flächen mit weiterhin rentabler Landnutzung dann geringere Prämienzahlungen, wenn die Produktpreise im betroffenen Bereich in Folge der Liberalisierung fallen. Dies ist kaum für den Ackerbau zu erwarten, da die Preise für die Hauptprodukte Getreide und Ölsaaten voraussichtlich sogar steigen werden. Für die Grünlandnutzung könnte aber eine Senkung der Agrarumweltprämien eintreten.

- Agrarumweltmaßnahmen, die eine Aufrechterhaltung der landwirtschaftlichen Produktion gewährleisten sollen, werden auf Standorten, die bei Liberalisierung brachfallen, teurer, da dann nicht aus den landwirtschaftlichen Erlösen zu deckende Produktionskosten über die Agrarumweltprämie bezahlt werden müssen. Diese Kosten wurden zuvor durch Preisstützung und Direktzahlungen gedeckt. Entsprechendes würde auch für eine Ausgleichszulage (in benachteiligten Gebieten) gelten, wenn diese an die Aufrechterhaltung der Landnutzung gebunden wird. Insgesamt Kosten senkend wirkt sich allerdings aus, dass die Mehrkosten nur noch auf Flächen gezahlt werden, auf denen tatsächlich ein Bedarf für Pflegemaßnahmen vorhanden ist.

Innerhalb der Rahmenbedingungen einer Liberalisierung würde an die Stelle einer ungezielten Globalförderung nahezu aller landwirtschaftlich genutzten Flächen über Direktzahlungen und Preisstützungen eine gezielte, standortspezifische Förderung an Bedeutung gewinnen. Der insgesamt geförderte Flächenanteil wird also erheblich sinken. Fällt auf marginalen Standorten Fläche brach, muss zunächst entschieden werden, ob umweltpolitische Ziele (die auf den jeweiligen Planungsebenen räumlich konkret dokumentiert sein sollten) eine Weiternutzung oder Pflege rechtfertigen (BREUSTEDT, 2003; HOLM-MÜLLER und WITZKE, 2002). Eine ausschließlich an Zusatzkosten einer alternativen Flächennutzung ohne Auflagen orientierte Agrarumweltförderung ist unter solchen Umständen nicht mehr möglich. Die Förderung der Landschaftspflege durch Nutzung führt in diesem Fall zu landwirtschaftlichen Kuppelprodukten, die beispielsweise bei der Landschaftspflege durch Weidetiere anfallen. Die bisherige Situation der Kulturlandschaftserhaltung als Kuppelprodukt produktiver Flächennutzung kehrt sich also um (HEISSENHUBER und LIPPERT, 2000). Die Vergabe von Prämien und die Gestaltung der Prämienhöhe könnten für viele auf großen Flächen relevante Maßnahmen am besten durch Ausschreibungsverfahren unterstützt werden. Spezifische Zielflächen des Natur- und Umweltschutzes sind über dieses Verfahren aber nicht mit der notwendigen Sicherheit zu erreichen, weshalb ergänzend räumlich gezieltere Agrarumweltmaßnahmen eingesetzt werden müssten. Die Auswahl der Angebote sollte sich an bestimmten Kriterien orientieren (z. B. BATHKE et al., 2003), um eine kostenminimale Umsetzung von Maßnahmen zur Offenhaltung der Landschaft zu erreichen. Insgesamt ist dieses Verfahren trotz insbesondere in der Einführungsphase höherer Transaktionskosten einer flächendeckenden, pauschalen Förderung zur Deckung von Pflegekosten, etwa einer Ausgleichszulage mit festem oder standortabhängigem Betrag, vorzuziehen. Die

Wettbewerbssituation wird durch Ausschreibungsverfahren weniger verzerrt, zugleich ermöglichen sie die Einsparung öffentlicher Mittel und eine gezielte räumliche Aussteuerung.

4.1.5.3 Mittelverfügbarkeit für die Erreichung von Umweltzielen in der Agrarlandschaft

287. Der derzeitige Umfang der EU-Agrar- und Fischereiausgaben beträgt circa 49 Mrd. Euro. Für Marktordnungen werden davon circa 40 Mrd. Euro verwendet (Zahlen nach Haushaltsplan und Entwürfen für 2003; Bundesregierung, 2003). Das für 2006 vorgesehene Budget soll bei einer Steigerung von 1 % pro Jahr von 2007 bis 2013 nicht überschritten werden. Der für 2006 festgelegte Höchstbetrag von 45,3 Mrd. Euro pro Jahr für die Erste-Säule-Maßnahmen in der EU-25, davon 42,8 Mrd. Euro pro Jahr für die EU-15, wird dadurch bis 2013 auf 48,63 Mrd. Euro pro Jahr steigen (SWINNEN, 2003). Durch die geplante Modulation im Rahmen der *Mid-Term Review*, also der Kürzung der Direktzahlungen der ersten Säule, scheint dieses Ziel erreichbar. Die Summe von circa 50 Mrd. Euro kennzeichnet demnach das zukünftige maximale Finanzvolumen, das unter Liberalisierungsbedingungen theoretisch für Maßnahmen zur Flankierung einer Liberalisierung zur Verfügung stände. Da die Mittel für die erste Säule der Agrarpolitik limitiert sind und auch die Aufwendungen in den neuen Mitgliedstaaten ab 2004 aus dem begrenzten Haushalt bestritten werden sollen, wird der Anteil Deutschlands und aller übrigen Mitgliedsländer der bisherigen EU am Marktordnungs- und Direktzahlungsbudget künftig sinken.

Über das EU-Budget hinaus kommen weitere Mittel auf nationaler Ebene in einem Umfang von circa 3,7 Mrd. Euro hinzu (Zahlen exklusive der Ausgaben für landwirtschaftliche Sozialpolitik, für Bund und Länder 2001/2). Die Bundesmittel, die derzeit im Rahmen der Gemeinschaftsaufgabe Agrarstruktur und Küstenschutz ausgegeben werden, haben einen Umfang von 872 Mio. Euro. Die Bundesländer bringen erhebliche Mittel für die Kofinanzierung der Maßnahmen zur Entwicklung des ländlichen Raumes auf. Bei einer Umschichtung der EU-Agrarausgaben von der ersten in die zweite Säule werden diese Kofinanzierungsmittel in noch größerem Umfang zur Verfügung gestellt werden müssen. Wenn durch die Umschichtung der EU-Agrarhaushalt aber insgesamt absänke, da mehr national kofinanziert würde, hätte Deutschland auch geringere Summen für das EU-Budget aufzubringen, das es derzeit zu ungefähr einem Viertel finanziert. Die Subventionen und Finanzhilfen des Bundes für die Landwirtschaft sind in den letzten Jahren rückläufig, sodass bei einer Beibehaltung der derzeitigen Kompetenzverteilung zwischen Bund und Ländern vermutlich die Länderhaushalte die erhöhten Kofinanzierungsansprüche decken müssten. Die derzeitige Verteilung der geplanten Förderung nach der VO (EG) 1257/1999 durch die Bundesländer zeigt, dass es nach wie vor zu einer höchst unterschiedlichen Ausschöpfung der von der EU zur Verfügung gestellten Mittel in der zweiten Säule kommt (Abb. 4-3; s. dazu auch SRU, 2002a, Tz. 233).

Abbildung 4-3

Verteilung der geplanten Förderung nach Verordnung (EG) 1257/1999 auf die Bundesländer in €/ha LF und Jahr im Durchschnitt der Jahre 2004 bis 2006

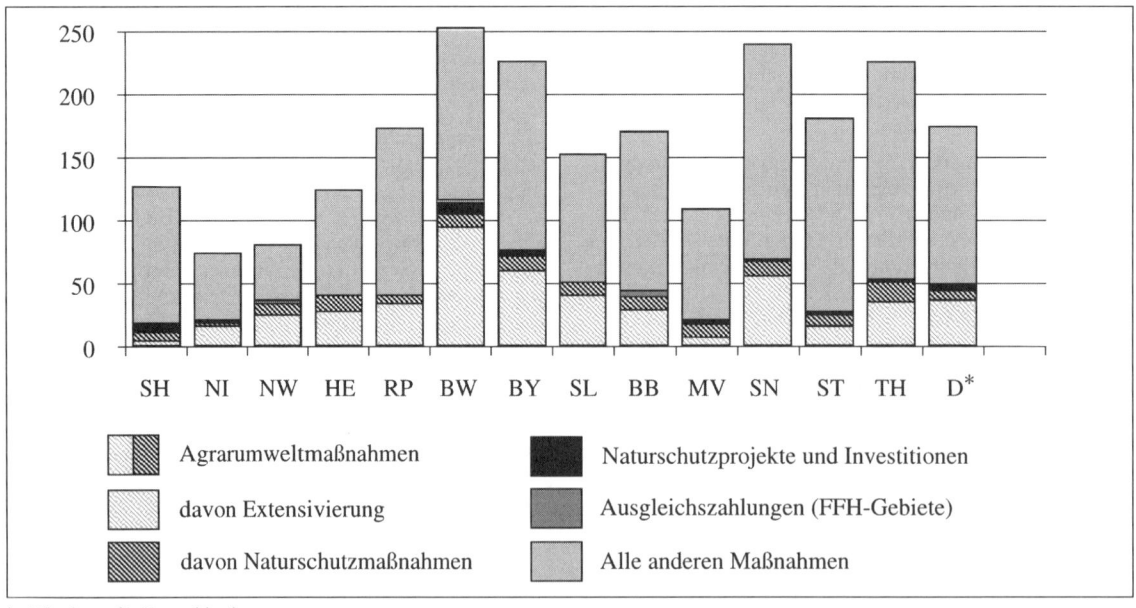

* Mittelwert für Deutschland.
Quelle: GAY et al., 2003

Diese Ungleichverteilung ist nicht durch unterschiedliche Bedarfe, sondern ausschließlich durch die unterschiedlichen Haushaltslagen in den einzelnen Bundesländern zu erklären. Je nach weiterer Entwicklung der Finanzlage in den Bundesländern könnte sich die Förderung der Landwirtschaft und des ländlichen Raumes in Deutschland in Zukunft aufgrund der steigenden Bedeutung der zweiten Säule regional noch stärker unterscheiden, als es derzeit der Fall ist.

4.1.5.4 Zusammenfassung und Empfehlungen

Entwicklung einer langfristigen Perspektive für eine integrierte Agrarumweltpolitik

288. Neben den bis 2013 relevanten Empfehlungen zur Ausgestaltung der aktuellen Agrarreform empfiehlt der Umweltrat, den Landwirten möglichst frühzeitig eine langfristige Perspektive zu bieten, damit Betriebsanpassungen umgehend beginnen können. Eine zukünftige Reform der Agrarpolitik müsste auch im Rahmen der WTO-Verhandlungen akzeptierbare Ergebnisse liefern, ohne umbruchartige Veränderungen in der Landwirtschaft innerhalb kürzester Zeiträume herbeizuführen. Im Rahmen einer solchen Reform sollte vor allem eine Vereinfachung der Mechanismen und eine höhere Transparenz angestrebt werden. Abgesehen von Zielen des Verbraucherschutzes sollte die Entwicklung einer dauerhaft umweltgerechten Landwirtschaft verstärkt in den Vordergrund treten. Das Leitbild einer dauerhaft umweltgerechten Landwirtschaft beinhaltet die flächendeckende Einhaltung der guten fachlichen Praxis ebenso wie die Erfüllung darüber hinausgehender umweltpolitischer Zielvorgaben. Letztere können als Umweltleistungen in Gebieten mit besonderen Anforderungen aufgrund von standörtlichen Empfindlichkeiten, besonderem Wert der Funktionen des Naturhaushaltes oder anderen gesellschaftlichen Präferenzen honoriert werden. Dazu gehört auch die Offenhaltung der Landschaft in Gebieten, in denen dies aus Gründen der Erholung oder des Biotopschutzes erwünscht ist. Um dieses zu gewährleisten, dürfen Agrarsubventionen nicht in Konkurrenz zu Umweltleistungen treten, indem sie dazu führen, dass Umweltmaßnahmen verteuert werden. Damit die Erbringung von Umwelt- und Naturschutz attraktiv für die Landnutzer wird, sollten auch bestimmte, bereits heute freiwillig oder als Kuppelprodukt erbrachte Leistungen der landwirtschaftlichen Nutzung honorierbar sein, insbesondere, wenn die Aufgabe der die Leistung tragenden Nutzung droht. Die begrenzt zur Verfügung stehenden Finanzmittel sollten effizient und zielführend verausgabt werden. Die Honorierung von Umweltleistungen sollte deshalb – mit Ausnahmen wie der ökologische Landbau – auf Flächen beschränkt werden, auf denen ein Handlungsbedarf besteht, der sich aus dem zugrunde gelegten Zielsystem herleitet. Die derzeit verfügbaren Finanzmittel für eine solche zielgerichtete Förderung von Umweltleistungen reichen nicht aus, um die angestrebten Umweltziele auch nur annähernd zu erreichen. Damit ausreichende Ressourcen zur Verfügung stehen, sollten die Mittel der ersten Säule der Agrarpolitik nicht mehr weit gehend ohne Bindung an Umweltleistungen vergeben werden, sondern an erwünschte Umweltleistungen gebunden werden. Die Verteilung der Finanzierungsverantwortung für die Umweltmaßnahmen auf den politischen Ebenen sollte die Verantwortung dieser Ebenen für die Naturgüter unterschiedlicher (lokaler bis internationaler) Bedeutung widerspiegeln. Neben den umweltpolitischen Zielen können auch andere mit der Agrarpolitik verfolgte Ziele (z. B. Arbeitsmarktziele) auf die gleiche Weise direkt und primär ziel- und bedarfsorientiert durch flankierende Maßnahmen erreicht werden.

289. Neben den Zielen für eine dauerhaft umweltgerechte Landwirtschaft spielen für die Ausgestaltung langfristiger agrarpolitischer Perspektiven vor allem zukünftige WTO-Verpflichtungen, die Finanzierbarkeit der Osterweiterung sowie Erwartungen der Öffentlichkeit nach einer transparenten, am gesellschaftlichen Bedarf orientierten Subventionierung der Landwirtschaft eine Rolle. Unter all diesen Gesichtspunkten, insbesondere aber aufgrund der absehbaren Entwicklung des WTO-Regimes, ist für die europäische Landwirtschaft bereits mittelfristig mit Rahmenbedingungen zu rechnen, unter denen eine weitere Liberalisierung der europäischen Agrarmärkte unausweichlich wird. Ein Abbau der bisherigen Direktzahlungen erscheint mit Blick auf das Welthandelsrecht unvermeidlich.

Ähnlich wie im Bereich der Klimapolitik liegen in der Landwirtschaft die Gefahren und Möglichkeiten eines Politikwandels dicht nebeneinander. Ohne Flankierung durch umwelt- und sozialpolitische Maßnahmen hätte eine liberalisierte Agrarpolitik – wie Extremszenarien einer konsequenten Liberalisierung zeigen – einschneidende Auswirkungen auf die derzeitige Agrarstruktur in vielen Produktionsregionen Deutschlands. Die meisten landwirtschaftlichen Betriebe in Deutschland sind derzeit ohne Stützungen nicht überlebensfähig. Es kann davon ausgegangen werden, dass der Strukturwandel durch eine konsequente Liberalisierung weit stärker beschleunigt würde, als dies ohnehin durch die MTR-Reform der Fall sein wird. Die Entwicklung zu landwirtschaftlichen Großbetrieben und Flächenzusammenlegungen sowie vermutlich auch die Freisetzung von Arbeitskräften aus der Landwirtschaft würde erheblich beschleunigt. Bestimmte Mechanismen werden voraussichtlich die Vehemenz des Strukturwandels abmildern. So ist eine Erhöhung der Weltmarktpreise ebenso wahrscheinlich wie ein Absinken der Pacht- und anderer landwirtschaftlicher Faktorpreise, sodass insbesondere die westdeutschen Betriebe – mit hohen Pachtflächenanteilen – entlastet werden.

Der heutige Kenntnisstand lässt keine gesicherten Aussagen über das Anpassungsverhalten landwirtschaftlicher Betriebe und daraus resultierende Produktions- und Flächennutzungsstrukturen zu. Hier besteht dringender Forschungsbedarf. Die Produktionspotenziale und Kostenstrukturen in der deutschen Landwirtschaft bieten aber offenbar Potenziale für eine weiter gehende Anpassung an die Bedingungen eines liberalisierten Marktes. Abgesehen von Zuckerrübenanbau, Rind- und Schaffleischproduktion ist ein Teil der unter günstigen Bedingungen wirtschaftenden deutschen Betriebe bereits heute im Weltmaßstab konkurrenzfähig. Von vielen anderen Betrieben könnten Anpassungspotenziale ausgeschöpft werden. So werden beim derzeit üblichen Dünger- und

Pflanzenschutzmitteleinsatz Effizienzreserven gesehen, die zum Beispiel durch eine (zweckbezogen in die Landwirtschaft rückführbare) Abgabe aktiviert werden könnten.

Eine Liberalisierung der europäischen Agrarmärkte muss nicht notwendigerweise zu einer weiteren Verschlechterung der Umweltbilanz der Landwirtschaft führen. Voraussichtlich werden sogar Entlastungseffekte wie die Verminderung des sektoralen Stickstoffüberschusses eintreten. In Ungunstregionen ist aber mit Flächenaufgaben in größerem Maßstab zu rechnen, sodass in der Konsequenz eine Flächenpflege in Räumen, in denen dies unter Naturschutz- oder Erholungsgesichtspunkten erwünscht ist, erfolgen müsste. In anderen Räumen kann eine Nutzungsaufgabe unter Umweltgesichtspunkten freilich durchaus erwünscht sein.

290. Weitere Möglichkeiten eines Politikwandels in der Agrarpolitik ergäben sich im Rahmen einer gezielten umweltpolitischen Gestaltung beziehungsweise Flankierung der zu erwartenden Liberalisierung durch eine an Umweltzielen ausgerichtete Umschichtung der bisherigen Subventionen. Während derzeit nur wenige Prozentpunkte der Agrarsubventionen für Agrarumweltmaßnahmen aufgewendet werden (SRU, 2002a, Tz. 218), könnten die durch den Abbau der ersten Säule in erheblichem Ausmaß freigesetzten Mittel zur Honorierung ökologischer Dienstleistungen eingesetzt werden und bei entsprechender Dimensionierung ein neues Standbein für landwirtschaftliche Betriebe bieten. Weitere Vorteile des Modells liegen in seiner hohen Transparenz und dem zielgerichteten, bedarfsorientierten Mitteleinsatz. Die Realisierung dieser Chancen hängt jedoch wesentlich von der Erfüllung etlicher Voraussetzungen ab. So müssten die Green-Box-Bedingungen der WTO auf unmissverständliche Weise so formuliert sein, dass eine Honorierung ökologischer Dienstleistungen auch dann zulässig ist, wenn unvermeidliche Marktwirkungen damit verbunden sind. Deutschland sollte sich dafür engagieren, dies zu einer Kernposition der EU bei den WTO-Verhandlungen zu machen. Damit zusammenhängend müsste frühzeitig ein klar definiertes Zielprogramm vorgelegt werden, das auch zur Abschätzung des hierzu notwendigen Mittelumfanges dienen kann. Außerdem sollten die erforderlichen Mittel auch auf den für die Zahlungen jeweils zuständigen politischen Ebenen zur Verfügung stehen. Weiterhin müsste der Strukturwandel der Landwirtschaft auch sozial abgefedert werden. Dieses konditionierte Liberalisierungsmodell wird vom Umweltrat favorisiert. Angesichts des immensen Veränderungspotenzials und der vielen Ungewissheiten, die sich anhand von Extremszenarien einer radikalen und unflankierten Liberalisierung ermessen lassen, warnt der Umweltrat jedoch mit Nachdruck vor einer „reinen", das heißt unkonditionierten Liberalisierung.

4.2 Umweltschonender Einsatz von Düngemitteln in der Landwirtschaft

4.2.1 Einleitung

291. Die landwirtschaftliche Düngung ist seit langem Ursache schwerwiegender Umweltbeeinträchtigungen. Dazu tragen neben hohen Bilanzüberschüssen beim Einsatz von Wirtschafts- und Mineraldünger auch die Verwertung von Klärschlamm und Bioabfällen auf landwirtschaftlichen Flächen bei. Die Eutrophierung terrestrischer und aquatischer Ökosysteme durch überschüssige Mengen an Stickstoff und Phosphor sowie Boden- und Gewässerbelastungen durch Schwermetalle und Tierarzneimittel aus Wirtschaftsdünger sind bis heute vielfach Gegenstand der öffentlichen Diskussion und Besorgnis und stellen nach wie vor ein vorrangig zu lösendes Umweltproblem dar.

Die Bundesregierung wurde im Jahr 2002 vom EuGH (Rs. C-161/00) wegen unzureichender Umsetzung der Richtlinie zum Schutz der Gewässer vor Verunreinigung durch Nitrat aus landwirtschaftlichen Quellen (91/676/EWG, Nitratrichtlinie) verurteilt. Sie hat darauf im Jahre 2003 reagiert und die Düngeverordnung (DüngeV) in Bezug auf die Anrechnung von Ausbringungsverlusten bei der Ermittlung der auszubringenden Wirtschaftsdüngermenge geändert. Weitere Veränderungen der Düngeverordnung und Düngemittelanwendungsverordnung sind in Kürze geplant. Der Umweltrat nimmt dies zum Anlass, die wichtigsten aktuellen Entwicklungen der Umweltbelastung durch die landwirtschaftliche Düngung kurz zusammenzufassen und Empfehlungen zu einer integrierten Fortentwicklung der Düngemittelpolitik zu unterbreiten.

4.2.2 Umweltbelastung durch Düngemittel und ihre Ursachen

292. Düngemittel dienen der Erhaltung der Bodenfruchtbarkeit (vgl. Legaldefinition in § 1 Nr. 1 DMG). Neben Handelsdünger (überwiegend mineralische Dünger) werden organische Dünger wie Wirtschaftsdünger (Stallmist, Gülle, Jauche), Stroh und ähnliche Nebenerzeugnisse aus der landwirtschaftlichen Produktion (SRU, 1985, Tz. 408; vgl. auch § 1 Abs. 2 DMG) sowie Sekundärrohstoffe (Biokompost, Gärrückstände, Klärschlamm, Stoffe aus Siedlungsabfällen und vergleichbare Stoffe aus anderen Quellen) als Düngemittel verwendet.

293. Der Absatz von Handelsdünger in Deutschland ist mit Ausnahme von Kalk in den vergangenen Jahren weitgehend konstant geblieben (Abb. 4-4). Da jedoch parallel die landwirtschaftliche Nutzfläche stetig abnahm (Statistisches Bundesamt, 2003) bedeutet dies, dass der Einsatz von mineralischem Dünger pro Flächeneinheit gesteigert wurde.

Handelsdünger kann gezielt und in Anpassung an den jeweiligen Bedarf des Pflanzenbestandes eingesetzt werden. Bilanzüberschüsse sind hier dementsprechend niedrig. Allerdings sind Verluste nicht vollständig zu vermeiden. Anders stellt sich die Situation bei Wirtschaftsdünger dar, der weniger gezielt eingesetzt wird und in Regionen mit hohen Viehbesatzdichten häufig auf den landwirtschaftlichen Nutzflächen „entsorgt" wird. Hohe Konzentrationen der Tierbestände finden sich in Nordwestdeutschland sowie in Teilen Baden-Württembergs und Bayerns (s. Abb. 4-5 und BACH et al., 1998). Problematisch im Zusammenhang mit der Verwendung von Wirtschaftsdünger sind insbesondere die teilweise sehr hohen Bilanzüberschüsse beim Stickstoff.

Abbildung 4-4

Entwicklung des Inlandabsatzes von mineralischem Dünger

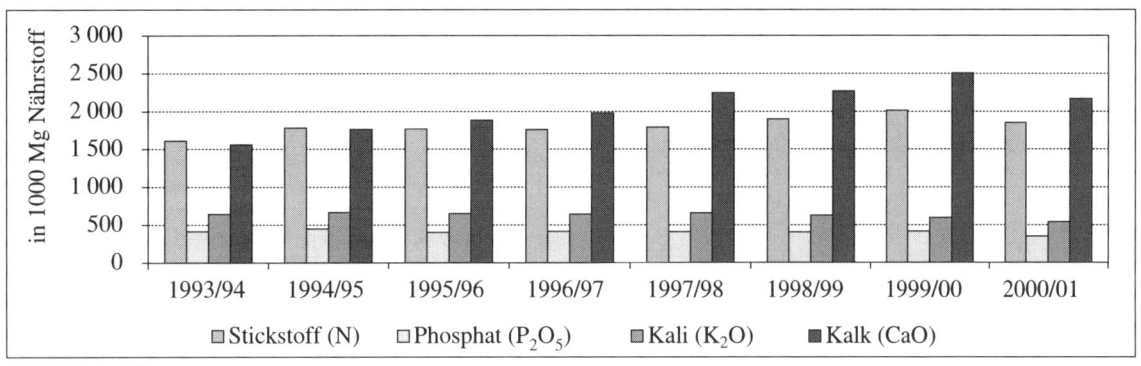

□ Stickstoff (N)   □ Phosphat (P_2O_5)   ■ Kali (K_2O)   ■ Kalk (CaO)

Quelle: UBA, 2003a

Abbildung 4-5

Viehbesatzdichte in Großvieheinheiten (GV) pro Hektar landwirtschaftlich genutzter Fläche (LF) im Jahr 1999

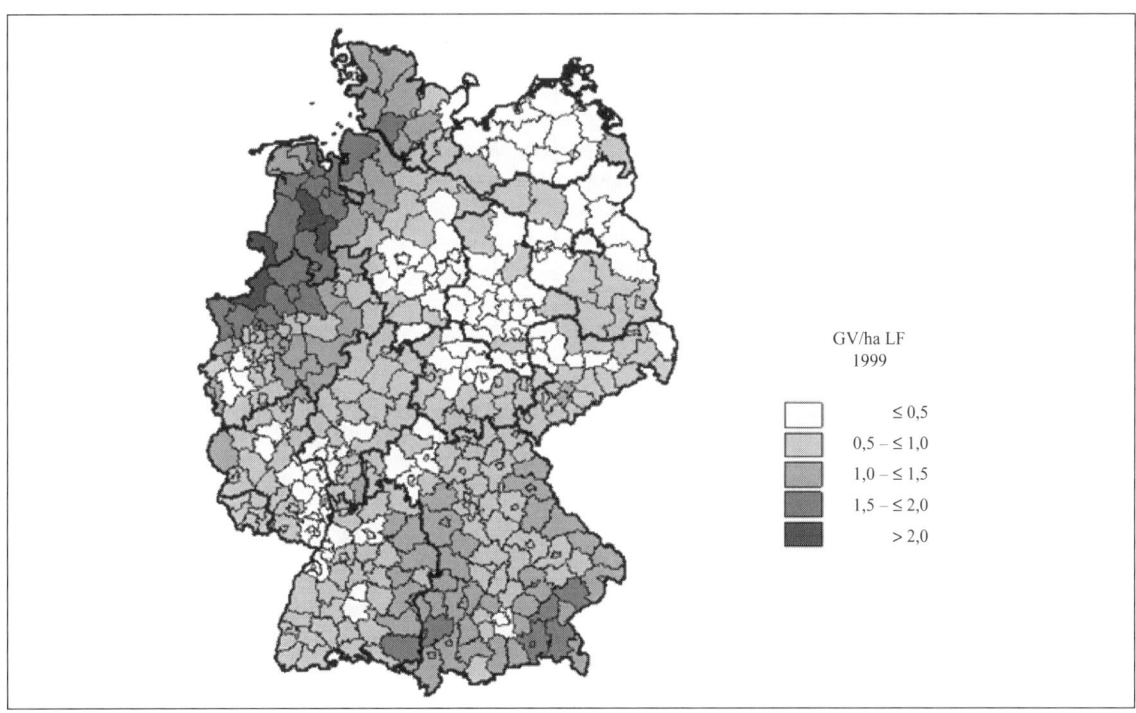

GV/ha LF 1999
- ≤ 0,5
- 0,5 – ≤ 1,0
- 1,0 – ≤ 1,5
- 1,5 – ≤ 2,0
- > 2,0

Quelle: GAY et al., 2003

4.2.2.1 Stickstoff

294. Stickstoff(N)-Überschüsse aus der Landwirtschaft entweichen teilweise gasförmig als Ammoniak, molekularer Stickstoff oder Lachgas. Teilweise werden sie als Nitrat und in kleinen Mengen auch als Ammonium mit dem Sickerwasser ausgetragen. Alle Formen bewirken Probleme für die Umwelt (Kap. 5, Abschn. 6.2.6, Kap. 9.2; SRU, 2004b; vgl. auch SRU, 1985, Tz. 899 ff.). Die Treibhausgasemissionen aus der Landwirtschaft tragen mit einem relativen Anteil von etwa 7 % zu den gesamten Treibhausgasemissionen Deutschlands bei und bestehen zu etwa gleichen Teilen aus Lachgas (N_2O) und Methan (CH_4). Methanemissionen stammen aus den Verdauungsorganen von Wiederkäuern und werden unter anderem bei der Lagerung von Wirtschaftsdüngern emittiert. Die von der Landwirtschaft verursachten Lachgasemissionen resultieren aus mikrobiellen Umsetzungsprozessen in landwirtschaftlichen Böden und im gelagerten Wirtschaftsdünger und sind verantwortlich für 66 % der gesamten Lachgasemissionen in Deutschland. Das Düngungsniveau bestimmt entscheidend die Stickstoffumsetzung im Boden und steht daher in direktem Zusammenhang mit der Lachgasemission. Im Falle der Ammoniakemissionen sind in der Bundesrepublik über 90 % auf landwirtschaftliche Verursacher zurückzuführen. Der allergrößte Anteil resultiert aus der Tierhaltung, der Wirtschaftsdüngerlagerung und -ausbringung und nur ein relativ kleiner Anteil stammt aus der mineralischen Düngung (DÖHLER et al., 2002). Ammoniak trägt in erheblichem Umfang zu Stickstoffeinträgen aus der Luft in nicht landwirtschaftlich genutzte empfindliche terrestrische und aquatische Ökosysteme wie Wälder und Moore bei. Anfang der 1990er-Jahre sanken die Ammoniakemissionen aus der Tierhaltung vor allem aufgrund der Reduzierung des Tierbestandes in den neuen Bundesländern von 613 000 Mg im Jahr 1990 auf 469 500 Mg im Jahr 1995 und blieben seitdem weit gehend konstant (DÖHLER et al., 2002, S. 101). Die Richtlinie 2001/81/EG des EU-Parlamentes und des Rates vom 23. Oktober 2001 über nationale Emissionshöchstmengen für bestimmte Luftschadstoffe („NEC-Richtlinie" – National Emission Ceilings) legt Emissionshöchstgrenzen unter anderem für Ammoniak fest. Für die Landwirtschaft, die für über 90 % der deutschen Emissionen verantwortlich ist, stellt die Vorgabe der NEC-Richtlinie, die Ammoniakemissionen auf 550 000 Mg/a bis zum Zieljahr 2010 zu begrenzen, eine große Herausforderung dar. Um dieses Minderungsziel zu erreichen, müssen die Ammoniakemissionen aus der Tierhaltung – unter Berücksichtigung der Ammoniakemissionen durch die Verwendung mineralischer Düngemittel in Höhe von 103 000 Mg/a – von 469 000 Mg/a auf circa 400 000 Mg/a vermindert werden (DÖHLER et al., 2002, S. 144).

295. Neben den gasförmigen Emissionen haben die Stickstoffausträge mit dem Sicker- und Oberflächenwasser eine besonders gravierende Wirkung auf benachbarte Flächen (vgl. hinsichtlich Flora und Fauna BfN, 2002, S. 72; SRU, 2002a, Tz. 6) sowie auf Grund- und Oberflächengewässer. 67 % der Stickstoffbelastungen der Oberflächengewässer stammten Mitte der 1990er-Jahre aus dieser Quelle (BEHRENDT et al., 2000, S. 2). In Oberflächengewässern wurde die Güteklasse II der chemischen Güteklassifikation (LAWA, 1998) im Jahr 2000 für Ammonium nur an 54 % von 152 LAWA-Messstellen, für Gesamtphosphor nur an 24 % von 151 LAWA-Messstellen, für Nitrat nur an 13 % von 149 LAWA-Messstellen und für Gesamtstickstoff nur an 13 % von 138 LAWA-Messstellen erreicht (UBA, 2003a). Die Stickstoffüberschüsse der sektoralen Hoftorbilanz der deutschen Landwirtschaft betragen seit Beginn der 1990er-Jahre immer über 100 kg N/ha und Jahr (vgl. Abb. 4-6). In Hoftorbilanzen werden Nährstoffim- und -export, insbesondere durch Zu- und Verkauf, bezogen auf den Gesamtbetrieb, bilanziert.

Abbildung 4-6

Stickstoffüberschüsse der Landwirtschaft in den Jahren 1991 bis 2000 und das Ziel der Nachhaltigkeitsstrategie der Bundesregierung für das Jahr 2010

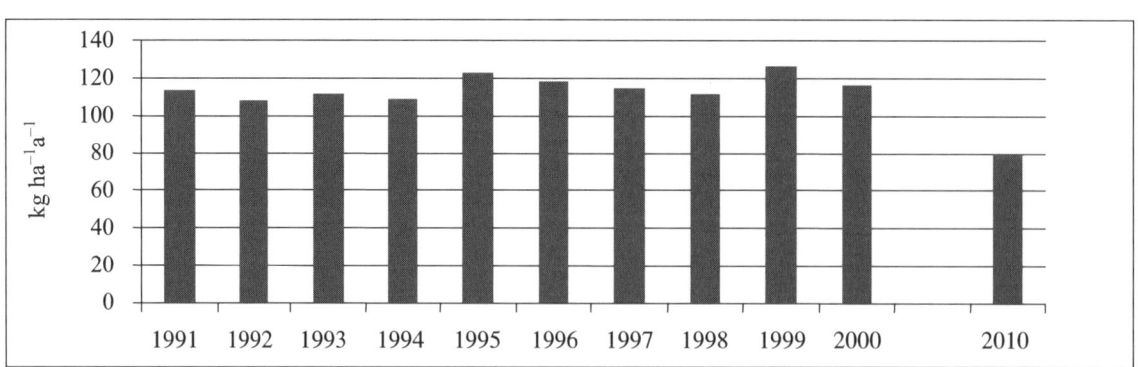

Quelle: Bundesregierung, 2003

Diese Belastungen sind vor allem auf den Einsatz organischen Düngers zurückzuführen. Ein Vergleich von viehstarken Veredlungsbetrieben mit viehschwachen Marktfruchtbetrieben zeigt, dass in Veredlungsbetrieben ein extremer Stickstoffüberschuss verursacht wird, soweit es nicht zu Gülleexporten in andere Betriebe kommt (GAY et al., 2003, Abb. 5.1.9). Eine Stickstoffbilanzierung von Beispielbetrieben verdeutlicht, dass Betriebe mit hoher Viehbesatzdichte den organischen Dünger äußerst ineffektiv nutzen, sofern sie nur hofeigene Flächen für die Ausbringung nutzen. Dies gilt nicht nur für Veredelungsbetriebe, sondern kann auch für Futterbaubetriebe zutreffen, wie eine Untersuchung aus Niedersachsen zeigt. Beispielbetriebe mit hoher Viehbesatzdichte (1,9 Großvieheinheiten pro Hektar) zeigten im Falle konventioneller Betriebe einen Stickstoffbilanzüberschuss von 146 kg N/ha und Jahr, in ökologisch wirtschaftenden Beispielbetrieben mit niedrigerem Viehbesatz fiel hingegen nur ein jährlicher Überschuss von 56 kg N/ha an (SCHERINGER, 2002). Interessant an diesem Vergleich ist, dass die Stickstoffüberschüsse sowohl pro Hektar als auch pro Kilogramm produzierter Milch in ökologischen Betrieben deutlich niedriger liegen. Auch konventionelle Betriebe mit geringer Besatzdichte von circa 1,5 GV/ha weisen deutlich geringere Stickstoffüberschüsse pro Hektar und pro Kilogramm Milch auf. Tabelle 4-7 zeigt diesen Zusammenhang.

296. Die Stickstoffauswaschung variiert pro Hektar und Jahr bei Viehzahlen unter zwei Großvieheinheiten zwischen 40 und 80 kg N und steigt ohne Berücksichtigung von Gülleexporten bei zwei bis drei Großvieheinheiten im Mittel auf 80 kg N und bei über drei Großvieheinheiten auf 150 kg N an. Diese Berechnungen beruhen auf der Annahme, dass durch Lagerung und bei der Ausbringung gasförmige Ammoniakverluste in Höhe von 5 % bei Mineraldünger und 25 % bei organischem Dünger auftreten und dass 30 % des verbleibenden Stickstoffüberschusses im Boden denitrifizieren (GAY et al., 2003, S. 148).

Tabelle 4-7

Stickstoffbilanzüberschüsse bei konventionell wirtschaftenden Betrieben mit hohem und niedrigem Viehbesatz sowie bei ökologisch wirtschaftenden Betrieben

	Konventionell wirtschaftende Betriebe mit hohem Viehbesatz	Konventionell wirtschaftende Betriebe mit niedrigem Viehbesatz	Ökologisch wirtschaftende Betriebe
Anzahl Betriebe	39	10	7
GV/ha	1,9	1,5	1,2
Hoftorbilanz: N-Saldo/ha	146	77	56
N-Saldo/kg Milch	24	18	16

Quelle: GAY et al., 2003, verändert

Abbildung 4-7

Jährliche Stickstoffbilanz nach Viehbesatzdichte in Beispielbetrieben aus Nordrhein-Westfalen und Bayern für die zwei Wirtschaftsjahre 1999/2000 und 2000/2001 (Werte in kg N/ha)

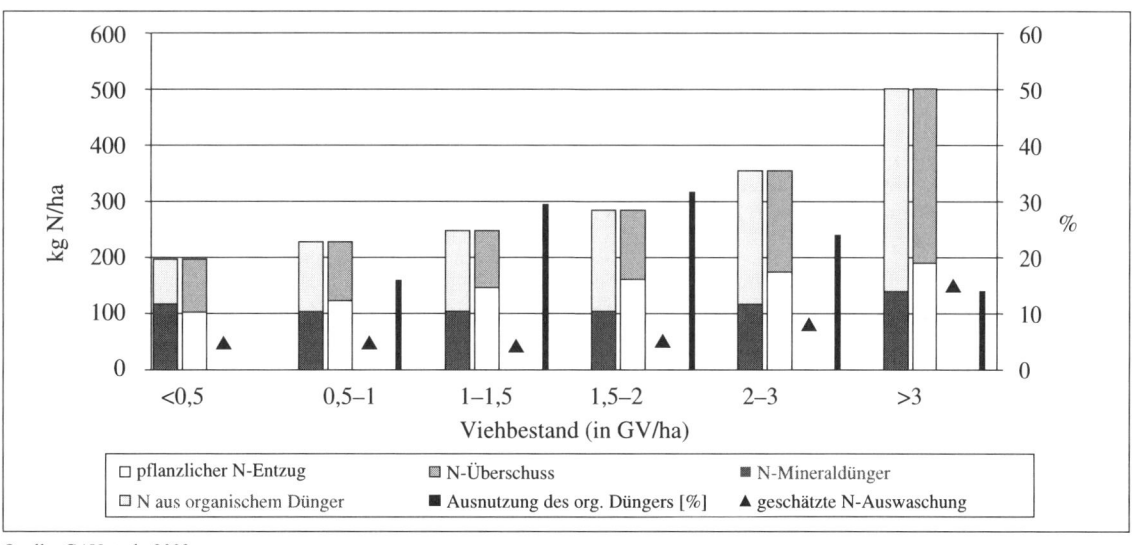

Quelle: GAY et al., 2003

297. Eine Begrenzung der Viehbesatzdichte und restriktivere Ausbringungsobergrenzen für Wirtschaftsdünger können zur Vermeidung von sehr hohen, regionalen Stickstoffbelastungen beitragen. In Betrieben mit einem geringen Tierbesatz wird im Vergleich zu Viehhaltungsbetrieben mit mittleren Tierbesatzdichten offenbar nicht grundsätzlich eine bessere Stickstoffausnutzung erreicht. Neben der Begrenzung von Belastungsspitzen beim Viehbesatz, ist daher eine allgemeine Verbesserung der Stickstoffeffizienz unabhängig von der Viehbesatzdichte ein weiteres, wichtiges Ziel.

4.2.2.2 Phosphat

298. Die diffusen, vorwiegend durch die Landwirtschaft beeinflussten Phosphoreinträge in die Fließgewässer Deutschlands über das Grundwasser, Dränagen, Erosion und Abschwemmung haben sich vom Zeitraum 1983 bis 1987 bis zum Zeitraum 1993 bis 1997 unter der Annahme gleicher Abflussbedingungen in allen Flussgebieten um 0,3 bis 6 % der gesamten Phosphoreinträge erhöht. Im Zeitraum 1993 bis 1997 machten sie cirka 66 % der gesamten Phosphoreinträge aus (BEHRENDT et al., 1999, S. 221 f.). Hauptquelle für die Phosphoreinträge in Oberflächengewässer ist die Bodenerosion durch Wasser. Landwirtschaftliche Böden in Deutschland weisen aufgrund der starken Phosphatdüngung in den vergangenen Jahren besonders hohe Phosphatgehalte auf, die durch regelmäßige, über den eigentlichen Ernteentzug hinausgehende Phosphatgaben immer noch ansteigen (BEHRENDT et al., 1999, S. 221). Hinzu kommt, dass Ackerflächen in vielen Regionen der Bundesrepublik in den vergangenen Jahrzehnten stark auf Kosten des Grünlandes zugenommen haben, denn der Ackerfutterbau ist aufgrund der Intensivierung dem Grünland ökonomisch oft überlegen. So verringerte sich zwischen 1983 und 1999 die Grünlandfläche in manchen Regionen Norddeutschlands und Bayerns um mehr als 20 % (GAY et al., 2003, S. 56), wovon auch erosionsgefährdete Lagen betroffen waren. Da die anderen, vorwiegend durch die Landwirtschaft beeinflussten diffusen Phosphoreinträge sich nicht verändert haben, ist die Reduzierung der gesamten diffusen Phosphoreinträge fast ausschließlich auf die verminderten Einträge aus dem Siedlungsbereich, verursacht durch den Ausbau des Kläranlagennetzes, zurückzuführen. Besonders hohe diffuse Phosphoreinträge findet man ferner in Flussgebieten, in denen Hochmoorböden intensiv landwirtschaftlich genutzt werden (z. B. bei Aller, Weser und Ems) (Stand: 1995; BEHRENDT et al., 1999, S. 224).

299. Auf europäischer Ebene wird Phosphat aus landwirtschaftlichen Quellen in den rechtlichen Regelungsansätzen nicht berücksichtigt. Auf nationaler Ebene gibt es kaum Regelungsansätze für die Landwirtschaft. So besteht lediglich in der bestehenden Düngeverordnung für die Ausbringung von Wirtschaftsdünger auf mit Phosphat hoch versorgten Böden eine nicht sehr weit gehende Begrenzung der Phosphatdüngung (Tz. 317). Zudem entstehen Gewässerbelastungen mit Phosphat bei der landwirtschaftlichen Nutzung vor allem durch Erosion und Phosphatdüngung auf sorptionsschwachen Moorböden, weshalb eine allgemeine Begrenzung der Phosphatdüngung allein nicht zielführend ist. Eine Vernachlässigung der Phosphatdüngung bei der rechtlichen Regelung der Düngepraxis erscheint dennoch angesichts der Belastungssituation keineswegs angebracht. So hat der Umweltrat bereits 1996 flächenbezogene Obergrenzen für Phosphat gefordert (SRU, 1996a, Tz. 195).

4.2.2.3 Schwermetalle und Tierarzneimittel

300. Schadstoffe wie Schwermetalle und Tierarzneimittel gelangen über die landwirtschaftliche Düngung in die Böden und können über die Nahrungskette den menschlichen und tierischen Organismus erreichen sowie die Gewässerqualität beeinträchtigen.

Eine hohe Bedeutung für den Schadstoffeintrag besitzen nicht nur die als landwirtschaftliche Düngemittel genutzten Sekundärrohstoffdünger (s. dazu Abschn. 9.2.2, Abschn. 8.2.5, Abschn. 8.2.6), sondern auch mineralische Düngemittel und Wirtschaftsdünger. Besonders problematisch ist der hohe Eintrag von Kupfer und Zink sowie von Tierarzneimitteln durch Schweinegülle (vgl. z. B. VDLUFA, 2003, S. 5).

Schwermetalle

301. Der Umweltrat hat sich bereits im letzten Umweltgutachten intensiv mit der Schwermetallproblematik in Böden befasst und verweist im Grundsatz auf die vorgelegten Empfehlungen (vgl. SRU, 2002b, Tz. 901, 911 ff.). In der Zwischenzeit wurden erste Schritte zur Verbesserung der rechtlichen Situation eingeleitet, deren Ergebnis allerdings noch aussteht. Im Abschnitt 9.2.2 zum Bodenschutz wird der aktuelle Stand der Diskussion zur Einführung einheitlicher Schwermetallgrenzwerte für alle auf die Böden aufgebrachten Stoffe dargestellt und bewertet. Die in der Landwirtschaft anfallenden Stoffe, die als Düngemittel auf die Böden aufgebracht werden, sind teilweise stark mit Schwermetallen belastet. Dies wird auch durch neuere Untersuchungen bezüglich der Bedeutung des landwirtschaftlichen Wirtschaftsdüngers für den Eintrag von Zink und Kupfer sowie des Mineraldüngers für den Cadmiumeintrag bestätigt (FUCHS et al., 2002, S. 45). So sind beispielsweise phosphathaltige Mineraldünger für circa 70 % der Cadmiumeinträge auf landwirtschaftlich genutzten Flächen verantwortlich (BMVEL, 2000). Zudem hat sich für alle Schwermetalle der Beitrag der Erosion an den gesamten Schwermetallemissionen zwischen den Jahren 1985 und 2000 erhöht. Besonders signifikant war die Zunahme der Emissionsanteile durch Erosion bei Cadmium (plus 6 %), Kupfer und Zink (plus 5 %) sowie Quecksilber (plus 4 %) (FUCHS et al., 2002, S. 117).

Tierarzneimittel

302. Von den in der Tiermedizin und als Futterzusatzstoffe eingesetzten Antibiotika, die mit 5 093 Mg im Jahr 1997 circa die Hälfte aller in Europa verbrauchten Antibiotika ausmachten, nimmt die Gruppe der Tetrazykline mit 66 % der therapeutisch verabreichten Medikamente den größten Anteil ein (FEDESA, 1998, zit. in WINCKLER und GRAFE, 2000, S. 23). Bisher fehlt eine bundesweite detaillierte Auflistung der einzelnen Wirkstoffe und ihrer Verwendungsmengen (UBA, 2003b, S. 34). Nach einer Auswertung von circa 30 000 tierärztlichen Herstellungsaufträgen für Fütterungsarzneimittel im Weser-Ems-Gebiet (für 1993/94) wurden, bezogen auf die Gesamtwirkstoffmenge, 38,5 % für Schweine, 61 % für Geflügel und 0,5 % für die restlichen Tierarten verschrieben (RASSOW und SCHAPER, 1996, zit. in WINCKLER und GRAFE, 2000, S. 27 f.). Dabei wurden in der Schweinehaltung die Medikamente je zur Hälfte prophylaktisch und therapeutisch eingesetzt, während in der Geflügelhaltung 80 % der Wirkstoffe prophylaktisch verabreicht wurden. Bei diesen Angaben muss jedoch berücksichtigt werden, dass bei der zitierten Studie nur ein Ausschnitt des gesamten Tierarzneimitteleinsatzes erfasst wurde, da die direkte Abgabe von Arzneimitteln durch den Tierarzt, die nach Umfragen mehr als die Hälfte der eingesetzten Mittel ausmacht, nicht berücksichtigt werden konnte (WINCKLER und GRAFE, 2000, S. 110). Die an die Tiere verabreichten Medikamente werden zu 80 % unverändert über den Kot wieder ausgeschieden und gelangen dann über den Wirtschaftsdünger in den Boden und die Gewässer (WINCKLER und GRAFE, 2000, S. 112).

303. In einem Untersuchungsprogramm der Bundesländer wurde das Vorkommen einiger Arzneimittel unter anderem in Böden untersucht. Dabei wurden in mit Schweinegülle gedüngten Böden beispielsweise Tetrazykline und Chlortetrazykline in Konzentrationen nachgewiesen, die nach Arzneimittelrecht ökotoxikologische Untersuchungen erfordern würden, wenn diese Wirkstoffe einer Neuzulassung unterliegen würden (BLAC, 2003). Insgesamt ist das Abbauverhalten der Tierarzneimittel im Wirtschaftsdünger, ihre Persistenz in den Böden nach der Düngung sowie die ökotoxikologische Wirkung von Tierarzneimitteln in den Böden noch wenig untersucht. Als schädliche Auswirkungen befürchtet man neben Rückständen der Stoffe in Fleisch, Milch und Eiern vor allem die Ausbildung von Antibiotikaresistenzen in potenziell krankheitserregenden Mikroorganismen. Hierdurch würden bei einer Infektion des Menschen bestimmte Antibiotika ihre Wirksamkeit verlieren. Ferner könnte sich die Ausbildung von Resistenzen nachteilig auf die Ökologie der Bodenorganismen auswirken (WBB, 2000, S. 24). Hierzu liegen erst vereinzelte Untersuchungen für ausgewählte Tierarzneimittel vor. So haben WINCKLER et al. (2003) für die weit verbreitet angewandten Antibiotika Tetrazykline und Sulfonamide die Mobilität in verschiedenen Böden und ihre Auswirkungen auf die mikrobielle Aktivität im Boden untersucht und dabei ein hohes Akkumulationspotenzial, jedoch eine geringe Wirkung der Tetrazykline im Boden festgestellt.

304. Auf Grundlage des Arzneimittelgesetzes können bei erwiesenen Umweltrisiken durch den Gebrauch von Arzneimitteln Auflagen zum Schutz der Umwelt in die Zulassung von Arzneimitteln aufgenommen werden. Seit dem Jahr 1996 gibt es dazu einen europäischen Leitfaden zur Umweltbewertung von Tierarzneimitteln (UBA, 2003b, S. 35). Auf dieser Grundlage bewertet das Umweltbundesamt seit 1998 neue Tierarzneimittel auf ihre Umweltauswirkungen häufig mit der Folge, dass Zulassungsauflagen auferlegt werden, wie zum Beispiel Zugangsbeschränkungen für Weidetiere zu Oberflächengewässern. Die oben erwähnten Arzneimittelgruppen der Tetrazykline und Sulfonamide gehören jedoch zu den so genannten Altpräparaten, die nach dem geltenden Arzneimittelrecht keiner Umweltprüfung unterliegen (UBA, 2003b, S. 32).

4.2.3 Maßnahmen zum umweltverträglichen Einsatz von Düngemitteln in der Landwirtschaft

305. In Wissenschaft und Politik werden verschiedene Maßnahmen diskutiert, um die Umweltbelastungen durch die landwirtschaftliche Düngung zu vermindern (vgl. u. a. BARUNKE, 2002; SCHLEEF, 1999). Hauptansatzpunkt ist dabei derzeit die gute fachliche Praxis der Düngung (Abschn. 4.2.3.1). Daneben könnte eine Stickstoffabgabe oder Stickstoffüberschussabgabe der Tendenz zum überhöhten Einsatz von stickstoffhaltigen Handelsdüngern entgegenwirken und gleichzeitig die Verwendung von Wirtschaftsdüngern tierischer Herkunft betriebswirtschaftlich rentabler machen (Abschn. 4.2.3.2). Ein dritter wichtiger Ansatzpunkt zur Gestaltung eines umweltverträglichen Einsatzes von Düngemitteln in der Landwirtschaft sind rechtliche Vorgaben zur Qualität der Düngemittel, auch hinsichtlich der Gehalte an Schwermetallen und Tierarzneimitteln (Abschn. 4.2.3.3). Darüber hinaus stellt auch die Verminderung von Erosion einen wichtigen Beitrag zur Vermeidung von Einträgen von Phosphat und Schwermetallen in Oberflächengewässer dar.

4.2.3.1 Gute fachliche Praxis des Düngemitteleinsatzes

4.2.3.1.1 Überblick

306. Das wichtigste Instrument, um einen effektiven Umgang mit Düngemitteln zu erreichen, sind derzeit die Regelungen zur guten fachlichen Praxis der Landwirtschaft, wie sie für den Bereich der Düngung in der dem Düngemittelgesetz nachgeordneten „Verordnung über die Grundsätze der guten fachlichen Praxis beim Düngen" (Düngeverordnung – DüngeV) niedergelegt sind. Als gute fachliche Praxis bezeichnet die Düngeverordnung einen pflanzenbedarfs- und standortgerechten Einsatz von Düngemitteln und die Vermeidung von Nährstoffverlusten, sodass Nährstoffeinträge in Gewässer und andere Ökosysteme verringert werden. Zwar wird dies durch die in Tabelle 4-8 aufgelisteten Anforderungen an die gute fachliche Praxis der Düngemittelausbringung konkretisiert, doch sind die Auflagen in essenziellen Punkten nicht weit reichend oder konkret genug, um den Düngemitteleinsatz angemessen zu regeln. Zudem werden die schwachen Anforderungen nur unzureichend in der Praxis umgesetzt (vgl. z. B. BARUNKE, 2002, S. 95 ff.).

Tabelle 4-8

Wichtigste Vorschriften der Düngeverordnung zur guten fachlichen Praxis bei der Ausbringung von Düngemitteln

DüngeV	Vorschriften
§ 2 Abs. 1	N-haltige Düngemittel sind so auszubringen, dass die Nährstoffe während der Zeit des Wachstums in einer am Bedarf orientierten Menge verfügbar werden. Bei der schlagbezogenen Nährstoffbedarfsermittlung dürfen bei Wirtschaftsdüngern tierischer Herkunft Ausbringungsverluste von maximal 20 % Gesamt-N angerechnet werden.
§ 2 Abs. 2	Geräte zur Ausbringung von Dünger müssen den allgemein anerkannten Regeln der Technik entsprechen und eine sachgerechte Mengenbestimmung und Verteilung sowie verlustarme Ausbringung gewährleisten.
§ 2 Abs. 3	Ein direkter Eintrag von Düngemitteln in Oberflächengewässer oder andere angrenzende Flächen und ein Abschwemmen in diese Bereiche ist zu vermeiden. Auf überschwemmungsgefährdeten Flächen dürfen Düngemittel erst nach den zu erwartenden Überschwemmungszeiten ausgebracht werden.
§ 2 Abs. 4	N-haltige Düngemittel dürfen nur auf aufnahmefähigen Boden ausgebracht werden. Der Boden ist auf keinen Fall aufnahmefähig, wenn er wassergesättigt, tief gefroren oder stark schneebedeckt ist.
§ 3 Abs. 2	Beim Ausbringen von Gülle, Jauche, Geflügelkot oder N-haltigen flüssigen Sekundärrohstoffdüngern ist Ammoniakverflüchtigung so weit wie möglich zu vermeiden. Auf unbestelltem Ackerland sind die genannten Düngemittel unverzüglich einzuarbeiten.
§ 3 Abs. 4	Gülle, Jauche, Geflügelkot oder N-haltiger flüssiger Sekundärrohstoffdünger dürfen in der Zeit vom 15.11. bis 15.1. nur mit Ausnahmegenehmigung ausgebracht werden.
§ 3 Abs. 5	Auf Moorboden ist bei der Düngerbemessung die erhöhte Gefahr der Nährstoffauswaschung zu berücksichtigen.
§ 3 Abs. 6	Auf sehr hoch mit Phosphat und Kali versorgten Böden darf Wirtschaftsdünger tierischer Herkunft maximal bis zur Höhe des zu erwartenden Entzugs dieser Nährstoffe gedüngt werden, wenn schädliche Auswirkungen auf Gewässer zu erwarten sind.
§ 3 Abs. 7	Mit Wirtschaftsdüngern tierischer Herkunft dürfen im Betriebsdurchschnitt pro ha und Jahr auf Grünland maximal 210 kg Gesamt-N und auf Ackerland maximal 170 kg Gesamt-N aufgebracht werden. Ausbringungsverluste dürfen hierbei nicht angerechnet werden.

SRU/UG 2004/Tab. 4-8

Die Konkretisierung der guten fachlichen Praxis der Düngung in der Düngeverordnung enthält nur wenige präzise Anforderungen und Schwellenwerte, die umsetzbar und kontrollierbar sind. Für den Einsatz von Wirtschaftsdünger tierischer Herkunft sind zwar nach Düngeverordnung Höchstmengen von 170 kg N/ha und Jahr auf Ackerland und 210 kg N/ha und Jahr auf Grünland vorgeschrieben. Diese Werte sind jedoch gemäß EG-Nitratrichtlinie 91/676/EWG mit 210 kg N/ha und Jahr für Grünland zu hoch angesetzt und nur vorübergehend für vier Jahre zulässig (vgl. Anhang III der Richtlinie 91/676/EWG; s. Kap. 5, SRU, 2004b, Tz. 355; KNICKEL et al., 2001, S. 89). Aufgrund des Betriebsbezuges können diese Grenzwerte außerdem nicht verhindern, dass auf Einzelflächen deutlich höhere Mengen aufgebracht werden. Die Phosphat- und Kalidüngung ist auf mit diesen Nährstoffen sehr hoch versorgten Standorten bis zur Höhe des Entzugs durch die Ackerpflanzen möglich (s. auch WBB, 2000, Tz. 68). Bisher sind nach der Düngeverordnung nur Nährstoffbilanzen auf Betriebsebene, jedoch keine schlagspezifischen Dokumentationen mit Nährstoffbilanzen erforderlich. Solche schlagspezifischen Dokumentationen sollen jedoch zukünftig entsprechend der Novelle des Bundesnaturschutzgesetzes vom Jahr 2002 im landwirtschaftlichen Fachrecht geregelt werden (Kap. 3.4). Denn nur eine schlagspezifische Dokumentation ermöglicht eine Beobachtung der Einhaltung der guten fachlichen Praxis und eine Optimierung des Ressourceneinsatzes durch den Landwirt mittels Selbstkontrolle oder durch landwirtschaftliche Berater (vgl. SRU, 2002a, Tz. 702). Das Heranziehen der schlagspezifischen Dokumentationen zur ordnungsrechtlichen Kontrolle der Einhaltung der guten fachlichen Praxis sollte jedoch aus Sicht des Umweltrates nicht in Betracht gezogen werden, da eine Kontrolle der Schlagaufzeichnungen wenig vollzugsfreundlich ist und Beschönigungstendenzen Vorschub leisten würde.

307. Eine Konkretisierung der guten fachlichen Praxis der Düngung ist aus den oben genannten Gründen dringend erforderlich. Wichtigster Ansatzpunkt ist hierbei die Begrenzung von Nährstoffüberschüssen. Grundlage einer Begrenzung sind Dokumentationen der Nährstoffverwendung im Rahmen der Düngung. Dabei sollte aus Sicht des Umweltrates ein besonderes Augenmerk auf die erforderlichen schlagbezogenen und betriebsbezogenen Dokumentationen mit ihren unterschiedlichen Einsatzbereichen gelegt werden (Abschn. 4.2.3.1.2). Zudem sollte die Einführung von Grenzwerten für zulässige Nährstoffüberschüsse angestrebt werden. Um wirkungsvolle Anreize zur Minimierung des Nährstoffeinsatzes zu setzen, sollte dabei differenziert werden zwischen (vgl. Abb. 4-6)

– geringfügigen Überschüssen bis zu einer Freigrenze von 40 kg N/ha und Jahr, für die – nach einmaligem Nachweis bei Betrieben mit einem maximalen Wirtschaftsdüngeraufkommen von 80 kg N/ha und Jahr und ohne Wirtschaftsdüngerim- und -export – keine Aufzeichnungspflichten bestehen (erneuter Nachweis bei betrieblichen Änderungen beziehungsweise alle fünf Jahre), und

– umfangreicheren Überschüssen, für die betriebsbezogene und schlagbezogene Aufzeichnungen erstellt werden sollten und für die darüber hinaus eine Stickstoffüberschussabgabe erhoben werden sollte.

Nur eine Verknüpfung von freiwilliger Beratung und ökonomischen und ordnungsrechtlichen Instrumenten im Rahmen der guten fachlichen Praxis kann nach Ansicht des Umweltrates dazu führen, dass sich die Landwirte überhaupt der Nährstoffsituation auf den landwirtschaftlichen Nutzflächen bewusst werden und die Düngung auf ein durch die tolerablen Nährstoffausträge begrenztes Maß ausgerichtet wird. Dies wäre die Voraussetzung dafür, dass die Eutrophierung durch die landwirtschaftliche Düngung reduziert werden kann, wie dies aufgrund von internationalen und europäischen Verpflichtungen und nationalen Zielsetzungen angestrebt wird. Bei Einführung eines solchen komplexen Instrumentenmixes könnte zudem weit gehend von einzelnen ordnungsrechtlichen Vorgaben, wie zum Beispiel der Festlegung der Lagerkapazitäten für Wirtschaftsdünger, abgesehen werden.

Das BMVEL arbeitet derzeit an einer Überarbeitung der Düngeverordnung. Ziele der Überarbeitung sind die Verbesserung der düngerechtlichen Vorgaben für den Bereich der Nährstoffe insgesamt und die Umsetzung der Pflicht zur schlagbezogenen Dokumentation im landwirtschaftlichen Fachrecht, wie sie im Bundesnaturschutzgesetz vorgesehen ist. Im Folgenden wird auf die zur Diskussion stehenden Regelungselemente und auf die Eckpunkte des Vorschlages des Umweltrates im Einzelnen eingegangen.

Abbildung 4-8

Vorschlag zur Verknüpfung von Stickstoffüberschussfreigrenze, Aufzeichnungspflichten und einer Stickstoffüberschussabgabe bei der landwirtschaftlichen Düngung

		Maßnahmen	Umweltpolitische Zielsetzung
Düngung	**mit Nährstoff-überschuss**	– Stickstoffüberschussabgabe – betriebsbezogene Aufzeichnungen (Hoftorbilanz) – schlagbezogene Aufzeichnungen als Grundlage der Optimierung der Bewirtschaftung (Beratung)	Zielsetzung der Nachhaltigkeitsstrategie: Überschuss maximal 80 kg N/ha und Jahr
	bedarfsgerecht	**Freigrenze für zulässige Nährstoffüberschüsse – 40 kg N/ha und Jahr**	
		keine Aufzeichnungspflichten nach einmaligem Nachweis der Einhaltung der Freigrenze bei Betrieben mit einem maximalen Wirtschaftsdüngeraufkommen von jährlich 80 kg N/ha und ohne Importe und Exporte von Gülle (erneuter Nachweis bei betrieblichen Änderungen beziehungsweise alle fünf Jahre)	

SRU/UG 2004/Abb. 4-8

4.2.3.1.2 Verpflichtung zu Nährstoffvergleichen

308. Die derzeitige Düngeverordnung (§ 5 Abs. 1 DüngeV) sieht Nährstoffbilanzen auf Betriebsebene für Betriebe ab einer Größe von 10 ha (Sonderkulturbetriebe ab einem Hektar) vor. Schlagkarteien sind dabei nicht erforderlich. Die Betriebsbilanzen werden in der Mehrheit – auch der tierhaltenden Betriebe – als Flächenbilanzen erstellt. Flächenbilanzen werden für die unterschiedlichen landwirtschaftlichen Kulturen (z. B. Ackerkulturen, Wiesen und Weiden) getrennt ermittelt und beziehen die im Betrieb erzeugten und verwendeten Wirtschaftsdünger ein. Dabei können insbesondere bei der Bilanzierung der Weiden erhebliche Ungenauigkeiten auftreten, da der Nährstoffentzug von der Fläche in Abhängigkeit von der Anzahl weidender Tiere und der Weidedauer nur schwer zu kalkulieren ist (GÄTH, 1997, S. 118). Zudem ist der Umfang des Stickstoffexportes von im Betrieb erzeugten und verwendeten Futtermitteln nicht über die Buchführung belegt. Dadurch können sich Schwierigkeiten bei der Erstellung der Flächenbilanzen ergeben. Hoftorbilanzen, die den Nährstoffim- und -export durch Zu- und Verkauf, bezogen auf den Gesamtbetrieb, bilanzieren, sind demgegenüber leichter kontrollierbar. Daher sollte zukünftig – auch mit Blick auf die Einführung einer Stickstoffüberschussabgabe, der valide Angaben zugrunde gelegt werden müssen – generell eine Hoftorbilanz als Grundlage für die Stickstoffbilanzermittlung herangezogen werden. Nur in Gebieten, in denen es aufgrund standortspezifischer Empfindlichkeiten des Naturhaushaltes geboten ist, sollte eine auf Einzelflächen bezogene Flächenbilanz hinzukommen. Zur Minimierung des Dokumentations- und Kontrollaufwandes für die Hoftorbilanz sollte ein bundesweit standardisierter Nährstoffvergleich mit standardisierten Annahmen zu Nährstoffgehalten in Futtermitteln und landwirtschaftlichen Erzeugnissen zugrunde gelegt werden. Standardisierungsvorschläge liegen mit der Muster-Verwaltungsvorschrift für den Vollzug der Verordnung über die Grundsätze der guten fachlichen Praxis beim Düngen (Stand: 23. Juli 1996) bereits vor. Bei den Nährstoffbilanzen sollte neben dem Zukauf von Betriebsmitteln und Vieh auch der atmosphärische Stickstoffeintrag berücksichtigt werden. Er beträgt nach neuesten Erkenntnissen auf landwirtschaftlichen Flächen in Deutschland durchschnittlich immerhin 26 kg N/ha und Jahr (vgl. GAUGER et al., 2002, S. 191). Zudem sollten Ausnahmen für die Anerkennung anderer als der pauschal vorgegebenen Werte nicht oder nur sehr restriktiv vorgesehen werden, um den Verwaltungsvollzug nicht unnötig zu erschweren. Stattdessen sollten eventuelle Schwankungsbreiten der Nährstoffgehalte in den einzelnen Betriebsmitteln und Verkaufsprodukten durch die vorgesehenen Freigrenzen für zulässige Nährstoffüberschüsse (Abb. 4-8) kompensiert werden. Erfahrungen aus den Niederlanden (VERSCHUUR und van der SCHANS, persönliche Mitteilung) haben gezeigt, dass Betriebsbilanzen, wenn sie als Grundlage einer Stickstoffüberschussbesteuerung dienen, nur schwer kontrollierbar sind. Durch falsche Angaben zur Art der Nährstoffimporte in den Betrieb, etwa in Form von Futtermitteln, sowie der Exporte, insbesondere in Form von Gülle, sowie den jeweiligen Nährstoffgehalten können die Bilanzen verfälscht werden, was jedoch nur schwer aufzudecken ist. Vor diesem Hintergrund sollte eine Hoftorbilanzierung so einfach wie möglich sein und es sollten möglichst nur vorgegebene Pauschalwerte für Nährstoffgehalte zugrunde gelegt werden.

309. Bedauerlicherweise müssen nach der geltenden Düngeverordnung nicht alle Betriebe mit hohen Nährstoffüberschüssen eine Betriebsbilanz erstellen. So werden durch die Ausnahmen aufgrund der Flächengrößen circa 47 % der Betriebe und mindestens 5 % der landwirtschaftlichen Fläche von der Pflicht zur Erstellung eines Nährstoffvergleiches ausgenommen (BARUNKE, 2002, S. 87). Problematisch ist dies insbesondere im Falle intensiv wirtschaftender Sonderkulturbetriebe (Weinbau, Obst- und Gemüsebau) und flächenarmer Veredelungsbetriebe.

Sachgerechter wäre es, die Kontrollpflicht an die bei einem Betrieb auftretenden Nährstoffüberschüsse statt an die Betriebsfläche zu binden (Abb. 4-8). Indem Betriebe mit geringem Überschussrisiko ausgenommen würden, könnte gleichzeitig dem Anspruch nach einem möglichst geringen Verwaltungs- und Kontrollaufwand Rechnung getragen werden. Betriebe mit einem geringen Nährstoffüberschuss von 40 kg N/ha und Jahr und einem geringen Viehbesatz, der maximal 80 kg N/ha und Jahr erzeugt (vgl. § 5 Abs. 2 Nr.1a DüngeV), sollten nach Ansicht des Umweltrates – nach einem einmaligen Nachweis der Einhaltung der Freigrenze – zur Minimierung des Dokumentations- und Kontrollaufwandes von den Dokumentationspflichten entbunden sein. Betriebe dieser Gruppe, die jedoch Wirtschaftsdünger wie Gülle in den Betrieb importieren und exportieren, sollten dabei weiterhin zu Betriebsbilanzen verpflichtet sein, da – wie Erfahrungen aus den Niederlanden zeigen (VERSCHUUR und van der SCHANS, persönliche Mitteilung) – insbesondere der Handel mit Gülle schwer zu kontrollieren und daher anfällig für Manipulationen ist. Deshalb empfiehlt der Umweltrat, den Verbleib von Gülle immer zu dokumentieren und damit jederzeit nachvollziehbar zu machen. Zudem sollten die Betriebe ohne regelmäßige Aufzeichnungspflichten bei betrieblichen Änderungen beziehungsweise alle fünf Jahre erneut nachweisen, dass sie die Freigrenze einhalten.

310. Die bisherige Regelung zu den Dokumentationspflichten auf Betriebsebene soll aufgrund der gesetzlich verankerten Pflicht zur Aufzeichnung in § 5 Abs. 4 des Bundesnaturschutzgesetzes durch eine schlagweise Bilanzierung ergänzt werden. Denn erst auf Grundlage einer solchen Kartei kann der Einsatz der Betriebsmittel unter Berücksichtigung von Standort und Fruchtart angemessen dosiert werden und eine ökonomische Optimierung der Bewirtschaftung erfolgen (ANTONY et al., 2001, S. 108). Das Risiko einer Überdüngung mit Wirtschaftsdüngern auf bestimmten Flächen (z. B. auf hofnahen Schlägen oder bei überdüngungsverträglichen Kulturarten wie Mais) lässt sich nur auf diesem Wege erkennen. Die schlagweise Dokumentation ist aus Sicht des Umweltrates ein wichtiges Instrument zur Optimierung der

Bewirtschaftung, welches nicht durch ordnungsrechtliche Kontrollen der Ergebnisse der Dokumentation belastet werden sollte. Als Instrument des Landwirts und seiner Berater sollte die schlagspezifische Dokumentation dazu beitragen, dass die Düngung auf freiwilliger Basis optimiert wird. Im Rahmen des vom Umweltrat vorgeschlagenen Konzepts zur Verknüpfung der Dokumentationspflichten mit anderen Instrumenten sollte die schlagspezifische Dokumentation der Düngemittelanwendung daher für alle Betriebe oberhalb der Freigrenze verpflichtend sein.

4.2.3.1.3 Grenzen für Nährstoffüberschüsse

311. Hauptansatzpunkt, den Nährstoffüberschüssen entgegenzuwirken, ist die Bestimmung einer Grenze für zulässige Nährstoffüberschüsse. Da die landwirtschaftliche Düngung im Einzelfall zahlreichen, von den Landwirten nicht beeinflussbaren Einflüssen wie insbesondere der Witterung unterliegt, sollten sich die Grenzwerte auf rechnerische Überschüsse beziehen. Denn unvorhergesehene Regenfälle, die die Auswaschungsrate plötzlich ansteigen lassen, können dazu führen, dass damit der jährliche tolerable Nährstoffaustrag in der Praxis überschritten wird, obwohl der Landwirt sich nach den Regeln der guten fachlichen Praxis verhalten hat. Der Umweltrat hält die Einführung von zulässigen rechnerischen Nährstoffüberschüssen für einen entscheidenden Schritt hin zu einer umfassenden Berücksichtigung aller eingetragenen Nährstoffe in der landwirtschaftlichen Düngungspraxis. Die Einführung eines (nicht kontrollierten) Orientierungswertes, wie er derzeit für die Novellierung der Düngeverordnung diskutiert wird (vgl. BOHLEN, 2002), wäre ein erster – wenn auch keinesfalls ausreichender – Schritt in diese Richtung.

312. Wie bereits dargelegt, sollte nach Ansicht des Umweltrates eine Freigrenze des grundsätzlich zulässigen Nährstoffüberschusses festgelegt werden. Bei Betrieben mit Nährstoffüberschüssen oberhalb dieser Freigrenze sollten mithilfe der Dokumentationspflichten in Verbindung mit landwirtschaftlicher Beratung und dem Einsatz ökonomischer Instrumente wie einer Stickstoffüberschussabgabe die Anreize für diese Betriebe so gesetzt werden, dass eine Verminderung der Nährstoffüberschüsse unter die Freigrenze möglichst bald erreicht wird.

In der Diskussion werden Grenzwerte für tolerable Bilanzüberschüsse von 50 kg Stickstoff/ha und Jahr sowie von 15 kg Phosphor/ha und Jahr (vgl. z. B. NABU, 2004) oder eine Staffelung nach Tierbesatzdichten (HEGE, 2004) genannt. Die nationale Nachhaltigkeitsstrategie gibt das Ziel vor, den Stickstoffüberschuss in der Gesamtbilanz der landwirtschaftlichen Produktion, das heißt im Stall und auf der Fläche, über die Pfade Luft, Boden und Wasser bis zum Jahr 2010 auf jährlich 80 kg/ha zu verringern (Bundesregierung, 2002, S. 114). Damit dieses Ziel erreicht werden kann, schlägt der Umweltrat – anknüpfend an den in § 5 Abs. 2 Nr. 1b DüngeV bereits verankerten Grenzwert für aufzeichnungspflichtige Betriebe – eine Freigrenze von 40 kg N/ha und Jahr vor. Dadurch bestünde bei Einführung einer Stickstoffüberschussabgabe zwar für alle Betriebe ein Anreiz, die Stickstoffüberschüsse auf einen maximalen Überschuss von 40 kg N/ha und Jahr zu senken. Gleichzeitig würden sie jedoch nicht unmittelbar dazu gezwungen, diesen Grenzwert einzuhalten, sondern könnten sich auch für die durch diese verursachte verstärkte Eutrophierung in Form von Abgaben freikaufen. Die Abgabe sollte daher so gestaltet werden, dass zumindest im Durchschnitt aller Betriebe das Ziel durchschnittlicher Stickstoffüberschüsse von 80 kg N/ha und Jahr erreicht werden kann.

313. Um den EU-rechtlichen Vorgaben der Nitratrichtlinie Rechnung zu tragen, muss parallel zur vorgeschlagenen Freigrenze in Verbindung mit einer Stickstoffüberschussabgabe jedoch der bisherige Grenzwert von 170 kg N/ha und Jahr für Wirtschaftsdünger beibehalten werden. Auf eine Obergrenze für maximal zulässige Gesamtstickstoffüberschüsse kann vor diesem Hintergrund aus Sicht des Umweltrates verzichtet werden, da die Betriebe mit hohem Viehbesatz, die besonders zu hohen Stickstoffüberschüssen tendieren, durch die Begrenzung der Wirtschaftsdüngermenge ausreichend beschränkt werden.

314. Für Wirtschaftsdünger tierischer Herkunft ist bei der Überarbeitung der Düngeverordnung geplant, die aufzubringende Gesamtstickstoffmenge für Grünland gemäß den Anforderungen der EG-Nitratrichtlinie zu reduzieren. Sie soll von bisher 210 kg N/ha und Jahr auf 170 kg N/ha und Jahr – wie dies derzeit schon für Äcker festgelegt ist – gesenkt werden (BAUMGÄRTEL, mündl. Mitteilung vom 26. September 2002, zit. in BOHLEN, 2002, S. 29). Doch selbst die nach der EG-Nitratrichtlinie normalerweise zulässigen Mengen sind hoch. So entsprechen die zulässigen Stickstoffmengen aus Wirtschaftsdünger nach der Düngeverordnung in Betrieben mit Gülle circa 2,2 bis 2,7 Großvieheinheiten pro Hektar (OSTERBURG, 2004), bis zur Änderung der Düngeverordnung Anfang des Jahres 2003 entsprachen sie sogar einem rechnerischen Viehbesatz von 2,9 bis 3,5 Großvieheinheiten pro Hektar (vgl. BARUNKE, 2002, S. 98). Da an vielen Standorten und von vielen Früchten diese Nährstoffmengen jedoch nicht mehr optimal verwertet werden können, sollte eine Verringerung der Ausbringungsgrenzen angestrebt werden (BARUNKE, 2002, S. 99). Anzustreben wäre nach Ansicht des Umweltrates als Zwischenziel eine Viehdichte von höchstens zwei Großvieheinheiten, am besten jedoch von 1 bis 1,5 Großvieheinheiten. Eine Viehdichte von 2 Großvieheinheiten pro Hektar hätte immer noch – wie neueste Untersuchungen zeigen (vgl. Abb. 4-7 und GAY et al., 2003) – hohe Stickstoffüberschüsse zur Folge.

4.2.3.1.4 Weitere Regelungen zur guten fachlichen Praxis

315. Im Folgenden werden noch einige weitere Regelungen der guten fachlichen Praxis der Düngung betrachtet, die unabhängig von dem zuvor entwickelten Konzept zur Reduktion der Nährstoffüberschüsse Berücksichtigung finden sollten und auch als Ordnungswidrigkeiten belangt werden können sollten.

Mindestabstand zu empfindlichen Bereichen

316. Um den Eintrag von Nährstoffen in sensible Lebensräume zu verringern beziehungsweise zu vermeiden, sollte für Düngungsmaßnahmen ein Mindestabstand von 5 m zu (der Böschungsoberkante von) Oberflächengewässern und zu anderen Biotopen entsprechend § 5 Abs. 4, 2. Spiegelstrich des Bundesnaturschutzgesetzes bundesrechtlich in der Düngeverordnung verankert werden. Eine bundeseinheitliche Regelung ist wünschenswert, da die Bundesländer von der bisherigen Möglichkeit, Abstandsregelungen zu erlassen, nur unzureichend Gebrauch gemacht haben und in den meisten Bundesländern derzeit keine Absichten bestehen, dies zum Beispiel im Rahmen der Umsetzung des Bundesnaturschutzgesetzes zu ändern (vgl. Kap. 3.4).

Phosphat und Kalium

317. Nach der derzeit geltenden Düngeverordnung dürfen Phosphat und Kalium aus Wirtschaftsdünger bis zur Höhe des Phosphat- oder Kaliumentzuges des Pflanzenbestandes auch auf Böden aufgebracht werden, die sehr hoch mit Phosphat und Kalium versorgt sind, sofern schädliche Auswirkungen auf Gewässer nicht zu erwarten sind. In der Praxis wird jedoch bereits bei den allgemein anerkannten Nährstoffgehaltsklassen eine reduzierte und bei sehr hohen Nährstoffgehalten sogar eine Unterlassung der Düngung empfohlen (WBB, 2000, Tz. 68). Vor diesem Hintergrund ist die in der Düngeverordnung festgelegte Ausnahme für Wirtschaftsdünger nicht nachzuvollziehen. Zudem zeigen Untersuchungen über Phosphat und Kalium, dass erhöhte Einträge dieser Nährstoffe das Adsorptionsvermögen der Böden überschreiten können, was zu einer Tiefenverlagerung und zu erheblichen Einträgen ins Grundwasser führen kann (BEHRENDT et al., 2000). Eine Überarbeitung dieser Sonderregelung für Wirtschaftsdünger ist daher erforderlich.

Anwendung von Wirtschaftsdüngern

318. Eine wesentliche Ursache für die Überdüngung ist in bestimmten Regionen die auftretende Überschussproduktion von Gülle (HÄRTEL, 2002, S. 394). Regelungen zur Erzeugung und Verwendung von Wirtschaftsdünger können daher als flankierende Maßnahmen zur Umsetzung der EG-Nitratrichtlinie und zur Begrenzung der Eutrophierung betrachtet werden (Abschn. 4.2.2 und Kap. 5).

Regelungen zur Ausbringung von Wirtschaftsdünger tierischer Herkunft

319. Seit der Änderung der Düngeverordnung vom 14. Februar 2003 dürfen bei der Betriebsbilanzierung der zulässigen Ausbringungsmenge an Wirtschaftsdünger nicht mehr pauschal 20 % Ausbringungsverluste für Stickstoff angerechnet werden. Dies war ein erster, durch das Urteil des europäischen Gerichtshofs zur mangelhaften Umsetzung der EG-Nitratrichtlinie (Rs. C-161/00) erzwungener Schritt zur Minimierung der Nährstoffemissionen. Es bleibt aber weiterhin bei einer pauschalen Abzugsmöglichkeit von 10 % Lagerungsverluste für Gülle und 25 % für Stallmist im Rahmen der Betriebsbilanzierung.

Die Ausbringungsverluste von Ammoniak müssen in der Praxis jedoch nicht nur aus Gründen des Boden- und Gewässerschutzes minimiert werden, sondern auch, um die europäischen Verpflichtungen zur Erreichung der Zielvorgaben der NEC-Richtlinie einzuhalten. Die Maßnahmen zur Reduzierung der Ammoniakemissionen sind im nationalen Programm über nationale Emissionshöchstmengen für bestimmte Luftschadstoffe zusammengestellt (BMU, 2003; s. auch Abschn. 6.2.6). Technisch ist die Erreichung der Zielvorgaben ohne weiteres möglich. Ohne den Tierbestand selbst zu reduzieren, ist die effektivste Maßnahme zur Reduktion der Ammoniakemissionen, die tierischen Wirtschaftsdünger direkt in den Boden einzubringen oder unverzüglich – am besten innerhalb von vier Stunden – in den Boden einzuarbeiten (OSTERBURG, 2002, S. 18). Im nationalen Programm über nationale Emissionshöchstmengen für bestimmte Luftschadstoffe ist dies bereits als eine Maßnahme vorgesehen (BMU, 2003, S. 19). Aus Sicht des Umweltrates sollte die Festsetzung und Präzisierung dieser Maßnahme in der Düngeverordnung mit Priorität weiterverfolgt werden (vgl. auch Abschn. 6.2.6), insbesondere sollte die „unverzügliche" Einarbeitung stärker konkretisiert werden. Eine gleich lautende – auf die Geflügel- und Schweinehaltung beschränkte – Empfehlung liegt auf europäischer Ebene mit dem Merkblatt zu den besten verfügbaren Techniken in der Intensivtierhaltung von Schweinen und Geflügel bereits vor (EU-Kommission, 2003c, S. 18 ff.).

320. Für die Exaktausbringung von Gülle und Festmist, das heißt die Ausbringung direkt auf oder in den Boden, gibt es verschiedene Techniken wie Schleppschlauch-, Schleppschuh- oder Gleitfußverteiler, Schlitzgeräte, Injektoren und Exaktstreuer. Insgesamt können durch Exaktausbringungstechniken die Ausbringungsverluste um bis zu 80 % reduziert und Bilanzsalden um 30 kg N/ha und Jahr gesenkt werden. Da die entsprechenden Geräte über die in der Düngeverordnung vorgeschriebenen, allgemein, anerkannten Regeln der Technik hinausgehen, gehören sie allerdings derzeit nicht zur normalen Ausstattung von Betrieben oder Maschinenringen (LUTOSCH, 2001, S. 46). Die Geräteausstattung der Betriebe sollte daher verbessert werden, was über Fördermaßnahmen unterstützt werden kann. Dazu sollten für die Gülleausbringung im Gegensatz zur bisherigen Anforderung, nur die allgemein anerkannten Regeln der Technik zu erfüllen, die Anforderungen an den Stand der Technik vorgeschrieben und für die Gülleausbringung weiter konkretisiert werden. Der Vollzug einer solchen Regelung kann auch über die Einführung eines Gülle-Technik-TÜV unterstützt werden. Vorteil eines solchen TÜV sind die gute administrative Umsetzbarkeit, die gute Kontrolle und die hohe Zielgenauigkeit (DÖHLER et al., 2002, S. 164).

Sperrzeit für die Ausbringung und Anforderungen an Lagerbehälter

321. Die derzeitige, sehr begrenzte Sperrzeit für die Ausbringung von Wirtschaftsdünger vom 15. November bis 15. Januar sollte nach Ansicht des Umweltrates auf die Zeit vom 1. Oktober bis 31. Januar ausgedehnt werden, da in diesem Zeitraum der Stickstoffbedarf der Pflanzen in der Regel gering und die Auswaschungsgefahr relativ hoch ist. Die derzeit geplante Ausdehnung der Sperrzeit auf die Zeit vom 1. November bis 15. Januar (BAUMGÄRTEL, zit. in BOHLEN, 2002, S. 29) erscheint hier noch zu kurz gegriffen. Die Güllelagerbehälter sollten zukünftig über eine Abdeckung verfügen, damit Ammoniakemissionen in die Luft reduziert werden können. Dies sollte vor allem für Schweinegülle gelten. Die betriebliche Anpassung an diese Anforderungen sollte ebenfalls – wie bereits in einigen Bundesländern üblich – über agrarpolitische Maßnahmen unterstützt werden.

4.2.3.1.5 Sanktionen bei Rechtsverstößen

322. Für eine wirksame Vermeidung von Nährstoffüberschüssen durch die landwirtschaftliche Düngung (vgl. hierzu SRU, 1996b, Tz. 283) fehlen – wie in Tz. 306 zur Düngeverordnung näher ausgeführt – strenge und ordnungsrechtlich kontrollierbare Vorgaben. Doch auch die bestehenden Vorgaben werden nicht zufrieden stellend vollzogen: Bei eindeutigen Verstößen gegen Managementregeln der guten fachlichen Praxis, wie zum Beispiel bei vorsätzlicher oder fahrlässiger Missachtung von Sperrfristen oder bei der Aufbringung von Düngemitteln auf nicht aufnahmefähigen Boden oder an Gewässern, ermöglicht die Düngeverordnung den Einsatz von ordnungsrechtlichen Instrumenten. Die Überwachung der Regelungen der guten fachlichen Praxis ist dabei Aufgabe der Bundesländer im Rahmen ihrer Zuständigkeiten. Die Behörden gewährleisten derzeit jedoch nur eine wenig umfangreiche Kontrolle. Bei Verstößen folgen zudem nur in wenigen Fällen ordnungsrechtliche Konsequenzen (vgl. BARUNKE, 2002, S. 95 ff.). Dieses Vorgehen zur Sanktionierung von Verstößen gegen die Grundsätze der guten fachlichen Praxis nach dem Düngemittelrecht entfaltet daher im Vorfeld der Verstöße nur eine geringe Präventionswirkung.

323. Die Bestimmungen zur guten fachlichen Praxis nehmen auch eine zentrale Stellung im Rahmen der europäischen Agrarpolitik ein (vgl. Tz. 253; SRU, 2002b, Tz. 719 ff.). So soll künftig die Einhaltung der Cross-Compliance-Auflagen der EU, die national ausgestaltet werden können, im Rahmen der förderpolitischen Maßnahmen zwar regelmäßig, jedoch nur bei jährlich einem Prozent aller Betriebe nachgewiesen oder überprüft werden (Rat der Europäischen Union, 2003). Diese Kontrollen werden voraussichtlich – analog der bisherigen Kontrollpraxis bei den Agrarumweltprogrammen und der Ausgleichszulage (vgl. dazu BARUNKE, 2002, S. 90) – nur anhand weniger, durch eine Bund-Länder-Arbeitsgruppe vereinbarter Kriterien erfolgen, die zwar alle Cross-Compliance-Auflagen, jedoch nur wenige Regelungen der Düngeverordnung umfassen werden. Insgesamt sind die ordnungsrechtlichen Vorgaben und die darauf aufbauenden Kontrollen und Sanktionierungsmaßnahmen nicht ausreichend, um den Betrieben tatsächlich einen Anreiz zur Minderung der Nährstoffüberschüsse bis auf den bundespolitisch angestrebten Wert zu geben. Zudem werden durch die agrarpolitischen Fördersysteme viele Problembetriebe, wie weit gehend flächenunabhängige Intensivtierhaltungsbetriebe, nicht erfasst. Der Umweltrat plädiert daher dafür, die Regelung der Stickstoffproblematik zwar an die Regelungen zu *Cross Compliance*, insbesondere hinsichtlich der zeitlichen und organisatorischen Verknüpfung der Kontrollen, anzubinden, jedoch inhaltlich nur wenige Aspekte, wie zum Beispiel die Einhaltung der Ausbringungszeiten, dem Sanktionsmechanismus von *Cross Compliance* zu unterstellen. Für die Reduzierung der Stickstoffüberschüsse sollte ein eigenständiges Anreizsystem mithilfe der vorgeschlagenen Stickstoffüberschussabgabe implementiert werden. Eine Möglichkeit zur Unterstützung der ordnungsrechtlichen Kontrollen und der Implementierung der Stickstoffüberschussabgabe ist die Einführung von betriebsbezogenen Audits, wie sie von der EU-Kommission bereits in Diskussion gebracht wurden (EU-Kommission, 2002b, S. 24). Solche Audits sollten auch nach Ansicht des Umweltrates im Rahmen der Agrarpolitik gefördert werden.

4.2.3.2 Stickstoffüberschussabgabe

324. Die Einführung marktkonformer Instrumente zur Reduzierung der Nährstoffeinträge durch die Landwirtschaft wurde bereits des Öfteren thematisiert, wobei insbesondere der Effizienzvorteil gegenüber dem ordnungsrechtlichen Instrumentarium als Beurteilungskriterium gilt. Auch der Umweltrat hatte in der Vergangenheit (SRU, 2000) die Forderung nach einer Stickstoffabgabe zur Reduzierung des Nährstoffeintrags aus mineralischer Düngung erhoben. Ziel dieser Abgabe sollte neben der Reduzierung der Verwendung von Handelsdünger eine bessere Verwendung des Wirtschaftsdüngers zur Verminderung der Belastung von Wasser und Boden sein (vgl. § 336 UGB-KomE). Als Vorteil einer Abgabe auf Mineraldünger werden gegenüber der gegenwärtigen ordnungsrechtlichen Praxis die geringeren gesamtwirtschaftlichen Kosten, der einfachere Vollzug und geringere Kontrollprobleme genannt (HÄRTEL, 2002, S. 237).

Angesichts der konkret vorherrschenden Belastungszusammenhänge durch Stickstoffeinträge, in denen der Einsatz von Mineraldüngern nur von nachrangiger Bedeutung ist, hält der Umweltrat eine Revision seiner bisherigen Empfehlung für notwendig. Bei der Beurteilung der Eignung einer solchen Abgabe gilt es zu bedenken, dass die ausschließliche steuerliche Belastung von Mineraldünger eine Reihe von negativen Anreizeffekten auslösen kann und daher Defizite hinsichtlich ihres Lenkungseffekts und der gesamtwirtschaftlichen Kostenbelastung aufweist. Der mineralische Stickstoffinput als Bemessungsgrundlage einer Stickstoffabgabe kann nur als sehr ungenauer Indikator für die Belastung von Wasser und Boden angesehen werden, da keinerlei Berücksichtigung anderer Stickstoffquellen, wie vor allem die Futtermittelzukäufe sowie der Stickstoffausträge durch pflanzliche und tierische Produkte, erfolgt. Somit wird einerseits auch der Teil der Stickstoffnutzung belastet, der von der Landwirtschaft nicht vermieden werden kann und insofern auch nicht als vermeidbare Umweltbelastung interpretierbar ist. Andererseits bleibt die Stickstoffbelastung aus dem Einsatz von Wirtschaftsdünger in der Bemessungsgrundlage unberücksichtigt.

Da eine Substitution von Mineraldünger durch Wirtschaftsdünger nur begrenzt und häufig nur mit hohem Kostenaufwand möglich ist, muss mit einer geringen Preiselastizität der Mineraldüngernachfrage und damit einem relativ geringen Lenkungseffekt einer solchen Abgabe gerechnet werden. Spürbare Umweltentlastungseffekte würden sehr hohe Abgabensätze erfordern und dadurch eine erhebliche gesamtwirtschaftliche Kostenbelastung implizieren. Empirische Elastizitätsschätzungen von Stickstoffabgaben auf Mineraldünger in Österreich, Schweden und Finnland mit einer Bandbreite von − 0,12 bis maximal − 0,51 veranschaulichen diesen Effekt. Hierbei handelt es sich zudem noch um optimistische Schätzungen, da im Rahmen der angewandten Schätzmethoden der Einfluss agrarpolitischer und komplementärer umweltpolitischer Maßnahmen zur Senkung der Stickstoffbelastung nicht hinreichend berücksichtigt werden konnte (ECOTEC, 2001, S. 138 ff.). SCHLEEF (1999) ermittelt für Deutschland eine ähnliche Spannweite der Preiselastizität der Mineraldüngernachfrage von − 0,11 bis maximal − 0,78, wobei Betriebe mit geringem Wirtschaftsdüngeranfall besonders geringe Nachfrageelastizitäten für Mineraldünger aufweisen.

Einen weiteren problematischen Effekt dieser Abgabe sieht der Umweltrat in der tendenziell einseitigen Diskriminierung der Verwendung mineralischer Düngemittel gegenüber dem Einsatz von Wirtschaftsdünger. Zwar lassen Substitutionseffekte zwischen den Stickstoffquellen eine Mehrnachfrage nach Wirtschaftsdünger und damit dessen kostenbewusstere und somit umweltschonendere Verwendung erwarten. Dennoch können der ökologische Lenkungseffekt der Mineraldüngerabgabe und vor allem die Kosteneffizienz dieses Instruments durch die relativ kostengünstige Verfügbarkeit des bei unzweckmäßiger Anwendung sogar stärker umweltbelastenden Wirtschaftsdüngers beeinträchtigt werden. Es ist davon auszugehen, dass die einseitige Belastung des Mineraldüngers die Wirtschaftlichkeit des Pflanzenbaus relativ zur Tiererzeugung reduziert. Dementsprechend ist keine spürbare Reduzierung der Tierproduktion und damit des Einsatzes von Stickstoff aus Wirtschaftdüngern, insbesondere in Regionen mit starkem Viehbesatz, zu erwarten (SCHLEEF, 1999, S. 178 ff.). Damit kann nur schwer verhindert werden, dass an Standorten, an denen aufgrund einer hohen Viehbesatzdichte ein hoher Überschuss an Wirtschaftsdünger anfällt, trotz der Abgabe auf Mineraldünger erhebliche Punktbelastungen durch Stickstoff aus der Verbringung überschüssiger Wirtschaftsdünger entstehen. Diesem Effekt müsste zusätzlich durch ergänzende Maßnahmen entgegengewirkt werden.

Da die Umweltbelastungen durch den Stickstoffeinsatz aufgrund regional unterschiedlicher Einsatzbedingungen variieren, kann eine standortspezifische Differenzierung eines Instruments zur Steuerung der Stickstoffminderung sinnvoll sein. Für eine regional differenzierte Ausgestaltung wäre eine Abgabe auf Mineraldünger jedoch ungeeignet, da eine differierende Abgabenhöhe auf bundesweit gehandelte Mineraldünger nicht praktikabel ist.

325. Die Wahl der Stickstoffüberschüsse als Bemessungsgrundlage für preislich wirkende Instrumente lässt dagegen aufgrund der wesentlich direkteren ökologischen Lenkungswirkung Effizienzvorteile erwarten. Neben einer Abgabe ist grundsätzlich auch eine Lizenzierung der Stickstoffüberschüsse bis zu einem vorab spezifizierten Grenzwert, verbunden mit der Möglichkeit des Lizenzhandels, denkbar. Während der landwirtschaftliche Betrieb bei der Abgabe die Düngemittelüberschüsse so lange reduziert, wie die zusätzlichen Vermeidungskosten unterhalb des Abgabensatzes liegen, werden beim Lizenzhandel die Vermeidungsanstrengungen so weit geführt, wie deren zusätzliche Kosten unterhalb des Marktpreises für Düngemittelüberschusslizenzen liegen. Der Effizienzgewinn beider Instrumente gegenüber starren betriebsbezogenen Grenzwerten resultiert aus dem Zuwachs an einzelwirtschaftlicher Anpassungsflexibilität und den damit verbundenen betrieblichen Kosteneinsparungen.

Erste Erfahrungen mit Abgaben auf Stickstoff- und Phosphatüberschüsse werden derzeitig in den Niederlanden im Rahmen des so genannten *Mineral Accounting System* (MINAS) gewonnen. Aufgrund der Berücksichtigung aller Stickstoffquellen inklusive des Wirtschaftsdüngers und der Reduzierung der Belastung auf die umweltschädlichen Düngemittelüberschüsse sind prinzipiell geringere gesamtwirtschaftliche Vermeidungskosten der Stickstoffminderungspolitik zu erwarten. Mithilfe einer Modellsimulation auf der Basis eines Berechenbaren Allgemeinen Gleichgewichtsmodells für die niederländische Landwirtschaft (DRAM) wurde bei einer 15%igen Reduktion der Stickstoffbelastung eine Vermeidungskostenreduktion gegenüber einer Stickstoffabgabe auf Mineraldünger von rund 19 % prognostiziert (HELMING, 1998, S. 22).

Die Wahl der Düngemittelüberschüsse als Bemessungsgrundlage erfordert jedoch eine relativ kostenaufwendige Bilanzierung der mineralischen Inputs und Outputs jedes landwirtschaftlichen Betriebes. Dabei ist indes zu berücksichtigen, dass bei der Erstellung der notwendigen Stickstoffbilanzen bereits vorhandene Daten landwirtschaftlicher Stoffströme aus der betrieblichen Finanzbuchhaltung mit teilweise standardisierten Daten zu den mineralischen Inhaltsstoffen verknüpft werden können. Für landwirtschaftliche Betriebe ab einer Größe von 10 ha müssen nach Düngeverordnung ohnehin Bilanzsalden auf Betriebsebene aufgezeichnet werden. Die in tierhaltenden Betrieben bislang fast ausschließlich als pauschale Flächen-Stall-Bilanz praktizierte Stickstoffbilanz müsste hierzu allerdings zukünftig als Hoftorbilanz in Übereinstimmung mit der steuerlichen Buchführung erhoben werden (Tz. 308). Die Pflicht zur Aufstellung von Hoftorbilanzen würde vor allem die landwirtschaftlichen Betriebe stärker belasten, die bislang nicht buchführungspflichtig sind beziehungsweise nicht den Verpflichtungen gemäß Düngeverordnung unterliegen. In Betrieben mit Buchführung dürfte der zusätzliche Aufwand jedoch begrenzt sein. Zusätzliche Probleme könnte eine Zunahme des Kontrollaufwands aufwerfen, da durch die Kostenbelastung von Düngemittelüberschüssen der einzelwirtschaftliche Anreiz zur Abgabenvermeidung durch

Bilanzmanipulationen steigt. Dem lässt sich zumindest partiell durch die Anwendung einer ökologisch tolerierbaren Freigrenze der Bilanzüberschüsse entgegenwirken (vgl. Tz. 311 ff.). Auch in den Niederlanden entfällt die Düngemittelabgabe nur auf den Teil der Stickstoffbilanzüberschüsse, der einen je nach regionaler Bodenbeschaffenheit variierenden Überschussstandard übersteigt (MINLNV, 2001, S. 10). Etwas geringere Administrations- und Kontrollkosten werden von einer Ausgestaltung des Instruments als handelbare Lizenzen erwartet. Hier entfällt die Ermittlung der Abgabenhöhe durch die zuständige Behörde und zur Kontrolle ließen sich Stichproben in Verbindung mit einer ausreichenden Strafandrohung heranziehen (SCHLEEF, 1999, S. 221).

Ein weiterer Vorteil einer an den Bilanzüberschüssen ansetzenden Stickstoffpolitik resultiert aus einer flexibleren Anpassbarkeit an regional unterschiedliche Belastungssituationen, was bei einer Abgabenlösung über regional differenzierte Abgabensätze und den Anwendungen von belastungsspezifischen Freigrenzen praktizierbar ist. Die alternativ diskutierte Lizenzlösung würde diese Feinsteuerung hingegen nicht erlauben, da sich auf einem überregionalen Markt für Stickstoffüberschusslizenzen ein einheitlicher Marktpreis herausbilden würde, der den je nach betrieblichen Standortbedingungen unterschiedlichen Vermeidungserfordernissen keine Rechnung trägt. Eine Regionalisierung eines derartigen Lizenzmarktes könnte dagegen zusätzliche Transaktionskosten verursachen. Ebenso wäre nicht gesichert, ob auf dem nach ökologischen Erfordernissen abgegrenzten Märkten überhaupt ein hinreichendes Handelsvolumen entstehen würde. Aufgrund der besseren Möglichkeiten zur belastungsbezogenen Feinsteuerung favorisiert der Umweltrat daher die Implementierung einer regional differenzierbaren Abgabenlösung.

326. Angesichts der potenziellen Effizienzvorteile einer Abgabe auf Stickstoffüberschüsse empfiehlt der Umweltrat, die Möglichkeiten der Umsetzung einer Stickstoffüberschussabgabe in Deutschland zu prüfen. Dabei sollten die ersten Erfahrungen des niederländischen Modells zunächst kritisch evaluiert werden, um noch offene Fragen der Praktikabilität und der Möglichkeiten einer Begrenzung des administrativen Mehraufwands für die Durchführung und Kontrolle dieses Ansatzes zu beantworten. Vor dem Hintergrund der Umweltbelastungen durch Phosphateinträge ist nach Ansicht des Umweltrates auch eine Verknüpfung dieses Instruments mit einer Abgabe auf Phosphatüberschüsse in Erwägung zu ziehen.

Eine Zweckbindung des Abgabenaufkommens für Maßnahmen zur umweltschonenden Bodennutzung (vgl. hierzu § 194 UGB-KomE; § 336 Abs. 5 UGB-KomE) ist insoweit zu begrüßen, wie diese Maßnahmen Anpassungsaktivitäten der Landwirtschaft erleichtern, ohne dabei erhebliche wettbewerbsverzerrende Wirkungen aufzuweisen. So kann sich die Mittelverwendung für Forschung und Entwicklung im Bereich der Agrar- und Ernährungswissenschaft zur Verbesserung von umweltgerechten Produktionsverfahren und Betriebsmitteln sowie die Information und Beratung der Betreiber von Land- und Forstwirtschaft vorteilhaft auf die ökologische Lenkungswirkung dieses Instruments auswirken. Dabei sollte vor allem vermieden werden, dass die Fördermaßnahmen zu einer Flächenausdehnung der Landwirtschaft führen. Eine Ausdehnung der Flächennutzung kann die Umweltschutzeffekte der Düngemittelabgabe partiell kompensieren.

4.2.3.3 Einführung von Grenzwerten für Schwermetalle in die Düngemittelverordnung

327. Für Düngemittel unterschiedlicher Herkunft und Zusammensetzung gelten derzeit unterschiedliche Grenzwerte für Schwermetalle (Abschn. 7.2.2). Das BMVEL und das Bundesumweltministerium (BMU) haben ein Konzept mit dem Titel „Gute Qualität und sichere Erträge" erarbeitet (BMVEL, 2002a; BMU, 2002), welches im Koalitionsvertrag vom 16. Oktober 2002 aufgegriffen wurde. Der Einsatz von Düngemitteln (z. B. Klärschlamm, Gülle und Mineraldünger) soll danach bei der Produktion von Nahrungsmitteln nicht zu einer schleichenden Anreicherung von Schadstoffen in den landwirtschaftlichen Böden führen dürfen. Daher sollen geeignete Grenzwerte eingeführt werden, um die Erzeugung gesunder Nahrungsmittel auf sauberen Böden auf Dauer zu gewährleisten (Koalitionsvertrag, S. 41).

In diesem Konzept wird deshalb angestrebt, dass für die Bewertung aller Düngemittel die gleichen fachlichen Grundsätze gelten sollen (vgl. auch BMVEL, 2002a; BMU, 2002, S. 3). Damit die Bodenvorsorgewerte nicht überschritten werden, soll sich der Gehalt an Schadstoffen in den jeweiligen Düngemitteln entsprechend dem Prinzip „Gleiches zu Gleichem" an den Vorsorgewerten für Böden orientieren. Außerdem werden im Konzept von BMVEL und BMU bereits erste Vorschläge für Regelungen zur Umsetzung gemacht. So sollen zukünftig keine regelmäßigen Bodenuntersuchungen mehr notwendig sein und Übergangsfristen für Wirtschaftsdünger von bis zu fünf Jahren vorgesehen werden, da teilweise erhebliche Anstrengungen von den Betroffenen durch die vorgesehenen Grenzwerte erforderlich sind.

So müssen Zusatzstoffe im Tierfutter, wie Zink und Kupfer, teilweise begrenzt werden, andernfalls könnten zukünftige Grenzwerte, insbesondere bei der Schweinegülle, nicht eingehalten werden (UBA, 2002). Probleme können sich auch bei geogen bedingt hohen Schwermetallgehalten im Boden ergeben, wodurch bereits im Grundfutter erhöhte Gehalte auftreten. Die niedrigen Grenzwerte, die zum Teil unterhalb des ernährungsphysiologischen Bedarfs liegen, führen dazu, dass wirtschaftseigene Futtermittel, die geogen oder anthropogen höhere Elementkonzentrationen aufweisen, nicht mehr eingesetzt werden können – insbesondere dann, wenn die beabsichtigte EU-Regelung eines „Verschneidungsverbots" in nationales Futtermittelrecht umgesetzt wird (Bund-Länder-AG, 2003, S. 12).

328. Trotz erhöhter erforderlicher Anstrengungen durch die Landwirtschaftsbetriebe hält der Umweltrat unter Umweltgesichtspunkten, insbesondere aus Sicht des

Boden- und Wasserschutzes, weiterhin eine Einführung von Grenzwerten für Schwermetallgehalte in Wirtschaftsdüngern in Verbindung mit gleichen ökologischen Anforderungen an alle landwirtschaftliche Düngemittel (SRU, 2002b, Tz. 908 f.) für erforderlich. Da es sich jedoch bei der Einführung dieser Grenzwerte um Vorsorgemaßnahmen handelt, sollten angemessene Übergangsfristen vorgesehen werden, um den landwirtschaftlichen Betrieben die Möglichkeit zur Anpassung zu geben.

4.2.3.4 Maßnahmen zur Begrenzung von Tierarzneimitteln in Düngemitteln

329. Derzeit werden zwar die Umweltauswirkungen bei der Neuzulassung von Arzneimitteln berücksichtigt. Eine solche Umweltprüfung ist jedoch nicht für so genannte Altpräparate, die vor dem 1. Januar 1998 zugelassen waren, vorgesehen und auch dann nicht, wenn diese Präparate einem erneuten Nachzulassungsverfahren oder einer Zulassungsverlängerung unterzogen werden. Bei den derzeit überwiegend verwendeten Tierarzneimitteln handelt es sich häufig um so genannte Altpräparate, deren ökotoxikologisches Potenzial nur unzureichend untersucht ist. So konnte zum Beispiel für Tetrazykline eine hohe Ausscheidungsrate aktiver Substanz und Lagerstabilität nachgewiesen werden, die auch bei ordnungsgemäßer Verabreichung zu einem signifikanten Eintrag in den Boden führen kann. Die EMEA/CVMP-Triggerwerte, bei deren Überschreitung zukünftig ökotoxikologische Untersuchungen gefordert werden und die zurzeit nur für Neuzulassungen gelten, liegen jedoch deutlich niedriger (WINCKLER und GRAFE, 2000, S. 115). Dies verdeutlicht, dass erheblicher Forschungsbedarf hinsichtlich des Umweltverhaltens von Altpräparaten besteht. Abbau- und Verlagerungsvorgänge im Boden sowie Auswirkungen auf die Bodenmikrobiologie sollten besonders berücksichtigt werden. Hierzu ist ein Prüfprogramm für Altarzneimittel erforderlich (UBA, 2002, S. 37). Gleichzeitig sollte sichergestellt werden, dass diese Erkenntnisse auch in die Zulassungsverfahren für Altpräparate, zum Beispiel im Rahmen der alle fünf Jahre erforderlichen Zulassungsverlängerung, Eingang finden.

330. Die Datengrundlage für weitere Bewertungen sollte darüber hinaus durch eine Mengenerfassung der eingesetzten Tierarzneimittel (vor allem Altpräparate) sowie durch ein Umweltmonitoring für Tierarzneimittel (z. B. Grund- und Oberflächenwasser) erheblich verbessert werden (WINCKLER und GRAFE, 2000, S. 114 f.).

331. Vor dem Hintergrund der Resistenzproblematik sollte zudem dem so genannten „rationalen Arzneimitteleinsatz" (KROKER, 1997, zit. in WINCKLER und GRAFE, 2000, S. 110) mehr Aufmerksamkeit geschenkt werden. Unerwünschte Wirkungen, Unverträglichkeitsreaktionen oder Resistenzbildung können dadurch besser vermieden werden, dass der Medikamenteneinsatz auf das unbedingt notwendige Maß, das heißt insbesondere auf die tatsächlich erkrankten Tiere, beschränkt wird und dass ein geeignetes Antibiotikum gezielt ausgewählt wird, statt Breitbandmittel zu verwenden. UNGEMACH (1999) fordert daher für den Einsatz von Fütterungsarzneimitteln, dass im Gegensatz zur derzeitigen Praxis nur bei therapeutischen Indikationen und bekannter Erregersensitivität ein metaphylaktischer oder therapeutischer Einsatz gemäß dem oben aufgeführten Therapiegrundsatz vertretbar ist; ein prophylaktischer Einsatz wird abgelehnt (WINCKLER und GRAFE, 2000, S. 110). Die gute fachliche Praxis der Tierhaltung sollte nach Ansicht des Umweltrates dahin gehend präzisiert werden (vgl. auch Abschn. 5.6.3).

4.2.4 Zusammenfassung und Empfehlungen

332. Die landwirtschaftliche Düngung ist seit langem als Hauptverursacher der Eutrophierung der Umwelt durch Stickstoff und Phosphor bekannt. Insbesondere in Betrieben mit hohen Viehbesatzdichten werden die anfallenden Nährstoffe aus Wirtschaftsdünger in der Regel aufgrund des Überangebotes und der für die Pflanzen nur teilweise geeigneten Darreichungsform nicht durch die Pflanzenbestände auf den Feldern verbraucht. Hohe Überschüsse in der Nährstoffbilanz, die das Grund- und Oberflächenwasser, den Boden sowie das Klima belasten, sind die Folge. Neben diesen Umwelteffekten rückten in den letzten Jahren zunehmend die Belastungen der Ökosysteme und des Menschen durch Schwermetalle und Tierarzneimittel aus Düngemitteln in das Bewusstsein der Öffentlichkeit. Für Tierarzneimittel fehlt jedoch eine bundesweite detaillierte Auflistung der einzelnen Wirkstoffe und ihrer Verwendungsmengen. Auch das Wissen über das Verhalten vieler Wirkstoffe in Boden und Wasser ist noch sehr lückenhaft. Tierarzneimittel werden ferner häufig prophylaktisch und nicht ausreichend gezielt eingesetzt, sodass unnötig hohe Mengen von überschüssigen Wirkstoffen ausgeschieden werden und in den Wirtschaftsdünger gelangen.

333. Ziel einer vorsorgenden Düngemittelpolitik sollte es sein, diese negativen Umweltauswirkungen zu vermeiden oder auf ein Mindestmaß zu begrenzen. Die Zielsetzung der Nachhaltigkeitsstrategie, die Stickstoffemissionen aus der Landwirtschaft auf 80 kg N/ha und Jahr zu begrenzen (Bundesregierung, 2002, S. 114), bieten hierfür Orientierung. Die derzeit von der Bundesregierung betriebene Überarbeitung der Düngeverordnung ist hierzu ein wichtiger Schritt, der aber aus Sicht des Umweltrates allein nicht ausreicht. Über diese gesetzlichen Regelwerke hinaus und aufbauend auf den nach der Düngeverordnung ohnehin erforderlichen Nährstoffbilanzen hält der Umweltrat die Einführung einer Stickstoffüberschussabgabe für erforderlich. Ein Instrumentenmix aus einem klaren, für alle Betriebe geltenden rechtlichen Rahmen auf der einen Seite und einer auf die spezifische Belastungssituation abstimmbaren Kombination von Stickstoffüberschussfreigrenzen und Abgaben auf der anderen Seite erscheint geboten. Damit die Verordnung über die gute fachliche Praxis der Düngung innerhalb dieses Instrumentenmix eine ausreichende Wirksamkeit entfalten kann, erscheint es wichtig, die Düngeverordnung um die folgenden Elemente zu ergänzen.

334. Zentraler Bestandteil einer neuen Düngeverordnung sollte die Verankerung einer Freigrenze von

40 kg N/ha und Jahr für Nährstoffüberschüsse sein. Gleichzeitig stellt eine solche Freigrenze die Voraussetzung für den Einsatz einer Stickstoffüberschussabgabe dar. Denn oberhalb dieser Freigrenze sollte für die anfallenden Nährstoffüberschüsse diese Abgabe erhoben werden. Angesichts räumlich differierender Belastungssituationen empfiehlt der Umweltrat, eine auf die Standortbedingungen angepasste regionale Differenzierung der Freigrenze beziehungsweise des Abgabensatzes perspektivisch in Erwägung zu ziehen. Hierdurch ließe sich diese Instrumentenkombination hinsichtlich ihrer ökologischen Wirksamkeit und ökonomischen Effizienz weiter verbessern. Die Höhe der Abgabensätze sollte jeweils so gewählt werden, dass für die Betriebe ein Anreiz besteht, ihre Nährstoffüberschüsse nicht wesentlich über 40 kg N/ha und Jahr auszudehnen. Ziel der Stickstoffüberschussabgabe sollte es insgesamt sein, die Nährstoffemissionen zu minimieren und gleichzeitig eine für einen landwirtschaftlichen Betrieb ausreichende Flexibilität des Düngemitteleinsatzes zu gewährleisten. Grundlage einer solchen Stickstoffüberschussabgabe sind betriebsbezogene Aufzeichnungen. Diese sollten für alle landwirtschaftlichen Betriebe mit Überschüssen von mehr als 40 kg N/ha und Jahr zur Pflicht gemacht werden – auch unabhängig von der Einführung einer solchen Abgabe. Die derzeitigen Ausnahmen für Betriebe unter 10 ha führen dazu, dass viele Problembetriebe wie Intensivtierhaltungen oder Erwerbsgartenbau nicht erfasst werden, obwohl sie hohe Stickstoffemissionen verursachen. Die Pflichten zur Erstellung von Betriebsbilanzen sollten daher zukünftig grundsätzlich für alle Betriebe gelten. Betriebe, die jedoch nachweisen, dass sie unterhalb einer Freigrenze von 40 kg N/ha und Jahr bleiben, könnten zur Minimierung des Dokumentations- und Kontrollaufwandes von einer regelmäßigen Bilanzierungspflicht befreit werden. Gülle und andere Wirtschaftsdünger im- und exportierende Betriebe sollten jedoch auf jeden Fall eine Betriebsbilanz erstellen müssen, um den Verbleib dieser Stoffe lückenlos nachvollziehen zu können. Zudem sollten von der Bilanzierungspflicht befreite Betriebe bei betrieblichen Änderungen beziehungsweise alle fünf Jahre erneut das Einhalten der Freigrenze nachweisen.

335. Die Betriebsbilanzen sollten zudem als Hoftorbilanzen in Übereinstimmung mit der steuerlichen Buchführung, die alle Nährstoffströme des Betriebes durch Zu- und Verkauf umfassen, sowie unter Berücksichtigung des Nährstoffeintrages aus der Luft erstellt werden. Zudem sollten diese Betriebe schlagbezogene Aufzeichnungen erstellen müssen, die als Grundlage zur Optimierung der Bewirtschaftung dienen sollten – unter anderem mit Unterstützung der landwirtschaftlichen Beratung. Dem Anreiz zur Manipulation der betrieblichen Nährstoffbilanz zum Zweck zur Abgabenhinterziehung kann durch die Androhung eines Bußgeldes in hinreichender Höhe entgegengewirkt werden.

Des Weiteren sollte ein bundeseinheitlicher Mindestabstand zu empfindlichen Bereichen wie Gewässern oder aus Sicht des Naturschutzes wertvollen Lebensräumen vorgegeben werden. Auf gut mit Nährstoffen versorgten Standorten sollte die Phosphor- und Kaliumdüngung unterlassen oder deutlich reduziert werden. Ferner sollte die Einarbeitung von Wirtschaftsdüngern innerhalb von vier Stunden und die Ausweitung der Sperrzeit für die Ausbringung von Wirtschaftsdünger auf die Zeit vom 1. Oktober bis 31. Januar vorgesehen werden. Die Durchsetzung dieser Regelungen bedarf einer ordnungsrechtlichen Verankerung.

336. Zur Reduzierung der Schwermetallemissionen durch Wirtschaftsdünger sollten ungeachtet erhöhter Anstrengungen, die dies insbesondere für Schweine haltende Betriebe bedeutet, die Einführung von Grenzwerten für Schwermetallgehalte in Wirtschaftsdüngern in Verbindung mit gleichen ökologischen Anforderungen an alle landwirtschaftliche Düngemittel angestrebt werden.

337. Um die noch in großem Maße ungeklärten negativen Auswirkungen auf die Umwelt und den Menschen durch Tierarzneimittel in Wirtschaftsdünger entsprechend dem Vorsorgegedanken zu minimieren, ist vor allem für so genannte Altstoffe dringend ein Prüfprogramm erforderlich, dessen Ergebnisse dann in den Zulassungsverlängerungen berücksichtigt werden sollten. Zudem erscheinen eine Mengenerfassung der eingesetzten Tierarzneimittel (vor allem der Altpräparate) sowie ein Umweltmonitoring für Tierarzneimittel (z. B. Grund- und Oberflächenwasser) geboten. Ferner sollte vorgeschrieben werden, dass Tierarzneimittel nur noch bei bestehenden Bestandsproblemen und bekannter Erregersensitivität metaphylaktisch oder therapeutisch eingesetzt werden dürfen und ein prophylaktischer Einsatz grundsätzlich nicht mehr zulässig ist.

4.3 Nachhaltige Nutzung von Pflanzenschutzmitteln

4.3.1 Belastungen von Mensch und Umwelt durch den Einsatz von Pflanzenschutzmitteln

338. Pflanzenschutzmittel (PSM) werden vor allem als Herbizide im Ackerbau, als Fungizide im Erwerbsobstbau, im Wein- und Hopfenanbau sowie im Ackerbau, und als Insektizide in erster Linie in Obstanlagen sowie im Wein- und Hopfenanbau eingesetzt (UBA, 2003a). Sie können die menschliche Gesundheit und den Naturhaushalt gefährden. Viele in der Anwendung befindlichen PSM sind hoch toxisch, stehen in Verdacht, krebserzeugend oder hormonell wirksam zu sein, bauen sich in der Umwelt nur langsam ab und können sich in der Nahrungskette anreichern. PSM gelangen durch Verwehungen, Verdunstung mit nachfolgendem Niederschlag oder durch Abdrift in benachbarte Biotope beziehungsweise in Oberflächengewässer und durch Versickerung ins Grundwasser. Außerdem bilden sie gebundene Rückstände, die langfristig im Boden beziehungsweise in den Sedimenten von Gewässern verbleiben (u. a. UBA, 2003a; EU-Kommission, 2001; LUCAS und PAU VALL, 1999; STEFFEN et al., 2001; BACH et al., 2000).

339. PSM werden seit Jahren mit gleich bleibender Häufigkeit im Grund- und Oberflächenwasser gefunden.

In den Jahren 1996 bis 2000 wurden in großen deutschen Flüssen bei über einem Viertel (27,6 %) der Messstellen der Länderarbeitsgemeinschaft Wasser (LAWA) PSM-Wirkstoffe oder ihre Metabolite nachgewiesen. Bei 8,6 % der Messstellen wurden die Grenzwerte der Trinkwasserverordnung von 0,1 µg/l – zum Teil erheblich – überschritten (LAWA, 2003, S. 7; s. auch Tab. 4-9). Obwohl bereits seit 1990 verboten, nehmen Atrazin und sein Abbauprodukt Desethylatrazin immer noch eine Spitzenstellung ein. Dies ist neben illegalen Atrazinanwendungen (2 bis 3 % der Bodenproben von Maisschlägen wiesen frische Atrazinrückstände auf, HENKELMANN, 2000) auf die Bildung nicht extrahierbarer Rückstände im Boden zurückzuführen. Diese Rückstände stellen ein ständiges Reservoir des PSM dar und führen zu einer lang anhaltenden Belastung des Grundwassers, indem eine laufende Gleichgewichtseinstellung zwischen sehr fest gebundenen und sich in Lösung befindlichen Rückständen stattfindet und daher ständig neue Fraktionen dieser Verbindungen in Lösung gehen können (LAWA, 2003, S. 14). Es werden auch PSM-Wirkstoffe nachgewiesen, die vergleichsweise schnell abbaubar sind und daher bisher in der Bewertung als weniger problematisch eingeschätzt wurden. Dies gilt für das im Ackerbau verwendete Herbizid Bentazon, das im Berichtszeitraum von 1990 bis 1995 von Rang 9 auf Rang 4 der im Grundwasser am häufigsten gefundenen PSM-Wirkstoffe vorgerückt ist. Wegen ihrer gefährlichen Eigenschaften beziehungsweise ihrer Funde in der Umwelt werden viele PSM-Wirkstoffe, darunter auch noch zugelassene Wirkstoffe, in den internationalen Listen gefährlicher Stoffe von OSPAR und HELCOM (s. SRU, 2004, Tz. 305 ff.) und der EG-Wasserrahmenrichtlinie (RL 2000/60/EG; s. auch Tz. 380) geführt.

Tabelle 4-9

Häufig nachgewiesene PSM-Wirkstoffe und Metabolite

Rang 1996 bis 2000	Rang 1990 bis 1995	Wirkstoff/Metabolit	Wirkstoff zugelassen/ nicht zugelassen/ Metabolite	Anzahl der untersuchenden Bundesländer	Anzahl der Messstellen letzter Messwert an der Messstelle				
					insgesamt untersucht	nicht nachgewiesen	nachgewiesen		
							$\le$ 0,1 µg/l	> / = 0,1 µg/l bis $\le$ 1,0 µg/l	> 1,0 µg/l
1	1	Desethylatrazin	Metabolit	15	12 167	9 882	1 715	557	13
2	2	Atrazin	nicht mehr zugelassen	16	12 353	10 472	1 609	262	10
3	3	Bromacil	nicht mehr zugelassen	13	8 176	7 855	144	151	26
4	9	Bentazon	zugelassen	15	8 578	8 313	195	61	9
5	6	Diuron	zugelassen	16	10 078	9 845	166	50	17
6	4	Simazin	nicht mehr zugelassen	16	12 084	11 563	454	62	5
7	5	Hexazinon	nicht mehr zugelassen	13	7 702	7 526	119	51	6
8	8	Desisopropylatrazin	Metabolit	15	10 479	10 207	216	51	5
9	---[2]	2,5-Dichlorbenzamid	Metabolit	5	2 362	2 215	98	46	3
10	10	Mecocrop (MCPP)	zugelassen	15	7 851	7 690	119	37	5
11	---[2]	Ethidimuron	nicht mehr zugelassen	6	689	658	4	10	17
12	7	Propazin	nicht mehr zugelassen	13	8 173	7 980	168	21	4
13	---[2]	1,2-Dichlorpropan[1]	nicht mehr zugelassen	4	984	948	12	16	8

noch Tabelle 4-9

Rang 1996 bis 2000	Rang 1990 bis 1995	Wirkstoff/Metabolit	Wirkstoff zugelassen/ nicht zugelassen/ Metabolite	Anzahl der untersuchenden Bundesländer	Anzahl der Messstellen letzter Messwert an der Messstelle				
					insgesamt untersucht	nicht nachgewiesen	nachgewiesen		
							$\leq$ 0,1 µg/l	$>/=$ 0,1 µg/l bis $\leq$ 1,0 µg/l	$>$ 1,0 µg/l
14	12	Isoproturon	zugelassen	16	10 838	10 675	145	18	0
15	17	Dichlorprop (2,4-DP)[3]	zugelassen	15	7 101	6 998	92	10	1
16	15	Terbuthylazin	zugelassen	13	8 122	8 035	78	9	0
17	13	Metolachlor	zugelassen	15	7 961	7 875	78	7	1
18	18	Desethylterbuthylazin	Metabolit	12	7 505	7 465	32	7	1
19	16	Chlortoluron	nicht mehr zugelassen	14	6 116	6 039	71	5	1
20	---[2]	Metazachlor	zugelassen	13	11 098	11 009	83	6	0

Die bundesweit 20 häufigsten gefundenen PSM-Wirkstoffe und PSM-Abbauprodukte sind in der Tabelle nach der Häufigkeit der Messstellen, in denen der Grenzwert der Trinkwasserverordnung von 0,1 µg/l überschritten wurde, aufgeführt.

[1] 1,2-Dichlorpropan kam im Stoffgemisch mit dem eigentlichen 1,3-Dichlorpropen (vollständiges Anwendungsverbot) zur Anwendung, wird aber von einigen Ländern ebenfalls als PSM-Einzelsubstanz geführt.
[2] Diese Einzelsubstanz wurde im Berichtszeitraum 1990 bis 1995 an sechs oder weniger Messstellen in einer Konzentration > 0,1 µg/l bestimmt und zählte damit nicht zu den 20 am häufigsten nachgewiesenen PSM-Wirkstoffen beziehungsweise -Metaboliten.
[3] Als Wirkstoffe in Pflanzenschutzmitteln sind Mecocrop-P beziehungsweise Dichlorprop-P zugelassen.
Quelle: LAWA, 2003, S. 10, verändert

340. Durch den Einsatz von PSM entstehen erhebliche volkswirtschaftliche Kosten, die im Wirtschaftlichkeitskalkül der Landwirte nicht berücksichtigt werden. Obgleich WAIBEL und FLEISCHER (2001) insgesamt ein positives Kosten-Nutzen-Verhältnis des PSM-Einsatzes in den westlichen Bundesländern schätzen, ist zu berücksichtigen, dass die gesamtwirtschaftliche Kosten-Nutzen-Analyse angesichts der räumlich unterschiedlichen Belastungswirkung von PSM für die einzelfallspezifische umweltpolitische Bewertung des Einsatzes von PSM nur von begrenztem Aussagewert ist. Je nach fallbezogenen Einsatzbedingungen der PSM können nicht nur positive, sondern auch erheblich negative Kosten-Nutzen-Relationen möglich sein.

341. Trotz der erheblichen Belastungen, die von PSM ausgehen, und der Aussagen der Landwirtschaft, den PSM-Einsatz zu minimieren, verharrt der Absatz von PSM in Deutschland seit über zehn Jahren auf einem hohen Niveau mit rund 34 000 Mg vermarkteter Wirkstoffe im Jahr 2001 (Abb. 4-9). Dies entspricht circa 2 kg Wirkstoffverbrauch je Hektar und Jahr landwirtschaftlicher Nutzfläche (UBA, 2003a; MEYER, 2002, S. 9). Zusätzlich werden bis zu 30 % der tatsächlich angewendeten PSM von den Landwirten direkt eingeführt. Deren Wirkstoffanteil muss zum oben genannten Wirkstoffabsatz hinzugezählt werden (EU-Kommission, 2001, Nr. 22). Moderne PSM enthalten zunehmend hochwirksame Wirkstoffe, von denen kleine Mengen ausreichen, um die gewünschte Wirkung zu erzielen. Es wäre also zu erwarten, dass mit dieser Entwicklung eine Verringerung der eingesetzten Wirkstoffmenge einhergeht. Dies ist seit den 1990er-Jahren nicht mehr der Fall und insofern bedenklich, weil damit indirekt von einer Erhöhung des eingesetzten Wirkstoffpotenzials ausgegangen werden kann (vgl. z. B. BBA, 2000; BMVEL, 2002b, S. 81).

342. Die bestehenden Regelungen der Pflanzenschutzgesetzgebung sind unzureichend, um eine sichere und minimale Anwendung von PSM zu gewährleisten. Aufgabe der Politik ist es, mit einer umfassenden Pflanzenschutzstrategie der Landwirtschaft einen zielorientierten Handlungsrahmen zu geben, der neue und bereits bestehende Möglichkeiten für die Minimierung des PSM-Einsatzes verdeutlicht, fördert und verstärkt. In diese Strategie müssen die Rahmenbedingungen, die den PSM-Einsatz in der Landwirtschaft wesentlich mitbestimmen (Landwirtschaftspolitik, Verbraucherverhalten, Umweltschutzanforderungen, Wettbewerb), in geeigneter Weise einbezogen und neue Rahmenbedingungen für einen innovativen umweltorientierten Prozess im Pflanzenschutz geschaffen werden. Dieser Prozess kann einen wesentlichen Beitrag für eine nachhaltige Landwirtschaft darstellen und braucht veränderte Rahmenbedingungen sowohl auf EU- als auch auf nationaler Ebene.

Abbildung 4-9

Wirkstoffmengen der in Deutschland abgesetzten Pflanzenschutzmittel

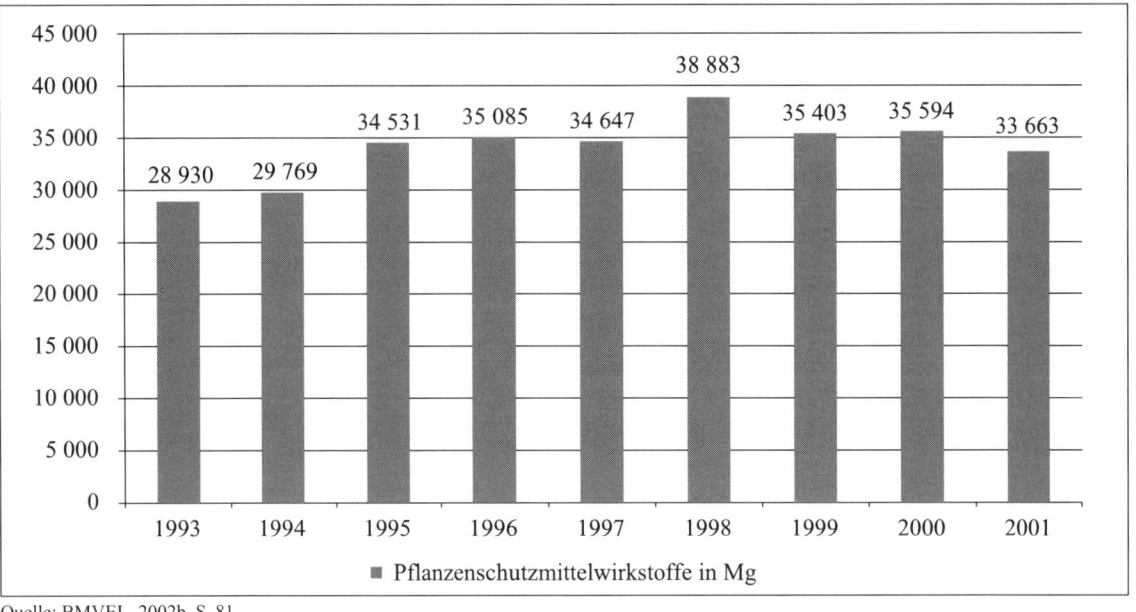

Jahr	Menge (Mg)
1993	28 930
1994	29 769
1995	34 531
1996	35 085
1997	34 647
1998	38 883
1999	35 403
2000	35 594
2001	33 663

Pflanzenschutzmittelwirkstoffe in Mg

Quelle: BMVEL, 2002b, S. 81

4.3.2 Strategien zum umweltverträglichen Einsatz von Pflanzenschutzmitteln in der Landwirtschaft

343. Das Gefährdungspotenzial, das vom Einsatz von PSM ausgeht, sowie die Notwendigkeit, die bestehenden Regelungen der Pflanzenschutzgesetzgebung zu überarbeiten beziehungsweise zu ergänzen, werden sowohl auf EU- als auch auf nationaler Ebene erkannt. Bisher besteht auf EU-Ebene kein Instrument, das auf die Regulierung der Anwendung von Pflanzenschutzmitteln hinzielt. Auf deutscher Ebene gibt es mit dem Pflanzenschutzgesetz und der guten fachlichen Praxis auch anwendungsbezogene Regulierungen.

Auf europäischer Ebene ist zur Verringerung der Belastung von Mensch und Naturhaushalt mit PSM im 6. Umweltaktionsprogramm die Ausarbeitung einer „Thematischen Strategie zur nachhaltigen Nutzung von Pestiziden" vorgesehen. Hierzu hat die EU-Kommission im Jahr 2002 eine Mitteilung an den Rat, das EU-Parlament und den Wirtschafts- und Sozialausschuss mit dem Titel „Hin zu einer thematischen Strategie zur Nachhaltigen Nutzung von Pestiziden" (EU-Kommission, 2002c) vorgelegt. Auf nationaler Ebene ist im Koalitionsvertrag dieser Legislaturperiode die Entwicklung einer „Strategie zur Minderung des Einsatzes von Pflanzenschutzmitteln durch Anwendung, Verfahren und Technik sowie gute fachliche Praxis" geplant. Erste Vorschläge eines Reduktionsprogramms im Pflanzenschutz wurden im Oktober 2003 von einem dazu eingesetzten Beirat vorgestellt (Beirat des BMVEL, 2003b). Die thematische Strategie der EU, ebenso wie das nationale Reduktionsprogramm im Pflanzenschutz sollen den bestehenden Rechtsrahmen ergänzen, indem sie vor allem auf die Beeinflussung der Verwendungsphase von PSM ausgerichtet sind. In den vorgelegten Vorschlägen sind die in Tabelle 4-10 aufgelisteten Ziele und Maßnahmen enthalten. Wichtigste Handlungsbereiche sind die Reduzierung der Risiken und Mengen der PSM-Anwendung, die Anwendungsformen selbst, die finanzielle Förderung von Anbaumethoden mit geringem oder keinem PSM-Einsatz sowie die Kontrolle der PSM-Anwendung und ihrer Folgen. Ergänzend wird in beiden Ansätzen – jedoch mit unterschiedlichen Schwerpunkten – die Forschung und Entwicklung als wichtiges Handlungsfeld hervorgehoben. Während in der europäischen Strategie darüber hinaus die Berichterstattung als wichtiger Baustein benannt wird, werden im nationalen Reduktionsprogramm im Hinblick auf die tatsächliche Maßnahmenumsetzung die landwirtschaftliche Beratung und die Öffentlichkeitsarbeit als bedeutsame Elemente herausgestellt.

Tabelle 4-10

**Ziele und Maßnahmen der thematischen Strategie der EU
zur nachhaltigen Nutzung von Pestiziden und
des nationalen Reduktionsprogramms im Pflanzenschutz**

	Thematische Strategie zur nachhaltigen Nutzung von Pestiziden der EU	**Nationales Reduktionsprogramm im Pflanzenschutz**
Risiko und Mengen	– Minimierung der mit der Verwendung von PSM verbundenen Gefahren und Risiken für Gesundheit und Umwelt durch Aufstellung nationaler Pläne – Verringerung der Mengen schädlicher Wirkstoffe, u. a. durch Substitution der gefährlichsten Wirkstoffe durch unbedenklichere	– Reduzierung des Risikos und der Intensität der Anwendung von PSM, gemessen am Behandlungsindex – Reduzierung der Überschreitungen von PSM-Rückstandshöchstmengen in Agrarprodukten auf <1 % in allen Produktgruppen
Anwendung	– Verringerung spezieller Risiken wie Verschmutzung von Gewässern, PSM-Einsatz in NATURA-2000-Gebieten und Sprühen aus der Luft	– Sicherstellung und Verbesserung der Sachkunde bei allen professionellen Anwendern und Abgebern von PSM – Durchsetzung der schlagbezogenen Dokumentation der Anwendung von PSM – Erarbeitung von gezielten Maßnahmen für *Hot Spots* im Pflanzenschutz
Förderung	– Förderung der Anwendung von Anbaumethoden ohne oder mit geringem PS-Einsatz (integrierter Anbau, ökologischer Landbau und biologische Schädlingsbekämpfung) – Sanktionen gegen Anwender: Kürzung oder Einstellung von Zahlungen aus Unterstützungsprogrammen – Sonderabgabe auf PSM – Harmonisierung der Mehrwertsteuer auf PSM	Im Rahmen von Förderprogrammen soll gefördert werden: – Vorbeugende und nicht chemische Pflanzenschutzmaßnahmen, einschließlich des biologischen Pflanzenschutzes – Weiterentwicklung und Umsetzung integrierter Pflanzenschutzsysteme – Ökologischer Landbau
Kontrollen	– Verbesserung der Kontrollen der Verwendung und des Vertriebs von PSM – Meldung der produzierten sowie ein- und ausgeführten PSM-Mengen – Intensivierung der Datenerfassung über die PSM-Verwendung – Koordinierte Verstärkung des Verfahrens nach Artikel 17 der RL 91/414/EWG – Regelmäßige technische Überprüfung der Anwendungsgeräte – Einführung eines obligatorischen Systems zur Ausbildung	– Durchsetzung von repräsentativen, durch Stichprobenverfahren getragene Pflanzenschutzkontrollen und Kontrollen im Rahmen des Lebensmittelmonitorings
Forschung und Entwicklung	– Entwicklung ungefährlicherer Methoden der PSM-Anwendung – Verfahren des integrierten Pflanzenschutzes – Bessere Versicherungsmodelle für eventuelle Ertragsverluste – Synergistische und antagonistische Wirkungen von PSM – Quantifizierung der Verschmutzung aus Punktquellen – Bessere Methoden zur Beurteilung der chronischen und akuten Risiken für Säuglinge und Kinder	– Entwicklung und Anwendung neuer technischer Lösungen zur sicheren, gezielten und reduzierten Anwendung von PSM, neuer vorbeugender und nicht chemischer PSM-Maßnahmen – Weiterentwicklung bestehender Prognosesysteme und anderer Entscheidungshilfen

noch Tabelle 4-10

	Thematische Strategie zur nachhaltigen Nutzung von Pestiziden der EU	**Nationales Reduktionsprogramm im Pflanzenschutz**
Berichterstattung	– Einführung eines transparenten Systems der Berichterstattung und Überwachung der erzielten Fortschritte einschließlich der Entwicklung geeigneter Indikatoren – regelmäßige Berichterstattung über nationale Risikominderungsprogramme – Entwicklung von Indikatoren für die Festlegung und Überwachung quantitativer Ziele	
Beratung		– Verbesserung des Angebots von Beratungsleistungen im Sinne des nationalen Reduktionsprogramms und der Nutzung durch die Praktiker – Schaffung eines Netzes von Referenzbetrieben
Öffentlichkeitsarbeit		– Einbeziehung der Ziele des Reduktionsprogramms in die Qualitätssicherungssysteme des Handels – Programm zur Aufklärung der Verbraucher
	SRU/UG 2004/Tab. 4-10; Datenquellen: EU-Kommission, 2002c; Beirat des BMVEL, 2003b	

344. Der Umweltrat begrüßt ausdrücklich, dass sowohl die EU als auch die Bundesregierung eine Verbesserung der Pflanzenschutzpolitik anstreben. Für beide Ansätze gilt jedoch, dass sie ungelöste Probleme der PSM-Zulassung, insbesondere bei der Wirkstoffbewertung, nur oberflächlich aufgreifen und dass sie die relevanten Aspekte aus benachbarten Politikbereichen, insbesondere der Landwirtschaftspolitik, nicht wesentlich einbeziehen. Dieser Mangel an Integration aller beteiligten Politikbereiche scheint ein grundlegendes Defizit der verschiedenen thematischen Strategien zu sein, die im Rahmen des 6. Umweltaktionsprogramms entwickelt wurden (vgl. SRU, 2004, Tz. 22). Die thematische Strategie zur Pestizidpolitik weist zwar auf den Zusammenhang von PSM-Einsatz und EU-Agrarpolitik hin und schlägt die Nutzung der Modulation und an Umweltauflagen geknüpfte Direktzahlungen vor sowie die Förderung PSM-armer Anbaumethoden; sie fordert jedoch keine tief greifenden Veränderungen der Agrarpolitik (s. dazu Kap. 4.1). Der Bezug der Strategie zur Richtlinie 91/414/EWG des Rates über das Inverkehrbringen von Pflanzenschutzmitteln (Pflanzenschutzmittelrichtlinie), die in erheblichem Maße die Erreichung der Ziele „Risiko- und Gefahrenminimierung" und „Substitution" bestimmt, ist nur auf Einzelaspekte beschränkt. Die Strategie nennt als Schwachpunkte der Richtlinie nur die mangelnde Bewertung synergistischer Effekte und das Fehlen von Kontrollmöglichkeiten für die nationale Umsetzung der in der Richtlinie definierten Bedingungen (Abschn. 3.3.3.1). In der Strategie wird die Aufnahme des Substitutionsprinzips in die Richtlinie vorgeschlagen und ansonsten auf den laufenden Review-Prozess verwiesen. Eine Verknüpfung zwischen Zulassung und Anwendung wird nicht hergestellt.

Während die thematische Strategie der EU eher übergeordnete allgemeinere Ziele verfolgt, sind die Zielsetzungen in der nationalen Strategie etwas konkreter. Insgesamt fällt jedoch auf, dass keine deutliche Abgrenzung der Aufgaben der beiden Ebenen EU und Nationalstaat erkennbar wird. Die beiden Prozesse der Erarbeitung der thematischen Strategie der EU und des nationalen Reduktionsprogramms verlaufen nach Einschätzung des Umweltrates eher parallel als koordiniert. Dies ist wird insbesondere an den fehlenden Querbezügen zur europäischen Strategie im nationalen Reduktionsprogramm deutlich.

345. Nach Ansicht des Umweltrates sollte die thematische Strategie idealerweise vor allem EU-weite Reduktionsziele, Indikatoren und EU-weit verbindliche Standards für nationale Reduktionsprogramme festlegen, einheitliche Datenerfassungen einführen, einen Prozess für die Definition von kulturspezifischen Kriterien für integrierten Anbau in Gang setzen und die Zielsetzungen und Maßnahmen der den PSM-Verbrauch betreffenden Politikbereiche integrieren. Die thematische Strategie sollte *verbindlich* die Einführung nationaler Reduktionsprogramme festschreiben. Hierfür braucht sie einen Rechtsrahmen, der derzeit nicht vorgesehen ist. Die Ausgestaltung der PSM-Reduktionsprogramme, inklusive der Konkretisierung quantitativer Ziele, sowie die Wahl der geeigneten Maßnahmen sollten dann auf nationaler Ebene erfolgen.

346. Das Fehlen quantitativer Zielsetzungen inklusive zeitlicher Fristen in beiden Strategien ist aus Sicht des Umweltrates problematisch (s. auch Tz. 1264 und Tz. 1310). Während aufgrund der schlechten Datenlage eine Festlegung von Reduktionszielen auf EU-Ebene der-

zeit vor allem politischen Charakter hätte, besteht in Deutschland unter Experten Konsens, dass eine Reduktion um 30 % des PSM-Einsatzes allein im Rahmen der guten fachlichen Praxis möglich ist (BBA, 2002; SCHÄFERS und HALBUR, 2002). Dies sollte in das deutsche Reduktionsprogramm als Zielsetzung bis 2008 aufgenommen werden. Die definierten Indikatoren beziehungsweise Zielsetzungen im deutschen Programm, nämlich die Einhaltung des „notwendigen Maßes", gemessen am Behandlungsindex ausgewählter Referenzbetriebe, ist für die Betriebsebene ein geeigneter Indikator und lässt sich mit einem übergeordneten Reduktionsziel vereinbaren. Im Reduktionsprogramm häufiger verwendete Begriffe wie „Verringerung", „Verbesserung" und „Erhöhung" brauchen ebenfalls klare quantitative Festlegungen.

347. Der Beirat für das deutsche Reduktionsprogramm spricht sich in seinem Maßnahmenpaket parallel zur Reduktion des PSM-Einsatzes explizit für die weitere Förderung des ökologischen Landbaus aus, ohne jedoch weiter gehende Vorschläge zu machen. Während sich das PSM-Reduktionsprogramm auf den konventionellen Anbau konzentriert, sollten die Erfahrungen des ökologischen Landbaus für den konventionellen Landbau und die Erreichung des PSM-Reduktionsziels deutlich gemacht werden. So wird zwar bei Umstellung auf den ökologischen Landbau grundsätzlich vom Einsatz von PSM abgesehen und dadurch ein Beitrag zur PSM-Reduktion geleistet, doch können konventionell wirtschaftende Landwirte zusätzlich methodisch von den Erfahrungen ökologisch wirtschaftender Landwirte im Bereich des Pflanzenschutzes ohne chemische PSM profitieren. Entsprechend der allgemeinen agrarpolitischen Zielsetzung sollte der ökologische Landbau auch im Sinne einer PSM-Reduktionsstrategie bis zum Jahr 2010 auf 20 % der Landwirtschaftsfläche ausgedehnt werden. Neben einer ausreichenden Ausstattung der Agrarfördermittel für den ökologischen Landbau ist darüber hinaus insbesondere die Vermarktung ökologisch erzeugter Lebensmittel zu unterstützen (Kap. 4.1; SRU, 2002b, Tz. 82 f.). Zur transparenten Kommunikation der Erfolge einer PSM-Reduktionsstrategie sollten die durch Erweiterung des Ökoanbaus eingesparten PSM-Aufwandmengen getrennt von den Einsparungen durch den konventionellen Anbau erfasst und in der Öffentlichkeit dargestellt werden.

4.3.3 Instrumente zur Verminderung von Risiken durch Pflanzenschutzmittel

348. Im Folgenden werden die zur Verminderung von Risiken durch PSM derzeit verfügbaren Instrumente – auch im Hinblick auf die auf EU- und deutscher Ebene vorgeschlagenen PSM-Strategien – kritisch untersucht. Auf EU-Ebene ist das wichtigste rechtlich verbindliche Instrument zur Beeinflussung der PSM-Anwendung derzeit die Wirkstoffbewertung entsprechend der Richtlinie 91/414/EWG. Andere Instrumente zur Umsetzung der in der thematischen Strategie angesprochenen Zielsetzungen betreffen die Landwirtschaftspolitik, die Umsetzung der EU-Wasserrahmenrichtlinie und ihrer Tochterrichtlinien, und den Meeresschutz (OSPAR und HELCOM) und werden im Rahmen dieses Kapitels nicht weiter ausgeführt (s. hierzu Kap. 8.1; SRU, 2004). Die spezifischen Instrumente auf deutscher Ebene sind die Zulassung mit entsprechenden auf das PSM abgestimmten Anwendungsbestimmungen und für die PSM-Anwendung allgemein die gute fachliche Praxis im Pflanzenschutz. Diese Instrumente weisen derzeit große Defizite auf.

4.3.3.1 Das Zulassungsverfahren für Pflanzenschutzmittel

349. Die Zulassung, das Inverkehrbringen, die Anwendung und die Kontrolle von PSM werden EU-weit durch die Richtlinie 91/414/EWG über das Inverkehrbringen von PSM grundsätzlich geregelt. Danach erfolgt die Wirkstoffbewertung auf EU-Ebene (Tz. 350) und die Zulassung der Produkte auf Mitgliedstaatsebene (Tz. 352). Auf Bundesebene regeln das Pflanzenschutzgesetz (PflSchG) und seine nachgeordneten Verordnungen die Zulassung von PSM.

Die Richtlinie 91/414/EWG, die auf europäischer Ebene das Bewertungsverfahren für Wirkstoffe regelt, befindet sich derzeit in Überarbeitung. Damit ist die Chance gegeben, diese Richtlinie mit den verwandten Rechtsbereichen, wie der Chemikalienpolitik (Risikobewertung für den marinen Bereich) und vor allem der EU-Wasserrahmenrichtlinie, sowie den internationalen Vereinbarungen zum Meeresumweltschutz (OSPAR und HELCOM) zu harmonisieren und die Zielsetzungen dieser Regelungen in der Pflanzenschutzmittelrichtlinie und in der thematischen Strategie zur nachhaltigen Nutzung von Pestiziden zu berücksichtigen. Dadurch kann auch ein Beitrag zur Minimierung der von den PSM ausgehenden Risiken – einer wichtigen Zielsetzung der thematischen Strategie der EU – geleistet werden.

Im Folgenden wird zunächst auf die Wirkstoffbewertung auf EU-Ebene und dann auf die PSM-Zulassung und die gute fachliche Praxis des Pflanzenschutzes in Deutschland als zentrale Instrumente zur Regelung des PSM-Einsatzes eingegangen. Ergänzend schlägt der Umweltrat eine Abgabe auf Pflanzenschutzmittel (Pestizidabgabe) als neues Instrument in der Pflanzenschutzpolitik vor. Die landwirtschaftliche Beratung sowie die Überwachung der PSM-Anwendung und die von ihnen ausgehende Umweltbelastung vervollständigen die zur Verfügung stehenden Instrumente.

Wirkstoffbewertung auf EU-Ebene

350. Die Richtlinie 91/414/EWG sieht vor, dass alle neuen Wirkstoffe einer Bewertung unterzogen werden, bevor sie auf den Markt gelangen können. Die Daten für die Bewertung hat der Hersteller zu liefern, der den Stoff für die Bewertung anmeldet (notifiziert). Zulassungsfähige Wirkstoffe werden in Annex I der Richtlinie aufgenommen. Die Mitgliedstaaten können im Prinzip nur PSM mit Wirkstoffen aus dem Annex I zulassen. Für die vor Inkrafttreten der Richtlinie 91/414/EWG auf dem Markt verfügbaren „alten" PSM-Wirkstoffe gilt jedoch eine Übergangsfrist für die schrittweise Bewertung, bis zu der diese Wirkstoffe weiterhin ohne einheitliche Prüfung auf dem Markt verbleiben konnten. Die Altstoffbewertung sollte ursprünglich bis Juli 2003 abgeschlossen sein. Von 834 vorhandenen Wirkstoffen hatten jedoch bis Anfang 2002 erst 31 das gesamte Bewertungsverfahren durchlaufen (EU-Parlament, 2003). Die EU-Kommission verlängerte daraufhin die Frist bis 2008 für diejenigen Stoffe, die von den Herstellern fristgerecht notifiziert wurden. 320 Wirkstoffe wurden jedoch nicht notifiziert und wurden bis Ende 2003 vom Markt genommen. Darüber hinaus hat die EU-Kommission im Juli 2003 weitere 110 Wirkstoffe benannt, für die die Hersteller ebenfalls signalisiert haben, sie bis Ende 2003 vom Markt zu nehmen. Weitere 20 Wirkstoffe haben die Neubewertung nicht bestanden, sodass seit Beginn des Jahres 2004 450 „Altwirkstoffe" nicht mehr auf dem europäischen Markt erhältlich sind.

Diese Verringerung der Stoffvielfalt ist nicht unbedingt damit gleichzusetzen, dass die gefährlichsten Mittel vom Markt genommen werden. Betroffen sind eher wirtschaftlich nicht lohnende Wirkstoffe, zum Beispiel solche mit nur geringem Anwendungsspektrum auf Sonderkulturen. Durch die Verringerung der Wirkstoffvielfalt kann es im Pflanzenschutz unter Umständen Probleme geben. Denn nachhaltige Nutzung von PSM heißt nicht, nur wenige Breitbandmittel einzusetzen, sondern kann auf die Vielfalt der Mittel angewiesen sein. Nachhaltige Nutzung von PSM wird letztendlich durch die Gesamtmenge und die Eigenschaften der eingesetzten Mittel sowie die verwendeten Techniken bestimmt, nicht durch eine möglichst geringe Anzahl verfügbarer Mittel.

351. Einer der wichtigsten Kritikpunkte an der bestehenden Richtlinie ist, dass es derzeit an eindeutigen Kriterien für die Aufnahme oder Ablehnung eines Wirkstoffes in Annex I mangelt (EU-Parlament, 2003) und keine klaren Ausschlusskriterien (cut off-criteria) für kritische Eigenschaften (Persistenz, Toxizität, Bioakkumulierbarkeit) bestehen. Außerdem werden die Abbauprodukte (Metaboliten) nur ungenügend berücksichtigt und das Bewertungsverfahren bezieht die bestehenden Unsicherheiten, die sich aus Bewertungslücken ergeben (hormonelle Wirkungen, synergistisch wirkende Hilfsmittel, additive und synergistische Wirkungen mehrerer Wirkstoffe in der Umwelt), unzureichend ein. Zudem werden bei der Aufnahme eines Stoffes in den Annex I die geprüften „sicheren" Anwendungen unzureichend kommuniziert.

Annex I ist keine Positivliste unbedenklicher Wirkstoffe. Für PSM-Wirkstoffe ist eine völlige „Unbedenklichkeit" auch nicht zu erwarten. Allerdings sollten aus Sicht des Umweltrates PSM, die umweltoffen und von einer großen Anzahl von Anwendern eingesetzt werden, bereits aufgrund ihrer inhärenten Eigenschaften möglichst sicher, also „eigensicher" sein (vgl. auch MEYER, 2002, S. 20 f.). Das Bewertungsverfahren muss dazu Wirkstoffe mit bestimmten Eigenschaften sicher aussortieren. Dazu gehören chronisch toxische Wirkstoffe, insbesondere Krebs erregende, mutagene oder reprotoxische Wirkstoffe, nicht leicht abbaubare Wirkstoffe sowie Wirkstoffe mit Anreicherungspotenzial.

Eine Einführung von Ausschlusskriterien für Persistenz, Bioakkumulierbarkeit und Toxizität in die Wirkstoffbewertung ist ebenfalls zur Harmonisierung der Richtlinie mit verwandten Rechtsbereichen, wie der Chemikalienpolitik und vor allem der EG-Wasserrahmenrichtlinie, sowie den internationalen Vereinbarungen zum Meeresumweltschutz (OSPAR und HELCOM) notwendig, wobei nach Auffassung des Umweltrates die von der OSPAR-Kommission beschlossenen PBT-Kriterien als Bewertungsgrundlage dienen sollten und nicht die höher angesetzten PBT-Kriterien für die Industriechemikalien. Die PSM-Wirkstoffe fallen nicht in den Zuständigkeitsbereich der zukünftigen neuen Chemikalienpolitik (REACH). Ihre umweltoffene Anwendung rechtfertigt umfassendere Ausschlusskriterien, als sie für die Industriechemikalien vorgesehen sind.

Zulassungsverfahren auf nationaler Ebene

352. Bei der Zulassung und Risikobewertung von Pflanzenschutzmitteln nach dem Pflanzenschutzgesetz hatte die Biologische Bundesanstalt für Land- und Forstwirtschaft bis zum Jahr 2002 eine hervorgehobene Stellung. Inzwischen sind durch die Einrichtung des Bundesamtes für Verbraucherschutz und Lebensmittelsicherheit die Zuständigkeiten neu geordnet worden. Dadurch wurde Umweltgesichtspunkten eine stärkere Bedeutung zugemessen, insbesondere durch die weitreichendere Einbindung des Umweltbundesamtes durch Be- oder Einvernehmensregelungen (zu Letzterem vgl. z. B. § 15 Abs. 3 Nr. 3 PflSchG).

Grundsätzlich dürfen PSM EU-weit entsprechend dem Prinzip der Indikationszulassung nur für bestimmte Indikationen, das heißt für eine bestimmte Schädigung auf einer für das Mittel zugelassenen Kulturpflanze, zugelassen werden. Bis zur Einführung der Indikationszulassung in Deutschland im Jahr 1998 konnten PSM auch für nicht ausdrücklich in der Gebrauchsanweisung ausgewiesene Zwecke eingesetzt werden. So konnten für gewisse Einsatzfelder im Pflanzenschutz (Indikationen), für die keine für diesen Zweck zugelassenen PSM zur Verfügung standen, dennoch PSM legal angewendet werden. Dies ist mit der Umsetzung der Indikationszulassung nicht mehr möglich. Daher tritt nun häufig der Fall ein, dass für ein Einsatzfeld kein für diesen Zweck zugelassenes PSM zur Verfügung steht. Dies wird als so genannte Indikationslücke bezeichnet.

Auf Antrag der Industrie, dem Arbeitskreis Lückenindikation der Länder oder der Berufsverbände Pflanzenschutzmittel können auf Basis von § 18 PflSchG in einem Ausnahmeverfahren PSM für andere Indikationen zugelassen werden (MEYER, 2002, S. 22). Der Umweltrat bewertet die Schließung von Indikationslücken mit verfügbaren chemischen Pflanzenschutzmitteln allein als ein wenig aussichtsreiches Verfahren, da weitere Lücken insbesondere durch Resistenzbildung oder durch Zulassungsrücknahmen problematischer Mittel ständig neu entstehen werden. So spiegeln die Indikationslücken die begrenzten Möglichkeiten des chemischen Pflanzenschutzes wider. Nach Ansicht des Umweltrats sollten deshalb die Forschung und Entwicklung nicht chemischer Verfahren erheblich gefördert werden. Die „grüne" Gentechnik kann zwar zur Reduzierung von PSM-Aufwandmengen beitragen und wird im Vorschlag des Beirats des Bundesministeriums für Verbraucherschutz, Ernährung und Landwirtschaft (BMVEL-Beirat) für ein Reduktionsprogramm als kontrovers diskutierter Punkt aufgeführt. Der Umweltrat sieht jedoch den Einsatz der „grünen" Gentechnik insgesamt kritisch (Tz. 954).

Die Indikationslücken sind in der EU nicht einheitlich. Teilweise sind in Nachbarländern noch Mittel zugelassen, die in Deutschland verboten sind und für die kein Ersatzmittel verfügbar ist, also eine Indikationslücke entsteht. Dies bedeutet für die betroffenen Landwirte beziehungsweise Gemüsebauern einen erheblichen Wettbewerbsnachteil. Daher ist die Harmonisierung der nationalen Zulassungsverfahren dringend notwendig, damit in den benachbarten Ländern von den konkurrierenden Landwirten beziehungsweise Gemüsebauern keine Mittel eingesetzt werden dürfen, die in Deutschland verboten sind.

Anwendungsbestimmungen im Rahmen der Zulassung

353. Anwendungsbestimmungen sind ein Teil der Zulassung von Pflanzenschutzmitteln, also Auflagen, die an die Zulassung geknüpft werden. Die Richtlinie 91/414/EWG fordert die Kontrolle der Anwendungen von PSM auf Mitgliedstaatenebene. Sie legt dafür aber keinen Rahmen und keine Grundsätze fest. Damit bestehen in verschiedenen EU-Staaten sehr uneinheitliche Regelungen zur Anwendung von PSM, teilweise fehlen sie sogar völlig.

Derzeit gelten in Deutschland über 500 detaillierte und zum Teil mit Hinweis auf andere Regelungen versehene Anwendungsbestimmungen und Gefahrenhinweise, die kodiert in die Zulassungsbestimmungen aufgenommen werden können (MEYER, 2002, S. 23). Die wichtigsten Anwendungsbestimmungen betreffen

– Abstandsregelungen zu Gewässern (zur Vermeidung der Abdrift),
– Regelungen zur Vermeidung von Abschwemmungen an Hanglagen,
– Hinweise zur Vermeidung von Einträgen in Gewässer (inklusive Einträgen in die Kanalisation und aus Hofabläufen),
– Anwendungseinschränkungen, z. B. Begrenzung der Anwendungshäufigkeiten und Aufwandmengen.

Insgesamt ist zu bemängeln, dass die Anwendungsbestimmungen teilweise (MEYER, 2002, S. 24)

– nicht praxisgerecht sind (z. B. Einhaltung geringer Geschwindigkeiten beim Ausbringen) oder nicht gleichmäßig alle Landwirte wirtschaftlich betreffen (Abstandsregelungen),
– wichtige Problembereiche vernachlässigen (z. B. unklare Vorgaben für Reinigung der Spritzgeräte),
– für ihre Umsetzung eine Einschätzung der Beeinträchtigungen fordern, ohne Kriterien dafür zu liefern,
– der Kontrollpraxis nicht entsprechen, weil sie einen erheblichen, nicht leistbaren behördlichen Kontrollaufwand erfordern (z. B. Zulassung für bestimmte Bodentypen).

Die Einhaltung der Anwendungsbestimmungen ist deswegen eingeschränkt. Zudem werden Ausnahmeregelungen für Sondergebiete definiert oder die Regelungen werden insgesamt außer Kraft gesetzt.

354. Ein problematischer Bereich der Anwendungsbestimmungen im PSM-Zulassungsverfahren betrifft die Abstandsregeln, die zum Schutz benachbarter Flächen und vor allem Gewässer notwendig sind. Mit den Abstandsregelungen sollen Einträge in umliegende Flächen durch Abdrift, Verflüchtigung und Abschwemmung auf ein unbedenkliches Maß reduziert werden. Die Abstandsregelungen werden in der Praxis von den PSM-Anwendern nur eingeschränkt akzeptiert und teilweise gar nicht beachtet (BACH et al., 1999, S. 51). Die Bestimmungen zu den Abstandsauflagen sind zurzeit in Überarbeitung. Um schlecht kontrollierbare Abstandsauflagen gering zu halten, wird vor allem auf den Einsatz verlustmindernder Spritz- und Ausbringungstechnik gesetzt. Wenn eine solche Technik eingesetzt wird, werden die Abstandsauflagen entsprechend geringer festgelegt (UBA, 2003c).

Zusätzlich zu den Anwendungsbestimmungen aufgrund des PflSchG existieren in den meisten Bundesländern gesetzliche Verpflichtungen durch die Landeswassergesetze sowie darauf gestützte Rechtsverordnungen. Daher werden Zulassungen und Genehmigungen generell mit der Kennzeichnungsauflage verbunden, die landesrechtlich vorgegebenen Mindestabstände zu Oberflächengewässern einzuhalten. Diese Mindestabstände schwanken zwischen drei und 50 Metern, liegen aber meist zwischen fünf und zehn Metern. Teilweise differenzieren die Länder noch zusätzlich zwischen dem innerörtlichen Bereich und dem Außenbereich. Die meisten Länderregelungen sehen zusätzliche Ausnahmeregelungen vor. So können die zuständigen Behörden sowohl strengere als auch weniger strenge Abstandsauflagen festlegen.

355. Der Umweltrat empfiehlt, das nationale Zulassungsverfahren im Hinblick auf den Gewässerschutz zu modifizieren, die Zulassungsdauer zu verkürzen sowie ein Nachzulassungsmonitoring einzuführen (LAWA, 2003, S. 19; auch NIEHUES, 2002). Darüber hinaus sollte eine Rezeptpflicht für die Anwendung von (Total-) Herbiziden auf Nichtkulturland eingeführt werden. Nach Ansicht des Umweltrates sollte generell der Einsatz verlustmindernder Spritz- und Ausbringungstechnik zur Auflage gemacht werden. Da im Zusammenhang mit der Umsetzung EU-rechtlicher Vorgaben zum Gewässerschutz mehrere Länder planen, ihre rechtlichen Vorgaben zu ändern, sollte dies zu einer Vereinheitlichung der Vorschriften genutzt werden, um auf Seiten der betroffenen Landwirte mehr Rechtsklarheit und Akzeptanz zu schaffen (vgl. UBA, 2003c).

4.3.3.2 Abgabe auf Pflanzenschutzmittel

356. In früheren Gutachten (SRU, 1998, Tz. 265, 1996, Tz. 205) hatte sich der Umweltrat bereits mit Vorschlägen zur Einführung einer Abgabe auf PSM auseinander gesetzt. Vor dem Hintergrund des damaligen Stands des Wissens wurde dieses Instrument aufgrund seiner potenziell geringen Lenkungswirkung und befürchteter administrativer Umsetzungsprobleme eher skeptisch beurteilt. Inzwischen liegen eine Reihe internationaler Erfahrungen mit dem Einsatz einer Abgabe auf PSM, insbesondere in den skandinavischen Ländern (ECOTEC, 2001), und neuere Erkenntnisse aus der landwirtschaftlichen Forschung vor. Vor diesem Hintergrund nimmt der Umweltrat eine Neubewertung der Option einer Abgabe auf PSM vor.

Die Nachfrage nach PSM gilt kurz- bis mittelfristig als vergleichsweise unelastisch. Bei gegebenen Kulturpflanzen und landwirtschaftlichen Produktionsmethoden bestehen nur geringe Substitutionsmöglichkeiten für den Einsatz von PSM. Dieses Problem wird durch eine Reihe von Elastizitätsschätzungen bestätigt. So ermitteln Studien für unterschiedliche EU-Mitgliedsländer kurz- bis mittelfristige Preiselastizitäten der Nachfrage nach PSM in einer Spannweite von – 0,1 bis – 0,5; das bedeutet, dass bei einem 1%igen Preisanstieg mit einer Nachfragesenkung lediglich in Höhe von 0,1 bis 0,5 % zu rechnen ist (HOEVENAGEL, 1999, S. 39; WAIBEL und FLEISCHER, 2001, S. 4). Dies weist daraufhin, dass durch eine Abgabe auf PSM kurzfristig zunächst keine deutliche Umweltentlastung erreichbar zu sein scheint. Schätzungen der langfristigen Preiselastizitäten zeichnen jedoch ein etwas differenzierteres Bild über die Anpassungseffekte der Landwirtschaft an erhöhte Preise für PSM. Hier wurden Preiselastizitäten in einem Bereich von – 0,5 bis – 1,1 ermittelt (HOEVENAGEL, 1999, S. 39; WAIBEL und FLEISCHER, 2001, S. 4). Über einen längeren Zeitraum können umweltschonendere Anbaumethoden, besser angepasste Kulturpflanzen und optimierte Pflanzenschutzmittel spürbare Substitutionsspielräume eröffnen. Inzwischen wird eine Reduktion des PSM-Einsatzes um 30 % im Rahmen der guten fachlichen Praxis des Pflanzenschutzes als möglich angesehen (Tz. 358). Darüber hinaus induziert eine Abgabe auf PSM mittel- bis langfristige Anreize, weniger umweltbeeinträchtigende Substanzen zu entwickeln und einzusetzen. Aufgrund der höheren langfristigen Preiselastizitäten dürfte diese dynamische Lenkungswirkung beim Einsatz einer Abgabe auf PSM die größten Umweltentlastungswirkungen nach sich ziehen.

Bei der Bestimmung des Abgabensatzes ist zur Verbesserung der Lenkungswirkung eine Differenzierung nach der gesundheitlichen und ökologischen Belastung der aktiven Substanzen im jeweiligen PSM sinnvoll. Die Bemessungsgrundlage der Abgabe sollte dabei möglichst an der umweltbelastenden Wirkung des PSM ansetzen. Eine pauschale Besteuerung der PSM-Menge beziehungsweise der Menge der aktiven Substanzen in PSM ist dagegen nicht empfehlenswert, da hierdurch ein Anreiz besteht, auf höher wirksame, niedrig dosierte PSM mit nicht zwangsläufig niedrigerer negativer Umweltwirkung auszuweichen. Obgleich eine eindeutige Kategorisierung der Umweltschädlichkeit der Mittel aufgrund der Vielzahl der Umweltwirkungen nicht unproblematisch ist, erscheint die Erarbeitung einer geeigneten, wirkstoffspezifischen Systematik anhand verschiedener Umweltkriterien vorteilhaft. Um unvermeidbare Anpassungskosten zu reduzieren und den Lenkungseffekt der Abgabe zu beschleunigen, sollten die Einnahmen aus der Abgabe für eine bessere Pflanzenschutzberatung und im Bereich der Forschung und Entwicklung umweltschonender Pflanzenschutz- und Anbaumethoden zweckgebunden verwendet werden.

4.3.3.3 Die Anwendung von Pflanzenschutzmitteln im Rahmen der guten fachlichen Praxis

357. Im Vorschlag des Beirats für ein deutsches PSM-Reduktionsprogramm ist als wesentliche Maßnahme die „Erhöhung der Anforderungen im Rahmen der guten fachlichen Praxis" genannt.

Nach § 2a PflSchG darf Pflanzenschutz nur nach der guten fachlichen Praxis durchgeführt werden, die durch bundesweit gültige Grundsätze im Jahr 1998 konkretisiert wurde (BMJ, 1998). Danach soll die gute fachliche Praxis insbesondere

– den Status quo und damit die Summe der positiven und negativen Erfahrungen wiedergeben,

– dynamisch sein, das heißt, nicht bewährte und nicht mehr akzeptable Methoden sollen verworfen und neue Elemente einbezogen werden,

– sich dem integrierten Anbau nähern und diesen als Leitbild betrachten sowie

– von den Landwirten eigenverantwortlich umgesetzt werden.

Die gute fachliche Praxis enthält Aussagen sehr unterschiedlicher Qualität und Realisierbarkeit. So umfasst sie einerseits Grundsätze, die den Wortlaut des PflSchG und entsprechender Verordnungen nur wiederholen, wie zum Beispiel Verwendung zugelassener PSM und geprüfter funktionssicherer Geräte. Andererseits beinhalten diese Grundsätze auch methodische Vorgaben, die prinzipiell direkt anwendbar sind, wie zum Beispiel die Auswahl toleranter beziehungsweise resistenter Sorten, die jedoch unter den bestehenden agrarpolitischen Rahmenbedingungen kaum praktikabel oder wirtschaftlich umsetzbar sind, oder die Bevorzugung nichtchemischer Alternativen (außer im ökologischen Landbau) sowie die standortgerechte Auswahl und Gestaltung von Anbausystemen (MEYER, 2002, S. 33). Auch wesentliche konkrete Elemente wie Dokumentation und Schadschwellenbestimmung sind nicht verbindlich. Im Gegensatz zur verbindlichen Formulierung im PflSchG haben die konkretisierenden Grundsätze für die Durchführung der guten fachlichen Praxis im Pflanzenschutz (BMJ, 1998) zudem nur empfehlenden Charakter. Insgesamt setzt die gute fachliche Praxis damit nicht mehr als einen Rahmen, an dem sich die Landwirte beim umwelt- und sachgerechten Einsatz von PSM orientieren müssen.

Daten zu Hofabläufen zeigen, dass ganz einfache Grundsätze der guten fachlichen Praxis nicht eingehalten werden. So empfiehlt die gute fachliche Praxis, Ausbringungsgeräte auf dem Feld zu reinigen. Dies wird offenbar unzureichend umgesetzt. Denn Hofabläufe von PSM, die bei der Reinigung der Ausbringungsgeräte auf den Hofflächen entstehen, sind einer der größten einzelnen Eintragspfade für PSM in Oberflächengewässer (MÜLLER et al., 2000, S. 180). Die Reinigung der Ausbringungsgeräte auf dem Feld – und zwar langfristig auch die Außenreinigung der Geräte – sollte verbindlich festgeschrieben werden.

358. Von besonderem Interesse im Rahmen der guten fachlichen Praxis im Zusammenhang mit dem deutschen Reduktionsprogramm ist die eingesetzte Aufwandmenge. Eine umfassende Studie der Biologischen Bundesanstalt für Land- und Forstwirtschaft über mehrere Jahre zeigt, dass eine ausreichende Wirkung gegen Beikräuter und andere Schaderreger erzielt werden kann, wenn die Menge an Pflanzenschutzmitteln um 20 bis 50 % reduziert wird (BBA, 2002). Besonders interessant ist die PSM-Reduktion bei Herbiziden. Sie machen circa die Hälfte aller in Deutschland eingesetzten PSM aus. Im Vergleich zu den normal behandelten Flächen verringerte sich durch die Wirkung der halben Dosis an Herbiziden der Ertrag auf den Versuchsflächen nur um zehn Prozent. Auch bei Fungiziden wirkt die halbe Dosis an Mitteln in vielen Fällen ebenso wie die volle Dosis. Je nach Witterungsbedingungen und der angebauten Sorte kann der Fungizidaufwand deutlich verringert werden. Bei Insektiziden kann entsprechend der Forschungsergebnisse die Aufwandmenge reduziert werden, wenn der Befall im Bereich der so genannten Bekämpfungsschwelle liegt. Die Bekämpfungsschwelle beschreibt den Grad des Befalls mit Schadinsekten, bei dem eine Bekämpfung wirtschaftlich sinnvoll ist. Die in der Praxis üblichen überhöhten PSM-Aufwandmengen sind darauf zurückzuführen, dass die Hersteller quasi hundertprozentigen Erfolg gewährleisten müssen und daher die empfohlenen Aufwandmengen in entsprechend hohen Bereichen liegen (BBA, 2002). Vor diesem Hintergrund wurde von Vertretern aus Politik, Behörden, Wissenschaft, Landwirtschaft und Handel die Minderung des PSM-Einsatzes um 30 % allein innerhalb des derzeitigen konventionellen Anbausystems durch verbesserte Beratung und Technik als machbar bewertet (s. auch MEYER, 2002; UBA, 2003c). Allein auf der Grundlage der allgemeinen Grundsätze der guten fachlichen Praxis ist jedoch eine entsprechende Aufwandverringerung nicht erreicht worden.

359. Zusammenfassend stellt der Umweltrat fest, dass die gute fachliche Praxis als Instrument für die Umsetzung des Reduktionsprogramms in der vorliegenden Form nicht ausreichend ist. Der Umweltrat unterstützt die grundsätzlichen Forderungen des BMVEL-Beirats nach höheren Anforderungen der guten fachlichen Praxis und einer stärkeren Durchsetzung der Grundsätze des integrierten Pflanzenschutzes. Die gute fachliche Praxis braucht außerdem verbindlich formulierte Handlungsanweisungen.

Zur Umsetzung des Reduktionsprogramms sollten die Grundsätze zur guten fachlichen Praxis in zwei Abschnitte unterteilt werden: Der erste Abschnitt sollte einen allgemeinen Teil mit einer vollständigen Wiedergabe der rechtlichen Bestimmungen, die alle Produktionsbereiche betreffen, enthalten. Der zweite Teil sollte als handlungsorientierter Leitfaden konzipiert werden und spezielle Regelungen für die einzelnen Anbaukulturen benennen. Neben den ohnehin geltenden rechtlichen Spezialregelungen für die Kulturarten sollten im zweiten Teil auch Maßnahmen der guten fachlichen Praxis festgeschrieben werden und Anbauverfahren, die sich im ökologischen Anbau als praktikabel erwiesen haben, aufgezeigt werden. Das heißt, für jede Kulturart sollte festgeschrieben werden, was gute fachliche Praxis und was integrierter Pflanzenschutz bedeuten.

4.3.3.4 Beratung

360. Für die Umsetzung der Reduktionsziele ist eine intensive Begleitung des PSM-Einsatzes erforderlich, die letztendlich nur durch spezielle regelmäßige Beratung der Landwirte sichergestellt werden kann. Die landwirtschaftliche Beratung im Pflanzenschutz wird derzeit von staatlichen und privaten Institutionen angeboten und ist je nach Anbieter und Detaillierungsgrad für den Landwirt mit Kosten verbunden (BRUCKMEIER, 1987; HOFFMANN, 1995, S. 227). Auch die Beratung über die Landwirtschaftsämter und -kammern ist zunehmend dem allgemeinen Kostendruck ausgesetzt, was zur Reduzierung der Beratungskapazitäten und zur Erhebung von Gebühren führt (HOFFMANN, 2002, S. 347; vgl. auch HOFFMANN, 1995, S. 227). In einigen Bundesländern, insbesondere denjenigen mit überwiegend landwirtschaftlichen Großbetrieben wie Brandenburg, Mecklenburg-Vorpommern und Sachsen-Anhalt, gibt es daher überhaupt keine staatliche Beratung mehr. Stattdessen wird teilweise die private landwirtschaftliche Beratung durch Selbstständige, Vereine, Verbände und Kirchen bezuschusst. Dieser Abbau der tendenziell unabhängigeren staatlichen Beratung ist um so bedauerlicher, als darunter die Qualität der Beratung, insbesondere hinsichtlich ihrer Umweltorientierung, leidet aufgrund der Interessengebundenheit der wirtschaftlich von den Ratsuchenden abhängigen Berater (vgl. CURRLE und PARANOV-DAWSON, 1996; BRUCKMEIER, 1987, S. 52). Gleichzeitig nimmt durch den bei den landwirtschaftlichen Betrieben bestehenden Kostendruck die Inanspruchnahme von Beratungsangeboten ab. Dies ist umso bedauerlicher, als gerade die Beratung ein zentrales Instrument zur Reduktion der PSM-Aufwandmengen ist. Nur im Einzelfall kann letztendlich entschieden werden, ob und in welchem Umfang eine Reduktion der Aufwandmengen wirtschaftlich kalkulierbar ist und daher auch vom Landwirt in die Tat umgesetzt wird.

361. Im Rahmen des PSM-Reduktionsprogramms ist es also erforderlich, die Pflanzenschutzberatung qualitativ und quantitativ deutlich zu erweitern und die Zielsetzung des Reduktionsprogramms in das Beraterprofil zu integrieren. Ziel dieses reduzierten PSM-Einsatzes sollte eine landwirtschaftliche Bewirtschaftungsform im Sinne des integrierten Landbaus sein. Die Finanzierung eines solchen Beratungssystems könnte mithilfe einer noch einzuführenden PSM-Abgabe erfolgen und die Umsetzung der Beratungsergebnisse in den landwirtschaftlichen Betrieben könnte über eine Zertifizierung des integrierten Landbaus, der zukünftig Grundlage der EU-Agrarmaßnahmen der ersten Säule im Rahmen von *Cross Compliance* sein sollte, gefördert werden (Kap. 4.1).

4.3.3.5 Berichterstattung und Überwachung

362. Der Umweltrat unterstützt ausdrücklich den Vorschlag des Beirats des BMVEL, eine schlagspezifische Dokumentation des PSM-Einsatzes einzuführen. Trotz der bekannten negativen Auswirkungen der Pflanzenschutzmittel auf Mensch und Umwelt fehlt bisher eine Erfassung der tatsächlich ausgebrachten Mengen an PSM. Ebenso fehlt ein bundesweites regelmäßiges Monitoring der Belastung von Luft, Böden und Fließgewässern mit allen früher und derzeit verwendeten PSM-Wirkstoffen. Die einzelnen Bundesländer überwachen oft nur trinkwasserrelevante Gewässer, jedoch keine ökologisch wertvollen Lebensräume wie Seen und Teiche, obwohl festgestellt wurde, dass in vielen Fließgewässern mit landwirtschaftlich genutztem Umfeld ein Teil gerade der PSM nachzuweisen ist, die jeweils im Jahr zuvor von den Landwirtschaftskammern zur Anwendung empfohlen wurden (LIESS et al., 2001). Zudem gibt es bisher kein bundesweit koordiniertes Monitoring von Rückständen (außer für persistente organische Schadstoffe [POPs]) in Futtermitteln (MEYER, 2002, S. 27). Lebensmittel werden nur auf einen Teil der zugelassenen und eingesetzten Wirkstoffe hin überprüft. Um ein breites Wirkstoffspektrum abzudecken, ändern die Untersuchungslabore regelmäßig die untersuchten Stoffgruppen der PSM, sodass keine kontinuierliche Beobachtung aller Wirkstoffe gegeben ist.

363. Es fehlt auch eine wirksame Kontrolle der Einhaltung der Anwendungsvorschriften von PSM (BACH et al., 1999, S. 51; MEYER, 2002, S. 29). Ursache hierfür ist gravierender Personalmangel der Vollzugsbehörden und die Existenz vieler handlungsbezogener Anwendungsbestimmungen, sodass die vorhandenen Ressourcen für die Überwachung in keinem angemessenen Verhältnis zur hohen Zahl der überwachungsbedürftigen Tätigkeiten stehen (vgl. BACH et al., 1999, S. 51). So müsste bei einer Kontrollrate von einem Prozent jeder Kontrolleur 594 Fälle pro Jahr allein für umweltrelevante Bestimmungen im Pflanzenschutz bearbeiten (BACH et al., 1999, S. 78). Teilweise behindert auch eine Interessensüberlagerung bei den Kontrolleuren, die gleichzeitig die Landwirte beraten, eine effektive Kontrolle. Insgesamt wird an diesen wenigen Eckpunkten deutlich, dass die Überwachung der Gefährdungen durch PSM und die Kontrolle ihrer Anwendung in Deutschland insgesamt eine geringe Priorität genießt. Zudem ist es entscheidend für den Erfolg des Reduktionsprogramms, dass die Landwirte sich durch PSM-Einsparungen, Zertifizierungen oder finanzielle Förderungen als Nutznießer der Maßnahmen sehen und das Reduktionsprogramm insgesamt unterstützen.

4.3.4 Zusammenfassung und Empfehlungen

364. Pflanzenschutzmittel (PSM) können die menschliche Gesundheit und den Naturhaushalt gefährden. Viele der in der Anwendung befindlichen PSM sind hoch toxisch, stehen in Verdacht, Krebs erzeugend oder hormonell wirksam zu sein, bauen sich in der Umwelt nur langsam ab und können sich in der Nahrungskette anreichern. PSM werden seit Jahren mit gleich bleibender Häufigkeit im Grund- und Oberflächenwasser gefunden. Der PSM-Absatz verharrt in Deutschland seit über zehn Jahren auf einem hohen Niveau, mit rund 34 000 Mg vermarkteter Wirkstoffe im Jahr 2001.

365. Die bestehenden Regelungen der Pflanzenschutzgesetzgebung sind unzureichend, um eine sichere und minimale Anwendung von PSM zu gewährleisten. Zudem ist es derzeit nicht möglich, den Vollzug der rechtlichen Vorgaben, insbesondere durch ausreichende Kontrollen, zu gewährleisten.

Strategien in Europa und Deutschland

366. Auf europäischer Ebene ist zur Verringerung des PSM-Einsatzes im 6. Umweltaktionsprogramm die Ausarbeitung einer „Thematischen Strategie zur nachhaltigen Nutzung von Pestiziden" vorgesehen, wozu die EU-Kommission eine Mitteilung vorgelegt hat (EU-Kommission, 2002c). Auf nationaler Ebene ist im Koalitionsvertrag dieser Legislaturperiode die Entwicklung einer „Strategie zur Minderung des Einsatzes von Pflanzenschutzmitteln durch Anwendung, Verfahren und Technik sowie die gute fachliche Praxis" vorgesehen. Erste Vorschläge wurden im Oktober 2003 von einem dazu eingesetzten Beirat mit einem „Reduktionsprogramm im Pflanzenschutz" vorgelegt (Beirat des BMVEL, 2003b).

Die thematische Strategie der EU und das nationale Reduktionsprogramm sollen den bestehenden Rechtsrahmen ergänzen und zielen vor allem auf die Verwendungsphase ab. Der Umweltrat begrüßt ausdrücklich diese Ansätze, doch werden dabei sowohl auf europäischer als auch auf nationaler Ebene die relevanten Aspekte aus benachbarten Politikbereichen, insbesondere der Reform der EU-Agrarpolitik, nur unzureichend mit einbezogen. Bei der europäischen Strategie ist zudem der Bezug zur Pestizidrichtlinie 91/414/EWG, die in erheblichem Maße die Erreichung der Ziele der EU-Strategie „Risiko- und Gefahrenminimierung durch PSM" und „Substitution von gefährlichen PSM durch ungefährlichere" bestimmt, nur auf Einzelaspekte beschränkt.

367. Nach Ansicht des Umweltrates sollte die thematische Strategie vor allem EU-weite Reduktionsziele und EU-weit verbindliche Anforderungen für nationale Reduktionsprogramme festlegen. Einheitliche Datenerfassungen sollten insbesondere bezüglich der in Deutschland gehandelten PSM-Wirkstoffmengen und der Umweltbelastung mit PSM eingeführt werden. Im Rahmen der Strategie sollte zudem ein Diskussionsprozess zur Definition von pflanzenkulturspezifischen Kriterien für den integrierten Anbau in Gang gesetzt werden und diese Zielsetzungen und Maßnahmen in angrenzende Politikbereiche, insbesondere in die Reform der EU-Agrarpolitik, integriert werden.

Bisher fehlen quantitative Ziele und zeitliche Vorgaben. Aus Sicht des Umweltrates sollte für Deutschland das Ziel, die Aufwandmenge an PSM um 30 % bis zum Jahr 2008 gegenüber 2004 zu reduzieren, in das Reduktionsprogramm aufgenommen werden. Zudem sollten im Rahmen des nationalen Reduktionsprogramms die Nutzung der Erfahrungen des ökologischen Landbaus im Pflanzenschutz ohne PSM für den konventionellen Landbau verstärkt gefördert werden.

Nationale Instrumente

368. Der Umweltrat empfiehlt, die Wirksamkeit des bestehenden Instrumentariums zur umweltschonenden Verwendung von Pflanzenschutzmitteln wie in einigen skandinavischen Ländern durch eine spezifische Abgabe zu erhöhen. Um unvermeidbare Anpassungskosten zu reduzieren und den Lenkungseffekt der Abgabe zu beschleunigen, sollten die Einnahmen aus der Abgabe für eine bessere Pflanzenschutzberatung und im Bereich der Forschung und Entwicklung umweltschonender Pflanzenschutz- und Anbaumethoden zweckgebunden verwendet werden. Bei der Bestimmung des Abgabensatzes ist zur Verbesserung der Lenkungswirkung eine Differenzierung nach der gesundheitlichen und ökologischen Belastung der am Markt jeweils verfügbaren Pflanzenschutzmittel sinnvoll. Die Bemessungsgrundlage der Abgabe sollte dabei möglichst an der umweltbelastenden Wirkung der aktiven Substanzen der Pflanzenschutzmittel ansetzen.

369. Seit der Einführung der Indikationszulassung in Deutschland im Jahr 1998 dürfen PSM nur für ausdrücklich in der Gebrauchsanweisung ausgewiesene Zwecke eingesetzt werden. Damit können Indikationslücken nicht mehr legal umgangen werden. Diesen Steuerungsansatz erachtet der Umweltrat vor allem wegen der Vollzugsprobleme nicht als ausreichend. Der Umweltrat empfiehlt, das Konzept der Indikationszulassung, insbesondere hinsichtlich einer europäischen Vereinheitlichung und gewässerschutzrelevanten Bestimmungen, weiterzuentwickeln und die Rezeptpflicht für ausgewählte Anwendungen sowie präzisere, praxisgerechte Anwendungsbestimmungen einzuführen. Dies sollte durch Monitoring und die Forschung zu Ersatzstoffen und -verfahren begleitet werden.

370. Die gesetzlichen Vorgaben zur guten fachlichen Praxis sind als Instrument zur Umsetzung des Reduktionsprogramms in der vorliegenden Form nicht ausreichend. Der Umweltrat unterstützt die grundsätzlichen Forderungen des Beirats des BMVEL nach höheren Anforderungen an die gute fachliche Praxis und verbindlich formulierten Handlungsanweisungen in einem allgemeinen und einem kulturspezifischen Teil sowie einer stärkeren Durchsetzung der Grundsätze des integrierten Pflanzenschutzes. Zudem sollte als gute fachliche Praxis der Einsatz verlustmindernder Spritztechniken und die Reinigung der Ausbringungsgeräte von innen und von außen auf dem Feld festgeschrieben werden.

371. Im Rahmen des PSM-Reduktionsprogramms erscheint es dem Umweltrat erforderlich, die staatliche Pflanzenschutzberatung qualitativ und quantitativ zu erweitern und die Zielsetzung des Reduktionsprogramms in das Beraterprofil zu integrieren. Die Finanzierung eines solchen Beratungssystems könnte mithilfe einer noch einzuführenden Pestizidabgabe erfolgen. Wichtigste Grundlage der Beratung ist die Einführung einer schlagspezifischen Dokumentationspflicht für den PSM-Einsatz.

372. Der Umweltrat hält den Ausbau der Überwachungsprogramme für einen wichtigen Eckpunkt einer Strategie der nachhaltigen Nutzung von PSM, um die grundsätzliche Belastungssituation mit PSM zu beurteilen, um die Wirksamkeit der Instrumente zu gewährleisten und die Zielerreichung der Strategie zu dokumentieren.

Wirkstoffbewertung auf europäischer Ebene

373. Die Richtlinie 91/414/EWG sieht vor, dass alle neuen Wirkstoffe einer Bewertung unterzogen werden, bevor sie auf den Markt gelangen können. Diese Richtlinie bedarf einer Novellierung, wobei vorrangig eindeutige Kriterien für die Aufnahme oder Ablehnung eines Wirkstoffes in Annex I und klare Ausschlusskriterien (*cut off-critieria*) für kritische Eigenschaften (Persistenz, Toxizität, Bioakkumulierbarkeit) entwickelt werden sollten. Aus Sicht des Umweltrates sollten PSM, die umweltoffen und von einer großen Anzahl von Anwendern eingesetzt werden, bereits aufgrund ihrer inhärenten Eigenschaften möglichst sicher, also „eigensicher", sein. Chronisch toxische Wirkstoffe, insbesondere Krebs erregende, mutagene oder reproduktionstoxische Wirkstoffe, schwer abbaubare Substanzen sowie Wirkstoffe mit Anreicherungspotenzial sollten nicht mehr zulassungsfähig sein. Diese strengen Zulassungskriterien sollten darauf abzielen, die Anforderungen der internationalen Vereinbarungen zum Meeresumweltschutz, insbesondere hinsichtlich der dort verankerten strengen Kriterien für Persistenz, Bioakkumulation und Toxizität, umzusetzen.

5 Gewässerschutz

374. Die deutsche Gewässerschutzpolitik der letzten Jahrzehnte hat beachtliche Erfolge zu verzeichnen. Fortschritte konnten insbesondere im Hinblick auf Gewässerbelastungen durch punktuelle Quellen wie Abwasserreinigungsanlagen, aber auch Industrieanlagen erzielt werden. So ist etwa die Belastung mit Phosphor aus kommunalen Kläranlagen aufgrund der Nutzung phosphatfreier Waschmittel und der Einführung der Phosphatfällung maßgeblich zurückgegangen. Auch beim Stickstoff konnten die punktuellen Emissionen weiter reduziert werden. Im Hinblick auf die Reduzierung von Schwermetalleinträgen konnten nennenswerte Erfolge ebenfalls bei den Punktquellen (kommunale Kläranlagen und Industrie) erreicht werden (UBA, 2001a).

Insgesamt verbleibt jedoch erheblicher Handlungsbedarf, denn Grundwasser und Oberflächengewässer werden nach wie vor durch punktuelle Einträge, vor allem aber auch durch zahlreiche diffuse Schadstoff- und Nährstoffquellen qualitativ beeinträchtigt. Die Konzentrationen einiger Schwermetalle wie etwa Kupfer, Zink, Quecksilber, Cadmium und Blei in Abwässern und Gewässern sind unverändert hoch. Probleme bereiten zudem zunehmend persistente organische Schadstoffe (*persistent organic pollutants*). Hierzu zählen viele Pestizide (z. B. Aldrin, DDT, Hexachlorbenzol), Industriechemikalien (z. B. polychlorierte Biphenyle), aber auch unbeabsichtigt entstandene industrielle Nebenprodukte wie beispielsweise Dioxine und Furane. Ebenso rücken bisher eher wenig beachtete (potenziell) endokrine Umweltchemikalien und Arzneimittel in den Vordergrund (Kap. 5.6).

Im Unterschied zu den Nährstoffeinträgen aus Punktquellen sind die Nährstoffbelastungen aus diffusen Quellen unverändert hoch und führen zur Beeinträchtigung der Grundwasservorkommen und zur Eutrophierung vieler Oberflächengewässer. So sind die langfristig anhaltenden Nährstoffbelastungen in Deutschland inzwischen eines der Hauptprobleme bei der Trinkwasserversorgung (hierzu sowie insgesamt zur Trinkwasserqualität Kap. 5.4). Maßgeblich verantwortlich für die diffusen Nährstoffeinträge ist die Landwirtschaft, die in großem Umfang Mineral- und Wirtschaftsdünger auf landwirtschaftlich genutzten Flächen aufbringt. Hier ist eine grundsätzliche Verhaltensänderung erforderlich (s. ausführlich SRU, 2004, Tz. 334 ff.). Dies gilt in gleicher Weise für den Einsatz von Pflanzenschutz- und Schädlingsbekämpfungsmitteln sowie Tierarzneimitteln in der Landwirtschaft.

375. In rechtlicher Hinsicht wird die Bewirtschaftung sowohl der Oberflächengewässer als auch des Grundwassers künftig maßgeblich durch die Vorgaben der EG-Wasserrahmenrichtlinie (2000/60/EG) geprägt werden. Die deutsche Gewässerschutzpolitik muss in rechtlicher, administrativer und tatsächlicher Hinsicht die Voraussetzungen für eine ordnungsgemäße Umsetzung sowie einen effektiven Vollzug dieser Richtlinie schaffen (vgl. Kap. 5.1 und 5.2). Außerdem sind die Defizite bei der Umsetzung einiger älterer Richtlinien aufzuarbeiten. Die Bundesrepublik Deutschland ist gerade im Bereich des Gewässerschutzes mehrfach wegen unzureichender Umsetzung einiger älterer Richtlinien verurteilt worden. So erfolgte 1999 zum wiederholten Male eine Verurteilung wegen mangelhafter Umsetzung der Gewässerschutzrichtlinie (76/464/EWG), weil in Deutschland keine Aktionsprogramme zur Emissionsminderung von 99 gefährlichen Stoffen aufgestellt worden waren (vgl. EuGH, Rs. C-184/97). Die Gewässerschutzrichtlinie wird zwar langfristig durch die Wasserrahmenrichtlinie ersetzt. Sie gilt aber mit Ausnahme ihres Artikels 6, der bereits mit Inkrafttreten der Wasserrahmenrichtlinie aufgehoben wurde, bis 2013 weiter. Das festgestellte Umsetzungsdefizit soll daher auf Länderebene gegenwärtig durch den Erlass von Gewässerqualitätsverordnungen behoben werden. In Bezug auf den für die Aufstellung von Aktionsprogrammen maßgeblichen Artikel 7 der Gewässerschutzrichtlinie sieht die Wasserrahmenrichtlinie allerdings ausdrücklich vor, dass die Mitgliedstaaten, die in der Wasserrahmenrichtlinie vorgesehenen Grundsätze für die Festlegung von Verschmutzungsproblemen und der sie verursachenden Stoffe auch für die Festlegung von Qualitätsnormen und die Verabschiedung von Maßnahmen übernehmen können (Art. 22 Abs. 3). Bei der Aufstellung der Aktionsprogramme nach der Gewässerschutzrichtlinie können – und sollten nach Auffassung des Umweltrates – mithin bereits jetzt die Maßstäbe der Wasserrahmenrichtlinie zugrunde gelegt werden.

Ebenfalls 1999 verurteilte der EuGH die Bundesrepublik Deutschland aufgrund einer nicht ausreichenden Erfüllung der aus der Badegewässerrichtlinie (76/160/EWG) resultierenden Verpflichtungen (EuGH, Rs. C-198/97; Kap. 5.3). Ausweislich eines Urteils des EuGH aus dem Jahr 2002 (Rs. C-161/00) entsprach ferner die deutsche Düngeverordnung nicht in allen Punkten der Nitratrichtlinie (91/676/EWG). Zwischenzeitlich ist die Düngeverordnung geändert worden. Es gilt nunmehr deren Vollzug in der Praxis sicherzustellen (ausführlich SRU, 2004, Tz. 340 f.). Schließlich hatte die EU-Kommission ein Vertragsverletzungsverfahren gegen die Bundesrepublik Deutschland wegen fehlerhafter Umsetzung der Kommunalabwasserrichtlinie (91/271/EWG) angestrengt. Die Folge waren Änderungen im Bereich des nationalen Abwasserrechts (dazu Kap. 5.5).

5.1 Der Gewässerschutz auf dem Weg der Umsetzung der Wasserrahmenrichtlinie

376. Der Umweltrat hat im Umweltgutachten 2000 insbesondere die Weiterentwicklung des Gewässerschutzes durch die Zusammenführung einer Vielzahl von Einzelregelungen durch die Wasserrahmenrichtlinie gewürdigt (SRU, 2000, Tz. 638 f.). Dabei hat er unter anderem vor einer Überbürokratisierung des Gewässerschutzes sowie einer Konterkarierung der ansonsten ehrgeizigen Ziele der Wasserrahmenrichtlinie infolge einer möglichen extensiven Anwendung des Ausnahmetatbestandes der künstlichen oder erheblich veränderten Gewässerkörper gewarnt (SRU, 2000, Tz. 642). Die bei Abschluss der Arbeiten an dem damaligen Umweltgutachten noch als Vorschlag vorliegende Wasserrahmenrichtlinie ist inzwischen verabschiedet worden und im Dezember 2000 in Kraft getreten. Ihre Vorgaben waren bis Dezember 2003 in nationales Recht umzusetzen. Der Umweltrat wird dementsprechend sowohl zur rechtlichen und administrativen Umsetzung als auch zu den ersten tatsächlichen Maßnahmen im Hinblick auf die bis Ende 2004 zu leistende umfassende Bestandsaufnahme Stellung nehmen. Letztere darf als „Testfall" für eine kohärente Umsetzung der Wasserrahmenrichtlinie in Deutschland gelten.

5.1.1 Zentrale Regelungsinstrumente der Wasserrahmenrichtlinie

5.1.1.1 Flussgebietsmanagement

377. Die Wasserrahmenrichtlinie soll eine Koordinierung der Maßnahmen für Oberflächengewässer und Grundwasser ein und desselben ökologischen, hydrologischen und hydrogeologischen Systems gewährleisten. Ihr Gewässerbewirtschaftungskonzept ist dementsprechend an Flussgebietseinheiten ausgerichtet, denen wiederum Flusseinzugsgebiete zugeordnet werden. Maßnahmen im Bereich des Gewässerschutzes sind künftig nicht mehr an administrativen oder politischen Grenzen, sondern an Flussgebietseinheiten zu orientieren. Die Flussgebietseinheiten sind Grundlage für den Einsatz sämtlicher Instrumente nach der Wasserrahmenrichtlinie ebenso wie für die Erfassung des Ist-Zustandes der Gewässer und die Aufstellung der zu erreichenden Ziele (vgl. Tz. 379).

Die Anwendung der Wasserrahmenrichtlinie in jeder Flussgebietseinheit ist durch „geeignete Verwaltungsvereinbarungen", einschließlich der Bestimmung der geeigneten zuständigen Behörden sicherzustellen. Mit diesem System des Flussgebietsmanagements geht die Richtlinie zwar über eine rein materiell-rechtliche Rechtsharmonisierung hinaus. Sie greift jedoch nicht unzulässig in die mitgliedstaatliche Verwaltungsstruktur ein (KNOPP, 2003a, S. 276; KOTULLA, 2002, S. 1411; CASPAR, 2001, S. 531). Die Entscheidungsbefugnis der Mitgliedstaaten über ihre Verwaltungsstrukturen bleibt weitestgehend unangetastet. Die Mitgliedstaaten sind lediglich verpflichtet, eine zuverlässige Koordination ihrer Entscheidungsträger zu gewährleisten (ELL, 2003, S. 65 f.; APPEL, 2001, S. 135; BLÖCH, 2001, S. 123; KNOPP, 2001, S. 371; s. auch Tz. 396 f.). Die Richtlinie trägt damit dem Umstand Rechnung, dass sich Gewässer nicht an Verwaltungs- oder Ländergrenzen halten. Ein ganzheitlicher flussgebietsbezogener Ansatz impliziert notwendig eine Koordination über Verwaltungsgrenzen hinweg. Die Position der Unterlieger eines Flusses wird erheblich gestärkt. Die Wasserrahmenrichtlinie stellt neue, umfassende Anforderungen an die Gewässerbewirtschaftung in Deutschland. Zu Divergenzen mit systemverändernder Tiefe für die Wasserwirtschaft führt sie im Hinblick auf die Verwaltungsstrukturen jedoch nicht (so aber BREUER, 2003, S. 798; 2000, S. 545; ähnlich KNOPP, L., 2003, S. 28; REINHARDT, 2001a, S. 126). Im Übrigen findet der ganzheitliche, an Einzugsgebieten orientierte Ansatz der Richtlinie bereits im Rahmen der nationalen Hochwasseraktionsprogramme Anwendung (vgl. KNOPP, 2003a, S. 276; KNOPP, 2003b, S. 4 sowie die seit 1996 diesbezüglich in § 32 Abs. 3 WHG normierte Koordinierungspflicht der Länder).

5.1.1.2 Neue Gewässergüteziele

378. Die zweite Neuerung für das nationale Gewässerschutzrecht besteht in der eindeutig finalen Ausrichtung der Wasserrahmenrichtlinie: Sie ist geprägt durch einen verbindlichen Ziel- und Qualitätsbezug (HOLZWARTH und BOSENIUS, 2002, S. 45; APPEL, 2001, S. 129 ff.), wobei allerdings zur Quantifizierung der Qualitätsziele weitere Konkretisierungsprozesse in den Mitgliedstaaten und auf Gemeinschaftsebene erforderlich sind. Ausgangspunkt sind die in Artikel 4 der Richtlinie genannten Umweltziele, wonach bis 2015 ein „guter Zustand" aller Gewässer erreicht werden soll. Referenzwert für das Ziel des guten Zustandes ist der „sehr gute Zustand" eines Gewässers, der weit gehend dem natürlichen Zustand entspricht. Diese Anforderungen korrespondieren mit dem „potenziell natürlichen Zustand", den die Länderarbeitsgemeinschaft Wasser (LAWA) als „Leitbild" definiert hat (IRMER und KEITZ, 2002, S. 120).

Die Forderung eines Zustandes, bei dem die Qualitätskomponenten nur geringfügig von den Werten abweichen, die normalerweise bei Abwesenheit störender Einflüsse mit dem betreffenden Gewässertyp einhergehen, entspricht einem integrierten, auf die Bewahrung beziehungsweise Wiederherstellung aller Gewässereigenschaften abzielenden Ansatzes. Sie stellt eine Weiterentwicklung des deutschen Gewässerschutzrechts, keinesfalls eine Absenkung des bisherigen nationalen Schutzniveaus dar. Bereits dem Bewirtschaftungskonzept des Wasserhaushaltsgesetzes (WHG) in seiner alten Fassung sind immissionsbezogene Anforderungen auch keineswegs fremd gewesen. Diese waren allerdings lediglich als zusätzliche Vorgaben eines verschärften Gewässerschutzes konzipiert, die es nur dann anzuwenden galt, wenn Gewässer(teile) in besonderem Maße als schutzbedürftig angesehen wurden. Die Zielvorgaben der Wasserrahmenrichtlinie sind nunmehr flächendeckend und zwingend. Diese ambitionierten Anforderungen bedeuten schon wegen der vorgesehenen Ausnahmemöglichkeit der erheblich veränderten oder künstlichen Gewässer, für die lediglich ein gutes ökologisches Potenzial und ein guter chemischer Zustand gefordert werden, keine „Absolutsetzung idealer mengen- und gütewirtschaftlicher Bewirtschaftungsziele" (s. aber zu den restriktiven Anwendungsvoraussetzungen der genannten Ausnahmemöglichkeit Tz. 388). Erwägungen, sich im Rahmen der Umsetzung der Wasserrahmenrichtlinie von dem „utopischen Ausgangsmodell eines sehr guten Gewässerzustandes" mehr und mehr entfernen zu müssen (so SALZWEDEL, 2001, S. 613 f.), dürften daher unangemessen sein. Der Umweltrat hält es vielmehr für geboten, die – verbindlichen – Umweltziele der Wasserrahmenrichtlinie als Herausforderung und Chance für einen integrierten Gewässerschutz zu betonen und alle an der Umsetzung Beteiligten im Erreichen dieser Ziele zu bestärken.

379. Für Oberflächengewässer ist unter dem guten Zustand sowohl ein „guter chemischer Zustand" als auch ein „guter ökologischer Zustand" zu verstehen. Der Gesamtstatus eines Oberflächengewässers bestimmt sich aus dem jeweils schlechteren Wert beider Zustände, das heißt der gute Status ist dann gegeben, wenn der ökologische Zustand und der chemische Zustand mindestens gut sind. Für den ökologischen Zustand eines Oberflächengewässers sind biologische, hydromorphologische oder am Habitatzustand orientierte und physikalisch-chemische Faktoren maßgeblich. Die Anhänge der Wasserrahmenrichtlinie enthalten hierfür Vorgaben, die allerdings der weiteren Konkretisierung bedürfen.

380. Im Hinblick auf den „guten chemischen Zustand" sind die Mitgliedstaaten originär zur Festlegung von Umweltqualitätsnormen für eine Reihe von näher bestimmten Schadstoffen verpflichtet. Von Bedeutung sind hierfür insbesondere auch die von der Gewässerschutzrichtlinie geforderten Aktionsprogramme (vgl. Tz. 375). Bei so genannten prioritären Stoffen wird dagegen zunächst die EG in die Pflicht genommen. Es müssen gemeinschaftsweit einheitliche und verbindliche Umweltqualitätsnormen und Emissionsbegrenzungen sowohl für Punkt- als auch für diffuse Verschmutzungsquellen erarbeitet werden. In der Entscheidung Nr. 2455/2001/EG haben sich der EU-Umweltministerrat und das EU-Parlament auf eine erste Liste prioritärer Stoffe verständigt. Es handelt sich um eine Liste mit 33 Schadstoffen oder Stoffgruppen, die auf der Grundlage des so genannten COMMPS-Verfahrens (*combined monitoring-based and modeling-based priority setting*) in „prioritäre gefährliche", „zu überprüfende prioritäre" und „nicht prioritäre" unterteilt werden.

Diese EU-Liste deckt jedoch nicht einmal ansatzweise die 140 von der EU-Kommission selbst im Rahmen ihrer Chemikalienpolitik als prioritär eingestuften Stoffe ab (EU-Kommission, 2001, S. 6). Die Beschränkung auf derzeit 33 Stoffe ist dementsprechend auch nicht naturwissenschaftlich begründet, sondern wird auf die begrenzte verwaltungstechnische Rechtsetzungskapazität der EU-Kommission zurückgeführt (LANZ und SCHEUER, 2001, S. 33). Auch hat das COMMPS-Verfahren Schwächen. Denn diejenigen Schadstoffe, die von den nationalen Überwachungsprogrammen nicht erfasst werden, werden auch durch das COMMPS-Verfahren ausgeklammert. Dies gilt für circa 60 % aller in der EU verwendeten Pestizide (LANZ und SCHEUER, 2001, S. 33). Mit den 33 Stoffen wird also lediglich ein Bruchteil derjenigen Schadstoffe erfasst, die eine erhebliche Bedrohung insbesondere auch für die Meeresumwelt darstellen und deshalb beispielsweise in entsprechenden, im Rahmen des OSPAR- und Helsinki-Übereinkommens erarbeiteten Listen enthalten sind (vgl. ausführlich SRU, 2004, Tz. 296 f.). Nur elf der 33 Stoffe sollen zudem als prioritäre gefährliche Stoffe eingestuft werden. Allein für diese Schadstoffe sieht die Wasserrahmenrichtlinie aber explizit die Beendigung der Einleitungen, Emissionen und Verluste vor. Die kontinuierliche Erweiterung und Anpassung der EU-Liste prioritärer Stoffe, insbesondere an die Listen von OSPAR und HELCOM, ist daher ebenso unerlässlich wie die zügige Erarbeitung von Emissionsgrenzwerten und Qualitätszielen für diese Schadstoffe. Der Umweltrat empfiehlt der Bundesregierung, sich nachdrücklich auf EU-Ebene dafür einzusetzen, dass die Vorgaben für den „guten chemischen Zustand" nicht ähnlich marginal bleiben wie bis heute diejenigen der Gewässerschutzrichtlinie. Für lediglich 17 von 132 Schadstoffen beziehungsweise Stoffgruppen der Liste I dieser Richtlinie existieren gemeinschaftliche Vorgaben. Die Durchführung der Gewässerschutzrichtlinie ist im Prinzip zum Stillstand gekommen, ihr Regelungsansatz ist insgesamt unvollendet geblieben (vgl. auch KRÄMER, 2002, S. 194 ff.). Seit 1988 sind von der EU-Kommission für die Gewässerschutzrichtlinie keine weiteren Vorschläge mehr für das Festlegen von Emissionsgrenzwerten und Qualitätszielen vorgelegt worden.

Um ein breiteres Stoffspektrum erfassen und gleichzeitig eine größere Praktikabilität erreichen zu können, sollte in Zukunft angestrebt werden, Grenzwerte im Rahmen der Wasserrahmenrichtlinie so weit wie möglich branchenbezogen und/oder auf der Basis von Summenparametern festzulegen (s. auch BREUER, 2003, S. 818 f., 846).

381. Unter einem „guten Zustand" des Grundwassers ist ein „guter mengenmäßiger und chemischer Zustand" zu verstehen, den es bis 2015 zu erhalten oder wiederherzustellen gilt. Dafür ist ein Gleichgewicht zwischen Grundwasserentnahme und -neubildung zu gewährleisten. Auf konkrete Kriterien zur Bestimmung und Sicherstellung einer guten chemischen Qualität hatte sich der EU-Umweltministerrat nicht einigen können. Die Wasserrahmenrichtlinie enthält jedoch ausdrücklich ein Gebot der Trendumkehr (dazu MARKARD, 2002, S. 154). Das heißt, bereits bei einem Trend zu einer Steigerung der Konzentrationen von Schadstoffen im Grundwasser sind gegenläufige Maßnahmen zu ergreifen. Auch dieses Gebot ist ausfüllungsbedürftig. Zwischenzeitlich ist der Vorschlag für eine Grundwasser-Tochterrichtlinie vorgelegt worden (dazu Tz. 437). Nach Auffassung des Umweltrates sollte auf einen flächendeckenden Grundwasserschutz hingewirkt werden (ausführlich SRU, 1998, SRU, 2000, Tz. 578 f.). Ebenso muss der Verschmutzung durch diffuse Quellen verstärkte Aufmerksamkeit gewidmet werden. Die Wasserrahmenrichtlinie enthält insoweit bislang keine weiteren Vorgaben, insbesondere sieht sie keine Strategie vor, die über die Nitrat- und Pflanzenschutzmittelrichtlinie hinausgeht (SRU, 2002a, Tz. 725; APPEL, 2001, S. 137). Dem Aspekt der landwirtschaftlichen Einträge ist daher bei der Umsetzung der Richtlinie besondere Aufmerksamkeit zu schenken (QUAST et al., 2002, S. 203 ff.; SRU, 2002b).

5.1.1.3 Der kombinierte Ansatz

382. Zur Erreichung der Güteziele geht die Wasserrahmenrichtlinie im Grundsatz von einer Kombination von Emissionsgrenzwerten einerseits und Umweltqualitätszielen andererseits aus (s. ausführlich SRU, 2000, Tz. 640). Emissionsgrenzwerte und Umweltqualitätsziele sind gleichermaßen verbindlich. Dies bedeutet konkret: In einem ersten Schritt müssen durch die Umsetzung des Standes der Technik Schadstoffeinträge so weit wie möglich reduziert werden. Sodann ist zu prüfen, ob die Qualitätsziele für das jeweilige Gewässer eingehalten werden. Sollte das nicht der Fall sein, sind über den Stand der Technik hinausgehende weitere Maßnahmen zu ergreifen, wie beispielsweise die Substituierung von Stoffen oder Verwendungsbeschränkungen für Stoffe (APPEL, 2001, S. 134). In jedem Einzelfall ist das jeweils strengere Konzept maßgeblich (HOLZWARTH und BOSENIUS, 2002, S. 32; BLÖCH, 2001, S. 124). Mit diesem kombinierten Ansatz ist nicht zuletzt deutschen Bedenken Rechnung getragen und verhindert worden, dass durch allein rechtlich verbindliche Qualitätsziele die Gefahr einer weiteren Verschmutzung von bisher gering belasteten Gewässern geschaffen würde, die dann bis zu den festgelegten Qualitätszielen hätten „aufgefüllt" werden können.

5.1.1.4 Neue Instrumente wasserwirtschaftlicher Planung

383. Schließlich stellt die Wasserrahmenrichtlinie neue Anforderungen an das wasserwirtschaftliche Planungsinstrumentarium des WHG und der Landeswassergesetze. Für jede Flussgebietseinheit ist – spätestens bis 2009 – ein Bewirtschaftungsplan für die zugeordneten Einzugsgebiete zu erstellen und zu veröffentlichen. Spätestens 2015 sind die Pläne zu überprüfen und zu aktualisieren. Die Bewirtschaftungspläne bilden die Grundlage für Planung und Umsetzung der nach der Wasserrahmenrichtlinie zu erreichenden Ziele, sämtliche Nutzungen der Gewässer einer Flussgebietseinheit müssen auf dieser Ebene koordiniert werden. Für Gewässer, die die Umweltziele der Wasserrahmenrichtlinie nicht erfüllen, müssen die Bewirtschaftungspläne Maßnahmenprogramme enthalten, mit deren Hilfe die maßgeblichen Qualitätsziele erreicht werden sollen.

384. Obligatorischer Inhalt der Maßnahmenprogramme ist die volle Umsetzung aller relevanten nationalen und gemeinschaftsrechtlichen Vorgaben. Neben „originär" wasserrechtlichen Vorgaben zum Beispiel der Nitrat- und der Kommunalabwasserrichtlinie sind zwingend beispielsweise die FFH- und die Vogelschutzrichtlinie, die Umweltverträglichkeitsprüfung und die IVU-Richtlinie in die Ausgestaltung der Maßnahmenprogramme einzubeziehen (s. auch Tz. 417). Reichen diese grundlegenden Maßnahmen nicht aus, um das Ziel eines guten Zustandes zu erreichen, muss das Programm entsprechend ergänzt werden, etwa durch strengere Vorgaben für Emissionen aus Industrie, kommunalen Abwasserquellen oder der Landwirtschaft (ELL, 2003, S. 32 f.; BLÖCH, 2001, S. 124). Eine bloße Verringerung der Schadstoff- und Nährstoffeinträge genügt künftig – selbst wenn die Vorgaben zum Stand der Technik oder zur guten fachlichen Praxis eingehalten werden – nicht mehr, wenn die Qualitätsziele für das Grundwasser verfehlt werden.

In Bezug auf die Planungsinstrumente ist darauf hinzuweisen, dass das deutsche Gewässerschutzrecht bislang in den §§ 36 ff. WHG alte Fassung eine wasserwirtschaftliche Planung kannte – wenn auch keinesfalls in der durch die Wasserrahmenrichtlinie beabsichtigten umfassenden und verbindlichen Form. Diese Möglichkeit wurde allerdings in der Vergangenheit von den Ländern nur äußerst begrenzt wahrgenommen. Die Wasserrahmenrichtlinie eröffnet für die Aufstellung von Bewirtschaftungsplänen nun keinen Entscheidungsspielraum mehr. Mit der Aufstellung von Programmen mit Qualitätsstandards für 99 Stoffe der Gewässerschutzrichtlinie auf der Grundlage (inhaltsgleicher) Gewässerqualitätsverordnungen ist bereits der Weg von einer freiwilligen Anwendung von Qualitätsanforderungen hin zu rechtsverbindlichen Schwellenwerten in den Bundesländern eingeschlagen worden (vgl. Tz. 375 sowie HOLZWARTH und BOSENIUS, 2002, S. 40). Diese Programme sind in die Maßnahmenprogramme nach der Wasserrahmenrichtlinie einzuordnen. Für diffuse Quellen können in den Maßnahmenprogrammen zum Beispiel Gewässerrandstreifen zusammen mit Dünge- und Pestizidanwendungsverboten vorgesehen werden. Ebenso können die Pflicht zur regelmäßigen Überwachung der Dichtheit von Kanalisationen oder Anforderungen an den Betrieb und die Wartung von Kleinkläranlagen festgelegt werden (KNOPP, 2003c, S. 53).

5.1.1.5 Umfassende Bestandsaufnahme

385. Gemäß Artikel 5 der Wasserrahmenrichtlinie hat jeder Mitgliedstaat die Merkmale aller seiner Flussgebietseinheiten zu analysieren, die Umweltauswirkungen menschlicher Tätigkeiten zu überprüfen und eine wirtschaftliche Analyse der Wassernutzung durchzuführen. Diese auch unter dem Begriff der Bestandsaufnahme zusammengefassten Aufgaben müssen spätestens vier Jahre nach Inkrafttreten dieser Richtlinie, also im Dezember 2004, durch die Vorlage eines Berichtes an die EU-Kommission abgeschlossen werden. Eine Herausforderung stellt die Durchführung der Bestandsaufnahme insofern dar, als eine unmittelbare Anwendung der Wasserrahmenrichtlinie in den Flussgebieten wegen des komplizierten Regelwerkes mit seinen anspruchsvollen technisch-naturwissenschaftlichen Anhängen nicht möglich ist (LAWA, 2002, S. 5). Zahlreiche, im Zuge der Umsetzung zu erfüllende Aufgaben, wie zum Beispiel die Erarbeitung von Signifikanzkriterien, die Typologie, die Festlegung von Referenzbedingungen und insbesondere die Entwicklung eines Verfahrens für die Bewertung der ökologischen Qualität von Flüssen, Seen, Übergangs- und Küstengewässern sind bisher nicht Gegenstand der wasserwirtschaftlichen Betrachtung gewesen (LAWA, 2002, S. 5). Für Modellvorhaben ist deshalb eine Begleitforschung initiiert worden, deren Ergebnisse sukzessiv Eingang in die LAWA-Arbeitshilfe finden sollen. Zur Vermeidung von Fristverletzungen bei der Bestandsaufnahme sind zudem seitens der LAWA mit der Arbeitshilfe Anregungen gegeben worden, welche Arbeiten unmittelbar in Angriff genommen werden können, ohne dass sich diese Vorarbeiten später aufgrund anderer Erkenntnisse als überflüssig oder nebensächlich herausstellen (LAWA, 2002, S. 5).

5.1.2 Rechtliche und organisatorisch-institutionelle Umsetzung

5.1.2.1 Die Teilumsetzung durch die 7. Novelle zum WHG

386. Die Vorgaben der Wasserrahmenrichtlinie müssen in den einzelnen Mitgliedstaaten einheitlich umgesetzt werden. Für Deutschland bedeutet das, Kohärenz in allen 16 Bundesländern in Bezug auf das materielle Recht, die Handlungsinstrumente und Verfahrensvorschriften sicherzustellen. Nach der geltenden Kompetenzlage darf der Bund für den Wasserbereich jedoch lediglich Rahmenvorschriften erlassen (Art. 75 Abs. 1 GG), ansonsten muss eine Ausfüllung und Ergänzung durch die Länder erfolgen. Mit der im Sommer 2002 in Kraft getretenen 7. Novelle zum WHG ist die Wasserrahmenrichtlinie daher zunächst hinsichtlich der bundesgesetzlich zu treffenden Regelungen umgesetzt worden (BGBl. I Nr. 59 vom 23. August 2002, S. 3245).

Der neue § 1b Abs. 1 WHG übernimmt den Grundsatz der künftigen *Gewässerbewirtschaftung nach Flussgebietseinheiten* und die Verpflichtung zur Koordination bei grenzüberschreitender Gewässerbewirtschaftung in das nationale Recht. In Deutschland gibt es mit Donau, Eider, Elbe, Ems, Maas, Oder, Rhein, Schlei und Trave, Warnow und Peene sowie Weser zehn Flussgebietseinheiten, die in Abbildung 5-1 dargestellt sind.

387. Neben dem bereits bisher verankerten Verschlechterungsverbot normiert das WHG jetzt *verbindliche Bewirtschaftungsziele*, das heißt das Ziel des guten Gewässerzustandes für nicht als künstlich oder erheblich verändert eingestufte oberirdische Gewässer (§ 25a Abs. 1), für Küstengewässer (§ 32c) und für das Grundwasser (§ 33a Abs. 1) sowie das Ziel des guten ökologischen Potenzials für als künstlich oder erheblich verändert eingestufte oberirdische Gewässer (§ 25b Abs. 1). Der Besorgnisgrundsatz des § 34 WHG bleibt neben dem neuen § 33a WHG bestehen.

Die künftig in Deutschland zur Erreichung dieser Bewirtschaftungsziele geltenden Qualitätsnormen konkretisieren zugleich den Begriff des Wohls der Allgemeinheit in § 6 WHG. Bislang war der Begriff des Wohls der Allgemeinheit in der Praxis wenig handhabbar: Nach § 6 WHG ist eine wasserrechtliche Erlaubnis zu versagen, wenn durch die beabsichtigte Nutzung des Gewässers für Abwassereinleitungen eine Beeinträchtigung des Wohls der Allgemeinheit zu erwarten ist. Hielt der Abwassereinleiter die im Prinzip ausschließlich in Emissionsstandards bestehenden gesetzlichen Mindestanforderungen ein, hätte die Behörde bisher nachweisen müssen, dass durch das Abwasser die Gesundheit der Menschen oder die biologische Funktion des Gewässers trotz Anwendung des Standes der Technik gestört würde. Ohne konkrete Qualitätsziele und Maßstäbe lässt sich ein solcher Nachweis jedoch nur schwer erbringen. Der kombinierte Ansatz des deutschen Gewässerschutzrechts in Form von speziellen, emissionsbezogenen Anforderungen nach § 7a WHG einerseits und gewässer- und immissionsbezogenen Entscheidungsmaßstäben nach § 6 WHG andererseits ist daher weit gehend theoretischer Natur geblieben. In der Praxis erfolgte – entgegen der Vermutung von REINHARDT (2003; s. auch BREUER, 2003, S. 816, 880) – die Gewässerbewirtschaftung tatsächlich oftmals konzeptionslos. Auch bei der Entscheidung von Einzelfällen spielte die Erreichung von Qualitätsstandards selten eine entscheidende Rolle. Dass eine Erlaubnis zur Einleitung von Abwässern aus Rücksichtnahme auf die Gewässerqualität oder zu ihrer Verbesserung ganz verweigert wurde oder über den Stand der Technik hinausgehende Emissionsanforderungen gestellt wurden, war im Vollzugsalltag nur ganz ausnahmsweise der Fall (GRAF, 2002, S. 184 f., 282). Nach der neuen Rechtslage ist notwendig darauf abzustellen, ob die beantragte wasserrechtliche Erlaubnis der verbindlichen wasserwirtschaftlichen Zielsetzung widersprechen würde (HOLZWARTH und BOSENIUS, 2002, S. 45; APPEL, 2001, S. 132). Maßstab sind die Qualitätsnormen für die einzelnen biologischen, hydromorphologischen und physikalisch-chemischen Kenngrößen. Durch die Vorgabe derartiger Qualitätsziele wird der mit der Wasserrahmenrichtlinie verfolgte finale Ansatz quantifizierbar und damit einer Überprüfung zugänglich. Die Anforderungen an Einleitungen werden sich in Deutschland in Zukunft nicht mehr vorrangig aus den Emissionsgrenzwerten der Abwasserverwaltungsvorschriften ergeben. Mit der zwingenden Ausrichtung des WHG auch an Gewässerqualitätszielen erlangt das Allgemeinwohl als substanzielles Kriterium der Gewässerbewirtschaftung maßgebliches Gewicht. Da die Bedeutung emissionsrechtlicher Mindestanforderungen aber unangetastet bleibt, ist hiermit insgesamt eine Steigerung des Schutzniveaus impliziert.

388. Für die *Ausnahmeregelungen* der Wasserrahmenrichtlinie ist eine unmittelbar geltende und detaillierte bundesweite Regelung getroffen worden: einerseits im Hinblick auf die grenzüberschreitende Koordinierung, andererseits, um sicherzustellen, dass Ausnahmen nur in einem eng begrenzten Umfang in Anspruch genommen werden können (DÖRR und SCHMALHOLZ, 2002, S. 64; s. auch BERENDES, 2002, S. 214).

Abbildung 5-1

Flussgebietseinheiten in der Bundesrepublik Deutschland

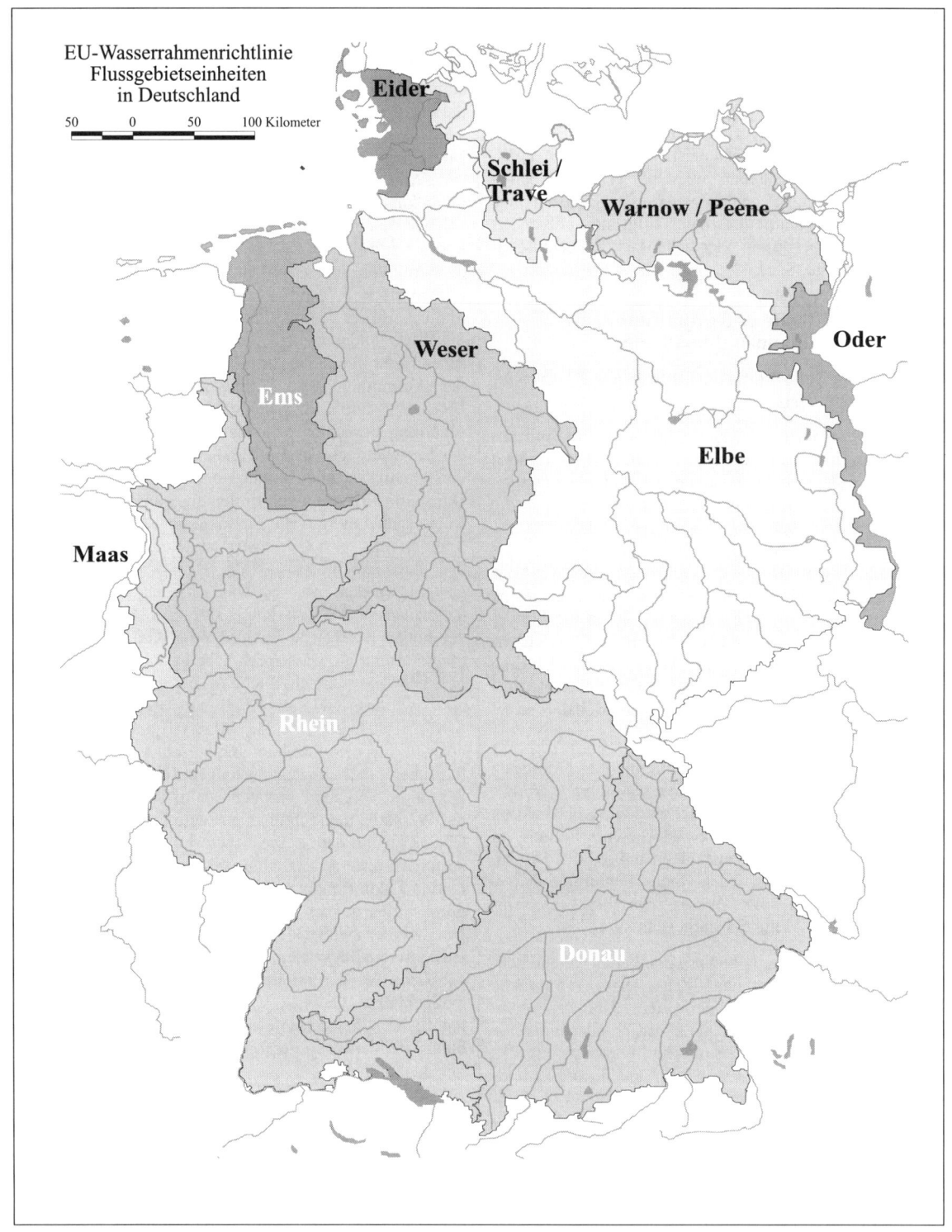

Quelle: HLUG, 2003 in Anlehnung an Anhang I zu §1 b Abs. 1 WHG

Im Hinblick auf die Ausnahmeregelung für erheblich veränderte Wasserkörper (§ 25b Abs. 1 WHG), für die mehr oder minder reduzierte Qualitätsziele gelten, betont der Umweltrat, dass von der Möglichkeit der Ausweisung solcher Wasserkörper nur in wirklichen Ausnahmefällen Gebrauch gemacht werden sollte (s. ausführlich SRU, 2000, Tz. 642 ff.; KNOPP, 2003b, S. 7). Vorrangig sollte immer versucht werden, Verbesserungen zunächst über eine schrittweise Anhebung des Gewässerschutzniveaus zu erzielen und hierfür gegebenenfalls Umsetzungsfristen zu verlängern, um auf diese Weise alle Gewässer schließlich doch an die „normalen" Qualitätsziele der Wasserrahmenrichtlinie heranzuführen (DÖRR und SCHMALHOLZ, 2002, S. 55; vertiefend Tz. 409 ff.).

Ist nach diesen Grundsätzen gleichwohl ausnahmsweise von einem „erheblich veränderten Wasserkörper" auszugehen, sollten die folgenden Überlegungen gelten: Der Begriff des „erheblich veränderten Wasserkörpers" darf nicht zu einer vom Richtliniengeber nicht intendierten Vereinfachung führen. Tatsächlich gibt es nämlich ein Kontinuum an unterschiedlich intensiv veränderten Wasserkörpern. Dementsprechend enthält die Wasserrahmenrichtlinie ein eben solches Kontinuum an Anforderungen. Geboten sind dem jeweiligen Gewässerzustand angemessene Bemühungen. Durch die Ausweisung als erheblich veränderter Wasserkörper werden Anstrengungen zur Verbesserung der Gewässerqualität keineswegs entbehrlich. Im Unterschied zu natürlichen Gewässern ist lediglich der Referenzzustand ein anderer. Dieser entspricht für erheblich veränderte genauso wie für künstliche Gewässer dem „höchsten ökologischen Potenzial". Orientierungswert ist nicht der Natürlichkeitsgrad des jeweiligen Gewässers, sondern sein Sanierungspotenzial. Entscheidend ist also derjenige Zustand, der nach Durchführung aller Verbesserungsmaßnahmen zur Gewährleistung der bestmöglichen ökologischen Durchlässigkeit etwa im Hinblick auf Wanderungen der Fauna und geeignete Laich- und Aufzuchthabitate erreichbar wäre (IRMER, 2003, S. 60 f.).

389. Der neue § 36 WHG dient der Umsetzung des Artikels 11 Wasserrahmenrichtlinie (*Maßnahmenprogramme*). § 36b neue Fassung schreibt die Aufstellung von *Bewirtschaftungsplänen* für die Flussgebietseinheiten vor. § 36b Abs. 2 listet den Mindestinhalt des Bewirtschaftungsplans nach Anhang VII der Wasserrahmenrichtlinie auf. Das Maßnahmenprogramm kann für Einleitungen aus Punktquellen zum Beispiel nach § 5 Abs. 1 WHG nachträgliche Anordnungen oder Bescheidsänderungen vorsehen. Für diffuse Quellen können unter anderem die Schaffung von Gewässerrandstreifen oder Düngeverbote bestimmt werden (s. bereits Tz. 384; SRU, 2004, Tz. 348 ff.). Die nach dem bisherigen Wasserrecht im WHG vorhandenen Planungsinstrumente (§ 18a Abs. 3 – Abwasserbeseitigungsplan, § 27 – Reinhalteordnung, § 36 – wasserwirtschaftlicher Rahmenplan, § 36b – Bewirtschaftungsplan) sind durch die 7. Novelle zum WHG gleichzeitig mit der Einführung des neuen Planungsinstruments des Maßnahmenprogramms als Teil des Bewirtschaftungsplans aufgehoben worden. Der Umweltrat spricht sich in diesem Zusammenhang für eine Orientierung der Planungserfordernisse an dem für den Gewässerschutz und die Gewässerbewirtschaftung tatsächlich Notwendigen und gegen eine Übertragung der – im Vergleich zur Wasserrahmenrichtlinie noch detaillierteren – Maßstäbe der §§ 36, 36b WHG alte Fassung auf die nunmehr zu erstellenden Pläne aus (SRU, 2000, Tz. 641). Um ein effektives Flussgebietsmanagement tatsächlich erreichen zu können, muss eine Bürokratisierung des Gewässerschutzes so weit wie möglich vermieden werden.

390. Über die aus der Wasserrahmenrichtlinie abzuleitenden Änderungen hinaus sind insbesondere der Aspekt des Klimaschutzes (§ 1a Abs. 1 S. 3, § 25b Abs. 2 Nr. 1d) und der Grundsatz der ortsnahen Wasserversorgung (§ 1a Abs. 3) in das neue WHG eingefügt. Wie zuletzt im Umweltgutachten 2002 dargelegt, hält der Umweltrat nach wie vor auch ohne eine mögliche Teilnahme am internationalen Wassermarkt eine stärkere Ausschöpfung von Größenvorteilen in der deutschen Wasserversorgungswirtschaft bei gleichzeitiger Beibehaltung des Prinzips der ortsnahen Wasserversorgung für wünschenswert (vgl. SRU, 2002a, Tz. 661). Der Umweltrat hat in diesem Zusammenhang insbesondere hervorgehoben, dass der Vorrang einer ortsnahen Wasserversorgung nicht aufgegeben werden müsste, um erhebliche Kostensenkungsspielräume durch eine Kooperation zwischen öffentlich-rechtlichen Anbietern (Konzentrationsprozess) ausnutzen zu können (SRU, 2002a, Tz. 678).

5.1.2.2 Ergänzende rechtliche Umsetzung in den Bundesländern

391. Das novellierte WHG enthält entsprechend den Vorgaben der Wasserrahmenrichtlinie in § 42 eine Anpassungspflicht des Landesrechts bis zum 22. Dezember 2003. Während etwa Bayern und Schleswig-Holstein bereits im Sommer 2003 ihre Landeswassergesetze geändert haben, sind Änderungsgesetze in anderen Ländern nicht wesentlich vor Ende des Jahres 2003 verabschiedet worden. Von der rechtzeitigen und vollständigen Umsetzung in allen 16 Ländern hängt die ordnungsgemäße rechtliche Umsetzung der Wasserrahmenrichtlinie in Deutschland ab.

Das Landesrecht hat in gleicher Weise wie das Bundesrecht die gemeinschaftsrechtlichen Vorgaben im Prinzip wortgenau umzusetzen (KNOPP, 2003c, S. 44). In den Landeswassergesetzen sind also gleichwertige Vorschriften zu schaffen. In Anbetracht der Vielfalt und der unterschiedlichen Struktur der Wassergesetze der Länder hat die LAWA zwar davon abgesehen, ein „Muster-Umsetzungsgesetz" zu erarbeiten. Für die einzelnen Themenbereiche sind durch die LAWA aber einzelne – allgemein allerdings nicht zugängliche – Muster-Vorschriften erstellt worden, die als „Textbausteine" den jeweiligen landesrechtlichen Gegebenheiten angepasst werden konnten (LAWA, 2001; ELL, 2003, S. 52). In Anbetracht des europarechtlich begründeten „Konformitätsdrucks" beschränkt sich die folgende Darstellung auf die Regelungsaufträge an die Bundesländer.

392. Gemäß § 1b Abs. 2 WHG ist zur Erreichung der im WHG verbindlich festgelegten Bewirtschaftungsziele die *Koordinierung in den Flussgebietseinheiten* durch

Landesrecht zu regeln (ausführlich Abschn. 5.1.2.3). Die Länder haben ferner die Einzugsgebiete innerhalb der jeweiligen Landesgrenzen einer der zehn Flussgebietseinheiten (Abb. 5-1) zuzuordnen.

393. Zur *Durchsetzung der Bewirtschaftungsziele* enthält das WHG in den §§ 25a Abs. 2, 25b Abs. 1 S. 2, 32c, 33a Abs. 2 einen generellen Regelungsauftrag an die Länder. Durch Landesrecht sind beispielsweise Maßnahmen zu bestimmen, die auf die Verminderung der Verschmutzung der oberirdischen Gewässer, auf die schrittweise Verminderung beziehungsweise Beendigung von Einleitungen und sonstigen Einträgen „prioritärer" beziehungsweise „prioritärer gefährlicher" Stoffe abzielen (§ 25a Abs. 3 WHG). Ferner muss gewährleistet werden, dass *Maßnahmenprogramme* und *Bewirtschaftungspläne* nach Maßgabe der §§ 36, 36b WHG aufgestellt werden. Es sind entsprechende landesrechtliche Verfahrensvorschriften erforderlich. Die Landeswassergesetze müssen ferner Regelungen vorsehen, um die wasserrechtlichen Erlaubnisse, Bewilligungen, Unterhaltungsmaßnahmen und Gewässerausbauten an die Anforderungen der Wasserrahmenrichtlinie beziehungsweise des WHG in den künftigen Maßnahmenprogrammen anpassen zu können. Es ist eine Bestimmung aufzunehmen, wonach Benutzungszulassungen und damit zusammenhängende Vorgänge regelmäßig zu überprüfen sind.

Konkretere inhaltliche Festlegungen im Hinblick auf die Bewirtschaftungsziele ergeben sich für die Länder aus dem WHG indes nicht. Maßgebliche Bedeutung kommt insoweit Anhang II (Beschreibung und Charakterisierung der Gewässer) und Anhang V (Festlegung von ökologischen Zielen, Umweltqualitätszielen, Überwachung, Güteklassifizierung und Darstellung der Überwachungsbefunde) der Wasserrahmenrichtlinie zu. Zur Umsetzung beider Anhänge ist von der LAWA eine *Musterverordnung* (Stand: 2. Juli 2003) erarbeitet worden. Auf der Basis dieser Musterverordnung wollen die Länder gleichwertige Rechtsverordnungen erlassen.

Die Musterverordnung enthält Regelungen

– zur Beschreibung, Kategorisierung und Typisierung von Gewässern sowie zur Festlegung der typspezifischen Referenzbedingungen,

– zur Zusammenstellung und Bewertung der Belastungssituation und der Auswirkungen auf die Gewässer,

– zur Überwachung des Gewässerzustandes sowie

– zur Einstufung und Darstellung des Gewässerzustandes.

Bei genauerer Analyse zeigt sich allerdings, dass auch die Musterverordnung noch durch ein erhebliches Maß an Unbestimmtheit gekennzeichnet ist. Beispielhaft sei dies anhand der Tabelle 5-1 für die Einstufung des Gewässerzustandes im Hinblick auf die biologische Qualitätskomponente Phytoplankton aufgezeigt. Bei der taxonomischen Zusammensetzung des Phytoplanktons, das heißt bei der systematischen Erfassung des Phytoplanktons anhand der international gültigen botanischen (und zoologischen) Nomenklatur, wird der „mäßige Zustand" etwa durch eine wiederum „mäßige" Abweichung von den typspezifischen Gemeinschaften oder durch „mäßige" Störungen bei der Abundanz definiert.

Tabelle 5-1

Begriffsbestimmungen für den sehr guten, guten und mäßigen ökologischen Zustand von Flüssen für die biologische Qualitätskomponente Phytoplankton gemäß Entwurf zur MusterVO der LAWA vom 2. Juli 2003

Komponente	Phytoplankton
Sehr guter Zustand	Die taxonomische Zusammensetzung des Phytoplanktons entspricht vollständig oder nahezu vollständig den Referenzbedingungen. Die durchschnittliche Abundanz des Phytoplanktons entspricht voll und ganz den typspezifischen physikalisch-chemischen Bedingungen und ist nicht so beschaffen, dass dadurch die typspezifischen Bedingungen für die Sichttiefe signifikant verändert werden. Planktonblüten treten mit einer Häufigkeit und Intensität auf, die den typspezifischen physikalisch-chemischen Bedingungen entspricht.
Guter Zustand	Die planktonischen Taxa weichen in ihrer Zusammensetzung und Abundanz geringfügig von den typspezifischen Gemeinschaften ab. Diese Abweichungen deuten nicht auf ein beschleunigtes Wachstum von Algen hin, das das Gleichgewicht der in dem Gewässer vorhandenen Organismen oder die physikalisch-chemische Qualität des Wassers oder Sediments in unerwünschter Weise stören würde. Es kann zu einem leichten Anstieg der Häufigkeit und Intensität der typspezifischen Planktonblüten kommen.
Mäßiger Zustand	Die Zusammensetzung der planktonischen Taxa weicht mäßig von der der typspezifischen Gemeinschaften ab. Bei der Abundanz sind mäßige Störungen zu verzeichnen, was dazu führen kann, dass bei den Werten für andere biologische und physikalisch-chemische Qualitätskomponenten signifikante unerwünschte Störungen auftreten. Es kann zu einem mäßigen Anstieg der Häufigkeit und Intensität der Planktonblüten kommen. In den Sommermonaten können anhaltende Blüten auftreten.

Quelle: LAWA, 2003a, S. 27

Ähnliches gilt für die übrigen biologischen sowie für die hydromorphologischen und die physikalisch-chemischen Qualitätskomponenten. Auch hier kommt es maßgeblich auf die Anwendung von in hohem Maße auslegungsbedürftigen Begriffen an. Dem Umweltrat ist bewusst, dass die konkrete Gewässereinstufung nur in jedem Einzelfall, nicht aber durch rechtliche Regelungen erfolgen kann. Deshalb wird aber auch allein mit der Musterverordnung beziehungsweise mit Erlass entsprechender Länderverordnungen keine bundesweit einheitliche Umsetzung der Wasserrahmenrichtlinie gewährleistet werden. Hinzukommen muss vielmehr ein Abgleich der gegenwärtig zum Teil in den Ländern äußerst unterschiedlichen Datenerhebungen und -strukturen (Tz. 403). Die fachlichen Arbeiten in Bezug auf die Bestandsaufnahme sowie das spätere Monitoring sind zu harmonisieren. Erst auf dieser Grundlage werden die Vorgaben der Musterverordnung tatsächlich effektiv zu einer national homogenen Anwendung der Wasserrahmenrichtlinie und zur Vergleichbarkeit der Erfolge und Defizite im Hinblick auf das Erreichen der Bewirtschaftungsziele beitragen können. Vor diesem Hintergrund ist zu bedauern, dass derzeit in den Ländern überwiegend wenig Bereitschaft zur Vereinheitlichung der Gewässerdaten besteht (vgl. auch Tz. 398, 404).

394. Die Frist, innerhalb derer zum Beispiel ein guter ökologischer und guter chemischer Zustand der oberirdischen Gewässer zu erreichen ist, muss nach § 25c Abs. 1 WHG ebenfalls durch Landesrecht festgelegt werden. Für die Länder besteht insofern aber kein Spielraum, sie müssen die gemeinschaftsrechtlich vorgegebenen Fristen übernehmen (KNOPP, 2003b, S. 5).

395. Für die Frage, ob überhaupt und inwieweit Ausnahmeregelungen in die Landeswassergesetze übernommen werden, steht den Ländern zwar aufgrund der „Kann-Vorschriften" des WHG in §§ 25c, 25d, 32c und 33a Abs. 4 ein Entscheidungsspielraum offen. Wird allerdings von der Möglichkeit der Ausnahmeregelungen Gebrauch gemacht, so ist den Landesgesetzgebern ein relativ detaillierter Rahmen sowohl für die Fristen zur Erreichung der Bewirtschaftungsziele als auch für die zulässigen Ausnahmen von den gesetzlichen Zielsetzungen vorgegeben. Das WHG hat insofern die Regelungen der Wasserrahmenrichtlinie übernommen. Die Landesgesetzgeber sollten hiervon nicht abweichen und gesetzestechnische Neuerungen auf landesspezifische Vollzugserfordernisse beschränken (DÖRR und SCHMALHOLZ, 2002, S. 66).

5.1.2.3 Organisatorisch-institutionelle Umsetzung

396. Die sich aus der Wasserrahmenrichtlinie ergebenden Koordinationserfordernisse sind vielfältig. Um ihnen gerecht zu werden, enthält die Richtlinie jedoch keine konkreten organisatorisch-institutionellen Vorgaben, sondern mit den Artikeln 3 und 13 nur eine generelle Verpflichtung zur Koordination für die gesamte Flussgebietseinheit (STRATENWERTH, 2002). Die Mitgliedstaaten haben in jeder Flussgebietseinheit für geeignete Verwaltungsvereinbarungen zu sorgen, eine geeignete zuständige Behörde zu bestimmen und insbesondere alle Maßnahmenprogramme zur Erreichung der Umweltziele für die gesamte Flussgebietseinheit zu koordinieren (Tz. 377). Von den zehn Flussgebietseinheiten in Deutschland sind fünf grenzüberschreitend und bedürfen einer internationalen Koordination. Alle 16 Länderverwaltungen werden von Koordinationsaufgaben gemäß Wasserrahmenrichtlinie tangiert. Oftmals ergeben sich für einzelne Bundesländer Koordinierungsaufgaben gleich für mehrere Flussgebiete. In das Flächenland Bayern fallen beispielsweise Teileinzugsgebiete der Donau, der Elbe, der Weser und des Rheins, sodass die bayrische Wasserwirtschaftsverwaltung an vier Koordinationsprozessen beteiligt ist. Hinsichtlich einzelner Flussgebiete ergeben sich ebenfalls komplexe Koordinationskonstellationen. Für das Einzugsgebiet der Elbe müssen sich auf nationaler Ebene elf Bundesländer untereinander abstimmen, auf internationaler Ebene kommt noch die Tschechische Republik dazu. Mehrere Flusseinzugsgebiete setzen sich wiederum aus einzelnen Koordinationsräumen zusammen, innerhalb derer häufig nochmals bundesland- oder sogar staatenübergreifend zu agieren ist.

Es sind also grundsätzlich drei Ebenen der Koordination zu unterscheiden: Die erste Ebene bezieht sich auf die gesamte Flussgebietseinheit. Hier müssen die Vorgaben der Wasserrahmenrichtlinie konkretisiert und die Erarbeitung sowie Umsetzung der Bewirtschaftungspläne national und international abgestimmt werden. Die verbleibenden zwei Ebenen sind flussgebietsintern. Erstens muss eine Abstimmung zwischen den Koordinierungsräumen stattfinden, in die besonders große Flussgebietseinheiten sinnvollerweise gegliedert werden. Zweitens muss eine weiter gehende Koordination in denjenigen Koordinierungsräumen erfolgen, die staaten- und bundesländerübergreifend sind (STRATENWERTH, 2002). Erforderlich ist eine wirksame Koordinierung zwischen den Bundesländern, um in internationalen Flussgebietseinheiten eine in sich kohärente Bewirtschaftungs- und Maßnahmenplanung für den nationalen Teil gewährleisten und später das koordinierte Maßnahmenprogramm in den Ländern auch tatsächlich vollziehen zu können (KNOPP, 2003a, S. 276 f., 2003a, S. 5). Auf allen drei Koordinationsebenen muss schließlich – drittens – eine querschnittsorientierte Kooperation der Wasserwirtschaftsverwaltungen insbesondere mit der Landschaftsplanung und Raumordnung sowie den Naturschutzbehörden sichergestellt werden (Tz. 415 ff.). Auch diese notwendige Verknüpfung hat in Deutschland noch keine Institutionalisierung erfahren (vgl. auch KNOPP, 2003d).

397. Die administrative Struktur der Gewässerbewirtschaftung ist in Deutschland bislang ausschließlich an den Ländergrenzen, nicht aber an Flusseinzugsgebieten ausgerichtet. Zudem variiert der Aufbau der Wasserwirtschaftsverwaltung von Bundesland zu Bundesland. Überwiegend ist die Wasserwirtschaftsverwaltung in die allgemeine Landesverwaltung integriert und im Regelfall dreistufig aufgebaut – Oberste Behörde sowie Mittlere und Untere Instanz. Nur einige kleinere Länder verfügen lediglich über eine zweistufige Wasserwirtschaftsverwaltung und die Stadtstaaten besitzen nur eine wasserwirtschaftliche Verwaltungsebene. Zu den Verwaltungseinrichtungen kommen noch anderweitige, den Obersten Behörden unterstellte Landeszentralbehörden, die Fachaufgaben und teilweise auch Vollzugsaufgaben wahrnehmen (ELL, 2003; BMU, 2001, S. 10 f.).

Unter der gegenwärtigen Verteilung der Verwaltungskompetenzen kommen grundsätzlich zwei Modelle zur Koordinierung der Umsetzung der Wasserrahmenrichtlinie in Betracht. Zum einen ließen sich ländergrenzüberschreitende Planungsverbände mit eigenem Budget und Normsetzungsrecht einrichten. Zum anderen bietet sich ein Koordinierungsverbund durch Verwaltungsvereinbarung zwischen den Ländern an, deren Gebiete in der jeweiligen Flussgebietseinheit liegen. Einem solchen Koordinierungsverbund stünden keine „eigenen" Hoheits- oder gar Rechtsetzungsbefugnisse zu. Aufgrund der vorhandenen Erfahrungen in schon bestehenden, flussgebietsbezogenen Organisationen (wie z. B. der Arbeitsgemeinschaft zur Reinhaltung der Elbe oder der Deutschen Kommission zur Reinhaltung des Rheins) wird seitens der LAWA dem Koordinierungsverbund der Vorzug gegeben. Zwar sei das Koordinierungsverfahren aufwendiger als bei einem Planungsverband, jedoch gewährleiste dieses Modell aus Sicht der LAWA im Rückgriff auf vorhandene Verwaltungsstrukturen eine enge Verzahnung der Planungtätigkeiten nach der Wasserrahmenrichtlinie mit den praktischen Erfahrungen des wasserbehördlichen Vollzugs.

Die Schaffung ländergrenzüberschreitender Planungsverbände hätte demgegenüber den Vorteil, grundsätzlich eine straff geführte Planungtätigkeit und kurz gefasste Entscheidungswege zur Verfügung zu stellen. Neben verfassungsrechtlichen Bedenken verweist die LAWA allerdings darauf, dass die vorhandenen – und auch unter dem Geltungsbereich der Wasserrahmenrichtlinie im Interesse des geordneten wasserrechtlichen Vollzugs beizubehaltenden – behördlichen Strukturen durch eine weitere Struktur überlagert würden. Abgrenzungsprobleme und (weitere) Abstimmungsschwierigkeiten wären vorprogrammiert (LAWA, o. J., S. 9). Auch die Umweltministerkonferenz (UMK) lehnt die Errichtung neuer Verwaltungseinheiten mit eigenständigen hoheitlichen Befugnissen oder sogar der Befugnis zu Rechtsetzungsakten ab. Sie hat auf der 56. UMK eine Koordinierung entsprechend dem Handlungskonzept der LAWA und der bewährten Praxis in den bestehenden Flussgebietsgemeinschaften beschlossen (UMK, 2001; s. in diesem Zusammenhang auch EPINEY und FELDER, 2002). Durch entsprechende Verwaltungsvereinbarungen werden derzeit bereits so genannte Flussgebietsgemeinschaften zwischen den betroffenen Bundesländern zur Einrichtung von Koordinierungsverbänden gebildet (z. B. Verwaltungsvereinbarung über die Bildung der Flussgebietsgemeinschaft Ems vom 21. Oktober 2002 oder die Einrichtung der Flussgebietsgemeinschaft Weser im Jahr 2003). Die föderal geprägten wasserwirtschaftlichen Verwaltungsstrukturen bleiben danach zwar unberührt. Die in diesem Rahmen erfolgende administrative Umsetzung der Wasserrahmenrichtlinie zieht aber unweigerlich einen erhöhten Verwaltungs- und Koordinierungsaufwand nach sich. Werden dafür nicht ausreichende personelle und sachliche Ressourcen zur Verfügung gestellt, besteht die Gefahr, dass ein Gleichklang zwischen den einzelnen Bundesländern nicht erreicht wird. Der Umweltrat weist mit Besorgnis darauf hin, dass der derzeitige Abbau wasserwirtschaftlicher Verwaltungskapazitäten in fast allen Bundesländern an den Koordinierungserfordernissen, die sich aus dem von den Ländern selbst präferierten administrativen Umsetzungsmodell ergeben, vorbeigeht.

Zur sachgerechten Wahrnehmung der vielfältigen Aufgaben innerhalb des in Deutschland bevorzugten Kooperationsverbundes müssten – sollte es bei der gegenwärtigen Verteilung der Verwaltungskompetenzen gemäß Artikel 83 GG bleiben (s. insoweit aber die Empfehlungen Tz. 400) – nach Auffassung des Umweltrates zumindest ständige Arbeitseinheiten in Form von Flussgebiets-Geschäftsstellen eingerichtet werden. Dies ist insbesondere dann angezeigt, wenn es sich um große Flussgebietseinheiten handelt, wie beispielsweise die des Rheins (STRATENWERTH, 2002). Solche Geschäftsstellen wären der EU-Kommission als der „geeigneten zuständigen Behörde" mitzuteilen. Sie könnten zugleich die Information und Anhörung der Öffentlichkeit übergreifend organisieren. Die potenziell positiven Seiten der Einrichtung von Geschäftsstellen dürfen allerdings nicht darüber hinwegtäuschen, dass dadurch zusätzliche Verwaltungseinheiten geschaffen würden, die im Extremfall (z. B. nach der Übertragung weiterer Aufgaben wie beispielsweise die der GIS-Verwaltung) den Charakter und das Ausmaß einer eigenen Behörde annehmen können.

5.1.2.4 Empfehlungen zur rechtlichen und organisatorisch-institutionellen Umsetzung

Zur rechtlichen Umsetzung

398. Die ergänzende Rechtsetzung in den Ländern bildet vom Umfang her den Hauptanteil der normativen Umsetzungsaufgaben. Diese 16fache Umsetzung wird dadurch erschwert, dass die Wasserrahmenrichtlinie und das WHG einerseits in einer Reihe von Fällen Handlungs- und Interpretationsspielräume – etwa hinsichtlich der Ausgestaltung der Öffentlichkeitsbeteiligung und der Darstellung und Überwachung des Gewässerzustandes – gewähren, andererseits eine länder- und staatenübergreifende kohärente Gewässerbewirtschaftung in den Flussgebietseinheiten verlangen. Setzt nur ein Bundesland nicht fristgerecht um, kann es zu einem Vertragsverletzungsverfahren kommen. In der Rahmenkompetenz des Bundes im Wasserbereich scheint ein ständiges Konfliktpotenzial für eine ordnungsgemäße Umsetzung von Gemeinschaftsrecht in Deutschland zu liegen (HOLZWARTH und BOSENIUS, 2002, S. 38). Darauf weist auch der Befund von BREUER (2003, S. 773) hin, wonach sich die Gesetzgeber der deutschen Länder vor dem Hintergrund der europäischen Rechtsharmonisierung paradoxerweise eher darin gefielen, die Besonderheiten der einzelnen Landeswassergesetze zu verstärken, statt sie einander anzugleichen.

Einheitliche Vorgaben für die konkreten Tätigkeiten der Länder nach der Wasserrahmenrichtlinie gibt es nicht. Der Bund hat mit der 7. Novelle zum WHG keine verbindlichen Anforderungen für die Beschreibung, Festlegung, Einstufung, Darstellung und Überwachung der Zustände der Gewässer festgelegt. Die Länder müssen sich diesbezüglich auf abgestimmte Regelungen verständigen, ihre Kooperations- und Kompromissbereitschaft wird in hohem Maße gefordert, zumal gewichtige spezifische Interessen etwa bei der Verteilung der Lasten zur Erreichung noch nicht erfüllter Bewirtschaftungsziele auf dem Spiel stehen können (BERENDES, 2002, S. 220). Angesichts der ersten Erfahrungen im Hinblick auf die Bestandsaufnahme in den Ländern ist die angemessene Realisierung einer solchen Abstimmung jedoch zweifelhaft. Mit der zu geringen Bereitschaft zur Vereinheitlichung der Gewässerdaten wird der Abstimmungsaufwand in einer Flussgebietseinheit noch weiter erschwert (Regierung von Unterfranken, 2003; Tz. 403 ff.).

399. Die Umweltminister der Länder haben zwar für den Bereich des Wasserhaushalts eine konkurrierende Gesetzgebung abgelehnt (UMK, 2001; SCHMALHOLZ, 2001, S. 96 ff.). In der Folge wurde jedoch viel Zeit und Energie darauf verwendet, eine einheitliche Umsetzung in den Ländern zu erreichen: Durch zahlreiche Abstimmungsprozesse zwischen Bund und Ländern und den Ländern untereinander, die Erarbeitung der LAWA-Musterverordnung zur Umsetzung der Anhänge II und V der Wasserrahmenrichtlinie sowie eines Musterentwurfs der LAWA für Vorschriften zur Implementierung der Wasserrahmenrichtlinie in die Landeswassergesetze wird ein Gleichklang versucht, dessen Erfolg letztlich doch abhängig bleibt von der jeweiligen Situation in den 16 einzelnen Bundesländern. Darüber hinaus werden hierdurch zusätzliche Stellen gebunden, die – nicht zuletzt aufgrund der knappen Personalressourcen in den Wasserwirtschaftungsverwaltungen – ansonsten die konkrete fachliche Umsetzung unterstützen könnten.

Zudem enthält das WHG durchaus zum Teil auch sehr detaillierte Vorschriften, die von den Ländern nicht infrage gestellt werden. Sowohl in rechtlicher als auch in praktischer Hinsicht wird also der Vorzug einheitlicher bundesrechtlicher Vorgaben keineswegs grundsätzlich abgestritten. Insofern besteht ein Widerspruch zwischen der Bereitschaft der Länder, einerseits eine Vielzahl von konkreten Einzelregelungen des Bundes hinzunehmen, und andererseits ihrer formellen Ablehnung einer konkurrierenden Gesetzgebungskompetenz für den Wasserhaushalt. Im Übrigen werden auch bundesrechtliche Verfahrensregelungen von den Ländern in anderen Bereichen ohne weiteres akzeptiert. Beispielhaft sei hier das UVP-Änderungsgesetz genannt, wo die Bundeskompetenz im Hinblick auf das im Änderungsgesetz enthaltene Verfahrensrecht nicht infrage gestellt wird. Warum sich im Gewässerschutzrecht insoweit eine andere Beurteilung ergeben soll, ist nicht ersichtlich. Deshalb erscheint es dem Umweltrat nur konsequent, dem Bund die konkurrierende Gesetzgebungszuständigkeit für den Wasserbereich zu übertragen, um rechtlich und in der Folge tatsächlich insgesamt eine kohärente Implementation des europäischen Wasserrechts sicherzustellen. Eine gleiche Kompetenzgrundlage für das Wasserrecht wie für das Immissionsschutz- und das Abfallrecht, das heißt die konkurrierende Gesetzgebung nach Artikel 72 GG, würde die Umsetzung des integralen Ansatzes im Umweltrecht nach Meinung des Umweltrates erheblich vereinfachen (s. auch RUCHAY, 2001, S. 115; BERENDES, 2002, S. 220). Auch ein auf Artikel 72 GG gestütztes Bundesgesetz dürfte im Übrigen nicht weiter in die wasserwirtschaftlichen Gestaltungsspielräume eingreifen, als dies ohnehin bereits durch das Gemeinschaftsrecht erfolgt (s. auch KNOPP, 2003b, S. 3; BERENDES, 2002, S. 220 f.).

Zur Neuorientierung der administrativen Strukturen

400. Die Diskussion über eine sinnvolle Organisationsform zur Koordinierung der Bewirtschaftung in Flusseinzugsgebieten ist in Deutschland bisher umgangen worden. Mit Verweis auf verfassungsrechtliche Bedenken und zu befürchtende Überlagerungen von Verwaltungsstrukturen lehnen Gremien wie die LAWA oder die UMK Lösungen ab, die über einen Koordinierungsverbund zwischen den bestehenden Länderverwaltungen hinausgehen (s. auch REINHARDT, 2001b). Eine Verlagerung von Vollzugskompetenzen der Bundesländer auf rechtsfähige Flussgebietsorganisationen ist daher nicht zu erwarten. Das Erreichen der Umweltziele der Wasserrahmenrichtlinie ist jedoch in hohem Maße davon abhängig, inwieweit die administrativen wasserwirtschaftlichen Verwaltungsstrukturen in Deutschland die Umsetzung einer einzugsgebietsbezogenen Gewässerbewirtschaftung wirklich tragen werden. Nach Auffassung des Umweltrates sind die gegenwärtigen Verwaltungsstrukturen letztlich nicht vereinbar mit einer effektiven Bewirtschaftung in Flusseinzugsgebieten. Trotz der umfangreichen Arbeiten der LAWA entwickelt jedes Bundesland zunächst eine auf sein Gebiet bezogene Umsetzungsstrategie. So weist das Vorgehen der Bundesländer bereits bei der Bestandsaufnahme ein starkes Gefälle auf (vgl. Abschn. 5.1.3). Derzeit kann von einer tatsächlich kohärenten fachlichen Umsetzung dieses ersten wichtigen Abschnittes nicht ausgegangen werden. Landesweit werden zwar zur Steuerung entsprechende Stellen eingerichtet wie beispielsweise in Rheinland-Pfalz der ständige Koordinationsausschuss zur fachlichen Umsetzung der Wasserrahmenrichtlinie. Die länderübergreifende Koordinierung bildet jedoch allenfalls einen zweiten Schritt, obwohl sie für einen umfassenden flussgebietsbezogenen Ansatz essenziell ist. Wie der Abstimmungsprozess zwischen den Ländern konkret aussehen soll, ist noch immer unklar. Der Abschluss einer Verwaltungsvereinbarung genügt als solcher jedenfalls nicht.

Der Umweltrat regt daher an, parallel zur Änderung der Gesetzgebungszuständigkeit auch Alternativen zu den beabsichtigten beziehungsweise schon vereinbarten länderübergreifenden Kooperationen in Erwägung zu ziehen. Denn Tatsache ist, dass es spezifische Probleme gibt, die nicht an Ländergrenzen halt machen und deswegen in einem föderalen Staat einer Vernetzung bedürfen. Um einen solchen Bereich handelt es sich etwa bei dem Bau von Schienen, Straßen oder Wasserwegen. Die notwendige Vernetzung ist hier offensichtlich. Für die Bewirtschaftung von Flussgebietseinheiten und Einzugsgebieten gilt aber nichts anderes. Gleichwohl ist für den Verkehrswegebau die Bundesauftragsverwaltung, für die Gewässerbewirtschaftung weiterhin die ausschließliche Verwaltungszuständigkeit der Länder vorgesehen. Bislang bewirtschaftet jedes Bundesland „seine" Gewässer in eigener Verantwortung, dem Bund kommt keinerlei Auslegungsbefugnis beispielsweise für die Ausgestaltung der Bestandsaufnahme oder die Bestimmung beziehungsweise Handhabung von Ausnahmemöglichkeiten zu. Eine solche Fachaufsicht könnte über eine Bundesauftragsverwaltung für die Gewässerbewirtschaftung durch die Länder ermöglicht werden. Danach bliebe die Wahrnehmungskompetenz unverändert bei den Ländern. Die Sachkompetenz stünde hingegen unter dem Vorbehalt ihrer Inanspruchnahme durch den Bund.

5.1.3 Fachliche Umsetzung

401. Neben der Anpassung der nationalen Gesetzgebung und der administrativen Strukturen ist die fachliche Umsetzung der Wasserrahmenrichtlinie, nicht zuletzt aufgrund knapper Fristsetzungen und ambitionierter Zielsetzungen in Bezug auf die zukünftige Gewässerbewirtschaftung in Europa, eine große organisatorische und finanzielle Herausforderung für alle Beteiligten. Zentrales Instrument der fachlichen Umsetzung der Wasserrahmenrichtlinie sind die Bewirtschaftungspläne, die sowohl eine Bestandsaufnahme als auch Monitoring- und Maßnahmenprogramme enthalten müssen.

5.1.3.1 Fachliche Arbeiten an der umfassenden Bestandsaufnahme

402. Derzeit wird in Deutschland die Bestandsaufnahme in den Bereichen Oberflächengewässer, Grundwasser, Schutzgebiete sowie die wirtschaftliche Analyse der Wassernutzungen eingeleitet beziehungsweise bereits durchgeführt (vgl. Tz. 385; PATT et al., 2003). Der Umweltrat misst der Bestandsaufnahme als erstem Schritt der Umsetzung der Wasserrahmenrichtlinie eine sehr hohe Bedeutung bei. Denn die Bestandsaufnahme verfolgt keinen Selbstzweck, sondern dient ausdrücklich der Identifizierung von Maßnahmen zur Erreichung der Umweltziele der Wasserrahmenrichtlinie. Sie ist Grundlage einer integrierten Wasserwirtschaft. Insbesondere die Qualität der im Rahmen der Bestandsaufnahme notwendigen Datenerfassung und -auswertung wird die weitere Umsetzung der Wasserrahmenrichtlinie maßgeblich beeinflussen. Die im Rahmen der Bestandsaufnahme zu leistenden Arbeiten ergeben sich im Einzelnen aus der Richtlinie selbst, den nationalen rechtlichen Regelungen und den teilweise noch in der Entstehung begriffenen europäischen und nationalen Leitlinien. Die Leitlinien sind nicht verbindlich und erscheinen derzeit nicht zuletzt aufgrund ihrer Vielfalt, ihrer zahlreichen Querverweise auf andere Arbeitshilfen und ihrer teils unkonkreten Handlungsanweisungen als schwierig anwendbar.

Datenerfassung und -auswertung in den Ländern

403. Die Bestandsaufnahme mit der Berichtsübermittlung ist bereits Ende des Jahres 2004 abzuschließen. Die Datenerfassung sollte daher spätestens Anfang des Jahres 2004 abgeschlossen sein. Im Hinblick auf diese knappe Frist wird häufig betont, dass für die Bestandsaufnahme vornehmlich auf bereits verfügbare Daten der Bundesländer zurückgegriffen werden sollte. Es liegen jedoch längst nicht für alle zu erfassenden Qualitätskomponenten (bundesweit) Daten vor. Erste Erfahrungen bei der Bestandsaufnahme lassen zudem grundsätzliche Schwierigkeiten bei der Datenbereitstellung und -auswertung beziehungsweise beim länderübergreifenden Datenmanagement erkennen. So wurde im Rahmen des Pilotprojektes Main zum einen festgestellt, dass häufig Defizite in den Datenbeständen hinsichtlich Aktualität und Vollständigkeit vorliegen. Zum anderen unterschieden sich die in den einzelnen Bundesländern erhobenen beziehungsweise verfügbaren Daten in Menge, Struktur und Qualität teilweise stark, sodass intensive Nachfragen sowie Anpassungen und Abgleiche der Daten innerhalb der Länder und (besonders) an den Ländergrenzen erforderlich waren. Die Vielzahl der beteiligten Behörden sowie technische Probleme und Personalmangel behindern das Datenmanagement bei der Bestandsaufnahme zusätzlich (vgl. Regierung von Unterfranken, 2003).

404. Der bisherige Verlauf der Bestandsaufnahme zeigt deutlich, dass in den Bundesländern die Herangehensweise an die Bestandsaufnahme qualitativ sehr unterschiedlich ausfällt und behördlicherseits nach wie vor sehr bundeslandbezogen vorgegangen wird (vgl. Regierung von Unterfranken, 2003). So erscheint dem Umweltrat die bundeslandübergreifende Datenerfassung und -auswertung in den Flussgebietseinheiten stark verbesserungsbedürftig. Die vordringliche Koordinationsaufgabe für die mit der Umsetzung der Wasserrahmenrichtlinie beauftragten Behörden in den Ländern besteht darin, überhaupt eine einheitliche Darstellung der von den Ländern aufgrund ihrer Datenstrukturen und Bewertungen erhaltenen Ergebnisse der Bestandsaufnahme herzustellen. Der Umweltrat hält es für dringend geboten, dass die Länder Standards für die Datenerfassung alsbald verbindlich abstimmen. Anderenfalls droht die Grundlage der Bewirtschaftungsplanung in Form der Bestandsaufnahme zu scheitern.

405. Der mit den Anforderungen an die erstmalige Bestandsaufnahme intendierte Modernisierungsimpuls sollte von den zuständigen Verwaltungen als Chance für die Sicherstellung der Basis des zukünftigen wasserwirtschaftlichen Vollzugs verstanden und wahrgenommen werden. So lassen sich nach Auffassung des Umweltrates die mit der Bestandsaufnahme einhergehenden großen Datenmengen nur mithilfe moderner EDV-Anwendungen erfassen und adäquat auswerten. Jedoch besteht in den Bundesländern scheinbar weiterhin keine Einigkeit darüber, in welchem Umfang EDV-Anwendungen bei der Umsetzung der Wasserrahmenrichtlinie heranzuziehen sind. Nicht zufällig wird in der Richtlinie und in den zugehörigen Arbeitshilfen jedoch die Anwendung Geographischer Informationssysteme (GIS) bei der Bestandsaufnahme als zeitgemäßes Instrumentarium nahegelegt (vgl. Anhang I Wasserrahmenrichtlinie; Guidance Document GIS). Auch wenn mit der Implementierung solcher Informationssysteme ein erheblicher Aufwand bei der Datenvorbereitung verbunden sein kann, wird dieser durch die Möglichkeiten gerechtfertigt, die dieses Informationssystem insbesondere bei der Berichterstellung bietet.

Erste wirtschaftliche Analyse bei der Bestandsaufnahme

406. Die Wasserrahmenrichtlinie verlangt bis zum Jahr 2004 als Bestandteil der Bestandsaufnahme eine erste wirtschaftliche Analyse der Wassernutzung für jede Flussgebietseinheit (LAWA, 2003b, S. 65). Die wirtschaftliche Analyse muss bereits ausreichende Informationen zur Berücksichtigung des Kostendeckungsprinzips, zu den Anreizen der Wassergebührenpolitik sowie zu den Kosten von Maßnahmen liefern (INTERWIES und KRAEMER, 2001). Konkrete Hilfestellung bei der Durchführung der ersten wirtschaftlichen Analyse geben die Arbeitshilfe der WATECO-Arbeitsgruppe (CIS working group 2.6) und die LAWA-Arbeitshilfe (EWENS, 2003; LAWA, 2003b; EU-Kommission, 2003a).

407. Die Berücksichtigung des Kostendeckungsprinzips beruht auf Artikel 9 Abs. 1 Wasserrahmenrichtlinie. So haben die Mitgliedstaaten unter Einbeziehung der wirtschaftlichen Analyse gemäß Anhang III der Richtlinie und insbesondere unter Zugrundelegung des Verursacherprinzips den Grundsatz der Deckung der Kosten der Wasserdienstleistungen einschließlich umwelt- und ressourcen-bezogener Kosten zu berücksichtigen. Umweltkosten sind Kosten für Schäden, die die Wassernutzung für Umwelt, Ökosysteme und Personen mit sich bringt, (z. B. durch Verschlechterung der ökologischen Qualität von aquatischen Ökosystemen oder die Versalzung oder qualitative Verschlechterung von Anbauflächen). Demgegenüber entsprechen Ressourcenkosten den Kosten für entgangene Möglichkeiten, unter denen andere Nutzungszwecke infolge einer Nutzung der Ressource über ihre natürliche Wiederherstellungs- oder Erholungsfähigkeit hinaus leiden (z. B. in Verbindung mit einer übermäßigen Grundwasserentnahme; EU-Kommission, 2000).

Dem begrüßenswerten Vorsatz der Einbeziehung von Umwelt- und Ressourcenkosten in das Kostendeckungsprinzip stehen jedoch bisher einige grundlegende Schwierigkeiten entgegen. Zunächst ist für die Einbeziehung von Umwelt- und Ressourcenkosten eine genaue Kenntnis der hydrologischen beziehungsweise hydromorphologischen Charakteristika eines Einzugsgebietes unabdingbare Eingangsvoraussetzung (SCHMALHOLZ, 2001). In vielen Fällen dürfte diese Voraussetzung noch nicht erfüllt sein. Ferner ist hervorzuheben, dass trotz der definitorischen Vorgaben durch die EU-Kommission nicht allgemein anerkannt ist, was unter Umwelt- und Ressourcenkosten überhaupt zu verstehen ist. Vom methodischen Standpunkt aus ist zu bedauern, dass monetäre Bewertungsverfahren von Umweltschäden und Ressourceninanspruchnahme bisher weit gehend fehlen oder nur in Ansätzen vorhanden sind (SCHMALHOLZ, 2001).

408. Die erste wirtschaftliche Analyse wird definitiv noch nicht genügend Informationen zur Beurteilung der Kosteneffizienz von Maßnahmen und Maßnahmenkombinationen zur Erreichung der Zielsetzungen der Wasserrahmenrichtlinie beinhalten und somit nur einen grob orientierenden Charakter haben (vgl. auch EWENS, 2003, S. 5, 10). Um jedoch später die kosteneffizientesten Kombinationen der in das Maßnahmenprogramm nach Artikel 11 Wasserrahmenrichtlinie aufzunehmenden Maßnahmen auf der Grundlage von Schätzungen ihrer potenziellen Kosten (gemäß Anhang III der Richtlinie) überhaupt beurteilen zu können, führt die Frage der Operationalisierung von Methoden zur Bewertung von Umwelt- und Ressourcenkosten die Liste zur zukünftigen Entwicklungsarbeit an (EU-Kommission, 2003a, S. 6). Die LAWA verweist in diesem Zusammenhang darauf, dass derzeit ein nationales Handbuch „Kosteneffizienter Gewässerschutz" in Vorbereitung ist, das strategische Überlegungen unterstützen soll, um Maßnahmen für eine genaue Prüfung bis zur Erstellung des Maßnahmenprogramms auszuwählen.

5.1.3.2 Erheblich veränderte Wasserkörper

409. Für einen einheitlichen Vollzug der Wasserrahmenrichtlinie sind für die Bestandsaufnahme deutlich spezifischere Vorgaben zur Ausweisung künstlicher und vor allem erheblich veränderter Wasserkörper unentbehrlich. Einen wesentlichen Beitrag hierzu soll das *Guidance Document on identification and designation of heavily modified and artificial water bodies* zur Wasserrahmenrichtlinie leisten. Diese Leitlinie, die durch die im Rahmen der gemeinsamen Strategie zur Umsetzung der Wasserrahmenrichtlinie (*Common Implementation Strategy* [CIS]) eingerichtete Arbeitsgruppe 2.2 erstellt wurde, enthält unter anderem ein detailliertes, in elf Schritte untergliedertes Schema zum Vorgehen bei der Ausweisung erheblich veränderter und künstlicher Wasserkörper (Working Group – WG – 2.2, CIS, 2003, S. 29). Dieses Schema sieht zwei Zeithorizonte vor. Wie Abbildung 5-2 zu entnehmen ist, sind die Wasserkörper auf der Grundlage der Ergebnisse der Bestandsaufnahme bis Dezember 2004 zunächst nur vorläufig als erheblich verändert einzustufen (Schritte 1 bis 6). Die endgültige Festlegung, die allerdings alle sechs Jahr zu überprüfen ist, erfolgt dann im Bewirtschaftungsplan in den Jahren 2008/2009 (Schritte 7 bis 11).

Zeithorizont bis 2004

410. Die zunächst vorzusehende Festlegung der Wasserkörper ist eine wichtige Voraussetzung für die Umsetzung der Wasserrahmenrichtlinie überhaupt, da die Wasserkörper die essenziellen *Maßeinheiten* für die Berichterstattung und die Bewertung der Zielerreichung sind (vgl. auch Guidance Document 2.2, 2003, S. 35 f.). Die Festlegung der Wasserkörper wird durch die Leitlinie *Identification of water bodies* geregelt (vgl. Horizontal Guidance Document on the application of the term „water body" in the context of the Water Framework Directive, 15 January 2003). Der Umweltrat betont die Notwendigkeit, sich über die Bundesländergrenzen hinweg auf eine bundesweit einheitliche Vorgehensweise bei der Aufteilung der Gewässer in Wasserkörper zu einigen. Derzeitig zeichnet sich eine einheitliche Vorgehensweise zur Festlegung der Wasserkörper nicht ab.

Hinsichtlich der Ausnahmeregelung der Ausweisung *erheblich veränderter Wasserkörper* erlangt die sachgerechte Festlegung der Wasserkörper besondere Bedeutung (Schritt 1). So bedarf etwa der Klärung, inwieweit beispielsweise bei Wasserkörpern mit sehr großer Ausdehnung bereits einzelne erhebliche hydromorphologische Veränderungen ausreichen können, um den gesamten Gewässerabschnitt als *erheblich verändert* auszuweisen, auch wenn für andere Teilbereiche des Wasserkörpers die Qualitätsziele der Wasserrahmenrichtlinie durchaus erreichbar wären (Empfehlungen zur Festlegung der Wasserkörper s. Tz. 414, 426).

411. Die weiteren Prüfkriterien der Leitlinie geben vor, dass eine – zunächst vorläufige – Ausweisung eines Wasserkörpers als erheblich verändert nur dann erfolgen kann, wenn tatsächlich bedeutende und dauerhafte hydromorphologische Veränderungen des Gewässers vorliegen (Schritte 3 bis 6). Insbesondere ist die *Erheblichkeit* der Veränderungen festzustellen. So bedeuten auch dauerhafte hydromorphologische Veränderungen keineswegs automatisch erheblich veränderte Wasserkörper im Sinne der Wasserrahmenrichtlinie. Beispielsweise stellt das Vorhandensein von Wehren in der Regel keinen ausreichenden Grund für eine Ausweisung als erheblich verändertes Gewässer dar. Erst recht können Wasserentnahmen, -einleitungen oder -überleitungen, die durchaus den guten ökologischen Zustand gefährden können, nicht zu einer Einstufung eines Wasserkörpers als erheblich verändert führen, da bei derartigen Eingriffen keine erheblichen morphologischen Veränderungen im Gewässer vorliegen (IRMER und RECHENBERG, 2003).

Bis zum Jahr 2004 wird lediglich vorläufig darüber entschieden, ob ein Wasserkörper derartig anthropogen verändert ist, dass die Umweltziele nach Artikel 4 der Wasserrahmenrichtlinie voraussichtlich nicht erreicht werden können.

Zeithorizont von 2004 bis 2009

412. Im Zeitraum von 2004 bis 2009 ist die vorläufige Ausweisung als erheblich verändert zu überprüfen. Dazu sind für alle Wasserkörper die Restaurierungsmaßnahmen zu benennen, die notwendig wären, um den guten ökologischen Zustand zu erreichen (Schritt 7). Wenn diese Maßnahmen Auswirkungen auf die Umwelt im weiteren Sinn oder die in Artikel 4 Abs. 3 lit.a genannten Nutzungen haben, ist wiederum zu prüfen, ob die nutzbringenden Ziele, denen die veränderten Merkmale des Wasserkörpers dienen, durch andere wesentlich bessere Umweltoptionen erreicht werden können, wenn sie zudem technisch durchführbar und nicht unverhältnismäßig teuer sind. Wird eines dieser drei Kriterien negativ beschieden, kann der Wasserkörper als erheblich verändert ausgewiesen werden. Anschließend ist das höchste ökologische Potenzial zu ermitteln und das gute ökologische Potenzial als Ziel im Bewirtschaftungsplan festzuschreiben.

Fazit zur Leitlinie *Erheblich veränderte Wasserkörper*

413. Zu der Leitlinie ist anzumerken, dass durch ein formalisiertes Vorgehen zur Ausweisung erheblich veränderter Wasserkörper wichtige Prüfschritte vorgegeben werden, die eine missbräuchliche Ausweisung von Wasserkörpern verhindern sollen. Wird die Ausnahmeregelung in Anspruch genommen, ohne dass sämtliche der genannten Prüfschritte erfolgt sind, so ist von einer missbräuchlichen Anwendung auszugehen. Aber auch die vorliegende Leitlinie kann elementare Schwachpunkte wichtiger Prüfkriterien nicht beheben, sodass sich die eindeutige Abgrenzung zwischen einer korrekten und missbräuchlichen Ausweisung schwierig gestalten dürfte. So dürfte die Prüfung, ob Gewässernutzungen nicht durch andere wesentlich bessere, technisch machbare und nicht unverhältnismäßig teure Umweltoptionen realisiert werden können (LAWA, April 2003), nur unter Schwierigkeiten umgesetzt werden können, da insbesondere in Bezug auf Artikel 4 Abs. 3 lit.b Wasserrahmenrichtlinie immer noch sehr vage bleibt, was unter einer wesentlich besseren Umweltoption zu verstehen ist, und vor allem, ab wann Kosten als unverhältnismäßig einzustufen sind (vgl. IRMER und RECHENBERG, 2001) und wie umfänglich die Alternativenprüfung auszufallen hat (vgl. SCHMALHOLZ, 2001, S. 78). Ferner bleibt über die elf Schritte hinaus zu befürchten, dass trotz der Verpflichtung einer Überprüfung im sechsjährigen Intervall die erste Einstufung faktisch einer Vorentscheidung zur dauerhaften Klassifizierung eines Wasserkörpers als erheblich verändert gleichkommt.

414. Es ist zu erwarten, dass gerade in industriell geprägten Ländern wie Deutschland die Einstufung als erheblich verändert eher der Regelfall als die Ausnahme sein wird. Erste, vom Umweltrat mündlich erfragte Schätzungen gehen für Deutschland davon aus, dass zwischen 40 und 60 % der Oberflächengewässerstrecken als erheblich verändert ausgewiesen werden dürften. Damit würde sich in der Praxis das Regel-Ausnahme-Verhältnis der Wasserrahmenrichtlinie umkehren. Der Umweltrat stellt die Möglichkeit der Einstufung von Wasserkörpern als erheblich verändert nicht im Grundsatz infrage, betont jedoch, dass es sich hierbei um eine Ausnahmeregelung und nicht um eine frei wählbare Einstufungsoption handelt, die einfach anhand des Status quo eines Gewässers vorgenommen werden kann. Daher sollte eine entsprechende Einstufung nur dort erfolgen, wo sie im Hinblick auf die, auf der europäischen und nationalen Arbeitsebene erarbeiteten Kriterien auch tatsächlich vertretbar ist und andere Möglichkeiten wie die schrittweise Anhebung des Gewässerschutzniveaus bei gegebenenfalls verlängerten Umsetzungsfristen nicht infrage kommen (vgl. Tz. 388).

Abbildung 5-2

In elf Schritte untergliedertes Schema zum Vorgehen bei der Ausweisung erheblich veränderter und künstlicher Wasserkörper

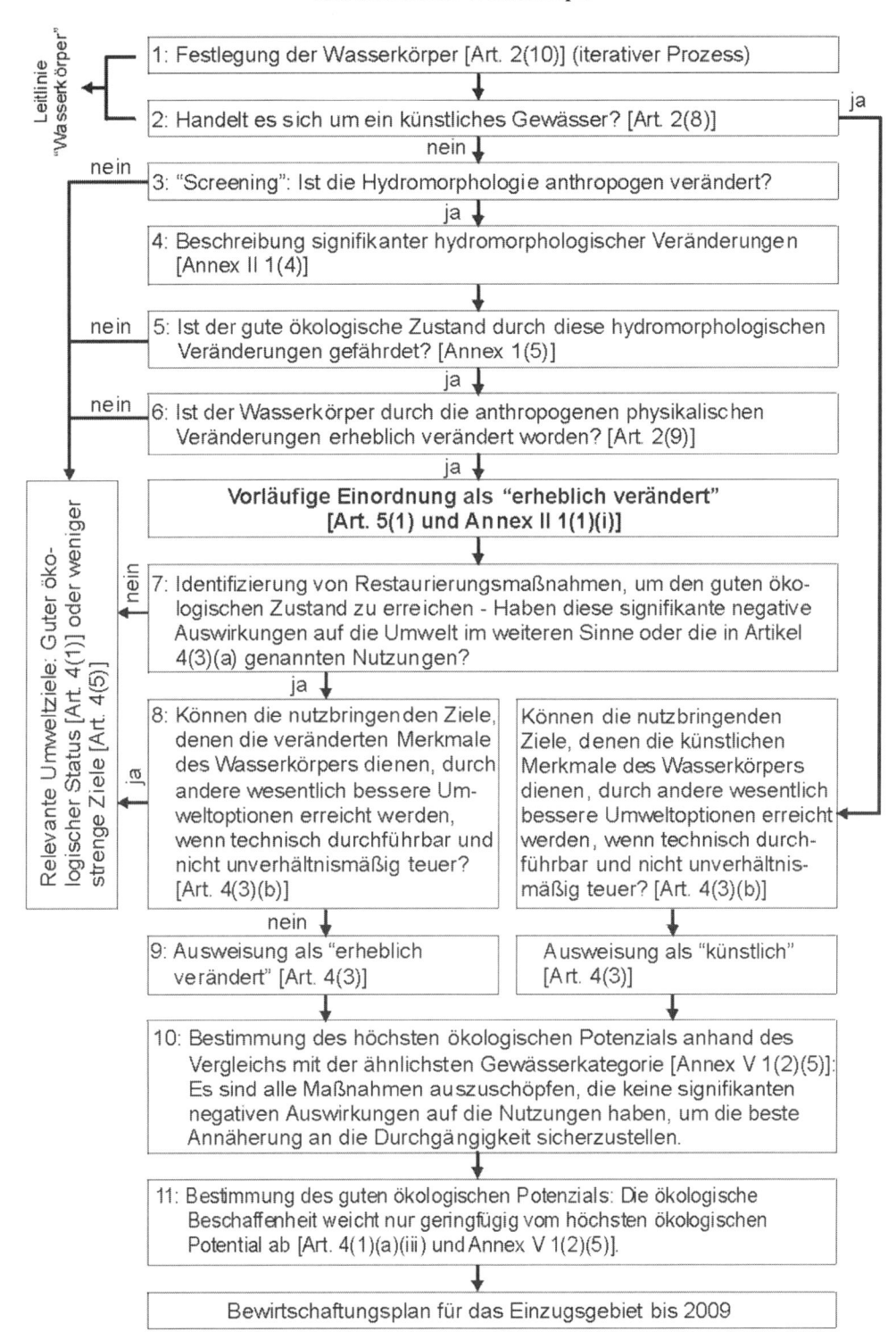

```
Leitlinie "Wasserkörper"
   ┌──────────────────────────────────────────────────────────────┐
   └─► 1: Festlegung der Wasserkörper [Art. 2(10)] (iterativer Prozess)
       │
       └─► 2: Handelt es sich um ein künstliches Gewässer? [Art. 2(8)] ──ja──┐
                              │ nein                                          │
     nein  3: "Screening": Ist die Hydromorphologie anthropogen verändert?   │
                              │ ja                                            │
           4: Beschreibung signifikanter hydromorphologischer Veränderungen  │
              [Annex II 1(4)]                                                 │
                              │                                               │
     nein  5: Ist der gute ökologische Zustand durch diese hydromorphologischen
              Veränderungen gefährdet? [Annex 1(5)]                          │
                              │ ja                                            │
     nein  6: Ist der Wasserkörper durch die anthropogenen physikalischen   │
              Veränderungen erheblich verändert worden? [Art. 2(9)]          │
                              │ ja                                            │
           Vorläufige Einordnung als "erheblich verändert"                   │
           [Art. 5(1) und Annex II 1(1)(i)]                                  │
                              │                                               │
     nein  7: Identifizierung von Restaurierungsmaßnahmen, um den guten öko-│
              logischen Zustand zu erreichen - Haben diese signifikante negative
              Auswirkungen auf die Umwelt im weiteren Sinne oder die in Artikel
              4(3)(a) genannten Nutzungen?                                   │
                              │ ja                                            │
   ┌─ 8: Können die nutz-        Können die nutzbringenden                   │
   │  bringenden Ziele,          Ziele, denen die künstlichen                │
   │  denen die veränderten      Merkmale des Wasserkörpers                  │
   │  Merkmale des Wasser-       dienen, durch andere wesentlich             │
   │  körpers dienen, durch      bessere Umweltoptionen erreicht◄────────────┘
   │  andere wesentlich bessere  werden, wenn technisch durch-
   │  Umweltoptionen erreicht    führbar und nicht unverhältnis-
   │  werden, wenn technisch     mäßig teuer? [Art. 4(3)(b)]
   │  durchführbar und nicht
   │  unverhältnismäßig teuer?
   │  [Art. 4(3)(b)]
   │ nein
   9: Ausweisung als "erheblich    Ausweisung als "künstlich"
      verändert" [Art. 4(3)]       [Art. 4(3)]

   10: Bestimmung des höchsten ökologischen Potenzials anhand des
       Vergleichs mit der ähnlichsten Gewässerkategorie [Annex V 1(2)(5)]:
       Es sind alle Maßnahmen auszuschöpfen, die keine signifikanten
       negativen Auswirkungen auf die Nutzungen haben, um die beste
       Annäherung an die Durchgängigkeit sicherzustellen.

   11: Bestimmung des guten ökologischen Potenzials: Die ökologische
       Beschaffenheit weicht nur geringfügig vom höchsten ökologischen
       Potential ab [Art. 4(1)(a)(iii) und Annex V 1(2)(5)].

   Bewirtschaftungsplan für das Einzugsgebiet bis 2009
```

Relevante Umweltziele: Guter ökologischer Status [Art. 4(1)] oder weniger strenge Ziele [Art. 4(5)]

Quelle: IRMER und RECHENBERG, 2003, S. 2/15

5.1.3.3 Synergien mit anderen Planungs- und Umsetzungsinstrumenten

415. Um die Gefahr einer Parallelplanung und damit die Konkurrenz zur Raumplanung zu vermeiden, sollte bei der Entwicklung der von der Wasserrahmenrichtlinie verlangten wasserwirtschaftlichen Planung auf in Deutschland bestehende raumwirksame Planungen zurückgegriffen werden. So können zum Beispiel die Agrarstrukturelle Entwicklungsplanung oder die Forstliche Rahmenplanung beziehungsweise Waldfunktionsplanungen herangezogen werden. Flurneuordnungsverfahren können bei der Flächenbeschaffung, zum Beispiel für Gewässerrandstreifen eine wichtige Rolle spielen. Umgekehrt sollten die Bewirtschaftungspläne als bindende, der Abwägung nicht zugängliche Vorgaben in Regionalpläne übernommen werden (JESSEL, 2002, S. 16 f.).

416. Zahlreiche nach der Wasserrahmenrichtlinie zu erfassende Aspekte, die in einem engen Zusammenhang zu den Landschaftsfunktionen und -potenzialen stehen, werden bereits in der Landschaftsplanung erfasst. So bietet es sich beispielsweise an, im Rahmen der erstmaligen Beschreibung von Grundwasserkörpern die zu ermittelnden grundwasserabhängigen Landökosysteme auf der Basis vorliegender Unterlagen der Naturschutzverwaltungen zu charakterisieren. Außerdem enthalten Landschaftspläne Aussagen zu Landschaftsfunktionen und -potenzialen zum Beispiel zur Gewässerstruktur und Biotopqualitäten der Gewässer sowie zur Flächenretention, die auch nach den Vorgaben der Wasserrahmenrichtlinie erhoben werden sollen (JESSEL, 2002, S. 16). In Bezug auf die Bewirtschaftungspläne bietet die Landschaftsplanung über ihr hierarchisch angelegtes System (Landschaftsprogramm auf Ebene eines Bundeslandes – Landschaftsrahmenplan auf regionaler Ebene – kommunaler Landschaftsplan für Gemeinden oder Landkreise) zudem bereits einen über die verschiedenen politischen und maßstäblichen Ebenen gestaffelten Ansatz und ist aufgrund des im letzten Jahr novellierten Bundesnaturschutzgesetzes flächendeckend zu erstellen und in Zukunft regelmäßig fortzuschreiben.

417. Auch das Verzeichnis der Schutzgebiete nach Artikel 6 Wasserrahmenrichtlinie sollte in enger Kooperation mit den Naturschutzbehörden erstellt werden. Zur Unterstützung der Ermittlung der relevanten NATURA-2000-Gebiete erarbeitet das Bundesamt für Naturschutz derzeit eine Liste der wasserabhängigen Arten und Lebensräume, die nach der FFH- und Vogelschutzrichtlinie geschützt sind. In Niedersachsen sind zum Beispiel 80 % aller nach Anhang II FFH-RL zu schützenden Tierarten an wasserabhängige Lebensräume gebunden und circa die Hälfte aller in Niedersachsen vorkommenden FFH-Lebensraumtypen werden in ihren Strukturen und ihrer Artzusammensetzung wesentlich durch Oberflächengewässer oder das Grundwasser geprägt (MIERS, 2002, S. 40). Über die Erfassung der NATURA-2000-Gebiete hinaus sollten dabei die Gebiete anderer Schutzkategorien des BNatSchG einbezogen werden, für die die Verbesserung des Wasserzustandes einen wichtigen Faktor für die Erhaltung und Entwicklung von Lebensräumen und Arten darstellt.

5.1.3.4 Information und Anhörung der Öffentlichkeit

418. Von hoher Relevanz bei der Umsetzung der Wasserrahmenrichtlinie ist die Sicherstellung der von der Richtlinie geforderten Informationen und die Anhörung der Öffentlichkeit. Sie umfasst neben der Bereitstellung von Informationen die Förderung der aktiven Beteiligung aller interessierten Stellen an der Umsetzung der Wasserrahmenrichtlinie. Gemäß Artikel 14 Abs. 1 Wasserrahmenrichtlinie haben die Mitgliedstaaten insbesondere die aktive Beteiligung an der Aufstellung, Überprüfung und Aktualisierung der Bewirtschaftungspläne für die Einzugsgebiete zu fördern. Die Mitgliedstaaten sorgen demnach dafür, dass sie für jede Flussgebietseinheit einen Zeitplan und ein Arbeitsprogramm für die Aufstellung des Bewirtschaftungsplans, einen vorläufigen Überblick über die für das Einzugsgebiet festgestellten wichtigen Wasserbewirtschaftungsfragen und die Planentwürfe veröffentlichen und der Öffentlichkeit zugänglich machen, damit diese Stellung nehmen kann. Außerdem muss auf Antrag auch der Zugang zu Hintergrunddokumenten und -informationen gewährt werden, die bei der Erstellung des Bewirtschaftungsplanentwurfs herangezogen wurden.

419. Entsprechend Artikel 14 Abs. 1 Wasserrahmenrichtlinie muss das jeweilige Landesrecht vorsehen, dass spätestens drei Jahre vor Beginn des Zeitraums, auf den sich der Bewirtschaftungsplan bezieht, Zeitplan, Arbeitsprogramm und die zu treffenden Anhörungsmaßnahmen veröffentlicht werden. Spätestens zwei Jahre vor Beginn dieses Zeitraums ist ein Überblick über die für das Einzugsgebiet festgestellten wichtigen Wasserbewirtschaftungsfragen und spätestens ein Jahr zuvor sind die Entwürfe des Bewirtschaftungsplans zu veröffentlichen. Der Umweltrat weist allerdings darauf hin, dass Artikel 14 Abs. 1 S. 1 Wasserrahmenrichtlinie mit dem Postulat der Förderung der aktiven Beteiligung der Öffentlichkeit über die in Artikel 14 Abs. 1 S. 2 Wasserrahmenrichtlinie geregelte dreistufige Anhörung zum Bewirtschaftungsplan hinausgeht. Der Beteiligungsprozess ist demnach nicht auf die Erstellung des Bewirtschaftungsplans zu beschränken, sondern sollte frühzeitig bereits im Rahmen der Bestandsaufnahme und bei Erarbeitung der Maßnahmenprogramme erfolgen (JEKEL, 2003; KNOPP, 2003d; HOLZWARTH und BOSENIUS, 2002, S. 42). Die Implementierung der *Förderung der aktiven Beteiligung der Öffentlichkeit* in den 16 Landeswassergesetzen scheint bereits im Vorfeld der Verabschiedung der erforderlichen Gesetzesnovellen nicht die gebotene Berücksichtigung gefunden zu haben. In dem entsprechenden Textbaustein der LAWA (vgl. Tz. 391) zur länderrechtlichen Umsetzung der Regelungsaufträge des WHG wurde der Artikel 14 Wasserrahmenrichtlinie nicht vollständig übernommen. So fehlt in dem Baustein offenbar die gemäß Artikel 14 Abs. 1 Satz 1 sicherzustellende Förderung der aktiven Beteiligung der Öffentlichkeit. Dessen ungeachtet haben die Länder Schleswig-Holstein und Bayern die Förderung der aktiven Beteiligung in ihre Landeswassergesetze bereits aufgenommen. Dagegen fehlt die Förderung der aktiven Beteiligung im neuen Landeswassergesetz Rheinland-Pfalz.

420. Voraussetzung jeglicher Beteiligung der Öffentlichkeit bei der Umsetzung der Wasserrahmenrichtlinie ist das transparente und verständliche Informationsangebot. Der Umweltrat hat in seinem Umweltgutachten 2002 die bestehenden erheblichen Mängel bei der Informationsbereitstellung aufgezeigt. Im Rahmen einer eingehenden Auseinandersetzung mit dem Thema „Bürger und aktivierender Staat im Umweltschutz" kritisiert der Umweltrat, dass gegen extensive Informationsansprüche des Bürgers und routinemäßige aktive Bereitstellung relevanter Informationen in Deutschland trotz gewisser Fortschritte in jüngerer Zeit noch immer erhebliche Vorbehalte bestehen (SRU, 2002a, Tz. 176). Der Umweltrat bemängelte, dass beispielsweise die Praxis, umweltrelevante Informationen – unter anderem Gesetz- und Verordnungsentwürfe – aktiv und frühzeitig über das Internet zugänglich zu machen, in Deutschland noch immer unterentwickelt ist (vgl. auch JEKEL, 2002, S. 353). Außerdem fehlt es aufgrund der unzureichenden aktiven Informationspolitik der Vollzugsbehörden im Umweltschutz an einer systematischen, öffentlich zugänglichen umweltbehördlichen Vollzugsberichterstattung (SRU, 2002a, Tz. 130, 176). Vor diesem Hintergrund sind im Rahmen der Umsetzung der Wasserrahmenrichtlinie noch etliche Arbeiten seitens der zuständigen Stellen zu leisten, um eine Einbeziehung der Öffentlichkeit tatsächlich gewährleisten zu können.

Neben der Bereitstellung von Informationen ist unabdingbare Voraussetzung für die fachliche Umsetzung der Wasserrahmenrichtlinie, dass die zuständigen Behörden und die Öffentlichkeit zu einer konstruktiven Zusammenarbeit finden. Ohne ein hohes Maß an gegenseitiger Akzeptanz wird es bei der konkreten Festlegung der Maßnahmen zu erheblichen Schwierigkeiten kommen. Das heißt, dass im Rahmen eines ergebnisoffenen Verfahrens die Zusammenarbeit deutlich über die behördliche Bereitstellung von Informationen hinausgehen muss. Dabei gilt es auch, das in der nicht organisierten Öffentlichkeit vorhandene Wissen einzubeziehen, indem relevante Anmerkungen und Hinweise auch außerhalb des Kreises der organisierten Öffentlichkeit in den Planungsprozess einfließen können. Hierzu liegen bereits erste positive Erfahrungen vor. Das Beispiel Hamburg zeigt, dass die Ergebnisse der erstmaligen Bestandsaufnahme derzeitig im Internet allgemein zugänglich sind und der Öffentlichkeit Gelegenheit gegeben wird, ergänzende Beiträge oder Stellungnahmen einzubringen.

421. Hinsichtlich der formalen Ausgestaltung der Einbindung der Öffentlichkeit sind neben der Informationsbereitstellung durch die Wasserrahmenrichtlinie nicht näher konkretisierte Anhörungsmaßnahmen vorgesehen. Während die behördliche Bereitstellung von Informationen technisch noch relativ leicht umzusetzen sein wird (z. B. Internet, Broschüren), darf die zu etablierende Struktur der aktiven Einbeziehung und Anhörung der Öffentlichkeit als besondere Herausforderung für die Umsetzung in Deutschland angesehen werden. Der derzeitige Diskussionsstand lässt erwarten, dass die Öffentlichkeit zwar umfassend informiert, die aktive Einbeziehung und Anhörung aber nicht in eine formalisierte Struktur eingebunden werden soll. So seien durch Artikel 14 die erforderlichen Arbeiten und die zukünftige Gewässerbewirtschaftung für die Öffentlichkeit transparent zu machen, um sie zum Mitdiskutieren und -gestalten anzuregen, jedoch sei keinesfalls ein stark formalisiertes Verfahren gefordert. Eine formalisierte Anhörung der Öffentlichkeit auf mehreren Ebenen sei infolge des damit verbundenen zeitlichen und personellen Aufwandes und vor allem vor dem Hintergrund des strengen Fristenkonzeptes der Wasserrahmenrichtlinie nicht realisierbar (JEKEL, 2002). Ferner lässt sich aus der Wasserrahmenrichtlinie eine Klageberechtigung der Öffentlichkeit nicht ableiten. So seien Klagen gegen den Bewirtschaftungsplan nicht möglich, da die Maßnahmenprogramme und Bewirtschaftungspläne gegenüber Dritten keinen rechtsverbindlichen Charakter entfalten werden (FASSBENDER, 2001; SPILLECKE, 2000).

422. Allem Anschein nach wird die Verpflichtung zur Information und insbesondere zur Anhörung der Öffentlichkeit von behördlicher Seite nicht als willkommene Bereicherung, sondern eher als Hindernis empfunden. Im Falle einer formalen Einbindung der Öffentlichkeit ist die elementare Sorge der Behörden, dass sich die wasserwirtschaftlichen Planungsprozesse unverhältnismäßig verzögern. Dessen ungeachtet verdient das Begründungsmuster, warum der Öffentlichkeit formale Rechte vorenthalten werden sollen, besondere Beachtung. Neben juristischen Erwägungen (z. B. hinsichtlich der Unmöglichkeit eines Klagerechts) ist es häufig der Verweis auf die engen Fristsetzungen der Wasserrahmenrichtlinie, die eine allzu intensive Einbindung der Öffentlichkeit durch die Implementierung formaler Strukturen und Beteiligungsrechte nicht zulassen (vgl. auch JEKEL, 2002). Diese Argumentation ist insofern problematisch, da eine formalisierte Einbindung der Bevölkerung per se als prozessverlängernd eingestuft wird. Zwar traten beispielsweise bei der Öffentlichkeitsbeteiligung gemäß Verwaltungsverfahrensgesetz (VwVfG) im Rahmen der Planfeststellung bereits Verzögerungen auf, jedoch bleibt in der obigen Argumentation gänzlich unerwähnt, inwieweit behördliche Versäumnisse – beispielsweise bei der Informationspolitik gegenüber der Öffentlichkeit – zu Verzögerungen von Planungsprozessen beigetragen haben.

5.1.3.5 Empfehlungen zur fachlichen Umsetzung

423. Die derzeit zu leistende Bestandsaufnahme soll ein reales Bild des Zustands der Gewässer in Deutschland beziehungsweise Europa zeichnen und über die Ursachen der Gewässerbelastungen umfassend informieren. Im Rahmen der Bestandsaufnahme als erstem fachlichen Umsetzungsschritt stehen bedeutsame Vorentscheidungen für die zukünftige Gewässerbewirtschaftung in Deutschland an. Ihre sorgfältige, sachgerechte und bundesweit kohärente Durchführung ist daher unverzichtbar.

424. Dem Umweltrat erscheint die bundesländerübergreifende Datenerfassung und -auswertung in den Flussgebietseinheiten als noch stark verbesserungsbedürftig. Der Umweltrat appelliert an die Länder, zum einen zügig auf eine Vereinheitlichung, zumindest aber auf eine Vergleichbarkeit der Daten und Bewertungen hinzuwirken, um eine praktikable Grundlage für die tatsächliche Umsetzung der Wasserrahmenrichtlinie zu schaffen. Zum anderen sind bei der Bestandsaufnahme geeignete EDV-Instrumente wie Geographische Informationssysteme obligat heranzuziehen. Die Einführung derartiger EDV-Anwendungen bietet den wasserwirtschaftlichen Verwaltungen die große Chance, die instrumentelle Basis des zukünftigen wasserwirtschaftlichen Vollzugs sicherzustellen. Der Umweltrat empfiehlt weiterhin, bereits bei der Bestandsaufnahme Synergien mit anderen bereits bestehenden Planungs- und Umsetzungsinstrumenten gezielter zu nutzen als bisher.

425. Im Umweltgutachten 2000 begrüßte der Umweltrat die grundsätzliche Anerkennung des Kostendeckungsprinzips, verwies aber zugleich darauf, dass die den Mitgliedstaaten eingeräumte und stark kompromissbehaftete Möglichkeit, sozialen, ökologischen und wirtschaftlichen Auswirkungen der Kostendeckung sowie den geographischen und klimatischen Gegebenheiten der betreffenden Region Rechnung zu tragen, diesen Grundsatz in starkem Maße relativiert (SRU, 2000, Tz. 651). Weiterhin sind noch in großer Breite und Vielfalt definitorische und methodische Entwicklungsarbeiten notwendig, um die Umwelt- und Ressourcenkosten im Grundsatz der Kostendeckung angemessen zu berücksichtigen. Der Umweltrat empfiehlt daher nachdrücklich, diese Frage vordringlich und mit der gebotenen Eile anzugehen. In diesem Zusammenhang spricht er sich weiterhin dafür aus, das Prinzip der Kostendeckung grundsätzlich fachlichen Aspekten unterzuordnen. Die Einbeziehung von Umwelt- und Ressourcenkosten darf nicht so zugeschnitten werden, dass ihre kostenmäßige Vertretbarkeit im Vordergrund steht.

426. Im Hinblick auf die Ausnahmeregelung für erheblich veränderte Wasserkörper im Sinne des § 25b Abs. 1 WHG betont der Umweltrat, dass trotz der sich abzeichnenden starken Inanspruchnahme der Ausnahmeregelung in Deutschland von dieser Möglichkeit grundsätzlich nur in wirklichen Sonderfällen Gebrauch gemacht werden sollte. Bei der Ausweisung eines Wasserkörpers als erheblich verändert handelt es sich eben nicht um eine frei wählbare Einstufungsoption, sondern um eine, an feste Kriterien gebundene Abkehr vom Umweltziel des guten Zustands (Tz. 388, 414). Der Umweltrat empfiehlt daher, das Umweltziel des guten Zustands nicht vorschnell aufgeben und alternative Ausnahmeregelungen, im Rahmen derer das Umweltziel des guten Zustands weiterhin Bestand hat, beispielsweise bei der Verlängerung der Umsetzungsfristen, bevorzugt in Betracht zu ziehen. Auch gegenüber der Öffentlichkeit würde im Falle einer massiven Ausweisung von erheblich veränderten Wasserkörpern zu vertreten sein, wieso für derartig viele Wasserkörper der gute Zustand nicht erreichbar

erscheint. Der Umweltrat mahnt im Zusammenhang mit der Ausweisung erheblich veränderter Wasserkörper eine sachgerechte Aufteilung eines Fließgewässers in einzelne Wasserkörper an. Er empfiehlt grundsätzlich eine im Ansatz weit gehend kleinteilige Aufteilung der Gewässer in einzelne Wasserkörper, die es ermöglicht, über die vollständige Längenentwicklung eines Fließgewässers ausschließlich diejenigen Wasserkörper als erheblich verändert auszuweisen, auf die die erarbeiteten und noch zu erarbeitenden Ausnahmekriterien tatsächlich zutreffen.

427. Für die Umsetzung der durch die Wasserrahmenrichtlinie geforderten Information und Anhörung der Öffentlichkeit ist das Informationsangebot durch die zuständigen Behörden aktiv und kurzfristig deutlich zu verbessern. Insbesondere Planungs- und Vollzugsprozesse sind transparenter und allgemeinverständlich darzustellen. Vor dem Hintergrund einer aktiven Förderung der Information und Anhörung der Öffentlichkeit ist diese in jedem Fall früh in den Prozess der Umsetzung der Wasserrahmenrichtlinie einzubeziehen, also deutlich vor dem Jahr 2006. Der Umweltrat empfiehlt daher, bereits die Ergebnisse der Bestandsaufnahme nach der Berichtsübermittlung an die EU-Kommission zügig der Öffentlichkeit zugänglich zu machen und Stellungnahmen von der Öffentlichkeit einzuholen. Der absehbare vollständige Verzicht auf formalisierte Strukturen bei der Information und Anhörung der Öffentlichkeit zieht eine besondere Verantwortung der wasserwirtschaftlichen Behörden nach sich (vgl. auch GEILER, 2001). Nur wenn der Öffentlichkeit glaubhaft vermittelt werden kann, dass ihre in den Stellungnahmen schriftlich fixierten Belange, Einwände und Ideen ernst genommen werden und tatsächlich in den Prozess der Bewirtschaftungsplanung einfließen, wird die Information und Anhörung der Öffentlichkeit auf dem anvisierten unverbindlichen Niveau tatsächlich gelingen.

5.2 Grundwasser

428. Grundwasser ist in Deutschland die mit Abstand wichtigste Ressource zur Sicherstellung der Trinkwasserversorgung (s. Kap. 5.4). Es wirkt weiterhin als Transportmedium für in Böden eingetragene Nähr- und Schadstoffe, die so in Oberflächengewässer und Meere gelangen und dort ihre problematischen Wirkungen entfalten (SRU, 2004, Tz. 93 ff., 187 ff.). Dennoch sind nach wie vor die Maßnahmen zur Vermeidung beziehungsweise Minimierung der aus den Grundwasserbelastungen resultierenden Beeinträchtigungen unzureichend.

Der Umweltrat hat in der Vergangenheit wiederholt darauf hingewiesen, dass das Grundwasser zumindest in den oberflächennahen Grundwasserleitern aufgrund lang anhaltender und vielfältiger Bewirtschaftungseinflüsse nahezu überall anthropogen beeinflusst ist (SRU, 1998, Tz. 342). Die die grundwasserführenden Schichten überdeckenden Böden und Gesteine sind nicht immer in der Lage, das Grundwasser vor anthropogenen Beeinträchtigungen zu schützen. Entsprechende stoffliche Belastungen werden meist sehr spät entdeckt. Die Ursache und das

Ausmaß derartiger Beeinträchtigungen sind häufig nur schwer zu ermitteln.

Im Grundwasser laufen abiotische und mikrobielle Umsetzungsvorgänge in der Regel viel langsamer ab als in Oberflächengewässern. Die Beseitigung eingetretener massiver Schäden mittels einer Grundwassersanierung ist meist schwierig, langwierig und in der Regel kostenintensiv. Schadstoffe können über das Grundwasser weiträumig verteilt werden. Dies ist bei einer angestrebten Sanierung umso schwerwiegender, je weniger die hydraulischen Zusammenhänge innerhalb eines Grundwasservorkommens wie auch zwischen verschiedenen Grundwasserleitern oder zwischen Grundwasserleitern und Oberflächengewässern bekannt sind (SRU, 1998, Tz. 2*).

429. Ausgehend von einer fehlenden Gewährleistung des Grundwasserschutzes außerhalb von Wasserschutzgebieten forderte der Umweltrat die konsequente Anwendung des Grundsatzes eines flächendeckenden Grundwasserschutzes (SRU, 1998, Tz. 342). In diesem Zusammenhang schlug er für den Grundwasserschutz das Umweltqualitätsziel „anthropogen möglichst unbelastetes Grundwasser" vor, erreichbar durch eine weit gehende Vermeidung weiterer anthropogener Belastungen (SRU, 1998, Tz. 5*). Dabei betonte der Umweltrat, dass ein flächendeckender Grundwasserschutz wesentlicher Bestandteil des Konzeptes der dauerhaft umweltgerechten Entwicklung und nur in der strikten Einheit mit dem Bodenschutz realisierbar ist (Tz. 784 ff.; SRU, 1998, Tz. 342, 2000, Tz. 698).

5.2.1 Derzeitiger Stand der Beeinträchtigung der Qualität von Grundwasser

430. Neben punktuellen Beeinträchtigungen durch Altlasten sind ausgehend von der Landnutzung die diffusen Quellen emissionsrelevant für das Grundwasser. Hinsichtlich der landwirtschaftlichen Nutzung sind insbesondere Nitrat- und Pflanzenschutzmitteleinträge zu beachten, bei besiedelten Gebieten sind undichte Kanalisationen eine mögliche Ursache von Gewässerbelastungen (LAWA, 2002, S. 29).

Nach wie vor sind die Belastungen durch Nitrat und Pflanzenschutzmittel die häufigste Ursache für eine nachteilige Veränderung des Grundwasserzustandes (UBA, 2001a, S. 232). Neben diesen beiden Belastungen erachtet der Umweltrat zusätzlich weitere Schadstoffeinträge für bedeutsam, beispielsweise den flächendeckenden Eintrag von Stoffen aus der Atmosphäre in das Grundwasser (bei der Grundwasserneubildung) sowie mögliche Einträge an Umweltchemikalien und Arzneimittelwirkstoffen (SRU, 2000, Tz. 609, 1998, Tz. 344). Anknüpfend an die ausführlichen Ausführungen im Sondergutachten des SRU zum flächendeckend wirksamen Grundwasserschutz wird nachstehend der derzeitige Stand der Beeinträchtigung der Grundwasserqualität anhand der vom Umweltrat als potenziell problematisch eingestuften Stoffen beziehungsweise Stoffgruppen kurz umrissen (vgl. auch SRU, 1998, Tz. 39).

Nitrateinträge in das Grundwasser

431. Die letzte umfassende Datenerhebung zur Nitratbelastung des Grundwassers in Deutschland liegt schon neun Jahre zurück. Als der Umweltrat im Umweltgutachten 2000 zuletzt die stofflichen Beeinträchtigungen durch Nitrat im Grundwasser hervorhob (SRU, 2000, Tz. 607), berief er sich auf diese repräsentative bundesweite Erhebung zum Nitratgehalt im Grundwasser. Das Nitratmessnetz, das für die Berichterstattung gemäß EG-Nitratrichtlinie (91/676/EWG) einzurichten war, liefert in Bezug auf die Nitratbelastung des Grundwassers keine repräsentativen Ergebnisse, da die Auswahl der Messstellen unter anderem an den Kriterien eines eindeutigen Bezugs zur Landwirtschaft und einem deutlich erhöhten Nitratgehalt ausgerichtet wurde (BMU, 2001, S. 37). Trotz fehlender neuer Daten ist davon auszugehen, dass sich die im Jahr 1995 ermittelte Nitrat-Verteilung bis heute nicht wesentlich verändert haben dürfte (BMU, 2001, S. 36). Im Jahr 1995 wiesen etwa 25 % der beobachteten Grundwassermessstellen deutliche bis stark erhöhte Nitratgehalte auf (> 25 mg/l NO_3), die in der Regel auf eine landwirtschaftliche Bodennutzung zurückzuführen waren (vgl. auch SRU, 1998, Abschn. 2.3.1.1, 1996, Abschn. 2.3.3.1.3, 1985). An 11 % der Grundwassermessstellen lagen die Messwerte sogar oberhalb des Grenzwertes der Trinkwasserverordnung von 50 mg/l NO_3 Messwerte über 50 mg/l werden häufig in Gebieten mit Sonderkulturen wie Wein-, Gemüse- und Obstanbau festgestellt (BMU, 2001). Solange keine Trendumkehr bei der gegenwärtigen Düngungspraxis (d. h. Aufrechterhaltung des intensiven Düngemitteleinsatzes mit der Folge der Überdüngung der Böden; Tz. 291 ff., 793) vollzogen wird, ist in Bezug auf den Nitratgehalt des Grundwassers mindestens mit einer gleich bleibenden, oder sogar mit einer weiter zunehmenden Belastung zu rechnen.

Pflanzenschutzmittel im Grundwasser

432. Wie bei den Nitrateinträgen ist die Landwirtschaft auch Hauptverursacher für das Wasserqualitätsproblem infolge der Pflanzenschutzmittel (vgl. auch SRU, 2000, Tz. 608). Die Belastungen des Grundwassers mit PSM werden direkt oder indirekt durch ihre Metabolite beziehungsweise Begleitstoffe nachgewiesen. An jeder vierten von 12 886 Grundwassermessstellen in Deutschland traten im Jahr 2000 PSM-Belastungen auf. Der Grenzwert der geltenden Trinkwasserverordnung für PSM-Einzelsubstanzen von 0,1 µg/l wird an jeder zehnten Messstelle überschritten (UBA, 2000, S. 232). 63 % aller Pflanzenschutzmittelfunde beziehen sich auf die drei Stoffe Atrazin, Desethylatrazin und Simazin, obwohl für Atrazin und Simazin bereits seit vielen Jahren Anwendungsbeschränkungen oder -verbote bestehen (UBA, 2001a, S. 234). Daran ist das schon oft erwähnte *Langzeitgedächtnis* des Grundwassers ablesbar. Angaben zur Grundwasserbelastung durch die drei Pflanzenschutzmittel Atrazin, Desethylatrazin und Simazin sind Tab. 5-2 zu entnehmen.

Tabelle 5-2

Grundwasserbelastung mit Atrazin, Desethylatrazin und Simazin in Deutschland

Wirkstoff/Metabolit	Jahr	Anzahl Länder	insgesamt untersucht	nachgewiesen	nachgewiesen >0,1 mg/l
Atrazin	1998	14	3 980	804	143
	1999	14	5 297	934	129
	2000	15	6 560	1 124	139
	2001	15	6 590	849	114
Desethylatrazin	1998	13	3 862	1 074	335
	1999	14	5 265	1 278	294
	2000	14	6 542	1 452	295
	2001	14	6 533	1 228	224
Simazin	1998	13	3 904	172	14
	1999	14	5 113	208	20
	2000	15	6 398	291	28
	2001	15	6 460	257	22

Quelle: BMU, 2003a, S. 565

Arzneimittelrückstände im Grundwasser

433. Jährlich werden beträchtliche Mengen von Human- und Veterinärpharmaka produziert. Rückstände der Humanpharmaka gelangen nach Gebrauch über die menschlichen Ausscheidungen in das häusliche Abwasser. Im Falle einer landwirtschaftlichen oder landbaulichen Verwertung der bei der Abwasserreinigung anfallenden Klärschlamme können entsprechende Wirkstoffe über den Boden in das Grundwasser gelangen. Weiterhin sind Veterinärpharmaka beziehungsweise pharmakologisch wirksame Futtermittelzusatzstoffe für das Grundwasser besonders relevant, da diese Substanzen in der Regel mit der Gülle beziehungsweise dem Stallmist auf landwirtschaftlich genutzte Flächen aufgebracht werden, wo sie durch Versickerung ins Grundwasser verfrachtet werden können (SATTELBERGER, 1999). Ein Überblick über die Belastungssituation der aquatischen Umwelt mit Arzneimitteln und Umweltchemikalien wird in Kapitel 5.6 gegeben.

5.2.2 Aktuelle Ansatzpunkte zur Umsetzung eines flächendeckenden Grundwasserschutzes

434. Zur Behebung der Defizite im Grundwasserschutz schlug der Umweltrat im Jahr 1998 prioritäre Handlungsfelder vor und verknüpfte diese mit konkreten Forderungen zur Verbesserung des Grundwasserschutzes. Nach seiner Einschätzung betraf das neben der Gewässerschutzpolitik im Allgemeinen die wasserwirtschaftliche Verwaltung und die Landnutzungsplanung sowie die Datenerhebung einschließlich der Beschreibung der Schadstoffbelastungen insbesondere in ihren Auswirkungen auf die Trinkwasserversorgung (SRU, 1998, Tz. 10*). Sechs Jahre später zeichnen sich durch hinzugekommene beziehungsweise zu erwartende novellierte rechtliche Regelungen neue Ansatzpunkte zur Umsetzung eines flächendeckend wirksamen Grundwasserschutzes ab.

Zurzeit werden die europäischen und folglich auch die nationalen Regelungen zum Grundwasserschutz überarbeitet und neu geordnet. Die noch gültige Grundwasserrichtlinie 80/68/EWG (mit erheblicher Verzögerung umgesetzt in deutsches Recht durch die Verordnung zum WHG zur Umsetzung der Richtlinie 80/68/EWG des Rates vom 17. Dezember 1979 über den Schutz des Grundwassers gegen Verschmutzung durch bestimmte gefährliche Stoffe vom 18. März 1997) wird gemäß Artikel 22 Abs. 2 der Wasserrahmenrichtlinie am 22. Dezember 2013, das heißt 13 Jahre nach dem Inkrafttreten der Wasserrahmenrichtlinie 2000/60/EG, aufgehoben.

Wasserrahmenrichtlinie

435. Ein flächendeckend wirksamer Grundwasserschutz sollte im Zuge der Umsetzung der Wasserrahmenrichtlinie eine neue Gewichtung erfahren. Die Wasserrahmenrichtlinie knüpft ihre Umweltziele für das Grundwasser an ein Verschlechterungsverbot und an die Forderung nach einer Trendumkehr bei der Schadstoffbelastung. Damit gehen Schutz-, Verbesserungs- und Sanierungspflichten zur Herstellung eines guten Grundwasserzustands einher (Art. 4 Wasserrahmenrichtlinie). Ungeachtet aller

Ausnahmemöglichkeiten, die die Wasserrahmenrichtlinie bietet (s. Tz. 388 ff.), begrüßt der Umweltrat ausdrücklich, dass sie einen guten Zustand und im Falle zunehmender Schadstoffbelastungen eine Trendumkehr für alle Grundwasserkörper fordert. Diese bedeutende Zielsetzung ist nutzungsunspezifisch und bedeutet demnach eine wichtige Annäherung an das vom Umweltrat postulierte Leitbild eines *anthropogen möglichst unbelasteten Grundwassers*. So können durch die Vorgaben der Wasserrahmenrichtlinie wesentliche Verbesserungen bezüglich einheitlicher Datengrundlagen und Vorgehensweisen beim Grundwasserschutz erreicht werden. Insbesondere die derzeit durchzuführende Bestandsaufnahme sollte auf der Grundlage einer einheitlichen Erfassungs- und Bewertungssystematik verbesserte Kenntnisse über Gefährdungen und Belastungsempfindlichkeit durch Einträge und Eingriffe sowie deren Auswirkungen auf Grundwassermenge und -beschaffenheit liefern (vgl. auch SRU, 1998, Tz. 12*).

436. Fragen des Grundwasserschutzes wurden aufgrund großer Meinungsverschiedenheiten zwischen EU-Parlament und dem Rat bei der Verabschiedung der Wasserrahmenrichtlinie weit gehend ausgeklammert, sodass sich die Gremien auf das Erstellen einer Tochterrichtlinie zur Wasserrahmenrichtlinie zum Grundwasserschutz verständigten (Eröffnungsklausel in Art. 17 Wasserrahmenrichtlinie). So obliegt es der Tochterrichtlinie, präzise Kriterien für die Bestimmung des guten chemischen Zustands des Grundwassers und für die Bestimmung von Trends beziehungsweise die angestrebte Trendumkehr zu konkretisieren. Gemäß Artikel 17 der Wasserrahmenrichtlinie („Strategien zur Verhinderung und Begrenzung der Grundwasserverschmutzung") sollte die Kommission einen entsprechenden Vorschlag bis Ende 2002 vorlegen. Entgegen dieser ursprünglichen Zeitplanung wurde der erste offizielle Vorschlag für eine Tochterrichtlinie erst im September 2003 vorgelegt.

Grundwasser-Tochterrichtlinie zur Wasserrahmenrichtlinie

437. Der Kommissionsvorschlag für eine Grundwasserrichtlinie vom 19. September 2003 (KOM (2003) 550 endgültig) sieht keine Regelung des Grundwasserschutzes durch umfassende quantitative Anforderungen vor. In den Richtlinienvorschlag sind in Anhang I lediglich zwei so genannte Grundwasserqualitätsnormen für Nitrat und Wirkstoffe in Pestiziden einschließlich relevanter Stoffwechsel-, Abbau- und Reaktionsprodukte aufgenommen worden. Der Mangel an Überwachungsdaten und fehlende konsolidierte wissenschaftliche Erkenntnisse (vgl. Kap. 5.3 und 7.2) haben die EU-Kommission dazu veranlasst, neben den beiden Qualitätsnormen ein Verfahren der Schwellenwertfestlegung vorzuschlagen. Die Festlegung von Schwellenwerten und ihre Aufnahme in entsprechende Schadstofflisten soll für das jeweilige Hoheitsgebiet der einzelnen Mitgliedstaaten aufzeigen, welche Stoffe die Grundwasserkörper gefährden. Hierzu sind, neben den allgemeinen Hinweisen des Anhangs II, die in Anhang III enthaltenen Mindestlisten zu beachten, die zwingend zu berücksichtigende Stoffe vorgeben (Ammonium, Arsen Cadmium, Chlorid, Blei, Quecksilber und Sulfat sowie die flüchtigen Halogenkohlenwasserstoffe Trichlorethylen und Tetrachlorethylen). Gemäß dem Richtlinienvorschlag sind die erarbeiteten Schadstofflisten der EU-Kommission bis zum 22. Juni 2006 vorzulegen. Auf der Grundlage der übermittelten Schadstofflisten wird die EU-Kommission entscheiden, ob weitere Grundwasserqualitätsnormen festgelegt werden können. Der Anhang IV gibt in Ergänzung zu den Ausführungen der Wasserrahmenrichtlinie Schritte zur Ermittlung und Umkehr signifikanter und anhaltend steigender Trends an.

438. Die neue Grundwasserrichtlinie dient als wesentliche Voraussetzung für einen gemeinschaftsweit harmonisierten Grundwasserschutz. Sie wird sich daran messen lassen müssen, ob sie eine geeignete Vollzugsgrundlage zur Erreichung der Umweltziele der Wasserrahmenrichtlinie für das Grundwasser darstellt (guter mengenmäßiger und chemischer Zustand, Prinzip der Trendumkehr etc.). Die Regelungen des am 19. September 2003 vorgelegten Vorschlags werden nach Ansicht des Umweltrates allerdings nicht ausreichen, europaweit das durch die Wasserrahmenrichtlinie geforderte, anspruchsvolle Schutzniveau beim Grundwasser sicherzustellen.

Im Einzelnen ist zu kritisieren, dass die Festlegung von lediglich zwei Parametern (Nitrat und Pestizide) als Grundwasserqualitätsnormen in Anhang I des Richtlinienvorschlags zwar die besondere Verantwortung der Landwirtschaft betont und die bedeutsamsten Belastungen betrifft, jedoch für die eindeutige qualitative Beschreibung des guten Grundwasserzustands völlig unzureichend ist. In diesem Zusammenhang teilt der Umweltrat nicht die Auffassung der EU-Kommission, dass der Daten- und Erkenntnismangel im Hinblick auf das Grundwasser in allen Mitgliedstaaten derartig ausgeprägt ist, dass keine weiteren Grundwasserqualitätsnormen hätten bestimmt werden können. Insbesondere lassen die Ergebnisse der Bestandsaufnahme, die spätestens Ende des Jahres 2004 für alle Mitgliedstaaten vorliegen sollten, gemeinschaftsweit genauere Erkenntnisse bezüglich der Belastungssituation des Grundwassers erwarten.

439. Die Entscheidung, durch das ergebnisoffene Verfahren der Schwellenwertfestlegung die Formulierung zusätzlicher qualitativer Anforderungen aufzuschieben, hat zur Folge, dass die Anforderungen des Vorschlags der Grundwasserrichtlinie insgesamt sehr unspezifisch bleiben. Die neun Stoffe, die in die Mindestlisten des Anhangs III aufgenommen worden sind, stellen nur einen kleinen Ausschnitt des Spektrums der Schadstoffe dar, die bereits im Grundwasser nachgewiesen werden konnten. Insgesamt liegen mit der Festlegung der Schwellenwerte die eigentliche inhaltliche Ausgestaltung der Richtlinie und damit weit reichende Regelungsbefugnisse in den Händen der einzelnen Mitgliedstaaten. Da die Diskussion um den gemeinschaftlichen Grundwasserschutz seit langer Zeit durch unterschiedliche Standpunkte und vor allem durch große Widerstände geprägt wird (vgl. Tz. 437), ist auch nach der Übermittlung der Schadstofflisten an die EU-Kommission eine weitere Vertagung der Grenzwertsetzung zu befürchten.

440. Alle bisherigen europäischen Vorgaben zum Grundwasserschutz blieben enttäuschend. Der Handlungsbedarf im Bereich des Grundwasserschutzes wurde zwar frühzeitig erkannt, sodass die Grundwasserrichtlinie 80/68/EWG bereits im Jahr 1980 in Kraft treten konnte. Sie erwies sich aufgrund ihrer unspezifischen Anforderungen aber als weit gehend unwirksam für die Umsetzung eines effektiven Grundwasserschutzes. Obwohl diese Unwirksamkeit alsbald erkannt wurde, scheiterten jegliche Novellierungsbemühungen. Auch im Abstimmungsverfahren zur Wasserrahmenrichtlinie konnten keine konkreten Anforderungen zur Erreichung des guten Grundwasserzustandes in der Wasserrahmenrichtlinie verankert werden. Nun liegt – gemessen an der Fristsetzung der Wasserrahmenrichtlinie – ein stark verspäteter Richtlinienvorschlag für eine neue Grundwasserrichtlinie vor, der aufgrund des weit gehenden Fehlens eindeutiger qualitativer Anforderungen erneut ein hohes Maß an Unbestimmtheit aufweist. Dies ist insofern bedauerlich, als kein wirklich greifbarer Pfad eines anspruchsvollen und flächendeckend wirksamen Grundwasserschutzes in Europa erkennbar wird. Demnach stellt die neue Grundwasserrichtlinie, wenn sie in der Fassung vom 19. September 2003 verbleibt, keine geeignete Vollzugsgrundlage für die Umsetzung eines anspruchsvollen Grundwasserschutzes in Europa dar. Es besteht die Gefahr, dass auch die neue Richtlinie in die Liste der seit 25 Jahren verzeichneten Versäumnisse im Grundwasserschutz aufzunehmen sein wird.

5.2.3 Empfehlungen

441. Derzeitig ist in Deutschland das Grundwasser vielerorts in erheblichem Umfang stofflich belastet. So lässt die flächendeckende Beobachtung der Grundwasserqualität erkennen, dass das Reinigungs- und Rückhaltevermögen der Bodenschichten, die einen Grundwasserleiter überlagern oder horizontal durchflossen werden, in der Vergangenheit überschätzt wurden (Tz. 809; BMU, 2001). Der Umweltrat betrachtet daher mit Sorge, dass aufgrund des weiterhin ungebrochenen Einsatzes von Dünge- und Pflanzenschutzmitteln in der Land- und Forstwirtschaft und des nachweislich langen Verbleibs von Schadstoffen im System der Boden-Grundwasserleiter weiter zunehmende Kontaminationen des Grundwassers zu erwarten sind (zu den Empfehlungen des Pflanzenschutzmitteleinsatzes s. Tz. 343 ff.). Die in den zurückliegenden Gutachten des Umweltrates dargestellten Defizite und Empfehlungen zur Verbesserung des Grundwasserschutzes haben daher in vielen Punkten nichts an Aktualität eingebüßt. Zur Vermeidung weiterer Beeinträchtigungen des Grundwassers mit allen negativen Konsequenzen für die Umwelt (z. B. Eutrophierung der Flüsse und Meere sowie Qualitätsminderungen von Rohwässern, die zur Trinkwasserversorgung genutzt werden) betont der Umweltrat erneut die Bedeutung einer konsequenten Umsetzung eines flächendeckend wirksamen Grundwasserschutzes.

442. Die europäische und nationale Gesetzgebung zum Gewässerschutz ist durchdrungen von anspruchsvollen Zielsetzungen zum Grundwasserschutz. Insbesondere das durch die Wasserrahmenrichtlinie eingeführte und für alle Gewässer grundsätzlich Gültigkeit beanspruchende Verschlechterungsverbot beziehungsweise Sanierungsgebot im Rahmen des Grundwasserschutzes ist die ausschlaggebende Vorgabe für einen flächendeckenden Grundwasserschutz. Der in das Wasserhaushaltsgesetz aufgenommene Vorrang der Trinkwasserversorgung aus ortsnahen Wasservorkommen ist ebenfalls ein gewichtiger Aspekt, die Forderung des Umweltrates nach einem flächendeckend wirksamen Grundwasserschutz zu erfüllen.

443. Wie die Erfahrungen der Vergangenheit gezeigt haben, ist eine gesetzliche Verankerung von Zielen zur faktischen Umsetzung eines flächendeckend wirksamen Grundwasserschutzes allein nicht ausreichend. Eine nicht ernsthaft angestrebte Realisierung des Vorsorgegrundsatzes beim Grundwasserschutz oder die vorrangige Behandlung kurzfristiger wirtschaftlicher Interessen wird auch die Tochterrichtlinie zum Grundwasserschutz nicht verhindern können, wenn ihre inhaltliche Ausgestaltung keine konkreten Ansätze zum Erreichen der Ziele der Wasserrahmenrichtlinie vorgibt. Leider konkretisiert der im September 2003 vorgelegte Vorschlag für eine neue Grundwasserrichtlinie die Vorgaben der Wasserrahmenrichtlinie nur unzureichend. Lediglich zwei quantitative Festlegungen als Umweltqualitätsnormen reichen nach Ansicht des Umweltrates nicht aus, der besonderen Schutzwürdigkeit des Grundwassers ausreichend Rechnung zu tragen. Der Umweltrat empfiehlt daher der Bundesregierung, sich auf europäischer Ebene für weiter gehende qualitative Anforderungen im Grundwasserschutz einzusetzen (unter anderem bezüglich der in Anhang III des Kommissionsvorschlags aufgeführten Stoffe).

444. Zusammenfassend sieht der Umweltrat das Defizit im Grundwasserschutz nicht nur bei der unzureichenden Verankerung von Zielsetzungen, sondern bei der Implementierung und konsequenten Anwendung geeigneter Vorgaben und Instrumente für ihre Umsetzung. Hinsichtlich der konkreten Umsetzung eines flächendeckend wirksamen Grundwasserschutzes empfiehlt der Umweltrat nach wie vor, eine räumlich differenzierte Klassifizierung von Grundwasservorkommen entsprechend ihrer Belastungsempfindlichkeit einzuführen, wobei sich der entsprechende Schutzaufwand an der jeweiligen Belastungsempfindlichkeit orientieren soll (vgl. auch SRU, 1998, Tz. 346).

In einer besonderen Pflicht zum Grundwasserschutz ist weiterhin die Landwirtschaft, die für 90 % der Nitrateinträge und für den Hauptteil an Pflanzenschutzmitteleinträgen verantwortlich ist (Tz. 294 ff., 338 ff.). Hierzu sollte auf der Grundlage einer einheitlichen Erfassungs- und Bewertungssystematik für die Grundwasserbeschaffenheit ein standortangepasster Schutzaufwand betrieben werden – allerdings immer mit demselben Umweltqualitätsziel (vgl. SRU, 1998, Tz. 11*). Der Umweltrat weist darauf hin, dass es bei einer konsequenten Umsetzung des flächendeckenden Grundwasserschutzes unvermeidlich zu erheblichen Nutzungseinschränkungen insbesondere in solchen Regionen kommen kann, die sich durch eine hohe Belastungsempfindlichkeit des Grundwassers auszeichnen (vgl. SRU, 1998, Tz. 16*).

5.3 Badegewässer

445. Fließende oder stehende Binnengewässer oder Teile dieser Gewässer sowie Meerwasser, in denen das Baden von den zuständigen Behörden ausdrücklich gestattet oder nicht untersagt ist und in denen üblicherweise eine große Anzahl von Personen badet, sind gemäß EG-Richtlinie 76/160/EWG natürliche Badegewässer. Das Baden kann aufgrund des Vorkommens von Krankheitserregern, blaualgenbürtigen Toxinen und Schadstoffen in freien Gewässern mit gesundheitlichen Risiken verbunden sein. Als wesentliche Ursache für das Vorkommen von Krankheitserregern, die zu Fieber, Durchfall und Erbrechen führen können, gelten Einleitungen aus Kläranlagen (UBA, 2001a, S. 313). Auch die landwirtschaftliche Nutzung des Einzugsgebiets, Vogelkot und die Verschlammung stehender Gewässer können zu hygienisch relevanten Verunreinigungen führen (persönliche Mitteilung des MUNLV NRW vom 04. Juni 2003). Ferner kann auch die mit der Gewässereutrophierung einhergehende Massenentwicklung von Algen (vor allem Blaualgen) in Verbindung mit der Bildung von Algentoxinen und Allergenen akute Gesundheitsstörungen (z. B. Bindehautentzündung und Hautausschlag) oder beim häufigen Baden chronische Wirkungen hervorrufen (UBA, 2001a, S. 313). Aufgrund der genannten Gefährdungen war der Schutz der Badegewässer eines der ersten Themen der europäischen Wasserpolitik (EU-Kommission, 2002a).

5.3.1 Derzeitige Qualität der Badegewässer in Deutschland

446. In der EG-Badegewässerrichtlinie 76/160/EWG sind europaweit gültige Mindestqualitätskriterien anhand von Vorgaben für bestimmte Schlüsselparameter einschließlich der Fäkalbakterien festgelegt. Dementsprechend gehört es zu den durch die Richtlinie auferlegten Pflichten der Mitgliedstaaten, die Wasserqualität regelmäßig zu überwachen und der Kommission über die Ergebnisse jährlich Bericht zu erstatten. Die Angaben der Mitgliedstaaten werden jährlich in einem Gesamtbericht über die Qualität der Badegewässer zusammengefasst. Der letzte entsprechende *Bathing Water Quality Annual Report 2002* weist für Deutschland für die Badesaison 2002 insgesamt 1 996 Badestellen aus, davon 403 an der Küste und 1 593 an Süßwasserstränden (EU-Kommission, 2003b). Als Maß für die Verunreinigungen der Badegewässer wurden die mikrobiologischen Parameter Gesamtcoliforme Bakterien, Fäkalcoliforme Bakterien sowie die Parameter Mineralöle, oberflächenaktive Substanzen und Phenole herangezogen. Die Berichtsergebnisse zeigen, dass sich sowohl EU-weit als auch in Deutschland in den letzten Jahren die Qualität der Badegewässer verbessert hat. Tabelle 5-3 verdeutlicht diese positive Entwicklung für die deutschen Badegewässer für die Jahre 1997 bis 2002.

Tabelle 5-3

Wasserqualitäten deutscher Badegewässer in den Jahren 1997 bis 2002

Deutschland	Jahr	Σ	C(I) %	C(G) %	NF %	NC+NS %	NB %
Küstenzone	1997	416	91,1	76,8	0,5	7,9	0,5
	1998	417	90,9	75,1	0,0	8,6	0,5
	1999	414	93,5	82,6	0,0	6,3	0,2
	2000	411	96,8	87,6	0,0	3,2	0,0
	2001	408	99,3	90,0	0,0	0,7	0,0
	2002	403	97,3	83,9	0,0	2,5	0,2
Süßwasserzone	1997	1 723	89,7	73,5	3,3	5,6	1,4
	1998	1 656	88,3	67,5	2,5	8,4	0,8
	1999	1 639	92,4	69,6	0,8	5,9	0,9
	2000	1 615	96,3	75,4	0,9	5,8	1,0
	2001	1 602	93,6	79,0	0,2	4,6	1,6
	2002	1 593	92,8	77,4	1,1	4,1	1,9

- Σ ausgewiesene beziehungsweise berücksichtigte Badeflächen.
- C(I): ausreichend beprobte Badeflächen, die die vorgeschriebenen Werte einhalten.
- C(G): Ausreichend beprobte Badeflächen, die die Leitwerte und die vorgeschriebenen Werte einhalten.
- (NF): Nicht ausreichend beprobte Badeflächen.
- (NC): Badeflächen, die nicht die vorgeschriebenen Werte einhalten.
- (NS): Badeflächen, die nicht beprobt wurden oder für die keine Daten vorlagen.
- (NB): Badeflächen, in denen das Baden während der Badesaison verboten war.

Quelle: EU-Kommission, 2003b

447. Im Jahr 2002 verschlechterte sich im Vergleich zu der vorhergehenden Badesaison die durchschnittliche Badegewässerqualität der Küsten- und Süßwassergewässer. Als Erklärungsansatz für die Verschlechterung darf gelten, dass die Badesaison 2002 durch extrem variables Wetter einschließlich extrem starker lokaler Niederschlags- und Hochwasserereignisse (Elbe) gekennzeichnet war (EU-Kommission, 2003c).

Im Einzelnen stellte sich für das Jahr 2002 die Situation wie folgt dar. Keine Beanstandungen im Sinne der Badegewässerrichtlinie gab es für Hamburg, Rheinland-Pfalz, das Saarland, Sachsen-Anhalt und für die niedersächsischen Küstengebiete. In den übrigen Ländern wurden an einigen Badestellen nicht genügend Wasserproben entnommen (18 Fälle) oder EU-Grenzwerte nicht eingehalten (76 Fälle). Negativ fiel Sachsen auf, da dort jede zweite Badestelle verunreinigt war (EU-Kommission, 2003c). Insbesondere die ungenügende Beprobung einiger Süßwasserbadegewässer veranlasste die EU-Kommission zu harter Kritik, da die Beprobungs-Häufigkeit strikt vorgegeben und nicht interpretationsfähig ist (EU-Kommission, 2003b). Auffällig ist weiterhin, dass die Zahl der ausgewiesenen Süßwasserbadestellen seit 1997 um 7,5 % abgenommen hat. Informationen darüber, ob gerade die Badestellen, die nicht den geforderten Wasserqualitäten entsprachen, aus der Ausweisung herausgenommen wurden, liegen dem Umweltrat nicht vor. Wie Tabelle 5-3 ebenfalls zu entnehmen ist, hat auch an der Küste die Anzahl der ausgewiesenen Badestellen leicht abgenommen, dennoch hat sich die Zahl der Badestellen, die Wasserqualitäten unterhalb der Grenz- und auch Leitwerte der Richtlinie 76/160/EWG (gemäß Art. 3 Abs. 3 und dem Anhang) aufweisen, auf immerhin 90 % im Jahr 2001 erhöht. Im Jahr 2002 kam es jedoch, ähnlich wie bei den Süßwasserbadestellen, zu einem deutlich schlechteren Wert von lediglich 83,9 %. Dieser Rückgang ist unter anderem auf umfangreiche Erdrutsche entlang der deutschen Ostseeküste, die küstennahe Verunreinigungen hervorriefen, zurückzuführen (EU-Kommission, 2003b).

5.3.2 EG-Badegewässerrichtlinie

Vollzugsdefizite bei der Umsetzung der Badegewässerrichtlinie

448. Die EU-Kommission stellt in ihrem dritten Jahresbericht über die Durchführung und Durchsetzung des Umweltrechts der Gemeinschaft fest, dass im Zusammenhang mit der Richtlinie 76/160/EWG die Badegewässer zunehmend überwacht werden und sich die Qualität dieser Gewässer verbessert. Jedoch sieht die Kommission in einzelnen Mitgliedstaaten Vollzugsdefizite und verweist auf die zahlreichen bereits abgeschlossenen oder andauernden Vertragsverletzungsverfahren (EU-Kommission, 2002b).

In Bezug auf die Badegewässerrichtlinie wurde die Bundesrepublik Deutschland am 8. Juni 1999 vom Europäischen Gerichtshof (EuGH) in der Rechtssache C-198/97 wegen der unterbliebenen Durchführung der Artikel 4 Abs. 1 und 6 Abs. 1 der Richtlinie 76/160/EWG verurteilt. Ausdrücklich stellte der EuGH in seinem Urteil fest, dass Deutschland seine Verpflichtungen im Hinblick auf die Qualität der Gewässer und die Häufigkeit der Probenahmen nicht erfüllt. So wurden nach Auffassung des EuGH in den alten Bundesländern nicht die notwendigen Maßnahmen getroffen, um sicherzustellen, dass die Qualität der Badegewässer binnen zehn Jahren nach Bekanntgabe der Richtlinie am 10. Dezember 1975 den gemäß Artikel 3 der Richtlinie festgelegten Grenzwerten entspricht. Darüber hinaus wurden die Probenahmen nicht mit der festgelegten Mindesthäufigkeit durchgeführt. Die Kommission stuft auch weiterhin die Umsetzung der Badegewässerrichtlinie in Deutschland als unzureichend ein und hat daher im Januar 2003 beschlossen, vor der Festsetzung eines Zwangsgeldes wegen Nichtbeachtung des genannten Urteils, eine letzte schriftliche Mahnung in Form einer mit Gründen versehenen Stellungnahme gemäß Artikel 228 EG-Vertrag an Deutschland zu richten (EU-Kommission, 2003d).

449. Mittlerweile liegen zur Umsetzung der Richtlinie 76/160/EWG des Rates über die Qualität der Badegewässer vom 8. Dezember 1975 europaweite Vollzugserfahrungen vor. Die zahlreichen Vertragsverletzungsverfahren belegen, dass mehrere Mitgliedstaaten Probleme hatten, die Qualitätskriterien der Richtlinie zu erfüllen. Dessen ungeachtet wird im Zusammenhang mit den Vertragsverletzungsverfahren immer wieder die Inflexibilität der derzeit gültigen Richtlinie hervorgehoben. Tatsächlich können aufgrund der starren Vorgaben der Richtlinie zur Probenahme und Analyse (gemäß Art. 5) bereits Fehler bei der Probenahme beziehungsweise Analyse zur Aberkennung des Status eines Badegewässers führen, auch wenn eigentlich nichts zu bemängeln ist (EU-Parlament, 2003).

Novellierung der Badegewässerrichtlinie

450. Die EU-Kommission hat am 24. Oktober 2002 einen Vorschlag für eine überarbeitete Richtlinie über die Qualität der Badegewässer vorgelegt. Die novellierte Richtlinie soll an die Stelle der seit über 25 Jahren geltenden Richtlinie 76/160/EWG treten. In dem Kommissionsvorschlag werden auf der Grundlage der Erfahrungen mit der derzeitigen Badegewässerrichtlinie Verfahren für eine langfristige Qualitätsbewertung und Bewirtschaftung der Gewässer beschrieben, durch die eine Verringerung der Häufigkeit der Probenahmen und eine Minderung der Kosten ermöglicht werden soll. An die Stelle des bisherigen Systems, bei dem es in erster Linie um die Überwachung und Einhaltung von Werten ging, soll nun ein verbessertes Bewirtschaftungskonzept und eine umfassende Information der Öffentlichkeit treten. Weiterhin sollen durch den Vorschlag die Gesundheitsnormen für die fäkale Verunreinigung von Badegewässern deutlich verschärft werden (EU-Kommission, 2002c).

451. Hinsichtlich der mikrobiologischen Parameter sind im Kommissionsvorschlag deutliche Veränderungen gegenüber der geltenden Badegewässerrichtlinie 76/160/EWG vorgesehen. Während der Vorschlag mit den Parametern Darmenterokokken (DE) und *Escherichia coli* (EC) zwei Kernindikatoren für fäkale Verunreinigungen enthält, die durch visuelle Kontrollen und eine pH-Wert-Messung ergänzt werden (EU-Kommission, 2002c), war nach der alten Badegewässerrichtlinie die Wasserqualität noch anhand von insgesamt 19 Parametern – darunter die fünf mikrobiologischen Parameter Gesamtcoliforme Bakterien, Fäkalcoliforme Bakterien, *Streptococcus faec.*, Salmonellen und Darmviren (vgl. Tab. 5-4) – zu beurteilen. Von der deutlichen Verminderung der zu untersuchenden Parameter verspricht sich die EU-Kommission eine erhebliche Kostenreduktion ohne Absenkung des Schutzniveaus (EU-Kommission, 2002c).

452. Die beiden neuen mikrobiologischen Parameter Darmenterokokken und *Escherichia coli (E. coli)* gelten als Indikatoren für fäkale Verunreinigungen. Gemäß dem Kommissionsvorschlag für eine novellierte Badegewässerrichtlinie sind die in Tabelle 5-5 aufgenommenen Leitwerte und verpflichtenden Werte (Grenzwerte) vorgesehen. Ein Vergleich der mikrobiologischen Parameter in den Tabellen 5-4 und 5-5 ist vor dem Hintergrund möglich, dass zum einen *E. coli* der Gruppe der Fäkalcoliformen Bakterien und zum anderen *Streptococcus faec.* den Darmenterokokken zuzurechnen sind. Im Kommissionsvorschlag ist für (Darm)Enterokokken ein Grenzwert von 200 KBE/100 ml vorgesehen. In der noch gültigen Richtlinie 76/160/EWG ist für *Streptococcus faec.* lediglich ein Leitwert von 100/100 ml angegeben. Berücksichtigt man weiterhin, dass in Deutschland zur Untersuchung der Verunreinigung von Badegewässern mit fäkalcoliformen Bakterien bereits in der Vergangenheit der Parameter *E. coli* herangezogen worden ist, läge mit einem neuen Grenzwert für *E. coli* von 500 KBE/100 ml gegenüber einem alten Grenzwert für fäkalcoliforme Bakterien von 2 000/100 ml eine deutliche Verschärfung des Schutzniveaus vor.

Tabelle 5-4

Mikrobiologische Qualitätsanforderungen an Badegewässer

Parameter	Leitwert	verpflichtender Wert
Gesamtcoliforme Bakterien KBE/100 ml	500	10 000
Fäkalcoliforme Bakterien KBE/100 ml	100	2 000
Streptococcus faec. KBE/100 ml	100	–
Salmonellen KBE/1 l	–	0
Darmviren PFU/10 l	–	0

KBE = Koloniebildende Einheiten.
PFU = *Plaque Forming Unit* (Plaquebildende Einheit).
Quelle: Richtlinie 76/160/EWG, verändert

Tabelle 5-5

Kernindikatoren für fäkale Verunreinigungen gemäß Kommissionsvorschlag zur Novellierung der Badegewässerrichtlinie

Parameter	ausgezeichnete Qualität (Leitwert)	gute Qualität (verpflichtender Wert)
Darmenterokokken in KBE/100 ml	100*	200*
Escherichia coli in KBE/100 ml	250*	500*

KBE = Koloniebildende Einheiten.
* Auf der Grundlage einer 95-Perzentil-Bewertung.
Quelle: Anhang I des Kommissionsvorschlags für eine novellierte Badegewässerrichtlinie

Zwar verweist die EU-Kommission darauf, dass es beim gegenwärtigen Kenntnisstand schwierig sei, Grenzwerte für *Escherichia coli* und Darmenterokokken festzulegen, unterhalb der keine negativen Wirkungen mehr festgestellt werden können. Ungeachtet dessen erfolgte die Auswahl der mikrobiologischen Parameter und Werte auf der Grundlage wissenschaftlicher Erkenntnisse aus epidemiologischen Studien (Begründung Novellierungsvorschlag). In Berufung auf jüngste Untersuchungen der WHO beziffert die EU-Kommission hinsichtlich der vorgeschlagenen Normen das Erkrankungsrisiko für Gastroenteritis auf 5 % bei guter Qualität und auf 3 % bei ausgezeichneter Qualität. Das Risiko für Atemwegserkrankungen liegt bei 2,5 % (gute Qualität) beziehungsweise 1 % (ausgezeichnete Qualität) (Begründung Kommissionsvorschlag vom 25. Februar 2003, S. 135).

453. Die Durchsetzung des durch die Badegewässerrichtlinie vorgegebenen Schutzniveaus ist stark abhängig von der Häufigkeit und Sorgfalt der Überwachung. Nach der Richtlinie 76/160/EWG sind alle 14 Tage zahlreiche Parameter – unter anderem Gesamtcoliforme und Fäkalcoliforme Bakterien – zu bestimmen. Erst wenn eine in früheren Jahren durchgeführte Probenahme Ergebnisse erbracht hat, die sehr viel günstiger waren als die Anforderungen des Anhangs der Badegewässerrichtlinie und kein neuer Faktor hinzugekommen ist, der die Qualität der Gewässer verringert haben könnte, ist eine einmalige Untersuchung pro Monat möglich (vgl. Anhang: Qualitätsanforderungen an Badegewässer, Richtlinie 76/160/EWG). Im Vergleich zu den noch gültigen Bestimmungen sieht der Kommissionsvorschlag unmittelbar eine qualitätsabhängige Absenkung der Kontrollhäufigkeiten vor. Während eines Dreijahreszeitraums wäre eine vierzehntägige Probenahme demnach nur für Badegewässer vorzusehen, die eine mangelhafte Qualität aufweisen. Für einen guten Gewässerzustand wäre nur noch eine Probenahme pro Monat und für einen ausgezeichneten Zustand alle zwei Monate vorzunehmen. Die im Kommissionsvorschlag vorgesehene Reduktion der zu untersuchenden Parameter wird in jedem Fall Vereinfachungen bringen. Die qualitätsabhängige Regelung der Kontrollhäufigkeiten ist jedoch aus der Sicht des Umweltrates nur dann akzeptabel, wenn Verunreinigungen, die beispielsweise durch extreme meteorologische Einzelereignisse (Starkniederschläge, Hochwasser) hervorgerufen werden, durch zusätzliche Probenahmen Rechnung getragen wird.

5.3.3 Empfehlungen

454. Aus präventivmedizinischen Gründen befürwortet der Umweltrat weiterhin im Grundsatz die mit der Novellierung beabsichtigte deutliche Verschärfung der Gesundheitsnormen, auch wenn als Folge viele Badestellen den Status eines ausgewiesenen Badegewässers verlieren können. Das heißt, dass die verschärften Anforderungen vermutlich einen Konzentrationsprozess auf die Badestellen zur Folge haben werden, mit deren Nutzung kein erhöhtes Gesundheitsrisiko verbunden ist. Weiterhin werden die verschärften Gesundheitsnormen Anreize bieten, die mikrobiologische Qualität der Badegewässer durch gezielte Maßnahmen zur Reduktion entsprechender Verunreinigungen aus punktuellen und diffusen Quellen zu verbessern. Da im Regelfall Abhilfemaßnahmen nicht kurzfristig eingeleitet und umgesetzt werden können, wäre es nach Auffassung des Umweltrates jedoch sinnvoll, die beabsichtigte Verschärfung der Gesundheitsnormen im Rahmen einer Übergangsfrist schrittweise vorzunehmen. Dadurch könnte vermieden werden, dass nach Inkrafttreten der novellierten Badegewässerrichtlinie ad hoc zahlreiche Badestellen geschlossen werden müssten.

455. Viele Arbeiten, die zur Umsetzung einer novellierten Badegewässerrichtlinie zu leisten sein werden, sind in enger Abstimmung mit den Umsetzungsmaßnahmen der Wasserrahmenrichtlinie vorzunehmen, um insbesondere die angestrebte Kosteneinsparung gegenüber den jetzigen Aufwendungen zur Umsetzung der Badegewässerrichtlinie zu realisieren. Beispielsweise könnten Arbeiten wie die Erstellung der Badegewässerprofile, die Beschreibung potenzieller Verunreinigungsquellen und geeigneter Abhilfemaßnahmen sowie die Erfassung, Analyse und Auswertung von Informationen über die Wasserqualität sinnvoll mit den Arbeiten an der umfassenden Bestandsaufnahme kombiniert werden, die derzeit im Rahmen der Umsetzung der Wasserrahmenrichtlinie durchgeführt wird (vgl. Tz. 385). Auch die Informationspflichten gegenüber der Öffentlichkeit wären sinnvoll in die Konzepte zur Information und Anhörung der Öffentlichkeit gemäß Wasserrahmenrichtlinie einzugliedern. Weiterhin wären alle Maßnahmen, die zur Verbesserung der Qualität der Badegewässer notwendig erscheinen, ebenfalls im Einklang mit den Maßnahmenprogrammen nach der Wasserrahmenrichtlinie einzuleiten.

5.4 Trinkwasser

456. Die Besorgnis erregende Entwicklung einiger Qualitätsparameter von Rohwasser, das zur Trinkwassergewinnung genutzt wird, war in der Vergangenheit wiederholt Anlass für den Umweltrat, sich eingehend mit dem Themenfeld der Trinkwasserversorgung zu beschäftigen (u. a. SRU, 1998; zuletzt: SRU, 2000, Tz. 604 ff.). In diesem Zusammenhang wurden besonders Nitrat und Pflanzenschutzmittel als kritische, anthropogene Verunreinigungen des Rohwassers der Trinkwasserversorgung hervorgehoben (Tz. 430). Der Umweltrat verwies in dem Zusammenhang auch auf die bisher unterschätzte Bedeutung der Einträge von Arzneimittelwirkstoffen sowie von sekundären Luftschadstoffen (z. B. Halogencarbonsäuren, Nitrophenole aus Verkehrsemissionen; SRU, 1998, Tz. 344).

Die Qualität des Trinkwassers kann nicht nur durch die Rohwasserbeschaffenheit beeinflusst sein, sie erfährt häufig auch bei der Aufbereitung und dem Transport des Wassers negative Veränderungen. In der Vergangenheit traten zum Beispiel Problemstoffe bei der Trinkwasseraufbereitung wie Trihalogenmethane (THM) und MX (3-chlor-(4-dichlormethyl)-5-hydroxy-2(5h)-furanon) als mögliches Nebenprodukt einer Desinfektion mit Chlor auf (UBA, 2000). Insbesondere materialbedingt kann es sowohl im Verteilungsnetz des Wasserversorgungsunternehmens als auch in den Hausinstallationen zu Beeinträchtigungen der Trinkwasserqualität kommen. Im Versorgungsnetz können dafür beispielsweise der Eintrag von polyzyklischen aromatischen Kohlenwasserstoffen (PAK) aus Teerauskleidungen von Stahl- und Gussrohren verantwortlich sein. In Bezug auf die Hausinstallationen sind insbesondere Blei, Kupfer und Chrom-Nickel-Stähle belastungsrelevante Werkstoffe.

Für die Kupferkonzentrationen, die insbesondere nach längeren Stagnationsphasen im Trinkwasser aus Kupferleitungen auftreten können, wurde bezüglich der möglichen Verursachung frühkindlicher Leberschäden kürzlich Entwarnung gegeben (ZIETZ und DUNKELBERG, 2003). Dagegen sind Bleileitungen nach wie vor ein gravierendes Problem. Weiterhin kann in den (Kunststoff-)Hausinstallationen eine Biofilmbildung zu einer gesundheitsrelevanten mikrobiologischen Belastung führen. Insbesondere Materialien, die nicht den Anforderungen des DVGW-Arbeitsblatts W 270 *Vermehrung von Mikroorganismen auf Werkstoffen für den Trinkwasserbereich – Prüfung und Bewertung* entsprechen, lassen eine entsprechende mikrobiologische Belastung befürchten.

457. Nicht zuletzt die genannten möglichen Beeinträchtigungen der Trinkwasserqualität waren Grund dafür, dass die Trinkwasserversorgung mit Verweis auf die Anpassung an den technischen und wissenschaftlichen Fortschritt durch die 1998 novellierte EG-Trinkwasserrichtlinie und die kürzlich in Kraft getretene Trinkwasserverordnung 2001 teils neuen Regelungen unterworfen wurde. Weiterhin betreffen die neuen Rechtsakte der Wasserrahmenrichtlinie und das darauf aufbauende novellierte Wasserhaushaltsgesetz auch die Trinkwasserversorgung.

EG-Trinkwasserrichtlinie

458. Seit dem Jahr 1998 formuliert die EG-Trinkwasserrichtlinie den modernsten und schärfsten Trinkwasserstandard weltweit, indem sie verbindliche Anforderungen für alle Mitgliedstaaten auf höchstem Niveau festlegt (zur Bewertung durch den Umweltrat s. SRU, 2000, Tz 658 ff.). Da nach Verabschiedung der Trinkwasserrichtlinie im Jahr 1998 ihre Anforderungen alle fünf Jahre gemäß dem wissenschaftlich-technischen Fortschritt überprüft werden sollen, stand demnach für das Jahr 2003 eine entsprechende erste Überprüfung an. Dabei war beispielsweise zu untersuchen, ob der neu eingeführte Parameter *Clostridium perfringens* wirklich die gewünschte Indikatorfunktion hinsichtlich der pathogenen Parasiten *Cryptosporidien* und *Giardien* erfüllt. Die EG-Trinkwasserrichtlinie hat anstelle des Parameters „sulfitreduzierende anaerobe Sporenbildner" den Parameter *Clostridium (C.) perfringens* als Indikator für die mikrobiologische Wasserqualität neu eingeführt. *C. perfringens* ist ein gram-positives, endosporenbildendes – ein gegen Hitze, Austrocknung, Strahlung und chemische Einflüsse relativ resistentes – stäbchenförmiges Bakterium mit obligat anaerobem Stoffwechsel. Es ist als Erreger der toxisch-infektiösen Erkrankung Gasbrand bekannt. *C. perfringens* ist in der Vergangenheit wiederholt als Fäkalindikator vorgeschlagen worden, nicht zuletzt weil er im menschlichen und tierischen Verdauungstrakt regelmäßig und zudem mengenmäßig stark vertreten ist (BROCKMANN und BOTZENHART, 2000).

Die Widerstandsfähigkeit von *C. perfringens* gegen Desinfektionsmittel ist wesentlich höher als die sonstiger Krankheitserreger, die keine Dauerstadien in Form von Endosporen oder Zysten bilden. Wegen der in den vergangenen Jahren aus aktuellem Anlass erkannten Bedeutung der Zysten beziehungsweise Oozysten von *Giardia lamblia* und *Cryptosporidium parvum* (s. Tz. 462), deren Nachweis im relevanten Konzentrationsbereich mit einem hohen Arbeitsaufwand verbunden ist, war ein entsprechender Bioindikator mit ähnlicher Resistenz erwünscht (EXNER et al., 2003; BROCKMANN und BOTZENHART, 2000). Bei Nachweis von *C. perfringens* in aufbereitetem, desinfiziertem Trinkwasser wäre demnach auf Dauerformen von *Giardia* und *Cryptosporidium* zu untersuchen. Aber auch ein fehlender Nachweis von *C. perfringens* bedeutet nicht, dass im Trinkwasser keine Dauerformen von *Cryptosporidium* und/oder *Giardia* enthalten sein können. Damit kann *C. perfringens* als Indikator keine 100%ige Sicherheit bieten. Eine Alternative zu *C. perfringens* als Indikatorparameter zeichnet sich allerdings derzeit nicht ab.

Trinkwasserverordnung (2001)

459. Die im Jahr 2001 novellierte Trinkwasserverordnung (Verordnung über die Qualität von Wasser für den menschlichen Gebrauch, TrinkwV vom 21. Mai 2001) dient der Umsetzung der Richtlinie 98/83/EG des Rates über die Qualität von Wasser für den menschlichen Gebrauch vom 3. November 1998 (ABl. EG Nr. L 330, S. 32). Diese novellierte Verordnung brachte einige wesentliche Neuerungen. Besonders hervorzuheben ist, dass nunmehr die Grenzwerte an der Entnahmestelle, also am Wasserhahn des Verbrauchers und nicht mehr beim Wasserversorgungsunternehmen, einzuhalten sind. Hier stellt sich die grundsätzliche Frage der praktischen Umsetzung. Zurzeit erscheint noch unklar, wie ohne wesentlich erhöhten Aufwand die von der neuen Verordnung vorgeschriebene Qualitätssicherung vorgenommen werden soll. Zum einen erhöht sich die Zahl an Probenahmepunkten pro Gebäude, da einem Hausanschluss zahlreiche einzelne Entnahmestellen gegenüberstehen, und zum anderen sind gemäß TrinkwV 2001 für Blei, Nickel und Kupfer Wochenmittelwerte zu bestimmen, sodass einmalige Beprobungen nicht ausreichen. Ferner sind auch technische Schwierigkeiten absehbar, da die bisher gewählten Vorgehensweisen bei der Probenahme nicht ohne weiteres an den Wasserhähnen der Verbraucher möglich sind – beispielsweise das Abflammen des Wasserhahns bei der Probenahme zur Bestimmung der Keimzahl (CSICSAKY, 2003, S. 28). Darüber hinaus hat das Wasserversorgungsunternehmen auf Beeinträchtigungen der Wasserqualität, die durch Hausinstallationen aus gesundheitlich bedenklichen Materialien (z. B. Bleileitungen) hervorgerufen werden, keinen Einfluss.

5.4.1 Rohwasserbedingte Beeinträchtigungen der Trinkwasserqualität

460. Für die Zukunft ist absehbar, dass sich die rohwasserbedingten Qualitätsprobleme im Trinkwasserbereich weiter verschärfen werden. Neben den klassischen Qualitätsbeeinträchtigungen gehören heute zusätzlich Nitrat und wasserassoziierte Parasiten zu den Problembereichen. Darüber hinaus wird die Nachweisbarkeit anderer Stoffgruppen, wie beispielsweise von Pestiziden und Arzneimittelrückständen, einschließlich der damit einhergehenden gesundheitlichen Relevanz unterschiedlich eingestuft.

Nitrat

461. Der Parameter Nitrat ist zu einem bedeutenden Problem der Trinkwasserversorgung geworden. Haupteintragspfad in Grund- beziehungsweise Trinkwasser ist die landwirtschaftliche Düngung. Über die Nahrung aufgenommenes Nitrat wird im menschlichen Körper zu Nitrit reduziert. Nitrit wirkt atemhemmend oder es reagiert mit Aminen aus anderen Nahrungsmitteln zu krebserregenden Nitrosaminen. Eine Begrenzung des Nitratgehaltes im Trinkwasser ist daher zwingend erforderlich. Der entsprechende Grenzwert der Trinkwasserverordnung liegt bei 50 mg/l. Beim Parameter Nitrat kommt es nach wie vor zu Grenzwertüberschreitungen. Im Jahr 1996 lag die Quote der entsprechenden Grenzwertüberschreitungen bei 2,2 % der Proben. Im Jahr 1998 wurde der zulässige Grenzwert bei weniger als 1 % der Proben überschritten (BMU, 2003b). Diese Reduktion der Grenzwertüberschreitungen bedeutet keinen allgemeinen Rückgang der Nitratbelastung der Rohwasserressourcen, sondern ist auf den Einsatz zusätzlicher beziehungsweise verbesserter Aufbereitungsverfahren oder auf ein Ausweichen auf derzeit noch geringer mit Nitrat belastete Rohwasserressourcen zurückzuführen (WILHELM et al., 1999).

Wasserassoziierte Parasiten

462. Zur Trinkwassergewinnung genutzte Oberflächengewässer (z. B. Talsperren, Fließgewässer) sind im Vergleich zu der Rohwasserressource Grundwasser mikrobiologischen Belastungen infolge von Abwassereinleitungen unmittelbar ausgesetzt (s. auch SRU, 2000, Tz. 600). Aber auch unzureichend geschützte Grundwässer können nennenswerte mikrobiologische Belastungen aufweisen.

Seit dem Vorliegen epidemiologischer Erkenntnisse und hygienisch-mikrobiologischer Nachweismöglichkeiten wird den wasserassoziierten Parasiten mittlerweile eine große Bedeutung beigemessen. Besonders mikrobiologische Erreger wie *Cryptosporidium parvum* und *Giardia lamblia* sind aufgrund ihrer Wirts-Unspezifität und Desinfektionsmittelresistenz relevant (EXNER et al., 2003). Sowohl *Cryptosporidium*-Infektionen (Cryptosporidiosis) als auch die durch *Giardia lamblia* hervorgerufene Durchfallkrankung *Giardiasis* gehören zu den häufigsten wasserbedingten Infektionen (EXNER et al., 2003, S. 210). So reicht bereits die Aufnahme kleiner Mengen an Oozysten (1 bis 10 Stück) aus, um Durchfallerkrankungen hervorzurufen (UBA, 2003a). Krankheitsfälle der *Giardiasis* konnten bereits im Zusammenhang mit kontaminiertem Trinkwasser in Deutschland nachgewiesen werden (GORNIK et al., 2000). Nach Aussagen des Umweltbundesamtes sind bisher jedoch keine Ergebnisse bekannt geworden, die zur Vermutung Anlass geben könnten, dass auch Cryptosporidiosis-Fälle auf das Trinkwasser zurückzuführen seien. Da erst seit dem Jahr 2000 gemäß § 7 Infektionsschutzgesetz eine Meldepflicht besteht und der Krankheitsverlauf von nicht immunsupprimierten Betroffenen in der Regel nicht als beunruhigend beziehungsweise bedrohlich empfunden und demzufolge kein Arzt konsultiert wird, war bisher eine epidemiologische Erfassung erschwert (UBA, 2003a). Trotz der seit knapp vier Jahren meldepflichtigen Nachweise von Krankheitserregern können die Erreger *Cryptosporidium parvum* und *Giardia lamblia* bisher durch einen Arzt nicht immer zuverlässig diagnostiziert werden. Erschwerend kommt hinzu, dass die Parasiten nur mit aufwendigen beziehungsweise kostenintensiven Verfahren nachweisbar sind.

Die Desinfektionsmittelresistenz der genannten Parasiten lässt sich darauf zurückführen, dass mit Chlor, Chlordioxid und Ozon die nach der Trinkwasserverordnung zulässigen Konzentrations-Zeit-Relationen zur Inaktivierung der Dauerstadien nicht ausreichen (EXNER et al., 2003).

Pflanzenschutzmittel

463. Auf die Belastung des Grundwassers mit Pflanzenschutzmitteln wurde unter Tz. 432 hingewiesen. Werden im Rohwasser die Trinkwasser-Grenzwerte für Pflanzenschutzmittel überschritten, sind entsprechende Aufbereitungsschritte wie der Einsatz von Aktivkohle vorzusehen. Die Grenzwerte der Trinkwasserverordnung von 0,1 µg/l für einzelne Pflanzenschutzmittel und Biozidprodukte sowie 0,5 µg/l für Pflanzenschutzmittel und Biozidprodukte insgesamt werden häufig als Vorsorgewerte klassifiziert. Bei der Grenzwertfestlegung für die Trinkwasserverordnung 2001 orientierte man sich an duldbaren täglichen Aufnahmen, die unter anderem auf Angaben der WHO basieren. Beispielsweise lässt sich der gegenüber dem Grenzwert von 0,1 µg/l deutlich strengere Grenzwert von 0,03 µg/l für die Einzelsubstanzen Aldrin, Dieldrin, Heptachlor und Heptachlorepoxid auf eine parametergenaue Grenzwertfindung zurückführen (KRAUS, 1999).

Arzneimittelrückstände

464. Human- und Tierpharmakarückstände einschließlich ihrer Metabolite sind im Lebensmittel Trinkwasser aus mehreren Gründen strikt abzulehnen. Zum einen sind mögliche humantoxische Wirkungen zu befürchten. Zum anderen sind Arzneimittelrückstände grundsätzlich auch als fäkale Kontaminationen einzustufen, sodass eine solche Belastung des Trinkwassers aus hygienischer Sicht abzulehnen ist (SATTELBERGER, 1999). Die inzwischen allgemein anerkannte zunehmende Belastung von Oberflächen- und Grundwässern mit Arzneimittelrückständen stellt eine zunehmende Gefährdung der Trinkwasserversorgung dar (Tz. 488 ff.). Nach Angaben des Bund/

Länderausschusses für Chemikaliensicherheit (BLAC) wurden im Rahmen von Trinkwasseruntersuchungen bereits positive Befunde für Arzneimittelrückstände bekannt. Die Proben stammten zumeist aus Wasserwerken, die bereits zuvor auch hinsichtlich anderer abwasserbürtiger Parameter auffällig geworden sind (BLAC, 1999; weitere Ergebnisse u. a. in SATTELBERGER, 1999). Die bis heute erhobenen Daten sind jedoch für Deutschland nicht repräsentativ, sodass weitere Untersuchungen notwendig sind (BLAC, 1999).

5.4.2 Beeinträchtigungen der Trinkwasserqualität in Leitungen

465. Beeinträchtigungen der Trinkwasserqualität können auch während des Transports im Verteilungsnetz und in den Hausinstallationen erfolgen (PÜTZ, 2003). Jüngste Korrosionsschäden und mikrobiologische Verunreinigungen traten insbesondere im Bereich der Hausinstallationen im Zusammenhang mit flexiblen Schläuchen und Dichtungsmaterialien auf. Das DVGW-Arbeitsblatt W 270 *Vermehrung von Mikroorganismen auf Werkstoffen für den Trinkwasserbereich – Prüfung und Bewertung* ist gemäß § 17 Abs. 1 der novellierten Trinkwasserverordnung zur Überprüfung der hygienischen Unbedenklichkeit verbindlich bei der Zertifizierung der bei der Trinkwasserversorgung eingesetzten nicht-metallischen Bedarfsgegenstände hinzuziehen. Kernproblem bei der häuslichen Wasserverteilung sind jedoch nach wie vor die Bleirohre.

Leitungen aus Blei beziehungsweise mit Bleizusätzen

466. Nach wie vor führen in Deutschland Hausanschluss- oder Haussteigleitungen aus Blei beziehungsweise Materialien mit Bleizusätzen zu Besorgnis erregenden Beeinträchtigungen der Trinkwasserqualität (UBA, 2003b). Betroffen sind in erster Linie Altbauten, die noch über Leitungen aus Blei verfügen. Dies gilt für etwa 10 % aller Haushalte in Deutschland (MÜLLER, 2003). Die Bleiproblematik ist aber in Deutschland regional sehr unterschiedlich. Da in Süddeutschland bereits im Jahr 1878 die Verwendung von Bleirohren verboten wurde, ist der gesamte süddeutsche Raum praktisch frei von derartigen Rohren (GROHMANN, 2003; BMVEL, 2003). In ganz Deutschland wurden jedoch erst seit Anfang der 1970er-Jahre keine Bleirohre mehr verwendet (BMVEL, 2003).

467. Das Problem des Bleieintrags durch in der Trinkwasserversorgung eingesetzte Werkstoffe beschränkt sich nicht ausschließlich auf Bleirohre. Andere (ältere) Materialien können ebenfalls Blei enthalten – wie beispielsweise Blei in der aus Korrosionsschutzgründen angewandten Zinkschicht bei Eisenrohren – und zu einer entsprechenden Kontamination des Trinkwassers beitragen (GROHMANN, 2003, S. 695; MÜLLER, 2003, S. 282). Demzufolge gibt das Bundesministerium für Verbraucherschutz, Ernährung und Landwirtschaft (BMVEL) hier fälschlicherweise Entwarnung, wenn es mit verzinkten Stahlleitungen ausgestattete Gebäude per se aus der Betrachtung zur Bleiproblematik herausnimmt (vgl. BMVEL, 2003). Weiterhin können neue bleihaltige Kunststoffleitungen insbesondere während ihrer ersten Einsatzzeit Blei an das Trinkwasser abgeben. Dessen ungeachtet geht ein größeres gesundheitliches Risiko von aus Blei gefertigten Leitungen aus.

468. In bleirohrbestückten Häusern ist grundsätzlich keine Gewähr für die Einhaltung des Grenzwertes der Trinkwasserverordnung gegeben. So konnte insbesondere in solchen Rohren nach längeren Stagnationsphasen des Wassers, wie sie beispielsweise nachts auftreten, massive Überschreitungen des derzeitig noch gültigen Blei-Grenzwerts der Trinkwasserverordnung (TrinkwV) festgestellt werden. Statt des zulässigen Wertes von 40 µg/l wurden in entsprechenden Trinkwasserproben Bleikonzentrationen von mehreren hundert µg/l bestimmt. Auch relativ kurze Standzeiten von Trinkwasser in Bleileitungen von mehr als 30 Minuten können dazu führen, dass der Grenzwert für Blei signifikant überschritten wird (MÜLLER, 2003, S. 283).

469. Der Umweltrat begrüßt die Absenkung des Bleigrenzwertes auf 10 µg/l, der spätestens ab 2013 ausnahmslos einzuhalten ist. Da dieser Grenzwert mit Hausinstallationen aus Blei keinesfalls einzuhalten ist, sind die entsprechenden Bleirohre bis zum Jahr 2013 auszutauschen. Demnach gewährleistet der neue Blei-Grenzwert langfristig, dass nach 2013 keine bleibedingten humantoxischen Risiken durch einen Konsum von Trinkwasser mehr zu befürchten sein werden. Die aus wirtschaftlichen Gründen gewählte lange Übergangsfrist von 15 Jahren (1998 bis 2013) ist allerdings zu bemängeln (MÜLLER, 2003, S. 293), da die Problematik der Bleileitungen schon viel zu lange unberücksichtigt blieb. In einem für die EU-Kommission ausgearbeiteten Bericht über die finanziellen und wirtschaftlichen Auswirkungen einer Änderung des Parameters Blei wird davon ausgegangen, dass 80 bis 90 % der Kosten für den Austausch der Leitungen und Armaturen in den privaten Bereich fallen (KRAUS, 1999). Insgesamt werden in Deutschland für den Austausch aller bleihaltigen Hausinstallationen und Verteilungssysteme Kosten von insgesamt 3,3 Mrd. Euro veranschlagt (MÜLLER, 2003, S. 294). Diese hohen Kosten waren die Ursache dafür, dass die entsprechenden Maßnahmen offenbar immer weiter nach hinten verschoben wurden, was humantoxikologisch unakzeptabel ist. Eine weitere Verzögerung der längst überfälligen Problemlösung erscheint aus Sicht des Umweltrates nicht länger hinnehmbar.

5.4.3 Empfehlungen

470. Trinkwasser kann auf vielfältige Weise in seiner Qualität beeinträchtigt werden. Zur Sicherstellung der Daseinsvorsorge sind im Multibarrierensystem *Trinkwasserversorgung* im Rahmen seiner vier Bausteine (Einzugsgebiet, Rohwasser, Aufbereitung, Verteilungsnetz) alle Möglichkeiten auszuschöpfen, um dem Verbraucher ein möglichst hochwertiges Trinkwasser zu liefern. Rohwasserseitig ist insbesondere die Landwirtschaft aufgefordert, ihre Nitrat- und Pflanzenschutzmitteleinträge auf beziehungsweise in den Boden deutlich zu reduzieren. Da bundesweit eine zunehmende Tiefenverlagerung von Nitrat festzustellen ist (BMU, 2001, S. 36) und sich bisher keine Abkehr von der bisherigen landwirtschaftlichen Düngungspraxis abzeichnet (Tz. 292 ff.,431), wird sich die Nitratproblematik beim Trinkwasser langfristig nicht dadurch lösen lassen, dass die Wassergewinnung auf tiefer gelegene Grundwasserstockwerke zurückgreift. Vielmehr würden durch ein derartiges Vorgehen dringende Lösungen der Nitratproblematik umgangen oder verschoben.

Hinsichtlich der Pflanzenschutzmittel ist der Umweltrat der Auffassung, dass entsprechende Rückstände im Trinkwasser inakzeptabel sind. Daher sind nicht die Trinkwasseraufbereitungsanlagen auf eine kontinuierliche Entfernung von Pflanzenschutzmittel auszurichten, da dies hohe technische und finanzielle Aufwendungen bedeuten würde. Vielmehr sind die Maßnahmen zur Vermeidung von Pflanzenschutzmittel im Trinkwasser gezielt beim Ressourcenschutz anzusetzen (Tz. 305 ff.).

471. Aufgrund des aufwendigen Nachweises wasserassoziierter Parasiten ist bei der Wasseraufbereitung, insbesondere von Oberflächenrohwässern, größte Sorgfalt anzuraten. Im nachweislichen Fall wiederholter beziehungsweise kontinuierlicher Belastungen ist die Trinkwasseraufbereitung, gegebenenfalls durch Veränderungen der genutzten Aufbereitungstechnologien, in den Stand zu versetzen, auch diese Erreger zuverlässig aus dem Trinkwasser zu entfernen beziehungsweise zu inaktivieren. Hierzu käme beispielsweise der Einsatz von druckbetriebenen Membranverfahren infrage.

472. Die in Trinkwasserproben festgestellten Konzentrationen an Arzneimittelrückständen gaben bisher in der Regel keinen Anlass zu gesundheitlichen Bedenken. Jedoch liefert das bloße Vorhandensein dieser Rückstände im Trinkwasser einen Hinweis auf die unerwünschte, aber nicht immer auszuschließende Durchlässigkeit des *Multibarrierensystems* in der Trinkwasserversorgung. Nach Auffassung des Umweltrates gebietet es das Vorsorgeprinzip, einen weiteren Eintrag beziehungsweise eine langfristige Akkumulation von Arzneimittelrückständen in Rohwasserressourcen (ähnlich wie die von Nitrat und Pflanzenschutzmitteln) zu verhindern. Zwar können Arzneimittelrückstände im Rohwasser durch geeignete oder zusätzliche Aufbereitungsschritte eliminiert oder zumindest deutlich – bis unterhalb der Nachweisgrenze – reduziert werden. Offensichtlich eignen sich hierzu eine Flockung, Sandfiltration oder eine Aktivkohlefiltration (SATTELBERGER, 1999). Jedoch sind die genannten Aufbereitungsschritte nicht Bestandteil jeder Wasseraufbereitung. Insbesondere wenn Grundwasser zu Trinkwasser aufbereitet wird, fehlen derartige Aufbereitungsschritte in der Regel. Strategien zur Vermeidung von Arzneimittelrückständen in der aquatischen Umwelt und folglich auch im Trinkwasser sind in Kapitel 5.6 formuliert.

473. Aufgrund der Vorgaben der Trinkwasserverordnung sind spätestens bis zum Jahr 2013 alle Bleileitungen auszutauschen. Der Spielraum der Gesundheitsämter, die bei Grenzwertüberschreitungen einzelfallspezifisch mögliche Abhilfemaßnahmen zu beraten und anzuordnen haben (§ 9 Abs. 4 und § 20 Abs. 3 TrinkwV), ist letztlich sehr begrenzt. Festzuhalten ist dabei, dass die eingebauten Leitungen sich nicht schnell auswechseln lassen und dass solche Maßnahmen im Regelfall mit hohen Kosten verbunden sind. Trotz der scheinbar langen Fristen bei der stufenweisen Verschärfung des Bleigrenzwertes nach TrinkwV ist der Austausch der Bleileitungen nach Ansicht des Umweltrates zügig anzugehen.

Zum einen sollten die Wasserversorgungsunternehmen schnell die im eigenen Verantwortungsbereich (Trinkwasserverteilungsnetz) noch vorhandenen Bleileitungen ermitteln, einen Sanierungsplan aufstellen und das schrittweise Austauschen der Bleileitungen vornehmen. Zum anderen haben die Haus- beziehungsweise Grundeigentümer innerhalb ihres Eigentums die Kosten für den Austausch der Hausinstallationen sowie gegebenenfalls für die in ihrem Besitz befindlichen Teile der Hauszuleitung zu tragen (CSICSAKY, 2003). Es ist zu bezweifeln, dass allen Hauseigentümern ihre Verpflichtungen, die sich aus der TrinkwV ergeben, tatsächlich bekannt sind, sodass die Gesundheitsämter hier von sich aus initiativ werden sollten (GROHMANN, 2003, S. 699). Nach Auffassung des Umweltrates sind möglichst umgehend in Abstimmung mit den Hauseigentümern Zeitpläne zum Austausch zu vereinbaren. Der Umweltrat würde ein zeitnahes Vorgehen auch vor dem Hintergrund begrüßen, dass gegebenenfalls die durch den Gesetzgeber eingeräumte Frist bis Dezember 2013 nicht voll ausgeschöpft würde.

In besonderen Problemgebieten käme bis zum Austausch der Bleileitungen in den Haushalten auch eine vorübergehende Dosierung von Phosphaten in Betracht, um die Lösungsneigung von Blei zu vermindern (CASTELL-EXNER und LIEßFELD, 2002). Da eine Phosphatdosierung jedoch nicht ausreicht, den Grenzwert von 10 µg/l zuverlässig zu unterschreiten, kann sie als Alternative zum Austausch der Leitungen nicht in Erwägung gezogen werden (GROHMANN, 2003).

5.5 Abwasser

5.5.1 Novellierung der Abwasserverordnung

474. Im Mai 2002 hat die EU-Kommission Deutschland wegen der Verletzung der Richtlinie 91/271/EWG des Rates über die Behandlung von kommunalem Abwasser vom 21. Mai 1991 (Kommunalabwasserrichtlinie) beim Europäischen Gerichtshof verklagt (Rechtssache C-191/02). Nach Auffassung der EU-Kommission hatte es Deutschland versäumt, die Gleichwertigkeit der Überwachungsmethoden sicherzustellen. Konkret ging es dabei um die deutsche Probeentnahmepraxis, die gemäß eines im Januar 1996 im Auftrag des Umweltbundesamtes erstellten Gutachtens „Zur Gleichwertigkeit der Anforderungen der Rahmen-Abwasserverwaltungsvorschrift und der EU-Richtlinie an die Ablaufkonzentration kommunaler Kläranlagen und an den Stickstoffeliminierungsgrad" in Abläufen von Kläranlagen der Größenklasse 5 (> 100 000 EW) keine gleichwertigen Ergebnisse zur Probenahme gemäß der Richtlinie gewährleistet, sodass die in der Richtlinie enthaltenen Grenzwerte bei der deutschen Überwachungspraxis unbeanstandet überschritten werden können (EU-Kommission, 2002a; PÖPEL et al., 1996).

Die Bundesregierung reagierte auf die Klage durch die EU-Kommission in Abstimmung mit der Länderarbeitsgemeinschaft Wasser (LAWA) mit einer Novellierung der Abwasserverordnung. So wurden mit der 5. Änderungsverordnung zur Abwasserverordnung vom 2. Juli 2002 (Fünfte Verordnung zur Änderung der Abwasserverordnung vom 2. Juli 2002 [BGBl. I Nr. 45 vom 08. Juli 2002, S. 2 497]) die letzten, bis dato noch fortgeltenden Mindestanforderungen an die Einleitung von Abwasser in Form von Verwaltungsvorschriften aufgehoben und in die rechtlich verbindlichere Form einer Verordnung des Bundesgesetzgebers überführt. Die Bedeutung der Abwasserverordnung hat sich nach Inkrafttreten der Fünften Änderungsverordnung zum 1. August 2002 also noch erhöht (STERGER, 2002). Die wesentlichste Veränderung gegenüber der bisherigen Abwasserverordnung betrifft die Reduzierung der zulässigen Ablaufkonzentration für anorganischen Stickstoff. Für Kläranlagen der Größenklasse 5 (> 4 000 kg BSB_5/d(sed.), d. h. > 100 000 EW) wird der Überwachungswert für Stickstoff gesamt, von 18 auf 13 mg/l gesenkt.

Zulässige Stickstoff-Ablaufkonzentrationen

475. Wie Tabelle 5-6 zeigt, besteht hinsichtlich der zulässigen Stickstoffkonzentrationen im Ablauf keine direkte Vergleichbarkeit zwischen der Kommunalabwasserrichtlinie und der Abwasserverordnung.

Tabelle 5-6

Stickstoffanforderungen für Kläranlagen >100 000 EW gemäß der 5. Novelle der AbwV und der EG-Kommunalabwasserrichtlinie für empfindliche Gebiete

	5. Novelle Abwasserverordnung, Anhang 1	EG-Richtlinie „Kommunales Abwasser"
Ablaufkonzentration für den Parameter Gesamtstickstoff[1] und Überwachungsmodalitäten	13 mg/l qualifizierte Stichprobe beziehungsweise 2-Stunden-Mischprobe (4-von-5-Regel) Abwassertemperatur ≥ 12 °C oder zeitliche Begrenzung	10 mg/l 24-Stunden-Mischprobe Jahresmittel aus ≥ 24 Proben im Jahr Extremwerte bleiben unberücksichtigt 20 mg/l[2] 24-Stunden-Mischprobe Tagesmittel ≥ 24 Proben im Jahr Abwassertemperatur ≥ 12 °C oder zeitliche Begrenzung Extremwerte bleiben unberücksichtigt
oder		
Frachtminderung und Überwachungsmodalitäten	70 % Verhältnis der N-Fracht im Zulauf[3] zu derjenigen im Ablauf in einem repräsentativen Zeitraum ≤ 24-Stunden-Mischprobe, der Abbau ist nachzuweisen wenn: Ablaufkonzentration ≤ 25 mg/l N_{anorg} qualifizierte Stichprobe/2-Stunden-Mischprobe (4-von-5-Regel) Abwassertemperatur 12 °C oder zeitliche Begrenzung	70 – 80 % 24-Stunden-Mischprobe abfluss- oder zeitproportional Jahresmittel aus ≥ 24 Proben im Jahr Extremwerte bleiben unberücksichtigt

[1] Während die EG-Richtlinie tatsächlich vom Gesamtstickstoff als Summe der anorganischen Stickstoffanteile und des organisch gebundenen Stickstoffs ausgeht, sind in der Abwasserverordnung unter dem Parameter N_{ges} nur die anorganischen Anteile erfasst.
[2] Das Tagesmittel von 20 mg/l gilt nach EG-Kommunalabwasserrichtlinie als Alternative, wenn nachgewiesen werden kann, dass diese Anforderung zu dem Konzentrationswert von 10 mg/l im Jahresmittel oder zu der prozentualen Mindestverringerung von 70 % gleichwertig ist.
[3] Die Stickstofffracht im Zulauf gemäß Abwasserverordnung Anhang 1 ist $N_{anorg} + N_{org}$.
Quelle: ATV-DVWK, 2002a, verändert

Die europäischen Vorgaben beziehen sich auf jährliche beziehungsweise tägliche Durchschnittswerte, während die Konzentrationen nach der Abwasserverordnung mit der qualifizierten Stichprobe oder einer 2-Stunden-Mischprobe zu bestimmen sind. In der Abwasserverordnung sind weitere Unschärfen wie die sachlich fehlerhafte Definition von N_{ges} in Anhang 1 AbwV enthalten, die ebenfalls nicht zu einer höheren Transparenz gegenüber der Kommunalabwasserrichtlinie beitragen.

Der 70-%-Nachweis

476. Wie bisher kann abweichend von der zulässigen Stickstoff-Ablaufkonzentration von 13 mg/l in der wasserrechtlichen Zulassung eine Konzentration bis zu 25 mg/l zugelassen werden, wenn die Verminderung der Gesamtstickstofffracht mindestens 70 % beträgt. Es ist vorhersehbar, dass einige deutsche Kläranlagen Schwierigkeiten haben werden, den Konzentrationswert der AbwV von 13 mg/l sicher einzuhalten. Das könnte für diese kommunalen Kläranlagen entsprechende Investitionen für Ertüchtigungen beziehungsweise Erweiterungen bedeuten. Jedoch werden nach Einschätzung der ATV-DVWK die Betreiber versuchen, von der Möglichkeit Gebrauch zu machen, mit der Wasserbehörde den höheren Überwachungswert (von bis zu 25 mg/l N_{ges}, nach AbwV also N_{anorg}), gekoppelt an den 70-%-Nachweis, zu vereinbaren. Der Umweltrat verweist in diesem Zusammenhang darauf, dass die hier zugrunde gelegten 70 % nur das Mindestmaß nach der EG-Kommunalabwasserrichtlinie darstellen, die bezogen auf den Zulauf eine Verringerung der Stickstofffracht von 70 bis 80 % fordert.

Zurzeit bestehen noch Unsicherheiten, wie für den 70-%-Nachweis die Probenahme, das Messprogramm und das Berechnungsverfahren zu gestalten sind. Deshalb werden noch Hinweise zur praxisgerechten und wirtschaftlichen Umsetzung des 70-%-Nachweises gemäß Abwasserverordnung benötigt (ATV-DVWK, 2003). Um hier ein länderübergreifend einheitliches Vorgehen bei der Prüfung sicherzustellen, werden derzeit durch die Länderarbeitsgemeinschaft Wasser (LAWA) und durch die ATV-DVWK entsprechende Merkblätter vorbereitet (ATV-DVWK, 2003; MULF Hessen, 2002). Es zeichnet sich ab, dass der Nachweis der 70-%-Frachtreduzierung für Stickstoff auf der Basis eines umfangreichen Messprogramms mit 24-Stunden-Mischproben nur einmalig erfolgen soll. Wiederholungen wären nur dann vorzusehen, wenn grundlegende Änderungen der Einleitungen im Einzugsgebiet erfolgen beziehungsweise betriebliche oder bauliche Änderungen in der Anlage erfolgen, die zur Beeinflussung der Reinigungsleistung führen (ATV-DVWK, 2003). Die ATV-DVWK schlägt vor, dass der zugehörige Überwachungswert (von 13 bis 25 mg/l N_{anorg}) zwischen Aufsichtsbehörde und Betreiber abgestimmt wird, wobei die Ergebnisse der Eigenüberwachung und die Erfahrungen des Betreibers mit der Einhaltung des bisherigen Überwachungswertes maßgeblich einfließen sollen (ATV-DVWK, 2003). Die Einhaltung des Überwachungswertes soll auf der Basis der 4-aus-5-Regelung mit 2-Stunden-Mischproben oder qualifizierten Stichproben überprüft werden (AbwV; ATV-DVWK, 2003).

Empfehlungen

477. Der Umweltrat stuft die mit dem Inkrafttreten der 5. Novelle der Abwasserverordnung erfolgte Verschärfung der Vorgaben für die Stickstoff-Konzentrationen im Ablauf von Kläranlagen > 100 000 EW im Hinblick auf die Ergebnisse des entsprechenden, inzwischen über sieben Jahre alten deutschen Gutachtens als gerechtfertigt ein.

Bezüglich der Regelungen zur Überwachungspraxis der Ablaufkonzentrationen sind wesentliche Unterschiede zwischen dem europäischen und dem deutschen Recht auch mit der 5. Novelle der Abwasserverordnung nicht ausgeräumt worden (vgl. Tabelle 5-6). Der Umweltrat empfiehlt daher, die bisherige Überwachungspraxis in Deutschland, das heißt die in der Regel nur achtminütige qualifizierte Stichprobe mit Anwendung der 4-aus-5-Regelung, generell zu überdenken. Insbesondere für große Kläranlagen > 100 000 EW bietet es sich an, Probenahme-Einrichtungen zu installieren, die kontinuierlich 24-Stunden-Mischproben vornehmen. Die Überwachungsbehörden könnten jederzeit entsprechende, fachgerecht konservierte Proben abholen und hinsichtlich der Ablaufkonzentrationen analysieren. Der Überwachungsaufwand bliebe dadurch gegenüber der qualifizierten Stichprobe in etwa gleich und es würden gleichzeitig verbesserte Voraussetzungen dafür geschaffen, bei der Erhebung der Abwasserabgabe von der Bescheidlösung auf eine Messlösung überzugehen (vgl. Abschn. 5.5.2).

Die Verschärfung der Ablaufkonzentration für N_{ges} macht eine verstärkte Anwendung des Ansatzes des Nachweises einer 70%igen Minderung der Stickstofffracht in Deutschland absehbar, da sich betroffene Betreiber großer Kläranlagen außerstande sehen, die nun geforderten 13 mg/l N_{ges} (d. h. N_{anorg}) zuverlässig einzuhalten. Die Qualität des Nachweises der Mindestfrachtverminderung wird erheblich von der Vorgehensweise bei der messtechnischen Erfassung der Zulauf- und Ablauffrachten abhängen. Hier ist in jedem Fall den Anforderungen der Kommunalabwasserrichtlinie zu genügen, die mindestens 24 abfluss- oder zeitproportionale 24-Stunden-Mischproben im Jahr vorschreibt.

5.5.2 Revitalisierung der Abwasserabgabe

478. Die seit 1. Januar 1981 in Deutschland erhobene Abwasserabgabe war in ihrer Entstehungsphase zunächst als Prototyp einer reinen Lenkungsabgabe konzipiert (vgl. z. B. HANSMEYER, 1976). Der letztlich nach heftigen Kontroversen verabschiedete Gesetzentwurf hatte jedoch bereits nur noch geringe Ähnlichkeit mit diesem ökonomischen Ideal. So wird die Abgabenlast nicht auf Basis der tatsächlichen, sondern auf Basis der zulässigen Schadstoffemissionen berechnet („Bescheidlösung"). Darüber hinaus wurde die Abwasserabgabe in das ordnungsrechtliche System des Wasserhaushaltsrechts eingebunden, indem der pro Schadeinheit zu entrichtende Abgabesatz halbiert wurde, wenn der Abgabepflichtige die Mindestanforderungen an die Abwasserreinigung gemäß § 7a WHG einhält. Im Rahmen von insgesamt vier Novellierungen wurde diese Verminderung des Abgabensatzes zeitweilig auf 75 % erhöht und es wurden weit gehende Kompensationsmöglichkeiten geschaffen, die es den Abgabepflichtigen erlauben, Aufwendungen für die Errichtung oder Erweiterung von Kanalisations- und Abwasserbehandlungsanlagen mit der Abgabenschuld zu verrechnen. Mit diesen Maßnahmen wurde die Abwasserabgabe nahezu jeder eigenständigen Lenkungswirkung im Restverschmutzungsbereich beraubt und zu einem reinen Instrument zur beschleunigten Durchsetzung der Mindestanforderungen nach § 7a WHG degradiert (ausführlich hierzu EWRINGMANN, 2002; EWRINGMANN et al., 1993; HANSMEYER, 1989).

Da die Mindestanforderungen an die Abwasserreinigung nach § 7a WHG inzwischen nahezu flächendeckend eingehalten werden, wird der Kern des gesetzlich bestimmten Verwendungszweckes in hohem Umfang erfüllt. Dennoch wendet sich der Umweltrat energisch gegen einschlägige Forderungen zur Abschaffung der Abwasserabgabe (so z. B. SEIDEL, 1999). Vielmehr hält es der Umweltrat auch vor dem Hintergrund der Umsetzung der EG-Wasserrahmenrichtlinie für geboten, die Abwasserabgabe unter Rückbesinnung auf ihren ursprünglichen Zweck als eigenständiges Lenkungs- und Internalisierungsinstrument im Restverschmutzungsbereich zu revitalisieren (Restverschmutzungsabgabe), das auf eine kontinuierliche Verbesserung des Gewässerzustandes abzielt. Hier sind insbesondere Arbeiten zur Umsetzung der Wasserrahmenrichtlinie in Betracht zu ziehen.

479. Nach dem Bewirtschaftungskonzept für die Flussgebietseinheiten gemäß Artikel 9 Abs. 1 Wasserrahmenrichtlinie haben die Mitgliedstaaten unter Zugrundelegung des Verursacherprinzips dafür Sorge zu tragen, dass die wasserwirtschaftliche Gebührenpolitik dem Kostendeckungsgrundsatz unter Einschluss umwelt- und ressourcenbezogener Kosten Rechnung trägt. Damit wird nach Einschätzung des Umweltrates deutlich zum Ausdruck gebracht, dass Abwassereinleitern die vollständigen externen Kosten der von ihnen verursachten Umweltbelastungen in Rechnung gestellt werden sollen. Nach dem flussgebietsbezogenen Ansatz der Wasserrahmenrichtlinie kann dies nur durch eine regional differenzierte knappheitsorientierte Bepreisung erfolgen, die sich an der im jeweiligen Flussgebiet bestehenden Gewässersituation auf der einen Seite und an den in der Bewirtschaftungskonzeption vorzugebenden Zielwerten auf der anderen Seite orientiert (EWRINGMANN, 2002, S. 284). Dabei ist dem Umweltrat bewusst, dass hierbei aufgrund vielfältiger Erfassungs- und Bewertungsprobleme zumindest in kurz- und mittelfristiger Sicht nur eine pragmatische Lösung denkbar ist, die sich aber zumindest an dem – vorläufig nicht realisierbaren – Ideal einer vollständigen Kosteninternalisierung orientieren sollte.

Vor diesem Hintergrund hält der Umweltrat auch jedwede Argumentation, dem Kostendeckungsgrundsatz in der Abwasserentsorgung sei bereits durch die bestehende Abwasserabgabe Rechnung getragen (z. B. BERND und MESSNER, 2002) für abwegig. Die Abwasserabgabe kann diesem Anspruch in ihrer derzeitigen Ausgestaltung in keiner Weise gerecht werden, denn weder die Orientierung an den zulässigen statt an den tatsächlichen Emissionen noch die Verknüpfung mit den Mindeststandards gemäß WHG und die Möglichkeit der Verrechnung von Investitionsausgaben sind mit einer knappheitsorientierten Bepreisung in Einklang zu bringen.

Im Folgenden skizziert der Umweltrat, wie die Abwasserabgabe ausgestaltet werden sollte, damit sie in Einklang mit den zukünftigen Anforderungen gemäß Wasserrahmenrichtlinie steht (vgl. dazu auch EWRINGMANN, 2002). Dabei ist allerdings zu beachten, dass eine Reform der Abwasserabgabe nur einen ersten Schritt zur Gewährleistung der vollständigen Kostenanlastung für sämtliche Wassernutzungen und Kostenbelastungen darstellt. Denn beispielsweise Belastungen durch diffuse Emissionsquellen (insbesondere Landwirtschaft) können nicht adäquat über die Abwasserabgabe bepreist werden. Das Gleiche gilt für Knappheitsprobleme in Zusammenhang mit der Wasserentnahme.

480. Um den Anforderungen der Wasserrahmenrichtlinie gerecht zu werden, also um eine vollständige Kostenanlastungsfunktion im Rahmen der flussgebietsspezifischen Bewirtschaftungskonzepte zu gewährleisten, müssten zumindest drei Modifikationen vorgenommen werden, die der Umweltrat teilweise bereits schon in früheren Gutachten angemahnt hat (z. B. SRU, 1996, Tz. 1250 ff.):

– Aufhebung der Koppelung an das WHG bei gleichzeitiger Streichung der derzeitigen Verrechnungsmöglichkeiten,

– Übergang von der derzeitigen Bescheidlösung zu einer Messlösung,

– Regionalisierung der Abgabensätze.

481. Eine Aufhebung der Koppelung an das WHG bedeutet, dass pro Schadeinheit ein Abgabesatz erhoben wird, der unabhängig von der Erfüllung bestimmter Mindestanforderungen an die Abwasserreinigung ist. Zugleich wären auch die bisherigen Verrechnungsmöglichkeiten mit entsprechenden Investitionsausgaben zu streichen. Denn die externen Kosten *pro eingeleiteter Schadstoffeinheit* sind im Restverschmutzungsbereich vollkommen unabhängig davon, welcher Stand der Abwasserreinigung realisiert wurde und ob der Einleiter gegebenenfalls Investitionen in Kanalisations- oder Abwasserbehandlungsanlagen tätigt. In Bezug auf den zweiten Punkt weist EWRINGMANN (2002) im Übrigen zu Recht darauf hin, dass eine solche Verrechnungsmöglichkeit nicht nur dem Internalisierungsgedanken widerspricht, sondern aufgrund ihres Charakters einer indirekten Subvention auch gegen die Wettbewerbsnormen des EG-Vertrages verstößt und zumindest notifizierungsbedürftig nach den Vorgaben des Gemeinschaftsrahmens für Umweltschutzbeihilfen wäre.

Eine Abkoppelung vom WHG bei gleichzeitiger Streichung der bisherigen Verrechnungsmöglichkeiten würde die finanzielle Belastung der Abwassereinleiter drastisch steigern, wodurch sich unerwünschte ökonomische Konsequenzen insbesondere auch in Bezug auf die internationale Wettbewerbsfähigkeit ergeben könnten. Um hier Abhilfe zu schaffen, ohne die Lenkungswirkung der Abwasserabgabe zu schmälern, empfiehlt der Umweltrat die Einführung einer Freibetragsregelung. Durch eine solche Freibetragsregelung lässt sich eine hohe Anreizwirkung mit einer gemäßigten absoluten Belastung verbinden (vgl. SCHOLL, 1998; EWRINGMANN und SCHOLL, 1996). Dabei sollte jedoch nicht unerwähnt bleiben, dass auch eine Freibetragsregelung streng genommen gegen die Zielsetzung einer vollständigen Kosteninternalisierung verstößt. Insoweit handelt es sich hierbei um einen Kompromiss zwischen umweltpolitischen Zielen auf der einen Seite und wirtschaftspolitischen Zielen auf der anderen Seite.

482. Auch die derzeitige „Bescheidlösung", bei der sich die Bemessungsgrundlage der Abgabe nicht an den tatsächlichen, sondern an den zulässigen Emissionen orientiert, ist mit dem Internalisierungskonzept nicht zu vereinbaren. Eine bereits seit einigen Jahren diskutierte 5. Novelle zum Abwasserabgabengesetz, die einen Übergang von der Bescheid- zu einer Messlösung vorsieht, wird derzeit nicht weiter verfolgt. Die Gründe hierfür liegen unter anderem darin, dass eine kontinuierliche Messung der Jahresfrachten aller relevanten Schadstoffe aufgrund der damit verbundenen Kosten wenig praktikabel erscheint. Als Ausweg bietet sich hier nach Einschätzung des Umweltrates jedoch an, die effektive Schadstofffracht hochzurechnen auf Basis regelmäßiger Messungen von Schadstoffkonzentrationen und Abwasserfrachten (zu den Einzelheiten einer solchen eingeschränkten Messlösung vgl. EWRINGMANN und SCHOLL, 1996).

483. Wie oben bereits erwähnt, erfordert der flussgebietsbezogene Ansatz der Wasserrahmenrichtlinie schließlich auch eine regional differenzierte Abgabenerhebung, die sich an der jeweiligen regionalen Knappheitssituation orientiert. Die betreffende Knappheit ist umso stärker ausgeprägt, je stärker der Ist-Zustand des Gewässers von den in der Bewirtschaftungskonzeption vorzugebenden Zielwerten abweicht. Dabei ist dem Umweltrat durchaus bewusst, dass eine exakte Quantifizierung regional differenzierter Knappheitspreise in der Praxis mit vielfältigen Erfassungs- und Bewertungsproblemen verbunden wäre. Dennoch sollte eine solche Differenzierung zumindest in pragmatischer Weise versucht werden, beispielsweise indem zunächst lediglich drei Knappheitsklassen mit entsprechend differenzierten Steuersätzen definiert werden. Im Übrigen ist in diesem Zusammenhang darauf hin zu weisen, dass die Abwasserabgabe auch bereits in ihrer ursprünglichen Konzeption mit einer entsprechenden Regionalisierungsperspektive versehen war (vgl. EWRINGMANN, 2002, S. 271 f). Insofern würde auch der Übergang zu regional differenzierten Abgabensätzen dem Anliegen einer Revitalisierung der Abwasserabgabe im Sinne ihrer ursprünglichen Konzeption als eigenständiges Kosteninternalisierungs- und Lenkungsinstrument entsprechen.

5.6 Umweltchemikalien und Arzneimittel in Abwässern und Gewässern

5.6.1 Ausgangslage

484. Durch Fortschritte in der Abwasserreinigung von Städten und Gemeinden sowie bei der Industrie konnten in den vergangenen Jahren deutliche Qualitätsverbesserungen der deutschen Fließgewässersysteme erreicht werden. In seinem Umweltgutachten 2000 wies der Umweltrat aber bereits auf weiteren Handlungsbedarf bei diffusen Einträgen aus der Landwirtschaft, bei einigen Schwermetallen und bei organischen Schadstoffen hin (SRU, 2000, Tz. 585). Während den Gewässerbelastungen aus der landwirtschaftlichen Düngung und den vornehmlich aus industriellen Abwässern stammenden Schwermetallen seit langem durch Maßnahmen entgegengewirkt wird, gibt es für die große Vielfalt der Umweltchemikalien und Arzneimittel bisher keine entsprechenden Aktivitäten. Diese Stoffe kommen in allen drei Umweltkompartimenten (Wasser, Boden, Luft) vor. Zum Teil sind sie biogenen Ursprungs, der größte Teil wird jedoch industriell für unterschiedliche Anwendungen des täglichen Lebens ebenso wie für gewerbliche und industrielle Zwecke hergestellt. Zu ihnen zählen Wasch- und Reinigungsmittel, Pharmaka, Pflanzenschutzmittel, Industriechemikalien sowie nach einer biologischen Abwasserbehandlung auch deren Metaboliten. Nicht alle diese industriell erzeugten Produkte, die als Umweltchemikalien oder Arzneimittel in der Umwelt gefunden werden, sind das Ergebnis einer gezielten Synthese. Vielmehr gelangen insbesondere auch als Nebenprodukte entstandene organische Stoffe verstärkt in die Umwelt und werden dort großflächig verteilt wiedergefunden. Es ist von circa 20 Mio. organischen chemischen Verbindungen anthropogenen wie biogenen Ursprungs auszugehen, von denen bis zu 5 000 Substanzen als potenziell umweltrelevant einzustufen sind. Dazu gehören:

– Stoffe, die sich in Organismen und in der Umwelt ablagern und toxisch wirken (PBT: persistent, bioakkumulativ und toxisch),

– Stoffe, die sich in Organismen und in der Umwelt ablagern, deren toxische Wirkung aber bisher noch nicht bekannt ist und

– Stoffe mit endokriner Wirkung.

485. Der Umweltrat hat sich bisher mit Umweltchemikalien und Arzneimitteln im Abwasser und in Gewässern nur am Rande beschäftigt. Ein Grund dafür ist in der bisher unbefriedigenden Datenlage zu sehen. So beschränken sich beispielsweise die letzten gewässerbezogenen Daten des Umweltbundesamtes (UBA, 2001b) neben

Nährstoffen und Schwermetallen auf Pflanzenschutzmittel als einzige organische Schadstoffgruppe. In jüngster Zeit haben sich aber nicht zuletzt aufgrund umweltanalytischer Fortschritte bei der Nachweisführung Erkenntnisse über ökotoxikologische Langzeitwirkungen von Umweltchemikalien und Arzneimitteln in der aquatischen Umwelt ergeben. Die EU-Wasserrahmenrichtlinie berücksichtigt im Anhang X 33 so genannte prioritäre Stoffe, die zu einem Großteil diesen Stoffen zuzurechnen sind und für die eine Emissionsreduktion erforderlich ist (vgl. Kap. 5.1).

Umweltchemikalien

486. Die Problematik der Umweltchemikalien und Arzneimittel gehört seit langem zu den stoffpolitisch wichtigen Handlungsbereichen. Das Verbringen von gefährlichen Stoffen und speziell entwickelten Wirkstoffen in die Umwelt verlangt aus Gründen der Nachhaltigkeit und Vorsorge eine besondere Aufmerksamkeit. Die hier zu betrachtenden Umweltchemikalien werden rechtlich unterschieden nach Pflanzenschutzmitteln, Bioziden und weiteren durch die Chemikaliengesetzgebung erfassten gefährlichen Stoffen. Grundsätzlich sollen die bestehenden rechtlichen Regelungen (insbesondere Chemikaliengesetz, Pflanzenschutzmittel- und Biozidverordnung) schädliche Einwirkungen dieser Stoffe auf die Umwelt, die menschliche Gesundheit und den Arbeitnehmer beim Umgang mit ihnen verhindern.

487. In Deutschland wird seit langem mithilfe dieser Regelungen eine am Vorsorgegedanken orientierte Überprüfung und Bewertung der Umweltauswirkungen von Industriechemikalien, Pflanzenschutzmitteln und Bioziden durchgeführt (KOLOSSA, 1998). Der Bewertung liegt dabei ein Vergleich der Konzentrationen eines Stoffes in den einzelnen Umweltkompartimenten und ihrer Wirkung auf Organismen des Ökosystems zugrunde, wie durch die Datenanforderungen der Richtlinie 92/32/EWG geregelt.

Die im Laufe der Jahre komplettierten und konkretisierten europäischen und deutschen gesetzlichen Regelungen haben bisher das Problem der Altstoffe nicht lösen können. Bei den Chemikalien gehören dazu die vor 1981 vermarkteten Stoffe, die etwa 99 % der Vermarktungsmenge von Chemikalien ausmachen. Arzneimittel sind nicht direkt in das Chemikalienrecht eingebunden, können aber indirekt betroffen sein, wenn ihre Inhaltsstoffe diesem Recht unterliegen.

Trotz der seit 1993 geltenden EG-Altstoffverordnung geht die Erfassung der Altstoffe nur schleppend voran. Es wird geschätzt, dass beim bisherigen Tempo der Erfassung Risikobeurteilungen selbst für die 4 000 problematischsten Altstoffe erst im Jahr 3000 vorliegen würden (SRU, 2002a; WINTER, 2000, S. 177). Weil das Altstoffproblem mit dem geltenden System noch nicht einmal ansatzweise lösbar erscheint, besteht seit langem ein dringlicher Reformbedarf der Handhabung. Das geplante REACH-System der EU hat hier eine zentrale Funktion (Tz. 990 ff.).

Arzneimittel

488. Bei den Human- und Tierarzneimitteln gab es bis vor etwa 20 Jahren keine Differenzierung rechtlicher Regelungen. Erst dann entwickelten sich in den Richtlinien der EU und im deutschen Arzneimittelrecht solche Unterschiede. Dies betrifft auch umweltbezogene Vorschriften (GÄRTNER, 1998). Alle regulatorischen Aktivitäten im internationalen wie im nationalen Bereich konzentrierten sich dabei in den letzten Jahren auf die entsprechenden Zulassungsbedingungen für Arzneimittel. Für Tierarzneimittel liegt seit langem ein mit konkreten Prüfvorschriften ausgestatteter Leitfaden vor. Erfahrungen des Umweltbundesamtes bei der Bewertung der Umweltauswirkungen von Tierarzneimitteln zeigen, dass häufig Auflagen zum Schutz der Umwelt notwendig wurden, die sich vorwiegend auf eine Reduzierung der Umweltexposition bezogen (RÖNNEFAHRT et al., 2002). Das betraf insbesondere Antibiotika und Antiparasitika wegen ihrer hohen Anwendungsmengen und der stoffeigenen Toxizität (UBA, 2003d). Die erteilten Auflagen zielen auf eine Reduzierung der Umweltbelastung ab, beispielsweise auf eine Einschränkung des Zugangs der mit Arzneimitteln behandelten Weidetiere zu Oberflächengewässern (UBA, 2003d). Die Verabschiedung eines Leitfadens für die Umweltbewertung von Humanarzneimitteln ist für 2004 geplant (UBA, 2003d). Es geht dabei derzeit um die Harmonisierung des Bewertungskonzepts mit den Grundzügen der europäischen Chemikalienbewertung (RÖNNEFAHRT et al., 2002). Der aktuelle Leitfadenentwurf sieht eine vertiefte ökotoxikologische Prüfung der Humanarzneimittel vor, wenn die Wirkstoffkonzentration mindestens 10 ng/l Oberflächenwasser beträgt. Dieser niedrig erscheinende Schwellenwert ergibt sich aus der hohen Empfindlichkeit der Wasserorganismen gegenüber kontinuierlichen Belastungen des Oberflächenwassers mit Humanarzneimitteln (UBA, 2003d).

Wie bei den Chemikalien beziehen sich alle bisherigen Zulassungsuntersuchungen nur auf Neustoffe. Sämtliche Arzneimittel, die vor InkraftTreten von Vorschriften über die Umweltbewertung bereits im Verkehr waren, und die für den Großteil der in den Umweltmedien nachzuweisenden Wirkstoffe verantwortlich sind, wurden keiner Umweltprüfung unterzogen. Es wird deshalb seit langem über entsprechende Altstoffprogramme diskutiert.

5.6.2 Gewässerbelastungen durch Umweltchemikalien und Arzneimittel

489. Umweltchemikalien und Arzneimittel finden sich in der gesamten aquatischen Umwelt. Die Wege dorthin verlaufen über das Abwasser sowie über Bodenbelastungen aus der Landwirtschaft und Abfallablagerungen, die sich über Abschwemm- oder Auswaschvorgänge in Oberflächengewässer oder in das Grundwasser verlagern können. Verschiedene Untersuchungen haben den Nachweis einer Vielfalt von Human- und Tierpharmaka sowie von Umweltchemikalien und ihrer Metaboliten in der aquatischen Umwelt geliefert. So veröffentlichte der Bund-Länder-Ausschuss Chemikaliensicherheit (BLAC) im Jahr 1998 einen umfassenden Bericht über die Auswirkungen von Arzneimitteln auf die Umwelt und die Trinkwasserversorgung (BLAC, 1998). Ein danach vom

Ausschuss aufgestelltes bundesweites Untersuchungsprogramm (BLAC, 1999) ist inzwischen abgeschlossen. Die Untersuchungsergebnisse belegen, dass im kommunalen Abwasser und dem daraus resultierenden Klärschlamm praktisch die gesamte Wirkstoffpalette aus dem Arzneimittelbereich enthalten ist und selbst in Grundwässern viele dieser Arzneimittel nachzuweisen sind.

490. Auch jüngste amerikanische Fließgewässeruntersuchungen ergaben vielfältige Belastungen durch Umweltchemikalien und Arzneimittel, wie die in Abbildung 5-3 aufgeführten Ergebnisse für 15 Gruppen organischer Stoffe zeigen. Viele der 95 analysierten Stoffe wurden in der Mehrzahl der untersuchten Gewässer gefunden. Drei der 15 Schadstoffgruppen, nämlich Tensidmetaboliten, Steroide und Weichmacher, entsprechen knapp zwei Dritteln der Gesamtkonzentration an derartigen Stoffen. Die Untersuchungen von 80 amerikanischen Grundwässern zeigten nahezu die gleiche Stoffvielfalt wie bei den Oberflächengewässern gemäß Abbildung 5-3 (ERICKSON, 2002). Über die individuelle Wirkung einzelner Umweltchemikalien oder Arzneimittel auf die belebte Umwelt ist bisher nur wenig bekannt. Am ehesten gefährdet sind sicher aquatische Lebewesen (KRATZ et al., 2000).

Wirkungen von Umweltchemikalien und Arzneimitteln auf aquatische Organismen

491. Für viele der in Abbildung 5-3 aufgeführten Stoffgruppen wurden in Laboruntersuchungen unterschiedlichste Effekte in verschiedensten Biota festgestellt. So erwies sich zum Beispiel der Arzneimittelwirkstoff Clofibrinsäure in standardisierten ökotoxikologischen Tests an Daphnien (Wasserflöhe) schon in sehr geringen Konzentrationen, die nur unwesentlich höher waren als im Grundwasser gemessene Spitzenwerte, als reproduktionstoxisch (KOPF, 1995). Viele neuere Untersuchungen haben sich mit einer möglichen endokrinen Wirkung von Umweltchemikalien auseinander gesetzt. In den meisten Arbeiten wurde die potenzielle Störung des hormonellen Systems durch das Nachahmen einer östrogenen Wirkung untersucht (RODGERS-GRAY et al., 2000). Ein Beispiel für eine Substanz, die ein entsprechendes östrogenes Potenzial besitzt und sowohl im Abwasser als auch in Flüssen nachgewiesen wurde, ist das synthetisch hergestellte contraceptive Hormon 17α-Ethinylöstradiol (DESBROW et al., 1998; TERNES et al., 1999). Als das potenteste Östrogen *in vivo* induziert es in männlichen Regenbogenforellen (*Oncorhynchus mykiss*) die Bildung des normalerweise fast ausschließlich in weiblichen Fischen vorkommende Vitellogenin (in der Leber von oviparen Fischen gebildetes Protein, das dem Dotteraufbau dient) (PURDOM et al., 1994; JOBLING, 1995). Auch für weitere Stoffe und Stoffgruppen wie Phthalate, PAK, Alkylphenole (Nonylphenol), und Organochlorpestizide (z. B. Dieldrin, Endosulfan, β-HCH) konnte eine östrogenähnliche Wirkung nachgewiesen werden (OPITZ et al., 2002; UBA, 2001b; SOTO et al., 1994; COLBORN et al., 1993).

Abbildung 5-3

Gruppen einzelner Umweltchemikalien und Arzneimittel in Oberflächengewässern der USA

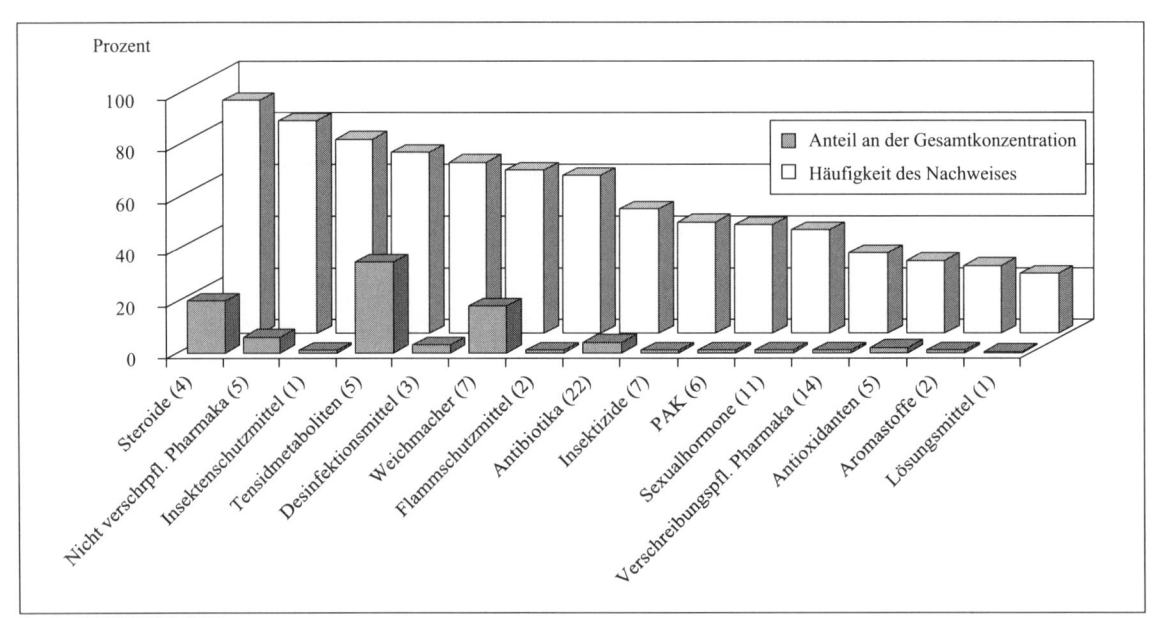

Quelle: ERICKSON, 2002

492. Die Messung eines ansteigenden Vitellogeningehalts in männlichen Fischen ist inzwischen ein anerkannter Biomarker für den Nachweis von östrogenähnlichen Stoffen in Gewässern (JOBLING et al., 1998). Speziell in britischen Untersuchungen wurde unmittelbar vor den Einleitungsstellen von Kläranlagen aber auch einige Kilometer unterhalb in männlichen Fischen unterschiedlicher Arten ein erhöhter Vitellogeningehalt festgestellt (ALLEN et al., 1999; JOBLING et al., 1998; LYE et al., 1997; PURDOM et al., 1994). In einigen Fällen zeigten sich außerdem morphologische Veränderungen in den männlichen Geschlechtsorganen, die auf eine Verweiblichung hinwiesen. Vergleichbare Studien wurden auch in deutschen Fließgewässern durchgeführt. So zeigten Untersuchungen an verschiedenen Probenahmestellen in der Elbe eine vermehrte Vitellogeninproduktion in männlichen Brassen (*Abramis brama*) (HECKER et al., 2002). Die höchsten Vitellogeninwerte im Blut wurden bei Fischen, die in der Nähe von Magdeburg und unterhalb Dresdens gefangen wurden, gemessen. In Nordrhein-Westfalen wurden Brassen des Rheins mit einer Population aus der Wahnbachtalsperre verglichen (LEHMANN et al., 2000). In diesem Fall waren die Vitellogeningehalte im Blutplasma der männlichen Tiere aus dem Rhein viermal höher als bei den Fischen der weniger belasteten Referenzgruppe. In drei der 59 untersuchten männlichen Brassen aus dem Rhein wurden Eizellen in den Hoden gefunden, die Fische aus der Wahnbachtalsperre waren ohne entsprechende Befunde. Die Ausbildung einzelner Eizellen in den Hoden von Fischen ist sowohl bei definierter Züchtung als auch im Freiland gelegentlich zu beobachten, eine steigende Belastung mit östrogenwirkenden Schadstoffen kann die Zahl des Auftretens dieser „Fehlentwicklungen" im Gewebe allerdings deutlich erhöhen (HARRIES et al., 1996).

493. Auch wenn sich die meisten Studien an aquatischen Organismen zum möglichen endokrinen Einfluss von Schadstoffen mit den Sexualhormonen beschäftigt haben, gibt es inzwischen Hinweise für Wirkungen auf andere Bereiche des Hormonstoffwechsels wie beispielsweise auf die Schilddrüsenhormone von Fischen und Amphibien (OPITZ et al., 2002). In diesem Fall sind die Ergebnisse aus Feld- und Laboruntersuchungen allerdings nicht immer eindeutig, weshalb bisher ein direkter Zusammenhang zu Phänomenen in der Umwelt, wie dem Rückgang von Amphibienpopulationen in belasteten Gewässern, nicht hergestellt werden konnte (CAREY und BRYANT, 1995).

494. Aufgrund der meist sehr niedrigen Dosen und hohen Anzahl nachgewiesener Umweltchemikalien und Arzneimittel mit verschiedenster Wirkung ist es bisher nur in sehr wenigen Fällen, meist in unmittelbarer Nähe zu so genannten *Hot Spots* chemischer Belastung, möglich gewesen, die Wirkung eines einzelnen Schadstoffs oder einer Stoffgruppe direkt mit beobachteten Veränderungen im aquatischen Ökosystem in Verbindung zu bringen (s. auch TYLER et al., 1998).

Eintragspfade für Arzneimittel und Umweltchemikalien

495. Umweltchemikalien, Human- und Tierarzneimittel gelangen über unterschiedliche Eintragspfade in Gewässer. Tierarzneimittel und ähnlich dotierte Futtermittelzusatzstoffe ergeben über die Aufbringung von Gülle und Stallmist im Rahmen der landwirtschaftlichen Düngung entsprechende Bodenbelastungen, die sich ähnlich wie bei den landwirtschaftlich eingesetzten Pflanzenschutzmitteln in das Grundwasser und damit möglicherweise auch bis in das Trinkwasser verlagern können. Die Belastungspfade der organischen Umweltchemikalien und Humanarzneimittel verlaufen über das Abwasser, wie aus den Abbildungen 5-4 und 5-5 ersichtlich wird. Die Stoffe finden sich schließlich entweder in Oberflächengewässern oder über eine Bodenpassage im Grundwasser. Aus beiden Gewässerbereichen sind auch Belastungen des Trinkwassers denkbar.

Bei der Abwasserentsorgung erfolgen die Einträge von Umweltchemikalien und Humanarzneimitteln auf unterschiedliche Weise über (DOHMANN, 2003a):

– undichte Kanalisationssysteme,

– Mischwasserentlastungen in Kanalnetzen,

– kommunale Kläranlagen,

– industrielle Kläranlagen und

– Versickerungsanlagen (Kleinkläranlagen).

496. Die in Abwässern enthaltenen Umweltchemikalien und Humanarzneimittel gelangen also nicht in vollem Umfang über kommunale oder industrielle Kläranlagen in die Umwelt.

Tabelle 5-7, die auf Daten des Statistischen Bundesamtes basiert (Statistisches Bundesamt, 2002), ergibt für zentrale Kläranlagen einen behandelten Schmutzwasseranteil von 83,4 % im Jahr 1998. Fast 10 % des im Jahr 1998 in Kanalisationen abgeleiteten Schmutzwassers flossen unbehandelt in Oberflächengewässer. Ursache dafür waren die bei Regenabflussereignissen stattfindenden Entlastungsvorgänge in Mischkanalisationsnetzen. Bedenkt man, dass die Mischkanalisationsnetze nicht gleichmäßig über der Landesfläche Deutschlands verteilt sind, dann ergeben sich daraus regional unterschiedliche Gewässerbelastungen. In West- und Süddeutschland mit starker Verbreitung dieses Entwässerungssystems dürften die Oberflächengewässer deshalb statt der für Deutschland gemittelten etwa 10%igen abwasserbürtigen Belastung an Umweltchemikalien und Arzneimitteln mit bis zu 15 % belastet sein. In Norddeutschland mit fast ausschließlicher Entwässerung nach dem Trennverfahren würde diese Belastung entweder gar nicht auftreten oder weit unter 10 % liegen.

Der größte Teil der Schmutzwässer der 5,6 Millionen dezentral entsorgten Einwohner gelangt nach einer gewöhnlich unzureichenden Reinigung in Kleinkläranlagen über Versickerungsanlagen in den Boden und nach Versickerung in das Grundwasser.

Abbildung 5-4

Hauptwege der Umweltchemikalien in der Umwelt

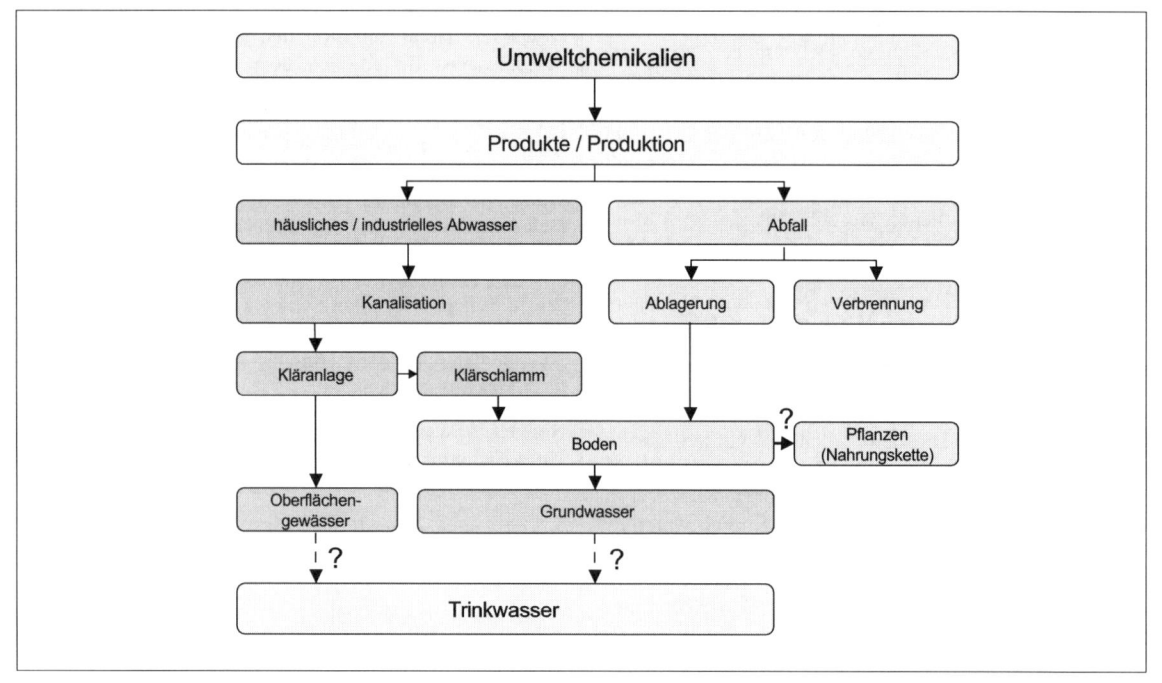

```
                        Umweltchemikalien
                               │
                               ▼
                        Produkte / Produktion
                         │              │
            ┌────────────┘              └────────────┐
            ▼                                        ▼
  häusliches / industrielles Abwasser              Abfall
            │                                  │         │
            ▼                                  ▼         ▼
       Kanalisation                       Ablagerung  Verbrennung
            │                                  │
            ▼                                  │
       Kläranlage ──────► Klärschlamm          │
            │                   │              │
            │                   ▼              ▼
            │                  Boden ──?──► Pflanzen
            │                   │           (Nahrungskette)
            ▼                   ▼
     Oberflächen-           Grundwasser
      gewässer
            │ ?                 │ ?
            └────────┬──────────┘
                     ▼
                Trinkwasser
```

SRU/UG 2004/Abb. 5-4

Abbildung 5-5

Hauptwege der Humanarzneimittel in der Umwelt

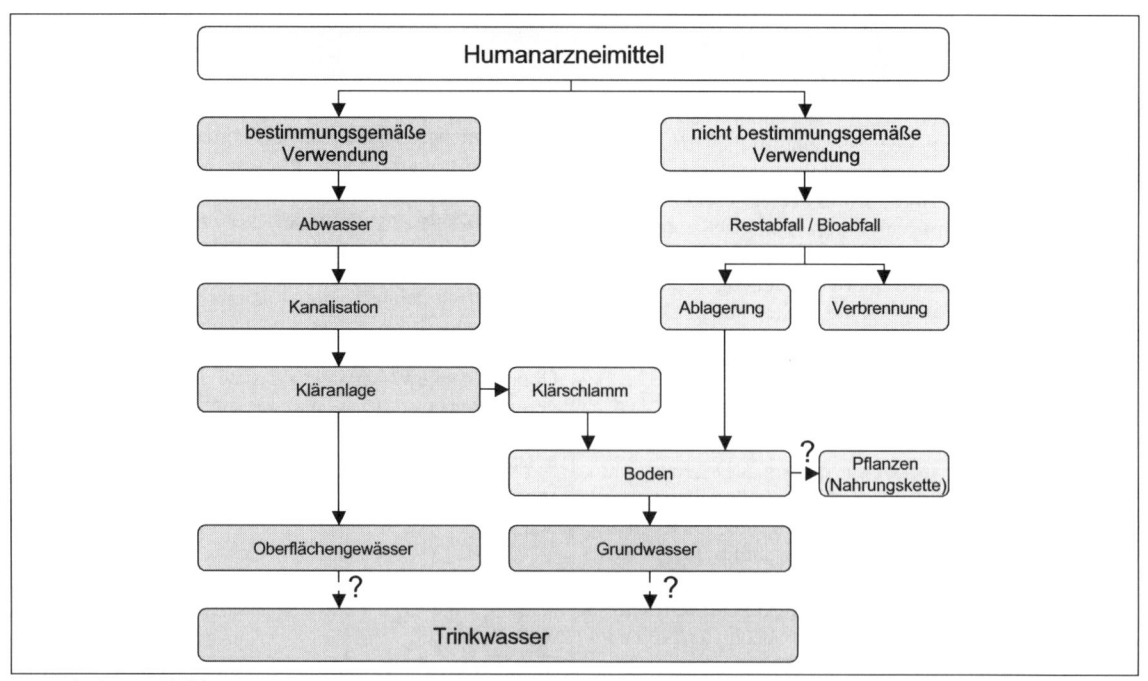

```
                        Humanarzneimittel
                         │              │
            ┌────────────┘              └────────────┐
            ▼                                        ▼
   bestimmungsgemäße                       nicht bestimmungsgemäße
      Verwendung                                 Verwendung
            │                                        │
            ▼                                        ▼
        Abwasser                            Restabfall / Bioabfall
            │                                  │         │
            ▼                                  ▼         ▼
       Kanalisation                       Ablagerung  Verbrennung
            │                                  │
            ▼                                  │
       Kläranlage ──────► Klärschlamm          │
            │                   │              │
            │                   ▼              ▼
            │                  Boden ──?──► Pflanzen
            │                   │           (Nahrungskette)
            ▼                   ▼
    Oberflächengewässer     Grundwasser
            │ ?                 │ ?
            └────────┬──────────┘
                     ▼
                Trinkwasser
```

SRU/UG 2004/Abb. 5-5

Tabelle 5-7

Anteile der zentralen und dezentralen Abwasserentsorgung in Deutschland im Jahr 1998

Zentrale Abwasserentsorgung **ohne** Behandlung	*9,7 %*
Zentrale Abwasserentsorgung **mit** Behandlung	*83,4 %*
Dezentrale Abwasserentsorgung (Kleinkläranlagen)	*6,9 %*
Σ	*100 %*
SRU/UG 2004/Tab. 5-7; Datenquelle: Statistisches Bundesamt	

497. In der Vergangenheit wurden in der Fachwelt die Umweltbelastungen durch undichte Kanalisationen und Grundstücksentwässerungsanlagen viel diskutiert. Geht man in Deutschland von einer Größenordnung der Abwasserexfiltration von jährlich 100 Mio. m^3 aus (DOHMANN, 1999), dann entspricht diese etwa 2 % des in Kläranlagen behandelten Schmutzwasseraufkommens. Ein großer Teil des Exfiltrationspotenzials steht aber im Zusammenhang mit Regenabflussereignissen und entsprechenden Verdünnungseffekten. Der versickernde Anteil der in Kanalisationen gesammelten Schmutzwässer dürfte deshalb nicht mehr als 1 % betragen.

Es liegen Erkenntnisse über das Verhalten und die Elimination von Umweltchemikalien und Humanarzneimitteln bei der Abwasserbehandlung in Kläranlagen vor. Das betrifft vor allem endokrin wirksame Substanzen in Form von natürlichen und synthetisch hergestellten Stoffen, bei denen die Besorgnisse über hormonelle Auswirkungen auf aquatische Lebewesen und über den Trinkwasserpfad auch auf den Menschen entsprechende Untersuchungsprogramme auslösten (ATV-DVWK, 2002b). Die vorliegenden Ergebnisse besagen, dass alle endokrin wirksamen Substanzen in kommunalen Kläranlagen mit mehr oder weniger hohem Wirkungsgrad eliminiert werden. Dabei gelingt die Elimination natürlicher Östrogene besser als die synthetischer Hormone und entsprechend wirkender Umweltchemikalien (Xeno-Östrogene). Die Konzentration dieser Stoffe in Kläranlagenabläufen unterliegt deutlichen Schwankungen in Abhängigkeit von der Beaufschlagung der Anlagen. Sie wird auch von der Art und Belastung der verfahrenstechnischen Klärprozesse beeinflusst. Schädigende Auswirkungen von synthetischen Hormonen oder Xeno-Östrogenen in gereinigten Abwässern, die in Oberflächengewässer eingeleitet werden, sind vor allem bei Fischen zu befürchten, wo vermutlich die Kombination des aus dem Abwasser stammenden hormonellen Stoffgemisches von Nachteil sein dürfte (ATV-DVWK, 2002b).

In einem umfangreichen Analytikprogramm wurden die Zu- und Abläufe zweier nordrhein-westfälischer Großklärwerke auf 75 Umweltchemikalien beziehungsweise Humanarzneimittel untersucht (MUNLV NRW, 2003).

Diese Stoffe sind den Pflanzenschutzmitteln, Chlorbenzolen, polyzyklischen aromatischen Kohlenwasserstoffen, Zinnorganika, Flammschutzmitteln, Moschusduftstoffen, Pharmaka, Hormonen und sonstigen Stoffen zuzuordnen. Ein Ergebnis der Untersuchungen war, dass die betrachteten Stoffe hinsichtlich ihres Verhaltens bei der Abwasserbehandlung in drei Gruppen einzuteilen sind, nämlich:

– Stoffe, die bereits im Zulauf der Kläranlagen unterhalb der jeweiligen Bestimmungsgrenze aufgetreten sind, für die sich demnach keine Eliminierungsnotwendigkeit ergab (Gruppe 1),

– Stoffe, für die bei der Abwasserbehandlung eine deutliche Konzentrationsverminderung von etwa 50 bis über 90 % erreicht wurde (Gruppe 2) und

– Stoffe, die in den Zu- und Abläufen der Kläranlagen in nahezu unverändert hohen Konzentrationen nachgewiesen werden konnten (Gruppe 3).

Die 22 Stoffe der dritten Gruppe, die rund 30 % der untersuchten Stoffe ausmachten, gehören zu den Flammschutzmitteln (3), Pharmaka (11), Hormonen (4) und Röntgenkontrastmitteln (4). Sie sind durch die konventionelle Abwasserbehandlungstechnik nicht rückhaltbar. Da eine Vermeidung oder wesentliche Einschränkung ihres Eintrags in das Abwasser zumindest mittelfristig nicht erreichbar erscheint, hält der Umweltrat die Entwicklung und den Einsatz entsprechend geeigneter technischer Anlagen im Bereich der Abwasserbehandlung für geboten. Eine solche technische Lösung versprechen die Membranstufen zu sein.

Der Grad der Eliminationsleistung der Kläranlagen wirkt sich auf die Belastungen der Gewässer mit Umweltchemikalien und Humanarzneimitteln aus. Um dies abzuschätzen, wurde ein Eliminationsverhalten entsprechend den zuvor beschriebenen Stoffgruppen angenommen und in Tabelle 5-8 ausgewertet. Diese Auswertung berücksichtigt nicht, dass die Umweltchemikalien und Humanarzneimittel bei einem Eliminierungsvorgang in Metaboliten überführt werden, die andere und teilweise auch kritische Stoffeigenschaften und Wirkungen aufweisen können.

Tabelle 5-8

Heutige Belastungsanteile mit Umweltchemikalien und Humanarzneimitteln der Gewässer durch Abwässer in Abhängigkeit vom Grad der Abwasserreinigung

	Oberflächengewässer	Boden und Grundwasser	Summe der Belastungen
Keine Elimination bei der Abwasserreinigung	*93,1 %*	*6,9 %*	*100 %*
50%ige Elimination und 10%iger Abbau bei der Abwasserreinigung	*51,4 %*	*18,0 %*	*69,4 %*
90%ige Elimination und 20%iger Abbau bei der Abwasserreinigung	*18,0 %*	*26,7 %*	*44,7 %*

Quelle: DOHMANN, 2003b

Bei einer Untersuchung konnte nachgewiesen werden, dass Arzneimittelreste aus dem Ablauf des Klärwerkes Berlin-Schönerlinde über den Tegeler See und eine mehr als 100 m lange Bodenpassage in den Brunnen einer Trinkwasserversorgung gelangten (SCHMIDT und BROCKMEYER, 2002). Aus Tabelle 5-8 ist ablesbar, dass selbst eine extrem hohe Elimination von Umweltchemikalien und Humanarzneimitteln bei der zentralen Abwasserbehandlung nicht den Eintrag von mehr als 40 % des Schmutzwasserpotenzials in Gewässer und das Grundwasser verhindern könnte. Bei völligem Verzicht auf eine landwirtschaftliche Klärschlammverwertung würde sich die Exposition in die aquatische Umwelt auf 18,7 % der Rohwasserfracht reduzieren lassen. Der durch die Abwasserbehandlung nicht erfassbare Anteil der Gewässerbelastungen aus Mischkanalisationen betrüge dann etwas mehr als die Hälfte der Gesamtbelastung.

5.6.3 Empfehlungen zur Vermeidung beziehungsweise Elimination von Umweltchemikalien und Arzneimitteln in Gewässern

498. In der Umwelt- und Stoffpolitik wurden in den vergangenen Jahren verschiedene strategische Ansätze zur Vermeidung oder Verringerung der Umweltbelastungen durch Umweltchemikalien und Arzneimittel verfolgt. Auf europäischer und deutscher Ebene sind entsprechende Strategieaussagen formuliert worden. So lassen sich die im Sechsten Umweltaktionsprogramm der EU für den Prioritätsbereich Umwelt, Gesundheit und Lebensqualität genannten strategischen umweltrelevanten Teilziele wie folgt zusammenfassen (EU-Parlament und EU-Kommission, 2002):

– Erreichen eines besseren Verständnisses der Gefahren für die Umwelt, damit Maßnahmen zur Vermeidung und Verringerung dieser Gefahren ergriffen werden,

– Anstrengungen, dass innerhalb einer Generation Chemikalien nur so erzeugt und verwendet werden, dass sie keine negativen Auswirkungen auf die Umwelt haben (wobei die derzeitigen Wissenslücken hinsichtlich der Eigenschaften, der Verwendung und der Entsorgung dieser Stoffe noch zu schließen sind),

– Ersatz toxischer oder endokrin wirksamer Chemikalien durch sichere Chemikalien, um Risiken für die Umwelt zu verringern und

– Verringerung der Auswirkungen von Pflanzenschutzmitteln auf die Umwelt.

499. Außer solchen begrüßenswerten vermeidungsstrategischen Ansätzen bietet sich eine Reihe konkreter Maßnahmen an, die auf eine Vermeidung oder Verminderung des Einsatzes beziehungsweise der Anwendung von Umweltchemikalien und Arzneimitteln abzielen. Dazu gehören im Bereich der Tierarzneimittel, die über die Ausbringung von Gülle und Stallmist auf landwirtschaftlich genutzte Flächen zu einer Gewässerbelastung werden können, nach Empfehlung des Wissenschaftlichen Beirates Bodenschutz (WBB, 2002):

– der Verzicht auf den Einsatz von Tierarzneimitteln zur Prophylaxe (sofern technische Maßnahmen ebenfalls eine Vermeidung oder deutliche Reduzierung des Krankheitsbefalls von Tierbeständen erreichen lassen) und

– der Verzicht auf hormonell oder antibiotisch wirksame Substanzen, die als Futterzusatzstoffe zur Leistungs- und Wachstumsförderung bei der Tiermast eingesetzt werden.

Der Umweltrat schließt sich den Empfehlungen des WBB an.

500. Bei Humanarzneimitteln ist bisher trotz der entsprechenden Kostendiskussionen im Gesundheitswesen in den letzten Jahren keine wesentliche Veränderung der Verwendungsmengen erkennbar. Das Bemühen um eine Vermeidung von Arzneimitteleinsatz konzentriert sich auf spezifische Wirkstoffreduzierungen, wie beispielsweise ein transdermales Präparat zur Schwangerschaftsverhütung, das bei richtiger Handhabung deutlich weniger

17 α-Ethinylestradiol in die aquatische Umwelt abgeben wird als die Antibabypille. Ein weiterer strategischer Ansatz zur Belastungsvermeidung dürfte bei Humanarzneimitteln in der Verwendung bedarfsangepassterer Arzneimittelverpackungen liegen. Damit könnte zumindest ein Teil der bisher unverbraucht entsorgten Arzneimittel, die mindestens ein Drittel der verkauften Gesamtmenge ausmachen dürften, eingespart und damit der Umwelt entzogen werden. Hier liegt potenziell eine strategische „win-win"-Situation für die Gesundheits- und Umweltpolitik vor, die realisiert werden sollte. Der Umweltrat sieht ferner die Notwendigkeit im Rahmen eines Altstoffprogramms für Humanarzneimittel in einem ersten Schritt die Arzneimittel zu identifizieren, bei denen die Wahrscheinlichkeit eines hohen Umweltrisikos besteht.

Wenn die Arzneimittel erst einmal in das Abwasser oder in den Abfall verlagert sind, kann nur noch über entsorgungsstrategische Lösungen eine Verringerung entsprechender Umweltauswirkungen versucht werden. Eine solche wird seitens der Bundesregierung zur Verhinderung einer schleichenden Anreicherung von Schadstoffen in landwirtschaftlich genutzten Böden angestrebt (Tz. 763, 793 ff.). Damit würde das Aufbringen von Düngematerialien, die wie Klärschlamm und Gülle Umweltchemikalien und Arzneimittel enthalten, und die spätere Verlagerung dieser Belastungen in Grundwasser und Gewässer künftig zumindest eingeschränkt.

501. Die in Tabelle 5-8 genannten Belastungen der Böden und Grundwässer lassen sich reduzieren, wenn auf die heute noch praktizierte landwirtschaftliche Verwertung der Klärschlamme verzichtet wird. Es verbliebe dann nur noch der aus Kleinkläranlagen in Böden versickernde Stoffanteil, der in Abhängigkeit der Eliminationsleistung dieser Anlagen statt der in Tabelle 5-8 genannten hohen Werte lediglich noch 0,7 bis 6,9 % der schmutzwasserbürtigen Stoffbelastungen ausmachen würde.

502. Bei der konventionellen mechanisch-biologischen Abwasserbehandlung kann nur ein Teil der Umweltchemikalien und Humanarzneimittel des Abwassers eliminiert werden. Die dafür eingesetzten verfahrenstechnischen Lösungen bieten unterschiedlich hohe Eliminierungsleistungen. Bisherige Erkenntnisse über das Verhalten von endokrin wirksamen Substanzen und von Humanpharmaka zeigen eine besondere Leistungsfähigkeit von Belebungsanlagen, die um eine Membrantrennstufe ergänzt werden können (ATV-DVWK, 2002b; SCHRÖDER, 2003). Es ist derzeit absehbar, dass in den nächsten zehn Jahren eine Nachrüstung membrantechnischer Anlagenteile bei einem Teil der deutschen kommunalen Kläranlagen erfolgen wird. Die dafür heute schon vereinzelt eingesetzten Mikrofiltrations- und Ultrafiltrationsmembranen würden den weit gehenden Rückhalt von an Feststoffen adsorbierten Umweltchemikalien und Arzneimitteln, nicht aber die Elimination gelöster Umweltchemikalien und Arzneimittel gewährleisten. Um das zu erreichen, müssten Anlagenteile zur Nanofiltration oder aufwendige Oxidationsverfahren unter Einsatz von Ozon oder Peroxid zuzüglich einer Aktivkohlefiltration nachgeschaltet werden. Vor dem großtechnischen Einsatz solcher verfahrenstechnischer Lösungen hält der Umweltrat noch Untersuchungen zur technischen und ökonomischen Optimierung für erforderlich.

503. Alle Bemühungen zur Reduzierung der abwasserbedingten Belastung der Gewässer und Grundwässer durch Umweltchemikalien und Arzneimittel mithilfe eines Verzichts auf die landwirtschaftliche Klärschlammverwertung und verbesserter Methoden der Abwasserbehandlung berühren nicht den Stoffanteil, der über Entlastungsvorgänge in Mischwasserkanalisationen in die Oberflächengewässer gelangt. Der Umweltrat rät dringend, bei entwässerungstechnischen Entscheidungen künftig nicht mehr von einer technischen und ökologischen Gleichwertigkeit der beiden Systeme von Misch- und Trennkanalisation auszugehen und nicht ausschließlich ökonomische Kriterien zu berücksichtigen. Aus Vorsorgegründen ist die Trennkanalisation zu bevorzugen. Bei bestehenden Mischsystemen sollten nach Auffassung des Umweltrates die Bemühungen zur Reduzierung von Entlastungsvorgängen und den damit verbundenen Gewässerbelastungen verstärkt werden. Als Maßnahmen kommen dafür vor allem in Betracht:

– die Abkopplung von Regenabflüssen mithilfe dezentraler Speicher- und Versickerungsmaßnahmen,

– die Vergrößerung des bisherigen Speichervolumens von Mischwasserbehandlungsanlagen und

– die weiter gehende Mischwasserbehandlung mithilfe von Bodenfiltern.

504. Bei allen abwassertechnischen und entsorgungstechnischen Fortschritten, die in den nächsten Jahren noch erzielt werden können, wird die aquatische Umwelt mit einem deutlichen Anteil der abwasserbürtigen Umweltchemikalien und Humanarzneimittel belastet bleiben. Auch die in der Fachwelt verstärkt diskutierte Abkehr von der konventionellen Schwemmkanalisation und der zentralen Behandlung des Abwassers hin zu einer dezentralen Stoffstromtrennung und -behandlung verspricht für die deutsche Abwasserentsorgung keine nennenswerten Verbesserungen. Die getrennte Sammlung und Behandlung des Urins als Teilstrom des häuslichen Abwassers würde dabei die Möglichkeit einer konzentrierten Erfassung der vom Menschen ausgeschiedenen Arzneimittel beziehungsweise ihrer Metaboliten und der übrigen im häuslichen Abwasser enthaltenen Umweltchemikalien und Humanarzneimittel bieten, käme aber wegen der vorhandenen abwassertechnischen Infrastruktur nur bei neu zu erschließenden Wohngebieten und günstigen Randbedingungen in Betracht.

5.7 Zusammenfassung aktueller Entwicklungen im Gewässerschutz

505. Anknüpfend an die Erfolge der Vergangenheit sind im europäischen beziehungsweise deutschen Gewässerschutz erhebliche Herausforderungen zu bewältigen. Priorität sind zahlreiche europäische Vorgaben rechtlich, organisatorisch und fachlich umzusetzen beziehungsweise zu vollziehen. So sind greifbare Maßnahmen zur

Minimierung der nach wie vor erheblichen Belastungen der aquatischen Umwelt durch Schad- und Nährstoffe durchzuführen. Außerdem sind die infrastrukturellen Dienstleistungen der Trinkwasserversorgung sowie der Abwasserableitung und -behandlung langfristig und möglichst umweltverträglich sicherzustellen und in das Konzept eines nachhaltigen Gewässerschutzes zu integrieren. In Ergänzung zu den ausführlichen Darstellungen in den Kapiteln 5.1 bis 5.6 wird im Folgenden ein knapper Überblick gegeben, wie diesen vom Umweltrat als prioritär eingestuften Herausforderungen begegnet werden kann.

5.7.1 Neue rechtliche Anforderungen im Gewässerschutz

Wasserrahmenrichtlinie

506. Im Hinblick auf die rechtlichen Anforderungen erfährt das europäische Gewässerschutzrecht derzeitig eine umfangreiche Modernisierung. Wichtiger Meilenstein des veränderten Gewässerschutzrechts ist die Wasserrahmenrichtlinie aus dem Jahr 2000. Mit ihr wird erstmalig ein Ordnungsrahmen für eine gemeinschaftsweit harmonisierte Gewässerbewirtschaftung geschaffen. Ihre anspruchsvollen Umweltziele und Prinzipien (Kostendeckungsprinzip, Prinzip der Trendumkehr etc.) sind dabei positiv hervorzuheben. Die Umsetzung der Vorgaben der Wasserrahmenrichtlinie erfordert jedoch erhebliche Anstrengungen, die oftmals über das bisher gekannte Maß hinausgehen (Tz. 423 ff.).

507. Bereits die ersten Erfahrungen bei der Umsetzung der Wasserrahmenrichtlinie zeigen, dass die föderale Struktur der deutschen wasserwirtschaftlichen Verwaltung die Umsetzung der Wasserrahmenrichtlinie in mehrerlei Hinsicht erschwert (Tz. 396 f.). Zum einen ist eine kohärente Umsetzung der Vorgaben der Wasserrahmenrichtlinie beziehungsweise die der Regelungsaufträge des novellierten WHG in den 16 einzelnen Landeswassergesetzen und Landesverordnungen nicht zu erwarten (mit entsprechenden Konsequenzen wie beispielsweise Klageverfahren wegen der unzureichenden Umsetzung der Wasserrahmenrichtlinie vor dem EuGH). Daher erscheint es dem Umweltrat sinnvoll, dem Bund die konkurrierende Gesetzgebungszuständigkeit für den Wasserbereich zu übertragen, um rechtlich und in der Folge tatsächlich insgesamt eine kohärente Implementation des europäischen Wasserrechts sicherzustellen. Zum anderen ist das Erreichen der Umweltziele der Wasserrahmenrichtlinie davon abhängig, inwieweit die bisher ausschließlich föderal geprägten administrativen wasserwirtschaftlichen Verwaltungsstrukturen in Deutschland die Umsetzung einer einzugsgebietsbezogenen Gewässerbewirtschaftung zulassen. Nach Auffassung des Umweltrates sind die gegenwärtigen Verwaltungsstrukturen letztlich nicht vereinbar mit einer effektiven Bewirtschaftung in Flusseinzugsgebieten, sodass er anregt, parallel zur Änderung der Gesetzgebungszuständigkeit auch Alternativen zu den beabsichtigten beziehungsweise schon vereinbarten länderübergreifenden Kooperationen in Erwägung zu ziehen (Abschn. 5.1.2.4).

508. Aus fachlicher Sicht ergeben sich bereits im Rahmen der derzeitig zu leistenden erstmaligen Bestandsaufnahme Umsetzungsschwierigkeiten (Tz. 409 ff.). So erscheint dem Umweltrat die bundeslandübergreifende Datenerfassung und -auswertung in den Flussgebietseinheiten als stark verbesserungsbedürftig (Tz. 403 ff.). Der Umweltrat appelliert an die Länder, zügig auf eine Vereinheitlichung, zumindest aber auf eine Vergleichbarkeit der Daten und Bewertungen hinzuwirken, um eine praktikable Grundlage für die tatsächliche Umsetzung der Wasserrahmenrichtlinie zu schaffen.

Für die weitere Umsetzung der Wasserrahmenrichtlinie im Anschluss an die Bestandsaufnahme empfiehlt der Umweltrat, dass von der Ausnahmeregelung der Ausweisung erheblich veränderter Wasserkörper im Sinne des § 25b Abs. 1 WHG, in Deutschland grundsätzlich nur sparsam Gebrauch gemacht werden sollte. Stattdessen sollten Ausnahmemöglichkeiten wie die Verlängerung der Umsetzungsfristen bevorzugt zur Anwendung kommen (Tz. 426).

Grundwasserrichtlinie

509. Seit dem 19. September 2003 liegt der Vorschlag der EU-Kommission für eine neue Grundwasserrichtlinie vor (Tz. 437). Eine neue Grundwasserrichtlinie ist erforderlich, da die Wasserrahmenrichtlinie im Jahr 2013 zwar die alte Grundwasserrichtlinie formell ablösen wird, jedoch zeitgleich qualitative Anforderungen zum Grundwasserschutz in der Wasserrahmenrichtlinie nicht enthalten sind (Tz. 436). Der genannte Vorschlag für eine neue Grundwasserrichtlinie weist noch erhebliche Schwächen im Hinblick auf konkrete qualitative Anforderungen auf. Die besondere Schutzwürdigkeit des Grundwassers (insbesondere im Hinblick auf die Trinkwasserversorgung) findet sich im Richtlinienvorschlag nicht wieder (Tz. 437). Angesichts der bisher geringen Erfolge im Grundwasserschutz sind noch erhebliche Nachbesserungen notwendig, um die rechtlichen Voraussetzungen zur Erreichung des vom Umweltrat unterstützten Ziels eines anthropogen möglichst unbelasteten Grundwassers zu schaffen (Tz. 441 ff.).

Badegewässerrichtlinie

510. Am 24. Oktober 2002 hat die EU-Kommission einen Vorschlag zur Novellierung der Badegewässerrichtlinie vorgelegt. Begrüßenswert ist, dass dieser Vorschlag unter anderem eine deutliche Verschärfung der Gesundheitsnormen zum Schutz der Badenden vor Krankheitserregern, blaualgenbürtigen Toxinen und sonstigen Schadstoffen vorsieht (Tz. 450). Weiterhin sind inhaltliche Arbeiten vorgesehen (z. B. die Erstellung von Badegewässerprofilen), die nach Auffassung des Umweltrates in enger Abstimmung mit den Arbeiten zur Umsetzung der Wasserrahmenrichtlinie erfolgen sollten (Tz. 455).

5.7.2 Maßnahmen zur Reduzierung der Schad- und Nährstoffeinträge in die aquatische Umwelt

511. Das Grundwasser und die Oberflächengewässer werden durch unzählige punktuelle und diffuse Schadstoff- und Nährstoffquellen qualitativ beeinträchtigt. Neben problematischen Punktquellen wie beispielsweise Mischwasserentlastungen, Kläranlagenabläufen (Tz. 479 f., 495 ff.) oder anderen Direkteinleitungen sind nach wie vor die diffusen Schad- und Nährstoffeinträge als noch weit gehend ungelöstes Problem des Gewässerschutzes hervorzuheben (Tz. 431 f., 456, 784 f.). Hauptverantwortlich für die diffusen Einträge ist die Landwirtschaft, die in großem Umfang Mineral- und Wirtschaftsdünger, Pflanzenschutz- und Schädlingsbekämpfungsmittel sowie Klärschlamme auf landwirtschaftlich genutzte Flächen aufbringt (Tz. 793).

512. Neben den klassischen Schadstoffen wie den Schwermetallen rücken zunehmend bisher eher wenig beachtete Substanzen wie beispielsweise Umweltchemikalien und Arzneimittel, die teilweise endokrin wirken, in den Vordergrund (Tz. 491). Relevante Eintragspfade für derartige Stoffe sind das Abwasser und der Einsatz von Wirtschaftsdüngern in der Landwirtschaft. Für Fließgewässer konnten bereits eindeutig Schädigungen der aquatischen Lebewesen durch eingetragene endokrin wirksame Substanzen nachgewiesen werden (Tz. 492).

513. Der Eintrag von Pflanzennährstoffen in Oberflächengewässer ruft in Verbindung mit einer Eutrophierung negative Wirkungen für die Gewässer selbst hervor und begrenzt die Nutzung der Gewässer als Badegewässer. Für den Fall der Trinkwassernutzung von Oberflächengewässern treten infolge dieser Nährstoffe auch Probleme bei der Trinkwasseraufbereitung auf. Die fast ausschließlich aus der Landwirtschaft resultierenden langfristig anhaltenden Nährstoffbelastungen des Grundwassers sind in Deutschland seit langem eines der Hauptprobleme bei der Trinkwasserversorgung. Um langfristig die Schad- und Nährstoffeinträge in die Gewässer signifikant zu reduzieren und somit auch die hohe Qualität der Trinkwasserversorgung langfristig sicherzustellen (Tz. 381, 470), besteht insbesondere im Bereich der Landwirtschaft ein dringender Handlungsbedarf. Erforderlich ist eine rigorose Verhaltensänderung im Hinblick auf den Einsatz von Dünge-, Pflanzenschutz- und Schädlingsbekämpfungsmitteln sowie Tierarzneimitteln. Bisher ist jedoch in der Landwirtschaft keine hinreichende Bereitschaft erkennbar, derartige Maßnahmen flächendeckend einzuleiten (Tz. 225).

514. Zur Vermeidung oder Verminderung des Einsatzes beziehungsweise der Anwendung von Umweltchemikalien und Arzneimitteln, sollte nach Auffassung des Umweltrates neben allgemeinen vermeidungsstrategischen Ansätzen eine Reihe konkreter Maßnahmen durchgeführt werden. So lassen sich die Belastungen der Böden und Grundwässer durch Umweltchemikalien und Arzneimittel reduzieren, wenn auf die heute noch praktizierte landwirtschaftliche Verwertung der Klärschlämme verzichtet wird. Ferner dürfte der Verzicht auf den Einsatz von Tierarzneimitteln zur Prophylaxe und auf hormonell oder antibiotisch wirksame Substanzen in Futterzusatzstoffen zur Tiermast zu einer signifikanten Reduzierung entsprechender Einträge führen. Insbesondere im Hinblick auf die Humanarzneimittel sieht der Umweltrat die Notwendigkeit im Rahmen eines Altstoffprogramms in einem ersten Schritt in abgestufter Weise die Arzneimittel zu identifizieren, bei denen die Wahrscheinlichkeit eines hohen Umweltrisikos besteht.

5.7.3 Entwicklungen in der Trinkwasserver- und Abwasserentsorgung

Trinkwasserversorgung

515. Das erreichte Niveau des Gewässerschutzes hat erheblichen Einfluss auf die Qualität beziehungsweise auf die technischen und ökonomischen Aufwendungen bei der Daseinsvorsorge der Trinkwasserversorgung. So wirkt sich ein konsequent betriebener Gewässerschutz positiv auf die Qualität der zur Trinkwassergewinnung genutzten Rohwasserressourcen aus. Als zunehmend problematische Beeinträchtigungen der Rohwasserressourcen werden die steigenden Nitratwerte im Grundwasser, die wasserassoziierten Parasiten wie *Cryptosporidium parvum* und *Giardia lamblia* in Oberflächengewässern sowie in die aquatische Umwelt eingetragene Umweltchemikalien und Arzneimittel eingestuft. Eine gesicherte Bewertung, inwieweit die aus dem Genuss von Trinkwasser resultierenden Belastungen an Umweltchemikalien und Arzneimittelwirkstoffen die menschliche Gesundheit beeinflussen können, steht noch aus (Tz. 489 ff., 460 ff.).

Bezüglich der Trinkwasserverteilung rücken seit langem bekannte, aber letztlich unzureichend beachtete Probleme wie der mittelfristig notwendige Austausch aller Hausinstallationen aus Blei zunehmend in den Vordergrund (Tz. 473). Grund für den erforderlichen Austausch ist die stufenweise Grenzwertverschärfung für den Parameter Blei, die im Jahr 2013 mit einem deutlich abgesenkten Grenzwert ausläuft. Trotz der scheinbar langen Fristen ist der Austausch der Bleileitungen nach Ansicht des Umweltrates zügig anzugehen (Tz. 473).

Abwasserentsorgung

516. Die Abwasserentsorgung, die nach wie vor nicht zu vernachlässigende Punktquellen für den Eintrag von Nähr- und Schadstoffen (u. a. Umweltchemikalien und Arzneimittel) sowie Krankheitserregern aufweist, wirft insbesondere Fragen der Ablaufanforderungen an große Kläranlagen und der Überwachungspraxis einschließlich der Festsetzung der Abwasserabgabe auf. So betrifft die wesentlichste Veränderung der 5. Änderungsverordnung zur Abwasserverordnung vom 2. Juli 2002 gegenüber der alten Fassung die Reduzierung der zulässigen Ablaufkonzentration für anorganischen Stickstoff. Für Kläranlagen der Größenklasse 5 (d. h. > 100 000 EW) wird der Überwachungswert für Stickstoff gesamt von 18 auf 13 mg/l gesenkt.

517. Bei der Abwasserreinigung wird sich der Rückhalt von Umweltchemikalien und Arzneimitteln weiter verbessern. Es ist derzeit absehbar, dass in den nächsten zehn Jahren eine Nachrüstung membrantechnischer Anlagenteile bei einem Teil der deutschen kommunalen Kläranlagen erfolgt. Bei entwässerungstechnischen Entscheidungen rät der Umweltrat dringend, künftig nicht mehr von einer technischen und ökologischen Gleichwertigkeit der beiden Systeme Misch- und Trennkanalisation auszugehen und nicht ausschließlich ökonomische Kriterien zu berücksichtigen. Aus Vorsorgegründen ist die Trennkanalisation zu bevorzugen.

518. Bezüglich der Abwasserabgabe wendet sich der Umweltrat energisch gegen Forderungen zur ihrer Abschaffung und plädiert dafür, die Abwasserabgabe unter Rückbesinnung auf ihren ursprünglichen Zweck als eigenständiges Lenkungs- und Internalisierungsinstrument im Restverschmutzungsbereich zu revitalisieren (Restverschmutzungsabgabe), das auf eine kontinuierliche Verbesserung des Gewässerzustandes hinwirkt (Tz. 478). Anknüpfend an die Empfehlung, bei der Festsetzung der Abwasserabgabe von der derzeitigen Bescheidlösung zu einer Messlösung überzugehen, legt der Umweltrat nahe, die bisherige Überwachungspraxis in Deutschland, das heißt die in der Regel nur 8-minütige qualifizierte Stichprobe mit Anwendung der 4-aus-5-Regelung, generell zu überdenken. Hier bietet es sich insbesondere für große Kläranlagen > 100 000 EW an, Probenahme-Einrichtungen vorzusehen, die kontinuierlich 24-Stunden-Mischproben nehmen (Tz. 477).

6 Luftreinhaltung: Im Zeichen der Umsetzung europarechtlicher Vorgaben

6.1 Aktuelle Belastungssituation in Deutschland

6.1.1 Übersicht

519. Die Emissionen der meisten so genannten klassischen Luftschadstoffe konnten seit 1980 deutlich reduziert werden. In Abbildung 6-1 ist die Entwicklung für die wichtigsten Massenluftschadstoffe (mit Ausnahme von Partikeln) dargestellt. Die Emissionsentwicklungen von Schwefeldioxid (SO_2), Stickstoffoxid (NO_x), Ammoniak (NH_3) und NMVOC (flüchtige organische Verbindungen ohne Methan) beziehen sich ausschließlich auf landseitige Quellen.

520. Die SO_2-Emissionen sind zwischen 1980 und 2001 mit circa 90 % am deutlichsten zurückgegangen (Abb. 6-1). Das ist vor allem dem Ausbau der Abgasentschwefelung im Kraftwerksbereich und der Substitution schwefelreicher Brennstoffe zu verdanken. Hauptemittenten für SO_2 sind weiterhin Kraftwerke und die Industrie; 2001 lag ihr Anteil an den SO_2-Gesamtemissionen mit 550 000 Mg bei etwa 85 % (UBA, 2003a). SO_2 als Luftschadstoff spielt in erster Linie eine Rolle bei der Versauerung von Böden und Gewässern (Tz. 525).

Mit abnehmenden SO_2-Emissionen von landseitigen Quellen gewinnen die nach wie vor ungeregelten SO_2-Emissionen aus der Seeschifffahrt zunehmend an Bedeutung. Für das Jahr 2000 wurde für Europa berechnet, dass etwa 2 578 000 Mg SO_2 durch die Schifffahrt emittiert wurden, was einem Anteil an den gesamten Schwefeldioxidemissionen von 30 % entspricht (ENTEC, 2002; EEB et al., 2003). Durch die Umsetzung weiterer umweltpolitischer Ziele für landbezogene Quellen (z. B. NEC-Richtlinie, Kap. 6.2.6) und aufgrund der zu erwartenden Zunahme des Schiffsverkehrs, wird der Anteil der Schifffahrt an den Emissionen weiter zunehmen (SRU, 2004, Tz. 107 ff.). Aus diesem Grund ist es dringend erforderlich, Maßnahmen zu ergreifen, um die Schadstoffemissionen aus der Schifffahrt zu reduzieren (s. dazu im Detail SRU, 2004, Tz. 381 ff.).

Abbildung 6-1

Entwicklung der SO_2-, NO_x-, NH_3- und NMVOC-Emissionen in Deutschland von 1980 bis 2001

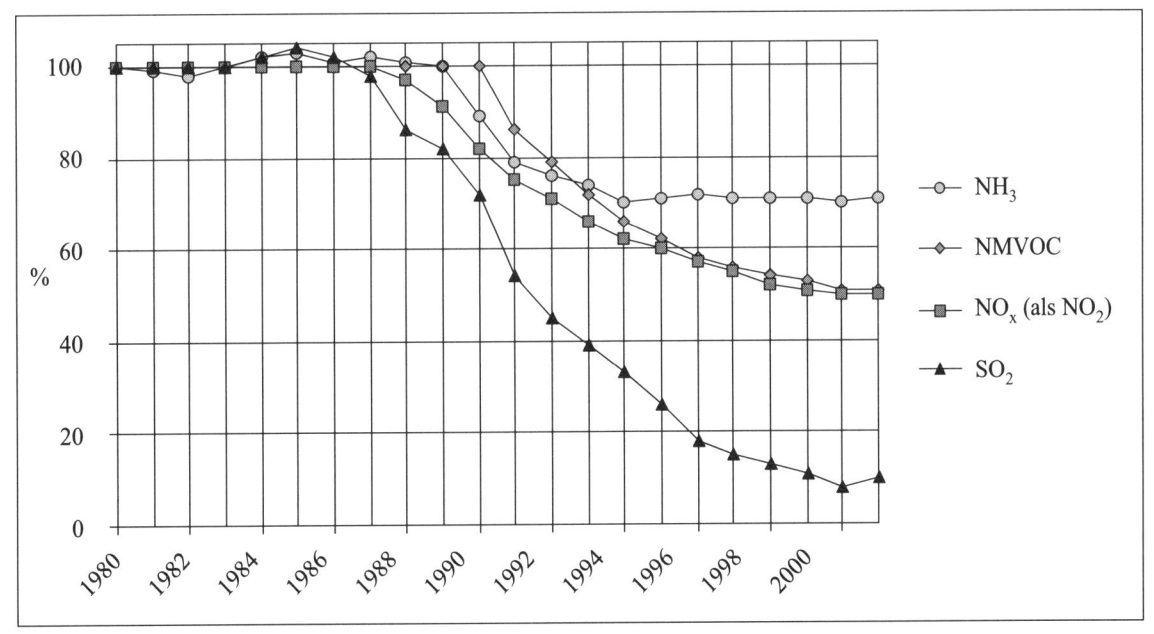

Quelle: BMU, 2003a, verändert

521. Die Stickstoffoxidemissionen haben in den letzten 20 Jahren um etwa 50 % abgenommen (Abb. 6-1). Dieser abnehmende Trend hat sich allerdings in den letzten zehn Jahren deutlich verlangsamt und seit 1999 ist keine weitere Emissionsabnahme zu verzeichnen. Der Rückgang der NO_x-Emissionen führt nicht in gleicher Weise zu einer auf die Fläche bezogenen homogenen Abnahme der Schadstoffbelastung. Grund hierfür ist unter anderem, dass der Verkehr, dessen Anteil an den NO_x-Emissionen im gleichen Zeitraum von 48 auf 63 % gestiegen ist, in stärkerem Maß zu den Immissionen beiträgt, als andere Emittenten. Die Emissionen des Verkehrs treten im Gegensatz etwa zu denjenigen von Kraftwerken, die über hohe Schornsteine emittieren, vorwiegend bodennah auf.

Die Bedeutung des Straßenverkehrs für die Immissionssituation zeigt sich unter anderem bei den unterschiedlichen NO_2- und NO-Konzentrationen, die an verschiedenen Messstationen gemessen werden (KRdL im VDI/DIN, 2003a). Im Vergleich von einerseits Stationstypen, die dem urbanen Hintergrund zugeordnet werden, und andererseits Stationen an Straßen mit hohem Verkehrsaufkommen, liegen die Jahresmittelwerte bei letzteren für NO_2 um den Faktor 3, für NO sogar um den Faktor 20 höher. Spitzenwerte für NO_x werden somit im innerstädtischen Bereich an stark befahrenen Straßen gemessen. Gerade an diesen Stationen hat die Stickstoffdioxidbelastung in den letzten Jahren trotz der Durchsetzung des Dreiwegekatalysators eher zu- als abgenommen (BMU, 2003b). Da NO_x eine wichtige Vorläufersubstanz von bodennahem Ozon ist, wurde diese Schadstoffbelastung bisher in erster Linie im Zusammenhang mit der Ozonbelastung diskutiert, das gesundheitliche Risiko, das von diesen Verbindungen selbst ausgeht, also wenig berücksichtigt. Im Abschnitt 6.1.2 wird deshalb näher auf die Stickstoffoxidbelastung eingegangen.

522. Staub (Feststoffpartikel), der je nach Partikelgröße in Grob- und Feinstaub unterteilt wird, gehört ebenfalls zu den klassischen Luftschadstoffen. Neben den direkten Staubemissionen entstehen Partikel auch durch Koagulation von Gasen und Flüssigkeiten in der freien Atmosphäre (Bildung von Sekundärpartikeln durch die Zusammenlagerung von Teilchen der dispergierten Phase in Dispersionen). SO_2 und NO_x sind wichtige Vorläufersubstanzen für die Bildung von Sekundärpartikeln. Während die gröberen Partikel nur kurz in der Luft verweilen, können sich feinere Fraktionen lange in der Atmosphäre halten und dort ubiquitär ausbreiten. Partikel stammen aus natürlichen Quellen (marine Aerosole, geogene Mineralstäube und Bioaerosole) und einer Reihe anthropogener Quellen.

Die Gesamtstaubemissionen in der Bundesrepublik Deutschland gingen von 1990 bis 2001 um etwa 87 % zurück (BMU, 2003b). Die deutliche Abnahme zu Beginn der 1990er-Jahre resultierte in erster Linie aus dem Rückgang der Emissionen von Kraftwerken, sonstigen Industrien und dem Hausbrand. Dieser abnehmende Trend hat sich allerdings in den letzten fünf Jahren nicht weiter fortgesetzt. Im Jahr 2001 haben die Partikelemissionen speziell aus dem Verkehr wieder leicht zugenommen. Der Länderausschuss für Immissionsschutz (LAI, 2002a) geht davon aus, dass etwa 45 bis 65 % der in Verkehrsnähe auftretenden PM_{10}-Spitzenbelastungen (Partikelfraktion mit einem Durchmesser < 10 µm) vom Straßenverkehr verursacht werden. Seit Mitte der 1990er-Jahre ist bekannt, dass gerade die feinen Partikel für adverse Gesundheitseffekte verantwortlich sind. Dies ist ein wesentlicher Grund, warum die Belastung durch Feinstäube zunehmend ins wissenschaftliche und öffentliche Interesse gerückt ist. Die Partikelexposition wird derzeit als eine der größten Belastungen für die menschliche Gesundheit durch Luftschadstoffe gewertet (EU-Kommission, 2003a; EEA, 2002; SRU, 2002a, Tz. 541). Aus diesem Grund werden in Kapitel 6.1.3 die aktuellen Entwicklungen dieser Schadstoffbelastung ausführlicher dargestellt.

523. Die Emissionen von flüchtigen organischen Verbindungen ohne Methan (NMVOC), die als Ozonvorläufersubstanzen von Bedeutung sind, haben ebenfalls in den letzten Jahren abgenommen. Die in Abbildung 6-1 dargestellte Emissionsminderung von circa 50 % bei NMVOC beruht in erster Linie auf der Umsetzung der EG-Lösemittelrichtlinie (UBA, 2002b). Derzeit werden etwa 62 % der NMVOC-Emissionen beim Einsatz von Lösemitteln freigesetzt, etwa 20 % stammen aus dem Straßenverkehr. NMVOC-Emissionen tragen in Verbindung mit NO_x-Emissionen zur erhöhten Belastung durch bodennahes Ozon bei. Fast die gesamte Fläche Deutschlands zeigt Überschreitungen der Schwellenwerte für die schädlichen Wirkungen von Ozon auf Ökosysteme, oft um ein Vielfaches. Die Belastung von Ökosystemen mit Ozon ist weiterhin alarmierend (BMU, 2003c; BMVEL, 2003).

Aufgrund der Tatsache, dass meteorologische Gegebenheiten den bodennahen Ozongehalt wesentlich mitbestimmen, ist es schwierig, eine Entwicklung der Ozonbelastung zu prognostizieren. Die Daten aus dem Monitoring der letzten Jahre weisen auf eine Abnahme der Ozonspitzenwerte bei einem leichten Anstieg der Jahresmittelwerte hin (UBA, 2002a). Trotzdem kam es im Verlauf des Sommers 2003 in der Bundesrepublik Deutschland an 305 der 340 Messstellen zu Überschreitungen des Grenzwertes von 180 µg/m³ im Stundenmittel, ab dem die Bevölkerung informiert werden muss; 2002 waren es nur 146 Messstellen (UBA, 2004). Da die Auswirkungen auf die Umwelt und die Gesundheit nicht nur von den Spitzenwerten der Ozonkonzentration, sondern auch von der Dauer der Exposition abhängen, ist es auch bedenklich, dass die Jahresmittelwerte ansteigen. So ist nach Einschätzung des Umweltbundesamtes eine weitere deutliche Verringerung der Emissionen von Ozon-Vorläufersubstanzen erforderlich, um Gesundheitsgefahren zukünftig ausschließen zu können (UBA, 2002a).

524. NH_3-Emissionen stammen zu etwa 95 % aus der Landwirtschaft, davon rund 80 % aus der Tierhaltung und rund 20 % aus der Düngemittelverwendung (UBA,

2002b). Für NH_3 wurden bisher keine ausreichend wirksamen Minderungsmaßnahmen ergriffen (Tz. 607), weshalb nur ein geringer Rückgang der Emissionen seit 1980 von circa 30 % zu verzeichnen ist (Abb. 6-1). Der langjährige und übermäßige Eintrag von Stickstoff (NH_3 und NO_x) führt zur Eutrophierung und damit zu einer Veränderung und Verarmung der Biodiversität in Wäldern, Mooren, Heiden und anderen nährstoffarmen Ökosystemen. Die Bedeutung der Landwirtschaft und dabei insbesondere der Tierhaltung für diese Belastung zeigt sich daran, dass sich die Gebiete mit dem höchsten Eutrophierungsrisiko in den ländlichen Regionen Nordwestdeutschlands und Bayerns befinden (SCHÄRER, 2000; BMVEL, 2003).

525. Eine weitere Belastung für Pflanzen und ganze Ökosysteme stellt die Versauerung von Böden und Gewässern durch SO_2, NO_x und NH_3 dar. 1990 lagen bei mehr als 80 % der deutschen Wälder die Luftschadstoffeinträge über den Wirkungsschwellen für versauernde Depositionen. Trotz weiter gehender Reduzierung der versauernden Luftschadstoffe wird erwartet, dass auch nach 2010 noch bedeutende Waldflächen einer anhaltenden Versauerung ausgesetzt sein werden (SCHÖPP et al., 2001; BMU, 2003c). Das komplexe Zusammenspiel der oben genannten Luftschadstoffe ist in Abbildung 6-2 dargestellt.

526. Weitere relevante Luftschadstoffe (vor allem als Bestandteile von Partikeln) sind die Schwermetalle Cadmium, Quecksilber und Nickel sowie Arsen und die polyzyklischen aromatischen Kohlenwasserstoffe (PAK), auf die in Abschnitt 6.2.2.4 näher eingegangen wird.

6.1.2 Stickstoffoxide (NO_x)

6.1.2.1 Immissionssituation NO_x

527. In Abbildung 6-3 sind die Stickstoffoxid-Jahresmittelwerte ($NO + NO_2$) der Messstationen des Umweltbundesamtes auf die Fläche interpoliert dargestellt. Man erkennt, dass die dunkleren Flächen mit den höheren Immissionswerten im Vergleich von 1991 zu 2001 abgenommen haben.

Abbildung 6-2

Wirkungskette wichtiger Luftschadstoffe

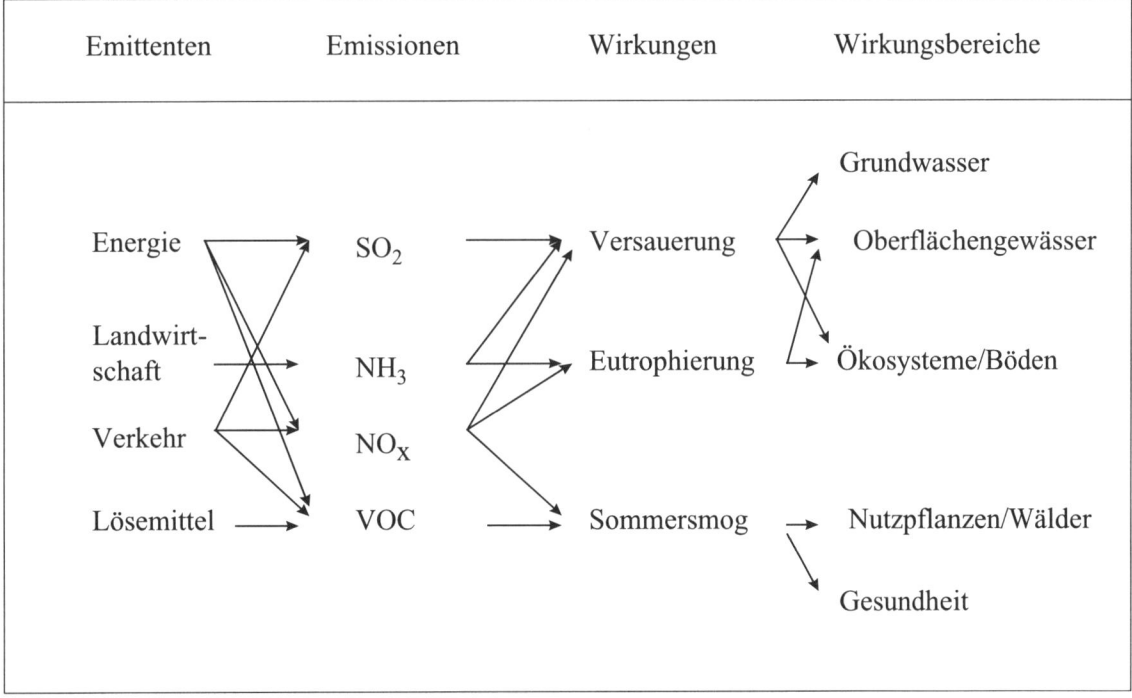

Emittenten	Emissionen	Wirkungen	Wirkungsbereiche
Energie	SO_2	Versauerung	Grundwasser
Landwirtschaft	NH_3	Eutrophierung	Oberflächengewässer
Verkehr	NO_x		Ökosysteme/Böden
Lösemittel	VOC	Sommersmog	Nutzpflanzen/Wälder
			Gesundheit

Quelle: SCHÄRER, 2000

Abbildung 6-3

NO$_x$-Immissionen (als Jahresmittelwerte) in Deutschland für die Jahre 1991 und 2001 interpoliert auf die Fläche dargestellt

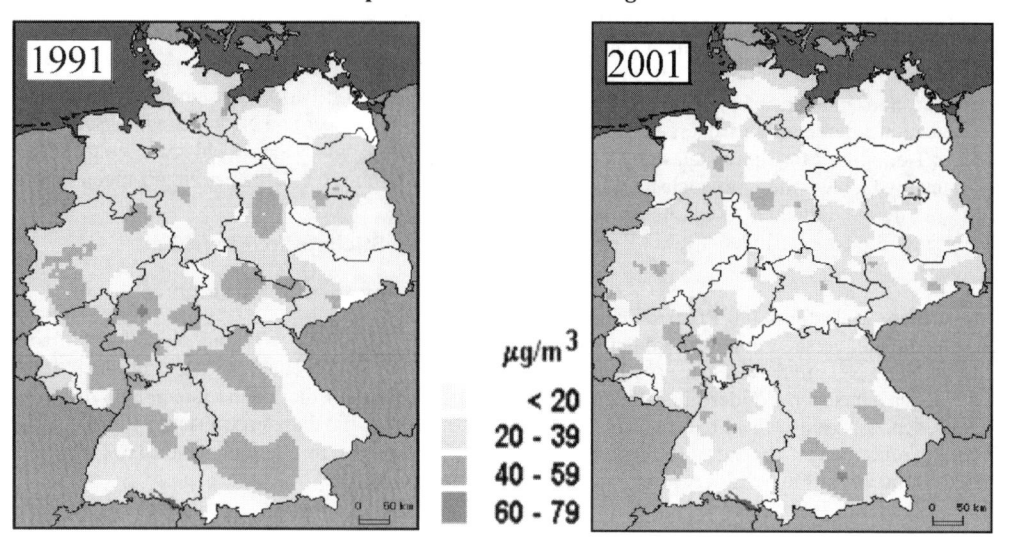

µg/m^3
< 20
20 - 39
40 - 59
60 - 79

Quelle: UBA, 2003b

528. Im Vergleich dazu sind in Abbildung 6-4 zusätzlich Jahresmittelwerte für Stickstoffoxide in Nordrhein-Westfalen (Rhein-Ruhr-Gebiet) dargestellt (LUA, 2003). Auf Grundlage von ermittelten Halbstunden-, Stunden-, und Tagesmittelwerten der einzelnen Messstationen wurden so genannte Jahreskenngrößen (Jahresmittelwerte) für Stickstoffdioxid (NO$_2$) und Stickstoffmonoxid (NO) errechnet. Betrachtet man die zeitliche Entwicklung dieser Werte, so zeigt sich bei NO$_2$ seit 1982 ein leicht abnehmender Trend, der bei NO noch sehr viel deutlicher ist. An den verkehrsnahen Stationen sind die NO-Konzentrationen im Verlauf der 1990er-Jahre um etwa 50 % zurückgegangen. Eine vergleichbare Entwicklung ist aber bei den NO$_2$-Immissionen nicht zu erkennen. Wie bereits dargestellt (Tz. 521), sind trotz der Rückgänge der NO$_x$-Emissionen die NO$_2$-Immissionen im verkehrsnahen Bereich immer noch problematisch hoch.

Abbildung 6-4

Trend der Jahreskenngrößen 1982 bis 2002 kontinuierlich gemessener NO$_2$-(A) und NO-Konzentrationen (B) in NRW

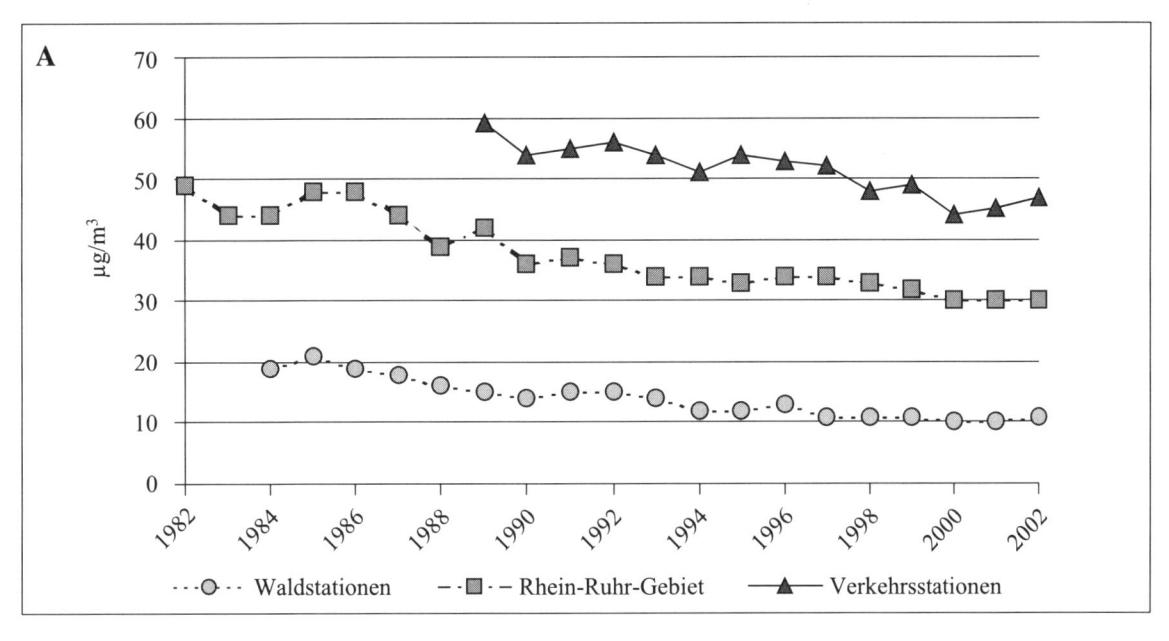

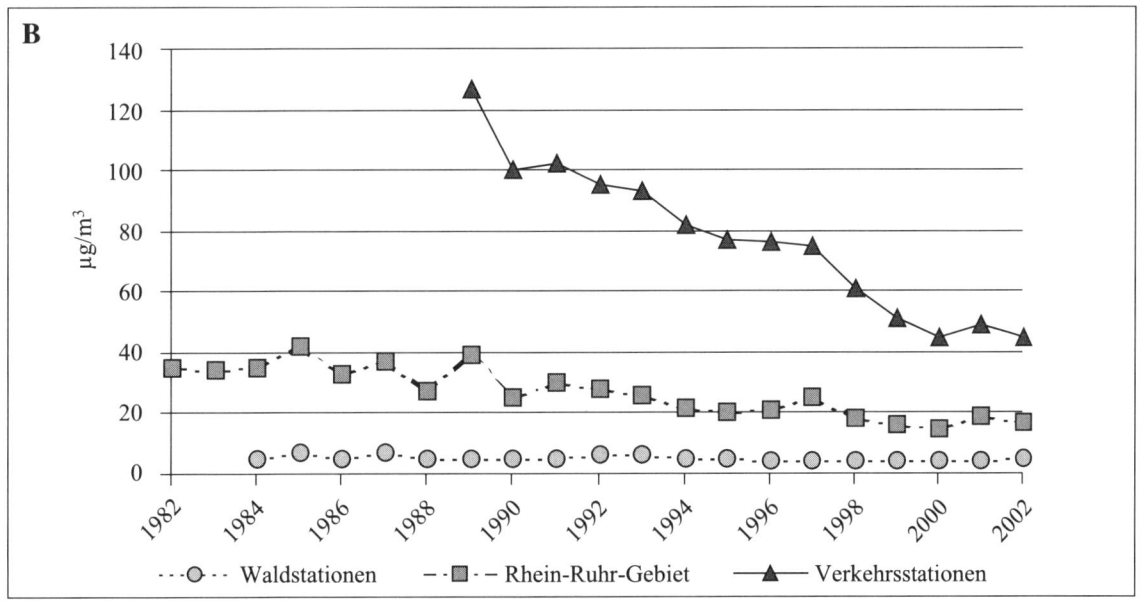

SRU/UG 2004/Abbildung 6-4; Datenquelle: LUA, 2003

6.1.2.2 Gesundheitliche Auswirkungen der NO_x-Belastung

529. NO und NO_2 sind Radikalbildner, wobei NO_2 eine höhere Reaktivität mit Biomolekülen hat und dadurch eine stärkere Reizwirkung im Respirationstrakt aufweist. Beide Luftschadstoffe haben eine geringe Wasserlöslichkeit und können, wie auch andere Gase (z. B. Ozon), tief in den Atemtrakt gelangen und im tracheobronchialen und alveolaren Bereich wirken. NO_2 wird im Atemtrakt zu 80 bis 90 % resorbiert (BERGLUND et al., 1993). Dort reagiert es mit Bestandteilen der wässrigen Grenzschicht, was zur Oxidation membrangebundener Lipide und damit zu Membranschädigungen an Alveolar- und Epithelzellen führen kann (VELSOR und POSTLETHWAIT, 1997). Eingeatmetes NO wird vermutlich diffusionskontrolliert weitgehend unverändert in die Blutbahn aufgenommen (BERGLUND et al., 1993). Aufgrund seiner hohen Affinität zu Hämoglobin kommt es zur Bildung von Nitroso-Hämoglobin und Methämoglobin. Letzteres bindet Sauerstoff irreversibel, weshalb die Sauerstoffabgabe an das Gewebe nicht möglich ist. Die Gefahr einer eingeschränkten Sauerstoffversorgung durch die Methämoglobinbildung besteht in erster Linie bei Säuglingen.

530. In tierexperimentellen Studien wurden Schädigungen verschiedener Zelltypen des Atemtrakts durch NO_2 nachgewiesen (KRdL im VDI und DIN, 2003a). Neben der zellschädigenden Wirkung wurde beobachtet, dass Stickstoffdioxid zur Hyperreagibilität führt. Hyperreagibilität ist ein Risikofaktor für die Manifestation allergischer Atemwegserkrankungen und steht wahrscheinlich im direkten Zusammenhang mit Schädigungen des Atemwegsepithels (OHASHI et al., 1994). Für NO_2 wurde in vitro anhand verschiedener Untersuchungen eine genotoxische Wirkung belegt (WHO, 1997). Weitere Schadwirkungen, die in Tierversuchen festgestellt wurden, sind Lungenfunktionsstörungen, Zunahme der Infektionsanfälligkeit, Auslösung von Entzündungsreaktionen und histopathologische Veränderungen des Atemtraktes.

Die Wirkungen von NO sind im Vergleich zu NO_2 weniger gut untersucht. Es ist bekannt, dass NO eine geringer ausgeprägte entzündungsfördernde Wirkung im Atemtrakt als NO_2 besitzt. Außerdem wirkt NO vaso- und bronchodilatatorisch. Es wurden in erster Linie Studien zur kombinierten Wirkung von NO_2 und Ozon (O_3) als zusätzliche inhalative Noxe durchgeführt. Da NO_2 als Präkursor (Vorläuferstoff) einer unter UV-Strahlung einsetzenden O_3-Bildung gilt, ist ein gemeinsames Auftreten dieser Schadstoffe naheliegend. Laut einer Stellungnahme der Kommission Reinhaltung der Luft (KRdL) im VDI und DIN gibt es in den Untersuchungen zu unterschiedlichen Endpunkten Hinweise auf überadditive Wirkungen (KRdL im VDI und DIN, 2003a).

531. Messungen in der Außen- und Raumluft zeigen deutlich, dass Stickstoffoxide immer Bestandteil eines Gemisches von zahlreichen Schadstoffen sind. Deshalb ist es nicht möglich, in epidemiologischen Studien die beobachteten Wirkungen der Zu- und Abnahme eines Schadstoffes oder einer einzigen Schadstoffkomponente zuzuschreiben. Die gemessenen Noxen können deshalb nur als Leitsubstanz dienen, um die Wirkung des Schadstoffgemisches zu untersuchen und zu erklären. In europäischen Studien zu kurzfristigen Auswirkungen von NO_2 in der Außenluft findet sich eine 2 bis 7,6%ige Zunahme der Gesamtsterblichkeit der Bevölkerung bei einem NO_2-Anstieg um 100 µg/m³ (ZMIROU et al., 1998). Weiterhin zeigte sich eine positive Assoziation mit der Krankenhausaufnahme oder Notfallkonsultation aufgrund von Asthma, Herz- und Kreislauferkrankungen mit der NO_2-Belastung. In Langzeitstudien waren die Ergebnisse nicht immer konsistent. So konnte zum Beispiel in nur einer von drei Untersuchungen zu Auswirkungen der NO_2-Belastung auf die Sterblichkeit ein signifikanter Zusammenhang hergestellt werden. Eine Fall-Kontrollstudie bei an Krebs erkrankten Kindern zeigte einen zunehmenden Trend der Krebsfälle mit steigender NO_2-Belastung. Von den chronischen Atemwegsbeschwerden hatten Kinder in Gegenden mit einer höheren NO_2-Belastung häufiger chronischen Husten und Auswurf, Asthma trat dagegen nicht häufiger auf (FORSBERG et al., 1997; ZEMP et al., 1999).

6.1.3 Partikel (Feinstäube)

6.1.3.1 Immissionssituation

532. Die Problematik der Feinstaubbelastung als eine der wichtigsten Komponenten der Luftverschmutzung wurde bereits im Umweltgutachten 2002 (SRU, 2002a) ausführlich dargestellt. Die wichtigsten Partikelfraktionen sind zum einen PM_{10} (Partikeldurchmesser < 10 µm), welcher als thorakaler Schwebstaub bezeichnet wird, der alveolengängige Schwebstaub $PM_{2,5}$ (Partikeldurchmesser < 2,5 µm) und der Ultrafeinstaub $PM_{0,1}$ (Partikeldurchmesser < 0,1 µm).

533. Ein geschlossenes Netz an Messstationen zur Erfassung der Immissionen der Partikelfraktion PM_{10} gibt es in der Bundesrepublik Deutschland erst seit 1999 beziehungsweise 2001 (Tz. 548). Aus diesem Grund liegen bisher keine ausreichend langen Zeitreihen vor, die eine valide Trendaussage gestatten. Es gibt wenige Stationen und Stationsnetze mit längeren Zeitreihen wie zum Beispiel in Sachsen-Anhalt, die eine bessere Trendaussage zulassen. Die Monatsmittel für PM_{10} an verkehrsnahen Stationen zeigen dort seit 1997 eine erkennbare Abnahme.

Abbildung 6-5

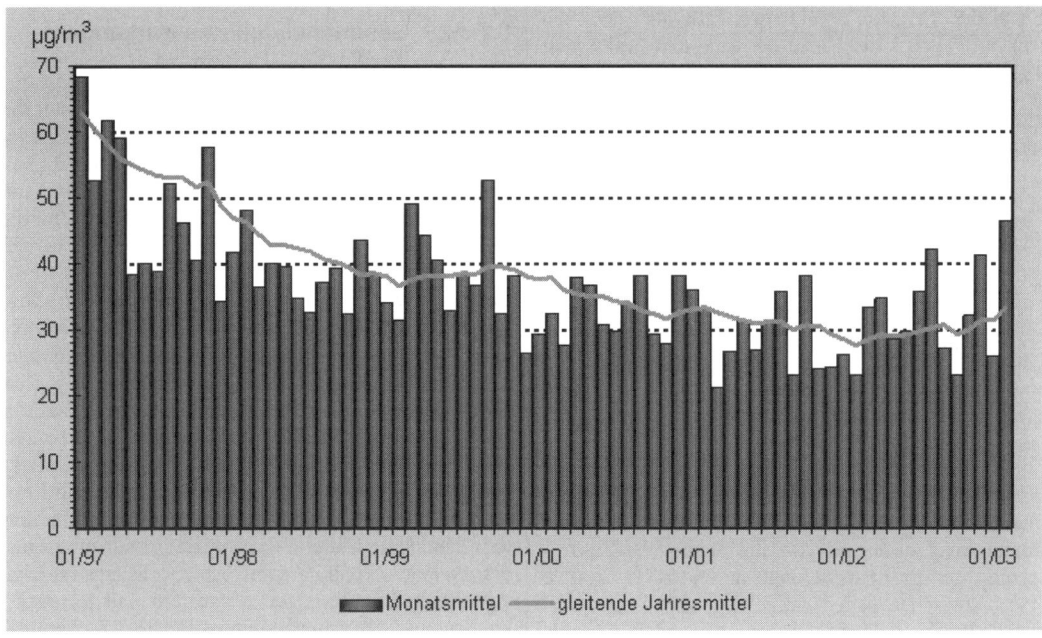

Entwicklung der PM_{10}-Immissionen seit 1997 an verkehrsnahen Messstationen in Sachsen-Anhalt

Quelle: Landesamt für Umweltschutz Sachsen-Anhalt, 2003

Bei den Stadtgebietsstationen und den Hintergrundstationen (verkehrsarmer, ländlicher Bereich) konnte diese fallende Tendenz von PM_{10} nicht beobachtet werden. Für diese Stationstypen liegen allerdings bisher nur Daten für die letzten drei Jahre vor, weshalb eine Trendaussage noch schwieriger ist als für die Verkehrsstationen.

534. Die Immissionsbelastung durch $PM_{2,5}$ wird in der Bundesrepublik Deutschland derzeit nur an knapp 20 Messstationen erfasst. Neben der geringen Anzahl an Stationen kommt noch erschwerend hinzu, dass nicht das komplette Belastungsspektrum (von ländlich bis verkehrsnah) durch die Standorte der Messstationen ausreichend abgedeckt wird. Unter Berücksichtigung dieser Einschränkungen können folgende Trends aus den bislang erhobenen Daten abgeleitet werden. Bei $PM_{2,5}$ finden sich wie bei PM_{10} Konzentrationsabstufungen der vier Stationskategorien von verkehrsnah bis ländlich, allerdings fallen die Konzentrationsunterschiede geringer aus (Tab. 6-1). Es fanden sich ähnlich hohe Spitzenwerte für $PM_{2,5}$ wie für PM_{10} im verkehrsnahen Bereich. Das Verhältnis von $PM_{2,5}$ zu PM_{10} liegt im allgemeinen bei circa 0,7 bis 0,9 (KRdL im VDI und DIN, 2003b).

Tabelle 6-1

Konzentrationsbereiche von $PM_{2,5}$ im Jahr 2001 an deutschen Messstationen

Stationskategorie	ländlich	städtischer Hintergrund	verkehrsnah	industriell beeinflusst
Jahresmittel [µg/m³]	10–15	15–20	25–30	15–25
Spitzenwerte, Tagesmittel [µg/m³]	40–70	50–70	70–150	50–80
Verhältnis $PM_{2,5/10}$ Jahresmittel	0,9	0,9	0,75–0,9	0,7–0,9

Quelle: KRdL im VDI und DIN, 2003b

535. In Deutschland wurden bisher – außer in Erfurt – keine kontinuierlichen, über einen längeren Zeitraum verlaufenden Messprogramme zur parallelen Erfassung der Partikelanzahl- und Massenkonzentrationen durchgeführt. Bei den Erfurter Ergebnissen fällt auf, dass die größten Partikel (0,5 bis 1 µm) der erfassten Fraktionen von 1991/92 bis 1998/99 deutlich abgenommen haben, während der prozentuale Anteil der kleinsten Fraktion der ultrafeinen Partikel (0,01 bis 0,03 µm) stetig zugenommen hat (WICHMANN et al., 2000). Zum Untersuchungsjahr 2000/01 hin ist die Anzahlkonzentration dieser Fraktion konstant geblieben (KREYLING et al., 2003). Ein Anstieg der kleinsten Fraktionen der ultrafeinen Partikel wurde auch in Sachsen-Anhalt beim Vergleich des ersten Halbjahres 1993 mit dem ersten Halbjahr 1999 beobachtet (WIEDENSOHLER et al., 2002). Weitere Erhebungen darüber, wie sich das Verhältnis der Partikelanzahl zur Massenkonzentration entwickelt hat, fehlen bisher, sind aber für eine angemessene Bewertung der Immissionsbelastung durch Fein- und Ultrafeinstäube dringend erforderlich.

536. Im Umweltgutachten 2002 hat der Umweltrat bereits darauf hingewiesen, dass es für eine Bewertung der Partikelbelastung notwendig ist, die chemische Zusammensetzung der Partikel zu analysieren (SRU, 2002a, Tz. 579). Inzwischen liegen einige Ergebnisse dazu vor, die zur Risikoabschätzung verwendet werden können. Wie in Abbildung 6-6 zu erkennen, bestehen deutliche Unterschiede in der Partikelzusammensetzung zwischen einer verkehrsnahen und einer ländlichen Station (aus dem Ballungsraum Rhein-Ruhr) (KUHLBUSCH, 2002). Besonders auffällig ist, dass der Anteil an elementarem Kohlenstoff (EC in Abb. 6-6) und an schwerflüchtigen organischen Verbindungen (OM in Abb. 6-6) mit zusammen 38 % an dem verkehrsnahen Messpunkt wesentlich höher ist als an der ländlichen Station (21 %). Noch deutlicher ist der Unterschied für PAK mit 0,02 % und 0,001 %. Der Anteil an sekundären Aerosolen wie zum Beispiel Ammoniumnitrat und Ammoniumsulfat ist an beiden Stationen mit über 30 % sehr hoch.

6.1.3.2 Gesundheitliche Auswirkungen der Partikel-Belastung

537. Die Auswirkungen von PM_{10} und $PM_{2,5}$ auf die Gesundheit wurden vom Umweltrat bereits ausführlich im Umweltgutachten 2002 (SRU, 2002a) dargestellt. Außerdem liegt eine vom BMU beauftragte Stellungnahme (Stellungnahme zur Revision der Tochterrichtlinie im Jahr 2003) der KRdL im VDI und DIN vor, in welcher der wissenschaftliche Kenntnisstand über die gesundheitlichen Auswirkungen von Partikeln in der Luft bewertet wurde (KRdL im VDI und DIN, 2003b). So konnte anhand von Tierversuchen und in zahlreichen epidemiologischen Kohorten- und Fall-Kontrollstudien das Lungenkrebsrisiko von Dieselrußpartikeln nachgewiesen werden. In epidemiologischen Untersuchungen zur kurzzeitigen Schwebstaubexposition zeigten sich adverse Effekte in Bezug auf die Morbidität und Mortalität. Anhand von Daten über die Krankenhausaufnahme und den Medikamentenverbrauch während besonderer Belastungsepisoden wurde eine Zunahme von respiratorischen und kardiovaskulären Erkrankungen festgestellt. Für Letztere kann ein Anstieg der Blutplasmaviskosität, der ebenfalls mit solchen Episoden assoziiert ist, verantwortlich sein. Außerdem wurde ein Zusammenhang zwischen der Schwebstaubbelastung und der „atemwegbezogenen" und „kardiovaskulären" Mortalität beobachtet. In Langzeitstudien zeigten sich konsistente statistische Zusammenhänge zwischen feinen inhalierbaren Partikeln und Einschränkungen der Lungenfunktion wie auch mit Atemwegssymptomen und Bronchitis. Des Weiteren konnten Effekte bei der vorgezogenen Gesamt- und kardiopulmonalen Sterblichkeit nachgewiesen werden.

Abbildung 6-6

Analyse der Inhaltsstoffe des PM$_{10}$-Aerosols von einer verkehrsnahen (A) und einer ländlich geprägten (B) Messstelle (aus dem Rhein-Ruhr-Gebiet)

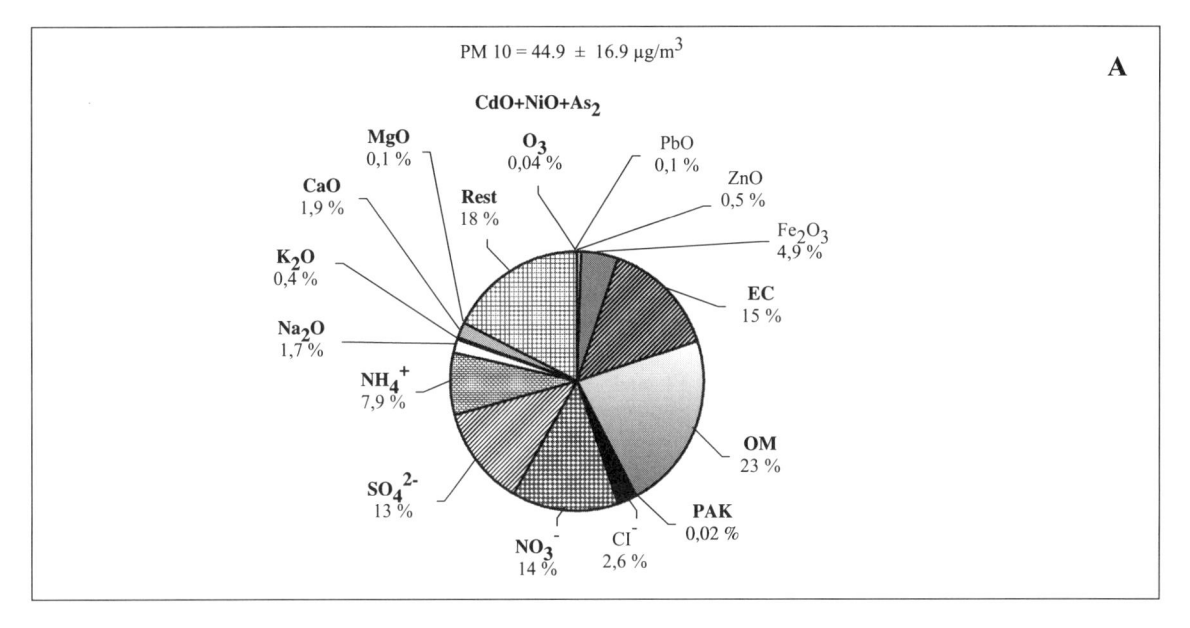

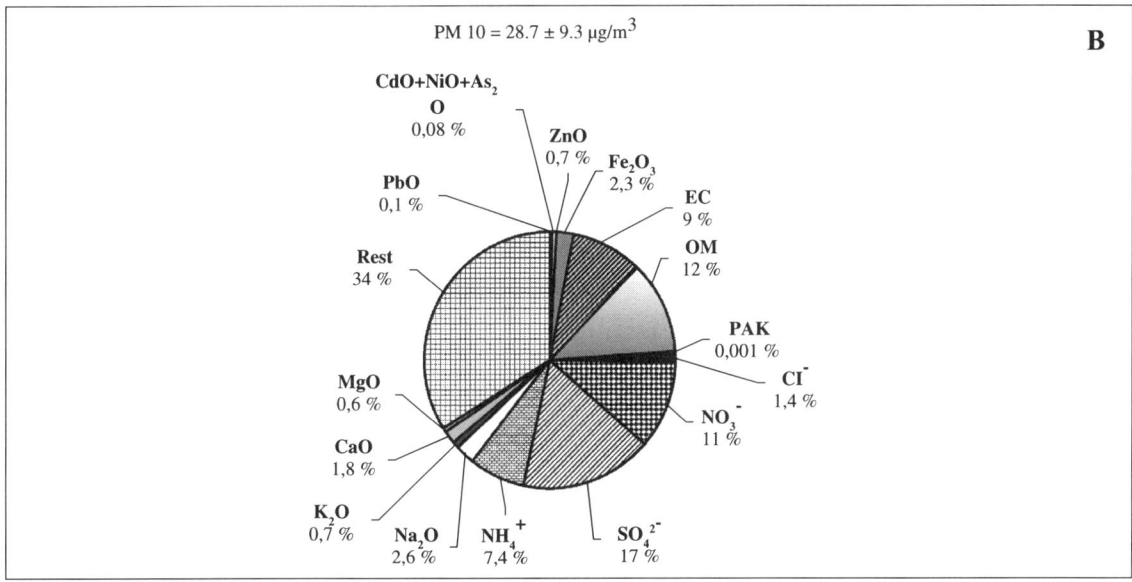

A: PM 10 = 44.9 ± 16.9 µg/m^3

- MgO 0,1 %
- CdO+NiO+As$_2$O$_3$ 0,04 %
- PbO 0,1 %
- ZnO 0,5 %
- Fe$_2$O$_3$ 4,9 %
- EC 15 %
- OM 23 %
- PAK 0,02 %
- Cl$^-$ 2,6 %
- NO$_3^-$ 14 %
- SO$_4^{2-}$ 13 %
- NH$_4^+$ 7,9 %
- Na$_2$O 1,7 %
- K$_2$O 0,4 %
- CaO 1,9 %
- Rest 18 %

B: PM 10 = 28.7 ± 9.3 µg/m^3

- CdO+NiO+As$_2$O 0,08 %
- ZnO 0,7 %
- Fe$_2$O$_3$ 2,3 %
- EC 9 %
- OM 12 %
- PAK 0,001 %
- Cl$^-$ 1,4 %
- NO$_3^-$ 11 %
- SO$_4^{2-}$ 17 %
- NH$_4^+$ 7,4 %
- Na$_2$O 2,6 %
- K$_2$O 0,7 %
- CaO 1,8 %
- MgO 0,6 %
- PbO 0,1 %
- Rest 34 %

EC = elementarer Kohlenstoff
OM (*Organic Material*) = schwerflüchtige organische Verbindungen
Quelle: UMK, 2002, verändert

6.2 Umsetzung europarechtlicher Vorgaben zur Luftreinhaltung

538. Das deutsche Luftreinhalterecht steht in den letzten Jahren unter permanentem und zunehmendem Umsetzungsdruck durch europarechtliche Vorgaben (s. den Überblick bei KOCH und PRALL, 2002, S. 668 ff.; KOCH und SIEBEL-HUFFMANN, 2001). Nachdem im Sommer 2001 mit Verspätung die IVU-Richtlinie (Richtlinie 1996/61/EG über die integrierte Vermeidung und Verminderung der Umweltverschmutzung) mit ihrem integrativen Ansatz für das Anlagengenehmigungsrecht durch das so genannte Artikelgesetz umgesetzt worden ist (SRU, 2002a und Abschn. 6.2.3.2), mussten im Herbst 2002 die Luftqualitätsrahmenrichtlinie (1996/62/EG) nebst dreier Tochterrichtlinien (1999/30/EG; 2000/69/EG; 2002/3/EG) umgesetzt werden. Dies ist mit der 7. Novelle zum BImSchG (BGBl. I 2002, S. 3622) und der grundlegenden Novellierung der 22. BImSchV (BGBl. I 2002, S. 3626) geschehen (Abschn. 6.2.1 und 6.2.2). Damit wird einerseits das planerische Instrumentarium des BImSchG deutlich erweitert und verbessert (Tz. 540 ff.) und andererseits werden die Luftqualitätsanforderungen teilweise anspruchsvoll verschärft (Tz. 542 ff.). Ein Vorschlag für eine vierte Tochterrichtlinie zur Luftqualitätsrahmenrichtlinie liegt vor (Abschn. 6.2.2.4).

Mit der TA Luft 2002 (GMBl. 2002, Nr. 25–29, S. 511), die am 1. Oktober 2002 in Kraft getreten ist, mussten unter anderem der integrative Genehmigungsansatz auf untergesetzlicher Ebene umgesetzt, die Immissionsgrenzwerte den Luftqualitätswerten der Tochterrichtlinien und das Ermittlungs- und Beurteilungsverfahren der Luftqualitätsrahmenrichtlinie angepasst und schließlich die anlagenbezogenen Emissionsgrenzwerte der technischen Entwicklung entsprechend fortgeschrieben werden (Abschn. 6.2.3).

Die Novellierung der Abfallverbrennungsrichtlinie der Gemeinschaft (2000/76/EG), die unter anderem strengere Anforderungen an die Mitverbrennung von Abfällen in Industrieanlagen brachte, musste mit einer Novellierung der 17. BImSchV umgesetzt werden (Abschn. 6.2.4). Auch der Entwurf einer Novelle der 13. BImSchV ist den Vorgaben der novellierten Großfeuerungsanlagen-Richtlinie (88/609/EG) angepasst worden (Abschn. 6.2.5). Die Umsetzung der NEC-Richtlinie (2001/81/EG) mit der Vorgabe nationaler Emissionshöchstfrachten für SO_2, NO_x, VOC und NH_3 steht unmittelbar bevor (Abschn. 6.2.6).

6.2.1 7. Novelle zum BImSchG

539. Das Luftreinhalterecht des BImSchG ist seit jeher dominant Anlagen- und Zulassungsrecht. Zwar enthalten die TA Luft seit langem und die jüngere 22. BImSchV allgemeine Luftqualitätsziele in Form der Immissionsgrenzwerte. Jedoch werden nach den Vorgaben des BImSchG diese Luftqualitätsziele traditionell vorrangig durch Regulierung nur einer Emittentengruppe, nämlich der Industrieanlagen angestrebt. Das ist und kann nur begrenzt erfolgreich sein, weil insbesondere der motorisierte Verkehr etwa für NO_x und damit auch für das bodennahe Ozon, aber auch für Partikel, eine wesentliche Emittentengruppe darstellt. Das verkehrsbezogene Luftreinhalterecht ist segmentiert und sachlich noch unzureichend normiert. Insbesondere die Immissions-, also die unmittelbar luftqualitätsbezogenen Regelungen etwa in § 40 BImSchG (alt) und § 45 StVO haben sich als kaum brauchbar erwiesen.

Ein konsequentes Luftqualitätsrecht muss effektive Eingriffsgrundlagen bezüglich aller maßgebenden Emittenten vorsehen. Insoweit hat die 7. Novelle zum BImSchG zwei wesentliche, wenngleich noch nicht völlig befriedigende Neuregelungen gebracht, nämlich ein verbessertes Luftreinhalteplanungsrecht, das zur Einbeziehung unter anderem des Verkehrs als wichtige Emittentengruppe zwingt, und zum anderen neue Ermächtigungsgrundlagen, um erforderliche Verkehrsverbote oder -beschränkungen anzuordnen.

6.2.1.1 Neue Instrumente der Luftreinhalteplanung

540. Das Recht der Luftreinhalteplanung gemäß BImSchG hat deutliche Änderungen erfahren (JARASS, 2003). Hervorzuheben sind

– das zu den Luftreinhalteplänen hinzutretende Instrument des Aktionsplanes gemäß § 47 Abs. 2 BImSchG, der auf kurzfristig wirksame Maßnahmen für den Fall zielt, dass Immissionsgrenzwerte oder Alarmschwellen im Sinne der 22. BImSchV überschritten werden;

– das Gebot, Maßnahmen in den Luftreinhalteplänen und Aktionsplänen gegen alle Emittenten zu richten, die zur Überschreitung der Immissionswerte beitragen (§ 47 Abs. 4 BImSchG), womit auch der Verkehr zu den möglichen Adressaten rechnet; und

– die Pflicht, bei der Planaufstellung regelmäßig die Öffentlichkeit zu beteiligen (§ 47 Abs. 5 BImSchG).

Angesichts der teilweise recht anspruchsvollen Immissionsgrenzwerte der 22. BImSchV, sollte den Luftreinhalte- und den Aktionsplänen insbesondere mit Blick auf Stickoxide und Partikel einige Bedeutung zukommen (Tz. 543 ff.).

Die Luftreinhalteplanung ist allerdings auch in der Zukunft kein zwingend notwendiger Schritt zur Bekämpfung von Immissionswert- beziehungsweise Alarmwertüberschreitungen. Vielmehr können – natürlich – auch planungsunabhängig unmittelbar Maßnahmen gegen alle maßgeblichen Emissionsquellen angeordnet werden, und zwar nach dem jeweils einschlägigen Fachrecht, also insbesondere nach dem Anlagenrecht des BImSchG und dem Straßenverkehrsrecht. In Übereinstimmung mit den europarechtlichen Vorgaben ordnet § 45 BImSchG nunmehr ausdrücklich an, dass die zuständigen Behörden die erforderlichen Maßnahmen ergreifen müssen, um die Einhaltung der Immissionswerte sicherzustellen. Dabei wird „insbesondere" auf die Pläne gemäß § 47 BImSchG verwiesen, womit ausdrücklich klargestellt ist, dass auch ohne planerische Grundlage gehandelt werden darf. § 45 BImSchG ist allerdings nicht selbst Ermächtigungsgrundlage für eingreifende Maßnahmen, sondern nur eine aufgabenzuweisende Vorschrift.

6.2.1.2 Neue Ermächtigungsgrundlagen für Verkehrsbeschränkungen

541. Die Ermächtigungsgrundlagen für Verkehrsbeschränkungen wegen Luftverunreinigungen waren bislang in einer Weise unterentwickelt, dass mit Recht von symbolischer Politik gesprochen worden ist. Weder die alten Regelungen für Ozonalarm (§§ 40 a ff. BImSchG a. F.), die inzwischen außer Kraft getreten sind, noch § 40 Abs. 2 BImSchG alte Fassung in Verbindung mit den Konzentrationswerten der inzwischen aufgehobenen 23. BImSchV, noch § 45 Abs. 1 Satz 2 Nr. 3 StVO haben je eine ernsthafte Relevanz erlangt (s. für Einzelheiten KOCH und JANKOWSKI, 1997).

Nunmehr sind zwei neue Ermächtigungsgrundlagen für Verkehrsbeschränkungen wegen Luftverunreinigungen in § 40 Abs. 1 und Abs. 2 BImSchG geschaffen worden. § 40 Abs. 1 ermächtigt zu solchen Verkehrsverboten und -beschränkungen, die in Luftreinhalte- oder Aktionsplänen vorgesehen sind. § 40 Abs. 2 gestattet unabhängig von den planerischen Instrumenten Verkehrsbeschränkungen und -verbote, wenn der Kraftfahrzeugverkehr zur Überschreitung von Immissionswerten beiträgt, also dafür mitursächlich ist. Damit dürfte ein Instrumentarium geschaffen worden sein, das in entsprechenden Belastungslagen in realistischer Weise auch einen Zugriff auf den Verkehr ermöglicht. Somit entfernt sich das BImSchG einen Schritt weiter von der traditionellen Beschränkung auf das Recht der Genehmigung und Überwachung von Industrieanlagen.

Die neu geschaffenen Ermächtigungsgrundlagen in § 40 Abs. 1 und 2 BImSchG können mit Blick auf Belastungsschwerpunkte etwa an Hauptverkehrsstraßen bezüglich NO_x (Tz. 544) und Partikeln (Tz. 548) durchaus relevant werden.

6.2.2 Novelle der 22. Bundes-Immisionsschutzverordnung

6.2.2.1 Überblick

542. Mit der auf § 48 a Abs. 1 und 3 BImSchG gestützten 22. BImSchV vom 11. September 2002 werden sowohl Elemente der Luftqualitätsrahmenrichtlinie als auch die bislang in Kraft getretenen drei Tochterrichtlinien umgesetzt. Die in der Beratung befindliche vierte Tochterrichtlinie über Luftverunreinigungen durch Schwermetalle, Arsen und polyzyklische aromatische Kohlenwasserstoffe (PAK) (Tz. 554 ff.) wird alsbald eine Novellierung der neuen 22. BImSchV erforderlich machen.

Die 22. BImSchV enthält neben einem definitorischen Teil, in dem zentrale Begriffe des europäischen Luftreinhalterechts erläutert werden, vier wesentliche Regelungselemente, nämlich

– Immissionsgrenzwerte für SO_2, NO_2, NO_x, PM_{10}, Blei, Benzol und CO sowie Alarmschwellen für SO_2 und NO_x;

– detaillierte Vorgaben für die allen Mitgliedstaaten auferlegte so genannte Ausgangsbeurteilung der Luftqualität in ihren Ländern;

– eine Konkretisierung der Luftreinhalteplanung für Gebiete und Ballungsräume mit erheblichen Luftverunreinigungen sowie

– Publikationspflichten gegenüber der Öffentlichkeit und Informationspflichten gegenüber der EU-Kommission.

Der Vollzug verlangt von den deutschen Behörden bezüglich einiger Regelungselemente erhebliche Anstrengungen. Das gilt insbesondere für die Reduktion der NO_x-Belastungen (Tz. 543 ff.), für die weitere Reduktion der Luftverunreinigungen durch Partikel (Tz. 548 ff.) sowie – demnächst – für die Reduktion der Schwermetall-, Arsen und PAK-Immissionen in der Luft (Tz. 554 ff.).

6.2.2.2 Immissionsgrenzwerte für Stickstoffoxide

543. Die in der ersten Tocherrichtlinie der Luftqualitätsrahmenrichtlinie (Richtlinie 1999/30/EG vom 22. April 1999 über Grenzwerte für Schwefeldioxid, Stickstoffdioxid und Stickstoffoxide, Partikel und Blei in der Luft) vorgegebenen Grenzwerte für Stickstoffoxid-Immissionen (vgl. Tab. 6-2), die in der 22. BImSchV umgesetzt worden sind, dürften auf absehbare Zeit in städtischen Ballungsräumen teilweise überschritten werden (Tz. 544). Davon abgesehen sind diese Grenzwerte für einen angemessenen Schutz der menschlichen Gesundheit nicht ausreichend (Tz. 545).

Grenzwerteinhaltung

544. Die Tendenz der Stickstoffoxid-Immissionen weist in den letzten Jahren auf eine stetige Abnahme hin (s. Abschn. 6.1.2.1). Dieser Trend zeigt sich auch mit Blick auf den ab 1. Januar jährlich einzuhaltenden NO_2-Kurzzeitgrenzwert (Stundenmittel), welcher in 2001 zum ersten Mal an keiner Messstation häufiger als die rechtlich zulässigen 18-mal überschritten wurde (Tab. 6-2). Auffällig sind im Jahresverlauf allerdings die prozentual hohen Überschreitungen im Jahr 1997 mit 14,3 % im Vergleich zu den Vor- und den darauf folgenden Jahren, die nicht ausreichend erklärt werden können. Der NO_x-Grenzwert zum Schutz der Vegetation wird ebenfalls nur noch an sehr wenigen ländlichen sowie Wald- und Bergstationen nicht eingehalten. Dabei muss allerdings vermerkt werden, dass dieser Grenzwert bereits seit dem 19. Juli 2001 eingehalten werden muss. Seit 1997 ist ebenfalls ein leicht abnehmender Trend in den Überschreitungen des NO_2-Lanzeitgrenzwerts erkennbar (Tab. 6-2).

Tabelle 6-2

Prozentualer Anteil der Messstationen mit (unzulässigen) Überschreitungen der NO_2- und $NO_x (NO + NO_2)$-Grenzwerte der ersten Tochterrichtlinie (1995 bis 2001)

Jahre	Grenzwerte (GW)		
	Menschliche Gesundheit		Vegetation
	200 µg/m³ NO_2 im Stundenmittel	40 µg/m³ NO_2 im Jahresmittel	30 µg/m³ NO_x* im Jahresmittel
	Prozentualer Anteil der Stationen mit		
	mehr als den 18 zulässigen Überschreitungen des GW	Überschreitungen des GW	Überschreitungen des GW
1995	0,2	21,1	2,1
1996	0,4	26,7	2,0
1997	14,3	29,2	6,0
1998	0,8	23,3	1,8
1999	0,2	19,2	2,0
2000	0,2	13,2	0,0
2001	0,0	13,8	2,4

* Entspricht $NO + NO_2$.
Quelle: LAI, 2002b, verändert

Dies gibt allerdings noch keinen Anlass zur Beruhigung, da es gerade in den Ballungsräumen bei den Langzeitgrenzwerten immer noch zu Überschreitungen kommt und vermutlich 2010 der Langzeitgrenzwert der ersten Tochterrichtlinie beziehungsweise der 22. BImSchV zum Schutz der menschlichen Gesundheit punktuell in Deutschland weiterhin überschritten wird (LUTZ, 2003).

Bewertung der Grenzwerte bezogen auf die gesundheitlichen Risiken

545. Aus den in Abschnitt 6.1.2.2 dargestellten Langzeit- und Kurzzeitstudien zur gesundheitlichen Bewertung von Stickstoffoxiden ergeben sich keine Hinweise auf eine Wirkungsschwelle. Besonders empfindliche Personengruppen wie Asthmatiker, Bronchitiker und Herzkranke reagieren auch noch auf sehr niedrige Stickstoffoxid-Konzentrationen (KRdL im VDI und DIN, 2003a). Bei dem Zusammenhang zwischen gesundheitsbezogenen Auswirkungen und der NO_2-Belastung muss somit von einem Verhältnis ausgegangen werden, welches einem linearen Modell entspricht. Aus diesem Grunde kann über die Dosis-Wirkung-Beziehung nur eine Abschätzung des Schadens durch diese Luftverschmutzung vorgenommen werden. Eine solche Abschätzung wurde in der Schweizer SAPALDIA-Studie durchgeführt (ZEMP et al., 1999). Dabei wurde für einen Jahresmittelwert von 20 µg/m³ NO_2 eine Zunahme von 1 600 zusätzlichen Fällen mit chronischer Bronchitis errechnet. Bei 40 µg/m³ wären es circa 4 800 Fälle. Vergleichbare Rechnungen wurden für Deutschland bisher nicht durchgeführt.

Monitoring

546. Da der Straßenverkehr die wichtigste Emittentengruppe für Stickstoffoxide darstellt und hier die Emissionen bodennah auftreten, werden die höchsten NO_x-Belastungen an straßennahen Messstationen registriert. Für Stickstoffoxide wird mit Recht ein engmaschiges Messstationennetz gefordert, da die Emissionskonzentration in der Außenluft mit zunehmender Entfernung zum Emittenten sinkt und die lokalen Immissionsspitzenbelastungen für die Beurteilung der Gesundheitsbelastung erfasst werden müssen. Dementsprechend kann nur eine engmaschige Erfassung ein zufriedenstellendes Monitoring der Bevölkerungsbelastung gewährleisten (s. auch KRdL im VDI und DIN, 2003a).

Abschließende Bewertung

547. In Hinblick auf die langfristigen gesundheitlichen Wirkungen von Stickstoffdioxid sind die Grenzwerte der ersten Tochterrichtlinie beziehungsweise der 22. BImSchV zu begrüßen. Da NO_2 als Leitsubstanz für verkehrsbedingte Emissionen gilt, führt eine Reduzierung der Stickstoffdioxideinträge ferner zu einer Minderung anderer, gesundheitsrelevanter verkehrsbedingter Schadstoffe (z. B. Partikel). Speziell in Ballungsgebieten – und dort in

der näheren Umgebung von Straßen mit hohem Verkehrsaufkommen – ist eine Reduzierung der Stickstoffdioxidbelastungen dringend erforderlich. Dies zeigt sich auch im bestehenden Immissionsmonitoring, gerade an derartigen Standorten wird auch in Zukunft weiterhin mit Überschreitungen des Jahresmittelwertes der ersten Tochterrichtlinie gerechnet. In der KRdL-Stellungnahme zur „Bewertung der gesundheitlichen Wirkungen von Stickstoffmonoxid und Stickstoffdioxid" wird unter Berücksichtigung der gesundheitlichen Vorsorge ein Jahresmittelgrenzwert für NO_2 von 20 µg/m³ empfohlen. Der Umweltrat schließt sich dieser Empfehlung an und spricht sich dafür aus, dass die Bundesregierung zum Schutz der Bevölkerung vor verkehrsbedingten Emissionen für die Zukunft einen solchen Grenzwert festsetzen sollte.

6.2.2.3 Immissionsgrenzwerte für Partikel

Grenzwerteinhaltung

548. Wie im Abschnitt 6.1.3.1 erwähnt, besteht erst seit 1999 eine zuverlässige, den Kriterien der ersten Tochterrichtlinie zur Luftqualitätsrahmenrichtlinie entsprechende Erfassung der PM_{10}-Immissionen. Dabei konnten im Jahr 1999 die Daten von insgesamt 42 Messstationen, in 2000 bereits von 162 und in 2001 von 268 Stationen ausgewertet werden (LAI, 2002b).

Im Jahr 2001 wurden der Tagesgrenzwert und der Jahresgrenzwert für PM_{10}, die ab 2005 gültig sein sollen, an 11,2 beziehungsweise 1,5 % der Messstationen (unzulässig oft) überschritten (Tab. 6-3). Allerdings zeigt sich bezogen auf die drei Jahre in Folge eine stetige Abnahme der Überschreitungen. Dieser Trend muss aufgrund des kurzen Monitoringzeitraums vorsichtig bewertet werden. Derzeit liegen die PM_{10}-Tagesspitzenwerte – gerade im städtischen Bereich – an den am höchsten belasteten Stationen um den Faktor zwei bis fünf höher als der Grenzwert der ersten Stufe der ersten Tochterrichtlinie. So wurde im Jahr 2001 der höchste PM_{10}-Tageswert an der Station Berlin-Friedrichshain (Frankfurter Allee) mit 219 µg/m³ gemessen. In den Städten – und hier speziell in Straßenschluchten mit einem hohen Verkehrsaufkommen – ist die Schwebstaubbelastung weiterhin problematisch. An diesen Standorten ist über das Jahr 2005 hinaus mit Überschreitungen der Grenzwerte der ersten Stufe der ersten Tochterrichtlinie zu rechnen (LUTZ, 2003).

Der ab 2010 vorgesehene Jahres-Richtgrenzwert von 20 µg/m³ wird derzeit nur an etwa 20 % der Stationen, in erster Linie an Hintergrundstandorten, eingehalten (Tab. 6-3). Ähnlich sieht es auch bei dem ebenfalls ab 2010 einzuhaltenden Tages-Richtgrenzwert aus: er wird zurzeit in mehr als 50 % der Fälle unzulässig oft (mehr als siebenmal im Jahr) überschritten. Die momentane Entwicklung lässt befürchten, dass der Tages-PM_{10}-Richtgrenzwert und der Jahresrichtgrenzwert aus der zweiten Stufe der ersten Tochterrichtlinie im Jahre 2010 nicht eingehalten werden.

Tabelle 6-3

Prozentualer Anteil der Messstationen mit (unzulässigen) Überschreitungen der PM_{10}-Grenzwerte und Richtgrenzwerte der ersten Tochterrichtlinie

Jahre	Grenz- und Richtgrenzwerte (GW und RGW)			
	Stufe 1		Stufe 2	
	Jahresgrenzwert: 40 µg/m³ PM_{10}	Tagesgrenzwert: 50 µg/m³ PM_{10}	Jahres-Richtgrenzwert: 20 µg/m³ PM_{10}	Tages-Richtgrenzwert: 50 µg/m³ PM_{10}
	Prozentualer Anteil der Messstationen mit			
	Überschreitungen des GW	mehr als den 35 zulässigen Überschreitungen des GW	Überschreitungen des RGW	mehr als den 7 zulässigen Überschreitungen des RGW
1999	16,7	28,6	78,6	78,6
2000	3,1	12,3	82,9	56,8
2001	1,5	11,2	78,4	68,3

Quelle: LAI, 2002b, verändert

Bewertung der Grenzwerte in Bezug auf die Gesundheit

549. In ihrer Stellungnahme kommt die KRdL im VDI und DIN zu dem nachvollziehbaren Ergebnis, dass es auch nach dem aktuellen wissenschaftlichen Kenntnisstand nicht möglich ist, anhand der im Abschnitt 6.1.3.2 beschriebenen Gesundheitseffekte Schwellenwerte für Staubbelastungen in der Luft festzulegen (KRdL im VDI und DIN, 2003b). Bei der Auswertung der epidemiologischen Studien konnte gezeigt werden, dass adverse Effekte durch eine Partikelbelastung am besten mit einem linearen Modell beschrieben werden können. Gesundheitliche Effekte werden dabei noch unter dem vorgeschlagenen Wert von 20 µg/m³ der zweiten Stufe der ersten Tochterrichtlinie beobachtet. Dementsprechend gibt es ausreichend Hinweise dafür, dass die Reduktion der PM-Belastung auch unterhalb dieser Konzentration zu einer Abnahme der negativen Gesundheitseffekte führen wird. Die in den verschiedenen epidemiologischen Untersuchungen festgestellten Gesundheitseffekte können allerdings nicht ausschließlich mit der Staubbelastung assoziiert werden, da eine Zu- oder Abnahme der Staubbelastung in den Beobachtungszeiträumen auch immer mit einer Zu- oder Abnahme anderer Luftschadstoffe (z. B. SO_2 oder NO_x) verbunden war. Trotzdem werden von der KRdL aufgrund der beschriebenen Ergebnisse aus gesundheitlicher Sicht Maßnahmen empfohlen, die zu einer weiteren Reduzierung der Jahresmittelwerte und der Häufigkeit der Überschreitungen eines Tagesmittelwertes von 50 µg/m³ führen. Dieser Empfehlung schließt sich der Umweltrat ausdrücklich an.

Grenzwertsetzung und Monitoring

550. Es besteht weiterhin Diskussionsbedarf bei der Frage, inwieweit es sinnvoll ist, Grenzwerte für Partikel mit einem aerodynamischen Durchmesser $\leq 2,5$ µm einzuführen. Die Fraktion $PM_{2,5}$ stammt in Deutschland im Wesentlichen aus anthropogenen Quellen, während die Fraktion PM_{10} zu mehr als 30 % natürlichen Ursprungs ist. Die Einführung eines solchen Grenzwertes führt zwangsläufig zu einem umfassenden Monitoringprogramm von $PM_{2,5}$. Mit den erhobenen Daten könnte dann eine bessere Aussage über die Höhe der anthropogen verursachten Feinstaubbelastung getroffen werden. Zudem ist anzunehmen, dass die Aussagekraft eines Messwertes für PM_{10} abnimmt, wenn das bisher angenommene Verhältnis zwischen PM_{10} und $PM_{2,5}$ sich in Richtung $PM_{2,5}$ verschieben sollte. Eine derartige Entwicklung wurde in der Bundesrepublik Deutschland allerdings bisher nicht beobachtet. Zurzeit liegt der Anteil von $PM_{2,5}$ an PM_{10} konstant hoch (circa 90 %), womit ein zusätzlicher Grenzwert mit dem damit verbundenen Monitoring derzeit zu keinem zusätzlichen Informationsgewinn führen würde (KRdL im VDI und DIN, 2003b). Grundsätzlich muss aber festgehalten werden, dass die in epidemiologischen Studien beobachteten Wirkungen besser mit $PM_{2,5}$ als mit PM_{10} korrelieren.

Bei der Frage der Grenzwertsetzung muss zusätzlich beachtet werden, dass Gesundheitseffekte in ähnlicher Weise wie für andere Feinstaubkomponenten mit ultrafeinen Partikeln (Durchmesser kleiner als 0,1 µm) assoziiert sind (OBERDÖRSTER und UTELL, 2002). In den Gebieten, in denen die Partikelimmissionen bereits getrennt nach unterschiedlichen Größenklassen erfasst wurden, konnte bei absinkender Massenkonzentration für $PM_{2,5}$ eine Spektrumsverschiebung zu kleineren Partikeln hin (scavenging effect) beobachtet werden (WICHMANN et al., 2000; WIEDENSOHLER et al., 2002). Ob sich dieser Trend fortsetzt, muss weiterhin verfolgt werden. Zum Schutz der Gesundheit der Bevölkerung wäre es unter diesem Gesichtspunkt sinnvoller, soweit sich die dargestellten Einschätzungen zu den Wirkungen der unterschiedlichen Partikelfraktionen bestätigen, den Grenzwert für PM_{10} durch je einen Grenzwert für $PM_{2,5}$ und $PM_{0,1}$ zu ersetzen.

551. In dem Bericht der KRdL im VDI und DIN wird der derzeitige technische Stand des Feinstaubmonitorings dargestellt. Ein flächendeckendes Netz von Messstationen für die Erfassung von PM_{10} gibt es in Deutschland erst seit 2001 und somit sind die Erfahrungen mit der kontinuierlichen Immissionserhebung noch sehr gering (KRdL im VDI und DIN, 2003b). Für Messungen der $PM_{2,5}$-Fraktion wird bis Mitte 2003 ein gravimetrisches Referenzverfahren analog zu dem PM_{10}-Referenzverfahren entwickelt und erprobt.

In den USA konnten bereits über sechs Jahre Erfahrungen mit Immissionsgrenzwerten für $PM_{2,5}$ (15 µg/m³ im Jahresmittel und 65 µg/m³ im 24-Stundenmittel) neben Grenzwerten für PM_{10} gesammelt werden (US EPA, 2002). In Anbetracht der Tatsache, dass standardisierte Messungen möglich sind, könnte übergangsweise die Einführung eines zusätzlichen Grenzwertes für $PM_{2,5}$ dem Ziel, in der Zukunft auf je einen Grenzwert für $PM_{2,5}$ und $PM_{0,1}$ umzuschwenken, dienlich sein. Aus diesem Grunde hat die Empfehlung des Umweltrates (SRU, 2002a), einen zusätzlichen Immissionsgrenzwert für $PM_{2,5}$ einzuführen, weiterhin Bestand.

552. Die Senatsverwaltung für Stadtentwicklung in Berlin kritisiert, dass das derzeitige Messverfahren zur Erfassung der PM_{10}-Belastung zwischen den verschiedenen Bundesländern uneinheitlich ist (LUTZ, persönliche Mitteilung, 2003). Auch die Gebietsausweisung scheint inhomogen zu sein, was unter anderem auf die Länderverschiedenheiten (z. B. in der Emittentenstruktur, der Siedlungsstruktur, der kommunalen Gliederung und der Immissionsstruktur) zurückgeführt werden kann. Es ist in keiner Weise nachvollziehbar, dass beispielsweise in Stuttgart gar keine, in Berlin aber sehr deutliche Überschreitungen der PM_{10}-Grenzwerte gemessen werden. Außerdem bestehen in Baden-Württemberg Inkonsistenzen zwischen gemessenen hohen NO_x-Werten und sehr niedrigen PM_{10}-Werten. Der Umweltrat stellt fest, dass offensichtlich und dringlich Bedarf besteht, das Immissionsmonitoring in Deutschland konsequenter zu standardisieren und zu vereinheitlichen.

Abschließende Bewertung

553. Der Umweltrat begrüßt ausdrücklich das Vorgehen der EU, in ihrer ersten Tochterrichtlinie den Jahresmittelwert für PM_{10} in der zweiten Stufe um die Hälfte zu reduzieren, da bei einer Abnahme der Immissionswerte entsprechend einem linearen Modell, mit einer Reduzierung der adversen Gesundheitseffekte zu rechnen ist. Nach der derzeitigen Entwicklung erscheint es momentan unwahrscheinlich, dass die von der EU vorgesehenen Richtgrenzwerte der zweiten Stufe der ersten Tochterrichtlinie bis zum Jahr 2010 eingehalten werden können. Trotzdem sollte, um einen wirksamen Gesundheitsschutz zu gewährleisten, an den sehr ambitionierten Zielwerten festgehalten werden, auch wenn die Einhaltung derselbigen erhebliche Anstrengungen erfordert. Es besteht aber ein erhebliches Potenzial in Hinblick auf technische Entwicklungsmöglichkeiten gerade im Bereich der Abgasreinigung und -reduzierung von Kraftfahrzeugen. Zusätzlich sollten weitere Maßnahmen ergriffen werden, um die Belastungssituation zu senken und somit das Ziel, die Grenzwerte bis 2010 einzuhalten, erreichen zu können. Zusammenfassend empfiehlt der Umweltrat:

– Die Festlegung eines zusätzlichen Grenzwertes für Feinstäube der Fraktion $PM_{2,5}$ mit der dadurch bedingten Umstellung des Monitorings ist beim derzeitigen Stand der technischen und wissenschaftlichen Entwicklung nur unter großem Aufwand möglich. Aufgrund der Tatsache, dass die Fraktion $PM_{2,5}$ in erster Linie anthropogenen Ursprungs ist, ist es dennoch für die Zukunft sinnvoll, die bestehenden Grenzwerte für PM_{10} durch Grenzwerte für $PM_{2,5}$ zu ersetzen. Es ist zu prüfen, inwieweit ein zusätzlicher Grenzwert für $PM_{0,1}$ für einen verbesserten Schutz der Gesundheit zielführend wäre.

– Zusätzlich zum inzwischen bestehenden umfassenden Messnetz zur Erfassung von PM_{10} und den circa 20 Stationen, an denen $PM_{2,5}$ gemessen wird, sollten an ausgewählten Messstellen die unterschiedlichen Partikelgrößen erfasst werden, um damit mögliche Veränderungen im Partikelspektrum verfolgen zu können.

– Eine konsequente Vereinheitlichung und Standardisierung des Immissionsmonitorings in Deutschland sollte gewährleistet werden. Dabei ist es notwendig, auftretende Inkonsistenzen in den Messergebnissen zu überprüfen, um mögliche Schwächen oder Fehler im Messnetz zu beheben.

6.2.2.4 Immissionszielwerte für Arsen, Nickel, Cadmium, Quecksilber und polyzyklische aromatische Kohlenwasserstoffe (Vorschlag für eine vierte Tochterrichtlinie)

554. Die EU-Kommission hat einen Vorschlag für eine vierte Tochterrichtlinie über Arsen, Cadmium, Quecksilber, Nickel und polyzyklische aromatische Kohlenwasserstoffe (PAK) in der Luft vorgelegt (EU-Kommission, 2003b). Der Vorschlag enthält keine Grenzwerte, sondern nur Zielwerte für die angegebenen Schadstoffe beziehungsweise Schadstoffgruppen zum Schutz der Gesundheit des Menschen. Aufgrund der Tatsache, dass Quecksilber in erster Linie über die Nahrung und nicht über den Luftpfad aufgenommen wird und die in Europa gemessenen Konzentrationen in der Luft deutlich unter den Werten liegen, ab denen mit negativen Effekten für die Gesundheit zu rechnen ist, wurde für Quecksilber kein Immissionszielwert festgelegt. Weiterhin werden Vorgaben zum Immissionsmonitoring und zur Umsetzung der Zielwerte gemacht. Im Falle der Überschreitung der Zielwerte sind keine konkreten Maßnahmen gefordert. Bis zum Jahr 2010 soll die Richtlinie anhand gewonnener Erfahrungen und neuer Erkenntnisse evaluiert werden. Im Folgenden wird auf die einzelnen Luftschadstoffe und deren Bewertung sowie auf die Setzung der Zielwerte seitens der EU-Kommission eingegangen.

Arsen

555. Arsen ist ein Metalloid und kommt nur in geringen Konzentrationen in der Erdkruste vor. In der Umwelt ist es kaum in elementarer Form, sondern in unterschiedlichen organischen und anorganischen Verbindungen anzutreffen. Freigesetzt wird es durch Vulkanausbrüche und Verwitterung. Der Hauptanteil an den Emissionen resultiert allerdings aus anthropogenen Vorgängen wie der Metallschmelze und der Verbrennung mineralischer Rohstoffe (z. B. Kohle). In der Luft ist Arsen, wie auch Nickel und Cadmium, in erster Linie an feine Partikel der Fraktion $PM_{2,5}$ gebunden. Im urbanen Hintergrund wurden Immissionskonzentrationen zwischen 0,5 und 3 ng/m³ gemessen, die in der Nähe von industriellen Anlagen auf mehr als das zehnfache ansteigen können (EU-Kommission, 2003b). Arsen ist hoch toxisch. Nach der *International Association on the Risks of Cancer* (IARC, 1980) wird Arsen als kanzerogen eingestuft und die CSTEE (*Scientific Committee on Toxicity, Ecotoxicity and the Environment*) bewertet es zudem als genotoxisch (CSTEE, 2001a). Von der WHO ist ein *unit risk* von $1,5 \times 10^{-3}$ (µg/m³)$^{-1}$ festgesetzt worden. Das entspricht umgerechnet bei einer Dauerexposition von 0,66 ng/m³ einem Lungenkrebsrisiko von 1:1 000 000 (WHO, 2000). Laut WHO ist das Risiko eines zusätzlichen Krebsfalls auf 1 000 000 Leben die Grenze, ab der vorsorgliche Maßnahmen zum Schutz der Gesundheit erforderlich werden. Die EU-Kommission ist der Auffassung, dass dieses *unit risk* das tatsächliche Risiko überbewertet, ohne aber diese Einschätzung zu begründen (EU-Kommission, 2000).

Anhand der existierenden In-vivo- und In-vitro-Studien ist es nicht möglich in Bezug auf die genotoxischen und kanzerogenen Wirkungen von Arsen einen Schwellenwert abzuleiten. Gleichwohl wird aus Gründen der Vorsorge von der EU-Kommission ein Zielwert von 6 ng/m³ vorgeschlagen, wobei bei der Setzung dieses Wertes ökonomische Aspekte im Hinblick auf die Realisierbarkeit der Umsetzung durch die emittierende Industrie stark berücksichtigt wurden (EU-Kommission, 2003b).

Nickel

556. Nickel kommt in löslicher und unlöslicher Form vor. Natürliche Quellen, deren Anteil an den globalen Emissionen auf 15 bis 35 % geschätzt wird, sind in erster Linie Winderosion und Vulkanismus (EU-Kommission, 2000). Anthropogene Quellen für Nickelemissionen (primär in Form von löslichen Verbindungen wie Nickelsulfat) sind Verbrennungsprozesse (besonders bei Einsatz von Kohle und Schweröl) und die Nickel verarbeitende Industrie. Im urbanen Raum ermittelte Immissionswerte liegen zwischen 1,4 und 13 ng/m^3 (EU-Kommission, 2000). In unmittelbarer Nähe von Emissionsquellen wurden Maximalwerte bis 160 ng/m^3 gemessen (KAISER, 1985). Der Anteil löslicher Verbindungen an den Nickelverbindungen in der Luft scheint sehr stark zu schwanken und unter anderem von der Lage und den meteorologischen Bedingungen abzuhängen. So ergaben Messungen, die im Raum Dortmund durchgeführt wurden, einen prozentualen Anteil an löslichen Verbindungen von 42,1 % in unmittelbarer Nähe zu einem Stahl produzierenden Unternehmen und 22,4 % für die Referenzstation (urbaner Hintergrund). Eine toxische Wirkung des Metalls konnte anhand von Veränderungen des Respirationstraktes und des Immunsystems festgestellt werden. Außerdem kann Nickel allergische Hautreaktionen hervorrufen und wird des Weiteren als leicht genotoxisch und kanzerogen eingestuft (CSTEE, 2001b; WHO, 2000). Ähnlich wie für Arsen (Tz. 555) kann ein Schwellenwert für Nickel wirkungsseitig nicht begründet werden. Somit wird von der EU-Kommission in Übereinstimmung mit der CSTEE ein Zielwert von 20 ng/m^3 vorgeschlagen. Die Umrechnung des WHO Unit-risk-Wertes ergibt eine Konzentration von 2,5 ng/m^3 bei einem lebenslangen Krebsrisiko von 1:1 000 000. Der deutlich höhere Zielwert der EU-Kommission im Vergleich zur WHO-Vorgabe wird damit begründet, dass Nickelsulfid mit einem Anteil von unter 10 % an den in der Luft anzutreffenden Verbindungen die eigentliche krebserregende Potenz besitzt und dies mit eingerechnet werden sollte. Dem entgegen stehen Ergebnisse aus Versuchen an Ratten, in welchen die nicht löslichen Nickelverbindungen ebenfalls kanzerogene Wirkung gezeigt haben, weshalb weitere Nickelverbindungen durch die *International Agency for Research on Cancer* (IARC) als krebserregend klassifiziert wurden (IARC, 1990).

Cadmium

557. Cadmium kommt in der Erdkruste nur mit einem Anteil von 0,0002 % vor. Freigesetzt wird Cadmium in der Eisen-, Zink- und Kupferproduktion sowie bei der Verbrennung von Kohle, Öl und Abfällen (EU-Kommission, 2000). Hintergrundwerte für Cadmium liegen zwischen 0,2 und 2,5 ng/m^3 und können in der unmittelbaren Nähe von emittierenden industriellen Anlagen auf über das zehnfache ansteigen (EU-Kommission, 2003b). Über die Deposition gelangt Cadmium in terrestrische sowie aquatische Systeme, wo es von Pflanzen und sonstigen Organismen aufgenommen wird und mit steigender Trophieebene deutlich akkumuliert. Auf diesem Wege wird die Nahrung zur Hauptbelastungsquelle für den Menschen. Die tägliche Aufnahme von Cadmium über die Nahrung beträgt nach JÄRUP et al. (1998) zwischen 8,5 und 28 µg/d (Mittelwerte für Erwachsene) im Vergleich zu etwa 10 ng/d, die über die Luft aufgenommen werden. Cadmium, das über die Nahrung oder aber über feinste Partikel, die bis in die Alveolen vordringen, aufgenommen wird, gelangt in die Leber und die Niere und wird dort gespeichert und akkumuliert.

558. Das besondere Risiko für die menschliche Gesundheit beruht sowohl auf kanzerogenen als auch nicht kanzerogenen Wirkungen von Cadmiumverbindungen; eine Gentoxizität wird ebenfalls nicht ausgeschlossen. Eine Besonderheit ist die nephrotoxische (nierenschädigende) Wirkung dieses Metalls und die sehr hohe Halbwertszeit von 10 bis 30 Jahren im menschlichen Körper beziehungsweise in der Nierenrinde (JÄRUP et al., 1998). Aufgrund der wenig eindeutigen Studien und der Schwierigkeit, in epidemiologischen Untersuchungen die kanzerogene Wirkung von Cadmium gegenüber möglichen Wirkungen aufgrund der gleichzeitigen Arsenexposition abzugrenzen, sind WHO und CSTEE der Meinung, dass es nicht möglich sei, ein *unit risk* für dieses Metall festzulegen (WHO, 2000; CSTEE, 2001c). Von beiden wird deshalb ein Zielwert von 5 ng/m^3 (pro Jahr) für Europa vorgeschlagen, welcher von der EU-Kommission im Vorschlag für die vierte Tochterrichtlinie übernommen wurde. Demgegenüber hat die US EPA ein *unit risk* von 1,8 x 10^{-3} (µg/m^3)$^{-1}$ festgesetzt, was für den ermittelten Zielwert ein Lungenkrebsrisiko von 20 : 1 000 000 bedeuten würde. Die Empfehlung der CSTEE für den angesprochenen Zielwert beruht allein auf den nephrotoxischen Eigenschaften des Metalls, obwohl die kanzerogene Wirkung nicht bestritten wird. Gleichzeitig wird darauf hingewiesen, dass die für einen durchschnittlichen Europäer mittleren Alters ermittelte Konzentration in der Nierenrinde bereits knapp unterhalb des kritischen Bereichs liegt, ab dem Funktionsstörungen in der Niere auftreten können. Schon aus diesem Grunde sollte die Aufnahme von Cadmium durch den Menschen soweit möglich reduziert werden.

Quecksilber

559. Für Quecksilber wurde in dem vorliegenden Entwurf der EU-Kommission kein Ziel- oder Grenzwert festgesetzt. Dieses Metall hat einen Gewichtsanteil an der Erdrinde von etwa 0,00004 %. Freigesetzt wird Quecksilber in erster Linie in elementarer und gasförmiger Form und kann sich schnell ubiquitär ausbreiten (UNEP Chemicals, 2002). Ein Drittel des freigesetzten Quecksilbers in Europa stammt aus natürlichen Quellen wie Entgasung aus der Erdkruste und Verwitterung. Etwa zwei Drittel der anthropogenen Emissionen werden durch die Kohle- und Müllverbrennung freigesetzt. Einmal freigesetzt, ist dieses Metall sehr persistent in der Umwelt und kann über Deposition und Remobilisierung zwischen den verschiedenen Medien wie Luft, Wasser, Sediment und den Böden frei zirkulieren. Das deponierte Metall wird über mikrobielle Stoffwechselprozesse in erster Linie zu Methyl- und Dimethylquecksilber umgewandelt. Diese organische Form des Metalls ist besonders bioakkumulativ und wird bei der Aufnahme über die Nahrung im menschlichen Körper fast vollständig absorbiert (WHO, 2003). Die Quecksilberaufnahme durch den Menschen über die Luft (0,04 bis 0,2 µg/d) ist verschwindend gering im Vergleich zur Aufnahme über die Nahrung (circa 4,2 µg/d) und über Amalgamfüllungen (1,2 bis 27 µg/d). Die EU-Kommission verzichtet darauf, einen Luftqualitätsstandardwert für Quecksilber festzusetzen, da bisher der globale Stofftransport dieses Metalls nur sehr unzureichend aufgeklärt wurde. Dabei weist sie selbst darauf hin, dass elementares Quecksilber aus der Atmosphäre abgelagert wird und über den erwähnten mikrobiellen Stoffwechselpfad in terrestrische wie auch aquatische Organismen gelangt und dabei in hohen Konzentrationen gerade in Fischen, Krebsen und Muscheln akkumuliert. Der Verzehr großer Mengen dieser Meeresfrüchte stellt für den Menschen durchaus eine Belastung dar.

Die schädigende Wirkung der Methylquecksilberaufnahme wurde das erste Mal Anfang 1960 weltweit publik, nachdem größere Quecksilbermengen in der Bucht von Minamata in Japan über mehrere Jahre freigesetzt wurden und zahlreiche Bewohner infolge des Verzehrs kontaminierter Fische erkrankten (s. auch HARADA, 1995; UNEP Chemicals, 2002). Quecksilber ist gerade bei chronischer Exposition neuro- und nephrotoxisch; eine reproduktionstoxische und fruchtschädigende Wirkung wird ebenfalls nicht ausgeschlossen (WHO, 2003; UNEP Chemicals, 2002). Methylquecksilber hat akkumulative Eigenschaften und wird zudem von der IARC als wahrscheinlich kanzerogen eingestuft (IARC, 1997). Die WHO schlägt für Quecksilber einen Luftqualitätsstandardwert für Europa von 1 µg/m^3 im Jahresdurchschnitt vor (WHO, 2000). Angesichts der bioakkumulativen Eigenschaft des Metalls sollten Maßnahmen ergriffen werden, um die Freisetzung von Quecksilber in die Umwelt weiter zu reduzieren. Dafür ist es notwendig, jetzt schon einen Zielwert für die Quecksilberdeposition festzulegen, auch wenn viele Fragen über die globale Zirkulation des Metalls bisher ungeklärt sind.

Polyzyklische aromatische Kohlenwasserstoffe

560. Polyzyklische aromatische Kohlenwasserstoffe (PAK) sind organische Verbindungen mit mindestens zwei kondensierten aromatischen Ringen, von denen in der Natur mehrere 100 Verbindungen nachgewiesen wurden. Für die Emissionen von PAK sind vorrangig thermische Prozesse der Industrie (Aluminiumproduktion, Kokereien, Kohleverbrennung etc.), Landwirtschaft (Verbrennung organischen Materials) und Verkehr (Dieselmotoren) verantwortlich (EU-Kommission, 2003b). Aufgrund ihrer geringen Flüchtigkeit und Wasserlöslichkeit sind sie fast ausschließlich an Staub- (speziell Feinpartikel) oder Schlammpartikel gebunden. Da PAK immer in komplexen Substanzgemischen gebildet werden, wird meist das sehr gut untersuchte Benzo(a)pyren (BaP) als Leitsubstanz eingesetzt. BaP ist ein starkes Kanzerogen, allerdings verfügen andere PAK über eine höhere Kanzerogenität (GLATT, 1999). Die IARC der WHO stuft verschiedene Vertreter dieser Stoffgruppe als kanzerogen und genotoxisch ein (IARC, 1983). Die Exposition erfolgt in der Regel über die Lunge durch die Inhalation von PAK, gebunden an feinste Partikel.

561. Die BaP-Konzentrationen in der Luft liegen im ländlichen Raum zwischen 0,1 und 1 ng/m^3 und im urbanen Raum zwischen 0,5 und 3 ng/m^3. In unmittelbarer Nähe zu emittierenden industriellen Anlagen können sie bis auf 30 ng/m^3 ansteigen. Von der EU-Kommission wird ein Zielwert von 1 ng/m^3 für BaP als Leitsubstanz vorgeschlagen (EU-Kommission, 2003b). Unter den derzeit gegebenen Bedingungen bedeutet dies, dass teilweise erhebliche Anstrengungen notwendig sind, um diesen Zielwert zu erreichen. Die Umrechnung des *unit risk* der WHO für BaP entspräche einem Wert von 0,01 ng/m^3. Von der CSTEE wird die Festlegung von BaP als Leitsubstanz kritisch bewertet und es wird weitere Forschung gefordert, um zu klären, ob andere Vertreter dieser Stoffgruppe, die ein höheres toxikologisches Potenzial aufweisen, dafür nicht besser geeignet wären (CSTEE, 2001d).

Zusammenfassung und Bewertung

562. Im Vorschlag der EU-Kommission für eine vierte Tochterrichtlinie zur Luftreinhaltung werden folgende Zielwerte festgelegt:

– Arsen: 6 ng/m^3,

– Cadmium: 5 ng/m^3,

– Nickel: 20 ng/m^3,

– Quecksilber: kein Zielwert,

– PAK: 1 ng/m^3 für BaP als Leitsubstanz.

Für den Fall der Überschreitung der Zielwerte sieht der Entwurf vor, dass angemessene Maßnahmen zur Minderung der Immissionen getroffen werden sollten, ohne aber zu konkretisieren, was damit gemeint ist. Weiterhin sollen die Bevölkerung und die EU-Kommission über die Zielwertüberschreitung umfassend unterrichtet werden.

Die EU-Kommission erwartet vor allem durch die Umsetzung der IVU-Richtlinie (Tz. 538), die die Betreiber großer Industrieanlagen spätestens ab 2007 zur Anwendung der besten verfügbaren Techniken verpflichtet, wesentliche Emissionsreduktionen. Die Anwendung der besten verfügbaren Techniken garantiert allerdings noch nicht die Einhaltung der Zielwerte.

563. Da die EU-Kommission davon ausgeht, dass bei Einhaltung der Zielwerte adverse Gesundheitseffekte hinreichend minimiert sind, hält sie ein als „indikativ" bezeichnetes Hintergrundmonitoring zur Überwachung der Schadstoffbelastung für ausreichend. Nur dort, wo die Zielwerte nicht eingehalten werden, wird ein spezifiziertes Monitoring vorgeschrieben. Die Hintergrundmessungen dienen der Abschätzung von möglichen Einflüssen auf die menschliche Gesundheit und beinhalten neben Konzentrationsmessungen der Luft die Erfassung der Deposition von Arsen, Cadmium, Quecksilber und PAK. Inwieweit mögliche Überschreitungen der Zielwerte mit den regelmäßig durchzuführenden Messungen an einer scheinbar sehr begrenzten Anzahl von Messstationen frühzeitig erkannt werden können, bleibt nach dem Vorschlag zur vierten Tochterrichtlinie offen.

564. Der Umweltrat hat große Bedenken, ob der Vorschlag der EU-Kommission für eine vierte Tochterrichtlinie dem Schutz der Bevölkerung vor den genannten Luftschadstoffen genügt. Im Besonderen ist zweifelhaft, ob mit Zielwerten, bei deren Überschreitung keine harten Maßnahmen ergriffen werden müssen, die Einhaltung der Immissionswerte gewährleistet werden kann. Aus diesem und den anderen genannten Gründen wird der Bundesregierung empfohlen, auf der Grundlage der folgenden Punkte eine Verbesserung des Vorschlags der EU-Kommission für eine vierte Tochterrichtlinie anzustreben:

– Die Festlegung von Zielwerten, an die keine harten Maßnahmen für den Fall der Nichteinhaltung gebunden sind, ist unbefriedigend. Daher sollte sich die Bundesregierung dafür einsetzen, dass die von der EU-Kommission vorgeschlagenen Zielwerte in verbindliche Grenzwerte umgewandelt werden, bei deren Überschreitung rechtlich zwingend Minderungsmaßnahmen ergriffen werden müssen.

– Die Begründung für die Festlegung des Immissionswertes für Nickel erscheint nicht plausibel. Da von der IARC nicht nur Nickelsulfid, sondern weitere Verbindungen als kanzerogen eingestuft wurden, ist der vorgeschlagene Zielwert zu hoch und sollte auf wenigstens 10 ng/m^3 gesenkt werden.

– Für Cadmium und Quecksilber sollte ein gesonderter Grenzwert für die Deposition eingeführt werden, um in höherem Maße auf die eigentliche Problematik dieser beiden Schadstoffe einzugehen. Besonders die ermittelten Cadmiumkonzentrationen in der Nierenrinde für einen durchschnittlichen Europäer und die hohe Halbwertzeit im Organismus sind bedenklich und erfordern eine Reduzierung der Schadstoffaufnahme.

– In Bezug auf PAK sollte anhand weiterer wissenschaftlicher Studien geprüft werden, inwieweit Benzo(a)pyren als Leitsubstanz geeignet ist, oder besser durch einen Vertreter dieser Stoffgruppe mit einem höheren toxikologischen Potenzial ersetzt werden sollte.

– Es sollte überprüft werden, inwieweit das Hintergrundmonitoring ausreichend ist, um mögliche Überschreitungen der Immissionswerte frühzeitig zu erkennen.

6.2.3 Technische Anleitung zur Reinhaltung der Luft 2002

6.2.3.1 Überblick

565. Die Funktion der neuen am 1. Oktober 2002 in Kraft getretenen Technischen Anleitung zur Reinhaltung der Luft (TA Luft) besteht unter anderem darin, die europarechtlich vorgegebenen, in der 22. BImSchV nunmehr normierten Luftqualitätsziele gegenüber der Emittentengruppe der Anlagen durchzusetzen. Dafür konkretisiert die TA Luft die entsprechenden Anforderungen des BImSchG und enthält in Kontinuität mit der TA Luft 1986 folgende zentrale Regelungselemente:

– Grundsätze für das (gestufte) Genehmigungsverfahren,

– Konkretisierungen des Begriffs der schädlichen Umwelteinwirkungen für eine – erweiterte – Reihe von Luftschadstoffen durch Immissionsgrenzwerte,

– ein neues Beurteilungsverfahren zur Prognose der Auswirkung einer Anlage,

– Anforderungen an die Emissionsminderungen nach dem – medienübergreifend zu bestimmenden – Stand der Technik sowie

– Maßstäbe für nachträgliche Anordnungen gegenüber Betreibern bestehender Anlagen.

Das komplexe neue Regelwerk kann hier nicht detailliert gewürdigt werden. Es sollen stattdessen einige problematische Elemente und besondere Herausforderungen für den Vollzug herausgegriffen werden.

6.2.3.2 Integrative Betrachtungsweise

566. Der deutsche Gesetzgeber hat sich mit dem Artikelgesetz in durchaus vertretbarer Weise dafür entschieden, die Anforderungen der IVU-Richtlinie (Richtlinie 1996/61/EG über die integrierte Vermeidung und Verminderung der Umweltverschmutzung) an die integrativen, medienübergreifenden Voraussetzungen für eine Anlagengenehmigung der Konkretisierung im untergesetzlichen Regelwerk zu überantworten (KOCH und SIEBEL-HUFFMANN, 2001, S. 1084). Die teilweise vertretene Ansicht, eine adäquate integrative, medienübergreifende Betrachtungsweise könne letztlich nur durch eine singuläre Abwägung aller Umstände im einzelnen Genehmigungsfall erfolgen, ist unzutreffend. Dabei ist zunächst zu bedenken, dass im Bereich der Abwehr von Gefahren, erheblichen Nachteilen und Belästigungen ohnehin kein Raum für eine optimierend-abwägende Entscheidung der Genehmigungsbehörde entsteht. Vielmehr müssen die entsprechenden Immissionsgrenzwerte strikt eingehalten werden. Im Bereich der Vorsorge vor schädlichen Umwelteinwirkungen ist dagegen eine medienübergreifende, optimierende Betrachtungsweise geboten. Dabei geht es einerseits um die eher generalisierende Bewertung der technischen Möglichkeiten und andererseits um die rechtspolitische Entscheidung darüber, in welchen Bereichen (Luftreinhaltung, Gewässerschutz, Bodenschutz usw.) im Konfliktfall Vorsorgegesichtspunkten der Vorzug gegeben werden soll (HANSMANN, 2002; KOCH und SIEBEL-HUFFMANN, 2001, S. 1084; KOCH 1997, S. 50 f.). Beide Problembereiche, der technische und der rechtspolitische, sind grundsätzlich einer generalisierenden Standardsetzung zugänglich. Das schließt nicht aus, dass in atypischen Fällen auch ergänzende, einzelfallbezogene integrative Anforderungen an Anlagen zu stellen sind.

567. In Übereinstimmung mit diesem Umsetzungskonzept beansprucht die neue TA Luft, dass die vorsorgebezogenen Anforderungen unter Beachtung des integrativen Ansatzes festgelegt worden sind: „Die Vorschriften berücksichtigen mögliche Verlagerungen von nachteiligen Auswirkungen von einem Schutzgut auf ein anderes; sie sollen ein hohes Schutzniveau für die Umwelt insgesamt gewährleisten" (Nr. 5.1.1 Abs. 2 TA Luft). Ergänzend wird für mögliche Einzelfallbetrachtungen der integrative Ansatz in Nr. 5.1.3 TA Luft operationalisiert. Entscheidend für die Europarechtskonformität der deutschen Umsetzung ist die Frage, ob die einzelnen Emissionsgrenzwerte der TA Luft nachvollziehbar auf einer integrativen Betrachtungsweise beruhen. In der Begründung zur TA Luft werden einige anschauliche und einleuchtende Beispiele für eine Herleitung von Emissionsgrenzwerten auf der Grundlage medienübergreifender Betrachtung gegeben. Das ist hilfreich, aber nicht ausreichend.

Der Umweltrat hält an seiner Forderung fest, dass eine europarechtskonforme Umsetzung des integrativen Modells der Industrieanlagenzulassung eine durchgehend erkennbare integrative Betrachtung verlangt. In einer Begründung sollte zu den in der neuen TA Luft festgelegten technischen Standards und Grenzwerten darüber Auskunft gegeben werden, auf welchen Erwägungen diese Standards beruhen und warum diese Standards aus Perspektive der gebotenen Gesamtbetrachtung keine kontraproduktive Verlagerung von Umweltbelastungen bewirken können (SRU, 2002a, Tz. 315). Der Umweltrat begrüßt daher die Absicht des Umweltbundesamtes, eine entsprechende Dokumentation zu erstellen. Die transparente Darstellung der medienübergreifenden Rechtfertigung von Emissionsgrenzwerten wird den Dialog über den integrierten Umweltschutz fördern und könnte Innovationen für einen verbesserten Umweltschutz auslösen.

568. Eine solche Dokumentation ist aber auch notwendig, um einen Beitrag für den Informationsaustausch über die Besten Verfügbaren Techniken (BVT) auf europäischer Ebene zu leisten. Eine einheitliche Methode für die von der IVU-Richtlinie geforderte integrative Gesamtbetrachtung liegt nämlich der Erarbeitung der BVT-Merkblätter im so genannten Sevilla-Prozess nicht zugrunde. Die Merkblätter beschränken sich bislang auf eine Darstellung der BVT für die einzelnen Medien und geben in Bezug auf integrierte und medienübergreifende Aspekte keine neuen Impulse (DAVIDS, 2000). Insofern müssen – um den europarechtlichen Vorgaben gerecht zu werden – auch auf europäischer Ebene Anstrengungen hin zu einer integrativen Betrachtungsweise unternommen werden.

569. Vor diesem Hintergrund wird zurzeit im Rahmen des oben genannten Informationsaustausches ein BVT-Merkblatt zur Beurteilung medienübergreifender Konflikte bei Anlagengenehmigungen erarbeitet. Die dafür zuständige europäische Arbeitsgruppe hat inzwischen einen Entwurf des BVT-Merkblatts *Draft Reference Document on Economics and Cross-Media Effects* vorgelegt (EIPPCB, 2003a). In Form eines Leitfadens wird darin dargestellt, wie in vier Arbeitsschritten eine Entscheidung über medienübergreifende Konflikte ablaufen sollte (s. Abb. 6-7).

Nach diesem Leitfaden sind im ersten Arbeitsschritt zunächst die Handlungsoptionen zur Lösung eines medienübergreifenden Belastungskonfliktes zu identifizieren (welche Techniken sollen verglichen werden, welche Schadstoffe, welche Medien müssen betrachtet werden). Dann soll ein Inventar über alle Schadstoffemissionen, Energie- und Rohstoffverbräuche und die zu erwartenden Abfallmengen erstellt werden. Aus diesen Daten werden für sieben Effektkategorien (Humantoxizität, Erderwärmung, Aquatoxizität, Versauerung, Eutrophierung, Ozonabbau, Erzeugung von bodennahem Ozon) die jeweiligen Schadensausmaße bestimmt. Da die verschiedenartigen Effekte nicht direkt miteinander verglichen werden können, steht auch am Ende dieser Methode eine umweltpolitische Bewertung.

Der Leitfaden soll die Festlegung der Besten Verfügbaren Techniken unterstützen. Die Autoren des Entwurfs weisen allerdings darauf hin, dass die Durchführung der vier Arbeitsschritte zeit- und damit auch kostenaufwendig sei. Die Methode sollte daher nur angewandt werden, wenn keine klare Präferenz für eine oder mehrere Techniken angegeben werden kann. Sobald bei einem der vier Arbeitsschritte eine Technik deutlich vorzugswürdig erscheint, sollte auf die weiteren Arbeitsschritte verzichtet werden. In jedem Fall soll das Vorgehen begründet und nachvollziehbar dargestellt werden (EIPPCB, 2003a, S. 7).

570. Der Hinweis auf ein vereinfachtes Verfahren ist sachgerecht, da ein umfangreiches Prüfungsverfahren nicht dazu führen darf, dass Entscheidungen über anzuwendende Techniken verzögert werden, obwohl schon eine erste Betrachtung eine Beurteilung ermöglicht. Die vorliegenden BVT-Merkblätter zeigen zudem, dass die erforderlichen Daten (vgl. Abb. 6-7) nicht immer vorhanden sind.

Auch die Erfahrungen in Deutschland bestätigen, dass nicht in jedem Fall eine umfassende Gesamtbetrachtung notwendig ist (s. dazu auch DAVIDS, 2000). Dies hat im Wesentlichen zwei Gründe: (1) Vielfach haben problematische potenzielle Belastungsverlagerungen nur eine geringe Komplexität und betreffen beispielsweise nur die Frage, ob im Interesse der Luftreinhaltung größere Belastungen eines Gewässers wegen der Abgaswäsche hinzunehmen sind. (2) In der Praxis ist in den meisten Fällen eine Entscheidung nur zwischen wenigen Techniken möglich, sodass der Umfang der Betrachtung entsprechend eingegrenzt werden kann.

Abbildung 6-7

Leitfaden zur Entscheidung über medienübergreifende Konflikte

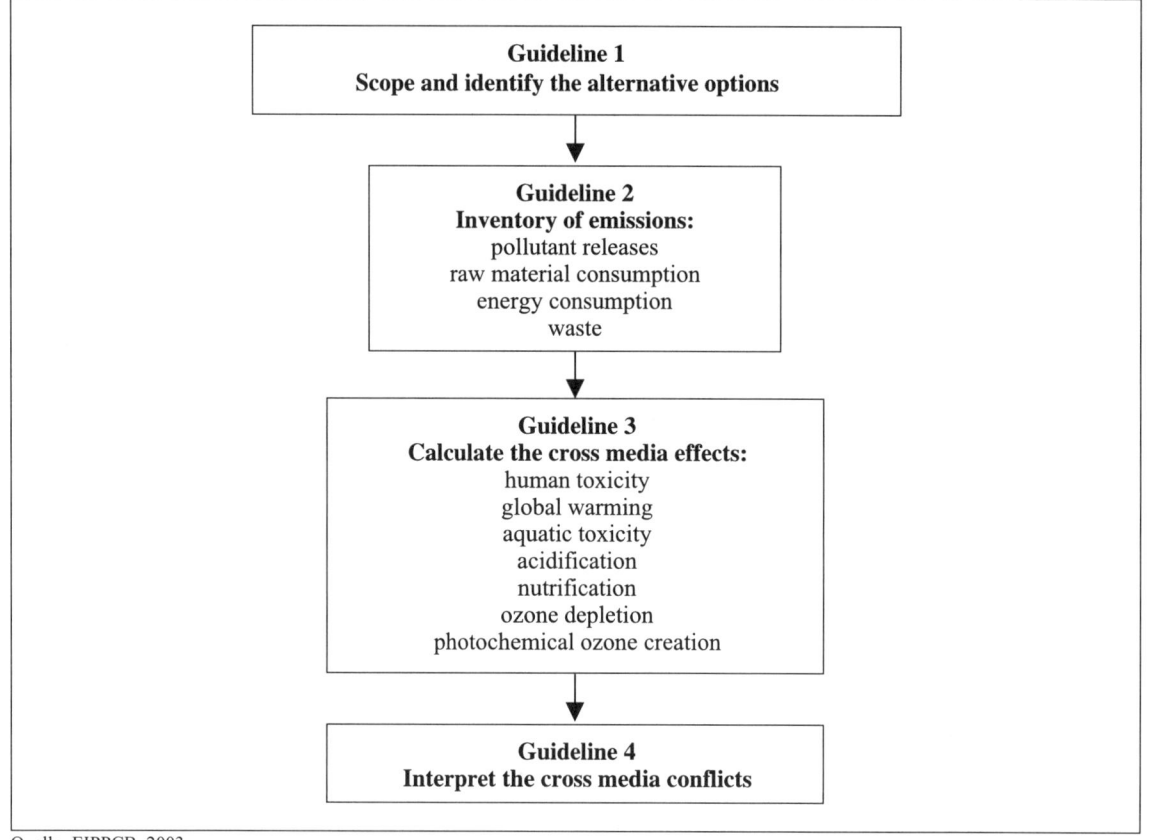

```
┌─────────────────────────────────────────────┐
│          Guideline 1                        │
│  Scope and identify the alternative options │
└─────────────────────────────────────────────┘
                    │
                    ▼
┌─────────────────────────────────────────────┐
│          Guideline 2                        │
│       Inventory of emissions:               │
│          pollutant releases                 │
│         raw material consumption            │
│           energy consumption                │
│                 waste                       │
└─────────────────────────────────────────────┘
                    │
                    ▼
┌─────────────────────────────────────────────┐
│          Guideline 3                        │
│     Calculate the cross media effects:      │
│              human toxicity                 │
│              global warming                 │
│              aquatic toxicity               │
│               acidification                 │
│                nutrification                │
│              ozone depletion                │
│         photochemical ozone creation        │
└─────────────────────────────────────────────┘
                    │
                    ▼
┌─────────────────────────────────────────────┐
│          Guideline 4                        │
│     Interpret the cross media conflicts     │
└─────────────────────────────────────────────┘
```

Quelle: EIPPCB, 2003a

6.2.3.3 Punktbetrachtung anstelle einer Flächenbetrachtung

571. Die TA Luft 2002 enthält – ebenfalls in Umsetzung der europarechtlichen Vorgaben – ein neues Verfahren zur Ermittlung der voraussichtlichen Immissionsbelastungslage nach Inbetriebnahme einer zur Genehmigung stehenden Anlage (so genannte Immissionskenngrößen; Nr. 4.6 TA Luft). Während die alte TA Luft 1986 eine flächenbezogene Beurteilung im potenziellen Einwirkungsbereich der Anlage für eine Fülle von Beurteilungsflächen mit einer Seitenlänge von 1 km vorschrieb, ist nunmehr eine Punktbetrachtung für in der Regel nur zwei Beurteilungspunkte – einen für die Langzeitbelastung und einen für kurzfristige Spitzenbelastungen – durchzuführen (Nr. 4.6.2.6 TA Luft). Die Beurteilungspunkte müssen sich innerhalb eines Kreises um den Emissionsschwerpunkt mit einem Radius der 50fachen Schornsteinhöhe befinden, wobei die Zusatzbelastung durch die beurteilte Anlage im Aufpunkt mehr als 3,0 vom Hundert der Langzeitkonzentration betragen muss (Nr. 4.6.2.5 TA Luft). Die Auswahl der Beurteilungspunkte in diesem Gebiet soll so erfolgen, dass eine Beurteilung der voraussichtlichen Gesamtbelastung (= Vorbelastung zuzüglich Zusatzbelastung der beurteilten Anlage) „an den Punkten mit der mutmaßlich höchsten Gesamtbelastung für dort nicht nur vorübergehend exponierte Schutzgüter ermöglicht wird" (Nr. 4.6.2.6 Abs. 1 Satz 1 TA Luft). Dafür sind einerseits durch Ausbreitungsrechnung die Punkte mit maximaler Zusatzbelastung zu ermitteln und andererseits die vorhandene Vorbelastung im Beurteilungsgebiet abzuschätzen. Im dritten Schritt sind dann die – in der Regel zwei – Beurteilungspunkte mit dem vermeintlich höchsten Belastungsrisiko auszuwählen.

572. Diese Vorgehensweise ist mit deutlichen Unsicherheiten behaftet (kritisch HANSMANN, 2003, S. 73 f.). Einen gewissen umweltpolitischen Vorteil hat diese Vorgehensweise nur bei einer inhomogenen Schadstoffverteilung mit ausgeprägten Belastungsschwerpunkten, die in der früheren flächenbezogenen Betrachtung unter Umständen „weggemittelt" worden wären. Allerdings ist gerade bei solcher inhomogener Schadstoffausbreitung die Auswahl der Beurteilungspunkte besonders schwierig, weshalb bei „sehr inhomogener Struktur der Vorbelastung" mehr als zwei Beurteilungspunkte erforderlich sein können (so Nr. 4.6.2.6 TA Luft). Zum „Ausgleich" der

Unsicherheiten bei der Festlegung der Beurteilungspunkte wird ausdrücklich auf die „Einschätzung der zuständigen Behörde" abgestellt (Nr. 4.6.2.6 Abs. 1 Satz 1 TA Luft). Das sichert zwar die Einflussnahme der Genehmigungsbehörde, macht aber das Verfahren auch für Betreiber und Drittbetroffene nicht transparenter.

573. Insgesamt erscheint der umweltpolitische Vorteil dieser europarechtlich vorgegebenen Ermittlung der Emissionskenngrößen gering, die damit verbundene Rechtsunsicherheit für alle Beteiligten jedoch erheblich. So ist es auch durchaus verständlich, dass im Normierungsverfahren von Seiten der Wirtschaft wegen einer (vermeintlich) drohenden Verschärfung durch Beurteilung der Belastungssituation an den Punkten „mutmaßlich höchster Belastung" Abschwächungen hinsichtlich der Anforderung an die Anlagen gefordert worden sind. Das Zugeständnis einer irrelevanten Zusatzbelastung in Höhe von 3,0 % des jeweils maßgeblichen Langzeitemissionswerts ist allerdings – wie alsbald dargelegt wird (Abschn. 6.2.3.6) – nicht gerechtfertigt, europarechtlich fragwürdig und auch mit dem BImSchG schwerlich vereinbar.

6.2.3.4 Verschärfung von Immissionswerten

574. Die Immissionswerte für Blei, Schwebstaub (PM_{10}), Schwefeldioxid und Stickstoffdioxid zum Schutz der menschlichen Gesundheit (Tab. 6-4) sind gegenüber der alten TA Luft erheblich verschärft worden und entsprechen den Maßstäben der 22. BImSchV (Abschn. 6.2.2). Erstmalig ist in die TA Luft ein Immissionswert für das krebserzeugende Benzol aufgenommen worden, der mit den Anforderungen der 22. BImSchV korrespondiert. Neu ist auch ein Immissionswert für Tetrachlorethen. Für diesen Stoff gibt es in der 22. BImSchV keine Vorgaben.

Die Werte für NO_2 und für Schwebstaub sind zum Schutz der menschlichen Gesundheit nicht ausreichend (vgl. Abschn. 6.2.2.2 und 6.2.2.3). Daher begrüßt der Umweltrat die für die zweite Stufe der Umsetzung der ersten Tochterrichtlinie geplante Reduzierung des PM_{10}-Immissionswertes auf 20 µg/m³ im Jahresmittel. In Bezug auf NO_2 empfiehlt der Umweltrat, dass für die Zukunft ebenfalls ein Immissionswert von 20 µg/m³ im Jahresmittel festgelegt werden soll.

Immissionswerte für polyzyklische aromatische Kohlenwasserstoffe (PAK), Arsen, Nickel und Quecksilber sind nicht festgelegt worden, vielmehr wird auf die kommende vierte Tochterrichtlinie verwiesen. Allerdings ist es derzeit noch unklar, ob in dieser Tochterrichtlinie Grenz- oder nur Zielwerte vorgegeben werden, für Quecksilber wird voraussichtlich gänzlich auf einen Immissionswert verzichtet (Abschn. 6.2.2.4). Bis zum Zeitpunkt der Verabschiedung der vierten Tochterrichtlinie wird in der neuen TA Luft nur für Cadmium (als Bestandteil des Schwebstaubes) ein Immissionswert von 0,02 µg/m³ (gemittelt über ein Jahr) vorgeschrieben. Dieser Wert beträgt zwar nur noch die Hälfte des Immissionswertes aus der alten TA Luft (0,04 µg/m³), liegt aber weit über dem von der EU-Kommission für die vierte Tochterrichtlinie vorgeschlagenen Zielwert für Cadmium von 5 ng/m³. Auch nach Verabschiedung der vierten Tochterrichtlinie sollten in der 22. BImSchV und in der TA Luft Immissionswerte mit verbindlichem Charakter und nicht nur Zielwerte normiert werden.

Tabelle 6-4

TA Luft 2002: Immissionswerte für Stoffe zum Schutz der menschlichen Gesundheit

Stoff/Stoffgruppe	Konzentration [µg/m³]	Mittelungszeitraum	Zulässige Überschreitungshäufigkeit im Jahr
Benzol	5	Jahr	–
Blei und seine anorganischen Verbindungen als Bestandteile des Schwebstaubes (PM_{10}) angegeben als Pb	0,5	Jahr	–
Schwebstaub (PM_{10})	40 50	Jahr 24 Stunden	– 35
Schwefeldioxid	50 125 350	Jahr 24 Stunden 1 Stunde	– 3 24
Stickstoffdioxid	40 200	Jahr 1 Stunde	– 18
Tetrachlorethen	10	Jahr	–

Quelle: TA Luft 2002, Nr. 4.2.1, Tabelle 1

575. Der Immissionswert für Staubniederschlag zum Schutz vor erheblichen Belästigungen oder Nachteilen beträgt unverändert 0,35 g/(m² x d) im Jahresmittel (Nr. 4.3.1 TA Luft). Neu aufgenommen worden sind – entsprechend den Vorgaben der 22. BImSchV – die Immissionswerte für Schwefeldioxid und Stickstoffoxide zum Schutz von Ökosystemen und der Vegetation (Nr. 4.4.1 TA Luft, Tab. 6-5). Diese Konzentrationswerte sind aber nur geeignet, Schäden an oberirdischen Pflanzen zu vermeiden, und reichen nicht aus, um Böden vor Versauerung und Eutrophierung zu schützen. Dazu fehlen in der TA Luft Immissionswerte für NO_x, NH_3 und SO_2, die eine maximal zulässige Deposition auf eine bestimmte Fläche festlegen (Tz. 791).

576. Solche Depositionswerte sind in der TA Luft immerhin für verschiedene Schwermetalle festgelegt worden (Nr. 4.5.1 (a) TA Luft: Immissionswerte zum Schutz vor schädlichen Umwelteinwirkungen durch die Deposition luftverunreinigender Stoffe, einschließlich dem Schutz vor schädlichen Bodenveränderungen; s. Tab. 6-6). Dabei sind die Werte für Blei, Cadmium und Thallium im Vergleich zur TA Luft 1986 deutlich verschärft worden, während für Arsen, Nickel und Quecksilber erstmalig Depositionswerte aufgenommen worden sind. In Nr. 4.5.1 (b) wird darüber hinaus festgelegt, dass keine Anhaltspunkte dafür bestehen dürfen, dass an einem Beurteilungspunkt die maßgebenden Prüf- und Maßnahmenwerte nach Anhang 2 der Bundes-Bodenschutz- und Altlastenverordnung vom 12. Juli 1999 (BGBl. I S. 1554) überschritten sind. Die Herleitung der Depositionswerte aus diesen Prüf- und Maßnahmenwerten ist schlüssig (vgl. Kapitel Bodenschutz, Tz. 792) und der Verweis auf die Bundes-Bodenschutz- und Altlastenverordnung ist zu begrüßen. Damit erscheinen die Vorgaben der Nr. 4.5.1 ausreichend, um einen Schutz vor schädlichen Bodenbelastungen durch die genannten Schadstoffe zu erreichen.

Tabelle 6-5

TA Luft 2002: Immissionswerte für Schwefeldioxid und Stickstoffoxide zum Schutz von Ökosystemen und der Vegetation

Stoff	Konzentration [µg/m³]	Mittelungszeitraum	Schutzgut
Schwefeldioxid	20	Jahr und Winter (1. Oktober bis 31. März)	Ökosysteme
Stickstoffoxide, angegeben als Stickstoffdioxid	30	Jahr	Vegetation

Quelle: TA Luft 2002, Nr. 4.4.1, Tabelle 3

Tabelle 6-6

Gegenüberstellung der Immissionswerte für Schadstoffdepositionen aus der TA Luft 2002 und der TA Luft 1986, Mittelungszeitraum ein Jahr

Stoff/Stoffgruppe	Deposition [µg/(m² x d)]	
	TA Luft 2002	TA Luft 1986
Arsen und seine anorganischen Verbindungen angegeben als Arsen	4	–
Blei und seine anorganischen Verbindungen angegeben als Blei	100	250
Cadmium und seine anorganischen Verbindungen angegeben als Cadmium	2	5
Nickel und seine anorganischen Verbindungen angegeben als Nickel	15	–
Quecksilber und seine anorganischen Verbindungen angegeben als Quecksilber	1	–
Thallium und seine anorganischen Verbindungen angegeben als Thallium	2	10

SRU/UG 2004/Tab. 6-6; Datenquellen: TA Luft 2002, Nr. 4.5.1 und TA Luft 1986, Nr. 2.5.2

577. Für alle Immissionswerte der neuen TA Luft gilt allerdings, dass nach Nr. 4.1 eine mögliche Überschreitung der Immissionswerte nicht überprüft werden muss, wenn:

– die Emissionsmassenströme der Anlage kleiner sind als die in Nr. 4.6.1.1 TA Luft festgelegten Bagatellmassenströme;

– eine geringe Vorbelastung vorliegt, das heißt wenn abgeschätzt werden kann, dass die Vorbelastung einen bestimmten Prozentanteil (je nach Jahresmittel-, Tages- oder Stundenwert 85 oder 95 %) der einzuhaltenden Immissionswerte nicht überschreitet;

– eine irrelevante Zusatzbelastung zu erwarten ist.

Eine irrelevante Zusatzbelastung liegt dann vor, wenn die Zusatzbelastung bei den Immissionswerten zum Schutz der menschlichen Gesundheit kleiner als 3 % des jeweiligen Immissionsjahreswertes ist (zur Bewertung dieser irrelevanten Zusatzbelastung s. Abschn. 6.2.3.6). Bei den Immissionswerten zum Schutz vor erheblichen Nachteilen oder erheblichen Belästigungen liegt eine irrelevante Zusatzbelastung dann vor, wenn die Zusatzbelastungen kleiner als 3 % (Immissionswerte für Staubniederschlag), 5 % (Immissionswerte für Schadstoffdepositionen) oder sogar 10 % (Immissionswerte zum Schutz vor erheblichen Nachteilen für Fluor, SO_2 und NO_x) des jeweiligen Immissionsjahreswertes sind. Darüber hinaus kann bei den Immissionswerten zum Schutz vor erheblichen Nachteilen oder Belästigungen (Tz. 575 ff.) im Wege einer Sonderfallprüfung nachgewiesen werden, dass wegen besonderer Umstände des Einzelfalls doch keine schädlichen Umwelteinwirkungen vorliegen (Nr. 4.8 TA Luft). Diese Sonderfallprüfung ist für die Immissionswerte zum Schutz der menschlichen Gesundheit (Tz. 574) nicht vorgesehen.

578. Eine weitere äußerst fragwürdige Vereinfachung gegenüber der alten TA Luft betrifft die Berechnung der Gesamtbelastung in Bezug auf Kurzzeitimmissionen (Tages- und Stundenwerte). Nach der neuen TA Luft müssen hierfür nicht mehr die Kurzzeitwerte der Zusatzbelastung herangezogen werden. Vielmehr genügt es, die (gemittelte) Zusatzbelastung für das Jahr zu den Vorbelastungswerten für die Stunde oder für den Tag zu addieren. Wenn diese Gesamtbelastung an den jeweiligen Beurteilungspunkten kleiner oder gleich dem Immissionskonzentrationswert für eine Stunde oder für einen Tag ist, gilt der Immissionsstundenwert oder Tageswert als eingehalten (Nr. 4.7.2b und 4.7.3b). Diese Berechnung der Gesamtbelastung ist aber völlig verfehlt, wenn man drohende Spitzenbelastungen beschreiben will. Die neue TA Luft verzichtet damit faktisch auf eine Bewertung der Kurzzeitimmissionen, die voraussichtlich durch die zu genehmigende Anlage hervorgerufen werden, und gibt in der Zukunft einer erheblichen Verschlechterung der Immissionssituation Raum. Zudem ist dieses Vorgehen aus praktischer Sicht vollkommen unnötig, da das Immissionsberechnungsprogramm AUSTAL 2000 (UBA 2002b) die entsprechenden Kurzzeitwerte berechnet (JANICKE, 2003).

6.2.3.5 Emissionswerte – Bezug auf den Reingasmassenstrom

579. Zur Vorsorge gegen schädliche Umwelteinwirkungen sind in Nr. 5 der TA Luft 2002 allgemeine und anlagenspezifische Anforderungen an die Begrenzung der Emissionen luftverunreinigender Stoffe festgelegt. Bei den allgemeinen Anforderungen werden innerhalb einer jeden Schadstoffklasse für jeden Stoff eine Begrenzung des Massenstroms (Schadstoffausstoß pro Stunde, in g/h) oder der Massenkonzentration (Konzentration des Schadstoffs im Abgas, in g/m^3) festgelegt. Der Betreiber einer Anlage kann also grundsätzlich entscheiden, ob er den Massenstrom oder die Massenkonzentration als Begrenzung in Anspruch nehmen möchte. Für kleine Anlagen, die ohnehin einen geringen Volumenstrom besitzen, ist es in der Regel weniger aufwendig, den Massenstrom einzuhalten (daher oft auch Bagatellmassenstrom genannt). Ab einer bestimmten Anlagengröße ist es dann günstiger, die Massenkonzentration als Begrenzung zu wählen. Die Emissionsmassenströme beziehen sich allerdings im Unterschied zur alten TA Luft nicht mehr auf das ungereinigte Rohgas, sondern – nach einem Urteil des Bundesverwaltungsgerichts vom 20. Dezember 1999 (Az.: 7 C 15/98; BverwGE 110, S. 216) – auf das gereinigte Abgas (Reingas). Während demnach die Emissionsmassenströme in der alten TA Luft die Grenze angaben, ab der das Abgas auf den Emissionswert zu reinigen war, ist in der neuen TA Luft nunmehr die Einhaltung der Massenströme als Alternative zur Einhaltung der Massenkonzentrationen zugelassen.

580. Den Unterschied zwischen Rohgas- und Reingasbezug zeigt das Beispiel einer kleinen Anlage mit einem Volumenstrom von 200 m^3/h und 8 000 Betriebsstunden jährlich, die etwas mehr als 100 g/h an organischen Stoffen der Klasse I emittiert. Nach der alten TA Luft galt für organische Stoffe der Klasse I ab einem Massenstrom von 100 g/h eine Emissionsbegrenzung von 20 mg/m^3. Der bei der TA Luft 1986 verwendete Bezug zum Rohgasmassenstrom führte dazu, dass alle Anlagenbetreiber, deren Anlage im Rohgas genau oder mehr als 100 g/h eines organischen Stoffes der Klasse I enthielt, ihr Abgas auf einen Gehalt von 20 mg/m^3 reinigen mussten. Dies führte bei der oben beschriebene Anlage zu einer jährlichen Emission an organischen Stoffen der Klasse I von 32 kg. Nach der neuen TA Luft gelten als Emissionsbegrenzungen für diese Schadstoffe entweder ein Massenstrom von 100 g/h oder eine Konzentration von 20 mg/m^3 im Reingas (Nr. 5.2.5, TA Luft). Die Einhaltung der Massenkonzentration würde bei der oben beschriebenen Anlage (analog zur Begrenzung nach der TA Luft 1986) zu einer jährlichen Emission an organischen Stoffen der Klasse I von 32 kg führen. Die Einhaltung eines Massenstromes von 100 g/h würde dagegen zu einer Emission von 800 kg/a führen.

581. Damit der Bezug auf das Reingas nicht automatisch zu einer Abschwächung der Emissionsstandards führt, sind die meisten Massenströme der neuen TA Luft im Vergleich zu den Werten der TA Luft 1986 abgesenkt, das heißt verschärft worden. Dort, wo die Massenstrombegrenzungen aber nicht abgesenkt wurden, sind – wie oben gezeigt – die Anforderungen für kleinere Anlagen schwächer als nach der alten TA Luft.

Begründet wird diese Erleichterung für kleinere Anlagen mit dem Rechtsprinzip der Verhältnismäßigkeit (BMU, 2002). Allerdings können auch Emissionen unterhalb des Bagatellmassenstroms durchaus von Relevanz sein, insbesondere wenn die emittierenden Anlagen in Gewerbe- oder Mischgebieten in der Nähe von Wohngebieten angesiedelt sind, wie dies bei kleinen Anlagen oft der Fall ist. Es wäre daher sinnvoll gewesen, auch bei Unterschreiten eines bestimmten Massenstroms einen Grenzwert für die emittierten Schadstoffe einzuführen. Dies ist beispielsweise bei den Staubemissionen so geschehen. Hier gilt für Massenströme oberhalb 0,2 kg/h ein Grenzwert von 20 mg/m³, für kleinere Massenströme gilt ein Grenzwert von 150 mg/m³ (Nr. 5.2.1 TA Luft).

582. Darüber hinaus ist es möglich, durch eine Teilgasreinigung des Rohgases unter die Massenstromgrenze sicherzustellen, dass weiter gehende Anforderungen hinsichtlich der Einhaltung der Massenkonzentration im Regelfall nicht gefordert werden können (LUDWIG, 2002, S. 11; HANSMANN, 2003). Wenn die Abgasreinigung eines Teilstroms aber nicht auf den gesamten Abgasstrom angewandt wird, so werden die Möglichkeiten, den Stand der Technik zur Emissionsminderung einzusetzen, nicht ausgeschöpft.

6.2.3.6 Bagatell- und Irrelevanzregelungen

583. Schon die alte TA Luft kannte insbesondere aus Gründen der Vereinfachung des Genehmigungsverfahrens einige Bagatell- und Irrelevanzregelungen. Besondere Bedeutung kam der Sanierungsklausel zu, der zufolge eine Genehmigung nicht versagt werden durfte, wenn die Immissionszusatzbelastung durch die neue Anlage 1 % des maßgeblichen Immissionsgrenzwertes nicht überschritt und sichergestellt war, dass binnen sechs Monaten durch Verbesserungsmaßnahmen an anderen Anlagen die Zusatzbelastung der Anlage überkompensiert wurde (s. KOCH et al., 2003, § 3 Rn. 165 ff.).

Nunmehr ist in Nr. 4.2.2 TA Luft vorgesehen, dass eine Überschreitung der Immissionsgrenzwerte irrelevant ist, wenn die Zusatzbelastung der Anlage 3 % des maßgeblichen Immissionsgrenzwertes nicht übersteigt und „durch Auflagen sichergestellt ist, dass weitere Maßnahmen zur Luftreinhaltung, insbesondere Maßnahmen, die über den Stand der Technik hinausgehen, durchgeführt" werden. Diese Neuregelung verbindet somit eine erhebliche Anhebung der Irrelevanz von Zusatzbelastungen mit dem Verzicht auf eine zeitlich fixierte vollständige Kompensation dieser Zusatzbelastungen durch Sanierungsmaßnahmen an der zur Genehmigung anstehenden Anlage oder an anderen Anlagen. Aus der Entstehungsgeschichte dieser Regelung ergibt sich, dass die Bundesregierung auf Drängen der Wirtschaft (vermeintliche) Verschärfungen der Immissionsgrenzwerte implizite durch die so genannte Punktbetrachtung bei der Immissionskenngrößenermittlung (Tz. 571) ausgleichen wollte (Bundesratsdrucksache 1058/01, S. 7).

584. Die Neuregelung ist in der Literatur bereits mit Recht als sachlich nicht überzeugend, europarechtlich fragwürdig und mit dem BImSchG kaum vereinbar kritisiert worden (HANSMANN, 2003, S. 71 ff.; JARASS, 2003, S. 41). Zunächst ist zu bedenken, dass nur bei besonders inhomogener Schadstoffverteilung die Immissionskenngrößenermittlung im Falle einer Punktbetrachtung signifikant höhere Ergebnisse zeitigen kann als bei der früheren Flächenbetrachtung (HANSMANN, 2003, S. 72). Weiter ist zu bedenken, dass das europäische Luftreinhalterecht, das auch durch die neue TA Luft umgesetzt werden soll, keine Irrelevanzklauseln kennt (JARASS, 2003, S. 41 Fn. 113). Schließlich ist der gesetzliche Rahmen des deutschen BImSchG zu beachten. Die Irrelevanzklausel beansprucht, eine vertretbare Interpretation der relevanten Mitursächlichkeit einer Anlage für das Auftreten von schädlichen Umwelteinwirkungen zu liefern. Dass eine Zusatzbelastung von 3,0 % des Immissionsgrenzwerts keine relevante Risikoerhöhung darstellen soll, erscheint toxikologisch fragwürdig. Hinzu kommt, dass auch eine Summierung solcher Zusatzbelastungen nunmehr zulässig sein soll, denn es wird keine zeitlich fixierte Sanierung mehr verlangt. Die Gesetzeskonformität erscheint daher nach allem höchst zweifelhaft.

585. Zur weiteren Aufklärung der naturwissenschaftlichen Aspekte hat der Umweltrat ein Kurzgutachten bei dem Ingenieurbüro Janicke in Auftrag gegeben. Anhand des Beispiels eines konventionellen Kraftwerks mit typischen Merkmalen (s. Kasten) ist unter anderem ermittelt worden, dass der Unterschied der Immissionskenngrößen zwischen punktweiser und flächenweiser Bewertung nur ungefähr 3 % beträgt. Die Verdreifachung der Irrelevanzschwelle von 1 auf 3 % des Immissionsgrenzwerts führt unter diesen Umständen im Beispiel des Kurzgutachtens zu folgenden Ergebnissen: (1) Bei SO_2 lässt die neue TA Luft einen um 18 % höheren Emissionsmassenstrom zu als die alte TA Luft. (2) Bei NO_2 lässt die neue TA Luft unter den betrachteten Standardemissionsbedingungen (90 % werden als NO emittiert) mehr als den dreifachen Emissionsmassenstrom NO_x zu als die alte TA Luft (Tab. 6-7).

Tabelle 6-7

Emissionsmassenströme, bei denen die Irrelevanzschwelle gerade erreicht wird:

	AUSTAL 1986: Emissionsmassenstrom in kg/h	**AUSTAL 2000:** Emissionsmassenstrom in kg/h
SO_2	2 016	2 379
NO_x (ausgewiesen als NO_2)	1 800	6 000
PM_{10} (< 5 µm)	2 160	2 160
	SRU/UG 2004/Tab. 6-7; Datenquelle: JANICKE, 2003	

586. Auch wenn diese Ergebnisse nur auf einem – allerdings typischen – Beispiel beruhen, so belegen sie doch, dass die im Normierungsverfahren diskutierte Rechtfertigung der großzügigen Irrelevanzregelung jedenfalls in dieser Höhe und Generalisierung keinen Bestand haben darf. Der Umweltrat empfiehlt der Bundesregierung auch aus europarechtlicher Perspektive dringend eine Korrektur der verfehlten Regelung.

Merkmale der Beispielrechnung

Konventionelles Kraftwerk, Kaminhöhe: 250 m, Kamindurchmesser: 10 m, Abgasvolumenstrom im Normzustand: 4 740 000 m³/h, Abgastemperatur: 50 Grad.

Als Wetterstatistik wurde Bocholt 1951-1960 verwendet mit einer Anemometerhöhe von 10 m. Das Gelände sollte eben sein, ohne Gebäudeeinfluss. Bei NO_x wurde angenommen, dass es bei der Emission zu 10 Vol. % als NO_2 und zu 90 Vol. % als NO vorliegt. Für den betrachteten Staub wurde angenommen, dass er im Korngrößenbereich von 5 bis 10 µm liegt, sodass er bei der alten und neuen TA Luft in die Korngrößenklasse 2 fällt. Für alle drei Stoffe wurde ein Emissionsmassenstrom von 100 g/s (360 kg/h) angesetzt, es wurde die maximale Konzentration in Bodennähe (Aufpunkthöhe 1,5 m) mit dem jeweiligen Ausbreitungsmodell berechnet und daraus der maximal zulässige Emissionsmassenstrom bestimmt. Dies war möglich, da Immissionskonzentration und Emissionsmassenstrom im Rahmen dieser Modelle einander streng proportional sind. Die Berechnung der Emissionsmassenströme nach alter TA Luft erfolgte mit dem Programm AUSTAL 1986 des Umweltbundesamtes, die Berechnung der Emissionsmassenströme nach neuer TA Luft mit dem Programm AUSTAL 2000 (Version 1.1.10) (UBA, 2002c).

Quelle: JANICKE, 2003

6.2.3.7 Regelungslücken

587. In der TA Luft 2002 finden sich bedauerlicherweise nur wenige, insgesamt sehr unvollständige Regelungen zum Schutz vor Geruchsbelästigungen. Hauptemittenten sind Anlagen der Chemischen Industrie, der Lebensmittel- und Agrarindustrie und biologische Abfallbehandlungsanlagen. Mit der Geruchsimmissionsrichtlinie des Länderausschusses für Immissionsschutz (LAI) lag ein praktikabler Entwurf für die Übernahme in die TA Luft bereit. Dieses ist jedoch am Widerstand der Chemischen Industrie und der Landwirtschaft gescheitert. In dieser Situation empfiehlt der Umweltrat den zuständigen Behörden, der Geruchsimmissionsrichtlinie des LAI die wesentlichen Anhaltspunkte für die Genehmigungsverfahren zu entnehmen.

6.2.4 Novelle der 17. Bundes-Immissionsschutzverordnung

588. Die am 20. August 2003 in Kraft getretene Verordnung zur Änderung der Verordnung über Verbrennungsanlagen für Abfälle und ähnliche brennbare Stoffe (17. BImSchV) und weiterer Verordnungen zur Durchführung des Bundes-Immissionsschutzgesetzes dient vorwiegend der Umsetzung der EG-Abfallverbrennungsrichtlinie 2000/76/EG, mit der auf Gemeinschaftsebene neue Anforderungen an den Betrieb reiner Müllverbrennungsanlagen sowie an Anlagen gestellt werden, in denen Abfälle neben regulären Brennstoffen zur Mitverbrennung eingesetzt werden. Bei den Anforderungen an Müllverbrennungsanlagen orientiert sich die EG-Abfallverbrennungsrichtlinie eng an der alten 17. BImSchV in der (zuletzt am 27. Juli 2001 geänderten) Fassung vom 23. November 1990. So normiert die Abfallverbrennungsrichtlinie dieselben Emissionsgrenzwerte wie die alte 17. BImSchV. Hinzu kommen einige Anforderungen an die Betriebsbedingungen, die Beschaffenheit der Schlacken, Aschen und Abwässer sowie an Messverfahren, die in der alten 17. BImSchV zwar nicht explizit normiert waren, die aber in Deutschland im Wesentlichen bereits zur Umsetzungspraxis gehörten oder aufgrund anderer Umweltvorschriften galten.

589. Neben Neuerungen beziehungsweise Verschärfungen bei den allgemeinen Anforderungen an Müllverbrennungsanlagen ist insbesondere die Neuregelung der Anforderungen an mitverbrennenden Anlagen von Interesse. Im Umweltgutachten 2002 hat der Umweltrat ausführlich dargelegt, dass der bisherige Unterschied in den Anforderungsniveaus für die Müllverbrennung einerseits und sonstige Industrieanlagen andererseits widersprüchlich ist (SRU, 2002a, Tz. 875 ff.). Die in der 17. BImSchV beziehungsweise der EG-Abfallverbrennungsrichtlinie fixierten Grenzwerte markieren für die dort geregelten Schadstoffe das vom Gesetzgeber für akzeptabel erachtete Umweltrisiko. Nichts spricht dafür, dass für den Bereich der sonstigen Industrieanlagen generell ein höheres Risiko zu akzeptieren ist. Der Umweltrat hält es daher grundsätzlich für geboten, mittel- bis langfristig die Grenzwerte der TA Luft, der 13. BImSchV ebenso wie die Anforderungen an die Mitverbrennung auf dem Niveau von § 5 der 17. BImSchV zu harmonisieren.

590. Im Bereich der Feuerungs- und sonstigen Anlagen steht die Mitverbrennung noch eher am Anfang ihrer Entwicklung. Es besteht daher ausreichend Zeit und Spielraum für die Betreiber der industriellen Feuerungsanlagen (einschließlich Großfeuerungsanlagen) sich darauf einzustellen, dass für einen verstärkten Abfalleinsatz – mit all seinen wirtschaftlichen Vorteilen – die annähernd gleichen emissionsseitigen Anforderungen zu beachten sind wie bei einer reinen Abfallverbrennung. Im Gegensatz dazu gehört die Zementindustrie schon seit langer Zeit zu den führenden mitverbrennenden Industrien in Deutschland beziehungsweise in ganz Europa. Der Energieeinsatz, der gegenwärtig in der Zementindustrie durch Brennstoffe aus Abfall sichergestellt wird, liegt zwar durchschnittlich „nur" bei einem Anteil von rund 25 %, doch mit weiter steigender Tendenz. Vereinzelte Betreiber von Zementöfen decken ihren Brennstoffbedarf aber schon zu bis zu 90 % durch entsprechende Brennstoffe.

591. Die zunächst durch den ersten Novellierungsentwurf des BMU vom 7. Juni 2002 vorgesehenen Anforderungen an die Mitverbrennung hat der Umweltrat in seiner Stellungnahme zur Novellierung der 17. BImSchV vom 8. August 2002 unter Berücksichtigung des Standes der Emissionsvermeidungstechnik und der Anpassungskosten grundsätzlich als einen vernünftigen Kompromiss eingestuft, wenngleich die Forderung nach einer weitest möglichen Angleichung der Anforderungen an die Abfallverbrennung nicht voll erfüllt wurde, sondern insbesondere im Bereich der Feuerungsanlagen und sonstigen Mitverbrennungsanlagen noch beachtliche Bereiche des Schadstoffspektrums der Mischungsregelung unterstellt worden sind (SRU, 2002b). Dessen ungeachtet begrüßte der Umweltrat unter anderem die Einführung von Halbstundenmittelwerten, die in der EG-Abfallverbrennungsrichtlinie nicht vorgesehen sind, und er hielt darüber hinaus auch die konkreten Grenzwertfestlegungen für angemessen. Die Grenzwerte tragen aus Sicht des Umweltrates den spezifischen Vermeidungsmöglichkeiten und technischen Grenzen der betroffenen Mitverbrennungsanlagen ausreichend Rechnung.

Seitens der betroffenen Anlagenbetreiber war wesentlicher Kritikpunkt an den Emissionsanforderungen des ersten Novellierungsentwurfes, dass zum Teil deutlich über die Vorgaben der EG-Abfallverbrennungsrichtlinie hinausgegangen wurde. Nicht unerwartet hatte besonders die Zementindustrie aufgrund des heute schon hohen Abfalleinsatzes in ihren Zementwerken ein verstärktes Interesse daran, die Anforderungen an die Mitverbrennung eben nicht über das von der EG-Abfallverbrennungsrichtlinie geforderte Maß hinaus anzuheben.

592. Die nun in Kraft getretene Novelle der 17. BImSchV präsentiert sich im Vergleich zum ersten Verordnungsentwurf des BMU als deutlich abgeschwächt. Zwar haben sich gegenüber dem ersten Novellierungsentwurf die Grenzwerte nur geringfügig oder gar nicht verändert, sodass der Umweltrat weiterführend auf seine ausführliche Grenzwertdiskussion in der Stellungnahme vom 8. August 2002 verweist (SRU, 2002b). Jedoch sind nach Ansicht des Umweltrates die weit reichenden Ausnahmeregelungen der novellierten 17. BImSchV insbesondere in Bezug auf die Anforderungen an die Mitverbrennung in der Zementindustrie, die teilweise die durch die Grenzwerte normierten Anforderungen vollständig aushebeln, in hohem Maße problematisch.

593. Gemäß der novellierten 17. BImSchV haben Zementwerke, die mehr als 60 % ihres Brennstoffbedarfs mit Abfällen decken, die strengen, für reine Müllverbrennungsanlagen geltenden Grenzwerte von § 5 der 17. BImSchV einzuhalten. Festzustellen ist, dass im Rahmen des Abstimmungsprozesses zur 17. BImSchV die Anteilsobergrenze von 50 auf 60 % angehoben wurde, sodass die Zementindustrie gegenüber anderen Feuerungsanlagen, für die novellierte 17. BImSchV eine maximale Anteilsobergrenze von 25 % vorsieht, einen noch größeren Vorteil genießt. Eine Überschreitung der Anteilsobergrenze von 60 % hat im Wesentlichen nur praktische Bedeutung für die NO_x- und die Staubbegrenzung, weil bei diesen Parametern die geplanten festen Grenzwerte der Verordnung (Anhang II.1) noch deutlich oberhalb der Werte von § 5 Abs. 1 liegen. Trotzdem sind die Grenzwerte für NO_x und Gesamtstaub des § 5 Abs. 1 der 17. BImSchV nach überschrittener Anteilsobergrenze von 60 % nur von sehr eingeschränkter Relevanz. Gemäß § 5a Abs. 4 der novellierten BImSchV soll die zuständige Behörde für Stickstoffmonoxid und Stickstoffdioxid sowie für Gesamtstaub anstelle der Anforderungen nach § 5 Abs. 1 auf Antrag des Betreibers einen anteilig berechneten Emissionsgrenzwert (Mischgrenzwert) festlegen können. Der Rechnung sind der jeweilige Emissionsgrenzwert nach § 5 Abs. 1 und der jeweilige Emissionsgrenzwert nach Anhang II Nr. II.1 zugrunde zu legen. Die Novelle geht in ihren Ausnahmeregelungen für NO_x sogar noch weiter. Gemäß Anhang II Nr. II.1.4 kann abweichend von der in § 5a Abs. 4 Satz 1 geregelten Festlegung eines Mischgrenzwertes für NO_x bis zum 30. Oktober 2007 von den zuständigen Behörden für Altanlagen – gemäß § 2 novellierte 17. BImSchV also praktisch alle in Betrieb befindlichen Anlagen – ein Tagesmittelwert für Stickstoffmonoxid und Stickstoffdioxid von 500 mg/m³ zugelassen werden. So gilt bis zum 30. Oktober 2007 für den Parameter NO_x faktisch ein Grenzwert von 500 mg/m³, auch bei einem Einsatz von abfallbürtigen Brennstoffen von bis zu 100 %. Erst ab November des Jahres 2007 wäre auf Antrag „nur" noch die Mischungsregel anwendbar. Der Umweltrat bedauert, dass der NO_x-Grenzwert von 200 mg/m³ gemäß § 5 Abs. 1 der 17. BImSchV durch die im Laufe des Abstimmungsverfahrens aufgenommenen Ausnahmemöglichkeiten der Novelle jegliche technische Innovationswirkung bei der NO_x-Reduzierung in der Zementindustrie verloren hat.

Fazit und Empfehlungen

594. Der Umweltrat weist erneut darauf hin, dass mit steigendem Einsatz von Ersatzbrennstoffen die luft- und abwasserseitigen Emissionen der zur Mitverbrennung genutzten Anlagen und die Qualität der Produkte und Rückstände zukünftig zunehmend durch die Schadstoffbelastung der eingesetzten Abfälle geprägt werden. Die rechtlichen Rahmenbedingungen für den Umgang mit den Problemen, die sich daraus ergeben, schätzt der Umweltrat insgesamt als noch unzureichend ein. Insbesondere hinsichtlich der emissionsseitigen Anforderungen bei der Mitverbrennung von Abfällen in Industrieanlagen forderte der Umweltrat wiederholt eine Angleichung an die für reine Abfallverbrennungsanlagen geltenden Standards. Eine anforderungsgleiche Umsetzung der EG-Abfallverbrennungsrichtlinie reichte insoweit nicht aus, da die Anforderungen, die die Richtlinie an die Mitverbrennung stellt, teilweise noch deutlich unterhalb der Vorgaben für reine Müllverbrennungsanlagen liegen. Im Sinne der Harmonisierungsforderung begrüßt der Umweltrat die Tendenz zur Angleichung der Anforderungen der 17. BImSchV für die Mitverbrennung und die reine Abfallverbrennung.

595. Die in der verabschiedeten Novelle der 17. BImSchV enthaltenen konkreten Grenzwertfestlegungen hält der Umweltrat für insgesamt angemessen. Durch die Aufnahme von weit gehenden Ausnahmeregelungen, insbesondere in den Regelungen für die Zementindustrie, bleibt jedoch die nun novellierte 17. BImSchV in den Anforderungen an die Mitverbrennung partiell weit hinter den Vorgaben für die reine Müllverbrennung zurück. Der Umweltrat empfiehlt daher, die vollständige Harmonisierung der Anforderungsniveaus von Industrieanlagen und Müllverbrennungsanlagen herbeizuführen. Die Rechtfertigung dafür ergibt sich auch aus der Absenkung der Anforderungen an die Abfallmitverbrennung in der jüngeren Rechtsprechung des Europäischen Gerichtshofs (Kap. 8.1).

6.2.5 Novellierung der 13. Bundes-Immissionsschutzverordnung

596. Großfeuerungsanlagen sind – trotz erheblicher Verbesserungen bei der Rauchgasreinigung – immer noch relevante und zum Teil sogar dominierende Quellen der Luftbelastung. Nach Berechnungen des Umweltbundesamtes betrugen die SO_2-Emissionen aus Großfeuerungsanlagen im Jahr 2000 52 % der jährlichen Gesamtemissionen Deutschlands, bei NO_x-Emissionen betrug der Anteil aus Großfeuerungsanlagen 17 % und bei Staub 10 %. Die SO_2- und NO_x-Emissionen sind zudem Vorläufersubstanzen für die Bildung von Sekundäraerosolen (Feinstäube) und verschärfen die Staubproblematik damit zusätzlich. Bezüglich der Schwermetallemissionen aus stationären Quellen geht das Umweltbundesamt davon aus, dass Großfeuerungsanlagen etwa zur Hälfte zu diesen Emissionen beitragen (LANGE und BECKERS, 2003).

597. Mit der Novellierung der Verordnung über Großfeuerungs- und Gasturbinenanlagen (13. BImSchV) sollen die Emissionsgrenzwerte für Großfeuerungsanlagen deutlich verschärft werden. Maßgeblichen Anstoß gaben vier Richtlinien der europäischen Gemeinschaft, nämlich die Großfeuerungsanlagen-Richtlinie (Richtlinie 2001/80/EG zur Begrenzung von Schadstoffemissionen von Großfeuerungsanlagen in die Luft), die IVU-Richtlinie (Abschn. 6.2.3.2) und das entsprechende BVT-Merkblatt zu Großfeuerungsanlagen, die erste Tochter-Richtlinie mit ihren Grenzwerten für Partikel und Stickstoffoxide (Abschn. 6.2.2) sowie schließlich die Richtlinie zu nationalen Emissionshöchstmengen für bestimmte Luftschadstoffe (NEC-Richtlinie, Abschn. 6.2.6). Vor diesem Hintergrund muss von einer novellierten 13. BImSchV – über die Umsetzung der Großfeuerungsanlagen-Richtlinie hinaus – verlangt werden, dass (s. auch BMU, 2003d):

– eine Konkretisierung der Emissionsgrenzwerte nach Artikel 9 Abs. 3 der IVU-Richtlinie unter Berücksichtigung des BVT-Merkblattes zu Großfeuerungsanlagen erfolgt;

– ein Beitrag dazu geleistet wird, dass die nach der NEC-Richtlinie für Schwefeldioxid und Stickstoffoxide geltenden nationalen Emissionshöchstmengen für Deutschland (Tz. 604) eingehalten werden können; und

– dazu beigetragen wird, dass die Grenzwerte zum Schutz der menschlichen Gesundheit nach der Luftqualitäts-Rahmenrichtlinie und der ersten Tochter-Richtlinie bei Partikeln (PM_{10}) und Stickstoffoxiden eingehalten werden können.

Darüber hinaus müssen in der Novelle zur 13. BImSchV die Anforderungen an die Mitverbrennung von Abfällen in Feuerungsanlagen berücksichtigt werden, die im Anhang II, Nr. II 2 der kürzlich in Kraft getretenen novellierten 17. BImSchV normiert sind (vgl. Abschn. 6.2.4).

598. Am 28. Mai 2003 wurde der Entwurf für eine Novelle der 13. BImSchV vom Bundeskabinett verabschiedet. Am 17. Oktober 2003 hat der Bundesrat diesem Entwurf nach Maßgabe verschiedener Änderungen zugestimmt (Bundesratsdrucksache 490/03). Zu den Änderungsvorschlägen des Bundesrates gehört unter anderem die Erhöhung der Staubgrenzwerte für Neuanlagen größer 100 MW von 10 mg/m³ auf 20 mg/m³. Des Weiteren sind die Emissionswerte für NO_x bei bestimmten Altanlagen erhöht worden, beziehungsweise Nachrüstungsfristen zur Einhaltung von NO_x-Grenzwerten sind über die allgemeinen Regeln hinaus deutlich verlängert worden. In allen Fällen argumentierte der Bundesrat, dass die deutsche Regelung nicht schärfer als die EU-Richtlinie zu Großfeuerungsanlagen sein sollte. Eine Antwort der Bundesregierung auf diesen Bundesratsbeschluss steht noch aus.

599. Der von der Bundesregierung vorgelegte Verordnungsentwurf zur 13. BImSchV (nachfolgend: Entwurf einer Novelle zur 13. BImSchV) legt für die einzelnen Schadstoffe unterschiedliche Grenzwerte je nach Leistungsbereich, Anlagenart und Art des Brennstoffes fest. Dabei sind überwiegend die Grenzwerte der europäischen Großfeuerungsanlagenrichtlinie übernommen worden, in vielen Fällen gehen die Anforderungen des Novellierungsentwurfs aber auch über die Anforderungen der Richtlinie hinaus. Gegenüber den Anforderungen der alten 13. BImSchV ergeben sich nach dem Entwurf einer Novelle zur 13. BImSchV Verschärfungen der Emissionswerte insbesondere für Neuanlagen mit einer Feuerungswärmeleistung > 100 MW beziehungsweise 300 MW (s. Tab. 6-8 zu Anlagen > 300 MW).

600. Der Vergleich mit den Vorschlägen zu den Besten Verfügbaren Techniken (BVT) für Großfeuerungsanlagen, wie sie im Rahmen der Arbeitsgruppe zur Erarbeitung des europäischen BVT-Merkblattes (BREF) derzeit diskutiert werden (EIPPCB, 2003b und persönliche Mitteilung des Leiters der Arbeitsgruppe vom 23. Januar 2004), zeigt jedoch, dass die Emissionsgrenzwerte des Entwurfs für eine novellierte 13. BImSchV in der Regel am anspruchsloseren Ende der Spannen liegen, die in der europäischen Arbeitsgruppe mehrheitlich als BVT vorgeschlagen werden. In einigen Fällen sind die Emissionsgrenzwerte sogar schwächer als die Empfehlungen der BREF-Arbeitsgruppe (s. Tab. 6-9 für das Beispiel der Steinkohlenstaubfeuerung). Dies gilt entsprechend auch für die Emissionsgrenzwerte der Großfeuerungsanlagenrichtlinie (vgl. z. B. die Staubgrenzwerte für Neuanlagen > 300 MW der Tab. 6-8 und 6-9).

Tabelle 6-8

Gegenüberstellung wichtiger Anforderungen für Neuanlagen > 300 MW aus der 13. BImSchV von 1983, aus dem Entwurf für eine Novelle der 13. BImSchV vom 28. Mai 2003 und aus der Großfeuerungsanlagenrichtlinie (2001/80/EG)

	Anlagen mit einer Feuerungswärmeleistung von > 300 MW								
	Kohle (S-Gehalt 1%)			Schweröl			Erdgas		
	13. BImSchV		RL 2001/80/EG	13. BImSchV		RL 2001/80/EG	13. BImSchV		RL 2001/80/EG
	1983	E-2003		1983	E-2003		1983	E-2003	
Staub (mg/m³)	50	10	30	50	10	30	5	5	5
SO_2 (mg/m³)	400	200	200	400	200	200	35	35	35
zusätzlich: SO_2-Abscheidegrad (%)	85	85	–	85	85	–	–	–	–
NO_x (mg/m³)	800* / 200**	200	200	450* / 150**	150	200	350* / 100**	100	100

* in Verbindung mit der Maßgabe, die Emissionen nach dem Stand der Technik weiter zu vermindern
** Empfehlung UMK, Beschluss vom 5. April 1984
Quelle: LANGE und BECKERS, 2003, verändert

Tabelle 6-9

Gegenüberstellung der Anforderungen an die Steinkohlenstaubfeuerungen des Entwurfes für eine Novelle der 13. BImSchV vom 28. Mai 2003 (E-13. BImSchV) und der Empfehlungen zu den Besten Verfügbaren Techniken bei Steinkohlenstaubfeuerungen des Entwurfes des BVT-Merkblattes zu Großfeuerungsanlagen (BREF)

Feuerungswärmeleistung		Steinkohlenstaubfeuerung					
		50-100 MW		100-300 MW		> 300 MW	
		Neuanlage	Bestehende Anlage	Neuanlage	Bestehende Anlage	Neuanlage	Bestehende Anlage
Staub (mg/m³)	E-13. BImSchV	20	20*	10	20	10	20
	BREF	5–20	5–30	5–20	5–25	5–10	5–20
SO_2 (mg/m³)	E-13. BImSchV	850	1 200	200**	1 200***	200**	300**
	BREF	200–400	200–400	100–200	100–250	20–150	20–200
NO_x (mg/m³)	E-13. BImSchV	400	400	200	400	200	200
	BREF	90–300	90–300	90–200	90–200	90–150	90–200
CO (mg/m³)	E-13. BImSchV	150	150	200	250	200	250
	BREF			< 30–200			

SRU/UG 2004/Tab. 6-9; Datenquellen: LANGE und BECKERS, 2003 und pers. Mitteilung des Leiters der BREF-Arbeitsgruppe zu Großfeuerungsanlagen, 23. Januar 2004

* Bis 31. Dezember 2012 sind 30 mg/m³ zulässig;
** und SO_2-Abscheidegrad 85 %;
*** und SO_2-Abscheidegrad 60 %.

Die Großfeuerungsanlagenrichtlinie setzt innerhalb der Europäischen Gemeinschaft Mindeststandards, über die ein Mitgliedstaat durchaus hinausgehen kann. Gemäß der IVU-Richtlinie wird darüber hinaus auch für Großfeuerungsanlagen die Anwendung der Besten Verfügbaren Techniken gefordert. Dabei sollen die Informationen zu den Besten Verfügbaren Techniken des BVT-Merkblatts zu Großfeuerungsanlagen berücksichtigt werden. Die Entscheidung, was bei einer Anlage BVT ist, kann nach der IVU-Richtlinie im Einzelfall entschieden werden. Entsprechend dieser Philosophie werden im BVT-Merkblatt Spannbreiten zu Emissionswerten angegeben, die mithilfe der BVT erreicht werden können. Die Anforderungen an die Anlagengenehmigung können in den Mitgliedstaaten aber auch über allgemein bindende Vorschriften festgelegt werden (Art. 9, Abs. 8, IVU-Richtlinie). Deutschland nutzt diese Möglichkeit, indem es in der Verordnung für Großfeuerungsanlagen allgemein bindende Grenzwerte festlegt. Da Grenzwerte Mindeststandards sind, die von allen betroffenen Anlagen eingehalten werden müssen, ist es verständlich, dass diese Grenzwerte sich nicht notwendigerweise an den anspruchsvolleren Enden der im BVT-Merkblatt angegebenen Spannbreiten orientieren. Allerdings kritisiert der Umweltrat die Festlegung von Grenzwerten im Novellierungsentwurf zur 13. BImSchV, die deutlich schwächer sind als die oben genannten Empfehlungen zu BVT (z. B. die SO_2-Grenzwerte für Steinkohlenstaubfeuerungen < 300 MW, vgl. Tab. 6-9). Auch wenn bei der Festlegung von Grenzwerten noch weitere Aspekte wie beispielsweise Sicherheitsabstände zu berücksichtigen sind, so ist kaum nachvollziehbar, dass derart stark abweichende Emissionsgrenzwerte noch den BVT entsprechen.

601. Im Verordnungsentwurf fehlen im Gegensatz zur alten 13. BImSchV und zum Anhang II, Nr. II.2 der novellierten 17. BImSchV Grenzwerte für HCl und HF und es fehlen – im Unterschied zur TA Luft – Begrenzungen für das Klimagas N_2O. Auf entsprechende Emissionsgrenzwerte wurde nach Anhörung der beteiligten Kreise verzichtet. Ein Argument dafür war unter anderem die damit verbundene Erleichterung hinsichtlich des Messaufwandes (BMU, 2003d). Der Umweltrat erachtet insbesondere den Verzicht auf die Grenzwertfestlegungen für HCl und HF als nicht angemessen, da auch im Entwurf des BVT-Merkblattes für Großfeuerungsanlagen die Minderung dieser Schadgase als Stand der Technik angesehen wird (EIPPCB, 2003b).

602. Die Grenzwerte des Entwurfs für eine novellierte 13. BImSchV relativieren sich angesichts der vielfältigen Ausnahmen, die für bestehende Anlagen vorgesehen sind (s. auch Tab. 6-9). Grundsätzlich soll für bestehende Anlagen in Anlehnung an die IVU-Richtlinie eine Nachrüstungsfrist bis November 2007 in Anspruch genommen werden können. Dieser Grundsatz soll aber durch eine Reihe von Ausnahmeregelungen eingeschränkt werden. So sollen Anlagen, die bereits infolge der 13. BImSchV aus dem Jahre 1983 nachzurüsten waren, die Anforderungen der neu gefassten Verordnung erst zum Ende des Jahres 2010 verpflichtend einhalten. Darüber hinaus werden die Emissionsgrenzwerte für Altanlagen in den §§ 3 bis 6 des Verordnungsentwurfes für bestimmte Schadstoffe, Anlagenarten und Leistungsbereiche deutlich abgeschwächt (ohne Nachrüstpflicht); so ist beispielsweise für festbrennstoffgefeuerte Altanlagen bis zu einer Feuerungswärmeleistung von 300 MW ein NO_x-Grenzwert von 400 mg/m³ vorgesehen. Diese speziellen Regelungen für Altanlagen sind größtenteils erst nach Anhörung der beteiligten Kreise im Januar 2003 in den Entwurf aufgenommen worden. Mit den Abschwächungen steht zu befürchten, dass Deutschland die Emissionshöchstmengen der NEC-Richtlinie in Bezug auf NO_x nicht einhalten wird (Abschn. 6.2.6), es sei denn, die Bundesregierung unternimmt erhebliche Anstrengungen zur NO_x-Minderung in anderen Sektoren (insbesondere im Verkehrsbereich).

Fazit und Empfehlung

603. Die Anforderungen des Entwurfs für eine Novelle der 13. BImSchV entsprechen zwar den Vorgaben der Großfeuerungsanlagenrichtlinie, bewegen sich aber weit gehend am anspruchslosen Ende der Spannen, die von der europäischen BREF-Arbeitsgruppe als BVT zur Emissionsminderung bei Großfeuerungsanlagen vorgeschlagen werden. In einigen Fällen sind die Emissionsgrenzwerte sogar deutlich schwächer als die Empfehlungen der Arbeitsgruppe. Für den Umweltrat sind die zum Teil sehr starken Abweichungen der Emissionsgrenzwerte des Entwurfs von den BVT zu Großfeuerungsanlagen kaum nachvollziehbar. Diese Abweichungen sind auch aus Gründen der Bestandserhaltung nicht zu rechtfertigen, da im deutschen Kraftwerkspark durch die Klimaschutzerfordernisse ohnehin ein Strukturwandel erfolgen muss (Abschn. 2.2.3).

Leider fehlen im Verordnungsentwurf Grenzwerte für HCl, HF und für das Klimagas N_2O. Der Vollzug der Verordnung – in der derzeitigen Fassung – würde dennoch zur Verminderung von Umweltbelastungen vor allem bei Staub (einschließlich Schwermetalle), Stickstoffoxiden und Schwefeloxiden beitragen. Aufgrund der abgeschwächten Anforderungen an bestehende Anlagen werden die Stickoxidminderungen jedoch vorwiegend erst dann erzielt werden, wenn die Altanlagen stillgelegt und durch moderne Anlagen ersetzt werden. Die vom Bundesrat vorgeschlagenen Änderungen des Verordnungsentwurfs (Tz. 598) würden im Vergleich zum ursprünglichen Novellierungsentwurf zu erhöhten Staub- und NO_x-Emissionen führen. Angesichts der gesundheitlichen Relevanz von Feinstaub und aufgrund der Tatsache, dass bereits mit dem Verordnungsentwurf vom 28. Mai 2003 das nationale Minderungsziel der NEC-Richtlinie für NO_x aller Wahrscheinlichkeit nach nicht erreicht werden kann, empfiehlt der Umweltrat dringend, die vom Bundesrat vorgeschlagenen Änderungen zur Abschwächung der Anforderungen an die Begrenzung von Staub- und NO_x-

Emissionen abzulehnen und vielmehr diese Anforderungen stärker an die BVT anzupassen.

6.2.6 Umsetzung der NEC-Richtlinie

604. Trotz der Reduktionen, die bei den Luftschadstoffen Schwefeldioxid (SO_2), Stickstoffoxid (NO_x), Ammoniak (NH_3) und NMVOC (flüchtige organische Verbindungen ohne Methan) erreicht wurden (Abb. 6-1), sind weiter gehende Emissionsminderungen notwendig, um die Ökosysteme in Deutschland wirksam vor der anhaltenden Versauerung, Eutrophierung und vor den Belastungen durch bodennahes Ozon zu schützen. Nach wie vor werden in vielen Gebieten Deutschlands die Depositions- und Konzentrationsschwellen für die schädigende Wirkung dieser Schadstoffe auf Ökosysteme (*critical loads* und *critical levels*) weit überschritten (Abschn. 6.1.1). Das komplexe Zusammenspiel der Schadstoffe, ihr weiträumiger Transport und der Umstand, dass die betrachteten Schadstoffe aus verschiedenen Sektoren emittiert werden (Industrie, Verkehr, Haushalte, Produkte, vgl. Abb. 6-2), machen eine internationale und sektorübergreifende Minderungsstrategie erforderlich.

Elemente einer solchen Strategie sind sowohl mit dem im Rahmen der Genfer Luftreinhaltekonvention verabschiedeten, aber noch nicht in Kraft getretenen UN ECE-Protokoll zur Verringerung der Versauerung, Eutrophierung und des bodennahen Ozons (das so genannte Multikomponentenprotokoll; UN ECE, 2004), als auch mit der am 23. Oktober 2001 in Kraft getretenen Richtlinie 2001/81/EG über nationale Emissionshöchstmengen für bestimmte Luftschadstoffe (die so genannte NEC-Richtlinie, Abl EG L 309/22 vom 27.11.2001) festgelegt worden. Ziel beider Regelwerke ist es, die Emissionen versauernder und eutrophierender Schadstoffe (SO_2, NO_x, NH_3) sowie der Ozonvorläufersubstanzen NO_x und NMVOC so weit zu reduzieren, dass langfristig die Schwellenwerte für die schädigenden Wirkungen nicht mehr überschritten werden. Dazu legen das Protokoll und die Richtlinie jeweils für die einzelnen Vertragstaaten der UN ECE-Luftreinhaltekonvention beziehungsweise für die einzelnen Mitgliedstaaten nationale Emissionshöchstmengen für SO_2, NO_x, NH_3 und NMVOC fest, die bis 2010 eingehalten werden müssen (zu den nationalen Emissionshöchstmengen der NEC-Richtlinie s. Tab. 6-10).

Tabelle 6-10

Nationale Höchstmengen der Emissionen von SO_2, NO_x, VOC und NH_3, die nach der NEC-Richtlinie bis 2010 erreicht werden müssen

Land	SO_2 in 10^3 Mg	NO_x in 10^3 Mg	VOC in 10^3 Mg	NH_3 in 10^3 Mg
Österreich	39	103	159	66
Belgien	99	176	139	74
Dänemark	55	127	85	69
Finnland	110	170	130	31
Frankreich	375	810	1 050	780
Deutschland	520	1 051	995	550
Griechenland	523	344	261	73
Irland	42	65	55	116
Italien	475	990	1 159	419
Luxemburg	4	11	9	7
Niederlande	50	260	185	128
Portugal	160	250	180	90
Spanien	746	847	662	353
Schweden	67	148	241	57
Vereinigtes Königreich	585	1 167	1 200	297
EG 15	3 850	6 519	6 510	3 110

Quelle: NEC-Richtlinie 2001/81/EG

Die Emissionshöchstmengen des Multikomponentenprotokolls sind zum Teil höher als die der NEC-Richtlinie. Das Protokoll hat dennoch große Bedeutung für eine über die Europäische Union hinausgehende Reduzierung der oben genannten Luftschadstoffe, weil in der UN ECE neben den USA und Kanada auch die osteuropäischen Staaten einschließlich Russland vertreten sind.

605. Die nationalen Emissionshöchstmengen wurden auf der Basis von Ausbreitungs- und Wirkungsmodellen sowie einer Kosten-Wirksamkeits-Analyse entwickelt (SCHÄRER, 2000). Nach den in Artikel 5 der NEC-Richtlinie formulierten Zwischenzielen sollen mit der Einhaltung der nationalen Emissionshöchstmengen bis 2010 die durch die Versauerung belasteten Ökosystemflächen halbiert werden und die Ozonbelastung der Bevölkerung um zwei Drittel beziehungsweise die der Pflanzen um ein Drittel reduziert werden. Ein entsprechendes, quantifiziertes Ziel zur Verminderung der Eutrophierung wird in Artikel 5 nicht genannt. Allerdings wurde für NH_3 mit der NEC-Richtlinie zum ersten Mal eine verbindliche Vorgabe zur Begrenzung der Emissionen festgelegt – auch wenn dieser Wert nicht ausreichen wird, um eine deutliche Reduktion der Eutrophierung zu erreichen (Tz. 608).

606. Bereits im Umweltgutachten 2000 hat der Umweltrat festgestellt, dass die Ziele der NEC-Richtlinie – die damals noch als Kommissionsvorschlag der EU vorlag – hinter den auf wissenschaftlicher Basis formulierten Forderungen zurückblieben. Die Einbeziehung ökonomischer und politischer Erwägungen garantiere aber, dass die Reduktionsverpflichtungen technisch und ökonomisch vertretbar seien (SRU, 2000, Tz. 793). Indessen sind im Laufe der Verhandlungen zur NEC-Richtlinie die zulässigen Emissionshöchstmengen für SO_2 und NH_3 weiter erhöht worden (für Deutschland: SO_2 von 463 000 Mg auf 520 000 Mg; NH_3 von 413 000 Mg auf 550 000 Mg; VOC von 924 000 Mg auf 995 000 Mg; NO_x ist gleich geblieben (EEB, 2001)).

607. Zur Umsetzung der Richtlinie hat die Bundesregierung den Entwurf einer Verordnung vorgelegt (BMU, 2003e), in der die in der NEC-Richtlinie genannten jährlichen Emissionshöchstmengen für SO_2, NO_x, NMVOC und NH_3 festgelegt sind. Zudem hat die Bundesregierung im Dezember 2002 über ihre nationalen Programme zur Einhaltung der für Deutschland geltenden Emissionshöchstmengen berichtet (UBA, 2002b). In diesem Bericht werden die für 2010 erwarteten Emissionen an SO_2, NO_x, NH_3 und NMVOC aufgelistet (Tab. 6-11), sowie die Deckungslücken und die geplanten Maßnahmen, um die Emissionshöchstmengen bis 2010 zu erreichen.

Die bis 2010 prognostizierten Emissionsminderungen für SO_2 und NO_x werden bei stationären Quellen im Wesentlichen mit Klimaschutzmaßnahmen sowie mit einer Verschärfung der emissionsbegrenzenden Anforderungen der TA Luft 2002 begründet. Beim Verkehr sollen die Verschärfung der Abgasgrenzwerte für Kraftfahrzeuge und die verbesserte Kraftstoffqualität Ursache für die Emissionsminderung sein. Die Emissionsminderung bei NMVOC wird durch die mit der 31. BImSchV erfolgte Umsetzung der EG-Lösemittelrichtlinie (1999/13/EG) erwartet. Allein für NH_3 fehlen Maßnahmen, die zu einer deutlichen Reduzierung der Emissionen führen könnten. Für diesen Schadstoff wird 2010 lediglich eine Emissionsminderung von 14 000 Mg erwartet.

Mit diesen prognostizierten Emissionsminderungen könnte in 2010 die Emissionshöchstmenge für SO_2 eingehalten werden, während sie für NH_3 um 35 000 Mg (6 %) verfehlt wird, für NMVOC liegt die Deckungslücke sogar bei circa 197 000 Mg (circa 20 %). Die Verfehlung der NO_x-Emissionshöchstmenge wird mit 75 000 Mg (circa 7 %) angegeben, allerdings wird darauf hingewiesen, dass aktuelle, noch nicht abschließend geprüfte Untersuchungen unerwartet hohe Emissionen bei Euro-II-LKW-Motoren gezeigt haben, sodass dann das NO_x-Ziel sogar um 150 000 Mg (14 %) verfehlt werden würde (UBA, 2002b).

Tabelle 6-11

Emissionen und Emissionshöchstmengen für Deutschland

in tausend Mg	SO_2	NO_x	NH_3	VOC
Emissionsschätzung für 2000	636	1 555	599	1 605
Emissionsprognose für 2010	513	1 126	585	1 192
Nationale Emissionshöchstmenge 2010 für Deutschland	520	1 051	550	995
Unterschied zwischen Emissionsprognose und nationaler Emissionshöchstmenge	– 7	+ 75	+ 35	+ 197

Quelle: UBA, 2002b, verändert

Zur Einhaltung der Emissionshöchstmengen von NO_x, NH_3 und NMVOC müssen nach Ansicht des BMU bis 2010 zusätzliche Maßnahmen insbesondere in den Bereichen des Kraftfahrzeugverkehrs, der Lösemittel in Produkten und der Landwirtschaft ergriffen werden. Zu Recht wird auf die Notwendigkeit eines gemeinsamen Vorgehens in der EU verwiesen – genannt werden die Verschärfung des NO_x-Grenzwertes der Grenzwertstufe EURO V für Nutzfahrzeugmotoren, Maßnahmen zur Senkung der NH_3-Emissionen auf EU-Ebene (z. B. Entkoppelung der Tierprämie von der Produktion und eine verstärkte Grünlandförderung, s. auch Abschn. 4.2.4) und die geplante Produktrichtlinie zur Beschränkung des Lösemittelgehaltes in Lacken und Farben (Vorschlag der EU-Kommission vom 23. Dezember 2002). Dabei darf aber nicht übersehen werden, dass auch die im Bericht der Bundesregierung erwähnten nationalen Minderungsmaßnahmen konsequent umgesetzt werden müssen. Nach Ansicht des Umweltrates ist dies bei der Novellierung der 13. BImSchV (Abschn. 6.2.5) in Bezug auf die NO_x-Minderung nicht ausreichend geschehen. Auch die im Bericht genannten Maßnahmen zur Senkung der Ammoniakemissionen aus der Landwirtschaft sind so vage formuliert, dass zum einen unklar ist, wie die Auswirkungen dieser Maßnahmen überhaupt quantifiziert werden konnten, zum anderen eine effektive Umsetzung der Maßnahmen schwierig erscheint. Die Bundesregierung sollte sich entscheiden, welche der Maßnahmen sie gezielt ergreifen will. Maßnahmen, die die Reduzierung des Tierbestandes zum Ziel haben, sind zwar effektiv aber wenig realistisch. Erfolgversprechender sind demgegenüber Maßnahmen zur Reduzierung der Ammoniakemissionen bei der Ausbringung von Wirtschaftsdünger (s. Kap. 4.2).

608. Allein die Emissionshöchstmengen einzuhalten, reicht nicht aus. Es muss überprüft werden, wie sich die erreichten Emissionsminderungen tatsächlich und vor allem regional auswirken. In der NEC-Richtlinie ist festgelegt worden, dass in 2004 und in 2008 überprüft werden soll, ob die Umweltzwischenziele (Tz. 605) erreicht werden können. Dies kann sinnvoll nur anhand aktualisierter Belastungsdaten für die Versauerung, die Eutrophierung und für bodennahes Ozon geschehen.

In einer Studie im Auftrag des Umweltbundesamtes, in der die Belastungssituation für Deutschland analysiert wurde, wird festgestellt, dass es in Bezug auf die Versauerung, die Eutrophierung und die Schädigung durch bodennahes Ozon auch nach Einhaltung der Emissionshöchstmengen der NEC-Richtlinie noch erhebliche Überschreitungen der Wirkungsschwellen geben wird. Damit reichen die Emissionshöchstmengen nicht aus, um die langfristigen Ziele der NEC-Richtlinie (Tz. 604) zu erreichen. Zur dringlichsten Aufgabe wird nach 2010 weiterhin die Verminderung der Eutrophierung zählen, da hier die Überschreitungen der Wirkungsschwellen am größten sind. In Zukunft werden sowohl die eutrophierenden als auch die versauernden Einträge hauptsächlich aus der landwirtschaftlichen Tierhaltung kommen (SCHÖPP et al., 2001; BMU, 2003c).

Fazit und Empfehlungen

609. Es bedarf noch weiterer Anstrengung, um die NO_x-, NMVOC- und NH_3-Emissionen auf die für 2010 festgelegten Ziele der NEC-Richtlinie zu mindern. Unabhängig von den in der EU geplanten oder von der EU vorgeschlagenen Maßnahmen zur Emissionsminderung in den Bereichen des Kraftfahrzeugverkehrs, der Lösemittel in Produkten und der Landwirtschaft muss auch die nationale Umsetzung von Emissionsminderungsmaßnahmen konsequenter die Reduzierung der NO_x-, NMVOC- und NH_3-Emissionen im Blick haben. Nach Ansicht des Umweltrates ist dies bei der Novellierung der 13. BImSchV in Bezug auf die NO_x-Minderung nicht ausreichend geschehen. Zur Minderung der NH_3-Emissionen sollte die Bundesregierung insbesondere Maßnahmen zur Reduzierung der Ammoniakemissionen bei der Ausbringung von Wirtschaftsdünger fördern.

Der Umweltrat empfiehlt, auch weiterhin durch ein Monitoring der Belastungssituation und mithilfe von Modellrechnungen zu überprüfen, ob die verabschiedeten Minderungsmaßnahmen ausreichen, um die langfristigen Ziele der NEC-Richtlinie zu erreichen. Bereits jetzt ist absehbar, dass es in Deutschland auch nach Einhaltung der Emissionshöchstmengen der NEC-Richtlinie noch erhebliche Überschreitungen der Wirkungsschwellen in Bezug auf die Versauerung, die Eutrophierung und die Schädigung durch bodennahes Ozon geben wird. In Deutschland wird nach 2010 die Verminderung der Eutrophierung zur dringlichsten Aufgabe zählen, da hier die Überschreitungen der Zielwerte voraussichtlich am größten sein werden. Die Ursachen für die eutrophierenden Einträge und zunehmend auch für die versauernden Einträge werden hauptsächlich aus der landwirtschaftlichen Tierhaltung kommen. Daher ist es notwendig, im Agrarsektor effektive Maßnahmen zur Minderung der NH_3-Emissionen zu ergreifen, und zwar insbesondere im Rahmen der gemeinsamen Agrarpolitik der EG (GAP).

Angesichts der Tatsache, dass Deutschland – neben den Niederlanden – aufgrund seiner zentralen Lage und seiner empfindlichen Ökosysteme am meisten von der europaweiten Einhaltung der NEC-Richtlinie profitiert und darüber hinaus Nettoemittent ist (also mehr Emissionen exportiert als importiert), sollte sich die Bundesregierung nach Auffassung des Umweltrates im Rahmen der von der NEC-Richtlinie geforderten Überprüfung der Ziele und innerhalb der Strategie der EU-Kommission *Clean Air for Europe* (CAFE) für eine weitere Verschärfung der Emissionshöchstmengen nach 2010 einsetzen.

6.3 Zusammenfassung und Empfehlungen

610. In den letzten zwei Jahrzehnten konnten die Emissionen der meisten klassischen Luftschadstoffe deutlich reduziert werden. Dies betrifft im Besonderen die Schwefeldioxidemissionen, die im Zeitraum von 1980 bis 2001 um circa 90 % zurückgegangen sind. Gründe hierfür sind vor allem der Ausbau der Abgasentschwefelung im Kraftwerksbereich und die Substitution emissionsreicher Brennstoffe. Im Gegensatz dazu nimmt der prozentuale Anteil der Schifffahrt an den SO_2-Emissionen aufgrund fehlender Regulierungen stetig zu und hat inzwischen bereits etwa 30 % in Europa erreicht. Mit der prognostizierten Zunahme des Schiffsverkehrs in den nächsten Jahren wird auch der Anteil dieses Emittenten an den SO_2-Emissionen weiter ansteigen. Wegen dieser Entwicklung sollten kurzfristig Minderungsmaßnahmen im Schiffsverkehr auf europäischer Ebene angestrebt werden.

611. Die Stickstoffoxidemissionen haben ebenfalls in den letzten 20 Jahren abgenommen. Der Rückgang der Emissionen um circa 50 % erfolgte aber nicht für alle Emittenten in gleichem Maße. So stieg der relative Anteil des Straßenverkehrs in diesem Zeitraum von 48 auf 63 % an. An Messstationen in innerstädtischen, verkehrsbelasteten Bereichen sind die Stickstoffdioxidkonzentrationen unverändert hoch. Die gesundheitlichen Risiken der NO_x-Immissionen wurden bisher eher unterschätzt. Neu ist die Klassifizierung von NO_x als genotoxisch sowie die Erkenntnis, dass ein Anstieg der NO_x-Belastung mit einem gehäuften Auftreten von atemwegsbezogenen Gesundheitsbeeinträchtigungen und der Zunahme von Infektanfälligkeit einhergeht. Die Wirkungen von NO sind im Vergleich zu NO_2 schwächer ausgeprägt. Bei NO_2 stehen die Zunahme der Gesamtsterblichkeit sowie eine höhere Häufigkeit von Asthma und Herz- und Kreislauferkrankungen im Vordergrund. Die Langzeit- und Kurzzeitstudien zur gesundheitlichen Bewertung von Stickstoffoxiden ergaben keine Hinweise dafür, dass eine Wirkungsschwelle existiert, unterhalb derer adverse Wirkungen auf die Gesundheit auszuschließen sind.

612. Staub (Feststoffpartikel) gehört ebenfalls zu den klassischen Luftschadstoffen. Die deutliche Abnahme der Gesamtstaubemissionen von 1990 bis 2001 um 87 % resultiert in erster Linie aus dem Rückgang der Emissionen aus Kraftwerken, sonstigen Industrien und dem Hausbrand. Wegen der besonderen Bedeutung der feinen und ultrafeinen Partikel (PM_{10}) für die nachteiligen Gesundheitseffekte rückte die Belastung durch Feinstäube seit den 1990er Jahren zunehmend ins wissenschaftliche und öffentliche Interesse. Die höchsten Immissionskonzentrationen von PM_{10} werden im innerstädtischen Bereich an stark befahrenen Straßen gemessen. Die Exposition gegenüber Feinstäuben wird derzeit übereinstimmend als wesentlichste Belastung für die menschliche Gesundheit durch Luftschadstoffe bewertet.

613. Die Entwicklung der bodennahen Ozonkonzentrationen zeigt eine Abnahme der Spitzenwerte bei einem leichten Anstieg der Jahresmittelwerte. Da die Auswirkungen auf die Umwelt und die Gesundheit nicht nur von den Spitzenwerten der Ozonkonzentrationen sondern auch von der Dauer der Exposition abhängen, ist diese Entwicklung keinesfalls befriedigend und es sind weitere Maßnahmen zur Konzentrationsminderung der Ozonvorläufersubstanzen (NO_x, NMVOC) erforderlich. Etwa 62 % der NMVOC-Emissionen werden derzeit beim Einsatz von Lösemitteln freigesetzt, etwa 20 % stammen aus dem Straßenverkehr.

614. Die NH_3-Emissionen, die zu etwa 95 % aus der Landwirtschaft stammen, sind bisher nur unwesentlich zurückgegangen, weil keine ausreichend wirksamen Minderungsmaßnahmen ergriffen wurden. Der langjährige und übermäßige Eintrag von Stickstoff (NO_x und NH_3) führt zur Eutrophierung und damit zu einer Veränderung und Verarmung der Biodiversität in Wäldern, Mooren, Heiden und anderen nährstoffarmen Ökosystemen. SO_2, NO_x und NH_3 führen zur Versauerung von Böden und Gewässern und schädigen dadurch Pflanzen und ganze Ökosysteme. Die Wirkungsschwellen für eutrophierende und versauernde Depositionen (*critical loads*) von NH_3, SO_2 und NO_x werden nach wie vor in vielen Gebieten Deutschlands weit überschritten. Zudem tragen die NO_x-Emissionen, in Verbindung mit leicht flüchtigen organischen Verbindungen ohne Methan (*Non-Methan Volatile Organic Compounds*, NMVOC), zur erhöhten Belastung durch bodennahes Ozon bei. Fast die gesamte Fläche Deutschlands zeigt Überschreitungen der kritischen Konzentrationen (*critical levels*) von Ozon.

615. Die oben beschriebene Belastung der Ökosysteme durch SO_2-, NO_x-, NMVOC- und NH_3- Emissionen und die Belastung des Menschen mit Feinstäuben, Stickoxiden und Ozon zeigen, dass weitere Maßnahmen zur Minderung von Luftschadstoffen notwendig sind. Dazu sollten die bisher geltenden Grenzwerte – insbesondere zum Schutz des Menschen – weiter gesenkt werden (Tz. 547, 564). In die notwendige Minderungsstrategie müssen neben den Emissionen aus industriellen Anlagen nun sehr viel mehr als bisher auch die Emissionen aus dem Verkehr sowie aus der Landwirtschaft mit einbezogen werden.

Weitere Verbesserungen der Luftqualität können in Deutschland mit der Umsetzung verschiedener europäischer Richtlinien erzielt werden. Insgesamt wird das deutsche Luftreinhalterecht in den letzten Jahren zunehmend von diesen Umsetzungen bestimmt. Die Luftqualitätsrahmenrichtlinie, nebst dreier Tochterrichtlinien, wurde mit der 7. Novelle zum BImSchG und der grundlegenden Novellierung der 22. BImSchV umgesetzt; in der TA Luft 2002 mussten unter anderem Vorgaben der IVU-Richtlinie berücksichtigt werden, außerdem steht die Umsetzung der NEC-Richtlinie aus. Die Novellierung der Abfallverbrennungsrichtlinie der Gemeinschaft musste mit einer Novellierung der 17. BImSchV umgesetzt werden. Auch der Entwurf einer Novelle der 13. BImSchV ist den Vorgaben der novellierten Großfeuerungsanlagen-Richtlinie angepasst worden. Im Juli 2003 wurde von der EU-Kommission ein Vorschlag für eine vierte Tochterrichtlinie zur Luftqualitätsrahmenrichtlinie vorgelegt, die eine weitere Novellierung der neuen 22. BImSchV erforderlich machen wird.

22. BImSchV

616. In der 22. BImSchV vom 11. September 2002 werden sowohl Elemente der Luftqualitätsrahmenrichtlinie als auch ihrer drei Tochterrichtlinien umgesetzt. Dies beinhaltet die Festlegung von strengeren Immissionsgrenzwerten für SO_2, NO_2, NO_x, PM_{10}, Blei, Benzol und CO, Alarmschwellen für SO_2 und NO_x sowie konkretere Anforderungen an die Luftreinhalteplanungen und bestimmte Informationspflichten gegenüber der Öffentlichkeit.

617. Die zulässigen Stickstoffoxidimmissionen werden nach Maßgabe der Vorgaben der ersten Tochterrichtlinie der Luftqualitätsrahmenrichtlinie geregelt. Dort festgelegt sind ein Kurzzeitgrenzwert (Stundenmittel) und ein Langzeitgrenzwert (Jahresmittel) von 200 beziehungsweise 40 µg/m³ für NO_2 zum Schutz der Gesundheit wie auch ein Langzeitgrenzwert für NO_x zum Schutz der Vegetation von 30 µg/m³. Aufgrund der beschriebenen Hot-Spot-Problematik ist derzeit nicht davon auszugehen, dass der Langzeitgrenzwert zum Schutz der Gesundheit im Jahr 2010 an allen Messstationen eingehalten wird. Speziell an den straßennahen Messpunkten wird es in den Ballungszentren weiterhin zu Überschreitungen des Grenzwertes kommen. Aus diesem Grunde sind gerade in diesen Gebieten, neben einem engmaschigen Netz von Messstationen für ein qualifiziertes Monitoring, Maßnahmen zur weiteren Reduzierung der Schadstoffbelastung der Bevölkerung dringend erforderlich.

618. In der 22. BImSchV sind für Feinstäube ein Jahresgrenzwert für PM_{10} von 40 µg/m³ und ein Tagesgrenzwert von 50 µg/m³, der nicht öfter als 35-mal überschritten werden darf, festgesetzt, die ab dem Jahr 2005 eingehalten werden müssen. In einer zweiten Stufe ab 2010 sind die zulässigen Überschreitungen des Tagesgrenzwertes auf sieben Mal pro Jahr und der Jahresgrenzwert auf 20 µg/m³ abgesenkt. Aufgrund der bisher vorliegenden Erkenntnisse ist an den verkehrsreichen Messstationen in den Ballungszentren im Jahr 2005 nicht mit einer Einhaltung der Tages- und Jahresgrenzwerte zu rechnen. Die Einhaltung der zweiten Stufe im Jahr 2010 ist angesichts der derzeitigen Entwicklung noch weniger wahrscheinlich. Zur Verminderung nachteiliger Gesundheitseffekte sollte auf jeden Fall an den sehr ehrgeizigen Zielen, festgelegt in den Grenzwerten der zweiten Stufe der 22. BImSchV, festgehalten werden und Maßnahmen ergriffen werden, um die Feinstaubbelastung gerade in den problematischen Gebieten weiter abzusenken.

Die Immissionen von Schwermetallen (Nickel, Cadmium, Quecksilber), Arsen und polyzyklischen aromatischen Kohlenwasserstoffen (PAK) werden in Zukunft über die vierte Tochterrichtlinie zur Luftreinhaltung reguliert. Innerhalb des gerade vorgelegten Vorschlages der EU-Kommission zur vierten Tochterrichtlinie wurden folgende Zielwerte zum Schutz der Gesundheit des Menschen festgelegt: Arsen: 6 ng/m³, Cadmium: 5 ng/m³, Nickel: 20 ng/m³ und PAK: 1 ng/m³ für BaP (Benzo(a)pyren) als Leitsubstanz. Für den Fall der Zielwertüberschreitung sind jedoch nicht rechtlich zwingend Minderungsmaßnahmen gefordert.

Erst ab dem Jahr 2007 sind laut IVU-Richtlinie alle großen Industrieanlagen verpflichtet, die so genannte „beste verfügbare Technik" einzusetzen. Auch dies garantiert jedoch nicht die Einhaltung der Grenzwerte. Der Umweltrat hat große Bedenken, ob der Vorschlag der EU-Kommission für eine vierte Tochterrichtlinie für den gesundheitlichen Schutz der Bevölkerung damit als ausreichend einzustufen ist. Da außerdem der Hauptanteil der Schadstoffzufuhr mit der Nahrungsaufnahme erfolgt, sind gesonderte Depositionsgrenzwerte zum Schutz der menschlichen Gesundheit insbesondere für die Schwermetalle dringend geboten.

TA Luft

619. Mit der TA Luft 2002, die am 1. Oktober 2002 in Kraft getreten ist, mussten unter anderem die Anforderungen der IVU-Richtlinie an die integrativen, medienübergreifenden Voraussetzungen für eine Anlagengenehmigung auf untergesetzlicher Ebene umgesetzt, die Immissionsgrenzwerte den Luftqualitätswerten der Tochterrichtlinien und das Ermittlungs- und Beurteilungsverfahren der Luftqualitätsrahmenrichtlinie angepasst werden. Schließlich waren auch die anlagenbezogenen Emissionsgrenzwerte der technischen Entwicklung entsprechend fortzuschreiben.

620. Die europarechtskonforme Umsetzung des integrativen Modells der Industrieanlagenzulassung verlangt nach Auffassung des Umweltrates in der TA Luft eine durchgehend erkennbare integrative Betrachtung. Daher sollte in einer Begründung zu den in der neuen TA Luft festgelegten technischen Standards und Grenzwerten darüber Auskunft gegeben werden, auf welchen Erwägungen diese Standards beruhen und warum diese Standards aus der Perspektive der gebotenen Gesamtbetrachtung keine kontraproduktive Verlagerung von Umweltbelastungen bewirken können. Die transparente Darstellung der medienübergreifenden Rechtfertigung von Emissionsgrenzwerten wird den Dialog über den integrierten Umweltschutz fördern und Innovationen für einen verbesserten Umweltschutz auslösen.

621. Hinsichtlich der Umsetzung der Immissionsgrenzwerte zeigt die neue TA Luft folgende Schwächen: Die Vielzahl der im Immissionsteil genannten Ausnahmeregelungen lässt befürchten, dass es nur in seltenen Fällen zu einer Überprüfung der Zusatzbelastung durch eine zu genehmigende Anlage kommen wird. Ohnehin lässt sich zeigen, dass die von 1 auf 3 % erhöhte Irrelevanzschwelle zu einer Verschlechterung der Immissionssituation führen kann. Die im Normierungsverfahren diskutierte Rechtfertigung der großzügigen Irrelevanz-Regelung darf jedenfalls in dieser Höhe und Generalisierung keinen Bestand haben. Der Umweltrat empfiehlt der Bundesregierung auch aus europarechtlicher Perspektive dringend eine Korrektur der verfehlten Regelung.

622. In der neuen TA Luft ist die Einhaltung der Massenströme als Alternative zur Einhaltung der Massenkonzentrationen zugelassen. Der Betreiber kann also grundsätzlich entscheiden, ob er den Massenstrom oder die Massenkonzentration als Begrenzung in Anspruch nehmen möchte. Im Ergebnis bedeutet es fast immer, dass für kleine Anlagen der Massenstrom gilt und für größere die Massenkonzentration. Die Emissionsmassenströme der neuen TA Luft beziehen sich jedoch im Unterschied zur alten TA Luft nicht mehr auf das Rohgas, sondern nach einem Urteil des Bundesverwaltungsgerichts auf das Reingas. Dies hat dort, wo die Massenstrombegrenzungen in der neuen TA Luft gegenüber der alten TA Luft nicht abgesenkt wurden, zu schwächeren Anforderungen für kleinere Anlagen geführt. Da auch die Emissionen kleiner Anlagen, die häufig in Gewerbe- oder Mischgebieten in der Nähe von Wohngebieten angesiedelt sind, von Relevanz sein können, wäre es sinnvoll gewesen, auch bei Unterschreiten eines bestimmten Massenstroms einen Konzentrationsgrenzwert für die emittierten Schadstoffe einzuführen. Problematisch ist auch, dass durch eine Teilgasreinigung des Rohgases unter die Massenstromgrenze ein Anlagenbetreiber weiter gehende Anforderungen hinsichtlich der Einhaltung der Massenkonzentration umgehen kann. Der Umweltrat ist der Auffassung, dass in den Fällen, in denen bereits ein Teilstrom gereinigt wird, auch der gesamte Abgasstrom gereinigt werden sollte, damit die Möglichkeiten, den Stand der Technik zur Emissionsminderung einzusetzen, ausgeschöpft werden.

17. Bundes-Immissionschutzverordnung

623. Die am 20. August 2003 in Kraft getretene novellierte Verordnung über Verbrennungsanlagen für Abfälle und ähnliche brennbare Stoffe (17. BImSchV) dient vorwiegend der Umsetzung der EG-Abfallverbrennungsrichtlinie 2000/76/EG, mit der auf Gemeinschaftsebene neue Anforderungen an den Betrieb reiner Müllverbrennungsanlagen sowie an Anlagen gestellt werden, in denen Abfälle neben regulären Brennstoffen zur Mitverbrennung eingesetzt werden. Dass durch die novellierte 17. BImSchV nun auch die Abfallmitverbrennung umfassend geregelt wird, ist insofern zu begrüßen, als mit steigendem Einsatz von Ersatzbrennstoffen die luft- und abwasserseitigen Emissionen der zur Mitverbrennung genutzten Anlagen zukünftig zunehmend durch die Schadstoffbelastung der eingesetzten Abfälle geprägt werden. Hinsichtlich der emissionsseitigen Anforderungen bei der Mitverbrennung von Abfällen in Industrieanlagen einschließlich der Großfeuerungsanlagen forderte der Umweltrat wiederholt eine Angleichung an die für reine Abfallverbrennungsanlagen geltenden Standards. Eine anforderungsgleiche Umsetzung der EG-Abfallverbrennungsrichtlinie reichte insoweit nicht aus, da die Anforderungen, die die Richtlinie an die Mitverbrennung stellt, teilweise noch deutlich unterhalb der Vorgaben für reine Müllverbrennungsanlagen liegen. Im Sinne der Harmonisierungsforderung begrüßt der Umweltrat die Tendenz zur Angleichung der Anforderungen der 17. BImSchV für die Mitverbrennung und die reine Abfallverbrennung. So hält der Umweltrat die in der verabschiedeten Novelle der 17. BImSchV enthaltenen konkreten Grenzwertfestlegungen für insgesamt angemessen. Durch die Aufnahme von weit gehenden Ausnahmeregelungen, insbesondere bei den Regelungen für die Zementindustrie, bleibt jedoch die nun novellierte 17. BImSchV in den Anforderungen an die Mitverbrennung partiell weit hinter den Vorgaben für die reine Müllverbrennung zurück. Der Umweltrat empfiehlt daher, die vollständige Harmonisierung der Anforderungsniveaus von Industrieanlagen und Müllverbrennungsanlagen herbeizuführen. Die Rechtfertigung dafür ergibt sich auch aus der Absenkung der Anforderungen an die Abfallmitverbrennung in der jüngeren Rechtsprechung des Europäischen Gerichtshofs.

13. Bundes-Immisionschutzverordnung

624. Der Entwurf der Bundesregierung zur Novelle der 13. BImSchV, der mit der novellierten Großfeuerungsanlagen-Richtlinie notwendig wurde, entspricht zwar den Vorgaben der Großfeuerungsanlagenrichtlinie, die Anforderungen bewegen sich aber weit gehend am anspruchslosen Ende der Spannen, die von der europäischen Arbeitsgruppe zum BREF Großfeuerungsanlagen vorgeschlagen werden. In einigen Fällen sind die Emissionsgrenzwerte sogar deutlich schwächer als die Empfehlungen der Arbeitsgruppe. Für den Umweltrat sind die zum Teil sehr starken Abweichungen der Emissionsgrenzwerte des Entwurfs von den BVT zu Großfeuerungsanlagen kaum nachvollziehbar. Diese Abweichungen sind auch aus Gründen der Bestandserhaltung nicht zu rechtfertigen, da im deutschen Kraftwerkspark durch die Klimaschutzerfordernisse ohnehin ein Strukturwandel erfolgen muss.

Leider fehlen im Verordnungsentwurf Grenzwerte für HCl, HF und für das Klimagas N_2O. Der Vollzug der Verordnung – in der derzeitigen Fassung – würde dennoch zur Verminderung von Umweltbelastungen vor allem bei Staub (einschließlich Schwermetalle), Stickstoffoxiden und Schwefeloxiden beitragen. Aufgrund der abgeschwächten Anforderungen an bestehende Anlagen werden die Stickoxidminderungen jedoch vorwiegend erst dann erzielt werden, wenn die Altanlagen stillgelegt und durch moderne Anlagen ersetzt werden. Die vom Bundesrat vorgeschlagenen Änderungen des Verordnungsentwurfs würden im Vergleich zum ursprünglichen Novellierungsentwurf zu erhöhten Staub- und NO_x-Emissionen führen. Angesichts der gesundheitlichen Relevanz von Feinstaub und aufgrund der Tatsache, dass bereits mit dem Verordnungsentwurf vom 28. Mai 2003 das nationale Minderungsziel der NEC-Richtlinie für NO_x aller Wahrscheinlichkeit nach nicht erreicht werden kann, empfiehlt der Umweltrat dringend, die vom Bundesrat vorgeschlagenen Änderungen zur Abschwächung der Anforderungen an die Begrenzung von Staub- und NO_x-Emissionen abzulehnen und vielmehr diese Anforderungen stärker an die BVT anzupassen.

NEC-Richtlinie

625. Die am 23. Oktober 2001 in Kraft getretene Richtlinie über nationale Emissionshöchstmengen für bestimmte Luftschadstoffe (NEC-Richtlinie) legt für alle Mitgliedstaaten der EU fest, welche Emissionshöchstmengen an SO_2, NO_x, NH_3 und VOC (außer Methan) bis 2010 eingehalten werden müssen. Ziel der Richtlinie ist die Begrenzung der Emissionen versauernder und eutrophierender Schadstoffe sowie der Ozonvorläufersubstanzen NO_x und NMVOC. Mit der Einhaltung der nationalen Emissionshöchstmengen sollen die durch die Versauerung belasteten Ökosystemflächen halbiert werden und die Ozonbelastung im Hinblick auf den Gesundheitsschutz um zwei Drittel beziehungsweise im Hinblick auf den Vegetationsschutz um ein Drittel zurückgehen.

Zur Umsetzung der NEC-Richtlinie hat die Bundesregierung den Entwurf einer Verordnung vorgelegt, in der die in der Richtlinie für Deutschland genannten jährlichen Emissionshöchstmengen festgelegt sind. Die nationalen Emissionshöchstmengen sollen mit einem nationalen Programm zur Reduzierung der oben genannten Luftschadstoffe erreicht werden.

Es bedarf noch weiterer Anstrengung, um die NO_x-, NMVOC- und NH_3-Emissionen auf die für 2010 festgelegten Ziele der NEC-Richtlinie zu mindern. Unabhängig von den in der EU geplanten oder von der EU vorgeschlagenen Maßnahmen zur Emissionsminderung in den Bereichen des Kraftfahrzeugverkehrs, der Lösemittel in Produkten und der Landwirtschaft muss auch die nationale Umsetzung von Emissionsminderungsmaßnahmen konsequenter die Reduzierung der NO_x-, NMVOC- und NH_3-Emissionen anstreben. Nach Ansicht des Umweltrates ist dies bei der Novellierung der 13. BImSchV in Bezug auf die NO_x-Minderung nicht ausreichend geschehen. Zur Minderung der NH_3-Emissionen sollte die Bundesregierung insbesondere Maßnahmen zur Reduzierung der Ammoniakemissionen bei der Ausbringung von Wirtschaftsdünger fördern.

Der Umweltrat empfiehlt, auch weiterhin durch ein Monitoring der Belastungssituation und mithilfe von Modellrechnungen zu überprüfen, ob die verabschiedeten Minderungsmaßnahmen ausreichen, um die langfristigen Ziele der NEC-Richtlinie zu erreichen. Bereits jetzt ist absehbar, dass es in Deutschland auch nach Einhaltung der Emissionshöchstmengen der NEC-Richtlinie noch erhebliche Überschreitungen der Wirkungsschwellen in Bezug auf die Versauerung, die Eutrophierung und die Schädigung durch bodennahes Ozon geben wird. In Deutschland wird nach 2010 die Verminderung der Eutrophierung zur dringlichsten Aufgabe zählen, da hier die Überschreitungen der Zielwerte am gravierendsten sind. Die Ursachen für die eutrophierenden Einträge und zunehmend auch für die versauernden Einträge werden hauptsächlich aus der landwirtschaftlichen Tierhaltung kommen. Daher ist es notwendig, im Agrarsektor, und zwar im Rahmen der GAP, effektive Maßnahmen zur Minderung der NH_3-Emissionen zu ergreifen.

Angesichts der Tatsache, dass Deutschland – neben den Niederlanden – aufgrund seiner zentralen Lage und seiner empfindlichen Ökosysteme am meisten von der europaweiten Einhaltung der NEC-Richtlinie profitiert und darüber hinaus Netto-Emittent ist, sollte sich die Bundesregierung nach Auffassung des Umweltrates im Rahmen der von der NEC-Richtlinie geforderten Überprüfung der Ziele und innerhalb der Strategie der EU-Kommission *Clean Air for Europe* (CAFE) für eine weitere Verschärfung der Emissionshöchstmengen nach 2010 einsetzen.

Empfehlungen

626. Insgesamt kommt der Umweltrat zu dem Schluss, dass für eine befriedigende Ausgestaltung der nationalen und europäischen Luftreinhaltepolitik, die nach dem Vorsorgeansatz dem Schutz der menschlichen Gesundheit und der Umwelt angemessen Rechnung trägt, noch folgender vordringlicher Handlungsbedarf besteht:

– Der in der ersten Tochterrichtlinie der Luftqualitätsrahmenrichtlinie vorgegebene Stickstoffdioxidgrenzwert zum Schutz der menschlichen Gesundheit wird auch in der Zukunft weiterhin, speziell in Ballungsgebieten, an Straßen mit hohem Verkehrsaufkommen, überschritten werden. Es ist deshalb erforderlich, Maßnahmen zu ergreifen, um die Stickstoffdioxidbelastungen gerade an derartigen Standorten weiter zu reduzieren. Außerdem wird der Bundesregierung empfohlen, in Zukunft den Grenzwert für NO_2 auf 20 µg/m³ abzusenken.

– Nach der derzeitigen Entwicklung erscheint es momentan unwahrscheinlich, dass die von der EU vorgesehenen Richtgrenzwerte für die Partikelbelastung (PM_{10}) der zweiten Stufe der ersten Tochterrichtlinie bis zum Jahr 2010 eingehalten werden können. Trotzdem sollte an den ambitionierten Grenzwerten festgehalten werden. Außerdem ist es erforderlich, weitere Maßnahmen zu ergreifen, um die Partikelbelastung gerade in den Problemgebieten – innerstädtischer Bereich mit hohem Verkehrsaufkommen – weiter abzusenken.

– Die im Vorschlag der EU-Kommission für eine vierte Tochterrichtlinie vorgesehenen Zielwerte für Nickel, Cadmium, Arsen und polyzyklische aromatische Kohlenwasserstoffe (PAK) sollten in rechtsverbindliche Grenzwerte umgesetzt werden. Außerdem ist es dringend geboten, Depositionsgrenzwerte für Cadmium und Quecksilber festzulegen.

– Die in der TA Luft von 2002 festgelegte Irrelevanz-Regelung darf jedenfalls in dieser Höhe und Generalisierung keinen Bestand haben. Der Umweltrat empfiehlt der Bundesregierung auch aus europarechtlicher Perspektive dringend eine Korrektur der verfehlten Regelung.

– Angesichts der zunehmenden Abfallmitverbrennung empfiehlt der Umweltrat, das an Industrieanlagen gestellte Anforderungsniveau dem für Müllverbrennungsanlagen geltenden vollständig anzugleichen.

– Die im Vergleich zum Entwurf der Bundesregierung zur Novellierung der Großfeuerungsanlagenverordnung vom Bundesrat vorgeschlagenen Abschwächungen der Staub- und NO_x-Regelungen sollten angesichts der gesundheitlichen Relevanz von Feinstaub und aufgrund der Tatsache, dass bereits mit dem jetzigen Verordnungsentwurf das nationale Minderungsziel der NEC-Richtlinie wahrscheinlich nicht erreicht werden kann, abgelehnt werden. Vielmehr sollten diese Regelungen stärker an die BVT angepasst werden.

– Bereits jetzt ist absehbar, dass es in Deutschland auch nach Einhaltung der Emissionshöchstmengen der NEC-Richtlinie noch erhebliche Überschreitungen der Wirkungsschwellen in Bezug auf die Versauerung, die Eutrophierung und die Schädigung durch bodennahes Ozon geben wird. Daher sollte sich die Bundesregierung innerhalb der Strategie der EU-Kommission *Clean Air for Europe* (CAFE) für eine weitere Verschärfung der Emissionshöchstmengen nach 2010 einsetzen. Die Eutrophierung der Ökosysteme über Stickstoffeinträge wird zukünftig zu den wichtigsten Problemen zählen. Da die Ursachen der Eutrophierung hauptsächlich aus der landwirtschaftlichen Tierhaltung kommen, müssen vor allem in diesem Bereich effektive Maßnahmen, national und im Rahmen der gemeinsamen Agrarpolitik der EG, ergriffen werden.

7 Lärmschutz

627. Mit der Belästigung und gesundheitlichen Beeinträchtigung der Bevölkerung durch den Einfluss von Umgebungslärm hat sich der Umweltrat in seinem Sondergutachten „Umwelt und Gesundheit" (SRU, 1999) und bezogen auf Fluglärm, im Umweltgutachten 2002 (SRU, 2002) befasst. Trotz vielfältiger Bemühungen, die Bevölkerung vor übermäßigem Lärm zu schützen, hat die Belastungssituation in den letzten Jahren weiter zugenommen. Dies nimmt der Umweltrat zum Anlass, sich mit diesem Thema erneut zu befassen.

Für die zunehmende Lärmbelastung spielen vor allem die einzelnen Verkehrsträger eine entscheidende Rolle. Von Bedeutung ist auch die Belästigung durch Nachbarschaftslärm, Lärm von Sport- und Freizeitanlagen, Maschinen- und Baulärm sowie Lärm am Arbeitsplatz.

7.1 Überblick

7.1.1 Belastungssituation

628. Viele Lärmemittenten (insbesondere Flugzeuge, PKW und LKW) sind durch aktiven Lärmschutz in Form von Lärmminderungsmaßnahmen an der Quelle leiser geworden. Allerdings ist davon auszugehen, dass die insgesamt gestiegene Fahrleistung der spezifischen Lärmreduktion kompensierend entgegengewirkt hat und daher teilweise zur Vergrößerung der Lärmbelastung geführt hat (z. B. in Ballungsräumen).

In Tabelle 7-1 ist die Entwicklung der Fahrzeugleistung in Mrd. Kilometern dargestellt. Es ist deutlich zu erkennen, dass insbesondere bei LKW, Sattelzügen und Bussen die Fahrzeugleistung seit 1991 erheblich gestiegen ist. Die Fahrzeugleistung von PKW hat bis 1996 zunächst zugenommen, war aber dann geringfügig rückläufig. Im Vergleich zu 1991 lag die Fahrleistung von motorisierten Zweirädern um 4,1 Mrd. km niedriger als im Jahr 2001. Prognosen gehen aber davon aus, dass die Fahrzeugkilometer bis 2015 wieder zunehmen werden (MANN et al., 2001).

629. Neben einer Verbesserung aktiver Lärmschutzmaßnahmen wurde insbesondere im Einzugsbereich von Flughäfen, an Autobahnen und Schienenverkehrswegen der passive Lärmschutz durch Schallschutzfenster und -wände verbessert (BMVBW, 2003). Am Beispiel von Schallschutzwällen und Schallschutzwänden an Straßen des Fernverkehrs wird in Tabelle 7-2 verdeutlicht, auf welcher Länge Schallschutzwälle und -wände gebaut wurden, welche Kosten für diese Lärmschutzmaßnahmen angefallen sind und wie groß die verbrauchte Fläche im Jahr 2002 sowie zwischen 1979 und 2002 beziehungsweise 1982 und 2002 war. Allerdings wird durch diese Maßnahmen der Außenbereich (Balkon, Garten) häufig nicht ausreichend geschützt. Hinzu kommen Einschränkungen insofern, als Schallschutzfenster ohne Lüftungseinrichtung weit gehend geschlossen gehalten werden müssen, um der Exposition gegenüber Lärm zu begegnen.

Tabelle 7-1

Entwicklung der Fahrzeugleistung in Deutschland 1991 bis 2001[a]

Fahrzeugkategorie	1991	1996	2001	Veränderung 1991 bis 2001
	in Mrd. km			in Prozent
Motorisierte Zweiräder	13,6	13,4	17,7	*30*
PKW/Kombinationsfahrzeuge	496,4	519,4	511,3	*3*
LKW/Sattelzüge/Busse	55,6	67,6	79,6	*43*
Sonstige	8,6	9,9	11,8	*37*
Gesamt[b]	**574,1**	**610,4**	**620,3**	*8*

[a] Inländerfahrleistung, einschließlich Auslandsstrecken deutscher Kraftfahrzeuge, ohne Inlandsstrecken ausländischer Fahrzeuge.
[b] Summenabweichungen durch Rundungen.
Quelle: Verkehr in Zahlen 2002/2003, S. 158–159

Tabelle 7-2

Schallschutzmaßnahmen im Straßenverkehr bis einschließlich 2002

Lärmschutzwälle	gebaut 2002	insgesamt von 1979 bis 2002
Länge	16,31 km	900,06 km
Kosten	12,47 Mio. Euro 9 Euro/m³	270,81 Mio. Euro 7 Euro/m³
Lärmschutzwände	**gebaut 2002**	**insgesamt von 1979 bis 2002**
Länge	37,56 km	1 833,09 km
Fläche	131,01 m²	6,27 Mio. m²
Kosten	35,72 Mio. Euro 273 Euro/m²	1 649,31 Mio. Euro 263 Euro/m²
Steilwälle	**gebaut 2002**	**insgesamt von 1982 bis 2002**
Länge	1,41 km	53,42 km
Fläche	4 200 m²	245 203 m²
Kosten	1,83 Mio. Euro 435 Euro/m²	84,65 Mio. Euro 345 Euro/m²

SRU/UG 2004/Tab. 7-2; Datenquelle: BMVBW, 2003

7.1.2 Lärmbelästigung

630. Von einer zunehmenden Lärmbelästigung sind hauptsächlich Menschen betroffen, die in dicht besiedelten Gebieten wohnen. In ländlichen Gegenden und in Randgebieten von Städten ist es in der Regel ruhiger. In repräsentativen Umfragen im Auftrag des Umweltbundesamtes wurden in den Jahren 2000 und 2002 2 018 beziehungsweise 2 361 Personen zu Umweltthemen befragt (KUCKARTZ, 2000; KUCKARTZ und GRUNEBERGER, 2002). Die befragten Personen einer repräsentativen Stichprobe gaben zu jedem Lärmemittenten an, inwieweit sie sich von der jeweiligen Quelle gestört oder belästigt fühlen. In Tabelle 7-3 ist die Belästigungssituation bezogen auf die einzelnen Emittenten dargestellt. Dabei wurden jedoch keine kumulativen Effekte durch mehrere gleichzeitig einwirkende Lärmquellen erfragt. Ebenfalls kann den jeweils angegebenen Belästigungsgraden in einer Befragung des Bevölkerungsdurchschnitts keine genaue Schallintensität zugeordnet werden. Die erfragte Lärmbelästigung wurde anhand der 5-stufigen „ICBEN-Skala" dargestellt und bewertet (Tab. 7-3). Mit der ICBEN-Skala (*International Commission for the Biological Effects of Noise*) wird angestrebt, die Belästigungserfassung international zu standardisieren, um so zukünftig zu vergleichbaren Untersuchungsergebnissen zu kommen (GUSKI, 2002). Erstmalig wurde die ICBEN-Skala vom Umweltbundesamt für die Erhebung der Lärmbelästigung im Jahr 2000 verwendet. Vorher wurde die Lärmbelästigung heterogen und nicht einheitlich erfasst. Für die Jahre 2000 und 2002 stellt sich die Belästigungssituation wie folgt dar (Tab. 7-3):

Tabelle 7-3

Lärmbelästigung der Bevölkerung nach Geräuschquellen in den Jahren 2000 und 2002 in Deutschland anhand der ICBEN-Skala

Geräuschquelle	äußerst gestört oder belästigt		stark gestört oder belästigt		mittelmäßig gestört oder belästigt		etwas gestört oder belästigt		überhaupt nicht gestört oder belästigt	
Jahr	2000	2002	2000	2002	2000	2002	2000	2002	2000	2002
Straßenverkehr	6	5	11	12	19	20	27	28	37	35
Nachbarn	2	2	4	4	9	11	22	23	63	60
Flugverkehr	2	2	3	5	9	9	17	21	69	63
Industrie und Gewerbe	1	1	3	3	7	8	15	15	74	73
Schienenverkehr	2	1	3	4	7	7	10	11	78	77

Es wurde die Lärmbelästigung der letzten 12 Monate in der Wohnumgebung erfragt; Angaben in Prozent.
Quelle: KUCKARTZ, 2000; UBA, 2003

Die dominierende Lärmquelle ist unverändert der Straßenverkehr. Im Jahr 2002 gaben 65 % aller Befragten an, sich mehr oder weniger stark durch Straßenverkehr belästigt zu fühlen. Immerhin 40 % fühlten sich insgesamt durch den Lärm von Nachbarn gestört. An dritter Stelle folgt der Flugverkehrslärm mit 37 % und schließlich der Industrie- und Gewerbelärm mit 27 %. Auch wenn die Belästigung durch Schienenverkehrslärm mit 23 % an letzter Stelle liegt, sollte beachtet werden, dass davon ein Viertel der Bevölkerung betroffen ist. In den Jahren 2000 und 2002 hat sich eine zunehmende Anzahl an Personen durch die verschiedenen Lärmquellen gestört oder belästigt gefühlt (Tab. 7-3; UBA, 2003).

631. Wird die Lärmbelästigung derjenigen, die sich besonders gestört fühlen (Zusammenfassung der Skala „äußerst gestört oder belästigt" und „stark gestört oder belästigt") in den Jahren 2000 und 2002 verglichen, ergibt sich Folgendes: der Straßenverkehr hatte mit 17 % in beiden Jahren den größten Anteil. An zweiter Stelle steht der Flugverkehrslärm (5 % in 2000 und 7 % in 2002), gefolgt von Lärm durch Nachbarn (6 % in 2000 und 2002) und Schienenverkehrslärm (5 % in 2000 und 2002). Durch Industrie- und Gewerbelärm fühlten sich 4 % der Befragten in beiden Jahren in ihrem Wohnumfeld äußerst oder stark gestört und belästigt (Tab. 7-3 und Abb. 7-1).

Abbildung 7-1

Repräsentative Umfrage zur Belästigung im Wohnumfeld für das Jahr 2002
(„äußerst gestört und belästigt" beziehungsweise „stark gestört und belästigt")

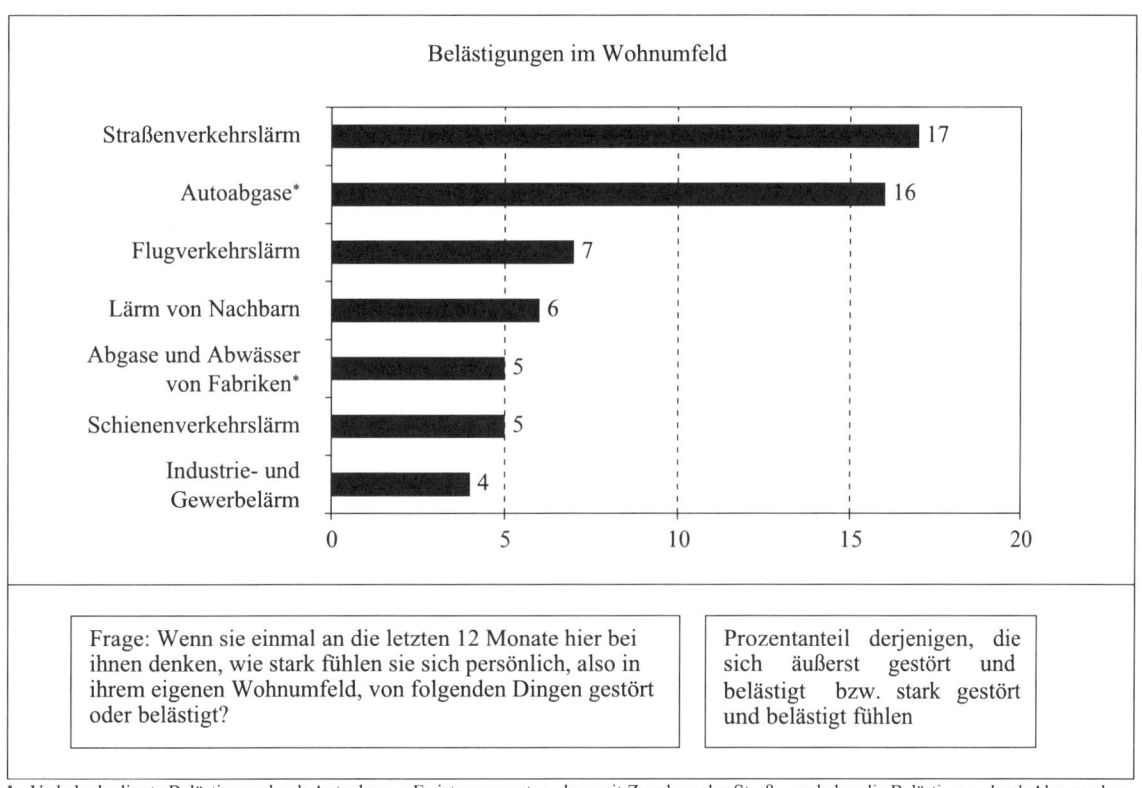

Belästigungen im Wohnumfeld

Lärmquelle	%
Straßenverkehrslärm	17
Autoabgase*	16
Flugverkehrslärm	7
Lärm von Nachbarn	6
Abgase und Abwässer von Fabriken*	5
Schienenverkehrslärm	5
Industrie- und Gewerbelärm	4

Frage: Wenn sie einmal an die letzten 12 Monate hier bei ihnen denken, wie stark fühlen sie sich persönlich, also in ihrem eigenen Wohnumfeld, von folgenden Dingen gestört oder belästigt?

Prozentanteil derjenigen, die sich äußerst gestört und belästigt bzw. stark gestört und belästigt fühlen

* Verkehrsbedingte Belästigung durch Autoabgase: Es ist zu erwarten, dass mit Zunahme des Straßenverkehrs die Belästigung durch Abgase ebenfalls zunimmt. Luftverunreinigungen (wie auch Abgase von Fabriken und Abwässern) sind ein wesentlicher Einflussfaktor für die Ausprägung von Atemwegserkrankungen und müssen bei der Bewertung eines möglichen Zusammenhangs zwischen Lärmbelästigung und Atemwegserkrankungen berücksichtigt werden (Tz. 639).
Quelle: KUCKARTZ und GRUNENBERG, 2002

Bezogen auf die gesamte Bevölkerung scheint die Lärmbelästigung auf den ersten Blick nicht besonders hoch zu sein. Diese Interpretation trifft jedoch aus zwei Gründen nicht zu: Erstens werden in der Umfrage nur diejenigen Personen berücksichtigt, die sich „äußerst" beziehungsweise „stark" durch Lärm gestört oder belästigt fühlen, sodass hauptsächlich Anwohner von verkehrsreichen Straßen oder Durchgangsstraßen betroffen sind. Da gerade in Großstädten der persönliche Stress in Form einer Belästigung durch unterschiedliche Lärmquellen weiter zunimmt, gilt es, nicht nur den Teil der Bevölkerung zu schützen, der sich „äußerst" und „stark" gestört oder belästigt fühlt, sondern aus präventiven Gründen ebenfalls diejenigen, die scheinbar weniger stark betroffen sind und eine mittlere Belästigung angeben. Hinzu kommt, dass in der Befragung die Intensität der Belästigung selektiv für jede Lärmquelle erfasst wurde, während in den meisten Fällen jedoch anzunehmen ist, dass mehrere Quellen gleichzeitig auftreten. Zweitens fließen in diese repräsentative Umfrage selbstverständlich auch Ergebnisse der Befragung von Personen ein, die innerhalb von Großstädten in verkehrsberuhigten Ortsteilen, am Stadtrand oder auf dem Land wohnen. Da diese eine deutlich niedrigere Lärmbelästigung angeben, relativiert sich die Belästigung der gesamten Bevölkerung. Aus diesen Gründen sind die Ergebnisse der Umfrage nach Ansicht des Umweltrates durchaus alarmierend.

632. Bei einem Vergleich der Lärmbelästigung in den Jahren von 1991 bis 2002 ist zunächst eine Abnahme der subjektiven Lärmbelästigung bis zum Jahr 1996 beziehungsweise 1998 zu erkennen. Ab diesem Zeitraum nimmt die Belästigungssituation wieder etwas zu (vgl. Tab. 7-4).

Die seit 1993 beziehungsweise 1994 zu verzeichnenden Rückgänge in der Belästigungssituation der Bevölkerung sind hauptsächlich darauf zurückzuführen, dass der Lärm durch technische Verbesserungen an der Quelle reduziert werden konnte. Weitere Gründe beispielsweise im Straßenverkehr sind der Bau von Umgehungsstraßen, wodurch ehemals stark verlärmte Ortschaften beruhigt wurden und ebenfalls die Einführung von verkehrsberuhigten Straßen und Zonen.

Erhebliche Belästigung

633. Nach § 3 BImSchG ist der Mensch nicht nur vor gesundheitlichen Gefahren durch Umwelteinwirkungen zu schützen, sondern ebenfalls vor erheblichen Belästigungen und Nachteilen. Da die erhebliche Belästigung vor dem Entstehen von körperlichen Erkrankungen eintritt, besteht seit langem der Bedarf an einer wissenschaftlichen und politischen Präzisierung dieser Erheblichkeitsgrenze. Der Umweltrat hat bereits im Sondergutachten „Umwelt und Gesundheit" und in seinem letzten Umweltgutachten – in Zusammenhang mit dem Konzept der gesundheitsbezogenen Lebensqualität – die Schwierigkeiten zur Festlegung einer Erheblichkeitsgrenze diskutiert (SRU, 1999, Tz. 405 ff.; SRU, 2002, Tz. 593 ff.).

Aus wissenschaftlicher und psychosozialer Sicht ist der Begriff der erheblichen Belästigung sehr komplex. Belästigungen unterliegen vielen äußeren, individuellen und subjektiven Faktoren, die für eine Verknüpfung mit der tatsächlichen Lärmbelästigung gleichwohl der Präzisierung zugänglich sind. Dies sind unter anderem die lärmphysikalischen Charakteristika wie der Schalldruck der Lärmquelle und dessen Frequenzspektrum, aber auch die persönliche Einstellung zur Lärmquelle, das Umweltbewusstsein und die persönliche Disposition ist bei der Bewertung entscheidend. Die erhebliche Belästigung ist eine unerwünschte Beeinflussung menschlichen Erlebens und Verhaltens, unter die die Störung der Arbeit, der Kommunikation und des körperlichen Wohlbefindens fällt. Weiterhin kann die erhebliche Belästigung zu einer qualitativen Veränderung der Lebenssituation sowie emotionalen Verstimmungen und Beeinflussungen führen (WILDANGER, 1999). Zudem resultiert die Angabe einer erheblichen Belästigung aus der bewussten Bewertung der Beeinträchtigung seitens der betroffenen Menschen unter Berücksichtigung der in der Vergangenheit gesammelten Erfahrungen.

Tabelle 7-4

Zeitreihe zur Belästigungssituation im Wohnumfeld

Anteil der Befragten in %, die sich äußerst oder stark gestört und belästigt fühlen durch …	Jahr							
	1991	1992	1993	1994	1996	1998	2000	2002
Straßenverkehrslärm	22	23	23	20	14	15	17	17
Flugverkehrslärm	15	14	11	10	5	4	5	7
Schienenverkehrslärm	4	3	4	3	2	2	5	5
Lärm von Nachbarn							6	6
Industrie- und Gewerbelärm	3	3	3	3	2	2	4	4

Quelle: verändert nach KUCKARTZ und GRUNENBERG, 2002

Die erhebliche Belästigung wird nach einem Übereinkommen der ICBEN zukünftig mit derselben Frage in Bevölkerungsumfragen abgefragt, um so zu vergleichbaren Ergebnissen zu gelangen (s. Tz. 630; GUSKI, 2002). Für die Ermittlung des Anteils der erheblich belästigten Personen werden üblicherweise die ersten beiden Skalen zusammengefasst. Eine erhebliche Belästigung liegt nach dieser Konvention vor, wenn bei einem bestimmten Schallpegel am Tag 25 % der Befragten angeben, „äußerst" oder „stark" gestört oder belästigt zu sein (ORTSCHEID und WENDE, 2000a; GUSKI, 2001). Bei der Befragung muss allerdings berücksichtigt werden, ob ein repräsentativer Bevölkerungsdurchschnitt zur allgemeinen Lärmbelästigung ohne Vorgabe eines bestimmten Schallpegels befragt wurde (vgl. Tab. 7-3, Abb. 7-1), oder ob eine Auswahl von betroffenen Personen – wie beispielsweise Anwohner eines Flughafens – bei einem bekannten Dauerschallpegel befragt wurden. Denn je nach Stichprobe sind unterschiedliche Anteile erheblich belästigter Personen zu erwarten.

Der „Grenzwertsetzung" von 25 % erheblich belästigter Personen bei einem bestimmten Schallpegel liegen allerdings Entscheidungen zugrunde, die nicht wissenschaftlich begründbar sind. Zum einen muss politisch entschieden werden, wie viel Prozent erheblich belästigter Personen die Gesellschaft tolerieren will und zum anderen, wie viel Prozent in Zukunft toleriert werden (GUSKI, 2001). Aus heutiger Sicht liegt die Zumutbarkeitsgrenze für den Lärm des Straßenverkehrs am Tage bei 55 bis 59 dB(A) Außenschallpegel im allgemeinen Wohngebiet (16. BImSchV, Verkehrslärmschutzverordnung) und für den Flugverkehr oberhalb eines innen gemessenen Dauerschallpegels von 55 dB(A) am Tag (ORTSCHEID und WENDE, 2000a).

7.1.3 Lärmwirkungen

634. Es ist unbestritten, dass akute und chronische Lärmbelastungen zu einer Beeinträchtigung der Gesundheit führen können, auch wenn der Schallpegel unterhalb der Schwelle für Gehörschäden liegt. Dies ist vom Umweltrat ausführlich und mehrfach verdeutlicht worden (SRU, 1999, Tz. 387 ff.; SRU, 2002, Tz. 581 ff.). Die grundlegenden, im Sondergutachten „Umwelt und Gesundheit" (1999) veröffentlichten Erkenntnisse und Forderungen haben bis heute Bestand und können nach dem Vorliegen weiterer Ergebnisse der Lärmwirkungsforschung erweitert werden:

– Bereits 1999 hat der Umweltrat betont, dass Lärm als Stressor wirkt und damit die Ausbildung von Erkrankungen begünstigt, die durch Stress verursacht werden. Dies sind vor allem Herz-Kreislauf-Erkrankungen.

– Um einer erheblichen Belästigung der Bevölkerung entgegenzuwirken, empfahl der Umweltrat bereits 1988 die Einführung von Vorsorgewerten (SRU, 1988). Tagsüber sollten zur Gewährleistung der Sprachverständlichkeit 40 dB(A) im Innenraum nicht überschritten werden, für den Außenwohnbereich sollte ein Unterschreiten von 50 dB(A) eine nahezu ungestörte Konversation ermöglichen. Bezüglich des Schutzes vor erheblicher Belästigung forderte der Umweltrat im Außenbereich Grenzwerte von 55 dB(A) tagsüber und 45 dB(A) in der Nacht in allgemeinen Wohngebieten. In besonders schutzbedürftigen Gebieten (u. a. Krankenhäusern) sollte es tagsüber nicht lauter als 35 bis 40 dB(A) sein.

– Der Umweltrat bewertete es als notwendig, Maßnahmen zu ergreifen, um die Belastungssituation der Betroffenen zu mindern. Dabei soll der aktive Lärmschutz Vorrang vor dem passiven Lärmschutz haben. Geeignete Maßnahmen sind unter anderem Geschwindigkeitsbegrenzungen im Straßenverkehr, eingeschränkte LKW-Fahrverbote, verkehrsberuhigende Maßnahmen und Nachtflugbeschränkungen.

Während die Erträge der Lärmwirkungsforschung die formulierten Vorsorgeziele stark stützen, ist es selbst bei dem heutigen Forschungsstand schwierig, präzise Schwellen der Lärmbelastung anzugeben, jenseits derer definitiv mit Gesundheitsbeschwerden in einem bestimmten Umfang zu rechnen ist. Es ist wissenschaftlich nicht möglich eine Kausalität zwischen dem Auftreten einer gesundheitlichen Beeinträchtigung und Umgebungslärm nachzuweisen. Allerdings unterstützen neue Forschungsarbeiten zu akuten Lärmwirkungen (Tab. 7-5) und zur Epidemiologie (Tab. 7-6) die Annahme, dass eine chronische Lärmbelastung einen bedeutenden Einfluss auf die menschliche Gesundheit haben kann. Darüber hinaus ist es offensichtlich, dass ein großer Teil der Bevölkerung einer zunehmenden Lärmbelastung ausgesetzt ist. Unter diesen Voraussetzungen kann mit weiteren Maßnahmen nicht abgewartet werden, bis alle wissenschaftlichen Erkenntnisse über die Störungen vorhanden sind, die durch Lärm verursacht werden (JANSEN et al., 1995).

7.1.3.1 Akute Lärmwirkungen

635. Auf Basis vorliegender Forschungsarbeiten, die das Auftreten von (physiologischen) Primärreaktionen auf Verkehrslärm betrachten, konnten bereits 1997 präventivmedizinische Bewertungsmaßstäbe entwickelt werden (MASCHKE et al., 1997). Die durch Lärm hervorgerufenen Störungen lassen sich anhand ihrer zeitlichen Folge in Sofortreaktionen (Primär- und Sekundärreaktionen) und chronische Auswirkungen (Tertiärreaktionen) unterteilen. Auf Grundlage der Daten von 1997 und anhand aktueller Daten haben MASCHKE und HECHT im Auftrag des Umweltrates eine neue Bewertung vorgenommen. In Tabelle 7-5 wird angegeben, bei welchem Lärmpegel eine Primärreaktion beobachtet wurde (MASCHKE und HECHT, 2003a). Diese Tabelle betrifft nur den nächtlichen Lärm, wobei allgemein angenommen wird, dass insbesondere der Schutz der Nachtruhe von entscheidender Bedeutung für die menschliche Gesundheit ist. Dabei werden als Störungen des Schlafs alle objektiv messbaren und/oder subjektiv empfundenen

Abweichungen vom normalen Schlafablauf bezeichnet (GRIEFAHN, 1985). Des Weiteren wird davon ausgegangen, dass gesundheitliche Effekte nur dann auftreten können, wenn bei bestimmten Schallpegeln nachteilige (adverse) Primärreaktionen zu beobachten sind. Als advers werden lärmbedingte Störungen des Schlafes bezeichnet, für die nach dem heutigen Kenntnisstand davon auszugehen ist, dass sie den Beginn eines pathologischen Prozesses anzeigen. Es ist zurzeit noch nicht möglich zu entscheiden, welche Sofortreaktion auf lange Sicht eine Beeinträchtigung der Gesundheit am zuverlässigsten anzeigt. Daher ist es notwendig, viele Parameter in die Beurteilung einzubeziehen (aktuelle internationale Diskussion s. ICBEN, 2003).

Tabelle 7-5

Schwellen für nachteilige Sofortreaktionen des schlafenden, gesunden Erwachsenen bei nächtlichem Verkehrslärm am Ohr des Schläfers, publiziert in internationalen Studien seit 1980

Parameter	Quasi kontinuierliche Geräusche	Intermittierende Geräusche
Gesamtschlafdauer	ab L_{eq} = 45 dB(A) verkürzt	bei L_{max} = 45 dB(A) (50 Ereignisse) verkürzt
Schlafstadienlatenz	Einschlaflatenz ab L_{eq} = 45 dB(A) verlängert, Tiefschlaflatenz ab L_{eq} = 36 dB(A) verlängert, Tendenz zur Verlängerung der Traumschlaflatenz	Einschlaflatenz keine Daten, Tiefschlaflatenz bei L_{max} = 45 dB(A) (50 Ereignisse) verlängert, Tendenz zur Verkürzung der Traumschlaflatenz
Arousalreaktionen und Schlafstadienwechsel		ab L_{max} = 45 dB(A) induziert*
Aufwachreaktionen	oberhalb von L_{eq} = 60 dB(A) erhöht	ab L_{max} = 45 dB(A) induziert*
Dauer der Wachphasen	oberhalb von L_{eq} = 66 dB(A) verlängert	ab L_{max} = 65 dB(A) (15 Ereignisse) verlängert
Dauer des Leichtschlafs	oberhalb von L_{eq} = 66 dB(A) verlängert	bei L_{max} = 75 dB(A) (16 Ereignisse) verlängert
Dauer des Tiefschlafs	ab L_{eq} = 36 dB(A) verkürzt	bei L_{max} = 45 dB(A) (50 Ereignisse) verkürzt
Dauer des REM-Schlafs	oberhalb von L_{eq} = 36 dB(A) verkürzt	bei L_{max} = 55 dB(A) (50 Ereignisse) verkürzt
Herzrhythmusstörungen		Häufigkeit kann durch Ereignisse mit L_{max} > 50 dB(A) erhöht werden
Herzfrequenz		ab Modulationstiefe von 7 dB(A) erhöht
Cortisolrhythmus	oberhalb von L_{eq} = 53 dB(A)# gestört	bei L_{max} = 55 dB(A) (16 Ereignisse) gestört
Körperbewegungen (*Motility*)	oberhalb von L_{eq} = 35 dB(A) vermehrt	bei L_{max} = 45 dB(A) vermehrt und induziert*
subjektive Schlafqualität	ab L_{eq} = 36 dB(A) verschlechtert	bei L_{max} = 50 dB(A) (64 Ereignisse) bereits um 25 % verschlechtert
erinnerbares Erwachen		ab L_{max} = 55 dB(A) erhöht, nimmt mit L_{max} und Ereignisanzahl zu

* Induziert: Reaktion in einem Zeitfenster nach dem Lärmereignis (das Zeitfenster variiert in den einzelnen Untersuchungen zwischen 30 und 90 Sekunden).
\# Mittlere Innenraumpegel bei geöffnetem Fenster.
L_{eq} = aquivalenter Dauerschallpegel; L_{max} = Maximalpegel
Quelle: MASCHKE und HECHT, 2003a

Die Tabelle 7-5 weist für die Effektschwellen Pegelbereiche von 35 bis 40 dB(A) für den energieäquivalenten Dauerschallpegel und von 45 bis 55 dB(A) für die Maximalpegel als LOAEL-Werte (LOAEL, *Lowest Observed Adverse Effect Level*) aus. Dies bedeutet, dass nächtlicher Verkehrslärm den Schlaf bereits bei relativ niedrigen Schallpegeln stören kann. Aus Tabelle 7-5 geht weiterhin hervor, dass die Gesamtschlafzeit durch nächtlichen Verkehrslärm verkürzt (ab 45 dB(A) L_{eq} und L_{max} mit 50 Ereignissen) und die Einschlaf- und Tiefschlaflatenz verlängert (ab 36 dB(A) L_{eq} und L_{max} mit 50 Ereignissen) werden. Darüber hinaus werden ab einem Maximalpegel von 45 dB(A) vermehrt Arousalreaktionen (unterbewusste Aufwachreaktion, die Person kann sich nicht daran erinnern, kurzzeitig wach gewesen zu sein), Schlafstadienwechsel und Aufwachreaktionen induziert. Eine Erhöhung des nächtlichen Maximalpegels auf 50 dB(A) kann mit einem Anstieg der Häufigkeit von Herzrhythmusstörungen und Körperbewegungen (ab 45 dB(A)) verbunden sein. Auch einzelne laute Lärmereignisse können die Herzfrequenz phasisch erhöhen und Körperbewegungen induzieren.

In Tabelle 7-5 ist die Lärmbewertung von verschiedenen Forschungsarbeiten dargestellt. Diese Arbeiten lassen die Schlussfolgerung zu, dass höhere nächtliche Lärmbelastungen zu Beeinträchtigungen der Cortisolregulation führen, die aber generell von starken intra- und interindividuellen Unterschieden gekennzeichnet sind. Weiterhin verschlechtert sich die subjektive Schlafqualität nach Nächten, in denen eine Lärmexposition vorhanden war und das erinnerbare Erwachen nimmt bei intermittierenden Verkehrsgeräuschen zu. Eine akute Beeinflussung der Leistungsfähigkeit der Probanden am folgenden Tag bleibt nach den vorliegenden Ergebnissen unklar.

636. Aus den Ergebnissen in Tabelle 7-5 kann demnach abgeleitet werden, dass sowohl der energieäquivalente Dauerschallpegel als auch der Maximalpegel einen entscheidenden Einfluss auf die Schlafqualität haben. Bereits einzelne Geräusche mit Maximalpegeln zwischen 50 und 55 dB(A) können Reaktionen wie Herzrhythmusstörungen und Anstieg der Herzfrequenz bei den Schlafenden auslösen, die unter Umständen auf lange Sicht gesundheitlich bedenklich sein können. Beginnend mit relativ niedrigen Dauerschallpegeln von 35 und 36 dB(A) können relevante Indikatoren für die Schlafqualität erheblich gestört werden. So treten neben vermehrten nächtlichen Körperbewegungen verkürzte Tiefschlaf- und REM-Phasen auf. Zudem wird die Schlafqualität ebenfalls ab einem Dauerschallpegel von 36 dB(A) von den Probanden zunehmend schlechter eingeschätzt. Einzelne Schallereignisse mit Maximalpegeln zwischen 45 und 55 dB(A) haben mit zunehmender Häufigkeit ebenfalls einen relevanten Einfluss auf die Schlafqualität. Zum Schutz der Bevölkerung vor nächtlichen Lärmbelastungen können somit die aus Tabelle 7-5 resultierenden Effektschwellen zugrunde gelegt werden. Bei einer Einhaltung der oben genannten vorsorgenden Werte für Maximal- und Dauerschallpegel kann für betroffene Personen von einem geringen „Restrisiko" ausgegangen werden, durch den Einfluss von Lärm zu erkranken (MASCHKE und HECHT, 2003b).

637. Aktuelle Daten bezogen auf akute Lärmwirkungen liefert auch das Verbundprojekt „Leiser Verkehr" des Deutschen Zentrums für Luft- und Raumfahrt (DLR). Dieses Projekt hat sich zum Ziel gesetzt, mithilfe von technischen, operationellen und gesetzlichen Maßnahmen eine Halbierung der derzeit bestehenden Lärmbelastung – insbesondere bei Lärmimmissionen des Luftverkehrs – zu erreichen und befindet sich zurzeit noch in Arbeit. Obwohl das Projekt noch nicht abgeschlossen ist, können an dieser Stelle bereits relevante Zwischenergebnisse präsentiert werden.

In einem in den Verbund „Leiser Verkehr" eingebetteten Forschungsprojekt werden zurzeit die Wirkungen des Nachtfluglärms in einer umfassenden (Panel-)Studie mit einer verhältnismäßig hohen Anzahl an Probanden über einen längeren Zeitraum erforscht. In insgesamt 2 500 Nächten sollen 64 Probanden unter Laborbedingungen, die eine reale Belastung widerspiegeln, und zusätzlich in ihrem eigenen fluglärmbelasteten Wohnumfeld untersucht werden (DLR, 2001). Im ersten Zwischenbericht werden sechs Wirkungsendpunkte betrachtet: 1. primäre Schlafstörungen, 2. motorische Aktivität, 3. Konzentrationsfähigkeit, Merkfähigkeit und Hand-Auge-Koordination, 4. Ausschüttung von Stresshormonen, 5. die Persönlichkeitsskalen: Befindlichkeit, Beanspruchung, Erholung und 6. Belästigung.

Bei Betrachtung primärer Schlafstörungen weisen die ersten Ergebnisse auf wesentliche Zusammenhänge hin. So steigt die Wahrscheinlichkeit einer lärmbedingten Aufwachreaktion mit zunehmenden Maximalpegel (L_{max}). Es kann allerdings kein lineares Modell zugrunde gelegt werden, und es gibt keine bei einem bestimmten Lärmpegel liegende Aufweckschwelle. Die zu Beginn beobachteten Gewöhnungseffekte an die nächtlichen Lärmereignisse ließen im Verlauf der Studie nach. Darüber hinaus konnte erneut gezeigt werden, dass der energieäquivalente Dauerschallpegel (L_{eq}) kein geeignetes Maß für die Bewertung der lärminduzierten Aufwachreaktionen ist, da das Ohr Einzelschallereignisse wahrnimmt und auf diese reagiert.

Die morgens im Anschluss an die Labornacht durchgeführten Leistungstests führten nicht zu eindeutig interpretierbaren Ergebnissen. Trotzdem zeigte sich ein Trend hin zu einer verlangsamten Reaktion und einer höheren Fehlerhäufigkeit. Die Autoren erwarten, in ihrem Endbericht eine genauere Aussage treffen und bislang unberücksichtigte Kontrollvariablen in die Auswertung einbeziehen zu können. Die Stresshormone Adrenalin, Noradrenalin und Cortisol wurden im Urin (19 bis 23 Uhr und 23 bis 7 Uhr) untersucht. In der Literatur sind zwar widersprüchliche Aussagen zu finden, aber es gibt vermehrt Hinweise darauf, dass sich die Konzentration der Stresshormone durch den Einfluss einer (nächtlichen) Lärmbelastung verändert (MASCHKE et al., 1995; EVANS et al., 1995; HYGGE et al., 1998; HARDER et al., 1999). Die Ergebnisse des Zwischenberichts können diese Hinweise jedoch nicht bestätigen. Ein

Zusammenhang zwischen einer nächtlichen Lärmbelastung und der Ausscheidung von Stresshormonen im Urin wurde nicht gefunden.

Werden psychologische Parameter wie Erholung, Belästigung und Schlafqualität betrachtet, ergeben sich deutliche Zusammenhänge. Es konnten Beeinträchtigungen der Persönlichkeitsskalen Befindlichkeit, Beanspruchung und Erholung nachgewiesen werden. Diese psychischen Reaktionen wurden anhand von standardisierten Skalen (Fragebögen) ermittelt und lassen eine Aussage über die Beeinflussung dieser Reaktionen durch Lärm zu. Die deutlichsten Symptome waren die Zunahme der Müdigkeit am Tag und ein Einfluss auf die allgemeine Erholung und den erholsamen Schlaf. Insbesondere im Bereich der Belästigung (*highly annoyed*) wurden nach Betrachtung der ersten Zwischenergebnisse klare Aussagen getroffen. Bereits in der Literatur wird beschrieben, dass es mit psychologischen Methoden möglich ist, die Zunahme der Belästigung unter steigendem Schallpegel nachzuweisen (RYLANDER et al., 1980; RYLANDER et al., 1986). Die vorliegende Studie bestätigte diese Zusammenhänge und zeigte darüber hinaus auf, dass die Anzahl der Überflüge einen größeren Einfluss als der L_{eq} auf die Belästigungswirkung während der Nacht hat (DLR, 2001).

638. Der Zwischenbericht des Projektes „Leiser Verkehr" bestätigt die Aussage aus Tabelle 7-5, dass nächtlicher Lärm einen adversen Einfluss auf die Schlafqualität insgesamt hat. Darüber hinaus konnten Hinweise auf eine schlechtere Konzentration, stärkere Müdigkeit und schlechtere Reaktionsfähigkeit am Tag nach einer lärmbelasteten Nacht aufgezeigt werden.

Der neue Ansatz dieser Studie ist zu begrüßen, da letztlich Labordaten und Daten aus Felduntersuchungen eingehen werden und damit eine Aussage über akute Lärmwirkungen getroffen werden kann. Die Ergebnisse dieses Zwischenberichtes müssen – wie von den Autoren selbst zu bedenken gegeben – als vorläufig betrachtet werden, da die untersuchten Kollektive (noch) sehr klein sind, einige Störeinflüsse beziehungsweise Moderatorvariablen nicht berücksichtigt worden sind und die Ergebnisse der Felduntersuchung noch nicht einfließen konnten. Bereits im Zwischenbericht wird – wie bereits auch in Tabelle 7-5 dargestellt wurde – deutlich, dass der energieäquivalente Dauerschallpegel allein kein geeignetes Maß ist, um Lärmwirkungen bewerten zu können. Es sollten vielmehr die Anzahl der Überflüge und der jeweilige Maximalpegel zugrunde gelegt werden. Darüber hinaus bestätigen weitere Hinweise, dass der Nachtschlaf des Menschen vorrangig geschützt werden muss, da eine nächtliche Lärmbelästigung offensichtlich einen größeren Einfluss auf die Gesundheit hat, als der Lärm am Tag.

Der Umweltrat weist allerdings darauf hin, dass es sich bei dieser Studie um Grundlagenforschung zu akuten Lärmwirkungen handelt und damit keine allgemein gültigen Aussagen über chronische Einflüsse von Lärm in Bezug auf die Bevölkerung getroffen werden können. Die Entwicklung einer lärmassoziierten Erkrankung kann unter Umständen einen langen Zeitraum umfassen. Zusammenhänge zwischen chronischen Einflüssen von Lärm und gesundheitlichen Wirkungen können nur durch epidemiologische Studien anhand eines repräsentativen Bevölkerungsdurchschnitts getroffen werden. Im Ansatz bieten gegebenenfalls die zu erwartenden Ergebnisse der Felduntersuchung Aufschluss, aber auch hier werden akute Reaktionen auf Lärmreize zugrunde gelegt, wodurch eine Betrachtung einer chronischen Belastung nicht möglich ist.

7.1.3.2 Chronische Lärmwirkungen

639. Im Auftrag des Umweltrates wurden von Maschke und Hecht aktuelle epidemiologische Studien zur chronischen Lärmbelastung und dem Entstehen von lärmassoziierten Erkrankungen ausgewertet (MASCHKE und HECHT, 2003a). Es wurde der Versuch unternommen, auf Grundlage neuer epidemiologischer Studien das Risiko für bestimmte lärmassoziierte Erkrankungen darzustellen. Durch das Ergebnis dieser Literaturauswertung wird die Vermutung, dass chronischer Verkehrslärm die Gesundheit beeinträchtigen kann, nachdrücklich bestätigt (Tab. 7-6). Allerdings muss einschränkend betont werden, dass die Untersuchungen zum Teil große methodische Unterschiede aufweisen und vor allem der Straßenverkehrslärm betrachtet wurde. Es liegen nur wenige Studien vor, die den Flugverkehr als Lärmquelle einbeziehen (MASCHKE und HECHT, 2003a).

In den zusammengeführten neueren Studien zeigt sich ein deutlicher Zusammenhang zwischen einer chronischen Lärmbelastung von mehr als 55 dB(A) am Tag und ab 50 dB(A) in der Nacht mit der Entstehung von Hypertonie (Bluthochdruck). Hypertonie stellt einen behandlungsbedürftigen Befund dar und kann darüber hinaus das erste Anzeichen für das Entstehen gravierender Herz-Kreislauferkrankungen sein. Weitere Studien weisen auf eine starke Beziehung zwischen dem nächtlichen Verkehrslärm ab einem Dauerschallpegel ab 32 dB(A) und Erkrankungen der Atemwege von Kindern hin. Allerdings muss bei dieser Verknüpfung beachtet werden, dass der Verkehrslärm über das Verkehrsaufkommen mit der Luftqualität verknüpft ist (s. auch Abb. 7-1). Für Luftverunreinigungen (Feinstäube und Stickstoff) ist bekannt, dass sie einen Einfluss auf Erkrankungen der Atemwege haben (s. SRU, 2002, Tz. 541 ff.). Die Auswirkung von Verkehrs-lärm auf die psychische Verfassung und Konzentrationsfähigkeit von Kindern ist in den vorliegenden Studien widersprüchlich, weshalb kein signifikanter Zusammenhang in Tabelle 7-6 angegeben werden kann.

In den von MASCHKE und HECHT (2003a) ausgewerteten epidemiologischen Untersuchungen wurde ein statistisch signifikanter Zusammenhang zwischen einer Lärmbelastung und Hypertonie sowie Atemwegserkrankungen bei Kindern festgestellt. Dabei ist der Effekt bei einer nächtlichen Lärmbelastung größer als am Tag. Diese Erkenntnisse liefern für die Hypothese, dass eine Lärmbelastung verantwortlich für das Entstehen von Herz-Kreislauferkrankungen sein kann, zumindest weitere, statistisch abgesicherte Hinweise. Der statistische Zusammenhang zwischen dem Entstehen von Atemwegserkrankungen bei Kindern und einer nächtlichen Lärmbelastung muss weiterhin vorsichtig betrachtet werden.

Tabelle 7-6

Signifikant erhöhte gesundheitliche Risiken für Wirkungsendpunkte chronisch lärmexponierter Gruppen

Wirkungsendpunkt	am Tage		Bemerkung	in der Nacht	Bemerkung
	ganztags (24h)	16h		8h	
Hypertonie, Hypertoniebehandlungen	> 55 dB(A)[b] FBN		DWB; R50	50–55 dB(A)[c]	DWB; R50
Ischämische Herzkrankheiten	> 70 dB(A)[b]		DWB, R60		
Migräne, Migränebehandlungen	> 74 dB(A)[b]		R65	[> 55 dB(A)[c]]	R50
Häufige Bronchitis, Behandlungen		60–65 dB(A)³	R55	32–58 dB(A)[a] > 55 dB(A)[c]	DWB; R39; N&L DWB; R50
Asthma, Asthmabehandlungen				52–70 dB(A)[a]	DWB; R39; N&L
Allergien, Allergiebehandlungen				kein Effekt[a]	
Schilddrüse, Behandlungen	> 67 dB(A)[c]			R62#	
Stoffwechselstörung, Behandlungen				[50–55 dB(A)[c]]	DWB; R50
Psychische Störungen, (Mental Health)	> 75 dB(A)[c] WECPNL > 60 dB(A)[a]* LDN		DWB; THI DWB; R50		

Legende:
[a]   Kinder
[b]   Erwachsene
[c]   Ältere Probanden
*   Vorgeburtliches Risiko (z. B. Frühgeburt)
[ ]   Signifikanzniveau < 0,1
)   Nach Deutschem Fluglärmgesetz
DWB   Dosis-Wirkungs-Beziehung
R60   Referenzgruppe = xy dB(A)
FBN   In Schweden genutzter, zeitlich gewichteter Mittelungspegel
WECPNL   In Japan genutzter, gewichteter Mittelungspegel
LDN   Zeitlich gewichteter Mittelungspegel
THI   Fragebogen: Today Health Index (Cornell Medical Index)
N&L   Kombinationswirkung Lärm und Luftverschmutzung
Pegelwerte bei denen in epidemiologischen Untersuchungen erstmals signifikant erhöhte Risiken ($\alpha < 0{,}05$) für Wirkungsendpunkte im Vergleich zu leiseren Referenzgruppen beobachtet wurden. Angegeben sind äquivalente Dauerschallpegel L_{eq} (3), außen (abweichende Kenngrößen sind vermerkt).
Quelle: MASCHKE und HECHT, 2003a

640. Die umfangreiche epidemiologische Studie „Spandauer Gesundheits-Survey" zur Wirkung von Lärmstress wurde Anfang 2003 abgeschlossen (MASCHKE et al., 2003) und bietet einige neue beziehungsweise bestätigende Hinweise, die zum Teil auch in die Auswertung der Tabelle 7-6 eingegangen sind (MASCHKE und HECHT, 2003a). In dieser epidemiologischen Studie wurden vom Gesundheitsamt Spandau insgesamt 2 015 Personen untersucht, von denen 1 714 mindestens fünfmal an der Untersuchung teilnahmen. Die Teilnehmer wurden Untersuchungsgruppen zugeordnet, die sich in einem gemessenen Dauerschallpegel von jeweils 5 dB(A) unterschieden.

Eine objektive Erfassung der Lärmbelastung stellt nach Aussage der Autoren immer dann eine Schwierigkeit dar, wenn Geräusche mit einem ähnlichen Informationsgehalt (also Verkehrslärm untereinander und nicht Verkehrslärm mit Nachbarschaftslärm) zu bewerten sind und wenn Wirkungsendpunkte durch Lärmstress ermittelt werden sollen. Denn im Gegensatz zu lauter Musik oder lauten Gesprächen impliziert Verkehrslärm für den Menschen „Gefahr" (ISING und ISING, 2001). Deshalb ist es mit Schwierigkeiten verbunden, einer beobachteten Wirkung die genaue gemessene oder berechnete Exposition zuzuordnen. Aus diesem Grund wurde im „Spandauer Gesundheits-Survey" versucht, eine quellenbezogene Erfassung der Geräuschpegel unterschiedlicher Lärmquellen vorzunehmen und anschließend daraus einen wirkungsgerechten Schallpegel zu errechnen. Dabei wurde die nächtliche Geräuschbelastung gesondert berechnet und ausgewertet, da auch hier davon ausgegangen wird, dass Schlafstörungen einen Einfluss auf das Wohlbefinden und die Leistungsfähigkeit am Tage haben.

Im „Spandauer Gesundheits-Survey" wurden verschiedene Wirkungsendpunkte betrachtet: 1. Herz-Kreislauf-Erkrankungen, 2. Stoffwechselerkrankungen, 3. Erkrankungen des Immunsystems, 4. Erkrankungen des hormonellen Systems und 5. psychische Störungen.

Im Bereich der Herz-Kreislauf-Erkrankungen kommen die Autoren zu dem Ergebnis, dass insbesondere nächtlicher Lärm über 55 dB(A) im Außenbereich das Risiko für eine Entwicklung von Hypertonie (Bluthochdruck) deutlich erhöht (vgl. auch Tab. 7-5). Eine Lärmbelastung am Tag ließ dieses Risiko nicht im gleichen Maße erkennen. Bezüglich der Wirkungsendpunkte Ischämische Herzkrankheiten, Angina pectoris (Durchblutungsstörungen am Herzen), Herzinfarkt und Migräne konnte kein eindeutiger Zusammenhang zur Lärmbelastung aufgezeigt werden. Ein lediglich schwacher Zusammenhang besteht zwischen einer starken subjektiven Störung durch Fluglärm und einer höheren Häufigkeit von Herzinfarkten, deren Entstehen durch Lärm möglicherweise gefördert oder beschleunigt werden kann. Ebenfalls ist ein Trend zwischen der Häufigkeit von Behandlungen gegen Migräne und einer nächtlichen Lärmbelastung über 55 dB(A) zu erkennen. Eine nächtliche Lärmbelastung über 50 dB(A) könnte auch einen Einfluss auf Blutfettwerte (höherer Cholesterinspiegel) haben. An der Bildung von Typ-II Diabetes ist Lärm nach dieser Studie nicht beteiligt.

Ob ein lärmbedingter Einfluss auf das Immunsystem besteht, wurde an den Endpunkten Asthma bronchiale, chronische Bronchitis, allgemeine Allergieneigung und Krebserkrankungen betrachtet. Die Studie kommt zu dem Ergebnis, dass Verkehrslärm die Entwicklung von Asthma bronchiale und chronischer Bronchitis fördern kann, ohne dass ein Wirkmechanismus zu erkennen ist. Die Autoren geben zu Bedenken, dass Luftverunreinigungen weitere Einflussfaktoren sein können, die diese Erkrankungen beeinflussen (KÜNZLI et al., 2001; Tz. 639). Der Umweltrat weist darauf hin, dass es bei der Betrachtung der Wirkungsendpunkte im Bereich der atemwegsbezogenen Erkrankungen und Herz-Kreislauf-Erkrankungen unerlässlich ist, die Luftqualität als Einflussfaktor zu berücksichtigen. Dieses Vorgehen ist nötig, da verkehrsbedingte Emissionen wie Feinstäube und Stickstoffoxide in der Regel in Zusammenhang mit einer verkehrsbedingten Lärmbelastung anzutreffen sind. Darüber hinaus hat der Umweltrat in seinem vorliegenden und seinem letzten Umweltgutachten die Relevanz der Luftverunreinigungen und deren wesentlichen Einfluss auf die oben genannten Wirkungsendpunkte verdeutlicht (SRU, 2002, Tz. 541 ff.; Tz. 529 f., 537).

Ein Zusammenhang zwischen Lärmbelastung und Allergieneigung konnte nicht bestätigt und hinsichtlich eines Einflusses auf die Krebsentstehung konnte keine eindeutige Aussage getroffen werden, da nicht nach verschiedenen Krebsarten differenziert wurde. Ebenso unklar bleibt ein möglicher Einfluss auf Erkrankungen der Schilddrüse (Hormonelles System).

Die Häufigkeit psychischer Störungen wurde ebenfalls im Zusammenhang mit Verkehrslärm betrachtet. Es stellte sich heraus, dass diejenigen Personen häufiger an psychischen Störungen litten, die sich stark durch Lärm gestört fühlten. Die subjektiv empfundene Belästigung hatte in diesem Fall einen größeren Einfluss als die gemessene Schallbelastung (MASCHKE et al., 2003).

Die Autoren weisen darauf hin, dass sich die Teilnehmer zu den wiederholten Untersuchungen freiwillig gemeldet haben, weshalb kein repräsentativer Bevölkerungsdurchschnitt vorliegt. Die Probanden waren in der Regel ältere, gesundheitsbewusst lebende Personen. Durch das hohe Alter der Studienteilnehmer könnte ein höheres Risiko für Herz-Kreislauf-Erkrankungen vorliegen als in einem Bevölkerungsdurchschnitt. Allerdings gibt es möglicherweise Verzerrungen der Daten aufgrund der vergleichsweise gesundheitsbewussteren Lebensweise der Probanden. Beispielsweise könnten die untersuchten Personen durchschnittlich an weniger Fettstoffwechselerkrankungen leiden, als ein repräsentativer Bevölkerungsdurchschnitt. Weiterhin sollten aus Angaben ärztlicher Diagnosen abgeleitete Ergebnisse mit Vorsicht betrachtet werden, da gegebenenfalls ein so genannter Arztbias zum Tragen kommt. Möglicherweise stellen die Ärzte, die in den unterschiedlichen Kollektiven konsultiert wurden, häufiger bestimmte Diagnosen, sodass es hier zu einer Verzerrung kommt. Es ist in epidemiologischen Studien schwierig – selbst unter Berücksichtigung vieler Einflussfaktoren – Aussagen über einen eindeutigen Zusammenhang zu treffen. Dies gilt insbesondere dann, wenn die Wirkmechanismen wie beim Lärm nicht bekannt sind.

641. Eine kürzlich veröffentlichte Studie könnte unter Berücksichtigung der Hypothese, dass Lärm wie psychosozialer Stress wirkt, Hinweise auf ein mögliches Wirkungsmodell für kardiovaskuläre Endpunkte wie Arteriosklerose liefern. Die Wirkung psychosozialen Stresses wurde auf zellulärer Ebene in Zellkultur, im Tierversuch und an Probanden untersucht (BIERHAUS et al., 2003). Es wurde schon mehrfach gezeigt, dass Stress einen Einfluss auf die Bildung von Arteriosklerose hat und dieser adverse Effekt durch Katecholamine (Adrenalin und Noradrenalin) vermittelt wird (ROZANSKI et al., 1999; STANSFELD et al., 2002; SKANTZE et al., 1998). In der Studie von BIERHAUS et al. konnte erstmals die Aktivierung des NF-kappaB (Nekrosefaktor, löst Entzündungen und Abbauprozesse aus und hält sie in Gang) unter Stress in PBMC-Zellen nachgewiesen werden. Der Aktivierungsprozess in PBMC-Zellen kann an der Ausbildung von Herz-Kreislauf-Erkrankungen beteiligt sein, wenn die Stressreaktion andauernd oder häufig ausgelöst wird (BIERHAUS et al., 2003). Dieser Befund unterstützt die Ergebnisse des „Spandauer Gesundheits-Surveys" im Bereich der Herz-Kreislauf-Erkrankungen (MASCHKE et al., 2003).

642. Der Umweltrat ist der Ansicht, dass sowohl die aktuelle in Tabelle 7-5 dokumentierte Auswertung als auch die Ergebnisse des „Spandauer Gesundheits-Surveys" weitere Erkenntnisse bieten, die Hinweise auf nötige Schutzkonzepte liefern. Insbesondere der Einfluss einer Lärmbelastung auf das Entstehen von Herz-Kreislauf-Erkrankungen durch den Einfluss vom Lärm als Stressfaktor wurde durch die vorliegenden aktuellen Daten mehrfach untermauert.

Der Umweltrat hält es vor allem für erforderlich, eine an ihren Informationsgehalt angepasste Betrachtung der Lärmquellen durchzuführen. Offensichtlich ist, dass nicht nur selektiv eine Lärmquelle auf den Menschen wirkt, sondern immer die Summe des Lärms (Abschn. 7.1.4). Je nach Art des Lärms wird dieser allerdings unterbewusst anders gewichtet. Somit ist es notwendig, nicht nur den Schallpegel und die Häufigkeit, sondern auch den Informationsgehalt der jeweiligen Lärmquelle in ihrer störenden Wirkung einzubeziehen.

643. Die aktuellen wissenschaftlichen Untersuchungen belegen mittlerweile eindeutig, dass insbesondere die lärmbedingte Störung des Nachtschlafes zu gesundheitlich bedenklichen Effekten führen kann. Dabei liegen die beobachteten Effektschwellen für Primärreaktionen beim energieäquivalenten Dauerschallpegel zwischen 35 und 40 dB(A). Werden keine Effektschwellen sondern Wirkungsendpunkte – also lärmbedingte Erkrankungen – betrachtet, so ist festzuhalten, dass die epidemiologische Lärmwirkungsforschung deutliche Hinweise auf einen Zusammenhang zwischen einer Lärmbelastung und Herz-Kreislauf-Erkrankungen aufzeigen kann. Auch hier ist das Risiko zu erkranken, bei einer nächtlichen Lärmbelastung höher. Zwei neue und zum Teil noch nicht abgeschlossene Studien untermauern diese Erkenntnisse weitestgehend (DRL, 2001; MASCHKE et al., 2003).

Selbst wenn keine dieser Studien eine allgemein gültige und repräsentative Aussage über das lärmbedingte gesundheitliche Risiko der gesamten Bevölkerung in Deutschland zulässt, verdeutlichen die Ergebnisse nach Ansicht des Umweltrates erneut, dass der zunehmende Lärmstress bedeutende gesundheitliche Risiken mit sich bringt. Insbesondere die Ruhe in der Nacht und ein weit gehend ungestörter, erholsamer Schlaf haben einen erheblichen Einfluss auf die physische und psychische Gesundheit.

7.1.4 Summative Betrachtung von Lärmquellen

644. Die vorliegenden Studien unterstreichen die Notwendigkeit einer gemeinsamen Betrachtung und Bewertung der verschiedenen Lärmquellen. Auch in der Umgebungslärm-Richtlinie (2002/49/EG) geht es letztlich um eine „summative" Betrachtung der vielfältigen Quellen des Umgebungslärms (s. Tz. 651). Diese Notwendigkeit besteht insbesondere deshalb, weil Menschen in den meisten Fällen nicht nur einer Lärmquelle ausgesetzt sind, sondern einer Vielzahl unterschiedlicher Geräusche. Nach repräsentativen Umfragen fühlen sich von den 47 Millionen der durch Straßenverkehrslärm belästigten Einwohner rund 13 Millionen zusätzlich durch Fluglärm, 12 Millionen durch zusätzlichen Industrielärm und 11 Millionen durch zusätzlichen Schienenverkehrslärm belästigt (ORTSCHEID und WENDE, 2000b). Eine Verminderung der Lärmbelastung der Bevölkerung kann daher nur dann erfolgreich sein, wenn auch das Zusammenwirken mehrerer Lärmquellen berücksichtigt wird.

645. Die Dosis-Wirkungs-Beziehungen bei gleichzeitigem Einwirken mehrerer Schallquellen sind bislang aus medizinischer und psychologischer Sicht äußerst schwierig zu beschreiben. Lärmphysikalisch ist dagegen eine summative Betrachtung mehrerer Schallquellen möglich, die allerdings im Falle der Verwendung der Dezibelskala zu kontraintuitiven Ergebnissen führt. So steigt beispielsweise die Gesamtintensität zweier gleich lauter Schallereignisse um 3 dB an (und verdoppelt sich nicht etwa). Die Gesamtlautstärke zweier 50 dB lauten Schallereignisse addiert sich demzufolge zu 53 dB. Eine Erhöhung um 3 dB(A) wird vom Ohr aber als eine Verdoppelung des Lärms wahrgenommen. Bei drei gleichen Schallquellen fände eine Erhöhung des Schalldruckpegels um 5 dB statt, bei fünf Quellen um 7 dB etc. Ein in Bezug auf ein ursprüngliches Schallereignis zehnmal stärkeres Schallereignis führt zu einem Anwachsen der Schallintensität um 10 dB, ein 1 000-mal stärkeres zu einem Anwachsen um 30 dB (SCHICK, 1990, S. 20, 105 ff.). Aufgrund dieser eindeutigen Beziehungen liegt es nahe, dass gerade bei gleichartigen Geräuschen im selben Frequenzbereich eine summative Betrachtungsweise sinnvoll ist (SRU, 1999, Tz. 505).

Soll der Gesamtschalldruckpegel zweier verschieden starker Schallquellen ermittelt werden, so ist dieser in hohem

Maße von der Differenz der Schalldruckpegel der beiden Quellen abhängig. Während sich bei zwei gleich lauten Schallquellen der Gesamtpegel um 3 dB erhöht, erhöht sich der Gesamtpegel gegenüber dem Pegel der lauteren Quelle um nur noch 1 dB, wenn der Schalldruckpegel der leiseren Quelle um 6 dB unter dem der lauteren liegt, und um 0,4 dB, wenn der Differenzbetrag 10 dB beträgt (SCHICK, 1990, S. 106). Dies führt in der Regel dazu, dass sich von einem ebenfalls relevanten Hintergrundlärm eine oder zwei dominante Lärmquellen abheben (z. B. Straßenverkehrs- und Industrielärm).

646. Aus medizinischer und psychologischer Sicht ist schon die Betrachtung und Bewertung der gesundheitlichen Risiken durch einzelne Lärmquellen sehr komplex. Da für die meisten extraauralen Endpunkte schon in Bezug auf nur eine Lärmquelle kein Wirkungsmodell existiert, ist eine summative Betrachtung in epidemiologischen Studien extrem schwierig. Zusätzlich müssen alle Störeinflüsse (*Confounder*), die ebenfalls einen Einfluss auf den betrachteten Endpunkt haben, in die Bewertung eingehen. Die vornehmlich betrachteten Endpunkte wie zum Beispiel Herz-Kreislauf-Erkrankungen werden jedoch zugleich in einen relevanten Zusammenhang mit der Wirkung von Luftschadstoffen gebracht (DOCKERY et al., 1993; PETERS et al., 2001; SRU, 2002, Tz. 541 ff.). Da Luftschadstoffe jedoch in der Regel auch an solchen Orten in höheren Konzentrationen auftreten, an denen (Verkehrs-) Lärm zu finden ist, können diese Störeinflüsse nur sehr schwer voneinander getrennt werden. Dadurch wird die Darstellung von Zusammenhängen zwischen Wirkungsendpunkten und einer Kombination aus verschiedenen Lärmquellen in epidemiologischen Studien nahezu unmöglich. Auf die Schwierigkeit, den Einfluss vielfältiger Faktoren adäquat zu erfassen und zu bewerten, wird ebenfalls im „Spandauer Gesundheits-Survey" hingewiesen (MASCHKE et al., 2003). Werden Wirkungsendpunkte jedoch nur hinsichtlich einer einzelnen Lärmquelle betrachtet, ergeben sich in neueren Studien valide Hinweise auf Zusammenhänge (vgl. Tab. 7-6).

647. Der anteilig gewichtete Einfluss mehrerer Lärmquellen auf das Schutzgut menschliche Gesundheit, beziehungsweise die Summe des wirkenden Lärms kann in keiner der oben beschriebenen Studien bewertet werden. Für eine Dosis-Wirkungs-Beziehung in Bezug auf die Belästigung von Lärm aus unterschiedlichen Lärmquellen gibt es unterschiedliche theoretische Modelle. Allerdings werden diese von den Autoren selbst kritisch betrachtet. In vielen Untersuchungen scheint die dominante Quelle diejenige zu sein, die als am meisten störend empfunden wird, wobei die „Hintergrundbelästigung" vernachlässigt werden kann (De JONG, 1990; GUSKI, 1997; RONNEBAUM et al., 1997).

Es wurde der Versuch unternommen, Dosis-Wirkungs-Kurven für eine Gesamtlärmbelastung zu erstellen, indem die in verschiedenen Feld- und Laborstudien erhobene Belästigung vergleichend betrachtet wurde. In Abhängigkeit vom energieäquivalenten Dauerschallpegel wurde das Urteil der befragten Personen in einen so genannten subjektiven Skalierungswert (*subjective scaling value*, SSV) transformiert und einem Mittelungspegel zugeordnet. Bei dieser Analyse blieben starke Abweichungen unberücksichtigt, die durch den Einfluss spezieller Erhebungssituationen bedingt sein könnten. Zusätzlich wird eine lineare Abhängigkeit vorausgesetzt (SCHULTE-FORTKAMP et al., 1996). Die durch dieses Verfahren ermittelten Dosis-Wirkungs-Kurven für Feld- und Laboruntersuchungen werden in Abbildung 7-2 und 7-3 dargestellt.

In Abbildung 7-2 ist zu erkennen, dass die Belästigung durch einzelne Lärmquellen mit steigendem Pegel unterschiedlich stark zunimmt. Insbesondere die Belästigungskurve durch Fluglärm weist eine steilere Steigung auf als die Kurve der anderen Lärmarten. Bei Laboruntersuchungen konnte dagegen festgestellt werden, dass die Kurven für Straßen-, Schienen- und Flugverkehr geringe Unterschiede in der Steigung zeigen.

Bei der Bewertung dieser Analyse muss beachtet werden, dass der unterschiedliche Charakter der Lärmquellen, der bei Feldstudien zu beobachten ist, sich im Labor nicht nachweisen lässt. Darüber hinaus ist in beiden Graphiken deutlich zu erkennen, dass eine Betrachtung des Gesamtlärms der Belästigungswirkung einzelner Lärmquellen nicht gerecht werden kann. Die Belästigungswirkung von Flug- und Straßenverkehrslärm ist in Feldstudien bei gleichem Schallpegel stärker als die des Gesamtlärms. In Laborstudien liegt die Kurve des Gesamtlärms sogar deutlich unter den Kurven der anderen Lärmquellen.

648. Gesamtlärm wird auf Lärmskalen von Menschen nicht einheitlich bewertet, wodurch viele Schwierigkeiten bei der Entwicklung von Wirkungsmodellen entstehen. Im Gegensatz zu der Analyse von SCHULTE-FORTKAMP et al. (1996) ergab eine weitere Analyse von über 70 Feld- und Laborstudien, dass das „Modell der dominanten Quelle" am besten geeignet erscheint, um eine summative Lärmbelästigung zu bewerten (RONNEBAUM et al., 1997). Demzufolge scheinen mehrere gemeinsam auftretende Lärmquellen weniger belästigend zu wirken, als die lauteste Lärmquelle, wenn diese selektiv – ohne Betrachtung des Gesamtlärms – bewertet werden soll. Eine mögliche Erklärung für dieses lärmphysikalisch gesehen kontraintuitive Ergebnis ist, dass Menschen viele simultane Lärmquellen nicht adäquat bewerten können, oder die Information von mehreren Lärmquellen unbewusst grundsätzlich anders bewertet wird. Es ist weiterhin denkbar, dass Menschen bei einem erhöhten Bewusstsein für Umweltprobleme eine höhere Lärmempfindlichkeit entwickeln und auf diese Weise Gruppenunterschiede zum Tragen kommen. Eine höhere Lärmempfindlichkeit wirkt sich nachweislich auf physiologische Funktionen und auch auf das Wohlbefinden aus (di NISI et al., 1987). Dem Ergebnis der oben genannten Literaturstudie könnte jedoch ebenso ein methodischer Fehler in der Abfrage der Belästigung zugrunde liegen (RONNEBAUM et al., 1997). Eine weitere Studie kommt ebenfalls zu dem Resultat, dass widersprüchliche Ergebnisse häufig von Befragungs- beziehungsweise Messfehlern herrühren (JOB und HATFIELD, 2001).

Überblick

Abbildung 7-2

**Felduntersuchungen:
Gemittelte Dosis-Wirkungs-Kurven für verschiedene Quellen**

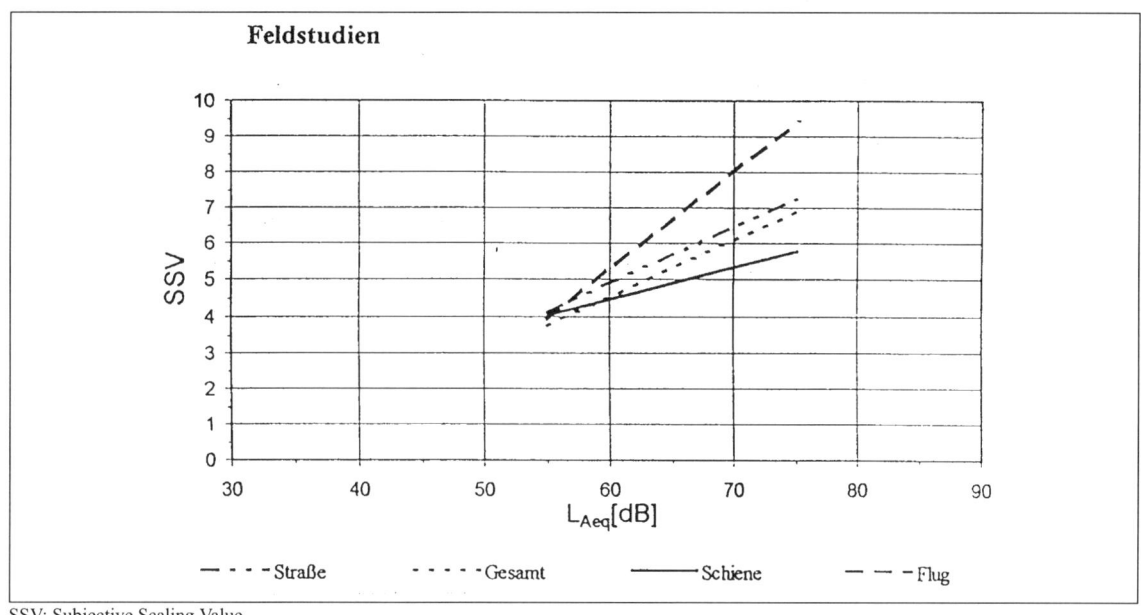

SSV: Subjective Scaling Value
Quelle: SCHULTE-FORTKAMP et al., 1996

Abbildung 7-3

**Laboruntersuchungen:
Gemittelte Dosis-Wirkungs-Kurven für verschiedene Quellen**

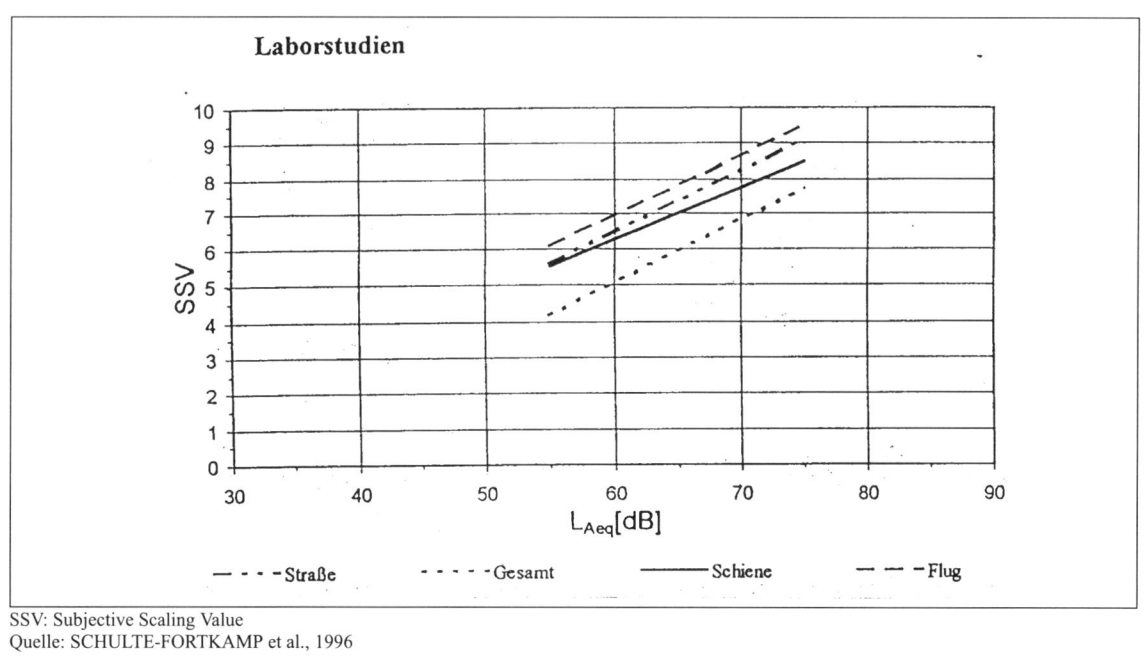

SSV: Subjective Scaling Value
Quelle: SCHULTE-FORTKAMP et al., 1996

Auch unter Berücksichtigung möglicher Messfehler stellen die Autoren jedoch keinen Unterschied fest, wenn sie verschiedene gleichzeitig auftretende Lärmquellen einzeln betrachten. Da die Interaktion verschiedener Lärmquellen anscheinend nicht abhängig von der Art der Lärmquelle ist, erscheint es nach diesen Studien vernünftig, bei der Bewertung der Lärmbelästigung die „Zielquelle" – also die lauteste Quelle – zu betrachten. Dabei könnte die Zusammensetzung des Hintergrundlärms vernachlässigt werden. Die Autoren selbst halten die Lösung, den Hintergrundlärm außer Acht zu lassen, nicht für sinnvoll. Wird dieser Hintergrund durch stetig neue Lärmquellen ergänzt (*noise creep*), steigt der Lärmpegel weiter an. Deshalb sollte, bezogen auf das jeweilige Schutzgut, ein Limit für die Hintergrundlärmbelastung gesetzt werden, das nicht überschritten werden sollte (JOB und HATFIELD, 2001).

649. Die oben aufgeführten Beispiele zeigen, dass unter den Wirkungsforschern zu der Frage der Bewertung von Gesamtlärm keine Einigkeit besteht (s. auch GUSKI, 1997). Um aber eine Lösung für dieses Problem zu finden, wird vom TÜV Rheinland/Berlin-Brandenburg ein pragmatischer Ansatz zur Bewertung von Gesamtlärm empfohlen (TÜV, 2000). Dieses Modell orientiert sich an einem vorläufigen Verfahren „Interim Methode" von 1995 (DELTA, 1995). Wegen Fehlens einer Dosis-Wirkungs-Beziehung setzt dieser Ansatz folgende Annahmen voraus:

– Alle Immissionswerte (*noise limits*) für die verschiedenen Geräuscharten beziehen sich auf den gleichen Belästigungsgrad.

– Alle Dosis-Wirkungs-Beziehungen weisen eine lineare Abhängigkeit auf.

– Die hinsichtlich der Belästigungswirkung gewichteten Geräuschpegel werden energetisch addiert.

Auf diese Weise kommen die Autoren zu einem Vorschlag für einen Gesamt-Immissionsgrenzwert (70 bis 75 dB(A) tags und 60 bis 65 dB(A) nachts) und -richtwert (59 bis 64 dB(A) tags und 49 bis 54 dB(A) nachts), wobei sich der Grenzwert an der „Schwelle" der Gesundheitsgefährdung orientiert und der Richtwert den Beginn schädlicher Umwelteinwirkungen kennzeichnet.

Durch die oben getroffenen Annahmen wird das Modell allerdings sehr stark vereinfacht und lässt außer Acht, dass die Gesamtlärmsituation häufig als weniger belästigend eingestuft wird als die lauteste Einzelquelle. Darüber hinaus ist eine lineare Abgängigkeit von Lärmwirkungen rein spekulativ. Ein linearer Zusammenhang konnte in den meisten untersuchten Parametern beispielsweise in der Studie „Leiser Verkehr" nicht aufgezeigt werden (DLR, 2001). Dennoch stellt dieses vereinfachte Modell eine sinnvolle vorläufige Methode dar, mit der eine Bewertung des Gesamtlärms erfolgen kann. Die Autoren schlagen vor, mit dem vorgestellten System Erfahrungen zu sammeln und es bei Vorliegen neuer Erkenntnisse zu erweitern.

650. Der Umweltrat kommt nach Bewertung der aktuellen Erkenntnisse der Lärmwirkungsforschung zu dem Schluss, dass die Hinweise aus langjähriger Forschung eine anspruchsvolle Lärmschutzpolitik rechtfertigen. Auch wenn nach wie vor die Wirkungszusammenhänge nicht bekannt sind, kann davon ausgegangen werden, dass eine Lärmbelastung einen starken Einfluss auf die menschliche Gesundheit und die gesundheitsbezogene Lebensqualität hat und zu einer erheblichen Belästigung der betroffenen Bevölkerung führen kann.

7.2 Aktuelle rechtspolitische Entwicklungen

7.2.1 Umsetzung der Umgebungslärm-Richtlinie

651. Das EG-Recht prägt seit längerem und stetig zunehmend das Lärmschutzrecht der Mitgliedstaaten und zwar im Wesentlichen durch die Vorgabe von Emissionsgrenzwerten. Das gilt bekanntlich für Kraftfahrzeuge, Verkehrsflugzeuge, Baumaschinen und sonstige im Freien zu betreibende Geräte und neuerdings auch für Hochgeschwindigkeitszüge (Überblick bei KOCH und PRALL, 2002; KOCH, 2003; SCHULTE und SCHRÖDER, 2000). Diese Lärmschutzpolitik der Emissionsgrenzwerte zielte immer zugleich auf eine Harmonisierung der produktbezogenen Anforderungen im Interesse des freien Binnenmarktes.

Mit der Umgebungslärm-Richtlinie (2002/49/EG) gewinnt die Lärmschutzpolitik der Gemeinschaft eine neue Qualität. Denn diese Richtlinie führt über eine allein emissionsorientierte Politik hinaus und ist letztlich auf die Förderung von Lärmqualitätszielen gerichtet, auch wenn die Richtlinie selbst keine Immissionsgrenz- oder Immissionsrichtwerte vorgibt. Ziel der Richtlinie ist die Bekämpfung des „Umgebungslärms, dem Menschen insbesondere in bebauten Gebieten, in öffentlichen Parks oder anderen ruhigen Gebieten eines Ballungsraums, in ruhigen Gebieten auf dem Land, in der Umgebung von Schulgebäuden, Krankenhäusern und anderen lärmempfindlichen Gebäuden und Gebieten ausgesetzt sind" (Art. 2 Abs. 1 RL). Unter „Umgebungslärm" versteht die Richtlinie „unerwünschte oder gesundheitsschädliche Geräusche im Freien, die durch Aktivitäten von Menschen verursacht werden, einschließlich des Lärms, der von Verkehrsmitteln, Straßenverkehr, Eisenbahnverkehr, Flugverkehr sowie Geländen für industrielle Tätigkeiten gemäß Anhang I der Richtlinie 96/61/EG des Rates vom 24. September 1996 über die integrierte Vermeidung und Verminderung der Umweltverschmutzung ausgeht" (Art. 3 lit.a RL).

Als wesentliche Pflichten der Mitgliedstaaten sieht die Umgebungslärm-Richtlinie vor:

– Die Harmonisierung von Lärmindizes und Bewertungsmethoden für Umgebungslärm;

– die Erarbeitung eines verbesserten Informationsstandes über Lärmbelästigungen in Form von „Lärmkarten" auf Grundlage der vereinheitlichten Lärmindizes und Bewertungsmethoden;

- die Information der Öffentlichkeit über bestehende Lärmbelästigungen, was sodann als Grundlage von „Lärmaktionsplänen" auf lokaler/regionaler Ebene genutzt werden soll;
- die Verpflichtung der Mitgliedstaaten, „Aktionspläne" zu erarbeiten (für Ballungszentren mit mehr als 250 000 Einwohnern bis 18. Juli 2008, für Ballungsräume mit mehr als 100 000 Einwohnern bis 18. Juli 2013). Der Mindestinhalt dieser Aktionspläne ergibt sich aus Anhang V des Richtlinienvorschlags.

Dieses Instrumentarium lässt keinen Zweifel daran zu, dass letztlich auf der Grundlage einer „gesamthaften", summativen Betrachtung der Belastung der Bevölkerung durch Umgebungslärm entsprechend umfassend angelegte Programme der Mitgliedstaaten zur Belastungsminderung induziert werden sollen.

Zur Umsetzung der Umgebungslärm-Richtlinie in Deutschland sind verschiedene Vorschläge mit teilweise weit reichenden Änderungen des Deutschen Lärmschutzrechts unterbreitet worden (IRMER, 2002). Die Bundesregierung beabsichtigt eine Ergänzung der Vorschriften über Lärmminderungsplanung im BImSchG in Verbindung mit vornehmlich technischen Konkretisierungen in einer zugehörigen Rechtsverordnung. Dabei soll im BImSchG die Lärmminderungsplanung alle Lärmquellen betreffen, auch die Flughäfen. Das ist insbesondere mit Blick auf die gebotene gesamthafte, akzeptorbezogene Betrachtungsweise sehr zu begrüßen.

7.2.2 Perspektiven für das deutsche Lärmschutzrecht

652. Der Umsetzungsprozess zur EG-Umgebungslärm-Richtlinie steht nicht nur unter dem Gebot, die unübersichtliche Vielfalt der deutschen Lärmschutzregelungen hinsichtlich wichtiger Erfassungs- und Bewertungsmethoden zu harmonisieren, sondern er bietet zugleich die große Chance, das schwerwiegende Defizit des deutschen Rechts, nämlich die segmentierende Betrachtung und Beurteilung verschiedener Lärmquellen in ein Konzept summativer, akzeptorbezogener Bewertung der Gesamtlärmbelastung der jeweils betroffenen Bevölkerung einzubinden (s. dazu SRU, 1999, Tz. 504 ff.). Hier sind verschiedene gesetzgeberische Optionen denkbar:

Vereinzelt wird ein Lärmschutzgesetz „aus einem Guss" vorgeschlagen und damit unter anderem die Herauslösung von Teilen des Lärmschutzrechts aus dem BImSchG (IRMER, 2002). Bei aller Eigenständigkeit, die dem Schutz vor Lärm gegenüber dem Schutz vor Luftverunreinigungen regelungsstrukturell gewiss zukommen sollte, erscheint eine solche Zersplitterung des Immissionsschutzrechts eher nicht vorzugswürdig. Zwar könnte unter dem Dach eines umfassenden Umweltgesetzbuches – allerdings unter Wahrung der Gemeinsamkeiten – auch eine deutlichere Eigenständigkeit der beiden großen Gebiete des Immissionsschutzrechts – nämlich der Luftreinhaltung und des Lärmschutzes – gelingen. Sieht man unter den gegenwärtigen Rahmenbedingungen von dieser Option jedoch ab, so bietet sich eine Erweiterung des BImSchG durchaus als adäquater gesetzgeberischer Rahmen für die Zusammenführung, Harmonisierung und gesamthafte Regelung des Lärmschutzrechts an. Dabei muss die praktische Bedeutung der verschiedenen Lärmquellen berücksichtigt werden. Demgemäß ist der adäquaten Regulierung des Verkehrslärms, insbesondere des Straßenverkehrslärms besondere Aufmerksamkeit zu schenken. Dazu sind mindestens erforderlich

- eine Erstreckung des Geltungsbereichs des BImSchG auf Flughäfen,
- eine Verankerung des Konzepts der summativen Lärmbetrachtung im BImSchG,
- eine diesen gesetzlichen Regelungen entsprechende Ergänzung, Koordination und Vernetzung der untergesetzlichen Regelwerke für die Lärmermittlung, die Lärmbewertung und die lärmschutzbezogenen Anforderungen sowie
- eine wesentliche Fortentwicklung des Instruments der Lärmminderungsplanung.

Auf einzelne Korrektur- und Ergänzungsbedarfe hinsichtlich des geltenden Rechts wird nachfolgend eingegangen.

7.2.2.1 Straßenverkehrslärm

653. Wie eingangs schon dargestellt wurde, ist der Straßenverkehrslärm insbesondere in den städtischen Ballungsräumen die dominante Belastungsquelle gerade auch aus der Sicht der lärmbetroffenen Bevölkerung (Tz. 628 ff.).

Im Bereich des Straßenverkehrs sind erhebliche Bemühungen zur Verminderung der Lärmbekämpfung unternommen worden. Das gilt zum einen für *Maßnahmen an der Lärmquelle*, insbesondere also an den Fahrzeugen. Mithilfe der sukzessive verschärften Euro-Normen, die über § 49 StVZO ins deutsche Recht rezipiert werden, ist eine beachtliche Lärmminderung gerade auch bei den besonders relevanten Lastkraftwagen gelungen (KOCH, 2003, § 55 Rn. 15 ff., 37 f.). Die Erfolge werden allerdings durch das ungebremste Verkehrsmengenwachstum teilweise zunichte gemacht (Tz. 628).

654. Auf dem Gebiet der *Verkehrswegeplanung* sind mithilfe des vierstufigen „Lärmbekämpfungsprogramms" der §§ 41 ff. des Bundes-Immissionsschutzgesetzes (BImSchG) in Verbindung mit den beiden maßgeblichen Verordnungen, nämlich der Verkehrslärmschutzverordnung (16. BImSchV) und der Verkehrswege-Schallschutzmaßnahmenverordnung (24. BImSchV) deutliche Erfolge für den Schutz der Bevölkerung vor Straßenverkehrslärm erzielt worden (KOCH, 2003; SCHULZE-FIELITZ, 2001). Die vier Gebote der Verkehrswegeplanung garantieren als jeder Abwägung entzogen „harten Kern" des deutschen Verkehrslärmschutzrechts ungefähr die Einhaltung eines äquivalenten Dauerschallpegels innen von 40 dB(A) in Wohn- und 30 dB(A) in Schlafräumen, allerdings, wie zu betonen ist, nur mit Blick auf den gerade in der Planung stehenden Verkehrsweg. Diese vier Rechtspflichten lauten folgendermaßen:

– einer schonenden Trassenführung (§§ 41 Abs. 1, 50 BImSchG),

– eines aktiven Lärmschutzes nach dem Stand der Technik unter verbindlicher Orientierung an den Grenzwerten der 16. BImSchV (§§ 41 Abs. 1, 43 Abs. 1 Nr. 1 BImSchG),

– eines passiven Schallschutzes zur Vermeidung schädlicher Umwelteinwirkungen nach Maßgabe der 24. BImSchV, falls aktiver Lärmschutz wegen unverhältnismäßiger Kosten nicht oder nur partiell durchzuführen ist (§§ 41 Abs. 2, 43 Abs. 1 Nr. 3 BImSchG), sowie

– einer angemessenen Entschädigung in Geld, soweit schädliche Umwelteinwirkungen im Außenwohnbereich nicht vermieden werden können (§ 42 Abs. 2 Satz 2 BImSchG, § 74 Abs. 2 Satz 3 Verwaltungsverfahrensgesetz).

Das Wertepaar 30/40 dB(A) innen entspricht der langjährigen Rechtsprechung des Bundesverwaltungsgerichts (s. nur BVerwG NJW 1995, S. 2573) und gewährleistet ohne hinzutretende Beiträge anderer Lärmquellen ungestörte Kommunikation und ungestörten Schlaf. Mit Blick auf die naturwissenschaftlichen Einschätzungen (s. Abschn. 7.1.3) liegt das Wertepaar 30/40 dB(A) auf der sicheren Seite für einen präventiven Schutz.

Wie stark der Außenwohnbereich verlärmt wird, hängt unter anderem davon ab, welche Kosten des aktiven Lärmschutzes als prohibitiv eingestuft werden dürfen und ob und gegebenenfalls welche anderen Gesichtspunkte jenseits der Kostenaspekte dazu berechtigen können, auf aktive Schallschutzmaßnahmen als unverhältnismäßig im Sinne einer Gesamtabwägung zu verzichten. Hierzu gehen die Ansichten in der juristischen Literatur auseinander und auch die Rechtsprechung hat noch nicht zu einer einheitlichen Linie gefunden (s. nur BVerwGE 104, S. 123, 139; BVerwGE 108, S. 248, 255 ff.). Soll der Schutz vor Verkehrslärm nicht vornehmlich hinter Schallschutzwänden und Schallschutzfenstern gewährleistet sein, kommt es jedoch entscheidend auf die Vermeidung von Straßenverkehrslärm, eine schonende Trassenführung und unter Umständen auf kostspielige aktive Schutzmaßnahmen etwa durch Untertunnelung an (SCHULZE-FIELITZ, 2002).

655. Das Lärmschutzkonzept der §§ 41 ff. Bundes-Immissionsschutzgesetz in Verbindung mit der 16. und der 24. BImSchV hat im Übrigen zwei wesentliche Schwächen. Zum einen finden die Vorschriften nur bei wesentlicher Änderung oder beim Neubau von Verkehrswegen, jedoch nicht zur Sanierung vorfindlicher Belastungslagen Anwendung. Außerdem normiert die 16. BImSchV eine von der Rechtsprechung akzeptierte segmentierende Betrachtung des singulären, jeweils in der Planung stehenden Verkehrsweges jedenfalls bis hin an die Schwelle der Gesundheitsgefährdung (s. nur BVerwGE 101, S. 1, 9 f.). Zwar ziele – so meint das Bundesverwaltungsgericht – der Begriff der schädlichen Umwelteinwirkungen auf eine summative Betrachtung und schließe der Wortlaut des § 41 BImSchG eine summative Betrachtung auch nicht aus, jedoch gebiete der Wortlaut andererseits die summative Betrachtung nicht, sodass sich die Entscheidung des Verordnungsgebers der 16. BImSchV für eine Separierung des jeweiligen Verkehrsweges im gesetzlichen Rahmen halte. Allerdings dürften aus verfassungsrechtlichen Gründen summierte Immissionen nicht zur Gesundheitsgefährdung führen. Dazu habe deshalb auch der Gesetzgeber nicht ermächtigen wollen, sodass eine lärmquellenbezogene Betrachtung an dieser Grenze ihre Schranke finde. Dem stehen allerdings gesetzessystematische und verfassungsrechtliche Gesichtspunkte entgegen, die sich gerade wegen des auch vom Bundesverwaltungsgericht zumindest als „offen" eingestuften Wortsinns der streitigen Regelung aufdrängen: Insbesondere ist der Begriff der schädlichen Umwelteinwirkungen zu berücksichtigen, dessen akzeptorbezogene, also schutzgutbezogene Betrachtungsweise im BImSchG eine fundamentale konzeptionelle Bedeutung hat. Ein rational nachvollziehbarer Rechtsgüterschutz verlangt als notwendige Bedingung eine akzeptorbeziehungsweise schutzgutbezogene Betrachtungsweise. Wer nur separierte Lärmquellen in den Blick nimmt, kann schon konzeptionell nicht zuverlässig Schutz vor schädlichen Umwelteinwirkungen gewähren (näher KOCH, 1999; DOLDE, 2001).

656. Gerade in städtischen Ballungsräumen setzt die angemessene Bewältigung der Verkehrslärmproblematik eine umfassende und weitsichtige *Gesamtverkehrsplanung* voraus. Hier fehlt es bislang an einem adäquaten rechtlichen Planungsrahmen. Die informalen Verkehrsplanungen der Gemeinden sind von sehr unterschiedlicher Qualität. Insgesamt ist festzustellen, dass verkehrserzeugende städtebauliche Entwicklungen, auch solche auf der Grundlage der kommunalen Bebauungsplanung, vielfach nicht von einer adäquaten planerischen Bewältigung der Verkehrsprobleme begleitet werden (s. umfassend KOCH et al., 2001).

657. Schließlich kommt – wenngleich nachrangig – den vielfältigen Instrumenten der *Verkehrslenkung* Bedeutung zu. Insofern ist namentlich das Straßenverkehrsrecht in den vergangenen zwei Jahrzehnten sukzessive „ökologisiert" worden, das heißt in der Zielsetzung über die Aspekte der Flüssigkeit und Leichtigkeit der Verkehrsabläufe hinaus um Ziele des Umweltschutzes, insbesondere auch des Schutzes vor Verkehrslärm angereichert worden. Hier ist als zentrale Vorschrift § 45 Straßenverkehrszulassungsordnung mit seinen Verkehrsbeschränkungen und -verboten aus Gründen der Luftreinhaltung und des Lärmschutzes sowie mit seinen verschiedenen Zonenregelungen (verkehrsberuhigte Bereiche, Fußgängerzonen u. a.) zu nennen. Dieses Instrumentarium kann sein Potenzial allerdings nur im Rahmen einer kommunalen Gesamtverkehrsplanung angemessen zur Geltung bringen (KOCH und MENGEL, 2000).

658. Im Bereich aller Regelungsansätze, also der Lärmreduktion an der Quelle, der lärmmindernden Verkehrswegeplanung sowie einer dementsprechenden Verkehrslenkung sieht der Umweltrat weitere, teilweise erhebliche Potenziale für die erforderliche Verminderung der Verkehrslärmbelastung der Bevölkerung. Er empfiehlt der Bundesregierung insbesondere folgende Reformschritte:

– Verschärfungen von Maßnahmen an der Lärmquelle, insbesondere an den Fahrzeugen. Bei Lastkraftwagen und Motorrädern können die Antriebsgeräusche deutlich gemindert werden, bei allen Fahrzeugen die Rollgeräusche durch verbesserte, lärmarme Reifen.

– Ergänzungen und Korrekturen des Straßenplanungsrechts, insbesondere durch eine deutliche Novellierung der 16. BImSchV, die hinsichtlich des Lärmschutzes ausschließlich und damit unzureichend auf den zu errichtenden beziehungsweise zu ändernden Verkehrsweg abstellt. Außerdem ist mit Blick auf die dominante Rolle des innerstädtischen Verkehrslärms den Gemeinden ein adäquates rechtliches Verkehrsplanungsinstrumentarium zur Verfügung zu stellen.

– Verbesserungen des Instrumentariums der Verkehrslenkung gerade auch unter Gesichtspunkten des Lärmschutzes. Dafür sind sowohl ökonomische Anreizinstrumente wie auch ein flächendeckendes Tempolimit geeignete Maßnahmen.

Im vorliegenden Zusammenhang ist ergänzend zu betonen, dass der Verkehrslärm in die Gesamtlärmermittlung und -bewertung einzubeziehen ist. Sofern die Umsetzung der Umgebungslärm-Richtlinie insoweit nicht zu einer Neubestimmung des gesamten Lärmschutzrechts im Sinne einer summativen Betrachtungsweise aller Lärmquellen genutzt wird, sind entsprechende detaillierte Korrekturen im BImSchG vorzunehmen, sodass die Regulierung von Verkehrslärm in der Verkehrswegeplanung und Verkehrslenkung nicht ohne Berücksichtigung von Lärmvorbelastungen erfolgen darf. Für weitere, vielfältige Einzelheiten über Maßnahmen zur Reduktion der Verkehrslärmbelastung der Bevölkerung wird auf das geplante Sondergutachten „Umweltprobleme des Kfz-Verkehrs" des Umweltrates hingewiesen.

7.2.2.2 Fluglärm

659. Insgesamt ist die Regelungssituation im Bereich des Schutzes vor Fluglärm ausgesprochen defizitär: Ein lückenhaftes Flughafenplanungsrecht ohne klare Regelungen über das anzustrebende Schutzniveau (Kritik bei SCHULZE-FILITZ, 2003), ein in seinen Maßstäben gänzlich überholtes, hinsichtlich der notwendigen Siedlungsbeschränkungen ungeeignetes Fluglärmschutzgesetz (Kritik bei KOCH und WIENEKE, 2003) sowie eine unzureichende internationale Durchsetzung des Standes der Lärmminderungstechnik am Fluggerät (dazu SCHULTE, 2003) sind maßgeblich mit ursächlich dafür, dass die Bevölkerung die Beeinträchtigung durch den Fluglärm als erhebliches Umweltproblem einstuft und ihr den zweiten „Rang" hinter den Belastungen durch den Straßenverkehr zuweist.

Vor diesem Hintergrund empfiehlt der Umweltrat der Bundesregierung

– auf internationaler und europäischer Ebene nachdrücklich auf eine raschere und konsequentere Durchsetzung der Lärmminderungstechniken am Fluggerät zu drängen,

– die deutschen Flughäfen in ihren quellenbezogenen Lärmschutzbemühungen durch eine bestmögliche Umsetzung der (in Vorbereitung befindlichen) Landeentgelte- sowie der Betriebsbeschränkungsrichtlinie zu unterstützen,

– die seit nunmehr 44 Jahren geltende Schutzauflagenvorschrift des § 9 Abs. 2 LuftVG im Interesse auch der Rechtssicherheit für Drittbetroffene durch eine Luftverkehrslärmschutzverordnung entsprechend der 16. BImSchV zu konkretisieren und damit auch den Zustand permanenter „Nothilfe" in Form von singulären Konkretisierungsbeiträgen der Rechtsprechung zu beenden sowie

– das seit 30 Jahren unverändert geltende, teilweise schon mit seinem Inkrafttreten ungeeignete Fluglärmschutzgesetz auf dem von der Bundesregierung schon in der vorigen Legislaturperiode eingeschlagenen Weg zu novellieren (SRU, 2002, Tz. 601 ff.). Allerdings sollten über den seinerzeitigen Entwurf hinaus auch die Vorschriften über Siedlungsbeschränkungen zu adäquaten Lenkungsinstrumenten entwickelt werden. Im Übrigen gilt natürlich auch für den Luftverkehrslärm, dass er in eine Gesamtlärmbetrachtung und -regulierung einzubeziehen ist.

7.2.2.3 Schienenverkehrslärm

660. Beim Schienenverkehrslärm bestehen erhebliche Lärmminderungspotenziale durch Maßnahmen an den Emissionsquellen, also an den Antriebselementen, den Fahrgestellen, den Bremsen und den Gleisbetten (UBA, 1998, S. 196 ff.). Hier sind dringend (europa-)rechtliche Regelungen anzustreben (SCHULTE, 2002; KOCH, 2000, S. 496 f.). Insofern ist es zu begrüßen, dass die EU-Kommission einen Anfang mit der Festlegung von Geräuschgrenzwerten für Hochgeschwindigkeitszüge auf der Grundlage der Richtlinie über Interoperabilität des transeuropäischen Hochgeschwindigkeitsnetzes (96/48/EG) gemacht hat.

Im Übrigen ist auch zum Planfeststellungsrecht für Schienenwege eine summative Betrachtungsweise anzumahnen. Es ist im hohem Maße problematisch, dass im Zuge der Wiederertüchtigung zahlreicher Schienenwege in Ostdeutschland auf der Grundlage zweifelhafter rechtsdogmatischer Konstruktionen und offensichtlicher finanzpolitischer Motivationen ein adäquater Lärmschutz versagt wird und damit die Sanierungsfälle der nahen Zukunft geschaffen werden (SCHULTE, 2000, S. 197 f.; KOCH, 2000, S. 697). Hierzu empfiehlt der Umweltrat entsprechende rechtliche Klarstellungen in der 16. BImSchV.

Offenbar wird als unproblematische Selbstverständlichkeit angesehen, dass die Bahn auf „ihrem" Schienennetz fahren kann, wann und wie sie es betriebstechnisch und betriebswirtschaftlich für sinnvoll hält. Das versteht sich aber durchaus nicht von selbst. In stark lärmbelasteten Konstellationen stellt sich vielmehr die Frage, ob die nächtliche Zughäufigkeit und Fahrgeschwindigkeit auch am Ziel noch zumutbarer Lärmbelastung zu orientieren ist. Die Grenzen der betrieblichen Autonomie der Bahn werden gegenwärtig durch mögliche Ansprüche auf Lärmsanierung gezogen, die jedoch nur unter strengen Voraussetzungen gewährt werden (MICHLER, 1998). Um ein Höchstmaß an betrieblicher Autonomie zu wahren und hinderliche Betriebsbeschränkungen in einem zumeist stark ausgelasteten Netz zu vermeiden, erscheint es umso wichtiger, die festgestellten Regelungsdefizite hinsichtlich der Lärmminderung an der Quelle und in der Planung zu beheben. Gleichwohl ist über Instrumente der Beeinflussung der Verkehrslenkung etwa durch das Eisenbahnbundesamt nachzudenken.

7.2.2.4 Anlagen- und Maschinenlärm

661. Die für den Anlagenlärm maßgebliche TA Lärm 1998 hat die zuvor 30 Jahre unverändert geltende aus der Zeit vor dem Bundes-Immissionsschutzgesetz stammende TA Lärm 1968 abgelöst. Die TA Lärm von 1998 hat eine Reihe von Verbesserungen für den Schutz vor Lärm gebracht und entspricht den gesetzlichen Vorgaben in weitem Umfang (s. näher FELDHAUS, 1998; SCHULZE-FILITZ, 1998; HANSMANN, 2002). Insbesondere zu der praktisch sehr bedeutsamen Problematik der summativen Lärmbelastung durch mehrere Lärmquellen bringt die TA Lärm Verbesserungen für die Betroffenen, ohne allerdings den gesetzlichen Vorgaben schon vollen Umfanges zu genügen (DOLDE, 2001; KOCH, 1999). Einerseits ist nunmehr gemäß Nr. 3.2.1 TA Lärm ausdrücklich maßgeblich, ob die „Gesamtbelastung" am Immissionsort Immissionsrichtwerte nach Nr. 6 überschreitet. Insofern ist eine summative, akzeptorbezogene Betrachtungsweise geboten. Allerdings ist – einschränkend – zu beachten, dass nach Nr. 2.4 Abs. 3 TA Lärm „Gesamtbelastung" diejenige Belastung ist, die von allen der TA Lärm unterfallenden – und nur von diesen – Anlagen hervorgerufen wird. Der TA Lärm unterfallen aber unter anderem nicht Verkehrswege, Sportanlagen, Freizeitanlagen usw. Insofern geht es hier um eine sehr restriktive Art der Gesamtbetrachtung, die deshalb durch eine ergänzende Sonderfallprüfung gemäß Nr. 3.2.2 TA Lärm auf andere relevante Lärmquellen erstreckt werden muss (s. für die ganz vorherrschende Ansicht HANSMANN, 2000, Nr. 3 Rn. 43 ff.).

Zu kritisieren ist auch, dass die TA Lärm auf die Normierung vorsorgebezogener Emissionsgrenzwerte gänzlich verzichtet (s. schon SRU, 1999, Tz. 495). Gewiss wird manches durch die emissionsbezogenen Anforderungen an Maschinen (inzwischen 32. BImSchV) geleistet. Gleichwohl erscheint es empfehlenswert, für einige lärmintensive Anlagenkategorien, die in der Regel ein Konglomerat aus zahlreichen Maschinen darstellen, anlagenbezogene Emissionsgrenzwerte als Stand der Technik zu normieren.

Wichtige Verbesserungen in Sachen Anlagenlärm sind von der Geräte- und Maschinenlärmschutzverordnung (32. BImSchV) vom 29. August 2002 zu erwarten. Die 32. BImSchV, die eine entsprechende Richtlinie der EG (2000/14/EG) umsetzt und die 8. und 15. BImSchV sowie zahlreiche Baumaschinen-Verwaltungsvorschriften ablöst, (s. KOCH und PRALL, 2002, S. 672; KOCH, 2002, S. 236 f.), normiert vor allem verschärfte Emissionsgrenzwerte für rund 60 Geräte- und Maschinenarten, die im Freien verwendet werden und vielfach zu erheblichen Belästigungen der Bevölkerung führen. Dazu gehören Baumaschinen, diverse Gartengeräte einschließlich Rasenmähern und Laubbläsern, Geräte der Stadtreinigung und Abfallbeseitigung bis hin zum Altglascontainer. Weiterhin setzt die Verordnung die Anforderung der Richtlinie an das Inverkehrbringen der Geräte und Maschinen sowie an eine entsprechende Marktüberwachung um.

Von wesentlicher Bedeutung ist schließlich auch die Betriebszeitenregelung, mit der die Bundesregierung von der entsprechenden EG-rechtlichen Ermächtigungsgrundlage Gebrauch gemacht hat. Es fällt auf, dass für Mischgebiete, die bekanntlich nicht nur der gewerblichen Nutzung, sondern ebenso auch der Wohnnutzung dienen, Betriebszeitenregelungen fehlen (s. § 7 32. BImSchV). Besser wäre eine Betriebszeitenregelung mit Ausnahmen für ausschließlich gewerblich geprägte Teile der Mischgebiete.

662. Für den besonders wichtigen Bereich des Einsatzes von Baumaschinen bleibt die Allgemeine Verwaltungsvorschrift Baumaschinen-Geräuschimmissionen vom 19. August 1970 (Bundesanzeiger Nr. 160 vom 1. Januar 1970) unverändert in Kraft. Darin sind gebietsspezifische Immissionsrichtwerte normiert, sodass die notwendige akzeptorbezogene Betrachtungsweise grundsätzlich gewährleistet erscheint. Dieses Regelwerk ist dementsprechend zur Konkretisierung der immissionsschutzrechtlichen Anforderungen an Baustellen im Rahmen des § 22 BImSchG heranzuziehen, und zwar zur Beantwortung der Frage, wann der Baustellenlärm auf ein verträgliches „Mindestmaß" beschränkt ist. Die Fortgeltung dieses – im sachlichen Kern unverzichtbaren – Relikts aus der Frühzeit des Lärmschutzrechts fördert nicht die Übersichtlichkeit der maßgeblichen Rechtsquellen und sollte im Zuge der anzustrebenden Harmonisierung des deutschen Lärmschutzrechts durch eine moderne Regelung ersetzt werden.

Insgesamt ist bei der Bewertung der Probleme des Anlagenlärms zu beachten, dass diese Lärmquellen in der Wahrnehmung der Bevölkerung inzwischen eine nachrangige Rolle spielen. Strukturveränderungen in der Wirtschaft, Fortschritte in der Lärmminderungstechnik, eine über Jahrzehnte bestehende Fokussierung des Lärmschutzrechts auf den Anlagenlärm (TA Lärm, 1968) sowie verbesserte Planungsinstrumente bei der Festsetzung von Industrie- und Gewerbegebieten sind für Erfolge im anlagenbezogenen Lärmschutz verantwortlich, sodass weitere wünschenswerte Verbesserungen auf diesem Gebiet jedenfalls nicht als vordringlich einzustufen sind.

7.2.2.5 Lärm von Sport- und Freizeitanlagen

663. In der Freizeitgesellschaft bilden auch Sport- und Freizeitanlagen ein – wenngleich aufs Ganze gesehen – nachrangig wichtiges, gleichwohl relevantes Konfliktfeld. Die gesellschaftspolitische Aufregung, die durch einige vertretbar restriktive höchstrichterliche Entscheidungen unter anderem zur hamburgischen Sportanlage *Tegelsbarg* (BverwGE 81, S. 197) hervorgerufen worden ist, konnte durch die subtilen Regelungen der Sportanlagenlärmschutzverordnung (18. BImSchV) offenbar gedämpft werden (KETTELER, 2002, S. 1070).

Für die Regulierung von Problemen des sonstigen Freizeitlärms stehen den Behörden vielfach noch keine hinreichend effektiven Instrumente zur Verfügung (Übersicht bei KOCH und MAAß, 2000). Anhaltspunkte bietet die Freizeitlärm-Richtlinie des Länderausschusses für Immissionsschutz von 1995. Sie vermag jedoch nicht die nötige Rechtssicherheit herzustellen. Bedenkt man, dass selbst so unverdächtig klingende Veranstaltungen wie ein bayerisches Kirchweihfest zu einem solchen Spektakel geraten können, dass die Anwohner in einen kostspieligen Kurzurlaub flüchten, erscheint die Mühe einer Rechtssicherheit gebenden staatlichen Normierung gerechtfertigt.

7.3 Zusammenfassung und Empfehlungen

664. In den letzten zwei Jahrzehnten hat die Lärmwirkungsforschung eine bemerkenswerte Breite und Tiefe erlangt. Allerdings konnten auch jüngere Studien, die hier vorgestellt werden, eine Reihe wichtiger Fragen im komplexen Ursachen-Wirkungsgefüge lärmbedingter (Gesundheits-) Beeinträchtigungen nicht klären. Immerhin sind erneut wichtige bisherige Befunde der Lärmwirkungsforschung bestätigt worden:

– Es kann kein ernster Zweifel mehr daran bestehen, dass Störungen des nächtlichen Schlafens in besonderer Weise geeignet sind, die Gesundheit, aber auch die gesundheitsbezogene Lebensqualität zu beeinträchtigen.

– Für die Bewertung von Lärmbelastungssituationen kommt neben dem äquivalenten Dauerschallpegel der Häufigkeit, Dauer und Lautstärke einzelner Schallereignisse eine wesentliche Bedeutung zu.

– Die Ergebnisse der Lärmwirkungsforschung reichen – bei allem weiteren Forschungsbedarf – völlig aus, um anspruchsvolle Ziele der europäischen und deutschen Lärmschutzpolitik zu rechtfertigen. Allerdings bedarf die Fixierung von Lärmqualitäts- und Lärmhandlungszielen politischer Entscheidungen. Ziel- und Grenzwerte lassen sich wissenschaftlich nicht definitiv bestimmen. Auf der Grundlage der Erträge der Wirkungsforschung hält der Umweltrat an seinen früheren Vorschlägen fest (SRU, 1999, Tz. 493 ff.): Das Umwelthandlungsziel der Bundesregierung von 65 dB(A) Außenpegel bei Tag kann nur ein Nahziel für den vorbeugenden Gesundheitsschutz und den Schutz gegen erhebliche Belästigungen darstellen. Es muss durch mittelfristige Ziele – 62 dB(A) als Präventionswert und 55 dB(A) als Vorsorgezielwert – ergänzt werden. Für die Nachtzeit sind kurzfristig ein Außenwert von 55 dB(A), mittelfristig ein Wert von 52 dB(A) und langfristig ein Vorsorgezielwert von 45 dB(A) anzustreben. Dabei führt ein Außenpegel von 45 dB(A) bei gekipptem Fenster zu einem Pegel von circa 30 dB(A) am Ohr des Schläfers.

Vordringliche Aufgabe der Lärmschutzpolitik ist die Reduktion des Verkehrslärms, insbesondere des Straßenverkehrslärms. Ohne eine energische Politik in diesem Bereich sind relevante Verbesserungen der Lärmbelastungssituation der Bevölkerung nicht erreichbar. Denn die anderen Lärmquellen, auch der Industrieanlagenlärm, sind gegenüber dem Verkehrslärm deutlich nachrangig. Der Umweltrat empfiehlt daher:

– Um beim Straßenverkehrslärm, aber auch beim Schienenverkehrslärm erkennbare Erfolge zu erzielen, sollte die extrem quellenseparierende Betrachtungsweise der 16. BImSchV aufgegeben werden. Gegenwärtig werden sehenden Auges die Sanierungsfälle von morgen gebaut.

– Für eine erfolgreiche kommunale Gesamtverkehrsplanung sollte ein adäquater rechtlicher Rahmen geschaffen werden. Dabei sollten die Gemeinden auch durch realistische Qualitätsvorgaben an verkehrserzeugenden Planungen ohne entsprechende Konfliktbewältigungsstrategien gehindert werden.

– Die Schutzvorschrift des § 9 Abs. 2 Luftverkehrsgesetz zugunsten der Flughafenanrainer bedarf seit 44 Jahren der Konkretisierung durch ein untergesetzliches Lärmregelwerk. Dieser Zustand der Rechtsunsicherheit, den die Rechtsprechung trotz sehr respektabler Bemühungen (s. zuletzt BverwGE 107, 313) naturgemäß nur ungenügend ausgleichen kann, sollte dringend durch den Erlass einer zeitgemäßen Fluglärmschutzverordnung beendet werden. Außerdem bedarf das seit 1971 unverändert geltende Fluglärmschutzgesetz sofort einer entschiedenen Anpassung an den Stand der Lärmwirkungsforschung. Der gescheiterte BMU-Entwurf mit abgesenkten Grenzwerten für die Lärmschutzzonen – 65/60 dB(A) – und der Einführung einer Nachtschutzzone (Grenzwert 50 dB(A), Maximalpegel 55 dB(A)) ist ein vertretbarer Kompromiss, der immerhin entgegen den Lärmschutzzielen der Bundesregierung die Errichtung von Wohnungsbauvorhaben in der Schutzzone 1 mit über 65 dB(A) Außenpegel tagsüber gestatten würde.

Angesichts der dominanten Rolle des Verkehrslärms würden die angeführten sektoralen Verbesserungen in diesen Bereichen eine deutliche Reduktion der Lärmbelastung der Bevölkerung mit sich bringen. Gleichwohl bleibt es darüber hinaus ein Desiderat, mit einer an den noch unsicheren Erträgen der Lärmwirkungsforschung und der im geltenden Immissionsschutzrecht verankerten akzeptorbezogenen Betrachtungsweise auf dem Weg zu einer Gesamtlärmbeurteilung voranzuschreiten. Der Umweltrat schlägt dafür folgende Differenzierung vor:

– Der Lärm gleichartiger Quellen ist stets und zwingend summativ zu bewerten. Daher darf – entgegen der 16. BImSchV – ein geplanter Verkehrsweg nicht ohne Berücksichtigung des bereits vorhandenen, ebenfalls einwirkenden Straßenverkehrslärms (so genannte Vorbelastung) bewertet werden.

– Bei Lärmquellen unterschiedlicher Art – zum Beispiel Straßenverkehrslärm und Fluglärm – ist eine qualitative akzeptor- beziehungsweise schutzgutbezogene Betrachtungsweise geboten. Dabei ist insbesondere zu berücksichtigen, dass unterschiedliche Belastungen „kumulieren" können, sodass lärmfreie Intervalle durch andere Lärmquellen ausgefüllt werden.

– Im Übrigen müssen in der Lärmwirkungsforschung die disziplinären Grenzen zwischen der Medizin, Psychologie, Physik und auch der Rechtswissenschaft stärker überwunden werden, um die erforderlichen Erkenntnisse gewinnen zu können.

8 Abfallwirtschaft

8.1 Wege einer zukünftigen Abfallpolitik

665. Die Abfallpolitik in Deutschland und Europa steht heute trotz beachtlicher Erfolge in den 1990er-Jahren unter zunehmendem grundlegenden Reformdruck. Dass wesentliche Grundzüge der nationalen und europäischen Entsorgungsstrategien und Entsorgungsmarktordnung teils korrigiert und teils besser justiert werden müssen, haben die politischen und rechtlichen Entwicklungen der Jahre 2002 und 2003 besonders deutlich werden lassen:

– Durch die viel diskutierten Leitentscheidungen des Europäischen Gerichtshofes (EuGH) vom Februar 2003 (Urteile vom 13. Februar 2003, C-228/00 – Belgische Zementwerke und C-458/00 – Luxemburg) zu den Bewirtschaftungsmöglichkeiten der Mitgliedstaaten im Bereich der Abfallverbrennung und -mitverbrennung ist augenfällig geworden, dass der bisherigen nationalen Zuständigkeitsteilung zwischen öffentlich-rechtlichen Entsorgungsträgern und privatem Entsorgungsmarkt weitgehend die Absicherung gegenüber den Prinzipien des freien europäischen Binnenmarkts fehlt. Die Entscheidungen des EuGH und die Folgediskussion lassen keinen Zweifel daran, dass das geltende EU-Abfallrecht den Mitgliedstaaten insbesondere keine belastbare Grundlage dafür bietet, den freien Waren- und Dienstleistungsverkehr durch Überlassungspflichten für verwertbaren Hausmüll zu beschränken (Abschn. 8.1.1).

– Die neue EuGH-Rechtsprechung hat insbesondere mit dem Urteil in der Rechtssache C-228/00 (zum Verwertungscharakter der Abfallverbrennung in Zementwerken) zugleich verdeutlicht, wie beschränkt die Möglichkeiten der Mitgliedstaaten sind, hohe nationale Entsorgungsstandards und nationale Investitionen in umweltverträgliche Entsorgungstechnologien gegen den Abfallexport in Länder mit vergleichsweise niedrigem Anforderungs- oder Vollzugsniveau abzusichern. In Anbetracht dessen und im Hinblick auf die unmittelbar bevorstehende EU-Osterweiterung sowie auf die nach wie vor erheblichen Differenzen im Anforderungsniveau und insbesondere der tatsächlichen Einhaltung von Entsorgungsstandards werden die Exportschranken des geltenden Abfallverbringungsrechts zunehmend als unzureichend beurteilt (EU-Kommission, 2003a, S. 15; auch schon SRU, 2002, Tz. 853). Die EU-Kommission hat inzwischen einen Novellierungsvorschlag zur EG-Abfallverbringungsverordnung vorgelegt, der insbesondere auch eine Erweiterung der Möglichkeiten zur Beschränkung von Abfallverbringungen vorsieht (Abschn. 8.1.2).

– Die aktuellen Erfahrungen mit der Gewerbeabfallverordnung, die zunehmende Kritik an der Getrenntsammlung von Verpackungen (IHMELS, 2003, S. 376; PASCHLAU, 2003a; KAIMER und SCHADE, 2002; STEDE, 2003, S. 165 f.) und an den geltenden Verwertungsquoten (IHMELS, 2003, S. 376; PORTER, 2002, S. 121 ff.) sowie die neuen Erwägungen der EU-Kommission zu einer europäischen Recyclingstrategie (EU-Kommission, 2003b) werfen aus unterschiedlicher Perspektive die grundsätzliche Frage auf, inwieweit eine (weitere) Steuerung der Abfallströme unter dem Aspekt des Verwertungsvorrangs und der möglichst hochwertigen Verwertung insbesondere durch spartenbezogene Recyclingquoten und Getrennthaltungsregelungen überhaupt (noch) sinnvoll ist (Abschn. 8.1.3). Die neueren Erfahrungen haben verdeutlicht, dass der ökologisch „bessere" oder gar „beste" Entsorgungsweg nur selten objektiv eindeutig festzustellen ist und dass in Anbetracht der bereits schwierigen ökologischen Bewertung die gleichermaßen entscheidende Frage nach den gerechtfertigten Kosten einer (bestimmten) Verwertung stets eine streitbare Wertungsfrage ist. Neue wissenschaftliche Erkenntnisse, neuere umwelttechnische Entwicklungen – beispielsweise im Bereich der Sortierung – und neue umweltpolitische Prioritäten bewirken zudem eine kontinuierliche Verschiebung der Beurteilungsgrundlagen. Dies wird aktuell vor allem an den Erfahrungen mit der Gewerbeabfallverordnung deutlich (Tz. 688 ff.), aber auch an den Auseinandersetzungen um die weitere Berechtigung der getrennten Verpackungsabfallentsorgung, sowie darum, welche Getränkeverpackungen als „ökologisch vorteilhaft" von der Pfandpflicht befreit werden sollten.

8.1.1 Die Duale Entsorgungsmarktordnung

666. Die deutsche Abfallwirtschaft ist stark geprägt von der Zweiteilung der Entsorgungszuständigkeiten zwischen den kommunalen öffentlichen Entsorgungsträgern, die traditionell für die Entsorgung des Hausmülls und die Beseitigung von Gewerbeabfällen zuständig sind, und dem privaten Entsorgungsmarkt, dem die Verwertung gewerblicher Abfälle überlassen bleibt (§ 13 Abs. 1 KrW-/AbfG). Die Kreise und Gemeinden haben in den vergangenen drei Jahrzehnten die moderne Abfallwirtschaft in Deutschland maßgeblich aufgebaut, unterhalten und fortentwickelt. Ihnen ist die Errichtung zentraler Deponien und moderner Müllverbrennungsanlagen (MVA) zu verdanken, die zentrale Säulen nicht nur für die Hausmüll- sondern auch für die Gewerbeabfallentsorgung bilden. Gleichwohl steht heute die Alleinzuständigkeit der öffentlichen Entsorgungsträger für Hausmüllentsorgung und Abfallbeseitigung in mehrfacher Hinsicht infrage.

Fehlende EG-rechtliche Absicherung gegenüber Warenverkehrsfreiheit

667. Die öffentliche Alleinzuständigkeit für Hausmüllentsorgung und Abfallbeseitigung wird durch das EG-

Abfallrecht infrage gestellt, das öffentliche Entsorgungsmonopole nicht vorsieht und den Mitgliedstaaten auch keine unmittelbare Möglichkeit einräumt, öffentliche Entsorgungsmonopole durch marktbeschränkende Überlassungspflichten zu begründen. Lediglich mittelbar, über die in der EG-Abfallrahmenrichtlinie (EG-AbfRRL) normierten Grundsätze der Beseitigungsnähe und der Entsorgungsautarkie lassen sich nationale Andienungs- und Überlassungspflichten vor dem Gemeinschaftsrecht rechtfertigen. Da diese Grundsätze des Artikel 5 EG-AbfRRL jedoch allein für die Abfallbeseitigung gelten, decken sie jedenfalls nicht den Ausschluss der Privatwirtschaft von der Hausmüllverwertung ab. Letzteres begründet die hohe Brisanz der EuGH-Luxemburg-Entscheidung (Urteil vom 13. Februar 2003 – C-458/00) und der darin behandelten Frage, inwieweit die Müllverbrennung als zukünftig bedeutendster Entsorgungsweg für Hausmüll wegen der Fernwärme- und Stromproduktion als Abfallverwertung oder gleichwohl als Beseitigung einzustufen ist. Der EuGH hat in dieser Entscheidung – parallel zur zeitgleich ergangenen Entscheidung zum Verwertungscharakter der Abfallmitverbrennung in Zementwerken (C-228/00 – Belgische Zementwerke) – die energetische Verwertung an allgemeine Voraussetzungen geknüpft, die auch moderne Müllverbrennungsanlagen erfüllen (REESE, 2003, S. 219 ff.). Entscheidend sei, dass

— mehr Energie erzeugt und „erfasst" wird als beim Verbrennungsvorgang verbraucht wird,

— der größte Teil der Abfälle bei dem Vorgang „verbraucht" wird,

— der größere Teil der freigesetzten Energie „erfasst" und genutzt wird.

Gleichwohl hat der Gerichtshof die Klage der EU-Kommission, die gegen die Einordnung als Beseitigung gerichtet war, mit der Begründung abgewiesen, die Kommission habe nicht nachgewiesen, dass diese Voraussetzungen in Bezug auf die streitgegenständliche Straßburger Verbrennungsanlage vorliegen und nicht einmal überzeugende Anhaltspunkte dafür dargelegt, dass diese Anlage der energetischen Verwertung dienen könnte. Als derlei Anhaltspunkte für den Verwertungscharakter nennt der EuGH beispielhaft den Umstand, dass anstelle der Abfälle innerhalb der Anlage Primärbrennstoffe eingesetzt werden würden, wenn keine Abfälle verfügbar wären oder dass der Anlagenbetreiber für die Abfälle einen Preis entrichtet hat. Umstritten ist seither, ob diesen „Anhaltspunkten" lediglich Indizcharakter in Bezug auf die oben genannten Voraussetzungen der Verwertung zukommen soll und von daher eine energetische Verwertung weiterhin auch damit begründet werden kann, dass mit den in den MVA verbrannten Abfällen der Einsatz von Brennstoffen in anderen Anlagen – insbesondere Kraftwerken – erspart wird (BAARS und NOTTRODT, 2003, S. 223 ff.; ITAD, 2003; REESE, 2003, S. 220) oder ob die Anhaltspunkte ihrerseits als eigenständige Voraussetzungen der Verwertung aufzufassen sind, sodass eine Substitution innerhalb der Verbrennungsanlage selbst zwingend vorauszusetzen ist (GASSNER und FICHTNER, 2003, S. 53; SCHINK, 2003, S. 111; WENDENBURG, 2003, S. 194). Unter den überwiegenden Befürwortern der letzteren Auslegung ist ferner umstritten, inwieweit es unter dem Anhaltspunkt „Rohstoffsubstitution innerhalb der Anlage" möglich ist, Müllverbrennungsanlagen als Verwertungsanlagen zu qualifizieren, etwa dann, wenn sie in ein Fernwärmeverbundnetz integriert sind. Von einer klaren Rechtslage kann daher auch nach den Urteilen noch keine Rede sein.

Wie dem auch sei: Hätte der EuGH in diesem Verfahren die moderne Müllverbrennung klar und zweifelsfrei als Verwertung eingeordnet, so wäre damit zugleich den nationalen Überlassungspflichten der Haushalte für einen zentralen Entsorgungsweg der europarechtliche Boden entzogen worden. Dass die zweideutige EuGH-Entscheidung auch Anhaltspunkte dafür bietet, dass Müllverbrennungsanlagen weit gehend als Beseitigungsanlagen eingeordnet werden können, schafft aus deutscher Sicht zwischenzeitlich Erleichterung. Jedoch bestehen noch vielfältige weitere Möglichkeiten zur stofflichen Verwertung von Hausmüll, die durch die EuGH-Rechtsprechung zur Zulässigkeit der Vermischung von Abfällen und zur Einordnung von Sortiervorgängen beträchtlich erweitert worden sind. So kann eine Verwertung von Hausmüll schon darin liegen, dass einige verwertbare Anteile aussortiert werden, auch wenn der Rest anschließend beseitigt wird. Dies entspricht im Übrigen auch der problematischen Rechtsprechung des Bundesverwaltungsgerichtes (BVerwG) für den Bereich der Gewerbeabfälle. Durch seine Leitentscheidung vom 15. Juni 2000 (Az.: 3 C 4.00) hat das BVerwG die Vermischung von Abfällen als für die Abgrenzung von Verwertung und Beseitigung weit gehend unbeachtlich beurteilt (Kritik bei KOCH und REESE, 2002). Mit Urteil vom 13. März 2003 (Az.: 7 C 1.02) hat es ferner entschieden, dass eine Verwertung auch dann nicht ausgeschlossen sei, wenn nachweislich nur 15 % eines Gemisches zur Verwertung aussortiert werden.

Unter den gegebenen rechtlichen Vorzeichen stehen folglich auch ohne die MVA beträchtliche Verwertungsmöglichkeiten für Hausmüll offen. Abgesehen davon erscheint die Einordnung moderner MVA als Beseitigungsanlagen weder rechtlich noch sachlich haltbar, denn es handelt sich dabei zum Teil um Anlagen, die hohe Energieerträge erwirtschaften und damit langfristige Strom- und Fernwärmebezugsverträge erfüllen. Dass diese Anlagen aufgrund der EuGH-Luxemburg-Entscheidung nunmehr nur deshalb als Beseitigungsanlagen gelten sollen, weil dort nicht innerhalb der Anlage Rohstoffe ersetzt werden, beruht auf einer willkürlichen und aus abfallwirtschaftlichen Gesichtspunkten nicht zu rechtfertigenden Verengung der Substitutionsbetrachtung. Von daher ist auch nicht damit zu rechnen, dass diese Sicht Bestand haben kann. Alles in allem ist aber festzuhalten, dass die öffentliche Entsorgungszuständigkeit durch das EG-Abfallrecht weitgehend infrage gestellt wird und es daher, sofern die Alleinzuständigkeiten der Kreise und Gemeinden beibehalten werden sollen, einer Absicherung in der EG-Abfallrahmenrichtlinie bedarf.

Unklare Abgrenzung der öffentlich-rechtlichen Entsorgungszuständigkeit im nationalen Recht

668. Durch die vage Unterscheidung von Verwertung und Beseitigung und die bereits dargestellte Rechtsprechung des BVerwG steht die öffentlich-rechtliche Entsorgungszuständigkeit auch national hinsichtlich der Gewerbeabfallentsorgung infrage. Indem das BVerwG die Vermischung unverwertbarer mit verwertbaren Abfällen und die Verwertung von Gemischen durch Sortierung geringer verwertbarer Fraktionen weit gehend für zulässig erklärt hat, sind auch weit gehende Möglichkeiten zur Umgehung der nationalen Überlassungspflicht für zu beseitigende Abfälle eröffnet worden. Auch insoweit fehlt noch eine klare gesetzliche Linie. Zwar gelten inzwischen mit der Gewerbeabfallverordnung detaillierte Getrennthaltungspflichten sowie Mindestverwertungsquoten für Sortieranlagen. Indessen regelt die Verordnung nicht die Abgrenzung zwischen Verwertung und Beseitigung und lässt auch im Übrigen durch ihre Ausnahmebestimmungen beachtliche Spielräume zur Verwertung vermischter Gewerbeabfälle (Tz. 686).

Politische Liberalisierungstendenzen

669. Die öffentlich-rechtlichen Entsorgungszuständigkeiten stehen schließlich keineswegs nur rechtlich, sondern auch politisch infrage. Wie große Teile der privaten Entsorgungswirtschaft geht unter anderem auch die CDU-Bundestagsfraktion gegenwärtig davon aus, dass die Leistungen der öffentlich-rechtlichen Entsorgungsträger von privaten Anbietern auf einem liberalisierten Entsorgungsmarkt deutlich wirtschaftlicher erbracht werden können. Dementsprechend sei eine schrittweise Liberalisierung anzustreben (PAZIOREK, 2004).

Bewertung

670. Der Umweltrat ist der Auffassung, dass insbesondere die Hausmüllentsorgung weiterhin in der ausschließlichen Zuständigkeit der kommunalen öffentlich-rechtlichen Entsorgungsträger verbleiben sollte. Hinsichtlich der ökonomischen Wirkungen einer Liberalisierung bleibt der Umweltrat bei seiner im Umweltgutachten 2002 ausführlich begründeten Einschätzung, dass von einer liberalisierten Hausmüllentsorgungswirtschaft langfristig allenfalls partielle, geringfügige Effizienzgewinne zu erwarten sind, denen jedoch ein erheblich gesteigerter Überwachungs- und Regulierungs- sowie staatlicher Gewährleistungsaufwand gegenüberstehen würde (SRU, 2002, Tz. 108 ff.). Außerdem bestünde die Gefahr, dass sich ein diffuser, mehr an Gewinninteressen als an Umweltverträglichkeit orientierter Entsorgungsmarkt ausbreitet, der nicht mehr genügend kontrollierbar ist und einen ganz erheblich gesteigerten Sammlungs- und Transportaufwand mit sich bringt.

671. Der Umweltrat sieht deshalb Regelungsbedarf insbesondere auf EG-Ebene dahin gehend, dass die Mitgliedstaaten in der Abfallverbringungsverordnung und der Abfallrahmenrichtlinie unmissverständlich dazu berechtigt werden müssen, die Hausmüllentsorgung vollständig der öffentlichen Daseinsvorsorge zuzuweisen. Aus den oben angeführten Gründen (Tz. 667) bestehen erhebliche Zweifel daran, dass die aktuellen Urteile des EuGH genügen, um die öffentlich-rechtliche Alleinzuständigkeit für die Hausmüllentsorgung gegenüber dem Gemeinsamen (Entsorgungs-)Markt zu sichern. Das EG-Recht gewährleistet den freien Warenverkehr für Abfälle zur Verwertung unabhängig von ihrer Herkunft und Zusammensetzung. Soweit Abfälle aus Haushaltungen verwertbar sind, steht daher die Überlassungspflicht an die öffentlich-rechtlichen Entsorgungsträger prinzipiell infrage. Die Einordnung der Müllverbrennung in MVA als Beseitigung begrenzt insoweit zwar die Möglichkeiten der energetischen Verwertung, schließt jedoch eine stoffliche Verwertung ebenso wenig aus, wie die „Scheinverwertung" auf auswärtigen Deponien.

Die Bundesregierung sollte darauf drängen, dass im Zuge einer Novellierung der EG-Abfallrahmenrichtlinie eine neue Vorschrift eingeführt wird, die es in Umsetzung von Artikel 16 EG in das Ermessen der Mitgliedstaaten stellt, die Entsorgung von Hausmüll öffentlich-rechtlichen Entsorgungsträgern zuzuweisen. Das EU-Parlament hat in seinen Änderungsvorschlägen zum Vorschlag der EU-Kommission für eine Novellierung der EG-Abfallverbringungsverordnung (EU-Kommission, 2003a) inzwischen vorgeschlagen, einen Verbringungseinwand einzuführen, der sich allein darauf stützt, dass es sich bei dem Abfall um gemischten Hausmüll des Abfallschlüssels 20 03 01 handelt (EU-Parlament, 2003, Änderung 81). Dieser Vorschlag ist aus Sicht des Umweltrates zu begrüßen, er sollte aber durch eine Grundlagenbestimmung in der EG-Abfallrahmenrichtlinie unterlegt werden, die den Mitgliedstaaten eine öffentlich-rechtliche Organisation der Hausmüllentsorgung durch Überlassungspflichten gestattet. Die Fundierung der Bestimmung sollte nicht an die Prinzipien der Nähe und Beseitigungsautarkie anknüpfen, weil diese Prinzipien gerade nicht die oben genannten tragenden Gründe für eine öffentlich-rechtlich organisierte Hausmüllentsorgung umfassen.

672. Diese für die zentrale Entsorgung des Hausmülls angeführten Gründe treffen im Übrigen auch auf den Bereich der kleineren Gewerbebetriebe zu, die ihre hausmüllähnlichen Abfälle heute in der Regel ebenfalls über die öffentliche Müllabfuhr entsorgen. Auch für diesen Erzeugerkreis würde eine Liberalisierung nach Auffassung des Umweltrates keine wesentlichen Effizienzvorteile, wohl aber einen kritischen, erheblichen Kontrollverlust über die Abfallströme mit sich bringen. Dies spricht dafür, auch kleine Gewerbebetriebe mit geringeren Abfallmengen (weiterhin) grundsätzlich insoweit zur Überlassung ihrer Abfälle an die öffentlich-rechtlichen Entsorgungsträger zu verpflichten, wie sie nicht eine spezifische, der besonderen Beschaffenheit ihrer Abfälle entsprechende (stoffliche) Verwertung nachweisen können. Anders verhält es sich dagegen im Bereich der größeren Gewerbebetriebe mit Abfallmengen, die deutlich über dem für Haushaltungen und Kleingewerbe typischen Maß liegen. Dazu gehören in jedem Fall die Betriebe, die der Abfallkonzept- und Bilanzpflicht nach den §§ 19 f. KrW-/AbfG unterliegen, da sie hinsichtlich des Verbleibs ihrer Abfälle wesentlich leichter überwacht werden können.

8.1.2 Exportschranken gegen die Umgehung hoher Entsorgungsstandards

673. Zwischen den Mitgliedstaaten besteht ein mitunter beträchtliches Gefälle in den Anforderungen an die Umweltverträglichkeit der Entsorgung. Außerdem bestehen auch große Unterschiede im Vollzugsniveau. Vollzugsdefizite prägen vor allem die Situation in den meisten Beitrittsländern. Die Gemeinschaft muss vor diesem Hintergrund eine Grundsatzentscheidung darüber treffen, inwieweit sie trotz des erheblichen Niveaugefälles den freien grenzüberschreitenden Abfallverkehr auch zu evident weniger umweltverträglichen Anlagen zulassen will. Der so genannte Ökologieeinwand (Art. 7 Abs. 4 lit a 5. Tiret EG-Abfallverbringungsverordnung) bietet in dieser Frage keine klare Entscheidung, sondern lediglich eine äußerst vage Abwägungsklausel. Der Einwand bezieht sich im Übrigen auch nur auf das Verhältnis zwischen verwertbaren und unverwertbaren Abfällen und die Kosten-Nutzen-Bilanz des jeweils beabsichtigten Entsorgungsweges, nicht aber auf dessen Umweltverträglichkeit insgesamt.

674. Im Umweltgutachten 2002 hat sich der Umweltrat dafür ausgesprochen, den freien Warenverkehr jedenfalls insoweit einzuschränken, als die Verbringung zu Anlagen erfolgt, die nicht den europäischen Anforderungen entsprechen (SRU, 2002, Tz. 852). Für diesen Fall müsse es den Mitgliedstaaten explizit erlaubt werden, die Verbringung zu untersagen. Daher begrüßt der Umweltrat, dass der seit Ende Juni 2003 vorliegende Vorschlag zur Novellierung der EG-Abfallverbringungsverordnung zwei zusätzliche Exportbeschränkungsmöglichkeiten in Bezug auf Abfälle zur Verwertung vorsieht, die wie folgt lauten:

Artikel 13 EG-Abfallverbringungsverordnung-Novellierungsvorschlag

Bei der Notifizierung einer geplanten Verbringung von zur Verwertung bestimmten Abfällen verfügen die zuständigen Behörden am Bestimmungsort und am Versandort nach der Absendung der Empfangsbestätigung durch die zuständige Behörde am Bestimmungsort gemäß Artikel 9 über eine Frist von 30 Tagen, um unter Berufung auf einen oder sämtliche der nachfolgend genannten Gründe sowie gemäß dem Vertrag Einwände zu erheben: (…)

f) Die Abfälle werden in einer Einrichtung behandelt, die von der geänderten Richtlinie 96/61/EG über die integrierte Vermeidung und Verminderung der Umweltverschmutzung erfasst wird, aber nicht die besten verfügbaren Techniken im Sinne von Artikel 9 Abs. 4 dieser Richtlinie anwendet.

g) Um sicherzustellen, dass die betreffenden Abfälle im Einklang mit verbindlichen gemeinschaftsrechtlichen Umweltschutzstandards in Bezug auf die Verwertung oder verbindlichen gemeinschaftsrechtlichen Verpflichtungen in Bezug auf Verwertung oder Recycling behandelt werden.

Damit wäre der Empfehlung des Umweltrates aus dem Umweltgutachten 2002 weitgehend Rechnung getragen. Der Nachweis, dass eine Anlage nicht die besten verfügbaren Techniken anwendet, wie sie in den BVT-Merkblättern konkretisiert sind, dürfte allerdings aufgrund der vorhandenen Interpretationsspielräume nicht immer leicht zu führen sein. Da sich diese Verbringungseinwände am europarechtlichen Anforderungsniveau orientieren, bieten sie im Übrigen für den Schutz höherer nationaler Standards keine Grundlage. Von daher ist weiter gehend zu erwägen, ein Exportverbot auch für solche Fälle zuzulassen, in denen im Exportstaat aufgrund wesentlich strengerer nationaler Anforderungen ein evident umweltverträglicherer Entsorgungsweg zur Verfügung steht als derjenige, der im Ausland angestrebt wird. In diesem Zusammenhang stellt sich auch die Frage, inwieweit es (weiter) zugelassen werden soll, dass Abfallgemische mit hohen Anteilen unverwertbarer Abfälle als Abfall zur Verwertung die Grenzen passieren können, selbst wenn die überwiegende Menge des Gemisches alsdann deponiert wird (dazu und zu praktischen Beispielen SRU, 2002, Tz. 763).

Das EU-Parlament hat diese Fragen in seiner ersten Lesung zum Kommissionsvorschlag aufgegriffen und dazu ergänzende Verbringungseinwände vorgeschlagen (EU-Parlament, 2003). Nach Auffassung des Parlaments sollen Einwände gegen die Verbringung von Abfällen zur Verwertung auch erhoben werden dürfen,

– um sicherzustellen, „dass die betreffenden Abfälle in Übereinstimmung mit bindenden nationalen Anforderungen an die Umweltverträglichkeit oder Hochwertigkeit der Verwertung verwertet werden, sofern diesbezüglich keine bindenden Gemeinschaftsregelungen bestehen …";

– weil aufgrund des geringen Heizwerts des Abfalls, der Vermischung mit anderen Abfällen, des Schadstoffgehalts oder aufgrund des Risikos einer Übertragung von Schadstoffen in Produkte die Verwertung ökologisch und/oder wirtschaftlich nicht gerechtfertigt erscheint;

– wenn der Exportstaat über Verwertungseinrichtungen verfügt, in denen die *gefährlichen* Abfälle in einer umweltverträglichen Art und Weise verwertet werden können, die der angestrebten Entsorgung im Einfuhrstaat mindestens gleichwertig ist.

675. Nach Auffassung des Umweltrates sollte im Konflikt von Marktfreiheit und unterschiedlichen Anforderungsniveaus bei der Verwertung sowie unter Beachtung des Näheprinzips, der Entsorgungsautarkie und der öffentlich-rechtlichen Zuständigkeiten für die Abfallbeseitigung im Grundsatz Folgendes gelten:

– Wenn der Verwerter im Einfuhrland für die fraglichen Abfälle einen Preis entrichtet, weil für diese Abfälle als Sekundärrohstoff eine echte Nachfrage besteht, darf es im Prinzip keine besonderen Marktbeschränkungen geben. Andernfalls entstünde ein unauflöslicher Widerspruch zum freien Handel mit gefährlichen Chemikalien und sonstigen potenziell schädlichen Produkten. Denn dieser Handel darf auch nicht allein deshalb untersagt werden, weil die Verarbeitung und Verwendung solcher Produkte im Einfuhrland nicht denselben strengen Umwelt- und Sicherheitsanforderungen unterliegt wie im Ausfuhrstaat.

– Soweit dagegen für die Abfälle kein Preis gezahlt wird oder vielmehr durch den Erzeuger oder Besitzer ein Entgelt für ihre „Verwertung" entrichtet wird und daher nicht der rohstoffliche Nutzen des Abfalls, sondern die Entsorgung als Umweltdienstleistung im Vordergrund des Exports steht, sollten zumindest Vorkehrungen getroffen werden, die einen „Umweltausverkauf" verhindern. Insoweit muss es also eine Beschränkungsoption zumindest für den Fall geben, dass die europäischen Mindeststandards im Importstaat nicht eingehalten werden. Die entsprechenden Elemente des Novellierungsvorschlags zur EG-Abfallverbringungsverordnung bieten dafür eine geeignete Grundlage und liefern damit zugleich einen wichtigen Beitrag zur Durchsetzung des einschlägigen Gemeinschaftsrechts.

– Ob darüber hinaus den Mitgliedstaaten auch der Verbringungseinwand einer hochwertigeren Verwertungsoption im Inland eingeräumt werden sollte, erscheint dem Umweltrat eher fraglich. Ein solcher Einwand birgt aufgrund des erforderlichen Umweltverträglichkeitsvergleichs erhebliche Rechtsunsicherheiten und praktische Umsetzungsprobleme und sollte jedenfalls dann entbehrlich sein, wenn in Bezug auf die Fallgruppen „Verwendung als Füll-/Versatzstoff" und „Abfallverbrennung" ausreichende europäische Mindestanforderungen bestehen und deren Umsetzung gewährleistet ist.

– Ein Verbringungseinwand sollte auf besondere nationale Umweltverträglichkeitsanforderungen folglich nur insoweit gestützt werden dürfen, wie für den im Einfuhrstaat angestrebten Verwertungsweg keine gemeinschaftsrechtlichen Mindestumweltstandards bestehen. Für die Frage, ob gemeinschaftsrechtlich Anforderungslücken bestehen, sollte zudem allein auf absolute Anforderungen an die Umweltverträglichkeit des jeweiligen Verwertungsverfahrens und des Verwertungsprodukts (vgl. Abb. 8-1 und 8-2), nicht aber auf rein vergleichende Hochwertigkeitskriterien wie beispielsweise den Heizwert des Abfalls abgestellt werden dürfen. In einer Verwertungspfad-Feinsteuerung über den Gesichtspunkt der Hochwertigkeit sieht der Umweltrat – wie er nachfolgend (Tz. 678) darlegt – weder im nationalen noch im europäischen Rahmen einen effektiven Steuerungsansatz. Insoweit kann der Umweltrat hinsichtlich der klassischen Verwertungspfade fehlende beziehungsweise lückenhafte gemeinschaftsrechtliche Mindeststandards (lediglich) im Bereich des Bergversatzes, bei der Verwertung als Bodenmaterial und bei der landwirtschaftlichen Verwertung konstatieren. Für diese Verwertungswege erscheint somit ein Verbringungseinwand gerechtfertigt.

– Die Deponierung von Abfällen sollte weiterhin möglichst am Näheprinzip und am Grundsatz der Inlandsbeseitigung ausgerichtet werden. Um eine Umgehung dieser Prinzipien und der sie sichernden Andienungsregelungen zu verhindern, sollten die zuständigen Behörden am Versandort und am Bestimmungsort durch einen zusätzlichen Verbringungseinwand dazu ermächtigt werden, die Verbringung hinsichtlich zu deponierender Teilfraktionen eines Gemisches zu untersagen, wenn deren Sortierung auch im Inland möglich und wirtschaftlich vertretbar ist. Entsprechendes sollte bezüglich energetisch zu verwertender Gemische auch für solche noch abtrennbaren Fraktionen gelten, die nicht selbstständig brennbar sind.

8.1.3 Die Zukunft der Verwertungspfad-Regulierung

676. Seit den frühen 1990er-Jahren ist die deutsche Abfallpolitik tief greifend umstrukturiert und das Abfallrecht – teils auch durch gemeinschaftsrechtliche Vorgaben – mehr und mehr in Richtung auf ein umfassendes Stoffstrom- und Ressourcenschonungsrecht weiterentwickelt worden. Dabei haben neben dem zunächst vorrangigen Ziel der umweltgerechten Entsorgung die Ziele der Abfallmengenreduzierung und Ressourcenschonung zunehmend Gewicht erhalten; das abfallrechtliche Instrumentarium ist um das Gebot einer möglichst hochwertigen Verwertung (§ 5 Abs. 2 Satz 3 KrW-/AbfG), um Regelungen zur so genannten Produktverantwortung in zentralen Produktgruppen und zur getrennten Sammlung verschiedener Abfallfraktionen ergänzt worden. Einige dieser Instrumente – wie insbesondere das Gebot der möglichst hochwertigen Verwertung – zielen auf eine unmittelbare (Fein-)Steuerung der Verwertungspfade, das heißt auf die Verpflichtung, aus mehreren möglichen den ökologisch „besseren" oder gar „besten" Verwertungsweg auszuwählen. Zwar findet dieser Ansatz bisher „nur" im Hinblick auf die Unterscheidung von stofflicher und energetischer Verwertung Anwendung, namentlich durch die Recyclingquoten (Quoten für die stoffliche Verwertung) der Verpackungsrichtlinie, der Elektro- und Elektronikschrottrichtlinie, der Altautorichtlinie und der Altölrichtlinie sowie national auch für die Verwertung von gewerblichen Siedlungsabfällen durch die Gewerbeabfallverordnung (s. Abschn. 8.2.1). Allerdings hat insbesondere die EU-Kommission in ihrer Mitteilung über eine thematische Strategie für Abfallvermeidung und -recycling (EU-Kommission, 2003b) weitere Initiativen für Recyclingziele angemeldet. Die Kommission schlägt darin vor, weitere spezifische – und durch Kosten-Nutzen-Analysen unterlegte – Recyclingziele zu entwickeln, wobei sie zugleich einen Wechsel vom bisherigen vorwiegend produktspezifischen zu einem stärker materialspezifischen Optimierungsansatz empfiehlt. Auf eine weitere Verfeinerung von Verwertungspfadvorgaben zielt schließlich auch der Kommissionsvorschlag zur novellierten Verpackungsrichtlinie hinsichtlich des darin gesondert definierten werkstofflichen Recyclings. Insgesamt gehen die neueren abfallwirtschaftlichen Initiativen der EU-Kommission wesentlich dahin, den Ansatz der Verwertungspfadsteuerung weiter auszudifferenzieren und auf weitere Abfallgruppen auszuweiten. Im Hinblick auf diese Bestrebungen stellt sich nun die grundsätzliche Richtungsfrage, ob der Weg einer detaillierten Verwertungspfadsteuerung weiterbeschritten werden sollte.

677. Der Umweltrat empfiehlt, die seit Ende der 1990er-Jahre auf europäischer und nationaler Ebene eingesetzte Reflektionsphase zu nutzen, um eine ökologische und ökonomische Bilanz der bisherigen Verwertungssteuerung zu ziehen und den Schwerpunkt der weiteren Abfallpolitik auf die Konkretisierung zielorientierter Rahmensetzungen zu legen. Diese Empfehlung begründet sich aus den offensichtlichen Problemen einer Verwertungspfadsteuerung (Abschn. 8.1.3.1). Auch wenn diese Probleme gute Gründe für einen abfallpolitischen Pfadwechsel in der Zukunft liefern, muss dies mit den vorrausichtlichen negativen ökonomischen und ökologischen Folgen einer grundlegenden Revision der im letzten Jahrzehnt auf europäischer und nationaler Ebene beschlossenen Maßnahmen abgewogen werden (Abschn. 8.1.3.2). Hieraus leiten sich neue Akzentsetzungen für die zukünftige Abfallpolitik ab, ohne das bereits Erreichte zu gefährden (Abschn. 8.1.3.3).

8.1.3.1 Probleme der Verwertungspfadsteuerung

678. Eine direkte Verwertungspfadsteuerung, die auf der Basis ökologischer Hochwertigkeitsvergleiche der „besseren" Verwertungsart (stofflich versus energetisch und werkstofflich versus rohstofflich) oder sogar einem einzelnen Verwertungsweg den Vorrang vor alternativen Verwertungswegen einräumt, verfolgt zweifellos ein besonders ehrgeiziges umweltpolitisches Optimierungsziel. Jedoch ist der Versuch, die Sekundärrohstoffströme durch direkte Verwertungspfadvorgaben ökologisch zu optimieren, derart mit erheblichen Umsetzungsproblemen behaftet, dass es dem Umweltrat ratsam erscheint, auf (weitere) direkte Pfadvorgaben und Vorrangregelungen zugunsten bestimmter Verwertungsoptionen zu verzichten und stattdessen eine Steuerung durch rahmensetzende Umweltstandards grundsätzlich vorzuziehen. Die ausschlaggebenden Probleme der Verwertungspfadsteuerung liegen insbesondere darin, dass

– die Ermittlung des jeweils hochwertigsten Pfades in der Regel nur anhand hochkomplexer Ökobilanzen und in einem wertungsabhängigen Vergleich zahlreicher, teilweise inkommensurabler Umweltgüter und Umweltwirkungen erfolgen kann;

– der Vollzug daher nur anhand genereller – verordnungsrechtlicher – Vorgaben, nicht aber im Einzelfall durch behördliche Entscheidung über den „besseren" Verwertungsweg erfolgen kann;

– die generell-abstrakte Entscheidung für einen bestimmten Verwertungspfad das Risiko beinhaltet, dass kostengünstige, aber ursprünglich nicht intendierte und ökologisch ungünstigere Verwertungswege eingeschlagen werden (z. B. Downcycling von Kunststoffen zu Parkbänken, energetische Verwertung sehr heizwertarmer Abfälle);

– die den Ökobilanzen zugrunde gelegten technisch-naturwissenschaftlichen Annahmen, rechtlichen Kategorien und politische Wertungen häufig unsicher und revisionsanfällig sind und damit erhebliche Rechtsunsicherheiten bringen, die die Kreislaufwirtschaft insgesamt behindern (Dosenpfand, ökologische Vorteilhaftigkeit bestimmter Verpackungen); dies schränkt jedoch nicht die Nützlichkeit von Ökobilanzen für die Optimierung von Produkten und Prozessen sowie zur politischen Orientierung ein;

– eine indirekte Ressourcen- oder Klimaschutzpolitik über die Verwertungspfadvorgaben wenig kosteneffizient ist. So ist die CO_2-Einsparung durch Wärmedämmung ungleich kostengünstiger als die mithilfe des Verpackungsrecyclings erreichbare Verringerung der CO_2-Emissionen (SRU, 2000). Dennoch wird diese CO_2-Einsparung weiterhin als Begründung für die getrennte Erfassung und Verwertung von Verpackungen angeführt (z. B. DSD, 2003);

– die Reduktion der mit der Nutzung von Ressourcen verbundenen Umweltschädigungen nur unzureichend und indirekt über den Umweg von Verwertungsvorgaben erreicht werden kann;

– detaillierte Verwertungspfadvorgaben einen erheblichen Vollzugs- und Kontrollaufwand erfordern;

– durch die Vorgabe bestimmter Verwertungspfade und Verwertungsquoten die Gefahr besteht, dass der technische Fortschritt in der Abfallverwertung einseitig in bestimmte Richtungen gelenkt wird, und andere, möglicherweise vielversprechende Entwicklungen, die hiermit nicht kompatibel sind, bereits im Vorfeld verhindert werden.

679. Das Anfang der 1990er-Jahre berechtigte Argument, dass die notwendigen Rahmensetzungen noch nicht existieren und daher qua Abfallrecht die Abfallstoffe von nicht angemessen geregelten Entsorgungswegen fernzuhalten seien (insb. auch von den Deponien), gilt nur noch eingeschränkt. Wie die „Regelungskreise" in Abbildung 8-1 und 8-2 verdeutlichen, umfasst das geltende Umweltrecht systematisch bereits alle wesentlichen Belastungspfade der Abfallverwertung. Zwar bestehen in diesem System unbestreitbar auch heute noch Regelungslücken, wobei es sich aber weniger um systematische Lücken, als vielmehr um Konkretisierungsdefizite bezüglich einzelner Risikofaktoren handelt (REESE, 2000, S. 177 ff.) wie zum Beispiel des Schwermetallgehalts im Zement. Diese Lücken konnten in den vergangenen Jahren zunehmend verengt werden. Mit der novellierten EG-Abfallverbrennungsanlagenrichtlinie und der neuen 17. BImSchV (Abschn. 6.2.4) werden wichtige Schritte in die Richtung einer zunehmend besseren Harmonisierung von Emissionsstandards für Müllverbrennungsanlagen und die industrielle Mitverbrennung gegangen. In der Praxis erfüllen die deutschen Müllverbrennungsanlagen ohnehin wesentlich bessere Umweltstandards als die bisher gesetzlich geforderten. Wenn die Abfallablagerungsverordnung rechtzeitig umgesetzt werden kann, wird außerdem ab 2005 die Deponierung nicht vorbehandelter Abfälle ausgeschlossen sein. Eine getrennte Erfassung und Verwertung einzelner Abfallgruppen alleine aus Gründen der Schadstoffkontrolle ist somit heute vielfach nicht mehr notwendig. Vielmehr kommt es heute darauf an, zum einen die bestehenden Rahmensetzungen weiter zu vervollständigen und zum anderen europaweite Standards auf anspruchsvollem Niveau zu normieren. Regelungslücken bestehen auf europäischer Ebene noch bei der Verwendung von Abfällen im Bergversatz und bei der Aufbringung auf Böden im Rahmen von Baumaßnahmen, landwirtschaftlicher oder landschaftsbaulicher Verwertung (mineralische Abfälle, Bauschutt, belastete Böden, aber auch Klärschlamm und andere landwirtschaftlich oder landschaftsbaulich verwertete Abfälle). Eine Anhebung europäischer Mindeststandards hat der Umweltrat wiederholt für die Umweltstandards zur Abfall-Mitverbrennung gefordert, diese sollten an das für MVA geltende Anforderungsniveau angepasst werden.

Abbildung 8-1

Regelungskreis Umwelteffekte des Entsorgungsverfahrens

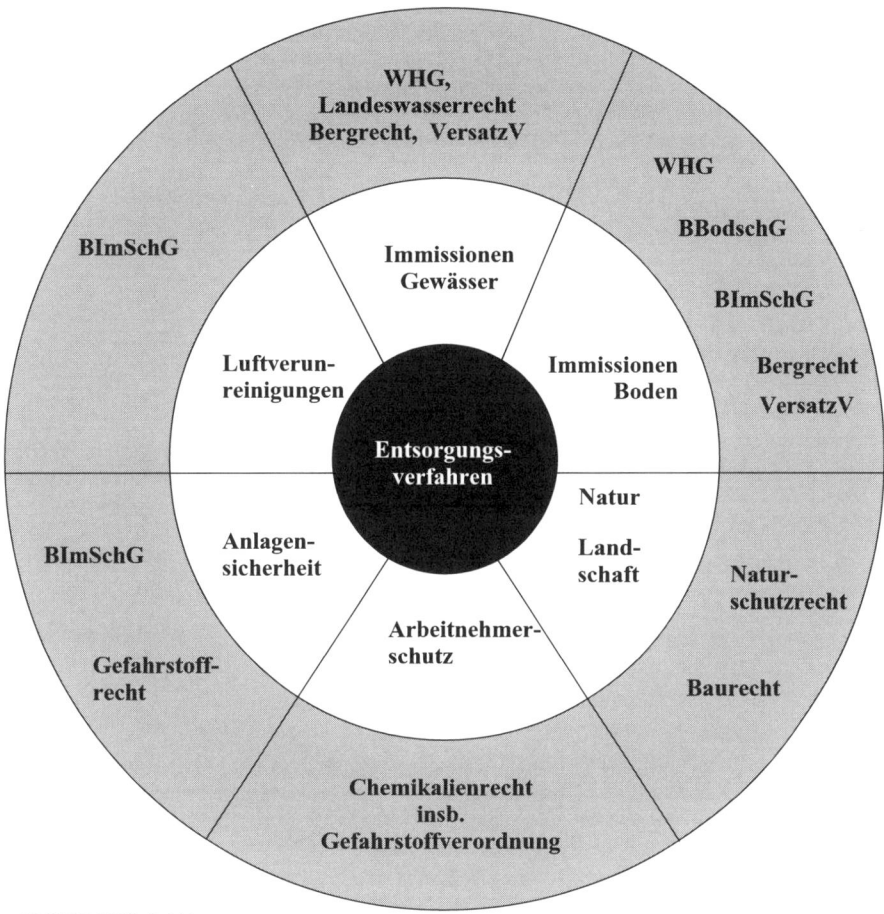

Außenring (im Uhrzeigersinn ab oben): WHG, Landeswasserrecht Bergrecht, VersatzV — WHG, BBodschG, BImSchG, Bergrecht VersatzV — Naturschutzrecht — Baurecht — Chemikalienrecht insb. Gefahrstoffverordnung — Gefahrstoffrecht — BImSchG — BImSchG

Innenring: Immissionen Gewässer — Immissionen Boden — Natur Landschaft — Arbeitnehmerschutz — Anlagensicherheit — Luftverunreinigungen

Zentrum: Entsorgungsverfahren

Quelle: KOCH und REESE, 2000, S. 304

8.1.3.2 Folgen eines abfallpolitischen Pfadwechsels

680. Ungeachtet der oben genannten Probleme würdigt der Umweltrat aber auch die umweltpolitischen Errungenschaften der bisherigen Verwertungspfadsteuerung. Durch die bisherige Verwertungspfadsteuerung wurden über das allein über den Markt erreichbare Maß hinaus Infrastruktur und Kapazitäten für eine hochwertige Verwertung aufgebaut. Zu dieser Infrastruktur gehört auch die hohe Bereitschaft der Bevölkerung zur Abfalltrennung. Dieser Pfad hat zu einer deutlichen Umweltentlastung hinsichtlich zahlreicher Umweltaspekte beigetragen, insbesondere durch die Substitution von Primärrohstoffen und die Schonung von Deponiekapazitäten. Der Aufbau einer Verwertungswirtschaft hat zudem einen nicht unerheblichen Druck zur Schadstoffentfrachtung der eingesetzten Materialien ausgeübt und die Entwicklung innovativer Techniken zur Erfassung, Sortierung und Verwertung von Abfällen gefördert.

Ein abfallpolitischer Kurswechsel ohne ein äquivalentes Anreizsystem käme einer zumindest teilweisen Entwertung der in den 1990er-Jahren entstandenen Infrastrukturen, Technologien und Produktinnovationssysteme gleich. Zudem könnte eine kurzfristige Umsteuerung bei bestehenden Verwertungswegen auch zu einer Verschärfung des ab 2005 prognostizierten Entsorgungsengpasses (Kap. 8.3) beitragen.

Abbildung 8-2

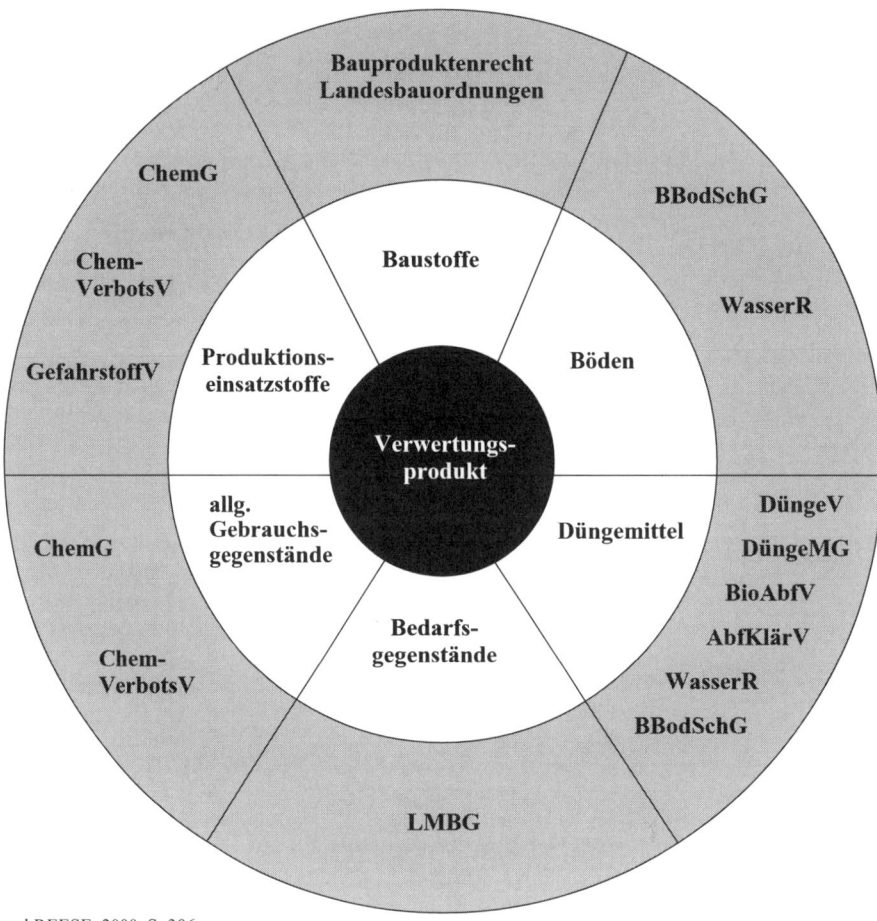

Regelungskreis Umwelteffekte des (Verwertungs-)Produkts

- Bauproduktenrecht / Landesbauordnungen — Baustoffe
- BBodSchG, WasserR — Böden
- DüngeV, DüngeMG, BioAbfV, AbfKlärV, WasserR, BBodSchG — Düngemittel
- LMBG — Bedarfsgegenstände
- ChemG, Chem-VerbotsV — allg. Gebrauchsgegenstände
- ChemG, Chem-VerbotsV, GefahrstoffV — Produktionseinsatzstoffe

(Zentrum: Verwertungsprodukt)

Quelle: KOCH und REESE, 2000, S. 306

Der Umweltrat erachtet daher die Rücknahme bereits umgesetzter oder beschlossener Maßnahmen der Verwertungspfadsteuerung als auf absehbare Zeit kontraproduktiv. Vielmehr muss zunächst für die betreffenden Abfallgruppen sichergestellt werden, dass durch anlagen-, stoff- und produktbezogene Rahmenvorgaben eine schadlose und umweltgerechte Entsorgung – unabhängig vom jeweils gewählten Entsorgungsweg – gewährleistet ist. Erst wenn die notwendigen Rahmenbedingungen geschaffen und wirksam sind, kann im konkreten Fall eine Abkehr von verbindlichen Verwertungspfadvorgaben in Betracht gezogen werden. Durch die Schaffung und den Vollzug eines solchen Systems ökologisch anspruchsvoller Rahmenbedingungen könnte auch die im Falle einer Abkehr von der Verwertungspfadsteuerung zu befürchtende Entwertung aufgebauter Verwertungsinfrastrukturen zumindest teilweise vermieden werden. So können die im Rahmen der Verwertung von Kunststoffverpackungen entwickelten Sortiertechnologien zukünftig möglicherweise auch im Hausmüllbereich eingesetzt werden – etwa zur Trennung von Materialien, für die ein funktionierender Sekundärrohstoffmarkt existiert. Gleichzeitig könnten die derzeit hohen Kosten einer getrennten Erfassung verschiedener Abfallfraktionen teilweise gesenkt werden.

8.1.3.3 Empfehlungen für eine Weiterentwicklung

681. Vor dem Hintergrund der in den vergangenen Jahren erzielten Fortschritte bei der Entwicklung anlagen-, stoff- und produktbezogener Rahmenvorgaben für die Abfallentsorgung (Abb. 8-1 und 8-2) muss eine Weiterentwicklung der Verwertungspfadsteuerung hinsichtlich ehrgeizigerer Verwertungsquoten oder weiterer Produktgruppen kritisch daraufhin geprüft werden, inwieweit dies noch notwendig und sinnvoll ist.

Unstreitig ist, dass durch die Abfallpolitik folgende grundlegende Ziele weiter verfolgt werden müssen:

– die Vermeidung von Schadstoffdissipation,

– die Vermeidung von Umweltgefährdungen und -beeinträchtigungen (Schadlosigkeit) sowie

– ein umweltbezogenes Ressourcenmanagement, einschließlich der Energieeinsparung und des damit verbundenen Klimaschutzes.

Dies sollte aber in Zukunft prioritär durch die Weiterentwicklung spezifischer, auf die Reduktion der problematischen Stoffe oder Ressourcen, deren Verwendung und Freisetzung gerichtete anlagen-, stoff- und produktbezogener Rahmenvorgaben geschehen. Dabei müssen diese Rahmenbedingungen europaweit auf möglichst hohem Niveau harmonisiert werden. Zu den Rahmenbedingungen gehören insbesondere:

– Anforderungen an zulässige Schadstoffemissionen für (einzelne) Anlagen (IVU-RL, BImSchG, insb. 17. BImSchV) beziehungsweise Verwertungsoptionen (z. B. landwirtschaftliche Verwertung) – in dieser Hinsicht formuliert auch die EU-Kommission in ihrer Mitteilung zu einer Recyclingstrategie wichtige Politikansätze. So soll die IVU-Richtlinie auf den gesamten Abfallsektor, also auch auf Verwertungsanlagen ausgeweitet werden, und die Qualitätsstandards für das Recycling sollen in Anhang II A der Abfallrahmenrichtlinie integriert werden.

– Verbote und Beschränkungen für schädliche oder schwer zu entsorgende Inhaltsstoffe und Materialien in (Verwertungs-)Produkten (Abb. 8-2, Bsp.: ChemikalienverbotsVO, Bauproduktenrecht, BioabfallV, BatterieV, AltautoV, Schadstoffentfrachtung von PVC);

– gegebenenfalls Anforderungen zur Verbesserung der Wiederverwendbarkeit beziehungsweise Verwertbarkeit von Produkten oder Werkstoffen (Bsp.: AltautoV; VerpackV), weitere Rücknahmeverpflichtungen sowie Produktstandards für unter Abfalleinsatz erzeugte Produkte, um Schadstoffanreicherungen im Produktkreislauf zu vermeiden (Bsp.: Zement);

– ökonomische Instrumente, mit deren Hilfe die bei Gewinnung, Verwendung und Entsorgung von Stoffen entstehenden Umwelteffekte internalisiert werden (Bsp.: Emissionshandel, Ökosteuer, Inputabgaben zur Verminderung diffuser Emissionen);

– Anschubfinanzierung für innovative technische Entwicklungen auf dem Gebiet der hochwertigen Verwertung mit dem Ziel, diese wettbewerbsfähig zu machen.

682. Eine solche Strategie der „Rahmensetzung" zeichnet sich durch folgende Vorteile aus:

– Durch die Rahmenvorgaben wird unmittelbar bei der jeweils unerwünschten Umweltinanspruchnahme beziehungsweise -belastung angesetzt. Damit sind die Rahmenvorgaben wesentlich zielsicherer und zwar hinsichtlich aller oben genannten Ziele.

– Die Rahmenvorgaben können, wenn der politische Wille dazu besteht, anspruchsvoll, klar und einfach formuliert und relativ erfolgreich vollzogen werden.

– Die Rahmenvorgaben implizieren eine Harmonisierung der Umweltbelastungsschranken auf einem einheitlichen hohen Niveau nicht nur für die Entsorgungsstufe, sondern für den gesamten Wirtschaftskreislauf.

– Die Rahmenvorgaben ermöglichen ein hohes Maß an Marktflexibilität, sie erlauben es den Betroffenen, den wirtschaftlich günstigsten – effizientesten – Entsorgungsweg zu gehen.

– Das Konzept der Rahmenvorgaben schließt dabei keineswegs aus, Wirkungsbrüche des Marktes durch adäquate Instrumente zu überbrücken (z. B. durch Produktstandards zur Gewährleistung der schadlosen Verwertung oder Wiederverwendung, durch Rücknahmeverpflichtungen sowie durch Schadstoffbegrenzungen für Produkte, die unter Abfalleinsatz hergestellt werden).

683. In diesem Sinne empfiehlt der Umweltrat, die zukünftige Abfallpolitik auf ein konsistentes System von Anforderungen an die Schadstoffminimierung bei den Produkten und Materialien sowie der Emissionskontrolle von Verwertungs- und Beseitigungsanlagen zu konzentrieren. Das bedeutet, das unverzichtbare Prinzip der Produktverantwortung verstärkt darauf auszurichten, dass Produkte von Schadstoffen entfrachtet werden und dass gegebenenfalls Anforderungen zur Verbesserung der Wiederverwendbarkeit oder Verwertbarkeit, Rücknahmeverpflichtungen oder Produktstandards für Produkte, die unter Verwendung von Abfällen erzeugt werden, entwickelt werden. Gleichzeitig sollten wirksame, über den Abfallbereich hinausgehende Instrumente entwickelt werden, um die Umweltschädigungen, die durch den Verbrauch von Ressourcen entstehen, zu reduzieren und gegebenenfalls die externen Kosten zu internalisieren.

8.2 Regulierung in einzelnen Produkt-, Stoff- und Herkunftsbereichen

8.2.1 Die Gewerbeabfallverordnung als Beispiel abfallrechtlicher Überregulierung

8.2.1.1 Wesentlicher Inhalt und Zweck der Regelung

684. Mit der am 1. Januar 2003 in Kraft getretenen Gewerbeabfallverordnung (GewAbfV) werden Gewerbebetriebe dazu verpflichtet, die wesentlichen verwertbaren Abfallfraktionen Papier, Pappe, Glas, Kunststoffe, Metalle und Bioabfälle jeweils getrennt zu halten und getrennt einer Verwertung zuzuführen, es sei denn, die Verwertung kann nach gemeinsamer Erfassung dadurch erreicht werden, dass die Abfälle in einer anschließenden Sortierung in „weit gehend gleicher Menge und stofflicher Reinheit wieder aussortiert werden" (§ 3, Abs. 2 GewAbfV). Soweit die getrennte Erfassung technisch nicht möglich oder wirtschaftlich nicht zumutbar ist, können die Abfälle auch energetisch oder durch Sortierung in einer Vorbehandlungsanlage verwertet werden (§ 3, Abs. 3 GewAbfV). Bei der energetischen Verwertung dürfen allerdings Glas, Metalle, mineralische und biologisch abbaubare Abfälle – abgesehen von Fehlwürfen – nicht im Gemisch enthalten sein. Bei der Verwertung in einer Vorbehandlungsanlage dürfen die angelieferten Abfälle bestimmte schädliche Stoffe und Störfraktionen nicht enthalten und die Anlage muss eine Verwertungsquote von 85 % im Jahresmittel (übergangsweise 65 % im Jahr 2003 und 75 % im Jahr 2004) nachweisen. Nicht verwertete Stoffe sind dem öffentlichen Entsorgungsträger zu überlassen, zu diesem Zweck sind Abfallbehälter des Entsorgungsträgers in angemessenem Umfang zu benutzen. Parallele Regeln gelten nach den §§ 8 ff. GewAbfV für Bau- und Abbruchabfälle. Schließlich schreibt die Verordnung eine Eigen- und Fremdkontrolle für Betreiber von Sortieranlagen über den Input und Output der Anlage vor.

Mit diesen Regelungen führt die GewAbfV erstmals Getrennthaltungspflichten im gewerblichen Bereich ein. Hauptziel der Verordnung ist ausweislich der Begründung, die schadlose und möglichst hochwertige Verwertung von gewerblichen Siedlungsabfällen sowie von Bau- und Abbruchabfällen zu fördern und die „Scheinverwertung" solcher Abfälle zu verhindern (dazu ausführlich DIECKMANN, 2002, S. 20 f.). Die Vorschriften sollen gewährleisten, dass zumindest die wesentlichen verwertbaren Fraktionen auch tatsächlich einer hochwertigen Verwertung zugeführt werden. Sie sollen außerdem verhindern, dass unverwertbare Abfälle mit verwertbaren Abfällen vermischt, als Abfall zur Verwertung deklariert und anschließend aus dem Zuständigkeitsbereich des örtlichen Entsorgungsträgers zu billigen Deponien oder Verbrennungsanlagen verbracht werden. Dadurch soll zugleich die Anlagenauslastung und Kalkulationsbasis der öffentlichen Entsorgungsträger verbessert werden (zu diesen Zielen s. KAMINSKI et al., 2002, S. 4 ff.; RÜHL, 2002, S. 14 f.; SIECHAU, 2003, S. 43 ff.).

685. Die so genannte Scheinverwertung wird als eine wesentliche Ursache dafür angesehen, dass den öffentlichen Entsorgungsträgern – insbesondere denen, die sich mit hohen Investitionen um anspruchsvolle Anlagen zur thermischen Behandlung der Abfälle bemüht haben – immer weniger Abfälle aus dem Gewerbe überlassen worden sind. Dies hat zu beträchtlichen Überkapazitäten geführt, deren hohe Kosten über ständig steigende Gebühren schließlich allein die Haushalte zu tragen haben (ausführlich dazu bereits SRU, 2002, Tz. 758 ff., Tz. 841 ff.). Vor diesem Hintergrund ist vor allem aus den Reihen der Länder, Kreise und Gemeinden vehement gefordert worden, das Kreislaufwirtschafts- und Abfallgesetz (KrW-/AbfG) um eine Getrennthaltungspflicht zu ergänzen. Verschiedene Vorschläge zur Änderung des KrW-/AbfG konnten sich jedoch nicht durchsetzen. Die Bundesregierung sah die Lösung in den verordnungsrechtlichen Getrennthaltungspflichten der Gewerbeabfallverordnung (zum seinerzeitigen Referentenentwurf bereits SRU, 2002, Tz. 807, 849 f.).

8.2.1.2 Anwendungsfragen – Vollzugsprobleme

686. Die GewAbfV ist schon im Regelungsansatz stark umstritten. Hinzu kommen in Einzelheiten zahlreiche Auslegungsfragen und vielfältige Detailkritik nicht nur seitens der betroffenen Gewerbebetriebe und der privaten Entsorgungswirtschaft (BILLIGMANN, 2003, S. 35 ff.; FISCHER, 2003, S. 55 ff.; KIBELE, 2003; Zweifel an der Rechtmäßigkeit vieler Einzelbestimmungen sehen insbesondere KAMINSKI et al., 2002; aber auch DIECKMANN, 2002, S. 22 f. und REESE, 2004), sondern auch seitens der Behörden, die diese Verordnung umsetzen sollen. Wesentliche Kritikpunkte betreffen

– die Praktikabilität der Reinheitsvorgaben für die Sortierungsoption gemäß § 3 Absatz 2 GewAbfV,

– den Nutzen der Pflicht zur Getrennthaltung beziehungsweise Sortierung im Falle späterer gemischter energetischer Verwertung,

– die Privilegierung der öffentlichen Entsorgungsträger durch Freistellung von den Getrennthaltungs- und Sortierungspflichten,

– die beschränkte beziehungsweise nicht geklärte Anwendbarkeit im grenzüberschreitenden Verkehr,

– die ungewisse Erreichbarkeit der Verwertungsquote von 85 % insbesondere nach der EuGH-Rechtsprechung zur Einordnung der Müllverbrennung (Tz. 667),

– die Kontrollierbarkeit der Getrennthaltungs- und Sortierungsvorgaben und die Bewältigung des damit zusammenhängenden Vollzugsaufwands,

– die verbleibende Unsicherheit über die Abgrenzung zwischen Verwertung und Beseitigung insbesondere hinsichtlich der nicht getrennt zu erfassenden Restfraktionen,

– die fragliche Anwendung der Sortierquoten auf nachgeschaltete Sortierungen im Rahmen so genannter Verwertungskaskaden,

– die umstrittene Frage, unter welchen Voraussetzungen eine Getrennthaltung technisch oder wirtschaftlich nicht möglich ist,

– die Rechtmäßigkeit der Pflicht zur Vorhaltung mindestens eines Restabfallbehälters,

– die Dimensionierung der Restabfallbehälter,

– die Beschränkung des Anwendungsbereichs auf Abfälle der Schlüsselnummer 20 sowie

– die Gesetzmäßigkeit der Definition von „Abfällen aus privaten Haushalten".

Die LAGA hat zu diesen und weiteren Umsetzungsfragen einen Vollzugsleitfaden erarbeitet und im März 2003 beschlossen (LAGA, 2003a), der allerdings in wesentlichen Punkten die Interessen der Länder und ihrer öffentlichen Entsorgungsträger widerspiegelt und daher der von dem betroffenen Gewerbe und der privaten Entsorgungswirtschaft vorgetragenen Kritik nur bedingt Rechnung trägt. Die Erfahrungen mit den seinerzeitigen Abgrenzungspapieren zum KrW-/AbfG (LAGA, 1997) lassen erwarten, dass diese Anwendungshilfen der LAGA kaum auf breite Akzeptanz stoßen werden und deshalb auch nur sehr bedingt den Vollzug der Verordnung erleichtern und fördern werden. Ein dreiviertel Jahr nach dem Inkrafttreten der Verordnung scheint ihre Umsetzung jedenfalls immer noch weit gehend auszubleiben (PASCHLAU, 2003b), was in Anbetracht der hohen Kompliziertheit dieses Regelwerks, der vielfältigen oben genannten Anwendungsfragen und des hohen Vollzugsaufwandes wenig verwundert.

687. Aus Praxisberichten geht hervor, dass bisher weder die betrieblichen Getrennthaltungsbestimmungen noch die Anforderungen an Sortieranlagen (Quoten, Nachweispflichten), noch der Anschlusszwang an die öffentliche Müllabfuhr annähernd flächendeckend umgesetzt werden. Vielmehr hätten sich die beteiligten Akteure offenbar weit gehend darauf geeinigt, unter Bezugnahme auf die vielfältigen Ausnahmebestimmungen der Verordnung – wie beispielsweise auf die Ausnahme nach § 3 Abs. 3 für den Fall der technischen Unmöglichkeit oder wirtschaftlichen Unzumutbarkeit der Trennung beziehungsweise Sortierung – möglichst alles beim Alten zu belassen. Kontrolle und Vollzug durch die Behörden finde nahezu gar nicht statt. Kaum einer der verantwortlichen Verwaltungsträger habe auch nur eine neue Stelle zur Erfüllung der umfangreichen neuen Vollzugsaufgaben geschaffen (PASCHLAU, 2003b, S. 389).

8.2.1.3 Bewertung

688. Bereits im Umweltgutachten 2002 hat der Umweltrat die – seinerzeit noch im Entwurfsstadium vorliegende – Gewerbeabfallverordnung sehr skeptisch und insbesondere als insgesamt zu umsetzungsaufwendig beurteilt (SRU, 2002, Tz. 850). Die sich nunmehr abzeichnenden weit reichenden Vollzugsdefizite scheinen diese kritische Sicht zu bestätigen.

Der Umweltrat sieht in der Gewerbeabfallverordnung aber nicht nur ein übermäßig vollzugsaufwendiges und die Abfallwirtschaftsverwaltungen überforderndes Instrumentarium. In Anbetracht der oben empfohlenen grundlegenden Orientierung der Abfallwirtschaftspolitik weg von den Ansätzen einer weiteren Verwertungspfadsteuerung hin zu anspruchsvollen ordnungsrechtlichen und pretialen Rahmenvorgaben, erscheint dem Umweltrat die Gewerbeabfallverordnung zudem als ein grundsätzlich falscher Schritt in die Richtung eines hyperkomplexen und ökologisch weniger effektiven und weniger effizienten Ansatzes der Verwertungspfad-Feinsteuerung. Obwohl die Gewerbeabfallverordnung diesen Ansatz noch gar nicht mit letzter Konsequenz verfolgt, bietet sie bereits durch die in ihr enthaltenen Elemente der Verwertungspfadsteuerung ein eindrucksvolles Beispiel für die Verwaltungsüberforderung und die praktischen Hindernisse, die die Instrumente ordnungsrechtlicher Stoffstromoptimierung zwangsläufig mit sich bringen.

Hochwertige Verwertung

689. Um die Gewerbeabfälle auf den Weg einer „hochwertigen" Verwertung zu bringen, gibt die Verordnung mit dem komplizierten Regel-Ausnahme-Gefüge des § 3 Abs. 1 bis 5 den Betrieben und Behörden die Erarbeitung eines für jeden Betrieb individuell optimierten Getrennthaltungskonzeptes vor. Dieses Konzept hat sämtliche Verwertungsalternativen im Vergleich ihrer jeweiligen „Hoch-wertigkeit" und unter Beachtung der wirtschaftlichen Zumutbarkeiten zu berücksichtigen. Wie überaus anspruchsvoll und vollzugslastig dieses Unterfangen ist, bedarf kaum der Erläuterung.

Die vielen vagen Ausnahmetatbestände – insbesondere für die Fälle technischer Unmöglichkeit oder wirtschaftlicher Unzumutbarkeit der Trennung beziehungsweise Sortierung (§ 3 Abs. 3) sowie für den Fall einer gleichwertigen Verwertungsoption ohne Trennung beziehungsweise Sortierung (§ 3 Abs. 4) – bieten den Betrieben zudem reichlich Auslegungsspielräume, um ihre Entsorgungskonzepte weiterhin maßgeblich an Kostengesichtspunkten zu orientieren. Die eigentlich intendierte stärkere Ausrichtung der Entsorgungskonzepte auf ökologische Kriterien der „Hochwertigkeit" würde demgegenüber eine intensive dahingehende Einflussnahme der Abfallbehörden und wirksame Kontrollen erfordern. Dies setzt aber umfangreiche neue Verwaltungskapazitäten voraus, für die offensichtlich keine Mittel zur Verfügung stehen. Effektiver behördlicher Vollzug des Hochwertigkeitskonzepts erfordert zudem, dass überhaupt ausreichend klare gesetzliche Vorgaben darüber bestehen, wodurch im Vergleich verschiedenster Entsorgungsoptionen die „Hochwertigkeit" gekennzeichnet ist. Auch diese entscheidende Voraussetzung wird jedoch durch die Gewerbeabfallverordnung nicht erfüllt.

Der Verordnung liegt ersichtlich keine klare Vorstellung darüber zugrunde, was letztlich als hochwertige Verwertung anzustreben ist. Zwar kommt in der grundsätzlichen Pflicht zur Trennung beziehungsweise Sortierung die Vermutung zum Ausdruck, dass eine stoffliche Trennung die hochwertige Verwertung in der Regel fördert. Dass diese Pflicht regelmäßig selbst dann greifen soll, wenn die Abfälle anschließend im selben Ofen energetisch verwertet werden, belegt die Fragwürdigkeit dieses strikten Trennungsgebotes. Eindeutige und gleichmäßig vollziehbare Regeln zur Bewertung der Hochwertigkeit fehlen indessen gänzlich. Vielmehr kommt in den vielfältigen Einschränkungen und Ausnahmen von der Trennungsbeziehungsweise Sortierungspflicht zum Ausdruck, dass der Verordnungsgeber sich zu abstrakt-generellen Hierarchisierungen nicht imstande sah und dass er daher die Ermittlung des „besten" Entsorgungskonzepts ganz wesentlich auf die behördliche Einzelfallentscheidung delegiert hat.

690. Dass der Verordnungsgeber sich nicht klar zu einer konkreten Hierarchie der Entsorgungsoptionen bekannt hat, kann in Anbetracht der vielfältigen Variablen und Zweifelsfragen sowie der von Fall zu Fall verschiedenen ökonomischen Kapazitäten nicht verwundern. Vielmehr ist diese „Enthaltung" zweifellos dem schon eingangs dargelegten Umstand geschuldet, dass eine Auswahl zwischen den Entsorgungsoptionen unter dem Gesichtspunkt der Hochwertigkeit höchst voraussetzungsvoll und stark von den ökologischen und ökonomischen Faktoren des Einzelfalls abhängig ist. Daher sind auch hergebrachte Annahmen über die generelle Vorteilhaftigkeit bestimmter, insbesondere stofflicher Verwertungswege in der Fachwelt häufig umstritten. So ist gerade auch die ökologische und ökonomische Sinnhaftigkeit einer vielgleisigen Getrennthaltung von Haushalts- und Gewerbeabfällen gegenwärtig in mancher Hinsicht – insbesondere aufgrund der Weiterentwicklung moderner Sortiertechniken und auch im Hinblick auf die Einsatzmöglichkeiten von hochkalorischen Abfallgemischen als Ersatzbrennstoffe – infrage gestellt worden, sodass die Verordnung bereits mit ihren generellen Prämissen über die Förderungswürdigkeit der stoffreinen stofflichen Verwertung auf einem schwachem Fundament steht. Beachtet man zudem, dass die Verordnung keineswegs eine betriebliche Wertstoffsammlung erstmals einführt, sondern die nach der Gewerbeabfallverordnung zu trennenden Wertstoffe mit Ausnahme von Kunststoffen und Bioabfällen von den meisten Erzeugern – aus Kostengründen – ohnehin bereits getrennt erfasst oder nachträglich sortiert werden, so müssen nach Ansicht des Umweltrates Zweifel daran bestehen, dass der durch die Gewerbeabfallverordnung veranlasste administrative Aufwand und die erheblichen Rechtsunsicherheiten, mit denen Gewerbe und Entsorgungswirtschaft belastet werden, überhaupt durch deutliche Vorteile für den Umweltschutz gerechtfertigt sind.

Vermeidung von Scheinverwertungen

691. Zu einem ähnlich kritischen Befund gelangt der Umweltrat auch in Bezug auf die zweite Zielsetzung, die die Verordnung neben der Hochwertigkeit der Verwertung verfolgt, nämlich die Vermeidung so genannter Scheinverwertungen. Zwar sieht der Umweltrat unter den derzeitigen rechtlichen Rahmenbedingungen des KrW-/AbfG sowie des EG-Abfallrechts auch die Notwendigkeit, evident minderwertige Entsorgungspfade, die sich im weiten Überschneidungsbereich von Verwertung und Beseitigung – insbesondere durch Vermischung von verwertbaren und unverwertbaren Abfällen – ihren Weg bahnen, abzuschneiden. Er sieht allerdings die Gründe für diese Scheinverwertungen ganz wesentlich im Fehlen ausreichend strenger Deponiestandards. Vor allem die nach wie vor existenten, extrem preiswerten Entsorgungsmöglichkeiten für unvorbehandelte Abfälle auf unzureichend gesicherten (Alt-)Deponien sind es, die die Scheinverwertungen in großem Umfang veranlassen (bereits SRU, 2002, Tz. 758 ff.). Vergleichbares gilt für Abfallverbrennungs- und Mitverbrennungsanlagen, die keine Schadstoffeliminierung nach dem Stand der Technik und keine hinreichende Nutzung der energetischen Potenziale aufweisen. Deshalb liegt nach Überzeugung des Umweltrates der effektivste und effizienteste Weg zur Bekämpfung von Scheinverwertungen darin, die für die Deponierung und Verbrennung geltenden Rahmenbedingungen maßgeblich zu verschärfen, beziehungsweise die mit der Abfallablagerungsverordnung, der Deponieverordnung sowie der novellierten 17. BImSchV und der Versatzverordnung bereits in Kraft gesetzten Anforderungen vollständig umzusetzen. Insbesondere dann, wenn den Anforderungen der Abfallablagerungsverordnung entsprechend die Ablagerung unvorbehandelter Abfälle bis zum 1. Juni 2005 beendet werden kann, dürfte sich das Problem der Scheinverwertung auf Billigdeponien in Deutschland weit gehend erledigt haben. Der besonderen Getrennthaltungs- und Sortiervorgaben der Gewerbeabfallverordnung bedarf es dazu nicht. Auch der befürchtete Export von Abfallgemischen mit anschließender Scheinverwertung auf ausländischen Billigdeponien sollte über die Einwände der Abfallverbringungsverordnung verhindert werden und nicht über Sortier- und Getrennthaltungsvorgaben (Abschn. 8.1.2).

Stärkung der öffentlich-rechtlichen Entsorgungszuständigkeit

692. Schließlich bleibt noch die implizite Zielsetzung der Verordnung, den öffentlichen Entsorgungsträgern einen planbaren, hinreichenden Zugriff auf „unverwertbare" Gewerbeabfälle zu sichern. Insoweit stellt sich zunächst grundlegend die Frage, welche Entsorgungsaufgaben die öffentlich-rechtlichen Entsorgungsträger im Bereich der Gewerbeabfälle überhaupt (noch) wahrnehmen sollten. Dabei sind ökonomische und ökologische Aspekte abzuwägen und gegebenenfalls angemessene Übergangsbedingungen sicherzustellen. Umweltpolitisch spricht einiges dafür, dass die Entsorgung der hausmüllähnlichen Gewerbeabfälle aus kleinen Gewerbebetrieben, ebenso wie des Hausmülls, in der ausschließlichen Wahrnehmungskompetenz der – nicht auf Gewinnerzielung ausgerichteten – öffentlichen Hand liegen sollte, insbesondere weil eine Liberalisierung in diesem Bereich die Kontrolle über diese Abfälle erheblich erschweren würde (Tz. 670). In jedem Fall bedarf es dringend einer klaren politischen Entscheidung über die Zuständigkeitsabgrenzung. Die Gewerbeabfallverordnung trifft diese Entscheidung zur Aufteilung des Entsorgungsmarkts jedoch nicht und könnte dies auch gar nicht, da es sich bei dieser Marktordnungsfrage um eine gesetzlich durch das KrW-/AbfG und überdies weitgehend europarechtlich vorbestimmte Frage handelt, wie die neue EuGH-Judikatur in den Verfahren C-458/00 und C-228/00 verdeutlicht hat (Tz. 665).

Allerdings soll durch die Anforderungen, die die Verordnung an die Abfallverwertung in Form von Sortier-Mindestquoten und Anforderungen an die Beschaffenheit zu verwertender Abfallgemische stellt, erklärtermaßen mittelbarer Einfluss auf die Aufteilung der Abfallströme zwischen öffentlichem und privatem Entsorgungsmarkt genommen werden. Denn Abfälle, die nicht entsprechend den Anforderungen der Verordnung verwertet werden können, müssen – in Ermangelung einer gesetzmäßigen Verwertungsoption – den öffentlich-rechtlichen Entsorgungsträgern als Abfall zur Beseitigung überlassen werden.

Die Grenzen, die insoweit mittelbar gezogen werden, liegen nach Ansicht des Umweltrates zwar auf einer ökologisch vertretbaren Kompromisslinie. So erscheint es durchaus nachvollziehbar und vertretbar, von der – privatwirtschaftlichen – energetischen Verwertung diejenigen Abfallfraktionen auszuschließen, die gar nicht oder allenfalls geringfügig brennbar sind (Metalle, Bioabfälle, mineralische Abfälle, Glas), und eine Sortierung nur dann als Verwertung auf dem freien Entsorgungsmarkt zuzulassen, wenn anschließend auch ein wesentlicher Teil der sortierten Stoffe tatsächlich verwertet wird. Ganz unabhängig von der Bewertung dieser konkreten Grenzmarken (Tz. 690) hält jedoch der Umweltrat den regulativen Ansatz, mit dem hier gewissermaßen durch die Hintertür einer Verordnung die bestehenden gesetzlichen und zudem gemeinschaftsrechtlichen Grenzziehungen modifiziert werden sollen, für a priori nicht dazu geeignet, dauerhaft rechtlich haltbare und systematisch konsistente Lösungen zu erzielen.

693. Soweit insbesondere das EG-Abfallrecht nach wie vor durch die Anknüpfung an einen vollkommen abstrakten Verwertungsbegriff dem freien Entsorgungsmarkt keine definitiven Grenzen setzt, kann dies in der sich rasch europäisierenden Abfallwirtschaft auch nicht dauerhaft durch nationale Getrenntthaltungspflichten und Sortierungsquoten gelingen. Schon der Streit um die Geltung gegenüber der EG-Abfallverbringungsverordnung für die grenzüberschreitende Verbringung und die Frage, ob nach dem Luxemburg-Urteil des EuGH die Verwertungsquote von 85 % überhaupt haltbar ist, zeigen deutlich, dass die Probleme auf der übergeordneten Ebene liegen und auch dort gelöst werden müssen (DIECKMANN, 2002, S. 16; PASCHLAU, 2003b, S. 390; REESE, 2004, S. 61 f.), und zwar im Sinne der oben in Kapitel 8.1 dargelegten (möglichst europaweiten) anspruchsvollen Rahmensetzung. Nur durch eine europaweite Rahmensetzung und/oder gemeinschaftsrechtliche Exportbeschränkungen kann auch die Scheinverwertung in anderen Mitgliedstaaten wirksam verhindert werden.

694. Im Übrigen geht auch die Integrität des Steuerungskonzepts verloren, wenn das gesetzliche Gebot der hochwertigen Verwertung zur Eingrenzung des privaten Entsorgungsmarktes dahin gehend ausgestaltet wird, dass es nur für den privaten Entsorgungsmarkt gilt, die öffentlich-rechtlichen Entsorgungsträger den Anforderungen an die hochwertige Verwertung jedoch nicht unterworfen werden.

8.2.1.4 Zusammenfassung und Empfehlungen

695. Die Gewerbeabfallverordnung soll durch ein hoch komplexes Regelwerk mit Getrennthaltungs- und Sortierpflichten sowie Mindestverwertungsquoten für Sortieranlagen und Anforderungen an die Zusammensetzung zu verwertender Abfallgemische dazu beitragen, dass Gewerbeabfälle

– hochwertig verwertet,

– nicht durch so genannte Scheinverwertung großteils Billigdeponien oder trotz mangelnden Heizwerts der Verbrennung zugeführt und

– in größerem Umfang als bisher den öffentlichen Entsorgungsträgern überlassen werden, sofern eine hochwertige Verwertung nicht möglich ist.

Der mit den komplexen Getrennthaltungs- und Sortierpflichten der Gewerbeabfallverordnung verbundene Versuch, durch ordnungsrechtliche Entsorgungspfadvorgaben die Abfallströme ökologisch optimal zu steuern, bietet ein anschauliches Beispiel dafür, wie die Strategie einer Feinsteuerung von Entsorgungspfaden aufgrund der Hyperkomplexität der für jeden Einzelfall vorzunehmenden vergleichenden Bewertungen und der damit einhergehenden fehlenden generell-abstrakten Programmierbarkeit zu Regelungen führt, die zwar von hohem umweltpolitischem Anspruch getragen sind, in der Praxis jedoch weder effektiv noch effizient umgesetzt werden können (Tz. 686).

696. Soweit die Verordnung auf eine möglichst hochwertige Verwertung nach Maßgabe der individuellen Gegebenheiten und Möglichkeiten zielt, erfordert sie – sachnotwendig – einen erheblichen betrieblichen und administrativen Vollzugsaufwand, ohne ein klares, schlüssiges Konzept der Hochwertigkeit zugrunde zu legen, das die stoffreine Trennung der einzelnen Wertstofffraktionen in jedem einzelnen Fall rechtfertigt. Folge ist, dass diese Bestimmungen der Verordnung im ersten Jahr ihrer Geltung kaum praxisrelevant geworden sind.

697. In Bezug auf das Ziel einer Verhinderung von Scheinverwertungen bezweifelt der Umweltrat, dass es den Anforderungen der GewAbfV und insbesondere der komplexen Getrennthaltungs- und Sortierpflichten zur Vermeidung der Scheinverwertung überhaupt bedarf. Denn der für die Scheinverwertung wesentlich ursächliche „Deponieausverkauf" wird mit der Umsetzung der Abfallablagerungsverordnung ab Juni 2005 vermutlich sein Ende finden – vorausgesetzt, die Abfallablagerungsverordnung wird tatsächlich ausnahmslos umgesetzt. Die billige energetische Verwertung in MVA scheitert dann nicht nur rechtlich – wie jedenfalls nach herrschender Auslegung der EuGH-Rechtsprechung am einschlägigen Gemeinschaftsrecht – sondern voraussichtlich auch an Kapazitätsdefiziten. Scheinverwertungen im Ausland kann die GewAbfV aufgrund des vorrangigen Gemeinschaftsrechts ohnehin nicht verhindern.

698. Soweit schließlich über die Anforderungen an Getrenntthaltung und Verwertung mittelbar auch die Grenzlinie zwischen der öffentlichen und der privaten Entsorgungszuständigkeit neu gezogen werden soll, weist der Regelungsansatz der Hochwertigkeit allgemeine Begründungsschwächen auf (Warum sollen nur die privaten zu einer hochwertigen Verwertung verpflichtet sein und nicht auch die öffentlich-rechtlichen Entsorger?) und hat zudem eine weite offene Flanke gegenüber dem Gemeinschaftsrecht und dem europäischen Entsorgungsmarkt.

699. Daher empfiehlt der Umweltrat der Bundesregierung, die Gewerbeabfallverordnung bis zum Ende des Jahres 2005 durch möglichst breit angelegte empirische Wirksamkeitsanalysen auf ihre ökologischen und ökonomischen Effekte hin zu überprüfen und sie nach erfolgter

Umsetzung der Abfallablagerungsverordnung wieder aufzuheben, wenn sich die vorstehenden pessimistischen Einschätzungen bestätigen sollten. Die bis dahin mit der Abfallablagerungsverordnung eingeführten Rahmenbedingungen jedenfalls rechtfertigen einen solchen rechtsvereinfachenden Schritt – vorausgesetzt, die Abfallablagerungsverordnung wird tatsächlich ausnahmslos umgesetzt.

8.2.2 Verpackungsverwertung und -vermeidung

8.2.2.1 Verpackungsverordnung und Duales System

700. Zur Verpackungsverordnung, die ein anschauliches Beispiel für die vielfältigen Probleme der Verwertungspfadsteuerung darstellt, hat der Umweltrat bereits seit 1994 regelmäßig in seinen Gutachten Stellung genommen (SRU, 1994, Tz. 505 ff.; SRU, 1996, Tz. 390; SRU, 1998, Tz. 556 ff.; SRU, 2000, Tz. 847 ff.; SRU, 2002, Tz. 953 ff.). Dabei wurde der Ansatz einer Steuerung der Abfallströme über Verwertungsquoten grundsätzlich als wenig zielführend und gegenüber einer geeigneten Rahmensetzung durch ökonomische Instrumente (insbesondere Verpackungsabgaben) als unterlegen erachtet. Diese Kritik soll hier nicht noch einmal im Einzelnen wiederholt werden. Die folgenden Ausführungen beschränken sich stattdessen auf eine Darstellung und Bewertung der aktuellen umweltpolitischen Entwicklungen in Zusammenhang mit Verpackungsverordnung und Dualem System. Neben der Entwicklung von Verpackungsverbrauch und Verwertungsquoten betrifft dies im Einzelnen die ersten Erfahrungen mit der seit dem 1. Januar 2003 geltenden Pfandpflicht, die im Juli 2003 im Bundestag beschlossene, aber noch nicht durch den Bundesrat bestätigte Novelle der Verpackungsverordnung, die neue EG-Richtlinie zu Verpackungsabfällen sowie die Diskussion um die wettbewerbspolitische Problematik des Dualen Systems, die durch massive Vorbehalte des Bundeskartellamtes noch deutlich an Schärfe gewonnen hat.

8.2.2.1.1 Verpackungsverbrauch und Verwertungsquoten

701. Die im Folgenden dargestellten Entwicklungen bestätigen nach Einschätzung des Umweltrates einmal mehr die in der Vergangenheit bereits geäußerte Kritik, dass die Verpackungsverordnung entgegen der Zielhierarchie „Vermeidung – Verwertung – Beseitigung" primär nur auf die Verwertung von Verpackungsabfällen abzielt und keine signifikante Verringerung der absoluten Abfallmengen, wenn auch eine Entkoppelung von der Wirtschaftsentwicklung erreicht wurde. Darüber hinaus wurden die Verwertungsquoten zwar nicht nur erfüllt, sondern sogar übererfüllt; die zugleich erhoffte Restrukturierung des Packmitteleinsatzes hin zu relativ kostengünstig verwertbaren Materialien wurde jedoch nur teilweise erreicht, wie der starke Anstieg an Kunststoffverpackungen zeigt.

702. Tabelle 8-1 stellt die Entwicklung des Verpackungsverbrauchs in Deutschland nach der jüngsten Veröffentlichung der Gesellschaft für Verpackungsmarktforschung dar (GVM, 2002a). Im Vergleich zu der entsprechenden Veröffentlichung des Vorjahres (GVM, 2001) zeigt sich, dass die seinerzeit noch vorläufigen Schätzungen für die Jahre 1999 und 2000 inzwischen erheblich nach oben revidiert werden mussten. Zusammen mit den nun auch vorliegenden Angaben für die Jahre 2001 und 2002 wird deutlich, dass der Verpackungsverbrauch in Deutschland bereits seit Ende der 1990er Jahre auf einer Höhe von über 15 Mio. Mg/a stagniert. Dies entspricht nahezu derjenigen Menge an Verpackungen, die vor In-Kraft-Treten der Verpackungsverordnung im Jahr 1991 verbraucht wurde.

Tabelle 8-1

Verpackungsverbrauch in Deutschland 1991 bis 2002 (1 000 Mg)

	1991	1992	1993	1994	1995	1996
Glas	4 636,6	4 426,3	4 223,3	4 126,9	3 954,3	3 811,3
Weißblech insgesamt	813,3	775,1	718,3	718,8	737,3	718,5
Aluminium insgesamt	108,4	100,8	93,6	94,4	91,5	94,9
Kunststoffe insgesamt	1 655,9	1 594,3	1 506,9	1 547,2	1 569,9	1 498,9
Papier insgesamt	5 598,2	5 403,8	5 129,6	5 223,3	5 199,8	5 175,5
Flüssigkeitskarton	193,0	201,6	203,4	201,5	198,5	204,6
Feinblech, Stahl	409,9	366,5	322,8	339,1	305,4	296,8
Holz, Kork	2 184,0	2 106,1	1 812,5	1 853,1	1 907,8	1 828,9
Sonstige Verpackungen	16,0	14,6	14,3	14,2	15,3	15,0
Gesamt	**15 620,3**	**14 989,1**	**14 024,7**	**14 118,5**	**13 979,8**	**13 644,4**

noch Tabelle 8-1

	1997	1998	1999	2000	2001	2002*
Glas	3 706,0	3 643,5	3 793,3	3 648,5	3 240,9	3 202,0
Weißblech insgesamt	711,5	704,8	721,4	728,1	730,5	712,4
Aluminium insgesamt	94,7	97,5	102,2	105,3	104,7	106,8
Kunststoffe insgesamt	1 515,3	1 624,9	1 741,7	1 815,5	1 907,4	2 059,0
Papier insgesamt	5 262,4	5 490,6	5 797,2	5 909,2	6 085,7	6 193,0
Flüssigkeitskarton	209,7	216,0	219,0	217,7	213,6	219,9
Feinblech, Stahl	302,8	302,6	308,6	333,8	318,2	304,9
Holz, Kork	1 991,9	2 142,2	2 346,4	2 517,3	2 468,9	2 567,6
Sonstige Verpackungen	14,0	13,6	14,2	15,0	15,3	15,3
Gesamt	**13 808,3**	**14 235,6**	**15 044,0**	**15 290,4**	**15 085,2**	**15 380,9**

SRU/UG 2004/Tab. 8-1; Datenquellen: Gesellschaft für Verpackungsmarktforschung, 2002a, EUWID Recycling und Entsorgung v. 25. November 2003, S. 15

* Vorausschätzung

703. Während der gesamte Verpackungsverbrauch in Deutschland zwischen 1991 und 2001 abgesehen von einem vorübergehenden Absinken Mitte der 1990er-Jahre im Wesentlichen konstant geblieben ist, lassen sich im gleichen Zeitraum deutliche Veränderungen in der Struktur der eingesetzten Packstoffe erkennen (Tab. 8-2). So ist insbesondere der Anteil von Glas stark gefallen, während Papier und auch Kunststoffe stark hinzugewinnen konnten. Die ursprünglich mit der Einführung der Verpackungsverordnung verbundene Hoffnung, es würden Anreize zu einer Restrukturierung des Packmitteleinsatzes hin zu relativ verwertungsfreundlicheren Materialen gegeben, haben sich folglich nur teilweise erfüllt. Insbesondere der stetig ansteigende Kunststoffanteil im Packmittelmix ist, soweit er nicht auf den verstärkten Einsatz von PET (Polyethylenterephthalat) zurückgeht, vor dem Hintergrund der bekannten Verwertungsprobleme (z. B. SRU, 2000, Tz. 955 ff.) kritisch zu beurteilen.

704. Tabelle 8-3 stellt die Entwicklung der materialspezifischen Verwertungsquoten sowie der Verwertungsquote insgesamt jeweils bezogen auf den Verpackungsverbrauch dar. Wie sich hier zeigt, konnte die Verwertungsquote insgesamt zwischen 1991 und 1998 kontinuierlich gesteigert werden. Seither lässt sich eine uneinheitliche Entwicklung beobachten, wobei insbesondere die Verwertungsquote im Jahr 2002 deutlich unter das bereits 1997 erreichte Niveau gefallen ist. Hierfür werden in erster Linie zwei Entwick-

Tabelle 8-2

Struktur des Packmitteleinsatzes in Deutschland 1991 und 2001

	1991	2001
Glas	35,6 %	26,7 %
Weißblech insgesamt	6,3 %	5,8 %
Aluminium insgesamt	0,8 %	0,9 %
Kunststoffe insgesamt	12,7 %	15,5 %
Papier insgesamt	43,0 %	49,4 %
Flüssigkeitskartons	1,5 %	1,8 %

Quelle: Gesellschaft für Verpackungsmarktforschung, 2002a

lungen verantwortlich gemacht (GVM, 2002a). So ist zum einen der Anteil des Packmittels Glas, der traditionell hohe Verwertungsquoten aufweist, am gesamten Packmitteleinsatz stetig zurückgegangen, und zum anderen hat sich der Anteil des Packmittels Kunststoff bei gleichzeitigem Rückgang der materialspezifischen Verwertungsquote deutlich erhöht (Tab. 8-2).

Tabelle 8-3

Verwertungsquoten bezogen auf den Verpackungsverbrauch in Deutschland 1991 bis 2002 (%)

	1991	1992	1993	1994	1995	1996	1997	1998	1999	2000	2001	2002
Glas	56,1	59,5	67,6	70,1	77,0	81,7	83,7	84,6	83,7	84,1	85,1	85,0
Weißblech	37,1	45,4	54,8	57,2	66,5	77,3	79,6	79,7	77,7	75,2	75,8	77,3
Aluminium	17,7	19,9	32,5	40,1	56,6	74,0	79,7	79,4	75,0	75,8	76,7	71,3
Kunststoffe	11,7	10,6	24,1	36,7	37,1	41,5	61,0	59,1	56,1	53,5	51,8	51,2
Papier	56,0	62,0	74,5	76,9	81,5	85,0	88,6	89,1	87,3	91,3	92,0	89,0
Flüssigkeitskarton	k.A.	2,8	27,4	40,6	46,7	58,0	61,6	65,6	63,3	61,7	62,8	65,5
Gesamt	48,0	52,2	63,3	67,2	72,4	77,2	82,3	82,5	80,8	82,1	82,4	80,6

SRU/UG 2004/Tab. 8-3; Datenquellen: Gesellschaft für Verpackungsmarktforschung, 2002a; EUWID Recycling und Entsorgung v. 25. November 2003

Ohne Feinblech, Stahl, Holz, Kork etc.; Bezugsmenge: Verpackungsverbrauch; 2002 Vorausschätzung.

8.2.2.1.2 Pfandpflicht für Einweggetränkeverpackungen und Novellierung der Verpackungsverordnung

705. Nach vorläufigen Schätzungen der Gesellschaft für Verpackungsmarktforschung (GVM, 2002b) erreichte der Mehrweganteil im Getränkesektor im Jahr 2000 mit nur noch 65,46 % erneut einen historischen Tiefststand (Tab. 8-4). Damit wurde die in der Verpackungsverordnung vorgegebene Mindestquote von 72 % vier Jahre in Folge unterschritten. Diese Entwicklung aufzuhalten, ist der Zweck der zum 1. Januar 2003 in Kraft getretenen Pfandpflicht für Einweggetränkeverpackungen. Der Umweltrat hatte in seinem letzten Gutachten Bedenken gegen dieses Instrument geltend gemacht (SRU, 2002, Tz. 960 ff.). Insbesondere wurde befürchtet, dass die Pfandpflicht den Mehrweganteil nicht erhöhen, sondern im Gegenteil sogar zu einer weiteren Schwächung der Mehrwegsysteme beitragen würde.

Inwiefern diese Befürchtungen berechtigt waren, lässt sich zum gegenwärtigen Zeitpunkt noch nicht endgültig einschätzen. Zwar ließ sich unmittelbar nach Inkrafttreten der Pfandpflicht beobachten, dass zahlreiche Einzelhändler – insbesondere im Discount-Bereich – Einwegware komplett auslisteten. Jedoch wurde diese Maßnahme vor allem damit begründet, dass es kurzfristig nicht möglich sei, ein bundesweit einheitliches Rücknahmesystem einzurichten, und damit die Verbraucher gezwungen wären, die Einwegverpackungen in derjenigen Verkaufstelle zurückzugeben, in der sie erworben wurden. Die Errichtung eines solchen zentralen Rücknahmesystems war ursprünglich bis zum 1. Oktober 2003 vorgesehen, dieser Zeitplan konnte jedoch nicht eingehalten werden. Stattdessen wurden zum 1. Oktober 2003 lediglich so genannte „Insellösungen" eingerichtet, bei der sich die Rückgabemöglichkeiten für den Verbraucher jeweils auf die Niederlassungen einzelner Handelsketten beschränken.

Aufgrund des Fehlens eines einheitlichen bundesweiten Rücknahmesystems wird das deutsche Pflichtpfand auf Einweggetränkeverpackungen von der EU-Kommission als eine Beschränkung des freien Warenverkehrs eingestuft, weil hierdurch insbesondere ausländische Abfüller benachteiligt würden. Die EU-Kommission hat deshalb im Oktober 2003 ein Vertragverletzungsverfahren gegen die Bundesrepublik Deutschland eingeleitet.

706. Eine grundsätzliche Unzulänglichkeit der bisherigen Pfandregelung besteht darin, dass die Pfandpflicht nicht an der Art der Einwegverpackung, sondern am Füllgut anknüpft. So gilt die Pfandpflicht bisher nur für Bier, Mineralwasser und kohlensäurehaltige Erfrischungsgetränke, nicht jedoch für andere Getränke, die in den gleichen Einwegbehältnissen angeboten werden. Diese Vorgehensweise ist nicht nur inkonsistent und gegenüber dem Verbraucher schwer zu vermitteln, sondern sie stellt auch geradezu eine Einladung zu Ausweichreaktionen dar. So ließ sich etwa beobachten, dass einzelne Getränkehersteller gezielt in den Bereich nicht bepfandeter Erfrischungsgetränke ohne Kohlensäure ausweichen (Lebensmittelzeitung, 10. Januar 2003).

Tabelle 8-4

**Mehrweganteile für Getränke (ohne Milch)
bundesweit 1991 bis 2000 (%)**

	1991	1992	1993	1994	1995	1996	1997	1998	1999	2000
Mineralwasser	91,33	90,25	90,89	89,53	89,03	88,68	88,31	87,44	84,94	80,96
Getränke ohne CO_2	34,56	38,98	39,57	38,76	38,24	37,93	36,80	35,66	34,75	33,35
Erfrischungsgetränke mit CO_2	73,72	76,54	76,67	76,66	75,31	77,50	77,76	77,02	74,90	68,45
Bier	82,16	82,37	82,25	81,03	79,07	79,02	77,88	76,14	74,83	73,07
Wein	28,63	26,37	28,90	28,54	30,42	28,66	28,10	26,20	26,75	25,76
Alle Getränke (ohne Milch)	71,69	73,54	73,55	72,87	72,27	72,21	71,33	70,13	68,68	65,46

Quelle: Gesellschaft für Verpackungsmarktforschung, 2002b

Vor diesem Hintergrund ist es unbeschadet der grundsätzlichen Kritik an der Pfandlösung nach Auffassung des Umweltrates zu begrüßen, dass die Bundesregierung durch die kürzlich im Bundestag beschlossene, aber noch nicht durch den Bundesrat bestätigte Novelle der Verpackungsverordnung eine zumindest in diesem Punkt konsistentere Lösung anstrebt. Nach dieser Novelle soll zukünftig eine generelle Pfandpflicht für Getränkeverpackungen unabhängig von der Erreichung bestimmter Mehrwegquoten gelten, von der lediglich Mehrwegverpackungen, als „ökologisch vorteilhaft" eingestufte Einwegverpackungen sowie Verpackungen für folgende Getränkearten ausgeschlossen sind:

– Wein einschließlich weinhaltige Getränke, in denen mit mindestens 50 % Wein oder weinähnliche Erzeugnisse enthalten sind;

– Spirituosen einschließlich Spirituosen-Mischgetränke mit mindestens 15 % Alkoholgehalt;

– Milch außer pasteurisierte oder ultrahocherhitzte Konsummilch, jedoch einschließlich Milch-Mischgetränke mit mindestens 50 % Milchgehalt;

– diätetische Getränke im Sinne des § 1 Absatz 1 Diätverordnung, jedoch außer so genannte „Sportler-Getränke".

Dabei klassifiziert die Verpackungsverordnung auf Basis der Ökobilanz-Untersuchungen des Umweltbundesamtes folgende Einwegverpackungen als „ökologisch vorteilhaft": Getränkekartonverpackungen, Getränke-Polyethylen-Schlauchbeutel-Verpackungen und Folien-Standbeutel.

707. Obgleich der Umweltrat die Differenzierung zwischen ökologisch vorteilhaften und ökologisch nicht vorteilhaften Getränkeverpackungen im Grundsatz als sachgerecht erachtet, hält er das konkrete Verfahren, die als „ökologisch vorteilhaft" erkannten Verpackungen in der Verpackungsverordnung selbst abschließend zu benennen, für wenig zweckdienlich. Denn jede Aufnahme einer innovativen umweltfreundlichen Verpackungsform in den Kreis der privilegierten „ökologisch vorteilhaften" Verpackungen würde in diesem Fall eine Novellierung der Verpackungsverordnung erfordern. Da eine solche Novellierung erfahrungsgemäß mit einem erheblichen Zeitbedarf einhergeht, würden sich entsprechende Innovationshemmnisse ergeben. Um die Suche nach neuen, „ökologisch vorteilhaften" Getränkeverpackungen für potenzielle Innovatoren so attraktiv wie möglich zu gestalten, wäre es nach Einschätzung des Umweltrates vorteilhafter, die Klassifizierung als „ökologisch vorteilhaft" im Rahmen einer flexiblen Behördenentscheidung auf Basis transparenter Kriterien vorzunehmen.

708. Durch die Umsetzung der Novelle würde nach Einschätzung des Umweltrates nicht nur eine gravierende Inkonsistenz der bisherigen Regelung behoben, sondern es würde auch die Planungssicherheit für alle beteiligten Kreise erhöht. Nach der bisherigen Regelung der Verpackungsverordnung greift nämlich die Pfandpflicht nur dann, wenn eine bestimmte Mindestquote an Mehrweggetränkeverpackungen unterschritten wurde. Dies impliziert im Umkehrschluss, dass die Pfandpflicht bei Erreichen beziehungsweise Überschreiten dieser Mindestquote wieder auszusetzen wäre. Dieser Automatismus ließe jedoch, sofern die Pfandpflicht die von ihr erhoffte Lenkungswirkung tatsächlich entfalten sollte, im Extremfall einen zyklischen Prozess befürchten, in dessen Verlauf ein Unterschreiten der Mindestquote zum Einsetzen der Pfandpflicht führt, woraufhin die Mehrwegquote ansteigen würde bis die Mindestquote überschritten würde und die Pfandpflicht wieder auszusetzen wäre. Nach Aussetzen der Pfandpflicht wäre zu erwarten, dass die Mehrwegquote wieder fällt, bis nach Unterschreiten der Mindestquote die Pfandpflicht erneut greifen würde. Da eine solche Entwicklung weder ökonomisch noch ökologisch sinnvoll wäre, ist die geplante Neuregelung zu begrüßen. Unbeschadet dessen hält der Umweltrat jedoch an seinen Zweifeln an der Wirksamkeit einer Pfandpflicht fest. Wie bereits im letzten Umweltgutachten erläutert (SRU, 2002, Tz. 962), besteht eines der Probleme im Zusammenhang mit der Pfandpflicht für Einweggetränkeverpackungen darin, dass sich ein Anreiz zur Ausdehnung des Einwegsortiments ergeben könnte, um damit das – gewinnträchtige – Aufkommen aus nicht eingelösten Pfandgeldern zu erhöhen (ausführlich hierzu auch BAUM et al., 2000, S. 78 f.). Um zumindest diesem Effekt entgegenzuwirken, wäre es nach Einschätzung des Umweltrates vorteilhaft, eine Regelung zu treffen, nach der derjenige Anteil der nicht eingelösten Pfandgelder, der die Systemkosten übersteigt, dem Handel entzogen wird.

709. Auch vor dem Hintergrund der oben geäußerten Zweifel an der Lenkungswirkung der Pfandpflicht hätte es der Umweltrat für sachgerecht gehalten, die in der Novelle genannte Zielsetzung, einen Anteil „ökologisch vorteilhafter" Einweggetränkeverpackungen von 80 % zu erreichen, mit einem konkreten Zieldatum und einem konkreten Sanktionsmechanismus für den Fall der Zielverfehlung zu versehen. Als Sanktionsmechanismus käme insbesondere eine Abgabe auf nicht „ökologisch vorteilhafte" Getränkeverpackungen in Betracht.

8.2.2.1.3 Novelle der EU-Richtlinie zu Verpackungsabfällen

710. Der Umweltrat hat sich bereits in seinem letzten Umweltgutachten mit dem Vorschlag der EU-Kommission zur Novelle der Richtlinie 94/62/EG über Verpackungen und Verpackungsabfälle auseinander gesetzt (SRU, 2002, Tz. 958). Im Februar 2004 ist nun die novellierte EG-Verpackungsrichtlinie (2004/12/EG) verabschiedet worden und in Kraft getreten. Demnach sollen spätestens bis zum 31. Dezember 2008 mindestens 60 % der Verpackungsabfälle insgesamt verwertet werden, wobei mindestens 55 und höchstens 80 % einer stofflichen Verwertung zuzuführen sind. Die Obergrenzen dürfen von einzelnen Mitgliedstaaten überschritten werden, sofern der gemeinsame Binnenmarkt dadurch nicht gestört wird.

Tabelle 8-5

Materialspezifische Verwertungsquoten nach deutscher VerpackV und nach der neuen Europäischen VerpackungsRL

Material	Deutsche Verpackungsverordnung	Neue EG-VerpackRL (2004/12/EG)
Glas	*75 %*	*60 %*
Papier/Pappe	*70 %*	*60 %*
Metalle	Weißblech: 70 % Aluminium: 60 %	*50 %*
Kunststoffe	*60 %* (mind. *36 %* werkstoffliches Recycling)	*22,5 %* (nur werkstoffliches Recycling)
Holz	Keine Vorgabe	*15 %*
		SRU/UG 2004/Tab. 8-5

711. Im Vergleich zu der alten EG-Verpackungsrichtlinie werden die materialspezifischen Verwertungsquoten in der neuen EG-Verpackungsrichtlinie deutlich angehoben. Diese Quoten werden in Tabelle 8-5 den Verwertungsquoten nach der deutschen Verpackungsverordnung in ihrer gegenwärtigen Fassung gegenübergestellt. Mit der neuen EG-Verpackungsrichtlinie wird damit der Ansatz der Verwertungspfadsteuerung weiter ausgebaut. Solange dieser Ansatz verfolgt wird, ist es zu begrüßen, wenn die europäische Verpackungspolitik durch Differenzierung und Erhöhung der in der Verpackungsrichtlinie vorgesehenen Quoten auf einem höheren ökologischen Niveau harmonisiert wird. Allerdings bleiben die in der neuen Richtlinie vorgegebenen Quoten deutlich hinter den Quoten der deutschen Verpackungsverordnung und den bereits jetzt in vielen Mitgliedstaaten erreichten Quoten zurück. Bei den Kunststoffen erscheint die Beschränkung auf eine Quote für werkstoffliches Recycling ökologisch gerechtfertigt, da ökobilanzielle Untersuchungen (HTP und IFEU, 2001) eindeutige ökologische Vorteile für diese Verwertungsart ergeben haben, während zwischen rohstofflicher und energetischer Verwertung kein relevanter ökologischer Unterschied identifiziert werden konnte, sofern bei beiden Verfahren hohe technische Standards angewandt werden (HTP und IFEU, 2001, S. 181; NÜRRENBACH et al., 2002).

Nach dem vom Umweltrat favorisierten Konzept der Rahmensteuerung in der Abfallwirtschaft (Abschn. 8.1.3) können allerdings mittelfristig Quotenvorgaben insbesondere für Metalle, Kunststoffe und Holz teilweise entfallen, wenn EU-weit hohe Umweltstandards für Abfallverbrennungs- und Mitverbrennungsanlagen eingeführt sind und eine konsistente Ressourcenstrategie verfolgt wird.

712. Umstritten zwischen Europäischem Rat und EU-Parlament waren vor allem die Förderung der energetischen Verwertung und die Konsequenzen des EuGH-Urteils zur Verwertung in MVA (EuGH-Luxemburg-Entscheidung, Urteil vom 13. Februar 2003 – C-458/00, Tz. 665, 667) bei der Erfüllung der Verwertungsquoten. In beiden Punkten hat sich der Rat durchgesetzt: Die Verbrennung in MVA mit Energienutzung soll nach der neuen EG-Verpackungsrichtlinie in die Gesamtverwertungsquote für Verpackungsabfälle eingerechnet werden. Daneben sollen die Mitgliedstaaten nun die energetische Verwertung fördern, soweit diese aus Nutzen-Kosten- und Umweltgründen vorzuziehen ist, während der Umweltausschuss des EU-Parlamentes ursprünglich nur auf die umweltbezogenen Kosten und Nutzen (*environmental costs and benefits*) abstellen und dadurch vermutlich tendenziell den Anteil der energetischen Verwertung zurückdrängen wollte. Im Rahmen einer auf hochwertige Verwertungspfade ausgerichteten Steuerung ist eine solche Nivellierung von Verwertungsvorgaben zwar verfehlt, gleichwohl ist sie aber auch Ausdruck der Einschätzung des Umweltrates, dass die differenzierte Verwertungspfadsteuerung an Bewertungsprobleme stößt und besser durch einen abfallpolitischen Strategiewechsel abgelöst werden sollte.

8.2.2.1.4 Wettbewerbspolitische Problematik des Dualen Systems und die britische Alternative

713. Der Umweltrat hatte sich bereits in seinem letzten Gutachten ausführlich mit der wettbewerbspolitischen Problematik des Dualen Systems befasst (SRU, 2002, Tz. 963 ff.). Zwischenzeitlich hat sich diese Problematik noch insoweit verschärft, als das Bundeskartellamt im Januar 2003 wegen des Vorwurfs des Missbrauchs ihrer marktbeherrschenden Stellung eine Geldbuße in Höhe von 1,8 Mio. Euro gegen die DSD AG verhängt hat. Darüber hinaus hat das Bundeskartellamt zwar von seiner ursprünglichen Absicht, die kartellrechtliche Freistellung des Dualen Systems im Jahr 2006 auslaufen zu lassen, zwischenzeitlich Abstand genommen, es macht aber nach wie vor massive Bedenken gegen die marktbeherrschende Stellung der DSD AG geltend. Der Umweltrat nimmt diese Entwicklung zum Anlass, noch einmal auf das 1998 in Großbritannien eingeführte Lizenzsystem einer wettbewerbskonformen Verpackungsabfallentsorgung hinzuweisen, das auch von der Monopolkommission als grundsätzlich vorteilhaft eingestuft wird (Monopolkommission, 2003). Der Umweltrat hat das britische System, dessen prinzipielle Funktionsweise unten noch einmal zusammengefasst wird (s. Kasten), bereits in seinem letzten Umweltgutachten einer vorläufigen Bewertung unterzogen (SRU, 2002, Tz. 965 ff.). Zwischenzeitlich liegen neue Praxiserfahrungen mit dem britischen System vor, die im Folgenden zusammengefasst werden (auch SCHWARZBAUER, 2004). Von zentralem Interesse sind dabei einerseits die (potenzielle) Fähigkeit des britischen Zertifikatsystems, die auf europäischer Ebene vorgegebenen Verwertungsquoten zu erreichen, und andererseits die mit der Erfüllung der Quoten verbundenen Kosten. Darüber hinaus findet im Folgenden auch die Frage Beachtung, inwieweit das britische System in entsprechend modifizierter Form in Deutschland implementiert werden könnte. Dabei sei jedoch noch einmal hervorgehoben, dass der Umweltrat eine geeignete Rahmensetzung durch ökonomische Instrumente (insbesondere Verpackungsabgaben) gegenüber einer wie auch immer gearteten Quotenlösung grundsätzlich vorziehen würde. Gleichzeitig ist dem Umweltrat bewusst, dass ein abrupter Pfadwechsel in der Verpackungspolitik nicht wünschenswert wäre (Abschn. 8.1.3.2). Solange noch eine Steuerung über Verwertungsquoten erfolgt, sollte dieser Ansatz jedoch zumindest effizient und wettbewerbskonform ausgestaltet werden.

Zusammenfassung: Das britische Zertifikatsystem

Nach der britischen Verpackungsverordnung (PROPW) werden alle der so genannten Verpackungskette angehörigen Unternehmen (Hersteller von Verpackungsrohmaterial, Verpackungshersteller, Verpacker und Abfüller sowie Groß- und Einzelhändler) mit einer anteiligen Verwertungspflicht belastet. Ausgenommen hiervon sind lediglich Unternehmen, die pro Jahr weniger als 50 Mg Verpackungsmaterialien in Umlauf bringen und deren jährlicher Umsatz 2 Mio. GBP (circa 3,3 Mio. Euro) nicht übersteigt. Die individuelle Verwertungspflicht eines verpflichteten Unternehmens errechnet sich aus den national vorgegebenen Verwertungsquoten, der Stellung des Unternehmens in der Verpackungskette sowie der Menge an Verpackungsmaterial, welche das Unternehmen im betreffenden Jahr produziert beziehungsweise benutzt hat. Dabei sieht die britische Regulierung – anders als die deutsche Verpackungsverordnung – keine separaten Quoten für Verkaufsverpackungen, Transportverpackungen und Umverpackungen vor, sodass sich die Verwertung weitgehend auf kostengünstig zu erfassende industrielle und gewerbliche Verpackungsabfälle konzentriert.

Die Verwertungspflichten eines Unternehmens sind entweder individuell (so genannte Selbstentsorger) oder durch den Beitritt zu einem bei der zuständigen Umweltbehörde registrierten *compliance scheme* zu erfüllen. Dabei handelt es sich um miteinander konkurrierende staatlich autorisierte Organisationen, die die Erfüllung der Verwertungspflichten übernehmen und ein Unternehmen somit von seinen Verwertungspflichten befreien, indem die Pflichten auf das System übergehen. Zur individuellen Erfüllung ihrer Verwertungspflichten bietet sich den Unternehmen die Eigenverwertung, die Verwertung durch Dritte oder der Ankauf fremder Verwertungserfolge in Form von Verwertungszertifikaten (*Packaging Recovery Notes*) an. Letztere werden von akkreditierten Verwertungsunternehmen ausgestellt und geben an, wie viel Mg welchen Verpackungsmaterials auf welche Weise verwertet wurden. Verwertungszertifikate sind ein Jahr gültig und an der so genannten *Environmental Exchange*, einer elektronischen Börse, frei handelbar. Da die Verwertungsleistungen aufgrund der spezifischen Anforderungen an die akkreditierten Verwertungsunternehmen standardisiert sind, können verpflichtete Unternehmen beziehungsweise *compliance schemes* das Angebot an Verwertungsleistungen alleine mithilfe der Zertifikatpreise bewerten und vergleichen, wodurch Wettbewerb und Effizienz gefördert werden. Zugleich spiegelt die Entwicklung der Zertifikatpreise eventuelle Unter- beziehungsweise Überkapazitäten bei den Verwertungsunternehmen wider und löst entsprechende Anpassungsprozesse aus.

---

714. Tabelle 8-6 stellt die Entwicklung von stofflichen beziehungsweise nicht stofflichen Verwertungsquoten in Großbritannien für den Zeitraum von 1998 bis 2001 dar. Darüber hinaus zeigt Tabelle 8-7 den Verpackungsverbrauch und die stofflichen Verwertungsquoten, aufgegliedert nach Verpackungsmaterialien. Insgesamt sind die absoluten Verwertungsmengen zwischen 1998 und 2001 um rund 137 000 Mg bei Papier, 232 000 Mg bei Glas, 110 000 Mg bei Metallen und 144 500 Mg bei Kunststoff angestiegen. Diese zusätzlichen Verwertungsmengen waren allerdings nur zum Teil mit dem Aufbau zusätzlicher inländischer Verwertungskapazitäten verbunden. So stiegen die zur Verwertung exportierten Verpackungsmengen zwischen 1998 und 2001 um circa 179 000 Mg bei Papier, circa 105 000 Mg bei Metall und circa 56 000 Mg bei Kunststoffen (House of Lords, 2002, S. 16). Dieser

Trend zu einer verstärkten Inanspruchnahme ausländischer Verwertungskapazitäten spiegelt sich auch in der Entwicklung der im britischen System akkreditierten Verwertungsunternehmen wider (Tabelle 8-8): So stieg zwar die Anzahl der inländischen Verwertungsunternehmen (*accredited reprocessors*) zwischen 1998 und 2001 von 190 auf 266, im gleichen Zeitraum nahm jedoch auch die Anzahl derjenigen akkreditierten Unternehmen, die Verpackungsabfälle zur Verwertung in das Ausland exportieren (*accredited exporters*), von 4 auf 64 zu, wobei alleine 32 Neuakkreditierungen aus dem Jahr 2001 resultieren. Obgleich diese Entwicklung durchaus auch eine kosteneffizientere ausländische Verwertung widerspiegeln könnte, deutet sie doch hinsichtlich der Schaffung einer ausreichenden inländischen Verwertungsinfrastruktur auf Inkonsistenzen und Unzulänglichkeiten im britischen System hin (ausführlich hierzu STROBL und LANGFORD, 2002; BBA, 2002).

Tabelle 8-6

Stoffliche und nicht stoffliche Verwertungsquoten bei Verpackungsabfällen in Großbritannien 1998 bis 2001

	1998	1999	2000	2001
Stoffliche Verwertung	*29 %*	*33 %*	*37 %*	*42 %*
Nicht stoffliche Verwertung	*4 %*	*5 %*	*5 %*	*6 %*
Verwertung gesamt	*33 %*	*38 %*	*42 %*	*48 %*

SRU/UG 2004/Tab. 8-6; Datenquellen: DTI, 2003, S. 2 f; House of Lords, 2002, S. 16; DEFRA, 2001a, S. 5 und 14

Tabelle 8-7

Verpackungsverbrauch und stoffliche Verwertungsquoten für ausgewählte Materialfraktionen in Großbritannien 1998 bis 2001

	1998		1999		2000		2001	
	Mg	%	Mg	%	Mg	%	Mg	%
Papier	4 030 000	*47*	3 873 830	*47*	3 836 122	*49*	3 831 887	*53*
Glas	2 190 435	*23*	2 157 778	*27*	2 166 667	*33*	2 229 091	*33*
Aluminium	111 538	*13*	110 000	*14*	108 667	*15*	120 833	*24*
Stahl	729 600	*25*	750 667	*30*	746 875	*32*	751 622	*37*
Kunststoff	1 568 750	*8*	1 654 167	*12*	1 703 333	*12*	1 687 500	*16*
Alle Materialfraktionen	10 000 000	*29*	9 200 000	*33*	9 180 000	*37*	9 300 000	*42*

SRU/UG 2004/Tab. 8-7; Datenquellen: DTI, 2003, S. 2 f.; House of Lords, 2002, S. 16; DEFRA, 2001a, S. 5 und 14

Tabelle 8-8

Anzahl inländischer und exportierender Verwerter in den einzelnen Branchen in Großbritannien 1998 und 2001

	Inländische Verwerter (*accredited reprocessors*)		Exportierende Verwerter (*accredited exporters*)	
	1998	2001	1998	2001
Holz	0	31	0	0
Glas	18	36	1	2
Plastik	72	92	1	30
Papier	} 100	} 107	0	13
Metalle			2	19

SRU/UG 2004/Tab. 8-8; Datenquelle: House of Lords, 2002, S. 16 f.

In Bezug auf die Erfüllung der von der (alten) EU-Richtlinie vorgegebenen Verwertungsquoten – mindestens 50 % Verwertung insgesamt und mindestens 25 % stoffliche Verwertung, wobei in jeder einzelnen Materialfraktion mindestens 15 % zu erzielen sind – ergibt sich ein differenziertes Bild. Da der nicht stofflichen Verwertung in Großbritannien mit einem Anteil von nur etwa $^1/_8$ an der gesamten Verpackungsabfallverwertung lediglich eine sehr untergeordnete Bedeutung zukommt, wurde die Mindestquote für die gesamte stoffliche Verwertung in Höhe von 25 % seit 1998 jährlich erreicht (Tab. 8-6). Die darüber hinaus geforderte Mindestquote einer stofflichen Verwertung von 15 % in jeder einzelnen Materialfraktion konnte dagegen erst im Jahr 2001 erfüllt werden (Tab. 8-7). Die vorgegebene Gesamtverwertungsquote (stofflich und nicht stofflich) von 50 % wurde durchweg nicht erreicht. Allerdings ist für das Jahr 2001 mit 48 % nur noch eine knappe Zielverfehlung um 2 % festzustellen (dies entspricht einer Verpackungsabfallmenge von circa 200 000 Mg). Die Ursache für dieses knappe Scheitern war ein Fehlverhalten des zweitgrößten compliance schemes in Großbritannien, das seine Verwertungspflichten nicht erfüllen konnte (DEFRA, 2002a).

Die anfänglich verhältnismäßig niedrigen Gesamtverwertungsquoten stellen nach Einschätzung des Umweltrates keinen Indikator für die grundsätzliche Funktionsunfähigkeit des britischen Zertifikatsystems dar. Sie sind vielmehr im Wesentlichen eine Folge der späten Einführung des Zertifikatsystems (1. Januar 1998) in Verbindung mit anfänglich zu niedrig festgelegten Anforderungen an die verwertungspflichtigen Unternehmen. So wurde die von den verwertungspflichtigen Unternehmen geforderte Gesamtverwertungsquote bei Einführung des Systems zunächst nur auf 38 % und die materialspezifische Verwertungsquote lediglich auf 7 % festlegt (Tab. 8-9). Der Grund hierfür war das Anliegen, durch zunächst moderate Anforderungen, die dann im Zeitverlauf sukzessive gesteigert wurden, die Anpassungskosten für die betroffenen Unternehmen so gering wie möglich zu halten (EWERS et al., 2002, S. 18). Zudem wurde bei Einführung des Systems der Anteil derjenigen Unternehmen, die einen Verpackungsverbrauch von weniger als 50 Mg/a beziehungsweise einen Umsatz von weniger als 2 Mio. GBP pro Jahr aufweisen, und damit von der Verwertungspflicht befreit sind, mit 5 % gegenüber tatsächlichen circa 10 bis 13 % deutlich unterschätzt. Konsequenterweise wurden die Verwertungsquoten für verpflichtete Unternehmen in den Folgejahren schrittweise angehoben und gleichzeitig die Grenzen für eine Befreiung von der Verwertungspflicht entsprechend abgesenkt (House of Lords, 2002, S. 28).

Neben anfänglich zu niedrigen Anforderungen an die Verwertung stellt die mangelnde Transparenz und Pünktlichkeit der Datenbereitstellung durch die beteiligten Unternehmen, die ein entsprechendes Monitoring erschwert, einen weiteren Grund für das regelmäßige Verfehlen der Gesamtverwertungsquote von 50 % dar (House of Lords, 2002, S. 7). Darüber hinaus kritisiert die britische Industrie die Art und Weise der Prüfung und Kontrolle des Systems sowie die damit verbundenen administrativen Belastungen (ibd., S. 28 f.). Dabei ist allerdings zu beachten, dass es sich hierbei vorwiegend um Übergangsprobleme handelt, die von den regulierenden Behörden zwischenzeitlich erkannt worden sind und durch entsprechende Anpassungen behoben werden sollen. So ist beispielsweise geplant, die gegenwärtigen Monitoringprobleme zu beheben, indem die betroffenen Unternehmen verpflichtet werden, die entsprechenden Daten nicht mehr jährlich sondern vierteljährlich zu melden. Im Gegenzug sollen die betroffenen Unternehmen von den zuständigen Behörden einen vierteljährlichen Erfüllungsnachweis erhalten. Somit können alle am System Beteiligten den jeweils erreichten Erfüllungsgrad zeitnah und nicht erst am Ende des Jahres erfassen, sodass bei einer drohenden Zielverfehlung rechtzeitig gegengesteuert werden kann (ausführlich House of Lords, 2002, S. 28 f. und S. 45).

Tabelle 8-9

Verwertungsquoten für verpflichtete Unternehmen in Großbritannien 1998 bis 2003

	Gesamtverwertungsquote	**materialspezifische Verwertungsquote**
1998	*38 %*	*7 %*
1999	*43 %*	*11 %*
2000	*45 %*	*13 %*
2001	*56 %*	*18 %*
2002	*59 %*	*19 %*
2003	*59 %*	*19 %*
SRU/UG 2004/Tab. 8-9; Datenquellen: DEFRA, 2001a, S. 15; DTI, 2003, S. 3		

715. Das marktbasierte britische Zertifikatsystem verursacht mit circa 100 bis 140 Millionen Euro jährlich (EWERS et al., 2002, S. 119) EU-weit die niedrigsten Kosten der Verpackungsverwertung. Dies ist einerseits die Konsequenz einer wettbewerbskonformen institutionellen Ausgestaltung des Systems (SRU, 2002, Tz. 970) und andererseits die Folge einer Fokussierung der Verwertung auf kostengünstig zu erfassende industrielle und gewerbliche Verpackungsabfälle. Allerdings sind bei der Beurteilung der geringen Systemkosten auch die im Vergleich zu den meisten anderen EU-Mitgliedstaaten geringeren Verwertungsziele zu berücksichtigen. Insofern sind Kostenvergleiche, die sich auf die gegenwärtige Situation mit stark unterschiedlichen Verwertungszielen beziehen, nicht aussagekräftig. Eine für entsprechende Kostenvergleiche aussagekräftigere Situation wird sich erst ergeben, wenn die in Großbritannien anzustrebenden Ziele entsprechend der novellierten EG-Verpackungsrichtlinie angehoben werden.

716. Die britische Regierung und die zuständigen Behörden haben keine Zweifel an der grundsätzlichen Fähigkeit des britischen Zertifikatsystems, auch die neuen Zielvorgaben der EU-Richtlinie – unabhängig von ihrer definitiven Höhe – erfüllen zu können. Allerdings wird dies einige Modifikationen des bestehenden Systems erfordern. Insbesondere wird die Erfüllung anspruchsvollerer Zielvorgaben eine zunehmende Erfassung und Verwertung von Verpackungen auch aus dem Haushaltsabfall erfordern (DTI, 2003, S. 16). Um hierfür die organisatorischen Voraussetzungen zu schaffen, hat die britische Regierung ein neues *Advisory Committee on Packaging* (ACP) einberufen, dessen primäre Aufgabe darin besteht, Ausgestaltungsformen für entsprechende Erfassungssysteme zu erarbeiten. Allerdings wird die Implementierung solcher Systeme frühestens Mitte 2004 möglich sein (DEFRA, 2002b; DEFRA, 2002c).

Aus ökonomischer Perspektive ist evident, dass die zur Erreichung der anspruchsvolleren Zielsetzungen der novellierten EG-Verpackungsrichtlinie erforderliche Einbeziehung von Verpackungsabfällen aus privaten Haushalten mit einer beträchtlichen Kostensteigerung des britischen Systems verbunden sein wird. Die zusätzlich entstehenden Systemkosten für den Zeitraum nach der Novellierung der EG-Verpackungsrichtlinie werden derzeit auf 400 bis 560 Mio. Euro im Jahr geschätzt (ausführlich House of Lords, 2002, S. 25). Soweit sich diese Schätzungen bestätigen sollten, ergäben sich in Großbritannien bezogen auf die Bevölkerungszahl Gesamtkosten der Verpackungsverwertung in Höhe von circa 9 bis 11 Euro pro Kopf und Jahr. Damit wäre das britische Zertifikatsystem auch bei einer Erfassung von Verpackungsabfällen aus privaten Haushalten noch immer deutlich kostengünstiger als das deutsche System, das alleine im Bereich der Verkaufsverpackungen Kosten von 22 Euro pro Kopf und Jahr verursacht. Diese enorme Kostendiskrepanz ist im Wesentlichen ein Resultat der wettbewerbskonformen Ausgestaltung des britischen Systems (Monopolkommission, 2003, S. 64; EWERS et al., 2002, S. 20) sowie der ökonomisch sinnvollen und ökologisch unbedenklichen Fokussierung auf kostengünstig zu erfassende industrielle und gewerbliche Verpackungsabfälle (BASTIANS, 2002, S. 151 ff.).

717. Insgesamt erachtet der Umweltrat, ebenso wie die Monopolkommission (2003), das britische Zertifikatsystem als einen effizienten und wettbewerbskonformen – wenn auch verbesserungswürdigen – Mechanismus zur Realisierung vorgegebener Verwertungsquoten. Der Umweltrat ist sich bewusst, dass eine Übertragung der Grundzüge des britischen Zertifikatsystems auf Deutschland einen enormen Anpassungsbedarf hinsichtlich der Verpackungsverordnung und der institutionellen Ausgestaltung der Verwertung von Verpackungsabfällen erfordern würde. Dem stünden jedoch auch erhebliche Effizienzgewinne gegenüber. So würde sich ein stärkerer Wettbewerb zwischen Entsorgungsunternehmen und zwischen Anbietern von Entsorgungssystemen nach § 6 Abs. 3 VerpackV beziehungsweise Selbstentsorgerlösungen nach § 6 Abs. 1 VerpackV einstellen, da bei den Anbietern derartiger Systeme beziehungsweise Lösungen differenzierte Spezialisierungsvorteile bei der Beschaffung von Abfall zu erwarten sind. In der Folge würde dies zu einer Abschwächung der aktuellen marktbeherrschenden Stellung der DSD AG auf dem Entsorgungsmarkt führen. Auch wären vermehrt Komplettlösungen seitens der Anbieter von Selbstentsorgerlösungen, die sich bereits heute auf ausgewählte Branchen konzentrieren, zu erwarten. Sofern der Gesetzgeber dies zulässt, könnte diese sowohl die Übernahme von Verwertungspflichten als auch die Kommunikation mit den Behörden umfassen (EWERS et al., 2002, S. 21 f.). Darüber hinaus hätte schließlich auch ein Verzicht auf die Differenzierung zwischen Transport-, Um- und Verkaufsverpackungen die zunehmende und kostengünstigere Erfassung und Verwertung von Transportverpackungen zur Folge, während sich die haushaltsnahe Sammlung von Verkaufsverpackungen wesentlich reduzieren würde.

Ein solcher Systemwechsel würde folglich einerseits zu erheblichen Effizienzsteigerungen führen, er wäre andererseits aber auch mit beträchtlichen Kosten verbunden. Nach Einschätzung des Umweltrates lässt sich gegenwärtig nicht abschließend beurteilen, welcher dieser beiden Effekte überwiegen würde. Der Umweltrat regt deshalb an, die weitere Entwicklung in Großbritannien aufmerksam zu beobachten und im Rahmen entsprechender Forschungsvorhaben näher prüfen zu lassen, welche Detailprobleme bei einer Übertragung der britischen Strukturen auf Deutschland zu lösen wären.

8.2.2.2 Verwertung von Verpackungen: Technische Optionen

718. Der Umweltrat hält es für vordringlich, dass für alle Verwertungs- und Beseitigungswege die gleichen hohen Umweltstandards gelten; mit der Novelle der 17. BImSchV werden die Standards jedoch nur partiell angeglichen (Abschn. 6.2.4 zur Novellierung der 17. BImSchV). Dazu gehört auch, Optimierungspotenziale der Verfahren zu nutzen, beispielsweise bei der Energienutzung in Abfallverbrennungsanlagen. Sofern alle Verwertungswege hohen ökologischen Anforderungen unterliegen, verliert die Wahl des jeweiligen Verwertungsweges im einzelnen an Bedeutung, wesentliche ökologische Unterschiede können sich dann hauptsächlich noch bei dem Beitrag der Verwertungsoption zur Ressourcenschonung ergeben. Der Umweltrat ist jedoch grundsätzlich der Auffassung, dass Maßnahmen zur Minderung der mit dem Verbrauch von Ressourcen verbundenen Umweltbeeinträchtigungen nicht primär durch indirekte Maßnahmen wie Verwertungsquoten, sondern direkt und am gesamten Ressourcenverbrauch ansetzen sollten. Solange Letzteres von einer praktischen Umsetzung noch weit entfernt ist, sollten die etablierten Verwertungswege, insbesondere für die werkstoffliche Verwertung, unter Ausnutzung von Kostensenkungspotenzialen beibehalten werden, sofern sie auch ökonomisch gerechtfertigt sind. Dies gilt in besonderem Maße für die gut funktionierende und akzeptierte Sammlung und Verwertung von Altpapier und Altglas. Hinsichtlich der Verpackungsverwertung ist insbesondere die derzeit praktizierte Erfassung und Verwertung der Leichtverpackungen (Kunststoffe, Verbunde) aufgrund der vergleichsweise hohen Kosten und des gleichzeitig fraglichen ökologischen Nutzens vor allem der rohstofflichen Verwertung (BZL, 2002; NÜRRENBACH et al., 2002) umstritten. Vorrangig mit dem Ziel einer Kostensenkung werden verschiedene technische Optionen diskutiert:

– Weitgehende Aufgabe der getrennten Sammlung von verwertbaren (Verpackungs-)Stoffen und Entsorgung mit dem Hausmüll in Abfallverbrennungsanlagen oder mechanisch-biologischen oder mechanisch-physikalischen Behandlungsanlagen mit energetischer Verwertung der heizwertreichen Fraktion. Diese Option wird vor allem mit der technischen Fortentwicklung der Hausmüllaufbereitungsverfahren begründet (z. B. KAIMER und SCHADE, 2002).

– Herausnehmen einzelner Fraktionen (z. B. kleinteilige Verpackungen) aus der getrennten Sammlung und Entsorgung über den Hausmüll (z. B. STEHR, 2001; FRIEGE, 2001). Der Umweltrat hatte dies in seinen Umweltgutachten 2000 und 2002 vorwiegend aus Kostengründen empfohlen (SRU, 2002, Tz. 971; SRU, 2000, Tz. 869).

– Weitere Modelle der gemeinsamen, vom Restmüll getrennten Erfassung verschiedener Wertstofffraktionen, wie beispielsweise Papier, Pappe, Kunststoffe, Metalle, Verbundmaterialien, in einer „trockenen Wertstofftonne" und anschließende Sortierung und Verwertung (z. B. SCHEFFOLD et al., 2002).

Gemeinsame Erfassung von Leichtverpackungen mit Hausmüll

719. Mit der Änderung der Entsorgungsstruktur durch die Umsetzung der Abfallablagerungsverordnung im Jahr 2005 kann davon ausgegangen werden, dass Verpackungen, sofern sie nicht getrennt gesammelt und verwertet werden, zukünftig in Abfallverbrennungsanlagen gemeinsam mit Siedlungsabfällen oder nach Sortierung in mechanischen oder mechanisch-biologischen Abfallbehandlungsanlagen in industriellen Mitverbrennungsanlagen verbrannt werden. Die neue EG-Verpackungsrichtlinie sieht jedoch einen Mindestanteil von 22,5 % werkstoffliche Verwertung von Verpackungen vor, der mithilfe von Kosten/Nutzen-Rechnungen der verschiedenen Verwertungswege festgelegt wurde (RDC und PIRA, 2003). Im Übrigen werden die ökologischen Vorteile der werkstofflichen Verwertung gegenüber der rohstofflichen oder energetischen Verwertung auch in Deutschland nicht bestritten (BZL, 2002; Öko-Institut, 2002). Dabei ist unter werkstofflicher Verwertung die Wiederaufarbeitung ohne Veränderung der chemischen Struktur zu verstehen, unter rohstofflicher Verwertung eine Nutzung der chemischen Bestandteile oder Eigenschaften in anderen Materialien als dem ursprünglichen Abfallmaterial. Allein schon aufgrund der EG-Verpackungsrichtlinie wird eine zumindest teilweise getrennte Erfassung oder weiter gehende Aussortierung der Kunststoffverpackungen aus dem Hausmüll erforderlich sein.

720. Die getrennte Sammlung und Verwertung von Verpackungen hat einen Innovationsschub bei den Sortierverfahren ausgelöst, der die getrennte Sammlung wiederum überflüssig machen könnte. Werkstoffliche Verwertung war nach bisherigem Stand der Technik nur möglich nach vorheriger getrennter Sammlung der Kunststoffabfälle. Bei einem Versuch mit der Sortierung gemischten Hausmülls in einer modernen Sortieranlage für Leichtverpackungen (RWE, 2003) konnten die Mengenvorgaben der Verpackungsverordnung erreicht werden, und ein Teil der aussortierten Kunststoffe wies eine ausreichende Qualität für die werkstoffliche Verwertung auf. Das ebenfalls an dem Versuch beteiligte DSD schränkt ein, dass die Abfallzusammensetzung in diesem Versuch sehr günstig gewesen sei und die Ergebnisse nicht ohne weiteres auf jeden Hausmüll übertragbar seien (EUWID Recycling und Entsorgung, 4. November 2003). Der Umweltrat sieht daher weitere Untersuchungen zur Leistungsfähigkeit der Abfallnachsortierung als erforderlich an, die wissenschaftlich begleitet werden sollten. Eine transparente Darstellung der Ergebnisse sollte Voraussetzung für die weitere Bewertung dieser Verfahren sein. Dabei sollte geprüft werden, ob die in der neuen EG-Verpackungsrichtlinie vorgeschriebene Quote von 22,5 % werkstoffliche Verwertung für Kunststoffverpackungen auch ohne eine getrennte Sammlung der Leichtverpackungen erreicht werden kann. Allerdings müsste dann auch ein großer Anteil des Hausmülls in derartigen Anlagen sortiert werden, was erhebliche Investitionen für den Neubau zusätzlicher Sortieranlagen erfordern würde.

Beschränkung der getrennten Sammlung auf großvolumige Kunststoffverpackungen

721. Die Empfehlung, Kleinverpackungen aus der getrennten Sammlung herauszunehmen, beruht vor allem auf der Schwierigkeit, diese bei manueller Sortierung hinreichend gut zu trennen. Diese Empfehlung ist inzwischen technisch überholt (CHRISTIANI, 2001). Vollautomatische Sortierverfahren (Sortec-Verfahren) zur Kunststoffsortierung, die im Gegensatz zu bisher üblichen Sortierverfahren nach Kunststoffsorten getrennte Fraktionen erzeugen, können Kleinverpackungen wie

Großverpackungen gleichermaßen sortieren. Anfängliche technische Schwierigkeiten konnten mittlerweile durch Weiterentwicklungen in der Praxis behoben werden (EUWID Recycling und Entsorgung, 21. Januar 2003, S. 4). Damit ist eine werkstoffliche Verwertung möglich, und die erzeugten Kunststofffraktionen sind je nach Material besser vermarktbar als die Mischkunststofffraktion aus halbautomatischen Sortieranlagen (HTP und IFEU, 2001; pers. Mitt. der DSD AG am 7. April 2003; EUWID Recycling und Entsorgung, 21. Januar 2003). Allerdings wird bisher nur ein Teil der Verpackungsabfälle mit vollautomatischen Verfahren sortiert. Die Einschätzungen, inwieweit sich die Kosten tatsächlich durch das Herausnehmen von Kleinverpackungen aus der Sammlung senken lassen, gehen weit auseinander. Während das DSD angesichts dominierender hoher Fixkosten insbesondere für die Sammellogistik die erzielbaren Kosteneinsparungen als gering einschätzt (SUTTER, 2001), gehen andere Untersuchungen von einem Drittel der heutigen Kosten aus (FRIEGE, 2001). Relevante Kosteneinsparungen lassen sich vermutlich nur durch Konzentrierung der haushaltsnahen Sammlung auf Gebiete mit guten Sammelergebnissen und guten Voraussetzungen für eine kostengünstige Sammellogistik erzielen. Dabei wäre dann allerdings ein finanzieller Ausgleich für die nicht mehr an die getrennte Sammlung von Leichtverpackungen angeschlossene Bevölkerung zu schaffen, da diese über die in die Preise einkalkulierten Lizenzgebühren die Entsorgung dieser Verpackungen mitbezahlen.

„Trockene Wertstofftonne"

722. Bei diesem Modell sollen verschiedene trockene Wertstoffe (Kunststoffe, Verbunde, Papier, ggf. Elektrokleingeräte) gemeinsam erfasst und anschließend aufbereitet werden. Damit würden Wertstoffe statt nach Produktarten (Verpackungen) nach Materialarten gesammelt. SCHEFFOLD et al. (2002) erwarten für dieses Modell erhebliche Kosteneinsparungen. Dabei ist jedoch noch unklar, welche Wertstoffqualitäten durch dieses Modell tatsächlich erreicht werden können. So sind beispielsweise Elektroaltgeräte in Sortieranlagen schwierig zu handhaben, und der Anteil an PVC, das als Störstoff gilt, in den Kunststoffabfällen würde ansteigen. Zur besseren Bewertung der verschiedenen Systeme hat das Umweltministerium Nordrhein-Westfalen einen ökobilanziellen Vergleich verschiedener Systeme einschließlich einer Betrachtung der Erfassungssysteme und der Kosten in Auftrag gegeben (EUWID Recycling und Entsorgung, 18. November 2003, S. 24).

8.2.2.3 Zusammenfassung und Empfehlungen

723. Der Verpackungsverbrauch in Deutschland stagniert seit Ende der 1990er Jahre auf einer Höhe von über 15 Mio. Mg, wobei sich lediglich Umstrukturierungen im Packmittelmix ergeben haben. Dabei bestätigt sich erneut die bereits in der Vergangenheit geäußerte Kritik, dass die Verpackungsverordnung entgegen der Zielhierarchie „Vermeidung – Verwertung – Beseitigung" primär nur auf die Verwertung von Verpackungsabfällen zielt und bisher zwar eine Entkoppelung der Abfallmengen von der Wirtschaftsentwicklung, aber keine Verringerung der absoluten Mengen erreicht wurde. Hieran, ebenso wie an den generellen Problemen der Verwertungspfadsteuerung (Abschn. 8.1.3), wird sich auch durch die Umsetzung der neuen Europäischen Verpackungsrichtlinie nichts ändern. Unbeschadet seiner grundsätzlichen Vorbehalte gegen eine Verwertungspfadsteuerung konzediert der Umweltrat jedoch, dass ein abrupter Pfadwechsel in der Verpackungspolitik kontraproduktiv wäre.

724. Der Mehrweganteil im Getränkesektor erreichte nach vorläufigen Schätzungen im Jahr 2000 mit nur noch 65,64 % einen historischen Tiefstand. Diese Entwicklung aufzuhalten ist Zweck der zum 1. Januar 2003 in Kraft getretenen Pfandpflicht auf Einweggetränkeverpackungen. Unbeschadet seiner Bedenken gegen die umweltpolitische Effektivität einer Pfandlösung begrüßt der Umweltrat, dass die Bundesregierung durch die kürzlich im Bundestag beschlossene, aber noch nicht durch den Bundesrat bestätigte Novelle zur Verpackungsverordnung zumindest einen konsistenteren Anwendungsbereich für die Pfandpflicht anstrebt. Während nach momentaner Regelung die Pfandpflicht nur für Bier, Mineralwasser und kohlensäurehaltige Getränke gilt, nicht jedoch für andere Getränke, die in den gleichen Einwegbehältnissen angeboten werden, sollen nach der Novelle lediglich Mehrwegverpackungen und als „ökologisch vorteilhaft" eingestufte Verpackungen unabhängig von der Erreichung bestimmter Mehrwegquoten von der Pfandpflicht ausgenommen werden. Der Umweltrat hält diesen Ansatz für sinnvoll, bemängelt jedoch zugleich das konkrete Verfahren, die als „ökologisch vorteilhaft" eingestuften Verpackungen in der Verpackungsverordnung selbst abschließend zu benennen, denn jede Aufnahme einer innovativen umweltfreundlichen Verpackungsform in diesen privilegierten Kreis würde eine langwierige Novellierung der Verpackungsverordnung erfordern, woraus sich entsprechende Innovationshemmnisse ergäben. Der Umweltrat empfiehlt deshalb, die Klassifizierung als „ökologisch vorteilhaft" im Rahmen einer flexiblen Behördenentscheidung auf Basis transparenter Kriterien vorzunehmen.

Auch nach der vorgesehenen Novellierung würde eines der grundsätzlichen Probleme der Pfandpflicht weiterhin darin bestehen, dass sich ein Anreiz zur Ausdehnung des Einwegsortiments ergeben könnte, um damit das – gewinnträchtige – Aufkommen aus nicht eingelösten Pfandgeldern zu erhöhen. Um diesem Effekt entgegenzuwirken, empfiehlt der Umweltrat, eine Regelung zu treffen, nach der derjenige Anteil der nicht eingelösten Pfandgelder, der die Systemkosten übersteigt, dem Handel entzogen wird.

725. Die wettbewerbspolitische Problematik des Dualen Systems, mit der sich der Umweltrat bereits im letzten Umweltgutachten ausführlich befasste, hat sich seitdem weiter zugespitzt. Zwar hat das Bundeskartellamt von seiner ursprünglichen Absicht, die kartellrechtliche Freistellung des Dualen Systems im Jahr 2006 auslaufen zu lassen, zwischenzeitlich Abstand genommen, es macht aber

nach wie vor massive Bedenken gegen die marktbeherrschende Stellung der DSD AG geltend. Der Umweltrat nimmt diese Entwicklung zum Anlass, noch einmal darauf hinzuweisen, dass mit dem 1998 in Großbritannien eingeführten Lizenzsystem ein effizienter und wettbewerbskonformer – wenn auch verbesserungswürdiger – Mechanismus zur Realisierung vorgegebener Verwertungsquoten zur Verfügung steht. Zwar zieht der Umweltrat eine geeignete Rahmensetzung durch ökonomische Instrumente (insbesondere Verpackungsabgaben) gegenüber einer wie auch immer gearteten Quotenlösung grundsätzlich vor, es ist ihm jedoch auch bewusst, dass ein abrupter Pfadwechsel in der Verpackungspolitik nicht wünschenswert wäre. Solange noch eine Steuerung über Verwertungsquoten erfolgt, sollte dieser Ansatz jedoch zumindest effizient und wettbewerbskonform ausgestaltet werden. Der Umweltrat empfiehlt deshalb, die weitere Entwicklung in Großbritannien aufmerksam zu beobachten und im Rahmen entsprechender Forschungsvorhaben näher prüfen zu lassen, welche Detailprobleme bei einer Übertragung der britischen Strukturen auf Deutschland zu lösen wären.

726. Hinsichtlich der technischen Optionen sollte genauer untersucht werden, inwieweit bei der Aufbereitung von Hausmüll aussortierte Kunststoffe die Qualitätsanforderungen für eine werkstoffliche Verwertung erfüllen können. Solange dies nicht gewährleistet ist, sollte die getrennte Sammlung von Leichtverpackungen nicht aufgegeben werden, da ansonsten die Vorgabe der neuen EG-Verpackungsrichtlinie, mindestens 22,5 % der Kunststoff-Verpackungsabfälle werkstofflich zu verwerten, nicht zu erfüllen wäre. Dabei sollten jedoch Kosteneinsparungsmöglichkeiten geprüft werden, beispielsweise die Konzentrierung der getrennten Sammlung auf Gebiete mit guten Wertstoffqualitäten.

8.2.3 Polyvinylchlorid (PVC)

8.2.3.1 PVC als Umweltproblem

727. Polyvinylchlorid (PVC) gehört zu den wichtigsten synthetischen Werkstoffen. Weltweit werden pro Jahr rund 20 Mio. Mg PVC erzeugt, das entspricht einem Fünftel der gesamten Kunststoffproduktion (EU-Kommission, 2000a). In Deutschland betrug die PVC-Produktion 2001 1,75 Mio. Mg und ist damit gegenüber 1997 (1,45 Mio. Mg) um rund 20 % angestiegen (UBA, 1999; VKE, 2002). Problematisch aus Umwelt- und aus Gesundheitssicht sind insbesondere die erheblichen Mengen an toxischen Additiven, die dem Rohkunststoff zur Verbesserung der Materialeigenschaften zugesetzt werden. Entsorgungsseitig erfordert insbesondere der hohe Chlorgehalt (bis zu 57 %) im Vergleich zu anderen Kunststoffen spezielle Behandlungsmaßnahmen.

Der Umweltrat hat letztmalig in seinem Gutachten 1998 (SRU, 1998) zum Umgang mit PVC im Stoffkreislauf umfangreich Stellung genommen. Neben der Verbesserung der Verwertung von PVC-Abfällen empfahl der Umweltrat unter anderem, die Verwendung von Cadmiumstabilisatoren in PVC-Produkten aufzugeben, sprach sich jedoch gegen die Einführung von Verwertungsquoten aus, da er keine schwerwiegenden Gründe sah, die gegen die Verbrennung von PVC-Abfällen in Müllverbrennungsanlagen sprächen, wenn diese über moderne Abgasreinigungssysteme verfügten. Für industrielle Mitverbrennungsanlagen, in denen in Zukunft voraussichtlich vermehrt auch PVC-Abfälle mitverbrannt werden, wurden die Emissionsanforderungen inzwischen zumindest partiell an die Anforderungen an Müllverbrennungsanlagen angeglichen, gleichwohl empfiehlt der Umweltrat weiterhin eine vollständige Harmonisierung der Anforderungen (Tz. 594 f.). Der Umweltrat hatte sich damals ferner für die konsequente Umsetzung des im Rahmen des Oslo-Paris-Abkommens zum Schutz des Nordatlantiks (OSPAR-Kommission) gefassten Beschlusses zum Ausstieg aus dem Quecksilber emittierenden und energieintensiven Amalgamverfahren zur Chlorherstellung bis 2010 ausgesprochen (PARCOM, 1990).

728. Anlässlich des im Juli 2000 von der EU-Kommission veröffentlichten Grünbuches zur Umweltproblematik von PVC (EU-Kommission, 2000a) befasst sich der Umweltrat erneut mit diesem Thema. In dem Grünbuch werden zahlreiche Fragen zum Umgang mit PVC, sowohl hinsichtlich der Entfrachtung der PVC-Produkte von Schadstoffen als auch der Entsorgung aufgeworfen. Ein Weißbuch oder Entwürfe dazu liegen bislang nicht vor, weitere konkrete Schritte scheinen sich weiter zu verzögern.

Angesichts der anhaltenden Diskussionen zur Problematik von PVC hat die europäische PVC-Industrie (PVC-Hersteller, PVC-Additiv-Hersteller und PVC-Verarbeiter) im Oktober 2001 eine Selbstverpflichtung verabschiedet (Vinyl 2010, 2001), in der sie sich zur Einhaltung folgender Ziele verpflichtet hat:

– Beendigung des Verkaufs von Cadmiumstabilisatoren in der EU,

– 15 % Minderungsziel für die Verwendung von Bleistabilisatoren bis 2005, 50 % Minderungsziel bis 2010 und 100 % bis 2015,

– 25 % Verwertungsquote für Rohre, Fenster und Dachfolien bis 2003, 50 % bis 2005 (Berechnungsbasis ist allerdings nur die „erfassbare verfügbare Menge"),

– 25 % Verwertung von Fußbodenbelägen bis 2006, 50 % bis 2008 (Basis ist wiederum die „erfassbare verfügbare Menge").

Zu den am häufigsten als Weichmacher eingesetzten Phthalaten werden lediglich Forschungsaktivitäten und eine Ökobilanz versprochen, zu Organozinnstabilisatoren gibt es keinerlei Verpflichtungen.

8.2.3.2 Additive

729. Zu den aus Umweltgesichtspunkten relevanten Additiven zählen Cadmium (Cd), Blei (Pb) und zinnorganische Verbindungen, die als Stabilisatoren eingesetzt werden, Phthalate als Weichmacher, mittelkettige Chlorparaffine als Sekundärweichmacher sowie Flammschutzmittel.

Stabilisatoren

730. Cd-Stabilisatoren werden seit 2002 in der EU gemäß der Selbstverpflichtung der europäischen PVC-Industrie nicht mehr produziert oder verwendet (Vinyl 2010, 2003, S. 15–16). Cd-haltiges PVC in Produkten wird aufgrund deren Langlebigkeit (z. B. Fenster) noch über Jahrzehnte im Gebrauch bleiben, kann weiterhin durch entsprechende Importe auf den europäischen Markt gelangen und bleibt damit entsorgungsrelevant. Dagegen werden immer noch rund 51 000 Mg/a Bleistabilisatoren eingesetzt, dies entspricht rund 3 % des gesamten Bleiverbrauchs in Europa (EU-Kommission, 2000a, S. 9) eingesetzt. Eine Freisetzung der Stabilisatoren in die Umwelt kann primär in der Entsorgungsphase sowie bei Bränden erfolgen. Bei Entsorgung in modernen Müllverbrennungsanlagen ist nur ein geringer Beitrag der PVC-Entsorgung zu den Gesamtemissionen zu erwarten. Bei Mitverbrennungsprozessen und Verwertung können diese Stabilisatoren in die entsprechenden Produkte oder Rückstände eingetragen werden. Für Blei kommt das Umweltbundesamt zu dem Ergebnis, dass die erforderliche Substitution rasch für nahezu alle Anwendungsbereiche durch Stabilisatorsysteme auf Calcium/Zink-Basis möglich ist (UBA, 1999); die PVC-Industrie hat einen Ausstieg aus der Verwendung von Bleistabilisatoren jedoch erst bis zum Jahr 2015 zugesagt (Vinyl 2010, 2001, S. 7). Da die Anwendung von Cadmium und Blei in PVC eine Primärquelle für diese Schwermetalle ist und Substitutionsmöglichkeiten vorhanden sind, sollte die Verwendung dieser Stoffe aufgegeben werden. Der Stabilisator Dioctylzinn gilt als toxisch (EU-Kommission, 2000a, S. 9). Relevant ist die Reduktion nicht zuletzt auch für den Meeresschutz (SRU, 2004, Abschn. 2.3.2.1), denn die Einträge von Cadmium, Blei und zinnorganischen Verbindungen in die Nordsee sollen nach dem OSPAR-Generationenziel zur Beendigung des Eintrags gefährlicher Stoffe bis 2020 beendet werden (OSPAR, 2003). Cadmium und Tributylzinnverbindungen, die als Verunreinigung in als Stabilisator verwendeten Butylzinnverbindungen enthalten sind (VCI et al., 2002), gehören zudem zu den prioritär gefährlichen Stoffen des Anhangs X der Wasserrahmenrichtlinie.

Weichmacher und Flammschutzmittel

731. Im Gegensatz zu den Stabilisatoren, die relativ fest im PVC gebunden sind, werden Weichmacher und Flammschutzmittel während der Anwendung in größerem Umfang freigesetzt. Die in Westeuropa hergestellten circa 1 Mio. Mg Phthalate werden zu rund 90 % als Weichmacher in PVC verarbeitet (EU-Kommission, 2000a, S. 14). Phthalate sind mittlerweile ubiquitär in der Umwelt verbreitet, bei der mengenmäßig bedeutendsten Verbindung Di(2-ethylhexyl)phthalat (DEHP) ist die Anwendung als Weichmacher für schätzungsweise 90 % der Emissionen in die Umwelt verantwortlich (UBA, 2003a, Teil 3, S. 7). Bei DEHP erfolgen die höchsten Einträge in die Umwelt durch Ausgasung und Auswaschung bei der Verwendung von Weich-PVC-Produkten, insbesondere bei Außenanwendungen (z. B. Unterbodenschutz und Dachbeschichtungen). Auf die Gesundheitsgefährdung durch Phthalate wird ausführlich in Kapitel 12.3 eingegangen. DEHP steht auf der Prüfliste für die prioritär gefährlichen Stoffe nach der Wasserrahmenrichtlinie. Kurzkettige Chlorparaffine, DEHP und DBP(Dibutylphthalat) wurden in die *OSPAR list of Chemicals for Priority Action* (OSPAR, 2003) aufgenommen. Die Anwendung von DEHP als Weichmacher in Produkten sollte daher eingestellt werden, prioritär sind dabei Außenanwendungen mit hohem Emissionspotenzial (Unterbodenschutz, Dachbeschichtungen). Jedoch scheint die Substitution durch andere Weichmacher schwierig zu sein. Ein Ersatz von DEHP durch andere Phthalsäureester, Trimellitate oder Phosphorsäureester wird als nicht zielführend erachtet, da diese Ersatzstoffe ebenfalls ein Umweltrisiko darstellen können (UBA, 1999, S. 119). Eine Alternative hierzu ist der schrittweise Ausstieg aus Weich-PVC-Anwendungen bei gleichzeitiger Prüfung der in zahlreichen Fällen bereits vorhandenen Produktalternativen (UBA, 1999). Zur Minimierung der Freisetzung von Weichmachern in die Umwelt wird den Herstellern und Anwendern von Weichmachern empfohlen (UBA, 2003a),

– Weichmacher bei Einsatz unter höheren Temperaturen, in Außenanwendungen und in Erzeugnissen mit großen, unversiegelten Oberflächen zu reduzieren;

– zu berücksichtigen, in welcher Menge der Weichmacher benötigt wird im Vergleich zu Alternativen;

– Freisetzungspotenziale für Weichmacher systematisch zu mindern;

– Datenlücken, insbesondere hinsichtlich der Bioakkumulation zu schließen und diese Daten zu kommunizieren.

Substitution

732. Die grundsätzliche Frage, wann auf PVC-Produkte verzichtet werden sollte, muss immer im Zusammenhang mit möglichen Alternativen zu PVC diskutiert werden. PVC-Produkte können – insbesondere aufgrund ihrer Langlebigkeit – durchaus ökologisch unbedenklicher sein als mögliche Alternativen. Das betrifft insbesondere langlebige PVC-Produkte, die im Baubereich eingesetzt werden. Für andere Bereiche, in denen PVC nur für kurzlebige Produkte eingesetzt wird, oder wenn die Additive leicht aus dem PVC emittieren können (z. B. DEHP in Weich-PVC), ist das Risiko im Vergleich zum Nutzen hoch. Technisch gleichwertige, jedoch deutlich teurere PVC-freie Substitute existieren beispielsweise für Kabelummantelungen und Weich-PVC-Folien in Verpackungen; für Unterbodenschutz aus PVC, der eine wesentliche Quelle für Phthalate in der Umwelt darstellt, gibt es Alternativen auf Basis von Polyurethan (PUR), die jedoch noch stärker auf ihre Eignung zu prüfen sind. Die Bewertung des gesamten Lebenszyklus von PVC im Vergleich zu möglichen Substitutionsmaterialien ist im Zusammenhang mit der Diskussion zum Grünbuch der Kommission vielfach gefordert worden (s. Stellungnahmen zum Grünbuch u. a. von BMU; 2000, Bundesrat, 2000; EU-Parlament, 2001). Die EU-Kommission hat daraufhin eine Studie *Life cycle assessment of PVC and of principal* *competing materials* (EU-Kommission, 2003c) in Auftrag gegeben, in der bestehende Lebenszyklusanalysen von PVC und Substitutionsmaterialien für verschiedene Anwendungsbereiche zusammengefasst und bewertet werden sollen. Die Ergebnisse liegen bisher noch nicht vor. Diese Studie wird als entscheidend angesehen für die Beurteilung weiterer Maßnahmen zur Substitution von PVC in bestimmten Anwendungsbereichen. Der Umgang mit PVC-Abfällen (Beseitigung oder Art der Verwertung) hat ebenfalls einen nicht unerheblichen Einfluss auf die Bewertung, ob die Verwendung von PVC in bestimmten Anwendungsbereichen als nachhaltig gelten kann.

8.2.3.3 PVC-Entsorgung

733. Prognosen gehen davon aus, dass selbst bei degressivem Wachstum der PVC-Produktion die PVC-Abfallmengen in Deutschland von 0,8 Mio. Mg im Jahr 2005 auf 1,4 Mio. Mg in 2050 ansteigen werden (UBA, 1999). Da große Mengen an langlebigen PVC-Produkten in Gebrauch sind (PVC wird zu über 60 % zu Bauprodukten verarbeitet, die zehn Jahre und länger verwendet werden), wird ein Anstieg des PVC-Abfalls insbesondere aus dem Baubereich für die nächsten Jahre erwartet. Vor diesem Hintergrund ist in letzter Zeit gerade die Frage der Entsorgung von PVC ausführlich diskutiert worden (u. a. EU-Kommission, 2000a; UBA, 1999; BLAU, 1992).

Nach Schätzungen des Umweltbundesamtes (1999) wurden Ende der 1990er Jahre circa 150 000 Mg PVC-Abfall pro Jahr verbrannt und 300 000 Mg auf Deponien verbracht (UBA, 1999, S. 41). Da mit Umsetzung der Abfallablagerungsverordnung ab Mitte 2005 unbehandelter Abfall nicht mehr deponiert werden darf, wird zukünftig mehr PVC verbrannt oder verwertet werden müssen. In Abfallverbrennungsanlagen erfordert ein hoher Chlorgehalt des Abfalls besondere Abgasreinigungstechniken, um Dioxin- und Furanemissionen zu begrenzen und die entstehende Salzsäure aufzufangen. Für diese Rauchgasreinigungstechniken spricht, dass auch bei der Verbrennung von Abfällen mit erhöhtem PVC-Anteil im Reingas moderner Abfallverbrennungsanlagen bisher keine deutlich höheren Dioxin- und Furanwerte nachgewiesen werden konnten (MENKE et al., 2002, S. 329; AGPU, 2001, S. 17; EU-Kommission, 2000a, S. 30). Im Übrigen gilt nach der neuen 17. BImSchV auch für Anlagen, die Abfälle mitverbrennen, ein Dioxin- und Furanemissionswert von 0,1 ng/m³, sodass keine erhöhten Dioxin- und Furanemissionen aus Mitverbrennungsanlagen zu erwarten sind.

734. Der PVC-Abfall im Hausmüll trägt zu rund 50 % zum Chlorgehalt des Abfalls bei (JAQUINOT et al., 2000, S. 35). Bei den angewendeten Neutralisationsverfahren entstehen je kg PVC im Abfall 0,8 bis 1,4 kg Neutralisationsrückstände, die als gefährliche Abfälle untertage deponiert werden müssen (EU-Kommission, 2000a, S. 28). Alternativ kann das Chlor in der Verbrennungsanlage in Form von Salzsäure zurückgewonnen werden. Neutralisationsrückstände werden vermieden, diese Technik führt aber ebenfalls zu zusätzlichen Kosten (MENKE et al., 2002), und es ist fraglich, ob der Markt weitere Mengen rückgewonnener Salzsäure aufnehmen kann (UBA, 1999, S. 62). 2001 waren fünf Anlagen in Deutschland mit dieser Technik ausgestattet, bei weiteren drei Anlagen wurde sie eingebaut (AGPU, 2001, S. 15). Die durch die Neutralisation entstehenden zusätzlichen Kosten abzüglich der Erlöse für die Nutzung der Energie aus PVC wurden auf 165 Euro/Mg für Hart-PVC und 85 Euro/Mg für Weich-PVC errechnet (BROWN et al., 2000, S. 65). Geht man von zwei Dritteln Hart-PVC und einem Drittel Weich-PVC im Abfall sowie 80%iger Verbrennung der PVC-Abfälle aus, würden damit die Zusatzkosten der PVC-Verbrennung im Jahr 2005 für Deutschland voraussichtlich bei über 100 Mio. Euro liegen.

735. In Zukunft werden mehr Abfälle als bisher nach einer Sortierung und Aufbereitung des Abfallgemisches und Abtrennung der heizwertreichen Fraktion (Sekundärbrennstoff) in Mitverbrennungsanlagen verbrannt werden. Bei der Erzeugung von Sekundärbrennstoffen aus Mischkunststoffen und anderen hochkalorischen Abfällen, denen in der zukünftigen Abfallwirtschaft eine an Bedeutung zunehmende Rolle zugedacht wird, ist der Chlorgehalt der Abfälle ein wichtiger Qualitätsfaktor, da hohe Chlorgehalte zu Korrosion in den Anlagen führen (BORN, 2002). Die tolerierbaren Chlorgehalte sind für verschiedene Mitverbrennungsanlagen (Zementwerke, Kohlekraftwerke) unterschiedlich und hängen von der Anlagentechnik ab. Daher zählt der Chlorgehalt zu den Parametern, der in den Ersatzbrennstoffspezifikationen der Bundesgütegemeinschaft Sekundärbrennstoffe (BGS) begrenzt wird (GLORIUS, 2002, S. 92) und die voraussichtlich auch bei den laufenden Arbeiten des CEN zur europäischen Normung von Sekundärbrennstoffqualitäten berücksichtigt werden wird. Grundsätzlich kann ein hoher Chlorgehalt in Sekundärbrennstoffen bei der Mitverbrennung in Kohlekraftwerken auch zu höheren Dioxin- und Furanemissionen führen (EIPPCB, 2003, S. 475). Zurzeit liegen dazu jedoch erst wenige Erfahrungen vor, da derartige Abfälle bisher in Kraftwerken kaum mitverbrannt werden. Für Zementwerke, die weitaus größere Mengen an Abfällen auch mit höheren Chlorgehalten mitverbrennen, wurde in Versuchsreihen festgestellt, dass innerhalb der verfahrenstechnischen Grenzen des Chlorinputs mit keinen deutlichen Erhöhungen der Dioxin- und Furanemissionen zu rechnen ist (WURST und PREY, 2003). Nach der neuen 17. BImSchV ist für alle für die Abfallmitverbrennung relevanten industriellen Anlagen (Zementwerke, Kraftwerke) ein Dioxin- und Furanemissionswert von 0,1 ng/m³ als fester Grenzwert vorgeschrieben. Dieser Grenzwert kann nach Auskunft des Umweltbundesamtes auch bei Einsatz chlorhaltiger Abfälle eingehalten werden (pers. Mitt. v. 10. November 2003).

736. Rohstoffliche und werkstoffliche Verwertungsverfahren haben bisher nur für den Bereich der relativ sortenreinen Produktionsabfälle und für einige wenige Produktbereiche aus dem Post-Consumer-Bereich (Altkabel) Bedeutung erlangt. Ökobilanzielle Betrachtungen haben gezeigt, dass das werkstoffliche Recycling von PVC nur unter bestimmten Voraussetzungen und für bestimmte PVC-Abfälle für die Umwelt Vorteile gegenüber anderen

Entsorgungsverfahren aufweist (PROGNOS, 2000), als Voraussetzung gilt jedoch eine getrennte Erfassung und Aufbereitung. Bisher werden nur großvolumige, relativ einfach sortenrein zu erfassende PVC-Produkte aus dem Baubereich sowie Produktionsabfälle, die in der Regel sortenrein anfallen, werkstofflich recycelt. Eine von der PVC-Industrie beauftragte Ökoeffizienz-Studie zu verschiedenen Verwertungsverfahren für gemischte Kabelabfälle (Vinyl 2010, 2003, S. 19) kommt zu dem Ergebnis, dass das Lösemittelverfahren unter den Aspekten der Energierückgewinnung und Ressourcenschonung am vorteilhaftesten ist. Werkstoffliches Recycling von PVC-Abfällen ist aus ökologischer Sicht bedenklich, da persistente Additive, insbesondere Cadmium und Blei, aber auch Phthalate im Stoffkreislauf verbleiben und über Export von Produkten und Abfällen, aber auch Verdünnung bei Verwertungsprozessen unkontrolliert in der Umwelt verteilt werden können. Zwar sind insbesondere Stabilisatoren relativ fest im PVC gebunden, jedoch ist der Umweltrat der Auffassung, dass Blei und Cadmium langfristig aus dem Stoffkreislauf ausgeschleust werden sollten. Des Weiteren stört PVC das Recycling von gemischten Kunststoffabfällen aufgrund seines Chlorgehaltes. Die Industrie erprobt daher zurzeit verschiedene Verfahren, zum Beispiel zum rohstofflichen Recycling von Verbundstoffen oder von Mischkunststoffen mit einem Dechlorierungsschritt (Vinyl 2010, 2003, S. 19).

Da jedenfalls die werkstoffliche Verwertung insbesondere wegen der Anreicherungsgefahr persistenter Additive keine evidenten Vorteile gegenüber der Verbrennung aufweist, sind Verwertungsvorgaben nicht sinnvoll. Zielführend ist hingegen eine forcierte Substitution der persistenten und/oder hormonell wirksamen Additive in PVC. Erst diese würde auch den Weg zu einer umweltgerechten stofflichen Verwertung frei machen.

8.2.3.4 Zusammenfassung und Empfehlungen

737. Den Empfehlungen des Umweltrates zur PVC-Politik aus dem Umweltgutachten 1998 (SRU, 1998, Tz. 687) wurde bislang nur teilweise gefolgt. So wurde die empfohlene Aufgabe der Verwendung von Cadmium-Stabilisatoren mit der Selbstverpflichtung der europäischen PVC-Industrie umgesetzt, jedoch kann über Importprodukte weiterhin cadmiumhaltiges PVC in den Umlauf gelangen. Die Empfehlung, am Jahr 2010 für die Einstellung des quecksilberemittierenden Amalgamverfahrens zur Chlorherstellung festzuhalten, ist immer noch aktuell, da die Industrie sich weiterhin um eine Fristverlängerung über das Jahr 2010 hinaus bemüht. Bereits 1998 hat der Umweltrat sich gegen Verwertungsquoten für PVC-Abfälle ausgesprochen, da er keine schwerwiegenden Umweltgründe sah, die gegen die Verbrennung von PVC-Abfällen sprächen, jedoch hat er eine Rücknahmepflicht für großvolumige PVC-Erzeugnisse und eine Kennzeichnung zur Erleichterung sortenreiner Sammlung empfohlen, sofern nicht unverhältnismäßige Kosten dieser entgegenstehen würden. Rücknahmepflichten und eine Kennzeichnung wurden bisher nicht eingeführt, in geringem Umfang werden im Rahmen der Selbstverpflichtung der Industrie einige (großvolumige) PVC-Produkte gesammelt und verwertet.

Durch die breite Anwendung von PVC in verschiedensten Produkten werden, vor allem über die zugefügten Additive, in großem Umfang Schadstoffe in den Stoffkreislauf eingetragen. Die Verwertung und Beseitigung von PVC-haltigen Produkten wiederum erfordert spezielle technische Maßnahmen aufgrund des hohen Chlorgehaltes. Im Einklang mit der in Abschnitt 8.1.3 vom Umweltrat empfohlenen Strategie einer abfallwirtschaftlichen Rahmensteuerung sollte bei der zukünftigen Politik zu PVC das Ziel im Vordergrund stehen, im Rahmen einer Produktverantwortung PVC-Produkte so zu gestalten, dass die Produkte und Abfallströme dauerhaft von Schadstoffen entfrachtet werden. Der von den europäischen PVC-Herstellern zugesagte Ausstieg aus der Verwendung von Blei- und Cadmiumstabilisatoren ist zu begrüßen, sollte aber in jedem Fall durch politische oder regulative Maßnahmen verbindlich gemacht und möglichst auch auf Importprodukte ausgeweitet werden. Stabilisatoren auf der Basis von Blei und zinnorganischen Verbindungen sollten durch andere Systeme, zum Beispiel auf Ca/Zn- oder Ba/Zn-Basis, substituiert werden. Die Verwendung der nach OSPAR-Liste prioritär gefährlichen Weichmacher (kurzkettige Chlorparaffine, DEHP und DBP) sollte zügig eingeschränkt werden. Nicht für alle Substitute für diese Weichmacher liegen ausreichend Daten zur Beurteilung ihres Risikos vor; diese Datenlücken, insbesondere bei den Nicht-Phthalat-Alternativen zu DEHP, sollten durch die Stoffhersteller schnell geschlossen werden (UBA, 2003a, S. 22). Am wirksamsten scheint ein Verbot dieser Stoffe, gegebenenfalls mit begrenzten Ausnahmen beispielsweise für bestimmte Medizinalprodukte (Tz. 1142, 1149). Die Anwendung von Weich-PVC unter höheren Temperaturen, in Außenanwendungen und in Erzeugnissen mit großen, unversiegelten Oberflächen sollte baldmöglichst eingestellt werden. Im Hinblick auf die Anwendung aller Additive sollte die Industrie verpflichtet werden, die Unbedenklichkeit der Verwendung und der Entsorgung der Additive nachzuweisen. Dafür könnte das von der EU-Kommission vorgeschlagene neue Zulassungsverfahren für Chemikalien (REACH, Kap. 11) bei geeigneter Ausgestaltung einen guten Ansatz bieten. Denn danach sollen die Hersteller zukünftig Stoffe, die in Mengen über 1 Mg/a hergestellt werden, registrieren lassen und für den Fall, dass sie persistent, akkumulierend oder toxisch sind (PBT-Eigenschaften), sollen die Stoffe einem Zulassungsverfahren unterliegen. Dabei könnten die oben genannten Anwendungen mit hohem Emissionspotenzial eingeschränkt werden.

738. Da die ökologische Bewertung bestimmter Verwertungsverfahren nicht eindeutig ist, ökologische Vor- und Nachteile je nach Abfallart und Verfahren stark differieren und insbesondere das werkstoffliche Recycling von cadmium- und bleihaltigem PVC nicht uneingeschränkt empfohlen werden kann, hält der Umweltrat die Einführung von verbindlichen Verwertungsquoten nach wie vor für nicht sinnvoll. Um zu verhindern, dass Blei und Cadmium aus PVC über die Mitverbrennung, insbesondere in Zementwerken, die im Vergleich zu anderen Mitverbrennungsanlagen auch höhere Chlorgehalte tolerieren, sich im Produkt Zement anreichern, sollten anspruchsvolle Produktstandards festgelegt werden (SRU, 2002, Tz. 874). Für Anlagen, in denen PVC werkstofflich oder rohstofflich verwertet wird, sollten europaweit einheitliche Emissionsstandards geschaffen werden, um die Verteilung der im PVC enthaltenen Schadstoffe zu verhindern.

Auch ein verstärkter Export von PVC-Abfällen in Länder mit geringeren Umweltstandards sollte in jedem Fall vermieden werden, solange PVC weiterhin toxische Additive enthält, da nur moderne Entsorgungsverfahren verhindern können, dass diese Stoffe in der Umwelt verteilt werden.

739. PVC verursacht bei der Entsorgung höhere Kosten, insbesondere in Müllverbrennungsanlagen zur Bindung und Entsorgung der Rückstände beziehungsweise zur Rückgewinnung des Chlors, sowie in Sortieranlagen zum Aussortieren des PVCs aus Abfallgemischen, beispielsweise zur Erzeugung chlorarmer Sekundärbrennstoffe. Im Rahmen einer Produktverantwortung wäre es wünschenswert, diese Kosten den Herstellern von PVC anzulasten, anstatt sie durch die Verbrennung anderer Abfälle querzusubventionieren, wie es derzeit für das diffus im Haus- und Gewerbeabfall verteilte PVC geschieht. Während es für die Kosten in Müllverbrennungsanlagen Schätzungen für die Zusatzkosten in Höhe von 85 bis 165 Euro/Mg verbranntes PVC gibt, sind solche Kosten für möglicherweise erforderliche Sortierschritte nicht bekannt. Der Umweltrat empfiehlt daher, diese Kosten ebenfalls zu ermitteln und mithilfe einer Nutzen-Kosten-Analyse zu prüfen, inwieweit es ökologisch und ökonomisch sinnvoll ist, die Zusatzkosten der Beseitigung im Rahmen der Produktverantwortung den PVC-Herstellern anzulasten.

8.2.4 EG-Batterierichtlinie

740. In Deutschland werden jährlich circa 30 000 Mg Batterien in Verkehr gebracht, davon rund 85 % nicht aufladbare Primärbatterien und rund 15 % aufladbare Sekundärbatterien (auch Akkumulatoren genannt) (RENTZ et al., 2001, S. 11). Je nach Batterietyp enthalten Batterien Schadstoffe, insbesondere Quecksilber, Cadmium und Blei. Zur besseren abfallwirtschaftlichen Kontrolle der Batterien dient die EG-Batterierichtlinie 91/157/EWG, die 1998 erweitert und an den technischen Fortschritt angepasst wurde. Die Richtlinie verbietet das Inverkehrbringen von Batterien mit bestimmten Schadstoffgehalten, legt Kennzeichnungspflichten für die übrigen Batterien in Abhängigkeit vom Schadstoffgehalt fest und gebietet die gesonderte Einsammlung und Entsorgung schadstoffhaltiger Batterien. Die EG-Richtlinie wird durch die Batterieverordnung (BatterieV vom 27. März 1998), geändert durch BatterieV vom 2. Juli 2001, in deutsches Recht umgesetzt. Durch die Batterieverordnung sind seit 1998 alle Hersteller und Vertreiber von Batterien zur Rücknahme verpflichtet, und die Konsumenten sind verpflichtet, verbrauchte Batterien zurückzugeben. Die Rücknahmequote für Batterien lag 2001 im Durchschnitt aller Batterietypen bei 39 % (Bundesregierung, 2003, S. 6), der Rest wird vermutlich über den Hausmüll entsorgt.

741. Die EU-Kommission beabsichtigt eine Revision der EG-Batterierichtlinie 91/157/EWG und hat dazu eine Konsultation der interessierten Kreise durchgeführt. Es ist bedauerlich, dass die Bundesregierung die Möglichkeit zu einer Stellungnahme nicht genutzt hat – wie es einige Mitgliedstaaten getan haben – sodass nun bei der Veröffentlichung der Stellungnahmen im Internet vor allem die Positionen der betroffenen Industrieverbände dominieren. Mittlerweile hat die EU-Kommission einen Novellierungsvorschlag zur EG-Batterierichtlinie vorgelegt (EU-Kommission, 2003d). Der Schwerpunkt des Vorschlages liegt bei der Festlegung von Sammel- und Verwertungsquoten für alle Batterien; über die Richtlinie 91/157/EWG hinausgehende Schadstoffverbote oder -begrenzungen werden nicht vorgeschlagen, insbesondere kein Verbot von Nickel-Cadmium-Batterien.

Schadstoffe in Batterien

742. Besonders umweltrelevant sind die in Batterien enthaltenen Schadstoffe Cadmium und Quecksilber. Der Quecksilbergehalt von Batterien wurde durch das Verkehrsverbot der Batterieverordnung für Batterien ab bestimmten Quecksilbergehalten in den letzten Jahren stark vermindert, an der weiteren Reduktion der noch vorhandenen Quecksilbergehalte wird derzeit intensiv geforscht. Entsprechende Regelungen für Cadmium (Cd) gibt es bislang nicht. Cadmium ist vor allem in Nickel-Cadmium(NiCd)-Batterien enthalten. Aus der Menge der in Verkehr gebrachten Batterien (GRS, 2003; BOSCH, 2003) lässt sich eine in den Abfall eingebrachte Cadmiummenge von etwa 440 Mg/a errechnen. Neben Verbrennungsprozessen sowie Düngemitteln sind cadmiumhaltige Batterien eine wesentliche Primärquelle für Cd-Einträge in die Umwelt. 72 % des weltweit in Verkehr gebrachten Cadmiums wird für Nickel-Cadmium-Batterien verwendet (RENTZ et al., 2001, S. 177). Der Beitrag der NiCd-Batterien zur Cadmiumfracht im Hausmüll wird vom Umweltbundesamt auf über 65 % geschätzt (pers. Mitt. vom 20. August 2003). Da andere Anwendungen von Cd weiter eingeschränkt werden, beispielsweise durch ein EU-weites Verbot der Verwendung von Cd-haltigen Pigmenten und die Einstellung der Verwendung von Cd als Stabilisator in PVC (Tz. 730), steigt die relative Bedeutung der Cd-haltigen Batterien an den Primäreinträgen in die Umwelt weiter an (Anteil in Schweden bereits 90 %; HELCOM, 2002, S. 7). Auch im Rahmen der EG-Altfahrzeugrichtlinie (2000/53/EG) und der ROHS-Richtlinie über die Beschränkung bestimmter gefährlicher Stoffe in Elektro- und Elektronikgeräten (2002/95/EG) wurde die Verwendung von Cd-haltigen Bestandteilen im Einklang mit dem Aktionsprogramm der EU zur Bekämpfung der Umweltverschmutzung durch Cadmium von 1988 (88/C 30/01) bereits verboten. Eine weitere Reduzierung der Cadmiumeinträge in die Umwelt ist dringend erforderlich (Abschn. 6.2.3.4 zur Belastung des Menschen durch Cadmium sowie SRU, 2004, Tz. 52 ff., Tz. 158 ff. zu den Belastungen von Nord- und Ostsee durch Cadmium).

743. Die Bundesregierung strebt bis Ende 2006 eine Batterie-Rücknahmequote von 60 % an (Bundesregierung, 2003), insbesondere durch eine verbesserte Öffentlichkeitsarbeit. Doch selbst eine Rücknahmequote von 60 % bedeutet, dass ein erheblicher Teil der Batterien in den Hausmüll gelangen und somit die Umwelt belasten kann. Selbst das Erreichen einer Sammelquote von 60 % erfordert bereits erhebliche Anstrengungen, wie die Erfahrungen anderer Länder zeigen (Schweiz 65 %, Belgien 55 bis 60 % unter großem Aufwand).

744. Grundsätzlich existieren für fast alle Anwendungen von NiCd-Batterien Substitute, meist auf der Basis der Nickel-Metallhydrid(NiMH)-Technik oder der Lithium-Ionen-Technik (NOREUS, 2000; RENTZ et al., 2001), teilweise sind jedoch technische Modifikationen in den Geräten erforderlich, um das unterschiedliche Ladeverhalten und die Temperaturempfindlichkeit insbesondere der NiMH-Batterien zu berücksichtigen. Dies betrifft insbesondere ortsfeste Batterien, Notbeleuchtungen und bestimmte Industrieanwendungen. Strittig ist weiterhin noch die technische Gleichwertigkeit der Substitute für Akku-Werkzeuge, in denen rund 30 % der NiCd-Batterien eingesetzt werden (RENTZ et al., 2001, S. 178), allerdings werden Akku-Werkzeuge mit NiMH-Batterien bereits auf dem Markt angeboten, insbesondere generell in Skandinavien und auch in Deutschland bei professionellen Werkzeugen. In Schweden machen hohe Abgaben auf Cd-haltige Batterien die Verwendung von NiCd-Batterien unattraktiv (300 SEK, das entspricht circa 32 Euro/kg Batteriepack seit 1997, Schwedische Batterieverordnung, SFS 1997:645). Die Menge an verkauften NiCd-Batterien (einschließlich in Geräten eingebaute) sank daraufhin nach Angaben der Schwedischen Umweltschutzbehörde (SEPA, pers. Mitt. vom 27. August 2003) in Schweden von 1997 bis 2002 um rund 60 %, während sie in Deutschland zwischen 1999 und 2002 nur um rund 14 % auf rund 2 700 Mg zurückgegangen ist (berechnet nach GRS 2003, 2002, 2001; BOSCH, 2003, 2000; VfW-REBAT, 2003, 2000).

Der Vorschlag der EU-Kommission für die neue EG-Batterierichtlinie sieht keinerlei Einschränkungen für die Anwendung cadmiumhaltiger Batterien vor. Stattdessen sollen NiCd-Batterien mit einer Quote von 80 % getrennt gesammelt und zu 75 % verwertet werden (Cadmium zu 100 %). Hinzu kommen umfangreiche Berichtspflichten, beispielsweise soll neben Rücknahme- und Verwertungsmengen zusätzlich auch jährlich über die Menge an NiCd-Batterien im Siedlungsabfall berichtet werden, sodass detaillierte Abfallanalysen erforderlich werden würden. Aus Sicht des Umweltrates würde damit mit einem hohen Monitoringaufwand ein nur unbefriedigendes Ergebnis erreicht, da der Wirtschaftskreislauf und der Abfall nicht dauerhaft von Schadstoffen entfrachtet werden. Ein solches Verwertungsgebot wäre damit die weniger effektive und aufwendigere Alternative zum Stoffverbot und kann als ein negatives Beispiel für die vom Umweltrat nicht empfohlene Verwertungspfadsteuerung angesehen werden.

Zusammenfassung und Empfehlungen

745. Obwohl verbrauchte Batterien nur einen sehr geringen Abfallstrom darstellen, tragen sie in nicht unerheblichem Umfang zur Schadstoffbelastung des Abfalls bei. Doch während bereits weit gehende Maßnahmen zur Reduktion der Quecksilbergehalte in Batterien getroffen wurden, ist der Anteil cadmiumhaltiger Batterien bisher kaum zurückgegangen. Der Umweltrat bedauert, dass die Bundesregierung dem Vorschlag der EU-Kommission, auf ein Cadmiumverbot zugunsten von Rücknahme- und Verwertungspflichten zu verzichten, nicht entschieden entgegentritt. Er empfiehlt ihr, sich stattdessen für ein Verbot von Cadmium in der Batterierichtlinie einzusetzen und somit mittelfristig zu einer wesentlichen Verminderung der Belastung der Umwelt durch Cadmium beizutragen. Für die oben genannten speziellen Anwendungen (ortsfeste Batterien, Notbeleuchtung und bestimmte Industrieanwendungen) erscheinen befristete und begründete Ausnahmen sinnvoll, die regelmäßig zu überprüfen sind, da auch in diesen Bereichen Substitute in der Entwicklung sind (NOREUS, 2000).

746. Solange schadstoffhaltige Batterien in größerer Menge im Umlauf sind, ist eine getrennte Sammlung der Batterien mit hohen Sammelquoten erforderlich. Eine Entsorgung über den Restabfall ist nicht sinnvoll, da Batterien im Restabfall nach wie vor Störstoffe darstellen. So wird die Auslese von Batterien, die als Fehlwürfe in den Restabfall gelangen, auch im Rahmen mechanisch-biologischer Abfallvorbehandlungsverfahren (z. B. Herhof-Verfahren) häufig noch immer in Handklaubearbeit ausgeführt (vgl. SRU, 2002, Tz. 1045 ff.). Automatische Sortierverfahren stehen zwar zur Verfügung, sie erfordern aber bisher in der Regel eine Vorzerkleinerung des Restabfalls. Dabei wird auch ein Teil der Batterien zerstört und die Schadstoffe aus diesen Batterien im Restabfall verteilt. Damit stellt nach wie vor eine getrennte Erfassung gebrauchter Batterien die beste Entsorgungsmöglichkeit dar. Die Umweltbelastung infolge verbrauchter Batterien in abgelagerten Restabfällen wird künftig mit der Umsetzung der Abfallablagerungsverordnung an Bedeutung verlieren.

Für den Fall, dass ein Verbot von Cadmium in Batterien EU-weit nicht durchsetzbar sein sollte, erneuert der Umweltrat seine bereits im Sondergutachten Abfallwirtschaft (SRU, 1990, Tz. 896 ff.) formulierte Empfehlung, eine Pfandpflicht für cadmiumhaltige Batterien sowie quecksilberhaltige Knopfzellen einzuführen. Die Erhebung einer Abgabe auf Cd-haltige Batterien, wie etwa in Schweden, stellt aus ökonomischer Sicht nur den zweitbesten Weg dar und sollte allenfalls als ergänzende Maßnahme in Erwägung gezogen werden, da durch eine Abgabe nur ein Teil der Cd-haltigen Batterien substituiert wird. Darüber hinaus existiert für Batterien auf Basis einer freiwilligen Initiative der Hersteller und Importeure bereits seit 1998 ein bundeseinheitliches Rücknahmesystem, sodass die erforderlichen institutionellen Strukturen bereits weit gehend vorhanden sind, und die Errichtung eines zentralen Pfandpools weit weniger problematisch erscheint als etwa im Bereich der Einweggetränkeverpackungen.

8.2.5 Bioabfallverwertung

747. Derzeit werden in Deutschland Bio- und Grünabfälle in etwa 800 Kompostierungsanlagen mit einer genehmigten Jahreskapazität von circa 9,6 Mio. Mg kompostiert, weiterhin stehen rund 75 Vergärungsanlagen mit einer Kapazität von rund 2,4 Mio. Mg zur Verfügung (EUWID Recycling und Entsorgung, 08. Januar 2003). 1998/99 wurden die erzeugten etwa 4,2 Mio. Mg Komposte und Gärrückstände in der Landwirtschaft (36 %), im Landschaftsbau (21 %), in Hobbygärten (14 %), in Erdenwerken (10 %), in Sonderkulturen (7 %), im Erwerbsgartenbau (5 %), im öffentlichen Grün (4 %) und sonstigen Einsatzbereichen (3 %) verwertet (UBA, 2001a, S. 72). Die Differenz zwischen Anlagenkapazitäten und der Menge erzeugten Kompostes ist dabei zum einen durch die Umwandlung organischer Substanz zu Wasser und CO_2 bei der Kompostierung begründet, zum anderen auf die nicht vollständige Auslastung der Anlagen zurückzuführen.

Kompost wird grundsätzlich wegen seiner vergleichsweise geringen Nährstoffgehalte vorrangig nicht als Dünger, sondern aufgrund seiner Humusbestandteile als Bodenverbesserungsmittel eingesetzt.

748. Eine stoffliche Verwertung von Bioabfällen setzt die getrennte Sammlung von Bioabfällen voraus. Diese Praxis der getrennten Sammlung von Bioabfällen aus Haushalten und deren anschließende Kompostierung oder Vergärung wird jedoch mittlerweile aus verschiedenen Gründen infrage gestellt:

– Aus Gründen des vorsorgenden Bodenschutzes wird gefordert, den Eintrag von Schadstoffen über Kompost und Gärrückstände in landwirtschaftliche Böden zu reduzieren (z. B. BMU und BMVEL, 2002; KÖNIG, 2003).

– Es wird zunehmend hinterfragt, inwieweit der Nutzen des Kompostes die mit dessen Erzeugung verbundenen höheren Kosten der getrennten Bioabfallsammlung und -verwertung im Vergleich zur gemeinsamen Erfassung mit dem Restmüll rechtfertigen (z. B. KAIMER und SCHADE, 2002; PASCHLAU, 2003a; IHMELS, 2003).

– Erfassung und Behandlung von Bioabfällen führen zu Emissionen von Bioaerosolen, die zu gesundheitlichen Beeinträchtigungen führen können (dazu ausführlich Abschn. 12.1.1).

– Es wird diskutiert, welchen Beitrag zum Klimaschutz die energetische Nutzung des Bioabfalls haben kann (z. B. KERN et al., 2003; PASCHLAU, 2003a; PELCHEN und METZGER, 2003).

Auf die zum Teil berechtigte Kritik soll im Folgenden näher eingegangen werden.

Bioabfallverwertung und Bodenschutz

749. Im Hinblick auf den vorsorgenden Bodenschutz haben BMU und BMVEL (2002) Grenzwertvorschläge für Düngemittel auf Basis des Prinzips „Gleiches zu Gleichem" vorgelegt (zu dem Konzept auch Tz. 793). Die Grenzwertvorschläge für die Anwendung von Komposten auf Lehm- und Sandböden sind deutlich schärfer als die geltenden Grenzwerte der Bioabfallverordnung (BioAbfV) und würden dazu führen, dass Komposte auf Sandböden kaum noch verwertet werden könnten (Tab. 8-10). Inzwischen wurde eine Weiterentwicklung des Konzeptes angekündigt (BANNICK, 2003), die weniger stark nach Bodenarten differenzierte Grenzwerte vorsieht und eine landwirtschaftliche Kompostverwertung weiterhin ermöglichen soll. Die angekündigte Einbeziehung der Bioabfallkomposte in die vorgesehene Artikelverordnung zu Düngemitteln wird sicherlich zu verschärften Grenzwerten führen. Ein Kriterium für die künftige landwirtschaftliche Verwertung könnte eine Gütesicherung der Komposte sein, die bisher erst für etwa 63 % der erzeugten Komposte erfolgt (EUWID Recycling und Entsorgung, 8. Januar 2003).

Tabelle 8-10

Grenzwertvorschläge für Schwermetallgehalte von Komposten und festen Gärrückständen in mg/kg Trockensubstanz (TS)

	Cd	Cr	Cu	Hg	Ni	Pb	Zn
Grenzwertvorschlag BMU/BMVEL 2002[1]							
– Tonböden	1,4	75	80	0,8	60	80	450
– Lehmböden	0,9	45	70	0,5	45	60	390
– Sandböden	0,5	25	50	0,2	25	40	330
Grenzwert Kat. I Bioabfallverordnung	1,35	94,4	94,5	0,95	47,3	135	405
Grenzwert Kat. II Bioabfallverordnung	2,03	135	135	1,35	67,5	203	540
Mittlere Gehalte in Komposten[2]	0,47	25,3	57,7	0,16	16,3	46,4	203

SRU/UG 2004/Tab. 8-10; Datenquellen: [1] BMU und BMVEL, 2002; [2] KEHRES, 2003, S. 313

750. Für organische Schadstoffe enthält die gültige Bioabfallverordnung bisher keine Regelungen. Organische Schadstoffe im Kompost spiegeln insbesondere die atmosphärische Deposition und ubiquitäre Verbreitung dieser Schadstoffe wider (UBA, 2001b, S. 106). Nach einer Zusammenstellung verschiedener Kompostuntersuchungen von WENZEL und KLEIN (2003) sind die Gehalte an polychlorierten Biphenylen (PCB), polyzyklischen Kohlenwasserstoffen (PAK), Benzo(a)pyren und dem Phthalat DEHP in Grünabfallkomposten etwas niedriger als in Bioabfallkomposten. Insgesamt sollte nach Auffassung des Umweltrates mittelfristig sichergestellt werden, dass durch die Ausbringung von Kompost keine Anreicherung von Schadstoffen in Böden stattfindet und den Vorsorgegrundsätzen des Bodenschutzes Rechnung getragen wird.

Emission von Bioaerosolen bei der Bioabfallverwertung

751. In der Umgebung von Bioabfallkompostierungsanlagen werden erhebliche Konzentrationen an Bioaerosolen gemessen, die zu einer Gesundheitsgefährdung der Bevölkerung führen können. In Abschnitt 12.1.1 werden die Erkenntnisse über Bioaerosolemissionen aus Bioabfallbehandlungsanlagen ausführlich dargestellt und bewertet. Dabei kommt der Umweltrat zu dem Ergebnis, dass das Anforderungsniveau an Bioabfallbehandlungsanlagen zum Schutz der Gesundheit von Anwohnern über die Vorgaben der neuen TA Luft von 2002 hinaus an die Emissionsbegrenzungen für mechanisch-biologische Abfallbehandlungsanlagen angepasst werden sollte. Für kleinere Anlagen mit einem Durchsatz unter 10 000 Mg/a sollten die Mindestabstände zur Wohnbebauung so festgelegt werden, dass Hintergrundwerte für Biologische Aerosole erreicht werden, oder durch Einhausung, Abluftfassung und Abluftreinigung (z. B. Biofilter und Biowäscher oder thermische Abluftbehandlung) die Bioaerosolemissionen wirksam reduziert werden. Dies gilt gleichermaßen auch für die Nachrotte von Gärresten aus Biogasanlagen. Diese Anforderungen haben Konsequenzen für die bestehende Anlagenstruktur. Es ist davon auszugehen, dass insbesondere Anlagen mit einem Durchsatz unter 10 000 Mg/a erhebliche Investitionen zu tätigen hätten oder anderenfalls geschlossen werden müssten.

Nutzen von Kompost

752. Zu den Wirkungen von Kompost auf landwirtschaftliche Böden gibt es zahlreiche Untersuchungen. Kompost hat zum einen Düngeeigenschaften (Stickstoff, Phosphor, Kalium) und dient zum anderen als Bodenverbesserungsmittel (Zufuhr organischer Substanz sowie von basisch wirksamem CaO). Die Leitlinien zur guten fachlichen Praxis erfordern, die Bedeutung der organischen Substanz für die Erhaltung der Bodenfruchtbarkeit und zum Erhalt der Bodenfunktionen in der landwirtschaftlichen Praxis stärker zu berücksichtigen und soweit notwendig für eine ausreichende Zufuhr von organischer Substanz zu sorgen (BMELF, 1999). Dies kann beispielsweise durch Wirtschaftsdünger oder auch durch Kompost erfolgen. Ein optimaler Gehalt an organischer Substanz fördert die mikrobielle Aktivität im Boden, sorgt für einen guten Luft- und Wasserhaushalt durch ein hohes Porenvolumen und reduziert damit Erosion. Daneben werden die täglichen Temperaturschwankungen gedämpft (z. B. HARTMANN, 2002). Für einige Komposte konnte auch die Unterdrückung von Pflanzenkrankheiten (Suppressivität) für unterschiedliche Wirtspflanzen und Erreger nachgewiesen werden (z. B. Pythium ultimum bei Pelargonien, P. parasitica bei Tomaten). Dies lässt sich im Erwerbsgartenbau nutzen. Dabei fungiert die Mikroflora der Komposte als Antagonist gegenüber den Krankheitserregern. Die Wirkung hängt unter anderem vom Reifegrad, Salzgehalt und Nährstoffgehalt der Komposte ab; Grünabfallkomposte erzielten in Versuchen bessere Wirkungen als Bioabfallkomposte (BRUNS et al., 2003). Neben der Zufuhr organischer Substanz haben aber Fruchtfolge und die Art der Bodenbearbeitung einen entscheidenden Einfluss auf die organische Substanz im Boden. Insbesondere in Regionen mit einem – auf Nährstoffe bezogen – Überschuss an Wirtschaftsdüngern ist daher die landwirtschaftliche Verwertung von Kompost eher fraglich.

753. Im Garten- und Landschaftsbau sowie Hobbygartenbau steht Bioabfallkompost inzwischen vorrangig in Konkurrenz zu anderen biogenen Abfällen, insbesondere Rindenhumus (VOGT et al., 2002, S. 419). Verschiedene Versuche in gartenbaulichen Anwendungen haben jedoch auch gezeigt, dass qualitativ hochwertige Komposte in begrenztem Umfang auch torfhaltige Substrate ersetzen können (DBU, 2003).

In einem Verbund-Forschungsprojekt der DBU werden derzeit die Vor- und Nachteile der Kompostverwertung genauer untersucht (DBU, 2003). Das schließt auch eine standortspezifische und einzelbetriebliche Untersuchung des wirtschaftlichen Nutzens von Kompost in der Landwirtschaft ein. Erste Ergebnisse zeigen wirtschaftliche Vorteile (erhöhte Erträge) durch Komposteinsatz vor allem für reine Marktfruchtbetriebe auf Böden mit suboptimalen Humusgehalten oder ph-Werten und ungünstiger Bodenstruktur (GROSSKOPF und SCHREIBER, 2003). Auch das Schweizer Bundesamt für Umwelt, Wald und Landschaft lässt derzeit sowohl den Nutzen von Kompost und Gärgut als auch die Belastung mit organischen Schadstoffen in Kompost und Gärgut untersuchen (BUWAL, 2003). Eine abschließende Bewertung des Nutzens von Kompost in der Landwirtschaft, die nicht nur die Düngereigenschaften, sondern auch die bodenverbessernden Eigenschaften einbezieht, sollte diese Ergebnisse berücksichtigen.

Kosten der Bioabfallverwertung

754. Die getrennte Sammlung und Verwertung von Bioabfällen führt in der Regel zu höheren Gesamtkosten in der Abfallentsorgung für die privaten Haushalte, die Spannbreite ist allerdings erheblich. SCHEFFOLD (1998) ermittelte Kostensteigerungen von 6 bis 25 Euro pro Einwohner jährlich durch die Einführung der Biotonne. VOGT et al. (2002, S. 444) kommen zu einer Mehrbelastung von jährlich cirka 3,60 Euro je Einwohner. Die höheren Kosten für den Bioabfall werden unter anderem einer aufwendigeren Entsorgungslogistik zugeschrieben. Es wurde daher vorgeschlagen, aus Kostengründen nur noch Grünabfälle getrennt zu sammeln, die übrigen Bioabfälle zusammen mit dem Hausmüll zu erfassen und nach Behandlung energetisch zu verwerten (KAIMER und SCHADE, 2002). Ob die Bioabfallverwertung tatsächlich teurer ist als die gemeinsame Erfassung mit dem Hausmüll, hängt jedoch auch von den Kosten der Restmüllentsorgung ab. Diese Kosten werden mit der Einstellung der Deponierung unbehandelter Abfälle voraussichtlich ansteigen. Nach einer Modellrechnung von SCHEFFOLD et al. (2002) kann die Bioabfallsammlung kostenneutral eingeführt werden, wenn die Mehrkosten für die Behandlung von gemischtem Hausmüll um 25 bis 90 Euro/Mg über den Behandlungskosten für Bioabfall liegen.

Eine Nutzen-Kosten-Analyse der dänischen EPA kommt zu dem Ergebnis, dass die Kompostierung deutlich ungünstiger sei als Verbrennung oder Vergärung (BAKY und ERIKSSON, 2003). Die in der Studie gewählten Annahmen und Randbedingungen, die das Ergebnis entscheidend beeinflussen, sind jedoch innerhalb des wissenschaftlichen Begleitkreises umstritten (WEYDLING und CARLSBAEK, 2003). Ähnliche Untersuchungen für Deutschland liegen nicht vor. Inwieweit der Nutzen von Kompost die Kosten rechtfertigt, ist daneben stark von lokalen Randbedingungen wie der bestehenden Entsorgungsinfrastruktur und den Komposteinsatzmöglichkeiten abhängig.

Energetische Verwertung von Bioabfällen

755. Bioabfall eignet sich neben einer stofflichen grundsätzlich auch zu einer energetischen Verwertung. Es bestehen unterschiedliche Möglichkeiten, Bioabfall energetisch zu verwerten. Beispielsweise kann durch eine Vergärung der Bioabfälle energetisch verwertbares Faulgas erzeugt werden. LEIBLE et al. (2003, S. 400) rechnen aufgrund der Förderung durch das Erneuerbare-Energien-Gesetz (EEG) insbesondere mit einer zunehmenden Bedeutung der Co-Vergärung von Bioabfällen in landwirtschaftlichen Biogasanlagen und Faulbehältern von Kläranlagen.

756. Für eine direkte energetische Verwertung in entsprechenden Feuerungsanlagen ist eine getrennte Erfassung der Bioabfälle in den Haushalten nicht erforderlich beziehungsweise nicht erwünscht, da sie aufgrund ihrer hohen Feuchte einen im Vergleich zu anderen biogenen Abfällen wie Holz oder Papier geringen Heizwert von 3 500 MJ/Mg (KERN et al., 2003, S. 367) haben und ohne vorherige Trocknung nicht selbstgängig brennbar sind. Beispielsweise kann eine Teilfraktion eines gemischten Hausmülls in mechanisch-biologischen oder mechanisch-physikalischen Anlagen zu Ersatzbrennstoffen aufbereitet werden. Diese können anschließend in industriellen Feuerungsanlagen eingesetzt werden. Es hängt jedoch sehr vom eingesetzten Aufbereitungsverfahren ab, welcher Anteil des Bioabfalls tatsächlich in die Ersatzbrennstofffraktion gelangt und anschließend energetisch verwertet wird.

EU-Bioabfallrichtlinie

757. EU-weit gibt es einen Trend zur getrennten Sammlung und Verwertung von Bioabfällen. Während in Deutschland, Österreich, dem flämischen Teil Belgiens, den Niederlanden, Schweden, der Schweiz, Norwegen und Luxemburg bereits entsprechende rechtliche Regelungen umgesetzt sind, bereiten weitere Länder dies zurzeit vor. In einem Großteil der Länder wurden gesetzliche Qualitätsstandards und/oder freiwillige Gütesicherungssysteme eingeführt, um die Verwertung der Komposte zu gewährleisten (BARTH, 2003). Die Agenda der EU-Kommission sieht eine europäische Bioabfallrichtlinie vor, die voraussichtlich Ende des Jahres 2004 vorgelegt wird.

Zusammenfassung und Empfehlungen

758. Die heute praktizierte Bioabfallverwertung ist aus verschiedenen Gründen in die Kritik geraten. So sollen die Schadstoffgehalte im Sinne eines vorsorgenden Bodenschutzes stärker begrenzt werden. Es bleibt aber weiterhin umstritten, ob der Nutzen der Bioabfallverwertung die Kosten für die getrennte Sammlung und Verwertung rechtfertigt. Nicht zuletzt wird auch den Bioaerosolemissionen aus Kompostierungsanlagen jetzt verstärkte Aufmerksamkeit gewidmet.

Das vom Umweltrat empfohlene Steuerungsmodell, in der Abfallwirtschaft primär die umweltbezogenen Rahmenbedingungen auf hohem Umweltschutzniveau zu regulieren und die Verwertungs- oder Beseitigungswege nicht konkret vorzugeben, hat für die Bioabfallverwertung eine Reihe von Konsequenzen: Grundsätzlich sollten die Emissionsanforderungen an Bioabfallbehandlungsanlagen so verschärft werden, dass die Bevölkerung keiner Gesundheitsgefährdung durch Bioaerosole ausgesetzt ist. Hinsichtlich der Schadstoffeinträge in Böden sollte es bei der Bioabfallsammlung vorrangiges Ziel sein, ausschließlich schadstoffarme, gütegesicherte Komposte zu gewinnen und zu verwerten. Bei der Entscheidung vor Ort, ob eine getrennte Bioabfallsammlung sinnvoll ist, muss aber auch berücksichtigt werden, ob der Kompost in der betreffenden Region sinnvoll genutzt werden kann. Die Anwendung von Kompost kann auf geeigneten Flächen zur Erhaltung oder Vermehrung der organischen Substanz im Boden beitragen, die Bodenfruchtbarkeit verbessern und die landwirtschaftlich genutzten Böden weniger anfällig für Bodenerosion und Bodenschadverdichtung machen. Der Schutz vor Bodenerosion und Bodenschadverdichtung ist zwar im Bundes-Bodenschutzgesetz verankert, wird bisher aber nur unzureichend in die Praxis umgesetzt (Abschn. 9.2.4). Es kann davon ausgegangen werden, dass eine verstärkte Berücksichtigung dieses Aspektes auch die Wertschätzung für (qualitativ hochwertigen) Kompost erhöhen kann. Insgesamt ergibt sich daraus, die weitere Forcierung des Ausbaus der getrennten Bioabfallsammlung unter diesen Aspekten zu überdenken.

759. Solange jedoch die Abfallablagerungsverordnung nicht vollständig umgesetzt ist, können Bioabfälle, die im unbehandelt auf Deponien abgelagerten Restmüll verbleiben, weiterhin zu verstärkten Emissionen von Deponien beitragen. Daneben sollte beachtet werden, dass angesichts knapper Kapazitäten zur Behandlung von Siedlungsabfällen ab Juni 2005 eine Einschränkung der Getrenntsammlung von Bioabfällen zumindest zum jetzigen Zeitpunkt fragwürdig ist. Ob eine getrennte Bioabfallerfassung und -verwertung sinnvoll ist, hängt daher auch sehr stark von der regional vorhandenen abfallwirtschaftlichen Infrastruktur ab.

8.2.6 Klärschlammentsorgung

8.2.6.1 Landwirtschaftliche Klärschlammverwertung

760. Die Entsorgung von Klärschlamm wird seit langem intensiv diskutiert, insbesondere Nutzen und Risiken der landwirtschaftlichen Klärschlammverwertung. Inzwischen bereitet die Bundesregierung eine Artikelverordnung zur Neuregelung der Klärschlammverordnung und weiterer düngemittelbezogener Verordnungen vor.

Die derzeitigen Entsorgungswege für Klärschlamm sind in Abbildung 8-3 dargestellt. Seit 1998 ist der Anteil der deponierten und stofflich verwerteten Klärschlamme leicht gesunken und der Anteil der thermisch entsorgten Schlämme um etwa 40 % angestiegen; dennoch wird weiterhin der größte Anteil in der Landwirtschaft und im Landschaftsbau stofflich verwertet. Die Entsorgungswege variieren regional sehr stark: Während in einigen Bundesländern (z. B. Niedersachsen, Brandenburg, Mecklenburg-Vorpommern, Sachsen und Thüringen) über 80 % des Klärschlamms in der Landwirtschaft und im Landschaftsbau stofflich verwertet werden, überwiegt in anderen Ländern wie Berlin und Hamburg die thermische Entsorgung (berechnet nach Mitt. des Statistischen Bundesamtes vom 6. Mai 2003).

761. Der Umweltrat hat sich zuletzt im Umweltgutachten 2002 mit der Klärschlammentsorgung auseinandergesetzt. Er hat insbesondere dafür plädiert, einheitliche Maßstäbe an die Schadstofffrachten für den Einsatz aller Düngemittel anzuwenden, da nicht nur Klärschlamm, sondern auch Wirtschaftsdünger, Mineraldünger und Kompost Schadstoffe enthalten. Als einen ersten Schritt hat er daher zunächst eine Absenkung der Schadstoffgrenzwerte für Klärschlamm auf etwa das 1,5fache der derzeitigen in Klärschlammen gefundenen Mittelwerte vorgeschlagen. Hinsichtlich eines schnellen Umstieges von der landwirtschaftlichen Verwertung und Deponierung zur thermischen Behandlung von Klärschlamm hat der Umweltrat darauf hingewiesen, dass ausreichende Behandlungskapazitäten erst noch geschaffen werden müssen.

Abbildung 8-3

Entsorgungswege für Klärschlamm aus der biologischen Abwasserbehandlung öffentlicher Kläranlagen 1998 und 2001

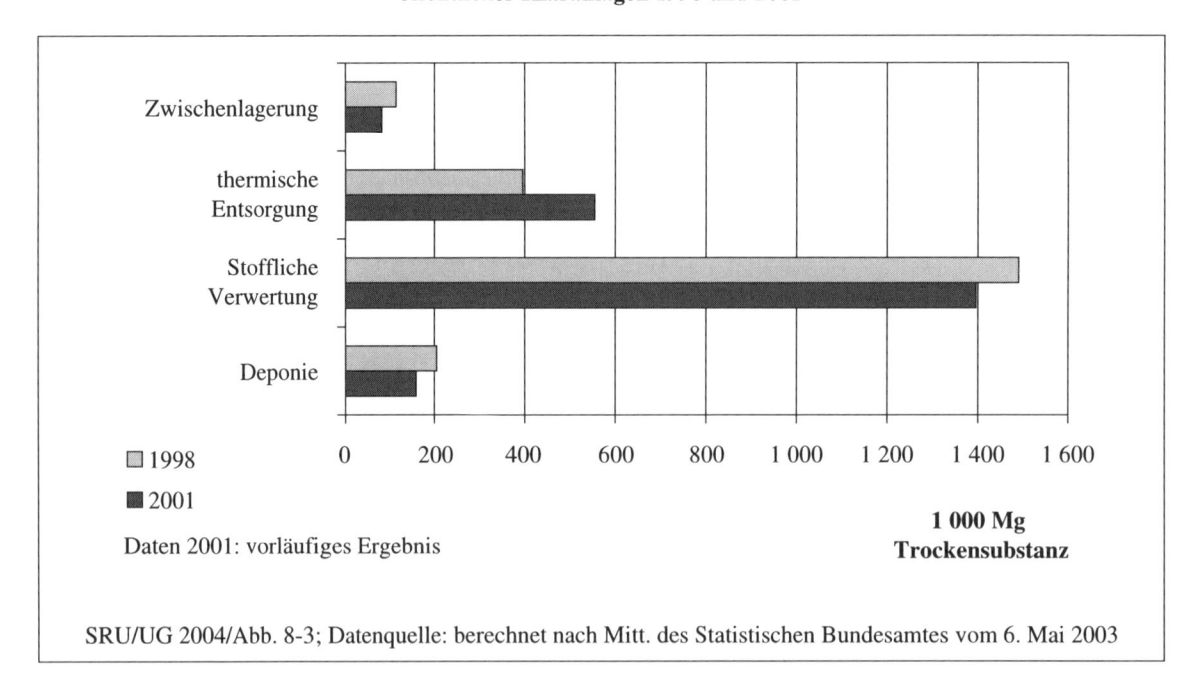

SRU/UG 2004/Abb. 8-3; Datenquelle: berechnet nach Mitt. des Statistischen Bundesamtes vom 6. Mai 2003

762. Es sollte berücksichtigt werden, dass die landwirtschaftliche Klärschlammverwertung nach derzeitiger Kenntnis keine akute Gefahr für Umwelt oder Gesundheit darstellt. Die Schwermetalleinträge in die Böden sollten aber aus Vorsorgegründen reduziert werden, um zu einer nachhaltigen Bewirtschaftung der Böden zu kommen. In einer Untersuchung der Landesanstalt für Umweltschutz (LfU) Baden-Württemberg wurden langjährig mit Klärschlamm gedüngte Versuchs- und Praxisflächen und ungedüngte Ackerflächen (als Referenzflächen) vergleichend auf die Anreicherung von Schadstoffen untersucht (LfU, 2003). An den Praxisstandorten mit hohen Klärschlammaufbringungsmengen wurden dabei Anreicherungen von Kupfer, Zink, Organozinnverbindungen und polyzyklischen Moschusverbindungen nachgewiesen; auf einer Versuchsfläche zusätzlich auch Anreicherungen von Cadmium, Blei, Quecksilber, PCB, PAK und DDT, die aufgrund des Vergleiches mit den Referenzflächen eindeutig den Klärschlammen zugerechnet werden konnten. Die Schwermetallgehalte der aufgebrachten Klärschlamme lagen deutlich unter den Grenzwerten der geltenden Klärschlammverordnung und entsprechen weitgehend durchschnittlich belasteten Klärschlammen; auf den Versuchsflächen wurden allerdings höher belastete Klärschlamme aufgebracht. Auf den Versuchsflächen wurden die Vorsorgewerte der Bundes-Bodenschutz- und Altlastenverordnung teils überschritten. Damit konnte gezeigt werden, dass die derzeitige landwirtschaftliche Klärschlammverwertung tatsächlich zu Anreicherungen von Schwermetallen und organischen Schadstoffen führt. In anderen Dauerfeldversuchen mit Klärschlamm wurden dagegen keine signifikanten Anreicherungen von Schwermetallen durch Klärschlammaufbringung festgestellt (VDLUFA und ATV-DVWK, 2003a).

763. BMU und BMVEL haben ein Konzept zum Düngemitteleinsatz in der Landwirtschaft vorgelegt, das aus Gründen des vorsorgenden Boden- und Gewässerschutzes eine Neuregelung der landwirtschaftlichen Verwertung von Klärschlamm, Bioabfall und Wirtschaftsdüngern vorsieht und einheitliche Maßstäbe an alle Düngemittel mit Ausnahme der Mineraldünger stellt (BMU und BMVEL, 2002, zu dem Konzept auch Tz. 793 f.). Diesem Konzept ist der Ansatz „Gleiches zu Gleichem" zugrunde gelegt, das heißt die Begrenzung von Schadstoffen in Düngemitteln auf ein Konzentrationsniveau, das dem des Aufbringungsstandortes entspricht. Nach diesem Konzept würde die bisherige landwirtschaftliche Klärschlammverwertung, mit Ausnahme besonders schadstoffarmer Klärschlamme, weitgehend einzustellen sein. Dies gilt auch für die kürzlich angekündigte Weiterentwicklung dieses Konzeptes (BANNICK, 2003).

Angestoßen durch diesen Vorschlag fand in den letzten zwei Jahren eine intensive Diskussion über die Zukunft der Klärschlammentsorgung statt. Verschiedene Alternativkonzepte zur Begrenzung von Schadstoffgehalten in Düngemitteln einschließlich Klärschlamm wurden vorgelegt, beispielsweise von Nordrhein-Westfalen (KÖNIG, 2003), Schleswig-Holstein (HAKEMANN und KLEINHANS, 2003) und dem Verband der landwirtschaftlichen Untersuchungsanstalten (VDLUFA) (SEVERIN et al., 2002). Diese Konzepte werden in Abschnitt 9.2.2.4 im Kapitel Bodenschutz näher erläutert.

Tabelle 8-11 gibt einen Überblick über die auf der Basis unterschiedlicher konzeptioneller und rechnerischer Überlegungen abgeleiteten Grenzwertvorschläge für Klärschlamm. Die Vorschläge liegen teilweise recht weit auseinander. Doch alle Grenzwertvorschläge unterschreiten deutlich die Grenzwerte der gültigen Klärschlammverordnung (AbfKlärV). Sie liegen auch weit unter den bisher bekannten Grenzwertvorschlägen der EU-Kommission und mit einer Ausnahme auch unter den von der EU-Kommission für das Jahr 2025 vorgeschlagenen Zielwerten. Das von Schleswig-Holstein vorgelegte Konzept macht die zulässigen Schwermetallgehalte vom Nährstoffgehalt und der aufgebrachten Menge abhängig, sodass keine allgemeinen Grenzwerte, sondern lediglich Belastungsobergrenzen genannt werden, mit denen sehr hoch schadstoffbelastete Düngemittel von der Anwendung ausgeschlossen werden sollen. Daher sind diese Werte nicht direkt mit den anderen Grenzwertvorschlägen vergleichbar und werden in der Tabelle nicht mit aufgeführt. Aufgrund der Belastung der Klärschlamme mit organischen Schadstoffen, die sowohl hinsichtlich der Konzentrationen als auch der Wirkungen unzureichend untersucht sind, wird in dem schleswig-holsteinischen Konzept allerdings mittelfristig der Ausstieg aus der landwirtschaftlichen Klärschlammverwertung empfohlen.

Tabelle 8-11

Vergleich verschiedener Vorschläge zur Begrenzung von Schwermetallen in Klärschlammen bei landwirtschaftlicher Verwertung in mg/kg Trockensubstanz (TS)

	Pb	Cd	Cr	Ni	Hg	Cu	Zn
BMU und BMVEL (2002)							
– Tonböden	80	1,4	75	60	0,8	80	450
– Lehmböden	60	0,9	45	45	0,5	70	390
– Sandböden	40	0,5	25	25	0,2	50	330

noch Tabelle 8-11

	Pb	Cd	Cr	Ni	Hg	Cu	Zn
VDLUFA (2003)	200	2,5	200	80	2	550	1 400
KÖNIG (2003)	60	1,2	170	70	0,8	200	650
SRU (2002)	100	2	100	50	1,5	400	1 200
EU-Kommission (2000b) – Zielwerte ab 2025	750 200	10 2	1000 600	300 100	10 2	1 000 600	2 500 1 500
Niederländische Grenzwerte (nach UVM, 2002)	100	1,25	75	30	0,75	75	300
Dänische Grenzwerte (nach UVM, 2002)	120	0,8	100	30	0,8	100	4 000
Mittlere Gehalte (SEVERIN et al., 2002)	67,7	1,47	50	23,3	1,17	275	835
Geltende Klärschlammverordnung (AbfKlärV)	900	10	900	200	8	800	2 500

SRU/UG 2004/Tab. 8-11

764. Zur Ergänzung des vom VDLUFA vorgeschlagenen Konzeptes haben VDLUFA und der Verband der Kläranlagenbetreiber (ATV-DVWK) ergänzend ein freiwilliges Gütesicherungssystem zur landbaulichen Verwertung von Klärschlamm entwickelt (VDLUFA und ATV-DVWK, 2003a, 2003b). Diese Qualitätssicherung beinhaltet unter anderem eine bessere Indirekteinleiterüberwachung, eine optimierte Prozesssteuerung bei der Abwasserbehandlung einschließlich Auswahl der Abwasserbehandlungschemikalien sowie Vorgaben für die Anwendung des Klärschlamms direkt im landwirtschaftlichen Betrieb. Die Gütesicherung hat den Vorteil, dass neben den Schadstoffen auch andere Umweltauswirkungen der Klärschlammaufbringung (z. B. Stickstoffauswaschung durch falschen Ausbringungszeitpunkt) durch bessere Kontrolle gemindert werden können.

765. Anfang der 1990er-Jahre wurde das Transferverhalten verschiedener organischer Schadstoffe aus dem Boden in die Pflanzen untersucht und festgestellt, dass Übergänge in die angebauten Pflanzen kaum stattfinden, sodass Begrenzungen von Einträgen organischer Schadstoffe in die Böden in Bezug auf die Nahrungsmittelproduktion vor allem aus Vorsorgeaspekten erfolgen (BERGS, 2003). Hinsichtlich der Wirkung verschiedener organischer Chemikalien (Lineare Alkylbenzolsulfonate (LAS), Nonylphenol, Tributylzinn (TBT), Benzo(a)pyren und die Phthalate DEHP und DBP) auf Bodenorganismen haben WENZEL und KLEIN (2003) im Auftrag des Umweltbundesamtes Risikoabschätzungen durchgeführt und zu Gehalten in Klärschlammen in Bezug gesetzt. Sie kommen dabei zu dem Ergebnis, dass die Gehalte an LAS und Nonylphenol in Klärschlammen, sofern sie unterhalb des von der EU vorgeschlagenen Grenzwertes liegen, kein Risiko für die Bodenorganismen darstellen. Für Benzo(a)pyren, TBT, DEHP und DBP, die im Boden akkumulieren, liegen dagegen nur wenige, für polyzyklische Moschusverbindungen keine Daten zur Wirkung auf Bodenorganismen vor. Bei Beaufschlagung von Böden mit Klärschlammen mit sehr hohen TBT-Gehalten kann der PNEC-Wert (*Predicted No Effect Concentration*) erreicht werden. Aus einer groben Abschätzung der Wirkungen von DBP und DEHP leiten die Autoren ab, dass bei Einhaltung der von der EU vorgeschlagenen Klärschlammgrenzwerte für diese Stoffe voraussichtlich keine Schädigung der Pflanzen und Bodenorganismen erfolgt.

8.2.6.2 Thermische Klärschlammbehandlung

766. Betrachtet man die relative Belastung der Klärschlamme in Bezug auf die Nährstoffgehalte im Vergleich zu anderen Düngemitteln (Phosphor, Stickstoff, Kalium, Calcium), so zeigt sich, dass Wirtschaftsdünger und Mineraldünger mit wenigen Ausnahmen (Kupfer und Zink in Schweinegülle, Cadmium in Triplesuperphosphat) im Verhältnis zu den Nährstoffgehalten deutlich geringer belastet sind als Klärschlamm (Daten bezogen auf Nordrhein-Westfalen) (BERGER et al., 2003, S. 21 ff.). Ein Verzicht auf Klärschlamm als Dünger würde somit nicht zu höheren Einträgen über andere Dünger führen. Demgegenüber ist bei thermischen Entsorgungsanlagen aus ökologischer Sicht zwischen den verschiedenen Anlagenarten zu unterscheiden. Nur etwa die Hälfte der derzeit vorhandenen (genehmigten) Kapazität zur thermischen Behandlung findet sich in Mono-Klärschlammverbrennungsanlagen oder Abfallverbrennungsanlagen, über 40 % dagegen in Kohlekraftwerken. Die Abgasreinigung der

Kohlekraftwerke ist jedoch nicht von vornherein auf die Schadstoffbelastung der Klärschlamme ausgelegt. Sie emittieren damit vergleichsweise höhere Konzentrationen an leichtflüchtigen Schwermetallen (FEHRENBACH et al., 2002). Die überwiegend thermische Entsorgung der Klärschlamme würde jedoch die in den Klärschlammen enthaltenen organischen Industriechemikalien und Arzneimittelreste beseitigen und damit aus der Umwelt fernhalten (zu organischen Spurenstoffen s. Kap. 5.6).

767. JOHNKE et al. (2003) haben einen Beitrag der Verbrennung des gesamten heute landwirtschaftlich verwerteten Klärschlamms zur Entlastung mit Treibhausgasen von rund 500 000 Mg CO_2-Äquivalenten errechnet (ohne Berücksichtigung der Transportemissionen). Den größten Effekt hat dabei die Verminderung der Methanemissionen, die bei der Verbrennung gegenüber der landwirtschaftlichen Verwertung entfallen, für die es jedoch nur grobe Schätzungen gibt.

768. Die Rückgewinnung des im Klärschlamm enthaltenen Nährstoffes Phosphat ist bei der Mitverbrennung in Abfallverbrennungsanlagen oder Kohlekraftwerken nicht möglich. Zur Phosphatrückgewinnung aus Abwässern, Klärschlamm oder Klärschlammaschen werden derzeit verschiedene Verfahren untersucht oder im Pilotmaßstab erprobt. Allen Verfahren ist jedoch gemeinsam, dass die Kosten für die Phosphatrückgewinnung noch um ein Vielfaches höher sind als für die Gewinnung von Primärphosphat. Es wird erwartet, dass langfristig einerseits die Rückgewinnungskosten durch verstärkte Erforschung und großtechnischen Einsatz dieser Verfahren sinken, zum anderen die Rohstoffkosten steigen werden (PINNEKAMP, 2003).

Kapazitäten für die thermische Behandlung

769. Als Alternative zur landwirtschaftlichen Verwertung und großtechnisch erprobt gelten die Verbrennung in Mono-Klärschlamm-Verbrennungsanlagen, die Mitverbrennung in Abfallverbrennungsanlagen und Kohlekraftwerken sowie die Mitvergasung im Sekundärrohstoffverwertungszentrum Schwarze Pumpe (SVZ) (JOHNKE et al., 2003). Weitere Verfahren sind in der Erprobungsphase (z. B. dezentrale Vergasung, nach EUWID Recycling und Entsorgung, 3. Dezember 2002). Bei Zementwerken verhindert die fehlende Abscheidetechnik für Quecksilber die Annahme größerer Mengen von Klärschlammen (HANßEN, 2003). Aufgrund der Abfallablagerungsverordnung soll die Ablagerung von Klärschlamm auf Deponien zu Mitte 2005 eingestellt werden, sodass auch für die bisher deponierten rund 160 000 Mg/a Klärschlamm aus öffentlichen Abwasserbehandlungsanlagen andere Entsorgungsmöglichkeiten zu suchen sind. Gleichzeitig wird darüber hinaus auch für andere Abfälle verstärkt nach Mitverbrennungsmöglichkeiten gesucht werden, sodass diese Kapazitäten knapp werden könnten. Es wird davon ausgegangen, dass die gesamten Klärschlamme theoretisch in Kraftwerken verbrannt werden können (JOHNKE, 2001; HANßEN, 2003). Derzeit steht in deutschen Kohlekraftwerken für Klärschlamme eine Mitverbrennungskapazität von 450 000 Mg/a (TS) zur Verfügung, weitere 110 000 Mg/a sind geplant (EUWID Recycling und Entsorgung vom 13. Mai 2003). BUCK (2003) weist allerdings darauf hin, dass durch die Absenkung von Emissionsgrenzwerten im Zuge der Umsetzung der novellierten 17. BImSchV vor allem ältere Kraftwerke die Mitverbrennung einstellen werden. Als weitere technische Grenzen für die Mitverbrennung nennt er beispielsweise die Schädigung von Katalysatoren durch im Klärschlamm enthaltene Spurenelemente und die Beeinträchtigung der Flugaschequalität bei Steinkohlekraftwerken. Nach einer Abschätzung von HANßEN (2003) lassen sich trotz technischer Grenzen vor allem die Kapazitäten in Kohlekraftwerken langfristig deutlich steigern. Allerdings sind die Mitverbrennungsmöglichkeiten in Deutschland regional sehr ungleich verteilt.

770. Es ist daher damit zu rechnen, dass auch neben der Mitverbrennung zusätzliche eigenständige Klärschlammverbrennungskapazitäten, zum Beispiel durch zusätzliche Monoverbrennungsanlagen geschaffen werden müssen. Die kurzfristige und radikale Absenkung der Schadstoffgrenzwerte für Klärschlamm bei gleichzeitigem Fehlen entsprechender thermischer Entsorgungskapazitäten kann dazu führen, dass Klärschlamm in andere EU-Staaten exportiert und dort in der Landwirtschaft eingesetzt wird, da Klärschlamm EU-rechtlich als Verwertungsabfall frei gehandelt werden darf. Die bisher vorliegenden Vorschläge der EU-Kommission zur Europäischen Klärschlammrichtlinie lassen keine vergleichbar niedrigen Grenzwerte erwarten, und in ihrer Mitteilung zur geplanten europäischen Bodenschutzstrategie (EU-Kommission, 2002) hebt die EU-Kommission sogar die Vorteile der landwirtschaftlichen Klärschlammverwertung hervor.

Zusatzkosten durch Umstellung von landwirtschaftlicher auf thermische Klärschlammentsorgung

771. Die Kosten für die thermische Entsorgung hängen von der jeweiligen Technik ab. Sie sind bei Monoverbrennungsanlagen mit rund 370 bis 600 Euro/Mg am höchsten, für Mitverbrennung in Kohlekraftwerken mit rund 150 bis 200 Euro/Mg (inkl. Mahlung und Trocknung) am niedrigsten (JOHNKE, 2001). Eine Arbeitsgruppe aus Vertretern baden-württembergischer Kommunen, Aufsichtsbehörden und des Ministeriums für Umwelt und Verkehr hat errechnet, dass durch die vollständige Umstellung auf thermische Entsorgung Mehrkosten in Höhe von circa 0,04 bis 0,17 Euro/m³ Abwasser für die Kläranlagen in Baden-Württemberg anfallen. Der höhere Wert gilt dabei für Nassschlamm, der niedrigere für entwässerten Klärschlamm (UVM, 2003). Das Ministerium für Umwelt und Verkehr Baden-Württemberg weist darauf hin, dass zukünftig auch die landwirtschaftliche Verwertung teurer werden wird, wenn strengere Schadstoff-Grenzwerte intensivere Klärschlamm- und Bodenuntersuchungen erfordern (UVM, 2003). Eine Umfrage unter Kommunen ergab dagegen Schätzungen der Mehrkosten von 0,13 bis 0,26 Euro/m³ Abwasser (EUWID Recycling und Entsorgung, 26. November 2002). Dabei ergeben sich hohe Kosten insbesondere in Regionen, wo keine Mitverbrennungsmöglichkeiten bestehen. Die Kosten für eine vor der thermischen Entsorgung erforderliche Konditionierung des Klärschlamms (Eindickung, Entwässerung, ggf. Trocknung) sind für kleine Kläranlagen (bis 10 000 Einwohnerwerte (EW)) mehr als doppelt so hoch wie für große Anlagen ab 70 000 EW (LEIBLE et al., 2003).

8.2.6.3 Zusammenfassung und Empfehlungen

772. Die derzeitige landwirtschaftliche Klärschlammverwertung steht nicht im Einklang mit einem vorsorgenden Bodenschutz, da langfristige Schadstoffanreicherungen in landwirtschaftlichen Böden nicht wirksam verhindert werden. Jedoch besteht auch keine akute Gefährdung, die zu sofortigem und drastischem Handeln zwingt. Über das langfristige Ziel, zu einer nachhaltigen Düngung ohne Schadstoffanreicherung in den Böden zu kommen, besteht weitgehend Einigkeit, allerdings gehen die Vorstellungen, wie schnell und auf welche Weise man zu diesem Ziel gelangt, weit auseinander. Verschiedene Konzepte, die von einem sofortigen Verbot der Klärschlammausbringung bis zu verminderten Schadstoffeinträgen mit freiwilliger Qualitätssicherung reichen, liegen vor.

Der Umweltrat begrüßt grundsätzlich die Planungen zur einheitlichen Neuregelung von Klärschlamm-, Düngemittel- und Bioabfallverordnung. Er bekräftigt die Empfehlung für eine Absenkung der bestehenden Grenzwerte und Einführung weiterer Schadstoffgrenzwerte, insbesondere für organische Schadstoffe, wobei für eine Reihe von Schadstoffen noch Forschungsbedarf besteht (z. B. Adsorbierbare organische Halogenverbindungen (AOX), Nonylphenol, Arzneimittel). Aus Sicht des Umweltrates sollten die Grenzwerte schrittweise abgesenkt werden, wie bereits im Umweltgutachten 2002 empfohlen. Die von BMU und BMVEL geplante Übergangsfrist von einem Jahr (BMU und BMVEL, 2002) für die vorgeschlagene drastische Verschärfung der Klärschlamm-Grenzwerte und dem damit erzwungenen weit gehenden Ausstieg aus der landwirtschaftlichen Klärschlammverwertung ist allerdings zu kurz. Es besteht die Gefahr, dass hier das Vollzugsdefizit gleich mit eingebaut wird.

773. Bei verstärkter Nutzung der Mitverbrennung ist anzustreben, dass aufgrund der begrenzten Rückhaltung von leichtflüchtigen Schwermetallen dieser Weg vor allem für schwächer mit diesen Schwermetallen belastete Schlämme genutzt wird und dass mittelfristig die Mitverbrennungsanlagen entsprechend nachgerüstet werden. Sofern Klärschlamm vor der thermischen Entsorgung getrocknet werden muss, sind Trocknungskonzepte unter Nutzung von Abwärme zu bevorzugen.

8.3 Abfallablagerungsverordnung

774. Durch die am 1. März 2001 in Kraft getretene Abfallablagerungsverordnung (AbfAblV) soll das Vollzugsdefizit, das sich durch die unzureichende Umsetzung der TA Siedlungsabfall (TASi) aufgebaut hat, insbesondere verursacht durch die exzessive Anwendung ihrer Ausnahmebestimmungen, beseitigt werden. Spätestens nach dem 31. Mai 2005 dürfen keine unvorbehandelten Siedlungsabfälle mehr abgelagert werden. Somit wird die entscheidende Grundvoraussetzung für die langfristige Sicherheit von Deponien erfüllt. Eine seinerzeitige Szenarienbetrachtung des Umweltrates für das Jahr 2005 zeigte, dass das Vorbehandlungsgebot der Abfallablagerungsverordnung nur dann ohne problematische Ausweichreaktionen umzusetzen wäre, wenn das Aufkommen an vorzubehandelnden Abfällen im Vergleich zum damaligen Niveau deutlich abnähme beziehungsweise bis zum Jahr 2005 in erheblichem Umfang noch nicht vorgesehene zusätzliche Vorbehandlungsanlagen entstünden (SRU, 2002, Tz. 1008, Tz. 1016 ff.).

775. In der Diskussion um die Vorbehandlungskapazitäten spielt die Teilfraktion der überlassungspflichtigen Abfälle eine Rolle. Im fortgeschriebenen Bericht der LAGA zur Umsetzung der Abfallablagerungsverordnung mit Stand vom 15. Oktober 2003, der auf der 61. Umweltministerkonferenz vorgelegt wurde, wird für das Jahr 2005 ein Aufkommen an überlassungspflichtigen Restsiedlungsabfällen aus der grauen Tonne einschließlich Sperrmüll und Gewerbeabfällen zur Beseitigung von insgesamt 20,24 Mio. Mg/a angegeben, zuzüglich weiterer 1,56 Mio. Mg/a an Siebresten und Störstoffen aus Kompostwerken und Sortieranlagen sowie 1,76 Mio. Mg/a heizwertreiche Fraktion aus mechanisch-biologischen Abfallbehandlungsanlagen (MBA). Dem stehen im Jahr 2005 gesicherte Vorbehandlungskapazitäten in MBA und Müllverbrennungsanlagen (MVA) von insgesamt 19,64 Mio. Mg/a gegenüber, zuzüglich einer durch Mitverbrennungsanlagen bereitgestellten Entsorgungskapazität von derzeit rund 1 Mio. Mg/a. Nach dem Jahr 2005 soll mit der Realisierung aller geplanten Anlagen die Entsorgungskapazität von MVA und MBA auf insgesamt 23,88 Mio. Mg/a steigen (LAGA, 2003b). Die Entwicklung der Mitverbrennung über das Jahr 2005 hinaus ist eine nicht abschätzbare Größe.

Dem von der LAGA ermittelten überlassungspflichtigen Restabfallaufkommen von 20,24 Mio. Mg/a werden im Jahr 2005 gesicherte MVA- und MBA-Vorbehandlungskapazitäten von 19,64 Mio. Mg/a gegenüberstehen, was insgesamt einen Ausgleich darstellt, der regional allerdings nicht ganz erreichbar sein wird. Berücksichtigt man zusätzlich noch die 1,56 Mio. Mg/a vorbehandlungsbedürftiger Siebreste und Störstoffe aus Kompostwerken und Sortieranlagen, so erscheint es ebenfalls möglich, die entsprechende Deckungslücke an Vorbehandlungskapazitäten bis Mitte des Jahres 2005 noch zu schließen. Die verbleibenden 1,76 Mio. Mg/a der heizwertreichen Fraktion aus MBA müssten aber noch in Mitverbrennungsbeziehungsweise in eigens errichteten Monoverbrennungsanlagen untergebracht werden.

776. Auch wenn für die Teilfraktion der überlassungspflichtigen Restabfälle ein Vorbehandlungsdefizit verhindert werden kann, so stimmen die Fachkreise bei der Gesamtschau aller vorbehandlungsbedürftigen Abfälle schon heute weit gehend darin überein, dass die Defizite bei den Vorbehandlungskapazitäten auch im günstigsten

Falle in der Größenordnung mehrerer Millionen Mg jährlich liegen werden, im Wesentlichen verursacht durch fehlende Vorbehandlungskapazitäten für nicht-überlassungspflichtige Abfälle aus dem gewerblich-industriellen Bereich. Die günstigsten der aktuellen Prognosen sehen ein Defizit von drei, die pessimistischsten Schätzungen einen Fehlbetrag von rund 7 Mio. Mg/a voraus (z. B. BERNBECK et al., 2002; ALWAST und HOFFMEISTER, 2003). Zu einer ähnlichen Einschätzung kam auch der Umweltrat in seinem Umweltgutachten 2002 (SRU, 2002, Tz. 1002). Selbst im Falle eines eher optimistisch abgeschätzten Defizits von „nur" 3 Mio. Mg/a wären zur vollständigen Vorbehandlung beispielsweise 20 zusätzliche Müllverbrennungsanlagen mit einer Kapazität von jeweils 150 000 Mg/a notwendig.

777. Nach Auffassung des Umweltrates kann der Vollzug der AbfAblV nur dann noch gelingen, wenn innerhalb der noch verbleibenden Zeit außerordentliche Anstrengungen zur fristgerechten Bereitstellung zusätzlicher Vorbehandlungsanlagen unternommen sowie die beträchtlichen Mitverbrennungskapazitäten der Zement- und Kohlekraftwerke in bedeutend größerem Umfang als bisher technisch und vertraglich verfügbar gemacht werden. Sollten jedoch zum Stichtag 31. Mai 2005 nicht genügend Vorbehandlungsanlagen zur Verfügung stehen, werden problematische Ausweichreaktionen wie Export und Zwischenlagerung einsetzen. Der Umweltrat hatte in seinem Umweltgutachten 2002 (SRU, 2002, Tz. 1031) der Bundesregierung empfohlen, eine Abgabe auf die Ablagerung der der AbfAblV unterliegenden und ab Juni 2005 noch unvorbehandelten Abfälle einzuführen. Mit dem Abgabenaufkommen wären Investitionen in Vorbehandlungsanlagen nach dem Windhundprinzip umso stärker zu fördern, je früher diese erstellt werden. Trotz der offensichtlichen, erwarteten Kapazitätsdefizite und der drohenden Ausweichreaktionen ist dieser Vorschlag von der Bundesregierung und den Ländern bislang nicht aufgegriffen worden.

9 Bodenschutz

9.1 Einleitung

778. Zunehmende Bodendegradation, das heißt ein schwerwiegender, teilweise irreversibler Verlust von Böden oder ihrer Funktionen durch Schadstoffeinträge, Erosion, Verdichtung und Versiegelung ist ein globales Problem. Ende der 1980er-Jahre war bereits etwa ein Drittel der weltweiten landwirtschaftlichen Nutzfläche von Bodendegradation betroffen (MIEHLICH, 2003). Die Bodendegradation führt zu einer Gefährdung der Nahrungsmittelversorgung, aber auch der Trinkwasserversorgung und der biologischen Vielfalt. Degradierte Böden sind nicht oder nur unter hohem technischen und finanziellen Aufwand wiederherstellbar, sodass entsprechende Vorsorgemaßnahmen unumgänglich sind. Eine Trendumkehr bei der weltweiten Bodendegradation ist allerdings derzeit noch nicht abzusehen.

Mit seinem Bodenschutzgutachten „Wege zum vorsorgenden Bodenschutz" hat der Wissenschaftliche Beirat Bodenschutz (WBB) ein weit reichendes Konzept zur Weiterentwicklung des vorsorgenden Bodenschutzes in Deutschland vorgelegt, das allerdings in der Politik bisher wenig wahrgenommen worden ist (BACHMANN und THOENES, 2000). Der Umweltrat erachtet die vom WBB erarbeiteten Empfehlungen als weiterhin aktuell, sieht aber die Notwendigkeit zu Konkretisierungen wie nachfolgend beschrieben.

779. Der vorsorgende Bodenschutz gründet sich auf die Bedeutung des Bodens für zahlreiche Funktionen im Naturhaushalt, wie auch im Bundes-Bodenschutzgesetz (BBodSchG) definiert sind. Die verschiedenen Bodenfunktionen werden durch schädliche Einwirkungen bei der Nutzung der Böden gefährdet, in Deutschland insbesondere durch

- Flächeninanspruchnahme, insbesondere durch Versiegelung,
- Eintrag von Schadstoffen und Nährstoffen sowie
- Bodenerosion und schädliche Bodenverdichtung.

Die am weitestgehende Einwirkung ist die Versiegelung von Böden, weil dadurch die natürlichen Bodenfunktionen vollständig verloren gehen. Die derzeitige Flächeninanspruchnahme in Deutschland ist noch sehr weit von dem in der nationalen Nachhaltigkeitsstrategie gesteckten Ziel von 30 ha/d entfernt (Tz. 202). Ein weiteres Problem stellt der Eintrag von Schadstoffen dar, weil die Schadstoffe – wenn überhaupt – nur mit immensen Kosten wieder zu entfernen sind. Nur wenige Schadstoffe können in den Böden durch natürliche Prozesse wirksam abgebaut werden. Der Schadstoffeintrag beeinträchtigt die Funktion der Böden als Lebensgrundlage für Menschen, Tiere und Pflanzen, den Wasser- und Nährstoffkreislauf, die Filter- und Pufferfunktion und die landwirtschaftliche Nutzung. Altlasten können zusätzlich auch Nutzungsmöglichkeiten wie Siedlung und Erholung beeinträchtigen. Bodenerosion und Bodenschadverdichtung, das heißt Bodenverdichtung mit negativen Auswirkungen auf die Bodenfunktionen, beeinträchtigen – in mittelfristiger Perspektive irreversibel – alle natürlichen Bodenfunktionen. Nach § 19 Bundesnaturschutzgesetz (BnatschG) sind erhebliche Beeinträchtigungen des Naturhaushaltes, wozu auch die Beeinträchtigung der Bodenfunktionen gehört, zu vermeiden beziehungsweise unvermeidbare Eingriffe auszugleichen. Diese Regelung wird jedoch noch nicht umfassend und flächendeckend hinsichtlich des Bodenschutzes vollzogen. Da im BBodSchG eine entsprechende Eingriffsregelung fehlt, sollte die naturschutzrechtliche Eingriffsregelung konsequenter und durchgängig unter Berücksichtigung des Bodenschutzes angewandt werden.

780. Der Umweltrat hat sich zuletzt im Umweltgutachten 2000 eingehend mit dem Bodenschutz befasst (SRU, 2000). Mit der Anwendung des Bundes-Bodenschutzgesetzes (BBodSchG vom 24. März 1998) und der Bundes-Bodenschutz- und Altlastenverordnung (BBodSchV vom 16. Juli 1999), die beide im Jahr 1999 in Kraft getreten sind, liegen nunmehr erste Erfahrungen vor, die im Folgenden behandelt werden sollen. Da wesentliche, den Bodenschutz betreffende, Politiken bereits in anderen Kapiteln dieses Gutachtens (Kap. 3, 4, 5 und 8) angesprochen werden, geht es hier um die speziellen Bodenschutzaspekte der in den anderen Kapiteln behandelten Themen und Maßnahmen. Einen Schwerpunkt bildet darüber hinaus das weiterhin ungelöste Altlastenproblem.

9.2 Hauptursachen für die Beeinträchtigung von Bodenfunktionen

9.2.1 Flächeninanspruchnahme

781. Durch Flächeninanspruchnahme für Siedlung und Verkehr, insbesondere durch Versiegelung, geht ein Großteil der Funktionen des Naturhaushaltes auf diesen Flächen dauerhaft und in der Regel vollständig verloren. Im Jahr 2001 nahm die Siedlungs- und Verkehrsfläche um 117 ha/d zu, im Jahr 2002 um 105 ha/d. Das Statistische Bundesamt führt diesen leichten Rückgang im Vergleich zu den Vorjahren jedoch auf die konjunkturelle Entwicklung und den Einbruch der Bauinvestitionen zurück und sieht darin noch keine Trendwende in Richtung auf das Nachhaltigkeitsziel von 30 ha/d (Statistisches Bundesamt, 2003). Zur Umsetzung des 30-ha-Zieles plant die Bundesregierung die Erarbeitung einer Flächenstrategie, die für den Bodenschutz eine große Bedeutung hätte. Im Kapitel 3.5 wird näher auf die Möglichkeiten zur Verminderung der Flächeninanspruchnahme eingegangen.

782. Als eines der wichtigsten Instrumente zur Reduzierung der Flächeninanspruchnahme schlägt der Umweltrat die Einführung handelbarer Flächenausweisungsrechte, kombiniert mit einer qualitativen Flächensteuerung über die Raum- und Bauleitplanung, vor (Abschn. 3.5.3, Tz. 214 ff.). Bei der qualitativen Flächensteuerung sollte auch die Qualität der Böden und die Bedeutung der Bodenfunktionen berücksichtigt werden. Dies geht deutlich über die „qualitative Verbesserung der Flächeninanspruchnahme" hinaus, so wie sie in der Nachhaltigkeitsstrategie verstanden wird (Bundesregierung, 2002, S. 291). In einigen Bundesländern kommen derzeit unterschiedliche Methoden zur Bodenbewertung in Planungsprozessen zum Einsatz, die jedoch zu unterschiedlichen Bewertungsergebnissen in qualitativer und quantitativer Hinsicht führen (MIEHLICH et al., 2003, S. 97). Voraussetzung für eine bundesweit vergleichbare Bewertung, die unter anderem als Grundlage von handelbaren Flächenausweisungsrechten sinnvoll ist, ist daher eine einheitliche und praktikable Methode der Bodenbewertung (vgl. Zusammenstellung und Bewertung verschiedener Methoden bei HOCHFELD et al., 2002, sowie LAMBRECHT et al., 2003) und die Verbesserung der Datenbasis als Grundlage für die Anwendung exakterer Bewertungsmethoden. Die Bund/Länder-Arbeitsgemeinschaft Bodenschutz (LABO) arbeitet derzeit an einer Vereinheitlichung der zugrunde gelegten Kriterien für die Bodenbewertung.

783. Ein wichtiger Beitrag zur Verminderung der Flächeninanspruchnahme kann von der Wiedernutzung brachgefallener Flächen (Flächenrecycling) erwartet werden. Flächenrecycling wird auch in der nationalen Nachhaltigkeitsstrategie als wichtiges Instrument genannt (Bundesregierung, 2002). Der Flächeninanspruchnahme von rund 105 ha/d (2002) steht eine Zunahme von Brachflächen (altindustrielle Flächen, Baulücken, erschlossene, aber nicht genutzte Gewerbegebiete) von circa 9 ha/d gegenüber, die im Prinzip für erneute Nutzungen zur Verfügung stehen (Bund/Länder-Arbeitskreis für steuerliche und wirtschaftliche Fragen des Umweltschutzes, 2003, S. 5). Die vom Umweltrat vorgeschlagenen handelbaren Flächenausweisungsrechte können die Wirtschaftlichkeit von Flächenrecyclingprojekten deutlich verbessern. Daneben sollte das Flächenrecycling jedoch auch durch verbessertes Management und durch Prioritätensetzung insbesondere bei der städtebaulichen Planung gefördert werden (Tz. 210, 216).

9.2.2 Schadstoffeinträge in Böden

9.2.2.1 Einleitung

784. Durch Aufbringung von Abfällen und Düngern, Deposition von Luftschadstoffen, Altlasten, Unfälle mit Gefahrstoffen sowie Leckagen in Leitungen und Kanälen werden Schadstoffe in die Böden eingetragen. Über Bodenerosion und Auswaschung gelangen sie in die Gewässer und in die Meere. Um die Versorgung mit unbelasteten Nahrungsmitteln sowie das Grundwasser als Trinkwasserressource nicht zu gefährden, müssen die Einträge auf ein langfristig verträgliches Maß reduziert werden. Derzeit gibt es nur grobe Abschätzungen darüber, welche Schadstofffrachten über welche Belastungspfade in Deutschland in die Böden eingetragen werden, was die politische Durchsetzbarkeit von Schadstoffminderungsmaßnahmen sehr erschwert. In einem Forschungsvorhaben des Umweltbundesamtes sollen daher, auch regional und nach Bodenarten und Bodennutzung differenziert, die Beiträge verschiedener Schadstoffquellen an den Gesamteinträgen untersucht werden (pers. Mitt. des Umweltbundesamtes am 23. Juni 2003).

785. Das Auf- und Einbringen von Materialien auf oder in Böden (außer Düngemittel) wird von § 12 BBodSchV auf der Basis des Vorsorgeprinzips geregelt. Dies betrifft insbesondere Rekultivierungsmaßnahmen, Landschaftsbaumaßnahmen, Maßnahmen im Rahmen der Altlastensanierung oder der Sanierung von schädlichen Bodenverunreinigungen und ist auf die durchwurzelbare Bodenschicht beschränkt. Mittlerweile wurden die Anforderungen von § 12 BBodSchV durch eine Vollzugshilfe der Länder konkretisiert (SEIFFERT et al., 2003). Praxiserfahrungen mit dieser Arbeitshilfe stehen noch aus. Parallel dazu ergibt sich aus der Verabschiedung des BBodSchG und der BBodSchV die Notwendigkeit, die Technischen Regeln der Länderarbeitsgemeinschaft Abfall (LAGA) zur stofflichen Verwertung von mineralischen Abfällen zu überarbeiten (BACHMANN und THOENES, 2000, S. 97). Entsprechende Arbeiten sind angelaufen, und ein Konzept zur Berücksichtigung des vorsorgenden Bodenschutzes wurde erarbeitet. Eine Überarbeitung der einzelnen Technischen Regeln für bestimmte Abfälle muss noch folgen (BERTRAM et al., 2003). Damit werden wesentliche Grundlagen für die Harmonisierung weiterer relevanter Regelungen geschaffen, die Schadstoffeinträge in Böden betreffen.

9.2.2.2 Vorsorge-, Prüf- und Maßnahmenwerte in der Bundes-Bodenschutz- und Altlastenverordnung

Vorsorgewerte

786. Die Bundes-Bodenschutz- und Altlastenverordnung von 1999 enthält Vorsorgewerte für sieben Schwermetalle sowie für polychlorierte Biphenyle (PCB), Benzo(a)pyren und polyzyklische aromatische Kohlenwasserstoffe (PAK). Es besteht Bedarf, für weitere relevante Schadstoffe Vorsorgewerte zu erarbeiten und sie in die Verordnung aufzunehmen. Allerdings fehlen teilweise dafür noch Datengrundlagen (BACHMANN und THOENES, 2000, S. 60).

Definition von Vorsorge-, Prüf- und Maßnahmenwerten nach BBodSchG § 8	
Vorsorgewerte:	Bodenwerte, bei deren Überschreiten unter Berücksichtigung von geogenen oder großflächig siedlungsbedingten Schadstoffgehalten in der Regel davon auszugehen ist, dass die Besorgnis einer schädlichen Bodenveränderung besteht.
Prüfwerte:	Werte, bei deren Überschreiten unter Berücksichtigung der Bodennutzung eine einzelfallbezogene Prüfung durchzuführen und festzustellen ist, ob eine schädliche Bodenveränderung oder Altlast vorliegt.
Maßnahmenwerte:	Werte für Einwirkungen oder Belastungen, bei deren Überschreiten unter Berücksichtigung der jeweiligen Bodennutzung in der Regel von einer schädlichen Bodenveränderung oder Altlast auszugehen ist und Maßnahmen erforderlich sind.

Ableitung weiterer Prüf- und Maßnahmenwerte für den Pfad Boden-Mensch

787. Auf der Grundlage von § 8 Abs.1 BBodSchG hat die Bundesregierung im Anhang 2 der Bundes-Bodenschutz- und Altlastenverordnung gefahrenbezogene Prüfwerte und Maßnahmenwerte für eine Reihe toxikologisch relevanter Substanzen festgelegt, die der Beurteilung dienen, ob eine schädliche Bodenveränderung oder Altlast vorliegt oder nicht. Soweit in dieser Verordnung für andere zu beurteilende Substanzen keine derartigen Werte festgelegt worden sind, sind zur einzelfallbezogenen Ableitung von Prüf- und Maßnahmenwerten Maßstäbe heranzuziehen, die im Bundesanzeiger veröffentlicht wurden. Nach diesen Maßstäben wurden inzwischen für weitere 34 Substanzen Prüfwerte für den Pfad Boden-Mensch abgeleitet (BACHMANN et al., 2003, Teil 4). Weitere Prüfwerte sind in Vorbereitung, darunter für eine Reihe von Substanzen, die besonders für Rüstungsaltlasten relevant sind. Diese Prüfwerte sollten bei der nächsten Novellierung in die Verordnung aufgenommen werden.

Für den Wirkungspfad Boden-Mensch (direkter Kontakt) sind neben gefahrenbezogenen Prüfwerten für eine Reihe von Metallen und organischen Verbindungen lediglich nur für eine Substanzgruppe (Dioxine/Furane) Maßnahmenwerte festgelegt worden. Auf die Etablierung weiterer Maßnahmenwerte wurde unter der Maßgabe, bei weiteren Ableitungen die orale Bioverfügbarkeit von Substanzen zu berücksichtigen, bisher verzichtet (unter Bioverfügbarkeit ist in diesem Fall die Menge an Schadstoffen zu verstehen, die aus den Böden über die Luft oder die Nahrung tatsächlich vom Organismus resorbiert wird).

788. Zur experimentellen Untersuchung dieser Fragestellung und als potenzielle Grundlage für die Ableitung weiterer Maßnahmenwerte wurde im Auftrag des Umweltbundesamtes eine Studie durchgeführt, bei der insgesamt sieben Böden mit relativ hohen Schadstoffgehalten an junge Göttinger Minischweine verfüttert wurden (HACK et al., 2002). Die tierexperimentellen Daten zeigen eine nur sehr geringe Bioverfügbarkeit von Schwermetallen aus den untersuchten Böden (Basis: Bilanzierung von Zufuhr und Ausscheidung). Für Arsen konnte dagegen eine Bioverfügbarkeit von 20 % nachgewiesen werden. Auch die PAK scheinen aus Böden relativ stark systemisch inkorporiert zu werden. Da aber nach Ansicht der Autoren grundlegende Aspekte sowohl zur Bioverfügbarkeit von Schadstoffen aus Böden als auch nach Schadstoffgabe über Lösungen noch nicht genügend erforscht sind, können die bisher vorliegenden Erkenntnisse nicht für eine Ableitung von Maßnahmenwerten zugrunde gelegt werden.

Ansätze zur Festlegung von weiteren Maßnahmenwerten unter Zugrundelegung der Kriterien zur Bioverfügbarkeit sind deshalb zunächst gescheitert. Da jedoch auch bei der Festlegung der gefahrenbezogenen Prüfwerte derartige Kriterien nicht berücksichtigt wurden beziehungsweise werden konnten, sondern auf „herkömmliche" Ableitungsverfahren zurückgegriffen wurde, stellt sich jetzt die Frage, ob nicht auch für Maßnahmenwerte diese „herkömmlichen" Ableitungskriterien angewandt werden sollten. Umgekehrt hätten bei dem Vorliegen von akzeptablen Kriterien zur Einschätzung der Bioverfügbarkeit auch die in der Verordnung festgelegten Prüfwerte nach diesen Kriterien hin überprüft werden und eventuell neu bestimmt werden müssen. Das jetzige Vorgehen, eine einzelfallbezogene Ableitung von Maßnahmenwerten anhand der im Bundesanzeiger publizierten Maßstäbe vorzunehmen, bedeutet einen unverhältnismäßig hohen Aufwand und führt zur Festlegung von sehr unterschiedlichen (Einzel-)Maßnahmenwerten, die sowohl in der Fachöffentlichkeit als auch in der Bevölkerung wegen dieser unterschiedlichen Maßstäbe immer wieder infrage gestellt werden.

Aus Gründen der Beurteilungssicherheit und der allgemeinen Akzeptanz sollten daher mit herkömmlichen Ableitungsverfahren Maßnahmenwerte zumindest für die Substanzen festgelegt werden, für die bereits Prüfwerte existieren. Darüber hinaus sollten für weitere toxikologisch relevante, in Altlasten vorkommende Substanzen für den Wirkungspfad Boden-Mensch entsprechende Prüf- und Maßnahmenwerte herkömmlich abgeleitet und in der BBodSchV festgeschrieben werden. Die immer wieder diskutierten biologischen Testverfahren sollten im Hinblick auf das Schutzgut menschliche Gesundheit – wegen der schwierigen oder nicht gegebenen Übertragbarkeit – nicht zum Einsatz kommen. Sie sind aber für die Bewertung von saniertem Bodenmaterial durchaus als sinnvoll einzustufen.

Prüfwerte zum Schutz der Bodenorganismen

789. Die Bundes-Bodenschutz- und Altlastenverordnung enthält Prüf- und Maßnahmenwerte für die Belastungspfade Boden-Mensch, Boden-Pflanze und Boden-Grundwasser, bisher jedoch nicht für den Schutz der Bodenorganismen, obwohl der Erhalt des Bodens als

Lebensgrundlage auch für Bodenorganismen im Bundes-Bodenschutzgesetz ausdrücklich als Schutzziel genannt ist. Ziel muss es daher sein, die Biodiversität der Bodenorganismen zu erhalten und damit auch die Leistung der Bodenorganismen für die Stoffkreisläufe der Natur besser zu berücksichtigen. Der Fachausschuss „Biologische Bewertung von Böden" des Bundesverbandes Boden hat ein Konzept für die Berücksichtigung der Wirkungen von Schadstoffen auf Bodenorganismen vorgelegt (BVB, 2001) und es wurden Prüfwerte für Cadmium und Benzo(a)pyren abgeleitet. Inzwischen wurde dieses Konzept validiert und weitere Prüfwerte abgeleitet (WILKE et al., 2003). In Tabelle 9-1 sind die vorgeschlagenen Prüfwerte aufgeführt.

Tabelle 9-1

Gegenüberstellung der vorgeschlagenen Prüfwerte zum Schutz der Bodenorganismen und anderer Bodenwerte in mg/kg Trockensubstanz

	Cadmium	Benzo(a)-pyren	Zink	Quecksilber	Blei	Kupfer	HCH
Prüfwertvorschlag für den Pfad Boden-Bodenorganismen des FA Biologische Bewertung von Böden (BVB, 2001)	5	0,3** bei OM*<8 % 1** bei OM*>8 %					
Prüfwertvorschlag für den Pfad Boden-Bodenorganismen nach WILKE et al., (2003)					250** für alle Böden		0,01** für alle Böden (Σ HCH)
– Sand			60	0,5		20	
– Lehm/Schluff			150	0,5		40	
– Ton			200	1		60	
Vorsorgewert nach BBodSchV		0,3** bei OM*<8 % 1** bei OM*> 8 %				–	–
– Sand	0,4		60	0,1	40		
– Lehm/Schluff	1		150	0,5	70		
– Ton	1,5		200	1	100		
Prüfwert Boden-Mensch nach BBodSchV	10–60	2–12	–	10–80	200–2 000	–	5–400
Prüfwert Ackerbau nach BBodSchV	–	1	–	5	0,1	–	–
Maßnahmenwert Ackerbau nach BBodSchV	0,04/0,1	–	–	–	–	–	–
Prüfwert Ackerbau im Hinblick auf Wachstumsbeeinträchtigungen bei Kulturpflanzen nach BBodSchV	–	–	2	–	–	1	–
Maßnahmenwert Boden – Nutzpflanze auf Grünland nach BBodSchV	20	–	–	2	1 200	1 300	–
SRU/UG 2004/Tab. 9-1; Datenquellen: BVB, 2001; WILKE et al., 2003; BBodSchV, 1999							

* OM = Humusgehalt.
** = keine Unterscheidung zwischen Bodenarten Sand, Lehm/Schluff, Ton.

Die Prüfwertvorschläge für Benzo(a)pyren (BaP), Zink und Quecksilber (Bodenart Lehm/Schluff und Ton) entsprechen den Vorsorgewerten der BBodSchV. Die vorgeschlagenen Bodenorganismen-Prüfwerte liegen alle, teilweise deutlich, unter den geltenden Prüfwerten für den Wirkungspfad Boden-Mensch. Die Prüf- und Maßnahmenwerte für Ackerbau dagegen sind mit den vorgeschlagenen Bodenorganismen-Prüfwerten nicht direkt vergleichbar, da sie sich nur auf die pflanzenverfügbaren Schwermetalle beziehen, während bei den übrigen Prüfwerten, den Bodenorganismen-Prüfwertvorschlägen und den Vorsorgewerten der Gesamtgehalt der Schwermetalle im Boden zugrunde gelegt wird. Der Prüfwert für BaP könnte zu erheblichem Handlungsbedarf in städtischen Gebieten führen, da dort häufig eine hohe BaP-Belastung vorhanden ist. Die Prüfwertvorschläge für Kupfer und Zink liegen in der gleichen Größenordnung wie zahlreiche Hintergrundwerte in Acker- und Waldböden. Da Kupfer und Zink zudem essenzielle Spurennährstoffe für die Pflanzenernährung darstellen, müssen diese Prüfwerte noch einmal gesondert diskutiert werden. Die Einführung der vorgeschlagenen Prüfwerte zum Schutz der Bodenorganismen in der Verordnung, die teilweise deutlich niedriger liegen als die bisher verankerten Prüfwerte für andere Pfade, könnte deutliche Auswirkungen beispielsweise auf die Genehmigung von Anlagen nach TA Luft nach sich ziehen, da die neue TA Luft vom 24. Juli 2002 bei Überschreitung der Prüf- und Maßnahmenwerte durch Luftverunreinigungen eine gesonderte Prüfung und gegebenenfalls zusätzliche Maßnahmen verlangt (Nr. 4.5 und 4.8).

Mit den vorliegenden Prüfwertvorschlägen wurde die Grundlage geschaffen, um die Lücke hinsichtlich des Schutzes der Lebensraumfunktion des Bodens zumindest teilweise zu füllen. Entsprechende Prüfwerte sollten daher nach Auffassung des Umweltrates in die Verordnung aufgenommen werden.

790. Generell ist bei der Einführung neuer Prüfwerte oder bei Absenkung von Prüfwerten aufgrund neuer toxikologischer Erkenntnisse dringend die Frage zu klären, ob sanierte Altlasten, bei denen die bisher gültigen Prüfwerte beziehungsweise die im Einzelfall ermittelten Werte unterschritten werden, die neuen Prüfwerte jedoch überschritten sind, erneut als Altlastenverdachtsflächen einzustufen sind und somit einer erneuten Überprüfung und gegebenenfalls Nachsanierung bedürfen.

9.2.2.3 Reduzierung von Einträgen über die Luft

791. Über den Luftpfad werden versauernd und eutrophierend wirkende Schadstoffe (NO_x, SO_x, NH_3), Schwermetalle und organische Schadstoffe in die Böden eingetragen. So waren auch im Jahr 2000 die kritischen Belastungswerte (*critical loads*) für versauernde Stoffe noch auf etwa 90 % der deutschen Waldböden und für Eutrophierung auf fast der gesamten Fläche der deutschen Waldökosysteme überschritten (SCHÄRER, 2000, S. 34). Der Umweltrat hat sich in seinem Umweltgutachten 2000 (SRU, 2000, Tz. 552) dafür ausgesprochen, versauerungs- und eutrophierungsspezifische Regelungen in die Bundes-Bodenschutz- und Altlastenverordnung aufzunehmen und diese auch im Immissionsschutzrecht umzusetzen.

Auffällig ist, dass mittlerweile die Ammoniakemissionen aus der Intensivtierhaltung für etwa zwei Drittel der Stickstoffdepositionen und etwa ein Drittel der Säuredepositionen verantwortlich sind (BMU, 2001, S. 725) (zu Maßnahmen s. Tz. 319 ff.). Fortschritte bei der Reduktion versauernder und eutrophierender Schadstoffe sind unter anderem durch die Umsetzung von Maßnahmen zum Klimaschutz, durch die Verschärfung der emissionsbegrenzenden Anforderungen der neuen TA Luft vom 24. Juli 2002 und durch die Verschärfung der Abgasgrenzwerte für Kraftfahrzeuge und verbesserte Kraftstoffqualitäten zu erwarten. Mithilfe dieser Maßnahmen sollen auch die von der NEC-Richtlinie für Deutschland vorgegebenen Emissionshöchstmengen erreicht und insgesamt die Gesamtbelastung der Böden verringert werden. Jedoch garantiert die Reduzierung auf die für die gesamte Fläche der Bundesrepublik geltenden Emissionshöchstmengen noch nicht die Unterschreitung der *critical loads* auf einzelnen, unterschiedlich sensiblen Flächen (Tz. 608), sondern stellt einen ersten Schritt dar, die Flächen mit Überschreitungen auf etwa die Hälfte zu vermindern. Weder die Bundes-Bodenschutz- und Altlastenverordnung noch die TA Luft enthalten Immissionswerte für die Deposition versauernder und eutrophierender Stoffe oder Werte für zulässige Zusatzbelastungen für diese Schadstoffe. Damit ist kein ausreichender Schutz für besonders empfindliche Böden und Ökosysteme auf lokaler Ebene gewährleistet. Die Verankerung derartiger Immissionswerte und zulässiger Zusatzbelastungen hätte vor dem Hintergrund der großflächigen Überschreitungen der *critical loads* allerdings zur Folge, dass eine massive Verschärfung der Emissionsanforderungen notwendig wäre. Emissionsseitig ist für NO_x jedoch der Verkehr der Hauptverursacher, für NH_3 die landwirtschaftliche Tierhaltung, sodass die Maßnahmen vor allem dort ansetzen müssten, um zu einer wesentlich weiteren Reduktion zu kommen (Tz. 319, 521, 539 ff, 607).

792. Der bodenbezogene Immissionsschutz ist mit der neuen TA Luft deutlich verbessert worden. Für die Schwermetalle Arsen, Blei, Cadmium, Nickel, Quecksilber und Tellur mit ihren Verbindungen werden dort in Nr. 4.5.1 der Gefahrenabwehr dienende Immissionswerte für Schadstoffdepositionen festgelegt sowie die Prüf- und Maßnahmenwerte nach Anhang 2 der Bundes-Bodenschutz- und Altlastenverordnung als relevante Immissionswerte für Anlagengenehmigungen nach TA Luft verankert. Im Vergleich zu den Immissionswerten für Schadstoffdepositionen der TA Luft von 1986 wurden die Immissionswerte für Cadmium und Blei um 60 % abgesenkt, für Thallium um 80 %, und die Werte für Arsen, Nickel und Quecksilber neu aufgenommen. Diese Werte wurden schutzgutbezogen aus den vorhandenen Prüf- und Maßnahmenwerten der Bundes-Bodenschutz- und Altlastenverordnung abgeleitet (PRINZ und BACHMANN, 1999). Bei Quecksilber wurde zusätzlich auch der Pfad Boden-Bodenorganismen berücksichtigt, der den empfindlichsten Pfad darstellt und für den Depositionswert ausschlaggebend war. Der Herleitungsweg für den Immissionswert für Cadmiumdepositionen (maximale Immissionsrate) wird in der VDI-Richtlinie 3956 Blatt 2 (KRdL, 2002) und für Nickel in der VDI-Richtlinie 2956 Blatt 3 (Entwurf) (KRdL, 2003) näher erläutert. In der VDI-Richtlinienserie 3956 sollen auch für weitere relevante Schadstoffe maximale Immissionswerte für Böden abgeleitet werden. Diese Richtlinien können bei Ermessensentscheidungen über konkrete Anwendungsfälle der Immissionswerte für Schadstoffdepositionen als Maßstab herangezogen werden und bieten damit eine gute wissenschaftliche Grundlage für immissionsschutzrechtliche Entscheidungen hinsichtlich des Bodenschutzes.

Die Neuregelung der Depositionswerte in der TA Luft hat in der Praxis bereits zu Prüfbedarf geführt, und es ist insbesondere zu erwarten, dass dadurch das Bewusstsein für die Relevanz des Bodenschutzes bei Anlagenbetreibern und Genehmigungsbehörden geschärft wird (pers. Mitt. des Ministeriums für Umwelt und Naturschutz, Landwirtschaft und Verbraucherschutz Nordrhein-Westfalen vom 15. Oktober 2003). Zusätzlich sollen nach Nr. 5.2.9 TA Luft vom 24. Juli 2002 bei Überschreitung der Boden-Vorsorgewerte für Blei, Cadmium, Quecksilber und Nickel (nicht für die Vorsorgewerte für Chrom, Kupfer und Zink) und der zulässigen Zusatzbelastungen nach Bundes-Bodenschutz- und Altlastenverordnung Maßnahmen über den Stand der Technik hinaus „angestrebt werden", sofern bestimmte Massenströme überschritten sind. Welche praktische Relevanz diese Anforderung in der Genehmigungspraxis haben wird, bleibt abzuwarten.

9.2.2.4 Novellierung von Düngemittelverordnung, Düngeverordnung, Bioabfallverordnung und Klärschlammverordnung

793. Der Umweltrat hat bereits mehrfach eine umfassende ökologische Orientierung des Düngemittelrechtes unter Berücksichtigung der Belange des Bodenschutzes und mit einheitlichen Bewertungsmaßstäben für alle Düngemittel angemahnt (SRU, 2000, Tz. 553; SRU, 2002a, Tz. 908). Derzeit gibt es mit der Klärschlammverordnung, der Bioabfallverordnung und der Düngemittelverordnung sehr unterschiedliche rechtliche Vorgaben für verschiedene Dünger; so existieren beispielsweise keine Schadstoffgrenzwerte für Wirtschafts- und Mineraldünger. BMU und BMVEL haben unter dem Titel „Gute Qualität und sichere Erträge" ein Konzept zur Begrenzung des Eintrags von Schadstoffen (vorrangig Schwermetalle) bei der Düngung landwirtschaftlicher Nutzflächen vorgelegt (BMU und BMVEL, 2002, Erläuterung des Konzeptes von BANNICK et al., 2002). Ziel ist, den in der Bundes-Bodenschutz- und Altlastenverordnung festgelegten Bodenvorsorgewerten auch bei der Düngung Geltung zu verschaffen, indem die maximal zulässigen Gehalte an Schadstoffen in allen Düngemitteln an den Vorsorgewerten der Verordnung orientiert werden. Dabei wird das Prinzip „Gleiches zu Gleichem" zugrunde gelegt, also die Begrenzung von Schadstoffen in Düngemitteln auf ein Konzentrationsniveau, das dem des Aufbringungsstandortes entspricht. Das Konzept von BMU und BMVEL wurde unter anderem dahin gehend kritisiert, dass es die Mineraldünger nicht einbezieht, Nährstoff-Schadstoff-Verhältnisse nicht berücksichtigt, die im Konzept enthaltene Anhebung der rechnerisch ermittelten Grenzwerte, die mit Messungenauigkeiten begründet werden, nicht nachvollziehbar ist und die vorgeschlagenen Übergangsfristen unpraktikabel sind (MELSA, 2003, S. 29). Die Agrarministerkonferenz (AMK) stellt den Bewertungsansatz „Gleiches zu Gleichem" grundsätzlich infrage (CHRISTIAN-BICKELHAUPT, 2003). Da die Schadstoffeinträge über die Düngung aus Vorsorgegründen reduziert werden sollen, aber keine akute Gefährdung darstellen, hält die AMK zumindest für einen Übergangszeitraum geringe Schadstoffanreicherungen für tolerierbar. Sie fordert einen Ansatz, der unter anderem alle Düngemittel, Bodenhilfsstoffe und Kultursubstrate einbezieht, die Erfordernisse der Pflanzenernährung und der Tierernährung besser berücksichtigt, auch organische Schadstoffe umfasst und den Eintrag von Schadstoffen in den landwirtschaftlichen Betriebskreislauf mindert. Eine derartig umfassende Neukonzeptionierung, wie sie die AMK vorschlägt, würde jedoch einige Zeit beanspruchen und zu einer weiteren Verzögerung einer Neuregelung der Schadstoffeinträge durch Düngemittel führen.

794. Vor dem Hintergrund der fachlichen Kritik an dem Konzept haben UBA und BMU eine Überarbeitung des Konzeptes angekündigt, insbesondere soll eine Vereinfachung bei der Berücksichtigung der Bodenarten vorgenommen werden (BANNICK, 2003), die bisher jedoch noch nicht vorliegt. Die vorgeschlagenen Grenzwerte sind heftig umstritten, da ihre Umsetzung einschneidende Änderungen in allen Verursacherbereichen (Landwirtschaft, Abwasserwirtschaft, Abfallwirtschaft) erfordern. Erschwerend wirkt auch der Umstand, dass nicht hinreichend zuverlässige Daten über die tatsächlichen Schadstoffeinträge über die verschiedenen Belastungspfade vorliegen.

Alternative Konzepte wurden insbesondere vom Verband Deutscher Landwirtschaftlicher Untersuchungs- und Forschungsanstalten (VDLUFA) (SEVERIN et al., 2002) und von den Ländern Nordrhein-Westfalen (KÖNIG, 2003) und Schleswig-Holstein (HAKEMANN und KLEINHANS, 2003) vorgestellt. Das Konzept des VDLUFA zielt darauf ab, die in die Böden über Dünger eingetragenen Schwermetallfrachten auf das Niveau von zwei Drittel der nach Bioabfallverordnung zulässigen Frachten zu begrenzen, alternativ sei auch eine Orientierung an den zulässigen Zusatzbelastungen der Bundes-Bodenschutz- und Altlastenverordnung möglich (die deutlich niedriger liegen). Da die so errechneten Grenzwerte für Kupfer und Zink derzeit nicht eingehalten werden können, schlägt der VDLUFA eine deutliche Anhebung der errechneten Grenzwerte vor und begründet dies damit, dass Kupfer und Zink essenzielle Spurennährstoffe sind. Damit wird allerdings in dem Konzept für Wirtschaftsdünger letztendlich die Beibehaltung der derzeitigen Situation vorgeschlagen.

Das Modell von Nordrhein-Westfalen (KÖNIG, 2003) kombiniert verschiedene Konzepte. Danach werden die Grenzwerte aus dem im Boden verbleibenden Anteil der Schwermetalle nach dem Konzept „Gleiches zu Gleichem" und der Fracht nach dem Eintrags-Austrags-Gleichgewicht errechnet. Ausgehend von der Annahme, dass neben Einträgen aus Düngemitteln auch noch andere Quellen berücksichtigt werden müssen, wird für die Berechnung der Grenzfrachten die Hälfte der zulässigen Zusatzbelastung nach Bundes-Bodenschutz- und Altlastenverordnung zugrunde gelegt, sodass sich deutlich niedrigere Grenzwerte ergeben als nach dem VDLUFA-Konzept. Bei Wirtschaftsdünger und Bioabfallkompost sind die errechneten Grenzwerte vor allem für Kupfer und Zink in der Praxis häufig überschritten. Da der Eintrag dieser Schwermetalle aus anderen Quellen als eher gering eingeschätzt wird, wird in dem Konzept eine Erhöhung der errechneten Grenzwerte um 30 % für vertretbar gehalten. Auch für Mineraldünger lassen sich nach diesem Konzept Grenzwerte ableiten.

795. Die vorliegenden Konzepte beschränken sich im Wesentlichen auf Schwermetalle, entsprechende Grenzwertvorschläge für organische Schadstoffe liegen bisher nicht vor, vor allem weil in der Bundes-Bodenschutz- und Altlastenverordnung erst zwei Vorsorgewerte für diese Stoffe enthalten sind. Die Schadstoffspektren sind in den verschiedenen Düngern sehr unterschiedlich. So enthält Bioabfallkompost neben Schwermetallen ubiquitär vorhandene organische Schadstoffe, Klärschlamm zusätzlich auch abwasserbürtige Industriechemikalien und Humanarzneimittel (Tz. 749 zu Bioabfallkompost, Tz. 761 ff. und Kap. 5.6 zu Klärschlamm). Über Gülle und Mist gelangen neben bestimmten Schwermetallen auch Tierarzneimittel und Desinfektionsmittel in die Böden (Tz. 329 ff)

796. Eine wesentliche Quelle für Cadmiumeinträge in landwirtschaftliche Böden stellen bestimmte phosphathaltige Mineraldünger dar: In einer Risikoabschätzung im Vorfeld zur neuen EU-Regelung des Cadmiumgehaltes von Düngemitteln wurde für Deutschland errechnet, dass Mineraldünger in Deutschland für circa 70 % der Cadmiumeinträge in landwirtschaftliche Nutzflächen verantwortlich sind (BMVEL, 2000). Cadmiumgrenzwerte für Mineraldünger können nur EU-weit geregelt werden. Die Fachabteilung „Chemikalien" in der Generaldirektion Unternehmen der EU-Kommission hat vorgeschlagen, den Cadmiumgehalt von Phosphatdüngern innerhalb von 15 Jahren schrittweise auf 20 mg/kg P_2O_5 zu senken, um weitere Cadmiumanreicherungen in landwirtschaftlichen Böden zu verhindern (EU-Kommission, Chemicals Unit of DG Enterprise, 2003). Dieser Wert ist nur erreichbar durch Verwendung cadmiumarmer Phosphaterze oder eine technische Decadmierung der eingesetzten Rohstoffe. Der Umweltrat begrüßt die Einführung eines Cadmiumgrenzwertes für Phospatdünger, der weitere Cadmiumanreicherungen in Böden und Nahrungspflanzen verhindert und empfiehlt der Bundesregierung, sich in der EU für die Durchsetzung dieser anspruchsvollen Regelung einzusetzen.

Der Umweltrat bekräftigt seine Empfehlung, Schadstoffgrenzwerte für alle Düngemittel nach einheitlichen Bewertungsmaßstäben einzuführen und diese am vorsorgenden Bodenschutz zu orientieren. Eine ausreichende Versorgung der landwirtschaftlich genutzten Böden mit Nährstoffen und Humus muss dabei gewährleistet werden können. Der Umweltrat ist sich darüber bewusst, dass dieses Ziel zum einen erhebliche Anstrengungen zur Schadstoffreduktion und Qualitätsverbesserung bei allen verfügbaren Düngemitteln erfordert und zum anderen gegebenenfalls auch die Einschränkung der Verwendung bestimmter Düngemittel nach sich zieht. Zur Umsetzung dieses Zieles ist daher ein angemessener Übergangszeitraum von etwa fünf bis zehn Jahren erforderlich. Dies ist akzeptabel vor dem Hintergrund, dass es sich hier nicht um Gefahrenabwehr, sondern um die Umsetzung des Vorsorgeprinzips im Bodenschutz handelt.

9.2.3 Altlasten
9.2.3.1 Überblick

797. Der Umweltrat hat sich in zwei Sondergutachten 1990 und 1995 intensiv mit der Altlastenproblematik befasst und das Thema im Umweltgutachten 2000 erneut aufgegriffen (SRU, 1990; 1995; 2000). Dabei sind vor allem die Notwendigkeit der Suche nach geeigneten Finanzierungsmöglichkeiten für die Altlastensanierung betont, der Ausbau des Flächenrecyclings empfohlen und eine aussagefähige Statistik über den Stand der Sanierung mit Flächengrößen, Bewertungsstand, Sanierungsziel, Sanierungsverfahren, Kosten- und Zeitplanung angemahnt worden. Während die Altlasten in der öffentlichen Wahrnehmung längst nicht mehr so präsent sind wie noch in den 1980er- und 1990er-Jahren, spielen sie für Grundstücksgeschäfte weiterhin eine sehr große Rolle (pers. Mitt. der Behörde für Stadtentwicklung und Umwelt der Freien und Hansestadt Hamburg vom 29. Juli 2003).

In der Mitteilung der EU-Kommission „Hin zu einer Europäischen Bodenschutzstrategie" sind die Altlasten eher ein Randthema (EU-Kommission, 2002). Dennoch hat die im Rahmen der weiteren Erarbeitung der EU-Bodenschutzstrategie eingerichtete Arbeitsgruppe *Contamination* unter anderem den umfangreichen Auftrag, einheitliche Kriterien und Grundsätze für die Gefährdungsabschätzung in Abhängigkeit von der Bodennutzung, Grundsätze für die Identifizierung von besten verfügbaren Techniken für Bodensanierungs- und Sicherungsmaßnahmen, die Einschätzung von Finanzierungsmöglichkeiten sowie Grundlagen zur Aufstellung nationaler Strategien für die Altlastenbearbeitung zu erarbeiten.

798. Daneben ergibt sich aber auch aus der EG-Wasserrahmenrichtlinie (2000/60/EG) das Erfordernis zur Erfassung, Bewertung und Sanierung von Altlasten, die zur Gefährdung der Gewässer beitragen. Gemäß der Wasserrahmenrichtlinie müssen bis Ende des Jahres 2004 alle signifikanten diffusen und punktuellen Belastungen im Bereich der Oberflächengewässer (Anhang VII, Abschn. A2) und alle diffusen und punktuellen Belastungen des Grundwassers (Anhang II, Abschn. 2.1) erfasst werden. Für diese Belastungen sind bis 2009 Maßnahmen- und

Bewirtschaftungspläne aufzustellen mit dem Ziel, bis 2015 einen guten Zustand der Gewässer zu erreichen (vgl. Abschn. 5.1.1). Unter den Punktquellen, zu denen auch Unfälle und unsachgemäßer Umgang mit wassergefährdenden Stoffen gehören, haben die Altlasten die größte Relevanz (LAWA, 2003, S. 40). Damit ergibt sich aus der Wasserrahmenrichtlinie die Notwendigkeit, alle Altlasten, die eine Gefährdung der Gewässer darstellen, bis 2015 zu sanieren, sofern nicht die möglichen Fristverlängerungen der Wasserrahmenrichtlinie bis 2027 oder andere Ausnahmebestimmungen genutzt werden.

Die Länderarbeitsgemeinschaft Wasser (LAWA) und die Bund/Länder-Arbeitsgemeinschaft Bodenschutz (LABO) empfehlen zur erstmaligen Bestandsaufnahme, bei der Erhebung der Punktquellen ausschließlich auf bereits vorhandene Daten zurückzugreifen und nur solche Altlasten zu benennen, bei denen tatsächlich eine Freisetzung von Schadstoffen nachgewiesen wurde oder eine solche aufgrund von Hinweisen wahrscheinlich ist (LAWA, 2003, S. 42). Gleichzeitig sollen nur die Punktquellen erfasst werden, die allein oder gemeinsam mit anderen Punktquellen den Zustand des gesamten Grundwasserkörpers gefährden.

Durch die von den beiden Länderarbeitsgemeinschaften empfohlene Vorgehensweise werden die zahlreichen noch nicht untersuchten Verdachtsflächen bei der Bestandsaufnahme gemäß EG-Wasserrahmenrichtlinie nicht in die Betrachtung einbezogen. Eine alleinige Befassung mit den bereits erfassten und bewerteten Altlasten ist nach Ansicht des Umweltrates aber unzureichend. Angesichts der derzeitigen langsamen Fortschritte bei der Altlastenerkundung und -sanierung ist eine kurzfristige Erfassung und Bewertung der zahlreichen Altlastenverdachtsflächen in der Praxis jedoch kaum zu erwarten. Dennoch ergibt sich durch die Wasserrahmenrichtlinie ein zusätzlicher politischer Druck zur verstärkten Sanierung gewässerrelevanter Altlasten. Der Umweltrat empfiehlt daher über die demnächst abzuschließende Bestandsaufnahme hinaus, die Phase der Erarbeitung der Maßnahmen- und Bewirtschaftungspläne dazu zu nutzen, die Altlastenverdachtsflächen auf ihre Relevanz für die Gefährdung der Grundwasserkörper zu prüfen.

Altlastenstatistik

799. Bundesweite statistische Daten über Altlastenverdachtsflächen und Altlasten liegen derzeit nur mit Stand 2000 vor. Danach hatten die Länder im Jahr 2000 insgesamt 362 689 altlastverdächtige Flächen erfasst. Die Anzahl der erfassten altlastverdächtigen Flächen ist zwischen 1998 und 2000 angestiegen, obwohl in einigen Bundesländern eine erhebliche Anzahl an Flächen aus der Altlastenverdachtsstatistik entlassen wurde (Tab. 9-2). Rüstungsaltlasten stellen aufgrund ihres speziellen Schadstoffinventars (Sprengstoffe, chemische und biologische Kampfstoffe, Treib- und Zündmittel, Rückstände aus der Vernichtung von Kampfmitteln etc.) besondere Anforderungen an die Untersuchung und Sanierung. Regional können frühere militärische und Rüstungsstandorte einen wesentlichen Anteil an den Altlastenverdachtsflächen und Altlasten darstellen; so waren beispielsweise in Brandenburg im Jahr 1998 42 % aller Altlastenverdachtsflächen durch militärische Nutzung oder Rüstungsaktivitäten verursacht (MLUR, 1998). Auch wenn dies an dieser Stelle nicht weiter ausgeführt werden kann, möchte der Umweltrat auf das besondere Problem der Rüstungsaltlasten hinweisen.

Tabelle 9-2

Bundesweite Entwicklung der Altlastenverdachtsflächen 1998 bis 2000

Anzahl erfasster ziviler Altlastenverdachtsflächen			
	Altablagerungen	Altstandorte	Flächen gesamt
1998	106 314	197 779	304 093
2000	100 129	259 883	362 689

SRU/UG 2004/Tab. 9-2; Datenquellen: SRU, 2000, S. 246, UBA, 2000

Zur besseren Vergleichbarkeit der Altlastendaten haben sich die Länder mittlerweile darauf verständigt, zukünftig bundesweite statistische Altlastendaten nach der folgenden einheitlichen Klassifizierung zu berichten (LABO, Ständiger Ausschuss Altlasten, 2003):

– Altlastverdächtige Flächen/Altablagerungen/Altstandorte

– Gefährdungsabschätzung abgeschlossen

– Altlasten

– Altlasten in der Sanierung

– Sanierung abgeschlossen

– Altlasten in der Überwachung

Eine aktuelle Statistik nach diesen Merkmalen für alle Bundesländer wird zurzeit erarbeitet. Die bereits jetzt vorliegenden Daten von zwölf Bundesländern sind in Tabelle 9-3 zusammengestellt. Dabei ist zu beachten, dass dies Rohdaten sind, die von der Bund/Länder-Arbeitsgemeinschaft Bodenschutz (LABO) noch weiter aktualisiert und auf Konsistenz geprüft werden. Mit einer Veröffentlichung der vollständigen Statistik, die auch die Daten der hier nicht aufgeführten Bundesländer enthält, durch die LABO ist im Frühjahr 2004 zu rechnen.

Tabelle 9-3
Altlastenverdachtsflächen und Stand der Altlastensanierung in einzelnen Bundesländern (Stand: 2002/2003/2004)

	Baden-Württemberg	Bayern	Bremen	Brandenburg	Hamburg	Hessen
Stand der Daten	12/2002	3/2003	6/2003	12/2002	1/2004	7/2003
Altlastverdächtige Flächen gesamt	11 019	13 930	2 965	21 300	2 317	666
– Altablagerungen	3 253	10 193	55	7 535	420	316
– Altstandorte	7 766	3 737	2 910	13 764	1 933	350
Gefährdungsabschätzung abgeschlossen	5 005	3 042	499	zz. nicht ermittelbar	3 070	582
Altlasten	635	1 449	101	956	236	444
– Altablagerungen		380	12	458		
– Altstandorte		1 069	89	498		
Altlasten in der Sanierung	558	1 427	56	56	54	659
– Altablagerungen		372	4	13		
– Altstandorte		1 055	52	43		
Sanierung abgeschlossen	595	727	307	1 399	347	228
– Altablagerungen		212	14	756		
– Altstandorte		515	293	643		
Altlasten in der Überwachung	51	22	62	159	34	125

	Niedersachsen	Nordrhein-Westfalen	Sachsen-Anhalt	Sachsen	Schleswig-Holstein	Thüringen
Stand der Daten	02/2004	12/2001	11/2003	4/2003	12/2003	11/2003
Altlastverdächtige Flächen gesamt	39 876	41 811	19 943	30 073	18 508	16 650
– Altablagerungen	8 976	18 337	5 985	7 655	2 412	5 556
– Altstandorte	30 900	24 642	13 958	22 418	16 096	11 094
Gefährdungsabschätzung abgeschlossen	965	8 915	1 470	7 828	1 726	1 612
Altlasten	884	1 917	104	1 630	162	458
– Altablagerungen	210		22		21	
– Altstandorte	674		82		141	
Altlasten in der Sanierung	222	laufend: 1 843 abgeschl. 675	44	1 151	86	109

noch Tabelle 9-3

	Niedersachsen	Nordrhein-Westfalen	Sachsen-Anhalt	Sachsen	Schleswig-Holstein	Thüringen
Altablagerung	44		3		13	
– Altstandorte	178		41		73	
Sanierung abgeschlossen	582	2 901	617	2 837	624	489
– Altablagerungen	96				68	
– Altstandorte	486				556	
Altlasten in der Überwachung	80	1 575	4	1 538		9
SRU/UG 2004/Tab. 9-3; Datenquellen: Mitteilungen der Bundesländer					

Anmerkung: Die von den Ländern zur Verfügung gestellten Daten enthalten zahlreiche Erläuterungen (z. B. Hinweise auf Doppelnennungen, Eingrenzung der Aussagekraft der Daten, Hinweise auf Schätzwerte, die auf der Basis des jeweiligen Altlastenkatasters für diese Statistik ermittelt wurden). Diese Erläuterungen können hier nicht im Detail wiedergegeben werden. Für die genaue Interpretation der Daten wird auf die voraussichtlich im Frühjahr 2004 erscheinende Statistik der LABO verwiesen.

Den Altlastenkatastern der Länder liegen verschiedene Erfassungssystematiken zugrunde, sodass sich nicht alle Kataster nach den vereinbarten Kennzahlen eindeutig auswerten lassen, wie an zahlreichen Anmerkungen und Eingrenzungen zu einzelnen Daten zu erkennen ist. Damit werden die bundesweiten statistischen Daten in Zukunft weiterhin zumindest teilweise inkonsistent bleiben (z. B. Erfassung einer großflächigen Altlast als einzelne oder mehrere Altlasten, unterschiedliche Kriterien, wann eine Fläche als altlastverdächtig gilt). Es ist beispielsweise wohl kaum anzunehmen, dass – wie die derzeitigen Daten vorgeben – bei gleichen Erhebungsgrundlagen in Bremen neunmal so viele altlastverdächtige Altstandorte festgestellt würden wie in Hessen. Die vom Umweltrat empfohlene Erhebung von Flächengrößen ist weiterhin nicht in allen Bundesländern üblich, sodass die Zahlen nur sehr beschränkte Aussagekraft über die Flächenrelevanz der Altlasten haben. Angaben darüber, welche Kosten für Untersuchung, Sanierung, aber auch für die Nachsorge (z. B. Überwachung, Funktionskontrolle von Bauwerken, Unterhaltung von Sicherungsbauwerken, s. ITVA, 2002) von Altlasten bisher angefallen sind und schätzungsweise noch anfallen werden, liegen nur sehr vereinzelt vor, sodass eine Einschätzung der zukünftig anfallenden Lasten derzeit kaum möglich ist.

Eine einheitliche Datengrundlage ist aus Sicht des Umweltrates wünschenswert, da die derzeitige Situation es nicht ermöglicht, die Situation und die Fortschritte bei der Altlastensanierung bundesweit transparent darzustellen und die verschiedenen Ansätze der Bundesländer, beispielsweise bei der Förderung zur Finanzierung der Altlastensanierung hinsichtlich ihrer Erfolge, zu vergleichen. Der Umweltrat erkennt jedoch an, dass vor dem Hintergrund knapper finanzieller Ressourcen die tatsächliche Untersuchung und Sanierung der Altlasten gegenüber der Verbesserung der Altlastenstatistik Vorrang hat. Es ist weiterhin zu erwarten, dass im Zuge der geplanten Europäischen Bodenstrategie (Kap. 9.5) auch europaweit Daten zu Altlasten abgefragt werden und dass dafür möglicherweise wiederum andere Kriterien zugrunde gelegt werden, die bei einer zukünftigen Vereinheitlichung der Datengrundlagen mit berücksichtigt werden sollten.

800. Schädliche Bodenveränderungen, die nicht durch stillgelegte, sondern durch noch in Betrieb befindliche Anlagen oder Tätigkeiten hervorgerufen wurden, sind nach Definition des BBodSchG (§ 2 Abs. 5) keine Altlasten und werden daher als besondere Kategorie erfasst. Einige Länder (z. B. Nordrhein-Westfalen, Sachsen-Anhalt) erfassen diese Flächen gleichwohl systematisch und dokumentieren sie beispielsweise in Informationssystemen auf Landesebene, in anderen Ländern (z. B. Bayern, Baden-Württemberg) werden Informationen über diese Flächen anlassbezogen im Bodenschutzkataster erfasst (pers. Mitt. der jeweiligen Länderbehörden).

Auch wenn erfahrungsgemäß nur circa 10 bis 15 % der Altlastenverdachtsflächen nach näherer Untersuchung tatsächlich Altlasten darstellen, so ist aus den Daten über die Verdachtsflächen doch ersichtlich, dass die Umweltgefährdung durch Altlasten noch lange nicht beseitigt ist.

9.2.3.2 Finanzierung der Erkundung von Altlastenverdachtsflächen und der Altlastensanierung

801. Grundsätzlich gilt für die Finanzierung der Altlastensanierung nach dem BBodSchG (§ 4 Abs. 3) das Verursacherprinzip, doch oft ist der Verursacher nicht mehr greifbar oder nicht ausreichend leistungsfähig. Zusätzlich können Eigentümer von Grundstücken, die die Altlast nicht verursacht haben (Zustandsstörer), nach dem Urteil des Bundesverfassungsgerichtes vom 16. Februar 2000 (BVerfG, Beschluss vom 16. Februar 2000 – 1 BVR 242/91 und 1 BVR 315/99) in vielen Fällen nur bis zur Höhe des Verkehrswertes des (sanierten) Grundstückes haftbar gemacht werden.

Die Erkundung und Sanierung der Altlasten kommt angesichts der Anzahl von Altlastenverdachtsflächen weiterhin nur schleppend voran. Ursache ist vor allem die schwierige finanzielle Situation der öffentlichen Haushalte. Die finanzielle Förderung von Erkundung und Sanierung von Altlasten ist in den Bundesländern sehr unterschiedlich geregelt (Übersicht bei SÜßKRAUT et al., 2001). Positiv hervorzuheben ist hier beispielsweise das Modell des Altlastensanierungs- und Altlastenaufbereitungsverbandes Nordrhein-Westfalen (AAV), da hier aufgrund einer Kooperationsvereinbarung mit der Wirtschaft nicht nur öffentliche Mittel, sondern auch private Mittel in nicht unerheblichem Anteil für die Altlastensanierung zur Verfügung gestellt werden und der Verband auch als fachkundiger Berater und Sanierungsträger auftritt (AAV, 2003). Zusammengefaßte Daten über die für die Altlastenerkundung und -sanierung aufgewendeten öffentlichen Mittel und deren zeitliche Entwicklung sind jedoch nicht verfügbar.

Die angespannte Finanzlage der öffentlichen Haushalte führt dazu, dass Altlastenverdachtsflächen häufig nur bei bekannt gewordenen Gefährdungen untersucht und gegebenenfalls gesichert oder saniert werden. Die übrigen Verdachtsflächen werden in der Regel nur dann „angefasst", wenn es ein Interesse an der Nutzung der Fläche gibt. Der Umweltrat hat angeregt (SRU, 2000, Tz. 564), verstärkt Altlasten von privaten Sanierungsgesellschaften sanieren zu lassen und für eine neue Nutzung aufzuwerten. Dies kann sich allerdings nur für Flächen in Gebieten mit hohen Grundstückspreisen finanziell selbst tragen. Insbesondere in den neuen Bundesländern, die von einem starken Bevölkerungsrückgang (6 % zwischen 1991 und 2000, KÖPPL, 2003) und geringem wirtschaftlichen Wachstum geprägt sind, sind solche Projekte ohne zusätzliche Förderung wohl kaum rentabel (FERBER, 2003, S. 71). Der Grundstücksfonds Nordrhein-Westfalen, der im Auftrag des Landes Brachflächen aufkauft, entwickelt, wenn erforderlich saniert und wieder veräußert, zeigt, dass mit entsprechender öffentlicher Förderung Flächen in erheblichem Umfang wieder einer neuen Nutzung zugeführt werden können (MSKS, 1998, S. 10). Stärkere Anreize für das Flächenrecycling beispielsweise durch handelbare Flächenausweisungsrechte, wie vom Umweltrat vorgeschlagen (dazu genauer Kap. 3.5), würden daher auch die Ausräumung von Altlastenverdachten und die Altlastenbearbeitung beschleunigen. Dies gilt insbesondere vor dem Hintergrund der Erkenntnis, dass die Altlastensanierung bei vielen Flächenrecyclingprojekten gegenüber der Baureifmachung und Baugrundverbesserung (z. B. Entfernen alter Einbauten) oft nur eine untergeordnete Rolle bei der Beurteilung ihrer Wirtschaftlichkeit spielt (SIMSCH et al., 2000). Andererseits sind mit Investitionen auf industriellen Brachflächen gerade im Falle von Altlastenverdachten oder erst im Zuge der Flächenrecyclingprojekte gefundene Altlasten immer noch viele Unwägbarkeiten in Form von zeitlichen, rechtlichen und finanziellen Risiken verbunden.

802. Zügige Fortschritte bei der Sanierung der Altlasten werden letztlich jedoch nur erreicht werden können, wenn neue Finanzierungsquellen für die Altlastensanierung gefunden oder bestehende besser genutzt werden können. Eine wirksame Flächenstrategie, die die Nutzung von Brachflächen gegenüber der Inanspruchnahme von naturnahen Flächen wirtschaftlich attraktiver macht, kann bei einem Teil der Altlasten die Sanierung und Wiedernutzung erleichtern (vgl. Kap. 3.5 Verminderung der Flächeninanspruchnahme). Jedoch löst dies nicht das Problem der Altlasten in wirtschaftsschwachen Räumen mit niedrigen Flächenpreisen.

Im Folgenden sollen verschiedene zusätzliche Finanzierungsmöglichkeiten zur Altlastensanierung aufgeführt werden, wobei der Umweltrat betont, dass nur eine Kombination verschiedener derartiger Möglichkeiten spürbare Verbesserungen erwirken kann.

Finanzierung aus Entsorgungsabgaben

803. Im Hinblick auf fehlende Haushaltsmittel ist wiederholt überlegt worden, die Sanierung kommunaler Altablagerungen durch Entsorgungsabgaben zu finanzieren, die entweder von den Deponiebetreibern auf die Abfalldeponierung oder von den überlassungspflichtigen Abfallerzeugern als Aufschlag auf die Entsorgungsgebühren erhoben werden könnten. Eine solche Abgabenfinanzierung wird beispielsweise in Österreich bereits mit beachtlichem Erfolg praktiziert. So gilt in Österreich seit über zehn Jahren das Altlastensanierungsgesetz, das zur Finanzierung der Altlastensanierung unter anderem gestaffelte Abgaben für die Abfalldeponierung vorsieht. Die Erfahrungen mit diesem Instrument sind überwiegend positiv (KOSSINA und SAMMER, 2000). Im Übrigen werden in den meisten europäischen Ländern Deponieabgaben erhoben, wobei allerdings das Aufkommen nur in Österreich ausschließlich für die Sanierung von Altlasten verwendet wird. Die Stadt Hamburg hat 1996 die Abfallentsorgungsgrundgebühr um monatlich 1,15 DM erhöht, um Mittel für die Deponiesanierung und -nachsorge zu erhalten. Inzwischen konnten die kommunalen Altablagerungen weit gehend saniert werden (pers. Mitt. Stadtreinigung Hamburg am 9. September 2003).

Wenngleich der Erfolg in der Sache es einerseits nahe legt, den Beispielen der Österreichischen Deponieabgabe oder des Hamburger Gebührenaufschlags zu folgen, sind andererseits verfassungsrechtliche Rechtmäßigkeitszweifel und Risiken einer solchen Finanzierungslösung vorhanden: Schon 1991 wollte die seinerzeitige Bundesregierung eine Abgabenfinanzierung auch in Deutschland einführen. Der Entwurf eines Bundesabfallabgabengesetzes von 1991 schlug eine Deponie- und eine Abfallvermeidungsabgabe vor, deren Aufkommen unter anderem für die Altlastensanierung zweckgebunden werden sollte. Über den Entwurf ist eine breite verfassungsrechtliche Debatte entbrannt, in deren Folge das Vorhaben als verfassungsrechtlich nicht realisierbar zurückgezogen wurde. Hauptgrund war der Zweifel, dass den Abfallerzeugern oder Deponiebetreibern die vom Bundesverfassungsgericht zur verfassungsrechtlichen Rechtfertigung der Abgabenbelastung vorausgesetzte „besondere Gruppenverantwortung" für die Sanierung der Altlasten zugesprochen werden kann. Dies ist vor allem deshalb zweifelhaft, weil die Abgabenschuldner die Altlasten, deren Sanierung finanziert werden sollen, selbst nicht verursacht haben und eine Finanzierungsverantwortung auch nicht über die möglichen Spätfolgen der – abgabenbelasteten – Ablagerungen hergestellt werden kann. Denn dafür sind nach geltendem Recht ohnehin Rekultivierungsrückstellungen zu bilden, die auch bereits in die Entsorgungsgebühren mit einfließen. Von daher bleibt in Deutschland die Finanzierung der Altlastensanierung über Deponieabgaben oder über unmittelbare Gebührenzuschläge zur Entsorgungsgebühr rechtlich problematisch (dazu ARNDT, 1992).

Flächenverbrauchsabgabe

804. Verfassungsrechtlich weniger zweifelhaft erscheint der Ansatz einer Flächenverbrauchsabgabe, wie sie etwa die Arbeitsgruppe „Fiskalischer Bodenschutz" des Altlastenforums Baden-Württemberg vorgeschlagen hat. Nach dem Vorschlag der Arbeitsgruppe soll aus einer Flächenverbrauchsabgabe ein Sanierungsfonds gespeist werden. Dieser Fonds solle das Restrisiko bei der Sanierung von Altlasten tragen, sodass die Kosten für den Kauf und die Wiedernutzung eines belasteten Grundstücks besser kalkulierbar seien (BARCZEWSKI et al., 2003). Zur Reduzierung der Neuversiegelung hat der Umweltrat unter anderem eine Neuversiegelungsabgabe vorgeschlagen, deren Aufkommen zweckgebunden für die ökologisch orientierte Erweiterung des kommunalen Finanzausgleichs verwendet werden sollte (SRU, 2002b, Tz. 183). Diese Zweckbindung könnte dahin gehend erweitert werden, dass ein Teil des Aufkommens für die Förderung der Sanierung und Wiedernutzung altlastenbehafteter Flächen verwendet wird.

Nutzung der naturschutzrechtlichen Eingriffsregelung

805. Im Rahmen der naturschutzrechtlichen Eingriffsregelung nach dem Bundesnaturschutzgesetz kann der Verursacher eines Eingriffs in Natur und Landschaft zu Ausgleichs- oder Ersatzmaßnahmen verpflichtet werden. Prinzipiell könnten dafür als Ersatzflächen auch mit (kleineren) Altlasten belastete Flächen genutzt werden. Die Bodenfunktionen stellen jedoch im Rahmen der naturschutzrechtlichen Eingriffsregelung nur eine Funktion des Naturhaushaltes unter mehreren dar. So müssen die anderen, durch den Eingriff beeinträchtigten Funktionen ebenfalls durch funktionsbezogene Maßnahmen kompensiert werden. Die Sanierung einer Altlast als alleinige Kompensationsmaßnahme kann daher in der Regel nicht als ausreichende Kompensation angesehen werden. Um einer missbräuchlichen Nutzung dieses Instrumentes vorzubeugen, sollte die Sanierung von Altlasten im Rahmen der naturschutzrechtlichen Eingriffsregelung daher ausschließlich auf die Kompensation von Bodenversiegelungen beschränkt werden. Die Kompensation von Eingriffen in die anderen Funktionen, wie beispielsweise die Lebensraumfunktion oder das Landschaftsbild, ist parallel dazu erforderlich. Zudem setzen die mit Altlasten verbundenen mitunter sehr hohen Sanierungskosten der Nutzung von Kompensationsmaßnahmen als Sanierungsinstrument der Eingriffsregelung enge Grenzen. Darüber hinaus schließen einige Länder (z. B. Mecklenburg-Vorpommern, Brandenburg) die Sanierung von Altlasten als Ausgleichs- oder Ersatzmaßnahmen grundsätzlich mit der Begründung aus, dass diese mit Mitteln außerhalb der Eingriffsregelung umgesetzt werden sollten (MLUR, 2003, S. 25 und 41, LUNG, 1999, S. 108).

Nutzung städtebaulicher Förderprogramme

806. Eine Reihe von Förderprogrammen der Europäischen Union und des Bundes können für die Finanzierung der Altlastensanierung genutzt werden. Dazu zählen unter anderem die EU-Gemeinschaftsinitiative zur wirtschaftlichen und sozialen Wiederbelebung von städtischen Gebieten („URBAN II"), das Bundesprogramm „Gemeinschaftsaufgabe Verbesserung der regionalen Wirtschaftsstruktur" und die Städtebauförderung des Bundes (s. z. B. BMVBW, 2003, Artikel 1). Allen diesen Programmen ist gemeinsam, dass das Flächenrecycling und die damit möglicherweise verbundene Altlastensanierung nur ein Förderziel unter mehreren ist und sie zugleich in der Regel eine erhebliche Kofinanzierung durch die Länder und Gemeinden erfordern. Auch diese Förderprogramme können daher nur punktuell Abhilfe schaffen.

Steuerliche Abzugsfähigkeit von Sanierungskosten

807. BARCZEWSKI et al. (2003) schlagen vor, die Sanierung von Altlasten durch steuerliche Abschreibungsmöglichkeiten von Sanierungskosten wirtschaftlich attraktiver zu machen. Dieser Weg wurde beispielsweise in den USA mit der *Brownfields Tax Incentive* von 1997 begangen. Umweltsanierungskosten für Grundstücke im Entstehungsjahr sind danach in den USA steuerlich voll abzugsfähig, die Abzugsfähigkeit ist an bestimmte Grundbedingungen wie beispielsweise die tatsächliche oder vermutete Schadstoffkontamination geknüpft. Die Abschreibungsmöglichkeit wurde bis Ende 2003 befristet. Die US-amerikanische Regierung schätzt, dass damit bei Steuerausfällen von jährlich circa 300 Mio. Dollar insgesamt private Investitionen von 3,4 Mrd. Dollar ausgelöst und rund 8 000 Altlasten zusätzlich saniert werden. Inwieweit dieses Instrument mit dem deutschen Steuersystem vereinbar ist, bleibt noch zu prüfen.

9.2.3.3 Neue Aspekte bei der Sanierung

808. Derzeit werden kontaminierte Böden aus Altlastensanierungen nur zu etwa 30 % in Bodenreinigungsanlagen behandelt, der Rest wird unbehandelt auf Deponien abgelagert (HENKE, 2002, Zahl für 2001). Aufgrund der verschärften Anforderungen der Deponieverordnung werden in den kommenden Jahren rund 400 Siedlungsabfall- und Industrieabfalldeponien, die nicht dem Stand der Technik entsprechen, stillgelegt werden müssen. Bei der Stilllegung sind erhebliche Mengen an mineralischem Material zur Profilierung und Oberflächenabdichtung erforderlich (SPITZ, 2003, S. 111). Daher ist davon auszugehen, dass in den nächsten Jahren weiterhin große Mengen an kontaminierten Böden nicht in Bodenbehandlungsanlagen behandelt, sondern auf diesen Deponien abgelagert werden, bei denen aufgrund der unzureichenden

technischen Ausstattung eine Gefahr der Freisetzung von Schadstoffen in die Umwelt besteht. Der Umweltrat hatte bereits darauf hingewiesen, dass dies das Altlastenproblem eher in die Zukunft verschiebt als löst (SRU, 2000, Tz. 564).

Angesichts begrenzter finanzieller Mittel für die Altlastensanierung wird zunehmend intensiver nach kostengünstigeren Sanierungsmethoden gesucht. Dabei stehen insbesondere Insitu-Sanierungsmaßnahmen und Ansätze, die die natürlichen Selbstreinigungsprozesse der Böden nutzen, im Mittelpunkt. Dabei ist zwischen *Natural Attenuation* (Natürliche Selbstreinigung) als Prozess, der in nicht sanierten Altlasten unter bestimmten Umständen ohne weiteres Zutun des Menschen stattfindet, *Monitored Natural Attenuation* (MNA, überwachte natürliche Selbstreinigung) und *Enhanced Natural Attenuation* (ENA, unterstützte natürliche Selbstreinigung) zu unterscheiden (WERNER, 2003, S. 130). Allenfalls MNA und ENA könnten aus Sicht des Umweltrates in Deutschland als Sicherungs- oder Sanierungsverfahren anerkannt werden, da *Natural Attenuation* ohne Überwachung keinerlei Kontrolle über mögliche Abbau-, Umbau-, Sorptions-, Verdünnungs- oder Verlagerungsprozesse gewährleistet.

Insbesondere bei sehr großflächigen und gravierenden Bodenkontaminationen, den so genannten *Megasites*, wird mit der Nutzung natürlicher Selbstreinigungsprozesse die Erwartung verbunden, eine Sicherung oder Sanierung überhaupt erst finanzierbar zu machen (EU-Kommission, 2003). Durch die derzeitige Praxis, Altlastenverdachtsflächen nur bei akuter Gefahr oder bei Interesse an der Nutzung der Fläche zu untersuchen, verlässt man sich faktisch ohnehin in größerem Maßstab auf natürliche Selbstreinigungsprozesse, ohne dass diese überwacht werden. Für einige Schadstoffe (leicht lösliche, gut abbaubare Stoffe wie Benzin oder BTEX-Aromaten, kurzkettige aliphatische Kohlenwasserstoffe, Phenole, niedermolekulare polyzyklische Kohlenwasserstoffe) konnte eine natürliche Selbstreinigung nachgewiesen werden, insgesamt sind jedoch noch viele Fragen ungeklärt (WERNER, 2003, S. 131 ff.). Im BMBF-Förderschwerpunkt *Natural Attenuation* (KORA) werden von 2002 bis 2007 die für den natürlichen Rückhalt und Abbau maßgeblich verantwortlichen Prozesse für verschiedene branchentypische Kontaminationen mit dem Ziel untersucht, fachliche und rechtliche Instrumentarien für eine Bewertung und gezielte Nutzung dieser Prozesse bei der Gefahrenbewertung und Sanierung kontaminierter Böden und Gewässer zu entwickeln (MICHELS et al., 2003). Der Umweltrat hatte im Umweltgutachten 2000 kritisch auf die Gefahr der Verdünnung und Ausweitung von Kontaminationen hingewiesen und Ausschlusskriterien für die Nutzung von NA-Prozessen gefordert (SRU, 2000, Tz. 531). Im Umweltgutachten 2002 hatte er *Natural Attenuation* als alleinige Nachsorgestrategie für ungedichtete Deponien als nicht sachgerecht beurteilt (SRU, 2002a, Tz. 1091). Randbedingungen für die Nutzung von natürlichen Selbstreinigungsprozessen werden derzeit von verschiedenen Ländern definiert (z. B. Hessen, s. RUWWE; 2003, Nordrhein-Westfalen, s. LUA NRW, 2003, S. 114) und in einem länderübergreifenden Gesprächskreis diskutiert. Dies wird voraussichtlich in eine gemeinsame Vollzugshilfe zu den Rahmenbedingungen für natürliche Selbstreinigungsprozesse münden (LUA NRW, 2003, S. 114).

809. Das Monitoring hat für die Beurteilung von NA-Prozessen eine zentrale Bedeutung. In den bisher berichteten Praxisfällen sind nach Angaben von ODENSAß (2002, S. 97) Nachweis, Kontrolle und Monitoring in der Regel unzureichend. Er fordert daher im Rahmen des KORA-Forschungsverbundes die Erarbeitung eines Statusberichtes über praxisreife Untersuchungsmethoden sowie Untersuchungs- und Beurteilungsstrategien. Dabei soll auf die folgenden Stufen eingegangen werden:

– Prüfung anhand von Standortdaten und einiger geeigneter charakteristischer hydrogeochemischer Parameter, ob ein NA-Potenzial vorliegt;

– eingehende Untersuchung und Beurteilung der standortspezifisch vorhandenen NA-Prozesse;

– Modellierung der Prozesse und Erstellen einer Prognose;

– Überwachung der Prozesse auf Einhalten der Prognose.

In den USA wird MNA mittlerweile bei etwa 25 % aller Grundwassersanierungsfälle angewandt. Der Umwelttechnische Ausschuss des Wissenschaftsrates der US-EPA kommt bei einer Auswertung des EPA-Forschungsprogrammes zu MNA jedoch zu der Schlussfolgerung, dass die Wissensbasis zwar für ausschließlich durch BTEX verunreinigte Altlasten inzwischen recht gut, für andere Schadstoffe jedoch noch unzureichend ist. Er stellt fest, dass die bisherige Forschung nicht für die in den USA praktizierte weite Anwendung dieser Methode ausreicht und warnt vor einfachen Bewertungsschemata, da die lokalen Bedingungen sehr spezifisch sind. Kritisiert wird auch, dass in der Praxis MNA unsachgemäß angewandt wurde. Der Umwelttechnische Ausschuss empfiehlt daher dringend weitere Forschungsanstrengungen sowie einheitliche Qualitätsanforderungen an die Dokumentation und externe Kontrolle für MNA-Projekte (EPA, 2001).

810. Der Umweltrat begrüßt die weitere Untersuchung der natürlichen Selbstreinigungsprozesse und empfiehlt enge Kriterien bei der Anwendung. Genauere Kenntnisse über diese Prozesse können helfen, Abbauprozesse von Verdünnungseffekten zu unterscheiden. Letztere sind als Sanierungsstrategie keineswegs akzeptabel. Vor der breiten Anwendung im Vollzug sollten jedoch erst die Forschungsergebnisse des BMBF-Förderschwerpunktes KORA abgewartet werden. Alle Fälle, in denen MNA in der Praxis angewandt wird, sollten nach einheitlichen Kriterien dokumentiert und ausgewertet werden. Die Sanierungsziele müssen bei der Anwendung von MNA eindeutig definiert werden, und bei Nichterreichen müssen andere Maßnahmen ergriffen werden.

9.2.4 Bodenschadverdichtung und Bodenerosion

811. Erosion durch Wind und Wasser mindert zum einen die Bodenfruchtbarkeit, reduziert aber auch das Wasserspeichervermögen, die Filter- und Pufferkapazität der Böden (Onsite-Wirkungen) und damit die Funktion der Böden für den Hochwasser- und Grundwasserschutz. Besonders betroffen sind intensiv ackerbaulich genutzte Lössböden mit Bodenabträgen von 8 bis über 10 Mg pro Hektar und Jahr (MIEHLICH, 2003). Hohe Bodenabträge werden durch unregelmäßige, einzelne Niederschlagsereignisse oder Winderosionsereignisse hervorgerufen, sodass die jährlichen Bodenabträge regional und auch von Jahr zu Jahr sehr unterschiedlich sind.

Hinzu kommen als Offsite-Wirkungen der Bodenerosion der Eintrag von Nähr- und Schadstoffen in Gewässer (BACHMANN und THOENES, 2000). Erosion von Ackerflächen ist beispielsweise für mehr als 60 % der Phosphateinträge in die Gewässer in Deutschland verantwortlich (WERNER, 1999). Hauptursache für Bodenerosion ist die intensive, nicht standortangepasste landwirtschaftliche Nutzung der Böden.

812. Die Bodenschadverdichtung (Bodenverdichtung mit negativen Auswirkungen auf die Bodenfunktionen) beeinträchtigt die Funktionen des Bodens im Wasser- und Stoffhaushalt, die Lebensraumfunktion für Pflanzen, Tiere und Bodenorganismen sowie die landwirtschaftliche Nutzung. Eine zu starke Verdichtung vermindert die Wasseraufnahmekapazität der Böden und kann somit auch zur Verstärkung von Hochwassersituationen beitragen (LAWA, 1995). Wichtigste Ursache für Bodenschadverdichtungen ist eine nicht angepasste landwirtschaftliche Bodenbewirtschaftung mit hohen Radlasten insbesondere bei feuchten Bodenbedingungen. Über das Ausmaß der schädlich verdichteten Böden gibt es derzeit in Deutschland keine belastbaren Daten.

Die nach § 17 BBodSchG geforderte gute fachliche Praxis in der Landwirtschaft erfordert auch die Vermeidung von Bodenabträgen sowie die Vermeidung von Bodenschadverdichtungen durch Berücksichtigung von Bodenart, Bodenfeuchtigkeit und der mechanischen Bodenbelastung, die von den eingesetzten Geräten verursacht wird. Diese Anforderungen wurden mittlerweile durch die Handlungsempfehlungen „Gute fachliche Praxis zur Vorsorge gegen Bodenschadverdichtungen und Bodenerosion" (BMVEL, 2001) konkretisiert und mit regionalen Daten und Erfahrungswerten zu Handreichungen für Beratung und Praxis ausgestaltet (BÖKEN et al., 2002). Nun gilt es, diese Empfehlungen zügig in die Praxis umzusetzen. Ähnlich wie bei der Umsetzung der guten fachlichen Praxis nach dem Bundesnaturschutzgesetz sind auch hier Präzisierungen durch die Landesgesetzgeber erforderlich, die auf den oben genannten allgemeinen bodenschutzfachlichen Empfehlungen basieren sollten. Der Umweltrat hat jedoch mehrfach auf die unbefriedigenden Vollzugsmöglichkeiten zur Durchsetzung der guten fachlichen Praxis hingewiesen (SRU, 1996, 2000, Tz. 487; zuletzt SRU, 2002b). Zur besseren Durchsetzbarkeit hat er unter anderem eine wesentlich stärkere Flankierung der guten fachlichen Praxis durch Beratung und Bußgeldtatbestände empfohlen (SRU, 2002b, Tz. 360).

813. Die bisherige EU-Agrarpolitik mit ihrer überwiegend flächen- und produktionsmengenbezogenen Förderung des Ackerbaus hat eine nicht standortangepasste, die Erfordernisse des Erosionsschutzes und des Schutzes vor Bodenschadverdichtung vernachlässigende Nutzung begünstigt. Auf die Reformbemühungen der EU-Agrarpolitik wird im Abschnitt 4.1.4 näher eingegangen. Die landwirtschaftliche Vorsorge gegen Bodenschadverdichtungen und Bodenerosion könnte auch gefördert werden, indem die Zahlung von Beihilfen im Rahmen von Cross-Compliance-Anwendungen an einen Sachkundenachweis gekoppelt wird, der explizit Kenntnisse auf diesen Gebieten verlangt (Vorschlag aus dem Umweltbundesamt, pers. Mitt. vom 3. Dezember 2003), gegebenenfalls in Kombination mit einer Dokumentation der Erosionsschutzbemühungen des jeweiligen Betriebes. Diese Sachkunde ist derzeit mit der landwirtschaftlichen Berufsausbildung nicht garantiert. Erst nach Ausschöpfung dieser Möglichkeiten sollte von hoheitlichen Maßnahmen Gebrauch gemacht werden.

814. Die Empfehlungen zur guten fachlichen Praxis (BMVEL, 2001) beinhalten unter anderem die Anwendung konservierender Bodenbearbeitungsmethoden mit Mulchsaat möglichst im gesamten Fruchtfolgeverlauf. In Verbindung mit Strohdüngung und Zwischenfruchtanbau erhöht dies die Aggregatstabilität und den Humusgehalt und reduziert sowohl die Bodenerosion als auch die Gefahr einer schädlichen Bodenverdichtung. Messungen in Sachsen haben im Vergleich zur konventionellen Bearbeitung eine Reduzierung des Bodenabtrages um über 50 % auf den konservierend bearbeiteten Flächen und um über 90 % auf konservierend und durch Direktsaat bearbeiteten Flächen ermittelt. Gleichzeitig stieg die Wasserinfiltrationsrate von 49 % auf 71 % beziehungsweise 92 % und der Phosphat-Austrag sank erheblich (SCHMIDT et al., 2001, S. 2). Daneben wird bei der konservierenden Bodenbearbeitung durch die seltenere Befahrung der Ackerflächen auch die Gefahr der Bodenschadverdichtung verringert (BÖKEN et al., 2002, S. 23). Da die konservierende Bodenbearbeitung auch ökonomische Vorteile hat, wird ein deutlicher Anstieg dieser Bearbeitungsmethoden erwartet. Einige Länder wie Nordrhein-Westfalen (MUNLV, 2003) und Sachsen (SCHMIDT et al., 2001) fördern im Rahmen landeseigener Förderprogramme Erosionsschutzmaßnahmen oder die konservierende Bodenbearbeitung. So wird beispielsweise in Sachsen mittlerweile auf etwa 40 % der Ackerfläche konservierende Bodenbearbeitung mit Mulchsaat angewandt, auf 26 % davon mit einer Förderung durch das Land Sachsen (SCHMIDT et al., 2001; pers. Mitt. der Sächsischen Landesanstalt für Landwirtschaft vom 10. Dezember 2003). Eine derartige finanzielle Förderung sollte nach Auffassung des Umweltrates aber lediglich als zeitlich befristete Anschubfinanzierung zur Einführung der konservierenden Bewirtschaftungsmethoden ausgestaltet werden, da diese bereits gute fachliche Praxis sind, die nicht dauerhaft gefördert werden kann. Demgegenüber begünstigen die Steuererleichterungen für in der Landwirtschaft eingesetzte Kraftstoffe die herkömmliche Lockerbodenwirtschaft (Pflügen), da hierfür wesentlich mehr Kraftstoff erforderlich ist als für konservierende Bodenbearbeitungsmethoden (PLOEG und SCHWEIGERT, 2001, S. 451). Allerdings ist die konservierende Bodenbearbeitung mit höheren Anforderungen an den Pflanzenschutz verbunden (Landwirtschaftskammer Hannover, 2003). Bei sorgfältiger Anpassung des gesamten Bewirtschaftungssystems einschließlich der Fruchtfolge und der Sortenwahl muss damit jedoch kein höherer Einsatz von Pflanzenschutzmitteln im Vergleich zu konventionellen Methoden erfolgen. Die Auswirkungen der konservierenden Bodenbearbeitung auf den Einsatz von Pflanzenschutzmitteln sollten näher untersucht werden.

Zur Konkretisierung des § 8 BBodSchV zur Gefahrenabwehr bei Erosion durch Wasser hat der Bundesverband Boden Handlungsempfehlungen veröffentlicht (BVB, 2003). Diese enthalten unter anderem Kriterien, anhand derer im Einzelfall eine schädliche Bodenveränderung durch Wassererosion festgestellt werden kann.

815. Im Umweltgutachten 2000 hatte der Umweltrat bemängelt, dass es keine bundesweite Erfassung beziehungsweise fundierte Abschätzung des Ausmaßes der von Bodenschadverdichtung und Bodenerosion betroffenen Flächen gibt und die Verbesserung der Datengrundlage angemahnt (SRU, 2000, Tz. 551). Einige Daten liegen für die jeweilige *Gefährdung* der Böden durch Erosion und Bodenschadverdichtung vor. Legt man die Wassererosionsgefährdung durch natürliche Standortfaktoren zugrunde, so sind circa 46 % der Böden mittel bis sehr hoch erosionsgefährdet (Institut für Länderkunde, 2003). Auf der Basis dieser potenziellen Gefährdung und der jeweiligen Landnutzung (Agrarstatistik) wurde die nutzungsabhängige Erosionsgefährdung bundesweit flächendeckend mit einer Auflösung von 250 x 250 m berechnet (ERHARD et al., 2002). Dabei konnten aber Einflüsse von Erosionsschutzmaßnahmen nur sehr pauschal berücksichtigt werden, da zu einer genaueren Berücksichtigung Daten auf der Betriebsebene erforderlich wären. Auch die Bundesländer ermitteln Daten über die Erosions- und Verdichtungsgefährdung; so wurde beispielsweise für Nordrhein-Westfalen eine Karte der Erosions- und Verschlämmungsgefährdung (Maßstab 1 : 50 000, Geologischer Dienst Nordrhein-Westfalen, 2000) und ein Auskunftssystem „Mechanische Belastbarkeit der Böden" (Maßstab 1:50 000, Geologischer Dienst Nordrhein-Westfalen, 2003) erstellt. Das Land Nordrhein-Westfalen nutzt diese Daten auch im Rahmen der Bestandsaufnahme zur EG-Wasserrahmenrichtlinie zur Abschätzung von diffusen Einträgen von Schadstoffen in die Gewässer. In anderen Ländern, beispielsweise Mecklenburg-Vorpommern und Brandenburg, gibt es ähnliche Kartierungen im Maßstab 1 : 100 000. So wurde eine potenzielle Gefährdung durch Winderosion für Brandenburg für 79 % der landwirtschaftlichen Flächen ermittelt (MLUR, 2002, S. 31). Diese Daten bilden eine Grundlage für die landwirtschaftliche Beratung, indem sie aufzeigen, in welchen Gebieten besonderer Bedarf für Maßnahmen zur Vorsorge gegen Erosion und Bodenschadverdichtung besteht, sie lassen jedoch keine Aussage über die tatsächliche Erosions- und Verdichtungsgefährdung auf den einzelnen Ackerflächen zu. Es fehlen weiterhin Informationen über die tatsächlich bereits geschädigten Flächen. Entsprechende Daten sollten nach Ansicht des Umweltrates sowohl für die Bodenerosion als auch für die Bodenschadverdichtungen ermittelt werden, um die Basis für gezielte Maßnahmen zu schaffen und Schwerpunkte setzen zu können.

9.3 Archivfunktion von Geotopen

816. Zu den vielfältigen Funktionen des Schutzgutes Boden (§ 2 BbodSchG; BLOSSEY und LEHLE, 1998) wird auch die Archivfunktion gerechnet. Diese Funktion wird in besonderem Maße von Böden und geologischen Erscheinungen (Geotopen) wahrgenommen, die von naturgeschichtlichem, landeskundlichem, kulturhistorischem oder anderem wissenschaftlichen Interesse sind und/oder eine besondere Bedeutung für die Erhaltung der pedo- und geologischen Vielfalt haben (Ad-hoc-AG Geotopschutz, 1996, S. 4-5; MÜLLER et al., 2000, S. 8; LABO, 1998, S. 11 ff.). Neben Böden und Bodengesellschaften können demnach Gesteine (insbesondere Aufschlüsse), geomorphologische Erscheinungen, Mineralien und Fossilien sowie einzelne Naturschöpfungen besonders schutzwürdig im Sinne des Boden- und Naturschutzes sein. Ein Schutzbedarf vor Ort liegt insbesondere dann vor, wenn Deutschland eine besondere Verantwortung für die weltweite Erhaltung eines Geotoptyps hat, oder wenn ein Geotoptyp national selten oder von besonders hoher natur- oder kulturhistorischer Bedeutung ist. Doch auch wenn nur eine lokale oder regionale Bedeutung vorliegt, kann das Verschwinden einzelner Bestände in besonderem Maße zur Reduzierung der natur- und kulturhistorischen Diversität und der wissenschaftlichen Untersuchungs- sowie Anschauungsmöglichkeiten in der Region führen. Beispiele für schutzwürdige Geotoptypen mit besonderer natur- oder kulturhistorischer Bedeutung sind zum Beispiel die fossilen, interglazialen Böden, die als Archive der Erdgeschichte fungieren, und Tschernoseme, die Relikte vergangener Bedingungen für die Bodenbildung sind. Geologische Formationen zeigen die Abfolge der erdgeschichtlichen Entwicklung auf. Eiszeitliche Dünen, Moorböden, Endmoränen, Schlatts, Toteislöcher, Sölle, Erdfälle und bestimmte Oberflächenmorphologien (wie die Terrassen der Urstromtäler) spiegeln die Landschaftsgeschichte wider und Köhlerplätze oder Wölbäcker zeugen von speziellen historischen Nutzungsformen. Eine besondere Informationsfülle bieten Moore (Pollenanalyse ermöglicht die Rekonstruktion der Vegetationsgeschichte), Auenböden (erlauben Aussagen über die Nutzungsgeschichte des Einzugsgebietes) oder subhydrische Böden sowie Lockerbraunerden (Reduktosol) (SABEL, 1999; v. HAAREN, 2004).

817. Die Behandlung von Böden und geologischen Erscheinungen als wertvolle Bestandteile des Naturhaushaltes speist sich aus ähnlichen Motiven wie der Schutz der Tier- und Pflanzenwelt. Dem Geotopschutz liegt das Bedürfnis nach einer vielfältigen Umwelt und der Übergabe eines ungeschmälerten Naturerbes an die nächste Generation zugrunde (SRU, 2002b). Derzeit wird diesem Aspekt des Schutzes der Naturgüter jedoch nur eine relativ geringe öffentliche und planerische Aufmerksamkeit zuteil.

Informationssituation

818. Bisher liegen über die Verbreitung und Verteilung von Geotoptypen weder für Deutschland noch für die Welt ausreichende Informationsgrundlagen vor. Nach einer Empfehlung der *UNESCO Global Geosites Working Group* sollte eine weltweite Erfassung und Bewertung von Geotopen auf der Grundlage des Leitfadens der Ad-hoc-AG Geotopschutz erfolgen (WELLMER, 1997).

Die bedeutsamen geologischen Erscheinungen sind im günstigen Falle in einem *Geotopkataster* der zuständigen Landesämter verzeichnet. Einige Bundesländer stellen mit einer Liste der seltenen Böden oder einer „Roten Liste der Böden" zumindest Informationen bereit, die eine Bewertung der Böden hinsichtlich ihrer Schutzwürdigkeit ermöglichen (vgl. LITZ et al., 1996; BECKER-PLATEN und LÜTTIG, 1980; BOESS et al., 2002). Auf Bundesebene und auch in vielen Bundesländern ist jedoch weder ein Geotopkataster noch eine ausreichende Bewertungsgrundlage vorhanden.

Möglichkeiten des rechtlichen Schutzes

819. Der Geotopschutz ist in Deutschland nicht einheitlich geregelt. Wesentliche Rechtsvorschriften sind im Naturschutzrecht und im Denkmalschutzrecht sowie im Bundes-Bodenschutzgesetz und in einigen Bodenschutzgesetzen der Länder verankert. Das Bundes-Bodenschutzgesetz nimmt zwar die Forderung nach Erhaltung der Funktion des Bodens als Archiv der Natur- und Kulturgeschichte explizit auf (§ 2 Abs. 2 Nr. 2 BBodSchG), instrumentiert dieses Ziel jedoch nicht. Auch auf Länderebene ist das Bodenschutzrecht nur in Einzelfällen so ausgestaltet, dass damit ein Schutz von Geotopen möglich ist (vgl. dazu LOOK, 2000; PUSTAL, 2000). Vorwiegend erfolgt der Geotopschutz deshalb derzeit in den Bundesländern auf der Grundlage der Landesnaturschutzgesetze sowie der Denkmalschutzgesetze. Das Bundesnaturschutzgesetz (§ 2 Abs. 1 Nr. 14 BNatSchG), das die Erhaltung von Bodendenkmälern fordert, kann dahin gehend interpretiert werden, dass Boden nicht nur als wichtige Voraussetzung für viele Landschaftsfunktionen, sondern auch als Bestandteil der natürlichen Vielfalt erhalten werden muss. Erlebbare Geotope (wie Aufschlüsse, Felsformationen oder Wölbäcker) können auch für das Landschaftserleben eine wichtige Rolle spielen. In vielen der älteren Naturschutzgebiete stand der Schutz seltener, natur- und kulturhistorisch bedeutsamer geologischer Phänomene sogar im Vordergrund (Drachenfels, Externsteine, Eifelmaare etc.). Nach allen Landesnaturschutzgesetzen ist der Schutz von erdgeschichtlichen Aufschlüssen, die auch Fossilien enthalten können, sowie von anderen geologischen Naturschöpfungen wie Formen und Quellen möglich. Einige gesetzlich geschützte Biotope und FFH-Lebensraumtypen sind nicht nur aufgrund ihrer Lebensraumfunktion, sondern auch und insbesondere als Geotope besonders schutzwürdig. In der Regel werden schutzwürdige Geotope als Boden- oder Naturdenkmale ausgewiesen, in Ausnahmefällen als geschützte Landschaftsbestandteile oder, bei flächigen Objekten, als Naturschutzgebiete.

Ein vom Biotopschutz gemäß § 30 BNatSchG unabhängiger Pauschalschutz für Geotope existiert, außer im Landesnaturschutzgesetz Mecklenburg-Vorpommerns, bisher nicht. In einzelnen Naturschutzgesetzen der Länder werden bestimmte Einzelschöpfungen der Natur, wie zum Beispiel Dünen, Höhlen und Findlinge, als Schutzobjekt ausdrücklich erwähnt.

820. Insgesamt wird jedoch nicht ausreichend von den verschiedenen Schutzmöglichkeiten Gebrauch gemacht. Der Schutz gut sichtbarer und erlebbarer, überregional bedeutsamer Geotope als Bodendenkmal, Naturdenkmal oder in Naturschutzgebieten ist in den meisten Bundesländern relativ weit fortgeschritten. Defizitär ist jedoch der Schutz weniger gut erlebbarer Geotope namentlich von Böden oder regional beziehungsweise lokal bedeutsamer Geotope. Diese könnten vornehmlich in Landschaftsschutzgebieten oder geschützten Landschaftsbestandteilen oder im Rahmen der Landes-, Regional- und Bauleitplanung geschützt werden. In der Raumplanung können schutzwürdige Geotope in Vorrang- oder Vorsorgegebieten für Natur und Landschaft, Trinkwassergewinnung oder Erholung (LOOK, 2000, S. 28) zusätzlich ausgewiesen werden. Die Darstellung schutzwürdiger Geotope in der Landschaftsplanung ersetzt zwar nicht die häufig notwendige Unterschutzstellung, kann die Geotope aber vor willkürlichen Veränderungen bewahren (LOOK, 2000, S. 28).

9.4 Böden als Senken und Quellen für CO_2

821. Im Zuge der Diskussion um den Klimaschutz gewinnt auch die Funktion der Böden als Senke, Quelle und Speicher von Kohlenstoff an Bedeutung. In Böden ist etwa doppelt soviel Kohlenstoff gespeichert wie in der Atmosphäre und fast dreimal soviel in terrestrischen Pflanzen (WGBU, 2003, S. 57). Die in den Böden gespeicherte Kohlenstoffmenge ist abhängig von der Art der Landnutzung und der Landbewirtschaftung. Landnutzungsänderungen können zur Bindung (z. B. Aufbau stabiler organischer Substanz im Boden) oder Freisetzung (z. B. Grünlandumbruch) von CO_2 führen, wobei die Freisetzung in der Regel ein sehr schneller, die Bindung ein sehr langsamer Prozess ist. Auch die Dauerhaftigkeit der Kohlenstoff-Bindung im Boden durch Bewirtschaftungsänderungen ist noch genauer zu untersuchen (WBGU, 1999, S. 1). Die Überprüfung (Verifizierung) von Veränderungen des im Boden gespeicherten Kohlenstoffes ist grundsätzlich schwierig (IPCC, 2000, S. 184; WBGU, 2003, S. 58).

Im Rahmen des Kioto-Protokolls können die Vertragsstaaten sich bestimmte Nutzungs- oder Bewirtschaftungsänderungen als Senken anrechnen lassen, während die CO_2-Emissionen aus der Landnutzung nur unzureichend erfasst werden.

822. Auf der neunten Vertragsstaatenkonferenz zum Kioto-Protokoll wurden Richtlinien zur Berichterstattung über die Landnutzungsänderungen vereinbart, die beispielsweise auch die Umwandlung von Grünland in Ackerflächen umfassen (UNFCCC, 2003). Dennoch ist das Kioto-Protokoll derzeit nicht in der Lage, den für die Stabilität des globalen Kohlenstoffkreislaufes besonders wichtigen *Erhalt* der terrestrischen Kohlenstoffspeicher zu sichern. Daher empfiehlt der WBGU (2003), diese terrestrischen Speicher mithilfe einer vollständigen Kohlenstoffbilanzierung stärker zu berücksichtigen und neben dem Kioto-Protokoll eine gesonderte zwischenstaatliche Verpflichtung zur Erhaltung der Kohlenstoffvorräte terrestrischer Ökosysteme (einschließlich Böden) zu vereinbaren.

9.5 EU-Bodenschutzstrategie

823. Im April des Jahres 2002 verabschiedete die EU-Kommission die Mitteilung „Hin zu einer spezifischen Bodenschutzstrategie" (EU-Kommission, 2002). Das Thema „Flächennutzung" will die EU-Kommission in einer weiteren Mitteilung zu dem Thema „Planung und Umwelt – die territoriale Dimension" behandeln. Es wurde daher in der Mitteilung zur Bodenschutzstrategie nicht thematisiert.

Wichtige Beiträge zur Verbesserung des Bodenschutzes erwartet die EU-Kommission von der vollständigen Umsetzung bestehender Richtlinien (Wasserrahmenrichtlinie, Nitratrichtlinie, Luftqualitätsrichtlinie, Deponierichtlinie, Richtlinie über die Strategische Umweltprüfung), der geplanten Novellierung bestimmter Richtlinien (z. B. Klärschlammrichtlinie) und der Erarbeitung weiterer verursacherbezogener umweltpolitischer Richtlinien (geplante Richtlinien für Bergbauabfälle und für Bioabfälle, vierte Tochterrichtlinie zur Luftqualitätsrahmenrichtlinie, Strategie für die nachhaltige Verwendung von Pflanzenschutzmitteln und Bioziden). Der mögliche Beitrag der Böden zum Klimaschutz durch die Bindung von CO_2 soll geprüft werden. Daneben werden auch die geplanten EU-Richtlinien über Höchstgehalte in Futtermitteln Auswirkungen auf den Bodenschutz haben.

824. Weiterhin werden Steuerungsmöglichkeiten für einen besseren Bodenschutz durch die gemeinsame Agrarpolitik (vgl. Abschn. 4.1.4) und die Integration von Bodenschutzbelangen in weitere Politikbereiche wie Verkehr, Forschung, Erweiterung, Regional- und Kohäsionspolitik als Ziel genannt. Diese Überlegungen sind jedoch noch sehr vage.

Einen Schwerpunkt legt die Kommission auf den Aufbau eines umfassenden Informations- und Überwachungssystems als Grundlage für zukünftige weitere Maßnahmen. Wenn auch eine bessere Datensituation sinnvoll und notwendig ist, so reichen die vorliegenden Informationen nach Ansicht des Umweltrates bereits jetzt aus, um Ziele und Maßnahmen für eine Europäische Bodenschutzstrategie zu erarbeiten.

825. Auffällig ist, dass die Mitteilung und auch das Mandat der im Rahmen der Erarbeitung der EU-Bodenschutzstrategie eingerichteten Arbeitsgruppe *Contamination* (*Working Group on Contamination*, 2003) keine Überlegungen zur Einführung von bodenbezogenen Umweltqualitätswerten vorsieht, wie sie in Deutschland in der Bundes-Bodenschutz- und Altlastenverordnung verankert sind und wie sie für die Umweltmedien Luft und Wasser über die Luftqualitätsrahmenrichtlinie und die Wasserrahmenrichtlinie festzulegen sind. Auch wenn die Festlegung gemeinschaftlicher Bodenqualitätsziele für verschiedene Schadstoffe aufgrund großer geogener Unterschiede und wissenschaftlicher Unsicherheiten schwieriger ist als für Luft und Wasser, sollten nach Auffassung des Umweltrates Zielwerte angestrebt werden, damit auf diese wiederum von anderen Politiken zurückgegriffen werden kann (z. B. von der IVU-Richtlinie).

826. Hinsichtlich der Kontamination von Böden mit Schadstoffen greift die Beschränkung auf Klärschlamm und Bioabfall aus der Sicht des Umweltrates zu kurz. Die Bundesregierung sollte sich dafür einsetzen, dass auch die Verringerung der Bodenbelastung durch Schadstoffe aus mineralischen Düngemitteln und organischen Wirtschaftsdüngern sowie durch die Aufbringung weiterer Abfälle (z. B. Papierschlämme, mineralische Abfälle, Baggergut) auf Böden in die Bodenschutzstrategie mit einbezogen werden.

9.6 Zusammenfassung und Empfehlungen

Flächeninanspruchnahme

827. Die Funktionen des Bodens werden durch Flächeninanspruchnahme, insbesondere durch Versiegelung der Böden, weit gehend beeinträchtigt oder zerstört. Zur Reduzierung der Flächeninanspruchnahme durch Siedlungen und Verkehr schlägt der Umweltrat die Einführung handelbarer Flächenausweisungsrechte kombiniert mit einer qualitativen Steuerung über die Raumplanung vor (ausführlich Abschn. 3.5.3, Tz. 214 ff.). In diesem Konzept, wie auch in der geplanten Flächenstrategie der Bundesregierung, muss die Qualität der Böden hinsichtlich der verschiedenen Bodenfunktionen berücksichtigt werden. Grundlage dafür sind bereits existierende Bewertungsmethoden, die jedoch noch weiterzuentwickeln und bundesweit zu vereinheitlichen sind. Solche Bewertungsmethoden und -maßstäbe sollten bundesweit in die Durchführungsbestimmungen der Länder für die flächenhafte Gesamtplanung aufgenommen werden.

Schadstoffbelastungen

828. Die Bundes-Bodenschutz- und Altlastenverordnung enthält bisher nur eine sehr begrenzte Anzahl von Vorsorge-, Prüf- und Maßnahmenwerten. Die bereits toxikologisch abgeleiteten weiteren Prüfwerte für den Pfad Boden-Mensch sollten zügig in die Verordnung übernommen werden, dies gilt ebenso für die vorliegenden Prüfwertvorschläge für den Pfad Boden-Bodenorganismen, um der Funktion der Böden als Lebensraum für Bodenorganismen Rechnung zu tragen. Weiterhin sollten die bestehenden Vorsorgewerte um weitere relevante Schadstoffe ergänzt werden.

829. Im Hinblick auf Maßnahmenwerte für den Pfad Boden-Mensch werden trotz entsprechender Forschungsaktivitäten in absehbarer Zeit keine belastbaren Maßstäbe zur Beurteilung der Bioverfügbarkeit vorliegen. Fehlende Maßnahmenwerte führen zu unterschiedlichen Ergebnissen bei der Einzelfallbeurteilung. Daher empfiehlt der Umweltrat, aus Gründen der Beurteilungssicherheit und der allgemeinen Akzeptanz mit herkömmlichen Ableitungsverfahren zumindest Maßnahmenwerte für die Substanzen festzulegen, für die bereits Prüfwerte existieren. Darüber hinaus sollten für weitere toxikologisch relevante, in Altlasten vorkommende Substanzen für den Wirkungspfad Boden-Mensch entsprechende Prüf- und Maßnahmenwerte herkömmlich abgeleitet und in der Bundes-Bodenschutz- und Altlastenverordnung festgeschrieben werden. Die dabei zugrunde gelegten Ableitungsmethoden und -maßstäbe sollten im Bundesanzeiger veröffentlicht werden. Die immer wieder diskutierten biologischen Testverfahren sollten im Hinblick auf das Schutzgut menschliche Gesundheit – wegen der schwierigen oder nicht gegebenen Übertragbarkeit – nicht zum Einsatz kommen, sind aber bezogen auf die Bewertung von saniertem Bodenmaterial durchaus als sinnvoll einzustufen.

830. Da ein relevanter Teil der Schadstoffe über Düngemittel in die landwirtschaftlichen Böden eingetragen wird, ist eine Neuregelung der Düngemitteleinträge dringend erforderlich, um den im Bundes-Bodenschutzgesetz und in der Bundes-Bodenschutz- und Altlastenverordnung festgelegten Grundsätzen und Vorsorgezielen für Böden in der Praxis Geltung zu verschaffen. Eine ausreichende Versorgung der landwirtschaftlich genutzten Böden mit Nährstoffen und Humus muss dabei gewährleistet werden können. Der Umweltrat ist sich bewusst, dass dieses Ziel zum einen erhebliche Anstrengungen zur Schadstoffreduktion und Qualitätsverbesserung bei allen verfügbaren Düngemitteln erfordert und zum anderen gegebenenfalls auch die Einschränkung der Verwendung bestimmter Düngemittel nach sich zieht. Zur Umsetzung dieses Zieles erscheint daher ein angemessener Übergangszeitraum von etwa fünf bis zehn Jahren erforderlich. Dies erscheint akzeptabel vor dem Hintergrund, dass es sich hier nicht um Gefahrenabwehr, sondern um die Umsetzung des Vorsorgegrundsatzes im Bodenschutz handelt.

Zum Schutz auch empfindlicher Böden vor versauernden und eutrophierenden Schadstoffen müssen die Emissionen dieser Stoffe auch über die Zielwerte der NEC-Richtlinie hinaus weiter gesenkt werden. Mittelfristig sollten in der Bundes-Bodenschutz- und Altlastenverordnung entsprechende Immissionswerte aufgenommen werden.

Bodenerosion und Bodenschadverdichtung

831. Bodenerosion und Bodenschadverdichtung vermindern die Bodenfruchtbarkeit, reduzieren das Wasserspeichervermögen und die Filter- und Pufferkapazität der Böden und beeinträchtigen die Lebensraumfunktion der Böden für Pflanzen, Tiere und Bodenorganismen.

Als wichtigste Maßnahme zur Vorsorge gegen Bodenerosion und Bodenschadverdichtung ist die verstärkte Berücksichtigung dieser Aspekte in der landwirtschaftlichen Beratung anzusehen. Darüber hinaus könnten Zahlungen an die Landwirte im Rahmen von Cross-Compliance-Anwendungen an nachgewiesenen Sachverstand zum Bodenschutz gekoppelt werden. Über das Instrument der Beratung sollte erreicht werden, dass die Handlungsempfehlungen „Gute fachliche Praxis zur Vorsorge gegen Bodenschadverdichtungen und Bodenerosion" (BMVEL, 2001) in die Praxis umgesetzt werden. Aufgrund der unbefriedigenden Vollzugsmöglichkeiten zur Durchsetzung der guten fachlichen Praxis sollte jedoch vom Gesetzgeber geprüft werden, inwieweit der zuständigen Behörde auch in § 17 BBodSchG die Möglichkeit zu Anordnungen gegeben werden kann (SRU, 2002b, Tz. 360). Entsprechende Bußgeldregelungen zur Durchsetzung der guten fachlichen Praxis könnten die Durchsetzbarkeit des Erosionsschutzes und der Vermeidung von Bodenschadverdichtungen verbessern. Die konservierende Bodenbearbeitung sollte auf geeigneten Standorten verstärkt angewandt und durch die landwirtschaftliche Beratung unterstützt werden. Dabei besteht jedoch noch Bedarf, die Auswirkungen auf einen möglicherweise erhöhten Pestizideinsatz genauer zu untersuchen. Die technischen Voraussetzungen zur Vorbeugung gegen Bodenschadverdichtung (Einsatz bodenschonender Landbearbeitungsmaschinen) sollten durch eine verstärkte Förderung im Rahmen der Gemeinschaftsaufgabe „Verbesserung der Agrarstruktur und des Küstenschutzes" unterstützt werden.

Der Umweltrat empfiehlt zudem eine bundesweite Erfassung der von Bodenschadverdichtung und Bodenerosion betroffenen und besonders gefährdeten Flächen.

Schutz von Geotopen

832. Natur- und kulturhistorisch wertvolle oder seltene Böden und Bodengesellschaften, Gesteine, geomorphologische Erscheinungen, Mineralien und Fossilien sowie einzelne Naturschöpfungen sind schutzwürdig im Sinne des Boden- und Naturschutzes. Ein rechtlicher Schutz von Geotopen ist zwar aufgrund unterschiedlicher rechtlicher Grundlagen insbesondere nach dem Naturschutzrecht prinzipiell möglich. Die Aufmerksamkeit dem Thema gegenüber hat jedoch im ehrenamtlichen und behördlichen Naturschutz in den vergangenen Jahrzehnten, als der Arten- und Biotopschutz stark in den Vordergrund trat, nachgelassen. Diese wenig wünschenswerte Entwicklung wird gefördert durch eine unzureichende Informationsbasis über den Bestand schutzwürdiger Geotope und eine zum Teil nicht ausreichend explizite Aufforderung zum Geotopschutz zum Beispiel im Bundesnaturschutzgesetz und vielen Ländernaturschutzgesetzen sowie eine mangelnde Ausgestaltung der Bodenschutzgesetze auf Länderebene.

Der Umweltrat empfiehlt deshalb, auf Bundes- und Länderebene ausreichende Informations- und Bewertungsgrundlagen zu schaffen (Liste der seltenen und gefährdeten

Böden, Kataster der bundesweit, landesweit oder regional bedeutsamen Geotope).

833. Ferner sind Verbesserungen in den Naturschutzgesetzen von Bund und vielen Ländern wünschenswert, die den Auftrag zum Geotopschutz expliziter formulieren. Auch die in den Ländern vorhandenen Bodenschutzgesetze sollten in diesem Sinne weiter ausgebaut werden. In der Praxis ist es von erheblicher Bedeutung, dass die Archivfunktion eines Geotops in den Schutzverordnungen explizit als Schutzzweck verankert wird und der Zugang zu dem Geotop sowie die Geotoppflege im Rahmen des Vertretbaren ermöglicht wird.

Darüber hinaus sollte die Information über den Geotopschutz generell verbessert werden. Informationskampagnen zu einer Biodiversitäts- oder Naturschutzstrategie bieten dazu eine gute Plattform. Das Wissen über wertvolle Geotope in der Nachbarschaft der Menschen fördert die Identifikation der Bevölkerung mit „ihrer" Landschaft. Durch die Aufwertung von zuvor für den Normalbürger bedeutungslosen Landschaftselementen wird ein indirekter Schutz erzeugt. In manchen Fällen sind für die Durchführung der Maßnahmen Allianzen des Naturschutzes, zum Beispiel mit Bergsteigern, möglich.

Altlasten

834. Aus Sicht des Umweltrates ist die weitere Vereinheitlichung der bundesweiten Altlastenstatistik erforderlich, um die Fortschritte bei der Bewältigung des Altlastenproblems transparenter darstellen und bewerten zu können. Ob die von den Ländern kürzlich vereinbarten gemeinsamen statistischen Kennzahlen dies bereits ausreichend leisten, erscheint fraglich. Zusätzliche statistische Angaben wie Flächengrößen, Sanierungsziele und Zeitplanungen sind wünschenswert, jedoch mit einem hohen Aufwand verbunden.

835. Die Sanierung der Altlasten in Deutschland bedarf weiterhin des Einsatzes erheblicher öffentlicher wie auch privater finanzieller Ressourcen. Mit Ausnahme der eher seltenen Fälle, in denen Verursacher für sämtliche Kosten herangezogen werden können, sowie einiger Flächen in wirtschaftsstarken Gebieten mit hohen Bodenpreisen („Filetgrundstücke") ist für die Sanierung der meisten Altlasten eine öffentliche Förderung nötig. Bei Umsetzung der Empfehlungen des Umweltrates zur Flächenpolitik wird auch eine Ausweitung des Flächenrecyclings notwendig sein. Damit ist auch die verstärkte Sanierung der mit solchen Flächen verbundenen Altlasten zu erwarten.

Es ist davon auszugehen, dass die Finanzierung der Altlastenerkundung und Altlastensanierung ein Bündel von Maßnahmen und Finanzierungsquellen erfordert. Der Umweltrat empfiehlt daher, auch bisher nicht oder wenig genutzte Finanzierungsmöglichkeiten wie die steuerliche Abzugsfähigkeit von Sanierungskosten, Gebührenaufschläge zur Sanierung von kommunalen Altdeponien und die Einführung einer Neuversiegelungsabgabe mit Teilverwendung der Mittel für die Altlastensanierung zu prüfen.

Der Umweltrat empfiehlt, die natürlichen Selbstreinigungsprozesse weiter und gründlicher wissenschaftlich zu untersuchen und enge Kriterien für die Nutzung kontrollierter und stimulierter natürlicher Selbstreinigungsprozesse (MNA, ENA) in der Praxis vorzugeben. Vor der breiten Nutzung dieser Prozesse im Vollzug der Altlastensanierung sollten erst die Forschungsergebnisse des BMBF-Förderschwerpunktes KORA zu *Natural Attenuation* abgewartet werden.

EU-Bodenschutzstrategie

836. Der Umweltrat empfiehlt, in der EU-Bodenschutzstrategie auch die Festlegung gemeinschaftlicher Bodenqualitätsziele für Schadstoffe anzustreben, um eine einheitliche Basis für alle schadstoffbezogenen Maßnahmen in den verschiedensten Verursacherbereichen zu schaffen. Verursacherseitig sollten neben den Klärschlammen und Komposten auch Wirtschaftsdünger und mineralische Düngemittel sowie die Aufbringung von mineralischen Abfällen auf Böden in die Strategie einbezogen werden.

10 „Grüne" Gentechnik

837. Mittels Gentechnik wird genetisches Material isoliert und neu kombiniert beziehungsweise in andere Organismen eingebracht. Als gentechnisch veränderte Organismen (GVO) werden solche Organismen bezeichnet, deren genetisches Material „so verändert worden ist, wie es auf natürliche Weise durch Kreuzen und/oder natürliche Rekombination nicht möglich ist" (Art. 2 Nr. 2 Freisetzungsrichtlinie – RL 2001/18/EG). Durch diesen Transfer von Genmaterial über Artgrenzen hinweg können einerseits wünschenswerte Eigenschaften gezielt beeinflusst werden, andererseits sind unerwünschte Nebenfolgen nicht auszuschließen. Man unterscheidet die folgenden Anwendungsbereiche der Gentechnik: Veränderungen an Mikroorganismen, Nutzpflanzen, Nutztieren und Menschen. Anwendungen bei Nutzpflanzen, um die es im Folgenden ausschließlich geht, werden generell als „grüne" Gentechnik bezeichnet.

In den vergangenen Jahren hat sich der Anbau gentechnisch veränderter Nutzpflanzen weltweit unterschiedlich entwickelt. Hauptanbaugebiete sind derzeit die USA sowie Argentinien, Kanada, Brasilien, China und Südafrika. In diesen Ländern befinden sich ungefähr 99 % der weltweiten Anbaufläche gentechnisch veränderter Pflanzen (GVP) von etwa 68 Mio. ha. In Brasilien und auf den Philippinen hat die Nutzung der „grünen" Gentechnik im Jahre 2003 begonnen (JAMES, 2003).

Situation in Europa: Stand der Freisetzung

838. Während in der Europäischen Union die Anzahl der Anträge für Freisetzungen gentechnisch veränderter Organismen (unter Freisetzung versteht man das Ausbringen solcher Organismen ohne besondere Einschließungsmaßnahmen) seit der Mitte bis zum Ende der 1990er Jahre fast unverändert hoch blieb, ist die Anzahl der Freisetzungsanträge ab dem Jahr 2000 deutlich zurückgegangen (Tab. 10-1). Hauptgrund für den Rückgang war das de-facto-Moratorium in der EU von 1998 (Tz. 839). Die Entwicklung in Deutschland verlief analog zu der EU-weiten Entwicklung.

Bezüglich der tatsächlich erfolgten Freisetzungen muss berücksichtigt werden, dass eine Freisetzungsgenehmigung für mehrere Orte und für mehrere Jahre ausgesprochen werden kann. Demzufolge ist die Anzahl der tatsächlichen Freisetzungen deutlich größer als die Anzahl der genehmigten Anträge. Tabelle 10-2 zeigt die Anzahl der genehmigten Freisetzungen in Deutschland von 1992 bis 2003. Dabei ist zu beachten, dass bezüglich der Orte und Dauer der tatsächlich stattfindenden Freisetzungen derzeit ein großes Informationsdefizit besteht. Bisher besteht nach § 21 Abs. 4 GenTG für die Betreiber lediglich nach Abschluss einer Freisetzung die Pflicht, dem Robert Koch-Institut die Ergebnisse der Freisetzung mitzuteilen. Bei der bevorstehenden Novellierung des Gentechnikgesetzes soll diese Lücke geschlossen werden, was insofern unverzichtbar ist, als das genaue Wissen über die stattfindenden Freisetzungen für das Monitoring (s. Tz. 917) eine große Bedeutung hat.

Tabelle 10-1

Anzahl der Freisetzungsanträge in der Europäischen Union und in Deutschland

Jahr	Freisetzungs-anträge		Jahr	Freisetzungs-anträge	
	EU	Deutschland		EU	Deutschland
1992	54	0	1998	251	19
1993	98	3	1999	248	21
1994	170	8	2000	145	9
1995	228	12	2001	71	7
1996	245	17	2002	51	7
1997	250	19	2003	77	13
			total	1 888	135

Quelle: RKI, 2003; verändert

Tabelle 10-2

Genehmigte Freisetzungen in Deutschland

Jahr	Anzahl der genehmigten Freisetzungen	Jahr	Anzahl der genehmigten Freisetzungen
1992	0	1998	255
1993	4	1999	427
1994	18	2000	470
1995	38	2001	484
1996	96	2002	451
1997	162	2003	307
		total	2 712

Quelle: BBA, 2003; verändert

Stand des Inverkehrbringens

839. In der Europäischen Union wurden bisher 40 Anträge für ein Inverkehrbringen, das heißt die entgeltliche oder unentgeltliche Bereitstellung von GVO als Produkt oder in Produkten an Dritte, nach der Freisetzungsrichtlinie gestellt. Davon wurden 18 Anträge genehmigt (EU-Kommission, 2004), der letzte im Jahre 1998, in dem auch das de-facto-Moratorium beschlossen wurde. Hintergrund der Verhängung des Moratoriums war, dass bei den Mitgliedstaaten Unzufriedenheit über die Durchführung der gemeinschaftlichen Zulassungsverfahren zum Inverkehrbringen gentechnisch veränderter Organismen herrschte. Die Wirkungsdauer des Moratoriums sollte ursprünglich vom Abschluss der Novellierung der Freisetzungsrichtlinie (Tz. 842) abhängig sein. Aufgrund noch offen gebliebener Fragen in der Novelle (z. B. Kennzeichnung der Produkte, Haftungsregelung für eingetretene schädliche Auswirkungen auf Menschen und Umwelt) haben mehrere Mitgliedstaaten deren Klärung zur Voraussetzung der Aufhebung des Moratoriums gemacht. Nach der Forderung einzelner europäischer Länder und der Drohung der USA, bezüglich des Moratoriums ein Streitschlichtungsverfahren im Rahmen der Welthandelsorganisation (WTO) anzustreben, ist aber mit der Aufhebung des Moratoriums im Laufe des Jahres 2004 zu rechnen. Das Moratorium galt nicht für Freisetzungen von GVO.

Die bisher genehmigten Anträge für ein Inverkehrbringen beziehen sich vor allem auf Raps und Mais. Nennenswerte Anbauflächen in Europa liegen lediglich in Spanien, wo von 1998 bis 2002 auf etwa 20 000 bis 25 000 ha insektenresistenter Mais angebaut wurde. Im Jahre 2003 vergrößerte sich die Anbaufläche auf 32 000 ha, was etwa 7 % der gesamten spanischen Maiserzeugung entspricht (BROOKES und BARFOOT, 2003).

Stand der rechtlichen Regulierung

840. Der Schutz der Umwelt und der Menschen vor möglichen Risiken der „grünen" Gentechnik in der EU soll durch verschiedene Abkommen, Verordnungen, Richtlinien und Richtlinienentwürfe sichergestellt und verbessert werden. Dazu zählt unter anderem der Beschluss des Rates (2002/628/EG) über den Abschluss des Protokolls von Cartagena über die biologische Sicherheit aus dem Jahr 2000. Nachdem die notwendige Mindestzahl von 50 Ländern dieses Protokoll ratifiziert hat, trat es am 11. September 2003 in Kraft. Mittlerweile wurde es von 84 Ländern ratifiziert (Stand: 13. Februar 2004). Deutschland hat das Protokoll erst am 20. November 2003 ratifiziert, damit trat es hier am 18. Februar 2004 in Kraft. Ziel des Protokolls ist es, die biologische Vielfalt vor den möglichen Risiken zu schützen, die von gentechnisch veränderten Organismen ausgehen (s. Abschn. 10.3.4).

841. Zur Ergänzung der 2002 in Kraft getretenen Freisetzungsrichtlinie (RL 2001/18/EG) hat die Europäische Gemeinschaft drei neue Verordnungen erlassen, die die Zulassung und Kennzeichnung von gentechnisch veränderten Lebensmitteln und Futtermitteln (VO Nr. 1829/2003/EG), die Rückverfolgbarkeit und Kennzeichnung von gentechnisch veränderten Organismen und hieraus hergestellten Lebensmitteln und Futtermitteln (VO Nr. 1830/2003/EG) sowie die grenzüberschreitende Verbringung von gentechnisch veränderten Organismen regeln (VO Nr. 1946/2003/EG). Weiterhin steht die Verabschiedung einer Saatgutrichtlinie aus – hierzu liegt bisher lediglich ein zwischenzeitlich wieder zurückgezogener Entwurf der EU-Kommission aus dem Jahr 2003 vor (SANCO/1542/2000 Rev. 4). Der europäische und internationale rechtliche Rahmen der Nutzung „grüner" Gentechnik wird ausführlich in Kapitel 10.3 diskutiert.

842. Die Umsetzung der EU-Freisetzungsrichtlinie in nationales Recht erfordert eine Novellierung des deutschen Gentechnikgesetzes. Der Novellierungsprozess hat heftige Kontroversen auch innerhalb der derzeitigen Regierungskoalition ausgelöst. Die im Jahre 2003 vom Bundesministerium für Verbraucherschutz, Ernährung und Landwirtschaft (BMVEL) vorgestellte Entwurfsfassung des Gesetzes zur Neuordnung des Gentechnikrechts (GenTRNeuordG) war mit einem erheblichen Abstimmungsbedarf innerhalb verschiedener Ministerien ver-

bunden. Mittlerweile hat sich das Kabinett auf einen – in einigen wesentlichen Punkten vom älteren BMVEL-Entwurf abweichenden – Entwurf geeinigt, der im Frühjahr 2004 im Bundestag verabschiedet werden soll. Da die Novellierung des Gentechnikgesetzes der Zustimmung des Bundesrates bedarf, ist mit der endgültigen Novellierung wohl kaum vor Mitte 2004 zu rechnen.

843. Die besagten Kontroversen betrafen nicht zuletzt die Frage, welcher Gesetzeszweck in § 1 des novellierten Gentechnikgesetzes festgelegt werden soll. Nach dem Kabinettsentwurf soll der § 1 folgendermaßen gefasst werden:

„§ 1 Zweck des Gesetzes

Zweck dieses Gesetzes ist,

– 1. unter Berücksichtigung ethischer Werte, Leben und Gesundheit von Menschen, die Umwelt in ihrem Wirkungsgefüge, Tiere, Pflanzen und Sachgüter vor schädlichen Auswirkungen gentechnischer Verfahren und Produkte zu schützen und Vorsorge gegen das Entstehen solcher Gefahren zu treffen,

– 2. die Möglichkeit zu gewährleisten, dass sowohl mit konventionellen, ökologischen als auch gentechnisch veränderten Anbauformen Produkte, insbesondere Lebens- und Futtermittel, erzeugt und in den Verkehr gebracht werden,

– 3. den rechtlichen Rahmen für die Erforschung, Entwicklung, Nutzung und Förderung der wissenschaftlichen, technischen und wirtschaftlichen Möglichkeiten der Gentechnik zu schaffen und

– 4. Rechtsakte der Europäischen Gemeinschaft im Bereich des Gentechnikrechts durchzuführen oder umzusetzen."

Der § 1 spricht wesentliche Punkte an, die in dem – mittlerweile seit mehr als zwanzig Jahren geführten – Streit um die „grüne" Gentechnik für viele Kritiker die zentralen Gründe für ihre Ablehnung waren und sind. Daher nimmt der Umweltrat die anstehende Novellierung des Gentechnikgesetzes zum Anlass, genauer auf diese Punkte einzugehen, ohne allerdings die Nutzenpotenziale der „grünen" Gentechnik zu ignorieren (Kap. 10.1). Er befasst sich mit ethischen Aspekten (Abschn. 10.2.1), mit humantoxikologischen und ökologischen Risiken (Abschn. 10.2.2 und Abschn. 10.2.3), mit der Problematik der Gewährleistung des Anbaus gentechnisch unveränderter Nutzpflanzen beziehungsweise „Koexistenz" (Abschn. 10.2.4) sowie mit der Kennzeichnung gentechnisch veränderter Lebensmittel (Abschn. 10.3.3). Hinzu kommen eine kritische Diskussion zu Bedarf und Nutzen des Einsatzes dieser Technik (Abschn. 10.2.5) sowie Fragen des Monitorings (Abschn. 10.3.5).

10.1 Nutzenpotenziale

844. Die Gentechnik eröffnet die Möglichkeit, gezielt Veränderungen des Erbgutes vorzunehmen, um phänotypisch erwünschte Eigenschaften von Organismen zu erschaffen. So können Organismen durch das Insertieren artfremder Gene in ihr Genom in die Lage versetzt werden, Proteine zu bilden, die sie ohne den Einsatz der Gentechnik nicht bilden können. Diese biotechnologische Methode ermöglicht die Züchtung von Kulturarten mit artübergreifender Expression fremder Gene. Dies ist mit Methoden der herkömmlichen Züchtung nicht möglich. Der Einsatz der Gentechnik zu medizinischen Zwecken (die so genannte „rote" Gentechnik) ist mittlerweile weit verbreitet und wird in vielen Anwendungsgebieten weit gehend akzeptiert (beispielsweise die Herstellung von Insulin in Mikroorganismen). Durch den Einsatz der „grünen" Gentechnik sollen zum einen agronomisch wünschenswerte Ergebnisse, wie Produktivitätssteigerungen oder Reduktionen der Umweltbeeinträchtigungen, erzielt werden. Über solche, für den Konsumenten keinen offensichtlichen Nutzen darstellende Eigenschaften hinaus sollen Pflanzen zukünftig vornehmlich ernährungsphysiologische Vorteile und einen besseren Geschmack bieten sowie eine längere Lagerfähigkeit aufweisen, Rohstoffe liefern und Arzneimittel produzieren (FALK et al., 2002).

10.1.1 Perspektiven für die Landwirtschaft

845. Die Kontroverse um die Rolle der Gentechnik in Entwicklungsländern ist zwar zweifelsohne für ihre Bewertung bedeutsam, der Umweltrat kann an dieser Stelle diese Diskussion aber nicht führen. Eine differenzierte Analyse der Ursachen von Fehlernährung und Hunger in Entwicklungsländern und der möglichen Rolle der Gentechnik bei ihrer Bekämpfung würde den Rahmen dieses Kapitels sprengen.

846. Übersichten zu den Potenzialen der „grünen" Gentechnik sind unter anderem in Publikationen der Deutschen Forschungsgesellschaft (DFG) oder des Umweltbundesamtes (UBA) zu finden (DFG, 2001; de KATHEN, 2001; s. auch FALK et al., 2002; GM Science Review Panel, 2003; ICSU, 2003; KEMPKEN und KEMPKEN, 2004). Die folgende Zusammenstellung zeigt eine Auswahl der zurzeit wesentlichen Eigenschaften gentechnisch veränderter Pflanzen, die sich bereits im Anbau befinden oder deren Entwicklung geplant wird:

– *Herbizidresistenz*: Gentechnisch veränderte Kulturpflanzen können beispielsweise durch ein von ihnen produziertes Enzym das Herbizid unwirksam werden lassen. Dadurch sollen Herbizide gezielter angewendet und somit ihr Einsatz quantitativ verringert werden (DFG, 2001, S. 11).

– *Insektenresistenz* (Schutz vor Fraßfeinden): Das prominenteste Beispiel für eine Insektenresistenz ist die Produktion von Toxinen aus *Bacillus thuringiensis* (Bt) in Pflanzen (Mais, Baumwolle, Raps). Auch in diesem Fall soll der Einsatz von Insektiziden aufgrund des Selbstschutzes der Pflanze vermindert werden (SCHULER et al., 1998).

– *Resistenz gegen Krankheitserreger*: Zurzeit werden Möglichkeiten für die Entwicklung einer Resistenz gegen Viren, Bakterien und Pilze getestet. Vorstellbar sind beispielsweise von Pflanzen exprimierte Enzyme, die gegen Zellwandbestandteile der Pilze und Bakterien gerichtet sind. Bei Viren verfolgen Wissenschaftler verschiedene Strategien, die die Pflanze vor dem Befall schützen sollen (s. DFG, 2001, S. 9). Auch könnten in Obstbäume Resistenzgene gegen Krankheiten wie den Feuerbrand eingebracht werden.

– *Schutz der Böden und des Grundwassers*: Ein Schutz der Böden und des Grundwassers soll dadurch erreicht werden, dass im Vergleich zur konventionellen Landwirtschaft weniger chemische Pflanzenschutzmittel eingesetzt werden, die zu einer Belastung der beiden Schutzgüter führen. Weiterhin soll eine schonendere Bearbeitung von Böden ermöglicht werden.

– *Kulturpflanzen für ungünstige Standorte* (Salzresistenz, Trockenresistenz, Kälteresistenz): In Hinblick auf die Unterernährung von Bevölkerungsgruppen der Entwicklungsländer sollen verschiedene, an ungünstige Standorte angepasste Kulturpflanzen entwickelt werden. Diese sollen unter den ungünstigen klimatischen Bedingungen vieler Entwicklungsländer gedeihen. Zurzeit existieren keine derart veränderten Pflanzen, die das Anwendungsstadium erreicht haben (s. auch DFG, 2001, S. 12). Diesen Potenzialen stehen allerdings die Risiken von GVO gegenüber, die hinsichtlich ökologisch adaptiver, das heißt der Pflanze unter Selektionsdruck einen Fitnessvorteil verschaffender, Eigenschaften verändert worden sind.

– *Ertragssteigerung*: Gentechnische Veränderungen sollen eine höhere Produktion auf einer geringeren Fläche gewährleisten und darüber hinaus zu gleich bleibenden Ernteerfolgen führen (*Ertragssicherung*). Nutzenpotenziale werden auch im Bereich der Erzeugung von Biokraftstoffen und der industriellen Verwendung von Pflanzen gesehen (bspw. Kartoffeln mit höherem Stärkegehalt für industrielle Zwecke [vgl. MÜLLER et al., 2003, S. 75 ff.]).

Viele dieser Anwendungsmöglichkeiten befinden sich noch im Stadium der Entwicklung. Zum jetzigen Zeitpunkt kann noch keine Aussage darüber getroffen werden, ob und wann gentechnisch veränderte Pflanzen mit entsprechenden Eigenschaften entwickelt oder zugelassen werden.

Das theoretische Potenzial für die Landwirtschaft, für eine Verringerung von Umweltbelastungen und für die Gesundheit des Menschen ist beträchtlich, einzelne Einsatzvarianten werden aber unterschiedlich bewertet. Über die in der Erforschung befindlichen Anwendungen hinaus sind viele Nutzungen denkbar, die einen positiven Einfluss auf Mensch und Umwelt haben könnten. Die derzeitigen Anwendungsformen stellen nur einen geringen Ausschnitt des Spektrums möglicher Nutzungen dar.

Andererseits gilt es zu berücksichtigen, ob und mit welchen negativen Auswirkungen auf verschiedene Schutzgüter in Folge des Einsatzes der „grünen" Gentechnik zu rechnen ist und inwieweit Vorkehrungen zum Schutz dieser Güter getroffen werden sollten.

10.1.2 Gesundheitliche Perspektiven

847. Bei gentechnisch veränderten Pflanzen der ersten Generation standen wie oben beschrieben fast ausschließlich anbautechnische Fragestellungen wie die Verbesserung des Ertrags durch Insekten- und Herbizidtoleranzen im Vordergrund. Diese veränderten Parameter (*input traits*) beinhalten für den Konsumenten keinen offensichtlichen Nutzen. Es wird davon ausgegangen, dass die Akzeptanzprobleme der „grünen" Gentechnik in der Bevölkerung sinken werden, wenn der Verbraucher einen direkten Nutzen für sich erkennen kann. Daher sollen Pflanzen der zweiten und dritten Generation *output traits* wie unter anderem ernährungsphysiologische und geschmackliche Vorteile bieten sowie eine längere Lagerfähigkeit aufweisen oder Rohstoffe liefern und Arzneimittel produzieren (FALK et al., 2002). Viele dieser *output traits* könnten langfristig in Pflanzen kostengünstiger zu produzieren sein als in Tieren, chemisch-technisch oder in Zellkulturen.

Functional Foods und Rohstoffe

848. Lebensmittel und Lebensmittelergänzungen, die nicht nur der Ernährung dienen, sondern ebenfalls einen vorteilhaften Einfluss auf die Gesundheit haben, werden zunehmend von den Verbrauchern konsumiert (Synonyme: *Nutraceuticals, Designer Foods, Healthy Foods, Pharma Foods*). Beispielsweise werden Lebensmittel erfolgreich mit Proteinen oder Jod angereichert, um Mangelerscheinungen vorzubeugen. Im Grenzbereich zwischen *Functional Foods* und Arzneimitteln gibt es beispielsweise Getränke für Diabetiker, die mit Insulin angereichert sind oder Schokoriegel, die Serotonin enthalten, um dem prämenstruellen Syndrom vorzubeugen. Dabei enthalten *Functional Foods* nicht notwendigerweise gentechnisch veränderte Bestandteile.

Mithilfe von GVP verbessern sich jedoch die Möglichkeiten, die für eine physiologisch ausgewogene Ernährung notwendigen Rohstoffe in ausreichendem Maß produzieren zu lassen, wenngleich man für eine solche Ernährung in den westlichen Ländern natürlich nicht auf GVP angewiesen ist. Im Folgenden werden ausgewählte Beispiele der zurzeit in der Entwicklung befindlichen und noch nicht zulassungsreifen gentechnisch veränderten Pflanzen diskutiert. Über diese Beispiele hinaus gibt es sehr viele mögliche Anwendungen für den (industriellen) Einsatz gentechnisch veränderter Pflanzen (Übersicht dazu de KATHEN, 2001; FALK et al., 2002).

849. Es ist theoretisch möglich, zur Verhinderung von Mangelerscheinungen den Gehalt an verschiedenen Vitaminen in Pflanzen zu steigern oder zusätzliche Vitamine in Pflanzen produzieren zu lassen. Vorteile für die Gesundheit des Menschen werden zurzeit vor allem bei betacarotinhaltigem Reis (*Golden Rice*) gesehen. Betacarotin ist die Vorstufe von Vitamin A und wird vom Körper metabolisiert. Vitamin A ist nicht nur für die Sehfähigkeit im Dunkeln verantwortlich, sondern beispielsweise ebenfalls für Knochenwachstum und die Integrität des Epithels (POTRYKUS, 2003).

Eine weitere Mangelerscheinung, die weltweit verbreitet ist, könnte durch die ausreichende Gabe von bioverfügbarem Eisenoxid bei der Nahrungszufuhr verhindert werden. Beispielsweise leiden weltweit circa 50 % der Kinder an den Folgeerscheinungen von Eisenmangel (Anämie). Ein Gen aus der Bohne, das für die Expression von zellularem Ferritin zuständig ist, kann in Reis eingebracht werden und damit eine sinnvolle Nahrungsergänzung bereitstellen sowie präventiv wirksam sein (LUCCA et al., 2001). Bei Insertion eines ferritin- und betacarotinproduzierenden Gens in Reis kann ein Grundnahrungsmittel hergestellt werden, das weltweit häufigen Mangelerscheinungen vorbeugen könnte.

Durch eine regelmäßige Zufuhr von Vitamin E können Herz-Kreislauf-Erkrankungen und Krebs im Allgemeinen vorgebeugt werden. Die Vorstufe von Vitamin E (Alpha-Tocopherol) konnte in Versuchen in hohen Konzentrationen erfolgreich in Samen der Ackerschmalwand (*Arabidopsis thaliana*) exprimiert werden (HIRSCHBERG, 1999). Das Risiko für Herz-Kreislauf-Erkrankungen kann zusätzlich durch die Zufuhr von mehrfach ungesättigten Fettsäuren reduziert werden. Insbesondere Omega-3-Fettsäuren sind langkettige und mehrfach ungesättigte Fettsäuren. Sie können in ihrer Funktion als Antioxidanzien den Cholesterinspiegel senken, freie Radikale binden und eine Blutgerinnselbildung verhindern (HASLER et al., 2000). Um den Bedarf an Omega-3-Fettsäuren zu decken wird empfohlen, 300 bis 400 g Seefisch pro Woche zu essen. Mithilfe der Gentechnik besteht jedoch die Möglichkeit, mehrfach ungesättigte Fettsäuren in Pflanzen zu prozessieren, die für die Speiseölgewinnung genutzt werden. Zudem wird versucht, die Stabilität der Fettsäuren beim Erhitzen zu erhöhen, sodass sie ihre positive gesundheitliche Wirkung beim Zubereiten warmer Speisen nicht verlieren (THELEN und OHLROGGE, 2002).

850. Für die Zulassung dieser neuartigen Lebensmittel stellt sich die Frage, wo die Grenze zwischen *Functional Foods* und Arzneimitteln (s. auch Tz. 852 f.) zu ziehen ist. Es müssen klare Kriterien entwickelt werden, die eine Entscheidung ermöglichen, ab wann ein Lebensmittelzusatz eine Nahrungsergänzung ist und ab wann ein therapeutischer Zweck erfüllt wird. Die Ertragssteigerung von Omega-3-Fettsäuren in ölproduzierenden Pflanzen kann beispielsweise als sinnvolle Nahrungsergänzung angesehen werden. Bei einer Steigerung des Lycopengehalts in Tomaten ist die Antwort nicht mehr so offensichtlich. Lycopen ist in der Tomate in geringen Konzentrationen enthalten und kann der Entstehung von Krebs vorbeugen. In höheren Dosen kann es therapeutisch erfolgreich gegen Tumorzellen eingesetzt werden. Enthalten Tomaten nach gentechnischer Modifikation therapeutische Dosen an Lycopen, sind sie nach Ansicht des Umweltrates als Arzneimittel einzustufen und dürften nur unter ärztlicher Aufsicht verabreicht werden. Dies ist umso notwendiger, da es durch unterschiedliche Einflussfaktoren zu einer schwankenden Expression der Proteine kommen kann und die Pflanzen somit nicht unbedingt eine konstante Dosierung aufweisen.

851. Neben einer ernährungsphysiologischen Verbesserung der Pflanzeninhaltsstoffe (gesundheitsförderliche Proteine, z. B. Enzyme oder Öle) können weitere Eigenschaften verändert werden, die einen positiven Einfluss auf die Qualität der Lebensmittel haben. Beispielsweise werden durch die Lagerung und Zubereitung von Lebensmitteln essenzielle Verbindungen wie Vitamine zunehmend abgebaut. Gentechnische Methoden ermöglichen, die Lagerfähigkeit durch stabilere Verbindungen der Proteine und Vitamine zu erhöhen, um so den Nährwert über längere Zeit stabil zu halten (FALK et al., 2002; PERR, 2002). Auch können die Verarbeitungseigenschaften von Pflanzen durch gentechnische Veränderungen verbessert werden. Ein Beispiel dafür sind Tomaten, die weniger schnell weich werden („Anti-Matsch-Tomate"). Darüber hinaus können Lebensmittel mit einem geringeren allergenen Potenzial geschaffen werden, sodass Allergiker ein breiteres Nahrungsangebot erhalten. Ebenfalls können Gene in Pflanzen derart verändert werden, dass bekannte toxische Proteine nicht mehr exprimiert werden. Auf diese Weise werden die entsprechenden Pflanzen in höherem Maß genießbar.

Arzneimittel

852. Die „grüne" Gentechnik eröffnet die Möglichkeit, in Pflanzen eine Vielzahl an Arzneimitteln für den Einsatz beim Menschen zu produzieren. Das Spektrum der Möglichkeiten, gentechnisch veränderte Pflanzen für medizinische Zwecke einzusetzen, erscheint dabei äußerst breit. Neben der Herstellung von Wachstumshormonen und xenogenen Proteinen für therapeutische und diagnostische Zwecke können Blutproteine wie Hämoglobin und humanes Serumalbumin hergestellt werden. In Pflanzen erzeugte Blutersatzstoffe sind für Transplantationszwecke besonders gut geeignet, da sie keine Kontaminationen mit Pathogenen aufweisen und aufgrund der Homologie zu dem menschlichen Protein keine Unverträglichkeiten auftreten (s. dazu de KATHEN, 2001, S. 30 f.).

Darüber hinaus wurden bereits in Pflanzen hergestellte Impfstoffe zur oralen Applikation erfolgreich getestet. Oftmals, zum Beispiel beim Hepatitis B-Impfstoff, ist die orale Applikation effizienter als die parenterale, da die über die Schleimhaut vermittelte Immunität effektiver stimuliert wird als bei Injektionen (Übersicht dazu s. RICHTER und KIPP, 1999). Der Impfstoff gegen Hepatitis B aus Hefe (HbsAg-Vakzin) ist bereits seit 1984 zugelassen. Dies könnte als mögliche Referenz für die Qualität des Impfstoffs aus Pflanzen dienen. Bei der oralen Verabreichung sind solche Pflanzen am besten geeignet, die vor dem Verzehr nicht gekocht werden müssen, damit die wirksamen Proteine nicht denaturieren. Beispielsweise wäre für den Hepatitis B-Impfstoff Salat geeignet.

Vielversprechend ist die Entwicklung eines Impfstoffs gegen den Kariesserreger *Streptococcus mutans*. Dieser aus der Tabakpflanze stammende Impfstoff wird bereits in der klinischen Phase (Tiermedizin, Humanmedizin) erprobt. Mit einer Markteinführung wird in vier bis fünf Jahren gerechnet (MA, 1999; WYNN et al., 1999). In klinischen Studien müssen bei allen einzusetzenden oral zu verabreichenden Impfstoffen noch offene Fragen bezüglich der Applikation geklärt werden. Insbesondere muss die Dosis für die orale Applikation bestimmt werden und es muss geklärt werden, ob die so erzielte Immunisierung dauerhaft ist.

Neben einer aktiven Vakzine gegen *Streptococcus mutans* können in der Tabakpflanze ebenfalls rekombinante Antikörper hergestellt werden, die gegen die Oberfläche des Bakteriums gerichtet sind (MA, 1999). Antikörper gegen die verschiedensten Epitope (Oberflächenstrukturen) sind klinisch und therapeutisch einsetzbar. Sie können in der Regel in Pflanzen mit um 90 bis 98 % geringeren Kosten hergestellt werden als beispielsweise in Zellkultursystemen von *Escherichia coli* (FISCHER et al., 1999).

853. Über diese Beispiele hinaus ist eine Vielzahl an Anwendungen denkbar und zukünftig möglicherweise auch realisierbar. Allerdings stellt sich die Frage, ob arzneimittelproduzierende Pflanzen überhaupt großflächig im Freiland angebaut werden sollten. In jedem Fall muss verhindert werden, dass Pflanzenreste oder deren pharmazeutisch wirkende Inhaltsstoffe freigesetzt werden, da über die Wirkung hochwirksamer Pharmaka in der Umwelt (z. B. aus Krankenhausabwässern) wenig bekannt ist (DAUGHTON und TERNES, 1999; s. auch Kap. 5.6). Außerdem kann nicht garantiert werden, dass eine arzneimittelproduzierende Pflanze auf dem Anbaufeld verbleibt und sich nicht ausbreitet. Der Umweltrat ist deshalb der Ansicht, dass Pflanzen, die hochwirksame Pharmaka produzieren, ausschließlich unter kontrollierten Bedingungen in geschlossenen Systemen angebaut werden sollten. Dies impliziert allerdings, dass diese Nutzenpotenziale für eine agrarpolitische Beurteilung der „grünen" Gentechnik von äußerst geringer Bedeutung sind.

10.2 Einwände gegen die „grüne" Gentechnik

854. Während für die Befürworter die „grüne" Gentechnik im Kern nichts anderes ist als die Fortsetzung der akzeptierten Pflanzenzüchtung mit anderen Mitteln (statt vieler s. KEMPKEN und KEMPKEN, 2004, S. 211), handelt es sich für die Kritiker um eine risikoträchtige Technologie, die manipulativ in die Grundstrukturen des Lebendigen eingreift. Die Debatte scheint nach wie vor stark polarisiert, obwohl die „grüne" Gentechnik in der Hoffnung auf eine Versachlichung der Debatte mehrfach zum Gegenstand von Verfahren der Technikfolgenabschätzung gemacht worden ist (zur Übersicht s. SKORUPINSKI und OTT, 2000). Das anspruchsvollste dieser Verfahren, das am Wissenschaftszentrum Berlin zwischen 1991 und 1993 zum Themenbereich der Herbizidresistenz durchgeführt wurde (zusammenfassend aus Sicht der Veranstalter s. van den DAELE et al., 1996) endete mit dem (hinsichtlich seiner Berechtigung umstrittenen) „Ausstieg unter Protest" der gentechnikkritischen Gruppen. Ungeachtet der fortbestehenden inhaltlichen Dissense lässt sich beim derzeitigen Stand der Debatte das Spektrum unterschiedlicher Argumentationsmuster differenziert darstellen, und es lassen sich auch einzelne Argumente hinsichtlich ihrer Validität beurteilen.

10.2.1 Ethische Aspekte

855. Vorbehalte gegen gentechnisch veränderte Produkte sind in der westeuropäischen Bevölkerung nach wie vor verbreitet, und die faktische Akzeptanz durch die Verbraucher ist nach wie vor gering (BONNY, 2003). Aus Sicht der Deutschen Forschungsgemeinschaft (DFG, 2001, S. 7) lassen sich die verbreiteten Vorbehalte allerdings weniger sachlich als vielmehr sozialpsychologisch mit dem generellen Misstrauen gegen neue Technologien erklären, das im Lebensmittelbereich durch Skandale wie BSE noch verstärkt wurde. Es ist jedoch denkbar, dass sich die Akzeptanz dadurch steigern lässt, dass Produkte entwickelt werden, die aus der Sicht von Konsumenten mit einem deutlichen Nutzen verbunden sind (Kap. 10.1), oder dass sich einige oder alle Bedenken als gegenstandslos erweisen. Möglich ist jedoch auch, dass die „grüne" Gentechnik kulturellen Wertvorstellungen der europäischen Verbraucher zuwiderläuft, die sich, wenn überhaupt, nur langsam ändern ließen (so BRUCE, 2002). Die der „grünen" Gentechnik derzeit von Verbraucherseite entgegengebrachte Ablehnung ist zunächst nur eine soziale Tatsache, auf die allein sich eine umfassende argumentative Bewertung nicht stützen kann.

Wichtig ist die Unterscheidung zwischen Akzeptanz und Akzeptabilität. Von Akzeptanz wird gesprochen, wenn sich in der Bevölkerung empirisch eine Duldung oder eine Befürwortung beobachten lässt. Akzeptabilität ist demgegenüber ein normativer Begriff. Die Rede von Akzeptabilität – oder auch Vertretbarkeit – setzt eine argumentative Prüfung beziehungsweise eine Risikobewertung anhand von Schutzgütern, Zielen und normativen Kriterien voraus. Eine solche Risikobewertung soll im Folgenden in ihren Grundzügen entwickelt werden.

Folgende Argumente wurden und werden gegen den Einsatz der „grünen" Gentechnik vorgebracht:

– kategorische Argumente,

– Risiko-Argumente (gesundheitliche Risiken und ökologische Risiken),

– Argumente der unzulässigen Schädigung gentechnikfreier Landwirtschaftsformen,

– Argumente des fehlenden Bedarfs beziehungsweise des mangelnden Nutzens für Verbraucher und Gesellschaft.

Auf diese vier Argumentationsmuster soll im Folgenden näher eingegangen werden. Argumente, die die möglichen Auswirkungen der „grünen" Gentechnik für die landwirtschaftlichen Produktionsstrukturen in den Entwicklungsländern und für die Sicherung der Welternährung thematisieren, werden nicht behandelt.

10.2.1.1 Kategorische Argumente

856. *Kategorische* Argumente gegen die „grüne" Gentechnik wollen darlegen, dass der Einsatz dieser Technik an sich, das heißt unabhängig von jeder Einschätzung ihres Nutzens und ihrer Risiken, aus moralischen Gründen zu untersagen ist. Kategorische Argumente beziehen sich auf den Prozess der gentechnischen Manipulation selbst, nicht auf seine möglichen Auswirkungen (zur Definition s. REISS und STRAUGHAN, 1996, S. 49). Kategorische Argumente lassen sich in mehreren Varianten vorbringen (STRAUGHAN, 1992):

– Es sei *moralisch* geboten, die Integrität eines *jeden* pflanzlichen Genoms zu respektieren (Integritäts-Argument).

– Das Einbringen von Gensequenzen einer Spezies in das Genom einer anderen Spezies übertrete eine moralische Schranke (Artgrenzen-Argument).

– Die Eingriffstiefe der Gentechnik stelle eine neue Qualität in der Manipulation lebendiger Organismen dar und sei aufgrund dessen abzulehnen (Eingriffstiefen-Argument).

– Die „grüne" Gentechnik sei Ausdruck einer abzulehnenden „reduktionistischen" beziehungsweise „technizistischen" Grundeinstellung gegenüber der Natur (Reduktionismus-Argument).

– Der Mensch dürfe nicht „Gott spielen" („Playing-God"-Argument).

857. Das erste Argumentationsmuster beruht auf einem Kategorienfehler, da es die Unterschiede zwischen *personaler Integrität* und *natürlicher Identität* vernachlässigt. Der Begriff der Integrität, der seine sinnvolle Bedeutung auf der Ebene von Personen hat, kann nicht auf genetische Programme (im Sinne von MAYR, 1998) übertragen werden. Genetische Programme sind bewusstlos codierte Information. Der Begriff der personalen Integrität, der sich nicht auf ein Genom reduzieren lässt, setzt hingegen bewusstes Selbstverhältnis voraus, das bei genetischen Programmen fehlt. Es ist auch nicht zulässig, eine Reihe von ähnlichen Begriffen („Identität", „Individualität", „Integrität", „Eigenwert") zu bilden, um sich durch Verschiebung dieser Begriffe die moralische Bedeutung von gentechnischen Eingriffen in ein pflanzliches Genom allmählich zu „erschleichen". Das Integritäts-Argument ist allenfalls unter Voraussetzung naturphilosophischer Annahmen oder durch den Rekurs auf Wahrnehmungsweisen plausibel zu machen, die sich von denen der Naturwissenschaften deutlich unterscheiden (s. etwa HAUSKELLER, 2002).

858. Natürliche Schranken sind nicht *per se* moralische Grenzen. Das zweite Argument („Überschreiten der Artgrenze") muss daher die moralische Bedeutung der Artgrenze aufzeigen. Dies ist bislang nicht gelungen. Ähnliches gilt für die kategorische Ablehnung von Eingriffen in die „Erbsubstanz". Hinzu kommt, dass Artgrenzen vielfach, insbesondere bei Pflanzen, nicht eindeutig bestimmbar sind. Argumentiert man mit der Gefährdung wild lebender Spezies oder mit biozönotischer Nivellierung durch transgene Nutzpflanzen, so trägt man kein kategorisches Argument, sondern bereits ein Risikoargument vor (Abschn. 10.2.3, Tz. 873).

859. Das Argument der „Eingriffstiefe" läuft auf das Verbot von schadensträchtigen und irreversiblen Eingriffen in natürliche Systeme hinaus. Es ist letztlich wohl kein kategorisches Argument, sondern ebenfalls ein Risikoargument. Die Tiefe des gentechnisch bewirkten Eingriffes in die Natur ist im Vergleich zu anderen züchterischen Eingriffen graduell. Es ist nicht ersichtlich, warum die spezifische Invasivität, die mit gentechnischen Eingriffen verbunden ist, *per se* einer moralisch relevanten Zäsur gleichkommen soll. Würde man argumentieren, dass diese Zäsur mit der Gentechnik gegeben sei, so wird das Argument zirkulär: Das kategorische Verbot der Gentechnik wird mit der Eingriffstiefe begründet und eine unzulässige Eingriffstiefe durch den Einsatz von Gentechnik definiert. Das Argument kann aber, sofern es als ein Risikoargument interpretiert wird, in Verbindung mit dem Vorsorgeprinzip anspruchsvolle Sicherheits- und auch langfristig angelegte Monitoringstrategien begründen (Abschn. 10.3.5, Tz. 928).

860. Das vierte Argumentationsmuster macht geltend, Gentechnik sei Ausdruck einer technizistischen Haltung, in der Natur nur als Material für den Zugriff des Menschen erscheine und tendenziell auf Chemie und Physik reduziert werde, und diese Einstellung sei der belebten Natur gegenüber moralisch unangemessen. „Ganzheitliche" Betrachtungsweisen und schonendere beziehungsweise respektvollere Einstellungen seien der Natur gegenüber angemessener. Dieses Argument wird von den Verbänden des ökologischen Landbaus vertreten (AGÖL et al., 1999; BECK und HERMANOWSKI, 2001). Die hierbei verwendete, moralisch konnotierte Unterscheidung zwischen „ganzheitlich" und „reduktionistisch" übersieht, dass es sich um komplementäre Perspektiven wissenschaftlicher Betrachtung handelt, die in den biologischen Wissenschaften zu unterschiedlichen Zwecken eingesetzt werden können. Die Verbände des ökologischen Landbaus verstehen diese Perspektiven jedoch als „gegensätzliche Grundprinzipien", und erklären Gentechnik und ökologischen Landbau aus diesem Grund für miteinander unvereinbar (AGÖL et al., 1999, S. 3). Forschungsperspektiven werden hierbei auf wissenschaftstheoretisch und wissenschaftsethisch unzulässige Weise moralisiert.

861. Das so genannte „Playing-God"-Argument ist entweder nur metaphorisch (und damit auf andere Argumente bezogen) oder schöpfungstheologisch. Aus der Sicht des Umweltrates ist ein Streit um die „richtige" schöpfungstheologische Deutung der „grünen" Gentechnik politisch und juristisch irrelevant. Auch in einer neuen ökumenischen Stellungnahme der Kirchen wird dieses Argument nicht vorgebracht (Arbeitsgemeinschaft der Umweltbeauftragten et al., 2003). Zwar findet sich zu Beginn dieses Positionspapiers die Aussage, wonach die Ehrfurcht vor dem von Gott geschaffenen Leben Vorrang vor dem technisch Machbaren habe; die eigentliche Argumentation erfolgt jedoch ohne Rekurs auf kategorische oder theologische Argumente. Damit erkennt das ökumenische Positionspapier implizit an, dass der gesellschaftliche Diskurs über die „grüne" Gentechnik auch ohne kategorische Argumente geführt werden kann. Es ist sicherlich jeder Person dennoch gestattet, die „grüne" Gentechnik aufgrund weltanschaulicher (religiöser, naturphilosophischer) Positionen prinzipiell abzulehnen. Dieser so begründeten Ablehnung ist verbraucherpolitisch Rechnung zu tragen (Kennzeichnungspflicht, Sicherstellung der Produktion gentechnikfreier Nahrungsmittel, Abschn. 10.2.4).

862. Der Umweltrat gelangt daher zu der Auffassung, dass die kategorischen Argumente entweder gescheitert sind oder lediglich einen weltanschaulichen Charakter haben (ausführlich und mit gleichem Ergebnis COMSTOCK, 2000). Die kategorischen Argumente können ein rechtliches Verbot der „grünen" Gentechnik nicht begründen. Sie sind bei der Gesamtbeurteilung dieser Technologie nur wenig hilfreich. Die moralische Emphase, mit der die „grüne" Gentechnik von vielen abgelehnt wird, muss sich daher auf andere Argumente stützen können. Das Argument der „Eingriffstiefe" ist als ein Risiko-Argument zu verstehen. Es kann zudem vermutet werden, dass viele Personen mit der Redeweise, der Mensch solle nicht „Gott spielen", ihr Unbehagen hinsichtlich der Unübersichtlichkeit der Folgen artikulieren wollen. Dieses Unbehagen ist verständlich. Eine sorgfältige und an Vorsichtsprinzipien orientierte Regulierung dürfte ihm Rechnung tragen können.

10.2.1.2 Risiko-Argumente

863. Das Scheitern kategorischer Argumente hat keine Implikationen für die Einschätzung der Vertretbarkeit oder Unvertretbarkeit der Risiken der „grünen" Gentechnik. Jede Risikobewertung setzt einen allgemeinen *Schadenbegriff* voraus. Da im Konfliktfeld der „grünen" Gentechnik kein einvernehmlich geteilter Schadenbegriff unterstellt werden kann, bedarf dieser Begriff einer Klärung. Dies ist insbesondere für den Bereich der ökologischen Risiken von Bedeutung (Abschn. 10.2.3.1). Ein Schaden ist immer eine unerwünschte Veränderung, das heißt der Eintritt eines unerwünschten Ereignisses (BRAND, 2004). In anderer Begrifflichkeit kann auch von der Verletzung von Interessen, von der Beeinträchtigung von Schutzgütern oder von Nutzeneinbußen gesprochen werden. Es muss aber immer einen Wertenden geben, für den der Eintritt eines Ereignisses eine Veränderung zum Schlechteren ist. Dies schließt nicht aus, dass das gleiche Ereignis für eine Person einen Nutzen und für eine andere Person einen Schaden darstellt.

864. Anhand von rechtlich fixierten Schutzgütern ist zwischen möglichen ökologischen Schäden, also Schäden an natürlichen Wirkungsgefügen (Abschn. 10.2.3), möglichen Gesundheitsschäden (Abschn. 10.2.2) und möglichen sozioökonomischen Schäden durch die „grüne" Gentechnik (Abschn. 10.2.4) zu unterscheiden. Schäden für die Landwirtschaft, insbesondere für den ökologischen Landbau, werden im Folgenden als sozioökonomische Schäden verstanden.

865. Als Risiko wird das mögliche Eintreten eines Schadenereignisses bezeichnet. Von einem berechenbaren Risiko spricht man dann, wenn man dem Eintreten eines möglichen Schadenereignisses einen Wahrscheinlichkeitswert zwischen null und eins zuweisen kann. Lässt sich die Eintrittswahrscheinlichkeit nicht quantitativ ermitteln, so liegt ein Fall von Ungewissheit vor (Tz. 873). Einfache Risikotheorien gehen modellhaft von einer Standardsituation aus, in der eine einzelne Person überlegt, ob sie eine Handlung ausführen soll, die insofern ein Wagnis darstellt, als einer Gewinnaussicht (Nutzen) eine Schadenmöglichkeit (Risiko) gegenübersteht. Es wird dann angenommen, dass diese Person nach subjektiven Erwartungswerten ihren Nutzen maximieren möchte und dementsprechend entscheidet. Die Beurteilung der Risiken der „grünen" Gentechnik kann aufgrund der Komplexität der Gesamtsituation jedoch nicht in diesem Standardmodell erfolgen.

In komplexen Fällen wie der Beurteilung der Risiken der „grünen" Gentechnik werden Risiken anhand bestimmter Faktoren (Parameter) auf ihre Vertretbarkeit hin beurteilt. Üblich ist die Unterscheidung der Faktoren Schadensausmaß und Eintrittswahrscheinlichkeit. Diese werden in der „klassischen" Risikoformel multiplikativ verknüpft. In der neueren Risikotheorie wurden weitere Parameter diskutiert (beispielsweise Verteilungsgerechtigkeit, Reversibilität, Zeitdimension, Neuartigkeit usw.), mithilfe derer die klassische Risikoformel erweitert werden sollte (OTT, 1998, S. 122). Die Gesamtheit der verschiedenen Faktoren kann nicht mitsamt den Nutzenerwartungen in einen Algorithmus überführt werden, sondern muss kritisch beurteilt werden. Dies ist die Aufgabe der Risikobewertung (Risikokommission, 2003). Allerdings würde allein die Betrachtung des Faktors „Reversibilität" in Bezug auf ökologische Schäden in vielfältige und tief greifende wissenschaftliche Kontroversen führen. Aus Gründen der Vereinfachung beschränkt sich die folgende Darstellung daher auf die beiden Parameter der klassischen Risikoformel.

10.2.2 Gesundheitliche Risiken

866. Ein Großteil der Bevölkerung befürchtet, durch den Verzehr von gentechnisch veränderten Pflanzen oder von daraus hergestellten Produkten negative gesundheitliche Effekte zu erleiden. Ein deutliches Beispiel für diese Bedenken ist die Tatsache, dass eine Spende von gentechnisch verändertem Mais von dem an Lebensmittelknappheit leidenden Sambia im südlichen Afrika mit der Bitte zurückgewiesen wurde, keinen gentechnisch veränderten, sondern konventionellen Mais zu schicken. Diese Reaktion wurde vor allem durch ethische Bedenken geprägt, potenziell gesundheitlich bedenkliche Lebensmittel an ein Land zu senden, dessen Bevölkerung aus Gründen des Mangels an Lebensmitteln nicht die gleiche Entscheidungsfreiheit wie beispielsweise Europa hat (MUULA und MFUTSO-BENGO, 2003). Auch bei einer Umfrage in Schweden wurden vom überwiegenden Anteil der Befragten gesundheitliche, ethische und moralische Bedenken angegeben. Selbst mögliche Vorteile der GVO-haltigen Produkte wie besserer Geschmack oder geringerer Preis konnten die Einstellung nicht ändern (MAGNUSSON und KOIVISTO HURSTI, 2002).

867. Diese Ängste und Befürchtungen entsprechen nicht unbedingt den nachweisbaren gesundheitlichen Risiken durch den Verzehr von Lebensmitteln mit gentechnisch veränderten Pflanzen. Aus Erfahrung mit konventionell hergestellten Produkten ist bekannt, dass die menschliche Gesundheit durch unbekannte Toxine und nachteilige immunologische Reaktionen, zu denen auch Allergien zählen, gefährdet sein könnte. Die Prävalenz der Lebensmittelallergiker liegt bei Erwachsenen zwischen 1 und 2 % und bei Kindern zwischen 5 und 6 % (BERNSTEIN et al., 2003; TRYPHONAS et al., 2003). Allerdings konnte gezeigt werden, dass das Risiko, eine Lebensmittelallergie gegen ein bekanntes Allergen zu erwerben, minimal ist, wenn die Menge des allergenen Proteins in den Lebensmitteln je verzehrter Portion nicht höher als 1 mg liegt (TAYLOR und HEFLE, 2001).

Aus Tierversuchen sind mehrere Fälle bekannt, in denen negative gesundheitliche Effekte durch das Einbringen fremder Gensequenzen auftraten. So wurde ein lectincodierendes Gen des Schneeglöckchens in das Genom der Kartoffel eingebracht (EWEN und PUSZTAI, 1999). Lectine haben grundsätzlich ein hohes toxisches Potenzial, und so riefen roh verfütterte Kartoffeln bei Ratten Gesundheitsschäden hervor. Allerdings sind rohe Kartoffeln grundsätzlich für den Verzehr ungeeignet und enthalten von Natur aus reichlich Toxine und Verbindungen, die Ernährungsmangelerscheinungen hervorrufen (DFG, 2001). Ein gesundheitliches Risiko beim Verzehr gekochter Kartoffeln, die das lectincodierende Gen des Schneeglöckchens enthielten, konnte nicht nachgewiesen werden (EWEN und PUSZTAI, 1999).

Die gentechnische Übertragung eines Hauptallergens aus der Paranuss in die Sojabohne konnte identifiziert werden, indem es an Seren von Allergikern getestet wurde (NORDLEE et al., 1996). Die Entwicklung wurde daraufhin gestoppt, woran zu erkennen ist, dass die Lebensmittelüberwachung in derartigen Fällen erfolgreich sein kann. Selbst wenn – aufgrund des zurzeit nicht möglichen Anbaus von GVO – wenige Untersuchungen zu gesundheitlichen Auswirkungen gentechnisch veränderter Lebensmittel existieren, haben sich nach Aussage der DFG die Regeln und Vorschriften des Gentechnik- und Lebensmittelrechts zur Überprüfung der gesundheitlichen Unbedenklichkeit gentechnisch veränderter Nutzpflanzen weit gehend bewährt (DFG, 2001).

Typische und für eine Allergenität verantwortliche Eigenschaften wie die molekulare Struktur und die Stabilität der allergieauslösenden Proteine im Verdauungsprozess sind größtenteils bekannt (JANY und GREINER, 1998). Werden Proteine während der Verdauung schlecht oder nicht abgebaut, wird ihnen ein höheres allergenes Potenzial zugeschrieben. Diese Korrelation trifft jedoch nicht auf sämtliche allergenen Proteine zu (BANNON et al., 2003). Zusätzlich ist für Proteine, die bisher nicht Bestandteil von Lebensmitteln waren, das allergische Potenzial häufig nicht vorhersagbar und muss daher überprüft werden.

868. Trotz der Einschätzung, dass das Risiko für die Entstehung neuer Lebensmittelallergien relativ gering sein dürfte, müssen Lebensmittel auf ihre gesundheitliche Unbedenklichkeit hin geprüft werden. Eine derartige Prüfung betrifft auch solche Lebensmittel, die ohne Hilfe der Gentechnik erzeugt wurden.

Am Beispiel des Allergens des Schneeglöckchens in der Kartoffel wird deutlich, dass auch potenziell auftretende toxische Inhaltsstoffe bereits sehr früh erkannt werden können. Dies gilt insbesondere dann, wenn sie einer lebensmittelhygienischen Risikoanalyse unterzogen werden. Auf diese Weise werden Lebensmittel mit toxischen Inhaltsstoffen bereits vor der Vermarktung erkannt, womit eine gesundheitliche Gefährdung der Bevölkerung nahezu ausgeschlossen werden kann. Ebenso wie toxische Inhaltsstoffe können auch potenziell allergisch wirkende Proteine durch eine Risikoanalyse nachgewiesen werden.

In Deutschland ist seit dem 1. November 2002 das Bundesinstitut für Risikobewertung (BfR) für die lebensmittelhygienische Kontrolle zuständig. Das BfR unterzieht – entsprechend der neuen Verordnung über GV-Lebens- und -Futtermittel (VO Nr. 1829/2003/EG) – die zu prüfenden Lebensmittel im Rahmen einer Risikoanalyse einer Risikobewertung (Gefahrenidentifizierung und -charakterisierung, Expositionsabschätzung und Charakterisierung des Risikos). Das BfR berichtet an die im Januar 2003 eingerichtete Europäische Behörde für Lebensmittelsicherheit (EFSA, *European Food Safety Authority*). Diese Einrichtung ist ebenfalls für die lebensmittelhygienische Kontrolle von Lebensmitteln mit gentechnisch veränderten Pflanzen zuständig und auf europäischer Ebene dafür verantwortlich, dass derartige Lebensmittel auf ihr gesundheitliches Risiko hin geprüft werden.

Das BfR legt für die Risikoanalyse und Risikobewertung einen so genannten Entscheidungsbaum zugrunde, der 1995 von der *Food and Agricultural Organization* (FAO) und der *World Health Organization* (WHO) initiiert und 2001 aktualisiert wurde (FAO/WHO, 2001). Darin soll eine substanzielle Äquivalenz (*substantial equivalence*) der GVO-haltigen Produkte mit nicht biotechnologisch hergestellten Lebensmitteln als Maßstab herangezogen werden. Allerdings fehlen für den Nachweis einer substanziellen Äquivalenz notwendige mehrjährige Anbauversuche (SPÖK et al., 2002). Um die Allergenität eines „neuen" Proteins zu bestimmen, gibt es kein einzelnes geeignetes Testverfahren. Es müssen verschiedene Eigenschaften des Proteins berücksichtigt werden, die sich auf die Verwandtschaft des neuen Proteins mit bekannten Allergenen beziehen:

– die Quelle des neuen Gens,

– die Sequenz-Homologie zu bekannten Allergenen,

– der Expressionslevel des neuen Proteins in der veränderten Pflanze,

– die Reaktivität des neuen Proteins mit IgE (Immunglobulin E) aus Serum von entsprechenden Allergikern und

– die Stabilität während der Verdauung (Pepsin-Resistenz).

Je nachdem, ob Lebensmittel durch die verschiedenen Testverfahren als möglicherweise allergen oder nicht allergen eingestuft werden, lässt sich anhand des Entscheidungsbaumes das weitere Vorgehen ableiten, um so das Risiko einstufen zu können. Kann ein Risiko nicht ausgeschlossen werden, sollte ein Monitoring nach der Markteinführung in Betracht gezogen werden.

869. Die Methoden für eine Risikoanalyse hinsichtlich einer möglichen Allergenität sind zum Teil hinsichtlich ihrer Aussagekraft sowie ihrer Einsatzfähigkeit als Methode für ein Screening und Monitoring nach der Markteinführung umstritten (Überblick dazu s. SPÖK et al., 2002; GERMOLEC et al., 2003). Es werden beispielsweise potenziell allergene Proteine unter anderem an Seren von Allergikern getestet, es können Haut-Allergie-Tests durchgeführt werden oder Tier- beziehungsweise *in vitro*-Modelle zur Bestimmung der Allergenität eingesetzt werden. Selbst bei optimalem Einsatz der Methoden zur Risikoanalyse kann bei „neuen" und bisher nicht in Lebensmitteln eingesetzten Proteinen trotz der bekannten Proteineigenschaften keine vollständige Risikofreiheit garantiert werden (GERMOLEC et al., 2003; METCALFE, 2003).

Zu dem gleichen Schluss kommt eine Überprüfung der Antragsunterlagen, die gemäß der Freisetzungsrichtlinie (RL 2001/18/EG) in Österreich eingereicht worden sind (SPÖK et al., 2002). Die Autoren stellten fest, dass weder die potenziell allergenen Eigenschaften der beantragten GVO noch etwaige sekundäre Effekte wie verstärkte Ausprägungen von anderen Allergien überprüft wurden. In den untersuchten Fällen war die Sicherheitsbewertung des allergologischen Potenzials hauptsächlich von Argumenten gestützt, die auf Sequenzhomologien mit bekannten Allergenen basierten. Für eine Risikoanalyse sollten allerdings neben den potenziell allergenen Eigenschaften unter anderem auch toxische, subchronische und mutagene Wirkungen berücksichtigt werden (FAO/WHO, 2001).

870. Bei einer Bewertung der gesundheitlichen Risiken muss auch die Möglichkeit eines Gentransfers der gentechnisch veränderten Sequenzen auf die Mikroorganismen der Darmflora beachtet werden. Es besteht die Möglichkeit, dass veränderte Gensequenzen, die in das Genom von Mikroorganismen eingebracht werden, einen Selektionsvorteil darstellen und sich somit anreichern. Die immer weiter ansteigende Anzahl an multiresistenten Mikroorganismen verdeutlicht, dass ein Gentransfer zumindest zwischen Mikroorganismen nicht ausgeschlossen werden kann (DFG, 2001). Allerdings ist die Wahrscheinlichkeit, dass sich eine neue Eigenschaft bei Bakterien ohne einen Selektionsvorteil in der Population durchsetzt, sehr gering (JONAS et al., 2001).

Eine weitere Befürchtung betrifft eine mögliche gesundheitliche Gefährdung durch den Einsatz von Antibiotikaresistenzgenen in Pflanzen als Selektionsmarker, die dazu führen könnten, dass pathogene Bakterien diese Resistenzgene in ihr eigenes Genom einbauen und auf diese Weise ebenfalls Multiresistenzen entwickeln können, sodass die verfügbaren Antibiotika nicht mehr wirksam gegen bakterielle Infektionen eingesetzt werden könnten.

Bislang konnte für die zurzeit auf dem Markt befindlichen gentechnisch modifizierten Pflanzen kein gesundheitliches Risiko in dieser Hinsicht nachgewiesen werden (Übersicht bei BAKSHI, 2003). Da aber trotzdem die Möglichkeit des unerwünschten Gentransfers besteht, der dann ein ernst zu nehmendes gesundheitliches Problem darstellen würde, werden zunehmend andere Selektionsmarker eingesetzt. Die Freisetzungsrichtlinie schreibt in Artikel 4 Abs. 2 vor, dass in den EU-Mitgliedstaaten die Verwendung von Antibiotikaresistenzmarkern, die schädliche Auswirkungen auf die menschliche Gesundheit oder die Umwelt haben können, in GVO-Produkten bis zum 31. Dezember 2004 schrittweise eingestellt wird. Bei zu Forschungszwecken freigesetzten GVO gilt als Frist der 31. Dezember 2008.

10.2.2.1 Bewertung der gesundheitlichen Risiken

871. Bezogen auf bereits zugelassene Lebensmittel, die aus gentechnisch veränderten Pflanzen der ersten Generation hergestellt wurden, ist festzuhalten, dass bislang keine gesundheitsgefährdenden Inhaltsstoffe aufgetreten sind. Die allergischen und toxischen Potenziale pflanzlicher Proteine bestehen unabhängig von der Art der Herstellung. Selbstverständlich bedarf es einer Überprüfung sämtlicher neuer Lebensmittel hinsichtlich einer Gefährdung. Nach der Novel-Food-Verordnung (VO Nr. 258/97/EG), beziehungsweise seit dem 18. Oktober 2003 nach der neuen Verordnung über GV-Lebens- und -Futtermittel (VO Nr. 1829/2003/EG), ist geregelt, welche Prozesse solche Lebensmittel durchlaufen müssen, bevor sie vermarktet werden. Diese Aufgabe nimmt seit 2002 das BfR wahr. Obwohl nicht mit absoluter Sicherheit das Auftreten von unvorhergesehenen Gesundheitseffekten wie das Auftreten neuer Lebensmittelallergien ausgeschlossen werden kann, schätzt der Umweltrat die Wahrscheinlichkeit einer gesundheitlichen Gefahr eher gering ein. Aus diesen Gründen hält der Umweltrat die lebensmittelhygienische Kontrolle von Lebensmitteln, die gentechnisch veränderte Pflanzen beinhalten, durch das gegenwärtige Überwachungsregime für hinreichend gewährleistet.

872. Risiken für Mensch und Umwelt, die sich durch gentechnisch veränderte Pflanzen der zweiten und dritten Generation ergeben können, sind vielfältig und können in diesem Gutachten aufgrund ihrer allein theoretischen Fülle nicht umfassend erörtert werden. Es ist vor allem Aufgabe der mit der Einschätzung der Risiken betrauten Zulassungsstellen, diese zu bewerten. Die nach Einschätzung des Umweltrates in diesem Zusammenhang nach heutigen Erkenntnissen relevanten Punkte werden im Folgenden zusammenfassend diskutiert.

Neben den ökologischen Risiken der „grünen" Gentechnik (Abschn. 10.2.3) muss im gesundheitlichen Bereich zusätzlich mit verdeckten Risiken gerechnet werden. Dabei handelt es sich in erster Linie um Fragen zu der Wirkungsweise und zu Nebenwirkungen der neuen Proteine. Derartige Fragen sind im Rahmen von klinischen Studien im Zulassungsverfahren auf Freisetzung und Inverkehrbringen zu klären. In jedem Fall sollte die Sicherheit der Nahrungsmittel garantiert werden. Dazu hat die Europäische Union unter Berücksichtigung des Vorsorgeprinzips ein Weißbuch zur Lebensmittelsicherheit verabschiedet (*White Paper on Food Safety*, COM/99/719) und durch die Verordnung über GV-Lebens- und -Futtermittel ein Instrument für die Sicherheitsbewertung geschaffen. Darüber hinaus ist es erforderlich, den tatsächlichen Nutzen für Menschen zu klären, da bislang wenig darüber bekannt ist, welche Substanzen in welchen Dosen eine gewünschte Wirkung erzielen. Auch gibt es nur wenige Daten über synergistische Effekte mit anderen Nahrungsbestandteilen der *Functional Foods* oder verschiedener wirksamer Produkte untereinander (TAPPESER, 2003).

Bezogen auf die Wirkung von in Pflanzen produzierten fremden Proteinen muss berücksichtigt werden, dass deren Ausbildung nicht immer dem Protein aus der Ursprungspflanze entspricht. Die mit dieser unterschiedlichen Struktur einhergehende unterschiedliche Wirkung kann nicht unbedingt vorherbestimmt werden. Weiterhin ist es notwendig, eine Expressionssteigerung zu erzielen, sodass das Zielprotein in ausreichendem Maß vorhanden ist. Zurzeit wird eine ausreichende Steigerung der Expressionsprodukte nicht in allen Systemen erreicht.

10.2.3 Ökologische Risiken

873. Bezüglich der möglichen ökologischen Risiken der „grünen" Gentechnik liegen große Wissenslücken vor. Dies gilt sowohl hinsichtlich der Eintrittswahrscheinlichkeit von ökologischen Schäden als auch hinsichtlich der möglichen Schadenausmaße. Daher liegen Schadenmöglichkeiten im Modus der Ungewissheit vor (s. auch WBGU, 1999, S. 112). Dazu tragen folgende Faktoren bei:

– das Fehlen verlässlicher ökologischer Basisdaten,

– im Experiment gewonnene Ergebnisse können nur unter großen Unsicherheiten und ohne hinreichende Berücksichtigung lokaler ökologischer Kontexte auf großräumige Freilandbedingungen übertragen werden (s. auch MARVIER, 2002),

– die Schwierigkeit, das Auftreten seltener Ereignisse innerhalb kurzfristig angelegter Experimente oder Monitoringprogramme nachzuweisen,

– das Problem der zeitlichen Verzögerung und örtlichen Verschiebung zwischen der Ausbringung von GVO und den Manifestationen ökologischer Auswirkungen,

– Triggereffekte: Wirkungen entfalten sich nur unter bestimmten ungünstigen Randbedingungen oder Extremsituationen, zum Beispiel unter (ökologischen) Stressbedingungen wie extremer Witterung etc. und bleiben daher lange Zeit verborgen,

– Eigenschaften der in gentechnisch veränderte Pflanzen insertierten Gene (Fähigkeit zur Selbstreproduktion, Adaptabilität, situative Vermehrungs- und Kompostierungsraten, erschwerte oder fehlende Rückholbarkeit usw.),

– mangelndes Wissen bezüglich der Komplexität (Wechselwirkungen, Rückkopplungen etc.) von Ökosystemen.

Daher lässt sich aus den bisherigen Erfahrungen mit gentechnisch veränderten Pflanzen nicht mit Sicherheit auf die objektive Wahrscheinlichkeit der Risiken der heutigen und erst recht nicht auf die Risiken in der Zukunft entwickelter gentechnisch veränderter Pflanzen schließen. Ein abwägendes und abschließendes Urteil über die ökologischen Risiken der „grünen" Gentechnik kann unter anderem auch deshalb noch nicht gefällt werden, weil das Eintreten der möglichen Schadenereignisse, und damit deren Nachweis, Jahrzehnte beanspruchen kann. Also muss gegenwärtig unter Ungewissheit sowie unter Bedingungen wissenschaftlicher Kontroversen entschieden und gehandelt werden. Aufgrund der bestehenden Ungewissheiten ist eine besondere Sorgfalt bei der Bewertung ökologischer Risiken an den Tag zu legen.

874. Die Einschätzung der bestehenden Risiken ist abhängig von der Art des zugrunde gelegten Konzepts. Die Kontroverse zwischen additivem und synergistischem Risikokonzept ist hierfür exemplarisch (Deutscher Bundestag, 1987; REGAL, 1994; HEYWOOD und WATSON, 1995). Im *additiven* Konzept geht man davon aus, dass sich das Schadenpotenzial eines gentechnisch veränderten Organismus aus dem Risiko des unveränderten Organismus und dem der jeweils zugefügten Gensequenz zusammensetzt. Im *synergistischen* Konzept wird die Möglichkeit der unvorhersagbaren Entstehung emergenter und unerwünschter, womöglich gar adaptiver Eigenschaften betont. Der derzeitige Stand der Forschung legt es nahe, in Bezug auf ökologische Risiken synergistische Konzepte anzuwenden, weil die bisherigen Techniken eine im Detail kontrollierbare Integration des eingefügten Gens in das Zielgenom nicht immer ermöglichen. Interaktionen zwischen dem Transgen und dem genetischen Hintergrund des Empfängerorganismus, transgene Sequenzen, welche selbst die Eigenschaft besitzen, unter bestimmten Bedingungen mit einer Änderung des Expressionsverhaltens zu reagieren, oder Interaktionen zwischen viralen Faktoren und dem Wirtsorganismus können zur instabilen Ausprägung transgener Merkmale führen (z. B. TAPPESER et al., 2000; PICKARDT und de KATHEN, 2002). Es ist nicht widersprüchlich, im Hinblick auf gesundheitliche Risiken mit additiven und im Hinblick auf ökologische Risiken mit synergistischen Modellen zu arbeiten, sofern sich die jeweilige Modellierung plausibel begründen lässt.

875. Ein anderer Streitpunkt betrifft die Frage, ob und inwieweit es sich bei den Risiken der „grünen" Gentechnik um „besondere" Risiken handele, das heißt um solche, die bei herkömmlichen Nutzpflanzen prinzipiell nicht auftreten können. Es wird von einigen gentechnikkritischen Autoren gefordert, die Anerkennung der Besonderheit der Risiken zur Voraussetzung jeder Risiko-Nutzen-Abwägung zu machen (Grüne Akademie, 2001, S. 14). Die Debatte um „besondere" Risiken stand auch im Mittelpunkt eines hinsichtlich Konzeption, Ablauf und Ergebnis umstrittenen Diskursverfahrens zu herbizidresistenten Pflanzen, das vom Wissenschaftszentrum Berlin organisiert wurde (zur Analyse des so genannten WZB-Verfahrens s. SKORUPINSKI und OTT, 2000, S. 114 ff.). Ein Konsens in der Frage nach „besonderen"

Risiken konnte in diesem Verfahren unter den Beteiligten nicht erzielt werden. Aus Sicht der Organisatoren jedoch konnte es als ein Ergebnis des Diskursverfahrens gelten, dass es keine erkennbaren besonderen Risiken gentechnisch veränderter herbizidresistenter Pflanzen gibt (vgl. BORA und van den DAELE, 1997, S. 141). Als „besondere" Risiken wurden von den Organisatoren dieses Verfahrens allerdings nur solche betrachtet, die neuartig *und* für transgene Pflanzen spezifisch („methodenspezifisch") sind, also bei herkömmlichen Züchtungstechniken prinzipiell nicht auftreten können. Diese Definition machte es nahezu unmöglich, besondere Risiken nachzuweisen (SKORUPINSKI und OTT, 2000, S. 128 f.). Als „besonderes" Risiko könnten allenfalls die oben genannten Pleiotropie- oder Positionseffekte angesehen werden, welche in der herkömmlichen Züchtung durch einen klaren Regulationszusammenhang der Gensequenzen kaum auftreten. Die ebenfalls als „besonderes" Risiko bezeichneten Faktoren Unkalkulierbarkeit, Irreversibilität oder der Zeitfaktor (mögliche Schäden erst nach langer Zeit) sind insofern keine besonderen Risiken, da diese Faktoren zum Beispiel auch bei der Aussetzung und Einschleppung gebietsfremder Kulturarten (KOWARIK, 2003; vgl. Tz. 125) und beim Einsatz von Pflanzenschutzmitteln auftreten können. Die Argumentation hinsichtlich besonderer Risiken hat sich insgesamt als nicht weiterführend erwiesen. Die Einschätzung der Risiken der „grünen" Gentechnik kann aus der Sicht des Umweltrates im Rahmen einer „normalen" Risikobeurteilung erfolgen, in der normative Maßstäbe wie das Vorsorgeprinzip und die Verantwortung für die nachfolgenden Generationen ernst genommen werden.

10.2.3.1 Der Begriff des ökologischen Schadens

876. Ökologische Schäden sind schwierig fassbar, weil durch vielfältige Eingriffe des Menschen in natürliche Prozesse die Abgrenzung zwischen Schaden und normalen Veränderungen problematisch ist. Daher ist es strittig, ob Ereignisse wie Ausbreitung transgener Organismen, Genfluss, Pollenexposition und dergleichen bereits an sich als ökologische Schäden zu gelten haben (BARTSCH, 2004). Deshalb bedarf es eines gesellschaftlichen Konsenses, ob und wann eine durch GVO ausgelöste Veränderung der natürlichen Umwelt einen ökologischen Schaden darstellt. Es müssen daher eine Definition des ökologischen Schadens vorgenommen, Schutzgüter identifiziert und Schwellen festgelegt werden, jenseits derer Ereignisse, die sich kausal auf GVO zurückführen lassen, aber sich gemäß biologischen Gesetzmäßigkeiten vollziehen (beispielsweise Genfluss), einen ökologischen Schaden darstellen. Die Konzeption eines ökologischen Schadens muss in ihrer Sachdimension prinzipiell einer Operationalisierbarkeit zugänglich, das heißt in ein Messprogramm überführbar sein (Tz. 928–930).

877. Der Begriff des ökologischen Schadens ist bislang von der Rechtswissenschaft nicht einheitlich definiert (LUMMERT und THIEM, 1980; NAWRATH, 1982; FEESS-DÖRR et al., 1992; ERICHSEN, 1993; MEYER-ABICH, 2001; KOKOTT et al., 2003). Einvernehmen liegt dagegen hinsichtlich des Schutzobjektes vor, nämlich des Naturhaushaltes mit seinen Bestandteilen und in seinem Wirkungsgefüge (ERICHSEN, 1993, S. 25; MEYER-ABICH, 2001, S. 187). Schutzgüter sind laut § 1 GenTG „Leben und Gesundheit von Menschen, Tiere, Pflanzen sowie die sonstige Umwelt in ihrem Wirkungsgefüge und Sachgüter" und laut Artikel 1 Freisetzungsrichtlinie (2001/18/EG) die menschliche Gesundheit und die Umwelt.

Ökologische Schäden sind nach ERICHSEN (1993, S. 25) und KOKOTT et al. (2003, S. 9) grundsätzlich Schäden an kollektiven Naturgütern, nämlich an Naturgütern, die allen Menschen in einem Staat zur Nutzung offen stehen, wogegen MEYER-ABICH (2001, S. 188) diese Abgrenzung nicht unterstützt und individuelle Schäden in den Begriff mit einschließt. Für ökonomische Analysen der Beeinträchtigungen von Naturgütern, an denen keine individuellen Rechtspositionen bestehen, arbeiten KOKOTT et al. (2003) mit einer Arbeitsdefinition für ökologische Schäden (s. Kasten).

Arbeitsdefinition „ökologischer Schaden"

Umweltschaden (*Umweltschaden im weiteren Sinn*) bezeichnet jede durch eine Umwelteinwirkung herbeigeführte Schädigung an Individualrechtsgütern und jeden ökologischen Schaden.

Ökologischer Schaden (*Umweltschaden im engeren Sinn*) ist jede erhebliche und nachhaltige Beeinträchtigung der Naturgüter, die nicht zugleich einen individuellen Schaden darstellt. Erfasst sind insbesondere Beeinträchtigungen von Luft, Klima, Wasser, Boden, der Tier- und Pflanzenwelt und ihrer Wechselwirkungen. Eine Beeinträchtigung ist insbesondere dann erheblich, wenn sie Bestandteile [und Funktionen] des Naturhaushaltes betrifft, die einem besonderen öffentlich-rechtlichen Schutz unterliegen. Sie ist nachhaltig, wenn sie nicht voraussichtlich innerhalb eines kurzen Zeitraumes durch natürliche Entwicklungsprozesse ausgeglichen wird. Diesbezüglich sind zur Vermeidung volkswirtschaftlich unsinniger Maßnahmen Erheblichkeitsschwellen festzulegen (de minimis-Regel).

Quelle: KOKOTT et al., 2003, S. 11, leicht verändert durch Hinzufügung von „und Funktionen"

Bei der Bewertung der ökologischen Risiken der „grünen" Gentechnik liegt ein schutzgutbezogener Ansatz nahe, der für die Praxis des Monitorings präzisiert werden muss. Im Anschluss an die vorliegenden definitorischen Bemühungen lassen sich ökologische Schäden allgemein als Beeinträchtigung natürlicher Schutzgüter (etwa gemäß des Übereinkommens über die biologische Vielfalt [CBD], BNatSchG § 1 und 2 oder Gentechnikgesetz) in ihren Komponenten oder in ihren Wirkungsgefügen definieren (ähnlich auch MEYER-ABICH, 2001, S. 84; BARTSCH, 2004). Dabei ist zu bedenken, dass laut § 2 Abs. 9 BNatSchG die wild lebenden Tiere und Pflanzen und ihre Lebensgemeinschaften als Teil des Naturhaushalts in ihrer *natürlichen und historisch gewachsenen Artenvielfalt* zu schützen sind.

Diese Schutzgüter verweisen auf höherstufige Ziele wie den Erhalt der natürlichen Lebensgrundlagen, der Biodiversität und einer dauerhaft umweltgerechten Landnutzung. Seit der Ratifizierung des Übereinkommens über die biologische Vielfalt besteht die völkerrechtliche Verpflichtung, „die Variabilität unter lebenden Organismen jeglicher Herkunft (…) und die ökologischen Komplexe, zu denen sie gehören" (Art. 2 CBD) zu schützen. Unter ökologischen Risiken werden im Folgenden daher auch mögliche unerwünschte Auswirkungen auf das Schutzgut der biologischen Vielfalt im Sinne dieses Übereinkommens betrachtet (z. B. KOWARIK und SUKOPP, 2000; vgl. auch Kapitel 3.1).

Hervorzuheben ist, dass § 1 GenTG die natürliche Umwelt „in ihrem Wirkungsgefüge" als Schutzgut bestimmt. Der Begriff des Wirkungsgefüges umschließt die dynamischen und wechselseitigen Zusammenhänge zwischen Menschen, Tieren, Pflanzen sowie der sonstigen Umwelt und ermöglicht eine Bezugnahme auf das naturschutzrechtliche Schutzgut „Naturhaushalt" (HIRSCH und SCHMIDT-DIDCZUHN, 1991).

Die Schwierigkeit liegt nicht darin, die wesentlichen Schutzgüter zu identifizieren, sondern darin festzulegen, welche durch GVO hervorgerufenen Veränderungen als Schäden welcher Wertigkeit anzusehen sind, und aus diesen Festlegungen Handlungsanweisungen zu gewinnen. Eine darauf bezogene Operationalisierung wird dadurch erschwert, dass natürliche Schutzgüter eine innere Dynamik aufweisen und die natürlichen Veränderungen (Genfluss, Populationsschwankungen, Veränderungen von Artzusammensetzungen in Ökosystemen usw.) von Veränderungen abgegrenzt werden müssen, die möglicherweise durch GVO ausgelöst wurden.

10.2.3.2 Operationalisierungsstrategien ökologischer Schäden im Kontext der „grünen" Gentechnik

878. Als grundlegend für eine Operationalisierung der Definition eines ökologischen Schadens wurde im „Konzept für das Monitoring von gentechnisch veränderten Organismen (GVO)" der gleichnamigen Bund/Länder AG (BLAG, 2002) die Definition ökologischer Schäden des SRU (1987, Tz. 1691) aufgegriffen. In Fortentwicklung dieses ursprünglich im Kontext der Ökotoxikologie entwickelten Ansatzes versteht der Umweltrat hier als *Indikator* für Schäden an der natürlichen Umwelt in ihrem Wirkungsgefüge, die durch gentechnisch veränderte Organismen verursacht werden können, das Überschreiten natürlicher Variationsbreiten, das heißt solche Veränderungen, die über die natürlichen Variationsbreiten der betroffenen genetischen Vielfalt, Populationen oder Ökosysteme hinausgehen. Ein Beispiel dafür sind mit Hinblick auf die ökosystemare Ebene Veränderungen, die eine Überforderung der natürlichen Pufferungsfähigkeit („Resilienz") eines Ökosystems darstellen (ERICHSEN, 1993). Ein Überschreiten der natürlichen Variationsbreiten sollte aus Vorsorgegründen als Anlass für weitere Untersuchungen und gegebenenfalls für Maßnahmen genommen werden.

Dieser Indikator ist sachgerecht insofern, als die natürliche Variabilität der Schutzgüter umfassend berücksichtigt wird. Er führt allerdings zu einer Reihe von bislang ungelösten methodischen, empirischen und pragmatischen Schwierigkeiten hinsichtlich ihrer Operationalisierung auf unterschiedlichen Skalen. Sofern dieser Indikator als Modellvorstellung genommen und damit zur Grundlage eines Monitoringkonzepts gemacht werden soll, ist diesen Schwierigkeiten besondere Aufmerksamkeit zu widmen. So muss beispielsweise dem Umstand Rechnung getragen werden, dass sich derartige Veränderungen oft nur über größerer Zeiträume hinweg manifestieren. Zudem müssen natürliche Variationsbreiten bekannt sein, wenn Abweichungen von ihnen identifiziert werden sollen (Tz. 873).

Die nachfolgenden Ausführungen, die sich an der Unterscheidung von Ebenen der Biodiversität gemäß CBD orientieren, sind als Beiträge in Richtung auf eine theoretisch abgesicherte und im Rahmen eines Monitorings praktisch handhabbare Präzisierung des Variationsbreitenmodells zu verstehen.

10.2.3.3 Potenzielle Veränderungen der Biodiversität

879. Ursachen schädlicher Auswirkungen können auf den Ebenen der molekularen und physiologischen Prozesse, des Einzelorganismus, der Population, des Ökosystems und der Landschaft auftreten (Tab. 10-3). Folgende Ereignisse können laut Freisetzungsrichtlinie direkte oder indirekte schädliche Auswirkungen hervorrufen (Anhang II der RL, C.2.1.; zu schädlichen Auswirkungen vgl. auch NÖH, 2001):

– Ausbreitung von GVO in die Umwelt,

– Übertragung des eingefügten genetischen Materials auf andere Organismen oder denselben Organismus, sei er genetisch verändert oder nicht,

– phänotypische und genetische Instabilität,

– Wechselwirkung mit anderen Organismen,

– Änderungen der Bewirtschaftung, gegebenenfalls auch bei landwirtschaftlichen Praktiken (Abschn. 10.2.4).

In der Freisetzungsrichtlinie wird die Durchführung eines Monitorings nach Inverkehrbringen verbindlich festgeschrieben. Das Monitoring soll dazu beitragen (lt. Anhang II der Richtlinie) *direkte, indirekte, sofortige* (direkte oder indirekte) und *spätere* (direkte oder indirekte) sowie *kumulative* langfristige Auswirkungen gentechnisch veränderter Organismen auf die menschliche Gesundheit und die Umwelt zu ermitteln. Der Ausdruck „*Kumulative langfristige Auswirkungen*" bezieht sich auf die akkumulierten Wirkungen zahlreicher gestatteter Freisetzungen oder Ereignisse des Inverkehrbringens (engl.: *consents*) auf die Gesundheit des Menschen und die Umwelt, und zwar unter anderem auf die Flora und Fauna, die Bodenfruchtbarkeit, den Abbau von organischen Stoffen im Boden, die Nahrungsmittel-/Nahrungskette, die biologische Vielfalt, die Gesundheit von Tieren und auf Resistenzprobleme in Verbindung mit Antibiotika (Anhang II der Richtlinie).

880. Die Ereignisse, die durch den Einsatz der Gentechnik auf den verschiedenen Ebenen der Biodiversität eintreten und sich manifestieren können, müssen im Sinne der vorgeschlagenen Definition quantitativ erfasst und mit dem natürlichen Auftreten solcher Ereignisse verglichen werden können (Tab. 10-3). Molekulare und physiologische Prozesse ändern sich natürlicherweise nur mit einer geringen Häufigkeit und vor allem nicht massenhaft. Bei unveränderten Umweltbedingungen sind viele phänotypische Ausprägungen im Verlauf der Evolution stabilisiert worden, wogegen Änderungen (Mutationen) auf genotypischer Ebene mit einer relativ gleich bleibenden Rate erfolgen. Phänotypische Veränderungen sind zuerst auf der Ebene des Individuums zu beobachten und sind in aller Regel in Verschiebungen der genotypischen Varianz (Anpassungspotenzial) begründet. Diese registrierbaren Veränderungen nehmen von der Ebene der Populationen bis hin zur Ebene der Landschaft immer weiter ab. Außerdem vergrößern sich die Zeiträume, innerhalb derer die Veränderungen sich vollziehen.

Tabelle 10-3

Potenzielle Veränderungen durch die „grüne" Gentechnik auf den Ebenen der Biodiversität

Ebene	Direkte Auswirkungen, sofort und später, kumulativ	Indirekte Auswirkungen, sofort und später, kumulativ
Molekulare und physiologische Prozesse	– Veränderung des pflanzlichen Stoffwechsels über Positions- oder Pleiotropieeffekte – Transformations- oder Rekombinationsereignisse zwischen Pflanzenzellen und Mikroorganismen	– Verwechselung verschiedener gentechnisch veränderter Varianten der gleichen Nutzpflanzen – z. B. von Mais für den menschlichen Bedarf mit Futtermais (Starlink-Affäre) – mit dem Risiko allergener oder toxischer Wirkung – Unverträglichkeiten des veränderten Stoffwechselproduktes in der Nahrungskette
Individuum	Veränderungen individueller Merkmale und Eigenschaften der Organismen durch – Introgression – Hybridisierung	– Weitergabe der integrierten Sequenzen in die Population – Weitergabe der integrierten Sequenzen in verwandte Arten – Unverträglichkeiten des veränderten Stoffwechselproduktes in der Nahrungskette
Population	– Vermehrung und Ausbreitung rekombinanter Pflanzen – Resistenzentwicklungen	– Die Mehrzahl der transgenen Pflanzen besitzen Eigenschaften wie Herbizid- oder Insektenresistenz, die Wildpflanzen einen Fitness-Vorteil verschaffen könnten – Bei Insektiziden in transgenen Pflanzen (Bt-Toxin) oder bei chemisch-biologischen Mitteln Auswirkungen auf andere Insekten; bei Fungiziden in transgenen Pflanzen oder anderen Mitteln auf nützliche Pilze auf Blättern und im Boden – Unverträglichkeiten des veränderten Stoffwechselproduktes in der Nahrungskette
Ökosystem	– Nahrungsketteneffekte (Räuber-Beute-Prozesse) – Wirkungen auf das Artenspektrum – Wirkungen auf den Stoffhaushalt (biogeochemische Prozesse)	– Neue, nicht-selektive und wirksamere Herbizide, die in Kombination mit gentechnisch veränderten Pflanzen eingesetzt werden, können auf die Ausbreitung von Pflanzen, Tieren oder Mikroorganismen wirken (Toxizität, Resistenzbildung, Artenverschiebung). – Unverträglichkeiten des veränderten Stoffwechselproduktes in der Nahrungskette
Landschaft	– Merkmale der Landschaftsausstattung – Veränderungen des Landschaftsbildes durch Umstellung der landwirtschaftlichen Bearbeitungsform	– Verlust der Extremstandorte als Rückzugsflächen für gefährdete Arten durch Gebrauch bisher von der Landwirtschaft gemiedener Flächen wie versalzter, sehr feuchter oder sehr trockener Standorte

SRU/UG 2004/Tab. 10-3

Systemisch bedingt werden Veränderungen auf der genetischen Ebene zuerst nachweisbar sein, auf der Art- und Populationsebene erst später; Änderungen auf Ökosystemebene werden durch die komplexen Funktionsketten zuletzt offensichtlich. Gleichzeitig steigt jedoch die Wahrnehmbarkeit der Veränderung. Dies bedeutet, dass vordringlich eine Operationalisierung des Variationsbreitenindikators auf der genetischen Ebene anzustreben ist. Mögliche Ansätze bieten die Konzepte der *Evolutionary Significant Units* (ESU's) (RYDER, 1986) beziehungsweise der *Operational Conservation Units* (OCU's) (DODSON et al., 1998; SCHLIEWEN et al., 2003).

881. Wissenschaftlich bewiesen ist inzwischen, dass Auskreuzungen der insertierten Gene in Wildpopulationen stattfinden können (Tz. 882). Der Verlust der natürlichen genetischen Vielfalt (genetische Erosion) ist nur mit großen Schwierigkeiten zu bestimmen. Mit der Entwicklung von hochvariablen DNA-Markern hat sich in den letzten Jahren die Möglichkeit ergeben, objektive Kriterien für den natürlichen Differenzierungsgrad von Populationen und Spezies zu schaffen. Dennoch ist bis zum heutigen Zeitpunkt wenig über den Grad und die Bedeutung lokaler genetischer Differenzierung vor allem mitteleuropäischer Populationen bekannt (WINGENDER und KLINGENSTEIN, 2000). Es fehlt damit auch an objektiven Einschätzungen darüber, welchen potenziellen Verlust und welchen Schaden der Einfluss von artgleichem, aber genetisch verändertem Genmaterial hervorrufen kann. Die theoretisch denkbaren negativen Effekte können im Laufe längerer Dauer der Einkreuzungen (kumulativ) weit über den Verlust lokaler genetischer Differenzierung hinausgehen.

Molekulare und physiologische Prozesse können durch Positionseffekte und *Gene Silencing* sowie andere unerwartete Zusammenhänge (z. B. Temperaturabhängigkeit, Virusbefall) zu unerwartetem Verhalten der gentechnisch veränderten Pflanzen führen (SAXENA und STOTZKY, 2001; PICKARDT und de KATHEN, 2002). Dadurch können der Stoffwechsel des GVO und dessen Produkte mit unerwarteten Folgen für dessen Einbindung in Nahrungsnetze und Ökosysteme verändert werden. Unerwartete Eigenschaften der gentechnisch veränderten Pflanze sind zum Beispiel Lignin-Erhöhungen in herbizidresistenten Sojabohnen (TAPPESER et al., 2000).

882. Auf der genetischen Ebene des *Individuums* können Veränderungen individueller Merkmale und Eigenschaften der Organismen durch Introgression oder Hybridisierung auftreten. Nachweise für Einkreuzungen von gentechnisch veränderten Pflanzen in Wildpopulationen liegen zum Beispiel für Einkreuzungen in die Wildform der Zuckerrübe, des Rapses und der Sonnenblume vor (DESPLANQUE et al., 2002; HALFHILL et al., 2002; RIEGER et al., 2002; SNOW et al., 2003). Literaturübersichten über die durch Pollenflug überwundenen Distanzen für Mais, Raps und Weizen finden sich in TREU und EMBERLIN (2000) und BARTH et al. (2003). Multiresistenzen durch die Übertragung transgenen Pollens haben sich beim Raps gebildet (HALL et al., 2000). Eine Studie der *University of Newcastle* wies nach, dass insertierte bakterielle Gensequenzen – wie auch gentechnisch unveränderte DNA-Sequenzen – im menschlichen Verdauungssystem kurzzeitig stabil bleiben können (Food Standards Agency, 2002). Auch in der Natur findet Genfluss statt (LEVIN und KERSTER, 1974; ELLSTRAND und HOFFMANN, 1990). Jedoch stammen die Gensequenzen aus Genen, die natürlicherweise in den beteiligten Populationen vorkommen oder aus artverwandten Kultursorten (BECKER, 2000), nicht jedoch aus anderen Arten, Ordnungen und Klassen. Die Häufigkeit des Genflusses variiert stark zwischen den einzelnen Pflanzenfamilien und Arten, auch von Jahr zu Jahr. Mikroorganismen, insbesondere Bakterien, nutzen horizontalen Gentransfer, um die evolutiven Nachteile durch die fehlende sexuelle Reproduktion auszugleichen. Es wurde nachgewiesen, dass bei diesen Vorgängen ebenfalls veränderte Gensequenzen übertragen werden können, die ein Mikroorganismus möglicherweise zuvor aus einem GVO in sein Genom eingebaut hatte (ECKELKAMP et al., 1998a; ECKELKAMP et al., 1998b; TAPPESER et al., 1999).

Das natürliche Auftreten von Genfluss innerhalb einer *Population* (als funktioneller Einheit der Art) bildet ein dem System inhärentes Evolutionspotenzial für dieselbe Art. Die arteigene genetisch Differenzierung ermöglicht eine Anpassung an die ökologischen Faktoren des Habitats (Klima, Boden, biotische Elemente); deshalb wird zunehmend auch in Rekultivierungsprojekten darauf geachtet, lokal angepasste Arten zu verpflanzen, denn nur diese gewährleisten ein stabiles Überleben der Population (FRANKEL und SOULÉ, 1981; LESICA und ALLENDORF, 1999; GROTH et al. 2003; RIEDL, 2003). Die Mehrzahl der transgenen Pflanzen besitzen Eigenschaften wie Herbizid- oder Insektenresistenzen, wobei insbesondere letztere Wildpflanzen nach Einkreuzung einen Fitness-Vorteil verschaffen könnten.

Auf der Ebene der *Ökosysteme* können sich die veränderten Konkurrenzverhältnisse zwischen verschiedenen Arten oder die veränderten Nahrungsketten so auswirken, dass zum Beispiel ein Wald degradiert. Transgene, die beispielsweise das Cellulose-Lignin-Verhältnis bei Bäumen vorteilhaft für die Papierproduktion verändern, können die Stabilität holziger Pflanzen beeinflussen. Eine Ausbreitung dieser Gene in Waldökosysteme könnte deren Zusammensetzung und langfristige Existenz gefährden, da die Standfestigkeit der Bäume gegenüber mechanischen Einflüssen wie Stürmen reduziert und das Reproduktionsalter nicht mehr ausreichend häufig erreicht wird (ZOGLAUER et al., 2000; PICKARDT und de KATHEN, 2002).

Schließlich können sich ganze *Landschaftsszenarien* ändern, entweder – wie auch im Rahmen konventioneller Landwirtschaft möglich – durch Umstellung der Anbaumethoden selbst, etwa bei Verdrängung des ökologischen Landbaus (Tz. 890 f., 947), oder durch die Inkulturnahme bisheriger Extremstandorte (nasse, trockene, salzhaltige Böden) durch für die jeweiligen Standorteigenschaften gentechnisch modifizierte Ertragspflanzen. Hinsichtlich dieser Flächen könnten insbesondere Interessenkonflikte mit dem Naturschutz auftreten.

10.2.3.4 Voraussetzungen der Operationalisierung

883. Soll das Schutzgut „Umwelt in ihrem Wirkungsgefüge" im Rahmen eines Monitoringkonzeptes anhand des Modells natürlicher Variationsbreiten präzisiert werden, so muss deren Kenntnis vorausgesetzt werden können, da sonst eine Beurteilung unmöglich ist. Daher ist es dringend erforderlich, natürliche Variationsbreiten zu ermitteln. Dabei ist zu beachten, dass die Feststellung der Kausalität zwischen den GVO und den Veränderungen von Variationsbreiten in vielen Fällen problematisch sein kann.

884. Ein umfassendes Monitoring muss so bald wie möglich begonnen werden, da andernfalls der „Normalzustand" (natürliche Variationsbreite) nicht mehr zu erfassen ist. Dabei sind sowohl die fallspezifische Überwachung (*case specific monitoring*) als auch die allgemein überwachende Beobachtung (*general surveillance*) notwendig (Abschn. 10.3.5). Der Umweltrat fordert daher die rasche Ausweisung von GVO-freien Gebieten als Referenzflächen.

10.2.3.5 Pragmatische Eingrenzung der möglichen Untersuchungsobjekte

885. Eine Operationalisierung über Variationsbreiten ist in der Praxis nur in Verbindung mit einem „Raster" oder „Schema" sinnvoll, das daraufhin seligiert, welche Spezies, Populationen oder ökosystemaren Parameter auf mögliche Veränderungen ihrer Variationsbreiten hin näher untersucht werden sollen. Hinweise zur Einengung des Umfangs der notwendigen Untersuchungen bieten die experimentelle Sicherheitsforschung, die unbedingt notwendige freisetzungsbegleitende Sicherheitsforschung und die Umweltverträglichkeitsprüfung gemäß Freisetzungsrichtlinie.

886. Aussagen über durch gentechnisch veränderte Nutzpflanzen verursachte Veränderungen sind immer an die jeweiligen Standortvoraussetzungen gebunden. Es ist in der Regel problematisch, unter bestimmten Bedingungen gewonnene Erkenntnisse zu verallgemeinern. Eine genaue Einschätzung zum Beispiel des jeweiligen Auskreuzungspotenzials und der möglichen Invasivität einer gentechnisch veränderten Art oder ihrer Arthybriden ist grundsätzlich nur unter Berücksichtigung des jeweiligen ökologischen Kontextes möglich. Sofern wilde Verwandte einer gentechnisch veränderten Nutzpflanze im geplanten Ausbringungsgebiet existieren, werden Auskreuzungen mit hoher Wahrscheinlichkeit auftreten. Die DFG betont daher zu Recht, dass Regionen oder Genzentren, in denen die Wildformen der Kulturpflanzen wachsen, bezüglich der Auskreuzungsproblematik besondere Beachtung verdienen (DFG, 2001, S. 19). Ein Suchschema muss auf unterschiedliche ökologische Kontexte bezogen werden können (siehe hierzu konzeptionell AMMANN et al., 1996). Die notwendige Kontextspezifizität der Beurteilung ist ein starkes Argument für eine langfristige und regional spezifizierte ökologische Begleitforschung beziehungsweise für ein Monitoring (Tz. 929).

10.2.3.6 Schadensschwellen

887. Das Eintreten eines ökologischen Schadens impliziert nicht, dass dieser nicht um eines hohen Nutzens willen in Kauf genommen werden kann (§ 16 Abs. 1 GenTG). Um im Falle des Eintritts eines Schadens rechtlich tätig werden zu können, muss eine Schadensschwelle festgelegt werden, bei deren Erreichen eine Behörde zum Handeln verpflichtet ist. Nicht jeder feststellbare Schaden muss automatisch einen Abbruch des Anbaus gentechnisch veränderter Nutzpflanzen nach sich ziehen.

888. Bei der Festlegung des unakzeptablen Schadensausmaßes sollten folgende Kriterien berücksichtigt werden:

– *Ausbreitungspotenzial*: Ein Vorschlag zur Einstufung wurde für ein Projekt in der Schweiz unterbreitet (AMMANN et al., 1996) und bereits vom Umweltrat 1998 aufgegriffen (SRU, 1998, Tz. 86). Vorgesehen ist hier die Erstellung von Szenarien, die problemspezifisch nach Risikofaktoren ausgearbeitet werden (Hybridisierungs- und Pollenausbreitungsindex, Diasporenausbreitungsindex, Verbreitungsfrequenz) und für den entsprechenden Risikofaktor spezielle Schadensituationen beschreiben sollen.

– *Risikobewertung der eingeführten Transgene*: In Hinblick auf eine weitere und unkontrollierte Ausbreitung transgener Eigenschaften empfahl der Umweltrat bereits 1998 in Anlehnung an die Risikobewertung des Ausbreitungspotenzials ein Schema zu entwickeln, welches eine Klassifizierung von Fremdgenen und der von ihnen vermittelten Eigenschaften in Hinblick auf ökologische Konsequenzen erlaubt (SRU, 1998, Tz. 87).

– *Schutzzielebene* (Tab. 10-3): Bewertung der betroffenen genetischen, artlichen oder Lebensraumqualität (je höher die Wertigkeit des Schutzgutes, desto höher die Wertigkeit des Schadens).

Eine integrierte Bewertung der Veränderungen, die über die natürliche Variationsbreite der betroffenen Schutzgüter hinausgehen, zusammen mit diesen drei Faktoren könnte die vage Formulierung des derzeit geltenden § 16 GenTG konkretisieren, wonach die Genehmigung des Inverkehrbringens zu erteilen ist, wenn „nach dem Stand der Wissenschaft im Verhältnis zum Zweck des Inverkehrbringens unvertretbare schädliche Einwirkungen auf die in § 1 Nr. 1 bezeichneten Rechtsgüter nicht zu erwarten sind."

Der Umweltrat schlägt vor, dass ein Überschreiten der natürlichen Variationsbreite spätestens dann als Anlass zu vorsorgenden Maßnahmen gilt, wenn sowohl die Einstufung der Abweichung von der natürlichen Variationsbreite selbst als auch die Mehrzahl der drei vorgeschlagenen zusätzlichen Bewertungsfaktoren in die jeweils höchste Kategorie fällt (Tab. 10-4).

Zielebenen (Spalte 1 und 5 der Tab. 10-4) sind die in Tabelle 10-3 genannten Ebenen beziehungsweise die Ebenen des Schutzgutes Biodiversität (Tz. 880, s. auch Kap. 3.1, Tz. 101). Die Abweichungen von der natürlichen Variationsbreite (Spalte 2 der Tab. 10-4) können je nach Zielebene in unterschiedlich langen Zeiträumen auftreten. Die Abgrenzung zwischen den jeweiligen vorgeschlagenen drei Kategorien (niedrig/mittel/hoch bzw. risikolos/riskant/gefährlich – vgl. Tab. 10-4) ist wissenschaftlich zu konkretisieren. Das in Tabelle 10-4 dargestellte Schema ist daher nicht als endgültig anzusehen, sondern durch Modifikationen und Präzisierungen weiter auszubauen.

Tabelle 10-4
Vorschlag eines Schemas zur Risikobewertung ökologischer Wirkungen gentechnisch veränderter Organismen

Zielebene	Abweichung von der natürlichen Variationsbreite			Ausbreitungs-potenzial			Eigenschaft des Transgens			Schutzstatus der Zielebene		
	gering	mittel	hoch	gering	mittel	hoch	risikolos	riskant	gefährlich	gering	mittel	hoch
Beispiel 1: Käferart xy		X										X
Bewertung: Schaden unvertretbar	**Kommentar:** Verminderung der Population um 45 %			**Kommentar:** Trifft hier nicht zu			**Kommentar:** Trifft hier nicht zu			**Kommentar:** Art der roten Liste		
Beispiel 2: Auftreten eines Pflanzen-hybrids xy	X				X				X			
Bewertung: Schaden nicht unvertretbar	**Kommentar:** In 10 % der Vegetation			**Kommentar:** Nach Tabelle Amman (1996) mittel			**Kommentar:** Bildet toxische Substanzen aus			**Kommentar:** Trifft nicht zu		

SRU/UG 2004/Tab. 10-4

10.2.3.7 Zusammenfassung und Empfehlungen

889. Die bisherigen Erfahrungen mit der „grünen" Gentechnik stellen noch keine ausreichende Induktionsbasis für eine Beurteilung des ökologischen Gesamtrisikos dar. Der Umweltrat sieht in dem hier im Ansatz vorgestellten Konzept zur Ermittlung und Bewertung ökologischer Schäden einen Vorschlag für weitere mögliche Ausarbeitungen. Es kann als Diskussionsgrundlage für die Ausgestaltung des Monitorings beziehungsweise der Umsetzung der Freisetzungsrichtlinie dienen (Tz. 914 f.). Da es unmöglich ist, alle Schutzgüter auf mögliche Schäden hin zu untersuchen, ist die Eingrenzung anhand von Suchschemata unerlässlich. Mit der Erarbeitung eines entsprechenden Schemas sollte umgehend begonnen werden. Es ist wünschenswert, dass die Festlegung von Abbruchkriterien noch vor dem Inverkehrbringen neuer GVO und vor der Einführung des Monitorings gemäß Richtlinie 2001/18/EG vorgenommen wird.

Grundlegende Voraussetzung für die Bewertung eines ökologischen Schadens ist das Vorhandensein so genannter *baselines* (Basisdaten) sowie von gentechnikfreien Gebieten als Referenzflächen. Der Umweltrat hält daher die Ausweisung solcher Flächen verbunden mit dem sofortigen Beginn eines grundlegenden Monitorings für vordringlich. Die Ausweisung solcher Flächen sollte im Rahmen eines bundesweiten Landschaftskonzeptes erfolgen (s. auch SRU, 2002a, Tz. 273).

10.2.4 Beeinträchtigungen gentechnikfreier Landwirtschaft

890. Neben den gesundheitlichen und ökologischen Risiken (Abschn. 10.2.2, 10.2.3) bringt der Einsatz der „grünen" Gentechnik auch Risiken für die Landwirtschaft mit sich. Solange etwaige Schäden lediglich den jeweiligen Anwender „grüner" Gentechnik betreffen, ergibt sich diesbezüglich allerdings kein Regelungs- oder Handlungsbedarf seitens des Staates. Bei Kenntnis der bestehenden Risiken liegt die Abwägung im Entscheidungsbereich der Landwirte. Andersartig sind solche Fälle, bei denen durch die Nutzung „grüner" Gentechnik anderen Landwirten Risiken aufgebürdet werden. Es steht zu befürchten, dass derartige negative externe Effekte in großem Umfang auftreten werden. Zu unterscheiden sind einerseits Beeinträchtigungen der landwirtschaftlichen Produktionsverfahren, wie etwa das Auftreten von Resistenzen bei Schadinsekten (Tz. 893, 928), andererseits die Verursachung verschlechterter Vermarktungsmöglichkeiten der Produkte der gentechnikfreien Landwirtschaft – insbesondere die zu einer Kennzeichnungspflicht führenden Verunreinigungen der landwirtschaftlichen Produkte. Diese beiden Aspekte werden im Folgenden genauer dargestellt und bewertet.

891. Abgesehen von Fragen der Resistenzbildung ergeben sich die möglichen Beeinträchtigungen durch die Verunreinigungen landwirtschaftlicher Produkte einschließlich

des Saatgutes mit Transgenen. Solche Verunreinigungen können durch biologische und technische Prozesse bei der landwirtschaftlichen Produktion sowie im Bereich des Handels und der Produktverarbeitung entstehen (vgl. NOWACK HEIMGARTNER et al., 2002). Tabelle 10-5 gibt einen Überblick über die kritischen Stellen für Verunreinigungen im Produktionsprozess. Die aufgeführten Verunreinigungsmöglichkeiten gilt es mit Blick auf bestimmte Produkte zu spezifizieren. Oftmals können mehrere Verunreinigungsmöglichkeiten auftreten und damit additiv wirken.

Grundsätzlich betreffen die meisten Risiken nicht nur den ökologischen Landbau, sondern ebenso die gentechnikfreie konventionelle Landwirtschaft. Der ökologische Landbau ist jedoch doppelt betroffen: Zum einen lehnt der ökologische Landbau in seinen selbstgegebenen nationalen und internationalen Statuten den Einsatz „grüner" Gentechnik kategorisch ab (AGÖL, 2001). Auch EU-weit gilt nach der EG-Öko-Verordnung (VO Nr. 2092/91/EWG) ein Verwendungsverbot. Zum anderen gilt es, die besondere Rolle des ökologischen Landbaus für eine nachhaltige Naturnutzung im Agrarbereich zu berücksichtigen. Bereits in seinem letzten Gutachten wies der Umweltrat darauf hin, dass der ökologische Landbau insgesamt eine bessere Umweltbilanz als die konventionelle Landwirtschaft aufweist (SRU, 2002b, Tz. 735; so auch Senat der Bundesforschungsanstalten, 2003, S. 95). Wegen seiner Vorteile für den Erhalt der Schutzgüter Biodiversität, Grundwasser und Böden hält der Umweltrat es für besonders wichtig, den ökologischen Landbau zu erhalten.

In der Koalitionsvereinbarung und der Nachhaltigkeitsstrategie der Bundesregierung ist vorgesehen, den Anteil des ökologischen Landbaus in zehn Jahren auf zwanzig Prozent zu erhöhen. Die Erreichung dieses Ziels stellt einen Indikator für eine dauerhaft umweltgerechte Landnutzung dar. Der Umweltrat begrüßt und unterstützt dieses anspruchsvolle Ziel insofern ausdrücklich (vgl. SRU, 2002a, Tz. 56). Die Nutzung der „grünen" Gentechnik darf dieser Zielsetzung nicht entgegenstehen. Das 20-%-Ziel kann mit großer Wahrscheinlichkeit nicht erreicht werden, wenn den ökologisch wirtschaftenden Landwirten umfängliche Risiken, Vermarktungsschäden und hohe Kosten, darunter auch hohe Transaktionskosten, aufgebürdet werden. Dies gilt es bei der Diskussion der Kostenanlastung zu berücksichtigen (Tz. 896–900, Abschn. 10.2.4.3).

In diesem Zusammenhang ist darauf hinzuweisen, dass ein abschließender Vergleich der *Produktqualität* von konventionell und ökologisch hergestellten Lebensmitteln aufgrund unzureichenden Wissens noch nicht möglich ist. Nach heutigem Kenntnisstand lässt sich die gesundheitliche Förderlichkeit des Verzehrs ökologisch hergestellter Lebensmittel nicht nachweisen. Entscheidend ist vielmehr eine ausgewogene Ernährung. Selbst hinsichtlich der Produkteigenschaften ergeben sich durch die unterschiedlichen Produktionsverfahren nur wenige Unterschiede (Senat der Bundesforschungsanstalten, 2003). Insofern lässt sich die Schutzwürdigkeit des ökologischen Landbaus nicht mit der Qualität der von ihm erzeugten Produkte begründen.

Tabelle 10-5

Kritische Stellen für GVO-Verunreinigungen im Warenfluss

Stufe im Warenfluss	Mögliche Vermischungspunkte
Saatguterhaltung	Pollenflug, Durchwuchs
Saatgutproduktion	Pollenflug, Durchwuchs
Saatgutverpackung	Vermischung bei den einzelnen Schritten der Saatgutverpackung, wenn dieses Handling nicht streng getrennt erfolgt
Vor der Aussaat	Kontaminierte Drillmaschine
Während des Wachstums auf dem Feld	Pollenflug, Insektenbestäubung, Durchwuchs
Ernte	Kontaminierte Erntemaschine
Regionale Sammelstellen, Silos	Ohne getrennte Annahmen Gefahr der Vermischung bei Umladung, Lagerung usw.
Transport zur Verarbeitung (Mühlen etc.), zu Überseehäfen, zu Umschlagplätzen	Vermischung während des Transportes, verunreinigte Transportbehälter
Verarbeitungsbetrieb	Vermischung, falls Verarbeitung nicht räumlich getrennt erfolgt

Quelle: BAIER et al., 2001, S. 6

10.2.4.1 Beeinträchtigung von Produktionsverfahren

892. Da es unmöglich ist, das Verhalten gentechnisch veränderter Pflanzen exakt vorauszusagen (vgl. Tz. 874), können neben den gewünschten Effekten der Geninsertion auch unerwünschte Wirkungen auftreten. So weisen beispielsweise die Stängel bestimmter herbizidresistenter Sojabohnen durch einen veränderten Phytohormonhaushalt eine deutlich erhöhte Lignifizierung auf. Dies führt bei höheren Temperaturen zum Aufspleißen der Stängel und in der Folge zu Ernteverlusten (TAPPESER et al., 2000). Durch Verunreinigungen von Saatgut mit solchen Gensequenzen können prinzipiell auch gentechnikfrei wirtschaftende Landwirte mit den unerwünschten Wirkungen konfrontiert werden. Obwohl das Entstehen ökonomisch relevanter Schäden bei einer geringen Durchdringung der Landwirtschaft mit „grüner" Gentechnik relativ unwahrscheinlich ist, wird hier die Bedeutung der Saatgutproduktion deutlich.

Da im ökologischen Landbau ab 2004 nur noch ökologisch produziertes Saatgut verwendet werden darf (VO Nr. 1804/99/EG) und die aktive Verwendung transgener Organismen, zu der bei strenger Auslegung auch der absichtliche Einsatz von gentechnisch verunreinigtem Saatgut zählen würde, verboten ist, bedarf die Produktion von ökologisch produziertem, gentechnikfreien Saatgut eines besonderen Schutzes. Die Produktion von Saatgut ohne Verunreinigungen mit Transgenen ist daher dauerhaft zu gewährleisten. Anderenfalls würde dem ökologischen Landbau seine Existenzgrundlage entzogen, sodass weitere Überlegungen zu Koexistenz verschiedener Landwirtschaftsformen und Wahlfreiheit der Verbraucher (vgl. Tz. 901) gegenstandslos würden. Eine Verunreinigung von ökologischem Saatgut mit GVO wird sich nur verhindern lassen, wenn geschlossene Anbaugebiete zur Saatgutvermehrung ausgewiesen werden. Dabei könnte die Ausweisung derartiger Gebiete für die konventionelle Saatgutproduktion durch die Bundesländer auf der Grundlage von § 29 SaatG als Vorbild dienen. Allerdings werden die Mindestabstände zu transgenen Nachbarkulturen deutlich über dem bei der konventionellen Saatgutvermehrung üblichen Werten von 200 m liegen müssen, um den Eintrag von veränderten Gensequenzen über Pollenflug zu verhindern (vgl. BAIER et al., 2001; BECK et al., 2002; BARTH et al., 2003).

893. Ein weiteres ernst zu nehmendes Risiko entsteht dem gentechnikfreien Landbau durch die Möglichkeit der Resistenzbildung. Gut ein Viertel aller im Jahre 2002 weltweit angebauten gentechnisch veränderten Pflanzen besaßen eine Insektenresistenz (JAMES, 2003). Insektenresistente Pflanzen produzieren Stoffe, die für Fraßinsekten unverträglich sind. Wie auch beim herkömmlichen Einsatz von Insektiziden besteht die Möglichkeit, dass Insektenpopulationen eine Resistenz gegen den entsprechenden Stoff entwickeln, da resistente oder weniger anfällige Individuen einen Selektionsvorteil besitzen. Im Vergleich zum zeitlich begrenzten Einsatz von Insektiziden erhöht sich die Wahrscheinlichkeit der Resistenzbildung beim großflächigen Anbau insektenresistenter Pflanzen durch das ständige Vorhandensein dieser Stoffe. Mit der Ausbildung resistenter Insektenpopulationen sinkt aber sowohl die Wirksamkeit der Insektenresistenz der GVP als auch die Wirksamkeit von herkömmlichen Pflanzenschutzmitteln, die auf demselben Stoff basieren. Insofern könnte auch die gentechnikfreie Landwirtschaft betroffen sein.

Mit dem Begriff Resistenzmanagement werden Maßnahmen bezeichnet, die der Ausbildung von Resistenzen bei den Schadinsekten entgegenwirken oder diese verhindern sollen. Hierzu zählt insbesondere die Bewirtschaftung eines wesentlichen Anteils der Anbaufläche mit gentechnikfreien Pflanzen. Allerdings lässt sich der Erfolg von Maßnahmen zum Resistenzmanagement nicht mit Sicherheit vorhersagen, sondern erst nach einer Reihe von Jahren ermitteln.

Ein bekanntes und quantitativ bedeutsames Beispiel für die Risiken der Resistenzbildung ist der Anbau von Pflanzen, die Bt-Toxine exprimieren. Bt-Toxine sind Proteine, die natürlicherweise von den Bodenbakterien *Bacillus thuringiensis ssp.* gebildet werden und die jeweils gegen bestimmte Insektengruppen wirksam sind (SKORUPINSKI, 1996). Durch die Verwendung von Gentechnik wurden Pflanzen entwickelt, die zum Schutz vor Fraßfeinden solche Toxine bilden. In den USA werden bereits seit einiger Zeit Bt-Mais, Bt-Baumwolle und Bt-Kartoffeln angebaut. Problematisch beim Anbau von durch Bt-Toxin-Exprimierung insektenresistenten GVP ist, dass Bt-Präparate als Pflanzenschutzmittel im ökologischen Landbau eingesetzt werden.

Das durch den großflächigen Anbau solcher GVP wahrscheinlicher werdende Auftreten gegen Bt-Toxine resistenter Insektenpopulationen nähme dem Ökolandbau eines seiner wenigen Pflanzenschutzmittel. Ob Strategien zum Resistenzmanagement, etwa die Ausweisung von „Refugien"-Flächen, auf denen gentechnikfreie Pflanzen angebaut werden, das Auftreten von Resistenzen ausreichend wirksam bekämpfen können, erscheint unklar. Aktuelle Felduntersuchungen in US-amerikanischen Regionen mit einer weiten Verbreitung von Bt-Pflanzen (TABASHNIK et al., 2003) führten zwar zu dem auch aus Sicht der Autoren etwas überraschenden Ergebnis, dass bisher keine Zunahme von Bt-Resistenzen stattgefunden hat. Dennoch ist es wahrscheinlich, dass das Auftreten von Resistenzen zwar verzögert, langfristig aber nicht verhindert werden kann. Erste Erfahrungen aus den USA deuten darauf hin, dass nicht davon ausgegangen werden kann, dass alle Landwirte die entsprechenden Auflagen, „Refugien" mit gentechnisch unveränderten Nutzpflanzen anzulegen, einhalten. Eine entsprechende Untersuchung in zehn US-amerikanischen Bundesstaaten zeigte, dass über zwanzig Prozent der Farmer die vorgeschriebene Refugiengröße (20 % der Anbaufläche) unterschritten (NASS, 2003). Die Pflicht, zur dauerhaften Vermeidung von Resistenzbildungen, Refugien in hinreichender Größe auszuweisen, zählt unbedingt zu den Standards guter fachlicher Praxis für den Einsatz der „grünen" Gentechnik (Tz. 938).

10.2.4.2 Beeinträchtigung von Vermarktungsmöglichkeiten

894. Ein weiteres Risiko für die gentechnikfreie Landwirtschaft und insbesondere den ökologischen Landbau könnte sich aus verschlechterten Vermarktungsbedingungen ergeben. Die Entwicklung dieser Bedingungen hängt neben der grundsätzlichen Einstellung der Konsumenten zur „grünen" Gentechnik wesentlich von den genauen Regelungen zur Kennzeichnung ab (vgl. Abschn. 10.3.3). Die nunmehr auf europäischer Ebene beschlossenen Regelungen setzen Schwellenwerte von 0,9 % GVO-Anteil fest, oberhalb derer Produktchargen auch bei unbeabsichtigten Verunreinigungen als GVO-haltig gekennzeichnet werden müssen. Es ist davon auszugehen, dass derartig gekennzeichnete Produkte kaum als höherpreisige Öko-Produkte vermarktbar sind, selbst wenn sie ansonsten nach den Vorschriften des ökologischen Landbaus produziert wurden. Gemäß diesen Vorschriften wird zwar die „grüne" Gentechnik als mit der ökologischen Wirtschaftsweise unvereinbar abgelehnt (VO Nr. 1804/99/EG) und die absichtliche Verwendung von GVO untersagt, unabsichtliche Verunreinigungen dürften aber vermutlich nicht zur Aberkennung der Klassifizierung als Öko-Produkt führen.

895. Aufgrund seiner Fokussierung auf den Herstellungsprozess stehen im Ökolandbau die Produkteigenschaften nicht im Vordergrund. Zu dem prozessorientierten Ansatz des Ökolandbaus passen die für Endprodukte geltenden Kennzeichnungsregeln nicht besonders gut. Insofern wäre es für die Zukunft überlegenswert, ob sich Kennzeichnungspflichten nicht stärker an der Absichtlichkeit der Verwendung „grüner" Gentechnik orientieren könnten. Denkbar wäre es, einerseits den quantitativen Anteil gentechnisch veränderter Bestandteile des jeweiligen Produktes anzugeben, andererseits aber auch zu kennzeichnen, ob Gentechnik absichtlich verwendet wurde oder nicht. Im Unterschied zur jetzigen Regelung ergäben sich damit vier verschiedene Kennzeichnungskategorien:

- ohne Gentechnik hergestellt, GVO-Anteil kleiner als 0,9 %,
- ohne Gentechnik hergestellt, GVO-Anteil durch Verunreinigungen x %,
- unter Verwendung von Gentechnik hergestellt, GVO-Anteil kleiner als 0,9 %,
- unter Verwendung von Gentechnik hergestellt, GVO-Anteil x %.

Eine solche detaillierte Kennzeichnung würde den Verbrauchern besser als die bestehende Regelung ermöglichen, Produkte entsprechend ihrer Präferenzen auszuwählen. Wer beispielsweise die „grüne" Gentechnik aus kategorischen Gründen ablehnt, aber keine gesundheitlichen Bedenken gegen gentechnisch veränderte Produkte hat, würde vermutlich ohne Gentechnik hergestellte, aber verunreinigte Produkte bedenkenlos kaufen. Andererseits könnten Konsumenten anhand einer ausführlichen Kennzeichnung etwa Fleisch von Tieren, die mit gentechnisch veränderten Futtermitteln gemästet wurden, erkennen und den Kauf vermeiden, obwohl das Produkt selbst nicht gentechnisch verändert ist. Die derzeitigen Kennzeichnungspflichten können diese Informationen nicht bieten. Allerdings erscheint es problematisch, die Kennzeichnungspflichten zu weit auszudehnen. Es besteht die Gefahr eines „Überangebotes" an Informationen, das dazu führen könnte, dass Konsumenten die Kennzeichnungen nicht mehr zur Kenntnis nehmen. Damit verlöre die Kennzeichnungspflicht ihren Sinn.

896. Obwohl von Befürwortern des Ökolandbaus auf das genannte Problem hingewiesen und die zukünftige 100%ige Gentechnikfreiheit von Ökoprodukten nicht mehr garantiert wird (BÖLW, 2003), dürften zu einer Kennzeichnungspflicht führende Verunreinigungen in der Praxis zu wesentlichen Vermarktungsschäden führen. Dadurch werden die Fragen aufgeworfen, welche Maßnahmen zur Vermeidung solcher Verunreinigungen notwendig wären, wer die Kosten für diese Maßnahmen tragen sollte und wie beziehungsweise ob gegebenenfalls Haftungsregelungen für dennoch entstehende Vermarktungsschäden angewendet werden sollten (vgl. Tz. 940 f.).

897. Zwei wesentliche Quellen der Verunreinigung während des landwirtschaftlichen Anbaus sind das Saatgut und der Pollentransfer zwischen transgenen und gentechnikfreien Kulturen. Dem Saatgut kommt durch seine Stellung am Beginn der Produktionsketten für Lebens- und Futtermittel eine besondere Bedeutung hinsichtlich der Reinheit von Endprodukten zu. Da verschiedene, additiv wirkende Verunreinigungsmöglichkeiten im Produktionsprozess bestehen, ließen sich geringe Verunreinigungen der Endprodukte nicht oder nur mit erheblichem Aufwand erreichen, wenn bereits das verwendete Saatgut regelmäßig Verunreinigungen aufweisen würde. Insbesondere würde die Einhaltung des Schwellenwertes von 0,9 % für die Kennzeichnung von GVO-Anteile enthaltenden Produkten (Tz. 922 ff.) erschwert und verteuert werden. Des Weiteren würden Verunreinigungen, die bereits bei der Produktion gentechnikfreien Saatgutes auftreten, Maßnahmen des Risikomanagements deutlich erschweren. Falls es sich aufgrund neuer wissenschaftlicher Erkenntnisse als notwendig erweisen sollte, bestimmten GVO die Zulassung wieder zu entziehen beziehungsweise nach Ablauf der Zulassung nicht wieder neu zu erteilen, müssten gegebenenfalls auch eigentlich gentechnikfreie, aber mit den betroffenen Gensequenzen verunreinigte Saatgutpartien aus dem Verkehr gezogen werden.

Der Umweltrat hält es angesichts der absehbaren problematischen Konsequenzen des ubiquitären Auftretens gentechnisch verunreinigten Saatgutes für erforderlich, besonders hohe Anforderungen an die Reinheit des produzierten Saatgutes zu stellen. Bezogen auf die aktuelle politische Diskussion um die Festlegung von Grenzwerten, bei deren Überschreitung die Saatgutpartien zu kennzeichnen sind, durch die europäische Saatgutrichtlinie empfiehlt der Umweltrat deshalb eine Orientierung an der technischen Nachweisgrenze (Tz. 925). Eine solche Vorgehensweise ist nicht nur sachlich geboten, sondern auch unter wirtschaftlichen Gesichtspunkten betrachtet vorteilhaft. Der durch die strengen Reinheitsgebote bei der Saatgutproduktion entstehende Mehraufwand wäre deutlich niedriger als die Kosten, die anderenfalls zur Einhaltung der Kennzeichnungsgrenzwerte von Endprodukten oder durch etwaige Maßnahmen des Risikomanagements zusätzlich entstünden (ÖKO-INSTITUT, 2003).

898. Bezüglich der Maßnahmen zur Vermeidung von Verunreinigungen in der Folge von Pollenübertragungen muss zwischen verschiedenen Kulturpflanzen differenziert werden. Grundsätzlich wären folgende Maßnahmen zur Verhinderung des vertikalen Gentransfers (Kreuzung von Pflanzen einer Art oder verwandter Arten) möglich (vgl. hierzu BARTH et al., 2003, S. 111 ff.):

– GVO-freie Gebiete,

– Isolationsabstände zwischen gentechnikfreien und transgenen Kulturen,

– Mantelsaaten, Hecken,

– Gen- und biotechnologische Maßnahmen.

Diese Maßnahmen werden seit längerem diskutiert. Es zeichnet sich ab, dass GVO-freie Gebiete in der Größenordnung ab 100 km² (als Grenzfall zunehmend großer Isolationsabstände) prinzipiell am ehesten geeignet sind, gentechnikfreie Landwirtschaft vor Verunreinigungen zu schützen. Um die Verunreinigungen durch Pollentransfer konsequent auszuschließen, wäre allerdings eine flächendeckende Festlegung und Ausweisung von GVO-freien Gebieten einerseits und andererseits die Festlegung von Gebieten, in denen nur transgene Kulturen angebaut werden, notwendig. Dies wäre in der Praxis nahezu unmöglich und würde zudem die Handlungsfreiheit der Landwirte stark einschränken. Insofern bietet sich die Einrichtung GVO-freier Gebiete zwar für die Saatgutproduktion und in Einzelfällen auch zum Schutz der gentechnikfreien Landwirtschaft an, sie scheidet aber als flächendeckend anwendbare Option aus. Dies schließt allerdings nicht aus, dass Landwirte freiwillig vereinbaren, in größeren zusammenhängenden Gebieten auf den Anbau von GVP zu verzichten (so z. B. in der Uckermark).

Isolationsabstände können, wenn sie hinreichend groß gewählt werden, Pollentransfers zwar nicht völlig ausschließen, aber doch wirksam einschränken. Je nach angebauten Arten und natürlichen Gegebenheiten (etwa Relief, Windverhältnisse etc.) sind unterschiedliche Abstände nötig, um bestimmte Einkreuzungsraten zu erreichen. Es besteht diesbezüglich weiterhin großer Forschungsbedarf. Einige vorläufige Ergebnisse wurden in einem Bericht des Umweltbundesamtes für die Kulturarten Mais, Raps und Weizen publiziert (BARTH et al., 2003, S. 115 ff.; vgl. auch TREU und EMBERLIN, 2000). Danach differieren die notwendigen Sicherheitsabstände von Art zu Art sehr stark, wobei zusätzlich zwischen fertilen und männlich sterilen Beständen gentechnisch nicht veränderter Pflanzen zu unterscheiden ist. Bei fertilen Weizenbeständen sind Einkreuzraten über 1 % nur bei sehr geringen Abständen zur Pollenquelle zu erwarten (bis zu 10 m). Für Einkreuzungen in Mais sind Einkreuzraten von mehr als 1 % bei Abständen bis zu 800 m möglich. Die größten Sicherheitsabstände wären zur Vermeidung von Einkreuzungen in männlich sterile Rapsbestände, in denen Blüten aufgrund der fehlenden Entwicklung eigener Pollen nur durch fremde Pollen befruchtet werden können, notwendig: Hier ist selbst bei Abständen bis 4 km noch mit Einkreuzraten bis über 5 % zu rechnen. In Großbritannien wurden sogar über eine Entfernung von 26 km noch geringe Einkreuzraten nachgewiesen. Dabei wurden die Pollen vermutlich durch Bienen übertragen (RAMSAY et al., 2003).

Mantelsaaten und Hecken dienen zum Abfangen der Pollen von GVO-Kulturen. Sie sind bei richtiger Ausgestaltung durchaus geeignet, Einkreuzungsraten zu reduzieren, bieten aber nicht die Möglichkeit, bestimmte Einkreuzungsraten mit Sicherheit zu erreichen. Gen- und biotechnologische Maßnahmen zielen darauf ab, Verunreinigungen dadurch zu verhindern, dass die GVP entweder keine oder zumindest keine fortpflanzungsfähigen Pollen produzieren. Zu nennen wären hier die Beschränkung der gentechnischen Manipulation auf die Plastiden, die gentechnische Herstellung apomiktischer Pflanzen, die keinen Pollen produzieren, oder die so genannte „Terminator-Technik", bei der die GVP ausschließlich sterile Samen produzieren. Solche Maßnahmen haben zwar prinzipiell das Potenzial, den Gentransfer wirkungsvoll zu unterbinden, können aber durch die zusätzlichen Eingriffe auch weitere, eher hypothetische ökologische Risiken in sich bergen (HARTMANN, 2002, S. 18 ff.; NOWACK HEIMGARTNER et al., 2002, S. 50 ff.). Derzeit müssen gen- und biotechnologische Maßnahmen als noch unausgereift und sowohl hinsichtlich ihrer Wirksamkeit als auch ihrer Risiken als noch nicht ausreichend erforscht gelten.

899. Weitere Möglichkeiten zur Reduzierung von Verunreinigungen mit GVO bestehen in einer verbesserten räumlichen und zeitlichen Abstimmung der landwirtschaftlichen Produktion zwischen Nutzern der „grünen" Gentechnik und gentechnikfreiem Landbau. Dazu bedarf es eines – aus Effizienzgründen mit Monitoringpflichten oder sonstigen Berichtspflichten zu kombinierenden – Anbaukatasters, in dem parzellengenaue Informationen über Ort und Zeit des Anbaus sowie über das spezifische GVO-Konstrukt der gentechnisch veränderten Pflanzen erfasst werden (RL 2001/18/EG; BLAG, 2002). Neben der besseren Abstimmung könnte ein solches Kataster gleichzeitig für die Abwicklung eventueller Haftungsfälle hilfreich sein. Es wurde vorgeschlagen, in Analogie zu den Regelungen des Bundesnaturschutzgesetzes bei der Novellierung des Gentechnikgesetzes Standards einer guten fachlichen Praxis für den GVO-Anbau zu definieren. In einer solchen Definition könnten die verschiedenen Maßnahmen zur Vermeidung von Verunreinigungen festgelegt sein (vgl. ausführlich BARTH et al., 2003). Der Umweltrat schließt sich dieser Forderung nachdrücklich an und begrüßt insoweit den Kabinettsentwurf für das Gesetz zur Neuordnung des Gentechnikrechtes vom Februar 2004. Dort wird mit dem Paragraphen 16c der Begriff der guten fachlichen Praxis zunächst recht allgemein normiert. Es wird beispielhaft aufgeführt, dass etwa

Maßnahmen zur Vermeidung von Auskreuzungen beim Anbau von GVP sowie zur Verhinderung von Verunreinigungen bei Lagerung und Transport von GVO zur guten fachlichen Praxis gehören. Diese Maßnahmen werden aber im Gesetzentwurf nicht genau spezifiziert. Der Gesetzentwurf sieht vielmehr vor, dass das BMVEL ermächtigt wird, den Begriff der guten fachlichen Praxis durch den Erlass einer Rechtsverordnung näher zu bestimmen. Aus Sicht des Umweltrates ist eine solche verbindliche Konkretisierung noch vor Beginn des Anbaus von GVP unerlässlich.

Die Übersicht in Tabelle 10-5 zeigt, dass auch durch technische Prozesse vielfältige Verunreinigungen mit GVO möglich sind. Die technischen Prozesse sind deshalb dahin gehend zu verändern, dass die Gefahr für Verunreinigungen minimiert wird. Solche Veränderungen verursachen Kosten. Der Extremfall der strikten Trennung dreier Warenflüsse (ökologisch – konventionell ohne Gentechnik – konventionell mit Gentechnik) würde vermutlich einen starken Strukturwandel in der Landwirtschaft auslösen (vgl. BAIER et al., 2001) und wäre ökonomisch kaum effizient. In jedem Fall stehen den möglichen Vorteilen bei der Produktion von GVO die gestiegenen Transaktionskosten gegenüber, sofern der Anbau gentechnisch unveränderter Nutzpflanzen weiterhin möglich sein soll.

Selbst bei konsequenter Umsetzung der dargestellten Vermeidungsmaßnahmen werden sich zu Vermarktungsschäden führende Verunreinigungen nicht völlig vermeiden lassen. Insofern zeichnet sich ab, dass die Nutzung der „grünen" Gentechnik nicht ausschließlich durch öffentlich-rechtliche Vorschriften regulierbar ist. Dies ließe sich höchstens durch ein europaweites Verbot der „grünen" Gentechnik erreichen. Zudem ist aus Gründen des friedlichen Zusammenlebens in dörflichen Gemeinschaften eine Welle zivilrechtlicher Prozesse zu vermeiden. Insofern sollten zwar vorrangig die öffentlich-rechtlichen Regelungen so gestaltet werden, dass möglichst wenige Schadenfälle eintreten. Sobald aber die unterschiedlichen Erzeugungsverfahren nebeneinander existieren, ist selbst bei der Einhaltung von Standards guter fachlicher Praxis mit einem – wenn auch seltenen – Auftreten solcher Schadenfälle zu rechnen. Um zusätzliche Anreize zur weitestgehenden Vermeidung solcher Schadenfälle zu setzen, und zur Regulierung der dennoch entstehenden Schäden, sind deshalb zivilrechtliche Normierungen als Ergänzung zur prioritären öffentlich-rechtlichen Regulierung erforderlich. Insbesondere muss unter Berücksichtigung normativer Entscheidungen hinsichtlich der Kostenanlastung ein System von Haftungsregelungen entwickelt werden. Der Umweltrat hält dabei das im Kabinettsentwurf des Gesetzes zur Neuordnung des Gentechnikrechtes vorgesehene System der Gefährdungshaftung für zielführend (Tz. 940 f.).

900. Insgesamt zeichnet sich ab, dass die entstehenden Defensiv- und Transaktionskosten relativ hoch sein werden, sobald ein einigermaßen wirkungsvoller Schutz der gentechnikfreien Landwirtschaft gewährleistet werden soll. Eine von der EU-Kommission in Auftrag gegebene Studie (vgl. ausführlich BOCK et al., 2002) zu den landwirtschaftlichen und ökonomischen Auswirkungen der Koexistenz von Landwirtschaft, die „grüne" Gentechnik nutzt, konventioneller gentechnikfreier Landwirtschaft und ökologischem Landbau kommt zu dem Ergebnis, dass Verunreinigungen unterhalb von 0,1 % selbst bei deutlichen Änderungen der Anbaupraxis nur schwer zu erreichen wären. Schwellenwerte von 0,3 % beziehungsweise 1 % Verunreinigungen können prinzipiell auch bei einer 50%igen Durchdringung der Landwirtschaft mit GVO erreicht werden, allerdings zu substanziellen Kosten (1 bis 10 % der derzeitigen Produktionskosten, für Saatgutproduktion bis zu 41 %).

10.2.4.3 Bewertung der Beeinträchtigungen der Landwirtschaft

901. Vor einer großflächigen Nutzung der „grünen" Gentechnik muss geklärt sein, wie mit den dargestellten Risiken umgegangen werden und wer die Kosten zur Verringerung der Risiken tragen soll. Das liegt nicht zuletzt im Interesse der Landwirte, da sie anderenfalls ihre Betriebsplanung auf einer unsicheren Grundlage betreiben müssten. Zur Festlegung der Akzeptabilität von Risiken bedarf es normativer Aussagen. Bereits oben wurde das 20-%-Ziel für den ökologischen Landbau als ein solches normatives Ziel der Umwelt- und Landwirtschaftspolitik genannt.

Im Kabinettsentwurf für die Novelle des Gentechnikgesetzes vom Februar 2004 ist vorgesehen, die Gewährleistung der Möglichkeit gentechnikfreier landwirtschaftlicher Produktion (Koexistenz) als ausdrückliches Gesetzesziel dem in § 1 GenTG niedergelegten Gentechnik-Förderzweck – gleichsam relativierend – zur Seite zu stellen. Nach einem früheren Entwurf des BMVEL vom August 2003 sollte ausdrücklich auch die Wahlfreiheit des Verbrauchers zum Ziel erklärt werden. Beide Zielsetzungen, sowohl der Erhalt der gentechnikfreien Landwirtschaft als auch die im aktuellen Entwurf nicht mehr ausdrücklich als Ziel adressierte Möglichkeit, gentechnikfreie Produkte zu wählen, sind aus Sicht des Umweltrates nach wie vor von hohem Gewicht und sollten daher mindestens gleichrangig neben den Zielen der Gentechnikförderung und der umweltverträglichen Zulassung stehen. Es besteht auch deutschland- und europaweit gehender Konsens, dass die Wahlfreiheit der Verbraucher und die so genannte „Koexistenz" verschiedener Landwirtschaftsformen zwei wichtige gesellschaftliche Ziele sind, die der Verwendung „grüner" Gentechnik nicht zum Opfer fallen dürfen (SPD und BÜNDNIS 90/ DIE GRÜNEN, 2002; EU-Kommission, 2003a).

Begründen lassen sich diese Ziele nicht mit einem allgemeinen Menschen- oder Bürgerrecht der Verbraucher auf bestimmte Produkte, das als Anspruchsrecht zu verstehen wäre. Maßgeblich erscheint vielmehr, dass sowohl für konventionell gentechnikfrei als auch für ökologisch produzierte Produkte faktisch eine große Nachfrage besteht und dass zahlreiche Landwirte ein entsprechendes Angebot schaffen wollen. Die Einführung der „grünen" Gentechnik in einer invasiven Form könnte diese Märkte zusammenbrechen lassen. Die Konsumentensouveränität und der marktwirtschaftliche Wettbewerb sprechen zweifellos für eine Regulierung, die die Märkte auch langfristig schützt. Weiterhin impliziert die dem freiheitlich-demokratischen Wertesystem immanente Achtung individueller ethischer, weltanschaulicher oder religiöser Überzeugungen, dass niemand zur Konsumption bestimmter, von ihm aus solchen Überzeugungen oder aus individuellen Risikoabwägungen heraus abgelehnter Güter faktisch genötigt werden sollte. Die Wahlfreiheit der Verbraucher verdient aus dieser Perspektive jedenfalls insoweit Respekt, wie nicht gewichtige Gründe dagegen sprechen, ein entsprechendes Konsumverhalten zu ermöglichen. Solche Gründe liegen hinsichtlich der „grünen" Gentechnik sicherlich nicht vor. Da eine Koexistenz wahrscheinlich mit vertretbaren Beschränkungen und Sicherungsvorkehrungen möglich ist, entspricht die dauerhafte Gewährleistung der Produktion und des Erwerbs gentechnikfreier Produkte auch dem verfassungsrechtlichen Verhältnismäßigkeitsprinzip, das der Staat in Anbetracht konfligierender Grundrechtskreise zu beachten hat. Gleiches gilt für ökologisch hergestellte Produkte. Freilich ist damit die Koexistenz nur im Grundsatz begründet, ohne dass konkrete Prioritäten festgelegt wären, nach denen etwa in Konfliktfällen eher der Gentechnikanwendung oder der gentechnikfreien Produktion der Vorrang einzuräumen ist.

902. Es ist hinsichtlich der sich abzeichnenden Konflikte noch nicht einmal klar, welche Landwirtschaftsform als „Verursacher" dieser Konflikte anzusehen ist. Aus Sicht des ökologischen Landbaus verursachen die Nutzer der „grünen" Gentechnik die entstehenden Schäden beziehungsweise die zur Vermeidung notwendigen Kosten. Aus Sicht der Anwender „grüner" Gentechnik verursacht dagegen die gentechnikfreie Landwirtschaft hohe Kosten durch Vermeidungsmaßnahmen oder Monitoring (s. dazu Tz. 933–935). In der ökonomischen Theorie wurden derartige Situationen wechselseitiger Beeinträchtigungen umfänglich analysiert (siehe bspw. ENDRES, 1994). Eine Feststellung, wer als Verursacher anzusehen ist, ist innerhalb der ökonomischen Theorie jedoch nicht möglich. Vielmehr handelt es sich um eine demokratisch zu treffende, genuin politische Entscheidung.

903. Es erscheint nachvollziehbar, der bestehenden landwirtschaftlichen Nutzung gewissermaßen einen Bestandsschutz einzuräumen und damit die Nutzer der neuen Technik als Verursacher zu definieren, eben weil sie in den Nutzungsbestand eingreifen. Auch könnte die überwiegend ablehnende Einstellung der Bevölkerung gegenüber der Verwendung „grüner" Gentechnik einen gewissen Vorrang der gentechnikfreien Landwirtschaft begründen. Eine weitere, aus Sicht des Umweltrates wohlbegründete Priorisierung ist der Vorzug des ökologischen Landbaus aufgrund seines im Vergleich zur konventionellen und auch zur Landwirtschaft mit „grüner" Gentechnik wesentlich besseren Abschneidens hinsichtlich ökologischer Nachhaltigkeit. Die derzeitig absehbaren Möglichkeiten der „grünen" Gentechnik lassen sich eher in einer intensiv betriebenen Landwirtschaft nutzen. Dies ist aber aus Sicht des Umweltrates kein anzustrebendes Ziel in der Landwirtschaftspolitik. Sollte zukünftig eine Synthese aus der Nutzung „grüner" Gentechnik und einer ökologisch nachhaltigen Landbewirtschaftung möglich und auch auf einem wesentlichen Flächenanteil realisierbar werden, so wäre der ökologische Landbau gegenüber dieser Synthese nicht ohne weiteres vorzugswürdig.

904. Unter Berücksichtigung der gegenwärtigen Vorzugswürdigkeit des ökologischen Landbaus, der Zielsetzung der Nachhaltigkeitsstrategie (20 % ökologischer Landbau bis 2010) und der Wahlfreiheit für Konsumenten erscheint in der Forderung nach Koexistenz eine asymmetrische Gewichtung der konkurrierenden Nutzungen jedenfalls im Verhältnis der Gentechnik-Betreiber zum ökologischen Landbau angebracht. „Asymmetrisch" bedeutet, dass der ökologische Landbau vorrangigen Schutz verdient.

In Hinblick auf die rechtliche Gestaltung bedeutet dies, dass zum einen die „grüne" Gentechnik nur insoweit zugelassen werden sollte, wie der ökologische Landbau dadurch nicht in seiner Existenz gefährdet wird. Zum anderen werden die Anwender der „grünen" Gentechnik verpflichtet, die technisch möglichen und zumutbaren Maßnahmen zur Vermeidung von Auskreuzungen und sonstigen negativen Auswirkungen auf den gentechnikfreien Landbau zu treffen. Außerdem haben die Nutzer „grüner" Gentechnik für die gegebenenfalls durch die Auskreuzungen und Verunreinigungen entstehenden Schäden aufzukommen.

Hinsichtlich des Verhältnisses zwischen „grüner" Gentechnik und konventioneller gentechnikfreier Landwirtschaft stellen sich die Dinge ähnlich dar, wenn auch die Gewichtungen weniger deutlich zugunsten des gentechnikfreien Anbaus ausfallen müssen. Sofern in Bezug auf ökologische Nachhaltigkeit bislang keine der beiden Landwirtschaftsformen wesentliche Vorteile aufweist (Tz. 846), kann ein Vorrang für die gentechnikfreie Landwirtschaft nur mit den Argumenten des Bestandsschutzes und der überwiegenden Ablehnung durch die Bevölkerung begründet werden.

905. Ungeachtet dessen, wie hier die Akzente letztlich im Einzelnen gesetzt werden, kommt es wesentlich darauf an, die Details der Kostenanlastung dringend genauer zu regeln, um den Landwirten eine verlässlichere Grundlage für ihre Produktionsplanung zu geben. Dabei gilt es, folgende Kosten zu berücksichtigen:

– Kosten für Maßnahmen zur Vermeidung von Verunreinigungen (etwa Mantelsaaten oder Heckenpflanzungen) einschließlich der Kosten für die Separierung von Produktionswegen,

– Kosten der Kennzeichnung einschließlich der Kosten der Tests auf Verunreinigungen,

– Kosten, die der gentechnikfreien Landwirtschaft durch Vermarktungsschäden entstehen.

Abgesehen von der Entscheidung, wer diese Kosten tragen sollte, ist vor allem hinsichtlich der Vermarktungsschäden problematisch, auf welche Art die Kostenanlastung durchgeführt werden soll (zur Haftung s. Tz. 940 f.).

10.2.5 Kritische Diskussion zu Bedarf und Nutzen

906. Angesichts der dargestellten Risiken der „grünen" Gentechnik darf bei einer Bewertung dieser Technik nicht die Frage aus den Augen verloren werden, warum die verschiedenen Risiken überhaupt in Kauf genommen werden sollten. Diese Frage kann aufgrund der Komplexität der Materie nicht allein durch Kosten-Nutzen-Analysen beantwortet werden. Allein die Unmöglichkeit, die ökologischen Risiken zu monetarisieren, steht dem entscheidend im Wege. Dennoch ist eine kurze Betrachtung des absehbaren Nutzens (sowie der Verteilung dieses Nutzens) für eine Bewertung wichtig, da hierdurch die Akzeptabilität der Risiken beeinflusst wird. Langfristige, größtenteils spekulative Vorteile werden nicht betrachtet.

907. Wie bereits bei der einleitenden Darstellung der Nutzenpotenziale dargelegt (Tz. 845), beschränkt sich der Umweltrat bei seinen Betrachtungen auf die deutsche und europäische Perspektive, ohne dabei die Nutzungspotenziale in anderen Regionen in Abrede stellen zu wollen. Für Deutschland und EU-weit stellt sich die Situation so dar, dass sich das Bestehen eines „gesellschaftlichen Bedarfes" angesichts der weiterhin noch überwiegend ablehnenden Haltung der Verbraucher gegenüber der „grünen" Gentechnik nicht ohne weiteres konstatieren lässt.

Es ist zwar möglich, dass es durch entstehende Effizienzsteigerungen in der landwirtschaftlichen Produktion neben anderen Vorteilen auch zu sinkenden Verbraucherpreisen insbesondere für Nahrungsmittel kommt. Dieser mögliche Preisrückgang ist aber offensichtlich nicht Anreiz genug, um die Skepsis der Verbraucher gegenüber der „grünen" Gentechnik zu überwinden. Sinkende Verbraucherpreise für Nahrungsmittel sind zwar prinzipiell wünschenswert, nach Ansicht des Umweltrates aber angesichts des in der Vergangenheit deutlich gesunkenen Anteils der Ausgaben für Nahrungsmittel an den Gesamtausgaben der Haushalte (zuletzt von 12,8 % im Jahre 1991 auf nur noch 10,5 % im Jahre 2000 [BMVEL, 2002]) nicht von besonderer Wichtigkeit. Vielmehr bringt die starke Fokussierung auf niedrige Lebensmittelpreise enorme Probleme für die nachhaltige Landnutzung mit sich, da der Druck zur Intensivierung und Rationalisierung weiter zunimmt. Aus Sicht des Umweltrates sollte die Senkung der Lebensmittelpreise kein vorrangiges Ziel der Landwirtschaftspolitik sein. Wichtigere Ziele sind vorsorgender Verbraucherschutz, Qualitätssicherung, eine tier- und umweltgerechte Erzeugung in wettbewerbsfähigen Unternehmen und die Entwicklung ländlicher Räume, die auch im Ernährungs- und agrarpolitischen Bericht 2003 der Bundesregierung als Hauptziele genannt werden (BMVEL, 2003, S. 7).

Im Übrigen macht eine Überschlagsrechnung deutlich, dass die Größenordnung etwaiger Preissenkungen für Nahrungsmittel eher unwesentlich sein würde. Bei einem Anteil der Ausgaben für Nahrungsmittel an den Gesamtausgaben der Haushalte von etwas über 10 % und einem Anteil der Verkaufserlöse der Landwirtschaft an den Verbraucherausgaben für Nahrungsmittel inländischer Herkunft von etwa 25 % (BMVEL, 2002) beläuft sich der Anteil der überhaupt durch Effizienzgewinne bei der Nahrungsmittelproduktion beeinflussbaren Ausgaben an den Gesamtausgaben auf nur wenig mehr als 2,5 %. Selbst für den Fall substanzieller Effizienzgewinne und einer relativ hohen Marktdurchdringung mit „grüner" Gentechnik wird sich die Reduktion der Gesamtausgaben der Haushalte somit nur im Promillebereich bewegen können.

908. Auch die Befürworter der „grünen" Gentechnik konzedieren, dass aus Sicht eines durchschnittlichen europäischen Verbrauchers der Nutzen gentechnisch modifizierter Nahrungsmittel gegenwärtig kaum ersichtlich ist. Daher ist man aufseiten der Betreiber darum bemüht, Produktlinien zu entwickeln, die mit einem ersichtlichen Nutzen für den Verbraucher verbunden sind, beispielsweise gentechnisch veränderte Lebensmittel mit gesundheitsfördernden Eigenschaften (so genannte *Functional Foods*). Diesbezüglich existieren vielfältige Anwendungsmöglichkeiten (vgl. Tz. 848–851), welche auch geeignet erscheinen, die Akzeptanz der betroffenen Produkte zu erhöhen. Zu bedenken ist aber, dass die erhoffte Förderung der Gesundheit in der Regel ebenso durch gentechnikfreie, aber geeignet zusammengestellte Nahrungsmittel erreicht werden kann. Auch in Bezug auf die Produktion von Arzneimitteln bietet die „grüne" Gentechnik ein erhebliches Potenzial. Allerdings sollten Pflanzen, die hochwirksame Arzneimittel produzieren, nicht im Freiland, sondern nur in geschlossenen Systemen angebaut werden (Tz. 853). Insofern gelten viele der vorgebrachten Einwände nicht in Bezug auf solche GVP – andererseits lässt sich aufgrund der agrarpolitischen Irrelevanz aus der mit ihnen verbundenen Nutzenstiftung auch kein Argument für die landwirtschaftliche Nutzung von anderen GVP ableiten.

909. Bei der weit überwiegenden Mehrheit der gegenwärtig angebauten GVP wird die Gentechnik verwendet, um durch verbesserte agronomische Eigenschaften (etwa Herbizid- oder Insektenresistenzen) höhere Erträge zu erzielen oder die Produktionskosten zu senken. Solche Effizienzsteigerungen ließen sich allerdings nicht bei allen bisherigen Anwendungen erzielen. Es gibt auch Fälle, in denen der Produktionsaufwand im Vergleich zur konventionellen Produktionsweise steigt (IDEL, 2003; Strategy Unit, 2003). So kam etwa eine Studie des US-amerikanischen *National Center for Food and Agricultural Policy*, in der die Vorteile und Risiken von insektenresistentem Mais untersucht wurden, zu dem Ergebnis, dass sich das teurere transgene Saatgut nur in Jahren mit hohem Schädlingsbefall rentiert, bei niedrigem Befall die Produktionskosten aber steigen (CARPENTER, 2001). Auch hat sich gezeigt, dass unvorhergesehene Effekte, wie etwa das Auftreten von mehrfachresistenten Unkräutern, neue Probleme mit sich bringen. Es ist deshalb angebracht, die wirtschaftlichen Auswirkungen der verschiedenen Anwendungen „grüner" Gentechnik differenziert zu betrachten. Eine pauschale Abschätzung der Effizienzgewinne scheint nicht möglich (Strategy Unit, 2003).

Im Übrigen ist zu bedenken, ob nicht die infrage stehenden Nutzeneffekte auch ohne nennenswerten größeren

Aufwand mit anderen Mitteln erreichbar sind. Die Ergebnisse einer aktuellen Studie des Umweltbundesamtes deuten darauf hin, dass dies oft der Fall sein könnte. In der Studie wurde für fünf Beispiele geprüft, ob bestimmten agronomischen Problemen (Unkrautbekämpfung bei Raps, Insektenbefall bei Mais, Rizomaniabefall bei Zuckerrübe, Kartoffel mit veränderter Stärkezusammensetzung und Mehltaubefall bei Wein), für die mithilfe der „grünen" Gentechnik Lösungsansätze entwickelt werden, auch mit anderen Ansätzen begegnet werden kann. Es zeigte sich, dass für die betrachteten Beispiele alternative Lösungsmöglichkeiten (konventionelle Neuzüchtungen, verbesserte Verarbeitungsprozesse oder Standardmaßnahmen der konventionellen und ökologischen Landwirtschaft) bestehen (MÜLLER et al., 2003). Allerdings hängt die Wahrscheinlichkeit der Realisierung solcher Maßnahmen stark von anderen als technischen und ökologischen Faktoren ab. Besonders relevant ist die ökonomische Machbarkeit, die wiederum wesentlich von agrarpolitischen Entscheidungen sowie von der Entwicklung im Bereich der Lebensmittelverarbeitung und des Handels beeinflusst wird.

910. Oft wird ein Nutzen der „grünen" Gentechnik damit begründet, dass etwa durch den reduzierten Einsatz von Pflanzenschutzmitteln die durch die Landwirtschaft verursachten Umweltbelastungen sinken. Allerdings muss bezweifelt werden, dass die negativen Umweltwirkungen tatsächlich in allen oder auch nur den meisten Fällen zurückgehen. Die nicht aggregierten Daten zeigen ein uneinheitliches Bild (Strategy Unit, 2003). Teilweise ergeben sich zwar quantitative Einsparungen von Pflanzenschutzmitteln, durch eine veränderte Dosierung oder die Verwendung anderer Mittel kann sich die Belastung der Umwelt aber auch erhöhen. Insbesondere ist der Zielkonflikt zwischen effektiver Unkrautbekämpfung und Erhalt der Biodiversität auf den landwirtschaftlichen Flächen zu berücksichtigen. So ermöglichen herbizidresistente Nutzpflanzen den Einsatz von Totalherbiziden, der zu einem starken Rückgang der Ackerunkräuter führen kann. Dies ist zwar aus agronomischer Sicht wünschenswert, stellt aber eine Verschlechterung in Bezug auf das Schutzgut Biodiversität dar. Eine aktuelle, von der britischen Regierung in Auftrag gegebene Studie zeigt, dass beim Anbau von gentechnisch verändertem Raps und gentechnisch veränderten Rüben und dem Einsatz der entsprechenden Komplementärherbizide die Artenvielfalt auf den Feldern gegenüber herkömmlicher Wirtschaftsweise sank. Nur beim Anbau von gentechnisch verändertem Mais war die Artenvielfalt höher als auf den konventionellen Vergleichsflächen (Royal Society, 2003). Es muss allerdings darauf hingewiesen werden, dass die Ergebnisse der genannten Studie mit Sorgfalt zu interpretieren sind. Die nach der Publikation der Studie einsetzende öffentliche Diskussion war teilweise undifferenziert und vernachlässigte etwa den großen Einfluss der Wahl des jeweilig eingesetzten Herbizides und *Trade-offs* zwischen Biodiversität und Ertragszuwächsen. Dänische Untersuchungen an herbizidresistenten Rüben zeigen weiterhin, dass der Zeitpunkt der Anwendung der Herbizide einen sehr großen Einfluss auf die Biodiversität hat. Frühe Anwendungen führten in Versuchen zu einer sehr geringen Artenvielfalt und Unkraut-Biomasse auf den Feldern, während eine sehr späte Anwendung der Herbizide bei gleich bleibenden Erträgen zu einer – auch im Vergleich mit herkömmlichem Herbizideinsatz – deutlich höheren Biodiversität führten (STRANDBERG und PEDERSEN, 2002).

Die Bewertung von Forschungsergebnissen über die Umweltwirkungen gentechnisch veränderter Anbauverfahren muss differenziert erfolgen. Es besteht diesbezüglich noch Forschungsbedarf. Die Umweltwirkungen hängen von mehr Faktoren als nur von der Menge und der Art der verwendeten Pflanzenschutzmittel ab. Wiederum spielt die Ausgestaltung der Bewirtschaftungspraxis hierbei eine wesentliche Rolle. Alternative Methoden der Verringerungen von Umweltbeeinträchtigungen müssen in Betracht gezogen werden. Insofern muss ein wirklich umfassender Vergleich der Anbauverfahren mit verschiedenen Methoden arbeiten: Nach MÜLLER et al. (2003) sind sowohl Risikoabschätzungen, Vergleichsversuche als auch *Life Cycle Assessments* erforderlich.

Eine im Vergleich zur Intensivlandwirtschaft grundsätzliche Verringerung der Umweltbelastung durch die Nutzung der „grünen" Gentechnik lässt sich also derzeit nicht belegen. Unter Gesichtspunkten ökologischer Nachhaltigkeit ist der ökologische Landbau gegenüber der Intensivlandwirtschaft zweifellos vorzugswürdig und schützenswert. Diese Form der Landnutzung sollte daher aus Sicht des Umweltrates als Grundlage der vergleichenden Beurteilung der Umweltauswirkungen der „grünen" Gentechnik gewählt werden. Somit ist anzunehmen, dass durch die „grüne" Gentechnik kaum ein wesentlicher Nutzen für die Umwelt erzielt werden kann.

911. Zusammenfassend lässt sich sagen, dass eine differenzierte Abschätzung der zu erwartenden Nutzeneffekte vonnöten ist. Während in einigen Bereichen (Effizienzsteigerungen der landwirtschaftlichen Produktion, *Functional Foods*) wesentliche Vorteile möglich erscheinen, zeichnet sich ab, dass andere Erwartungen (sinkende Umweltbelastung, deutlich sinkende Verbraucherpreise) nur schwer erfüllbar sein werden. Den Nutzeneffekten stehen in jedem Falle die hohen Defensiv- und Transaktionskosten gegenüber (Tz. 896–900).

10.3 Entwicklung des rechtlichen Rahmens

912. Die Regulierung der Freisetzung und des Inverkehrbringens von GVO, insbesondere des Inverkehrbringens gentechnisch veränderter Lebensmittel (GV-Lebensmittel), ist – wie eingangs bereits erwähnt – stark durch das europäische Gemeinschaftsrecht geprägt. Aktuelle Entwicklungen und Neuerungen im diesbezüglichen Gemeinschaftsrecht, namentlich

– die Richtlinie 2001/18/EG des EU-Parlaments und des Rates vom 12. März 2001 über die absichtliche Freisetzung genetisch veränderter Organismen in die Umwelt (Abl. EG L 106 vom 17. April 2003, S. 1),

- die Verordnung (EG) Nr. 178/2002 des EU-Parlaments und des Rates vom 28. Januar 2002 zur Festlegung der allgemeinen Grundsätze und Anforderungen des Lebensmittelrechts, zur Errichtung der Europäischen Behörde für Lebensmittelsicherheit und zur Festlegung von Verfahren zur Lebensmittelsicherheit (Abl. EG L 31 vom 1. Februar 2003, S. 1),
- die Verordnung (EG) Nr. 1829/2003 des EU-Parlaments und des Rates vom 22. September 2003 über genetisch veränderte Lebensmittel und Futtermittel (Abl. EG L 268 vom 18. Oktober 2003, S. 1),
- die Verordnung (EG) Nr. 1830/2003 des EU-Parlaments und des Rates vom 22. September 2003 über die Rückverfolgbarkeit und Kennzeichnung von genetisch veränderten Organismen und über die Rückverfolgbarkeit von aus genetisch veränderten Organismen hergestellten Lebensmitteln und Futtermitteln sowie zur Änderung der Richtlinie 2001/18/EG (Abl. EG L 268 vom 18. Oktober 2003, S. 24),
- die Verordnung (EG) Nr. 1946/2003 vom 15. Juli 2003 über grenzüberschreitende Verbringungen genetisch veränderter Organismen (Abl. EG L 287 vom 9. November 2003, S. 1) sowie
- der zwischenzeitlich wieder zurückgezogene Entwurf der EU-Kommission für eine Richtlinie über Saatgut (SANCO/1542/2000 Rev. 4)

bringen erheblich veränderte Anforderungen sowohl allgemein an die Freisetzung und das Inverkehrbringen von GVO (Abschn. 10.3.1), als auch speziell für das Inverkehrbringen von GV-Lebens- und -Futtermitteln (Abschn. 10.3.2). Die Neuerungen betreffen neben den Zulassungsverfahren insbesondere die Kennzeichnung und Rückverfolgbarkeit von GVO (Abschn. 10.3.3), den grenzüberschreitenden Verkehr (Abschn. 10.3.4) sowie das begleitende Monitoring (Abschn. 10.3.5). Soweit die europarechtlichen Vorgaben in diesen Punkten nicht unmittelbar gelten, bedarf es teilweise noch einer Umsetzung und Ausgestaltung durch das nationale Recht. Dies ist wesentlicher Anlass für die anstehende Novellierung des Gentechnikgesetzes (Abschn. 10.3.6). Der vorliegende Novellierungsentwurf umfasst darüber hinaus spezifische Regelungen zu den bisher nicht EG-rechtlich geregelten haftungsrechtlichen Fragen der Koexistenz (Abschn. 10.3.7).

10.3.1 Zulassung der Freisetzung und des Inverkehrbringens von gentechnisch modifizierten Organismen

Die neue Freisetzungsrichtlinie – wesentlicher Inhalt

913. Die neue Freisetzungsrichtlinie 2001/18/EG, die am 17. April 2001 die Richtlinie 90/220/EWG (Abl. EG 1990, Nr. L 117, S. 15) abgelöst hat, normiert im Zusammenhang mit den oben aufgeführten Regelwerken die absichtliche Freisetzung von GVO und das Inverkehrbringen von GVO als Produkt oder in Produkten. Die Anforderungen unterscheiden sich teilweise danach, ob die GVO mit der Freisetzung zugleich in Verkehr gebracht werden sollen (Teil C der Richtlinie) oder nicht (Teil B der Richtlinie):

- *Zustimmungsvorbehalt:* Die Freisetzung und das Inverkehrbringen von GVO unterliegen in jedem Fall einem Zustimmungsvorbehalt (Art. 6 Abs. 8, Art. 15 Abs. 4). Keiner Zustimmung unterliegen indessen Zubereitungen, die zwar aus GVO hergestellt werden, jedoch nicht aus GVO bestehen (z. B. Öl aus GV-Sojakeimen).
- *Antrag:* Der Antragsteller hat eine Umweltverträglichkeitsprüfung nach Maßgabe des Anhang II vorzunehmen und dem Zulassungsantrag neben den Ergebnissen der Prüfung bestimmte in den Anhängen IIIa, IIIb und IV benannte risikorelevante Informationen sowie einen „Überwachungsplan" betreffend Auswirkungen auf die menschliche Gesundheit oder die Umwelt beizufügen (Art. 6 Abs. 2). Sollen GVO als Produkte oder in Produkten in Verkehr gebracht werden, so muss der Antrag auch Auskunft über die Bedingungen des Inverkehrbringens geben und Vorschläge für die Kennzeichnung gemäß den in Anhang IV genannten Anforderungen sowie für die Verpackung enthalten (Art. 13 Abs. 2).
- *Öffentlichkeitsbeteiligung:* In jedem Fall ist die Öffentlichkeit über die Anträge zu unterrichten und anzuhören (Art. 9 und 24).
- *Entscheidungsverfahren:* Soll die Freisetzung nicht zum Zwecke des Inverkehrbringens erfolgen, so entscheidet über die Zustimmung lediglich die zuständige nationale Behörde im Rahmen bestimmter Fristen; die anderen Mitgliedstaaten werden lediglich angehört (Art. 6 Abs. 4–9 und Art. 11). Liegen bereits Erfahrungen mit der Freisetzung ähnlicher GVO vor, können die Entscheidungs- und Beteiligungsfristen verkürzt werden (Art. 7). Soll dagegen der GVO in Verkehr gebracht werden, so können die anderen Mitgliedstaaten im Rahmen des Zustimmungsverfahrens Einwände erheben (Art. 15, 17). Geschieht dies, so entscheidet über den Antrag ein aus Vertretern der Mitgliedstaaten zusammengesetzter Regelungsausschuss unter Federführung der EU-Kommission (Art. 18).
- *Verfahrens- und Entscheidungsfristen:* Die Richtlinie sieht für die verschiedenen Prüfungsschritte bis zur Zulassungsentscheidung Fristen vor, die eine zügige Durchführung des Verfahrens gewährleisten sollen (insb. Art. 6, 15, 17, 20).
- *Entscheidungsmaßstab:* Die Zustimmung wird erteilt, wenn anzunehmen ist, dass die Freisetzung oder das Inverkehrbringen keine schädlichen Auswirkungen auf die menschliche Gesundheit oder die Umwelt hat (Art. 4 Abs. 1).
- *Befristung/Kennzeichnungspflichten:* Die Zustimmung muss gegebenenfalls erforderliche Geltungsbeschränkungen, Schutzbestimmungen und insbesondere Kennzeichnungsvorschriften als Bedingungen

der Freisetzung beziehungsweise des Inverkehrbringens enthalten (Art. 19 Abs. 3). Die Zustimmung zum Inverkehrbringen ist auf höchstens zehn Jahre zu befristen (Art. 15 Abs. 4).

– *Information und Berichterstattung:* Die Mitgliedstaaten richten Register ein, in denen die Anbaustandorte von GVO festgehalten werden. Über die Anwendung der Richtlinie ist in regelmäßigen Abständen zu berichten (Art. 31).

– *Schutzklausel:* Ein Mitgliedstaat kann den Einsatz und Verkauf eines GVO-Produkts in seinem Hoheitsbereich trotz erteilter Zustimmung untersagen, wenn neue Erkenntnisse Grund zu der Annahme geben, dass der GVO eine Gefahr für die menschliche Gesundheit oder die Umwelt darstellt (so genannte Schutzklausel, Art. 23). Vergleichbares gilt nach Artikel 8 Abs. 2 für die nicht zum Zwecke des Inverkehrbringens zugelassene Freisetzung von GVO (Art. 23).

Diese Regelungen bringen gegenüber der älteren Rechtslage einige bedeutende Verbesserungen, lassen jedoch aus Sicht des Umweltrates auch weiterhin wichtige Fragen offen, wie im Folgenden dargelegt wird.

Harmonisierung der Umweltverträglichkeitsprüfung

914. Wesentliches Ziel der Neuregelung war die weitere Harmonisierung des Zulassungsverfahrens und insbesondere auch der Anforderungen an Antragsunterlagen und Umweltverträglichkeitsprüfung. In Anhang II der novellierten Freisetzungsrichtlinie sind daher detaillierte Ziele, Prinzipien und die Methoden für die Umweltverträglichkeitsprüfung niedergelegt. Der Antragsteller hat danach folgende Prüfungsschritte durchzuführen:

– Bewertung der Größenordnung jeder ermittelten möglichen schädlichen Auswirkung unter Berücksichtigung der Umgebung und der Art der Freisetzung (für diesen Prüfungsschritt wird das Eintreten schädlicher Auswirkungen zunächst unterstellt) (Anhang II, C2.2),

– Bewertung der Eintrittswahrscheinlichkeit der ermittelten möglichen schädlichen Auswirkungen unter Berücksichtigung der Umgebung und der Art der Freisetzung (Anhang II, C2.3),

– Einschätzung des Risikos für die menschliche Gesundheit und die Umwelt, das von jedem ermittelten Merkmal des genetisch veränderten Organismus ausgehen kann, unter Berücksichtigung der Eintrittswahrscheinlichkeit und der vermuteten Größenordnung der schädlichen Auswirkung (Anhang II, C2.4),

– Erstellung einer Strategie inklusive möglicher Methoden für das Risikomanagement (Anhang II, C2.5),

– Bewertung des Gesamtrisikos der genetisch veränderten Organismen unter Berücksichtigung des vorgeschlagenen Risikomanagements (Anhang II, C2.6).

Die konkretisierenden Anforderungen an die Umweltverträglichkeitsprüfung sind als ein erster Schritt in Richtung eines einheitlichen und anspruchsvollen Prüfungsniveaus zu begrüßen.

Keine materiellen Bewertungsmaßstäbe

915. Weit gehend offen bleibt die Frage, wie die Ergebnisse der Umweltverträglichkeitsprüfung im Hinblick auf die Zulassungsentscheidung zu bewerten sind beziehungsweise anhand welcher materiellen Maßstäbe die Zulassungsentscheidung zu treffen ist. Laut 18. Erwägungsgrund zur Freisetzungsrichtlinie (RL 2001/18/EG) müssen „zur fallweisen Beurteilung der potenziellen Risiken infolge der absichtlichen Freisetzung von GVO in die Umwelt harmonisierte Verfahren und Kriterien ausgearbeitet werden." Materielle Beurteilungskriterien sieht die Richtlinie jedoch nicht vor. Sie setzt vielmehr gänzlich auf prozedurale Vorgaben und überantwortet die materielle Beurteilung vollständig den zuständigen Behörden des Mitgliedstaates sowie – im Falle von Einwänden aus anderen Mitgliedstaaten – dem Regelungsausschuss der EU-Kommission. Dieses Offenhalten der maßgeblichen Risikoentscheidung für die je individuelle fallbezogene Abwägung begegnet erheblichen rechtsstaatlichen Bedenken. Diesbezüglich ist daran zu erinnern, dass die wesentlichen Risikoentscheidungen grundsätzlich durch den Gesetzgeber zu treffen beziehungsweise mit der gebotenen demokratischen Legitimation auszustatten sind und daher nicht unbeschränkt auf Regelungsausschüsse der EU-Kommission delegiert werden dürfen.

Einschränkung der Schutzklausel

916. Der Anwendungsbereich der Schutzklausel ist gegenüber der Vorläuferbestimmung der Richtlinie 90/220/EWG deutlich eingeschränkt worden. Die alte Freisetzungsrichtlinie ließ es für die Zulässigkeit einer weiter gehenden nationalen Schutzmaßnahme ausreichen, dass der Mitgliedstaat berechtigten Grund zu der Annahme hatte, dass das gentechnisch veränderte Produkt eine Gefahr für die menschliche Gesundheit oder die Umwelt darstellt. Nach der novellierten Freisetzungsrichtlinie muss eine solche Annahme nunmehr – analog Artikel 95 Abs. 5 EGV – auf neue oder zusätzliche Informationen gestützt werden können, die der Mitgliedstaat erst nach dem Tag der Zulassung gewonnen hat (Art. 23 Abs. 1).

Die weitere Schutzklausel der alten Freisetzungsrichtlinie wurde bislang neunmal von Mitgliedstaaten in Anspruch genommen, dreimal von Österreich, zweimal von Frankreich, je einmal von Deutschland, Luxemburg, Griechenland und dem Vereinigten Königreich. Die von diesen Mitgliedstaaten zur Begründung ihrer Maßnahmen vorgelegten wissenschaftlichen Erkenntnisse wurden nach Inkrafttreten der neuen Richtlinie den wissenschaftlichen Ausschüssen zur Stellungnahme unterbreitet. In allen Fällen war der betreffende Ausschuss der Ansicht, dass jedenfalls keine neuen Erkenntnisse vorlägen, die eine Rücknahme des ursprünglichen Zulassungsbeschlusses rechtfertigen würden. Angesichts des neuen Regelungsrahmens hat die EU-Kommission die Mitgliedstaaten unterrichtet, dass sie nunmehr ihre – gemäß der alten Richtlinie 90/220/EWG getroffenen – Maßnahmen zurückziehen und die Verbote aufheben sollten.

Freisetzungsregister – Monitoring

917. Die EU-Kommission hat ein oder mehrere Register einzurichten, die Informationen über die zugelassenen Freisetzungen beinhalten (Art. 31 Abs. 2; Empfehlung des SRU, 1998, Tz. 836). Das Gleiche gilt für die Mitgliedstaaten, die insbesondere auch die Standorte der Freisetzungen registrieren sollen. Es ist allerdings nicht ausreichend, lediglich die Orte der Freisetzungen und die Anbauorte gentechnisch veränderter Organismen zu dokumentieren. Vielmehr sollten aus einem umfassenden Anbauregister auch die Standorte gentechnisch unveränderter Kulturen, mit denen sich die angebauten GVP potenziell kreuzen können, ermittelbar sein (Tz. 930).

918. Neu eingeführt wurde die „fallspezifische Überwachung" (*case specific monitoring*). Im Rahmen dieser Überwachung sollen bei jedem Freisetzungsfall alle potenziell betroffenen Schutzgüter hinsichtlich möglicher Auswirkungen beobachtet und insbesondere die der Umweltverträglichkeitsprüfung im Rahmen des Zulassungsverfahrens zugrunde gelegten Wirkungsmöglichkeiten untersucht werden. Das Monitoring bildet zugleich eine wesentliche Grundlage für nachträgliche Anordnungen und gegebenenfalls eine Aufhebung der Zustimmung gemäß Artikel 20 der Richtlinie.

Die fallspezifische Überwachung ist – in zumutbarem Umfang – als vernünftige Vorsorgemaßnahme grundsätzlich zu begrüßen, sofern sie tatsächlich auch als zusätzliche Sicherungs- und Vorsorgemaßnahme praktiziert wird. Dass nunmehr eine begleitende Überwachung jeder Freisetzung erfolgen muss, darf dagegen nicht dazu verleiten, im Vertrauen auf dieses Monitoring die Zulassungsfrage „lockerer" zu handhaben. Das entspräche jedenfalls weder dem in den Erwägungsgründen zur Richtlinie mehrfach in Bezug genommenen Vorsorgeprinzip noch der Zielbestimmung von Anhang VII, A., wonach das fallspezifische Monitoring zugleich eine zusätzliche Vorsicht und Absicherung gegenüber wissenschaftlichen Fehlannahmen im Zulassungsverfahren und möglicherweise nicht erkannten Risiken bieten soll (Tz. 883–886).

10.3.2 Zulassung des Inverkehrbringens von gentechnisch modifizierten Lebens- und Futtermitteln

Bisherige Rechtslage

919. Das Inverkehrbringen von Lebensmitteln, die GVO im Sinne der Freisetzungsrichtlinie enthalten, ist erstmals europaweit durch die Verordnung (EG) Nr. 258/97 vom 27. Januar 1997 über neuartige Lebensmittel und neuartige Lebensmittelzutaten (so genannte Novel-Food-VO, Abl. EG 1997, Nr. L 43, S. 1) einer gesonderten Genehmigungspflicht unterstellt worden. Das Regelwerk der Novel-Food-VO von 1997 bezieht sich nicht allein auf GV-Lebensmittel, sondern erfasst diese zusammen mit weiteren so genannten „neuartigen Lebensmitteln" (*Novel Food*). Dazu zählen neben GV-Produkten beispielsweise auch Lebensmittel mit gezielt veränderter Molekularstruktur und solche Lebensmittel, bei deren Herstellung ein „nicht übliches Verfahren zur Veränderung der Zusammensetzung und Struktur" angewandt wird.

Als besondere Zulassungsvoraussetzung für das Inverkehrbringen neuartiger Lebensmittel verlangt die Novel-Food-VO insbesondere den Nachweis, dass von dem jeweiligen Lebensmittel keine Gefahr für den Verbraucher ausgeht (Art. 3 Abs. 1, 1. Anstrich). Ob diese Voraussetzung erfüllt ist, prüft die zuständige nationale Lebensmittelprüfstelle auf Grundlage der vom Antragsteller zu erbringenden Nachweise (Sicherheitsprüfung). Die Lebensmittelprüfstelle erarbeitet für die nationale Genehmigungsbehörde eine Entscheidungsempfehlung (so genannter Erstbericht), die zugleich an die EU-Kommission und von dort an die anderen Mitgliedstaaten weitergeleitet wird. Die nationale Genehmigungsbehörde erteilt die Genehmigung, wenn der Bericht die Zulassung empfiehlt und weder von der EU-Kommission noch von einem anderen Mitgliedstaat begründete Einwände erhoben werden. Kommt der Erstbericht zu einer ablehnenden Empfehlung oder werden Einwände erhoben, so wird das Lebensmittel einer ergänzenden Prüfung durch die EU-Kommission sowie durch einen sie unterstützenden, aus Vertretern der Mitgliedstaaten zusammengesetzten, „Ständigen Lebensmittelausschuss" unterzogen (Art. 13 Novel-Food-VO). Kommen der mit Mehrheitsbeschluss entscheidende Ausschuss und die EU-Kommission zum gleichen Standpunkt, so wird dementsprechend über den Antrag entschieden, andernfalls wird der Antrag dem Rat vorgelegt. Entscheidet der Rat nicht binnen drei Monaten, so fällt schließlich der EU-Kommission das Letztentscheidungsrecht zu.

Eine wichtige Verfahrenserleichterung gilt für GV-Lebensmittel, die bestehenden Lebensmitteln „gleichwertig" sind; für diese Lebensmittel genügte nach der Novel-Food-VO von 1997 ein Anmeldeverfahren.

Die Novel-Food-VO von 1997 findet keine Anwendung auf GV-Futtermittel. Futtermittel, die aus gentechnisch veränderten Organismen bestehen oder diese enthalten, unterliegen dem Zulassungsverfahren gemäß der Freisetzungsrichtlinie. Für Futtermittel, die lediglich aus GVO hergestellt werden, diese aber nicht mehr enthalten (z. B. Öl aus GV-Mais), besteht kein Zulassungsverfahren.

Ein weiteres wichtiges Regelungselement der Novel-Food-VO von 1997 ist die Kennzeichnungspflicht für neuartige Lebensmittel, die allerdings nur insoweit gilt, wie das Lebensmittel einem bestehenden Lebensmittel nicht „gleichwertig" ist. Auch insoweit misst diese Verordnung der Gleichwertigkeitsprüfung besondere Bedeutung zu. Nur soweit hinsichtlich nutritiver oder risikorelevanter Merkmale Unterschiede gegenüber konventionellen Lebensmitteln vorliegen, gilt für die neuen Lebensmittel eine

Pflicht zur Kennzeichnung und speziell für GV-Lebensmittel die Pflicht zur Angabe der enthaltenden GVO. Daneben sind durch die Verordnung 1139/98/EG (Abl. EG 1998, Nr. L 159, S. 4) auch die bereits auf dem Markt gehandelten gentechnisch veränderten Mais- und Sojaprodukte der Kennzeichnungspflicht unterworfen worden. Diese Kennzeichnungspflicht gilt auch für Produkte, die mit GVO verunreinigt sind, sofern die Verunreinigung 1 % übersteigt.

Die Zulassung nach der Novel-Food-VO schließt prinzipiell nicht die Zulassung nach der auf Umweltauswirkungen ausgerichteten Freisetzungsrichtlinie mit ein. Vielmehr tritt die lebensmittelspezifische Sicherheitsprüfung der Novel-Food-VO für GV-Lebensmittel als besondere Zulassungsbedingung zu der Umweltprüfung nach der Freisetzungsrichtlinie hinzu.

Die neue Verordnung über gentechnisch veränderte Lebensmittel und Futtermittel

920. Durch die neue, ab April 2004 anzuwendende Verordnung über GV-Lebens- und -Futtermittel vom 18. Oktober 2003 (1829/2003/EG) werden sich für die Zulassung von gentechnisch veränderten Lebens- oder Futtermitteln wiederum einige Neuerungen ergeben. Wesentliches Neuregelungsziel dieser Verordnung ist die Zusammenfassung der Zulassung von GV-Lebens- und GV-Futtermitteln unter einem vereinfachten, beschleunigten und bei der Gemeinschaft zentralisierten Verfahren (EU-Kommission, Presseerklärung DN: IP/03/1056 vom 22. Juli 2003). Zu diesem Zweck

– bezieht die Verordnung über GV-Lebens- und -Futtermittel in ihren Anwendungsbereich neben den von der Novel-Food-VO allein erfassten Lebensmitteln auch GV-Futtermittel einschließlich der aus GVO hergestellten Futtermitteln mit ein,

– wird das Zulassungsverfahren in die Hand einer „einheitlichen Anlaufstelle" für die wissenschaftliche Bewertung und die Zulassung von GVO und GV-Lebens- und Futtermitteln, namentlich der Europäischen Behörde für Lebensmittelsicherheit (EFSA, *European Food Safety Authority*), gelegt. Die EFSA leitet das Verfahren und unterbreitet nach Unterrichtung und Anhörung der Öffentlichkeit der EU-Kommission eine Stellungnahme einschließlich eines Entscheidungsvorschlags. Die Entscheidung liegt sodann abschließend bei einem mit Vertretern der Mitgliedstaaten besetzten Regulierungsausschuss der EU-Kommission. Die nationalen Behörden, die bisher maßgeblich das Zulassungsverfahren getragen haben, werden nur noch unterrichtet und angehört, sie haben aber keinerlei direkten Einfluss mehr auf die Zulassungsentscheidung,

– wird das von der alten Novel-Food-Verordnung vorgesehene vereinfachte Verfahren für das Inverkehrbringen von GV-Lebensmitteln, die als im Wesentlichen gleichartig mit bestehenden Lebensmitteln angesehen werden, abgeschafft,

– wird eine Parallelisierung des Verfahrens nach der Freisetzungsrichtlinie dahin gehend verfügt, dass die gemäß der Freisetzungsrichtlinie vorzunehmende „Umweltverträglichkeitsprüfung" gleichzeitig mit der nach der Verordnung über GV-Lebens- und -Futtermittel vorgesehenen „Sicherheitsprüfung" durchzuführen ist.

Welche Auswirkungen dieses neue, noch stärker „europäisierte" Genehmigungsverfahren in Bezug auf die Gründlichkeit der Risikoanalyse und den angewendeten Vorsichtsmaßstab haben wird, lässt sich derzeit nur schwer abschätzen, wird aber mit Sicherheit ganz wesentlich von der Besetzung der zentralen europäischen Genehmigungsgremien abhängen. Das gilt für die EFSA im wissenschaftlichen Bereich sowie für den Regelungsausschuss auf politischer Ebene (zum Problem mangelnder demokratischer Legitimation derartiger Gremien s. Kap. 13, Tz. 1278 ff.). Der nationale Einfluss konzentriert sich auf die Stellungnahme im Verfahren vor der EFSA und auf die Mitwirkung im Regelungsausschuss. Die eingeschränkte Mitwirkung der zuständigen nationalen Behörden lässt besorgen, dass dementsprechend Mittel und Personal bei diesen Behörden abgezogen werden und eine gründliche und kritische Begleitung der Zulassungsverfahren möglicherweise nicht mehr gewährleistet ist. Letzteres erscheint aber spätestens für die Abstimmung im Regelungsausschuss unerlässlich. Die Verlagerung der Kompetenzen in die besagten Gremien sollte in jedem Falle kritisch im Auge behalten und gegebenenfalls evaluiert werden. Es stellt sich auf nationaler Ebene wesentlich die Frage, welche Fachbehörden und Stellen an der Mitwirkung im Verfahren der Sicherheitsprüfung maßgeblich beteiligt werden sollen, um der dargestellten Gefahr der unzureichenden Begleitung der Zulassungsverfahren zu begegnen.

10.3.3 Regelungen zur Kennzeichnung und Rückverfolgbarkeit

921. Öffentliche Informationen und Transparenz über die GVO-Verwendungen sind ein wesentliches Element des europäischen Regulierungsprogramms zur „grünen" Gentechnik. Durch Kennzeichnung der GVO-Produkte soll dem Verbraucher die freie Wahl erhalten werden, keine GVO-Produkte zu erwerben und zu verwenden. Maßnahmen zur Rückverfolgbarkeit der GVO-Produkte bis zum verantwortlichen Erzeuger schaffen darüber hinaus eine wesentliche Bedingung für die Produktüberwachung und die Zurechnung gegebenenfalls auftretender nachteiliger Wirkungen zu einzelnen GVO sowie deren Erzeugern. Die Verordnung über die Rückverfolgbarkeit und Kennzeichnung von genetisch veränderten Organismen (1830/2003/EG, im Folgenden GVO-KennzVO) enthält hierzu zum Teil neue und vereinheitlichende Regelungen, welche die bisherigen Bestimmungen der Freisetzungsrichtlinie und der Novel-Food-Verordnung von 1997 größtenteils ersetzen. Diese Verordnung wird in Kraft treten, sobald die EU-Kommission durch einheitliche so genannte GVO-Erkennungsmarker (Tz. 923) die Anwendungsvoraussetzungen geschaffen hat.

Kennzeichnung

922. Nach der Freisetzungsrichtlinie von 2001 haben die Mitgliedstaaten eine Kennzeichnung der als Produkt oder in Produkten in den Verkehr gebrachten GVO zu gewährleisten, die mindestens den Hinweis „Dieses Produkt enthält genetisch veränderte Organismen", die Bezeichnung des GVO sowie Name und Anschrift der für das Inverkehrbringen verantwortlichen Person umfassen muss. Die Kennzeichnung soll auch einen Hinweis auf den Eintrag in das öffentlich zugängliche GVO-Register enthalten. Hinsichtlich GVO-Spuren, die in Produkten als unbeabsichtigte Verunreinigungen enthalten sein können, wird die EU-Kommission ermächtigt, durch ein besonderes Ausschussverfahren gemäß Artikel 30 Schwellenwerte für einzelne GVO festzulegen, jenseits derer die Kennzeichnungspflichten nicht gelten.

Die Novel-Food-Verordnung von 1997 sieht – wie oben dargestellt – ebenfalls eine Kennzeichnungspflicht vor, allerdings nur für Lebensmittel, die nicht konventionellen Produkten „gleichwertig" sind (Tz. 919).

Nach der neuen GVO-KennzVO gilt für alle Produkte einschließlich Lebens- und Futtermittel, die aus GVO bestehen, diese enthalten oder aus GVO hergestellt werden, eine einheitliche Kennzeichnungspflicht. Die Kennzeichnungspflicht wird durch die Verordnung für GVO-Spuren durch unvermeidbare Verunreinigungen insgesamt eingeschränkt, wenn der Anteil dieser Spuren im betroffenen Produkt eine allgemeine Höchstschwelle von 0,9 % nicht überschreitet. Die Freisetzungsrichtlinie wird entsprechend geändert; allerdings bleibt es dabei, dass die EU-Kommission durch einen besonderen Ausschuss der Freisetzungsrichtlinie für einzelne GVO auch niedrigere Schwellenwerte bestimmen kann.

Eine Zusammenfassung der sich durch das neue Kennzeichnungssystem ergebenden Änderungen ist anhand von Beispielen in Tabelle 10-6 dargestellt.

Tabelle 10-6

Kennzeichnung gentechnisch veränderter Lebens- und Futtermittel – Beispiele

GVO-Typ	Beispiel	Kennzeichnung derzeit Pflicht	Kennzeichnung künftig Pflicht
GVO-Pflanze	Chicorée	Ja	Ja
GVO-Saatgut	Maissaatgut	Ja	Ja
GVO-Lebensmittel	Mais, Sojabohnensprossen, Tomate	Ja	Ja
aus GVO hergestellte Lebensmittel	Maismehl (nachweisbar)	Ja	Ja
	hoch raffiniertes Maisöl, Sojaöl, Rapsöl	Nein	Ja
	Glukosesirup aus Maisstärke	Nein	Ja
Lebensmittel von mit GV-Futtermitteln gefütterten Tieren	Eier, Fleisch, Milch	Nein	Nein
mit GV-Enzymen hergestellte Lebensmittel	mit Amylase hergestellte Backwaren	Nein	Nein
aus GVO hergestellte Lebensmittelzutaten, Aromastoffe	in Schokolade verwendetes stark gefiltertes Lezithin aus GV-Sojabohnen	Nein	Ja
GV-Futtermittel	Mais	Ja	Ja
aus GVO hergestellte Futtermittel	Maiskleberfutter, Sojabohnenmehl	Nein	Ja
aus GVO hergestellte Futtermittelzutaten	Vitamin B2 (Riboflavin)	Nein	Ja

Quelle: EU-Kommission, 2003b, leicht verändert

Rückverfolgbarkeit

923. Um die Rückverfolgbarkeit von GVO besser zu gewährleisten, verlangt die GVO-KennzVO nunmehr, dass GVO-Produkte von der ersten Phase ihres Inverkehrbringens an mit Begleitangaben zum GV-Charakter und insbesondere mit einem dem betreffenden GVO zugeteilten Erkennungsmarker versehen werden. Bei dem Erkennungsmarker handelt es sich um noch von der EU-Kommission gemäß Artikel 8 GVO-KennzVO zu entwickelnde GVO-Codierungen. Die Begleitangaben einschließlich der Erkennungsmarker sind auf jeder Stufe des Inverkehrbringens über fünf Jahre aufzubewahren. Diese Übermittlung und Speicherung der Verbreitungsinformationen werden das Monitoring erleichtern und die Notwendigkeit von Probenahmen und Tests verringern. Um ein koordiniertes Konzept für Inspektionen und Kontrolle durch die Mitgliedstaaten zu erleichtern, wird die EU-Kommission vor der Anwendung der vorgeschlagenen Verordnung technische Leitlinien für Probenahme- und Testverfahren erarbeiten.

Bewertung

924. Die neuen Regelungen zur Kennzeichnung und Rückverfolgbarkeit sind nach Ansicht des Umweltrates geeignet, die Transparenz der Anwendungen der „grünen" Gentechnik europaweit erheblich zu erhöhen. Nicht unproblematisch erscheint allerdings die Begrenzung der Kennzeichnungspflicht in Bezug auf unbeabsichtigte, unvermeidbare GVO-Verunreinigungen durch den Schwellenwert von 0,9 %. Das Prinzip der Verbrauchersouveränität und der Aspekt einer irreführungsfreien Aufklärungspflicht sprechen nämlich wesentlich für eine unbeschränkte Kennzeichnungspflicht bis hin zur jeweiligen Nachweisgrenze.

Allerdings würde eine unbegrenzte Kennzeichnungspflicht aufgrund der zu erwartenden, unvermeidlichen Durchdringung der Lebensmittel mit Transgenen langfristig nahezu alle Lebensmittel betreffen und dann auch kaum mehr unterscheidungskräftig sein. Die Wahlfreiheit reduzierte sich faktisch auf die Wahl zwischen „gewollt transgenen Produkten einerseits und ungewollt wenig bis viel kontaminierten – ursprünglich nicht transgenen – Produkten andererseits" (IDEL, 2003, S. 53). Es wäre dann auch zuzugeben, dass die vielfach geforderte „Koexistenz" unterschiedlicher Landwirtschaftsformen praktisch nur noch bedeuten könnte, die Durchdringung der Nahrungsmittel mit Transgenen zu verzögern und zu begrenzen.

Da selbst eine unbegrenzte Kennzeichnung die faktische Durchdringung nicht zu verhindern mag, hält der Umweltrat die Bestimmung einer Bagatellschwelle für vernünftig. Nach Ansicht des Umweltrates überwiegen die Nachteile einer unbegrenzten Kennzeichnungspflicht, insbesondere deren problematische Auswirkungen auf den ökologischen Landbau. Denn die Kennzeichnung von GVO-Spuren bis an die Nachweisgrenze hätte zur Folge, dass aufgrund zufälliger Verunreinigungen immer häufiger auch Produkte aus dem ökologischen Landbau als gentechnikhaltig gekennzeichnet werden müssten. Auch wenn die Vermarktbarkeit als Öko-Produkt durch die faktische Anwesenheit gentechnisch veränderter Organismen rechtlich nicht ausgeschlossen sein dürfte (sondern nur durch die gezielte Verwendung von GVO), wäre ein entsprechend gekennzeichnetes Öko-Produkt aufgrund der Stigmatisierung de facto allerdings kaum noch als solches verkäuflich (Tz. 894).

In diesem Zusammenhang hält der Umweltrat es für dringlich, in der EG-Öko-Verordnung (VO Nr. 1804/99/EG) unmissverständlich Klarheit darüber herzustellen, ob Produkte, die aufgrund unabsichtlicher Verunreinigungen als gentechnisch verändert gekennzeichnet werden müssen, gleichwohl noch als Öko-Produkte gekennzeichnet werden dürfen. In jedem Fall sollten die gentechnikrechtlichen Kennzeichnungsschwellen auch als Bagatellgrenzen in die EG-Öko-Verordnung eingeführt werden. Dies würde immerhin unzweifelhaft klarstellen, dass geringfügige Verunreinigungen unterhalb von 0,9 % nicht zur Aberkennung des Status eines Öko-Produktes führen. Damit erübrigte sich die Diskussion über die haftungsrechtliche Frage, ob auch Verunreinigungen unterhalb der gentechnikrechtlichen Kennzeichnungsschwellen Haftungsverpflichtungen nach sich ziehen können sollen (Tz. 941).

Eine denkbare Ergänzung zur vorgeschlagenen Kennzeichnungsschwelle wäre die zusätzliche Pflicht zur Kennzeichnung, ob GVO bei der Herstellung des Produkts absichtlich verwendet wurden oder nicht. Wie schon oben (Tz. 895) dargelegt wurde, könnte bei Produkten, die aufgrund von Verunreinigungen oberhalb eines Anteils von 0,9 % zu kennzeichnen sind, der Zusatz „ohne Gentechnik hergestellt" den Umstand der gentechnikfreien Herstellung verdeutlichen, das Vorhandensein von GVO-Spuren relativieren und zugunsten des betroffenen Landwirts als Kaufanreiz wirken.

Insbesondere: Kennzeichnung von GVO-Saatgut

925. Der im September des Jahres 2003 von der EU-Kommission vorgelegte, zwischenzeitlich zur weiteren Überarbeitung wieder zurückgezogene Entwurf einer Saatgutrichtlinie (SANCO/1542/2000 Rev. 4) sah unter Berücksichtigung der Vermehrungssysteme und Vegetationszyklen der Pflanzen unterschiedliche Grenzwerte für die Kennzeichnung von Saatgutpartien verschiedener Arten vor. Danach sollten Saatgutpartien von Raps ab einem GVO-Anteil von 0,3 % als „gentechnisch verändertes Saatgut enthaltend" gekennzeichnet werden. Für Saatgutpartien von Sojabohnen sollte die Kennzeichnungspflicht ab einem GVO-Anteil von 0,7 % gelten, für Saatgutpartien von Zuckerrüben, Mais, Kartoffeln, Baumwolle, Tomaten und Chicorée ab einem GVO-Anteil von 0,5 %. Soweit der GVO-Anteil unter diesen Grenzwerten liegt und das Vorhandensein des gentechnisch veränderten Saatgutes „zufällig oder technisch unvermeidbar" ist, sollte es keiner Kennzeichnung bedürfen. Des Weiteren wurde die Zulassung der enthaltenen GVO in der europäischen Union vorausgesetzt; anderenfalls sollten auch Verunreinigungen unterhalb der angeführten Grenzwerte zur Nichtzulassung führen.

Die vorgeschlagenen Grenzwerte werden in der Öffentlichkeit äußerst kontrovers diskutiert. Während einige

Akteure, wie etwa der Bund Deutscher Pflanzenzüchter (BDP, 2003), einheitliche Grenzwerte von 0,9 % fordern, lehnen viele Umwelt- und Verbraucherschutzorganisationen Grenzwerte oberhalb der technischen Nachweisgrenze (etwa 0,1 %) ab. In Kampagnen (Save Our Seeds – www.saveourseeds.org) wird gefordert, dass Saatgut „frei von Gentechnik" bleiben soll. Ob die von der EU-Kommission vorgeschlagenen Grenzwerte tatsächlich beschlossen werden, ist derzeit nicht absehbar. Einige Mitgliedstaaten, darunter auch Deutschland, äußerten Bedenken, dass die Kommissionsvorschläge dem Schutz der gentechnikfreien Landwirtschaft nicht ausreichend Rechnung tragen und forderten die Orientierung der Kennzeichnungs-Grenzwerte an der Nachweisgrenze. Auch das EU-Parlament forderte die EU-Kommission Ende des Jahres 2003 in einer Entschließung auf, die Kennzeichnung von GVO im Saatgut an der Nachweisgrenze vorzuschreiben (GRAEFE zu BARINGDORF, 2003).

Der Umweltrat unterstützt diese Sicht, denn die Festlegung hoher Grenzwerte dürfte im Bereich des Saatguts – im Unterschied zum Bereich der Endprodukte (Tz. 920–922) – problematische Konsequenzen für die gentechnikfreie Landwirtschaft haben (Tz. 897). Es ist zu erwarten, dass zur Einhaltung der Kennzeichnungs-Schwellenwerte für Produkte nach der Freisetzungsrichtlinie/GVO-KennzVO deutlich höhere Kosten aufzuwenden sind, wenn bereits das Saatgut substanzielle Verunreinigungen aufweist. Auch aus Gründen des Risikomanagements empfiehlt es sich, die Verunreinigungen im Saatgut so gering wie möglich zu halten. Dass dies möglich ist, zeigt das Beispiel Österreichs, wo die Saatgut-Gentechnik-Verordnung seit dem 1. Januar 2002 vorschreibt, dass nicht gentechnisch veränderte Sorten höchstens einen GVO-Anteil von 0,1 % haben dürfen. Dieser Wert wird von den Saatgutunternehmen in Österreich bislang auch eingehalten.

10.3.4 Grenzüberschreitende Verbringung

926. Durch die Verordnung 1946/2003 vom 15. Juli 2003 (GVO-Verbringungsverordnung) setzt die Gemeinschaft mit unmittelbarer Verbindlichkeit für alle Mitgliedstaaten das Protokoll von Cartagena über die biologische Sicherheit in Bezug auf die Verbringung von GVO zwischen der Gemeinschaft und Drittstaaten um. Das Protokoll, das am 11. September 2003 in Kraft getreten und inzwischen für Deutschland und die EU verbindlich ist, zielt im Kern auf die Sicherstellung eines angemessenen Schutzniveaus bei der Weitergabe, Handhabung und Verwendung von GVO ab. Zu diesem Zweck bestimmt das Protokoll, dass der grenzüberschreitende Verkehr einem Anmeldungsverfahren unterworfen und an die Zustimmung durch den Einfuhrstaat gebunden wird, wobei es den Staaten gestattet, die Einfuhr veränderter Organismen auf der Grundlage des Vorsorgeprinzips bereits dann abzulehnen, wenn ein begründeter Verdacht der Schädlichkeit besteht. Ferner verpflichtet das Protokoll die Vertragsstaaten dazu, zu sämtlichen aus ihrem Staatsgebiet in Verkehr gebrachten GVO alle relevanten Informationen zur Verfügung zu stellen, um international die Sicherstellung eines „angemessenen Schutzniveaus" zu ermöglichen. Dazu haben die Vertragsstaaten unter anderem zentrale Anlauf- und Informationsstellen einzurichten.

Dem Cartagena-Protokoll entsprechend bestimmt die GVO-Verbringungsverordnung, dass GVO-Exporte bei der zuständigen Behörde des Einfuhrstaates anzumelden sind und sodann erst nach Zustimmung dieser Behörde erfolgen dürfen. Anmeldung und Zustimmung sind der zuständigen Behörde des Ausfuhrstaates in Kopie zuzuleiten. Weiterhin regelt die Verordnung, welche Begleitpapiere und Informationen der Exporteur den exportierten Produkten beizufügen hat. EU-Kommission und Mitgliedstaaten haben jeweils zuständige Behörden für die Exportanmeldung sowie Anlaufstellen einzurichten, ferner haben die Mitgliedstaaten alle relevanten Informationen über GVO-Zulassungen und GVO-Exporte an die europäische Informationsstelle für Biologische Sicherheit zu übermitteln. Mit diesen Regelungen wird ein aufwendiges Kontroll- und Informationssystem etabliert, dass dem Cartagena-Protokoll gerecht werden dürfte. Zu Recht nimmt die EU ausweislich der Begründungserwägungen zur Verordnung an, dass in Bezug auf den innergemeinschaftlichen Handel mit GVO-Produkten das Cartagena-Protokoll bereits hinreichend durch die Bestimmungen der Freisetzungsrichtlinie und der Verordnung über GV-Lebens- und -Futtermittel umgesetzt wird und es daher keiner zusätzlichen Regelung in der Verbringungsverordnung bedurfte.

Wichtig erscheint in Bezug auf den außergemeinschaftlichen Handel mit GVO-Produkten, dass das Cartagena-Protokoll als multilaterales, auf der Grundlage breiter Staatenbeteiligung (einschließlich der USA) gestaltetes Regelwerk über die Risikoanalyse und -bewertung im Bereich GVO geeignet erscheint, die Bestimmungen des Übereinkommens über die Anwendung gesundheitspolizeilicher und pflanzenschutzrechtlicher Maßnahmen (SPS-Abkommen) hinsichtlich der Anforderungen an einzelstaatliche, handelsbeschränkende Schutzbestimmungen zu konkretisieren. Damit dürften Schutzbestimmungen, die den Maßgaben des Protokolls entsprechen, prima facie auch im Einklang mit dem WTO-Freihandelsabkommen stehen (BUCK, 2000, S. 327 ff.; MEYER, 2003).

10.3.5 Monitoring

927. Nachdem das Umweltmonitoring mehrfach vom Umweltrat gefordert (SRU, 1998, 2000) und anschließend in die novellierte Freisetzungsrichtlinie eingebunden wurde, ist die Etablierung eines Monitorings auch Bestandteil der Koalitionsvereinbarung zwischen der SPD und BÜNDNIS 90/DIE GRÜNEN (SPD und BÜNDNIS 90/DIE GRÜNEN, 2002, S. 47).

Wissenschaftlicher Hintergrund

928. Ein Umweltmonitoring muss im Zuge des Inverkehrbringens gentechnisch veränderter Pflanzen erfolgen, um zu gewährleisten, dass schädliche Auswirkungen auf Umwelt und Gesundheit des Menschen schnellstmöglich ermittelt werden. Zur Konkretisierung des Begriffs der schädlichen Wirkungen hat das Umweltbundesamt als Einvernehmensbehörde ein Konzept zur Risikoabschätzung vorgelegt. Allerdings wird deutlich, dass sich die Bewertungsmaßstäbe einer Risikoabschätzung immer am Einzelfall orientieren müssen (NÖH, 2001). Dieser Ansatz ist eine Komponente eines integrativen Bewertungskonzeptes (s. Abschn. 10.2.3.6). Nach Angabe des Umweltbundesamtes gelten als mögliche schädliche Wirkungen (NÖH, 2001):

– „Beeinträchtigungen der menschlichen, tierischen oder pflanzlichen Gesundheit (z. B. durch toxische, mutagene, allergene oder pathogene Wirkungen oder durch Bekämpfungsresistenzen),

– Beeinträchtigung von Sachgütern,

– Eingriff in bio-geochemische Stoffkreisläufe,

– Änderung von Organismenbeziehungen,

– Beeinträchtigung der biologischen Vielfalt,

– Änderung des Ressourcenverbrauchs (z. B. Wasserverbrauch, Verstärkung von Bodenerosionsprozessen)."

Ein vergleichbarer Vorschlag für ein Monitoringkonzept wurde für ein Forschungsprojekt in der Schweiz vorgelegt. Vorgesehen ist hier die Erstellung von Szenarien, die problemspezifisch nach Risikofaktoren ausgearbeitet werden (Auskreuzung, Verwilderung, Horizontaler Gentransfer, Nicht-Ziel-Organismen etc.) und für den entsprechenden Risikofaktor spezielle Schadensituationen beschreiben sollen (AMMANN et al., 1999). Dennoch bestehen auch hier keine eindeutigen Kriterien zur Bewertung gewonnener Umweltdaten in Bezug auf schädliche Auswirkungen.

Da die Freisetzungsrichtlinie ein deutliches Defizit in der Bewertungsdimension zeigt und daher willkürlichen und unüberprüfbaren Entscheidungen allzu großen Raum belässt, die Kriterienliste des UBA wenig systematisch ist und auch der Vorschlag aus der Schweiz für ein Monitoringkonzept keine Bewertungskriterien enthält, regt der Umweltrat an zu prüfen, ob sich das im Kapitel ökologische Risiken entwickelte Konzept zur Weiterentwicklung der vorhandenen Konzepte und zur Entwicklung von Kriterien eignet (vgl. Abschn. 10.2.3.6).

Zusätzlich zur Konzeption einer Risikoabschätzung wird in Deutschland bereits seit 1999 konkret an Konzeptionen zur inhaltlichen Ausgestaltung eines Monitorings nach Inverkehrbringen gearbeitet (TAB, 2001). Bei der Entwicklung von Kriterien zur Bewertung von Umweltdaten ist zu beachten, dass es wissenschaftlich nicht möglich ist, im Rahmen eines Umweltmonitorings die Ungefährlichkeit neuer technischer Errungenschaften nachzuweisen. Der empirische Beweis der Ungefährlichkeit kann nicht erbracht und daher auch nicht gefordert werden. Es wird lediglich möglich sein, Gefährdungen der Umwelt oder der menschlichen Gesundheit frühzeitig zu erkennen. Hierzu bedarf es dringend eines vereinheitlichten Bewertungskonzeptes. Sollte die Beurteilung der ökologischen Risiken auf der Basis unterschiedlicher Konzepte vorgenommen werden, wären die Ergebnisse nicht vergleichbar.

929. Um diese unspezifischen und nur wenig konkreten potenziellen schädlichen Auswirkungen – wie in der Freisetzungsrichtlinie gefordert – auf diverse natürliche Schutzgüter möglichst frühzeitig identifizieren und nach ökologischem Kontext, Art und Ausmaß spezifizieren zu können, bedarf es einer großflächigen allgemeinen überwachenden Beobachtung (*general surveillance*) und eines nach Vorgaben der Umweltverträglichkeitsprüfung festzuschreibenden fallspezifischen Monitorings (*case specific monitoring*) (Tz. 884, 918). Im Rahmen der Entwicklung einer Monitoringstrategie bestehen viele offene Fragen in der Festlegung der anzuwendenden Methoden zu räumlichen und zeitlichen Abständen der Probenahme, der Standardisierung der Methoden sowie der Zusammenführung und Auswertung der Daten. Ebenso ist eine europaweite Harmonisierung erforderlich, aber derzeit nicht in Sicht.

In Deutschland wurde der Entwurf eines modularen Konzeptes für das Monitoring von gentechnisch veränderten Organismen, der Bund/Länder-Arbeitsgruppe „Monitoring von Umweltauswirkungen gentechnisch veränderter Pflanzen" unter dem Vorsitz des Umweltbundesamtes entwickelt (BLAG, 2002). Dem Konzeptentwurf hat die Umweltministerkonferenz zugestimmt. In diesem Entwurf werden Vorschläge für die Konzeptionierung und Umsetzung der allgemeinen überwachenden und der fallspezifischen Beobachtung sowie zur Probenahme und Auswertung der Daten auf der Grundlage von so genannten Ursache-Wirkungs-Hypothesen unterbreitet. Die ermittelten Daten des Monitorings sollen an einer – noch zu benennenden – zentralen Koordinierungsstelle zusammengeführt und bewertet werden. Allerdings wird in diesem Konzeptentwurf nicht darauf eingegangen, nach welchen Kriterien diese zentrale Koordinierungsstelle welche Menge an in den einzelnen Bundesländern erfassten Daten bewerten soll. Es wird lediglich gefordert, dass von der neu einzurichtenden Koordinierungsstelle Bewertungskriterien festgelegt werden sollen (BLAG, 2002, S. 16). Der Umweltrat befürchtet, dass bei diesem Vorgehen tendenziell unüberschaubare Datenmengen an einer zentralen Stelle zusammenlaufen, ohne dass Kriterien für deren statistische Absicherung und Bewertung bestehen. Daher ist es erforderlich, einheitliche Kriterien bereits im Monitoringkonzept festzulegen.

930. Schließlich wird im Konzept der Bund-Länder-Arbeitsgruppe vorgeschlagen, die anzuwendenden Methoden in einem regelmäßig zu aktualisierenden Methodenhandbuch festzuschreiben. Auf konkrete Methoden des Monitorings geht dieser Entwurf nicht ein. Es ist jedoch selbstverständlich, dass einheitliche und standardisierte Methoden zumindest deutschlandweit eingesetzt werden müssen, um sowohl die allgemeine überwachende Beobachtung als auch die fallspezifische Überwachung zur Erkennung und Bewertung schädlicher Auswirkungen sicherzustellen. In vielen Handlungsfeldern existieren zwar bereits etliche Methoden, die für ein Monitoring anwendbar sind, jedoch bedarf es nach wie vor einer Standardisierung. Für andere Bereiche, insbesondere die fallspezifischen Überwachung, wurden bislang keine geeigneten Methoden entwickelt. Tabelle 10-7 zeigt wesentliche Handlungsfelder und Erfordernisse der Methodenentwicklung beziehungsweise -standardisierung auf.

Tabelle 10-7

Untersuchungsparameter und Methoden für das GVP-Monitoring

Handlungsfelder	erforderliche Methodenstandardisierungen (derzeitiger unvollständiger Stand)
Fallspezifische Überwachung	
Herbizidresistenter Raps (hr-Raps)	
Auswirkungen auf der Anbaufläche	
Durchwuchs auf dem Acker in Folgekulturen	Beprobung von Durchwuchsraps (gentechnische Analyse)
Veränderungen der Ackerbegleitflora und Arten auf dem Ackerrain	Pflanzensoziologische Kartierung
Einflüsse auf phytophage Wirbellose (an Beikräutern) auf der Anbaufläche	Faunistische Kartierung
Veränderungen der Bodenfunktionen auf der Anbaufläche	
Veränderungen der Erosion	
Großräumige Auswirkungen	
Ausbreitung und Überdauerung von hr-Raps	Kartierung in anbaunahen und repräsentativen Räumen (gentechnische Analyse)
Auskreuzung in die Wildflora	Kartierung und Beprobung (gentechnische Analyse) von Wildbrassicaceen in anbaunahen und repräsentativen Räumen
Etablierung von Hybriden	Kartierung und Beprobung (gentechnische Analyse) von Hybriden in anbaunahen und repräsentativen Räumen
Insektenresistenter-Mais (Bt-Mais)	
Auswirkungen auf der Anbaufläche	
Bodenfunktion	Rückstandsanalysen Bt-Toxin Bestimmung der mikrobiellen Biomasse und Basalatmung Nematodenuntersuchungen Nachweis rekombinanter DNA
Tierische Nützlinge	Insekten/Spinnen-Erhebungen
Großräumige Auswirkungen	
Auswirkungen auf das Nahrungsnetz	Erhebungen zu Schmetterlingen und Vögeln
Erfassung von Parametern, die Auswirkungen auf das Nahrungsnetz haben können: Klima- und Bodenparameter	
Virusresistente Zuckerrübe (vr-Zuckerrübe)	
Auswirkungen auf der Anbaufläche	
Durchwuchs auf dem Acker in Folgekulturen	Beprobung von Durchwuchsrüben (gentechnische Analyse)
Befall von Kulturpflanzen und Hybriden mit Phytopathogenen	

noch Tabelle 10-7

Handlungsfelder	erforderliche Methodenstandardisierungen (derzeitiger unvollständiger Stand)
Virusresistente Zuckerrübe (vr-Zuckerrübe)	
Veränderungen der Bodenfunktion auf der Anbaufläche	
Erfassung von Parametern, die Auswirkungen auf b) und c) haben können: Klima- und Bodenparameter	
Großräumige Auswirkungen	
Ausbreitung und Überdauerung der vr-Zuckerrübe	Kartierung in anbaunahen und repräsentativen Räumen
Auskreuzung in Wildflora	Kartierung und Beprobung (gentechnische Analyse) von ausgewählten Arten der Wildflora in anbaunahen und repräsentativen Räumen
Etablierung von Hybriden	Kartierung und Beprobung (gentechnische Analyse) von Hybriden in anbaunahen und repräsentativen Räumen
Kartoffeln mit verändertem Kohlenhydratspektrum	
Auswirkungen auf der Anbaufläche	
Durchwuchs auf dem Acker in Folgekulturen	Beprobung von Durchwuchskartoffeln (gentechnische Analyse)
Befall von Kulturpflanzen mit bakteriellen, pilzlichen oder viralen Phytophagen	
Auswirkungen auf phytophage Wirbellose	
Großräumige Auswirkungen	
Ausbreitung und Überdauerung der Kulturpflanze	Kartierung in anbaunahen und repräsentativen Räumen
Allgemeine überwachende Beobachtung	
Anbaudaten	Gen- und Anbauregister Dokumentation der Anbaupraxis
Verbreitung von Fremdgenkonstrukten (FGK)	Pollen- und Honigsammlung nach geostatistischen Kriterien Losung von Wildtieren Aktives Biomonitoring mit Fangpflanzen
Persistenz und Akkumulation von FGK	
Veränderungen der Lebensraum- und Artenvielfalt (in repräsentativen Räumen)	Pflanzensoziologische Kartierung Erfassung von Parametern, die pflanzensoziologische Veränderungen bewirken können: Klima- und Bodenparameter Zoologische Kartierungen
Verbreitung von Pestiziden	Grundwasser- und Gewässeruntersuchungen Depositionsuntersuchungen Passives Biomonitoring mit Akkumulationsindikatoren

Quelle: PEICHL und FINCK, 2003, verändert

In Tabelle 10-7 werden hauptsächlich strategische Methoden zur Probengewinnung dargestellt. Dabei darf nicht vernachlässigt werden, dass es ebenso wichtig ist, die Verfahren zur Analyse der gentechnisch veränderten Konstrukte auf die jeweilige Probenahme anzupassen und ebenfalls zu standardisieren. Diese Abstimmung ist notwendig, da das zu untersuchende Material verschiedenartig ist und unterschiedliche Anforderungen an das Nachweisverfahren stellt. Um eine Vergleichbarkeit der Verfahren zu erhalten, muss eine Qualitätssicherung laborübergreifend gewährleistet sein. Beispielsweise ist die Extraktion der DNA aus Blattmaterial einfacher durchzuführen als aus Samen, Pollen oder Bodenproben. Hierbei spielen neben der Beschaffenheit der Zellwände auch Aspekte der Alterung, der Austrocknung und der Verschmutzung der jeweiligen Proben eine Rolle. Auch die DNA-Extraktion aus schwieriger zu behandelndem Material weist unterschiedliche Charakteristika auf und erfordert eine angepasste labortechnische Handhabung. So können frisch gewonnene, reine Pollen relativ einfach bearbeitet werden, dagegen gestaltet sich die DNA-Extraktion und PCR-Analyse von beispielsweise Bodenproben oder von Pollen aus einer komplexen Luftstaubprobe, die zahlreiche Fremdstoffe enthält, jedoch als sehr schwierig (HOFMANN et al., 2004). Für vergleichbare Ergebnisse in einem bundesweit anzuwendenden Monitoring ist es daher unerlässlich, die Verfahren laborübergreifend zu standardisieren (s. dazu BONFINI et al., 2001; ANKLAM et al., 2002).

Die Standardisierung der anzuwendenden Methoden sollte durch eine themenspezifisch auszuwählende Expertenkommission erfolgen. Diese Methoden können dann gegebenenfalls in einem vom Umweltbundesamt vorgeschlagenen Methodenhandbuch festgeschrieben werden. Sie sollten aber auch in einen Abstimmungsprozess der europaweiten (CEN) und internationalen Standardisierung (ISO) eingehen. Daher empfiehlt es sich, Methoden für Deutschland vom Verein Deutscher Ingenieure (VDI) in Form von VDI-Richtlinien festlegen zu lassen. Auf diese Weise können Standardisierungen von Deutschland auf europäischer und internationaler Ebene eingebracht werden.

Für eine deutschlandweite beziehungsweise europaweite Koordination des Monitorings ist es erforderlich, ein Gen- und Anbauregister für gentechnisch veränderte Pflanzen zu erstellen und zentral zu verwalten (2001/18/EG; UBA, 2001, S. 28; BLAG, 2002; PEICHL und FINCK, 2003). Dieses Anbauregister sollte über die Daten zum Anbau von GV-Pflanzen hinaus Informationen über den Anbau von nicht gentechnisch veränderten Pflanzen enthalten. Ein derart umfassendes Register ist erforderlich, um Daten des Monitorings bewerten zu können und es Bauern zu ermöglichen, einen Anbau möglicher Kreuzungspartner in unmittelbarer Nachbarschaft der GV-Pflanzen aus eigenem Interesse zu vermeiden.

Politischer Hintergrund

931. Eine zeitnahe Entwicklung des Umweltmonitorings zum Inverkehrbringen von gentechnisch veränderten Pflanzen ist erforderlich, um die Anforderungen der Freisetzungsrichtlinie 2001/18/EG zu erfüllen. In Deutschland fällt die Konzeption und Durchführung der Datenerfassung in den Zuständigkeitsbereich der einzelnen Bundesländer. Die Freisetzungsrichtlinie sieht vor, dass der Antragsteller im Rahmen der Anmeldung einer Freisetzung oder eines Inverkehrbringens für das Vorhaben einen Überwachungsplan erarbeiten muss, der den Anmeldeunterlagen hinzuzufügen ist. Dieser Überwachungsplan hat zwei Ziele (Anhang VII A.):

– „zu bestätigen, dass eine Annahme über das Auftreten und die Wirkung einer etwaigen schädlichen Auswirkung eines GVO oder dessen Verwendung in der Umweltverträglichkeitsprüfung zutrifft,

– das Auftreten schädlicher Auswirkungen des GVO oder dessen Verwendung auf die menschliche Gesundheit oder die Umwelt zu ermitteln, die in der Umweltverträglichkeitsprüfung nicht vorhergesehen wurden".

Auch das Verfahren zur Überwachung des Inverkehrbringens von GVO ist in der Novellierung der Freisetzungsrichtlinie neu geregelt worden. Ein Inverkehrbringen muss immer von der allgemeinen überwachenden Beobachtung begleitet werden, mit der unerwartete schädliche Auswirkungen ermittelt werden sollen. Die Dauer dieser Form der Überwachung soll vom Antragsteller im Rahmen der Anmeldung vorgeschlagen und von der genehmigenden Behörde abschließend festgelegt werden. Erforderlichenfalls muss der Antragsteller zusätzlich die fallspezifische Überwachung durchführen, um damit die im Rahmen der Umweltverträglichkeitsprüfung bereits ermittelten erwarteten Auswirkungen des GVO zu erfassen. Die fallspezifische Überwachung soll über einen ausreichend langen Zeitraum hinweg erfolgen, der so zu bemessen ist, dass auch längerfristige und indirekte sowie auch kumulative Auswirkungen ermittelt werden können (s. Anhang VII C.3.1 zur Richtlinie).

932. In der Freisetzungsrichtlinie ist nicht abschließend geregelt über welchen Zeitraum sich die allgemeine überwachende Beobachtung erstrecken soll. Es wird nur festgestellt, dass der Zeitraum der Überwachung von der Geltungsdauer der Zulassung zum Inverkehrbringen abweichen kann (Art. 13 Abs. 2e). Allerdings können solche Wirkungen des GVO, die möglicherweise nach Beendigung des landwirtschaftlichen Anbaus auftreten, nur dann ermittelt werden, wenn eine langfristige Umweltbeobachtung erfolgt (TAB, 2001). Nach Ansicht des Umweltrates sollte eine allgemeine überwachende Beobachtung eingeführt werden, die zeitlich zunächst nicht limitiert ist und vergleichbar der Luft-, Boden- oder Trinkwasserüberwachung durchgeführt wird. Dies ist mit der Ungewissheit hinsichtlich der Zeiträume gerechtfertigt, innerhalb derer ökologische Schäden manifest werden können.

In diesem Zusammenhang ist es als kritisch zu bewerten, dass es voraussichtlich für ein standardisiertes Monitoring keine Vergleichsflächen geben wird, deren ökologischer Zustand vor Inverkehrbringen von GVO ermittelt und als Referenz zugrunde gelegt werden kann

(s. Tz. 889). Der Zeitraum bis zum Inverkehrbringen von GVO wird für die Ausweisung dieser Vergleichsflächen voraussichtlich nicht ausreichend lang sein, wenn in 2004 mit den ersten Zulassungen für ein Inverkehrbringen nach Aufhebung des de-facto-Moratoriums in Deutschland zu rechnen sein wird.

Zuständigkeiten und Finanzierung

933. Die mit der Novellierung der Freisetzungsrichtlinie neu eingeführte Pflicht zur Durchführung eines Nachzulassungsmonitorings gentechnisch veränderter Pflanzen wird Überwachungs- und Kontrollaufgaben sowie Aufgaben in der Berichterstattung mit sich bringen. Es ist fraglich, wer diese Aufgaben wahrnehmen soll. Im Juni 2003 wurde die Zuständigkeit vom Bundesministerium für Gesundheit und Soziale Sicherung (BMGS) auf das Bundesministerium für Verbraucherschutz, Ernährung und Landwirtschaft (BMVEL) übertragen. Der Bereich „grüne" Gentechnik wurde aus dem Umweltbundesamt herausgelöst und dem Bundesamt für Naturschutz (BfN) übertragen. Nach Einspruch des Bundesrates, gescheiterten Bemühungen im Vermittlungsausschuss und der Entscheidung im Parlament Ende des Jahres 2003 ist nunmehr das BfN für die Etablierung von Monitoringprogrammen zuständig. Die politisch umstrittene Verlagerung der Monitoring-Kompetenzen auf das BfN ist insofern sinnvoll, als diese Behörde eine hohe Expertise für biologische und ökologische Datenerhebung und Umweltbeobachtung aufweist. Zu warnen ist allerdings vor der Gefahr, dass das Monitoring mangels klarer Fragestellungen und Konzepte zu einer unkoordinierten Sammlung von bloßem Datenmaterial ohne Aussagekraft wird. Die Zuständigkeiten der Risikobewertung und des Risikomanagements lagen bis zum 31. Oktober 2002 beim Bundesinstitut für gesundheitlichen Verbraucherschutz und Veterinärmedizin (BgVV). Nach seiner Auflösung wurden die Zuständigkeiten den neu geschaffenen und dem BMVEL unterstehenden Behörden Bundesinstitut für Risikobewertung (BfR) und Bundesamt für Verbraucherschutz und Lebensmittelsicherheit (BVL) übertragen. Durch die Verlagerung des Kompetenzbereiches ist zu befürchten, dass die Erstellung und Umsetzung eines Monitoringkonzeptes verzögert wird, insbesondere weil dadurch eine große Menge an bereits in den bislang zuständigen Behörden erarbeitetem Wissen verloren gehen könnte. Allerdings wurde mit der Trennung von Risikobewertung und Risikomanagement auf nationaler Ebene eine zur EU parallele Struktur geschaffen. Dies könnte möglicherweise die Kommunikation zwischen den betreffenden Behörden erleichtern.

934. Die Zuständigkeit für die Erstellung eines konkreten Überwachungsplans ist in der Freisetzungsrichtlinie geregelt. Demnach soll der Antragsteller festlegen, „wer (Antragsteller, Verwender) die verschiedenen im Überwachungsplan vorgeschriebenen Aufgaben übernimmt und wer verantwortlich dafür ist, dass der Überwachungsplan eingerichtet und ordnungsgemäß durchgeführt wird" (Anhang VII C 5). Auch wenn die Richtlinie mit diesem Wortlaut vorzugeben scheint, dass insbesondere der Antragsteller oder Verwender die im Rahmen des Monitorings anfallenden Aufgaben wahrzunehmen hat, ist eine generelle Pflicht des Antragstellers oder Verwenders zur Durchführung sowohl der allgemeinen überwachenden Beobachtung als auch des fallspezifischen Monitorings unverhältnismäßig (SRU, 1998, Tz. 887). Es erscheint sinnvoller, die allgemeine Überwachung in eine staatliche Aufgabe auszugestalten. In Deutschland wird in diesem Sinne eine – vom Umweltrat im Umweltgutachten 1998 empfohlene (SRU, 1998, Tz. 827) – Anbindung des Monitorings an bestehende staatliche Umweltbeobachtungsprogramme des Bundes und der Länder empfohlen (UBA, 2001, S. 13, 22, s. auch Abschn. 3.3.1). Um den Antragsteller oder Verwender aber nicht völlig von der Aufgabe der Überwachung zu befreien, erscheint es sinnvoll, diesem die zeitlich begrenzte produktbezogene fallspezifische Überwachung zur Auflage zu machen, sofern es sich bei der Umweltverträglichkeitsprüfung als notwendig herausstellt (SRU, 1998, Tz. 887; UBA, 2001, S. 19). In Deutschland könnte eine solche Auflage auf § 19 GenTG gestützt werden.

Für die Ausgestaltung der allgemeinen überwachenden Beobachtung stellt sich für Deutschland die Frage, wie die Monitoring-Aufgaben auf staatlicher Ebene koordiniert werden können. Nicht nur auf Bundes-, sondern auch auf Landesebene gilt es, die Arbeiten der zuständigen Behörden für Gentechnik, Umwelt- und Naturschutz sowie Saatgut und Landwirtschaft im Sinne einer wirkungsvollen Beobachtung zusammenzuführen (UBA, 2001, S. 3). Der Umweltrat bekräftigt in diesem Zusammenhang seine Forderung nach der Einrichtung einer zentralen Koordinationsstelle (SRU, 1998, Tz. 837). Darüber hinaus hält der Umweltrat es im Sinne einer Harmonisierung für erforderlich, eine zentrale Stelle in der EU einzurichten, die Monitoringdaten aller Mitgliedstaaten verwaltet und bewertet.

935. Zusätzlich zu den inhaltlichen Fragestellungen ist die Finanzierung des Monitorings zu klären. Nach dem in der Freisetzungsrichtlinie festgeschriebenen Verursacherprinzip muss der Antragsteller sämtliche im Rahmen der fallspezifischen Überwachung entstehenden Kosten übernehmen (TAB, 2001). Es wird noch genau zu klären sein, ob und welche Monitoring-Aufgaben der allgemeinen überwachenden Beobachtung von den unterschiedlichen Ministerien zu finanzieren sind und wie die Kostenverteilung zwischen Bund und Ländern zu gestalten ist (TAB, 2001). Eine anteilige Einbeziehung des Antragstellers oder Verwenders im Rahmen eines Fondsmodells sollte ins Auge gefasst werden.

10.3.6 Novellierung des Gentechnikgesetzes

936. Die dargestellten europarechtlichen Regelungen zur Freisetzung und Vermarktung von GVO bedürfen in einigen wichtigen Punkten noch der Umsetzung und Flankierung durch nationales Recht. Dies gilt insbesondere für die neue Freisetzungsrichtlinie 2001/18/EG, deren Umsetzungsfrist bereits am 17. Oktober 2002 abgelaufen ist. Zur Umsetzung der Richtlinie sind vor allem die oben erörterten Anforderungen an die Antragstellung und die Umweltverträglichkeitsprüfung und die Kriterien,

Zuständigkeiten und Verfahren des Monitorings festzusetzen. Weiterer Umsetzungsbedarf besteht hinsichtlich der Kennzeichnung auf allen Stufen des Inverkehrbringens, der Befristung der Freisetzungszulassung auf zehn Jahre und hinsichtlich der Einführung eines öffentlich zugänglichen Freisetzungsregisters.

Die Bundesregierung hat inzwischen – wie oben (Tz. 842 f.) bereits berichtet – unter Federführung des BMVEL einen Gesetzentwurf zur Änderung des Gentechnikgesetzes vorgelegt, der diesem Umsetzungsbedarf Rechnung tragen und außerdem die Koexistenz von „grüner" Gentechnik und konventioneller Landwirtschaft gewährleisten soll.

937. Was die Umsetzung der Freisetzungsrichtlinie betrifft, so werden die erweiterten Anforderungen an den Zulassungsantrag, an die Umweltprüfung sowie an die fallspezifische und die allgemeine Beobachtung weit gehend maßstabsgetreu übernommen und teilweise – etwa hinsichtlich der Zuständigkeiten und des Verfahrens – präzisiert. Konkretisierungen fehlen aber insbesondere hinsichtlich der Bewertungsmaßstäbe für die Risikobewertung im Zulassungsverfahren und im begleitenden Risikomanagement. Wie oben bereits dargelegt wurde, kann weder die präventive Kontrolle noch die begleitende Beobachtung in ein gleichmäßiges und effektives Risikomanagement münden, wenn keine aussagekräftigen Bewertungsmaßstäbe im Sinne eines ökologischen Schadenbegriffs und insbesondere im Sinne von Abbruchkriterien existieren, die die Grenzen eines noch hinnehmbaren freisetzungsbedingten Risikos beschreiben. Da auch der Gesetzentwurf solche Maßstäbe nicht vorsieht, ist zu erwarten, dass es weit gehend im Ermessen der Zulassungsstellen und beratenden Gremien stehen wird, Entscheidungen darüber zu treffen, welche Nebenwirkungen und welche Risiken im Einzelfall als hinnehmbar einzustufen sind. Dies ist auch unter rechtstaatlichen Gesichtspunkten nicht befriedigend (s. bereits oben Tz. 915). Zwar ist einzusehen, dass entsprechende Maßstäbe aus Zeitgründen nicht mehr in das Gentechnikgesetz selbst integriert werden können. Dafür ist es umso wichtiger, dass das Gesetz die Bundesregierung nicht nur berechtigt, sondern verpflichtet, zeitnah Bewertungsmaßstäbe zu entwickeln und in einer Rechtsverordnung festzuschreiben. Auch die in § 16d Abs. 3 und 4 vorgesehene Ermächtigung zur Ausgestaltung der Beobachtung erscheint dem Umweltrat in dieser Hinsicht nicht ausreichend.

Bei der Festlegung von Risikobewertungskriterien liegt aus nationaler Sicht ein Dilemma sicherlich darin, dass die Zulassungsentscheidungen insbesondere im Bereich der Vermarktungszulassungen mit den neuen gemeinschaftsrechtlichen Regelungen der Freisetzungsrichtlinie und der Verordnung über GV-Lebens- und -Futtermittel wesentlich der ESFA und dem europäischen Regelungsausschuss übertragen worden sind. Da die von diesen Stellen erteilten Zulassungen für GVO, aber auch die Zulassungen anderer Mitgliedstaaten national anzuerkennen sind und eine nachträgliche Beschränkung der zugelassenen GVO-Verwendungen nur unter den restriktiven Voraussetzungen der Schutzklausel – nämlich nur beim Vorliegen neuer Erkenntnisse – in Betracht kommt, ist es unverkennbar erforderlich, die Bewertungsmaßstäbe für Zulassung und nachträgliche Beschränkungen bereits auf Gemeinschaftsebene festzusetzen beziehungsweise zu harmonisieren. Ohne gemeinschaftsweite Bewertungsmaßstäbe kann das durch die Verordnung über GV-Lebens- und -Futtermittel vorgesehene Zusammenwirken von europäischen Zulassungsstellen und nationaler Überwachung (die gegebenenfalls den Abbruch der Freisetzung verfügen können muss) ersichtlich nicht funktionieren. In Ermangelung europäischer Maßstäbe müssen aus Sicht des Umweltrates gleichwohl rasch nationale Bewertungskriterien erarbeitet werden, um zumindest vorläufig national einen Mindest-Sicherheitsstandard zu gewährleisten.

Das Dilemma, in dem sich die Mitgliedstaaten gegenüber dem europäisierten Zulassungsrecht befinden, erscheint symptomatisch für die starke Tendenz der europäischen Gemeinschaft, die Regulierung produkt- und stoffbezogener Umweltrisiken wesentlich in die Zuständigkeit europäischer Kommissionsausschüsse oder parastaatlicher „Koregulierungsgremien" zu verlagern (vgl. Tz. 1278 ff.). Diese ohnehin bedenklich weit gehende Delegation wesentlicher Risikoentscheidungen wird nachgerade unakzeptabel, wenn sie ohne jegliche materiellrechtliche Bindung hinsichtlich der Schutz- und Vorsorgestandards erfolgt und zugleich aber – in Verbindung mit den Wettbewerbs- und Binnenmarktprinzipien – die Einführung und Durchsetzung nationaler Mindeststandards blockiert.

Hinsichtlich des Monitorings und seiner inhaltlichen und methodischen Ausgestaltung kann im Übrigen auf den oben schon in Bezug auf das EU-Recht aufgezeigten Konkretisierungs- und Standardisierungsbedarf verwiesen werden (Tz. 915). Auch insoweit ist zu bemängeln, dass der Entwurf zur Novellierung des Gentechnikgesetzes keine Konkretisierungspflichten und -ermächtigungen vorsieht.

938. Zur Gewährleistung der Koexistenz stehen zwei Instrumente im Vordergrund, nämlich zum einen die Verpflichtung, durch hinreichende Vorsorgemaßnahmen schädliche Auswirkungen für benachbarte konventionelle Anbauflächen zu vermeiden und zum anderen die verschärfte Haftung für solche schädlichen Auswirkungen (dazu gesondert Abschn. 10.3.7). Kern der auf die Koexistenz gerichteten Vorsorgepflicht ist die Pflicht, Auskreuzungen und gentechnische Verunreinigungen konventioneller Ernteprodukte nach den Regeln der guten fachlichen Praxis zu vermeiden. Wie bereits oben dargestellt (Tz. 899), erfolgt im Gesetzentwurf keine hinreichend genaue Definition dieser Regeln. Vielmehr soll die Bundesregierung nach § 16c Abs. 6 ermächtigt werden, die Grundsätze der guten fachlichen Praxis durch Rechtsverordnung weiter zu präzisieren. Eine solche weitere Konkretisierung noch vor der praktischen Anwendung von GVP erscheint erforderlich, um die Wahrscheinlichkeit der Verunreinigung gentechnikfreier Kulturen zu verringern, das allgemeine ökologische Schadenrisiko zu minimieren und den Landwirten Rechts- und Planungssicherheit zu geben. Insofern ist es ungenügend, die Bundesregierung zum Erlass der konkretisierenden Rechtsverordnung lediglich zu ermächtigen, nicht aber zu verpflichten.

939. Neben den Regelungen zur Zulassung und begleitenden Überwachung enthält der Gesetzentwurf einen zaghaften Ansatz, ökologisch besonders wertvollen und sensiblen Gebieten einen verstärkten Schutz zukommen zu lassen. Der Entwurf sieht mit dem neuen § 16b vor, dass eine beabsichtigte land-, forst- oder fischereiwirtschaftliche Nutzung von GVO-Produkten in NATURA-2000-Gebieten bei der für Naturschutz und Landespflege zuständigen Behörde des Landes anzuzeigen ist und dass die Nutzung untersagt werden kann, sofern sie „geeignet ist, einzeln oder im Zusammenwirken mit anderen Projekten oder Plänen im Sinne des § 10 Abs. 1 Nr. 11 oder 12 des Bundesnaturschutzgesetzes das betroffene Gebiet erheblich zu beeinträchtigen und nicht (gleichwohl) nach den im Rahmen des § 34 des Bundesnaturschutzgesetzes erlassenen landesrechtlichen Vorschriften zulässig ist." Diese Bestimmung soll ausweislich der Begründung zum Gesetzentwurf dazu dienen, „in angemessener Weise" die Ziele und Vorgaben der FFH-Richtlinie 92/43/EWG gegenüber möglichen Beeinträchtigungen der geschützten NATURA-2000-Gebiete umzusetzen.

Dieser Gebietsschutz greift indessen dreifach zu kurz und wird insbesondere auch den Zielen und Vorgaben der FFH-Richtlinie nicht gerecht. Erstens fehlt es wiederum an geeigneten Maßstäben, um in Bezug auf die Verbreitung und Wirkung von GVO eine „erhebliche Beeinträchtigung" von einer unerheblichen zu unterscheiden. Zweitens liegt in der Beschränkung auf NATURA-2000-Schutzgebiete eine kaum nachvollziehbare Ausgrenzung anderer hochrangiger Schutzgebietskategorien wie zum Beispiel der (nicht von NATURA 2000 umfassten) Biosphärenreservate. Drittens wird die Regelung dadurch, dass sie auf Freisetzungen innerhalb von NATURA-2000-Gebieten begrenzt wird und folglich Freisetzungen in der Nachbarschaft von NATURA-2000-Gebieten ausgrenzt, weder dem tatsächlichen Gefährdungspotenzial gebietsangrenzender Freisetzungen noch dem Erhaltungsgebot der FFH-Richtlinie gerecht, das sich aus nahe liegenden Gründen auch auf Projekte in der Nachbarschaft von Schutzgebieten erstreckt. Dem trägt auch bereits das Bundesnaturschutzgesetz nicht hinreichend Rechnung, da die Erhaltungsregelungen außerhalb der Gebietsgrenzen nach der Definition von § 10 Abs. 1 Nr. 11 nur solche „Projekte" unterstellt sind, die genehmigungs- oder anzeigepflichtig sind. Von daher erfordert die angemessene Umsetzung der FFH-Richtlinie dringend eine Ergänzung und Klarstellung im Gentechnikgesetz oder im Bundesnaturschutzgesetz dahin gehend, dass auch der GVO-Anbau in der Nachbarschaft von FFH-Schutzgebieten anzeigepflichtig ist und untersagt werden kann, wenn Auskreuzungen wahrscheinlich zu erheblichen Beeinträchtigungen der gebietsspezifischen Erhaltungsziele führen werden.

Der Umweltrat weist darauf hin, dass im Übrigen auch aus den Verpflichtungen des Übereinkommens über die biologische Vielfalt (CBD) zur Erhaltung und nachhaltigen Nutzung ihrer Bestandteile die Notwendigkeit erwächst, auch nach der Einführung von gentechnisch veränderten Organismen ausreichend große Flächenanteile GVO-frei zu erhalten.

10.3.7 Haftung

940. Zu den wesentlichen Rahmenbedingungen der „grünen" Gentechnik zählt neben den Zulassungsvoraussetzungen auch die Haftung der Anwender für durch GVO verursachte Schäden und Beeinträchtigungen. Haftungsrechtliche Weichenstellungen liegen dabei zum einen in den Anforderungen, die an den Nachweis der Kausalität einzelner GVO-Freisetzungen und an das Verschulden der verantwortlichen Personen gestellt werden sowie zum anderen in der Frage, inwieweit die Verunreinigung gentechnikfrei produzierter Anbauprodukte durch Einkreuzung aus benachbartem GVO-Anbau als ein ersatzfähiger Schaden erkannt werden soll. Das EG-Recht schweigt bisher zu diesen Fragen. Im geltenden nationalen Gentechnikgesetz bestimmt § 32, dass die für eine Freisetzung verantwortliche Person für Schäden haftet, die durch den GVO an Körper oder Gesundheit eines Dritten oder an einer Sache verursacht werden. Ferner gilt nach § 34 GenTG eine Ursachenvermutung dafür, dass ein Schaden, der durch einen GVO verursacht wurde, auf die gentechnische Veränderung zurückzuführen ist. Schließlich wird die Haftung auf einen Höchstbetrag von 85 Mio. Euro begrenzt. Diese Regelungen des Gentechnikgesetzes bestimmen folglich eine in der Höhe begrenzte Gefährdungshaftung in Bezug auf Gesundheitsverletzungen oder Sachschäden. Dies erscheint aufgrund der regelmäßig zu erwartenden Schwierigkeiten im Kausalitätsnachweis gerechtfertigt und als Vorsichtsanreiz sinnvoll.

Keine spezielle Haftungsregelung trifft das Gentechnikgesetz indessen in Bezug auf die Koexistenzfrage hinsichtlich der wirtschaftlichen Schäden, die ein gentechnikfrei arbeitender Landwirt dadurch erleiden kann, dass seine Produkte durch Transfer von GVO aus benachbarten Anbaugebieten nicht mehr als gentechnikfrei vermarktet werden können. Diese Haftungsfragen sind daher von der Rechtsprechung nach den allgemeinen zivilrechtlichen Haftungsbestimmungen der §§ 906, 1004 BGB beurteilt worden (OLG Stuttgart, Urteil vom 24.8.1999 – 14 U 57/97), wobei sich stets die Frage stellt, unter welchen Bedingungen eine den Haftungsanspruch begründende „wesentliche" Beeinträchtigung der Anbaugrundstücke und Pflanzen des gentechnikfrei arbeitenden Landwirts beziehungsweise eine Verletzung seines Eigentums vorliegt. Die bisherige Rechtsprechung und Literatur legt diese Haftungsvoraussetzungen des BGB vergleichsweise eng aus und sieht einen geringfügigen GVO-Transfer in benachbarte Anbauflächen sowie daraus resultierende geringere Verunreinigungen der landwirtschaftlichen Produkte nicht als haftungsauslösende „wesentliche Beeinträchtigung" oder Eigentumsverletzung im Sinne von § 823 BGB an (s. STÖKL, 2003). Insgesamt bleibt aber ein beträchtliches Maß an Unsicherheit über die Haftungsschwelle sowie auch über die Anforderungen an den Kausalitätsnachweis etwa gegenüber mehreren in Betracht kommenden Verursachern.

941. Der kürzlich vom Bundeskabinett verabschiedete Novellierungsentwurf zum Gentechnikgesetz sieht nun eine spezialgesetzliche Haftungsregelung vor. Danach sollen die Betreiber von GVO-Anbauflächen für GVO-Verunreinigungen der Produkte benachbarter Landwirte Schadenersatz zu leisten haben, wenn die Verunreinigungen so groß sind, dass sie die Kennzeichnungsschwelle von 0,9 % überschreiten oder dazu führen, dass die Produkte nicht mit einer Kennzeichnung in Verkehr gebracht werden dürfen, die nach den für die Produktionsweise jeweils geltenden Rechtsvorschriften möglich gewesen wäre (§ 36 Abs. 1). Diese Haftung soll verschuldensunabhängig unter den gleichen erleichterten Voraussetzungen eingreifen, wie sie gemäß § 32 GenTG für Schäden an Gesundheit und Sachen gelten. Insbesondere sollen mehrere potenzielle Verursacher einer GVO-Verunreinigung gesamtschuldnerisch haften, sofern keine Einzelzurechnung möglich ist. Zu diesem Haftungskreis müssen gegebenenfalls auch solche Personen zählen, die die Verunreinigungen bei Transport oder Lagerung von Saatgut oder Erzeugnissen verursacht haben können, wenn für eine solche Verursachung stichhaltige Anhaltspunkte vorliegen.

Der Umweltrat begrüßt diesen Regelungsvorschlag und erachtet es im Hinblick auf die Schutzwürdigkeit der gentechnikfreien Landwirtschaft als angemessen und sachgerecht,

– den GVO-Anwendern eine Gefährdungshaftung für die durch ihre Freisetzungen verursachten wirtschaftlichen Beeinträchtigungen der gentechnikfreien Landwirtschaft aufzuerlegen,

– die Ausgleichspflicht auf die Überschreitung der Kennzeichnungsschwellen zu beschränken und

– den Kausalitätsnachweis im Hinblick auf mehrere mögliche Verursacher gegebenenfalls durch die gesamtschuldnerische Haftung dieser Verursacher zu erleichtern.

Der Umweltrat ist allerdings der Ansicht, dass die Haftungsfrage mittelfristig gemeinschaftsrechtlich geregelt werden sollte, um grenzüberschreitenden Verursachungszusammenhängen gerecht zu werden und europaweit einheitliche Rahmenbedingungen zu gewährleisten. Ferner würde durch eine gemeinschaftsrechtliche Haftungsregelung unmissverständlich klargestellt, dass die gemeinschaftsrechtlichen Regelungen über die Zulassung der GVO-Freisetzung keineswegs implizieren, dass die durch zugelassene GVO-Freisetzungen verursachten Auskreuzungen uneingeschränkt entschädigungsfrei hinzunehmen sind. Dabei hält der Umweltrat den im Regierungsentwurf enthaltenen Vorschlag der gesamtschuldnerischen Haftung mehrerer potenzieller Verursacher gegenüber den alternativ erwogenen Lösungen eines Haftungsfonds (s. BARTH et al., 2003; EU-Kommission, 2003c) oder einer Produzentenhaftung (der Hersteller des GVO, vgl. GRAEFE zu BARINGDORF, 2003) für vorzugswürdig. Nur die unmittelbar beim jeweiligen GVO-Anbauer, -Verwender oder -Transporteur ansetzende Haftung setzt auch einen unmittelbar wirksamen Anreiz, die im konkreten Fall angemessenen Vermeidungsmaßnahmen zu treffen.

Nicht unproblematisch erscheint es dem Rat hingegen – auch im Hinblick auf das landwirtschaftliche Nachbarschaftsverhältnis –, einen Ersatzanspruch bei Verunreinigungen auch unterhalb der Kennzeichnungsschwellen zu gewähren, wenn wegen der Verunreinigungen das betroffene landwirtschaftliche Erzeugnis nicht mehr entsprechend der EG-Öko-Verordnung als Erzeugnis der ökologischen Landwirtschaft verwendet werden kann. Eine solche Haftung ginge in Anbetracht dessen, dass die EG-Öko-Verordnung für das Verbot der Verwendung von GVO in „Öko-Erzeugnissen" keine Schwellenwerte vorsieht, sehr weit. Sie stünde im Widerspruch zu der Grundentscheidung, die GVO-Anwendung grundsätzlich zuzulassen und die gentechnikfreie Landwirtschaft dabei durch Kennzeichnungsschwellen zu schützen. Freilich liegt der Widerspruch primär darin begründet, dass die gentechnikrechtlichen Kennzeichnungsschwellen nicht zugleich als Bagatellgrenzen in die EG-Öko-Verordnung eingeführt worden sind (vgl. Tz. 924).

Da davon auszugehen ist, dass weder die Anreizwirkung der im Gesetzentwurf vorgeschlagenen Gefährdungshaftung noch die einer Produzentenhaftung hinreichend stark sein werden, um Verunreinigungen weitestgehend zu vermeiden, hält der Umweltrat unabhängig von der Ausgestaltung der Haftungsregelungen eine konsequente öffentlich-rechtliche Regulierung für erforderlich. Dies gebieten angesichts der bestehenden ökologischen Risiken schon das Vorsorgeprinzip, aber auch der politische Wille, die gentechnikfreie Landwirtschaft nicht nur finanziell zu entschädigen sondern faktisch zu erhalten. Insofern werden die vorgeschlagenen und genauer zu spezifizierenden Maßnahmen der guten fachlichen Praxis (vgl. Tz. 899) des Anbaus von GVO durch die Haftungsregelungen keineswegs überflüssig.

10.4 Zusammenfassung und Empfehlungen

942. Mit dem Inkrafttreten einer Reihe neuer europarechtlicher Regelungen, der bevorstehenden Novellierung des deutschen Gentechnikgesetzes und dem absehbaren Ende des de-facto-Moratoriums für die Zulassung neuer gentechnisch veränderter Organismen (GVO) in der EU wird die Entwicklung der zukünftigen Nutzung der „grünen" Gentechnik entscheidend beeinflusst. Der Umweltrat misst den zu treffenden Weichenstellungen große Bedeutung für die Zukunft der agrarischen Landnutzung bei. Deshalb unternimmt er den Versuch, die Kontroverse um die „grüne" Gentechnik umfassend und differenziert darzustellen und die Aufmerksamkeit auf die dringlichsten Probleme zu richten. Damit verbunden ist eine gewisse „Neufokussierung" der Kontroverse, da die Bestandsaufnahme ergab, dass die wichtigsten offenen Fragen und größten Risiken beim derzeitigen Kenntnisstand eher nicht die menschliche Gesundheit betreffen, sondern im Bereich der Schäden für die Umwelt und der Beeinträchtigung der gentechnikfreien Landwirtschaft, insbesondere des ökologischen Landbaus liegen.

Nutzenpotenziale

943. Die „grüne" Gentechnik bietet ein breites Spektrum potenzieller Nutzeneffekte. Dazu gehören Möglichkeiten zur Effizienzsteigerung der landwirtschaftlichen Produktion, Potenziale zur Verringerung der Umweltbelastung und die Verbesserung von Nahrungsmitteleigenschaften. Im Einzelnen ist neben der schon heute weit verbreiteten Nutzung herbizid- oder insektenresistenter Organismen etwa die Entwicklung von besonders ertragsstarken, krankheitsresistenten oder an ungünstige Umweltbedingungen angepassten Sorten, die Erzeugung gesundheitsfördernder Nahrungsmittel und sogar die Produktion von Arzneimitteln in gentechnisch veränderten Pflanzen zu nennen. Für viele der derzeit in der Entwicklung befindlichen Anwendungsmöglichkeiten lässt sich allerdings noch keine Aussage darüber treffen, ob und wann sie Praxisreife erlangen und mit welchen Risiken sie verbunden sein könnten. Des Weiteren gilt es zu beachten, dass viele der anvisierten Nutzeneffekte auch ohne die Nutzung „grüner" Gentechnik auf anderem Wege realisierbar sind.

Kategorische Einwände

944. Vielfach wird der Einsatz der „grünen" Gentechnik kategorisch, also „aus Prinzip" abgelehnt. Der Umweltrat gelangt zu dem Ergebnis, dass eine auf kategorische Argumente gestützte Ablehnung der „grünen" Gentechnik lediglich weltanschaulichen Charakter hat. Sofern eine kategorische Ablehnung weiter verbreitet ist, sollte dem in angemessenem Rahmen verbraucherpolitisch Rechnung getragen werden, etwa durch die Pflicht zur Kennzeichnung von GVO-haltigen Produkten. Kategorische Argumente gegen die „grüne" Gentechnik bieten indessen keine akzeptable Grundlage für rechtliche Restriktionen. Vielmehr müssen Risiko- und Folgebewertungen ausschlaggebend sein.

Gesundheitliche Risiken

945. Mit der Aufnahme von Lebensmitteln, die gentechnisch veränderte Proteine enthalten, kann eine gesundheitliche Gefährdung für den Menschen verbunden sein. Es wird insbesondere befürchtet, dass neue toxisch wirkende Stoffe oder unbekannte Allergene in der Nahrung auftreten. Darüber hinaus wird vermutet, dass Mikroorganismen durch horizontalen Gentransfer Selektionsvorteile erwerben könnten, die entweder zu Multiresistenzen oder neuen Pathogenen führen könnten.

Für die lebensmittelhygienische Kontrolle von herkömmlichen und GVO-haltigen Lebensmitteln ist in der Freisetzungsrichtlinie (2001/18/EG) eine Risikoanalyse und ein Risikomanagement vorgeschrieben, mit deren Hilfe potenzielle gesundheitliche Gefährdungen erkannt werden können. Aus der Erfahrung der Lebensmittelüberwachung und anhand von bereits durchgeführten Studien wurden Methoden für eine Risikoabschätzung entwickelt, deren Anwendung zu dem Ergebnis führte, dass das Risiko für die menschliche Gesundheit als eher gering einzuschätzen ist. Trotz verbleibender methodischer Schwächen und offener Fragen dieser Risikoanalysen erachtet der Umweltrat eine sichere Lebensmittelkontrolle nach jetzigem Wissensstand als hinreichend gewährleistet.

Bezogen auf die möglichen Risiken, die durch Produkte (*Functional Foods* und Arzneimittel) aus gentechnisch veränderten Pflanzen der zweiten und dritten Generation entstehen können, kann keine abschließende Bewertung vorgenommen werden. Der Umweltrat ist der Ansicht, dass bei der Entwicklung von so genannten *Functional Foods* eine differenzierte Abschätzung der Nutzeneffekte und eine Abgrenzung zwischen gesundheitsfördernder und therapeutischer Wirkung erfolgen müssen. Im Bereich des geplanten Anbaus von arzneimittelproduzierenden Pflanzen und deren Verabreichung an Patienten hat der Umweltrat Bedenken. Zum einen ist er der Auffassung, dass derart veränderte Pflanzen ausschließlich unter kontrollierten Bedingungen angebaut werden sollten. Zum anderen ist es bei der Verabreichung solcher Arzneimittel unerlässlich, die erforderliche Dosierung in klinischen Tests zu prüfen und aufgrund möglicher Schwankungen in der Expression den Anteil wirksamer Stoffe stets zu kontrollieren.

Ökologische Risiken

946. Bezüglich der ökologischen Risiken bestehen derzeit noch große Ungewissheiten. Diese resultieren nicht nur aus dem Fehlen verlässlicher Basisdaten, sondern auch aus der Komplexität natürlicher Systeme. Relevante Faktoren sind beispielsweise zeitliche Verzögerungen innerhalb solcher Systeme, Triggereffekte (das Eintreten von Wirkungen erst unter bestimmten Bedingungen, etwa extremen Witterungsverhältnissen) oder die Fähigkeit von Organismen zur Selbstreproduktion. Entscheidungen sollten deshalb unter Berücksichtigung des Vorsorgeprinzips getroffen werden. Zu einem entsprechend vorsichtigen Umgang mit gentechnisch veränderten Organismen gehört in jedem Fall die sorgfältige Überprüfung der Auswirkungen auf die Umwelt vor und nach dem Inverkehrbringen. Diesbezüglich bestehen weit reichende methodische Defizite.

Der Umweltrat empfiehlt bei der Definition ökologischer Schäden einen schutzgutbezogenen Ansatz. Als Schutzgüter sollen dabei die biologische Vielfalt im Sinne des Übereinkommens über die biologische Vielfalt (CBD) sowie die Schutzgüter gemäß § 1 GenTG und §§ 1 und 2 BNatSchG gelten. Im Anschluss an seine Definition ökologischer Schäden aus dem Jahre 1987 schlägt der Umweltrat vor, bei der Identifikation ökologischer Schäden die sich oft nur über größere Zeiträume manifestierenden Abweichungen von natürlichen Variationsbreiten ins Zentrum der Untersuchungen zu stellen. Demnach sind Veränderungen, die über die natürliche Variationsbreite des jeweils betroffenen Schutzgutes hinausgehen, als Indikatoren für Schäden am betroffenen Naturgut sowie am Wirkungsgefüge des Naturhaushalts anzusehen. Langzeituntersuchungen müssen in diesem Fall Aufschluss über die tatsächlich eingetretenen Schäden geben.

Weiterhin gilt es, Schwellenwerte festzulegen, unterhalb derer ökologische Schäden in Kauf genommen werden können. Erst beim Überschreiten dieser Schwellenwerte ist das Inverkehrbringen des entsprechenden GVO zu beenden. Solche Schwellenwerte können nur politisch bestimmt werden. Der Umweltrat schlägt vor, bei der Festlegung von Schwellenwerten neben den Abweichungen von natürlichen Variationsbreiten die folgenden Kriterien zu berücksichtigen: Ausbreitungspotenzial der GVO, Eigenschaften der Transgene und Schutzstatus der betroffenen Schutzgüter. Das vom Umweltrat vorgestellte Konzept zur Ermittlung und Bewertung ökologischer Schäden sollte zügig weiterentwickelt und für die Umsetzung des Monitorings fruchtbar gemacht werden. Grundlegende Voraussetzung für die Bewertung eines ökologischen Schadens ist das Vorhandensein von Basisdaten (*baselines*) sowie von gentechnikfreien Referenzgebieten. Der Umweltrat hält daher die Ausweisung solcher Flächen verbunden mit dem sofortigen Beginn eines grundlegenden Monitorings für vordringlich. Die Ausweisung solcher Flächen sollte im Rahmen eines bundesweiten Landschaftskonzeptes erfolgen.

Beeinträchtigungen gentechnikfreier Landwirtschaft

947. Es ist zu erwarten, dass gentechnikfrei wirtschaftenden Landwirten durch die Nutzung der „grünen" Gentechnik Nachteile entstehen. Zu nennen sind Beeinträchtigungen landwirtschaftlicher Produktionsverfahren – etwa durch das Auftreten von Resistenzen bei Schadinsekten –, aber auch verschlechterte Vermarktungsmöglichkeiten durch das Entstehen von Produkt-Verunreinigungen mit GVO. Von letzterem Problem dürfte insbesondere der ökologische Landbau betroffen sein, dessen Vorschriften die Nutzung „grüner" Gentechnik nicht erlauben. Obwohl mehrere Maßnahmen möglich sind, um die genannten Beeinträchtigungen zu minimieren, werden sie sich mit Sicherheit nicht gänzlich verhindern lassen.

Schon aus dem berechtigten Anspruch von Produzenten, gentechnikfreie Produkte erzeugen zu können, und aus dem Prinzip der Wahlfreiheit für Konsumenten folgt, dass der ökologische Landbau schutzwürdig ist. Vor allem aber ergibt sich eine besondere Schutzwürdigkeit aus dem wesentlich besseren Abschneiden des ökologischen Landbaus hinsichtlich der ökologischen Nachhaltigkeit und – konkreter – aus der dadurch begründeten politischen Zielsetzung, den Anteil des ökologischen Landbaus auf 20 % bis zum Jahre 2010 zu erhöhen. All dies verlangt die Sicherung der Koexistenz von „grüner" Gentechnik und gentechnikfreiem Landbau. Um den Fortbestand des gentechnikfreien, insbesondere des ökologischen Landbaus zu sichern, bedarf es in erster Linie spezifischer Regeln der guten fachlichen Praxis zur Vermeidung von Auskreuzungen beziehungsweise Verunreinigungen durch den Einsatz gentechnisch veränderter Organismen. Die Produktion ökologischen Saatgutes bedarf eines besonderen Schutzes.

Die Vorzugswürdigkeit des ökologischen Landbaus unter Nachhaltigkeitsgesichtspunkten spricht ferner dafür, die Nutzer „grüner" Gentechnik prinzipiell als Verursacher der zu erwartenden Schäden anzusehen. Dementsprechend erscheint es auch angemessen und geboten, die hohen Transaktionskosten (beispielsweise für Anbauregister, Monitoring, Analysen etc.) und Haftungsrisiken, die die Nutzung „grüner" Gentechnik vermutlich mit sich bringen wird, im Wesentlichen gemäß dem Verursacherprinzip den Gentechnik-Verwendern anzulasten, selbst wenn diese Anlastung in Einzelfällen dazu führt, dass die Einführung dieser Technik für die Betreiber ökonomisch unattraktiv wird. Details der Kostenanlastung sollten auch deshalb möglichst zügig geklärt werden. Hinsichtlich der Haftung des Gentechnik verwendenden Landbaus hält der Umweltrat die in der Gesetzesnovelle vorgesehene (verschuldensunabhängige) Gefährdungshaftung trotz einiger Nachteile für die insgesamt vorzugswürdige Lösung.

Entwicklung des gemeinschaftsrechtlichen Rahmens

948. Mit dem Ziel, durch neue Zulassungsgrundlagen für die GVO-Freisetzung und -vermarktung das de-facto-Moratorium zu beenden und zugleich weiteren welthandelsrechtlichen Konflikten vorzubeugen, hat die Europäische Gemeinschaft in den vergangenen Jahren den rechtlichen Rahmen für die Nutzung der „grünen" Gentechnik wesentlich weiterentwickelt. Die so genannte Freisetzungsrichtlinie (2001/18/EG) regelt die Zulassung und Überwachung von Freisetzungen gentechnisch veränderter Organismen und unterscheidet Verfahren und Zuständigkeit wesentlich danach, ob die Freisetzung zum Zwecke des Inverkehrbringes (Vermarktung) erfolgt oder ob sie nicht zum Inverkehrbringen lediglich versuchsweise erfolgt. Während für die Vermarktungszulassung eine umfassende Abstimmung mit den Mitgliedstaaten und eine Letztentscheidungskompetenz der EU-Kommission vorgesehen wird, bleiben für die Zulassung und Überwachung der örtlich begrenzten Freisetzungsversuche im Wesentlichen die nationalen Stellen alleine zuständig. Für das Inverkehrbringen von gentechnisch veränderten Lebens- und Futtermitteln wurde schließlich mit der Verordnung über GV-Lebens- und -Futtermittel (VO Nr. 1829/2003/EG) ein weit gehend zentralisiertes Zulassungsverfahren eingeführt, bei dem über den Zulassungsantrag ein mit Vertretern der Mitgliedstaaten besetzter Regelungsausschuss der EU-Kommission nach Beratung durch die Europäische Behörde für Lebensmittelsicherheit (EFSA) entscheidet. Diesem zentralisierten Verfahren unterfallen unter anderem alle landwirtschaftlichen Anbauprodukte, die als Lebens- oder Futtermittel oder zur Herstellung von Lebens- oder Futtermitteln vermarktet werden sollen. Den Mitgliedstaaten verbleibt in diesem Bereich nur die Mitwirkung im europäischen Verfahren, im Übrigen bleiben sie für die begleitende Beobachtung und Überwachung zuständig.

Nachdem die EG ihre Regulierung der Gentechnikverwendung als (vorläufig) abgeschlossen betrachtet, dürfte nunmehr das Ende des de-facto-Moratoriums bevorstehen und es ist mit einem Beginn der Nutzung der „grünen" Gentechnik in der EU bereits im Jahre 2005 zu rechnen. Mit den genannten gemeinschaftsrechtlichen Regelungen ist dabei allerdings der rechtliche und administrative Rahmen für eine „sichere" Zulassungs- und Überwachungspraxis noch bei weitem nicht geschlossen. Vielmehr besteht zumindest auf nationaler Ebene noch erheblicher Umsetzungs- und Präzisierungsbedarf. Hinsichtlich des Zulassungsverfahrens und der darin enthaltenen Umwelt- und Sicherheitsprüfung betrifft dies insbesondere die materiellen Zulassungsvoraussetzungen für eine Freisetzung und ein Inverkehrbringen beziehungsweise die zentrale Frage, welche Auswirkungen eines freigesetzten GVO auf die Umwelt oder die menschliche Gesundheit als schädlich und unzumutbar betrachtet werden sollen und daher der Zulassung entgegenstehen, oder – sofern die Wirkungen erst nachträglich festgestellt werden – den Widerruf der Zulassung und den Abbruch der Freisetzung erfordern. Diese entscheidende Frage, die in dem stark europäisch zentralisierten Zulassungsreglement eigentlich einer einheitlichen, gemeinschaftlichen Lösung bedarf, muss nun – nachdem von der Gemeinschaft dazu vorerst keine Regelungen zu erwarten sind – zumindest vorläufig von den Mitgliedstaaten beantwortet werden. Ferner besteht im Bereich des Monitorings durchgehend nationaler Umsetzungsbedarf, denn für diese Bereiche obliegt die Konkretisierung und der Vollzug durchgehend den Mitgliedstaaten. Schließlich lässt das europäische Recht auch die Frage der Koexistenz gentechniknutzender und gentechnikfreier Landwirtschaftsformen offen. Auch für diesen zentralen Konflikt der Verwendung „grüner" Gentechnik muss daher eine nationale Lösung und Regelung gefunden werden. Insgesamt besteht also im nationalen Gentechnikrecht erheblicher Anpassungs- und Ergänzungsbedarf.

Neuordnung des nationalen Gentechnikrechts

949. Um dem dargestellten Änderungsbedarf des nationalen Gentechnikrechts Rechnung zu tragen, hat die Bundesregierung inzwischen unter Federführung des BMVEL einen Entwurf für ein Gesetz zur Neuordnung des Gentechnikrechts (GenTRNeuordG) vorgelegt, der zu den eben genannten Umsetzungsfragen teils begrüßenswerte und teils weniger befriedigende Regelungsvorschläge unterbreitet. Ein zentraler Schwachpunkt liegt darin, dass auch der Gesetzentwurf keine vollzugstauglichen materiellen Zulassungskriterien bezüglich der Auswirkungen von GVO auf Umwelt und Gesundheit bestimmt, sondern dazu lediglich eine Verordnungsermächtigung vorsieht, die es in das Ermessen der Bundesregierung stellt, näher zu präzisieren, welche Wirkungen und Wirkungsweisen eines GVO als schädlich und nicht tolerabel einzustufen sind. Ohne greifbare Risikobewertungskriterien fehlt nicht nur ein gleichmäßig vollziehbarer Schutz- beziehungsweise Vorsorgestandard für die Zulassung. Es fehlt zugleich an vollzugsgeeigneten Bezugspunkten für das gesamte fallspezifische und allgemeine Monitoring. Der Umweltrat empfiehlt insoweit, die Verordnungsermächtigung durch eine Verpflichtung zum Erlass einer entsprechenden, die Zulassungsmaßstäbe konkretisierenden Verordnung zu ersetzen und dementsprechend so rasch wie möglich Kriterien zur handlungsbezogenen Risikobewertung zu erarbeiten.

Dem Umweltrat ist dabei bewusst, dass in dem weitgehend europarechtlich zentralisierten Zulassungssystem die geforderten nationalen Bewertungskriterien früher oder später europäischen Maßstäben und Kriterien entsprechen oder weichen müssen. Gleichwohl bleiben zwischenzeitlich, das heißt solange europäische Maßstäbe fehlen, nationale Konkretisierungen der für Zulassung und Überwachung maßgeblichen Risiko- und Schädlichkeitsschwellen unerlässlich, um ein Mindestmaß an Schutz und Vorsorge sicherzustellen. Im Übrigen sollte vor dem Hintergrund des zentralisierten Zulassungssystems insbesondere darauf geachtet werden, dass nationale Interessen durch eine geeignete Beteiligung der zuständigen und kompetenten nationalen Stellen in den europäischen Entscheidungsprozess hinreichend einbezogen werden.

Der Umweltrat begrüßt im Wesentlichen die im Gesetzentwurf zur Neuordnung des Gentechnikrechts vorgesehenen Regelungen zur Koexistenzfrage, weist aber darauf hin, dass bezüglich der zur Vorsorge gegen Auskreuzungen und Verunreinigungen einzuhaltenden guten fachlichen Praxis noch erheblicher Konkretisierungsbedarf besteht. Die im Entwurf getroffenen Haftungsregelungen sieht der Umweltrat als wesentlichen Schritt in Richtung eines fairen, die Koexistenz fördernden Haftungsregimes an. Insbesondere hält er es für sachgerecht und angemessen, eine (verschuldensunabhängige) Gefährdungshaftung der GVO-Verwender gegenüber benachbarten Landwirten einzuführen, diese Haftung aber auf oberhalb der Kennzeichnungsschwelle liegende Verunreinigungen zu beschränken. Auch die im Novellierungsentwurf vorgesehene gesamtschuldnerische Haftung mehrerer in Betracht kommender Verursacher einer Verunreinigung (für den Fall mangelnder individueller Zurechenbarkeit) erscheint dem Umweltrat als eine angemessene Verteilung der Beweislast.

Kennzeichnung

950. Nach den EU-Verordnungen 1829/2003/EG und 1830/2003/EG wird die Kennzeichnung und Rückverfolgbarkeit für GVO geregelt. Die Kennzeichnungspflicht bezieht sich auf sämtliche gentechnisch veränderte Pflanzen, auf Produkte, die GVO enthalten und auf Produkte, die mit GVO hergestellt wurden, diese aber nicht nachweisbar enthalten. Für unbeabsichtigt verunreinigte Produkte wurde ein Schwellenwert von 0,9 % GVO-Anteil festgelegt. Der Umweltrat erkennt das Prinzip der Konsumentensouveränität und damit das Anrecht der Verbraucher auf Wahlfreiheit an. Mit der Kennzeichnungspflicht wird dieser Wahlfreiheit mit dem Kompromiss Rechnung getragen, dass unbeabsichtigt verunreinigte Produkte erst ab einem Schwellenwert von 0,9 % gekennzeichnet werden müssen. Verunreinigungen sind faktisch wohl nicht zu verhindern. Für den ökologischen Landbau ergeben sich aus dieser Regelung wahrscheinlich Akzeptanzprobleme, denn ein gekennzeichnetes Produkt ist – auch wenn die Verunreinigung nicht beabsichtigt war – als Ökoprodukt wahrscheinlich unverkäuflich. Allerdings sieht der Umweltrat zu der pragmatischen Lösung einer eher willkürlich festgelegten Bagatellgrenze keine Alternative. Es steht allerdings zu befürchten, dass bei einer weit reichenden Nutzung der „grünen" Gentechnik diese Schwellen so oft überschritten werden, dass die Kennzeichnung ihre Aussagekraft verliert. Die Schwellen müssten dann der realen Entwicklung angepasst werden. Insofern wäre es für die Zukunft überlegenswert, ob sich Kennzeichnungspflichten nicht stärker an der Absichtlichkeit der Verwendung „grüner" Gentechnik orientieren sollten. Denkbar wäre es, einerseits den quantitativen Anteil gentechnisch veränderter Bestandteile des jeweiligen Produktes anzugeben, andererseits aber auch zu kennzeichnen, ob Gentechnik absichtlich verwendet wurde oder nicht.

951. Für eine Saatgutrichtlinie liegt bislang lediglich ein zwischenzeitlich wieder zurückgezogener Entwurf vor (SANCO/1542/2000 Rev. 4). Darin sollten für das Saatgut von Pflanzen unterschiedliche Schwellenwerte festgelegt werden, die oberhalb der technischen Nachweisgrenze von 0,1 % liegen. Da Verunreinigungen durch die Vervielfältigung der genetischen Information während des Anbaus im Saatgut kritischer zu betrachten sind als in Produkten der Landwirtschaft, empfiehlt der Umweltrat der Bundesregierung, sich weiterhin für einen Schwellenwert einzusetzen, der sich an der Nachweisgrenze orientiert.

Monitoring

952. Das in der Freisetzungsrichtlinie vorgeschriebene und von einem Anbauregister zu begleitende Umweltmonitoring beinhaltet eine allgemeine überwachende Beobachtung und ein so genanntes fallspezifisches Monitoring, dessen Anforderungen durch eine zuvor erfolgte Umweltverträglichkeitsprüfung festgelegt werden. Durch dieses Monitoring soll gewährleistet werden, dass ökologische Schäden zum frühestmöglichen Zeitpunkt festgestellt werden, um die Möglichkeit zu eröffnen, schnellstmöglich Gegenmaßnahmen einleiten zu können. Die aus dem Monitoring gewonnenen Daten sollen an einer zentralen Stelle gesammelt und bewertet werden. Der Umweltrat hält dieses System für sinnvoll und notwendig, um ein mögliches Risiko für die Umwelt zu minimieren. Allerdings sollten die Anforderungen an ein Monitoring besser spezifiziert werden. Die Methoden für die allgemeine und fallspezifische Umweltbeobachtung sollten unbedingt standardisiert werden, damit vergleichbare Daten gewonnen werden können. Es sollten fallspezifisch ausgewählte Kriterien und Parameter bestimmt werden, die mit hoher Treffsicherheit einen ökologischen Schaden anzeigen und dazu beitragen können, einen ungerichteten Ermittlungsaufwand zu vermeiden.

Die nationale Koordinierungsstelle und das national zu führende Anbauregister benötigen nach Auffassung des Umweltrates ein Pendant auf europäischer Ebene, wenn die Zulassungen von der EFSA europaweit geregelt werden.

Zusammenfassende Empfehlungen

953. Wie dargelegt gibt es aus Sicht des Umweltrates gute Gründe, die eine umfassende Regulierung der Nutzung der „grünen" Gentechnik erforderlich machen. Unter Berücksichtigung des Vorsorgeprinzips sind nach Ansicht des Umweltrates neben den europarechtlichen Vorschriften beziehungsweise zu deren Ausgestaltung folgende Regulierungsmaßnahmen geeignet und notwendig, um den genannten Gründen gerecht zu werden:

– die zügige Ausgestaltung des Monitorings sowie die Erfassung des derzeitigen Referenzzustandes,

– die Entwicklung einer vollzugstauglichen Schadendefinition im Sinne von Zulassungs- und Abbruchkriterien für das Freisetzen und Inverkehrbringen von GVO,

– die Festlegung von Standards guter fachlicher Praxis für den GVO-Anbau,

– die rechtzeitige und klare Verteilung der anfallenden Kosten für das Monitoring sowie für Maßnahmen zur Vermeidung von Verunreinigungen unter Berücksichtigung des Verursacherprinzips,

– die Einführung einer verschuldensunabhängigen Gefährdungshaftung für die Verwender der „grünen" Gentechnik,

– die Verpflichtung zur Saatgutkennzeichnung hinsichtlich jeder die Nachweisgrenze überschreitenden gentechnischen Verunreinigung.

954. Der Umweltrat schätzt den mit der Einführung der „grünen" Gentechnik verbundenen Regulierungsaufwand (Transaktionskosten) als erheblich ein. Eine sorgfältige und vorausschauende Regulierung ist jedoch unerlässliche Legitimationsbasis des Einsatzes dieser Technik. Auch die diesem Aufwand gegenüberstehenden Nutzenpotenziale müssen differenziert betrachtet werden. Zwar erscheinen in einigen Bereichen (Effizienzsteigerungen der landwirtschaftlichen Produktion, *Functional Foods*, Arzneimittelproduktion) wesentliche Vorteile möglich, andere, teilweise überzogene Erwartungen sollten aber realistischer eingeschätzt werden (deutlich sinkende Umweltbelastung, sinkende Verbraucherpreise). Die immer wieder geforderte Abwägung der Nutzen und Risiken der Einführung dieser Technik in Deutschland und der EU fällt daher keineswegs uneingeschränkt positiv zugunsten der „grünen" Gentechnik aus. Mit GRUNWALD und SAUTER (2003) lässt sich vielmehr feststellen, dass sich „bei einer Gesamtschau [...] die – fast ketzerisch klingende – Frage auf[drängt], ob und wofür sich eigentlich der gesamte Aufwand lohnt, der für die Entwicklung und Durchführung einer konsistenten Regulierung des Anbaus von GVP in der europäischen Landwirtschaft bislang bereits betrieben worden ist und der bei einem umfänglichen Anbau von GVP noch größer werden wird." Aus Sicht des Umweltrates ist diese Frage berechtigt. Der Umweltrat ist der Auffassung, dass die Einführung dieser Technik, die nicht kategorisch abzulehnen ist, für die indes kein dringender Bedarf besteht, insbesondere im Kontext einer Ökologisierung der Landnutzung nicht unbedingt wünschenswert ist. Gesamteinschätzungen dieser Art sind notwendigerweise vorläufig; sie können durch Veränderungen der Informationsbasis und insbesondere auf einer langfristigeren Erfahrungsgrundlage revidiert werden, wenn sich daraus eine neue Einschätzung der Risiken ergibt oder es gelingt, gentechnisch modifizierte Pflanzen zu entwickeln, die eine wirkliche Synthese aus ökologisch nachhaltigem Landbau und moderner Biotechnologie ermöglichen.

11 Die Reform der europäischen Chemikalienpolitik

955. Nach harten politischen Auseinandersetzungen und mehreren breit diskutierten Arbeitsentwürfen hat die EU-Kommission im Oktober 2003 einen Verordnungsvorschlag zur umfassenden Reform der europäischen Chemikalienpolitik vorgelegt (REACH – **R**egistration, **E**valuation and **A**uthorisation of **Ch**emicals; COM [2003] 644 vom 29. Oktober 2003). Dabei handelt es sich um eines der bedeutendsten Reformvorhaben der europäischen Politik. Der Vorschlag befindet sich derzeit in den Beratungen zwischen den verschiedenen Ministerräten und dem EU-Parlament, ist aber aufgrund der massiven Widerstände insbesondere auch der deutschen Wirtschaft in der weiteren Behandlung durch das EU-Parlament erheblich verzögert worden. Eine erste Lesung wird in dieser, im Mai 2004 ablaufenden, Legislaturperiode aller Wahrscheinlichkeit nach nicht mehr zustande kommen. Durch das neue REACH-System sollen Basisinformationen von circa 30 000 so genannten Altstoffen durch die Hersteller verfügbar gemacht werden und die Neu- und Altstoffbewertung miteinander harmonisiert werden. Sicherheitsberichte und die Weitergabe ihrer Ergebnisse in Form von Sicherheitsdatenblättern an die Stoffanwender sollen die sichere Verwendung von Stoffen in der Eigenverantwortung von Herstellern und Anwendern gewährleisten. Für als gefährlich eingestufte oder in großen Mengen hergestellte Stoffe ist auch eine behördliche Bewertung der Registrierungsdaten vorgesehen. Besonders gefährliche Stoffe werden in Zukunft einem Zulassungsverfahren unterzogen. Darüber hinaus wird das bisherige Verfahren zu Verwendungsbeschränkungen von Stoffen vereinfacht und beschleunigt. Zur zentralen Koordination der neuen Chemikalienpolitik soll eine Europäische Agentur eingerichtet werden.

956. Der Umweltrat hat seit 1979 wiederholt einen grundlegenden Reformbedarf des derzeitigen rechtlichen Regelungsregimes für Chemikalien festgestellt (SRU, 1979, 2003). Vor dem Hintergrund der derzeitigen Kontroverse um die Reform der Chemikalienpolitik erachtet er es für erforderlich, den Handlungsbedarf, die potenziellen Nutzeneffekte und die wesentlichen Elemente einer effektiven Chemikalienkontrolle explizit herauszustellen. Auf dieser Basis kann dann im Detail überprüft werden, ob der Kommissionsvorschlag der EU geeignet ist, die rechtssystematischen Schwächen des bisherigen Chemikalienrechts zu korrigieren und wirksame Steuerungsimpulse für die Entwicklung sicherer Stoffe und Stoffanwendungen zu leisten.

957. Obwohl die EU-Kommission ihren Vorschlag gegenüber früheren Arbeitsentwürfen erheblich verschlankt hat, löst die Reform der europäischen Chemikalienpolitik nach wie vor erhebliche, überzogene Befürchtungen hinsichtlich ihrer Auswirkungen auf die Wettbewerbsfähigkeit der Chemischen Industrie, auf Arbeitsplätze und Wirtschaftsentwicklung aus. In einer aktuellen Stellungnahme hatte der Umweltrat bereits die methodischen Schwachpunkte dieser Schätzungen kritisiert (SRU, 2003).

11.1 Handlungsbedarf in der europäischen Chemikalienpolitik

11.1.1 Wirkungen von Stoffen auf Mensch und Umwelt

958. Das potenzielle Risiko von chemischen Stoffen und ihren Abbauprodukten für den Menschen und die Umwelt ist seit Jahrzehnten ein Dauerthema. Regelmäßig geraten neue Stoffe oder Wirkungen in das Blickfeld der öffentlichen Debatte. In den letzten Jahren wurden zum Beispiel TBT (Tributylzinn), bromierte Flammschutzmittel oder Phthalate vor allem wegen ihres möglichen Einflusses auf das Hormonsystem diskutiert. Gründe, die das Problembewusstsein vertieft haben, sind einerseits Erfahrungen aus der Vergangenheit, in denen sich erst nach jahrzehntelangen Anwendungen von bestimmten Verbindungen eine schädigende Wirkung für Organismen gezeigt hat und andererseits die Tatsache, dass inzwischen aufgrund verbesserter Analysemethoden viele Chemikalien, die in die Umwelt gelangen (Umweltchemikalien), in verschiedensten Medien und auch im Menschen nachgewiesen werden können. Dies bestärkt die Sorge, dass Chemikalien nicht nur zur Verbesserung der Lebensqualität und der Gesundheit beitragen, sondern auch Mensch und Umwelt bedrohen können. Laut Umfrage bewerten etwa 93 % der Europäer Chemikalien als maßgebliches Umweltproblem, welches die Gesundheit gefährdet (EU-Kommission, 2003b). Im Folgenden wird anhand von Beispielen versucht, einen kurzen Einblick in das Risiko der Exposition beziehungsweise der Wirkung von Stoffen auf Mensch und Umwelt zu geben.

Exposition

959. Wesentliche Kriterien für die Risikobewertung von synthetischen Stoffen sind neben der Toxizität die Art und Quantität der Freisetzung und das Verhalten dieser Stoffe in der Umwelt beziehungsweise in Organismen. Chemikalien gelangen aus verschiedensten Quellen, wie zum Beispiel aus der direkten Anwendung in Landwirtschaft, Industrie und Haushalt, über unterschiedlichste Pfade in die Umwelt. Vom Menschen können sie unter anderem über den Verzehr kontaminierter Lebensmittel, über das Trinkwasser oder über die Luft aufgenommen werden. Beim Verhalten von Chemikalien in der Umwelt sind ihre Persistenz und ihre Akkumulationsfähigkeit wesentlich. Gerade lipophile, schwer abbaubare Substanzen, die gut ins Fettgewebe eingelagert werden, können mit aufsteigender Trophieebene akkumulieren und so in am Ende der Nahrungskette stehenden Organismen bedenklich hohe Konzentrationen erreichen. Unbestritten ist dieses Problem bei Stoffen, bei denen eine toxische Wirkung nachweislich vorhanden ist. Schwieriger ist dagegen die Einschätzung, wie mit Chemikalien umgegangen werden soll, welche die beschriebenen inhärenten Eigenschaften (Persistenz, Bioakkumulation) besitzen, über deren Wirkungen auf den Menschen und andere Biota bisher aber noch sehr wenig bekannt ist. Verstärkt wird diese Unsicherheit durch die Kenntnis, dass einige dieser Stoffgruppen, wie zum Beispiel synthetische Moschusverbindungen – Produkte, die als Duftstoffe in Kosmetika, Körperpflege- und in Wasch- und Reinigungsmitteln eingesetzt werden – inzwischen auch in Frauenmilch nachgewiesen wurden (VIETH, 2002). Frauenmilch gilt als sehr geeigneter und gut zugänglicher Indikator, um im Körperfett gespeicherte Rückstände zu untersuchen. Trotz dieser und weiterer Fremdstoffnachweise gilt Frauenmilch immer noch als die beste Ernährung für Säuglinge. Da Säuglinge aber eine extrem vulnerable Gruppe darstellen, sind Fremdstoffe in Frauenmilch grundsätzlich unerwünscht. Deshalb fordern unter anderem die WHO und die Nationale Stillkommission aus Gründen der gesundheitlichen Vorsorge, die Einträge von persistenten und lipophilen Schadstoffen in die Umwelt und damit auch die Exposition des Menschen gegenüber diesen Substanzen zu reduzieren (VIETH, 2002).

960. Weitere Aufnahmepfade, die in jüngerer Vergangenheit Beachtung fanden, sind die direkte Aufnahme von Stoffen bei Kleinkindern, die Kinderspielzeug in den Mund nehmen, und die unerwünschte Stoffaufnahme über medizinische Produkte wie zum Beispiel Infusionsschläuche. Diese Expositionspfade spielen eine besondere Rolle im Zusammenhang mit Weichmachern, insbesondere Phthalaten, die aus Plastikprodukten in Flüssigkeiten diffundieren können (Tz. 1141).

961. Ein weiteres Problemfeld der Exposition stellt der Arbeitsplatz dar. Hier werden Beschäftigte beim Umgang mit verschiedensten Chemikalien in manchen Fällen einer weit höheren Chemikaliendosis ausgesetzt als die allgemeine Bevölkerung. Dass hier trotz der bestehenden rechtlichen Regelungen zum Arbeitsschutz noch Verbesserungen wünschenswert sind, zeigen die Statistiken über Arbeitsunfälle mit Gefahrstoffen (IG Metall, Verdi und IG Bau, 2003). Der prozentuale Anteil der im weitesten Sinne am Arbeitsplatz durch Chemikalien verursachten Krebserkrankungen an den Gesamtkrebsneuerkrankungen wird in der Bundesrepublik Deutschland auf etwa 3,8 % im Jahr 1997 geschätzt (RÜHL, 2002).

Wirkungen von (Umwelt-)Chemikalien

962. Bei der Wirkung von Umweltchemikalien spielt die akute Toxizität für Mensch und Biota heutzutage in den meisten Fällen eine untergeordnete Rolle, da die in den verschiedenen Medien gefundenen Stoffkonzentrationen und die vom Menschen aufgenommenen Konzentrationen dafür meist viel zu gering sind. Aus diesem Grunde kommt der chronischen Exposition im Niedrigdosisbereich eine weit höhere Bedeutung zu. Mögliche Wirkungen, die in diesem Fall eine Rolle spielen, sind die Kanzerogenität und die Wirkung auf das Immun- oder Hormonsystem (Endokrinum). In den letzten zwei Jahrzehnten ist die mögliche endokrine Wirkung von synthetischen Stoffen ins Zentrum der Auseinandersetzung mit der Belastung durch Umweltchemikalien gerückt. Es gibt zahlreiche Chemikalien, die das Potenzial besitzen, das endokrine System des Menschen wie auch anderer Organismen zu beeinflussen. Bekannte Beispiele für solche Stoffgruppen sind (EU-Parlament, 2000):

– *PCB* (Polychlorierte Biphenyle), die als Isolierflüssigkeit, Hydrauliköl und Weichmacher für Dichtungsmassen eingesetzt wurden. Diese Stoffgruppe stellt, obwohl sie seit mehr als 15 Jahren verboten ist, aufgrund ihrer Langlebigkeit (Persistenz) nach wie vor ein Umweltproblem dar;

– *Phthalate*, die – wie oben bereits erwähnt – als Kunststoff-Weichmacher zum Beispiel in Lebensmittelverpackungen und Kinderspielzeug verwendet werden (Kap. 12.4, Tz. 1141);

– *Alkylphenole*, wie zum Beispiel *Nonylphenol*. Alkylphenole sind Abbauprodukte von Alkylphenolethoxylaten, die als Industriechemikalien in Reinigungsmitteln, Farbstoffen, Kosmetika, Pestiziden, Spermiziden und Kunststoffdispersionen eingesetzt werden;

– *Bisphenol-A*, das in der Kunststoffherstellung verwendet wird und beispielsweise in Lebensmittelverpackungen, Kunststoff-Zahnfüllungen und Saugflaschen für Kleinkinder enthalten ist;

– *Tributylzinn* (TBT), das insbesondere als Antifoulingbiozid in Schiffsanstrichen verwendet wurde. In der EU sind TBT-haltige Anstriche seit Juli 2003 verboten (SRU, 2004, Tz. 71).

Im Folgenden wird unter anderem auf der Grundlage des Berichtes der Europäischen Umweltagentur (EEA) „Late lessons from early warnings: the precautionary principle 1896–2000" (EEA, 2001) anhand von Asbest, PCB und TBT dargestellt, welche Probleme beim Umgang mit stofflichen Risiken in der Vergangenheit bestanden und weiterhin bestehen.

Asbest

963. Asbest gilt als das klassische Beispiel dafür, welche Folgen eine mangelnde Vorsorge beim Umgang mit gesundheitsschädlichen Stoffen haben kann. Bei Asbest lassen sich nicht die üblichen klassischen toxikologischen Kriterien wie akut, chronisch toxisch oder mutagen anwenden, da vor allem die Faserstruktur des Minerals und nicht nur die chemischen Eigenschaften der Substanz für die schädigenden Wirkungen verantwortlich sind (SZADKOWSKI, 1994). Die chronische Exposition zu Asbest ist mit folgenden Krankheitsbildern verknüpft: Lungenasbestose (asbestbedingte Lungenfibrose), Pleuraasbestose (bindegewebige Verdickung der Pleuren), Pleuramesotheliom (eine seltene Form der Krebserkrankung) und Bronchialkarzinom.

964. Der industrielle Abbau von Asbest begann in Kanada 1879 (EEA, 2001). Bereits 20 Jahre später wurden etwa 100 verschiedene Produkte aus diesem – aufgrund seiner Eigenschaften als „magisch" bezeichneten – Mineral hergestellt. Die in Europa importierte Menge des Minerals stieg bis Mitte 1970 auf über 800 000 Mg jährlich an und fiel dann bis 1993 auf 100 000 Mg ab. Zum Schutz der Arbeiter und Konsumenten erließ Frankreich 1997 ein vollständiges Verbot von Asbestfasern und -produkten, dem die EU etwas später folgte.

Bereits im Jahr 1898 wurde von adversen Gesundheitseffekten durch Asbeststaub bei Fabrikarbeitern berichtet. Anfang der 1930er-Jahre erschienen erste Untersuchungsergebnisse in der medizinischen Literatur, in denen Lungenkrebserkrankungen in Verbindung mit Asbest gebracht wurden (EEA, 2001). Aus den 1950er-Jahren stammen Untersuchungen von WAGNER et al. (1960), die eine seltene Krebserkrankung – das maligne Pleuramesotheliom – mit der Asbestexposition assoziierten.

SELIKOFF et al. veröffentlichten 1964 eine Studie über 392 Arbeiter, die Asbest verwendet hatten (in erster Linie zur Wärmedämmung) und länger als 20 Jahre exponiert waren. Bei 339 Arbeitern wurde eine Lungenasbestose festgestellt, die Lungenkrebsrate war siebenmal höher als die normale Rate und einige Fälle mit Pleuramesotheliomen wurden dokumentiert.

965. Es gibt verschiedene Gründe, warum zwischen den ersten warnenden Hinweisen über die Wirkung von Asbestfasern und deren Verbot so viel Zeit verging. Einerseits spielte mit Sicherheit die lange Latenzzeit von 10 bis 40 Jahren zwischen der Exposition und dem Auftreten einer Erkrankung eine Rolle. Anderseits entstanden weitere Probleme dadurch, dass die ersten Hinweise auf eine schädigende Wirkung nicht ausreichend ernst genommen und wissenschaftlich nicht weiter verfolgt wurden.

Aufgrund des Verbots ist Asbest in Europa heute kein akutes Problem mehr. Allerdings sind die Auswirkungen der früheren Verwendung immer noch registrierbar. So werden etwa zwei Drittel der nachweislich berufsbedingten Krebserkrankungen in Deutschland auf Asbest zurückgeführt (BUTZ, 1999).

PCB

966. Zum ersten Mal wurden PCB im Jahre 1881 synthetisiert; die Massenproduktion zur kommerziellen Verwertung begann 1929. Nach Bekanntwerden der gesundheitlichen Risiken wurden PCB aufgrund ihrer Persistenz und der Risiken für die allgemeine Umwelt 1989 in der Bundesrepublik Deutschland vollständig verboten (Abschn. 13 des Anhangs zu § 1 ChemVerbotsV). Ein gesundheitliches Risiko dieser Stoffgruppe zusammen mit anderen chlororganischen Substanzen wurde durch das Auftreten von Hautveränderungen, die so genannte Chlorakne, bei Arbeitern der chlororganischen Industrie im Jahr 1899 bekannt. Erst siebzig Jahre später wurde man durch eine Publikation über PCB-Konzentrationen in verschiedenen Organismen der Ostseefauna auf das ubiquitäre Auftreten dieser Stoffgruppe in der Umwelt aufmerksam. Es zeigte sich, dass PCB extrem schwer abbaubar sind und mit ansteigender Trophieebene im Fettgewebe akkumulieren. Das vermehrte Auftreten von Reproduktionsstörungen bei Ostseerobben wurde mit der Schadstoffbelastung in Verbindung gebracht. In den 1970er-Jahren konnte in zahlreichen Studien das Vorkommen von PCB in der Umwelt, einschließlich sehr abgelegener Gebiete wie der Arktis, nachgewiesen werden (EEA, 2001).

Die akute Toxizität der PCB ist relativ gering. Bei Ratten und Mäusen konnten nach Verabreichung hoher Einzeldosen vor allem Gewichtsverlust (*wasting syndrom*), Vergrößerung der Leber und Veränderungen an verschiedenen Organen (Thymus, Milz, Nieren, Haut) festgestellt werden. Die Symptome der chronischen Einwirkung auf Versuchstiere sind ähnlich denen der akuten Wirkung. Erkenntnisse über die Wirkungen auf den Menschen liegen durch zwei Massenintoxikationen durch PCB-kontaminiertes Reisöl 1968 in Japan (Yousho-Krankheit) und 1979 in Taiwan (in der Stadt Yu Cheng) vor. Die Frage der krebserzeugenden Wirkung (auf den Menschen) ist nicht eindeutig geklärt. Aufgrund von tierexperimentellen Untersuchungen wird inzwischen von einer tumorpromovierenden Wirkung der PCB ausgegangen (KALBERLAH et al., 2002).

967. PCB stellen auch nach etwa 15 Jahren des vollständigen Verbots in der Europäischen Gemeinschaft ein Problem für die Umwelt dar. So werden weiterhin, wenn auch deutlich geringere, PCB-Einträge über die Flüsse ins Meer registriert, die in erster Linie aus Altlasten und Abfällen stammen (SRU, 2004, Tz. 66). Hohe PCB-Konzentrationen finden sich immer noch in den Fluss- und Ästuarsedimenten. In verschiedenen Biota konnte zwar eine stetige Abnahme der PCB-Belastung dokumentiert werden, aber in einigen Fällen, wie zum Beispiel in Dorschlebern aus der Ostsee, hat sich dieser abnehmende Trend in den letzten Jahren nicht weiter fortgesetzt (HELCOM, 2002). In den Untersuchungen zu Fremdstoffen in der Frauenmilch zeigte sich zwischen 1980 und 1997 bei den Gesamt-PCB-Werten eine Abnahme von 72 %. Da selbst das EU-weite Verbot von PCB zu einem immer noch nicht vollständigen Rückgang der inneren Exposition des Menschen und der Belastung der Umwelt geführt hat, bleiben PCB wegen ihrer Persistenz auch in Zukunft ein Problem für Mensch und Umwelt. Das Fallbeispiel PCB zeigt, wie lang in der Vergangenheit die Zeiträume waren, die zwischen dem ersten Erkennen eines Risikos durch Umweltchemikalien und den Maßnahmen zur Reduzierung der Belastung lagen. Zusätzlich wird dabei deutlich, dass persistente Stoffe, wenn sie einmal in die Umwelt eingetragen wurden, dort noch sehr lange nachweisbar sind und die Belastung durch den Stoff auch durch ein vollständiges Verbot kurzfristig nicht abgesenkt werden kann.

Die hormoninduzierende Wirkung von TBT

968. Zahlreiche Umweltchemikalien besitzen das Potenzial, das Hormonsystem von Mensch und Tier zu beeinflussen. Obwohl viele Hinweise auf derartige Wirkungen vorliegen, ist es sehr schwierig, eine Kausalität zwischen der Schadstoffbelastung in der Umwelt und Veränderungen in Organismen herzustellen (s. auch SRU, 1999, Tz. 146–170). Das liegt an der meist sehr niedrigen Exposition, die von einer Vielzahl anderer Faktoren und weiterer Schadstoffe sowie auch natürlich vorkommender Substanzen begleitet wird. Eine Ausnahme hiervon stellt TBT dar, bei dem die Zusammenhänge zwischen dem Eintrag der Organozinnverbindungen und der androgenen Wirkung auf Schnecken mit hoher Wahrscheinlichkeit belegt werden konnte (WATERMANN et al., 2003). TBT wurde seit etwa Ende der 1960er-Jahre im weiten Umfang in Antifouling-Schiffsanstrichen verwendet (EEA, 2001). Schon einige Jahre später wurde das Auftreten von Imposex (in diesem Falle Vermännlichung weiblicher Tiere) in Schneckenpopulationen aus Häfen dokumentiert, ohne dass ein Zusammenhang zu einer Schadstoffbelastung herstellbar war. Ähnliche Beobachtungen wurden bei Austern in der Bucht von Arcachon, einem wichtigen Gebiet für die Marikultur von Muscheln, gemacht. In den folgenden Jahren kam es dort aufgrund von Störungen in der Reproduktion zu schweren Einbrüchen in der Austernproduktion. Erst Anfang der 1980er-Jahre wurde ein Zusammenhang zwischen diesen Phänomenen und TBT hergestellt. Aufgrund der hohen finanziellen Verluste in der Muschelzucht reagierte die französische Regierung sehr schnell und bereits 1982 wurde der Gebrauch von TBT in Anstrichen für Sportboote verboten. Bis zu einem weltweiten Verbot von TBT-haltigen Antifouling-Anstrichen dauerte es aber noch weitere 20 Jahre (s. auch SRU, 2004, Tz. 71), obwohl in der Zwischenzeit das Auftreten von Imposex bei Mollusken in Häfen als Folge der Schadstoffbelastung mit Organozinnverbindungen in zahlreichen Studien beschrieben wurde. Außerdem wurden auch andere Schädigungen unterschiedlichster Organismen mit der TBT-Belastung in Verbindung gebracht (EEA, 2001). Derzeit werden unter anderem im Nordseebereich noch sehr hohe TBT-Werte in Sedimenten von Ästuaren, Häfen und Schifffahrtswegen gemessen (s. auch SRU, 2004, Tz. 71).

Fazit

969. In den dargestellten Beispielen zeigt sich, wie unzulänglich in der Vergangenheit mit den Risiken durch Umweltchemikalien umgegangen wurde. Ein Problem stellen mit Sicherheit die langen Zeiträume zwischen dem Einsatz der synthetischen Stoffe, dem Erkennen möglicher Risiken und dem Umsetzen in Maßnahmen zum Schutz von Mensch und Umwelt dar. Ein Grund hierfür war und ist die Tatsache, dass die Erforschung von Phänomenen in der Umwelt oder die Wirkung von Stoffen meist einen längeren Zeitraum beanspruchen. Zusätzlich erschwert wird dieser Nachweis, wenn zwischen der Exposition und dem Auftreten von Veränderungen, wie im Beispiel von Asbest, sehr lange Latenzzeiten bestehen. Folglich stellt sich die Frage, ab welchem Stand der Erkenntnis Vorsorgemaßnahmen ergriffen werden sollten, speziell welche Kriterien zu einer Einschränkung oder zum Verbot der Verwendung von Chemikalien angewendet werden sollten. Im Fall von Asbest, PCB und TBT hat es Jahrzehnte gedauert, bis die Informationen über adverse Wirkungen als ausreichend angesehen wurden, um Maßnahmen zu ergreifen. Obwohl PCB nun schon seit Jahren verboten sind, werden sie aufgrund ihrer hohen Persistenz und ihrer akkumulativen Eigenschaften auch in der Zukunft eine Belastung für die Umwelt darstellen. Es ist inzwischen eindeutig möglich, Stoffen diese beiden inhärenten Stoffeigenschaften zuzuordnen. Dagegen ist es weitaus schwieriger, Daten über mögliche Wirkungen zu generieren, besonders da sehr viele Unsicherheiten bestehen, inwieweit niedrige Stoffkonzentrationen auf Organismen wirken und es so gut wie keine Informationen über mögliche Interaktionen verschiedener Schadstoffe gibt. Aus diesem Grund sollten die Eigenschaften Persistenz und Fähigkeit zur Akkumulation bei der Stoffbewertung eine wichtige Rolle spielen.

970. Es gibt inzwischen zahlreiche Untersuchungen zu potenziellen hormonellen Wirkungen von Chemikalien. Dabei wurden Einflüsse dieser Stoffe auf die Biosynthese und Wirkungskaskade unterschiedlichster Hormone festgestellt (SRU, 1999, Tz. 146 ff.). Bisher fehlen aber immer noch sehr viele Daten über deren toxikokinetisches Verhalten. Eine hormonähnliche Wirkung an sich stellt allerdings noch keine schädliche Veränderung dar, kann aber durch Störungen der Funktionen des endokrinen Systems zu pathologischen Effekten führen. Prinzipiell geht man davon aus, dass die innere Exposition des Menschen mit hormonähnlichen Fremdstoffen sehr gering ist, weshalb bisher kein kausaler Zusammenhang zu auftretenden Erkrankungen nachgewiesen werden konnte. Bei der Produktgruppe der Phthalate zeigte sich allerdings in einer kürzlich veröffentlichten Studie eine deutlich höhere innere Exposition der Bevölkerung gegenüber dem Phthalat DEHP als bisher angenommen, weshalb in diesem Fall ein Handlungsbedarf offensichtlich wurde (s. a. Kap. 12.4, Tz. 1143). Für einige Phthalate wurde bereits vor acht Jahren eine hormonähnliche Wirkung in Form einer Stimulation der Transkription des Östrogenrezeptors nachgewiesen (JOBLING et al., 1995). Auch in der Zukunft wird es weiterhin Unsicherheiten über eine mögliche Kausalität der Belastung durch Umweltchemikalien und dem Auftreten bestimmter Phänomene in der Umwelt, wie zum Beispiel der Verweiblichung von Fischen (s. dazu Abschn. 5.6.2, Tz. 491), geben. Am Beispiel der Phthalate zeigt sich, dass es unter dem Aspekt der Vorsorge sehr sinnvoll sein kann, Stoffeigenschaften, die schon frühzeitig Hinweise auf eine mögliche Schädigung geben (z. B. hormonähnliche Wirkungen), in der Risikoabschätzung zu berücksichtigen.

971. Beim zukünftigen Umgang mit Stoffen sollten die Fehler der Vergangenheit vermieden werden. Dafür ist es notwendig, Risiken möglichst früh zu erkennen und auf diese Hinweise schnell zu reagieren. Ziel ist es, eine ausreichende Prävention vor Schädigungen der Umwelt und der Gesundheit des Menschen zu gewährleisten. Die Erfahrungen aus der Vergangenheit zeigen, dass es aufgrund komplizierter Dosis-Wirkungsbeziehungen und langer Latenzzeiten – wie auch vieler anderer bestehender Unsicherheiten – sehr lange dauern kann, bis ein eindeutiger

Kausalzusammenhang zwischen Exposition und Erkrankung beziehungsweise Veränderung in der Umwelt herstellbar ist. Aus diesem Grunde sollte nach Auffassung des Umweltrates das Vorsorgeprinzip gerade im Umgang mit Chemikalien angewandt werden. Das REACH-System könnte hierfür die entscheidende Grundlage bieten.

11.1.2 Regelungsschwächen des bisherigen Chemikalienrechts

972. Das bisherige Chemikalienrecht ist durch Unübersichtlichkeit, die faktische Nachrangigkeit von Umwelterfordernissen, Wissenslücken bei Neu- und vor allem bei Altstoffen, fehlende materielle Anforderungen für Verwendungsbeschränkungen und ein schwerfälliges und inflexibles Regelungssystem gekennzeichnet. Der Umweltrat hat daher mehrfach eine grundlegende Reform angemahnt (Tz. 956). Im Einzelnen können die wesentlichen Schwachpunkte folgendermaßen skizziert werden.

Unübersichtliche Rechtsmaterie

973. Den Kern des geltenden Chemikalienrechts der Gemeinschaft bilden vier Rechtsvorschriften, nämlich die Gefahrstoffrichtlinie (67/548/EWG), die Richtlinie für gefährliche Zubereitungen (1999/45/EG), die Altstoffverordnung (EWG Nr. 793/93) und die so genannte Beschränkungsrichtlinie (76/769/EWG). Diese Vorschriften etablieren ein Regelungsregime mit den folgenden Elementen: (1) Für so genannte Neustoffe, das heißt für nach dem 18. September 1981 in den Verkehr gebrachte Chemikalien, enthält die Gefahrstoffrichtlinie Bestimmungen zur Einstufung, Verpackung und Kennzeichnung gefährlicher Stoffe. Außerdem ist in dieser Richtlinie (2) ein Anmelde- und Prüfverfahren vorgesehen, demzufolge Hersteller und Importeure verpflichtet sind, vor Inverkehrbringen neuer Stoffe deren gefährliche Eigenschaften selbst zu ermitteln. Die Richtlinie 1999/45/EG enthält entsprechende Bestimmungen für Zubereitungen gefährlicher Stoffe. Ferner wird (3) für die bereits vor dem 18. September 1981 auf dem Markt befindlichen Stoffe in der Altstoffverordnung – lediglich – ein Verfahren der Aufarbeitung von Informationen über Altstoffe normiert. Ein Prüf- und Anmeldeverfahren ist nicht vorgeschrieben. Schließlich ermöglicht (4) die Beschränkungsrichtlinie sowohl für Neu- als auch für Altstoffe materielle Verbote und Beschränkungen des Inverkehrbringens und der Verwendung gefährlicher Stoffe. Die Beschränkungsrichtlinie hat sich allerdings vor allem aufgrund des langwierigen Entscheidungsverfahrens von Ministerrat und EU-Parlament über Verbote und Beschränkungen als ein wenig praktikables Instrument zur Risikovorsorge herausgestellt.

Die vorgenannten Regelwerke werden durch eine Vielzahl von Rechtsakten teils konkretisiert, teils geändert (vgl. die Übersicht bei PACHE, 2002, S. 501 ff.). Trotz unterschiedlicher Konsolidierungsbemühungen in der Vergangenheit ist das Gefahrstoffrecht der EG weiterhin durch eine Fragmentierung der einzelnen Problemfelder gekennzeichnet. Es handelt sich insgesamt um eine relativ stark zersplitterte und in der Folge wenig übersichtliche Rechtsmaterie (REHBINDER, 2003, S. 616). Besonders ins Gewicht fallen dabei die dargestellten unterschiedlichen Systeme für die Regulierung von Alt- und Neustoffen: Neustoffe unterliegen zwar keinem – aus Gründen des Gesundheits- und Umweltschutzes gebotenen (SRU, 2002, Tz. 365) – Zulassungsverfahren, aber immerhin systematischen Prüfvorschriften im Rahmen eines Anmeldeverfahrens mit Eingriffsvorbehalt, wohingegen Altstoffe bislang ohne Einstufung ihres Gefährdungspotenzials hergestellt und eingeführt werden dürfen.

Faktischer Nachrang des Umweltschutzes

974. Das bisherige Chemikalienrecht der EG geht zwar konzeptionell von der grundsätzlichen Gleichrangigkeit des Schutzes der menschlichen Gesundheit und des Umweltschutzes aus. In der Praxis steht jedoch der Gesundheitsschutz im Vordergrund. Ausdruck des faktischen Nachrangs des Umweltschutzes sind die mangelnde Ausdifferenzierung des Gefährlichkeitsmerkmals „umweltgefährlich" im Vergleich zu den gesundheitsbezogenen Gefährlichkeitsmerkmalen in den maßgeblichen Regelwerken, die geringe Breite und Tiefe umweltbezogener Untersuchungen in der Grundprüfung (dazu SRU, 2002, Tz. 336) und das geringe Gewicht des Umweltschutzes bei Verboten und Beschränkungen (REHBINDER, 2003, S. 616). Da ein erheblicher Teil sowohl der so genannten Neustoffe, als aber insbesondere auch der Altstoffe umweltgefährlich ist (UBA, 1995, S. 363), ist die nachrangige Behandlung des Umweltschutzes nicht gerechtfertigt (SRU 2004, Tz. 299 ff.; Kap. 5, Tz. 380).

Defizitäre Datenerstellung und -übermittlung bei Altstoffen

975. Die Altstoffverordnung geht von einer Arbeitsteilung zwischen Herstellern und Importeuren einerseits und Behörden andererseits aus. Sie sieht dabei keine Untersuchungen zur Bestimmung der Stoffeigenschaften vor. Hersteller und Importeure müssen sich lediglich um vorhandene Informationen über etwaige mit dem Stoff verbundene Risiken „in angemessener Weise" bemühen. Für die daran anschließende Erstellung eines nationalen Berichts ist zudem keine Frist vorgegeben. Ohne ausreichende Informationen über die Chemikalien ist aber die für eine anschließende Regulierung erforderliche Risikobewertung (dazu Tz. 977) unmöglich. Im Ergebnis hat sich das Altstoffregime auch als wenig effektiv erwiesen. Nicht einmal die im Rahmen der Altstoffverordnung entwickelten Prioritätenlisten zur vorrangigen Aufarbeitung bestimmter Altstoffe konnten in angemessener Zeit bewältigt werden (REHBINDER, 2003, S. 619; SRU, 2002, Tz. 338; EU-Kommission, 2001, 1998).

Wesentliche Ursache hierfür sind gerade die im Bereich der Altstoffe fehlenden Informationen der staatlichen Entscheidungsträger hinsichtlich der Gefährlichkeit der Stoffe beziehungsweise deren Verwendungsarten. In der Praxis werden nämlich den zuständigen Behörden regelmäßig keine ausreichenden Daten von den Herstellern und Importeuren über die Stoffe übermittelt, obwohl den Herstellern über die Risiken von Altstoffen teilweise jahrzehntelange Erfahrung zur Verfügung steht (CALLIESS, 2003, S. 39; EU-Kommission, 2001, S. 6; KÖCK, 2001, S. 304; WINTER, 2000, S. 266). Es fehlt nicht nur an einer Anreizstruktur für eine zügige Datenerstellung und -übermittlung. Die betroffene Industrie wird im Gegenteil sogar eher davon abgehalten, Informationen zu liefern, da sie so überhaupt erst eine Risikobewertung ermöglicht und sich damit der „Gefahr" von Regulierungsmaßnahmen aussetzt, während diejenigen Hersteller und Importeure, die untätig bleiben und keine Prüfdaten übermitteln, ihre Stoffe weiter vermarkten dürfen.

Wissenslücken auch bei Neustoffen

976. Die Anmelder von Neustoffen müssen nach der Gefahrstoffrichtlinie die für eine Risikobewertung notwendigen Informationen der zuständigen Behörde vorlegen. Ab einer Produktions- beziehungsweise Importmenge von 10 kg pro Jahr sind Informationen über physikalisch-chemische Eigenschaften wie Flammpunkt und Entzündlichkeit sowie zur akuten Toxizität zu übermitteln. Darüber hinaus existieren Prüfpflichten, deren Umfang je nach der Menge der zu vermarktenden Chemikalie von der Behörde abgestuft wird. Die Grundprüfung setzt zwar mit sehr niedrigen Produktionsmengen an, ist aber hinsichtlich des Umfangs defizitär. Wirkungsbereiche wie die subchronische und die chronische Toxizität bleiben im Grunddatensatz ausgespart (SRU, 1994, Tz. 548; s. auch REHBINDER, 2003, S. 618). Die weiter gehende Stufenprüfung dürfte zudem zu wenig berücksichtigen, dass sich das stoffimmanente Gefährdungspotenzial auch schon bei kleineren Mengen zu entfalten vermag (CALLIESS, 2003, S. 46; REHBINDER, 2003, S. 618).

Die Neustoffprüfung ist als ein System kontrollierter Eigenverantwortung angelegt, wobei allerdings bedenkliche Kontrolldefizite festzustellen sind. Die Hersteller sind verantwortlich für die Stoffinformationen. Der Umfang der über den Grunddatensatz hinausgehenden Prüfpflichten wird weit gehend nach Ermessen der Behörde festgelegt. Die beigebrachten Unterlagen werden von der Anmeldebehörde im Wesentlichen sodann lediglich auf ihre Plausibilität und Validität geprüft (CALLIESS, 2003, S. 37; GINZKY, 2000, S. 130). Es werden vielfach Qualitätsprobleme der vorgelegten Daten berichtet (Fachgespräch im Umweltbundesamt am 16. Januar 2003). Die Hersteller haben insbesondere vielfach keine hinreichenden Informationen über die späteren Verwendungsarten (CALLIESS, 2003, S. 46). Zuverlässige Daten über Expositionswege fehlen häufig (SRU, 2002, Tz. 341). Insgesamt ist eine seriöse Risikoabschätzung auch bei Neustoffen nicht immer gewährleistet.

Fehlen materieller Steuerungsvorgaben zur Risikobewertung sowie für Beschränkungs- und Verbotsentscheidungen

977. Für die Risikobewertung eines Stoffes gibt es zwar einen Leitfaden (Technical Guidance Document on Risk Assessment (TGD), EU-Kommission, 2003b). Dieser enthält jedoch keine materiellen Beurteilungskriterien bezüglich der Frage, wann ein bestimmtes Risiko akzeptiert werden darf und wann nicht. Die Risikobewertung verlangt zudem neben der Bewertung der inhärenten Stoffeigenschaften auch bei besonders gefährlichen Stoffen eine Expositionsabschätzung. Diese gestaltet sich aber gerade in Anbetracht der defizitären Datenlage oftmals problematisch (ausführlich SRU, 2002, Tz. 341, 367). Auch mit Blick auf die Auswahl von Maßnahmen zur Risikobegrenzung, also für Verwendungsbeschränkungen und Stoffverbote, fehlen materielle Leitlinien etwa zur Minimierung besonders gefährlicher Stoffe oder zur Reduzierung des Stoffumlaufs (KÖCK, 1999, S. 81 ff.; WINTER, 1995, S. 17). Ebenso wenig finden sich Konkretisierungen zur Nutzen-Risiko-Abwägung.

Mangelnde Flexibilität des Regelungssystems

978. Die Rechtsakte des Chemikalienrechts sehen auch keine Möglichkeiten zu vorläufigen Risikominderungsmaßnahmen vor. Zügige Beschränkungsmaßnahmen auf der Grundlage der Beschränkungsrichtlinie werden nur nach einer eigenen, umfassenden und abschließenden Risikobewertung sowie nach Durchführung einer Kosten-Nutzen-Analyse vorgenommen beziehungsweise veranlasst (VO 1488/94 und EU-Kommission, 2001, S. 7). Eine Ausnahme von diesem Grundsatz einer vorherigen Risikoanalyse erkennt die EU nicht einmal für besonders gefährliche Stoffe an. Die Altstoffverordnung verlangt darüber hinaus eine Prüfung der Verfügbarkeit von Ersatzstoffen. Obgleich der Europäische Gerichtshof klargestellt hat, dass eine abschließende, umfassende Risikobewertung nicht unbedingt Voraussetzung einer Stoffbeschränkung sein muss (Rs. C-473/98 – Kemikalieninspektionen), werden in der Praxis Beschränkungsentscheidungen von der EU-Kommission in der Regel erst vorgeschlagen, wenn eine konkrete Gefahr oder zumindest ein hohes Risiko vorliegt (CALLIESS, 2003, S. 41; GINSKY, 2000, S. 134).

979. Verbote und Beschränkungen für diejenigen gefährlichen Stoffe, die aufgrund ihrer Eigenschaften und der Expositionssituation von der EU-Kommission als bedenklich eingestuft worden sind, müssen grundsätzlich in einem komplexen politischen Abstimmungsprozess durch einen gemeinschaftlichen Rechtsakt des Ministerrates ausgesprochen werden. Gesetzgebungsverfahren sind regelmäßig langwierig. Vor allem muss die EU-Kommission in der Praxis ihre Vorschläge weit gehend an nationalen Interessen ausrichten, um im Ministerrat eine Mehrheit zu finden (REHBINDER, 2003, S. 620). Gerade auf diesem politischen Charakter der Gesetzgebung im europäischen Chemikalienrecht dürfte im Übrigen auch das Fehlen materieller Steuerungsprogramme beruhen. Nur wenn eine Beschränkungs- oder Verbotsentscheidung bereits besteht, jedoch aufgrund einer Änderung der Umstände technische Anpassungen notwendig geworden sind, reicht das Ausschussverfahren aus.

Das bisherige Chemikalienregime ist vor diesem Hintergrund insgesamt als zu schwerfällig und zu wenig flexibel zu charakterisieren, um auf Risiken oder Gefährdungen von Mensch und Umwelt im Sinne des Vorsorgeprinzips angemessen reagieren zu können (CALLIESS, 2003, S. 45; s. auch REHBINDER, 2003, S. 621 ff.; SRU, 2002, Tz. 341 sowie EU-Kommission, 1998). Eine notwendige Reaktion auf Vorsorgetatbestände wird durch das Erfordernis einer (politischen) Ministerratsentscheidung für jede neue Beschränkung beziehungsweise jedes neue Verbot nach der Beschränkungsrichtlinie beeinträchtigt.

Fazit

980. Alles in allem muss die regulative Kraft des Chemikalienrechts der Gemeinschaft als höchst unbefriedigend eingestuft werden:

– Für so genannte Altstoffe findet keine angemessene Datenübermittlung über Risiken statt. Erst recht fehlt es nahezu völlig an regulierenden Verwendungsbeschränkungen beziehungsweise Verboten.

– Das präventive Kontrollsystem für Neustoffe weist zahlreiche Unzulänglichkeiten auf.

– Das Risikomanagement ist schwerfällig, da die EU-Kommission Stoffbeschränkungen nur nach einer umfassenden Risikobewertung vorschlägt. Wegen des aufwendigen Bewertungsprozesses und mangels Ressourcen können hierdurch nur relativ wenige Stoffe bearbeitet werden.

Die abschließende Entscheidung über Verbote oder Beschränkungen trifft der Ministerrat, was sowohl langwierig als auch wegen der Politisierung eine äußerst fragwürdige Kompetenzverteilung darstellt. Sinnvollerweise müssten die Entscheidungen auf nachrangiger Ebene nach Maßgabe eines materiellen Prüfungsprogramms getroffen werden.

11.1.3 Drei Steuerungsansätze für eine effektive Chemikalienkontrolle

981. In der Diskussion um die Reform der Chemikalienpolitik kann grundsätzlich auf die kombinierte Wirkung dreier Steuerungsansätze gesetzt werden:

– der obligatorischen Selbststeuerung durch ein überbetriebliches Sicherheitssystem,

– der öffentlichen Risikodiskussion mit entsprechenden Reaktionen der Märkte auf einer fundierten und öffentlich verfügbaren Wissens- und Informationsbasis und

– der direkten staatlichen Kontrolle durch Verwendungsbeschränkungen oder Verbote für besonders gefährliche Stoffe.

Durch die kombinierte Wirkung dieser weichen und harten Instrumente der Chemikalienpolitik wird eine Innovationsdynamik in Richtung inhärent sicherer Stoffe und Verwendungen und damit ein Beitrag zum Ziel einer „ungiftigen Umwelt" (*non-toxic environment*) erwartet (KEMI, 2002; SubChem, 2002; EU-Kommission, 2001).

Wirkungsweise und Wirkungsgrenzen der drei Steuerungsansätze lassen sich wie folgt einschätzen:

982. Kernelement einer auf Eigenverantwortung setzenden Strategie sind Sicherheitsberichte und Sicherheitsdatenblätter, die vom Hersteller über die gesamte Produktionskette bis zum Anwender weitergereicht werden können. Sie bilden eine wichtige Informationsgrundlage eines überbetrieblichen Umweltmanagementsystems für Stoffe und ihre Verwendungen. Bei geeigneter Ausgestaltung des Informationsflusses können überbetriebliche Lernprozesse über Risiken und deren Vermeidung unterstützt werden (HEINELT, 2000; AHRENS, 2003). Im Falle einer gut organisierten Informationskette zwischen Herstellern und Anwendern kann das Interesse von verbrauchsnahen Anwendern an sicheren und vertrauenserweckenden Produkten geweckt werden. Auf einer soliden Informationsbasis können sie ihre Wünsche gegenüber den Herstellern besser artikulieren und damit eine „Marktmacht" entfalten (SubChem, 2002, S. 8). Voraussetzung ist aber ein starker Anreiz bei den Herstellern, gehaltvolle, und wenn nötig auch kritische Informationen an die Anwender weiterzugeben. Angesichts der großen Unsicherheiten und Ungewissheiten, der erheblichen Latenzphasen zwischen Ursache und Wirkung und der fernräumlichen Wirkungen einzelner Stoffe wird eine systematische Unterschätzung eines Risikos nicht unmittelbar durch den Markt bestraft. Es fehlen also Anreize, Rückkoppelungseffekte und Sanktionen für eine vorsorgeorientierte Risikoeinschätzung durch die Hersteller. Dies gilt insbesondere für business-to-business-Märkte, auf denen die technische Funktionalität von Produkten die ausschlaggebende Produktqualität ist (SubChem, 2002, S. 23). Daher kann auf eine Selbststeuerung alleine keine effektive Vorsorgestrategie aufgebaut werden (NORDBECK und FAUST, 2003, S. 22).

983. Die Wissensgrundlage für vorsorgendes Handeln wird durch Registrierungspflichten und die Gewährleistung der Transparenz vom Hersteller bis zum Anwender über Stoffeigenschaften und Verwendungen geschaffen. Erst auf einer solchen öffentlich verfügbaren Grundlage können Gefahrstoffklassifizierungen mit entsprechenden regulatorischen Folgen, Maßnahmen zur Arbeitsplatzsicherheit oder öffentliche Diskussionen über die Risiken bestimmter Verwendungen erfolgen. Die hierdurch geschaffene ökologische Markttransparenz kann die Nachfragesituation auf den Märkten in die Richtung sicherer Produkte verschieben (SRU, 2002, Tz. 75 ff.). Wissen und Transparenz schaffen die Grundlage für die öffentlichkeitswirksame Problematisierung von besonders gefährlichen Stoffen durch Behörden oder Verbände oder zumindest für deren Androhung. Es ist vielfach beobachtet worden, dass alleine dieses „Skandalisierungspotenzial" (GLEICH, 2002) ausreicht, nach weniger gefährlichen Ersatzstoffen und Technologien zu suchen. Wachsende stofflich-technische Möglichkeiten und die öffentlichkeitswirksame Stoffproblematisierung können dann eine Spirale zunehmend intensiver werdender staatlicher Regulierung auslösen (JACOB, 1999). Allerdings ist kaum zu erwarten, dass die Skandalisierung von Stoffen oder deren Androhung tatsächlich umfassend wirkt.

Vielmehr werden eher besonders evidente Fälle beziehungsweise besonders verbrauchernahe Anwendungen Gegenstand der Öffentlichkeitsarbeit von Verbänden oder staatlichen Akteuren werden.

984. Schließlich wird eine Effektivierung und Beschleunigung des staatlichen Risikomanagements diskutiert. Bisher ist eine solche Kontrolle nur in besonders evidenten Fällen unakzeptablen Risikos und nach Überwindung erheblicher Verfahrenshürden in sehr langwierigen Einzelfallprüfungen praktizierbar gewesen. Stoffverbote folgten damit den Markttrends, das heißt sie erfolgten oft erst dann, wenn die Produktion des Stoffes bereits eingestellt war und Ersatzstoffe vorhanden waren (JACOB, 1999). Reformvorschläge zielen auf eine Senkung der Verbotsschwelle dadurch, dass nicht mehr der vollständige Nachweis eines Risikos erforderlich sein soll, sondern allein der Nachweis der Gefährlichkeit eines Stoffes und seiner Freisetzung in die Umwelt. Die schwedische Regierung hatte in den 1990er-Jahren als ursprüngliches Ziel einer vorsorgeorientierten Chemikalienpolitik das schrittweise Auslaufen der Herstellung und Verwendung (*phase-out*) von besonders gefährlichen Stoffen innerhalb einer Generation formuliert (KEMI, 2002, S. 9). Andere Reformvorschläge bezogen sich darauf, das bisherige System der Verwendungsbeschränkungen zu beschleunigen und vorsorgeorientierter auszugestalten, insbesondere dadurch, dass selbst bei ungewissen oder weiter zu prüfenden Risiken bereits Kontrollmaßnahmen möglich sein sollen (vgl. WINTER et al., 1999). Mit dem Verbot mit Erlaubnisvorbehalt, wie es im vorgeschlagenen Zulassungssystem noch angelegt ist, versprach sich auch die EU-Kommission eine erhebliche Beschleunigung und Effektivierung der Kontrolle besonders Besorgnis erregender Stoffe und Anwendungen (EU-Kommission, 2001; SRU, 2002, Tz. 350 f.). Durch Senkung der Verbotsschwelle und die gleichzeitige Verminderung der Anmeldeanforderungen für Neustoffe wurde eine Innovations- und Substitutionsdynamik von problematischen Altstoffen in Richtung sicherer Neustoffe erwartet.

11.1.4 Ökonomische Nutzen einer effektiven Chemikalienkontrolle

985. In seiner Stellungnahme zur Wirtschaftsverträglichkeit der europäischen Chemikalienpolitik hat der Umweltrat darauf verwiesen, dass es durch bessere Kenntnisse über die Eigenschaften gefährlicher Stoffe und durch den Umlauf von Produkten mit weniger gefährlichen Stoffen mittel- bis langfristig zu Kosteneinsparungen in den Bereichen Gesundheitsvorsorge und Umweltschutz kommen kann (SRU, 2003).

Eine Quantifizierung derartiger Nutzenwirkungen ist mit erheblichen methodischen Schwierigkeiten verbunden, sodass belastbare konkrete Angaben nicht möglich sind. Vorliegende Studien erhärten aber die Plausibilität der Erwartung, dass bereits der Nutzen im Gesundheitsbereich die Kosten einer effektiven Chemikalienkontrolle mittelfristig deutlich übersteigen wird. Eine Studie des London University College, die am Beispiel von REACH (Tz. 990 f.) auf der Basis verschiedener Modelle die gesellschaftlichen Kosten von Krankheitsfällen und verkürzter Lebenserwartung berechnet, die durch eine bessere Chemikalienkontrolle eingespart werden können, kommt zu dem Schluss, dass die möglichen Einsparungen im Gesundheitssystem der EU-15 bis zum Jahr 2020 je nach Annahme und Rechenmodell zwischen 4,8 Mrd. und 283,5 Mrd. Euro liegen könnten (PEARCE und KOUNDOURI, 2003). Eine ähnliche Studie im Auftrag des englischen Umweltministeriums, die eine Abschätzung nur für Großbritannien vornimmt, verzichtet aufgrund der methodischen Schwierigkeiten auf eine Quantifizierung der allgemeinen Kostenersparnisse, gibt diese aber für den Bereich der arbeitsplatzbedingten Asthma- und Dermatitiserkrankungen mit 1,2 Mrd. Euro über zehn Jahre an (RPA, 2001). Die EU-Kommission selber beziffert in ihrem *Impact Assessment* von REACH (Tz. 1053) die möglichen Kosteneinsparungen im Gesundheitsbereich auf bis zu 50 Mrd. Euro über die nächsten dreißig Jahre (COM 2003/644 final).

986. Vonseiten der Chemischen Industrie ist gegen die Studien für die EU-Kommission zur Abschätzung der Nutzeneffekte von REACH eingewendet worden, dass diese die Anzahl der vermeidbaren zukünftigen Krebserkrankungen am Arbeitsplatz auf der Basis der gegenwärtigen Häufigkeitsraten extrapolieren und damit zu einer klaren Überschätzung kommen. Die meisten der gegenwärtig auftretenden Krebserkrankungen seien das Resultat von Expositionen von vor zwei bis drei Dekaden, als wesentlich anspruchslosere Schutzbestimmungen in Kraft waren. Die Anzahl der arbeitsplatzbedingten Krebserkrankungen in der Chemischen Industrie sei rückläufig und werde in der nächsten Zeit weiter zurückgehen, da die Mehrzahl der Fälle auf Asbest zurückzuführen sei. Asbest sei mittlerweile aber reguliert und unter Kontrolle. Weiterhin beruhten die Schätzungen zum Rückgang der Krebserkrankungen durch REACH auf falschen Annahmen und fehlerhaften Interpretationen von Studien zu arbeitsplatzbedingten Krebserkrankungen (CEFIC, 2003). Diese Kritik ist einerseits berechtigt. Andererseits kann aber nicht ausgeschlossen werden, dass es ohne ein stringenteres Chemikalienrecht in Zukunft zu ähnlichen Versäumnissen wie in der Vergangenheit kommen kann.

987. Weitere ökonomische Nutzen einer effektiven Chemikalienkontrolle liegen in einer höheren Glaubwürdigkeit der Branche gegenüber Konsumenten und reduzierten Haftungsrisiken. Schadensfälle in der Vergangenheit haben zu teilweise hohen Unternehmensschäden und Imageverlusten geführt. Eine verbesserte Prüfung und Risikoanalyse von Stoffen, die durch Behörden bestätigt und anerkannt wird, verringert das Haftungsrisiko für Unternehmen beträchtlich. Sie schafft auch Handlungsspielräume, Stoffgefahren früh zu erkennen, entsprechende Stoffe vom Markt zu nehmen und damit das Unternehmensrisiko zu mindern. Dass derart geprüfte Stoffe und Zubereitungen gegenüber Konkurrenzprodukten den Vorteil der Unbedenklichkeit aufweisen, kann nicht zuletzt auch zu einem Gütesiegel und damit zu einem vorteilhaften Faktor im Außenhandel werden. Hersteller und Verwender von Chemikalien im außereuropäischen Ausland können künftig stärker zu Importen motiviert sein, da sich

Risiken bei der Verwendung und Zubereitung reduzieren, die Arbeitssicherheit und damit auch die Produktivität erhöhen und insgesamt die Planungs- und Rechtssicherheit steigen (vgl. SRU, 2003, Tz. 29).

988. Bei einer lernoffenen und innovationsorientierten Ausgestaltung betreffen positive Nutzeneffekte einer effektiven Chemikalienkontrolle nicht zuletzt auch die Zunahme von Innovationen und steigende Wettbewerbsvorteile, insbesondere auf Märkten für Substitute und umwelt- und gesundheitsfreundlichere Produkte. Zwar kann es kurzfristig zu Kostenbelastungen einzelner Industriezweige kommen (GRANDERSON, 1999; ACHILLADELIS et al., 1990), diese Kosten werden aber voraussichtlich mittel- bis langfristig kompensiert werden. Empirische Studien haben ergeben, dass Unternehmen auf strikte Vorgaben häufig mit Produkt- und Produktionsinnovationen reagieren (DRIESEN, 2003; BERKHOUT et al., 2003; deSIMONE, 2000; JÄNICKE, 2000; BLAZEJCZAK et al., 1999; vgl. schon ASHFORD und HEATON, 1983). Mitunter kann allein die Ankündigung ordnungsrechtlicher Maßnahmen oder die Auflage von Forschungsprogrammen zu Stoffgruppen oder Stoffeigenschaften Suchprozesse von Unternehmen und Innovationseffekte im Chemiebereich auslösen, wie dies unter anderem für endokrine Stoffe in den USA nachgewiesen worden ist (JACOB, 1999). Die OECD hat mehrfach die positiven Innovationswirkungen von Zulassungsverfahren und Produktionsverboten betont (STEVENS, 2000; OECD, 1999). Eine Expertenbefragung im Auftrag der EU-Kommission hat verdeutlicht, dass die Spielräume für Innovationen im Umweltbereich keineswegs ausgereizt, sondern im Gegenteil noch groß sind (EDER, 2003).

Das Innovationsverhalten von Unternehmen wird durch eine Vielzahl von wechselseitigen Einflussfaktoren wie Betriebsgröße, Forschungs- und Entwicklungsaktivitäten, interne Ressourcen, Marktnachfrage und Marktstruktur sowie technologische Möglichkeiten bestimmt. Eine isolierte Betrachtung einzelner regulatorischer Stellschrauben erscheint daher für die Abschätzung der Innovationsauswirkungen einer Chemikalienkontrolle wenig zielführend (SRU, 2002, Tz. 50). Wie empirische Studien zeigen, ist für die europäische Chemische Industrie unter dem jetzigen System der Zulassung neuer Chemikalien kein allgemeiner Rückstand bei der Wettbewerbs- und Innovationsfähigkeit feststellbar (MAHDI et al., 2002, m. w. N.), obwohl diese immer wieder behauptet und auf die inflexible, starre Regulierung des Neustoffbereichs zurückgeführt wird (vgl. MILMO, 2001; FLEISCHER et al., 2000). Wenn eine Chemikalienkontrolle Unternehmen klare Ziele setzt und hinreichende zeitliche Anpassungsspielräume belässt, kann sie im Einklang stehen mit einer wettbewerbsfähigen und innovationsstarken Chemischen Industrie.

989. Die Diskussion um die Wettbewerbsfähigkeit der europäischen Chemischen Industrie beachtet gegenwärtig zu wenig die potenziellen globalen Ausstrahlungseffekte einer effektiven europäischen Chemikalienkontrolle. Dies betrifft mögliche Effekte eines Wechselspiels von strikten Registrierungs- und Zulassungsverfahren in der EU und einem strikten haftungsrechtlichen Regime in den USA ebenso wie die Plausibilität einer weltweiten Nachahmung und Diffusion eines effektiven europäischen Modells zur Regulierung und Kontrolle von Altstoffen. Auf dem Johannesburg-Gipfel wurde 2002 eine Minimierung der gesundheits- und umweltschädlichen Auswirkungen gefährlicher Chemikalien bis zum Jahr 2020 beschlossen. Mittelfristig besteht damit weltweit die Notwendigkeit einer besseren Chemikalienkontrolle; ein entsprechender internationaler Regulationstrend kann unterstellt werden. Davon unabhängig dürfte die Nachfrage nach weniger gefährlichen Ersatzstoffen zunehmen, sodass sich auf den globalen Märkten mit hoher Wahrscheinlichkeit First-Mover-Vorteile realisieren lassen werden.

Wenig Beachtung in der kritischen Diskussion zu neuen Formen einer effektiven Chemikalienkontrolle findet auch der globale marktstrukturelle Einfluss des Europäischen Binnenmarktes, dessen Vorgaben auch die Innovationsbedingungen der außereuropäischen Konkurrenz beeinflussen. Die EU war im Jahr 2001 der mit Abstand größte Importeur und Exporteur von Chemikalien. Der Anteil an den Weltexporten belief sich auf 53,9 %, der Anteil an den Weltimporten auf 44,6 % (CEFIC, 2002a). Die internationale Wettbewerbsfähigkeit der Branche ist, entgegen anders lautender Behauptungen (vgl. FLEISCHER et al., 2000), gut und hat vor allem bei Chemikalien in den letzten Jahren zugenommen (COM 2003/644 final). Es ist unwahrscheinlich, dass sich außereuropäische Unternehmen nicht an die Erfordernisse des Europäischen Binnenmarktes anpassen und darauf verzichten, in dem weltweit größten Wirtschaftsraum präsent zu sein (vgl. ELISTE und FREDERIKSSON, 1998). Ebenso ist die Annahme eines erheblichen Rückgangs von Exporten und Importen, aber auch von Investitionen und besonders der Auslandsinvestitionen im Chemiesektor als Folge einer effektiven Chemikalienkontrolle zu bezweifeln. Der größte Teil der Exporte der deutschen Chemischen Industrie geht nach wie vor in EU-Mitgliedstaaten, die alle von einer Neuregelung der Chemikalienkontrolle betroffen sind. Nach Angaben des Verbandes der Chemischen Industrie (VCI) setzte die deutsche Chemische Industrie im Jahr 2001 drei Viertel ihrer Produkte im Europäischen Binnenmarkt ab. Für die gesamte europäische Chemische Industrie belief sich dieser Anteil auf 71 %. Mit der EU-Osterweiterung wird dieser Anteil wahrscheinlich noch größer werden. Der Anteil der außereuropäischen Exporte am Umsatz der gesamten europäischen Chemie-Industrie belief sich 2001 auf 29 %. Ebenso kamen nur 19 % der Importe aus dem außereuropäischen Ausland (VCI, 2002a; CEFIC, 2002a, 2002b).

11.2 Darstellung und Bewertung des REACH-Systems

11.2.1 Elemente von REACH im Überblick

990. Der vorgeschlagene neue Regulierungsansatz des REACH-Systems zielt darauf, das vorhandene Wissen über die Eigenschaften, Gefahren und Verwendungen von Stoffen zu konsolidieren und Wissenslücken zu schließen.

Für besonders gefährliche Stoffe, für die Verwendungsbeschränkungen zu erwarten sind, ist ein Zulassungsverfahren vorgesehen. Der Kommissionsvorschlag führt die bisher unterschiedlichen Regelungen zu Neu- und Altstoffen (insbesondere Richtlinie 67/548/EWG zur Einstufung, Verpackung und Kennzeichnung gefährlicher Stoffe, Richtlinie 1999/45/EG zur Einstufung, Verpackung und Kennzeichnung gefährlicher Zubereitungen, Verordnung 793/93/EWG zur Bewertung und Kontrolle der Umweltrisiken chemischer Altstoffe und Richtlinie 76/769/EWG für Beschränkungen des Inverkehrbringens und der Verwendung gewisser gefährlicher Stoffe und Zubereitungen) in einem umfassenden Regelwerk zusammen. Insgesamt werden durch den konsolidierten Verordnungstext vierzig Richtlinien und zwei sehr umfangreiche Verordnungen ersetzt.

991. Zu dem neuen System gehören die folgenden wesentlichen Elemente:

– *Sicherheitsberichte und Sicherheitsdatenblätter* (Art. 13, Anhang I): Hersteller von chemischen Stoffen müssen ab einer Herstellungsmenge von 10 Mg/a in Sicherheitsberichten (Chemical Safety Reports) die verfügbaren Informationen zu den Stoffeigenschaften, zu den Risiken für die menschliche Gesundheit und die Umwelt sowie zu adäquaten Kontrollmaßnahmen in einem Standardformat zusammentragen. Bei als gefährlich eingestuften Stoffen müssen diese in Form eines Sicherheitsdatenblattes an die weiteren Anwender weitergeleitet werden.

– *Eine Registrierungspflicht*: Hersteller und Importeure werden verpflichtet, Stoffe in Produktionsmengen von mehr als ein Mg bei der Europäischen Chemikalienagentur registrieren zu lassen. Ausgenommen hiervon sind Zwischenprodukte und vorerst auch Polymere. Stoffe in Produkten sind nur unter sehr restriktiven Bedingungen registrierungspflichtig. Voraussetzung der Registrierung ist die Vorlage von Stoffdossiers, in denen ab einer Produktionsmenge von 10 Mg/a die Sicherheitsberichte, weiterhin Testdaten zu Eigenschaften und Gefahrenpotenzialen sowie Informationen zu den wesentlichen Verwendungen von Stoffen vorgelegt werden. Die Testanforderungen sind grundsätzlich nach Produktionsmengen gestaffelt. Es liegt in Zukunft in der Verantwortung der Produzenten und Importeure, die notwendigen Tests zu beschaffen oder durchzuführen und auf dieser Basis die Stoffe in verschiedene Gefahrstoffklassen nach der Kennzeichnungsrichtlinie einzustufen. Stoffe ohne Registrierung dürfen nach abgestuften Übergangsfristen für Altstoffe nicht mehr hergestellt oder importiert werden. Das REACH-System sieht verschiedene Möglichkeiten vor, die Test- und Datenanforderungen auf problematische Stoffe zu konzentrieren und unnötige Doppelarbeit zu vermeiden.

– *Die Evaluation* einzelner Registrierungen liegt in staatlicher Verantwortung. Die zuständigen Behörden der Mitgliedstaaten sind verpflichtet, die Testprogramme für die Registrierungen von in großen Mengen hergestellten Stoffen zu überprüfen. Zudem haben sie die Möglichkeit zur Stichprobenkontrolle hinsichtlich ausgewählter Registrierungen. Sie können dabei von den Herstellern und Anwendern weitere Informationen anfordern und auf der Basis der bereitgestellten Informationen eine eigene Stoffbewertung vornehmen.

– *Ein Zulassungsverfahren* wird für Stoffe mit besonders Besorgnis erregenden Eigenschaften eingeführt. Zulassungsbedürftig sind kanzerogene, mutagene oder reproduktionstoxische (CMR-) Stoffe, persistente, bioakkumulierende und toxische (PBT-) Stoffe sowie sehr persistente und sehr bioakkumulierende (vPvB-) Stoffe, wenn sie in eine Prioritätenliste (Anhang XIII) aufgenommen werden. Den Mitgliedstaaten und der Europäischen Chemikalienagentur wird zudem die Möglichkeit eröffnet, die Aufnahme anderer ähnlich Besorgnis erregender Stoffe in das Zulassungsverfahren vorzuschlagen (z. B. endokrine Wirkstoffe). Der Verordnungsvorschlag nimmt Stoffverwendungen, die in anderen Richtlinien geregelt sind, von der Zulassungspflicht aus. Weitere generelle Ausnahmen von der Zulassungspflicht können in einem Ausschussverfahren beschlossen werden. Eine Zulassung erfolgt innerhalb bestimmter Fristen auf Antrag der Hersteller oder Anwender. Zentrale Zulassungsbedingung ist, dass das Risiko des Stoffes „adäquat kontrolliert" ist. Zulassungen können auch erteilt werden, wenn der sozioökonomische Nutzen der Verwendung schwerer wiegt als die Risiken.

– *Die Zulassungsentscheidung* selbst wird durch zwei von den Mitgliedstaaten und der EU-Kommission beschickte Ausschüsse, einen zur Risikobewertung und einen zur sozioökonomischen Bewertung, vorbereitet und von der EU-Kommission getroffen. Die Mitgliedstaaten werden lediglich durch ein Beratungsverfahren beteiligt.

– *Das bisherige Verfahren zu Verwendungsbeschränkungen* wird in vereinfachter Form in das REACH-System integriert. Verwendungsbeschränkungen erfolgten bisher im Rahmen des parlamentarischen Rechtsetzungsverfahrens, in Zukunft ist nur noch eine Regelungsausschussentscheidung erforderlich (vgl. auch Tz. 1279). Verwendungsbeschränkungen betrachtet die EU-Kommission als ein zusätzlich erforderliches Instrument für solche Stoffe, die aus dem Netz des Zulassungsverfahrens herausfallen, aber dennoch als regelungsbedürftig angesehen werden.

– Eine *Europäische Chemikalienagentur* soll eingerichtet werden, die den Vollzug des REACH-Systems unterstützt. Diese wird zum Teil durch Registrierungsgebühren finanziert.

Einen Überblick über die einzelnen Prüf- und Kontrollschritte gibt das folgende von der EU-Kommission herausgegebene Ablaufschema:

Darstellung und Bewertung des REACH-Systems

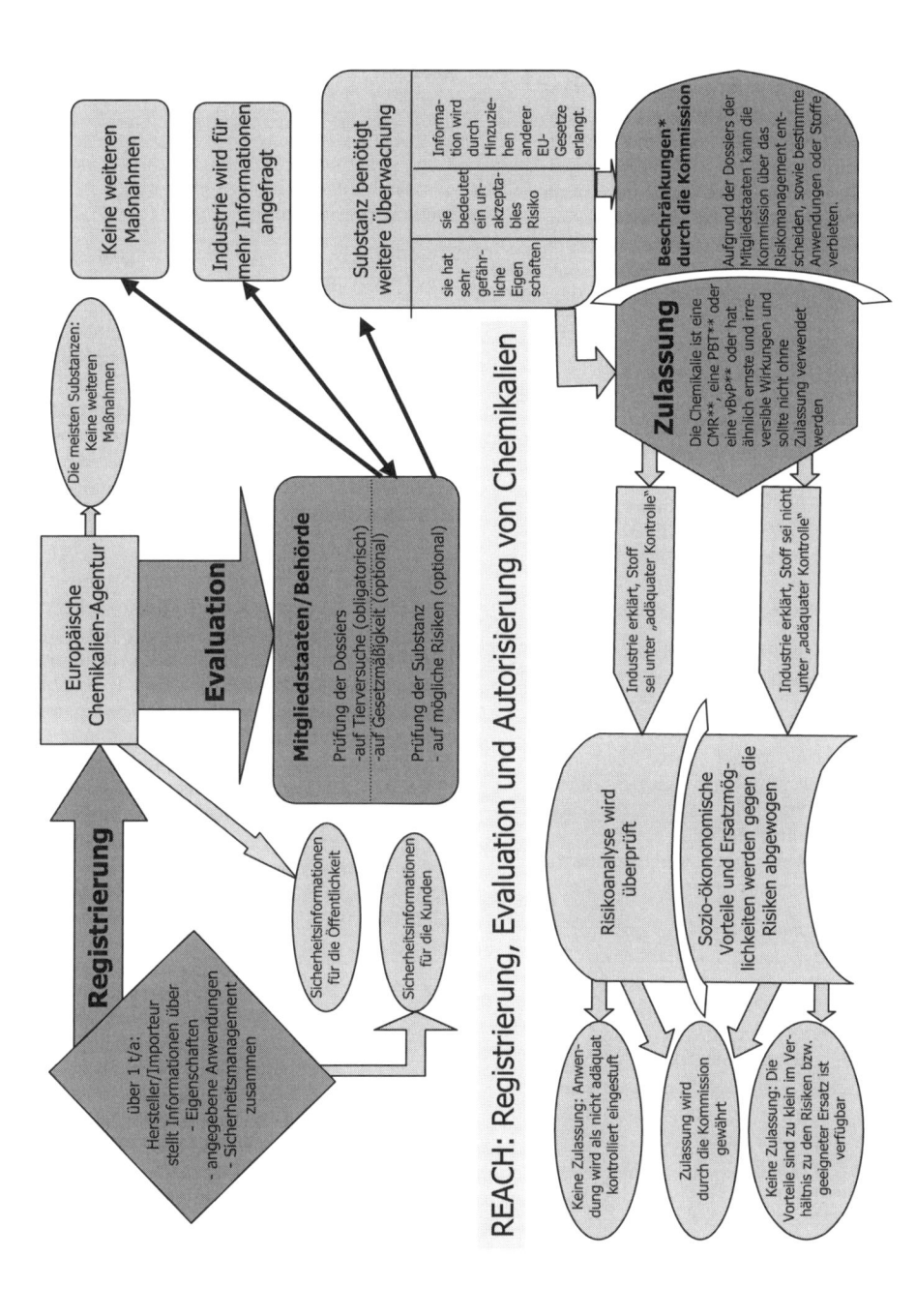

Abbildung 11-1

Ablaufschema von REACH

REACH: Registrierung, Evaluation und Autorisierung von Chemikalien

* Diese Stoffe brauchen nicht angemeldet oder überprüft zu werden, um in das Zulassungsverfahren sortiert zu werden. Sie werden auf anderem Wege identifiziert.
** Können Krebs oder Mutationen verursachen oder die Fortpflanzung stören; oder sie sind langlebig, bioakkumulierend und toxisch (PBT); oder sehr langlebig und sehr bioakkumulierend (vBvP).

Quelle: EU-Kommission, 2003a

11.2.2 Bewertung der Einzelelemente von REACH

11.2.2.1 Sicherheitsberichte und -datenblätter

992. Im Vergleich zu ihrem Konsultationsdokument vom Juni 2003 hat die EU-Kommission den Geltungsbereich und die Datenanforderungen an Sicherheitsberichte erheblich verschlankt. War ursprünglich für alle Stoffe ein Sicherheitsbericht erforderlich, so wurde dies nunmehr auf die circa 10 000 Stoffe mit einem Produktionsvolumen von über 10 Mg je Hersteller und Jahr beschränkt (Art. 13). Die obligatorische Revision der Verordnung in zwölf Jahren eröffnet aber auch die Option einer Erweiterung des Geltungsbereichs für Stoffe unter 10 Mg jährlich (Art. 133, Abs. 1). Bei Zubereitungen ist nicht mehr für jeden einzelnen Inhaltsstoff ein Sicherheitsbericht erforderlich, sondern nur noch dann, wenn bestimmte Konzentrationen überschritten sind. Wesentliche Ergebnisse des Sicherheitsberichts werden in einem Sicherheitsdatenblatt in standardisierter Form zusammengefasst. Nach Artikel 29 haben die Hersteller nur dann die Pflicht, dieses Sicherheitsdatenblatt in der Lieferkette an Weiterverarbeiter und Verwender (*downstream users*) weiterzugeben, wenn der Stoff oder die Zubereitung vom Hersteller als gefährlich eingestuft wird (nach RL 67/548/EWG oder 1999/45/EG). Stoffanwender sind nur dann verpflichtet einen eigenen Sicherheitsbericht zu verfassen, wenn sie den Stoff in einer vom Hersteller nicht vorhergesehenen Weise verwenden.

Der Sicherheitsbericht umfasst eine Abschätzung der Gefährlichkeit des Stoffes für die Gesundheit und die Umwelt, sowie eine Abschätzung von Persistenz, Bioakkumulation und Toxizität des Stoffes. Entspricht der Stoff oder die Zubereitung aufgrund dieser Abschätzung den Kriterien, die zu einer Einstufung als gefährlich führen oder den Kriterien für einen PBT- oder vPvB-Stoff (Anhang XII), müssen auch die möglichen Expositionen des Stoffes dargestellt werden und das entsprechende Risiko für jedes Expositionsszenario bestimmt werden.

Die erforderlichen Expositionsszenarien für gefährliche Stoffe im Sicherheitsbericht sollen sich auf alle vom Hersteller oder Importeur identifizierten Verwendungen beziehen (Art. 13 [4]). Für jedes Expositionsszenario soll die Exposition gegenüber den Menschen und den Umweltkompartimenten abgeschätzt werden (Anhang I, 5.2). Dabei lässt der Verordnungsvorschlag offen, wie eng oder weit der dem Expositionsszenario zugrunde liegende Verwendungsbegriff gewählt wird (Anhang I, 07). Damit ist die Möglichkeit der Kategorisierung von Expositionsszenarien nach Verwendungen gegeben (Tz. 997), sie wird aber nicht standardisiert.

Das Risiko für eine Stoffanwendung ergibt sich aus dem Vergleich der abgeschätzten Schadstoffkonzentration in der Umwelt mit dem so genannten *No-effect-level*. Auf der Basis der Risikoabschätzung erfolgen Empfehlungen für Sicherheitsmaßnahmen. Dabei müssen die Hersteller eine „adäquate Kontrolle" sicherstellen. Die Risikoabschätzung, die bisher für prioritäre Stoffe von den staatlichen Behörden vorgenommen wird, ist damit in die Eigenverantwortung der Wirtschaft zurückverlagert (vgl. Tz. 1035).

993. Die Verschlankung der Sicherheitsberichte ist grundsätzlich vernünftig. Bei Zubereitungen und bei komplexen Produktionsketten wäre ansonsten eine Überforderung zu befürchten gewesen (vgl. SRU, 2003). Auch das stufenweise Vorgehen, den Sicherheitsbericht erst in einer späteren Phase auch für Stoffe mit einem Produktionsvolumen von 1 bis 10 Mg/a verbindlich zu machen, ist sinnvoll, um das System in der Anlaufphase nicht zu überfordern.

994. Dennoch ergeben sich offene Fragen an die Funktionsfähigkeit des Systems:

– Das europäische Netzwerk der Umsetzungsbehörden im Chemikalienrecht (CLEEN – *Chemicals Legislation European Enforcement Network*) hat festgestellt, dass nur 38 % der Kennzeichnungen und circa 25 % der Sicherheitsdatenblätter für Zubereitungen, für die bereits heute Sicherheitsdatenblätter erforderlich sind, wirklich korrekt sind. Eine solche Fehlerquote wirft Fragen zur Zuverlässigkeit des Informationssystems zwischen Hersteller und Anwender über die gesamte Lieferkette auf (CLEEN, Pressemitteilung vom 29. Oktober 2003).

– Die Sicherheitsberichte der geplanten REACH-Verordnung liegen in der Eigenverantwortung der Hersteller. Sie müssen zwar als Teil der Registrierungsunterlagen mitgeliefert werden, sind aber im Falle eines Produktionsvolumens von unter 100 Mg/a nicht regelmäßig Gegenstand der behördlichen Evaluation. Sie können es aber werden, wenn als Folge einer von der Chemikalienagentur zu entwickelnden europäischen Strategie zur prioritären Auswahl von zu evaluierenden Stoffen (Artikel 43a) oder anderen Verdachtsmomenten (Artikel 43aº bis) ein besonderes Stoffrisiko vermutet wird. Dies wird alleine aus Kapazitätsgründen auf prioritäre Stoffe beschränkt bleiben müssen, in den meisten anderen Fällen fehlt aber eine externe Qualitätssicherung.

– Sicherheitsdatenblätter nach dem Kommissionsvorschlag enthalten zwar Informationen, die über die Erfordernisse der Sicherheitsdatenblätter nach der Gefahrstoffrichtlinie hinausgehen (insbesondere hinsichtlich Expositions- und Risikoabschätzung für die Umwelt), sie enthalten aber oft nur stichwortartig die Ergebnisse der Einschätzungen des Herstellers. Die Weiterleitung des vollständigen Sicherheitsberichtes an die Anwender ist nicht erforderlich. Wichtige Elemente des Sicherheitsberichts sind nach Artikel 116 grundsätzlich vertraulich, andere sind nur auf Anfrage mit Einspruchsrecht der Hersteller (Art. 115) erhältlich. Unter diesen Umständen ist eine funktionierende Informationskette, die ein vorsorgliches überbetriebliches Risikomanagement gewährleistet, kaum herstellbar (AHRENS, 2003).

995. Vor diesem Hintergrund empfiehlt der Umweltrat, dass die Sicherheitsberichte zumindest stichprobenartig einer Qualitätskontrolle, die über eine Vollständigkeitsprüfung hinausgeht, unterzogen werden sollten. Hier böten sich externe Zertifizierer an. Die Sicherheitsberichte sollten zudem einem Benchmarking-Verfahren unterzogen werden, um die Qualitätsstandards auf das bestmögliche Niveau zu heben. Des Weiteren sollte eine Rückkopplung von vorhandenen Monitoringdaten zu den in den Sicherheitsberichten vorgelegten Expositionsabschätzungen erfolgen.

996. Außerdem sollte die Verordnung sicherstellen, dass Anwender zumindest auf Anfrage zusätzlich zum Sicherheitsdatenblatt auch den vollständigen Sicherheitsbericht erhalten, um hieraus ihrerseits Schlussfolgerungen ziehen zu können. Die Sicherheitsdatenblätter alleine bieten keine ausreichende informative Grundlage für Anwender, nach sichereren Stoffen oder Anwendungen zu suchen beziehungsweise diese von den Herstellern zu verlangen. Eine mögliche Gefährdung des Betriebsgeheimnisses könnte durch die weiter unten genannten Vorschläge zu Expositionskategorien vermieden werden (s. Tz. 997). Eine Kategorienbildung für wichtige Typen von Expositionen könnte auch einen sinnvollen Mittelweg zwischen einer informatorischen Überforderung durch die detaillierten Sicherheitsberichte und der Informationsarmut der Sicherheitsdatenblätter bilden.

997. Zur Durchführung der Expositionsabschätzung gibt es im Anhang I eine Anleitung, die zwar alle wichtigen Schritte für eine solche Abschätzung nennt, aber nicht ausreicht, um ein einigermaßen einheitliches Vorgehen innerhalb Europas zu gewährleisten. Auch für ein effizientes und praktikables System wäre es hilfreich, Herstellern und Importeuren genauere Handlungsanweisungen zur Durchführung der Expositionsabschätzung zu geben. Der auf europäischer Ebene erarbeitete Leitfaden zur Berechnung und Bewertung von Expositionen alter und neuer Stoffe (Technical Guidance Document on Risk Assessment [TGD], EU-Kommission, 2003c) ist in erster Linie für Behörden und Experten erstellt und nicht geeignet für die Erstellung der Sicherheitsberichte durch die Hersteller oder Importeure, insbesondere wenn es sich um kleine und mittlere Unternehmen handelt. Das Umweltbundesamt plant, auf Basis des TGD Vorschläge für ein einfacheres, anwenderfreundliches und computergestütztes Werkzeug zur Ermittlung der Expositionen zu erarbeiten (pers. Mitteilung des UBA vom 19. Juni 2003).

Darüber hinaus sollte geprüft werden, inwieweit bestimmte Verwendungen von Chemikalien in Expositionskategorien gruppiert werden können, sodass in diesen Fällen eine einfache quantitative Abschätzung der Emissionen durchgeführt werden kann. Eine Kategorienbildung existiert bereits im oben genannten TGD. Dort sind als Hauptkategorien (*main categories*) genannt: Zwischenprodukte (*closed system*), Anwendung in Matrix, das heißt Verwendung in Produkten oder Artikeln, aus denen der Stoff nicht freigesetzt werden kann (*use resulting in inclusion in or on a matrix*), Industrieanwendungen (*non dispersive use*) und offene Anwendung (*wide dispersive use*). Im Rahmen eines UBA-Vorhabens (UBA, 2003a) sollen Vorschläge zur Weiterentwicklung dieser Kategorien erarbeitet werden.

998. Zu den Möglichkeiten, den Anwendern eine vereinfachte Methode zur Abschätzung der Exposition zur Verfügung zu stellen, gibt es auch einen Vorschlag des VCI. Dieser Vorschlag unterteilt die Stoffe in Expositionskategorien, je nach ihrer Verwendung (industriell, gewerblich, Verbraucher), nach den Hauptbelastungswegen (Mensch: inhalativ, oral, dermal und Umwelt) und nach der Häufigkeit, Dauer und Höhe der Exposition. Falls eine Grenzwertsetzung sinnvoll ist, würden Sicherheitsbereiche definiert werden (BUNKE et al., 2002; ROMANOWSKI, 2003). Insgesamt sind diese Ansätze eine gute Diskussionsgrundlage, müssen aber noch weiter verfeinert werden. Insbesondere fehlen noch Expositionsabschätzungen für den Bereich der Emissionen aus der Verwendung von Produkten. Zudem muss die besondere Problematik persistenter und bioakkumulierender Stoffe berücksichtigt werden. Zu prüfen wäre auch, ob in einem ersten Screening unter konservativen Annahmen die Anwendungen und Anwendungsbedingungen herausgesortiert werden können, von denen keine Risiken ausgehen. Für die verbleibenden Anwendungen und Anwendungsbedingungen müssten dann die Expositionsszenarien spezifischer definiert werden (UBA, 2003a).

Die Erarbeitung sinnvoller Expositionskategorien wird durch einen Abwägungsprozess zwischen dem Anliegen nach möglichst genauer Risikobeschreibung und entsprechender Risikomanagementmaßnahmen und dem Wunsch nach Vereinfachung der Registrierungsanforderungen erfolgen müssen. Daher wäre es sinnvoll, wenn Industrie und für die Bewertung von Chemikalien verantwortliche Behörden gemeinsam konkrete Handlungsanweisungen für die Abschätzung der Exposition erarbeiten würden.

11.2.3.2 Registrierung

999. Gegenüber früheren Entwürfen sind auch die Registrieranforderungen verschlankt worden. Als sinnvoll sind dabei diejenigen Formen der Verschlankung anzusehen, die bei geringerem Prüfaufwand ein äquivalentes Schutzniveau anstreben. Problematisch sind jedoch diejenigen Formen, die auf einen kleinen Geltungsbereich beziehungsweise auf die Verringerung der Testanforderungen hinauslaufen.

11.2.3.2.1 Vom Mengenschwellenansatz zur maßgeschneiderten Staffelung der Anforderungen

1000. Angesichts der hohen Anzahl von Stoffen und von möglichen Tests ist grundsätzlich eine Staffelung von Testanforderungen nach bestimmten Kriterien erforderlich. Es würde sowohl Unternehmen als auch Behörden überfordern, alle auf dem Markt befindlichen Stoffe nach all ihren Eigenschaften und Risiken zu testen. In der Diskussion befindet sich eine Staffelung nach Produktionsmengen, nach intrinsischen Eigenschaften der Stoffe oder nach den wichtigsten Expositionspfaden.

Kritik am Mengenschwellenansatz

1001. Der Mengenschwellenansatz folgt der Annahme, dass das Risiko eines Stoffes mit der Produktionsmenge steigt. Diese Annahme ist nicht pauschal haltbar. Es ist zwar plausibel anzunehmen, dass im Falle gefährlicher Eigenschaften in großen Mengen hergestellte Stoffe größere Risiken mit sich bringen, als in kleinen Mengen hergestellte. Dennoch gibt es auch Stoffe mit geringen Produktionsmengen und hohen Risiken und umgekehrt in großen Mengen hergestellte Stoffe mit geringen Risiken (vgl. SRU, 2002, Tz. 360). Der Mengenschwellenansatz für die Staffelung von Testanforderungen in der Chemikalienpolitik ist auch aus vollzugspragmatischen Gründen gewählt worden. Zu diesem Vorgehen gibt es mittlerweile alternative Vorschläge.

Stand der Modellierung von Stoffeigenschaften

1002. Die Staffelung nach den intrinsischen Eigenschaften von Stoffen ist eng verknüpft mit den Möglichkeiten der Modellierung von Stoffeigenschaften über Struktur-Aktivitätsbeziehungen (SAR, *Structure-Activity-Relationships* und QSAR, *Quantitative Structure-Activity-Relationships*). SAR und QSAR sind Modelle, die verwendet werden, um physikochemische und biologische Eigenschaften von Molekülen vorherzusagen. Während die SAR eine qualitative Beziehung zwischen der Molekülstruktur und einem bestimmten biologischen Effekt herstellt, handelt es sich bei den QSAR um Computermodelle, mit deren Hilfe – ebenfalls aufgrund der Molekülstruktur – die physikochemischen Eigenschaften und biologischen Effekte vorhergesagt werden sollen. QSAR werden routinemäßig bereits seit langem in der chemischen und pharmazeutischen Forschung eingesetzt. Ziel ist es, die Eigenschaften und Wirkungen neu entwickelter Substanzen abzuschätzen. Im Bereich der Regulierung von Chemikalien werden QSAR in Europa allerdings – im Unterschied vor allem zu den USA und zu Kanada – kaum eingesetzt, viel eher finden sie Anwendung bei der Prioritätensetzung für Stoffe (z. B. Dynamec-Verfahren der Kommission zum Schutz der marinen Umwelt des Nordost-Atlantik [OSPAR]) oder in Einzelfällen als Ersatz für nicht vorhandene Testdaten (CRONIN et al., 2003a).

Das dänische Umweltministerium (EPA) hat beispielsweise mithilfe von QSAR aus circa 47 000 Substanzen eine Liste mit 20 642 Stoffen erstellt, die eine oder mehrere gefährliche Eigenschaften besitzen (akute orale Toxizität, Hautsensibilität, Kanzerogenität und Gefährlichkeit für die aquatische Umwelt) (Danish EPA, 2001). Das dänische Umweltministerium betont, dass diese Liste nur eine Hilfestellung darstellt und keine Grundlage für eine Legaleinstufung sein kann. Nach Angaben des dänischen Umweltministeriums liegt die Genauigkeit der Vorhersage der Stoffeigenschaften bei 70 bis 85 %. Bei den verbleibenden, nicht als gefährlich identifizierten Stoffen kann nicht gesagt werden, ob sie fälschlicherweise oder zu Recht aus der Liste herausgefallen sind.

Die in den USA zur Regulierung von Chemikalien eingesetzten QSAR werden – in Verbindung mit Analogieschlüssen, Expertenwissen, SAR etc. – hauptsächlich zur Vorhersage ökotoxikologischer Effekte und des Verhaltens in der Umwelt (chemisch-physikalische Eigenschaften, Aquatoxizität, Bioakkumulation und Persistenz von Stoffen) verwendet. In Kanada werden QSAR zur Kategorisierung von Chemikalien nach den Eigenschaften Persistenz oder Bioakkumulation und inhärente Toxizität eingesetzt (CRONIN et al., 2003a). Die Abschätzung humantoxikologischer Effekte von Chemikalien mithilfe von QSAR erfolgt erst in Ansätzen (CRONIN et al., 2003b).

1003. Nach Einschätzung des Umweltrates sind die QSAR zur Vorhersage von Stoffeigenschaften wie Persistenz, Bioakkumulation und Toxizität hinreichend weit entwickelt, um sie als Instrument der Prioritätensetzung einzusetzen (s. dazu auch RCEP, 2003). Daher sollten QSAR genutzt werden, um schnell besonders problematische Stoffe zu identifizieren, die Kandidaten für das Zulassungsverfahren werden. Für den Fall, dass die Resultate der QSAR-Modellierung Hinweise auf PBT-Eigenschaften geben, sollten weitere Tests prioritär auf diese Stoffe konzentriert werden. Im REACH-System könnte die Vorsortierung mithilfe von QSAR auch dazu dienen, bei den Stoffen unter 10 Mg, bei denen die Datenanforderungen gering sind, PBT-Stoffe herauszufiltern. Stoffe, die bei der Vorsortierung „herausfallen", also nicht als PBT-Stoff identifiziert werden, sollten allerdings grundsätzlich – insbesondere im hochvolumigen Bereich – entsprechend dem Kommissionsvorschlag dem jeweiligen maßgeschneiderten, mengenabhängigen Testregime unterworfen werden, insbesondere auch um andere Stoffeigenschaften, wie zum Beispiel CMR-Eigenschaften nicht zu übersehen. Dabei sollten auch die Modellierungsergebnisse berücksichtigt werden können.

1004. Die Möglichkeit, aufwendige oder auf Tierversuchen basierende Tests durch computergestützte Modellierungen zu ersetzen, ist ein weiteres wichtiges Anwendungsgebiet der QSAR. Allerdings sind gerade die Vorhersagen bei komplexen Molekülstrukturen und bei komplexen Wirkmechanismen (z. B. Kanzerogenität) schwierig. Außerdem können die Modelle dort, wo es (noch) keine Untersuchungen gibt (z. B. Chemikalien mit neuartigen Strukturen, neue Wirkungen), auch keine Struktur-Aktivitätsbeziehungen herstellen. Durch die Aufnahme der QSAR in den REACH-Vorschlag wird ohne Zweifel die Verbreitung und Weiterentwicklung der QSAR auch in Europa gefördert. Eine Arbeitsgruppe im Europäischen Chemikalienbüro in Ispra beschäftigt sich – in enger Kooperation mit den entsprechenden Arbeiten der OECD – mit den Anwendungsmöglichkeiten und der Validität von QSAR-Modellen (http:/ecb.jrc.it/QSAR).

Kritik expositionsgestützter Testanforderungen

1005. Ein anderer Ansatz der problemorientierten Fokussierung von Testanforderungen wird vom VCI vorgeschlagen (vgl. ROMANOWSKI, 2003). Die Testanforderungen sollen sich demnach auch nach den Ergebnissen der Expositionsszenarien richten. Zunächst sollen die Hersteller wichtige Pfade der Freisetzung von Stoffen und ihrer Aufnahme durch Mensch und Umwelt identifizieren, um auf dieser Basis die Datenanforderungen auf die Aspekte zu begrenzen, bei denen eine Exposition zu erwarten ist (vgl. Tz. 998).

Der Vorschlag des VCI, die Testanforderungen weit gehend auf Expositionsszenarien zu beschränken, ist problematisch. Die Expositionsabschätzung gilt als eine der Schwachstellen der bisherigen Stoffbewertung. So musste die EU-Kommission in ihrem Weißbuch zur Chemikalienpolitik einräumen, dass eine endgültige Risikobeurteilung der chemischen Altstoffe unter anderem auch wegen des allgemeinen Mangels an Kenntnissen über die Verwendungszwecke dieser Stoffe nur sehr schleppend vorankam (EU-Kommission, 2001). Insbesondere bei Stoffen, die in zahlreichen Anwendungen vorkommen, sind die Hersteller überfordert, einen vollständigen Überblick über alle Expositionen am Ende der Liefer- und Weiterverarbeitungskette zu erhalten (AHRENS, 2003). Zudem können sich die Expositionen der Stoffe in dynamischen Märkten verändern. Viele Innovationsprozesse resultieren, den Angaben des VCI zufolge, gerade auf neuen Anwendungen von Altstoffen, sodass sich hier im Innovationsprozess auch neue Expositionspfade ergeben können. Solche Anwendungsinnovationen würden dann eine neue Registrierung mit neuen Tests erfordern. Dies wäre aber behördlich kaum kontrollierbar und damit auch rechtlich nicht vollziehbar.

Die vom VCI vorgeschlagenen Expositionskategorien (Tz. 998) wurden von einem mittelständischen Unternehmen in einem Praxistest geprüft (schriftl. Mitteilung des VCI vom 12. November 2003). Der Anwender kommt zum Schluss, dass Expositionskategorien ein geeigneter Weg seien, um die Expositionsbeschreibung und die Risikobewertung durchzuführen. Allerdings fällt auf, dass das Unternehmen bei der Abschätzung des Expositionsrisikos auch Vorsorge- und Sicherheitsmaßnahmen zugrunde legt, die erst auf der Basis des Wissens über Stoffeigenschaften getroffen werden können. Insofern wäre es methodisch unzulässig, aus der Expositionsabschätzung rückwärts auf die Testanforderungen schließen zu wollen. Daher erscheint dem Umweltrat eine rein expositionsgestützte Staffelung der Testanforderungen, wie sie nunmehr Anhang IX, 3 ermöglicht, als riskant. Diese sollte nur dort Anwendung finden, wo eine Exposition mit Sicherheit ausgeschlossen werden kann.

Bewertung des Kommissionsvorschlages

1006. Der Verordnungsvorschlag zum REACH-System basiert zwar grundsätzlich auf der Staffelung nach Produktionsmengen (Mengenschwellenansatz), lässt aber die Kombination der drei oben genannten Kriterien erkennen. In Artikel 12 und Anhang IX des Kommissionsvorschlags wird die Möglichkeit eröffnet, äquivalente Testverfahren, Analogieschlüsse aus den Eigenschaften strukturverwandter Stoffe oder Verfahren der Gruppenbildung anzuerkennen. In Artikel 133 hat die EU-Kommission zudem die Möglichkeit eröffnet, im Rahmen der Revision der Verordnung, den Fortschritt im Bereich alternativer Testverfahren und der Modellierung auf der Basis von quantitativen Struktur-Aktivitätsbeziehungen (QSAR, Tz. 1002), insbesondere für die Anforderungen des Anhang V, also für Stoffe über 1 Mg und unter 10 Mg jährlich, zu berücksichtigen. Damit wird auch die Möglichkeit eröffnet, rechtzeitig vor dem Anlaufen der Registrierungsphase für in kleinen Mengen hergestellte Stoffe eine modellgestützte Vorsortierung auf der Basis von Stoffeigenschaften durchzuführen.

Die EU-Kommission hat auch den Ansatz einer expositionsgestützten Stoffbewertung partiell aufgegriffen. Eine expositionsgestützte Ausnahme von Testanforderungen ist grundsätzlich für Stoffe ab 100 Mg/a möglich (Anhang IX, 3). Darüber hinaus erlauben die Anhänge V bis VIII, die die Standardtestanforderungen bestimmen, die Möglichkeit einer individualisierten, maßgeschneiderten Teststrategie für jeden einzelnen Stoff. Zu nahezu allen Tests werden Bedingungen genannt, unter denen eine Durchführung des Tests nicht notwendig ist. Diese Bedingungen beinhalten auch Fragen nach der Expositionswahrscheinlichkeit (z. B. ist es nicht notwendig, einen Test auf akute Toxizität gegenüber Wasserorganismen durchzuführen, wenn die Substanz schwer wasserlöslich ist), stellen in erster Linie aber auf die physikalisch-chemischen Eigenschaften ab.

Maßgeschneiderte Teststrategien, wie sie die EU-Kommission in ihrem Kombinationsmodell aus mengen-, eigenschafts- und expositionsgestützten Registrieranforderungen vorsieht, erlauben zwar eine Optimierung der Testanforderungen im Einzelfall. Sie setzen aber, gerade im Hinblick auf die große Stoffanzahl, erhebliche administrative Kapazitäten voraus, um die Teststrategie mit dem Hersteller auszuhandeln. Hier ist ein Engpass in dem Verordnungsentwurf vorprogrammiert. Die Europäische Chemikalienagentur, bei der die Registrierung nunmehr zentral vorzunehmen ist, muss einen engen Zeitplan einhalten. Nach Artikel 18 hat die Europäische Chemikalienagentur nur drei Wochen Zeit, um eine Vollständigkeitsprüfung durchzuführen. Zudem wird die Gesamtpersonalausstattung der Agentur zunächst bei 200 Personen liegen und soll elf Jahre nach Inkrafttreten der Verordnung 419 Mitarbeiter umfassen (vgl. Legislative Financial Statement, COM [2003] 644, S. 271). Diese haben vielfältigste Aufgaben zu erledigen, nicht nur die Vollständigkeitsprüfung der Registrierungsunterlagen. Da die EU-Kommission selbst erwartet, dass die Registrierungen immer knapp vor den jeweiligen Fristen vorgenommen werden, ist gerade vor den Ablauffristen mit dramatischen Engpässen zu rechnen. Diese werden dazu führen, dass die Unternehmensvorschläge für eine individualisierte Teststrategie kaum noch gegengeprüft werden können oder kein Verhandlungsprozess zwischen Agentur und Herstellern über die geeignete Teststrategie durchgeführt werden kann. Dies gilt insbesondere für die in kleinen Mengen hergestellten Stoffe. Bei Stoffen über 100 Mg/a sind zwar die nationalen Behörden über das Evaluierungsverfahren regelmäßig beteiligt, die Ermessensspielräume für expositionsgestützte und maßgeschneiderte Tests erweitern sich aber und damit auch die Anforderungen an qualifiziertes Personal. Auch die Evaluation erfolgt innerhalb eines engen Zeitplans.

Empfehlungen

1007. Um eine Überlastung der Europäischen Chemikalienagentur zu vermeiden, empfiehlt der Umweltrat, dass verstärkt standardisierte Elemente eingeführt werden, die eine Teststrategie überhaupt bewältigbar machen. Hierzu gehört insbesondere die Staffelung von Testanforderungen auf der Basis eines vorgeschalteten PBT-Screenings mithilfe von QSAR-Modellen. Werden bestimmte PBT-Kriterien überschritten, wird ein vertieftes Testprogramm erforderlich. Zudem macht die Zentralisierung der Registrierung und zahlreicher anderer Aufgaben bei der Europäischen Chemikalienagentur eine Aufstockung des geplanten Personalbestandes erforderlich. Der Vollzug der Reform wäre ohne eine angemessene Personalausstattung nicht gewährleistet.

Die verstärkte Anwendung von QSAR bei der Regulierung von Chemikalien wird darüber hinaus neue Impulse zur Entwicklung beziehungsweise Weiterentwicklung von QSAR-Modellen geben. Außerdem werden die an der Einstufung von Chemikalien Beteiligten Kenntnisse über die Grenzen und Anwendungsvoraussetzungen der Modellsysteme erlangen. Diese Erfahrungen sind wesentlich für die sorgfältige Anwendung der Modelle und um das Risiko zu minimieren, dass über QSAR falsche Eigenschaften zugeschrieben werden. Nach Ansicht von HULZEBOS und POSTHUMUS wird der Ersatz von Tierversuchen davon abhängen, ob sich Regulierungsbehörden und Industrie darauf einigen können, welche Fehlerquote – hinsichtlich falscher Risikowarnungen oder falscher Entwarnung – als Ergebnis der Modellrechnungen sie akzeptieren können (HULZEBOS und POSTHUMUS, 2003). Der Umweltrat ist der Auffassung, dass eine gewisse Fehlerquote akzeptiert werden muss.

1008. Im Verlaufe der Revision der Registrierungsanforderungen nach Artikel 133, insbesondere auch einer standardisierten Vorsortierung nach PBT-Eigenschaften, regt der Umweltrat an, auch die unternehmensbezogene Festlegung der Mengenschwellen für die Testanforderungen kritisch zu überprüfen (WINTER, 2003). Produzieren zahlreiche Hersteller denselben Stoff, so kann die Gesamtmenge aus vielen kleinen Mengen unter 1 Mg/a, multipliziert mit der Anzahl der Hersteller/Importeure, viele hundert oder tausend Mg erreichen. Obwohl es sich faktisch um einen in großen Mengen hergestellten Stoff handelt, würde eine solche Gesamtmenge unterhalb der Registrierungsschwelle liegen. Es ist auch nicht vorgesehen, dass in diesen Fällen aufsummierter großer Mengen durch fallbezogene behördliche Entscheidung Prüfnachweise angefordert werden können. Würde eine solche fallbezogene Entscheidungsmöglichkeit eingeführt, müsste die zuständige Behörde allerdings kumulierte Daten über Vermarktungsmengen besitzen. Dies sieht die Verordnung vor allem aus Gründen des Betriebsgeheimnisses nicht vor. Der Umweltrat hat jedoch Zweifel daran, ob der Schutz des Betriebsgeheimnisses rechtlich in Abwägung gegen das Öffentlichkeitsinteresse Bestand haben kann.

11.2.3.2.2 Geltungsbereich, Ausnahmen und Prüfanforderungen

1009. Voraussetzung der Registrierung ist die Vorlage von Informationen zu den Eigenschaften von Stoffen und ihren möglichen Gefahren für die menschliche Gesundheit und die Umwelt. Für diese Abschätzung werden Daten zum Verbleib und Verhalten des Stoffes in der Umwelt (z. B. Wasserlöslichkeit, Abbaubarkeit) und zur Toxizität gegenüber Mensch und Ökosystemen benötigt. Im REACH-Vorschlag fehlen aber bei den Datenanforderungen für Stoffe ab 1 Mg/a Untersuchungen zur akuten Toxizität gegenüber dem Menschen, gegenüber Fischen und Algen und zur Abbaubarkeit des Stoffes (Tab. 11-1 und 11-2). Das Fehlen des Abbautests ist auch deswegen schwerwiegend, weil ohne diese Daten ein Stoff nicht als umweltgefährlich nach der Richtlinie 67/548/EWG eingestuft werden kann. Auch der VCI ist der Auffassung, dass zu einem Mindestdatensatz für alle zu registrierenden Stoffe (also ab 1 Mg) neben den physikalisch-chemischen Daten auch Daten zur akuten Toxizität, zur Ökotoxizität und zur Abbaubarkeit gehören (ROMANOWSKI, 2003).

1010. Es fehlen darüber hinaus auch Datenanforderungen zur Ermittlung möglicher hormoneller Wirkungen von Stoffen. Hierzu müssen Testverfahren weiterentwickelt und validiert werden, die geeignet sind, Stoffe systematisch daraufhin zu prüfen, ob sie ein endokrines Potenzial besitzen. Diese Testverfahren sollten dann zumindest bei den Prüfanforderungen für höhervolumige Stoffe aufgenommen werden.

Tabelle 11-1

Vergleich der Datenanforderungen zu den toxikologischen Informationen der Richtlinie 92/32/EWG (Neustoffanmeldung) und des REACH-Vorschlags vom Oktober 2003

Toxikologische Informationen	Richtlinie 92/32/EWG					REACH-Vorschlag			
	Mg/a								
	>0,01	>0,1	>1	>100	>1 000	>1	>10	>100	>1 000
Untersuchungen zur akuten Toxizität (1 Zufuhrweg)	x								
Untersuchung zur Mutagenität (in-vitro-Tests)		x^a	x^b			x^a	x^c		
Untersuchungen zur akuten Toxizität (2 Zufuhrwege)			x				x		
Haut- und Augenreizung		x				x^d	x^e		
Sensibilisierung der Haut		x				x			
Subakute Toxizität (28 Tage)			x				x	(x)	
Screening Tests auf Reproduktions-/Entwicklungstoxizität							x		
Beurteilung der Toxikokinetik (anhand verfügbarer Daten)			x				x		
Fortpflanzungsgefährdende Eigenschaften (1 Generation, 2 Generationen)				x		(x)	(x)		x
Untersuchungen zur Teratogenität							(x)	x	
SubchronischeToxizität (90 Tage)				(x)	x		(x)	x	
Subchronische Toxizität (> 12 Monate)									x
Weitere Mutagenitätstests (in-vivo-Tests)				x			(x)	(x)	(x)
Toxikokinetische Grundeigenschaften				(x)					
Untersuchungen zur Kanzerogenität					(x)				(x)
Untersuchungen der peri- und postnatalen Wirkung, zusätzliche Untersuchungen zur Teratogenität, zur Toxikokinetik und der Organ- und Systemtoxizität					(x)				x

SRU/UG 2004/Tab. 11-1; Datenquellen: Richtlinie 92/32/EWG und REACH-Vorschlag von Oktober 2003

(x): Untersuchung wird nur unter bestimmten Voraussetzungen gefordert;
x^a: ein bakterieller Test;
x^b: ein bakterieller und ein nichtbakterieller Test;
x^c: Test mit Säugetierzellen;
x^d: in-vitro-Tests;
x^e: in-vivo-Tests.

Tabelle 11-2

Vergleich der Datenanforderungen zu den ökotoxikologischen Informationen der Richtlinie 92/32/EWG (Neustoffanmeldung) und des REACH-Vorschlags vom Oktober 2003

Ökotoxikologische Informationen	Richtlinie 92/32/EWG					REACH-Vorschlag			
	Mg/a								
	> 0,01	> 0,1	> 1	> 100	> 1 000	> 1	> 10	> 100	> 1 000
Abbau (biotisch, abiotisch)		x					x		
Akute Toxizität an Daphnien		x				x			
Akute Toxizität an Fischen			x				x		
Wirkungen auf Algen (Wachstums-Hemmtest)		x					x		
Wirkungen auf Bakterien (Bakterien-Hemmtest)		x							
Biologische Abbaubarkeit: Belebtschlamm, Prüfung der Atmungshemmung							x		
Absorptions/ Desorptions-Screening Test		x					x		
Langzeit-Toxizitätsuntersuchung an Daphnien (21 Tage)			(x)	x				x	
Toxizitätsuntersuchungen an weiteren Organismen (höhere Pflanzen, Regenwürmer, weitere Toxizitätstests mit Fischen)			(x)	x				x[e]	
Biokonzentrationsstudie			(x)	x				x	
Weitere Untersuchungen zur Abbaubarkeit			(x)	x				x	
Weitere Untersuchungen zur Absorption/ Desorption			(x)	x				x	
Zusätzliche Tests zur Akkumulation, zum Abbau, zur Mobilität und zur Absorption/ Desorption				x					x
Weitere Toxizitätsuntersuchungen an Fischen, Toxizitätsstudien an Vögeln und an anderen Organismen					x				
Langzeit-Toxizitätstests an Regenwürmern, Bodeninvertebraten, Pflanzen, Sedimentorganismen; Langzeit- oder Reproduktions-Toxizitätstests an Vögeln									x
SRU/UG 2004/ Tab. 11-2; Datenquellen: Richtlinie 92/32/EWG und REACH-Vorschlag von Oktober 2003									

(x): Untersuchung wird nur unter bestimmten Voraussetzungen gefordert.
x[e]: Langzeit Fischtoxizität, weitere Fischtests, Kurzzeittoxizität bei Regenwürmern, Effekte bei Bodenmikroorganismen, Kurzzeittoxizität bei Pflanzen.

1011. Polymere sind nach Artikel 14 des REACH-Vorschlags von der Registrierung ausgenommen, allerdings kann dies gemäß Artikel 133 Abs. 2 überprüft werden. Die Ausnahme für Polymere ist nicht konsistent mit der bisherigen Praxis bei der Neustoffanmeldung, die nämlich auch die Notifizierung neuer Polymere vorsieht (7. Änderung der Richtlinie 67/548/EWG). Die Ausnahme ist zudem problematisch angesichts der Tatsache, dass entsprechend der Definition für Polymere (Art. 3) bereits sehr kurze und noch sehr reaktive Ketten als Polymer bezeichnet werden. Unter diese Definition fallen damit beispielsweise auch Nonylphenolpolyethoxylate, die in der Umwelt zu Nonylphenol, einem Stoff mit östrogener Aktivität, abgebaut werden können.

Der Umweltrat empfiehlt daher, Polymere zukünftig in das Registrierverfahren mit aufzunehmen. Die Beurteilung der Polymere könnte nach einem Konzept erfolgen, das in einer EU-Arbeitsgruppe zur Bewertung von Polymeren erarbeitet worden ist (ECB, 2002). Nach diesem Verfahren würde je nach Anteil des Monomer- und Oligomergemisches am Polymer die spezifische Eigenschaft (Toxizität, Kanzerogenität etc.) des Monomer auf das Polymer übertragen werden.

Gegen dieses Konzept kann eingewendet werden, dass die Eigenschaften niedrigmolekularer Polymere nicht erfasst und beurteilt werden. Monomere sind zwar in aller Regel Substanzen, die aufgrund ihrer Reaktivität im Vergleich zu den Oligomeren die gefährlicheren Eigenschaften aufweisen. Es kann aber theoretisch durchaus Fälle geben, in denen die mittelkettigen Polymere gerade durch ihre Reaktionsträgheit eine höhere Persistenz und Bioakkumulierbarkeit aufweisen als die Monomere. Wenn sich Vermutungen dieser Art belegen lassen, muss eine Modifizierung der Einstufung erwogen werden, durch die auch mittelkettige Polymere in das Testprogramm aufgenommen werden. Dann wäre es notwendig, die Registrierung verschieden langer Polymereinheiten in Gruppen zu ermöglichen (wie es auch in der Neustoffanmeldung für Polymere im Anhang VII D zur 7. Änderung zur Richtlinie 67/548/EWG erwähnt wird). Eine entsprechende Teststrategie für diese mittelkettigen Polymere müsste in einem eigenen Anhang zur REACH-Verordnung spezifiziert werden.

Das oben beschriebene Verfahren der Einstufung und Registrierung der Polymere anhand der Monomereigenschaften hätte den weiteren Vorteil, dass es insbesondere kleinen und mittelständischen Polymerfirmen ermöglicht, die Gefährlichkeit ihres Produktes relativ einfach abzuschätzen.

11.2.3.2.3 Zur Deregulierung bei Neustoffen

1012. Die geplante Neuregelung der Neustoffkontrolle ist durch einen offensichtlichen Zielkonflikt zwischen Innovationsfreundlichkeit und Vorsorgeorientierung geprägt. Die Anhebung der Mengenschwellen (vgl. Tab. 11-1 und 11-2) wird von der EU-Kommission unter anderem damit begründet, dass die vorrangige umwelt- und gesundheitsrelevante Problematik der EU-Chemikalienkontrolle die ungenügende Regelung der Altstoffe ist, wogegen die Neustoffkontrolle einer Neuregelung aufgrund ihrer wirtschaftspolitischen Implikationen bedarf: durch die Neuregelung werde der Spielraum für Innovationen deutlich erweitert, was die internationale Wettbewerbssituation der Branche stärke.

1013. Bereits im Kontext der Vorstellung des Weißbuchs wurde dieser Begründung entgegengehalten, dass durch die Heraufsetzung der Mengenschwelle für Neustoffe viele Gefahrstoffe aus dem REACH-System herausfallen könnten. Angesichts des Tatbestands, dass auch gefährliche Stoffe mit einer kleinen Produktionsmenge erhebliche Risiken verursachen können, sei dies als bedenklich einzustufen. Mit der Neuregelung sei eine weit gehende Aufgabe der Neustoffkontrolle verbunden, die mit dem Vorsorgeprinzip nicht vereinbar werden könne und auf Dauer das potenzielle Risiko berge, ein neues Altstoffproblem hervorzubringen (vgl. SRU, 2002, Tz. 360 ff.). Die Neuregelung sei aber umso weniger nötig, als keine empirisch gesicherte Evidenz für einen allgemeinen Innovationsrückstand europäischer Unternehmen gegenüber der außereuropäischen Konkurrenz bestünde (MAHDI et al., 2002). Auch die EU-Kommission hat in ihrem *Impact Assessment* von REACH erneut betont, dass die Wettbewerbs- und Innovationsfähigkeit der europäischen Chemischen Industrie dem internationalen Vergleich durchaus standhält (COM 2003/644 final).

1014. Ursprünglich ließen sich die begründeten Bedenken gegenüber der Neuregelung der Neustoffkontrolle noch mit den bedeutsamen Verbesserungen bei der Altstoffkontrolle abwägen. Mit den abgeschwächten Vorschriften zur Altstoffkontrolle im nunmehr vorgelegten Verordnungsvorschlag ergibt sich eine andere Bewertungssituation. Wenn es gelingt, über zum Beispiel ein PBT-Screening (Tz. 1007) effektiv und schnell Stoffe mit gefährlichen Eigenschaften zu identifizieren, dann bestünde die Chance, problematische Stoffe auch im Bereich geringer Produktionsmengen zu identifizieren und zu regulieren. Ohne entsprechende Änderung der Vorschläge besteht dagegen die Gefahr, dass der europäischen Chemikalienpolitik durch die Deregulierung der Neustoffkontrolle das nächste Altstoffproblem erwächst.

11.2.3.2.4 Eigenverantwortung und Qualitätssicherung

1015. Die Hersteller von Stoffen müssen im Rahmen ihrer Registrierung eine Einstufung und Kennzeichnung nach den Richtlinie 67/548/EWG und 1999/145/EG vornehmen. Grundlage der Einstufungen sind die mengenabhängigen Informationsanforderungen nach Artikel 11 und den Anhängen V bis VIII des Verordnungsvorschlags. In der Regel müssen dabei die Tests in Übereinstimmung mit den Bestimmungen für eine gute Laborpraxis nach Richtlinie 87/18/EWG und Richtlinie 86/609/EWG durchgeführt werden (Art. 12, 3). Hiervon kann – unter Maßgabe der Bedingungen des Anhangs IX – im Einzelfall abgesehen werden. Die Europäische Chemikalienagentur (Art. 18, 2) darf zunächst nur prüfen, ob alle Daten vollständig sind. Sie ist aber nicht befugt, im Rahmen der Registrierung die Qualität der vorgelegten

Daten oder der Einschätzungen und Begründungen zu überprüfen. Dies kann allenfalls im Rahmen der obligatorischen Evaluation für in großen Mengen hergestellte Stoffe (Art. 40) oder der Prüfung von prioritären Stoffen (Art. 43a) erfolgen. Eine solche Stichprobenkontrolle ist allerdings angesichts der (Über-)Auslastung der Behörden für die Evaluation der in großen Mengen hergestellten Stoffe nur in wenigen, zumeist wohl katastrophengesteuerten Einzelfällen überhaupt realisierbar (Fachgespräch im UBA am 16. Januar 2003).

Die Klassifizierung der Stoffe ist nicht nur für die weiteren Verfahrensschritte des REACH-Systems von Bedeutung, sondern auch für viele andere Umwelt- und Arbeitsschutzvorschriften. Angesichts dieser zum Teil auch kostenträchtigen Folgen einer Stoffklassifizierung in eine Gefahrstoffklasse besteht durch die Selbsteinstufung ein Anreiz zur Unterklassifizierung.

1016. Aufgrund der großen Zahl von zu registrierenden Stoffen gibt es zwar kaum eine Alternative zu einem Steuerungsmodell, das primär auf industrielle Eigenverantwortung und auf eine nur subsidiäre staatliche Kontrolle setzt (vgl. Kap. 13.4.4). Dies kann und darf aber nicht bedeuten, dass ein gesamtes Kontrollsystem auf das Vertrauen in die Zuverlässigkeit und die Vorsorgeorientierung kommerzieller Akteure aufgebaut werden kann.

1017. Bereits in seinem Umweltgutachten 2002 hat der Umweltrat das Problem der Qualitätssicherung der Daten für die Registrierung aufgeworfen (SRU, 2002, Tz. 363). Er hat auf Optionen hingewiesen, die nicht auf eine Überforderung der Behörden hinauslaufen würden, so insbesondere: eine Verifizierung durch unabhängige Zertifizierungsorganisationen oder im Einzelfall beauftragte Gegengutachten. Die vom Umweltrat geforderten Stichprobenkontrollen und die Verankerung guter Laborpraxis sind im Kommissionsvorschlag enthalten. Gegen eine systematische Validierung werden zumeist Kostenargumente vorgebracht. Diese sind aber insofern nicht überzeugend, als die Folgekosten schlechter Registrierungen noch höher sein können.

11.2.3.2.5 Konsortienbildung beziehungsweise Marktführerregelung bei der Registrierung

1018. Der Kommissionsvorschlag erfordert grundsätzlich, dass jeder Hersteller oder Importeur eine Stoffregistrierung vornehmen muss, unabhängig davon, ob die erforderlichen Daten bereits von einem Dritten vorgelegt worden sind oder nicht. Um allerdings unnötige Doppelarbeit durch diesen herstellerbezogenen Ansatz zu vermeiden, sieht der Kommissionsvorschlag verschiedene Formen der unternehmensübergreifenden Kooperation bei der Registrierung vor, und zwar sowohl im Hinblick auf eine zeitlich nachgelagerte Zweitanmeldung als auch hinsichtlich einer gleichzeitigen Vorlage inhaltlich gleicher Prüfnachweise (FISCHER, 2003; WINTER und WAGENKNECHT, 2003).

Eine Kooperation kann grundsätzlich obligatorisch sein („Zwangskonsortien") oder freiwillig erfolgen. Eine besondere Form der obligatorischen Zusammenarbeit ist auch die so genannte „Marktführerregelung" (vgl. schriftl. Mitt. des BMU vom 3. Dezember 2003). Dieser zufolge wird ein Marktführer bestimmt, der für die Vorlage der Registrierungsdossiers verantwortlich ist und der einen Kostenerstattungsanspruch gegenüber den anderen Herstellern und Importeuren desselben Stoffes hat. Die Bildung von obligatorischen Konsortien läuft auf eine stoffbezogene Registrierung hinaus: im Idealfall gibt es für jeden Stoff nur noch ein Registrierungsdossier. Während eine freiwillige Zusammenarbeit bei der Erstellung der Prüfnachweise keine rechtlichen Probleme aufwirft, muss eine staatlich vorgegebene Konsortienbildung mit den Grundfreiheiten des gemeinschaftlichen Primärrechts sowie dem europäischen und nationalen Grundrechtsschutz in Einklang stehen.

1019. Gegen eine „Zwangsverwertung" der Daten in den Prüfnachweisen werden verfassungsrechtliche Bedenken, insbesondere hinsichtlich der Eigentums- und Wettbewerbsfreiheit der betroffenen Unternehmen, angeführt (FISCHER, 2003). Es ist anerkannt, dass grundsätzlich auch der Schutz geistigen Eigentums Gegenstand der grundrechtlichen Eigentumsgarantie sein kann. Dementsprechend hat der Europäische Gerichtshof etwa für den Bereich des Arzneimittelrechts für den dortigen Unterlagenschutz einen Schutz geistigen Eigentums bejaht (EuGH, Rs. C-368/96). Auch das in den hier infrage stehenden Prüfnachweisen verkörperte Know-how dürfte mehr als einen bloßen Marktvorteil darstellen und als Bestandteil des eingerichteten und ausgeübten Gewerbebetriebs anzusehen sein. Es spricht also einiges dafür, dass die im Rahmen der Chemikalienkontrolle geforderten Prüfnachweise dem Eigentumsschutz nach Artikel 14 Abs. 1 GG sowie nach Artikel 17 Abs. 2 der Charta der Grundrechte der Europäischen Union unterfallen (FLUCK, 2003, S. 136). Letztlich kann dies hier aber offen bleiben. Denn eventuelle Eingriffe in die Eigentumsfreiheit können insbesondere unter Tierschutzaspekten, das heißt zur Reduzierung von Tierversuchen, gerechtfertigt sein. Im Übrigen stehen zur Vermeidung gegebenenfalls unangemessener Benachteiligungen die Normierung eines Zustimmungsvorbehaltes, von Kostenausgleichsmechanismen sowie von Sperrfristen für die Verwendung der Daten zur Verfügung (FISCHER, 2003, S. 780 f.; WINTER und WAGENKNECHT, 2003, S. 18 f.). Insbesondere bei Einhaltung einer Sperrfrist – die nach Auffassung des Umweltrates deutlich unter zehn Jahren liegen sollte – bliebe dem Erstanmelder ein zeitlicher Wettbewerbsvorsprung erhalten.

Entsprechendes gilt mit Blick auf die Wettbewerbsfreiheit als Teilaspekt der wirtschaftlichen Betätigung. Mit den genannten Instrumenten besteht eine ausreichende Handhabe, um einen auf Eigenleistungen des Erstanmelders beruhenden Wettbewerbsvorsprung zu sichern oder aber Vorleistungen zu kompensieren. Das deutsche Chemikaliengesetz (ChemG) sieht dementsprechend in §§ 20 Abs. 5, 20a eine obligatorische Zusammenarbeit vor und regelt die Bedingungen des finanziellen und zeitlichen Ausgleichs für die Erstanmelder beziehungsweise die

Marktführer (s. ausführlich FISCHER, 2003, S. 779; FLUCK, 2003, S. 128 ff.).

1020. Der Verordnungsvorschlag der EU-Kommission legt nun vorrangig Modelle des freiwilligen *data-sharing* zugrunde und sieht eine obligatorische Zusammenarbeit allenfalls ansatzweise vor: So soll für Neustoffe (non-phase-in-Stoffe) allein in Bezug auf Tierversuchsdaten und im Falle von Zweitanmeldungen ein (aufwendiges) Einigungsverfahren durchgeführt werden, bei dessen Erfolglosigkeit die Behörde die Daten verwenden und einem Zweitanmelder gegen Kostenbeteiligung herausgeben kann. Bei der Parallelanmeldung fehlt es für Neustoffe hingegen überhaupt an obligatorischen Vorgaben zur Zusammenarbeit.

Ebenso ist für Altstoffe (phase-in-Stoffe) nur im Hinblick auf Tierversuche vorgesehen, dass Hersteller und Importeure desselben Stoffes in einem Forum versuchen sollen, Tierversuchsdaten, über die ein Beteiligter verfügt, den anderen gegen Kostenbeteiligung zugänglich zu machen. Scheitern diese Bemühungen, so kann und muss jeder einzelne Hersteller und Importeur die vorgeschriebenen Tierversuche durchführen.

1021. Der Umweltrat bedauert, dass die EU-Kommission sich mit diesen Regelungen im Verordnungsvorschlag für ein weit gehendes Datenmonopol des Erstanmelders und ganz überwiegend gegen eine obligatorische Kooperation bei der Datenerstellung entschieden hat. Ein solches Konzept wird weder durch die Grundfreiheiten des EG-Vertrages noch grundrechtlich gefordert. Im Gegenteil dürften gewisse Zwangskonsortien beziehungsweise auch die administrativ wesentlich einfachere Marktführerregelung durchaus mit dem Vertragsrecht sowie dem europäischen Grundrechtsschutz vereinbar sein. Das Konzept der EU-Kommission widerspricht sogar dem Tierschutzgedanken, denn Mehrfachprüfungen mit Tierversuchen werden gerade nicht notwendig ausgeschlossen. Darüber hinaus erscheint aber auch aus Gründen der Verfahrensvereinfachung und -beschleunigung das Prinzip der stoffbezogenen Registrierung bei Parallelanmeldungen geboten und sachgerecht. Denn nur so wird überhaupt eine zügige Registrierung und Kontrolle gefährlicher Stoffe und damit wiederum eine Effektivierung des Umwelt- und Gesundheitsschutzes gewährleistet werden können. Dieser Gedanke kommt im Übrigen gerade auch in der Regelung des § 20a Abs. 5 ChemG zum Ausdruck. Auf der Grundlage des gegenwärtigen Kommissionsvorschlags wird es hingegen nicht zu einer Verwaltungsvereinfachung kommen, weil etwa – abgesehen von der zusätzlichen Last des Betreibens der Konsensfindungsverfahren – sorgfältig darauf geachtet werden muss, dass Daten eines Verfahrens nicht in anderen Verfahren verwendet werden. Da in den meisten Fällen die nationalen Behörden über die Prüfanforderungen zu entscheiden haben, müssen sie dabei im Prinzip den gesamten Datenbestand sämtlicher mitgliedstaatlicher Behörden berücksichtigen (WINTER, 2003).

1022. Zu bedenken sind auch die Auswirkungen der freiwilligen Kooperation auf den Wettbewerb. Faktisch gewährt der Kommissionsvorschlag demjenigen Unternehmen, das seine Daten schon weit gehend zusammengetragen hat, einen Startvorteil bei der Registrierung. Scheitert eine Konsortienbildung, werden Nachzügler vom Markt so lange ausgeschlossen, bis auch sie die erforderlichen Tests und Stoffbewertungen durchgeführt haben. Damit erhält der Erstregistrant die Option auf ein vorübergehendes Monopol, wenn er die freiwillige Kooperation mit anderen Unternehmen verweigert. In der Regel werden große Unternehmen bereits über vollständigere Daten verfügen als kleine. Die freiwillige Lösung schafft damit möglicherweise Markteintrittsbarrieren für kleine und mittlere Unternehmen und begünstigt diejenigen Hersteller, die bereits über einen hohen Datenbestand verfügen. Damit wird eine Vorleistung mit inkommensurablen Vorteilen belohnt (WINTER, 2003). Für die Erfindung eines Stoffes steht Patentschutz zur Verfügung, der die Herstellung und Verwendung des Stoffes dem Erfinder vorbehält. Die Daten aus Prüfnachweisen sind, da nicht Erfindungen, nicht patentierbar. Dennoch werden sie zum Anlass eines patentrechtsähnlichen Schutzes genommen, indem dem Datenproduzenten zehn Jahre garantiert werden, während derer er denjenigen, die die Kosten der Datenproduktion nicht alleine tragen können, de facto die Registrierung und damit die Herstellung und Vermarktung unmöglich machen kann.

1023. Der Umweltrat empfiehlt daher der Bundesregierung, sich im Laufe der Verhandlungen über das REACH-System nachdrücklich für ein obligatorisches Kooperationsmodell sowohl bei Zweit- als auch bei Parallelanmeldungen einzusetzen. Das vom BMU angeregte „Marktführermodell" hat dabei den Vorteil, aufwendige Verhandlungs- und Abstimmungsprozesse zur Konsortienbildung dadurch zu vermeiden, dass der zur Vorlage der Registrierungsdossiers verantwortliche Hersteller oder Importeur bestimmt wird und klare Kriterien der Kostenerstattung gegenüber den Zweit- und Drittanmeldern festgelegt werden. Diese pragmatische Lösung erspart erhebliche Transaktionskosten, wenn es gelingt, durch klare Vorgaben Konflikte um Kostenerstattungen zu vermeiden. Keinesfalls sollte eine europäische Regelung hinter den im deutschen Recht in § 20a Abs. 5 ChemG zutreffend verankerten Anforderungen zurückbleiben.

11.2.3.2.6 Betriebsgeheimnis und Transparenz

1024. Die EU-Kommission hat in ihrem Vorschlag versucht, eine Balance zwischen dem wettbewerbsrelevanten Betriebsgeheimnis und dem Zugang der Öffentlichkeit zu dem durch das REACH-System entstehenden Wissen herzustellen. Dabei werden drei Typen von Informationen unterschieden:

– allgemein vertrauliche Informationen,
– allgemein öffentlich zugängliche Informationen,
– Informationen, über deren Zugang im Einzelfall entschieden wird.

Als vertraulich gelten insbesondere Einzelheiten der Zusammensetzung von Zubereitungen, die genaue Anwendung eines Stoffes, genaue Stoffmengen und die genauen Lieferverflechtungen zwischen Hersteller und Anwendern.

Grundsätzlich öffentlich sind Stoffnamen und -eigenschaften, Studienergebnisse zu den Stoffeigenschaften einschließlich der Unbedenklichkeitswerte, Einstufungen des Stoffes und die im Sicherheitsdatenblatt enthaltenen Informationen.

Andere Informationen, wie Herstellername und Details aus den Sicherheitsberichten werden nach den Regeln des Akteneinsichtsrechts für Dokumente der europäischen Institutionen (VO 1049/2001) im Einzelfall zugänglich gemacht, sofern der Hersteller oder Importeur keine Bedenken hinsichtlich des Betriebsgeheimnisses äußert.

1025. Durch diese restriktive Auslegung des Betriebsgeheimnisses wird es insbesondere schwierig, für die interessierte Öffentlichkeit Stoffmengen, Lieferketten, Expositionspfade sowie die Hauptverantwortlichen zu identifizieren. Solche Informationen sind grundsätzlich generierbar, ohne die Wettbewerbsposition eines Herstellers zu gefährden. So steht dem Schutz des Betriebsgeheimnisses eine Kumulierung der Mengenangaben einzelner Hersteller nicht im Wege. Gelänge eine standardisierte Aggregation spezifischer Anwendungen in aussagekräftigen Expositionskategorien (Tz. 997 f.), so wäre eine Rekonstruktion von Zubereitungsrezepten oder Patenten aus diesen Informationen kaum möglich – und gleichzeitig könnte die interessierte Öffentlichkeit wichtige Expositionspfade besser rekonstruieren. Ohne dieses Wissen über die Anwendungen sind Markttransparenz und damit vorsorgeorientierte Käuferentscheidungen nicht realisierbar (MÜLLER, 2003; AHRENS, 2003). Wegen des überzogenen Schutzes des Betriebsgeheimnisses wird damit ein wesentlicher Steuerungs- und Innovationsmechanismus des REACH-Systems versagen (Tz. 983).

1026. Der Umweltrat empfiehlt, durch die standardisierte und obligatorische Etablierung von Expositionskategorien und Grundinformationen über die Lieferkette die Grundlage für ein transparentes System auch für die breitere Öffentlichkeit zu schaffen, ohne dabei den Schutz des Betriebsgeheimnisses zu gefährden. Im Einzelfall muss das Recht des Verbrauchers auf Information und Wahlfreiheit bezüglich potenziell gefährlicher Stoffe über das Recht des Produzenten gesetzt werden.

11.2.3.2.7 Die produktpolitische Bedeutung von REACH

1027. Grundsätzlich sind auch Produkte registrierungspflichtig, sofern aus ihnen gefährliche Stoffe in relevanten Mengen entweichen. Die Hürden für die Registrierungspflicht von Stoffen in Produkten sind aber hoch gesetzt (Art. 6). Stoffe müssen in jedem „Erzeugnistyp" insgesamt mit mehr als 1 Mg/a vorkommen, sie müssen bereits als gefährlich eingestuft sein und sie müssen entweder absichtlich freigesetzt werden oder aber der Hersteller oder Importeur weiß, dass sie auch unabsichtlich freigesetzt werden. Im letzteren Falle gilt als Registrierungsbedingung: „Der Stoff wird in einer Menge freigesetzt, die schädliche Wirkungen auf die menschliche Gesundheit und die Umwelt haben kann" (Art. 6, 2d). Insbesondere bei Importen erzeugt diese Bedingung Vollzugsprobleme. Der Hersteller und Importeur muss der Logik dieser Anforderungen zufolge also die für eine Registrierung erforderlichen Daten bereits besitzen, um entscheiden zu können, ob eine Registrierung erforderlich ist oder nicht. Ansonsten wird es unmöglich sein, zu entscheiden und zu verifizieren, ob die Kriterien für eine Registrierung von Stoffen in Importen erfüllt sind oder nicht. Zu bedenken ist dabei, dass selbst die Produkthersteller in der Regel keine hinreichenden oder gar vollständigen Kenntnisse über die in ihren Produkten befindlichen Stoffe haben (vgl. KEMI, 2002). Die Vollzugskontrolle des Artikels 6 wird ebenfalls voraussetzen, dass die Vollzugsbehörde bereits über diejenigen Informationen verfügt, die ja eigentlich erst durch die Registrierung generiert werden sollen. Mit anderen Worten: der Artikel 6 des Kommissionsvorschlages ist in dieser Weise insbesondere bei Importen nicht vollziehbar. Darüber hinaus werden hier Hürden für die Registrierungspflicht aufgestellt, die nicht sicherstellen, dass vor allem Importe mit Inlandsprodukten gleichgestellt sind, die auf der Basis von im Europäischen Binnenmarkt produzierten und damit registrierten Stoffen hergestellt werden. Im Bereich von Kinderspielzeug aus Kunststoffen, die Weichmacher enthalten (vgl. Kap. 12.3 zu Phthalaten) oder Elektrogeräten, ist dieses besonders heikel.

1028. Verhältnismäßig und aus Vorsorgegründen erforderlich wäre zumindest eine Registrierungspflicht auf der Basis einer Prioritätenliste für solche Produktkategorien, die mit Kindern und anderen besonders empfindlichen Gruppen in Berührung kommen, und bei denen eine Freisetzung gesundheitsgefährlicher Stoffe bereits identifiziert wurde oder als plausibel anzunehmen ist. Kinderspielzeuge, die bestimmte Stoffe (z. B. Weichmacher) enthalten, Elektrogeräte, Bodenbeläge oder Lacke würden diesen Kriterien zufolge zu den prioritären Produktgruppen gehören. Hier wäre zumindest ein Unbedenklichkeitsnachweis erforderlich, um bei solchen prioritären Gruppen die Registrierungspflicht zu vermeiden. Eine solche Lösung wäre, da sie sich gleichermaßen auf in der EU hergestellte wie auf importierte Produkte bezieht und offensichtlich auf Gefahrenabwehr abzielt, mit den WTO-Regeln kompatibel (Tz. 1038 f.)

1029. In dem Kommissionsvorschlag fehlt gänzlich die Weiterführung der Informationskette bis zum Verbraucher. Hier wurde von verschiedener Seite eine Produktkennzeichnung angeregt (vgl. KEMI, 2002), durch die – analog zum Lebensmittelrecht – als gefährlich eingestufte Inhaltsstoffe offen gelegt werden. Natürlich setzt dies zunächst voraus, dass dem Hersteller diese Stoffe auch bekannt sind, das heißt, dass eine funktionierende Registrierungspflicht für Produkte mit problematischen Inhaltsstoffen besteht. Der Umweltrat erachtet eine solche Kennzeichnung als ein unerlässliches Element des Verbraucherschutzes und einer ökologisch aufgeklärten Konsumentensouveränität. Die Wirkungskette einer Stoffinnovation durch Wissen und Transparenz kann nur durch eine solche Kennzeichnungspflicht effektiv werden. REACH sollte dazu beitragen, zumindest die Voraussetzungen hierfür zu schaffen.

11.2.3.3 Das neue Zulassungsverfahren

11.2.3.3.1 Zulassungsverfahren und Geltungsbereich

1030. In der EU-Kommission hat sich grundsätzlich ein weiter Geltungsbereich für das Zulassungsverfahren durchgesetzt. Nach dem Vorschlag unterliegen CMR-Stoffe, PBT-Stoffe, vPvB-Stoffe oder Stoffe, die in ähnlicher Weise besorgniserregend sind, dem Zulassungsverfahren (Art. 54). Die Besorgnis erregenden Stoffe, so zum Beispiel endokrine Stoffe, können auf Antrag der Mitgliedstaaten in das Zulassungsverfahren aufgenommen werden. Nicht zulassungsbedürftig sind Verwendungen, die bereits in anderen Richtlinien geregelt sind. Hierzu gehören unter anderem Pestizide, Biozide, Lebensmittelzusatzstoffe, Arzneimittel und mit Einschränkungen Kosmetika und Stoffe, die mit Nahrungsmitteln in Kontakt kommen, sowie Kraftstoffe und Zwischenprodukte.

Aus den Stoffen, die die oben genannten Kriterien erfüllen, werden prioritäre Stoffe identifiziert und durch eine Entscheidung nach dem Regelungsausschussverfahren in eine Prioritätenliste (Anhang XIII) aufgenommen. Bei der Aufnahme eines Stoffes in Anhang XIII werden zum einen die Kapazität der Europäischen Chemikalienagentur zur fristgerechten Bearbeitung von Anträgen berücksichtigt, zum anderen wesentliche Kriterien wie die Stoffmengen, die Eigenschaften (PBT und vPvB) und der Verbreitungsgrad der Verwendungen. In das Zulassungsverfahren kommen damit so genannte HEROs (*High Expected Regulatory Outcome*), bei denen restriktive Zulassungsbedingungen zu erwarten sind. Möglich sind auch generelle Ausnahmen für Verwendungstypen, insbesondere, aber nicht notwendigerweise nur dann, wenn andere Gemeinschaftsgesetzgebung einschlägig ist (Art. 55, Abs. 2).

Für die in Anhang XIII aufgenommen Stoffe wird ein *sunset*-Datum festgelegt, ab dem der Stoff verboten wird, sofern nicht ein Zulassungsantrag gestellt worden ist. Der Antragsteller muss bei seinem Antrag auf der Basis seines Sicherheitsberichtes nachweisen, dass die Risiken der Verwendung adäquat kontrolliert werden oder dass zumindest ein überwiegender gesellschaftlicher und wirtschaftlicher Nutzen für die Verwendung besteht. Ausgenommen hiervon sind Risiken durch Emissionen aus nach der IVU-RL (96/61/EG) genehmigten Anlagen und/oder durch Emissionen, für die nach der Wasserrahmenrichtlinie (WRRL, RL 2000/60/EG) auf nationaler oder europäischer Ebene Grenzwerte erlassen worden sind.

Der Antrag auf Zulassung wird von zwei Ausschüssen bewertet: dem *Risk Assessment* Ausschuss und dem *Socio-Economic Analysis* Ausschuss. Beide Ausschüsse werden durch Experten der Mitgliedstaaten besetzt, wobei der Vorstand der neuen Europäischen Chemikalienagentur (*Management Board*) das Ernennungsrecht hat. Auf der Basis der vorzulegenden Informationen, der Sicherheitsberichte, der Registrierungsdaten und der sozio-ökonomischen Analyse, bewertet der erste Ausschuss, ob das Risiko adäquat kontrolliert ist, der zweite die sozio-ökonomischen Auswirkungen einer Zulassung beziehungsweise ihrer Verweigerung. Diese Berichte werden – nachdem der Antragsteller die Gelegenheit zur Kommentierung hatte – der EU-Kommission und den Mitgliedstaaten überreicht. Die EU-Kommission entscheidet nach Konsultation der Mitgliedstaaten im Beratungsverfahren über die Zulassung (Art. 61, Abs. 8).

1031. Im vorliegenden REACH-Vorschlag sind nur diejenigen kanzerogenen, mutagenen oder reproduktionstoxischen (CMR-)Stoffe Kandidaten für das Zulassungsverfahren, bei denen die entsprechende Eigenschaft nachgewiesen wurde. Nach Ansicht des Bundesamtes für Risikobewertung muss die Zulassung zwingend auch auf die chemischen Stoffe ausgedehnt werden, für die bislang nur Hinweise auf diese Wirkung vorliegen (BfR, 2003). Der Umweltrat schließt sich dieser Auffassung an. Aus Gründen der Vorsorge sollte ein begründeter Verdacht auf Kanzerogenität, Mutagenität oder Reproduktionstoxizität ausreichen, um einen Stoff in das Zulassungsverfahren aufzunehmen. Aus Gründen des Gesundheitsschutzes am Arbeitsplatz sollten auch Stoffe mit CMR-Eigenschaften als prioritäre Stoffe in das Zulassungsverfahren aufgenommen werden.

1032. Es wird deutlich, dass vor einer Zulassungsentscheidung mehrere Verfahrenshürden zu überwinden sind. Die Anzahl der Stoffe, die in das Zulassungsverfahren aufgenommen wird, wird durch die Bearbeitungskapazität der Europäischen Chemikalienagentur begrenzt und nicht nur durch festgelegte Stoffeigenschaften. Die Aufnahme in das Zulassungssystem wird damit eine politische Einzelfallentscheidung. Werden die Einspruchsfristen genutzt, so wird ein reguläres Zulassungsverfahren je Antragsteller und Stoff mindestens 16 Monate dauern. Das Zulassungsverfahren ist individualisiert, das heißt jeder einzelne Hersteller beantragt eine Zulassung. Die herstellerbezogene Zulassung verursacht im Vergleich zu einer stoffbezogenen Zulassung unnötigen bürokratischen Aufwand und Kosten bei den Unternehmen.

Problematisch ist auch der Rückgriff auf die IVU-Richtlinie und die Wasserrahmenrichtlinie für generelle Ausnahmeregelungen. Beide Richtlinien eröffnen Ermessensspielräume bei der Festlegung der Grenzwerte. Nach Auffassung des Umweltrates sollte hier vorrangig im Chemikalienrecht eine Grundsatzentscheidung über Verbote und Verwendungsbeschränkungen gefällt werden. Hier gilt es, die Hierarchie der verschiedenen Instrumente zu beachten. Verwendungsbeschränkungen und Verbote sind einer Emissionskontrolle vor- und nicht nachgelagert (vgl. SRU, 2004, Tz. 304).

Das Zulassungsverfahren könnte insgesamt eine größere Menge von Stoffen schneller bearbeiten, wenn anstelle des Einzelfallprinzips verstärkt auf der Basis von vorsorgeorientierten Kriterien Sofortentscheidungen getroffen werden könnten, so wie sie der Umweltrat anregt (vgl. Tz. 1067).

11.2.3.3.2 Das Schutzniveau bei Zulassungen und Verwendungsbeschränkungen

1033. Den Stoffzulassungen und Verwendungsbeschränkungen liegen jeweils Abwägungsentscheidungen zugrunde. Die von einem Stoff generell oder infolge spezifischer Verwendungsarten ausgehenden Risiken für die menschliche Gesundheit und die Umwelt sind im Rahmen des Risikomanagements in Beziehung zu setzen zu dem mit der Verwendung des jeweiligen Stoffes verbundenen Nutzen. Konkret geht es um die Frage, welche Risiken in Anbetracht des zu erwartenden sozioökonomischen Nutzens (vgl. Art. 52 Abs. 3) in Kauf zu nehmen sind. Der vorgelegte Verordnungsvorschlag der EU-Kommission ist insofern defizitär, als er für diese Abwägungsentscheidungen keine einheitlichen und zudem nur äußerst unbestimmte Maßstäbe aufstellt. So wird das Schutzniveau im Zulassungssystem durch den Begriff der „adäquaten Kontrolle des Risikos" beschrieben (Art. 57 Abs. 2), während im Rahmen des Beschränkungsverfahrens von einem „inakzeptablen Risiko" die Rede ist (Art. 65). Vor allem aber enthält der Verordnungsvorschlag – mit Ausnahme der Prüfung von Substitutionsmöglichkeiten im Rahmen der Zulassung (dazu Tz. 1036) – für keinen der beiden Begriffe handhabbare materielle Beurteilungskriterien. Vielmehr wird die Konkretisierung des angestrebten Schutzniveaus weit gehend dem nachfolgenden Vollzugsprozess überantwortet. Die Interpretation des maßgeblichen Schutzniveaus geschieht nicht auf der Ebene der Rechtsetzung selbst, sondern wird an die EU-Kommission delegiert (s. diesbezüglich auch Kap. 13.4). Das Fehlen materieller Steuerungsvorgaben zur Risikobewertung sowie für Beschränkungs- und Verbotsentscheidungen ist aber gerade eine wesentliche Ursache dafür, dass sich die Beschränkungsrichtlinie des bisherigen Chemikalienrechts der EU als wenig praktikabel erwiesen hat (Tz. 997). Soll durch eine neue Chemikalienpolitik der EG tatsächlich eine effektive Kontrolle gefährlicher Stoffe erreicht werden, dürfen sich die Mängel des geltenden Chemikalienregimes nicht fortsetzen. Der Umweltrat rät der Bundesregierung daher dringend, sich für eine Präzisierung des Abwägungsgebots bereits auf der Gesetzgebungsebene einzusetzen und auf die Entwicklung und Festschreibung materieller Steuerungsmaßstäbe in einer künftigen Verordnung zu drängen.

Vorsorgeprinzip

1034. In jedem Fall muss in die Abwägung hinsichtlich der Hinnahme möglicher Gefährdungen durch bestimmte Stoffe und deren Verwendungen eine gewisse Vorsicht eingehen. Das Vorsorgeprinzip ist Bestandteil des Vertragsrechts der EG. Ausdrücklich ist es für den Umweltschutz in Artikel 174 Abs. 2 EG verankert. Nach der Rechtsprechung des Europäischen Gerichtshofs (EuGH) wird man das Vorsorgeprinzip jedoch als allgemeines Rechtsprinzip des Gemeinschaftsrechts ansehen können (CALLIESS, 2003, S. 25). Nach Auffassung des EuGH können Schutzmaßnahmen nämlich schon dann getroffen werden, wenn das Vorliegen und der Umfang von Gefahren für die menschliche Gesundheit ungewiss sind. Ein Abwarten dahin gehend, dass das Vorliegen und die Größe der Gefahr klar dargelegt sind, ist nicht erforderlich. Nach Artikel 174 EG gehört der Schutz der Gesundheit zu den umweltpolitischen Zielen der Gemeinschaft. Die Umweltpolitik der Gemeinschaft zielt auf ein hohes Schutzniveau ab, sie beruht auf den Grundsätzen der Vorsorge und Vorbeugung (EuGH, Rs. C-157/96; Rs. C-180/98). Entsprechende Aussagen enthält die Mitteilung der EU-Kommission über die Anwendbarkeit des Vorsorgeprinzips. Danach wird das Vorsorgeprinzip zwar im EG-Vertrag nicht definiert und dort lediglich an einer Stelle, nämlich zum Schutz der Umwelt vorgeschrieben. Tatsächlich sei jedoch der Anwendungsbereich des Vorsorgeprinzips wesentlich weiter und zwar insbesondere in Fällen, in denen aufgrund einer objektiven wissenschaftlichen Bewertung berechtigter Grund für die Besorgnis bestehe, dass die (nur) möglichen Gefahren für die Umwelt und Gesundheit von Menschen, Tieren oder Pflanzen nicht hinnehmbar oder mit dem hohen Schutzniveau der Gemeinschaft unvereinbar sein können (EU-Kommission, 2000, S. 3). Ingesamt fordert die EU-Kommission bei Abwägungsentscheidungen ein vom Vorsorgeprinzip geprägtes Risikomanagement.

Im Lichte eines so verstandenen Vorsorgegebots gilt es mithin, das gemeinschaftliche Sekundärrecht zu interpretieren, sofern – wie eben bei Zulassungs- und Beschränkungsentscheidungen im Bereich des Chemikalienrechts – entsprechende Auslegungsspielräume bestehen. Das bedeutet in der Folge beispielsweise, dass eine abschließende, umfassende Risikobewertung nicht unbedingt Voraussetzung einer Stoffbeschränkung sein muss (so ausdrücklich EuGH, Rs. C-473/98 – Kemikalieninspektion).

Es diente der Klarheit, wenn in der Definition sowohl der „adäquaten Kontrolle" als auch des „inakzeptablen Risikos" ausdrücklich auf das Vorsorgegebot verwiesen würde, wie es in neueren Rechtsakten, wie etwa der IVU-Richtlinie (96/61/EG) und in der Freisetzungsrichtlinie (2001/18/EG), geschehen ist. Auf diese Weise würde deutlich gemacht, dass – in Abhängigkeit von dem zu erwartenden sozioökonomischen Nutzen – für beschränkende Entscheidungen, das heißt für die Nichtzulassung, beschränkende Auflagen und unmittelbare Stoffrestriktionen, keine volle Gewissheit und auch keine hohe Wahrscheinlichkeit vorliegen müssen. Eine solche Regelung entspräche im Übrigen auch der Entwicklung des deutschen ChemG, dessen § 1 ausdrücklich das Vorsorgegebot heranzieht (WINTER, 2003).

Intrinsische Stoffeigenschaften

1035. Die Risikobewertung erfolgte gemeinschaftsweit bislang im Wesentlichen auf der Grundlage des so genannten PEC/PNEC-Verfahrens, das aus verschiedenen Gründen den besonderen Problemen bei persistenten und bioakkumulierenden Stoffen, vor allem im Hinblick auf den Schutz der Meeresumwelt, nicht gerecht werden kann (s. dazu ausführlicher SRU, 2004, Tz. 301). Inzwischen ist im überarbeiteten Technical Guidance Document (TGD) ein Kapitel aufgenommen worden, das die Besonderheiten der Risikobewertung für den Eintrag von Stoffen in die Meere berücksichtigt (EU-Kommission, 2003c, Part II). Eine eigene Betrachtung finden in diesem Kapitel persistente, bioakkumulierende und toxische Stoffe (PBT-Stoffe) und sehr persistente und sehr bioakkumulierende Stoffe (vPvB-Stoffe). Diese beiden Stoffgruppen sollen nach den im TGD festgelegten Kriterien für Persistenz, Bioakkumulation und Toxizität identifiziert werden. Dabei sind die Kriterien für Persistenz für die marine Umwelt strenger als für die Süßwasser-Umwelt. Nach der Identifizierung der PBT- und vPvB-Stoffe sollen die Quellen und Haupteintragspfade in die Meeresumwelt überprüft werden, um effektive Maßnahmen zur Reduzierung der Einträge ins Meer festzulegen (EU-Kommission, 2003c, Part II, S. 162 ff.). Der Umweltrat begrüßt ausdrücklich, dass mit der Überarbeitung des TGD die Belange des Meeresschutzes und die besondere Problematik von PBT- und vPvB-Stoffen auf diese Weise nunmehr besser bei der Risikobewertung berücksichtigt werden. Der Umweltrat ist der Auffassung, dass diese methodischen Grundlagen des TGD zukünftig auch im Rahmen der Risikobewertung des REACH-Verfahrens aufgenommen werden sollten. Zur Notwendigkeit, die Kriterien zur Bestimmung der PBT- und vPvB-Stoffe an die schärferen Kriterien des OSPAR-Verfahrens anzugleichen, wird auf das Sondergutachten zum Meeresumweltschutz verwiesen (SRU, 2004, Tz. 301).

Substitution

1036. Im Rahmen der Zulassungsentscheidung ist auch eine Prüfung von Substitutionsmöglichkeiten vorgesehen. Dabei erfolgt ein zweistufiges Prüfverfahren. Zunächst wird überprüft, ob die Verwendung eines Stoffes aufgrund der adäquaten Kontrolle ihrer Risiken zulassungsfähig ist. Ist dies nicht der Fall, so wird geprüft, ob die Verwendung aufgrund ihrer sozioökonomischen Vorteile, der Auswirkungen eines Verbots, der Prüfung von Alternativen und ihrer Gesundheits- und Umweltrisiken dennoch zugelassen werden kann.

1037. Zu begrüßen im Sinne größerer Flexibilität ist, dass bei der Überprüfung von Substituten nicht nur auf Ersatzstoffe, sondern auch auf alternative Technologien abzustellen ist (s. auch WINTER, 2003). Problematisch ist jedoch die Verankerung der Prüfung von Substituten im zweiten Prüfschritt, durch den die Zulassungsfähigkeit an sich nicht adäquat kontrollierbarer Stoffrisiken untersucht werden soll. Im Hinblick auf die Verknüpfung der Substitutionsmöglichkeit in Artikel 57 Abs. 3 mit der Risikobewertung muss nach Auffassung des Umweltrates sichergestellt werden, dass im Falle eines nicht adäquat kontrollierten Risikos auch eine „nur" ausnahmsweise Zulassung nicht in Betracht kommen kann. Risiken, die nicht angemessen kontrolliert sind, dürfen auch nicht lediglich vorübergehend in Kauf genommen werden, weil Substitute fehlen. Nach Auffassung des Umweltrates ist die Substitutionsprüfung an folgenden Überlegungen auszurichten: Das Vorhandensein von Substituten sollte ermöglichen, Risiken, die an sich angemessen kontrolliert werden können – aber eben nicht vollständig kontrolliert sind – weiter zu verringern. Das Vorhandensein von Substituten darf nicht als unabdingbare Voraussetzung einer behördlichen Schutzmaßnahme angesehen werden. Das Grundrecht auf Gesundheit wäre verletzt, wenn ein Eingriff zugelassen würde, weil für den dahinter stehenden gesellschaftlichen Nutzen noch kein Ersatz geschaffen ist (WINTER, 2003). Wenn ein Stoff immanente und über Expositionen zweifelsfrei schwerwiegende schädliche Auswirkungen auf Umwelt und Gesundheit hat, ist er nicht zulassungsfähig, und zwar unabhängig davon, ob Substitute vorhanden sind oder nicht. Fehlende Substitute machen große Risiken nicht akzeptabel, vorhandene Substitute können auch geringe Risiken inakzeptabel machen.

11.3 WTO-Kompatibilität

1038. Das europäische Chemikalienregime muss kompatibel sein mit den von der EG im Rahmen der Welthandelsorganisation (WTO) eingegangenen internationalen Verpflichtungen. Es dürfen also durch das beabsichtigte REACH-System keine ungerechtfertigten Handelshemmnisse geschaffen, importierte Stoffe und Produkte dürfen nicht diskriminiert werden. Das Welthandelsrecht ist Antidiskriminierungsrecht. Entscheidend ist das Vorliegen einer Ungleichbehandlung infolge einer bestimmten Regelung. Demgegenüber spielt die Frage, wie ein mitgliedstaatliches oder europäisches Regelungskonzept rechtspolitisch, also unter anderem auch umwelt- und industriepolitisch, zu bewerten sein mag, für die Vereinbarkeit mit dem Welthandelsrecht zunächst keine Rolle. Insofern darf die Europäische Gemeinschaft ohne weiteres ein neues, strengeres System der Chemikalienkontrolle einführen, ohne dass dieses WTO-rechtlich problematisch ist – es sei denn, Produkte aus Nicht-EG-Ländern würden auf dem europäischen Markt diskriminiert. Diese Überlegung muss Ausgangspunkt jeder Beurteilung der WTO-Kompatibilität einer Maßnahme sein. Auf dieser Grundlage lassen sich sodann in Zusammenschau mit der – wenn auch zum Teil uneinheitlichen – Spruchpraxis der GATT-Panels und des *Appellate Body* (AB) sowie der Entwicklung des Umweltvölkerrechts Aussagen zur WTO-Kompatibilität des künftigen REACH-Systems ableiten:

Kein Verstoß gegen Artikel III Abs. 1 und 4 GATT

1039. Staatliche Umweltschutzmaßnahmen können nach dem WTO/GATT-System unter anderem dann Handelshemmnisse darstellen, wenn sie gegen das *Gebot der Inländergleichbehandlung* nach erfolgtem Import verstoßen (Art. III GATT). Nach dieser Vorschrift dürfen importierte ausländische Waren bezüglich „aller Gesetze, Verordnungen und sonstigen Vorschriften über den Verkauf, das Angebot, den Einkauf, die Beförderung, Verteilung oder Verwendung im Inland" nicht schlechter gestellt werden als gleichartige Waren inländischen Ursprungs. Dieser Grundsatz der Inländergleichbehandlung will gewährleisten, dass der Importstaat Produkte aus fremden Herkunftsstaaten, die seine Grenzen überschritten haben und damit Teil des inländischen Warenkreislaufs geworden sind, nicht gegenüber eigenen gleichartigen Produkten diskriminiert (BEYERLIN, 2000, S. 318).

1040. Bei der Registrierung und dem Zulassungsverfahren im Rahmen des REACH-Systems handelt es sich um Vermarktungsregeln im Sinne des Artikel III Abs. 4 GATT. Die Zulässigkeit der Vermarktung von Chemikalien wird von einer Registrierung und unter Umständen darüber hinaus von einer positiven Entscheidung im Zulassungsverfahren abhängig gemacht. Auf der Grundlage des beabsichtigten Kontrollsystems wird es jedoch weder de iure noch de facto zu einer Diskriminierung zwischen inländischen und ausländischen Chemikalien kommen. Der Registrierungsumfang beziehungsweise die Erforderlichkeit eines Zulassungsverfahrens sollen nach dem REACH-System allein von der Menge beziehungsweise bestimmten Stoffeigenschaften und damit verbundenen Gesundheits- und Umweltrisiken abhängen, nicht hingegen von der Herkunft der Chemikalien. Es handelt sich also jedenfalls de iure um ein unterschiedslos auf Produkte aus EG-Ländern und aus allen sonstigen Ländern anzuwendendes rechtliches Regelungsregime. Das Gebot der Inländergleichbehandlung wird rechtlich erfüllt. Aber auch für eine so genannte de-facto-Diskriminierung ist nichts ersichtlich. Allerdings sind die für eine de-facto-Diskriminierung maßgeblichen rechtlichen Kriterien noch nicht abschließend geklärt. Umstritten ist, ob es allein auf die protektionistische Wirkung einer Maßnahme oder auch auf eine protektionistische Zielsetzung des regulierenden Staates ankommt (KLUTTIG, 2003, S. 14 ff.).

1041. Geht man konsequent vom Wortsinne des Artikels III Abs. 1 GATT aus (*so as to afford protection*), so deutet bereits dieser auf die Maßgeblichkeit auch einer protektionistischen Zielsetzung. Denn die Formulierung bringt deutlich eine subjektive Komponente im Sinne einer Zielsetzung beziehungsweise Zielrichtung zum Ausdruck. In der Streitschlichtungsjudikatur des AB ist bislang allerdings noch keine eindeutige Linie erkennbar. In zwei bekannten Panel-Entscheidungen, nämlich in der Sache „United States – Taxes on Automobiles" und in der Sache „United States – Measures Affecting Alcoholic and Malt Beverages", ist für die Fälle einer bloßen de-facto-Benachteiligung streitentscheidend auch auf die – in den Fällen fehlende – protektionistische Zielsetzung abgestellt worden. Die Ansichten in der Literatur gehen auseinander (m. w. N. EPINEY, 2000, S. 77). Allerdings stützen sich die Kritiker des aims-and-effects-Ansatzes teilweise zu Unrecht auf Entscheidungen des AB, die gerade keine bloß faktischen, sondern explizit rechtliche Diskriminierungen betreffen.

Überwiegendes spricht dafür, in den Fällen bloß faktischer Benachteiligungen, nur bei Vorliegen eines Diskriminierungszweckes einen Verstoß gegen das Gebot der Inländergleichbehandlung anzunehmen (in diesem Sinne auch EPINEY, 2000, S. 80; KOCH, 2004, S. 199 ff.). Zunächst ist zu berücksichtigen, dass auf den globalisierten Märkten kaum vorhersehbar ist, ob irgendwelche Produktsegmente irgendeiner nationalstaatlichen Herkunft unter Umständen gewisse Benachteiligungen durch eine nationale oder europäische Regulierung hinnehmen müssten. Solche Ungewissheiten sind den souveränen Staaten, die nicht erkennbar eine bewusst protektionistische Politik betreiben, gerade aus Gründen ihrer Souveränität nicht zumutbar. Es ist in diesem Sinne durchaus bezeichnend, dass inzwischen jegliche staatliche oder europäische Regulierungskonzepte von einiger Bedeutung mit dem Vorwurf einer fehlenden WTO-Kompatibilität konfrontiert werden. Insofern führt ein weites Verständnis von Diskriminierung zu einer Lähmung anspruchsvoller Politik, insbesondere anspruchsvoller Umwelt- und Gesundheitspolitik. Das ist nicht der Sinn der Antidiskriminierungsregeln des GATT-Regimes. Vielmehr liegt es bei den Nationalstaaten, sich auf dem Weltmarkt mit Produkten durchzusetzen, die auch anspruchsvollen Schutzzielen entsprechen. Im Übrigen ist bei allen einigermaßen offensichtlichen de-facto-Diskriminierungen auch erkennbar, dass sie auf Diskriminierung zielen und deshalb einen Verstoß gegen die Inländergleichbehandlung darstellen.

1042. Stellt man zur Beurteilung des REACH-Systems danach gerade auch auf die Diskriminierungsabsicht ab, so ist offensichtlich, dass die Europäische Gemeinschaft solche Absichten nicht hat. Sie verfolgt erklärtermaßen bedeutende Ziele im Gesundheits- und Umweltschutz, was von allen Seiten anerkannt wird. Streitig ist nämlich allein, ob die für die (europäische) Chemische Industrie drohenden wirtschaftlichen Belastungen noch angemessen sind. Aber dieser Streit betrifft nicht die Frage einer Diskriminierung beziehungsweise Diskriminierungsabsicht bezüglich Unternehmen aus Nicht-EU-Ländern.

1043. Aber selbst dann, wenn man allein auf die diskriminierende Wirkung des beabsichtigten REACH-Systems abhebt, sind keine relevanten diskriminierenden Wirkungen erkennbar. Das REACH-System stellt einen völlig neuen, auch für die Industrie aller EU-Mitgliedstaaten neuen Regulierungsansatz dar, der alle Marktteilnehmer – sowohl aus der EG wie auch aus anderen Ländern – gleichermaßen vor durchaus hohe Herausforderungen stellen wird. Das neue System soll aber gerade deshalb mit ganz erheblichen Übergangsfristen verknüpft werden, sodass alle Unternehmen, aus welchen Staaten auch immer, einen ausreichenden Anpassungszeitraum erhalten werden und bei entsprechenden Anstrengungen Nachteile auf den Märkten vermeiden können.

Kein Verstoß gegen Artikel XI GATT

1044. Ebenso wenig ergeben sich grundlegende Anhaltspunkte für einen Konflikt mit dem *Verbot der mengenmäßigen Ein- und Ausfuhrbeschränkungen* (Art. XI GATT). Artikel XI GATT verbietet staatliche Regelungen, die dafür sorgen sollen, dass jeweils nur fixe, nach Warenmenge oder -wert bestimmte Kontingente an ausländischen Produkten auf den inländischen Markt gelangen können (BEYERLEIN, 2000, S. 318). Zwar sind alle Importeure, die ihre Stoffe auf dem EU-Markt in den Verkehr bringen wollen, durch das REACH-System betroffen. Dies ist jedoch notwendige Konsequenz einer effektiven Chemikalienkontrolle. Explizite Einfuhrbeschränkungen sieht der Verordnungsvorschlag demgegenüber nicht vor, sodass auch Artikel XI GATT schon tatbestandlich einschlägig ist (WINTER, 2003).

Rechtfertigung nach Artikel XX lit b und lit g GATT

1045. Auch wenn man entgegen der hier vertretenen Auffassung einen Verstoß gegen Artikel III GATT annehmen wollte, wäre das beabsichtigte Regulierungssystem nicht GATT-widrig. Denn Artikel XX GATT normiert eine Reihe von Schutzzielen, die handelsbeschränkende Regelungen rechtfertigen können (ausführlich EPINEY, 2000). Artikel XX GATT erfasst unter dem Titel „Allgemeine Ausnahmen" unter anderem Maßnahmen zum Schutz des Lebens und der Gesundheit von Menschen, Tieren und Pflanzen sowie zur Erhaltung erschöpflicher Ressourcen. Auch wenn der Schutz der Umwelt einschließlich des Erhalts der natürlichen Lebensgrundlagen nicht explizit in Artikel XX GATT genannt wird, ist inzwischen weithin unbestritten, dass der Schutz der Umwelt Schutzgut von Artikel XX lit b in Verbindung mit Artikel XX lit g GATT ist. Das Fehlen eines ausdrücklichen Verweises auf den Umweltschutz ist letztlich allein historisch bedingt (KLUTTIG, 2003, S. 18; EPINEY, 2000, S. 81; WEIHER, 1997, S. 133 f.). Der Begriff der erschöpflichen Naturschätze unterliegt einer dynamischen Auslegung. Dabei rechnen – wie der AB im *Shrimps/Turtle*-Fall klargestellt hat – zu den erschöpflichen Naturschätzen sowohl lebende wie nicht lebende (United States – Import Prohibition of Certain Shrimp and Shrimp Products, Report of the AB vom 12. Oktober 1998, WT/DS58/AB/R).

1046. Handelsbeschränkende Maßnahmen zum Umweltschutz müssen allerdings auch der durch das GATT-Regime angestrebten Handelsfreiheit Rechnung tragen. Insofern ergibt sich – von weniger wesentlichen Einzelheiten abgesehen – aus dem einleitenden Satz von Artikel XX GATT – dem so genannten Chapeau – in Verbindung mit den einzelnen Schutzzielen, dass die handelsbeschränkenden Maßnahmen verhältnismäßig sein müssen (KLUTTIG, 2003, S. 19). Die Maßnahmen müssen zur Erreichung des Schutzziels notwendig sein *(necessary to)*, sie müssen zur Erhaltung der Naturschätze dienen *(relating to)* und im Zusammenhang mit *(in conjunction with)* Beschränkungen der inländischen Produktion oder des Verbrauchs angewendet werden. Dabei steht dem jeweils rechtsetzenden WTO-Mitglied insbesondere hinsichtlich der Festsetzung des erstrebten Schutzniveaus eine Beurteilungsermächtigung zu (BERRISCH, 2003, Rn. 235; KLUTTIG, 2003, S. 21; WEIHER 1997, S. 135).

1047. Beurteilt man auf dieser Grundlage unter Außerachtlassung vielfältiger, teilweise noch kontroverser Einzelheiten die Kernelemente des geplanten REACH-Systems, so erscheinen diese Regelungen in jedem Falle durch Artikel XX GATT gerechtfertigt – falls sie überhaupt Handelsbeschränkungen darstellen sollten. Das gilt zunächst für das Konzept der Registrierung und Evaluierung. Denn es steht grundsätzlich außer Frage, dass eine Risikoermittlung für die außerordentliche Fülle auch von chemischen Altstoffen zwingende Voraussetzung für ein sachgerechtes Risikomanagement mit eventuellen Verwendungsbeschränkungen und in besonderen Fällen auch Stoffverwendungsverboten darstellt. Gewiss wird noch in Einzelheiten zu prüfen sein, welcher Aufwand der Risikoermittlung jeweils angemessen ist. Insofern kann gegenwärtig – wie für das ganze, noch in der Diskussion und Fortentwicklung befindliche REACH-System – noch keine in jeder Hinsicht abschließende rechtliche Beurteilung gegeben werden. Aber daran, dass eine präventive Risikoermittlung auch unter Heranziehung der Verursacher, nämlich der beteiligten Unternehmen, WTO-kompatibel normiert werden kann, besteht kein ernsthafter Zweifel.

1048. Ähnliche Überlegungen gelten für die vorgesehene Ausgestaltung des Zulassungsverfahrens. Zu den Kernstrukturen dieses Verfahrens soll die abschließende Entscheidungsbefugnis zweier Kommissionen gehören, von denen eine die abschließende wissenschaftliche Risikoeinschätzung zu geben und die andere eine sozioökonomische Abwägungsentscheidung zwischen Risiken und Nutzen der Stoffverwendung zu treffen hat. Diese Entscheidungsstruktur gewährleistet, dass eine angemessene Berücksichtigung wirtschaftlicher Belange und insbesondere auch der Handelsfreiheit – soweit diese überhaupt tangiert ist – erfolgen kann. Dass in diesem Rahmen unter Umständen auch problematische Entscheidungen – übrigens gerade auch zulasten des Umwelt- und Gesundheitsschutzes – getroffen werden können, ist gewiss nicht definitiv auszuschließen. Das ist jedoch eine Problematik, die der kritischen Würdigung im Einzelfall bedarf, ohne dass daraus Einwände für das Zulassungssystem im REACH-Konzept hergeleitet werden können.

Rechtfertigung von Vorsorgemaßnahmen

1049. In anderen welthandelsrechtlichen Konfliktfeldern, etwa dem Lebensmittelrecht, spielt die Frage eine prominente Rolle, ob das Vorsorgeprinzip als essenzieller Bestandteil des EG-Vertrages im Widerstreit zu maßgeblichen WTO-Regelungen steht. Man könnte insoweit den Wortsinn etwa von Artikel XX lit b GATT bemühen und den danach zulässigen „Schutz" von Leben und Gesundheit von Menschen, Tieren und Pflanzen derart restriktiv interpretieren, dass eine risikobezogene Vorsorge nicht zulässig ist. Eine solche Argumentation erscheint allerdings schon für Artikel XX lit g GATT nicht möglich. Denn die danach zulässigen Regelungen zum „Erhalt" erschöpflicher Ressourcen müssen schon mit Blick auf die sehr komplexen Regelungsgegenstände von Vorsicht und Vorsorge geprägt sein. Im Übrigen ist generell dem WTO-Regime, dem modernen Völkervertragsrecht und wohl auch dem Völkergewohnheitsrecht das Vorsorgeprinzip durchaus nicht fremd. Im Rahmen des REACH-Zulassungsverfahrens werden daher Entscheidungen auch unter Vorsorgegesichtspunkten getroffen werden dürfen. Dafür sprechen unter anderem die folgenden Gesichtspunkte.

Maßnahmen zur Vermeidung von Gesundheits- und Umweltrisiken, die wissenschaftlich bislang nicht eindeutig nachgewiesen werden konnten, werden notwendigerweise unter Unsicherheitsbedingungen getroffen. In Hinblick auf Vorsorgemaßnahmen stellt sich daher die Frage, inwieweit einzelne Staaten beziehungsweise die EG im völkerrechtlichen Kontext beim Schutz von Umwelt und Gesundheit einen Beurteilungsspielraum für sich in Anspruch nehmen können. Nach Auffassung des Umweltrates ist dabei von folgenden Überlegungen auszugehen: Sollten zukünftige handelsbeschränkende Maßnahmen auf der Grundlage des REACH-Systems getroffen werden, so geschieht dies im Rahmen einer Abwägungsentscheidung zwischen potenziellen Schäden und dem mit der Verwendung des jeweiligen Stoffes zu erwartenden Nutzen. Durch diese Abwägung findet – zutreffend aufgrund der Vorgaben des gemeinschaftlichen Primärrechts (Tz. 1034) – der Vorsorgegedanke Eingang in den Entscheidungsprozess. Das Vorsorgeprinzip muss eine Rolle in dem Sinne spielen, dass so viel Sicherheit wie möglich in Anbetracht des zu erwartenden Nutzens erreicht wird (Tz. 1034).

Das dadurch eröffnete Maß an Vorsorge ist jedoch mit WTO-Regeln kompatibel. Das Vorsorgeprinzip hat zwischenzeitlich im Völkerrecht eine solche Verankerung erfahren, dass es bei WTO/GATT-Entscheidungen nicht mehr ignoriert werden kann. Dementsprechend hat der AB sich in dem so genannten Asbest-Fall (European Communities – Measures Affecting Asbestos and Asbestos-Containing Products, Report of the AB vom 12. März 2001, WT/DS135/AB/R) unter anderem auf das Vorsorgeprinzip gestützt. Ebenso spielten in der Entscheidung des AB zum Hormonfleisch auf der Grundlage des Übereinkommens über die Anwendung gesundheitspolizeilicher und pflanzenschutzrechtlicher Maßnahmen (Agreement on the Application of Sanitary and Phytosanitary Measures – SPS-Abkommen) Vorsorgeerwägungen eine maßgebliche Rolle (ausführlich RÖHRIG, 2002). GATT-Panels und AB können sich über die dem Völkerrecht immanente dynamische Entwicklung nicht hinwegsetzen: Seit einigen Jahren zeichnet sich im internationalen Umweltrecht ein deutlicher Trend ab, das Vorsorgeprinzip im Rahmen von Risikomanagementstrategien zu berücksichtigen und als allgemeinen völkerrechtlichen Grundsatz zu etablieren (z. B. APPEL, 2003, S. 173; EPINEY und SCHEYLI, 1998, S. 89 ff., S. 103 ff.; CAMERON und WADE-GERY, 1995, S. 95 ff.; HOHMANN, 1992). Nachdem das Vorsorgeprinzip 1982 in der Weltnaturcharta der Generalversammlung der Vereinten Nationen erwähnt worden war, hat es in der Folge Eingang in verschiedenste völkerrechtliche Umweltschutzübereinkommen gefunden (vgl. die Übersicht bei FREESTONE, 1996, S. 3 ff.). So findet es sich ausdrücklich etwa in Grundsatz 15 der Erklärung von Rio und in der Präambel des Rahmenübereinkommens der Vereinten Nationen über Klimaveränderungen und des Übereinkommens über die biologische Vielfalt. In dem *Biosafety-Protocol*, dem Zusatzprotokoll aus dem Jahr 2000 zur Konvention über die biologische Vielfalt, ist der Vorsorgegedanke zudem erstmals in den völkerrechtlich verbindlichen operativen Teil eines internationalen Umweltübereinkommens aufgenommen worden (APPEL, 2003, S. 174). Der Gehalt des Vorsorgeprinzips im Völkerrecht lässt sich – ähnlich wie im Gemeinschaftsrecht (vgl. Tz. 1034) – dahin gehend konkretisieren, dass bei potenziell erheblichen Umweltschäden die erforderlichen Maßnahmen auch dann zu treffen sind – und getroffen werden dürfen –, wenn (noch) keine (absolute) wissenschaftliche Gewissheit über das tatsächliche Eintreten der befürchteten Umweltschädigung beziehungsweise über einen Kausalzusammenhang zwischen einem bestimmten Verhalten und den befürchteten Auswirkungen auf die Umwelt besteht (APPEL, 2003, S. 174; SCHMIDT und KAHL, 2003; EPINEY, 2000, S. 85; EPINEY und SCHEYLI, 1998, S. 125 f., S. 166).

1050. Neben der generell zunehmenden Bedeutung des Vorsorgeprinzips im Umweltvölkerrecht spricht auch die konkrete Ausgestaltung insbesondere des SPS-Abkommens für eine (verstärkte) Berücksichtigung des Vorsorgeprinzips im Rahmen des WTO-Systems (EU-Kommission, 2000). Auch wenn man – wie das Panel – das SPS-Übereinkommen nicht als Konkretisierung des Artikels XX GATT zum Schutz des Lebens und der menschlichen Gesundheit von Menschen, Tieren und Pflanzen, sondern als eigenständiges Abkommen ansieht, so spricht gleichwohl jedenfalls die konkrete Ausgestaltung des SPS-Abkommens neben der generell zunehmenden Bedeutung des Vorsorgeprinzips im Umweltvölkerrecht für eine (verstärkte) Berücksichtigung des Vorsorgeprinzips im Rahmen des WTO-Systems. Das SPS-Übereinkommen sieht handelsbeschränkende nationale Maßnahmen vor, die ausnahmsweise mit den WTO-Regeln vereinbar sind. Zwar soll durch das von Artikel 5 SPS-Übereinkommen geforderte *risk assessment* grundsätzlich gewährleistet werden, dass jede gesundheitspolizeiliche oder pflanzenschutzrechtliche Maßnahme auf wissenschaftlichen Grundsätzen beruht und keine Maßnahme ohne wissenschaftliche Nachweise aufrechterhalten wird. Ausnahmsweise sind jedoch vorübergehende Maßnahmen auch dann zulässig, wenn das einschlägige wissenschaftliche Beweismaterial nicht ausreicht.

Wenn sich eine Regelung auf der Grundlage des REACH-Systems auf wissenschaftlich fundierte – das heißt nicht notwendig unbestrittene – Theorien stützt und in Anbetracht ansonsten möglicher Gefahren für die menschliche Gesundheit und die Umwelt nicht unverhältnismäßig (*necessary to*) ist, wird man daher insgesamt mit guten Gründen von der WTO-Kompatibilität auch einer solchen Vorsorgemaßnahme ausgehen können.

Kein Verstoß gegen das TRIPS-Abkommen

1051. Das REACH-System dürfte insbesondere auch mit Artikel 39 des Übereinkommens über handelsbezogene Aspekte der Rechte des geistigen Eigentums (Agreement on Trade-Related Aspects of Intellectual Property Rights – TRIPS) vereinbar sein, sofern nichtvertrauliche Informationen nur dann weitergegeben werden, wenn dies zum Schutz der Öffentlichkeit notwendig ist oder wenn Maßnahmen ergriffen werden, um sicherzustellen, dass die Daten vor unlauterem gewerblichen Gebrauch geschützt werden.

11.4 Zu den ökonomischen Folgen des REACH-Systems

1052. Der Regulierungsentwurf der EU-Kommission hat schon während der Erarbeitung innerhalb der Kommission, der Bundesregierung und der weiteren Öffentlichkeit sehr kontroverse Reaktionen ausgelöst. Der Entwurf ist in Deutschland und hier insbesondere vonseiten der deutschen Chemischen Industrie und der Industrie- und Wirtschaftsverbände massiv als wirtschaftsfeindlich und überbürokratisch kritisiert worden. Die Reform, so die Kritik, führe zu zusätzlichen Kosten in Höhe mehrerer Milliarden Euro und gefährde Millionen von Arbeitsplätzen. Die Wettbewerbs- und Innovationsfähigkeit der Chemischen Industrie werde ernsthaft gefährdet. Ende September 2003 haben auch die Staats- und Regierungschefs von Deutschland, Frankreich und England in einem gemeinsamen Schreiben an Kommissionspräsident Prodi auf eine wirtschaftsfreundliche Ausgestaltung von REACH gedrängt (ENDS vom 23. September 2003). Auch in der modifizierten Vorlage des Verordnungsvorschlags vom Herbst 2003 sehen die Wirtschaftsminister der EU-Mitgliedstaaten, die europäische Chemische Industrie und die Wirtschaftsverbände noch erhebliche Kostenbelastungen der Branche und eine Gefährdung ihrer internationalen Wettbewerbs- und Innovationsfähigkeit.

Von maßgeblichem Einfluss auf die Diskussion in Deutschland, aber auch auf europäischer Ebene, war eine Studie von ARTHUR D. LITTLE im Auftrag des BDI, die erhebliche gesamtwirtschaftliche Folgekosten für Deutschland für möglich erachtete (ARTHUR D. LITTLE, 2002). Etwas später erschien in Frankreich eine ähnliche Auftragsstudie (MERCER, 2003). Gleichzeitig schätzte der Verband der europäischen Chemiewirtschaft CEFIC die direkten Mehrkosten der Reform auf 7 bis 10 Mrd. Euro. Wiederholt wurde die Besorgnis geäußert, dass sich diese Mehrbelastungen nicht gleichmäßig auf die Branche verteilen, sondern dass die hauptsächlich mittelständischen Hersteller von Fein- und Spezialchemikalien 80 % der Kosten zu tragen hätten (CEFIC, 2002c; VCI, 2002b). Die vorgetragenen wirtschaftlichen Bedenken haben vor dem Hintergrund einer mehrjährigen wirtschaftlichen Stagnation in Europa dazu geführt, dass der Regulierungsentwurf zunehmend unter dem Aspekt der Wirtschaftsverträglichkeit und nicht unter dem Aspekt der Effektivität der Chemikalienkontrolle diskutiert wurde.

1053. Der Umweltrat hat in seiner Stellungnahme vom Juli 2003 diese und andere vorliegende Studien und Schätzungen zu den unmittelbaren und mittelbaren Kostenwirkungen von REACH auf die Tragfähigkeit ihrer Ergebnisse hin untersucht und ist zu dem Ergebnis gekommen, dass alle Studien die Kosten der Reform ebenso systematisch überschätzen wie sie deren Nutzenwirkungen unterschätzen (SRU, 2003).

Hinsichtlich der direkten Mehrkosten ist anzunehmen, dass eine Reihe von Einflussfaktoren niedrigere Kosten bedingen werden als angenommen: Der lange Zeitraum der Einführung von REACH begünstigt Lern- und Anpassungsprozesse sowie Produkt- und Prozessinnovationen, die zu unberücksichtigten Kostenersparnissen führen. Gleichfalls erscheinen die Kosten für die Stoffbewertung unplausibel hoch angesetzt, da anzunehmen ist, dass die Industrie aufgrund von Vorgaben des Arbeitnehmerschutzes, des Anlagengenehmigungsrechts und aus haftungsrechtlichen Gründen über eine weitaus größere Datenbasis verfügt, als öffentlich bekannt ist. In einer Vielzahl von Fällen kann auf bestehendes Datenmaterial zurückgegriffen werden. Sollte dies nicht der Fall sein, spricht dies vielmehr für als gegen die Notwendigkeit von REACH. Gleichfalls können Kostenreduktionen durch Effizienzgewinne vereinheitlichter Standardbewertungsverfahren und EDV-Entwicklung entstehen. Ungewiss ist noch, in welcher Höhe Kosten durch den zunehmenden Ersatz teurer Tierversuche durch Ersatzmethoden (z. B. in-vitro-Tests oder computergestützte QSAR-Modelle (s. a. Tz. 1002 ff.) eingespart werden können.

Schließlich zeigen sich sehr geringe jährliche Mehrbelastungen, gleich welche Schätzung man zugrunde legt, wenn die direkten Mehrkosten ins Verhältnis gesetzt werden zum jährlichen Umsatz der europäischen Chemischen Industrie oder zu anderen Indikatoren (Tab. 11-3).

Die EU-Kommission hat die Anforderungen an die Sicherheitsberichte und den Umfang der für die Registrierung erforderlichen Tests im nun vorliegenden Verordnungsvorschlag noch einmal erheblich abgesenkt und andere Regelungen wie etwa den Einbezug von Polymeren und Zwischenprodukten weit gehend aufgegeben oder aufgeschoben (vgl. Tz. 1011). Die erwarteten direkten Mehrkosten für die Chemische Industrie sinken deshalb erheblich. In ihrem *Impact Assessment* vom Oktober 2003 schätzt die EU-Kommission die direkten Mehrkosten (einschließlich der Gebühren für die neue Chemikalienagentur) auf 2,3 Mrd. Euro über einen Zeitraum von elf Jahren (COM 2003/644 final). Noch im Mai 2003 hatte eine unabhängige Analyse des Internet-Konsultationsentwurfs im Auftrag der EU-Kommission ergeben, dass sich die direkten Kosten insbesondere durch den Einbezug von Polymeren auf bis zu 12,9 Mrd. Euro belaufen könnten (RPA, 2003). Im *Impact Assessment* wird ein verstärkter Einsatz von QSAR-Methoden angenommen (Tz. 1002 ff.). Je nachdem, wie der Forschritt bei der Entwicklung der QSAR-Modelle ausfällt, können die Kosten höher oder niedriger ausfallen (PEDERSEN et al., 2003). Damit bewegen sich die geschätzten jährlichen direkten Mehrkosten im Verhältnis zum Jahresgesamtumsatz in einer durchschnittlichen Gesamtgrößenordnung von 0,04 % und im Fall der Hersteller von Fein- und Spezialchemikalien von 0,13 % (Tab. 11-3), was weitere Einschränkungen im Verfahren der Beratung durch Ministerrat und EU-Parlament nach Ansicht des Umweltrates nicht rechtfertigt. Diese zusätzlichen Ausgaben liegen, wie Tabelle 11-3 nahelegt, weit unter der Schwankungsbreite anderer wichtiger Kostenfaktoren in den letzten Jahren.

Tabelle 11-3

Geschätzte Kosten von REACH im Verhältnis zu anderen Kostenfaktoren und dem Umsatz der Chemischen Industrie

Anteile am Umsatz	in %
Energiekosten 1996 bis 2000	*2,6–3,4*
Laufende Umweltschutzausgaben 1996 bis 2000	*1,9–2,9*
REACH	*0,04*
REACH für Spezialchemikalien*	*0,13*

SRU/UG 2004/ Tab. 11-3; Datenquellen: Statistisches Bundesamt, Fachserie 4, Reihe 43, versch. Jahrgänge, Fachserie 19, Reihe 32, EU-Kommission, 2003a

* Der Berechnung der Kosten liegt die Annahme zugrunde, dass die Hersteller von Fein- und Spezialchemikalien circa 80 % der Kosten tragen werden. Der Umsatz wurde umgerechnet aus dem Anteil der Fein- und Spezialchemikalien am Gesamtumsatz der europäischen Chemischen Industrie, der bei 24,4 % im Jahr 2001 liegt, da nur dieser Wert verfügbar war.

1054. Vonseiten der Chemischen Industrie ist darauf hingewiesen worden, dass sich die tatsächliche Mehrbelastung nicht durch die Relation zum Umsatz ergibt, sondern dass hierfür die Kosten im Verhältnis zum Jahreswert eines Stoffes über die Dauer der Produktionszeit der richtige Indikator sind. Kostenschätzungen dieser Art werden zum Beispiel bei der BASF verwendet. Die BASF kalkuliert die durchschnittliche Amortisation eines Stoffes mit drei bis fünf Jahren. Werden die Mehrkosten von REACH auf drei bis fünf Jahre umgeschlagen, ergeben sich in der Tat weitaus höhere Kostenbelastungen. Laut BASF betragen die Anfangskosten für das Unternehmen 500 Mio. Euro, die langfristige jährliche Mehrbelastung beträgt mehr als 30 Mio. Euro. Grundsätzlich ist dieser Indikator besser geeignet, die tatsächliche Kostenbelastung durch REACH zu erfassen, als die Bezugsgröße des Umsatzes. Allerdings ist die Wahl der geforderten Amortisationsrate von drei bis fünf Jahren zu hinterfragen. Dabei bleibt es den Unternehmen überlassen, welche Amortisationszeit sie ihrem betriebswirtschaftlichen Investitionskalkül zugrunde legen und damit kann im Einzelfall nicht ausgeschlossen werden, dass die Entwicklung eines Neustoffes unterbleibt, weil die geforderte Amortisationszeit durch die zusätzliche Kostenbelastung nicht mehr eingehalten werden kann. Bei einer Kostenberechnung aus volkswirtschaftlicher Sicht sollte jedoch nicht die von den Unternehmen geforderte Amortisationszeit, sondern die durchschnittliche Stofflebenszeit zugrunde gelegt werden. Nimmt man die von Industrievertretern angegebene jährliche Durchschnittsrate der Stoffsubstitution von 10 bis 20 % an (BIAS, 2003), kann man eine durchschnittliche Stoffproduktionszeit von fünf bis zehn Jahren errechnen. Bei einer zehnjährigen Lebenszeit ergibt sich allerdings eine Größenordnung der Kostenbelastung, die nicht wesentlich über den geschätzten Durchschnittskosten (0,04 % vom jährlichen Umsatz) liegt. Wird eine fünfjährige Stofflebenszeit zugrunde gelegt, ergibt sich eine entsprechend doppelt so hohe Kostenbelastung (0,08 % vom jährlichen Umsatz).

1055. Die Tragweite der Bedenken, die in den Studien von ARTHUR D. LITTLE und MERCER hinsichtlich der gesamtwirtschaftlichen Auswirkungen von REACH geäußert wurden, nahm der Umweltrat zum Anlass, diese Studien in seiner Stellungnahme eingehend zu untersuchen (SRU, 2003). Die Studie von ARTHUR D. LITTLE nimmt an, dass durch Test- und Registrierungskosten viele Stoffe unrentabel und daher vom Markt genommen werden. Die Einstellung der Produktion von bis zu 40 % aller Stoffe wird befürchtet, was zu erheblichen Auswirkungen bei den anwendenden Industrien (*downstream user*) führt, wo Substitute nicht verfügbar sind oder aufgrund zu hoher Kosten nicht realisiert werden beziehungsweise unrentabel sind. Weitere Einbußen werden durch Zeitverzögerungen bei der Markteinführung neuer Produkte, Zeitverzögerungen in der Verfügbarkeit von Stoffen, Preisgebung von Geschäftsgeheimnissen und Verbote von gefährlichen Substanzen ermittelt, die für Produktionsprozesse essenziell sind. Produktionsaufgaben oder -verlagerungen beziehungsweise der Verlust von Marktanteilen aufgrund geringerer Wettbewerbsfähigkeit und damit hohe Arbeitsplatzverluste sind demnach die Folge (ARTHUR D. LITTLE, 2002).

Die Studie weist in diesen Punkten indes methodische Mängel auf, die die Belastbarkeit ihrer Ergebnisse infrage stellen (vgl. SRU, 2003). Insbesondere die Verwendung einer Input-Output-Rechnung zur Hochrechnung der Produktionsverluste des Verarbeitenden Gewerbes auf die gesamte Wirtschaft erscheint dem Umweltrat als Methode für Berechnungen über einen derart langen Zeitraum unangebracht, da hierbei von einer statischen Welt ausgegangen wird, in der es keine Anpassungsprozesse und keinen technischen Fortschritt gibt, und für die angenommen wird, dass Kostenänderungen und Produktionsverluste linear verlaufen. Die Annahme, dass Unternehmen sich nicht an neue Begebenheiten anpassen und ihre Produktion eher einstellen statt neue, kostengünstigere Stoffe und Verfahren zu entwickeln und sich den veränderten Marktbedingungen anzupassen, ist abwegig. Zudem werden in der Studie keine Nutzeneffekte der Reform berücksichtigt, die Kosten über den gesamten Zeitraum konstant hoch gehalten und die im Entwurf angelegten Möglichkeiten einer relativ kostengünstigen Umsetzung nicht beachtet. Nicht zuletzt wird kein Business-as-usual-Szenario verwandt, sodass nicht deutlich wird, inwieweit die entstehenden Kosten auf die Umsetzung des REACH-Systems zurückzuführen sind oder aber auch ohne dessen Umsetzung eintreten würden. Dass Stoffe vom Markt genommen oder aber ersetzt werden, ist ein normaler Vorgang auf Märkten, die einem globalen Wettbewerbsdruck ausgesetzt sind. Der VCI selber schätzt, dass im Laufe von zehn Jahren circa 30 % der auf dem Markt befindlichen Stoffe ausgetauscht werden (SubChem, 2002). Gleichzeitig ist gegen die Studie von ARTHUR D. LITTLE eingewandt worden, dass die Kosten von REACH für die *downstream user* nicht höher sein werden als die Anfangskosten für die Chemische Industrie, da diese entweder die Kosten weitergibt oder aber die Anwender Stoffe substituieren, was für die Unternehmen mit geringeren Kosten verbunden sei als die zusätzlichen Test- und Registrierungsverfahren der originären Stoffe (COM 2003/644 final).

Gleichfalls erscheint die Konzeptionalisierung der Produktionsverluste durch Zeitverzögerungen in einem fragwürdigen Licht. Hierfür wird angenommen, dass Produktionsverluste über den Lebenszyklus des Produkts proportional sind zu der zusätzlichen Zeit für die Registrierung, die durch den gesamten Innovationszyklus des Produkts geteilt wird. Diese Annahme führt zu irreführenden Ergebnissen. Nicht nur kann nicht genau definiert werden, wann ein Innovationszyklus eines Produkts – insbesondere in einer Produktfamilie, die seit langem auf dem Markt ist – beginnt. Vielmehr ist es auch abwegig anzunehmen, dass zum Beispiel bei einem Produkt, das seit langer Zeit auf dem Markt ist und einer 6-monatigen Registrierung innerhalb eines 18-monatigen Innovationszyklus unterzogen wird, Produktionsverluste in der Größenordnung von einem Drittel entstehen (BERKHOUT et al., 2003) – zumal REACH darauf abzielt, die bestehenden Vorgaben für die Registrierung neuer Produkte und Stoffe zu erleichtern, was zu Produktionsgewinnen und nicht zu Produktionsverlusten im Modell führen müsste.

1056. Vonseiten der Industrie- und Wirtschaftsverbände wird weiter argumentiert, dass Branchen mit kurzen Innovationszyklen durch REACH erhebliche Nachteile entstehen. Einige Branchen wie zum Beispiel die Textilindustrie seien davon abhängig, relativ rasch und unkompliziert auf neue Stoffe zurückgreifen zu können. Bislang verfügten die Unternehmen dieser Branchen über einen Pool von rund 100 000 Altstoffen gemäß der EINECs-Liste. Ab 2016, nach Abschluss der so genannten Phase-In-Phase, werde sich dieser Pool des flexiblen Zugriffs stark verkleinern, da dann nur 10 000 bis 20 000 registrierte Phase-In-Stoffe zur Verfügung stünden. Für die anderen Stoffe müsse aber ein Neustoffregistrierungsverfahren eingeleitet werden, was die Innovationsflexibilität der Unternehmen erheblich einschränke. Die Notwendigkeit, in kurzen Abständen neue Produkte auf den Markt zu bringen, werde durch die Dauer des Registrierungsverfahrens behindert. Selbst wenn sich dieses Argument in der weiteren Zukunft als relevant erweisen würde, ist doch entgegenzuhalten, dass ein Unternehmen, das sich der *responsible care* verschrieben hat, einen Stoff nur bei umfassender Kenntnis seiner Eigenschaften neu oder erneut in seine Stoffpalette aufnehmen wird, um die Sicherheit der Anwendungen zu gewährleisten. REACH wird dazu beitragen, dass sich zwar der Pool an Stoffen, auf die flexibel zurückgegriffen werden kann, vermindert, gleichzeitig aber innerhalb dieses Pools die Flexibilität erhöht wird, da Informationen bereits vorliegen, die vor REACH erst generiert werden mussten. Damit werden auch „blinde" Substitutionsprozesse (zur Problematik vgl. SubChem, 2002) vermieden, durch die Problemverlagerungen entstehen können und damit schlimmstenfalls auch Fehlinvestitionen.

1057. Im August 2003 hat der BDI eine aktualisierte Version der Studie von ARTHUR D. LITTLE vorgelegt, die die Auswirkungen ausgehend von den Vorgaben des Kommissionsentwurfs für die Internet-Konsultation auf der Grundlage des gleichen Kalkulationsmodells neu berechnet. Die Studie kommt zu dem Ergebnis, dass ein Produktionsverlust des Verarbeitenden Gewerbes von 14,9 %, ein Rückgang der gesamten Bruttowertschöpfung um 4,7 % und ein Verlust von Arbeitsplätzen in der Größenordnung von 1,735 Millionen wahrscheinlich sind (ARTHUR D. LITTLE, 2003). Auf dieser Studie aufbauend begründen die Chemische Industrie und die Wirtschaftsverbände ihre Auffassung, dass die Zugeständnisse der EU-Kommission zwar in die richtige Richtung gehen, aber nicht ausreichen, um Schädigungen der Wirtschaftskraft und Wettbewerbsfähigkeit der Chemischen Industrie abzuwenden.

ARTHUR D. LITTLE ist nicht nur vom Umweltrat für methodische Mängel kritisiert worden (vgl. UBA, 2003b, BERKHOUT et al., 2003). Umso bedauerlicher ist es, dass die methodische Kritik im Rahmen der aktualisierten Studie nicht aufgegriffen wurde und der BDI der methodischen Kritik im Vorwort der Studie lediglich entgegenhält, dass die Kritiker der Studie keine sinnvolle methodische Alternative präsentiert hätten (ARTHUR D. LITTLE, 2003). Unbeschadet der Tatsache, dass diese Alternative nach dem wissenschaftlichen *State-of-the-Art* in empirischen Gleichgewichtsmodellen besteht, erscheint es dem Umweltrat grundsätzlich nicht angebracht, Forschungsergebnisse in einem öffentlich ausgetragenen Interessenkonflikt zu verwenden, die durch gravierende methodische Mängel gekennzeichnet sind beziehungsweise nicht auf methodische Unzulänglichkeiten zu verweisen. Dieses Vorgehen kann auch nicht durch das Fehlen von geeigneten Methoden legitimiert werden. Bereits in seiner Stellungnahme hatte der Umweltrat zudem das Vorgehen des BDI kritisiert, hauptsächlich die Ergebnisse des Worst-Case-Szenarios auf der Grundlage der Kurzfassung in der Öffentlichkeit zu präsentieren und die Langfassung erst erheblich später öffentlich zugänglich zu machen. Dieser Tatbestand gilt auch für die Studie von MERCER, die in einer Langfassung nicht verfügbar war.

Dieses Vorgehen legt die Vermutung nahe, dass die Studien der Generierung zweckmäßiger politischer Ergebnisse dienen und nicht als Teil eines sorgfältigen wissenschaftlichen Diskurses gelten können.

Die Ergebnisse der Studien von ARTHUR D. LITTLE, aber auch von MERCER, können zudem nicht mehr aufrecht erhalten werden, da sie auf Vorgaben beruhen, die in dieser Form in dem Verordnungsvorschlag der EU-Kommission nicht mehr enthalten sind (Testanforderungen, Registrierungsanforderungen für Stoffe kleiner 10 Mg/a, Einbezug von Polymeren, vgl. Tz. 1009 ff.). Die gesamtwirtschaftlichen Auswirkungen von REACH sind daher als bedeutend geringer anzunehmen als von ARTHUR D. LITTLE ermittelt. Insofern erscheint es dem Umweltrat fragwürdig, dass der VCI und der BDI nach wie vor davon ausgehen, dass bis zu 40 % der Stoffe vom Markt ohne Substitution entfallen werden, obwohl die Test- und Registrierungsanforderungen deutlich abgeschwächt wurden. Der VCI geht mittlerweile auch davon aus, dass die Testkosten wesentlich niedriger sein werden als ursprünglich angenommen (ROMANOWSKI, 2003).

1058. Die EU-Kommission hat im Oktober 2003 ihr *Impact Assessment* der gesamtwirtschaftlichen Auswirkungen von REACH veröffentlicht. Diese Schätzung bezieht sich auf die Vorgaben des Verordnungsvorschlags, wie er Ministerrat und EU-Parlament zugeleitet wurde. Die EU-Kommission kommt darin zu dem Schluss, dass sich die Kosten für *downstream user* auf eine Größenordnung von 2,8 bis 5,2 Mrd. Euro verteilt auf zehn Jahre belaufen werden. Noch im Mai 2003 waren diese Kosten für den Internet-Konsultationsentwurf in einer Auftragsstudie der EU-Kommission auf bis zu 26,5 Mrd. Euro geschätzt worden (RPA, 2003). Eine Kostenbelastung der *downstream user* von 2,8 bis 3,6 Mrd. Euro wird für wahrscheinlich gehalten; fallen die Adaptionskosten dagegen höher aus, können die Kosten auf bis zu 5,2 Mrd. Euro steigen. Diese Kosten sind zusätzlich zu den direkten Kosten der Chemischen Industrie von 2,3 Mrd. Euro auf zehn Jahre zu rechnen (Tz. 1053).

Die EU-Kommission widerspricht der vonseiten der Chemischen Industrie geäußerten Befürchtung, dass eine große Anzahl von Stoffen ohne Substitution vom Markt entfällt und hierdurch gesamtwirtschaftliche Verwerfungen entstehen. Nach Schätzung der EU-Kommission werden Stoffe in einer Größenordnung von 1 bis 2 % pro Jahr vom Markt entfallen. Durchaus kann es zu größeren Belastungen einzelner kleiner, spezialisierter Unternehmen kommen, die gesamtwirtschaftlichen Auswirkungen werden aber als vernachlässigbar eingestuft.

Nach Ansicht der EU-Kommission enthält der Verordnungsvorschlag eine Reihe von Vorgaben, die das Innovationsverhalten insbesondere im Neustoffbereich begünstigen und damit die Wettbewerbsfähigkeit der Branche weiter erhöhen werden (vgl. COM 2003/644 final.; BERKHOUT et al., 2003). Hierzu zählen die Absenkung der Registrierungserfordernisse für Neustoffe, der klare Zeitrahmen von REACH, der bessere Informationsaustausch zwischen Akteuren über die gesamte Wertschöpfungskette und einheitliche Vorgaben, die gleiche Anreize für Innovationen und die Vermeidung von Trittbrettfahrerverhalten setzen. Durch die nunmehr abgeschwächten Vorgaben für das Testen und die Registrierung von Altstoffen und die neuen Bestimmungen zur Vertraulichkeit der Informationen (vgl. Tz. 1024) sieht die EU-Kommission die Bedenken der Chemischen Industrie als weit gehend ausgeräumt an.

Hinsichtlich der Auswirkungen auf die internationale Wettbewerbsfähigkeit der Branche sieht die EU-Kommission keine fundierten Hinweise, dass Importeure gegenüber europäischen Wettbewerbern durch REACH maßgeblich begünstigt werden. Die Kosten von REACH seien im Vergleich mit anderen Einflussgrößen wie Durchschnittslöhnen oder Wechselkursschwankungen von geringer Bedeutung für die internationale Wettbewerbsfähigkeit. Bezüglich der Exporteure stellt die EU-Kommission fest, dass es ein potenzielles Risiko des Verlustes von Marktanteilen in solchen Fällen gibt, wo es zu Preissteigerungen durch REACH kommt und potenzielle Wettbewerber auf Drittmärkten nicht gleichzeitig auch Wettbewerber auf dem europäischen Markt sind. Hierzu sind aber keine Informationen verfügbar. Gleichwohl wird aufgrund der globalen Bedeutsamkeit des Europäischen Binnenmarktes davon ausgegangen, dass diese Fälle lediglich in einer begrenzten Anzahl auftreten werden. Insgesamt werden die Auswirkungen von REACH auf die internationale Wettbewerbsfähigkeit auch davon abhängig gemacht, inwieweit sich REACH erfolgreich als neuer internationaler Standard etabliert (COM 2003/644 final).

1059. Das *Impact Assessment* der EU-Kommission bestätigt den Umweltrat in seiner Auffassung, dass die zusätzliche Kostenbelastung durch REACH für die Wirtschaft vertretbar und die Perspektive gesamtwirtschaftlicher Verwerfungen verfehlt ist (vgl. SRU, 2003). Eine konsequente Umsetzung der Ziele des REACH-Systems kann positive Wettbewerbs- und Innovationswirkungen haben. Angesichts der internationalen Zielsetzung der Minimierung der gesundheits- und umweltschädlichen gefährlichen Auswirkungen von Chemikalien kann REACH für andere Länder zu einer nachahmenswerten Form der Chemikalienkontrolle und so zu einem guten Beispiel für die Diffusion von Umweltpolitik werden. REACH könnte einen europäischen Lead-Markt für risikofreiere Stoffe begünstigen, der angesichts des strukturellen Einflusses des EU-Binnenmarktes außereuropäische Anbieter unter Anpassungszwänge setzen wird. Im internationalen Qualitätswettbewerb sind es in der Regel die hoch regulierten, reichen Länder, die die Entwicklungstrends grundlegend bestimmen. Nicht zuletzt ist es eine interessante Beobachtung, dass es bereits seit der Politikformulierung in der EU breite Debatten über REACH in den USA gibt, die Diskussion aber auch aufmerksam in Japan und in Australien verfolgt wird.

Allerdings ist auch REACH kein Musterbeispiel innovationsorientierter Umweltpolitik. Hier ist insbesondere die Schwäche des Zulassungsverfahrens zu bemängeln, das nicht in der Lage ist, eine präventive Stoffkontrolle auf der Basis von Stoffeigenschaften und Verwendungskategorien einzuführen und nur schwache Substitutionsanreize gibt. Die Steuerungswirkung des Kommissionsvorschlags beschränkt sich weit gehend auf die Informationsleistung des REACH-Systems. Das geplante System schafft damit noch nicht die erwünschten Sicherheiten und Anreize für Innovateure und die Anbieter von Ersatzlösungen. Allerdings ist eine Planungssicherheit insoweit reduziert, dass nicht gesichert prognostiziert werden kann, welche problematischen Stoffeigenschaften durch REACH aufgedeckt werden und ein Verbot im Zulassungsverfahren bedingen. Auch ein strikter ausgestaltetes Zulassungsverfahren hält noch Risiken, wenngleich auch geringere, für den Innovator bereit. In diesem Sinne verweist der Umweltrat auf seine Empfehlungen zur weiteren Ausgestaltung des REACH-Systems (vgl. Tz. 1067). Insbesondere die Kombination des bisherigen Mengenansatzes mit einer Fokussierung auf prioritär zu behandelnde Stoffeigenschaften und Expositionsraten könnte zu einer deutlichen Verbesserung der Innovationsanreize von REACH führen.

11.5 Zusammenfassung und Empfehlungen

1060. Nach harten politischen Auseinandersetzungen und mehreren breit diskutierten Arbeitsentwürfen hat die EU-Kommission im Oktober 2003 einen Verordnungsvorschlag zur umfassenden Reform der europäischen Chemikalienpolitik vorgelegt. Dieser Vorschlag befindet sich derzeit in den Beratungen zwischen den verschiedenen Ministerräten und dem EU-Parlament. Der vorgeschlagene neue Regulierungsansatz des REACH-Systems (**R**egistration, **E**valuation and **A**uthorisation of **Ch**emicals) zielt darauf, das vorhandene Wissen zu den Eigenschaften, Gefahren und Verwendungen von Stoffen zu konsolidieren und die Wissenslücken zu schließen. Für besonders gefährliche Stoffe, für die Verwendungsbeschränkungen zu erwarten sind, ist ein Zulassungsverfahren vorgesehen.

1061. Die massive Kritik aus Wirtschaft und Politik, insbesondere auch durch die Bundesregierung, an den ursprünglichen Steuerungsabsichten der EU-Kommission hat dazu beigetragen, dass der vorgelegte Vorschlag im Vergleich zum ursprünglichen Vorhaben erheblich abgeschwächt wurde. Mittlerweile fällt er sogar hinter die in der gemeinsamen Bewertung von Bundesregierung, VCI und IG BCE (Bundesregierung, VCI und IG BCE, 2003) formulierten Ziele zurück (LAHL, 2003). Zwar sind die Kernelemente der ursprünglichen Reform noch vorhanden, der Kommissionsvorschlag setzt aber insbesondere auf das Prinzip der Eigenverantwortung der Hersteller im Hinblick auf die vorsorgliche Vermeidung von Schäden für Gesundheit und Umwelt. Der Aspekt der Beschleunigung und Effektivierung des staatlichen Risikomanagements hat an Gewicht verloren.

1062. Die substanzielle Verschlankung der Registrierungsanforderungen und der Sicherheitsberichte hat die voraussichtlichen Kosten des neuen Systems wesentlich reduziert. Eine kooperative Umsetzungsstrategie der Reform bietet weitere Gelegenheiten zur Kostenreduktion. Der Umweltrat erachtet daher verschiedene von Industrieverbänden vorgetragene Szenarien zu den katastrophalen Auswirkungen von REACH auf Wachstum, Arbeitsplätze und Wettbewerbsfähigkeit für irreführend. Die zusätzlichen Kosten von REACH werden sich für die Chemische Industrie als Branche und für das Verarbeitende Gewerbe im Rahmen des Zumutbaren bewegen. Die Szenarien basieren auf methodisch unhaltbaren Annahmen.

1063. Der Umweltrat erachtet sowohl den vorliegenden Vorschlag als auch ein wesentlich vorsorgeorientierteres Chemikalienrecht für WTO-kompatibel. Das Welthandelsrecht ist Antidiskriminierungsrecht. Entscheidend ist das Vorliegen einer Ungleichbehandlung infolge einer bestimmten Regelung. Demgegenüber spielt die Frage, wie ein mitgliedstaatliches oder europäisches Regelungskonzept rechtspolitisch, also unter anderem auch umwelt- und industriepolitisch zu bewerten sein mag, für die Vereinbarkeit mit dem Welthandelsrecht zunächst keine Rolle. Insofern darf die Europäische Gemeinschaft ohne weiteres ein neues, strengeres System der Chemikalienkontrolle einführen, ohne dass dieses WTO-rechtlich problematisch ist – es sei denn, Produkte aus Nicht-EG-Ländern würden auf dem europäischen Markt diskriminiert. Dies ist nicht beabsichtigt und auch keine de-facto-Folge des REACH-Systems. Selbst wenn es in einzelnen Bereichen zu rechtserheblichen de-facto-Diskriminierungen kommen sollte, wären diese gemäß Artikel 20 lit b und g GATT aus Gründen des Umwelt- und Gesundheitsschutzes gerechtfertigt. Der Umweltrat weist auch darauf hin, dass das Vorsorgeprinzip mittlerweile im Völkerrecht hinreichend verankert ist und dass es bei WTO/GATT-Entscheidungen nicht mehr ignoriert werden kann. Daher stehen einer vorsorgeorientierten Stoffkontrolle keine grundsätzlichen rechtlichen Hürden entgegen.

1064. Hinsichtlich der umweltpolitischen Steuerungseffektivität und rechtssystematischer Aspekte lässt sich der Vorschlag folgendermaßen bewerten:

– Die neue Chemikalienpolitik leistet einen bedeutsamen Beitrag zur Konsolidierung und zur Vereinheitlichung vielfältiger und inkonsistenter Einzelvorschriften. Die damit verbundene Rechtsvereinfachung ist zu begrüßen, zumal gleichzeitig die erheblichen Wissenslücken des bisherigen Systems, insbesondere hinsichtlich der circa 30 000 auf dem Markt befindlichen und der 100 000 bekannten Altstoffe, mindestens teilweise aufgefüllt werden. Der Vorschlag schafft auch grundsätzlich wichtige Wissensgrundlagen für eine vorsorgeorientierte Stoffkontrolle. In dieser Hinsicht ist die neue Chemikalienpolitik ein bedeutsamer Fortschritt.

– Allerdings ist das zentrale Defizit der bisherigen Chemikalienpolitik, das Fehlen materieller Anforderungen an das anzustrebende Schutz- und Vorsorgeniveau, nicht aufgehoben worden. War dies bisher, wegen des politischen Charakters von Verbotsentscheidungen, grundsätzlich noch legitimierbar gewesen, ist es im Zusammenhang mit der nun vorgesehenen Delegation von Entscheidungen an die EU-Kommission und Ausschüsse unverantwortbar, dass diese in einem normativen Vakuum, das heißt ohne allgemeine Kriterien und Maßstäbe, getroffen werden.

– Die bisherigen Defizite des regulativen Steuerungsmodells direkter staatlicher Stoffkontrolle durch Verbote oder Beschränkungen werden damit auch durch den Kommissionsvorschlag nicht grundlegend korrigiert. Trotz der Verfahrensbeschleunigung bleiben die Hürden, durch Verbots- und Kontrollentscheidungen zur Substitution von Gefahrstoffen zu kommen, sehr hoch. Letztlich ist zu erwarten, dass auch in Zukunft nur in besonders evidenten Fällen eingegriffen werden darf.

– REACH setzt damit primär auf das Funktionieren industrieller Eigenverantwortung durch die Schaffung eines überbetrieblichen Sicherheitssystems und durch die Generierung der Wissensgrundlagen für die Einstufung und Klassifizierung von circa 30 000 Altstoffen. Hier werden wichtige Grundlagen geschaffen, die aber noch zahlreicher Nachbesserungen bedürfen, um wirklich funktionsfähig zu werden. Der Informationsfluss zwischen Hersteller und Anwender als die wichtigste Grundlage des überbetrieblichen Sicherungssystems ist zu schlank ausgestaltet worden, um eine vernünftige Handlungsgrundlage für die Anwender zu bilden (vgl. Tz. 982 f.). Der Informationsfluss wird zudem nicht bis zum Verbraucher fortgesetzt, sondern endet bei den industriellen Anwendern. Die Balance zwischen betrieblichem Vertrauensschutz und öffentlicher Transparenz ist nicht überzeugend. Hierdurch droht ein wichtiger Anreizfaktor für den vorsorglichen Einsatz inhärent sicherer Stoffe verloren zu gehen. Schließlich erlauben die Registrierungsanforderungen, insbesondere für in kleinen Mengen hergestellte Stoffe, keine fundierte Gefahreneinstufung der Stoffe. Diese Schwachstellen des Informationssystems REACH bedürfen einer Korrektur, um zumindest die beiden relativ „weichen" Steuerungsmodelle wirksam werden zu lassen.

1065. Die weitere Behandlung des Vorschlags unter der Federführung der Wirtschaftsminister im Wettbewerbsrat lässt jedoch befürchten, dass die nach Auffassung des Umweltrats überzogenen wirtschaftlichen Bedenken (Kap. 11.4; SRU, 2003) zunehmend die umweltpolitischen Motive des Vorschlags in den Hintergrund treten lassen (vgl. Tz. 955 und ENDS vom 10. November 2003). Bereits jetzt bedeutet der Vorschlag in einzelnen Punkten, insbesondere bei Neustoffen, einen bedeutsamen Rückschritt gegenüber dem bestehenden Chemikalienrecht.

1066. Angesichts dieser Situation empfiehlt der Umweltrat einerseits darauf zu achten, dass die Effektivität des Systems zumindest in prioritären Kernbereichen gefestigt und nachgebessert wird und dass das System andererseits so lernoffen ausgestaltet wird, dass im Vollzug und in weiteren Revisionen substanzielle Verbesserungen der Wirksamkeit der verschiedenen Steuerungsansätze bewirkt werden können. Die zeitweise Zurückstellung von Regelungsaspekten (z. B. Geltungsbereich und Schwellen für Registrierungspflicht, Sicherheitsberichte oder zulassungspflichtige Stoffe) kann in der augenblicklichen wirtschaftspolitischen Stimmungslage einer sofortigen, aber materiell und prozedural unzureichenden Regelung vorzuziehen sein.

1067. Der Umweltrat empfiehlt, die Zuverlässigkeit und die Qualität des betriebsübergreifenden Sicherheitsmanagements entlang der Lieferkette insbesondere durch folgende Maßnahmen zu verbessern:

– Sicherheitsberichte und Registrierungsdaten sollten einer externen Qualitätskontrolle unterzogen werden, die über eine Vollständigkeitsprüfung hinausgeht. Hier böten sich externe Qualitätssicherungssysteme oder externe Zertifizierer an. Die Sicherheitsberichte sollten zudem einem „benchmarking-Verfahren" unterzogen werden, um die Qualitätsstandards auf das bestmögliche Niveau zu heben.

– Die Verordnung sollte sicherstellen, dass Anwender zumindest auf Anfrage den vollständigen Sicherheitsbericht erhalten, um hieraus ihrerseits Schlussfolgerungen ziehen zu können. Die Sicherheitsdatenblätter bieten keine ausreichende informative Grundlage für Anwender, nach sicheren Stoffen oder Anwendungen zu suchen oder diese nachzufragen. Zwischen einer informatorischen Überforderung durch die detaillierten Sicherheitsberichte und der Informationsarmut der Sicherheitsdatenblätter muss ein Mittelweg gefunden werden. Hier bietet sich die standardisierte Kategorienbildung für wichtige Typen von Expositionen an.

Hinsichtlich des Umfangs, der Qualität und einer kostenoptimalen Ausgestaltung der Anforderungen an die Informationsbeschaffung und Generierung im Rahmen der Registrierung empfiehlt der Umweltrat:

– Insbesondere für die Registrierung von in kleinen Mengen hergestellten Stoffen sollten verstärkt standardisierte Elemente eingeführt werden, die eine Teststrategie überhaupt bewältigbar machen. Maßgeschneiderte Testanforderungen können die vorhandene Überwachungskapazität der europäischen und nationalen Behörden schnell überfordern. Der Umweltrat empfiehlt insbesondere die Staffelung von Testanforderungen auf der Basis eines vorgeschalteten PBT- (Persistenz-, Bioakkumulierbarkeit- und Toxizitäts-) Screenings mithilfe von QSAR-Modellen. Werden bestimmte PBT-Kriterien überschritten, wird ein vertieftes Testprogramm erforderlich. Der Vorschlag des VCI, die Testanforderungen aus den Expositionen abzuleiten, ist dagegen beim derzeitigen lückenhaften Stand des Wissens über Expositionspfade nicht zielführend.

– Im Verlaufe der Revision der Registrierungsanforderungen, insbesondere auch einer standardisierten Vorselektion von Stoffen mit PBT-Eigenschaften, sollte auch die unternehmensbezogene Festlegung der Mengenschwellen für die Testanforderungen kritisch überprüft werden. Sinnvoller für eine Risikoabschätzung sind kumulierte Produktionsmengen aller Hersteller.

- In den Datensatz für die Registrierung von Stoffen über ein Mg/a (Anhang V) sollten Untersuchungen zur akuten Toxizität und zur Abbaubarkeit der Stoffe aufgenommen werden. Im Hinblick auf Polymere empfiehlt der Umweltrat, diese zukünftig in das Registrierverfahren mit aufzunehmen. Die Beurteilung der Gefährlichkeit der Polymere könnte anhand eines von einer EU-Arbeitsgruppe erarbeiteten Konzepts erfolgen, bei dem im Wesentlichen auf die Monomereigenschaften zurückgegriffen wird. Zur Ermittlung möglicher hormoneller Wirkungen von Stoffen sollten Testverfahren weiterentwickelt und validiert werden, die geeignet sind, Stoffe systematisch daraufhin zu prüfen, ob sie ein endokrines Potenzial besitzen. Diese Testverfahren sollten dann zumindest bei den Prüfanforderungen für in großen Mengen hergestellte Stoffe aufgenommen werden.

- Die Bundesregierung sollte sich im Laufe der Verhandlungen über das REACH-System nachdrücklich für eine obligatorische Zusammenarbeit der Datenproduzenten hinsichtlich der Stoffbewertungen einsetzen. Das vom BMU in die Diskussion eingebrachte „Marktführermodell" ist dabei insbesondere wegen des relativ geringen Abstimmungs- und Entscheidungsaufwandes zwischen den Unternehmen besonders attraktiv. Keinesfalls sollte eine europäische Regelung hinter den im deutschen Recht in § 20a Abs. 5 ChemG zutreffend verankerten Anforderungen zurückbleiben. Die von der EU-Kommission vorgeschlagene freiwillige Kooperation ist zum einen wegen der aufwendigen Konsensfindungsverfahren, die letztlich gleichwohl ins Leere laufen können, und zum anderen wegen der kostspieligen Mehrfachprüfungen desselben Stoffes ineffizient. Es sollte grundsätzlich das Prinzip der stoffbezogenen Registrierung gelten.

- Hinsichtlich der Registrierungspflicht für Stoffe in Produkten empfiehlt der Umweltrat einen wesentlich breiteren Geltungsbereich. Verhältnismäßig und aus Vorsorgegründen erforderlich wäre zumindest eine Registrierungspflicht auf der Basis einer Prioritätenliste für solche Produkte, die mit Kindern und anderen besonders empfindlichen Gruppen in Berührung kommen und bei denen eine Freisetzung gesundheitsgefährlicher Stoffe bereits identifiziert wurde oder als plausibel anzunehmen ist. Kinderspielzeuge, die bestimmte Stoffe (z. B. Weichmacher) enthalten, Elektrogeräte, Bodenbeläge oder Lacke würden diesen Kriterien zufolge zu den prioritären Produktgruppen gehören. Hier wäre zumindest ein Unbedenklichkeitsnachweis erforderlich, um bei solchen prioritären Gruppen die Registrierungspflicht zu vermeiden.

Hinsichtlich des insgesamt defizitären Zulassungsverfahrens sieht der Umweltrat folgenden Nachbesserungsbedarf:

- Die Leistungsfähigkeit des Zulassungsverfahrens sollte zur Bewältigung der großen Stoffanzahl dadurch erhöht werden, dass anstelle einer aufwendigen Einzelfallprüfung durch Risikoanalysen eine standardisierte und vorsorgeorientierte Kategorienbildung für Sofortentscheidungen erfolgt. Eine Zulassung sollte grundsätzlich für besonders gefährliche Stoffe verweigert werden, wenn eine Freisetzung in der Produktions-, Anwendungs- oder Abfallphase nicht ausgeschlossen werden kann. Der Umweltrat wiederholt daher seine Forderung nach einer verstärkten Berücksichtigung inhärenter Stoffeigenschaften im Rahmen der Risikobewertung. Das bedeutet zum Beispiel, dass bioakkumulierende und persistente Stoffe unabhängig von der Ermittlung einer kritischen Wirkungsschwelle allein aufgrund dieser Eigenschaften verboten und nur in Ausnahmefällen zugelassen werden sollten.

- Das Zulassungsverfahren sollte grundsätzlich mehr Stoffkategorien betreffen. Aus Gründen der Vorsorge sollte ein begründeter Verdacht auf Kanzerogenität, Mutagenität oder Reproduktionstoxizität ausreichen, um einen Stoff in das Zulassungsverfahren aufzunehmen. Auch hormonell wirksame Stoffe sollten generell und nicht nur im Einzelfall zulassungsbedürftig werden.

- Das Substitutionsprinzip sollte in der Verordnung systematischer verankert werden. Beim Vorhandensein wirtschaftlich vertretbarer und relativ sicherer Alternativen sollte grundsätzlich die akzeptierte Risikoschwelle bei der Zulassungsentscheidung für einen Stoff erhöht werden. Im Übrigen darf aus der fehlenden Substituierbarkeit eines Stoffes nicht auf die Zumutbarkeit eines hohen Stoffrisikos geschlossen werden.

12 Neue gesundheitsbezogene Umweltrisiken

1068. Die Begrenzung negativer Auswirkungen der anthropogen veränderten Umwelt auf den Menschen ist ein zentrales Anliegen der Umweltpolitik. Die vielfältigen Umwelteinflüsse werden auch in diesem Umweltgutachten in den einzelnen Kapiteln kritisch bewertet. In diesem Kapitel werden die zentralen und aktuellen Themen Biologische Aerosole, Multiple Chemikalien-Sensitivität (MCS), Phthalate (Weichmacher), Acrylamid und Edelmetalle aus Katalysatoren behandelt. Darüber hinaus finden sich weitere Fragestellungen aus dem Bereich Umwelt und Gesundheit in den Kapiteln Luftreinhaltung (Kap. 6), Lärmschutz (Kap. 7) und „Grüne" Gentechnik (Kap. 10).

Biologische Aerosole

1069. Biologische Aerosole stehen seit einigen Jahren unter dem Verdacht, vorwiegend Atemwegsbeschwerden, atemwegsbezogene Erkrankungen und Allergien auslösen zu können. Der Umweltrat hat sich bezüglich der allergenen Wirkung von Schimmelpilzen bereits in seinem Sondergutachten „Umwelt und Gesundheit" zu einem Teilaspekt der Biologischen Aerosole geäußert (SRU, 1999, Tz. 239 ff.). Da Biologische Aerosole ein Problem im Wohnraum, in der Außenluft von Wohngebieten und maßgeblich auch an Arbeitsplätzen der Abwasser- und Abfallwirtschaft sowie der Intensivtierhaltung bilden, soll in diesem Umweltgutachten der aktuelle Forschungsstand dargestellt und bewertet werden. Die bestehenden rechtlichen Regelungen sollen überprüft und Empfehlungen für zukünftig zu ergreifende Maßnahmen gegeben werden.

Multiple Chemikalien-Sensitivität (MCS)

1070. In seinem Sondergutachten „Umwelt und Gesundheit" hat sich der Umweltrat bereits mit den Schwierigkeiten bei der Definition und damit auch bei der Diagnose des Krankheitsbildes der MCS beschäftigt. Es wurde darauf verwiesen, dass es an naturwissenschaftlichem Wissen über dieses Krankheitsbild mangelt und es einer Versachlichung der emotional und kontrovers geführten Diskussion bedarf (SRU, 1999, Tz. 376 ff.). In Kapitel 12.2 wird nach fünf Jahren eine Bilanz für diesen Bereich gezogen. Die kürzlich abgeschlossene multizentrische Studie des Robert Koch-Institutes (RKI) soll hinsichtlich ihres Erkenntnisgewinns auf dem Gebiet MCS bewertet werden (UBA, 2003). Daraus werden Handlungsempfehlungen für den zukünftigen Umgang mit diesem Krankheitsbild abgeleitet.

Phthalate

1071. Es ist schon seit einigen Jahren bekannt, dass – nachweislich in Tierversuchen – einige Phthalate reproduktionstoxisch und teratogen (fruchtschädigend) sind. Dies ist besonders bedenklich, da diese Stoffgruppe, die meist als Weichmacher in Kunststoffen Verwendung findet, in sehr großen Mengen produziert wird und in vielen Gebrauchsgegenständen des alltäglichen Lebens enthalten ist. Nach neuesten Forschungsergebnissen ist die innere Exposition der Bevölkerung mit dem mengenmäßig bei weitem wichtigsten Phthalat – Di(2-ethylhexyl)phthalat (DEHP) – deutlich höher als bisher angenommen. Vor diesem Hintergrund wird im Kapitel 12.3 das Risiko der Bevölkerung durch die Phthalat-Exposition anhand des aktuellen Forschungsstands dargestellt und bewertet sowie der bestehende Handlungsbedarf aufgezeigt.

Acrylamid

1072. Am 24. April 2002 hat die schwedische Lebensmittelbehörde über das Schnellinformationssystem für Lebensmittel der EU die EU-Kommission und die anderen Mitgliedstaaten über das Vorkommen von bedenklich hohen Konzentrationen des neurotoxischen und kanzerogenen Stoffs Acrylamid in Lebensmitteln informiert. Acrylamid wurde in zum Teil hohen Konzentrationen in bestimmten stärkehaltigen Lebensmitteln – beispielsweise in Kartoffelchips, Knäckebrot, Frühstückscerealien und Pommes frites – nachgewiesen. Diese recht spektakuläre Veröffentlichung löste unter der Bevölkerung wie auch unter Fachleuten heftige Diskussionen aus. Bemerkenswert an diesem Fall ist, dass Acrylamid nicht von außen in die Lebensmittel gelangt, sondern während der Herstellung aus natürlichen Bestandteilen entsteht. Da die Belastung der Bevölkerung mit diesem Kanzerogen erst seit kurzem bekannt ist, fehlen bisher sehr viele Informationen über die Wirkungen und den Metabolismus auf beziehungsweise im Menschen. Trotzdem werden im Kapitel 12.4 anhand des derzeitigen Kenntnisstands soweit möglich eine Risikobewertung vorgenommen und Handlungsempfehlungen ausgesprochen.

Edelmetalle aus Katalysatoren

1073. Schon einige Jahre nach der Einführung des Katalysators zur Abgasreinigung in Kraftfahrzeugen konnten in Industrieländern ansteigende Immissionen von Platin und Rhodium in der Umwelt beobachtet werden. Die Platingruppenelemente (PGE) Platin, Palladium und Rhodium werden als katalytisch wirksame Metalle in den Autoabgaskatalysatoren eingesetzt und während des Betriebs in sehr geringen Konzentrationen freigesetzt. Mit der Zunahme der mit einer Abgasreinigung ausgestatteten Personenkraftwagen (PKW) konnte auch ein Anstieg speziell der Platin- und Palladiumimmissionen festgestellt werden.

Zur Wirkung dieser Edelmetalle ist bisher nur bekannt, dass sie zu einer Sensibilisierung hinsichtlich des Auftretens von Allergien führen können. In Kapitel 12.5 wird anhand des derzeitigen Kenntnisstands das Risiko der Bevölkerung durch diese relativ neuen Luftschadstoffe bewertet und überprüft, inwieweit ein Handlungsbedarf besteht.

Weitere Themen

1074. Die menschliche Gesundheit wird selbstverständlich auch durch weitere Schadstoffe und belästigend wirkende Emissionen in die Umwelt gefährdet. Im Folgenden werden die in diesem Umweltgutachten behandelten Risiken für die menschliche Gesundheit zusammengefasst und es wird auf die entsprechenden Kapitel verwiesen.

1075. Begleiterscheinungen der motorisierten Mobilität, wie zum Beispiel eine hohe Exposition der Menschen gegenüber Luftschadstoffen (Stäuben, Stickstoffoxiden) und Lärm, können nachweislich zu unterschiedlichen Erkrankungen führen. Insbesondere die Lärmbelastung der Bevölkerung hat sich in den letzten Jahren als stärker werdendes und persistentes Problem herausgestellt. Aus diesem Grund wird diese Problematik in Kapitel 7 ausführlich behandelt. Dagegen scheint die Luftverschmutzung mit verkehrsabhängigen Schadstoffen rückläufig zu sein. Allerdings werden die Schadstoffe mittlerweile unter anderen Gesichtspunkten betrachtet als noch vor einigen Jahren. Im Fall der Stäube und Rußemissionen wird vor allem den Feinstäuben (PM_{10}, $PM_{2,5}$) und Ultrafeinstäuben ($PM_{0,1}$) eine relevante Bedeutung insbesondere bei der Entstehung von Herz-Kreislauf-Erkrankungen zugeschrieben (SRU, 2002, Tz. 541 ff.). Durch geeignete technische Maßnahmen sind gröbere Partikel mittlerweile von vernachlässigbarer Bedeutung (Tz. 522).

Eine immer wieder unterschätzte Folge der zunehmenden motorisierten Mobilität der Industrieländer ist der dadurch mitverursachte Bewegungsmangel der Bevölkerung. Durch fehlende körperliche Bewegung entstehen viele Stoffwechsel- und Herz-Kreislauf-Erkrankungen. Bewegungsmangel ist auch maßgeblich für die steigende Anzahl an übergewichtigen Kindern und Jugendlichen verantwortlich. Der Umweltrat hält es für erforderlich, Maßnahmen zu ergreifen, um dieser Entwicklung entgegenzuwirken.

1076. Bereits seit den ersten Freisetzungsversuchen mit gentechnisch veränderten Pflanzen bestehen Befürchtungen hinsichtlich einer negativen Auswirkung auf die menschliche Gesundheit, wenn derart veränderte Pflanzen in Verkehr gebracht werden und in die Nahrungskette gelangen. Es werden beispielsweise die Zunahme an allergen wirksamen Proteinen oder das unkontrollierte Entstehen toxischer Substanzen diskutiert. In Kapitel 10 werden aktuelle Studien zu dieser Fragestellung bewertet.

12.1 Biologische Aerosole

1077. Als Biologische Aerosole werden alle luftgetragenen Teilchen biologischer Herkunft bezeichnet. Im Wesentlichen handelt es sich dabei um Partikel, denen Pilze (Sporen, Konidien, Hyphenbruchstücke), Bakterien, Viren und/oder Pollen sowie deren Stoffwechselprodukte (z. B. Endotoxine, Mykotoxine, MVOC) oder Zellwandbestandteile anhaften, beziehungsweise die diese beinhalten oder bilden (VDI, 2003a). Darüber hinaus ist das Vorkommen Biologischer Aerosole praktisch immer von Gerüchen begleitet. In emittierten Biologischen Aerosolen sind Mikroorganismen meistens an Staubpartikel oder Flüssigkeitströpfchen gebunden, aber sie können auch frei vorkommen. Biologische Aerosole können sich auf Haut und Schleimhäuten absetzen und bei einem aerodynamischen Durchmesser von < 5 µm bis in die Alveolen (Lungenbläschen) eingeatmet werden (GRÜNER et al., 1998). Dementsprechend können Biologische Aerosole teilweise auch in die gesundheitlich relevanten Fraktionen der Feinstäube fallen (SRU, 2002, Tz. 451 ff.).

Die in die Definition des Vereins Deutscher Ingenieure (VDI) mit einbezogenen Gerüche breiten sich in der Regel in einem wesentlich größeren Radius als Mikroorganismen aus. Unter ungünstigen Umständen können die für Schimmelpilze charakteristischen Gerüche über mehrere Kilometer Entfernung wahrgenommen werden. Bezüglich des Belästigungsgrades der exponierten Bevölkerung haben hier vor allem die Geruchsqualität (Hedonik) und die Wahrnehmungshäufigkeit einen entscheidenden Einfluss.

1078. Biologische Aerosole entstehen unter anderem in Anlagen zur biologischen Abfallbehandlung (z. B. Kompostierungsanlagen), im Gartenbau, in der Landwirtschaft und Intensivtierhaltung. Das Spektrum und die Menge der emittierten Mikroorganismen hängen von der Anlagenart mit ihrer jeweiligen technischen Ausgestaltung und baulichen Ausführung sowie von den zu bearbeitenden Materialien ab. Die daraus resultierende Exposition der Mitarbeiter wird von ihren jeweiligen Tätigkeiten bestimmt. Die Kommission Reinhaltung der Luft im VDI und DIN hat in einer VDI-Richtlinie anlagenbezogene Parameter festgelegt und empfohlen, schutzgut- beziehungsweise anlagenbezogene Parameter zu erfassen (Tab. 12-1). Mit der Erfassung der Konzentrationen bestimmter Mikroorganismen kann unter bestimmten Rahmenbedingungen eine Aussage über die gesundheitliche Gefährdung durch Biologische Aerosole getroffen werden (VDI, 2003b). Zur Identifizierung bestimmter Emittenten und zur Begrenzung des Messaufwands wird nach der VDI-Richtlinie in der Regel nur eine Auswahl an Mikroorganismen, die so genannten Leitparameter, untersucht. Je nach Anlass der Messung (z. B. bei Nachbarschaftsbeschwerden) werden zusätzlich umweltmedizinisch relevante Parameter bestimmt (s. Legende Tab. 12-1).

Tabelle 12-1

Relevante industrielle und gewerbliche Emittenten für Biologische Aerosole, Übersicht über Anlagenarten und Messobjekte

Bereich	Anlagenart	Anlagenbezogene Parameter		Schutzgutbezogene, umweltmedizinische Parameter
		Obligate Parameter (z. T. Leitparameter)	Fakultative Parameter	Fakultative Parameter
		Diese Parameter müssen gemessen werden	Der Messumfang kann bei besonderer Fragestellung durch die Auswahl eines oder mehrerer zusätzlicher Parameter erweitert werden	Der Messumfang kann bei besonderer Fragestellung durch die Auswahl eines oder mehrerer zusätzlicher Parameter erweitert werden
Verwertung und Beseitigung von Abfällen und sonstigen Stoffen (Entsorgungsanlagen)	Wertstoffsortieranlagen Gewerbeabfallsortieranlagen	Gesamtbakterienzahl 37°C Gesamtpilzzahl 25°C	mesophile Actinomyceten thermophile Actinomyceten Endotoxine	Differenzierung der Pilze
	Verwertung getrennt erfasster/aussortierter Wertstoffe (Metalle, Kunststoffe) Altpapier: s. u.	Gesamtbakterienzahl 37°C Gesamtpilzzahl 25°C	*Penicillium* spp. mesophile Actinomyceten	Differenzierung der Pilze
	Altholzaufbereitungsanlagen	Gesamtbakterienzahl 37°C Gesamtpilzzahl 25°C	Aerobe Sporenbildner *Paecilomyces* spp. *Aspergillus fumigatus*	Differenzierung der Pilze
	Kompostierungsanlagen Erden- und Humuswerke	Gesamtbakterienzahl 37°C Gesamtpilzzahl 25°C thermophile Actinomyceten thermophile Pilze *Aspergillus fumigatus*	*Aspergillus flavus* thermophile Bakterien Endotoxine mesophile Actinomyceten *Penicillium* spp.	Differenzierung der Pilze
	Vergärungsanlagen Co-Fermentationsanlagen	Gesamtbakterienzahl 37°C Gesamtpilzzahl 25°C *Enterococcus faecalis*	thermophile Pilze Clostridien Streptokokken Staphylokokken Endotoxine mesophile Actinomyceten Enteroviren anaerobe Gesamtbakterien anaerobe Sporenbildner	Enteroviren (nur bei Co-Fermentation mit Klärschlamm)
	Umladestationen/ Zwischenlagerung von Rest- und Bioabfall	Gesamtbakterienzahl 37°C Gesamtpilzzahl 25°C thermophile Pilze	*Penicillium* spp. Endotoxine	Differenzierung der Pilze
	Mechanisch-biologische Restabfallaufbereitungsanlagen	Gesamtbakterienzahl 37°C Gesamtpilzzahl 25°C thermophile Actinomyceten thermophile Pilze *Aspergillus fumigatus*	thermophile Bakterien Endotoxine mesophile Actinomyceten *Penicillium* spp. *Aspergillus flavus*	Endotoxine Differenzierung der Pilze
	Aufbereitung und thermische Entsorgung von Hausmüll	Gesamtbakterienzahl 37°C Gesamtpilzzahl 25°C thermophile Pilze	thermophile Bakterien Endotoxine mesophile Actinomyceten thermophile Actinomyceten *Penicillium* spp. Clostridien	Differenzierung der Pilze
	Bodensanierung	Gesamtbakterienzahl 37°C Gesamtpilzzahl 25°C	Aerobe Sporenbildner	
	Deponien	Gesamtbakterienzahl 37 °C Gesamtpilzzahl 25 °C	thermophile Pilze thermophile Bakterien thermophile Actinomyceten mesophile Actinomyceten Clostridien	thermophile Pilze Differenzierung der Pilze

noch Tabelle 12-1

Bereich	Anlagenart	Anlagenbezogene Parameter		Schutzgutbezogene, umweltmedizinische Parameter
		Obligate Parameter (z. T. Leitparameter)	**Fakultative Parameter**	**Fakultative Parameter**
		Diese Parameter müssen gemessen werden	Der Messumfang kann bei besonderer Fragestellung durch die Auswahl eines oder mehrerer zusätzlicher Parameter erweitert werden	Der Messumfang kann bei besonderer Fragestellung durch die Auswahl eines oder mehrerer zusätzlicher Parameter erweitert werden
noch Verwertung und Beseitigung von Abfällen und sonstigen Stoffen (Entsorgungsanlagen)	Kläranlagen	Gesamtbakterienzahl 37 °C Gesamtpilzzahl 25 °C *Enterococcus faecalis*	Endotoxine Enteroviren *Enterococcus faecalis* Fäkalcoliforme Bakterien Coliphagen Clostridien Gram-negative Stäbchen	Enteroviren
Gartenbau	Gärtnereien mit Kompostierung	Gesamtbakterienzahl 37 °C Gesamtpilzzahl 25 °C thermophile Actinomyceten thermophile Pilze *Aspergillus fumigatus*	*Aspergillus flavus* thermophile Bakterien Endotoxine mesophile Actinomyceten *Penicillium* spp.	thermophile Actinomyceten Differenzierung der Pilze
	Champignon-Substratherstellung	Gesamtbakterienzahl 37 °C Gesamtpilzzahl 25 °C thermophile Actinomyceten thermophile Pilze *Aspergillus fumigatus*	*Aspergillus flavus* thermophile Bakterien Endotoxine mesophile Actinomyceten *Penicillium* spp. Enteroviren thermophile Pilze thermophile Actinomyceten	Differenzierung der Pilze
Nahrungs-, Genuss- und Futtermittel, landwirtschaftliche Erzeugnisse (Auswahl möglicher Quellen)	Pflanzenproduktion Pflanzenaufbereitung und Getreidelagerung	Gesamtbakterienzahl 37 °C Gesamtpilzzahl 25 °C		Aflatoxine Ochratoxin Deoxynivalenol Zearalenon
	Tierhaltung (Tierställe, Güllelagerung und -verarbeitung, Kottrocknung)	Gesamtbakterienzahl 37 °C Gesamtpilzzahl 25 °C *Staphylococcus aureus* und/oder *Enterococcus faecalis* Endotoxine (nur bei Tierställen)	Enteroviren thermophile Bakterien thermophile Pilze thermophile Actinomyceten	thermophile Pilze thermophile Actinomyceten *Coxiella burnetii* (Schafhaltung und Rinderhaltung) *Chlamydophila psittaci* (Geflügelhaltung) Differenzierung der Pilze
	Schlachtbetriebe	Gesamtbakterienzahl 37 °C Gesamtpilzzahl 25 °C		*Chlamydophila psittaci* (Geflügelschlachtung)
	Futtermittelerzeugende Anlagen	Gesamtbakterienzahl 37 °C Gesamtpilzzahl 25 °C	mesophile Pilze mesophile Bakterien	Aflatoxine Deoxynivalenol Zearalenon
	Organische Düngemittelherstellung	Gesamtbakterienzahl 37 °C Gesamtpilzzahl 25 °C	*Enterococcus faecalis*	
	Tierkörperbeseitigungsanlagen	Gesamtbakterienzahl 37 °C Gesamtpilzzahl 25 °C	Clostridien Endotoxine Enteroviren *Enterococcus faecalis*	
	Gerbereien	Gesamtbakterienzahl 37 °C Gesamtpilzzahl 25 °C		
	Nahrungsmittelherstellung	Gesamtbakterienzahl 37 °C Gesamtpilzzahl 25 °C		

noch Tabelle 12-1

Bereich	Anlagenart	Anlagenbezogene Parameter		Schutzgutbezogene, umweltmedizinische Parameter
		Obligate Parameter (z. T. Leitparameter)	Fakultative Parameter	Fakultative Parameter
		Diese Parameter müssen gemessen werden	Der Messumfang kann bei besonderer Fragestellung durch die Auswahl eines oder mehrerer zusätzlicher Parameter erweitert werden	Der Messumfang kann bei besonderer Fragestellung durch die Auswahl eines oder mehrerer zusätzlicher Parameter erweitert werden
Sonstige	Biologische Abluftreinigung z. B. Biofilter/ Biowäscher	Gesamtbakterienzahl 37 °C Gesamtpilzzahl 25 °C	thermophile Pilze thermophile Bakterien mesophile Actinomyceten thermophile Actinomyceten *Saccaropolyspora* spp. *Saccharomonospora* spp. Endotoxine psychrophile Bakterien 15 °C *Paecilomyces* spp. (bei Biofiltern)	thermophile Actinomyceten thermophile Pilze Differenzierung der Pilze Sprosspilze
	Kühltürme und Klimaanlagen	Gesamtbakterienzahl 37 °C Gesamtpilzzahl 25 °C Legionella spp.	Gram-negative Stäbchen *Pseudomonadaceae*	*Legionella* spp.
	Textil/Faserindustrie (Baumwollverarbeitung)	Gesamtbakterienzahl 37 °C Gesamtpilzzahl 25 °C		
	Metallbearbeitung unter Verwendung von Kühlschmierstoffen	Gesamtbakterienzahl 37 °C Gesamtpilzzahl 25 °C	Pseudomonadaceae	
	Papierindustrie/ Altpapierverwertung	Gesamtbakterienzahl 37 °C Gesamtpilzzahl 25 °C		
	Holzverarbeitung und -lagerung	Gesamtbakterienzahl 37 °C Gesamtpilzzahl 25 °C	Aerobe Sporenbildner *Paecilomyces* spp. *Aspergillus fumigatus*	

Legende:

Anlagenbezogene Parameter:

Es wird zwischen anlagenbezogenen (also anlagentypischen Messobjekten) und schutzgutbezogenen, umweltmedizinisch relevanten Parametern unterschieden.

Obligate Parameter/Leitparameter: Unter Leitparameter werden eine beschränkte Auswahl typischer Mikroorganismen, soweit Erkenntnisse vorliegen, aufgeführt. Diese sind bei Messungen auf jeden Fall zu berücksichtigen. Außerdem müssen grundsätzlich die Messobjekte Gesamtbakterienzahl bei 37 °C und Gesamtpilzzahl bei 25 °C gemessen werden.

In Abhängigkeit von der Fragestellung sind gegebenenfalls zusätzlich ergänzende anlagenbezogene Parameter oder umweltmedizinisch relevante Parameter zu erfassen.

Fakultative Parameter: Bestimmte Messaufgaben (z. B. Ermittlung des Reichweiteneinflusses, Einfluss auf „Nachbarnutzungen") erfordern unter Umständen zusätzliche Parameter zur Charakterisierung der Anlagenemissionen und zur Ermittlung des Anlageneinflusses.

Schutzgutbezogene, umweltmedizinische Parameter:

Fakultative Parameter: Je nach Messaufgabe (z. B. Untersuchungen bei Nachbarschaftsbeschwerden) müssen die Leitparameter durch umweltmedizinisch relevante Parameter ergänzt werden. Es ist zu beachten, dass auch nicht kultivierbare Mikroorganismen und deren Teile oder Stoffwechselprodukte eine allergene oder toxikologische Bedeutung haben können.

Quelle: VDI, 2003b, verändert

1079. Wie oben bereits angemerkt, können Biologische Aerosole – je nach Art und Konzentration – gesundheitsschädigend sein. Für Konzentrationen, wie sie an Arbeitsplätzen der Abfallwirtschaft vorkommen können, konnten bereits Gesundheitsschädigungen nachgewiesen werden (s. Tz. 1091 ff.). Zu den nach heutigem Kenntnisstand bestehenden gesundheitlichen Risiken zählen unter anderem die Übertragung von Krankheitserregern, Haut- und Schleimhautreizungen sowie allergische und asthmatische Reaktionen. Zunehmend werden auch Partikel (Feinstäube, s. SRU, 2002, Tz. 541 ff.), denen Schimmelpilze anhaften, als ein relevantes Gesundheitsrisiko angesehen. Allerdings sind viele Einzelheiten über die Wirkungen und Wirkungszusammenhänge von Biologischen Aerosolen noch weit gehend unbekannt. Aus diesem Grund werden in Tabelle 12-1 zusätzlich die fakultativ pathogenen Mikroorganismen angegeben, die im Rahmen umweltmedizinischer und epidemiologischer Untersuchungen erfasst werden sollten.

1080. Die Problematik der gesundheitlichen Risiken von Biologischen Aerosolen hat regulatorisch bisher überwiegend im Arbeitsschutz Berücksichtigung gefunden. Da an bestimmten Arbeitsplätzen – beispielsweise bei der Abfallsammlung und -behandlung und bei der Intensivtierhaltung – hohe Konzentrationen von Biologischen Aerosolen auftreten, ist hier der Forschungs- und Handlungsbedarf seit langem evident. Zu den entsprechenden Arbeitsplatzbelastungen existieren bereits umfangreiche wissenschaftliche Studien und Auswertungen (s. Abschn. 12.1.1.2). Daran anknüpfend sind sowohl auf EG-Ebene mit der Richtlinie 2000/54/EG (Richtlinie des EU-Parlamentes und des Rates vom 18. September 2000 über den Schutz der Arbeitnehmer gegen Gefährdungen durch biologische Arbeitsstoffe) und der Vorläuferrichtlinie 90/679/EWG des Rates vom November 1990 (ABl. EG Nr. L374, S. 1) als auch auf nationaler Ebene mit der Biostoffverordnung (Verordnung über Sicherheit und Gesundheitsschutz bei Tätigkeiten mit biologischen Arbeitsstoffen – BioStoffV vom 18. Oktober 1999, BGBl. I 2059) umfassende und sehr detaillierte Arbeitsschutzbestimmungen verabschiedet worden.

Demgegenüber haben die vergleichsweise geringeren, aber trotzdem zum Teil sehr beachtlichen Bioaerosolimmissionen in der Umgebung von Abfallbehandlungs- und Kompostierungsanlagen sowie von Intensivtierhaltungen in Forschung und Politik noch keine ausreichende Beachtung gefunden. Gleiches gilt für die Schimmelpilzbildung in feuchten Innenräumen. Die Belastungs- und Wirkungsforschung zeigt jedoch, dass die Konzentrationen an Biologischen Aerosolen, die in der Umgebung von Abfallbehandlungsanlagen und Anlagen der Intensivtierhaltung gemessen wurden, durchaus gesundheitliche Risiken bergen können, die unter Vorsorgegesichtspunkten nicht hingenommen werden sollten (vgl. Abschn. 12.1.4 und 12.1.5).

Umweltpolitisch wird bisher jedoch nur sehr zögerlich reagiert. Für Außenluftbelastungen wurden erst kürzlich durch die Kommission Reinhaltung der Luft im VDI und DIN erste Standards (VDI-Richtlinien) zur Erfassung und zum Nachweis luftgetragener Mikroorganismen und Viren erarbeitet (Tab. 12-1, 12-3 und 12-4). Für Schimmelpilzkontaminationen in Innenräumen gibt es bis heute keine standardisierten einheitlichen Erfassungsmethoden und Bewertungsmaßstäbe.

Die Unklarheiten über die tatsächlichen gesundheitlichen Gefährdungen durch die vorhandenen Expositionen gegenüber Biologischen Aerosolen führen nach Ansicht des Umweltrates zu Recht zu einer erheblichen und zunehmenden Verunsicherung der Öffentlichkeit. Wie die nachstehenden Ausführungen zur Belastungslage und zum Stand der Wirkungsforschung zeigen, sollten auch hinsichtlich der von Abfallbehandlungs-, Kompostierungs- und Intensivtierhaltungsanlagen ausgehenden Immissionen schärfere Schutzbestimmungen getroffen werden, als sie das gegenwärtige Immissionsschutzrecht – das im Wesentlichen nur auf Geruchsbelastungen abstellt – vorsieht.

1081. Im Folgenden werden die Biologischen Aerosole mit ihren wesentlichen Expositionsquellen und ihrer gesundheitlichen Relevanz dargestellt. Im Einzelnen sind dies die direkten Expositionen am Arbeitsplatz, die anlagenbezogenen Emissionen in die Außenluft und die Entwicklung Biologischer Aerosole im Innenraum. In diesem Zusammenhang widmet der Umweltrat der bislang wenig beachteten Außenluftproblematik besondere Aufmerksamkeit.

Die Exposition gegenüber Biologischen Aerosolen in der Außenluft kann nur in Bezug auf die emittierenden Quellen betrachtet werden. Dabei ist die jeweilige Emissionssituation zum einen von der Anlagenart abhängig. Das emittierte Spektrum der Biologischen Aerosole und die damit zu erwartende gesundheitlich relevante Exposition ist beispielsweise zwischen Anlagen zur Kompostierung und der Landwirtschaft unterschiedlich (s. auch Tab. 12-1). Zum anderen hängt das Ausmaß der Emissionen von der Abluftfassung (offene oder eingehauste Anlagen) und den technischen Vorrichtungen zur Abluftreinigung ab. Darüber hinaus sind meteorologische und topographische Bedingungen für die Ausbreitung entscheidend. Bei ungünstigen Bedingungen wie abendlichen oder nächtlichen Kaltluftabflüssen kann es zu einer erheblichen Verfrachtung von Biologischen Aerosolen kommen.

1082. Die Exposition gegenüber Biologischen Aerosolen ist im Vergleich zwischen Innenraum und Außenluft bezogen auf die vorkommenden Spektren der Mikroorganismen und die Rahmenbedingungen der Exposition sehr unterschiedlich. Im Gegensatz zum Arbeitsplatz sind im Nahbereich von bioaerosolemittierenden Anlagen und im Innenraum chronisch kranke Personen (z. B. immunsupprimierte Personen) und andere Risikogruppen betroffen. Diese Gruppen sind im Allgemeinen bezüglich einer Exposition gegenüber Biologischen Aerosolen deutlich sensibler als die Normalbevölkerung. Besonders gefährdet sind chronisch Kranke wie Asthmatiker, deren Leiden sich aufgrund der Exposition verschlimmern kann, was beispielsweise zu einer höheren Anfallshäufigkeit führt. Im Gegensatz dazu sind am Arbeitsplatz bei den Beschäftigten in der Regel keine Risikogruppen (*healthy worker effect*) anzutreffen. Bei diesem Effekt kommt es dazu, dass Arbeitende mit chronischen Stresssymptomen ausscheiden, sodass nur die Gesündesten übrig bleiben.

12.1.1 Anlagen der Abfallwirtschaft

12.1.1.1 Relevante Anlagen für die Entstehung von Biologischen Aerosolen

1083. Die Anlagen der biologischen Abfallbehandlung haben einen wesentlichen Anteil an den gesamten Emissionen von Biologischen Aerosolen. Dies gilt insbesondere für Kompostierungsanlagen, da sie beispielsweise im Vergleich mit Abfallsortieranlagen und Deponien um ein bis zwei Zehnerpotenzen höhere Expositions- und Emissionskonzentrationen von Biologischen Aerosolen aufweisen. Zu den Kompostierungsanlagen zählen unter anderem Bioabfall-, Grünabfall-, Klärschlammkompostierungsanlagen und im weiteren Sinne grundsätzlich auch mechanisch-biologische Abfallbehandlungsanlagen. Tabelle 12-2 gibt Anzahl, Kapazität und durchschnittliche Anlagengrößen von Kompostierungsanlagen in Deutschland für das Jahr 1998 bundeslandspezifisch an. Es ist zu erkennen, dass im Vergleich zu Müllverbrennungsanlagen und modernen mechanisch-biologischen Abfallbehandlungsanlagen die durchschnittliche Anlagenkapazität der Kompostierungsanlagen in der Höhe von 13 035 Mg eher gering ausfällt. So ergibt sich auch die hohe Anzahl an Einzelanlagen, die für das Jahr 1998 mit 544 Anlagen angegeben wird.

Im Gegensatz dazu gab es im Jahr 2000 lediglich 61 thermische Anlagen zur Behandlung von Rest-Siedlungsabfällen mit einer gesamten Anlagenkapazität von 14,0 Mio. Mg, woraus sich wiederum eine durchschnittliche Behandlungskapazität von 230 000 Mg/a ableiten lässt (UBA, 2001). Die durchschnittliche Behandlungskapazität moderner mechanisch-biologischer Abfallbehandlungsanlagen lässt sich derzeitig nicht genau angeben. Für die Zukunft kann aber davon ausgegangen werden, dass sie deutlich über 100 000 Mg/a liegen wird (Aufstellung in LAGA, 2003).

Tabelle 12-2

Anzahl, Kapazität und durchschnittliche Anlagengrößen von Kompostierungsanlagen in Deutschland (Stand April 1998)

Bundesland	Anzahl Anlagen	Kapazität [Mg/a]	Durchschnittliche Anlagengröße [Mg/a]
Baden-Württemberg	49	577 300	11 782
Bayern	67	635 000	9 478
Berlin	5	81 000	16 200
Brandenburg	59	847 680	14 367
Bremen	1	42 000	42 000
Hamburg	3	15 000	5 000
Hessen	46	435 650	9 471
Mecklenburg-Vorpommern	11	147 600	13 418
Niedersachsen	34	618 500	18 191
Nordrhein-Westfalen	67	1 064 420	15 887
Rheinland-Pfalz	21	373 400	17 781
Saarland	20	95 200	4 760
Sachsen	42	631 896	15 045
Sachsen-Anhalt	60	570 290	9 505
Schleswig-Holstein	26	266 000	10 231
Thüringen	33	690 011	20 909
Gesamt	**544**	**7 090 947**	**13 035**

Quelle: KERN, 2000, verändert

1084. Die getrennte Sammlung und Verwertung von häuslichen Bioabfällen ist vielerorts in Deutschland umgesetzt worden. Das Aufkommen an separat erfassten kompostierbaren Abfällen aus der Biotonne lag im Jahr 1998 bei 3,3 Mio. Mg (UBA, Umweltdaten Deutschland, 2002, S. 21). Somit kommt den Anlagen, die der Kompostierung dieser Bioabfälle dienen, eine besondere Bedeutung zu (s. auch Tz. 747 ff.). Unterstellt man eine vollständige Kompostierung der getrennt erfassten Bioabfälle, dürfte knapp die Hälfte der in Tabelle 12-2 aufgeführten Kompostierungskapazitäten durch die Behandlung von Bioabfällen aus Haushalten in Anspruch genommen werden. Diese Größenordnung erscheint durchaus plausibel, da bereits für das Jahr 1996 die gesamte Behandlungskapazität der Bioabfallkompostierungsanlagen in Deutschland mit 2,7 Mio. Mg/a angegeben wurde (MEYER, 1997).

12.1.1.2 Exposition am Arbeitsplatz

1085. Die im Abfall vorkommenden Mikroorganismen werden im Anhang VI der Richtlinie 2000/54/EG vom 18. September 2000 über den Schutz der Arbeitnehmer gegen Gefährdung durch biologische Arbeitsstoffe bei der Arbeit in verschiedene gesundheitlich relevante Klassen unterteilt. Dabei werden in der Gruppe 1 die vorwiegend apathogenen Erreger zusammengefasst und in der Gruppe 2 die fakultativ pathogenen. Das gelegentliche Vorkommen obligat pathogener Erreger (Gruppe 3) im Abfall wurde nachgewiesen und wird auch in den Ausführungen zur speziellen arbeitsmedizinischen Vorsorgeuntersuchung (G42, „Infektionserreger") angenommen.

An Arbeitsplätzen in der Abfallwirtschaft kommt es infolge der mikrobiellen Besiedlung der Abfälle insbesondere verstärkt durch den Transport und das Umsetzen des Abfalls innerhalb der einzelnen Behandlungsschritte dauerhaft oder intermittierend zu Belastungen der Luft. Die Tabellen 12-3 und 12-4 geben einen Überblick über in der Literatur veröffentlichte Messergebnisse bezüglich kultivierbarer luftgetragener Mikroorganismen, gemessen als koloniebildende Einheiten (KBE) pro Kubikmeter Luft. Der Einsatz verschiedener Messverfahren kann hierbei zu großen Ergebnisunterschieden führen.

Tabelle 12-3

Maximalexpositionen durch typische Mikroorganismen in Innenräumen, der Umgebung von Abfallwirtschaftsanlagen und der Außenluft (in KBE/m³)

Typische Arten der Außenluft			Keimzahlkonzentrationen			
			Innenräume	Arbeitsplätze Abfallwirtschaft	Außenluft	
Spezies	Partikelgröße bzw. Sporen- oder Konidiengröße in µm	a_w-Werte	KBE/m³*	KBE/m³*	KBE/m³ absolut*	%
Alternaria alternata	$(18–83) \cdot (7–18)$ [2]	0,85–0,88 [2]	10^1 [7]	n. r.	10^2 [4]; 10^1 [7]	bis *2* [8]
Aureobasidium pullulans	$(7,5–16) \cdot (3,5–7)$ [2]	–	< 5 [6]	n. r.	< 5 [6]	bis *4* [8]
Botrytis cinerea	$(8–14) \cdot (6–9)$ [2]	0,93–0,95 [2]	< 5 [6]	n. r.	< 10 [6]	bis *6* [8]
Cladosporium spp.	3–11		10^2 [6]		10^3 [4, 6]	bis *90* [4]
C. herbarum	$(5,5–13) \cdot (4–6)$ [2]	0,85–0,88 [2]	10^1 [6]	10^2 [5]	10^2 [6]	bis *60*
C. cladosporioides	$(3–7\ [11]) \cdot (2–4\ [5])$ [2]	0,86–0,88 [2]	10^1 [6]	10^3 [5]	10^1 [6]	bis *30*
Epicoccum nigrum	15–25 [2]	0,86–0,90 [2]	10^1 [7]	n. r.	10^1 [7]	bis *9* [8]

Legende: siehe Tabelle 12-4

Tabelle 12-4

Maximalexpositionen durch typische Mikroorganismen in Innenräumen, der Abfall- und Landwirtschaft und der Umgebung von Abfallwirtschaftsanlagen (in KBE/m³)

Typische Arten in der Abfall- und Landwirtschaft			Keimzahlkonzentrationen			
			Innenräume	Arbeitsplätze Abfallwirtschaft	Außenluft	
Spezies	Partikelgröße bzw. Sporen- oder Konidiengröße in µm	a_w-Werte	KBE/m³*	KBE/m³*	KBE/m³ absolut*	%
Absidia corymbifera	(3,4–4,6) · (2,8–3,8) [1]	–	n. r.	–	n. r.	
Aspergillus spp.	2,5–5[2]	0,71–0,95	10^1 [6]	–	< $10^{[6]}$	< 3 [4]
A. candidus	2,5–4[2]	0,75–0,78[2]	< 5	10^4 [5]	–	+
A. flavus	3,6[2]	0,78–0,80[2]	< 5	10^4 [5]	–	–
A. fumigatus	2,5–3[2]	0,85–0,94[2]	vereinzelt	10^7 [5]	bis 20	–
A. nidulans	3–3,5[2]	0,85[3]	< 5	10^5 [5]	–	–
A. niger	3,5–5[2]	0,92–0,95[3]	vereinzelt	10^4 [5]	–	–
A. parasiticus	3,5–5,5[2]	0,78–0,82[2]	–	10^3 [5]	–	–
A. versicolor	2–3,5[2]	0,78[2]	< 5 [6]	10^6 [5]	< 5[6]	–
Eurotium herbariorum	4,5–7 (8)[2]	–	< 5[6]	n. r.	< $10^{[6]}$	–
Fusarium culmorum	(34–50) · (5–7)[2]	0,87–0,91[2]	primär nicht luftgetragen	n. r.	–	–
F. graminearum	(41–60 [80]) · (4–5,5)[2]	0,89[2]	primär nicht luftgetragen	n. r.	–	–
Mucor hiemalis	(3,5–5,2) · (2,5–3,7) [1]	–	–	n. r.	–	–
M. racemosus	(5,5–8,5 (10)) · (4–7)[1]	0,94[2]	–	n. r.	–	–
Paecilomyces variotii	(3–5) · (2–4)[2]	0,79–0,84[2]	–	10^6 [5]	–	–
Penicillium spp.		0,78–0,98	10^2 [6]	–	10^1 [6]	*2,5–13*[4]
P. brevicompactum	3–4,5[2]	0,78–0,82[2]	10^1 [6]	10^4 [5]	< $10^{[6]}$	+
P. chrysogenum	(3–4) · (2,8–3,8)[2]	0,78–0,81[2]	bis 10^1 [7]	10^2 [5]	bis 10^1 [7]	+
P. corylophilum	(2,5–3,2) · (2,5–3,0)		–	n. r.	–	+
P. crustosum	3–4[2]		–	10^5 [5]	–	–
P. expansum	(3–3,5) · (2,5–3)[2]	0,82–0,85[2]	–	10^1 [5]	–	–

noch Tabelle 12-4

Typische Arten in der Abfall- und Landwirtschaft			Keimzahlkonzentrationen			
			Innenräume	Arbeitsplätze Abfallwirtschaft	Außenluft	
Spezies	Partikelgröße bzw. Sporen- oder Konidiengröße in µm	a_w-Werte	KBE/m³*	KBE/m³*	KBE/m³ absolut*	%
P. glabrum	3–3,5(2)	–	< 10 (6)	10⁴ (5)	< 5(6)	
P. lanosum	2,5–3,0	–	vereinzelt	n. r.	–	+
P. roqueforti	4-6 (8)(2)	0,83(2)	–	10⁴ (5)	–	–
Rhizopus oligosporus	([4] 9–10 [15]) · ([4] 7–10 [11])(1)	–	–	10⁴ (5)	–	–
Sporobolomyces spp.	(2–12) · (3–35)	–	–	–	bis 10⁵ (4)	–
Stachybotrys chartarum	(7–12) · (4–6)(1)	0,94(2)	–	–	–	–
Trichoderma harzianum	(2,8–3,2) · (2,5–2,8)(2)	–	vereinzelt	–	–	–
T. citrinoviride	(2,2–3,7) · (1,5–2,1)	–	–	10² (5)	–	–

* KBE-Zahlen für einzelne Arten in der Außenluft und in der Abfall- und Landwirtschaft. Dabei werden die KBE-Zahlen meist als Größenordnung (Zehnerpotenzen) angegeben; in Umweltbereichen mit niedrigen Fadenpilz-Konzentrationen (z. B. Innenraum, Außenluft) werden auch Häufigkeitsklassen von < 10 KBE/m³, < 5 KBE/m³ und „vereinzelt" angegeben.

Legende:

n. r.   Art kommt in sehr niedrigen KBE-Zahlen vor und ist umwelthygienisch nicht relevant

–   keine Literaturangaben verfügbar

Bei Mengenangaben ohne Quellenangabe handelt es sich um Erfahrungswerte des Instituts für Hygiene und Umweltmedizin, Universitätsklinikum Aachen, Rheinisch-Westfälisch Technische Hochschule Aachen (unveröffentlicht).

Literatur:

(1) ex [*Domsch* et al. 1980]

(2) ex [*Samson* et al. 1995]

(3) ex [*Reiß* 1986]

(4) ex [*Lacey* 1996]

(5) ex [*Fischer* 2000]

(6) ex [*Verhoeff* 1992; 1994]

(7) ex [*Fradkin* et al. 1987]

(8) ex [*Ostrowski* 1999]

Quelle: VDI, 2003b

Die Tabellen 12-3 und 12-4 lassen erkennen, mit welchen Konzentrationen der verschiedenen Mikroorganismen in der Außenluft im Vergleich zur Arbeitsplatz- und Innenraumbelastung gerechnet werden muss.

12.1.1.3 Biologische Aerosole in der Außenluft

1086. Die Freisetzung von Biologischen Aerosolen in die Außenluft im Rahmen der biologischen Abfallbehandlung ist von der Anlagenkonfiguration und -größe sowie von der gegebenenfalls vorhandenen Abluftfassung (Anlageneinhausung) und Abluftreinigung abhängig.

1087. Bei Messungen zur Ausbreitung von luftgetragenen Mikroorganismen aus fünf *eingehausten* biologischen Abfallbehandlungsanlagen ohne Abluftbehandlung wurden Freisetzungsraten von Bakterien und Schimmelpilzen bestimmt. Im Jahresmittel lag die Konzentration an Mikroorganismen und Actinomyceten im Abluftstrom bei 100 000 KBE/m³ und an Schimmelpilzen bei 50 000 KBE/m³ (FANTA et al., 1999). Als Jahresspitzenwerte wurden für Bakterien und Actinomyceten circa 4 000 000 KBE/m³ und für Schimmelpilze bis zu 3 000 000 KBE/m³ gemessen. Für Aspergillen, als medizinisch besonders relevante Spezies der Schimmelpilze, konnten Jahresspitzenwerte in Konzentrationen bis zu 3 000 000 KBE/m³ nachgewiesen werden. Das durchschnittliche natürliche Vorkommen (Hintergrundkonzentration) wird für Bakterien und Schimmelpilze mit weniger als 1 000 KBE/m³ angegeben; die Jahresspitzenwerte für Bakterien betragen 76 000 KBE/m³ und für Schimmelpilze 11 000 KBE/m³. Die Immissionswerte bei den fünf untersuchten biologischen Abfallbehandlungsanlagen waren in der Regel im Abstand von 100 m in Lee (die windabgewandte Seite) noch deutlich gegenüber den Hintergrundkonzentrationen erhöht, im Abstand von 200 bis 500 m erreichten sie oftmals das Niveau der Vergleichsmessung (Hintergrundbelastung). Bei der Betrachtung der Spitzenwerte konnten Actinomyceten noch bis zu einer Entfernung von 500 m von den Anlagen in deutlich höheren Konzentrationen gefunden werden (FANTA et al., 1999). Dies deckt sich mit Ergebnissen einer Studie aus Hessen, in der für eine *eingehauste* Anlage in einer Entfernung von 350 m thermophile Actinomyceten in Konzentrationen bis zu 10^6 KBE/m³ angegeben werden (HMUEJFG, 1999).

In einer Untersuchung des Landesumweltamtes Nordrhein-Westfalen wurde für eine *eingehauste* Kompostierungsanlage ein Immissionseinfluss bis zu einer Entfernung von circa 200 m festgestellt; bei teileingehausten Anlagen (eingehauste Intensivrotte mit offener Nachrotte) wurde der Immissionseinfluss mit einer Entfernung bis zu 500 m bestimmt. Bei vergleichenden Luv-Lee-Messungen in circa 50 m Abstand von den *eingehausten* Anlagen waren im Vergleich mit den Hintergrundkonzentrationen bis zu 100fach höhere Konzentrationen von thermophilen Actinomyceten, bis zu 19fach höhere Konzentrationen an thermotoleranten Schimmelpilzen und bis zu 32fach höhere Konzentrationen von *Aspergillus fumigatus* nachweisbar (SCHILLING et al., 1999). Bereits früher konnten in einer Untersuchung an einer *eingehausten* Anlage Schimmelpilzsporen in der Größenordnung von 500 KBE/m³ in Abwindrichtung in einem Abstand von 2 000 m nachgewiesen werden (OSTROWSKI et al., 1997).

In Abwindrichtung einer *teileingehausten* Anlage lagen die gemessenen KBE-Zahlen bei 50 und >100 KBE/m³ für thermotolerante Fadenpilze. Die Hintergrundwerte lagen an den Referenz-Messstellen im Bereich von 10 KBE/m³, sodass auch KBE-Zahlen von 50 bis >100 KBE/m³ als Erhöhung betrachtet werden müssen (MUNLV, 2002).

Bioaerosolmessungen in der Umgebung von *offenen* Bioabfallkompostierungsanlagen wiesen bis zu einer Entfernung von 200 m stark erhöhte Konzentrationen von thermophilen Actinomyceten auf. In Einzelfällen konnte – unter „worst-case-Bedingungen" – bis zu einer Entfernung von 500 m auch bei Zugrundelegen der Hintergrundwerte ein Anlageneinfluss nachgewiesen werden (HMUEJFG, 1999).

Ähnliche Werte wurden als noch nicht veröffentlichte Ergebnisse eines Forschungsprojekts des Ministeriums für Umwelt, Naturschutz, Landwirtschaft und Verbraucherschutz in Nordrhein-Westfalen (MUNLV) ermittelt. Es wurde gezeigt, dass in Abwindrichtung einer *offenen* Anlage zur Mietenkompostierung in einzelnen Fällen in 500 m Entfernung bis zu 500 KBE/m³ Luft von *Aspergillus fumigatus* nachgewiesen wurden. Selbst in 800 m Entfernung wurden in einigen Fällen noch KBE-Zahlen von >100 gefunden.

1088. Alle bisher vorliegenden Studien zeigen, dass vor allem bei nicht eingehausten (offenen) Anlagen der biologischen Abfallbehandlung (hauptsächlich Bioabfallkompostierungsanlagen) relevante Immissionseinflüsse auch oberhalb der in der TA Luft festgelegten Abstände nachzuweisen sind. Selbst in Entfernungen bis zu 300 m, in Einzelfällen auch bis zu 800 m, konnten insbesondere thermotolerante Schimmelpilze in einer Größenordnung nachgewiesen werden, die aus präventivmedizinischer Sicht berücksichtigt werden sollten.

1089. Zum Schutz der Bevölkerung vor Emissionen der Biomüllkompostierung gibt es in Hessen bereits seit 1986 Vorschriften, die Abstände von mindestens 500 m zur Wohnbebauung vorgeben (HLU, 1986). Zum Schutz vor Geruchsbelästigungen sind in der neuen TA Luft ebenfalls Mindestabstände angegeben, die die Anwohner vor unerwünschten Immissionen schützen sollen. Dabei legt die TA Luft jedoch keine spezifischen Anforderungen für Bioaerosolemissionen fest (s. Tz. 1115). Für geschlossene Anlagen (Bunker, Haupt- und Nachrotte) beträgt dieser Mindestabstand 300 m und für offene Anlagen (Mietenkompostierung) 500 m (TA Luft, 2002).

Die Konzentrationen an Biologischen Aerosolen in der Umgebung von biologischen Abfallbehandlungsanlagen, die in den oben genannten und weiteren Studien ermittelt wurden, verdeutlichen, dass die in der neuen TA Luft festgeschriebenen Abstandsregelungen von 300 beziehungsweise 500 m grundsätzlich keinen ausreichenden Schutz der menschlichen Gesundheit vor dem Einfluss Biologischer Aerosole bieten (TA Luft, 2002). Auch der Abstandserlass – als Instrument der Bauleitplanung – des Landes Nordrhein-Westfalen aus dem Jahr 2000 als verschärfte Sonderregelung zur TA Luft fordert für Kompostierungsanlagen keine größeren Abstände als die TA Luft (RdErl. des Ministeriums für Umwelt, Raumordnung und Landwirtschaft [Nordrhein-Westfalen]: Abstandserlass HDL, Lfg. 1/00, Kennzahl P 7401).

12.1.1.4 Gesundheitliche Auswirkungen

1090. Zur Beurteilung der Gesundheitsgefährdung durch Biologische Aerosole gibt die Bestimmung lebender Organismen nur Anhaltswerte (Tab. 12-1, 12-3 und 12-4). Abgestorbene Mikroorganismen und/oder ihre Bestandteile werden bei einer Bestimmung der koloniebildenden Einheiten (KBE) nicht erfasst, können jedoch ebenfalls toxisch oder allergen wirksam sein. In der

Literatur werden zur Erfassung abgestorbener Mikroorganismen und deren Bestandteile mikroskopische Zählmethoden und Antigen- oder Toxinnachweise als Messmethoden genannt (PALMGREN und LEE, 1986). Die tatsächliche Sporenkonzentration liegt nach Literaturangaben ungefähr zwischen dem zwei- und zehnfachen der gemessenen KBE (KARLSSON und MALMBERG, 1989). Damit wurde übereinstimmend festgestellt, dass in Kompostierungsanlagen im Mittel (Medianwert) nur 38 % der Pilze, die mit einer fluoreszenzoptischen Methode gezählt wurden, durch Kultivierung nachweisbar waren (SCHAPPLER-SCHEELE, 1999).

Gesundheitliche Auswirkungen einer Arbeitsplatzbelastung

1091. Zu den Expositionen gegenüber Biologischen Aerosolen am Arbeitsplatz und ihren Auswirkungen auf die dort beschäftigen Personen liegt eine Vielzahl von nationalen und internationalen Untersuchungen vor. Bei Arbeitsplatzbelastungen konnte das *Organic Dust Toxic Syndrom* (ODTS) und das *Mucous Membran Irritation Syndrom* (MMI) bei dort beschäftigten Personen beobachtet werden. Das ODTS (auch als Drescher-, Getreide-, oder Mühlenfieber benannt) zeichnet sich durch plötzlich auftretendes Fieber und eine allgemeine grippeartige Symptomatik aus. Zusätzlich können auch Haut- und Schleimhautreizungen auftreten. Voraussetzung für die Entwicklung des ODTS sind sehr hohe Konzentrationen an Schimmelpilzsporen (10^9 KBE/m³) oder Bakterien (1 bis 2 µg/m³), wie sie in der Regel tatsächlich nur am Arbeitsplatz und nicht im Wohninnenraum vorkommen. Das im Wesentlichen nur von Schleimhautreizungen begleitete MMI kann allerdings schon bei mittleren Schimmelpilzsporen-Konzentrationen auftreten (> 10^3 KBE/m³) (UBA, 2002). Es gibt den Verdacht, dass das MMI zu einer chronischen Bronchitis führen kann (CAVALHEIRO et al., 1995). Weiterhin kann eine exogen-allergische Alveolitis (EAA) am Arbeitspatz beobachtet werden. Sie tritt fast ausschließlich nach wiederholter Exposition gegenüber sehr hohen Konzentrationen von Sporen auf (10^6 bis 10^{10} KBE/m³).

1092. Bei über längere Zeit exponierten Kompostwerkern im Vergleich zu neu eingestellten Beschäftigten konnten höhere Häufigkeiten an Beschwerden und Erkrankungen der Atemwege, der Haut und der Augen nachgewiesen werden. Außerdem wiesen diese Kompostwerker eine höhere Konzentration spezifischer Antikörper gegen Actinomyceten und Schimmelpilze auf. Es war auffallend, dass länger beschäftigte Kompostwerker eine geringere Häufigkeit an Allergien aufwiesen als neu eingestellte Beschäftigte. Dies lässt nach Ansicht der Autoren vermuten, dass Allergiker diese Arbeitsplätze meiden oder rasch wieder verlassen. In einer Verlaufsbeobachtung konnte diese Annahme bestätigt werden. Kompostarbeiter mit Atemwegssymptomen verließen innerhalb eines Zeitraumes von fünf Jahren häufiger den Arbeitsplatz als Personen an unbelasteten Arbeitsplätzen (BÜNGER et al., 2000; 2002a).

Von denselben Autoren wurden in einer Wiederholungsuntersuchung nach fünf Jahren erneut Beeinträchtigungen durch Schleimhautreizungen der Augen und oberen Atemwege sowie vereinzelt Hauterkrankungen diagnoziert. Dieses Ergebnis steht in Übereinstimmung mit früheren Studien zu dieser Fragestellung (SCHAPPLER-SCHEELE, 1999). Bei wenigen Beschäftigten wurde der Verdacht auf das Vorliegen einer Berufserkrankung (schweres Asthma bronchiale, Symptome einer EAA) geäußert. Die Lungenfunktion der Kompostarbeiter verschlechterte sich im Beobachtungszeitraum bei Rauchern und Nichtrauchern gleichermaßen. Die verschlechterten Lungenfunktionswerte sind bei den Kompostwerkern mit hoher Wahrscheinlichkeit auf die Staubbelastung am Arbeitsplatz zurückzuführen. Es wird befürchtet, dass bei fortdauernder Exposition chronisch obstruktive Lungenfunktionsstörungen auftreten könnten (BÜNGER et al., 2002b).

Etwa 2 bis 5 % der Kompostwerker hatten stark erhöhte spezifische Antikörperwerte, insbesondere gegen *Aspergillus fumigatus* und *Saccharopolyspora rectivirgula* (Actinomyceten). Diese Werte lagen um das drei- bis zehnfache über den Werten, die bei den übrigen Kompostwerkern gemessen wurden. Die spezifische Antikörperkonzentration im Serum dieser Kompostwerker lag jedoch bereits im Mittel höher als die der Vergleichsgruppe. Weiterhin konnten relevante Assoziationen zwischen der Erkrankungshäufigkeit und den Antikörper-Konzentrationen gefunden werden.

1093. Weitere Untersuchungen zur Bioaerosolexposition am Arbeitsplatz bestätigen diese Erkenntnisse im Wesentlichen. Studien bei Beschäftigten von Wertstoffsortier- und Kompostanlagen der Abfallwirtschaft in Dänemark konnten vermehrt Symptome des Magen-Darm-Trakts aufzeigen. Bei Mitarbeitern einer Recyclingfirma wurden erhöhte Konzentrationen von Endotoxinen und eine höhere Häufigkeit von asthmatischen und bronchitischen Symptomen nachgewiesen (SIGSGAARD, 1999). In einer österreichischen Studie konnte bei Mitarbeitern von Wertstoffsortieranlagen ebenfalls eine Verschlechterung der Lungenfunktionswerte in einem Zeitraum von drei Jahren beobachtet werden (MARTH et al., 1999). Auch die Konzentration des Gesamt-Immunglobulin-E (Ig-E), als Parameter einer allergischen Sofortreaktion, nahm in diesem Zeitraum zu.

Bei weiteren Untersuchungen von Beschäftigten in Wertstoffsortieranlagen und Deponien in Südwestdeutschland wurden ähnliche Befunde wie bei Kompostarbeitern gefunden. So wurden bei den Sortierern im Vergleich zu Kontrollpersonen ungünstigere Lungenfunktionswerte und eine höhere Häufigkeit von Symptomen und Beschwerden dokumentiert. Es wurden insbesondere Kurzatmigkeit, Augenrötung, Nasenlaufen und Niesanfälle beschrieben. Darüber hinaus wurden folgende Symptome häufiger bei Sortierern im Vergleich mit Deponiearbeitern und Referenzgruppen genannt beziehungsweise beobachtet: gerötete Konjunktiven und Rachen, Veränderungen der Tonsillen, Pyodermien, Dermatitis und Nebengeräusche bei der Lungenauskultation. Das Gesamt-Ig-E war sowohl bei Deponie- als auch Sortierarbeitern im Vergleich mit Referenzgruppen stark erhöht (GRÜNER et al., 1999). Die Autoren bewerten ihre Ergebnisse folgendermaßen: die hohe Exposition gegenüber Biologischen Aerosolen am Arbeitsplatz habe bei den Beschäftigten in der Abfallwirtschaft zu immunologischen Reaktionen und zum häufigeren Auftreten einer arbeitsplatzbezogenen Beschwerdesymptomatik, die dem Beschwerdebild des MMI entspreche, geführt. Verstärkte immunologische Reaktionen bei Beschäftigten in der Abfallwirtschaft werden auch von anderen Untersuchern bestätigt (BÜNGER et al., 1999).

Gesundheitliche Auswirkungen durch Biologische Aerosole in der Außenluft

1094. Erkenntnisse über die Exposition gegenüber Biologischen Aerosolen in der Außenluft und die zu erwartenden Wirkungen auf den Menschen stammen überwiegend aus Untersuchungen am Arbeitsplatz von Abfallbehandlungsanlagen und landwirtschaftlichen Betrieben. Diese Erfahrungen lassen sich allerdings nur eingeschränkt auf die Situation exponierter Anwohner dieser Anlagen übertragen. Kollektivunterschiede lassen einen direkten Vergleich nicht zu (z. B. *healthy worker effect*), oder die in den Studien beobachteten Expositionszeiten variieren. Da die Exposition der Normalbevölkerung üblicherweise nicht so hoch ist wie bei Anwohnern von Abfallbehandlungsanlagen (Kompostierungsanlagen), können Aussagen aus Arbeitsplatzstudien nicht auf die Normalbevölkerung übertragen werden. Bezogen auf Wirkmechanismen und Wirkorte der Biologischen Aerosole haben derartige Studien allerdings eine erhebliche Aussagekraft.

Systematische Untersuchungen zur gesundheitlichen Wirkung der Bioaerosolexposition auf Anwohner im Einwirkungsbereich von Abfallbehandlungsanlagen liegen bisher nur aus Deutschland vor (HERR et al., 2003a). In der Literatur wird ein Einzelfall einer allergischen bronchopulmonalen Aspergillose bei einem Asthmatiker berichtet, der circa 100 m von einer Grünabfallkompostierung entfernt wohnte (KRAMER et al., 1989).

1095. In der oben bereits angesprochenen Studie des Hessischen Ministeriums für Umwelt, Energie, Jugend, Familie und Gesundheit wurden Immissionskonzentrationen von Biologischen Aerosolen in der Umgebung von drei Bioabfallkompostierungsanlagen untersucht und die Anwohner gleichzeitig unter anderem hinsichtlich ihres Gesundheitsstatus befragt (HMUEJFG, 1999). Bei einer geschlossenen Anlage wurden in einer Entfernung von bis zu 350 m thermophile Actinomyceten in Konzentrationen bis zu 10^6 KBE/m³ gefunden, die deutlich über den Hintergrundwerten lagen.

Andere Mikroorganismen konnten ebenfalls in Konzentrationsbereichen von bis zu 10^6 KBE/m³ nachgewiesen werden. Beim Vergleich der Krankheitssymptome und Gesundheitsbeschwerden der Anwohner dieser Anlage mit denen von Personen, die nicht in der Nähe einer solchen Anlage wohnten, fanden sich vermehrt Beschwerden in Bezug auf Atemwege, Haut und Augenschleimhaut sowie andere allgemeine Beschwerden. Im Vorfeld erwartete Unterschiede, bezogen auf das Vorkommen von allergischen Erkrankungen wie Asthma oder Infektionen, konnten in dieser Studie allerdings nicht nachgewiesen werden (EIKMANN et al., 1999; HERR et al., 1999).

Bei genauerer Analyse der Beschwerdehäufigkeiten bei Nachuntersuchungen durch dieselbe Arbeitsgruppe, wurden die angegebenen körperlichen Beschwerden differenzierter betrachtet. Dabei wurde auch die bestehende Geruchsbelästigung in die Bewertung einbezogen. Bei den Anwohnern der Anlage mit hoher Bioaerosol- und Geruchsbelastung konnte im Vergleich mit einem Kollektiv, das ausschließlich durch Gerüche belästigt wurde, die höchste Beschwerderate nachgewiesen werden. So litten die durch Biologische Aerosole belasteten Anwohner zum Beispiel zu 47,8 % unter Übelkeit im Vergleich mit lediglich 25,9 % derjenigen, die ausschließlich geruchsbelästigt waren. Auch das Aufwachen durch Husten, Husten nach dem Aufstehen oder während des Tages, Bronchitis sowie exzessive Müdigkeit und irritative Augenbeschwerden traten häufiger auf (HERR et al., 2003a; 2003b).

Diese Studie ist von besonderer Relevanz, da nicht nur Erhebungen zum Gesundheitsstatus und der Beschwerdehäufigkeit von Anwohnern von Bioabfallkompostierungsanlagen durchgeführt wurden, sondern gleichzeitig durch Immissionsmessungen der Biologischen Aerosole deren Exposition abgeschätzt werden konnte. Nur dadurch ist es möglich, die häufigeren Gesundheitsbeschwerden und Symptome mit der Konzentration der Biologischen Aerosole in einen Zusammenhang zu stellen. Dabei muss jedoch darauf hingewiesen werden, dass die gemessenen Immissionen zum Teil in einem für Arbeitsplätze üblichen Konzentrationsbereich lagen. Darüber hinaus konnte erstmalig eine Differenzierung der Auswirkungen einer ausschließlichen Geruchsbelästigung im Vergleich mit einer zusätzlichen erheblichen Bioaerosolbelastung durch eine statistische Auswertung vorgenommen werden. Bei den Anwohnern der Bioabfallkompostierungsanlage, die nur durch Gerüche belästigt wurden, konnte keine höhere Rate an gesundheitlich relevanten Symptomen und Beschwerden eindeutig nachgewiesen werden (HERR et al., 2003a; 2003b).

12.1.2 Anlagen der Intensivtierhaltung

1096. Zu den Quellen, zur Art, Ausbreitung und Wirkung von biologischen Aerosolen in der Intensivtierhaltung gibt es nur wenige Daten. Eine Beschreibung des Sachstandes und eine Bewertung der gesundheitlichen Risiken wurden erstmalig im Jahr 2002 vorgenommen (SEEDORF und HARTUNG, 2002). Erste Versuche einer Bewertung des Zusammenhangs zwischen der Exposition gegenüber Biologischen Aerosolen aus der Intensivtierhaltung und gesundheitlichen Effekten wurden in Niedersachsen unternommen (SCHLAUD et al., 1999; NILS, 2003). Darüber hinaus hat das Ministerium für Umwelt und Naturschutz, Landwirtschaft und Verbraucherschutz des Landes Nordrhein-Westfalen (MUNLV, NRW) eine Arbeitsgruppe zu den gesundheitlichen Wirkungen von

Luftverunreinigungen aus Tierhaltungsbetrieben gegründet. Aufgrund des unzureichenden Kenntnisstandes sollen in dieser Arbeitsgruppe die verfügbaren Informationen zusammengetragen und bewertet werden. Anschließend sollen gegebenenfalls Maßnahmen bezüglich weiterer Forschungsprojekte oder im Hinblick auf einen weiter gehenden gesundheitlichen Schutz der Bevölkerung eingeleitet werden.

12.1.2.1 Quellen und Exposition

1097. Die in der Nutztierhaltung und insbesondere in der Intensivtierhaltung entstehenden Biologischen Aerosole stammen vorwiegend aus dem Futter und der Einstreu (PEARSON und SHARPLES, 1995). Vor allem feuchtes Stroh oder Heu ist an der Bildung von Biologischen Aerosolen beteiligt. Eine weitere Rolle spielen Abschilferungen von Haut, Haaren und Federn sowie Fäkalien der Nutztiere. Die qualitativen und quantitativen Emissionen aus Tierställen sind sehr unterschiedlich. Beispielsweise ist die Staubkonzentration in Ställen mit Legehennen in Käfighaltung durchschnittlich um circa 24 % geringer als in Putenställen mit Bodenhaltung. Hier beträgt die Staubkonzentration zwischen 4 und 21 mg/m^3. Sowohl der inhalierbare als auch der alveolengängige Staub erreicht in Geflügelställen deutlich höhere Konzentrationen als in Schweine- oder Rinderställen. Ebenso erreichen die inhalierbaren und die alveolengängigen Endotoxinkonzentrationen in Geflügelställen durchschnittlich höhere Werte als in Rinder- oder Schweineställen. Anders stellt sich die Situation dar, wenn luftgetragene, lebende Mikroorganismen betrachtet werden. Die Gesamtkeimzahl, gemessen in KBE/m^3, erreicht in Schweineställen höchste Konzentrationen. Pilze, ebenfalls gemessen in KBE/m^3, erreichen in Rinderställen höchste Konzentrationen (SEEDORF und HARTUNG, 2002).

1098. Die Betrachtung der Immissionen und Ausbreitungsdistanzen der mit Mikroorganismen beladenen Partikel – vor allem infektiöser Viren – ist in der Intensivtierhaltung von besonderer Bedeutung. Viele Erkrankungen bei Nutztieren in der Intensivtierhaltung sind viral bedingt und können in geringen Mengen bei ungünstigen meteorologischen Bedingungen über größere Distanzen verfrachtet werden und somit eine Infektionsquelle für umliegende Tierbestände oder sogar für den Menschen sein. Dies könnte für viele Infektionskrankheiten der Tiere wie Geflügelpest, Aujeszkysche Erkrankung, die „Blue-eared" Schweinekrankheit (PRRS), das „porcine respiratorische Coronavirus" (PRCV) und die Maul-und-Klauenseuche (MKS) gelten (ALEXANDER, 1993; SEEDORF und HARTUNG, 2002).

Darüber hinaus besteht die Möglichkeit, dass stallspezifische Mikroorganismen, die zum Beispiel Antibiotika-Resistenzen aufweisen, auch in der Außenluft verbreitet werden und damit ein umwelthygienisches Risiko darstellen (s. Tz. 1097 f.; PLATZ et al., 1995). Über das Vorkommen und die Verbreitung beteiligter Bakterienarten liegen nahezu keine Daten vor.

12.1.2.2 Gesundheitliche Auswirkungen

1099. In den Jahren 1991 und 1992 sollte im Rahmen einer Erhebung in Kinderarztpraxen geklärt werden, ob sich eine hohe Dichte an Geflügel- und Schweinemastbetrieben auf die Häufigkeit von Atemwegserkrankungen auswirkt. Im Vergleich zu einer Referenzgruppe, die nicht im Einzugsgebiet der Intensivtierhaltung lebte, zeigte es sich, dass asthmakranke Kinder bis zu einem Alter von acht Jahren durchschnittlich im früheren Kindesalter erkrankt waren und häufiger den Arzt besuchten (SCHLAUD et al., 1999).

Die Niedersächsische Lungenstudie (NILS) versucht unter Einbeziehung von Expositionsdaten die Asthma- und Allergieprävalenz bei Personen zu ermitteln, die in der Umgebung von Tierställen leben beziehungsweise aufgewachsen sind. Es sollen Fragen bezüglich einer Exposition in der Kindheit und dem Auftreten atopischer Erkrankungen im Erwachsenenalter beantwortet werden. Darüber hinaus ist geplant, den Einfluss subjektiv empfundener Geruchsbelästigung auf die gesundheitsbezogene Lebensqualität zu ermitteln (NILS, 2003). Die ersten Ergebnisse dieser Studie sind in Vorbereitung und werden im Lauf des Jahres 2004 erwartet.

1100. Die Datenlage hinsichtlich der Verbreitung von Biologischen Aerosolen durch die Intensivtierhaltung ist bislang viel zu schwach, um eine verlässliche Aussage über die gesundheitlichen Auswirkungen treffen zu können. Im Bereich der Intensivtierhaltung liegen deutlich weniger Emissionsdaten als bei Kompostierungsanlagen vor. Grundsätzlich äußert der Umweltrat hinsichtlich der Emissionen von Biologischen Aerosolen aus der Intensivtierhaltung dieselben Bedenken wie sie für die biologischen Abfallbehandlungsanlagen dargestellt werden (Tz. 1094 f.). Demnach könnte eine hohe Anzahl an Atemwegserkrankungen und Allergien auf den Einfluss von Bioaerosolen aus der Intensivtierhaltung zurückzuführen sein. Der Umweltrat hält es für dringend erforderlich, diese Wissenslücke zu schließen und bei gesundheitlich bedenklichen Konzentrationen von Biologischen Aerosolen in der Intensivtierhaltung Maßnahmen zu ergreifen, die zumindest den zurzeit geltenden Anforderungen an Anlagen der Abfallwirtschaft entsprechen.

12.1.3 Schimmelpilzbelastung im Innenraum

1101. Der Innenraum als überwiegender Aufenthaltsort des Menschen ist aus umwelthygienischer und umweltmedizinischer Sicht schon seit langem unter den verschiedensten Aspekten als Problembereich anzusehen. Bereits im Jahr 1987 hat der Umweltrat in einem Sondergutachten auf die durch Schadstoffquellen im Innenraum ausgelösten Belastungen für die menschliche Gesundheit hingewiesen (SRU, 1987). Hier treten teilweise Immissionen auf, die in der Außenluft in dieser Art und diesem Umfang nicht vorkommen. Derartige Expositionen können zu spezifischen individuellen oder familiären gesundheitlichen Effekten führen, die umweltmedizinisch relevant sind. Beispielhaft seien hier nur die auch in der Öffentlichkeit viel diskutierten Expositionen gegenüber Formaldehyd oder Holzschutzmitteln, aber auch Schimmelpilzen genannt. In den umweltmedizinischen Beratungsstellen und Ambulanzen stehen innenraumbezogene Beschwerden von Patienten häufig an erster Stelle (HERR et al., 2004).

12.1.3.1 Quellen und Exposition

1102. In den letzten Jahren wird dem Auftreten von Schimmelpilzen und deren Stoffwechselprodukten in Innenräumen zunehmend Beachtung geschenkt. Aufgrund von höherer Feuchtigkeit in Innenräumen, bedingt durch bauliche Mängel, nicht fachgerechte Nachrüstungen bei Niedrigenergiehäusern oder falsches Nutzerverhalten kann vermehrt Schimmelpilzwachstum beobachtet werden (s. auch SRU, 1987, Tz. 105). Eine weitere Quelle für erhöhte mikrobielle Kontaminationen kann der im Wohnraum gesammelte Biomüll sein, wenn dieser mehrere Tage gelagert wird (WOUTERS et al., 2000).

1103. In den letzten Jahren sind zwei umfangreiche Leitfäden zur Schimmelpilzproblematik vom Landesgesundheitsamt Baden-Württemberg (LGA, 2001) und von der Innenraumlufthygiene-Kommission des Umweltbundesamtes (UBA, 2002) veröffentlicht worden. Neben der Beschreibung der Eigenschaften und dem Vorkommen von Schimmelpilzen in Innenräumen werden darin auch Wirkungen auf den Menschen angesprochen. Schwerpunkte in beiden Berichten sind Hinweise und Empfehlungen für Untersuchungsplanung, Schadenaufnahme, Probenentnahmeverfahren und vor allem für Beurteilungsverfahren sowie Sanierungsmaßnahmen.

Beide Berichte weisen darauf hin, dass es zurzeit noch erhebliche Defizite bei der Erfassung und Bewertung von Schimmelpilzen in Innenräumen gibt. Zur Bestimmung der Schimmelpilzbelastungen wird eine Reihe von Verfahren und Vorgehensweisen vorgeschlagen, die wenigstens ein einheitliches Vorgehen ermöglichen. Diese Verfahren betreffen vor allem die Probenahme von Luft- und Staubproben sowie deren Analytik. Eine Standardisierung der verschiedenen Verfahrensschritte ist damit allerdings noch nicht gegeben.

1104. Besonders schwierig stellt sich die umweltmedizinische Bewertung der Befunde von Probenahmen dar. Da Schimmelpilze ein natürlicher Bestandteil unserer Umwelt sind und deshalb auch natürlicherweise in Innenräumen vorkommen und in ihrer Häufigkeit jahreszeitliche (starke) Schwankungen aufweisen, ist hier eine an der Umwelttoxikologie orientierte Vorgehensweise nur schwer möglich. Insbesondere Aussagen zur Dosis-Wirkungs-Beziehung können praktisch nicht getroffen werden, da aus einer gemessenen Schimmelpilzkonzentration nicht unmittelbar auf gesundheitliche Wirkungen geschlossen werden kann. Zumal nicht nur die gemessenen lebenden Schimmelpilze, sondern auch abgestorbene Schimmelpilze und von ihnen freigesetzte Substanzen zu gesundheitlich relevanten Wirkungen führen können. Da unter anderem die Toxin- und Allergen-Gehalte sehr stark speziesabhängig sind, ist es häufig sinnvoller, die nachgewiesenen Schimmelpilze vor einer Bewertung weiter gehend zu differenzieren, als sie lediglich anhand der vorkommenden Anzahl zu beurteilen (vgl. Tab. 12-3 und 12-4).

1105. Da sich gezeigt hat, dass nicht nur die Anwesenheit der Schimmelpilzsporen in der Innenraumluft, sondern ebenfalls deren Stoffwechselprodukte einen Einfluss auf die menschliche Gesundheit haben können, werden diese verstärkt zusätzlich erfasst. Die dazu zählenden, von Mikroorganismen produzierten Stoffwechselprodukte sind flüchtige organische Verbindungen. Diese werden als MVOC (*Microbial Volatile Organic Compounds*) bezeichnet. MVOC sind demnach Ursache für den typischen Schimmelgeruch (vgl. Tab. 12-5).

Tabelle 12-5

Charakteristische MVOC aus Reinkulturen unterschiedlicher Schimmelpilzarten nach verschiedenen Autoren

Verbindung	Börjesson et al. 1993	Ström et al. 1994	Larsen und Frisvad 1994	Keller et al. 1998	Fiedler et al. 1998	Geruchs-schwelle (mg/m³)	Geruchs-eindruck	Andere Quellen
2-Methyl-Furan	+			+			ether-artig	5
3-Methyl-Furan	+	+		+	+		ether-artig	5
2-Methyl-1-Propanol		+	+	+		3	modrig-muffig, pilzähnlich	1, 2

noch Tabelle 12-5

Verbindung	Börjesson et al. 1993	Ström et al. 1994	Larsen und Frisvad 1994	Keller et al. 1998	Fiedler et al. 1998	Geruchsschwelle (mg/m^3)	Geruchseindruck	Andere Quellen
1-Butanol		+						1
3-Methyl-1-Butanol	+	+	+	+	+	30	sauer, stechend	
2-Methyl-1-Butanol	+	+		+	+	45	sauer, stechend	
2-Pentanol		+						
2-Hexanon		+						3
2-Heptanon		+	+	+		94	pilzähnlich, modrig-muffig	2, 3
3-Octanon		+	+	+	+	30,000	mild, fruchtig	3
3-Octanol		+	+	+	+			
1-Octen-3-ol	+	+	+	+	+		modrig-muffig, pilzähnlich	3
2-Octen-1-ol		+					modrig-muffig, pilzähnlich	
2-Methyl-iso-Borneol	+	+	+				erdig	
Geosmin (1-10-Dimethyl-trans-9-Decalol)		+		+		7	erdig	4
2-Isopropyl-3-Methoxy-Pyrazin		+					erdig	
Dimethyldisulfid	+			+		0,1	modrig, faulig	2

Legende:
  mögliche andere Quellen sind
  1 = Lösungsmittel in Farben;
  2 = CO$_2$-Laser-Pyrolyse;
  3 = Autoxidation von Lipiden;
  4 = Actinomyceten;
  5 = Tabakrauch.

Quelle: Fischer, 2000

12.1.3.2 Gesundheitliche Auswirkungen

1106. Im Innenraum sind, bezogen auf Biologische Aerosole, vornehmlich Schimmelpilze nach allgemeiner Ansicht für gesundheitliche Effekte verantwortlich. Es werden zunehmend verschiedenste Krankheitsbilder in direkten Zusammenhang mit Feuchtigkeit und Schimmelpilzbildung im Innenraum gebracht. Zu den immer wieder geschilderten Beschwerdebildern gehören Schleimhautreizungen, Kopfschmerzen, Husten und Niesen, aber auch allgemeine und systemische Auswirkungen wie Übelkeit, Erbrechen und auch „Körperbefall" (vor allem im Darmtrakt) durch Schimmelpilze (BRUNEKREEF, 1992; KLANOVA, 2000). Der gesundheitlich relevante Einfluss von Schimmelpilzen im Innenraum hinsichtlich des Entstehens von Allergien und Erkrankungen der Atemwege wurde durch den Umweltrat bereits im Jahr 1987 ausführlich dargestellt (SRU, 1987, Tz. 99 und 105 ff.).

1107. Eine geringere, aber dennoch relevante Rolle spielen möglicherweise Biologische Aerosole aus dem Sammeln des Biomülls im Wohnraum. Zusätzlich müssen weitere Faktoren wie Hausstaubmilben, andere Allergene, Tabakrauch und die Außenluftbelastung bei der Bewertung atemwegsbezogener Erkrankungen als Einflussfaktoren berücksichtigt werden. Es hat sich zum Beispiel gezeigt, dass eine frühe Exposition – möglicherweise im ersten Lebensjahr – gegenüber Hausstaubmilben zu Symptomen führt, die einer Obstruktion der oberen Atemwege entsprechen (STRIEN van et al., 1996). Ebenso sind verschiedene Lungenfunktionsparameter häufig signifikant mit der häuslichen Exposition gegenüber Tabakrauch assoziiert (BRUNEKREEF et al., 1985). Diese Expositionen müssen bei der Bewertung der Assoziation zwischen spezifischen Symptomen und einer Schimmelpilzexposition stets berücksichtigt werden.

1108. Schimmelpilze können beim Menschen zu unterschiedlichen Wirkungen führen. Neben toxischen Reaktionen sind die Allergieentstehung und eine höhere Anfallshäufigkeit bei sensibilisierten Personen von besonderer Bedeutung. Es kann angenommen werden, dass grundsätzlich alle eingeatmeten Schimmelpilzsporen bei empfänglichen Personen in der Lage sind, allergische Reaktionen auszulösen. Bei etwa 5 bis 30 % der Bevölkerung in Deutschland konnte eine Sensibilisierung gegen Schimmelpilze nachgewiesen werden (BOSSOW, 1998). Zu den allergischen Symptomen gehören zum Beispiel Rhinitis (Heuschnupfen-ähnliche Symptome), Asthma und exogen-allergische Alveolitis (EAA). In der Regel werden die für die Entwicklung der Erkrankung notwendigen sehr hohen Konzentrationen an Sporen im Innenraum nicht erreicht. Das Risiko, eine Schimmelpilz-Allergie zu entwickeln, hängt neben der Allergendosis unter anderem zusätzlich von der individuellen Prädisposition und vom spezifischen allergenen Potenzial der Schimmelpilzsporen ab (LGA, 2001; UBA, 2002).

1109. Weitere mit einer Exposition gegenüber Schimmelpilzen verbundene Wirkungen sind Geruchsbelästigungen, Infektionen und toxische Reaktionen. Die toxischen Wirkungen von Schimmelpilzen sind vor allem auf deren Stoffwechselprodukte (z. B. Mykotoxine), Zellwandbestandteile (Glucane) und als immuntoxikologische Reaktion auf die Freisetzung von Interleukinen oder Entzündungsmediatoren zurückzuführen. Bei immungeschwächten Personen, wie etwa Organtransplantierten oder Diabetikern, können auch Infektionen durch Schimmelpilze (z. B. Aspergillose) ausgelöst werden (LGA, 2001).

1110. Die nachteiligen Effekte der von den Schimmelpilzen produzierten Mykotoxine sind hinsichtlich ihrer Aufnahme über Nahrungsmittel bekannt. Zur Aufnahme über den Inhalationstrakt oder über die Haut ist das Wissen aber noch sehr begrenzt. Die im Innenraum auftretenden Toxinkonzentrationen sind aber im Allgemeinen so gering, dass eine Aussage über mögliche Wirkungen auch bei langfristiger Exposition derzeit nicht möglich ist. Das Vorkommen des Toxins 1,3-β-D-Glucan (Zellwand-Bestandteil von Pilzen) und von Endotoxinen aus gram-negativen Bakterien wurde bei mangelhafter Innenraumluftqualität mit dem Auftreten von Schleimhautreizungen und Müdigkeit in einen Zusammenhang gebracht (UBA, 2002).

Den von Schimmelpilzen produzierten Stoffwechselprodukten (MVOC) wird ebenfalls das Auslösen gesundheitlicher Beschwerden und Schleimhautreizungen zugeschrieben. Der Zusammenhang zwischen der Häufigkeit von Atemwegsbeschwerden bei asthmakranken Kindern und der Innenraumkonzentration von MVOC wird zurzeit untersucht (HERR et al., 2002). Aufgrund der üblicherweise sehr niedrigen Konzentrationen der MVOC in Innenräumen sind jedoch toxische Effekte bei exponierten Personen eher nicht zu erwarten (UBA, 2002).

1111. Bei allergenen, toxischen und infektiösen Wirkungen ist der Zusammenhang mit einer Exposition im Innenraum in der Regel nicht direkt nachweisbar oder häufig auch nicht wahrscheinlich. Bekannt sind jedoch Assoziationen zwischen Schimmelpilzen, die sich nur bei einer erhöhten Luftfeuchtigkeit oder auf feuchten Substraten bilden können, mit atemwegsbezogenen und in geringerem Umfang auch mit allgemeinen Gesundheitsbeschwerden. Die nachgewiesenen Effekte sind in ihrer Ausprägung vergleichbar mit denen, die durch andere Umweltverunreinigungen, zum Beispiel Tabakrauch, hervorgerufen werden können (PEAT et al., 1998). Selbstverständlich muss bei der Bewertung gesundheitlicher Auswirkungen von Feuchtigkeits- und Schimmelpilzbelastung im Innenraum auch die berufliche Exposition der Befragten erfasst und in die Datenanalyse einbezogen werden.

Gesundheitseffekte durch feuchte und schimmelige Innenräume wurden hauptsächlich für Erwachsene beschrieben. Insbesondere Husten und Auswurf zeigten dabei eine starke Assoziation zu Feuchtigkeitserscheinungen im Innenraum; Giemen und Asthma dagegen eine schwächere Assoziation (BRUNEKREEF, 1992). Spezifische Symptome wie Husten, Kopfschmerzen, Rhinitis und Halsschmerzen wurden nur selten in Zusammenhang mit konkreten Messergebnissen von Mikroorganismen im Innenraum gebracht. Es wurde jedoch beschrieben, dass alle Bewohner von Räumen mit einer durchschnittlichen Konzentration von mehr als 2 400 KBE Schimmelpilze pro Kubikmeter Innenraumluft mehr gesundheitliche Beschwerden, wie Husten, Kopfschmerzen, Rhinitis und Halsschmerzen angaben. Daraus wurde abgeleitet, dass Innenraumluftkonzentrationen ab 2 000 KBE Schimmelpilze pro Kubikmeter ein relevantes und ernst zu nehmendes Gesundheitsrisiko darstellen (KLANOVA, 2000).

Weiterhin konnte gezeigt werden, dass Kinder in feuchten Wohnungen mit Schimmelpilzbildung ein – wenn auch nur gering – erhöhtes Risiko haben, Atemwegsymptome (Husten und Giemen) zu bekommen (PEAT et al., 1996). Die Odds Ratios für diese Symptome liegen im Allgemeinen zwischen 1,5 und 3,5. Der beschreibende Effekt ist mit dem anderer bekannter Umweltparameter auf die Atemwege dieser Kinder vergleichbar. Dazu zählt unter anderem Passivrauchen oder Außenluftverschmutzung.

1112. Die epidemiologischen Fragen zu Gesundheitsbeschwerden der Atemwege wurden nicht nur hinsichtlich der Zusammenhänge zur Konzentration von Mikroorganismen evaluiert, sondern auch hinsichtlich ihrer auf Lungenfunktionsparameter bezogenen Gesundheitsrelevanz (BRUNEKREEF, 1992). Die Assoziationen zwischen berichteten Symptomen der Atemwege mit Feuchtigkeit und Schimmelpilzen in der Wohnung wurden dabei durch schwache negative Assoziationen zwischen der Lungenfunktion und dem berichteten Vorkommen von Schimmelpilzen untermauert. Die Autoren hielten es für sehr unwahrscheinlich, dass die gefundenen Assoziationen zwischen Atemwegssymptomen, berichteter Feuchtigkeit und Schimmel mit der Lungenfunktion lediglich auf einer statistischen Verzerrung beruhen könnten. Diese Verzerrung könnte jedoch darin bestehen, dass Bewohner, die in der Wohnung Schimmelpilze wahrnehmen, durch entsprechende Informationen über deren negative Auswirkungen eher von Beschwerden berichten (BRUNEKREEF, 1992).

Darüber hinaus müssen bei der Beurteilung von Atemwegseffekten weitere Quellen für Biologische Aerosole berücksichtigt werden. Es wurde zum Beispiel gezeigt, dass Wohnungen, in denen Biomüll separat gesammelt wird, eine höhere Belastung des Hausstaubs mit mikroorganismenbürtigen Verbindungen (Endotoxine, EPS – Extrazelluläre Polysaccharide und Glucane) aufweisen. Daraus wurde gefolgert, dass ein mögliches Risiko für das Entstehen von bioaerosolassoziierten Atemwegssymptomen bei Risikopersonen in Räumen mit einer Lagerdauer des Biomülls von einer Woche oder länger besteht (WOUTERS et al., 2000). In einer weiter führenden Studie konnte gezeigt werden, dass irritative Hautbeschwerden und Hauterkrankungen mit einer Lagerdauer des Biomülls von länger als zwei Tagen assoziiert sind. Personen mit einer atopischen Disposition hatten ein höheres Risiko, bei entsprechender Exposition diese Beschwerden zu entwickeln (HERR et al., 2003c).

1113. Im Bereich „Allgemeinbeschwerden" wurden im Zusammenhang mit Schimmelpilzen im Innenraum Schmerzen, Gliederschmerzen, Kopfschmerzen sowie neurologische Beschwerden, Müdigkeit und Konzentrationsstörungen, aber auch Übelkeit erwähnt. Diese Allgemeinbeschwerden wurden in verschiedenen Studien weltweit immer wieder beschrieben. So wurde in einer finnischen Studie gezeigt, dass die Exposition gegenüber Schimmel mit Erkältung, Husten ohne Auswurf, nächtlichem Husten, Halsschmerzen, Rhinitis sowie Müdigkeit und Konzentrationsschwierigkeiten signifikant assoziiert ist (KOSKINEN et al., 1999). In einer chinesischen Arbeit werden Feuchtigkeitserscheinungen in Gebäuden in einer Dosis-Wirkungsbeziehung mit Augenirritation, Husten, aber auch mit Müdigkeit in Zusammenhang gestellt (WAN und LI, 1999). Auch die schon erwähnte tschechische Arbeit beschreibt im Zusammenhang mit Innenraumluftkonzentrationen von mehr als 2 400 KBE Schimmelpilz pro Kubikmeter neben Atemwegssymptomen auch Kopfschmerzen (KLANOVA, 2000).

Über Allgemeinbeschwerden hinausgehende, schwerwiegende, so genannte „toxische" Krankheitsbilder wurden vereinzelt auch im Zusammenhang mit sehr hohen Konzentrationen von spezifischen Schimmelpilzen im Innenraum beschrieben (RYLANDER und ETZEL, 1999). Diese Einzelfallberichte gelten jedoch als umstritten.

In der NORDAMP-Studie, einer Metaanalyse, wurden die verschiedenen oben dargestellten Aspekte zur Aussagekraft epidemiologischer Studien über eine gesundheitliche Auswirkung von Feuchtigkeit und Schimmel in Innenräumen in einer Übersichtsarbeit umfassend bewertet (BORNEHAG et al., 2001). In dieser Analyse bestätigen die Autoren, dass Feuchtigkeit in Gebäuden ein erhöhtes Risiko für Atemwegsbeschwerden darzustellen scheint. Dabei bestehen die Assoziationen lediglich zwischen Feuchtigkeit und Symptomen wie Müdigkeit, Kopfschmerzen und Atemwegsinfektionen. Ein kausaler Zusammenhang zwischen Feuchtigkeit, Schimmelpilzbildung und gesundheitlichen Symptomen konnte nicht nachgewiesen werden. Dafür sind aber die Hinweise für einen kausalen Zusammenhang zwischen Feuchtigkeit und Gesundheitsaspekten sehr deutlich. Die Mechanismen dafür sind allerdings nicht bekannt. Aber auch bei unbekannten Mechanismen sind nach Ansicht des Umweltrates die Hinweise ausreichend, um präventive Maßnahmen gegen Feuchtigkeit und Schimmelpilzbildung in Innenräumen zu rechtfertigen.

12.1.4 Zusammenfassung und Empfehlungen

Bioaerosolemissionen aus biologischen Abfallbehandlungsanlagen und Anlagen der Intensivtierhaltung

1114. Im Bereich der Abfallwirtschaft und Intensivtierhaltung kann die Emission/Immission von Bioaerosolen für exponierte Personen zu einem nicht zu vernachlässigenden Gesundheitsrisiko führen. So gibt es mittlerweile hinreichend Anhaltspunkte dafür, dass nicht nur die Exposition am Arbeitsplatz, sondern auch die Exposition mit Biologischen Aerosolen in der Außenluft zu relevanten gesundheitlichen Auswirkungen wie Allergien, Asthma und Atemwegserkrankungen führen kann. Weiterhin besteht die Vermutung, dass bereits eine

Belästigung durch Gerüche in der Umgebung derartiger Anlagen zu einer erheblichen Beeinträchtigung der Lebensqualität führen kann.

Trotz der möglichen gesundheitlichen Beeinträchtigungen wurde die Exposition der Bevölkerung gegenüber Biologischen Aerosolen aus Anlagen der Abfallwirtschaft und der Intensivtierhaltung in der Forschung und Politik bislang wenig beachtet. Auch wenn zurzeit erst wenige Studien die gesundheitlichen Effekte durch eine Bioaerosolexposition in der Außenluft belegen, sind nach Ansicht des Umweltrates die Ergebnisse dieser Studien durchaus ausreichend, um die Forderung nach weiter gehenden Schutzmaßnahmen zu rechtfertigen. Aus diesem Grund sollte neben dem Schutz der Arbeitnehmer an Arbeitsplätzen auch dem Schutz der Anwohner in der Umgebung von Anlagen, die Biologische Aerosole emittieren, verstärkt Aufmerksamkeit gewidmet werden.

Zusätzlich hat sich gezeigt, dass die Problematik der Biologischen Aerosole ebenfalls eine Rolle in der aktuellen Diskussion um die gesundheitlichen Auswirkungen einer Exposition durch Feinstäube spielt. Denn neben der Größe spielt auch die Zusammensetzung von Feinstäuben bei der Wirkung auf den Menschen eine entscheidende Rolle. Ein Anteil des organischen Materials wird dabei unter anderem durch Biologische Aerosole gebildet, bei denen ein gesundheitlicher Effekt bei einer Belastung am Arbeitsplatz, in der Außenluft von Anlagen zur Abfallbehandlung und im Innenraum nachgewiesen werden kann. Im Hinblick auf die aktuelle Diskussion zur gesundheitlichen Wirkung von Feinstäuben (s. auch SRU, 2002) sollte deshalb neben den Partikelgrößen (PM_{10} und $PM_{2,5}$) zukünftig auch der spezifische Einfluss durch Biologische Aerosole Berücksichtigung finden.

1115. Während für Bioaerosolimmissionen an kritischen Arbeitsplätzen durch die Biostoffverordnung bereits umfangreiche Schutzbestimmungen getroffen wurden, ist ein Schutz vor Immissionen im Einwirkungsbereich stationärer Quellen, wie Kompostierungsanlagen (TA Luft 5.4.8.5), anderen Anlagen zur biologischen Behandlung von Abfällen (TA Luft 5.4.8.6.1 Vergärung, Co-Fermentation) und Anlagen der Intensivtierhaltung in den Bestimmungen des Immissionsschutzrechts noch nicht, beziehungsweise allenfalls mittelbar, vorgesehen. Zwar soll nach 5.4.8.5 TA Luft bei Kompostierungsanlagen mit einer Durchsatzleistung von 3 000 Mg/a oder mehr ein Mindestabstand zur nächsten vorhandenen oder im Bebauungsplan festgesetzten Wohnbebauung von 300 m bei geschlossenen Anlagen (Bunker, Haupt- und Nachrotte) und von 500 m bei offenen Anlagen (Mietenkompostierung) eingehalten werden. Allerdings zielt diese Bestimmung im Wesentlichen auf den Schutz vor Geruchsbelästigungen, was an der – auch für die beiden anderen oben genannten Anlagenarten – geltenden Ausnahmebestimmung deutlich wird, die ein Abweichen von den Schutzabständen erlaubt, soweit unzumutbare Geruchsbelästigungen auch in kürzeren Abständen nicht zu erwarten sind. Nach TA Luft sind erst bei einer Durchsatzleistung der Kompostierungsanlagen von 10 000 Mg/a oder mehr die Anlagen (Bunker, Hauptrotte) geschlossen auszuführen (5.4.8.5d), wobei Abgase aus Reaktoren und belüfteten Mieten einem Biofilter oder einer gleichwertigen Abgasreinigungseinrichtung zuzuführen sind (5.4.8.5e). Zwar wurde die TA Luft zusätzlich mit einer Erweiterung versehen, die einen Schutz vor gesundheitlichen Auswirkungen Biologischer Aerosole fordert (vgl. beispielsweise TA Luft 5.4.8.5 Keime), jedoch sind keine Emissionswerte oder spezifischen Anforderungen und damit auch keine Messungen von Aerosolen vorgesehen. Unterstellt man, dass eine Abluftbehandlung mit Biofilter und zusätzlichem Biowäscher zu einer signifikanten Reduktion der Bioaerosolemissionen führt, so greift nach derzeitiger Anforderungslage der mittelbare Schutz der TA Luft vor Biologischen Aerosolen aus Kompostierungsanlagen erst ab Durchsatzleistungen der Anlagen von ≥ 10 000 Mg/a. Insgesamt hält der Umweltrat den Schutz vor den Risiken der Biologischen Aerosole durch die Vorgaben der TA Luft für nicht hinreichend gewährleistet.

1116. Mit der Verabschiedung der 30. Bundesimmissionsschutzverordnung hat der Gesetzgeber ein anspruchsvolles Emissionsniveau für Anlagen zur biologischen Behandlung von Abfällen vorgegeben, das mit den Emissionsanforderungen an die Abfallverbrennung nach der 17. BImSchV vergleichbar ist (SRU, 2002, Tz. 1056). Die Biologischen Aerosole werden jedoch, wie auch in der TA Luft, in der 30. BImSchV nicht explizit berücksichtigt. Allerdings stellt die strenge Emissionsbegrenzung für den organischen Gesamtkohlenstoff (TOC) in Ergänzung zu der Vorgabe eines Mindestabstandes von 300 m zur Wohnbebauung die hygienische Unbedenklichkeit der Abluft weit gehend sicher (SRU, 2002, Tz. 1065). Da jedoch die Anforderungen der 30. BImSchV nur für mechanisch-biologische Abfallbehandlungsanlagen gelten, sind die Anforderungen an die luftseitigen Emissionen von biologischen Abfallbehandlungsanlagen in Deutschland nicht einheitlich. Zwar mögen die gesonderten Anforderungen für mechanisch-biologische Abfallbehandlungsanlagen insofern ihre Berechtigung haben, als es sich um eine konkurrierende Vorbehandlungsvariante zur Abfallverbrennung handelt. Dessen ungeachtet wird jedoch mit der 30. BImSchV vom Gesetzgeber ein hohes Anforderungsniveau für die biologische Abfallbehandlung fixiert, das sich bei anderen biologischen Abfallbehandlungsanlagen nicht wiederfindet. Deshalb erneuert der Umweltrat die in seinem Gutachten des Jahres 2002 gegebene Empfehlung, für die durch die 30. BImSchV bislang nicht erfassten Anlagen der biologischen Abfallbehandlung gleichwertige Emissionsbegrenzungen vorzusehen (SRU, 2002, Tz. 1058).

1117. Eine hygienische Unbedenklichkeit der Abluft von biologischen Abfallbehandlungsanlagen lässt sich letztlich nur durch eine thermische Abluftbehandlung erreichen. Der Umweltrat ist sich bewusst, dass die Einhausung aller biologischen Abfallbehandlungsanlagen und vor allem eine zwingend anzuwendende thermische Abluftbehandlung zur Schließung insbesondere von kleinen Anlagen führen würde. Sollte der Gesetzgeber aus diesem Grund für Anlagen der biologischen Abfallbehandlung, die nicht durch die 30. BImSchV erfasst werden, keine gleichwertigen Anforderungen vorsehen, ist nach Ansicht des Umweltrates das derzeitige Anforderungsniveau wie nachstehend aus Vorsorgegründen trotzdem zu verschärfen:

– Nach Auffassung des Umweltrates sollten die Mindestabstände biologischer Abfallbehandlungsanlagen zur angrenzenden Wohnbebauung expositionsbezogen festgesetzt werden. Da absehbar ist, dass in der näheren Zukunft nicht nur verlässliche, sondern ebenfalls standardisierte Messverfahren und Messmethoden zur Verfügung stehen (VDI, 2003a, 2003b), sollten auf dieser Grundlage Bewertungsmaßstäbe für Bioaerosolimmissionen aufgestellt werden. Zusätzlich sollten dringend und in einem größeren Umfang als bisher Immissionsmessungen im Einflussbereich biologischer Abfallbehandlungsanlagen und medizinische Untersuchungen durchgeführt werden, um das Ausmaß der gesundheitlichen Gefährdung durch Biologische Aerosole zu objektivieren und zu quantifizieren.

– Angesichts der heute schon vorliegenden Ergebnisse zu den Wirkungen Biologischer Aerosole in der Außenluft hält der Umweltrat es grundsätzlich für angemessen, die Mindestabstände von biologischen Abfallbehandlungsanlagen zur Wohnbebauung so zu bemessen, dass die Hintergrundwerte für Biologische Aerosole erreicht werden. Diese Forderung könnte insbesondere bei offen betriebenen biologischen Abfallbehandlungsanlagen zu sehr großen und nur schwer realisierbaren Abständen führen. Da die Bioaerosolemissionen zusätzlich auch topographischen und meteorologischen Einflüssen unterliegen, sind pauschale Mindestabstände zum Schutz der Anwohner allein nicht ausreichend.

– Der Umweltrat empfiehlt daher, für Anlagen mit Durchsatzleistungen unter 10 000 Mg/a messungsbasiert und einzelfallspezifisch die Mindestabstände bis zur Hintergrundkonzentration zu bestimmen. Sind die ermittelten Mindestabstände unwirtschaftlich beziehungsweise unvertretbar groß oder durch eine bereits existente Wohnbebauung nicht mehr zu gewährleisten, sollten nach Auffassung des Umweltrates die seit langer Zeit verfügbaren technischen Möglichkeiten der Abluftfassung und Abluftreinigung auch für Anlagen mit kleineren Durchsatzleistungen vorgeschrieben werden. Eine derartige Regelung würde sicherstellen, dass auch von kleineren Anlagen keine gesundheitlichen Gefahren durch Biologische Aerosole ausgehen. Zusätzlich entfällt der Anreiz für Anlagenbetreiber, gezielt die Anlagenkapazität von 10 000 Mg/a zu unterschreiten, um auf diese Weise einer Einhausung und Abluftbehandlung vorzubeugen. Sollte aufgrund des Fehlens allgemein anerkannter Bewertungsmaßstäbe für Bioaerosolimmissionen die hier vorgeschlagene messungsbasierte Bestimmung notwendiger Mindestabstände nicht umsetzbar sein, empfiehlt der Umweltrat, zumindest für besonders emissionsrelevante biologische Abfallbehandlungsanlagen mit Durchsatzleistungen unterhalb von 10 000 Mg/a eine Einhausung, Abluftfassung und eine „kalte" Abluftreinigung (z. B. Biofilter und Biowäscher) verbindlich vorzuschreiben.

– Neben den Emissionen biologischer Abfallbehandlungsanlagen hält es der Umweltrat für dringend geboten, die Wissenslücken hinsichtlich der Bioaerosolbelastungen durch Intensivtierhaltungsanlagen zu schließen und bei gesundheitlich bedenklichen Konzentrationen an Biologischen Aerosolen Maßnahmen zu ergreifen, die den Anforderungen an Anlagen der Abfallwirtschaft entsprechen. Sobald neue Erkenntnisse über Bioaerosolemissionen von Intensivtierhaltungsanlagen und über deren Reduktionsmöglichkeiten vorliegen, sollten diese auch in das europäische Merkblatt über die besten verfügbaren Techniken für Intensivtierhaltungsanlagen (EIPPCB, 2003) eingebracht werden, da dort derzeit keine Empfehlungen zu Bioaerosolen getroffen werden, sondern lediglich Forschungsbedarf konstatiert wird.

Schimmelpilzbildung in Innenräumen

1118. Eine gesonderte Bedeutung kommt der Schimmelpilzbildung in feuchten Innenräumen zu. Auch hier gibt es deutliche Hinweise, dass die Schimmelpilzsporen und deren Stoffwechselprodukte zu ernsthaften Erkrankungen führen können. Die nachweislich zunehmende Anzahl an Personen mit allergischen Erkrankungen (insbesondere der Atemwege) erfordert daher auch für den Hauptaufenthaltsbereich des Menschen strengere Anforderungen.

Die Zusammenhänge der Ausbreitungsmechanismen und gesundheitlichen Auswirkungen einer Exposition gegenüber einer Schimmelpilzbelastung im Innenraum wurden bislang nur unzureichend betrachtet. Der Umweltrat empfiehlt im Hinblick auf einen vorsorgenden Verbraucherschutz die Entwicklung von Qualitätskriterien für Biologische Aerosole in der Innenraumluft. Dabei bedarf es jedoch noch in vielen Bereichen der Klärung. Bislang gibt es keine geeigneten Verfahren, Innenraumluftkonzentrationen von Mikroorganismen standardisiert zu ermitteln und zu bewerten. Der Umweltrat empfiehlt daher, über die bisher vorliegenden Leitfäden des Landes Baden-Württemberg (LGA, 2001) und der Innenraumlufthygienekommission (UBA, 2002) hinaus, die Entwicklung derartiger Verfahren weiterhin zu unterstützen. Die vorliegenden Studien verdeutlichen, dass die gesundheitliche Bewertung der Exposition von Personen in Innenräumen gegenüber höheren Konzentrationen von Mikroorganismen und ihren Stoffwechselprodukten immer noch unbefriedigend ist. Daher ist anzuraten, nicht nur mit Methoden der medizinischen Diagnostik Befunde zu erheben, sondern zusätzlich mithilfe epidemiologischer Studien Zusammenhänge zwischen der Bioaerosolexposition im Innenraum und medizinischen Effekten zu untersuchen. Zusätzlich sollte die Beurteilung der Expositionsdaten stärker als bisher an der spezifischen Sensibilität von Risikogruppen orientiert werden.

12.2 Multiple Chemikalien-Sensitivität (MCS)

1119. Die Anzahl an Patienten mit Multipler Chemikalien-Sensitivität (MCS) ist in den letzten Jahren beträchtlich angestiegen. Nach amerikanischen Untersuchungen sollen bis zu 16 % der Bevölkerung in den USA eine besondere chemische Sensitivität aufweisen (KREUTZER et al., 1999; CARESS et al., 2002; UBA, 2003). Personen mit MCS weisen nach diesen Studien keine besonderen demographischen Charakteristika auf und kommen heterogen in allen Schichten der Bevölkerung vor. In Deutschland werden seit den 1990er-Jahren des vorigen Jahrhunderts vermehrt MCS-Patienten in den verschiedenen Einrichtungen des Gesundheitswesens registriert. Dadurch wurden die Entwicklung und Anwendung von geeigneten diagnostischen und therapeutischen Kriterien bei dieser speziellen Patientengruppe erforderlich. Es ist inzwischen allgemein anerkannt, dass diese Patienten einen erheblichen Leidensdruck haben und eine adäquate medizinische Versorgung benötigen. Zunehmend wird von Patienten- und Betroffenenverbänden – auch im politischen Bereich – eine angemessene Unterstützung und sozialmedizinische Versorgung von MCS-Patienten gefordert (HENNEK und HENNEK, 2003).

1120. Bereits in seinem Sondergutachten „Umwelt und Gesundheit" hat sich der Umweltrat mit der Problematik der Multiplen Chemikalien-Sensitivität beziehungsweise Überempfindlichkeit (MCS) auseinander gesetzt (SRU, 1999). In der Bewertung des damaligen wissenschaftlichen Sachstandes wurde MCS als „ätiologisch und pathogenetisch weit gehend unklares Beschwerdebild/klinisches Phänomen/Syndrom multipler Gesundheitsbeeinträchtigungen" aufgefasst. „Der Begriff beruht nicht auf der Definition einer eigenständigen klinischen Krankheitsentität, sondern ist als Falldefinition zu verstehen. Als Diagnosekriterien werden subjektive, nicht objektivierbare Beschwerdebilder herangezogen. Diese Kriterien werden darüber hinaus in der Fachwelt nicht einheitlich gehandhabt" (SRU, 1999, Tz. 378). Diese pathophysiologische Beschreibung der MCS hat in der wissenschaftlich basierten Medizin weiterhin unverändert Bestand.

Bei seinen Schlussfolgerungen ging der Umweltrat seinerzeit davon aus, „dass zum gegenwärtigen Zeitpunkt ein kausaler Zusammenhang zwischen Multipler Chemikalien-Überempfindlichkeit und vielfältigen Umwelteinflüssen, die von der Mehrheit der Bevölkerung gut vertragen werden, nicht wissenschaftlich belegt ist, jedoch auch nicht ausgeschlossen werden kann" (SRU, 1999, Tz. 384). Wiederholt weist der Umweltrat in seinem Sondergutachten auf die bestehende Diskrepanz zwischen gesichertem Wissen über MCS und deren öffentlicher Bedeutung sowie auf den außerordentlich starken Leidensdruck der Betroffenen hin.

Neben einem allgemeinen Appell zur Versachlichung der öffentlichen Diskussion stellte der Umweltrat eine Reihe von konkreten Forderungen hinsichtlich des weiteren wissenschaftlichen Forschungsbedarfs auf:

- „Dokumentation von Patienten mit Multipler Chemikalien-Überempfindlichkeit nach einheitlichen klinisch-diagnostischen, wissenschaftlich fundierten Kriterien."

- „Evaluierung der Fälle durch ein multidisziplinäres unabhängiges Gremium mit dem Ziel, ein einheitliches Syndrom zu definieren und relevante Subgruppen abzugrenzen."

- „Objektivierung von vermuteten Umweltexpositionen durch geeignete Messverfahren, gegebenenfalls Entwicklung von Provokationsverfahren zur Abschätzung krankheitsrelevanter Umweltexpositionen."

- „Epidemiologische Studien zu Inzidenz und Prävalenz von Multipler Chemikalien-Überempfindlichkeit und deren Einflussfaktoren, insbesondere von psychosozialen (Lebensstil-) Faktoren sowie Identifizierung und Charakterisierung von empfindlichen Untergruppen auf molekulargenetischer Basis."

- „Entwicklung experimenteller Testverfahren für Untersuchungen zur Pathophysiologie von Multipler Chemikalien-Überempfindlichkeit bei definierten Endpunkten zur Validierung der gegenwärtigen Hypothesen sowohl auf naturwissenschaftlicher als auch psychologischer Ebene." (SRU, 1999, Tz. 384)

Mithilfe einer vom Robert Koch-Institut (RKI) geleiteten und von 1999 bis 2003 durchgeführten Multi-Center-Studie sollte der Evaluierungs- und Forschungsbedarf, der unter anderem vom Umweltrat festgestellt worden war, bezogen auf die MCS-Problematik entscheidend verbessert werden. Fünf Jahre nach seiner ersten Bewertung der MCS wird diese Problematik vom Umweltrat erneut aufgegriffen. Anlass ist zum einen der Abschluss der oben erwähnten bundesweiten multizentrischen MCS-Studie. Zum anderen soll die zwischenzeitlich national und international erschienene Literatur zu MCS hinsichtlich des Vorliegens neuer Erkenntnisse überprüft und bewertet werden. Darüber hinaus soll in diesem Zusammenhang überprüft werden, inwieweit die 1999 durch den Umweltrat aufgestellten Forderungen zwischenzeitlich erfüllt wurden.

12.2.1 Neue Forschungsansätze zur Multiplen Chemikalien-Sensitivität

1121. Im Februar 1996 fand in Deutschland mit wesentlicher Unterstützung durch das Umweltbundesamt (UBA) und die Weltgesundheitsorganisation (WHO) ein erster Workshop zur MCS-Problematik statt. Die in diesem Meeting versammelten Experten empfahlen unter anderem eine verstärkte Erforschung der Multiplen Chemikalien-Sensitivität. Nach weiteren Beratungen in verschiedenen Arbeitsgruppen wurde die Durchführung eines nationalen multizentrischen MCS-Forschungsprojektes angeregt (EIS et al., 2003). Im Jahr 1999 wurde aufgrund dieses Workshops ein nationaler multizentrischer MCS-Forschungsverbund etabliert, an dem fünf universitäre umweltmedizinische Zentren (Aachen, Berlin, Freiburg, Gießen, München) und ein alternativmedizinischorientiertes Fachkrankenhaus in Bredstedt (Fachkrankenhaus

Nordfriesland, Online im Internet: www.fachkrankenhausnf.de [Stand: 26. November 2003]) beteiligt waren. Diese Studie wurde durch das Umweltbundesamt gefördert und vom RKI geleitet. In einen das Forschungsprojekt begleitenden Beirat wurden zusätzlich Vertreter der alternativen Umweltmedizin berufen.

Das inhaltliche Hauptziel des Projektes bestand in einer genaueren Beschreibung und vertieften Analyse des Beschwerdekomplexes der „Multiplen Chemikalien-Sensitivität". Dabei sollten unter anderem Erkenntnisse zu den Ursachen, zur Anbahnung und zur Auslösung von MCS gewonnen und die damit verbundenen Gesundheitsbeeinträchtigungen genauer untersucht werden. Es sollte geklärt werden, ob sich MCS als eigenständige, unmittelbar durch Umweltschadstoffe hervorgerufene oder vermittelte (getriggerte) Erkrankung abgrenzen lässt. Damit verbunden war die Frage, wie sich MCS-Patienten von Personen mit anderen umweltbezogenen Gesundheitsstörungen unterscheiden und durch welche Merkmalsprofile die jeweiligen Gruppen charakterisiert sind. Diese Fragestellung betraf sowohl Patienten mit MCS-Selbstattribution (sMCS, selbst berichtete MCS) als auch die im Rahmen der Studie ärztlich bestätigten MCS-Störungen (so genannte MCS2). Letztlich sollte geklärt werden, ob und in welcher Form das MCS-Beschwerdebild objektiviert werden kann, welche Umweltnoxen dabei gegebenenfalls wirksam werden und wie häufig es unter Umweltambulanzpatienten auftritt. Von Interesse war darüber hinaus, inwiefern sich Patienten umweltmedizinischer Ambulanzen (und speziell MCS-Patienten) von anderen klinischen Vergleichsgruppen und gegenüber alters- und geschlechtsentsprechenden Vergleichsgruppen der Allgemeinbevölkerung unterscheiden (UBA, 2003).

Zur Bearbeitung der Fragestellung wurde ein klinisch-epidemiologischer Forschungsansatz gewählt. Dabei wurde ein Fall-Kontroll-Segment (sMCS versus Nicht-MCS) in eine Querschnittsstudie eingebunden. Im Untersuchungsjahr 2000 konnten 234 Patienten von insgesamt rund 300 Ambulanzpatienten (80 %) in die Studie einbezogen werden. Im Rahmen des gewählten Studiendesigns war es erforderlich, verschiedene Beurteilungsebenen für die Eingruppierung der Patienten hinsichtlich der Fragestellung MCS festzulegen:

– Ebene 0: Selbstbeurteilung des Patienten (sMCS)

– Ebene 1: Vorläufige Eingrenzungskriterien auf der Basis eines ärztlichen Dokumentationsbogens (MCS1)

– Ebene 2: Ärztliche Einstufung nach abgeschlossener Diagnostik (MCS2).

Bei 19 Patienten mit MCS-Verdacht (MCS1) und einer gleich großen Kontrollgruppe gesunder Personen wurden im Rahmen eines Teilvorhabens eingehende Untersuchungen des olfaktorischen Systems durchgeführt.

1122. In dem im Frühjahr 2003 vorgelegten Forschungsbericht (UBA, 2003) und einer wissenschaftlichen Publikation (EIS et al., 2003) werden die ersten Ergebnisse der Studie auf einem deskriptiven Auswertungsniveau vorgestellt. Eine analytische Bewertung der Studienergebnisse fehlt bisher, soll aber noch folgen. Der bisherige Auswertungsstand bestätigt die bereits aus anderen Untersuchungen bekannten und bereits im Sondergutachten des Umweltrates aufgeführten Besonderheiten umweltmedizinischer Patienten, insbesondere derer, die sich selbst als MCS-erkrankt (sMCS) bezeichnen: hoher Leidensdruck; multiple subjektive Schadstoffunverträglichkeit mit Schwerpunkt auf Innenraumschadstoffe; breites Beschwerdespektrum mit subjektivem Expositionsbezug; zahlreiche Voruntersuchungen; überwiegend weibliche Patienten, besonders in mittleren Altersgruppen; häufiger allein stehend und nicht beziehungsweise nicht mehr berufstätig oder mit längeren Krankschreibungen. Diese Symptome sind nicht abhängig von der ethnischen oder der soziokulturellen Zugehörigkeit. Dies konnte zum Beispiel auch in einer Studie an 1 579 Personen in Atlanta und Georgia, USA, gezeigt werden (CARESS et al., 2002). Bei einem erheblichen Teil der Patienten können Überlappungen mit ähnlichen, ebenfalls nicht eindeutig abgrenzbaren Beschwerdekomplexen, wie zum Beispiel mit dem chronischen Schmerzsyndrom, chronischen Erschöpfungssyndrom *(Chronique Fatigue Syndrome,* CFS), Fibromyalgiesyndrom (FMS), dem *Sick Building Syndrome* (SBS) und den somatoformen Störungen festgestellt werden (SRU, 1999; UBA, 2003; EIS et al., 2003).

Bei dem zentrenübergreifenden Vergleich zwischen den Patienten, die sich bei der Studienaufnahme als MCS-erkrankt bezeichneten (sMCS) und denen, die ihre umweltbezogenen Beschwerden nicht primär mit MCS in Verbindung brachten (Nicht-sMCS), gab es wesentliche und zumeist statistisch signifikante Unterschiede. Die sMCS-Patienten gaben häufiger Geruchsüberempfindlichkeit, Geschmacksstörungen, Ohrgeräusche, abnehmendes Leistungsvermögen und auch chronische Müdigkeit an. Sie beschreiben häufiger eine besondere Infektanfälligkeit, Textilunverträglichkeit und eine generelle Unverträglichkeit gegenüber chemischen Substanzen im Allgemeinen. Die sMCS-Patienten fühlten sich öfter durch eine Vielzahl von Gerüchen im Wohnraum, insbesondere von Emissionen durch Baumaterialien, Wandbeläge, Anstriche und Möbel belästigt. Darüber hinaus sahen sie sich nach ärztlicher Aufzeichnung häufiger durch Dentalmaterialien, allgemeine Umweltchemikalien und Bedarfsgegenstände belastet. Gleiches gilt für Umwelteinflüsse im Wohnumfeld sowie am früheren und jetzigen Arbeitsplatz. Außerdem gaben sie häufiger an, sich zum Schutz vor eben diesen Umwelteinflüssen bevorzugt in der Wohnung aufzuhalten. Zur Frage nach dem Kausalitätsbezug ihrer Beschwerden nannten sMCS-Patienten häufiger Schadstoffe, elektromagnetische Felder, Nahrungsmittel, Pilzerkrankungen des Darmes und Passivrauchbelastung als wahrscheinliche Ursachen (UBA, 2003; EIS et al., 2003).

1123. Aufgrund der zahlreichen Beschwerden mit Umweltbezug ist es nicht erstaunlich, dass sMCS-Patienten signifikant weniger Haushaltschemikalienprodukte (z. B. Toilettensteine, Universalreiniger, Schädlingsbekämpfungsmittel) einsetzten. Gleichfalls seltener hatten sie Amalgamfüllungen, jedoch viel häufiger anderweitige

Zahnersatzmaterialien. Im Unterschied zu der Vergleichsgruppe wurden bei sMCS-Patienten auch signifikant häufiger umweltmedizinische Voruntersuchungen (Biomonitoring, „Entgiftungsenzymuntersuchungen" und funktionelle Bildgebungen des Gehirns wie PET und SPECT) durchgeführt und während der ärztlichen Anamnese festgestellt. Eine Verursachung oder Mitverursachung ihrer Beschwerden durch psychosoziale Einflüsse (u. a. finanzielle Sorgen, Vereinsamung, Beziehungsprobleme, familiäre Belastungen, Nachbarschaftsprobleme) wurde sowohl von sMCS- als auch Nicht-sMCS-Patienten abgelehnt (UBA, 2003).

1124. Da Patienten, die von sich selbst berichten, an MCS erkrankt zu sein (sMCS), häufig eine erhöhte Geruchssensibilität angeben (GREENE und KIPEN, 2002), wurden im Rahmen dieser multizentrischen Studie 19 Patienten mit MCS-Verdacht und einer selbst angegebenen Riechstörung sowie 19 Kontrollprobanden olfaktometrisch untersucht. Neben einer Standarduntersuchung des Riechsinns wurde eine EEG-Ableitung hinsichtlich einer möglichen „zentral-sensorischen Informationsverarbeitungsstörung" vorgenommen. Weiterhin wurden Untersuchungen von Reaktionen der Nasenschleimhaut und des sensorischen Apparates auf eine niedrig dosierte chemische Stimulation durchgeführt. Bereits in früheren Studien konnte nachgewiesen werden, dass bei diesen Patienten keine erhöhte Riechleistung vorliegt. Allerdings zeigte sich, dass die MCS-Patienten eine deutlich längere Testzeit benötigten und dass eine mehrfach wiederholte Stimulation mit den olfaktometrisch eingesetzten Substanzen eine besondere Belastung für sie darstellte. Dadurch konnten die Patienten den Untersuchungsverlauf störende Reaktionen, wie beispielsweise Augenbewegungen und Muskelanspannungen, nicht immer vermeiden. Ein erheblicher Teil der durchgeführten Untersuchungen war aufgrund methodischer und patientenbezogener Schwierigkeiten nicht interpretierbar (UBA, 2003).

Einen erheblichen Anteil am Gesamtuntersuchungsumfang dieser multizentrischen Studie hatten psychometrische Untersuchungen, die der Charakterisierung der Patientengruppe dienen sollten. Im Vergleich zu anderen umweltmedizinischen Patienten unterschieden sich sMCS-Patienten hinsichtlich der beiden BSKE 21-Dimensionen aktuelles „Positives Empfinden" und aktuelles „Negatives Empfinden" nicht. Dagegen war bei ihnen die Dimension des „Körperlichen Unwohlseins" stärker ausgeprägt. Bezogen auf die subjektive Gesundheit (erhoben mit dem Fragebogen zur gesundheitsbezogenen Lebensqualität, SF-36), die in den körperlichen Dimensionen als „Körperliche Funktionsfähigkeit", „Körperliche Rollenfunktion", „Körperliche Schmerzen", und den Dimensionen „Allgemeine Gesundheitswahrnehmung" und „Soziale Funktionsfähigkeit" erfasst werden, beurteilten die sMCS-Patienten ihre gesundheitliche Lebensqualität im Vergleich zu den Nicht-sMCS-Patienten deutlich schlechter (EIS et al., 2003).

Ebenfalls zeigten die sMCS-Patienten in den Skalen „Somatisierung" und „Ängstlichkeit" (der SLC-90-R, Symptom-Checkliste) eine signifikant stärkere Ausprägung.

Verglichen mit entsprechenden Standardstichproben haben die Studienpatienten höhere Skalenwerte, das heißt stärkere Hinweise insbesondere auf eine „Somatisierung", „Zwanghaftigkeit" und „Depressivität". Dabei bedeuten höhere Skalenwerte eine stärkere Ausprägung der jeweils betrachteten Kategorie. Jedoch haben die sMCS-Studienpatienten im Vergleich zu psychiatrischen Patienten und Patientengruppen mit Persönlichkeitsstörungen, Neurosen, Depressionen, Angststörungen und Somatisierungsstörungen niedrigere Skalenwerte, das heißt eine geringere Ausprägung ihrer Symptomatik. Dementsprechend waren zumindest diese psychischen Veränderungen bei sMCS-Patienten im Allgemeinen weniger stark ausgeprägt als bei psychosomatischen und psychiatrischen Patienten (UBA, 2003).

1125. Da MCS-Patienten generell die Ursachen ihres Leidens in Einflüssen aus der Umwelt sehen, war es auch in der vorliegenden Studie von besonderer Bedeutung, die angegebenen Umweltbezüge zu untersuchen und soweit wie möglich aufzuklären. Allerdings gab es keine einheitliche Festlegung der Erfassungsmodalität möglicher Umwelteinflüsse und ihrer Bewertung hinsichtlich der gesundheitlichen Relevanz für die Patienten. In dem multizentrischen MCS-Forschungsverbund differieren demzufolge die Bewertungen der Patientenangaben durch die Ärzte in den jeweiligen Zentren sehr deutlich. Das Bestehen von umweltmedizinisch relevanten Expositionen wurde bis auf einen geringen Prozentsatz fast ausschließlich von den Ärztinnen und Ärzten aus der Umweltklinik in Bredstedt attestiert.

Beim Vergleich der sMCS-Patienten mit den Nicht-sMCS-Patienten wurden sMCS-Patienten ärztlicherseits häufiger als „zu einem früheren Zeitpunkt hygienisch belastet", Nicht-sMCS-Patienten dagegen öfter als „aktuell belastet" eingestuft. Die extremen Unterschiede in der Bewertung des möglichen Umweltbezuges werden deutlich, wenn die Einschätzung eines Zusammenhangs der Gesundheitsbeschwerden mit Umweltnoxen innerhalb der verschiedenen Zentren betrachtet wird. Im Zentrum Gießen wurde bei keinem Patienten ein Zusammenhang ermittelt, in Bredstedt waren es 66 %. Ein ebenfalls hoher Anteil von 48 % wurde vom Zentrum München angegeben. In München erfolgte allerdings eine von den anderen Zentren abweichende Interpretation der entsprechenden Fragen, da psychische Erkrankungen nicht als mögliche Erklärung der Beschwerden berücksichtigt wurden. Daraus resultierte, dass diese Ergebniseinstufung nicht mit denen der anderen Studienzentren vergleichbar war (UBA, 2003).

12.2.1.1 Bewertung der Ergebnisse der MCS Multi-Center-Studie

1126. Vor einer Beurteilung der Ergebnisse der Multi-Center-Studie sind zunächst einige Voraussetzungen und eine Reihe der hier gewählten methodischen Kriterien kritisch zu bewerten. Durch die Einbeziehung des Fachkrankenhauses Bredstedt in die Multi-Center-Studie war ein Partner einbezogen worden, der den Umweltchemikalien von vornherein eine größere ätiologische Bedeutung bei der Entwicklung des Krankheitsgeschehens attestiert. Die ätiopathogenetische Relevanz von Fremdstoffen in den zu beurteilenden Fällen wurde in den anderen beteiligten Zentren dagegen deutlich zurückhaltender eingeschätzt und eher anhand des derzeitigen wissenschaftlichen Erkenntnisstands beurteilt.

Aus dem vorliegenden Bericht und einer ersten Publikation (EIS et al., 2003) geht nicht deutlich hervor, welche (einheitlichen) klinisch-diagnostischen, wissenschaftlich fundierten Verfahren der verschiedenen Studienteilnehmer bei der Untersuchung der Patienten zur Anwendung kamen, sodass der konzeptionelle Ansatz nur eingeschränkt dargestellt werden kann. Diese sind von besonderer Wichtigkeit, da klinische Diagnosen, die die vorliegenden Krankheitsbilder erklären können, als Ausschlusskriterium für MCS nach dem hier gewählten wissenschaftstheoretischen Ansatz anzusehen sind (CULLEN, 1987). In dem vorliegenden Studienbericht werden weder zu dieser Methode noch zu möglichen Befunden entsprechende Daten in befriedigendem Umfang dargestellt, obwohl sie von einigen Zentren dokumentiert wurden. So wären Informationen insbesondere über die Häufigkeit des Vorliegens pathologischer Lungenfunktionstests oder positiver Allergieuntersuchungen von besonderem Interesse. Aus Erfahrungen der umweltmedizinischen Ambulanzen können mithilfe dieser Untersuchungen häufig relevante Befunde für die Patienten erzielt werden. Die mangelnde Berücksichtigung von somatischen Befunden bei MCS-Patienten wird ebenfalls von einer Reihe von Patientenverbänden und Selbsthilfegruppen beklagt (HENNEK und HENNEK, 2003).

1127. Die Bewertung und Einstufung der von den Patienten angegebenen oder vermuteten Umweltexpositionen ist methodisch bedingt nur sehr schwer zu objektivieren. Sie ist im Wesentlichen von den Kenntnissen des (ärztlichen) Untersuchers abhängig und kann kaum durch spezielle Erhebungsinstrumente (Fragebögen) unterstützt werden (HERR et al., 2004). Da der Nachweis eines Zusammenhangs der angegebenen oder nachgewiesenen Gesundheitsstörungen mit umweltrelevanten Expositionen von besonderer Bedeutung ist, ist zu bedauern, dass in dem vorliegenden Studienbericht das zentrenübergreifende Vorgehen nicht ausreichend dokumentiert wird. Insbesondere gibt es keine Festlegung, ob dies tatsächlich versucht und – wenn ja – nach welchen methodisch einheitlichen Kriterien eine Bewertung der angegebenen Umweltexpositionen vorgenommen worden ist. Der Bericht gibt ebenfalls keine Hinweise auf mögliche zu ergreifende Maßnahmen zur Objektivierung der vermuteten Expositionen und ebenfalls nicht darauf, welcher Art diese sein sollen. Von Patienten mit Selbstattribution von MCS wird häufig der Vorwurf erhoben, dass der von ihnen hergestellte Umweltbezug ihrer Beschwerden nicht ausreichend oder fachlich unzulänglich überprüft wird (HENNEK und HENNEK, 2003).

1128. Die Ergebnisse der Multi-Center-Studie bestätigen die bislang vorliegenden Ergebnisse. Zunächst kann aber daraus geschlossen werden, dass im Vergleich zu anderen ähnlichen Untersuchungen – auch im internationalen Bereich – die bislang vorliegenden Ergebnisse beziehungsweise Erkenntnisse auch durch diese Studie bestätigt werden konnten (CACCAPPOLO-van VLIET et al., 2002; BELL et al., 2001; KUTSOGIANNIS und DAVIDOFF, 2001). Dies gilt ebenso für die psychometrischen Untersuchungen. Der bisherige Auswertungsstand bestätigt die bekannten und bereits eingangs aufgeführten psychischen Merkmale umweltmedizinischer Patienten, insbesondere jener mit einer Selbsteinstufung von MCS (s. auch SRU, 1999, Tz. 376 ff.). Ebenfalls werden zahlreiche Überlappungen mit ähnlichen, nicht eindeutig abgrenzbaren Beschwerdekomplexen wie chronisches Schmerzsyndrom, chronisches Erschöpfungssyndrom *(Chronique Fatigue Syndrom,* CFS), Fibromyalgiesyndrom (FMS), *Sick Building Syndrome* (SBS) und somatoformen Störungen beschrieben. Dabei ist jedoch zu beachten, dass diese ähnlichen Beschwerdekomplexe rein deskriptiv ohne (spezifische) Ursachenzuordnung sind, während MCS in jedem Fall eine kausale Verursachung durch Chemikalien beinhaltet.

Die im Rahmen dieser Studie eingesetzten Erhebungsinstrumente (Fragebögen) für die Befunderhebung am Patienten wurden zum Teil für diese Fragestellung speziell entwickelt, teilweise wurden aber auch bewährte Fragebögen (insbesondere im Bereich der Psychometrie), unter Umständen nach entsprechender Modifikation, eingesetzt. Allerdings erlaubt der Basisdokumentationsbogen (BDB) nicht die Stellung einer Diagnose in einem wissenschaftlich basierten Sinne. Dies gilt insbesondere bei fehlender Objektivierung einer vermuteten Exposition. Die im Sondergutachten „Umwelt und Gesundheit" gestellten Forderungen des Umweltrates nach einer Dokumentation anhand einheitlicher, wissenschaftlich fundierter Kriterien kann für den psychologischen und rein deskriptiven Untersuchungsteil als erfüllt angesehen werden (SRU, 1999).

Die im vorliegenden Studienbericht sicherlich nicht ausreichende Dokumentation über Art und Umfang der klinischen Diagnostik ist auch deshalb zu bedauern, weil damit die Diskussion über den Einsatz weiter gehender klinisch-diagnostischer Untersuchungsmethoden, wie zum Beispiel SPECT *(Single Photon Emission Computer Tomography)* und PET *(Positron Emission Tomography),* beeinträchtigt wird. Diese für hochspezielle klinische Untersuchungen etablierten Verfahren sollten hinsichtlich ihrer Eignung für umweltmedizinische Fragestellungen überprüft werden. Zwar liegen etwa zum Einsatz von allgemeinen immunologischen Untersuchungsverfahren im Bereich der Umweltmedizin oder anderen (alternativmedizinischen) Methoden wie dem Lymphozytentransformationstest inzwischen Stellungnahmen der Kommission „Methoden und Qualitätssicherung in der Umweltmedizin" (RKI, 2002; 2003) vor. Trotzdem sollten – schon allein aufgrund der großen öffentlichen Diskussion – auf der Basis der Daten der Multi-Center-Studie derartige Methoden hinsichtlich ihres Einsatzes in der MCS-Diagnostik erneut bewertet und überprüft werden. Dies ist ebenfalls Grundlage der Forderung des Umweltrates nach einer Identifizierung und Charakterisierung empfindlicher Untergruppen im Rahmen von MCS-Studien. Die wissenschaftliche Evaluierung somatisch orientierter Diagnostik wird auch von Patientenverbänden und Selbsthilfegruppen bereits seit langem gefordert (HENNEK und HENNEK, 2003).

1129. Die Ergebnisse der psychometrischen Profile von Umweltambulanzpatienten und insbesondere die von sMCS-Patienten weisen größere Auffälligkeiten auf als die einer Standardstichprobe. Allerdings sind diese Auffälligkeiten im Vergleich zu Psychosomatik- und Psychiatriepatienten geringer. Davon ausgenommen sind lediglich Patienten, bei denen eine Somatisierungsstörung diagnostiziert werden konnte. Durch die in der multizentrischen Studie festgelegte Einstufung wird deutlich, dass sMCS-Patienten nicht nur – wie bereits lange bekannt – einen deutlich höheren Leidensdruck haben, sondern auch eine erhebliche, psychosozial bedeutsame, Erkrankungskomponente aufweisen. Diese Erkenntnisse sind insbesondere für die weitere ärztliche Betreuung und die Einstufung in der sozialmedizinischen Bewertung dieser Patienten von großer Bedeutung. Die gesetzlichen Voraussetzungen, MCS unfallversicherungsrechtlich als Berufskrankheit anzuerkennen, sind derzeit allerdings nicht gegeben. Dessen ungeachtet sollte das Vorliegen einer MCS-Symptomatik in den übrigen Sozialversicherungsbereichen berücksichtigt werden (NASTERLACK et al., 2002).

Wenn aufgrund der fehlenden ätiologischen Zuordnung von MCS keine kausal begründete somatische Therapie erfolgen kann, sollte doch wenigstens eine psychotherapeutische Betreuung der Patienten angestrebt werden. Gerade weil psychosomatische Diagnosen und Therapien keine Kausalität erfordern, steht in der Arzt-Patienten-Kommunikation die zentrale Frage nach einer umweltbedingten Beschwerdeverursachung bei dieser Therapieempfehlung nicht im Vordergrund. Die Kausalität (Umweltbezug oder nicht) des Beschwerdebildes muss weder zugesichert noch ausgeschlossen werden, um die Indikation für eine Behandlung zu stellen. Auf diese Weise sollte versucht werden, zumindest der psychosozialen Komponente der Erkrankung gerecht zu werden (HERR et al., 2000).

1130. Die in der Multi-Center-Studie bei einem Teil der Patienten durchgeführte olfaktometrische Untersuchung konnte das von Patienten häufig angegebene gesteigerte Riechvermögen nicht bestätigen, genauso wenig, wie die oft vermutete Störung der Riechleistung. Hier ist zu hinterfragen, ob es sinnvoll ist, in den geplanten Folgestudien weiterhin olfaktometrische Testsysteme einzusetzen. In den weiteren vorliegenden Untersuchungsergebnissen von MCS-Patienten konnten ebenfalls die angegebenen Geruchsempfindlichkeiten mit wissenschaftlich fundierten Methoden bisher nicht bestätigt werden (HERR et al., 2003a). Gegebenenfalls sollten zu der Fragestellung der Geruchsstörungen zusätzlich psychologisch basierte Erklärungsmodelle in Betracht gezogen werden.

1131. Die unterschiedliche Einschätzung der sechs beteiligten Zentren über die frühere oder aktuelle Schadstoffexposition und deren ätiologische Bedeutung für das Krankheitsgeschehen bei den Patienten ist insbesondere bei einer Multi-Center-Studie als ein grundlegendes Problem einzustufen. Die Einschätzung über das Vorliegen von „MCS" bei Patienten wird im Studienzentrum Bredstedt – im Unterschied zu den anderen Zentren – vergleichsweise häufiger getroffen, da bei einem erheblichen Teil der Patienten eine Verursachung der Beschwerden auf eine relevante Exposition gegenüber Umweltschadstoffen zurückgeführt wird. Eine weitere Ursache für die Beurteilerunterschiede könnten die relativ „weichen" Kriterien für die MCS-Einstufung auf der Ebene 1 sein. So vertreten einige Zentren die Meinung, dass trotz Erfüllung aller Kriterien für MCS 1 eine Multiple Chemikalien-Sensitivität aufgrund der „weichen" Eingangskriterien nicht unbedingt gegeben sein muss.

1132. Auf der Basis der bisher dokumentierten Daten und nach einer im Juni 2003 durchgeführten zentrenübergreifenden diagnostischen Nachbeurteilung anhand einer zufällig ausgewählten Patienten-Unterstichprobe (nach Aktenlage) zeichnet sich ab, dass diese Unterschiede ganz offensichtlich nicht auf eine stark unterschiedliche Zusammensetzung der Patientenkollektive zurückzuführen sind. Vielmehr bestehen hier offensichtlich deutliche Beurteilerunterschiede bezogen auf die toxikologische Bewertungen der Exposition und die medizinische Einschätzung der Krankheitsbilder. Eine mögliche Erklärung für das abweichende Vorgehen im Zentrum Bredstedt könnte eine unterschiedliche Auffassung über die dem Modell der Klinischen Ökologie entsprechende Ätiologie der MCS sein, mit der Folge einer Favorisierung des so genannten somatischen Modells von MCS. Um diese Beurteilerunterschiede weiter gehend zu objektivieren, wäre eine Bewertung durch ein multidisziplinäres unabhängiges Gremium erforderlich. Auch dies hat der Umweltrat bereits 1999 gefordert. Die vorgesehene vertiefende epidemiologisch-analytische Bewertung des Datenmaterials sollte dabei von einer einheitlichen konzeptionellen Grundlage von MCS ausgehen, um den wissenschaftlichen Anforderungen an die Fragestellung gerecht zu werden. Darüber hinaus sollten neben Umweltmedizinern in derartigen Fallkonferenzen auch erfahrene klinische Ärzte und Psychiater oder Psychosomatiker mit einbezogen werden.

Insgesamt wird die Multi-Center-Studie – trotz der bestehenden methodischen Schwierigkeiten – nicht nur von den beteiligten Untersuchungszentren, sondern auch von dem begleitenden Beirat positiv eingestuft. Der Aussage „MCS-Kranke sind schwer erkrankte Patienten und keine Hypochonder" als Überschrift einer Resolution des Ökologischen Ärztebundes kann sicherlich auch unabhängig von der Problematik der ungeklärten Ätiologie zugestimmt werden.

12.2.2 Bewertung neuer Erkenntnisse in der nationalen und internationalen Literatur

1133. Bezogen auf die Verursachung beziehungsweise Ätiologie der MCS haben sich seit der Stellungnahme des Umweltrates im Jahre 1999 die bis dahin vorliegenden Erkenntnisse im nationalen und internationalen Bereich im Wesentlichen bestätigt. Es fehlt aber weiterhin an Studien, die entweder klinisch-organisch oder klinisch-diagnostisch an somatischen oder integrativen Krankheitsmodellen orientiert sind. Solche Studien müssen den Umweltbezug der auftretenden Beschwerden bei Patienten über die bisher vorhandenen methodischen Ansätze hinaus besser erfassen. Dies gilt ebenso für die Identifikation besonders sensibler Untergruppen, die Entwicklung experimenteller Testverfahren und den Gewinn neuer Erkenntnisse zu ungeklärten pathophysiologischen und ätiopathogenetischen Fragestellungen.

Immerhin ist zu zwei wesentlichen Aspekten des Auftretens von MCS eine vorläufige Bewertung möglich. Zum einen ist die Häufigkeit des Auftretens von MCS umstritten, weshalb die Prävalenz, die sich aus Forschungsarbeiten ergibt, bezogen auf die Allgemeinbevölkerung, dargelegt und bewertet wird. Zum anderen wird die Problematik der Art und Häufigkeit von gesundheitlich relevanten Beschwerden selbst berichteter MCS im Vergleich zu anderen umweltmedizinischen Patienten betrachtet.

1134. In einer repräsentativen Studie an 2 032 Personen konnte, bezogen auf die Fragestellung der Häufigkeit von selbst berichteter MCS in der Allgemeinbevölkerung, eine Prävalenz von 0,5 % (entspricht etwa einem Fall bei 300 000 Personen) für Deutschland errechnet werden. Diese Häufigkeit entspricht ungefähr der des Auftretens der Parkinson-Krankheit in der deutschen Bevölkerung (HAUSTEINER et al., 2003). Es ist auffällig, dass diese Häufigkeit im internationalen Vergleich von zwei großen Studien aus den USA deutlich abweicht. Die Prävalenz von MCS-Erkrankungen wird im Bundesstaat Kalifornien mit 6,3 % angegeben und liegt damit um das Zehnfache höher als in Deutschland (KREUTZER et al., 1999). Die Autoren halten diese Unterschiede für sehr ungewöhnlich, da sich im Allgemeinen die Umweltbedingungen in den Ländern USA und Deutschland nicht wesentlich voneinander unterscheiden. Als Erklärungsmöglichkeiten werden genetische Bevölkerungsunterschiede oder eine unterschiedliche Wahrnehmung in der Bevölkerung genannt, die ebenfalls mit psychologischen Symptomen in Zusammenhang stehen könnten (HAUSTEINER et al., 2003). Für den US-amerikanischen Bundesstaat Georgia wird eine Prävalenz für das Auftreten von MCS von 12,6 % beschrieben (CARESS et al., 2002). Diese Prävalenz liegt 25fach höher als in Deutschland. In dieser Studie wurden psychologische Zusammenhänge im Sinne von emotionalen Problemen erfasst. Es wurde ermittelt, dass nur 1,4 % der Patienten emotionale Probleme vor dem Auftreten der von ihnen angegebenen Symptome angaben. Dagegen entwickelten 37,3 % der Patienten psychische Symptome nach Auftreten der Hypersensitivität. In dieser Studie kommen die Autoren zu der Erkenntnis, dass die psychische Komponente eher gering einzuschätzen sei, da die meisten Patienten erst nach Auftreten der Erkrankung emotionale Probleme zeigten (CARESS et al., 2002).

Im Gegensatz dazu kommt eine große prospektive Studie aus Deutschland zum Thema psychiatrische Morbidität und MCS unter der Verwendung eines standardisierten diagnostischen Interviews zu dem Ergebnis, dass viele Patienten mit umweltbezogenen Beschwerden offenbar unter somatoformen Störungen, oftmals aber auch an anderen bekannten psychischen Erkrankungen leiden. Bei 100 von insgesamt 120 Teilnehmern konnten in dieser Studie eine oder mehrere psychiatrische Diagnosen gestellt werden. Allein 53 Patienten erfüllten die diagnostischen Kriterien für somatoforme Störungen (BORNSCHEIN et al., 2000).

1135. Bei der Bewertung der vorliegenden Literatur wird immer wieder deutlich, dass aufgrund von überdurchschnittlich häufig angegebenen somatoformen Beschwerden auf eine psychische Erkrankung der Patienten geschlossen wird, wenn in diesem Zusammenhang keine auffällige Exposition gemessen wird. Tatsächlich ist es aber nicht möglich, lediglich durch die Erfassung der Beschwerdehäufigkeit einen Schluss auf einen vorhandenen oder nicht vorhandenen Umweltbezug zu ziehen. Diese Schwierigkeit soll an einem Beispiel für umweltkranke Patienten – zu denen auch MCS-Patienten zählen – beschrieben werden:

Werden die häufigsten unerklärten körperlichen Beschwerden (somatoforme Beschwerden) umweltmedizinischer Patienten mit einer Standardstichprobe (nach RIEF et al., 1997) verglichen, ergeben sich verschiedene Auffälligkeiten (Tab. 12-6). Zu den am häufigsten genannten Beschwerden zählten immer Kopfschmerzen, Schmerzen der Extremitäten sowie Rücken- und Gelenkschmerzen. Das gilt ebenfalls für Gruppen mit einer nachweisbaren Exposition gegenüber Schadstoffen der Umwelt. In diesem Beispiel waren die Patienten gegenüber Bioaerosolen und/oder Gerüchen im Wohnumfeld exponiert.

Jeweils drei der häufigsten Beschwerden traten bei umweltmedizinischen Patienten ähnlich häufig auf wie bei Personen mit einer Umweltexposition (Kopfschmerzen, Schmerzen in Armen oder Beinen, außergewöhnliche Müdigkeit). Darüber hinaus zeigt ein Vergleich der Beschwerdehäufigkeit mit psychosomatischen Patienten ebenfalls eine große Übereinstimmung in drei der fünf häufigsten Beschwerden (wenn in diesem Fall außergewöhnliche Müdigkeit mit Erschöpfbarkeit gleichgesetzt wird).

Dementsprechend kommen besonders häufig genannte unerklärte Beschwerden bei umweltmedizinischen Patienten etwa genauso oft vor wie bei Personen, bei denen eine spezifische Exposition oder eine psychosomatische Erkrankung nachweisbar ist. Daraus ließe sich ableiten, dass umweltmedizinische Patienten, bezogen auf die Prävalenz der fünf häufigsten Beschwerden, eher den Patienten einer psychosomatischen Klinik ähneln. Genauso haben Personen mit einer relevanten umweltmedizinischen Exposition eine deutlich höhere Beschwerdehäufigkeit als nichtexponierte Kontrollgruppen (hier gegenüber Bioaerosolen, Tab. 12-6, Spalte 2).

Tabelle 12-6

Darstellung der häufigsten Beschwerden von umweltmedizinischen Patienten im Vergleich zu anderen Bevölkerungsgruppen im SOMS (Screening für Somatoforme Störungen)

Unerklärte körperliche Beschwerden	Umweltmedizinische Patienten SOMS N=67	Probanden in einem Gebiet mit		Eigene Kontrollen N=198	Normalbevölkerung nach RIEF et al., 1997	Psychosomatische Patienten n. RIEF et al., 1997
		Bioaerosol und Geruch N=35	Geruchsbelästigung N=186			
Kopfschmerzen*	72 %	73 %	38 %	29 %	19 %	67 %
Schmerzen in Armen oder Beinen	60 %	39 %	39 %	20 %	20 %	–
Außergewöhnliche Müdigkeit	72 %	40 %	–	–	–	–
Schweißausbrüche	57 %	–	–	–	–	62 %
Herzrasen oder Herzstolpern	55 %	–	–	–	–	56 %
Rückenschmerzen	–	–	38 %	33 %	30 %	73 %
Gelenkschmerzen	–	–	31 %	31 %	25 %	–
Übelkeit und Völlegefühl	–	53 %	24 %	20 %	13 %	–
Bauch- und Magenschmerzen	–	56 %	–	–	–	–
Leichte Erschöpfbarkeit	–	–	–	–	–	62 %

Legende: * Beschwerden, die in allen Gruppen am häufigsten vorkamen.

Quelle: HERR et al., 2003a, verändert

Dieses Beispiel verdeutlicht, dass es häufig nicht sinnvoll ist und zu falschen Ergebnissen führt, wenn lediglich die Beschwerdehäufigkeit und Art der Beschwerden verglichen werden, um Rückschlüsse auf eine umweltbezogene Erkrankung zu ziehen. Um eine umfassende Aussage über MCS treffen zu können, müssen entsprechende Expositionsdaten in die Bewertung einbezogen werden, damit auf das mögliche Vorliegen umweltmedizinisch begründeter gesundheitlicher Beschwerden geschlossen werden kann. Diese Tatsache wird in vielen Studien vernachlässigt (Beispiel BORNSCHEIN et al., 2000; HAUSTEINER et al., 2003).

12.2.3 Zusammenfassung und Empfehlungen

1136. Die Anzahl nationaler und internationaler Patienten mit selbst berichteter Multipler Chemikalien-Sensitivität ist insbesondere auf der Basis US-amerikanischer Studien als bedenklich hoch einzustufen. Bereits im Sondergutachten „Umwelt und Gesundheit" des Umweltrates wurden die Fragestellungen bezüglich Personen/Patienten mit umweltbezogenen Erkrankungen aufgezeigt und eine Reihe von konkreten Forderungen hinsichtlich des weiteren Forschungsbedarfs gestellt (SRU, 1999). Nachdem in Deutschland die deskriptiven Ergebnisse einer großen Multi-Center-Studie vorliegen, gelangt der Umweltrat nicht zu wesentlich neuen Erkenntnissen. Eine Bewertung der bis jetzt vorliegenden Untersuchungsdaten erfolgt auch deshalb, weil das Krankheitsbild MCS, insbesondere bezüglich der Akzeptanz in der Gesellschaft, bedeutend ist. Darüber hinaus entstehen den Kostenträgern hohe Ausgaben bei der Behandlung der Patienten, die durch geeignete Diagnose- und Therapiemodelle gemindert werden können:

– Die vorliegende Multi-Center-Studie weist eine Reihe methodischer Schwächen auf, die bei einer möglichen Fortführung dieser Studie oder weiteren Untersuchungen vermieden werden sollten. Nur auf diese Weise kann das Ziel einer einheitlichen Dokumentation von

Patienten mit (selbst berichteter) MCS nach klinisch-diagnostischen und wissenschaftlich fundierten Kriterien erreicht werden.

– Unter Berücksichtigung der beschriebenen methodischen Schwierigkeiten bestätigen die vorliegenden Untersuchungsdaten die bisherigen Erkenntnisse zur Beschreibung und Charakterisierung von MCS. Hinweise auf besonders sensitive Untergruppen, spezielle Einflussfaktoren, psychometrische Auffälligkeiten und ein besonderes Geruchsempfinden, über die bereits bekannten Merkmale hinaus, konnten nicht festgestellt werden. Die soziodemographischen Merkmale der untersuchten Patienten und die berichteten Gesundheitsprobleme entsprechen ebenfalls den bisher vorliegenden Daten.

– Von besonderer Relevanz sind die in der Multi-Center-Studie aufgetretenen Unterschiede in der Beurteilung der Umweltbezüge des Leidens der Patienten und bezüglich des Vorliegens einer Diagnose „MCS" in den einzelnen Zentren. Die Frage „gibt es MCS oder andere umweltbezogene Erkrankungen als eigenständige Entität?" wird offenbar in Abhängigkeit von der individuellen Ansicht des Untersuchers unterschiedlich beantwortet, was aus grundlegend unterschiedlichen medizintheoretischen Auffassungen der Untersuchungszentren resultiert. Während nach Ansicht des Umweltrates – im Fall von Patienten mit einer Gesundheitsstörung im Sinne einer MCS – nach wie vor kein eigenständiges Krankheitsbild zu erkennen ist, sehen Untersucher, die weniger stark evidenzbasiert vorgehen, MCS längst als Entität bestätigt. Dementsprechend treffen die Forderungen des Umweltrates aus dem Jahr 1999 in diesem Fall noch immer zu (Tz. 1119 f.; SRU, 1999, Tz. 384 ff.).

– Die Daten des Untersuchungsberichtes verdeutlichen erneut, dass MCS-Patienten einen hohen Leidensdruck und eine deutliche psychosoziale Erkrankungskomponente aufweisen, ohne dass MCS einem spezifischen Krankheitsbild zugeordnet werden kann. Die fehlende Charakterisierung der Patienten mit selbst berichteter MCS macht eine Positionierung im (umwelt-) medizinischen Anbieter- und Versorgungssystem, die Inanspruchnahme (umwelt-) medizinischer Beratungs- und Untersuchungsangebote sowie eine angemessene Betreuung im psychosozialen und medizinischtherapeutischen Bereich besonders schwierig. Daher empfiehlt der Umweltrat, für diese Patienten im allgemeinmedizinischen und umweltmedizinischen Versorgungsbereich angemessene Therapiemöglichkeiten und Kapazitäten zu schaffen, die innerhalb der vorhandenen Sozialversicherungssysteme liegen. Insbesondere im Bereich der medizinischen Basisversorgung können Interventionsmöglichkeiten geschaffen werden, um den Beginn einer MCS und Wanderungsvorgänge (Doktorhopping) schon im Ansatz zu begrenzen. Dazu gehört zunächst die Abgrenzung von MCS gegenüber bekannten und gegebenenfalls behandelbaren Erkrankungen. Solange die Ätiopathogenese nicht wissenschaftlich begründbar ist, ist eine kausale Therapie nicht möglich. Trotzdem hält der Umweltrat eine unterstützende Therapie wie beispielsweise psychotherapeutische Maßnahmen zur Vermittlung von Bewältigungsstrategien für hilfreich.

– Obwohl die gesetzlichen Voraussetzungen, um MCS unfallversicherungsrechtlich als Berufskrankheit anzuerkennen, derzeit nicht gegeben sind, sollte das Vorliegen einer MCS-Symptomatik zumindest in den übrigen Sozialversicherungsbereichen durch eine angemessene Einschätzung des Schweregrades berücksichtigt werden. Dabei hält es der Umweltrat für erforderlich, die dadurch entstehenden zusätzlichen Kosten im Sozialversicherungssystem den heute schon vorhandenen fallbezogenen eminenten Krankheitskosten (vor allem durch das Doktorhopping) gegenüberzustellen.

1137. Da viele der Fragen auch in der vorliegenden MCS-Studie nicht zufriedenstellend geklärt werden konnten, empfiehlt der Umweltrat, konkrete Qualitätsanforderungen an weitere Projekte zu stellen. Diese Forderungen beinhalten bei der Durchführung einer wissenschaftlichen Untersuchung die Abgrenzung der Ähnlichkeiten und Unterschiede von MCS gegenüber anderen analogen Beschwerdekomplexen (zum Beispiel CFS und FMS). Dazu ist es erforderlich, die medizinischen Besonderheiten von MCS-Patienten durch geeignete wissenschaftliche Untersuchungsmethoden zu objektivieren und eine Dokumentation der Diagnose MCS bei Patienten nach einheitlichen klinisch-diagnostischen Kriterien durchzuführen. Dabei ist es unerlässlich, dass eine unterschiedliche Bewertung von MCS vermieden wird, wozu eine umfassende und standardisierte Schulung der Untersucher wichtig ist. Darüber hinaus empfiehlt der Umweltrat bei zukünftigen Studien eine Vorgehensweise zu wählen, durch die die Umweltexpositionen mittels geeigneter und standardisierter Verfahren erfasst werden, um auf diese Weise zu einheitlichen und validen Ergebnissen zu gelangen.

1138. Über die zu stellenden Qualitätsanforderungen an wissenschaftliche Studien zu MCS schlägt der Umweltrat vor, eine Identifizierung und Charakterisierung empfindlicher Untergruppen durch ein multidisziplinäres unabhängiges Gremium unter Beteiligung von MCS-Betroffenen- und Patientenverbänden zu gewährleisten. Ebenfalls sollten Betreuungsmodelle unter Einbeziehung der MCS-Patienten entwickelt und durchgeführt werden. Um den betroffenen Patienten in ausreichendem Maße gerecht zu werden, hält der Umweltrat es für notwendig, finanzielle Mittel für die Versorgung umwelterkrankter Patienten bereitzustellen.

12.3 Weichmacher (Phthalate)

1139. Schon seit Mitte der 1990er-Jahre ist bekannt, dass die am häufigsten eingesetzten Weichmacher (Phthalate) in PVC und anderen Kunststoffen, die in zahlreichen Produkten des alltäglichen Lebens enthalten sind, eine hormoninduzierende Wirkung haben. Die daraus resultierende öffentliche Besorgnis wird durch eine neue Studie bestärkt, die bedenklich hohe Konzentrationen von

Di(2-ethylhexyl)phthalat (DEHP) im menschlichen Körper nachweisen konnte (KOCH et al., 2003).

12.3.1 Eigenschaften und Verwendungen

1140. Die Stoffklasse der Phthalate umfasst Salze und Ester der o-Phthalsäure. Das in großen Mengen produzierte und am besten untersuchte Phthalat ist DEHP. Mengenmäßig von Bedeutung sind des Weiteren Dibutylphthalat (DBP), Dioctylphthalat (DOP), Diisodecylphthalat (DIDP) und Butylbenzylphthalat (BBP). In der Bundesrepublik Deutschland wurden 1995 etwa 250 000 Mg DEHP hergestellt, was ungefähr 60 % der gesamten innerdeutschen Phthalat-Produktion entsprach (LEISEWITZ, 1999) (Tab. 12-7).

Verwendung finden die Phthalate vor allem als Weichmacher in Kunststoffen, speziell in PVC, das, wie viele Kunststoffe, hart und spröde ist. Durch den Zusatz von Phthalaten verbessern sich Weichheit, Plastizität, Formbarkeit und Temperaturbeständigkeit, ohne dass die typische Molekularstruktur verändert wird. Weichmacher sind chemisch nicht mit dem Kunststoff (PVC) verbunden, sondern nur in die Molekülstruktur „eingelagert" und können deshalb leicht wieder entweichen (Migration). Mehr als 90 % der in PVC enthaltenen Weichmacher sind Phthalate. In Abhängigkeit von der endgültigen Verwendung kann der Gehalt an Weichmachern zum Beispiel in PVC-Produkten bis zu 60 % des Gewichts betragen (EU-Kommission, 2000a). Neben der Kunststoffherstellung findet man Phthalate in Schmier- und Lösungsmitteln, als Additive in der Textilindustrie, und sie sind Trägersubstanzen in Kosmetika und Körperpflegemitteln.

12.3.2 Eintrag und Expositionspfade

1141. Aufgrund der weiten Verbreitung dieser Stoffgruppe und deren Migrationseigenschaften kommt es zu einer ubiquitären Verteilung in der Umwelt. Nur geringe Hintergrundkonzentrationen wurden für Phthalate in der Luft gemessen (3 ng/m^3 über dem Nordatlantik und bis zu 130 ng/m^3 in Städten), da sie primär partikelgebunden sind. Der wichtigste Eintrag in die Umwelt erfolgt über den atmosphärischen *wash-out*, gefolgt von der Deponierung phthalathaltiger Abfälle. Beide Eintragspfade führen schließlich zum Eintrag in die Gewässer (bis zu 10 μg/m^3 in Binnengewässern). Phthalate reichern sich in Sedimenten und Klärschlämmen an. So wurden an der Quelle des Rheins DEHP-Konzentrationen von 50 μg/m^3 gefunden, die bis zur Mündung bis auf das 600fache (30 mg/m^3) anstiegen (ECB, 2001). Die höchsten Phthalat-Belastungen wurden in Sedimenten aus Regensammelbecken an Autobahnen gemessen. Ursache hierfür ist der Einsatz von Weichmachern im Unterbodenschutz von Kraftfahrzeugen (BRAUN et al., 2001).

Hauptquellen für Weichmacher in Wohnräumen sind PVC-Fußbodenbeläge, Vinyltapeten und Elektrokabel. Kunststoffbeschichtete Einrichtungsgegenstände und Wohntextilien wie PVC-Duschvorhänge oder -Tischtücher können ebenfalls nicht zu vernachlässigende Phthalatquellen sein. In der Luft von Innenräumen wurden bis zu 33 μg/m^3 für DBP (⌀ 3,3 μg/m^3) sowie bis zu 2,2 μg/m^3 (⌀ 1,2 μg/m^3) für DEHP gemessen, wobei unter ungünstigen Bedingungen maximale Konzentrationen von 1 mg/m^3 erreicht werden können (BRAUN und MARCHL, 1994; VEDEL und NIELSEN, 1984). Im Hausstaub lagen die Mittelwerte bei 80 mg/kg für DBP und 970 mg/kg für DEHP (B.A.U.C.H., 1992).

Tabelle 12-7

Produktion, Verarbeitung, Verbrauch und Emission von Di(2-ethylhexylphthalat) (DEHP), Dibutylphthalat (DBP) und Butylbenzylphthalat (BBP) in Deutschland im Jahr 1995

	DEHP (Mg)	DBP (Mg)	BBP (Mg)
Produktion	250 000	21 600	9 000
Import	30 000	1 500	8 000
Export	167 000	12 300	5 000
Verarbeitung	113 000	10 800	12 000
– in Polymeren (PVC)	100 000	7 000	7 200
– in anderen Produkten	13 000	3 800	4 800
Emissionen	**1 000–2 000**	**400–500**	**100–300**
Abfallentsorgung über Endprodukte	114 000		
– Deponat	80 000	7 600	8 600
– Verbrennung	34 000	3 200	2 100

Quelle: LEISEWITZ, 1999, verändert

1142. Aufgrund der Ubiquität dieser Schadstoffgruppe sind die möglichen Aufnahmequellen für den Menschen äußerst vielfältig. Der primäre Expositionspfad ist die Diffusion von Phthalaten aus Kunststoffen in Lebensmittel oder Flüssigkeiten. Da Phthalate lipophil sind, können sie besonders gut aus Plastikverpackungen (speziell sehr weiche Verpackungen wie Folien haben einen sehr hohen Weichmacheranteil) in fetthaltige Lebensmittel (z. B. Milchprodukte, Fleisch, Fisch) diffundieren und so über die Nahrungsaufnahme in den Menschen gelangen. So wurden zum Beispiel in Milch DEHP-Konzentrationen von 0,01 mg/kg bis 0,38 mg/kg gemessen, bei fettreichen Molkereiprodukten können sie bis auf 16,8 mg/kg ansteigen (SHARMAN et al., 1994). Weitere Belastungspfade sind die Inhalation beim Aufenthalt in Innenräumen und Autos sowie die Exposition durch Medizinalprodukte. Der letztgenannte Expositionspfad kann zu einer deutlich höheren inneren Exposition als die alltägliche Aufnahme von Weichmachern über die Nahrung und die Luft führen. Dies kommt z. B. bei Blutdialyse oder Blutplasmaspende, bedingt durch den Einsatz von PVC-Schläuchen und Beuteln, vor. Gerade im Krankenhausbereich sind Medizinalprodukte wie Infusionsbeutel, Katheter und verschiedenste Schlauchsysteme sowie sonstige Kunststoffauflagen und -behältnisse mögliche Expositionsquellen. So wurde vom SCMPMD (*EU-Scientific Committee on Medicinal Products and Medical Devices*) eine Stellungnahme zum Risiko von DEHP aus medizinischen Gebrauchsmaterialen für Neugeborene und andere Risikogruppen erarbeitet. Bisher sind keine negativen Wirkungen durch diese Schadstoffbelastung bei Patienten festgestellt worden. In bestimmten Fällen kann es allerdings dazu kommen, dass Neugeborene Expositionssituationen ausgesetzt sind, bei denen in Tierversuchen Effekte beobachtet wurden (SCMPMD, 2002). Besonders bedenklich sind des Weiteren phthalathaltige Kinderspielzeuge aus Kunststoff, die dafür vorgesehen oder geeignet sind, in den Mund genommen zu werden. Aus diesem Grunde wurden beispielsweise vom niederländischen Gesundheitsministerium Beißringe, Rasseln und Tierfiguren aus PVC untersucht (EU-CSTEE, 1997). Der Phthalatgehalt in diesen Kinderartikeln lag zwischen 43 und 49 %, hauptsächlich DINP und DIDP. Um die Löslichkeit dieser Weichmacher zu ermitteln, wurde künstlicher Speichel eingesetzt. Dabei wurden in einer Stunde pro cm² PVC-Oberfläche 7,9 bis 31,4 µg DINP und 0,6 bis 6 µg DIDP gelöst. Daraus errechnet sich eine tägliche Phthalatbelastung für ein einjähriges Kind (10 kg schwer) durch das Lutschen und Kauen an diesen Spielsachen von 1 bis 2 mg. Die von dem wissenschaftlichen Ausschuss für Toxizität, Ökotoxizität und Umwelt der Europäischen Union (EU-CSTEE) festgelegten TDI (*tolerable daily intake*) für die einzelnen Weichmacher wären damit um das Drei- bis Siebenfache überschritten (EU-CSTEE, 1998; s. Tz. 1144).

12.3.3 Innere Exposition beim Menschen

1143. In einer Studie der Universität Erlangen-Nürnberg war es zum ersten Mal möglich, die innere Belastung der allgemeinen Bevölkerung mit dem wichtigsten Vertreter der Phthalate zu erfassen (KOCH et al., 2003). Dabei wurden bei etwa einem Drittel der untersuchten Personen DEHP-Konzentrationen festgestellt, die den TDI des CSTEE von 37 µg/kg Körpergewicht/Tag und die so genannte Referenzdosis (RfD) (ein von der US-EPA [*Environmental Protection Agency*] festgelegter Grenzwert, welcher aus Gründen der gesundheitlichen Vorsorge nicht überschritten werden sollte) von 20 µg/kg Körpergewicht/Tag überschreiten.

12.3.4 Toxizität von Phthalaten

1144. DEHP wird von der Deutschen Forschungsgemeinschaft als das Krebswachstum begünstigend eingestuft und das US-amerikanische *Centre for the evaluation of risks to the human reproduction* (CERHR) bewertet DEHP als ernsthaft bedenklich für die menschliche Fortpflanzung (NTP-CERHR, 2000).

In Tabelle 12-8 sind die wichtigsten Phthalatverbindungen mit ihren vom CSTEE angegebenen toxischen Wirkungen aufgeführt. An Kleinsäugern durchgeführte Tests zur Toxizität kamen zu dem Ergebnis, dass DEHP – wie fast alle Ester der o-Phthalsäure – als gering akut toxisch einzuschätzen ist. Dabei lagen die LD_{50}-Werte für Ratten, Kaninchen und Mäuse im Bereich von 20 bis 60 g/kg. Hohe Dosen von DEHP führten bei Ratten und Mäusen zu hepatischen Peroxisomenproliferationen (Zunahme von Organellen in Leberzellen, die ein Hinweis für die Induktion von Tumoren sein kann) (IARC, 2000). Die endokrine Wirkung von Phthalaten wurde das erste Mal in Versuchen mit dem Östrogenrezeptor von Regenbogenforellen nachgewiesen. Dabei zeigten schon geringe Mengen von BBP und DBP eine schwach östrogene Wirkung (JOBLING et al., 1995).

1145. In Tierversuchen mit Ratten erwies sich die Gabe niedriger BBP-Konzentrationen an trächtige Muttertiere als schädigend für die Fortpflanzungsorgane des männlichen Nachwuchses (SHARPE et al., 1995). Inzwischen wurde in weiteren In-utero-Expositionsexperimenten auch für andere Phthalate einschließlich DEHP eine Beeinträchtigung der testikulären und sonstigen Entwicklung des männlichen Nachwuchses nachgewiesen (POON et al., 1997; GRAY et al., 2000; NAGAO et al., 2000; HOYER, 2001). Ergänzend dazu zeigt eine unlängst veröffentlichte Studie einen Zusammenhang zwischen der Exposition mit Phthalaten und DNA-Schäden in humanen Spermien. In dieser Arbeit wurden von 168 Männern Urinproben auf Monoethylphthalat (ein sekundäres Metabolit von DEHP) und Spermienproben auf DNA-Schäden untersucht. Aufgrund der relativ geringen Stichprobenzahl ist geplant, diese Ergebnisse durch Erhebung weiterer Daten zu verifizieren (DUTY et al., 2003). Die Bestätigung dieses Verdachts wäre sehr bedenklich. Da die Gefahr einer kanzerogenen Wirkung für den Menschen über die hepatische Peroxisomenproliferation zunehmend relativiert werden musste, sind inzwischen die reproduktions- und entwicklungstoxischen Effekte die wesentlichen Kriterien für eine Risikoabschätzung der Phthalate.

Tabelle 12-8

Die wichtigsten Phthalate, deren Anwendungen und toxische Wirkungen

Phthalat	Anwendung	Bekannte toxische Wirkung
DEHP (Di(2-ethylhexyl)phthalat)	PVC (z. B. Vinyl-Handschuhe, Bodenbeläge, Rohre und Kabel), Dispersionen, Lacke u. Farben, (Lebensmittel-) Verpackungen	reproduktionstoxisch und teratogen (fruchtschädigend), (tumorpromovierend, nephro- und hepatotoxisch bei Nagetieren)
DBP (Di-n-butylphthalat)	PVC, Klebstoffe, Dispersionen, Lacke u. Farben, Schaumverhüter, Körperpflegemittel, Parfums, (Lebensmittel-) Verpackungen	reproduktionstoxisch und teratogen, östrogen, Peroxisomenproliferation, (kanzerogen bei Mäusen)
DnOP (Di-n-octylphthalat)	PVC (wie DEHP)	hepatozelluläre Schädigungen (Ratten)
DiDP (Di-iso-decylphthalat)	PVC (wie DEHP)	Zunahme des Lebergewichts (Ratten)
DiNP (Di-iso-nonylphthalat)	PVC (wie DEHP)	teratogen, Peroxisomenproliferation
DEP (Diethylphthalat)	Körperpflegemittel, Parfums, Pharmazeutische Produkte	– – –
DMP (Dimethylphthalat)	(wie DEP)	– – –
BBP (Butylbenzylphthalat)	– – –	reproduktionstoxisch, teratogen, östrogen, Peroxisomenproliferation
SRU/UG 2004, Tab. 12-8; Datenquelle: BOOKER et al., 2001; EU-CSTEE, 1998; NTP-CERHR, 2000		

Legende: – – – keine näheren Angaben

12.3.5 Rechtliche Regelungen

1146. § 31 Abs. 1 Lebensmittel- und Bedarfsgegenständegesetz (LMBG) verlangt, dass Stoffe aus Bedarfsgegenständen wie zum Beispiel Verpackungen nur in gesundheitlich, geruchlich und geschmacklich unbedenklichen Anteilen, die technisch unvermeidbar sind, auf Lebensmittel oder deren Oberflächen übergehen dürfen. Auf der Grundlage des LMBG können zur Durchsetzung dieser Anforderungen entsprechende Rechtsverordnungen erlassen werden. Tatsächlich ist das allerdings bislang nicht geschehen. Seit 1988 existiert lediglich eine – nicht rechtsverbindliche – Empfehlung der Kunststoffkommission des Bundesinstituts für Risikobewertung (BGA, 1988; 1989). Nach der aktuellen Fassung vom 1. Dezember 1996 dürfen Folien, Beschichtungen und Verpackungen kein DEHP, DBP, DCHP (Dicyclohexylphthalat), BBP und DIDP beinhalten, wenn sie Nahrungsmittel mit einem hohen Fettgehalt, Milch und Milchprodukte, alkoholhaltige oder ätherische Öle enthaltende Lebensmittel oder Produkte, die pulver- und feinkörnig beschaffen sind, umgeben (BfR, 2003b). Bisher ist die bestehende Regelung nicht rechtsverbindlich, was nach Auffassung des Umweltrates als unbefriedigend angesehen werden muss.

Auf europäischer Ebene wird im Hinblick auf Phthalate ein doppelter Ansatz verfolgt. Regelungsgegenstand sind neben Lebensmitteln beziehungsweise deren Verpackungen insbesondere Kinderspielzeug. Anforderungen an Materialien und Gegenstände aus Kunststoff, die dazu bestimmt sind, mit Lebensmitteln in Berührung zu kommen, enthält die Richtlinie 2002/72/EG (gültig seit dem 5. September 2002). In den Anhängen dieser Richtlinie sind die Monomere und Ausgangsstoffe aufgeführt, die für Lebensmittelverpackungen aus Kunststoff verwendet werden dürfen, darunter auch einige Phthalate, nämlich Dimethylisophthalat (festgelegter Migrationsgrenzwert: SML = 0,05 mg/kg), Diallylphthalat (kein SML festgelegt), Dimethylterephthalat (SML = 0,05 mg/kg), Dimethyl-5-sulfiosophthalat, (kein SML festgelegt). Zusätzlich beigefügt ist der Richtlinie eine bisher unvollständige Liste mit Additiven, die unter Einhaltung der dort genannten Beschränkungen und/oder Spezifikationen bei der Herstellung von Bedarfsgegenständen aus Kunststoff verwendet werden dürfen. Die Positivliste mit Additiven soll in Zukunft vervollständigt werden. Bisher sind gesundheitlich bedenkliche Phthalate als Additive und Ausgangsstoffe ausgenommen. Eine abschließende Bewertung der Richtlinie kann aber erst erfolgen, wenn die Additivliste vervollständigt wurde.

1147. In Anbetracht entsprechender Diskussionen in der Öffentlichkeit hat die EU-Kommission im Dezember 1999 eine Entscheidung (1999/815/EG) erlassen, wonach alle Produkte für Kleinkinder unter drei Jahren verboten sind, deren Zweck es ist, von Kindern in den Mund genommen zu werden und die DINP, DEHP, DBP, DIDP, DNOP oder BBP enthalten (EU-Kommission, 1999a). Bei Entscheidungen der EU-Kommission handelt es sich um vorläufige, aber rechtsverbindliche Vorgaben. Eine generalisierende Richtlinie steht bedauerlicherweise noch immer aus. Allerdings ist die Kommissionsentscheidung bisher alle drei Monate verlängert worden, zuletzt durch die Entscheidung 2003/610/EG (EU-Kommission, 2003).

1148. Außerdem liegt seit dem 10. November 1999 ein Vorschlag der EU-Kommission für eine „22. Änderung der Richtlinie 76/769/EWG zur Angleichung der Rechts- und Verwaltungsvorschriften der Mitgliedstaaten für Beschränkungen des Inverkehrbringens und der Verwendung gewisser gefährlicher Stoffe und Zubereitungen (Phthalate) sowie zur Änderung der Richtlinie 88/378/EWG zur Angleichung der Rechtsvorschriften der Mitgliedstaaten über die Sicherheit von Spielzeug" vor (EU-Kommission, 1999b). Darin soll festgelegt werden, dass bei allen Spielzeugartikeln aus Weich-PVC, welche die oben aufgeführten Phthalate enthalten, die für Kinder unter drei Jahren bestimmt sind und bei denen die Möglichkeit besteht, dass sie entgegen ihrer Bestimmung in den Mund genommen werden, ein deutlicher Warnhinweis auf der Verpackung angebracht werden muss. Bei der bestehenden Richtlinie wie auch dem Richtlinienvorschlag ist es jedoch fraglich, ob dadurch ein ausreichender Schutz von Kleinkindern vor einer übermäßigen Phthalat-Exposition gegeben ist. Denn die Beschränkung des Verbots auf Gegenstände, die dafür „vorgesehen" sind, in den Mund genommen zu werden, wird der Tatsache nicht gerecht, dass Kinder in diesem Alter jegliche Plastikgegenstände, unabhängig davon ob sie dafür vorgesehen sind oder nicht, in den Mund nehmen und eventuell verschlucken. Deshalb sollte das bestehende vorläufige in ein dauerhaftes Verbot umgesetzt werden und auf alle Produkte für Kinder unter drei Jahren, über die eine Schadstoffaufnahme möglich ist, und Kinderspielzeug generell, ausgeweitet werden.

1149. In Bezug auf die DEHP-Belastung durch Medizinalprodukte werden bisher weder auf nationaler noch auf europäischer Ebene konkrete Maßnahmen gefordert (SCMPMD, 2002; DGM SAS, 2002). Das Problem ist zwar erkannt worden, aber da der Nutzen der verwendeten Gebrauchsgegenstände für die Medizin sehr hoch ist und diese bisher nicht zufriedenstellend substituiert werden können, wird momentan auf Regelungen in diesem Produktbereich ausdrücklich verzichtet. Trotz oder gerade deswegen wurden von verschiedenen Staaten wie Schweden und Kanada Studien in Auftrag gegeben, um die Folgen der Exposition mit DEHP und anderen Phthalaten weiter gehend zu untersuchen und die Forschung nach möglichen Alternativen voranzutreiben. Besonders intensiviert wird dabei die Suche nach Substituten für Plastikschläuche und -behälter, die bei der medizinischen Behandlung von Neu- und Frühgeborenen eingesetzt werden können (DGM SAS, 2002).

1150. In internationalen Vereinbarungen zum Schutz der Meere und Binnengewässer vor Schadstoffen wurden prioritäre Listen mit dem Ziel erstellt, den Eintrag, den Verlust und die Emission der dort aufgeführten Substanzen bis zu einem bestimmten Zeitpunkt zu unterbinden. In den Listen prioritärer Stoffe der OSPAR-Kommission zum Schutz der Meeresumwelt des Nordostatlantiks und Helsinki-Kommission zum Schutz der Meeresumwelt der Ostsee wurden DBP und DEHP aufgenommen (OSPAR, 2000). Verbunden mit diesen Listen ist das Ziel der Null-Emission bis zum Jahr 2020 (s. auch SRU, 2004, Abschn. 3.2.1.2). In der Liste der EU, die im Rahmen der Wasserrahmenrichtlinie (WRRL, 2000/60/EG) erstellt und am 20. November 2001 verabschiedet wurde, wird unter anderem ein Phthalat – in diesem Fall DEHP – aufgeführt. Nach den Bestimmungen der WRRL soll die EU-Kommission Vorschläge erarbeiten, um den Eintrag der benannten prioritär gefährlichen Stoffe innerhalb eines Rahmens von 20 Jahren zu beenden (SRU, 2004, Abschn. 3.2.1.2). Die in der WRRL vorgesehene Frist von 20 Jahren beginnt allerdings erst dann, wenn die EU-Kommission Maßnahmen vorgeschlagen hat und die Mitgliedstaaten sich hierauf geeinigt haben.

Im EU-Arbeitspapier zur Klärschlammrichtlinie ist für DEHP ein maximal zulässiger Gehalt von 100 mg/kg Trockengewicht in Klärschlämmen festgelegt worden (EU-Kommission, 2000b).

1151. Insgesamt kann festgestellt werden, dass zum Schutz der Gewässer durch die Aufnahme von einzelnen Phthalaten in Listen für gefährliche Stoffe mit besonderem Handlungsbedarf bereits Ziele zur Minderung der Belastung festgelegt wurden. Die rechtlichen Regelungen zum Schutz der menschlichen Gesundheit vor einer übermäßigen Exposition mit Weichmachern sind aber bisher eher unzulänglich, besonders wenn man, wie oben dargestellt, die neuesten Ergebnisse über die tägliche DEHP-Aufnahme berücksichtigt. Besonderes Augenmerk muss dabei auf die Aufnahme von Phthalaten über die Nahrung als Hauptexpositionspfad und auf den Schutz von Kleinkindern als besonders vulnerable Gruppe gelegt werden.

12.3.6 Zusammenfassung und Empfehlungen

1152. Die hormoninduzierende Wirkung von Umweltchemikalien wurde bereits im Sondergutachten „Umwelt und Gesundheit" ausführlich erörtert. Der Umweltrat kam dort zu dem Ergebnis, dass trotz der umfangreichen Literatur zu möglichen endokrinen Wirkungen verschiedenster anthropogener Stoffe zum damaligen Zeitpunkt kein akuter Handlungsbedarf bestünde (SRU, 1999). Mit Hinweis auf die Vielzahl und teilweise in höheren Konzentrationen vorliegenden natürlichen Substanzen in Pflanzen, die ebenfalls ein hormonelles Potenzial besitzen, bezweifelte er, dass eine schädigende Wirkung derartiger synthetischer Substanzen auf den Menschen nachweisbar ist. Diese Auffassung muss aus verschiedenen Gründen revidiert werden. Zum einen ist es nunmehr notwendig darauf zu reagieren, dass für eine stetig anwachsende Zahl von Chemikalien ein endokrin wirksames Potenzial nachweisbar ist. Dabei wird es weiterhin aufgrund von methodischen Schwierigkeiten, langen Latenzzeiten zwischen Exposition und Wirkung und einer nicht geklärten Expositionssituation kaum möglich sein, eine Kausalität zwischen dem endokrinen Potenzial von Umweltchemikalien und beobachteten gesundheitlichen Veränderungen beim Menschen herzustellen. Außerdem wird die Risikobewertung von einzelnen Stoffen durch die reale Expositionssituation, an der zahlreiche Substanzen mit unterschiedlicher endokriner Wirkung beteiligt sind, zusätzlich erschwert. Zum anderen zeigt das Beispiel der Phthalate, dass die Belastung des Menschen mit synthetisch hergestellten Stoffen, die derartige wirkspezifische Eigenschaften aufweisen, in diesem einen Fall deutlich kritischer zu bewerten ist, als bisher angenommen. Die Phthalate werden in sehr großen Mengen produziert, sind in vielen Gebrauchsgegenständen zu finden, breiten sich ubiquitär in der Umwelt aus und weisen akkumulative Eigenschaften auf. Für verschiedene Vertreter dieser Stoffgruppe wurden in Tierversuchen eindeutige reproduktions- und entwicklungstoxische Effekte nachgewiesen. Nach neuen Erkenntnissen ist die innere DEHP-Exposition der Bevölkerung deutlich höher als bisher angenommen. Darüber hinaus ist bei bestimmten Personengruppen wie zum Beispiel Neugeborenen und Patienten in Behandlung (Blutdialyse, -transfusion, -spende) mit einer noch wesentlich höheren Schadstoffaufnahme zu rechnen.

1153. Angesichts dieser Situation und einer zunehmend angestrebten Vorsorge sollte die hormonell induzierende Wirkung von Stoffen als Kriterium für die Aufnahme eines prioritären Stoffes in das Zulassungsverfahren der neuen europäischen Chemikalienpolitik aufgenommen werden (Tz. 1030 ff.).

Darüber hinaus gibt der Umweltrat folgende Empfehlungen mit dem Ziel, die Belastung der Bevölkerung besser aufzuklären und den Gesundheitsschutz insbesondere vulnerabler Gruppen und den Schutz der Umwelt (speziell Binnengewässer und Meere) nach dem momentanen Stand der Erkenntnis zu verbessern:

– Um den Schutz der Bevölkerung vor der Belastung von Lebensmitteln mit Weichmachern zu gewährleisten, sollte sich die Bundesregierung dafür einsetzen, dass den bestehenden Vorgaben der Kunststoffkommission des Bundesinstituts für Risikobewertung zum Verzicht von DEHP, DBP, DCHP, BBP und DIDP in allen Folien, Beschichtungen und Verpackungen, die Nahrungsmittel mit einem hohen Fettgehalt, Milch und Milchprodukte, alkoholhaltige oder ätherische Öle enthaltende Lebensmittel oder Produkte, die pulver- und feinkörnig beschaffen sind, umgeben, bei der Vervollständigung der Liste zulässiger Additive der Richtlinie 2002/72/EG entsprochen wird.

– Das auf europäischer Ebene erlassene Verbot aller Weich-PVC-Spielzeuge (für alle Kinder unter drei Jahren), die DINP, DEHP, DBP, DIDP, DNOP oder BBP enthalten und die dafür vorgesehen sind, in den Mund genommen zu werden, wird vom Umweltrat ausdrücklich begrüßt. Allerdings erachtet der Umweltrat diese Maßnahmen als nicht ausreichend, um gerade Kinder bis zu drei Jahren, die in diesem Falle eine vulnerable Gruppe darstellen und wahrscheinlich einer höheren Schadstoffexposition ausgesetzt sind als der Bevölkerungsdurchschnitt, ausreichend zu schützen. Gerade dann, wenn man – wie oben dargestellt – berücksichtigt, dass bereits die durchschnittliche Exposition der erwachsenen Bevölkerung deutlich höher ist als bisher angenommen, ist es dringend erforderlich, die Belastung von Kleinstkindern so niedrig wie möglich zu halten. Um dies zu erreichen, sollte sich die Bundesregierung für eine Nachbesserung des bestehenden Verbots (Entscheidung 1999/815/EG) von DINP, DEHP, DBP, DIDP, DNOP und BBP in der Form einsetzen, dass es auf alle Produkte für Kinder unter drei Jahren, über die eine Schadstoffaufnahme möglich ist, und Kinderspielzeug generell, ausgeweitet wird.

– Langfristig sollte sich die Bundesregierung dafür einsetzen, möglichst in Zusammenarbeit mit den Herstellern, die Phthalate DEHP, DBP und BBP durch andere, weniger bedenkliche Produkte zu ersetzen. Besonders dringlich ist eine Substitution in Plastikartikeln, die zur medizinischen Behandlung von Kleinstkindern verwendet werden. Entsprechend ist es erforderlich, die Suche und die Erforschung der Unbedenklichkeit von möglichen Alternativen voranzutreiben.

– Angesichts des Bestrebens, die Einleitung, Emission und den Verlust von DEHP und DBP innerhalb von 20 Jahren (einer Generation) auf nahe null zu reduzieren (OSPAR- und HELCOM-Ziele), sollte die Bundesregierung Maßnahmen ergreifen, um die Freisetzung dieser Phthalate schrittweise zu minimieren. Erreicht werden kann dies in erster Linie über Stoffverbote und Stoffverwendungsbeschränkungen (s. auch SRU, 2004, Abschn. 3.2.3).

– Das Monitoring der inneren Phthalat-Exposition der Bevölkerung sollte weiter ausgebaut werden. Außerdem ist es erforderlich, die Belastungssituation mit anderen Vertretern dieser Stoffgruppe und die Exposition bestimmter Risikogruppen (speziell Neugeborene, Patienten etc.) besser aufzuklären sowie bisher wenig berücksichtigte Eintragspfade (Belastung von Muttermilch) zu untersuchen.

12.4 Acrylamid

1154. Der (wissenschaftlich) spektakuläre Nachweis von Acrylamid in Nahrungsmitteln hat die Öffentlichkeit und insbesondere die Fachwelt überrascht und zu einer erheblichen Verunsicherung der Allgemeinheit geführt. Die schwedische Lebensmittelüberwachungsbehörde ist im April 2002 an die Öffentlichkeit getreten, um den Nachweis von bedenklich hohen Konzentrationen dieser neurotoxischen und krebserzeugenden Substanz in verschiedenen Lebensmitteln zu präsentieren. Inzwischen ist man sich international darüber einig, dass es sich hier offensichtlich um ein ernst zu nehmendes Problem handelt, wobei bisher aufgrund fehlender wissenschaftlicher Erkenntnisse das genaue gesundheitliche Risiko für die Bevölkerung noch nicht abgeschätzt werden kann.

12.4.1 Stoffeigenschaften und Verwendung

1155. Acrylamid (Acrylsäureamid) ist eine niedermolekulare organische Verbindung (α, β-ungesättigte Carbonylverbindung). Industriell wird es hauptsächlich durch die Hydrolyse von Acrylnitril hergestellt und als Monomer für die Polyacrylamidherstellung eingesetzt. In dieser Form wird es zur Herstellung von Kunststoffen, zum Beispiel für Bedarfsgegenstände oder Verpackungen, verwendet. Darüber hinaus werden aus Acrylamid Copolymere erzeugt, die zum Beispiel in der Wasseraufbereitung, als Retentionsmittel (dient der Faserverknüpfung und verbessert Entwässerungsverhalten) in der Papierproduktion oder für die Flotation von Erzen Verwendung finden. Weitere Anwendungsbereiche sind die Herstellung von Polymerisaten für Dispersionsfarben und Harzlacke und als Chemikalie für die Polyacrylamid-Gel-Elektrophorese.

12.4.2 Acrylamidbildung und Exposition

1156. Bemerkenswert ist, dass Acrylamid nicht „von außen" in die Lebensmittel eingebracht wird, sondern beim industriellen und gleichfalls beim häuslichen Verarbeitungs- und Herstellungsprozess der verschiedenen Nahrungsmittel aus natürlichen Inhaltsstoffen entstehen kann. Der genaue Bildungsprozess von Acrylamid ist noch nicht in allen Einzelheiten bekannt. Man weiß, dass es während des Erhitzens im Zuge der so genannten Maillard-Reaktion (mehrstufige Reaktion, deren Produkte für die Färbung und das Aroma von Lebensmitteln verantwortlich sind) unter Anwesenheit von reduzierenden Zuckern wie Glucose und der Aminosäure Asparagin – oder anderen entsprechend glykosidisch gebundenen Aminosäuren – entsteht (MOTTRAM et al., 2002; STADLER et al., 2002). Wichtige Faktoren sind die Erhitzungsdauer, der Wasseranteil in den verarbeiteten Komponenten und die Verarbeitungstemperatur, bei der ab 160 °C aufwärts ein sprunghafter Anstieg der Acrylamidbildung festgestellt wurde (Abb. 12-1) (TAREKE et al., 2002).

Asparagin kommt in freier Form vor allem in Kartoffeln und Getreide vor. Man findet besonders hohe Acrylamidgehalte in Lebensmittelgruppen, deren Komponenten im Herstellungsprozess stark erhitzt werden (Tab. 12-9). Aus diesem Grunde wurden besonders hohe Werte von bis zu einigen mg/kg in Kartoffelchips, Pommes Frites, Keksen und Kräckern gefunden. Die Zunahme des Bräunungsgrades in diesen Produkten steht in einem engen Verhältnis mit den Acrylamidkonzentrationen. Auch andere Produkte wie Kaffee oder Nuss-Nougat-Cremes sind relativ hoch belastet.

Tabelle 12-9

Acrylamid-Konzentrationen in verschiedenen Lebensmittelgruppen: Daten aus Untersuchungen in Norwegen, Schweden, Großbritannien und den USA

Produkt	Acrylamid (µg/kg)	
	Median	Bereich
Kartoffelchips	1 343	170–2 287
Pommes Frites	330	< 50–3 500
Kekse, Kräcker, Toast	142	< 30–3 200
Sonstige Backwaren	< 50	< 50–450
Frühstückscerealien	150	< 30–1 346
Mais-Chips	167	34–416
Brot	30	< 30–162
Lösliche Malzgetränke	50	< 50–70
Lösliches Kakaopulver	75	< 50–100
Kaffeepulver	200	170–230

Quelle: WHO, 2002, verändert

Abbildung 12-1

Acrylamidkonzentrationen (µg/kg) von im temperaturregulierten Ofen erhitzten Pommes Frites

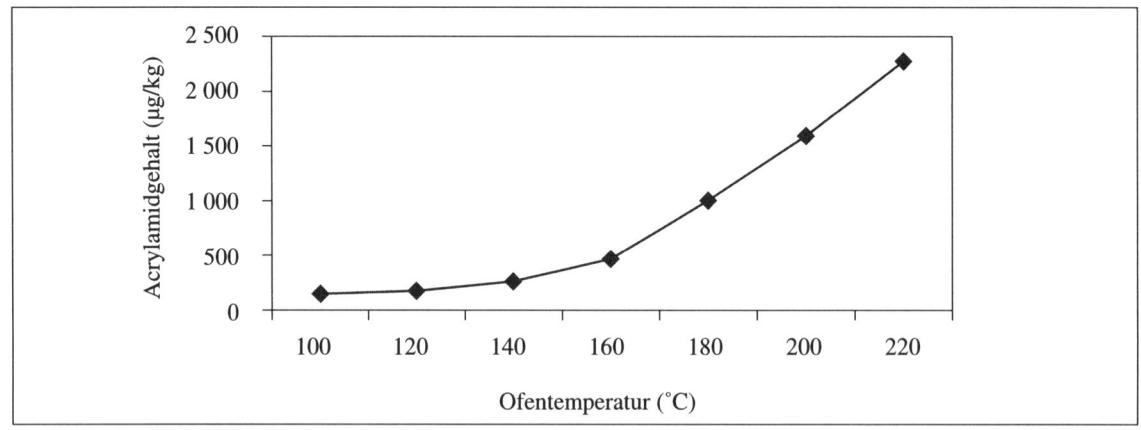

Quelle: TAREKE et al., 2002

Außerdem entsteht Acrylamid bei der Verbrennung von Tabak. Somit ist Zigarettenrauch eine weitere wichtige Expositionsquelle für die Bevölkerung. Der Hauptstromrauch einer Zigarette enthält zwischen 1,1 µg und 2,3 µg Acrylamid (SMITH et al., 2000).

12.4.3 Metabolismus und Toxizität

1157. Acrylamid wird nach der oralen Aufnahme, aber auch über die Haut sehr gut absorbiert und kann sich aufgrund seiner Wasserlöslichkeit leicht im gesamten Körper verteilen. Es ist bekannt, dass die Substanz in der Leber über das Enzymsystem Cytochrom P 450 2 E1 zu dem Stoffwechselprodukt Glycidamid metabolisiert wird. Die Bildung dieses genotoxischen Zwischenprodukts ist in erster Linie für die kanzerogenen Eigenschaften verantwortlich (SUMNER et al., 1999). Die Wirkung, wie auch der Metabolismus von Acrylamid, wurden in Tierversuchen schon ausführlich untersucht. Für den Menschen liegen bisher nur sehr wenige Daten vor, besonders was den oxidativen Stoffwechsel zum Glycidamid betrifft. Beide Substanzen können im Körper Makromoleküle, wie beispielsweise Hämoglobin, binden. Diese gebildeten Hämoglobin-Addukte sind stabil und reflektieren für einen Zeitraum von circa 120 Tagen die kumulative Exposition des Menschen. Anhand von Ergebnissen aus Tierversuchen gibt es Hinweise, dass die kovalente Bindung an Proteinen proportional zur Bindung an der DNA ist (FARMER, 1995). Die DNA-Bindung ist der erste Schritt auf dem Wege einer möglichen Krebsentstehung. Da die Globin-Addukte analytisch bestimmbar sind, stellen sie einen wichtigen Parameter zur Ermittlung der realen inneren humanen Exposition dar (HAGMAR et al., 2001).

1158. Gerade aus Erfahrungen der Arbeitsmedizin ist schon länger bekannt, dass Acrylamid eine ausgeprägte Neurotoxizität besitzt. So wurden zum Beispiel bei über zwei Jahre hinweg hoch exponierten Arbeitern reversible Polyneuropathien (Störungen des peripheren Nervensystems) festgestellt (CALLEMAN et al., 1994). Für eine Risikoabschätzung in Bezug auf die Exposition über die Nahrung sind Studien über die Wirkung langfristiger, niedriger Gaben aussagekräftiger. Für den Menschen fehlen solche Dosis-Wirkungs-Beziehungen. Daher wurden dafür Studien an Labor-Nagetieren und Beobachtungen an Primaten herangezogen. Auf der Basis einer Studie an Ratten zur Wirkung der oralen Gabe von 1 mg/kg Acrylamid pro Tag über 93 Tage wurde ein NOAEL (*No-Observed-Adverse-Effect-Level*) für die Neurotoxizität von 0,5 mg/kg/Tag festgesetzt (WHO, 2002). Dieser Wert liegt um den Faktor 500 höher als die Menge, die durchschnittlich mit der Nahrung aufgenommen wird (s. u.). Aus diesem Grunde ist nicht mit einer neurotoxischen Wirkung beim Menschen zu rechnen.

Experimente an Ratten belegen des Weiteren eine spermienschädigende Wirkung von Acrylamid. Für diese reproduktionstoxische Eigenschaft wurde von der WHO ein NOAEL von 2 mg/kg/Tag festgesetzt (WHO, 2002). Da der NOAEL für die Reproduktionstoxizität noch um den Faktor vier höher liegt als der für die Neurotoxizität, sind hier ebenfalls keine reproduktionstoxischen Effekte durch die Aufnahme von Acrylamid mit der Nahrung zu erwarten.

Das primäre Kriterium für die Einschätzung des Risikos auf die menschliche Gesundheit ist das krebserzeugende Potenzial der Substanz. In Tierversuchen an Ratten zeigten sich nach 24 Monaten und täglicher Acrylamidgabe von 2 mg/kg über die Trinkwasser Tumore in der Maulhöhle, der Schilddrüse, den Nebennieren, der Brustdrüse und Gebärmutter bei weiblichen und dem Hodensack bei männlichen Individuen (MADLE et al., 2003). Von der Weltgesundheitsorganisation wurde für dieses kanzerogene Risiko über eine quantitative Extrapolation ein *Unit risk* von 1×10^{-5} berechnet, was bei lebenslanger Zufuhr von täglich 1 µg Acrylamid einem zusätzlichen Krebsfall pro 100 000 Einwohner pro Jahr entspricht. Die amerikanische EPA *(Environmental Protection Agency)* geht von einem noch höheren Krebsrisiko von 6×10^{-5} aus (U.S. EPA, 1990). Nach einer jüngeren deutschen Studie beträgt die durchschnittliche tägliche Aufnahme über die Nahrung eines erwachsenen Nichtrauchers zurzeit etwa 60 µg (SCHETTGEN et al., 2003). Das dadurch anzunehmende Krebsrisiko ist deshalb nach den üblichen internationalen toxikologischen Kriterien als nicht mehr tolerabel einzustufen. Gemessen an der Risikobetrachtung der WHO, die ein lineares Modell zugrunde legt, bedeutet dies 60 – nach EPA 360 – zusätzlich zu erwartende Krebsfälle auf 100 000 Einwohner pro Jahr.

12.4.4 Stand der Forschung

1159. Die Belastung von Lebensmitteln mit Acrylamid ist nach dem derzeitigen Kenntnisstand ein nicht unerheblicher Beitrag zum Krebsrisiko für die Allgemeinbevölkerung. Derzeit lässt sich das gesundheitliche Risiko von Einzelpersonen oder Personengruppen weder abschätzen noch vernünftig begrenzen. So ist es unbedingt notwendig, größere, repräsentative Gruppen der Allgemeinbevölkerung auf ihre Essgewohnheiten und hinsichtlich der inneren Exposition zum Beispiel anhand der Hämoglobin-Addukte zu untersuchen. Dies könnte helfen, Beziehungen zwischen der Aufnahme der Nahrung und der inneren Belastung herzuleiten, besondere Risikogruppen auszumachen und Hinweise über weitere Quellen zu gewinnen. Ergänzend dazu muss die Bioverfügbarkeit und der Metabolismus von Acrylamid im Menschen weiter aufgeklärt werden, um somit das reale Krebsrisiko besser quantifizieren zu können. Dies ist besonders wichtig, da das bisher angewandte Verfahren der linearen Extrapolation der Ergebnisse von Tierexperimenten durchaus kontrovers diskutiert wird.

1160. Eine jüngst veröffentlichte epidemiologische Studie hat über die Neuanalyse von älteren Daten den Zusammenhang zwischen dem Konsum von besonders acrylamidreicher Nahrung und dem Auftreten von Nieren-, Blasen-, und Darmkrebs untersucht (MUCCI et al., 2003). Dabei gab es keinen Hinweis, dass die aufgeführten Krebserkrankungen mit einer ernährungsbedingten Schadstoffexposition korrelieren. Dieses Ergebnis könnte als Entwarnung der Acrylamid-Problematik gewertet werden. Dabei muss aber berücksichtigt werden, dass es sehr schwierig ist, mit epidemiologischen Studien, in denen die Belastung der untersuchten Personen nur anhand von Befragungen zu deren Essgewohnheiten lediglich der letzten fünf Jahre bestimmt wurde, ein Krebsrisiko zu erfassen, da die Entstehung von Krebs über einen sehr langen Zeitraum verläuft und die Fehlermargen in solch einer Analyse sehr hoch sind. In einer Stellungnahme des Bundesinstituts für Risikobewertung (BfR) zu dieser Untersuchung wird die geringe Anzahl der Studienteilnehmer kritisiert und darauf hingewiesen, dass für eine aussagekräftige Studie die Unterschiede im Ernährungsverhalten der beiden miteinander verglichenen Personengruppen nicht groß genug sind (BfR, 2003a). Darüber hinaus ist es erforderlich, weitere Tumorlokalisationen außer den drei beschriebenen zu betrachten und mehrere Tausend Studienteilnehmer einzubeziehen, um ein Risiko von Acrylamid in der heute vermuteten Größenordnung bewerten zu können.

12.4.5 Bestehende Regelungen und Maßnahmen

1161. Acrylamid ist im Chemikalienrecht der Europäischen Union als Mutagen und Kanzerogen der Kategorie II eingestuft (EU-Kommission, 2001). Da es als Monomer ein Baustoff von Kunststoffen ist, kann es in Spuren in Lebensmittelverpackungen enthalten sein. Um den Verbraucher vor möglichen Risiken durch den Übergang von Acrylamid aus der Verpackung in Lebensmittel zu schützen, darf nach der Bedarfsgegenständeverordnung die Migration von Acrylamid aus Verpackungen 10 µg/kg (Nachweisgrenze) nicht überschreiten (§ 8 Abs. 1, BGVO v. 21. Dezember 2000).

1162. Wie in Abschn. 12.4.1 bereits erwähnt, werden Copolymere aus Acrylamid als Retentionsmittel in der Trinkwasseraufbereitung eingesetzt. Nach der Trinkwasserverordnung darf die Restmonomerkonzentration (Acrylamid) im Wasser, berechnet aufgrund der maximalen Freisetzung nach den Spezifikationen des entsprechenden Polymers und der angewandten Polymerdosis zur Trinkwasseraufbereitung, 0,1 µg/l nicht überschreiten (§ 6 Abs. 2, TrinkwV, 2001).

1163. Wissenschaftlich fundierte Höchstmengen für Acrylamid in Lebensmitteln können nach Ansicht des Bundesinstituts für gesundheitlichen Verbraucherschutz und Veterinärmedizin (BgVV) zum jetzigen Zeitpunkt nicht festgesetzt werden (BgVV, 2002). Daher wurde von dem Institut eine Empfehlung für die Einführung eines „Aktionswertes" von 1 000 µg/kg Acrylamid ausgesprochen. Ziel ist es, den Acrylamidgehalt in weiteren Schritten so weit wie möglich zu senken.

Aufbauend darauf wurde unter Federführung des Bundesamtes für Verbraucherschutz und Lebensmittelsicherheit (BVL) im August 2002 zwischen Bund und Ländern ein Minimierungskonzept für Acrylamid vereinbart, das folgende Punkte umfasst (BMVEL, 2003):

– Das Bundesamt für Verbraucherschutz und Lebensmittelsicherheit sammelt Analyseergebnisse aus der Überwachung der Länder, der Wirtschaft, aus Veröffentlichungen und aus Untersuchungen des Bundesinstituts für Risikobewertung oder den Bundesforschungsanstalten.

– Die Daten der untersuchten Lebensmittel werden zu Warengruppen zusammengefasst. In den einzelnen Warengruppen werden diejenigen Produkte identifiziert, die zu den 10 % der am höchsten belasteten Lebensmittel gehören. Innerhalb dieser Gruppe gilt der niedrigste Wert als Signalwert.

– Bei Werten oberhalb von 1 000 µg/kg Acrylamid sollen grundsätzlich alle Produkte in die Minimierungsbemühungen einbezogen werden, auch wenn sie nicht zu den 10 % der am höchsten belasteten Lebensmittel gehören.

– Die Bundesländer bekommen die Informationen über höchst belastete Lebensmittel für die dort ansässigen Hersteller mitgeteilt. Die Überwachungsbehörden nehmen Kontakt mit den genannten Herstellern auf, um gemeinsam zu prüfen, ob beziehungsweise welche Änderungen an der Rezeptur oder am Herstellungsverfahren möglich sind, um ein Absenken der Acrylamidgehalte zu erreichen.

– Das BVL nimmt in regelmäßigen Abständen eine Datenaktualisierung vor und passt die Signalwerte gegebenenfalls an, wenn die Minimierungsbestrebungen zu niedrigeren Acrylamidgehalten geführt haben. So kann in Abhängigkeit vom Erfolg der Maßnahmen in den Herstellerbetrieben eine kontinuierliche Verminderung der Acrylamidbelastung der Lebensmittel erreicht werden.

1164. Flankierend dazu werden Gespräche mit Wirtschaftsbranchen und sonstigen Verantwortlichen geführt, um sie über das Minimierungskonzept zu informieren und weitere Konzepte zur Reduzierung der Acrylamidbelastung in Lebensmitteln zu erarbeiten und umzusetzen. So einigte man sich zum Beispiel in Gesprächen mit den zuständigen Überwachungsbehörden der Länder auf eine Fritiertemperatur von 175 °C zur Herstellung von Pommes Frites in Imbissbuden und Gastronomiebetrieben als „Gute Herstellungspraxis". Einige Länder sind bereits dazu übergegangen, die Einhaltung dieser Praxis zu kontrollieren (BMVEL, 2003). Ergänzend dazu wurde die Risikokommunikation, in Form von Verbraucheraufklärung über das Internet und sonstige Medien, verbessert.

12.4.6 Zusammenfassung und Empfehlungen

1165. Das Problem von Acrylamid in Lebensmitteln ist erst seit sehr kurzer Zeit bekannt. Die bisherigen Erfahrungen mit dieser Substanz stammen in erster Linie aus der chemischen Herstellung, der Verfahrenstechnik und der Arbeitsmedizin. Aus diesem Grund fehlen bisher sehr viele Informationen über die Wirkungen und den Metabolismus auf den beziehungsweise im Menschen. Mit Sicherheit kann man aber davon ausgehen, dass das kanzerogene Potenzial dieses Schadstoffes das wesentliche Kriterium für eine Risikoabschätzung darstellt. Nach dem momentanen Kenntnisstand muss davon ausgegangen werden, dass das Krebsrisiko für die allgemeine Bevölkerung durch die tägliche Aufnahme von Acrylamid mit der Nahrung außerhalb des tolerierbaren Bereichs liegt. Derzeit rechnet man in Deutschland mit etwa

10 000 (von 335 000 insgesamt) Krebsneuerkrankungen pro Jahr, die dadurch verursacht werden (Prof. Dr. E. SCHÖMIG, Pharmakologisches Institut der Universitätsklinik Köln, Stellungnahme vor dem Deutschen Bundestag). Deshalb ist es notwendig, schon jetzt Maßnahmen zu ergreifen, um auf diese Situation zu reagieren und das Risiko für jeden Einzelnen soweit wie möglich zu minimieren. Der Umweltrat gibt daher folgende Empfehlungen, um zum einen die Abschätzung der Belastung der Bevölkerung zu verbessern und zum anderen dem Schutz der Gesundheit ausreichend Rechnung zu tragen:

– Es sollten so schnell wie möglich Untersuchungen über die innere Belastung der Bevölkerung an repräsentativen und ausreichend großen Gruppen durchgeführt werden. Hierfür steht mit dem Hämoglobin/Acrylamid-Addukt ein geeigneter Human-Biomonitoring-Parameter zur Verfügung. Anhand von entsprechend konzipierten epidemiologischen Studien ist es möglich, mit hoher Evidenz festzustellen, inwieweit ein Zusammenhang zwischen dem Ernährungsverhalten – der Aufnahme von Acrylamid mit der Nahrung – und dem Auftreten von verschiedenen Krebserkrankungen besteht.

– Auf der Basis dieser Untersuchungen sollte es möglich sein, Fragen hinsichtlich des Zusammenhangs zwischen Nahrungsaufnahme und innerer Belastung, der Aufdeckung weiterer relevanter Expositionsquellen, der interindividuellen Empfindlichkeit gegenüber diesem Schadstoff sowie der Feststellung von Risikokollektiven zu beantworten.

– Der jetzt festgelegte Aktionswert muss anschließend bezogen auf die tatsächliche (innere) Exposition der Bevölkerung überprüft werden und, soweit sich die Annahme eines Risikos für die Bevölkerung weiterhin bestätigt, in einen angepassten Grenzwert umgesetzt werden.

– Es besteht erheblicher Forschungsbedarf zur Bioverfügbarkeit und zum Metabolismus von Acrylamid im Menschen. In gleicher Weise fehlen bisher Daten über die Kanzerogenität und die Toxizität des Oxidationsproduktes Glycidamid und inwieweit die Bindung beider Substanzen an das Hämoglobin proportional ist zur Bindung an die DNA. Letzteres stellt die Grundlage dar, um ein Monitoring anhand des Hämoglobin-Addukts richtig bewerten zu können.

Anhand der bereits bestehenden Kenntnisse über die Bildung von Acrylamid bei der Lebensmittelherstellung sollte es möglich sein, technische Änderungen für den Herstellungsprozess industriell gefertigter Produkte abzuleiten, um so die Schadstoffbelastungen für den Konsumenten zu minimieren.

Eine möglichst umfassende und stetige Aufklärung der Allgemeinheit über die Gefahren, den aktuellen Stand der Forschung und die Möglichkeiten zur Minderung der Acrylamidbelastung sollte gewährleistet werden. Dies ist besonders wichtig, da dieses unerwünschte Begleitprodukt auch bei der Nahrungszubereitung im privaten Haushalt entsteht. Aus diesem Grunde wird das vom BVL initiierte Minimierungskonzept vom Umweltrat als ein erster Schritt in die richtige Richtung bewertet. Eine schnelle Umsetzung der Maßnahmen zur Reduzierung der Acrylamidgehalte in Lebensmitteln sollte unbedingt sichergestellt werden.

12.5 Edelmetalle aus Katalysatoren

1166. Die Platingruppenelemente (PGE) Platin, Palladium und Rhodium werden als katalytisch wirksame Metalle in Autoabgaskatalysatoren eingesetzt, mit dem Ziel, die Emissionen an Kohlenwasserstoffen, Kohlenmonoxid und Stickstoffoxiden zu mindern. Mitte der 1980er-Jahre ist die Katalysatorentechnik zur Abgasreinigung in Kraftfahrzeugen in Deutschland eingeführt worden, und inzwischen liegt der Anteil der mit einer Abgasreinigung ausgestatteten PKW bei über 80 %. Diese Entwicklung ist dafür verantwortlich, dass momentan die Hälfte der weltweiten Nachfrage dieser Edelmetalle auf den Einsatz in dieser Technologie zurückzuführen ist (WAGNER, 2000). Schon einige Jahre nach der Einführung des Katalysators konnten in Industrieländern ansteigende Immissionen von Platin und Rhodium in der Umwelt beobachtet werden. Besonders auffällig ist die Zunahme von Platin im Straßenstaub, dessen Konzentration, gemessen an der Autobahn Frankfurt–Mannheim, im Zeitraum von 1990 bis 2000 bereits auf das 23fache angestiegen war (RANKENBURG und ZEREINI, 1999). Da Platin in zunehmendem Maße von dem ursprünglich deutlich preisgünstigeren Palladium in der Katalysatorentechnik substituiert wird, ist eine Zunahme der Palladium-Immissionen in der Umwelt ebenfalls messbar. Es gibt bereits Tendenzen, in Zukunft auch andere Metalle wie Iridium oder Rhodium gemeinsam mit oder anstelle der genannten Edelmetalle im Katalysator einzusetzen.

12.5.1 Emissionen, Immissionen und Verteilung in der Umwelt

1167. Innerhalb des meist wabenförmig aufgebauten Katalysatorkörpers sind die PGE feinst verteilt auf der Oberfläche der meist mit Aluminiumoxiden beschichteten keramischen oder metallischen Träger aufgebracht. Der Edelmetallgehalt pro Fahrzeug liegt ungefähr zwischen 0,4 g und 30 g (WAGNER, 2000). Stark variierende Betriebsbedingungen wie auch thermische und mechanische Belastungen tragen zur Emission der Edelmetalle bei. Weitere Einflussfaktoren sind Alter und Zustand des Katalysators, Feuchtigkeit und der verwendete Kraftstoff. Untersuchungen innerhalb von Parkhäusern in Frankfurt am Main weisen allerdings darauf hin, dass auch bei Schritttempo und somit minimaler Motorleistung PGE emittiert werden (ZEREINI und URBAN, 2000). Für diese Betriebsbedingung wird eine Emissionsrate von 40 ng/km abgeschätzt. Aus Bodenfrachten errechnete PGE-Emissionsraten dreier Standorte an verschieden stark befahrenen Autobahnen ergaben Werte zwischen 146 und 184 ng pro Kilometer Fahrleistung (ABBAS et al., 1998). Emittiert werden Platin, Rhodium und Palladium in partikulärer und hauptsächlich elementarer Form, wobei die nanokristallinen Platin- wie auch

Palladium-Partikel an Aluminiumoxid-Partikel gebunden sind. Beim Platin liegen die Anteile in oxidierter Form, soweit überhaupt vorhanden, unter 5 %. Dominiert werden die Platin-Emissionen von den Partikeln > 10 µm. Etwa 11 bis 36 % der Partikel sind < 3,14 µm und gehören somit zur alveolengängigen Fraktion. Obwohl seit 1993 zunehmend Palladium in der Katalysatorentechnik eingesetzt wird, gibt es bisher nahezu keine Daten zur quantitativen und qualitativen Charakterisierung entsprechender Emissionen und Immissionen.

1168. Das Spektrum der emittierten PGE-Partikel bestimmt die Verteilung der Metalle in der Umwelt. Da die größten Partikel in unmittelbarer Nähe zur Emissionsquelle abgelagert werden, wurden die höchsten PGE-Konzentrationen im Straßensediment direkt neben Autobahnen gefunden (310 µg/kg Platin, 50 µg/kg Rhodium und 10 µg/kg Palladium gemessen an der BAB 8, Pforzheim-Ost, November 1995, PUCHELT et al., 1995). In der obersten Bodenschicht (Profiltiefe 0 cm bis 2 cm) in 10 cm Entfernung von der Fahrbahn sind die Konzentrationen der Metalle bereits auf ein Sechstel, in einem Meter Entfernung auf ein Dreißigstel abgesunken und in vier Meter Entfernung entsprechen sie fast den normalen Hintergrundwerten. In Grasproben vom Straßenrand wurde für Platin 5 µg/kg, für Rhodium 0,8 µg/kg und für Palladium 0,6 µg/kg gemessen (nach circa drei Monaten Exposition). Die groben Partikel der PGE-Emissionen werden somit in unmittelbarer Nähe der Straßen auf und im Boden deponiert, während der Anteil der feinen Partikel vom Wind weiter verbreitet wird und sich ubiquitär ausbreiten kann. Über den Regenwasserabfluss können die Metalle direkt in aquatische Systeme oder über die Straßenentwässerung in die Klärschlämme eingetragen werden. Es konnte inzwischen nachgewiesen werden, dass alle drei Platinelemente von aquatischen Organismen wie Fischen und Muscheln aufgenommen werden und dort akkumulieren (SURES und ZIMMERMANN, 2000). Dabei wies Palladium die höchste Bioverfügbarkeit auf, gefolgt von Platin und Rhodium.

1169. Die Entwicklung der PGE-Emissionen in den letzten Jahren konnte auch bei Immissionskonzentrationen in der Luft nachvollzogen werden. So stiegen die Platin- wie auch Rhodium-Immissionen, in Frankfurt am Main gemessen, zwischen 1992 und 1998 von 19,5 pg/m^3 auf 148 pg/m^3 beziehungsweise von 0,5 pg/m^3 auf 10,5 pg/m^3 an (ZEREINI et al., 2001).

Für Palladium-Immissionen gibt es nur neuere Messungen, die unter anderem in Erfurt durchgeführt wurden. Dort zeigten sich zwei- bis zehnmal höhere Werte für dieses Edelmetall in der Luft im Vergleich zu Platin (ZEREINI et al., 2001). Palladium-Konzentrationen stiegen von 1996 bis 1999 um den Faktor 3 an, um dann 2000 und 2001 wieder abzusinken, ohne dass es für die letztgenannte Entwicklung eine Erklärung gibt. Für Platin gibt es Angaben über den Anteil an löslichen Verbindungen (Platinsalze) in der Luft, welche allerdings sehr uneinheitlich sind. Dabei muss berücksichtigt werden, dass die durchgeführten Studien sich sehr deutlich in der Probennahme und den Analysemethoden unterscheiden und deshalb die Werte nicht direkt miteinander vergleichbar sind. So ermittelten ARTELT et al. (1999) einen Wert von 1 % in Motorabgasen von PKW mit älteren Katalysatoren. Die Probennahme erfolgte in diesem Fall passiv über einen Niederdruckkaskadenimpaktor. Unter Ausnutzung von Trägheitseffekten können hierbei Partikel einer bestimmten Größenfraktion aerodynamisch abgeschieden werden. Auf einer Kaskade hintereinander geschalteter Platten sammeln sich die Fraktionen und können anschließend gewogen und analysiert werden. In einer Arbeit von ZEREINI et al. (2001) wurde in Proben von Luftfiltern, die aus Immissionsmessanlagen des Umweltbundesamtes stammen, ein Anteil löslicher Platinverbindungen von 10 % ermittelt. Abgelagerter Staub, der einige Meter entfernt von der Fahrbahn deponiert wurde, enthielt anteilig zwischen 30 und 43 % lösliche Platinverbindungen (ALT et al., 1993). Die Größe der emittierten Partikel ist unter anderem ein wichtiger löslichkeitsbestimmender Faktor. Ultrafeine PGE-Partikel haben eine höhere Löslichkeit als größere Partikel.

12.5.2 Toxizität von PGE

1170. Über die Wirkung der inhalativen Aufnahme von fein verteilten, verkehrsbürtigen PGE-haltigen Stäuben auf die Gesundheit des Menschen liegen bisher keine Erkenntnisse vor. Die meisten Untersuchungen zur toxikologischen Wirkung von PGE beziehen sich auf Tests mit löslichen Verbindungen wie Platin- oder Palladiumchloriden. Von Palladiumionen weiß man, dass sie Komplexe mit Hydroxyl-, Amino- und Sulfhydrylliganden eingehen, was die biochemischen Eigenschaften der betroffenen Makromoleküle verändert. Außerdem wurden Wechselwirkungen von Palladiumionen mit der DNA nachgewiesen, was zu Konformationsänderungen, Strangbrüchen und Abspaltungen führen kann. In Untersuchungen in bakteriellen Testsystemen und Säugerzellen wurde eine mutagene Wirkung für lösliche Platin-Verbindungen nachgewiesen (WHO, 1991). Im Unterschied dazu zeigten Mutagenitätstests mit verschiedenen löslichen Palladiumsalzen an pro- und eukaryontischen Zellen negative Ergebnisse (MANGELSDORF et al., 1999).

Es gibt Hinweise auf eine kanzerogene Wirkung von Palladium. In einer Studie an Mäusen konnte nach einer lebenslangen Palladium-Gabe von 1,2 mg/kg pro Tag eine signifikant höhere Gesamttumorrate in den exponierten Tieren nachgewiesen werden (SCHROEDER und MITCHENER, 1971). Allerdings hatten die palladiumbehandelten Mäuse eine längere Lebensdauer als die Referenzgruppe, die ebenfalls die Tumorhäufigkeit erhöhen kann. Des Weiteren zeigte sich in Tierversuchen eine sensibilisierende Wirkung für lösliche Palladium-Verbindungen. Gerade Palladiumchlorid ist ein potentes Hautallergen, das allergische Reaktionen vom verzögerten Typ (IV) hervorruft (MANGELSDORF et al., 1999).

1171. Die Erfahrungen mit Platin-Wirkungen auf den Menschen beschränken sich ausschließlich auf die berufsbedingte Exposition mit elementarem Platin und mit Platinsalzen. Untersuchungen, die in der platinverarbeitenden Industrie durchgeführt wurden, konnten bei einer personenbezogenen Exposition von 1,2 µg/m³ bis 1,9 µg/m³ mit elementaren Platin-Stäuben (nicht bekannter Fraktionierung) mit einem Anteil an löslichen Verbindungen unter 1 % über 75 bis 203 Monate hinweg keine schadstoffspezifischen Erkrankungen nachweisen (MERGET et al., 1995). Im Unterschied dazu haben halogenhaltige, lösliche Platin-Verbindungen eine sensibilisierende Wirkung, die zu allergischen Reaktionen führen kann. So wurde in einem Katalysatorfertigungsbetrieb, in dem Hexachloroplatinsäure zum Einsatz kam, bei den am höchsten exponierten Arbeitern innerhalb von zwei Jahren eine 11-prozentige Zunahme an Neuerkrankungen von Platinsalz-Allergien ermittelt (MERGET und SCHULTZE-WERNINGHAUS, 1997) (Tab. 12-10). Aufgrund der dortigen Ergebnisse wurde von den Autoren ein *No-Observed-Effect-Level* (NOEL) im Bereich von 1,5 ng/m³ bis 8,6 ng/m³ vorgeschlagen. Dies entspricht der niedrig exponierten Gruppe, in der faktisch keine Neuerkrankungen auftraten.

1172. Im Gegensatz zu metallischem Platin weist metallisches Palladium ein hautsensibilisierendes Potenzial auf. Dies konnte insbesondere anhand von zahnmedizinischen Erfahrungen dokumentiert werden (KOCH und BAUM, 1996), in denen nach dem Einsatz von palladiumhaltigen Zahnlegierungen Kontaktdermatiden und -stomatiden bei einigen Patienten diagnostiziert wurden. In Studien an Schulkindern und Patienten dermatologischer Kliniken wurde eine relativ hohe dermale Sensibilisierungsrate von 7 bis 8 % anhand von Patch-Tests mit Palladiumchlorid ($PdCl_2$) festgestellt (KRÄNKE et al., 1995; VINCENZI et al., 1995). KRÄNKE et al. (1995) stufen Palladium nach Nickel als das zweithäufigste Metall-Kontaktallergen ein.

Risikobewertung von PGE-Stäuben für den Menschen

1173. Für eine Risikoabschätzung von PGE-Stäuben, die aus den Emissionen von Kraftfahrzeugen stammen, können nur sehr begrenzte Erkenntnisse über die Wirkung von Platin- und Palladiumverbindungen herangezogen werden. Danach erweist sich elementares Platin als wenig biologisch aktiv. Aus Erfahrungen am Arbeitsplatz zeigt sich, dass lösliche halogenhaltige Platin-Verbindungen ein hohes sensibilisierendes Potenzial besitzen. Diese atemwegssensibilisierende Wirkung ist somit das wesentliche Kriterium zur Risikobewertung von Platin-Partikeln, da es keine weiteren Kenntnisse über sonstige toxikologische Wirkungen gibt. Der von MERGET und SCHULTZE-WERNINGHAUS (1997) vorgeschlagene NOEL von 1,5 ng/m³ entspräche unter der Annahme, dass maximal 1 % lösliche Bestandteile in den Platin-Immissionen enthalten sind und diese sich vollständig aus halogenhaltigen Verbindungen zusammensetzen, einem NOEL für diese Schadstoffbelastung von 150 ng/m³ beziehungsweise 15 ng/m³ bei Einbeziehung eines Unsicherheitsfaktors von zehn für besonders sensitive Personengruppen. Legt man allerdings die von ALT et al. (1993) ermittelten Werte löslicher Platin-Verbindungen in der Luft mit 30 bis 43 % zugrunde, so ergibt sich ein NOEL von 0,35 ng/m³. Dieser Wert läge im Vergleich zu den von ZEREINI et al. (2001) in unmittelbarer Autobahnnähe gemessenen Immissionskonzentrationen noch um den Faktor zwei bis drei höher. Nach dem derzeitigen Kenntnisstand ist bei einer Exposition in diesem Konzentrationsbereich nicht mit einem Risiko einer sensibilisierenden Wirkung der Allgemeinbevölkerung zu rechnen. Inwieweit die inhalativ aufgenommenen Palladium-Partikel zu einer Sensibilisierung führen können, ist bisher nicht bekannt. Es muss aber angenommen werden, dass aufgrund der sehr hohen dermalen Sensibilisierungsrate des Edelmetalls und anhand der bestehenden Erfahrungen mit löslichen halogenhaltigen Platin-Verbindungen, die wahrscheinlich ähnliche Eigenschaften wie derartige Palladium-Verbindungen haben, bereits niedrige Palladium-Expositionen eine Wirkung hervorrufen könnten. Allerdings zeigen die von KIELHORN et al. (2002) durchgeführten Berechnungen für Palladium-Expositionen, dass im Vergleich zu anderen Quellen und Wegen, gerade auch im Vergleich zu palladiumhaltigen Zahnlegierungen, die aufgenommenen Konzentrationen über die Luft sehr gering sind (Tab. 12-11).

Tabelle 12-10

Platinmessungen am Arbeitsplatz (Luft), im Blutserum von exponierten Arbeitern (in drei unterschiedlich stark belasteten Gruppen) und neu aufgetretene Platinsalzallergien für die Jahre 1992 und 1993

Gruppe	Anzahl untersuchter Personen	Stationäre Arbeitsplatzmessungen: lösliches Platin [ng/m³]		Gesamtplatin im Serum [ng/l]	Anzahl Neuerkrankungen
		1992	1993		
Kontrolle	47	0,05	< 0,13	6	0
Niedrige Exposition	81	6,6	0,4	13	1*
Hohe Exposition	72	14	37	40	8

Legende: * Dieser eine Fall betraf einen Arbeiter, der über einen längeren Zeitraum einer hohen Exposition ausgesetzt war.
Quelle: MANGELSDORF et al., 1999, leicht verändert

Tabelle 12-11

Abschätzungen der Palladiumaufnahme der allgemeinen Bevölkerung getrennt nach verschiedenen Quellen und Wegen

Exposition	Palladiumaufnahme (µg/Person/Tag)
Außenluft	max. 0,0003
Trinkwasser	0,03
Nahrung	< 2
Speichelflüssigkeit von Personen mit palladiumhaltigem Zahnersatz	1,5–15

Quelle: KIELHORN et al., 2002, leicht verändert

Allerdings wird Palladium in Zahnersatzmaterialien mittlerweile von Zahnärzten weit weniger verwendet. Das liegt zum einen an dem allergenen Potenzial und zum anderen an dem explosionsartigen Anstieg der Preise dieser Edelmetalle auf dem Weltmarkt, welcher wiederum mit der hohen Nachfrage in der Katalysatorentechnik zusammenhängt.

Unbekannt ist bisher, wie und ob die ultrafeinen metallischen Partikel intrazellulär biologisch aktiv sind. Zu dieser Problematik wird derzeit am Institut für Mineralogie und Geochemie der Universität Karlsruhe eine Studie durchgeführt.

12.5.3 Bewertung und Empfehlungen

1174. PGE gehören zu den neuen Luftschadstoffen. Aufgrund der steigenden Zahl von Katalysatoren in der Abgasreinigung von Kraftfahrzeugen kam es in den letzten zwei Jahrzehnten zu einem deutlichen Anstieg der Freisetzung bei den Edelmetallen Platin, Rhodium und Palladium. Ob sich diese Tendenz weiter fortsetzen wird, kann noch nicht abschließend bewertet werden. Grund dafür ist, dass bisher nur ein sehr punktuelles Monitoring an verschiedenen Stellen und über kurze Zeiträume durchgeführt wurde. Im Fall von Platin kann man nach dem derzeitigen Stand der Forschung und dem davon abgeleiteten NOEL davon ausgehen, dass selbst in unmittelbarer Nähe von Autobahnen keine Konzentrationen in der Luft auftreten, die aus toxikologischer Sicht zu einer Sensibilisierung hinsichtlich des Auftretens von Allergien in der Bevölkerung führen.

Für die Exposition durch Palladium und Palladiumverbindungen wurde bisher aufgrund fehlender Untersuchungen kein NOEL, unter dem mit keinem Effekt zu rechnen ist, ermittelt. Die Palladiumaufnahme über die Luft ist im Vergleich zu anderen Quellen wie zum Beispiel der Nahrungsaufnahme nur sehr gering. Deshalb und unter Berücksichtigung der Erfahrungen, die man mit Platin gemacht hat, ist nicht mit einem generellen Gesundheitsrisiko für die Allgemeinheit zu rechnen. Allerdings fehlen bisher Daten über die Emissionssituation und über die möglichen gesundheitsbezogenen Folgen.

1175. Insgesamt geht der Umweltrat davon aus, dass durch die Emission von Edelmetallen aus dem Betrieb von Katalysatoren zur Abgasreinigung in Kraftfahrzeugen derzeit kein Gesundheitsrisiko für die Bevölkerung ausgeht und deshalb kein Handlungsbedarf vorliegt. Es wird aber auf den bestehenden unzureichenden Kenntnisstand über diese Schadstoffbelastung hingewiesen. Aus diesem Grunde gibt der Umweltrat folgende Empfehlungen, damit die Entwicklung der Edelmetallbelastung in der Luft weiterhin verfolgt wird und eine aussagekräftige Risikobewertung für Palladium und auch andere Edelmetalle durchgeführt werden kann:

– Es fehlen bisher Untersuchungen zur qualitativen und quantitativen Charakterisierung von Palladium-Emissionen aus Kraftfahrzeugkatalysatoren zur Abgasreinigung, insbesondere zum Anteil der löslichen Verbindungen und der Struktur der ultrafeinen Partikel. Aus diesem Grunde ist es dringend notwendig, dass Studien zur Quantifizierung und Strukturaufklärung von katalysatorbürtigen Palladium-Emissionen durchgeführt werden.

– Ein kontinuierliches Schadstoffmonitoring an ausgewählten Standorten ist erforderlich, um die Entwicklung der Edelmetall-Immissionen in Zukunft besser und weiter führend verfolgen zu können.

– Das Allergierisiko von Palladium für den Menschen sollte auf jeden Fall besser aufgeklärt werden. Außerdem ist bisher nicht bekannt, inwieweit ultrafeine PGE-haltige Partikel Gewebezellen in der Alveolenregion der Lunge schädigen. Des Weiteren fehlen Informationen darüber, ob PGE-Atome oder -Ionen in Lungenzellen eintreten können und wie sie dort wirken.

– Es gibt bereits erste Hinweise, dass Edelmetalle in verschiedenen Biota (beispielsweise Gräser, Muscheln und Fische) akkumulieren. Diese Entwicklung sollte unbedingt weiter beobachtet werden.

13 Neue umweltpolitische Steuerungskonzepte

13.1 Herausforderungen für das umweltpolitische Regieren in Europa

1176. Die Umweltpolitik steht heute vor Herausforderungen, die sich von denen der vergangenen Jahrzehnte deutlich unterscheiden. Dies betrifft die zu lösenden Umweltprobleme ebenso wie die verfügbaren Lösungsstrategien. Auf der Problemseite rücken nach erkennbaren Erfolgen in Teilbereichen des Umweltschutzes zunehmend solche Probleme in den Vordergrund, bei denen umweltpolitische Maßnahmen auch über einen längeren Zeitraum hinweg keine signifikanten Verbesserungen herbeizuführen vermochten (SRU, 2002a, Kap. 2.1; JÄNICKE und VOLKERY, 2001). Auf der Lösungsseite ist eine kontinuierliche Ausweitung des umweltpolitischen Steuerungsrepertoires und des Akteursspektrums zu beobachten. Traditionelle Formen der hierarchischen Intervention, die auch weiterhin dominieren, werden zunehmend durch neuere Formen des kooperativen Regierens ergänzt. Hieraus kann eine tendenzielle Schwächung staatlicher Autorität und demokratischer Legitimität sowie ein Abbau bewährter institutioneller Problemlösekapazitäten erwachsen (PIERRE, 2000, S. 2). Gleichzeitig bieten neue Steuerungsformen jedoch auch die Chance, Defizite der bisherigen Umweltpolitik zu überwinden und zur Lösung bisher ungelöster Umweltprobleme beizutragen.

Dieses Kapitel geht der Frage nach, wie hartnäckig fortbestehende, „persistente" Umweltprobleme vor dem Hintergrund sich wandelnder politisch-institutioneller Rahmenbedingungen wirksamer gelöst werden können und welche Rolle dabei neuen Steuerungsansätzen zukommen kann. Im Mittelpunkt stehen somit grundsätzliche Gestaltungsprobleme der Umweltpolitik, die sowohl in der Wissenschaft als auch in der Politik zunehmend unter dem Stichwort „Governance" diskutiert werden.

Im ersten Teil des Kapitels wird die veränderte ökologische und politische Problemlage dargestellt. Im zweiten Teil werden im Lichte der Erfahrungen mit dem 1992 begonnenen „Rio-Prozess" und seinem anspruchsvollen Modell einer langfristigen Mehr-Ebenen-Steuerung vier zentrale Steuerungskonzepte der neueren Umweltpolitik evaluiert: Zielorientierung, Integration, Kooperation und Partizipation. Nach dieser grundsätzlichen Prüfung werden konkrete Varianten dieser Konzepte und aktuelle Governancemuster der europäischen Umweltpolitik dargestellt und bewertet. Es wird gezeigt, dass die behandelten neuen Lösungsangebote umweltpolitischer Steuerung im Ansatz Verbessungen ergeben können, zugleich aber so voraussetzungsvoll sind, dass sie zusätzliche Vorkehrungen erfordern. Werden diese Vorkehrungen – wie insbesondere die Absicherung und Flankierung durch traditionelle hierarchische Regelsteuerung – nicht getroffen, ist mit Defiziten in der Effektivität und Effizienz neuer Steuerungsmuster zu rechnen, im schlimmsten Falle mit einer Absenkung des angestrebten Schutzniveaus. Das Kapitel dient zugleich der „Ortsbestimmung" innerhalb der Vielfalt der vor allem in der EU angebotenen beziehungsweise erprobten neuen Steuerungsformen. Abschließend werden auf dieser Basis Empfehlungen zur Verbesserung der umweltpolitischen Steuerung in Europa im Hinblick auf die „persistenten" Umweltprobleme formuliert.

13.1.1 Persistente Umweltprobleme

1177. Persistente Umweltprobleme sind Probleme, bei denen umweltpolitische Maßnahmen über einen längeren Zeitraum hinweg keine signifikanten Verbesserungen herbeizuführen vermochten (SRU, 2002a, Kap. 2.1). Zu ihnen zählen die weltweit ungebremsten Emissionen von Treibhausgasen, der Verlust an biologischer Vielfalt, die anhaltende Flächeninanspruchnahme, die Kontamination von Böden und Grundwasser, die Verwendung gefährlicher Chemikalien und eine Reihe umweltbedingter Gesundheitsbelastungen (EEA, 2002; OECD, 2001). Der erhöhte Schwierigkeitsgrad persistenter Umweltprobleme ist insbesondere auf vier Faktoren zurückzuführen.

Erstens handelt es sich hierbei vielfach um Umwelt- und Gesundheitsgefährdungen, deren Ursachen außerhalb des traditionellen Kompetenzbereiches der Umweltpolitik liegen. Vielmehr resultieren sie aus der „normalen" Funktionsweise anderer Wirtschafts- und Gesellschaftssektoren. Anders als bei den bisherigen Erfolgsfällen der Umweltpolitik – beispielsweise der Verbesserung der Qualität von Oberflächengewässern oder dem Verzicht auf die Verwendung ozonschädigender Substanzen – bei denen durch technische Lösungen oder durch die Ausschöpfung von Win-Win-Potenzialen beachtliche Erfolge erzielt werden konnten, erfordert die Lösung persistenter Umweltprobleme eine nachhaltige Veränderung der Funktionslogik der verursachenden Wirtschaftssektoren.

Erschwerend wirkt dabei, dass es hier um Sektoren geht, für die eine intensive Umweltbeanspruchung gleichsam die Produktionsgrundlage darstellt. Dies gilt für den Bergbau und die Grundstoffindustrien ebenso wie für den Energie-, den Verkehrs-, Bau- oder Agrarsektor. Ein Problem für die Umweltpolitik sind dabei nicht nur die sektoralen Umweltbelastungen, sondern auch die Sektorpolitiken, die diesen Wirtschaftszweigen zugeordnet sind: Wirtschafts-, Energie-, Bau- oder Agrarpolitik sehen ihre Aufgabe zunächst einmal darin, die Produktionsbedingungen ihrer Klientelbranchen zu sichern und dabei insgesamt die Bedingungen für Wachstum und Beschäftigung zu verbessern. Dabei ergibt sich eine starke Tendenz, Umweltbelange nur soweit zu berücksichtigen, wie sie grundlegenden Interessen des betreffenden Sektors nicht zuwiderlaufen. Einer additiv hinzutretenden

Umweltpolitik entspricht in dieser Logik die additiv nachgeschaltete Umwelttechnik. Aber auch eine effizienzsteigernde „ökologische Modernisierung" kann, wenn sie die Märkte anderer Branchen beeinträchtigt, auf sektorale Hemmnisse stoßen. So ist eine Strategie der Stromeinsparung letztlich nur chancenreich, wenn sie von der Stromwirtschaft mitgetragen wird (bspw. weil sich ihr Alternativen in neuen Geschäftsfeldern eröffnen). Darin liegt eine besondere Herausforderung moderner Umweltpolitik.

Zweitens sind persistente Umweltprobleme in der Mehrheit hochgradig komplex. Sie entwickeln sich zumeist langsam, als schleichende Verschlechterung, an der eine Vielzahl unterschiedlicher Akteure – oft nur indirekt – beteiligt ist. Schäden, die in großer räumlicher oder zeitlicher Distanz vom Verursacher auftreten, diffuse Einträge oder problematische Summationseffekte machen dabei einen reaktiven Umweltschutz von vornherein wirkungslos und steigern die Anforderungen an eine vorsorgende und verursachernahe Strategie. Derartige Probleme können somit ohnehin bestehende Steuerungsprobleme erhöhen, die unter Stichworten der Unregierbarkeit, der Staatsüberforderung oder des Staatsversagens kritisch zur Sprache gebracht wurden, und die LUHMANN (1990, S. 169) zu der überaus skeptischen Aussage veranlassten, ökologische Probleme machten „vollends deutlich, dass die Politik viel können müsste und wenig können kann".

Drittens steht dem erhöhten Schwierigkeitsgrad persistenter Umweltprobleme nur eine begrenzte Akzeptanz für einschneidende umweltpolitische Maßnahmen gegenüber. Dies resultiert einerseits aus der oben beschriebenen Notwendigkeit einschneidender Eingriffe in andere Wirtschafts- und Gesellschaftsbereiche. Andererseits ist die begrenzte Akzeptanz für notwendige Maßnahmen darauf zurückzuführen, dass viele der heute vordringlichen Umweltprobleme wie Flächenversiegelung, Klimawandel oder Artenschwund vor allem in ihrer langfristigen Wirkung nicht direkt wahrnehmbar sind und zur Erzeugung eines öffentlichen Problembewusstseins der wissenschaftlichen und medialen Vermittlung bedürfen. Erschwerend kommt hinzu, dass die umweltpolitischen Erfolge der vergangenen Jahrzehnte bei weithin sichtbaren Umweltproblemen wie der urbanen Luftverschmutzung oder der Belastung von Oberflächengewässern den falschen Eindruck vermitteln können, dass die vordringlichsten Umweltprobleme weit gehend beherrscht sind (KUCKARTZ und GRUNENBERG, 2002, S. 34 f.). Schließlich hat das umweltpolitische Versagen hinsichtlich einiger persistenter Probleme durchaus auch zu einem Resignationseffekt bei denjenigen geführt, die jahre- oder jahrzehntelang auf diese Probleme hingewiesen haben. Das Erlahmen einer noch in den achtziger Jahren intensiv geführten gesellschaftlichen Debatte in Deutschland um Gefahrstoffe ist ein Beispiel hierfür. Dieses Akzeptanzdilemma angesichts von Entwarnungs- und Resignationseffekten spitzt sich dort zu, wo es um die Hinnahmebereitschaft der Industrie im Hinblick auf eine hohe Regulationsdichte geht. Dass in den achtziger Jahren ehemalige Pionierländer des Umweltschutzes wie die USA oder Japan und neuerdings auch die Niederlande oder Dänemark von massiven Gegenströmungen erfasst worden sind, verdeutlicht die Schwere des Akzeptanzdilemmas.

Viertens sind persistente Umweltprobleme häufig globaler Natur. Aufgrund ihres potenziell grenzüberschreitenden Charakters sind effektive Problemlösungen oft nur im internationalen Maßstab möglich. Allerdings ist eine problemadäquate Koordination der Politiken souveräner Nationalstaaten aufgrund der heterogenen Interessenlagen und der vielfältigen Vetomöglichkeiten für Gegner durchgreifender Umweltschutzmaßnahmen oft schwieriger als die rein nationale Lösung regional begrenzbarer Umweltprobleme. Die wirksame Behandlung persistenter Umweltprobleme ist daher in großem Maße mit den Schwierigkeiten der Politikkoordination im internationalen Mehrebenensystem verknüpft.

13.1.2 Veränderte politisch-institutionelle Rahmenbedingungen

1178. Der veränderten ökologischen Problemlage steht auf der Lösungsseite ein gradueller Wandel der politisch-institutionellen Rahmenbedingungen der Umweltpolitik gegenüber. In der umweltpolitischen Steuerungsdiskussion – die die herkömmliche Instrumentendebatte zunehmend zurückgedrängt hat – wird dieser Wandel heute zumeist unter dem Stichwort *Governance* diskutiert. *Governance* ist der Oberbegriff für die heutigen, nicht auf den Staat beschränkten vielfältigen Formen politischer Steuerung auf unterschiedlichen politischen Ebenen, bei wachsender Komplexität der Akteursstrukturen und Handlungsbedingungen (PIERRE und PETERS, 2000; KOOIMAN, 2003; HOOGHE und MARKS, 2003). Der Ausdruck *Governance* erfasst also ein weiteres Spektrum von Steuerungsformen und Akteuren als der herkömmliche, auf staatliches Handeln begrenzte Begriff der Politik. Dass sich dieses weite Steuerungsverständnis gerade in der Umweltpolitik rasch ausgebreitet hat, ist vor dem Hintergrund einer besonders starken Ausdifferenzierung der Regelungsformen und ihrer Träger in diesem Politikfeld zu verstehen (HOLZINGER et al., 2003; BRESSERS und KUKS, 2003). Letztlich geht es bei den Steuerungsvorschlägen zur *Environmental Governance* um die Frage, wie schwierige, in aller Regel globale Problemlagen bei einer Vielzahl von Handlungsebenen (global bis lokal), Sektoren (Politikintegration), beteiligten Interessen (Stakeholder) wie auch konkurrierenden Instrumentarien besser als bisher bewältigt werden können.

1179. Unterschieden werden muss in der Governancedebatte zwischen einer analytischen und einer normativen Verwendung des Governancebegriffes. Analytisch wird der Governancebegriff zur wertneutralen Beschreibung der oben skizzierten empirisch beobachtbaren Veränderungen des Regierens und seiner Rahmenbedingungen verwendet. In seiner normativen Verwendung hingegen steht er für eine Vielzahl, teilweise konträrer, wertbesetzter Visionen. Hierzu gehören Vorstellungen vom „minimalen Staat", das heißt eines gezielten Abbaus staatlicher Leistungen und Interventionen (z. B. OSBORNE und GAEBLER, 1992) ebenso wie die von der Weltbank und dem Internationalen Währungsfonds unter dem Schlagwort „Good Governance" propagierten Grundzüge „guten Regierens" (z. B. LEFTWICH, 1993).

1180. Im Folgenden werden die mit dem Governancebegriff in seiner analytischen Verwendung beschriebenen empirischen Veränderungen der politischen Steuerung und ihrer Rahmenbedingungen – das heißt die Veränderung von Akteurskonstellationen, die Zunahme von Handlungsebenen und Steuerungsformen und die Veränderung des institutionellen Rahmens – eingehender dargestellt. In den einzelnen Abschnitten werden dabei auch die jeweils wichtigsten politisch-normativen Streitfragen der gegenwärtigen Governancedebatte knapp angesprochen.

13.1.2.1 Akteure und Akteurskonstellationen

1181. Die grundlegenden umweltpolitischen Akteurskonstellationen haben sich im Verlauf der letzten drei Jahrzehnte in Deutschland wie auch in anderen Industrieländern und der Europäischen Union deutlich verändert (JÄNICKE und WEIDNER, 1997, S. 146 f.). Während die Startphase der Umweltpolitik in den späten 1960er- und frühen 1970er-Jahren noch von dem traditionellen Gegenüber von Staat als Steuerungssubjekt und Industrie als Politikadressat gekennzeichnet war, kamen in einer zweiten Phase Umweltverbände und die Medien als weitere Akteursgruppen hinzu. Neu war in dieser Phase das Zusammenspiel der verschiedenen Akteursgruppen. Zum einen wurde die vorherrschende direkte, zumeist ordnungsrechtliche, Steuerung zunehmend durch kooperative Ansätze wie beispielsweise industrielle Selbstverpflichtungen ergänzt (SRU, 1998, Tz. 266 ff.). Zum anderen begannen viele Umweltverbände in den späten 1980er-Jahren ihre Forderungen direkt an die Verursacher von Umweltbelastungen zu richten. Während dies in den 1980er-Jahren noch vorwiegend in Form von Protesten erfolgte, kam es in den 1990er-Jahren zunehmend auch zu Kooperationen zwischen Umweltverbänden und Unternehmen (WEIDNER, 1996; JACOB und JÖRGENS, 2001). Schließlich ist innerhalb des Staatsapparates seit Anfang der 1990er-Jahre unter dem Stichwort der Politikintegration der Versuch einer teilweisen Verlagerung umweltpolitischer Verantwortlichkeiten aus dem engen Bereich der umweltpolitischen Institutionen hinaus und in andere Politikbereiche hinein zu beobachten (SRU, 2002a, Tz. 255 ff.; LENSCHOW, 2002a; LAFFERTY, 2001).

1182. Von der empirisch beobachtbaren Ausweitung des Akteursspektrums wird oft vorschnell auf einen schwindenden Einfluss von Regierung und Verwaltung oder gar auf einen „Rückzug des Staates" (SCHUPPERT, 1995) geschlossen. Bestimmte politisch-normative Ansätze gehen noch einen Schritt weiter und fordern eine weit gehende Übertragung von Steuerungsaufgaben auf gesellschaftliche Akteure und eine umfassende Deregulierung (z. B. OSBORNE und GAEBLER, 1992). In solchen Argumentationszusammenhängen wird mitunter fälschlicherweise die für die internationale Politikkoordinierung geprägte Formel der *Governance Without Government* angeführt (ROSENAU und CZEMPIEL, 1992; YOUNG, 1999). Dieser von den Autoren im analytischen Sinne verwendete Ausdruck beschreibt jedoch lediglich die empirische Tatsache, dass im internationalen System keine zu verbindlichen Entscheidungen befähigte übergeordnete Regierung existiert und politische Steuerung daher notgedrungen auf Mechanismen der horizontalen Politikkoordination angewiesen ist (ROSENAU, 1992, S. 9). Eine Wertung im Sinne von Deregulierung und dem Abbau von Staatlichkeit ist damit nicht verbunden.

13.1.2.2 Handlungsebenen

1183. Neben einer Ausweitung des Akteursspektrums beschreibt das Governancekonzept auch eine Zunahme der wechselseitigen Beeinflussung der verschiedenen Politikebenen mit ihren jeweiligen – staatlichen und nichtstaatlichen – Akteuren. Dabei geht es um die globale Ebene mit ihren internationalen Institutionen und Umweltregimen ebenso wie um die EU. Diese oberhalb des Nationalstaates angesiedelten Politikebenen haben durch eine ständige Zunahme an Regelungen kontinuierlich an Bedeutung gewonnen. Das hat die Bedeutung des Nationalstaates beziehungsweise des EU-Mitgliedstaates jedoch keineswegs verringert. Vielmehr hat sich eine wechselseitige Abhängigkeit der Politikebenen herausgebildet, in der die nationale Ebene einerseits zwar kaum mehr vollkommen autonom agieren kann, andererseits aber als Macht- und Legitimationsbasis für internationale Regelungen unverzichtbar ist (JÄNICKE, 2003a). So ist die umweltpolitische Agenda der EU-Mitgliedstaaten inzwischen in einem hohen Maße von der erforderlichen Umsetzung geltenden EG-Rechts und von der wachsenden Notwendigkeit einer Antizipation und aktiven Mitgestaltung europäischer Maßnahmen und Programme geprägt (HÉRITIER et al., 1994; DEMMKE und UNFRIED, 2001). Darüber hinaus muss eine Reihe internationaler Konventionen und multilateraler Abkommen bei der Gestaltung der nationalen Umweltpolitik berücksichtigt werden (JACOBSEN und BROWN-WEISS, 2000; LAFFERTY und MEADOWCROFT, 2000). Im Gegenzug hängt das Zustandekommen europäischer und internationaler umweltpolitischer Maßnahmen aber auch von der Rolle der beteiligten Nationalstaaten ab. Deren Positionen und Interessen werden wiederum in starkem Maße von nationalen und internationalen Interessenverbänden sowie von transnational operierenden Netzwerken von Umweltaktivisten (KECK und SIKKINK, 1998) oder Umweltwissenschaftlern (HAAS, 1992) beeinflusst. Umweltpolitische Steuerung erfolgt somit zunehmend in einem komplexen Geflecht von auf unterschiedlichen Politikebenen operierenden staatlichen und nichtstaatlichen Akteuren und ihrer jeweiligen wechselseitigen Einflussnahme.

Auch die subnationalen Ebenen der Provinzen/Bundesländer und Gemeinden sind von der Umweltfrage zunehmend betroffen. Die Rolle der weltweit verbreiteten lokalen Agenda-21-Prozesse ist dafür nur ein Beispiel. Schließlich gehört auch der Bürger zum Mehrebenensystem der Umweltpolitik (ausführlich SRU, 2002a, Kap. 2.3).

13.1.2.3 Steuerungsformen

1184. Ebenso wie die Ausweitung des Akteursspektrums und die Zunahme der Handlungsebenen ist auch das Aufkommen neuer Steuerungsformen gerade im Bereich der Umweltpolitik umfassend thematisiert worden (z. B. GOLUB, 1998; KNILL und LENSCHOW, 2000; DE BRUIJN und NORBERG-BOHM, 2004). Informatorische Instrumente wie beispielsweise Umweltzeichen ergänzten bereits frühzeitig das ordnungsrechtliche Instrumentarium (KERN und KISSLING-NÄF, 2002; JORDAN et al., 2001; WINTER und MAY, 2002). Dagegen wurden marktorientierte Steuerungskonzepte, die seit Anfang der 1970er-Jahre einen zentralen Platz in der wissenschaftlichen Debatte einnahmen, bislang nur sehr zögerlich in die Praxis umgesetzt (HOLZINGER, 1987; OPSCHOOR und VOS, 1989; ZITTEL, 1996). Seit Ende der 1980er-Jahre spielen darüber hinaus kooperative Steuerungsformen wie zum Beispiel freiwillige Vereinbarungen zwischen dem Staat und Verursachern von Umweltbelastungen eine zunehmend wichtige Rolle sowohl in der Praxis als auch in der Wissenschaft (GLASBERGEN, 1998; DE CLERCQ, 2002; JORDAN et al., 2003a). Schließlich kam es in den 1990er-Jahren zumindest ansatzweise zu einer umweltpolitischen Deregulierung. Dabei umfasst der Begriff der Deregulierung einerseits Tendenzen einer Liberalisierung staatsnaher Sektoren und Privatisierung öffentlicher Unternehmen wie sie etwa in den Bereichen Telekommunikation, Energie- und Wasserversorgung oder Abfallwirtschaft erkennbar sind (SRU, 2002a, Tz. 655 ff., Tz. 1108 ff.). Andererseits bezeichnet Deregulierung den teilweisen Verzicht auf direkte, meist ordnungsrechtliche Staatsinterventionen und den verstärkten Rückgriff auf marktwirtschaftliche Steuerung und gesellschaftliche Selbstregelung (COLLIER, 1998). Nur in letzterem Fall kann allerdings wirklich von Deregulierung gesprochen werden, da die Liberalisierung und Privatisierung öffentlicher Aufgaben und Leistungen fast immer mit einem großen Maß von Neuregulierung verbunden ist – etwa im Bereich des Wettbewerbsrechts oder durch die Schaffung neuer Regulierungsbehörden (COLLIER, 1998: S. 4; grundsätzlich hierzu: MAJONE, 1990, 1996).

1185. Auch auf der internationalen Ebene haben neben völkerrechtlichen Verträgen zunehmend auch Elemente einer informationellen oder kooperativen Steuerung an Bedeutung gewonnen. Ein Beispiel für einen solchen gering verrechtlichten Bereich der internationalen Umweltpolitik stellen die Bemühungen des Umweltprogramms der Vereinten Nationen (UNEP) und der OECD für einen nachhaltigen Konsum dar. Beide Organisationen setzen vorrangig auf informationelle Steuerung durch die Erfassung und Verbreitung von *Best-Practice* Wissen. Grundlage ihrer Aktivitäten ist Kapitel 4 der Agenda 21, in dem allgemeine Grundsätze und Ziele einer „Veränderung der Konsumgewohnheiten" skizziert werden (BMU, 1993, Kap. 4). Noch weniger formalisierte – aber möglicherweise nicht weniger wirkungsvolle – Steuerungsmechanismen werden unter dem Begriff *Governance by Diffusion* beschrieben und analysiert (JÖRGENS, 2004; TEWS et al., 2003; KERN, 2000; KERN et al., 2000). Im Mittelpunkt dieser Forschung steht die Beobachtung, dass nationale Regierungen sich bei der Entwicklung von Maßnahmen und Programmen zunehmend an Politiken orientieren, die bereits in anderen Ländern praktiziert werden, und dass sich viele Politikinnovationen ohne bindenden völkerrechtlichen Beschluss schnell im internationalen System ausbreiten (DOLOWITZ und MARSH, 1996, 2000). Dabei werden Diffusionsprozesse von einer Vielzahl von Akteuren – internationalen Organisationen oder Netzwerken – getragen. Eine umweltpolitische Folgerung aus dem Gedanken der *Governance by Diffusion* ist es, offensiv auf umweltpolitische Demonstrationseffekte durch Vorreiterländer zu setzen, die durch politischen wie technologischen Innovations- und Wettbewerbsdruck auf andere Länder einwirken und insoweit umweltpolitische Steuerungsleistungen erbringen (SRU, 2002a, Kap. 2.2; VOLKERY und JACOB, 2003; JÄNICKE et al., 2003).

Ähnlich wie im Falle der umweltpolitischen Akteurskonstellationen wird auch im Hinblick auf die Steuerungsformen häufig von der empirisch beobachtbaren Herausbildung kooperativer, marktwirtschaftlicher oder informationeller Governancestrategien auf einen Rückgang direkter, meist ordnungsrechtlicher, Staatsinterventionen geschlossen. Empirisch ist ein solcher Bedeutungsverlust „traditionellen" Staatshandelns allerdings bisher nicht belegt (für die Europäische Union s. HOLZINGER et al., 2003). Wahrscheinlicher ist, dass eine Erweiterung des Steuerungsrepertoires stattfindet, wobei Wirkungen weniger durch spezifische Einzelinstrumente als durch ein Maßnahmenpaket in einem *Policy-Mix* angestrebt werden (SRU, 2002a, Kap. 2.2; JÄNICKE, 1996).

13.1.2.4 Institutionelle Rahmenbedingungen

1186. Schließlich rückt die Governancediskussion auch die Rolle von Institutionen in den Mittelpunkt des politischen Interesses. Als relativ stabile formale Regeln und Verfahren, die die Beziehungen zwischen Akteuren kalkulierbar strukturieren (MARCH und OLSEN, 1998, S. 948; HALL, 1986, S. 19), beeinflussen Institutionen die Handlungsmöglichkeiten politischer oder gesellschaftlicher Akteure, indem sie bestimmte Handlungen ausschließen und andere – wie beispielsweise die Verbandsklage im Umweltschutz – überhaupt erst ermöglichen (ASPINWALL und SCHNEIDER, 2000, S. 4 f.). Darüber hinaus prägen Institutionen die Interessen, Präferenzen und auch die Erwartungshaltungen der in ihrem Wirkungsbereich handelnden Akteure (DIMAGGIO und POWELL, 1991, S. 11). Politisch-normative Governancekonzepte – wie etwa das Weißbuch „Europäisches Regieren" der EU-Kommission – haben häufig eine institutionelle Dimension, das heißt sie entwickeln konkrete Vorstellungen, wie der institutionelle Rahmen, innerhalb dessen Steuerungsprozesse ablaufen, reorganisiert werden sollte. Sie haben damit auch Auswirkungen auf das Kräfteverhältnis zwischen verschiedenen Akteursgruppen.

13.1.2.5 Zwischenfazit

1187. Zusammenfassend ist festzustellen, dass sich der jüngere Wandel der politisch-institutionellen Rahmenbedingungen der Umweltpolitik einer einfachen Charakterisierung durch Schlagworte wie „Deregulierung", „Rückzug des Staates", „Europäisierung" oder „Ende des Nationalstaates" entzieht. Nicht eine nullsummenartige Verlagerung politischer Autorität ist kennzeichnend für diesen Wandel, sondern vielmehr die zunehmende Verflechtung und Interdependenz einer wachsenden Zahl von Akteuren, Handlungsebenen und Steuerungsformen.

Die Komplexität der heutigen umweltpolitischen Steuerungsstruktur macht eine detaillierte Betrachtung und Bewertung aktueller Entwicklungen und konkreter Reformvorschläge erforderlich. Im Folgenden werden daher zunächst die Stärken und Schwächen von vier zentralen Steuerungsansätzen der neueren Umweltpolitik einer grundsätzlichen Bewertung unterzogen (Zielorientierung, Integration, Kooperation und Partizipation). Darauf aufbauend werden dann aktuelle umweltpolitische Reformvorschläge der EU-Kommission dargestellt und evaluiert.

13.1.3 Zum Beurteilungsmaßstab

1188. Für die Evaluation von Steuerungsmustern der Umweltpolitik bieten sich grundsätzlich zwei Gruppen von Maßstäben an: umweltpolitische und demokratietheoretische. Es läge zunächst nahe, die Beurteilung von Governancemustern beiden Themenbereichen zugleich zuzuordnen. Dieser Weg wird in den Debatten um *Environmental Democracy* häufig gewählt. Für John DRYZEK (1996, S. 108 f.) bedeutet ökologische Demokratisierung entweder eine Stärkung demokratischer Grundsätze bei gleichzeitiger Beachtung umweltpolitischer Ziele oder aber eine ergebnisbezogene Verbesserung der Umweltpolitik bei gleichzeitiger Beachtung demokratischer Grundsätze. Besonders positiv zu bewerten wären demnach Regulierungsformen, die unter beiden Perspektiven positiv zu beurteilen wären (Win-Win-Situationen). Dieser Weg versucht also zugleich eine sowohl prozessorientierte (*Right Procedures*) als auch eine ergebnisorientierte (*Good Outcomes*) Bewertung von Governanceformen.

Der hier gewählte Weg der Bewertung ist hingegen ergebnisorientiert und nimmt die Leistungsfähigkeit von Governancemustern im Hinblick auf ökologische Problemlagen zum Maßstab, deren Lösung neue Wege erfordert. Die demokratietheoretische Dimension wird also ausgeklammert. Ihrer Bedeutung wird aber insoweit Rechnung getragen, als die folgende Untersuchung eine *Benchmark* allgemein anerkannter demokratischer Standards voraussetzt, die auch um guter Ergebnisse willen nicht verletzt werden dürfen.

13.2 Neuere Ansätze umweltpolitischer Steuerung (Environmental Governance)

1189. Der Umweltrat hat bereits, vor allem im Umweltgutachten 2002 (SRU, 2002a) und im Sondergutachten Naturschutz (SRU, 2002b), Bausteine für ein von ihm als sinnvoll erachtetes umweltpolitisches Steuerungskonzept formuliert (z. B. Nachhaltigkeitsstrategien und andere zielorientierte Ansätze, Sektorstrategien, nationale Vorreiterpolitik, innovationsbezogene Steuerungsmuster, Tendenzsteuerung, aktivierender Staat, Kapazitäts- und Allianzbildung). Im Folgenden soll vor dem Hintergrund der Erfahrungen mit dem „Rio-Prozess" und seinen strategischen Vorgaben ein Überblick über zentrale neue umweltpolitische Steuerungsmuster seit 1992 gegeben werden, die grundsätzlich geeignet sind und auch den Anspruch erheben, die dargestellten Defizite und Probleme der Umweltpolitik besser bewältigen zu können.

13.2.1 Strategische Steuerung der Umweltpolitik – das Leitkonzept von Rio de Janeiro

13.2.1.1 Das Steuerungskonzept der Agenda 21

1190. Auf dem UN-Gipfel von Rio de Janeiro (1992) wurde mit der Agenda 21 (BMU, 1993) ein strategisches Steuerungskonzept zum Zielbereich „Umwelt und Entwicklung" beschlossen. Es handelt sich um eine Strategie nachhaltiger Entwicklung mit übergreifenden langfristigen Zielen und operativen Vorgaben bis hin zur Ergebniskontrolle. Es ist aber gleichzeitig auch ein umweltpolitisches Steuerungskonzept, das wesentliche Steuerungsansätze integriert, die auch auf nationaler und europäischer Ebene Bedeutung erlangt haben: Langzeitplanung, ziel- und ergebnisorientierte Steuerung, Umweltpolitikintegration, kooperatives Regieren, Selbstregulierung und Partizipation (JÄNICKE, 2003b). Der Umweltrat widmet sich dem Thema des in Rio vorgeschlagenen übergreifenden Steuerungskonzeptes an dieser Stelle aber auch, um eine Bewertung dieses bisher anspruchsvollsten Ansatzes der Umweltpolitik im Lichte der Erfahrungen mit dem Rio-Prozess vorzunehmen. Er tut dies nicht zuletzt deshalb, weil nach dem UN-Gipfel von Johannesburg eine gewisse Unsicherheit über die weitere Verfolgung dieses Prozesses – die Umsetzung des Modells der Agenda 21 – entstanden ist.

1191. Mit ihren 40 Kapiteln verkörperte die Agenda 21 nicht nur den Stand wissenschaftlicher Erkenntnisse zur Umweltpolitik. Sie war auch Ausdruck allgemeiner Reformtendenzen im öffentlichen Sektor der Industrieländer. Aus heutiger Sicht war dies eine beachtliche konzeptionelle Leistung mit teils unerwartet weit gehenden Folgewirkungen. Das Besondere liegt nicht zuletzt auch in der Tatsache, dass es ein solch globales Konzept der Mehr-Ebenen- und Mehr-Sektoren-Steuerung bisher nur in der Umweltpolitik und nur in dieser Variante gibt. In Hinblick auf diesen komplexen Umsetzungsprozess mit seinen Konkretisierungen auf unterschiedlichen Handlungsebenen hat auch die Enquete-Kommission „Schutz des Menschen und der Umwelt" des 13. Bundestages die Agenda 21 explizit als „neues Steuerungsmodell" eingestuft (Enquete-Kommission, 1998, S. 55 ff.). Modellcharakter wird darüber hinaus gelegentlich auch der als „nachhaltige Entwicklung" bezeichneten inhaltlichen Programmatik der Agenda 21 zugeschrieben: In der Drei-Säulen-Variante wird sie beispielsweise von der OECD als inhaltlicher Orientierungsrahmen einer Global Governance empfohlen (GASS, 2003; ebenso: Enquete-Kommission, 2002). Der Rio-Prozess kann somit als bislang umfassendste Erprobung neuer umweltpolitischer Steuerungskonzepte gewertet werden und als solcher wichtige Erkenntnisse über die Möglichkeiten und Hindernisse der Lösung persistenter Umweltprobleme vor dem Hintergrund veränderter politisch-institutioneller Rahmenbedingungen liefern.

Zentrale Merkmale des integrierten Steuerungsmodells der Agenda 21 sind (SRU, 2000, Kap. 1; JÄNICKE und JÖRGENS, 2000):

– Strategischer Ansatz: eine langfristig angelegte konsensuale Ziel- und Strategieformulierung auf breiter Basis (Kap. 8, 37, 38 der Agenda 21).

– Integration: die Integration von Umweltbelangen in andere Politikfelder und Sektoren, insbesondere von Umwelt und Entwicklung (Kap. 8 der Agenda 21).

– Partizipation: die breite Beteiligung von Verbänden und Bürgern (Kap. 23 bis 32 der Agenda 21).

– Kooperation: das Zusammenwirken staatlicher und privater Akteure in umweltrelevanten Entscheidungs- und Vollzugsprozessen (durchgängig durch alle Kapitel der Agenda 21).

– Monitoring: eine Erfolgskontrolle mit differenzierten Berichtspflichten und Indikatoren (Kap. 40 der Agenda 21).

– Mehr-Ebenen-Steuerung von der globalen bis zur lokalen Ebene (insb. Kap. 38 der Agenda 21).

Die Agenda 21 macht Vorgaben für die zentralen Problemfelder und für die einzelnen Handlungsebenen. Sie stellt speziellen Akteursgruppen wie den Unternehmen, den Wissenschaften oder den Kommunen konkrete Aufgaben. Anstelle nachträglicher, additiver Umweltschutzmaßnahmen von Fall zu Fall soll insgesamt eine globale, nationale und lokale Anstrengung auf breiter Basis hin zu einer ökologisch zukunftsverträglicheren, zugleich global gerechteren Entwicklung unternommen werden.

13.2.1.2 Der „Rio-Prozess"

1192. Der durch die Agenda 21 strukturierte und ihrer Umsetzung dienende „Rio-Prozess" (Rio+5, Rio+10) ist zwar im Laufe der Zeit auf viele Hemmnisse gestoßen (Abschn. 2.1.3). Gleichwohl hat er teils unerwartete beachtliche Wirkungen entfaltet: In den 90er-Jahren haben mehr Länder als zuvor Umweltministerien beziehungsweise zentrale Umweltbehörden eingeführt. Heute sind es mehr als 130 Länder (BUSCH und JÖRGENS, 2004). Auf dieser Basis hat sich unter anderem das Globale Umweltministerforum zu einer Stütze des UN-Umweltprogramms (UNEP) entwickelt. Rund 140 Länder sind der – unverbindlichen – Vorgabe von Rio gefolgt und haben einen nationalen Umweltplan oder, wenngleich häufig nur in der Form von Routinepublikationen, eine nationale Nachhaltigkeitsstrategie entwickelt. Die große Mehrheit der Länder hat bis 2002 auch strukturierte Erfahrungsberichte (*country profiles*) zur Umsetzung der Agenda 21 vorgelegt. Die OECD engagierte sich massiv für eine Nachhaltigkeitsstrategie ihrer Mitgliedsländer (z. B. OECD, 2001, 2002). Rund 6 400 Prozesse einer „lokalen Agenda 21" in 113 Ländern wurden abgeschlossen oder eingeleitet (OECD und UNDP, 2002, S. 64). Das Ausmaß der zumindest formalen Beteiligung Dritter an diesem globalen Prozess kommt unter anderem in der Tatsache zum Ausdruck, dass bei der 1993 gebildeten UN-Kommission für Nachhaltige Entwicklung (CSD) über 1 000 Nicht-Regierungsorganisationen registriert wurden.

1193. In der EG wurden zentrale Steuerungselemente der Agenda 21 umgesetzt (s. auch Kap. 13.4):

– Der strategisch-zielorientierte Steuerungsansatz der Agenda 21 fand 1993 im 5. Umweltaktionsprogramm der EG einen klaren Niederschlag.

– 2001 wurde eine eigene Nachhaltigkeitsstrategie der EU beschlossen.

– Das Prinzip der Umweltpolitikintegration wurde nicht nur im EGV (Art. VI) verankert, sondern auch im so genannten Cardiff-Prozess nach 1998 in einem anspruchsvollen Versuch der Entwicklung umweltbezogener Sektorstrategien ansatzweise umgesetzt.

– Kooperatives Regieren wurde im Umweltbereich vielfältig erprobt. Koregulierung, industrielle Selbstverpflichtungen beziehungsweise freiwillige Vereinbarungen spielten eine zunehmende Rolle.

– Partizipationsleitlinien der Agenda 21 wurden abgesehen vom 5. Umweltaktionsprogramm unter anderem im Zusammenhang mit der Aarhuskonvention berücksichtigt.

1194. Insgesamt hat der Rio-Prozess als Prozess der Umsetzung des Steuerungskonzepts der Agenda 21 weltweit auf allen Handlungsebenen und in zentralen Verursachersektoren wichtige Lernprozesse ausgelöst. Er hat auch über den UN-Gipfel in Johannesburg (2002) hinaus seine Bedeutung grundsätzlich bewahrt. Die UN-Kommission für nachhaltige Entwicklung hat im März 2003 ein konkretes Arbeitsprogramm zur Umsetzung der Beschlüsse von Johannesburg beschlossen. Für die Jahre 2016/17 ist eine umfassende Bewertung der Agenda 21 und ihrer Umsetzung vorgesehen (UMWELT 6/2003). Eine Reihe von EU-Ländern setzt ihre nationale Nachhaltigkeitsstrategie nicht nur wie geplant um, sondern entwickelt sie auch weiter. Frankreich hat knapp ein Jahr nach der Johannesburg-Konferenz eine umfangreiche und in Teilen auch anspruchsvolle Nachhaltigkeitsstrategie vorgelegt. Spanien, Portugal und die Niederlande sind derzeit dabei, ihre nationalen Nachhaltigkeitsstrategien fertig zu stellen (JÖRGENS, 2004). In Deutschland hat der zuständige Staatssekretärsausschuss Anfang 2003 eine Bilanz der bisherigen Aktivitäten für 2004 angekündigt, zudem sollen neue Schwerpunkte entwickelt werden. Auf Landesebene haben jüngst Nordrhein-Westfalen und Schleswig-Holstein beschlossen, eine Nachhaltigkeitsstrategie zu erarbeiten.

Der Europäische Rat hat auf seinem Frühjahrsgipfel 2003 eine Stärkung der Umweltdimension nachhaltiger Entwicklung beschlossen und einen „neuen Impetus" gefordert (Presidency Conclusions, 21. März 2003). Er hat Zielvorgaben der eigenen Nachhaltigkeitsstrategie bekräftigt und um die wichtigsten Zielvorgaben des „Plan of Implementation" von Johannesburg erweitert. Für die weitere Ausgestaltung des Nachhaltigkeitsprozesses wurde die Bedeutung „indikativer Ziele" und deren Erweiterung betont. Der Cardiff-Prozess der Umweltintegration soll gestärkt und um Sektorziele einer Entkopplung von Umweltverbrauch und Wirtschaftswachstum ergänzt werden. Die EU sieht sich in einer „leading role in promoting sustainable development on a global scale" (Presidency Conclusions, 21.3.2003).

Das anspruchsvolle Steuerungskonzept der Agenda 21 hat sich also im Lichte des Rio-Prozesses als Leitsystem einer langfristigen Mehr-Ebenen- und Mehr-Sektoren-Strategie grundsätzlich als sinnvoll erwiesen. Als wirksam erwies sich insbesondere die Mehr-Ebenen-Steuerung, die von der globalen bis zur lokalen Ebene (lokale Agenda 21) reichte. Dies ist insoweit überraschend, als diese Einflussnahme von der globalen Ebene her nur in Form von Problembeschreibungen und unverbindlichen Strategieempfehlungen erfolgte, deren wichtigstes Instrument die internationale Berichtspflicht ist. Die Mehr-Ebenen-Steuerung hatte letztlich den Charakter einer freiwilligen Vereinbarung von Staaten, die das Recht zur Nichtbefolgung einschloss. Das Rio-Modell von *Global Environmental Governance* ist also mit äußerst „weichen" Steuerungsformen wirksam geworden.

13.2.1.3 Hemmnisse

1195. Allerdings beschränkte sich diese Wirksamkeit vorrangig auf das Agenda-Setting und die Strategieformulierung – wie auch auf breite Lernprozesse – auf den verschiedenen Handlungsebenen. Die Qualität der Strategien und gar die Bilanz ihrer Umweltwirkungen ergibt ein deutlich weniger positives Bild. Insgesamt ist das Strategiemodell des Rio-Prozesses auf dem Wege seiner Umsetzung erkennbar an Grenzen gestoßen. Als ein Steuerungsmodell, das im Bereich der hartnäckig ungelösten Umweltprobleme eine deutlich höhere Leistungsfähigkeit beweist, kann es bisher nicht gelten.

Restriktionen des Rio-Prozesses wurden in vielfältiger Weise erkennbar: Die für den UN-Gipfel in Johannesburg (2002) vorgesehene Auswertung insbesondere der nationalen Nachhaltigkeitsstrategien wurde – abgesehen von wissenschaftlichen Strategievorschlägen aus diesem Anlass (OECD und UNDP, 2002; World Bank, 2003) – nicht vorgenommen. Folgerichtig wurden auch keine förmlichen Schlussfolgerungen aus diesen, auch in den Länderberichten dokumentierten, Erfahrungen gezogen. Ein vergleichendes *Benchmarking* im Hinblick auf Erfolgsfälle fand nicht statt. Die Gründe dafür, dass viele der nationalen Nachhaltigkeitsstrategien eher den Charakter allgemein gehaltener Routinepublikationen aufwiesen, wurden nicht analysiert. Die CSD erfuhr auf dem UN-Gipfel in Johannesburg keine institutionelle Stärkung, ebenso wenig wie die UNEP (UNU und IAS, 2002). Das Gipfeltreffen der Völkergemeinschaft beschloss einen *Plan of Implementation*, der zwar zum Teil wichtige konkrete Zielvorgaben enthält, aber insgesamt als eher unverbindlich und vage anzusehen ist.

1196. Dieses hier nicht im Detail zu untersuchende tendenzielle Erlahmen des Rio-Prozesses fand seine Parallele auf der europäischen Ebene. Das an der Agenda 21 wie auch am niederländischen Nationalen Umweltpolitikplan (NEPP) von 1989 orientierte 5. Umweltaktionsprogramm der EG (1993) mit seiner konkreten Zielorientierung wurde im 6. Umweltaktionsprogramm (2001) in dieser Form nicht fortgeführt. Die EU-Kommission selbst kam zu dem Schluss, das 5. Umweltaktionsprogramm, das sie immerhin als die „wichtigste Antwort der Kommission auf den Erdgipfel von Rio" bezeichnete, sei zwar eine „ehrgeizige Vision" gewesen, in der Praxis seien jedoch „erst relativ geringe Erfolge erzielt" worden (EU-Kommission, 1999a, S. 2, 6). Ebenso wurde der von der EU-Kommission vorgelegte Entwurf einer Nachhaltigkeitsstrategie im Juni 2001 vom Europäischen Rat in Göteborg (in einem 14-Punkte-Beschluss zur „Strategie für Nachhaltige Entwicklung") nur in Grundzügen beschlossen. Wichtige konkrete Zielvorgaben fanden keine Zustimmung. Der „Cardiff-Prozess" einer systematischen Integration von Umweltbelangen in einzelne Sektorpolitiken der EU hatte in der Agrar- und auch in der Verkehrspolitik wichtige Anstoßeffekte, stieß bei der Mehrzahl der Politikfelder aber auf erheblichen Widerstand. Insgesamt konstatierte der Umweltrat bei den umweltbezogenen Strategieansätzen der EU eine offensichtliche institutionelle Überforderung (SRU, 2002a, Tz. 251).

13.2.1.4 Zwischenfazit

1197. Der Umweltrat begrüßt es, dass der Strategieansatz nachhaltiger Entwicklung und die systematische Integration von Umweltbelangen in die besonders umweltrelevanten Sektorpolitiken trotz der dargestellten Hemmnisse fortgeführt werden sollen. Er sieht im Modell der Mehr-Ebenen-Steuerung des Rio-Prozesses einen sinnvollen Ansatz, der zumindest auf der Ebene der Politikformulierung eine teils überraschend positive Leistungsfähigkeit bewiesen hat. Nach den Erfahrungen insbesondere mit der Umsetzung von Nachhaltigkeitsstrategien auf europäischer und nationaler Ebene ergibt sich aber die Notwendigkeit einer kritischen Evaluation. Zentrale Steuerungselemente werden im nächsten Abschnitt 13.2.2 näher untersucht. Hier sollen zusammenfassend die wichtigsten Problempunkte dieser anspruchsvollen globalen Umweltstrategie hervorgehoben werden.

Die Umsetzungsschwierigkeiten liegen nach Auffassung des Umweltrates auch in der Anlage des seit 1992 erprobten Strategieansatzes selbst:

– Strategische Zielverfolgung, Umweltpolitikintegration, Partizipation und Kooperation sind institutionell äußerst voraussetzungsvolle Prozesse und werfen Probleme der Umsetzung auf. Dies impliziert Fragen der Kapazitätsbildung, die die Agenda 21 zwar bereits thematisiert hat, denen aber in der Folge nicht Rechnung getragen wurde.

– Mit ihrer nahezu universellen Verantwortungszuweisung bringt die in Rio konzipierte Umwelt- und Nachhaltigkeitsstrategie die Gefahr einer tendenziellen Auflösung von Verantwortungsstrukturen mit sich. Die breite Aufgabendelegation in die Sektoren und Ebenen wirft Fragen der Letztverantwortlichkeit beziehungsweise der Zuständigkeit in „letzter Instanz" auf, die zu klären sind.

– Abgesehen von dem erwähnten Akzeptanzdilemma – oder auch der Rolle der USA vor und auf dem UN-Gipfel in Johannesburg – liegt das Problem der inhaltlichen Umsetzung der Nachhaltigkeitsstrategie auch in der weit gehenden Auflösung der Zielstrategie beziehungsweise des Leitbegriffs nachhaltiger Entwicklung, im Sinne einer in der Agenda 21 nicht vorgesehenen Verkopplung der drei Säulen Wirtschaft, Soziales und – zunehmend nachrangig – Umwelt. Diesem hier nicht zu behandelnden Thema hat sich der Umweltrat in seinem letzten Gutachten ausführlich gewidmet (SRU, 2002a, Kap. 1). Er betont in diesem Zusammenhang weiterhin die eigenständige Bedeutung ökologisch nachhaltiger Entwicklung. Ungeachtet der Einsichten und Synergien, die eine allgemeine thematische Verknüpfung ökologischer, ökonomischer und sozialer Belange erbringen kann, gilt es doch, eine nicht zu bewältigende Hyperkomplexität der Nachhaltigkeitsstrategie zu vermeiden. Anstelle einer dogmatisch-restriktiven gegenseitigen Konditionalität der „drei Säulen" – bei der auch Spezialisierungsvorteile verloren gehen – sollte den zentralen Problemen dieser Bereiche vorrangig mit eigenständigen Strategien begegnet werden. Im Falle der umweltbezogenen Sektorstrategien ergeben sich dann andere, konkretere Verknüpfungen ökologischer und sozioökonomischer Belange (Innovation, Beschäftigung etc.).

13.2.2 Allgemeine Beurteilung zentraler neuer Steuerungsansätze der Umweltpolitik

13.2.2.1 Vorbemerkung

1198. Unabhängig vom Rio-Prozess sind die zentralen Steuerungsansätze zu bewerten, die in der Agenda 21 eine übergreifende Systematisierung erfuhren, danach aber auch als eigenständige Steuerungskonzepte eingeführt und weiterentwickelt worden sind. Es geht im Folgenden um zentrale Steuerungsansätze, die in den 90er-Jahren gerade in der EU Bedeutung erlangt haben:

– die ziel- und ergebnisorientierte Steuerung,

– die Umweltpolitikintegration in die Verursachersektoren,

– das kooperative Regieren im engeren Sinne (auch als Koregulierung) und

– die Partizipation gesellschaftlicher Akteure.

Zwischen diesen Steuerungsansätzen gibt es Überschneidungen und Kombinationen (Hybrid-Ansätze). Auch deshalb werden sie hier als Teil eines übergreifenden Modells von *Environmental Governance* behandelt. Dieses Modell schließt seit der Agenda 21 auch die Mehr-Ebenen-Steuerung ein, die in Bezug auf die EU näher thematisiert werden wird (Kap. 13.3). Steuerungstechniken wie die Erfolgskontrolle mittels Berichtspflichten (Monitoring) sind gleichfalls übergreifend. Wesentlich für die vielfältigen Varianten der in der EU-Umweltpolitik relevant gewordenen neueren Governanceansätze (vgl. Tab. 13-1) ist zunächst, dass sie sich durchgängig von der klassisch-hierarchischen *Regelsteuerung* unterscheiden. Diese durch demokratisch legitimierte Verfahren zumeist durch den Gesetzgeber vorgenommene Steuerung über Abgaben oder allgemeine Regeln wie Standards richtet sich typischerweise an „abstrakte" Zielgruppen. Neue Steuerungsansätze stellen dagegen typischerweise zielbezogenes und flexibles Verwaltungshandeln – in der Konzeption des „New Public Management" (NASCHOLD und BOGUMIL, 1998; BANDEMER et al., 1998) – dar, das sich an konkrete Adressaten richtet und diese in unterschiedlichen Formen beteiligt. Legitimiert sich die klassische Regelsteuerung durch demokratische Mehrheitsentscheidungen, so verfügen die neuen kooperativen Steuerungsformen über andere Legitimationsformeln: den erzielten Konsens, die Einbeziehung der „betroffenen Kreise" und den Wirkungsnachweis.

Ob und inwieweit die neuen Steuerungsformen eines zielorientierten und kooperativen Regierens dazu beitragen können, die oben beschriebenen Problemlagen langfristiger Umweltpolitik besser zu bewältigen, kann in diesem Rahmen nicht in allen Einzelheiten evaluiert werden. Sie sind überdies nicht abstrakt als solche, sondern nur im Hinblick auf konkrete Ziele angemessen zu bewerten; zu ähnlichen Ergebnissen hatte auch die abstrakte Instrumentendebatte der 80er-Jahre geführt (z. B. KLEMMER et al., 1999, S. 52 f., S. 110–115; JÄNICKE, 1996). Eine Interpretation der zentralen neueren Steuerungsformen im Hinblick auf ihr grundsätzliches Problemlösungspotenzial und auf ihre im Lichte bisheriger Erfahrungen erkennbaren typischen Schwierigkeiten ist dennoch sinnvoll.

13.2.2.2 Ziel- und ergebnisorientierte Steuerungsansätze

1199. Ziele sind in der Umweltpolitik – beispielsweise als Umweltqualitätsstandards – für sich genommen kein Novum. Charakteristisch für neue zielorientierte Ansätze, wie sie (im Lichte von Erfahrungen mit der Umweltplanung einzelner Vorreiterländer) vor allem seit 1992 versucht werden, sind Zielfindung, Fristsetzung und Ergebniskontrolle (SRU, 2000, Kap. 1). Mit dieser Konkretisierung sind ziel- und ergebnisorientierte Steuerungsansätze eine notwendige Antwort auf die Defizite eines nur reaktiven und zu wenig wirksamen Umweltschutzes. Ohne Zielvorgaben ist eine zuverlässige Ergebniskontrolle (einschließlich der Effizienzbewertung) unmöglich.

Insbesondere langfristig ungelöste, komplexe Umweltprobleme erfordern Ziele, die koordiniertes und kontinuierliches Handeln ermöglichen. Die zielorientierte, langfristige Umsteuerung komplexer Umweltbelastungen ist in den Niederlanden (anlässlich des IV. Nationalen Umweltplans) als strategisches *Transition Management* konzipiert worden (ROTMANS et al., 2001).

Umweltziele werden sinnvollerweise aus Problemdiagnosen entwickelt und zunächst als Qualitäts- beziehungsweise Zustandsziele formuliert, aus denen sodann in zunehmender Konkretisierung Handlungsziele abgeleitet werden. Ob verbindlich oder nur „indikativ" können sie eine Orientierungsfunktion für ein breites Spektrum von Akteuren haben. Zielvorgaben sollen nicht zuletzt den Trägheitsmomenten von Verwaltungen und Organisationen entgegenwirken. *Management by Objectives* ist daher ein zentrales Thema nicht nur der Verwaltungsreform (NASCHOLD und BOGUMIL, 1998), sondern auch der Umweltplanung in fortgeschrittenen OECD-Ländern (JÄNICKE und JÖRGENS, 2000). Umweltziele können eine wichtige instrumentelle Funktion haben, sofern der Zielbildungsprozess mit Lerneffekten und Konsensbildungen verbunden ist, die Handlungsbereitschaften erhöhen und Widerstände der Politikadressaten verringern. Zielvorgaben im Umweltbereich haben auch den Vorteil, dass sie das Handlungsfeld für Investoren besser kalkulierbar machen, frühe Anpassungsprozesse anregen und Innovateuren eine klare Handlungsperspektive bieten. Problemdefinitionen, die frühzeitig eine kalkulierbare Handlungsbereitschaft des Staates signalisieren, noch bevor es zu Entscheidungsprozessen kommt, können für Innovationsprozesse von hoher Bedeutung sein (JACOB, 1999; s. auch Kap. 2, Tz. 14).

1200. Die Vielfalt zielorientierter Steuerungsansätze ist erheblich und hat eher zugenommen: Dies betrifft den Zielfindungsprozess ebenso wie die Zielstrukturen. Die Zielfindung kann auf breiter Basis erfolgen und institutionell hochrangig legitimiert sein – was ihre längerfristige Stabilität begünstigt. Sie kann aber auch das beiläufige Entscheidungsprodukt eines Ministeriums sein, das die nächste Wahl nicht überdauert. Die Zielvorgabe kann verbindlich oder nur „indikativ" sein. Sie kann in Gesetzen verankert sein (wie in der jüngsten Novelle zum Erneuerbare-Energien-Gesetz, s. hierzu Kap. 2, Tz. 83 ff.). Sie kann darin bestehen, dass für einen Problembereich ein ergebnisbezogener Zielfindungsprozess verbindlich gemacht wird (wie neuerdings in der EU, Kap. 13.4). Sie kann aber auch die Form einer präzisen technologischen Vorgabe mit Fristsetzung haben (wie bspw. die japanische Verbindlicherklärung des Beststandes der Energieeffizienz für bestimmte Produkte, SCHRÖDER, 2003a). Diese Variantenvielfalt kann derzeit auch als Ausdruck eines umweltpolitischen Lern- und Experimentierprozesses angesehen werden.

1201. Effektive umweltpolitische Zielbildung erfordert einen in der Sache anspruchsvollen Aushandlungsprozess, der ein professionelles Management und entsprechende institutionelle Bedingungen voraussetzt. Überdies kommt es entscheidend darauf an, dass der Zielfindungsprozess problemorientiert ist. Insbesondere der Typus der „schleichenden" und persistenten Umweltprobleme erfordert einen Wissensinput, der die Beteiligten mit langfristigen Problemtendenzen konfrontiert. Erst dann wird die notwendige Diskussion über Innovationen, Win-Win-Lösungen oder *Best-Practice* weit gehende Konsensbereitschaften hervorrufen.

Zielorientierte Steuerungsansätze in der Umweltpolitik sollten aus Sicht des Umweltrates auf Interessenlagen der beteiligten Akteure aufbauen. Im Hinblick auf das erwähnte Akzeptanzdilemma wird es vorrangig um Zielbildungsprozesse gehen müssen, bei denen ein Minimum an problembezogener Kommunikation gewährleistet ist und die Argumente der betroffenen Gruppen Gehör finden (Abschn. 13.2.2.5). Aus Sicht der Industrie wird es zusätzlich um verlässliche Zielvorgaben gehen, die als Basis für F&E-Prozesse und Investitionsentscheidungen kalkulierbar sind und zugleich flexible Anpassungsreaktionen – zum Beispiel im Hinblick auf Investitionszyklen – ermöglichen (SRU, 2002a). Im Gegensatz zu kurzfristig-reaktiven, also unkalkulierbaren Interventionen der Umweltpolitik ist solch ein zielorientierter Ansatz industriellen Zielgruppen im Regelfall vermittelbar (vgl. UNICE, 2001, S. 5). So wurde beispielsweise in der Debatte um ein System handelbarer Emissionsrechte für Treibhausgase vonseiten der Industrie betont, wie wichtig langfristige politische Zielvorgaben für die Planungssicherheit der Unternehmen sind. Aus Sicht der Verwaltung geht es um klare Zuständigkeiten, institutionell hochrangige Vorgaben und ausreichende Ressourcen. Für Politik und Öffentlichkeit geht es um die Evaluationen von Maßnahmen und um Ergebniskontrollen.

Zielorientierte Steuerungsansätze in der Umweltpolitik sind also keineswegs voraussetzungslos. Sie setzen einen realistischen Umgang mit Hemmnissen voraus, die absehbar sind. Die Forderung nach einer ziel- und ergebnisbezogenen Politik ist keineswegs neu; sie begleitet die Reformversuche für den öffentlichen Sektor spätestens seit den 60er-Jahren. Dass sie immer wieder neu erhoben wird, zeigt gleichermaßen ihre Bedeutung wie den Schwierigkeitsgrad ihrer Umsetzung. Es war auch kein Zufall, dass Akteure der Umweltpolitik sich bislang eher auf Instrumente als auf Ziele verständigen konnten. Zielorientierte Umweltpolitik im Sinne eines *Management by Objectives* greift nicht nur potenziell in etablierte Interessenlagen ein, sie ist auch mit einem Kontrollanspruch verbunden, dem sich starke Politiksektoren und ihr ökonomisches Umfeld leicht zu entziehen versuchen. Die Folge sind Ausweichreaktionen, die von der Ablehnung von Zielvorgaben über den Verzicht auf Zeitvorgaben bis zu Varianten irrelevanter oder unverbindlicher Umweltziele reichen können. Es ist auch immer möglich, ohnehin ablaufende Routinetätigkeiten, entsprechend folgenlos, unter ein leerformelhaftes Ziel zu stellen. In diesem Fall haben Zielvorgaben dann eine paradoxe Legitimationsfunktion für einen Normalbetrieb, dessen Unzulänglichkeit die Ursache für den Zielbildungsprozess war.

Es bedarf also erheblicher Anstrengungen, um eine problemgerechte Zielstruktur zu entwickeln und umzusetzen. Daher sollte jede Zielbildung – neben der operativen Konkretisierung – mit einer Abschätzung der diesbezüglichen Handlungsfähigkeiten (*Capacity Assessment*) verbunden sein. Gerade im Bereich der persistenten Umweltprobleme sind Zielbildungen meist mit dem Erfordernis der Kapazitätssteigerung verbunden (Abschn. 13.2.3.1).

1202. Der politische Prozess arbeitet mit knappen Ressourcen. Er muss sich daher, zumal wenn es um schwierige Problemfelder geht, auf zentrale Vorgaben konzentrieren können. Der Umweltrat sieht hier nach den Erfahrungen des Rio-Prozesses für die ökologisch nachhaltige Entwicklung die Notwendigkeit klarer Prioritäten. Ist eine wesentliche Kapazitätssteigerung unmöglich, so ist die Fokussierung auf eine begrenzte Zahl *strategischer Ziele* beziehungsweise auf Probleme anzuraten, die wegen ihrer Schadenspotenziale, aber auch wegen ihres Schwierigkeitsgrades besonderer gesellschaftlicher Anstrengungen bedürfen.

13.2.2.3 Umweltpolitikintegration/ Sektorstrategien

1203. Da die Inanspruchnahme der Umwelt Produktionsgrundlage ganzer Wirtschaftszweige ist, muss auch der Anspruch, Umweltbelange in diese Sektoren und die ihnen entsprechenden Politikfelder zu integrieren, als notwendiges Postulat moderner Umweltpolitik angesehen werden. Wenn wichtige Wirtschaftsbereiche entscheidend zur langfristigen Umweltbelastung beitragen, wird eine kausal ansetzende Umweltpolitik Veränderungen in diesen Bereichen selbst anstreben müssen. Dies schließt Veränderungen der „zuständigen" Ressortpolitiken notwendig ein, die von den „Logiken" der jeweiligen Sektoren stark geprägt sind und meist als deren Interessenwahrer fungieren. Ohne eine Internalisierung der Umweltverantwortung in diese Verursacherbereiche bleibt Umweltschutz tendenziell additiv und auf „Symptombekämpfung" beziehungsweise „periphere Eingriffe" beschränkt – eine Erkenntnis, die im Übrigen keineswegs neu ist (vgl. JÄNICKE, 1979; DORAN et al., 1974). Umgekehrt bedeutet Umweltpolitikintegration die Nutzung der Kompetenz und der Innovationspotenziale der Sektoren für zukunftsgerechtere Entwicklungspfade.

1204. Umweltpolitikintegration wird inzwischen mit einem breiten Spektrum von Maßnahmen angestrebt. Ein anspruchsvoller Ansatz besteht in dem Versuch, umweltintensive Bereiche wie Verkehr oder Energie selbst zu einer umweltbezogenen Sektorstrategie zu veranlassen, wie dies in der EU vor allem durch den 1998 eingeleiteten Cardiff-Prozess versucht wird. Als Methode sektoraler Verantwortungszuweisung ist auch die im deutschen Klimaschutzprogramm von 2000 vereinbarte Lastenverteilung auf die verschiedenen Sektoren hervorzuheben (vgl. SRU, 2002a, Tz. 431). Daneben haben Konzepte einer sektorbezogenen Umweltfolgenprüfung (Umweltimpact-Assessment) Bedeutung erlangt. Die Europäische Umweltagentur erarbeitet hierzu beispielsweise ein System sektorbezogener Indikatoren (vgl. EEA, 2002). Während hier die Beurteilung bisheriger Entwicklungen und Trends im Vordergrund steht, sind Formen des Umwelt-Mainstreamings und des Umweltassessment von anstehenden Politiken und Maßnahmen – etwa in der Strategischen Umweltverträglichkeitsprüfung – der Versuch einer vorsorgenden Politikgestaltung. In einigen europäischen Ländern finden Umweltbelange auch in der Budget-Planung Berücksichtigung. Ein weiterer, auch von der EU verfolgter Ansatz ist die Berücksichtigung von Umweltzielen in der konkreten Staatstätigkeit (*greening of government operations*) etwa in Form umweltfreundlicher Beschaffung (OECD, 2000).

An dieser Stelle sollen allerdings weder Differenzierungen möglicher Maßnahmen der Umweltintegration noch die bisherigen Erfahrungen mit einzelnen Varianten des Konzepts vertiefend dargestellt werden. Vielmehr hat sich das Konzept selbst als äußerst voraussetzungsvoll erwiesen und erfordert daher eine Beurteilung seiner immanenten Probleme. Denn auch der Gedanke der Umweltpolitikintegration ist keineswegs neu. Seine wiederholte Thematisierung verweist auf Realisierungsprobleme angesichts von Zielkonflikten. Unter dem Stichwort der „Querschnittspolitik" fand das Konzept bereits in den 70er-Jahren offizielle Anerkennung in der deutschen Umweltpolitik. Letztlich war dies die Konsequenz des Verursacherprinzips, das die Umweltpolitik der Industrieländer seit Beginn der siebziger Jahre begleitet. Im 3. Umweltaktionsprogramm der EG ist der Gedanke der Umweltpolitikintegration ebenfalls bereits 1982 verankert worden (KNILL, 2003, S. 49).

1205. Dass diese frühe Erkenntnis umweltpolitisch kaum umgesetzt wurde, hat Gründe: Das Integrationsprinzip läuft der Eigenlogik hochgradig spezialisierter Staatsverwaltungen und ihres wirtschaftlichen Interessenumfeldes zunächst entgegen. Die Tendenz zu einer nur „negativen Koordination" (SCHARPF, 1991), die wichtige Interessen der beteiligten Sektoren möglichst unberührt lässt, ist nur durch erhebliche institutionelle Anstrengungen zu überwinden. Für die Integration von Umweltbelangen in die verursachernahen Politikfelder gilt dies erst recht: Die starke Inanspruchnahme der Umwelt durch bestimmte Sektoren wie Bergbau, Verkehr oder Landwirtschaft hat Gründe und betrifft massive Interessenlagen und Pfadabhängigkeiten.

In Bereichen wie der Industrie oder der Energiewirtschaft wurden – mit einiger Verzögerung – nachsorgende Technologien (*End-of-Pipe*) durchgesetzt. In der Folge gelang dies häufig auch mit effizienteren Technologien, die die Umwelt ex ante weniger belasteten. Das Handlungspotenzial sektoraler Umweltstrategien lag bisher primär im technischen Wandel. Spätestens dann, wenn strukturelle Lösungen anstehen, wenn Eingriffe nicht nur in die Technik-Struktur, sondern auch in die Substanz der Sektoren, ihre Märkte, aber auch ihre gesellschaftlichen Funktion anstehen, ergeben sich deutliche Hemmnisse. Die Verkehrsvermeidung oder die Stromeinsparung als Umweltstrategie sind dafür Beispiele.

Der umweltentlastende Strukturwandel der Sektoren erfordert also weiter reichende Steuerungsformen als die bisherige technikbasierte Umweltpolitik. Deshalb ist Umweltpolitikintegration nicht nur eine potenzielle Lösung, sondern zunächst einmal ein erhebliches politisches und kommunikatives Problem. Das macht es erforderlich, das Management und die Kapazität dieses Prozesses wesentlich zu verbessern. Die Bedeutung diesbezüglicher institutioneller Vorkehrungen kann an der Tatsache ermessen werden, dass in Kanada neben der – beratenden – *Canadian Environmental Assessment Agency* eine spezielle Einrichtung zur Politikintegration geschaffen wurde: der *Commissioner of the Environment and Sustainable Development,* der dem Parlament verantwortlich ist und jährlich die Entwicklung und Umsetzung sektoraler Nachhaltigkeitsstrategien bewertet (s. ausführlicher OECD, 2002, S. 49 ff.; SRU, 2000, S. 97).

1206. *Sektorstrategien* können sich zum einen auf den zuständigen Teil des Staatsapparates beziehungsweise auf Ressortpolitiken beziehen. Zum anderen wird ihre Wirkung aber davon abhängen, dass die zuständigen Fachverwaltungen ihr organisiertes Interessenumfeld im Sinne der Umweltpolitikintegration beeinflussen. Nach Auffassung des Umweltrates bietet sich hier das Mittel der Dialogstrategie an, bei der die Ressorts gemeinsam mit Umweltexperten einen methodisch vorbereiteten, ergebnisbezogenen Dialog über die gemeinsame ökonomisch-ökologische Langzeitperspektive führen. Es geht um das kompetente Management eines Diskursverfahrens für einen langfristigen sektoralen Strukturwandel. Der im Konsens angestrebte Atomausstieg ist dafür ein Beispiel (MEZ und PIENING, 2002). Die Konfrontation der deutschen Kohleindustrie und ihrer Abnehmer in der Stromwirtschaft mit der langfristigen Klimaentwicklung stellt ein anderes Beispiel dar (Kap. 2). Der Umweltrat empfiehlt seit dem Umweltgutachten 2000, die problemverursachenden Sektoren systematisch mit den Langzeitproblemen zu konfrontieren, an denen sie beteiligt sind. Nur dann erscheinen Sektorstrategien chancenreich. Dies setzt einen entsprechenden wissenschaftlichen Input voraus. In einem sektoralen Stakeholder-Dialog geht es nicht zuletzt um die Frage, welche ökonomischen Risiken eine zunehmende Umweltinanspruchnahme mit sich bringt und mit welchen so bedingten ökologisch-ökonomischen Krisen der Sektor langfristig zu rechnen hat. Eine realistische Abschätzung dieser Art muss Staatsinterventionen einbeziehen, die im Normalzustand zwar vermieden werden, bei akuten Krisen aber dem Staat – im Lichte einer mobilisierten Öffentlichkeit – selbst aufgezwungen werden können. Die Geschichte des Umweltschutzes ist reich an solchen Krisenreaktiven, vom Seveso-Fall über Tschernobyl bis zu Hochwasserkatastrophen. Für den Sektor kann die meist geringe Wirtschafts- und Sozialverträglichkeit solcher Krisenintervention Probleme schaffen, die eine an langfristigen Investitionszyklen orientierte sektorale Nachhaltigkeitsstrategie vermeiden hilft.

Bei der Ausarbeitung einer solchen Dialogstrategie kann an das niederländische Konzept des *Transition Management* (ROTMANS et al., 2001) ebenso angeknüpft werden wie an Konzepte zur Technikfolgenabschätzung (RENN, 1999; SKORUPINSKI und OTT, 2000), an die auf der Grundlage derartiger Konzepte arbeitende Institution der „Konsensuskonferenz" (JOSS und DURANT, 1995; JOSS, 1998) oder auch an Forschungen zur umweltbezogenen Strukturpolitik (BINDER et al., 2001). Allerdings setzt dies konzeptionelle Weiterentwicklungen der vorliegenden Ansätze voraus.

In der Regel sind Sektorstrategien auf eine institutionell hochrangige Beauftragung (Parlament/Regierung) angewiesen. Dabei geht es sowohl um Problemdefinitionen, um Zuständigkeiten und prozedurale Vorgaben wie um Berichtspflichten und Ergebniskontrollen. Die hochrangige Beauftragung unterscheidet sich von dem früheren Integrationsverfahren, bei dem der (zumeist schwachen) Umweltverwaltung eine horizontale Koordination der (stärkeren) verursachernahen Verwaltungen zugemutet wurde.

1207. Die primär „vertikale" Umweltpolitikintegration setzt kompetente Umweltverwaltungen voraus, die sowohl den übergeordneten Beauftragungsprozess als auch die anschließende horizontale Kooperation mit verursachernahen Behörden fachlich mit bestimmen. Umweltressorts müssen dazu die nötige personelle und institutionelle Kapazität haben.

Der Umweltrat betont im Lichte der bisherigen Erfahrungen, dass Umweltintegration und Querschnittspolitik nicht auf einen „Allround-Amateurismus" hinauslaufen darf. Vielmehr muss die Spezialkompetenz der beteiligten Verwaltungen und Branchen über Netzwerkstrukturen nutzbar gemacht werden. Insbesondere innovative Lösungen erfordern die Nutzung von Spezialkompetenz, sowohl im Umweltbereich wie bei den beteiligten Fachressorts und den industriellen Zielgruppen.

Wegen der unterschiedlichen Verpflichtungsfähigkeit der beteiligten Interessenverbände sind die einzelnen Sektoren allerdings unterschiedlich gut für Verhandlungslösungen mit Zielgruppen geeignet (Abschn. 13.2.4.3).

1208. Der Erfolg einer sektoralen Umweltstrategie kann unter anderem danach beurteilt werden, wie weit gehend die in den verursachernahen Verwaltungen bereits vorhandenen Umweltabteilungen sich als Teil dieser übergreifenden Strategie oder aber – weiterhin – als Kontrolleure der Umweltpolitik sehen. Eine umfangreiche Umweltabteilung, wie sie beispielsweise im Wirtschaftsministerium besteht, könnte ein wesentlicher Faktor der Umweltintegration sein, wenn nicht die Kontrollfunktion gegenüber dem Umweltministerium, sondern die Wahrnehmung übergreifender ökonomisch-ökologischer Belange im Vordergrund des Interesses stünde. Kapazitätsbildung ist hier nicht mehr eine Frage des (bereits vorhandenen) fachkompetenten Personals, sondern der übergeordneten Funktionsbestimmung durch Kabinett oder Parlament (JÄNICKE et al., 2002, S. 129).

Abbildung 13-1

Von der horizontalen zur vertikalen Umweltpolitikintegration

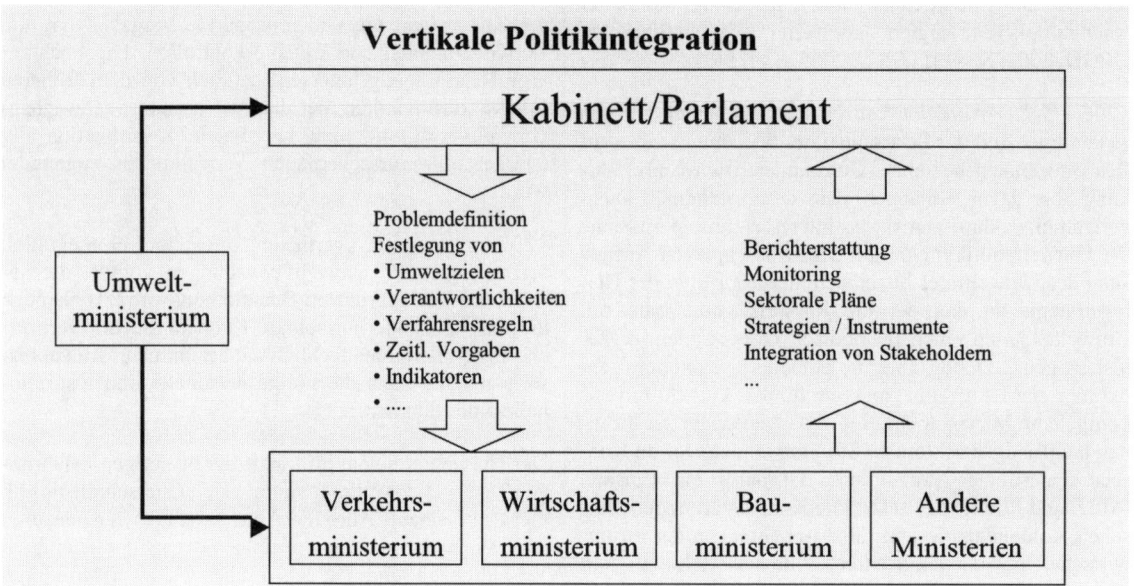

Horizontale Politikintegration

Umweltministerium → Verkehrsministerium | Wirtschaftsministerium | Bauministerium | Andere Ministerien

Vertikale Politikintegration

Kabinett/Parlament

Umweltministerium

- Problemdefinition
- Festlegung von
  - Umweltzielen
  - Verantwortlichkeiten
  - Verfahrensregeln
  - Zeitl. Vorgaben
  - Indikatoren
- ....

- Berichterstattung
- Monitoring
- Sektorale Pläne
- Strategien / Instrumente
- Integration von Stakeholdern
- ...

Verkehrsministerium | Wirtschaftsministerium | Bauministerium | Andere Ministerien

Quelle: Jänicke, 2000

13.2.2.4 Kooperative Steuerungsansätze

1209. Die Grenzen einer hierarchischen Regelsteuerung komplexer Probleme sind seit langem auch Gegenstand der sozialwissenschaftlichen Forschung (SCHIMANK und WERLE, 2000; PRITTWITZ, 2000; WILLKE, 1997; MAYNTZ und SCHARPF, 1995). Je nach theoretischem Blickwinkel werden dabei die prohibitiv hohen Informationsbeschaffungskosten für eine problemadäquate Feinsteuerung, die Eigenlogik und begrenzte „Resonanzfähigkeit" gesellschaftlicher Teilsysteme auf zentrale Steuerungsimpulse (LUHMANN, 1990) oder die Schwierigkeiten interdependenter Akteure, auf dem Verhandlungswege zu einer gemeinsamen Problemlösung zu kommen, in den Mittelpunkt der Argumentation gestellt. Vor diesem Hintergrund ist es schon als Erfolg zu bewerten, wenn die steigende Problemlast in einem „erträglichen Rahmen" gehalten wird (SCHIMANK und WERLE, 2000, S. 10). Angesichts der Grenzen der politischen Gestaltung und Steuerbarkeit gehen manche Sozialwissenschaftler sogar von einer „notwendigen Fiktion" politischer Aktionsfähigkeit aus (CZADA und SCHIMANK, 2000, S. 25).

Vor dem Hintergrund der unbestreitbaren Erfolge der Umweltpolitik erscheint diese skeptische Diagnose zunächst überraschend, im Hinblick auf die oben beschriebenen persistenten Umweltprobleme und die veränderten politisch-institutionellen Rahmenbedingungen ist sie aber von Belang.

Kooperative Steuerungsformen, das heißt Einflussnahmen, die staatliche Akteure mit privaten Zielgruppen als grundsätzlich gleichrangige Partner vereinbaren, werden insbesondere dort als Alternative diskutiert, wo die traditionelle Regelsteuerung an ihre vermeintlichen oder tatsächlichen Grenzen gelangt. In der theoretischen Diskussion werden insbesondere zwei strategische Ansätze kooperativer Steuerung diskutiert: die Supervision und die Kontextsteuerung, die unterschiedliche umweltpolitische Steuerungspotenziale haben.

Supervision

1210. Die Idee der Supervision (WILLKE, 1997) ist insbesondere in Instrumenten „reflexiver Umweltpolitik", zum Beispiel in Umweltmanagementsystemen umgesetzt (vgl. HEINELT et al., 2000). Den Unternehmen wird ein Instrument der Selbstprüfung zur Verfügung gestellt, ohne dass damit ihre Autonomie und Entscheidungsfreiheit staatlich eingeschränkt wird. Dies kann Lernprozesse befördern – insbesondere dort, wo auch aus anderen Gründen (Unternehmensethik, Marktnischenstrategie, Image, Risikominimierung) eine intrinsische Motivation zur Umweltvorsorge besteht. In Einzelfällen kann also durch reflexive Instrumente eine Umweltverbesserung gelingen, nicht aber ein zur Gefahrenabwehr oder zur Vorsorge notwendiger flächendeckender Schutz. Es geht hier um Anreize zum freiwilligen, überobligatorischen Verhalten – nicht aber um systematische Risikovorsorge (so: SRU, 2002a, Tz. 104 ff.). In der Umweltpolitik kann es sich der Staat in aller Regel nicht leisten, zu warten, bis er *Invited Intruder* (WILLKE, 1997, S. 349) wird, der Hilfe zur Selbsthilfe leistet.

Kontextsteuerung

1211. Weiter gehend ist die Idee der Kontextsteuerung. In ihrem Kern geht es um eine indirekte Steuerung von verbandlicher Selbststeuerung. Hier wird das Einigungspotenzial und das Wissen in arbeitsteilig organisierten Gremien verbandlicher Selbststeuerung oder Expertengremien genutzt – der Staat ist in den entsprechenden Gremien lediglich gleichrangiger Partner. Dennoch besteht auch in solchen Gremien (z. B. Normung) ein indirektes Steuerungspotenzial des öffentlichen Sektors. Der Staat kann durch Verfahrensregeln oder Regeln der Zusammensetzung, durch Organisationshilfen für schwach repräsentierte Interessen oder durch die externe Validierung, Prüfung und gegebenenfalls Infragestellung Einfluss nehmen (VOELZKOW, 2000, S. 275). Die verbandliche Selbststeuerung findet dann im Schatten staatlicher Autorität und des Rechts statt (VOELZKOW und EICHENER, 2002). Unbefriedigende Ergebnisse können durch Rückgriff auf die traditionelle Regelsteuerung korrigiert werden. Kontextsteuerung beeinflusst durch Zuständigkeits-, Zugangs- und Entscheidungsregeln indirekt die Ergebnisse. Dennoch stößt sie insbesondere dort auf Grenzen, wo Entscheidungen selektierende (z. B. Umweltzeichen) oder umverteilende Wirkungen haben können. Nicht zu unterschätzen sind auch die Strategien des Unterlaufens staatlicher Steuerungsziele, insbesondere dann, wenn diese selbst nicht eindeutig formuliert sind (vgl. Tz. 1289; s. auch SRU, 2002a, Tz. 384).

Leistungsprofile kooperativer Steuerungsformen in der Praxis

1212. Nicht zuletzt in der Umweltpolitikforschung ist der kompetente Umgang mit kooperativen Steuerungsformen als eine wichtige Erfolgsbedingung erkannt worden (JÄNICKE, 1996; KNOEPFEL, 1993; RICKEN, 1995; WÄLTI, 2003). Ihr Vorteil wird unter anderem darin gesehen, dass:

– das direkte Zusammengehen von Verwaltungen mit Zielgruppen oft eine größere Treffsicherheit in der Sache hat als die Steuerung über allgemeine Regeln des Gesetzgebers, nicht zuletzt weil das Wissen und das Lernen vor Ort als Ressource genutzt werden können;

– die Verwaltungen ein besonderes Interesse haben, ihr relativ autonomes Handeln durch tatsächliche Problemlösungen zu legitimieren; mit ihren spezifischen Legitimationsformen (Stakeholder-Beteiligung, Konsens und Wirkungsbezogenheit) versprechen kooperative Steuerungsformen auch einen besseren Problemlösungsbeitrag;

– die konsensuale Willensbildung mit den beteiligten Interessen Widerstände bei der Umsetzung von Maßnahmen verringert;

– der langwierige Weg über parlamentarische Entscheidungsprozesse und ihre Restriktionen abgekürzt wird und frühere Anpassungsreaktionen (etwa in Form von Innovationen) stimuliert werden können;

– „weiche", kommunikative, also auch stärker akzeptierte Instrumente unter der Maßgabe zur Anwendung kommen, dass die Option eines „härteren" – beispielsweise ordnungsrechtlichen oder fiskalischen – Instrumentariums grundsätzlich fortbesteht.

Diese möglichen Vorteile müssen aber im Einzelfall abgewogen werden mit den Zugeständnissen, die kooperative Lösungen an das umweltpolitische Anspruchsniveau leisten müssen. Der Umweltrat hat wiederholt an Selbstverpflichtungen kritisiert, dass diese kaum über ein „Business-as-usual"-Szenario hinausgingen (insbesondere SRU, 1998, Abschn. 2.2.2). Die OECD kommt hier neuerdings zu einer noch kritischeren Einschätzung: „the environmental effectiveness of voluntary approaches is still questionable. (…) The economic efficiency (…) is generally low" (OECD, 2003, S. 14). Sie sieht sogar eine Tendenz zur Schwächung von Instrumenten, die in Kombination mit freiwilligen Vereinbarungen eingesetzt werden und empfiehlt daher absichernde Regelungen, die unmittelbare, glaubhafte Sanktionen bei Nichterreichung von Zielen nach sich ziehen. Eine neuere Studie bezweifelt überdies den generell staatsentlastenden Charakter von freiwilligen Vereinbarungen. In Großbritannien waren immerhin 31 Beamte und insgesamt 17 Personenjahre erforderlich, um 42 Branchenvereinbarungen im Klimaschutz auszuhandeln (JORDAN et al., 2003b).

1213. Umweltpolitische Untersteuerung kann im Übrigen auch Akzeptanzprobleme schaffen – insbesondere bei denjenigen betroffenen Gruppen, die geringe Einflusschancen auf die Kooperationslösungen hatten. Kooperationslösungen bedürfen daher der finalen staatlichen Verantwortlichkeit und grundsätzlichen Rückholbarkeit, um unbefriedigenden Lösungen vorbeugen beziehungsweise diese korrigieren zu können. Schon diese Funktionsbedingung zeigt, dass sie die Regelsteuerung nicht ersetzen, sondern nur ergänzen können.

Die Nutzung des Potenzials kooperativer Lösungen ist zudem eine Frage der konkreten, den jeweiligen Bedingungen angemessenen Gestaltung. Das Instrumentarium kooperativer Lösungen wird beispielsweise in unterschiedlichen Sektoren mit unterschiedlicher Intensität genutzt werden können. So hat die Evaluation der niederländischen Umweltplanung seit 1989 (etwa im vierten Nationalen Umweltpolitikplan) ergeben, dass die Größe und Verpflichtungsfähigkeit von Verbänden eine wichtige Einflussgröße ist. Generell gilt, dass Verhandlungslösungen mit Verbänden mit wenigen zentralen Akteuren – wie Energie-, Chemie- oder Autoindustrie – grundsätzlich erzielt werden können, während Verursacherbereiche mit breiter und diffuser Mitgliedschaft – wie Landwirtschaft, PKW-Verkehr oder Verbraucher – in stärkerem Maße über traditionelle Regelsteuerung zu beeinflussen sind.

Wie in diesem Falle erweist sich die klassische Regelsteuerung weiterhin als wesentlich. Dies gilt nicht zuletzt für ihre Garantiefunktion in Hinblick auf die weichen, dialogischen Steuerungsprozesse des kooperativen Regierens. Erst durch den *Stick Behind the Door* erlangen sie im Regelfall ihre Wirksamkeit (DE CLERQ, 2002; OECD, 2003; JORDAN et al., 2003a).

1214. Demokratietheoretische Erfordernisse der kooperativen Verhandlungssysteme seien immerhin angedeutet. Sie betreffen die wünschenswerte Rückbindung von Verhandlungen an den parlamentarischen Prozess. Zu verhindern ist, dass Verwaltungen mit Vereinbarungen den Handlungsspielraum der Parlamente einschränken. Ebenso sind Gebote der Transparenz, des Pluralismus und des Schutzes nicht beteiligter Interessen zu achten.

Vor dem Hintergrund der zuvor knapp skizzierten potenziellen Nachteile kooperativer Steuerungsformen lehnt der Umweltrat eine generelle Umorientierung hin zu diesem Steuerungsmodus als umweltpolitisch nicht zielführend ab. Kooperative Steuerungsformen sind allenfalls als Ergänzung zur direkten Regelsteuerung sinnvoll.

13.2.2.5 Partizipation, Selbstregulierung und „aktivierender Staat"

1215. Partizipative Verfahren können im Umweltbereich Bestandteil einer Modernisierungsstrategie sein (TATENHOVE und LEROY, 2003 m. w. L.; DE MARCHI et al., 1998; METZ et al., 2003; BULKELEY und MOL, 2003a). Das Steuerungsmodell der Agenda 21 und auch die Aarhus-Konvention laufen ebenfalls auf eine umfassende Nutzung der Handlungspotenziale zivilgesellschaftlicher Akteure durch deren aktive Beteiligung (Partizipation) hinaus. Die gesellschaftliche Basis insbesondere des Nachhaltigkeitsprozesses soll möglichst breit sein, bisher nicht aktivierte Unterstützer und Wissensressourcen sollen mobilisiert werden. Die Idee der aktiven Beteiligung von Bürgern und Betroffenen an Prozessen der Entscheidungsvorbereitung oder -findung gründet in Konzepten deliberativer Demokratie (HABERMAS, 1992; MASON, 1999). Sie richtet sich gegen expertokratische Tendenzen und wurde vornehmlich im Bereich der Technikfolgenabschätzung (TA) umgesetzt (hierzu RENN, 1999; s. auch SKORUPINSKI und OTT, 2000 sowie die Fallstudien und die konzeptionellen Beiträge in KÖBERLE et al., 1997). Viele dieser diskursiven und partizipativen TA-Verfahren hatten umweltrelevante Technologien zum Gegenstand (MVA, Energiesysteme usw.). Auch die Bio- und Gentechnologie wurden mehrfach zum Gegenstand von Diskursverfahren gemacht (DAELE et al., 1996; vgl. SKORUPINSKI und OTT, 2000, 2002). Es liegen mittlerweile Bestandsaufnahmen darüber vor, in welchen Formen (Konsensuskonferenzen, Mediationsverfahren, Bürgerforen, Planungszellen etc.) und unter welchen politischen Vorgaben derartige partizipative Verfahren in verschiedenen europäischen Ländern durchgeführt wurden (JOSS und BELLUCCI, 2002). Dabei wurden auch die Erfolgsbedingungen und die Rolle partizipativer Verfahren in politischen Prozessen analysiert.

Partizipative Verfahren haben einen Doppelcharakter: Sie betreffen einerseits die Entscheidungsfindung, weil sie auch Informationsdefizite der Entscheidungsträger verringern können (so genanntes *Information-Deficit-Model*), haben aber andererseits auch die Aufgabe, die politischen Kompetenzen von Bürgern zu aktivieren (so genanntes *Civic Model*; zur Unterscheidung von *Information-Deficit-Model* und *Civic Model* vgl. BULKELEY und MOL, 2003b, S. 148 ff.). Solche Verfahren zählen in der Regel zu Prozessen der Entscheidungs*vorbereitung*, weniger der Entscheidungs*findung*. Sie ergänzen daher die Entscheidungsprozesse im Rahmen repräsentativer Demokratien um eine neue Komponente, mittels derer sowohl direkte oder indirekte Betroffenheit als auch Laienverstand und Bürgersinn („lebensweltliche Kompetenz") für die politische Entscheidungsfindung fruchtbar gemacht werden soll. Die „Orte" partizipativer Verfahren sind vornehmlich intermediäre Institutionen, die an der Peripherie des politischen und des wissenschaftlichen Systems angesiedelt sind (das niederländische Rathenau-Institut, Akademien für Technikfolgenabschätzung usw.).

1216. Generell lassen sich folgende Modelle von Bürgerbeteiligung unterscheiden:

– Anhörungen im Rahmen herkömmlicher Verfahren einschließlich der Stellungnahmen von „Trägern öffentlicher Belange"

– Mediationsverfahren zur Konfliktlösung und Kompromissbildung

– Expertendialoge zur Sachstandserhebung unter Einbeziehung von NGOs

– Bürgerforen und Konsensuskonferenzen zur deliberativen Urteilsbildung („Citizens' Juries").

Nicht jedes begrüßenswerte zivilgesellschaftliche Engagement fällt demnach unter den Begriff der Partizipation. So wären beispielsweise der Ankauf von Flächen durch Naturschutzverbände, Boykottaufrufe von Umweltverbänden oder die Aktivitäten von Verbraucherverbänden per se noch keine Partizipation. Auch die üblichen Aktivitäten von Gremien der wissenschaftlichen Politikberatung fallen nicht unter den Partizipationsbegriff. Hingegen kann man die Erweiterung von Klagebefugnissen (Stichwort: Verbandsklage) unter Umständen als Ermöglichung von Partizipation interpretieren (SRU, 2002a, Kap. 2.3).

1217. Partizipative Konzepte unterscheiden sich häufig nach den Teilnahmekriterien für einzelne Verfahren

(Sachkunde, Betroffenheit, *Stakeholder*, Laienbeteiligung usw.). Es wird in einigen Konzepten davon ausgegangen, dass die Perspektiven von Laien und Betroffenen nicht stellvertretend durch Experten oder Verbände übernommen werden können (SKORUPINSKI und OTT, 2002, S. 118). Dies gilt insbesondere für die Bewertung von Risiken sowie für moralische Aspekte des jeweiligen Themas. Die Notwendigkeit von Bewertungen im weiteren Sinne gilt als Grund für die Einbeziehung von Personen, deren materielle Interessen nicht unmittelbar berührt sind und die keine verfahrensexternen Loyalitäten (Verbände, Parteien usw.) zu beachten haben. Betont wird auch, dass partizipative Verfahren die Möglichkeit für Bürger eröffnen sollten, nicht nur auf Politik zu reagieren (etwa durch Abwahl), sondern sie prospektiv beeinflussen zu können. Eine zentrale Erfolgsbedingung für partizipative Verfahren sind Formen der vorgängigen Selbstverpflichtung von Politik, deren Ergebnisse zu berücksichtigen. Eine weitere Erfolgsbedingung liegt in der Gewährleistung von Standards prozeduraler Fairness (Beachtung von Diskursregeln, Ergebnisoffenheit, Neutralität der Moderatoren, gleicher Zugang zu Informationsquellen etc.). Es muss ferner sichergestellt werden, dass sich diskursive Verfahren in ihrem Verlauf deutlich von strategischen Kompromissverhandlungen unterscheiden. Aus diesem Grund rechnen manche Autoren reine Mediationsverfahren, die nur einem Ausgleich konfligierender Interessen dienen, nicht zu Diskursverfahren.

Mit den Möglichkeiten und Grenzen einer Politik der Staatsentlastung durch die Aktivierung bürgerschaftlichen Engagements hat sich der Umweltrat im Umweltgutachten 2002 ausführlich auseinander gesetzt. Er hat dabei unterschieden zwischen der Stärkung des Bürgers als Marktteilnehmer und Konsument und derjenigen als Staatsbürger (vgl. SRU, 2002a, Kap. 2.3). Die Instrumente der Schaffung ökologischer Markttransparenz und von Informations-, Beteiligungs- und Klagerechten sind dort umfassend behandelt worden (Bürger als Konsument). Der Umweltrat hat sich für verstärkte Anstrengungen auf diesem Gebiet ausgesprochen. Er hat aber gleichzeitig auch auf die Leistungsgrenzen einer solchen Strategie hingewiesen: Solange das Preissystem ökologische Folgen nicht hinreichend abbildet, ist auch nicht zu erwarten, dass Informations- und Markttransparenzstrategien für sich genommen ein ökologisches Konsumverhalten herbeiführen können: „Individuelle Umweltmoral als alleiniger Antriebsfaktor ist hier überfordert" (SRU, 2002a, Tz. 75). Die Rolle des Staatsbürgers wurde im Umweltgutachten 2002 vornehmlich unter juristischen Aspekten behandelt. Hinsichtlich des Verhältnisses von Informations-, Beteiligungs- und Klagerechten zum traditionellen umweltrechtlichen Instrumentarium betont der Umweltrat dort deren wechselseitige Bedingung. Stärkere Bürgerrechte sind in der Umweltpolitik kein Allheilmittel und ihre Möglichkeiten müssen realistisch eingeschätzt werden (SRU, 2002a, Tz. 121). Dies gilt auch für die partizipativen Verfahren im obigen Sinne.

1218. Partizipation in Fragen des Umweltschutzes ist also – nicht anders als die anderen angeführten neuen Steuerungsformen – ein voraussetzungsvoller Prozess. Sie setzt *Empowerment*, eigenständige Institutionen (*Capacity Building*) und einen aktivierenden Staat voraus (SRU, 2002a, Kap. 2.3). Die vorliegenden Erfahrungen mit partizipativen Verfahren lassen allerdings auch auf ein häufig unterschätztes Motivationspotenzial in der Bevölkerung schließen. Der Bürger als zusätzliche Ressource der Umweltpolitik bedarf aber eines Anreizsystems und einer Infrastruktur an Rechten und Informationen. Hier eröffnet sich ein breites Feld notwendiger Kapazitätssteigerungen. Partizipation als Beteiligung von Bürgern oder zivilgesellschaftlichen Organisationen ist auch ein Managementproblem, das Personal und Qualifikationen erfordert, die keineswegs einfach als existent vorausgesetzt werden können. So erfordert die erfolgreiche Durchführung partizipativer Verfahren ein klares Konzept einschließlich eines Ablaufplans, dessen Vermittlung durch die Organisatoren, eine klare Ergebnisorientierung, eine genaue Dissensanalyse, ein geschultes und auch psychologisch geschicktes Moderatorenteam und hinreichend zeitliche und finanzielle Ressourcen. Ein Managementproblem ist es auch, Beteiligungsprozesse so zu gestalten, dass wichtige Interessen einbezogen werden, hinreichende Kompetenz der Beteiligten vorhanden ist und deren Motivation nicht durch ergebnislose Diskussionen erschöpft wird. Der Verschleiß von Motivation in unzulänglich arrangierten Diskursen gehört zu den akzeptanzmindernden Negativerfahrungen des Agenda-21-Prozesses. Grundsätzlich hängt es von der Konzeption und kompetenten Durchführung von Partizipationsprozessen ab, ob sie zur Stärkung oder gar zur Schwächung von Umweltpolitik – durch Demotivation – führen. Die Erarbeitung differenzierter Regeln für partizipative Verfahren ist also eine wesentliche Aufgabe, wenn zivilgesellschaftliche Akteure einen spürbaren Beitrag zur Erfolgsverbesserung langfristiger Umweltpolitik leisten sollen. Partizipative Verfahren sind nicht bereits als solche die Erfolgsgarantie, als die sie oft ausgegeben werden. Zu vermeiden ist zum Beispiel, dass die Rolle des Bürgers schon im Ansatz überfordert wird. Dies könnte geschehen, falls man partizipativen Verfahren Aufgaben zuweist, die sie von Hause aus nicht bewältigen können: Umweltbeeinträchtigende Produktionsweisen und Produkte bedürfen einer umweltpolitischen Steuerung. Zu warnen ist auch vor Partizipationsformen, die einseitig auf die Umweltverwaltungen gerichtet sind und die Verursacherbereiche aussparen, um die es letztlich geht (s. o.). Partizipation darf auch die meist knappen Ressourcen an Zeit und Personal nicht blockieren, die für effektive Lösungen in Politik und Verwaltung erforderlich sind. Partizipation darf aber auch die Umweltverbände nicht durch eine Allzuständigkeit in ihren Möglichkeiten überfordern. Die demokratischen Potenziale solcher Verfahren können nur realisiert werden, wenn hierfür eigenständige Institutionen und Organisationen geschaffen und erhalten werden. Insofern ist es zu bedauern, dass die Landesregierung von Baden-Württemberg die Akademie für Technikfolgenabschätzung zu schließen beabsichtigt, die unter anderem mehrere erfolgreiche Diskursverfahren durchgeführt hat.

1219. Im Hinblick auf die (meist nur wissenschaftlich „wahrnehmbaren") persistenten Umweltprobleme kommt der Wissenschaft *als Akteur der Umweltpolitik* – komplementär zu klassischen Bürgerinitiativen – eine wesentliche Rolle zu. Dies wurde im Übrigen bereits in der Agenda 21 thematisiert. Die Aktivierung von Umweltwissenschaft nicht nur in der Forschung, sondern auch im Prozess der politischen Willensbildung ist vermutlich die entscheidende Voraussetzung dafür, dass die verfolgten Ziele nachhaltiger Umweltentwicklung den langfristigen Problemlagen gerecht werden. Darin liegt eine neue Qualität von *Environmental Governance* und eine Herausforderung an das herkömmliche Wissenschaftsverständnis. Ein Verständnis wissenschaftlicher Praxis, das eine Stellungnahme zu den behandelten Problemlagen und damit auch Wertungen mit einschließt, ist mit der – vielfach missverstandenen – Forderung nach Werturteilsfreiheit vereinbar, wenn Tatsachen umfassend gewürdigt, Tatsachenaussagen und Wertungen deutlich voneinander unterschieden und Wertungen anhand höherstufiger Prinzipien nachvollziehbar begründet werden (OTT, 1997, insb. Kap. 3).

1220. Von der Bürgerpartizipation ist die aktivierte (oder autonome) Selbstregulierung von Unternehmen und Organisationen zu unterscheiden. Sie wird weiter unten im Zusammenhang mit den neuen Steuerungsmustern der EU behandelt. Betont sei aber bereits an dieser Stelle das Potenzial dieses Steuerungsansatzes. Dies gilt auch für Varianten der reinen Selbststeuerung: Grundsätzlich ist das Steuerungspotenzial einer Kaufhauskette oder eines Versandhandels im Hinblick auf die ökologische Qualität von Produktion erheblich (CONRAD, 1998). So ist beispielsweise der OTTO-Versand, der unter anderem in Kooperation mit dem Umweltschutzverband WWF eine Reihe ökologisch bedenklicher Produkte aus dem Sortiment genommen hat, seit Jahren ein Vorreiter einer ökologischen Produktpolitik. Dasselbe gilt für die nachgefragten Vorleistungen von Industrieunternehmen. Diesbezügliche Interventionen unterliegen nicht dem komplizierten Entscheidungsprozess staatlicher Eingriffe. Instrumente wie das Öko-Audit können als Form regulierter Selbstregulierung solche Potenziale aktivieren und die staatliche Umweltpolitik entlasten. Sie sind jedoch kein Grund, das politisch-administrative System aus seiner Verantwortung zu entlassen. Dies gilt umso mehr, als gerade den hartnäckig ungelösten Umweltproblemen auf dem Wege der Selbststeuerung kaum beizukommen ist.

13.2.2.6 Mehr-Ebenen-Steuerung

1221. Die Mehr-Ebenen-Steuerung kann als übergreifender Steuerungsaspekt nicht ausgeklammert werden. Sie ist zunächst eine auch andere Politikfelder betreffende objektive Entwicklungsfolge mit vielfältigen Ursachen, die mit ihrer hohen Komplexität eine massive Herausforderung an effektive Steuerung darstellt. Ihr größtes Problem ist aus Sicht des Umweltrates, die Gefahr einer Auflösung von Verantwortungsstrukturen, aber auch die Eröffnung von Ausweichmöglichkeiten bei hoher Intransparenz der Willensbildungsstrukturen. Zugleich aber eröffnet die Mehr-Ebenen-Steuerung auch gerade dort neue Chancen, wo es um langfristig ungelöste Umweltprobleme geht. Dafür ist der hier ausführlich gewürdigte Rio-Prozess ein anschaulicher Beleg. Die 6 400 lokalen Agenda-21-Prozesse als Folge einer Strategieempfehlung auf globaler Ebene, aber auch die globalen Zusammenschlüsse umweltbezogener Städtebündnisse verdeutlichen, dass das Zusammenspiel auch der lokalen und der globalen Ebene umweltpolitische Bedeutung hat.

Aus nationalstaatlicher Perspektive kann gleichermaßen die konzertierte Aktion auf der europäischen oder nationalen Ebene wie auch die Dezentralisierung und der Grundsatz der Subsidiarität eine kapazitätssteigernde Wirkung haben und der flexiblen Realisierung eines hohen Schutzniveaus dienen. Dies wird sich allerdings je nach Charakter des Problems sehr unterschiedlich ergeben. In der – noch weit gehend ausstehenden – differenzierten Klärung dieser Frage liegt vermutlich die größte Herausforderung für ein erfolgversprechendes Konzept von *Environmental Governance*.

Dezentralisierungsstrategien eignen sich besonders dort, wo Optimierungsentscheidungen nur auf der Basis zumeist lokal verfügbarer Informationen getroffen werden können (vgl. SCHARPF et al., 1976). Im Bereich des Naturschutzes oder von Agrarumweltmaßnahmen oder aber der Verkehrspolitik (vgl. SRU, 2004) gibt es zahlreiche solcher Fragen. Dezentralisierungsstrategien stoßen aber dort an ihre Grenzen, wo übergreifende Ziele realisiert werden sollen (bspw. NATURA 2000) und lokale Entscheidungen aus nationaler oder europäischer Perspektive daher häufig suboptimal sind, wo starke Externalitäten auftreten oder der Koordinationsbedarf zwischen den unteren Ebenen zu aufwendig wird.

1222. Grundsätzlich erscheint im Lichte bisheriger Erfahrungen die strategische, berichtspflichtige Zielvorgabe der höheren Ebene angemessen, während die Umsetzung auf den unteren Ebenen möglichst Spielräume für flexibles Handeln und vor allem für Wettbewerb eröffnen sollte. Für die Bundesrepublik ergibt sich daraus im Grundsatz die Empfehlung für eine Stärkung der strategischen Rolle des Bundes bei gleichzeitiger Erhöhung der Flexibilität der Umsetzung in den Ländern, zum Beispiel im Rahmen eines stärker kompetitiven Föderalismus.

Die Mehr-Ebenen-Steuerung wird in Abschnitt 13.4.1 im Hinblick auf die EU und ihr Verhältnis zu den Mitgliedstaaten vertieft thematisiert. Im Rahmen der hier vorgenommenen allgemeinen Abschätzung der Potenziale und Erfolgsbedingungen neuerer umweltpolitischer Steuerungsformen betont der Umweltrat zum einen die Notwendigkeit einer Klärung und Entflechtung der Kompetenzstrukturen. Zum anderen hält er die Garantiefunktion des Nationalstaates und seine finale Verantwortung für ein ausreichend hohes Schutzniveau für unerlässlich. Schließlich plädiert er für ausreichende Spielräume für innovationsorientierte Vorreiterpositionen unterhalb der europäischen Ebene (Abschn. 13.2.3.3).

13.2.3 Erfolgsvoraussetzungen neuer Steuerungsformen

1223. Die hier skizzierten zentralen Konzepte umweltpolitischer Steuerung sind nach Auffassung des Umweltrates zwar grundsätzlich geeignet, zu einer verbesserten Problemlösung beizutragen. Sie sind jedoch, wie gezeigt wurde, höchst voraussetzungsvoll und bergen sogar ohne zusätzliche Vorkehrungen die Gefahr kontraproduktiver Wirkungen.

Im Folgenden sollen die drei wichtigsten Erfolgsvoraussetzungen erörtert werden:

– die Kapazitätsbildung,

– die Präzisierung der Rolle von Staatlichkeit insbesondere in Hinblick auf Garantiemechanismen für „weiche" Governanceformen,

– die Verbesserung der Rolle des Nationalstaats im globalen und europäischen Mehrebenensystem.

13.2.3.1 Kapazitätsbildung und „Kapazitätsschonung"

1224. Aus dem Rio-Prozess und anspruchsvollen Governancekonzepten wie der Entwicklung von Sektorstrategien ergibt sich die Lehre, dass am Anfang jeder Strategie eine Abschätzung der Handlungsfähigkeit (*Capacity Need Assessment*) stehen muss, die entsprechende Folgerungen einschließt (BOUILLE und MCDADE, 2002, S. 192–200). Anspruchsvolle Steuerungsformen setzen eine entsprechend gesteigerte staatliche Handlungsfähigkeit voraus. Für einen strategischen Ansatz von der Bedeutung der Nachhaltigkeitsstrategie, aber auch für Sektorstrategien gilt dies zwingend. In diesem Zusammenhang sei daran erinnert, dass schon die Agenda 21 in zwei Kapiteln die Kapazitätsbildung behandelt und dabei auch den Begriff der Kapazitäts-Evaluation verwendet (BMU, 1993, Kap. 34 u. 37). Zumeist bezieht sich dies auf Kapazitätsbildung in Entwicklungsländern, aber das entsprechende Erfordernis ist nicht auf diese beschränkt. Umweltpolitikintegration und Partizipation setzen, wie gezeigt, zusätzliche Handlungsfähigkeiten voraus. Die Vernachlässigung der Aufgabe der Kapazitätsbildung wie auch der Verbesserung des Managements ist eine entscheidende Ursache für die festgestellten Schwierigkeiten (JÄNICKE, 2003b). Ein Kapazitätsdefizit betrifft nicht die unzulängliche Art der Maßnahmen, sondern „die Bedingungen der Machbarkeit" (LUHMANN, 1990, S. 175). Kapazität lässt sich nicht exakt messen, aber negative Bestimmungen sind möglich: Wenn Wissen, materielle, personelle und politische Ressourcen oder institutionelle Voraussetzungen fehlen, nützt auch die beste Instrumentenwahl nichts. In diesem Fall ist Kapazitätssteigerung (*Capacity Building, Capacity Development*) unvermeidlich, sofern die Problemlage eine Reduzierung des Zielniveaus nicht zulässt (vgl. BOUILLE und MCDADE, 2002; WEIDNER und JÄNICKE, 2002; OECD, 1994). Umweltpolitische Kapazität beziehungsweise die Kapazität zur nachhaltigen Entwicklung hat nach einem Standardtext von OECD und UNDP (2002, S. 92):

– eine humane Dimension: die Fähigkeiten der beteiligten Akteure,

– eine institutionelle Dimension, zum Beispiel Fähigkeit zur Koordination unterschiedlicher Interessen oder zum Monitoring,

– und eine systemische Dimension (auch als *Enabling Environment*): zum Beispiel der rechtliche Handlungsrahmen, die Informationsbasis oder die *Network Capabilities*.

1225. Zur Lösung schwieriger Langzeitprobleme bedarf es der institutionellen Verankerung einer Langzeitorientierung sowie ausreichender personeller und materieller Handlungsressourcen. Systemisch geht es auch um den Bewusstseinsstand der Gesellschaft. Hier betrifft die Kapazitätsfrage – soweit es um Akzeptanz und Hinnahmebereitschaft für anspruchsvolle Lösungen geht – letztlich auch die Rolle der Medien. Im Hinblick auf die prekäre und knappe Handlungsressource öffentliches Umweltbewusstsein empfiehlt der Umweltrat eine Dialogstrategie mit den großen Medienkonzernen (wie sie auch in der Frage von Gewaltdarstellungen unternommen wurde). Der Spielraum der Landesmedienanstalten mag gering sein, aber entsprechende gezielte Versuche sind bisher nicht unternommen worden.

1226. Auch die Fähigkeit der Umweltverbände zu einer kompetenten Partizipation in einer zunehmenden Breite von Willensbildungs- und Entscheidungsprozessen ist eine Kapazitätsverbesserung. Nicht zuletzt geht es um Vernetzung und Koalitionsbildung. Strategische Allianzen können Handlungsfähigkeiten verbessern. Dafür ist das Zustandekommen des Erneuerbare-Energien-Gesetzes aus dem Jahr 2000 ein gutes Beispiel (BECHBERGER, 2000). Hier wirkten nicht nur Abgeordnete eines breiten Parteienspektrums zusammen, sondern auch Organisationen wie der Maschinenbau-Verband (VDMA), die IG-Metall, der Verband Kommunaler Unternehmen (VKU) und selbst bäuerliche Unterstützergruppen. Auch die Umweltpolitik-Integration, das sektorale Lernen in der Sache, kann – unter den genannten verbesserten Voraussetzungen – ihrerseits die Handlungsfähigkeit erhöhen. Verfechter umweltadäquater Lösungen innerhalb der Verursachersektoren kennen die Innovationspotenziale ihres Bereichs am besten. Ihre Bedeutung kann institutionell gestärkt werden. Sie hängt aber auch davon ab, dass die Rolle des Umweltministeriums im Entscheidungsprozess insgesamt – institutionell wie personell – gestärkt wird.

Wie in diesem Fall sind Kapazitätssteigerungen vor allem im Staatssektor erforderlich. Hier ergibt sich nun aber ein unübersehbares Spannungsverhältnis zwischen Erfordernissen der Kapazitätssteigerung und dem um sich greifenden Postulat einer Rückführung von Staatstätigkeiten. Moderne Governanceformen im Umweltbereich können zwar zu Einsparungen führen, wo es um Regelungen und Kontrollen im Detail geht. Dasselbe gilt für politische Rationalisierungseffekte etwa dadurch, dass der lange Weg durch die institutionellen Willensbildungsprozesse über Verhandlungslösungen oft bereits im Vorfeld vermieden werden kann. Der Staat als Moderator oder Supervisor, als Partner in Verhandlungssystemen, als Manager von Zielbildungsprozessen oder Sektorstrategien benötigt aber nicht nur zusätzliches Personal, sondern auch zusätzliche Qualifikationen. Ein undifferenzierter Abbau von Personal und Budgets und ein grundsätzliches Zurückdrängen von Staatlichkeit können hier erheblich kontraproduktive Wirkungen haben.

1227. Handlungskapazität zur Lösung persistenter Umweltprobleme betrifft nicht zuletzt die *Strategiefähigkeit* der Handelnden. Als Strategiefähigkeit kann die Fähigkeit verstanden werden, langfristige Allgemeininteressen gegen kurzfristige Teilinteressen durchzusetzen (JÄNICKE et al., 2003). Ihre Bedingungen sind prekär, weil kurzfristige Teilinteressen im Gegensatz zu langfristigen Allgemeininteressen in aller Regel hoch organisiert sind (vgl. OLSON, 1965) und zudem dem eher kurzen Zeithorizont von Markt und parlamentarischem Staat entsprechen. Vor allem ergibt sich ein Spannungsverhältnis zwischen Postulaten einer breiten Partizipation von Interessengruppen beziehungsweise Kooperation auf der einen Seite und Grundvoraussetzungen von Strategiefähigkeit auf der anderen. Kollektive Strategiefähigkeit korreliert negativ mit der Anzahl der zu koordinierenden Organisationen und dem Grad der Konkurrenz zwischen ihnen (JANSEN, 1997, S. 224). Bei aller Breite der Beteiligung im Vorfeld von Entscheidungen (oder auch im Vollzug) ist deshalb die zahlenmäßige Begrenzung der Entscheidungsträger unvermeidlich. Breite der partizipativen Konsultation und Konzentration im Entscheidungsprozess schließen sich keineswegs aus. Dem dient auch die klare Zuordnung von Entscheidungsbefugnissen. Dies gilt nicht zuletzt im Hinblick auf die Verflechtungen des Föderalismus der Bundesrepublik (BENZ und LEHMBRUCH, 2001). Die Herstellung überschaubarer Entscheidungsstrukturen, aber auch die Begrenzung der Vetopunkte im Entscheidungsprozess (TSEBELIS, 2002) ist eine wichtige, im Hinblick auf kooperative Mehr-Ebenen- und Mehr-Sektoren-Steuerung aber auch prekäre Kapazitätsbedingung für die Lösung langfristiger Umweltprobleme. Der Grad der Konkurrenz betrifft nicht nur die Kooperation mit Wirtschaftsverbänden. Der konfrontative Politikstil innerhalb des deutschen Parteiensystems, wie er insbesondere in den 1990er-Jahren erkennbar wurde, ist nach Auffassung des Umweltrates ein zu überwindendes Hemmnis: Strategiefähigkeit in parlamentarischen Systemen setzt einen Minimalkonsens in Grundfragen voraus (der in kleineren Mitgliedsländern der EU meist besser entwickelt ist). Nur so können langfristige Ziele den Wechsel von Regierungen überdauern.

1228. Insgesamt wirft das Spannungsverhältnis zwischen anspruchsvollen Steuerungsmustern der Umweltpolitik und den diesbezüglichen Kapazitätserfordernissen Fragen auf, die der weiteren Klärung bedürfen. Insbesondere sollte die Suche nach kapazitätsschonenden, also staatsentlastenden Governanceformen intensiviert werden, die mit Vorstellungen von „Lean Government" möglichst vereinbar sind (Beispiel s. Kasten).

> **Beispiele „kapazitätsschonender" Steuerungsformen:**
>
> – alle Varianten eines „Verhandelns im Schatten der Hierarchie" (SCHARPF), die oft aufwendige institutionelle Entscheidungsprozesse erübrigen;
>
> – speziell: die förmliche staatliche Problemfeststellung, die den Verursachern frühzeitig die kalkulierbare Entschlossenheit zu öffentlichen Maßnahmen signalisiert, ihnen aber Anpassungsspielräume offen lässt (Abschn. 13.2.3.2);
>
> – das Operieren mit vorläufigen Standards, die solange gelten, wie ihnen nicht explizit widersprochen wird;
>
> – die Konzentration auf strategische Ziele;
>
> – die Umprogrammierung bereits bestehender Umweltabteilungen in den verursachernahen Ressorts (Wirtschaft, Verkehr, Landwirtschaft) von der Kontrollfunktion gegenüber dem Umweltministerium hin zur konsequenten Wahrnehmung von Umweltbelangen;
>
> – die Nutzung und Förderung von Entscheidungen auf anderen politischen Ebenen;
>
> – die Nutzung situativer Handlungschancen, vom ökologischen Krisenereignis (Beispiel BSE) bis zur plötzlichen Preissteigerung (Beispiel Ölpreise);
>
> – die Nutzung von *Best Practice* in anderen Ländern (sofern die Übertragbarkeit gegeben ist);
>
> – die Nutzung des Internets, z. B. als Entlastung bei partizipativen Konsultationen.

Natürlich bedeutet jede kausale Problemlösung (im Gegensatz zur Symptombekämpfung) eine Kapazitätsentlastung. Vor allem sind die hier zentral erörterten Steuerungsansätze nicht nur der Umweltpolitikintegration (s. o.), sondern auch der Zielorientierung, Kooperation und Partizipation potenziell auch Beiträge zur Entlastung staatlicher Handlungskapazität. Schließlich sind sie nicht zuletzt deshalb eingeführt worden. Der Umweltrat betont aber – im Lichte der bisherigen Erfahrungen – mit Nachdruck, dass diese Ansätze ihre eigenen Kapazitätserfordernisse besitzen, deren Vernachlässigung den Misserfolg in der Sache meist vorprogrammiert.

13.2.3.2 Die Bedeutung von Staatlichkeit im veränderten Steuerungsmodell

1229. Die erhebliche Komplexität der umweltpolitischen Mehr-Ebenen- und Mehr-Sektoren-Steuerung unter teilweiser oder vollständiger Einbeziehung privater Akteure hat einen erheblichen Orientierungsbedarf geschaffen. Dieser betrifft Verantwortungs- und Kompetenzstrukturen ebenso wie die Frage von Staatlichkeit und die Rolle des Nationalstaates.

Abbildung 13-2

Dimensionen umweltpolitischer Steuerung

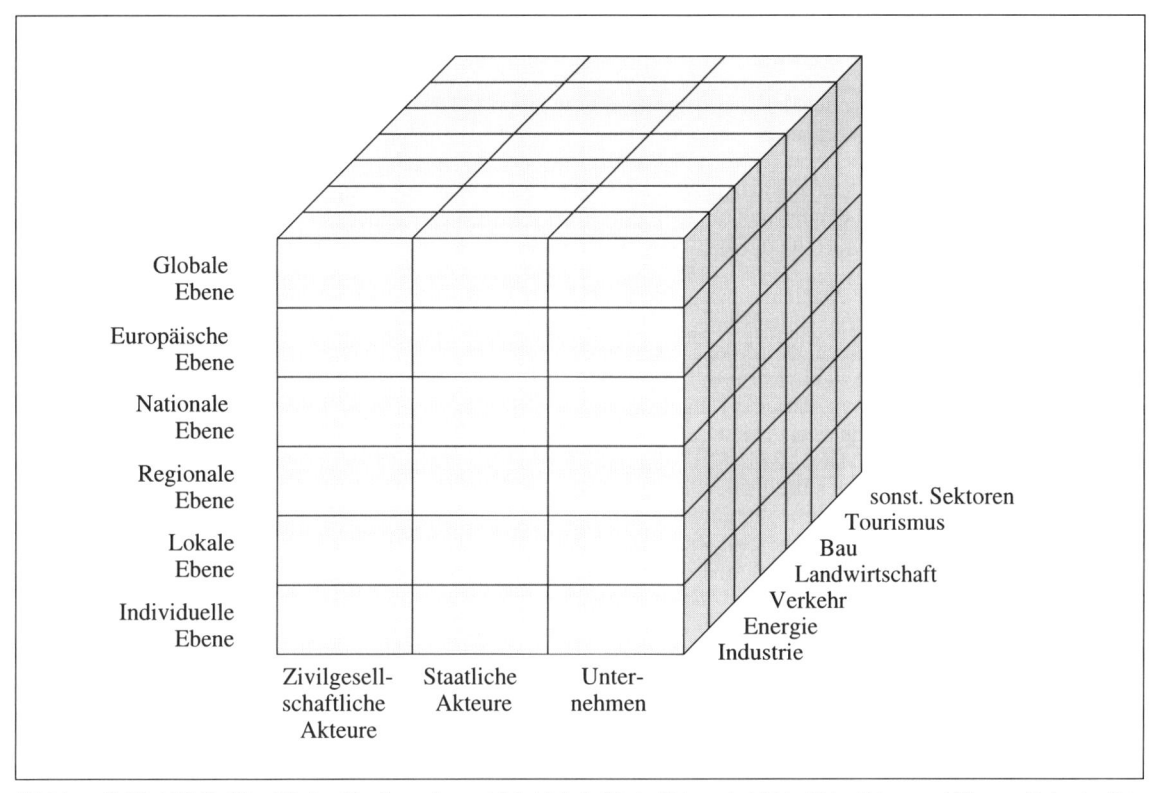

Abbildung 13-2 betrifft die (1) politischen Handlungsebenen (global-lokal), (2) staatliche und nichtstaatliche Akteure und (3) umweltintensive Sektoren (Industrie-Tourismus). Alle Akteurstypen sind prinzipiell auf allen Handlungsebenen vorfindbar. Die Komplexität umweltpolitischer Mehr-Ebenen- und Mehr-Sektoren-Steuerung wird zusätzlich deutlich, wenn über die Darstellung hinaus auch die Unterschiedlichkeit der möglichen Beziehungen zwischen den Teilen des Würfels in Rechnung gestellt wird: a) der einseitigen Einwirkung von staatlichen Akteuren auf Private (hierarchische Steuerung), von Privaten auf den Staat (z. B. als „Capture" durch Zielgruppen) oder von zivilgesellschaftlichen Akteuren auf Unternehmen (z. B. als Boykott) steht b) die Kooperation als Beziehungsoption privater wie staatlicher Akteure gegenüber.
Quelle: Jänicke, 2003b

1230. Staatliche Akteure spielen eine Rolle auf allen Handlungsebenen. Die Politikformulierung in Rio de Janeiro oder Johannesburg war beispielsweise weit gehend Sache von Regierungsvertretern. Zivilgesellschaftliche Partizipation und die Kooperation mit nichtstaatlichen Akteuren ist auf allen Ebenen zu beobachten – was bislang die Rolle von Staatlichkeit weder auf nationaler noch auf internationaler Ebene verringert hat (RAUSTIALA, 1997). Staatliche Akteure spielen ebenso eine Rolle in Bezug auf die einzelnen umweltrelevanten Wirtschaftssektoren und die ihnen zugeordneten Ressorts.

Gleichzeitig ist ihre politische Rolle durch Governancekonzepte relativiert, die auf Entstaatlichung, Deregulierung und neue Regulierungsformen setzen. Dabei geht es – neben der Gesetzesvereinfachung – meist um eine Koregulierung im Zusammengehen von staatlichen und zivilgesellschaftlichen oder wirtschaftlichen Akteuren, mitunter auch um deren Selbstregulierung und Eigenverantwortung.

Hier lässt sich folgender Widerspruch erkennen: Hauptlegitimation der behandelten Neuorientierung war die mangelnde Effektivität und Effizienz staatlichen Handelns; ebenso eine vermutete oder tatsächliche staatliche Eigendynamik des Regulierens, die von den Politikadressaten nicht mehr nachzuvollziehen ist. Andererseits schafft die neue *Environmental Governance* aber tendenziell eine diffuse und unüberschaubare Verantwortungsstruktur, die letztlich effektivitätsmindernd wirkt: Wenn alle zuständig und verantwortlich sind, ist es letztlich niemand. Zugleich entsteht ein bisher weit gehend unreflektierter neuer Bedarf an staatlicher Handlungskapazität.

1231. Staatlichkeit muss deshalb nach Auffassung des Umweltrates in der differenzierten institutionellen Verantwortlichkeit für die Sicherung wichtiger Allgemeininteressen bestehen, die zwar delegierbar aber vom normativen Grundsatz her nicht aufhebbar ist. Aus dieser Prämisse folgt eine Garantieverpflichtung staatlicher Institutionen auf den unterschiedlichen Handlungsebenen für den Fall der mangelnden Wirksamkeit der auf private Akteure verlagerten Aktivitäten. Der Umweltrat betont, dass speziell im Hinblick auf die thematisierten persistenten Umweltprobleme staatliche Instanzen die „erste Adresse" und – im Falle der Delegation von Problemlösungen – die „letzte Instanz" sein müssen.

Dabei kann die Rolle von Staatlichkeit sich gegebenenfalls sogar darauf beschränken, zunächst nur eine förmliche Problemdefinition vorzunehmen, die für sich bereits ein wirksames Signal an private Adressaten, insbesondere die Verursacher als potenzielle Innovateure, sein kann (JACOB, 1999). Voraussetzung ist die bereits in der Problemdefinition deutlich gemachte, kalkulierbare Handlungsbereitschaft zuständiger staatlicher Instanzen, der Problemdefinition Lösungsanstrengungen folgen zu lassen, wenn diesbezügliche Anpassungsreaktionen privater Akteure ausbleiben oder nicht zu erwarten sind. Aus der Innovationsforschung ist bekannt, dass die Kalkulierbarkeit solcher Handlungskonsequenzen bereits als solche Innovationsprozesse auslösen kann (vgl. SRU, 2002a, Kap. 2.2). In dieser Rolle ist auch die hierarchische Regelsteuerung, darunter das Ordnungsrecht, unverzichtbar. In jedem Fall macht erst diese staatliche Garantiefunktion die weicheren, kooperativen Governanceformen chancenreich, die in der Folge auch staatsentlastend wirken können. Je glaubwürdiger diese Garantiefunktion ist, desto weniger wird sie beansprucht werden müssen. Aus diesem Grunde erachtet es der Umweltrat als unerlässlich, die Rolle von Staatlichkeit gerade im Interesse flexibler Lösungen zu betonen (vgl. SRU, 2002a).

In diesem Sinne kommt auch eine neuere britische Untersuchung zu dem Schluss: „(E)nvironmental governance is at best supplementing, and most certainly not comprehensively supplanting, environmental government by regulatory means" (JORDAN et al., 2003a, S. 222).

Dass die kooperativen Steuerungsformen keineswegs ein genereller Ersatz für die klassische Regelsteuerung ist, lässt die Tatsache vermuten, dass auch im Zeichen neuer Governancemuster nach dem Umweltgipfel in Rio rund 80 % aller umweltpolitischen EU-Maßnahmen ordnungsrechtlicher Natur waren (HOLZINGER et al., 2003, S. 119; s. auch Kap. 13.4).

13.2.3.3 Zur Rolle des Nationalstaates

1232. Grundlegender Klärungsbedarf in der derzeitigen Debatte über umweltpolitische Steuerungsformen besteht nicht nur im Hinblick auf die allgemeine Rolle von Staatlichkeit in diesem Prozess. Vielmehr ist auch die Staatlichkeit auf der speziellen Ebene des Nationalstaates klärungsbedürftig. Schließlich bestehen höchst kontroverse Vorstellungen darüber, ob die Einbindung von Staaten in die globale beziehungsweise europäische Mehr-Ebenen-Steuerung umweltpolitische Problemlösungen behindert oder möglicherweise begünstigt. Parallel dazu gibt es die Kontroverse über die Handlungschancen von Einzelstaaten im Zeichen der ökonomischen und gesellschaftlichen Globalisierung beziehungsweise Europäisierung.

Der Umweltrat hat hierzu in seinem letzten Gutachten mit dem Titel „Für eine neue Vorreiterrolle" (SRU, 2002a) ausführlich Stellung genommen. Mit dem angeführten Titel wird die Position angedeutet: Für ein hoch entwickeltes Industrieland wie die Bundesrepublik sieht der Umweltrat nicht nur erhebliche Chancen, im internationalen Innovationswettbewerb Erfolge mit umweltfreundlichen Technologien zu erzielen und so auch zu einer ökologischen Modernisierung der internationalen Märkte beizutragen. Er betont auch die umweltpolitischen Handlungschancen und Handlungsnotwendigkeiten, die sich speziell für entwickelte Nationalstaaten ergeben. Im Zusammenhang dieses Kapitels soll diese Position auch als Beitrag zur Komplexitätsreduktion im unübersichtlichen Feld der *Environmental Governance* in Erinnerung gerufen und thesenhaft verdeutlicht werden:

– Einschränkungen nationaler Handlungsfähigkeit und Souveränität sowohl durch globalen Wettbewerb als auch durch die Internationalisierung von Politik sind unzweifelhaft zu beobachten. Die Besteuerung mobiler Quellen, die wirtschaftspolitische Globalsteuerung, das Lohnniveau oder die Sozialleistungen sind Beispiele eines Druckes zulasten nationaler Politiken. Für die Umweltpolitik sind Beispiele dieser Art – etwa im Hinblick auf die WTO oder auf EU-Beihilferegelungen – ebenfalls bekannt. Dennoch ist die nationalstaatliche Umweltpolitik weder ein „Globalisierungsverlierer" noch ist sie bisher im Rahmen der EU in ihrer Problemlösungskapazität signifikant behindert worden. Hier haben sich vielmehr auch gegenteilige Erfahrungen ergeben, die sowohl mit der Ermöglichung von regulativem Wettbewerb in der EU als auch mit (technologischen) Besonderheiten der Umweltfrage zusammenhängen.

– Einschränkungen nationaler Souveränität sind die notwendige Konsequenz einer Einbindung in europäische oder globale Entscheidungsstrukturen. Sie sind jedoch nicht identisch mit einem Verlust an Problemlösungsfähigkeit. Kollektives Handeln von Staaten kann im Gegenteil die Kapazität zur Lösung von Umweltproblemen erhöhen. Es ist zudem immer dann unumgänglich, wenn diese Probleme nicht auf ein Land beschränkt sondern potenziell globaler Natur sind. Auch eine entsprechende Veränderung der Rahmenbedingungen internationaler Märkte ist nur durch kollektives Handeln möglich.

– Umweltpolitisches Pionierverhalten entwickelter Industrieländer spielt dabei eine besondere Rolle. Vorreiterländer hat es seit Entstehen des Ressorts Umweltpolitik zu Anfang der 70er-Jahre immer wieder gegeben. In der globalen Politikarena nach dem Ende des Ost-West-Konfliktes hat die Bedeutung von politischem Wettbewerb und nationalstaatlicher Profilierung eher zugenommen. Noch nie haben selbst kleine europäische Länder wie Schweden, die Niederlande oder Dänemark einen derartigen Einfluss auf die globale Politikentwicklung gehabt wie dies im letzten Jahrzehnt im Umweltbereich der Fall war. Interessanterweise sind diese Vorreiter in hohem Maße in den

Weltmarkt integriert (ANDERSEN und LIEFFERINK, 1997; JÄNICKE et al., 2003, Kap. 6).

– Es besteht eine hohe Korrelation zwischen anspruchsvoller Umweltpolitik und Wettbewerbsfähigkeit (World Economic Forum, 2000). Auch wenn dabei die Kausalitätsrichtung offen ist, bleibt doch festzuhalten, dass es einen systematisch negativen Zusammenhang zwischen anspruchsvollem Umweltschutz von Nationalstaaten und ihrer Weltmarktintegration nicht gibt.

– Einen Wettbewerb zulasten der Umwelt (*race to the bottom*) haben empirische Studien bisher nicht bestätigt (SRU, 2002a, Tz. 63). Vor allem deshalb nicht, weil die Umweltfrage heute eng mit dem technischen Fortschritt verkoppelt ist und im Qualitätswettbewerb der entwickelten Länder immer wichtiger geworden ist. Deshalb sind die nationalen Innovationssysteme von weiterhin hoher Bedeutung. Auch die Förderung von Lead-Märkten für umweltinnovative Technologien hat sich als eine wichtige Aktivität nationalstaatlicher Umweltpolitik erwiesen (auch in kleinen Ländern wie Dänemark).

– Im globalen Mehr-Ebenen-System zeichnet sich der Nationalstaat durch eine Reihe wichtiger Eigenschaften aus, für die es kein funktionales Äquivalent auf den anderen Handlungsebenen gibt. Dies gilt für seine fiskalischen Ressourcen, sein Monopol legitimen Zwanges, seine ausdifferenzierte Fachkompetenz oder seine hoch entwickelten Netzwerkstrukturen, einschließlich der internationalen Vernetzung von Fachverwaltungen. Wesentlich ist überdies die Existenz einer politischen Öffentlichkeit und eines (gerade für Umweltbelange wichtigen) Legitimationsdrucks, der weder auf den höheren noch auf den subnationalen Ebenen anzutreffen ist. Auch das kooperative Regieren funktioniert auf der Ebene der Staaten vergleichsweise am besten (VOELZKOW, 1996; JORDAN et al., 2003b, S. 222). Ungeachtet breiter Deregulierungs- und Entstaatlichungspostulate sind nationale Regierungen auch weiterhin die „erste Adresse" der Öffentlichkeit, wenn es um Probleme wie die Überschwemmungen im Jahre 2002 geht.

Der Umweltrat hält deshalb – auch innerhalb der EU – die nationalstaatliche Ebene des umweltpolitischen Mehr-Ebenen-Systems für entscheidend wichtig. Dies schließt deren europäische und internationale Einbindung notwendig ein. Auch die Mehr-Ebenen-Steuerung bedarf jedoch des Garantiegebers, der im Falle des Scheiterns supranationaler oder subnationaler Problemlösungen die Letztverantwortung übernimmt. In diesem Sinne wird der Nationalstaat eine Garantenstellung für den langfristigen Umweltschutz für den Fall behalten müssen, dass internationale und europäische (oder auch subnationale) Problemlösungen versagen. Im EU-Kontext ist in diesem Fall die Schutzverstärkung gemäß Artikel 95 Abs. 4 und 5 EG der rechtliche Rahmen, der in diesem Sinne eher gestärkt als – etwa im Zuge der Osterweiterung – geschwächt werden sollte. Der Vorrang der europäischen Ebene ist immer dann gegeben, wenn eine umweltpolitische Flankierung von Binnenmarktregulierungen oder anderen Gemeinschaftspolitiken geboten ist. Aus dieser Verantwortung ist die EU ebenso wenig zu entlassen wie aus ihrer Garantenstellung für die umweltpolitischen Minima. Im Übrigen sollten im Verhältnis von EU und Mitgliedstaat problem- und kapazitätsbezogene Kompetenzzuordnungen vorgenommen werden. Dies wird im folgenden Kapitel 13.3 näher ausgeführt.

13.3 Die neuen Politikansätze im Lichte der Kompetenzordnung

1233. Im Mehr-Ebenen-System der europäischen Umweltpolitik kooperieren und konkurrieren internationale, regional-internationale, gemeinschaftliche, nationale und gegebenenfalls föderale Akteure bei der Erfüllung umweltpolitischer Aufgaben. Das führt unvermeidlich zu Kompetenzkonflikten, die einer effektiven und effizienten Politikgestaltung abträglich sind. Klare Kompetenzzuweisungen sind eine wichtige Bedingung erfolgreicher Umweltschutzpolitik (BRANDT, 2000, S. 175 ff.). Die Kompetenzzuweisungen müssen vor allem der jeweiligen Sachaufgabe adäquat sein. Das heißt genauer, dass einerseits die spezifischen Erfordernisse eines Politikfeldes sorgfältig zu ermitteln sind, und andererseits die Zuständigkeitsebene nach Maßgabe der verfügbaren Problemlösungskapazitäten auszuwählen ist. Auf der Grundlage einer solchen Analyse lässt sich ein unangemessenes Zentralisieren ebenso vermeiden wie eine Überspannung des Subsidiaritätsgedankens, die die Problemlösungskapazität der Mitgliedstaaten verkennt.

An der Globalisierung der Wirtschaftsbeziehungen führt kein ersichtlicher Weg vorbei. Die gebotene sozial- und umweltverträgliche Gestaltung dieses Prozesses verlangt auch entsprechend hochrangig angesiedelte Entscheidungskompetenzen. Für das Verhältnis zwischen der europäischen Gemeinschaft und ihren Mitgliedstaaten sollte deshalb als ein Prinzip der Kompetenzverteilung die Maxime maßgeblich sein, dass die Gestaltung des schrankenlosen Binnenmarktes von einer adäquaten umweltpolitischen Regulierung seitens der Gemeinschaft zu begleiten ist. Die Abbürdung der Erfordernisse einer effektiven umweltpolitischen Flankierung insbesondere der Wirtschafts- und Verkehrspolitik der Gemeinschaft auf die Mitgliedstaaten oder nachrangige Entscheidungsträger verstößt in der Regel gegen die Querschnittsklausel des Artikels 6 EG. Daher ist stets sorgfältig zu prüfen, ob und inwieweit die Erfordernisse einer spezifischen Sachaufgabe mit der spezifischen politischen Problemlösungskapazität nachrangiger Akteure angemessen bewältigt werden können. Gegebenenfalls darf die umweltpolitische Begleitung anderer Gemeinschaftspolitiken an die Mitgliedstaaten oder nachrangige Akteure überantwortet werden. In diese Prüfung einzubeziehen sind selbstverständlich auch die Fragen nach den Funktionsbedingungen der neuen Politikansätze. Sie müssen entsprechend der Problemlösungskapazitäten im Mehr-Ebenen-System ausgestaltet und zugeordnet werden.

Die vorstehenden Überlegungen gestatten auch eine angemessene Interpretation des Subsidiaritätsprinzips, das in Artikel 5 Abs. 2 EG normiert ist und bekanntlich die Kompetenzdebatte der Gemeinschaft seit langem beherrscht.

13.3.1 Kompetenzverteilung zwischen EG und Mitgliedstaaten – Grundlagen

1234. Im Unterschied zu den Nationalstaaten steht der EG keine umfassende Hoheitsgewalt zu. Sie verfügt lediglich über abgeleitete Zuständigkeiten, die ihr von den Mitgliedstaaten vertraglich verliehen worden sind. Nach dem ausdrücklich im EG-Vertrag verankerten *Prinzip der begrenzten Einzelermächtigung* (Art. 5 Abs. 1) benötigt die Gemeinschaft für jeden Rechtsakt eine Rechtsgrundlage innerhalb des EG-Vertrages. Die einzelnen Kompetenzbestimmungen des EG-Vertrages sind jedoch überwiegend weit gefasst. Damit soll gewährleistet werden, dass die Ziele der Gemeinschaft auch tatsächlich erreicht werden können. Insbesondere die Rechtsangleichungskompetenzen (heute Art. 94, 95 EG) und die so genannte Abrundungskompetenz für „unvorhergesehene Fälle" (heute Art. 308 EG) bieten der Gemeinschaft insgesamt einen umfänglichen Handlungsrahmen und haben in der Vergangenheit zu einer zum Teil extensiven Wahrnehmung von Zuständigkeiten durch die Gemeinschaft geführt.

1235. Das Prinzip der begrenzten Einzelermächtigung gilt auch für die *Außenbeziehungen* der EG. Umfassende internationale Handlungsbefugnisse bestehen ebenso wenig wie eine Kompetenz-Kompetenz, wonach die EG selbst über ihre Außenkompetenzen entscheiden könnte. Die EG bedarf einer Ermächtigungsgrundlage im Gemeinschaftsrecht, die sie zur Übernahme völkerrechtlicher Pflichten auf einem bestimmten Gebiet befugt. Nach der AETR-Rechtsprechung des Europäischen Gerichtshofs (EuGH) stehen der Gemeinschaft allerdings nicht nur dann Befugnisse zum Tätigwerden auf internationaler Ebene zu, wenn ihr ausdrückliche Außenkompetenzen eingeräumt worden sind (EuGH, Rs. 22/70, Slg. 1971, 263 – AETR). Vielmehr ist von einer Parallelität zwischen Binnen- und Außenkompetenz der EG derart auszugehen, dass jeder Kompetenz der EG im Innenbereich eine solche im Außenbereich korrespondiert. Aus den Aufgaben, die das Gemeinschaftsrecht im Innenbereich den Gemeinschaftsorganen etwa im Hinblick auf die Erhaltung der Meeresschätze zugewiesen hat, folgt die Zuständigkeit der Gemeinschaft, entsprechende völkerrechtliche Schutzverpflichtungen einzugehen (EuGH, Rs. 3, 4, 6/76, Slg. 1976, 1279 – KRAMER). Die Existenz der impliziten Außenkompetenzen ist dabei unabhängig davon, ob die EG im Innenbereich schon von ihren Befugnissen Gebrauch gemacht hat oder nicht (EuGH, Rs. 3, 4, 6/76; Gutachten 1/76, Slg. 1977, 741). Die Gemeinschaft ist also grundsätzlich in allen Bereichen zum internationalen Agieren befugt, in denen ihr intern gegenüber den Mitgliedstaaten eine Rechtsetzungskompetenz zukommt.

1236. Die Inanspruchnahme des umfänglichen Kompetenzkatalogs des EG-Vertrages ist in der Praxis vielfach auf Kritik von Mitgliedstaaten gestoßen, obgleich diese sich ursprünglich gerade nicht auf eine restriktive Ausgestaltung der Gemeinschaftskompetenzen im EG-Vertrag hatten verständigen wollen. Ergebnis der Diskussion ist schließlich nicht nur die Aufnahme des *Subsidiaritäts-* *prinzips* in einzelne Zuständigkeitsvorschriften, sondern vor allem dessen Hochzonung in den Rang der allgemeinen Grundsätze im Zuge des Maastricht-Vertrages gewesen (jetzt Art. 5 Abs. 2 und 3 EG). In allen Fällen, in denen die EG nicht die ausschließliche Kompetenz besitzt, bedarf danach ein Tätigwerden der Gemeinschaft gegenüber den Mitgliedstaaten der besonderen Begründung nach den Anforderungen des Subsidiaritätsprinzips.

1237. Da eine europäische Harmonisierung nicht immer die „richtige" Lösung sein muss, ist die Berufung auf das Subsidiaritätsprinzip grundsätzlich gerechtfertigt. Das wesentliche Problem bei der Anwendung des Subsidiaritätsprinzips liegt jedoch in der sehr allgemein gehaltenen und daher in hohem Maße interpretationsbedürftigen Formulierung:

Nach dem zunächst allein in Hinblick auf die Umweltpolitik in Artikel 130r Abs. 4 S. 1 EWGV normierten Subsidiaritätsprinzip sollte die Gemeinschaft im Bereich Umwelt nur insoweit tätig werden, als die in Artikel 130 Abs. 1 EWGV genannten Ziele besser auf Gemeinschaftsebene erreicht werden konnten als auf Ebene der Mitgliedstaaten. Diese „Besserklausel" führte zu zahlreichen Auslegungsvorschlägen. Diskutiert wurden Kriterien zur Beurteilung der „besseren" Aufgabenerfüllung. Artikel 130r Abs. 4 S. 1 EWGV wurde im Sinne eines Effektivitätsprinzips beziehungsweise Optimierungsgebots verstanden (z. B. GRABITZ und NETTESHEIM, 2002; KAHL, 1993; SCHEUING, 1989). Letztlich konnte aber keine Übereinstimmung über eine „subsidiaritätsgerechte" Verwirklichung des Umweltschutzes hergestellt werden. Trotz der mit großem argumentativem Aufwand geführten Kontroversen hat die „alte" Subsidiaritätsklausel des Artikels 130r Abs. 4 S. 1 EWGV keine spürbaren Auswirkungen auf die Praxis gehabt (SCHRÖDER, 2003b, S. 233 m. w. N.).

An dieser Situation hat sich auch mit dem jetzt in Artikel 5 Abs. 2 EG normierten – und für sämtliche Politiken geltenden – Erfordernis einer doppelten Rechtfertigung nicht grundlegend etwas geändert. Eine Präzisierung der Kompetenzaufteilung zwischen EG und Mitgliedstaaten ist nicht erzielt worden: Die Gemeinschaft darf dem Wortlaut des Artikels 5 Abs. 2 EG nach nunmehr nur tätig werden, sofern und soweit die Ziele auf Ebene der Mitgliedstaaten „nicht ausreichend" und daher wegen ihre Umfangs oder ihrer Wirkungen „besser" auf EG-Ebene erreicht werden können. Zwar darf nicht übersehen werden, dass bezeichnenderweise eine von dem herkömmlichen Subsidiaritätsverständnis abweichende Formulierung gewählt worden ist. Nach dem auf die katholische Soziallehre zurückgehenden Gedanken der Subsidiarität zieht die jeweils übergeordnete Ebene nur die Aufgaben an sich, die von der untergeordneten Stufe nicht erfüllt werden können. Im Vergleich dazu genügt es schon dem Wortlaut des Artikels 5 Abs. 2 EG nach nicht mehr, dass die untere Ebene – die Mitgliedstaaten – der fraglichen Aufgabe überhaupt nachkommen könnte. Vielmehr kommt es auch darauf an, ob die Mitgliedstaaten eine Aufgabe „ausreichend" wahrnehmen können. Der Erfüllung einer Aufgabe durch die untergeordnete Stufe wird bei einer am Wortlaut orientierten Auslegung also kein Wert an sich zugeschrieben, wenn durch ein Tätigwerden auf Gemeinschaftsebene eine Optimierung erreicht werden könnte (s. dazu SCHINK, 1992, S. 387; PERNICE, 1989, S. 35).

Eine Auslegung der Kriterien des „nicht ausreichend und daher besser zu Erreichenden" ist damit aber noch nicht erfolgt. Hieran hat auch das Zusatzprotokoll zum Amsterdamer Vertrag über die Anwendung der Grundsätze der Subsidiarität aus dem Jahr 1997 nichts zu ändern vermocht. Dessen zentrale, aber ebenfalls sehr allgemein gehaltene Aussagen indizieren ebenso gegenläufige Auslegungen wie das Subsidiaritätsprinzip des Artikels 5 Abs. 2 EG als solches. So sollen nach dem Protokoll Gemeinschaftsmaßnahmen nur dann gerechtfertigt sein, wenn

– der betreffende Bereich transnationale Aspekte aufweist, die durch Maßnahmen der Mitgliedstaaten nicht ausreichend geregelt werden können,

– alleinige Maßnahmen der Mitgliedstaaten oder das Fehlen von Gemeinschaftsmaßnahmen gegen die Anforderungen des Vertrages verstoßen oder auf sonstige Weise die Interessen der Mitgliedstaaten erheblich beeinträchtigen würden,

– Maßnahmen auf Gemeinschaftsebene wegen ihres Umfangs oder ihrer Wirkungen im Vergleich zu Maßnahmen auf der Ebene der Mitgliedstaaten deutliche Vorteile mit sich bringen würden.

Das Subsidiaritätsprotokoll weist damit zwar Wege zu einer nachvollziehbaren Handhabung. Eine praktikable Konkretisierung der verwendeten unbestimmten Begriffe erfolgt in dem Protokoll jedoch nicht. Die Grundfrage, welche Ebene eine bestimmte Aufgabe besser erfüllen kann, bleibt weiterhin maßgeblich durch die Politik bestimmt. Dabei wird häufig nicht nur danach gefragt, wer die jeweilige Aufgabe besser erfüllt, sondern auch, von wem ein inhaltlich akzeptable Lösung zu erwarten ist. Wer also Schwierigkeiten hat, bestimmte politische Ziele auf nationaler Ebene zu verwirklichen, plädiert häufig für eine EG-weite Lösung, auch wenn die Mitgliedstaaten durchaus zur Bewältigung des Problems in der Lage wären. Wer umgekehrt von der EG in der Sache „nichts Gutes" erwartet, bevorzugt zum Teil nationale Lösungen, auch wenn eine gemeinschaftsweite Regelung eigentlich unerlässlich ist (CLASSEN, 2001, S. XV f.). Insgesamt gehen die Auslegungsvorschläge gerade auch für den Kompetenzbereich des Umweltschutzes nach wie vor deutlich auseinander.

13.3.2 Das Subsidiaritätsprinzip im Umweltschutz

1238. Die EG ist in nahezu allen umweltpolitisch relevanten Bereichen bereits legislativ tätig geworden. „Originäre" Umweltrichtlinien und -verordnungen beziehen sich dabei nicht allein auf einzelne Umweltmedien, sondern weisen infolge medienübergreifender und integrierender Genehmigungs-, Prüfungs- und Planungskonzepte (z. B. in der UVP-, der IVU- und der Wasserrahmenrichtlinie) und aufgrund von Verfahrensregelungen beispielsweise zur Information und/oder Partizipation der Öffentlichkeit auch horizontalen Charakter auf. Hinzu kommen zahlreiche gemeinschaftliche Vorgaben anderer Politikbereiche mit Umweltrelevanz. Trotz der weit reichenden Normierungspraxis der Gemeinschaft kann die Kompetenzverteilung zwischen Gemeinschaft und Mitgliedstaaten im Bereich des Umweltschutzes keineswegs als geklärt gelten. Kompetenzielle Einwände werden gerade auch unter Berufung auf das Subsidiaritätsprinzip geltend gemacht (so etwa in Bezug auf die Wasserrahmenrichtlinie von REINHARDT, 2001; BREUER, 2000).

1239. Aktuell stellt sich die Frage der Kompetenzverteilung zwischen EG und Mitgliedstaaten insbesondere vor dem Hintergrund der neuen Steuerungskonzepte im Umweltschutz. Zum einen zielen die gemeinschaftlichen Umweltschutzregelungen der letzten Zeit weniger in Form konkreter Vorgaben darauf ab, etwa Emissionen von Schadstoffen in die Umwelt schrittweise zu verringern, als vielmehr darauf, den Mitgliedstaaten Rahmenregelungen vorzugeben, die erst noch durch konkrete Emissionsminderungskonzepte vollzugsfähig gemacht werden müssen (ausführlich WILLAND, 2003). Zu beobachten ist auf EG-Ebene jetzt eine vorrangige Festlegung von Verfahren, von Regeln für Programme oder Berichte (Abschn. 13.4.4.1). Zum anderen werden „weiche" und „flexible" Instrumente, insbesondere in Form von Selbstverpflichtungen der Wirtschaft unter ausdrücklicher und wiederholter Berufung auf das „Subsidiaritätsprinzip" in jüngster Zeit zunehmend favorisiert (s. auch Abschn. 13.4.4.3). Dieser Wandel der umweltpolitischen Steuerungsmuster in der EG schlägt sich auch in der unterschiedlichen Ausgestaltung der europäischen Umweltaktionsprogramme nieder. Während die EU-Kommission in früheren Umweltaktionsprogrammen grundsätzlich für eine umweltpolitische Steuerungsfunktion der EG eintrat, tendenziell von einer umfassenden Gemeinschaftszuständigkeit im Umweltschutz ausging und die Rolle der Mitgliedstaaten dementsprechend im Wesentlichen in Mitwirkung, Detaillierung und Implementation sah, scheint diese Auffassung im 6. Umweltaktionsprogramm wenn nicht aufgegeben, so doch jedenfalls maßgeblich relativiert worden zu sein. Sowohl hinsichtlich der Regelungstiefe als auch in Hinblick auf gesetzgeberisches Tätigwerden überhaupt hält sich die Gemeinschaft zunehmend zurück. Diese legislative Zurückhaltung der EU-Kommission lässt sich rechtlich nicht auf der Grundlage des Subsidiaritätsprinzips begründen.

1240. In der Debatte um das Subsidiaritätsprinzip im Umweltschutz ist einerseits eine gemeinschaftsfreundliche Position auszumachen, die (ähnlich der Position der EU-Kommission in den früheren Umweltaktionsprogrammen) tendenziell eine umfassende und in die Tiefe reichende Zuständigkeit der EG in Fragen des Umweltschutzes bejaht und zur Begründung insbesondere auf das Postulat der Artikel 174, 175 EG nach einer umweltspezifischen Politik der Gemeinschaft abstellt (z. B. KRÄMER, 1999, 1998; STEINBERG, 1995). Demgegenüber steht bei einer zweiten Position das Interesse an der

Bewahrung der (größtmöglichen) Handlungsspielräume der Mitgliedstaaten im Vordergrund (s. etwa BOGDANDY und NETTESHEIM, 2002). Maßgebliche Bedeutung kommt dabei dem Gesichtspunkt der Transnationalität zu, demzufolge für eine Gemeinschaftskompetenz der grenzüberschreitende Charakter von Umweltproblemen entscheidend sein soll. Unstreitig als erfüllt angesehen wird dieses Kriterium allerdings allein bei der Verfolgung globaler Umweltziele, also insbesondere im Hinblick auf Klimaschutz, Ozonschutz, Artenschutz und die Begrenzung von Emissionen mit Fernwirkung (vgl. die Darstellung bei SCHRÖDER, 2003b, S. 235 m. w. N.). Bei Emissionen mit (nur) regionalen oder lokalen Effekten wird dagegen zum Teil die Berechtigung einer europaweiten Regelung wegen fehlender Transnationalität der Aufgabe verneint (z. B. JARASS, 1994, S. 215). Ebenso wenig soll es ausreichen, wenn ein Umweltproblem wie beispielsweise die Lärmbelastung der Bevölkerung gleichzeitig an vielen Orten in der Gemeinschaft auftritt. Qualitätsstandards sollen hier den Mitgliedstaaten überlassen bleiben (z. B. EPINEY, 1997, S. 91; JARASS, 1994, S. 215). Nach anderer Auffassung ist demgegenüber die Transnationalität schon dann zu bejahen, wenn Gegenstand der Maßnahme Umweltprobleme sind, die mehr als einen Mitgliedstaat betreffen, sodass die Maßnahme zur Verbesserung der Umwelt in der Gemeinschaft beiträgt (BORRIES, 2003, S. 886; s. auch LENAERTS, 1994, S. 880 f.; BRINKHORST, 1993, S. 19).

Nicht von der Bewahrung nationaler Handlungsspielräume, sondern vielmehr von der Frage effizienter Aufgabenerfüllung geht demgegenüber ein drittes, von CALLIESS (1999, 2002) entwickeltes so genanntes „progressives Subsidiaritätsverständnis" aus, demzufolge Umweltschutz zu den Politiken gehört, die der Gemeinschaft und den Mitgliedstaaten zur gemeinsamen dynamischen Zielverwirklichung aufgetragen sind. Wegen des positiven Effekts des Gemeinschaftshandelns für das „Ökosystem EG" und zur Vermeidung von Wettbewerbsverzerrungen, einschließlich des Umweltdumpings, soll die Gemeinschaft befugt sein, die Regelung jedes Umweltproblems durch Festlegung von Mindeststandards an sich zu ziehen. Den Mitgliedstaaten fällt die Aufgabe der Umsetzung, Anwendung, Detaillierung und Schutzverstärkung zu. Nach Auffassung von CALLIESS wird die Regelungstiefe im Übrigen durch Artikel 5 Abs. 3 EG begrenzt, wonach die Maßnahmen der Gemeinschaft nicht über das für die Erreichung der Ziele des EG-Vertrages erforderliche Maß hinausgehen dürfen.

Der EuGH schließlich beschränkt sich bei Streitigkeiten über das Subsidiaritätsprinzip im Wesentlichen auf eine Plausibilitätskontrolle. Er legt einen weiten Ermessensspielraum der Gemeinschaft zugrunde und verlangt nur, dass der Gemeinschaftsgesetzgeber überhaupt Erwägungen zur „richtigen" Ebene angestellt haben muss. Dafür ist es nach Ansicht des Gerichtshofs beispielsweise ausreichend, wenn sich den Begründungserwägungen der Richtlinie ohne explizite Bezugnahme auf das Subsidiaritätsprinzip entnehmen lässt, dass die Entwicklung der nationalen Rechtsvorschriften und Praktiken das reibungslose Funktionieren des Binnenmarktes behindert, falls die Gemeinschaft nicht eingreift (z. B. EuGH, Rs. C-233/94, Slg. 1997, I-3671; Rs. C-377/98, Slg. 2001, I-7079).

1241. Insgesamt sind die Operationalisierungskriterien für das Subsidiaritätsprinzip somit kontrovers. In der Konsequenz ist Artikel 5 Abs. 2 EG als „Prinzip" wenig praktikabel. In seiner gegenwärtigen Fassung vermag das Subsidiaritätsprinzip kaum zu eindeutigen Kompetenzabgrenzungen zwischen Gemeinschaft und Mitgliedstaaten im Umweltschutzbereich beizutragen. Schon deshalb kann die generelle legislative Zurückhaltung der EU-Kommission im 6. Umweltaktionsprogramm nicht mit einer subsidiaritätsgerechten Verwirklichung des Umweltschutzes begründet werden. Eine entscheidende Rolle im 6. Umweltaktionsprogramm dürfte eher die Intention gespielt haben, jegliche konkrete Festlegung im Hinblick auf zu ergreifende Maßnahmen durch offene Formulierungen zu vermeiden. Bezeichnenderweise handelt es sich bei dem 6. Umweltaktionsprogramm um das erste Umweltaktionsprogramm, welches aufgrund des durch den Maastricht-Vertrag geänderten Artikels 175 Abs. 3 EG eines Ratsbeschlusses mit der Folge bedurfte, dass das Programm sowohl für die bezeichneten Mitgliedstaaten als auch für die Institutionen der Gemeinschaft verbindlich ist. Enthielte das Umweltaktionsprogramm etwa Bestimmungen dahin gehend, dass die EU-Kommission einen Richtlinienvorschlag bis zu einem bestimmten Datum vorzulegen hätte, wäre sie dazu verpflichtet, andernfalls könnte zum Beispiel das EU-Parlament Unterlassungsklage erheben. Zuvor war bereits in einer 1996 von der EU-Kommission vorgeschlagenen, ebenfalls auf den neuen Artikel 175 Abs. 3 EG gestützten Entscheidung zur Revision des 5. Umweltaktionsprogramms jede Aussage unterlassen worden, die als rechtlich verbindliche, einklagbare Verpflichtung für die Gemeinschaft oder für den Ministerrat oder für die Mitgliedstaaten hätte verstanden werden können (s. auch KRÄMER, 2003a, S. 453). Während also Artikel 175 Abs. 3 EG Ziele und Prioritäten gerade in einer rechtlich verbindlichen Form festgelegt sehen will, formulieren EU-Kommission und Ministerrat nunmehr Prioritäten, die so allgemein sind, dass sie inhaltlich letztlich unverbindlich bleiben. Statt eindeutiger Aufgabenzuweisungen ist das Gegenteil der Fall.

1242. Eine solche Selbstbeschränkung der EG auf die Setzung bloßen Rahmenrechts ist kompetenziell nicht geboten. Erst recht findet die Betonung von Selbstverpflichtungen der Wirtschaft keine Grundlage in der zwischen EG und Mitgliedstaaten geltenden Kompetenzordnung. Weder infinite Kooperationsprozesse noch eine so genannte Verantwortungsteilung mit Wirtschaftssubjekten sind durch das Subsidiaritätsprinzip gefordert. Vielmehr gehen mit der primärrechtlichen Zuweisung von Aufgaben an die Gemeinschaft entsprechende Schutzverpflichtungen zum legislativen Tätigwerden einher, derer sie sich nicht entledigen darf. Den Mitgliedstaaten und der EG als einer durch die Mitgliedstaaten vertraglich legitimierten Institution kommen originäre Regierungs- und Verwaltungsfunktionen zu, die nicht auf

Privatrechtssubjekte zu delegieren sind. Selbstverpflichtungen können flankierend neben, nicht aber in erheblichem Umfang an die Stelle von gemeinschaftsweit verbindlichen Mindeststandards treten.

1243. Es steht zu befürchten, dass in Anbetracht der neuen Politikansätze in Gestalt von Rahmenregelungen und Selbstverpflichtungen die Integrationskraft des gemeinschaftlichen Umweltschutzes (weiter) abnimmt und dringend erforderliche Fortschritte im Umweltschutz mangels klarer Verantwortlichkeiten zumindest verzögert werden. Von der Gemeinschaft ist daher eine konsequente Wahrnehmung der jeweiligen Kompetenzen zu fordern. Es ist von einem an der Zielverwirklichung ansetzenden, das heißt von dem Ziel eines effektiven gemeinschaftsweiten Umweltschutzes ausgehenden Modell der Kompetenzverteilung im Umweltschutz auszugehen. Subsidiarität kommt danach nicht vornehmlich eine begrenzende Funktion zu, sondern ist dynamisch mit Blick auf die zu erreichenden gemeinschaftlichen Ziele zu konkretisieren. Ausgangspunkt der Kompetenzverteilung unter Berücksichtigung des Subsidiaritätsprinzips hat der Gedanke zu sein, dass die Binnenmarktpolitik der Gemeinschaft von einer adäquat umweltpolitischen „Flankierung" begleitet sein muss. Insoweit ist die Querschnittsklausel des Artikels 6 EG eine Auslegungsregel der Kompetenzverteilung, die nur dann ihre maßgebliche Aufgabenzuweisungsfunktion verliert, wenn eine Aufgabenerfüllung durch die Mitgliedstaaten mit Blick auf die Erfordernisse der Aufgabenerfüllung und der Problemlösungskapazität der nachrangigen Steuerungsebenen gleichermaßen effektiv möglich erscheint.

1244. Auf der Grundlage eines solchen Subsidiaritätsverständnisses kann den sich ändernden Bedürfnissen und Bedingungen des Umweltschutzes Rechnung getragen und eine dynamische umweltspezifische Sachpolitik gewährleistet werden. Die Globalisierung der Wirtschaft fordert die Umweltverträglichkeit der wirtschaftlichen Aktivitäten auf europäischer (und weiter gehend auf internationaler) Ebene. Dementsprechend ist der Kompetenz der EG zur Verwirklichung des Binnenmarktes in Artikel 14 EG gerade auch die explizite Kompetenz zu einer europäischen Umweltpolitik (Art. 174 ff. EG) nachgefolgt (CALLIESS, 2002, S. 1837). Umweltpolitik ist ausweislich Artikel 3 EG eine der Politiken der EG; deren Ziel ist ein hohes Maß an Umweltschutz und die Verbesserung der Umweltqualität in der Gemeinschaft (Art. 2 EG). Die EU ist nicht nur eine Wirtschaftsunion, sondern zugleich eine Umweltunion. Angesichts der fortschreitenden Zerstörung der Umwelt und der gegenseitigen Abhängigkeit der Lebensbereiche ist die Ausweitung eines starken Schutzes der Umwelt auf einen möglichst großen Raum selbst dann ein Ziel der Gemeinschaft, das die Mitgliedstaaten „nicht ausreichend" erreichen können, wenn eine grenzüberschreitende Wirkung nicht unmittelbar in Erscheinung tritt (ZULEEG, 1999, Rn. 22; KAHL, 1993, S. 95 ff.). Die Beschränkung auf bloße Rahmenregelungen ohne konkrete Mindeststandards birgt im Übrigen die Gefahr, dass Erfolge und Defizite in den Mitgliedstaaten keiner vergleichbaren Beurteilung unterliegen und somit weniger Anreize für Unternehmen für die Übernahme von Vorreiterrollen bieten.

Der EG obliegt demnach zwar durchaus die Festlegung allgemeiner umweltpolitischer Rahmenbedingungen. Weiter gehend ist sie aber gerade auch für den Erlass von konkreten Mindestnormen für Emissionen und Produktstandards und für umweltrelevante Verfahrensvorschriften zuständig. Denn keineswegs alle (künftigen) Mitgliedstaaten verfügen über eigenständige und kohärente Umweltpolitiken. Insofern kann die EG maßgebliche Unterstützung leisten durch ihre Möglichkeit, auf supranationaler Ebene unmittelbar verbindlich für sämtliche Mitgliedstaaten Standards zu normieren. Gemeinschaftsweite Mindeststandards sowohl für Produkte als auch für die Herstellung verhindern (allzu große) Wettbewerbsverzerrungen im Binnenmarkt (ausführlich auch WILLAND, 2003). Umweltdumping lässt sich nicht allein mit der Bestimmung von Produkteigenschaften begegnen, sondern muss die Herstellungsbedingungen mit einbeziehen (KARL, 2000, S. 190 ff.). Die ökologische Effektivität gemeinschaftlicher Mindeststandards mit dezentraler Schutzverstärkungsmöglichkeit im Bereich der produktbezogenen Umweltqualitätsstandards, der Immissionsstandards, der produktbezogenen und prozessbezogenen Emissionsstandards, sowie der anlagenbezogenen Emissionsstandards ist wiederholt untersucht und bestätigt worden (z. B. BINSWANGER und WEPLER, 1994; NEUMANN und PASTOWSKI, 1994). In jedem Fall muss daher beispielsweise zur Ausgestaltung der im 6. Umweltaktionsprogramm vorgeschlagenen sieben thematischen Strategien die Verschärfung bestehender Regelwerke und der Erlass neuer Legislativakte seitens der Gemeinschaft mit einbezogen werden: Rahmenvorgaben und Mindeststandards erfolgen – auf der Basis einer umfassenden konkurrierenden Kompetenz der EG im Bereich des Umweltschutzes – gemeinschaftsweit, die Ausfüllung, Anwendung und eventuelle Verschärfungen sodann national. Zur Vergleichbarkeit der Tätigkeiten und Erfolge in den Mitgliedstaaten bedarf es dabei gemeinschaftsweiter Vorgaben insbesondere auch mit Blick auf das Ob und Wie von Datenerhebungen und Probenahmen.

13.3.3 Die Rolle der EG in internationalen Umweltabkommen

1245. Völkerrechtliche Verträge, die von der EG abgeschlossen werden, sind Bestandteil des Gemeinschaftsrechts. Daraus resultieren Aufgaben und Pflichten der EU-Kommission. Gleichwohl liegt es, wenn keine spezifische Regelung auf Gemeinschaftsebene existiert, praktisch ausschließlich an den Mitgliedstaaten zu entscheiden, ob und inwieweit sie den völkerrechtlichen Vertrag in ihr nationales Recht übernehmen und anwenden. Die Überwachung beispielsweise der Einhaltung des OSPAR- und des Helsinki-Übereinkommens wird nicht durch die EU-Kommission, sondern bislang allein durch die Vertragskommissionen OSPAR und HELCOM wahrgenommen. KRÄMER (2003b, S. 200) und NOLLKAEMPER (1993, S. 278) zufolge hat die EU-Kommission zu keinem Zeitpunkt versucht, die effektive Implementation und Durchsetzung der völkerrechtlichen Meeresumweltschutzvorgaben in den Mitgliedstaaten zu kontrollieren und damit ihrer Verpflichtung aus Artikel 211 EG nachzukommen. Die EU-Kommission hat sich nie dazu geäußert, warum sie sich eine solche Selbstbeschränkung auferlegt.

1246. Kompetenzielle Bedenken vermögen auch im Hinblick auf ein Tätigwerden der Gemeinschaft auf internationaler Ebene und den hieraus resultierenden Schutzverpflichtungen nicht zu greifen. Mit den Binnenkompetenzen der Gemeinschaften korrespondieren – wie dargestellt (Tz. 1235) – entsprechende Zuständigkeiten auf internationaler Ebene. Bei genauerer Analyse zeigt sich auch, dass bei der Ausübung von Außenkompetenzen vor allem politische Erwägungen eine Rolle spielen: So weigerten sich nach Ansicht von HEINTSCHEL von HEINEGG (2003, S. 733) alle Regierungen regelmäßig „beharrlich", zugunsten der Gemeinschaft aus ihrer außenpolitischen Verantwortung gedrängt zu werden, was zu einer bedauerlichen Verschleierung der innergemeinschaftlichen Kompetenzabgrenzung geführt habe (s. auch TOMUSCHAT, 1991, S. 146). Werden die Mitgliedstaaten als eigenständige Völkerrechtssubjekte Vertragspartner, können sie nämlich regelmäßig durch ihr Veto Entscheidungen gegen ihren Willen vermeiden und direkt, also nicht nur mittelbar über die EU-Kommission, Einfluss nehmen. Konkret etwa für den Bereich des Meeresumweltschutzes lässt sich feststellen, dass die Mitgliedstaaten dazu neigten, im Wege der Zusammenarbeit zwischen den Anrainerstaaten einzelner Meere Lösungen zu suchen, statt auf EG-einheitliche Lösungen hinzuwirken (KRÄMER, 2003b, S. 199 f.; BOTHE, 1996, S. 331).

1247. Die EG sollte vor diesem Hintergrund, ähnlich wie sie es bereits bei den Verhandlungen unter dem Kioto-Protokoll getan hat, insgesamt eine aktivere Rolle im Rahmen internationaler Umweltabkommen sowie bei der Umsetzung derselben auf Gemeinschaftsebene einnehmen. Das Ziel der europäischen Integration und der globale Charakter vieler Umweltprobleme verlangen entsprechende Aktivitäten der EG. Die Gemeinschaft ist extern genauso wie intern auf ein hohes Niveau zum Schutz der Umwelt verpflichtet (Art. 2 EG). Sie hat sich, vertreten durch die EU-Kommission, dementsprechend in völkerrechtlichen Vertragsverhandlungen zu positionieren. Das Tätigwerden der EG auf internationaler Ebene ist dabei kein Selbstzweck in dem Sinne, dass nur noch einmal international festgeschrieben wird, was ohnehin schon auf Gemeinschaftsebene Standard ist, sondern muss, wenn und so weit der Schutz der Umwelt es erfordert, darüber hinausgehen.

1248. Selbstverständlich setzt ein effektives gemeinschaftliches Agieren im internationalen Bereich eine entsprechende Koordination der Mitgliedstaaten im Vorwege voraus. Hier liegt es allerdings vorrangig an den Mitgliedstaaten, ihrer aus dem in Artikel 10 EG verankerten Prinzip der Gemeinschaftstreue resultierenden Pflicht zur Zusammenarbeit mit der EU-Kommission auch im Hinblick auf externe Aktivitäten nachzukommen. So ist beispielsweise die mangelnde Kohärenz der von einigen Mitgliedstaaten in den unterschiedlichen Gremien auf gemeinschaftlicher Ebene einerseits und auf internationaler Ebene im Rahmen von OSPAR und HELCOM andererseits eingenommenen Positionen wenig hilfreich. Sie führt, wie die EU-Kommission selbst anmerkt, zu entsprechenden „Verwirrungen" (EU-Kommission, 2002g), bedingt langwierige Entscheidungsprozesse und wirkt letztlich als verzögerndes, wenn nicht gar blockierendes Moment. Die Bundesregierung sollte daher die Notwendigkeit eines über den bloßen Abschluss völkerrechtlicher Umweltabkommen hinausgehenden externen Handelns der EG nachdrücklich betonen und sich für zügige und mit dem einzelstaatlichen Verhalten kohärente Koordinierungsprozesse einsetzen.

13.3.4 Probleme föderaler Strukturen in den Mitgliedstaaten

1249. Die Verwirklichung wichtiger umweltpolitischer Projekte der Gemeinschaft wie insbesondere die Schaffung des Schutzgebietsnetzes NATURA 2000 (Kap. 3.2), die Einrichtung eines Flussgebietsmanagements (Abschn. 5.1.1.1) sowie die umfassende Bestandsaufnahme als Grundlage der Umsetzung der Wasserrahmenrichtlinie (Abschn. 5.1.1.5) werden in Deutschland in hohem Maße durch die ineffektiven föderalen Strukturen gefährdet. Wie dargelegt, weigern sich die Länder in dem europarechtlich vorgegebenen Maße, FFH-Gebiete zu melden, und das nun schon seit 1995 (Tz. 139 ff.). Auch die ohnehin nur zweitbeste Lösung der Organisation von Flussgebietsverwaltungen durch Länderkooperationen hat noch immer keine Gestalt gewonnen (Tz. 396 ff.). Noch dramatischer könnte die Bestandsaufnahme im Rahmen der fachlichen Umsetzung der Wasserrahmenrichtlinie scheitern, wenn man etwa beobachten muss, dass drei Länder den Main nach divergierenden Kriterien beschreiben und bewerten (Tz. 403 f.). Hier erscheinen Modifikationen der föderalen Strukturen dringend geboten. Eine Korrektur der Verteilung sowohl der Gesetzgebungs- wie auch der Verwaltungskompetenzen ist zumindest insoweit anzustreben, dass der Bund die Durchsetzung europarechtlicher Vorgaben in Deutschland zügig gewährleisten kann. Das dürfte unter anderem eine konkurrierende Gesetzgebungskompetenz in den Bereichen Naturschutz, Landschaftspflege und Wasserhaushalt erfordern. Ferner ist eine Bundesauftragsverwaltung für Teile dieser Regelungsbereiche zu prüfen. Insbesondere gilt dies insoweit, als vernetzte Strukturen wie das System NATURA 2000 und das an Flussgebietseinheiten ausgerichtete Gewässermanagement eingerichtet werden müssen.

1250. Es ist hier nicht der Ort, differenziert Vorschläge für eine Föderalismusreform zu unterbreiten. Der Umweltrat begrüßt jedoch die vielfältigen aktuellen Bemühungen von Bund und Ländern, eine Reform des deutschen Föderalismus auf den Weg zu bringen. Allerdings entbehren die bislang unterbreiteten Vorschläge für die

Neuordnung der Gesetzgebungskompetenzen vielfach der unerlässlichen Analyse der Erfordernisse der jeweiligen Sachmaterie sowie der Handlungskapazitäten der unterschiedlichen Akteure des politischen Mehrebenensystems. Noch wird der europäischen Dimension und den entsprechenden Umsetzungspflichten Deutschlands nicht die angemessene herausragende Bedeutung zugestanden. Der Umweltrat empfiehlt der Bundesregierung, die in diesem Gutachten aufgezeigten und hier angesprochenen Mängel der Kompetenzverteilung ebenso in die Reformdebatte einzubeziehen wie die föderal bedingten Schwächen im Meeresumweltschutz, auf die der Umweltrat im Sondergutachten „Meeresumweltschutz für Nord- und Ostsee" hingewiesen hat.

13.4 Bewertung neuer umweltpolitischer Steuerungskonzepte in der Europäischen Union

1251. Aktualität und Bedeutung der umweltpolitischen Steuerungsdiskussion werden am Beispiel der Europäischen Union besonders deutlich. Seit Anfang der 1990er-Jahre experimentiert die EU mit neuen umweltpolitischen Steuerungskonzepten (vgl. dazu EEAC, 2003a, 2003b JORDAN et al., 2003a; KNILL, 2003; LENSCHOW, 2002; KNILL und LENSCHOW, 2000; HEY, 2000, 2001; GLASBERGEN, 1998). Die folgende Tabelle zeigt das Spektrum dieser Ansätze im Überblick.

Tabelle 13-1

Neuere umweltpolitische Steuerungsansätze in der Europäischen Union

Steuerungsansatz	Beispiele
Zielorientierte Ansätze	
– komplexe Langzeitstrategien	– Nachhaltigkeitsstrategie
– thematische Strategien	– 6. Umweltaktionsprogramm
– thematische Zielvorgaben	– offene Koordination
– mit dezentraler Umsetzung	– Klimaschutz, NEC-Richtlinie
– mit offener Koordination	– Lissabon Strategie
Umweltpolitikintegration	
– Sektorstrategien	– Cardiff Prozess
– Umweltassessment	– SUP
– Mainstreaming	– Evaluation der Frühjahrsgipfel
– Greening of government operations	– umweltfreundliche Beschaffung
Kooperatives Regieren	
– mit Mitgliedstaaten	– Rahmenrichtlinien
– mit Regionen	– Tripartite partnerships
– mit Wirtschaftsverbänden	– Normung, integrierte Produktpolitik, ausgehandelte Selbstverpflichtungen
– mit Umweltverbänden	– Teilfinanzierung
– latente Regelsteuerung	– „Verhandeln im Schatten der Hierarchie"
Aktivierte Selbstregulierung	
– „aktivierender Staat"	– Aarhus Prozess
– regulierte Selbstregulierung	– EMAS
– freiwillige Selbstverpflichtungen	– ACEA (PKW-Flottenverbrauch)
– „Unternehmensverantwortung"	

SRU/UG 2004/Tab. 13-1

1252. Die dargestellten Steuerungsansätze unterscheiden sich ungeachtet ihrer Vielfalt durchgängig von der klassischen, hierarchischen Regelsteuerung (Abschn. 13.2.2.1). Der Unterschied ist wichtig, weil bislang (1993 bis 2000) mit noch immer fast 80 % der weitaus größte Teil aller EU-Umweltregelungen ordnungsrechtlicher Natur sind, zu denen noch rund 8 % ökonomische Steuerungsformen hinzu kommen (HOLZINGER et al., 2003, S. 119). Die kontextbezogenen, kooperativen, „weichen" Steuerungsformen bilden bisher also nur einen kleinen Anteil von rund 14 % (Tab. 13-2). Mehr noch: viele von ihnen erzielen ihre Wirkung erst vor dem Hintergrund hierarchischer Steuerungsoptionen im Sinne des bisherigen Staatsinterventionismus.

1253. Ausgangspunkt der verstärkten Suche nach neuen Steuerungsformen in der europäischen Umweltpolitik ist die Erkenntnis in die begrenzte Reichweite und Effektivität der traditionellen umweltpolitischen Regelsteuerung. Diese folgt bisher zumeist einem eher hierarchischen Modell der Formulierung substanzieller oder prozeduraler Normen, das den Normadressaten relativ geringe Freiräume überlässt (KNILL und LENSCHOW, 2003; RITTBERGER und RICHARDSON, 2001). Gemeinhin hatte das klassische Politikmodell der „hierarchischen" Regelsteuerung auch im EU-Kontext erhebliche Funktionsschwächen:

– Das Vollzugsdefizit ist erheblich. Es ist in der Umweltpolitik höher als in allen anderen Bereichen. Dass die Zahl der Vertragsverletzungsverfahren zwischen 1998 und 2001 um mehr als 50 % zugenommen hat (KNILL, 2003, S. 172 ff.), ist dabei nicht nur als Indikator für einen gravierenden Missstand zu interpretieren, sondern auch dafür, dass die EU-Kommission Vertragsverletzungen konsequenter und zügiger angeht. Die umweltbezogenen Beschwerden an die EU-Kommission haben 2002 erstmals abgenommen, ebenso die Vertragsverletzungsverfahren. Diese machen im Umweltbereich aber weiterhin ein Drittel aller Verfahren der EU-Kommission aus (Kommissionsmitteilung v. 7. Juli 2003). Zum Teil haben Mitgliedstaaten selbst Richtlinien aus den 1970er-Jahren noch nicht vollzogen. Das Vollzugsdefizit beschränkt sich dabei nicht auf die umweltpolitisch weniger aktiven mediterranen Länder. Immerhin steht Deutschland hinsichtlich der Zahl der Vertragsverletzungsverfahren an zweiter Stelle in der Europäischen Union (KNILL, 2003, S. 175; BÖRZEL, 2002; KNILL und LENSCHOW, 2000).

– Die Reichweite des Politikbereiches Umweltpolitik ist zu gering, um eine langfristige Umweltentlastung bewirken zu können (EEA, 2002; SRU, 2002a). Eine wirksame Integration der Umweltdimension in die wichtigen anderen europäischen Politikbereiche (insbesondere Energie-, Agrar- und Verkehrspolitik) ist bisher nicht gelungen (vgl. SRU, 2002a; KRAAK et al., 2001).

– Eine signifikante Reduktion der von diffusen Quellen ausgehenden Umweltbelastung ist bisher nur in Teilbereichen und nur dort, wo technische Maßnahmen der Produzenten greifen, gelungen. Zu vielen langfristigen Umweltproblemen hat das bisherige europäische Umweltrecht keine hinreichenden Lösungen zu entwickeln vermocht.

KNILL und LENSCHOW (2003) argumentieren auch, dass die politische Durchsetzbarkeit des traditionellen Modells der Regelsteuerung niedrig sei. Diesem Argument kann allerdings nicht pauschal gefolgt werden, da es auch in jüngster Zeit zahlreiche erfolgreich durchgesetzte Entscheidungen zu Fortschreibungen oder Einführungen neuer präziser Umweltstandards gab, während die Durchsetzbarkeit ökonomischer Instrumente sich als schwierig erwies und Instrumente der Selbststeuerung keine Breitenwirkung entfalten konnten. (vgl. HOLZINGER et al., 2003; RITTBERGER und RICHARDSON, 2001; s. auch Tz. 1252).

Tabelle 13-2

Entwicklung umweltpolitischer Steuerungstypen in der Europäischen Union

Zeitraum	Ordnungsrechtlich	Ökonomisch	Kooperativ	Gesamt
1967–1972	*100*	*0,0*	*0,0*	*100*
1973–1976	*100*	*0,0*	*0,0*	*100*
1977–1981	*88*	*0,0*	*12*	*100*
1982–1986	*100*	*0,0*	*0,0*	*100*
1987–1992	*82,4*	*2,9*	*14,7*	*100*
1992–2000	*78,6*	*7,7*	*13,7*	*100*

Prozentanteil, bezogen auf insgesamt 261 Rechtsakte und ihren zentralen Instrumententypus.
Quelle: HOLZINGER et al., 2003, S. 119, verändert

1254. Auch in der europäischen Umweltpolitik sind die vier oben dargestellten grundsätzlichen Stoßrichtungen neuer umweltpolitischer Steuerungskonzepte zu unterscheiden (vgl. Tab. 13-1 sowie Abschn. 2.2.1):

– eine zielorientierte Umweltpolitik in unterschiedlichen Varianten, einschließlich der Nachhaltigkeitsstrategie,

– Ansätze der Integration der umweltpolitischen Agenda in andere Sektoren und erste Versuche von Sektorstrategien (vgl. bereits ausführlich: SRU, 2002a, Abschn. 3.1.1),

– vielfältige Ansätze einer kooperativen Umweltpolitik (vgl. KNILL und LENSCHOW, 2003),

– die politische Aktivierung von gesellschaftlicher und betrieblicher Selbstregulierung.

Diese Ansätze sollen im Folgenden hinsichtlich ihrer umweltpolitischen Effektivität im EU-Kontext bewertet werden.

13.4.1 Chancen des umweltpolitischen Entscheidungssystems der Europäischen Union

1255. Bilanzierungen der bisherigen europäischen Umweltpolitik (HOLZINGER et. al., 2003; RITTBERGER und RICHARDSON, 2001) fallen je nach Blickwinkel unterschiedlich aus. Angesichts der hohen Zahl von Rechtstexten, die ein hohes Schutzniveau festlegen, ist die Diagnose einer Politik des „kleinsten gemeinsamen Nenners" nicht mehr zutreffend (KNILL, 2003; EICHENER, 2000; SCHARPF, 1999, S. 103; ANDERSEN und LIEFFERINK, 1997; JACHTENFUCHS, 1996; HÉRITIER et al., 1994; vgl. HOLZINGER, 1994). In den letzten Jahren sind viele innovative und ambitionierte Vorhaben beschlossen oder vorgeschlagen worden, die zum Teil weit über das im nationalen Rahmen in Deutschland umweltpolitisch Durchsetzbare hinausgehen. Beispiele sind die NEC-Richtlinie, die SUP-Richtlinie, die Luftqualitätstochterrichtlinien (Kap. 6), die Emissionshandelsrichtlinie, die Altauto- und Elektroschrottrichtlinien, die Wasserrahmenrichtlinie, die FFH-Richtlinie, oder der Vorschlag zur Reform der Chemikalienpolitik (Kap. 11). Ungeachtet dessen, dass nicht alle umweltpolitischen Maßnahmen der EU uneingeschränkt positiv bewertet werden können, ist die offensichtliche Leistungsfähigkeit als solche bemerkenswert und erklärungsbedürftig: Da die Mitgliedstaaten der EU hinsichtlich ihrer umweltpolitischen Ambitionen, Probleme und Handlungskapazitäten bereits in der EU der 15 sehr unterschiedlich sind, kann eine Einigung auf hohem Niveau nicht als selbstverständlich vorausgesetzt werden.

1256. Die bisherigen Erfolge der europäischen Umweltpolitik erklären sich aus einer vergleichsweise günstigen Chancenstruktur für Umweltakteure, die eine entsprechende Politikformulierung, nicht aber notwendigerweise deren Implementationen, begünstigt (vgl. auch KRÄMER, 2002; EICHENER, 2000). In dem „umweltpolitischen Dreieck" aus Umweltausschuss des Parlamentes, Generaldirektion Umwelt und Umweltministerrat besteht bislang die Chance, Koalitionen über verschiedene politische Ebenen hinweg zu bilden. Diese Chance ist im Zusammenspiel der drei institutionellen Akteure größer als für jeden einzelnen. Wichtige institutionelle Erfolgsbedingungen des umweltpolitischen Rechtsetzungsprozesses sind das Initiativmonopol der EU-Kommission, die Spillover-Effekte aus der Binnenmarktintegration (Tz. 1257), ein tendenziell umweltpolitisch ambitioniertes und darin auch relativ autonomes EU-Parlament sowie ein einigungsförderliches Entscheidungssystem im Umweltministerrat und zwischen Umweltministerrat und EU-Parlament. Zudem können die umweltpolitischen Akteure im Mehrebenensystem der EU verschiedene Durchsetzungsstrategien wählen: Ist die Entscheidungssituation national blockiert, so besteht die Möglichkeit, dass die EU die Initiative übernimmt, ist dagegen die Situation in der EU blockiert, so besteht die Chance für eine Vorreiterrolle in einem der Mitgliedstaaten. Aus nationalen Vorreiterrollen ergeben sich oft wiederum europäische Handlungsnotwendigkeiten (vgl. MAZEY und RICHARDSON, 2001).

Die EU-Kommission mit ihrem Initiativmonopol und ihren Vorschlags- und Vorschlagsveränderungsrechten gestaltet die politische Agenda (vgl. LUDLOW, 1991; WALLACE, 1996). Mangels einer direkten politischen Legitimation durch repräsentative demokratische Institutionen leitet sie die Legitimität ihres Handelns eher aus den wohlfahrtssteigernden Wirkungen ihrer Vorschläge ab (vgl. JACHTENFUCHS, 1996). Die wohlfahrtssteigernden Effekte von Umweltmaßnahmen lassen sich in Hinblick auf verminderte Schäden an Natur und Gesundheit oder durch Innovationswirkungen begründen, selbst wenn in Phasen wirtschaftlicher Stagnation Kosten- und Wettbewerbsargumente prominent angeführt werden. Die Dienststellen der EU-Kommission sind daher offen dafür, nationale Umweltpolitikinnovationen als Ausgangsbedingung für ihre Vorschläge anzusehen (vgl. auch ANDERSEN und LIEFFERINK, 1997). Hat ein Vorschlag aus der Generaldirektion Umwelt einmal die Hürden des kommissionsinternen Abstimmungsprozesses überwunden, so prägt er in der Regel die Grundstrukturen des weiteren Entscheidungsprozesses (KNILL, 2003, S. 90).

1257. Das Initiativmonopol der EU-Kommission ist eine wichtige Bedingung für den als „regulativen Wettbewerb" (HÉRITIER et al., 1994; VOGEL, 1995) charakterisierten Mechanismus, dass umweltpolitische Vorreiterländer ein politisches Interesse und große Chancen haben, nationale Innovationen durch eine europäische Harmonisierung innenpolitisch abzusichern und dass dieses auch aktiv von der EU-Kommission aufgegriffen wird. Vorreiterländer versprechen sich dabei den politischen *First Mover* Vorteil, eine europäische Maßnahme entscheidend prägen zu können. Hinzu kommt in bestimmten produkt- aber auch prozessorientierten Umweltmaßnahmen der Spillover-Effekt durch den europäischen Binnenmarkt: Um zu verhindern, dass nationale Maßnahmen direkte oder indirekte Handelshemmnisse oder Wettbewerbsverzerrungen schaffen, werden nationale Innovationen relativ schnell europäisiert (vgl. EICHENER, 2000; ANDERSEN und LIEFFERINK, 1997; BÖRZEL, 2002). Einschränkend muss hier aber auch erwähnt werden, dass der Versuch, den eigenen umweltpolitischen Steuerungsansatz in die EU zu exportieren, nicht immer nur von Vorreiterländern unternommen wird, sondern auch von solchen Ländern, die den Import fremder Regulationsstile im Vorfeld zu verhindern suchen (vgl. LOWE und WARD, 1998).

1258. Um Vorschläge tatsächlich erfolgreich umzusetzen, Entscheidungsblockaden und das als „Politikverflechtungsfalle" (SCHARPF, 1985) bekannte Entscheidungsdilemma politischer Mehrebenensysteme zu vermeiden, hat die EU-Kommission spezielle Techniken des Prozessmanagements entwickelt. Hierzu gehören (vgl. u. a. EICHENER, 2000; GEHRING, 2000; HÉRITIER, 1995):

- Konsensfindungs- und Sondierungsprozesse durch Mitteilungen, Grün- und Weißbücher, die dem eigentlichen regulativen Vorschlag vorgelagert sind;
- die Einbettung spezieller Anliegen in umfassendere Programme, über deren generelle Notwendigkeit breiter Konsens besteht;
- die Parzellierung, das heißt die kleinteilige Portionierung von Maßnahmen, die es in der Summe der Regelungen ermöglicht, Gewinne und Verluste von Mitgliedstaaten in Form eines „diffusen Tausches" (jeder gewinnt einmal, muss aber auch Konzessionen hinnehmen) auszugleichen;
- ein stufenweises Vorgehen, das einen Prozess der schrittweisen Konkretisierung und Verbindlichmachung auslöst (Strategie der sukzessiven Selbstbindung);
- die Entpolitisierung der Entscheidungsfindung durch die Übersetzung politischer in technische Fragen, die dann in technischen Expertengremien weiterbearbeitet werden;
- Die Gewährleistung von Implementationsspielräumen durch Ausnahmeregelungen, unbestimmte Rechtsbegriffe etc.

Einige dieser Techniken sind zwar durchaus konsensfördernd, führen aber nicht automatisch zu einer ambitionierten Umweltpolitik (z. B. die Parzellierung oder die sukzessive Selbstbindung). In der Summe haben sie aber die Dynamik der europäischen Umweltpolitik der letzten Jahre eher befördert und Blockaden zur Ausnahme werden lassen.

1259. Auch im Umweltministerrat haben sich konsensfördernde Mechanismen herausgebildet. Es besteht auf den vorbereitenden Ebenen ein informeller Einigungsdruck, aber auch eine gewisse Vertrauensbasis, die aus der dauerhaften Interaktion der Verhandelnden über zahlreiche Dossiers herrührt. Auch hier findet häufig ein „diffuser Tausch" statt, der Verluste von Einzelentscheidungen durch Gewinne bei einer anderen Regelung auszugleichen sucht. So kann jede Regierung darauf hoffen, dass ihre vitalen Anliegen berücksichtigt werden, sofern sie sich bei weniger zentralen Anliegen kompromissbereit zeigt. Die rotierende Ratspräsidentschaft gewährleistete, dass bisher jeder Mitgliedstaat mit seinen Themen an die Reihe kommt (vgl. GEHRING, 2000). Insgesamt kann man also von einem kooperationsfördernden Verhandlungssystem ausgehen, in dem Kommissionsvorschläge tendenziell konstruktiv weiterentwickelt und mit Rücksicht auf die jeweiligen nationalen Interessen modifiziert werden. Dabei beschließt der Umweltministerrat zumeist Ausnahmen oder Fristverlängerungen, um den besonderen Bedingungen und Interessen einzelner Länder entgegenzukommen, er stellt aber selten den vorgeschlagenen Regulierungsansatz der EU-Kommission insgesamt infrage. In Einzelfällen gehen die Wünsche des Umweltministerrates auch über die der EU-Kommission hinaus.

1260. Bisher hat auch das EU-Parlament Umweltanliegen eher verstärkt (vgl. EICHENER, 2000, S. 192 ff.; KRAAK et al., 2001; WEALE et al., 2000, S. 92 ff.). Zumeist lassen sich ambitionierte umweltpolitische Positionen mit einer die europäische Integration befördernden Zielsetzung verknüpfen. Die Abgeordneten des EU-Parlaments sind bisher weniger den Koalitionszwängen und der Regierungsdisziplin ihrer nationalen Kollegen ausgesetzt. Die Entscheidungen des EU-Parlamentes sind auch wegen der sehr personenbezogenen Entscheidungsfindungsprozesse (jeder Abgeordnete kann Änderungsanträge stellen) wenig kontrollierbar. Hierdurch entstehen Freiräume und Anreize für einzelne Abgeordnete, sich auch für ökologische Anliegen zu engagieren. Dies ist insbesondere im federführenden Umweltausschuss zu beobachten. Das EU-Parlament gehört zu den Parlamenten mit einem relativ starken Ausschusswesen und schwachen Parteibindungen (MAMADOUH und RAUNIO, 2003). In den Ausschüssen entsteht oft ein fachlich bezogener, zum Teil parteiübergreifender Konsens (vgl. auch HIX et al., 2003). Das Plenum folgt in der Tendenz oft den Empfehlungen seiner Ausschüsse. In den letzten Jahren haben sich im EU-Parlament immer wieder Ampelkoalitionen zum Teil mit Unterstützung von konservativen Abgeordneten gebildet, die eine über einen Kommissionsvorschlag hinausgehende umweltpolitische Linie vertreten haben.

Offen ist die Frage, ob sich die Konstellationen und Mehrheitsbildungsprozesse in Parlament und Rat mit der Osterweiterung der EU grundlegend ändern werden. Für eine solche Änderung spricht, dass das Umweltthema in den neuen Mitgliedstaaten einen geringeren Stellenwert hat. Dagegen spricht, dass die bestehenden Gremien auch eine umweltorientierte Prägung der Neuankömmlinge mit sich bringen können und die Neumitglieder wegen unterschiedlicher situationsabhängiger Interessenlagen nicht notwendigerweise als ein homogener, zu umweltpolitischen Blockaden fähiger Block auftreten (JEHLICKA, 2003).

1261. Das umweltpolitische Entscheidungssystem, wie es der Amsterdamer Vertrag festgelegt hat, wird also im Hinblick auf Umweltbelange als insgesamt vergleichsweise vorteilhaft angesehen. Vermutlich ist es die institutionelle Grundlage, die den derzeitigen relativen Vorsprung der EU in der globalen Umweltpolitik (etwa in Johannesburg) erklärt. Es bietet neben der günstigen Chancenstruktur für umweltorientierte Akteure einen kooperationsfördernden institutionellen Rahmen und vorteilhafte Mechanismen für nationale Politikinnovationen zugunsten eines hohen Umweltschutzniveaus wie auch für deren rasche Diffusion. Zahlreiche Versuche (auch solche der Bundesregierung), umweltpolitische Vorhaben zu blockieren, waren gegen diese umweltorientierte Dreieckskonstellation bisher relativ erfolglos. Gerade wegen seiner umweltpolitischen Effektivität wird das umweltpolitische Entscheidungssystem der EU allerdings zunehmend infrage gestellt. Hier lassen sich verschiedene aktuelle Entwicklungen beobachten:

– Die horizontale Verlagerung der Federführung für umweltpolitische Maßnahmen aus den Umweltressorts in andere Ressorts: Das weitestgehende Modell der Verantwortungsverlagerung aus der Umweltpolitik ist die gemeinsame Vorbereitung der Reform der europäischen Chemikalienpolitik durch die für Umwelt und Unternehmen zuständigen Generaldirektionen und der Beschluss des Europäischen Rates vom 17. Oktober 2003, die Reform federführend im Wettbewerbsrat durch die Wirtschaftsminister behandeln zu lassen. Der Europäische Rat begründet diese Verlagerung mit dem Ziel, die Bedürfnisse spezifischer industrieller Sektoren im Hinblick auf ihre Wettbewerbfähigkeit und ihren Beitrag zum Wirtschaftswachstum aufzugreifen und Behinderungen durch neues EU-Recht zu verhindern (Presidency Conclusions, 16/17 October 2003), was faktisch darauf hinausläuft, den Einfluss der Umweltpolitik zurückzudrängen. Dieser Tendenz entsprechend haben die Wirtschafts- und Forschungsminister auf ihrem informellen Ratstreffen vom 10. November 2003 auch weitere Abstriche an dem Kommissionsvorschlag gefordert (ENDS vom 10. November 2003).

– Die vertikale Verlagerung der Entscheidung über Schutzniveaus und Ziele aus dem politischen Rechtsetzungsmechanismus in Ausschüsse und Normungsgremien, in denen das relative Gewicht umweltpolitischer Akteure geschmälert werden kann. Der Vorschlag zu energieverbrauchenden Produkten (Tz. 1288) vom August 2003 ist ein aktuelles Beispiel für eine Kombination aus horizontaler und vertikaler Verlagerung, das erhebliche Abstriche am klimaschutzpolitischen Zielniveau erwarten lässt.

1262. Vor diesem aktuellen Hintergrund betont der Umweltrat, dass neue Steuerungsansätze – ebenso wie die neue EU-Verfassung – den Einfluss der kooperationsförderlichen und umweltpolitisch vergleichsweise günstigen Dreieckskonstellation zwischen der Generaldirektion Umwelt, dem Umweltministerrat und dem Umweltausschuss des EU-Parlaments nicht schmälern oder zugunsten eines der drei institutionellen Akteure auflösen sollte.

Das in Hinblick auf internationale Kooperation relativ erfolgreiche umweltpolitische Entscheidungssystem der EU stößt allerdings regelmäßig gegenüber anderen sektoralisierten Entscheidungssystemen an seine systembedingten Wirkungsgrenzen. Wichtige Verursachersektoren werden nicht einem Verhandlungs- und Rechtfertigungszwang gegenüber der Umweltpolitik ausgesetzt. Sie können ebenfalls erfolgreich die – bisher im EU Vertrag und dem Verfassungsentwurf nicht modifizierten Sektorziele verfolgen. Die „Versäulung" des europäischen Entscheidungssystems ist damit auch eine institutionelle Barriere für eine effektive Umweltpolitikintegration (vgl. HEY, 1998). Wiederholt drückt sich dies darin aus, dass wettbewerbspolitische, verkehrspolitische oder agrarpolitische Ziele in diesen Sektoren über Umweltziele gestellt werden und im Einzelfall die nationalen umweltpolitischen Spielräume unverhältnismäßig beeinträchtigen können (vgl. SRU, 2002a, Abschn. 3.1.6).

Eine Integration umweltpolitischer Erfordernisse in die anderen europäischen Politiken stößt auch regelmäßig an die Grenzen einer „asymmetrischen" Kompetenzordnung. Während die europäischen Kompetenzen im Bereich der Herstellung der Warenfreiheit und der Liberalisierung stark sind, sind sie relativ schwach zur Abwehr ökologisch negativer Nebenwirkungen notwendiger flankierender Politiken (vgl. SCHARPF, 1999; HEY, 1998; HAILBRONNER, 1993).

In diesem Sinne sind das Entscheidungssystem und die Kompetenzordnung der EU weiterhin reformbedürftig. Reformbemühungen sollten aber die bisherigen Stärken des umweltpolitischen Entscheidungssystems bewahren und seine Rolle zumindest auf der Ebene einer umweltpolitischen Zielbildung, die auch Anpassungsbedarf in anderen Sektoren auslöst, stärken.

13.4.2 Ziel- und ergebnisorientierte Ansätze

1263. Zielorientierte Ansätze der europäischen Umweltpolitik sind zunächst in den 1980er-Jahren entwickelt worden. Die Richtlinie zu Großfeuerungsanlagen (RL 88/609) führte zeitlich abgestufte, national differenzierte maximale Emissionsfrachten für Luftschadstoffe aus Altanlagen ein. Dieser Ansatz entstand als Kompromiss und Alternative zu harmonisierten Grenzwerten, auf die sich der Umweltministerrat nicht einigen konnte (vgl. HÉRITIER et al., 1994). Differenzierte nationale Ziele zur Erreichung eines europäischen Umwelthandlungsziels finden sich insbesondere in der europäischen Klimaschutz- und Luftreinhaltepolitik. So sind in der NEC-Richtlinie (RL 2001/81) Emissionsobergrenzen für vier Luftschadstoffe festgelegt worden, die bis 2010 nicht mehr überschritten werden sollen (Tz. 604 ff.). Zur Umsetzung des Kioto-Protokolls hat sich die EU auf ein *Burdensharing Agreement* (Kom (2001)579 endg.) geeinigt, das verschiedene nationale CO_2-Reduktionsziele für die Verpflichtungsperiode festlegt (SRU, 2002a, Tz. 427). Elemente einer zielorientierten Umweltpolitik finden sich aber auch in der Abfallpolitik (Verwertungsziele für bestimmte Abfallströme), der Wasserrahmenrichtlinie (Einleitungsverbot prioritärer Stoffe) und der Energiepolitik (Anteile für erneuerbare Energien).

Insgesamt hat die EU-Kommission zunächst aber darauf verzichtet, die im 5. Umweltaktionsprogramm begonnene grundsätzliche Zielorientierung der Umweltpolitik im 6. Umweltaktionsprogramm aufzugreifen und weiterzuentwickeln (vgl. dazu kritisch SRU, 2002a, Tz. 254). Die EU-Kommission beschränkte sich im 6. Umweltaktionsprogramm auf die Formulierung weitaus unverbindlicherer qualitativer Ziele.

Auch in der europäischen Nachhaltigkeitsdiskussion ist bisher nur ein niedriger Verbindlichkeitsgrad erreicht worden. Der Kommissionsentwurf der Nachhaltigkeitsstrategie scheiterte auf dem Europäischen Rat von Göteborg (2001), der die wichtigsten neuen Ziele strich und die Nachhaltigkeitsstrategie in einer abgeschwächten Form als nachrangigen Teil des Lissabon-Prozesses institutionalisierte (ausführlich: SRU, 2002a, Tz. 242 ff.). Zwar sind die Ziele der Nachhaltigkeitsstrategie immer wieder bekräftigt worden, so zuletzt auf der Frühjahrstagung des Europäischen Rates von 2003. Verbindliche Beschlüsse hinsichtlich neu zu ergreifender Maßnahmen zur Vitalisierung und Stärkung dieses Prozesses sind aber nicht getroffen worden. Beschlossen wurden lediglich Änderungen bei den umweltrelevanten Strukturindikatoren. Der konkrete Status, aber auch der Orientierungswert der Nachhaltigkeitsstrategie für die Politiken der EU bleibt unklar (SRU, 2002a, Tz. 270).

1264. Wie oben dargestellt, lässt zielorientierte Politik, ihr hoher Verbindlichkeitsgrad und die leichte Kommunizierbarkeit von Zielverfehlungen auch Widerstände entstehen. Umweltpolitische Akteure fürchten die Blamage der Zielverfehlung insbesondere bei Zielen, auf deren Erreichung sie nur begrenzten Einfluss haben (s. auch die Aufgabe des 25-%-Ziels durch die Bundesregierung im Jahr 2003, Kap. 2, Tz. 22). Sektorale Akteure fürchten die Zumutungen zielführender Maßnahmenprogramme für ihre Sektoren. Diese Widerstände erklären das zeitweilige Abflauen eines zielorientierten Umweltpolitikansatzes in der EU. Die EU-Kommission hat zwar aufgrund des massiven Drucks aus dem EU-Parlament sowie vonseiten der Umweltverbände und des Umweltministerrates quantitative Ziele mit Zeitperspektive im Rahmen der thematischen Strategien des 6. Umweltaktionsprogramms angekündigt, der Zielorientierung in der Debatte über umweltpolitische Steuerungskonzepte und das „Regieren in Europa" jedoch einen auffällig niedrigen Stellenwert zugewiesen.

Der Umweltrat bedauert dies, da eine zielorientierte Umweltpolitik unterschiedlichen Akteuren in komplexen Mehrebenensystemen und mit vielfältigen Verursacherstrukturen eine gemeinsame Orientierung zu geben vermag und eine Erfolgskontrolle ermöglicht. Eine zielorientierte Umweltpolitik ist zudem „autonomieschonend" und „gemeinschaftsverträglich" (SCHARPF, 1999), da sie nationale Besonderheiten mit einer flexiblen Umsetzung zu berücksichtigen vermag.

1265. Der Umweltrat betont die Notwendigkeit, den generellen Restriktionen und Kapazitätserfordernissen einer zielorientierten Umweltpolitik (Abschn. 13.1.2.2) in der EU angemessen Rechnung zu tragen. Wichtig sind zudem folgende Erfolgsbedingungen einer solchen Politik im EU-Kontext (vgl. SRU, 2000):

– Ein professionell organisierter, kooperativer, problembezogener, wissenschaftlich fundierter und die technisch-ökonomischen Aspekte berücksichtigender Zielfindungsprozess auf der europäischen Ebene.

– Die Berücksichtigung nationaler Unterschiede der Umweltbelastungen und Handlungskapazitäten in der Zielbildung. Mit der Osterweiterung der EU wird die Differenzierung von Zielen zu einer wichtigen Erfolgsbedingung zielorientierter Ansätze. Dadurch wird ein „Gleitzugsystem" institutionalisiert, mit dem sich die EU trotz unterschiedlicher Geschwindigkeiten in die gleiche Richtung bewegt. „Vorreiterländer" können dabei eine Diffusion ihrer Innovationen im Zeitverlauf erwarten (vgl. dazu SRU, 2002a, Kap. 2.3).

– Ein zielorientierter Ansatz überlässt zwar den Mitgliedstaaten oder auch privaten Akteuren weit gehende Autonomie bei der internen Aufteilung von Lasten und bei der Ausgestaltung des Instrumentariums, unerlässlich ist aber sowohl die ex-post-kontrolle der Zielerreichung über ein kontinuierliches Monitoring als auch die ex-ante-Evaluation der vorgesehenen nationalen Maßnahmen im Hinblick auf ihre absehbare Wirksamkeit.

– In Einzelfällen sind zusätzliche Harmonisierungen auf der europäischen Ebene erforderlich. Dies gilt insbesondere für Fälle, bei denen produktbezogene Umweltstandards zur Zielerreichung notwendig sind oder bei denen im Hinblick auf die Zielerreichung unzureichende Vorgaben für Anlagen vonseiten der EU nachgebessert werden müssen.

13.4.3 Ansätze der Umweltpolitikintegration

1266. Erste Ansätze zur Integration von Umweltbelangen in andere sektorale Fachpolitiken wie etwa Landwirtschaft, Energie, Verkehr oder Wirtschaft wurden schon zu Beginn der europäischen Umweltpolitik in den frühen 1970er-Jahren entwickelt. In den 1990er-Jahren ist das Prinzip der Umweltpolitikintegration zu einem Leitprinzip der Europäischen Umweltpolitik avanciert. Dies drückt sich in einer Vielzahl von neuen strategischen Ansätzen und Instrumenten aus, mit denen die EU eine Vorreiterrolle im europäischen Kontext eingenommen hat (KRAAK et al., 2001; HERTIN und BERKHOUT, 2002; LENSCHOW, 2002b; JORDAN und LENSCHOW, 2000; HEY, 1998). Diese lassen sich hinsichtlich ihrer inhaltlichen Reichweite (umfassende Strategien versus einzelne Instrumente) und der Ebene ihrer Anwendung (zentralisiert, horizontal und sektorübergreifend versus dezentralisiert und sektorbezogen) unterscheiden (s. hierfür JACOB und VOLKERY, 2003).

Zentralisierte, sektorübergreifende Mechanismen

1267. Zentralisierte Mechanismen suchen auf einer übergeordneten, horizontalen Ebene alle umweltrelevanten Generaldirektionen und Ratsformationen in ihren Entscheidungsprozessen zu beeinflussen und auf die Integration von Umweltbelangen zu verpflichten. Dabei kommt der Generaldirektion Umwelt die Verantwortung für die Maßnahmengestaltung zu. Als maßgeblich sind hier die jeweiligen Umweltaktionsprogramme der EU-Kommission zu nennen. Diese sind für die Umsetzung des Integrationsprinzips von hervorgehobener Bedeutung, weil sie die strategischen Prioritäten und Ziele von Umweltpolitik in einer mehrjährigen Perspektive unabhängig von umstrittenen instrumentellen Einzelfragen definieren und so den Fokus der Aufmerksamkeit auf die relevanten Probleme und den Bedarf an übergreifenden Problemlösungen richten. Insbesondere das 5. Umweltaktionsprogramm war als strategisches Gesamtkonzept zur Umsetzung des Integrationsgebots konzipiert, indem es die wichtigsten Umweltprobleme, darauf bezogene langfristige Ziele und die Verantwortung der jeweiligen Sektoren für die Problemlösung bestimmte (DONKERS, 2000). Ebenfalls beanspruchte die EU-Kommission mit dem Entwurf einer europäischen Nachhaltigkeitsstrategie in 2001, ein kohärentes, verbindliches übergreifendes Zielsystem für die Integration von Umweltbelangen in die Fachpolitiken der Gemeinschaft zu schaffen (vgl. SRU, 2002a, Tz. 243 ff.). Das Integrationsprinzip ist zudem mit dem Vertrag von Amsterdam als übergeordneter Vertragsgrundsatz aufgewertet worden (Art. 6, EG-Vertrag), nachdem es erstmals mit der Einheitlichen Europäischen Akte 1987 Eingang in den EG-Vertrag fand (Artikel 130r [2]).

Verschiedene administrative Instrumente zielen flankierend auf die Umsetzung des Integrationsprinzips ab. Hierzu zählen formelle Konsultationen der Generaldirektion Umwelt bei umweltrelevanten regulativen Vorschlägen anderer Generaldirektionen, gemeinsame Treffen verschiedener Ministerräte (z. B. Umwelt und Verkehr), interadministrative Arbeitsgruppen, das Instrument der strategischen Umweltverträglichkeitsprüfung und Ansätze zu einem *Green Budgeting*.

1268. In der Praxis haben sich diese horizontalen, übergreifenden Ansätze bislang als wenig effektiv für die Beförderung der Integration von Umweltbelangen erwiesen. Maßgeblich beruht dies auf der Überforderung der verfügbaren institutionellen und administrativen Kapazitäten der Generaldirektion Umwelt, Prozesse in den Verantwortungsbereichen anderer Generaldirektionen und Ratsformationen beeinflussen zu können (Tz. 1224). Eine Evaluierung der ergriffenen Maßnahmen im Rahmen des 5. Umweltaktionsprogramms ergab, dass die Entscheidungsprozesse anderer Politikbereiche hierdurch so gut wie nicht beeinflusst wurden und Fortschritte eher auf externe Einflussfaktoren (wie Druck von Umweltverbänden) zurückzuführen sind (WILKINSON, 1998). Auch die konstitutionelle Verankerung des Integrationsprinzips hat sich hierauf nicht wesentlich ausgewirkt.

In der letzten Zeit sind die Bemühungen um die Stärkung zentralisierter Integrationsmechanismen ins Stocken geraten: Mit dem 6. Umweltaktionsprogramm hat die EU-Kommission die klare Ausrichtung an der Umsetzung des Integrationsprinzips aufgegeben (SRU, 2002a, Tz. 252 ff.). Die bislang vorgelegten Entwürfe für die thematischen Schwerpunktstrategien des Umweltaktionsprogramms enthalten weder qualifizierte Integrationsziele noch benennen sie klare administrative Verantwortlichkeiten. Es fehlt also weit gehend an übergreifenden Leitzielen für die sektoralen Umweltstrategien. Der jüngste Bericht der EU-Kommission zur Lissabon-Strategie weist zudem eine klare Orientierung am Ziel des Wirtschaftswachstums auf, bei der es nunmehr gilt, die Nachhaltigkeit „angemessen" zu berücksichtigen. Die Integrationsthematik wird nur am Rande mit Bezug auf die Förderung umweltfreundlicher Technologien erwähnt (EU-Kommission, 2003a). Auch um die Verankerung des Integrationsprinzips in der zu schaffenden Verfassung im Rahmen des Europäischen Konvents wurde bis zuletzt gerungen. Erst auf den Druck verschiedener Mitgliedstaaten und von Umweltverbänden wurde das Integrationsprinzip beibehalten (vgl. ENDS vom 17. Juni 2003).

Ebenso sind auf interadministrativer Ebene bislang nur mäßige Fortschritte bei der Verwirklichung des Integrationsprinzips erzielt worden. Nach wie vor wird die Generaldirektion Umwelt bei umweltrelevanten regulativen Vorschlägen anderer Generaldirektionen erst dann konsultiert, wenn Änderungen an der grundsätzlichen Ausrichtung der Vorschläge nicht mehr möglich sind. Gemeinsame Ratssitzungen des Umwelt- und Verkehrsministerrates in der Vergangenheit sind dahin gehend kritisiert worden, dass sie bei hohem Organisationsaufwand zwar inhaltliche Absichtserklärungen, aber wenig substanzielle Resultate erbracht haben (HEY, 1998). Teilerfolge hat es unter anderem bei der Berücksichtigung von Umweltbelangen in den Struktur- und Regionalfonds gegeben, wo die Debatte um die Budgetplanung als Vehikel genutzt wurde (LENSCHOW, 1997).

Dezentralisierte, sektorbezogene Mechanismen der Umweltpolitikintegration

1269. Dezentralisierte Mechanismen zur Integration von Umweltbelangen in einzelne Politikbereiche verlagern die Verantwortung für Maßnahmen auf die jeweiligen Generaldirektionen und Ratsformationen. Sie suchen Potenziale der Selbstregulierung zu aktivieren und entsprechende Lernprozesse zu stimulieren. Maßgebliche Instrumente auf EU-Ebene in den 1990er-Jahren sind die Erarbeitung von Sektorstrategien, die Abschätzung von Umweltauswirkungen regulativer Vorschläge (*Policy Appraisals*) und die Einrichtung von so genannten *Environmental Correspondents* in den jeweiligen Generaldirektionen – höheren Beamten, die die Integration von Umweltangelegenheiten sicherstellen sollten.

Von hervorgehobener Bedeutung in diesem Zusammenhang ist der Cardiff-Prozess, in dem von verschiedenen Ratsformationen eigenverantwortlich sektorale Strategien zur Einbeziehung von Umweltbelangen erarbeitet werden (s. für eine ausführliche Darstellung SRU, 2002a, Tz. 255 ff.). Solche Sektorstrategien stellen das weitreichendste und anspruchsvollste Instrument der Umweltpolitikintegration dar. Zusätzlich hat die EU-Kommission in den 1990er-Jahren verschiedene Initiativen zur

Evaluierung und Bewertung der Umweltauswirkungen von regulativen Vorschlägen angestoßen. 1993 wurde das so genannte Green Star-System entwickelt: Regulative Vorschläge sollten im Arbeitsprogramm der EU-Kommission mit einem „Green Star" versehen werden, wenn die Notwendigkeit einer Umweltverträglichkeitsprüfung gesehen wurde. Auf dem Gipfel von Göteborg im Jahre 2001 wurde die EU-Kommission beauftragt, in Zukunft ein *Sustainability Impact Assessment* durchzuführen.

Ähnlich wie den zentralisierten Ansätzen ist auch den dezentralisierten Ansätzen zu attestieren, dass die Ergebnisse weit hinter den Erwartungen zurückgeblieben sind. Das Green Star-System ist nach einigen Jahren ergebnislos eingestellt worden. Ein zu enger Anwendungsbereich und unzureichende Informationen über die Umweltauswirkungen von Rechtsvorschlägen waren hierfür die Ursache (EU-Kommission, 1999b). Angesichts des Scheiterns des Green Star-Systems haben einzelne Generaldirektionen computergestützte Bewertungstools (*policy appraisals*) entwickeln lassen (z. B. IAPlus, Generaldirektion Industrie). Aber auch diese sind bislang keine akzeptierte Standardprozedur mit erkennbaren Wirkungen. Wie das Green Star-System wurde auch der Ansatz der so genannten *Environmental Correspondents* aufgrund ihrer mangelnden Wirksamkeit aufgegeben. Eine Evaluation ergab, dass die Beauftragten auf erheblichen verwaltungsinternen Widerstand stießen und oft auch keine Neigung zeigten, die Berücksichtigung von Umweltbelangen sicherzustellen, da sich dies negativ auf ihre eigenen Karrierechancen und ihr Ansehen auswirkte (KRAAK et al., 2001).

1270. Der Cardiff-Prozess ist der anspruchsvollste und am weitesten gehende Mechanismus der dezentralen Umweltpolitikintegration. Der Umweltrat hat sich mit dem Cardiff-Prozess in seinem letzten Gutachten ausführlich beschäftigt und durchaus positive Lerneffekte bei den beteiligten Ministerräten und Generaldirektionen festgestellt, insgesamt aber eine kritische Bilanz gezogen. Insbesondere kritisierte er den unklaren, unverbindlichen Charakter der einzelnen Strategien und deren inhaltlichen Defizite, vor allem im Zielbereich, und forderte hier verstärkte Anstrengungen und Korrekturen (SRU, 2002a). Zwei Jahre später ist festzustellen, dass der Cardiff-Prozess seit dem Europäischen Rat von Göteborg noch einmal deutlich an Schwung verloren hat. Eine umfassende Überarbeitung bereits vorliegender Strategien hinsichtlich konkreter Ziele und Maßnahmen und ihre operative Umsetzung hat nicht stattgefunden. 2002 wurden die Sektorstrategien Verkehr, Energie und Binnenmarkt aktualisiert. Dabei wurde aber lediglich festgestellt, dass die operative Umsetzung der Strategien und ihre formelle Beurteilung 2004 stattfinden soll (EU-Kommission, 2002a). Angesichts des Erlahmens des Cardiff-Prozesses forderte der Umweltministerrat auf seiner Oktobersitzung 2002 verstärkte Bemühungen um seine Intensivierung und die Vorlage einer jährlichen Bestandsaufnahme. Der Europäische Rat von Brüssel hat sich dieser Forderung im März 2003 angeschlossen (Schlussfolgerungen des Vorsitzes, Europäischer Rat von Brüssel, 2003).

Ob sich hierdurch aber eine neue Dynamik entwickeln wird, bleibt abzuwarten. Solange die entsprechenden institutionellen Handlungsbedingungen nicht verbessert werden, ist Skepsis geboten. Denn nach wie vor zeigt sich, dass die institutionelle Überforderung, die sich insbesondere an der breiten Tendenz zur Vertagung von Beschlussfassungen äußert, anhält und es nach wie vor auch kein strategisches Zentrum mit eindeutigem Auftrag und klarer Zuständigkeit gibt (vgl. SRU, 2002a, Tz. 273). Die oben (Abschn. 13.2.3.1) hervorgehobenen Kapazitätserfordernisse der Politikintegration wurden offensichtlich vernachlässigt. Den Prozess auf der Selbstregulierung der umweltrelevanten Generaldirektionen zu basieren, erscheint wenig zweckmäßig, wenn nicht über Mechanismen der politischen Mandatierung, der Erfolgskontrolle und der Sanktionierung von erkennbarem Abweichen von Zielvereinbarungen eine Kontextsteuerung erfolgt. Der auf dem Europäischen Rat in Göteborg mit der Aufgabe der Koordination beauftragte Rat für Allgemeine Angelegenheiten konnte dieser Aufgabe aufgrund der Überlastung dieses Gremiums mit außenpolitischen Fragen nicht nachkommen. Der Cardiff-Prozess ist auch deshalb durch wenig Bewegung gekennzeichnet, weil übergreifende Zielvorgaben etwa im Rahmen der Nachhaltigkeitsstrategie und des 6. Umweltaktionsprogramms, die Entscheidungsdruck ausüben könnten, nicht beschlossen wurden.

Regulatory Impact Assessment

1271. Der Europäische Rat von Göteborg (2001) hatte die EU-Kommission aufgefordert, im Rahmen ihres „Aktionsplans für eine Vereinfachung und Verbesserung des Regelungsumfelds" Mechanismen zur Prüfung der wirtschaftlichen, sozialen und ökologischen Auswirkungen von Rechtsetzungsvorschlägen zu entwickeln (Schlussfolgerungen des Vorsitzes, Europäischer Rat von Göteborg, 2001). Im Juni 2002 hat die EU-Kommission darauf eine Mitteilung zu einer allgemeinen Folgenabschätzung von Politikinitiativen vorgelegt (KOM (2002)276 endg.), welche die Vereinfachung, Verschlankung und Ersetzung aller sektoralen Abschätzungsmechanismen durch ein integriertes Abschätzungsverfahren vorsieht. Gegenstand der Abschätzung sind alle wichtigen Initiativen, die in der jährlichen Strategieplanung oder den Arbeitsprogrammen der EU-Kommission angeführt sind.

Die Einführung des neuen Verfahrens soll schrittweise erfolgen. Nach einer Prüfung ausgewählter Einzelvorschläge im Jahr 2003, für die 43 Vorschläge ausgewählt wurden, sollen künftig über eine vorläufige kurze Abschätzung aller Vorschläge die Vorhaben ausgewählt werden, die einer ausführlichen Abschätzung im Rahmen der Strategieplanung und des Arbeitsprogramms bedürfen. Die Kriterien hierfür sind, ob der Vorschlag gravierende wirtschaftliche, soziale oder umweltrelevante Auswirkungen auf einen oder mehrere Sektoren oder Auswirkungen auf eine der betroffenen Parteien hat und ob er eine wesentliche Reform eines oder mehrerer Sektoren bedingt. Diese Prüfung obliegt der zuständigen Generaldirektion. In der umfassenden Abschätzung soll nach einer Überprüfung der Auswirkungen von Alternativoptionen, für die auch externe Experten und betroffene

Parteien anzuhören sind, eine Strategiewahl begründet werden. Im gesamten Prozess ist eine Beteiligung der betroffenen Generaldirektionen sicherzustellen. Betont wird der vorbereitende Charakter für eine Entscheidung – im Rahmen des Abschätzungsverfahrens selbst soll keine letztendliche Entscheidung getroffen werden (KOM (2002)276 endg.).

1272. Der Umweltrat begrüßt zwar die grundsätzliche Absicht, die Auswirkungen von Vorschlägen umfassend zu prüfen, dabei die Auswirkungen alternativer Politikoptionen abzuschätzen und eine enge Verzahnung der relevanten Entscheidungsträger sicherzustellen. Ob das geplante Vorhaben eine realistische Erfassung und Bewertung der Umweltauswirkungen wichtiger Politikinitiativen erbringen wird, ist dagegen skeptisch zu hinterfragen. Das Verfahren ist ein weiches, die sektorale Autonomie schonendes Instrument, das der jeweiligen Generaldirektion die Verantwortung weit gehend überlässt. Dass diese ein Interesse an einer kritischen Prüfung ihrer Vorhaben hat, ist unwahrscheinlich, insbesondere auch, da sie die vorläufige Auswahl der Vorhaben in eigener Regie bestimmt. Vielmehr besteht die Wahrscheinlichkeit, dass die Verträglichkeit der Vorhaben durch Auftragsstudien bestätigt wird. Die Folgenabschätzung der Transeuropäischen Verkehrsnetze ist hierfür ein Beispiel.

Wesentlichere Bedenken äußert der Umweltrat hinsichtlich der allgemeinen Stoßrichtung, eine integrierte Folgenabschätzung im Sinne einer Verkopplung der drei Säulen Wirtschaft – Soziales – Umwelt durchzuführen. Er wiederholt seine Kritik, dass hierbei nicht nur die Gefahr einer allgemeinen Überkomplexität und Überfrachtung politischer Entscheidungsprozesse besteht, sondern auch die Gefahr, dass Umweltbelange gegenüber konkurrierenden wirtschaftlichen und sozialen Belangen systematisch nachrangig behandelt und nicht mehr problemgerecht berücksichtigt werden. Die bisherigen Ergebnisse des Lissabon-Prozesses geben hierfür ein aussagekräftiges Beispiel ab (vgl. NIESTROY, 2003). Auch die bisher vorgelegten *Technical Guidelines* zur Mitteilung der EU-Kommission verdeutlichen nicht, wie die gleichwertige Behandlung aller drei Dimensionen konkret erfolgen soll. Hinsichtlich der konkreten Prüfung der Umweltauswirkungen werden keine konkreten Vorgaben getroffen. Es bleibt bei allgemein gehaltenen Ausführungen, die hinter den Stand bereits erreichter technischer Anleitungen etwa der SUP-Richtlinie zurückfallen.

Im weiteren Verlauf des Verfahrens sollte daher sichergestellt werden, dass die Prüfung der Umweltauswirkungen eigenständig und transparent im Kontext der Gesamtprüfung erfolgt und die Beteiligung der GD Umwelt bei allen Prüfvorgängen garantiert wird. Die Prüfung der Auswirkungen von alternativen Optionen sollte die Ziele des Vorschlags berücksichtigen. Der inhaltlichen und methodischen Ausgestaltung der umweltbezogenen Prüfung sollten die Vorgaben der Richtlinie über die Strategische Umweltverträglichkeitsprüfung (2001/42/EG) zugrunde gelegt werden.

13.4.4 Kooperatives Regieren

1273. Experimente der europäischen Umweltpolitik mit neuen Steuerungsmodellen sind unter anderem als „weiches Recht" (PALLEMAERTS, 1999), als „unsicheres" Recht (THUNIS, 2000), als „symbolisches Recht" (HANSJÜRGENS und LÜBBE-WOLFF, 2000) oder als „postmodernes Recht" (SADELEER, 2002) charakterisiert worden. Kennzeichnend ist eine relativ große Ergebnisoffenheit und die damit verbundene Gewährung großer Freiräume für die Mitgliedstaaten beziehungsweise Unternehmen. Es kommt auf das jeweilige Engagement, den Ressourceneinsatz und die Konfiguration der Akteure auf den nachgelagerten Ebenen an, ob signifikante Umweltverbesserungen gelingen oder nicht. In diesem Sinne bestehen Parallelen zum prozeduralen Umweltrecht (vgl. HEINELT et al., 2000), das ebenfalls nur durch Informations- und Prüfpflichten oder durch obligatorische Partizipationsverfahren, Anreizstrukturen für Lernprozesse schafft, nicht aber Ergebnisse im Detail vorschreibt. Im Unterschied dazu kann aber das Prozessmanagement der EU-Kommission durchaus auch mehr oder minder harmonisierte Grenzwerte und Standards zum Ergebnis haben.

Den Neuerungen ist gemeinsam, dass sie verstärkt auf Netzwerkbildung und horizontale Kooperationsformen setzen (vgl. HÉRITIER, 2002; DEMMKE und UNFRIED, 2001). Sie ersetzen zumeist nicht die „Gemeinschaftsmethode", aber sie verkoppeln den Entscheidungsmechanismus durch Parlament und Rat mit einer neuen, auf Argumentieren, Konsens und Verhandeln setzenden transnationalen Form des Regierens (KNILL und LENSCHOW, 2000, S. 23; PRITTWITZ, 1996). Zahlreiche Einzelentscheidungen werden dabei nicht mehr auf den politischen Ebenen, sondern auf den nachgelagerten technischen beziehungsweise Ausschussebenen getroffen (kritisch: HEY, 2001).

1274. Mit diesen neuen Formen des Regierens will die EU-Kommission durch eine umfassende Einbindung der Normadressaten in die Politikentwicklung Widerstände in den späteren Phasen vermindern. Die Politik soll also vollzugsfreundlicher gestaltet werden. Die Mitgliedstaaten sollen mehr Freiräume und Autonomie erhalten (KNILL und LENSCHOW, 2000, S. 5). Durch verfahrensrechtliche Maßnahmen soll eine breitere gesellschaftliche Mobilisierung stattfinden. Den neuen Formen des Regierens wird damit theoretisch eine größere „politisch-institutionelle Kapazität" zugeschrieben (HÉRITIER, 2002; auch DEMMKE und UNFRIED, 2001; EICHENER, 2000; GEHRING, 2000).

Die Auslagerung von Entscheidungen in technische Gremien kann tendenziell ein hohes Anspruchsniveau fördern. Sie wird daher oft grundsätzlich positiv bewertet (EICHENER, 2000; GEHRING, 2000). Die EU hat sich mit den beratenden Gremien zweifellos ein „hochwirksames Sensorium" geschaffen. Die durch sie ermöglichte hohe Kapazität zur Informationsverarbeitung fördert die Problemlösungsfähigkeit der EU-Kommission (GEHRING, 2000, S. 93).

1275. Vorzügen wie diesen werden in ersten empirischen Bilanzen der neuen Formen des europäischen Regierens (HÉRITIER, 2002; KNILL und LENSCHOW, 2000; DEMMKE und UNFRIED, 2001 zur Wasserrahmenrichtlinie) auch Risiken in Hinblick auf die Effektivität und Vollzugsfreundlichkeit gegenübergestellt. So erhöht sich durch die Strategie des Prozessmanagements oder der sukzessiven Selbstbindung (EICHENER, 2000) die Anzahl der möglichen Vetopunkte im politischen Prozess. Dadurch droht die Zielformulierung verwässert zu werden. Die Rechts- und Vollzugssicherheit vermindern sich ebenfalls. Der Preis der Auslagerung ist möglicherweise ein politischer Kontrollverlust. Die Schlüsselfrage hierbei ist nicht nur, wie gesichert werden kann, dass mandatierte Teilergebnisse im Rahmen des Mandats bleiben, wie also die Überdehnung von Autonomiespielräumen verhindert werden kann (GEHRING, 2000, S. 87), sondern ob überhaupt ein hinreichend präzises Mandat formuliert wird (vgl. z. B. Kap. 11 – die Kritik des Zulassungssystems bei REACH). Die für eine konsensuale Politikentwicklung und für den Vollzugsprozess notwendigen Kapazitäten werden oft unterschätzt. Unter den Bedingungen begrenzter oder gar reduzierter Personalressourcen für die Umweltverwaltung bestehen damit erhebliche Vollzugsrisiken. Das Monitoring bleibt unbefriedigend. Vollzug, Effektivität und Effizienz der neuen Regierungsformen stellen sich also nicht automatisch ein, der Steuerungsansatz ist vielmehr sehr voraussetzungsvoll (HÉRITIER, 2002). Wichtige Akteure bleiben oft ausgeklammert. Zudem ist die Frage der demokratischen Legitimation nicht ausreichend geklärt. Selbst die Hoffnung darauf, dass konsensuale Politikmodelle weniger politische Konflikte erzeugen, lässt sich empirisch nicht bestätigen (KNILL und LENSCHOW, 2000, S. 23).

Auch wenn die neueren Steuerungsmodelle den Mitgliedstaaten erhebliche Handlungsspielräume eröffnen und insoweit vollzugsfreundlicher sein müssten, da weniger strenge materielle Anforderungen formuliert werden, hat die neuere Forschung in der Umweltpolitik dennoch Vollzugsprobleme nachgewiesen (vgl. KNILL und LENSCHOW, 2000, S. 12). Entscheidend für den Vollzug ist die Angepasstheit des gewählten regulatorischen Modells an dasjenige des vollziehenden Landes. Der deutsche Ansatz der medienbezogenen Emissionskontrolle stößt zum Beispiel in Großbritannien auf Vollzugsprobleme. Prozedurale Normen, die auf dezentrale Aushandlungsprozesse setzen, sind wiederum in Deutschland schwer umzusetzen. Es kommt also wesentlich auf nationale Bedingungen und regulative Traditionen an, ob EU-Recht tatsächlich effektiv vollzogen wird, weniger auf den gewählten Steuerungsansatz. Selbstverständlich ist ein Recht, das den Mitgliedstaaten große operative Freiräume lässt, vollzugsfreundlicher als eines, das präzise Handlungsanforderungen stellt – allerdings immer auch zum Preis eines Steuerungs- und Gestaltungsverzichts (TOELLER, 2002, S. 116).

1276. In ihrem im Sommer 2001 publizierten Weißbuch zum Thema „Europäisches Regieren" hat die EU-Kommission die Diskussion um kooperatives Regieren intensiviert (EU-Kommission, 2001a). Das Weißbuch verfolgt unter anderem das Ziel, Rat und Parlament von legislativer Detailarbeit zu entlasten und die EU-Kommission in ihren Initiativ- und Vollzugsfunktionen zu stärken. Dabei werden unter anderem kooperative Strategien der Steuerung mit den Mitgliedstaaten, den Regionen und der Industrie vorgeschlagen, so insbesondere:

– der vermehrte Einsatz von Rahmenrichtlinien und eine Reform der so genannten Komitologieverfahren (EU-Kommission, 2002b),

– Partnerschaften zwischen Regionen, Mitgliedstaaten und der Kommission (EU-Kommission, 2002c),

– die Koregulation mit Wirtschaftsverbänden (EU-Kommission, 2002d, 2002e, 2002f).

Bisherige Erfahrungen mit diesen Ansätzen und die Initiativen der EU-Kommission sollen im Folgenden bewertet werden.

13.4.4.1 Kooperatives Regieren mit Mitgliedstaaten

1277. Als eine Strategie der Entlastung der Legislative schlägt das Weißbuch Europäisches Regieren den vermehrten Einsatz von Rahmenrichtlinien vor (EU-Kommission, 2001a). Hierdurch verspricht sie sich die Konsolidierung und Verschlankung des Volumens der europäischen Rechtsetzung, wie sie in verschiedenen Mitteilungen angeregt worden sind (EU-Kommission, 2001b, 2002d, 2002e). Mit der Forderung nach Rahmenrichtlinien werden damit auch Hoffnungen verbunden, das europäische Umweltrecht weniger präskriptiv auszugestalten und die Gestaltungsfreiräume auf nationaler oder regionaler Ebene wieder zu erhöhen. Ungeachtet der nicht bestreitbaren Bedeutung des Instruments Rahmenrichtlinie, sind aber die in der Diskussion befindlichen Verschlankungs- und Deregulierungshoffnungen eher problematisch.

Rahmenrichtlinien sind in der europäischen Umweltpolitik nicht neu. Beispiele sind etwa die Abfallrahmenrichtlinie (Kap. 8), die Luftqualitätsrahmenrichtlinie (Kap. 6) und die Wasserrahmenrichtlinie (Kap. 5.1). Sie konsolidieren zumeist eine Vielzahl von Einzelinitiativen im Rahmen einer einheitlichen Systematik, gemeinsamer Verfahren und einer umfassenden Programmatik für Folgeaktivitäten. Soweit dies gelingt, wird damit der Anspruch nach einer „besseren Rechtgebung" durch „Vereinfachung" eingelöst. Rahmenrichtlinien kombinieren zum Teil zahlreiche Instrumente, wie Planungspflichten, Partizipationsrechte, Grenzwertfestlegungen oder auch ökonomische Instrumente auf der europäischen oder der nationalen Ebene (DEMMKE und UNFRIED, 2001, exemplarisch: die Luftqualitätsrahmenrichtlinie).

Die weitere Umsetzung des Arbeitsprogramms von Rahmenrichtlinien kann durch Tochterrichtlinien, durch die Delegation von Aufgaben an Ausschüsse oder an die Mitgliedstaaten erfolgen.

1278. Im Rahmen des ersten Delegationsprinzips, der Formulierung von Tochterrichtlinien, wird dasselbe politische Entscheidungsverfahren wie bei Rahmenrichtlinien durchlaufen. Dadurch können die vergleichsweise günstigen Chancenstrukturen der Gemeinschaftsmethode, wie sie in Kapitel 13.4.1 beschrieben wurden, genutzt werden. Diese Methode wurde zum Beispiel für die Tochterrichtlinien zur Luftqualitätsrahmenrichtlinie (Kap. 6.2 bis 6.4) oder für die Grenzwertfestlegung prioritärer gefährlicher Stoffe unter der Wasserrahmenrichtlinie (Kap. 5) gewählt. Sie ist hinsichtlich der Effektivität und Legitimität die vorzugswürdige Methode für Entscheidungen mit einer besonderen politischen Dimension.

Im Rahmen des zweiten Delegationsprinzips werden technische Fragen auf europäischer Ebene an Ausschüsse delegiert. Zu unterscheiden ist hier zwischen Ausschüssen mit Entscheidungsbefugnissen (so genannte Komitologie) und beratenden Ausschüssen. Unter zahlreichen Richtlinien haben sich Mischmodelle funktionaler und territorialer Repräsentation mit Teilnehmern aus Verbänden, Experten und Mitgliedstaaten entwickelt, so insbesondere im Falle der Umweltauditverordnung, des Umweltzeichens, der europäischen Luftreinhaltepolitik oder des Informationsaustausches zu best verfügbaren Techniken oder auch der Wasserrahmenrichtlinie (vgl. HEY, 2001; TÖLLER, 2002).

1279. Zur Geschichte und Funktionsweise von Komitologieausschüssen in den Bereichen des Umwelt- und Verbraucherschutzes liegen inzwischen umfassende Analysen und Bewertungen vor. In der Umweltpolitik werden Ausschüsse zur Anpassung an den technischen Fortschritt, für Einzelentscheidungen im Bereich der Produktregulierung, zur Generierung und Verwaltung neuen Wissens und informell auch zur Vorbereitung der Revision bestehender Richtlinien genutzt. 1998 gab es für insgesamt 55 Umweltrechtsakte der EU 36 verschiedene Komitologieausschüsse (TÖLLER, 2002, S. 326). Es gibt verschiedene Ausschusstypen mit unterschiedlichen Entscheidungsverfahren, die den Mitgliedstaaten unterschiedliche Kontroll- und Beteiligungsrechte zuweisen (vgl. Beschluss des Rates vom 28. Juni 1999, [1999/468/EG]). In der Literatur wird das Ausschusswesen hinsichtlich seiner Leistungsfähigkeit und Effektivität eher positiv, hinsichtlich der demokratischen Legitimität allerdings eher als defizitär betrachtet (TÖLLER, 2002; NEYER, 2000; JOERGES und NEYER, 1998; EICHENER, 2000).

Die Vorteile des Steuerungsmodells der Komitologie werden insbesondere im Vergleich zu anderen Steuerungsmodellen deutlich: Es ist flexibler als der Rechtsetzungsprozess und sichert gleichzeitig den Mitgliedstaaten eine größere Rolle als die von Privaten kontrollierte Normung oder die Alternative einer supranationalen mit Entscheidungsbefugnissen ausgestattete Regulierungsbehörde (TÖLLER, 2002, S. 524). Als leistungsfähig haben sich Ausschüsse insbesondere bei der Konkretisierung allgemeiner Rechtsbegriffe erwiesen. Wegen der dauerhaften und institutionalisierten Zusammenarbeit der Ausschussmitglieder besteht die Chance von Tauschgeschäften über die Zeit hinweg und Interesse an einem guten Kooperationsklima (vgl. SARTORI, 1997, S. 229). Ausschüsse funktionieren insbesondere im Falle von Positivsummenspielen gut, bei denen kein Teilnehmer auf die Wahrung vitaler Interessen verzichten muss. In solchen Fällen sind auch Entscheidungsblockaden nicht zu erwarten. In politisierten Fragen, das heißt bei Verteilungsfragen oder Fragen, die Besitzstände berühren, stoßen Ausschüsse allerdings an ihre Grenzen (SARTORI, 1997, S. 232). Dies gilt besonders dort, wo das Recht auf der Rechtsetzungsebene ungelöste politische Streitfragen auf die Ebene von Ausschüssen verlagert und diese damit politische Fragen klären müssen (vgl. TÖLLER, 2002, S. 526). So wagten die EU-Kommission und der entsprechende Ausschuss es nicht, den anspruchslosen Verwertungsbegriff der AbfallverbringungsVO durch spezifische Anforderungen an eine hochwertige Verwertung zu konkretisieren (vgl. SRU, 2002a, Tz. 799 ff.). Letztlich wurde nicht entschieden, da das Thema als ein Politisches, das heißt mit Änderungsbedarf auf der Ebene des Rechtsaktes, angesehen wurde. Weithin bekannt ist auch das Versagen des Ausschusses im Rahmen der Freisetzungsrichtlinie für Genetisch veränderte Organismen, das Regelungsprogramm der Richtlinie gegen den politischen Widerstand einer relevanten Anzahl von Mitgliedstaaten durchzusetzen. Ausschüsse sind also regelmäßig dann ungeeignet, wenn ihr Gegenstand aus welchem Grunde auch immer politisch wird.

1280. Die positive Einschätzung, Komitologieausschüsse seien die Keimzelle einer supranationalen deliberativen Demokratie (vgl. NEYER, 2000; JOERGES und NEYER, 1998), weil in ihnen argumentative, begründungspflichtige Diskussionsprozesse stattfinden, erscheint überzogen. Den Ausschüssen fehlt das konstitutive Element einer deliberativen Demokratie – die Kontrolle durch eine breitere Öffentlichkeit (so ABROMEIT, 2002, S. 33 ff.; TÖLLER, 2002; relativierend: NEYER, 2000). Ebenso wichtig wie argumentative Prozesse in Ausschüssen sind zudem die informellen Koalitionen, die zumeist unter der Prozessführung der EU-Kommission die Ausschussarbeit vorgeben.

Diese Leistungsgrenzen und Defizite des Ausschusswesens sind auch zwischen den Europäischen Institutionen heftig diskutiert worden. Insbesondere das EU-Parlament kritisierte wiederholt, dass eine verstärkte Delegation an Ausschüsse seine Rechte aushöhle. Rat und EU-Kommission sind dieser Kritik schrittweise entgegengekommen. In ihrem neuesten Reformvorschlag für den Komitologiebeschluss (EU-Kommission, 2002b) sollen nun Rat und Parlament auf die gleiche Ebene gestellt werden. Beide haben das Recht, einen in Zusammenarbeit mit dem Ausschuss vorbereiteten Kommissionsvorschlag zu kommentieren oder zu verwerfen. Dabei will sich allerdings die EU-Kommission die Wahlfreiheit vorbehalten, wie sie mit einem negativen oder kritischen Votum umgeht. Eine Ablehnung durch das Parlament oder den Rat sollte als Indikator dafür gesehen werden, dass hier eine politische Frage vorliegt, die auch durch politische Mechanismen zu klären ist. In diesem Sinne ist die Wahlfreiheit für sich selbst, die die EU-Kommission hier anstrebt, zu kritisieren. Falls dieser Konstruktionsfehler des Kommissionsvorschlages allerdings korrigiert wird, kann die Reform des Komitologieverfahrens den Ausschüssen in Zukunft eine bessere Legitimierung und Verkoppelung zwischen technischen und politischen Entscheidungen gewährleisten und damit auch den Weg zu einer weiteren Entlastung der Legislative öffnen.

1281. Das dritte und problematischste Delegationsprinzip ist die Renationalisierung der Normsetzung. Die IVU-Richtlinie, Teile der Wasserrahmenrichtlinie, die Emissionshandelsrichtlinie oder auch die Umgebungslärmrichtlinie erfordern ein nationales, zum Teil auch subnationales Festlegen des gewünschten Umweltschutzniveaus in Form von Grenzwerten, Zielen oder Emissionsrechten. Begründet wird dieser dezentralisierte Ansatz der Normsetzung mit den unterschiedlichen ökologischen, geographischen und wirtschaftlichen Verhältnissen. Oft liegt die Ursache aber auch darin, dass ein harmonisiertes Vorgehen auf europäischer Ebene politisch nicht durchsetzbar gewesen ist (vgl. HÉRITIER et al., 1994 im Falle des Anlagenrechts). Dabei besteht die Gefahr, dass eine dezentrale Normsetzung einer Angleichung des Umweltschutzniveaus in der EU zuwiderläuft und sich damit auch die Frage nach der Effektivität des Steuerungsversuchs auf europäischer Ebene stellt.

Dem versucht die EU durch eine „weiche", das heißt nicht rechtsverbindliche, sondern nur informierende und orientierende Harmonisierung entgegenzuwirken. Die umweltpolitische Steuerung auf der europäischen Ebene erfolgt durch *Benchmarking*, durch gegenseitige professionelle Qualitätskontrolle und transparente Verfahren unter Einbeziehung von Verbänden und Öffentlichkeit. Der Informationsaustausch zu bestverfügbaren Technologien oder die Leitfadenerstellung im Rahmen der Umsetzungsstrategie für die Wasserrahmenrichtlinie sind Beispiele hierfür. Im Gegensatz zu den Komitologieausschüssen fehlt solchen Prozessen jedoch ein formaler Entscheidungsmechanismus, durch den Konflikte identifiziert oder auf die politische Ebene gehoben werden könnten (vgl. HEY, 2000; UBA, 2000). Es ist daher fraglich, ob solche weichen und vergleichsweise ergebnisoffenen Formen der Steuerung tatsächlich immer in der Lage sind, zur Erreichung anspruchsvoller Vorsorgeziele beizutragen. Wo zum Teil anspruchsvolle Ergebnisse erreicht werden (z. B. bei der Identifikation von best verfügbaren Techniken, BVT), geschieht dies zum Preis ihrer explizit erklärten Unverbindlichkeit: So betont das Vorwort zu allen BVT-Merkblättern: „Die BVT-Referenzdokumente setzen zwar keine gesetzlich bindenden Normen fest, doch sollen sie der Wirtschaft, den Mitgliedstaaten und der Öffentlichkeit als Richtschnur dafür dienen, welche Emissions- und Verbrauchswerte mit dem Einsatz spezieller Techniken zu erzielen sind. Geeignete Grenzwerte für jeden Einzelfall müssen unter Berücksichtigung der Ziele der Richtlinie über die integrierte Vermeidung und Verminderung der Umweltverschmutzung und lokaler Erwägungen ermittelt werden" (s. hierzu die Webseite des „European Integrated Pollution Prevention and Control Bureaus" – http://eippcb.jrc.es/pages/FActivities.htm).

1282. Leistungsfähig sind solche Formen der informellen Koordination bei der Klärung und Konkretisierung von Begriffen und Verfahren der Richtlinie. Das Normsetzungsvakuum auf der Ebene der Rahmenrichtlinie können sie aber, wo es besteht, nicht kompensieren. Sie sind lediglich zu einer negativen Koordination fähig, nicht aber zu gemeinsamen Problemlösungen (vgl. SCHARPF und MOHR, 1994). Den informellen Koordinationen wird es kaum gelingen können, national auseinander laufende Praktiken zu korrigieren. Sie haben damit erhebliche Leistungsgrenzen.

Rahmenrichtlinien sollten daher nach Auffassung des Umweltrates insbesondere bei politischen Fragen durch Tochterrichtlinien weiter konkretisiert werden. Im Falle eindeutiger normativer Vorgaben hat sich auch die Komitologie als ein wirksamer Steuerungsmechanismus für konkrete Umsetzungsentscheidungen, für die Flexibilisierung technischer Anforderungen und für rechtliche Konkretisierungen erwiesen. Reformbedürftig ist sie hinsichtlich der Legitimation der Entscheidungen. Die informelle Koordination durch Benchmarking-Prozesse und Netzwerkbildung hingegen hat erhebliche Leistungsgrenzen, wenn es um die Korrektur auseinander laufender nationaler Politikpfade geht.

13.4.4.2 Kooperatives Regieren mit Regionen

1283. Im Dezember 2002 hat die EU-Kommission einen „Rahmen für zielorientierte Verträge und Vereinbarungen zwischen der Gemeinschaft, den Staaten und regionalen und lokalen Autoritäten" vorgelegt (EU-Kommission, 2002c, eigene Übersetzung).

Sie verspricht sich von diesen zielorientierten Vereinbarungen auch in der Umweltpolitik eine schnellere und effizientere Umsetzung durch frühzeitige Einbeziehung von Regionen und Kommunen. Solche Vereinbarungen sollen zunächst im Rahmen von Pilotprojekten in solchen Feldern Anwendung finden, in denen die EU bisher relativ geringe umweltpolitische Kompetenzen hat, zum Beispiel bei Fragen, die die Landnutzung betreffen (Küstenzonenmanagement, Tourismus etc.). Für solche Fragen bietet sich die Verknüpfung der Regionalpolitik mit der Umweltpolitik an. Umweltpolitische Ziele der EU lassen sich dann auch dort, wo diese rechtlich keine Kompetenzen hat, durch Verknüpfung mit Finanzierungsinstrumenten der Strukturfonds besser verwirklichen.

Möglichkeiten der Kooperation mit den Regionen sieht die EU-Kommission ebenfalls bei der Vereinfachung insbesondere von vollzugsbegleitenden Erfordernissen.

Es ist offensichtlich, dass die EU-Kommission den Regionen mit diesem neuen Ansatz zwei Anreize bietet, sich an solchen Vereinbarungen zu beteiligen: neue Finanzmittel und eine regulatorische Dividende, die sich durch die beabsichtigte Anpassung von Umsetzungserfordernissen an regionale Besonderheiten anbietet. Beide Anreize werfen aber grundlegende Probleme auf:

− Neue Finanzmittel setzen, um wirksam zu sein, entweder neue Förderprogramme oder die Reform von (relativ bescheidenen) Gemeinschaftsprogrammen voraus. Ebenso bedarf es zusätzlicher Monitoring- und Verhandlungskapazitäten der EU-Kommission. Es muss bezweifelt werden, dass eine solche versteckte Ausweitung der Kommissionskompetenzen und damit die

Zentralisierung distributiver Politiken angesichts der Distanz der EU-Kommission zu regionalen und lokalen Problemen und der Komplexität regionaler Bedingungen sachgerecht und effektiv kontrollierbar ist kann. In Deutschland stößt eine verstärkte Rolle der EU-Kommission in der Regionalförderung auf Widerstand der Bundesländer. In der EU-Kommission gibt es bisher keine Signale dafür, dass zusätzliche Finanzmittel mobilisiert werden.

– Regulatorische Dividenden an einzelne Regionen werfen die Frage der allgemeinen Verbindlichkeit von Rechtsakten und der Begründbarkeit ausgehandelter Sonderbedingungen auf. Dessen ungeachtet hängt die Leistungsfähigkeit solcher Vereinbarungen von der Genauigkeit und dem Anspruchsniveau der zugrunde liegenden Ziele ab.

1284. Der Umweltrat begrüßt grundsätzlich die Konkretisierung des neuen Partnerschaftsmodells in Pilotprojekten. Hierdurch ist ein Praxistest möglich. Die Pilotprojekte sollten aber insbesondere im Hinblick darauf geprüft werden, ob die dargestellten Bedenken hinsichtlich ihrer Verallgemeinerungsfähigkeit als neues Steuerungsmodell und der Risiken für die Rechtssicherheit berechtigt sind.

13.4.4.3 Kooperatives Regieren mit Industrieverbänden

1285. Unter Koregulierung versteht die EU-Kommission institutionelle Arrangements, die die Stärken verschiedener Steuerungsmodelle miteinander kombinieren. Gemeint sind damit Formen der Steuerung durch Recht und Formen der Selbststeuerung durch Verbände. Die EU-Kommission hat im Laufe der Jahre 2002 und 2003 zwei konkrete Vorschläge für die umweltpolitische Nutzung dieses Ansatzes gemacht:

– die Nutzung der „neuen Konzeption" der Normung für ein umweltgerechtes Design von Produkten (EU-Kommission, 2003b und c) und

– die Weiterentwicklung von Umweltvereinbarungen auf der europäischen Ebene (EU-Kommission, 2002f).

Selbststeuerung in Normungsgremien als Instrument der Integrierten Produktpolitik?

1286. Seit circa 1994 hat die EU-Kommission wiederholt Versuche unternommen, die so genannte Neue Konzeption auf die Umweltpolitik anzuwenden. Bei dieser Konzeption geht es um das für den europäischen Binnenmarkt eingeführte Verfahren zur beschleunigten Harmonisierung technischer Standards. Es besteht darin, dass der europäische Gesetzgeber lediglich grundlegende Anforderungen formuliert, deren technische Detailausarbeitung aber an die privaten Normungsverbände (CEN, CENELEC, ETSI etc.) delegiert. Die eigentliche Harmonisierungsaufgabe wird damit aus dem europäischen Rechtsetzungsverfahren ausgelagert und erfolgt durch die Entscheidungsverfahren der Normungsgremien (vgl. SOBCZAK, 2002). In der Produktpolitik beabsichtigt die EU-Kommission, in Zukunft intensiver auf die Neue Konzeption zurückzugreifen (vgl. EU-Kommission, 2003c). Praxiserfahrungen in dieser Hinsicht bestehen bereits mit der BauproduktenRL und der Verpackungsrichtlinie. Geplant ist auch, die Konzeption der Integrierten Produktpolitik, das heißt die Berücksichtigung von Umweltaspekten im gesamten Produktlebenszyklus, in der Normung zu verankern (vgl. EU-Kommission, 2003b, 2003c).

Unbestreitbar ist die Leistungsfähigkeit der Normung im Vergleich zur europäischen Rechtsetzung, wenn es darum geht, komplexe, vielfältige technische Details zu regeln. Die Normungsarbeit ist arbeitsteilig und in tief gestaffelte Arbeitsebenen gegliedert, sodass vielfältige Details effektiv und gleichzeitig bearbeitet werden können.

In der Diskussion um die Leistungsfähigkeit der neuen Konzeption wurde kritisiert, dass mit der Stärkung der Normung in der produktbezogenen Umweltpolitik die öffentliche Aufgabe der Festlegung eines konkreten Schutzniveaus (und des damit verbunden Umweltprofils für Produkte und Techniken) an private Verbände delegiert wird (vgl. insbesondere SRU, 2002a, Tz. 389 ff.). Im Vergleich zur Rechtsetzung haben umweltpolitische Akteure aus Politik, Verwaltung und Verbänden in der Normung wesentlich geringere Einflusschancen. Trotz einer wachsenden öffentlichen Förderung erscheint alleine schon eine flächendeckende Präsenz von Vertretern des Umweltschutzes, sei es aus den Verbänden, Ministerien oder Ämtern, auf den verschiedenen umweltrelevanten Ebenen der Normung als illusorisch (vgl. VOELZKOW und EICHENER, 2002). Der Wechsel der Entscheidungsarenen aus der Rechtsetzung in die Normung bedeutet damit auch einen Wechsel der Akteure, die den Prozess und seine Ergebnisse kontrollieren (vgl. SRU, 2002a, Tz. 384 ff.). Aus sich selbst heraus generiert die Normung Standards, die dem allgemeinen Stand der Technik entsprechen, nicht aber systematisch ein hohes Schutzniveau (vgl. SOBCZAK, 2002, S. 78 ff.; Danish Environmental Protection Agency, 2002). Daher ist die Legitimation privater Verbandsentscheidungen im öffentlichen Verantwortungsbereich Umwelt problematisch (so schon JÖRISSEN, 1997). Anspruchsvolle Normen sind hingegen nur dann zu erwarten, wenn eine „Verschränkung von Hierarchie (Staat) und Verhandlung (Normung)" (VOELZKOW und EICHENER, 2002, S. 80) gelingt, wenn also die Akteure in der Normung damit rechnen müssen, dass staatliche Akteure ernsthaft anspruchsvolle Normen anstreben, notfalls auch außerhalb der Normung. Die Normung wird damit erst im Schatten des Rechts umweltpolitisch effektiv. Angesichts einer in dieser Frage gespaltenen EU-Kommission und eines ressourcenschwachen EU-Parlaments muss diese Bedingung bereits als zu voraussetzungsvoll angesehen werden. Die Vertraulichkeit der Normungsarbeit, sowie der kommerzielle Charakter der Ergebnisse – Normen sind käufliche Produkte – verhindern in der Regel selbst eine Normung im Schatten einer kritischen Öffentlichkeit (GOLDING, 2000).

Die Gefahrenabwehr oder präventive Maßnahmen, die mit hohen Kosten verbunden sind, sowie Bereiche, für die sich aus guten Gründen bereits ein produktbezogenes Umweltrecht herausgebildet hat (Abfall, Gefahrstoffe, Emissionen, Energieverbrauch), sind daher als Gegenstand der privaten Normung ungeeignet (vgl. Danish Environmental Protection Agency, 2002, S. 46 ff.).

1287. Bereits in früheren Untersuchungen zum Thema Umweltschutz und Normung (vgl. JÖRISSEN, 1997, S. 112 f.; VOELZKOW, 1996) wurde eine gestufte Konkretisierung der wesentlichen Anforderungen durch einen politischen Mechanismus, das heißt in einer Richtlinie oder zumindest einer Ausschussentscheidung, gefordert. Als Modell einer solch stufenweisen Konkretisierung wurde unter anderem die Bauprodukten-Richtlinie beschrieben (vgl. dazu aktuell UBA, 2003). Vorgeschlagen wurde auch eine höhere Transparenz der Normung; ferner wurden explizite Begründungspflichten, die Ausgewogenheit der Interessenvertretung und eine Rahmenverpflichtung zur umweltgerechten Produktgestaltung mit einem standardisierten Prüfkatalog empfohlen. Gefordert wurde auch die Verbesserung der Schutzverstärkungsklausel, die es Mitgliedstaaten ermöglicht, im Falle unzureichender technischer Normen weiter gehende Maßnahmen zu fordern oder selbst zu ergreifen. Der Umweltrat hat in diesem Sinne gefordert, dass „die unter Umweltgesichtspunkten wesentlichen produktpolitischen Entscheidungen in den Richtlinien selbst getroffen werden" und die Einbeziehung von Umweltinteressen finanziell und institutionell gefördert werden (SRU, 2002a, Tz. 388).

Die EU-Kommission kommt im Zeichen der integrierten Produktpolitik den Reformforderungen zur Integration von Umweltbelangen in den Normungsprozess teilweise entgegen (vgl. EU-Kommission, 2003b, 2003c, 2003d). Im Sommer 2002 hat ein Konsortium von Umweltverbänden (ECOS) eine zeitlich befristete Förderung von jährlich circa 200 000 Euro erhalten, um Normungsprozesse zu begleiten. Hiermit wird zum ersten Mal die finanzielle Grundlage für eine Pluralisierung des Experteninputs in die Europäische Normung und für eine sachkundige Beobachtung ausgewählter Normen geschaffen. Hinreichende Ausgewogenheit kann eine solche Förderhöhe angesichts der Komplexität der Normungsaktivitäten allerdings nicht gewährleisten (ENDS vom 22. Oktober 2002).

1288. In einem neuen Entwurf für eine Richtlinie zum ökologischen Produktdesign für energieverbrauchende Produkte (EuP) (EU-Kommission, 2003d) sieht die EU-Kommission die Möglichkeit einer abgestuften Konkretisierung vor. Dieser Vorschlagsentwurf zielt auf eine Integration von Umweltaspekten in das Design von nichtmobilen Verbrauchsartikeln, in denen Energie umgewandelt wird. Er ist der erste Versuch der Nutzung der „neuen Konzeption" für eine integrierte Produktpolitik (IPP). Die Integration von Umweltaspekten kann dem Vorschlag zufolge durch ein generelles Umweltmanagementsystem oder durch spezifischere Anforderungen erfolgen, die im Rahmen einer Ausschussentscheidung (Komitologieverfahren) getroffen werden. Dieses Ausschussverfahren bietet die Option einer abgestuften Konkretisierung durch einen politischen Mechanismus (Art. 12,1 in Zusammenhang mit ANNEX II). Dies geht in die Richtung einer besseren Verkoppelung der Stärken politischer Steuerung und verbandlicher Selbststeuerung.

Dennoch hat der Vorschlag in seiner jetzigen Form grundlegende Schwächen:

– Das ökologische Schutzniveau wird nicht durch einen umweltpolitischen Entscheidungsprozess zwischen Rat, Parlament und Kommission (dem umweltpolitischen Entscheidungsdreieck) festgelegt, sondern in einem möglicherweise durch Vertreter von Wirtschaftsministerien dominierten Ausschuss. Die Federführung für die Umweltmaßnahme liegt damit nicht bei der Umweltpolitik.

– Der Standard muss so gewählt werden, dass er keine negativen Auswirkungen auf den Produktpreis oder die Wettbewerbsfähigkeit hat (vgl. Art. 12,1b IV und V.) und er die gesamten Kosten des Produktes (inkl. der Gebrauchsphase) minimiert (Annex II). Solche restriktiven Bedingungen laden interessierte Wirtschaftskreise geradezu zum Einspruch ein und bilden primär Hürden für anspruchsvolle Effizienzstandards.

– Die Festlegung eines Schutzniveaus ist nur eine Option neben dem von wirtschaftsnahen Akteuren zumeist bevorzugten Umweltmanagementansatz. Der Umweltmanagementansatz überlässt die Optimierungsentscheidung dem Unternehmen und kann daher nicht als eine Harmonisierungsmaßnahme mit hohem Schutzniveau betrachtet werden. Als solche wird sie aber in dem auf Artikel 95 EGV gestützten Entwurf betrachtet. Damit könnten weiter gehende nationale Maßnahmen erschwert werden.

– Die Rahmenrichtlinie sieht einen mehrstufigen Entscheidungsprozess vor, der mit der Verabschiedung der Rahmenrichtlinie selbst beginnt und über die Identifizierung prioritärer Produktgruppen, die Formulierung von Anforderungen bis hin zu den technischen Spezifikationen in der Normung reicht. Für jede dieser Stufen sind in dem Vorschlag Vetopunkte und Verzögerungsmöglichkeiten verankert. Es ist fraglich, ob die EU mit einem solchermaßen vielstufigen und mit materiellen Hürden versehenen Verfahren – auch im Vergleich zu anderen Wirtschaftsregionen – hinreichend dynamisch Produktinnovationen anregen kann (vgl. Tz. 80).

In den während der Fertigstellung dieses Gutachtens noch laufenden Beratungen des EU-Parlaments und des Ministerrats zeichnen sich zwei widersprüchliche Konzeptionen ab: die eine versucht vorwiegend aus wirtschaftspolitischen Gründen, zusätzliche Verfahrenshürden insbesondere durch Prüfanforderungen zwischen den einzelnen Verfahrensstufen zu schaffen – die andere möchte insbesondere im Hinblick auf den Klimaschutz und die Energieeffizienz ein Schnellverfahren für die Festlegung von Effizienzstandards einführen und den Geltungsbereich für produktbezogene Managementsysteme eingrenzen (vgl. EU-Parlament, 2004; Rat der Europäischen Union, 2004). Hieran knüpfen sich auch Hoffnungen, dass die EuP-RL kompatibel sei, mit dem so genannten Top-Runner-Ansatz, der die besten Geräte zur Meßlatte für zukünftige Standards macht (Tz. 80; s. auch EU-Kommission, 2004; Trittin, 2004).

In der Gesamtschau der verschiedenen vorgeschlagenen Steuerungselemente dieser Rahmenrichtlinie ist ein institutionelles Design für ökologische Produktinnovationen allerdings schwer erkennbar. Die im Vorschlag beschriebenen Spielregeln schaffen eine insgesamt ungünstige Chancenstruktur für ökologische Innovateure, auch wenn einzelne Mitgliedstaaten und das EU-Parlament sich mittlerweile um substanzielle Nachbesserungen bemühen.

1289. Auch der Revisionsprozess der Verpackungsnormen lässt Zweifel an der Ernsthaftigkeit der Normung als Ersatz für harmonisierte Standards aufkommen (vgl. SRU, 2002a, Tz. 384; EU-Kommission, 2002i; CEN/TC 261, 2003). Zwar wurden die Prüfanforderungen, zum Beispiel hinsichtlich gefährlicher Stoffe, und Informationspflichten zum Anteil stofflich verwertbarer Materialanteile nachgebessert. Um Standards im Sinne von „quantitativen Festlegungen zur Begrenzung verschiedener Arten von anthropogenen Einwirkungen auf den Menschen und/oder die Umwelt" (SRU, 1996, Tz. 727) handelt es sich hingegen nicht. Aus Protest gegen diese eher formalen Korrekturen an den Standards hat sich im Oktober 2001 das technische Büro der Verbraucherorganisationen (ANEC) aus der Mitarbeit des technischen Ausschusses von CEN zurückgezogen. Dieser Vorfall macht deutlich, wie schwer es offensichtlich ist, umweltpolitisch defizitäre Normen substanziell zu korrigieren, ohne das defizitäre Recht gleichzeitig anzupassen.

Umso problematischer ist das von der EU-Kommission bekundete Ziel der Substitution von rechtlichen Maßnahmen durch Normen. In ihrem Konsultationspapier zur Integration von Umweltaspekten in die Europäische Normung betont sie, dass sie als Gegenleistung für Reformbemühungen insbesondere im Umweltbereich ein normenfreundliches Umfeld erwartet, das insbesondere auf „unnötige Gesetzgebung" verzichtet (EU-Kommission, 2003c, S. 19).

1290. Von einem systematischen Gebrauch der „Neuen Konzeption" für eine integrierte Produktpolitik rät der Umweltrat gerade in Hinblick auf die oben beschriebenen grundlegenden Defizite vorerst ab. Die Verkoppelung von Umweltpolitik und Normung ist in den bisherigen Vorschlägen noch nicht gelungen. Zunächst sollten die Reformbemühungen einer Integration der Umweltdimension in die Standardisierung intensiviert werden und hinsichtlich ihrer Praxistauglichkeit in den bereits existierenden Anwendungsfeldern getestet werden. Die Weiterentwicklung und Konkretisierung produktbezogener Umweltmanagementsysteme oder Prüfanforderungen – unter Berücksichtigung von *best practice* des Ökodesign – kann dagegen bereits jetzt als sinnvolle Ergänzung eines produktbezogenen Umweltrechts angesehen werden.

Gesteuerte Selbststeuerung: Selbstverpflichtungen in einem Rechtsrahmen

1291. Im Juli 2002 hat die EU-Kommission eine Mitteilung zur Ausgestaltung von Umweltvereinbarungen innerhalb der europäischen Gemeinschaft veröffentlicht (EU-Kommission, 2002f). Die EU-Kommission hält Umweltvereinbarungen nicht für alle Regelungsfälle geeignet, insofern stellen sie eine Ergänzung, aber keinen Ersatz des herkömmlichen umweltpolitischen Instrumentariums dar.

Unter Umweltvereinbarungen auf Gemeinschaftsebene versteht die EU-Kommission Vereinbarungen zur Vermeidung von Umweltverschmutzung, deren Ziele in Umweltgesetzen festgelegt sind oder sich aus Artikel 174 des EG-Vertrages ableiten. Im Gegensatz zu Umweltvereinbarungen auf Ebene der Mitgliedstaaten werden Abkommen auf der Gemeinschaftsebene grundsätzlich nicht zwischen der EU-Kommission und den betroffenen Verursachern ausgehandelt. Sie werden vielmehr entweder

– von der EU-Kommission lediglich zur Kenntnis genommen und gegebenenfalls durch Empfehlungen kommentiert (*self-regulation*) oder

– von der EU-Kommission initiiert und durch die Gesetzgebung der Gemeinschaft festgeschrieben (*co-regulation*).

Die von der EU-Kommission als Selbststeuerung (*self-regulation*) bezeichneten einseitigen Selbstverpflichtungen der Wirtschaft lassen nach Auffassung des Umweltrates kaum erwarten, dass damit anspruchsvolle umweltpolitische Ziele verwirklicht werden können. Ohne Druck seitens der EU-Organe wird die Wirtschaft in der Regel lediglich Maßnahmen vorschlagen, die kaum über ein Business-as-usual-Szenario hinausgehen (vgl. SRU, 1998, 2002a; OECD, 2003).

1292. Umweltvereinbarungen, die von der EU-Kommission initiiert und in einen rechtlichen Rahmen eingebunden werden (*co-regulation*) können hingegen grundsätzlich ein wirkungsvolles umweltpolitisches Instrument darstellen. Sie sind Hybridinstrumente aus Selbstverpflichtung und einem ordnungsrechtlichen Instrumentarium. Hierbei legt der formale rechtliche Rahmen das Umweltziel präzise fest, das zu einem bestimmten Zeitpunkt erreicht werden muss. Zudem werden Mechanismen zum Monitoring sowie Modalitäten zur Implementation und zu deren Durchsetzung geregelt. Zwischenziele und Zwischenberichte sollen Auskunft über den Verlauf geben um ein mögliches Scheitern frühzeitig zu erkennen. Werden die Ziele nicht erreicht, soll bereits im Vorfeld ein Sanktionsmechanismus eingerichtet werden.

Viele der Bedingungen, die die EU-Kommission an erfolgsversprechende Vereinbarungen auf nationaler Ebene bereits 1996 gestellt hat (vgl. EU-Kommission, 1996), so insbesondere die Zielorientierung, Partizipationsanforderungen und die Erfolgskontrolle werden mit dem Vorschlag auf die EU-Ebene übertragen. In Hinblick auf ihre konkrete Ausgestaltung sind allerdings noch folgende Fragen zu klären:

– Bislang von der EU-Kommission nicht ausgeführt ist die verbandsinterne Umsetzung der Vereinbarung und ihre Sanktionsmöglichkeiten. Dies erfordert einen ordnungsrechtlichen Rahmen, der antizipierbare Sanktionen für unkooperative Unternehmen vorsieht. Eine vertragliche Regelung, die solche Mechanismen vorsieht, scheitert bereits auf nationaler Ebene, da kein Verband Verträge mit Drittwirkung abschließen kann.

– Weiterhin wird von der EU-Kommission die Rolle der mitgliedstaatlichen Regierungen bisher völlig ausgeklammert. Die Verantwortlichkeit für die Ausgestaltung gemeinschaftlicher Umweltvereinbarungen liegt dem Entwurf zufolge vornehmlich bei der EU-Kommission. Insbesondere im Hinblick auf den Vollzug der als *co-regulation* bezeichneten bindenden Umweltvereinbarungen muss die Rolle der Mitgliedstaaten deutlicher definiert werden, vor allem dann, wenn die Vereinbarungen mit Verbänden mit großer Mitgliederzahl getroffen werden.

Es besteht offensichtlich ein Zielkonflikt zwischen einer vollzugssicheren und kontrollierbaren Ausgestaltung der Koregulation und der Akzeptanz durch die an weit gehender Handlungsautonomie interessierten Verbände. Folgebereitschaft wird die Regelung – jedenfalls beim Vollzug anspruchsvoller Umweltziele – nur im Schatten eines glaubhaft vorbereiteten und angedrohten umweltrechtlichen Instrumentes finden.

13.4.5 Aktivierte Selbstregulierung und Partizipation

1293. Die EU hat mit der Umsetzung der Aarhus Konvention einen Prozess der Stärkung der Rolle des Bürgers im Umweltschutz eingeleitet (EPINEY, 2003). Die Aarhus-Konvention etabliert Bürgerrechte im Hinblick auf den Zugang zu umweltrelevanten Informationen, auf die Konsultation bei umweltbezogenen Entscheidungen, Plänen, Programmen und Politiken und auf die gerichtliche Überprüfung von Entscheidungen, die das bestehende Umweltrecht verletzen (ausführlich SRU, 2002a, Tz. 122 ff.). Mit einer Reihe von Vorschlägen und bereits beschlossenen Richtlinien und Verordnungen wird die Aarhus Konvention derzeit sowohl für die Mitgliedstaaten als auch für die europäischen Institutionen rechtsverbindlich. Zu nennen sind hier insbesondere:

– die Etablierung von Informationsrechten auf Gemeinschaftsebene durch die VO 1049/2001 und für die Mitgliedstaaten durch die RL 2003/4,

– die Verbesserung von Konsultationsrechten auf der Ebene der Mitgliedstaaten durch die Novellierung der UVP und der IVU-Richtlinien (RL 2003/35/EG) sowie durch eine Selbstverpflichtung der EU-Kommission (EU-Kommission, 2002h) und

– ein Richtlinienvorschlag über den Zugang zur gerichtlichen Überprüfung (Kom (2003)624) und ein Verordnungsvorschlag zur Anwendung aller drei Säulen der Aarhus-Konvention auf die europäischen Institutionen (Kom (2003)622 endg.).

1294. In vieler Hinsicht ist die EU-Kommission, und insbesondere die Generaldirektion Umwelt, Motor und Vorbild für offene und transparente Mechanismen der Konsultation im Vorfeld von umweltpolitischen Maßnahmen und bei der Umsetzung von Richtlinien geworden. Bemerkenswert sind insbesondere:

– Hohe Standards bei der zeitnahen Beantwortung von Anfragen und Beschwerden. Anfragen sollten spätestens 15 Tage nach Eingang beantwortet werden, sei es direkt oder mit einer Empfangsbestätigung, die Gründe für eine spätere Antwort angibt.

– Dauerhaft arbeitende und pluralistisch zusammengesetzte Ausschüsse mit Vertretern aus Wirtschaft und Umweltverbänden, Forschungsinstituten und den Mitgliedstaaten, wie sie seit den 1990er-Jahren in der Luftreinhaltepolitik (Auto-Oil; CAFE), in der Produktpolitik (Umweltzeichen), im Naturschutz (FFH-RL), im Gewässerschutz (WRRL), hinsichtlich des Informationsaustauschs zu BVT bei Industrieanlagen oder dem Umweltaudit etabliert worden sind und wesentlich zur Vorbereitung oder zur Umsetzung von Richtlinien beigetragen haben (vgl. HEINELT und MEINKE, 2003; WURZEL, 2002; TÖLLER, 2002; HEY, 2000). Zum Teil konnten die zahlreichen Partizipationsangebote nicht angenommen werden, weil sie die vorhandenen Kapazitäten der Umwelt- und Verbraucherverbände überforderten. Defizitär ist auch die Konsultation in umweltrelevanten anderen Politiksektoren, insbesondere in der europäischen Energie- und Verkehrspolitik.

– Eine aktive Politik der Befähigung von europäischen Umwelt- und Verbraucherdachverbänden Sachkompetenz in diese Ausschüsse einzubringen, sich mit den nationalen Mitgliedsverbänden zu koordinieren und der Weiterentwicklung des europäischen Umweltrechts teilzunehmen. Eine solche Politik gewährleistet ein Mindestmaß an Pluralismus in den verschiedenen beratenden Ausschüssen und im politischen Entscheidungsprozess, die ohne institutionelle Förderung auf der europäischen Ebene nicht zu gewährleisten wäre.

– Systematisch und breit angelegte Konsultationsprozesse durch Mitteilungen, Grün- und Weißbücher. Technisch wird dabei zunehmend von dem Instrument der Internetkonsultation Gebrauch gemacht, durch die nicht nur korporative Akteure, sondern auch Individuen die Möglichkeit haben, in einer strukturierten Form ihre Kommentare und Anregungen zu formulieren. Zuletzt wurde dieses Instrument bei der Internetkonsultation zur Reform der Chemikalienpolitik eingesetzt, durch die Kommentare von Teilnehmern eingegangen und verarbeitet wurden. In der Regel sind bereits frühzeitig Entwürfe für neue Initiativen zumindest für die interessierte Fachöffentlichkeit verfügbar, oft sind sie über die Website der EU-Kommission abrufbar.

Solche Praktiken entspringen dem Bedürfnis der EU-Kommission, ihre politischen Initiativen direkt legitimieren zu können, frühzeitig Widerstände und neue Entwicklungen identifizieren zu können und ihre Vorschläge auf dem aktuellsten Informationsstand aufbauen zu können. Die Beteiligung der Zivilgesellschaft, das heißt die

Repräsentation von direkt betroffenen Interessengruppen (gemäß einem „Stakeholder-Model") wird von der EU-Kommission als eine wichtige Ergänzung der territorialen Repräsentation durch die Mitgliedstaaten und das EU-Parlament gesehen (vgl. EU-Kommission, 2001a).

Diese vorbildliche Praxis in der europäischen Umweltpolitik wurde von der EU-Kommission zur Grundlage ihrer allgemeinen Politik zur Konsultation mit Interessengruppen gemacht (vgl. EU-Kommission, 2002h). Die EU-Kommission hat für sich selbst Mindeststandards für eine offene und transparente Konsultation formuliert, dabei aber abgelehnt, einen Rechtsanspruch auf die Erfüllung der Mindeststandards einzuführen. Ein „überlegalistischer Ansatz" würde nach Auffassung der EU-Kommission riskieren, zu Verzögerungen bei Vorhaben oder zu Gerichtsverfahren zu führen. Entsprechend hat die EU-Kommission lediglich Partizipationsrechte für Pläne und Programme, die von Europäischen Institutionen entwickelt werden, vorgeschlagen (KOM (2003)622 endg., Art. 8), nicht aber für Mitteilungen, Weißbücher oder Vorschläge zu Rechtsakten.

1295. Eine wichtige Rolle hat die EU-Kommission auch für die europaweite Verankerung der Verbandsklage ergriffen (vgl. Kom (2003)624 vom 24. Oktober 2003). Anerkannte Verbände des Umweltschutzes sollen nach dem Kommissionsvorschlag das Recht haben, Unterlassungen oder Entscheidungen von Behörden, die dem europäischen Umweltrecht widersprechen, gerichtlich überprüfen zu lassen. Vorgesehen ist dabei ein zweistufiges Verfahren. Zunächst müssen die Verbände die Behörde auf eine Unterlassung oder ein Handeln hinweisen, das ihrer Ansicht nach europäisches Umweltrecht bricht. Erst wenn die Behörde hierauf, nach Ansicht des Verbandes nicht angemessen reagiert, hat der Verband ein Klagerecht. Das Klagerecht bezieht sich auf umweltrechtlich erforderliche Maßnahmen und Unterlassungen. Nicht eindeutig formuliert ist in dem Vorschlag, ob es sich auch auf Sektorentscheidungen bezieht, die ein rechtlich geschütztes Gut beeinträchtigen. Insofern bedarf der Vorschlag eines eindeutiger formulierten breiteren Geltungsbereichs. Der Vorschlag formuliert auch restriktive Bedingungen für die Anerkennung des Status als klageberechtigter Verband. Dessen ungeachtet ist die Initiative der EU-Kommission ein begrüßenswerter Schritt zur Stärkung der Rechtsposition von Umweltverbänden und zum besseren Rechtsvollzug. Die vielfach geäußerten Befürchtungen zum Missbrauch der Verbandsklage, zur Projektverzögerung oder Überforderung der Gerichte sind im Lichte der empirischen Forschung nicht haltbar. Ein europäischer Vergleich der Erfahrungen mit der Verbandsklage (SADELEER et al., 2003) kommt zu dem Ergebnis, dass in den Ländern, in denen die Verbandsklage etabliert ist, deren Anteil an den Verwaltungsgerichtsverfahren im Promillebereich liegt und dass die Erfolgsquote der Klagen hoch ist. Dies führen die Autoren darauf zurück, dass Umweltverbände sich angesichts des Klageaufwands und der finanziellen Risiken auf erfolgs versprechende Klagen konzentrieren. Zudem haben Klagerechte eindeutig eine vollzugsunterstützende Wirkung: das Verwaltungshandeln wird im Hinblick auf die Berücksichtigung umweltrechtlicher Erfordernisse sorgfältiger.

Der Umweltrat begrüßt ausdrücklich die umfassende Partizipation und Konsultation von Verbänden in der Politikvorbereitung und Umsetzung auf europäischer Ebene und hält diese in vielfacher Hinsicht für vorbildlich. Dies gilt insbesondere für die dauerhaft arbeitenden, pluralistisch zusammengesetzten beratenden Ausschüsse, für die aktive institutionelle Förderung von Umwelt- und Verbraucherverbänden und für die hohen freiwilligen Standards der Konsultation und Transparenz. Um einen „Partizipationsoverkill", das heißt eine Überforderung der Verbände zu vermeiden, sollte der Dialog besonders intensiv bei den großen Weichenstellungen der Umweltpolitik geführt werden und auf andere umweltrelevante Politikfelder erweitert werden. Mit den Vorschlägen zur Einführung der Verbandsklage auf der nationalen und der europäischen Ebene hat die EU-Kommission auch eine Motorenrolle bei der Umsetzung der 3. Säule der Aarhus-Konvention übernommen. Der Umweltrat begrüßt diese Schritte grundsätzlich, rät aber zu einem breiteren Geltungsbereich und dazu, den Kreis der klageberechtigten Verbände weiter zu ziehen, als in dem Richtlinien- und dem Verordnungsvorschlag der EU-Kommission vorgesehen ist.

13.5 Zusammenfassung und Empfehlungen

1296. Seit Anfang der 1990er-Jahre experimentieren die deutsche, die internationale und nicht zuletzt die europäische Umweltpolitik verstärkt mit neuen Steuerungskonzepten. Diese können grob in vier Gruppen unterteilt werden: 1) zielorientierte Ansätze, 2) Umweltpolitikintegration, 3) kooperatives Regieren und 4) aktivierte Selbstregulierung beziehungsweise Partizipation. Sie sind zugleich auch die Eckpunkte des bisher anspruchsvollsten Strategiemodells einer umweltpolitischen Mehr-Ebenen- und Mehr-Sektoren-Steuerung: der Agenda 21 und des Rio-Prozesses. Die neuen Ansätze von *Environmental Governance* stehen der traditionellen hierarchischen Regelsteuerung gegenüber, zu der auch heute noch fast 80 % der umweltpolitischen Regelungen der EU zu zählen sind.

Die Gründe für die Suche nach neuen Steuerungsansätzen sind ambivalent: Geht es zum einen um die Effektivitätssteigerung einer Umweltpolitik, die ungeachtet von Teilerfolgen eine langfristige Stabilisierung des Umweltzustandes nicht zu erreichen vermochte, so geht es im anderen Falle um – sinnvolle wie problematische – Ziele der Staatsentlastung und Deregulierung. Der Umweltrat sieht zwischen beiden Positionen wichtige Überschneidungen: Die Suche nach wirksameren Steuerungsformen ist insbesondere im Hinblick auf die spezielle Charakteristik hartnäckig ungelöster, persistenter Umweltprobleme unabdingbar. Sie geht auch grundsätzlich in die richtige Richtung. Sie setzt aber einen rationaleren Umgang mit staatlichen Handlungskapazitäten voraus – ein Thema, das zwar bereits in der Agenda 21 (1992) behandelt wird, bisher jedoch eklatant vernachlässigt wurde.

1297. Der Umweltrat kommt insgesamt zu der Schlussfolgerung, dass nicht nur die anspruchsvollen Ziele einer Nachhaltigkeitsstrategie oder der Steuerungsansatz der Umweltpolitikintegration an unzureichender staatlich-administrativer Handlungskapazität scheitern können. Auch die vorrangig zur Staatsentlastung eingeführten (meist kooperativen) Governanceformen sind mit teils erheblichen administrativen Kapazitätserfordernissen verbunden. Der Umweltrat geht daher der Frage nach, wie staatsentlastend und wie leistungsfähig die neuen Steuerungsformen bisher gewesen sind und wie ihre Leistungsfähigkeit, zumal im Hinblick auf die persistenten Umweltprobleme, gegebenenfalls gesteigert werden kann.

Allgemeine Bewertung zentraler Steuerungsansätze

1298. Hinsichtlich der wichtigsten neuen Steuerungsansätze kommt der Umweltrat zu folgenden generellen Schlussfolgerungen und Empfehlungen:

– *Zielorientierte Steuerungsansätze*, die die Ergebniskontrolle einschließen, sind grundsätzlich – nicht zuletzt wegen ihrer Signalfunktion für innovative Anpassungsreaktionen bei hoher Flexibilität der Umsetzung – von hoher Bedeutung für eine Leistungssteigerung der Umweltpolitik. Insoweit können sie auch staatsentlastend wirken. Zielvorgaben, die den langfristigen Umweltproblemen angemessen sind, greifen aber in bestehende Interessenlagen ein und müssen in der Regel gegen Widerstand ausgehandelt werden. Solche Ansätze sind zudem mit einem Kontrollanspruch verbunden, dem sich einflussreiche Akteure tendenziell zu entziehen versuchen. Dies macht zielorientierte Ansätze schwierig und erfordert eine Steigerung staatlicher Handlungskapazität (*capacity-building*). Der Umweltrat benennt daher bestimmte Minimalvoraussetzungen: personelle Ausstattung, professionelles Management und klare institutionelle Verankerung von Zielbildungsprozessen bis hin zum Monitoring der Ergebnisse; wissenschaftlich kompetente und diskursive Konfrontation der beteiligten Akteure mit den jeweiligen Langzeitproblemen; die Konzentration auf prioritäre Langzeitprobleme.

– *Umweltpolitikintegration*: Da die Inanspruchnahme der Umwelt Produktionsgrundlage ganzer Wirtschaftszweige ist, muss auch die Integration von Umweltbelangen in diese Sektoren und die ihnen entsprechenden Politikfelder als notwendiges Postulat angesehen werden. Ohne eine Internalisierung der Umweltverantwortung in diese Verursacherbereiche bleibt Umweltschutz bis in die Technologie hinein tendenziell additiv und auf „Symptombekämpfung" beschränkt. Umgekehrt bedeutet Umweltpolitikintegration die Nutzung der Kompetenz und der Innovationspotenziale der betreffenden Sektoren.

1299. Ungeachtet der hohen Plausibilität dieses Steuerungsansatzes stößt seine Umsetzung jedoch auf erhebliche Hemmnisse, denen nach Auffassung des Umweltrates bisher zu wenig Rechnung getragen wurde. Das Integrationsprinzip läuft der Eigenlogik hochgradig spezialisierter Staatsverwaltungen zunächst oft entgegen. Ebenso den Interessenlagen der industriellen Klientel: Die starke Inanspruchnahme der Umwelt durch bestimmte Sektoren wie Bergbau, Verkehr oder Landwirtschaft hat spezifische Ursachen. Sie betrifft massive Interessenlagen und Pfadabhängigkeiten. Das schafft für die umweltpolitische Steuerung Schwierigkeitsgrade, die nicht ignoriert sondern realistisch angegangen werden müssen.

Zur Lösung dieser Schwierigkeiten ist es unter anderem erforderlich, das Management und die Kapazität dieses Prozesses wesentlich zu verbessern. Die Wirkung von *Sektorstrategien* wird auch wesentlich davon abhängen, dass die verursachernahen Fachverwaltungen ihr organisiertes Interessenumfeld im Sinne der Umweltpolitikintegration beeinflussen. Nach Auffassung des Umweltrates bietet sich hier das Mittel der Dialogstrategie an, bei der die Ressorts gemeinsam mit Umweltexperten einen methodisch vorbereiteten, ergebnisbezogenen Dialog über die gemeinsame ökonomisch-ökologische Langzeitperspektive führen. Dabei sollte die wissenschaftsbasierte Konfrontation des Sektors mit den von ihm ausgehenden langfristigen Umwelteffekten (einschließlich der aus ökologischen Krisenereignissen möglicherweise resultierenden ökonomischen Risiken) den Ausgangspunkt für die Prüfung von Alternativen bilden. Wichtig ist nicht zuletzt die institutionell hochrangige Beauftragung dieses Prozesses. Die Umweltpolitikintegration setzt kompetente Umweltverwaltungen voraus, die sowohl den übergeordneten Beauftragungsprozess als auch die anschließende horizontale Kooperation mit verursachernahen Behörden fachlich mitbestimmen. Umweltressorts müssen dazu die nötige personelle und institutionelle Kapazität haben. Auf ihre Stärkung kommt es bei Strategien der Umweltintegration auch deshalb an, weil sektorale Umweltstrategien im Hinblick auf die beteiligten Verursacherinteressen tendenziell unter dem Anspruchsniveau spezieller Umweltverwaltungen liegen werden.

– Der Vorteil *kooperativer Steuerung* kann unter anderem darin gesehen werden, dass das direkte Zusammengehen von Verwaltungen mit Zielgruppen oft eine größere Treffsicherheit in der Sache hat als die Steuerung über allgemeine Regeln des Gesetzgebers, dass die konsensuale Willensbildung mit den beteiligten Interessen Widerstände bei der Umsetzung von Maßnahmen verringert und der hindernisreiche Weg über parlamentarische Entscheidungsprozesse auf diese Weise zugunsten früher Anpassungsreaktionen abgekürzt werden kann. Kooperative Steuerung kann die Interventionskapazität hierarchischer Steuerung durch Verhandlungslösungen in ihrem Vorfeld „schonen". Mit ihren spezifischen Legitimationsformen – Stakeholder-Beteiligung, Konsens und Wirkungsbezogenheit – versprechen kooperative Steuerungsformen auch einen besseren Problemlösungsbeitrag. Dies kann der Staatsentlastung ebenso dienen, wie die Auslagerung umweltpolitischer Steuerung in die Verursacherbereiche im Sinne einer regulierten Selbstregulierung (Beispiel EMAS oder freiwillige Vereinbarungen).

Der Umweltrat betont aber mit Nachdruck, dass auch die kooperativen Steuerungsformen nicht voraussetzungslos sind, sondern neben der möglichen Staatsentlastung auch zusätzliche staatliche Handlungsfähigkeit erfordern. Dies gilt selbst für die regulierte Selbstregulierung. Die zunehmende Kritik auch an der Effektivität freiwilliger Vereinbarungen (besonders massiv neuerdings bei der OECD) verweist ebenfalls auf Leistungsgrenzen von Verhandlungslösungen, jedenfalls dann, wenn sie nur den Normalbetrieb zum Ziel erklären, also nicht durch geregelte institutionelle Prozeduren anspruchsvoll gehalten und abgesichert werden.

– *Partizipation und aktivierte Selbstregulierung:* Das Steuerungsmodell der Agenda 21 und auch die Aarhus-Konvention laufen auf eine umfassende Nutzung der Handlungspotenziale zivilgesellschaftlicher Akteure durch deren prinzipielle Beteiligung hinaus. Wirksame Partizipation in Fragen des Umweltschutzes hat jedoch Voraussetzungen, deren Nichtberücksichtigung kontraproduktive Wirkungen (z. B. Verschleiß von Motivation) zur Folge haben kann. Sie setzt *Empowerment* und einen aktivierenden Staat voraus. Mit den Möglichkeiten und Grenzen einer Politik der Staatsentlastung durch die Aktivierung bürgerschaftlichen Engagements hat sich der Umweltrat im Umweltgutachten 2002 ausführlich auseinander gesetzt. Partizipationsbereitschaft setzt nicht zuletzt auch ein Minimum an sachgerechter und problemorientierter Umweltberichterstattung in den Medien voraus. Hier konstatiert der Umweltrat gravierende Defizite insbesondere im Bereich der elektronischen Medien. In Hinblick auf die prekäre Handlungsressource öffentliches Umweltbewusstsein empfiehlt der Umweltrat eine Dialogstrategie mit den großen Medienkonzernen (wie sie bspw. auch in der Frage von Gewaltdarstellungen unternommen wurde). Der Spielraum der Landesmedienanstalten mag gering sein, aber entsprechende gezielte Versuche sind bisher nicht unternommen worden. Die Resultate einer solchen Dialogstrategie wären Proben aufs Exempel, ob und inwieweit die elektronischen Medien, besonders die privaten Fernsehsender, in ihren Programmen überhaupt noch Beiträge zu einer aufgeklärten politischen Urteilsbildung zu leisten bereit und in der Lage sind.

In Hinblick auf die (meist nur wissenschaftlich „wahrnehmbaren") persistenten Umweltprobleme kommt der Rolle von Wissenschaft *als Akteur der Umweltpolitik* eine wesentliche Rolle zu. Dies wurde im Übrigen bereits in der Agenda 21 thematisiert. Die Aktivierung von Umweltwissenschaft nicht nur in der Forschung, sondern auch im Prozess der politischen Willensbildung ist vermutlich eine Voraussetzung dafür, dass die verfolgten Ziele nachhaltiger Umweltentwicklung den langfristigen Problemlagen gerecht werden. Darin liegt eine neue Qualität von *Environmental Governance* und eine Herausforderung an das herkömmliche Wissenschaftsverständnis ebenso wie an das Management derartiger Prozesse.

Von der Bürgerpartizipation ist die aktivierte (oder autonome) Selbstregulierung von Unternehmen und Organisationen zu unterscheiden. Grundsätzlich liegt hier ein erhebliches Steuerungspotenzial. Das gilt beispielsweise für die Eingriffsmöglichkeiten einer Kaufhauskette im Hinblick auf die ökologische Qualität von Produkten. Dasselbe gilt für die nachgefragten Vorleistungen von Industrieunternehmen. Diesbezügliche Interventionen unterliegen nicht dem komplizierten Entscheidungsprozess staatlicher Eingriffe. Instrumente wie das Öko-Audit können als Form regulierter Selbstregulierung solche Potenziale aktivieren und die staatliche Umweltpolitik entlasten. Sie sind nach Auffassung des Umweltrates aber kein Grund, das politisch-administrative System aus seiner finalen Verantwortung zu entlassen. Dies gilt umso mehr, als gerade den hartnäckig ungelösten Umweltproblemen auf dem Wege der Selbststeuerung kaum beizukommen ist.

Generelle Effektivitätsbedingungen neuer Steuerungsansätze

1300. Die angeführten vier zentralen Steuerungsansätze werden insbesondere seit dem UN-Gipfel in Rio de Janeiro in den Vordergrund gestellt. Sie zeigen nach Auffassung des Umweltrates erhebliche Defizite, die aber nicht nur in der Natur dieser Steuerungsformen, sondern vor allem in der unzulänglichen Berücksichtigung ihrer institutionellen und prozeduralen Voraussetzungen liegen. Hervorzuheben sind insbesondere die folgenden Voraussetzungen eines effektiveren Operierens mit den neuen Governanceformen in der Umweltpolitik:

Kapazitätsbildung

1301. Ein Kapazitätsdefizit besteht, wenn institutionelle, personelle oder materielle Handlungsbedingungen einer Steuerungsvariante fehlen oder unzulänglich sind. Deregulierung und gesellschaftliche Selbststeuerung führen nicht automatisch zu einer Entlastung staatlicher Institutionen, in aller Regel erfordern sie zunächst den Aufbau zusätzlicher Management-, Kommunikations- und Evaluierungskapazitäten. Noch eindeutiger sind die zusätzlichen Kapazitätserfordernisse der hier behandelten vier Steuerungsansätze, besonders ausgeprägt bei den voraussetzungsvollen Zielstrukturen einer Nachhaltigkeitsstrategie. Deshalb muss jedes anspruchsvollere Steuerungskonzept eine Kapazitätsabschätzung einschließen. Daraus folgende Maßnahmen des *capacity building* können von der Verbesserung der personellen und materiellen Ausstattung von Institutionen, über verbesserte Rechtslagen bis hin zu strategischen Allianzen reichen. Eine wesentliche Kapazitätsverbesserung liegt grundsätzlich in der Erhöhung von Strategiefähigkeit, was wesentlich auf besser überschaubare Entscheidungsstrukturen und einen Abbau von Politikverflechtungen im deutschen Föderalismus hinausläuft.

Kapazitätserfordernisse von modernen umweltpolitischen Steuerungsformen stehen allerdings in einem Spannungsverhältnis zum Ziel der Staatsentlastung und der Deregulierung. Dem kann zumindest teilweise durch

„kapazitätsschonende", staatsentlastende Verfahren entgegengewirkt werden. Dazu gehören unter anderem alle Varianten eines „Verhandelns im Schatten der Hierarchie", speziell die förmliche staatliche Problemfeststellung, die den Verursachern frühzeitig die kalkulierbare Entschlossenheit zu öffentlichen Maßnahmen „in letzter Instanz" signalisiert, ihnen aber Spielräume für eigene Anpassungen offen lässt und Innovationsprozesse anregt. Einer Entlastung kann die Konzentration auf strategische Ziele ebenso dienen wie die Nutzung situativer Handlungschancen oder der Rekurs auf das Internet als Entlastung bei partizipativen Verfahren (Beispiel: die Konsultation zum REACH-System). Kapazitätsschonend wäre es nicht zuletzt, wenn die bereits bestehenden Umweltabteilungen in den verursachernahen Ressorts (Wirtschaft, Verkehr, Landwirtschaft) statt auf die Kontrolle des Umweltministeriums konsequent auf die Wahrnehmung von Umweltbelangen umprogrammiert würden. Eine wichtige – bisher unzureichend durchgesetzte – Form der Staatsentlastung sind zweifellos kausale Problemlösungen (Beispiel: Bleibelastung durch PKW) anstelle einer fortdauernden Symptombekämpfung. Die Möglichkeit einer Mehr-Ebenen-Steuerung auf der europäischen und globalen Ebene sieht der Umweltrat insgesamt als eine Erweiterung der umweltpolitischen Handlungskapazität. Die hier liegenden Schwierigkeiten sollten vor allem durch eine Klärung und Vereinfachung der Kompetenzstrukturen abgebaut werden.

Klärung der Rolle von Staatlichkeit

1302. Eine entscheidende Voraussetzung für die Wirksamkeit gesellschaftlicher Selbststeuerung ist die glaubhafte Androhung staatlicher Intervention für den Fall, dass die Steuerungsziele nicht erreicht werden. Staatlichkeit muss deshalb nach Auffassung des Umweltrates in der differenzierten institutionellen Verantwortlichkeit für die Sicherung wichtiger ökologischer Allgemeininteressen bestehen, die zwar delegierbar, aber vom normativen Grundsatz her nicht aufhebbar ist. Aus dieser Prämisse folgt eine Garantieverpflichtung staatlicher Institutionen auf den unterschiedlichen Handlungsebenen für den Fall der mangelnden Wirksamkeit der auf private Akteure verlagerten Aktivitäten. Der Umweltrat betont, dass speziell im Hinblick auf die thematisierten persistenten Umweltprobleme staatliche Instanzen die „erste Adresse" und – im Falle von Delegation an Private – gegebenenfalls die „letzte Instanz" sein müssen. Die Delegation an Private ist somit an Bedingungen geknüpft und steht unter bestimmten Vorbehalten. Daher ist sie als prinzipiell reversibel zu betrachten.

Klärung der Rolle des Nationalstaates

1303. Nach Auffassung des Umweltrates führt die Zunahme internationaler umweltpolitischer Regelungen nicht etwa zu einem Bedeutungsverlust des Nationalstaates. Vielmehr ist dieser nun mehrfach gefordert – sowohl bei der Lösung nationaler Umweltprobleme als auch bei der Aushandlung und Umsetzung internationaler Übereinkommen und schließlich bei der Abstimmung der nationalen Politik mit der wachsenden Zahl internationaler Vorgaben. Im globalen Mehrebenensystem zeichnet sich der Nationalstaat durch eine Reihe wichtiger Eigenschaften aus, für die es kein funktionales Äquivalent auf den anderen Handlungsebenen gibt. Dies gilt für seine fiskalischen Ressourcen, sein Monopol legitimen Zwanges, seine ausdifferenzierte Fachkompetenz oder seine hochentwickelten Netzwerkstrukturen, einschließlich der internationalen Vernetzung von Fachverwaltungen. Wesentlich ist überdies die Existenz einer politischen Öffentlichkeit und eines (gerade für Umweltbelange wichtigen) Legitimationsdrucks, der weder auf den höheren noch auf den subnationalen Ebenen in gleicher Intensität anzutreffen ist. Auch das kooperative Regieren funktioniert auf der Ebene der Staaten vergleichsweise am besten. Ungeachtet breiter Deregulierungs- und Entstaatlichungspostulate sind nationale Regierungen auch weiterhin die „erste Adresse" der Öffentlichkeit, wenn es um akute Umweltkrisen wie die Überschwemmungen im Jahre 2002 geht. Und schließlich hat sich erwiesen, dass die Entwicklung der internationalen Umweltpolitik wesentlich von Vorreiterländern abhängt, deren Innovationsspielräume es zu sichern gilt. Der Umweltrat hält deshalb – auch innerhalb der EU – die nationalstaatliche Ebene des umweltpolitischen Mehrebenensystems für entscheidend wichtig. Dies schließt deren europäische und internationale Einbindung notwendig ein, weil das Operieren der Umweltpolitik auf diesen politischen Ebenen ihre Handlungsfähigkeit insgesamt unbestreitbar erhöht hat.

Die neuen Politikansätze im Lichte der Kompetenzordnung

Kompetenzverteilung zwischen EG und Mitgliedstaaten

1304. Klare Kompetenzzuweisungen sind eine wichtige Bedingung erfolgreicher Umweltschutzpolitik. Aktuell stellt sich die Frage der Kompetenzverteilung zwischen EG und Mitgliedstaaten insbesondere vor dem Hintergrund der neuen Steuerungskonzepte im Umweltschutz. So setzt die gemeinschaftliche Umweltpolitik in jüngster Zeit zunehmend auf allgemeine Rahmenregelungen, die einer nationalen Konkretisierung bedürfen, sowie auf „weiche" und „flexible" Instrumente wie insbesondere Selbstverpflichtungen der Wirtschaft. Begründet wird diese Verlagerung von Kompetenzen auf die Ebene der Mitgliedstaaten oder gar auf private Akteure nicht zuletzt mit einer ausdrücklichen und wiederholten Berufung auf das „Subsidiaritätsprinzip".

In seinem Grundsatz besagt das in Artikel 5 Abs. 2 und 3 EG verankerte Subsidiaritätsprinzip, dass die Gemeinschaft nur tätig werden darf, sofern und soweit die Ziele auf Ebene der Mitgliedstaaten „nicht ausreichend" und daher wegen ihres Umfangs oder ihrer Wirkungen „besser" auf EG-Ebene erreicht werden können. Konkrete Auslegungsvorschläge dieses allgemeinen Grundsatzes gehen gerade im Bereich des Umweltschutzes jedoch nach wie vor deutlich auseinander.

1305. In seiner gegenwärtigen Fassung vermag das Subsidiaritätsprinzip daher kaum zu eindeutigen Kompetenzabgrenzungen zwischen Gemeinschaft und Mitgliedstaaten im Umweltschutzbereich beizutragen. Allerdings ist kompetenziell keine Selbstbeschränkung der EG auf die Setzung bloßen Rahmenrechts geboten. Erst Recht findet die Betonung von Selbstverpflichtungen der Wirtschaft keine Grundlage in der zwischen EG und Mitgliedstaaten geltenden Kompetenzordnung: Weder infinite Kooperationsprozesse noch eine so genannte Verantwortungsteilung mit Wirtschaftssubjekten sind durch das Subsidiaritätsprinzip gefordert. Vielmehr gehen mit der primärrechtlichen Zuweisung von Aufgaben des Umweltschutzes an die Gemeinschaft entsprechende Verpflichtungen zum legislativen Tätigwerden einher, derer sie sich nicht entledigen darf. Selbstverpflichtungen können gemeinschaftsweit verbindliche Mindeststandards flankieren, aber nicht in erheblichem Umfang ersetzen.

Von der Gemeinschaft ist daher eine konsequente Wahrnehmung der jeweiligen Kompetenzen zu fordern. Es ist von einem an der Zielverwirklichung ansetzenden, das heißt von dem Ziel eines effektiven gemeinschaftsweiten Umweltschutzes ausgehenden Modell der Kompetenzverteilung im Umweltschutz auszugehen. Dem Subsidiaritätsprinzip kommt danach nicht vornehmlich eine begrenzende Funktion zu, sondern es sollte dynamisch mit Blick auf die zu erreichenden gemeinschaftlichen Ziele konkretisiert werden. Ausgangspunkt der Kompetenzverteilung unter Berücksichtigung des Subsidiaritätsprinzips muss dabei der Gedanke sein, dass die Binnenmarktpolitik der Gemeinschaft einer adäquaten umweltpolitischen „Flankierung" bedarf.

Auf der Grundlage eines solchen Subsidiaritätsverständnisses kann den sich ändernden Bedürfnissen und Bedingungen des Umweltschutzes Rechnung getragen und eine dynamische umweltspezifische Sachpolitik gewährleistet werden. Der EG obliegt dann zwar durchaus die Festlegung allgemeiner umweltpolitischer Rahmenbedingungen. Weiter gehend ist sie aber gerade auch für den Erlass von konkreten Mindestnormen für Emissions- und Produktstandards und für umweltrelevante Verfahrensvorschriften zuständig. Rahmenvorgaben und Mindeststandards erfolgen – auf der Basis einer umfassenden konkurrierenden Kompetenz der EG im Bereich des Umweltschutzes – gemeinschaftsweit, die Ausfüllung, Anwendung und eventuelle Verschärfungen sodann national. Zur Vergleichbarkeit der Tätigkeiten und Erfolge in den Mitgliedstaaten bedarf es dabei gemeinschaftsweiter Vorgaben insbesondere auch mit Blick auf das Ob und Wie von Datenerhebungen und Probenahmen.

Die Rolle der EG in internationalen Umweltabkommen

1306. Die Gemeinschaft ist extern genauso wie intern auf ein hohes Niveau zum Schutz der Umwelt verpflichtet (Artikel 2 EG). Sie sollte daher, ähnlich wie sie es bereits bei den Verhandlungen unter dem Kioto-Protokoll getan hat, insgesamt eine aktivere Rolle im Rahmen internationaler Umweltabkommen sowie bei der Umsetzung derselben auf Gemeinschaftsebene einnehmen. Das Ziel der europäischen Integration und der globale Charakter vieler Umweltprobleme verlangen entsprechende Aktivitäten der EG. Sie hat sich, vertreten durch die EU-Kommission, dementsprechend in völkerrechtlichen Vertragsverhandlungen zu positionieren. Das Tätigwerden der EG auf internationaler Ebene ist dabei kein Selbstzweck in dem Sinne, dass nur noch einmal international festgeschrieben wird, was ohnehin schon auf Gemeinschaftsebene Standard ist, sondern muss, wenn und so weit der Schutz der Umwelt es erfordert, darüber hinausgehen.

Dies setzt eine entsprechende Koordination der Mitgliedstaaten seitens der EU-Kommission voraus. Zugleich liegt es an den Mitgliedstaaten, ihrer aus dem in Artikel 10 EG verankerten Prinzip der Gemeinschaftstreue resultierenden Pflicht zur Zusammenarbeit mit der EU-Kommission auch im Hinblick auf externe Aktivitäten nachzukommen.

Probleme föderaler Strukturen in den Mitgliedstaaten

1307. Die Verwirklichung wichtiger umweltpolitischer Projekte der Gemeinschaft wird in Deutschland in hohem Maße durch die ineffektiven föderalen Strukturen gefährdet. Hier erscheinen Modifikationen der bundesstaatlichen Ordnung dringend geboten. Eine Korrektur der Verteilung sowohl der Gesetzgebungs- wie auch der Verwaltungskompetenzen ist zumindest insoweit anzustreben, dass der Bund die Durchsetzung europarechtlicher Vorgaben in Deutschland zügig gewährleisten kann. Das dürfte unter anderem eine konkurrierende Gesetzgebungskompetenz in den Bereichen Naturschutz, Landschaftspflege und Wasserhaushalt erfordern. Ferner ist eine Bundesauftragsverwaltung für Teile dieser Regelungsbereiche zu prüfen. Der Umweltrat begrüßt die vielfältigen aktuellen Bemühungen von Bund und Ländern, eine Reform des deutschen Föderalismus auf den Weg zu bringen. Allerdings entbehren die bislang unterbreiteten Vorschläge für die Neuordnung der Gesetzgebungskompetenzen vielfach der unerlässlichen Analyse der Erfordernisse der jeweiligen Sachmaterie sowie der Handlungskapazitäten der unterschiedlichen Akteure des politischen Mehrebenensystems. Auch wird der europäischen Dimension und den entsprechenden Umsetzungspflichten Deutschlands nicht die angemessene herausragende Bedeutung zugestanden.

Chancen des umweltpolitischen Entscheidungssystems der Europäischen Union

1308. Die bisherige europäische Umweltpolitik ist generell durch eine vergleichsweise günstige Chancenstruktur für Umweltakteure gekennzeichnet. Das „umweltpolitische Dreieck" aus Umweltausschuss des EU-Parlaments, Generaldirektion Umwelt und Umweltministerrat ermöglicht es, Koalitionen über verschiedene politische Ebenen hinweg zu bilden und umweltpolitische Gesetze und Programme zu verabschieden, die deutlich über dem „kleinsten gemeinsamen Nenner" der mitgliedstaatlichen Interessen liegen. Neben der günstigen Chancenstruktur für umweltorientierte Akteure ermöglicht das im Amsterdamer Vertrag festgelegte umweltpolitische Entscheidungssystem nationale Politikinnovationen zugunsten eines hohen Umweltschutzniveaus und fördert deren rasche internationale Ausbreitung. Gerade wegen seiner umweltpolitischen Effektivität wird das umweltpolitische Entscheidungssystem der EU zunehmend infrage gestellt. Hier lassen sich verschiedene Entwicklungen beobachten, insbesondere die horizontale Verlagerung der Federführung für umweltpolitische Maßnahmen aus den Umweltressorts in andere Ressorts und die vertikale Verlagerung der Entscheidung über Schutzniveaus und Ziele aus dem politischen Rechtsetzungsmechanismus in Ausschüsse und Normungsgremien, in denen das relative Gewicht umweltpolitischer Akteure geschmälert werden kann. Vor diesem aktuellen Hintergrund betont der Umweltrat, dass neue Steuerungsansätze – ebenso wie die neue EU-Verfassung – den Einfluss der kooperationsförderlichen und umweltpolitisch vergleichsweise günstigen Dreieckskonstellation zwischen Generaldirektion Umwelt, dem Umweltministerrat und dem Umweltausschuss des EU-Parlaments nicht schmälern oder zugunsten eines der drei institutionellen Spieler auflösen sollte.

Neue Steuerungsansätze in der EU

1309. In einer speziellen Untersuchung zur EU kommt der Rat zu der Schlussfolgerung, dass neue Steuerungskonzepte, wie sie vor allem von der EU-Kommission vorgeschlagen und teils bereits praktiziert werden, die traditionelle Umweltpolitik ergänzen und damit in ihrer Effektivität steigern können. Das bisher dominierende Instrumentarium der hierarchischen Regelsteuerung darf dabei jedoch nicht preisgegeben werden. Den Verzicht auf neue rechtliche Regelungen in Form von Richtlinien, wie er seitens der EU-Kommission gelegentlich nahe gelegt wird, kann der Umweltrat daher nicht befürworten. Auf die konsequente Weiterentwicklung des europäischen Umweltrechts darf trotz bestehender Funktionsprobleme nicht verzichtet werden. Es gibt auch keinen Ersatz für die umweltpolitischen Handlungschancen und Legitimationspotenziale, die der derzeitige Rechtsetzungsprozess bietet.

Zielorientierte Ansätze in der EU

1310. Elemente einer verstärkten Zielorientierung haben seit den 1980er-Jahren Eingang in viele Umweltschutzrichtlinien sowie in das 5. Umweltaktionsprogramm der EU gefunden. Eine zielorientierte Umweltpolitik kann aus Sicht des Umweltrates einen wichtigen Beitrag dazu leisten, verschiedenen Akteuren in komplexen Mehrebenensystemen und vielfältigen Verursacherstrukturen eine gemeinsame Orientierung zu geben. In einem heterogener werdenden Europa erlaubt eine zielorientierte Umweltpolitik auch nationale Differenzierungen je nach den jeweiligen unterschiedlichen Problemlagen und Lösungskapazitäten. Eine zielorientierte Umweltpolitik ist somit „autonomieschonend" und den Besonderheiten der EU angemessen. Im Gegensatz zu kurzfristig-reaktiven, also unkalkulierbaren Krisenventionen der Umweltpolitik wird ein Ansatz der langfristigen Zielorientierung auch von industriellen Zielgruppen befürwortet. Dieser Ansatz ist allerdings im 6. Umweltaktionsprogramm der EU nicht weiter verfolgt worden. Auch im Rahmen der europäischen Nachhaltigkeitsdiskussion wird nur noch ein vergleichsweise niedriger Verbindlichkeitsgrad verfolgt. Der Umweltrat bedauert diese Entwicklung und empfiehlt der Bundesregierung, sich weiterhin für die Formulierung quantitativer und mit konkreten Zeitvorgaben verbundener Ziele besonders im Rahmen der thematischen Strategien des 6. Umweltaktionsprogramms einzusetzen.

Ansätze der Umweltpolitikintegration in der EU

1311. In den 1990er-Jahren ist das Prinzip der Umweltpolitikintegration zu einem Leitprinzip der Europäischen Umweltpolitik avanciert. Die EU setzt dabei sowohl auf zentralisierte und sektorübergreifende als auch auf dezentralisierte und sektorbezogene Formen der Umweltpolitikintegration.

In der Praxis haben sich die horizontalen, übergreifenden Ansätze bislang als wenig effektiv für die Beförderung der Integration von Umweltbelangen erwiesen. Aufgrund unzureichender institutioneller und administrativer Kapazitäten ist es der Generaldirektion Umwelt bisher nicht gelungen, Prozesse in den Verantwortungsbereichen anderer Generaldirektionen und Ratsformationen zu beeinflussen. In jüngster Zeit sind auch die Bemühungen um die Stärkung zentralisierter Integrationsmechanismen ins Stocken geraten, denn mit dem 6. Umweltaktionsprogramm hat die EU-Kommission die klare Ausrichtung an der Umsetzung des Integrationsprinzips aufgegeben.

1312. Nach wie vor ist der 1998 in Gang gesetzte Cardiff-Prozess der Integration von Umweltbelangen in die Sektorpolitiken von einer deutlichen institutionellen Überforderung geprägt. Zudem fehlt weiterhin ein strategisches Zentrum mit eindeutigem Auftrag und klarer Zuständigkeit. Der Cardiff-Prozess leidet nicht zuletzt auch darunter, dass übergreifende Zielvorgaben etwa im Rahmen der Nachhaltigkeitsstrategie und des 6. Umweltaktionsprogramms, die Entscheidungsdruck ausüben könnten, nicht beschlossen wurden. Den Cardiff-Prozess auf der Selbstregulierung der umweltrelevanten Generaldirektionen oder Fachministerräte zu basieren, erscheint wenig zweckmäßig, wenn nicht über Mechanismen der politischen Mandatierung, der Erfolgskontrolle und der Sanktionierung von erkennbarem Abweichen von Zielvereinbarungen eine Kontextsteuerung erfolgt. Der auf dem Europäischen Rat in Göteborg mit der Aufgabe der Koordination beauftragte Rat für Allgemeine Angelegenheiten konnte dieser Aufgabe aufgrund der Überlastung dieses Gremiums mit außenpolitischen Fragen nicht nachkommen.

Der Umweltrat erachtet die Fortsetzung der verschiedenen Integrationsbemühungen auf europäischer Ebene für unerlässlich. Für ihre Revitalisierung ist insbesondere die Qualität der geplanten thematischen Strategien hinsichtlich klarer Zielsetzungen von Bedeutung. Eine sektorale und thematische Fokussierung ist zudem unerlässlich, um die begrenzten Ressourcen der Umweltpolitik effektiver einsetzen zu können. Die weitere Strategieentwicklung bedarf weiterhin eines klar identifizierbaren und von den verschiedenen Sektoren anerkannten Steuerungszentrums.

Intensiver als bisher sollten auch nationale Innovationen bei der Umweltpolitikintegration auf der europäischen Ebene aufgegriffen werden. Der Umweltrat empfiehlt daher der Bundesregierung, sich zugunsten einer solchen Politik zu engagieren.

Kooperatives Regieren auf der europäischen Ebene

1313. Kennzeichnend für Formen des kooperativen Regierens auf der europäischen Ebene ist eine relativ große Ergebnisoffenheit und die damit verbundene Gewährung großer Freiräume für die Mitgliedstaaten beziehungsweise Unternehmen. Durch eine umfassende Einbindung der Normadressaten in die Politikentwicklung sollen Widerstände in den späteren Phasen vermindert werden. Die Politik soll insgesamt vollzugsfreundlicher gestaltet werden. Anders als bei der hierarchischen Regelsteuerung kommt es daher in vergleichsweise hohem Maße auf das jeweilige Engagement, den Ressourceneinsatz und die Konfiguration der Akteure auf den nachgelagerten Ebenen an, ob signifikante Umweltverbesserungen gelingen oder nicht. Allerdings sind die einzelnen Formen des kooperativen Regierens differenziert zu bewerten.

Kooperatives Regieren mit Mitgliedstaaten

1314. Rahmenrichtlinien, deren vermehrten Einsatz das Weißbuch Europäisches Regieren anregt, können einen wichtigen Beitrag zur Konsolidierung und zur Kohärenz teils disparater Einzelvorschriften leisten. Sie sollen nach Auffassung des Umweltrates aber nicht primär für Entbürokratisierungs- und Deregulierungsstrategien genutzt werden. Politische Fragen, insbesondere hinsichtlich der Klärung des angestrebten Schutzniveaus, sollten durch politische Verfahren, wie sie bei der Formulierung von Tochterrichtlinien erforderlich sind, weiter konkretisiert werden. Im Falle eindeutiger normativer Vorgaben hat sich die Komitologie als ein wirksamer Steuerungsmechanismus für konkrete Umsetzungsentscheidungen, für die Flexibilisierung technischer Anforderungen und für rechtliche Konkretisierungen erwiesen. Hinsichtlich der Legitimation der Entscheidungen ist sie jedoch reformbedürftig. Der Umweltrat verweist auch auf die Gefahr des Komitologieversagens, die sich ergibt, falls die politische Orientierung nicht eindeutig ist. Schließlich hat die informelle Koordination durch Benchmarking-Prozesse und Netzwerkbildung dort erhebliche Leistungsgrenzen, wo es um die Korrektur auseinander laufender nationaler Politikpfade oder um politisierte Fragen geht.

Kooperatives Regieren mit Regionen

1315. Zielorientierte Vereinbarungen mit den Regionen können durch frühzeitige Einbeziehung der subnationalen Politikebenen eine schnellere und effizientere Umsetzung umweltpolitischer Programme – aber auch innovative Pionierleistungen – fördern. Sie sollen zunächst im Rahmen von Pilotprojekten in solchen Feldern Anwendung finden, auf denen die EU bisher relativ geringe umweltpolitische Kompetenzen hat. Die Weiterentwicklung von Partnerschaften der EU-Kommission mit Regionen wirft aus Sicht des Umweltrates zwei grundsätzliche Probleme auf: Zum einen muss bezweifelt werden, ob die mit der Verbindung von Umweltpolitik und Regionalförderung verbundene Ausweitung der Kommissionskompetenzen und die Zentralisierung distributiver Politiken angesichts der Distanz der EU-Kommission zu regionalen und lokalen Problemen und der Komplexität regionaler Bedingungen hinreichend sachgerecht und effektiv kontrollierbar sein kann. Zum anderen werfen regulatorische Dividenden an einzelne Regionen die Frage nach der allgemeinen Verbindlichkeit von Recht und der Begründbarkeit von Sonderbedingungen auf. Vor diesem Hintergrund begrüßt es der Umweltrat, dass das neue Partnerschaftsmodell zunächst einmal in begrenzten Pilotprojekten konkretisiert werden soll. In den Pilotprojekten sollte insbesondere geprüft werden, wie die oben dargestellten Probleme vermieden werden können.

Kooperatives Regieren mit Industrieverbänden

1316. Unter Koregulierung versteht die EU-Kommission institutionelle Arrangements, die die Stärken rechtlicher Steuerung und verbandlicher Selbstregulierung miteinander verbinden. Konkrete Vorschläge der EU-Kommission betreffen die umweltpolitische Nutzung der „neuen Konzeption" der Normung für ein umweltgerechtes Design von Produkten und die Weiterentwicklung von Umweltvereinbarungen auf der europäischen Ebene.

Im Kern sieht die „Neue Konzeption" vor, dass der europäische Gesetzgeber grundlegende Anforderungen an die Gestaltung von Produkten formuliert, deren technische Detailausarbeitung dann aber an private Normungsverbände (CEN, CENELEC, ETSI etc.) delegiert. Die eigentliche Harmonisierungsaufgabe wird damit aus dem europäischen Rechtsetzungsverfahren ausgelagert und erfolgt durch die Entscheidungsverfahren der Normungsgremien.

Aus den von der EU-Kommission vorgelegten Konkretisierungsvorschlägen wird jedoch deutlich, dass ein institutionelles Design für ökologische Produktinnovationen bisher nicht im Vordergrund steht. Die vorgeschlagenen Verfahren schaffen bisher eine insgesamt ungünstige Chancenstruktur für ökologische Innovateure. Der Umweltrat erachtet daher das von der Generaldirektion Unternehmen entwickelte Steuerungsmodell für energieverbrauchende Produkte als ungeeignet, hinreichend dynamisch ökologische Produktinnovationen, insbesondere im Bereich der Energieeffizienz voranzutreiben. Es ist im Wesentlichen ein produktbezogenes Umweltmanagementinstrument, das Harmonisierungsmaßnahmen ergänzen, aber nicht ersetzen kann. Vor diesem Hintergrund begrüßt er ausdrücklich Versuche im EU-Parlament und im Ministerrat, schnellere und zielgerichtetere Verfahren für Verbrauchsnormen für Elektrogeräte in der geplanten Rahmenrichtlinie zu verankern. Er erachtet aber das so genannte Top-Runner-Programm, das pragmatisch, die besten auf dem Markt befindlichen Geräte zum Maßstab für zukünftige Verbrauchsstandards setzt, für das dynamischere und innovationsfreundlichere Instrument. Von einem systematischen Gebrauch der „Neuen Konzeption" für eine integrierte Umweltpolitik rät der

Umweltrat deshalb vorerst ab. Die Weiterentwicklung und Konkretisierung produktbezogener Umweltmanagementsysteme oder Prüfanforderungen und einen Erfahrungsaustausch über vorbildliche Ansätze des Ökodesign hält der Umweltrat als Ergänzung eines notwendigerweise fokussierten produktbezogenen Umweltrechts hingegen für durchaus nützlich.

1317. Im Juli 2002 hat die EU-Kommission eine Mitteilung über die Ausgestaltung von Umweltvereinbarungen innerhalb der europäischen Gemeinschaft veröffentlicht, die zwei Typen von Umweltvereinbarungen unterscheidet. Die von der EU-Kommission als Selbststeuerung (*self-regulation*) bezeichneten einseitigen Selbstverpflichtungen der Wirtschaft lassen nach Ansicht des Umweltrates kaum erwarten, dass damit anspruchsvolle umweltpolitische Ziele verwirklicht werden können. Ohne Druck seitens der EU-Organe wird die Wirtschaft in der Regel lediglich Maßnahmen vorschlagen, die kaum über ein „Business-as-usual"-Szenario hinausgehen. Umweltvereinbarungen, die von der EU-Kommission initiiert und in einen rechtlichen Rahmen eingebunden werden (*co-regulation*) können hingegen grundsätzlich ein wirkungsvolles umweltpolitisches Instrument darstellen, da zentrale Bedingungen erfolgversprechender Vereinbarungen wie Zielorientierung, Partizipation und Erfolgskontrolle mit dem Vorschlag umgesetzt werden. Weiterhin ungeklärt sind allerdings die Fragen, wie ein Verband seine Mitgliedsunternehmen zur Umsetzung der eingegangenen Verpflichtungen verpflichten kann und welche Rolle die mitgliedstaatlichen Regierungen bei der Umsetzung freiwilliger Vereinbarungen spielen sollen.

Regulierte Selbstregulierung und Partizipation

1318. Der Umweltrat begrüßt ausdrücklich die umfassende Partizipation und Konsultation von Verbänden in die Politikvorbereitung und Umsetzung auf europäischer Ebene und hält diese in vielfacher Hinsicht für vorbildlich. Dies gilt insbesondere für die dauerhaft arbeitenden, pluralistisch zusammengesetzten beratenden Ausschüsse, die aktive institutionelle Förderung von Umwelt- und Verbraucherverbänden und hohen freiwilligen Standards der Konsultation und Transparenz. Um eine „Partizipationsüberlastung" zu vermeiden, sollte der Dialog besonders intensiv bei den großen Weichenstellungen der Umweltpolitik geführt werden und auf andere umweltrelevante Politikfelder erweitert werden. Mit den Vorschlägen zur Einführung der Verbandsklage auf der nationalen und der europäischen Ebene hat die EU-Kommission auch eine Motorenrolle bei der Umsetzung der 3. Säule der Aarhus-Konvention übernommen. Der Umweltrat begrüßt diese Schritte grundsätzlich, rät aber zu einem breiteren Geltungsbereich und dazu, den Kreis der klageberechtigten Verbände weiter zu ziehen, als in dem Richtlinien und dem Verordnungsvorschlag der EU-Kommission vorgesehen ist.

1319. Als Gesamtfazit der hier vorgetragenen Darstellung kommt der Umweltrat zu dem Schluss, dass den unter dem Stichwort *Environmental Governance* neu erprobten Steuerungsformen bei der Suche nach effektiveren Problemlösungen eine wichtige Rolle zukommen kann. Dazu müssen allerdings deren Erfolgsvoraussetzungen sehr viel mehr als bisher berücksichtigt werden. Dies betrifft nicht nur Kapazitätserfordernisse und Garantiemechanismen, sondern auch die realistische Einsicht, dass die „weichen" und flexibleren Steuerungsformen nicht mehr als eine Ergänzungsfunktion haben können, wenn es um die Lösung persistenter Umweltprobleme geht. In der EU-Umweltpolitik haben diese Steuerungsformen den Anteil von 15 % bisher nicht überschritten. Zudem hängt ihre Wirksamkeit meist stark von der glaubwürdigen Option weiter gehender ordnungsrechtlicher oder monetärer Instrumente ab. Es wäre nach Auffassung des Umweltrates fahrlässig, den dargestellten Governanceformen bereits als solchen eine höhere Leistungsfähigkeit zu unterstellen. Auch ihr etwaiger Beitrag zur Staatsentlastung ist im Lichte der Kapazitätserfordernisse auch dieser Steuerungsvarianten differenziert zu prüfen. In der Klimapolitik einiger OECD-Länder zeigt sich neuerdings auch, dass neuen ordnungsrechtlichen Instrumenten – wie der gezielten Verbindlicherklärung des Beststandes an Energieeffizienz – eine wichtige Rolle bei der breiten Marktdurchdringung mit innovativer Technik zukommen kann. Der Umweltrat legt nahe, weiterhin das ganze Spektrum des umweltpolitischen Instrumentariums – darunter nicht zuletzt die monetären Instrumente – verfügbar zu halten und im Lichte der seit dem UN-Gipfel von Rio gemachten Erfahrungen weiter zu entwickeln. Im Hinblick auf die Mehr-Ebenen-Steuerung betont er zum einen die Notwendigkeit einer Klärung und Entflechtung der Kompetenzstrukturen. Zum anderen hält er die Garantiefunktion des Nationalstaates und seine finale Verantwortung für ein ausreichend hohes Schutzniveau für unerlässlich. Schließlich plädiert er für die Sicherung ausreichender Spielräume für innovationsorientierte Vorreiterpositionen unterhalb der europäischen Ebene.

Literaturverzeichnis

Kapitel 1

BfN – Bundesamt für Naturschutz (2002): Daten zur Natur 2002. – Münster: Landwirtschaftsverlag. – 211 S.

EEA – Europäische Umweltagentur (2003): Europe's Environment: The Third Assessment. – Environmental Assessment Report No. 10 – Kopenhagen: EEA. – 344 S.

EEA (2002): Environmental Signals 2002 – Benchmarking the Millenium. – Environmental Assessment Report No. 8 – Kopenhagen: EEA.

GÖRG, C. (2002): Regulation der Naturverhältnisse. Zu einer kritischen Theorie der ökologischen Krise. – Münster: Westfälisches Dampfboot Verlag.

LOMBORG, B. (2001): The Skeptical Environmentalist. Measuring the Real State of the World. – Cambridge, UK: Cambridge University Press. – 515 S.

MAXEINER, D. und MIERSCH, M. (2000): Die Zukunft und ihre Feinde. Wie Fortschrittspessimisten unsere Gesellschaft lähmen. – Frankfurt a. M.: Eichborn. – 250 S.

OECD – Organisation for Economic Co-Operation and Development (2001): OECD Environmental Outlook. – Paris: OECD.

OTT, K. et al. (2003): Über einige Maschen der neuen Vermessung der Welt. Eine Kritik an Lomborgs „Apocalypse No!". – Gaia, 12 (1). – S. 45–51.

SRU – Der Rat von Sachverständigen für Umweltfragen (2004): Meeresumweltschutz für Nord- und Ostsee. Sondergutachten Meeresumweltschutz.

SRU (2002): Umweltgutachten 2002. Für eine neue Vorreiterrolle. – Stuttgart: Metzler-Poeschel. – 550 S.

SRU (1999): Sondergutachten. Umwelt und Gesundheit – Risiken richtig einschätzen. – Stuttgart: Metzler-Poeschel. – 211 S.

UBA – Umweltbundesamt (2001): Daten zur Umwelt 2000. – Berlin: Erich Schmidt Verlag. – 378 S.

Kapitel 2

AGE (Arbeitsgruppe „Emissionshandel zur Bekämpfung des Treibhauseffektes") (2002): Berichte der Unterarbeitsgruppen I und II. Online im Internet: www.bmu.de/de/1024/js/sachthemen/emission/index_age/?id=252&nav_id=2876&page=1 [Stand 02.12.2003].

ALTGELD, H. (2002): Intelligente Ansätze zur Systementlastung durch Nachfragesteuerung. In: Deutsche Energie-Agentur (Hrsg.): Perspektiven für die Stromversorgung der Zukunft. Anforderungen an das Elektrizitätssystem für eine nachhaltige und sichere Energieversorgung. Fachkonferenz. Berlin, 21. und 22. November 2002. Berlin: Verlag und Medienservice Energie, CD-ROM.

Arbeitsgemeinschaft Energiebilanzen (2003): Auswertungstabellen zur Energiebilanz für die Bundesrepublik Deutschland 1990 bis 2002. Online im Internet: www.ag-energiebilanzen.de/daten/gesamt.pdf [Stand 12.11.2003].

BACH, S., KOHLHAAS, B., PRAETORIUS, B., SEIDE, B., ZWIENER, R. (1998): Sonderregelungen zur Vermeidung von unerwünschten Wettbewerbsnachteilen bei energieintensiven Produktionsbereichen im Rahmen einer Energiebesteuerung mit Kompensation. Berlin: Deutsches Institut für Wirtschaftsforschung. Sonderheft Nr. 165.

BACH, S., KOHLHAAS, M. (2003): Stellungnahme zum Gesetz zur Fortentwicklung der ökologischen Steuerreform. ÖkoSteuerNews Nr. 16, S. 4–9.

BEAMON, J. A., LECKEY, T., MARTIN, L. (2001): Power Plant Emission Reductions Using a Generation Performance Standard, Energy Information Administration, Draft 3/19/2001. Online im Internet: http://www.eia.doe.gov/oiaf/servicerpt/gps/gpsstudy.html [Stand 02.03.2004].

BFAI (Bundesagentur für Außenwirtschaft) (2002): Russland – Energiewirtschaft 2000/2001. Köln: BFAI.

BLAIR, T., PERSSON, G. (2003): Brief an den Präsidenten der Europäischen Kommission Romano Prodi und den Premierminister von Griechenland Costas Simitis vom 25. Februar 2003. Online im Internet: http://www.foes-ev.de/downloads/gpblair_feb03.pdf [Stand 14.01.2004].

BMU (2002): Umweltbericht 2002. Bericht über die Umweltpolitik der 14. Legislaturperiode. Ökologisch – Modern – Gerecht. Die ökologische Modernisierung von Wirtschaft und Gesellschaft. Berlin: BMU.

BMU (2003a): Entwurf eines Gesetzes zur Neuregelung des Rechts der Erneuerbaren Energien im Strombereich. Stand: 18. November 2003 Online im Internet: http://www.bmu.de/de/1024/js/download/re_ft/ [Stand 01.12.2003]. Zugleich Bundestagsdrucksache 15/2327

BMU (2003b): Entwicklung der Stromerzeugung aus Erneuerbaren Energien und finanzielle Auswirkungen. Berlin: BMU.

BMU (2004): Nationaler Allokationsplan für die Bundesrepublik Deutschland 2005–2007. Entwurf vom 29. Januar 2004. Berlin.

BMWi (2001): Nachhaltige Energiepolitik für eine zukunftsfähige Energieversorgung. Energiebericht. Berlin: BMWi.

BMWi (Bundesministerium für Wirtschaft und Technologie) (1999): Kohlekraftwerke der Zukunft: sauber und wirtschaftlich. Bonn. BMWi-Dokumentation, 471.

BÖHRINGER, C., SCHWAGER, R. (2003): Die ökologische Steuerreform in Deutschland – ein umweltpolitisches Feigenblatt. Perspektiven der Wirtschaftspolitik 4 (2), S. 211–222.

Bundesregierung (2000): Nationales Klimaschutzprogramm – Beschluss der Bundesregierung vom 18. Oktober 2000. Fünfter Bericht der Interministeriellen Arbeitsgruppe „CO_2-Reduktion". Bundestagsdrucksache 14/4729.

Bundesregierung (2002a): Perspektiven für Deutschland. Unsere Strategie für eine nachhaltige Entwicklung. Berlin.

Bundesregierung (2002b): Dritter Nationalbericht der Bundesregierung zum Klimaschutz. Verabschiedet am 31. Juli 2002. Online im Internet: http://www.bmu.de/de/txt/klimschutz/download/b_klima [Stand 02.12.2003].

Bundesrepublik Deutschland, Deutsche Wirtschaft (2001): Vereinbarung zwischen der Regierung der Bundesrepublik Deutschland und der deutschen Wirtschaft zur Minderung der CO_2-Emissionen und der Förderung der Kraft-Wärme-Kopplung in Ergänzung zur Klimavereinbarung vom 9. November 2000. Online im Internet: http://www.bmu.de/files/klimavereinbarung.pdf [Stand 27.02.2004].

BURTRAW, D., PALMER K., BHARVIRKAR, R., PAUL, A. (2001): The Effect of Allowance Allocation on the Cost of Carbon Emission Trading. Washington, D. C.: Resources for the Future. Discussion Paper 01–30.

BUTTERMANN, H. G., HILLEBRAND, B. (2003): Klimagasemissionen in Deutschland in den Jahren 2005/7 und 2008/12. Essen: RWI. RWI-Materialien, H. 2.

CAPROS, P., MANTZOS, L. (2000): The Economic Effects of EU-Wide Industry-Level Emission Trading to Reduce Greenhouse Gases. Results from PRIMES Energy Systems Model. – Studie im Auftrag der Europäischen Kommission. – Online im Internet: http://europa.eu.int/comm/environment/enveco/climate_change/primes.pdf [Stand 02.04.2002].

CENTNER, M. (2003): Vortrag zu energieeffizienten elektrischen Antrieben, gehalten im Rahmen der Veranstaltung „Fortschritte in der Energieeffizienz – Potenziale und Umsetzung", Technische Universität Berlin, 4. Dezember 2002.

COENEN, R., GRUNWALD, A. (2003): Nachhaltigkeitsprobleme in Deutschland. Analyse und Lösungsstrategien. Berlin: Sigma.

COORETEC (Initiative CO_2-Reduktions-Technologien in fossil befeuerten Kraftwerken) (2003): Forschungs- und Entwicklungskonzept für emissionsarme fossil befeuerte Kraftwerke. Kurzfassung. Projektträger Jülich, Forschungszentrum Jülich.

CRIQUI, P., KITOUS, A., BERK, M., den ELZEN, M., EICKHOUT, B., LUCAS, P., van VUUREN, D., KOUVARITAKIS, N., VANREGEMORTER, D. (2003): Greenhouse Gas Reduction Pathways in the UNFCCC Process up to 2025. Technical Report. Online im Internet: http://europa.eu.int/comm/environment/climat/pdf/pm_techreport2025.pdf [Stand Januar 2004].

DANY, G. (2000): Kraftwerksreserve in elektrischen Verbundsystemen mit hohem Windenergieanteil. Dissertation an der RWTH Aachen. Aachen: Klinkenberg.

DANY, G., HAUBRICH, H.-J. (2000): Anforderungen an die Kraftwerksreserve bei hoher Windenergieeinspeisung. Energiewirtschaftliche Tagesfragen 50 (12), S. 890–894.

DENA (2003): Klimaschutz – Ein Jahr nach dem Hochwasser – zentrale Ergebnisse (Forsa), Mitteilung vom 15. Juli 2003.

Department of Trade and Industry, Department for Transport, Department for Environment, Food and Rural Affairs (2003): Our Energy Future. Creating a Low Carbon Economy. London: DTI Publications. Energy White Paper.

Department of Trade and Industry, Great Britain (2002): The feasibility of carbon dioxide capture and storage in the UK. Project definition and scooping paper. London: DTI.

DOE (US Department of Energy) (2003): Carbon Sequestration. Online im Internet: unter http://www.fe.doe.gov/programs/sequestration [Stand 01.12.2003].

EEA (2003a): Greenhouse Gas emission trends and projections in Europe 2003. Summary. Final draft. Environmental Issue Report 36. Kopenhagen: EEA. Online im Internet: http://reports.eea.eu.int/environmental_issue_report_2003_36-sum/en [Stand 02.12.2003].

EEA (2003b): Annual European Community greenhouse gas inventory 1990–2001 and inventory report 2003. Copenhagen: EEA. Technical report no 95. Online im Internet: http://reports.eea.eu.int/technical_report_2003_95/en [Stand 02.03.2004].

ELLERMAN, A. D. (2002): Statement before the Subcommittee on Energy Policy, Natural Resources and Regulatory Affairs United States House of Representatives, May 28.

ENGERER, H. (2003): Russische Energiewirtschaft: Hohe Exporterlöse verschleiern Reformbedarf. DIW Wochenbericht 70 (15), S. 211–218.

Enquete Kommission (1995): Mehr Zukunft für die Erde. Nachhaltige Energiepolitik für dauerhaften Klimaschutz. Schlussbericht der Enquete-Kommission „Schutz der

Erdatmosphäre" des 12. Deutschen Bundestages. Bonn: Economica.

Enquete Kommission (2002): Endbericht der Enquete-Kommission „Nachhaltige Energieversorgung unter den Bedingungen der Globalisierung und der Liberalisierung". Bundestagsdrucksache 14/9400.

ERNST, B., ROHRING, K. (2001): Prognose der Windleistung für größere Energieversorgungssysteme. In: VDI (Hrsg.): Fortschrittliche Energiewandlung und -anwendung. Schwerpunkt: dezentrale Energiesysteme. Tagung Bochum, 13. und 14. März 2001. Düsseldorf: VDI-Verlag. VDI-Berichte, 1594, S. 539.

EU-Kommission (2001a): European Climate Change Programme (ECCP). Long Report. Online im Internet: http://europa.eu.int/comm/environment/climat/pdf/eccp_longreport_0106.pdf [Stand 01.01.2004].

EU-Kommission (2001b): Mitteilung der Kommission. Nachhaltige Entwicklung in Europa für eine bessere Welt: Strategie der Europäischen Union für die nachhaltige Entwicklung (Vorschlag der Kommission für den Europäischen Rat in Göteborg). KOM(01)264 endg.

EU-Kommission (2001c): Proposal for a Directive of the European Parliament and of the Council establishing a scheme for greenhouse gas emission allowance trading within the Community and amending Council Directive 96/61/EC. COM(2001)581 final. Brüssel: Europäische Kommission.

EU-Kommission (2002): Bericht der Kommission gemäß der Entscheidung Nr. 93/389/EWG des Rates über ein System zur Beobachtung von Treibhausgasen in der Gemeinschaft, geändert durch die Entscheidung Nr. 99/296/EG. KOM(02)702 endg.

EU-Kommission (2003a): Bericht der Kommission gemäß der Entscheidung Nr. 93/389/EWG des Rates über ein System zur Beobachtung von Treibhausgasen in der Gemeinschaft, geändert durch die Entscheidung Nr. 99/296/EG. KOM(2003)735 endg. Brüssel: Europäische Kommission.

EU-Kommission (2003b): Second ECCP Progress Report – Can we meet our Kyoto targets? Brüssel: Europäische Kommission.

EU-Kommission (2003c): Energy research. The European Commission website on energy research. CO_2-capture and sequestration. Online im Internet: http://europa.eu.int/comm/research/energy/nn/nn_rt_co1_en.html [Stand 10.11.2003].

EU-Kommission (2003d): Vorschlag für eine Richtlinie des Europäischen Parlaments und des Rates zur Endenergieeffizienz und zu Energiedienstleistungen. KOM(2003)739 endg. Brüssel: Europäische Kommission.

EU-Kommission (2003e): On establishing a framework for the setting of Eco-design requirements for Energy-Using Products and amending Council Directive 92/42/EEC. Proposal for a Directive of the European Parliament and of the Council. COM(2003)453 final from 1.8.2003.

Eurelectric/VGB (2003): Efficiency in electricity generation. Brüssel: Eurelectric. Online im Internet: http://www.localpower.org/pdf/efficiencyinelectricitygeneration.pdf [Stand 01.12.2003].

FISCHEDICK, M., NITSCH, J., LECHTENBÖHMER, S., HANKE, T., BARTHEL, C., JUNGBLUTH, C., ASSMANN, D., BRÜGGEN, T. vor der, TRIEB, F. (2002): Langfristszenarien für eine nachhaltige Energienutzung in Deutschland. Berlin: Umweltbundesamt.

FISCHER, B., MACHATE, R.-D., WELTIN, M. (2003): Die Zuteilung von Emissionsrechten an Neuanlagen im Nationalen Allokationsplan. Klimaschutz effizient steuern. Energiewirtschaftliche Tagesfragen (53) 12, S. 818–820.

FISCHER, C., KERR, S., TOMAN, M. (1998): Using Emission Trading to Regulate U.S. Greenhouse Gas Emissions: An Overview of Policy Design and Implementation Issues. Washington D. C.: Resources for the Future. Discussion Paper 98–40.

FLEISCHER, T. (2001): Technische Herausforderungen durch neue Strukturen in der Elektrizitätsversorgung. TA-Datenbank-Nachrichten 10 (3), S. 55–60.

FÖS (Förderverein Ökologische Steuerreform) EV (2003): ÖkosteuerNews19 – April 2003. Online im Internet http://www.foes-ev.de/downloads/oekosteuernews19.pdf [Stand 09.03.2004].

Forum für Zukunftsenergien (Hrsg.) (2002): Zukunft der Kohle – Perspektiven moderner Energietechnologien. Tagungsband des Kongresses am 1. Juli 2002. Berlin.

GEHRING, T. (1994): Der Beitrag von Institutionen zur Förderung der internationalen Zusammenarbeit. Lehren aus der institutionellen Struktur der EG. Zeitschrift für Internationale Beziehungen Heft 2, S. 211–242.

GÖTZ, R. (2002): Russlands Erdgas und die Energiesicherheit der EU. Berlin: Stiftung Wissenschaft und Politik.

GÜNTHER, R., MORGAN, J., SINGER, S. (2003): Power Switch – Umschalten auf saubere Energien. Eine Hintergrundanalyse für Deutschland. Berlin: WWF.

HARMELINK, M., VOOGT, M., JOOSEN, S., de JAGER, D., PALMERS, G., SHAW, S., CREMER, C. (2002): Implementation of Renewable Energy in the European Union until 2010. PRETIR project. Online im Internet: http://www.greenprices.com/eu/doc/pretireureport.pdf [Stand 01.12.2003].

HAUBRICH, H.-J. (2002): Technische Grenzen der Einspeisung aus Windenergieanlagen. Zusammenfassung der Ergebnisse eines im Auftrag der E.ON Netz GmbH erstellten Gutachtens des Instituts für Elektrische Anlagen und Energiewirtschaft der Rheinisch-Westfälischen Technischen Hochschule Aachen.

HAUBRICH, H.-J., FRITZ, W., ZIMMER, C., SENGBUSCH, K. v., KOPP, S., LI, F. (2002): Grenzüberschreitende Übertragungskapazitäten und Engpässe im europäischen Stromnetz. Energiewirtschaftliche Tagesfragen 52 (4), S. 232–237.

HAYAI, K. (2001): Energy Efficiency Standard and Labelling in Japan. Vortrag gehalten anlässlich des Symposiums „Lessons Learned in Asia: Regional Symposium on Energy Efficiency Standards and Labelling" vom 29. bis 31. Mai 2001. Online im Internet: www.un.org/esa/sustdev/sdissues/energy/op/clasp_hayaippt.pdf [Stand 18.11.2003].

HEISTER, J., KLEPPER, G., KRÄMER, H., MICHAELIS, P., MOHR, E., NEU, A., SCHMIDT, R., WEICHERT, R. (1990): Umweltpolitik mit handelbaren Emissionsrechten. Tübingen: J. C. B. Mohr.

HENTRICH, S. (2001): Klimaschutzpolitik im Wohnungssektor: Wirkungsdefizite und Handlungsbedarf. Wirtschaft im Wandel 7 (11), S. 267–273.

HERZOG, H., ELIASSON, B., KAARSTAD, O. (2000): Die Entsorgung von Treibhausgasen. Spektrum der Wissenschaft H. 5, S. 48–54.

HIRSCHHAUSEN, C. von, NEUMANN, A. (2003): Liberalisierung der europäischen Gaswirtschaft – Neue Regulierungsbehörde soll mehr Wettbewerb schaffen. DIW Wochenbericht 70 (36–37), S. 560–567.

HIRSCHL, B., HOFFMANN, E., ZAPFEL, B., HOPPE-KILPPER, M., DURSTEWITZ, M., BARD, J. (2002): Markt- und Kostenentwicklung erneuerbarer Energien. 2 Jahre EEG – Bilanz und Ausblick. Beiträge zur Umweltgestaltung, Band A 151. Erich Schmidt Verlag.

HORN, M., ZIESING, H.-J. (2003): Stellungnahme zur Anhörung des Rates für nachhaltige Entwicklung in Essen am 4. April 2003. Berlin: Rat für Nachhaltige Entwicklung. Online im Internet: http://www.nachhaltigkeitsrat.de/aktuell/termine/index.html [Stand 01.11.2003].

HUBER, C., HAAS, R., FABER, T., RESCH, G., GREEN, J., TWIDELL, J., RUIJGROK, W., ERGE, T. (2001): Action Plan for a Green European Electricity Market. Compiled within the project „ElGreen". Wien: Energy Economics Group.

ICCEPT (Imperial College Centre for Energy Technology Policy and Technology) (2002): Assessment of Technological Options to Address Climate Change. A Report for the Prime Minister's Strategy Unit. London. Online im Internet: http://www.pm.gov.uk/files/pdf/iccept2.pdf [Stand 02.03.2004].

IEA (2000): Energy Labels and Standards. Paris: OECD.

IEA (2001a): Putting carbon back into the ground. Gloucestershire. Greenhouse Gas R & D Programme. Online im Internet: http://www.ieagreen.org.uk/putback.pdf [Stand 02.03.2004].

IEA (2001b): Things that go blip in the night. Standby power and how to limit it. Paris: OECD.

IEA (2002b): Russia energy survey 2002. Paris: OECD.

IEA (2002c): Distributed generation in liberalised electricity markets. Paris: OECD.

IEA (2002d): Energy policies of IEA countries. Germany 2002 review. Paris: OECD.

IEA (2003): Cool appliances. Policy strategies for energy-efficient homes. Paris: OECD.

IEA (International Energy Agency) (1998): Carbon Dioxide Capture from Power Stations. IEA Greenhouse Gas R&D Programme. Online im Internet: http://www.ieagreen.org.uk/sr2p.htm [Stand 01.12.2003].

IEA Greenhouse Gas R & D Programme (2002a): CO_2 Sequestration. Online im Internet: http://www.co2sequestration.info [Stand 02.03.2004].

IPCC (2001a): Climate Change 2001. The Scientific Basis. Contribution of Working Group I to the Third Assessment Report of the Intergovernmental Panel on Climate Change. – Cambridge: University Press. – 880 S.

IPCC (2001b): Climate Change 2001. Mitigation. Contribution of Working Group II to the Third Assessment Report of the Intergovernmental Panel on Climate Change. – Cambridge: University Press. – 752 S.

IPCC (Intergovernmental Panel on Climate Change) (1997): Stabilization of atmospheric greenhouse gases: physical, biological and socio-economic implications. IPCC Technical Paper III.

ISI (Fraunhofer-Institut für Systemtechnik und Innovationsforschung), Forschungszentrum Jülich, Programmgruppe Systemforschung und Technologische Entwicklung (2001): Systematisierung der Potenziale und Optionen. Endbericht an die Enquete-Kommission „Nachhaltige Energieversorgung unter den Bedingungen der Globalisierung und der Liberalisierung" des Deutschen Bundestages. Karlsruhe, Jülich. Online im Internet: http://www.bundestag.de/gremien/ener/ener_studien_potenzial.pdf [Stand 02.03.2004].

JAFFE, A. B., NEWELL, R. G., STAVINS, R. N. (1999): Energy-Efficient Technologies and Climate Change Policies: Issue and Evidence. Washington, D. C.: Resources for the Future. Climate Issue Brief No. 19.

JÄNICKE, M., BINDER, M., MÖNCH, H. (1993): Umweltentlastung durch industriellen Strukturwandel? Eine explorative Studie über 32 Industrieländer (1970 bis 1990). Berlin: Edition Sigma.

JÄNICKE, M., JACOB, K. (2002): Ecological Modernisation and the Creation of Lead Markets. FFU-Report 03/2002. Berlin: Forschungsstelle für Umweltpolitik.

JÄNICKE, M., KUNIG, P., STITZEL, M. (2002): Umweltpolitik. 2. aktualisierte Aufl. Bonn: Dietz.

JÄNICKE, M., MEZ, L., BEECHSGAARD, P., KLEMMENSEN, B. (1999): Innovationswirkungen branchenbezogener Regulierungsmuster am Beispiel energiesparender Kühlschränke. In: KLEMMER (1999): Innovationen und Umwelt. Fallstudien zum Anpassungsverhalten in Wirtschaft und Gesellschaft. Berlin: Analytica S. 57–80.

JÖRGENS, H. (2004): Governance by Diffusion. Implementing Global Norms through Cross-national Imitation and Learning. In: LAFFERTY, W. M. (Hrsg.): Governance for Sustainable Development. The Challenge of Adapting Form to Function. Cheltenham: Edward Elgar.

KfW (2003): Umweltbericht 2003. Frankfurt a. M.: KfW.

KLEEMANN, M. (2002): Windenergie, Wasserkraft, Gezeitenenergie und Erdwärme. In: REBHAN, E. (Hrsg.): Energiehandbuch. Gewinnung, Wandlung und Nutzung von Energie. Berlin: Springer, S. 365–399.

KLEEMANN, M., HECKLER, R., KOLB, G., HILLE, M. (2000): Die Entwicklung des Wärmebedarfs für den Gebäudesektor bis 2050. Jülich: Forschungszentrum Jülich, Zentralbibliothek. Schriften des Forschungszentrums Jülich, Reihe Umwelt, Bd. 23.

KNUTTI, R., STOCKER, T. F., JOOS, F., GLANKASPER PLATTNER (2002): Constraints on radiative forcing and future climate change from observations and climate model ensembles. – Nature (2002) 416, S. 719–723.

KÖPKE, R. (2003): In der Regel übertreuert. Neue Energie 13 (2), S. 24–27.

KRÄMER, M. (2003): Modellanalyse zur Optimierung der Stromerzeugung bei hoher Einspeisung von Windenergie. Düsseldorf: VDI-Verlag. Fortschritt-Berichte VDI, Reihe 6, Nr. 492.

LAMBERTZ, J. (2003): Neue Entwicklungslinien der Braunkohlenkraftwerkstechnik. Energiewirtschaftliche Tagesfragen 53 (1/2), S. 90–94.

LANDGREBE, J., KASCHENZ, H., STERNKOPF, R., WESTERMANN, B., BECKER, K., MÜLLER, W., SCHNEIDER, J., BURGER, A., KÜHLEIS, C. (2003): Anforderungen an die zukünftige Energieversorgung. Analyse des Bedarfs zukünftiger Kraftwerkskapazitäten und Strategie für eine nachhaltige Stromnutzung in Deutschland. Berlin: UBA.

LECHTENBÖHMER, S., FISCHEDICK, M., DIENST, C., HANKE, T. (2003): GHG-Emissions of the Natural Gas Life cycle compared to other fossil fuels (in Europe). Paper No. 92 published in the proceedings of the 3rd International Methane & Nitrous Oxide Mitigation Conference, 790–798, Beijing, China 17.–21. November 2003.

LEYVA, E. de, LEKANDER, P. A. (2003): Climate change for Europe's utilities. The McKinsey Quarterly No. 1.

LUTHER, M. (2002): Entwicklung von Verbundnetzen unter Berücksichtigung hoher Windeinspeisung. In: Deutsche Energie-Agentur (Hrsg.): Perspektiven für die Stromversorgung der Zukunft. Anforderungen an das Elektrizitätssystem für eine nachhaltige und sichere Energieversorgung. Fachkonferenz. Berlin, 21. und 22. November 2002. Berlin: Verlag und Medienservice Energie, CD-ROM.

MARHEINEKE, T., KREWITT, W., NEUBARTH, J., FRIEDRICH, R., VOß, A. (2000): Ganzheitliche Bilanzierung der Energie- und Stoffströme von Energieversorgungstechniken. Stuttgart: IER, Bibliothek. IER-Forschungsbericht, Bd. 74.

MATTHES, F. C. (2003): Die Rolle der Kohle in einer nachhaltigen Energiepolitik. Stellungnahme zur Anhörung des Rates für Nachhaltige Entwicklung (RNE). Essen, Zeche Zollverein, am 4. April 2003. Berlin: Öko-Institut.

MATTHES, F. C., ZIESING, H.-J. (2003a): Energiepolitik und Energiewirtschaft vor großen Herausforderungen. DIW-Wochenbericht 48/03.

MATTHES, F. C., ZIESING, H.-J. (2003b): Investitionsoffensive in der Energiewirtschaft – Herausforderungen und Handlungsoptionen. Kurzstudie für die Bundestagsfraktion Bündnis 90/Die Grünen. Berlin.

MATTHES, F., CAMES, M., DEUBER, O., REPENNING, J., KOCH, M., HARNISCH, J., KOHLHAAS, M., SCHUMACHER, K., ZIESING, H.-J. (2003): Auswirkungen des europäischen Emissionshandelssystems auf die deutsche Industrie. Berlin, Köln: Öko-Institut, DIW Berlin, ECOFYS GmbH. Online im Internet: http://www.wwf.de/imperia/md/content/klima/WWF_Emissionshandel_Endbericht.pdf [Stand 26.11.2003].

MAY, F., GERLING, P., KRULL, P. (2002): Underground storage of CO_2. – Auf deutsch in: VGB Power Tech 8/2002.

McKIBBIN, W. J., WILCOXEN, P. J. (2002): Climate change policy after Kyoto. Blueprint for a realistic approach. Washington, D. C.: Brookings Institution Press.

METZ, B., BERK, M., den ELZEN, M., de VRIES, B., van VUUREN, D. (2002): Towards an equitable global climate change regime: compatibility with Article 2 of the Climate Change Convention and the link with sustainable development. Climate Policy 2 (2002), S. 211–230.

MEYER, B. (2002): Prognose der CO_2-Emissionen in Deutschland bis zum Jahre 2010. Osnabrück: Gesellschaft für Wirtschaftliche Strukturforschung.

MICHAELIS, P. (1996): Effiziente Klimapolitik im Mehrschadstofffall. Tübingen: Mohr.

MICHAELOWA, A., BETZ, R. (2001): Implications of EU enlargement on the EU GHG „bubble" and internal burden sharing. International Environmental Agreements: Politics, Law and Economics Jg. 1, S. 267–279.

NITSCH, J., NAST, M., PEHNT, M., TRIEB, F., RÖSCH, C., KOPFMÜLLER, J. (2001): Schlüsseltechnologie Regenerative Energien. Teilbericht im Rahmen des HGF-Projektes „Global zukunftsfähige Entwicklung – Perspektiven für Deutschland". Stuttgart, Karlsruhe.

Öko-Institut (2002): Ergebnisse aus GEMIS 4.14, Stand September 2002. Globales Emissions-Modell Integrierter Systeme GEMIS Version 4.1. Online im Internet: http://www.oeko.de/service/gemis/de/index.htm [Stand 02.12.2003].

OTT, K., LINGNER, S., KLEPPER, G., SCHÄFER, A., SCHEFFRAN, J., SPRINZ, D. (2004): Reasoning Goals of Climate Protection. Specification of Art. 2 UNFCCC. Berlin: UBA.

PASCHEN, H., OERTEL, D., GRÜNWALD, R. (2003): Möglichkeiten geothermischer Stromerzeugung in Deutschland. Berlin: TAB. TAB-Arbeitsbericht, Nr. 84.

PFAFFENBERGER, W., HILLE, M. (2004): Investitionen im liberalisierten Energiemarkt: Optionen, Marktmechanismen, Rahmenbedingungen. Gutachten im Auftrag von VDEW, AGFW, VDN, VGB Power Tech, VKU, VRE. Bremen: Bremer Energie Institut.

PLATTS (2004): Power in Europe's new plant tracker, January 2004. Platts Power in Europe, Issue 417, S. 9–26.

PROGNOS AG (2002): Die Rolle der Braunkohle in einer wettbewerbsorientierten, nachhaltigen Energiewirtschaft. Basel, Köln.

PROGNOS AG, EWI (Energiewirtschaftliches Institut an der Universität Köln) (1999): Die längerfristige Entwicklung der Energiemärkte im Zeichen von Wettbewerb und Umwelt. Stuttgart: Schäffer-Pöschel.

PROGNOS, IER (Institut für Energiewirtschaft und rationelle Energieanwendung), WI (Wuppertal Institut für Klima, Umwelt, Energie) (2002): Bericht Szenarienerstellung für die Enquete-Kommission „Nachhaltige Energieversorgung" des Deutschen Bundestages. Online im Internet: http://www.bundestag.de/gremien/ener/ener_studien_potenzial.pdf [Stand Oktober 2003].

PRUSCHEK, R. (2002): Elektrizitätserzeugung aus fossilen Brennstoffen in Kraftwerken. In: REBHAN, E. (Hrsg.): Energiehandbuch. Gewinnung, Wandlung und Nutzung von Energie. Berlin: Springer, S. 131–242.

QUASCHNING, V. (2000): Systemtechnik einer klimaverträglichen Elektrizitätsversorgung in Deutschland für das 21. Jahrhundert. Düsseldorf: VDI-Verlag. Fortschritt-Berichte VDI, Reihe 6, Nr. 437.

RAGNITZ, J., HENTRICH, S., WIEMERS, J. (2003): Beschäftigungseffekte durch den Ausbau erneuerbarer Energien. Gutachten im Auftrag des Bundesministeriums für Wirtschaft und Arbeit. IWH: unveröffentlicht.

RAMESOHL, S., KRISTOF, K., FISCHEDICK, M., THOMAS, S., IRREK, W. (2002): Die technische Entwicklung auf den Strom- und Gasmärkten. Kurzexpertise für die Monopolkommission. Wuppertal: Wuppertal Institut für Klima, Umwelt, Energie.

RCEP (Royal Commission on Environmental Pollution) (2000): Twenty-second Report Energy – The Changing Climate. London.

REINAUD, J. (2003): Emissions Trading and its possible impact on investment decisions in the Power Sector. IEA Information Paper. Paris: OECD.

RIEKE, H. (2002): Fahrleistungen und Kraftstoffverbrauch im Straßenverkehr. DIW Wochenbericht 69 (51/52), S. 881–889.

RNE (Rat für nachhaltige Entwicklung) (2003): Perspektiven der Kohle in einer nachhaltigen Energiewirtschaft – Leitlinien einer modernen Kohlepolitik und Innovationsförderung. Beschluss vom 30. September 2003. Online im Internet: http://www.nachhaltigkeitsrat.de/service/download/stellungnahmen/RNE_Position_AG_Kohle_01-10-03.pdf [Stand 01.12.2003].

SAßNICK, Y. (2002): Stochastische Energieerzeugung im Verbundsystem – Wind-Leistungsvorhersage, Netzverstärkung und -ausbau an Land und Offshore. In: Deutsche Energie-Agentur (Hrsg.): Perspektiven für die Stromversorgung der Zukunft. Anforderungen an das Elektrizitätssystem für eine nachhaltige und sichere Energieversorgung. Fachkonferenz. Berlin, 21. und 22. November 2002. Berlin: Verlag und Medienservice Energie, CD-ROM.

SCHAFHAUSEN, F. (2003): Kohlendioxid verkaufen! Zum Stand der Umsetzung der Richtlinie zur Einführung eines EU-weiten Handels mit Treibhausgasemissionen. ZFE (27) 3, S. 171–180.

SCHMID, J. (2002): Stromwirtschaft im Wandel: Aktueller Stand und Entwicklungen im Bereich der dezentralen Stromerzeugung in Deutschland und Europa. In: Deutsche Energie-Agentur (Hrsg.): Perspektiven für die Stromversorgung der Zukunft. Anforderungen an das Elektrizitätssystem für eine nachhaltige und sichere Energieversorgung. Fachkonferenz. Berlin, 21. und 22. November 2002. Berlin: Verlag und Medienservice Energie, CD-ROM.

SCHRÖDER, H. (2003): From Dusk to Dawn – Climate Change Policy in Japan. – Dissertation, Fachbereich Politik- und Sozialwissenschaften der Freien Universität Berlin. DIW/ECOFYS.

SCHRÖDER, M., CLAUSSEN, M., GRUNDWALD, A., HENSE, A., KLEPPER, G., LINGNER, S., OTT, K., SCHMITT, D., SPRINZ, D. (2002): Klimavorhersage und Klimavorsorge. Berlin: Springer.

SOLSBERY, L., McGILLIVRAY, A., FOSTER, S., GIRARDIN, C. (2003): CO_2-capture project: Inventory and review of government and institutional policies and incentives contributing to CO_2-capture and geological storage. Environmental Resources management.

SPD/BÜNDNIS 90/DIE GRÜNEN (2002): Koalitionsvereinbarung: Erneuerung – Gerechtigkeit – Nachhaltigkeit. Berlin. 88 S.

SRU (2000): Umweltgutachten 2000. Schritte ins nächste Jahrtausend. Stuttgart: Metzler-Poeschel.

SRU (2002): Umweltgutachten 2002. Für eine neue Vorreiterrolle. Stuttgart: Metzler-Poeschel.

SRU (2003): Windenergienutzung auf See. Stellungnahme im April 2003. Berlin.

SRU (2004a): Emissionshandel und Nationaler Allokationsplan. Kommentar zur Umweltpolitik Nr. 2. Online im Internet: http://www.umweltrat.de/03stellung/downlo03/komment/kom_nr2.pdf [Stand 03.03.2004].

SRU (2004b): Straßenverkehr und Umwelt (Arbeitstitel). Sondergutachten, in Bearbeitung.

SRU (2004c): Meeresumweltschutz für Nord- und Ostsee. Sondergutachten. Online im Internet: http://www.umweltrat.de/02gutach/downlo02/sonderg/SG_Meer_2004_lf.pdf [Stand 03.03.2004].

Statistisches Bundesamt (2002): Statistisches Jahrbuch für die Bundesrepublik Deutschland 2002. Wiesbaden: Statistisches Bundesamt.

Statistisches Bundesamt (2003): Statistisches Jahrbuch für die Bundesrepublik Deutschland 2003. Wiesbaden: Statistisches Bundesamt.

STRONZIK, M., CAMES, M. (2002): Endbericht über die wissenschaftliche Vorbereitung einer Stellungnahme zum Entwurf einer Direktive zur Implementierung eines EU-weiten Emissionshandels, KOM(2001)581. Mannheim, Berlin: Zentrum für Europäische Wirtschaftsforschung, Öko-Institut.

TAUBER, C. (2002): Energie- und volkswirtschaftliche Aspekte der Windenergienutzung in Deutschland. Sichtweise von E.ON Kraftwerke. Energiewirtschaftliche Tagesfragen 52 (12), S. 818–823.

THEOBALD, C., HUMMEL, K., JUNG, C., MÜLLER-KIRCHENBAUER, J., NAILIS, D., ZANDER, W. (2003): R-A-N-Gutachten zu Kosten der Beschaffung und Abrechnung von Regel- bzw. Ausgleichsenergie mit Blick auf die kartellrechtliche Angemessenheit der Netznutzungsentgelte der RWE Net AG. Im Auftrag der Stadtwerke Lippstadt GmbH. Online im Internet: http://www.bet-aachen.de/download/030328%20BET-BBH%20RAN-Gutachten.pdf [Stand 01.12.2003].

TRIEB, F., NITSCH, J., BRISCHKE, L.-A., QUASCHNING, V. (2002): Sichere Stromversorgung mit regenerativen Energien. – Energiewirtschaftliche Tagesfragen 52 (9), S. 590–595.

UBA (2003a): Deutsches Treibhausgasinventar 1990–2001. Nationaler Inventarbericht 2003. Berichterstattung unter der Klimarahmenkonvention der Vereinten Nationen. Berlin: UBA.

UBA (2003b): Auszug aus der Kraftwerksdatenbank des Umweltbundesamtes, Fachgebiet I 2.6. Schriftliche Mitteilung vom 1. Dezember 2003.

UBA (2003c): Basisdaten für die Wirtschaftlichkeitsberechnungen und erste Auswertung der Wirkungen des KWK-Gesetzes. Zwischenbericht Nr. 1 zum F+E-Vorhaben 202 411 82 des Umweltbundesamtes „Ermittlung der Potenziale für die Anwendung der Kraft-Wärme-Kopplung und der erzielbaren Minderung der CO_2-Emissionen einschließlich Bewertung der Kosten (Verstärkte Nutzung der Kraft-Wärme-Kopplung)".

UBA (2003d): Hintergrundpapier: Abbau der Steinkohlesubventionen – Ergebnisse von Modellrechnungen. Berlin: UBA. Online im Internet: http://www.umweltdaten.de/uba-info-presse/hintergrund/steinkohle.pdf [Stand Oktober 2003].

UN (1992): United Nations Framework Convention on Climate Change. Online im Internet: http://unfccc.int/resource/docs/convkp/conveng.pdf [Stand 02.03.2004].

VDI (Verein Deutscher Ingenieure) (2001): Fortschrittliche Energiewandlung und -anwendung. Schwerpunkt: dezentrale Energiesysteme. Tagung Bochum, 13. und 14. März 2001. Düsseldorf: VDI-Verlag. VDI-Berichte, 1594.

WAGNER, U., BRÜCKL, O. (2002): Kostengünstige Stromerzeugung – wie lange noch? Energiewirtschaftliche Tagesfragen 52 (11), S. 744–750.

WBGU (2003a): Welt im Wandel. Energiewende zur Nachhaltigkeit. Berlin: Springer.

WBGU (2003b): Über Kioto hinaus denken – Klimaschutzstrategien für das 21. Jahrhundert. Sondergutachten. Berlin: Springer.

WBGU (Wissenschaftlicher Beirat Globale Umweltveränderungen) (1997): Ziele für den Klimaschutz 1997. Stellungnahme zur dritten Vertragsstaatenkonferenz der Klimarahmenkonvention in Kyoto. Berlin: WBGU.

WITTKE, F., ZIESING, H.-J. (2004): Stagnierender Primärenergieverbrauch in Deutschland. DIW Wochenbericht Nr. 7/2004.

WWF (2003): Progress report. On the implementation of the European renewables directive. Online im Internet: http://www.panda.org/downloads/europe/renewablesdirectiveoctober2003.pdf [Stand 19.01.2004].

ZIESING, H.-J. (2002a): Internationale Klimaschutzpolitik vor großen Herausforderungen. DIW Wochenbericht 69 (34), S. 555–568.

ZIESING, H.-J. (2002b): Nur noch schwacher Rückgang der industriellen Kohlendioxidemissionen. DIW Wochenbericht 69 (50), S. 863–872.

ZIESING, H.-J. (2003a): Nur schwacher Rückgang der CO_2-Emissionen im Jahre 2002. DIW Wochenbericht 70 (8), S. 128–136.

ZIESING, H.-J. (2003b): Treibhausgas-Emissionen nehmen weltweit zu – Keine Umkehr in Sicht. DIW-Wochenbericht 39/2003.

ZIESING, H.-J. (2004): CO_2-Emissionen in Deutschland im Jahre 2003: Witterungsbedingt leichte Steigerung. DIW-Wochenbericht 10/2004.

Kapitel 3

ACHARD, F., EVA, H. D., STIBIG H. J., MAYAUX, P., GALLEGO, R., RICHARDS, T., MALINGREAU, J.-P. (2002): Determination of deforestation rates of the world's humid tropical forests. Science 297 (5583), S. 999–1002.

ACHTZIGER, R., STICKROTH, H., ZIESCHANK, R. (2003a): Nachhaltigkeitsindikator für den Naturschutzbereich. 2. Zwischenbericht, Berichtszeitraum: 1. September 2002 bis 15. März 2003. FKZ 802 86 030.

ACHTZIGER, R., STICKROTH, H., ZIESCHANK, R. (2003b): Nachhaltigkeitsindikator für die Artenvielfalt. Informationspapier zum Fachgespräch mit gesellschaftlichen Organisationen am 6. und 7. Mai 2003 in Berlin.

APEL, D., BÖHME, C., MEYER, U., PREISLER-HOLL, L., MARÉES, A. von, WAGNER, B., (2000): Szenarien und Potenziale einer nachhaltig flächensparenden und landschaftsschonenden Siedlungsentwicklung. Berlin: E. Schmid. Umweltbundesamt, Berichte, 01/00.

Arbeitsgruppe zu Artikel 8 der Habitat-Richtlinie (2002): Final Report on Financing Natura 2000. Brüssel. Online im Internet: http://europa.eu.int/comm/environment/nature/finalreport_dec2002.pdf [Stand 02.02.2004].

BARCZEWSKI, B., CROCOLL, R., MOHR, H., REUTEMANN, H. (2003): Lebensqualität erhalten – Umsteuern beim Flächenverbrauch. – altlasten spektrum 12 (2), S. 61–64.

BBR (Bundesamt für Bauwesen und Raumordnung) (2003): Ressortforschung. Online im Internet: http://www.bbr.bund.de.

BERNER, K. (2000): Der Habitatschutz im europäischen und deutschen Recht: die FFH-Richtlinie der EG und ihre Umsetzung in der Bundesrepublik Deutschland. Baden-Baden: Nomos.

BfN (Bundesamt für Naturschutz) (2002a): Daten zur Natur 2002. Bonn: BfN.

BfN (2002b): Rote Liste gefährdeter Tiere. Aktuelle Gefährdungssituation. Online im Internet: http://www.bfn.de/03/030101.htm [Stand 23.10.2003].

BfN (2002c): Rote Liste gefährdeter Pflanzen. Aktuelle Gefährdungssituation. Online im Internet: http://www.bfn.de/03/030101.htm [Stand 23.10.2003].

BfN (2003a): Was ist NATURA 2000? Online im Internet: http://www.bfn.de/03/0303.htm [Stand 20.11.2003].

BfN (2003b): NATURA 2000. Übersichtskarte deutsche Meldungen (Stand 2002). Online im Internet: http://www.bfn.de/03/0303_atl3.htm [Stand 20.11.2003].

BIEDERMANN, M., MEYER, I., BOYE, P. (2003): Bundesweites Bestandsmonitoring von Fledermäusen soll mit dem Mausohr beginnen. Natur und Landschaft 78 (3), S. 89–92.

BINOT, M., BLESS, R., BOYE, P., GRUTTKE, H., PRETSCHER, P. (Hrsg.) (1998): Rote Liste gefährdeter Tiere Deutschlands. Bonn-Bad Godesberg: BfN. Schriftenreihe für Landschaftspflege und Naturschutz, H. 55.

BIZER, K., EWRINGMANN, D. (1999): Abgaben in der Flächennutzung. Informationen zur Raumentwicklung H. 8, S. 511–519.

BLAB, J., KLEIN, M. (1997): Biodiversität – ein neues Konzept im Naturschutz? In: ERDAMANN, K. H., SPANDAU, L. (Hrsg.): Naturschutz in Deutschland. Stuttgart: Ulmer, S. 201–220.

BLANKENHORN, R. (2003): Flächenrecycling und Vermarktung von kommunalen Grundstücken. In: BURKHARDT, G., EGLOFFSTEIN, T., CZURDA, K. (Hrsg.): Altlasten 2003. Altlastensanierung im Spannungsfeld zwischen Ökologie und Ökonomie. Karlsruhe: ICP Eigenverlag Bauen und Umwelt, S. 19–29.

BMBau (Bundesministerium für Raumordnung, Bauwesen und Städtebau) (1993): Raumordnungspolitischer Orientierungsrahmen. Bonn-Bad Godesberg: BMBau.

BMBau (1995): Raumordnungspolitischer Orientierungsrahmen. Bonn-Bad Godesberg: BMBau.

BMBau (1996): Siedlungsentwicklung und Siedlungspolitik. Nationalbericht Deutschland zur Konferenz HABITAT II. Bonn.

BMU (Bundesministerium für Umwelt, Naturschutz und Reaktorsicherheit) (1998): Bericht der Bundesregierung nach dem Übereinkommen über die biologische Vielfalt. Nationalbericht biologische Vielfalt. Bonn: BMU.

BMU (2001): Second National Report. Convention on Biological Diversity. Online im Internet: http://www.biodiv.org/doc/world/de/de-nr-02-en.pdf [Stand: 28.01.04].

BMU (2002): Bericht nach Artikel 6 des Übereinkommens über die biologische Vielfalt (CBD) über die Strategien zur Umsetzung der CBD in Deutschland. Vorgelegt zur 6. Vertragsstaatenkonferenz April 2002 in Den Haag. Berlin.

BMU (2003): Umweltforschungsplan 2003. Berlin: BMU.

BMVEL (Bundesministerium für Verbraucherschutz, Ernährung und Landwirtschaft) (2001): Sektorstrategie zur Erhaltung und nachhaltigen Nutzung der biologischen Vielfalt in den Wäldern Deutschlands. Online im Internet: http://www.verbraucherministerium.de [Stand 10.10.2003].

BMVEL (2002): Bericht zur Umsetzung der Strategie Forstwirtschaft und biologische Vielfalt. Online im Internet: http://www.verbraucherministerium.de [Stand 10.10.2003].

BMZ (Bundesministerium für wirtschaftliche Zusammenarbeit und Entwicklung) (2003): Umwelt, Armut und nachhaltige Entwicklung. Themenblatt 07: Biodiversität. Online im Internet: http://www.bmz.de/themen/Handlungsfelder/UmweltArmut/Themenbl07.pdf [Stand: 16.02.2004].

BÖHM, E., NIERLING, L., WALZ, R., KÜPFER, C. (2002): Vorstudie zur Ausgestaltung eines Systems handelbarer Flächenausweisungskontingente. Ansätze für Baden-Württemberg am Beispiel des Nachbarschaftsverbands Karlsruhe. Abschlussbericht. Karlsruhe, Wolfschlugen: Fraunhofer-Institut für Systemtechnik und Innovationsforschung, Büro StadtLandFluss. Unveröffentlichtes Dokument.

BÖHM, M. (2000): Der Bund-Länder-Regress nach Verhängung von Zwangsgeldern durch den EuGH. Juristenzeitung Jg. 55, S. 382–387.

BOILLOT, F., VIGNAULT, M.-P., BENITO, J. M. de (1997): Process for assessing national lists of community interest (pSCI) at biogeographical level. Natur und Landschaft 72 (11), S. 474–476.

BRANDT, E., SANDEN, J. (2003): Verfassungsrechtliche Zulässigkeit neuer übergreifender Rechtsinstrumente zur Begrenzung des Flächenverbrauchs. Berlin: E. Schmidt. Umweltbundesamt, Berichte, 04/03.

BROWN, A., ROWELL, T. A. (1997): Integrating monitoring with management planning for nature conservation. Some principles. Natur und Landschaft 72 (11), S. 502–506.

BRÜHL, T. (2002): Bisherige Erfolge und Misserfolge der Biodiversitätskonvention. Gutachten im Auftrag der Enquete-Kommission „Globalisierung der Weltwirtschaft – Herausforderungen und Antworten". Frankfurt a. M.: Johann Wolfgang Goethe-Universität.

Bundesregierung (2002): Perspektiven für Deutschland. Unsere Strategie für eine nachhaltige Entwicklung. Online im Internet: http://www.bundesregierung.de/Anlage585668/pdf_datei.pdf [Stand: 24.06.2003].

Bundesregierung (2003): Perspektiven für Deutschland. Unsere Strategie für eine nachhaltige Entwicklung. Konsultationspapier zum Fortschrittsbericht 2004. Online im Internet: http://www.bundesregierung.de/Anlage585868/%20Konsultationspapier+zum+Fortschrittbericht+2004+zur+nationalen+Nachhaltigkeitsstrategie.pdf [Stand: 04.02.04].

Bund/Länder-Arbeitskreis für steuerliche und wirtschaftliche Fragen des Umweltschutzes (2003): Instrumente zur Reduktion der Flächeninanspruchnahme. Bericht des Bund/Länder-Arbeitskreises Steuerliche und wirtschaftliche Fragen des Umweltschutzes (BLAK) für die 60. Umweltministerkonferenz, 14. April 2003.

BURKHARDT, R., BAIER, H., BENDZKO, U., BIERHALS, E., FINCK, P., JENEMANN, K., LIEGL, A., MAST, R., MIRBACH, E., NAGLER, A., PARDEY, A., RIECKEN, U., SACHTLEBEN, J., SCHNEIDER, A., SZEKELY, S., ULLRICH, K., HENGEL, U. van, ZELTNER, U. (2003): Naturschutzfachliche Kriterien zur Umsetzung des § 3 BNatSchG „Biotopverbund". Natur und Landschaft H. 9/10, S. 418–426.

BVBA (Bundesvereinigung Boden und Altlasten) (o. J.): Böden nachhaltig schützen – Altlasten erfolgreich sanieren! Strategie der Bundesvereinigung Boden und Altlasten. 10 Thesen der BVBA zum Bodenschutz. Online im Internet: http://www.bvboden.de/texte/stellungnahmen/index.htm [Stand 27.03.2003].

CALLIESS, C. (2003): Die umweltrechtliche Verbandsklage nach der Novellierung des Bundesnaturschutzgesetzes. Neue Juristische Wochenschrift H. 2, S. 97–102.

CBD (Convention on Biological Diversity) (2000a): Decision V/6. Ecosystem approach. Online im Internet: http://www.biodiv.org/decisions/default.asp?lg=0&m=cop-05&d=06 [Stand 17.11.2003].

CBD (2000b): Decision V/8. Alien species that threaten ecosystems, habitats or species. Online im Internet: http://www.biodiv.org/decisions/default.asp?lg=0&dec=V/8 [Stand 29.09.2003].

CBD (2002a): Decision VI/7. Identification, monitoring, indicators and assessments. Online im Internet: http://www.biodiv.org/decisions/default.asp?lg=0&dec=VI/7 [Stand 17.11.2003].

CBD (2002b): Decision VI/24. Access and benefit-sharing as related to genetic resources. Online im Internet: http://www.biodiv.org/decisions/default.asp?lg=0&dec=VI/24 [Stand 17.11.2003].

CBD (2002c): Decision VI/23. Alien species that threaten ecosystems, habitats or species. Online im Internet: http://www.biodiv.org/decisions/default.asp?lg=0&m=cop-06&d=23 [Stand 29.12.2003].

CBD (2003): National reporting. Online im Internet: http://www.biodiv.org/world/reports.aspx?type=all&alpha=G [Stand 05.12.2003].

DANWITZ, T. von (2003): Die Aarhus-Konvention. Vortrag auf der Tagung der Gesellschaft für Umweltrecht am 7./8. November 2003 in Leipzig.

DEFRA (Department for Environment, Food and Rural Affairs) (2002): Working with the grain of nature. A biodiversity strategy for England. London: Defra.

DEFRA (2003a): A biodiversity strategy for England. Measuring progress: baseline assessment. Online im Internet: http://www.defra.gov.uk/wildlife-countryside/ewd/biostrat/indicators031201.pdf [Stand 10.12.2003].

DEFRA (2003b): e-Digest Statistics about: Land Use and Land Cover. Table No. 5. Online im Internet: http://www.defra.gov.uk/environment/statistics/land/alltables.htm [Stand 28.01.2004].

DÉJEANT-PONS, M. (2002): The European Landscape Convention. Informationen zur Raumentwicklung H. 4/5, S. 241–250.

DELONG, D. C. (1996): Defining biodiversity. Wildlife Society Bulletin 24 (4), S. 738–749.

Deutsche Wildtier Stiftung (2003): Pressemitteilung. Von der „Flächenstilllegung" zum „Lebensraum Brache". Experten-Workshop: Flächenstilllegung verstärkt für den Naturschutz nutzen. Hamburg.

Deutscher Städtetag (2002): Strategisches Flächenmanagement und Bodenwirtschaft – Aktuelle Herausforderungen und Handlungsempfehlungen. Positionspapier des Deutschen Städtetages. Köln, Berlin: Deutscher Städtetag.

DIETZ, M., MEINIG, H., SIMON, O. (2003): Entwicklung von Bewertungsschemata für die Säugetierarten der Anhänge II, IV und V der FFH-Richtlinie. Natur und Landschaft 78 (12), S. 541–542.

DNR (Deutscher Naturschutzring) (2003): Bausteine für eine nachhaltige Berggebietspolitik in Deutschland. Bonn: DNR.

DOSCH, F., BECKMANN, G. (2003): Siedlungsflächenentwicklung 2001. Veränderung 1997–2001. Bundesamt für Bauwesen und Raumordnung. Online im Internet: http://www.bbr.bund.de [Stand 24.06.2003].

DOYLE, U. (2002): Ist die rechtliche Regulierung gebietsfremder Organismen in Deutschland ausreichend? In: KOWARIK, I., STARFINGER, U. (Hrsg.): Biologische Invasionen. Herausforderung zum Handeln? Berlin: Institut für Ökologie. NEOBIOTA, 1, S. 259–272.

DOYLE, U., FISAHN, A., GINZKY, H., WINTER, G. (1998): Current legal status regarding release of non-native plants and animals in Germany. In: STARFINGER, U., EDWARDS, K., KOWARIK, I., WILLIAMSON, M. (Eds.): Plant invasions. Ecological mechanisms and human responses. Leiden: Backhuys, S. 71–83.

Enquete-Kommission Globalisierung der Weltwirtschaft (2002): Schlussbericht der Enquete-Kommission „Globalisierung der Weltwirtschaft – Herausforderungen und Antworten". Berlin: Deutscher Bundestag. Bundestagsdrucksache 14/9200.

ERBGUTH, W. (2000): Pflichten der räumlichen Gesamtplanung im Hinblick auf ausgewiesene und potenzielle Schutzgebiete – am Beispiel der Raumordnung. In: JARASS, H. D. (Hrsg.): EG-Naturschutzrecht und räumliche Gesamtplanung. Zum Verhältnis von FFH-Richtlinie und Vogelschutz-Richtlinie zur Raumordnungs- und Bauleitplanung. Münster: Zentralinstitut für Raumplanung, S. 58–85.

EU-Kommission (2003a): NATURA Barometer. Online im Internet: http://europa.eu.int/comm/environment/nature/barometer/barometer.htm [Stand 20.11.2003].

EU-Kommission, GD ENV (2003b): Natura 2000 und Wälder. natura 2000. Newsletter „Natur" der Europäischen Kommission GD ENV Nr. 16, S. 2–7.

Europarat (2003): European Landscape Convention. Online im Internet: http://conventions.coe.int/treaty/EN/WhatYouWant.asp?NT=176 [Stand 14.10.2003].

FAO (Food and Agriculture Organization) (2001): Global Forest resources assessment 2000. Main report. Rome: FAO. Rome. FAO forestry paper, 140.

FARTMANN, T., GUNNEMANN, H., SALM, P., SCHRÖDER, E. (2001): Berichtspflichten in Natura-2000-Gebieten. Empfehlungen zur Erfassung der Arten des Anhangs II und Charakterisierung der Lebensraumtypen des Anhangs I der FFH-Richtlinie. Bonn-Bad Godesberg: BfN. Angewandte Landschaftsökologie, H. 42.

FISAHN, A. (2002): Probleme der Umsetzung von EU-Richtlinien im Bundesstaat. Die öffentliche Verwaltung 55 (6), S. 239–246.

FISAHN, A., WINTER, G. (1999): Die Aussetzung gebietsfremder Organismen – Recht und Praxis. Berlin: UBA. UBA-Texte, 20/99.

FLASBARTH, J. (2003): Nachhaltige Entwicklung – Eine Chance für mehr Naturschutz? In: Bundesverband Beruflicher Naturschutz (Hrsg.): Biologische Vielfalt – Leben in und mit der Natur. Bonn: BBN. Jahrbuch für Naturschutz und Landschaftspflege 54, S. 61–68.

FUES, T. (1998): Indikatoren für die Nachhaltigkeit der deutschen Beziehungen zum Süden. Duisburg: INEF. INEF-Report, H. 34.

GAWLAK, C. (2001): Unzerschnittene verkehrsarme Räume in Deutschland 1999. Natur und Landschaft 76 (11), S. 481–484.

GEERS, E., TIMMER, K. (2002): Die Europäische Landschaftskonvention – Ziele, Inhalte und Möglichkeiten der Umsetzung in Deutschland und weiteren europäischen Ländern. Diplomarbeit am Institut für Landschaftspflege und Naturschutz der Universität Hannover.

GEITER, O., HOMMA, S., KINZELBACH, R. K. (2002): Bestandsaufnahme und Bewertung von Neozoen in Deutschland. Berlin: UBA. UBA-Texte, 25/02.

GELLERMANN, M. (2001): Natura 2000: europäisches Habitatschutzrecht und seine Durchführung in der Bundesrepublik Deutschland. 2. Aufl., Berlin u. a.: Blackwell.

GELLERMANN, M. (2003): Biotop- und Artenschutz. In: RENGELING, H.-W. (Hrsg.): Handbuch zum europäischen und deutschen Umweltrecht. 2. Aufl., Köln u. a.: Carl Heymanns Verlag. Bd. II, 1. Teilband, § 78.

GELLERMANN, M., SCHREIBER, M. (2003): Zur „Erheblichkeit" der Beeinträchtigung von Natura-2000-Gebieten und solchen, die es werden wollen. Natur und Recht 25 (4), S. 205–213.

GEORGI, B. (2003): Die Umweltfolgenprüfung als Instrument zur Umsetzung der Biodiversitätskonvention. UVP-report 17 (3/4), S. 148–150.

GRIESSHAMMER, N., SONNTAG, U.-D. (2003): Forest Stewardship Council (FSC). LÖBF-Mitteilungen H. 3, S. 36–38.

GUST, D. (2003): Der regionale Gewerbeflächenpool Neckar-Alb – Durch interkommunale Zusammenarbeit zur Mengenbegrenzung der Gewerbeflächenausweisung. Skript zu einem Vortrag am 23. September 2003 im Rahmen des Fachgesprächs „Mengenrestriktionen für die Siedlungsflächenzunahme in Raumordnungsplänen", Bundesamt für Bauwesen und Raumordnung, Bonn.

GÜTHLER, W., GEYER, A., HERHAUS, F., PRANTL, T., REEB, G., WOSNITZA, C. (2002): Zwischen Blumenwiese und Fichtendickung: Naturschutz und Erstaufforstung. Bonn: BfN. Angewandte Landschaftsökologie, H. 45.

HAAREN, C. von, NADIN, V. (2003): Vergleich der Flächeninanspruchnahme in Deutschland und England. Raumforschung und Raumordnung H. 5, S. 345–356.

HABERMANN-NIEßE, K., KLEHN, K. (2002): Wohnen an der Schiene?! Untersuchungen zur Wohnbaulandentwicklung an ausgewählten S-Bahnhaltepunkten in der Region Hannover. Hannover: Kommunalverband Großraum Hannover. Materialien zur regionalen Entwicklung, H. 10.

HALAMA, G. (2001): Die FFH-Richtlinie – unmittelbare Auswirkungen auf das Planungs- und Zulassungsrecht. Neue Zeitschrift für Verwaltungsrecht Jg. 2001, S. 506–513.

HARTHUN, M., WULF, F. (2003): Die Buchenwälder im künftigen Schutzgebietsnetz NATURA 2000. Naturschutz und Landschaftsplanung 35 (5), S. 151–156.

HARTJE, V., KLAPHAKE, A., SCHLIEP, R. (2003): The international debate on the ecosystem approach. Critical review, international actors, obstacles and challenges. Bonn: BfN. BfN-Skripten 80.

HÄUSLER, A., SCHERER-LORENZEN, M. (2002): Nachhaltige Forstwirtschaft in Deutschland im Spiegel des ganzheitlichen Ansatzes der Biodiversitätskonvention. Bonn: BfN. BfN-Skripten 62.

HERBERT, M. (2003): Die Umweltbeobachtung nach § 12 BNatSchG und ihr Verhältnis zur Landschaftsplanung. Naturschutz und Landschaftsplanung 35 (4), S. 110–113.

HESSE, M. (2000): Raumstrukturen, Siedlungsentwicklung und Verkehr – Interaktionen und Integrationsmöglichkeiten. Diskussionspapier Nr. 2. Institut für Regionalentwicklung und Strukturplanung. Online im Internet: http://www.irs-net.de/download/berichte_5.pdf [Stand 24.06.2003].

Hintermann & Weber AG, Locher, Brauchbar & Partner AG (1999): Biodiversitäts-Monitoring Schweiz. Ein Projekt des Bundesamtes für Umwelt, Wald und Landschaft (BUWAL). Reinach.

HOFFMANN, S., HOFFMANN, A., WEIMANN, J. (2003): Biodiversity policy: a matter of implicit and explicit decisions. Poster auf dem International Symposium „Sustainable Use and Conservation of Biological Diversity", 1. bis 4. Dezember 2003, Berlin.

HOPPENSTEDT, A., SCHMIDT, C. (2002): Landschaftsplanung für das Kulturlandschaftserbe. Anstöße der europäischen Landschaftskonvention zur Thematisierung der Eigenart von Landschaft. Naturschutz und Landschaftsplanung 34 (8), S. 237–241.

HOSSEL, J. E., ELLIS, N. E., HARLEY, M. J. und HEPBURN, I. R. (2003): Climate change and nature conservation: implications for policy and practice in Britain and Ireland. Journal for Nature Conservation 11 (1), S. 67–73.

IPCC (Intergovernmental Panel on Climate Change) (2002): Klimaänderung 2001. Zusammenfassungen für politische Entscheidungsträger. Bern: ProClim.

IUCN (International Union for Conservation of Nature and Natural Resources) (2003): 2003 IUCN Red List of Threatened Species. Numbers of threatened species by major groups of organisms. Online im Internet: http://www.redlist.org/ [Stand 17.11.2003].

JACOB, K., KLAWITTER, S., HERTIN, J. (2004): Integrating Sustainability in Sectoral Policy Making – Methods for Policy Assessment. Berlin: unveröffentlichtes Manuskript.

JEDICKE, E., MARSCHALL, I. (2003): Einen Zehnten für die Natur. Retrospektiven und Perspektiven zum Biotopverbund nach § 3 BNatSchG. Naturschutz und Landschaftsplanung 35 (4), S. 101–109.

KAHL, W. (2002): Kommentierung von Art. 10 EG. In: CALLIESS, C., RUFFERT, M. (Hrsg.): Kommentar des Vertrages über die Europäische Union und des Vertrages zur Gründung der Europäischen Gemeinschaft: EUV/EGV 2. Auflage. Neuwied: Luchterhand.

KARAFYLLIS, N. C. (2002): „Nur soviel Holz einschlagen, wie nachwächst" – Die Nachhaltigkeitsidee und das Gesicht des deutschen Waldes im Wechselspiel zwischen Forstwissenschaft und Nationalökonomie. Technikgeschichte 69 (4), S. 247–273.

KEHREIN, A. (2002): Aktueller Stand und Perspektiven der Umsetzung von Natura 2000 in Deutschland. Natur und Landschaft 77 (1), S. 2–9.

KIEMSTEDT, H. und OTT, S. (1994): Methodik der Eingriffsregelung. Teil I: Synopse. Schriftenreihe der Länderarbeitsgemeinschaft für Naturschutz, Landschaftspflege und Erholung (LANA), H. 4.

KIEMSTEDT, H., MÖNNECKE, M. und OTT, S. (1996a): Methodik der Eingriffsregelung. Teil II: Analyse. Schriftenreihe der Länderarbeitsgemeinschaft für Naturschutz, Landschaftspflege und Erholung (LANA), H. 5.

KIEMSTEDT, H., MÖNNECKE, M. und OTT, S. (1996b): Methodik der Eingriffsregelung. Teil III: Vorschläge zur bundeseinheitlichen Anwendung der Eingriffsregelung nach § 8 Bundesnaturschutzgesetz. Schriftenreihe der Länderarbeitsgemeinschaft für Naturschutz, Landschaftspflege und Erholung (LANA), H. 6.

KLAPHAKE, A. (2003): Bewertung der Umsetzung des ökosystemaren Ansatzes der Biodiversitätskonvention in Deutschland. In: Bundesverband Beruflicher Naturschutz (Hrsg.): Biologische Vielfalt – Leben in und mit der Natur. Bonn: BBN. Jahrbuch für Naturschutz und Landschaftspflege 54, S. 119–126.

KLINGENSTEIN, F. und EBERHARDT, D. (2003): Heimisches Saat- und Pflanzgut aus Sicht des Naturschutzes auf Bundesebene. In: RIEDL, U. (Hrsg.): Autochtones Saat- und Pflanzgut – Ergebnisse einer Fachtagung. Bonn: BfN. BfN-Skripten 96, S. 18–24.

KLITZING, F. von (2002): Konkretisierung des Umweltbeobachtungsprogramms – Integration der Beobachtungsprogramme anderer Ressorts. Berlin: UBA. UBA-Texte 65/02.

KLITZING, F. von, CORSTEN, A., MISCHKE, A. (1998): Umweltbeobachtungsprogramme des Bundes – Integration der Beobachtungsprogramme anderer Ressorts. Berlin: UBA. UBA-Texte 73/98.

KÖCK, W. (2003): Invasive gebietsfremde Arten – Stand und Perspektiven der Weiterentwicklung und Umsetzung der CBD-Verpflichtungen unter besonderer Berücksichtigung der Umsetzung in Deutschland. Leipzig. UFZ-Diskussionspapiere 9/2003.

KORN, H. (2003): Die Biodiversitätskonventionen – nationale Antworten auf eine internationale Herausforderung. In: Bundesverband Beruflicher Naturschutz (Hrsg.): Biologische Vielfalt – Leben in und mit der Natur. Bonn: BBN. Jahrbuch für Naturschutz und Landschaftspflege 54, S. 99–106.

KORN, H., FEIT, U. (Hrsg.) (2001): Treffpunkt Biologische Vielfalt. Bonn: BfN.

KORN, H., FEIT, U. (Hrsg.) (2002): Treffpunkt Biologische Vielfalt II. Bonn: BfN.

KORN, H., FEIT, U. (Hrsg.) (2003): Treffpunkt Biologische Vielfalt III. Bonn: BfN.

KORNECK, D., SCHNITTLER, M., KLINGENSTEIN, F., LUDWIG, G., TAKLA, M., BOHN, U., MAY, R. (1998): Warum verarmt unsere Flora? Auswertung der Roten Liste der Farn- und Blütenpflanzen Deutschlands. In: BfN (Hrsg.): Ursachen des Artenrückgangs von Wildpflanzen und Möglichkeiten zur Erhaltung der Artenvielfalt. Bonn: BfN. Schriftenreihe für Vegetationskunde 29, S. 299–358.

KOWARIK, I. (1992): Berücksichtigung von nichtheimischen Pflanzenarten, von „Kulturflüchtlingen" sowie von Vorkommen auf Sekundärstandorten bei der Aufstellung „Roter Listen". In: BfN (Hrsg.): Rote Listen gefährdeter Pflanzen in der Bundesrepublik Deutschland. Bonn: BfN. Schriftenreihe für Vegetationskunde 23, S. 175–190.

KOWARIK, I. (2003): Biologische Invasionen: Neophyten und Neozoen in Mitteleuropa. Stuttgart: Ulmer.

KOWARIK, I. und STARFINGER, U. (2002): Biologische Invasionen. Eine Herausforderung zum Handeln? Ziele und Ergebnisse der ersten Berliner NEOBIOTA-Tagung. In: KOWARIK, I., STARFINGER, U. (Hrsg.): Biologische Invasionen. Herausforderung zum Handeln? Berlin: Institut für Ökologie. NEOBIOTA 1, S. 1–4.

KOWARIK, I., HEINK, U., STARFINGER, U. (2004): Bewertung gebietsfremder Pflanzenarten. Kernpunkte eines Verfahrens zur Risikobewertung bei sekundären Ausbringungen. In: WELLING, M. (Red.): Bedrohung der biologischen Vielfalt durch invasive gebietsfremde Arten. Münster-Hiltrup: Landwirtschaftsverlag. Schriftenreihe des BMVEL, Reihe A, Angewandte Wissenschaft 498, S. 131–144.

KRAPPWEIS, S. (Hrsg.) (2003): Entfernungspauschale und Raumordnung. Die Gestaltung der Mobilitätskosten und ihre Wirkung auf die Siedlungsstruktur. Berlin: Technische Universität, Institut für Stadt- und Regionalplanung. ISR Projektbericht 31.

KRUG, S. (2003): Viabono – Die Umweltdachmarke im Tourismus: Qualität und Genuss statt moralischer Zeigefinger. Natur und Landschaft 7 (78), S. 303–306.

LANA (Länderarbeitsgemeinschaft für Naturschutz, Landschaftspflege und Erholung) (2002): Fragebogen der EU-Expertengruppe zur Erhebung von Daten zur Schätzung der Kosten der Umsetzung des Netzes Natura 2000. Düsseldorf: Ministerium für Umwelt und Naturschutz, Landwirtschaft und Verbraucherschutz des Landes Nordrhein-Westfalen. 12. Juli 2002.

LUDWIG, G., SCHNITTLER, M. (Red.) (1996): Rote Liste gefährdeter Pflanzen Deutschlands. Bonn: BfN. Schriftenreihe für Vegetationskunde 28.

MAAß, C., SCHÜTTE, P. (2002): Naturschutzrecht. In: KOCH, H.-J. (Hrsg.): Umweltrecht. Neuwied u. a.: Luchterhand, § 7.

MADER, H.-J. (2003): LANA – Länderarbeitsgemeinschaft für Naturschutz, Landschaftspflege und Erholung. Natur und Landschaft 78 (5), S. 194–195.

MAY, R. M., LAWTON, J. H., STORK, N. E. (1995): Assessing extinction rates. In: Lawton, J. H., May, R. M. (Eds.): Extinction rates. Oxford: Oxford University Press, S. 1–24.

MYERS, N., KNOLL, A. H. (2001): The biotic crisis and the future of evolution. Proceedings of the National Academy of Sciences 98 (10), S. 5389–5392.

NABU (Naturschutzbund Deutschland) (2002): Kontinentales Bewertungstreffen: Nachmeldungen für Natura 2000 unumgänglich. Naturschutz und Landschaftsplanung 34 (12), S. 355.

NOTT, M. P., PIMM, S. L. (1997): The Evaluation of Biodiversity as a Target for Conservation. In: PICKETT, S. T. A., OSTFELD, R. S., SHACHAK, M., LIKENS, G. E. (Eds.): The Ecological Basis of Conservation. Heterogeneity, Ecosystems and Biodiversity. New York: Chapman & Hall, S. 125–135.

OECD (Organisation for Economic Co-operation and Development) (2001): OECD Umweltprüfberichte. Deutschland. Paris: OECD.

OESCHGER, R. (2000): Der Ökosystemansatz der Biodiversitätskonvention. Deutsche Fallstudie: Erfahrungen aus dem Projekt „Ökosystemforschung Wattenmeer" Berlin: UBA.

OTT, S., HAAREN, C. von, MYRZIK, A., SCHOLLES, F., WILKE, T., WINKELBRANDT, A., WULFERT, K. (2003): Erste Forschungsergebnisse zum Verhältnis von Strategischer Umweltprüfung (SUP) und Landschaftsplanung. Natur und Landschaft 78 (7), S. 323–325.

PAUL, M., HINRICHS, T., JANßEN, A., SCHMITT, H.-P., SOPPA, B., STEPHAN, B. R., DÖRFLINGER, H. (2000): Konzept zur Erhaltung und nachhaltigen Nutzung forstlicher Genressourcen in der Bundesrepublik Deutschland. Online im Internet: http://www.genres.de/fgrdeu/konzeption/ [Stand 08.10.2003].

PAULSCH, A., DZIEDZIOCH, C., PLÄN, T. (2003): Umsetzung des ökosystemaren Ansatzes in Hochgebirgen Deutschlands. Erfahrungen mit der Alpenkonvention. Bonn: BfN. BfN-Skripten 85.

PIECHOCKI, R., ESER, U., POTTHAST, T., WIERSBINSKI, N., OTT, K. (2003): Biodiversität – Symbolbegriff für einen Wandel im Selbstverständnis von Natur- und Umweltschutz. Natur und Landschaft 78 (1), S. 30–32.

PIMM, S. L. (2002): Hat die Vielfalt des Lebens auf der Erde eine Zukunft? Natur und Kultur 3 (2), S. 3–33.

PLÄN, T. (2003): Nachhaltige Nutzung biologischer Vielfalt in Deutschland aus der Sichtweise der Biodiversitätskonvention. In: Bundesverband Beruflicher Naturschutz (Hrsg.): Biologische Vielfalt – Leben in und mit der Natur. Bonn: BBN. Jahrbuch für Naturschutz und Landschaftspflege 54, S. 127–135.

REHBINDER, E., WAHL, R. (2002): Kompetenzprobleme bei der Umsetzung von europäischen Richtlinien. Neue Zeitschrift für Verwaltungsrecht 21 (1), S. 21–28.

REINHARDT, F., HERLE, M., BASTIANSEN, F., STREIT, B. (2003): Ökonomische Folgen der Ausbreitung von Neobiota. Berlin: UBA. UBA-Texte 79/03.

REIß-SCHMIDT, S. (1984): Flächenverbrauch: an den Grenzen des Wachstums. Bauwelt H. 12, S. 74–79.

RENGELING, H. W., GELLERMANN, M. (1996): Gestaltung des europäischen Umweltrechts und seine Implementation im deutschen Rechtsraum. Jahrbuch des Umwelt- und Technikrecht (36), S. 1–32.

ROOT, T. L., PRICE, J. T., HALL, K. R., SCHNEIDER, S. H., ROSENZWEIG, C., POUNDS, J. A. (2003): Fingerprints of global warming on wild animals and plants. Nature 421 (6918), S. 57–60.

RÜCKRIEM, C., ROSCHER, S. (1999): Empfehlungen zur Umsetzung der Berichtspflicht gemäß Artikel 17 der Flora-Fauna-Habitat-Richtlinie. Bonn: BfN. Angewandte Landschaftsökologie 22.

SALM, P. (2000): Methodentests zur Erfassung von Arten der Anhänge II, IV und V der FFH-Richtlinie. In: PETERSEN, B., HAUKE, U., SSYMANK, A. (Bearb.): Der Schutz von Tier- und Pflanzenarten bei der Umsetzung der FFH-Richtlinie. Bonn: BfN. Schriftenreihe für Landschaftspflege und Naturschutz 68, S. 137–151.

SANDLUND, O. T., SCHEI, P. J., VIKEN, A. (1999): Invasive species and biodiversity management. Dordrecht: Kluwer.

SCHIMDT-EICHSTAEDT, G., REITZIG, F., HABERMANN-NIEßE, K., KLEHN, K. (2001): Eigenentwicklung in ländlichen Siedlungen als Ziel der Raumordnung. Rechtsfragen, praktische Probleme und ein Lösungsvorschlag. Hannover: Kommunalverband Großraum Hannover. Beiträge zur Regionalen Entwicklung, H. 87.

SCHMALHOLZ, M. (2004): Rechtliche Instrumente zur Steuerung der Flächeninanspruchnahme – alternative Ansätze zur Reduzierung des Flächenverbrauchs durch Siedlung und Verkehr. Dissertation. Universität Hamburg. Im Erscheinen.

SCHOER, K., BECKER, B. (2003): Umwelt. Umweltproduktivität, Bodennutzung, Wasser, Abfall. Wiesbaden: Statistisches Bundesamt. Online im Internet: www.destatis.de/presse/deutsch/pk/2003/ugr_2003i.pdf

SCHRADER, G. (2002): Gebietsfremde Arten I: Bewertung, Einschleppungswege, Konfliktbereich Handel. In: WELLING, M. (Red.): Biologische Vielfalt mit der Land- und Forstwirtschaft. Münster-Hiltrup: Landwirtschaftsverlag. Schriftenreihe des BMVEL, Reihe A, Angewandte Wissenschaft 494, S. 89–95.

SCHREIBER, M. (2003): Gemeldete Nettoflächen der Lebensraumtypen (LRT) des Anhangs I der FFH-Richtlinie. Naturschutz und Landschaftsplanung 35 (8), S. 255–259.

SCHREIBER, M., GERHARD, M., LINDEINER, A. von (2002): Stand der Umsetzung von Natura 2000 in der atlantischen Region Deutschlands. Ein Verfahrensvorschlag der Naturschutzverbände. Naturschutz und Landschaftsplanung 34 (12), S. 357–365.

SEELIG, R., GÜNDLING, B. (2002): Die Verbandsklage im Umweltrecht. Neue Zeitschrift für Verwaltungsrecht Jg. 2002, S. 1031–1041.

SHINE, C., WILLIAMS, N., GÜNDLING, L. (2000): A guide to designing legal and institutional frameworks on alien invasive species. Gland: IUCN. Environmental policy and law paper No. 40.

SIEKMANN, H. (2003): Kommentierung von Art. 104a GG. In: SACHS, M. (Hrsg.): Grundgesetz. Kommentar. 3. Auflage. München: Beck.

SIMSCH, K., BRÜGGEMANN, J., LIETMANN, C., FIRSCHER, J. U., SCHULZ-BÖDEKER, K.-U., HENRICI, S. (2000): Handlungsempfehlungen für ein effektives Flächenrecycling. Berlin: UBA. UBA-Texte 10/00.

SPARWASSER, R. (2001): Gerichtlicher Rechtsschutz im Umweltrecht. In: DOLDE, K. P. (Hrsg.): Umweltrecht im Wandel – Bilanz und Perspektiven aus Anlass des 25-jährigen Bestehens der Gesellschaft für Umweltrecht. Berlin: Erich Schmidt Verlag, S. 1017–1054.

SPERBER, G. (2002): Forstwirtschaft – wirklich nachhaltig? Zustand deutscher Wälder nach 200 Jahren klassischer nachhaltiger Forstwirtschaft und Konsequenzen für die Zukunft. In: Deutscher Rat für Landespflege (Hrsg.): Die verschleppte Nachhaltigkeit: frühe Forderungen – aktuelle Akzeptanz. Bonn: DRL. Schriftenreihe des Deutschen Rates für Landespflege 74, S. 65–71.

SRU (Rat von Sachverständigen für Umweltfragen) (1988): Umweltgutachten 1987. Stuttgart: Kohlhammer.

SRU (1991): Allgemeine ökologische Umweltbeobachtung. Sondergutachten Oktober 1990. Stuttgart: Metzler-Poeschel.

SRU (1996): Umweltgutachten 1996. Zur Umsetzung einer dauerhaft-umweltgerechten Entwicklung. Stuttgart: Metzler-Poeschel.

SRU (1998): Umweltgutachten 1998. Umweltschutz: Erreichtes sichern – Neue Wege gehen. Stuttgart: Metzler-Poeschel.

SRU (2000): Umweltgutachten 2000. Schritte ins nächste Jahrtausend. Stuttgart: Metzler-Poeschel.

SRU (2002a): Umweltgutachten 2002. Für eine neue Vorreiterrolle. Stuttgart: Metzler-Poeschel.

SRU (2002b): Für eine Stärkung und Neuorientierung des Naturschutzes. Sondergutachten. Stuttgart: Metzler-Poeschel.

SRU (2003): Windenergienutzung auf See. Stellungnahme, April 2003. Online im Internet: http://www.umweltrat.de

SRU (2004): Meeresumweltschutz für Nord- und Ostsee. Sondergutachten. Baden-Baden: Nomos.

SSYMANK, A., BALZER, S., BIEWALD, G., ELLWANGER, G., HAUKE, U., KEHREIN, A., PETERSEN, B., RATHS, U., ROST, S. (2003): Die gemeinschaftliche Bewertung der deutschen FFH-Gebietsvorschläge für das Netz Natura 2000 und der Stand der Umsetzung. Natur und Landschaft 78 (6), S. 268–279.

SSYMANK, A., HAUKE, U., RÜCKRIEM, C., SCHRÖDER, E., MESSER, D. (1998): Das europäische Schutzgebietssystem NATURA 2000. Bonn: BfN. Schriftenreihe für Landschaftspflege und Naturschutz 53.

STADLER, J. (2003): Das Übereinkommen über die biologische Vielfalt – ein neuer Weg in den Naturschutz. UVP-report 17 (3/4), S. 142–144.

Statistisches Bundesamt (2002): Statistisches Jahrbuch 2002 für die Bundesrepublik Deutschland. Stuttgart: Metzler-Poeschel.

STOCK, G. (2003): Flächenreaktivierung als wichtiger Bestandteil der Stadtentwicklung. Bodenschutz 8 (3), S. 81–84.

STOLL, P.-T., SCHILLHORN, K. (2002): Das völkerrechtliche Instrumentarium und transnationale Anstöße im Recht der natürlichen Lebenswelt. In: CZYBULKA, D. (Hrsg.) (2002): Ist die biologische Vielfalt zu retten? Nomos: Baden-Baden, S. 73–94.

STRATMANN, U. (2002): Entwicklung der Naturschutzausgaben der Flächenländer und des Bundes. Gutachten im Auftrag des Bundesamtes für Naturschutz. Göttingen: Georg-August-Universität, Institut für Agrarökonomie, Arbeitsbereich Umwelt- und Ressourcenökonomik.

SUPLIE, J. (1995): Streit auf Noahs Arche. Zur Genese der Biodiversitäts-Konvention. Berlin: WZB.

TAKACS, D. (1996): The Idea of Biodiversity – Philosophies of Paradise. Baltimore: Johns Hopkins University Press.

THOMAS, C. D., CAMERON, A., GREEN, R. E., BAKKENES, M., BEAUMONT, L. J., COLLINGHAM, Y. C., ERASMUS, B. F. N., SIQUEIRA, M. F. de, GRAINGER, A., HANNAH, L., HUGHES, L., HUNTLEY, B., JAARSVELD, A. S. van, MIDGLEY, G. F., MILES, L., ORTEGA-HUERTA, M. A., PETERSON, A. T., PHILLIPS, O. L., WILLIAMS, S. E. (2004): Extinction risk from cliamte change. Nature 427 (6970), S. 145–148.

TRAPP, G. (1997): Das Veranlassungsprinzip in der Finanzverfassung der Bundesrepublik Deutschland. Berlin: Duncker & Humblot.

UBA (Umweltbundesamt) (2002): Projekt Umweltbeobachtung. Endbericht. Berlin: UBA.

UBA (2003a): Deutscher Umweltindex DUX. Indikator: Boden. Online im Internet: http://www.umweltbundesamt.de/dux/bo-inf.htm [Stand 24.06.2003].

UBA (2003b): Reduzierung der Flächeninanspruchnahme durch Siedlungen und Verkehr. Materialienband. Berlin: UBA. UBA-Texte 90/03.

VITOUSEK, P. M., D'ANTONIO, C. M., LOOPE, L. L., REJMANEK, M., WESTBROOKS, R. (1997): Introduced species: a significant component of human-caused global change. New Zealand Journal of Ecology 21 (1), S. 1–6.

VOGTMANN, H. (2003): Biologische Vielfalt und Naturschutz – Eckpfeiler für einen strategischen Rahmen. In: Bundesverband Beruflicher Naturschutz (Hrsg.): Biologische Vielfalt – Leben in und mit der Natur. Bonn: BBN. Jahrbuch für Naturschutz und Landschaftspflege 54, S. 47–60.

WASCHER, D. (2002): Der Schutz von Landschaften als Thema einer gesamteuropäischen Strategie. In: CZYBULKA, D. (Hrsg.) (2002): Ist die biologische Vielfalt zu retten? Nomos: Baden-Baden, S. 107–119.

WBGU (Wissenschaftlicher Beirat Globale Umweltveränderungen) (1996): Welt im Wandel – Herausforderung für die deutsche Wissenschaft. Jahresgutachten 1996. Berlin: Springer.

WBGU (2000): Welt im Wandel – Erhaltung und nachhaltige Nutzung der Biosphäre. Jahresgutachten 1999. Berlin: Springer.

WEIMANN, J., HOFFMANN, A., HOFFMANN, S. (2003): Rational biodiversity policy for Germany as a part of the European Union. Abstract und Vortrag auf dem International Symposium „Sustainable Use and Conservation of Biological Diversity", 1.–4. Dezember 2003, Berlin.

WENZEL, P. (2002): LANA – Länderarbeitsgemeinschaft für Naturschutz, Landschaftspflege und Erholung. Natur und Landschaft 77 (5), S. 200–201.

WILKE, A.-K. (2003): Natura 2000 – Gebietsmanagement. Untersuchung zur Ausgestaltung der Planungsprozesse am Beispiel der Rühler Schweiz. Diplomarbeit am Institut für Landschaftspflege und Naturschutz sowie am Institut für Freiraumplanung und planungsbezogene Soziologie der Universität Hannover.

WILSON, E. O. (1999): The diversity of life. New York: Norton.

WINGENDER, R., KLINGENSTEIN, F. (2000): Ergebnisse des Expertengespräches: „Erfassung und Schutz der genetischen Vielfalt von Wildpflanzenpopulationen in Deutschland". In: BfN (Hrsg.): Erfassung und Schutz der genetischen Vielfalt von Wildpflanzenpopulationen in Deutschland. Bonn: BfN. Schriftenreihe für Vegetationskunde 32, S. 183–188.

WINKEL, G., VOLZ, K.-R. (2003): Naturschutz und Forstwirtschaft: Kriterienkatalog zur „Guten fachlichen Praxis". Bonn: BfN. Angewandte Landschaftsökologie 52.

WOLFF, N. (2003): Die Ergebnisse des Weltgipfels über nachhaltige Entwicklung in Johannesburg. Zusammenfassung und Wertung mit Blick auf die Entwicklung des Umweltvölkerrechts. Natur und Recht 3 (25), S. 137–143.

WULF, J. (2001): Könnte die Unterzeichnung und Ratifizierung des vom Europarat entwickelten Europäischen Landschaftsübereinkommens „European Landscape Convention" entscheidende Impulse und eine neue Qualität für eine positive Erhaltung und Entwicklung von Natur und Landschaft im gesamteuropäischen Raum bringen? Prüfungsarbeit als Teil der Großen Staatsprüfung für höhere technische Verwaltungsbeamten. Augustdorf. Unveröffentlicht.

Kapitel 4

ANTONY, F., BUTLAR, C. von, FIEDLER, L., GÖDECKE, B., HÖLSCHER, J., LÖLOFF, A., SCHLÜTKEN, H., WACKER, H. (2001): Anwenderhandbuch für die Zusatzberatung Wasserschutz. Hildesheim: Niedersächsisches Landesamt für Ökologie.

ARUM (Arbeitsgemeinschaft Umweltplanung) (1998): Bedingungen, Möglichkeiten und Kosten einer Umsetzung von Naturschutzzielen auf Bundesebene im agrarisch genutzten Bereich – Naturschutzfachlicher Teil. F+E-Vorhaben des Bundesamtes für Naturschutz. FKZ: 80806010. Hannover. Unveröffentlichter Forschungsbericht.

BACH, M., HUBER, A., FREDE, H.-G., MOHAUPT, V., ZULLLEI-SEIBERT, N. (2000): Schätzung der Einträge von Pflanzenschutzmitteln aus der Landwirtschaft in die Oberflächengewässer Deutschlands. Berlin: E. Schmidt. UBA, Berichte 03/2000.

BACH, M., FISCHER, P., FREDE, H.-G. (1999): Anwendungsbestimmungen zum Schutz vor schädlichen Umweltwirkungen durch den Einsatz von Pflanzenschutzmitteln und ihre Beachtung in der Praxis. Wettenberg: Gesellschaft für Boden- und Gewässerschutz.

BACH, M., FREDE, H.-G., SCHWEIKART, U., HUBER, A. (1998): Nährstoffbilanzierung der Flussgebiete Deutschlands. Abschlussbericht zum Teilbeitrag Regional differenzierte Bilanzierung der Stickstoff- und Phosphorüberschüsse der Landwirtschaft in den Gemeinden/Kreisen in Deutschland. Forschungs- und Entwicklungsvorhaben 296 25 515 des Umweltbundesamtes, Anlage I.

Wettenberg: Gesellschaft für Boden- und Gewässerschutz e. V.

BANSE, M., NÖLLE, F. (2002): Die zukünftige Ausgestaltung der Direktzahlungen – Eine quantitative Analyse möglicher Reformen in einer erweiterten Europäischen Union. Agrarwirtschaft 51 (8), S. 419–427.

BARUNKE, A. (2002): Die Stickstoffproblematik in der Landwirtschaft. Erfahrungen mit Stickstoffminderungspolitiken. Kiel: Vauk. Landwirtschaft und Umwelt 19.

BATHKE, M., BRAHMS, E., BRENKEN, H., HAAREN, C. v., HACHMANN, R., MEIFORTH, J. (2003): Integriertes Gebietsmanagement – Neue Wege für Naturschutz, Grundwasserschutz und Landwirtschaft am Beispiel der Wassergewinnungsregion Hannover-Nord. Weikersheim: Margraf.

BBA (2002): Im Langzeitversuch bewiesen: Halbe Dosis von Pflanzenschutzmitteln möglich! BBA Presse Information. 24. Oktober 2002. Online im Internet: http://www.bba.de.

BBA (Biologische Bundesanstalt für Land- und Forstwirtschaft) (2000): Jahresbericht 2000. Braunschweig: BBA.

BEHRENDT, H., BACH, M., OPITZ, D., PAGENKOPF, W.-G. (2000): Verursacherbezogene Modellierung der Nitratbelastung der Oberflächengewässer. Anwendung der Immissionsverfahren zur Berichterstattung zur EU-Nitratrichtlinie. Berlin: Institut für Gewässerökologie und Binnenfischerei im Forschungsverbund Berlin.

BEHRENDT, H., HUBER, P., KORNMILCH, M., OPITZ, D., SCHMOLL, O., SCHOLZ, G., UEBE, R. (1999): Nährstoffbilanzierung der Flussgebiete Deutschlands. Berlin: UBA. UBA-Texte 75/99.

BfN, Bundesamt für Naturschutz (Hrsg.) (2002): Daten zur Natur 2002. Bonn-Bad Godesberg: BfNBLAC, Bund/Länderausschuss für Chemikaliensicherheit (2003): Tierarzneimittel in der Umwelt, Auswertung der Untersuchungsergebnisse. Hamburg: Institut für Hygiene und Umwelt, Bereich Umweltuntersuchungen. Online im Internet: http://www.blac-info.de/extern/stock/downloads/publikationen_10d.pdf (Stand: 05.04.2004).

BMJ (Bundesministerium der Justiz) (Hrsg.) (1998): Bekanntmachung der Grundsätze für die Durchführung der guten fachlichen Praxis im Pflanzenschutz. Vom 30. September 1998. Köln: Bundesanzeiger. Bundesanzeiger, Beilage 50 (220a).

BMU (2003): Nationales Programm der Bundesrepublik Deutschland nach Art. 6 der Richtlinie 2001/81/EG vom 23. Oktober 2001 über nationale Emissionshöchstmengen für bestimmte Luftschadstoffe. Online im Internet: http://www.bmu.de/files/natemihoe_luftschadstoffe.pdf (Stand: 06.04.2004).

BMVEL (2004): Fragen und Antworten zur Umsetzung der Agrarreform in Deutschland. Online im Internet: http://www.verbraucherministerium.de [Stand 28.01.2004].

BMVEL (2003a): Stellungnahme des Wissenschaftlichen Beirats Agrarpolitik, nachhaltige Landbewirtschaftung und Entwicklung ländlicher Räume beim Bundesministerium für Verbraucherschutz, Ernährung und Landwirtschaft zu den Beschlüssen des Rates der Europäischen Union zur Reform der Gemeinsamen Agrarpolitik vom 26. Juni 2003. Online im Internet: http://www.verbraucherministerium.de.

BMVEL, Beirat „Reduktionsprogramm im Pflanzenschutz" (2003b): Reduktionsprogramm im Pflanzenschutz. Bericht des Beirats. Kleinmachnow. Online im Internet: http://www.bba.de/mitteil/aktuelles/forumpfs/bericht.pdf [Stand 10.11.2003].

BMVEL (2003c): Entwurf eines Gesetzes zur Umsetzung der Reform der Gemeinsamen Agrarpolitik vom 28. Januar 2004, Online im Internet: http://www.verbraucherministerium.de/data/000DEF5D7AD91022B9146521C0A8D816.0.pdf [Stand 08.03.2004].

BMVEL, BMU (Bundesministerium für Umwelt, Naturschutz und Reaktorsicherheit (2002a): Gute Qualität und sichere Erträge. Wie sichern wir die langfristige Nutzbarkeit unserer landwirtschaftlichern Böden? Berlin. Online im Internet: http://www.bmu.de/files/konzept_020603.pdf [Stand 05.11.2002].

BMVEL (2002b): Statistisches Jahrbuch über Ernährung, Landwirtschaft und Forsten der Bundesrepublik Deutschland. Münster-Hiltrup: Landwirtschaftsverlag.

BMVEL (Bundesministerium für Verbraucherschutz, Ernährung und Landwirtschaft) (2000): Risikoabschätzung der Cadmium-Belastung für Mensch und Umwelt infolge der Anwendung von cadmiumhaltigen Düngermitteln. Kurzfassung. Online im Internet: http://europa.eu.int/comm/enterprise/chemicals/legislation/fertilizers/cadmium/reports.htm [Stand 16.02.2004].

BÖGE, R. (2002): Finanzierung der EU-Agrar- und Strukturpolitik unter Berücksichtigung der Erweiterung. Online im Internet: http://www.reimerboege.de/pdf/Osterweiterung.pdf

BOHLEN, M. (2002): Naturschutz und Landwirtschaft in Niedersachsen – Die "gute fachliche Praxis". Häusliche Prüfungsarbeit als Baureferendar, Fachrichtung Landespflege, bei der Bezirksregierung Hannover. Unveröffentlicht.

BOSS, A., ROSENSCHON, A. (2003): Finanzhilfen des Bundes. Kiel: Institut für Weltwirtschaft. Kieler Arbeitspapiere 1118.

BREUSTEDT, G. (2003): Grundsätzliche Überlegungen zu einer Entkopplung der Direktzahlungen in der EU. Agrarwirtschaft 52 (3), S. 149–156.

BROCKMEIER, M. (2003): Ökonomische Auswirkungen der EU-Osterweiterung auf den Agrar- und Ernährungssektor. Simulationen auf der Basis eines allgemeinen Gleichgewichtsmodells. Kiel: Vauk. Agrarökonomische Studien 22.

BROCKMEIER, M., HEROK, C. A., SALAMON, P. (2002): Agrarsektor und Osterweiterung der EU im gesamtwirtschaftlichen Kontext. Konjunkturpolitik – Beihefte der Konjunkturpolitik 53, S. 79–110.

BRUCKMEIER, K. (1987): Umweltberatung in der Landwirtschaft. Die Wahrnehmung ökologischer Beratungsaufgaben in der landwirtschaftlichen Offizialberatung der Bundesrepublik Deutschland. Berlin: WZB.

Bundesministerium der Finanzen (2001): Achtzehnter Subventionsbericht. Berlin: BMF.

Bundesregierung (2003): Ernährungs- und agrarpolitischer Bericht 2003 der Bundesregierung. Berlin: Deutscher Bundestag. Bundestagsdrucksache 15/405.

Bundesregierung (2002): Perspektiven für Deutschland. Unsere Strategie für eine nachhaltige Entwicklung. Berlin. Online im Internet: http://www.bundesregierung.de/Anlage587386/pdf_datei.pdf.

Bund-Länder AG (2003): Bewertung des BMU/BMVEL-Konzepts "Gute Qualität und sichere Erträge – Wie sichern wir die langfristige Nutzbarkeit unserer landwirtschaftlichen Böden?" Bericht der von der Agrarministerkonferenz (AMK) am 6.September 2002 in Bad Arolsen einberufenen Bund/Länder-AG zur AMK am 21. März 2003 in Schwerin. Schwerin: AMK, unveröffentlicht.

BURDICK, B., LANGE, U. (2003): Berücksichtigung von Umweltgesichtspunkten bei Subventionen – Sektorstudie Agrarwirtschaft. Berlin: UBA. UBA-Texte 32/03.

CURRLE, J., PARVANOV-DAWSON, R. (1996): Schwierigkeiten und Möglichkeiten der Umweltberatung in der Landwirtschaft. Berichte über Landwirtschaft 74 (1), S. 87–102.

DÖHLER, H., EURICH-MENDEN, B., DÄMMGEN, U., OSTERBURG, B., LÜTTICH, M., BERGSCHMIDT, A., BERG, W., BRUNSCH, R. (2002): BMVEL/UBA-Ammoniak-Emissionsinventar der deutschen Landwirtschaft und Minderungsszenarien bis zum Jahre 2010. Berlin: UBA. UBA-Texte 05/02.

ECOTEC Research & Consulting (2001): Study on the Economic and Environmental Implications of the Use of Environmental Taxes and Charges in the European Union and its Member States. Brussels. Online im Internet: http://europa.eu.int/comm/environment/enveco/taxation/environmental_taxes.htm.

ERVIN, D. E. (1999): Toward GATT-Proofing Environmental Programmes for Agriculture. Journal of World Trade 33 (2), S. 63–82.

EU-Kommission (2003a): Grundlegende Reform der EU-Agrarpolitik für eine nachhaltige Landwirtschaft in Europa. Luxemburg. IP/03/898.

EU-Kommission (2003b): CAP Reform – A Comparison of Current Situation, MTR Communication (July 2002), Legal Proposals (January 2003) and Council Compromise (June 2003). Online im Internet: http://europa.eu.int/comm/agriculture/capreform/avap_en.pdf

EU-Kommission (2003c): Integrated Pollution Prevention and Control (IPPC), Reference Document on Best Available Techniques for Intensive Rearing of Poultry and Pigs, Amtsblatt der Europäischen Gemeinschaft C 170/3 vom Juli 2003, Online im Internet: http://eippcb.jrc.es/pages/FActivities.htm (Stand: 05.04.2004).

EU-Kommission (2002a): Fact sheet – Enlargement and agriculture: A fair and tailor-made package which benefits farmers in accession countries. Brüssel. Memo/02/301.

EU-Kommission (2002b): Durchführung der Richtlinie 91/676/EWG des Rates zum Schutz der Gewässer vor Verunreinigung durch Nitrat aus landwirtschaftlichen Quellen. Zusammenfassung der Berichte der Mitgliedstaaten für das Jahr 2000. Luxemburg: Amt für amtliche Veröffentlichungen der Europäischen Gemeinschaften.

EU-Kommission (2002c): Mitteilung der Kommission an den Rat, das Europäische Parlament und den Wirtschafts- und Sozialausschuss – Hin zu einer thematischen Strategie zur Nachhaltigen Nutzung von Pestiziden. KOM (2002) 349 endg.

EU-Parlament (2003): Entschließung des Europäischen Parlaments zu dem Bericht der Kommission an das Europäische Parlament und den Rat über die Beurteilung der Wirkstoffe von EU-Kommission (2001): Monitoring of Pesticide Residues in Products of Plant Origin in the European Union, Norway and Iceland. 1999 Report. Brüssel. SANCO/397/01-Final.

Pflanzenschutzmitteln (vorgelegt gemäß Artikel 8 Absatz 2 der Richtlinie des Rates 91/414/EWG über das Inverkehrbringen von Pflanzenschutzmitteln) (KOM(2001) 444 – C5-0011/2002 – 2002/2015(COS)). Amtsblatt der Europäischen Union C 187 E, S. 173-179.

EURONATUR (Stiftung Europäisches Naturerbe), BUND (2003): Die neue Agrarpolitik der EU. Hintergründe und Bewertung der Beschlüsse zur Reform der Gemeinsamen Agrarpolitik (GAP). Rheinbach: EURONATUR.

FONTAGNÉ, L., KIRCHBACH, F. von, MIMOUNI, M. (2001): A First Assessment of Environment-Related Trade Barriers. Paris: CEPII. Document de travail 2001-10.

FREDE, H.-G., BACH, M., BECKER, R. (1995): Regional differenzierte Abschätzung des Nitrateintrages aus diffusen Quellen in das Grundwasser – Untersuchung für die Bundesrepublik Deutschland im neuen Gebietsstand. Gießen: Institut für Landeskultur der Universität Gießen.

FUCHS, S., SCHERER, U., HILLENBRAND, T., MAE-SCHEIDER-WEIDEMANN, F., BEHRENDT, H., OPITZ, D. (2002): Schwermetalleinträge in die Oberflächengewässer Deutschlands. Berlin: UBA. UBA-Texte 54/02.

FUEST, S. (2000): Regionale Grundwassergefährdung durch Nitrat. Vergleich von räumlich differenzierten Überwachungsdaten und Modellrechnungen. Osnabrück: USF. Beiträge des Instituts für Umweltsystemforschung der Universität Osnabrück 20.

GÄTH, S. (1997): Methoden der Nährstoffbilanzierung und ihre Anwendung als Agrar-Umweltindikator, S. 115 126. In: DIEPENBROCK, W. (Hrsg.): Umweltverträgliche Pflanzenproduktion – Indikatoren, Bilanzierungsansätze und ihre Einbindung in Ökobilanzen – Fachtagung am 11. und 12. Juli 1996 in Wittenberg, schriftliche Fassung der Beiträge, Initiativen zum Umweltschutz, Bd. 5. Osnabrück: Zeller.

GAUGER, T., ANSHELM, F., SCHUSTER, H., ERISMAN, J. W., VERMEULEN, A., DRAAJES, G. P. J., BLEEKER, A., NAGEL, H.-D. (2002): Mapping of ecosystem specific long-term trends in deposition loads and concentrations of air pollutants in Germany and their comparison with Critical Loads and Critical Levels. Stuttgart: Institut für Navigation der Universität Stuttgart.

GAY, S. H., OSTERBURG, B., SCHMIDT, T. (2003): Szenarien der Agrarpolitik – Untersuchung möglicher agrarstruktureller und ökonomischer Effekte unter Berücksichtigung umweltpolitischer Zielsetzungen, Endbericht für ein Forschungsvorhaben im Auftrag des Rates von Sachverständigen für Umweltfragen (SRU). Braunschweig: Institut für Betriebswirtschaft, Agrarstruktur und ländliche Räume der Bundesforschungsanstalt für Landwirtschaft, unveröffentlicht.

HÄRTEL, I. (2002): Düngung im Agrar- und Umweltrecht. EG-Recht, deutsches, niederländisches und flämisches Recht. Berlin: Duncker & Humblot. Schriften zum Umweltrecht 117.

HEGE, U. (2004): Ohne Verluste geht es nicht. DLG-Mitteilungen H. 3, S. 20-23.

HEISSENHUBER, A., LIPPERT, C. (2000): Multifunktionalität und Wettbewerbsverzerrungen. Agrarwirtschaft 49 (7), S. 249-252.

HELMING, J. (1998): Effects of nitrogen input and nitrogen surplus taxes in Dutch agriculture. Cahiers d'économie et sociologie rurales 49, S. 6-31.

HENKELMANN, G. (2000): Unterlagen zur FÜAK-Fortbildungsmaßnahme Grundsätze der guten fachlichen Praxis in der landwirtschaftlichen Bodennutzung. München: Bayerische Landesanstalt für Bodenkultur und Pflanzenbau. Online im Internet: http://www.stmlf.bayern.de/lbp/info/umwelt/boden/boden6_1.pdf

HENNING, C. H. C. A., GLAUBEN, T., WALD, A. (2001): Die Europäische Agrarpolitik im Spannungsfeld von Osterweiterung und WTO-Verhandlungen. Agrarwirtschaft 50 (3), S. 147-152.

HOEVENAGEL, R., NOORT, E. van, KOK, R. de (1999): Study on a European Union wide regulatory framework for levies on pesticides. Zoetermeer: EIM, Haskoning.

HOFFMANN, V. (2002): Bund und Länder weiterhin in der Pflicht: Aufgaben in der landwirtschaftlichen Beratung wachsen. B & B Agrar 55 (12), S. 347–349.

HOFFMANN, V. (1995): Landwirtschaftliche Beratung – wohin? Ausbildung und Beratung H. 12, S. 227–229.

HOLM-MÜLLER, K., LAMPE, M. von, RUDLOFF, B. (2002): EU-Agrarpolitik, Welthandel und Naturschutz. In: KONOLD, W., BÖCKER, R., HAMPICKE, U. (Hrsg.): Handbuch Naturschutz und Landschaftspflege. Landsberg am Lech: ecomed, VIII-8.2, 11/2002.

ISERMEYER, F. (2003): Umsetzung des Luxemburger Beschlusses zur EU-Agrarreform in Deutschland – eine erste Einschätzung. Braunschweig: FAL. Arbeitsbericht 3/2003.

ISERMEYER, F. (2001): Die Agrarwende – was kann die Politik tun? Braunschweig: FAL. Arbeitsbericht 2/2001.

ISERMEYER, F., MÖLLER, C., RIEDEL, J. (2000): Analyse der internationalen Wettbewerbsfähigkeit der deutschen Landwirtschaft mit Hilfe des IFCN. Schriften der Gesellschaft für Wirtschafts- und Sozialwissenschaften des Landbaues 36, S. 101-108.

ISERMEYER, F., MÖLLER, C., RIEDEL, J. (1999): Wettbewerbsfähigkeit des Pflanzenbaues im internationalen Vergleich. Braunschweig: FAL.

KNICKEL, K., JANßEN, B., SCHRAMEK, J., KÄPPEL, K. (2001): Naturschutz und Landwirtschaft: Kriterienkatalog zur „Guten fachlichen Praxis". Bonn-Bad Godesberg: BfN. Angewandte Landschaftsökologie 41.

LATACZ-LOHMANN, U. (2000): Beyond the Green Box: The Economics of Agri-Environmental Policy and Free Trade. Agrarwirtschaft 49 (9–10), S. 342–348.

LAWA (Länderarbeitsgemeinschaft Wasser) (2003): Bericht zur Grundwasserbeschaffenheit – Pflanzenschutzmittel. Berlin: Kulturbuchverlag.

LAWA (Länderarbeitsgemeinschaft Wasser) (1998): Beurteilung der Wasserbeschaffenheit von Fließgewässern in der Bundesrepublik Deutschland – chemische Gewässergüteklassifikation. Berlin: Kulturbuchverlag.

LIESS, M., SCHULZ, R., BERENZEN, N., NANKODREES, J., WOGRAM, J. (2001): Pflanzenschutzmittel-Belastung und Lebensgemeinschaften in Fließgewässern mit landwirtschaftlich genutztem Umfeld. Berlin: UBA. UBA-Texte 65/01.

LUCAS, S., PAU VALL, M. (1999): Pestizide in der Europäischen Union. Online im Internet: http://europa.eu.int/comm/agriculture/envir/report/de/pest_de/report.htm.

LUTOSCH, I. (2001): Wasser in aller Munde? Möglichkeiten zur Umsetzung der EU-Wasserrahmenrichtlinie in der Landwirtschaft am Beispiel des Einzugsgebietes Große Aue. Diplomarbeit am Institut für Landschaftspflege und Naturschutz der Universität Hannover.

MEYER, U. (2002): Pflanzenschutzpolitik in Deutschland. Reformbedarf und Handlungsempfehlungen. Bonn: NABU.

MINLNV (Ministry of Agriculture, Nature Management and Fisheries, Department of Agriculture, The Netherlands) (2001): Manure and the environment. The Dutch approach to reduce the mineral surplus and ammonia volatilisation. 2nd edition. The Hague: MINLNV.

MÜLLER, K., BACH, M., FREDE, H.-G. (2000): Quantifizierung der Eintragspfade für Pflanzenschutzmittel in Fließgewässer am Beispiel eines landwirtschaftlich genutzten Einzugsgebietes in Mittelhessen. Teil 1: Quantifizierung der Eintragspfade. Gießen: Institut für Landeskultur der Universität Gießen.

NABU (Naturschutzbund Deutschland) (2004): Die gute fachliche Praxis. Vorschläge des NABU. Online im Internet: http://www.nabu.de/m01/m01_02/00272.html [Stand 01.03.2004].

NIEBERG, H. (1994): Umweltwirkungen der Agrarproduktion unter dem Einfluß von Betriebsgröße und Erwerbsform. Werden die Umweltwirkungen der Agrarproduktion durch die Betriebsgröße und Erwerbsform landwirtschaftlicher Betriebe beeinflußt? Münster: Landwirtschaftsverlag. Schriftenreihe des Bundesministeriums für Ernährung, Landwirtschaft und Forsten, Reihe A, Angewandte Wissenschaft 428.

NIEHUES, B. (2002): Leitlinien für die Pflanzenschutzpolitik und ordnungsgemäße Landbewirtschaftung. Bericht des DGVW-Projektkreises „Landbewirtschaftung und Gewässerschutz" im Technischen Komitee „Grundwasser und Ressourcenmanagement". Energie-, Wasser-Praxis H. 9, S. 12–15.

OECD (Organisation for Economic Co-operation and Development) (2003a): Farm Household Income. Issues and Policy Responses. Paris: OECD.

OECD (2003b): Agricultural Policies in OECD Countries. Monitoring and Evaluation. Paris: OECD.

OSTERBURG, B. (2002): Rechnerische Abschätzung der Wirkungen möglicher politischer Maßnahmen auf die Ammoniakemissionen aus der Landwirtschaft in

Deutschland im Jahr 2010, Studie im Auftrag des BMVEL. Braunschweig: Institut für Betriebswirtschaft, Agrarstruktur und ländliche Räume der Bundesforschungsanstalt für Landwirtschaft., In: BMU (2003): Nationales Programm der Bundesrepublik Deutschland nach Art. 6 der Richtlinie 2001/81/EG vom 23. Oktober 2001 über nationale Emissionshöchstmengen für bestimmte Luftschadstoffe, Anhang 2. Online im Internet: http://www.bmu.de/files/natemihoe_luftschadstoffe.pdf (Stand: 06.04.2004).

OSTERBURG, B., BASSOW, A. (2002): Analyse der Bedeutung von naturschutzorientierten Maßnahmen in der Landwirtschaft im Rahmen der Verordnung (EG) 1257/1999 über die Förderung der Entwicklung des ländlichen Raums. Stuttgart: Metzler-Poeschel. Materialien zur Umweltforschung 36.

PORTUGAL, L. (2002): Methodology for the Measurement of Support and Use in Policy Evaluation. Online im Internet: http://www.oecd.org/dataoecd/36/47/1937457.pdf

PRETTY, J. N., BRETT, C., GEE, D., HINE, R. E., MASON, C. F., MORISON, J. I. L., RAVEN, H., RAYMENT, M. D., BIJL, G. van der (2000): An assessment of the total external costs of UK agriculture. Agricultural Systems 65 (2), S 113–136.

Rat der Europäischen Union (2003): GAP-Reform. Kompromisstext des Vorsitzes (im Einvernehmen mit der Kommission). Brüssel. Online im Internet: http://register.consilium.eu.int/pdf/de/03/st10/st10961de03.pdf

RUNGE, C. F. (1999): Beyond the Green Box: A Conceptual Framework for Agricultural Trade and the Environment. St. Paul: University of Minnesota, Center for International Food and Agricultural Policy. Working Paper 99-1.

SALAMON, P. B., HEROK, C. A. (2001): Was bringen mögliche Ergebnisse der WTO-Verhandlungen und der Osterweiterung für den Milchmarkt? Schriften der Gesellschaft für Wirtschafts- und Sozialwissenschaften des Ladbaues 37, S. 73-82.

SCHÄFERS, C., HALBUR, M. (2002): Ideenwettbewerb: Risikominderungsmaßnahmen zum Schutz des Naturhaushaltes vor schädlichen Auswirkungen durch Pflanzenschutzmittel. Berlin: UBA. UBA-Texte 46/02.

SCHEELE, M. (2001): Agrarumweltmaßnahmen als Kernelement der Integration von Umwelterfordernissen in die Gemeinsame Agrarpolitik. In: OSTERBURG, B., NIEBERG, H. (Hrsg.): Agrarumweltprogramme – Konzepte, Entwicklungen, künftige Ausgestaltung. Braunschweig: FAL. Landbauforschung Völkenrode, Sonderheft 231, S. 133–143.

SCHERINGER, J. (2002): Nitrogen on dairy farms: balances and efficiency, Göttinger agrarwissenschaftliche Beiträge ; Bd. 10. Hohengandern: Excelsior.

SCHLEEF, K.-H. (1999): Auswirkungen von Stickstoffminderungspolitiken. Münster-Hiltrup: Landwirtschaftsverlag.

SCHLICH, E. H., FLEISSNER, U. (2003): Comparison of Regional Energy Turnover with Global Food. LCA Case Studies. Online im Internet: http://dx.doi.org/10.1065/ehs2003.06.009 [Stand März 2004].

SEEGERS, T. (2002): Perspektiven der europäischen Agrar- und Ernährungswirtschaft nach der Osterweiterung der Europäischen Union. Vortrag, gehalten auf der 42. Jahrestagung der Gesellschaft für Wirtschafts- und Sozialwissenschaften des Landbaues, 30. September bis 2. Oktober 2002, Halle/Saale.

SRU (2004a): Nationale Umsetzung der Reform der europäischen Agrarpolitik. Kommentar zur Umweltpolitik Nr.3, März 2004.

SRU (2004b): Meeresumweltschutz für Nord- und Ostsee. Sondergutachten. Baden-Baden: Nomos.

SRU (2002a): Für eine Stärkung und Neuorientierung des Naturschutzes. Sondergutachten. Stuttgart: Metzler-Poeschel.

SRU (2002b): Umweltgutachten 2002. Für eine neue Vorreiterrolle. Stuttgart: Metzler-Poeschel.

SRU (2000): Umweltgutachten 2000. Schritte ins nächste Jahrtausend. Stuttgart: Metzler-Poeschel.

SRU (1998): Flächendeckend wirksamer Grundwasserschutz. Ein Schritt zur dauerhaft umweltgerechten Entwicklung. Sondergutachten. Stuttgart: Metzler-Poeschel.

SRU (Rat von Sachverständigen für Umweltfragen) (1996a): Konzepte einer dauerhaft-umweltgerechten Nutzung ländlicher Räume. Sondergutachten. Stuttgart: Metzler-Poeschel.

SRU (1996b): Umweltgutachten 1996: Zur Umsetzung einer dauerhaft umweltgerechten Entwicklung. Stuttgart: Metzler-Poeschel.

SRU (Rat von Sachverständigen für Umweltfragen) (1985): Umweltprobleme der Landwirtschaft. Sondergutachten. Stuttgart: Kohlhammer.

Statistisches Bundesamt (2003): Statistisches Jahrbuch 2003 für die Bundesrepublik Deutschland. Stuttgart: Metzler-Poeschel.

STEFFEN, D., WUNSCH, H., KÄMMEREIT, M., KUBALLA, J. (2001): Zinnorganische Verbindungen im Bioindikator Fisch. Oberirdische Gewässer H. 14, S. 1–20.

SWINNEN, J. F. M. (2003): The EU Budget, Enlargement and Reform of the Common Agricultural Policy and the Structural Funds. Paper presented at the Land Use

Policy Group (LUPG) Conference on „Future Policies for Rural Europe", 12-14 March 2003, Brussels.

TANGERMANN, S. (1996): Osterweiterung und agrarpolitischer Reformbedarf der EU. In: Agrarsoziale Gesellschaft (Hrsg.): Ost-Erweiterung der EU – Weichenstellungen in Europa und deren Folgen. Schriftenreihe für ländliche Sozialfragen, H. 124, S. 29–48.

UBA (Umweltbundesamt) (2003a): Umweltrelevante Kenngrößen der Landwirtschaft: (Pflanzenschutzmittelabsatz in Deutschland.) In: Umweltdaten Deutschland Online. Online im Internet: http://www.env-it.de/umweltdaten/ [Stand 07.01.2003].

UBA (2003b): Jahresbericht 2002. Berlin: UBA.

UBA (2003c): Überblick über Abstandsauflagen für den Einsatz von Pflanzenschutzmitteln an Gewässern. Presse-Information. Berlin, 7. März 2003.

UBA (Umweltbundesamt) (2002): Zur einheitlichen Ableitung von Schwermetallgrenzwerten bei Düngemitteln. Berlin. Online im Internet: http://www.bmu.de [Stand 05.11.2002].

UNGEMACH, F. R. (1998): Einsatz von Antibiotika in der Veterinärmedizin: Konsequenzen und rationaler Umgang. In: Tierärztliche Praxis, Ausgabe G Großtiere, Nutztiere, 27. Jg., S. 335–338.

VDLUFA (Verband Deutscher Landwirtschaftlicher Untersuchungs- und Forschungsanstalten) (2003): Eckpunkte und Begründungen der Stellungnahme des VDLUFA vom Dezember 2002 zur Konzeption von BMVEL und BMU „Gute Qualität und sichere Erträge …" vom Juni 2002. Online im Internet: http://www.vdlufa.de/vd_00.htm?4 [Stand 05.02.2004].

VOIGTLÄNDER, U., SCHELLER, W., MARTIN, C. (2001): Ermittlung von Ursachen für die Unterschiede im biologischen Inventar der Agrarlandschaft in Ost- und Westdeutschland als Grundlage für die Ableitung naturschutzverträglicher Nutzungsverfahren. Bonn-Bad Godesberg: BfN. Angewandte Landschaftsökologie 40.

WAIBEL, H., FLEISCHER, G. (2001): Experience with Cost Benefit Studies of Pesticides in Germany. Paper presented at the OECD workshop on the Economics of Pesticide Risk Reduction in Agriculture. Copenhagen, Denmark, November 28-30th, 2001.

WAIBEL, H., FLEISCHER, G. (1998): Kosten und Nutzen des chemischen Pflanzenschutzes in der deutschen Landwirtschaft aus gesamtwirtschaftlicher Sicht. Kiel: Vauk.

WBB (Wissenschaftlicher Beirat Bodenschutz beim BMU) (2000): Gutachten des wissenschaftlichen Beirats Bodenschutz beim Bundesministerium für Umwelt, Naturschutz und Reaktorsicherheit. Wege zum vorsorgenden Bodenschutz. Fachliche Grundlagen und konzeptionelle Schritte für eine erweiterte Bodenvorsorge. Berlin: Deutscher Bundestag. Bundestagsdrucksache 14/2834.

WEISE, C. (2002): EU-Osterweiterung, Reformbedarf bei den EU-Politiken und Auswirkungen auf die Nettozahlerpositionen. Konjunkturpolitik – Beihefte der Konjunkturpolitik 53, S. 149-174.

WINCKLER, C., GRAFE, A. (2000): Charakterisierung und Verwertung von Abfällen aus der Massentierhaltung unter Berücksichtigung verschiedener Böden. Berlin: UBA. UBA-Texte 44/00.

WTO (2003a): Negotiations on Agriculture. First Draft of Modalities for the Further Commitments. Revision. TN/AG/W/1/Rev.1. Online im Internet: http://docsonline.wto.org/.

WTO (2003b): Summary Report on the Seventeenth Meeting of the Committee on Agriculture. Special Session Held on 28 February 2003. Note by the Secretariat. TN/AG/R/7. Online im Internet: http://docsonline.wto.org/.

WTO (2003c): Committee on Agriculture. Notification. European Communities – Export subsidies. G/AG/N/EEC/44. Online im Internet: http://docsonline.wto.org/.

WTO (World Trade Organization) (2002a): Committee on Agriculture. Notification. European Communities – Domestic support. G/AG/N/EEC/38. Online im Internet: http://docsonline.wto.org/.

WTO (2002b): Domestic support in agriculture. The boxes. Online im Internet: http://www.wto.org/english/tratop_e/agric_e/agboxes_e.htm [Stand Oktober 2003].

Kapitel 5

ALLEN, Y., MATTHIESSEN, P., SCOTT, A. P., HAWORTH, S., FEIST, S., THAIN, J. E. (1999): The extent of oestrogenic contamination in the UK estuarine and marine environments – further surveys of flounder. Science of the Total Environment 233 (1–3), S. 5–20.

APPEL, I. (2001): Das Gewässerschutzrecht auf dem Weg zu einem qualitätsorientierten Bewirtschaftungsregime. Zum finalen Regelungsansatz der EG-Wasserrahmenrichtlinie. Zeitschrift für Umweltrecht Jg. 12, Sonderheft, S. 129–137.

ATV-DVWK (Deutsche Vereinigung für Wasserwirtschaft, Abwasser und Abfall) (2002a): 5. Novelle der Abwasserverordnung und ihre Konsequenzen. KA – Wasserwirtschaft, Abwasser, Abfall 49 (8), S. 1061–1063.

ATV-DVWK (Deutsche Vereinigung für Wasserwirtschaft, Abwasser und Abfall) (2002b): Endokrin wirksame Substanzen in Kläranlagen – Vorkommen, Verbleib und Wirkung, Arbeitsbericht der ATV-DVWK-AG IG-5.4, Online im Internet: http://www.atv.de/fachth/arbeitsberichte/2002/ind-abw_09_02.pdf

ATV-DVWK (Deutsche Vereinigung für Wasserwirtschaft, Abwasser und Abfall) (2003): Hinweise zum Nachweis des 70-prozentigen Frachtabbaus für Stickstoff nach Abwasserverordnung. KA – Wasserwirtschaft, Abwasser, Abfall 50 (2), S. 218–222.

BERENDES, K. (2002): Die neue Wasserrechtsordnung. Zeitschrift für Wasserrecht 41 (4), S. 197–221.

BERND, B., MESSNER, F. (2002): Die Erhebung kostendeckender Preise in der EU-Wasserrahmenrichtlinie. In: KEITZ, S. v., SCHMALHOLZ, M. (Hrsg.): Handbuch der EU-Wasserrahmenrichtlinie. Berlin: E. Schmidt, S. 49–86.

BLAC (Bund/Länder-Ausschuss für Chemikaliensicherheit) (1998): Auswirkungen der Anwendung von Clofibrinsäure und anderer Arzneimittel auf die Umwelt und Trinkwasserversorgung. Bericht an die 50. Umweltministerkonferenz (UMK). Hamburg: Umweltbehörde Hamburg.

BLAC (1999): Arzneimittel in der Umwelt. Konzept für ein Untersuchungsprogramm. Bericht an die 53. Umweltministerkonferenz (UMK) am 27./28. Oktober 1999 in Augsburg. Hamburg: Umweltbehörde Hamburg.

BLÖCH, H. (2001): Die EU-Wasserrahmenrichtlinie: Europas Wasserpolitik auf dem Weg ins neue Jahrtausend. In: BRUHA, T., KOCH, H.-J. (Hrsg.): Integrierte Gewässerpolitik in Europa. Baden-Baden: Nomos, S. 119–127.

BMU (Bundesministerium für Umwelt, Naturschutz und Reaktorsicherheit) (2001): Wasserwirtschaft in Deutschland. Bonn: BMU.

BMU (Bundesministerium für Umwelt, Naturschutz und Reaktorsicherheit) (2003a): Pflanzenschutzmittel im Grundwasser. Untersuchungsergebnisse 1998 bis 2001. Umwelt (BMU) Nr. 10, S. 564–565.

BMU (Bundesministerium für Umwelt, Naturschutz und Reaktorsicherheit) (2003b): Gewässerschutz: Trinkwasser – Private Haushalte. Kurzinfo. Online im Internet: http://www.bmu.de [Stand 13.03.2003].

BMVEL (Bundesministerium für Verbraucherschutz, Ernährung und Landwirtschaft) (2003): Blei und Trinkwasser. Online im Internet: http://www.verbraucherministerium.de [Stand 13.03.2003].

BREUER, R. (2000): Europäisierung des Wasserrechts. Natur und Recht 22 (10), S. 541–549.

BREUER, R. (2003): Gewässerschutzrecht – Grundlagen und allgemeine Regelungen. In: RENGELING, H.-W. (Hrsg.): Handbuch zum europäischen und deutschen Umweltrecht. 2. Auflage. Köln: Heymanns, Bd. 2, § 65.

BROCKMANN, S., BOTZENHART, K. (2000): Clostridium perfringens als Indikator für fäkale Verunreinigung des Trinkwassers. GWF – Wasser, Abwasser 141 (1), S. 22–31.

CAREY, C., BRYANT, C. J. (1995): Possible interrelations among environmental toxicants, amphibian development, and decline of amphibian populations. Environmental Health Perspectives 103 (4), S. 13–17.

CASPAR, J. (2001): Die EU-Wasserrahmenrichtlinie: Neue Herausforderungen an einen europäischen Gewässerschutz. Die Öffentliche Verwaltung 54 (13), S. 529–538.

CASTELL-EXNER, C., LIEßFELD, R. (2002): Konsequenzen für die öffentliche Trinkwasserversorgung aus der neuen Trinkwasserverordnung. In: DOHMANN, M. (Hrsg.): 35. Essener Tagung für Wasser- und Abfallwirtschaft. Teil 1. Aachen: Gesellschaft zur Förderung der Siedlungswasserwirtschaft an der RWTH Aachen, S. 16/1–16/11.

CIS Working Group Heavily Modified Water Bodies (2003): Guidance document on identification and designation of heavily modified and artificial water bodies. Online im Internet: http://www.sepa.org.uk/hmwbworkinggroup/

COLBORN, T., SAAL, F. S., SOTO, A. M. (1993): Development effects of endocrine-disrupting chemicals in wildlife and humans. Environmental Health Perspectives 101 (5), S. 378–384.

CSICSAKY, M. J. (2003): Die neue Trinkwasserverordnung – Umsetzung aus Sicht der Länder. GWF – Wasser, Abwasser 144 (13), S. 26–29.

DESBROW, C., ROUTLEDGE, E. J., BRIGHTY, G. C., SUMPTER, J. P., WALDOCK, M. (1998): Identification of Estrogenic Chemicals in STW Effluent. 1: Chemical Fractionation and in Vitro Biological Screening. Environmental Science and Technology 32 (11), S. 1549–1558.

DOHMANN, M. (1999): Wassergefährdung durch undichte Kanäle – Erfassung und Bewertung. Berlin: Springer.

DOHMANN, M. (2003a): Spurenstoffe in der Umwelt. Ein Spannungsfeld zwischen umweltpolitischen Anforderungen und Strategien zur Entfernung. In: TRACK, T., KREYSA, G. (Hrsg.): Spurenstoffe in Gewässern – Pharmazeutische Reststoffe und endokrin wirksame Substanzen. Weinheim: Wiley-VCH.

DOHMANN, M. (2003b): Was können wir gegen Umweltchemikalien und Arzneimittelreststoffe im kommunalen Abwasser tun? Hrsg. KREBS, P., KÜHN, V.: Dresdner Kolloquium Siedlungswasserwirtschaft, Tagungsband zum Abwasserseminar 2003, Dresdner Berichte 23, S. 167–178.

DÖRR, R.-D., SCHMALHOLZ, M. (2002): Die rechtlichen Grundlagen der Ausnahmen und Spielräume. In: KEITZ, S. v., SCHMALHOLZ, M. (Hrsg.): Handbuch der EU-Wasserrahmenrichtlinie. Berlin: E. Schmidt, S. 49–86.

ELL, M. (2003): Wasserrechtliche Planung. Baden-Baden: Nomos.

EPINEY, A., FELDER, A. (2002): Überprüfung internationaler wasserwirtschaftlicher Übereinkommen im Hinblick auf die Implementierung der Wasserrahmenrichtlinie. Berlin: UBA. UBA-Texte 17/02.

ERICKSON, B. E. (2002): Analyzing the ignored environmental contaminants. Environmental Science and Technology 36 (7), S. 140A–145A.

EU-Kommission (2000): Mitteilung der Kommission an den Rat, das Europäische Parlament und den Wirtschafts- und Sozialausschuss. Die Preisgestaltung als politisches Instrument zur Förderung eines nachhaltigen Umgangs mit Wasserressourcen. KOM(2000)477 endg.

EU-Kommission (2001): Weißbuch – Strategie für eine zukünftige Chemikalienpolitik. KOM(2001)88 endg.

EU-Kommission (2002a): Dritter Jahresbericht über die Durchführung und Durchsetzung des Umweltrechts der Gemeinschaft Januar 2000 bis Dezember 2001. SEK(2002)1041.

EU-Kommission (2002b): Klage der Kommission der Europäischen Gemeinschaften gegen die Bundesrepublik Deutschland, eingereicht am 23. Mai 2002. Amtsblatt der Europäischen Gemeinschaften C 180, 27. Juli 2002, S. 12.

EU-Kommission (2002c): Kommission schlägt modernisierte und vereinfachte Regeln für saubere Badegewässer in der gesamten EU vor. Presseerklärung, 25. Oktober 2002, IP/02/1551.

EU-Kommission (2003a): Common Implementation Strategy for the Water Framework Directive (2000/60/EC). Guidance document no. 1. Economics and the environment. The implementation challenge of the Water Framework Directive. Luxembourg: Office for Official Publications of the European Communities. Online im Internet: http://europa.eu.int/comm/environment/water/water-framework/guidance_documents.html

EU-Kommission (2003b): Bathing water quality. Annual report, 2002 bathing season. Online im Internet: http://europa.eu.int/water/water-bathing/report.html [Stand 04.08.2003].

EU-Kommission (2003c): Pack die Badehose ein. Badegewässerbericht für 2002. EU-Nachrichten Nr. 22.

EU-Kommission (2003d): Gewässerschutz: Rechtliche Maßnahmen der Kommission gegen acht Mitgliedsstaaten. Presseerklärung, 21. Januar 2003, IP/03/84.

EU-Parlament (2003): Entwurf eines Berichts über den Vorschlag für eine Richtlinie des Europäischen Parlaments und des Rates über die Qualität der Badegewässer. (KOM(2002) 581 – C5-0508/2002 – 2002/0254(COD)). Online im Internet: http://www.europarl.eu.int/meetdocs/committees/envi/20030610/495987DE.pdf [Stand 05.08.2003].

EU-Parlament, EU-Kommission (2002): Beschluss Nr. 1600/2002/EG des Europäischen Parlaments und des Rates vom 22. Juli 2002 über das sechste Umweltaktionsprogramm der Europäischen Gemeinschaft. Amtsblatt der Europäischen Gemeinschaften L 242, 10. September 2002, S. 1–15.

EWENS, H.-P. (2003): Ökonomische Anforderungen der EU-WRRL WATECO-Guidancepaper. In: DOHMANN, M. (Hrsg.): 36. Essener Tagung für Wasser- und Abfallwirtschaft. Aachen: Gesellschaft zur Förderung der Siedlungswasserwirtschaft an der RWTH Aachen, S. 5/1–5/12.

EWRINGMANN, D. (2002): Die Emanzipation der Abwasserabgabe vom Ordnungsrecht im Rahmen der EG-Wasserrahmenrichtlinie und eines Umweltgesetzbuches. In: BOHNE, E. (Hrsg.): Perspektiven für ein Umweltgesetzbuch. Berlin: Duncker & Humblot. Schriftenreihe der Hochschule Speyer 155, S. 265–293.

EWRINGMANN, D., GAWEL, E., HANSMEYER, K.-H. (1993): Die Abwasserabgabe vor der vierten Novelle: Abschied vom gewässergütepolitischen Lenkungs- und Anreizinstrument? Köln: Finanzwissenschaftliches Forschungsinstitut an der Universität Köln. Finanzwissenschaftliche Diskussionsbeiträge Nr. 93-3.

EWRINGMANN, D., SCHOLL, R. (1996): Zur fünften Novelle der Abwasserabgabe: Messlösung und sonst nichts? Finanzwissenschaftliche Diskussionsbeiträge Nr. 96-2. Köln: Finanzwissenschaftliches Forschungsinstitut an der Universität Köln.

EXNER, M., FEUERPFEIL, I., GORNIK, V. (2003): Cryptosporidium, Giardia und andere Dauerformen parasitisch lebender Protozoen. In: GROHMANN, A., HÄSSELBARTH, U., SCHWERDTFEGER, W. (Hrsg.): Die Trinkwasserverordnung. Einführung und Erläuterungen für Wasserversorgungsunternehmen und Überwachungsbehörden. 4., neu bearb. Auflage. Berlin: E. Schmidt, S. 209–225.

GÄRTNER, S. (1998): Rechtliche Regelungen zu den Umweltauswirkungen von Arzneimitteln. In: Hessische Landesanstalt für Umwelt (Hrsg.): Fachtagung „Arzneimittel in Gewässern – Risiko für Mensch, Tier und Umwelt?". Wiesbaden: HLfU, S. 59–64.

GEILER, N. (2001): Die EG-Wasserrahmenrichtlinie aus der Sicht der Umweltverbände. Führt die EG-Wasserrahmenrichtlinie zu mehr Bürgerbeteiligung? KA – Abwasser, Abfall (48) 2, S. 187–191.

GORNIK, V., BEHRINGER, K., KÖLB, B., EXNER, M. (2000): Erster Giardiasisausbruch im Zusammenhang mit kontaminiertem Trinkwasser in Deutschland. Bundesgesundheitsblatt, Gesundheitsforschung, Gesundheitsschutz 44 (4), S. 351–357.

GRAF, I. (2002): Vollzugsprobleme im Gewässerschutz. Baden-Baden: Nomos.

GROHMANN, A. (2003): Das Problem alter Bleirohre. In: GROHMANN, A., HÄSSELBARTH, U., SCHWERDTFEGER, W. (Hrsg.): Die Trinkwasserverordnung. Einführung und Erläuterungen für Wasserversorgungsunternehmen und Überwachungsbehörden. 4., neu bearb. Auflage. Berlin: E. Schmidt, S. 693–701.

HANSMEYER, K.-H. (1976): Die Abwasserabgabe als Versuch einer Anwendung des Verursacherprinzips. In: ISSING, O. (Hrsg.): Ökonomische Probleme der Umweltschutzpolitik. Berlin: Duncker & Humblot, S. 65–77.

HANSMEYER, K.-H. (1989): Fallstudie: Finanzpolitik im Dienste des Gewässerschutzes. In: SCHMIDT, K. (Hrsg.): Öffentliche Finanzen und Umweltpolitik. Bd. 2. Berlin: Duncker & Humblot, S. 47–76.

HARRIES, J. E., SHEAHAN, D. A., JOBLING, S., MATHIESSEN, P., NEALL, P., ROUTLEDGE, E., RYCROFT, R., SUMPTER, J. P., TYLER, T. (1996): A survey of estrogenic activity in United Kingdom inland waters. Environmental Toxicology and Chemistry 15 (11), S. 1993–2002.

HECKER, M., TYLER, C. R., HOFFMANN, M., MADDIX, S., KARBE, L. (2002): Plasma Biomarkers in Fish Provide Evidence for Endocrine Modulation in the Elbe River, Germany. Environmental Science and Technology 36 (11), S. 2311–2321.

HOLZWARTH, F., BOSENIUS, U. (2002): Die Wasserrahmenrichtlinie im System des europäischen und deutschen Gewässerschutzes. In: In: KEITZ, S. v., SCHMALHOLZ, M. (Hrsg.): Handbuch der EU-Wasserrahmenrichtlinie. Berlin: E. Schmidt, S. 25–48.

HLUG (Hessisches Landesamt für Umwelt und Geologie) (2003): EU-Wasserrahmenrichtlinie. Flussgebietseinheiten in Deutschland. Online im Internet: http://www.hlug.de/bilder/wasser/wrrl/brd_geb.gif [Stand 09.12.2003].

INTERWIES, E., KRAEMER, R. A. (2001): Ökonomische Anforderungen der EU-Wasserrahmenrichtlinie. Analyse der relevanten Regelungen und erste Schritte zur Umsetzung. Berlin: Ecologic.

IRMER, U. (2003): Umsetzung wasserrechtlicher Qualitätsziele. In: ERBGUTH, W. (Hrsg.): Änderungsbedarf im Wasserrecht – zur Umsetzung europarechtlicher Vorgaben. Baden-Baden: Nomos, S. 55–63.

IRMER, U., RECHENBERG, B. (2001): Europäisches Projekt zur Identifikation und Ausweisung „erheblich veränderter Gewässer" im Sinne der EG-Wasserrahmenrichtlinie. Online im Internet: http://www.umweltdaten.de/wasser/ow_s_wrrl_1_3.pdf [Stand 10.03.2003].

IRMER, U., RECHENBERG, B. (2003): Europäische Leitlinie für die Ausweisung künstlicher und erheblich veränderter Gewässer. In: DOHMANN, M. (Hrsg.): 36. Essener Tagung für Wasser- und Abfallwirtschaft. Aachen: Gesellschaft zur Förderung der Siedlungswasserwirtschaft an der RWTH Aachen, S. 2/1–2/15.

IRMER, U., KEITZ, S. v. (2002): Die Anforderungen an den Schutz der Oberflächengewässer. In: KEITZ, S. v., SCHMALHOLZ, M. (Hrsg.): Handbuch der EU-Wasserrahmenrichtlinie. Berlin: E. Schmidt, S. 107–143.

JEKEL, H. (2002): Die Information und Anhörung der Öffentlichkeit nach der EU-Wasserrahmenrichtlinie. In: KEITZ, S. v., SCHMALHOLZ, M. (Hrsg.): Handbuch der EU-Wasserrahmenrichtlinie. Berlin: E. Schmidt, S. 343–364.

JEKEL, H. (2003): Information und Anhörung der Öffentlichkeit bei Maßnahmeprogrammen und Bewirtschaftungsplänen. Vortrag, gehalten auf dem 3. Speyerer Forum zum Umweltgesetzbuch, 15. September 2003.

JESSEL, B. (2002): Auswirkungen der Wasserrahmenrichtlinie auf die räumliche Planung. In: Alfred-Toepfer-Akademie für Naturschutz (Hrsg.): Wasserrahmenrichtlinie und Naturschutz. Schneverdingen: Akademie für Naturschutz, S. 15–20.

JOBLING, S. (1995): Environmental oestrogenic chemicals and their effects on sexual development in male rainbow trout (Oncorhynchus mykiss). Dissertation, Department of Biology and Biochemistry, Brunel University, West-London.

JOBLING, S., NOLAN, M., TYLER, C. R., BRIGHTY, G., SUMPTER, J. P. (1998): Widespread sexual disruption in wild fish. Environmental Science and Technology 32 (17), S. 2498–2506.

KNOPP, G.-M. (2001): Die Umsetzung der Wasserrahmenrichtlinie im deutschen Wasserrecht. Zeitschrift für Umweltrecht 12 (6), S. 368–380.

KNOPP, G.-M. (2003a): Umsetzung der Wasserrahmenrichtlinie – Neue Verwaltungsstrukturen und Planungsinstrumente im Gewässerschutzrecht. Neue Zeitschrift für Verwaltungsrecht 22 (3), S. 275–281.

KNOPP, G.-M. (2003b): Die Umsetzung der EG-Wasserrahmenrichtlinie aus der Sicht der Länder. Zeitschrift für Wasserrecht 42 (1), S. 1–16.

KNOPP, G.-M. (2003c): Qualitätsorientierte Gewässerbewirtschaftung. In: ERBGUTH, W. (Hrsg.): Änderungsbedarf im Wasserrecht – zur Umsetzung europarechtlicher Vorgaben. Baden-Baden: Nomos, S. 43–54.

KNOPP, G.-M. (2003d): Bewirtschaftung von Flussgebieten – Aufgaben, Instrumente und Problem. Vortrag, gehalten auf dem 3. Speyerer Forum zum Umweltgesetzbuch, 15. September 2003.

KNOPP, L. (2003): Flussgebietsmanagement und Verwaltungskooperation. In: ERBGUTH, W. (Hrsg.): Änderungsbedarf im Wasserrecht – zur Umsetzung europarechtlicher Vorgaben. Baden-Baden: Nomos, S. 27–41.

KOLOSSA, M. (1998): Ökotoxikologische Bewertung umweltrelevanter Chemikalien. In: Hessische Landesanstalt für Umwelt (Hrsg.): Fachtagung „Arzneimittel in Gewässern – Risiko für Mensch, Tier und Umwelt?". Wiesbaden: HLfU, S. 75–82.

KOPF, W. (1995): Wirkung endokriner Stoffe in Biotests mit Wasserorganismen. Vortrag, gehalten auf der 50. Fachtagung des Bayerischen Landesamtes für Wasserwirtschaft.

KOTULLA, M. (2002): Das Wasserhaushaltsgesetz und dessen 7. Änderungsgesetz. Neue Zeitschrift für Verwaltungsrecht 21 (12), S. 1409–1420.

KRÄMER, L. (2003): E. C. Environmental Law. 5. Ed. London: Sweet & Maxwell.

KRATZ, W., ABBAS, B., LINKE, I. (2000): Arzneimittelwirkstoffe in der Umwelt. Zeitschrift für Umweltchemie und Ökotoxikologie 12 (6), S. 343–349.

KRAUS, H. (1999): Erläuterung zur Richtlinie des Rates über die Qualität von Wasser für den menschlichen Gebrauch (98/83/EG), In: UB Media Fach-Datenbank Wasserrecht [Stand Mai 2003].

LANZ, K., SCHEUER, S. (2001): Handbuch zur EU-Wasserpolitik im Zeichen der Wasserrahmenrichtlinie. Hrsg.: Europäisches Umweltbüro, Brüssel.

LAWA (Länderarbeitsgemeinschaft Wasser) (o. J.): Handlungskonzept zur Umsetzung der Wasserrahmenrichtlinie. Online im Internet: http://www.lawa.de/pub/kostenlos/wrrl/Handlungskonzept.pdf

LAWA (2002): Arbeitshilfe zur Umsetzung der EG-Wasserrahmenrichtlinie. Online im Internet: URL: http://www.lawa.de [Stand 27.02.2002].

LAWA (2003a): Entwurf für eine Musterverordnung zur Umsetzung der Anhänge II und V der Richtlinie 2000/60/EG des Europäischen Parlaments und des Rates vom 23. Oktober 2000 zur Schaffung eines Ordnungsrahmens für Maßnahmen der Gemeinschaft im Bereich der Wasserpolitik. Online im Internet: http://www.lawa.de/pub/kostenlos/wrrl/mustervo020703.pdf [Stand 02.07.2003].

LAWA (2003b): Arbeitshilfe zur Umsetzung der EG-Wasserrahmenrichtlinie. Online im Internet: http://www.lawa.de/pub/kostenlos/wrrl/Arbeitshilfe_30-04-2003.pdf [Stand 30.04.2003].

LEHMANN, J., PARIS, F., STÜRENBERG, F.-J., BLÜM, V. (2000): Ökotoxikologische Untersuchungen an freilebenden Brassen. In: Landesanstalt für Ökologie, Bodenordnung und Forsten NRW (Hrsg.): Jahresbericht 1999. Recklinghausen: LÖBF, S. 127–131.

LYE, C. M., FRIED, C. L. J., GILL, M. E., McCORMICK, D. (1997): Abnormalities in the reproductive health of flounder, Platichthys flesus exposed to effluent from a sewage treatment works. Marine Pollution Bulletin 34 (1), S. 34–41.

MARKARD, C. (2002): Die Anforderungen an den Schutz des Grundwassers. In: KEITZ, S. v., SCHMALHOLZ, M. (Hrsg.): Handbuch der EU-Wasserrahmenrichtlinie. Berlin: E. Schmidt, S. 145–171.

MIERS, S. (2002): Gewässer- und grundwasserabhängige Bioptoptypen im Rahmen der Umsetzung von Natura 2000. In: Alfred-Toepfer-Akademie für Naturschutz (Hrsg.): Wasserrahmenrichtlinie und Naturschutz. Schneverdingen: Akademie für Naturschutz, S. 40–42.

MÜLLER, L. (2003): Vorkommen im Wasser und die gesundheitliche Bedeutung von Blei im Trinkwasser. In: GROHMANN, A., HÄSSELBARTH, U., SCHWERDTFEGER, W. (Hrsg.): Die Trinkwasserverordnung. Einführung und Erläuterungen für Wasserversorgungsunternehmen und Überwachungsbehörden. 4., neu bearb. Auflage. Berlin: E. Schmidt, S. 281–297.

OPITZ, R., LEVY, G., BÖGI, C., LUTZ, I., KLOAS, W. (2002) Endocrine disruption in fish and amphibians. Recent Research Developments in Endocrinology 3, S. 127–170.

PATT, H., BAUMGART, H.-C., STULGIES, H. (2003): EU Wasserrahmenrichtlinie – Stand der Arbeiten zu Typologie, Referenzzuständen, signifikanten anthropogenen Belastungen und Grundwasser. KA – Wasserwirtschaft, Abwasser, Abfall 50 (1), S. 12–16.

PÖPEL, H. J., LEHN, J., RETTIG, S., SEIBERT, T., WAGNER, M., WEIDMANN, F. (1996): Vergleich der Anforderungen für kommunale Kläranlagen nach EU-Recht und bundesdeutschem Recht. Gutachten. Berlin: UBA. UBA-Texte 68/96.

PURDOM, C. E., HARDIMAN, P. A., BYE, V. J., ENO, N. C., Tyler, C. R., SUMPTER, J. D. (1994): Estrogenic effects of effluents from sewage treatment works. Chemistry and Ecology 8, S. 275–285.

PÜTZ, R. (2003): Erhalt der Trinkwasserqualität in der Hausinstallation – Aufgaben für den Wasserversorger. GWF – Wasser, Abwasser 144 (13), S. 49–56.

QUAST, J., STEIDL, J., MÜLLER, K., WIGGERING, H. (2002): Minderung diffuser Stoffeinträge. In: KEITZ, S. v., SCHMALHOLZ, M. (Hrsg.): Handbuch der EU-Wasserrahmenrichtlinie. Berlin: E. Schmidt, S. 177–219.

Regierung von Unterfranken (Hrsg.) (2003): Projekthandbuch Pilotprojekt „Bewirtschaftungsplan Main". Teil A: Organisation und Fachliche Grundlagen. Würzburg. Online im Internet: http://www.bayern.de/lfw/technik/grundlagen/eu_wrrl/pilot_main.htm

REINHARDT, M. (2001a): Deutsches Verfassungsrecht und Europäische Flussgebietsverwaltung. Zeitschrift für Umweltrecht Jg. 12, Sonderheft, S. 124–128.

REINHARDT, M. (2001b): Wasserrechtliche Richtlinientransformation zwischen Gewässerschutzrichtlinie und Wasserrahmenrichtlinie. Deutsches Verwaltungsblatt 116 (3), S. 145–154.

REINHARDT, M. (2003): Rezension zu v. KEITZ, S., SCHMALHOLZ, M. (Hrsg.): Handbuch der EU-Wasserrahmenrichtlinie. Zeitschrift für Wasserrecht, 42. Jg., Heft 1, Januar 2003, S. 61–64.

RODGERS-GRAY, T. P., JOBLING, S., MORRIS, S., KELLY, C., KIRBY, S., JANBAKHSH, A., HARRIES, J. E., WALDOCK, M. J., SUMPTER, J. P., TYLER, C. R. (2000): Long-term temporal changes in the estrogenic composition or treated sewage effluent and its biological effects on fish. Environmental Science and Technology 34, S. 1521–1528.

RÖNNEFAHRT, I., KOSCHORRECK, M., KOLOSSA-GEHRING, M. (2002): Arzneimittel in der Umwelt. Teil 2: Rechtliche Aspekte und Bewertungskonzepte. Mitteilungen der Fachgruppe Umweltchemie und Ökotoxikologie 8 (4), S. 6–10.

RUCHAY, D. (2001): Die Wasserrahmenrichtlinie der EG und ihre Konsequenzen für das deutsche Wasserrecht. Zeitschrift für Umweltrecht Jg. 12, Sonderheft, S. 115–120.

SALZWEDEL, J. (2001): Die Wasserwirtschaft im Spannungsverhältnis zwischen Water Industry und Daseinsvorsorge. In: DOLDE, K.-P. (Hrsg.): Umweltrecht im Wandel. Berlin: E. Schmidt, S. 613–641.

SATTELBERGER, R. (1999): Arzneimittelrückstände in der Umwelt. Bestandsaufnahme und Problemdarstellung. Wien: Umweltbundesamt. Reports 162.

SCHMALHOLZ, M. (2001): Die EU-Wasserrahmenrichtlinie – „Der Schweizer Käse" im europäischen Gewässerschutz. Zeitschrift für Wasserrecht 40 (2), S. 69–102.

SCHMIDT, R., BROCKMEYER, R. (2002): Vorkommen und Verhalten von Expektorantien, Analgetika, Xylometazolin und deren Metaboliten in Gewässern und bei der Uferfiltration. Vom Wasser Jg. 98, S. 37–54.

SCHOLL, R. (1998): Verhaltensanreize der Abwasserabgabe. Berlin: Analytica.

SCHRÖDER, H. F. (2003): Mikroschadstoffe – Potentiale und Eliminierung bei Anwendung von Membranverfahren, in DOHMANN, M. (Hrsg.): 36. Essener Tagung für Wasser- und Abfallwirtschaft. Aachen: Gesellschaft zur Förderung der Siedlungswasserwirtschaft an der RWTH Aachen, GWA Bd. 190, S. 32/1–32/8, Aachen 2003.

SEIDEL, K.-H. (1999): Pro und Kontra Abwasserabgabe. Umwelt-Technologie aktuell 10 (4), S. 268–272.

SOTO, A. M., CHUNG, K. L., SONNENSCHEIN, C. (1994): The pesticide endosulfan, toxaphene and dieldrin have estrogenec effects on human estrogen-sensitive cells. Environmental Health Perspectives 102 (4), S. 380–383.

SRU (Rat von Sachverständigen für Umweltfragen) (1985): Umweltprobleme der Landwirtschaft. Sondergutachten, März 1985. Stuttgart: Kohlhammer.

SRU (1996): Umweltgutachten 1996. Zur Umsetzung einer dauerhaft-umweltgerechten Entwicklung. Stuttgart: Metzler-Poeschel.

SRU (1998): Flächendeckend wirksamer Grundwasserschutz. Ein Schritt zur dauerhaft umweltgerechten Entwicklung. Sondergutachten. Stuttgart: Metzler-Poeschel.

SRU (2000): Umweltgutachten 2000. Schritte ins nächste Jahrtausend. Stuttgart: Metzler-Poeschel.

SRU (2002a): Umweltgutachten 2002. Für eine neue Vorreiterrolle. Stuttgart: Metzler-Poeschel.

SRU (2002b): Für eine Stärkung und Neuorientierung des Naturschutzes. Sondergutachten. Stuttgart: Metzler-Poeschel.

SRU (2004): Meeresumweltschutz für Nord- und Ostsee. Sondergutachten. Baden-Baden: Nomos.

Statistisches Bundesamt (Hrsg.) (2002): Datenreport 2002. Zahlen und Fakten über die Bundesrepublik Deutschland. In Zusammenarbeit mit dem Wissenschaftszentrum Berlin für Sozialforschung (WZB) und dem Zentrum für Umfragen, Methoden und Analysen, Mannheim (ZUMA), Bundeszentrale für politische Bildung, Schriftenreihe Band 376, Bonn 2002.

STERGER, O. (2002): Erläuterungen zum branchenübergreifenden Regelungsgehalt der Abwasserverordnung und Übersicht der Mindestanforderungen für die verschiedenen Abwasserherkunftsbereiche, In: UB Media Fach-Datenbank Wasserrecht.

STRATENWERTH, T. (2002): Die Bewirtschaftung nationaler und internationaler Flussgebiete. In: KEITZ, S. v., SCHMALHOLZ, M. (Hrsg.): Handbuch der EU-Wasserrahmenrichtlinie. Berlin: E. Schmidt, S. 321–342.

TERNES, T. A., STUMPF, M., MUELLER, J., HABERER, K., WILKEN, R. D., SERVOS, M. (1999): Behavior and occurrence of estrogens in municipal sewage treatment plants – I. Investigations in Germany, Canada and Brazil. The Science of the Total Environment 225 (1), S. 81–90.

TYLER, C. R., JOBLING, S., SUMPTER, J. P. (1998): Endocrine disruption in wildlife: a critical review of the evidence. Critical Reviews in Toxicology 28 (4), S. 319–361.

UBA (Umweltbundesamt) (2000): MX als Desinfektionsnebenprodukt im Trinkwasser und dessen gentoxisches Potenzial. Online im Internet: http://www.umweltbundesamt.de/wasser/themen/trink7.htm

UBA (Umweltbundesamt) (2001a): Daten zur Umwelt. Der Zustand der Umwelt in Deutschland 2000. Berlin: E. Schmidt.

UBA (2001b): Nachhaltigkeit und Vorsorge bei der Risikobewertung und beim Risikomanagement von Chemikalien. Berlin: UBA. UBA-Texte 30/01.

UBA (Umweltbundesamt) (2003a): Bekanntmachungen des Umweltbundesamtes: Empfehlungen zur Vermeidung von Kontaminationen des Trinkwassers mit Parasiten. In: GROHMANN, A., HÄSSELBARTH, U., SCHWERDTFEGER, W. (Hrsg.): Die Trinkwasserverordnung. Einführung und Erläuterungen für Wasserversorgungsunternehmen und Überwachungsbehörden. 4., neu bearb. Auflage. Berlin: E. Schmidt, S. 803–809.

UBA (Umweltbundesamt) (2003b): Zur Problematik der Bleileitungen in der Trinkwasserversorgung. Mitteilung des Umweltbundesamtes nach Anhörung der Trinkwasserkommission des Bundesministeriums für Gesundheit und Soziale Sicherheit (BMGS) beim Umweltbundesamt. Bundesgesundheitsblatt, Gesundheitsforschung, Gesundheitsschutz 46 (9), S. 825–826.

UBA (Umweltbundesamt) (2003d): Jahresbericht 2002, Online im Internet: http://www.umweltbundesamt.org/fpdf-l/2351.pdf

UMK (Umweltministerkonferenz) (2001): Ergebnisniederschrift zur 56. Umweltministerkonferenz am 17./18. Mai 2001 in Bremen. Online im Internet: URL: http://www.umweltministerkonferenz.de [Stand: 12.06.2003].

WBB (Wissenschaftlicher Beirat Bodenschutz beim BMU) (2002): Ohne Boden – bodenlos. Eine Denkschrift zum Boden-Bewusstsein. Berlin: WBB.

WILHELM, C., WELTZIN, M., EISENTRÄGER, A., HEYMANN, E., DOTT, W. (1999): In-situ-Denitrifikation von Grundwasser mit Methan als Wasserstoffdonator. GWF – Wasser, Abwasser 140 (9), S. 650–655.

WINTER, G. (2000): Redesigning Joint Responsibility of Industry and Government. – In: WINTER, G. (Ed.): Risk Assessment and Risk Management of Toxic Chemicals in the European Community. Experiences and Reform.– Baden-Baden: Nomos. – Studies on Environmental Law Vol. 25. – S. 177–184.

ZIETZ, B. P., DUNKELBERG, H. (2003): Epidemiologische Untersuchung zum Risiko frühkindlicher Lebererkrankungen durch Aufnahme kupferhaltigen Trinkwassers mit der Säuglingsnahrung. Berlin: UBA. UBA-Texte 07/03.

Kapitel 6

BERGLUND, M, BOSTRÖM, C. E., BYLIN, G., EWETZ, L., GUSTAFSSON, L., MODEUS, P., NORBERG, S., PERSHAGEN, G., VICTORIN, K. (1993): Health risk evaluation of nitrogen oxides. Scandinavian Journal of Work and Environmental Health 19 (2), S. 1–72.

BMU (Bundesministerium für Umwelt, Naturschutz und Reaktorsicherheit) (2002): Begründung zur TA Luft. Online im Internet: www.bmu.de/files/taluft_begruendung.pdf [Stand 03.02.2004].

BMU (2003a): Maßnahmen gegen Versauerung, Überdüngung und Sommersmog. Umwelt (BMU) Nr. 5, S. 292.

BMU (2003b): Feinstaub (PM_{10})- und Stickstoffdioxid-Belastung in Deutschland. Schriftlicher Zwischenbericht für die 32. Amtschefkonferenz am 6. November 2003 in Berlin.

BMU (2003c): Konzentrationen und Einträge von Luftschadstoffen 1990 bis 1999 im Vergleich zu Critical Levels und Critical Loads. Umwelt (BMU) Nr. 12, S. 676–678.

BMU (2003d): Begründung zum Entwurf einer Verordnung zur Durchführung des Bundes-Immissionsschutzgesetzes (Verordnung über Großfeuerungs- und Gasturbinenanlagen – 13. BImSchV). Stand Mai 2003. Online im Internet: http://www.bmu.de/files/immission_dreizehn_begr [Stand 13.02.2004].

BMU (2003e): Entwurf einer Verordnung zur Verminderung von Sommersmog, Versauerung und Nährstoffeinträgen. Online im Internet: http://www.bmu.de/de/1024/js/download/b_vo/ [Stand 13.02.2004].

BMVEL (Bundesministerium für Verbraucherschutz, Ernährung und Landwirtschaft) (2003): Bericht über den Zustand des Waldes. Ergebnisse des forstlichen Umweltmonitorings. Bonn: BMVEL.

CSTEE (Scientific Committee on Toxicity, Ecotoxicity and the Environment) (2001a): Opinion on: Position Paper on Ambient Air Pollution by Arsenic Compounds – Final Version, October 2000. Opinion expressed at the 24th CSTEE plenary meeting, Brussels, 12 June 2001.

CSTEE (2001b): Opinion on: Position Paper on Ambient Air Pollution by Nickel Compounds. Final Version, October 2000. Opinion expressed at the 22nd CSTEE plenary meeting, Brussels, 6/7 March 2001.

CSTEE (2001c): Opinion on: Position Paper on Ambient Air Pollution by Cadmium Compounds – Final Version, October 2000. Opinion expressed at the 24th CSTEE plenary meeting, Brussels, 12 June 2001.

CSTEE (2001d): Opinion on: Position Paper on Ambient Air Pollution by Polycyclic Aromatic Hydrocarbons (PAH) – Version 4, February 2001. Opinion expressed at the 24th CSTEE plenary meeting, Brussels, 12 June 2001.

DAVIDS, P. (2000): Die Konkretisierung der Besten Verfügbaren Techniken nach IVU-Richtlinie in der Anlagenzulassungspraxis. Online im Internet: http://www.lua.nrw.de/bref/davids3.pdf

EEA (European Environment Agency) (2002): Air quality in Europe: state and trends 1990-99. Online im Internet: http://reports.eea.eu.int/topic_report_2002_4/en [Stand 06.11.2003].

EEB (European Environmental Bureau), T&E (European Federation for Transport and Environment), Swedish NGO Secretariat on Acid Rain (2001): The National Emission Ceilings Directive (NECs). A comparison of the proposals. Online im Internet: http://www.eeb.org/activities/air/NECbrief_jan01.rtf

EEB, T&E (European Federation for Transport and Environment), SAR (Seas At Risk), Swedish NGO Secretariat on Acid Rain (2003): Air pollution from ships. Online im Internet: http://www.eeb.org/activities/air/Air-Pollution-from-Ships-Feb2003.pdf [Stand: 24.11.2003].

EIPPCB (European IPPC Bureau) (2003a): Draft Reference Document on Economics and Cross-Media Effects. Draft September 2003. Sevilla.

EIPPCB (2003b): Draft Reference Document on Best Available Techniques for Large Combustion Plants. Draft March 2003. Sevilla.

Entec UK Limited (2002): European Commission. Quantification of emissions from ships associated with ship movements between ports in the European Community. Online im Internet: http://www.europa.eu.int/comm/environment/air/background.htm [Stand 04.11.2003].

EU-Kommission (2000): Ambient air pollution by As, Cd, and Ni compounds. Position paper. Luxembourg: Office for Official Publications of the European Communities.

EU-Kommission (2003a): Information note: Airborne particles and their health effects in Europe. Brüssel. ENV.C1/AZr.

EU-Kommission (2003b): Proposal for a directive of the European Parliament and of the Council relating to arsenic, cadmium, mercury, nickel and polycyclic aromatic hydrocarbons in ambient air. KOM(2003)423 endg.

FORSBERG, B., STJERNBERG, N., WALL, S. (1997): Prevalence of respiratory and hyperreactivity symptoms in relation to levels of criteria air pollutants in Sweden. European Journal of Public Health 7 (3), S. 291–296.

GLATT, H. R. (1999): Polyzyklische Aromaten. In: MERSCH-SUNDERMANN, V. (Hrsg.): Umweltmedizin. Stuttgart: Thieme, S. 186–199.

HANSMANN, K. (2002): Integrierter Umweltschutz durch untergesetzliche Normsetzung. Zeitschrift für Umweltrecht 13 (1), S. 19–24.

HANSMANN, K. (2003): Die neue TA Luft. In: Gesellschaft für Umweltrecht (Hrsg.): Luftqualitätsrichtlinien der EU und die Novellierung des Immissionsschutzrechts. Dokumentation zur 26. wissenschaftlichen Fachtagung der Gesellschaft für Umweltrecht e. V. Berlin: E. Schmidt, S. 51–88.

HARADA, M. (1995): Minamata disease: methylmercury poisoning in Japan caused by environmental pollution. Critical Reviews in Toxicology 25 (1), S. 1–24.

IARC (International Agency for Research on Cancer) (1980): Arsenic and arsenic compounds. Online im Internet: http://monographs.iarc.fr/htdocs/monographs/vol23/arsenic.html [Stand 07.11.2003].

IARC (1983): BENZO[e]PYRENE. Online im Internet: http://www-cie.iarc.fr/htdocs/monographs/vol32/benzo%5Be%5Dpyrene.html [Stand 10.12.2003].

IARC (1990): Nickel and nickel compounds. Online im Internet: http://www-cie.iarc.fr/htdocs/monographs/vol49/nickel.html [Stand 02.02.2004].

IARC (1997): Mercury and mercury compounds. Online im Internet: http://www-cie.iarc.fr/htdocs/monographs/vol58/mono58-3.htm [Stand 06.07.2003].

JANICKE, L. (2003): Beurteilung neue TA Luft: Beispielhafte Betrachtung eines typischen Großemittenten (Massenströme für SO_2, NO_x und PM_{10}). Kurzgutachten im Auftrag des SRU. Dunum.

JARASS, H. D. (2003): Luftqualitätsrichtlinien der EU und die Novellierung des Immissionsschutzrechts. In: Gesellschaft für Umweltrecht (Hrsg.): Luftqualitätsrichtlinien der EU und die Novellierung des Immissionsschutzrechts. Dokumentation zur 26. wissenschaftlichen Fachtagung der Gesellschaft für Umweltrecht e. V. Berlin: E. Schmidt, S. 17–50.

JÄRUP, L., BERGLUND, M., ELINDER, C. G., NORDBERG, G., VAHTER, M. (1998): Health effects of cadmium exposure – a review of the literature and a risk estimate. Scandinavian Journal of Work, Environment and Health 24 (Suppl. 1), S. 1–51.

KAISER, R.-D. (1985): Erzeugung, Charakterisierung und Trennung verschiedener Nickelverbindungen in der Luft. Ein Beitrag zur Speziation von Metallen in Aerosolen. Universität Dortmund, Dissertation.

KOCH, H.-J. (1997): Die IPPC-Richtlinie: Umsturz im deutschen Anlagengenehmigungsrecht? In: MARBURGER, P., REINHARDT, M., SCHRÖDER, M. (Hrsg.): Jahrbuch des Umwelt- und Technikrechts 1997. Berlin: E. Schmidt, S. 31–53.

KOCH, H.-J., JANKOWSKI, K. (1997): Neue Entwicklungen im Verkehrsimmissionsschutzrecht. Natur und Recht 19 (8), S. 365–373.

KOCH, H.-J., PRALL, U. (2002): Entwicklungen des Immissionsschutzrechts. Neue Zeitschrift für Verwaltungsrecht 21 (6), S. 666–676.

KOCH, H.-J., SIEBEL-HUFFMANN, H. (2001): Das Artikelgesetz zur Umsetzung der UVP-Änderungsrichtlinie, der IVU-Richtlinie und weiterer Umweltschutzrichtlinien. Neue Zeitschrift für Verwaltungsrecht 20 (10), S. 1081–1089.

KOCH, H.-J., SCHEUING, D., PACHE, E. (Hrsg.): Gemeinschaftskommentar zum Bundes-Immissionsschutzgesetz, Stand: Januar 2004. Unterschleißheim/München u. a.: Wolters Kluwer.

KRdL (Kommission Reinhaltung der Luft im VDI und DIN – Normenausschuss KRdL) (2003a): Bewertung der gesundheitlichen Wirkungen von Stickstoffmonoxid und Stickstoffdioxid. Im Auftrag des Bundesministeriums für Umwelt, Naturschutz und Reaktorsicherheit.

KRdL (2003b): Bewertung des aktuellen wissenschaftlichen Kenntnisstandes zur gesundheitlichen Wirkung von Partikeln in der Luft. Im Auftrag des Bundesministerium für Umwelt, Naturschutz und Reaktorsicherheit.

KREYLING, W. G., TUCH, T., PETERS, A., PITZ, M., HEINRICH, J., STÖLZEL, M., CYRYS, J., HEYDER, J., WICHMANN, H. E. (2003): Diverging long-term trends in ambient urban particle mass and number concentrations associated with emission changes caused by the German unification. Atmospheric Environment 37 (27), S. 3841–3848.

KUHLBUSCH, T. (2002): Korngrößenabhängige Untersuchungen von Schwebstaub und Inhaltsstoffen. Duisburg: Gerhard-Mercator-Universität, Landesumweltamt Nordrhein-Westfalen.

LAI (Länderausschuss für Immissionsschutz) (2002a): Beratungsunterlage für die 104. Sitzung des Länderausschusses für Immissionsschutz vom 11. bis 13. November 2002 in Augsburg. Anlage 3, Minderungspotenziale verschiedener Maßnahmen für $PM_{10/2,5}$ und NO_x im Straßenverkehr.

LAI (2002b): Beratungsunterlage für die 104. Sitzung des Länderausschusses für Immissionsschutz vom 11. bis 13. November 2002 in Augsburg. Anlage 1, Immissionen: Überschreitung von Grenzwerten und Richtgrenzwerten.

Landesamt für Umweltschutz Sachsen-Anhalt (2003): Entwicklung Stickstoffdioxid-Immissionen. Online im Internet: http://www.mu.sachsen-anhalt.de/lau/luesa/monatsbe/MB-startframe.htm [Stand 04.11.2003].

LANGE, M., BECKERS, R. (2003): Novellierung der Verordnung über Großfeuerungsanlagen (13. BImSchV). Vortrag, 2. Immissionsschutzrechtliche Fachtagung Luftqualität, Anlagenbezogener Umweltschutz, Lärmschutz, Emissionshandel. VDI-Wissensforum Seminar, 7. bis 8. Juli 2003, Bonn.

LUA (Landesumweltamt Nordrhein-Westfalen) (2003): LUQS 2002 kontinuierliche Messungen: Trends 1981–2002. Online im Internet: http://www.lua.nrw.de/luft/immissionen/ber_trend/trends.htm [Stand 28.10.2003].

LUDWIG, H. (2002): Einführung in die TA Luft. In: LUDWIG, H. (Hrsg.): TA Luft 2002 – Technische Anleitung zur Reinhaltung der Luft. München: Rehm, S. 9–25.

LUTZ, M. (2003): Cause analysis, resulting options and constraints to control air pollution in a large agglomeration like Berlin. Vortrag, International Workshop of the German Federal Environmental Ministry on the Implementation of the EC Air Quality Directives within the Framework of the CAFE Programme. 1–3 April 2003, Berlin.

OBERDÖRSTER, G., UTELL, M. J. (2002): Ultrafine particles in the urban air: to the respiratory tract – and beyond? Environmental Health Perspectives 110 (8), S. A440–A441.

OHASHI, Y., NAKAI, Y., SUGIURA, Y., OHNO, Y., OKAMATO, H., TANAKA, A., KAKINOKI, Y., HAYASHI, M. (1994): Nitrogen dioxide-induced eosinophilia and mucosal injury in the nose of the guinea pig. Acta Otolaryngologica 114 (5), S. 547–551.

SCHÄRER, B. (2000): UN ECE Multipollutant-Protokoll und EU NEC-Richtlinie. Gefahrstoffe – Reinhaltung der Luft 60 (1–2), S. 33.

SCHÖPP, W., AMANN, W., COFALA, J. (2001): Assessment of emission reduction strategies (EU strategies against acidification and tropospheric ozone; UN ECE Convention on Long-range Transboundary Air Pollution) with regard to their efficiency to obtain environmental quality targets. Laxenburg: Internationales Institut für Angewandte Systemanalyse.

SRU (Rat von Sachverständigen für Umweltfragen) (2000): Umweltgutachten 2000. Schritte ins nächste Jahrtausend. Stuttgart: Metzler-Poeschel.

SRU (2002a): Umweltgutachten 2002. Für eine neue Vorreiterrolle. Stuttgart: Metzler-Poeschel.

SRU (2002b): Stellungnahme zum Referentenentwurf einer novellierten 17. BImSchV. Berlin.

SRU (2004): Meeresumweltschutz für Nord- und Ostsee. Sondergutachten. Baden-Baden: Nomos.

US EPA (United States Environmental Protection Agency) (2002): Particulate Matter (PM-10). Online im Internet: http://www.epa.gov/oar/aqtrnd97/brochure/pm10.html [Stand 02.02.2004].

UBA (Umweltbundesamt) (2002a): Hintergrundinformation: Sommersmog. Online im Internet: http://www.umweltbundesamt.de/uba-info-daten/daten/sommersmog.htm [Stand 06.11.2003].

UBA (2002b): Luftreinhaltung 2010. Nationales Programm zur Einhaltung von Emissionshöchstmengen für bestimmte Luftschadstoffe nach der Richtlinie 2001/81/EG (NEC-RL). Berlin: UBA. UBA-Texte, 37/02.

UBA (2002c): AUSTAL2000. Online im Internet: http://www.austal.de [Stand 28.10.2003].

UBA (2003a): Luft. Online im Internet: http://www.umweltbundesamt.de/dux/lu-inf.htm [Stand 28.10.2003].

UBA (2003b): Immissionsentwicklung. Stickstoffdioxid (NO_2) Jahresmittelwerte: 1988–2001. Online im Internet: http://www.umweltbundesamt.de/immissionsdaten/k-no2.htm [Stand 28.10.2003].

UBA (2004): Sommer 2003: Mehr Hitze, mehr Ozon. Pressemitteilung Nr. 2/2004 vom 8. Januar 2004.

UMK (Umweltministerkonferenz) (2002): Vorläufiges Ergebnisprotokoll. Anlage 3, Minderungspotenziale verschiedener Maßnahmen für PM_{10}, $PM_{2,5}$ und NO_x im Straßenverkehr. 59. Umweltministerkonferenz am 7./8. November 2002 in Frankfurt (Oder).

UNECE (United Nations Economic Commission for Europe) (2004): Protocol to Abate Acidification, Eutrophication and Ground-level Ozone. Online im Internet: www.unece.org/env/lrtap/multi_h1.htm [Stand 03.04.2004].

UNEP Chemicals (United Nations Environment Programme, Chemicals) (2002): Global Mercury Assessment. Excerpts of the full report: Table of contents, Key findings, Summary of the report. Geneva: UNEP Chemicals. Online im Internet: http://www.chem.unep.ch/mercury/Report/Final%20report/assessment-report-summary-english-final.pdf [Stand 06.11.2003].

VELSOR, L. W., POSTLETHWAIT, E. M. (1997): NO_2-induced generation of extracellular reactive oxygen is mediated by epithelial lining layer antioxidants. American Journal of Physiology 273 (6), S. L1265–L1275.

WHO (World Health Organization), IPCS (International Programme on Chemical Safety) (1997): Nitrogen Oxides (Second Edition). Geneva: WHO. Environmental Health Criteria, 188.

WHO (2000): Air Quality Guidelines for Europe. Second Edition. Copenhagen. WHO Regional Publications, European Series, No. 91. Online im Internet: http://www.who.dk/document/e71922.pdf [Stand 06.11.2003].

WHO (2003): Elemental mercury and inorganic mercury compounds: human health aspects. Geneva: WHO. Concise international chemical assessment document, 50. Online im Internet: http://www.inchem.org/documents/cicads/cicads/cicad50.htm

WICHMANN, H.-E., SPIX, C., TUCH, T., WÖLKE, G., PETERS, A., HEINRICH, H., KREYLING, W. G., HEYDER, J. (2000): Daily Mortality and Fine and Ultrafine Particles in Erfurt, Germany. Part I: Role of Particle Number and Particle Mass. Cambridge, MA: Health Effects Institute. Research Report, 98.

WIEDENSOHLER, A., WEHNER, B., BIRMILI, W. (2002): Aerosol number concentrations and size distributions at mountain-rural, urban-influenced rural, and urban-background sites in Germany. Journal of Aerosol Medicine 15 (2), S. 237–243.

ZEMP, E., ELSASSER, S., SCHINDLER, C., KÜNZLI, N., PERRUCHOUD, A. P., DOMENIGHETTI, G., MEDICI, T., ACKERMANN-LIEBRICH, U., LEUENBERGER, P., MONN, C., BOLOGNINI, G., BONGARD, J. P., BRANDLI, O., KARRER, W., KELLER, R., SCHONI, M. H., TSCHOPP, J. M., VILLIGER, B., ZELLWEGER, J. P. (1999). Long-term ambient air pollution and respiratory symptoms in adults (SAPALDIA study). American Journal of Respiratory and Critical Care Medicine 159 (4), S. 1257–1266.

ZMIROU, D., SCHWARTZ, J., SAEZ, M., ZANOBETTI, A., WOJTYNIAK, B., TOULOUMI, G., SPIX, C., PONCE de LEON, A., MOULLEC, Y. Le, BACHAROVA, L., SCHOUTEN, J., PÖNKÄ, A., KATSOUYANNI, K. (1998): Time-series analysis of air pollution and cause-specific mortality. Epidemiology 9 (5), S. 495–503.

Kapitel 7

BIERHAUS, A., WOLF, J., ANDRASSY, M., ROHLEDER, N., HUMPERT, P. M., PETROV, D., FERSTL, R., EYNATTEN, M. von, WENDT, T., RUDOFSKY, G., JOSWIG, M., MORCOS, M., SCHWANINGER, M., McEWEN, B., KIRSCHBAUM, C., NAWROTH, P. P. (2003): A mechanism converting psychosocial stress into mononuclear cell activation. Proceedings of the National Academy of Sciences of the United States of America 100 (4), S. 1920–1925.

BMVBW (Bundesministerium für Verkehr, Bau und Wohnungswesen) (2003): Statistik des Lärmschutzes an Bundesfernstraßen 2002. Bonn: BMVBW. Online im Internet: http://www.bmvbw.de/Anlage16168/Statistik-des-Laermschutzes-an-Bundesfernstrassen-2002.pdf [Stand 17.11.2003].

DELTA Acoustics & Vibration (1995): Metrics for environmental noise in Europe. Danish comments on INRETS Report LEN 9420. Report AV 837/95.

DLR (Deutsches Zentrum für Luft- und Raumfahrt) (2001): Nachtfluglärmwirkungen – eine Teilauswertung von 64 Versuchspersonen in 832 Schlaflabornächten. Köln: DLR. Forschungsbericht 2001-26.

DOCKERY, D. W., POPE, C. A., XU, X., SPENGLER, J. D., WARE, J. H., FAY, M. E., FERRIS, B. G., SPEIZER, F. E. (1993): An Association Between Air Pollution and Mortality in Six U.S. Cities. New England Journal of Medicine 329 (24), S. 1753–1759.

DOLDE, K.–P. (2001): Immissionsschutzrechtliche Probleme der Gesamtlärmbewertung. In: DOLDE, K.-P. (Hrsg.): Umweltrecht im Wandel. Berlin: Schmidt, S. 451–472.

EVANS, G. W., HYGGE, S., BULLINGER, M. (1995): Chronic noise and psychological stress. Psychological Science Jg. 6, S. 333–338.

FELDHAUS, G. (1998): Dreißig Jahre TA Lärm. Auf dem Weg zum gesetzeskonformen Lärmschutz? In: KOCH, H.-J. (Hrsg.): Aktuelle Probleme des Immissionsschutzrechts. Baden-Baden: Nomos, S. 181–189.

GRIEFAHN, B. (1985): Schlafverhalten und Geräusche. Stuttgart: Enke.

GUSKI, R. (1997): Interference of activities and annoyance by noise from different sources: Some new lessons from old data. In: SCHICK, A., KLATTE, M. (Eds.): Contributions to Psychological Acoustics. Results of the 7th Oldenburg Symposium on Psychological Acoustics. Oldenburg: BIS, S. 239–258.

GUSKI, R. (2001): Ansätze der Wissenschaften für Lärm-Immissionsgrenzwerte: Zur Frage der Belästigung am Tage und in der Nacht. In: BARTELS, K.-H. (Hrsg.): Nachtfluglärmproblematik. Ergebnisse des Workshops in Neufahrn im Juni 2001. Berlin: Eigenverlag Verein WaBoLu. Schriftenreihe des Vereins für Wasser-, Boden- und Lufthygiene, Nr. 111, S. 103–105.

GUSKI, R. (2002): Status, Tendenzen und Desiderate der Lärmwirkungsforschung zu Beginn des 21. Jahrhunderts. Zeitschrift für Lärmbekämpfung 49 (6), S. 219–232.

HANSMANN, K. (2000): TA Lärm. Technische Anleitung zum Schutz gegen Lärm sowie Verkehrslärmschutzverordnung, Sportanlagenlärmschutzverordnung und Freizeitlärm-Richtlinie. Kommentar. München: Beck.

HANSMANN, K. (2002): Anwendungsprobleme der TA Lärm. Zeitschrift für Umweltrecht 13 (3), S. 207–212.

HARDER J., MASCHKE, C., ISING, H. (1999): Längsschnittstudie zum Verlauf von Stressreaktionen unter Einfluss von nächtlichem Fluglärm. Berlin: Institut für Wasser-, Boden- und Lufthygiene. WaBoLu-Hefte, 4.

HYGGE, S., EVANS, G. W., BULLINGER, M. (1998): The Munich airport noise study – effects of chronic aircraft noise on children's cognition and health. In: CARTER, N., JOB, S. R. F. (Eds.): Noise Effects '98. 7th International Congress on Noise as a Public Health Problem. Sydney, S. 268–274.

ICBEN (International Commission on Biological Effects of Noise) (2003): Proceedings of the 8th International Congress on Noise as a Public Health Problem. Rotterdam, The Netherlands, 29.06.-03.07.2003. Schiedam: Foundation ICBEN 2003.

IRMER, V. K. P. (2002): Die EG-Richtlinie zur Bewertung und Bekämpfung von Umgebungslärm. Zeitschrift für Lärmbekämpfung 49 (5), S. 176–181.

ISING, H., ISING, M. (2001): Stressreaktionen von Kindern durch LKW-Lärm. Umweltmedizinischer Informationsdienst H. 1, S. 12–14.

JANSEN, G., LINNEMEIER, A., NITZSCHE, M. (1995): Methodenkritische Überlegungen und Empfehlungen zur Bewertung von Nachtfluglärm. Zeitschrift für Lärmbekämpfung 42 (4), S. 91–106.

JOB, R. F. S. und HATFIELD, J. (2001): Responses to noise from combined sources and regulation against background noise levels. InterNoise 2001, Paper No. 620, S. 1801–1806.

JONG, R. G. de (1990): Review of research developments in community response to noise. In: BERGLUND, B., LINDVALL, T. (Eds.): Noise '88. Proceedings of the 5th International Congress on Noise as a Public Health Problem, 2, S. 99–113.

KETTELER, G. (2002): Die Sportanlagenlärmschutzverordnung (18. BImSchV) in Rechtsprechung und behördlicher Praxis. Neue Zeitschrift für Verwaltungsrecht 21 (9), S. 1070–1075.

KOCH, H.-J. (1999): Die rechtliche Beurteilung der Lärmsummation nach BImSchG und TA Lärm 1998. In: CZAJKA, D., HANSMANN, K., REBENTISCH, M. (Hrsg.): Immissionsschutzrecht in der Bewährung. Heidelberg: Müller. Praxis Umweltrecht, Bd. 7, S. 215–233.

KOCH, H.-J. (2000): Aktuelle Probleme des Lärmschutzes. Neue Zeitschrift für Verwaltungsrecht 19 (5), S. 490–501.

KOCH, H.-J. (2002): Fünfzig Jahre Lärmschutzrecht. Zeitschrift für Lärmbekämpfung 49 (6), S. 235–244.

KOCH, H.-J. (2003): Recht der Lärmbekämpfung. In: RENGELING, H.-W. (Hrsg.): Handbuch zum europäischen und deutschen Umweltrecht. 2. Aufl. Köln: Heymann, Bd. 2, 1. Teilbd., § 55, 56.

KOCH, H.-J., MAAß, C. A. (2000): Die rechtlichen Grundlagen zur Bewältigung von Freizeitlärmkonflikten. Natur und Recht 22 (2), S. 69–77.

KOCH, H.-J., MENGEL, C. (2000): Örtliche Verkehrsregelungen und Verkehrsbeschränkungen. Natur und Recht 22 (1), S. 1–8.

KOCH, H.-J., HOFMANN, E., REESE, M. (2001): Lokal handeln: Nachhaltige Mobilitätsentwicklung als kommunale Aufgabe. Berlin: E. Schmidt. Umweltbundesamt, Berichte, 05/01.

KOCH, H.-J., PRALL, U. (2002): Entwicklungen des Immissionsschutzrechts. Neue Zeitschrift für Verwaltungsrecht 21 (6), S. 666–676.

KOCH, H.-J., WIENEKE, A. (2003): Flughafenplanung und Städtebau: Die Zukunft des Fluglärmgesetzes. Natur und Recht 25 (2), S. 72–80.

KUCKARTZ, U. (2000): Umweltbewusstsein in Deutschland 2000. Ergebnisse einer repräsentativen Bevölkerungsumfrage. Berlin: BMU.

KUCKARTZ, U., GRUNENBERG, H. (2002): Umweltbewusstsein in Deutschland 2002. Ergebnisse einer repräsentativen Bevölkerungsumfrage. Berlin: BMU.

KÜNZLI, N., KAISER, R., SEETHALER, R. (2001): Luftverschmutzung und Gesundheit: Quantitative Risikoabschätzung. Umweltmedizin in Forschung und Praxis 6 (4), S. 202–212.

MANN, H.-U., RATZENBERGER, R., SCHUBERT, M., KOLLBERG, B., GRESSER, K., KONANZ, W., SCHNEIDER, W., PLATZ, H., KOTZAGIORGIS, S., TABOR, P. (2001): Verkehrsprognose 2015 für die Bundesverkehrswegeplanung. Schlussbericht. München, Freiburg, Essen: BVU, ifo, ITP, PLANCO.

MASCHKE, C., ARNDT, D., ISING, H., LAUDE, D., THIERFELDER, W., CONTZENS, S. (1995): Nachtfluglärmwirkungen auf Anwohner. Stuttgart: Fischer.

MASCHKE, C., DRUBA, M., PLEINES, F. (1997): Kriterien für schädliche Umwelteinwirkungen. Beeinträchtigung des Schlafes durch Lärm. Berlin: Technische Universität.

MASCHKE, C., HECHT, K. (2003a): Überarbeitung der Tabelle Primärreaktionen sowie Erstellung einer vergleichbaren Tabelle für Wirkungsendpunkte für das Kapitel Lärmschutz im Umweltgutachten 2004. Gutachten im Auftrag des Sachverständigenrates für Umweltfragen, Berlin: unveröffentlicht.

MASCHKE, C., HECHT, K. (2003b): Fluglärm und Gesundheitsbeeinträchtigungen. In: KOCH, H.-J. (Hrsg.): Umweltprobleme des Luftverkehrs. Baden-Baden: Nomos, S. 21–43.

MASCHKE, C., WOLF, U., LEITMANN, T. (2003): Epidemiologische Untersuchungen zum Einfluss von Lärmstress auf das Immunsystem und die Entstehung von Arteriosklerose. Berlin: UBA. WaBoLu-Hefte, 1/03.

MICHLER, S. (1998): Ansprüche auf Lärmsanierung an bestehenden Eisenbahnstrecken der Deutschen Bahn AG. Verwaltungsblätter für Baden-Württemberg 19 (6), S. 201–210.

NISI, J. di, MUZET, A., WEBER, L. D. (1987): Cardiovascular responses to noise: Effects of self-estimated sensitivity to noise, sex, and time of the day. Journal of Sound and Vibration 114 (2), S. 271–279.

ORTSCHEID, J., WENDE, H. (2000a): Fluglärmwirkungen. Berlin: UBA.

ORTSCHEID, J., WENDE, H. (2000b): Lärmwirkungen und Lärmsummation. Lärmwirkungen bei mehreren und verschiedenartigen Quellen. Tagungsband Lärmkongress 2000. Ministerium für Umwelt und Verkehr. Baden-Württemberg, Mannheim 25. bis 26. September 2000.

PETERS, A., DOCKERY, D. W., MULLER, J. E., MITTLEMAN, M. A. (2001): Increased Particulate Air Pollution and the Triggering of Myocardial Infarction. Circulation 103 (23), S. 2810–2815.

RONNEBAUM, T., SCHULTE-FORTKAMP, B., WEBER, R. (1997): Evaluation of combined noise sources. In: SCHICK, A., KLATTE, M. (Eds.): Contributions to Psychological Acoustics. Results of the 7th Oldenburg Symposium on Psychological Acoustics. Oldenburg: BIS, S. 171–189.

ROZANSKI, A., BLUMENTHAL, J. A., KAPLAN, J. (1999): Impact of psychological factors on the pathogenesis of cardiovascular disease and implications for therapy. Circulation 99 (16), S. 2192–217.

RYLANDER, R., BJORKMAN, M., AHRLIN, U., SÖRENSEN, S., BERGLUND, K. (1980): Aircraft noise contours: Importance of overflight frequency and noise level. Journal of Sound and Vibration 69 (4), S. 583–595.

RYLANDER, R., BJORKMAN, M., AHRLIN, U., ARNTZEN, E., SOLBERG, S. (1986): Dose-response relationships for traffic noise and annoyance. Archives of Environmental Health 41 (1), S. 7–10.

SCHICK, A. (1990): Schallbewertung. Grundlagen der Lärmforschung. Berlin: Springer.

SCHULTE, M. (2002): Schienenverkehrslärm. Zeitschrift für Umweltrecht 13 (3), S. 195–201.

SCHULTE, M. (2003): Rechtliche Instrumente der Lärmminderung an der Quelle. In: KOCH, H.-J. (Hrsg.): Umweltprobleme des Luftverkehrs. Baden-Baden: Nomos, S. 117–135.

SCHULTE, M., SCHRÖDER, R. (2000): Europäisches Lärmschutzrecht – gegenwärtiger Stand und künftige Entwicklungsperspektiven im Lichte der Erweiterung der EU. Deutsches Verwaltungsblatt 115 (15), S. 1085–1152.

SCHULTE-FORTKAMP, B., RONNEBAUM, T., WEBER, R. (1996): Literaturstudie zur Gesamtlärmbewertung. Carl von Ossietzky-Universität Oldenburg.

SCHULZE-FIELITZ, H. (1998): 30 Jahre TA Lärm. Auf dem Weg zum gesetzeskonformen Lärmschutz? In: KOCH, H.-J. (Hrsg.): Aktuelle Probleme des Immissionsschutzrechts. Baden-Baden: Nomos, S. 191–210.

SCHULZE-FIELITZ, H. (2001): Lärmschutz bei der Planung von Verkehrsvorhaben. Die öffentliche Verwaltung 54 (5), S. 181–191.

SCHULZE-FIELITZ, H. (2002): Die neuere Verwaltungsrechtsprechung zum Lärmschutz als technische und fiskalische Gradwanderung. Die Verwaltung Jg. 35, S. 525–551.

SCHULZE-FIELITZ, H. (2003): Schutz vor Fluglärm ohne Fluglärmschutzverordnung? In: KOCH, H.-J. (Hrsg.): Umweltprobleme des Luftverkehrs. Baden-Baden: Nomos, S. 145–174.

SKANTZE, H. B., KAPLAN, J., PETTERSSON, K., MANUCK, S., BLOMQVIST, N., KYES, R., WILLIAMS, K., BONDJERS, G. (1998): Psychosocial stress causes endothelial injury in cynomolgus monkeys via beta1-adrenoceptor activation. Atherosclerosis 136 (1), S. 153–161.

SRU (Rat von Sachverständigen für Umweltfragen) (1998): Umweltgutachten 1998. Umweltschutz: Erreichtes sichern – Neue Wege gehen. Stuttgart: Metzler-Poeschel.

SRU (1999): Umwelt und Gesundheit – Risiken richtig einschätzen. Sondergutachten. Stuttgart: Metzler-Poeschel.

SRU (2002): Umweltgutachten 2002. Für eine neue Vorreiterrolle. Stuttgart: Metzler-Poeschel.

STANSFELD, S. A., FUHRER, R., SHIPLEY, M. J., MARMOT, M. G. (2002): Psychological distress as a risk factor for coronary heart disease in the Whitehall II Study. International Journal of Epidemiology 31 (1), S. 248–255.

TÜV Immissionsschutz und Energiesysteme (2000): Beurteilung und Bewertung von Gesamtlärm (Gesamtlärmstudie). Köln. Online im Internet: http://www.de.tuv.com/germany/de/produkte/industrie_service/download/laermstudie.pdf

UBA (Umweltbundesamt) (1998): Jahresbericht 1997. Berlin: UBA.

UBA (2003): Umweltdaten Deutschland Online. Lärmbelästigung durch verschiedene Geräuschquellen. Online im Internet: http://www.env-it.de/umweltdaten/jsp/dispatcher?event=WELCOME [Stand: 15.10.2003].

Verkehr in Zahlen 2002/2003, BMVBW (Hrsg.).

WILDANGER, R. (1999): Belästigung und Gesundheitsgefährdung durch Fluglärm. In: OESER, K., BECKERS, J. H. (Hrsg.): Fluglärm 2000. 40 Jahre Fluglärmbekämpfung. Forderungen und Ausblick. Düsseldorf: Springer-VDI-Verlag, S. 206–237.

Kapitel 8

AGPU (Arbeitsgemeinschaft PVC und Umwelt) (2001): PVC in der Müllverbrennung. Bonn: AGPU.

ALWAST, H., HOFFMEISTER, J. (2003): Siedlungsabfallentsorgung bis 2012 – droht uns der Entsorgungsnotstand. Wasser, Luft und Boden 47 (6), S. 46–48.

BAARS, B. A., NOTTRODT, A. (2003): EuGH-Urteile C-228/00 und C-458/00 und die Folgen für die Abfallverbrennung in Deutschland – eine Zwischenbilanz. Recht der Abfallwirtschaft 2 (5), S. 220–227.

BAKY, A., ERIKSSON, O. (2003): Systems Analysis of Organic Waste Management in Denmark. Environmental Project No. 822 2003. Miljøprojekt. Danish Environmental Protection Agency, Danish Ministry of the Environment. Online im Internet: http://www.mst.dk [Stand 06.01.2004].

BANNICK, C. G. (2003): Konzepte zur Begrenzung von Schadstoffeinträgen bei der Düngung landwirtschaftlicher Nutzflächen. Die Konzeption des Bundes. Vortrag, gehalten auf dem Forum „Muss wirklich jeder Mist auf den Acker?!" des Ministeriums für Umwelt, Naturschutz und Landwirtschaft des Landes Schleswig-Holstein, 24.06.2003, Neumünster. Online im Internet: http://umwelt.schleswig-holstein.de/?31421.

BARTH, J. (2003): Europäische Entwicklung im Bereich der Bioabfallbehandlung vor dem Hintergrund der EU-Bioabfallrichtlinie und der Bodenschutzstrategie. In: WIEMER, K., KERN, M. (Hrsg.): Bio- und Restabfallbehandlung VII, biologisch – mechanisch – thermisch. Witzenhausen: Witzenhausen-Institut für Abfall, Umwelt und Energie, S. 205–222.

BASTIANS, U. (2002): Verpackungsregulierung ohne den Grünen Punkt? Die britische und die deutsche Umsetzung der Europäischen Verpackungsrichtlinie im Vergleich. Baden-Baden: Nomos.

BAUM, H.-G., CANTNER, J., MICHAELIS, P. (2000): Pfandpflicht für Einweggetränkeverpackungen? Berlin: Analytica Verlag. Zeitschrift für angewandte Umweltforschung, Sonderheft, 11.

BBA (Bruce Bratley Associates) (2002): Assessment of the increase in recycling caused by the application of PRN funds over the period 1998-2001. London.

BERGER, J., BÖß, A., FEHRENBACH, H., KNAPPE, F., MÖHLER, S., VOGT, R. (2003): Abfallwirtschaftliche und ökobilanzielle Grundlagen für die Aufstellung eines Abfallwirtschaftsplanes für Kläranlagenabfälle in Nordrhein-Westfalen. Teil C: Vergleichende Bewertung der Umwelterheblichkeit der Verwertung von Sekundärrohstoffdüngern in der Landwirtschaft. Institut für Energie- und Umweltforschung Heidelberg, im Auftrag des MUNLV Nordrhein-Westfalen. Unveröffentlichter Entwurf.

BERGS, C. G. (2003): Neues Grenzwertkonzept für Klärschlämme, Bioabfälle und Wirtschaftsdünger. Recht der Abfallwirtschaft 2 (2), S. 80–85.

BILLIGMANN, F.-R. (2003): Konsequenzen aus der Gewerbeabfallverordnung für die private Entsorgungswirtschaft. In: WIEMER, K., KERN, M. (Hrsg.): Bio- und Restabfallbehandlung VII, biologisch – mechanisch – thermisch. Witzenhausen: Witzenhausen-Institut für Abfall, Umwelt und Energie, S. 35–41.

BLAU (Bund/Länder-Ausschuss Umweltchemikalien) (1992): Bericht des Bund/Länder-Ausschusses Umweltchemikalien (BLAU) an die 39. Umweltministerkonferenz (UMK) über Auswirkungen auf die Umwelt bei der Herstellung, Verwendung, Entsorgung und Substitution von PVC. Düsseldorf: BLAU.

BMELF (Bundesministerium für Ernährung, Landwirtschaft und Forsten) (1999): Gute fachliche Praxis der landwirtschaftlichen Bodennutzung. Bonn: BMELF.

BMU (Bundesministerium für Umwelt, Naturschutz und Reaktorsicherheit) (2000): Communication from the Federal Government to the German Members of the European Parliament. Green Paper dated 26 July 2000 from the European Commission on the „Environmental issues of PVC". Online im Internet: http://europa.eu.int/comm/environment/waste/pvc/comments_de_min_en.pdf

BMU, BMVEL (Bundesministerium für Verbraucherschutz, Ernährung und Landwirtschaft) (2002): Gute Qualität und sichere Erträge. Wie sichern wir die langfristige Nutzbarkeit unserer landwirtschaftlichen Böden? Umwelt (BMU) Nr. 7–8, 2002, S. 478–482.

BORN, M. (2002): Korrosions- und Verschlackungspotenziale bei der Verbrennung und Mitverbrennung von Abfällen (Thermodynamische Bewertung). In: GRUNDMANN, J. (Hrsg.): Ersatzbrennstoffe. Aufbereitung, Mitverbrennung und Monoverbrennung von festen Siedlungsabfällen. Düsseldorf: Springer-VDI-Verlag, S. 117–131.

BOSCH (2000): Recyclingzentrum Elektrowerkzeuge: Erfolgskontrolle 1999 gemäß § 10 Batterieverordnung. Robert Bosch GmbH.

BOSCH (2003): Recyclingzentrum Elektrowerkzeuge: Erfolgskontrolle 2002 gemäß § 10 Batterieverordnung. Robert Bosch GmbH.

BROWN, K. A., HOLLAND, M. R., BOYD, R. A., THRESH, S., JONES, H., OGILVIE, S. M. (2000): Economic Evaluation of PVC Waste Management. A report produced for European Commission Environment Directorate. Online im Internet: http://europa.eu.int/comm/environment/waste/studies/pvc/economic_eval.htm [Stand 12.11.2003].

BRUNS, C., SCHÜLER, C., WALDOW, F. (2003): Suppressive Effekte von Komposten gegenüber bodenbürtigen Krankheiten – Qualitätsmerkmal hochwertiger Komposte. Ein Überblick zum Stand des Wissens. In: Arbeitskreis für die Nutzbarmachung von Siedlungsabfällen (Hrsg.): Die Zukunft der Getrenntsammlung von Bioabfällen. Weimar: Orbit. Schriftenreihe des ANS, 44, S. 203–223.

BUCK, P. (2003): Mitverbrennung von Klärschlämmen in Kraftwerken der EnBW. In: GRUNDMANN, J. (Hrsg.): Ersatzbrennstoffe. Aufbereitung, Mitverbrennung und Monoverbrennung von festen Siedlungsabfällen. Düsseldorf: Springer-VDI-Verlag, S. 217–225.

Bundesrat (2000): Beschluss 529/00 des Bundesrates vom 20. Oktober 2000 zum Grünbuch der Kommission der Europäischen Gemeinschaften zur Umweltproblematik von PVC, KOM (2000) 469 endg. Ratsdok. 10861/00, Online im Internet: http://www.parlamentsspiegel.de [Stand 08.01.2004].

Bundesregierung (2003): 2. Programm der Bundesregierung zur Verminderung der Umweltbelastungen aus Batterien und Altbatterien entsprechend Artikel 6 der Richtlinie 91/157/EWG über gefährliche Stoffe enthaltende Batterien und Akkumulatoren. Online im Internet: http://www.bmu.de/files/zweite_programm.pdf [Stand 06.04.2003].

BUWAL (Bundesamt für Umwelt, Wald und Landschaft) (2003): Abfall. Online im Internet: http://www.umweltschweiz.ch/buwal/de/fachgebiete/fg_abfall/zahlen/ag/index.html [Stand 05.01.2004].

BZL GmbH (2002): Rohstoffliche Verwertung von getrennt erfassten Verpackungen oder Mitbenutzung der Restmülltonne? Ökobilanzieller Vergleich verschiedener Verwertungswege unter Berücksichtigung öffentlich-rechtlicher Entsorgungsinfrastrukturen. Oyten.

CHRISTIANI, J. (2001): Einflussfaktoren auf die Klassifizierung von Verpackungen hinsichtlich der ökologischen und ökonomischen Effizienz einer getrennten Verwertung. In: WIEMER, K., KERN, M. (Hrsg.): Zukunft der Verwertung von Verpackungsabfällen. Witzenhausen: Witzenhausen-Institut für Abfall, Umwelt und Energie, S. 113–122.

DBU (Deutsche Bundesstiftung Umwelt) (2003): Projekte. Kompostverwertung in der Landwirtschaft. Online im Internet: http://www.dbu.de/pro/pro.php?id=20 [Stand 16.04.2003].

DEFRA (Department for Environment, Food and Rural Affairs) (2001a): Consultation Paper on Recovery and Recycling Targets for Packaging Waste 2002. London: DEFRA.

DEFRA (2001b): Report of the Task Force Advisory Committee on Packaging. London: DEFRA.

DEFRA (2002a): News Release. Failure by wastepack compliance scheme to meet recovery and recycling targets in 2001. Nr. 145/02, 15. April 2002. London.

DEFRA (2002b): News Release. Packaging waste recycling targets to remain unchanged pending review. Nr. 418/02, 17. Oktober 2002. London.

DEFRA (2002c): News Release. Appointment of new advisory committee to boost recycling of packaging waste. Nr. 365/02, 10. September 2002. London.

BERNBECK, A., HEYMANN, E., WOLF, A. (2002): Entsorgungswirtschaft. Zwangspfand und Neuausschreibung von Verträgen verschärfen Wettbewerb und Konzentrationsprozess. Aktuelle Themen – Deutsche Bank Research Nr. 234. Online im Internet: http://www.dbresearch.de/.

DIECKMANN, M. (2002): Verwertungspflicht, „Mindestrestmülltonne" und Europarecht. Erste Überlegungen zur Gewerbeabfallverordnung. Recht der Abfallwirtschaft 1 (1), S. 20–23.

DSD (Duales System Deutschland) (2003): Drei Gelbe Säcke für 24 Stunden Strom. Pressemitteilung vom 5. Mai 2003. Online im Internet: http://www.gruener-punkt.de [Stand 18.09.2003].

DTI (Department of Trade and Industry) (2003): Partial Regulatory Impact Assessment (RIA) on common position text of proposed directive of the European Parliament and of the council amending Directive 94/62/EC on packaging and packaging waste. London: DTI.

EIPPCB (European Integrated Pollution Prevention and Control Bureau) (2003): Draft Reference Document on Best Available Techniques for Large Combustion Plants. Draft March 2003. Seville. Online im Internet: http://eippcb.jrc.es/pages/FActivities.htm [Stand 05.01.2004].

EU-Kommission (2000a): Grünbuch zur Umweltproblematik von PVC. KOM (2000) 469 endg.

EU-Kommission (2000b): Arbeitsunterlage „Schlämme", 3. Entwurf, ENV.E.3/LM, Brüssel, 27. April 2000.

EU-Kommission (2002): Hin zu einer spezifischen Bodenschutzstrategie. Mitteilung der Kommission an den Rat, das Europäische Parlament, den Wirtschafts- und Sozialausschuss sowie an den Ausschuss der Regionen. KOM (2002) 179 endg.

EU-Kommission (2003a): Mitteilung der Kommission. Eine thematische Strategie für Abfallvermeidung und -recycling. KOM (2003) 301 endg.

EU-Kommission (2003b): Mitteilung der Kommission an den Rat und das Europäische Parlament. Entwicklung einer thematischen Strategie für die nachhaltige Nutzung der natürlichen Ressourcen. KOM (2003) 572 endg.

EU-Kommission (2003c): Kurzinformation zur Studie „Life cycle assessment of PVC and of principal competing materials". Online im Internet: http://europa.eu.int/comm/environment/waste/studies/pvc/lca_study.htm [Stand 14.02.2003].

EU-Kommission (2003d): Vorschlag für eine Richtlinie des Europäischen Parlaments und des Rates über Batterien und Akkumulatoren sowie Altbatterien und Altakkumulatoren [SEC(2003)1343]. KOM (2003) 723 endg.

EU-Parlament (2001): Umweltproblematik von PVC. Entschließung des Europäischen Parlaments über das Grünbuch der Kommission zur Umweltproblematik von PVC (KOM (2000) 469 – C5-0633/2000 – 2000/2297(COS)). Online im Internet: http://europa.eu.int/comm/environment/waste/pvc/green_paper_pvc.htm.

EU-Parlament (2003): Legislative Entschließung des Europäischen Parlaments zu dem Vorschlag für eine Verordnung des Europäischen Parlaments und des Rates über die Verbringung von Abfällen (KOM (2003) 379 – C5-0365/2003 – 2003/0139 (COD)). Protokoll vom 19/11/2003 – vorläufige Ausgabe.

EWERS, H.-J., TEGNER, H., SCHATZ, M. (2002): Ausländische Modelle der Verpackungsverwertung: Das Beispiel Großbritannien. Berlin: TU Berlin, Fachgebiet Wirtschafts- und Infrastrukturpolitik.

FEHRENBACH, H., KNAPPE, F., FRIEDRICH, H. (2002): Schadenspotenzial auf dem Prüfstand. Die Problematik der Entsorgung kommunaler Klärschlämme gestaltet sich vielschichtig. Müllmagazin 15 (1), S. 45–52.

FISCHER, H.-G. (2003): Konsequenzen der Gewerbeabfallverordnung für die Sekundärrohstoffwirtschaft. In: WIEMER, K., KERN, M. (Hrsg.): Bio- und Restabfallbehandlung VII, biologisch – mechanisch – thermisch. Witzenhausen: Witzenhausen-Institut für Abfall, Umwelt und Energie, S. 55–59.

FRIEGE, H. (2001): Optimierung der Verpackungsverwertung im kommunalen Bereich. In: WIEMER, K., KERN, M. (Hrsg.): Zukunft der Verwertung von Verpackungsabfällen. Witzenhausen: Witzenhausen-Institut für Abfall, Umwelt und Energie, S. 81–90.

GAßNER, H., FICHTNER, L. (2003): Urteile des EuGH zur Einstufung der Abfallverbrennung als Verwertungs- oder Beseitigungsverfahren. Recht der Abfallwirtschaft Jg. 2, S. 50–55.

GLORIUS, T. (2002): Stand der Gütesicherung von Sekundärbrennstoffen und Bedeutung für die klassische Müllverbrennung. In: GRUNDMANN, J. (Hrsg.): Ersatzbrennstoffe. Aufbereitung, Mitverbrennung und Monoverbrennung von festen Siedlungsabfällen. Düsseldorf: Springer-VDI-Verlag, S. 83–107.

GROSSKOPF, A., SCHREIBER, W. (2003): Kompostverwertung in der Landwirtschaft. In: Arbeitskreis für die Nutzbarmachung von Siedlungsabfällen (Hrsg.): Die Zukunft der Getrenntsammlung von Bioabfällen. Weimar: Orbit. Schriftenreihe des ANS, 44, S. 151–170.

GRS Batterien (Stiftung Gemeinsames Rücknahmesystem Batterien) (2001): Erfolgskontrolle 2000. Hamburg: GRS Batterien.

GRS Batterien (2002): Erfolgskontrolle 2001. Hamburg: GRS Batterien.

GRS Batterien (2003): Erfolgskontrolle 2002. Hamburg: GRS Batterien. Online im Internet: http://www.grs-batterien.de/facts/pict/erfolg02.pdf [Stand 20.08.2003].

GVM (Gesellschaft für Verpackungsmarktforschung) (2001): Verpackungsverbrauch 1991–2000. Im Blickpunkt, Mai 2001.

GVM (2002a): Verpackungsverbrauch 1991–2001. Im Blickpunkt, Oktober 2002.

GVM (2002b): Mehrwegquoten 2000. Im Blickpunkt, Januar 2002.

HAKEMANN, O., KLEINHANS, R. (2003): Vorschlag zur Begrenzung des Eintrages von Schadstoffen bei der Düngung landwirtschaftlicher Nutzflächen. Vortrag, gehalten auf dem Forum „Muss wirklich jeder Mist auf den Acker?!" des Ministeriums für Umwelt, Naturschutz und Landwirtschaft des Landes Schleswig-Holstein, 24. Juni 2003, Neumünster.

HANßEN, H. (2003): Notwendige Verbrennungs-Kapazitäten für Klärschlamm tatsächlich vorhanden? In: ATV-DVWK, Deutsche Vereinigung für Wasserwirtschaft, Abwasser und Abfall (Hrsg.): Klärschlamm aktuell 2. Ausgewählte Beiträge der 3. ATV-DVWK-Klärschlammtage, 5. bis 7. Mai 2003, Würzburg. Hennef: ATV-DVWK, S. 185–208.

HARTMANN, R. (2002): Studien zur standortgerechten Kompostanwendung auf drei pedologisch unterschiedlichen, landwirtschaftlich genutzten Flächen der Wildeshauser Geest, Niedersachsen. Dissertation. Bremen: Universität Bremen.

HELCOM (Helsinki Commission, Baltic Marine Environment Protection Commission) (2002): Guidance Document on Cadmium and its Compounds. Presented by Denmark, June 2002. Online im Internet: http://www.helcom.fi/land/Hazardous/cadmium.pdf

House of Lords, Select Committee on the European Union (2002): Packaging and Packaging Waste. Revised Recovery and Recycling Targets. London: Stationary Office. HL Paper, 166.

HTP Ingenieurgesellschaft PG, IFEU (Institut für Energie- und Umweltforschung) (2001): Grundlagen für eine ökologisch und ökonomisch sinnvolle Verwertung von Verkaufsverpackungen. Aachen, Heidelberg.

IHMELS, K. (2003): Die deutsche Abfallwirtschaft bedarf programmatischer Erneuerung. Müll und Abfall 35 (8), S. 374–381.

ITAD (Interessengemeinschaft der Thermischen Abfallbehandlungsanlagen in Deutschland) (2003): Stellungnahme zu dem EuGH-Urteil vom 13. Februar 2003 in der Rechtssache C-458/00 (Luxemburg). Online im Internet: http://www.itad.de/recht/.

JACQUINOT, B., HJELMAR, O., VEHLOW, J. (2000): The Influence of PVC on the Quantity and Hazardousness of Flue Gas Residues from Incineration. Bertin Technologies. Online im Internet: http://europa.eu.int/comm/environment/waste/studies/pvc/incineration.pdf [Stand 06.11.2003].

JOHNKE, B. (2001): Kapazitäten für Trocknung und Verbrennung von Klärschlamm. In: THOMÉ-KOZMIENSKY, K. J. (Hrsg.): Verantwortungsbewusste Klärschlammverwertung. Neuruppin: TK, S. 503–513.

JOHNKE, B., KEßLER, H., BANNICK, C. G. (2003): Strategie einer nachhaltigen, schutzgutorientierten Abfallentsorgung am Beispiel Klärschlamm. Vortrag, gehalten im Rahmen des Seminars 433623, VDI-Wissensforum, 13. bis 14. Februar 2003, Bamberg.

KAIMER, M., SCHADE, D. (2002): Zukunftsfähige Hausmüllentsorgung. Effiziente Kreislaufwirtschaft durch Entlastung der Bürger. Berlin: E. Schmidt.

KAMINSKI, R., FIGGEN, M., COLLISY, M., ANGER, C. (2002): Rechtsfragen der Gewerbeabfallverordnung. Gutachterliche Stellungnahme im Auftrag der Industrie- und Handelskammer Südlicher Oberrhein Freiburg. Köln: ARCON Rechtsanwälte.

KEHRES, B. (2003): Konsequenzen der neuen Grenzwerte auf die Kompostwirtschaft – Wo darf künftig noch die Bioabfallverwertung praktiziert werden? In: Arbeitskreis für die Nutzbarmachung von Siedlungsabfällen (Hrsg.): Die Zukunft der Getrenntsammlung von Bioabfällen. Weimar: Orbit. Schriftenreihe des ANS, 44, S. 309–318.

KERN, M., RAUSSEN, T., TURK, T., FRICKE, K. (2003): Energiepotenzial für Bio- und Grünabfall. In: Arbeitskreis für die Nutzbarmachung von Siedlungsabfällen (Hrsg.): Die Zukunft der Getrenntsammlung von Bioabfällen. Weimar: Orbit. Schriftenreihe des ANS, 44, S. 355–347.

KIBELE, K. (2003): Die Gewerbeabfallverordnung – mehr als eine Aufforderung zum Dreschen leeren Strohs? Neue Zeitschrift für Verwaltungsrecht 22 (1), S. 22–30.

KOCH, H.-J., REESE, M. (2000): Abfallrechtliche Regulierung der Verwertung – Chancen und Grenzen. Deutsches Verwaltungsblatt 115 (5), S. 300–312.

KOCH, H.-J., REESE, M. (2002): Getrennthaltung und Überlassung von Abfällen zur Beseitigung aus Gewerbebetrieben. Über die Grundprinzipien der dualen Entsorgungsordnung. Berlin: E. Schmidt Verlag. Abfallwirtschaft in Forschung und Praxis, Bd. 124.

KÖNIG, W. (2003): Bewertungskonzept zur „Begrenzung des Eintrags von Schadstoffen bei der Düngung" unter Beachtung der Schutzziele des Bundes-Bodenschutzgesetzes. Vortrag, gehalten auf dem Forum „Muss wirklich jeder Mist auf den Acker?!" des Ministeriums für Umwelt, Naturschutz und Landwirtschaft des Landes Schleswig-Holstein, 24. Juni 2003, Neumünster.

LAGA (Länderarbeitsgemeinschaft Abfall) (1997): Auslegungspapiere zur Abgrenzung von Abfallverwertung und Abfallbeseitigung sowie von Abfall und Produkt vom 17. März 1997.

LAGA (2003a): Vollzugshinweise der Länderarbeitsgemeinschaft Abfall zur Gewerbeabfallverordnung, beschlossen am 26. März 2003. In: HÖSEL, G., BILITEWSKI, B., SCHENKEL, W., SCHNURER, H. (Hrsg.): Müll-Handbuch. Bd. 7. Berlin: E. Schmidt, Kennzahl 8603.1, Lfg. 6/03, S. 1–25.

LAGA (2003b): Bericht der LAGA zur 61. Umweltministerkonferenz. Umsetzung der Abfallablagerungsverordnung. 1. Fortschreibung, Stand 15. Oktober 2003. Landesamt für Umweltschutz und Gewerbeaufsicht Rheinland-Pfalz. Online im Internet: http://www.laga-online.de [Stand 29.12.2003].

LEIBLE, L., ARLT, A., FÜRNIß, B., KÄLBER, S., KAPPLER, G., LANGE, S., NIEKE, E., RÖSCH, C., WINTZER, D. (2003): Energie aus biogenen Rest- und Abfallstoffen. Bereitstellung und energetische Nutzung organischer Rest- und Abfallstoffe sowie Nebenprodukte als Einkommensalternative für die Land- und Forstwirtschaft. Möglichkeiten, Chancen und Ziele. Karlsruhe: Forschungszentrum Karlsruhe. Wissenschaftliche Berichte FZKA, 6882.

LfU (Landesanstalt für Umweltschutz Baden-Württemberg) (2003): Schadstoffe in klärschlammgedüngten Ackerböden Baden-Württembergs. Karlsruhe: LfU.

MENKE, D., FIEDLER, H., ZWAHR, H. (2002): PVC-Abfälle thermisch und stofflich verwerten statt PVC-Verzicht. Müll und Abfall 34 (6), S. 322–332.

Monopolkommission (2003): Wettbewerbsfragen der Kreislauf- und Abfallwirtschaft. Sondergutachten der Monopolkommission gemäß § 44 Abs. 1 Satz 4 GWB. Baden-Baden: Nomos.

NORÉUS, D. (2000): Substitution of rechargeable NiCd batteries. A background document to evaluate the possibilities of finding alternatives to NiCd batteries. Arrhenius Laboratory, Stockholm University.

NÜRRENBACH, T., MENNER, M., RAMSL, F., WEBER-BLASCHKE, G., FAULSTICH, M. (2002): Ökologischer und ökonomischer Vergleich mit Verfahren zur stofflichen Verwertung. Energetische Verwertung von Mischkunststoffen in bayerischen Müllverbrennungsanlagen. Müll und Abfall 34 (12), S. 651–658.

Öko-Institut (2002): Der Grüne Punkt und sein Nutzen für die Umwelt. Eine Studie des Öko-Instituts e. V. im Auftrag der Duales System Deutschland AG. Köln: Duales System Deutschland.

OSPAR (OSPAR Commission for the Protection of the Marine Environment of the North Sea) (2003): OSPAR List of Chemicals for Priority Action (Up-date 2003), (Reference number: 2003-19). OSPAR Convention for the Protection of the Marine environment of the North-East Atlantic. Meeting of the OSPAR Commission (OSPAR), Bremen, 23–27 June 2003.

PARCOM (Paris Commission) (1990): PARCOM Decision 90/3 of 14 June 1990 on reducing atmospheric emissions from existing chlor-alkali plants.

PASCHLAU, H. (2003a): Gewerbeabfall-Verordnung: 1/2 Jahr (schlechte) Erfahrungen. Müll und Abfall, 35 (8), S. 382–394.

PASCHLAU, H. (2003b): Der Trend zum „Ein-Tonnen-System". Müll und Abfall 35 (9), S. 455–465.

PAZIOREK, P. (2004): Umweltpolitische Bewertung. Schlussfolgerungen aus der Sicht des Parlaments. In: KLETT, W., SCHINK, A., SCHNURER, H. (Hrsg.): 12. Kölner Abfalltage 2003. Wie verändert der Europäische Gerichtshof die Abfallwirtschaft in Deutschland? Materialien zur Veranstaltung in Köln, 16. bis 17. September 2003. Köln: Gutke (im Erscheinen).

PELCHEN, A., METZGER, B. R. (2003): Klimaschutz und Abfallwirtschaft in Europa. In: WIEMER, K., KERN, M. (Hrsg.): Bio- und Restabfallbehandlung VII, biologisch – mechanisch – thermisch. Witzenhausen: Witzenhausen-Institut für Abfall, Umwelt und Energie, S. 316–326.

PINNEKAMP, J. (2003): Bewertung der Phosphorrückgewinnung aus Klärschlamm unter ökologischen, ökonomischen und technischen Kriterien. In: ATV-DVWK, Deutsche Vereinigung für Wasserwirtschaft, Abwasser und Abfall (Hrsg.): Klärschlamm aktuell. 2. Ausgewählte Beiträge der 3. ATV-DVWK-Klärschlammtage, 5. bis 7. Mai 2003, Würzburg. Hennef: ATV-DVWK, S. 119–138.

PORTER, R. C. (2002): The Economics of Waste. Washington, DC: Resources for the Future.

PROGNOS AG (2000): Mechanical Recycling of PVC waste. Study for DG XI of the European Commission. Basel, Milan, Lyngby, Online im Internet: http://europa.eu.int/comm/environment/waste/pvc/index.htm [Stand 16.01.2004].

RDC-Environment, Pira International (2003): Evaluation of costs and benefits for the achievement of reuse and recycling targets for the different packaging materials in the frame of the packaging and packaging waste directive 94/62/EC. Final Consolidated Report. Online im Internet: http://europa.eu.int/comm/environment/waste/studies/packaging/costsbenefits.pdf [Stand 05.01.2004].

REESE, M. (2000): Kreislaufwirtschaft im integrierten Umweltrecht. Baden-Baden: Nomos.

REESE, M. (2003): Die Urteile des EuGH zur Abgrenzung von energetischer Verwertung und thermischer Behandlung zur Beseitigung. Zeitschrift für Umweltrecht 14 (3), S. 217–221.

REESE, M. (2004): Die Gewerbeabfallverordnung. In: Gesellschaft für Umweltrecht (Hrsg.): Aktuelle Entwicklungen des Europäischen und Deutschen Abfallrechts. Berlin: E. Schmidt Verlag. S. 39–64.

RENTZ, O., ENGELS, B., SCHULTMANN, F. (2001): Untersuchung von Batterieverwertungsverfahren und -anlagen hinsichtlich ökologischer und ökonomischer Relevanz unter besonderer Berücksichtigung des Cadmiumproblems. Karlsruhe: Deutsch-Französisches Institut für Umweltforschung.

RWE (2003): Ergebnisse des Hausmüllversuchs der RWE Umwelt. Online im Internet: http://www.rweumwelt.com/de/presse/hausmuellversuch.pdf [Stand 7.11.2003].

RÜHL, C. (2002): Die neue Gewerbeabfallverordnung aus kommunaler Sicht. Recht der Abfallwirtschaft 1 (1), S. 14–20.

SCHEFFOLD, K. (1998): Bioabfall eine relevante Gebührengröße. In: HÖSEL, G., BILITEWSKI, B., SCHENKEL, W., SCHNURER, H. (Hrsg.): Müll-Handbuch. Bd. 2. Berlin: E. Schmidt, Nr. 1565, Lfg. 3/98, 13 S.

SCHEFFOLD, K., DOEDENS, H., GALLENKEMPER, B., DORNBUSCH, H. J. (2002): Zukunft der Entsorgungslogistik für private Haushalte – Trends und Entwicklungen. Köln: EdDE. EdDE-Dokumentation, 4.

SCHINK, A. (2003): Die Entscheidungen des EuGH vom 13. Februar 2003 und die kommunale Abfallwirtschaft. Recht der Abfallwirtschaft 2 (3), S. 106–113.

SCHWARZBAUER, J. (2004): Verpackungsregulierung in Großbritannien. Augsburg: Universität Augsburg, Institut für Volkswirtschaftslehre. Volkswirtschaftliche Diskussionsreihe des Instituts für Volkswirtschaftslehre der Universität Augsburg (noch nicht erschienen).

SEVERIN, K., SCHARPF, H.-C., RIESS, P. (2002): Vorschläge zur Harmonisierung von Schwermetallgrenzwerten von Düngemitteln. In: BMU, BMVEL (Hrsg.): Landwirtschaftliche Verwertung von Klärschlamm, Gülle und anderen Düngern unter Berücksichtigung des Umwelt- und Verbraucherschutzes. Wissenschaftliche Anhörung 25. bis 26. Oktober 2001 in Bonn. Darmstadt: Kuratorium für Technik und Bauwesen in der Landwirtschaft. KTBL-Schrift 404, S. 85–93.

SIECHAU, R. (2003): Gewerbeabfallverordnung – Chance oder Risiko für die kommunale Entsorgungswirtschaft. In: WIEMER, K., KERN, M. (Hrsg.): Bio- und Restabfallbehandlung VII, biologisch – mechanisch – thermisch. Witzenhausen: Witzenhausen-Institut für Abfall, Umwelt und Energie, S. 43–54.

SRU (Rat von Sachverständigen für Umweltfragen) (1990): Abfallwirtschaft. Sondergutachten. Stuttgart: Metzler-Poeschel.

SRU (1994): Umweltgutachten 1994. Für eine dauerhafte umweltgerechte Entwicklung. Stuttgart: Metzler-Poeschel.

SRU (1996): Umweltgutachten 1996. Zur Umsetzung einer dauerhaften umweltgerechten Entwicklung. Stuttgart: Metzler-Poeschel.

SRU (1998): Umweltgutachten 1998. Umweltschutz: Erreichtes sichern – Neue Wege gehen. Stuttgart: Metzler-Poeschel.

SRU (2000): Umweltgutachten 2000. Schritte ins nächste Jahrtausend. Stuttgart: Metzler-Poeschel.

SRU (2002): Umweltgutachten 2002. Für eine neue Vorreiterrolle. Stuttgart: Metzler-Poeschel.

SRU (2004): Meeresumweltschutz für Nord- und Ostsee. Sondergutachten. Baden-Baden: Nomos.

Statistisches Bundesamt (2001): Statistisches Jahrbuch 2001 für die Bundesrepublik Deutschland. Stuttgart: Metzler-Poeschel.

STEDE, B. (2003): Wie es gerade recht ist oder wie Interpretationen des Abfallrechts Müllströme sichern sollen. Müll und Abfall 35 (4), S. 162–168.

STEHR, H. G. (2001): Das Landbell-Konzept der Verpackungsverwertung – Status und Perspektiven. In: WIEMER, K., KERN, M. (Hrsg.): Zukunft der Verwertung von Verpackungsabfällen. Witzenhausen: Witzenhausen-Institut für Abfall, Umwelt und Energie, S. 75–80.

STROBL, B. L., LANGFORD, I. H. (2002): UK implementation of the EU packaging and packaging waste directive: Can a market based system achieve economic and environmental goals? Norwich: CSERGE. CSERGE Working Paper ECM 02-02.

SUTTER, M. (2001): Verpackungsverwertung nach 2003 aus der Sicht des DSD. In: WIEMER, K., KERN, M. (Hrsg.): Zukunft der Verwertung von Verpackungsabfällen. Witzenhausen: Witzenhausen-Institut für Abfall, Umwelt und Energie, S. 45–54.

UBA (Umweltbundesamt) (1999): Handlungsfelder und Kriterien für eine vorsorgende nachhaltige Stoffpolitik am Beispiel PVC. Berlin: E. Schmidt. Beiträge zur nachhaltigen Entwicklung, 1.

UBA (2001a): Daten zur Umwelt. Der Zustand der Umwelt in Deutschland 2000. Berlin: E. Schmidt.

UBA (2001b): Grundsätze und Maßnahmen für eine vorsorgeorientierte Begrenzung von Schadstoffeinträgen in landbaulich genutzten Böden. Berlin: UBA. UBA-Texte, 59/01.

UBA (2003a): Leitfaden zur Anwendung umweltverträglicher Stoffe für die Hersteller und gewerblichen Anwender gewässerrelevanter chemischer Produkte. Teil 3: Produktspezifische Strategie – Additive in Kunststoffen. Berlin: UBA.

UMK (Umweltministerkonferenz) (1998): Gebührenentwicklung in der kommunalen Abfallentsorgung für den Bereich der Siedlungsabfälle. Stand der Gebührenentwicklung und mögliche Maßnahmen zur Dämpfung von Gebührensteigerungen. Bericht an die 51. Umweltministerkonferenz (UMK), Oktober 1998. In: HÖSEL, G., BILITEWSKI, B., SCHENKEL, W., SCHNURER, H. (Hrsg.): Müll-Handbuch. Bd. 2. Berlin: E. Schmidt, Nr. 1567, Lfg. I/00, 51 S.

UVM (Ministerium für Umwelt und Verkehr Baden-Württemberg) (2002): Klärschlammentsorgung. Stuttgart.

UVM (2003): Zukünftige Klärschlammentsorgung in Baden-Württemberg. Auswirkungen der thermischen Entsorgung auf die Abwassergebühr. Online im Internet: http://www.uvm.baden-wuerttemberg.de/

VCI (Verband der Chemischen Industrie), ORTEPA (Organotin Environmental Programme Association), Fachgruppe Schiffsfarben des Verbandes der deutschen Lackindustrie, TEGEWA (Verband der Textilhilfsmittelhersteller), GESAMTTEXTIL (Gesamtverband der Textilindustrie), VKE (Verband Kunststofferzeugende Industrie) (2002): Zinnorganische Verbindungen. Bericht der Industrie zu eigenverantwortlich ergriffenen Maßnahmen. Frankfurt a. M. Online im Internet: http://www.bmu.de/files/zinnorganisch.pdf [Stand 27.08.2003].

VDLUFA (Verband Deutscher Landwirtschaftlicher Untersuchungs- und Forschungsanstalten), ATV-DVWK (Deutsche Vereinigung für Wasserwirtschaft, Abwasser und Abfall) (2003a): Eckpunkte der gemeinsam von VDLUFA und ATV-DVWK getragenen Gütesicherung zur landbaulichen Verwertung von Klärschlamm. Hennef.

VDLUFA, ATV-DVWK (2003b): Spezielle Qualitäts- und Prüfbestimmungen für Klärschlämme. Hennef.

Vfw AG (2000): Vfw-REBAT. Erfolgskontrolle für das Jahr 1999 gemäß § 10 Batterieverordnung. Köln. Unveröffentlichtes Dokument.

Vfw AG (2003): Vfw-REBAT. Erfolgskontrolle für das Jahr 2002 gemäß § 10 Batterieverordnung. Köln. Unveröffentlichtes Dokument.

Vinyl 2010 (2001): Freiwillige Selbstverpflichtung zum nachhaltigen Wirtschaften der PVC-Branche. Fortschrittsbericht 2001. Broschüre.

Vinyl 2010 (2003): Die freiwillige Selbstverpflichtung der PVC-Industrie zur nachhaltigen Entwicklung. Fortschrittsbericht 2003. Broschüre.

VKE (Verband Kunststofferzeugende Industrie) (2002): Wirtschaftsdaten und Grafiken zu Kunststoffen. Online im Internet: http://www.vke.de [Stand 14.2.2003].

VOGT, R., KNAPPE, F., GIEGRICH, J., DETZEL, A. (Hrsg.) (2002): Ökobilanz Bioabfallverwertung. Untersuchungen zur Umweltverträglichkeit von Systemen zur Verwertung von biologisch-organischen Abfällen. Berlin: E. Schmidt. Initiativen zum Umweltschutz, 52.

WEJDLING, H., CARLSBAEK, M. (2003): Servant or master? The problems of using welfare-economic analysis to evaluate recycling policies. Waste Management World 3 (4), S. 77–85.

WENDENBURG, H. (2003): Regelungsziel und Vollzug der Gewerbeabfallverordnung. Zeitschrift für Umweltrecht 14 (3), S. 193–198.

WENZEL, A., KLEIN, M. (Bearb.) (2003): Kreislaufwirtschaft – Stoffstrommanagement: Ermittlung und Auswertung von Daten zur Beurteilung prioritärer organischer Schadstoffe in Abfalldüngern (niedrig belastete Klärschlämme aus ländlichen Regionen und Kompost) sowie in organischen Wirtschaftsdüngern (Gülle und Jauche) für eine Risikobewertung. Schmallenberg.

WURST, F., PREY, T. (2003): Dioxin-Emissionen bei der Verwendung von Ersatzbrennstoffen in der Zementindustrie. Zement-Kalk-Gips International 56 (4), S. 74–77.

Kapitel 9

AAV (Altlastensanierungs- und Altlastenaufbereitungsverband Nordrhein-Westfalen) (2003): Jahresbericht 2002/2003. Hattingen: AAV.

Ad-hoc-Arbeitsgruppe Geotopschutz (1996): Arbeitsanleitung Geotopschutz in Deutschland. Leitfaden der Geologischen Dienste der Länder der Bundesrepublik Deutschland. Bonn-Bad Godesberg: BfN. Angewandte Landschaftsökologie, H. 9.

ARNDT, H.-W. (1992): Entwurf eines Bundesabfallabgabengesetzes und das Grundgesetz. Betriebs-Berater 47 (13), Sonderbeilage 8.

BACHMANN, G., THOENES, H.-W. (Hrsg.) (2000): Wege zum vorsorgenden Bodenschutz. Fachliche

Grundlagen und konzeptionelle Schritte für eine erweiterte Boden-Vorsorge. Berlin: E. Schmidt. Bodenschutz und Altlasten, 8.

BACHMANN, G., KONIETZKA, R., OLTMANNS, J., SCHNEIDER, K. (2003): Berechnung von Prüfwerten zur Bewertung von Altlasten. Ableitung und Berechnung von Prüfwerten der Bundes-Bodenschutz- und Altlastenverordnung für den Wirkungspfad Boden-Mensch aufgrund der Bekanntmachung der Ableitungsmethoden und -maßstäbe im Bundesanzeiger Nr. 161 a vom 28. August 1999. Teil 4. Berlin: E. Schmidt.

BANNICK, C. G. (2003): Konzepte zur Begrenzung von Schadstoffeinträgen bei der Düngung landwirtschaftlicher Nutzflächen. Die Konzeption des Bundes. Vortrag, gehalten auf dem Forum „Muss wirklich jeder Mist auf den Acker?!" des Ministeriums für Umwelt, Naturschutz und Landwirtschaft des Landes Schleswig-Holstein, 24. Juni 2003, Neumünster. Online im Internet: http://umwelt.schleswig-holstein.de/?31421.

BANNICK, C. G., HAHN, J., PENNING, J. (2002): Zur einheitlichen Ableitung von Schwermetallgrenzwerten bei Düngemitteln. Müll und Abfall 34 (8), S. 424–430.

BARCZEWSKI, B., CROCOLL, R., MOHR, H., REUTEMANN, H. (2003): Lebensqualität erhalten – Umsteuern beim Flächenverbrauch. altlasten spektrum 12 (2), S. 61–64.

BECKER-PLATEN, J. D, LÜTTIG, G. (1980): Naturraumpotentialkarten als Unterlagen für Raumordnung und Landesplanung. Hannover: Akademie für Raumforschung und Landesplanung. Arbeitsmaterial, 27.

BERTRAM, H. U., BANNICK, C. G., KOCH, D., LEUCHS, W. (2003): Die Fortschreibung der LAGA-Mitteilung 20. Bodenschutz 8 (1), S. 10–15.

BLOSSEY, S., LEHLE, M. (1998): Eckpunkte zur Bewertung von natürlichen Bodenfunktionen in Planungs- und Zulassungsverfahren. Sachstand und Empfehlungen der LABO. Bodenschutz 3 (4), S. 131–137.

BMU (Bundesministerium für Umwelt, Naturschutz und Reaktorsicherheit) (2001): Atmosphärische Schadstoffkonzentrationen und -einträge und deren Vergleich mit Critical Levels und Critical Loads. Umwelt (BMU) Nr. 11, S. 723–725.

BMU, BMVEL (Bundesministerium für Verbraucherschutz, Ernährung und Landwirtschaft) (2002): Gute Qualität und sichere Erträge. Wie sichern wir die langfristige Nutzbarkeit unserer landwirtschaftlichen Böden? Umwelt (BMU) Nr. 7–8, S. 478–482.

BMVBW (Bundesministerium für Verkehr, Bau- und Wohnungswesen) (2003): Verwaltungsvereinbarung über die Gewährung von Finanzhilfen des Bundes an die Länder nach Artikel 104 a Abs. 4 des Grundgesetzes zur Förderung städtebaulicher Maßnahmen (VV-Städtebauförderung 2003). Online im Internet: http://www.bmvbw.de/Anlage16176/VV-2003.pdf

BMVEL (Bundesministerium für Verbraucherschutz, Ernährung und Landwirtschaft) (2000): Risikoabschätzung der Cadmium-Belastung für Mensch und Umwelt infolge der Anwendung von cadmiumhaltigen Düngermitteln (Kurzfassung). Beitrag des BMVEL zu den Risk assessments der Mitgliedstaaten in Vorbereitung einer neuen EU-Regelung zu Cadmium in Mineraldüngern. Online im Internet: http://europa.eu.int/comm/enterprise/chemicals/legislation/fertilizers/cadmium/reports.htm [Stand 16.02.2004].

BMVEL (2001): Gute fachliche Praxis zur Vorsorge gegen Bodenschadverdichtungen und Bodenerosion. Bonn.

BOESS, J., DAHLMANN, I., GUNREBEN, M., MÜLLER, U. (2002): Schutzwürdige Böden in Niedersachsen. Hinweise zur Umsetzung der Archivfunktion im Bodenschutz. GeoFakten 11. Online im Internet: http://www.bgr.de/N2/TEXT/geofakten_11.pdf [Stand Oktober 2002].

BÖKEN, H., BRANDHUBER, R., BREITSCHUH, G., BRUNOTTE, J., BUCHNER, W., EISELE, J., FRIELINGHAUS, M., HEYN, J., JÜRGENS, A., KÜNKEL, K.-J., SCHMIDTH, W.-A., SOMMER, C., BACHMANN, G. (2002): Gute fachliche Praxis zur Vorsorge gegen Bodenschadverdichtungen und Bodenerosion. In: ROSENKRANZ, D., EINSELE, G., HARREß, H.-M. (Hrsg.): Bodenschutz. Ergänzbares Handbuch der Maßnamen und Empfehlungen für Schutz, Pflege und Sanierung von Böden, Landschaft und Grundwasser. Berlin: E. Schmidt, Nr. 4010, Lfg. I/02, S. 1–40.

Bund/Länder-Arbeitskreis für steuerliche und wirtschaftliche Fragen des Umweltschutzes (2003): Instrumente zur Reduktion der Flächeninanspruchnahme. Bericht des Bund/Länder-Arbeitskreises Steuerliche und wirtschaftliche Fragen des Umweltschutzes (BLAK) für die 60. Umweltministerkonferenz, 14. April 2003.

Bundesregierung (2002): Perspektiven für Deutschland. Unsere Strategie für eine nachhaltige Entwicklung. Online im Internet: http://www.nachhaltigkeitsrat.de/service/download/pdf/Nachhaltigkeitsstrategie_komplett.pdf [Stand 16.02.2004].

BVB (Bundesverband Boden) (2003): Handlungsempfehlungen zur Gefahrenabwehr bei Bodenerosion. Erarbeitet vom Fachausschuss „Gefahrenabwehr bei Bodenerosion" des Bundesverbandes Boden e.V. Online im Internet: http://www.bvboden.de/texte/diskussion/index.htm [Stand 09.01.2004].

BVB (Bundesverband Boden) (2001): Eckpunkte zur Beurteilung des Wirkungspfades Bodenverunreinigungen – Bodenorganismen. Fachausschuss „Biologische Bewertung von Böden" der Fachgruppe 4 „Bodenfunktionen und -belastungen" des Bundesverbandes Boden (BVB) e. V., März 2001. In: ROSENKRANZ, D., EINSELE, G., HARREß, H.-M. (Hrsg.): Bodenschutz. Ergänzbares Handbuch der Maßnamen und Empfehlungen für Schutz, Pflege und Sanierung von Böden, Landschaft und Grundwasser. Berlin: E. Schmidt, Nr. 9310, Lfg. I/02, S. 1–60.

CHRISTIAN-BICKELHAUPT, R. (2003): Sicht der Bundesländer zur landwirtschaftlichen Klärschlammverwertung. In: ATV-DVWK, Deutsche Vereinigung für Wasserwirtschaft, Abfasser und Abfall (Hrsg.): Klärschlamm aktuell 2. Ausgewählte Beiträge der 3. ATV-DVWK-Klärschlammtage, 5. bis 7. Mai 2003, Würzburg. Hennef: ATV-DVWK, S. 53–60.

EINSELE, G., HARREß, H.-M. (Hrsg.): Bodenschutz. Ergänzbares Handbuch der Maßnamen und Empfehlungen für Schutz, Pflege und Sanierung von Böden, Landschaft und Grundwasser. Berlin: E. Schmidt, Nr. 4010, Lfg. I/02, S. 1–40.

EU-Kommission, Chemicals Unit of DG Enterprise (2003): Draft proposal relating to cadmium in fertilisers, S. 1–9. Online im Internet: http://europa.eu.int/comm/enterprise/chemicals/legislation/fertilizers/cadmium/consultation/draft_proposal.pdf [Stand 04.12.2003].

EPA (United States Environmental Protection Agency) (2001): Monitored natural attenuation: USEPA research program – An EPA science advisory board review. Review by the environmental engineering committee (EEC) of the EPA science advisory board (SAB). Washington, DC. Online im Internet: http://www.epa.gov/swertio1/download/remed/eec01004.pdf

ERHARD, M., EVERINK, C., JULIUS, C., KREINS, P., MEYER, J., SIETZ, D. (2002): Bundesweite Betrachtung der Zusammenhänge zwischen Agrarstatistikdaten und aktuellen Daten zur Bodennutzung. Berlin: UBA. UBA-Texte 71/02.

EU-Kommission (2002): Hin zu einer spezifischen Bodenschutzstrategie. KOM(2002)179 endg.

EU-Kommission (2003): WELCOME – Water, Environment, Landscape Management on Contaminated Megasites. Forschungsprojekt, gefördert von der EU-Kommission innerhalb des 5. Forschungsrahmenprogramms. Online im Internet: http://www.mep.tno.nl/WELCOME/ [Stand 13.10.2003].

FERBER, U. (2003): Finanzierungsinstrumente des Flächenrecyclings in Deutschland – ein Überblick. In: TOMERIUS, S., BARCZEWSKI, B., KNOBLOCH, J., SCHRENK, V. (Hrsg.): Finanzierung von Flächenrecycling. Förderprogramme, öffentliche und private Finanzierungsinstrumente sowie Fallbeispiele aus den USA und Deutschland. Dokumentation des 1. deutsch-amerikanischen Workshops „Economic Tools for Sustainable Brownfield Redevelopment". Berlin: Difu. Difu-Materialien, Bd. 8/2003, S. 71–104.

Geologischer Dienst Nordrhein-Westfalen (2000): Karte der Erosions- und Verschlämmungsgefährdung der Böden in Nordrhein-Westfalen. Krefeld. CD-ROM.

Geologischer Dienst Nordrhein-Westfalen (2003): Auskunftssystem Mechanische Belastbarkeit der Böden in NRW. Krefeld. CD-ROM.

HAAREN, C. von (2004): Landschaftsplanung. Stuttgart: Ulmer (in Vorbereitung).

HACK, A., WELGE, P., WITTSIEPE, J., WILHELM, M. (2002): Aufnahme und Bilanzierung (Bioverfügbarkeit) ausgewählter Bodenkontaminanten im Tiermodell (Minischwein). Bochum.

HAKEMANN, O., KLEINHANS, R. (2003): Begrenzung des Eintrages von Schadstoffen bei der Düngung landwirtschaftlich genutzter Flächen. Konzept des Landes Schleswig-Holstein. Vortrag, gehalten auf dem Forum „Muss wirklich jeder Mist auf den Acker?!" des Ministeriums für Umwelt, Naturschutz und Landwirtschaft des Landes Schleswig-Holstein, 24. Juni 2003, Neumünster. Online im Internet: http://umwelt.schleswig-holstein.de/?31421.

HENKE, G. A. (2002): Entwicklung der Altlastensanierung in Deutschland. In: Bayerisches Landesamt für Umweltschutz (Hrsg.): Bodenbehandlung – Stand der Technik und neue Entwicklungen. Fachtagung am 11. Juni 2002. Augsburg: LfU, S. 8–15.

HOCHFELD, B., GRÖNGRÖFT, A., MIEHLICH, G. (2002): Klassifikationssystem zur Bewertung der Leistungsfähigkeit und Schutzwürdigkeit der Böden als Entscheidungshilfe für die Raumplanung unter Berücksichtigung des Bodenschutzes. Im Auftrag des Umweltbundesamtes. Universität Hamburg, Fachbereich Geowissenschaften, Institut für Bodenkunde.

Institut für Länderkunde (2003): Nationalatlas Bundesrepublik Deutschland. Bd. 2: Relief, Boden und Wasser. Heidelberg: Spektrum, Akademischer Verlag.

IPCC (Intergovernmental Panel on Climate Change) (2000): Land use, land-use change, and forestry. Cambridge: Cambridge University Press.

ITVA (Ingenieurtechnischer Verband Altlasten) (2002): Entwurf Nachsorge und Überwachung von sanierten Altlasten. Vollzugshilfe. Berlin: ITVA. Entwurf Stand Dezember 2002.

KÖNIG, W. (2003): Bewertungskonzept zur „Begrenzung des Eintrags von Schadstoffen bei der Düngung" unter Beachtung der Schutzziele des Bundes-Bodenschutzgesetzes. Vortrag, gehalten auf dem Forum „Muss wirklich jeder Mist auf den Acker?!" des Ministeriums für Umwelt, Naturschutz und Landwirtschaft des Landes Schleswig-Holstein, 24. Juni 2003, Neumünster. Online im Internet: http://umwelt.schleswig-holstein.de/?31421.

KÖPPL, M. (2003): Die Zukunft des Bau- und Wohnungsmarktes unter den neuen bundesrechtlichen Rahmenbedingungen – Rückbau statt Neubau. In: BURKHARDT, G., EGLOFFSTEIN, T., CZURDA, K. (Hrsg.): Altlasten 2003. Altlastensanierung im Spannungsfeld zwischen Ökologie und Ökonomie. Karlsruhe: ICP Eigenverlag Bauen und Umwelt, S. 9–12.

KOSSINA, I, SAMMER, G. (2000): Einführung einer Deponieabgabe in Österreich. Wien: Umweltbundesamt. Berichte, 162.

KRdL (Kommission Reinhaltung der Luft im VDI und DIN – Normenausschuss KRdL) (2002): Ermittlung von Maximalen Immissions-Werten für Böden – Ableitung niederschlagsbezogener Werte für Cadmium. In: VDI

(Hrsg.): VDI-DIN-Handbuch Reinhaltung der Luft. Bd. 1A. Berlin: Beuth, VDI 3956, Blatt 2.

KRdL (Kommission Reinhaltung der Luft im VDI und DIN – Normenausschuss KRdL) (2003): Ermittlung von Maximalen Immissions-Werten für Böden – Maximale Immissions-Raten (MIR) – Ableitung niederschlagsbezogener Werte für Nickel. In: VDI (Hrsg.): VDI-DIN-Handbuch Reinhaltung der Luft. Bd. 1 A. Berlin: Beuth, VDI 3956, Blatt 3.

LABO (Bund/Länder-Arbeitsgemeinschaft Bodenschutz) (1998): Eckpunkte zur Bewertung von natürlichen Bodenfunktionen in Planungs- und Zulassungsverfahren. In: ROSENKRANZ, D., EINSELE, G., HARREß, H.-M. (Hrsg.): Bodenschutz. Ergänzbares Handbuch der Maßnamen und Empfehlungen für Schutz, Pflege und Sanierung von Böden, Landschaft und Grundwasser. Berlin: E. Schmidt, Nr. 9010, 28. Lfg XII/98, S. 1–20.

LABO, Ständiger Ausschuss Altlasten (2003): Ergebnisbericht über ausgewählte Kennzahlen zur Altlastenstatistik der Länder. Stand 20. Februar 2003. Unveröffentlichter Bericht.

LAMBRECHT, H., ROHR, A., KRUSE, K., ANGERSBACH, J. (2003): Zusammenfassung und Strukturierung von relevanten Methoden und Verfahren zur Klassifikation und Bewertung von Bodenfunktionen für Planungs- und Zulassungsverfahren mit dem Ziel der Vergleichbarkeit. Im Auftrag der Bund/Länder-Arbeitsgemeinschaft Bodenschutz (LABO). Endbericht. Hannover: Planungsgruppe Ökologie + Umwelt GmbH.

LUNG (Landesamt für Umwelt, Naturschutz und Geologie Mecklenburg-Vorpommern) (1999): Hinweise zur Eingriffsregelung. Güstrow. Schriftenreihe des Landesamtes für Umwelt, Naturschutz und Geologie Mecklenburg-Vorpommern, H. 1999, 3.

Landwirtschaftskammer Hannover (2003): Pfluglose Anbausysteme benötigen speziellen Pflanzenschutz. Online im Internet: http://www.lwk-hannover.de/ [Stand 02.04.2003].

LAWA (Länderarbeitsgemeinschaft Wasser) (1995): Leitlinien für einen zukunftsweisenden Hochwasserschutz. Hochwasser – Ursachen und Konsequenzen. Online im Internet: http://www.lawa.de/pubs/Lawa02.pdf

LAWA (2003): Arbeitshilfe zur Umsetzung der EG-Wasserrahmenrichtlinie. Online im Internet: http://www.wasserblick.net [Stand 30.04.2003].

LITZ, N., MAYER, S., SMETTAN, U. (1996): Zur Ermittlung der Schutzwürdigkeit von Böden in Verbindung mit der Sanierung kontaminierter Böden. Wasserwirtschaft 86 (2), S. 68–73.

LOOK, E.-R. (2000): Geotopschutz in Deutschland. In: NESTLER, A. (Red.): Geotop 2000. Geotope im Spiegelbild der geowissenschaftlichen Landesforschung. Weimar: Thüringer Landesanstalt für Geologie. Geowissenschaftliche Mitteilungen von Thüringen, Beiheft 10, S. 25–31.

LOUIS, H. W. (1997): Umsetzung des Geotopschutzes im niedersächsischen Naturschutzrecht (auf der Grundlage des Bundesnaturschutzgesetzes). In: Look, E.-R. (Hrsg.): Geotopschutz und seine rechtlichen Grundlagen. Hannover: Niedersächsische Akademie der Wissenschaften. Veröffentlichungen der Niedersächsische Akademie der Wissenschaften 12, Schriftenreihe der Deutschen Geologischen Gesellschaft 5, S. 40–43.

LUA NRW (Landesumweltamt Nordrhein-Westfalen) (2003): Jahresbericht 2002. Essen: LUA.

MELSA, A. K. (2003): Die Klärschlammsituation in Deutschland in den Jahren 2000–2002. In: ATV-DVWK, Deutsche Vereinigung für Wasserwirtschaft, Abfasser und Abfall (Hrsg.): Klärschlamm aktuell 2. Ausgewählte Beiträge der 3. ATV-DVWK-Klärschlammtage, 5. bis 7. Mai 2003, Würzburg. Hennef: ATV-DVWK, S. 9–35.

MICHELS, J., FÖRSTER, A., WACHINGER, G. (2003): Förderschwerpunkt KORA: kontrollierter natürlicher Rückhalt und Abbau von Schadstoffen bei der Sanierung kontaminierter Grundwässer und Böden. Eine Zusammenstellung der Projekt-Kurzbeschreibung. Dresden.

MIEHLICH, G. (2003): Die Bekämpfung der Bodendegradation – eine weltweite Herausforderung. Petermanns Geographische Mitteilungen 147 (3), S. 6–13.

MIEHLICH, G., HOCHFELD, B., GRÖNGRÖFT, A., KNEIB, W. (2003): Bodenmaßstäbe in der Bauleitplanung. Wasser & Boden 55 (7 + 8), S. 93–104.

MLUR (Ministerium für Landwirtschaft, Umweltschutz und Raumordnung des Landes Brandenburg) (1998): Verteilung der Altlastverdachtsflächen – Altlasten im Land Brandenburg nach Verursachergruppen (Stand November 1998). Online im Internet: http://www.brandenburg.de/land/mlur/a/a_vert.htm [Stand 03.12.2003].

MLUR (2002): Informationsheft zum landwirtschaftlichen Bodenschutz in Brandenburg, Teil Bodenerosion. Verantwortliche Einrichtung: Zentrum für Agrarlandschafts- und Landnutzungsforschung (ZALF e. V.), Müncheberg. CD-ROM.

MLUR (2003): Vorläufige Hinweise zum Vollzug der Eingriffsregelung (HVE) nach den §§ 10–18 des brandenburgischen Naturschutzgesetzes. Stand Januar 2003. Potsdam: MLUR. Online im Internet: http://www.brandenburg.de/land/mlur/n/hve_jan.pdf

MSKS (Ministerium für Stadtentwicklung, Kultur und Sport des Landes Nordrhein-Westfalen) (1998): Grundstücksfonds Nordrhein-Westfalen 1998. Düsseldorf: MSKS.

MÜLLER, U., DAHLMANN, I., BIERHALS, E., VESPERMANN, B., WITTENBECHER, C. (2000): Bodenschutz in Raumordnung und Landschaftsplanung. Arbeitshefte Boden, H. 4.

MUNLV (Ministerium für Umwelt, Naturschutz, Landwirtschaft und Verbraucherschutz Nordrhein-Westfalen) (2003): Erosionsschutz im Ackerbau. Information zur Förderung in Nordrhein-Westfalen. Online im Internet:

http://www.munlv.nrw.de/sites/arbeitsbereiche/landwirtschaft/wegweiser/doku/neu/erosions.htm.

ODENSAß, M. (2002): Anmerkungen zur Thematik aus der Sicht des Landesumweltamtes Nordrhein-Westfalen. In: Projektträger „Wassertechnologie und Entsorgung" des BMBF und BMWi, Forschungszentrum Karlsruhe, UBA (Hrsg.): BMBF-Förderschwerpunkt „Kontrollierter natürlicher Rückhalt und Abbau von Schadstoffen bei der Sanierung kontaminierter Grundwässer und Böden" (KORA). Beiträge aus dem ersten Fachgespräch. Berlin, Dresden. Online im Internet: http://www.natural-attenuation.de [Stand 23.07.2003].

PLOEG, R. R. van der, SCHWEIGERT, P. (2001): Reduzierte Bodenbearbeitung im Ackerbau – eine Chance für Wasserwirtschaft, Umwelt und Landwirtschaft. Wasserwirtschaft 91 (9), S. 450–455.

PRINZ, B., BACHMANN, G. (1999): Ableitung niederschlagsbezogener Werte zum Schutz des Bodens. In: ROSENKRANZ, D., EINSELE, G., HARREß, H.-M. (Hrsg.): Bodenschutz. Ergänzbares Handbuch der Maßnahmen und Empfehlungen für Schutz, Pflege und Sanierung von Böden, Landschaft und Grundwasser. Berlin: E. Schmidt, Nr. 5680, 30: Lfg. IX/99, S. 1–24.

PUSTAL, I. (2000): Stand und Perspektiven des Geotopschutzes im Freistaat Thüringen. In: NESTLER, A. (Red.): Geotop 2000. Geotope im Spiegelbild der geowissenschaftlichen Landesforschung. Weimar: Thüringer Landesanstalt für Geologie. Geowissenschaftliche Mitteilungen von Thüringen, Beiheft 10, S. 237–244.

RUWWE, S. (2003): Arbeitshilfe zu überwachten natürlichen Abbau- und Rückhalteprozessen im Grundwasser (MNA). Wiesbaden, Hessische Landesanstalt für Umwelt und Geologie: unveröffentlichtes Manuskript.

SABEL, K.-J. (1999): Böden als Archiv der Natur- und Kulturgeschichte. Vortrag, gehalten auf der Tagung „Geotope" der Deutschen Geologischen Gesellschaft, 1999, Wiesbaden.

SCHÄRER, B. (2000): UN-ECE-Multipollutant-Protokoll und EU-NEC-Richtlinie. Kostenminimierte Begrenzung der nationalen Emissionsfrachten in Europa nach ökologischen Zielvorgaben, Teil 1. Gefahrstoffe – Reinhaltung der Luft 60 (1/2), S. 33–37.

SCHMIDT, W., STAHL, H., NITZSCHE, O., ZIMMERLING, B., KRÜCK, S., ZIMMERMANN, M., RICHTER, W. (2001): Konservierende Bodenbearbeitung: Die zentrale Maßnahme eines vorbeugenden und nachhaltigen Bodenschutzes. Mitteilungen der Deutschen Bodenkundlichen Gesellschaft 96, S. 771–772.

SEIFFERT, S., KOHL, R., DELSCHEN, T., DINKELBERG, W. (2003): LABO Vollzugshilfe zu den Anforderungen an das Aufbringen von Materialien auf und in den Boden gemäß § 12 BBodSchV. Bodenschutz 8 (1), S. 4–9.

SEVERIN, K., SCHARPF, H.-C., RIESS, P (2002): Vorschläge zur Harmonisierung von Schwermetallgrenzwerten von Düngemitteln. In: BMU, BMVEL (Hrsg.): Landwirtschaftliche Verwertung von Klärschlamm, Gülle und anderen Düngern unter Berücksichtigung des Umwelt- und Verbraucherschutzes. Wissenschaftliche Anhörung 25. bis 26. Oktober 2001 in Bonn. Darmstadt: Kuratorium für Technik und Bauwesen in der Landwirtschaft. KTBL-Schrift 404, S. 85–93.

SIMSCH, K., BRÜGGEMANN, J., LIETMANN, C., FISCHER, J. U., SCHULZ-BÖDEKER, K.-U., HENRICI, S. (2000): Handlungsempfehlungen für ein effektives Flächenrecycling. Berlin: UBA. UBA-Texte 10/00.

SPITZ, E. (2003): Bodenmanagement aus der Sicht der Bauwirtschaft. In: BURKHARDT, G., EGLOFFSTEIN, T., CZURDA, K. (Hrsg.): Altlasten 2003. Altlastensanierung im Spannungsfeld zwischen Ökologie und Ökonomie. Karlsruhe: ICP Eigenverlag Bauen und Umwelt, S. 109–117.

SRU (Rat von Sachverständigen für Umweltfragen) (1990): Altlasten. Sondergutachten. Stuttgart: Metzler-Poeschel.

SRU (1995): Altlasten II. Sondergutachten. Stuttgart: Metzler-Poeschel.

SRU (1996): Konzepte einer dauerhaft-umweltgerechten Nutzung ländlicher Räume. Sondergutachten. Stuttgart: Metzler-Poeschel.

SRU (2000): Umweltgutachten 2000. Schritte ins nächste Jahrtausend. Stuttgart: Metzler-Poeschel.

SRU (2002a): Umweltgutachten 2002. Für eine neue Vorreiterrolle. Stuttgart: Metzler-Poeschel.

SRU (2002b): Für eine Stärkung und Neuorientierung des Naturschutzes. Sondergutachten. Stuttgart: Metzler-Poeschel.

Statistisches Bundesamt (2003): Umweltbeanspruchung rückläufig – Positive Signale jetzt auch bei der Flächennutzung. Pressemitteilung des Statistischen Bundesamtes vom 6. November 2003. Online im Internet: http://www.destatis.de.

SÜßKRAUT, G., VISSER, W., BURGERS, A. (2001): Leitfaden über Finanzierungsmöglichkeiten und -hilfen in der Altlastenbearbeitung und im Brachflächenrecycling. Ökonomische Aspekte der Altlastensanierung. Berlin: UBA. UBA-Texte 01–04.

UBA (Umweltbundesamt) (2000): Bundesweite Übersicht zur Altlastenerfassung. Online im Internet: http://www.umweltbundesamt.de/altlast/web1/deutsch/1_6.htm [Stand 17.07.2003].

UNFCCC (United Nations Framework Convention on Climate Change) (2003): Decision -/CP.9. Good practice guidance for land use, land-use change and forestry in the preparation of national greenhouse gas inventories under the Convention. Advance unedited version. Online im Internet: http://unfccc.int/cop9/latest/sbsta_l.22_add1.pdf [Stand 12.01.2004].

WBGU (Wissenschaftlicher Beirat der Bundesregierung Globale Umweltveränderungen) (1999): Welt im Wandel – Strategien zur Bewältigung globaler Umweltrisiken. Jahresgutachten 1998. Berlin: Springer.

WBGU (2003): Über Kioto hinaus denken – Klimaschutzstrategien für das 21. Jahrhundert. Sondergutachten. Berlin: WBGU.

WELLMER, F.-W. (1997): Der Geotopschutz in Deutschland. In: LOOK, E.-R. (Hrsg.): Geotopschutz und seine rechtlichen Grundlagen. Hannover: Niedersächsische Akademie der Geowissenschaften. Veröffentlichungen, H. 12, S. 12–15.

WERNER, P. (2003): Enhanced Natural Attenuation unter schwierigen baulichen Randbedingungen – Möglichkeiten und Grenzen. In: BURKHARDT, G., EGLOFFSTEIN, T., CZURDA, K. (Hrsg.): Altlasten 2003. Altlastensanierung im Spannungsfeld zwischen Ökologie und Ökonomie. Karlsruhe: ICP Eigenverlag Bauen und Umwelt, S. 129–135.

WERNER, W. (1999): Ökologische Aspekte des Phosphorkreislaufs. Anthropogene Eingriffe in den globalen Phosphorkreislauf und deren Folgen für die Umwelt. Umweltwissenschaften und Schadstoff-Forschung 11 (6), S. 343–351.

Working Group on Contamination (2003): Annex 1: Contamination mandate. Online im Internet: http://forum.europa.eu.int/Public/irc/env/soil/library [Stand 17.07.2003].

WILKE, B.-M., FUCHS, M., SEE, R., SKOLUDA, R., HUND-RINKE, K., GÖRTZ, T., PIEPER, S., KRATZ, W., RÖMBKE, J., KALSCH, W. (2003): Entwicklung ökotoxikologischer Orientierungswerte für Böden. UBA-Forschungsbericht 000487. Berlin.

Kapitel 10

AGÖL (Arbeitsgemeinschaft Ökologischer Landbau) (2001): Rahmenrichtlinien für den ökologischen Landbau. 15. Auflage. Berlin.

AGÖL, SÖL (Stiftung Ökologie und Landbau), BNN (Bundesverband Naturkost Naturwaren), VRH (Verband der Reformwarenhersteller)/neuform-Reformhäuser, (FiBL) Forschungsinstitut für biologischen Landbau (1999): Ökologischer Landbau und Gentechnik – ein Widerspruch! Gemeinsames Positionspapier. Online im Internet: http://nrw.oekolandbau.de/einfuehrung/0202_alogpositionspapier.pdf [Stand 16.02.2004].

AMMANN, K., JACOT, Y., KJELLSSON, G. (1999): Ecological risks and prospects of transgenic plants, where do we go from here? Basel: Birkhäuser. Methods for risk assessment of transgenic plants, 3.

AMMANN K., JACOT Y., RUFENER AL MAZYAD, P. (1996): Field release of transgenic crops in Switzerland, an ecological risk assessment. In: SCHULTE, E., KÄPPELI, O. (Hrsg.): Gentechnisch veränderte krankheits- und schädlingsresistente Nutzpflanzen. Eine Option für die Landwirtschaft? Bern: Schwerpunktprogramm Biotechnologie des Schweizerischen Nationalfonds, S. 101–157.

ANKLAM, E., GADANI, F., HEINZE, P., PIJNENBURG, H., EEDE, G. van den (2002): Analytical methods for detection and determination of genetically modified organisms in agricultural crops and plant-derived food products. European Food Research and Technology 214 (1), S. 3–26.

Arbeitsgemeinschaft der Umweltbeauftragten der evangelischen Kirchen in Deutschland (AGU), Arbeitsgemeinschaft der Umweltbeauftragten der deutschen Diözesen, Ausschuss für den Dienst auf dem Lande in der Evangelischen Kirche in Deutschland (ADL), Katholische Landvolkbewegung (KLB) (2003): Ungelöste Fragen – Uneingelöste Versprechen. 10 Argumente gegen die Nutzung von gentechnisch veränderten Pflanzen in Landwirtschaft und Ernährung. Ein gemeinsames Positionspapier. Güstrow.

BAIER, A., VOGEL, B., TAPPESER, B. (2001): Grüne Gentechnik und ökologische Landwirtschaft. Vorarbeiten/Fachgespräch. Berlin: Umweltbundesamt. UBA-Texte 23/01.

BAKSHI, A. (2003): Potential adverse health effects of genetically modified crops. Journal of Toxicology and Environmental Health. Part B, Critical Reviews 6 (3), S. 211–225.

BANNON, G., FU, T. J., KIMBER, I., HINTON, D. M. (2003): Protein digestibility and revelance to allergenicity. Environmental Health Perspectives 111 (8), S. 1122–1124.

BARTH, R., BRAUNER, R., HERMANN, A., HERMANOWSKI, R., NOWACK, K., SCHMIDT, H., TAPPESER, B. (2003): Grüne Gentechnik und ökologische Landwirtschaft. Berlin: Umweltbundesamt. UBA-Texte 01/03.

BARTSCH, D. (2004): Der Schadensbegriff in der neuen EU-Richtlinie 2001-18. In: POTTHAST, T. (Hrsg.): Ökologische Schäden – begriffliche, methodologische und ethische Aspekte. Publikation des gemeinsamen Workshops der Arbeitskreise „Theorie in der Ökologie" und „Gentechnik" der Gesellschaft für Ökologie e. V. in Blaubeuren am 10. bis 12. März 2003. Frankfurt: Peter Lang (im Erscheinen).

BBA (Biologische Bundesanstalt für Land- und Forstwirtschaft) (2003): Freisetzungen von GVO in der EU nach beantragten Orten und Jahren. Online im Internet: http://www.bba.de/gentech/tab6.htm [Stand 17.11.2003].

BDP (Bundesverband Deutscher Pflanzenzüchter) (2003): Einheitlicher Schwellenwert für das zufällige und unbeabsichtigte Vorkommen von GVO-Spuren in Saatgut, Lebens- und Futtermitteln. Online im Internet: http://www.bdp-online.de/pospap11.pdf [Stand 07.11.2003].

BECK, A., HERMANOWSKI, R. (2001): Gentechnik und Öko-Landbau. Online im Internet: http://www.agrar.de/aktuell/alog.doc [Stand 16.02.2004].

BECK, A., BRAUNER, R., HERMANOWSKI, R., MÄDER, R., MEIER, J., NOWACK, K., TAPPESER, B., WILBOIS, K.-P. (2002): Bleibt in Deutschland bei zunehmendem Einsatz der Gentechnik in Landwirtschaft und Lebensmittelproduktion die Wahlfreiheit auf GVO-unbelastetet Nahrung erhalten? Studie im Auftrag des BUND. Online im Internet: http://www.bund.net/lab/reddot2/pdf/bund_gentechnik.pdf [Stand 17.08.2003].

BECKER, H. (2000): Einfluss der Pflanzenzüchtung auf die genetische Vielfalt. In: BfN (Hrsg.): Erfassung und Schutz der genetischen Vielfalt von Wildpflanzenpopulationen in Deutschland. Bonn-Bad Godesberg: BfN. Schriftenreihe für Vegetationskunde 32, S. 87–94.

BERNSTEIN, J. A., BERNSTEIN, I. L., BUCCINI, L., GOLDMAN, L. R., HAMILTON, R. G., LEHRER, S., RUBIN, C., SAMPSON, H. A. (2003): Clinical and laboratory investigation of allergy to genetically modified foods. Environmental Health Perspectives 111 (8), S. 1114–1121.

BLAG (Bund/Länder-AG Monitoring von Umweltwirkungen gentechnisch veränderter Pflanzen) (2002): Konzept für das Monitoring von gentechnisch veränderten Organismen (GVO). 20. September 2002. Informationen können beim Umweltbundesamt erfragt werden.

BMVEL (Bundesministerium für Verbraucherschutz, Ernährung und Landwirtschaft) (2002): Ernährungs- und agrarpolitischer Bericht 2002 der Bundesregierung. Berlin: Deutscher Bundestag. Bundestagsdrucksache 14/8202.

BMVEL (2003): Ernährungs- und agrarpolitischer Bericht 2003 der Bundesregierung. Berlin: Deutscher Bundestag. Bundestagsdrucksache 15/405.

BOCK, A.-K., LHEUREUX, K., LIBEAU-DULOS, M., NILSAGÅRD, H., RODRIGUEZ-CEREZO, E. (2002): Scenarios for co-existence of genetically modified, conventional and organic crops in European agriculture. Seville: Institute for Prospective Technological Studies.

BÖLW (Bund Ökologische Lebensmittelwirtschaft) (2003): Öko-Landbau. Keine Gentechnik. Online im Internet: http://www.keine-gentechnik.de [Stand 17.08.2003].

BONFINI, L., HEINZE, P., SIMON, K., EEDE, G. van den (2001): Review of GMO Detection and Quantification Techniques. Ispra: Institute for Health and Consumer Protection. Online im Internet: http://biotech.jrc.it/doc/EUR20384Review.pdf [Stand 25.10.2003].

BONNY, S. (2003): Ausschlaggebende Faktoren beim Widerstand gegen GVO und Beweise aus Fallstudien. IPTS Report Nr. 73, S. 23–39.

BORA, A., DAELE, W. van den (1997): Partizipatorische Technikfolgenabschätzung. Das Verfahren des Wissenschaftszentrum Berlin zu transgenen herbizidresistenten Kulturpflanzen. In: KÖBERLE, S., GLOEDE, F., HENNEN, L. (Hrsg.): Diskursive Verständigung? Mediation und Partizipation in Technikkontroversen. Baden-Baden: Nomos, S. 124–148.

BRAND, V. (2004): Der Rechtsbegriff des ökologischen Schadens und seine Gegenstücke in unterschiedlichen nationalen Umweltgesetzen: Folgen für das Gentechnikrecht. In: POTTHAST, T. (Hrsg.): Ökologische Schäden – begriffliche, methodologische und ethische Aspekte. Publikation des gemeinsamen Workshops der Arbeitskreise „Theorie in der Ökologie" und „Gentechnik" der Gesellschaft für Ökologie e. V. in Blaubeuren am 10. bis 12. März 2003. Frankfurt a. M.: Peter Lang (im Erscheinen).

BROOKES, G., BARFOOT, P. (2003): Co-existence of GM and non GM crops: case study of maize grown in Spain. Online im Internet: http://www.bioportfolio.com/pdf/Coexistencecasestudyspain.01.pdf [Stand 26.11.2003].

BRUCE, D. M. (2002): A Social Contract for Biotechnology: Shared Visions for Risky Technologies? Journal of Agricultural and Environmental Ethics 15 (3), S. 279–289.

BUCK, M. (2000): Das Cartagena-Protokoll über Biologische Sicherheit in seiner Bedeutung für das Verhältnis zwischen Umweltvölkerrecht und Welthandelsrecht. Zeitschrift für Umweltrecht 11 (5), S. 319–330.

CARPENTER, J. E. (2001): Case Studies in Benefits and Risks of Agricultural Biotechnology: Roundup Ready Soybeans and Bt Field Corn. Washington, DC: NCFAP. Online im Internet: http://www.ncfap.org/reports/biotech/benefitsandrisks.pdf [Stand 14.11.2003].

COMSTOCK, G. L. (2000): Vexing Nature? On the Ethical Case against Agricultural Biotechnology. Boston: Kluwer Academic Publishers.

DAELE, W. van den, PÜHLER, A., SUKOPP, H. (1996): Grüne Gentechnik im Widerstreit. Weinheim: VCH.

DAUGHTON, C. G., TERNES, T.(1999): Pharmaceuticals and personal care products in the environment: agents of subtle change? Environmental Health Perspectives 107 (Suppl. 6), S. 907–938.

DESPLANQUE, B., HAUTEKÈETE, N., DIJK, H. van (2002): Transgenic weed beets: possible, probable, avoidable? Journal of Applied Ecology 39 (4), S. 561–571.

Deutscher Bundestag (1987): Chancen und Risiken der Gentechnologie. Bericht der Enquete-Kommission des 10. Deutschen Bundestages „Chancen und Risiken der Gentechnologie". Bonn.

DFG (Deutsche Forschungsgemeinschaft, Senatskommission für Grundsatzfragen der Genforschung) (2001): Gentechnik und Lebensmittel. Weinheim: Wiley-VCH. Mitteilung, 3.

DODSON, J. J., GIBSON, R. J., CUNJAK, R. A., FRIELAND, K. D., GARCIA de LEANIZ, C., GROSS, M. R., NEWBURYM, R., NIELSEN, J. L., POWER, M. E., ROY, S. (1998): Elements in the development of conservation plans for Atlantic salmon (Salmo salar). Canadian Journal of Fisheries and Aquatic Sciences 55 (Suppl. 1), S. 312–323.

ECKELKAMP, C., MAYER, M., TAPPESER, B. (1998a): Verbreitung und Etablierung rekombinanter Desoxyribonukleinsäure (DNS) in der Umwelt. Berlin: Umweltbundesamt. UBA-Texte 51/98.

ECKELKAMP, C., JÄGER, M., WEBER, B. (1998b): Antibiotikaresistenzgene in transgenen Pflanzen, insbesondere Ampicillin-Resistenz in BT-Mais. Freiburg: Öko-Institut.

ELLSTRAND, N. C., HOFFMANN, C. A. (1990): Hybridization as an avenue of escape for engineered genes. BioScience 40 (6), S. 438–442.

ENDRES, A. (1994): Umweltökonomie: Eine Einführung. Darmstadt: Wissenschaftliche Buchgesellschaft.

ERICHSEN, S. (1993): Der ökologische Schaden im internationalen Umwelthaftungsrecht. Völkerrecht und Rechtsvergleichung. Frankfurt a. M.: Peter Lang.

EU-Kommission (2003a): Empfehlung der Kommission vom 23. Juli 2003 mit Leitlinien für die Erarbeitung einzelstaatlicher Strategien und geeigneter Verfahren für die Koexistenz gentechnisch veränderter, konventioneller und ökologischer Kulturen. Brüssel: EU-Kommission.

EU-Kommission (2003b): Fragen und Antworten zur GVO-Regelung in der EU. MEMO/02/16-REV. Online im Internet: http://europa.eu.int/comm/dgs/health_consumer/library/press/press298_de.pdf [Stand 08.12.2003].

EU-Kommission (2003c): Communication from Mr Fischler to the Commission. Co-existence of Genetically Modified, Conventional and Organic Crops. Online im Internet: http://www.biosicherheit.de/pdf/aktuell/Fischler_02_2003.pdf [Stand 13.02.2004].

EU-Kommission (2004): GVO-Zulassungen nach EU-Recht – Stand der Dinge. MEMO/04/17. Online im Internet: http://europa.eu.int/rapid/start/cgi/guesten.ksh?p_action.gettxt=gt&doc=MEMO/04/17|0|RAPID&lg=DE&display= [Stand 08.12.2003].

EWEN, S. W. B., PUSZTAI, A. (1999): Effects of diets containing genetically modified potatoes expressing Galanthus nivalis lectin on rat small intestine. The Lancet 354 (9187), S. 1353–1354.

FALK, M. C., CHASSY, B. M., HARLANDER, S. K., HOBAN, T. J., McGLOUGHLIN, M. N., AKHLAGHI, A. R. (2002): Food biotechnology: benefits and concerns. Journal of Nutrition 132 (6), S. 1384–1390.

FAO (Food and Agriculture Organization), WHO (World Health Organization) (2001): Evaluation of Allergenicity of Genetically Modified Foods. Report of a Joint FAO/WHO Expert Consultation of Allergenicity of Foods Derived from Biotechnology, 22–25 Januar 2001. Online im Internet: http://www.who.int/foodsafety/publications/biotech/en/ec_jan2001.pdf [Stand 14.11.2003].

FEESS-DÖRR, E., PRÄTORIUS, G., STEGER, U. (1992): Umwelthaftungsrecht. Bestandsaufnahme, Probleme, Perspektiven. 2., überarb. Auflage. Wiesbaden: Gabler.

FISCHER, R., LIAO, Y. C., HOFFMANN, K., SCHILLBERG, S., EMANS, N. (1999): Molecular farming of recombinant antibodies in plants. Biological Chemistry 380 (7–8), S. 825–39.

Food Standards Agency, UK (2002): Evaluating the risks associated with using GMO in human foods. Two reports. G01008. Online im Internet: http://www.foodstandards.gov.uk/science/research/NovelFoodsResearch/g01programme/G01genetransfer/g01008/#ba [Stand 28.07.2003].

FRANKEL, O. H., SOULÉ, M. E. (1981): Conservation and Evolution. Cambridge: Cambridge University Press.

GERMOLEC, D. R., KIMBER, I., GOLDMANN, L., SELGRADE, M. J. (2003): Key issues for the assessment of the allergenic potential of genetically modified foods: Breakout group reports. Environmental Health Perspectives 111 (8), S. 1131–1139.

GM Science Review Panel (2003): GM Science Review. First Report. An open review of the science relevant to GM crops and food based on interests and concerns of the public. Online im Internet: http://www.gmsciencedebate.org.uk/report/ [Stand 31.07.2003].

LESICA, P., ALLENDORF, F. W. (1999): Ecological genetics and the restoration of plant communities: mix or match? Restoration Ecology 7 (1), S. 42–50.

LEISEWITZ, A. (1999): Stoffflussanalyse endokrin wirksamer Substanzen – Produktion, Verwendung, Umwelteinträge. In: Abwassertechnische Vereinigung (Hrsg.): Endokrine Stoffe. Hennef: Verlag für Abwasser, Abfall und Gewässerschutz. ATV-Schriftenreihe, Bd. 15, S. 22–37.

Enquete-Kommission nachhaltige Energieversorgung (2002): Nachhaltige Energieversorgung unter den Bedingungen der Globalisierung und Liberalisierung. Berlin: Deutscher Bundestag.

GRAEFE zu BARINGDORF, F. W. (2003): Wahlfreiheit – das Europäische Parlament sorgt vor. Presseerklärung. Online im Internet: http://zs-l.de/saveourseeds/downloads/graefe_18_12_03.pdf [Stand: 08.01.2004].

GROTH, B., SEITZ, B., RISTOW, M. (2003): Naturschutzfachlich geeignete Baum- und Straucharten für die Verwendung bei Kompensationsmaßnahmen in der freien Landschaft in Brandenburg. Naturschutz und Landschaftspflege in Brandenburg 12 (1), S. 28–30.

GRUNWALD, A., SAUTER, A. (2003): Langzeitmonitoring der Freisetzung gentechnisch veränderter Pflanzen (GVP). Gesellschaftliche, politische und wissenschaftliche Dimensionen. In: Umweltbundesamt (Hrsg.) (2003): Symposium „Monitoring von gentechnisch veränderten Pflanzen: Instrument einer vorsorgenden Umweltpolitik". Berlin: UBA. UBA-Texte 23/03, S. 16–24.

Grüne Akademie der Heinrich-Böll-Stiftung (Hrsg.) (2001): Das gute Leben. Neue Technologien im Dienst der Entfaltung von Mensch und Natur – Ein Memorandum zur Innovationspolitik. Berlin: Heinrich-Böll-Stiftung.

HALFHILL, M. D., MILLWOOD, R. J., RAYMER, P. L., STEWART, C. N. (2002): Bt-transgenic oilseed rape hybridization with its weedy relative, Brassica rapa. Environmental Biosafety Research 1, S. 19–28.

HALL, L., TOPINKA, K., HUFFMAN, J., DAVIS, L. GOOD, A. (2000): Pollen flow between herbicide-resistant Brassica napus is the cause of multi-resistant B. napus volunteers. Weed Science 48, S. 688–694.

HARTMANN, A. (2002): Funktionsweise und Risiken von Gene Usage Restriction Technologies (Terminator Technologie). Berlin: Umweltbundesamt. UBA-Texte 74/02.

HASLER, C. M., KUNDRAT, S., WOOL, D. (2000): Functional foods and cardiovascular diseases. Current Atherosclerosis Reports 2 (6), S. 467–475.

HAUSKELLER, M. (2002): The relation between ethics and aesthetics in connection with moral judgements about gene technology. In: HEAF, D., WIRZ, J. (Eds.): Genetic engineering and the intrinsic value and integrity of animals and plants. Proceedings of a workshop at the Royal Botanic Garden, Edinburgh, UK, 18–21 September 2002. Dornach: International Forum for Genetic Engineering, S. 99–102.

HEYWOOD, V. H., WATSON, R. T. (Eds.) (1995): Global Biodiversity Assessment. Cambridge: Cambridge University Press.

HIRSCH, G., SCHMIDT-DIDCZUHN, A. (1991): Gentechnikgesetz. Kommentar. München: Beck.

HIRSCHBERG, J. (1999): Production of high-value compounds: carotenoids and vitamin E. Current opinions in Biotechnology 10 (2), S. 186–191.

HOFMANN, F., SCHLECHTRIEMEN, U., WOSNIOK, W., FOTH, M. (2004): Technische und biologische Pollenakkumulatoren und PCR-Screening für ein Umweltmonitoring von gentechnisch veränderten Pflanzen im Hinblick auf Dokumentation von Eintrag und Verbreitung von GVP. Berlin: UBA. UBA-Texte (im Erscheinen).

ICSU (International Council for Science) (2003): New Genetics, Food and Agriculture: Scientific Discoveries – Societal Dilemmas. Online im Internet: http://www.icsu.org/index2.htm?http&&&www.icsu.org/events/GMOs/index.html [Stand 11.02.2004].

IDEL, A. (2003): Enttäuschte Hoffnung – Erhoffte Täuschung. Die Versprechungen der Industrie und was aus ihnen geworden ist. Politische Ökologie Nr. 81–82, S. 49–53.

JAMES, C. (2003): Preview. Global Status of Commercialized Transgenic Crops: 2003. Ithaca, NY: ISAAA. ISAAA Briefs No. 30. Online im Internet: http://www.transgen.de/pdf/dokumente/ISAAA2003.pdf [Stand 15.01.2004].

JANY, K. D., GREINER, R. (1998): Gentechnik und Lebensmittel. Karlsruhe: BFE. Berichte der Bundesforschungsanstalt für Ernährung.

JONAS, D. A., ELMADFA, I., ENGEL, K.-H., HELLER, K. J., KOZIANOWSKI, G., KONIG, A., MULLER, D., NARBONNE, J. F., WACKERNAGEL, W., KLEINER, J. (2001): Safety considerations of DNA in food. Annals of Nutrition and Metabolism 45 (6), S. 235–254.

KATHEN, A. de (2001): „Gene farming". Stand der Wissenschaft, mögliche Risiken und Management-Strategien. Berlin: Umweltbundesamt. UBA-Texte 15/01.

KEMPKEN, F., KEMPKEN, R. (2004): Gentechnik bei Pflanzen. Berlin: Springer.

KOKOTT, J., KLAPHAKE, A., MARR, S. (2003): Ökologische Schäden und ihre Bewertung in internationalen, europäischen und nationalen Haftungssystemen. Eine juristische und ökonomische Analyse. Berlin: E. Schmidt. Umweltbundesamt, Berichte 03/03.

KOWARIK, I. (2003): Biologische Invasionen: Neophyten und Neozoen in Mitteleuropa. Stuttgart: Ulmer.

KOWARIK, I., SUKOPP, H. (2000): Zur Bedeutung von Apophytie, Hemerochorie und Anökophytie für die biologische Vielfalt. In: BfN (Hrsg.): Erfassung und Schutz der genetischen Vielfalt von Wildpflanzenpopulationen in Deutschland. Bonn-Bad Godesberg: BfN. Schriftenreihe für Vegetationskunde 32, S. 167–182.

LEVIN, D. A., KERSTER, H. W. (1974): Gene flow in seed plants. Evolutionary Biology 7, S. 139–220.

LUCCA, P., HURRELL, R., POTRYKUS, I. (2001): Approaches to improving the bioavailability and level of iron in rice seeds. Journal of the Science of Food and Agriculture 81 (9), S. 828–834.

LUMMERT, R., THIEM, V. (1980): Rechte des Bürgers zur Verhütung und zum Ersatz von Umweltschäden. Berlin: E. Schmidt. Umweltbundesamt, Berichte 03/80.

MA, J. K. (1999): The caries vaccine: a growing prospect. Dental Update 26 (9), S. 37–380.

MAGNUSSON, M. K., KOIVISTO HURSTI, U. K. (2002): Consumer attitudes towards genetically modified foods. Appetite 39 (1), S. 9–24.

MARVIER, M. (2002): Improving risk assessment for nontarget safety of transgenic crops. Ecological Applications 12 (4), S. 1119–1124.

MAYR, E. (1998): Das ist Biologie. Berlin: Spektrum.

METCALFE, D. D. (2003): Introduction: What are the issues in addressing the allergenic potential of genetically modified foods? Environmental Health Perspectives 111 (8), S. 1110–1113.

MEYER, H. (2003): Biosafety-Protokoll tritt in Kraft. Gen-ethischer Informationsdienst 159, S. 47–49.

MEYER-ABICH, M. (2001): Haftungsrechtliche Erfassung ökologischer Schäden. Baden-Baden: Nomos. Forum Umweltrecht 36.

MÜLLER, W., MIKLAU, M., TRAXLER, A., PASCHER, K., GAUGITSCH, H., HEISSENBERGER, A. (2003): Alternativen zu gentechnisch veränderten Pflanzen. Berlin: Umweltbundesamt. UBA-Texte 68/03.

MUULA, A. S., MFUTSO-BENGO, J. M. (2003): Risks and benefits of genetically modified maize donations to southern Africa: views from Malawi. Croatian Medical Journal, 44 (1), S. 102–106.

NAWRATH, A. (1982): Die Haftung für Schäden durch Umweltchemikalien. Eine Untersuchung über die Strukturen und die Leistungsfähigkeit des bestehenden Schadensrechts. Frankfurt a. M.: Peter Lang.

NASS (National Agricultural Statistics Service) (2003): Corn and Biotechnology Special Analysis. Online im Internet: http://www.usda.gov/nass/pubs/bioc0703.pdf [Stand 06.12.2003].

NÖH, I. (2001): Maßstäbe und Erfahrungen des Umweltbundesamtes hinsichtlich der Bewertung von Umweltwirkungen gentechnisch veränderter Organismen (GVO). In: UBA (Hrsg.): Stand der Entwicklung des Monitoring von gentechnisch veränderten Organismen (GVO). Materialiensammlung. Berlin: UBA. UBA-Texte 60/01, S. 76–105.

NORDLEE, J. A., TAYLOR, S. L., TOWNSEND, J. A., THOMAS, L. A., TOWNSEND, R. (1996): Investigations of the Allergenicity of Brazil Nut 2S Seed Storage Protein in Transgenic Soybean. In: OECD (Ed.): Food Safety Evaluation. Paris: OECD, S. 151–155.

NOWACK HEIMGARTNER, K., BICKEL, R., PUSHPARAJAH LORENZEN, R., WYSS, E. (2002): Sicherung der gentechnikfreien Bioproduktion. Eintrittswege gentechnisch veränderter Organismen, Gegenmaßnahmen und Empfehlungen. Bern: Bundesamt für Umwelt, Wald und Landschaft. Schriftenreihe Umwelt Nr. 340.

Öko-Institut (2003): Saatgut-Reinheit. Gentechnik-Nachrichten Spezial 14. Online im Internet: http://www.oeko-institut.org/gen/s014_de.pdf

OTT, K. (1998): Ethik und Wahrscheinlichkeit: Zum Problem der Verantwortbarkeit von Risiken unter Bedingungen wissenschaftlicher Ungewißheit. In: WOBUS, A. M., WOBUS, U., PARTHIER, B. (Hrsg.): Vom Einfachen zur Ganzheitlichkeit. Heidelberg: Barth, S. 111–128.

PEICHL, L., FINCK, M. (2003): Monitoring ökologischer Auswirkungen gentechnisch veränderter Pflanzen: Harmonisierungs- und Standardisierungsbedarf. Gefahrstoffe – Reinhaltung der Luft 63 (6), S. 223–224.

PERR, H. A. (2002): Children and genetically engineered food: potentials and problems. Journal of Pediatric Gastroenterology and Nutrition 35 (4), S. 475–486.

PICKARDT, T., KATHEN, A. de (2002): Literaturstudie zur Stabilität transgen-vermittelter Merkmale in gentechnisch veränderten Pflanzen mit dem Schwerpunkt transgene Gehölzarten und Stabilitätsgene. Berlin: Umweltbundesamt. UBA-Texte 53/02.

POTRYKUS, L. (2003): Nutritionally enhanced rice to combat malnutrition disorders of the poor. Nutrition Reviews 61 (6), S. 101–104.

RAMSAY, G., THOMPSON, C., SQUIRE, G. (2003): Quantifying landscape-scale gene flow in oilseed rape. London: Defra. Online im Internet: http://www.defra.gov.uk/environment/gm/research/epg-rg0216.htm [Stand 08.12.2003].

REGAL, P. J. (1994): Scientific principles for ecologically based risk assessment of transgenic organisms. Molecular Ecology Jg. 3, S. 5–13.

REISS, M. J., STRAUGHAN, R. (1996): Improving Nature? The science and ethics of genetic engineering. Cambridge: Cambridge University Press.

RICHTER, L., KIPP, P. B. (1999): Transgenic plants as edible vaccines. Current Topics in Microbiology and Immunology 240, S. 159–176.

RIEDL, U. (Bearb.) (2003): Autochtones Saat- und Pflanzgut – Ergebnisse einer Fachtagung. Bonn: BfN. BfN-Skripten 96.

RIEGER, M. A., LAMOND, M., PRESTON, C., POWLES, S. B., ROUSH, R. T. (2002): Pollen-mediated movement of herbicide resistance between commercial canola fields. Science 296 (5577), S. 2386–2388.

Risikokommission (2003): Abschlussbericht der Risikokommission. Ad-hoc-Kommission „Neuordnung der Verfahren und Strukturen zur Risikobewertung und Standardsetzung im gesundheitlichen Umweltschutz der Bundesrepublik Deutschland". Salzgitter: Risikokommission.

RKI (Robert Koch-Institut) (2003): Freisetzen und Inverkehrbringen gentechnisch veränderter Organismen. Online im Internet: http://www.rki.de/GENTEC/FREISETZUNGEN/FREISETZ.HTM [Stand 01.12.2003].

Royal Society (2003): The Farm Scale Evaluations of spring-sown genetically modified crops. Online im Internet: http://www.pubs.royalsoc.ac.uk/phil_bio/news/fse_toc.html [Stand 08.12.2003].

RYDER, O. A. (1986): Species conservation and systematics: the dilemma of subspecies. Trends in Ecology and Evolution 1, S. 9–10.

SAXENA, D., STOTZKY, G. (2001): Bt corn has a higher lignin content than non-Bt corn. American Journal of Botany 88 (9), S. 1704–1706.

SCHLIEWEN, U., ENGLBRECHT, C., RASSMANN, K., MILLER, M., KLEIN, L., TAUTZ, D. (2003): Veränderungen der genetischen Vielfalt: Molekulare und populations-ökologische Charakterisierung autochthoner und durch Besatz beeinflusster Salmoniden-Populationen (Bachforelle, Alpen-Seesaibling) in Bayern. Berlin: Umweltbundesamt. UBA-Texte 48/01.

SCHULER, T. H., POPPY, G. M., KERRY, B. R., DENHOLM, I. (1998): Insect-resistant transgenic plants. Trends in Biotechnology 16 (4), S. 168–175.

Senat der Bundesforschungsanstalten – Senatsarbeitsgruppe „Qualitative Bewertung von Lebensmitteln aus alternativer und konventioneller Produktion" (2003): Bewertung von Lebensmitteln verschiedener Produktionsverfahren. Statusbericht 2003. Online im Internet: http://www.bmvel-forschung.de/themen/download/tdm200306_bericht_030515.pdf [Stand 08.12.2003].

SKORUPINSKI, B. (1996): Gentechnik für die Schädlingsbekämpfung. Eine ethische Bewertung der Freisetzung gentechnisch veränderter Organismen in der Landwirtschaft. Stuttgart: Enke.

SKORUPINSKI, B., OTT, K. (2000): Technikfolgenabschätzung und Ethik. Eine Verhältnisbestimmung in Theorie und Praxis. Zürich: vdf Hochschulverlag.

SNOW, A. A., PILSON, D., RIESEBERG, L. H., PAULSEN, M. J., PLESKAC, N., REAGON, M. R., WOLF, D. E., SELBO, S. M. (2003): A Bt transgene reduces herbivory and enhances fecundity in wild sunflowers. Ecological Applications 13 (2), S. 279–286.

SPD, BÜNDNIS 90/DIE GRÜNEN (2002): Erneuerung – Gerechtigkeit – Nachhaltigkeit. Für ein wirtschaftlich starkes, soziales und ökologisches Deutschland. Für eine lebendige Demokratie. Koalitionsvertrag. Online im Internet: http://www.spd.de/servlet/PB/menu/1023283/ [Stand 03.03.2004].

SPÖK, A., HOFER, H., VALENTA, R., KIENZL-PLOCHBERGER, K., LEHNER, P., GAUGITSCH, H. (2002): Toxikologie und Allergologie von GVO-Produkten. Empfehlungen zur Standardisierung der Sicherheitsbewertung von gentechnisch veränderten Pflanzen auf der Basis der Richtlinie 90/220/EWG (2001/18/EG). Wien: Umweltbundesamt. Monographien 109.

SRU (Rat von Sachverständigen für Umweltfragen) (1987): Umweltgutachten 1987. Stuttgart: Kohlhammer.

SRU (1998): Umweltgutachten 1998. Umweltschutz: Erreichtes sichern – Neue Wege gehen. Stuttgart: Metzler-Poeschel.

SRU (2000): Umweltgutachten 2000. Schritte ins nächste Jahrtausend. Stuttgart: Metzler-Poeschel.

SRU (2002a): Für eine Stärkung und Neuorientierung des Naturschutzes. Sondergutachten. Stuttgart: Metzler-Poeschel.

SRU (2002b): Umweltgutachten 2002. Für eine neue Vorreiterrolle. Stuttgart: Metzler-Poeschel.

STÖKL, L. (2003): Die Gentechnik und die Koexistenzfrage: Zivilrechtliche Haftungsregelungen. Zeitschrift für Umweltrecht 14 (4), S. 274–279.

STRANDBERG, B., PEDERSEN, M. E. (2002): Biodiversity in Glyphosate Tolerant Fodder Beet Fields – Timing of herbicide application. Silkeborg: National Environmental Research Institute. NERI Technical Report No. 410. Online im Internet: http://www.dmu.dk/1_viden/2_Publikationer/3_fagrapporter/rapporter/FR410.pdf [Stand 08.12.2003].

Strategy Unit (2003): Field Work: weighing up the costs and benefits of GM crops. Online im Internet: http://www.number-10.gov.uk/su/gm/index.htm [Stand 08.12.2003].

STRAUGHAN, R. (1992): Ethics, morality and crop biotechnology. Fernhurst Haslemere: ICI Seeds. Manuskript.

TAB (Büro für Technikfolgen-Abschätzung) (2001): Bericht des Ausschusses für Bildung, Forschung und Technikfolgenabschätzung (19. Ausschuss) gemäß § 56 a der Geschäftsordnung: Monitoring „Risikoabschätzung und Nachzulassungsmonitoring transgener Pflanzen". Berlin: Deutscher Bundestag. Bundestagsdrucksache 14/5492.

TABASHNIK, B. E., CARRIÈRE, Y., DENNEHY, T. J., MORIN, S., SISTERSON, M. S., ROUSH, R. T., SHELTON, A. M., ZHAO, J. (2003): Insect Resistance to Transgenic Bt Crops: Lessons from the Laboratory and Field. Journal of Economic Entomology 96 (4), S. 1031–1038.

TAPPESER, B. (2003): Nahrung als Medizin? Politische Ökologie 81–82, S. 54–58.

TAPPESER, B., JÄGER, M., ECKELKAMP, C. (1999): Survival, persistance, transfer – An update on current knowledge on GMOs and the fate of their recombinant DNA. Penang: Third World Network. TWN Biotechnology & Biosafety Series 3.

TAPPESER, B., ECKELKAMP, C., WEBER, B. (2000): Untersuchung zu tatsächlich beobachteten nachteiligen Effekten von Freisetzungen gentechnisch veränderter Organismen. Wien: Umweltbundesamt. Monographien 129.

TAYLOR, S. L., HEFLE, S. L. (2001): Current reviews of allergy and clinical immunology. Will genetically modified foods be allergenic? Journal of Allergy and Clinical Immunology 107 (5), S. 765–771.

THELEN, J. J., OHLROGGE, J. B. (2002): Metabolic engineering of fatty acid biosynthesis in plants. Metabolic Engineering 4 (1), S. 12–21.

TREU, R., EMBERLIN, J. (2000): Pollen dispersal in the crops Maize (Zea mays), Oil seed rape (Brassica napus ssp. oleifera), Potatoes (Solanum tuberosum), Sugar beet (Beta vulgaris ssp. vulgaris) and Wheat (Triticum aestivum). Evidence from publications. Online im Internet: http://www.soilassociation.org/web/sa/saweb.nsf/librarytitles/GMO14012000 [Stand 14.11.2003].

TRYPHONAS, H., ARVANITAKIS, G., VAVASOUR, E., BONDY, G. (2003): Animal models to detect allergenicity to foods and genetically modified products: workshop summary. Environmental Health Perspectives 111 (2), S. 221–222.

UBA (Umweltbundesamt) (2001): Stand der Entwicklung des Monitoring von gentechnisch veränderten Organismen (GVO). Materialiensammlung. Berlin: Umweltbundesamt. UBA-Texte 60/01.

WBGU (Wissenschaftlicher Beirat der Bundesregierung Globale Umweltveränderungen) (1999): Welt im Wandel – Strategien zur Bewältigung globaler Umweltrisiken. Jahresgutachten 1998. Berlin: Springer.

WINGENDER, R., KLINGENSTEIN, F. (2000): Ergebnisse des Expertengespräches: „Erfassung und Schutz der genetischen Vielfalt von Wildpflanzenpopulationen in Deutschland". In: BfN (Hrsg.): Erfassung und Schutz der genetischen Vielfalt von Wildpflanzenpopulationen in Deutschland. Bonn-Bad Godesberg: BfN. Schriftenreihe für Vegetationskunde 32, S. 183–188.

WYNN, R. L., MEILLER, T. F., CROSSLEY, H. L. (1999): Tobacco „plantibodies" for caries prevention. General Dentisty 47 (5), S. 450–454.

ZOGLAUER, K., AURICH, C., KOWARIK, I., SCHEPKER, H. (2000): Freisetzung transgener Gehölze und Grundlagen für Confinements. Berlin: Umweltbundesamt. UBA-Texte 31/00.

Kapitel 11

ACHILLADELIS, B., SCHWARTZKOPF, A., CINES, M. (1990): The dynamics of technological innovation: The case of the chemical industry. Research Policy 19 (1), S. 1–34.

AHRENS, A. (2003): Informationen in der Produktkette – wohin laufen sie denn? Informationen in der Wertschöpfungskette. In: BMU, EU-Kommission, UBA (2003): REACH – die Ziele erreichen. Veranstaltung zur Neuen Europäischen Chemikalienpolitik. 10. November 2003, Bundespresseamt Berlin. S. 87–93.

APPEL, I. (2003): Präventionsstrategien im europäischen Chemikalienrecht und Welthandelsrecht. Zeitschrift für Umweltrecht, Sonderheft, S. 167–175.

ARTHUR D. LITTLE (2002): Wirtschaftliche Auswirkungen der EU-Stoffpolitik. Bericht zum BDI-Forschungsprojekt. Wiesbaden: Arthur D. Little.

ARTHUR D. LITTLE (2003): Economic Effects of the EU Substances Policy. Supplement to the Report on the BDI Research Project, 18th December 2002. Wiesbaden: Arthur D. Little.

ASHFORD, N., HEATON, G. (1983): Regulation and Technological Innovation in the Chemical Industry. Law and Contemporary Problems 46 (3), S. 109–157.

BDI (Bundesverband der Deutschen Industrie) (2002): Industrie: EU-Stoff- und Chemikalienpolitik droht Deutschland in Rezession zu stürzen. Pressemitteilung vom 7. November 2002. Köln: BDI.

BERKHOUT, F., IIZUKA, M., NIGHTINGALE, P., VOSS, G. (2003): Innovation in the chemicals sector and the new European Chemicals Regulation. Godalming: WWF. WWF chemicals and health campaign report.

BERRISCH, G. M. (2003): Das Allgemeine Zoll- und Handelsabkommen (GATT 1994). In: PRIEß, H.-J. (Hrsg.): WTO-Handbuch. München: Beck, S. 71–168.

BEYERLIN, U. (2000): Umweltvölkerrecht. München: Beck.

BFR (Bundesinstitut für Risikobewertung) (2003). Geplantes Europäisches Chemikaliensystem bringt Fortschritte für den gesundheitlichen Verbraucherschutz. Pressemitteilung vom 22.07.2003.

BIAS, R. (2003): EU New Chemicals Policy. A Perspective from a Chemicals Producer. Impacts, Consequences, Needs. Vortrag, EU Conference: EU Sustainable Chemicals Management, 25. November 2003, Brüssel.

BLAZEJCZAK, J., EDLER, D., HEMMELSKEMP, J., JÄNICKE, M. (1999): Umweltpolitik und Innovation – Politikmuster und Innovationswirkungen im internationalen Vergleich. Zeitschrift für Umweltpolitik und Umweltrecht 22 (1), S. 1-32.

Bundesregierung, VCI (Verband der Chemischen Industrie) und IG BCE (Industriegewerkschaft Bergbau, Chemie, Energie) (2003). Gemeinsame Bewertung der Bundesregierung, des Verbandes der Chemischen Industrie e. V. (VCI) und der Industriegewerkschaft Bergbau, Chemie, Energie (IG BCE) des Konsultationsentwurfs der EU-Kommission für die Registrierung, Evaluation, Zulassung und Beschränkung von Chemikalien (REACH). Gemeinsame Pressemitteilung vom 22. August 2004.

BUNKE, D., EBINGER, F., JÄGER, I., SCHNEIDER, K. (2002): Das Weißbuch zur Neuordnung der Chemikalienpolitik: Vom Konzept zur Umsetzung. Anforderungen, Erfahrungen und Perspektiven für den Informationsfluss in der Produktkette. Freiburg: Öko-Institut.

BUTZ, M. (1999): Beruflich verursachte Krebserkrankungen. Sankt Augustin: Hauptverband der gewerblichen Berufsgenossenschaften.

CALLIESS, C. (2003): Einordnung des Weißbuches zur Chemikalienpolitik in die bisherige europäische Chemie- und Umweltpolitik. In: CALLIESS, C. (Mitverf.), SCHRÖDER, M. (Ltg.): Das Europäische Weißbuch zur Chemikalienpolitik. Berlin: E. Schmidt, S. 11–62.

CAMERON, J., WADE-GERY, W. (1995): Addressing Uncertainty. Law, Policy and the Development of the Precautionary Principle. In: DENTE, B. (Ed.): Environmental Policy in Search of New Instruments. Dordrecht: Kluwer, S. 95–142.

CEFIC (European Chemical Industry Council) (2002a): Barometer of competitiveness 2002. Business impact of New Chemicals Policy. Online im Internet: http://www.cefic.org/Files/Publications/Barometer2002.pdf [Stand 20.06.2003].

CEFIC (2002b): Facts and Figures. The European chemical industry in a world-wide perspective. Online im Internet: http://www.cefic.org/factsandfigures/downloads/FFNov2002.ppt [Stand 20.06.2003].

CEFIC (2002c): Business Impact Study. Sectoral Fact Sheets. Online im Internet: http://www.chemicalspolicy-review.org [Stand 20.06.2003].

CEFIC (2003): Consultation Document concerning Registration, Evaluation, Authorisation and Restrictions of Chemicals (REACH). Occupational Diseases in the European Chemical Industry – Impact of REACH. Cefic Comments – 8 July 2003. Appendix 6. Brüssel.

CRONIN, M. T., WALKER, J. D., JAWORSKA, J. S., COMBER, M. H., WATTS, C. D., WORTH, A. P. (2003a): Use of quantitative structure-activity relationships in international decision-making frameworks to predict ecologic effects and environmental fate of chemical substances. Environmental Health Perspectives 111 (10), S. 1376–1390.

CRONIN, M. T., JAWORSKA, J. S., WALKER, J. D., COMBER, M. H., WATTS, C. D., WORTH, A. P. (2003b): Use of QSARs in international decision-making frameworks to predict health effects of chemical substances. Environmental Health Perspectives 111 (10), S. 1391–1401.

Danish EPA (Danish Environmental Protection Agency) (2003): Advisory list for self-classification of dangerous substances. Online im Internet: http://www.mst.dk/chemi/01050000.htm [Stand: 04.12.2003].

DAVEY, W. J., PAUWELYN, J. (2000): MFN Unconditionality: A Legal Analysis of the Concept in View of its Evolution in the GATT/WTO Jurisprudence with Particular Reference to the Issue of „Like Products". In: COTTIER, T., MAVROIDIS, P. C., BLATTER, P. (Eds.): Regulatory Barriers and the Principle of Non-Discrimination in World Trade Law. Ann Arbor: University of Michigan Press, S. 13–50.

DRIESEN, D. M. (2003): The economic dynamics of environmental law. Cambridge, Massachusetts: MIT Press.

ECB (European Chemicals Bureau)(2002): ECB draft proposal for fully integrated sections of revised polymer guidance (version 3). Ispra: unveröffentlichtes Dokument.

EDER, P. (2003): Expert inquiry on innovation options for cleaner production in the chemical industry. Journal of Cleaner Production 11 (4), S. 347–364.

EEA (European Environment Agency) (2001): Late lessons from early warnings: the precautionary principle 1896-2000. Online im Internet: http://reports.eea.eu.int/environmental_issue_report_2001_22/en/tab_content_RLR [Stand: 20.11.2003].

ELISTE, P., FREDERIKSSON, P. G. (1998): Does Open Trade Result in a Race to the Bottom? Cross-Country Evidence. New York: Weltbank (unveröffentlichtes Manuskript).

EPINEY, A. (2000): Welthandel und Umwelt – Ein Beitrag zur Dogmatik der Art. III, IX, XX GATT. Deutsches Verwaltungsblatt 115 (2), S. 77–86.

EPINEY, A., SCHEYLI, M. (1998): Strukturprinzipien des Umweltvölkerrechts. Baden-Baden: Nomos.

EU-Kommission (1998): Arbeitsdokument der Kommission. Bericht über die Durchführung der Richtlinie 67/548/EWG, der Richtlinie 88/379/EWG; der Verordnung (EWG) 793/93 und der Richtlinie 76/769/EWG. Brüssel: SEK (1998) 1986 endg.

EU-Kommission (2000): Mitteilung der Kommission. Die Anwendbarkeit des Vorsorgeprinzips. Brüssel: KOM(2000)1 endg.

EU-Kommission (2001): Weißbuch – Strategie für eine zukünftige Chemikalienpolitik. KOM(2001)88 endg.

EU-Kommission (2003a): Proposal for a Regulation of the European Parliament and of the Council concerning the Registration, Evaluation, Authorisation and Restrictions of Chemicals (REACH). COM(2003)644 from 29 October 2003.

EU-Kommission (2003b): Smoking and the environment: actions and attitudes. Online im Internet: http://europa.eu.int/comm/public_opinion/archives/eb/ebs_183_en.pdf [Stand: 05.12.2003].

EU-Kommission (2003c): Technical Guidance Document on Risk Assessment in support of Commission Directive 93/67/EEC on Risk Assessment for new notified substances, Commission Regulation (EC) No 1488/94 on Risk Assessment for existing substances, Directive 98/8/EC of the European Parliament and of the Council concerning the placing of biocidal products on the market. Brüssel.

EU-Parlament (2000): Arbeitsdokument über Stoffe, die das Hormonsystem stören – Hintergrunddokument. Ausschuss für Umweltfragen, Volksgesundheit und Verbraucherpolitik. Online im Internet: http://www.europarl.eu.int/meetdocs/committees/envi/20000710/413253_de.doc [Stand 10.02.2004].

FISCHER (2003): Die Zwangsverwertung von Unternehmensdaten im Chemikalienrecht. Deutsches Verwaltungsblatt 118 (12), S. 777–782.

FLEISCHER, M., KELM, S., PALM, D. (2000): Regulation and Innovation in the Chemical Industry. Sevilla: Institute for Prospective Technological Studies.

FLUCK, J. (2003): Transparenz, Schutz von Unternehmensdaten und Zwangskonsortien im geplanten REACH-System. In: RENGELING, H.-W. (Hrsg.): Umgestaltung des deutschen Chemikalienrechts durch europäische Chemikalienpolitik. Köln: Heymanns, S. 121–140.

FREESTONE, D. (Ed.) (1996): The Precautionary principle and international law: the challenge of implementation. The Hague: Kluwer Law International.

GINZKY, H. (2000): Vermarktungs- und Verwendungsbeschränkungen von Chemikalien – Verfahren, materielle Anforderungen und Reformüberlegungen. Zeitschrift für Umweltrecht 11 (2), S. 129–137.

GLEICH, A. von (2002): Risiko, Vorsorge und Wettbewerbsfähigkeit am Beispiel des EU-Weißbuchs zur Chemiepolitik. In: ALTNER, G., LEITSCHUH-FECHT, H., MICHELSEN, G., SIMONIS, U. E., WEIZSÄCER, E. U. von (Hrsg.): Jahrbuch Ökologie 2003. München: Beck-Verlag, S. 131–140.

GRANDERSON, G. (1999): The impact of regulation on technical change. Southern Economic Journal 65 (4), S. 807–822.

HEINELT, H. (Hrsg.) (2000): Prozedurale Umweltpolitik der EU. Umweltverträglichkeitsprüfungen und Öko-Audits im Ländervergleich. Opladen: Leske + Budrich.

HELCOM (Helsinki Commission, Baltic Marine Environment Protection Commission) (2002): Environment of the Baltic Sea area 1994-1998. Baltic Sea Environment Proceedings No. 82B. Online im Internet: http://www.helcom.fi/Monas/BSEP82B.pdf [Stand 22.07.2003].

HOHMANN, H. (1992): Präventive Rechtspflichten und -prinzipien des modernen Umweltvölkerrechts: zum Stand des Umweltvölkerrechts zwischen Umweltnutzung und Umweltschutz. Berlin: Duncker & Humblot.

HOWSE, R., REGAN, D. (2000): The Product/Process Distinction – An Illusory Basis for Disciplining „Unilaterism" in Trade Policy. European Journal of International Law 11 (2), S. 249–289.

HULZEBOS, E. M., POSTHUMUS, R. (2003): (Q)SARs: gatekeepers against risk on Chemicals? SAR and QSAR in Environmental Research 14 (4), S. 285–316.

IG Metall, Verdi, IG Bau (2003): EU-Chemiepolitik muss Schutz der Gesundheit und Umwelt in den Mittelpunkt stellen. Online im Internet: http://www.oekobriefe.de/archiv/ausgaben/10_2003_38_39.pdf [Stand 01.12.2003].

JACOB, K. (1999): Innovationsorientierte Chemikalienpolitik. Politische, soziale und ökonomische Faktoren des verminderten Gebrauchs gefährlicher Stoffe. München: Utz.

JÄNICKE, M. (2000): Ökologische Modernisierung als Innovation und Diffusion in Politik und Technik. Zeitschrift für angewandte Umweltforschung 13 (3/4), S. 281–288.

JOBLING, S., REYNOLDS, T., WHITE, R., PARKER, M. G., SUMPTER, J. P. (1995): A variety of environmental persistent chemicals, including some phthalate plasticizers, are weakly estrogenic. Environmental Health Perspectives 103 (6), S. 582–587.

KALBERLAH, F., SCHULZE, J., HASSAUER, M., OLTMANNS, J. (2002): Toxikologische Bewertung polychlorierter Biphenyle (PCB) bei inhalativer Aufnahme. Essen: Landesumweltamt Nordrhein-Westfalen. Materialien, Nr. 62.

KEMI (National Chemicals Inspectorate) (2002): Chemicals in articles – where is the knowledge? A project aimed at developing methodology for follow-up of chemical contents in articles. Online im Internet: http://www.kemi.se/publikationer/Pdf/pm2_02.pdf.

KLUTTIG, B. (2003): Welthandelsrecht und Umweltschutz – Kohärenz statt Konkurrenz. Halle (Saale): Martin-Luther-Universität Halle-Wittenberg. Arbeitspapiere aus dem Institut für Wirtschaftsrecht, H. 12.

KOCH, K. (2004): Handelspräferenzen der Europäischen Gemeinschaft für Entwicklungsländer.

KÖCK, W. (1999): Risikobewertung und Risikomanagement im deutschen und europäischen Chemikalienrecht – Problemanalyse und Reformperspektiven. Zeitschrift für angewandte Umweltforschung, Sonderheft 10, S. 76–96.

KÖCK, W. (2001): Zur Diskussion um die Reform des Chemikalienrechts in Europa – Das Weißbuch der EG-Kommission zur zukünftigen Chemikalienpolitik. Zeitschrift für Umweltrecht 12 (5), S. 303–308.

LAHL, U. (2003): REACH – Die politische Entscheidungsfindung in Deutschland. Nachr. Chem. 2003, 51, S. 25. Langfassung Online im Internet: http://www.gdch.de/taetigkeiten/nch/jg2004/reach.pdf [Stand 19.02.2004].

MAHDI, S., NIGHTINGALE, P., BERKHOUT, F. (2002): A Review of the Impact of Regulation on the Chemical Industry. Final Report to the Royal Commission on Environmental Pollution. Brighton: SPRU.

Mercer Management Consulting (2003): The likely impact of future European legislation in the area of chemicals substances. Summary of the impact study on the future European Policy in the area of chemical substances. Press Briefing Note. Brüssel, 28. April 2003.

MILMO, S. (2001): Europe faces an innovation lag. Chemical Market Reporter 26 (13), S. 9.

MÜLLER, E. (2003): Vertraulichkeit und Transparenz – ein Spannungsfeld? In: BMU, EU-Kommission, UBA (2003): REACH – die Ziele erreichen. Veranstaltung zur Neuen Europäischen Chemikalienpolitik. 10. November 2003, Bundespresseamt Berlin. S. 77–85.

NORDBECK, R., FAUST, M. (2002): European chemicals regulation and its effect on innovation. An assessment of the EU's White Paper on the strategy for a future chemicals policy. Leipzig: UFZ. UFZ-Diskussionspapiere, 4/2002.

OECD (Organisation for Economic Co-operation and Development) (1999): Technology and Environment: Towards Policy Integration. Unclassified Paper. Paris: OECD.

PACHE, E. (2002): Gefahrstoffrecht. In: KOCH, H.-J. (Hrsg.): Umweltrecht. Neuwied: Luchterhand, S. 491–527.

PEARCE, D., KOUNDOURI, P. (2003): The social cost of chemicals. The cost and benefits of future chemicals policy in the European Union. Godalming: WWF. WWF chemicals and health campaign report.

PEDERSEN, F., BRUIJN, J. de, MUNN, S., LEEUWEN, K. van (2003): Assessment of additional testing needs under REACH. Effects of (Q)SARS, risk based testing and voluntary industries. Ispra: European Commission, Joint Research Centre, Institute for Health and Consumer Protection.

RCEP (Royal Commission on Environmental Pollution) (2003): Chemicals in Products. Safeguarding the Environment and Human Health. London: TSO. Report, 24.

REGAN, D. (2002): Regulatory Purpose and „Like Products" in Article III: 4 of the GATT. Journal of World Trade 36 (3), S. 443–478.

REHBINDER, E. (2003): Allgemeine Regelungen – Chemikalienrecht. In: RENGELING, H.-W. (Hrsg.): Handbuch zum europäischen und deutschen Umweltrecht. 2. Aufl. Köln: Heymanns, Bd. 2, § 61.

RÖHRIG, L. T. (2002): Risikosteuerung im Lebensmittelrecht. Eine sicherheitsrechtliche Untersuchung des deutschen und europäischen Rechts unter Berücksichtigung der Welthandelsordnung. Münster: Lit.

ROMANOWSKI, G. (2003): Datenanforderungen – wer, wie viel, mit wem? In: BMU, EU-Kommission, UBA (2003): REACH – die Ziele erreichen. Veranstaltung zur Neuen Europäischen Chemikalienpolitik. 10. November 2003, Bundespresseamt Berlin. S. 59–67.

RPA (Risk & Policy Analysts Ltd) (2001): Regulatory Impact Assessment of the EU White Paper: Strategy for a Future Chemicals Policy. Final Report. Prepared for the Department of the Environment, Transport and the Regions. London: RPA.

RPA (2003): Revised Business Impact Assessment for the Consultation Document. Working Paper 4: Assessment of the Business Impacts of New Regulations in the Chemicals Sector. Prepared for the European Commission Enterprise Directorate General. London: RPA.

RÜHL, R. (2002): Kenntnisdefizite bei Stoffeigenschaften und ihre Folgen. Umweltwissenschaften und Schadstoff-Forschung 15 (1), S. 48–54.

SCHMIDT, R., KAHL, W. (2003): Umweltschutz und Handel. In: RENGELING, H.-W. (Hrsg.): Handbuch zum europäischen und deutschen Umweltrecht. 2. Aufl. Köln: Heymanns, Bd. 2, § 89.

SELIKOFF, I. J., CHURG, J., HAMMOND, E. C. (1964): Asbestos exposure and neoplasia. Journal of the American Medical Association Jg. 188, S. 22–26.

SIMONE, L. D. de, POPOFF, F. (2000): Eco-efficiency. The business link to sustainable development. Cambridge, Massachusetts: MIT Press.

SRU (Rat von Sachverständigen für Umweltfragen) (1979): Umweltchemikalien. Entwurf eines Gesetzes zum Schutz vor gefährlichen Stoffen. Bonn.

SRU (1994): Umweltgutachten 1994. Für eine dauerhaft-umweltgerechte Entwicklung. Stuttgart: Metzler-Poeschel.

SRU (1999): Umwelt und Gesundheit – Risiken richtig einschätzen. Sondergutachten. Stuttgart: Metzler-Poeschel.

SRU (2002): Umweltgutachten 2002. Für eine neue Vorreiterrolle. Stuttgart: Metzler-Poeschel.

SRU (2003): Zur Wirtschaftsverträglichkeit der Reform der Europäischen Chemikalienpolitik. Stellungnahme, Juli 2003. Online im Internet: http://www.umweltrat.de.

SRU (2004): Meeresumweltschutz für Nord- und Ostsee. Sondergutachten. Baden-Baden: Nomos.

STEVENS, C. (2000): OECD Programme on Technology and Sustainable Development. In: HEMMELSKAMP, J., RENNINGS, K., LEONE, F. (Eds.): Innovation-Oriented Environmental Regulation. Theoretical Approaches and Empirical Analysis. Heidelberg: Physica, S. 29–42.

SubChem (Sustainable Substitution of Hazardous Chemicals) (2002): Gefahrstoffsubstitution und Innovationsfähigkeit. Projektbeschreibung und Workshopbericht. Online im Internet: http://www.subchem.de [Stand 06.11.2003].

SZADKOWSKI, D. (1994): Asbest. In: MARQUARDT, H., SCHÄFER, S. G. (Hrsg.): Lehrbuch der Toxikologie. Mannheim: BI Wissenschaftsverlag, S. 234–237.

UBA (Umweltbundesamt) (1995): Jahresbericht 1994. Berlin: UBA.

UBA (2003a): Verwendungsregister für chemische Stoffe im Rahmen der neuen EU-Chemikalienpolitik. Forschungs- und Entwicklungsvorhaben des Umweltbundesamtes (UBA). Online im Internet: http://www.oekopol.de/PDF/Chemie/Projektprofil.pdf [Stand 27.01.2004].

UBA (2003b): Methodische Fragen einer Abschätzung von wirtschaftlichen Folgen der EU-Stoffpolitik. Zusammenfassung der Ergebnisse des Fachgesprächs im Umweltbundesamt am 6. Februar 2003. Berlin: UBA.

VCI (Verband der Chemischen Industrie) (2002a): Germany as a Production Location: Competing with the World. Düsseldorf: VCI.

VCI (2002b): Ausführungen von Herrn Dr. Jochen Rudolph, Leiter Konzernbereich Umwelt, Sicherheit, Gesundheit, Qualität der Degussa AG und Mitglied im VCI-Ausschuss Technik und Umwelt vor der Presse in Berlin am 7. November 2002. Pressevorlage vom 7. November 2002. Düsseldorf: VCI.

VIETH, B. (2002): Stillen und unerwünschte Fremdstoffe in Frauenmilch. Teil 1: Datenlage und Trends in Deutschland. Umweltmedizinischer Informationsdienst Nr. 2, S. 20–23.

WAGNER, J. C., SLEGGS, C. A., MARCHAND, P. (1960): Diffuse pleural mesothelioma and asbestos exposure in the North Western Cape Province. British journal of industrial medicine Jg. 17, S. 260–271.

WATERMANN, B., SCHULTE-OEHLMANN, U., OEHLMANN, J. (2003): Endokrine Effekte durch Tributylzinn (TBT): Wirkungen auf Weichtiere (Mollusken). In: LOZAN, J. L., RACHOR, E., REISE, K., SÜNDERMANN, J., WESTERNHAGEN, H. von (Hrsg.): Warnsignale aus Nordsee und Wattenmeer. Eine aktuelle Umweltbilanz. Hamburg: Wissenschaftliche Auswertungen, S. 239–244.

WEIHER, B. (1997): Nationaler Umweltschutz und Internationaler Warenverkehr. Baden-Baden: Nomos.

WINTER, G. (1995): Maßstäbe der Chemikalienkontrolle im deutschen Recht und im Gemeinschaftsrecht. In: WINTER, G. (Hrsg.): Risikoanalyse und Risikoabwehr im Chemikalienrecht. Düsseldorf: Werner, S. 1–63.

WINTER, G. (2000): Chemikalienrecht – Probebühne und Bestandteil einer EG-Produktpolitik. In: FÜHR, M. (Hrsg.): Stoffstromsteuerung durch Produktregulierung. Baden-Baden: Nomos, S. 247–276.

WINTER, G. (2003): Ausgewählte Rechtsfragen zum Consultation Document der Europäischen Kommission über eine Verordnung zur Chemikalienkontrolle. Kurzgutachten für den Sachverständigenrat für Umweltfragen. Bremen, 10. Oktober 2003.

WINTER, G., GINZKY, H., HANSJÜRGENS, B. (1999): Die Abwägung von Risiken und Kosten in der europäischen Chemikalienregulierung. Berlin: E. Schmidt. Umweltbundesamt, Berichte, 07/99.

WINTER, G., WAGENKNECHT, N. (2003): Gemeinschaftsverfassungsrechtliche Probleme der Neugestaltung der Vorlage von Prüfnachweisen im EG-Chemikalienrecht. Deutsches Verwaltungsblatt 118 (1), S. 10–22.

Kapitel 12

ABBAS, B., HENTSCHEL, J., RADEMACHER, J. (1998): Schutz vor verkehrsbedingten Immissionen. Beurteilung nicht reglementierter Abgaskomponenten. Bericht des Unterausschusses „Wirkungsfragen" des Länderausschusses für Immissionsschutz, Zwischenbericht, Oktober 1998. In: Ergebnisniederschrift über die 17. Sitzung des Unterausschusses „Wirkungsfragen" des Länderausschusses für Immissionsschutz am 7. bis 9. Oktober 1998 in Fulda, Anlage 4.

ALEXANDER, T. J. L. (1993): A winter of windborne spread. British Veterinary Journal 149 (6), S. 507–510.

ALT, F., BAMBAUER, A., HOPPSTOCK, K., MERGLER, B., TÖLG, G. (1993): Platinum traces in airborne particulate matter. Determination of whole content, particle size distribution and soluble platinum. Fresenius' Journal of Analytical Chemistry Jg. 346, S. 693–696.

ARTELT, S., KÖNIG H. P., LEVSEN, K., KOCK, H., ROSNER, G. (1999): Engine dynamometer experiments: platinum emissions from differently aged three-way catalytic converters. Atmospheric Environment 33 (21), S. 3559–3567.

B.A.U.CH. (Beratung und Analyse – Verein für Umweltchemie e. V.) (1992): Analyse und Bewertung der in Raumluft und Hausstaub vorhandenen Konzentrationen der Weichmacherbestandteile Diethylhexylphthalat (DEHP) und Dibutylphthalat (DBP). Sachbericht zum Projekt. Berlin.

BELL, I. R., BALDWIN, C. M., SCHWARTZ, G. E. (2001): Sensitization studies in chemically intolerant individuals: implications for individual difference research. Annual New York Academic Science Jg. 933, S. 38–47.

BGA (Bundesgesundheitsamt) (1988): Gesundheitliche Beurteilung von Kunststoffen im Rahmen des Lebensmittel- und Bedarfsgegenständegesetzes. 180. Mitteilung. Bundesgesundheitsblatt 31 (12), S. 488.

BGA (1989): Gesundheitliche Beurteilung von Kunststoffen im Rahmen des Lebensmittel- und Bedarfsgegenständegesetzes. 183. Mitteilung. Bundesgesundheitsblatt 32 (5), S. 212–213.

BfR (Bundesinstitut für Risikobewertung) (2003a): Bedeutung der Studie von Mucci et al. für die Risikobewertung von Acrylamid in Lebensmitteln. Stellungnahme des BfR vom 25. Februar 2003. Berlin.

BfR (2003b): Kunststoffempfehlung des BfR. Online im Internet: http://www.bfr.bund.de/cms/detail.php?template=internet_de_index_js [Stand 14.10.2003].

BgVV (Bundesinstitut für gesundheitlichen Verbraucherschutz und Veterinärmedizin) (2002): Aktionswert: Ein erster Schritt in Richtung einer drastischen Reduzierung von Acrylamid in Lebensmitteln. Online im Internet: http://www.uni-protokolle.de/nachrichten/id/5070/ [Stand 12.08.2003].

BMVEL (Bundesministerium für Verbraucherschutz, Ernährung und Landwirtschaft) (2003): Informationen zu Acrylamid: Aktueller Sachstand. Online im Internet: www.verbraucherministerium.de/verbraucher/aktueller_sachstand_acrylamid.htm [Stand: 13.08.2003].

BOOKER, S. M. (2001): NTP center on phthalate concerns. Environmental Health Perspectives 109 (6), S. A260–A261.

BORNEHAG, C. G., BLOMQUIST, G., GYNTELBERG, F., JARVHOLM, B., MALMBERG, P., NORDVALL, L., NIELSEN, A., PERSHAGEN, G., SUNDELL, J. (2001): Dampness in buildings and health. Nordic interdisciplinary review of the scientific evidence on associations between exposure to „dampness" in buildings and health effects (NORDDAMP). Indoor Air 11 (2), S. 72–86.

BORNSCHEIN, S., HAUSTEINER, C., ZILKER, T., BICKEL, H., FÖRSTL, H. (2000): Psychiatrische und somatische Morbidität bei Patienten mit vermuteter Multiple Chemical Sensitivity (MCS). Nervenarzt Jg. 71, S. 737–744.

BOSSOW, B. (1998): Keimemissionen bei der Weiterverarbeitung aussortierter Wertstoffe. Müll und Abfall 30 (8), S. 523–528.

BRAUN, P., MARCHL, D. (1994): Weichmacher in Innenräumen. In: Arbeitsgemeinschaft Ökologischer Forschungsinstitute (Hrsg.): Ökologische Gebäudesanierung II. Bonn: AGÖF, S. 264–269.

BRAUN, G., BRÜLL, U., ALBERTI, J., FURTMANN, K. (2001): Untersuchungen zu Phthalaten in Abwassereinleitungen und Gewässern. Berlin: Umweltbundesamt. UBA-Texte, Nr. 31/2001.

BRUNEKREEF, B. (1992): Damp housing and adult respiratory symptoms. Allergy 47 (5), S. 498–502.

BRUNEKREEF, B., FISCHER, P., REMIJN, B., LENDE, R. van der, SCHOUTEN, J., QUANJER, P. (1985): Indoor air pollution and its effect on pulmonary function of adult non-smoking women: III. Passive smoking and pulmonary function. International Journal of Epidemiology 14 (2), S. 227–230.

BÜNGER, J., ANTLAUF-LAMMERS, M., WESTPHAL, G., MÜLLER, M., HALLIER, E. (1999): Immunological reactions and health complaints in biological refuse personnel and composting by biological aerosol exposure. Schriftenreihe des Vereins für Wasser-, Boden- und Lufthygiene 104, S. 141–148.

BÜNGER, J., ANTLAUF-LAMMERS, M., SCHULZ, T. G., WESTPHAL, G. A., MÜLLER, M. M. RUHNAU, P., HALLIER, E. (2000): Health complaints and immunological markers of exposure to bioaerosols among biowaste collectors and compost workers. Occupational Environmental Medicine 57 (7), S. 458–464.

BÜNGER, J., SCHAPPLER-SCHEELE, B., HAILLIER, E. (2002a): Gesundheitsrisiken von Beschäftigten in Kompostierungsanlagen durch organische Stäube: Dropout-Analyse der Kohorte nach fünf Jahren Follow-up. In: NOWAK, D., PRAML, G. (Hrsg.): Perspektiven der klinischen Arbeitsmedizin und Umweltmedizin. Fulda: Rindt-Dr., S. 216–219.

BÜNGER, J., SCHAPPLER-SCHEELE, B., MISSEL, T. (2002b): Bewertung der Gesundheitssituation in Kompostwerken – Ergebnisse einer 5-Jahresstudie in 42 Kompostierungsanlagen. In: WIEMER, K., KERN, M. (Hrsg.): Bio- und Restabfallbehandlung VI. Witzenhausen: Witzenhausen-Institut für Abfall, Umwelt und Energie, S. 365–380.

CACCAPPOLO-van VLIET, E., KELLY-McNEIL, K., NATELSON, B., KIPEN, H., FIEDLER, N. (2002): Anxiety sensitivity and depression in multiple chemical sensitivities and asthma. Journal of Occupational and Environmental Medicine 44 (10), S. 890–901.

CALLEMAN, C. J., WU, Y., HE, F., TIAN, G., BERGMARK, E., ZHANG, S., DENG, H. (1994): Relationship between biomarkers of exposures and neurological effects in a group of workers exposed to acrylamide. Toxicology and Applied Pharmacology 126 (2), S. 361–371.

CARESS, S. M., STEINEMANN, A. C., WADDICK, C. (2002): Symptomatology and etiology of multiple chemical sensitivities in the southeastern United States. Archives of Environmental Health 57 (5), S. 429–436.

CARVALHEIRO, M. F., PETERSON, Y., RUBENOWITZ, E., RYLANDER, R. (1995): Bronchial reactivity and work-related symptoms in farmers. American Journal of Industrial Medicine 27 (1), S. 65–74.

CULLEN, M. R. (1987): The worker with multiple chemical sensitivities: an overview. Occupational Medicine 2 (4), S. 655–661.

DGM SAS (2002): Dutch policy statement on plasticisers (DGM SAS 2002 056 649). Directorate General for Environmental Management, Directorate for Substances, Waste and Radiation, Substances and Standard Setting Section. Status report, June 2002.

DUTY, S. M., NARENDRA, P. S., MANORI, J. S., BARR, D. B., BROCK, J. W., RYAN, L., HERRICK, R. F., CHRISTIANI, D. C., HAUSER, R. (2003): The relationship between environmental exposures to phthalates and DNA damage in human sperm using the neutral comet assay. Environmental Health Perspectives 111 (9), S. 1164–1169.

ECB (European Chemicals Bureau) (2001): Risk Assessment. Bis(2-ehtylhexyl)phthalate. Consolidated Final Report: September 2001. Chapters 4-6. Online im Internet: http://ecb.jrc.it/php-pgm/open_file.php?ITEM=Draft_RAR&CASNO=117817&FICHIER=/DOCUMENTS/Existing-Chemicals/RISK_ASSESSMENT/DRAFT/R042_0109_env_hh_4-6.pdf [Stand 13.10.2003].

EIKMANN, T., HERR, C., MACH, J., FISCHER, A.-B., TILKES, F., NIEDEN, A. zur, HARPEL, S., KÄMPFER, P., NEEF, A., ALBRECHT, A., BODEKER, R. H. (1999): Microbiological emissions from composting sites and their environmental medicine relevance for the neighbourhood. Measuring emissions and epidemiological study of 3 Hessian composting sites. Schriftenreihe des Vereins für Wasser-, Boden- und Lufthygiene 104, S. 195–209.

EIPPCB (European Integrated Pollution Prevention and Control Bureau) (2003): Reference Document on Best Available Techniques for Intensive Rearing of Poultry and Pigs, July 2003. Online im Internet: http://eippcb.jrc.es/pages/FActivities.htm [Stand 12.12.2003].

EIS, D., MÜHLINGHAUS, T., BIRKNER, N., BULLINGER, M., EBEL, H., EIKMANN, T., GIELER, U., HERR, C., HORNBERG, C., HÜPPE, M., LECKE, C., LACOUR, M., MACH, J., NOWAK, D., PODOLL, K., QUINZIO, B., RENNER, B., RUPP, T., SCHARRER, E., SCHWARZ, E., TÖNNIS, R., TRAENCKNER-PROBST, I., ROSE, M., WIESMÜLLER, A., WORM, M., ZUNDER, T. (2003): Multizentrische Studie zur Multiplen Chemikalien-Sensitivität (MCS) – Beschreibung und erste Ergebnisse der „RKI-Studie". Umweltmedizin in Forschung und Praxis 8 (3), S. 133–145.

EU (2001): Entscheidung Nr. 2455/2001/EG des Europäischen Parlaments und des Rates vom 20. November 2001 zur Festlegung der Liste prioritärer Stoffe im Bereich der Wasserpolitik und zur Änderung der Richtlinie 2000/60/EG. ABl. L 331, S. 1–5.

EU CSTEE (EU Scientific Committee on Toxicity, Ecotoxicity and the Environment) (1998): Phthalate migration from soft PVC toys and child-care articles. Opinion expressed at the CSTEE third plenary meeting, Brussels, 24. April 1998.

EU-Kommission (1999a): Entscheidung der Kommission vom 7. Dezember 1999 über Maßnahmen zur Untersagung des Inverkehrbringens von Spielzeug- und Babyartikeln, die dazu bestimmt sind, von Kindern unter drei Jahren in den Mund genommen zu werden, und aus Weich-PVC bestehen, das einen oder mehrere der Stoffe Diisononylphthalat (DINP), Di-(2-ethyl-hexyl)phthalat (DEHP), Dibutylphthalat (DBP), Diisodecylphthalat (DIDP), Di-n-octylphthalat (DNOP) oder Benzylbutylphthalat (BBP) enthält. ABl. L 315, S. 46.

EU-Kommission (1999b): Vorschlag für eine Richtlinie des Europäischen Parlaments und des Rates zur 22. Änderung der Richtlinie 76/769/EWG zur Angleichung der Rechts- und Verwaltungsvorschriften der Mitgliedstaaten für Beschränkungen des Inverkehrbringens und der Verwendung gewisser gefährlicher Stoffe und Zubereitungen (Phthalate) sowie zur Änderung der Richtlinie 88/378/EWG zur Angleichung der Rechtsvorschriften der Mitgliedstaaten über die Sicherheit von Spielzeug. ABl. C 116 E, S. 14–15.

EU-Kommission (2000a): Grünbuch zur Umweltproblematik von PVC. KOM(2000)469 endg.

EU-Kommission (2000b): Schlämme. Arbeitsunterlage. 3. Entwurf. Brüssel, den 27. April 2000. ENV.E.3/LM.

EU-Kommission (2001): Commission Directive 2001/59/EC of 6 August 2001 adapting to technical progress for the 28th time Council Directive 67/548/EEC on the approximation of the laws, regulations and administrative provisions relating to the classification, packaging and labelling of dangerous substances. Official Journal of the European Communities L 225, 21. August 2001.

EU-Kommission (2003): Entscheidung der Kommission vom 19. August 2003 zur Änderung der Entscheidung 1999/815/EG über Maßnahmen zur Untersagung des Inverkehrbringens von Spielzeug- und Babyartikeln, die dazu bestimmt sind, von Kindern unter drei Jahren in den Mund genommen zu werden, und aus Weich-PVC bestehen, das bestimmte Weichmacher enthält. Amtsblatt der Europäischen Union L 210, 20. August 2003, S. 35.

FANTA, D., DANNEBERG, G., GERBL-RIEGER, S., THELEN, R., SIMON, R. (1999): Measuring the spread of airborne microorganisms exemplified by 5 biological waste management sites. Schriftenreihe des Vereins für Wasser-, Boden- und Lufthygiene 104, S. 627–653.

FARMER, P. B. (1995): Monitoring of human exposure to carcinogens through DNA and protein adduct determination. Toxicological Letters 82–83, S. 757–762.

FISCHER, G. (2000): Comparison of microbiological and chemical methods for assessing the exposure to air-borne fungi in composting plants. Aachen: Shaker. Akademische Edition Umweltforschung, Bd. 10.

GRAY L. E., OSTBY, J., FURR, J., PRICE, M., VEERAMACHANENI, D. N., PARKS, I. (2000): Prenatal exposure to the phthalates DEHP, BBP, and DINP, but not DEP, DMP, or DOTP, alters sexual differentiation of the male rat. Toxicological Sciences 58 (2), S. 350–365.

GREENE, G. J., KIPEN, H. M. (2002): The vomeronasal organ and chemical sensitivity: a hypothesis. Environmental Health Perspectives 110 (Suppl. 4), S. 655–661.

GRÜNER, C, BITTIGHOFER, P. M., ROLLER, A., PFAFF, G., FREERKSEN, R., BACKE, H., BÜNGER, J., GOLDBERG, S. (1998): Gesundheitliche Belastung, Beanspruchung und Beschwerden bei Wertstoffsortierern und Deponie-Beschäftigten durch Mikroorganismen. Verhandlungen der Deutschen Gesellschaft für Arbeits- und Umweltmedizin, 38. Jahrestagung in Wiesbaden, S. 213–216.

GRÜNER, C., BITTIGHOFER, P. M., KOCH-WRENGER, K. D. (1999): Health risk to workers in recycling plants and on waste disposal sites. Schriftenreihe des Vereins für Wasser-, Boden- und Lufthygiene 104, S. 597–609.

HAGMAR, L., TÖRNQVIST, M., NORDANDER, C., ROSEN, I., BRUZE, M., KAUTIAINEN, A., MAGNUSSON, A.-L., MALMBERG, B., APREA, P., GRANATH, F., AXMON, A., (2001): Health effects of occupational exposure to acrylamide using hemoglobin adducts as biomarkers of internal dose. Scandinavian Journal of Work and Evironmental Health 27 (4), S. 219–226.

HAUSTEINER, C., BORNSCHEIN, S., HANSEN, J., ZILKER, T., FÖRSTL, H. (2003): Self-reported chemical sensitivity in Germany: A population-based survey. International Journal of Hygiene an Environmental Health, submitted.

HERR, C. E. W., BITTIGHOFER, P. M., BÜNGER, J., EIKMANN, T., FISCHER, A.-B., GRUNER, C., IDEL, H., NIEDEN, A. zur, PALMGREN, U., SEIDEL, H.-J., VELCOVSKY, H. G. (1999): Effect of microbial aerosols on the human. Schriftenreihe des Vereins für Wasser-, Boden- und Lufthygiene 104, S. 403–481.

HERR, C. E. W., HARPEL, S., SCHENKE, S., ULU, F., BERGMANN, A., LINDEMANN, H., EIKMANN, T. F. (2002): Assesment of microbial volatile organic components (MVOC), molds and indoor allergens in homes of children with lung disease. Casa e Salute (Abstract Book, Parte Seconda), Convegno internazionale, Forli/Italy, November 2002, S. 283.

HERR, C. E. W., NIEDEN, A. zur, BODEKER, R. H., GIELER, U., EIKMANN, T. F. (2003a): Ranking and frequency of somatic symptoms in residents near composting sites with odor annoyance. International Journal of Hygiene and Environmental Health 206 (1), S. 61–64.

HERR, C. E. W., NIEDEN, A. zur, JANKOFSKY, M., STILIANAKIS, N. I., BOEDEKER, R.-H., EIKMANN, T. F. (2003b): Effects of bioaerosol polluted outdoor air on airways of residents: a cross sectional study. Occupational and Environmental Medicine 60 (5), S. 336–342.

HERR, C. E. W., NIEDEN, A. zur, STILIANAKIS, N. I., GIELER, U., EIKMANN, T. F. (2003c): Health effects associated with indoor storage of organic waste. Occupational and Environmental Medicine, submitted.

HERR, C. E. W., KOPKA, I., MACH, J., RUNKEL, B., SCHILL, W.-B., GIELER, U., EIKMANN, T. F. (2004): Interdisciplinary diagnostics in environmental medicine – findings and follow up in patients with chronic medically unexplained health complaints. International Journal of Hygiene and Environmental Health 207 (1), S. 31–44.

HENNEK, M., HENNEK, B. (2003): MCS-Studie aus der Sicht Betroffener. Zeitschrift für Umweltmedizin 11 (3), S. 122–123.

HLU (Hessische Landesanstalt für Umwelt) (1986): Die dezentrale Kompostierung getrennt gesammelter vegetabiler Küchen- und Gartenabfälle (Biomüll-Kompostierung). Wiesbaden: HLU.

HMUEJFG (Hessisches Ministerium für Umwelt, Energie, Jugend, Familie und Gesundheit) (1999): Umweltmedizinische Relevanz mikrobiologischer Emissionen aus Kompostierungsanlagen für die Anwohner. Wiesbaden: HMUEJFG.

HOYER, P. B. (2001): Reproductive Toxicology: current and future directions. Biochemical Pharmacology 62 (12), S. 1557–1564.

IARC (International Agency for Research on Cancer) (2000): Di(2-ethylhexyl)phthalate. IARC Monographs 77, S. 141–148.

JOBLING, S., REYNOLDS, T., WHITE, R., PARKER, M., SUMPTER, J. P. (1995): A variety of environmentally persistent chemicals, including some phthalate plasticisers, are weakly estrogenic. Environmental Health Perspectives 103 (6), S. 582–587.

KARLSSON, K., MALMBERG, P. (1989): Characterization of exposure to molds and actinomycetes in agricultural dusts by scanning electron microscopy, fluorescence microscopy and the culture method. Scandinavian Journal of Work, Environment and Health, 15 (5), S. 353–359.

KERN, M. (1998): Kompostanlagen in der Bundesrepublik Deutschland. In: HÖSEL, G., BILITEWSKI, B., SCHENKEL, W., SCHNURER, H. (Hrsg.): Müll-Handbuch. Bd. 5. Berlin: E. Schmidt, Kennzahl 5811.

KIELHORN, J., MELBER, C., KELLER, D., MANGELSDORF, I. (2002): Palladium. A review of exposure and effects to human health. International Journal of Hygiene and Environmental Health 205 (6), S. 417–432.

KLANOVA, K. (2000): The concentrations of mixed populations of fungi in indoor air: rooms with and without mould problems; rooms with and without health complaints. Central European Journal of Public Health 8 (1), S. 59–61.

KOCH, H. M., DREXLER, H., ANGERER, J. (2003): An estimation of the daily intake of di(2-ethylhexyl)phthalate (DEHP) and other phthalates in general population. International Journal of Hygiene and Environmental Health 206 (2), S. 77–83.

KOCH, P., BAUM, H. P. (1996): Contact stomatitis due to palladium and platinum in dental alloys. Contact Dermatitis 34 (4), S. 253–257.

KOSKINEN, O. M., HUSMAN, T. M., MEKLIN, T. M., NEVALAINEN, A. I. (1999): The relationship between moisture or mould observations in houses and the state of health of their occupants. European Respiratory Journal 14 (6), S. 1363–1367.

KRÄNKE, B., BINDER, M., DERHASCHNIG, J., KOMERICKI, P., PIRKHAMMER, D., ZIEGLER, V., ABERER, W. (1995): Epikutantestung mit der „Standardreihe Östereich" – Testepidemiologische Kenngrößen und Ergebnisse. Wiener klinische Wochenschrift Jg. 107, S. 323–330.

KRAMER, M. N., KURUP, V. P., Fink, J. N. (1989): Allergic bronchopulmonary aspergillosis from a contaminated dump site. American Review of Respiratory Diseases 140 (4), S. 1086–1088.

KREUTZER, R., NEUTRA, R. R., LASHUAY, N. (1999): Prevalence of people reporting sensitivities to chemicals in a population-based survey. American Journal of Epidemiology 150 (1), S. 1–12.

KUTSOGIANNIS, D. J., DAVIDOFF, A. L. (2001): A multiple center study of multiple chemical sensitivity syndrome. Archives of Environmental Health 56 (3), S. 196–207.

LAGA (Länderarbeitsgemeinschaft Abfall) (2003): Umsetzung der Abfallablagerungsverordnung. 1. Fortschreibung. Bericht der LAGA zur 61. Umweltministerkonferenz, Entwurf, Stand: 18. September 2003, Landesamt für Umweltschutz und Gewerbeaufsicht Rheinland-Pfalz (Hrsg.).

LGA (Landesgesundheitsamt Baden-Württemberg) (2001): Schimmelpilze in Innenräumen – Nachweis, Bewertung, Qualitätsmanagement. Online im Internet: http://www.anbus.de/lga.pdf.

MADLE, S., BROSCHINSKI, L., MOSBACH-SCHULZ, O., SCHÖNING, G., SCHULTE, A. (2003): Zur aktuellen Risikobewertung von Acrylamid in Lebensmitteln. Bundesgesundheitsblatt 46 (5), S. 405–415.

MANGESLDORF, J., AUFDERHEIDE, M., BOEHNKE, A., MELBER, C., ROSNER, G., HÖPFNER, U., BORKEN, J., PATYK, A., POTT, F., ROLLER, M., SCHNEIDER, K., VOSS, J.-U. (1999): Durchführung eines Risikovergleiches zwischen Dieselmotoremissionen und Ottomotoremissionen hinsichtlich ihrer kanzerogenen und nicht-kanzerogenen Wirkungen. Berlin: E. Schmidt. Umweltbundesamt, Berichte, 02/99.

MARTH, E., REINTHALER, F. F., HAAS, D., EIBEL, U., FEIERL, G., WENDELIN, I., JELOVCAN, S., BARTH, S. (1999): Waste management-health: a longitudinal study. Schriftenreihe des Vereins für Wasser-, Boden- und Lufthygiene 104, S. 569–583.

MERGET, R., SCHULTZE-WERNINGHAUS, G., VORMBERG, R., ARTELT, S., ALT, F., RÜCKMANN, A. (1995): Schlussbericht über das Projekt Untersuchungen über allergische Reaktionen bei Exposition gegen Platinverbindungen. Bochum: Berufsgenossenschaftliche Kliniken Bergmannsheil.

MERGET, R., SCHULTZE-WERNINGHAUS, G. (1997): Untersuchungen über allergische Reaktionen bei Expositionen gegen Platinverbindungen. In: GSF-Forschungszentrum für Umwelt und Gesundheit (Hrsg.): Edelmetall-Emissionen. Abschlusspräsentation, Hannover, 17. und 18. Oktober 1996. München: GSF, S. 95–102.

MEYER, U. (1997): Organisationsformen der Bioabfallkompostierung und -vermarktung. In: HÖSEL, G., BILITEWSKI, B., SCHENKEL, W., SCHNURER, H. (Hrsg.): Müll-Handbuch. Bd. 5. Berlin: E. Schmidt, Kennzahl 5745.

MOTTRAM, D. S., WEDZICHA, B. L., DODSON, A. T. (2002): Acrylamide is formed in the maillard reaction. Nature 419 (6906), S. 448–449.

MUCCI, L. A., DICKMAN, P. W., STEINECK, G., ADAMI, H.-O., AUGUSTSSON, K. (2003): Dietary acrylamide and cancer of the large bowel, kidney, and bladder: absence of an association in a population-based study in Sweden. British Journal of Cancer 88 (1), S. 84–89.

MUNLV (Ministerium für Umwelt, Naturschutz, Landwirtschaft und Verbraucherschutz in Nordrhein-Westfahlen) (2002): Forschungsbericht zum Projekt „Untersuchungen zur Emission und Immission von mikrobiellen Geruchsstoffen und luftgetragenen Schimmelpilzen aus Kompostierungsanlagen". Ausführende Stelle: Institut für Hygiene und Umweltmedizin der RWTH Aachen, Universitätsklinikum Aachen. In Vorbereitung, Informationen können beim Ministerium erfragt werden.

NAGAO, T., OHTA, R., MARUMO, H., SHINDO, T., YOSHIMURA, S., ONO, H. (2000): Effect of butyxl benzyl phthalate in Sprague-Dawley rats after gavage administration: a two-generation reproductive study. Reproductive Toxicology 14 (6), S. 513–532.

NASTERLACK, M., KRAUS, T., WRBITZKY, R. (2002): Multiple Chemical Sensitivity: Eine Darstellung des wissenschaftlichen Kenntnisstandes aus arbeitsmedizinischer und umweltmedizinischer Sicht. Deutsches Ärzteblatt 99 (38), S. A2474–A2483.

NiLS (Niedersächsische Lungenstudie) (2003): NiLS im Internet. Online im Internet: http://www.nils-im-internet.de [Stand 06.10.2003].

NTP-CERHR (National Toxicology Program, Center for the Evaluation of Risks to Human Reproduction (2000): Expert Panel Reports. Phthaltes. Online im Internet: http://cerhr.niehs.nih.gov/reports/index.html [Stand 30.09.2003].

OSPAR (2000): OSPAR List of Chemicals for Priority Action. Online im Internet: www.ospar.org/eng/html/sap/Strategy_hazardous_substances.htm [Stand 30.09.2003].

OSTROWSKI, R. (1999): Exposure assessment of moulds in indoor environments in relation to chronic respiratory diseases. Aachen: Shaker. Akademische Edition Umweltforschung, 4.

OSTROWSKI, R., FISCHER, G., DOTT, W. (1997): Untersuchung der luftgetragenen Schimmelpilze auf dem Gelände und in der Umgebung einer Kompostierungsanlage. Wissenschaft und Umwelt H. 2, S. 159–164.

PALMGREN, M. S., LEE, L. S. (1986): Separation of mycotoxin-containing sources in grain dust and determination of their mycotoxin potential. Environmental Health Perspectives Jg. 66, S. 105–108.

PEARSON, C. C., SHARPLES, T. J. (1995): Airborne dust concentrations in livestock buildings and the effect of feed. Journal of Agricultural Engineering Research Jg. 60, S. 145–154.

PEAT, J. K., DICKERSON, J., LI, J. (1998): Effects of damp and mould in the home on respiratory health: a review of the literature. Allergy 53 (2), S. 120–128.

PEAT, J. K., TOVEY, E., TOELLE, B. G., HABY, M. M., GRAY, E. J., MAHMIC, A., WOOLCOCK, A. J. (1996): House dust mite allergens. A major risk factor for childhood asthma in Australia. American Journal of Respiratory and Critical Care Medicine 153 (1), S. 141–146.

PLATZ, S., SCHERER, M., UNSHELM, J. (1995): Untersuchungen zur Belastung von Mastschweinen sowie der Umgebung von Mastschweineställen durch atembaren Feinstaub, stallspezifische Bakterien und Ammoniak. Zentralblatt für Hygiene 196 (5), S. 399–415.

POON, R., LECAVALIER, P., MUELLER, R., VALLI, V. E., PROCTER, B. G., CHU, I. (1997): Subchronic oral toxicity of di-n-octylphthalate and did(2-ethylhexyl)phthalate in the rat. Food and Chemical Toxicology 35 (2), S. 225–239.

PUCHELT, H., ECKHARDT, J.-D., SCHÄFER, J. (1995): Einträge von Platingruppenelementen (PGE) aus Kfz-Abgaskatalysatoren in straßennahen Böden. Karlsruhe: LfU. Handbuch Boden. Texte und Berichte zum Bodenschutz, 2.

RANKENBURG, K., ZEREINI, F. (1999): Verteilung und Konzentration von Platingruppenelementen im Boden entlang der Autobahn Frankfurt–Mannheim. In: ZEREINI, F., ALT, F. (Hrsg.): Emissionen von Platinmetallen. Berlin: Springer, S. 205–214.

RAUCH, S., MORRISON, G. (2001): Assessment of environmental contamination risk by platinum, rhodium and palladium from automobile catalyst (CEPLACA). Online im Internet: http://www.wet.chalmers.se/english/Forskning/forskare/Sebastien/ceplaca_project.htm [Stand 30.09.2003].

RIEF, W., HILLER, W., HEUSER J. (1997): SOMS – Das Screening für Somatoforme Störungen. Manual zum Fragebogen. Bern: Huber.

RKI (Robert Koch-Institut) (2002): Einsatz immunologischer Untersuchungsverfahren in der Umweltmedizin – eine Einführung. Mitteilung der Kommission „Methoden und Qualitätssicherung in der Umweltmedizin" am Robert Koch-Institut (RKI). Umweltmedizin in Forschung und Praxis 7 (6), S. 351–355.

RKI (2003): Diagnostische Relevanz des Lymphozytentransformationstestes in der Umweltmedizin. Mitteilung der Kommission „Methoden und Qualitätssicherung in der Umweltmedizin" am Robert Koch-Institut (RKI). Umweltmedizin in Forschung und Praxis 8 (1), S. 43–48.

RYLANDER, R., ETZEL, R. (1999): Introduction and summary: workshop on children's health and indoor mold exposure. Environmental Health Perspectives 107 (Suppl. 3), S. 465–468.

SCHAPPLER-SCHEELE, B. (1999): Occupational protection in biological waste treatment plants from the occupational medicine viewpoint. Schriftenreihe des Vereins für Wasser-, Boden- und Lufthygiene 104, S. 585–596.

SCHETTGEN, T., WEISS, T., DREXLER, H., ANGERER, J. (2003): A first approach to estimate the internal exposure to acrylamide in smoking and non-smoking adults from Germany. International Journal of Hygiene and Environmental Health 206 (1), S. 9–14.

SCHILLING, B., HELLER, D., GRAULICH, Y., GÖTTLICH, E. (1999): Determining the emission of microorganisms from biofilters and emission concentrations at the site of composting areas. Schriftenreihe des Vereins für Wasser-, Boden- und Lufthygiene 104, S. 685–701.

SCHLAUD, M., HAASE, I., HOOPMANN, M., KURTZ, C., LISTING, L., RAUM, E., SEIDLER, A., WESSLING, A., BRANDSTÄDTER, W., ROBRA, B.-P., SCHWARTZ, F. W. (1999): Beobachtungspraxen in Sachsen-Anhalt. Ein Überblick über das Projekt MORBUS-A. Ärzteblatt Sachsen-Anhalt 10, S. 46–49.

SCHROEDER, H., MITCHENER, M. (1971): Scandium, chromium (VI) gallium, yttrium, rhodium, palladium, indium in mice: effects on growth and life span. Journal of Nutrition 101 (10), S. 1431–1438.

SCMPMD (Scientific Committee on Medicinal Products and Medical Devices) (2002): Opinion on Medical Devices Containing DEHP Plasticised PVC; Neonates and Other Groups Possibly at Risk from DEHP Toxicity. Online im Internet: http://europa.eu.int/comm/food/fs/sc/scmp/out43_en.pdf [Stand 30.09.2003].

SEEDORF, J., HARTUNG, J. (2002): Stäube und Mikroorganismen in der Tierhaltung. Münster-Hiltrup: Landwirtschaftsverlag. KTBL-Schrift, 393.

SHARMAN, M., READ, W. A., CASTLE, L., GILBERT, J. (1994): Levels of di-(2-ethylhexyl)phthalate and total phthalate esters in milk, cream, butter and cheese. Food Additives and Contaminants 11 (3), S. 375–385.

SHARPE, R. M., FISHER, J. S., MILLAR, M. M., JOBLING, S., SUMPTER, J. P. (1995): Gestational and lactational exposures of rats to xenooestrogens results in reduced testicular size and sperm production. Environmental Health Perspectives 103 (12), S. 1136–1143.

SIGSGAARD, T. (1999): Health hazards to waste management workers in Denmark. – Schriftenreihe des Vereins für Wasser-, Boden- und Lufthygiene 104, S. 563–568.

SMITH, C. J., PERFETTI, T. A., RUMPLE, M. A., RODGMAN, A., DOOLITTLE, D. J. (2000): „IARC Group 2A Carcinogens" reported in cigarette mainstream smoke. Food and Chemical Toxicology 38 (4), S. 371–383.

SRU (Rat von Sachverständigen für Umweltfragen) (1987): Luftverunreinigungen in Innenräumen. Sondergutachten. Stuttgart: Kohlhammer.

SRU (1999): Umwelt und Gesundheit – Risiken richtig einschätzen. Sondergutachten. Stuttgart: Metzler-Poeschel.

STADLER, R. H., BLANK, I., VARGA, H., ROBERT, F., HAU, J., GUY, P. A., ROBERT, M. C., RIEDIKER, S. (2002): Acrylamide from Maillard reaction products. Nature 419 (6906), S. 449–450.

STRIEN, R. T. van, VERHOEFF, A. P., WIJNEN, J. H. van, DOEKES, G., MEER, G. de, BRUNEKREEF, B. (1996): Infant respiratory symptoms in relation to mite allergen exposure. European Respiratory Journal 9 (5), S. 926–931.

SUMNER, S. C., FENNELL, T. R., MOORE, T. A., CHANAS, B., GONZALEZ, F., GHANAYEM, B. I. (1999): Role of cytochrome P450 2E1 in the metabolism of acrylamide and acrylonitrile in mice. Chemical Research in Toxicology 12 (11), S. 1110–1116.

SURES, B., ZIMMERMANN, S. (2000): Bioverfügbarkeit, Bioakkumulation und Toxizität der Platingruppenelemente Pt, Pd und Rh in aquatischen Organismen. Zwischenbericht anlässlich des Statusseminars des BWPLUS am 1. und 2. März 2000 im Forschungszentrum Karlsruhe. Online im Internet: http://bwplus.fzk.de/berichte/ZBer/2000/ZBerBWBOE99008.pdf [Stand 11.07.2003].

TAREKE, E., RYDBERG, P., KARLSSON, P., ERIKSSON, S., TÖRNQUIST, M. (2002): Analysis of acrylamide, a carcinogen formed in heated foodstuffs. Journal of Agricultural and Food Chemistry 50 (17), S. 4998–5006.

UBA (Umweltbundesamt) (2001): Thermische, mechanisch-biologische Behandlungsanlagen und Deponien für Rest-Siedlungsabfälle in der Bundesrepublik Deutschland. 5. Aufl. Berlin: UBA.

UBA (2002): Leitfaden zur Vorbeugung, Untersuchung, Bewertung und Sanierung von Schimmelpilzwachstum in Innenräumen („Schimmelpilz-Leitfaden"). Berlin: UBA.

UBA (2003): Untersuchungen zur Aufklärung der Ursachen des MCS-Syndroms bzw. der IEI unter besonderer Berücksichtigung des Beitrages von Umweltchemikalien. Berlin: UBA. WaBoLu-Hefte, 2/03.

USEPA (United States Environmental Protection Agency) (1990): Assessment of health risks from exposure to acrylamide. Washington, DC: USEPA, Office of Toxic Substances.

VDI (Verein Deutscher Ingenieure) (2003a): Erfassen luftgetragener Mikroorganismen und Viren in der Außenluft – Aktive Probenahme von Bioaerosolen – Abscheidung von luftgetragenen Schimmelpilzen auf Gelatine/Polycarbonat-Filtern. Berlin: Beuth. Richtlinie VDI 4252 Blatt 2 (Entwurf).

VDI (Verein Deutscher Ingenieure) (2003b): Erfassen luftgetragener Mikroorganismen und Viren in der Außenluft – Verfahren zum kulturellen Nachweis der Schimmelpilz-Konzentrationen in der Luft – Indirektes Verfahren nach Probenahme auf Gelatine/Polycarbonat-Filtern. Berlin: Beuth. Richtlinie VDI 4253 Blatt 2 (Entwurf).

VEDEL, A., NIELSEN, P. A. (1984): Phthalate esters in the indoor environment. In: Swedish Council for Building Research (Ed.): Indoor air. Proceedings of the 3rd International Conference on Indoor Air Quality and Climate held in Stockholm August 20-24, 1984. Vol. 3. Stockholm: Swedish Council for Building Research, S. 309–314.

VINCENZI, C., TOSTI, A., GUERRA, L., KOKELJ, G., NOBILE, C., RIVARA, G., ZANGRANDO, E. (1995): Contact dermatitis to palladium: A study of 2300 patients. American Journal of Contact Dermatitis 5 (6), S. 110–112.

WAGNER, M. (2000): Palladium. Die seit 1997 alljährlich wiederkehrende Preis-Rallye führte zu neuem Allzeithoch. BGR, Fakten, Analysen, wirtschaftliche Informationen, Nr. 10. Online im Internet: http://www.bgr.de/b121/ctn1000.pdf

WAN, G. H., LI, C. S. (1999): Indoor endotoxin and glucan in association with airway inflammation and systemic symptoms. Archives of Environmental Health 54 (3), S. 172–179.

WHO (World Health Organization) (1991): Environmental Health Criteria 125 – Platinum. International Programme on Chemical Safety. Geneva: WHO.

WHO (2002): Health Implications of Acrylamide in Food. Report of a Joint FAO/WHO Consultation. WHO headquarters, Geneva, Switzerland, 25–27 June 2002. Online im Internet: http://www.who.int/foodsafety/publications/chem/acrylamide_june2002/en/ [Stand 30.09.2003].

WOUTERS, I. M., DOUWES, J., DOEKES, G., THORNE, P. S., BRUNEKREEF, B., HEEDERIK, D. J. (2000): Increased levels of markers of microbial exposure in homes with indoor storage of organic household waste. Applied Environmental Microbiology 66 (2), S. 627–631.

ZEREINI, F., URBAN, H. (2000): Platinmetall-Emissionen aus Abgaskatalysatoren. Befunde und ökologische Bedeutung. Naturwissenschaftliche Rundschau 53 (9), S. 447–452.

ZEREINI, F., WISEMAN, C., ALT, F., MESSERSCHMIDT, J., MÜLLER, J., URBAN, H. (2001): Platinum and rhodium concentrations in airborne particulate matter in Germany from 1988 to 1998. Environmental Science and Technology 35 (10), 1996–2000.

Kapitel 13

ABROMEIT, H. (2002): Wozu braucht man Demokratie? Die postnationale Herausforderung der Demokratietheorie. Opladen: Leske + Budrich.

ANDERSEN, M. S., LIEFFERINK, D. (1997): European Environmental Policy. The Pioneers. Manchester: Manchester University Press.

ASPINWALL, M. D., SCHNEIDER, G. (2000): Same menu, separate tables: The institutionalist turn in political science and the study of European integration. European Journal of Political Research 38 (1), S. 1–36.

BANDEMER, S., BLANKE, B., NULLMEIER, F., WEWER, G. (Hrsg.) (1998): Handbuch zur Verwaltungsreform. Opladen: Leske + Budrich.

BECHBERGER, M. (2000): Das Erneuerbare-Energien-Gesetz (EEG): Eine Analyse des Politikformulierungsprozesses. Berlin: Forschungsstelle für Umweltpolitik. FFU-report 00-06.

BENZ, A., LEHMBRUCH, G. (Hrsg.) (2001): Föderalismus – Analysen in entwicklungsgeschichtlicher und vergleichender Perspektive. Opladen: Westdeutscher Verlag. Politische Vierteljahresschrift, Sonderheft 32.

BINDER, M., JÄNICKE, M., PETSCHOW, U. (Hrsg.) (2001): Green Industrial Restructuring. International Case Studies and Theoretical Interpretation. Berlin: Springer.

BINSWANGER, H. C., WEPLER, C. (1994): Umweltschutz und Subsidiaritätsprinzip. Weiterentwicklung der Entscheidungsprozesse in der Europäischen Union. In: RIKLIN, A., BATLINER, G. (Hrsg.): Subsidiarität: ein interdisziplinäres Symposium. Symposium des Liechtenstein-Instituts, 23. bis 25. September 1993. Baden-Baden: Nomos, S. 411–431.

BMU (Bundesministerium für Umwelt, Naturschutz und Reaktorsicherheit) (1993): Konferenz der Vereinten Nationen für Umwelt und Entwicklung im Juni 1992 in Rio de Janeiro – Dokumente: Agenda 21. Bonn: BMU.

BOGDANDY, A. von, NETTESHEIM, M. (2002): Kommentierung zu Art. 3b EWGV. In: GRABITZ, E., HILF, M. (Hrsg.): Kommentar zur Europäischen Union: Vertrag über die Europäische Union, Vertrag zur Gründung der Europäischen Gemeinschaft. München: Beck, Stand Februar 2002 (Art. 130r-t: September 1994).

BÖRZEL, T. A. (2002): Pace-Setting, Foot-Dragging, and Fence-Sitting: Member State Responses to Europeanization. Journal of Common Market Studies 40 (2), S. 193–214.

BORRIES, R. von (2003): Kompetenzverteilung und Kompetenzausübung. In: RENGELING, H.-W. (Hrsg.): Handbuch zum europäischen und deutschen Umweltrecht. 2. Aufl. Bd. 1. Köln: Heymanns, § 25.

BOTHE, M. (1996): Versuch einer Bilanz. Ratifizierungs-, Durchsetzungs-, Ausfüllungs- und Überwachungsdefizite. In: KOCH, H.-J., LAGONI, R. (Hrsg.): Meeresumweltschutz für Nord- und Ostsee. Baden-Baden: Nomos, S. 329–338.

BOUILLE, D., McDADE, S. (2002): Capacity Development. In: JOHANNSON, T., GOLDEMBERG, J. (Hrsg.), Energy for Sustainable Development. A Policy Agenda. New York: UNDP, S. 173–205.

BRANDT, E. (2000): Umweltpolitik aus einem Guß – Neuordnung der Gesetzgebungskompetenzen des Bundes. In: KÖLLER, H. von (Hrsg.): Umweltpolitik mit Augenmaß. Berlin: E. Schmidt, S. 165–183.

BREIER, S. (2003): Kompetenzen. In: RENGELING, H.-W. (Hrsg.): Handbuch zum europäischen und deutschen Umweltrecht. 2. Aufl. Bd. 1. Köln: Heymanns, § 13.

BRESSERS, H., KUKS, S. (2003): What does „Governance" mean? From conception to elaboration. In: BRESSERS, H., ROSENBAUM, W. (Hrsg.): Achieving Sustainable Development: The Challenge of Governance Across Social Scales. Westport: Praeger, S. 65–88.

BREUER, R. (2000): Europäisierung des Wasserrechts. Natur und Recht 22 (10), S. 541–549.

BRINKHORST, L. J. (1993): Subsidiarity and EC Environment Policy. In: European Environmental Law Review, Jg. 8, S. 17–24.

BRUIJN, T. J. N. M. de, NORBERG-BOHM, V. (Hrsg.) (2004): Sharing Responsibilities. Voluntary, Collaborative and Information-based Approaches in Environmental Policy in the US and Europe. Cambridge: MIT Press (im Erscheinen).

BULKELEY, H., MOL, A. P. J. (2003a): Participation and Environmental Governance: Consensus, Ambivalence and Debate. Environmental Values 12 (2), S. 143–154.

BULKELEY, H., MOL, A. P. J. (Hrsg.) (2003b): Special Issue on Environment, Policy and Participation. Knapwell: White Horse Press. Environmental Values 12 (2).

BUSCH, P.-O., JÖRGENS, H. (2004): Globale Ausbreitungsmuster umweltpolitischer Innovationen. Berlin: Forschungsstelle für Umweltpolitik. FFU-report (im Erscheinen).

CALLIESS, C. (1999): Subsidiaritäts- und Solidaritätsprinzip in der Europäischen Union. 2. Aufl. Baden-Baden: Nomos.

CALLIESS, C. (2002): Kommentierung von Art. 5, Art. 175 EG. In: CALLIESS, C., RUFFERT, M. (Hrsg.): Kommentar des Vertrages über die Europäische Union und des Vertrages zur Gründung der Europäischen Gemeinschaft: EUV/EGV. 2. Aufl. Neuwied: Luchterhand.

CEN/TC 261 (European Committee for Standardization/Technical Committee 261) (2003): Packaging and Packaging Waste. CEN/TC 261 Communication Paper. Online im Internet: http://www.cenorm.be [Stand 17.06.2003].

CLASSEN, C. D. (2001): Einführung. In: CLASSEN, C. D. (Hrsg.): Europa-Recht. 17., neubearb. Aufl. München: Deutscher Taschenbuchverlag, S. 11–26.

CLERCQ, M. de (Hrsg.) (2002): Negotiating Environmental Agreements in Europe. Critical Factors for Success. Cheltenham: Elgar.

COLLIER, U. (1998): The Environmental Dimensions of Deregulation. An Introduction. In: COLLIER, U. (Hrsg.): Deregulation in the European Union. Environmental Perspectives. London: Routledge, S. 3–22.

CONRAD, J. (Hrsg.) (1998): Environmental Management in European Companies. Amsterdam: Gordon & Breach.

Council of the European Union (2004): Proposal for a directive of the European Parliament and of the Council on establishing a framework for the setting of Eco-design requirements for Energy-Using Products and amending Council Directive 92/42 EEC. Interinstitutional File: 2003/0172 (COD). Online im Internet: http://register.consilium.eu.int/pdf/en/04/st05/st05866.en04.pdf [Stand: 20.02.2004].

CZADA, R., SCHIMANK, U (2000): Institutionendynamik und politische Institutionengestaltung: Die zwei Gesichter sozialer Ordnungsbildung. In: SCHIMANK, U., WERLE, R. (Hrsg.): Gesellschaftliche Komplexität und kollektive Handlungsfähigkeit. Frankfurt a. M.: Campus, S. 23–43.

DAELE, W. van den, PÜHLER, A., SUKOPP, H. (1996): Grüne Gentechnik im Widerstreit. Weinheim: VCH.

Danish Environmental Protection Agency (2002): The New Approach in Setting Product Standards for Safety, Environmental Protection and Human Health. Kopenhagen: Danish Environmental Protection Agency. Environmental News No. 66.

DEMMKE, C., UNFRIED, M. (2001): European Environmental Policy: The Administrative Challenge for the Member States. Maastricht: European Institute of Public Administration.

DiMAGGIO, P. J., POWELL, W. W. (1991): Introduction. In: DiMAGGIO, P. J., POWELL, W. W. (Hrsg.): The new institutionalism in organizational analysis. Chicago: University of Chicago Press.

DOLOWITZ, D. P., MARSH, D. (1996): Who Learns What From Whom: A Review of the Policy Transfer Literature. Political Studies 44 (2), S. 343–357.

DOLOWITZ, D. P., MARSH, D. (2000): Learning from Abroad: The Role of Policy Transfer in Contemporary Policy Making. Governance 13 (1), S. 5–24.

DONKERS, R. (2000): Umweltpolitik in der Europäischen Union: Ein neuer Weg. In: JÄNICKE, M., JÖRGENS, H. (Hrsg.): Umweltplanung im internationalen Vergleich. Strategien der Nachhaltigkeit. Berlin: Springer, S. 53–67.

DORAN, C. F., HINZ, M., MAYER-TASCH, P. C. (1974): Umweltschutz – Politik des peripheren Eingriffs. Eine Einführung in die Politische Ökologie. Darmstadt: Luchterhand.

DRYZEK, J. S. (1996): Strategies of Ecological Democratization. In: LAFFERTY, W. M., MEADOWCROFT, J. (Hrsg.): Democracy and the Environment – Problems and Prospects. Cheltenham: Elgar, S. 108–123.

EEA (European Environment Agency) (2002): Environmental signals 2002. Benchmarking the millennium. Luxembourg: Office for Official Publications of the European Communities. Environmental assessment report 9.

EEAC (European Environmental Advisory Councils) (2003a): European Governance for the Environment. First EEAC Statement on Governance. Berlin und Den Haag: EEAC. Online im Internet: http://www.eeac-network.org/workgroups/pdf/eeac_govstat.pdf [Stand: 20.04.2004].

EEAC (2003b): European Governance for the Environment. Background Document: Report of the EEAC Working Group. October 2003. Berlin und Den Haag: EEAC. Online im Internet: http://www.eeac-network.org/workgroups/pdf/eeac_govstatbg.pdf [Stand: 20.04.2004].

EICHENER, V. (2000): Das Entscheidungssystem der Europäischen Union. Institutionelle Analyse und demokratietheoretische Bewertung. Opladen: Leske + Budrich.

Enquete-Kommission zum Schutz des Menschen und der Umwelt (1998): Konzept Nachhaltigkeit. Vom Leitbild zur Umsetzung. Abschlußbericht der Enquete-Kommission „Schutz des Menschen und der Umwelt – Ziele und Rahmenbedingungen einer nachhaltig zukunftsverträglichen Entwicklung" des 13. Deutschen Bundestages. Bonn: Deutscher Bundestag. Zur Sache 98, 4.

EPINEY, A. (1997): Umweltrecht in der Europäischen Union. Köln: Heymanns.

EPINEY, A. (2003): Zu den Anforderungen der Aarhus-Konvention an das europäische Gemeinschaftsrecht. Zeitschrift für Umweltpolitik und Umweltrecht, Sonderheft, S. 176–183.

EU-Kommission (1996): Mitteilung der Kommission an den Rat und das Europäische Parlament über Umweltvereinbarungen. KOM(1996)561 endg.

EU-Kommission (1999a): Mitteilung der Kommission. Die Umwelt Europas: Orientierungen für die Zukunft. Gesamtbewertung des Programms der Europäischen Gemeinschaft für Umweltpolitik und Maßnahmen im Hinblick auf eine dauerhafte und umweltgerechte Entwicklung – „Für eine dauerhafte und umweltgerechte Entwicklung". KOM(1999)543 endg.

EU-Kommission (1999b): The Cologne Report on Environmental Integration. Mainstreaming of environmental policy. Commission Working Paper Addressed to the European Council. Brüssel: Europäische Kommission.

EU-Kommission (2001a): European Governance. A White Paper. KOM(2001)428 endg.

EU-Kommission (2001b): Communication from the Commission – Simplifying and improving the regulatory environment. KOM(2001)726 endg.

EU-Kommisson (2002a): Status of the Cardiff Process. December 2002. Online im Internet: http://www.europa.eu.int/comm/environment/integration/cardiff_status.pdf [Stand 09.09.2003].

EU-Kommission (2002b): Proposal for a Council Decision amending Decision 1999/468/EC laying down the procedures for the exercise of implementing powers conferred on the Commission. KOM(2002)719 endg.

EU-Kommission (2002c): Communication from the Commission. A framework for target-based tripartite contracts and agreements between the Community, the states and regional and local authorities. KOM(2002)709 endg.

EU-Kommission (2002d): Communication from the Commission. Action plan „Simplifying and improving the regulatory environment". KOM(2002)278 endg.

EU-Kommission (2002e): Communication from the Commission. European Governance: Better Lawmaking. KOM(2002)275 endg.

EU-Kommission (2002f): Communication from the Commission to the European Parliament, the Council, the Economic and Social Committee and the Committee of the Regions. Environmental Agreements at Community Level – Within the Framework of the Action Plan on the Simplification and Improvement of the Regulatory Environment. KOM(2002)412 endg.

EU-Kommission (2002g): Mitteilung der Kommission an den Rat und das Europäische Parlament: Hin zu einer Strategie zum Schutz und zur Erhaltung der Meeresumwelt. KOM(2002)539 endg.

EU-Kommission (2002h): Communication from the Commission. Towards a reinforced culture of consultation and dialogue – General principles and minimum standards for consultation of interested parties by the Commission. KOM(2002)704 endg.

EU-Kommission (2002i): Working document on the new approach elements of the Packaging and Packaging Waste Directive. Committee for the adaptation to scientific and technical progress of Directive 94/62 on Packaging and Packaging Waste. Brüssel.

EU-Kommission (2003a): Mitteilung der Kommission. Entscheidung für Wachstum: Wissen, Innovation und Arbeit in einer auf Zusammenhalt gegründeten Gesellschaft. Bericht für die Frühjahrstagung des Europäischen Rates am 21. März 2003 über die Lissabonner Strategie zur wirtschaftlichen, sozialen und ökologischen Erneuerung. KOM(2003)5 endg.

EU-Kommission (2003b): Mitteilung der Kommission an den Rat und das Europäische Parlament. Integrierte Produktpolitik. Auf den ökologischen Lebenszyklus aufbauen. KOM(2003)302 endg.

EU-Kommission (2003c): Integration of Environmental Aspects into European Standardisation. Working Dokument for a Communication to the Council and the European Parliament. Brüssel.

EU-Kommission (2003d): Proposal for a Directive of the European Parliament and of the Council on establishing a framework for the setting of eco-design requirements for energy-using products and amending Council Directive 92/42/EEC. KOM(2003)453 endg.

EU-Kommission (2004): Communication from the Commission to the Council and the European Parliament. Stimulating technologies for sustainable development: An environmental technologies action plan for the European Union. KOM(2004)38 endg.

EU-Parlament (2004): Draft report on the proposal for a directive of the European Parliament and of the Council on establishing a framework for the setting of Eco-design requirements for Energy-Using Products and amending Council Directive 92/42/EEC [COM(2003)453 – C5-0369/2003 – 2003/0172(COD)]. 9 January 2004. PE 337.058.

GASS, R. (2003): A Battle for World Progress. A Strategic Role for the OECD. OECD-Observer Nr. 236, S. 29–31.

GEHRING, T. (2000): Die Bedeutung spezialisierter Entscheidungsprozesse für die Problemlösungsfähigkeit der Europäischen Union. In: GRANDE, E., JACHTENFUCHS, M. (Hrsg.): Wie problemlösungsfähig ist die EU? Baden-Baden: Nomos, S. 77–112.

GLASBERGEN, P. (Hrsg.) (1998): Co-operative Environmental Governance. Public-Private Agreements as a Policy Strategy. Dordrecht: Kluwer Academic Publishers.

GOLDING, A. (2000): Internationale Produktnormung – Perspektive der Umweltschutzverbände. In: FÜHR, M. (Hrsg.): Stoffstromsteuerung durch Produktregulierung. Rechtliche, ökonomische und politische Fragen. Baden-Baden: Nomos, S. 115–127.

GOLUB, J. (Ed.) (1998): New Instruments for Environmental Policy in the EU. London: Routledge.

GRABITZ, E., NETTESHEIM, M. (2002): Kommentierung zu Art. 130r EWGV. In: GRABITZ, E., HILF, M. (Hrsg.): Kommentar zur Europäischen Union: Vertrag über die Europäische Union, Vertrag zur Gründung der Europäischen Gemeinschaft. München: Beck, Stand Februar 2002 (Art. 130r-t: 1992).

HAAS, P. M. (1992): Introduction: Epistemic Communities and International Policy Coordination. International Organization 46 (1), S. 1–35.

HABERMAS, J. (1992): Faktizität und Geltung. Frankfurt a. M.: Suhrkamp.

HAILBRONNER, K. (1993): Umweltschutz und Verkehrspolitik. In: RENGELING, H.-W. (Hrsg.): Umweltschutz und andere Politiken der Europäischen Gemeinschaft. Referate und Diskussionsberichte. Erste Osnabrücker Gespräche zum deutschen und europäischen Umweltrecht am 26./27. November 1992. Köln: Heymanns, S. 149–170.

HALL, P. (1986): Governing the Economy: The Politics of State Intervention in Britain and France. Cambridge: Polity Press.

HANSJÜRGENS, B., LÜBBE-WOLFF, G. (Hrsg.) (2000): Symbolische Umweltpolitik. Frankfurt a. M.: Suhrkamp.

HEINELT, H., ATHANASSOPOULOU, E., GETIMIS, P., HAUNHORST, K. H., McINTOSH, M., MALEK, T., SMITH, R., STAECK, N., TAEGER, J., TÖLLER, A. E. (Hrsg.) (2000): Prozedurale Umweltpolitik der EU. Umweltverträglichkeitsprüfungen und Öko-Audits im Ländervergleich. Opladen: Leske + Budrich.

HEINELT, H., MEINKE, B. (2003): Zivilgesellschaftliche Interessenvermittlung im Kontext der EU. Reflexionen am Beispiel der FFH-Richtlinie. In: KATENHUSEN, I., LAMPING, W. (Hrsg.): Demokratien in Europa. Der Einfluss der europäischen Integration auf Institutionenwandel und neue Konturen des demokratischen Verfassungsstaates. Opladen: Leske + Budrich, S. 135–156.

HEINTSCHEL v. HEINEGG, W. (2003): EG im Verhältnis zu internationalen Organisationen und Einrichtungen. In: RENGELING, H.-W. (Hrsg.): Handbuch zum europäischen und deutschen Umweltrecht. 2. Aufl. Bd. 1. Köln: Heymanns, § 22.

HÉRITIER, A. (1995): Die Koordination von Interessenvielfalt im europäischen Entscheidungsprozess und deren Ergebnis: Regulative Politik als „Patchwork". Köln: Max-Planck-Institut für Gesellschaftsforschung. MPIFG Discussion Paper 95/4.

HÉRITIER, A. (2002): New Modes of Governance in Europe: Policy-Making without Legislating? In: HÉRITIER, A. (Hrsg.): Common Goods. Reinventing European and International Governance. Lanham: Rowman & Littlefield, S. 185–206.

HÉRITIER, A., MINGERS, S., KNILL, C., BECKA, M. (1994): Die Veränderung von Staatlichkeit in Europa. Ein regulativer Wettbewerb. Deutschland, Großbritannien und Frankreich in der Europäischen Union. Opladen: Leske + Budrich.

HERTIN, J., BERKHOUT, F. (2003): Analysing Institutional Strategies for Environmental Policy Integration: The Case of EU Enterprise Policy. Journal of Environmental Policy and Planning 5 (1), S. 39–56.

HEY, C. (1998): Nachhaltige Mobilität in Europa. Akteure, Institutionen und politische Strategien. Wiesbaden: Westdeutscher Verlag.

HEY, C. (2000): Zukunftsfähigkeit und Komplexität. Institutionelle Innovationen in der Europäischen Union. In: PRITTWITZ, V. von (Hrsg.): Institutionelle Arrangements in der Umweltpolitik. Zukunftsfähigkeit durch innovative Verfahrenskombinationen? Opladen: Leske + Budrich, S. 85–102.

HEY, C. (2001): From Result to Process-Orientation: the New Governance Approach of EU Environmental Policy. elni Review H. 2, S. 28–32.

HIX, S., KREPPEL, A., NOURY, A. (2003): The Party System in the European Parliament: Collusive or Competitive? Journal of Common Market Studies 41 (2), S. 309–331.

HOLZINGER, K. (1987): Umweltpolitische Instrumente aus der Sicht der staatlichen Bürokratie. München: Ifo. Ifo-Studien zur Umweltökonomie 6.

HOLZINGER, K. (1994): Politik des kleinsten gemeinsamen Nenners. Umweltpolitische Entscheidungsprozesse in der EG am Beispiel der Einführung des Katalysatorautos. Berlin: Edition Sigma.

HOLZINGER, K., KNILL, C., SCHÄFER, A. (2003): Steuerungswandel in der europäischen Umweltpolitik? In: HOLZINGER, K., KNILL, C., LEHMKUHL, D. (Hrsg.): Politische Steuerung im Wandel: Der Einfluss von Ideen und Problemstrukturen. Opladen: Leske + Budrich, S. 103–129.

HOOGHE, L., MARKS, G. (2003): Unraveling the Central State, but How? Types of Multi-level Governance. American Political Science Review 97 (2), S. 233–243.

JACHTENFUCHS, M. (1996): Regieren durch Überzeugen. Die Europäische Union und der Treibhauseffekt. In: JACHTENFUCHS, M., KOHLER-KOCH, B. (Hrsg.): Europäische Integration. Opladen: Leske + Budrich, S. 429–454.

JACOB, K. (1999): Innovationsorientierte Chemikalienpolitik. Politische, soziale und ökonomische Faktoren des verminderten Gebrauchs gefährlicher Stoffe. München: Utz.

JACOB, K., JÖRGENS, H. (2001): Gefährliche Liebschaften? Kommentierte Bibliografie zu Kooperationen von Umweltverbänden und Unternehmen. Berlin: Wissenschaftszentrum Berlin für Sozialforschung. Discussion Paper FS II 01-304.

JACOB, K., VOLKERY, A. (2003): Instruments for Policy Integration. Intermediate Report of the RIW Project POINT. Berlin: Forschungsstelle für Umweltpolitik. FFU-Report 03-06.

JACOBSON, H. K., BROWN WEISS, E. (Eds.) (2000): Engaging Countries. Strengthening Compliance with International Environmental Accords. Cambridge: MIT Press.

JÄNICKE, M. (1979): Wie das Industriesystem von seinen Missständen profitiert. Kosten und Nutzen technokratischer Symptombekämpfung. Opladen: Westdeutscher Verlag.

JÄNICKE, M. (1996): Was ist falsch an der Umweltpolitikdebatte? Kritik des umweltpolitischen Instrumentalismus. In: ALTNER, G., METTLER von MEIBOM, B., SIMONIS, U. E., WEIZSÄCKER, E. U. von (Hrsg.): Jahrbuch Ökologie 1997. München: Beck, S. 35–46.

JÄNICKE, M. (2000): „Environmental plans: role and conditions for success". Presentation at the seminar of the European Economic and Social Committee „Towards a sixth EU Environmental Action Programme: Viewpoints from the Academic Community". Brüssel: European Economic and Social Committee.

JÄNICKE, M. (2003a): Die Rolle des Nationalstaats in der globalen Umweltpolitik. Zehn Thesen. Aus Politik und Zeitgeschichte H. B 27, S. 6–11.

JÄNICKE, M. (2003b): Das Steuerungsmodell des Rio-Prozesses (Agenda 21). In: ALTNER, G., LEITSCHUH-FECHT, H., MICHELSEN, G., SIMONIS, U. E., WEIZSÄCKER, E. U. v. (Hrsg.): Jahrbuch Ökologie 2004. München: Beck.

JÄNICKE, M., WEIDNER, H. (1997): Germany. In: JÄNICKE, M., WEIDNER, H. (Hrsg.): National Environmental Policies. A Comparative Study of Capacity-Building. Berlin: Springer, S. 133–155.

JÄNICKE, M., JÖRGENS, H. (Hrsg.) (2000): Umweltplanung im internationalen Vergleich. Strategien der Nachhaltigkeit. Berlin: Springer.

JÄNICKE, M., VOLKERY, A. (2001): Persistente Probleme des Umweltschutzes. Natur und Kultur 2 (2), S. 45–59.

JÄNICKE, M., JÖRGENS, H., JÖRGENSEN, K., NORDBECK, R. (2002): Germany. In: OECD (Hrsg.): Governance for Sustainable Development. Five OECD Case Studies. Paris: OECD, S. 113–153.

JÄNICKE, M., KUNIG, P., STITZEL, M. (2003): Lern- und Arbeitsbuch Umweltpolitik. Politik, Recht und Management des Umweltschutzes in Staat und Unternehmen. 2., aktualisierte Aufl. Bonn: Dietz.

JANSEN, D. (1997): Das Problem der Akteursqualität korporativer Akteure. In: BENZ, A., SEIBEL, W. (Hrsg.): Theorieentwicklung in der Politikwissenschaft – eine Zwischenbilanz. Baden-Baden: Nomos, S. 193–235.

JARASS, H. D. (1994): EG-Kompetenzen und das Prinzip der Subsidiarität nach Schaffung der Europäischen Union. Europäische Grundrechte-Zeitschrift 21 (9–10), S. 209–219.

JARASS, H. D. (1996): Die Kompetenzverteilung zwischen der Europäischen Gemeinschaft und den Mitgliedstaaten. Archiv des öffentlichen Rechts 121 (2), S. 173–199.

JEHLICKA, P. (2003): The Myth of the End of Progressive Environmental Policy. Ökologisches Wirtschaften H. 1, S. 24–25.

JÖRGENS, H. (2004): Governance by Diffusion. Implementing Global Norms through Cross-national Imitation and Learning. In: LAFFERTY, W. M. (Hrsg.): Governance for Sustainable Development. The Challenge of Adapting Form to Function. Cheltenham: Elgar (im Erscheinen).

JOERGES, C., NEYER, J. (1998): Von intergouvernementalem Verhandeln zu deliberativer Politik – Gründe und Chancen für eine Konstitutionalisierung der europäischen Komitologie. In: KOHLER-KOCH, B. (Hrsg.): Regieren in entgrenzten Räumen. Opladen: Westdeutscher Verlag. Politische Vierteljahresschrift, Sonderheft 29, S. 207–245.

JÖRRISSEN, J. (1997): Produktbezogener Umweltschutz und technische Normen. Zur rechtlichen und politischen Gestaltbarkeit der europäischen Normung. Köln: Heymanns.

JORDAN, A., LENSCHOW, A. (2000): „Greening" the European Union: What can be Learned from the „Leaders" of EU Environmental Policy? European Environment 10 (3), S. 109–120.

JORDAN, A., WURZEL, R. K. W., ZITO, A. R., BRÜCKNER, L. (2001): Convergence or Divergence in European Environmental Governance. National Ecolabelling Schemes in Comparative Perspective. Paper Prepared for the International Seminar on Political Consumerism in Stockholm on May 31–June 3, 2001. Manuskript.

JORDAN, A., WURZEL, R. K. W., ZITO, A. R. (Hrsg.) (2003a): „New" Instruments of Environmental Governance? National Experiences and Prospects. London: Frank Cass. Environmental Politics, Special Issue 12 (1).

JORDAN, A., WURZEL, R. K. W., ZITO, A. R., BRÜCKNER, L. (2003b): Policy Innovation or „Muddling Through"? „New" Environmental Policy Instruments in the United Kingdom". In: JORDAN, A., WURZEL, R. K. W., ZITO, A. R. (Hrsg.): „New" Instruments of Environmental Governance? National Experiences and Prospects. London: Frank Cass. Environmental Politics, Special Issue 12 (1), S. 179–198.

JOSS, S. (1998): Danish consensus conferences as a model of participatory technology assessment: An impact study of consensus conferences on Danish Parliament and Danish public debate. Science and Public Policy 25 (1), S. 2–22.

JOSS, S., DURANT, J. (1995): Public Participation in Science. The Role of Consensus Conferences in Europe. London: National Museum of Science.

JOSS, S., BELLUCCI, S. (Hrsg.) (2002): Participatory Technology Assessment. European Perspectives. London: Centre for the Study of Democracy at the University of Westminster.

KAHL, W. (1993): Umweltprinzip und Gemeinschaftsrecht: eine Untersuchung zur Rechtsidee des „bestmöglichen Umweltschutzes" im EWG-Vertrag. Heidelberg: Müller.

KARL, H. (2000): Symbolisches Handeln statt effizienter Umweltpolitik? Zur Umweltpolitik der Europäischen Union. In: HANSJÜRGENS, B., LÜBBE-WOLFF, G. (Hrsg.): Symbolische Umweltpolitik. Frankfurt a. M.: Suhrkamp, S. 183–216.

KECK, M., SIKKINK, K. (1998): Activists beyond borders. Advocacy networks in international politics. Ithaka: Cornell University Press.

KERN, K. (2000): Die Diffusion von Politikinnovationen. Umweltpolitische Innovationen im Mehrebenensystem der USA. Opladen: Leske + Budrich.

KERN, K., JÖRGENS, H., JÄNICKE, M. (2000): Die Diffusion umweltpolitischer Innovationen. Ein Beitrag zur Globalisierung von Umweltpolitik. Zeitschrift für Umweltpolitik und Umweltrecht 23 (4), S. 507–546.

KERN, K., KISSLING-NÄF, I. (2002): Politikkonvergenz und Politikdiffusion durch Regierungs- und Nichtregierungsorganisationen. Ein internationaler Vergleich von Umweltzeichen. Berlin: Wissenschaftszentrum Berlin für Sozialforschung. Discussion Paper FS II 02-302.

KLEMMER, P., LEHR, U., LÖBBE, K. (Hrsg.) (1999): Umweltinnovationen – Anreize und Hemmnisse. Berlin: Analytica.

KNILL, C. (2003): Europäische Umweltpolitik. Steuerungsprobleme und Regulierungsmuster im Mehrebenensystem. Opladen: Leske + Budrich.

KNILL, C., LENSCHOW, A. (2000): Implementing EU Environmental Policy – New Directions and old Problems. Manchester: Manchester University Press.

KNILL, C., LENSCHOW, A. (2003): Modes of Regulation in the Governance of the European Union: Towards a Comprehensive Evaluation. European integration online papers 7 (1). Online im Internet: http://eiop.or.at/eiop/texte/2003-001a.htm [Stand 12.02.2003].

KNOEPFEL, P. (1993): New Institutional Arrangements for the Next Generation of Environmental Policy Instruments: Intra- and Interpolicy Cooperation. Lausanne: Institut des Hautes Etudes en Administration Publique. Cahier de l'IDHEAP 112.

KÖBERLE, S., GLOEDE, F., HENNEN, L. (Hrsg.) (1997): Diskursive Verständigung? Mediation und Partizipation in Technikkontroversen. Baden-Baden: Nomos.

KOOIMAN, J. (2003): Governing as Governance. London: Sage.

KRAAK, M., PEHLE, H., ZIMMERMANN-STEINHART, P. (2001): Umweltintegration in der Europäischen Union. Das umweltpolitische Profil der EU im Politikfeldvergleich. Baden-Baden: Nomos.

KRÄMER, L. (1998): EC Treaty and Environmental Law. 3rd Edition. London: Sweet & Maxwell.

KRÄMER, L. (1999): Kommentierung von Art. 130r. In: GROEBEN, H. von der, THIESING, J., EHLERMANN, C.-D. (Hrsg.): Kommentar zum EU-/EG-Vertrag. 5., neubearb. Aufl. Bd. 3. Baden-Baden: Nomos.

KRÄMER, L. (2002): Development of Environmental Policies in the United States and Europe: Convergence or Divergence? Florence: European University Institute. EUI Working Papers, RSC No. 2002/33.

KRÄMER, L. (2003a): Umweltpolitische Aktionsprogramme mit Leitlinien und Regelungsansätzen. In: RENGELING, H.-W. (Hrsg.): Handbuch zum europäischen und deutschen Umweltrecht. 2. Aufl. Bd. 1. Köln: Heymanns, § 14.

KRÄMER, L. (2003b): E.C. Environmental Law. 5th Edition. London: Sweet & Maxwell.

KUCKARTZ, U., GRUNENBERG, H. (2002): Umweltbewusstsein in Deutschland 2002. Ergebnisse einer repräsentativen Bevölkerungsumfrage. Berlin: UBA.

LAFFERTY, W. M. (2001): Adapting Government Practice to the Goals of Sustainable Development: The Issue of Sectoral Policy Integration. Paper prepared for presentation at the OECD seminar on „Improving Governance for Sustainable Development". Paris, 22.–23. November 2001.

LAFFERTY, W. M., MEADOWCROFT, J. (Hrsg.) (2000): Implementing Sustainable Development. Strategies and Initiatives in High Consumption Societies. Oxford: Oxford University Press.

LEFTWICH, A. (1993): Governance, democracy and development in the Third World, In: Third World Quarterly 14 (3), S. 605–624.

LENAERTS, K. (1994): The Principle of Subsidiarity and the Environment in the European Union: Keeping the balance of federalism. Fordham International Law Journal 17 (4), S. 846–895.

LENSCHOW, A. (1997): Variation in EC Environmental Policy Integration: Agency Push within Complex Institutional Structures. Journal of European Public Policy 4 (1), S. 109–127.

LENSCHOW, A. (Hrsg.) (2002a): Environmental Policy Integration. Greening Sectoral Policies in Europe. London: Earthscan.

LENSCHOW, A. (2002b): Transformation in European Environmental Governance. In: KOHLER-KOCH, B., EISING, R. (Hrsg.): The Transformation of Governance in the European Union. London: Routledge, S. 39–60.

LOWE, P., WARD, S. (1998): British Environmental Policy and Europe – Politics and Policy in Transition. London: Routlege.

LUDLOW, P. (1991): The European Commission. In: KEOHANE, R. O., HOFFMANN, S. (Hrsg.): The new European Community. Decisionmaking and Institutional Change. Boulder: Westview Press, S. 85–132.

LUHMANN, N. (1990): Ökologische Kommunikation – Kann die moderne Gesellschaft sich auf ökologische Gefährdungen einstellen? 3. Aufl. Opladen: Westdeutscher Verlag.

MAJONE, G. (Hrsg.) (1990): Deregulation or Re-regulation? Regulatory Reform in Europe and the United States. London: Pinter.

MAJONE, G. (Hrsg.) (1996): Regulating Europe. London: Routledge.

MAMADOUH, V., RAUNIO, T. (2003): The Committee System: Powers, Appointments and Report Allocation. Journal of Common Market Studies 41 (2), S. 333–351.

MARCH, J. G., OLSEN, J. P. (1998): The Institutional Dynamics of International Political Orders. International Organization 52 (4), S. 943–969.

MARCHI, B. de, FUNTOWICZ, S., GOUGH, C., GUIMARAES PEREIRA, A., ROTA, E. (1998): The ULYSSES Voyage. The ULYSSES Project at the JRC. EUR 17760EN. Ispra: Joint Research Centre, European Commission.

MASON, M. (1999): Environmental Democracy. London: Earthscan.

MAYNTZ, R., SCHARPF, F. W. (Hrsg.) (1995): Gesellschaftliche Selbstregelung und politische Steuerung. Frankfurt a. M.: Campus.

MAZEY, S., RICHARDSON, J. (2001): Interest Groups and EU Policy Making: Organizational Logic and Venue Shopping. In: RICHARDSON, J. (Hrsg.): European Union: Power and Policy-Making. 2nd Edition. London: Routledge. Online im Internet: http://www.nuff.ox.ac.uk/Politics/Jeremy4.html [Stand 13.09.2002].

METZ, B., MOL, A. P. J., ANDERSSON, M., BERK, M. M., MINNEN, J. G. van, TUINSTRA, W. (2003): Climate options for the long term: possible strategies. In: IERLAND, E. C. van, GUPTA, J., KOK, M. T. J. (Hrsg.): Issues in international climate policy. Theory and policy. Cheltenham: Elgar, S. 263–284.

MEZ, L., PIENING, A. (2002): Phasing-out Nuclear Power Generation in Germany: Policies, Actors, Issues and Non-issues. Energy and Environment 13 (2), S. 161–182.

NASCHOLD, F., BOGUMIL, J. (1998): Modernisierung des Staates – New Public Management und Verwaltungsreform. Opladen: Leske + Budrich.

NEUMANN, L. F., PASTOWSKI, A. (1994): Vor- und Nachteile einheitlicher EG-Umweltstandards unter ökologischen und wettbewerblichen Gesichtspunkten. In: JARASS, H. D., NEUMANN, L. F. (Hrsg.): Umweltschutz und Europäische Gemeinschaften: Rechts- und sozialwissenschaftliche Probleme der umweltpolitischen Integration. 2. Aufl. Bonn: Economica, S. 105–155.

NEYER, J. (2000): Justifying Comitology: The Promise of Deliberation. In: NEUNREITHER, K., WIENER, A. (Hrsg.): European Integration after Amsterdam. Institutional Dynamics and Prospects for Democracy. Oxford: Oxford University Press, S. 112–128.

NIESTROY, I. (2003): The Role of Impact Assessments for (Environmental) Policy Integration. In: MEULEMAN, L., NIESTROY, I., HEY, C. (Hrsg.): Environmental Governance in Europe. Background Study. Utrecht: Lemma, S. 150–154.

NOLLKAEMPER, A. (1993): The Legal Regime for Transboundary Water Pollution: Between Discretion and Constraint. Dordrecht: Nijhoff.

OECD (Organisation for Economic Co-operation and Development) (1994): Capacity Development in Environment. Paris: OECD.

OECD (2000): Greener Public Purchasing. Issues and Practical Solutions. Paris: OECD.

OECD (2001): Sustainable Development. Critical Issues. Paris: OECD.

OECD (2002): Governance for Sustainable Development. Five OECD Case Studies. Paris: OECD.

OECD (2003): Voluntary Approaches for Environmental Policy. Paris: OECD.

OECD, UNDP (2002): Sustainable Development Strategies. A Resource Book. London: Earthscan.

OLSON, M. (1965): The Logic of Collective Action. Public Goods and the Theory of Groups. Cambridge, Mass.: Harvard University Press.

OPSCHOOR, J. B., VOS, H. B. (1989): Economic Instruments for Environmental Protection. Paris: OECD.

OSBORNE, D., GAEBLER, T. (1992): Reinventing Government. How the Entrepreneurial Spirit is Transforming the Public Sector. Reading, MA: Addison-Wesley.

OTT, K. (1997): Ipso Facto. Zur ethischen Begründung normativer Implikate wissenschaftlicher Praxis. Frankfurt a. M.: Suhrkamp.

PALLEMAERTS, M. (1999): The Decline of Law as an Instrument of Community Environmental Policy. Revue des Affaires Européennes No. 3/4, S. 338–354.

PERNICE, I. (1989): Kompetenzordnung und Handlungsbefugnisse der Europäischen Gemeinschaft auf dem Gebiet des Umwelt- und Technikrechts. Die Verwaltung H. 1, S. 1–54.

PIERRE, J. (2000): Introduction: Understanding Governance. In: PIERRE, J. (Hrsg.): Debating Governance. Authority, Steering, and Democracy. Oxford: Oxford University Press, S. 1–10.

PIERRE, J., PETERS, B. G. (2000): Governance, Politics and the State. New York: Palgrave Macmillan.

PRITTWITZ, V. von (1996): Verhandeln und Argumentieren. Dialog, Interessen und Macht in der Umweltpolitik. Opladen: Leske + Budrich.

PRITTWITZ, V. von (2000): Institutionelle Arrangements in der Umweltpolitik. Opladen: Leske + Budrich.

RAUSTIALA, K. (1997): States, NGOs, and International Environmental Institutions. International Studies Quarterly 41 (4), S. 719–740.

REINHARDT, M. (2001): Wasserrechtliche Richtlinientransformation zwischen Gewässerschutzrichtlinie und Wasserrahmenrichtlinie. Deutsches Verwaltungsblatt 116 (3), S. 145–154.

RENN, O. (1999): Ethische Anforderungen an den Diskurs. In: GRUNWALD, A., SAUPE, S. (Hrsg.): Ethik in der Technikgestaltung. Berlin: Springer, S. 63–94.

RICKEN, C. (1995): Nationaler Politikstil, Netzwerkstrukturen sowie ökonomischer Entwicklungsstand als Determinanten einer effektiven Umweltpolitik – Ein empirischer Industrieländervergleich. Zeitschrift für Umweltpolitik und Umweltrecht 18 (4), S. 481–501.

RITTBERGER, B., RICHARDSON, J. (2001): (Mis-) Matching declarations and actions? Commission proposals in the light of the Fifth Environmental Action Programme. Paper presented to the Seventh Biennial International Conference of the European Community Studies Association (ECSA), May 31–June 2, 2001, Madison, Wisconsin. Online im Internet: http://www.nuff.ox.ac.uk/Politics/ECSA%20RittbergerRichardson.htm [Stand 13.08.2002].

ROSENAU, J. N. (1992): Governance, Order, and Change in World Politics. In: ROSENAU, J. N., CZEMPIEL, E.-O. (Hrsg.): Governance without Government: Order and Change in World Politics. Cambridge: Cambridge University Press, S. 1–29.

ROSENAU, J. N., CZEMPIEL, E.-O. (Hrsg.) (1992): Governance without Government: Order and Change in World Politics. Cambridge: Cambridge University Press.

ROTMANS, J., KEMP, R., ASSELT, M. van (2001): More Evolution than Revolution – Transition Management in Public Policy. Foresight 3 (1), S. 15–31.

SADELEER, N. de (2002): Environmental principles. From political slogans to legal rules. Oxford: Oxford University Press.

SADELEER, N., ROLLER, G., DROSS, M. (2003): Access to Justice in Environmental Matters. ENV.A.3/ETU/2002/0030. Final Report. Online im Internet: http://europa.eu.int/comm/environment/aarhus/pdf/accesstojustice_final.pdf

SARTORI, G. (1997): Demokratietheorie. Darmstadt: Primus Verlag.

SCHARPF, F. W. (1985): Die Politikverflechtungs-Falle. Oder: Was ist generalisierbar an den Problemen des deutschen Föderalismus und der europäischen Integration? Politische Vierteljahresschrift 26 (4), S. 323–356.

SCHARPF, F. W. (1991): Die Handlungsfähigkeit des Staates am Ende des zwanzigsten Jahrhunderts. Politische Vierteljahresschrift 32 (4), S. 621–634.

SCHARPF, F. W. (1999): Governing in Europe: effective and democratic. New York: Oxford University Press.

SCHARPF, F. W., REISSERT, B., SCHNABEL, F. (1976): Politikverflechtung. Theorie und Empirie des kooperativen Föderalismus in der Bundesrepublik. Kronberg: Scriptor Verlag.

SCHARPF, F. W., MOHR, M. (1994): Efficient Self-Coordination in Policy Networks. A Simulation Study. Köln: Max-Planck-Institut für Gesellschaftsforschung. MPIFG Discussion Paper 94/1.

SCHEUING, D. H. (1989): Umweltschutz auf der Grundlage der Einheitlichen Europäischen Akte. Europarecht 24 (2), S. 152–192.

SCHIMANK, U., WERLE, R. (2000): Einleitung: Gesellschaftliche Komplexität und kollektive Handlungsfähigkeit. In: WERLE, R., SCHIMANK, U. (Hrsg.): Gesellschaftliche Komplexität und kollektive Handlungsfähigkeit. Frankfurt a. M.: Campus, S. 9–20.

SCHINK, A. (1992): Die europäische Regionalisierung – Erwartungen und deutsche Erfahrungen. Die öffentliche Verwaltung 45 (9), S. 385–393.

SCHRÖDER, H. (2003a): From Dusk to Dawn – Climate Change Policy in Japan. Dissertation am Fachbereich Politik- und Sozialwissenschaften der Freien Universität Berlin.

SCHRÖDER, M. (2003b): Umweltschutz als Gemeinschaftsziel und Grundsätze des Umweltschutzes. In: RENGELING, H.-W. (Hrsg.): Handbuch zum europäischen und deutschen Umweltrecht. 2. Aufl. Bd. 1. Köln: Heymanns, § 9.

SCHUPPERT, G. F. (1995). Rückzug des Staates? Zur Rolle des Staates zwischen Legitimationskrise und politischer Neubestimmung. Die Öffentliche Verwaltung 48 (18), S. 761–770.

SKORUPINSKI, B., OTT, K. (2000): Technikfolgenabschätzung und Ethik. Zürich: Hochschulverlag.

SKORUPINSKI, B., OTT, K. (2002): Technology assessment and ethics. Poiesis & Praxis 1 (2), S. 95–122.

SOBCZAK, C. (2002): Normung und Umweltschutz im Europäischen Gemeinschaftsrecht. Berlin: E. Schmidt.

SRU (Rat der Sachverständigen für Umweltfragen) (1996): Umweltgutachten 1996. Zur Umsetzung einer dauerhaft-umweltgerechten Entwicklung. Stuttgart: Metzler-Poeschel.

SRU (1998): Umweltgutachten 1998. Umweltschutz: Erreichtes sichern – neue Wege gehen. Stuttgart: Metzler-Poeschel.

SRU (2000): Umweltgutachten 2000. Schritte ins nächste Jahrtausend. Stuttgart: Metzler-Poeschel.

SRU (2002a): Umweltgutachten 2002. Für eine neue Vorreiterrolle. Stuttgart: Metzler-Poeschel.

SRU (2002b): Für eine Stärkung und Neuorientierung des Naturschutzes. Sondergutachten. Stuttgart: Metzler-Poeschel.

SRU (2005): Straßenverkehr und Umwelt. Sondergutachten. Baden-Baden: Nomos (im Erscheinen).

STEINBERG, R. (1995): Die Subsidiaritätsklausel im Umweltrecht der Gemeinschaft. Staatswissenschaften und Staatspraxis 6 (3), S. 293–315.

TATENHOVE, J. P. van, LEROY, P. (2003): Environment and Participation in a Context of Political Modernisation. Environmental Values 12 (2), S. 155–174.

TEWS, K., BUSCH, P.-O., JÖRGENS, H. (2003): The diffusion of new environmental policy instruments. European Journal of Political Research 42 (4), S. 569–600.

THUNIS, X. (2000): Le droit européen de l'environnement: Le discours et la règle. In: LE HARDY DE BEAULIEU, L. (Hrsg.): L'Europe et ses citoyens. Frankfurt a. M.: Peter Lang, S. 151–165.

TÖLLER, A. E. (2002): Komitologie. Theoretische Bedeutung und praktische Funktionsweise von Durchführungsausschüssen der Europäischen Union am Beispiel der Umweltpolitik. Opladen: Leske + Budrich.

TOMUSCHAT, C. (1991): Völkerrechtliche Grundlagen der Drittlandsbeziehungen der EG. In: HILF, M., TOMUSCHAT, C. (Hrsg.): EG und Drittlandsbeziehungen nach 1992. Baden-Baden: Nomos, S. 139–161.

TRITTIN, J. (2004): Energiesparen ist auch eine Innovation. Online im Internet: http://www.bmu.de/de/1024/js/namensbeitraege/040109/ [Stand 20.02.2004].

TSEBELIS, G. (2002): Veto Players: How Political Institutions Work. Princeton: Princeton University Press.

UBA (Umweltbundesamt) (Hrsg.) (2000): European Conference. The Sevilla process: A driver for environmental performance in industry. Stuttgart, 6.–7. April 2000. Proceedings. Berlin: UBA. UBA-Texte 16/00.

UNICE (Union of Industrial and Employer's Confederations of Europe) (2001): European industry's views on EU environmental policy-making for sustainable development. Brüsssel: UNICE.

VOELZKOW, H. (1996): Private Regierungen in der Techniksteuerung. Eine sozialwissenschaftliche Analyse der technischen Normung. Frankfurt a. M.: Campus.

VOELZKOW, H. (2000): Von der funktionalen Differenzierung zur Globalisierung. Neue Herausforderungen für die Demokratietheorie. In: WERLE, R., SCHIMANK, U. (Hrsg.): Gesellschaftliche Komplexität und kollektive Handlungsfähigkeit. Frankfurt a. M.: Campus, S. 270–296.

VOELZKOW, H., EICHENER, V. (2002): Evaluierung der öffentlichen Förderung der Einbeziehung von Umweltschutzaspekten in die Produktnormung. Berlin: UBA. (UFOPLAN-Nr. 29895305).

VOGEL, D. (1995): Trading Up. Consumer and Environmental Regulation in the Global Economy. Cambridge: Harvard University Press.

VOLKERY, A., JACOB, K. (2003): Pioneers in Environmental Policy-Making. Conference Report. Berlin: Forschungsstelle für Umweltpolitik. FFU-report 03–04.

WÄLTI, S. (2004): How Multilevel Structures Affect Environmental Policy in Industrialized Countries. European Journal of Political Research (forthcoming).

WALLACE, H. (1996): Die Dynamik des EU-Institutionengefüges. In: JACHTENFUCHS, M., KOHLER-KOCH, B. (Hrsg.): Europäische Integration. Opladen: Leske + Budrich, S. 141–164.

WEALE, A., PRIDHAM, G., CINI, M., KONSTADAKOPULOS, D., PORTER, M., FLYNN, B. (2000): Environmental Governance in Europe. An ever Closer Ecological Union? Oxford: Oxford University Press.

WEIDNER, H. (1996): Umweltkooperation und alternative Konfliktregelungsverfahren in Deutschland. Zur Entstehung eines neuen Politiknetzwerkes. Berlin: Wissenschaftszentrum Berlin für Sozialforschung. Discussion Paper FS II S. 96–302.

WEIDNER, H., JÄNICKE, M. (Hrsg.) (2002): Capacity Building in National Environmental Policy. A Comparative Study of 17 Countries. Berlin: Springer.

WILKINSON, D. (1998): Steps Towards Integrating the Environment into other EU Policy Sectors. In: O'RIORDAN, T., VOISEY, H. (Hrsg.): The Transition to Sustainability: The Politics of Agenda 21 in Europe. London: Earthscan, S. 113–129.

WILLAND, A. (2003): Gemeinschaftsrechtliche Steuerung der Standardisierung im Umweltrecht. Baden-Baden: Nomos.

WILLKE, H. (1997): Supervision des Staates. Frankfurt a. M.: Suhrkamp.

WINTER, S. C., MAY, P. J. (2002): Information, Interests, and Environmental Regulation. Journal of Comparative Policy Analysis 4 (2), S. 115–142.

World Bank (2003): Sustainable Development in a Dynamic World. Transforming Institutions, Growth and Quality of Life. World Development Report 2003. Washington, DC: The World Bank.

World Economic Forum (2000): The Global Competitiveness Report 2000. New York: Oxford University Press.

WURZEL, R. K. W. (2002): Environmental policy-making in Britain, Germany and the European Union. Manchester: Manchester University Press.

YOUNG, O. R. (1999): Governance in World Affairs. Ithaka: Cornell University Press.

ZITTEL, T. (1996): Marktwirtschaftliche Instrumente in der Umweltpolitik. Zur Auswahl politischer Lösungsstrategien in der Bundesrepublik. Opladen: Leske + Budrich.

ZULEEG, M. (1999): Kommentierung von Art. 3b. In: GROEBEN, H. von der, THIESING, J., EHLERMANN, C.-D. (Hrsg.): Kommentar zum EU-/EG-Vertrag. 5., neubearb. Aufl. Bd. 1. Baden-Baden: Nomos.

Sonstige Informationsquellen

Der Umweltrat dankt für zahlreiche Fachgespräche und vielfältige Anregungen im Rahmen von Tagungen, Symposien und anderen Veranstaltungen zum Umweltgutachten 2004:

- „Energiewende: Atomausstieg und Klimaschutz", 15. bis 16. Februar 2002, Berlin, BMU/Forschungsstelle für Umweltpolitik (FFU) an der Freien Universität Berlin
- Präsentation der Studie „Klimavorhersage und Klimavorsorge", 6. Mai 2002, Berlin, Europäische Akademie
- „DENA Berliner Energietage", 13. bis 15. Mai 2002, Berlin, Berliner Impulse
- „Energiepolitik von morgen – die Ergebnisse der Enquete-Kommission im Dialog", 17. Juni 2002, Berlin, Bündnis 90/Die Grünen
- „Nachhaltige Energiepolitik", 25. Juni 2002, Berlin, CDU-Zukunftskonferenz
- „Governance and Sustainability – New challenges for the state, business and civil society", 30.09-01.10.2002, Berlin, Institut für ökologische Wirtschaftsforschung (IOEW) gGmbH
- „Emissionshandel – Ja, aber wie?", 8. November 2002, Berlin, Vertretung der Europäischen Kommission
- Expertentagung „Gesellschaftliche Trends und Naturschutz – Bestandsaufnahme und Schlussfolgerungen", 11. bis 14. November 2002, Bonn, Bundesamt für Naturschutz
- „Bilanz und Perspektiven der Strommarktliberalisierung", Vortrag Prof. Leprich, 3. Dezember 2002, Berlin, Forschungsstelle für Umweltpolitik, Freie Universität Berlin
- „Fortschritte in der Energieeffizienz – Potenziale und Umsetzung", 4. Dezember 2002, Berlin, TU Berlin
- „Aktuelle Entwicklungen im Abfallrecht", 4. Dezember 2002, Hannover, Unternehmerverbände Niedersachsen (UVN)/Niedersächsische Gesellschaft zur Endablagerung von Sonderabfall mbH (NGS)
- Informationsveranstaltung zur europäischen Chemiepolitik, 4. Dezember 2002, Berlin, UBA
- „Was bewirkt das neue KWK-Gesetz", 5. Dezember 2002, Berlin, Bundesverband Kraft-Wärme-Kopplung
- „Kommunale Abfallwirtschaft – aktuelle Trends und Handlungsperspektiven", 5. bis 6. Dezember 2002, Berlin, Deutscher Städtetag/Verband kommunaler Unternehmen (VKU)/Deutsches Institut für Urbanistik (difu)
- Fachforum „Förderung und Nutzung erneuerbarer Energien – Chancen, Risiken, Kosten", 10. Dezember 2002, Berlin, KfW
- „Rückgewinnung von Phosphor in der Landwirtschaft und aus Abwasser und Abfall", 6. bis 7. Februar 2003, Berlin, Institut für Siedlungswasserwirtschaft der RWTH Aachen/UBA
- „Die demokratische Herausforderung Europas: Europäische Umweltpolitik zum Konvent zur Zukunft Europas", 18. Februar 2003, Berlin, Vertretung der Europäischen Kommission
- „EU: CAP and Enlargement – An Opportunity for Nature and Environment?", 19.-21.02.2003, Potsdam, Ecologic gGmbH
- 9. Osnabrücker Gespräche zum deutschen und europäischen Umweltrecht: „Umgestaltung des deutschen Chemikalienrechts durch europäische Chemikalienpolitik", 27. bis 28. Februar 2003, Osnabrück, Institut für Europarecht der Universität Osnabrück, Abteilung Umweltrecht
- „Emissionshandel und Joint Implementation – der Stand der Dinge", 13. bis 14. März 2003, Leipzig, BMU
- Podiumsdiskussion: „Wie viel erneuerbare Energien brauchen wir?", 1. April 2003, Berlin, Gesellschaft zum Studium strukturpolitischer Fragen e.V.
- International Workshop „On the implementation of the EC Air Quality Directives within the Framework of the CAFÉ", 01.-03.04.2003, Berlin, BMU
- 3. Fachforum zur „Neuaufstellung des RROP der Region Hannover", 3. April 2003, Hannover, Region Hannover
- „Rolle der Kohle in einer nachhaltigen Energiewirtschaft", 4. April 2003, Essen, Rat für Nachhaltige Entwicklung
- 15. Kasseler Abfallforum, 8. bis 10. April 2003, Kassel, Witzenhausen-Institut für Abfall, Umwelt und Energie GmbH
- Fachgespräch „Nachhaltigkeitsindikatoren", 6. bis 7. Mai 2003, Berlin, Forschungsstelle für Umweltpolitik der Freien Universität
- Fachgespräch Risikobewertung Biodiversität, 12. Mai 2003, Berlin, Universität Bremen/UBA

- „Emissionshandel und EEG", 13. Mai 2003, Berlin, Bündnis 90/Die Grünen
- „Neue europäische Chemikalienpolitik – Chancen und Risiken für Nordrhein-Westfalen", 16. Mai 2003, Düsseldorf, Landesregierung Nordrhein-Westfalen
- „Naturschutz in Deutschland – eine Erfolgsstory?", 20. bis 21. Mai 2003, Königswinter, Deutscher Rat für Landespflege
- „Chemikalienpolitik", 21. Mai 2003, Berlin, Gesellschaft zum Studium strukturpolitischer Fragen e.V.
- „Altlasten 2003: Altlastensanierung im Spannungsfeld zwischen Ökologie und Ökonomie. Brachflächenrecycling – Bodenschutz/Bodenmanagement – Grundstücksbewertung – Nutzungskonzepte", 21. bis 22. Mai 2003, Karlsruhe, Überwachungsgemeinschaft Bauen für den Umweltschutz e.V./Arbeitskreis Grundwasserschutz e.V.
- „Anhörung zur EEG-Novelle", 26. Mai 2003, Berlin, Bündnis 90/Die Grünen
- Workshop „Umsetzung der Wasserrahmenrichtlinie – Berücksichtigung von Naturschutz und Landwirtschaft", 27. bis 28. Mai 2003, Berching, Bayerische Akademie für Naturschutz und Landschaftspflege
- „Nationale Umsetzung des Emissionshandels", 25. Juni 2003, Berlin, Gesellschaft zum Studium strukturpolitischer Fragen e.V.
- Sondertagung „Aktuelle Entwicklungen des europäischen und deutschen Abfallrechts", 27. Juni 2003, Berlin, Gesellschaft für Umweltrecht
- „Wie viele Quadratmeter braucht der Mensch? Strategiekonferenz zum Dialog über Nachhaltigkeit, Flächeninanspruchnahme und die Zukunft von Stadt und Land", 30.06.2003, Berlin, Rat für Nachhaltige Entwicklung
- Anhörung „Verpackungsrichtlinie", 2. Juli 2003, Berlin, Deutscher Bundestag, Ausschuss für Umwelt, Naturschutz und Reaktorsicherheit
- „Die Zukunft der Getrenntsammlung von Bioabfällen", 08.-09.07.2003, Witzenhausen, Ingenieurgemeinschaft Witzenhausen Fricke & Turk GmbH/Universität Kassel/Bundesamt für Naturschutz (BfN)
- „Ist unser Wald fit für die Zukunft?", 4. September 2003, Berlin, Schutzgemeinschaft Deutscher Wald/ BMBF
- 3. Speyerer Forum zum Umweltgesetzbuch: Ansätze zur Kodifikation des Umweltrechts in der EU: „Die Wasserrahmenrichtlinie und ihre Umsetzung in nationales Recht", 15. bis 16. September 2003, Speyer, Deutsche Hochschule für Verwaltungswissenschaften Speyer
- 12. Kölner Abfalltage: „Wie verändert der Europäische Gerichtshof die Abfallwirtschaft in Deutschland?", 16. bis 17. September 2003, Köln,
- 2. Konferenz des European Consortium for Political Research (ECPR), 18.-21.09.2003, Marburg, Philipps-Universität Marburg
- „Nachhaltige Vorsorge – Woran orientieren wir langfristige Entscheidungen?", 20. September 2003, Loccum, Evangelische Akademie Loccum
- Fachgespräch „Mengenrestriktionen für die Siedlungsflächenzunahme in Raumordnungsplänen", 23. September 2003, Bonn, Bundesamt für Bauwesen und Raumordnung
- Tagung zum Thema „Risikobewertung in der Gentechnik", 25. bis 26. September 2003, Bremen, Forschungsstelle für Europäisches Umweltrecht der Universität Bremen/UBA
- „Deutschland nachhaltig verändern", 1. Oktober 2003, Berlin, Nachhaltigkeitsrat
- „European Governance for the Environment", 9. Oktober 2003, Florenz, Equal Employment Advisory Council (EEAC)
- „Wie viel erneuerbare Energien brauchen wir?", 15. Oktober 2003, Berlin, Gesellschaft zum Studium strukturpolitischer Fragen e.V.
- „The Europe we want", 16. Oktober 2003, Brüssel, European Environmental Bureau (EEB)
- „Beitrag der Waldwirtschaft zum länderübergreifenden Biotopverbund", 6. bis 7. November 2003, Freiburg, Deutscher Rat für Landespflege
- 27. Umweltrechtliche Fachtagung der Gesellschaft für Umweltrecht: „Aarhus-Konvention und Flughafenzulassung", 7. bis 8. November 2003, Leipzig, Gesellschaft für Umweltrecht (GfU)
- Veranstaltung zur neuen europäischen Chemikalienpolitik: „REACH – die Ziele erreichen", 10. November 2003, Berlin, UBA
- Grüne Klimaschutztagung, 15. November 2003, Berlin, Bundesarbeitsgemeinschaften Ökologie, Energie, Verkehr, Bauen/Wohnen, Wirtschaft, Landwirtschaft von Bündnis 90/Die Grünen
- „EU Sustainable Chemicals Management", 25.11.2003, Brüssel, Centre for European Policy Studies
- Internes Fachgespräch zum Gutachten „Global Certificate System" von Prof. L. Wicke, 1. Dezember 2003, Berlin, UBA
- „Sustainable Use and Conservation of Biological Diversity", 02.-04.12.2003, Berlin, BMBF

- Workshop zu den „Empfehlungen der Risikokommission", 3. bis 4. Dezember 2003, Berlin, Bundesamt für Strahlenschutz
- Abschluss-Workshop des Forschungsverbundprojektes „Gestaltungsoptionen für handlungsfähige Innovationssysteme zur erfolgreichen Substitution gefährlicher Stoffe", 8. Dezember 2003, Hamburg, Forschungsverbundprojekt SubChem
- Präsentation der Studie „Investitionen im liberalisierten Energiemarkt – Optionen, Marktmechanismen, Rahmenbedingungen", 15. Januar 2004, Berlin, Verband der Elektrizitätswirtschaft (VDEW)
- „Vorsorgende Strategien in der chemischen Industrie: Wie lassen sich die Innovationsanreize der EU-Richtlinie aufgreifen?", 16. Januar 2004, Loccum, Evangelische Akademie Loccum
- „Sustainable Chemistry – Integrated Management of Chemicals, Products and Processes", 27.-29.01.2004, Dessau, UBA
- „Neue Infrastrukturen für die Umwelt", 8. Februar 2004, Berlin, Umweltkonferenz 2004 der Bundestagsfraktion Bündnis 90/Die Grünen
- Anhörung zum „Emissionshandelsgesetz", 9. Februar 2004, Berlin, Deutscher Bundestag
- „Energiewende und Klimaschutz – neue Märkte, neue Technologien, neue Chancen", 13. bis 14. Februar 2004, Berlin, BMU/Forschungsstelle für Umweltpolitik (FFU) an der Freien Universität Berlin

Verzeichnis der Abkürzungen

a	=	anno
a. F.	=	alte Fassung
AAV	=	Altlastensanierungs- und Altlastenaufbereitungsverband Nordrhein-Westfalen
AB	=	Appellate Body
AbfAblV	=	Abfallablagerungsverordnung
AbfKlärV	=	Klärschlammverordnung
AbfRRL	=	Abfallrahmenrichtlinie
abgeschl.	=	abgeschlossen
Abl. EG	=	Amtsblatt der Europäischen Gemeinschaften
Abs.	=	Absatz
Abschn.	=	Abschnitt
AbwV	=	Abwasserverordnung
ACK	=	Amtschefkonferenz
ACP	=	Advisory Committee on Packaging
AG	=	Arbeitsgemeinschaft
AGÖL	=	Arbeitsgemeinschaft Ökologischer Landbau
AltautoV	=	Altautoverordnung
AMK	=	Agrarministerkonferenz
AMS	=	Aggregate Measurement of Support
ANEC	=	European Association for the Co-ordination of Consumer Representation in Standardisation
AOX	=	Adsorbierbare Organische Halogenverbindungen
APUG	=	Aktionsprogramm Umwelt und Gesundheit
Art.	=	Artikel
ATV-DVWK	=	Deutsche Vereinigung für Wasserwirtschaft, Abwasser und Abfall e. V.
AUM	=	Agrar-Umwelt-Maßnahmen
AWZ	=	Ausschließliche Wirtschaftszone
Az.	=	Aktenzeichen
BAB	=	Bundesautobahn
Ba	=	Barium
BaP	=	Benzo(a)pyren
BatterieV	=	Batterieverordnung
BauGB	=	Baugesetzbuch
BBA	=	Biologische Bundesanstalt für Land- und Forstwirtschaft
BBergG	=	Bundesberggesetz
BbgNatSchG	=	Brandenburgisches Naturschutzgesetz

BBodSchG	=	Bundes-Bodenschutzgesetz
BBodSchV	=	Bundes-Bodenschutz- und Altlastenverordnung
BBP	=	Butylbenzylphthalat
BDB	=	Basisdokumentationsbogen
Beschl.	=	Beschluss
BfN	=	Bundesamt für Naturschutz
BfR	=	Bundesinstitut für Risikobewertung
BGBl.	=	Bundesgesetzblatt
BGS	=	Bundesgrenzschutz
BGS	=	Bundesgütegemeinschaft Sekundärbrennstoffe (Kap. 8)
BGVO	=	Bedarfsgegenständeverordnung
BGVV	=	Bundesinstitut für gesundheitlichen Verbraucherschutz und Veterinärmedizin
BImSchG	=	Bundes-Immissionsschutzgesetz
BImSchV	=	Verordnung zur Durchführung des Bundes-Immissionsschutzgesetzes
BioAbfV	=	Bioabfallverordnung
BioStoffV	=	Biostoffverordnung
BIP	=	Bruttoinlandsprodukt
BLAC	=	Bund/Länder-Ausschuss Chemikaliensicherheit
BLAG	=	Bund/Länder-Arbeitsgruppe
BMBau	=	Bundesministerium für Verkehr, Bau- und Wohnungswesen
BMBF	=	Bundesministerium für Bildung und Forschung
BMF	=	Bundesministerium der Finanzen
BMGS	=	Bundesministerium für Gesundheit und Soziale Sicherung
BMI	=	Bundesministerium des Inneren
BMU	=	Bundesministerium für Umwelt, Naturschutz und Reaktorsicherheit
BMVBW	=	Bundesministerium für Verkehr, Bau- und Wohnungswesen
BMVEL	=	Bundesministerium für Verbraucherschutz, Ernährung und Landwirtschaft
BMZ	=	Bundesministerium für wirtschaftliche Zusammenarbeit und Entwicklung
BNatSchG	=	Bundesnaturschutzgesetz
BoA	=	Braunkohlekraftwerk mit optimierter Anlagentechnik
BR-Drs.	=	Bundesratsdrucksache
BREF	=	Best Available Techniques Reference Document (BVT-Merkblatt)
BSB5/d(sed.)	=	Biochemischer Sauerstoffbedarf in 5 Tagen je Tag im sedimentierten Schmutzwasser
BSE	=	Bovine Spongiforme Encephalopathie (Rinderwahn)
BSKE	=	Fragebogen: Selbstbeurteilungsverfahren zur Erfassung der aktuellen psychischen Befindlichkeit
Bsp.	=	Beispiel
Bt	=	Bacillus thuringiensis
BTEX	=	Benzol, Toluol, Ethylbenzol, Xylol
BVBA	=	Bundesvereinigung Boden und Altlasten

BverfG	=	Bundesverfassungsgericht
BverwG	=	Bundesverwaltungsgericht
BverwGE	=	Entscheidung des Bundesverwaltungsgerichtes
BVL	=	Bundesamt für Verbraucherschutz und Lebensmittelsicherheit
BVT	=	Beste Verfügbare Technik
Ca	=	Calcium
CaO	=	Calciumoxid
ca.	=	circa
CAFE	=	Clean Air for Europe (Programme)
CBD	=	Convention on Biological Diversity (Übereinkommen über die biologische Vielfalt)
Cd	=	Cadmium
CDM	=	Clean Development Mechanism
CEFIC	=	European Chemical Industry Council
CEN	=	European Committee for Standardization
CENELEC	=	European Committee for Electrotechnical Standardization (Europäisches Komitee für elektrotechnische Normung)
CERHR	=	Centre for the evaluation of risks to the human reproduction
CFS	=	Chronique Fatigue Syndrome
ChemG	=	Chemikaliengesetz
ChemVerbotsV	=	Chemikalien-Verbotsverordnung
CH_4	=	Methan
CIS	=	Common Implementation Strategy (zur Umsetzung der EG-Wasserrahmenrichtlinie)
CLEEN	=	Chemicals Legislation European Enforcement Network
CO	=	Kohlenmonoxid
CO_2	=	Kohlendioxid
COMMPS	=	combined monitoring-based and modeling-based priority setting
CORINE	=	Coordinate-Information-Environment, EG Projekt
Cr	=	Chrom
CSD	=	United Nations Commission on Sustainable Development (Kommission der Vereinten Nationen für Nachhaltige Entwicklung)
CSTEE	=	Scientific Committee on Toxicity, Ecotoxicity and the Environment
CVMP	=	Committee for Veterinay Medicinal Products
d	=	Tag (Kalendertag)
dB	=	Dezibel (dB(A): Korrektur nach Bewertungskurve A)
DBP	=	Dibutylphthalat
DBU	=	Deutsche Bundesstiftung Umwelt
DCHP	=	Dicyclohexylphthalat
DDT	=	Dichlor-diphenyl-trichlorethan
DEFRA	=	Department for Environment, Food and Rural Affairs
DEHP	=	Di(2-ethylhexyl)phthalat
DEP	=	Diethylphthalat

DFG	=	Deutsche Forschungsgemeinschaft
DIDP	=	Diisodecylphthalat
DIN	=	Deutsche Industrienorm; Deutsches Institut für Normung
DINP	=	Di-iso-nonylphthalat
DLR	=	Deutsches Zentrum für Luft- und Raumfahrt
DMG	=	Düngemittelgesetz
DMP	=	Dimethylphthalat
DNA	=	Desoxyribonucleinsäure
DOP	=	Dioctylphthalat
DRAM	=	Dutch Regionalized Agricultural Model (Partielles berechenbares Gleichgewichtsmodell für die niederländische Landwirtschaft)
DSD	=	Duales System Deutschland
DüngeMG	=	Düngemittelgesetz
DüngeV	=	Düngeverordnung
DVGW	=	Deutsche Vereinigung des Gas- und Wasserfaches e. V.
EAA	=	Exogen-Allergische Alveolitis
ebd.	=	ebenda
E. coli	=	Escherichia coli
EC	=	elementarer Kohlenstoff
EcoQOs	=	Ecological Quality Objektives (Umweltqualitätsziele)
ECOS	=	European Environmental Citizens' Organisation for Standardisation
EDV	=	Elektronische Datenverarbeitung
EEA	=	European Environment Agency
EEB	=	European Environmental Bureau
EEG	=	ElektroEncephaloGramm
EEG	=	Erneuerbare Energien Gesetz
EFRE	=	Europäischer Fonds für Regionale Entwicklung
EFSA	=	European Food Safety Authority
EG	=	Europäische Gemeinschaften (in Verbindung mit Artikel-Nr. EG-Vertrag)
EGKS	=	Europäische Gemeinschaft für Kohle und Stahl
EGV	=	Vertrag zur Gründung der Europäischen Gemeinschaft
EG-VerpackRL	=	EG-Verpackungsrichtlinie
EIPPCB	=	European Integrated Pollution Prevention and Control Bureau
ELC	=	European Landscape Convention (Europäische Landschaftskonvention)
EMAS	=	Eco-Management and Audit Scheme
EMEA	=	European Agency for the Evaluation of Medicinal Products
ENA	=	Enhanced natural attenuation (stimulierte natürliche Selbstreinigung)
EPA	=	Environmental Protection Agency
EPS	=	Extrazelluläre Polysacharide
ETSI	=	European Telecommunications Standards Institute
EU	=	Europäische Union

EuGH	=	Europäischer Gerichtshof
EuP-RL	=	Entwurf einer EG-Richtlinie zum ökologischen Produktdesign für energieverbrauchende Produkte
EUR-15	=	Europäische Union bestehend aus 15 Staaten
EW	=	Einwohnerwerte
EWG	=	Europäische Wirtschaftsgemeinschaft
EWGV	=	Europäische-Wirtschaftsgemeinschaft-Vertrag
FA	=	Fachausschuss
FAO	=	Food and Agriculture Organization (Welternährungsorganisation)
F&E	=	Forschung und Entwicklung
ff.	=	fortfolgende
FFH-Richtlinie	=	Fauna-Flora-Habitat-Richtlinie
FIAF	=	Finanzinstrument für die Ausrichtung der Fischerei
FKZ	=	Förderkennzeichen
FMS	=	Fibromyalgiesyndrom
g	=	Gramm
GATT	=	General Agreement on Tariffs and Trade
GAK	=	Gemeinschaftsaufgabe Agrarstruktur und Küstenschutz
GAP	=	Gemeinsame Agrarpolitik der Europäischen Gemeinschaften
GBP	=	Great Britain Pound
GD	=	Generaldirektion
GefahrstoffV	=	Gefahrstoffverordnung
GenTG	=	Gesetz zur Regelung der Gentechnik (Gentechnikgesetz)
GenTRNeuordG	=	Gesetz zur Neuordnung des Gentechnikrechts
GEP	=	Gebietsentwicklungsplan
GewAbfV	=	Gewerbeabfallverordnung
GG	=	Grundgesetz
ggf.	=	gegebenenfalls
GIS	=	Geografische Informationssysteme
GMBl.	=	Gemeinsames Ministerialblatt
Gt	=	Gigatonne
GuD	=	Gas- und Dampfkraftwerk
GV	=	gentechnisch verändert
GV	=	Großvieheinheit
GVO	=	gentechnisch veränderter Organismus/Organismen
GVP	=	gentechnisch veränderte Pflanze
GW	=	Grenzwert
GW	=	Gigawatt = 10^9 Watt
h	=	Stunde
ha	=	Hektar
ha/d	=	Hektar pro Tag

HCH	=	Hexachlorcyclohexan
HCl	=	Chlorwasserstoff (Salzsäure)
HELCOM	=	Helsinki Commission (Kommission des Übereinkommens zum Schutz der Meeresumwelt des Ostseegebiets von 1992)
HENatG	=	Hessisches Naturschutzgesetz
HF	=	Fluorwasserstoff
Hg	=	Quecksilber
HLT	=	Hauptlebensraumtypen
HLU	=	Hessische Landesanstalt für Umwelt
HMUEJFG	=	Hessisches Ministerium für Umwelt, Energie, Jugend, Familie und Gesundheit
ibd.	=	ibidem
i.d.R.	=	in der Regel
IARC	=	International Association on the Risks of Cancer
ICBEN	=	International Commission for the Biological Effects of Noise
IFCN	=	International Farm Comparison Network
IGCC	=	Integrated Gasification Combined Cycle (GuD-Kraftwerk mit integrierter Vergasung)
Ig-E	=	Immunglobulin-E
IMA	=	Interministerielle Arbeitsgruppe
InVeKoS	=	Integriertes Verwaltungs- und Kontrollsystem
IPCC	=	Intergovernmental Panel on Climate Change
IPP	=	Integrierte Produktpolitik
ISO	=	International Organization for Standardization
IUCN	=	The World Conservation Union
IVU-Richtlinie	=	Richtlinie 96/61/EG über die Integrierte Vermeidung und Verminderung der Umweltverschmutzung
JI	=	Joint Implementation
Kat.	=	Kategorie
KBE	=	koloniebildende Einheiten
kg	=	Kilogramm
km	=	Kilometer
K_2O	=	Kali
KORA	=	BMBF-Förderschwerpunkt „Kontrollierter natürlicher Rückhalt und Abbau von Schadstoffen bei der Sanierung kontaminierter Grundwässer und Böden"
KRdL	=	Kommission Reinhaltung der Luft im VDI und DIN
KrW-/AbfG	=	Kreislaufwirtschafts- und Abfallgesetz
kW	=	Kilowatt
kWh	=	Kilowattstunde
KWK	=	Kraft-Wärme-Kopplung
l	=	Liter
L_{Aeq}	=	energieäquivalenter Dauerschallpegel (auch L_{eq})
LABO	=	Bund/Länder-Arbeitsgemeinschaft Bodenschutz
LAGA	=	Länderarbeitsgemeinschaft Abfall

LAI	=	Länderausschuss für Immissionsschutz
L_{Amax}	=	Maximalpegel (auch L_{max})
LAS	=	Lineare Alkylbenzolsulfonate
LAWA	=	Länderarbeitsgemeinschaft Wasser
LD	=	Letaldosis
LF	=	Landwirtschaftliche Nutzfläche
LfU	=	Landesanstalt für Umweltschutz (Baden-Württemberg)
LG NRW	=	Gesetz zur Sicherung des Naturhaushaltes und zur Entwicklung der Landschaft (Landschaftsgesetz) Nordrhein-Westfalen
LGA	=	Landesgesundheitsamt Baden-Württemberg
LIFE	=	Finanzierungsinstrument für die Umwelt
lit.	=	Buchstabe
LMBG	=	Lebensmittel- und Bedarfsgegenständegesetz
LNatSchG	=	Landesnaturschutzgesetz
LNatSchG SH	=	Landesnaturschutzgesetz Schleswig-Holstein
LOAEL	=	Lowest Observed Adverse Effect Level
LRT	=	Lebensraumtyp(en)
LU	=	Lifestock Unit (Vieheinheit)
LUA	=	Landesumweltamt (Nordrhein-Westfalen)
m	=	Meter
m. w. N.	=	mit weiteren Nennungen
m^2	=	Quadratmeter
m^3	=	Kubikmeter
MBA	=	Mechanisch-Biologische Abfallbehandlungsanlage
MCPP	=	Mecocrop (2-(2-Methyl-4-chlorphenoxy)propionic acid)
MCS	=	Multiple Chemikalien-Sensitivität
Mg	=	Megagramm
mg	=	Milligramm
MINAS	=	Mineral Accounting System
mind.	=	mindestens
Mio.	=	Million(en)
MJ	=	Megajoule
MKS	=	Maul-und-Klauenseuche
ml	=	Milliliter
MMI	=	Mucous Membran Irritation Syndrom
MNA	=	Monitored natural attenuation (überwachte natürliche Selbstreinigung)
MOEL	=	Mittel- und Osteuropäische Länder
Mrd.	=	Milliarde(n)
MTR	=	Mid-Term Review
MUNLV	=	Ministerium für Umwelt, Naturschutz, Landwirtschaft und Verbraucherschutz in Nordrhein-Westfalen

MusterVO	=	Musterverordnung
MVA	=	Müllverbrennungsanlage
MVOC	=	Microbial Volatile Organic Compounds
MW	=	Megawatt = 10^6 Watt
N	=	Stickstoff
N_2O	=	Distickstoffmonoxid (Lachgas)
n. F.	=	neue Fassung
NA	=	Natural attenuation (Natürliche Selbstreinigung)
NABU	=	Naturschutzbund Deutschland e. V.
N_{anorg}	=	anorganisch gebundener Stickstoff
NatSchG LSA	=	Naturschutzgesetz des Landes Sachsen-Anhalt
NEC-Richtlinie	=	Richtlinie über nationale Emissionshöchstmengen für bestimmte Luftschadstoffe (NEC = National Emission Ceilings)
ng	=	Nanogramm
Ng	=	Nassgewicht
N_{ges}	=	Gesamtstickstoff
NH_3	=	Ammoniak
Ni	=	Nickel
NiCd-Batterien	=	Nickel-Cadmium-Batterien
NILS	=	Niedersächsische Lungenstudie
NiMH-Batterien	=	Nickel-Metallhydrid-Batterien
NMVOC	=	Non-Methane Volatile Organic Compounds (flüchtige organische Verbindungen ohne Methan)
NO	=	Stickstoffmonoxid
NO_2	=	Stickstoffdioxid
NO_3	=	Nitrat
NOAEL	=	No-Observed-Adverse-Effect-Level
NOEL	=	No-Observed-Effect-Level
N_{org}	=	organisch gebundener Stickstoff
NO_x	=	Stickstoffoxide
NPC	=	Nominal Protection Coefficient
Nr.	=	Nummer
o. J.	=	ohne Jahr
O_3	=	Ozon
ODTS	=	Organic Dust Toxic Syndrom
OECD	=	Organisation for Economic Co-operation and Development (Organisation für wirtschaftliche Zusammenarbeit und Entwicklung)
OLG	=	Oberlandesgericht
OM	=	Organic Material
OSPAR(-Commission)	=	Commission of the Oslo- and Paris-Convention (Kommission gemäß Art. 10 des Übereinkommens zum Schutz der Meeresumwelt des Nordostatlantiks)
P_2O_5	=	Phosphat (normierte Nährstoffangabe in Düngemitteln)

PA	=	Precautionary Approach
PAK	=	polyzyklische aromatische Kohlenwasserstoffe
Pb	=	Blei
PBT-Stoffe	=	persistente, bioakkumulierende und toxische Stoffe
PCB	=	Polychlorierte Biphenyle
PCR	=	Polymerase Chain Reaction
$PdCl_2$	=	Palladiumchlorid
pers. Mitt.	=	persönliche Mitteilung
PET	=	Positron Emission Tomography
PET	=	Polyethylenterephthalat (Kap. 8)
PflSchG	=	Pflanzenschutzgesetz
pg	=	Picogramm
PGE	=	Platingruppenelemente
PM	=	Particulate Matter (Partikel mit einem Durchmesser von z. B. 0,1 µm, 2,5 µm, 10 µm)
PNEC	=	Predicted No Effect Concentration
POP	=	Persistent Organic Pollutant
ppmv	=	parts per million (Volumen); 10^{-6}
PRCV	=	porcine respiratorische Coronavirus
PRRS	=	Porcine Reproductive and Respiratory Syndrome
PSM	=	Pflanzenschutzmittel
PVC	=	Polyvinylchlorid
QSAR	=	Quantitative Structure-Activity-Relationships
RdErl.	=	Runderlass
RDR	=	EC Rural Development Regulation (Verordnung über die Förderung der Entwicklung des ländlichen Raumes)
REACH	=	Registration, Evaluation and Authorization of Chemicals
RfD	=	Referenzdosis
RGW	=	Richtgrenzwert
RKI	=	Robert Koch-Institut
RL	=	Richtlinie
ROG	=	Raumordnungsgesetz
Rs.	=	Rechtssache
S.	=	Seite
s. u.	=	siehe unten
SANCO	=	(Directorate General for) Health and Consumer Affairs
SBS	=	Sick Building Syndrome
SCMPMD	=	Scientific Committee on Medicinal Products and Medical Devices
SEK	=	Schwedische Kronen
SF-36	=	Fragebogen zur Gesundheitsbezogenen Lebensqualität
SLC-90-R	=	Fragebogen: Symptom-Check-Liste, 90 Fragen
sMCS	=	selbstberichtete Multiple Chemikalien Sensitivität
SML	=	Migrationsgrenzwert

SNG	=	Saarländisches Naturschutzgesetz
SO_2	=	Schwefeldioxid
SO_x	=	Schwefeloxide
SOMS	=	Fragebogen: Screening for Somatoforme Sympthoms
SPA	=	Special Protection Area(s) (Vogelschutzgebiete)
SPD	=	Sozialdemokratische Partei Deutschlands
SPECT	=	Single Photon Emission Compute
SRU	=	Rat von Sachverständigen für Umweltfragen
SSV	=	Subjective Scaling Value
StGB	=	Strafgesetzbuch
Steptococcus faec.	=	Streptococcus faecalis
StVO	=	Straßenverkehrsordnung
SUP	=	Strategische Umweltprüfung (nach der Richtlinie 2001/42/EG über die Prüfung der Umweltauswirkungen bestimmter Pläne und Programme)
t	=	Tonne = 1000 kg = 1 Mg
TA Luft	=	Technische Anleitung zur Reinhaltung der Luft
Tab.	=	Tabelle
TASi	=	Technische Anleitung Siedlungsabfall
TBT	=	Tributylzinn
TDI	=	Tolerable Daily Intake
TGD	=	Technical Guidance Document
THG	=	Treibhausgas(e)
TOC	=	Total Organic Carbon
TrinkwV	=	Trinkwasserverordnung
TRIPS	=	Agreement on Trade-Related Aspects of Intellectual Property Rights
TRL	=	Tochterrichtlinie
TS	=	Trockensubstanz
TÜV	=	Technischer Überwachungsverein
TWh	=	Terawattstunde
Tz.	=	Textziffer
u. a.	=	unter anderem
u. v. m.	=	und viele(s) mehr
UBA	=	Umweltbundesamt
UDK	=	Umweltdatenkatalog
UG	=	Umweltgutachten
UGB-KomE	=	Umweltgesetzbuch
UMK	=	Umweltministerkonferenz
UN	=	United Nations (Vereinte Nationen)
UNDP	=	United Nations Development Programme
UNECE	=	United Nations Economic Commission for Europe
UNEP	=	United Nations Environment Programme
UNESCO	=	United Nations Educational, Scientific and Cultural Organization

UNFCCC	= United Nations Framework Convention on Climate Change
US	= United States
US-EPA	= United States – Environmental Protection Agency
USA	= United States of America
UV	= ultraviolett
UVP	= Umweltverträglichkeitsprüfung
UVP-V Bergbau	= Verordnung zur Umweltverträglichkeitsprüfung im Bergbau
VCI	= Verband der Chemischen Industrie
VDI	= Verein Deutscher Ingenieure
VDLUFA	= Verband Deutsche Landwirtschaftlicher Untersuchungs- und Forschungsanstalten
VDMA	= Verband Deutscher Maschinen- und Anlagenbau e. V.
VerpackV	= Verpackungsverordnung
VersatzV	= Versatzverordnung
vgl.	= vergleiche
VO	= Verordnung
VOC	= flüchtige organische Kohlenwasserstoffe
Vol.	= Volumen
vPvB	= very persistent and very bioaccumulative
VwVfG	= Verwaltungsverfahrensgesetz
W	= Watt
WasserR	= Wasserrecht
WATECO-Arbeitsgruppe	= Arbeitsgruppe „Economic analysis in the context of the Water Framework Directive" (Arbeitsgruppe 2.6 im Rahmen der Gemeinsamen Umsetzungsstrategie zur EG-Wasserrahmenrichtlinie)
WBB	= Wissenschaftlicher Beirat Bodenschutz beim BMU
WBGU	= Wissenschaftlicher Beirat der Bundesregierung Globale Umweltveränderungen
WG	= Working Group
WHG	= Wasserhaushaltsgesetz
WHO	= World Health Organisation
WRRL	= Wasserrahmenrichtlinie
WTO	= World Trade Organisation
WWF	= World Wide Fund For Nature
WZB-Verfahren	= Technikfolgenabschätzungsverfahren zur Herbizidresistenz
z. B.	= zum Beispiel
zz.	= zurzeit
Zn	= Zink
§	= Paragraf
%	= Prozent
µg	= Mikrogramm
µm	= Mikrometer
Σ	= Summe

Stichwortverzeichnis[*]

[*] Die Zahlenangaben beziehen sich auf Textziffern. Sofern Stichworte den Gegenstand eines Kapitels/Abschnitts bezeichnen, wird vor den dazugehörigen Textziffern auch die Kapitel- bzw. Abschnittnummer *(kursiv)* aufgeführt.

Aarhus-Konvention (197 f., 201, 222 f.)

Abfall
- Abgrenzung Verwertung/Beseitigung (667 f.)
- Verwertungspfadregulierung *(8.1.3*, 676 ff.)
- Verwertungsquoten *(8.2.2.1*, 701 ff.)
- Sortierung (718 ff.)

Abfallablagerungsverordnung *(8.3*, 774 ff.)

Abfallexport (s. Abfallverbringung)

Abfallpolitik
- allgemeine Lage (9)
- Wege einer zukünftigen *(8.1*, 665 ff.)

Abfallrahmenrichtlinie der EG (667 ff., 671)

Abfallrecht
- Europäisches (665, 667, 671, 673 ff.)
- EuGH-Entscheidungen (665, 667, 692 f., 712)

Abfallverbrennungsrichtlinie der EG (588 ff., 623)

Abfallverbringung
- Einwände (673 ff.)
- Näheprinzip (667, 673)

Abfallverbringungsverordnung (671, 673 ff.)
- EuGH-Entscheidungen (665, 667, 692 f., 712)
- Novellierung (674 f.)
- Einwände (673 ff.)
- Ökologie-Einwand (673 ff.)

Abfallverwertung *(8.1.3*, 676 ff.)
- Bioabfall *(8.2.5*, 747 ff.)
- Gewerbeabfall (689 ff.)
- Klärschlamm *(8.2.6*, 760 ff.)
- PVC *(8.2.3*, 727 ff.)
- Regulierung *(8.1.3*, 676 ff.)
- Verpackungen *(8.2.2*, 700 ff.)

Abfallwirtschaft *(Kap. 8*, 665 ff.)
- Marktordnung *(8.1.1*, 666 ff.)

Abwasser *(5.5*, 474 ff.)
- Chemikalien und Arzneimittel im *(5.6.2*, 488 ff.)
- Entsorgung *(5.7.3*, 516 ff.)

Abwasserabgabe *(5.5.2*, 478 ff.)

Abwasserverordnung, Novellierung *(5.5.1*, 474 ff.)

Acrylamid *(12.4*, 1154 ff.)
- Entstehung (1156)
- Exposition *(12.4.2*, 1156; 1159 ff.)
- Regulierung *(12.4.5*, 1161 ff.)
- Toxizität *(12.3.4*, 1157 ff.)
- im Trinkwasser (1155, 1162)

Aerosole, biologische *(12.1*, 1077 ff.; 1069)
- aus Abfallbehandlungsanlagen (751, 1080; *12.1.1*, 1083 ff.; 1115, 1117)
- am Arbeitsplatz *(12.1.1.2*, 1079 f.)
- Auswirkungen auf die Gesundheit (1090 ff., 1099 f., 1106 ff.)
- Außenluftkonzentrationen (1081; *12.1.1.3*, 1086 ff.)
- aus Intensivtierhaltung *(12.1.2*, 1096 ff.; 1115)
- Schimmelpilze (1101 ff., 1118)

Agrarpolitik *(Kap. 4*, 225 ff.; ferner allgemein zur Lage: 5)
- Ausrichtung *(4.1.3*, 238 ff.)
- Cross Compliance *(4.1.4.1.2*, 251 ff.)
- Direktzahlungen (226; *4.1.4.2.2*, 249 ff.)
- Entkopplung *(4.1.4.1.1*, 249 ff.)
- Entwicklung der *(4.1.1.2*, 228 ff.)
- EU-Außenschutz *(4.1.3.2*, 242 ff.)
- Liberalisierung *(4.1.3*, 238 ff.; *4.1.5*, 277 ff.)
- Mid-Term Review *(4.1.4*, 248 ff.)
- Mittelverfügbarkeit *(4.1.5.3*, 287)
- Modulation *(4.1.4.1.3*, 252; 255, 269)
- EU-Osterweiterung *(4.1.3.1*, 238 ff.)
- Umweltprobleme *(4.1.1*, 225)
- Welthandelsrecht *(4.1.3.2*, 242)
- 10-%-Regelung *(4.1.4.2.4*, 269 f., *275)*

Alkylphenole (962)

Allergien/Allergene (530, 866 ff., 1091 f., 1106 ff., 1114, 1170 f., 1174)

Allokationsplan *(2.2.4.1.2*, 49 ff.)

Altlasten (*9.2.3*, 797 ff.; 834 f.)
- Finanzierung (801 ff.)
- Sanierung (*9.2.3.3, 808 ff.*)
- Statistik (799)

Altstoffverordnung der EG (973, 975)

Ammoniak (294 ff., 319, 321, 524, 604 ff., 614)

Arsen (*6.2.2.3*, 554 f.; *574, 576, 626*)

Arten, gebietsfremde (*3.1.3.5*, 125 ff.)

Artenvielfalt (101; s. auch Biodiversität)
- Indikator (124)

Artenschutz (104; s. auch Biodiversität)

Arzneimittelrückstände
- im Abwasser (*5.6.1*, 488)
- im Trinkwasser (456, 464)

Asbest (963 ff.)

Asthma (531, 1082, 1094 f., 1108, 1111, 1114)

Atemtrakt, Schädigungen (529 f.)

Badegewässer (*5.3*, 445 ff.)

Badegewässerrichtlinie der EG (*5.3.2*, 448 ff.)

Batterierichtlinie der EG (*8.2.4*, 740 ff.)

Beschränkungsrichtlinie der EG (s. Chemikalienrecht)

Benzol (574, 616)

BImSchG (s. Bundes-Immissionsschutzgesetz)

Bioabfall (*8.2.5*, 747 ff.)

Bioabfallverordnung (*8.5.2*, 749; *9.2.2.4*, 793 ff.)

Biodiversität (*3.1*)
- Arten (101, 117)
- genetische (101, 104, 114, 125)
- und „grüne" Gentechnik (879 ff.)
- und Klimawandel (106)
- Monitoring (124)
- von Ökosystemen (101, 114, 117)
- Verlust (*3.1.1*, 100 ff.)

Biodiversitätskonvention (s. Übereinkommen über die biologische Vielfalt)

Biodiversitätsstrategie (99; *3.1*, 115 ff.)
- und Nachhaltigkeitsstrategie (119 ff.)
- Umsetzung in Deutschland (*3.1.3*, 111 ff.)
- Zielschwerpunkte (122 ff.)

biologische Vielfalt (s. Biodiversität)

Biotopverbund (*3.4.1*, 186 ff.; 169 f.)

Bisphenol-A (962)

Blei (574, 576, 616)
- im Trinkwasser (466 ff.)

Boden (*Kap. 9*)
- Archivfunktion (*9.3*, 816 ff.; 832 f.)
- CO_2-Senke und -Quelle (*9.4*, 821 f.)
- Degradation (778 f.)
- landwirtschaftliche Düngung (312, 319 ff., 324 ff., 327 ff.)
- Pflanzenschutzmittel (338 f.)
- -organismen (303, 789 f.)
- Schadstoffbelastung (784, 797 ff., 828 ff., 834 f.)
- Schadstoffdeposition aus der Luft (575)
- Schwermetalle aus der Landwirtschaft (302)
- Tierarzneimittel (303)

Bodenerosion (298, 353; *9.2.4*, 811 ff.; 831)

Bodenschadverdichtung (*9.2.4*, 812 ff.; 831)

Bodenschutz (s. Boden)

Bodenschutzstrategie der EU (*9.5*, 823 ff.)

Bodenfunktionen (*9.2*, 779)

Bonn-Richtlinien (109, 133)

Bundes-Bodenschutzgesetz (779 ff)
- gute fachliche Praxis (812 ff.)

Bundes-Bodenschutz- und Altlastenverordnung (*9.2.2.2*, 786 ff.)
- Prüf- und Maßnahmewerte (787 f., 789, 828 f.)
- Vorsorgewerte (786, 830)

Bundes-Immissionsschutzgesetz (538 ff.; *6.2.1*; 652, 654, 662)

Bundeslandschaftskonzept (170, 188, 201, 221)

Bundesnaturschutzgesetz
- Schutzgebiete und „grüne" Gentechnik (939)
- Umsetzung in den Ländern (*3.4*, 180 ff.; ferner: 172)
- Umweltbeobachtung (171)

Cadmium
- als Luftschadstoff (*6.2.2.4*, 554, 557 f.; 576, 618, 626)
- in Batterien (740 ff.)
- in Mineraldüngern (301, 796)

Cartagena-Protokoll (840, 926)

CEFIC (s. Verband der europäischen Chemiewirtschaft)

Chemikalien (s. auch Chemikalienpolitik, s. auch REACH)
- in Abwässern und Gewässern (*5.6,* 484 ff.)
- „adäquate Kontrolle" (1033)
- und Biodiversität (123)
- Testverfahren, computergestützte (1053)
- Risikobewertung (977 ff.)

Chemikalienpolitik (*Kap. 11,* 955 ff.; ferner 12, 116; s. insbesondere auch REACH)
- Impact Assessment (1053, 1058 f.)
- ökonomische Bewertung (*11.1.4,* 985)
- Risikobewertung (977 ff.)
- Risikomanagement (984)
- Steuerungsansätze (*11.1.3,* 981)

Chemikalienrecht (*11.1.2,* s. insbesondere REACH)
- Altstoffverordnung (975)
- Beschränkungsrichtlinie der EG (973, 978)
- Gefahrstoffrichtlinie (973, 990)
- Richtlinie für gefährliche Zubereitungen (973, 990)

Clean Air for Europe – CAFE (609, 626 f.)

CO$_2$ (s. Kohlendioxid)

Cross Compliance (*4.1.4.1.2,* 251 ff.; 323, 361; ferner 813)

Dieselruß (537)

Dosenpfand (*8.2.2.1.2,* 705 ff.)

Duales System Deutschland AG (*8.2.2.1,* 700 ff.)

Düngemittel (s. Düngung)

Düngemittelverordnung (*4.2.3.3,* 327; *9.2.2.4,* 793 ff.)

Düngeverordnung (291, 299, 306 ff., 322 ff., 333 f.)
- und Bodenschutz (*9.2.2.4,* 793 ff.)

Düngung (*4.2,* 291 ff.; s. auch Stickstoff, Phosphat)
- Aufzeichnungspflicht (307)
- gute fachliche Praxis (*4.2.3.1,* 306 ff.; 333 ff.)
- Hoftorbilanz (295, 307 ff.)
- Nährstoffüberschüsse (307 ff.; *4.2.3.1.3,* 311 ff.; 322, 334)
- Nährstoffvergleiche (*4.2.3.1.2,* 308 ff.; 332)
- und Wasserrahmenrichtlinie (384)
- Stickstoffüberschussabgabe (305 ff., 312; *4.2.3.2,* 324 ff.)
- Sanktionen (*4.2.3.1.5,* 322 f.)

- Schwermetalle (300 ff., 793 ff.)
- Tierarzneimittel (*4.2.2.3,* 300, 302 ff.; *4.2.3.4,* 329 ff.)
- Umweltbelastungen durch (*4.2.2,* 292 ff.; 793 ff.)

Edelmetalle (*12.5,* 1166 ff.)

Eingriffsregelung, naturschutzrechtliche (*3.4.3,* 191 ff.; 205, 778, 805)

Einweggetränkeverpackungen (*8.2.2.1.1,* 705 ff.)

Emissionshandel (*2.2.4.1,* 46 ff.)
- Allokationsplan (*2.2.4.1.3,* 49)
- Allokationsverfahren (*2.2.4.1.2.3,* 51)
- Europäische Vorgaben (47)
- und erneuerbare Energien (*2.2.4.1.3.1,* 59)
- und Kioto-Mechanismen (*2.2.4.1.3.4,* 64)
- und IVU-Richtlinie (*2.2.4.1.3.5,* 67)
- und Ökosteuer (*2.2.4.1.3.6,* 68)

Emissionsgrenzwerte, zur Luftreinhaltung (*6.2.3.5,* 579 ff.)

Emissionshandelsrichtlinie der EG (*2.2.4.1.1,* 47 ff.)

Emissionsrechte (s. Emissionshandel)

Emissionszertifikate (s. Emissionshandel)

Energieeffizienz
- Potenziale im Energieverbrauch (43 ff.)
- EvP-Richtlinie (80)
- TOP-Runner-Programme (80)
- Markthemmnisse (81)

Energiepolitik (*Kap. 2,* 14 ff.)

Energieträger
- Übersicht (28 ff.)
- Erdgas (37 ff.)
- Kohle (32 ff.)
- Importabhängigkeit (45)
- Mindestbesteuerung (63 f.)

erneuerbare Energien (39 ff.)
- Erneuerbare-Energien-Gesetz (83 ff.)
- und Emissionshandel (*2.2.4.1.3.1,* 59)
- und Nachhaltigkeitsstrategie (120)
- und Regelenergie (40 f.)

Entsorgung (s. Abfall und Abfallwirtschaft)

Europäisches Regieren (*13.3,* 1233 ff., *13.4,* 1251 ff.)
- Rahmenrichtlinien (*13.4.4.1,* 1277 ff.)
- Selbstverpflichtungen (1291 f.)

- Komitologie (*10.3*, 913 ff.; *11.2*, 991 ff.; 1279 ff.)
- Gemeinschaftsmethode (Umweltpolitische Rechtssetzung) (*13.4.1*, 1255 ff.)
- Koregulierung (1285 ff.)

Erosion und Düngung (298 ff.)

Europäische Chemikalienagentur (1030)

Eutrophierung (524, 575, 604 ff., 626, s. auch Nährstoffe)

EU-Osterweiterung und Agrarumweltpolitik (238 ff.)

Europäische Landschaftskonvention (*3.4*, 219)

Fauna-Flora-Habitat-Richtlinie (*3.2*, 136 ff.; s. auch NATURA 2000)

Feinstäube (s. Partikel)

Fischerei (123, 115)

Flächeninanspruchnahme (*3.5*, 202 ff.; 120; *9.2.1*, 781)
- Auswirkungen auf Natur und Landschaft (203 ff.)
- Steuerungsansätze (211 ff.)
- zur allgemeinen Lage (10)
- Auswirkungen auf Natur und Landschaft (*3.5.1*, 203 ff.)
- Flächenrecycling (210 f., 216, 783),
- Steuerungsansätze (*3.5.3*, 211 ff.)

Flächennutzung (s. Flächeninanspruchnahme)
- Konflikte im Rahmen des Schutzgebietssystems NATURA 2000 (147 ff.)

Flexible Mechanismen (s. Emissionshandel und Kioto-Protokoll)

flüchtige organische Verbindungen (523, 604 ff., 613, 625)

Fluglärm (*7.2.2.2*, 659)

Fluglärmschutzgesetz (659)

Flussgebiete (*5.1.1.1*, 377)

Flussgebietseinheiten (377, 386)

Flussgebietsmanagement (*5.1.1.1*, 377)

Forstwirtschaft (104 f., 115, 120, 123)

Freisetzungsrichtlinie der EG (879, 913 ff., 927, 948, s. auch Gentechnikrecht)

Freizeitlärmrichtlinie (663)

Gefahrstoffrichtlinie der EG (973)

Gemeinsame Agrarpolitik (s. Agrarpolitik)

Gentechnik (s. „grüne" Gentechnik, s. auch Gentechnikrecht)

Gentechnikgesetz (842 f., 899 ff., 949)

Gentechnikrecht (*10.3*, 912 ff.)
- Europäisches (*10.3.1–4*, 913 ff.)
- GV-Futter- und Lebensmittelverordnung (920)
- Haftung (*10.3.7*, 940)
- Kennzeichnung von GMO-Verunreinigungen (*10.3.3*, 921 ff.)
- Monitoring (172; *10.3.5*, 927 ff.)
- Verbringung (*10.3.4*, 926)
- Zulassung der Freisetzung und des Inverkehrbringens (*10.3.1*, 913 ff.; s. a. Freisetzungsrichtlinie)

Geotopschutz (816 ff., 832 f.)

Gesetzgebungskompetenz, für das Wasserhaushaltsrecht (398 ff.)

Gewässergüte (*5.1.1.2*, 378 ff.)
- und Stickstoffausträge aus der Landwirtschaft (295)

Gewässerschutz (*Kap. 5*, 374 ff.; ferner 319, 355, 369 sowie zur allgemeinen Lage: 6)

Gewerbeabfall
- Entsorgungszuständigkeit (672, 692 ff.)
- Verwertung (689 f.)
- Scheinverwertung (691 f.)

Gewerbeabfallverordnung (*8.2.1*, 684 ff.)

Gesundheit, neue umweltbedingte Risiken (*Kap. 12*, 1068 ff.)

Großfeuerungsanlagen (596 ff.)

„grüne" Gentechnik (*Kap. 10*, 837 ff.; ferner 352)
- Anbauregister (917, 930)
- Einwände gegen die (*10.2*, 854 ff.)
- und Gesundheit (*10.1.2*, 866 ff.)
- Koexistenz (901 ff., 938)
- und Landwirtschaft (*10.1.1*, 845 f.; *10.2.4*, 890 ff.)
- Nutzenpotenziale (*10.1*, 844 ff.; *10.2.5*, 906 ff.)
- ökologische Risiken *(10.2.3*, 873 ff.*)*
- Recht (s. Gentechnikrecht)
- Saatgut (897, 925)

Governance (*Kap. 13*, 1176 ff.; s. Steuerung, umweltpolitische)

Grundwasser (*5.2*, 428 ff.)
- flächendeckender Schutz (434 ff.)
- Phosphatbelastung (298, 317)
- Pflanzenschutzmittelbelastung (338 f.)

Stichwortverzeichnis

Grundwasser-Tochterrichtlinie (437, 509)

gute fachliche Praxis (123)
- der Bodenbearbeitung (812 ff.)
- der Düngung (*4.2.3.1*, 306 ff.; 333)
- der gentechnikverwendenden Landwirtschaft (899, 938)
- des Pflanzenschutzes (343, 346, 348, 356, 357 ff., 366, 370)

gute Laborpraxis (1015)

Hausmüll, Entsorgungszuständigkeit (666 ff.)

HELCOM (339, 348 f., 351)

Immissionsgrenzwerte (s. auch die einzelnen Schadstoffe)
- zur Luftreinhaltung (*6.2*, 538 ff.)

Information (s. Umweltinformation, s. Öffentlichkeitsbeteiligung)

IVU-Richtlinie (566, 597, 602, 615, 618 f., 1030)

Katalysatoren (1166 ff., 1174)

Kennzeichnung, Regeln zur „grünen Gentechnik" (*10.3.3*, 921 ff.)

Kioto-Protokoll
- Lastenteilungsvereinbarung zum (15)
- Flexible Mechanismen (*2.2.4.1.3.4*, 64)

Klärschlamm (*8.2.6*, 760 ff.)
- landwirtschaftliche Verwertung (*8.2.6.1*, 760 ff.)
- thermische Behandlung (*8.2.6.2*, 766 ff.)

Klimaschutz (*Kap. 2,* 14 ff.; ferner zur allgemeinen Lage: 4)
- internationale Vorgaben (*2.1*, 15)
- europäische Klimapolitik (*2.1.1*, 16 ff.)
- deutsche Klimapolitik (*2.2*, 23 ff.)

Klimaschutzvereinbarung der deutschen Industrie (*2.2.4.1.2.1*, 49)

Klimaschutzziel (*2.2.1*, 16 ff.)
- nationales (22, 26, 27)
- europäisches (27)
- und Investitionssicherheit (46, 62 ff.)

Koexistenz (s. „grüne" Gentechnik)

Kohle
- Kraftwerke (32 f.)
- Subventionen (82)

Kohlendioxid
- Abscheidung (*2.2.3.2.2*, 34 ff.)
- atmosphärische Konzentration (24 f.)
- Bindung in Böden (821 f.)
- Emissionen in Deutschland (19 f.)
- Emissionen in Europa (16 f.)
- Emittentengruppen (20 ff.)
- Reduktionsziele (*2.2.1*, 24 ff.)

Kompetenzordnung (*13.3*, 1233 ff.)
- und Naturschutz (98, 142, 144 ff., 161, 179, 180; *3.7*, 223 ff.)

Kompost (s. Bioabfall)

Komitologie (1279 ff.)
- Regelausschuss im Rahmen der EG-Freisetzungsrichtlinie (*10.3*, 913 ff.)
- in der europäischen Chemikalienkontrolle (*11.2*, 991 ff.)

Kraftwerke (29 ff.)
- Erneuerung (29 ff.)
- Kohle (32)
- Kraft-Wärme-Kopplung (32)
- Erdgas-GuD (37)
- Wirkungsgrade (32 ff.)

Kraft-Wärme-Kopplung (32, 60 f.)

Kreislaufwirtschafts- und Abfallgesetz (666, 676)

Kupfer, aus der landwirtschaftlichen Düngung (301)

Lachgas (294)

Lärm (*Kap. 7*, 627 ff.)
- Anlagen- und Maschinen (*7.2.2.4*, 661)
- Belästigungen (*7.1.2*, 630 ff.; 644)
- Belastung, allgemein (628, 664)
- Fluglärm (*7.2.2.2*, 647, 659)
- ICBEN (630)
- Wirkungen (s. Lärmwirkungen)
- Schienenverkehr (*7.2.2.3*, 647, 660)
- Sport- und Freizeit (*7.2.2.5*, 663)
- Straßenverkehr (647; *7.2.2.1*, 653; 664)
- summative Betrachtung (*7.1.4*, 644 ff.; 651 f., 654, 661, 664)

Lärmschutz (*Kap. 7.*, s. auch Lärm, zur allgemeinen Lage: 8)
- Maßnahmen (628 f., 653, 658)

Lärmwirkungen (*7.1.3*, 634, 650, 664)
- akute (635 ff.)
- belästigende (633)
- chronische (639 ff.)

Landnutzung (s. auch Agrarpolitik)
- Intensität (*4.1.5.1.4*, 282), Strukturen (*4.1.5.1.5*, 283)
- Veränderungen (*4.1.5.1.3*, 281)

Landschaftskonvention, Europäische (*3.4*, 219 ff.)

Landschaftsplanung (*3.4.4*, 193)

Landwirtschaft (s. auch Agrarpolitik, Düngung, „grüne" Gentechnik, Pflanzenschutz)
- und Naturschutz (*3.4.2*, 189 f.)

Leitungswasser (s. Trinkwasser)

Liberalisierung
- der Abfallwirtschaft (666 ff.)
- der europäischen Agrarwirtschaft (*4.1.5*, 243 ff.; 248 ff., 277 ff.)

Lösungsmittelrichtlinie der EG (607)

Luftqualitätsrahmenrichtlinie (538, 542, 597, 616 f., 626)
- Tochterrichtlinien (538, 542 f., 548, 554 ff., 615 f., 618, 626)

Luftreinhaltung (Kap. 6, ferner zur allgemeinen Lage: 7)
- europarechtliche Vorgaben (*6.2*, 538 ff.)

Luftreinhalteplanung (*6.2.1.1*, 540)

Luftverkehrsgesetz (658, 664)

Luftverunreinigungen (640, 646, 664, s. auch Luftreinhaltung)

Lungenkrebs (537)

Meeresumweltschutz (6)

Methan (294)

Mid-Term Review (s. insbesondere auch Agrarpolitik *4.1.4*)
- und Finanzierung NATURA 2000 (154)

Modulation (*4.1.4.1.3*, 252, 255, 259)

Monitoring
- der Artenvielfalt (124)
- nach FFH-Richtlinie (*3.2.8*, 168, 172)

- Pflanzenschutzmittelverwendung (*4.3.3.5*, 343, 355, 362, 369)
- nach Gentechnikrecht (172; *10.3.5*, 927 ff.)
- für Tierarzneimittel (330, 337)
- Umwelt und Gesundheit (176, 178)

Multiple Chemikalien-Sensitivität (*12.2*, 1119 f.)
- Beschwerden (1131, 1133 ff.)
- Diagnostik (1121, 1128)
- Multi-Center-Studie (*12.2.1.1*, 1126 ff.)
- Forschungsansätze (1121 ff.)

Nachhaltigkeitsstrategie
- und Biodiversitätsstrategie (*3.1.3.3*, 119 ff.)
- und Stickstoffüberschüsse (295, 312, 333)

Nährstoffe (324, 335, 306 ff.; s. auch Düngung, Eutrophierung, Nitrat)
- Einträge in Böden (791)
- Einträge in Gewässer (*5.7.2*, 511 ff.)

NATURA 2000 (*3.2*, 135 ff.)
- Auswahlverfahren, Gebietsauswahl (*3.2.2*, 136 ff.)
- Berichtspflichten (*3.2.8*, 168 ff.)
- Finanzierung (150 ff.)
- und Gentechnik (939)
- Management (*3.2.7*, 164 ff.)
- Meldeverfahren (*3.2.3*, 139 ff.)
- Umsetzungsdefizite (*3.2.4*, 143 ff.)
- Zwangsgelder wegen Nichtumsetzung (*3.2.6*, 160 ff.)

Naturschutz (Kap. 3, 98 ff.; ferner zur allgemeinen Lage: 5)
- Bundeskompetenz für den (*3.5*, 98; *3.7*, 223 ff.)
- Verhältnis zur Landwirtschaft (*3.4.2*, 189)

Naturschutzrecht, Umsetzungsprobleme (98, 143 ff., 178 f., 199 ff., 223 f.)

NEC-Richtlinie (*6.2.6*, 604 ff.)
- und Stickstoffemissionen aus der Landwirtschaft (294, 319)

Neustoffe (976, 1012 ff.)

Nickel (556)

Niedrigenergiehäuser (1102)

Nitrat (431, 461, 511 ff.)

Normung (1286 ff.)
- Normungsgremien (CEN, CENELEC) (735, 930, 1286, 1289)

Novel-Food-Verordnung der EG (*10.3.2*, 919 f.)

Öffentlichkeitsbeteiligung (*5.1.3.4*, 418 ff.; s. auch Partizipation, in der Wasserwirtschaftsplanung)

ökologische Schäden (876 ff.)

ökologischer Landbau
- und „grüne" Gentechnik (891 ff., 941)
- und Pflanzenschutz (347)

Ökosteuer (*2.2.4.2*, 70 ff.)
- Aufkommensverwendung (*2.2.4.2.3*, 78)
- und Emissionshandel (*2.2.4.1.3.6*, 68)
- Ermäßigungstatbestände (*2.2.4.2.1*, 71)
- EU-Mindestbesteuerung (63)
- Regelsteuersätze (*2.2.4.2.2*, 74 ff.)

Ökosystemansatz (108, 132)

Ökoverordnung (924)

OSPAR (338, 348 f., 351)

Osterweiterung (s. EU-Osterweiterung)

Ozon, bodennahes (523, 604 ff., 615)

Palladium (s. Edelmetalle)

Parasiten, wasserassoziierte (462)

Partikel
- Belastung (*6.1.3*, 532 ff.; 597, 612, 616, 1167 ff.)
- Gesamtstaub (593)
- chemische Zusammensetzung (536)
- gesundheitliche Auswirkungen (*6.1.3.2*, 537; 549)
- Immissionsgrenzwerte (548, 618, 626)

Partizipation (*13.2.2.5*, 1215 ff.; *13.4.5*, 1293 ff.)

PBT (351)

persistente Umweltprobleme (*13.1.1*, 1177)

Pestizide (s. Pflanzenschutzmittel)

Pfandpflicht
- für Einweggetränkeverpackungen (705 ff., 724)
- für schadstoffhaltige Batterien (746)

Pflanzenschutzstrategie, der EG (*4.3*, 338 ff.)

Pflanzenschutzgesetz (342 f., 349, 352, 365, 369)

Pflanzenschutzmittel (*4.3*, 338 ff.)
- Abgabe auf (*4.3.3.2*, 356 ff.)
- Belastungen der Umwelt durch (*4.3.1*, 338 ff.)
- Beratung (360)
- Berichterstattung (*4.3.3.5*, 362 f.)
- und Gewässerschutz (432, 463)
- und gute fachliche Praxis (343, 346, 348; *4.3.3.3*, 356 ff.; 370 ff.)
- Strategien und Instrumente (*4.3.2–3*, 343 ff.; 348)
- Überwachung (362 f.)
- Wirkstoffbewertung (344, 348 ff., 373)
- Zulassungsverfahren (*4.3.3.1*, 349 ff.)

Phosphat (298 f., 301, 305 ff., 317, 325, 374, 768, 811, 814)

Phthalate (962; *12.3*, 1139 ff.)
- Exposition (*12.3.2*, 1142 f.)
- in Lebensmitteln (1142, 1153)
- in Medizinalprodukten (1142, 1153)
- in PVC (731 f.)
- Regulierung (*12.3.5*, 1146 ff.)
- Toxizität (*12.2.4*, 1444 ff.)

Platin (s. Edelmetalle)

PM$_{2,5/10}$ (s. Partikel)

Polychlorierte Biphenyle (962, 966)

Polymere (1011, 1057)

Polyzyklische aromatische Kohlenwasserstoffe (560 f.)

Polyvinylchlorid (PVC) (*8.2.3*, 727 ff.)
- Additive (*8.2.3.2*, 729 ff.)
- Entsorgung (*8.2.3.3*, 733 ff.)
- Umweltauswirkungen (*8.2.3.1*, 727)

prioritäre (gefährliche) Stoffe (380)
- und Pflanzenschutzmittel (339)

Punktbetrachtung, zur Ermittlung der Immissionsbelastung (*6.2.3.3*, 571 ff.)

QSAR (s. Chemikalien, computergestützte Testverfahren)

Quecksilber (559)

Rahmenkompetenz des Bundes im Wasserbereich (398 f.)

Rauchen (1156)

REACH (*11.2*, 955 ff., s. auch Chemikalienpolitik)
- Deregulierung (*11.2.3.2.3*, 1012 ff.)
- Grundzüge (*11.2.1*, 990 ff.)
- ökonomische Folgenbewertung (*11.3*, 1052 ff.)
- Qualitätssicherung (*11.2.3.2.4*, 1015)
- Registrierung (*11.2.3.2*, 999 ff.; 1067)

- Schutzniveau bei Zulassungen (*11.2.3.3.1*, 1033)
- Vereinbarkeit mit Welthandelsrecht (*11.3*, 1038 ff.)
- Zulassungsverfahren (*11.2.3.3.1*, 1030; 1067)

Recyclingstrategie der EG (665, 681)

Regulatory Impact Assessment (1271 f.)

Rhodium (s. Edelmetalle)

Rio-Prozess (*13.2.1*, 1190 ff.)

Schadstoffe (s. auch die einzelnen Stoffe)
- Einträge in Böden (*4.2.2.3*, 300 ff.; *9.2.2*, 784 ff.)
- Einträge in die Luft (*6.1*, 519 ff.)
- Einträge in Gewässer (339 f.; *5.6.1*, 484 ff.)
- prioritäre gefährliche Stoffe (380)

Schienenverkehr, Lärm (*7.2.2.3*, 660)

Schimmelpilze, Belastung von Innenräumen (*12.1.3*, 1101 ff.)

Schwermetalle
- in der landwirtschaftlichen Düngung (*4.2.2.3*, 301 ff.; 327 ff., 793 ff.)
- in Kompost (749)
- in Klärschlamm (761 ff.)
- in Mineraldünger (796)

Selbstverpflichtungen (*13.4.4.3*, 1291)

Sport- und Freizeitlärm (*7.2.2.5*, 663)

Staub (s. Partikel)

Stickstoff (s. Düngung)

Schwefeldioxid (NO_2 s. Stickstoffoxide)

Steuerung, umweltpolitische (s. auch Steuerungskonzepte, Umweltpolitik) (*Kap. 13*, 1176)
- Erfolgsvoraussetzungen (*13.2.3*, 1223 ff.)
- politisch-institutionelle Rahmenbedingungen (*13.1.2*, 1178 ff.)
- kooperative Steuerung (1209 ff., 1273 ff.)
- Mehr-Ebenen-Steuerung (1221 f.)
- Steuerungsformen (1184 f.; *13.2.2*, 1198 ff.)
- Selbstregulierung (1215)
- Umweltpolitikintegration und Sektorstrategien (1203 ff., 1266 ff.)
- zielorientierte Steuerung (1199 ff., 1263 ff.)

Steuerungskonzepte (*Kap. 13*)
- Agenda 21/Rio Prozess (*13.2.1*, 1190 ff.)
- in der EU (*13.4*, 1251 ff.)

- und Kompetenzordnung (*13.3*, 1233 ff.)

Stickstoffmonoxid (NO s. Stickstoffoxide)

Stickstoffoxide (NOx) (*6.1.1*, 519, 521; *6.1.2*, 527 ff.; 543 ff., 574 f., 593, 596 ff., 604 ff.)
- gesundheitliche Wirkungen (*6.1.2.2*, 529 ff.; 545, 611)
- Immissionssituation (*6.1.3.1*, 527 f., 611 f.)

Stickstoffüberschussabgabe (307, 312; *4.2.3.2*, 324 ff.)

Straßenverkehrslärm (*7.2.2.1*, 647, 653, 664)

Stromerzeugung, klimaverträgliche (*2.2.3*, 28 ff.)
- Wirkungsgrade (*2.2.3.2.1*, 32 f.)

Stromgestehungskosten
- erneuerbare Energien (41, 45)
- Abscheidung (36)
- und Emissionshandel (38)

Stromverbrauch, Einsparpotenziale (*2.2.3.2.4*, 43)

Substitution
- Brennstoffe (520, 610)
- Phthalate (737, 1067)
- PVC (732)
- von Chemikalien (1036 ff.)

Technische Anleitung zur Reinhaltung der Luft (*6.2*, 538 f.; *6.2.3*, 565 ff.; 607, 619 ff., 624 ff., 1115)
- Bagatell- und Irrelevanzregelung (583 ff.)
- Depositionswerte für den Bodenschutz (791)
- Emissionswerte (579 ff.)
- Immissionswerte (574)
- integrative Betrachtungsweise (566)

Technische Anleitung zum Schutz gegen Lärm (661 f.)

Tetrachlorethen (574)

Thallium (576)

Tierarzneimittel, in der landwirtschaftlichen Düngung (*4.2.2.3–4*, 300 ff., 329 ff.)

Treibhausgase
- Emissionsentwicklung (*2.1.2*, 19 ff.)
- aus der Landwirtschaft (294)
- Reduktionsziele (*2.2.1*, 24 ff.)
- spezifische Emissionen (31, 37)

Tributylzinn (962, 968)

Trinkwasser (*5.4*, 456 ff.)
- Versorgung (515)

Trinkwasserrichtlinie der EG (458)

Trinkwasserverordnung (339)

Übereinkommen über die biologische Vielfalt (*3.1.2*, 108 ff.)
- Umsetzung in Deutschland (*3.1.3*, 111 ff.)
- Ziele (108)

Umgebungslärmrichtlinie der EG (*7.2.1*, 651 f.)

Umweltbeobachtung (*3.3*, 171, s. auch Monitoring)
- im Bundesnaturschutzgesetz (*3.3.2*, 173 f.)
- internationale Verpflichtungen (*3.3.1*, 172)
- Programme in Deutschland (*3.3.3*, 175 f.)

Umweltchemikalien (s. Chemikalien)

Umweltpolitik
- Akteure (1181 f.)
- allgemeine Steuerungsfragen (*1.2*, 2 f., 13, 1176 ff.)
- Bilanz (*1.1*, 1 ff.)
- europäische Umweltpolitik (*13.4*, 1251 ff.)
- Handlungsebenen (1183, 1221 f.)
- institutionelle Rahmenbedingungen (1186)
- kooperatives Regieren (*13.4.4*, 1273 ff.)
- Kapazitätsbildung (1224 ff.)
- Koregulierung (*13.4.4.3*, 1285 ff.)
- Rolle des Nationalstaates (1232)
- Steuerungsformen (1184 f.; *13.2.2*, 1198 ff.)
- zielorientierte Steuerung (*13.4.2*, 1263 ff.)

Umweltpolitikintegration (*13.2.2.3*, 1203 ff.; *13.4.3*, 1266 ff.)

Umweltsituation, aktuelle in Deutschland (*Kap 1*, 1 ff.)

Verbandsklage
- allgemein (*13.4.5*, 1295)
- naturschutzrechtliche (*3.4.5*, 195 ff.)

Verkehr, Beschränkungen (*6.2.1.2*, 541)

Verpackungsabfälle (*8.2.2.1.1*, 700 ff.)
- EU-Richtlinie (*8.2.2.1.3*, 710 ff.)
- getrennte Erfassung (718 ff.)
- Sortierung (719 ff.)

Verpackungsrichtlinie der EG, Novelle (710 ff.)

Verpackungsverbrauch (s. Verpackungsabfälle)

Verpackungsverordnung (*8.2.2.1.2*, 700 ff.)

Verpackungsverwertung und -vermeidung (*8.2.2*, 700 ff.)

Versauerung (520, 525, 569, 575, 604, 608 f., 625 f.)

Verwertung von Abfall (s. Abfallverwertung)

Verwertungsquoten (678 ff.)
- zur Verpackungsentsorgung (*8.2.2.1.1*, 701 ff.)
- für PVC (738)
- für Batterien (740)

Vogelschutzgebiete (149, 159, s. auch NATURA 2000)

Wasserhaushaltsgesetz, 7. Novelle (*5.1.2.1*, 386 ff.)

Wasserkörper, erheblich veränderter (*5.1.3.2*, 409 ff.)

Wasserrahmenrichtlinie (6, 117, 120, 172; *5.1*, 376 ff.)
- Bestandsaufnahme (385, 402 ff.)
- und Chemikalienrecht (1030, 1150)
- Flussgebietesmanagement (*5.1.1.1*, 377)
- fachliche Umsetzung (*5.1.3*, 401 ff.)
- Grundzüge der (*5.1.1*, 377 ff.)
- kombinierter Ansatz (*5.1.1.3*, 382)
- und Pflanzenschutzmittel (339, 348 f., 351)
- Umsetzung in den Bundesländern (*5.1.2.2*, 391 ff.)
- Verhältnis zu sonstigen Instrumenten (*5.1.3.3*, 415 ff.)
- wasserwirtschaftliche Planung nach der (*5.1.1.4*, 383 f.)

Wasserwirtschaft (s. Gewässerschutz, Wasserrahmenrichtlinie)

Weichmacher (s. Phthalate)

Welthandelsrecht
- und Agrarumweltschutz (*4.1.3.2*, 242 ff.)
- und Biodiversität (133)
- und Chemikalienpolitik (*11.3*, 1038 ff.)
- und „grüne" Gentechnik (926)

Wirtschaftsdünger (609)

Wissenschaftlicher Beirat Bodenschutz (778)

WTO (s. Welthandelsrecht)

Zertifikate
- zur Verpackungsverwertung (713)
- für Treibhausgasemissionen (s. Emissionsrechte)

Zink, aus der landwirtschaftlichen Düngung (301)

8. BImSchV (661)

13. BImSchV (596 ff., 624 f.)

15. BImSchV (661)

16. BImSchV (654 f., 658 ff., 664)

17. BImSchV (*6.2.4*, 588 ff., 623)

18. BImSchV (663)

22. BImSchV (*6.2.2*, 542 ff., 574, 615 ff.)

24. BImSchV (654)

30. BImSchV (1116)

31. BImSchV (607)

32. BImSchV (661)

Anhang

Erlass über die Einrichtung eines Rates von Sachverständigen für Umweltfragen bei dem Bundesminister für Umwelt, Naturschutz und Reaktorsicherheit

Vom 10. August 1990

§ 1

Zur periodischen Begutachtung der Umweltsituation und Umweltbedingungen der Bundesrepublik Deutschland und zur Erleichterung der Urteilsbildung bei allen umweltpolitisch verantwortlichen Instanzen sowie in der Öffentlichkeit wird ein Rat von Sachverständigen für Umweltfragen gebildet.

§ 2

(1) Der Rat von Sachverständigen für Umweltfragen besteht aus sieben Mitgliedern, die über besondere wissenschaftliche Kenntnisse und Erfahrungen im Umweltschutz verfügen müssen.

(2) Die Mitglieder des Rates von Sachverständigen für Umweltfragen dürfen weder der Regierung oder einer gesetzgebenden Körperschaft des Bundes oder eines Landes noch dem öffentlichen Dienst des Bundes, eines Landes oder einer sonstigen juristischen Person des öffentlichen Rechts, es sei denn als Hochschullehrer oder als Mitarbeiter eines wissenschaftlichen Instituts, angehören. Sie dürfen ferner nicht Repräsentanten eines Wirtschaftsverbandes oder einer Organisation der Arbeitgeber oder Arbeitnehmer sein, oder zu diesen in einem ständigen Dienst- oder Geschäftsbesorgungsverhältnis stehen, sie dürfen auch nicht während des letzten Jahres vor der Berufung zum Mitglied des Rates von Sachverständigen für Umweltfragen eine derartige Stellung innegehabt haben.

§ 3

Der Rat von Sachverständigen für Umweltfragen soll die jeweilige Situation der Umwelt und deren Entwicklungstendenzen darstellen. Er soll Fehlentwicklungen und Möglichkeiten zu deren Vermeidung oder zu deren Beseitigung aufzeigen.

§ 4

Der Rat von Sachverständigen für Umweltfragen ist nur an den durch diesen Erlaß begründeten Auftrag gebunden und in seiner Tätigkeit unabhängig.

§ 5

Der Rat von Sachverständigen für Umweltfragen gibt während der Abfassung seiner Gutachten den jeweils fachlich betroffenen Bundesministern oder ihren Beauftragten Gelegenheit, zu wesentlichen sich aus seinem Auftrag ergebenden Fragen Stellung zu nehmen.

§ 6

Der Rat von Sachverständigen für Umweltfragen kann zu einzelnen Beratungsthemen Behörden des Bundes und der Länder hören, sowie Sachverständigen, insbesondere Vertretern von Organisationen der Wirtschaft und der Umweltverbände, Gelegenheit zur Äußerung geben.

§ 7

(1) Der Rat von Sachverständigen für Umweltfragen erstattet alle zwei Jahre ein Gutachten und leitet es der Bundesregierung jeweils bis zum 1. Februar zu. Das Gutachten wird vom Rat von Sachverständigen für Umweltfragen veröffentlicht.

(2) Der Rat von Sachverständigen für Umweltfragen kann zu Einzelfragen zusätzliche Gutachten erstatten oder Stellungnahmen abgeben. Der Bundesminister für Umwelt, Naturschutz und Reaktorsicherheit kann den Rat von Sachverständigen für Umweltfragen mit der Erstattung weiterer Gutachten oder Stellungnahmen beauftragen. Der Rat von Sachverständigen für Umweltfragen leitet Gutachten oder Stellungnahmen nach Satz 1 und 2 dem Bundesminister für Umwelt, Naturschutz und Reaktorsicherheit zu.

§ 8

(1) Die Mitglieder des Rates von Sachverständigen für Umweltfragen werden vom Bundesminister für Umwelt, Naturschutz und Reaktorsicherheit nach Zustimmung des Bundeskabinetts für die Dauer von vier Jahren berufen. Wiederberufung ist möglich.

(2) Die Mitglieder können jederzeit schriftlich dem Bundesminister für Umwelt, Naturschutz und Reaktorsicherheit gegenüber ihr Ausscheiden aus dem Rat erklären.

(3) Scheidet ein Mitglied vorzeitig aus, so wird ein neues Mitglied für die Dauer der Amtszeit des ausgeschiedenen Mitglieds berufen; Wiederberufung ist möglich.

§ 9

(1) Der Rat von Sachverständigen für Umweltfragen wählt in geheimer Wahl aus seiner Mitte einen Vorsitzenden für die Dauer von vier Jahren. Wiederwahl ist möglich.

(2) Der Rat von Sachverständigen für Umweltfragen gibt sich eine Geschäftsordnung. Sie bedarf der Genehmigung des Bundesministers für Umwelt, Naturschutz und Reaktorsicherheit.

(3) Vertritt eine Minderheit bei der Abfassung der Gutachten zu einzelnen Fragen eine abweichende Auffassung, so hat sie die Möglichkeit, diese in den Gutachten zum Ausdruck zu bringen.

§ 10

Der Rat von Sachverständigen für Umweltfragen wird bei der Durchführung seiner Arbeit von einer Geschäftsstelle unterstützt.

§ 11

Die Mitglieder des Rates von Sachverständigen für Umweltfragen und die Angehörigen der Geschäftsstelle sind zur Verschwiegenheit über die Beratung und die vom Sachverständigenrat als vertraulich bezeichneten Beratungsunterlagen verpflichtet. Die Pflicht zur Verschwiegenheit bezieht sich auch auf Informationen, die dem Sachverständigenrat gegeben und als vertraulich bezeichnet werden.

§ 12

(1) Die Mitglieder des Rates von Sachverständigen für Umweltfragen erhalten eine pauschale Entschädigung sowie Ersatz ihrer Reisekosten. Diese werden vom Bundesminister für Umwelt, Naturschutz und Reaktorsicherheit im Einvernehmen mit dem Bundesminister des Innern und dem Bundesminister der Finanzen festgesetzt.

(2) Die Kosten des Rates von Sachverständigen für Umweltfragen trägt der Bund.

§ 13

Der Erlaß über die Einrichtung eines Rates von Sachverständigen für Umweltfragen bei dem Bundesminister des Innern vom 28. Dezember 1971 (GMBl 1972, Nr. 3, S. 27) wird hiermit aufgehoben.

Bonn, den 10. August 1990

Der Bundesminister für Umwelt, Naturschutz und Reaktorsicherheit

Dr. Klaus Töpfer

Publikationsverzeichnis

Umweltgutachten, Sondergutachten, Materialienbände und Stellungnahmen

Umweltgutachten und Sondergutachten **ab 2004** sind zu beziehen im Buchhandel oder direkt von der Nomos-Verlagsgesellschaft Baden-Baden; Postfach 10 03 10, 76484 Baden-Baden, im Internet unter www.nomos.de.

Bundestagsdrucksachen sind erhältlich bei der Bundesanzeiger Verlagsgesellschaft mbH, Postfach 100534, 50445 Köln, im Internet unter www.bundesanzeiger.de.

Alle Publikationen **bis 2004** sind (soweit noch vorrätig) gegen ein entsprechendes Rückporto bei der Geschäftsstelle des Umweltrates zu beziehen.

Ab 1998 stehen die meisten Publikationen als Download im Adobe PDF-Format auf der Webseite des SRU zur Verfügung (www.umweltrat.de).

Umweltgutachten

Umweltgutachten 2002
Für eine neue Vorreiterrolle

Juli 2002. Stuttgart: Metzler-Poeschel, 2002. 550 S.,
ISBN: 3-8246-0666-6
http://www.umweltrat.de/02gutach/downlo02/umweltg/
UG_2002.pdf
(Bundestagsdrucksache 14/8792)

Umweltgutachten 2000
Schritte ins nächste Jahrtausend

April 2000. Stuttgart: Metzler-Poeschel, 2000. 688 S.,
ISBN: 3-8246-0620-8
http://www.umweltrat.de/02gutach/downlo02/umweltg/
UG_2000.pdf
(Bundestagsdrucksache 14/3363)

Umweltgutachten 1998
Umweltschutz: Erreichtes sichern – Neue Wege gehen

Februar 1998. Stuttgart: Metzler-Poeschel, 1998. 390 S.,
ISBN: 3-8246-0561-9
http://www.umweltrat.de/02gutach/downlo02/umweltg/
UG_1998.pdf
(Bundestagsdrucksache 13/10195)

Umweltgutachten 1996
Zur Umsetzung einer dauerhaft umweltgerechten Entwicklung

Februar 1996. Stuttgart: Metzler-Poeschel, 1996. 468 S.,
mit 55-seitiger Beil.
ISBN: 3-8246-0545-7
(Bundestagsdrucksache 13/4180)

Umweltgutachten 1994
Für eine dauerhaft umweltgerechte Entwicklung

Februar 1994. Stuttgart: Metzler-Poeschel, 1994. 380 S.,
ISBN: 3-8246-0366-7
(Bundestagsdrucksache 12/6995)

Umweltgutachten 1987

Dezember 1987. Stuttgart: Kohlhammer, 1988. 674 S.,
ISBN: 3-17-003364-6
(Bundestagsdrucksache 11/1568)

Umweltgutachten 1978

Februar 1978. Stuttgart: Kohlhammer, 1978, 638 S.,
ISBN 3-17-003173-2 (vergriffen)
(Bundestagsdrucksache 8/1938)

Umweltgutachten 1974

März 1974. Stuttgart: Kohlhammer, 1974, 320 S.,
(vergriffen)
(Bundestagsdrucksache 7/2802)

Sondergutachten

Meeresumweltschutz für Nord- und Ostsee
Sondergutachten, Februar 2004

demnächst als Buch im Nomos Verlag
Baden-Baden: Nomos, 2004, ca. 220 S.,
ISBN 3-8329-0630-4
http://www.umweltrat.de/02gutach/downlo02/sonderg/
SG_Meer_2004_lf.pdf

Für eine Stärkung und Neuorientierung des Naturschutzes
Sondergutachten, September 2002

Stuttgart: Metzler-Poeschel, 2002, 211 S.,
ISBN 3-8246-0668-2
http://www.umweltrat.de/02gutach/downlo02/sonderg/
1409852.pdf
(Bundestagsdrucksache 14/9852)

Umwelt und Gesundheit – Risiken richtig einschätzen
Sondergutachten, Dezember 1999

Stuttgart: Metzler-Poeschel, 1999, 255 S.,
ISBN: 3-8246-0604-6
http://www.umweltrat.de/02gutach/downlo02/sonderg/
1402300.pdf
(Bundestagsdrucksache 14/2300)

Flächendeckend wirksamer Grundwasserschutz – Ein Schritt zur dauerhaft umweltgerechten Entwicklung
Sondergutachten, Februar 1998

Stuttgart: Metzler-Poeschel, 1998, 209 S.,
ISBN: 3-8246-0560-0
http://www.umweltrat.de/02gutach/downlo02/sonderg/1310196.pdf
(Bundestagsdrucksache 13/10196)

Konzepte einer dauerhaft umweltgerechten Nutzung ländlicher Räume
Sondergutachten, Februar 1996

Stuttgart: Metzler-Poeschel, 1996, 127 S.,
ISBN: 3-8246-0544-9
http://www.umweltrat.de/02gutach/downlo02/sonderg/134109.pdf
(Bundestagsdrucksache 13/4109)

Altlasten II
Sondergutachten, Februar 1995

Stuttgart: Metzler-Poeschel, 1995, 285 S.,
ISBN 3-8246-0367-5
(Bundestagsdrucksache 13/380)

Allgemeine ökologische Umweltbeobachtung
Sondergutachten, Oktober 1990

Stuttgart: Metzler-Poeschel, 1991, 75 S.,
ISBN: 3-8246-0074-9
(Bundestagsdrucksache 11/8123)

Abfallwirtschaft
Sondergutachten, September 1990

Stuttgart: Metzler-Poeschel, 1991, 720 S.,
ISBN: 3-8246-0073-0
(Bundestagsdrucksache 11/8493)

Altlasten
Sondergutachten, Dezember 1989

Stuttgart: Metzler-Poeschel, 1990, 304 S.,
ISBN: 3-8246-0059-5
(Bundestagsdrucksache 11/6191)

Luftverunreinigungen in Innenräumen
Sondergutachten, Mai 1987

Stuttgart: Kohlhammer, 1987, 112 S.,
ISBN: 3-17-003361-1
(Bundestagsdrucksache 11/613)

Umweltprobleme der Landwirtschaft
Sondergutachten, März 1985

Stuttgart: Kohlhammer, 1985, 423 S.,
ISBN: 3-17-003285-2 (vergriffen*)
(Bundestagsdrucksache 10/3613)
* Neu hrsg. als Sachbuch Ökologie 1992

Waldschäden und Luftverunreinigungen
Sondergutachten, März 1983

Stuttgart: Kohlhammer, 1983, 172 S.,
ISBN: 3-17-003265-8
(Bundestagsdrucksachee 10/113)

Energie und Umwelt
Sondergutachten, März 1981

Stuttgart: Kohlhammer, 1981, 190 S.,
ISBN: 3-17-003238-0
(Bundestagsdrucksache 9/872)

Umweltprobleme der Nordsee
Sondergutachten, Juni 1980

Stuttgart: Kohlhammer, 1980, 508 S., 3 Karten in Farbe,
ISBN: 3-17-003214-3 (vergriffen)
(Bundestagsdrucksache 9/692)

Umweltprobleme des Rheins
3. Sondergutachten, März 1976

Stuttgart: Kohlhammer, 1976, 258 S., 9 Karten in Farbe,
(Bundestagsdrucksache 7/5014)

Die Abwasserabgabe – Wassergütewirtschaftliche und gesamtökonomische Wirkungen
2. Sondergutachten, Februar 1974

Stuttgart: Kohlhammer, 1974, 96 S.,
(vergriffen)

Auto und Umwelt
Gutachten vom September 1973

Stuttgart: Kohlhammer, 1973, 104 S.,
(vergriffen)

Materialien zur Umweltforschung

Nr. 36:

Analyse der Bedeutung von naturschutzorientierten Maßnahmen in der Landwirtschaft im Rahmen der Verordnung (EG) 1257/1999 über die Förderung der Entwicklung des ländlichen Raums

Dipl.-Ing. agr. Bernhard Osterburg, Dezember 2002.
Stuttgart: Metzler-Poeschel, 2002, 103 S.,
ISBN: 3-8246-0680-1

Nr. 35:

Waldnutzung in Deutschland – Bestandsaufnahme, Handlungsbedarf und Maßnahmen zur Umsetzung des Leitbildes einer nachhaltigen Entwicklung

Prof. Dr. Harald Plachter, Dipl.-Biologin Jutta Kill (Fachgebiet Naturschutz, Fachbereich Biologie, Universität Marburg); Prof. Dr. Karl-Reinhard Volz, Frank Hofmann, Dipl.-Volkswirt Roland Meder (Institut für Forstpolitik, Universität Freiburg), August 2000.
Stuttgart: Metzler-Poeschel, 2000, 298 S.,
ISBN: 3-8246-0622-4

Nr. 34:

Die umweltpolitische Dimension der Osterweiterung der Europäischen Union: Herausforderungen und Chancen

Dipl.-Pol. Alexander Carius, Dipl.-Pol. Ingmar von Homeyer, RAin Stefani Bär (Ecologic, Gesellschaft für Internationale und Europäische Umweltforschung, Berlin) ,Juli 2000.
Stuttgart: Metzler-Poeschel, 2000, 138 S.,
ISBN: 3-8246-0621-6

Nr. 33:

Gesundheitsbegriff und Lärmwirkungen

Prof. Dr. Gerd Jansen, Dipl.-Psych. Gert Notbohm, Prof. Dr. Sieglinde Schwarze, November 1999.
Stuttgart: Metzler-Poeschel, 1999, 222 S., div. Abb.,
ISBN: 3-8246-0605-4

Nr. 32:

Umweltstandards im internationalen Handel

Dipl.-Vw. Karl Ludwig Brockmann, Dipl.-Vw. Suhita Osório-Peters, Dr. Heidi Bergmann (ZEW), Mai 1998.
Stuttgart: Metzler-Poeschel, 1998, 80 S.,
ISBN: 3-8246-0565-1

Nr. 31:

Zu Umweltproblemen der Freisetzung und des Inverkehrbringens gentechnisch veränderter Pflanzen (Doppelband)

Prof. Dr. Alfred Pühler (Einfluß von freigesetzten und inverkehrgebrachten gentechnisch veränderten Organismen auf Mensch und Umwelt) und Dr. Detlef Bartsch und Prof. Dr. Ingolf Schuphan (Gentechnische Eingriffe an Kulturpflanzen. Bewertung und Einschätzungen möglicher Probleme für Mensch und Umwelt aus ökologischer und pflanzenphysiologischer Sicht), Mai 1998.
Stuttgart: Metzler-Poeschel, 1998, 128 S.,
ISBN: 3-8246-0564-3

Nr. 30:

Bedeutung natürlicher und anthropogener Komponenten im Stoffkreislauf terrestrischer Ökosysteme für die chemische Zusammensetzung von Grund- und Oberflächenwasser (dargestellt am Beispiel des Schwefelkreislaufes)

PD Dr. Karl-Heinz Feger, Mai 1998.
Stuttgart: Metzler-Poeschel, 1998, 120 S.,
ISBN: 3-8246-0563-5

Nr. 29:

Grundwassererfassungssysteme in Deutschland

Prof. Dr. Dietmar Schenk und Dr. Martin Kaupe, Mai 1998.
Stuttgart: Metzler-Poeschel, 1998, 226 S.,
mit farbigen Karten,
ISBN: 3-8246-0562-7

Nr. 28:

Institutionelle Ressourcen und Restriktionen bei der Erreichung einer umweltverträglichen Raumnutzung

Prof. Dr. Karl-Hermann Hübler, Dipl. Ing. Johann Kaether, Juni 1996.
Stuttgart: Metzler-Poeschel, 1996, 140 S.,
ISBN: 3-8246-0445-0

Nr. 27:

Perspektiven umweltökonomischer Instrumente in der Forstwirtschaft insbesondere zur Honorierung ökologischer Leistungen

Prof. Dr. Ulrich Hampicke, Juni 1996.
Stuttgart: Metzler-Poeschel, 1996, 164 S.,
ISBN: 3-8246-0444-2

Nr. 26:

Gesamtinstrumentarium zur Erreichung einer umweltverträglichen Raumnutzung

Prof. Dr. Siegfried Bauer, Jens-Peter Abresch, Markus Steuernagel, Juni 1996.
Stuttgart: Metzler-Poeschel, 1996, 400 S.,
ISBN: 3-8246-0443-4

Nr. 25:

Die Rolle der Umweltverbände in den demokratischen und ethischen Lernprozessen der Gesellschaft

Oswald von Nell-Breuning-Institut, Juni 1996.
Stuttgart: Metzler-Poeschel, 1996, 188 S.,
ISBN: 3-8246-0442-6

Nr. 24:

Indikatoren für eine dauerhaft-umweltgerechte Entwicklung

Dipl. Vw. Klaus Rennings, August 1994.
Stuttgart: Metzler-Poeschel, 1994, 226 S.,
ISBN: 3-8246-0381-0

Nr. 23:

Rechtliche Probleme der Einführung von Straßenbenutzungsgebühren

Prof. Dr. Peter Selmer, Prof. Dr. Carsten Brodersen, August 1994.
Stuttgart: Metzler-Poeschel, 1994, 46 S.,
ISBN: 3-8246-0379-9

Nr. 22:

Bildungspolitische Instrumentarien einer dauerhaft-umweltgerechten Entwicklung

Prof. Gerd Michelsen, August 1994.
Stuttgart: Metzler-Poeschel, 1994, 87 S.,
ISBN: 3-8246-0373-X

Nr. 21:

Umweltpolitische Prioritätensetzung – Verständigungsprozesse zwischen Wissenschaft, Politik und Gesellschaft

RRef. Gotthard Bechmann, Dipl. Vw. Reinhard Coenen, Dipl. Soz. Fritz Gloede, August 1994.
Stuttgart: Metzler-Poeschel, 1994, 133 S.,
ISBN: 3-8246-0372-1

Nr. 20:

Das Konzept der kritischen Eintragsraten als Möglichkeit zur Bestimmung von Umweltbelastungs- und Qualitätskriterien

Dr. Hans-Dieter Nagel, Dr. Gerhard Smiatek, Dipl. Biol. Beate Werner, August 1994.
Stuttgart: Metzler-Poeschel, 1994, 77 S.,
ISBN: 3-8246-0371-3

Nr. 19:

Untertageverbringung von Sonderabfällen in Stein- und Braunkohleformationen

Prof. Dr. Friedrich Ludwig Wilke, Juni 1991.
Stuttgart: Metzler-Poeschel, 1991, 107 S.,
ISBN: 3-8246-0087-0

Nr. 18:

Die Untergrund-Deponie anthropogener Abfälle in marinen Evaporiten

Prof. Dr. Albert Günter Herrmann, Mai 1991.
Stuttgart: Metzler-Poeschel, 1991, 101 S.,
ISBN: 3-8246-0083-8

Nr. 17:

Wechselwirkungen zwischen Freizeit, Tourismus und Umweltmedien – Analyse der Zusammenhänge

Prof. Dr. Jörg Maier, Dipl.-Geogr. Rüdiger Strenger, Dr. Gabi Tröger-Weiß, Dezember 1988.
Stuttgart: Kohlhammer, 1988, 139 S.,
ISBN: 3-17-003393-X

Nr. 16:

Derzeitige Situationen und Trends der Belastung der Nahrungsmittel durch Fremdstoffe

Prof. Dr. G. Eisenbrand, Prof. Dr. H. K. Frank, Prof. Dr. G. Grimmer, Prof. Dr. H.-J. Hapke, Prof. Dr. H.-P. Thier, Dr. P. Weigert, November 1988.
Stuttgart: Kohlhammer, 1988, 237 S.,
ISBN: 3-17-003392-1

Nr. 15:

Umweltbewußtsein – Umweltverhalten

Prof. Dr. Meinolf Dierkes und Dr. Hans-Joachim Fietkau, Oktober 1988.
Stuttgart: Kohlhammer, 1988, 200 S.,
ISBN: 3-17-003391-3

Nr. 14:

Zielkriterien und Bewertung des Gewässerzustandes und der zustandsverändernden Eingriffe für den Bereich der Wasserversorgung

Prof. Dr. Heinz Bernhardt und Dipl.-Ing Werner Dietrich Schmidt, September 1988.
Stuttgart: Kohlhammer, 1988, 297 S.,
ISBN: 3-17-003388-3

Nr. 13:

Funktionen und Belastbarkeit des Bodens aus der Sicht der Bodenmikrobiologie

Prof. Dr. Klaus H. Domsch, November 1985.
Stuttgart: Kohlhammer, 1985, 72 S.,
ISBN: 3-17-003321-2

Nr. 12:

Düngung und Umwelt

Prof. Dr. Erwin Welte und Dr. Friedel Timmermann, Oktober 1985.
Stuttgart: Kohlhammer, 1985, 95 S.,
ISBN: 3-17-003320-4 (vergriffen)

Nr. 11:

Möglichkeiten und Grenzen einer ökologisch begründeten Begrenzung der Intensität der Agrarproduktion

Prof. Dr. Günther Weinschenck und Dr. Hans-Jörg Gebhard, Juli 1985.
Stuttgart: Kohlhammer, 1985, 107 S.,
ISBN: 3-17-003319-0 (vergriffen)

Nr. 10:

Funktionen, Güte und Belastbarkeit des Bodens aus agrikulturchemischer Sicht

Prof. Dr. Dietrich Sauerbeck, Mai 1985.
Stuttgart: Kohlhammer, 1985, 260 S.,
ISBN: 3-17-003312-3 (vergriffen)

Nr. 9:

Einsatz von Pflanzenbehandlungsmitteln und die dabei auftretenden Umweltprobleme

Prof. Dr. Rolf Diercks, Juni 1984.
Stuttgart: Kohlhammer, 1984, 245 S.,
ISBN: 3-17-003284-4

Nr. 8:

Ökonomische Anreizinstrumente in einer auflagenorientierten Umweltpolitik – Notwendigkeit, Möglichkeiten und Grenzen am Beispiel der amerikanischen Luftreinhaltepolitik

Prof. Dr. Horst Zimmermann, November 1983.
Stuttgart: Kohlhammer, 1983, 60 S.,
ISBN: 3-17-003279 (vergriffen)

Nr. 7:

Möglichkeiten der Forstbetriebe, sich Immissionsbelastungen waldbaulich anzupassen bzw. deren Schadwirkungen zu mildern

Prof. Dr. Dietrich Mülder, Juni 1983.
Stuttgart: Kohlhammer, 1983, 124 S.,
ISBN: 3-17-003275-5 (vergriffen)

Nr. 6:

Materialien zu „Energie und Umwelt"

Februar 1982.
Stuttgart: Kohlhammer, 1982, 450 S.,
ISBN: 3-17-003242-9

Nr. 5:

Photoelektrische Solarenergienutzung – Technischer Stand, Wirtschaftlichkeit, Umweltverträglichkeit

Prof. Dr. Hans J. Queisser und Dr. Peter Wagner, März 1980.
Stuttgart: Kohlhammer, 1980, 90 S.,
ISBN: 3-17-003209-7

Nr. 4:

Vollzugsprobleme der Umweltpolitik – Empirische Untersuchung der Implementation von Gesetzen im Bereich der Luftreinhaltung und des Gewässerschutzes

Prof. Dr. Renate Mayntz u. a., Mai 1978.
Stuttgart: Kohlhammer, 1978, 815 S.,
ISBN: 3-17-003144-9 (vergriffen)

Nr. 3:

Die Feststoffemissionen in der Bundesrepublik Deutschland und im Lande Nordrhein-Westfalen in den Jahren 1965, 1970, 1973 und 1974

Dipl.-Ing. Horst Schade und Ing. (grad.) Horst Gliwa, Mai 1978.
Stuttgart: Kohlhammer, 1978, 374 S.,
ISBN: 3-17-003143-0

Nr. 2:

Die Kohlenmonoxidemissionen in der Bundesrepublik Deutschland in den Jahren 1965, 1970, 1973 und 1974 und im Lande Nordrhein-Westfalen in den Jahren 1973 und 1974

Dipl.-Ing. Klaus Welzel und Dr.-Ing. Peter Davids, Mai 1978.
Stuttgart: Kohlhammer, 1978, 322 S.,
ISBN: 3-17-003142-2

Nr. 1:

Einfluß von Begrenzungen beim Einsatz von Umweltchemikalien auf den Gewinn landwirtschaftlicher Unternehmen

Prof. Dr. Günther Steffen und Dr. Ernst Berg, Mai 1977.
Stuttgart: Kohlhammer, 1977, 93 S.,
ISBN: 3-17-003141-4 (vergriffen)

Stellungnahmen

Zur Wirtschaftsverträglichkeit der Reform der Europäischen Chemikalienpolitik

Juli 2003, 36 Seiten
http://www.umweltrat.de/03stellung/downlo03/stellung/Stellung_Reach_Juli2003.pdf

Zur Einführung der Strategischen Umweltprüfung in das Bauplanungsrecht

Mai 2003, 17 Seiten
http://www.umweltrat.de/03stellung/downlo03/stellung/Stellung_Sup_Mai2003.pdf

Windenergienutzung auf See

April 2003, 20 Seiten
http://www.umweltrat.de/03stellung/downlo03/stellung/Stellung_Windenenergie_April2003.pdf

Zum Konzept der Europäischen Kommission für eine gemeinsame Meeresumweltschutzstrategie

Februar 2003, 13 Seiten
http://www.umweltrat.de/03stellung/downlo03/stellung/Stellung_Meeresumweltschutz_Feb2003.pdf

Stellungnahme zum Referentenentwurf einer novellierten 17. BImSchV

August 2002, 24 Seiten
http://www.umweltrat.de/03stellung/downlo03/stellung/Stellung_17_BImSCH_Aug2002.pdf

Stellungnahme zur Anhörung der Monopolkommission zum Thema „Wettbewerb in der Kreislauf- und Abfallwirtschaft"

Februar 2002, 7 Seiten
http://www.umweltrat.de/03stellung/downlo03/stellung/Stellung_Monopolkommission_Fes2002.pdf

Stellungnahme zum Regierungsentwurf zur deutschen Nachhaltigkeitsstrategie

Februar 2002, 4 Seiten
http://www.umweltrat.de/03stellung/downlo03/stellung/Stellung_Nachhaltigkeitsstrategie_Feb2002.pdf

Stellungnahme zum Ziel einer 40-prozentigen CO_2-Reduzierung

Dezember 2001, 3 Seiten
http://www.umweltrat.de/03stellung/downlo03/stellung/Stellung_40_CO2Reduzierung_Dez2001.pdf

Stellungnahme zum Entwurf eines Gesetzes zur Neuregelung des Bundesnaturschutzgesetzes

März 2001, 9 Seiten
http://www.umweltrat.de/03stellung/downlo03/stellung/Stellung_Bundesnaturschutz_Maerz2001.pdf

Stellungnahme zum Gesetzentwurf der Bundesregierung zur Fortführung der ökologischen Steuerreform

Oktober 1999, 6 Seiten
http://www.umweltrat.de/03stellung/downlo03/stellung/Stellung_Fortf%FChrung_Oeksteuerreform_Okt1999.pdf

Stellungnahme des Rates von Sachverständigen für Umweltfragen zu den aktuellen Konsensgesprächen über die Beendigung der Nutzung der Atomenergie – im Vorgriff auf das Umweltgutachten 2000

September 1999, 2 Seiten
http://www.umweltrat.de/03stellung/downlo03/stellung/Stellung_Konsensgespr%E4che_Sep1999.pdf

Stellungnahme zum „Entwurf eines Gesetzes zum Einstieg in die ökologische Steuerreform"

Januar 1999, 6 Seiten
http://www.umweltrat.de/03stellung/downlo03/stellung/Stellung_Einstieg_%D6kSteuerreform_Jan1999.pdf

Sommersmog: Drastische Reduktion der Vorläufersubstanzen des Ozons notwendig

Juni 1995, 8 Seiten

Stellungnahme zum Entwurf des Gesetzes zum Schutz vor schädlichen Bodenveränderungen und zur Sanierung von Altlasten (Bundes-Bodenschutz-Gesetz – BBodSchG)

November 1993, 7 Seiten

Stellungnahme zum Verordnungsentwurf nach § 40 Abs. 2 Bundes-Immissionsschutz-Gesetz (BImSchG)

Mai 1993, 13 Seiten

Stellungnahme zum Entwurf des Rückstands- und Abfallwirtschaftsgesetzes (RAWG)

April 1993, 15 Seiten

Stellungnahme zur Umsetzung der EG-Richtlinie über die Umweltverträglichkeitsprüfung in das nationale Recht

November 1987, 29 Seiten

**Flüssiggas als Kraftstoff
Umweltentlastung, Sicherheit und Wirtschaftlichkeit von flüssiggasgetriebenen Kraftfahrzeugen**

August 1982, 21 Seiten

**Umweltchemikalien
Entwurf eines Gesetzes zum Schutz vor gefährlichen Stoffen**

April 1979, 24 Seiten

Stellungnahme zur Verkehrslärmschutzgesetzgebung

April 1979, 6 Seiten

Die Meeresumwelt von Nord- und Ostsee ist nach wie vor stark belastet. Überfischung, Schadstoffeinträge und Überdüngung sowie die intensive Nutzung durch Schifffahrt, Rohstoffabbau und Tourismus beeinträchtigen vielfach massiv die marinen Ökosysteme. Ein wirksamer Meeresumweltschutz erfordert daher einschneidende politische Initiativen und grundlegende Korrekturen insbesondere in der Fischereipolitik, der Agrarpolitik und bei der Chemikalienregulierung. Diese Bilanz zieht der Rat von Sachverständigen für Umweltfragen in seinem aktuellen Sondergutachten »Meeresumweltschutz für Nord- und Ostsee«.

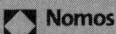

Das Sondergutachten

- gibt einen Überblick über die wichtigsten Problemfelder und die aktuelle Belastungslage,
- zeigt den wesentlichen Handlungsbedarf auf,- insbesondere für die Fischerei-, Chemikalien-, Agrar- und Schifffahrtspolitik und
- entwickelt Vorschläge für eine integrierte europäische und nationale Meeresschutzpolitik einschließlich einer Meeresraumordnung.

Der Rat von Sachverständigen für Umweltfragen berät die Bundesregierung seit 1972 zu Fragen der Umweltpolitik und hat sich dabei immer wieder auch dem Meeresumweltschutz gewidmet. Die Zusammensetzung des Rates aus sieben Hochschulprofessoren verschiedener Fachdisziplinen gewährleistet eine wissenschaftlich unabhängige und umfassende Begutachtung sowohl aus naturwissenschaftlich-technischer als auch aus ökonomischer, rechtlicher, politikwissenschaftlicher und ethischer Perspektive.

Meeresumweltschutz für Nord- und Ostsee

Sondergutachten Februar 2004

Herausgegeben von SRU – Der Rat von Sachverständigen für Umweltfragen

2004, 265 S., brosch., 38,– €, ISBN 3-8329-0630-4

Bitte bestellen Sie bei Ihrer Buchhandlung oder bei:
Nomos Verlagsgesellschaft
76520 Baden-Baden
Telefon 07221/2104-37/-38
Telefax 07221/2104-43
sabine.horn@nomos.de
www.nomos.de

The North Sea and Baltic marine environment remains heavily at risk. Overfishing, pollution, excessive nutrient run-off and intensive use of the region for shipping, raw material extraction and tourism all put marine ecosystems under massive pressure. Effective marine environment protection thus requires radical political action and fundamental policy correctives in fisheries, agriculture and chemicals regulation. These are the findings of the German Advisory Council on the Environment in its latest special report, Marine Environment Protection in the North and Baltic Seas.

The report:

- Surveys the key problem areas and the current situation.
- Identifies action needed in fisheries, chemicals, agricultural and shipping policy.
- Proposes an integrated European and national marine environment protection policy framework, including a marine planning regime.

The German Advisory Council on the Environment has advised the German Federal Government on environment policy issues since 1972. The current report follows on from a number of earlier studies on marine environment protection. The Council's membership, comprising university professors from a range of disciplines, ensures an academically neutral and comprehensive approach to the subject matter from natural science, economic, legal, political science and ethical perspectives.

SRU — The German Advisory Council on the Environment

Marine Environment Protection in the North and Baltic Seas

February 2004

◆ Nomos

Marine Environment Protection in the North and Baltic Seas

Special Report

Herausgegeben von SRU – The German Advisory Council on the Environment

*2004, 247 pp., pb., ~ 38,– €,
ISBN 3-8329-0943-5*

◆ **Nomos**

Bitte bestellen Sie bei Ihrer Buchhandlung oder bei:
Nomos Verlagsgesellschaft
76520 Baden-Baden
Telefon 0 72 21/21 04-37/-38
Telefax 0 72 21/21 04-43
sabine.horn@nomos.de
www.nomos.de